NR. 19
REFERAT 0001-2960
SEITE 1-288

1964
13. MAI

CHEMISCHES ZENTRALBLATT

1830 gegründet
1897—1945 von der Deutschen Chemischen Gesellschaft fortgeführt

Herausgegeben im Auftrage
der Deutschen Akademie der Wissenschaften zu Berlin,
der Chemischen Gesellschaft in der DDR,
der Akademie der Wissenschaften zu Göttingen
und der Gesellschaft Deutscher Chemiker
von Prof. Dr. HEINRICH BERTSCH und Prof. Dr. Dr. h. c. WILHELM KLEMM

Chefredakteure
Dr. EUGEN KLEVER und Prof. Dr.-Ing. EBERHARD LEIBNITZ

135. JAHRGANG
1964

AKADEMIE-VERLAG GMBH · BERLIN · VERLAG CHEMIE GMBH · WEINHEIM · BERGSTRASSE

Chem. Zbl. 135. Jg. Nr. 19 Ref. 0001—2960 S. 1—288 Berlin, 13. Mai 1964

Inhalt

Neue Bücher

Geschichte, Unterricht

Helmut Maximilian Bottcher, Miracle drugs: a history of antibiotics; translated from the German by Einhart Kawerau. London: Heinemann. 1963. (X + 285 S.) 42 s.

Elisabeth Dane und **Franz Wille,** Kleines chemisches Praktikum. 3. Aufl. Weinheim/Bergstr.: Verl. Chemie. 1963. (XII + 196 S. m. 5 Abb.) 8⁰. DM 14,—.

Lionel G. Harrison, A laboratory course in chemistry. New York: McGraw-Hill. 1963. (150 S.) $ 2.75.

B. H. Mensink, Scheikunde in theorie en praktijk. Inleiding. 2e druk. Haarlem: H. Stam. 1963. (108 S. m. Abb.) hfl. 3.75.

Siegfried Nussenbaum, Organic chemistry; principles and applications Boston: Allyn. 1963. (625 S. m. Abb.) $ 8.95.

Franz Patat und **Kurt Kirchner,** Praktikum der technischen Chemie. Berlin: de Gruyter. 1963. (XVI + 228 S. m. 35 Aufg., 8 Tab. u. 66 Abb.) 8⁰. DM 28,—.

James Vincent Quagliano, Chemistry. 2nd edit. Englewood Cliffs (N.J.): Prentice-Hall. 1963. (897 S. m. Abb., Tab. u. Diagr.) $ 8.95.

Joseph Isaac Routh, 20th century chemistry, 3rd edit. Philadelphia: Saunders. 1963. (489 S. m. Abb.) $ 8.—.

Helmut Stapf, Grundlagenchemie für technische Berufe. 17., verb. Aufl. Leipzig: Deutscher Verl. für Grundstoffindustrie. 1962. (312 S. m. 167 Abb. u. 4 Taf.) DM 7,80.

M. K. Strugatzki, N. M. Smirnow und **A. P. Blumental,** Laboratoriumsarbeiten zur allgemeinen Chemie. 5. überarb. Ausg. Moskau: Verl. der Hochschule. 1963. (256 S. m. Abb.) 32 Kop. [russ.]

A. Allgemeine, physikalische und anorganische Chemie

Theodore L. Brown, General chemistry. Columbus (Ohio): Merrill. 1963. (512 S. m. Abb.) $ 11.—.

Chang Chao-ch'ing u. a., Deutsch-chinesisches Wörterbuch der Chemie und Technologie. Peking: Chung kuo kung yeh ch'u pan shê. 1962. (1348, 67 S.) 8⁰. Yüan. 8.60.

J. Gilbert, Chimie physique. I: Atomistique et liaison chimique. Paris: Masson. 1963. (386 S. m. 189 Abb.) 56 F.

Donald Crowther Gregg, Principles of chemistry. 2nd edit. Boston: Allyn. 1963. (716 S. m. Abb.) $ 8.25.

Albert Holderness, Inorganic chemistry. London: Heinemann. 1963. (VI + 146 S. m. Abb., Tab. u. Diagr.) 6 s.

Vladimir Il'ich Kogan, Problems in quantum mechanics. Translated from Russian. Englewood Cliffs (N.J.): Prentice-Hall. 1963. (369 S. m. Abb.) $ 11.35.

Albert Messiah, Quantum mechanics. Vol. I. Translated by G. M. Temmer. Vol. II. Translated by J. Potter. Amsterdam: Noord-Hollandsche U.M. 1963. I: (XV + 505 S. hfl. 28.50. II: (XV + 633 S.) hfl. 30.—.

István Náray-Szabó, Anorganische Chemie. Übersetzt aus dem Ungarischen von András Beliczay. Bd. 3. Berlin: Akademie-Verl.; Budapest: Akadémiai Kiadó, Verl. der Ungarischen Akademie der Wissenschaften. 1963. (669 S. m. 21 Abb.) 8⁰. DM 48,—.

Paul Pascal, Nouveau traité de chimie minérale. Tome XVII, 2ᵉ fasc.: Cobalt, nickel. Paris: Masson. 1963. (896 S. m. 143 Abb.) 173 F.

Paul Pastour und **André Marty,** Chimie générale. Paris: Dunod. 1963. (II + 245 S. m. Abb.) 8⁰. 12.60 F.

Clarence Harvey Sorum, Fundamentals of general chemistry. 2nd edit. Englewood Cliffs (N.J.): Prentice-Hall. 1963. (707 S. m. Abb.) $ 8.50.

J. Thewlis, Encyclopaedic dictionary of physics: general. nuclear, solid state, molecular, chemical, metal and vacuum physics, astronomy, geophysics, biophysics and related subjects. Vol. 8: Subject and author indexes. Oxford, London: Pergamon Press. 1963. (IX + 498 S.) 7 £ 10 s.

Cyril Warcup Wood, General science: chemistry. Oxford. London: Pergamon; New York: Macmilian. 1963. (VIII + 179 S. m. Abb., Tab. u. Diagr.) 12 s. 6 d.

A_1. Kernphysik und Kernchemie

Niels Bohr, On the constitution of atoms and molecules. København: Munksgaard. 1963. (54 + 78 S.) dkr. 36.50

G. F. Drukarew, Theorie des Zusammenstoßes der Elektronen mit Atomen. Moskau: Fismatgis. 1963. (219 S. m. Zeichng.) 73 Kop. [russ.]

A. J. Duivenstijn und **L. A. J. Venverloo,** Practical gamma spectrometry. Translated by G. du Cloux. Eindhoven: Centrex. 1963. (VIII + 148 S. m. Abb.) hfl. 17.50.

Kurt Schmeiser, Radionuclide. 2., völlig neu bearb. u. erw. Aufl. v. „Radioaktive Isotope". Berlin, Göttingen, Heidelberg: Springer. 1963. (XI + 282 S. m. 234 Abb.) 4⁰. DM 59,—.

Ivan Ulehla, Theory of the μ-meson. Praha: ČSAV. 1963. (34 S.) = Abhandlungen der ČSAV. Reihe der mathematischen und Naturwissenschaften. Jahrgang 73. Heft 5/1963. Kčs 2.50.

A_2. Optisches Verhalten der Materie

Mansel Davies, Infra-red spectroscopy and molecular structure. An outline of the principles. Amsterdam: Elsevier Publishing Cy. 1963. (XIII + 471 S.) hfl. 37.50.

L. A. Gribow, Die Theorie der Intensität in Infrarotspektren vielatomiger Moleküle. Moskau: Verl. der Akad. der Wiss. der UdSSR. 1963. (155 S. m. Zeichng.) 52 Kop. [russ.]

Josef Kuba, Koinzidenztabellen der Atomspektroskopie. Übersetzung aus dem Tschechischen. Praha: Verl. der Tschechoslowakischen Akademie der Wissenschaften. 1963. (888 S.) Kčs 49.—.

A_3. Elektrizität, Magnetismus, Elektrochemie

John B. Goodenough, Magnetism and the chemical bond. New York: Interscience dist. Wiley 1963. (XV + 393 S. m. Diagr. u. Tab.) = Interscience monographs on chem.: inorganic chem. sect., v.l. $ 12.50.

A_4. Thermodynamik, Thermochemie

Andrei Nikolaevich Nesmeianov, Vapor pressure of the elements; translated from the Russian by J. I. Carasso. London: Infosearch. 1963. (VI + 469 S. m. Abb., Tab. u. Diagr.) 5 £ 5 s.

A. N. Nesmeyanov, Vapor pressure of the chemical elements. Translated from the Russian by Scripta Technica. Amsterdam: Elsevier Publishing Cy. 1963. (XI + 467 S.) hfl. 52.50.

M. I. Schachparonow, Untersuchungsmethoden über die Wärmebewegung der Moleküle und den Aufbau von Flüssigkeiten. Moskau: Verl. der Moskauer Univ. 1963. (281 S. m. Zeichng.) 1 Rbl. 32.Kop. [russ.]

A_6. Strukturforschung

George Edward Bacon, Applications of neutron diffraction in chemistry. Oxford, London: Pergamon. 1963. (XI + 141 S. m. Tab. u. Diagr.) 42 s.

Frank Coles Phillips, An introduction to crystallography. 3rd. edit. London: Longmans. 1963. (IX + 340 S. m. Abb., Tab. u. Diagr.) 35 s.

A$_7$. Gleichgewichte, Kinetik

Gerhart Jander †, Hans Spandau und **C. C. Addison,** Hrsg., Chemie in nichtwäßrigen ionisierenden Lösungsmitteln. Bd. 4: Chemie in niederen Fettsäuren und ihren Derivaten von Kurt Heymann u. a. Berlin: Akademie-Verl. 1963. (XV + 313 S. m. 112 Abb. u. 109 Tab.) 8°. DM 48,—.

A. Ju. Namiot und **M. M. Bondarewa,** Die Löslichkeit von Gasen in Wasser unter Druck. Moskau: Gosstoptechisdat. 1963. (147 S. m. Zeichng.) 62 Kop. [russ.]

Zdeněk Spurný, Uvod do radiačni chemie. (Einführung in die Radiationschemie). Praha: NČSAV. 1963. (160 S.) Kčs 12.50.

H. Stephen und **T. Stephen,** Hrsg., Solubilities of inorganic and organic compounds. Vol. 1: Binary systems. Part 2. Oxford, London: Pergamon Press. 1963. (973 S. m. Tab.) 12 £ 10 s.

A$_8$. Präparative anorganische Chemie, Komplexverbindungen, Metallorganische Verbindungen

F. Ja. Kulba und **W. Je. Mironow,** Chemie des Thalliums (Komplexverbindungen). Leningrad: Gosschimisdat. 1963. (207 S. m. graph. Darst.) 76 Kop. [russ.]

L. E. Orgel, Chimie des métaux de transition. Théorie du champ des ligandes. Traduit de l'angl. par C. Troyanowsky. Paris: Dunod. 1963. (222 S. m. 66 Abb.) 19 F.

A$_9$. Mineralogische und geologische Chemie

Edwin Sherbon Hills, Elements of structural geology. London: Methuen. 1963. (III—XI + 483 S. m. Abb. u. Diagr.) 5 £ 5 s.

Frank Rutley, Elements of mineralogy. 25th edit. by H. H. Read. London: Murby. 1962. (X + 526 S. m. Abb., Tab. u. Diagr.) 20 s.

D. C. Scherphuis, Welk mineral is dat? Zutphen: W. J. Thieme & Cie. 1963. (154 S. m. Abb.) hfl. 6.50.

W. W. Schtscherbina, G. B. Naumow, Je. Ss. Makarow u. a., Grundlagen der Geochemie des Urans. Moskau: Verl. der Akad. der Wiss. der UdSSR. 1963. (352 S. m. Abb. u. Kart.; 3 Bl. Abb. u. Kart.) 2 Rbl. 30 Kop. [russ.]

B. Allgemeine und theoretische organische Chemie

Johanna Fruwert u. a., Ausgewählte physikalische Methoden der organischen Chemie. Bd. 2. Berlin: Akademie-Verl. 1963. (531 S. m. 152 Abb. u. 77 Tab.) 8°. DM 42,—.

Wilhelm Pritzkow, Theoretische Gesichtspunkte in der organischen Chemie. Dresden, Leipzig: Th. Steinkopff. 1963. (X + 266 S. m. 18 Abb. u. 88 Tab.) 8°. DM 26,40.

A. Swollou, Strahlenchemie organischer Verbindungen. Moskau.: Verl für ausl. Lit. 1963. (408 S. m. Abb.) 1 Rbl. 94 Kop. [russ.]

C. Präparative organische Chemie, Naturstoffe

Beilsteins Handbuch der organischen Chemie. 4. Aufl. Erg.-Werk 3, Die Literatur von 1930—1949 umfassend. Bd. 4, Teil 2. Herausgeg. vom Beilstein-Institut für Literatur der Organischen Chemie. Berlin, Göttingen, Heidelberg: Springer. 1963. (XXXIX + 2238 S.) 4°. DM 860,—.

Hans Beyer, Organic chemistry. Translated from the German by Edward Bowes Knott. Frankfurt/M., Zürich: Deutsch. 1963. Lizenz des VEB Edition Leipzig (XV + 761 S. m. 75 Abb. u. 5 Tab.) 8°. DM 38,—.

Frederick George Bordwell, Organic chemistry. New York: Macmillan; London: Collier-Macmillan. 1963. (XIII + 919 S. m. Tab. u. Diagr.) 84 s.

Arthur C. Cope, Hrsg., Organic reactions. Vol. 13. New York, London: Wiley. 1963. (VII + 382 S. m. Tab. u. Diagr.) 95 s.

Houben-Weyl, Methoden der organischen Chemie. 4., völlig neu gestaltete Aufl. Bd. VI, Teil 2: Sauerstoff-Verbindungen I. Stuttgart: Georg Thieme Verl. 1963. (XLVIII + 952 S. m. 4 Abb. u. 161 Tab.) 8°. DM 220,—.

Paul Karrer, Lehrbuch der organischen Chemie. 14., durchges. Aufl. Stuttgart: Thieme. 1963. (XX + 1057 S.) 4°. DM 60,—.

Jan Kovář, Miloš Hudlický und **Ivan Ernest,** Preparativni reakce v organické chemii VIII (Präparative Reaktionen in der Organischen Chemie, Bd. VIII (Molekulare Verschiebungen). Praha: Verl. der Tschechoslowakischen Akademie der Wissenschaften. 1963. (960 S.) Kčs. 87.—.

F. Mathis, Chimie organique. Paris: Delagrave. 1963. (392 S.) 38 F.

Robert Müller †, Organische Chemie. 7., verb. u. erg. Aufl. von **Hans Fürst** und **Wolfgang Kirsten.** Berlin: Verl. Volk und Gesundheit. 1963. (341 S. m. Abb.) 8°. DM 17,—.

Henri Normant, Chimie organique. Paris: Masson. 1963. (II + 454 S. m. Abb.) 8°. 56 F.

George A. Olah, Hrsg., Friedel-Crafts and related reactions. Vol. 1: General aspects. New York, London: Interscience. 1963. (XXXIV + 1031 S. m. Tab. u. Diagr.) 11 £.

G. W. Pokrowskaja und **W. Ss. Tschernow,** Organische Chemie. Moskau: Hochschulverl. 1963. (218 S. m. Abb.) 49 Kop. [russ.]

Ebenezer Emmet Reid, Organic chemistry of bivalent sulfur; vol. 5. New York: Chem. Pub. 1963. (461 S. m. Tab. u. Diagr.) $ 20,—.

Jaroslav Staněk u. a., Monosaccharides. 2. Aufl. Englisch; Übersetzung aus dem Tschechischen. Praha: NČSAV. 1963. (848 S. m. Abb. u. Tab.)

Jaroslav Staněk, Oligosaccharides. 2. Aufl. Übersetzung aus dem Tschechischen. Praha: Verl. der Tschechoslowakischen Akademie der Wissenschaften. 1963. (464 S.)

Walther Utermark und **Walter Schicke,** Melting point tables of organic compounds. 2nd, revised, and supplement edit. New York, London: Interscience. 1963. (XXXII + 715 S. m. Tab.) 8 £. 10 s.

Gordon Harlow Whitham, Alicyclic chemistry. London: Oldbourne. 1963. (119 S. m. Diagr.) 21 s.

L. Zechmeister, Hrsg., Fortschritte der Chemie organischer Naturstoffe. Bd. XXI. Wien: Springer-Verl. 1963. (VII + 362 S. m. 14 Abb.) 8°. DM 76,—.

D. Makromolekulare Chemie

F. G. R. Gimblett, Inorganic polymer chemistry. London: Butterworths. 1963. (IX + 452 S. m. Taf., Tab. u. Diagr.) 90 s.

Manfred Gordon, High polymers: structure and physical properties. 2nd edit. London: Iliffe. 1963. (158 S. m. 4 Taf., Tab. u. Diagr.) 35 s.

Donald Noel Hunter, Inorganic polymers. Oxford: Blackwell Scientific. 1963. (110 S. m. Tab. u. Diagr.) 25 s.

E$_1$. Allgemeine Biologie und Biochemie

Josef Koštíř, Allgemeine Biochemie. Jena: Gustav Fischer Verl. 1963. (XIV + 509 S. m. 24 Abb. u. 3 Taf.) DM 64,70.

E$_3$. Mikrobiologie, Bakteriologie, Immunologie

Eugen Haagen, Viruskrankheiten des Menschen. Bd. 1. Lfg. 5: (112 S. m. 9 Abb. u. 2 Tab.) Lfg. 6: (96 S. m. 2 Abb. u. 6 Tab.) Lfg. 7: (96 S. m. 15 Abb. u. 4 Tab.) Lfg. 8: (96 S. m. 5 Abb. u. 3 Tab.) Je DM 24,—. Darmstadt: Dietrich Steinkopff Verl. 1963.

E$_4$. Pflanzenchemie, Pflanzenphysiologie, Pflanzenpathologie

Kurt Mothes und **Hans-Botho Schröter,** Hrsg., 2. Internationale Arbeitstagung Biochemie und Physiologie der Alkaloide, Halle (Saale), 21. bis 25. Mai 1960. Tagungsbericht. Berlin: Akademie-Verl. 1963. (435 S. m. 77 Abb. u. 85 Tab.) = Abhandlungen der Deutschen Akademie der Wissenschaften zu Berlin, Klasse für Chemie, Geologie und Biologie, Jahrgang 1963 Nr. 4. DM 39,—.

R. Hegnauer, Chemotaxonomie der Pflanzen. Eine Übersicht über die Verbreitung und die systematische Bedeutung der Pflanzenstoffe. Bd. 2: Monocotyledoneae. Basel, Stuttgart: Birkhäuser Verl. 1963. 540 S. m. 9 Abb. u. 25 Tab.) = Chemische Reihe, Bd. 16, Lehrbücher und Monographien aus dem Gebiete der exakten Wissenschaften. sfr 98.—.

F. Pharmazeutische Chemie, Desinfektion

Ju. D. Goldowt, I. F. Urwanzew und **O. I. Tschikin,** Heilpräparate (Nachschlagewerk). 3. überarb. u. vervollst. Ausg. Minsk: Verl. der Akad. der Wiss. der Beloruss-SSR. 1963. (551 S.) 1 Rbl. 25 Kop. [russ.]

Robert S. Goodhart and **John C. Helenore,** Hrsg., Modern drug encyclopedia and therapeutic index. 9th edit. New York: Donnelley. 1963. (1765 S. m. Diagr.) $ 18,50.

—, British pharmacopoeia. 1963. London: Pharmaceutical P. 1963. (XXVIII + 1210 S. m. Tab. u. Diagr.) 5 s.

G. Analyse, Laboratorium

Ph. Albert, L'analyse par la radioactivation. Paris: Gauthier-Villars. 1963. (168 S.)

J. Badoz-Lambling u. a., Mises au point de chimie analytique organique, pharmaceutique et bromatologique. 11e série. Paris: Masson. 1963. (253 S. m. Abb.) 8°. 55 F.

Hans Ulrich Bergmeyer, Hrsg., Methods of enzymatic analysis. Weinheim: Verl. Chemie; New York, London: Academic P. 1963. (XXIII + 1064 S. m. Abb., 4 Taf., Tab. u. Diagr.) 10 £ 14 s. 6 d.

Laverne Stanfield Birks, Electron probe microanalysis. New York, London: Interscience. 1963. (IX + 253 S. m. Abb., Tab. u. Diagr.) = Chemical analysis series, vol. 17. 70 s.

Walter J. Blaedel, Elementary quantitative analysis, theory and practice. 2nd edit. New York: Harper. 1963. (964 S. m. Abb.) $ 9,60.

Bruno Breyer und **Henry H. Bauer,** Alternating current polarography and tensammetry. New York, London: Interscience. 1963. (XIX + 288 S. m. Abb., Tab. u. Diagr.) 90 s.

Gaston Charlot, L'analyse qualitative et les réactions en solution. 5e édit. Paris: Masson. 1963. (XII + 443 S. m. Abb.) 8°. 75 F.

Carl E. Crouthhamel, Hrsg., Analytical chemistry. 3. Part 4. Critical review of the analytical methods of the titanium, vanadium and chromium transition element groups, by Robert Z. Bachman u. Charles V. Banks. Oxford, New York, Paris: Pergamon Press. 1963. (V + 68 S.) 8° = Progress in nuclear energy. Series 9.

Charles M. Dozinel, Modern methods of analysis of copper and its alloys. Translation from the French by Stephanie L. Man. 2nd revised edit. Amsterdam: Elsevier Publishing Cy. 1963. (XVII + 291 S. m. Abb.) hfl. 40.—.

John E. Eastoe and **Albert Courts,** Practical analytical methods for connective tissue proteins. London: Spon. 1963. (XIV + 145 S. m. Tab. u. Diagr.) 42 s.

S. Kühnel Hagen, Systematisk kvalitativ Analyse. 4. opl. København: Gad. Indb. 1963. (92 S.) dkr. 23,75.

Jaroslav Heyrovský und **Petr Zuman,** Úvod do praktické polarografie. (Einführung in die praktische Polarographie). 3. Aufl. Praha: Verl. der Tschechoslowakischen Akademie der Wissenschaften. 1963. (288 S.) Kčs 25.—.

Rudolf Kaiser, Gas phase chromatography; translated from the German by P. H. Scott. Vol. 1: Gas chromatography. (VIII + 199 S. m. Abb., Tab. u. Diagr.) 42 s. Vol. 2: Capillary chromatography. (X + 120 S. m. Abb., Tab. u. Diagr.) 35 s. Vol. 3: Tables for gas chromatography. (IX + 162 S. m. Tab. u. Diagr.) 40 s. London: Butterworths. 1963.

Fred Warren McLafferty, ed., Mass spectrometry of organic ions. New York, London: Academic P. 1963. (XIII + 730 S. m. Tab. u. Diagr.) 8 £ 11 s. 6 d.

K. J. Metman and **H. F. W. Kleijn,** Anorganische analyse. Practicumhandleiding. Delft: Delftsche U.M. 1963. (264 S.) hfl. 25.—.

Alfred James Moses, Analytical chemistry of the actinide elements. Oxford, London: Pergamon Press. 1963. (VII + 137 S. m. 9 Taf., Tab. u. Diagr.) 45 s.

J. W. Copius Peereboom, Chromatographic sterol analysis as applied to the investigation of milk fat and other oils and fats. Wageningen: Centrum voor Landbouwpublikaties en Landbouwdocumentatie. 1963. (XI + 161 S. m. Abb.) = Verslagen van landbouwkundige onderzoekingen; no. 69.8. hfl. 11.25.

E. Rancke-Madsen, Analytisk Kemi. 4. opl. København: Gad. Indb. 1963. (241 S.) dkr. 30.—.

Ralph Stock und **Cedric Bertram Fitz Simons Rice,** Chromatrographic methods. London: Chapman & Hall. 1963. (VIII + 206 S. m. Taf., Tab. u. Diagr.) 40 s.

K. B. Wiberg, Techniques de laboratoire en chimie organique. Traduit de l'améric. par R. Perrin u. G. Jaouën. Paris: Dunod. 1963. (256 S.) 38 F.

Je. N. Winogradowa, S. A. Gallai, und **S. M. Finogenowa,** Polarographische und amperometrische Analysenmethoden. 2. verbess. u. vervollst. Ausg. Moskau: Verl. der Moskauer Univ. 1963. (299 S. m. Abb.) 66 Kop. [russ.]

H. Angewandte Chemie

H_1. Allgemeine chemische Technologie

Richard Bellman, Hrsg., Mathematics in science and engineering. Vol. 3: The optimal design of chemical reactors. A study in dynamic programming. Von Rutherford Aris. New York, London: Academic Press. 1961. (XI + 191 S. m. Abb.)

Engelbert Broda und **Thomas Schönfeld,** Die technischen Anwendungen der Radioaktivität. Bd. I. 3., verb. u. stark erw. Aufl. Leipzig.: Deutscher Verl. für Grundstoffindustrie. 1962. (372 S.) DM 32,50.

V. G. Jenson u. **G. V. Jeffreys,** Hrsg., Mathematical methods in chemical engineering. London, New York: Academic Press. 1963. (XI + 556 S. m. Abb. u. Tab.) 100 s.

André Tenot, Mécanique physique des fluides et thermodynamique appliquée, écoulements des gaz, vapeur, air, eau, huile. 1. Grandeurs fondamentales de la mécanique des fluides et les deux principes fondamentaux pour fluides. Paris: A. Blanchard. 1962. (167 S. m. Abb.) 30 F.

Hubert Titze, Elemente des Apparatebaues. Grundlagen. Bauelemente. Apparate. Berlin, Göttingen, Heidelberg: Springer-Verl. 1963. (302 S. m. 209 Abb. u. Tab.) DM 49,50.

H_3. Elektrotechnik

W. W. Baranowski und **Ja. L. Schugal,** Schichtplaste für elektrotechnische Zwecke. Moskau-Leningrad: Gossenergoisdat. 1963. (231 S. m. Abb.) 83 Kop. [russ.]

H_4. Wasser, Abwasser

Hans Liebmann, Handbuch der Frischwasser- und Abwasser-Biologie. Biologie des Trinkwassers, Badewassers, Fischwassers, Vorfluters und Abwassers. Bd. I. 2. Aufl. Jena: Gustav Fischer Verl. 1962. (XV + 588 S. m. 458 Abb. u. 21 Taf.) DM 78,—.

H_6. Silicatchemie, Baustoffe

A. N. Bardin, Die Technologie optischer Gläser. 3. überarb. u. vervollst. Ausg. Moskau: Hochschulverl. 1963. (519 S. m. Abb.) 1 Rbl. 4 Kop. [russ.]

A. M. Kusnetzow, Technologie der Bindemittel und der Bindemittelerzeugnisse. Moskau: Hochschulverl. 1963. (455 S. m. Abb.) 95 Kop. [russ.]

Hans Kühl, Der Baustoff Zement. Eine Einführung in die Herstellung und Verarbeitung. Berlin: Verl. für Bauwesen. 1963. (XIII + 399 S. m. 129 Abb. u. 29 Taf.) 8°. DM 35,—.

A. W. Wolshenski, Ju. Ss. Burow, B. N. Winogradow und **K. W. Gladkich,** Betone und Erzeugnisse aus Schlakken- und Aschezementen. (Bei Härtung in Dampfkammern und Autoklaven). Moskau: Gosstroisdat. 1963. (362 S. m. Abb.) 1 Rbl. 32 Kop. [russ.]

H_8. Metallurgie, Korrosion

R. Kieffer und **F. Benesovsky,** Hartstoffe. Wien: Springer-Verl. 1963. (XII + 602 S. m. 179 Abb.) 8⁰. DM 114,—.

Johannes Reiprich, Aluminium-Taschenbuch. 12., neubearb. u. wesentl. erw. Aufl. Herausgeg. von der Aluminium-Zentrale, Düsseldorf. Düsseldorf: Aluminium-Verl. 1963. (XVIII + 832 S. m. 384 Abb. u. 176 Taf.) 8⁰. DM 29,60.

Hermann Schumann, Metallographie. 4., verb. Aufl. Leipzig: Deutscher Verl. für Grundstoffindustrie. 1962. (611 S. m. 1012 Abb. u. 4 Taf.) DM 38,—.

—, Gußeisen. Handbuch für Gußerzeuger und Gußverbraucher. Aus dem Russischen übersetzt von Karl Uebrick. Leipzig: Deutscher Verl. für Grundstoffindustrie. 1963. (426 S. m. 344 Abb. u. 254 Tab.) 8⁰. DM 46,—.

H_{11b}. Plaste, Kunstharze, Plastische Massen

Waldemar Beyer, Glasfaserverstärkte Kunststoffe. 3., erg. u. erw. Aufl. München: Carl Hanser Verl. 1963. (129 S. m. 82 Abb. u. 10 Taf.) = Kunststoff-Verarbeitung. Folge 2. DM 9,80.

Carlowitz, Kunststoff-Tabellen. Teil I—XIV. Bensberg-Frankenforst: Fritz Schiffmann. 1963. (248 S.) DM 19,80.

Georg Haim, 25 Jahre Kunststoff-Schweißen. München: Carl Hanser Verl. 1963. (95 S. m. 52 Abb.) DM 12,80.

C. M. v. Meysenbug, Kunststoffkunde für Ingenieure. Das Fachwissen des Ingenieurs. München: Carl Hanser Verl. 1963. (188 S. m. 125 Abb. u. 20 Taf.) DM 19,80.

A. Rost, Verarbeitungstechnik der Epoxyd-Gießharze. München: Carl Hanser Verl. 1963. (132 S. m. 90 Abb. u. 10 Taf.) = Kunststoff-Verarbeitung. Folge 9 DM 17,80.

Irene Saechtling, Kunststoff-Lieferliste für Werkstatt und Betrieb. München: Carl Hanser Verl. 1963. (52 S.) DM 4,50.

Hansjürgen Saechtling, Die Herkunft der Kunststoffe. 3. völlig neubearb. Aufl. München: Carl Hanser Verl. 1963. (4 Taf. m. Erläuterungen u. Register) DM 6,80.

H_{16}. Nahrungs-, Genuß- und Futtermittel

N. I. Tkatschew, Plastische Massen und ihre Anwendung in der Back- und Hefeindustrie. Moskau: Pischtschepromisdat. 1963. (224 S. m. Abb.) 79 Kop. [russ.]

H_{17}. Fette, Seifen, Wasch- und Reinigungsmittel, Wachse, Bohnermassen usw.

H. P. Kaufmann, Neuzeitliche Technologie der Fette und Fettprodukte. 3. Lfg.: Die Gewinnung der Öle und Fette aus den Rohstoffen: Grundlagen und Pressung. Münster: Aschendorffsche Verlagsbuchhandlung. 1961. (IV + 167 S. m. Abb. u. Tab.) DM 25.—.

H_{18a}. Holz, Cellulose, Zellstoff, Papier, Papierdruck, Celluloid, Linoleum

Dietrich Hoyer, Handbuch der Karton- und Pappenherstellung. 1. Aufl. Leipzig: Fachbuchverl. 1963. (325 S. m. 200 Abb. u. 44 Tab.) DM 21.—.

H_{18b}. Textilfasern

Radko Krěma u. a., Textilverbundstoffe. Übersetzt aus dem Tschechischen. Leipzig: Fachbuchverl. 1963. (260 S. m. Abb. u. Tab.) DM 18.20.

H_{20}. Schieß- und Sprengstoffe, Zündmittel

Karlheinz Lohs, Nachweisgeräte für giftige Gase, Dämpfe und Staube. 2., überarb. u. erg. Aufl. Berlin: Deutscher Militärverl. 1962. (213 S.) DM 4,20.

Ralf Stöhr, Die chemischen Kampfstoffe. Eigenschaften, Wirkung, Schutzmöglichkeiten und Entgiftung. Berlin: Deutscher Militärverl. 1961. (227 S.) DM 6,50.

H_{21}. Leder, Gerbstoffe

B. Ja. Kipniss, W. N. Kolessnikow, D. W. Lerner u. a. Hrsg., Handbuch über die Herstellung von Kunstleder (in 2 Bd.). Bd. 1. Moskau: Gislegprom. 1963. (524 S.) 1 Rbl. 83 Kop. [russ.]

—, Chemisch-technische Untersuchungsmethoden für die Lederindustrie. 2. Aufl. Herausgeg. von E. Merck. Weinheim/Bergstr.: Verl. Chemie. 1958. (XVI + 238 S. m. 18 Abb.) 8⁰. DM 16.50.

H_{24}. Photographie

Gerhard Teicher, Hrsg., Handbuch der Fototechnik. Halle: Fotokinoverl. 1963. (893 S. m. 796 Abb. u. 94 Tab.) DM 59,—.

Anmerkung!

Die Bibliographienbeilagen erscheinen zwanglos und fortlaufend numeriert. Die Seiten der Beilagen sind mit B gekennzeichnet und werden durchpaginiert. Die Bibliographien werden für das Autorenregister und Sachregister ausgewertet.

Ausgewertete Bibliographie-Fachzeitschriften

Belgien	Bibliographie de Belgique — Belgische Bibliographie
ČSSR	Bibliography of Publications Dealing with the Polarography method [Praha] Bulletin — Die Neuesten Forschungsergebnisse der Tschechoslowakischen Wissenschaft Nové Knihy (Neue Bücher) Novinky (Neuheiten)
Dänemark	Danske Bogmarked
Deutschland	Börsenblatt für den Deutschen Buchhandel — Frankfurter Ausgabe Deutsche Bibliographie. Wöchentliches Verzeichnis. Ausgabe II. [Frankfurt/Main] Deutsche Nationalbibliographie. Reihe A: Neuerscheinungen des Buchhandels [Leipzig]
England	British National Bibliography
Frankreich	Bibliographie de la France
Griechenland	Greek Bibliography [Athen]
Italien	Bibliografia Nazionale Italiana
Niederlande	Nieuwsblad voor de Boekhandel
Österreich	Österreichische Bibliographie
Schweiz	Schweizer Buch. Serie A und Serie B
UdSSR	Bücherverzeichnis des Jahres Neue Bücher
USA	Publishers' Weekly

Namenregister

Ein vollständiger oder gekürzter Abdruck der Referate ist ohne Genehmigung der Redaktion und des Verlages verboten!

Patentregister

Amerikanische Patente (A.P.)

Nr.	Referat
2789071	2860
2830061	2031
2851417	2863
2851483	2695
2868855	2232
2872472	2237
2876865	2239
2880156	2167
2881217	2876
2882207	2256
2884452	2247
2886494	2256
2887483	1530
2890194	2481
2899294	2161
2899469	2443
2900044	2243
2901485	2351
2901489	1551
2905546	2160
2909563	2248
2910462	2858
2914571	2295
2916888	2233
2919234	2164
2938877	2466
2952680	1519
2954331	2183
2961403	2696
2963478	1524
2963479	1525
2963480	1526
2963481	1527
2964538	2001
2967209	1884
2970979*	2520
2971945*	2539
2973359	1522
2975180	1528
2977348*	2598
2979528	2698
2980701	1991
2981592	1876
2983567	2888
2986562	1533
2987805*	2196
2990243	1877
2993829	2000
2993883*	2514
2998429	1991
2998460	2022
3000695	1878
3002965	1532
3003848	1871
3003919	1853
3003965	2404
3004887	2013
3005787	2932
3005824*	1570
3008994	1996
3009855	2023
3012909	2002
3012910	2002
3013946	2004
3014073	2875
3017291	2731
3023095	1990
3023207	1995
3026213	2399
3027276	2890
3028425	2873
3029129	1874
3030176	1873
3031366	2909
3035065	1991
3036881	1868
3037058	2021
3037911	1536
3037976	1540
3038819	2005
3038918	1861
3039849	1852
3041141	1848
3041298*	2535
3042628	1851
3042723	1845
3043653	1870
3043664	1847
3043784	2736
3045044	1842
3046088	1864
3046131	2934
3046306	1513
3047389	2939
3047424	1862
3047435	2941
3047590	1539
3048637	2012
3049395	2730
3050391	2928
3050392	2940
3050541	1858
3051546	1846
3051547	1863
3051568	2948
3052539	2950
3052593	2729
3052709	2027
3053735	1542
3053899	1841
3054673	2933
3055889	2779
3057722	2951
3057723	2945
3057900	1860
3058827	2936
3059764	2910
3060092	1541
3060095	1537
3060127	1849
3060167*	2370
3061453	2944
3061507	2020
3061630	2018
3062643	2943
3062648	2952
3062649	2938
3062651	2935
3062652	2929
3062654	2937
3062674	2930
3062802*	2595
3063780*	2379
3065039*	2894
3065220*	2504
3066005*	2790
3066998*	2791
3068057*	2377
3068058*	2366
3069219*	2361
3070549*	2505
3071427*	2358
3071429*	2799
3071430*	2795
3072606*	2544
3072607*	2541
3072632*	2515
3074918*	2513
3075822*	2360
3075934*	2526
3076784*	2537
3077460*	2787
3078262*	2507
3078315*	2704
3079363*	2545
3079364*	2547
3079371*	2516
3081166*	2960
3081343*	2538
3082213*	2380
3084153*	2369
3509034*	2313

Australische Patente (Aust.P.)

Nr.	Referat
232393	2699
233355*	2036
235538*	2551
235544*	1567
235592*	1555
235658*	2546
235661*	1573
235663*	1577
235664*	1576
235679*	1572
235692*	1934
235756*	1568
235920*	1578
235921*	1579
235924*	1580
235925*	1581
235926*	1582
236699	1839
237025	1879
237065	1534
237115	2727
237277	2019
237572*	2195
237776*	2194

Belgische Patente (Belg.P.)

Nr.	Referat
547845*	2540
563324*	2543
568419*	2533
568581*	2592

Dänische Patente (Dän.P.)

Nr.	Referat
88733	2032

Auslegeschriften der Patentanmeldungen des Deutschen Patentamtes München (D.A.S.)

Nr.	Referat
1039546	1812
1103108*	2208
1110869	2471
1112601	2862
1112832	2462
1114034	2456
1118456	2484
1118971	2451
1121328	2460
1121333	2461
1121612	2271
1122256	2468
1122706	2463
1123112	2455
1123475	2467
1124477	2236
1124488	2295
1126615	2457
1127086	2501
1127591	2406
1127903	2857
1128660	2409
1130169	2579
1131013	2405
1131017	2472
1131217	2779
1134660	1814
1134909	2507
1137895	2028
1138169	1820
1138772	2272
1139496	2030
1140396	1992
1140776	2029
1140927	2241
1141130	2007
1141614	2347
1142802	1850
1143480	2348
1143483	2349
1144073	2185
1144411	1821
1145418	2006
1145420	2011
1145888*	2199
1145893*	2204
1146208	1819
1146475*	2864
1146483	2244
1146498	2292
1146880*	1588
1147543	2843
1147592	2308
1147817	2186
1147819*	2207
1148083	2166
1148084	2169
1148477	1927
1148953	2847
1149175	2165
1149288	1931
1149327	2445
1149476	2353
1149537	2171
1149842	2400
1149859	1998
1149937	1999
1150062	2260
1151126	2168
1151209	1929
1151334*	2370
1151339	2403
1151459	1926
1151708*	2200
1151791	2261
1151792	2282
1151936	2479
1151937	2395
1152217	2845
1152264	2444
1152388	2851
1152389	2861
1152534*	2503
1152535	2580
1152536	2491
1152537	2492
1152541	2477
1152542	2478
1152550	2164
1152779	2694
1152816	2489
1152933	1930
1152995	1822
1153003	2264
1153009*	2328
1153127	2402
1153161	2493
1153162	2486
1153166	2490
1153167	2582
1153169	2583
1153170	2487
1153222*	2203
1153355	2279
1153356	2285
1153518	2497
1153520	2449
1153521	2448
1153523	2458
1153524	2482
1153714*	2365
1153715*	2788
1153717*	2794
1153719*	2368
1153720*	2412
1153734	2263
1153738	2276
1153739	2246
1153741	2238
1153752	2854
1153849	2855
1153857*	2896
1153892	2494
1153900	2581
1153903	2476
1153904	2475
1153905	2450
1154028	1932
1154029	1933
1154067*	2792
1154081	2249
1154082	2251
1154084	2284
1154090	2265
1154092	2266
1154105	2496
1154121	2267
1154267	2587
1154271*	2536
1154273	2495
1154274	2578
1154275	2397
1154431*	2793
1154442	1813
1154451	2253
1154457	2848
1154459	2290
1154476	2441
1154478	2281
1154479	2283
1154593	2886
1154594*	2796
1154617	2488
1154624	2483
1154630	2473
1154636	2453
1154706	2310
1154753	1928
1154791*	2362
1154797	1816
1154798	2231
1154799	2350
1154802*	1591
1154803	2442
1154939*	2517
1154976	1815
1155104	2235
1155108	2250
1155123*	1586
1155128	2273
1155136	2289
1155140	2287
1155234*	2552
1155331*	2959
1155430	2252
1155442	2277
1155551*	2373
1155596	2480
1155675*	2957
1155753*	2359
1155777	2470
1155903	2459
1155904	2452
1155909	2485
1156010	2394
1156053	1823
1156054	1817
1156055	1818
1156191*	2380
1156237	2447
1445136	2347

Deutsche Patente [München] (D.B.P.)

Nr.	Referat
976435	2844
976502	2278
976508*	2789

Deutsche Patente (D.P.[DDR])

Nr.	Referat
16771*	1935
25337	2396
25391	2783
25736	2584

Deutsche Reichs-Patente (D.R.P.)

Nr.	Referat
753437	2309
757502	2259
765731	2258

Englische Patente (E.P.)

Nr.	Referat
803082	2466
821397	2857
825675	2237
832707	2732
858621*	1554
859245	1532
863443	2037
866054	2862
871883*	2527
873110*	2596
874362	1514
876122*	2336
876129*	2531
876226	2401
876962	2295
879050	1515
879950*	2528
880411	2008
881417*	2415
881420	2308
881521*	2333
883037*	2800
884954*	2206
887417*	2705
888968	1544
891436	1869
891879	2272
894752	1511
895440	1997
896192*	2911
897665*	2411
898353*	2371
899991	1535
901573	1883
902025	2010
902307	1880
902308	1881
902788	2733
903073	2949
903151*	2205
903926*	1585
904091	1550
905008*	2201
905217	2947
905853*	2202
905919	1875
905985	1855
905998	1843
905999	1844
907238*	2410
907463	1840
907522	1539
908639*	2312
908641*	2316
908767*	2319
908859*	2331
909056*	2320
909306*	1586
909369*	2550
909587	1994
910932*	2332
911837	1854
912404*	2525
913042	1543
913153*	2509
913684	1872
913766*	2530
914283*	2506
914461	1865
914525*	1560
915013*	2370
915622*	2532
915696*	1588
915697*	1588
916555*	2703
918396*	1559
919487*	2318
919554*	2512
920142*	2042
920501*	2508
921074*	2895
922585*	1561
923061*	1598
923386*	2524
923612*	1595
924414	2172
925326*	2367
926294*	2518
927897*	2523
928652*	2355
928992*	2798
931648*	2956
931794*	2801

Französische Patente (F.P.)

Nr.	Referat
69477	2174
70379	2700
1150236	2175
1150458	2180
1154395	2179
1155581	2176
1156037	2872
1159776	2693
1160597	2702
1161284*	2416
1166746	2177
1169831	2697
1170540	2701
1170875	1745
1172966	2852
1173427	1746
1174942	1747
1177034	2178
1186979	2862
1193242*	2039
1194078	2859
1210113	2586
1210820	2407
1213542	2454
1215940	2588
1219247	2474
1220949	2589
1221739	2591
1222065	2585
1222974	2230
1223906	2464
1225114	2590
1225567*	1888
1225637	2187
1228419	2577
1236734	2301
1237103	2017
1237706	2268
1237726	2306
1238624	2245
1238638	2286
1239243	2255
1239296	2850
1239523	2296
1239694	2288
1239702	2254
1239732	2234
1239849	2298
1239989	2274
1240008	2299
1240097	2272
1240131	2300
1240154	2294
1240284	2262
1240502	2240
1242703	2271
1243632	2783
1249131	2728
1249767	2353
1249838*	1887
1250683*	2330
1251235*	2326
1251342	2954
1252239*	2329
1252905*	2033
1254058*	2035
1255791*	1885
1259807*	2211
1261073*	2321
1261231*	2317
1261234*	2315
1261703*	2334
1261743*	2322
1263856*	2797
1266329*	2324
1266330*	2325

Nr.	Referat
1266422*	2041
1266474*	2335
1268782*	2354
1269057	2184
1269196	2173
1271331*	2197
1273368*	1589
1274200*	2210
1283022	2931
1283925	2946
1287849	2889
1289450	2735
1289463	2393
1291109	2408
1293072	2191
1295937	2942

Indische Patente (Ind.P.)

Nr.	Referat
67115*	2521
67134*	1564
67372*	1562
67410*	1593
67463*	1574
67687*	1824
67901	1548
67959*	1583
67972*	1600
68053*	1596
68062*	2311
68095*	1565
68126*	1566
68130*	1552
68369*	1556
68477	1521
68507	2849
68599	1547
68608*	1592
68654*	1597
68740*	1557
68757*	2040
68945*	1575
69036*	2534
69170	1545
69195*	1587
69198	2352
69406*	1590
69526*	1563
69528*	2364
69628	2780
69635*	2327
69671	1546
69929*	2542
69951*	2510
69958*	2522
69962*	2314
70088	2846
70648	1856
70924*	2193
73370*	2323
74839	1531

Israelische Auslegeschriften (Israel.A.S.)

Nr.	Referat
16256	1529
16858	1516

Italienische Patente (It.P.)

Nr.	Referat
522401	2190
527499	2871
527514	2346
527542	2781
527544	2734
527805	2874
527820	2345
527917	2344
527931	2893
527935	2297
527944	2782
527990	2853
528044	2502
528280	2786
535254	2856
555550	2887
555772	2892
560855	1882
561109	2891
562301	2784
562302	2785
562642	2188
562652	2499
562689	2280
562730	2778
562758	2162

Japanische Auslegeschriften (Jap.A.S.)

Nr.	Referat
13640/1961*	2414
14635/1961*	2529
14636/1961*	2593
14648/1961*	2554
14736/1961*	2511
14739/1961*	2549
14949/1961*	2548
15037/1961*	2597
15039/1961*	2599
15193/1961*	2594

Niederländische Patente (Niederl.P.)

Nr.	Referat
101035	2699
103105	2016
103204	2003
103333*	1889
103914*	2958
104120*	2034
104409*	1599
104433*	1569
104460*	1571
104461*	1553

Norwegische Patente (Norw.P.)

Nr.	Referat
98140	1510

Österreichische Patente (Oe.P.)

Nr.	Referat
204028*	2038
216524	1523
217048	1523
218021	1520
219341	1993
220639	2953
222279	1538
222459*	2198
222974*	2208
224445	2955
227350*	2378

Schweizer Patente (Schwz.P.)

Nr.	Referat
347517	1517
347518	1517
347519	1517
348161	2269
349607	2270
349608	2269
349857*	2209
350646	1517
351608	1518
354254*	2519
361349	2398
362882	2026
365163*	2371
365875*	2411
366545*	1558
367914*	2370
368571*	2912
368624*	2413
368786*	1886
368794*	1584
368809	2308
370049*	2357
370050*	2356
370180*	2375
370195*	1594
370240*	2553
370241*	2555
370511*	2374
370519*	2897
370741*	2376
370743*	2363
370744*	2372

Sowjetische Patente (UdSSR.P.)

Nr.	Referat
125996	2192
129195	1867
129329	2908
131349	2242
131351	1859
131591	2015
131761	1857
132621*	1825
133730	2181
133731	2189
133863	2446
133865	2275
133869	1866
133871	2293
133894	2465
134021	2469
134082	2009
134220	2159
134258	2291
134265	2302
134267	2305
134268	2304
134269	2303
134419	2498
134422	2163
134424	2182
134426	2170
134617	2500

Tschechoslowakische Patente (Tschech.P.)

Nr	Referat
97696	2257
98209	2025
99352	2014
99353	2024

Ungarische Patente (Ung.P.)

Nr	Referat
150739	1549
150897	1512

CHEMISCHES ZENTRALBLATT

Nr. 19 · 13. Mai 1964
Referat 0001–2960
Seite 1–288

Geschichte, Unterricht

0001 **E. Schulek.** J. Laszlovszky. (Talanta [London] **10,** 429–31, 1963; engl.) — Lebenslauf u. Würdigung der wissenschaftlichen Arbeiten von Prof. Elemér Schulek, Direktor des Inst. für anorgan. u. analyt. Chemie der L.-Eötvös-Univ. in Budapest, anläßlich seines 70. Geburtstages. Gerhard Schulze 1◇

0002 **Nikolaj Ssemenowitsch Kurnakow.** Ss. S. Makarow. (Nachr. Akad. Wiss. UdSSR, Abt. chem. Wiss. **1960,** 2073–79; russ.) — Würdigung der Arbeiten des Physikochemikers N. Ss. Kurnakow, bes. auf dem Gebiete der Legg., Chemie der Platinmetalle, Komplex-Verbb. u. physikal.-chem. Analyse, anläßlich der 100. Wiederkehr seines Geburtstages am 24/11. 1960. — Bild. J. Lehmberg 1□

0003 **William Allen Miller: ein Pionier der Sternspektroskopie.** Fred Trusell. (J. chem. Educat. **40,** 612–13, 1963; Lubbock, Tex., Texas Technol. Coll.; engl.) — Würdigung des Werks des Professors für Chemie am King's College in London (geb. 17/12. 1817 in Ipswich; gest. im Sept. 1870). — Bild. A. Blaschette 1◇

0004 **Geschichte der analytischen Chemie in Ungarn.** F. Szabadváry. (Talanta [London] **10,** 433–38, 1963; Budapest, TU, Inst. für allg. Chem.; dt.) — Histor. Überblick. — 17 Literaturangaben. Gerhard Schulze 2◇

0005 **Die großen Entdeckungen auf dem Gebiet der analytischen Chemie im Jahr 1863.** Clément Duval. (Chim. analytique **45,** 617–22, 1963; E.N.S.C.P., Labor. de Rech. Microanal.; franz.) — 74 Literaturangaben. A. Blaschette 2◇

0006 **Metallurgische Untersuchung über altertümliche Eisengegenstände.** Kazuo Horikawa und Yoshinobu Umezawa. (Tetsu to Hagané [J. Iron Steel Inst. Japan] **48,** 134–42, 1962; jap., Auszug: engl.) — Unterss. über altertümliche Fe-Gegenstände aus japan. Tempeln zeigen, daß deren chem. Zus., Einschlüsse u. Härte fast den Werten der altertümlichen Nägel entspricht. Der *C*-Geh. gußeiserner Gegenstände ist höher u. der *P*-Geh. etwas niedriger als bei heutigen Proben. Die Geh. an *Si*, *Mn* u. *S* sind recht gering. Eine Wechselbeziehung zwischen Qualität u. Alter der Proben konnte nicht eindeutig festgestellt werden. Jedoch scheinen die Prodd. um so reiner zu sein, je älter sie sind. W. Wesly 2◇

0007 **Schottisches Gold.** F. Bell. (Chem. and Ind. **1963,** 1270–72; engl.) — Beschreibung der histor. Goldgewinnung in Schottland aus den Flußsanden. Die Menge ist so gering, daß ein Abbau heute nicht lohnt. F. Ensslin 2◇

0008 **Eintausend Jahre Koschenille: eine verlorengegangene, aber traditionelle mexikanische Industrie auf ihrem Wege zur Rückkehr.** N. Pelham Wright. (Amer. Dyestuff Reporter **52,** 25–29, 1963; Mexico; engl.) — Histor. Überblick u. Ausblick für ein neues Erblühen dieser Industrie. D. Hoene 2◇

0009 **Zeitbegriffe in der Chemie.** O. T. Benfey. (J. chem. Educat. **40,** 574–77, 1963; Richmond, Ind., Earlham Coll.; engl.) — Übersicht über die histor. Entw. des Zeitbegriffs in der Chemie im Hinblick auf die Einführung der Rk.-Kinetik im Unterricht. A. Blaschette 6◇

0010 **Kinetik — früh und oft.** J. A. Campbell. (J. chem. Educat. **40,** 578–83, 1963; Claremont, Calif., Harvey Mudd Coll.; engl.) — Prakt. Hinweise für die Behandlung der Rk.-Kinetik im Unterricht. A. Blaschette 6◇

0011 **Eine Einführung in die Kinetik auf der Grundlage von Elementarvorgängen.** Richard M. Noyes. (J. chem. Educat. **40,** 584–86, 1963; Eugene, Oreg., Univ. of Oregon; engl.) — Prakt. Hinweise für die Gestaltung des Unterrichts. A. Blaschette 6◇

0012 **Chemische Kinetik im Praktikum und in der Vorlesung.** Robert E. Connick. (J. chem. Educat. **40,** 587–89, 1963; Berkeley, Calif., Univ. of California; engl.) A. Blaschette 6◇

0013 **Ein Praktikumsprogramm über chemische Kinetik.** James E. Finholt. (J. chem. Educat. **40,** 589–91, 1963; Northfield, Minn., Carleton Coll.; engl.) A. Blaschette 6◇

0014 **Statische und kinetische Messung einer Gleichgewichtskonstante. Ein Versuch aus der physikalisch-anorganischen Chemie.** Doyle Britton und Z. Z. Hugus jun. (J. chem. Educat. **40,** 607–10, 1963; Minneapolis, Minn., Univ. of Minnesota; engl.) — Beschreibung von Praktikums-Verss. über das Syst. $H_3AsO_4 + 3\,J^- + 2\,H^+ \rightleftharpoons H_3AsO_3 + J_3^- + H_2O$. A. Blaschette 6◇

0015 **Lehrbuchirrtümer.** 47. Mitt. **Über Wasserstoffbindungen.** Jerry Donohue. (J. chem. Educat. **40,** 598–99, 1963; Los Angeles, Calif., Univ. of Southern California; engl.) — Hinweise auf in Lehrbüchern verbreitete falsche Angaben über die geometr. Verhältnisse in Syst. mit H-Brückenbindungen (z. B. $CuSO_4 \cdot 5\,H_2O$, Maleinsäure, Eis). A. Blaschette 6◇

A. Allgemeine, physikalische und anorganische Chemie

0016 **Gebundene Zustände durch reine abstoßende Kräfte.** J. Osada, Y. Hama und D. M. Redondo. (Nuovo Cimento [10] **28,** 1337–41, 1963; São Paulo, Univ. of São Paulo, FFCL, Dep. of Phys.; engl.) — Unters. zur Frage, ob in einem Syst. von vielen Fermionen, die durch rein abstoßende Potentiale in Wechselwrkg. stehen, für ein Paar von Teilchen die Bldg. einer Art gebundenen Zustandes möglich ist, wenn die Dichte des Syst. hinreichend groß ist. Herbert Weber 10◇

0017 **Eine disperse Formulierung des Levinson-Theorems.** B. Bosco. (Nuovo Cimento [10] **26,** 342–50, 1962; Princeton, N.J., Inst. for Advanced Study; engl.) — Die Aussage des Levinson-Theorems über die Beziehung zwischen Streuphasenverschiebung u. der Zahl der gebundenen Zustände wird unter Verw. einer Beziehung zwischen nichtphysikal. Diskontinuität der Streuamplitude, dem gebundenen Zustand u. der Bindungsenergie in eine dispersive Formulierung umgeformt. H. Schroeder 10◇

0018 **Variationsprinzipien für einen beliebigen Operator.** 2. Mitt. **„Off-diagonal"-Elemente und Streuzustände.** L. M. Delves. (Nuclear Physics [Amsterdam] **45,** 313–20, 1963; Kensington, NSW, Australia, Univ. of New South Wales, Appl. Math. Dep.; engl.) — 1. vgl. C. **1963,** 14904. — Die Ergebnisse der erweiterten Theorie können direkt auf die Lsgg. der Schrödinger-Gleichung für den gebundenen Zustand angewandt werden. Variationsprinzipien werden für Matrixelemente zwischen zwei Streuzuständen u. zwischen Streu- u. gebundenen Zuständen abgeleitet. H. Schroeder 10◇

A_1. Kernphysik und Kernchemie

0019 **Über μ-Mesonengruppen in der Nähe der Achse von atmosphärischen Schauern.** Ju. N. Wawilow, G. I. Pugatschewa und W. M. Fedorow. (J. exp. theoret. Physik [UdSSR] **44,** 487–92, 1963; Physikal. Lebedew-Inst. der Akad. der Wiss. der UdSSR; russ., Auszug: engl.) — Vff. suchten nahe der Achse von ausgedehnten Luftschauern mit einer Teilchenzahl von $10^3 \leqq N \leqq 10^5$ enge Gruppen von μ-Mesonen. Falls μ-Mesonengruppen mit einem Durchmesser $\leqq 8$ cm existieren, ist ihre Frequenz im Vgl. zu den Angaben von Wernow um das 70fache kleiner. Zwischen μ-Mesonen, die in einem Abstand von $\lesssim 0{,}3$ m aufeinanderfolgen, besteht keine genet. Beziehung. G. Ewald 85◇

0020 **Suche nach neutrinolosem kohärentem Kerneinfang von μ^--Mesonen.** G. Conforto, M. Conversi, L. di Lella, G. Penso, C. Rubbia und M. Toller. (Nuovo Cimento [10] **26,** 261–82, 1962; Roma, Univ., Ist. di Fis.;

Sez. di Roma dell' INFN; Geneva, CERN; engl.) — Die Ergebnisse eines sehr empfindlichen Experiments mit dem CERN-Synchrocyclotron zur Auffindung der neutrinolosen Konversion eines Myons in ein Elektron ($\mu^- + N = N + e^-$ mit N = Cu-Kern) werden diskutiert. Nur 4 von ca. $2{,}4 \cdot 10^9$ abgestoppten μ^--Mesonen erzeugte Ereignisse können einem solchen Vorgang zugeschrieben werden. Dies entspricht einem Verzweigungsverhältnis zum normalen Zerfall von $< 2{,}2 \cdot 10^{-7}$ (90% Vertrauensbereich). H. Schroeder 90◇

0021 **Experimentelle Prüfung der Spinabhängigkeit der Myoneneinfang-Wechselwirkung und Beweis für ihren (F-GT)-Charakter.** G. Culligan, J. F. Lathrop, V. L. Telegdi, R. Winston und R. A. Lundy. (Physic. Rev. Letters **7**, 458—60, 1961; Chicago, Ill., Univ., Enrico Fermi-Inst. for Nucl. Stud.; engl.) — LiF wurde einem Myonenstrahl ausgesetzt. Mittels eines fl. Scintillators wurden die neutralen Prodd. des Einfangs in ^{19}F nachgewiesen. Aus der Zeitabhängigkeit der Raten, mit welcher Neutronen u./oder Kern-γ-Strahlung emittiert werden, kann die Spinabhängigkeit ermittelt werden. Der μ^--Einfang ergab sich als spinabhängig. Die abs. Raten sowie die Spinabhängigkeit entsprechen der universellen (V—A)-Wechselwirkung. M. Wiedemann 90□

0022 **Aus der Photoerzeugung von Pionen aus Kernen folgende Kernpolarisation.** 1. Mitt. G. Ramachandran und V. Devanathan. (Nuclear Physics [Amsterdam] **48,** 369—74, 1963; Madras, India, Inst. of Math. Sci.; Univ. of Madras, A. C. Coll. of Technol.; engl.) — Die in dem Restkern der Rk. $\gamma + {}^{29}Si \to \pi^- + {}^{29}P$ erzeugte Polarisation ist eine empfindliche Funktion der Löschung der magnet. Nucleonenmomente. Die Berechnung wurde mit einer Impulsapproximation ausgeführt unter Verw. der Amplituden von Chew u. Mitarbeitern. Das Ergebnis ist unabhängig von der Kernwellenfunktion. Eine Erweiterung der Meth. auf komplexere Probleme wird gezeigt. P. Sliwinski 90◇

0023 **Benutzung von analytischen Eigenschaften der Proton–Proton-Streuamplitude für die Bestimmung der Nucleon–Meson-Kopplungskonstante.** V. I. Lendyel und B. M. Ernst. (Nuclear Physics [Amsterdam] **44,** 173—75, 1963; Uzhgorod, Ukraine, USSR, Univ. of Uzhgorod; engl.) — Die N-π-Kopplungs-Konst. f^2 wurde zu $0{,}071 \pm 0{,}011$ ermittelt. Herbert Weber 90◇

0024 **Resonanzstruktur des Pion–Nucleon-Systems.** P. Carruthers. (Physic. Rev. Letters **10,** 538—39, 1963; Ithaca, N.Y., Cornell Univ., Labor. of Nucl. Stud.; engl.) — Vorschlag eines dynam. Mechanismus für eine Spin–Bahn-Kraft. Herbert Weber 90◇

0025 **Dynamische Basis für Regge-Trajektorien im Pion–Nucleon-System.** P. Carruthers. (Physic. Rev. Letters **10,** 540—43, 1963; engl.) — Vgl. vorst. Referat. Herbert Weber 90◇

0026 **Elastische $\pi^+ + $p-Streuung von 7—17 GeV/c.** K. J. Foley, S. J. Lindenbaum, W. A. Love, S. Ozaki, J. J. Russell und L. C. L. Yuan. (Physic. Rev. Letters **10,** 543—46, 1963; Upton, N.Y., Brookhaven Nat. Labor.; engl.) — Messung differentieller Querschnitte u. Vgl. mit der Regge-Pol-Theorie. Herbert Weber 90◇

0027 **Asymptotische elastische Pion–Pion-Streuamplitude.** Robert L. Zimmerman. (Physic. Rev. [2] **131,** 2704—09, 1963; Seattle, Wash., Univ. of Washington; engl.) — Berechnungen für hohe Energien u. kleine Impulsübertragungen. Herbert Weber 90◇

0028 **Über die elastische $\pi\pi$-Streuung bei hohen Energien.** W. I. Nikanorow. (J. exp. theoret. Physik [UdSSR] **44,** 1124—25, 1963; Dubna, Verein. Inst. für Kernforsch.; russ.) — Vf. berechnete die differentiellen Querschnitte der elast. $\pi\pi$-Streuung bei $s_{\pi\pi} = 2{,}0$ u. 14,4 GeV^2. Im ersten Fall ist die Streuung fast isotrop. Der Gesamtquerschnitt der $\pi\pi$-Wechselwrkg. wurde zu $\sigma_{tot.} = 15$ mb berechnet. G. Ewald 90◇

0029 **Experimenteller Beweis für π–π-Streuung nahe der ϱ- und f^0-Resonanzen aus $\pi^- + p \to \pi + \pi +$ Nucleon bei 3 GeV/c.** Vorl. Mitt. V. Hagopian und W. Selove. (Physic. Rev. Letters **10,** 533—35, 1963; Philadelphia, Pa., Univ. of Pennsylvania; engl.) Herbert Weber 90◇

0030 **$\pi\pi$-Wechselwirkungen bei Mehrfacherzeugung von π-Mesonen bei πp-Stößen.** M. Ss. Ainutdinow, Ss. M. Sombkowski, Ss. Ja. Nikitin, Ja. M. Sselektor und W. N. Schuljatschenko. (J. exp. theoret. Physik [UdSSR] **43,** 1543—46, 1962; Inst. für theoret. u. exp. Phys. der Akad. der Wiss. der UdSSR; russ., Auszug: engl.) — In einer Unters. von $\pi\pi$-Wechselwrkg. bei π^--p-Stößen (7,2 GeV) wurden Resonanzzustände für 2 π-Mesonen der gleichen Ladung u. der Massenwerte von 0,33, 0,44, 0,58, 0,76 u. 0,99 GeV gefunden. Ähnliche Resonanzen ergaben sich für $\pi^+\pi^-$- u. $\pi^-\pi^0$-Syst. bei den gleichen Massenwerten. (Annahme über die Möglichkeit der Isotopen- u. mechan. Spinentartung bei starken Wechselwirkungen.) P. Sliwinski 90◇

0031 **Der Gesamtquerschnitt der π^--p-Reaktion bei einer Energie der π^--Mesonen von 276 MeV.** T. D. Blochinzewa, W. G. Grebinnik, W. A. Shukow, G. Libman, L. L. Nemenow, G. I. Sseliwanow und Shun-fan Juan. (J. exp. theoret. Physik [UdSSR] **44,** 498—99, 1963; Dubna, Verein. Inst. für Kernforsch.; russ., Auszug: engl.) — Verwendet wurde eine in einem Magnetfeld befindliche H$_2$-Blasenkammer. Unter 6000 Aufnahmen wurden 5 Fälle der Rk. $\pi^- + p \to \pi^- + \pi^+ + n$ u. ein Fall der Rk. $\pi^- + p \to \pi^- + \pi^0 + p$ gefunden. Die Querschnitte dieser Rkk. betragen: $\sigma_1 = 0{,}4^{+0{,}2}_{-0{,}3}$ u. $\sigma_2 = 0{,}08 \pm 0{,}08$ mb. G. Ewald 90◇

0032 **Unelastische Wechselwirkungen von 11,4-GeV/c-π^--Mesonen in Wasserstoff.** T. Ferbel und H. Taft. (Nuovo Cimento [10] **28,** 1214—27, 1963; New Haven, Conn., Yale Univ.; Upton, N.Y., Brookhaven Nat. Labor.; engl.) — Erzeugungsquerschnitte u. Winkelverteilungen von Λ u. K^0-Teilchen, die durch 11,4-GeV/c-π^--Mesonen in einer Blasenkammer erzeugt werden, wurden gemessen. Herbert Weber 90◇

0033 **Die Isosingulett-Mesonenreihe.** Takehiko Takabayasi und Yoshio Ohnuki. (Progr. theoret. Physics [Kyoto] **30,** 272—73, 1963; Nagoya, Nagoya Univ., Dep. of Phys.; engl.) — Unters. zur T=Y=0-Reihe von Mesonen (η, ω, φ, f). Herbert Weber 90◇

0034 **Bemerkung über unitäre Symmetrie in der „Bootstrap"-Methode.** Ryuji Kawamura, Nobuhiko Mishima und Minoru Monda. (Progr. theoret. Physics [Kyoto] **30,** 268—71, 1963; Tokyo, Tokyo Metropolitan Univ., Dep. of Phys.; Tokyo, Tokai Univ., Dep. of Phys.; engl.) — Unters. über Boson–Boson-Resonanzen, wobei π, η, K, ϱ, ω u. K* eine näherungsweise geschlossene Untergruppe bilden können. Herbert Weber 90◇

0035 **Unitäre Symmetrie und leptonische Zerfälle.** Nicola Cabibbo. (Physic. Rev. Letters **10,** 531—33, 1963; Geneva, Switzerland, CERN; engl.) — Analyse von lepton. Zerfällen auf der Grundlage der unitären Symmetrie für starke Wechselwrkg. (Achtfach-Darst. von SU$_3$) u. der V–A-Theorie für schwache Wechselwirkungen. Verzweigungsverhältnisse für Λ, Σ^-, Ξ^- u. Ξ^0 werden untersucht. Herbert Weber 90◇

0036 **Leptonische Hyperonenzerfälle und unitäre Symmetrie.** John M. Cornwall und Virendra Singh. (Physic. Rev. Letters **10,** 551—53, 1963; Pasadena, Calif., California Inst. of Technol.; engl.) — Unters. nach dem Schema des „Achtfach-Weges". Herbert Weber 90◇

0037 **Bosonen-Eigenzustände in verallgemeinerter Feldtheorie.** H. C. Corben. (Physic. Rev. Letters **10,** 555—57, 1963; Los Angeles, Calif., Space Technol. Labor., Inc.; engl.) — Die vom Vf. früher (Proc. nat. Acad. Sci. USA **48,** [1962], 1559) vorgeschlagenen verallgemeinerten Kemmer- u. Dirac-Gleichungen wurden bzgl. ihrer möglichen Bedeutung für Teilchen u. Resonanzen von Spin 0, 1 u. 2 untersucht. Herbert Weber 90◇

0038 **Hyperladungsunabhängigkeit, Resonanzen und Querschnitte für energiereiche elastische Streuung.** V. S. Mathur und R. P. Saxena. (Nuclear Physics [Amsterdam] **48,** 519—23, 1963; Delhi, Univ. of Delhi, Dep. of Phys.; engl.) — Die Hyperladungsunabhängigkeit der elektromagnet. Wechselwrkg. wird für ein Klassifikationsschema neu entdeckter Resonanzen verwendet. Ausgehend von der Mutmaßung, daß das Photon eher ein Elementarteilchen als ein Regge-Pol ist, werden Beziehungen zwischen energiereichen elast. Streuquerschnitten hergeleitet. Als Folge werden die energiereichen Grenztheoreme von Pomeranchuk u. Gell-Mann angegeben. P. Sliwinski 90◇

0039 **Wesentliche Singularität einer Partialwellenamplitude.** Joseph V. Lepore und Robert J. Riddell jun. (Physic. Rev. Letters **10**, 550—51, 1963; Berkeley, Calif., Univ. of California, Lawrence Radiat. Labor.; engl.) — Unters. des Problems der Auffindung von Regge-Polen. Herbert Weber 90◇

0040 **Ein Modell allgemeiner schwacher Wechselwirkung.** E. M. Lipmanow. (J. exp. theoret. Physik [UdSSR] **43**, 893—99, 1962; Wolgograd, Pädagog. Inst.; russ., Auszug: engl.) — Es wird ein Modell schwacher Wechselwrkg. konstruiert, in dem Teilchen, die nicht starker Wechselwrkg. unterliegen, Schizonen-Eigg. besitzen. Die experimentelle Nachw.-Möglichkeit neuer schwerer, geladener Leptonen, die sich aus diesem Modell ergeben, wird diskutiert. H. Liepack 90◇

0041 **Theorie von schwachen Wechselwirkungen zwischen Baryon und Pion.** Seitaro Nakamura. (Progr. theoret. Physics [Kyoto] **30**, 207—13, 1963; Tokyo, Univ. of Tokyo, Dep. of Phys.; Nihon Univ.; engl.) — Vorschlag einer Wechselwrkg.-Hamilton. mit Unters. der nichtlepton. Hyperonenzerfälle. Herbert Weber 90◇

0042 **Unelastische Wechselwirkungen von Teilchen hoher Energie in den renormalisierten Theorien der starken Wechselwirkungen.** I. F. Ginsburg. (J. exp. theoret. Physik [UdSSR] **44**, 500—13, 1963; Inst. für Math. u. Rechenzentrum der Sibir. Abt. der Akad. der Wiss. der UdSSR; russ., Auszug: engl.) — Aus den renormalisierten Theorien wird eine Entw. der Green-Funktionen u. der differentiellen Querschnitte von unelast. Stößen in eine Reihe nach der reziproken Größe der Energie 1/s abgeleitet. Der Anwendungsbereich der Resultate ist größer als der des gewöhnlichen Polmodells der peripheren Stöße. G. Ewald 90◇

0043 **Eine phänomenologische Untersuchung von Stößen sehr hoher Energie. Winkelverteilung der Sekundärteilchen in Jets.** O. Czyżewski und A. Krzywicki. (Nuovo Cimento [10] **30**, 603—21, 1963; Geneva, CERN; engl.) — Theoret. Unters. der experimentellen Daten über Winkelverteilungen von Sekundärteilchen in Jets vom Standpunkt eines Modells, das eine Idealisierung multiperipherer Modelle darstellt. Die statist. Eigg. der Verteilung werden nach der Monte-Carlo-Meth. untersucht. Gerhard Schmidt 90◇

0044 **Über die Trennung peripherer und zentraler Stöße bei hochenergetischen Wechselwirkungen.** H. W. Meier. (Ann. Physik [7] **11**, 394—404, 1963; Zeuthen, Dt. Akad. der Wiss. zu Berlin, Forschungsstelle für Phys. hoher Energien; dt.) — Die Trennung läuft auf eine Abspaltung der Ereignisse hinaus, bei denen die Winkelverteilung der erzeugten π-Mesonen im π-Nucleon-Schwerpunkts-Syst. isotrop ist. Als Parameter zur Unterscheidung der peripheren u. zentralen Stöße dient der Lorentz-Faktor des Schwerpunkts-Syst. der geladenen π-Mesonen. Die Meth. wird auf die π-Nucleon-Wechselwrkg. bei 7,5 GeV/c angewendet. Hierdurch ist es möglich, die Winkel- u. Impulsverteilungen der Sekundärteilchen für die peripheren u. zentralen Stöße getrennt zu betrachten. Bei den peripheren Stößen liegt Isobaren-Bldg. vor. H. Jehne 90◇

0045 **Suche nach geladenen Teilchen mit einer Ruhemasse zwischen denen des Elektrons und Myons.** D. H. Coward, B. Gittelman, H. L. Lynch und D. M. Ritson. (Physic. Rev. [2] **131**, 1782—86, 1963; Stanford, Calif., Stanford Univ., High-Energy Phys. Labor.; engl.) — Mit dem 1-GeV-Elektronenbeschleuniger wurde nach einer elektromagnet. Paarerzeugung von einfach geladenen Teilchen („Submyonen") mit Ruhemassen zwischen m_e u. m_μ gesucht. Nach den Ergebnissen erscheint es unwahrscheinlich, daß solche Teilchen existieren. Herbert Weber 90◇

0046 **Kovariante statistische Behandlung der Antiprotonenvernichtung.** J. McConnell und J. Shapiro. (Nuovo Cimento [10] **28**, 1272—93, 1963; New York, N.Y., Fordham Univ., Phys. Dep.; engl.) — Frühere experimentelle Ergebnisse für $\bar{p}p$-Vernichtung werden benutzt, um Wechselwrkg.-Vol. für Pionen u. Kaonen zu bestimmen. Die so erhaltene Information wird benutzt, um Voraussagen für die Erzeugung von Elementarteilchen (ausschließlich Isobaren) für $\bar{p}$-Impulse von 3, 6 u. 9,14 GeV/c zu machen. Herbert Weber 90◇

0047 **Die auf die monoenergetische Boltzmann-Gleichung angewandte Variationsmethode.** 1. Mitt. G. C. Pomraning und M. Clark jun. (Nuclear Sci. Engng. **16**, 147—54, 1963; Cambridge, Mass., MIT, Dep. of Nucl. Engng.; engl.) — Hinweis auf die Möglichkeit, den monoenerget. Neutronentransport dadurch zu charakterisieren, daß eine Lagrangesche für die Boltzmann-Gleichung geschrieben wird. Gerhard Schmidt 90◇

0048 **Die auf die monoenergetische Boltzmann-Gleichung angewandte Variationsmethode.** 2. Mitt. G. C. Pomraning und M. Clark jun. (Nuclear Sci. Engng. **16**, 155—64, 1963; engl.) — 1. vgl. vorst. Referat. — Transformierung der Boltzmann-Gleichung u. Aufbau der entsprechenden Lagrangeschen. Gerhard Schmidt 90◇

0049 **Eine Anwendung einer neuen Methode zur Lösung der Gruppendiffusionsgleichungen auf eine zylindrische Flußfallenanordnung mit spontaner Spaltquelle.** Timo Toivanen. (Nuclear Sci. Engng. **16**, 176—85, 1963; Otaniemi, Finland, Inst. of Techn. Phys.; engl.) — Umwandlung der Gruppendiffusionsgleichungen im Falle eines unendlichen Reflektors in ein Syst. von Integralgleichungen mit Hilfe Greenscher Funktionen. Gerhard Schmidt 90◇

0050 **Zweigruppen-Albedotheorie und ihre Anwendung bei Berechnungen von Temperaturkoeffizienten.** Alan Jacobs. (Nuclear Sci. Engng. **6**, 147—51, 1959; University Park, Pa., Pennsylvania State Univ.; engl.) — Für den PSR-Reaktor als Modell werden Gleichungen für die Temp.-Koeff. der Kritikalität abgeleitet, in denen der Kritikalitätsfaktor explizit auftritt. T. Tamberg 90◇

0051 **Einige Bemerkungen zum Einfluß einer nichtgleichmäßigen Temperaturverteilung auf die Temperaturabhängigkeit der Resonanzabsorption.** Lawrence Dresner. (Nuclear Sci. Engng. **11**, 39—42, 1961; Karlsruhe, Kernreaktor-Bau- u. Betriebs-G. m. b. H., Inst. für Neutronenphys. u. Reaktortechn.; engl.) — Es wird theoret. nachgewiesen, daß für einen abgeschlossenen Bereich („lump") die Absorption von Neutronen lediglich von der mittleren Temp. u. nicht von der Temp.-Verteilung abhängt. T. Tamberg 90◇

0052 **Berechnung der Spektren des thermischen Neutronenflusses in einem Polyäthylen-moderierten Medium.** D. T. Goldman und F. D. Federighi. (Nuclear Sci. Engng. **16**, 165—75, 1963; Schenectady, N.Y., Knolls Atom. Power Labor.; engl.) — Vorschlag eines Modells zur Berechnung der Streuung therm. Neutronen an Polyäthylen. Das Modell läßt sich zur Best. von Reaktordaten speziell für ein eindimensionales endliches Gitter verwenden. Gerhard Schmidt 90◇

0053 **Numerische Bestimmung der Flußstörung durch Folien.** Friedrich H. Helm. (Nuclear Sci. Engng. **16**, 235—38, 1963; Argonne, Ill., Argonne Nat. Labor.; engl.) — Erweiterung der von Ritchie u. Eldridge (C. **1963**, 16415) entwickelten Meth. zur Best. des therm. Neutronenflusses bzgl. der besseren Erfassung der g-Funktion für Folien unendlicher u. endlicher Fläche. Gerhard Schmidt 90◇

0054 **Epithermische Parameter des Hafniums zur Berechnung von Kontrollstabwerten in thermischen Reaktoren.** T. F. Ruane und M. L. Storm. (Nuclear Sci. Engng. **6**, 119—27, 1959; Schenectady, N.Y., Knolls Atom. Power Labor.; engl.) — Theoret.-mathemat. Ableitung der mittleren epitherm. Nichtabsorptionswahrscheinlichkeit für Hf-Platten nach zwei Methoden. Eine zweidimensionale Dreigruppenberechnung sowie ein Verf. auf der Grundlage mkr. Wrkg.-Querschnitte für die Hf-Isotope ergeben um 10% voneinander abweichende Werte. T. Tamberg 90◇

0055 **Analyse von ^{3}H- und ^{3}He-Formfaktoren und die Bestimmung des Ladungsformfaktors des Neutrons.** L. I. Schiff, H. Collard, R. Hofstadter, A. Johansson und M. R. Yearian. (Physic. Rev. Letters **11**, 387—90, 1963; Stanford, Calif., Stanford Univ., Dep. of Phys., Inst. of Theoret. Phys. and High-Energy Phys. Labor.; engl.) — Interpretation von früheren Experimenten über die elast. Streuung von energiereichen Elektronen an ^{3}H u. ^{3}He (Stanford Univ.). Herbert Weber 95◇

0056 **Analyse der Elektron-^{3}He-Streuung.** J. S. Levinger. (Physic. Rev. [2] **131,** 2710—12, 1963; Ithaca, N.Y., Cornell Univ., Labor. of Nucl. Stud.; engl.) — Theoret. Unters. zum magnet. Formfaktor von ^{3}He. Herbert Weber 95◇

0057 **Elektromagnetische Eigenschaften von ^{7}Li.** J. H. van der Merwe. (Physic. Rev. [2] **131,** 2181—83, 1963; Johannesburg, South Africa, Univ. of the Witwatersrand, Dep. of Appl. Math.; engl.) — Das Energieniveau u. die magnet. Daten von ^{7}Li werden mehr oder weniger hinreichend durch die Annahme einer $(1p)^3$-Konfiguration erklärt. Zwischen dem nach dieser Hypothese gewonnenen Wert für das Quadrupolmoment u. dem gemessenen Wert (vgl. Kahalas u. Nesbet, C. **1964,** 10-0444) besteht eine Diskrepanz, die durch eine schwache Teilchen–Oberflächen-Kopplung erklärt wird. Gerhard Schmidt 95◇

0058 **Optisches Potential schwerer Kerne.** M. Ja. Amussja. (J. exp. theoret. Physik [UdSSR] **43,** 942—52, 1962; Physikal.-techn. Joffe-Inst. der Akad. der Wiss. der UdSSR; russ., Auszug: engl.) — Für den imaginären Teil des opt. Potentials W wurde für verschiedene Energien E des auftreffenden Teilchens ein Ausdruck abgeleitet. Für E ca. 5—10 MeV ist W an der Oberfläche des Kerns groß, für $E > 100$ MeV ist W proportional der Dichte des Systems. Bei Quasi-Einteilchen- u. Lochanregungen $(E < 0)$ erfolgt Dämpfung an der Oberfläche des Systems. Die abgeleiteten Formeln sind nicht nur auf das Proton–Neutron-Syst. anwendbar. H. Liepack 95◇

0059 **Stärkefunktionen für Kerne mit kollektiven Koordinaten.** Izumi Furuoya und Atsushi Sugie. (Nuclear Physics [Amsterdam] **44,** 44—57, 1963; Meguro, Tokyo, Japan, Oh-okayama, Tokyo Inst. of Technol., Dep. of Phys.; Tokai, Ibaraki-ken, Japan Atomic Energy Res. Inst.; engl.) — Berechnung der Neutronenstärkefunktion für Kerne im sog. „Vibrationsbereich". Herbert Weber 95◇

0060 **Die Rotations–Vibrations-Wechselwirkung in deformierten gg-Kernen.** Amand Faessler und Walter Greiner. (Z. Physik **168,** 425—64, 1962; Freiburg/Br., Univ., Physikal. Inst.; dt.) — Für die gerade–gerade-Kerne wurde eine Theorie der Rotations–Vibrations-Wechselwrkg. aufgestellt. Der Ausgangspunkt ist der axialsymm. „Intrinsic Kern" der Bohr-Mottelson-Theorie. Die Berechnung von E 2-Übergangswahrscheinlichkeiten von der 1. γ-Bande zur Grundbande wird untersucht. O. Jansen 95◇

0061 **Untersuchung der Riesenresonanz in ^{16}O durch unelastische Elektronenstreuung.** D. B. Isabelle und G. R. Bishop. (Nuclear Physics [Amsterdam] **45,** 209—34, 1963; Orsay, Seine-et-Oise, École Normale Supér., Labor. de l'Accélérateur Linéaire; engl.) — ^{16}O wurde mit Elektronen beschossen ($E_{Elektron}$: 90—215 MeV). Bei der unelast. Streuung dieser Elektronen gemessene Spektren zeigen zahlreiche ausgeprägte Maxima. Es wird angenommen, daß diese Maxima diskreten Energieniveaus zugeordnet werden können. Die Abhängigkeit des unelast. Formfaktors von der Impulsübertragung wurde durch Variierung der Elektronenenergie u. des Streuwinkels untersucht. Mittels der Bornschen Näherung für den Wrkg.-Querschnitt wurden die Multipolarität u. die Paritätsänderung der Übergänge ermittelt. Angeregte Zustände wurden bei 22,6 u. 25,7 MeV (E1) u. bei 24,1 MeV (E2) nachgewiesen. Die E1-Übergänge sind wahrscheinlich für die Riesenresonanz, die bei der Photoerzeugung von Neutronen u. Protonen aus O beobachtet wird, verantwortlich. Berechnungen für Strahlungskorrekturen werden mitgeteilt. H. Schroeder 95◇

0062 **Bestimmung von Quadrupolkopplungskonstanten des Kerns Tantal-181 im $d_{5/2}$-Zustand in Einkristallfeldern durch Messung der gestörten γ-γ-Winkelkorrelation und der zirkularen Polarisation.** H.-J. Behrend, D. Budnick und K. Huber. (Ann. Physik [7] **11,** 372—93, 1963; Hamburg, I. Inst. für exp. Phys.; dt.) — Die Winkelkorrelation der 133—482-keV-γ-γ-Kaskade des ^{181}Ta wird durch die Wechselwrkg. des Quadrupolmoments mit einem elektr. Feldgradienten während der Lebensdauer des mittleren Niveaus ($d_{5/2}$-Zustand) beeinflußt. Der Feldgradient am Kernort wurde durch Einbauen des radioakt. ^{181}Hf in die tetragonale Gitterstruktur eines $HfOCl_2 \cdot 8\,H_2O$-Einkristalls u. eines prismat.-hexagonalen $(NH_4)_2HfF_6$-Einkristalls erhalten. Aus der gemessenen Abhängigkeit der Anisotropie der Korrelationsfunktion von der räumlichen Lage einer bevorzugten Symmetrieachse der Einkristalle konnten die Quadrupolkopplungs-Konst. $B = QdE/dz$ für beide Fälle ermittelt werden. Für $HfOCl_2 \cdot 8\,H_2O$ ergab sich $B = -(1{,}1 \pm 0{,}3) \cdot 10^{-6}$ V u. bei $(NH_4)_2HfF_6$ $|B| = (2{,}8 \pm 0{,}3) \cdot 10^{-6}$ V. Das Vorzeichen von B wurde durch Messung der zirkularen Polarisation des 482-keV-γ-Quants bestimmt. Ein einfaches Modellbild ergibt für den elektr. Feldgradienten ein negatives Vorzeichen, so daß sich für das Quadrupolmoment des $d_{5/2}$-Zustandes des ^{181}Ta ein positives Vorzeichen ergibt. H. Jehne 95◇

0063 **Über die Abhängigkeit des Spektrums der γ-Quanten-Resonanzabsorption von der Kristalltemperatur.** Fam Sui Chijen und W. Ss. Schpinel. (J. exp. theoret. Physik [UdSSR] **44,** 393—97, 1963; Moskau, Univ., Inst. für Kernphys.; russ., Auszug: engl.) — Unters. der Resonanzabsorption der 23,8-keV-γ-Strahlung des ^{119m}Sn durch einen Absorber aus polykristallinem SnO_2 im Temp.-Intervall 78—645° K. Die auf Nulldicke extrapolierte Linienbreite ist größer als die natürliche Breite u. wächst mit der Temperatur. Die außerdem bestimmten Größen der rückstoßfreien Absorption sind wenig temperaturabhängig. Bei $T \geqslant 300°$ K wurde eine lineare Abhängigkeit der durch einen Doppler-Effekt 2. Ordnung bedingten Linienverschiebung von der Temp. beobachtet. G. Ewald 95◇

0064 **γ-Resonanzabsorption nahe Kristalloberflächen.** M. Rich. (Physics Letters [Amsterdam] **4,** 153—55, 1963; Los Alamos, N.Mex., Univ. of California, Los Alamos Sci. Labor.; engl.) — Mathemat. Ableitung. H. Roschkowski 95◇

0065 **Resonanzstreuung von γ-Strahlung durch Kerne von Verunreinigungen in einem Festkörper.** I. P. Dsjub, A. F. Lubtschenko und Jun-Wen Zin. (Ukrain. physik. J. **7,** 457—69, 1962; Kiew, Inst. für Phys. der Akad. der Wiss. der UkrainSSR; ukrain., Auszug: engl.) — Bei der Berechnung der Anregungs- u. Streuungsspektren der γ-Strahlung werden die Änderung der Frequenzen der Normalschwingungen u. die Gleichgewichtslagen der Verunreinigungsatome berücksichtigt. Es wird angenommen, daß das Spektrum der einfallenden γ-Strahlung konst. ist u. daß die Energie der einfallenden Strahlung viel größer ist als die Breite des Phononteils des Spektrums. Auch für den Fall, daß das Spektrum der einfallenden Strahlung eine Lorentz-Kurve zeigt, wird das Spektrum der gestreuten weichen γ-Strahlung berechnet. Die Lage der Mössbauer-Linie bei den einzelnen berechneten Spektren ist angegeben. M. Wiedemann 95◇

0066 **Resonanzstreuung einer 7,28-MeV-γ-Linie an ^{208}Pb.** Hans H. Fleischmann und Friedrich W. Stanek. (Z. Physik **175,** 172—76, 1963; München, TH, Labor. für techn. Phys.; dt.) — Aus der bekannten Streuung der 7,28-MeV-Linie des Neutroneneinfangspektrums von ^{56}Fe wird unter Annahme eines einzigen zur Streuung beitragenden Niveaus von ^{208}Pb dessen Grundübergangsbreite zu $\gamma_0 = 0{,}80 \pm 0{,}08$ eV bestimmt. Für das Verzweigungsverhältnis γ/γ_0 dieses Zustandes ergibt sich ein Wert 1,4 mit einer Unsicherheit von einem Faktor 1,5. H. Jehne 95◇

0067 **Halbwertszeiten von Radionucliden.** 2. Mitt. E. I. Wyatt, S. A. Reynolds, T. H. Handley, W. S. Lyon und H. A. Parker. (Nuclear Sci. Engng. **11,** 74—75, 1961; Oak Ridge, Tenn., O.R.N.L., Analyt. Chem. Div.; engl.) — 1. vgl. C. **1959,** 5360. — Es wurden weitere 21 Halbwertszeiten von Reinnucliden bestimmt. Folgende Instrumente wurden zur Messung der Aktivitäten benutzt: Hochdruck-4π-γ-Ionisationskammern, 2π-Gasdurchfluß-Proportionalzähler, Bohrloch-NaJ(Tl)-Scintillationszähler u. -Spektrometer, Endfenster-Geiger-Müller-Zähler. Der Zerfall wurde jeweils über mindestens 2 Halbwertszeiten verfolgt. Ergebnisse: ^{22}Na, $t_{1/2} = 2{,}62 \pm 0{,}02$ a; ^{24}Na, $15{,}05 \pm 0{,}02$ h; ^{35}S, $89{,}0 \pm 0{,}5$ d; ^{45}Ca, $165{,}1 \pm 0{,}7$ d; ^{47}Ca, $4{,}53 \pm 0{,}01$ d; ^{54}Mn, $313{,}5 \pm 0{,}7$ d; ^{72}Ga, $14{,}12 \pm 0{,}02$ h; ^{82}Br, $35{,}55 \pm 0{,}15$ h; ^{88}Y, $108{,}1 \pm 0{,}3$ d; ^{91}Y, $59{,}1 \pm 0{,}2$ d; ^{95}Nb, $35{,}0 \pm 0{,}1$ d; ^{106}Ru, 371 ± 1 d; ^{115}Cd, $53{,}5 \pm 0{,}1$ h; ^{125}Sb, $2{,}78 \pm 0{,}04$ a; ^{134}Cs, $2{,}07 \pm 0{,}02$ a; ^{133}Ba, $10{,}7 \pm 0{,}2$ a (Meßdauer 0,4 Halbwertszeiten); ^{142}Pr, $19{,}2 \pm 0{,}1$ h; ^{147}Pm, $2{,}5 \pm 0{,}03$ a; ^{153}Sm, $46{,}8 \pm 0{,}1$ h; ^{192}Ir, $74{,}2 \pm 0{,}2$ d; ^{204}Tl, $3{,}57 \pm 0{,}04$ a. Die Werte werden mit denen anderer Autoren verglichen. Zwei Meth. der Fehlerrechnung werden diskutiert. T. Tamberg 103◇

0068 **Innere Bremsstrahlung bei β-Zerfall polarisierter Kerne.** Tschen-shui Zin und F. Janouch. (J. exp.

theoret. Physik [UdSSR] **38,** 948—51, 1960; Peking, Univ., Inst. für Kernphys.; Praha, ČSAV, Úst. jad. fys.; russ., Auszug: engl.) — Gleichungen für die Winkelverteilungen der inneren Bremsstrahlung beim β-Zerfall polarisierter Kerne werden entwickelt. Vff. zeigen, daß die Messung der Korrelation zwischen der Richtung des Austritts eines Quants der inneren Bremsstrahlung u. der Polarisation des Kerns Schlüsse auf die β-Wechselwrkg. ermöglicht. R. K. Müller 103□

0069 **Die Suche nach sekundären Deuterium- und Tritiumeinfangreaktionen.** Tschuan-pen Wan, W. N. Mechedow, W. N. Rybakow und R. A. Schimtschak. (J. exp. theoret. Physik [UdSSR] **44,** 1800—05, 1963; Dubna, Verein. Inst. für Kernforsch.; russ., Auszug: engl.) — Vff. bestimmten mit Hilfe radiochem. Meth. die Ausbeute der schweren *As*-Isotope nach einer Bestrahlung von höchtreinem Halbleiter-*Ge* mit Protonen der Energien 120, 300, 480 u. 600 MeV. Ge wurde von As (mit Träger) durch Dest. des $GeCl_4$ getrennt, As(III) wurde sodann mit Bzl. extrahiert, aus Bzl. wurde es mit Hydrazin extrahiert, als Sulfid gefällt u. schließlich als Metall unter einem β-Zählrohr mit Magnetablenkung radiometr. ausgemessen. Aufgenommen wurden die Zerfallskurven. Die Ausbeuten verringern sich monoton mit Erhöhung der Protonenenergie. Sie betragen für ^{74}As von 3,4—1,0; für ^{76}As 1,0—0,38 u. für ^{77,78}As 0,13—0,035 mb. ^{74}As u. ^{76}As werden durch die Primär-Rk. (p, xn) gebildet. ^{78}As wird durch Einfang eines überschwelligen Tritiumkerns gebildet. ^{77}As wird bei einer Protonenenergie von 120 u. 300 MeV durch den sek. Einfang eines Deuterium- oder Tritiumkerns gebildet. Bei höheren Protonenenergien wird ^{77}As überwiegend durch Einfang von α-Teilchen gebildet. G. Ewald 103◇

0070 **Die (p, α)-Reaktion bei einer Energie von 20 MeV.** A. P. Kljutscharew, G. Je. Kriwitz und N. Ja. Rutkewitsch. (J. exp. theoret. Physik [UdSSR] **44,** 1753—59, 1963; Physikal.-techn. Inst. der Akad. der Wiss. der UkrainSSR; russ., Auszug: engl.) — Die (p, α)-Rk. wurde an *Co* u. *Pt* sowie an den Isotopen der Elemente *Ni, Cu, Zn* u. *Sn* bei einer Protonenenergie von 20,5 MeV durch Registrierung der emittierten α-Teilchen durch Photoplatten unter den Winkeln 24—170° untersucht. Der differentielle Querschnitt verringert sich bei fast allen Isotopen mit Vergrößerung der Massenzahl. Nach den energet. Spektren u. den Winkelverteilungen ergibt sich die Existenz zweier Rk.-Mechanismen: direkte Rk. u. Bldg. eines Compoundkerns. G. Ewald 103◇

0071 **Der Einfang von Protonen durch Deuteronen.** G. M. Griffiths, E. A. Larson und L. P. Robertson. (Canad. J. Physics **40,** 402—11, 1962; Vancouver, Univ. of Brit. Columbia, Phys. Dep.; engl.) — Der Wrkg.-Querschnitt u. die Winkelverteilung der γ-Strahlen für die Rk. D(p, γ)^{3}He wurde für Protonenenergien von 275 keV bis 1,75 MeV gemessen. Der totale Wrkg.-Querschnitt für 275-keV-Protonen ist 0,97 ± 0,11 μbarn u. für 985-keV-Protonen 3,5 ± 0,38 μbarn. Die Winkelverteilung hat die Form ($\sin^2 \Theta + b$), wobei b klein ist. Es wurde gefunden, daß b mit dem Abfall der Protonenenergie ansteigt, im Gegensatz zu einigen vorhergehenden Ergebnissen. Die Energieabhängigkeiten von b u. des Wrkg.-Querschnitts deuten an, daß der $\sin^2 \Theta$-Teil eine Folge des Einfangs von p-Wellen-Protonen u. der b-Teil eine Folge des s-Wellen-Protoneneinfangs ist. O. Jansen 103◇

0072 **Polarisation von Protonen bei der Reaktion ^{3}He(d, p)^{4}He.** A. K. Walter, N. A. Skakun, A. P. Kljutscharew und A. G. Straschinski. (J. exp. theoret. Physik [UdSSR] **44,** 475—77, 1963; Physikal.-techn. Inst. der Akad. der Wiss. der UkrainSSR; russ., Auszug: engl.) — Unter Benutzung eines He-Polarimeters wurde die Winkelabhängigkeit der Polarisation von Protonen aus ^{3}He(d, p)^{4}He bei einer Deuteronenenergie von 2 MeV bestimmt. Die Polarisation beträgt für die Winkel 35, 44, 60, 75 u. 90° entsprechend 2,7 ± 2,0, 5,4 ± 3,2, 7,6 ± 3,6, 5,8 ± 3,5 u. 4,1 ± 3,4%. G. Ewald 103◇

0073 **Winkelverteilungen für die Reaktion ^{3}He + T.** Berthold Kühn und Balint Schlenk. (Nuclear Physics [Amsterdam] **48,** 353—60, 1963; Dubna, Verein. Inst. für Kernforsch., Labor. für Neutronenphys.; dt.) — Von den aus der Rk. ^{3}He + T (T-Energien: 460, 665, 900 u. 1087 keV) resultierenden Protonen u. Neutronen wurden die Winkelverteilungen gemessen, die anisotrop u. energieabhängig sind. Nach den beobachteten Verteilungen wurden neue Werte für den Wrkg.-Querschnitt von drei verschiedenen Rk.-Kanälen ($\to {}^4$He + d; $\to {}^4$He + p + n; $\to {}^5$He + p $\to {}^4$He + n) u. der totale ^{3}He + T-Wrkg.-Querschnitt berechnet. Es ist anzunehmen, daß die Rkk. vorherrschend über das Compound-Syst. ^{6}Li verlaufen. P. Sliwinski 103◇

0074 **Photodeuteronen niedriger Energie aus Lithium.** A. Ss. Beloussow, Ss. W. Russakow und Je. I. Tamm. (J. exp. theoret. Physik [UdSSR] **43,** 813—14, 1962; Physikal. Lebedew-Inst. der Akad. der Wiss. der UdSSR; russ., Auszug: engl.) — Die Energieabhängigkeit der relativen Ausbeute wurde für $E_{\gamma max}$ zwischen 160 u. 260 MeV untersucht. H. Liepack 103◇

0075 **Photoprotonen vom Kohlenstoff.** H. D. Warren und A. P. Batson. (Nuclear Physics [Amsterdam] **48,** 361—68, 1963; Charlottesville, Va., Univ. of Virginia, Dep. of Phys.; engl.) — Die Winkel- u. Energieverteilung von Photoprotonen, erzeugt durch Röntgenbestrahlung (E_{max} = 65 MeV) von ^{12}C, wurde zwischen den Winkeln 35—120° u. für Protonenenergien zwischen 6,75 u. 21 MeV mit einem E, dE/dx-Koinzidenzspektrometer gemessen. Das Spektrometer bestand aus einem CsJ(Tl)-Kristall als E-Detektor u. einer Si-p–n-Flächendiode als dE/dx-Detektor. Die Ergebnisse des Modells der direkten Wechselwrkg. mit E1–E2-Interferenz geben eine gute Beschreibung der Wechselwrkg., wobei die Größe der Interferenz bei wachsender Protonenenergie zunimmt. Die Energiespektren zeigen nahe 13 MeV Protonenenergie die Existenz einer kleinen Resonanz. P. Sliwinski 103◇

0076 **Wechselwirkung von 26-MeV-Deuteronen mit ^{12}C.** R. Van Dantzig und L. A. Ch. Koerts. (Nuclear Physics [Amsterdam] **48,** 177—90, 1963; Amsterdam, Inst. voor Kernphys. Onderz.; engl.) — Abs. differentielle Querschnitte werden für die nachst. Rkk. gemessen: ^{12}C(d, d)^{12}C, ^{12}C(d, d')^{12}C* (4,43, 7,65 u. 9,63 MeV), ^{12}C(d, p)^{13}C u. ^{12}C(d,p')^{13}C* (3,09 MeV). Die Ergebnisse werden unter Verw. einfacher Rk.-Modelle analysiert. Die Querschnittskurven, die der Anregung der 4,43- u. 7,65-MeV-Niveaus entsprechen, werden mit theoret. Kurven gemäß dem unelast. Beugungsmodell verglichen. Die Winkelverteilungen der Protonengruppen aus der Rk. ^{12}C(d, p)^{13}C werden nach dem Modell der Butler-Born-Approximation analysiert. Gerhard Schmidt 103◇

0077 **Untersuchung der ^{12}C(t, p)^{14}C-Reaktion.** B. Kjun, W. I. Ssalatzki und I. W. Ssisow. (J. exp. theoret. Physik [UdSSR] **43,** 1660—64, 1962; russ., Auszug: engl.) — Der differentielle Querschnitt obiger Rk. wurde für den Grundzustand des Restkerns ^{14}C mit einem elektrostat. Generator zur Beschleunigung der Tritiumionen gemessen. Die Messungen erfolgten unter einem Winkel von 90° (Labor.-Syst.) für E_t zwischen 0,32 u. 1,18 MeV. Totale Rk.-Querschnitte wurden für E_t zwischen 0,37 u. 1,16 MeV erhalten. P. Sliwinski 103◇

0078 **Zweinucleonen-Stripping und die Reaktion ^{16}O(^{3}He, p γ)^{18}F.** S. Hinds und B. M. Hinds. (Nuclear Physics [Amsterdam] **48,** 690—96, 1963; Pasadena, Calif., California Inst. of Technol.; engl.) — Der Mechanismus obiger Rk., die über den ersten angeregten Zustand von ^{18}F bei 0,934 MeV Anregung verläuft, wird durch Messung der Winkelkorrelation in der Ebene der Rk. der Abkling-γ-Strahlen in Koinzidenz mit der Protonengruppe ermittelt, die zu diesem Zustand führt. Korrelationen werden bei einem festen Protonenwinkel von 36° mit einfallenden ^{3}He-Energien von 9,16 u. 10,0 MeV sowie bei einem Protonenwinkel von 71° mit einer Einfallsenergie von 10,0 MeV gemessen. Mit dem Protonenzähler am Peak der Strippingkurve bei 36° wird eine Symmetrieachse ca. 26° von der Richtung des rückstoßenden ^{18}F-Kerns nachgewiesen. Die Analyse der Korrelationen spricht für den Zweinucleonen-Strippingprozeß. Gerhard Schmidt 103◇

0079 **Der Querschnitt der Reaktion ^{16}O(n, p)^{16}N.** K. Shure. (Nuclear Sci. Engng. **16,** 247—48, 1963; Pittsburgh, Pa., Bettis Atom. Power Labor.; engl.) — Übersicht über die verfügbaren Daten für obigen Querschnitt bei Verw. wassergekühlter Reaktoren. Das Neutronenspektrum aus therm. Spaltung von ^{235}U wird wiedergegeben. Gerhard Schmidt 103◇

0080 **Untersuchung der Reaktion Ni(n, p)Co.** L. D. Singletary, E. N. Strait und S. H. Ahn. (Physic. Rev. [2] **132,** 378—83, 1963; Palo Alto, Calif., Lockheed Missiles

and Space Co.; Evanston, Ill., Northwestern Univ.; Seoul, Korea, Yonsei Univ.; engl.) — Der totale Querschnitt u. das Energiespektrum für die (n, p)-Rkk. an Ni wird für 15-MeV-Neutronen unter Verw. eines modifizierten Breitbereichsmagnetspektrographen u. von Kernemulsionen gemessen. Protonenspektren werden bei Streuwinkeln von 0 u. 138° aufgenommen. Aus dem 138°-Spektrum folgt eine Kern-Temp. von 1 MeV. Falls Isotropie der Compoundkern-Rk.-Prodd. angenommen wird, kann der Querschnitt für den Compoundkernanteil der (n, p)-Rk. zu 650 ± 150 mbarn geschätzt werden. Der zusätzliche Beitrag aus direkter Wechselwrkg. wird zu 160 ± 80 mbarn angenommen.
Gerhard Schmidt 103◇

0081 **Isomere Zustände von ^{92}Nb.** E. T. Bramlitt und R. W. Fink. (J. inorg. nuclear Chem. **24,** 1317—20, 1962; Fayetteville, Ark., Univ. of Arkansas, Dep. of Chem.; engl.) — Von den in der Literatur angegebenen ^{92}Nb-Isomeren mit den Halbwertszeiten 21,6 h, 13 h, 191 min u. 5,9 μs konnte nur das letzte bestätigt werden. Ferner wurden folgende totale Aktivierungsquerschnitte für 14,7-MeV-Neutronen bestimmt: ^{92}*Mo*(n, p)^{92}*Nb* (10,1 d + 5,9 μs), 60 ± 15 mb u. ^{92}Mo(n, α)^{89}*Zr* (79,0 h + 4,4 min), 20 ± 8 mb. K. Jaeger 103◇

0082 **Absolute Aktivierungsquerschnitte für Reaktionen von Niob mit 14,5-MeV-Neutronen.** E. T. Bramlitt und R. W. Fink. (J. inorg. nuclear Chem. **24,** 1321—25, 1962; engl.) — Vgl. vorst. Referat. — Gemessen wurden mit Hilfe der γ-Scintillationsspektroskopie, β-Proportionalzähl-Meth. u. chem. Trennung die abs. Neutronenaktivierungsquerschnitte (14,5 MeV) für ^{93}Nb. Beobachtet wurden folgende Rkk., Halbwertszeiten der Prodd. u. Querschnitte (in mb): ^{93}Nb (n, 2 n)^{92g}Nb, 10,1 d, 499 ± 91; ^{93}Nb(n, γ)^{94m}Nb, 6,6 min, 0,44 ± 0,25; ^{93}Nb(n, α)^{90g}*Y*, 64 h, 8,6 ± 2,5; ^{93}Nb(n, α)^{90m}Y, 3,0 h, 5,9 ± 2 u. ^{93}Nb(n, n′α)^{89m}Y, 16 s, 2,5 ± 1,1. Keine Aktivität wurde für das (n, p)-Prod. (Zr) u. für ^{92m}Nb aus (n, 2 n)-Rk. gefunden. K. Jaeger 103◇

0083 **Suche nach dem isomeren Zerfall des 4,9-Std.-^{110m}In zu ^{110}In.** J. H. Hamilton und A. R. Sattler. (Nuclear Physics [Amsterdam] **48,** 225—29, 1963; Amsterdam, Inst. voor Kernphys. Onderz.; Nashville, Tenn., Vanderbilt Univ., Phys. Dep.; engl.) — Die Unters. erstreckt sich auf die vorgeschlagenen isomeren u. schnellen Übergänge über einen Zwischenzustand vom Spin 3 oder 4. Die Energien dieser beiden vorhergesagten Übergänge müssen < 33 keV sein. In einem doppelfokussierenden Spektrometer werden nur die Cd-Auger-Linien beobachtet. Die Halbwertszeit von ^{110}In wird zu 69 ± 2 Min. gemessen. Aus der möglichen Beimischung der 4,9-Std.-Komponente in der 2,2-MeV-β-Gruppe des 69-Min.-^{110}In wird eine obere Grenze von 0,008% für den isomeren Zerfall angesetzt. Gerhard Schmidt 103◇

0084 **Isomere Übergänge in ^{122m}Sb.** L. Ciuffolotti und F. Demichelis. (Nuclear Physics [Amsterdam] **48,** 305—12, 1963; Saluggia, SORIN, Centro di Ric. Nucl.; Torino, Politecn., Ist. di Fis. Sperim.; engl.) — Die Halbwertszeit von ^{122m}Sb ergibt sich aus Messungen mit einem Scintillationsspektrometer zu 4,15 ± 0,15 Min.; die α_K-Konversions-Koeff. für die Übergänge von 60 u. 75 keV sind 0,65 ± 0,03 bzw. 2,88 ± 0,16. Die Spins u. Paritäten der Niveaus werden entgültig festgesetzt. Die Niveaus von ^{122m}Sb werden sowohl nach dem Schalenmodell als auch nach dem vereinheitlichten Modell diskutiert. Gerhard Schmidt 103◇

0085 **Das β-Spektrum des ^{137}Cs.** H. Daniel und H. Schmitt. (Z. Physik **168,** 292—97, 1962; Heidelberg, MPI für Kernphys.; dt.) — Bei den Messungen wurde ein eisenfreies Spektrometer verwendet. Die gefundene Energie der weichen Komponente betrug $E_0 = 514 \pm 2$ keV. Der Parameter k des Formfaktors $C_2 v_A^{(2)}(W) = q^2 + k\,p^2$ der harten Komponenten wurde zu k = 0,015 ± 0,004 bestimmt. Der K-Konversions-Koeff. des isomeren Übergangs wurde mit $\alpha_K = 0{,}093 \pm 0{,}003$ gemessen u. stimmt mit dem theoret. Wert von Sliv sehr gut überein. O. Jansen 103◇

0086 **Lebensdauern in ^{120}Sn, ^{138}Ba und ^{140}Ce.** W. M. Currie. (Nuclear Physics [Amsterdam] **48,** 561—68, 1963; Glasgow, Univ., Dep. of Natural Philos.; engl.) — Vgl. C. **1963,** 390. — Im Anschluß an l. c. werden die mittleren Lebensdauern der beiden Zustände in ^{120}Sn u. ^{138}Ba nach der Zeit-zu-Impulshöhen-Konversion gemessen. Für das 2,3-MeV-Niveau in ^{120}Sn ergibt sich eine Lebensdauer von 8,24 ± 0,23 ns. Für das 1,89-MeV-Niveau in ^{138}Ba wird 3,13 ± 0,11 ns erhalten, 8 mal größer als die Einzelteilchenschätzung.
Gerhard Schmidt 103◇

0087 **Der Zerfall von ^{173}Tm.** C. J. Orth, M. E. Bunker und J. W. Starner. (Physic. Rev. [2] **132,** 355—61, 1963; Los Alamos, N.Mex., Univ. of California, Los Alamos Sci. Labor.; engl.) — Die Massenzuordnung von ^{173}Tm wird durch Beschußprozesse unter Einschluß der Rkk. ^{170}*Er*(α, p)^{173}Tm, ^{173}*Yb*(n, p)^{173}Tm u. ^{174}Yb(γ, p)^{173}Tm mit isotop. angereicherten Targets bestätigt; die Zerfallsprozesse werden mit β- u. γ-Scintillationsspektrometrie untersucht. Die Halbwertszeit von ^{173}Tm ist 8,24 ± 0,08 Stunden. Drei γ-Strahlen mit Energien (u. relativen Intensitäten) von 66 (0,01), 399 (1,0) u. 465 (0,09) keV werden beobachtet. Die Analyse des β-Spektrums zeigt die Ggw. von 2 Hauptgruppen mit Endpunktsenergien von 1,32 ± 0,03 MeV (2%) u. 0,89 ± 0,04 MeV (98%) an. γ-γ-Koinzidenzmessungen u. die γ-Intensitätsdaten zeigen, daß die 0,89-MeV-β-Gruppe aus 2 Komponenten besteht, die sich in der Energie um 66 keV unterscheiden. Das vorgeschlagene Zerfallsschema für ^{173}Tm schließt angeregte Niveaus in ^{173}Yb bei 399 u. 465 keV ein. Das 399-keV-Niveau ist ein isomerer Zustand mit einer Halbwertszeit von 3,5 ± 0,3 μs, er klingt durch einen reinen E 2-Übergang ab.
Gerhard Schmidt 103◇

0088 **Kernspektroskopie von ^{173}Tm.** T. Kuroyanagi und T. Tamura. (Nuclear Physics [Amsterdam] **48,** 675—85, 1963; Japan Atom. Energy Res. Inst., Linear Accelerator Labor., Dep. of Phys.; engl.) — Das Nuclid ^{173}Tm wird durch (γ, p)-Rk. unter Verw. einer intensiven Bremsstrahlung aus einem Linearbeschleuniger erzeugt, wobei ein zu 99% angereichertes ^{174}*Yb*-Target benutzt wird. Die Strahlungen aus ^{173}Tm werden mittels eines β- u. γ-Scintillationsspektrometers gemessen. Zwei β-Gruppen mit Endpunktenergien von 1,26 u. 0,86 MeV werden festgestellt, K-Röntgenstrahl, 395- u. 460-keV-γ-Strahlen werden beobachtet. Die angeregten Zustände bei 395 u. 460 keV in ^{173}Yb werden als intrins. $1/2^+$ (651)- bzw. $1/2^-$ (521)-Zustände identifiziert. Der 395-keV-Zustand ist ein isomeres Niveau mit einer Halbwertszeit von 2,9 μs. Die Zuordnungen erfolgen mit Hilfe von e—K-Röntgen- u. e—β-Koinzidenzmethoden.
Gerhard Schmidt 103◇

0089 **Die Niveaustruktur von ^{187}Re.** W. Michaelis. (Nuclear Physics [Amsterdam] **48,** 422—32, 1963; Karlsruhe, Kernforschungszentrum, Inst. für Neutronenphys. u. Reaktortechn.; engl.) — Die Übergänge u. Niveaus von ^{187}Re, das durch β-Zerfall des ^{187}*W* entsteht, wurden mit der Technik schneller u. verzögerter γ-γ-Koinzidenzen bestimmt. Die relativen γ-Intensitäten sind angegeben. Die experimentellen red. Übergangswahrscheinlichkeiten wurden mit dem vereinheitlichten Modell verglichen. P. Sliwinski 103◇

0090 **Erstverbotene $1^-(\beta^-)0^+$- und $1^-(\beta^-)2^+(\gamma)0^+$-Übergänge der Isotope ^{186}Re und ^{188}Re.** D. Bogdan. (Nuclear Physics [Amsterdam] **48,** 273—91, 1963; Bucharest, Inst. for Atom. Phys.; engl.) — Berechnet werden die spektralen Verläufe, die β-γ-Korrelation mit Zirkularpolarisation u. die Longitudinalpolarisation der Elektronen sowie die ft-Werte. Letztere werden nach dem Supra-Fl.-Modell des Kerns korrigiert. Bes. im Falle von ^{186}Re wird eine befriedigende Übereinstimmung zwischen Theorie u. Experiment erhalten.
Gerhard Schmidt 103◇

0091 **Transversalpolarisation der K-Konversionselektronen, die dem β-Zerfall von ^{203}Hg folgen.** R. A. Llewellyn und R. M. Steffen. (Physic. Rev. [2] **132,** 346—54, 1963; Lafayette, Ind., Purdue Univ., Dep. of Phys.; engl.) — Obige Transversalpolarisation wird mit einem Linsenspektrometer gemessen, das die Konversionselektronen an einer Mottschen Streufolie fokussiert. Die Rechts-Links-Asymmetrie der gestreuten Konversionselektronen wird in Koinzidenz mit den vorhergehenden β-Strahlen gemessen. Der Grad der Transversalpolarisation der ^{203}Hg-Konversionselektronen wird formelmäßig beschrieben. Ein Vgl. mit theoret. Ergebnissen spricht für Spinzuordnungen $I_i = 1/2$ u. $I_f = 3/2$ für den Grundzustand von ^{203}Hg.
Gerhard Schmidt 103◇

0092 **Vereinfachte Schalenmodell-Berechnungen der α-Zerfallsrate nahe ^{208}Pb.** John O. Rasmussen. (Nuclear Physics [Amsterdam] **44,** 93—106, 1963; Berkeley, Calif., Univ. of California, Lawrence Radiat. Labor.; engl.) — Die berechneten red. Breiten für den Zerfall aus angeregten ^{212}Po-Zuständen sind niedriger als die Breite aus dem Grundzustand, u. zwar um Faktoren von 4—7, mit Ausnahme des zweiten angeregten 2^+-Zustandes, der eine sehr kleine Breite zeigt. Herbert Weber 103◇

0093 **Über die Möglichkeit der $^{235}U(n, \alpha)^{232}Th$-Reaktion für langsame Neutronen.** M. Sowiński, M. Dakowski und H. Piekarz. (Physics Letters [Amsterdam] **6**, 321, 1963; Swierk k. Otwocka, Poland, Inst. for Nucl. Res., Andrzej Sołtan Center; engl.) — In von langsamen Neutronen induzierten tern. Kernspaltungen von ^{235}U entstehen α-Teilchen, die nicht von der Spaltung herrühren. Es wurde gefunden, daß für therm. Neutronen der Wrkg.-Querschnitt der (n, α)-Rk. nur 5% des Wrkg.-Querschnitts der tern. Kernspaltung beträgt, für Resonanzneutronen ist er 4—5mal größer als der der tern. Kernspaltung. Der Wrkg.-Querschnitt der (n, α)-Rk. ist also höher für Resonanz- als für therm. Neutronen. Das beweist, daß die α-Teilchen nicht aus Spaltbruchstücken entstehen, da der Wrkg.-Querschnitt der Spaltung nicht mit der Neutronenenergie zunimmt. Hartmut Braun 103◇

0094 **Das mittlere Einfang/Spalt-Verhältnis von ^{233}U für epithermische Neutronen.** J. Halperin, F. J. Johnston, R. W. Stoughton, J. H. Oliver, E. L. Blevins, R. E. Druschel, A. L. Harkness und B. A. Swarz. (Nuclear Sci. Engng. **16**, 245—47, 1963; Oak Ridge, Tenn., Oak Ridge Nat. Labor., Chem. Div.; engl.) — Von ^{234}U freies ^{233}U wird im Reaktor mit u. ohne Cd-Filter bestrahlt. Nach Bestrahlung wird U von den Spalt-Prodd. getrennt u. massenspektrograph. auf erzeugtes ^{234}U analysiert. Das mittlere Verhältnis Einfang/Spaltung für epitherm. Neutronen ergibt sich aus dem Verhältnis der Resonanzintegrale zu $0{,}170 \pm 0{,}017$. Gerhard Schmidt 103◇

0095 **Cadmium-Verhältnisse der ^{235}U-Spaltung in Gittern us leicht angereichertem Uran und Leichtwassermoderator.** S. Tassan. (Nuclear Sci. Engng. **16**, 248—49, 1963; Upton, N.Y., Brookhaven Nat. Labor.; engl.) — Die Messung erfolgt durch Zählung der Spalt-Prod.-β-Aktivität in Al-Auffängern (bloß u. Cd-umhüllt), die sich in den Brennstoffstäben einer krit. Anordnung befinden. Die Spalt-Prod.-γ-Aktivität der Folien oberhalb 410 keV wird mit einem NaJ(Tl)-Scintillationszähler nachgewiesen. Wiedergegeben werden die Verhältnisse von Epi-Cd/Sub-Cd-Spaltraten von ^{235}U u. die Konversionsverhältnisse in Gittern aus 1% angereichertem U u. Leichtwassermoderator. Gerhard Schmidt 103◇

0096 **Xenonvergiftung während des „Two-shift"-Betriebs.** D. L. Booth. (Nuclear Power **5**, Nr. 56, 110—13, 1960; English Electric Co. Ltd., Atomic Power Div.; engl.) — Für die ^{135}Xe-Konzz. in einem Reaktor, der period. nicht die volle Leistung abgeben soll, werden Gleichungen zur Berechnung mit einem Analogierechner entwickelt. H. Roschkowski 110◇

0097 **Über die Kontrolle des Reaktorabschaltens zum Zwecke minimaler Xenon-Vergiftung.** Milton Ash, Richard Bellman und Robert Kalaba. (Nuclear Sci. Engng. **6**, 152—56, 1959; Santa Monica, Calif., Syst. Dev. Corp. and Rand Corp.; engl.) — Mit Rechenmaschinen wurde der optimale Verlauf der Neutronenflußminderung beim Abschalten von Kernreaktoren im Hinblick auf die ^{135}Xe-Vergiftung berechnet. T. Tamberg 110◇

0098 **„Bang-Bang"-Kontrolle von Kernreaktoren mit siedendem Moderator.** Milton Ash. (Nuclear Sci. Engng. **16**, 208—12, 1963; engl.) — Vgl. vorst. Referat. — Theoret. Behandlung eines diskontinuierlichen Kontroll-Syst., das den Reaktor von zufällig gestörten Zuständen so schnell wie möglich wieder zu seinem Gleichgewichtszustand führt. Gerhard Schmidt 110◇

0099 **Wirksamkeit von zylindrischen Kontrollstäben, die teilweise in einen nackten Reaktor eingelassen sind.** J. Ligou. (Nuclear Sci. Engng. **11**, 26—38, 1961; Le Plessis Robinson, Group. Atom. Alsacienne Atlant., Dep. d'Études Nucl.; engl.) — In Erweiterung der Meth. von Nordheim-Scalettar werden Berechnungs-Meth. zur Ermittlung der Wirksamkeit von Kontrollstabanordnungen sowie der Verteilung des therm. Neutronenflusses abgeleitet. T. Tamberg 110◇

0100 **Untersuchung der γ-Strahlen eines Cyclotron-Resonanzsystems.** G. Indreasch, A. F. Linew, Ju. W. Lobanow, B. N. Markow und Ju. Z. Oranessjan. (J. techn. Physik [UdSSR] **33**, 462—69, 1963; russ.) — Mittels eines Scintillationsspektrometers mit NaJ(Tl)-Kristall wurde die γ-Strahlung untersucht, die in der Beschleunigungskammer bei Hochfrequenzspannung an den Duanten des 300-cm-Cyclotrons angeregt wurde. Das Spektrum wurde aufgenommen, ferner die Ausbeute in Abhängigkeit von der elektr. Spannung, dem Magnetfeld u. dem Winkel bestimmt. Im Bereich $5 \cdot 10^{-6}$ bis $3{,}5 \cdot 10^{-5}$ mm Hg beeinflußte das Vakuum die Ausbeute nicht. Vff. nehmen an, daß es sich um Bremsstrahlung handelt, die die Resonanzkontur wiedergibt. M. Wiedemann 112◇

0101 **Elektronen-„Temperatur" in gekreuzten Feldern.** P. A. Lindsay und G. D. Sims. (J. Electronics and Control [1] **14**, 273—88, 1963; Burlington, Mass., Raytheon Co., Res. Div.; London, Univ. Coll., Electr. Engng. Dep.; engl.) — Die von Lindsay (1960; vgl. C. **1962**, 2259) unter Berücksichtigung der Geschw.-Verteilung der Elektronen berechneten Strom-Spannungs-Charakteristiken für das ebene u. das zylindr. Magnetron werden mit von Bradshaw experimentell aufgenommenen Kennlinien verglichen. Das sehr flache obere „Knie" in den empir. Kennlinien entspricht sehr breiten Geschw.-Verteilungen, u. die entsprechenden „Elektronen-Temp." sind um zwei Zehnerpotenzen u. mehr höher als die tatsächliche Kathodentemperatur. Das flache obere Knie in den Kennlinien kann im Rahmen einer rein stationären Theorie erklärt werden, wenn man auch die Tangentialkomponente der Austritts-Geschw. aus der Kathode berücksichtigt. Schon die Verw. des Begriffs „Temp." zur Beschreibung der im allg. richtungsabhängigen Geschw.-Verteilung im Magnetron ist nicht korrekt, da sie keineswegs eine Gleichgewichtsverteilung ist. Im unteren Knie der Kennlinie, d. h. für niedrige Spannungen u. Anodenströme, ist die Übereinstimmung zwischen Theorie u. Experiment sehr gut. F. Lenz 112◇

0102 **Ein CH_2-Target-System für Streuversuche mit Elektronen hoher Energie.** K. W. Chen. (Rev. sci. Instruments **34**, 934—36, 1963; Cambridge, Mass., Harvard Univ., Cyclotron Labor.; engl.) — Beschreibung eines Polyäthylentargets für die Streuung schneller Elektronen (1—4 GeV) an Protonen u. einer Targethalterung, in der Elektronenströme bis herauf zu 0,35 μA verwandt werden können, ohne daß die Erwärmung des Targets allzu störend in Erscheinung tritt. Das Target besteht aus Polyäthylenstreifen von 1,6 mm Dicke, mit jeweils zwischen zwei Streifen liegenden 25 μm dicken, mit fl. Luft gekühlten Al-Folien. Solche geschichteten Targets haben eine um den Faktor 5 höhere Wärmeleitfähigkeit als reine KW-Stofftargets. Der Einfl. von C u. Al wird durch Vgl.-Messungen an Graphit mit gleichartigen Al-Folien eliminiert. Arbeiten zur weiteren Erhöhung des verwendbaren Elektronenstroms bis auf 0,6 μA durch Verw. von Polyäthylen hoher Dichte sind im Gang. F. Lenz 112◇

0103 **Anwendung, Wirtschaftlichkeit und Auswahl von Strahlenquellen.** H. D. Heinze und E.-G. Hofmann. (Kerntechn., Isotopentechn. u. -chem. **3**, 475—82, 1961; Ludwigshafen/Rh., BASF; Berlin, AEG; dt.) — Die Hauptanwendungsgebiete energiereicher Strahlung u. die Eignung von Strahlenquellen auf einigen Gebieten werden in wirtschaftlicher u. techn. Hinsicht untersucht. Näher werden Elektronenbeschleuniger, Hochleistungs-Röntgenanlagen u. ^{60}Co-Quellen verschiedener Leistung diskutiert. O. Jansen 112◇

0104 **Tabelle der Dosiskonstanten.** W. Marth. (Kerntechn., Isotopentechn. u. -chem. **3**, 483—86, 1961; Garching, Reaktorstation, Labor. für techn. Phys.; dt.) — Vf. gibt die γ-Dosis-Konst. der wichtigsten durch Reaktoraktivierung erzeugten Nuclide an. Die γ-Dosisleistungen wurden für je 1 mc u. 30 cm Abstand berechnet. O. Jansen 112◇

0105 **Nachweis und Messung von Kernstrahlung.** G. D. O'Kelley. (Nat. Acad. Sci. — Nat. Res. Council, nuclear Sci. Ser. NAS-NS **3105**, 1—138, 1962; Oak Ridge, Tenn., Oak Ridge Nat. Labor.; engl.) — Übersicht. — 126 Literaturangaben. A. Blaschette 112◇

0106 **Eine Untersuchung der E0-Beimischung und des M1-Durchdringungs-Matrixelements des 333-keV-$2^+ \rightarrow 2^+$-Übergangs in ^{196}Pt.** T. R. Gerholm, M. S. El-Nesr, E. Bashandy und B.-G. Pettersson. (Ark. Fysik **21**, 241 bis 252, 1962; Uppsala, Univ. of Uppsala, Inst. of Phys.;

engl.) — Mit einem neuartigen β-γ-Winkelkorrelationsspektrometer (vgl. nachst. Ref.) durchgeführte Messungen ergaben folgende Werte: A_2 (333 γ — 356 e) = +0,115 ± 0,006 u. A_2 (333 e — 356 γ) = —0,075 ± 0,006. Außerdem wurde mit der β-γ-Koinzidenz-Meth. eine abs. Best. der beiden Konversions-Koeff. zu α_K (356) = 0,041 ± 0,003 (reiner E2-Übergang in ^{196}Pt) u. α_K (333) = 0,056 ± 0,003 (E0 + M1 + E2 in ^{196}Pt) durchgeführt. Auf die Wichtigkeit der E0-Beimischung im Zusammenhang mit dem asymm. Rotormodell u. dem Schwingungsmodell wird hingewiesen.
H. Schroeder 112◇

0107 **Verbesserte experimentelle Verfahren für Elektronen-γ-Richtungskorrelationsmessungen.** T. R. Gerholm, R. Othaz und M. S. El-Nesr. (Ark. Fysik **21**, 253—87, 1962; engl.) — Vgl. vorst. Referat. — Ausführliche Beschreibung des Aufbaus eines Gerätes, das aus einem Elektron-Elektron-Koinzidenzspektrometer entwickelt wurde.
H. Schroeder 112◇

0108 **Einige neue Vorschläge zur Konstruktion von Compton-Spektrometern.** Milorad Mladjenović. (Nuclear Instruments Methods [Amsterdam] **14**, 33—37, 1961; Roma, Centro Studi Nucl. della Casaccia; engl.) — Übersicht über neue Möglichkeiten der Benutzung inhomogener Magnetfeldsektoren für die Compton-Spektroskopie. Bes. wird eingegangen auf Spektrographen für (n,γ)-Messungen, Spektroskope für punktförmige γ-Quellen u. ein Spektrometer mit Siegbahn-Swartholm-Feld, das entweder als β- oder Compton-Spektrometer mit Zwischenbild u. großem Radiator benutzt werden kann. P. Detje 112◇

0109 **Durchmusterungsapparate zur Blasenkammer-Datenanalyse.** G. Brunhart, C. D. Gall, C. Vittitoe, K. Schneider und V. P. Kenney. (Nuclear Instruments Methods [Amsterdam] **14**, 38—40, 1961; Lexington, Ky., Univ. of Kentucky; engl.) — Vff. beschreiben je eine Scanning-App. für allg. Zwecke u. zur Stereobetrachtung.
P. Detje 112◇

0110 **Anlage zur Bahnbestimmung von Blasenkammerspuren mit digitaler Anzeige.** Eric Pickup, Edwin F. Rappe, Gaylord Wall und Frederick Ayer II. (Rev. sci. Instruments **33**, 1196—1200, 1962; Upton, Brookhaven Nat. Labor.; New York, N.Y., New York Univ.; engl.) — Zur Auswertung von Blasenkammeraufnahmen werden die Bahnspuren punktweise bestimmt, indem nach manueller Grobeinstellung eines Fadenkreuzes auf einen Punkt der Bahnspur dieser mit einem schwingenden Schlitz abgetastet wird. Das dabei entstehende Signal bringt Schlitz u. Punkt voll zur Deckung, setzt den Koordinatenwert in digitale Größen um u. wertet diese aus. W. Reusse 112◇

0111 **Die erste Ionisationskammer mit Flüssigkeit: der „Silistor".** A. Bérard. (Mesures Contrôle ind. **28**, 227—28, 1953; franz.) — Kurze Bemerkung über eine mit einer Fl. gefüllte Ionisationskammer zum Nachw. ionisierender Strahlen. Gegenüber gasgefüllten Kammern erhält man günstigere freie Weglängen bei hochenerget. Strahlen (15—35 MeV).
W. Reusse 112◇

0112 **Gasentladungskammer.** A. M. Goworow, W. I. Nikanorow, G. Peter, A. F. Pissarew und Ch. Pose. (Versuchsgeräte u. Versuchstechn. [UdSSR] **6**, Nr. 6, 49—51, 1961; Verein. Inst. für Kernforsch.; russ.) — Es wird eine Gasentladungskammer mit Elektroden von 25×10 cm² u. einem Abstand von 7 cm, gefüllt mit Ne von 760 Torr u. 0,3—0,45% Ar-Zusatz, beschrieben. Der Wrkg.-Grad wird in Abhängigkeit von der Zeit ermittelt.
M. Wiedemann 112◇

0113 **Konvektionskammer mit Zellenboden.** W. K. Ljapidewski und I. M. Obodowski. (Versuchsgeräte u. Versuchstechn. [UdSSR] **7**, Nr. 1, 41—42, 1962; Moskau, Ingenieur-phys. Inst.; russ.) — Eine Vergrößerung der Bodenfläche (über 100 cm²) durch Unterteilung in unabhängige prismat. Zellen verringert die Gasbewegung u. Konvektions-Geschw. u. dadurch auch die Grenze der Ionenbelastung. α-Spuren wurden mit dieser Kammer aufgenommen.
M. Wiedemann 112◇

0114 **Absolutmessung der Aktivitäten von Quellen durch einen 4π-Zähler.** M. Kaczmarek und S. Malewski. (Nukleonika [Warszawa] **8**, 29—39, 1963; Warszawa-Świerk, Inst. Badań Jądrowych; pol., Auszug: engl.) — Für die Absolutmessung von β- u. β-γ-Aktivitäten wurden 4π-Zähler verwandt. Dabei wurde für β-Quellen mit mehr als 0,5 MeV Maximalenergie eine Genauigkeit von 2—3% erzielt. Für Zähler mit verschiedener Diskrimination u. innerer Verstärkung wurden die Charakteristika aufgenommen. Ferner wurde die Absorption der β-Teilchen in Al-Folien bestimmt. Die Abhängigkeit des Verlusts an Impulsen von der Zähl-Geschw. infolge des begrenzten Auflösungsvermögens wurde bestimmt. M. Wiedemann 112◇

0115 **Ein 2π-Gasdurchflußzähler für Zählungen bei niedrigen Niveaus.** A. Alberigi-Quaranta, B. Righini, V. Prodi und O. Rimondi. (Nuclear Instruments Methods [Amsterdam] **14**, 13—23, 1961; Bologna, Univ., I.N.F.N., Centro Elettron., Ist. di Fis.; Bologna, C.N.E.N., Div. di Biolog. e di Protezione Sanitaria; engl.) — Die Meßeinrichtung besteht aus einem 2π-Gasdurchflußzähler ohne Fenster mit Methanfüllung, einem Antikoinzidenz-Scintillationszähler, einer Eisenabschirmung u. einer Hg-Schicht zwischen den beiden Zählern. Der Gasdurchflußzähler arbeitet als Proportionalzählrohr. Er hat zwei Plateaus; das erste entspricht α-Teilchen, das zweite Elektronen. Die Plateaus für einige Quellen (^{210}Po, ^{90}Sr, ^{239}Pu, ^{14}C) unter verschiedenen Bedingungen werden angegeben. Außerdem werden die Plateaus bei Benutzung als Geiger-Zähler (Gasfüllung: Ar—C_2H_5OH oder He—C_4H_{10}) mitgeteilt. Meßwerte: Untergrund 0,62 ± 0,03 cpm; Empfindlichkeit (bei einer Meßzeit von 1000′) ca. 0,2 cpm. P. Detje 112◇

0116 **Impulsformdiskriminierung.** L. Varga. (Nuclear Instruments Methods [Amsterdam] **14**, 24—32, 1961; Budapest, Centr. Res. Inst. for Phys.; engl.) — Nach einer Übersicht über bis jetzt gebräuchliche Meth. der Teilchendiskriminierung aus der Impulsform von Scintillationszählern wird eine neue Schaltung angegeben, die mit einfachsten Mitteln u. statist. optimal die Information aus den verschiedenen Impulsformen verarbeitet. Anwendung auf die Diskriminierung zwischen Protonen u. Deuteronen bei Benutzung eines CsJ(Tl)-Kristalls. Kurze Behandlung von sog. Teleskopen u. von Sandwichdetektoren. P. Detje 112◇

0117 **Verbesserungen bei der Flugzeitmethodik schneller Neutronen unter Verwendung einer Impulsformdiskriminierung in einem organischen Phosphor.** R. Batchelor, W. B. Gilboy, A. D. Purnell und J. H. Towle. (Nuclear Instruments Methods [Amsterdam] **8**, 146—50, 1960; Aldermaston, Berks., A.E.R.E.; engl.)
H. Roschkowski 112◇

0118 **Flugzeitspektrometer für schnelle Neutronen.** H. W. Lefevre, R. R. Borchers und C. H. Poppe. (Rev. sci. Instruments **33**, 1231—34, 1962; Madison, Wis., Univ. of Wisconsin; engl.) — Es wird zunächst eine Anlage zur Erzeugung kurzer Impulse geladener Teilchen beschrieben. Die aus einer Quelle negativer Ionen austretenden Teilchen werden in einem Hochfrequenzfeld gebündelt, durchlaufen dann einen Tandembeschleuniger u. werden nochmals durch ein Hochfrequenz-Ablenkfeld über einen Ausblendschlitz geführt, durch den 2-ns-Impulse mit Spitzenströmen von 15 bis 20 μA hindurchtreten. In Verbindung mit einem Nonius-Chronotron wurde das Neutronenspektrum der Rk. $^9Be(d,n)^{10}B$ aufgenommen. W. Reusse 112◇

0119 **Ein bei niedriger Energie arbeitendes Überwachungsgerät.** H. Maczka, J. C. Miller, K. Stuermer und A. P. Zizos. (Health Physics **9**, 229—31, 1963; Cleveland, Ohio, Victoreen Instrum. Co.; engl.) — Entw. eines Geräts von Ionisationskammertyp mit barometr. u. Temp.-Korrektur, dessen spektrales Ansprechen innerhalb ± 10% von 30 keV bis 1,3 MeV liegt. Wiedergabe der Schaltskizze u. der Ansprechkurven. O. Jansen 112◇

0120 **Ein einfaches Strahlungsmeß- und -warngerät.** K. Diebner und H. Völcker. (Kerntechn., Isotopentechn. u. -chem. **3**, 175—77, 1961; Flensburg, Schiffsingenieurschule, Erprobungs- u. Forschungsstelle für Schiffbetriebstechnik; Kiel, Christian-Albrechts-Univ., Inst. für reine u. angew. Kernphys.; dt.) — Vff. beschreiben ein Taschengerät (Miniaturzählrohr) mit bes. einfachem Aufbau auf Transistorbasis mit einem weiten Meßbereich zum Nachw. radioakt. Strahlungen für den zivilen Bevölkerungsschutz u. Strahlungsgefährdung im Beruf. O. Jansen 112◇

0121 **Entwicklungen in der Neutronendosimetrie bei A.E.R.E., Harwell, England.** J. A. Dennis. (Health Physics **9**, 201—05, 1963; Harwell, Berks., A.E.R.E., Health Phys. and Med. Div.; engl.) — Die Arbeiten erstrecken sich hauptsächlich auf die Best. der Änderung der Neutronendosis mit der Tiefe in gewebeäquivalenten Phantomen.
O. Jansen 112◇

0122 **Neutronendosimetrie in und um menschliche Phantome durch Verwendung der Kernspuremulsion.** Hiroaki Akagi und Richard L. Lehman. (Health Physics **9**, 207—20, 1963; Berkeley, Calif., Univ. of California, Lawrence Radiat. Labor.; engl.) — Die Gültigkeit der Kernspuremulsionstechnik für die Dosimetrie schneller Neutronen wurde an einem menschlichen Phantom untersucht, das Pu-Be-Neutronen ausgesetzt war. Die totale absorbierte lokale Gewebedosis durch Protonenrückstöße u. die lokale therm. Neutronenintensität während der Bestrahlung wurden berechnet.
O. Jansen 112◇

0123 **Bestimmung der Belastung durch schnelle Neutronen mit Kernspurfilmen im Rahmen der routinemäßigen Personenüberwachung.** Hans Dresel. (Kerntechn., Isotopentechn. u. -chem. **3**, 498—500, 1961; Freiburg/Br., Univ., Radiol. Inst.; dt.) — Vf. beschreibt die Verw. von Kernspurfilmen zum Nachw. schneller Neutronen. Zur Verw. kamen „*Kodak Personal Neutron Monitoring Film*" Type A u. B. Im Energiebereich von 0,5—14 MeV besteht kein wesentlicher Unterschied. Für die Eichung wurde eine Po–Be-Neutronenquelle benutzt. O. Jansen 112◇

0124 **Dosis bei photographischer Emulsion durch Aktivierung ihres Silbergehalts durch thermische und epithermische Neutronen.** T. T. Mercer und R. Golden. (Health Physics **9**, 187—99, 1963; San Francisco, Calif., U.S. Naval Radiolog. Defense Labor.; engl.) — Der Betrag der Aktivierung von Ag durch therm. u. epitherm. Neutronen in einer Emulsion wurde in Form des therm. Neutronenflusses u. des *Cd*-Verhältnisses aus Verss. mit 0,0297 cm dicken *Au*-Folien berechnet. Die Dosisleistungsverteilungen um die Punktquellen von ^{108}Ag u. ^{110}Ag wurden ebenfalls berechnet. Das Verhältnis der Gesamtdosis bei einer Emulsion durch therm. u. epitherm. Neutronen zur Dosis durch therm. Neutronen allein wurde als Funktion des Cd-Verhältnisses erhalten. O. Jansen 112◇

0125 **Effekt der gegenseitigen Nichtsubstituierbarkeit bei langen Belichtungszeiten bei mit Triäthanolamin sensibilisierten Kernphotoemulsionen.** A. L. Kartushanski und L. I. Schur. (J. wiss. angew. Photogr. Kinematogr. [UdSSR] **5**, 58—60, 1960; Leningrad, Inst. für den Sowjethandel; russ.) — Vgl. C. **1962**, 9583. — Vff. überprüfen quant. die sensibilisierende Wrkg. von Triäthanolamin bei 2 Kernspuremulsionen. Eine Emulsion war vor der Sensibilisierung empfindlich für Protonen < 15 MeV u. nach der Sensibilisierung für Elektronen < 100 keV, die 2. Emulsion entsprechend für Protonen < 50 MeV u. für relativist. Teilchen. Belichtungszeit 10^1—10^4 s. Die Analyse wurde nach einer von Meikljar vorgeschlagenen Meth. vorgenommen. Die Zahl der sich im Entw.-Zentrum bildenden Ag-Atome beträgt in der gleichen Reihenfolge: 17 ± 2; $12 \pm 1{,}5$; $8{,}6 \pm 0{,}8$ u. $6{,}8 \pm 0{,}6$. Die Aktivierungsenergien betragen für die therm. Resorption in eV für ein einatomiges Zentrum: 0,69; 0,85; 0,79 u. 0,89; für ein zweiatomiges Zentrum: 0,84; stabil; —; —.
G. Ewald 112□

0126 **Radioaktive Abgase und Schutz der Umgebung.** H. Karwat. (Kerntechn., Isotopentechn. u. -chem. **3**, 487 bis 491, 1961; München, Techn. Überwachungsverein Bayern e. V.; dt.) — Vf. stellt Vergleiche u. Erwägungen über die Lage u. Dichte von Reaktorstationen in dichtbesiedelten Gebieten an u. diskutiert die Schutzmaßnahmen für Luft u. W. gegen radioakt. Verseuchung unter besonderer Berücksichtigung von $^{131-140}Xe$, $^{84-94}Kr$ u. $^{127-138}J$.
O. Jansen 112◇

0127 **Auffangen kurzlebiger Tochterprodukte des Radon-Zerfalls mit FP-Faserfiltern.** B. I. Ogorodnikow, W. N. Kiritschenko, P. I. Bassmanow und I. W. Petrjanow. (Atomenergie [UdSSR] **15**, 230—37, 1963; russ.) — Zum Auffangen der kurzlebigen Tochter-Prodd. von ^{222}Rn wurden Filter aus FP-Polymerfasern benutzt. Die Filtration der Aerosole erfolgte mit 1—200 cm/s Geschwindigkeit. Die Wirksamkeit hing von der Dispersion der Aerosole, Widerstand, Durchmesser u. elektrostat. Ladung der Fasern ab.
M. Wiedemann 112◇

0128 **Ein neuartiges technisches Verfahren zur kontinuierlichen Strahlungsüberwachung von Wasser und Abwasser.** L. Weise. (Kerntechn., Isotopentechn. u. -chem. **3**, 164—67, 1961; Erlangen-Bruck, Frieseke & Hoepfner G.m.b.H.; dt.) — Vf. berichtet über einen neuartigen Weg der kontinuierlichen Wassermessung u. ein neu entwickeltes Gerät hierfür: Zerstäubung u. Verdampfung im Heißluftstrom; Auffangen der radioakt. Schwebeteilchen in einem Faserfilterband, das an einem Detektor vorbeigeführt wird.
O. Jansen 112◇

0129 **Zulässige Hohlräume in Photonenabschirmungen.** D. G. Chappell. (Nuclear Sci. Engng. **6**, 140—46, 1959; Schenectady, N.Y., Knolls Atomic Power Labor.; engl.) — Theoret.-mathemat. Ableitung der zulässigen Größe von fehlerhaften Hohlräumen als Funktion von Abschirmungsdicke, Photonenenergie u. zulässigem Leckfaktor. Graph. Darst. der Ergebnisse für *Pb*. Eine Meth. zur Auffindung von Hohlräumen wird vorgeschlagen. T. Tamberg 112◇

0130 **Untersuchung der nuclearen Kaskade in Abschirmmaterialien.** A. Citron, L. Hoffmann und C. Passow. (Nuclear Instruments Methods [Amsterdam] **14**, 97—100, 1961; Genf, CERN; Hamburg, DESY, engl.) — Die Unterss. wurden mit Protonen von 24 GeV/c sowohl mit weitem als auch mit schmalem Strahl durchgeführt. Im ersten Fall wurden Barytbeton, gewöhnlicher Beton u. Erde, im zweiten Fall nur Barytbeton bestrahlt. Ergebnisse: a) Es existiert ein Bereich der Breite 550 $g \cdot cm^{-2}$, in dem die Intensität um einen Faktor 3 zunimmt, um dann wieder auf den ursprünglichen Wert abzusinken; b) daran anschließend nimmt die Intensität nahezu exponentiell mit einer Abschwächungslänge von 145 ± 10 $g \cdot cm^{-2}$ ab. P. Detje 112◇

0131 **Nomogramme für die Berechnung von Wasser-Abschirmungen für Neutronen von (α, n)-Quellen.** Je. A. Kramer-Agejew und W. P. Maschkowitsch. (Atomenergie [UdSSR] **15**, Nr. 2, 160—61, 1963; russ.) — Für verschiedene (α, n)-Quellen, u. zwar Po–B, Ra–Be, Po–Be, Pu–Be, sind Nomogramme angegeben, die eine Beziehung zwischen der Stärke der Quelle in Neutronen/s, dem Abstand in cm u. der Dicke des notwendigen Wasserschutzes in cm geben. M. Wiedemann 112◇

A_2. Optisches Verhalten der Materie

0132 **Die Verteilung von Ionen in der Exosphäre.** J. E. C. Gliddon. (J. atmospheric terrestr. Physics **25**, 175—77, 1963; London, Univ., Queen Mary Coll.; engl.) — Unter der Annahme, daß die Exosphäre nur einfach ionisierte Atome von O, H u. He neben neutralen Teilchen enthält, berechnete Vf. die vertikale Verteilung der O^+-, H^+- u. He^+-Ionen für Temp. von 1500 u. 2000° K. O. Gottfried 113△

0133 **Die Theorie der Bilder und der Strahlung.** 3. Mitt. **Die Ausdehnung des Photons und die Emission.** P. Michel Duffieux. (Rev. Opt. théor. instrument. **41**, 231—44, 1962; Besançon, Univ.; franz.) — 1. vgl. C. **1956**, 3750. — Quantentheoret. Unters. der Strahlungsemission u. des Photons.
Herbert Müller 114◇

0134 **Photonenkorrelationen.** Roy J. Glauber. (Physic. Rev. Letters **10**, 84—86, 1963; Cambridge, Mass., Harvard Univ., Lyman Labor.; engl.) — Die Korrelationseffekte in einem Photonenstrahl mit geringer spektraler Breite werden quantenmechan. untersucht, die Verteilung der Photonenzahl in einem inkohärenten Strahl wird abgeleitet.
M. Wiedemann 114◇

0135 **Theorie unelastischer Atomstöße.** A. M. Dychne und A. W. Tschaplik. (J. exp. theoret. Physik [UdSSR] **43**, 889—92, 1962; Sibir. Abt. der Akad. der Wiss., Inst. für Radiophysik u. Elektronik; russ., Auszug: engl.) — Die Gültigkeit der Landau-Zener-Theorie wird für einen großen Variationsbereich des Störungsparameters Δ/ω u. des adiabat. Parameters $1/\omega T$ nachgewiesen. Für die Übergangswahrscheinlichkeit wird eine für den gesamten Variationsbereich von Δ/ω gültige Formel abgeleitet.
H. Liepack 114◇

0136 **Zur Charakteristik des Typs der Elektronenkonfiguration von Atomen.** W. M. Kletschkowski. (Ber. Akad. Wiss. UdSSR **135**, 655—58, 1960; russ.) — Vgl. C. **1958**, 2327, 6145; C. **1959**, 6050. — Zur Gruppeneinteilung der Elemente verwendete Vf. eine Klassifizierung der Quantenniveaus mittels der Summe der Haupt- u. Bahnquantenzahlen (n + l). Wenn N_{n+l} die Zahl der Elektronen ist, die bei einem Atom die Niveaus mit einem bestimmten Wert von n + l auffüllen, $\mathcal{E}_{n+l}$ die Zahl der verfügbaren unbesetzten Quanten in einem Zustand mit dem gleichen Wert von n + l u. $\mathcal{E}_{n+l}$ die fehlende Füllung der n + l-Gruppe, dann wird ein Konfigurationsindex $\mathcal{E}_k = \Sigma\mathcal{E}_{n+l}$ definiert, wobei die Summierung sich auf diejenigen n + l-Werte erstreckt, für die $N_{n+l} > 0$ ist. Durch Anwendung von $\mathcal{E}_k$ u. die Beziehung zwischen $\mathcal{E}_k$ u. Z ist es dann möglich, normale Elemente nach ihrer Elektronenkonfiguration zu gruppieren (Tabelle mit $\mathcal{E}_k$ von 0—31). Daraus ergibt sich eine Elektronenanalogie zum Periodensystem. Wie Z eindeutig die Zugehörigkeit von Atomen zu einem Element bestimmt, so kennzeichnet $\mathcal{E}_k$ eindeutig den Typ der Elektronenkonfiguration.
R. K. Müller 114□

0137 **Die s–f-Wechselwirkung der Seltenerdmetalle.** Fucho Pu und Chin-chi Cheng. (Acta physica sinica **19**, 503—23, 1963; chin., Auszug: engl.) — Die s–f-Wechselwrkg. wird mittels der Theorie des Drehimpulses in der Quantenmechanik untersucht. Mittels der Störungstheorie wird die f–f-Wechselwrkg. ausgedrückt. Mittels der Resultate können einige Daten über magnet. kristalline Anisotropie der ferromagnet. Phase der Seltenerdmetalle gedeutet werden.
M. Wiedemann 114◇

0138 **Struktur des Elektronenenergiespektrums in Eisen-Kobalt-Legierungen.** W. Nemoschkalenko. (Ber. Akad. Wiss. UdSSR **143**, 1328—31, 1962; Akad. der Wiss. der UdSSR, Inst. für Metallphys.; russ.) — Zur Best. des Elektronenenergiespektrums werden die Röntgenspektren von reinem Fe u. Co sowie von Fe–Co-Legg. mit 5, 7, 20, 40, 60, 85 u. 95 Gew.-% Co bei Temp. von 250—1250° aufgenommen. Die Daten werden tabellar. angegeben. Bei Fe tritt weder am α–γ-Phasenübergang noch beim Durchgang durch den Curie-Punkt eine Änderung der integralen Röntgenintensitäten ein, bei den Legg. jedoch bei ca. 40% Co.
H. Roschkowski 116◇

0139 **Untersuchung von Verbindungen mit Perowskitstruktur durch die Röntgenspektren.** M. A. Blochin und A. T. Schuwajew. (Nachr. Akad. Wiss. UdSSR, physik. Ser. **22**, 1453—55, 1958; Rostow/Don, Univ.; russ.) — Durch Aufnahme des K-Emissions- u. Absorptionsspektrums von Ti, der L-Spektren von Zr, des K-Absorptionsspektrums von Fe u. der L-Absorptionsspektren von Sr, Ba, $BaTiO_3$, $SrTiO_3$, $BaZrO_3$ u. $PbZrO_3$ wurde ermittelt, daß das Valenzband der Verbb. mit Perowskitstruktur einen Zwittercharakter mit einer größeren Anzahl von p-Elektronen besitzt. Das Leitfähigkeitsband besitzt allg. einen d-Charakter mit geringer p-Beimengung. Das Band der freien Zustände besitzt grundsätzlich p-Charakter mit ungleichmäßiger Zustandsdichteverteilung. Die Ladung des Ti-Ions in $BaTiO_3$ beträgt nicht mehr als 2,7. In der Nähe des Curie-Punktes geht die Energie der Leitfähigkeitsbänder der Verbb. auf ~ 0,6 eV herab.
J. Tůmová 116□

0140 **Einfluß der chemischen Bindung auf die $K_{\beta_1\beta_1}$-Röntgenemissionslinien in Chromverbindungen.** A. S. Menschikow und Ss. A. Nemnonow. (Metallphysik u. Metallkunde [UdSSR] **14**, 187—94, 1962; Akad. der Wiss. der UdSSR, Inst. für Metallphys.; russ.) — An einer großen Anzahl von Verbb. (Cr, Cr_2Al, Cr_5Al_8, $CrAl_4$, $CrAl_7$, Cr_3Si, Cr_5Si_3, $CrSi$, $CrSi_2$, Cr_4C, Cr_7C_4, Cr_3C_2, CrB, CrB_2, Cr_2N, CrN, Cr_2O_3, $CrCl_3$, $Cr_2(SO_4)_3$, CrS, $CrSe$, $CrTe$, $CrSb$, CrP) wurde die Veränderung der Spektral-Intensität der K_{β_1}-Linie u. ihre Breite bei konst. integraler Intensität $K_{\beta_1\beta_1}$ bestimmt. Für eine Reihe von Ionen-Verbb. u. Chalkogeniden des Cr wurde eine Verschiebung (im Vgl. zum reinen Cr) der K_{β_1}-Linie nach der kurzwelligen Seite um 0,4—1,0 eV beobachtet. In den Verbb. mit metall. u. kovalent-metall. Bindungen wurden keine analogen Veränderungen beobachtet. Es wird die Natur des K_{β_1}-Satellits besprochen. Experimentelle Ergebnisse stimmen qual. gut mit der Hypothese von Tsusumi überein.
N. Kubeth 116◇

0141 **Neue Analyse des Systems $D^2\Pi_g$–$A^2\Pi_u$ des Moleküls N_2^+.** Joseph Janin, Jean d'Incan, René Stringat und Jacqueline Magnaval. (Rev. Opt. théor. instrument. **42**, 120—28, 1963; Lyon, Univ., Inst. de Phys. Gén.; franz.) — In Gemischen von Ne mit 1—5% N_2 werden durch Mikrowellenimpulse der Energie 40 kW Banden des Syst. $D^2\Pi_g$–$A^2\Pi_u$ angeregt u. spektrograph. vermessen. Die gemessenen u. berechneten Werte für die Rotationsstruktur der Banden (6—3), (6—2) u. (5—3) sind tabellar. angegeben.
Herbert Müller 118◇

0142 **Der Wirkungsquerschnitt für die Löschung der Kalium-Fluorescenzstrahlung in Abhängigkeit von der Relativgeschwindigkeit der Stoßpartner.** J. Gatzke. (Z. physik. Chem. [Leipzig] **223**, 321—26, 1963; Dt. Akad. der Wiss. zu Berlin, Inst. für Optik u. Spektroskopie; dt.) — Es werden einige Wrkg.-Querschnitte für die Löschung der K-Fluorescenzstrahlung ($4^2 P_{3/2,\,1/2} \rightarrow 4^2 S_{1/2}$) in Abhängigkeit von der Relativgeschw. der Stoßpartner angegeben. Durch die Einstrahlung von monochromat. Licht aus dem Wellenlängenbereich 2288 Å $\leq \lambda \leq$ 2537 Å in KJ-Dampf wurden die angeregten Atome verschiedener Geschw. erzeugt. Die Löschung erfolgte mit N_2 u. CO_2. Der Wrkg.-Querschnitt nimmt mit wachsender Relativgeschw. bei der N_2-Löschung nach anfänglich konst. Verlauf ab. Bei der CO_2-Löschung ist nur ein Abfall des Wrkg.-Querschnittes mit wachsender Relativgeschw. beobachtet worden. H. Jehne 118◇

0143 **Spektren verdünnter Lösungen von Wismutmetall in geschmolzenen Wismuttrihalogeniden.** 2. Mitt. **Formulierung des Lösungsgleichgewichts in Wismuttrichlorid.** Charles R. Boston, G. Pedro Smith und Lester C. Howick. (J. physic. Chem. **67**, 1849—52, 1963; Oak Ridge, Tenn., Oak Ridge Nat. Labor., Metals and Ceram. Div.; Fayetteville, Ark., Univ. of Arkansas, Dep. of Chem.; engl.) — 1. vgl. C. **1963**, 2710. — Das Syst. Bi–$BiCl_3$ wurde spektralphotometr. (450—750 nm) im Konz.-Bereich von 0,002 bis 0,7 Mol Bi/Liter zwischen 264 u. 350° untersucht. Neben einer Reihe von Gleichgewichten (GG) zwischen verschiedenen Species liegt das einfache GG $4\,Bi^+ \rightleftharpoons Bi_4^{4+}$ vor, dessen GG-Konst. bei 264° in Übereinstimmung mit EMK-Messungen zu $K_N = 3{,}8 \cdot 10^6$ bestimmt werden konnte.
G. Gattow 118◇

0144 **Spektrophotometrie in geschmolzenen Salzen.** 4. Mitt. **Uran(IV) in Chloridschmelzen.** John R. Morrey. (Inorg. Chem. [Washington] **2**, 163—69, 1963; Richland, Wash., General Electric Co., Hanford Labor.; engl.) — 3. vgl. J. physic. Chem. **66**, [1962], 2169. — Die Absorptionsspektren von UCl_4 in nachst. geschmolzenen Chloriden als Lsgm. wurden zwischen 250 u. 843° im Bereich von 300—2600 nm aufgenommen, wobei sich für die Stabilität des UCl_6^{2-} folgende Reihenfolge ergab: $CsCl/CsAlCl_4$ = $KCl/KAlCl_4$ > $CsCl$ > KCl > $NaCl$ > $ZnCl_2$. Ein Vgl. der Spektren von reinem geschmolzenen u. festem Cs_2UCl_6 zeigt, daß in allen Lsgm. (außer $ZnCl_2$) das UCl_6^{2-}-Ion auftritt u. sich mit den anderen Teilchenarten in den Alkalimetallchloriden im Gleichgewicht befindet. Mindestens eine andere Teilchenart tritt in $ZnCl_2$ auf. Durch Vgl. der Spektren von UCl_4 im geschmolzenen u. festen Zustand ließ sich feststellen, daß alle nachgewiesenen U-Teilchenarten die Koordinationszahl 6 oder eine kleinere besitzen. Die Spektren des U(IV) in $CsCl/AlCl_3$ u. $KCl/AlCl_3$ sind für ein gegebenes $MeCl/AlCl_3$-Verhältnis ident., ändern sich aber mit dem Verhältnis, wobei bei der Zus. $MeAlCl_4$ eine bes. deutliche Veränderung eintritt. Gleichgewichte zwischen den Komplexionen, die diese Erscheinung erklären, werden vorgeschlagen. Die Temp.-Abhängigkeit wird erörtert.
Gerhard Schulze 118◇

0145 **Ultraviolettabsorptionsspektren kristalliner Salze der Seltenerdmetalle.** 1. Mitt. **Europium-Salze.** K. H. Hellwege, S. Hüfner und A. Pöcker. (Z. Physik **172**, 453—59, 1963; Darmstadt, TH, Inst. für Techn. Phys.; dt.) — Das UV-Absorptionsspektrum des dreiwertigen Eu wird bis zu einer Wellenlänge von 2500 Å in Salzen verschiedener Symmetrie untersucht: $Eu(C_2H_5SO_4)_3 \cdot 9\,H_2O$ (hexagonal), $EuCl_3 \cdot 6\,H_2O$ (monoklin), $Eu(NO_3)_3 \cdot 6\,H_2O$ (triklin). Es gelingt, für eine Reihe von Termen die Gesamtdrehimpulsquantenzahl J zu bestimmen. Durch Vgl. mit Rechnungen in der Russel-Saunders-Näherung können einigen Liniengruppen Übergänge von Grundterm $^7F_0$ zu angeregten Russel-Saunders-Termen zugeordnet werden. H. Jehne 118◇

0146 **Ultraviolettabsorptionsspektren kristalliner Salze der Seltenerdmetalle.** 2. Mitt. **Gadoliniumchlorid.** K. H. Hellwege, S. Hüfner und H. Schmidt. (Z. Physik **172**, 460 bis

464, 1963; dt.) — 1. vgl. vorst. Referat. — Das Absorptionsspektrum von $GdCl_3 \cdot 6\,H_2O$ u. $Y(Gd)Cl_3 \cdot 6\,H_2O$ wird im Gebiet zwischen 32000 u. 41000 cm^{-1} aufgenommen. Alle Terme der Multipletts ^6P, ^6J u. ^6D werden bestimmt. H. Jehne 118◇

0147 **Hyperfeinstrukturaufspaltung im Holmiumäthylsulfat.** S. Hüfner. (Z. Physik **172**, 512—19, 1963; dt.) — Vgl. vorst. Referat. — Die Hyperfeinstrukturaufspaltung im Grundzustand des Ho im Äthylsulfat wird spektroskop. bestimmt. Man erhält die Werte $A_I = (0{,}328 \pm 0{,}011)\ cm^{-1}$ u. $\Delta_I = (0{,}07 \pm 0{,}04)\ cm^{-1}$. H. Jehne 118◇

0148 **Berechnung der Energieniveaus und der Aufspaltung scharfer Linien im Absorptionsspektrum von Rubin.** Wei-Han Tan. (Acta physica sinica **19**, 409—24, 1963; chin., Auszug: engl.) — Berechnung unter Berücksichtigung der Wechselwrkg. zwischen den verschiedenen Konfigurationen. Die Aufspaltungen der Energieniveaus der R- u. B-Linie stimmen mit den experimentellen Ergebnissen überein, während die Aufspaltung des Grundzustandes im Vgl. zum Experiment zu klein ist. Es kann eine Störung durch die höheren Energieniveaus vorliegen. H. Liepack 118◇

0149 **Zentren vom A-Typ in KBr:Na.** V. Topa, L. Matei und T. Serban. (Physica Status solidi [Berlin] **3**, K418—K422, 1963; București, Acad. R.P.R., Inst. de fiz.; engl.) — Reine u. mit 1—3% NaBr dotierte KBr-Kristalle wurden nach der Kyropoulos-Meth. erhalten, elektrolyt. angefärbt u. zur Zerstörung von Aggregaten von F-Zentren erhitzt u. schnell abgekühlt. Die nach dieser Behandlung allein auftretende F-Bande wird bei Bestrahlung mit unpolarisiertem F-Licht bei 30° in zwei Banden (A_1 u. A_2) aufgespalten. Bestrahlung mit unpolarisiertem A_1-Licht bei — 180° führt zur Abnahme der A_1- u. A_2-Banden u. zum Auftreten einer neuen breiten Bande an der langwelligen Seite der A-Banden. Bestrahlung mit dem Licht dieser Bande bei der gleichen Temp. führt zur Erholung der A_1- u. A_2-Banden. Bei Aufbewahrung der Kristalle im Dunkeln bei Raum-Temp. bildet sich aus den A_1- u. A_2-Banden die F-Bande zurück. H. Roschkowski 119◇

0150 **Paramagnetische Resonanz des metastabilen Triplett-Zustandes des M-Zentrums in KCl-Kristallen.** H. Seidel. (Physics Letters [Amsterdam] **7**, 27—29, 1963; Stuttgart, TH, II. Phys. Inst.; engl.) — Die bei Belichtung von M-Zentren bei 90° K entstehenden neuen Zentren mit 50 s Lebensdauer werden mit Hilfe ihres EPR-Spektrums als Triplettzustand des M-Zentrums (zwei Elektronen auf in [1 1 0]-Richtung benachbarten Gitterplätzen) identifiziert. Durch Belichtung mit 365 nm-Licht konnte eine Konz. dieser Triplettzustände von $1{,}5 \cdot 10^{16}\ cm^3$ erzeugt werden. Die gemessene Linienbreite von 47 Oe ist durch Wechselwrkg. mit den benachbarten K-Kernen bestimmt, wie durch Endor-Messungen gezeigt werden konnte. F. Schneider 119◇

0151 **Elektronenspinresonanz-Untersuchungen zur Aggregation von F-Zentren in KCl.** M. Schwoerer und H. C. Wolf. (Z. Physik **175**, 457—79, 1963; Stuttgart, TH, II. Phys. Inst.; dt.) — Die Linienbreite der ESR-Linien von F-Zentren in additiv verfärbten KCl-Kristallen geht mit zunehmender Bestrahlung mit F-Band-Licht von 46 auf 35 Oe zurück. Da die Folgezentren (M, R u. N) keine ESR-Signale liefern, wird die Verengung auf Austauschwechselwrkg. durch lose Aggregation von F-Zentren (auf 4—5 Gitterabstände) zurückgeführt. Das Endor-Spektrum blieb vor u. nach der Bestrahlung prakt. unverändert. F. Schneider 119◇

0152 **Über die Verfärbungsschicht in mit Deuteronen bestrahlten LiF-Kristallen.** P. Görlich, H. Karras und G. Kötitz. (Physica Status solidi [Berlin] **3**, 2029—34, 1963; engl.) — Synthet., im Hochvakuum gezüchtete LiF-Kristalle wurden mit 13,5 MeV-Deuteronen bestrahlt. Die verfärbte Schicht wurde in 34 Schritten abgetragen. Nach jedem Schritt wurde das Verfärbungsspektrum gemessen. Qual. Unterschiede der Verfärbungsspektren in verschiedenen Tiefen konnten nicht festgestellt werden. Eine neue Meth. für die Best. der Dicke der verfärbten Schicht wird beschrieben. Die Schichtdicke wurde für die stärksten Verfärbungsbanden bei 248 nm (F-Bande), 445 nm (M-Bande), 316 nm (R_1-Bande) u. 378 nm (R_2-Bande) gemessen. Der Mittelwert der mittleren Reichweite lag bei (0,655 ± 0,001) mm. Die Dicke der verfärbten Schicht wird in Beziehung gebracht mit der Eindringtiefe der Deuteronen. H. Roschkowski 119◇

0153 **Quantelung des elektromagnetischen Feldes in einem kristallinen Medium für den Fall der Dispersion.** W. L. Strishewski. (Festkörperphysik [UdSSR] **4**, 1492 bis 1495, 1962; Kiew, Schebtschenko-Univ.; russ.) — Vgl. Festkörperphysik [UdSSR] **3**, [1961], 2937. — Anwendung u. Verallgemeinerung der l. c. beschriebenen Meth. unter Berücksichtigung der spektralen u. räumlichen Dispersion des Tensors der DK für die Raman-Streuung in Kristallen. P. Frenzel 119◇

0154 **Der Elektronen-Raman-Effekt bei Pr^{3+}-Ionen in $PrCl_3$-Einkristallen.** J. T. Hougen und S. Singh. (Physic. Rev. Letters **10**, 406—07, 1963; Ottawa, Canada, Nat. Res. Council, Div. of Pure Phys.; engl.) — Erste Mitt. von Messungen, deren Ergebnisse in einer Tabelle zusammengestellt sind. R. Nink 119◇

0155 **Die optische effektive Masse und die Absorptionskante der Elektronen in Natrium.** J. N. Hodgson. (J. Physics Chem. Solids **24**, 1213—16, 1963; Keele, Staffordshire, England, Univ., Phys. Dep.; engl.) — Aus Reflexionsmessungen werden die opt. Konst. von Na im Wellenlängenbereich von $0{,}65 \cdot 10^{-4}$—$2{,}5 \cdot 10^{-4}$ cm gemessen. Aus den Messungen läßt sich eine effektive Masse $m = (1{,}08 \pm 0{,}01)\ m_0$ bestimmen. Die Änderung der Leitfähigkeit mit der Wellenlänge läßt auf Zwischenband-Übergänge bei Photonenenergien von 1,2 eV schließen. Vgl. dieser Übergänge mit der theoret. Bandstruktur deuten auf indirekte Übergänge von der Fermi-Oberfläche aus. K. H. Härdtl 119◇

0156 **Beziehung zwischen Emission und anderen optischen Eigenschaften.** J. C. Richmond. (J. Res. nat. Bur. Standards, C **67**, 217—26, 1963; engl.) — Vff. leiten eine Gleichung ab, die die normale spektrale Emission eines opt. inhomogenen, teilweise durchlässigen Überzugs auf einem undurchlässigen Substrat wiedergibt. Die Dicke u. opt. Eigg. des Überzugs u. die Reflexion des Substrats an der Grenzfläche Überzug–Substrat werden berücksichtigt. Für einige Schichtdicken wird die emittierte Strahlung berechnet. D. Hoene 119◇

0157 **Messung von Phasenänderungen bei Transmission durch trägerfreie dünne Schichten mit Hilfe eines Michelson-Interferometers.** Jacqueline Casset und Paul Bousquet. (Rev. Opt. théor. instrument. **42**, 13—21, 1963; Marseille, Fac. des Sci.; franz.) — Vff. beschreiben Aufbau u. Wrkg.-Weise eines photoelektr. Michelson-Interferometers, in dessen einen Strahlengang trägerfreie, absorbierende Schichten eingebracht werden können. Mit Hilfe der App. werden an 46—63 nm dicken *Au*-Schichten die bei Transmission für Licht der Wellenlängen λ 4000—6200 Å auftretenden Phasenänderungen Δt bestimmt. Im untersuchten Dickenbereich weist Δt bei 4000—4300 (Å) Minima u. zwischen 5800 u. 6100 ein Maximum der Größenordnung 0,25 λ auf. Herbert Müller 119◇

0158 **Apparatur für die Herstellung dünner dielektrischer und metallischer Schichten mit optischer Kontrolle der Dicke im sichtbaren und ultravioletten Bereich.** L. Gabla, F. Leś und H. Niewodniczański. (Acta physica polon. **23**, 255—61, 1963; Cracow, Jagellonian Univ., Inst. of Phys.; engl.) — Vff. beschreiben den Aufbau einer Vakuum-App., in der bei 10^{-5} Torr aus austauschbaren Verdampfern nacheinander u. ohne Aufhebung des Vakuums verschiedene Substanzen aufgedampft werden können. Die Dickenkontrolle dielektr. Schichten von MgF_2, PbF_2 bzw. Sb_2O_3 erfolgt während des Aufdampfens durch Messung des Reflexionsvermögens für Licht der Wellenlängen 2500—7000 Å. Herbert Müller 119◇

0159 **Halbdurchlässige, metallisch-dielektrische Spiegel mit geringem Absorptionskoeffizienten im Ultraviolettbereich des Spektrums (3200—2400 Å).** Z. Leś, F. Leś und L. Gabla. (Acta physica polon. **23**, 211—14, 1963; engl.) — Mit der l. c. beschriebenen Aufdampf-App. werden halbdurchlässige Mehrschichtspiegel der Kombination Al–MgF_2–PbF_2 hergestellt. Von den Spiegeln werden im Wellenlängenbereich 2400—3200 Å die Koeff. der Reflexion R, Transmission u. Absorption A bestimmt. Im untersuchten Wellenlängenbereich ist A beträchtlich kleiner als für reine Al-Spiegel, u. die Reflexion ist weniger selektiv als für Spiegel, die nur mit dielektr. Schichten hergestellt wurden. Im sichtbaren Bereich ist R von Al–MgF_2–PbF_2-Spiegeln noch so groß, daß bei Verw. in einem Fabry-Perot-Interferometer dieses ohne weiteres visuell justiert werden kann. Herbert Müller 119◇

0160 **Über die Beziehung zwischen den optischen Konstanten von Metallen und ihren Mikrocharakteristiken.** G. P. Motulewitsch. (J. exp. theoret. Physik [UdSSR] **37,** 1770—74, 1959; Lebedew-Inst. für Physik der Akad. der Wiss. der UdSSR; russ., Auszug: engl.) — Vf. betrachtet den Zusammenhang zwischen den Brechungsindices der Metalle u. ihren Mikrocharakteristiken. Es wird gezeigt, daß auf Grund der Brechungsindices der Metalle, die im IR in einem großen Wellenlängenbereich gemessen wurden u. der stat. Leitfähigkeit der gleichen Proben bei verschiedenen Temp. die Konz. der Leitungselektronen, die Geschw. der Elektronen auf der Fermi-Oberfläche u. die Frequenz der Zusammenstöße zwischen den Elektronen ermittelt werden können. Vf. unterbreitet ein Schema zur Behandlung von experimentellen Ergebnissen, das die neuesten Ergebnisse der Theorie berücksichtigt. G. Rudakoff 119◇

0161 **Bestimmung der Mikrocharakteristiken von Aluminium aus Messungen der optischen Konstanten und der spezifischen Leitfähigkeit.** A. I. Golowaschkin, G. P. Motulewitsch und A. A. Schubin. (J. exp. theoret. Physik [UdSSR] **38,** 51—55, 1960; russ., Auszug: engl.) — Vgl. C. **1960,** 11898; vgl. vorst. Referat. — Vff. messen die Brechungsindices von Al im Bereich 0,8—9 μ bei Raum-Temp. u. bei der Temp. des fl. N_2, die stat. Leitfähigkeit u. die Dichte. Die Auswertung der Ergebnisse erfolgt nach der auf der kinet. Quantengleichung u. der Berücksichtigung der Stöße zwischen Elektronen beruhenden Theorie. Während aus der elektron. spezif. Wärme für $v/N^{1/2}$ sich der Wert $(3{,}7-4{,}1)\cdot 10^{-3}$ ($cm^{5/2}\,s^{-1}$) ergibt, ist dieser nach den opt. Messungen $9{,}8\cdot 10^{-3}$. Messungen der Oberflächenimpedanz im Radiofrequenzbereich ergeben $v/N = 4{,}5\cdot 10^{-15}$ ($cm^4\,s^{-1}$), opt. Messungen $3{,}7\cdot 10^{-15}$ (v = Geschw. der Elektronen auf der Fermi-Oberfläche, N = Konz. der Leitfähigkeitselektronen). R. K. Müller 119□

0162 **Die optischen Konstanten der Halbleiter.** F. R. Kessler. (Festkörperprobleme **2,** 1—92, 1963; Saarbrücken, Univ. des Saarlandes, Inst. für Experimentalphys.; dt.) — Übersicht unter bes. Berücksichtigung des Zusammenhangs zwischen Absorptions-Koeff. u. Brechungsindices von Halbleitern an Hand von 168 Literaturangaben. H. Roschkowski 119◇

0163 **Dispersion des Brechungsindex nahe der fundamentalen Absorptionskante in PbS.** H. R. Riedl und R. B. Schoolar. (Physic. Rev. [2] **131,** 2082—83, 1963; Silver Spring, Md., White Oak, U.S. Naval Ordnance Labor.; engl.) — Bei der Unters. der Reflexionsspektren von n-leitenden Einkristallfilmen u. massiven Proben wurde ein Maximum in der Wellenlängenabhängigkeit des Brechungsindex gefunden, das auf eine Zunahme des Extinktions-Koeff. an der Absorptionskante zurückzuführen ist. Bei 300° K ist der Brechungsindex am Maximum ca. 7% größer als die Quadratwurzel aus der opt. DK. Das Maximum bewegt sich bei abnehmender Temp. mit der Absorptionskante. Die opt. DK betrug bei Zimmer-Temp. 16,8. H. Liepack 119◇

0164 **Optische Doppelbrechung von ferroelektrischem $Ca_2Sr(C_2H_5COO)_6$.** Jinzo Kobayashi und Noboru Yamada. (J. physic. Soc. Japan **18,** 324, 1963; Waseda Univ., Dep. of Appl. Phys.; engl.) — Vff. untersuchten an dem rhomb. Dicalciumstrontiumpropionat die Temp.-Abhängigkeit der Doppelbrechung $n_\gamma - n_\alpha = \Delta n$ zwischen einer Temp. dicht unterhalb der Zers.-Temp. bis herab zu ca. —200°. Aus Unterss. der Vff. (vgl. J. physic. Soc. Japan **17,** [1962], 876) ergab sich, daß der ferroelektr. Übergang, der einer Symmetrieänderung von D_4 (paraelektr.) zu C_4 (ferroelektr.) entspricht, von zweiter Ordnung zu sein scheint. Mit abnehmender Temp. nimmt Δn in der paraelektr. Phase zunächst bis zu einem breiten Maximum bei ca. 220° zu u. hierauf ab. In der ferroelektr. Phase nimmt Δn in der Nähe des Curie-Punktes ziemlich schnell ab, beginnt dann wieder zuzunehmen u. geht durch ein breites Maximum bei ca. —135°. C. Gottfried 119△

0165 **Magnetische Drehung des sichtbaren Lichtes durch ferromagnetisches $CrBr_3$.** J. F. Dillon jun., H. Kamimura und J. P. Remeika. (Physic. Rev. Letters **9,** 161—63, 1962; Murray Hill, N.J., Bell Telephone Labor.; engl.) — Vgl. C. **1964,** 3-0192. — Gemessen wurde in ferromagnet. $CrBr_3$-Einkristallen die Drehung der Ebene des linear polarisierten Lichtes (500000°/cm an der Bandkante nahe 20000 cm^{-1}). Die Bandkante wird durch Übergänge ${}^4A_2 \rightarrow {}^4T_2$ gedeutet. K. Jaeger 119◇

0166 **Longitudinaler, magnetooptischer Kerr-Effekt in dünnen Schichten von Eisen, Nickel und Permalloy.** C. C. Robinson. (J. opt. Soc. America **53,** 681—89, 1963; Cambridge, Mass., MIT, Dep. of Electr. Engng.; engl.) — Auf Glasträger werden bei $5\cdot 10^{-5}$ Torr ca. 3000 Å dicke Schichten von Fe, Ni bzw. Permalloy aufgedampft. Von den Schichten werden mit einem photoelektr. Ellipsometer die Drehung u. Elliptizität des von den Schichten reflektierten Lichtes mit Wellenlängen zwischen 360 u. 616 nm bestimmt. Nach der Theorie von Voigt werden die opt. Konst. n u. k sowie die magnetoopt. Amplitude Q_0 u. Phase q berechnet. Die Werte sind tabellar. angegeben. Die Werte der Kerr-Drehung u. Elliptizität stimmen für Einfallswinkel zwischen 16 u. 65° gut mit den theoret. Werten überein. Mit Hilfe der opt. Parameter für den Kerr-Effekt wird die komplexe magnetoopt. Leitfähigkeit berechnet u. die Änderung des Real- u. Imaginärteiles mit der Frequenz des einfallenden Lichtes mit der Theorie von Argyres verglichen. Herbert Müller 119◇

0167 **Lichtablenkung durch elastisch deformierte durchsichtige Festkörper.** E. Häusler. (Optik **20,** 386—90, 1963; Saarbrücken, Univ. des Saarlandes; dt.) — Die Lichtablenkung durch elast. deformierte durchsichtige Festkörper beruht auf Oberflächendeformationen u. Dichteänderungen. Ein Verf. zur Trennung der beiden Effekte wird angegeben. Bei *Plexiglas* ist der überwiegende Anteil der Lichtablenkung dem Oberflächeneffekt zuzuschreiben. Mit dem Verf. kann auch der Druck-Koeff. des Brechungsindex bestimmt werden. H. Jehne 119◇

0168 **Urey-Bradley-Potentialfunktionen für die ebenen Schwingungen der Borsäure.** K. Krishnan. (Proc. Indian Acad. Sci., Sect. A **57,** 343—51, 1962; Bangalore, Indian Inst. of Sci., Dep. of Phys.; engl.) — Die Urey-Bradley-Kraft-Konst. für die ebenen Schwingungen des $B(OH)_3$-Mol. werden nach der Wilsonschen F-G-Matrixmeth. berechnet. Dabei werden folgende Werte erhalten: k_{O-H} 5,23, k_{B-O} 4,94, h_{BOH} 0,36, h_{OBO} 0,41, f_{OO} 0,68 u. f_{BH} 0,98 ($\cdot 10^5$ dyn/cm) (k = Valenzkraft-Konst., h = Deformationskraft-Konst., f = Wechselwrkg.-Konst.). Aus den Kraft-Konst. werden die Schwingungsfrequenzen berechnet, die eine gute Übereinstimmung mit den experimentell gemessenen Werten zeigen. Ebenfalls werden die Frequenzen für deuterierte Borsäure berechnet, auch hier wird eine gute Übereinstimmung mit den beobachteten Werten gefunden. G. Engelhardt 120◇

0169 **Selbstverbreiterung von Kohlenstoffmonoxid in den 2 ν- und 3 ν-Banden.** Earle K. Plyler und Robert J. Thibault. (J. Res. nat. Bur. Standards, A **67,** 229—31, 1963; engl.) — Die Selbstverbreiterung der Rotationslinien von CO wird für die (2,0)- u. (3,0)-Bande bei 4260 bzw. 6350 cm^{-1} für Rotationsquantenzahlen bis $|m| = 21$ u. Drücke bis 3,5 at mit einem hochauflösenden Gitterspektrographen gemessen. Da die Spaltkorrekturen recht klein sind (je nach Bedingungen 3—20%), ist der Fehler der Messungen nicht größer als $\pm 5\%$. Die Halbwertsbreiten pro at (γ^0) fallen ab von 0,089 cm^{-1} für $|m| = 1$ auf 0,053 cm^{-1} für $|m| = 21$. γ^0 entsprechender Linien der P- u. Q-Zweige stimmen innerhalb des experimentellen Fehlers überein. Eine rohe Abschätzung des Verhältnisses der Linienintensitäten von 2 ν u. 3 ν ergibt ca. 200 : 1. Bei der Selbstverbreiterung von CO sind sowohl Quadrupol—Quadrupol- als auch anisotrope Dispersionskräfte von prim. Bedeutung. H. Pförtner 120◇

0170 **Das Infrarot-Spektrum von CH_3SiH_3 und CH_3SiD_3.** R. E. Wilde. (J. molecular Spectroscopy **8,** 427—54, 1962; Seattle, Wash., Univ. of Washington, Dep. of Chem.; engl.) — IR-Spektren von gasförmigen CH_3SiH_3 u. CH_3SiD_3 wurden mit niedriger Auflösung von 450—10000 cm^{-1} u. mit hoher Auflösung von 2000—5000 cm^{-1} gemessen. Alle Fundamentalfrequenzen werden Normalschwingungen zugeordnet; auch für Ober- u. Kombinationstöne werden Zuordnungen gegeben. Die Analysen der zwei parallelen u. vier senkrechten Bandentypen von CH_3SiH_3 u. der einen parallelen u. senkrechten Bandentype des CH_3SiD_3 werden im hochaufgelösten Spektrum vorgenommen. Für die Parallelbanden werden die Rotations-Konst. A′, A″, B′, B″ u. D_J mitgeteilt; für die

Senkrechtbanden sind die Größen A′, B′, ζ u. D_K angegeben. Die Rotations-Konst. A″ u. B″ des Grundzustandes werden aus Mikrowellendaten übernommen. D. Kunath 120◇

0171 **Infrarot-Untersuchungen mit hoher Auflösung am Disilan im Bereich 2000—5000 cm^{-1}.** R. E. Wilde. (J. molecular Spectroscopy **8**, 455—63, 1962; engl.) — Vgl. vorst. Referat. — Zwei Senkrechtbanden werden im IR-Spektrum des gasförmigen Si_2H_6 aufgelöst. Ihr Zentrum liegt bei 2169,42 u. 4256,36 cm^{-1}. Die Rotations-Konst. A′, B′ u. ζ werden berechnet. Für die Coriolis-Konst. werden Werte von + 0,005 u. — 0,009 erhalten. D. Kunath 120◇

0172 **Spektren im fernen Infrarot einiger Tetrachlorometallat(II)-Komplexe.** A. Sabatini und Luigi Sacconi. (Ric. sci., Parte II, Sez. A [2] **3**, 755—56, 1963; Firenze, Univ., Ist. di Chim. Gen.; engl.) — Die IR-Spektren im Bereich zwischen 400 u. 100 cm^{-1} der Komplexe vom Typ R_2MCl_4, wobei R = $[(CH_3)_4N]^+$ oder $[(C_2H_5)_4N]^+$ u. M = Mn^{2+}, Fe^{2+}, Co^{2+}, Ni^{2+}, Cu^{2+}, Zn^{2+} sind, werden in Nujol auf Polyäthylenfenstern aufgenommen. Die im Meßbereich zu erwartenden M–Cl-Valenz- u. Cl–M–Cl-Deformationsschwingungen werden den theoret. Erwartungen entsprechend gefunden, wenn man berücksichtigt, daß die zur Trennung aller Absorptionsbanden erforderliche Auflösung nicht erreicht wurde. Auf Grund der Analogie der Spektren wird angenommen, daß das MCl_4^{2-}-Ion im Falle des Mn-, Fe-, Ni-, Co- u. Zn-Komplexes eine regulär-tetraedr. Konfiguration hat. Die M–Cl-Valenzfrequenzen der Tetraäthylammoniumkomplexe folgen der an Hand der Kristallfeldtheorie vorausgesagten Stabilitätsreihe für tetraedr. spinfreie Komplexe: Mn < Fe < Co > Ni > Zn. G. Engelhardt 120◇

0173 **Ferne Infrarot-Spektren von einigen wasserfreien Metallhalogeniden im festen Zustand.** D. M. Adams, M. Goldstein und E. F. Mooney. (Trans. Faraday Soc. **59**, 2228—32, 1963; London, Northern Polytechn.; engl.) — Die IR-Spektren (160—400 cm^{-1}) von wasserfreiem MX_2 ($M = Cu, Pd, Pt, Hg$ u. Cd; $X = Cl$ oder Br) u. Hg_2Cl_2 werden gemessen (Nujolsuspensionen). Die beobachteten Banden werden den Halogen–Metall-Schwingungen zugeordnet u. in Beziehung zu bekannten Daten der Kristallstruktur gebracht. D. Kunath 120◇

0174 **Die Infrarot- und Reflexionsspektren von Dihydraten einiger Übergangsmetallnitrate und -perchlorate.** B. J. Hathaway, D. G. Holah und M. Hudson. (J. chem. Soc. [London] **1963**, 4586—89; Hull, Univ.; engl.) — IR-Absorptionsmessungen (Nujolsuspensionen u. KBr-Preßlinge, Reflexionsmessungen; 250—2200 µm), Messungen der magnet. Susceptibilität bei Raum-Temp. u. Aufnahmen der Röntgenbeugung (Guinier-Kammer für Pulveraufnahmen) werden von $Mn(NO_3)_2 \cdot 2\,H_2O$, $Mn(ClO_4)_2 \cdot 2\,H_2O$, $Co(NO_3)_2 \cdot 2\,H_2O$, $Co(ClO_4)_2 \cdot 2\,H_2O$, $Ni(NO_3)_2 \cdot 2\,H_2O$, $Ni(ClO_4)_2 \cdot 2\,H_2O$, $Cu(NO_3)_2 \cdot 2\,H_2O$ u. $Cu(ClO_4)_2 \cdot 2\,H_2O$ durchgeführt. Die IR-Spektren der Mn-, Co- u. Ni-Salze zeigen, daß die Anionen kovalent an die Metallionen gebunden sind. Die ClO_4^--Anionen liegen als koordinativ-2wertige Gruppen vor. Daraus folgt, daß die Metallionen in oktaedr. Koordination gebunden sind (zwei O-Atome vom H_2O, vier O-Atome von den beiden ClO_4-Gruppen). Die oktaedr. Gruppierung wurde durch Reflexionsmessungen festgestellt. Die Gleichheit der ClO_4- u. NO_3-Spektren deutet auf gleiche Bindungsverhältnisse für das NO_3^--Ion hin. Das IR-Spektrum von $Cu(ClO_4)_2 \cdot 2\,H_2O$ weist auf das Vorliegen von koordinativ einwertigen ClO_4-Gruppen hin. Diese Konstit. wird möglich durch eine Jahn-Teller-Verzerrung der normalen oktaedr. Koordination des Cu-Ions. D. Kunath 120◇

0175 **Infrarot- und Ultraviolett-Absorptionsbanden in KBr-Kristallen, die Hydroxid-Ionen als Verunreinigung enthalten.** J. Rolfe. (Canad. J. Physics **41**, 1525—27, 1963; Ottawa, Canada, Radio and Electric. Engng. Div., Nat. Res. Council; engl.) — Routinemessungen der IR- u. UV-Absorption an KBr-Preßlingen (1—6 cm stark) werden durchgeführt, um einen Zusammenhang zwischen dem Absorptions-Koeff. der UV-Bande bei 215 nm u. den IR-Absorptions-Koeff. von 9 Verunreinigungen (CNO^-, CN^-, BO_2^-, NO_3^-, NO_2^-, SO_4^{2-}, CrO_4^{2-}, CO_3^{2-}, OH^-) festzustellen. Nur bei CO_3^{2-}- u. OH^--Verunreinigung in KBr ist ein Zusammenhang vorhanden. Bei KCl- u. NaCl-Kristallen liegen die Verhältnisse unübersichtlicher. D. Kunath 120◇

0176 **Raman-Spektrum und Schwingungszuordnungen für das Phosphorpentachlorid-Molekül.** M. J. Taylor und L. A. Woodward. (J. chem. Soc. [London] **1963**, 4670—72; Oxford, Inorg. Chem. Labor.; engl.) — Das vollständige Raman-Spektrum von PCl_5 (gelöst in Bzl. u. CCl_4) wird gemessen. Polarisationsmessungen wurden mit prim. polarisiertem Licht (Polarisationszylinderröhrchen um das Raman-Rohr) durchgeführt. Die Raman-Frequenzen, ergänzt durch bekannte IR-Frequenzen, werden den Normalschwingungen (8 Schwingungen der Rassen a_1', a_2'', e′, e″) des Mol. zugeordnet. D. Kunath 120◇

0177 **Das Raman-Spektrum des Systems $CdCl_2$–KCl.** M. Tanaka, K. Balasubramanyam und J. O'M. Bockris. (Electrochim. Acta [London] **8**, 621—29, 1963; Philadelphia, Pa., Univ. of Pennsylvania, Electrochem. Labor.; engl.) — Das Raman-Spektrum des Syst. $CdCl_2$–KCl mit 50 Mol-% KCl wurde im fl. u. festen Zustand aufgenommen. Zur Anregung wurde im fl. Zustand die Hg-c-, im festen die Hg-e-Linie benutzt. Für den festen Zustand werden normal 2 Linien bei 248 ± 3 u. 223 ± 4 cm^{-1} gefunden, die den Zuordnungen ν_1 (A_{1g}) u. ν_3 (A_{1g}) entsprechen, im polarisierten Licht dagegen 3 Linien bei 250 ± 3, ν_1 (A_{1g}), 239 ± 3, ν_2 (A_{1g}), u. 215 ± 3 cm^{-1}, ν_3 (A_{1g}). An Hand dieser Ergebnisse gelingt die Zuordnung der im geschmolzenen Zustand gefundenen 5 Linien: 257 ± 2, ν_1 (A_1), 245 ± 3, ν_3 (E), 232 ± 4 (?), 211 ± 6, ν_2 (A_1), u. 177 ± 5, ν_4 (E). Im untersuchten Konz.-Bereich (33—66 Mol-% KCl) wurde keine Veränderung der ν_1 (A_1)-Frequenz beobachtet. Aus den Ergebnissen wird abgeleitet, daß das pyramidale $CdCl_3^-$-Ion das vorherrschende Komplexion in der $CdCl_2$–KCl-Schmelze der untersuchten Konz. darstellt. G. Engelhardt 120◇

0178 **Die Raman- und Infrarot-Spektren der Reihe $(CH_3)_nSnCl_{(4-n)}$.** Walter F. Edgell und C. H. Ward. (J. molecular Spectroscopy **8**, 343—64, 1962; Lafayette, Ind., Purdue Univ., Dep. of Chem.; engl.) — Raman-Spektren (photograph. u. photoelektr. Registrierung; fl. u. fester Zustand der Verbb., z. T. bei 50—60°) u. IR-Spektren (fl. Zustand der Verbb., z. T. bei 50—120°) von CH_3SnCl_3, $(CH_3)_2SnCl_2$, $(CH_3)_3SnCl$ u. $Sn(CH_3)_4$ werden gemessen. Für jedes der Moll. werden die beobachteten Banden Fundamentalschwingungen oder ihren Kombinations- bzw. Obertönen zugeordnet. Charakterist. Frequenzen lassen sich in dieser Verb.-Klasse für die CH_3-Gruppenschwingungen, Sn–C-Valenzschwingungen u. für niedrigliegende Gerüstfundamentalschwingungen aufstellen. Die Ergebnisse der Frequenzzuordnungen für diese Verb.-Klasse des Sn werden verglichen mit den Verhältnissen analoger C- u. Si-Verbindungen. D. Kunath 120◇

0179 **Starke Kernpolarisation von ^{3}He.** L. D. Schearer, F. D. Colegrove und G. K. Walters. (Physic. Rev. Letters **10**, 108—10, 1963; Dallas, Tex., Texas Instruments, Inc.; engl.) — Durch opt. Pumpen ließ sich eine Kernpolarisation von 40% in ^{3}He-Gas bei Raum-Temp. erzielen. Sie wurde durch Stöße erzielt, bei denen zwischen ^{3}He-Atomen im Grundzustand u. opt. gepumpten metastabilen $2\,^3S_1$–^{3}He-Atomen, die durch schwache elektr. Entladung erzeugt waren, Metastabilität ausgetauscht wurde. Die ^{3}He-Polarisation wurde in Abhängigkeit vom Druck ebenfalls auf opt. Wege gemessen. M. Wiedemann 121◇

0180 **Numerische Werte einiger Störsummen zur Analyse der Torsionsfeinstruktur von Rotationsspektren.** Helmut Dreizler, Hans-Günter Schirdewahn und Barbara Starck. (Z. Naturforsch. **18a**, 670—71, 1963; Freiburg/Br., Univ., Inst. für physikal. Chem.; dt.) — Vgl. C. **1963**, 20356. H. Jehne 121◇

0181 **Stimulierte Emission von Seltenerdmetallchelaten (Benzoylacetonatoeuropium) in einem Capillarrohr.** Erhard J. Schimitschek. (Appl. Physics Letters **3**, 117—18, 1963; San Diego, Calif., U. S. Navy Electron. Labor.; engl.) — An Benzoylacetonato-Eu in fl. Phase wurde Linienannäherung u. „Spiking" beobachtet, das jedoch irregulärer Form war u. mit dem des Rubins verglichen werden kann. Die Breite der Linie bei 6130 Å beträgt bei der Arbeits-Temp. des Lasers von — 150° 10 Å. Bei Steigerung der „Spitzen"-Intensitäten mehrerer Laser-shots u. konst. Pumpleistung sowie verschiedener Wellenlängeneinstellung lag die Linienbreite unter 1 Å. G. Herzog 121◇

0182 **Nachweis von optischen Maserschwingungen höherer Ordnung in Rubin.** N. C. Wittwer. (Appl. Physics Letters **2**, 194—96, 1963; Murray Hill, N.J., Bell Telephone Labor.,

Inc.; engl.) — Maseroberschwingungen mit Abständen >34 GHz wurden in Rubinmasern mit einem photoelektr. Mikrowellendetektor bei kleinen Einstrahlwinkeln nachgewiesen (ausführliche Beschreibung des Detektors).
K. Jaeger 121◇

0183 **Relaxationsschwingungen in der Emission optischer Rubinmaser unter verschiedenen Arbeitsbedingungen.** Karl Gürs. (Z. Naturforsch. **18a,** 510—15, 1963; München, Siemens & Halske Akt.-Ges., Forschungslabor.; dt.) — Der Emissionsverlauf opt. Rubinmaser bei Änderung der Resonatorgeometrie u. Kristall-Temp. wird experimentell u. theoret. untersucht. Es ergibt sich ein Überblick über das unter verschiedenen Bedingungen mögliche Emissionsverhalten. Zum Beispiel läßt sich auch bei Rubin erreichen, daß die Emission nicht aus Impulsen besteht, sondern einen Verlauf ohne Oscillationen aufweist. H. Jehne 121◇

0184 **Dreiniveauspinabkühlung und Maserwirkung bei 1500 MHz.** J. E. Geusic, E. O. Schulz-DuBois, R. W. DeGrasse und H. E. D. Scovil. (J. appl. Physics **30,** 1113—14, 1959; Murray Hill, N.J., Bell Telephone Labor.; engl.) — Untersucht wurden am Beispiel des Cr^{3+}-Al_2O_3 (Rubin) die Dreiniveauspinzustände (1,5° K, Signalfrequenzen 150 MHz bis 6 kMHz), u. zwar für den Fall der Maser-Wrkg. u. der Elektronenspinabkühlung. Hervorgehoben wird die Bedeutung der Unters. der Spinabkühlung für die Maserforschung (z. B. Best. von Relaxationszeiten).
K. Jaeger 121◇

0185 **Untersuchung des Einflusses von γ- und Röntgenstrahlen auf die Anregungsspektren einiger polyaktivierter Phosphore.** A. Ch. Chalilow und E. Ju. Ssalajew. (Nach. Akad. Wiss. AserbaidshanSSR, Ser. physik.-techn. chem. Wiss. **1958,** Nr. 5, 15—18; aserbaidshan., Auszug: russ.) — Es wurde der Einfl. von Röntgen- u. γ-Strahlen auf die Anregungsspektren der Phosphore KCl + AgCl + TlCl, KCl + AgCl + CuCl u. KCl + TlCl + CuCl untersucht. Die Einkristalle wurden nach Kyropoulos dargestellt, wobei die Konz. des Aktivators 1 Mol-% in der Schmelze betrug. Die Spektren wurden photometr. untersucht. Die Anregungskurven sind dargestellt. Die Einführung eines 2. Aktivators verstärkt die Banden der Anregungsspektren u. gestaltet sie komplizierter. Auf diese Art können die Tiefen der lokalen Niveaus ermittelt u. die Mikrodefekte bei Einführung von Beimengungen nachgewiesen werden. A. v. Wilpert 125□

0186 **Luminescenzeigenschaften von mit Cer aktiviertem Aluminiumoxid und Gehlenit bei Anregung durch Kathodenstrahlen.** T. W. Oranowskaja. (Nachr. Akad. Wiss. UdSSR, physik .Ser. **25,** 327—30, 1961; russ.) — Unters. der Strahlungsspektren, relativen Glow-Helligkeit u. Abklingdauer der Luminophore Al_2O_3:Ce u. 2 CaO · Al_2O_3 · SiO_2:Ce in Abhängigkeit von den Schwermetall-Geh. (Fe, Cu, Cr) bei stationären Bedingungen (15—17 kV; 0,1 $\mu A \cdot cm^{-2}$).
M. Hähnert 125◇

0187 **Über die Temperaturabhängigkeit der Bandenform von hexagonalem selbstaktiviertem Zinksulfid.** H. Treptow. (Physica Status solidi [Berlin] **3,** K414—K418, 1963; Liebenwalde, Dt. Akad. der Wiss., Physikal.-techn. Inst., Bereich Luminescenzforsch.; dt.) — Die Form der Emissionsbanden von selbstaktiviertem, hexagonalem ZnS bei 106° K u. Raum-Temp. wird im „Gauß-Kurvenmaßstab" dargestellt. Aus der Kurvenform wird auf die Art der für die Emission verantwortlichen Zentrenassoziationen geschlossen.
H. Roschkowski 125◇

0188 **Zur Bestimmung von Bildungs- und Zerfallsenergie photochemischer Reaktionsprodukte in CdS-Einkristallen.** C. Albers. (Physica Status solidi [Berlin] **3,** K405—K408, 1963; Berlin, Humboldt-Univ., II. physikal. Inst.; dt.) — Im Anschluß an frühere Best. der Bldg.-Energie photochem. Rk.-Prodd. (vgl. C. **1964,** 2-0199) an CdS-Einkristallen, bei denen ein Wert von 0,74 ± 0,02 eV resultierte, wird ein Verf. zur Best. der Zerfallsenergie (Erholung der Kristalluminescenz) beschrieben. Die resultierenden Werte für Bldg.- u. Zerfallsenergie betragen 0,49 ± 0,13 bzw. 0,73 ± 0,12 eV. Möglichkeiten u. Fehlerquellen des Verf. werden besprochen. An einigen Kristallen wird bei höherer Temp. ein bes. Luminescenz-Verh. beobachtet, wobei oberhalb einer bestimmten Temp. nach einer gewissen Zeit ein Vorzeichenwechsel der Richtung der Rk. eintritt. H. Roschkowski 125◇

0189 **Temperaturabhängigkeit der Kantenemission in Cadmiumsulfid-Einkristallen.** B. A. Kulp, R. M. Detweiler und W. A. Anders. (Physic. Rev. [2] **131,** 2036—38, 1963; Ohio, Wright-Patterson Air Force Base, Aeronaut. Res. Labor.; Air Force Inst. of Technol.; engl.) — Die „blauen" u. „grünen" Banden (vgl. Pedrotti u. Reynolds, C. **1962,** 7785) wurden zwischen 4,2 u. 350° K untersucht. Die Bande mit der kürzesten Wellenlänge hat bei 300° K ein Maximum bei 5092 Å u. wird mit der $B_1{}^1$-Linie (l. c.) mit 4853 Å bei 4,2° K in Verbindung gebracht. Der Verlauf der Kurve Wellenlänge gegen Temp. ist für diese Linie zwischen 175 u. 350° K linear mit einem Anstieg von $6 \cdot 10^{-4}$ eV/Grad K. Bei tieferen Temp. ist der Anstieg kleiner u. beträgt zwischen 4,2 u. 100° K $2 \cdot 10^{-4}$ eV/Grad K. Ferner entsprechen 300° K-Maxima bei 5175 u. 5280 Å Tieftemp.-Maxima bei 4913 u. 5002 Å. Die mit 250-keV-Elektronen mit 5 $\mu A/cm^2$ angeregte Bande mit einem Maximum von 5490 Å bei 300° K hat bei 77° K das Maximum bei 5250 Å. Ihre Intensität ist bei 300° K um 3 Größenzuordnungen kleiner als bei 77° K.
H. Liepack 125◇

0190 **Die Temperaturabhängigkeit der Luminescenz nichtfremdaktivierter CdS-Kristalle.** R. Link und R. Seiwert. (Tag.-Ber. physik. Ges. DDR, Greifswald 1959, Physik Chem. Kristallphosphore **1,** 100—05, herausgeg. 1960; dt.) — Vorl. Mitt. zu der C. **1960,** 6734 referierten Arbeit.
H. Roschkowski 125◇

0191 **Die Temperaturabhängigkeit der Luminescenz von CdS-Kristallen mit eingebautem Mn, Fe, Ni oder Co.** W. Boldt und R. Seiwert. (Tag.-Ber. physik. Ges. DDR, Greifswald 1959, Physik Chem. Kristallphosphore **1,** 106—11, herausgeg. 1960; dt.) — Vorl. Mitt. zu der C. **1960,** 6734 referierten Arbeit. H. Roschkowski 125◇

0192 **Elektroluminescenz von CdS-Einkristallen.** K. W. Böer. (Tag.-Ber. physik. Ges. DDR, Greifswald 1959, Physik Chem. Kristallphosphore **1,** 132—35, 1 Tafel, herausgeg. 1960; dt.) — Die Elektroluminescenz von CdS-Einkristallen erscheint bei mkr. Beobachtung inhomogen. Bei Erhöhung der Stromdichte treten im Kristall weißlichgelbe, grüne, rote u. orangefarbige Lichtpunkte auf. Die letzteren sind therm. Natur. Die Elektroluminescenz tritt an den Stellen maximaler Feldstärken im Kristall auf, die auf einen kleinen Kristallbereich an der Anode beschränkt bleiben. Eine Erklärung für dieses Verh. kann noch nicht gegeben werden.
H. Roschkowski 125◇

A$_3$. Elektrizität, Magnetismus, Elektrochemie

0193 **Die Polarisation von 1—2-keV-Elektronen durch Quecksilber.** P. J. Bunyan. (Proc. physic. Soc. **81,** 816 bis 819, 1963; Melbourne, Univ., Phys. Dep.; engl.) — Die numer. Berechnungen der Energie- u. Winkelabhängigkeit der Polarisation elast. an *Hg* gestreuter Elektronen stimmen qual. mit den experimentellen Werten von Deichsel (C. **1964,** 8-0203) überein. H. Schroeder 131◇

0194 **Elektroneneinfang von Helium durch schnelle Protonen.** B. H. Bransden und I. M. Cheshire. (Proc. physic. Soc. **81,** 820—31, 1963; Glasgow, Univ.; engl.) — Zur Berechnung des Wrkg.-Querschnitts für die Rk. $H^+ + He(1s^2) \rightarrow H(1s) + He^+(1s)$ im Protonenenergiebereich von 25 keV bis 1 MeV wurde die Impulsnäherungs-Meth. angewendet. Die Ergebnisse differieren merklich von den nach der Bornschen Näherung erhaltenen Werten.
H. Schroeder 131◇

0195 **Anwendung von geladenen und neutralen Bündeln bei Messungen von gyromagnetischen Verhältnissen.** G. Goldring, Drora Kedem, U. Smilansky und Z. Vager. (Nuclear Instruments Methods [Amsterdam] **23,** 231—34, 1963; Rehovoth, Weizmann Inst. of Sci., Dep. of Nucl. Phys.; engl.) — Gemessen werden die Querschnitte für die Rkk. $H_2{}^+ \rightarrow H + H^+$, $H_2{}^+ \rightarrow 2H^+ + e^-$, $H \rightarrow H^+ + e^-$ sowie für die Rk. $He^+ \rightarrow He^{2+} + e^-$ eines 3-MeV-α-Bündels in einer N_2-Atmosphäre. Diese Rkk. sind bei Messungen der gyromagnet. Verhältnisse von Bedeutung.
Gerhard Schmidt 131◇

0196 **Umgekehrte Kaskaden in energiereichen Strahlen neutralen Wasserstoffs.** John R. Hiskes. (Physic. Rev. Letters **10,** 102—04, 1963; Livermore, Calif., Univ. of California, Lawrence Radiat. Labor.; engl.) — Bei Stoßanregung angeregter Atome durch Plasmaionen u. Elektronen kann eine aufwärts gerichtete Kaskade der Populationsverteilung erzielt werden, die zu einer fast vollständigen Lorentz-Ionisation dieser angeregten Zustände führt. Der Prozeß wird theoret. behandelt. M. Wiedemann 131◇

0197 **Anwendung des Massenspektrometers zur Untersuchung der Gasionisierung.** Claude Blanc, Daniel Blanc, André Degeilh und Claude Malesset. (J. Physique Radium **23**, 219—22, 1962; Toulouse, France, C.N.R.S., Labor. d'Electron. opt.; franz.) — Die massenspektrometr. Intensitäten der Ionenströme (He^+, Ne^+, Ar^+, Kr^+, Xe^+ u. $C_6H_6^+$) wurden gegen die Primärelektronenenergien aufgetragen. Mit der Meth. der „krit. Steigung“ konnten die Ionisierungspotentiale der sechs Gase bestimmt werden. Die gleiche Meth. wurde auch für Ar^{2+}, Ne^{2+}, Kr^{2+} u. Xe^{2+} erfolgreich angewendet. K. Jaeger 131◇

0198 **Bemerkungen zur Mehrfachionisation von Argon durch Elektronenstoß von 0—500 V.** Florence Fiquet-Fayard. (J. Chim. physique Physico-Chim. biol. **59**, 439—41, 1962; Orsay, France, Fac. des Sci. de Paris, Labor. de Chim. Phys.; franz.) — Massenspektrograph. untersucht wurde die Mehrfachionisation von Ar durch Elektronenstoß. Oberhalb 260 eV waren Ar^{3+} u. Ar^{4+} die am häufigsten gebildeten Ionen. Die Bldg.-Mechanismen konnten noch nicht gedeutet werden. K. Jaeger 131◇

0199 **Photoionisations-Ausbeutekurven. Messung von Ionisationspotentialen und Deutung der Feinstruktur.** A. J. C. Nicholson. (J. chem. Physics **39**, 954—61, 1963; Melbourne, C.S.I.R.O. Chem. Res. Labor., Div. of Chem. Phys.; engl.) — Es wird eine Meth. zur Best. von Photoionisationsausbeutekurven im Bereich 9—14 eV beschrieben, die experimentell einfacher als die Messung von Photoionisationsquerschnitten ist u. im wesentlichen die gleichen Ergebnisse liefert. Aus den Kurven für *Xe*, O_2 u. *NO* werden die ersten Ionisationspotentiale zu 12,129 ± 0,002, 12,065 ± 0,003 bzw. 9,250 ± 0,005 eV bestimmt. Stufen in der Kurve für NO liefern ein quant. Maß für die Energien der Schwingungsniveaus des NO^+; Peaks in den Kurven der drei Gase entsprechen autoionisierenden neutralen Niveaus. Die Wahrscheinlichkeitsgesetze werden für Ionisation u. Autoionisation diskutiert. A. Blaschette 131◇

0200 **Energieverlust eines schnellen Ions in einem Plasma.** S. T. Butler und M. J. Buckingham. (Physic. Rev. [2] **126**, 1—4, 1962; Sydney, Australia, Univ., School of Phys., Daily Telegraph Theoret. Dep.; engl.) — Untersucht wird die Energie eines geladenen Teilchens in einem Plasma, dessen Energie größer ist als die therm. Energie des Plasmas. Abgeleitet werden Ausdrücke für die mittlere Energie als Funktion der Zeit u. für die Abweichungen von diesem Mittel. Auf dieser Grundlage wird ein Ausdruck für die charakterist. Plasma-Geschw. u abgeleitet. Für vollständig ionisiertes D-Gas ist u $^1/_{14}$ der therm. Elektronengeschwindigkeit. Für gleiche Elektronen- u. Ionen-Geschw. ist u nur um den Faktor 4 größer als die therm. Ionengeschwindigkeit. K. Jaeger 131◇

0201 **Der Einfluß von Helium auf die Elektronentemperatur und Elektronendichte in Niederdrucklasern.** Sol Aisenberg. (Appl. Physics Letters **2**, 187—89, 1963; Waltham, Mass., Raytheon Co., Res. Div.; engl.) — Gemessen wurden Elektronendichte u. -Temp. in *Xe*- u. Xe–*He*-Niederdruckplasmen unter plasmalaseranalogen Betriebsbedingungen (10^{-2} bis 4 Torr). Die Messungen wurden mit einer Dreisondentechnik ausgeführt. K. Jaeger 131◇

0202 **Die Bestimmung von Materialfunktionen eines Stickstoffplasmas bei Atmosphärendruck bis 15000° K.** G. Schmitz und H. J. Patt. (Z. Physik **171**, 449—62, 1963; Aachen, TH, Physikal. Inst.; dt.) — Bestimmt wurden die elektr. Leitfähigkeit, die spezif. Abstrahlung u. die Wärmeleitfähigkeit eines Stickstoffplasmas bei Atmosphärendruck als Funktion der Temp. bis 15000° K. Analyt. Darst. werden versucht. K. Jaeger 131◇

0203 **Über die stationären Konzentrationen von Stickstoffmonoxid bei der Entladung.** 6. Mitt. **Einfluß der Zusammensetzung der Ausgangsmischung auf die Bildung von Stickstoffmonoxid in einem engen Reaktor.** I. Pollo, A. N. Malzew und Je. N. Jeremin. (J. physik. Chem. [UdSSR] **37**, 2087—93, 1963; Moskau, Lomonossow-Univ.; russ., Auszug: engl.) — 3. vgl. C. **1963**, 6853. — Die Gleichgewichts-Konzz. von NO in Abhängigkeit von der Stromstärke (50—450 mA) bei 50, 100, 200 u. 300 Torr in der Glimmentladungs-Synth. aus Luft u. zwei N_2–O_2-Mischungen (49,3 : 50,7 bzw. 18,5 : 81,5) wurden bestimmt. Die Entladungsröhre hatte eine Breite von 3 mm. Für die Mischung mit 49,3% N_2 wird die höchste bisher beobachtete Gleichgewichts-Konz. von NO mit 15,5 Vol.-% festgestellt. H. Roschkowski 131◇

0204 **Die elektrische Entladung in einem Ultraschall-Luftstrom.** W. I. Alferow und A. Ss. Buschmin. (J. exp. theoret. Physik [UdSSR] **44**, 1775—79, 1963; russ., Auszug: engl.) — Vff. untersuchten die Entladungen bei einer Mach-Zahl von 0—4,5 bei unterschiedlichen elektr. Schaltungen, die einmal einen Belastungswiderstand u. zum anderen einen Nebenschlußwiderstand enthielten. Im ersten Falle hat die Entladung eine abnehmende V/A-Charakteristik; dabei ist die Spannung in der eigentlichen Brennperiode an den Elektroden hoch. Im zweiten Fall hat die Entladung den Charakter eines Überschlags einer Entladungsstrecke mit einem charakterist. Vorentladungsglimmen. Mit Vergrößerung der Mach-Zahl des Gasstroms steigt in diesem Falle die Durchschlagsspannung an. G. Ewald 131◇

0205 **Einfluß der F-Zentrenkonzentration auf die elektrische Aufladung von Staub von mit β-Strahlen bestrahlten KCl-Einkristallen.** Jan Nikliborc und Anna Szaynok. (J. appl. Physics **33**, 613—15, 1962; Wrocław, Poland, Univ., Dep. of Exp. Phys. and Inst. of Technol., Dep. of Phys.; engl.) — Die F-Zentren-Konz. von mit β-Strahlen bestrahlten KCl-Einkristallen wurde spektrophotometr. gemessen u. die Abhängigkeit der Oberflächenladung von der F-Zentren-Konz. bestimmt. K. Jaeger 132◇

0206 **Hauptmerkmale des photodielektrischen Effekts, hervorgerufen durch die Leitfähigkeit in einer körnigen Probe.** F. I. Wergunass und G. M. Malkin. (Ber. Akad. Wiss. UdSSR **137**, 560—63, 1961; Gorki, Physiko-techn. Forschungsinst.; russ.) — Theoret. Unters. des an Phosphoren, z. B. *ZnS* : *Cu*, *Co* bei Bestrahlung hervorgerufenen photodielektr. Effekts. W.-D. Heußner 132□

0207 **Mikroskopische und makroskopische Energieverlustverteilungen.** 4. Mitt. **Zusammenstellung der von Nozières und Fano angegebenen Formeln für die Dielektrizitätskonstante.** U. Fano. (Nat. Acad. Sci. — Nat. Res. Council, Publ. **29**, 158—62, 1960; engl.) — 3. vgl. C. **1964**, 5-0417. — Zusammenstellung von Gleichungen für die verallgemeinerte komplexe DK, Wahrscheinlichkeit von Energieverlusten, opt. Eigg., inkohärente Streufunktion, charakterist. Energieverluste in kondensierter Materie. D. Jörchel 132◇

0208 **Materialkonstanten ferroelektrischer Keramiken bei hohem Druck.** R. F. Brown und G. W. McMahon. (Canad. J. Physics **40**, 672—74, 1962; Dartmouth, Nova Scotia, Canada, Naval Res. Establ., Def. Res. Board; engl.) — Gemessen wurden die Druckabhängigkeit der DK, des Piezomoduls g_{31} u. d_{31}, des planaren Kopplungsfaktors u. des dielektr. Verlustes (tg α) für $BaTiO_3$ mit Ca- u. Pb-Dotierung u. mit Ca- u. Co-Dotierung u. für zwei *Bleizirkonattitanat*-Zus. (PZT 4 u. PZT 5). K. Jaeger 133◇

0209 **Methode zur Untersuchung der differentiellen Thermokraft bei hohen Temperaturen.** Ju. N. Tschishikow, W. Ss. Kutzew, B. F. Ormont und R. N. Morshejedowa. (J. anorg. Chem. [UdSSR] **5**, 224—25, 1960; russ.) — Beschreibung einer Anordnung zur Best. der differentiellen Thermokraft α bei Temp. bis 1900° K. Als Beispiel der Anwendung werden Meßergebnisse an *WC* graph. dargestellt. α steigt von — 15 μV/Grad bei 500° K auf ca. + 15 μV/Grad bei 1900° K an. R. Teichmann 133◇

0210 **Inversion der Thermokraft bei gesinterten thermoelektrischen Werkstoffen.** 2. Mitt. **Experimentelle Ergebnisse.** F. Wendler und H. Schreiner. (Metall **16**, 855 bis 858, 1962; Nürnberg, Siemens-Schuckert-Werke, Labor. der Zentralwerksverw.; dt.) — 1. vgl. Metall **16**, [1962], 399. — Untersucht wurde der Verlauf der Thermokraft u. der elektr. Leitfähigkeit von stöchiometr. zusammengesetzten reinen bzw. mit 0,15% AgJ dotiertem Bi_2Te_3 zwischen Raum- u. Schmelz-Temp. nach Sintern. Ebenso wurde der Einfl. der Sinter-Temp. u. des Preßdrucks auf die Dichte untersucht. Bei reinem Bi_2Te_3 wurde nach dem Pressen u. mit steigender Sinter-Temp. ein mehrmaliger Vorzeichenwechsel der Thermokraft beobachtet. F. Vier 133◇

0211 **Elektrisch geladene Versetzungen in Silberhalogenid-kristallen.** Sanemi Sonoike. (J. physic. Soc. Japan **17,** 575—76, 1962; Bunkyo-ku, Tokyo, Chuo Univ.; Univ. of Tokyo, Fac. of Sci. and Engng.; engl.) — Gemessen wurde der in *AgCl* (rein, + $CdCl_2$, + Ag_2S) u. *AgBr* (rein, + CdBr, + Ag_2S) durch achsialen Druck induzierte Stromstoß. Flache Stromstöße wurden dem Kriechen geladener Versetzungen zugeordnet (Nahbereich), die steilen Stromstöße den Bewegungen geladener Versetzungen mit Fernwirkung. K. Jaeger 133◇

0212 **Über die Frequenzabhängigkeit des akustisch-elektrischen Effektes in piezoelektrischen Halbleitern.** C. A. A. J. Greebe. (Physics Letters [Amsterdam] **4,** 45—46, 1963; Eindhoven, Netherlands, Philips Res. Labor.; engl.) — In Anlehnung an die Arbeit von Hutson u. White (vgl. C. **1963,** 13056) u. unter zusätzlicher Berücksichtigung der Phasenbeziehung zwischen den fixierten u. freien Ladungsträgern wird die Frequenzabhängigkeit des akust.-elektr. Effektes bei der piezoelektr. Kopplung zwischen den akust. Wellen u. den Ladungsträgern untersucht. Aus der Änderung dieser Frequenzabhängigkeit mit der Temp. können die Störstellen in piezoelektr. Halbleitern bestimmt werden. Außerdem können die Wrkg.-Querschnitte der Donatoren für das Einfangen von Elektronen durch die Unterss. nahezu direkt erhalten werden. H. Schibilla 133◇

0213 **Untersuchung der Sekundärelektronenemission dichter, mit 1-MeV-Protonen beschossener Targets.** S. Gorodetzky, A. M. Bergdolt, A. Chevallier, M. Brès und R. Armbruster. (J. Physique **24,** 374—78, 1963; Strasbourg, Inst. de Rech. Nucl.; franz.) — Protonen von ca. 1 MeV fielen auf Targets aus *Be, Al, Cu Ta* u. *Au.* Mittels eines magnet. Spektrometers wurde die Energieverteilung der Sekundärelektronen unter verschiedenen Winkeln bestimmt. Die meisten Elektronen besaßen Energien unter einigen eV. Der Sekundäremissions-Koeff. nahm mit steigender Protonenenergie ab. M. Wiedemann 134◇

0214 **Messung der Energieverteilung sekundärer Elektronen.** W. G. Bolschow und O. A. Pantschenko. (Versuchsgeräte u. Versuchstechn. [UdSSR] **6,** Nr. 6, 108—11, 1961; Physik.-Techn. Inst. der Akad. der Wiss. der UdSSR; russ.) — Zur Messung der Energieverteilung der Sekundärelektronen wird eine neue Variante der Bremsfeld-Meth. vorgeschlagen. Dabei wird die Änderung des Sekundärstroms in der Emitterkette bei gleichzeitiger Änderung der Verzögerungsspannung unmittelbar gemessen. M. Wiedemann 134◇

0215 **Glühemissionseigenschaften von HfC.** John H. Ingold. (J. appl. Physics **32,** 2651, 1961; Pleasanton, Calif., Gen. Electr. Co., Vallecitos Atom. Labor.; engl.) — Messungen im Temp.-Bereich 1300—2100° K. Die Ergebnisse werden in einem Richardson-Diagramm mitgeteilt. Die Austrittsarbeit beträgt 4 V, die Richardson-Konst. 40 A/cm² Grad². K. Jaeger 134◇

0216 **Die Impulsübertragung auf Störstellenzentren in Kristallgittern durch gestreute Elektronen.** W. B. Fix. (Festkörperphysik [UdSSR] **5,** 2213—18, 1963; Leningrad, Akad. der Wiss. der UdSSR, Halbleiter-Inst.; russ.) — Die Impulsübertragung von einem gestreuten Elektron auf ein Störstellenzentrum bestimmt den Mechanismus der Leitungselektronenhaftung an den Gitteratomen. Der Impulsübergang auf das Störstellenzentrum ist durch die Änderung des Quasi-Impulses des gestreuten Elektrons bestimmt u. nicht durch die Änderung des mittleren Impulses, wie es für die freien Elektronen der Fall ist. K. Jaeger 135◇

0217 **Lichtabsorption durch freie Ladungsträger in Halbleitern mit Nahfeldern von Verunreinigungszentren.** W. A. Jakowlew. (Festkörperphysik [UdSSR] **5,** 2133—37, 1963; Wolgograd, Pädagog. Inst.; russ.) — Berechnet wird die Wellenfunktion eines Bandelektrons in einem Nahordnungsfeld, das von Störstellen ausgeht. Bestimmt wird der Absorptions-Koeff. als Funktion der Frequenz, Temp., Ladungsträger- u. Störstellenkonzentration. K. Jaeger 135◇

0218 **Zur Theorie optischer Übergänge in lokalisierten Zentren.** L. Ss. Kukuschkin. (Festkörperphysik [UdSSR] **5,** 2170—77, 1963; Charkow, Akad. der Wiss. der UkrainSSR, Phys.-Techn. Inst. für tiefe Temp.; russ.) — Vorgeschlagen wird eine Meth. zur Best. der Form u. der Temp.-Abhängigkeit der Absorptionsbande lokalisierter Zentren in Halbleitern. Damit ist es möglich, aus der bei T = 0 gemessenen Form der Absorptionsbande die Art der Zentren u. des Gitters zu bestimmen. Es wird der Fall behandelt, daß die Gitterschwingungsfrequenzen nicht durch die Übergänge verändert werden. Mit den Ergebnissen können die Absorption langsamer Neutronen in Kristallen u. die Form der Mössbauer-Flanken beschrieben werden. K. Jaeger 135◇

0219 **Die Theorie des Hall-Effektes in Halbleitern mit niedrigen Ladungsträgerbeweglichkeiten.** Ju. A. Firssow. (Festkörperphysik [UdSSR] **5,** 2149—69, 1963; Leningrad, Akad. der Wiss. der UdSSR, Halbleiter-Inst.; russ.) — Die nichtdiagonalen Komponenten des Leitfähigkeitstensors σ_{xy} werden in zwei Terme aufgespalten (Umklapp- u. Transportterm). Die Gleichung wird gelöst für $T < T_0$ (T_0 = Temp., bei der die Driftbeweglichkeit ein Minimum aufweist). Die Hall-Beweglichkeit μ_H kann nahe T_0 ein Maximum besitzen. Mit abnehmender Temp. wächst μ_H im Bereich $T > T_0$, nimmt ab im Bereich $T_1 < T < T_0$ u. nimmt für $T < T_1$ erneut zu. Werte für T_1 werden abgeschätzt. Die Bedingungen für das Auftreten von T_1 werden diskutiert, ebenso die Beziehung zwischen μ_H u. den Driftbeweglichkeiten. K. Jaeger 135◇

0220 **Stromschwankungen in Halbleitern nahe dem stationären Nichtgleichgewichtszustand.** W. L. Gurewitsch. (J. exp. theoret. Physik [UdSSR] **43,** 1771—81, 1962; russ., Auszug: engl.) — Es wird eine Meth. zur theoret. Unters. von Stromschwankungen in Halbleitern nahe einem stationären Nichtgleichgewichtszustand, erzeugt durch ein starkes elektr. Feld, vorgeschlagen. Sie dient zur Unters. von Atomhalbleitern, in denen die Wechselwrkg. zwischen Stromträgern u. akust. Phononen eine Rolle spielt. Im Bereich niedriger Frequenzen ist die Schwankung proportional zu E^2, E = elektr. Feldstärke. Die spektrale Dichte der longitudinalen (entlang der Feldrichtung) Stromschwankungen zeigt bereits im Hochfrequenzbereich eine Dispersion. Die spektrale Dichte der transversalen Stromschwankungen zeigt bei niedrigen Frequenzen keine Dispersion, bei hohen Frequenzen sind die Schwankungen proportional $E^{3/2}$ u. umgekehrt proportional zum Quadrat der Frequenz. P. Sliwinski 135◇

0221 **Theorie des Tunneleffekts und seine Abhängigkeit von einem longitudinalen Magnetfeld.** Petros N. Argyres. (Physic Rev. [2] **126,** 1386—93, 1962; Lexington, Mass., MIT, Lincoln Labor.; engl.) — Vf. diskutiert eine Theorie des Zwischenband-Tunneleffektes als Folge eines konst. elektr. Feldes u. vermeidet dabei die gegen bisherige Theorien erhobenen Einwände. Es wird gezeigt, daß der Ausdruck für den Zener-Strom neue, im elektr. Feld oscillierende Terme aufweist, die die Stark-Quantisierung der Längsbewegung des Elektrons widerspiegeln. Für hinreichend kleine elektr. Felder ist die Wahrscheinlichkeit für den Tunneleffekt selber eine oscillierende Funktion des elektr. Feldes. Die Wrkg. eines longitudinalen Magnetfeldes auf den Tunneleffekt wird für eine Klasse von Stoffen, bes. für *InSb,* unter Berücksichtigung der Effekte der Spinbahn-Wechselwrkg. sowie der Nichtparabolität der Energiebänder erörtert. D. Jörchel 135□

0222 **Der Oscillistor — ein neuer Halbleiteroscillatortyp.** R. D. Larrabee und M. C. Steele. (J. appl. Physics **31,** 1519—23, 1960; Princeton, N.J., RCA Labor.; engl.) — Beobachtet wurde ein neuer magnet. Oscillationseffekt im Elektronen-Lochplasma in Halbleitern (n- u. p-*Ge* bei 300° K; n- u. p-Ge, p-*Si,* n- u. p-*InSb* bei 78° K u. n-Ge bei 4,2° K). Der „Oscillistor"-Effekt wird durch Wechselwrkg. des Plasmas mit der Probenoberfläche gedeutet. K. Jaeger 135◇

0223 **Oscillationen in Halbleitern infolge tiefer Energieniveaus.** Nick Holonyak jun. und S. F. Bevacqua. (Appl. Physics Letters **2,** 71—73, 1963; Syracuse, N.Y., Gen. Electr. Co., Semiconductor Prod. Dep., Advanced Semiconductor Labor.; engl.) — Mitgeteilt werden oscillograph. Unterss. der Selbstoscillation von *Si-* u. *GaAs*-Doppelinjektionsdioden u. kompensierten n-Si-Stäbchen mit tiefen Energieniveaus. Untersucht werden die Einfl. von Störstellen (Co, Au, Zn in Si) u. äußeren Magnetfeldern (1000 bis 5000 Gauß). K. Jaeger 135◇

0224 **Halbleiterdioden.** Dieter Just. (Z. Instrumentenkunde **71,** 119—25, 1963; Freiburg/Br., Intermetall; dt.) — Einleitende Übersicht über die physikal. Sperrschicht-Eigg.

u. Überblick über die derzeitige Technologie der Halbleiterdioden. Im einzelnen werden Leistungsfähigkeit u. Anwendungsgebiete von Richtleitern, Zener-Dioden, Tunneldioden, Kapazitätsdioden, photoelektr. Bauelementen u. Vierschichtdioden behandelt. H. Roschkowski 135◇

0225 **Phänomenologische Theorie des Umschlagens in Punktkontaktgleichrichtern.** Tadasi Numata. (J. physic. Soc. Japan **17**, 447—54, 1962; Nagasaki, Univ.; engl.) — Abgeleitet werden Ausdrücke für den isothermen Umschlag der Strom-Spannungs-Charakteristiken von Punktkontaktgleichrichtern (Halbleiterdioden). K. Jaeger 135◇

0226 **Negative Silicium-Widerstandsdioden.** Masatoshi Migitaka. (Jap. J. appl. Physics **1**, 189—90, 1962; Tokyo, Hitachi Ltd., Central Res. Labor.; engl.) — Dotiert man In mit ca. 0,0013—0,0004% B u. verwendet n-Si mit hohem Widerstand als Unterlage, dann beobachtet man negative Widerstandseigenschaften. Dies wurde in beiden Richtungen der angelegten Spannungen beobachtet. Die Polarität der Spannung, die der In-Elektrode ein positives Potential gibt, wird als „Flußrichtung" bezeichnet. Bei Belichtung mit einer W-Lampe mit einer Farb-Temp. von ca. 2700° K wurden die krit. Spannung u. der krit. Strom untersucht. Es wurde beobachtet, daß die krit. Spannung in „Sperrichtung" sehr viel empfindlicher durch die Belichtung abnahm als in der „Flußrichtung". Beobachtet wurde eine intensive Photovervielfachung der Träger in dem Gebiet der „Sperrichtung" direkt vor Auftreten des negativen Widerstandes. Bei der Unters. der Übergangskapazität wurde eine starke Abhängigkeit von der Frequenz in dem Gebiet niedriger Frequenzen beobachtet, d. h. je höher die Frequenz war, um so kleiner war der abs. Wert der Kapazität. Der beobachtete negative Widerstand kann auch durch einen Leitfähigkeitsmodulationseffekt erklärt werden, der in einem schmalen Gebiet hohen Widerstandes auftritt u. durch Diffusion von B aus der rekristallisierten Schicht verursacht wird.
C. Gottfried 135△

0227 **Einfluß von Wasserdampf auf einige Eigenschaften von Germaniumtrioden.** O. M. Koschel, R. O. Litwinow und O. Ss. Frolow. (Ukrain. physik. J. **5**, 417—18, 1960; Physikal. Inst. der Akad. der Wiss. der UkrainSSR; ukrain., Auszug: russ.) — Durch Unters. des Kriechens des Rückstromes der p-n-Übergänge bei Anwendung von Trioden, die keinen Schutzüberzug aufweisen, wird festgestellt, daß in Ggw. von Wasserdampf hohen Druckes eine „Quasiinduktivität" in der Impedanz der p-n-Übergänge auftritt, wie dies aus der Frequenzabhängigkeit der äquivalenten Kapazität u. des Widerstandes hervorgeht. Zwischen dem Rückstrom u. der Quasiinduktivität besteht bei ihrer zeitlichen Veränderung eine Korrelation. Vff. nehmen an, daß das Auftreten der Quasiinduktivität entweder mit den Besonderheiten der Ionenbewegung in der Elektrolythaut des adsorbierten W. oder mit der Injektion an der Grenze Ge-Elektrolyt zusammenhängt. O. Lebtag 135△

0228 **Zum Einfluß der Entartung auf das Rekombinationsleuchten in Germanium.** J. I. Pankove. (Physic. Rev. Letters **4**. 20—21, 1960; Princeton, N.J., RCA Labor.; engl.) — Gemessen wurde das Emissionsspektrum ($h\nu = 0,5$ bis 0,8 eV) einer p-n-Ge-Tunneldiode (als kleine Zone auf einer Weierstrass-Kugel) bei 77° K. Es wurden zwei Maxima beobachtet: eines, das mit steigenden Stromstärken zu größeren Energiewerten verschoben wird ($\sim 0,58 \rightarrow \sim 0,64$ eV) u. das andere, mit stark zunehmender Intensität, bei 0,71 eV. Ferner wurde die Stromabhängigkeit der (relativen) Intensitäten der Maxima gemessen. Die Ergebnisse werden durch die Besetzung des entarteten Leitungsbandes gedeutet.
K. Jaeger 135◇

0229 **Optische Absorption von Ge durch Oberflächenzustände.** G. Samoggia. (Nuovo Cimento [10] **29**, 336—38, 1963; Pavia, Univ. „A. Volta", Ist. di Fis.; ital.) — Die opt. Absorption durch Oberflächenzustände wurde in störleitendem Ge untersucht. Es wurden Energieniveaus bei 3, 5 u. 6,2 kT unter der Mitte des verbotenen Bandes gefunden.
H. Liepack 135◇

0230 **Eine neue Methode zur Messung der elektrischen Oberflächenleitfähigkeit von Si und Ge bei Spaltung.** Paul Handler. (Appl. Physics Letters **3**, 96—97, 1963; Urbana, Ill., Univ., Phys. Dep.; engl.) — Gemessen wurde die elektr. Leitfähigkeit von Spaltoberflächen verschiedener p-Si-Proben. Die Oberflächenleitfähigkeit wechselte von positiven zu negativen Werten, als das Fermi-Niveau den neutralen Punkt der Oberflächenzustände passierte.
K. Jaeger 135◇

0231 **Messungen der Oberflächenleitfähigkeit von Germanium in Kontakt mit einer Lösung niedriger elektrischer Leitfähigkeit.** Ss. M. Repinski. (Nachr. Leningrader Univ. **17**, Nr. 10, Ser. Physik Chem. Nr. 2, 103—06, 1962; russ., Auszug: engl.) — Diskutiert wird die elektr. Oberflächenleitfähigkeit von Ge-Oberflächen, die von Fl. u. Lsgg. mit niedriger elektr. Leitfähigkeit bedeckt sind (H_2O 26,64°; 1,2n H_2O_2 29,62°; Bzl. 29,64°; Methanol 30,27°).
K. Jaeger 135◇

0232 **Elektrische Leitfähigkeit des glasartigen Systems As-Se-Ge.** R. L. Müller, L. A. Baidakow und S. U. Borissowa. (Nachr. Leningrader Univ. **17**, Nr. 10, Ser. Physik Chem. Nr. 2, 94—102, 1962; russ., Auszug: engl.) — Messungen der elektr. Leitfähigkeit an dem glasartigen Syst. $AsSe_xGe_y$ bestätigten die Valenzhalbleitung in diesem System. Ferner wurde die Abhängigkeit der Mikrohärte von $AsSe_xGe_y$ von dem Geh. an strukturchem. Baugruppen untersucht.
K. Jaeger 135◇

0233 **Anisotrope Elektronenstreuung in Ge und Si.** I. W. Dachowski. (Festkörperphysik [UdSSR] **5**, 2332—38, 1963; Leningrad, Akad. der Wiss. der UdSSR, Halbleiter-Inst.; russ.) — Die von Samoilowitsch entwickelte Theorie der anisotropen Elektronenstreuung an ionisierten Störstellen u. akust. Phononen wird zur Berechnung der Elektronenbeweglichkeiten u. des Anisotropieparameters in Ge u. Si über einen großen Temp.- u. Ionisierungsbereich angewendet. Die scheinbare effektive Elektronenmasse wird für Störstellen u. gemischte Streuung bestimmt. Die Ergebnisse stehen mit den experimentellen Werten in gutem Einklang. Diskutiert wird der Einfl. verschiedener Streumechanismen.
K. Jaeger 135◇

0234 **Anisotrope Phononstreuung von Elektronen in Germanium.** D. M. S. Bagguley, D. W. Flaxen und R. A. Stradling. (Physics Letters [Amsterdam] **1**, 111—12, 1962; Oxford, UK, Clarendon Labor.; engl.) — Untersucht wurde die Cyclotronresonanzabsorption der Leitungselektronen in reinstem n-Ge bei $\lambda = 4,3$ mm im Temp.-Bereich 20 bis 100° K. Die Verss. erbrachten den direkten Beweis für eine anisotrope Phononenstreuung der Elektronen auf Grund der Torsionsgitterschwingungen. Abgeleitet wurden ferner die Deformationspotential-Konst., die den Einfl. von Torsions-Gitterwellen beschreiben. K. Jaeger 135◇

0235 **Kombinierte Resonanz in deformiertem p-Ge.** G. Je. Gurgenischwili. (Festkörperphysik [UdSSR] **5**, 2070—74, 1963; Tbilissi, Akad. der GrusinSSR, Phys. Inst.; russ.) — In p-Ge kann kombinierte Resonanz auftreten für starke anisotrope Deformationen u. tiefe Temp., wenn die Richtung des elektr. Vektors der elektromagnet. Welle mit dem Vektor des äußeren magnet. Feldes zusammenfällt.
K. Jaeger 135◇

0236 **Untersuchung der durch 28-MeV-Elektronen erzeugten Strahlungsdefekte in Ge.** B. M. Konowalenko, Ss. M. Rywkin und I. D. Jaroschetzki. (Festkörperphysik [UdSSR] **5**, 2075—86, 1963; Leningrad, Akad. der Wiss. der UdSSR, Physikotechn. Joffe-Inst.; russ.) — Vgl. C. **1963**, 6858. — Untersucht wurden die Energiespektren u. die Einbau-Geschw. der effektiven Acceptorniveaus der Strahlungsdefekte in Ge-Proben, die mit 28-MeV-Elektronen bestrahlt worden waren. Die Donatorenanfangs-Konz. der Proben betrug $4 \cdot 10^{13}$—$4 \cdot 10^{17}$ cm^{-3}. Verss. zur Deutung der Einbauverzögerung werden durchgeführt. Die Abhängigkeit der Defekt-Konz. von der anfänglichen Donatoren-Konz. u. der Bestrahlungsart werden untersucht. K. Jaeger 135◇

0237 **Theorie des Seebeck-Effektes in plastisch deformierten Halbleitern.** Tokio Ohta. (J. physic. Soc. Japan **16**, 1561—64, 1961; Yokosuka, Japan, Defense Acad., Dep. of Phys.; engl.) — Diskutiert werden die Acceptoreffekte der Versetzungen u. die Elektronenstreuung an den Raumladungen der Versetzungszonen u. deren Auswirkungen auf die thermoelektr. Kraft in n-leitenden Halbleiterproben im Bereich der Eigen- u. Fremdhalbleitung. Die Ergebnisse werden mit experimentellen Ergebnissen an n-Ge verglichen.
K. Jaeger 135◇

0238 **Messung des Seebeck-Effektes in plastisch gebogenem Germanium.** Tadayoshi Yamashita und Tokio Ohta. (J. physic. Soc. Japan **16,** 1565—69, 1961; engl.) — Vgl. vorst. Referat. — Gemessen u. theoret. abgeleitet werden die durch plast. Biegen verursachten Änderungen der thermoelektr. Kraft u. des spezif. elektr. Widerstandes in n- u. p-Ge-Proben im Bereich der Eigen- u. Störhalbleitung. Das Versetzungsacceptorniveau liegt bei 0,2 eV. n-Ge in der Nähe des Eigenhalbleitungsbereiches wird durch Biegen in p-Ge konvertiert. n-Ge-Proben mit niedrigen spezif. elektr. Widerständen u. p-Ge zeigen nur geringe Effekte. K. Jaeger 135◇

0239 **Durch Belichtung angeregtes Rekombinationsleuchten in InP-Dioden.** W. J. Turner und G. D. Pettit. (Appl. Physics Letters **3,** 102—04, 1963; Yorktown Heights, N.Y., I. B. M., Thomas J. Watson Res. Center; engl.) — Gemessen wurde die Photolumineszenz von n- u. p-InP-Dioden bei 6 u. 77° K. Die in n-InP beobachteten Maxima, die 0,043 eV voneinander entfernt liegen, werden der Emission von 0, 1, 2 u. 3 opt. Phononen bei der Rekombination zugeordnet. Zusätzlich weist das Spektrum für n-InP zwei breitere Banden auf. p-InP zeigt nur ein definiertes Maximum bei 1,382 eV u. eine Bande bei 0,95 eV. K. Jaeger 135◇

0240 **Angeregte Lichtemission von Indiumphosphid.** K. Weiser und R. S. Levitt. (Appl. Physics Letters **2,** 178—79, 1963; Yorktown Heights, N.Y., Watson Res. Center; engl.) — Gemessen wurde die Lichtemission von InP-Dioden beim Stromdurchgang in Vorwärtsrichtung bei 77° K (Linienbreite bei halber Intensität 140—180 Å) u. bei 4,2° K (Linienbreite 65—100 Å). Die Emissionsschwellen lagen bei 1,5 A (77°) u. 350 mA (4,2° K). Die Emissionsmaxima liegen um 9060 Å. K. Jaeger 135◇

0241 **Oberflächenmessungen an n-Galliumarsenid.** I. Flinn und D. C. Emmony. (Physics Letters [Amsterdam] **6,** 133—35, 1963; Redhill, Surrey, England, Mullard Res. Labor.; engl.) — An geätzten (1 1 1)-Oberflächen von n-GaAs wurden durch Messung der Oberflächenphotospannung, des Feldeffektes u. der Photoleitung die Höhe der Oberflächenenergieschwelle, das Verh. gegenüber der umgebenden Atmosphäre u. das Abklingen injizierter Ladungsträger bestimmt. Es wurden die Existenz einer Erschöpfungs- oder Inversionsschicht, die Beeinflußbarkeit der Oberflächenenergieschwelle durch die umgebende Atmosphäre u. eine Fixierung von Defektelektronen an der Oberfläche nachgewiesen. K. Jaeger 135◇

0242 **ESR in n-leitendem GaAs.** W. Duncan und E. E. Schneider. (Physics Letters [Amsterdam] **7,** 23—24, 1963; Newcastle-upon-Tyne, Univ., Dep. of Phys.; engl.) — An Einkristallen mit $5 \cdot 10^{16}$ bzw. $5 \cdot 10^{17}$ Trägern pro cm^3 wird in schwachen Feldern bei 4,2° K eine ESR-Linie mit $g \sim 0{,}4$ beobachtet, polykristallines GaAs zeigte keine Resonanz. Bei starken Feldern kann die Resonanz in zwei Linien mit $g = 0{,}5228$ u. $g = 1{,}2$ aufgelöst werden. Die erste Linie stammt von Leitungselektronen mit der effektiven Masse $m = m_0\ (0{,}078 \pm 0{,}001)$, die zweite von tiefliegenden Donatoren. F. Schneider 135◇

0243 **Zur Temperaturabhängigkeit der mittleren Lebensdauer der Ladungsträger in InAs.** M. P. Michailowa, D. N. Nassledow und Ss. W. Slobodtschikow. (Festkörperphysik [UdSSR] **5,** 2317—23, 1963; Leningrad, Akad. der Wiss. der UdSSR, Physikotechn. Joffe-Inst.; russ.) — Gemessen wurde im Temp.-Bereich 80—300° K die Temp.-Abhängigkeit der mittleren Lebensdauer der Ladungsträger in n- u. p-InAs. Haftstellenniveaus verursachen beträchtliche Unterschiede der Werte für τ_n u. τ_p. Mitgeteilt wird ein Rekombinationsmechanismus, der mehrfach geladene Haftstellenzentren mit Energien von $\sim 0{,}15$ eV berücksichtigt. K. Jaeger 135◇

0244 **Maserwirkung in InAs-Dioden.** I. Melngailis. (Appl. Physics Letters **2,** 176—77, 1963; Lexington, Mass., Lincoln Labor., Inst. of Technol.; engl.) — Gemessen wurde die kohärente IR-Emission (3,1 μ) von InAs-Dioden (Zn-dotiert, Donatoren-Konz. $7 \cdot 10^{17}\ cm^{-3}$) bei 4,2 u. 77° K. K. Jaeger 135◇

0245 **Verteilungskoeffizienten von Verunreinigungen in Galliumantimonid.** R. N. Hall und J. H. Racette. (J. appl. Physics **32,** 856, 1961; Schenectady, N.Y., Gen. Electr. Res. Labor.; engl.) — Die Verteilungs-Koeff. von Elementen der 2., 4. u. 6. Gruppe in GaSb wurden aus der Änderung des Hall-Koeff. mit der zugesetzten Menge Verunreinigung ermittelt. Gefunden wurden folgende Verteilungs-Koeff.: Zn 0,3; Cd 0,02; Si $\sim 1{,}0$; Ge 0,2; Sn 0,0002; Se 0,4 u. Te 0,4. Si u. Ge erwiesen sich als bes. gut lösl. Acceptoren. Ein Zusatz von Pb hatte auf die elektr. Eigg. von GaSb keinen merklichen Einfluß. K. Jaeger 135◇

0246 **Bestimmung der Energieabhängigkeit der Elektronenmasse in Indiumantimonid durch Messungen des Infrarot-Faraday-Effekts.** S. D. Smith, T. S. Moss und K. W. Taylor. (Physics Chem. Solids **11,** 131—39, 1959; Farnborough, UK, Royal Aircraft Establ.; engl.) — Aus Messungen der Faraday-Rotation durch freie Elektronen wurden Werte für dE/dk (k = Wellenvektor) als Funktion von k_F (F ≡ Fermi-Oberfläche) für das Leitungsband von InSb abgeleitet. Eine E/k-Kurve wurde bis zu 0.15 eV über den Boden des Bandes erhalten. m_0^* wurde zu 0,0143 m_0 bestimmt. Der Drehsinn der durch freie Elektronen verursachten Faraday-Drehung ist demjenigen der durch Band–Band-Übergänge verursachten entgegengesetzt. K. Jaeger 135◇

0247 **Anomale Schwellenkapazität in InSb-p–n-Übergängen.** C. A. Lee und G. Kaminsky. (J. appl. Physics **31,** 1717—19, 1960; Murray Hill, N.J., Bell Telephone Labor.; engl.) — Messungen der Übergangskapazität in Sperrrichtung der Cd-legierten InSb-Dioden bei 78° K ergaben Werte, die um den Faktor 3 über den nach der normalen Diodentheorie berechneten Werten lagen (übliche Übereinstimmung $\lesssim 40\%$). Diese Abweichung wird mit einer Abweichung der maximalen elektr. Feldstärke beim Durchschlag in Verbindung gebracht, eine quant. Deutung konnte jedoch noch nicht gegeben werden. K. Jaeger 135◇

0248 **Spektralcharakteristik von gemischten ZnS·CdS-Einkristallen.** M. I. Witrichowski und I. B. Misetzka. (Ukrain. physik. J. **5,** 415—16, 1960; ukrain.) — *ZnS·CdS*-Einkristalle (I) mit 0, 13, 44, 51, 72 u. 100% CdS wurden aus der Dampfphase gezüchtet. Alle Verbb. sind Halbleiter. Das Maximum des Photostroms verschiebt sich mit steigendem CdS-Geh. von 3400 auf 5100 Å. Die röntgenograph. u. chem. Unters. zeigt, daß die I-Einkristalle zum hexagonalen Syst. gehören u. sich aus einer lückenlosen Reihe von festen Lsgg. ableiten. O. Lebtag 135△

0249 **Betrachtung über die Bandstruktur der Schichtenverbindungen GaS und GaSe.** Gaston Fischer. (Helv. physica Acta **36,** 317—33, 1963; Ottawa, Canada, Nat. Res. Council, Div. of Pure Res.; engl.) — An *GaS* u. *GaSe* mit einer vierfach gepackten Schichtstruktur stellt Vf. Betrachtungen über die Bandstruktur an. Jede Schicht wird als zweidimensionaler Leiter angesehen, der trigonale Symmetrie mit der trigonalen c-Achse senkrecht zur Schichtrichtung u. eine hexagonale red. Brillouin-Zone besitzt. Mit $Z = 2$ besitzt die Elementarzelle 18 Valenzelektronen. Da die untersuchten Verbb. Halbleiter-Eigg. haben, sind die ersten 9 Zonen aufgefüllt, mit dem verbotenen Band zwischen der 9. u. 10. Zone. Es wird vermutet, daß das Valenzband ein ein- oder zweifaches Maximum im Zentrum der Zone, das Leitungsband ausgedehnte Minima an den Zonenrändern u. ein einfaches Minimum an der Zonenecke hat. Für GaS (bzw. GaSe) wird eine detaillierte Bandstruktur mit dem verbotenen Band bei 4,2; 77 u. 295° K von $E_3 - E_2 = 2{,}80\ (2{,}13)$; 2,76 (2,12) u. 2,58 $(2{,}02) \pm 0{,}02$ eV u. $E_2 < E_1$, $E_4 < E_3$, $E_5 < E_4$ ($E_1 \neq E_2$, $E_3 \neq E_4 \neq E_5$) angegeben. W. Sobieski 135◇

0250 **Beobachtungen von Schwingungen in mit Cu kompensierten CdSe-Einkristallen.** Makoto Kikuchi, Momoyo Suzuki und Taeko Shibuya. (Jap. J. appl. Physics **1,** 188, 1962; Tokyo, Electrotechn. Labor.; engl.) — Es werden CdSe-Einkristalle auf 2 verschiedene Arten mit Cu legiert u. die Strom–Spannungs-Charakteristiken unter Verw. eines Metallsondenkontaktes untersucht. Auch in diesem Fall konnten die von Suzuki (Bull. Electrotechn. Labor. [Tokyo] **26,** [1962], 19) beobachteten Relaxationsschwingungen festgestellt werden, die sich als abhängig von der Vorspannung erwiesen. Die Erscheinung scheint in einem engen Zusammenhang zu stehen mit Ergebnissen von Nicoll (vgl. RCA Rev. **19,** [1958], 77) an gesinterten CdSe-Schichten u. auch mit der von Lampert (vgl. C. **1964,** 8-0271) beobachteten Erscheinung der Trägerinjektion in legierte Halbleiter hohen Widerstandes. C. Gottfried 135△

0251 **Die Halbleitereigenschaften von Aluminiumoxid.** Georg-Maria Schwab, August Beer und Jan Foitzick. (Z. angew. Physik **14**, 763—65, 1962; München, Univ., Phys.-chem. Inst.; dt.) — Vff. messen die spezif. Leitfähigkeit von mit Li_2O, Cu_2O, BeO, MgO, CaO, BaO, GeO_2, SnO_2, TiO_2, V_2O_5, Nb_2O_5, MoO_3 u. WO_3 dotiertem u. undotiertem γ- u. α-Al_2O_3. Die Leitfähigkeit wird durch Dotierung mit jedem anderswertigen Kation erhöht. ZnO u. ZrO_2 haben keinen Einfluß. Aus p- u. n- (mit Kationen niedrigerer bzw. höherer Wertigkeit) dotiertem Oxid können Gleichrichter aufgebaut werden. Es wird geschlossen, daß beide Oxide Eigenhalbleiter sind. Der Abbau der Oxidhydrate kann durch Leitfähigkeitsmessungen verfolgt werden. Harro Zimmer 135◇

0252 **Piezoeffekte in p-n-Übergängen halbleitender Titan(IV)-oxidschichten.** Franz Huber. (Appl. Physics Letters **2**, 76—78, 1963; Farmingdale, N.Y., Republic Aviat. Co., Res. and Dev. Center; engl.) — Gemessen wurden die piezoelektr. Effekte (Zug u. Druck durch konkaves u. konvexes Biegen) dünner p-n-(Ti)-TiO_2-Schichten auf *Polyäthylen*-Substraten. K. Jaeger 135◇

0253 **Untersuchung der elektrischen Charakteristiken von TiO_{2-x}-Ag-Kontakten mit einer dazwischenliegenden Isolatorschicht.** W. A. Dorin und A. Ja. Patrakowa. (Festkörperphysik [UdSSR] **5**, 2065—69, 1963; Leningrad, Physikotechn. Joffe-Inst. der Akad. der Wiss. der UdSSR; russ.) — Die elektr. Eigg. des Kontaktes TiO_{2-x}(Rutil)—Isolator—Ag wurden bei 20 u. 400° untersucht. Es zeigte sich, daß eine Isolatorschicht die elektr. Eigg. des Kontakts TiO_{2-x}—Ag prakt. nicht verändert. K. Jaeger 135◇

0254 **Untersuchung der Ausbildung einer elektromotorischen Kraft in einem Halbleitersystem mit Uran bei der Bestrahlung im Reaktor.** Iu. K. Gus'kov, A. V. Zvonarev und V. P. Klichkova. (Reactor Sci. Technol. **15**, 231—33, 1961; engl. — C. **1961**, 9299.) K. Jaeger 135◇

0255 **Polarisationseffekte in der Ionenleitfähigkeit von Alkalihalogenidkristallen. 1. Mitt. Wechselstromkapazität.** P. W. M. Jacobs und J. N. Maycock. (J. chem. Physics **39**, 757—62, 1963; London, Imp. Coll., Dep. of Chem.; engl.) — Diskutiert werden die drei wichtigsten Theorien der Wechselstrompolarisationseffekte in Ionenleitern. Formeln für die Polarisationskapazität werden abgeleitet u. damit die frequenzabhängige Kapazitätskomponente für *KCl*-Kristalle zwischen Pt-Elektroden berechnet. Die theoret. u. die experimentellen Ergebnisse stimmen für reine KCl-Kristalle gut überein; nicht so gut ist die Übereinstimmung für *$SrCl_2$*-dotierte KCl-Kristalle. Die bei hohen Temp. (600—690°) beobachtete Polarisation beruht auf einer Blockierung der Ladungsträger an den Elektroden. Im allg. vermag die linearisierte Theorie die Effekte gut zu beschreiben. K. Jaeger 135◇

0256 **Die Wellenfunktion und Energie von NaCl-Kristallen mit überschüssigen Bandelektronen.** S. Ja. Jewssejew. (Festkörperphysik [UdSSR] **5**, 2345—51, 1963; Donez, Polytechn. Inst.; russ.) — Vgl. C. **1963**, 21060. — Für den unteren Rand des Leitungsbandes in NaCl-Kristallen mit Überschußelektronen wird $E_{(0)} = -0{,}06$ eV erhalten. Die effektive Elektronenmasse bei k = 0 ist 0,624 m_0 (m_0 = Masse des freien Elektrons). K. Jaeger 135◇

0257 **Elektrische Leitfähigkeit von Natriumbromat-Kristallen.** C. Ramasastry und Y. V. G. S. Murti. (J. Physics Chem. Solids **24**, 1384—86, 1963; Madras, Indian Inst. of Technol., Dep. of Phys.; engl.) — Die spezif. elektr. Leitfähigkeit σ von $NaBrO_3$-Kristallen wird zwischen 50 u. 330° gemessen. Die elektr. Leitung wird als Ionenleitung gedeutet. Ihre Temp.-Abhängigkeit wird zu $\sigma = \sigma_0 \cdot \exp(-E/kT)$ gefunden. In der Auftragung $\log\sigma = f(1/T)$ lassen sich 3 Temp.-Gebiete mit verschiedener Steigung erkennen: I ($T > 315°$, $E \gg 1$ eV), II (182—300°, E = 1,1 eV), III (50—162°, 0,4). Deutung: In III sind $5 \cdot 10^{-5}$ Mol-% positive Ionenleerstellen, erzeugt durch Pb- bzw. Fe-Verunreinigungen, für die Leitung verantwortlich; in II findet eine therm. aktivierte Zunahme der Ionenleerstellen mit einer Bldg.-Energie von 1,4 eV statt. Die Ursache für die starke Zunahme von σ im Gebiet I ist ungewiß. K. H. Härdtl 135◇

0258 **Theorie der elektrischen Leitfähigkeit von Ionenhalbleitern in starken elektrischen und magnetischen Feldern.** R. F. Kasarinow und W. G. Skobow. (J. exp. theoret. Physik [UdSSR] **44**, 1368—74, 1963; Phys.-Techn. Inst. der Akad. der Wiss. der UdSSR; russ., Auszug: engl.) — Diskutiert wird der Fall der Streuung der Elektronenenergie durch piezoelektr. oder opt. Phononen u. der Impulsstreuung durch ionisierte Verunreinigungen. Mit zunehmender elektr. Feldstärke nimmt die mittlere Elektronenenergie zu, u. die Stoßfrequenz der Elektronen mit den ionisierten Störstellen nimmt ab. So kommt es, daß in einem bestimmten Bereich der elektr. Feldstärke die Stromstärke mit zunehmendem Feld abnimmt. K. Jaeger 135◇

0259 **Greensche Funktion für Elektronen in einem Metall und Untersuchung des Elektronenspektrums.** A. A. Abrikossow. (J. exp. theoret. Physik [UdSSR] **43**, 1083—88, 1962; Inst. für physikal. Probleme der Akad. der Wiss. der UdSSR; russ., Auszug: engl.) — Die Eigg. der Greenschen Funktion werden betrachtet, die Form der Funktion in der Nähe des Pols u. das Elektronenspektrum bestimmt. Die Ergebnisse sind ähnlich denen aus einem Modell nichtwechselwirkender Teilchen in einem period. Feld. H. Liepack 136◇

0260 **Theorie des Elektronenenergiespektrums von Metallen mit einem Gitter vom Wismuttyp.** A. A. Abrikossow und L. A. Falkowski. (J. exp. theoret. Physik [UdSSR] **43**, 1089—1101, 1962; russ., Auszug: engl.) — Vgl. vorst. Referat. — Auf Grund qual. Annahmen u. der Symmetrietheorie wird das Elektronenenergiespektrum von Metallen der 5. Gruppe des Periodensyst. bestimmt. H. Liepack 136◇

0261 **Einige makroskopische Eigenschaften der elektrostatischen Felder im Innern von Metallen.** F. Ollendorff. (Trans. New York Acad. Sci. [2] **25**, 100—26, 1962; Haifa, Israel, Inst. of Technol.; engl.) — Erweiterung der klass. Theorie (Beweglichkeit u. Diffusion freier Elektronen; elektrostat. Feld in einem halbunendlichen Körper mit ebener Begrenzung; Austrittsarbeit; Feldemission; elektrostat. Kapazität). C. Gottfried 136△

0262 **Spezifischer elektrischer Widerstand durch Gitterfehlstellen in mehrwertigen Nichtübergangsmetallen.** C. Reale. (Physics Letters [Amsterdam] **2**, 268—70, 1962; Saluggia, Italy, SORIN; engl.) — Vf. schlägt ein Verf. zur Berechnung des auf Gitterfehlstellen in mehrwertigen Nichtübergangsmetallen zurückzuführenden Beitrages zum spezif. elektr. Widerstand ϱ_v vor u. leitet dieses für *Al* ab. Der zu $\varrho_v = 3{,}350$ ($\mu\Omega$ cm) berechnete Wert stimmt gut mit gemessenen Werten von ca. 3 u. dem nach dem Linde-Gesetz gefundenen von ca. 3,6 überein. ϱ_v-Werte für *Be, Mg, Zn, Cd, Sn* u. *Pb* werden mitgeteilt. K.-E. Müller 136◇

0263 **Einflüsse der Kaltbearbeitung auf den elektrischen Widerstand von Aluminium bei tiefer Temperatur.** Genjiro Mima und Hideo Tai. (Light Metals [Tokyo] **12**, 308—12, 1962; Osaka, Univ.; jap., Auszug: engl.) — Unterss. über den Einfl. des Kaltziehens von Al mit 99,9 u. 99,99% Reinheit auf den elektr. Widerstand von 1 m langen Proben mit 1 mm Ø bei —196° zeigen, daß der elektr. Widerstand einen Höchstwert bei ca. 40%, einen Mindestwert bei 70% Querschnittsverminderung aufweist. Der Unterschied zwischen Höchst- u. Mindestwert ist gering. Bei Querschnittsabnahmen von >80% steigt der Widerstand plötzlich an. Beide Al-Proben zeigen fast gleiches Verhalten. W. Wesly 136◇

0264 **Thermische Entwicklung des Hall-Effekts dünner Wismutschichten. Deutung der Versuchsergebnisse.** Antoine Colombani und Pierre Huet. (C. R. hebd. Séances Acad. Sci. **254**, 2566—68, 1962; Rouen-Mont-Saint-Aignan, Labor. de Phys. des Couches Minces; franz.) — Vgl. C. **1963**, 3106. — Vff. geben die Abhängigkeit des Hall-Koeff. R_H 82—15000 Å dicker Bi-Schichten von der magnet. Induktion B (0—3,5 Weber/cm²), Temp. T (23—200°) u. Schichtdicke d graph. an. Mit R_0 u. R als Funktionen von T u. d können die Meßwerte mit $R_H = R_0 + RB$ beschrieben werden. Während R_H für $82 \leq d < 6000$ Å positives Vorzeichen aufweist, tritt für d = 6000 Å bei B = 2,3 Weber/cm² Vorzeichenwechsel auf, u. für d > 6000 Å besitzt R_H im untersuchten Bereich von B stets negatives Vorzeichen. In der d-Abhängigkeit von $R = d\,R_H/d\,B$ wird bei 23—130° mit steigendem d zunächst für d = 1000 Å ein scharfes Minimum beobachtet, während R mit zunehmendem d oberhalb 1140 Å linear ansteigt. Herbert Müller 136◇

0265 **Hall-Effekt dünner Wismutschichten.** Antoine Colombani und Pierre Huet. (C. R. hebd. Séances Acad. Sci. **255,** 3179—81, 1962; franz.) — Vgl. vorst. Referat. — Die Abhängigkeit des Hall-Koeff. R_H von der magnet. Induktion B kann für dünne, angelassene Bi-Schichten mit $R_H = R_0 + RB$ beschrieben werden; R_0 u. R sind Funktionen von Temp. u. Schichtdicke d. In aufgedampften, nicht angelassenen Schichten ist R_H von B unabhängig. Die beobachtete B-Abhängigkeit verschwindet mit zunehmendem d, u. die Funktion ist nicht mit derjenigen ident., die nach Jones [1936] bei Vorliegen von Verunreinigungen in Bi gilt. Die Bedingungen gleicher Elektronen- u. Löcherdichte werden durch Diffusion oder Ansammlung von Ladungsträgern in Oberflächennähe gestört. Für d in der Nähe der freien Weglänge von Ladungsträgern erreichen die Oberflächeneffekte ein Maximum; R u. R_0 zeigen Maximalwerte bei ca. 1000 Å.
Herbert Müller 136◇

0266 **Ungewöhnlicher Hall-Effekt in paramagnetischen Goldlegierungen.** M. D. Blue. (J. appl. Physics **33,** 3060 bis 3063, 1962; Hopkins, Minn., Honeywell Res. Center; engl.) — Gemessen wurde der Hall-Effekt der Legg. von *Ni, Co, Fe* u. *Mn* $<5\%$ in Au zwischen 4,2° K u. Zimmertemperatur. Die Hall-Koeff. sind stark temperaturabhängig u. lassen sich durch $R = R_0 + R_1 \cdot \chi$ darstellen ($R_0 \sim R_{Au}$). R_1 wird mit den außergewöhnlichen Koeff. der ferromagnet. Metalle verglichen. K. Jaeger 136◇

0267 **Supraleitfähigkeit der Übergangsmetalle.** Jun Kondo. (Progr. theoret. Physics [Kyoto] **29,** 1—9, 1963; Azabu, Tokyo, Univ. of Tokyo, Inst. for Solid State Phys.; engl.) — Die Supraleitfähigkeit der Übergangsmetalle wird an Hand eines Zweibändermodells untersucht. Ein Band wird nach der BCS-Theorie behandelt, während die Wechselwrkg. im anderen Band als abstoßend betrachtet wird. Es zeigt sich, daß die Sprung-Temp. stets höher liegt als bei einem einzelnen Band, sobald eine Wechselwrkg. zwischen den Bändern eingeführt wird. Die Supraleitfähigkeit der V_3Me-Reihe (Me = Ga, Si, Ge, Sn, As, Sb) sowie von Nb_3Sn läßt sich mit diesem Modell gut deuten.
G. M. Neumann 136◇

0268 **Suche nach einem Einfluß der Oberflächenladung auf die Übergangstemperatur zur Supraleitung von dünnen Zinnfilmen.** G. Bonfiglioli, R. Malvano und B. B. Goodman. (J. appl. Physics **33,** 2564—66, 1962; Turin, Ist. Elettrotecn. Naz. „G. Ferraris"; Genoa, Univ., Ist. di Fis.; Grenoble, Inst. Fourier; engl.) — Auf Glimmerträger werden bei $<10^{-5}$ Torr mit Aufdampf-Geschw. von 500 Å/s 190 bis 1460 Å dicke Sn-Schichten aufgedampft. Von den Filmen werden der elektr. Widerstand R u. die Übergangs-Temp. zur Supraleitung T_c bestimmt. Da die mittlere freie Weglänge in den Schichten stets größer als die Schichtdicke ist, muß ein gleichförmiger Schichtaufbau mit großen Kristallkörnern parallel zur Schichtebene vorliegen. Die Schichten werden zwischen Lucite- u. Messingplatten gespannt, auf Temp. $\leq 4{,}2°$ K gekühlt u. mit einer Spannung von ± 1000 V eine Oberflächenladung erzeugt. Die Änderung von T_c mit der Oberflächenladung ist <30 cm² Grad/Coulomb.
Herbert Müller 136◇

0269 **Präparation und Supraleitungseigenschaften von Niobdrahtproben mit Nb_3Sn-Überzug.** E. Saur und J. Wurm. (Naturwissenschaften **49,** 127—28, 1962; Gießen, Univ., Inst. für Ang. Phys.; dt.) — Durch Eindiffusion von Sn in Nb-Drähte von 0,2—1,0 mm Ø bei Temp. zwischen 800 u. 1200° im Hochvakuum werden Nb_3Sn-Oberflächenschichten mit variierbaren Supraleitungs-Eigg. erzeugt. Steilheit der Übergangskurve u. Sprungpunkt der Probe nehmen mit wachsender Temp. u. Diffusionsdauer zu. Bei hohen Temp. u. langen Diffusionszeiten liegen die Sprungpunkte nahe bei 18° K u. betragen die Übergangsbreiten $<0{,}05°$ K. W. Betcke 136◇

0270 **Wechselstromverlust in supraleitenden Blei-Wismut-Legierungen.** R. A. Kamper. (Physics Letters [Amsterdam] **2,** 290—92, 1962; Leatherhead, Central Electr. Res. Labor.; engl.) — Nach dem Londonschen Modell der Hysterese der Stromverteilung in einem Supraleiter werden an Pb-Bi-Kreisringen bei 4,2° K u. Stromstärken bis zur maximal tragbaren die Hystereseverluste untersucht. Unterss. bei 25, 50 u. 100 Hz zeigen die Unabhängigkeit des Verlustfaktors von der Frequenz. Das Einsetzen der Hystereseverluste wird oscillograph. durch Lissajou-Figuren bei niedrigen, gesteigerten u. krit. Strömen nachgewiesen. Es wird die Abhängigkeit des krit. u. des dem Einsetzen der Hysterese entsprechenden Stromes von der Probendicke diskutiert.
K.-E. Müller 136◇

0271 **Über ständige Ströme in einer supraleitenden Legierung.** 1. Mitt. Kazumi Maki. (Progr. theoret. Physics [Kyoto] **29,** 10—22, 1963; Kyoto, Univ., Dep. of Phys.; engl.) — Ausgehend von der BCS-Theorie untersucht Vf. den Einfl. der mittleren freien Weglänge *l* von Verunreinigungen auf einen einheitlichen Stromfluß in einer supraleitenden Legierung. Mit Hilfe der Gleichung von Gorkow wird für kleine Ströme die Änderung des Bandabstandes berechnet. Es läßt sich zeigen, daß der krit. Strom für $l \to 0$ mit $(l/\xi_0)^{1/2}$ verschwindet (ξ_0 = Korrelationslänge des Elektronenpaares). G. M. Neumann 136◇

0272 **Über ständige Ströme in einer supraleitenden Legierung.** 2. Mitt. Kazumi Maki. (Progr. theoret. Physics [Kyoto] **29,** 333—40, 1963; engl.) — 1. vgl. vorst. Referat. — Der Einfl. der Verunreinigung in einer supraleitenden Leg. wird für den Fall $l/\xi_0 \ll 1$ untersucht u. die Stromdichte über den gesamten Bereich des Impulses k des Elektronenpaares berechnet. Es zeigt sich, daß der maximale Strom den doppelten Wert des krit. Stromes am absol. Nullpunkt erreichen kann u. für $[1 - T/T_{c_0}] \to 0$ (T = Temp.; T_{c_0} = Übergangs-Temp. für das Syst. ohne Stromfluß) mit $(1 - T/T_{c_0})^{3/2}$ verschwindet. G. M. Neumann 136◇

0273 **Die diamagnetische Susceptibilität eines Quantenplasmas.** John J. Quinn. (J. Physics Chem. Solids **24,** 933—37, 1963; Zürich, Labor. RCA Ltd.; engl.) — Vf. wendet die SCF-Meth. auf den Diamagnetismus eines entarteten Elektronengases an u. berechnet den Einfl. eines kleinen magnet. Störfeldes B_1. Im speziellen Fall, daß B_1 unabhängig von den Raumkoordinaten ist u. der Wellenvektor q gegen Null geht, wird die von Landau [1930] angegebene Oszillatorsusceptibilität erhalten. Herbert Müller 137◇

0274 **Paramagnetische Kernsusceptibilität der möglichen Tieftemperaturmodifikation von flüssigem ^{3}He.** L. H. Nosanow und R. Vasudevan. (Physic. Rev. Letters **6,** 1—3, 1961; La Jolla, Calif., Univ.; engl.) — Berechnet wurde die paramagnet. Kernsusceptibilität bei tiefen Temp. für ^{3}He. Vgl. mit den in der Literatur vorliegenden Meßwerten bis hinunter zu 0,035° K zeigten, daß in fl. ^{3}He bis zu dieser Temp. keine Phasenumwandlung (Bldg. einer hochgeordneten fl. Phase) auftritt. K. Jaeger 137◇

0275 **Anisotrope Spin-Bahn-Wechselwirkung bei der paramagnetischen Resonanz.** Frank S. Ham. (J. Physics Chem. Solids **24,** 1165—74, 1963; Schenectady, N.Y., Gen. Electr. Res. Labor.; engl.) — Der Teil der Spin-Bahn-Wechselwrkg., der direkt durch das elektr. Kristallfeld oder durch angelegte äußere Felder entsteht, verschiebt den g-Tensor eines paramagnet. Zentrums. Vf. zeigt, daß in einem angelegten elektr. Feld diese g-Verschiebung $<10^{-11}$ cm/kV beträgt u. damit vernachlässigbar klein ist.
K. H. Härdtl 137◇

0276 **Eine Methode zur Intensitätsmessung von ESR-Absorptionen.** St. Lukiewicz. (Experientia [Basel] **19,** 491—93, 1963; Kraków, Pol. Acad. of Sci., Dep. of Exp. Zool.; engl.) — In einem zylindr. H_{011}-Resonator ist das Mikrowellenmagnetfeld H_1 an den Deckflächen radial gerichtet. Bringt man eine Vgl.-Probe an diese Stellen, so kann durch Drehen des Resonators das äußere Feld H_0 wahlweise senkrecht oder parallel zu H_1 gestellt werden. Im zweiten Fall liefert die Vgl.-Substanz kein Absorptionssignal, so daß die unbekannte Absorption durch Differenz-Bldg. relativ bestimmt werden kann F. Schneider 137◇

0277 **Ein empfindliches hochauflösendes Elektronenresonanzspektrometer.** B. Beutler, L. Dienemann und H. Schneider. (Mber. dtsch. Akad. Wiss. Berlin **5,** 189—91, 1963; Dt. Akad. der Wiss., Inst. für Gerätebau; dt.)
H. Roschkowski 137◇

0278 **Die Verwendung von Wanderwellenstrukturen in ESR- und Doppelresonanz-Spektrometern.** Robert H. Webb. (Rev. sci. Instruments **33,** 732—37, 1962; Stanford, Calif., Stanford Univ., Dep. of Phys.; engl.) — In Koaxialleitern mit wendelförmigem Innenleiter ist die Felddichte in der Achse stark erhöht. Die Dichte kann der in einem Hohlraumresonator mit $Q = 5000$ entsprechen. Die Anordnung hat gegenüber dem Resonator jedoch den Vorteil großer Breitbandigkeit (1 GHz). Bei ENDOR-Experimenten kann der Innenleiter direkt als Sendespule für die KMR-Resonanzfrequenz dienen. Aufbau, Anpassung u. Schaltung werden beschrieben. F. Schneider 137◇

0279 **Paramagnetische Elektronenresonanz eines Hydrazin-Radikalions.** J. Q. Adams und J. R. Thomas. (J. chem. Physics **39**, 1904—06, 1963; Richmond, Calif., California Res. Corp.; engl.) — Bei der Oxydation von Hydrazin durch Ce(IV) in verd. H_2SO_4 entsteht ein Radikal, das mit Hilfe des ESR-Spektrums als $N_2H_4^+$ identifiziert wird. Der g-Faktor war $2{,}00342 \pm 0{,}00005$, die Linienbreite 0,2 Oe. Das Verhältnis der Aufspaltungs-Konst. $a_N/a_H = 1{,}05$ (11,5 bzw. 11,0 Oe) entspricht dem für ein ebenes Modell berechneten Wert von 1,06. F. Schneider 137◇

0280 **Nicht freie paramagnetische Ionen der Seltenerdmetalle mit ungerader Elektronenzahl im äußeren Magnetfeld.** N. W. Afanassjewa. (Optik u. Spektroskopie [UdSSR] **15**, 148—53, 1963; russ.) — Der Grundzustand von Ionen mit ungerader Elektronenzahl in Kristallfeldern der Symmetrie C_{3h} u. C_{3v} wird betrachtet. Berechnet werden die Matrizenelemente des Kristallfeldpotentials unter Berücksichtigung der Zustandswechselwrkg. beim Auftreten eines äußeren Feldes. Numer. Ergebnisse werden für Ce^{3+}, Nd^{3+}, Sm^{3+}, Dy^{3+}, Er^{3+} u. Yb^{3+} angegeben. H. Roschkowski 137◇

0281 **Die g-Faktoren einiger Atome der Seltenerdmetalle.** K. F. Smith und I. J. Spalding. (Proc. Roy. Soc. [London], Ser. A **265**, 133—40, 1961; Harwell, UK, A.E.R.E.; engl.) — Gemessen wurden die g_J-Faktoren einiger tiefer Grundmultipletts in *Ce* I, *Nd* I, *Sm* I, *Gd* I, *Dy* I u. *Er* I. Für Dy I u. Er I werden die Grundkonfigurationen $4f^{10}6s^2$ bzw. $4f^{12}6s^2$ bestimmt. Für Gd I wurde eine LS-Kopplung (5d—4f) nachgewiesen, für Ce I eine starke Wechselwrkg. ^3H—^5I. K. Jaeger 137◇

0282 **Berechnung des Einflusses der Spin-Bahn-Wechselwirkung auf die statische Susceptibilität und auf den g-Faktor von Verbindungen der Seltenerdmetalle.** M. Inoue. (Physic. Rev. Letters **11**, 196—97, 1963; Cambridge, Mass., Harvard Univ.; engl.) — Spin-Bahn-Wechselwrkg. bewirkt eine lineare Störung des Kristallfeldes. Dadurch wird in Y-Ga-Granat der g-Faktor um $\Delta g = -1{,}81 \cdot 10^{-2}$ u. der quadrat. Zeeman-Term $E^{(2)}$ um $\Delta E^{(2)}/E^{(2)} = 0{,}058$ verschoben. Für Tm^{2+} u. Ho^{2+} in CaF_2 ist $\Delta g = -0{,}03$ bzw. $+0{,}10$. F. Schneider 137◇

0283 **Beobachtung von Verschiebungen des paramagnetischen g-Faktors durch Austauschwechselwirkungen.** M. T. Hutchings und W. P. Wolf. (Physic. Rev. Letters **11**, 187—90, 1963; Oxford, England, Clarendon Labor.; engl.) — Paramagnet. Ionen polarisieren benachbarte paramagnet Ionen, dadurch entsteht ein internes Feld, welches die Resonanzlinie verschiebt. Dieser Effekt ist im allg. klein gegen die Linienbreite u. deshalb unbeobachtbar. Bei Yb^{3+} in den Granaten $Tm_3Al_5O_{15}$, $Tm_3Ga_5O_{12}$ u. Y-Ga-Granat sind die Resonanzlinien schmal genug, so daß die Verschiebung von g_z bei $Tm_3Al_5O_{12}$ gemessen werden konnte. Der Effekt kann eine Änderung der Curie-Konst. um ca. 3% bewirken. F. Schneider 137◇

0284 **Wechselwirkungen magnetischer Dipole in Dysprosiumäthylsulfat. 1. Mitt. Susceptibilität und spezifische Wärme zwischen 20 und 1° K.** A. H. Cooke, D. T. Edmonds, F. R. McKim und W. P. Wolf. (Proc. Roy. Soc. [London], Ser. A **252**, 246—59, 1959; Oxford, UK, Univ., Clarendon Labor.; engl.) — Die Meßergebnisse werden für $T < 3^0$ K durch einen entarteten Grundzustand des Dy-Ions mit den Aufspaltungen $g_{\parallel} = 10{,}8$ u. $g_{\perp} = 0$ ($\parallel$ u. $\perp$ zur kristallograph. Achse) gedeutet. Ferner herrscht zwischen den Dy-Ionen des Dy-Äthylsulfats eine starke magnet. Dipol-Dipol-Kopplung. Für $T > 3^0$ K werden andere Zustände besetzt, deren erster einer Energie von (23 ± 3) k entspricht. K. Jaeger 137◇

0285 **Paramagnetische Resonanz von Yb^{3+} in Yttriumoxid.** Morton Mandel. (Appl. Physics Letters **2**, 197—98, 1963; Palo Alto, Calif., Gen. Telephone and Electronics Labor., Inc.; engl.) — Mit Hilfe der PMR wurden die Grundzustände von Yb^{3+} (0,5 Atom-%) in Y_2O_3 (ideales Laserwirtsgitter) bestimmt. Gemessen wurden ferner die longitudinalen Relaxationszeiten (0,5 u. 2,0 Atom-% Yb^{3+} in Y_2O_3) bei 4,2 u. 1,6° K. K. Jaeger 137◇

0286 **g-Tensor eines 3 d-Elektrons in Rutilstrukturen.** P. H. Kasai. (Physics Letters [Amsterdam] **7**, 5—6, 1963; Tarrytown, N.Y., Union Carbide Res. Inst.; engl.) — Das relativ einfache ESR-Spektrum von V-haltigem TiO_2 wird durch die Annahme erklärt, daß der am tiefsten liegende Triplett-Term noch einmal stark aufgespalten ist. Am tiefsten liegt der $d_{x^2-y^2}$-Zustand; d_{yz} u. d_{xz} liegen um 3000 bzw. 5000 cm^{-1} darüber. Mit derselben Termanordnung kann das ESR-Spektrum von V-haltigem polykristallinem SnO in allen Einzelheiten gedeutet werden. F. Schneider 137◇

0287 **Spinresonanzuntersuchungen von Defekten in Magnesiumoxid.** John E. Wertz, Peteris Auzins, J. H. E. Griffiths und John W. Orton. (Discuss. Faraday Soc. **1959**, Nr. 28, 136—41; Univ. of Minnesota, School of Chem.; Oxford, UK, Clarendon Labor.; engl.) — Abgeleitet aus den ESR-Spektren von MgO wurden Modelle für zwei Zentren, die durch eingefangene Defektelektronen gebildet werden: 1. (in linearer Anordnung): Defektelektron an O eingefangen—Kationengitterleerstelle—O^{2-}—Störstellen(III)-ion u. 2. ein Defektelektronenpaar mit einer Kationengitterleerstelle in der Mitte. Das zweite Zentrum ist instabiler als das erste. Ferner wurden Anzeichen für weitere Defektelektronenzentren gefunden, die jedoch noch nicht gedeutet werden konnten. K. Jaeger 137◇

0288 **Biquadratische Austauschwechselwirkung zwischen Mn^{2+}-Ionen in MgO.** E. A. Harris und J. Owen. (Physic. Rev. Letters **11**, 9—10, 1963; Oxford, England, Clarendon Labor.; engl.) — Um die überraschend große isotrope Austausch-Wechselwrkg. zwischen Paaren von benachbarten Mn^{2+}-Ionen in MgO zu erklären, wird neben dem üblichen bilinearen Term ein biquadrat. Glied $-j(\vec{S}^a \vec{S}^b)^2$ in den Hamilton-Operator eingeführt. Dann sind die EPR-Linien nicht mehr äquidistant. Die aus $W_{S,S-1} = JS - jS[S^2 - S^a \cdot (S^a + 1) - S^b(S^b + 1)]$ mit $j = 0{,}05$ J berechneten Linienabstände stimmen ausgezeichnet mit den gemessenen Werten überein. F. Schneider 137◇

0289 **Biquadratische Austauschwechselwirkung und das Verhalten einiger antiferromagnetischer Substanzen.** D. S. Rodbell, I. S. Jacobs, J. Owen und E. A. Harris. (Physic. Rev. Letters **11**, 10—12, 1963; engl.) — Vgl. vorst. Referat. — Die Abweichungen der Untergitter-Magnetisierung in *MnO* u. *NiO* von der Mol.-Feldtheorie werden durch die l. c. eingeführte biquadrat. Austausch-Wechselwrkg. quant. erklärt. Durch den gleichen Effekt tritt auch im Ausdruck für die transversale Susceptibilität $\chi_{\perp}$ ein quadrat. Glied auf. F. Schneider 137◇

0290 **Paramagnetische Resonanzabsorption von Mn^{2+} in Einkristallen von Zinkblende.** L. M. Matarrese und Chihiro Kikuchi. (Physics Chem. Solids **1**, 117—27, 1956; Washington, D.C., US Naval Res. Labor.; engl.) — Vff. untersuchen die abnorme Anisotropie des paramagnet. Absorptionsspektrums von Mn^{2+} in natürlichem kub. ZnS. Die Maximalbreite einer Hyperfeinstrukturgruppe beträgt 45 Gauß die Intensitäten der Komponenten stehen im Verhältnis von ca. 8:5:9:5:8. Diese Verteilung deutet auf vorherrschend quartäre Terme im elektr. Kristallfeld. Die Spektren werden bei ca. 8500 Gauß u. Mikrowellenfrequenzen von ca. 24000 MHz aufgenommen; hierbei wird die Winkelverteilung durch Richtungsänderung des Magnetfeldes in den Kristallflächen (1 0 0), (1 1 0) u. (1 1 1) ermittelt. Die experimentellen Ergebnisse zeigen, daß die Symmetrie des elektr. Kristallfeldes um das Mn^{2+}-Ion kub. ist. Die kub. Anisotropie-Konst. a beträgt $-1{,}39$ Gauß, das Vorzeichen folgt aus der Abhängigkeit des Hyperfeinstrukturdiagramms von der magnet. Kernquantenzahl. Die Hyperfein-Wechselwrkg.-Konst. beträgt 68,4 Gauß. Für das Spektrum von Mn^{2+} in hexagonalem ZnS wird eine Dublettstruktur vorhergesagt. G. Ruban 137◇

0291 **Elektronenspin-Resonanz von Mn^{2+}-Ionen im kubischen und trigonalen Kristallfeld des ZnS.** Jürgen Schneider, Subhas Ranjan Sircar und Armin Räuber. (Z. Naturforsch. **18a**, 980—93, 1963; Freiburg/Br., Inst. für Elektrowerkstoffe; dt.) — Das ESR-Spektrum von Mn^{2+} in kub. ZnS wird durch die Konst. $g = 2{,}0024 \pm 0{,}0003$, a = 0,000787 cm^{-1} (kub. Feldanteil) u. A = −0,00640 cm^{-1} (Hyperfeinstruktur-Wechselwrkg. mit dem ^{55}Mn-Kern) beschrieben. In hexagonalem ZnS ist $g_{||}$ = 2,0018, a = 0,000735 cm^{-1}, A = −0,00649 cm^{-1}, D = −0,01309 cm^{-1}, a−F = 0,000768 cm^{-1}, die aus verbotenen Übergängen mit $\Delta m = \pm 1$ bestimmte Quadrupol-Wechselwrkg. P = 0,000010 cm^{-1}. Alle Werte sind auf ein bis drei Ziffern der letzten Stelle genau. F. Schneider 137◇

0292 **ESR an Einkristallen.** 3. Mitt. **Kupfersulfatpentahydrat.** A. Narasimhamurty. (Indian J. pure appl. Physics **1,** 275—77, 1963; Waltair, Andhra Univ., Phys. Dep.; engl.) — 2. vgl. C. **1964,** 10-0277. — An $CuSO_4 \cdot 5\,H_2O$-Einkristallen werden die g-Faktoren $g_{||}$ = 2,38 u. $g_{\perp}$ = 2,06 gemessen. Die beobachteten Linien bestehen aus nicht aufgelösten Dubletts, die von zwei Arten von Cu^{2+}-Ionen auf verschiedenen Gitterplätzen stammen. Die Linienbreite liegt zwischen 80 u. 120 Oe, sie ist erheblich kleiner als der theoret. Wert von 450 Oe. Die Winkelabhängigkeit der Linienbreite entspricht der Winkelabhängigkeit der Spin–Spin-Wechselwirkung. F. Schneider 137◇

0293 **Untersuchung der Zersetzung einer Lösung von Kalium in flüssigem Ammoniak durch die Methode der paramagnetischen Elektronenresonanz.** O. Štirand. (Czechoslov. J. Physics **12,** 207—15, 1962; Prague, Czechosl. Acad. Sci., Inst. of Phys.; engl.) — Vgl. C. **1962,** 2639. — Die Zers. der Lsgg. von *K*-Metall in fl. NH_3 (0,04—0,2 Mol K/Liter NH_3) bei 25° wurde durch Best. der relativen Änderungen der paramagnet. Susceptibilitäten mit Hilfe der ESR-Meth. untersucht. Reinste Präpp. wurden verwendet u. Licht-Einfl. auf die Zers. wurde ausgeschlossen. Die Messungen wurden mit einer bei 15 MHz arbeitenden App. ausgeführt. Die Zers. konnte bis zu einer K-Konz. von 0,0005 Mol/Liter hinab verfolgt werden. Die Ergebnisse sind nicht mit früher vorgeschlagenen Zers.-Mechanismen vereinbar. Vorläufige kinet. Diagramme (vgl. Podlaha, Czechoslov. J. Physics **11,** [1961], 627), basierend auf einer Dissoziation der NH_3-Moll., stimmen gut mit den erhaltenen Daten überein. Es wurde gefunden, daß bei vorsichtiger Arbeitsweise genügend stabile K-Lsgg. in fl. NH_3 auch bei Zimmer-Temp. erhalten werden können. Diese Lsgg. können z. B. zu genauen Messungen von magnet. Feldintensitäten verwendet werden. G. Winkhaus 137◇

0294 **Elektronen- und Protonen-Resonanzmessungen in den Systemen $TiCl_2(C_5H_5)_2$–$[AlCl(CH_3)_2]_2$ und $TiCl(C_5H_5)_2 \cdot CH_3$–$[AlCl_2(CH_3)]_2$ bei Raumtemperatur.** H. J. M. Bartelink, H. Bos, W. van Raayen und J. Smidt. (Arch. Sci. [Genève] **14 (166),** 158—64, 1961; Netherlands, Staatsmijnen in Limburg, Centr. Labor.; engl.) — Ergebnisse aus Protonenresonanzspektren u. ESR-Messungen, aufgenommen bei Zimmer-Temp., zeigen übereinstimmend die Ähnlichkeit beider Systeme. Bei einem Verhältnis Al/Ti = 1 in benzol. Lsgg. der Syst. $TiCl_2(C_5H_5)_2$–$[AlCl(CH_3)_2]_2$ (**I**) u. $TiCl(C_5H_5)_2 \cdot CH_3$–$[AlCl_2(CH_3)]_2$ (**II**) ist die Zahl der an Ti u. Al gebundenen CH_3-Gruppen jeweils gleich, die Spektren sind identisch. Die Austauschfrequenz für den Übergang der CH_3-Gruppen im Syst. **I** von Al zu Ti muß kleiner sein als die Differenzfrequenz der Al–CH_3- u. Ti–CH_3-Maxima (40 Hz). In den ESR-Spektren wird stets ein unpaares Elektron für 3wertiges Ti festgestellt, das auf Grund der ermittelten g-Werte einem Komplex zuzuschreiben ist, in dem entweder nur ein Cl-Atom fest an Ti oder zwei Cl-Atome in einer Brückenbindung an Ti gebunden sind. K. Scheffler 137◇

0295 **Elektronen- und Kernspinresonanz in n-leitendem Siliciumcarbid.** G. E. G. Hardeman. (J. Physics Chem. Solids **24,** 1223—31, 1963; Eindhoven, Netherlands, Philips Res. Labor.; engl.) — Mit Hilfe der Elektronen–Kern-Doppelresonanz (ENDOR) wird in n-leitendem SiC bei 4° K die magnet. Wechselwrkg. zwischen einem gebundenen Donatorelektron u. den ^{29}Si- u. ^{13}C-Kernen untersucht. Aus dem Vgl. der ^{29}Si- u. ^{13}C-Spin–Gitter-Relaxationszeiten wird geschlossen, daß die Donatoren C-Plätze besetzen. Ferner kann der Radius des Donatorelektrons bei wasserstoffähnlichem Verh. zu 5 Å abgeschätzt werden. K. H. Härdtl 137◇

0296 **Zur Kernspin–Gitter-Relaxation durch lokale Elektronenzentren.** L. L. Buischwili. (Festkörperphysik [UdSSR] **5,** 1574—76, 1963; Tbilissi, Kybernet. Inst. der Akad. der Wiss. der GrusinSSR; russ.) — Diskutiert wird die Kernspin–Gitter-Relaxation durch Störstellenzentren, wobei eine „Diffusionsschwelle" in Rechnung gestellt wird. K. Jaeger 137◇

0297 **Kernrelaxationszeit in Edelgasen.** H. Staub. (Helv. physica Acta **29,** 246—49, 1956; Zürich, Univ.; dt.) — Theoret. Arbeit, speziell für *Xe*. I. Zoll 137◇

0298 **Kernspin–Gitter-Relaxation in Wasserstoffgas.** M. Lipsicas und A. Hartland. (Physic. Rev. [2] **131,** 1187—93, 1963; New Brunswick, N.J., Rutgers Univ., Dep. of Phys.; engl.) — Die Protonenspin–Gitter-Relaxationszeit in H_2-Gas wurde unter Verw. eines gepulsten Spektrometers für Kernmagnet. Resonanz in Abhängigkeit von der Gasdichte (bis 900 amagats) der Temp. (20—400° K) u. der Orthowasserstoff-Konz. gemessen. Die Messungen bei sehr hohen Dichten scheinen auf eine flüssigkeitsähnliche Anordnung der Moll. hinzudeuten. P. Detje 137◇

0299 **Zur Theorie der Spin–Spin-Kopplung zwischen Protonen und Metallkernen einiger metallorganischer Verbindungen.** G. Klose. (Arch. Sci. [Genève] **14 (166),** 427—29, 1961; Leipzig, Univ., Physikal. Inst.; dt.) — Die VB-Meth. wird zur theoret. Deutung der Spin–Spin-Kopplung zwischen Cd- u. Sn-Isotopen mit dem Spin 1/2 u. den Protonen der *Methyl-* u. *Äthyl-Verbb.* des *Cd* u. *Sn* angewendet u. liefert befriedigende Ergebnisse. Die VB-Austauschintegrale der Metallisotope (Me-Isotope) u. des benachbarten Kohlenstoffs, die Wellenfunktionen der Moll. im Grundzustand u. die Kopplungs-Konst. werden berechnet. Bemerkenswert ist, daß die Kopplungen der Me-Isotope mit den Protonen der CH_2-Gruppen der Methyl- u. Äthyl-Verbb. kleiner sind als mit den CH_3-Protonen der Äthyl-Verbb., was durch eine direkte Bindung zwischen den schweren Me-Isotopen u. H bedingt ist. K. Scheffler 137◇

0300 **Einfluß der Probenform auf die kernmagnetische Resonanz.** R. J. Charles und W. A. Harrison. (Physic. Rev. Letters **11,** 75—77, 1963; Schenectady, N.Y., Gen. Electr. Res. Labor.; engl.) — Ladungsdichteschwankungen nahe den Oberflächen von Bleipartikeln beeinflussen die Knight-Verschiebung der KMR-Linien. Die Linienverschiebung liegt unter der Nachw.-Grenze (0,1 Oe), die Linienverbreiterung beträgt bei Bleinadeln mit 100 Å ⌀ 9,4 Oe in Übereinstimmung mit der Theorie. Die Bleinadeln wurden durch Aufdampfen auf poröse Glasplatten hergestellt. F. Schneider 137◇

0301 **Kernmagnetische Resonanz in ferromagnetischem Mn_5Ge_3 bei tiefen Temperaturen.** R. F. Jackson, R. G. Scurlock, D. B. Utton, T. H. Wilmshurst und M. Rubinstein. (Physics Letters [Amsterdam] **6,** 39—40, 1963; Southampton, Univ.; Harwell, AERE; engl.) — Das Absorptionsspektrum von Mn_5Ge_3-Pulver wird mit einem Spinechospektrometer im Wanderfeld bei 1,6° K aufgenommen. Im Nullfeld werden 5 Resonanzlinien beobachtet. Bei Einw. eines Magnetfeldes wird die 216,6-MHz-Linie bei Feldern bis zu 8 kG beobachtet, während die anderen Linien niedrigerer Frequenz bei mehr als 3 kG nicht mehr aufgelöst werden. Die 216,6-MHz-Linie zeigt mit zunehmender magnet. Feldstärke eine negative Frequenzverschiebung, die bei den anderen Linien nicht auftritt. Die Ursachen hierfür sind ungeklärt. Die kleinste Spin–Gitter-Relaxationszeit wird erwartungsgemäß für die mittlere der 5 Linien gemessen. K. Scheffler 137◇

0302 **Messung der ferromagnetischen Relaxation durch Amplitudenmodulation des Hochfrequenzfeldes.** Henri Place. (C. R. hebd. Séances Acad. Sci. **257,** 1834—37, 1963; Orsay, Seine-et-Oise, Inst. d'Electron.; franz.) — Die zeitliche Änderung der Magnetisierung M_z als Funktion der Modulationsfrequenz Ω des anregenden Hochfrequenzfeldes $H_1 = H\,(1 + m \cdot \cos \Omega\, t)$ u. der Spin–Gitter-Relaxationszeit T_1 wird berechnet. Aus den gewonnenen Gleichungen kann für homogen u. inhomogen verbreiterte Resonanzlinien T_1 berechnet werden. F. Schneider 137◇

0303 **Einfluß von Inhomogenitäten in einem magnetischen Kristall auf die Form der ferromagnetischen Resonanzlinie.** J. Loos. (Czechoslov. J. Physics **10,** 887—901, 1960; Prag, ČSSR, Czechosl. Acad. Sci., Inst. of Technol. Phys.; engl.) — Der Einfl. von Schwankungen der Anisotropie u. Austausch-Wechselwrkg. in magnet. Kristallen, verursacht durch Inhomogenitäten im Kristall, wird auf der Grundlage einer früher mitgeteilten allg. Theorie (Loos, C. **1962,** 742) diskutiert. K. Jaeger 137◇

0304 **Ein exaktes Ergebnis für den Isingschen Ferromagneten.** B. G. S. Doman. (Physics Letters [Amsterdam] 4, 156–57, 1963; Hampstead, London, Westfield Coll.; engl.) — Mathemat. Ableitung. H. Roschkowski 137◇

0305 **Die Abnahme thermodynamischer Schwankungen bei der Magnetisierung in der Näherung konstanter Kopplung für einen Heisenbergschen Ferromagneten.** Jerzy Kociński. (Physics Letters [Amsterdam] 4, 184–86, 1963; Poznań, Polish Acad. of Sci., Phys. Inst., Ferromagnetic Labor.; engl.) H. Roschkowski 137◇

0306 **Der Unterschied zwischen den Gleichungen von Gilbert und Landau-Lifshitz.** S. Iida. (J. Physics Chem. Solids **24**, 625–30, 1963; Tokyo, Univ. of Tokyo, Dep. of Phys.; engl.) — Die Bewegung der Magnetisierung eines ferromagnet. Stoffs wird mit der kinet. Gleichung von Landau-Lifshitz [1935] bzw. Gilbert (C. **1956**, 11337) beschrieben. In beiden Gleichungen wird ein viscoser Dämpfungstyp berücksichtigt, der nach Gilbert isotrop, jedoch nach Landau stark anisotrop ist. Vf. diskutiert die physikal. Bedeutung der Gleichung nach Gilbert. Herbert Müller 137◇

0307 **Die Greenschen thermodynamischen Funktionen eines isotropen Antiferromagnetikums mit beliebigen Spins.** Jeshi Tscherwonko. (Festkörperphysik [UdSSR] **5**, 2141 bis 2148, 1963; Dubna, Verein. Kernforschungsinst.; russ.) — Untersucht wurden die Greenschen Funktionen eines isotropen Antiferromagnetikums mit beliebigen Spins für transversale u. longitudinale magnet. Felder. Die Überlagerungsnäherung dieser Gleichungen liefert ein Syst. von Einpartikelgleichungen. Diese Gleichungen können für Spins <3 in endlicher Form geschrieben werden. Alle Gleichungen sind für tiefe u. hohe Temp. anwendbar u. können modifiziert auch für Ferromagnetika benutzt werden. Wenn alle Einpartikelmittelwerte außer den Magnetisierungswerten ausgeschlossen werden, können die so erhaltenen Gleichungen für tiefe u. hohe Temp. (in der Nähe des krit. Punktes) gelöst werden. Diese Gleichungen sind dann direkt für Ferromagnetika anwendbar. K. Jaeger 137◇

0308 **Zur Thermodynamik der Antiferromagnetika in einem magnetischen Feld.** W. G. Barjachtar und W. O. Popow. (Ukrain. physik. J. **6**, 340–52, 1961; Charkow, Physikal.-techn. Inst. der Akad. der Wiss. der UkrainSSR; ukrain., Auszug: russ. u. engl.) — Berechnet wurden für verschiedene Grenzfälle die Wärmekapazität, das magnet. Moment u. die magnet. Susceptibilität uniaxialer Antiferromagnetika in einem magnet. Feld. Berücksichtigt werden Antiferromagnetika mit achsen- u. planparalleler Lage der ausgerichteten Momente der Untergitter. Zur Berechnung werden die Energiespektren der Antiferromagnetika (Dipol-Dipol-Wechselwrkg.) herangezogen. K. Jaeger 137◇

0309 **Der antiferromagnetische Grundzustand.** Takehiko Oguchi. (J. Physics Chem. Solids **24**, 1049–51, 1963; Pittsburgh, Pa., Carnegie Inst. of Technol., Dep. of Phys.; engl.) — Theoret. Arbeit mit Berechnungen über die Energie des antiferromagnet. Grundzustandes. Die Ergebnisse sind in guter Übereinstimmung mit anderen Theorien für den Spin 1/2. Die Widersprüche in den Theorien anderer Autoren wie die mittlere Komponente des Spins eines Untergitters in z-Richtung oder die senkrechte Susceptibilität werden beseitigt. K. H. Härdtl 137◇

0310 **Zur Wechselwirkung zwischen Gitterschwingungen und Spinwellen in magnetisch geordneten Kristallen.** U. N. Upadhyaya und K. P. Sinha. (Indian J. pure appl. Physics **1**, 269–70, 1963; Poona, India, Nat. Chem. Labor.; engl.) — Entwickelt wird eine „mkr." Theorie der Wechselwrkg. Gitterschwingungen–Spinwellen in ferro- u. antiferromagnet. Gittern. Ausdrücke für Phonon–Magnon-Zusammenstöße werden abgeleitet, ebenso Gleichungen für die Relaxationsprozesse für Ein- u. Zweiphonon-Raman-Prozesse. Die Phonon–Magnon-Relaxationsfrequenz nimmt in ferromagnet. gekoppelten Gittern exponentiell mit der Temp. zu, wogegen sie in antiferromagnet. gekoppelten Gittern proportional T^5 ist. K. Jaeger 137◇

0311 **Untersuchung der Austauschwechselwirkung 2. Ordnung mit Spinwellenresonanz.** R. Weber und P. E. Tannenwald. (J. Physics Chem. Solids **24**, 1357–61, 1963; Lexington, Mass., MIT, Lincoln Labor.; engl.) — Die Temp.-Abhängigkeit des ferromagnet. Austauschparameters D in der Dispersionsbeziehung $E = D k^2$ für Spinwellen wird mit großer Genauigkeit in einem *81/19-Permalloy*-Film mit Hilfe der Spinwellenresonanz gemessen. Im Temp.-Gebiet von 0–80° K wird $D \sim T^{2,5 \pm 0,1}$ gefunden, für höhere Temp. gilt $D \sim T^{3/2}$. Für 0° K wird $D = 0{,}47 \cdot 10^{-28}$ erg·cm² bestimmt. Bei Annahme eines lokalisierten Modells erhält man für das Austauschintegral $J = 277$ k. K. H. Härdtl 137◇

0312 **Spinwellen-Resonanz in Nickel-Filmen: Temperaturabhängigkeit.** T. G. Philips und H. M. Rosenberg. (Physic. Rev. Letters **11**, 198–99, 1963; Oxford, Univ., Clarendon Labor.; engl.) — An 2000–6000 Å dicken Ni-Filmen werden bei 9,2 GHz neben der Spinwelle mit $k = 0$ zehn andere Spinwellenresonanzen gefunden, deren Frequenzen durch $g \mu_B H + D k^2$ gegeben sind. Die Konst. D ist temperaturabhängig, zwischen 15 u. 300° K gilt $(D_0 - D)/D_0 \sim T^{3/2}$, D_0 ist der Wert bei 15° K. Größe u. Temp.-Abhängigkeit des Effekts können theoret. nicht erklärt werden. F. Schneider 137◇

0313 **Elektronenoptische Untersuchung der Domänenstruktur in dünnen ein- und vielkristallinen Nickelschichten.** Ludwig Reimer, Joachim Ficker, Thomas Pieper und Eugen Wössner. (Z. angew. Physik **15**, 204–06, 1963; Münster/Westf., Univ., Physikal. Inst.; dt.) — In feinkristallinen Schichten regelloser Orientierung u. orientierten Schichten mit Kristallitgrößen unterhalb 500 Å erfolgt die Ummagnetisierung durch Ausbreitung weniger Keime über größere Flächen der Schicht mit Abmessungen von 0,1 bis zu mehreren mm. Bei Kristallitgrößen von 1000–3000 Å fällt die Ausdehnung der Bereiche auf 10–1 µm. Demnach bilden sich zahlreiche, dicht liegende Keime. In orientiert niedergeschlagenen Aufdampfschichten oder Schichten aus einer therm. Zers. von Ni-Carbonyl wird dabei als Kristallitgröße die Ausdehnung der Schichtbereiche ohne Gitterstörungen zwischen den dicht liegenden Zwillingslamellen angesehen. In durch Elektrolyse hergestellten Einkristallschichten hoher Ordnung erfolgt die Ummagnetisierung ebenfalls inhomogen. Größere Bereichsgrenzen wurden nur in einer Schicht mit [1 1 1]-Vorzugsrichtung in der Schichtebene beobachtet. H. Roschkowski 137◇

0314 **Die Wandbewegungsfeldstärken in anisotropen Nickeleisenschichten.** Ernst Feldtkeller. (Z. angew. Physik **15**, 206–13, 1963; München, Siemens & Halske Akt.-Ges., Forschungslabor.; dt.) — 300–800 Å dicke Schichten einer Ni–Fe-Leg. mit 80% Ni wurden auf verschiedene Unterlagen bei Temp. zwischen 20 u. 400° aufgedampft. Bei allen Schichten besteht ein einheitlicher Zusammenhang zwischen der Schichtdicke, der Anisotropiefeldstärke u. den Wandbewegungsfeldstärken bei der Ummagnetisierung in der leichten u. schweren Richtung. Es werden theoret. Überlegungen über den Einfl. von Dicken-, Magnetisierungs-, Austausch-Konst.- u. Anisotropieinhomogenitäten auf die Wandenergien angestellt. Aus den Messungen u. theoret. Unterss. wird geschlossen, daß der Beitrag der Dickeninhomogenitäten zu den Wandbewegungsfeldstärken unabhängig von der Unterlagenart u. der Temp. beim Aufdampfen ist. Weiterhin ist er unabhängig von der Dicke bei der Ummagnetisierung in der leichten Richtung u. wird für die Ummagnetisierung in der schweren Richtung mit zunehmender Dicke kleiner. H. Roschkowski 137◇

0315 **Messung der Magnetisierungsverteilungen in dünnen Eisenschichten durch die Ablenkung von Elektronen.** Klaus Schaffernicht. (Z. angew. Physik **15**, 275–78, 1963; Berlin, TU, Physikal. Inst.; dt.) — Durch homogen magnetisierte ferromagnet. Schichten werden Elektronen, die die Schicht durchsetzen, um einen Winkel abgelenkt, der durch das Feld im Innern der Schicht u. das gegenläufig wirkende äußere Rückschlußfeld gegeben ist. Abweichungen von der homogenen Magnetisierung — verursacht durch eine azimutale Verteilung der Magnetisierungsrichtungen verschiedener Bereiche — führen zu einer azimutalen Aufspaltung eines senkrecht einfallenden dünnen Elektronenbündels. Bei ideal entmagnetisierten polykristallinen Fe-Schichten entsteht so eine kreisförmige Aufspaltung des Elektronenbündels. Da ein äußeres Rückschlußfeld in diesem Fall fehlt, ist der Ablenkwinkel größer als bei homogener Magnetisierung. Mit Hilfe einer Elektronenbeugungs-App.

hoher Auflösung konnte aus Form u. Verteilung des Primärstrahls die Häufigkeitsverteilung der Magnetisierungsrichtungen bestimmt werden. H. Roschkowski 137◇

0316 **Abhängigkeit der magnetischen Kristallanisotropie von der Feldstärke.** J. Veerman, J. J. M. Franse und G. W. Rathenau. (J. Physics Chem. Solids **24,** 947–51, 1963; Amsterdam, Univ. van Amsterdam, Natuurk. Labor.; engl.) — An *Ni*-Einkristallen u. Ni-Blechen mit Würfeltextur werden mit Hilfe stat. bzw. dynam. Verff. die durch magnet. Anisotropie induzierten Drehmomente in einer (1 0 0)-Ebene bzw. in [1 1 0]-Richtungen in Magnetfeldern H von 27–33 kOe bei Temp. zwischen —100 u. +100° gemessen. Die Konst. der magnet. Kristallanisotropie K_1 von Ni hängt linear von H ab. Bis zu H = 33 kOe gilt bei 30° $(1/K_1)(d\,K_1/d\,H) = (0{,}53 \pm 0{,}05)\,\%/\text{kOe}$. K_1 hängt nur von der Kristallmagnetisierung ab, wenn die unabhängigen Variablen H u. T im Bereich der Raum-Temp. geändert werden. Für eine *Fe-Leg.* mit 3,5% Si wird die H-Abhängigkeit von K_1 berechnet. Herbert Müller 137◇

0317 **Theorie der Ordnung ferromagnetischer Legierungen.** 1. Mitt. W. M. Danilenko und A. A. Smirnow. (Metallphysik u. Metallkunde [UdSSR] **14,** 337–47, 1962; Inst. für Metallphys. der Akad. der Wiss. der UkrainSSR; russ.) — Im Rahmen eines einfacheren Modells wird eine statist. Theorie der Ordnung bin. ferromagnet. Legg. mit kub.-raumzentriertem Gitter entwickelt. Untersucht wird der wechselseitige Zusammenhang der Vorgänge der Atomordnung u. der Magnetisierung der Legierung. Die Temp. der Phasengrenzen, die mit der Einstellung des Ordnungszustandes u. der Magnetisierung zusammenhängen, werden ermittelt. Hierbei wird eine Abhängigkeit der Ordnungs-Temp. von der Magnetisierbarkeit u. der Zus. der Leg. gefunden. Bestimmt wird die Art der Phasenübergänge unter verschiedenen Bedingungen. H. Hochstein 137◇

0318 **Untersuchungen der Nahordnung in magnetisch isotropen und anisotropen Eisen-Nickel-Legierungen mit der Mössbauer-Methode.** W. Zinn, M. Kalvius, E. Kankeleit, P. Kienle und W. Wiedemann. (J. Physics Chem. Solids **24,** 993–1002, 1963; München, Siemens & Halske Akt.-Ges., Forschungslabor.; München, TH, Labor. für techn. Phys.; Herrsching, Bayer. Akad. der Wiss., Kommission für Tieftemperaturforsch.; dt.) — Mit der Mössbauer-Meth. wird die Hyperfeinstruktur des 14,4-keV-Übergangs von ^{57}Fe in 75% Ni/25% Fe-Folien mit u. ohne Ni_3Fe-Überstruktur u. in 81% Ni/19% Fe-Permalloy-Aufdampfschichten mit u. ohne uniaxiale magnet. Anisotropie untersucht. Aus dem Abstand der Hyperfeinlinien werden die am Fe-Kern wirksamen Magnetfelder bestimmt. Aus den gemessenen Verbreiterungen der Hyperfeinlinien kann das Schwankungsspektrum der inneren Magnetfelder ermittelt werden. Es läßt sich auf Schwankungen der Zahl u. Nahordnung der Fe- u. Ni-Atome auf den Gitternachbarplätzen zurückführen. Die Ni_3Fe-Überstruktur bewirkt eine merkliche Abnahme der Schwankungsbreite. An Hand der Messungen an magnet. anisotropen Permalloyaufdampfschichten wird diskutiert, inwieweit Änderungen der magnet. Struktur in der Nachbarschaft einzelner Fe-Atome mit der Mössbauer-Meth. noch nachweisbar sind. K. H. Härdtl 137◇

0319 **Der Mössbauer-Effekt und die Untersuchung fester Stoffe.** A. J. Dekker. (Nederl. Tijdschr. Natuurkunde **29,** 25–52, 1963; Groningen, Rijksuniv., Inst. voor Kristalfys.; niederl.) — Übersicht über Begriff des Mössbauer (M)-Effekts, nicht aufgespaltene M-Spektren, Hyperfeinaufspaltung von M-Spektren, Quadrupolaufspaltung von M-Spektren u. die chem. oder isomere Verschiebung von M-Spektren. — 21 Literaturangaben. W. Wesly 137◇

0320 **Das Hyperfeinfeld im ternären System $ZrFe_2$–UFe_2.** Shigehiro Komura und Naomoto Shikazono. (J. physic. Soc. Japan **18,** 323–24, 1963; Ibaraki-ken, Tokai-mura, Japan Atomic Energy Res. Inst.; engl.) — Unter Bezugnahme auf Mössbauer-Unterss. an UFe_2 von Komura u. Mitarbeitern (vgl. J. physic. Soc. Japan **16,** [1961], 1479) u. analogen Unterss. an $ZrFe_2$ von Kocher u. Brown (vgl. C. **1963,** 13068) maßen Vff. die Hyperfeinfelder in $Zr_{1-x}U_xFe_2$ mit x = 0, 0,2, 0,4, 0,6, 0,8 u. 1,0 durch den Mössbauer-Effekt u. verglichen sie mit bisher nicht veröffentlichten Ergebnissen der Magnetisierungsmessungen der gleichen Verbindungen. Die Resonanzabsorption der γ-Strahlen von 14,4 keV einer ^{57}Co-Quelle wurden als Funktion der relativen Geschw. zwischen der Quelle u. dem Absorber für alle Proben bei der Temp. des fl. N_2 gemessen. Die Absorption läßt für x = 0, 0,2 u. 0,4 eine Aufspaltung in 6 gut aufgelöste Linien erkennen, wobei die Breite jeder Linie mit zunehmendem x zunimmt. Die Absorptionen mit x = 0,6, 0,8 u. 1,0 zeigten dagegen nur eine nicht aufgespaltene breite Linie, die mit zunehmendem x schmaler wird. Trägt man die Größen der Hyperfeinfelder der Verbb. bei der Temp. des fl. N_2 graph. als Funktion des atomaren magnet. Moments des Fe in diesen Verbb. bei 80° K unter der Annahme auf, daß die Zr- u. U-Atome kein magnet. Moment haben, dann sind 2 Zweige einer Proportionalitätsbeziehung zu erkennen, die sich durch die Verhältnisse 125 kOe/μ_B u. 56 kOe/μ_B wiedergeben lassen. Es muß daher angenommen werden, daß 2 verschiedene Ursprünge der Hyperfeinfelder in diesen Verbb. vorhanden sind. C. Gottfried 137△

0321 **Erzeugung von elastischen Mikrowellen-Schwingungen in einer Scheibe durch ferromagnetische Resonanz.** R. L. Comstock und R. C. Le Craw. (J. appl. Physics **34,** 3022–27, 1963; Murray Hill, N.J., Bell Telephone Labor.; engl.) — Durch die ferromagnet. Grundschwingung werden an der Scheibenoberfläche Scherschwingungen angeregt, die durch ein geeignetes Medium ausgekoppelt werden können. Für Yttriumgranat als übertragendes Medium wird ein optimaler Wrkg.-Grad von 8,6% berechnet. Für Scheiben mit 10^{-3} in. Dicke wird eine Bandbreite von 150 MHz erwartet. F. Schneider 137◇

0322 **Untersuchung der ferromagnetischen Bereichsstruktur von Bariumferrit-Einkristallen.** M. Rosenberg und K. Tenessoju. (Physica Status solidi [Berlin] **3,** 1790 bis 1802, 1963; Bukarest, Akad. der Wiss. der Rumän. Volksrepublik, Physikal. Inst.; russ.) — Die Domänenstruktur an den verschiedenen kristallograph. Flächen von Bariumferriteinkristallen wird beschrieben. Auf der (0 0 0 1)-Fläche liegen vier Domänentypen vor, auf anderen Flächen, die in verschiedenen Winkeln zur Grundebene geschnitten werden, werden Zwischenstrukturen festgestellt. Änderungen der Domänen an kristallograph. Defekten werden betrachtet. Die Ergebnisse stimmen qual. mit der Theorie von Goodenough zur Domänenstruktur einachsiger u. stark anisotroper ferromagnet. Kristalle überein. Bes. Kennzeichen der Domänen ist die Ggw. von gewellten Wänden. H. Roschkowski 137◇

0323 **Verluste der Rotationshysterese und Dynamik der Domänenstruktur in Drehfeldern bei Einkristallen von Eisen-Kobalt-Ferriten.** A. I. Drokin, W. D. Dylgerow, N. I. Ssudakow und Je. K. Sagirowa. (Metallphysik u. Metallkunde [UdSSR] **13,** 788–92, 1962; Inst. für Sonnenphys. der Akad. der Wiss. der UdSSR; Krassnodar, Pädagog. Inst., Kalinin-Inst. für Buntmetalle; russ.) — Unterss. an Einkristallen von Fe-Co-Ferriten der Zus. $Co_{0,94}Fe_{0,12}{}^{2+}\cdot Fe_{0,96}{}^{3+}O_4$ mit 1,2–1,4 Mol-% Fe-Überschuß ergeben, daß die Zunahme der Verluste an Rotationshysterese in Feldern bis 1500 Oe mit den Verschiebungen der Pulverlinien in diesen Feldern zusammenfallen. In Feldern von 1500–2100 Oe wird die Zunahme der Verluste durch den Beginn des Umbaus der Domänenstruktur in den Drehfeldern verursacht. Verluste u. Umbau nehmen in Feldern von 2100–4500 Oe noch weiter stark zu. Eine Abnahme der Verluste bei weiterer Zunahme der Feldstärke hängt offenbar mit dem Verschwinden der Domänenstruktur in den verschiedenen Richtungen zusammen. Ganz verschwinden die Verluste aber auch bei Feldern bis 9000 Oe nicht. R. K. Müller 137◇

0324 **Ferrimagnetische Resonanz von Eisengranaten mit Beimischungen von Seltenerdmetallen.** J. H. van Vleck und R. Orbach. (Physic. Rev. Letters **11,** 65–67, 1963; Cambridge, Mass., Harvard Univ.; engl.) — Der unterste Energiezustand von Ionen der Seltenerdmetalle, die in geringen Mengen in Y-Fe-Granat (YIG) eingebaut sind, spaltet im Austauschfeld des Fe-Untergitters in zwei Komponenten auf. Ihr Abstand u. damit das Austauschfeld kann aus Resonanzmessungen bestimmt werden. Resonanzbedingung u. Linienbreite werden berechnet. F. Schneider 137◇

0325 **Ein einfaches Kriterium für den Vergleich der theoretischen Formeln und der experimentellen Ergebnisse bei der ferromagnetischen Resonanz.** R. Vautier, J.-L. Dormann und P. Duplex. (J. Physique Radium **23,** 1003 bis 1004, 1962; Bellevue, C.N.R.S., Labor. de Magnétisme et de Phys. du Solide; franz.) C. Gottfried 137△

0326 **Untersuchungen des Einflusses von Gitterbaufehlern auf die magnetische Susceptibilität von Germanium.** G. Busch, N. Helfer und O. Vogt. (Helv. physica Acta **29**, 188—89, 1956; Zürich, ETH, Physikal. Inst.; dt.) — Vgl. C. **1956**, 11336. — In reinen Ge-Proben wurden durch Abschrecken Leerstellen u. durch plast. Deformation Versetzungen erzeugt. Sowohl bei reinen als auch bei mit In u. Sb dotiertem Ge sowie auch nach Zulegieren von Cu oder Ag konnte keine Abhängigkeit der Susceptibilität von Gitterdefekten oder Versetzungen beobachtet werden. I. Zoll 137◇

0327 **Die magnetische Susceptibilität von Silicium und intermetallischen Verbindungen.** G. Busch und R. Kern. (Helv. physica Acta **29**, 189—91, 1956; Zürich, ETH, Physikal. Inst.; dt.) — Vgl. vorst. Referat. — Es werden die magnet. Susceptibilitäten (χ) von den diamantähnlichen Halbleitern *Si*, *GaP*, *GaAs*, *GaSb*, *InP*, $InP_{0,2}As_{0,8}$ u. *InAs* von 60° K bis unter den entsprechenden F. gemessen. Tabellar. Zusammenstellung der χ_{Ion}, χ_{Valenz} u. χ_{Atom}. I. Zoll 137◇

0328 **Isotopische Verschiebung des Curie-Punktes in Uranhydrid und -deuterid.** A. I. Kartschewski, Je. W. Artjuschkow und L. I. Kikoin. (J. exp. theoret. Physik [UdSSR] **36**, 636—37, 1959; russ.) — Vgl. C. **1963**, 9974, 8028. — Die isotop. Verschiebung des Curie-Punktes wird durch Differenz-Bldg. der aus dem Temp.-Verlauf der Restmagnetisierung extrapolierten Curie-Punkte erhalten. Sie beträgt $\Theta_{UH_3} - \Theta_{UD_3} = +(4{,}0 \pm 0{,}5)^0$ K. Die Verbb. wurden in allen Fällen durch direkte Synth. aus H_2 bzw. D_2 u. U bei Temp. bis 250° dargestellt. Die Unterss. wurden in einem Magnetfeld von 200 Oe ausgeführt. R. Teichmann 137◇

0329 **Magnetocalorischer Effekt in Uranhydrid und -deuterid.** A. I. Kartschewski. (J. exp. theoret. Physik [UdSSR] **36**, 638—39, 1959; russ.) — Vgl. vorst. Referat. — Aus Messungen der Temp.-Abhängigkeit des magnetocalor. Effekts von UH_3 u. UD_3 ermittelte Vf. die Curie-Punkte u. deren isotop. Verschiebung im Magnetfeld von 17000 Oe. Wird der magnetocalor. Effekt über T aufgetragen, so zeigt die Kurve am Curie-Punkt ein Maximum. Ergebnisse: $\Theta_{UH_3} = 182{,}0^0$ K, $\Theta_{UD_3} = 178{,}4^0$ K, $\Delta\Theta = 3{,}6 \pm 0{,}4^0$. R. Teichmann 137◇

0330 **Magnetisierungsstabilität in kainozoischen Basalten von Victoria, Australien.** W. G. Mumme. (Philos. Mag. [8] **7**, 1263—78, 1962; Adelaide, Australia, Univ., Dep. of Phys.; engl.) — Untersucht wurden die *Titanomagnetite* der kainozoischen Basalte von Victoria. Dabei zeigte sich, daß Titanomagnetite mit niedrigen Curie-Temp. dazu neigen, Sekundärkomponenten der Magnetisierung auszubilden, während die Titanomagnetite mit hohen Curie-Temp., deren Zus. nahe dem Magnetit liegen, diese Eig. nicht zeigen u. stabil die prim. Magnetisierungsrichtung beibehalten. K. Jaeger 137◇

0331 **Über den Einfluß des Zunders auf die magnetischen Eigenschaften von heißgewalztem elektrotechnischem Stahl.** W. W. Drushinin und L. K. Kurennych. (Metallphysik u. Metallkunde [UdSSR] **6**, Nr. 1, 40—45, 1958; Werch-Issetsk, Hüttenwerk; russ.) — In untersuchten Blechen aus warmgewalztem Dynamo- u. Transformatorenstahl beträgt die Abnahme des spezif. Gew. des Stahls infolge Zunder-Ggw. 0,06 g/cm³. Das spezif. Gew. des Zunders beträgt 7,0 g/cm³ für Dynamo- u. 6,0 g/cm³ für Transformatorenstahl. Die Permeabilität des Zunders in schwachen magnet. Feldern liegt nahe bei der Stahlpermeabilität, ist aber in mittleren u. starken Feldern bedeutend schlechter als diese. Der Wert B_{300} für Zunder beträgt 14000 Gauß für Dynamostahl u. 9000 Gauß für Transformatorenstahl. Die Verringerung der Verlustziffer durch die Ätzung des Stahls bei einer Induktion von 10000 Gauß ist unbedeutend; bei 15000 Gauß dagegen schon ausgeprägter. Die Erniedrigung der Hystereseverluste von der Ätzung des Stahls tritt nicht infolge einer Abnahme der Koerzitivkraft, sondern infolge einer Abnahme des maximalen Magnetisierungsfeldes auf. H. Hochstein 137◇

0332 **Automatische Apparatur zur Bestimmung der magnetischen Susceptibilität.** J. T. Richardson und J. O. Beauxis. (Rev. sci. Instruments **34**, 877—82, 1963; Baytown, Tex., Humble Oil and Refining Co.; engl.) — Die vollautomat. App. ist für Temp. von —196 bis +500° verwendbar. H. Roschkowski 137◇

0333 **Mit flüssigem H_2 gekühlter Starkfeldmagnet mit Aluminiumwicklung.** John R. Purcell und E. G. Payne. (Rev. sci. Instruments **34**, 893—97, 1963; Boulder, Colo., Nat. Bur. of Stand.; engl.) — Mit der App. können Felder bis 70 kOe erzeugt werden. Die Eingangsleistung beträgt 9 kW. H. Roschkowski 137◇

0334 **Stabilisierung von Magnetfeldern durch ein supraleitendes Rohr.** R. D. Dunlap, C. F. Hempstead und Y. B. Kim. (J. appl. Physics **34**, 3147—48, 1963; Murray Hill, N.J., Bell Telephone Labor.; engl.) — Änderungen eines axialen Feldes in einem supraleitenden Zylinder werden durch Änderungen des Wandstroms kompensiert, solange diese Ströme kleiner bleiben als der krit. Strom. F. Schneider 137◇

0335 **Genaue Messungen schwacher Magnetfelder an supraleitenden Spulen.** J. P. McEvoy jun. und R. F. Decell. (Rev. sci. Instruments **34**, 914—17, 1963; Camden, N.J., RCA, Appl. Res.; engl.) — Sehr empfindliche Hall-Effekt-Sonden (InAs mit einer Elektronenbeweglichkeit von 23000 cm/Vs bei Raum-Temp.) wurden zur Messung magnet., durch supraleitende Spulen erzeugter Felder verwandt. Die Empfindlichkeit beträgt 0,080 V/kOe·A bei 4,2° K. Die Meth. wird durch Messungen am Restfeld einer *NbZr*-Probe, bei der Magnetisierung von im Vakuum abgeschiedenem Nb_3Sn u. einem supraleitenden Magneten eines Masers illustriert. H. Roschkowski 137◇

0336 **Über Lösungen der Alkalimetalle in flüssigem Ammoniak.** 2. Mitt. **Elektrochemische Messungen.** Leonello Paoloni. (Gazz. chim. ital. **91**. 121—44, 1961; Roma, Ist. Sup. di San., Labor. di Chim.; ital.) — 1. vgl. Gazz. chim. ital. **90**, [1960], 1682; vgl. auch C. **1963**, 21857. — Vf. untersuchte krit. Messungen von verschiedenen anderen Seiten über die Leitfähigkeit, die Transportzahl, die Thermo-EMK sowie die Normalpotentiale für in fl. NH_3 gelöste Alkalimetalle, speziell *Na* u. *K*. — 29 Literaturangaben. C. Gottfried 138△

0337 **Über Lösungen der Alkalimetalle in flüssigem Ammoniak.** 3. Mitt. **Magnetische Messungen.** Leonello Paoloni. (Gazz. chim. ital. **91**, 412—27, 1961; ital.) — 2. vgl. vorst. Referat. — Vf. bespricht ausführlich die in der Literatur verfügbaren experimentellen Daten über die magnet. Susceptibilität u. die kernmagnet. Resonanz von Lsgg. von *Na* u. *K* in fl. NH_3. Aus Messungen der kernmagnet. Resonanz verd. Lsgg. von Na in fl. NH_3 scheint eine „chem. Wechselwrkg." zwischen Na u. den N-Atomen des Lsgm. erkennbar zu sein. — 23 Literaturangaben. C. Gottfried 138△

0338 **Anwendung der Papierelektrophorese zur Bestimmung des Ladungsvorzeichens von Zirkoniumionen in einigen Lösungen.** W. P. Schwedow und H. A. Pawlowa. (Radiochemie [UdSSR] **1**, 400—02, 1959; russ.) — Zr bildet in 0,1, 0,2 u. 0,5n HNO_3 positiv geladene Komplexe. Werden diese Lsgg. mit Ceroxalat gesätt., so beobachtet man im Falle des 0,5n HNO_3, daß das Zr zur Anode wandert, was mit der Bldg. von andersartigen Komplexen in Zusammenhang gebracht wird. Auch in 0,1 sowie 0,2n HNO_3 wandert das gesamte Zr zur Anode, wenn diese Lsgg. 0,01 Mol/Liter Oxalsäure enthalten. G. Rudakoff 138□

0339 **Untersuchung der Änderung der Größe der Ladung von Zirkoniumionen in salpetersaurer Lösung mit Hilfe von Ionenaustauschharzen.** A. M. Trofimow und L. N. Stepanowa. (Radiochemie [UdSSR] **1**, 403—07, 1959; russ.) — Vff. berichten über eine Meth. zur Unters. der Ladungsänderung von radioakt. Ionen in Lsgg. mit Hilfe von Ionenaustauschern unterschiedlicher Quellbarkeit. Es hat sich herausgestellt, daß freie Zr^{4+}-Ionen in einem sehr engen Konz.-Bereich an HNO_3 (2—2,5n) existieren. Mit zunehmender Konz. an HNO_3 (> 3n) nimmt die Ladung offenbar infolge Bldg. von Acidokomplexen ab. Die starke Abnahme der Ladung der komplexen Zr-Ionen mit abnehmender Acidität wird mit Hydrolyse in Zusammenhang gebracht. Bei pH 1,2 beobachtet man einen erneuten schwachen Anstieg der Ladung, wo vermutlich die Polymerisation der Zr-Ionen einsetzt. G. Rudakoff 138□

0340 **Verwendung der Silberchlorid-Bezugselektrode zur kontinuierlichen Regulierung des pH-Werts von Ammoniumnitrat bei hohen Temperaturen.** Ja. I. Turjan und

N. Ss. Anikina. (J. angew. Chem. [UdSSR] **34**, 1077–81, **1961**; Lissitschansk, Zweigstelle des Inst. für Automatisier. u. Zweigstelle des Inst. für die Stickstoffind.; russ.) — Vff. untersuchten das Verh. von Ag/AgCl-Bezugselektroden in NH_4NO_3-Lsgg. mit 750 (g/Liter) NH_4NO_3, 0–3 HNO_3 u. 0–0,3 NH_4OH im pH-Bereich von 0,5–7 bei 100°. Bei pH 1–6,5 wurde nur eine sehr geringe Abhängigkeit des Elektrodenpotentials vom pH-Wert gefunden. Die gemessenen Potentialwerte liegen zwischen +0,228 u. +0,238 V gegen die gesätt. Kalomelelektrode. Bei 1 > pH > 6,5 wird eine starke Veränderung des Elektrodenpotentials gefunden, während die Änderung der NH_4NO_3-Konz. (600–800 g/Liter) prakt. keinen Einfl. auf die Reproduzierbarkeit u. Beständigkeit des Potentials hat. Der Temp.-Koeff. ist zwischen 100–110° ca. 0. Aus den Unterss. wird geschlossen, daß die Ag/AgCl-Elektrode sich als Bezugselektrode für die automat. Regelung von Neutralisationsprozessen in der NH_4NO_3-Industrie verwenden läßt. Dabei läßt sich die Bezugselektrode in der gleichen Lsg. wie die Indikatorelektrode verwenden. E. Winkler 139◇

0341 **Gleichgewichtspotentiale von Zirkonium in gemischten Fluorid-Chlorid-Schmelzen.** M. W. Smirnow, W. Je. Komarow und A. N. Baraboschkin. (Ber. Akad. Wiss. UdSSR **133**, 409–12, 1960; Inst. für Elektrochemie der Uraler Filiale der Akad. der Wiss. der UdSSR; russ.) — Vff. bestimmten die elektrochem. Gleichgewichtspotentiale von Zr bei 700–950° im äquimol. Gemisch von KCl u. NaCl unter Zugabe verschiedener NaF-Mengen. Die Schmelzen enthielten 0,17–1,05 Gew.-% Zr u. bis 15,82 Gew.-% F. Das Verhältnis der Molenbrüche von F u. Zr wurde von 9–75 variiert. Es wurde festgestellt, daß die Wertigkeit von Zr sich in dem untersuchten Bereich ändert; der überwiegende Teil des Zr in der Schmelze existiert in Form anion. Komplexe $[ZrClF_5]^{3-}$, $[ZrF_6]^{3-}$ u. $[ZrF_6]^{2-}$. Die Temp.-Abhängigkeit des Gleichgewichtspotentials der Zr-Elektrode wird durch die Gleichung $E = -3{,}50 + 5{,}4 \cdot 10^{-4}\,T + (1{,}984/n) \cdot 10^{-4}\,T \log([Zr]/[F^-]^m)$, wobei m = 5 u. n = 3,2 ist, dargestellt (Konz.-Angabe in Molenbrüchen). Kurt Winkler 140◇

0342 **Bestimmung von Elektroden-Standardpotentialen.** I. G. Murgulescu und El. Constantinescu. (An. Univ. „C. I. Parhon", Ser. Ştiinţ. naturii, Chim. **9**, 221–27, 1960; rum.) — Durch EMK-Messungen werden bei 25° die Elektroden-Standardpotentiale von Hg u. Ag gegenüber der H_2-Elektrode u. von Cu- u. Pb-Amalgam gegenüber der Hg_2Cl_2-Elektrode in den gesätt. Chlorid-Lsgg. bestimmt. Es ergibt sich (Mittelwerte): $E^0_{Hg,Hg^{2+}} = 0{,}7986$ (V), $E^0_{Ag,Ag^+} = 0{,}7999$, $E^0_{Cu,Cu^+} = 0{,}4881$ (0,4886), $E^0_{Pb,Pb^{2+}} = -1{,}258$ (−1,260). Die Werte stimmen mit solchen der Literatur überein. — 18 Literaturangaben. R. K. Müller 140◇

0343 **Besonderheiten des Elektrodenverhaltens von zwei saure (glasbildende) Oxide enthaltenden Gläsern.** B. P. Nikolski, M. M. Schulz, N. W. Peschechonowa und A. A. Beljusstin. (Ber. Akad. Wiss. UdSSR **140**, 641–43, 1961; Leningrad, Shdanow-Univ.; russ.) — Als Beispiele für Gläser mit zwei „sauren" Oxiden werden die Syst. Li_2O–Al_2O_3–SiO_2 u. Na_2O–B_2O_3–SiO_2 u. die Abhängigkeit des Potentials derartiger Elektroden gegenüber der Kalomelelektrode vom pH-Wert behandelt. Der differenzierende Effekt des zweiten Oxids bei niederem Geh. im Glas wird betont. M. Wiedemann 140□

0344 **Die elektrolytische Darstellung von Urandioxid-Einkristallen.** F. A. Scott und L. K. Mudge. (J. nuclear Mater. [Amsterdam] **9**, 245–51, 1963; Richland, Wash., Hanford Atomic Prod. Operat.; engl.) — UO_2-Einkristalle bis zu 4 g Gewicht können durch Elektrolyse von UO_2Cl_2-Schmelzen erhalten werden, wobei die günstigsten Ergebnisse bei einer Zus. der Schmelze von 30 (Gew.-%) U; 2,5 KCl, Rest $PbCl_2$, einem Abscheidungspotential von −0,5 V, 500°, Zellatmosphäre Cl_2 oder HCl, kugelförmige Pt-Kathode gewonnen wurden. Die Einfl. der einzelnen Parameter bei der Elektrolyse werden besprochen. Die maximale Verunreinigung der Kristalle ist Cl^- mit 10–20 ppm. H. Roschkowski 141◇

0345 **Untersuchung der Prozesse der Elektroreduktion von Kupfer mit Hilfe der Scheibenelektrode mit Ring.** L. N. Nekrassow und N. P. Beresina. (Ber. Akad. Wiss. UdSSR **142**, 855–58, 1962; Moskau, Lomonossow-Univ.; russ.) — Vff. führten Messungen des Grenzstromes der Oxydation von Cu^+ an einem Goldring durch, wobei Cu^+ durch Red. von Cu^{2+} an einer Scheibenelektrode gebildet wurde. Die Verss. wurden bei 900–9000 U/min der Scheibenelektrode unter N_2 durchgeführt. Es gelang nachzuweisen, daß bei der Red. von Cu^{2+} an der Scheibenelektrode Cu^+ gebildet wird. E. Winkler 141◇

0346 **Elektrolytische Nickelabscheidung aus sulfathaltigen Elektrolyten mit Zusätzen einiger organischer und anorganischer Stoffe.** G. Osol-Kalnin und B. Purin. (Nachr. Akad. Wiss. LettSSR **1961**, Nr. 1, 77–86; Inst. für Chem. der Akad. der Wiss. der LettSSR; russ., Auszug: engl.) — Der Einfl. verschiedener Zusätze zu $NiSO_4$-Lsgg. [Na_2SO_4, $MgSO_4$, $(NH_4)_2SO_4$, NaHCOO, NH_4OH, H_3BO_3, NaCl, KCl, KF, NH_4Cl, $CoSO_4$, $CdSO_4$, Na_2SeO_3, $ZnSO_4$, $MnSO_4$, $Al_2(SO_4)_3$, p-Toluolsulfonamid, Diacetonalkohol, 2.6- bzw. 2.7-Naphthalindisulfonsäure, 40%ig. HCHO-Lsg.] u. des pH-Werts des Elektrolyten auf den Glanz, die Sprödigkeit u. Porosität elektrolyt. auf Cu-Kathoden gebildeter Ni-Filme wurde untersucht. Der Elektrolyt wurde nicht gerührt. Die besten Ergebnisse wurden bei dem Bad der Zus. 250–300 (g/Liter) $NiSO_4 \cdot 7\,H_2O$; 30 H_3BO_3; 10 NaCl; 0,4 bis 1,0 p-Toluolsulfonamid; 0,04–0,08 Na_2SeO_3 (bzw. 0,3–1,0 $CdSO_4$), pH 4,5–5,0; 18–40°; kathod. Stromdichte 0,15 bis 5 A/cm²; Stromausbeute 97–98% erreicht. Gleichzeitig wurden Polarisationsmessungen des Ni-Nd. gegen eine gesätt. Kalomelelektrode durchgeführt u. das Gebiet der Abscheidung von glänzenden Ndd. in Abhängigkeit von der Temp. u. Stromdichte begrenzt. — Die positive Einw. der Zusätze wird dahin gedeutet, daß bei gleichzeitiger Einw. von Cd-Ionen u. p-Toluolsulfonamid (oder dessen Red.-Prodd.) ein Ausgleich der Ni- u. H_2-Entladung an den akt. u. passiven Stellen der wachsenden Kristalle infolge Adsorption der Hydroxide u. Red.-Prodd. erzielt wird, was eine Nivellierung des Ni-Nd. zur Folge hat. J. Tůmová 141□

0347 **Beweglichkeit von Silber in Nickel.** P. P. Kusmenko und L. F. Osstrowski. (Festkörperphysik [UdSSR] **4**, 1358–60, 1962; Kiew, Schewtschenko-Univ.; russ.) — Auf Ni-Zylinder wurde elektrolyt. eine ^{110}Ag-Schicht aufgebracht u. bei Temp. von 1220–1643° K u. Stromstärken von 40 bis 120 A/mm² die Wanderung des Ag im Ni aus der Verteilung der Aktivität bestimmt. Ag wanderte stets zur Kathode. Die Beweglichkeiten lagen zwischen $2{,}2 \cdot 10^{-7}$ u. $16{,}3 \cdot 10^{-7}$ cm/s. M. Wiedemann 141◇

0348 **Verteilung des Potentials und der elektrischen Feldstärke im dichten Teil der elektrischen Doppelschicht.** W. Ss. Krylow. (Ber. Akad. Wiss. UdSSR **144**, 155–58, 1962; Inst. für Elektrochem. der Akad. der Wiss. der UdSSR; russ.) — Die allg. Meth. zur Berechnung des diskreten Aufbaus spezif. adsorbierender Ionenschichten in Zwischenphasengrenzen erlaubt eine Best. der Adsorptionsisotherme für Grenzflächen von Metall-Lsg. u. Luft-Lösung. Vf. betrachtet den mathemat. Fall eines Potentialabfalles bei Diffusion im Gebiet von Doppelschichten u. bestimmt die Verteilung von Potential ψ u. Stärke des elektr. Feldes E in Abhängigkeit der einzelnen Grenzflächenkoordinaten x u. -Parameter ξ. W.-D. Heußner 142◇

0349 **Die Ladungskomponenten in der elektrischen Doppelschicht.** M. A. V. Devanathan und S. G. Canagaratna. (Electrochim. Acta [London] **8**, 77–85, 1963; Philadelphia, Pa., Univ. of Pennsylvania, Electrochem. Labor.; engl.) — Es werden Meth. zur Ermittlung der Ladungskomponenten an der Phasengrenze Hg/Elektrolyt-Lsg. beschrieben. Ergebnisse, erhalten durch Messungen an wss. Lsgg. von KCl, KBr u. KJ mit Hilfe der Elektrocapillarmeth., der Grahameschen Kapazitäts-Meth. u. einer dritten, selbst entwikkelten Meth., werden dargelegt u. diskutiert. Man zeigt, daß infolge der notwendigerweise sehr hohen experimentellen Anforderungen die Resultate der Grahameschen thermodynam. Meth. nicht befriedigend mit denen der Elektrocapillaritätsmessung übereinstimmen können, bes. bei KCl-Lsg. u. speziell im Falle höherer Konzentrationen. Im Gegensatz dazu sind die Ergebnisse, die mit Hilfe des nichtthermodynam. Modells der elektr. Doppelschicht erhalten werden, in besserer Übereinstimmung mit den Resultaten der Elektrocapillaritätsmessungen. Auf die Begründungen, die früher für die Unterschiede zwischen den Ergebnissen der Elektrocapillaritäts-Meth. u. der Grahameschen Meth. vorgebracht worden sind, wird näher eingegangen. H. Jehne 142◇

0350 **Potentialabhängige Sorption von konkurrierenden Dipolen und Ionen an Quecksilber. 2. Mitt. Einfluß der Säurekonzentration auf den Verlauf der Kapazitätskurven.** Z. Ostrowski und H. Fischer. (Electrochim. Acta [London] **8,** 37—51, 1963; Karlsruhe, TH, Inst. für Phys. Chem. u. Elektrochem.; dt.) — 1. vgl. Electrochim. Acta [London] **8,** [1963], **1.** — In der Abhängigkeit des Kurvenverlaufs der differentiellen Doppelschichtkapazität an der Phasengrenze Hg-Elektrode/HCl-Lsg. mit Zusatz von Aminen des Typs $R-NH_2$ u. $R-NH-CH_2-C_6H_5$ bzw. Sulfoxiden des Typs $R-SO-R$ u. $R-SO-CH_2-C_6H_5$ von der erhöhten Säure-Konz. wiederholen sich im allg. folgende Erscheinungen: a) eine schwache Kapazitätserniedrigung im Depressionsteil der Kurve; b) eine Einengung der Depression von der negativen Seite her (nach positiveren Potentialen verschobene H_2-Entw.) u. eine leichte Verschiebung des Depressionsbereiches in Richtung positiver Potentiale. Ausgehend von Überlegungen zur Deutung des Sorptionsprozesses mit der Wrkg. konkurrierender Sulfoxid-Moll. u. Sulfoxoniumionen wurde eine Analyse der Säure-Konz.-Abhängigkeit vom Verlauf der Kapazitätskurven für das Äthyldodecylsulfoxid durchgeführt.
H. Jehne 142◇

0351 **Einige Anwendungen der Ultraviolett-Spektrophotometrie zu Untersuchungen über die Adsorption an Kupfer-, Nickel- und Silberelektroden.** R. G. Barradas und B. E. Conway. (J. electroanalyt. Chem. [Amsterdam] **6,** 314—25, 1963; Toronto, Univ., Dep. of Chem.; Ottawa, Univ., Dep. of Chem.; engl.) — Auf spektrophotometr. Wege wurde die Adsorption von *Acridin, Chinolin, Pyridin, 1.2-, 2.3-* u. *3.4-Benzacridin, N-Methylacridiniumchlorid* u. *-sulfat* an Ni-, Cu- u. Ag-Kathoden aus neutralen u. sauren wss. sowie methanol. Lsgg. untersucht. Es wird vermutet, daß heterocycl. N-Verbb. in neutraler u. quaternisierter Form nicht, wie aliphat. u. aromat. Amine, über das einsame Elektronenpaar des N, sondern über die π-Orbitals der N—C-Bindung mit dem Metall in Wechselwrkg. treten. Thermodynam. Daten des Gleichgewichts wurden in einigen Fällen ermittelt.
W. Herfurt 142◇

0352 **Untersuchung der Adsorptionspotentiale an glattem Platin.** A. D. Obrutschewa. (Ber. Akad. Wiss. UdSSR **142,** 859—61, 1962; Moskau, Lomonossow-Univ.; russ.) — Es wird die Potentialverschiebung bei der Adsorption von J^- aus 0,1n KJ + 1n H_2SO_4, von Tl^+ aus 0,1n Tl_2SO_4 + 1n H_2SO_4 u. von Cd^{2+} aus 0,1n $CdSO_4$ + 1n H_2SO_4 an glattem u. zum Vgl. an platiniertem Pt untersucht. Bei den Messungen an glatten Pt wurde festgestellt, daß infolge der geringen Elektrodenoberfläche Verunreinigungen in der Lsg. sich viel stärker auswirken als an platiniertem Pt.
E. Winkler 142◇

0353 **Untersuchung des Mechanismus von Elektrodenvorgängen bei der Elektrolyse von $CaCl_2$-$BaCl_2$-ZrF_4-Schmelzen.** R. Winand. (Electrochim. Acta [London] **8,** 53—63, 1963; Bruxelles, Univ. Libre; franz.) — Der Mechanismus der Elektrodenvorgänge in $CaCl_2$–$BaCl_2$–ZrF_4-Schmelzen ist dem für NaCl–ZrF_4 gefundenen ähnlich. Die $CaCl_2$–$BaCl_2$–ZrF_4-Gemische scheinen jedoch stabilere komplexe Ionen zu enthalten. Die Red. von freien Zr^{4+}-Ionen hört deshalb bei kleinen Stromdichten fast gänzlich auf. Bei einem verhältnismäßig niedrigen Potential gibt es an Graphit keine anod. Cl_2-Entw. mehr, u. die Mitabscheidung von Ca verschwindet bei kleineren kathod. Stromdichten als diejenige von Na im Syst. NaCl–ZrF_4.
H. Jehne 142◇

0354 **Überspannung und Depolarisation in geschmolzenem AgCl, AgBr und AgJ.** I. G. Murgulescu, S. Sternberg, L. Medintev und C. Mustetea. (Electrochim. Acta [London] 8, 65—75, 1963; Bucharest, Rumanian Acad., Chem. Inst., Dep. of Phys. Chem.; engl.) — Es wurden bei der Elektrolyse einiger Salzschmelzen (AgCl, AgBr, AgJ) die angelegte Spannung V, der Ohmsche Spannungsfall IR sowie die Spannung E_p nach Stromunterbrechung oscillograph. gemessen. Es wird gezeigt, daß der plötzliche Spannungsabfall, der nach Stromunterbrechung eintritt, zur Stromstärke proportional ist u. den Ohmschen Spannungsabfall darstellt. Im Temp.-Bereich 450—600° ist E_p unabhängig von der Stromdichte (zwischen 0,1—2 A/cm²) u. prakt. gleich der Spannung der reversiblen Zelle Ag/Ag-Halogenid (Schmelze)/Halogenid (C). Es ergibt sich die Schlußfolgerung, daß die elektrochem. Entladung von Ag- u. Halogenidionen prakt. ohne Aktivierungs-Überspannung stattfindet. Die Abwesenheit von Überspannung bei der Schmelzflußelektrolyse kann auf die hohe Temp. sowie auf die Tatsache, daß die Ionen nicht hydratisiert sind, zurückgeführt werden. Bei höheren Temp. wird E_p von der Stromdichte abhängig. Bei hohen Stromdichten (2 A/cm²) ist E_p gleich der reversiblen Spannung, aber bei kleinen Stromdichten ist E_p um 400—500 mV kleiner als letztere. Die bei hohen Temp. erhaltenen Ergebnisse zeigen, daß eine starke Depolarisation vorliegt, welche durch die Desorption des Halogens von der Kohle-Elektrode oder seine Diffusion in die Schmelze erklärt werden kann.
H. Jehne 142◇

0355 **Über den Zusammenhang zwischen der Wasserstoffüberspannung, seiner Diffusion in Stahlkathoden und dem mechanischen Deformationsgrad des Stahls.** Ss. M. Beloglasow. (Hochschulnachr. [Iwanowo], Chem. u. chem. Technol. **4,** 452—57, 1961; Perm, Univ., Lehrst. für physik. Chem.; russ.) — Vff. untersuchten u. diskutierten die Zusammenhänge zwischen der Diffusion von H in Stahl-Drähten (Ø 0,35 u. 0,55 mm) bei deren kathod. Polarisation in 0,1n H_2SO_4-Lsgg. (z. T. unter Zusatz von 2,5 mg/Liter SeO_2) u. der Größe der mechan. Belastung. 1, 4,2 u. 11,5 Min. nach Beginn der Polarisation wurden in Abhängigkeit von der mechan. Belastung folgende Potentiale gemessen: 0 (kg): —0,222; —0,225; —0,227; 5,3; —0,231; —0,234; —0,237; 15,8; —0,232; —0,234; —0,237.
E. Winkler 142◇

0356 **Natur des Stromabfalls an durch eine vorangehende chemische Reaktion begrenzten polarographischen Wellen.** Ss. G. Mairanowski. (Ber. Akad. Wiss. UdSSR **133,** 162 bis 165, 1960; Inst. für Elektrochem. u. Zelinsky-Inst. für org. Chem. der Akad. der Wiss. der UdSSR; russ.) — Die Stromstärke bei polarograph. Wellen setzt sich aus der Stromstärke im Vol. u. derjenigen an der Oberfläche der Elektrode zusammen, $i = i_{Vol.} + i_{Ob.}$ Die Form der katalyt. Oberflächenwelle von H_2 wird durch die Änderung der Adsorption des Katalysators mit dem Potential E bestimmt. Bei maximaler Adsorption ($E = E_M$) wird aus Unterss. mit Anabasin E_M = —1,15 V gefunden; mit der maximalen Grenzstromstärke i^0_{Gr} = 97 μA errechnet sich eine Kurve für die Beziehung i-E, die der experimentellen entspricht; bei 0,1, 0,2, 0,5 u. 1,0n KCl-Konz. sind die Kapazitäten c = 15,5, 15,6, 15,9 u. 16,4 μF/cm²; in Acetatpuffer-Lsgg. steigt i linear mit der Konz. der Essigsäure. Kurven der katalyt. Welle für Chinin in Citrat-Phosphat-Puffer u. für Cystein in Ggw. von Co^{2+} in NH_4OH–NH_4Cl-Puffer zeigen ebenfalls Übereinstimmung mit dem Experiment.
R. K. Müller 142□

0357 **Polarographie in Salzschmelzen.** 2. Mitt. **Oscillographische Wechselstrompolarographie im Kaliumchlorid–Lithiumchlorid-Eutektikum.** E. Schmidt. (Electrochim. Acta [London] **8,** 23—35, 1963; Bern, Univ., Inst. für Anorg. Chem.; dt.) — 1. vgl. C. **1964,** 12-0348. — Unter Verw. stationärer Pt-Meßelektroden wurden Lsgg. verschiedener Metallchloride (AgCl, TlCl, CuCl, $PbCl_2$, $NiCl_2$, $ZnCl_2 \cdot 3\,NH_4Cl$, $RbCdCl_3$, Rb_3BiCl_6) im KCl LiCl Eutektikum bei 450° nach der Wechselstrom-Meth. von Heyrovsky-Forejt mit Rechteckstrom (50 Hz) oscillograph. untersucht. Durch quant. Auswertung der resultierenden Potential–Zeit-Kurven lassen sich die Standardpotentiale der Depolarisator-Syst. sowie die Diffusions-Koeff. der Depolarisatorkationen ermitteln. Das Auftreten von Vorstufen wird durch submonoatomare Bedeckung der Elektrode mit den metall. Red.-Prodd. der Depolarisatoren erklärt.
H. Jehne 142◇

0358 **Radioaktivitätsmethoden zur Untersuchung der Bildungskinetik von Phosphatüberzügen.** W. Ss. Lapatuchin und Ju. M. Owtschinnikow. (J. angew. Chem. [UdSSR] **34,** 1231—35, 1961; russ.) — Vgl. C. **1963,** 12312. — Unter Benutzung des β-Strahlers ^{32}P wurde durch Autoradiographie sowie durch direkte Messung der Aktivität der Proben die Bldg. von Phosphatüberzügen auf Fe, Zn u. Al u. einer Mg-Leg. aus Lsgg. von NaF + $Zn(NO_3)_2$ mit Zusatz von H_3PO_4 untersucht. Die Dauer der Phosphatierung betrug bis zu 80 Min., es wurden Schichten bis zu 2 mg/cm² erzielt. Die Bldg. der Phosphatüberzüge verlief zuerst schnell, dann langsamer, der Prozeß war umkehrbar.
M. Wiedemann 143□

0359 **Kinetik der Oxydation von Eisen in Lösungen von Salzgemischen [$KCl(K_2SO_4)$ + $K_3PO_4(K_2HPO_4, K_2CO_3)$].** L. K. Lepin, A. Ja. Waiwade und S. F. Oschiss. (J. physik. Chem. [UdSSR] **33,** 357—66, 1959; Inst. für Chem. der

Akad. der Wiss. der LettSSR; russ., Auszug: engl.) — Es wurde die Kinetik der Korrosion von Eisen in wss. Lsgg. verschiedener Kaliumsalzgemische, $KCl(K_2SO_4) + K_3PO_4 \cdot (K_2HPO_4, K_2CO_3)$, unter stat. Bedingungen bei 20° untersucht. Vff. fanden, daß in allen untersuchten Gemischen bei Konzz. $KCl (K_2SO_4) = 1,0$n die Korrosions-Geschw. anfangs abfällt, dann einen konst. Wert annimmt. Bei KCl-Konzz. n > 1,0 verläuft die Korrosion mit gleichbleibender Geschwindigkeit. Während kleine Zusätze von K_3PO_4, K_2HPO_4 oder K_2CO_3 als Inhibitoren keinen Einfl. auf die Korrosions-Geschw. zeigen, steigt diese bei Vergrößerung der Zusätze an, durchläuft ein Maximum u. fällt bei einem Verhältnis der Inhibitor-Konz. zur Konz. der Salze von 5 (10): 1 prakt. auf Null ab. Bei KCl-Konz. > 1,0n bleiben Zusätze wirkungslos. Mit der Konz. der Lsgg. variieren Art, Eigg. u. Struktur der Ndd. auf der Eisenoberfläche. In allen Lsgg. geringer Konz. bestehen diese aus positiv geladenem γ-FeO(OH), in konzentrierteren Lsgg. von Phosphaten oder Carbonaten aus $FePO_4$, $Fe_3(PO_4)_2 \cdot 8 H_2O$, β-FeO(OH) oder Fe_3O_4. Die Unterschiede in der Oxydations-Geschw. werden auf elektrophoret. Blockierung der Kathoden- bzw. Anodenbereiche der Metalloberfläche zurückgeführt. R. Teichmann 143◇

0360 **Passivität und interkristallitische Korrosion von rostfreiem Stahl in Salpetersäure.** 2. Mitt. I. K. Burzewa und A. I. Krassilschtschikow. (J. physik. Chem. [UdSSR] **37**, 810—16, 1963; Moskau, Forsch.- u. Projektierungs-Inst. der Stickstoff-Ind. u. für Prodd. der organ. Synth; russ., Auszug: engl.) — Eine teilweise in 2%ig. HNO_3 eingebettete Stahlprobe (2Ch18N9) wird schwieriger passiviert, jedoch leichter transpassiviert als eine vollständig eingebettete Probe. Die Passivierung bzw. Transpassivierung wird durch Abscheidung von Cr-Carbiden (aus 65%ig. $HNO_3 + CrO_3$) behindert bzw. gefördert. Die Abscheidung von Chromcarbiden steigert die differentiellen Depolarisationsströme an dem rostfreien Stahl u. ebenso die Stromdichte zwischen den verschieden eingebetteten Proben. Damit steigt die interkristallit. Korrosion stark an; die unter der Einw. der Ndd. von Chromcarbiden beginnt. — 1. vgl. ibid. **36**, [1962], 2687. H. Roschkowski 143◇

A_4. Thermodynamik, Thermochemie

0361 **Irreduzible Clusterintegrale für Gase aus harten Kugeln.** Shigetoshi Katsura und Yutaka Abe. (J. chem. Physics **39**, 2068—80, 1963; Eugene, Oreg., Univ. of Oregon, Dep. of Chem.; Sendai, Japan, Tôhoku Univ., Dep. of Phys.; engl.) — Es werden drei verschiedene Meth. zur Berechnung irreduzibler Clusterintegrale von Hartkugelgasen entwickelt u. diskutiert. Die erste beruht auf der Wechselwrkg. im Konfigurationsraum, die zweite auf der multiplen Summierung unendlicher Reihen aus Integralen vom Weber-Schafheitlin-Typ, die dritte auf einer Erweiterung der von Nijboer u. van Hove [1952] modifizierten Fourier-Transformationsmethode. Von den Komponenten des 5. Virialkoeff. wurden die Nr. 1—4 nach der ersten, die Nr. 2 u. 5—8 nach der zweiten, die Nr. 1—10 zusätzlich nach einer Monte-Carlo-Meth. erhalten. Der Wert von E/b^4 beträgt 0,1097. Weiterhin wird der Wert des 5. Virialkoeff. für ein Squaremound-Potential angegeben. A. Blaschette 146◇

0362 **Phasenumwandlung erster Ordnung in einem Gas aus langen dünnen Stäbchen.** Robert Zwanzig. (J. chem. Physics **39**, 1714—21, 1963; Washington, D.C., Nat. Bur. of Stand.; engl.) — Die von Onsager [1942] vorausgesagte Phasenumwandlung erster Ordnung in einem Gas aus langen dünnen Stäbchen wird durch umfangreiche Berechnungen an Hand eines einfachen Modells bestätigt. Betrachtet werden Moll. in Form eines rechtwinkligen Parallelepipeds mit einer Länge l u. einem quadrat. Querschnitt d^2. Die langen Mol.-Achsen können nur in drei gegeneinander senkrechte Richtungen zeigen. Die Virialkoeff. (bis zum 7.) werden als Funktion der Orientierung für die Grenzfälle $l \to \infty$, $d \to 0$ u. l^2d = const. exakt berechnet. Die Phasenumwandlung tritt auch noch auf, wenn alle Virialkoeff. bis einschließlich des 7. berücksichtigt werden. Für die isotrope Phase konvergiert die Virialentw. gut, während die Eigg. der anisotropen Phase merklich vom Näherungsgrad abhängen. A. Blaschette 146◇

0363 **Monte-Carlo-Berechnungen für das zweidimensionale trianguläre Gittergas: Überkritischer Bereich.** Dwayne A. Chesnut. (J. chem. Physics **39**, 2081—84, 1963; Houston, Tex., Rice Univ.; engl.) — Es werden ausführliche Berechnungen mit Hilfe eines numer. Monte-Carlo-Verf. in einer großen kanon. Gesamtheit für die thermodynam. Eigg. eines triangularen 10·10-Gittergases längs sechs Isothermen im überkrit. Bereich (red. Temp. T_r = 1,15; 1,20; 1,25; 1,30; 1,35; 1,40) durchgeführt. Für jede Isotherme werden die thermodynam. Eigg. (Dichte, red. Konfigurationsenergie, red. spezif. Wärme, red. isotherme Kompressibilität, red. Druck u. red. Wärmeausdehnungs-Koeff.) für $(\mu - 3\varepsilon)/kT$ = 0,0, −0,04, −0,20 u. −0,40 angegeben (μ = chem. Potential, ε = Wechselwrkg.-Energie zwischen nächsten Nachbarn). Weiterhin werden Symmetriebeziehungen zur Berechnung sämtlicher Eigg. für die entsprechenden positiven Werte von $(\mu - 3\varepsilon)/kT$ angegeben. A. Blaschette 146◇

0364 **Eine quantenmechanische Korrektur in der Statistik der fast eindimensionalen Kette.** P. Lloyd und J. J. O'Dwyer. (Austral. J. Physics **16**, 314—22, 1963; Kensington, N.S.W., Univ. of New South Wales, School of Phys.; engl.) — Die Quantenkorrektur für die klass. Statistik des genannten Syst. wird durch eine Reihen-Entw. nach Potenzen der Planckschen Konst. erreicht. Das Ergebnis erweist sich als gültig nur im oberen Teil des Temp.-Bereichs, in dem quantenmechan. Korrekturen nötig sind. Bei der Anwendung auf die therm. Ausdehnung von festem *Ar* wird vernünftige Übereinstimmung mit Meßergebnissen erhalten. A. Blaschette 146◇

0365 **Signifikante Strukturen in Flüssigkeiten.** 9. Mitt. **Eigenschaften von dichten Gasen und Flüssigkeiten.** Teresa S. Ree, Taikyue Ree und Henry Eyring. (Proc. nat. Acad. Sci. USA **48**, 501—17, 1962; Salt Lake City, Utah, Univ.; engl.) — 8. vgl. Proc. in Internat. Res. on Thermodynamic and Transport Theory **1962**, 88; 6. vgl. C. **1963**, 18368. — Durch eine Art Interpolation zwischen den Verteilungsfunktionen eines idealen Gases u. eines idealen Kristalls wird eine Verteilungsfunktion für Fll. u. dichte Gase gefunden. Der zweite Virialkoeff., die Kompressibilitäten u. andere thermodynam. Eigg. werden berechnet u. mit experimentellen Daten für *Ar*, *Bzl.*, Cl_2 u. CH_4 verglichen, wobei im allg. gute Übereinstimmung gefunden wurde. W. Ebeling 146◇

0366 **Theorie der signifikanten Strukturen für Flüssigkeiten.** Henry Eyring und R. P. Marchi. (J. chem. Educat. **40**, 562—72, 1963; engl.) — Vgl. vorst. Referat. — Übersicht. — 14 Literaturangaben. A. Blaschette 146◇

0367 **Über einige neue Klassen thermodynamischer Potentiale für reagierende Gasgemische.** L. G. Napolitano. (Nuovo Cimento [10] **29**, 1298—1319, 1963; Napoli, Ist. di Aerodinam.; engl.) — Es werden neue thermodynam. Potentiale untersucht, die als partielle Legendre-Transformierte der Energie- u./oder Entropiefunktion bzgl. der Fortschrittsvariablen der Rk., dem spezif. Vol. u./oder der spezif. Entropie definiert sind. Mit ihrer Hilfe werden zwei allg. Stabilitätsregeln für Syst. mit n Freiheitsgraden formuliert u. die Laplacesche (isentrop.) u. Newtonsche (isotherme) charakterist. Geschw. eines Gasgemisches untersucht, in dem k unabhängige Rkk. ablaufen. Weiterhin wird die linearisierte Bewegung eines Gasgemisches betrachtet, in welchem von insgesamt k Affinitäten eine Anzahl t auf ident. Weise verschwinden. A. Blaschette 146◇

0368 **Thermodynamische Berechnung eines teilweise gefrorenen strömenden Systems.** Gilbert S. Bahn. (AIAA Journal **1**, 1960—61, 1963; Van Nuys, Calif., Marquardt Corp.; engl.) — Programmierungsmöglichkeit für die elektron. Berechnung thermodynam. Daten einer teilweise gefrorenen Flüssigkeit. Beispiel: $2NO \rightleftharpoons N_2 + O_2$. G. Gattow 146◇

0369 **Eigenschaften von Festkörpern unter sehr hohem Druck.** Shigeru Minomura. (Chem. and chem. Ind. [Kagaku to Kôgyô] **16**, 677—88, 1963; Tôkyô-Daigaku, Bussei-Kenkyûzyo; jap.) — Übersicht. — 24 Literaturangaben. E. Maekawa 146◇

0370 **Über die kritischen Konstanten von Natriumchlorid und Kaliumchlorid.** P. J. McGonigal. (J. physic. Chem. **67**, 1931, 1963; Philadelphia, Pa., Temple Univ., Res. Inst.; engl.) — Diskussion über die von nachst. Autoren ermittelten, untereinander differierenden krit. Temp., krit. Voll. u. krit.

Drücke von NaCl u. KCl: Carlson u. Mitarbeiter (Proc. nat. Acad. Sci. USA **46,** [1960] 333), Mc Quarrie (C. **1963,** 790) u. Kirshenbaum u. Mitarbeiter (C. **1963,** 12306).
G. Gattow 148◇

0371 **Anwendung der Burnett-Methode zur Bestimmung von Kompressibilitäten auf mehrphasige flüssige Mischungen.** Earle S. Burnett. (U.S. Dep. Interior, Bur. Mines, Rep. Invest. **1963,** Nr. 6267, 1—15; Amarillo, Tex., Bur. of Mines, Helium Activity, Helium Res. Center; engl.) — Ausführliche Beschreibung einer App., mit der nach der Meth. von Burnett [1936] die Kompressibilitäts-Koeff. von mehrphasigen fl. Mischungen, die aus mehreren Komponenten bestehen, bestimmt werden können. G. Gattow 148◇

0372 **Bestimmung der Potentialkonstanten von Wasserstoff, Kohlendioxid und H_2–CO_2-Gemisch.** Stanislaw Szpikowski. (Ann. Univ. Mariae Curie-Skłodowska, Sect. AA **14,** 1—27, 1959; pol.) — Für die Interpretation der Temp.-Abhängigkeit der Viscositäts-Koeff. von H_2 u. CO_2 eignet sich am besten das Lennard-Jones-Potential $r_0^2 = A \cdot T^{1/2}/\eta \cdot 10^7 W^{(2)}{}_{(2)}$, wobei für A bei H_2 379,1, bei CO_2 1771 zu setzen ist. Auch die modifizierte Formel von Buckingham für $\alpha' = 12$ u. $\alpha' = 15$ wird erörtert. Es ergibt sich für H_2 $\varepsilon/k = 37{,}3$, für CO_2 220, für H_2–CO_2-Gemisch 91,8. Die erhaltenen Konst. sind etwas verschieden von denjenigen nach Hirschfelder, Bird u. Spotz [1948]. R. K. Müller 149◇

0373 **Thermodiffusionverlauf eines H_2–CO_2-Gemisches in Abhängigkeit von Zeit, Temperatur, Druck und Zusammensetzung des Gemisches.** Stanisław Szpikowski. (Ann. Univ. Mariae Curie-Skłodowska, Sect. AA **14,** 29—48, 1959; pol.) — Vgl. vorst. Referat. — Bei der Thermodiffusion eines H_2–CO_2-Gemisches wird in Verss., wie theoret. erwartet, das Gleichgewicht nach einer Exponentialfunktion erreicht. Die unter verschiedenen Bedingungen von Druck (380 u. 700 Torr) u. der Temp. (300—700° K) gefundenen Relaxationszeiten sind jedoch durchweg größer als die theoret. errechneten. Die Thermodiffusions-Konst. α nimmt bei zunehmendem Druck zuerst zu, dann ab, z. B. bei einem H_2–CO_2-Gemisch 1:1 von 0,278 bei 100 (Torr) auf 0,335 bei 300 u. 0,224 bei 700. Mit den wenigen Literaturangaben stimmen die α-Werte in Abhängigkeit von Zus., Temp. u. Druck überein.
R. K. Müller 149◇

0374 **Thermodynamische Eigenschaften von Luft und Stickstoff bis 15000° K mit Anwendungsbeispiel.** Clark H. Lewis und Ernest G. Burgess. (AIAA Journal **1,** 1928—29, 1963; Arnold Air Force Station, Tenn., ARO, Inc.; engl.) — Unter Verw. empir. Gleichungen wurden die Dissoziations- u. Ionisationsgleichgewichte von Luft u. N_2 zwischen 90 u. 15000° K für den Entropiebereich $1{,}40 \leq \log(S/R) \leq 2{,}06$ (Dichtebereich 10^{-6} bis 10^2) berechnet; die Dichten, Enthalpien, Kompressibilitätsfaktoren u. Schall-Geschw. sind als Funktion von Druck u. Entropie graph. wiedergegeben. Nach der Theorie von Fay u. Ridell (J. aeronaut. Sci. **25,** [1958], 73) wurde die Wärmeübergangs-Geschw. unter überschnellen Bedingungen errechnet. G. Gattow 149◇

0375 **Diffusion von Jod in komprimiertem Kohlendioxid in der Nähe seines kritischen Punktes.** I. R. Kritschewski, N. Je. Chasanowa und L. R. Linschitz. (Ber. Akad. Wiss. UdSSR **141,** 397—99, 1961; Forsch.- u. Projektierungs-Inst. der Stickstoffind. u. der Prodd. organ. Synth.; russ.) — Die Diffusion von Jod wurde bei 31,5° u. verschiedener CO_2-Dichte ($\gtrless$ der krit. Dichte) gemessen. Die Experimente zeigen, daß innerhalb der Fehlergrenzen in der unmittelbaren Nähe des krit. Punktes keine Diffusion von Jod verläuft. Bei Entfernung vom krit. Punkt verläuft die Diffusion mit der normalen Geschw. für komprimierte Gase, wie Diffusions-Geschw.-Messungen bei 40° u. einer Dichte nahe der krit. zeigen. H. Matern 149◇

0376 **Eine Theorie für Helium II.** D. B. MacLeod. (Austral. J. Physics **16,** 323—39, 1963; Cashmere, Christchurch, N.Z.; engl.) — Es wird eine neue mögliche Deutung der Eigg. von He II mitgeteilt. Es wird angenommen, daß auf Grund der inneren Kohäsion eines fluiden Syst. potentielle Energie im Innern des Abstoßungsfeldes der Atome aufgebaut wird. Diese potentielle Energie hat das Bestreben, bei der Ausdehnung des fluiden Mediums als kinet. Energie in Erscheinung zu treten, doch ist unter dem eigenen Dampfdruck die Summe aus potentieller u. kinet. Energie des Syst. konst. u. spezif. für das System. Ausgehend von dieser Vorstellung werden nachst. Eigg. von He II diskutiert: Verh. gegenüber Druck; Viscosität; Fließ-Verh.; Entropie; spezif. Wärme; zweiter Schall (auch unterhalb 1,1° K); Wärmeleitfähigkeit. A. Blaschette 149◇

0377 **Zur Theorie der Kristalle von Edelgasen.** A. W. Stepanow. (Kristallographie [UdSSR] **3,** 392—94, 1958; Moskau, Phys.-techn. Inst. der Akad. der Wiss. der UdSSR; russ.) — Ableitungen von Berechnungen für Kristall-Konst. von Edelgasen mit tabellar. Vgl. der bereits ermittelten Werte für 2atomige Moll. u. experimentellen u. theoret. Eigg. (Gitterenergie, Kompressibilitäts-Modul, charakterist. Temp.) von realen Kristallen. Es wird weiter auf empir. Zusammenhänge der Konst. hingewiesen (Schmelz-, Siede- u. krit. Temp.) u. angenommen, daß diese Zusammenhänge immer Gültigkeit besitzen, falls der Kristall als Syst. mit einheitlichen Bindekräften betrachtet werden kann.
J. Tůmová 149◇

0378 **Kryopumpversuche mit Wasserstoff unter Ultrahochvakuum-Bedingungen im Bereich zwischen 4,2 °K und 2,5 °K.** 1. Mitt. J. Hengevoss und E. A. Trendelenburg. (Z. Naturforsch. **18a,** 481—89, 1963; Balzers, Balzers AG, Fürstentum Liechtenstein; dt.) — In einer speziell für Meßzwecke gebauten Kryopump-Anordnung wird die Saug-Geschw., die eine mit fl. He gekühlte Oberfläche auf H_2 ausübt, gemessen. Durch Abpumpen des verdampfenden He gelingt es, die Temp. des He-Bades bis auf 2,5° K zu erniedrigen. Aus den bei verschiedenen Temp. gewonnenen Saug–Geschw.-Kurven läßt sich die Dampfdruckkurve des H_2 konstruieren. Weiterhin wird der Kryotrapping-Effekt an Gemischen von Ar u. H_2 untersucht. Es wird gefunden, daß eine mit unter Atmosphärendruck sd. He gekühlte Oberfläche (4,2° K) in Ggw. von Ar auch unterhalb von 10^{-6} Torr eine kräftige Pump-Wrkg. ausübt, während reines H_2 nur oberhalb 10^{-6} Torr kondensiert. H. Jehne 149◇

0379 **Methoden zur Berechnung von Stoffeigenschaften in Polarkoordinaten.** 1. Mitt. M. Ch. Karapetjanz und Huang-Juje Tschen. (J. physik. Chem. [UdSSR] **37,** 2351—53, 1963; Moskau, Chem.-technol. Mendelejew-Inst.; Ssytschuan, Univ.; russ.) — Die vorgeschlagene Meth. wird als Beispiel auf die Berechnung der Temp.-Abhängigkeit der Verdampfungswärme von *Hexen-(1)* angewandt.
H. Roschkowski 150◇

0380 **Zur Mikrobestimmung wässeriger Salzlösungen.** 5. Mitt. **Zur Berechnung der Aktivitätskoeffizienten eines binären Systems mit Hilfe von Reihenentwicklung.** F. Gölles. (Acta physica austriaca **16,** 177—87, 1963; Graz, Univ., Inst. für Pharmakognosie; dt.) — 4. vgl. C. **1964,** 14-0352; 6. vgl. C. **1963,** 19556. — Die errechneten Aktivitäts-Koeff. (vgl. l. c.) des Syst. *W.* (1)/*Phenol* (2) werden mit Hilfe der Ansätze von Scatchard-Hamer u. Redlich-Kister auf ihre thermodynam. Konsistenz überprüft. Es wird gezeigt, daß die übliche Konst.-Best. des Ansatzes von Redlich-Kister zur Errechnung der mittleren molaren Zusatzenthalpie u. damit auch zur Errechnung der anderen molaren Zusatzeffekte zu ungenaue Werte liefert. Mit Hilfe einer neu beschriebenen Meth. gelingt es, die Konst. des Redlich-Kisterschen Ansatzes wesentlich schärfer zu fassen. Die Meth. der kleinsten Fehlerquadrate findet zur Verbesserung der gefundenen Konst.-Werte des Redlich-Kisterschen Ansatzes Verwendung. Für die Temp. 56,3° wird der Sach-Verh. näher diskutiert. H. Jehne 150◇

0381 **Einfluß des Argondruckes auf die Sublimationsgeschwindigkeit von Magnesium.** Z. Ogorelec. (Croat. chem. Acta **35,** 117—21, 1963; Zagreb, Yugoslavia, Fac. of Sci., Inst. of Phys.; Inst. „Ruder Bošković"; engl.) — Vf. bestimmte die Sublimations-Geschw. (SG) von Mg bei 878° K als Funktion des Ar-Druckes zwischen 10^{-6} u. 760 Torr. Die SG ist zwischen 10^{-6} u. 10^{-2} Torr nahezu konst., nimmt dann jedoch mit steigendem Druck stark ab. Wegen des unterschiedlichen Sublimationsmechanismus war es nicht möglich, die Unters.-Ergebnisse durch eine einheitliche Gleichung wiederzugeben. G. Gattow 150◇

0382 **Untersuchung der thermodynamischen Eigenschaften der α-, β-, γ- und ε-Phase des Systems Silber–Cadmium durch Dampfdruckmessungen.** J. D. Filby und J. N. Pratt. (Acta metallurg. [New York] **11,** 427—34, 1963; Ottawa, Canada, Nat. Res. Council; Birmingham, Univ., Dep.

of Phys. Metallurg.; engl.) — Mit Hilfe einer Taupunkttechnik wurde der Dampfdruck von Cd über Ag–Cd-Legg. für eine große Anzahl verschiedener Zus. gemessen. Aus den Ergebnissen wurden die partiellen molaren Lsg.-Entropien u. -Wärmen, Bldg.-Enthalpien u. Aktivitäten der α-, β- γ- u. ε-Phase im einzelnen berechnet. Anomalien wurden bei der β- u. ε-Phase beobachtet. Die partiellen Lsg.-Entropien von Cd in der α-Phase zeigen negative Abweichungen vom idealen Verh., jedoch eine völlig glatte Veränderung mit der Zusammensetzung. Der letztere Zug bildet einen ausgeprägten Kontrast zu den Fluktuationen der partiellen Entropie, wie sie für die analogen α-Cu–Zn-Legg. berichtet wurden. Mögliche Gründe für das unterschiedliche Verh. werden diskutiert. Aus den Aktivitätsmessungen wurde ferner die Lage der Grenze der β-Phase bei hohen Temp. bestimmt. W. Pump 150◇

0383 **Fehler bei der „drop“-Calorimetrie, die von Umwandlungen des Gefäßmaterials herrühren.** D. C. Ginnings. (J. physic. Chem. **67**, 1917–18, 1963; Washington, D.C., Nat. Bur. of Standards; engl.) — Vf. weist an Hand von Literaturbeispielen darauf hin, daß die Best. der Wärmeinhalte (WI) nach der drop-Meth. fehlerhaft sein können, wenn das Gefäßmaterial (GM), das die Probe enthält, selbst Umwandlungspunkte (UP) besitzt. Da Nichrome V als GM sich zwischen 600 u. 700° umwandelt, sind die von Furukawa u. Mitarbeitern (C. **1958**, 2942) bestimmten WI des α-Al_2O_3 wie folgt zu korrigieren (H in Joule/g; t in °C): $H_t - H_0 = 1{,}451242\,t - 2{,}0399\cdot10^{-5}t^2 - 462{,}840\cdot\log[(t + 273{,}15)/273{,}15]$. Die rostfreien Stähle Nr. **446** bzw. 430 weisen UP zwischen 500 u. 600° bzw. 650 u. 700° auf, die die thermodynam. Daten verändern können: Pb (Douglas u. Dever, C. **1955**, 4767), Mg-Legg. (McDonald u. Stull, C. **1962**, 7428). G. Gattow 151◇

0384 **Thermodynamische Untersuchungen bei tiefen Temperaturen.** 11. Mitt. **Spezifische Wärme des Lithiumhydrids zwischen 3,7 und 295° K. Entropie und Enthalpie bei 298,15° K.** W. N. Kosstrjukow. (J. physik. Chem. [UdSSR] **35**, 1759–62, 1961; russ., Auszug: engl.) — 10. vgl. C. **1962**, 2643. — Die spezif. Wärme c_p von kristallinem LiH wurde von 3,72–295,50° K calorimetr. bestimmt. Die Debye-Temp. beträgt 850 ± 5°. Von 0–40° K gilt das Debye-Gesetz. Die thermodynam. Funktionen wurden ermittelt. Bei 298,15° K ergab sich die Enthalpie $H_T - H_0$ zu 902,18 cal/Grad·Mol. $S_{298{,}15}$ ergab sich zu 4,79 ± 0,005 Entropieeinheiten. M. Wiedemann 151□

0385 **Untersuchung der spezifischen Wärmen von Kaliumchloratlösungen.** E. Tomus und N. Totir. (An. Univ., „C. I. Parhon“, Ser. Ştiinţ. naturii, Chim. **9**, 229–34, 1960; rum.) — Die spezif. Wärme von $KClO_3$-Lsgg. wird über deren ganzes Existenzgebiet bei atmosphär. Druck bestimmt. Ein neu entwickeltes adiabat. Calorimeter hat Temp.-Schwankungen von ± 0,02° u. Best.-Fehler von ± 0,2%. Die spezif. Wärme nimmt mit steigender Konz. der Lsgg. ab, bei niedrigen Temp. stärker. Die Temp.-Abhängigkeit nimmt mit der Konz. zu. In einer Lsg. mit 3,5 Mol-% $KClO_3$ ändern sich die Werte zwischen 60 u. 100° von 0,643 auf 0,683, in einer Lsg. mit 5,0 Mol% zwischen 70 u. 100° von 0,571 auf 0,613 cal/Grad·g. R. K. Müller 151◇

0386 **Molwärmen bei tiefen Temperaturen und Entropien bei 298,15° K von Scandium(III)- und Cer(III)-oxid.** W. W. Weller und E. G. King. (U.S. Dep. Interior, Bur. Mines, Rep. Invest. **1963**, Nr. 6245, 1–6; Berkeley, Calif., Bur. of Mines, Berkeley Thermodyn. Labor.; engl.) — Nach einer von Kelley u. Mitarbeitern [1946] beschriebenen Meth. wurden die Molwärmen von kub. Ce_2O_3 (**I**) u. kub. Sc_2O_3 (**II**) zwischen 50 u. 298° K bestimmt; die Werte sind tabelliert. Für 298,15° K werden angegeben: $C_p = 27{,}44$ (**I**) bzw. 22,52 (**II**) cal/Grad·Mol u. $S^0_{298{,}15} = 36{,}0 \pm 1{,}0$ bzw. 18,4 ± 0,1 cal/Grad·Mol. Die Bldg.-Entropien von **I** bzw. **II** wurden für 298,15° K zu $\Delta S^0_f = -70{,}7$ bzw. $-71{,}5$ cal/Grad Mol u. die Freien Bldg.-Enthalpien zu $\Delta G^0_f = -405{,}9$ bzw. $-426{,}0$ kcal pro Mol berechnet. G. Gattow 151◇

0387 **Wärmeinhalte bei hohen Temperaturen und Entropien von Lutetium(III)-, Dysprosium(III)- und Cer(III)-oxid.** L. B. Pankratz und K. K. Kelley. (U. S. Dep. Interior, Bur. Mines, Rep. Invest. **1963**, Nr. 6248, 1–8; engl.) — Vgl. vorst. Referat. — Mit Hilfe einer früher [1946] ausführlich beschriebenen Meth. wurden die Wärmeinhalte (WI) von kub. Lu_2O_3 (**I**), kub. Dy_2O_3 (**II**) u. hexagonalem Ce_2O_3 (**III**) zwischen 400 u. 1400° K bestimmt; die thermodynam. Daten sind tabelliert. **II** zeigt eine therm. Anomalie ($\alpha \rightleftharpoons \beta$) bei 1550–1590° K, **III** eine langsame Umwandlung beim Tempern auf 1050° K. Die WI (in cal/Mol) u. die Molwärmen (in cal/Grad·Mol) lassen sich durch folgende Gleichungen beschreiben: **I** (Genauigkeit ± 0,1%) $H_T - H_{298{,}15} = 29{,}38\,T + 0{,}88\cdot10^{-3}\,T^2 + 5{,}86\cdot10^5\,T^{-1} - 10803$ u. $C_p = 29{,}38 + 1{,}76\cdot10^{-3}\,T - 5{,}86\cdot10^5\,T^{-2}$; α-**II** (± 0,2) $H_T - H_{298{,}15} = 29{,}35\,T + 1{,}58\cdot10^{-3}\,T^2 + 2{,}02\cdot10^5\,T^{-1} - 9569$ u. $C_p = 29{,}35 + 3{,}16\cdot10^{-3}\,T - 2{,}02\cdot10^5\,T^{-2}$; β-**II** (± 0,2%) $H_T - H_{298{,}15} = 34{,}50\,T - 13420$ u. $C_p = 34{,}50$; α-**III** (± 0,3%) $H_T - H_{298{,}15} = 33{,}26\,T + 1{,}34\cdot10^{-3}\,T^2 + 5{,}88\cdot10^5\,T^{-1} - 12008$ u. $C_p = 33{,}26 + 2{,}68\cdot10^{-3}\,T - 5{,}88\cdot10^5\,T^{-2}$; β-**III** (± 0,2%) $H_T - H_{298{,}15} = 30{,}30\,T + 3{,}86\cdot10^{-3}\,T^2 + 2{,}22\cdot10^5\,T^{-1}$ u. $C_p = 30{,}30 + 7{,}72\cdot10^{-3}\,T - 2{,}22\cdot10^5\,T^{-2}$. Die Umwandlungswärme von **II** beträgt bei 1590° K 220 cal/Mol. G. Gattow 151◇

0388 **Enthalpie und spezifische Wärme des Wolframs im Temperaturgebiet von 0 bis 2400°.** W. A. Kirillin, A. Je. Scheindlin und W. Ja. Tschechowskoi. (Ber. Akad. Wiss. UdSSR **142**, 1323–26, 1962; Labor. für hohe Temp. der Akad. der Wiss. der UdSSR; russ.) — Vff. bestimmten experimentell die Enthalpie u. spezif. Wärme von W (99,95%) im Temp.-Intervall von 0–2400°. Folgende empir. Formeln wurden gefunden: $H_t - H^0_0 = 0{,}03170\,t + 2{,}75\cdot10^{-6}\,t^2 + 8{,}1\cdot10^{-11}\,t^3$, $c_p = 0{,}03170 + 5{,}50\cdot10^{-6}\,t + 2{,}43\cdot10^{-10}\,t^2$, $\mu c_p = 5{,}828 + 10{,}11\cdot10^{-4}\,t + 4{,}47\cdot10^{-8}\,t^2$ [t = Temp. (°C); μc_p = wirkliche atomare spezif. Wärme (cal/g-Atom·Grad)]. H. Matern 151◇

0389 **Temperaturabhängigkeit der latenten Verdampfungswärme.** G. Narsimhan. (J. physic. Chem. **67**, 2238, 1963; Poona, India, Nat. Chem. Labor., Div. of Chem. Engng.; engl.) — Vf. zeigt, daß sich die Temp.-Abhängigkeit der latenten molaren Verdampfungswärme λ_v aus der Eötvösschen Konst. K, dem krit. Vol. v_c (in ml/g-Mol), der krit. Temp. T_c (in °K) u. dem Parachor P berechnen läßt: $\lambda_v = A\,K^{3/8}\,v_c^{5/3}(T_c - T)^{3/8}/[P]^{3/2}$; mit A = 220,3 für normale Fll. u. 350,8 für assoziierte Flüssigkeiten. G. Gattow 155◇

0390 **Thermodynamische und physikalische Eigenschaften von Berylliumverbindungen.** 4. Mitt. **Sublimationswärme und -entropie von Berylliumchlorid.** Michael A. Greenbaum, Robert E. Yates und Milton Farber. (J. physic. Chem. **67**, 1802–05, 1963; Pasadena, Calif., Rocket Power, Inc., Res. Labor.; engl.) — 3. vgl. C. **1963**, 22227. — Mit Hilfe der gravimetr. Effusions-Meth. (GE) u. der Torsions-Effusions-Meth. (TE) wurden die Dampfdrücke von festem $BeCl_2$ (**I**) zwischen 440 u. 600° K bestimmt; sie lassen sich durch nachst. Gleichungen beschreiben (p in atm, T in ° K): $\log p = -(7200 \pm 90)/T + (9{,}39 \pm 0{,}20)$ nach der GE u. $\log p = -(7260 \pm 90)/T + (9{,}39 \pm 0{,}18)$ nach der TE. Die mittlere Sublimationswärme u. Sublimationsentropie von **I** betragen $\Delta H_s = 32{,}9 \pm 0{,}4$ kcal/Mol u. $\Delta S_s = 42{,}7 \pm 1{,}4$ cal/Grad·Mol; für 298° K folgt $\Delta H_s = 33{,}1 \pm 0{,}5$ kcal/Mol u. $\Delta S_s = 43{,}2 \pm 1{,}5$ cal/Grad·Mol. Im Dampf des **I** sind ca. 1,5% zu Be_2Cl_4 dimerisiert. G. Gattow 155◇

0391 **Dampfdruck und Thermodynamik der Verdampfung von Calciumchlorid.** D. L. Hildenbrand und N. D. Potter. (J. physic. Chem. **67**, 2231–32, 1963; Newport Beach, Calif., Ford Motor Comp., Aeronutronic Div., Res. Labor.; engl.) — Nach der Torsions-Effusions-Meth. (Zelle aus Graphit) wurden die Dampfdrücke von $CaCl_2$ (**I**) zwischen 1142 u. 1228° K bestimmt (in atm): $\log P = 6{,}339 - 13568/T$. Die Verdampfungswärme von **I** beträgt bei 298° K $\Delta H = 73{,}3 \pm 0{,}1$ kcal/Mol; der Kp. wurde zu 2280 ± 80° K extrapoliert. Unter Verw. bekannter Literaturwerte konnte die Bldg.-Wärme von gasförmigem **I** bei 298° K zu $\Delta H_f = -116{,}7$ kcal/Mol berechnet werden. Im Gaszustand liegt monomeres **I** vor. G. Gattow 155◇

0392 **Messung des Dampfdruckes von Thallium durch die Methode der radioaktiven Indicatoren.** L. Ch. Genow, An. N. Nessmejanow und Ju. A. Prisselkow. (Ber. Akad. Wiss. UdSSR **140**, 159–61, 1961; Moskau, Lomonossow-Univ.; Sofia, Chem.-technol. Inst.; russ.) — Der Dampfdruck u. der Verdampfungs-Koeff. von fl. u. festem Tl wurde im Bereich 519–924° K nach der Effusions-Meth. von Knudsen u. nach der Meth. von Langmuir unter Verw. von ^{204}Tl gemessen. Es ergab sich $\log P[\mathrm{Torr}] = 8{,}0871 - 8899{,}4/T$. Der Kondens.-Koeff. ist im fl. wie festen Zustand nahezu = 1.

Das Metall wurde sorgfältig von Tl_2O gereinigt. Die Verdampfungswärme beträgt im Mittel im genannten Temp.-Intervall $\varDelta H_T = 40{,}72$ kcal/Mol. Für $\varDelta H_0^0$ ergab sich ein Mittelwert von $43{,}12 \pm 0{,}27$ kcal/Mol u. für die Sublimationswärme bei 0^0 K 42,79 kcal/Mol. M. Wiedemann 155□

0393 **Dampfdrücke von Platinmetallen.** 3. Mitt. **Iridium und Ruthenium.** Robert C. Paule und John L. Margrave. (J. physic. Chem. **67**, 1896–97, 1963; Madison, Wis., Univ. of Wisconsin, Dep. of Chem.; engl.) — Mit Hilfe einer früher ausführlich beschriebenen App. (C. **1961**, 3236) wurden unter Nichteinhaltung der idealen Langmuir-Bedingungen die Dampfdrücke von krist. Ir (99,5%) u. krist. Ru (99,8%) im Temp.-Bereich von 2140–2477 u. 2011 bis 2330^0 K bestimmt (p in Torr): $\log P = 10{,}120 - 33680/T$ u. $\log P = 11{,}200 - 33600/T$. Die Kpp. u. Sublimationswärmen von Ir bzw. Ru betragen ca. 4850 ± 100 bzw. 4350 ± 100^0 K u. $\varDelta H_s^{298} = 160{,}9 \pm 2{,}8$ bzw. $151{,}5 \pm 4$ kcal/Mol. G. Gattow 155◇

0394 **Eine dynamische Methode zur Messung von Dissoziationsdrücken.** M. R. Lorenz und G. J. Janz. (J. chem. Educat. **40**, 611–12, 1963; Troy, N.Y., Rensselaer Polytechn. Inst.; engl.) — Die Meth. beruht auf der Thermogravimetrie in kontrollierter Atmosphäre u. liefert Gleichgewichtswerte (Messungen an $CaCO_3$, Li_2CO_3 u. Na_2CO_3). A. Blaschette 156◇

0395 **Löslichkeit von Gasen in Flüssigkeiten.** Robert A. Pierotti. (J. physic. Chem. **67**, 1840–45, 1963; Atlanta, Ga., Georgia Inst. of Technol.; engl.) — Unter Zugrundelegung der Theorie von Reiss u. Mitarbeitern (C. **1960**, 4110, 16668; **1961**, 15302) entwickelt Vf. eine Meth., mit der sich die Löslichkeiten, Lsg.-Wärmen u. die partiellen molaren Voll. einfacher Gase in unpolaren Lsgm. berechnen lassen. Die Ermittlung der entsprechenden Daten für Lsgg. von He, Ne, Ar, Kr, Xe, N_2, H_2, D_2 u. CH_4 in Bzl., CCl_4 bei 298^0 K u. fl. Ar bei 87^0 K ergaben sehr gute Übereinstimmung mit den experimentellen Werten. G. Gattow 156◇

0396 **Starke Wasserstoffbindungen.** 1. Mitt. **Die Systeme Halogenid–Halogenwasserstoff.** Darl H. McDaniel und R. E. Valleé. (Inorg. Chem. [Washington] **2**, 996–1001, 1963; Cincinnati, Ohio, Univ. of Cincinnati, Chem. Dep.; engl.) — Sowohl durch Ermittlung der Gleichgewichtsdiagramme (GD) Druck–Zus. bei verschiedenen Temp. (Isothermen), als auch durch direkte Best. der Rk.-Wärmen in einem Eiscalorimeter wurden die Teil-Syst. von HX (mit X = Cl, Br, J) mit nachst. Verbb. untersucht: $(CH_3)_4NCl$ (**I**), **I**·0,5 HCl, **I**·1 HCl, **I**·4 HCl, **I**·5 HCl, $(C_2H_5)_4NCl$ (**II**), **II**·HCl, $(CH_3)_4NBr$, $(CH_3)_4NJ$, $(C_2H_5)_4NBr$, $(C_2H_5)_4NJ$, $(n\text{-}C_4H_9)_4NCl$, $(n\text{-}C_4H_9)_4NBr$, $(n\text{-}C_4H_9)_4NJ$, CsCl, CsCl·0,75 HCl u. $[Si(acac)_3]Cl$ (acac = Acetylacetonatgruppe). Die Werte sind tabelliert, die GD z. T. graph. wiedergegeben. Aus den ermittelten Daten wurden die Wasserstoffbindungsenergien für $ClHCl^-$ zu **14,2**, $BrHCl^-$ zu 9,1, $BrHBr^-$ zu 12,8 u. JHJ^- zu 12,4 kcal/Mol berechnet. Einige GD zeigen die Existenz mehrerer Verbb. des Typs $X(HX)_n^-$ an. G. Gattow 156◇

0397 **Lösungswärme von wasserfreiem Natriumjodat, dessen Monohydrat und Pentahydrat.** I. G. Murgulescu und Emil Tomus. (An. Univ. „C. I. Parhon", Ser. Ştiinţ. naturii, Chim. **9**, 213–20, 1960; rum.) — $NaJO_3$, $NaJO_3 \cdot H_2O$ u. $NaJO_3 \cdot 5\,H_2O$ lösen sich in W. endotherm. Die bei 25^0 bestimmten, auf unendliche Verdünnung extrapolierten Lsg.-Wärmen betragen **4900, 7600** bzw. **14730** cal/Mol, die daraus berechneten Bldg.-Wärmen der Hydrate -2700 bzw. -9830 cal/Mol, die Gitterenergien -205700, -218970 bzw. -268380 cal, die Bldg.-Wärmen aus den Elementen bei 298^0 K u. 1 at -117100, -188300 bzw. -468900 cal. Die Kurven der Lsg.-Wärmen in Abhängigkeit von der Konz. decken sich bei Verschiebung entlang der Ordinate. R. K. Müller 156◇

0398 **Gleichgewichtsdrücke des Systems Th_2Al–Wasserstoff.** J. H. N. van Vucht. (Philips Res. Rep. **18**, 1–20, 1963; Eindhoven, TU; engl.) — Vgl. C. **1964**, **19-0543**. — In einer beschriebenen App. wurden Gleichgewichtsdrücke p_{H_2} des im Gettermetall Th_2Al gelösten Wasserstoffs bei $50-500^0$ gemessen u. daraus thermodynam. Größen berechnet. Diese lassen einen Vgl. der Stabilität dieses Syst. mit anderen Getterhydriden zu. Die Isotherme p = f(x), x = Konz. an H-Atomen pro Th_8Al_4-Elementarzelle, hat bei 225^0 u. einer Zus. $\sim Th_8Al_4H_5$, $\sim Th_8Al_4H_9$ u. $\sim Th_8Al_4H_{13}$ 3 Wendepunkte, die bei $Th_8Al_4H_5$ u. $Th_8Al_4H_{13}$ als Hinweise auf einen konst. H_2-Druckbereich anzusehen sind, u. eine Phasentrennung im Syst. andeuten. Der Einbau von Ce an Stelle von Th erhöht die Stabilität der Hydride u. ist der Grund einer Isotherme mit einem konst. Druckbereich. W. Pruss 156◇

0399 **Zusammensetzung, Zersetzungsdruck und thermodynamische Stabilität von Nb_3Ge.** John H. Carpenter. (J. physic. Chem. **67**, 2141–44, 1963; Livermore, Calif., Univ. of California, Lawrence Rad. Labor.; engl.) — Vf. weist röntgenograph. nach, daß Nb_3Ge bei 1600^0 einen Löslichkeitsbereich im festen Zustand besitzt, der von $NbGe_{0,22\pm0,01}$ (**I**) bis $NbGe_{0,15\pm0,01}$ (**II**) reicht. Die kub. Gitter-Konst. wurden zu a = 5,167 (**I**) u. 5,177 (**II**) $\pm 0{,}002$ Å bestimmt; die Röntgendichten betragen für Z = 2 D_R 8,58 u. 8,64 g/cm³. Aus den nach der Knudsen-Meth. bei 1883, 1955 u. 2025^0 K bestimmten Zers.-Drücken folgt für die Rk. 6,67 $NbGe_{0,15}$(fest) $\rightarrow$ 6,67 Nb(fest) + Ge(Gas) bei 298^0 K eine Enthalpie von $\varDelta H = 116{,}6 \pm 3$ kcal. Unter Zugrundelegung der Sublimationswärme von Ge ($90{,}0 \pm 1{,}0$ kcal/Mol) errechnet sich die Bldg.-Enthalpie von 1/0,15 **II** zu $\varDelta H_{298}^0 = -26{,}6 \pm 3$ kcal/Mol. G. Gattow 156◇

0400 **Zersetzungsdrücke von α- und β-Nb_5Ge_3 und die thermodynamische Stabilität von $NbGe_2$.** John H. Carpenter und Alan W. Searcy. (J. physic. Chem. **67**, 2144 bis 2147, 1963; Berkeley, Calif., Univ. of California, Dep. of Mineral. Technol.; West Lafayette, Ind., Purdue Univ., Dep. of Chem.; engl.) — Vgl. vorst. Referat. — Mit Hilfe der Knudsenschen Effusions-Meth. wurden die Zers.-Drücke von tetragonalem α-Nb_5Ge_3 (**I**; Zus.: $NbGe_{0,54}$) zwischen 1923 u. 2196^0 K bestimmt; die Ge-Dampfdrücke (in atm) über **I** lassen sich durch die Gleichung $\log p = (8{,}082 \pm 0{,}388) - (2{,}786 \pm 0{,}080) \cdot 10^4/T$ beschreiben. Die Rk.-Enthalpie u. -Entropie betragen bei 298^0 K für 3,12 $NbGe_{0,54}$ (fest) $\rightarrow$ 3,12 $NbGe_{0,22}$ (fest) + Ge (Gas) $\varDelta H^0 = 122{,}3 \pm 3$ kcal u. $\varDelta S^0 = 36{,}8 \pm 2$ cal/Grad. Die Bldg.-Enthalpie (BE) aus den Elementen wurde für 1/0,54 $NbGe_{0,54}$ zu $\varDelta H_{298}^0 = -27{,}1 \pm 2$ kcal berechnet. Analoge Messungen an hexagonalem β-Nb_5Ge_3 (Zus.: $NbGe_{0,67}$) bei 1757^0 K lieferten für die Rk. 7,69 $NbGe_{0,67}$ (fest) $\rightarrow$ 7,69 $NbGe_{0,54}$ (fest) + Ge (Gas) bei 298^0 K $\varDelta H^0 = 95{,}7 \pm 3$ kcal u. für die BE von 1/0,67 Nb·$Ge_{0,67}$ $\varDelta H_{298}^0 = -22{,}9 \pm 2$ kcal. Unter Zugrundelegung bekannter thermodynam. Daten konnte die BE von hexagonalem 1/2 $NbGe_2$, das bei 1756 ± 15^0 K disproportioniert, zu $\varDelta H_{298}^0 = -10{,}4 \pm 2$ kcal ermittelt werden. G. Gattow 156◇

0401 **Immersionswärme von Urandioxid in Wasser.** D. Kolar. (Croat. chem. Acta **35**, 123–27, 1963; Ljubljana, Yugoslavia, Nucl. Inst. „J. Stefan"; engl.) — Vf. bestimmte calorimetr. die Benetzungswärme (BW) von Uranoxiden bestimmter Korngröße als Funktion der Zusammensetzung. Für stöchiometr. UO_2 beträgt die integrale BW bei 25^0 490 erg/cm² (± 7%). Die BW (h_i in erg/cm²) lassen sich in Abhängigkeit vom O/U-Verhältnis (= n) für $2{,}00 < n < 2{,}06$ durch die Beziehung $h_i = 448n - 405 \pm 10$ beschreiben. Für den Zusammenhang zwischen BW ($\varDelta H_i$ in cal/g), Zus. n u. spezif. Oberfläche S (in m²/g) folgt $S = 4{,}183\,\varDelta H_i/(448n - 405 \pm 10)$. G. Gattow 156◇

0402 **Die Bildungswärmen von Pu^{3+}(aq), $PuCl_3$ (krist.), PuOCl (krist.), Am^{3+}(aq), $AmCl_3$ (krist.) und AmOCl (krist.).** J. Fuger und B. B. Cunningham. (J. inorg. nuclear Chem. **25**, 1423–29, 1963; Berkeley, Calif., Univ. of California, Lawrence Rad. Labor.; engl.) — Mit Hilfe eines verbesserten Westrum-Robinson-Mikrocalorimeters wurden die Bldg.-Wärmen von Pu^{3+}(aq), $PuCl_3$(krist.), PuOCl (krist.), Am^{3+}(aq), $AmCl_3$ (krist.) u. AmOCl (krist.) bestimmt, wobei die Gitterenergie durch Verw. von Substanzen definierten Kristallisationszustandes berücksichtigt wurde. Folgende Lsg.-Wärmen wurden gemessen: α-Pu in 1,5m HCl: $\varDelta H_{298,3} = -138{,}65 \pm 0{,}7$ kcal/Mol, α-Pu in 6m HCl: $\varDelta H_{298,3} = -138{,}90 \pm 0{,}9$ kcal/Mol, $PuCl_3$ (krist.) in 0,001m $HClO_4$ + 0,099m NH_4ClO_4: $\varDelta H_{298,3} = -31{,}60 \pm 0{,}35$ kcal/Mol, $AmCl_3$ (krist.) in 1,5m HCl: $\varDelta H_{298,4} = -30{,}60 \pm 0{,}25$ kcal/Mol u. $AmCl_3$ (krist.) in 10^{-3}m HCl: $\varDelta H_{298,4} = -33{,}36 \pm 0{,}25$ kcal/Mol. In Verbindung mit anderen thermodynam. Daten ergeben sich dann folgende Werte in kcal/Mol für die Bldg.-Enthalpie $\varDelta H_{298}^0$: Pu^{3+} (aq) = $-138{,}6 \pm 0{,}7$; $PuCl_3$ (krist.) = $-226{,}8 \pm 0{,}7$;

PuOCl (krist.) = −219,7 ± 1; Am^{3+} (aq) = −162,4 ± 3; $AmCl_3$ (krist.) = −249,2 ± 3; AmOCl (krist.) = −227,6 ± 3. F. Weigel 156◇

0403 **Freie Bildungsenergie des Mangancarbids $Mn_{23}C_6$.** W. I. Alexejew und L. A. Schwarzman. (Ber. Akad. Wiss. UdSSR **141**, 346—48, 1 Tafel, 1961; Zentrales wiss. Bardin-Inst. für Metallurg.; russ.) — Das Gleichgewicht des Syst. $Mn_{23}C_6$–H_2–Mn–CH_4 wurde nach der Zirkulations-Meth. (C. **1962**, 2658) untersucht. Röntgenograph. wurden vor u. nach den Verss. zwei Phasen $Mn_{23}C_6$ u. Mn nachgewiesen. $K_p = P(CH_4)/P^2(H_2)$ der Rk. 1/6 $Mn_{23}C_6$ (fest) + 2 H_2(Gas) = 23/6 Mn (fest) + CH_4 (Gas) beträgt log K_p (923—1173° K) = (4000 ± 380)/T − (6,45 ± 0,45); $\Delta G^0_{923-1173°K}$ = −(18300 ± 1700) + (29,51 ± 20)·T (1). Durch Kombination von (1) mit der Gleichung für die freie Bldg.-Energie von CH_4 aus C u. H_2 ergibt sich für die Rk. 23/6 Mn (fest) + C (Graphit) = 1/6 $Mn_{23}C_6$ (fest) $\Delta G^0_{923-1173\,°K}$ = −3300 (± 1700) − 3,35·(± 2,0)·T. Die Bldg.-Energie für $Mn_{23}C_6$ beträgt −3300 cal. H. Matern 156◇

0404 **Gleichgewicht der Reduktionsreaktion von Eisenorthosilicat mit Kohlenmonoxid bei Temperaturen von 850 bis 1150°.** B. G. Lebedew und W. A. Lewitzki. (J. physik. Chem. [UdSSR] **36**, 630—32, 1962; Moskau, Lomonossow-Univ. u. Stahl-Inst.; russ.) — Vff. bestimmen für den Temp.-Bereich 850—1150° $K_p = p[CO_2]/p[CO]$ für die Rk. 0,5 Fe_2SiO_4 + CO → Fe + 0,5 SiO_2 + CO_2 u. finden, daß sich die Gleichgewichts-Zus. des Gasgemisches nur wenig mit der Temp. ändert (log K_p = (58/T) − 0,841). Die entsprechenden thermodynam. Funktionen der Rkk. 2 FeO + SiO_2 → Fe_2SiO_4 (I); 2 Fe + SiO_2 + O_2 → Fe_2SiO_4 (II) u. 2 Fe + Si + 2 O_2 → Fe_2SiO_4 (III) wurden berechnet: **I:** ΔH^0_{298} = −10,3 (kcal/Mol), ΔG^0_{298} = −9,1; **II:** ΔH^0_{298} = −138,3, ΔG^0_{298} = −127,4; **III:** ΔH^0_{298} = −343,7, ΔG^0_{298} = −319,8. W.-D. Heußner 156◇

0405 **Berechnung der Pseudo-Gitterenergien und Abschätzung der Bindungsenergien Metall–Ligand einiger tetraedrischer Tetrachlorometallat(II)-Komplexe.** A. B. Blake und F. A. Cotton. (Inorg. Chem. [Washington] **2**, 906—11, 1963; Cambridge, Mass., MIT, Dep. of Chem.; engl.) — Mit Hilfe eines thermodynam. Kreisprozesses wurden die Pseudo-Gitterenergien (PG; Bldg. der kristallinen Verbb. aus dem gasförmigen Komplexion) nachst. Verbb. berechnet: Cs_2CoCl_4 **(I)** ΔH_L = 329 ± 2 kcal/Mol; Cs_2CuCl_4 **(II)** 333 ± 2; Cs_2ZnCl_4 **(III)** 329 ± 2. Die direkte Ermittlung der PG von **I, II, III** u. Cs_3CoCl_5 erfolgte als Funktion der Ladungsverteilung im komplexen Anion aus der Summe von Madelung-, Abstoßungs-, Attraktions- (van der Waals u. London) u. Nullpunktsenergie; die Berechnung der einzelnen Glieder wird ausführlich mitgeteilt, die Werte sind tabelliert. Über die Beziehungen zwischen Komplexbldg.-Energie u. der Ligandenfeldstabilisierung bzw. dem Bindungscharakter wird diskutiert. G. Gattow 156◇

0406 **Über die Werte des isobar–isothermen Potentials und des Aktivitätsproduktes von $Ni(OH)_4$.** Ss. I. Ssobol. (J. allg. Chem. [UdSSR] **31** (**93**), 372—74, 1961; Moskau, Forsch.-Inst. für Buntmetalle; russ.) — Für die Bldg. von $Ni(OH)_4$ nach der Rk. Ni^{2+} + 4 H_2O → $Ni(OH)_4$ + 4 H^+ + 2e wurde das isobar-isotherme Potential (die Freie Bldg.-Energie) ΔZ^0 zu 91,5 ± 2,5 kcal/Mol berechnet. Daraus ergibt sich für die Freie Bldg.-Energie aus den Elementen −329,79 ± 2,50 kcal/Mol. Eine orientierende Berechnung gab für das Aktivitäts-Prod. des $Ni(OH)_4$ den Wert L = 10^{-132}—10^{-205}. Helmut Schäfer 156

0407 **Thermodynamische Eigenschaften von Ceroxiden.** F. A. Kusnetzow, W. I. Bely, T. N. Resuchina und Ja. I. Gerassimow. (Ber. Akad. Wiss. UdSSR **139**, 1405—08, 1961; Moskau, Lomonossow-Univ.; russ.) — Durch EMK-Messungen an der Zelle CeO_x (2 > x > 1,5)/ThO_2–La_2O_3-Mischkristall (elektrolyt. leitfähig)/Fe + Wüstit u. durch Best. der Gleichgewichts-Konst. bei der Red. der Oxide mit H_2 im Temp.-Intervall von 973—1282 °K wurden für Ce_2O_3 bzw. CeO_2 folgende Werte ermittelt: ΔG^0_{298} (kcal/Mol) −412,3; −245,1. ΔH^0_{298} (kcal/Mol) −435,0; −260,2. S^0_{298} (Entropieeinheiten) 30,8; 14,9. Gleichungen für die Temp.-Abhängigkeit der thermodynam. Werte werden angegeben. H. Matern 156◇

0408 **Thermodynamische Eigenschaften der Ag–Bi-Schmelzen.** A. A. Wetscher und Ja. I. Gerassimow. (Ber. Akad. Wiss. UdSSR **141**, 381—83, 1961; russ.) — Vgl. vorst. Referat. — Durch EMK-Messungen an der Kette Ag^+/(in AgJ + NaJ + KJ-Schmelze)/Ag–Bi (fl. Leg.) wurden die thermodynam. Eigg. des Syst. Ag–Bi in Abhängigkeit von der Temp. (650—850°) u. der Zus. bestimmt. Die Aktivitäts-Koeff. sowie die partiellen u. integralen Entropien, Enthalpien u. Freien Enthalpien für 1000° K werden tabellar. angegeben. Bei geringen Mengen Ag in den Legg. wird eine positive u. > 45 Atom-% Ag eine negative Abweichung vom Raoultschen Gesetz beobachtet. H. Matern 156◇

0409 **Thermodynamik von Wolframoxiden wechselnder Zusammensetzung.** R. F. Kssenofontowa, I. A. Wassiljewa und Ja. I. Gerassimow. (Ber. Akad. Wiss. UdSSR **143**, 1105—07, 1962; russ.) — Vgl. vorst. Referate. — Es wurde die EMK des Elements Mo, WO_x | Elektrolyt mit Anionenleitfähigkeit | Fe, $Fe_{0.947}O$, Mo (x = 2,707—2,976) im Temp.-Intervall von 900—1000° K gemessen. ΔG_0, der Rk. 2/δ $WO_{x+\delta}$ = 2/δ WO_x + O_2 verändert sich geradlinig mit der Temperatur. Die Resultate zeigen, daß bei 850—900° K u. x = 2,89—2,72 ein Zweiphasengebiet existiert. Bei steigender Temp. verkleinert sich das Zweiphasengebiet, u. über 1000° K wandelt es sich in ein Einphasengebiet um. Bei x = 2,97—2,89 u. x = 2,75—2,70 existieren homogene nichtstöchiometr. Phasen. H. Matern 156◇

0410 **Untersuchung der thermodynamischen Eigenschaften binärer Metallsysteme nach der EMK-Methode.** 9. Mitt. **Feste Lösungen von Kupfer mit Palladium.** A. A. Wetscher und Ja. I. Gerassimow. (J. physik. Chem. [UdSSR] **37**, 739—45, 1963; Moskau, Lomonossow-Univ.; Abt. für Festkörperphys. u. Halbleiter der Akad. der Wiss. der BelorussSSR; russ., Auszug: engl.) — 7. vgl. J. physik. Chem. [UdSSR] **35**, [1961], 1578; 4. vgl. C. **1963**, 4255; vgl. vorst. Referate. — Unter Verw. von EMK-Messungen an der Kette Cu (fest) | Cu^+ (in KJ–NaJ–CuJ-Schmelze | Cu–Pd (Leg.) werden die partiellen u. integralen Entropien, Enthalpien, Exzeßentropien u. Freien Exzeßenthalpien der Legg. ermittelt. Sie werden für T = 1000° K u. Cu-Molenbrüche von 0—1,0 tabellar. angegeben. Bei tieferen Temp. stimmen die Ergebnisse mit der Ggw. von Überstrukturen in den Legg. überein. Es wird versucht, den Elektronenaustausch zwischen den Komponenten mit dem in Cu–Pt-Legg. zu vergleichen. H. Roschkowski 156◇

0411 **Spektrophotometrische Untersuchungen von laminaren Flammen.** 1. Mitt. **Das Abklingen der Radikalstrahlung.** E. T. Child und K. Wohl. (VIIth. Sympos. [int.] Combust., London and Oxford **1958**, 215—20, 1959; engl.) — An stöchiometr. *Butan–Luft*-Flammen wird das Abklingen der Strahlung der Radikale C_2, *CH*, *CHO*, *OH* sowie von CO_2 (Kontinuum) photometr. untersucht. Aus den Ergebnissen werden Schlüsse auf die Rk.-Kinetik gezogen. H. Roschkowski 157◇

0412 **Spektrophotometrische Untersuchungen von laminaren Flammen.** 2. Mitt. **Die Flammenfront.** R. Kushida und K. Wohl. (VIIth Sympos. [int.] Combust., London and Oxford **1958**, 221—28, 1959; engl.) — 1. vgl. vorst. Referat. — Fortsetzung der l. c. beschriebenen Verss. unter besonderer Berücksichtigung der Rkk. in der Flammenfront. H. Roschkowski 157◇

0413 **Identifizierung von Ionen in Flammen.** J. Deckers und A. van Tiggelen. (VIIth Sympos. [int.] Combust., London and Oxford **1958**, 254—55, 1959; engl.) — Vgl. C. **1962**, 16938. — Vff. beschreiben die Verw. eines Massenspektrometers in Verbindung mit einer früher (Combust. and Flame **1**, [1957], 281) beschriebenen Entnahme-App. für Ionen aus der Flammenfront zur Identifizierung der Ionen in Flammen am Beispiel von N_2—C_2H_2—O_2-Flammen, (75:8,75:16,25%). Beobachtet werden die Ionen H_3O^+, H_2O^+, CO^+ u. NO^+. In H_2—N_2O—N_2-Flammen tritt nur NO^+ schwach auf. H. Roschkowski 157◇

0414 **Ionenverteilung in Niederdruckflammen.** T. Kinbara, J. Nakamura und H. Ikegami. (VIIth Sympos. [int.] Combust., London and Oxford **1958**, 263—68, 1959; engl.) — Vff. beschreiben eine Meth. zur Best. der Ionen-Konz. in Flammen mit Hilfe feiner Drahtsonden, die in das aus positiven Ionen u. Elektronen bestehende Flammenplasma u. zum Potential-Vgl. in das umgebende Gas eingeführt werden. Einige Verss. an C_3H_8–Luft-Flammen werden beschrieben. H. Roschkowski 157◇

0415 **Der vorherrschende Prozeß der Elektronenabnahme im Mantel einer Acetylen–Luft-Flamme.** H. Williams.

(VIIth Sympos. [int.] Combust., London and Oxford **1958**, 269—76, 1959; engl.) — Vf. beschreibt eine App., in der mit Hilfe eines in Eigenresonanz stehenden Stromkreises die Abnahme der Exzeßionisation mit der Entfernung von der Rk.-Zone einer Flamme aus der vom Rk.-Gemisch erzeugten Resonanzdämpfung bestimmt werden kann. Die einleitenden Vers.-Ergebnisse an Acetylen–Luft-Flammen zeigen, daß der Elektroneneinfangsprozeß durch ein neutrales Mol. unter Bldg. eines negativen Ions vorzuherrschen scheint. Die Einfangswahrscheinlichkeit für einen Einzelstoß wird ermittelt. H. Roschkowski 157◇

0416 **Zusammensetzungsquerschnitte bei gekrümmten laminaren Flammenfronten.** G. H. Markstein. (VIIth Sympos. [int.] Combust., London and Oxford **1958**, 289—95, 1959; engl.) — Mit Hilfe von dünnen Quarzhohlsonden wurden Proben aus verschiedenen Stellen von brennstoffreichen Propan–Luft-Flammen entnommen u. gaschromatograph. auf ihren Geh. an H_2, N_2, CO, CH_4, O_2, CO_2, C_2H_6, C_2H_4, C_2H_2, C_3H_8, C_3H_6 u. H_2O untersucht, wobei als Füllkörper Molekularsieb 5A bzw. Silicagel + 1% Octoil S bzw. 30%ig. 2-Aminobiphenyl auf Ziegelsteinunterlage u. als Trägergas N_2, H_2 oder He verwendet wurden. Die Zus.-Querschnitte werden graph. angegeben. H. Roschkowski 157◇

0417 **Optische Flammenstrukturuntersuchungen: Einige Schlüsse hinsichtlich der Fortpflanzung flacher Flammen.** A. Levy und F. J. Weinberg. (VIIth Sympos. [int.] Combust., London and Oxford **1958**, 296—303, 1959; engl.) — Vgl. C. **1963**, 2733. — Übersicht über Unterss. der Struktur laminarer Flammen am Beispiel von Äthylen–Luft-Gemischen unter Verw. opt. Meth., die zur Klärung des Mechanismus u. der chem. Kinetik der Flammenfortpflanzung dienen sollen. — 18 Literaturangaben. H. Roschkowski 157◇

0418 **Massenanalyse von Flammen und Abgasen.** E. A. Bunt. (VIIth Sympos. [int.] Combust., London and Oxford **1958**, 325—31, 1959; engl.) — Es wird ein Verf. zur massenspektroskop. Unters. von Flammen u. Abgasen kurz beschrieben. Einige Verss. an Acetylen–Luft- u. Leuchtgas–Luft-Gemischen werden zusammengestellt. H. Roschkowski 157◇

0419 **Abweichung von der kinetischen Gleichgewichtsnäherung in einer Flamme mit freien Radikalen.** E. S. Campbell, J. O. Hirschfelder und L. M. Schalit. (VIIth Sympos. [int.] Combust., London and Oxford **1958**, 332—38, 1959; engl.) — Theoret. Untersuchung. H. Roschkowski 157◇

0420 **Eine Funktionsgleichung für die laminare Flamme.** G. Rosen. (VIIth Sympos. [int.] Combust., London and Oxford **1958**, 339—41, 1959; engl.) — Ableitung von Gleichungen für die laminare Flamme. H. Roschkowski 157◇

0421 **Exzeßenthalpie und die Zündung und Stabilität von Verbrennungswellen.** G. von Elbe und B. Lewis. (VIIth Sympos. [int.] Combust., London and Oxford **1958**, 342—46, 1959; engl.) — Übersicht über neuere theoret. u. experimentelle Ergebnisse an Hand von 9 Literaturangaben. H. Roschkowski 157◇

0422 **Bestimmung der Reaktionsordnung in der Wasserstoff–Brom-Flamme aus der Druckabhängigkeit des Auslöschdurchmessers.** A. E. Potter jun. und E. Anagnostou. (VIIth Sympos. [int.] Combust., London and Oxford **1958**, 347—51, 1959; engl.) — Ein Verf. u. eine App. zur Best. des Auslöschdurchmessers von H_2–Br-Flammen werden beschrieben. Aus der bestimmten Druckabhängigkeit dieses Durchmessers wird für die Gesamt-Rk.-Ordnung der Wert 1,5 gefunden. Bromreiche Flammen weichen unter besonderen Vers.-Bedingungen auf Grund von Konvektionserscheinungen von den Ergebnissen ab. H. Roschkowski 157◇

0423 **Flammenfortpflanzung in Zweiphasengemischen.** I. N. Sundukov und A. S. Predvoditelev. (VIIth Sympos. [int.] Combust., London and Oxford **1958**, 352—57, 1959; engl.) — Vff. entwickeln eine Theorie der Verbrennung in Zweiphasengemischen, die entstehen, wenn ein fl. Brennstoff einer Verbrennungskammer derart zugeführt wird, daß die Brennstofftröpfchen nicht genügend Zeit zur völligen Verdampfung besitzen. Eine App. für derartige experimentelle Unterss. wird beschrieben. H. Roschkowski 157◇

0424 **Verallgemeinertes Flammenstabilitätsdiagramm zur Vorhersage der gegenseitigen Austauschbarkeit von Gasen.** D. W. van Krevelen und H. A. G. Chermin. (VIIth Sympos. [int.] Combust., London and Oxford **1958**, 358—68, 1959; engl.) H. Roschkowski 157◇

0425 **Der Vertikalröhrenreaktor — ein Werkzeug zur Untersuchung von Flammenvorgängen.** K. G. Williams, J. E. Johnson und H. W. Carhart. (VIIth Sympos. [int.] Combust., London and Oxford **1958**, 392—98, 1959; engl.) — Beschreibung eines Verf. zur Beobachtung verschiedener Flammenformen u. -stadien in einem senkrecht stehenden Rohrreaktor u. einiger Verss. unter Verw. von n-Hexan, 2-Methylpentan, 3-Methylpentan, Hexen-1 u. Cyclohexan als Brennstoff. H. Roschkowski 157◇

0426 **Experimentelle Temperaturgradienten in brennenden Tropfen.** A. R. Hall. (VIIth Sympos. [int.] Combust., London and Oxford **1958**, 399—406, 1959; engl.) — Mit Hilfe dünner Thermopaare werden Temp.-Messungen innerhalb von brennenden Tetralin- u. Decantropfen durchgeführt. Zwischen der Brenn-Geschw. u. der in den Tropfen überführten Wärme wird eine Beziehung aufgestellt. H. Roschkowski 157◇

0427 **Messungen von schwankenden Flammentemperaturen.** Masanaga Kunugi und Hiroshi Jinno. (VIIth Sympos. [int.] Combust., London and Oxford **1958**, 942—48, 1959; engl.) — Ein Verf. zur Best. der Flammen-Temp. mit Hilfe von Wärmepaaren wird beschrieben. Einige Verss. mit Leuchtgas als Brennstoff werden angeführt. H. Roschkowski 157◇

0428 **Eindimensionale Fortpflanzung der laminaren Flamme mit verteilten Wärmeverlusten. Theorie der dünnen Flamme.** J. Adler. (Combust. and Flame **7**, 39—49, 1963; London, Imp. Coll. of Sci. and Technol.; engl.) H. Roschkowski 157◇

0429 **Gleichungen zur Bestimmung der Brenngeschwindigkeit in einem sphärischen Behälter mit konstantem Volumen.** C. J. Rallis und G. E. B. Tremeer. (Combust. and Flame **7**, 51—61, 1963; Johannesburg, South Africa, Univ. of Witwatersrand, Dep. of Mechan. Engng.; engl.) — Vff. weisen nach, daß viele bisher bekannte Gleichungen Spezialfälle von zwei Grundformen darstellen u. schlagen eine neue Gleichung vor. H. Roschkowski 157◇

A₅. Kolloidchemie, Grenzschichtforschung

0430 **Untersuchung der Aluminiumoxidhydrat-Hydrosole. 5. Mitt. Versuch zur Anwendung der Thermographie zur Untersuchung des thixotropen Al_2O_3-Gels.** P. W. Rufimski. (Kolloid-J. [UdSSR] **21**, 351—56, 1959; Kasan, Uljanow-Lenin-Univ., Labor. für Anorg. Chem.; russ., Auszug: engl.) — 4. vgl. Kolloid-J. [UdSSR] **20**, [1958], 739. — Die thermograph. Unterss. von Al_2O_3-Gelproben lassen vermuten, daß bei 140° das Capillarwasser abgeschieden wird. Bei 230° findet Zerstörung der Hydrathülle der Micellen statt, bei 420° Abgabe des kerngebundenen konstitutionellen W.; bei 500° Zerfall u. Zerstörung der Gegenionen der Micelle. Kurt Winkler 162◇

0431 **Über die Inhomogenität der Struktur von Silicagel.** A. Je. Agronomow, W. W. Patrikejew und A. P. Rudenko. (Nachr. Moskauer Univ., Ser. Math., Mechan., Astronom., Physik Chem. **13**, Nr. 3, 197—205, 1958; Lehrstuhl für organ. Katalyse; russ.) — Silicagel ASK hat eine inhomogene Struktur, wie die unterschiedliche Fähigkeit einzelner Körner, den Cu-Phthalocyaninkomplex (I) aus Lsgg. zu absorbieren, zeigt. Auf diese Weise wurden einzelne Fraktionen des Silicagels getrennt. Hierbei zeigte sich, daß nur diejenigen I absorbieren, deren Porengröße die des Farbstoff-Mol. um das Zweifache übersteigt. J. v. Schroeder 162□

0432 **Tracer-Untersuchung der Liesegang-Ringe.** H. J. Arnikar und D. Meenamani. (Kolloid-Z., Z. Polymere **189**, 57—59, 1963; Poona, Univ. of Poona, Dep. of Chem.; engl.) — Die Bldg. von Liesegang-Ringen bei Fällung von Strontiumphosphat in Agar–Agar wurde unter Verw. von ^{90}Sr u. ^{32}P als Tracer durchgeführt. Es zeigt sich eine period. Variation der Konz. der reagierenden Ionen. Die Maxima für Sr^{2+} fallen zusammen mit den Ringen, während die Minima im Zwischenraum liegen. Das Umgekehrte ist für PO_4^{3+} der Fall. Als Mechanismus für die period. Ausfällung ergibt sich eine Differenz in den Diffusions-Geschw. der zwei reagierenden Ionen, derart, daß das Fällungs-Prod. selektiv permeabler für das raschere Ion wird. H. Jehne 164◇

0433 **Berechnung der Oberflächenspannung von Flüssigkeiten aus dem isochor-isothermen Exzeßpotential. 2. Mitt. Geschmolzene Salze und Metalle.** W. W. Pawlow, Ss. I. Popel und O. A. Jessin. (J. physik. Chem. [UdSSR] **37,** 797—801, **1963**; Swerdlowsk, Uraler polytechn. Kirow-Inst.; russ., Auszug: engl.) — Unter Verw. der isochor-isothermen Exzeßpotentiale wird eine Gleichung zur Berechnung der Oberflächenspannung σ ion. Fll. in Abhängigkeit von Temp. T, Vol. u. Sättigungsdampfdruck abgeleitet. Die für die geschmolzenen Salze *LiF, LiCl, NaF, NaCl, NaBr, NaJ, KF, KCl, KBr, KJ, RbF, RbCl, RbBr* u. *RbJ* berechneten Werte stimmen mit den Verss. gut überein. Die l. c. beschriebene Gleichung für Mol.-Verbb. kann auch auf Metalle mit kub.-primitiver Struktur angewandt werden, wie der Vgl. mit experimentellen Werten für *Na, K, Cu, Ag, Au, Pb, Sb, Bi, Fe, Ni* u. *Pt* zeigt. H. Roschkowski 166◇

0434 **Über die Isothermen- und Polythermenformen der Oberflächenspannung von Metall-Lösungen.** N. L. Pokrowski. (Ukrain. physik. J. **7,** 845—53, 1962; Moskau, Univ.; russ., Auszug: engl.) — Messungen der Oberflächenspannungen an verd. Lsgg. von Na, Te, Sb u. Tl in Sn, Cs, Rb, K, Na, Li, Ba, Sr u. Mg in Hg sowie K u. Na in Pb zeigten bzgl. der Konz.-Achse konvexe (**I**) u. lineare (**II**) Isothermen. Unter der Annahme einatomiger zweidimensionaler Adsorptionsschichten u. Berechnung der Adsorptionswerte Γ der gelösten Komponente nach der Gibbsschen Adsorptionsisotherme folgt, daß die adsorbierten Partikel der Lsg. vom Typ (**I**) abgestoßen werden u. diejenigen der Lsg. vom Typ (**II**) keine Wechselwrkg. zeigen. Die Unters. der Temp.-Abhängigkeit der Oberflächenspannungen der Lsgg., $d\sigma/dT = K$, zeigt, daß unter definierten Bedingungen $0 \leqq K < 0$ gilt. Die Oberflächenadsorptionswärmen Q_r in fl. Sn wurden errechnet zu 1200 für Bi, 2000 für Tl, 2799 für Sb u. 7700 cal/g für Te. Die Werte für Q_r sind denen der Gas- u. Dampfadsorption an festen Oberflächen vergleichbar. K. Jaeger 166◇

0435 **Viscosität von Wasser in Tonsystemen.** Philip F. Low. (Clays and Clay Minerals **9,** 170—82, **1960**; Lafayette, Ind., Purdue Univ., Agron. Dep.; engl.) — Vf. beschreibt eine Meth. zur Best. der Aktivierungsenergie für das Fließen von W. durch *Na-Bentonit*; der verwendete App. wird beschrieben. Die resultierenden Aktivierungsenergien waren allg. höher als die Aktivierungsenergie für das Fließen von reinem Wasser. Die Aktivierungsenergie hing von der Zeit ab, in der das W. in Berührung mit dem Ton war u. variierte außerdem bei den verschiedenen Proben. Zur Deutung der Ergebnisse wurde die Oberflächenspannung von W. in Suspensionen von Na-Bentonit in verschiedenen Zeitintervallen nach Rühren gemessen. Die Spannung lag unmittelbar nach dem Rühren nahe Null u. nahm mit der Zeit allmählich zu; gleichzeitig gelierte die Suspension. Untersucht wurden ferner die spezif. Vol. von W., die Aktivierungsenergien der Ionenbewegung, die Diffusions-Koeff. von Chloriden u. die Menge des bei -5^0 nicht gefrorenen W. in Li-, Na- u. K-Bentonit. In jedem Ton war das spezif. Vol. des W. u. die Aktivierungsenergie der Ionenbewegung höher als die in normalem Wasser. C. Gottfried 172△

0436 **Viscosität einer Na^+-Montmorillonit-Suspension nach Verdünnungen und Salzzusätzen.** H. Bergseth. (Kolloid-Z., Z. Polymere **189,** 63—66, **1963**; Vollebekk, Landw. Hochschule Norwegens, Chem. Inst.; dt.) — Eine Aufschlämmung von Na^+-Montmorillonit, das aus dünnen Streifen besteht, zeigt ähnliches rheolog. Verh. bei Verdünnungen wie Lsgg. linearer, ionisierbarer Makromoleküle. Sehr kleine Mengen von zugesetztem NaCl, Na_2SO_4, KCl oder K_2SO_4 verursachen eine Herabsetzung der relativen Viscosität. Bei weiterem Zusatz von NaCl oder Na_2SO_4 sinkt die relative Viscosität sehr langsam. Mit KCl oder K_2SO_4 durchläuft die relative Viscosität ein Minimum u. steigt bei weiterem Salzzusatz um so rascher, je höher die Sol-Konz. ist. Zwischen der Wrkg. von Cl^- u. SO_4^{2-} auf die Viscositätsänderungen lassen sich keine Unterschiede beobachten. H. Jehne 172◇

0437 **Quantenkorrekturen für die Adsorption von Neon an graphitischem Kohlenstoff.** John R. Sams jun. und Robert Yaris. (J. physic. Chem. **67,** 1931—33, **1963**; Seattle, Wash., Univ. of Washington, Dep. of Chem.; engl.) — Korrektur zu einer Arbeit von Sams u. Mitarbeitern (C. **1962,** 398) über die Adsorption von Ne bei 59—94° K an graphit. „Carbon black P 33". D. Hoene 176◇

0438 **Statistische Berechnung der thermodynamischen Funktionen einer an Graphit adsorbierten Substanz. 3. Mitt. Wärmekapazität von Argon und Benzol auf Graphit bei niedrigen Bedeckungen.** A. V. Kiselev und D. P. Poshkus. (Trans. Faraday Soc. **59,** 1438—43, 1963; Acad. of Sci. of USSR, Inst. of Phys. Chem., Surface Chem. Group; Acad. of Sci. of Lithuanian SSR, Inst. of Chem.; engl.) — 2. vgl. C. **1964,** 12-0401. — Molekularstatist. berechnet werden, ausgehend von den Potentialfunktionen an (0 0 1), die Wärmekapazitäten von Ar u. Bzl., die an Graphit adsorbiert sind. Die Werte der nach den verschiedensten Meth. berechneten Wärmekapazitäten sind von den abs. Werten der potentiellen Energie unabhängig, abhängig jedoch von der potentiellen Energie der Koordinaten in der Nähe des Potentialminimums. Das jeweils benutzte Zustandsmodell der Adsorption geht mit in die Berechnung der Wärmekapazität ein. K. Jaeger 176◇

0439 **Untersuchung der Wechselwirkung zwischen einer Eisenoberfläche und organischen Molekülen mit Hilfe der Infrarot-Absorption.** Kaneko Sakurai, Naoe Hirai und Katsuya Inouye. (Bull. chem. Soc. Japan **36,** 751—53, **1963**; Ida, Kawasaki, Yawata Iron and Steel Co. Ltd., Tokyo Res. Inst.; engl.) — Die Adsorption von fl. ***Styrol*** (**I**) u. ***Vinylpyridin*** (**II**) an Fe-Pulver (durch Red. von Fe-Oxid mit 0,2—0,5 μ Teilchendurchmesser mit H_2 bei 500°, Behandlung mit A. zur Beseitigung der pyrophoren Eigg.) wird im Bereich 820—920 cm^{-1} IR-spektroskop. untersucht. Die nichtebene Spreizschwingung von Gerüst–CH-Gruppen zeigt bei **I** keine Veränderung gegenüber dem Fl.-Spektrum; beim adsorbierten **II** tritt Aufspaltung dieser Bande in zwei Maxima auf. Dieser Effekt wird als Wechselwrkg. der Fe-Oberfläche mit dem Pyridinring gedeutet. D. Kunath 176◇

0440 **Adsorption von mit ^{131}J markiertem Jod an einer Platinoberfläche.** G. Tóth. (Radiochemie [UdSSR] **5,** 411—19, 1963; russ.) — Vf. untersuchte die Reproduzierbarkeit der Adsorption u. Desorption von J aus Lsgg. in KJ in Abhängigkeit von der vorherigen Behandlung der Elektroden: Kochen in konz. HNO_3, Ätzen mit Königswasser, mehrfache anod. u. kathod. Polarisation u. Sättigung mit H_2. In den letzten beiden Fällen war die Adsorption hoch, die Resultate waren reproduzierbar u. die Desorption betrug 1%. Im Konz.-Bereich 10^{-10} bis -10^{-3}m J wurde die Abhängigkeit der Adsorption von der Konz. u. der Vers.-Dauer ermittelt. Nach 20—30 Min. ist die Sättigung der Oberfläche abgeschlossen. Die Adsorptions-Geschw. wird durch eine Gleichung 1. Ordnung beschrieben. Es wird bis zu einer Konz. in der Lsg. von 0,7 γ J/cm² Oberfläche alles in der Lsg. befindliche J adsorbiert, d. h. die Adsorption hängt nicht von der Konz., sondern vom Gesamt-Geh. an J ab u. wird deshalb nicht durch die Langmuir- bzw. Freundlich-Isotherme beschrieben. Vf. bestimmte die Abhängigkeit der Adsorption vom pH im pH-Bereich 1—11. Mit Verringerung des pH vergrößert sich die Adsorption. Vf. nimmt eine Adsorption von J_2-Moll. an. Die Oxydation von J^- erfolgt bei einer „oxydierten" Oberfläche nach der Gleichung $O_2 + 4H^+ + 4J^- \rightarrow 2J_2 + 2H_2O$; bei einer „red." Oberfläche $H + H^+ + J^- \rightarrow H_2 + \frac{1}{2}J_2$. G. Ewald 176◇

0441 **„Protonische" Wasserstoffatome und Metallkatalysatoren.** F. C. Tompkins. (South African ind. Chemist. **17,** 78—82, 1963; London, Imp. Coll., Dep. of Chem.; engl.) — Vf. untersucht durch Oberflächenpotentialmessungen (Veränderung der Elektronenaustrittsarbeit) die Adsorption von $(CO + H_2)$ u. $(O_2 + H_2)$ von Ni u. Cu u. von NH_3 an Ni u. Fe. Experimentelle Ergebnisse u. theoret. Berechnungen sind in Übereinstimmung, wenn man die Bldg. von H-Atomen mit positiver Ladung („proton." Wasserstoff) annimmt. D. Hoene 176◇

0442 **Die Ionenaustauscherharze.** John M. Tsangaris. (Chim. Chron. [Athen] **26,** 110—15, 1961; Charlottesville, Va., Univ. of Virginia, Cobb Chem. Labor.; griech., Auszug: engl.) — Übersicht über Geschichte, neuere Entw. u. Anwendungen. — 30 Literaturangaben. Gerhard Schulze 177◇

0443 **Adsorption einiger anionischer Komplexe an einem Kationenaustauscherharz.** H. Irving und G. T. Woods. (J. chem. Soc. [London] **1963,** 939—44; Leeds, Univ., Inorg. Chem. Labor.; engl.) — Die Verteilungs-Koeff. von In, Zn u. Cd zwischen Dowex-50 (10% versetzt, 100—200 mesh) u. Lsgg. der Alkalimetall- u. Mg-Halogenide wurden in batch-Verss. mittels ^{114}In, ^{65}Zn u. ^{115}Cd bestimmt. Die Adsorption von In aus Lsgg. von LiJ, KJ, NaJ, MgJ_2, LiBr, NaBr u. $MgBr_2$ geht bei steigender Halogenid-Konz. durch ein Minimum. Die K_D-Werte für Zn u. Cd fallen mit steigender Halogenid-Konz., während sie bei Hg(II) leicht ansteigen. R. Krämer 177◇

0444 **Trennungen der Seltenerdmetalle in Form ihrer Komplexe mit Äthylendiamintetraessigsäure an Anionenaustauschern.** Maksymilian Wald. (Nukleonika [Warszawa] **6,** 475—88, 1961; Warszawa, Poln. Akad. der Wiss., Inst. für Kernforsch.; dt.) — Vgl. C. **1962,** 9253. — Die Stabilitäts-Konst. (K) der Äthylendiamintetraessigsäure (ÄDTE)-Komplexe der Seltenerdmetalle (SE) nehmen mit steigender Ordnungszahl zu. Die Verteilungs-Koeff. dieser Komplexe zwischen Anionenaustauschern u. der angewandten Eluier-Lsg. steigen von La bis Eu u. Gd an; damit nimmt auch die Aufnahme der Komplexe in den Anionenaustauscher zu. Bei den auf Gd folgenden SE wird mit steigender Ordnungszahl der ÄDTE-Komplex immer schwächer in den Anionenaustauscher aufgenommen. Die Anionenaustauschadsorption der Metall-ÄDTE-Komplexe wird also nicht von der Größe der K dieser Komplexe bestimmt, so daß sich eine Möglichkeit ergibt, gruppenweise u. individuelle Trennungen an Anionenaustauschern durchzuführen. Für die Unterss. wurden ^{144}Ce, ^{147}Nd, ^{147}Pm, $^{152-154}Eu$, ^{160}Tb, ^{169}Er, ^{170}Tm, ^{175}Yb u. $UX_1(^{234}Th)$ mit u. ohne Trägerbelastung verwendet. Als Austauscher wurde Dowex-1 (200—400 mesh), für Trennungen der gleiche in der mit ÄDTE beladenen Form verwendet [Säule: Höhen 3,9 bis 15,5 cm; 3,0—3,2 mm Ø. Die Konz. der Eluier-Lsg. betrug $5 \cdot 10^{-2}$ Mol. Na_2H_2Y/Liter (H_4Y = ÄDTE); pH 4,5; Elutions-Geschw. 0,4—0,45 $ml \cdot cm^{-2} \cdot min^{-1}$]. Die Ergebnisse sind graph. dargestellt: 1. Trennung von Tm u. Nd; 2. von Tm u. Pm; 3. von Tm u. Eu; 4. von Ce u. Nd; 5. von Er, Ce u. Pm; 6. von Er, Ce u. Eu; 7. von Tm, Pm u. Th; 8. von Tm, Tb, Ce u. Th; 9. von Yb, Tb u. Eu; 10. von Tm u. Eu (an Dowex IX-2); 11. von Tm u. Eu (an Dowex IX-8). Vf. setzte sich schließlich mit den von Posdniakow u. Lawruchina abgeleiteten Beziehungen zwischen der Größe der K u. der Aufnahme in einen Anionenaustauscher krit. auseinander. P. Nachtwey 177◇

0445 **Kationenaustauscher-Eigenschaften von Antimonato(V)-phosphorsäure.** Takuji Ito und Mitsuo Abe. (Bull. chem. Soc. Japan **34,** 1736—37, 1961; Tokyo, Inst. of Technol., Res. Labor. of Resources Utiliz.; engl.) — Beim Eingießen von $SbCl_5$ in wss. H_3PO_4 entsteht bei geeigneter H_3PO_4-Konz. ein schwer filtrierbarer gelatinöser Nd., der nach dem Absaugen u. Trocknen (80°) glasig wird u. die Zus. Sb/P ~2 hat. Das vorläufig als *Antimonato(V)-phosphorsäure* (**I**) bezeichnete Prod. vermag seine H^+-Ionen reversibel gegen NH_4^+ auszutauschen (Austauschkapazität = 1,4m Val/g **I**). Auch Alkali-, Erdalkali- u. andere Metallionen werden ausgetauscht, jedoch ist K^+ merkwürdigerweise aus der K^+-Form von **I** mit 3n Säuren nicht eluierbar, wohl aber mit NH_4Cl-Lösung. **I** ist beständig gegenüber W., Salz-Lsgg. u. starken Mineralsäuren, die Austauschfähigkeit bleibt in verd. saurer Lsg. erhalten. Auf Grund der pH-Titration ist **I** eine starke einbasige Säure. W. Feldmann 177◇

0446 **Verteilung von Wasser und Elektrolyt zwischen homoionischen Tonen und sättigenden NaCl-Lösungen.** Fabian Bernstein. (Clays and Clay Minerals **9,** 122—49, 1960; Ridgefield, Conn., Schlumberger Well Surveying Co.; engl.) — Vf. untersuchte die Ionen- u. Wasseraufnahme aus Lsgg. durch die Na- u. H-Formen von *Montmorillonit* u. *Illit.* Die H-Tone wurden verwendet zur Best. der Säurestärke der Austauschgruppen durch Titration mit NaOH-Lsgg., die Na-Tone zur Best. der Ionen- u. Wasserverteilung. Nach Erreichung des Gleichgewichts mit NaCl-Lsgg. wurden die Na-Tone bis zur Erreichung eines konst. Gew. zentrifugiert u. die im Gleichgewicht befindlichen Lsgg. auf NaCl analysiert. Gemessen wurde hierauf die Ionen- u. Wasseraufnahme sowie die fixierte Ladungskonzentration. Beide Tonmineralien erwiesen sich bei der Titration als schwache Säuren u. die Austauschplätze sind nicht merklich dissoziiert, bis der pH-Wert der äußeren Lsg. ziemlich hoch wird. In der Na-Form sind bei beiden Tonmineralien die Austauschplätze vollständig dissoziiert u. die Tone, bes. Montmorillonit, stellen wirksame Donnan-Membranen dar. Bei niedrigem Salz-Geh. der äußeren Phase ist der Übertritt von Anionen in die Ton-Lsg. abnorm hoch, doch die Membranaktivität bleibt hoch wegen der niedrigen Aktivitäts-Koeff. der diffundierbaren Ionen in der Tonphase. Die abnorm niedrigen Aktivitäten der diffundierbaren Ionen stehen in einem direkten Zusammenhang mit dem Einfl. der inneren Phasendoppelschicht. Die Annahme einer Ionenverzögerung in die Doppelschicht wurde verwendet, um die Tatsache zu erklären, daß die aus den inneren Phasenionen-Konzz. berechneten Ionenüberführungszahlen niedriger sind als die experimentell bestimmten Überführungszahlen. C. Gottfried 177△

0447 **Hydratationseigenschaften von Tonglimmer mit Kaliumunterschuß.** Edward C. Jonas und George L. Thomas. (Clays and Clay Minerals **9,** 183—92, 1960; Austin, Tex., Univ. of Texas; engl.) — Zur Unters. wurde ein Tonmineral verwendet, das sich in seinem natürlichen Zustand im Gleichgewicht mit 50%ig. relativer Feuchtigkeit bis zu einem Basisnetzebenenabstand von 15,5 Å, bei Behandlung mit Äthylenglykol bis zu einem Basisnetzebenenabstand von 17 Å ausdehnte. Dieses Mineral wurde mit KCl-Lsgg. verschiedener Konz. behandelt. Bei den höchsten KCl-Konzz. verlor das Mineral seine Ausdehnungs-Eigg. vollkommen. Es besteht eine krit. KCl-Konz., bei der K-Ionen in genügender Menge absorbiert werden, um die Ausdehnung des Tons in W. zu verhindern. Solvatation mit Äthylenglykol erwies sich als wirksamer als Solvatation mit W. für sehr viel höhere K-Ionenbesetzungsdichten in dem Zwischenschichtraum. Niedrige K-Ionenbesetzungsdichten entsprechen niedrigen Oberflächenladungsdichten von mit K gesätt. Tonen, u. diese Tone dehnen sich wie Montmorillonit aus. Anderseits entsprechen hohe K-Ionenbesetzungsdichten hohen Oberflächenladungsdichten von K-gesätt. Tonen, u. diese Tone dehnen sich nicht aus. C. Gottfried 177△

0448 **Neue Methode für die Bestimmung der Effektivität der Abscheidung von Aerosolen aus einem Strom auf einem unbewegten Zylinder.** L. W. Raduschkewitsch. (J. physik. Chem. [UdSSR] **35,** 1870—71, 1961; Moskau, Physikal. chem. Inst. der Akad. der Wiss. der UdSSR; russ., Auszug: engl.) — Zur Best. der Wirksamkeit der Abscheidung von Teilchen aus Aerosolen an Fasern in einem Zylinder schlägt Vf. die Verw. von polydispersen Aerosolen vor, da ihre Herst. in bestimmten Dimensionen einfacher ist. Bedingungen für die Abscheidung einer bestimmten Teilchengrößefraktion an einem gegebenen Zylinder bei gegebener Fließgeschw. werden aufgestellt. J. v. Schroeder 180□

A₆. Strukturforschung

0449 **Eine Bemerkung zur Form der Kathodenspitze im Feldemissionsmikroskop.** Tadatosi Hibi und Kazuo Ishikawa. (Jap. J. appl. Physics **2,** 487—91, 1963; Sendai, Tohoku Univ., Res. Inst. for Sci. Measurements; engl.) — Die Kathodenspitzen wurden aus *Ni*-Drähten von 0,2 mm Ø durch Handpolieren mit einem Ölstein hergestellt. Die Änderung der Spitzenform durch Heizen (a) u. durch Heizen bei kontinuierlich angelegter Spannung von 5000 V (b) wurde untersucht. Im Fall a ist die Geschw. der Längenabnahme größer als die der Dickenabnahme, während im Fall b die Spitze nahezu gleichförmig über die gesamte Oberfläche dünner wird. Nach dieser Meth. wurde ein minimaler Krümmungsradius von 0,5 μ erreicht. H. Liepack 181◇

0450 **Hochauflösende Fixierung elektronen- und ionenoptischer Bilder durch Vernetzung organischer Substanzen.** Hansjoachim Hamisch und Ludolf Binkele. (Z. angew. Physik **16,** 145—50, 1963; Berlin, TU, I. Physikal. Inst.; dt.) — Die Registrierung von Elektronen- u. Ionenbildern kann durch Bestrahlung einer dünnen hochpolymeren Schicht erfolgen. In dieser entsteht eine mit der Bestrahlungsdichte zunehmende Vernetzung u. damit Erhöhung der chem. Löslichkeit. Nach Behandlung mit einem Lsgm. hängt die Dicke der Schicht von der Bestrahlungsdichte ab, u. die Dickenstruktur der Schicht kann mit monochromat. Licht im Auflichtmikroskop als lichtopt. Interferenzphasenobjekt sichtbar gemacht werden. Zu diesem Zweck wird zwischen Glasträger u. Lackschicht eine ca. 40 Å dicke Chromschicht angeordnet. Als Vernetzungssubstanzen erscheinen höhere ungesätt. Fettsäureglyceride bes. geeignet, die erstens einen geringen Energiebedarf pro Vernetzung (hohe Empfindlichkeit) u. zweitens eine geringe Quellung im Lsgm. zeigen, was eine notwendige Bedingung für die Erreichung eines hohen

Auflösungsvermögens ist. Mit Eläostearinsäureglycerid wurde für Elektronen ein Auflösungsvermögen von 0,5 μm u. für Li- u. Na-Ionen von 0,7 μm erzielt. Die Bildpunktarbeit für 40 keV-Elektronen liegt mit $3{,}5 \cdot 10^{-11}$ W·s in der Größenordnung der mit photograph. Platten erreichbaren. Die unbelichteten Lackplatten sind an Luft nur ca. 20 Min. haltbar. F. Lenz 181◇

0451 **Bilder lokaler Aufladungen im Elektronen-Spiegelmikroskop.** F. Lenz und E. Krimmel. (Z. Physik **175,** 235—41, 1963; Tübingen, Univ., Inst. für angew. Phys.; dt.) — Zwei Typen von lokalen Bildstörungen im Elektronenspiegelmikroskop werden als Folge von Oberflächenpunktladungen gedeutet. Negative Punktladungen erzeugen Kaustikquerschnitte (Typ N) mit einem runden dunklen Innenbereich, der von einem hellen Rand umgeben ist. Positive Punktladungen erzeugen Kaustikquerschnitte von dem in der Licht- u. Elektronenoptik besser bekannten Typ P, in dem eine sternförmige Innenfigur von einem hellen Oval mit dunklem Außenraum umgeben ist. Bildstörungen vom Typ N sind auch bei Erhebungen u. solche vom Typ P bei Vertiefungen in einer unebenen Objektoberfläche zu erwarten. F. Lenz 181◇

0452 **Ein einfaches, hochauflösendes Abdruckverfahren für die Elektronenmikroskopie.** W. Skatulla und L. Horn. (Exp. Techn. Physik **8,** 1—9, 1960; Jena, VEB Jenaer Glaswerk Schott u. Gen.; dt.) — Durch eine Abwandlung des Kohlebedampfungs-Verf. nach Bradley erhält man kontrastreiche, strukturlose u. dabei mechan. u. chem. beständige Abdruckfolien, wenn man den einen der Kohlenstoffstäbe auf ca. 1,2 mm Ø dünn dreht u. einen kleinen Bügel aus Pt–Ir-Draht (20% Ir, 80% Pt) über die verjüngte Stelle hängt. Ein Verhältnis von ca. 85% Pt–Ir zu 15% C, das sich durch geeignete Wahl des Abstandes (ca. 2—3 mm) des Drahthäkchens von der Spitze der Kohle einstellen läßt, ist im Hinblick auf hohen Kontrast u. Feinkörnigkeit bes. günstig. Ein verbessertes Verf. besteht darin, daß man in den 1,2 mm dicken Schaft der Kohle unter dem Präpariermikroskop in ca. 2,5 mm Abstand von der Spitze ein 0,6 mm weites Loch bohrt u. ein Stück Pt–Ir-Draht in diese Bohrung hängt. An Wachstumsstufen von Molybdänoxidkristallen wird ein Linienauflösungsvermögen von 40—50 Å ermittelt. F. Lenz 181◇

0453 **Eine einfache Wasserkühlanlage für Elektronenmikroskope.** Klaus Seifert. (Mikroskopie [Wien] **18,** 148—54, 1963; Kiel, Univ., Hals-, Nasen- u. Ohrenklinik; dt.) — Beschreibung einer Kühlwasserkreislaufanlage zur Kühlung der Pumpen u. der elektromagnet. Linsen eines Siemens-Elektronenmikroskops Elmiskop I. Das Kühlwasser läuft von einem Vorratsgefäß über eine Kreiselpumpe durch einen Kühler zum Mikroskop u. danach wieder ins Vorratsgefäß. Dadurch werden Schäden infolge Verschmutzung oder Absperrung des Leitungswassers weitgehend vermieden. Ferner ist selbst bei gleichzeitigem Ausfall der Strom- u. Wasserversorgung aus dem Netz für eine ausreichende Auskühlung der Vakuumpumpen gesorgt. F. Lenz 181◇

0454 **Einfacher Umbau der Stereo-Objektpatrone des Siemens-Elmiskops I für die Verwendung von Objektträgerblenden von 1/8 in. Außendurchmesser.** C. F. Cook jun. (Rev. sci. Instruments **34,** 1047, 1963; Fort Monmouth, N.J., U. S. Army Signal Res. and Dev. Labor.; engl.) — Durch Einbau eines Adaptorrings u. einer aufschraubbaren größeren Objektkappe ist es möglich, in der Stereopatrone zum Siemens-Elmiskop I wahlweise Objektträgerblenden mit 3,2 oder 2,2 mm Außendurchmesser zu verwenden. F. Lenz 181◇

0455 **Untersuchung von Eiskristallen mit dem Elektronenmikroskop.** K.-H. Schmidt. (Exp. Techn. Physik **8,** 9—13, 1960; Jena, Friedrich-Schiller-Univ., Forschungsstelle für Übermikroskopie; dt.) — Die Oberfläche von Eiskristalliten, wie sie bei der elektronenmkr. Präparations-Meth. des Gefriertrocknens auftreten können, wird mit Hilfe von SiO-Aufdampfabdrucken untersucht. Man erhält nur dann zusammenhängende Schichten, wenn beim Aufdampfen die Temp. des Eises unter —60°, besser unter —150°, liegt. Abdrücke von rauhen Oberflächen werden zweckmäßigerweise durch Sublimieren des Eises bei —80° abgelöst, da man beim Abschwemmen auf W. meist keine zusammenhängenden Hüllen erhält. F. Lenz 181◇

0456 **Elektronenbeugungs-Untersuchungen und Anregungsvorgänge in Molekülen.** J. Karle. (Rep. NRL Progr. **1963,** Nr. 181412, 1—12; Washington, D.C., U. S. Naval Res. Labor., Optics Div., Diffraction Branch; engl.) — Vgl. C. **1962,** 14422. — Mittels eines elektrostat. Geschw.-Analysators kann in der Intensitätsverteilung in Elektronenbeugungsdiagrammen der elast. gestreute Anteil der Elektronen vom unelast. gestreuten getrennt werden. Dadurch wird eine Best. der quantisierten Energieübergänge bei der elektron. Anregung von Moll. u. der Symmetrie der angeregten Zustände möglich, evtl. auch Aussagen über die Elektronenverteilung in den angeregten Molekülen. Außer den bereits l. c. diskutierten Ergebnissen für CCl_4 u. *Bzl.* werden jetzt auch experimentelle Ergebnisse über das Br_2-Mol. mitgeteilt u. gedeutet. Die Winkelverteilung im Beugungsdiagramm des 7,4-eV-Verlustes deutet darauf hin, daß dieser Verlust einem Übergang zu einem Elektronenzustand vom ungeraden Symmetrietyp zuzuordnen ist. F. Lenz 181◇

0457 **Einige Bemerkungen zur dynamischen Theorie der Elektronenbeugung.** Paul Croce. (Rev. Opt. théor. instrument. **42,** 7—12, 1963; Paris, Inst. d'Opt.; franz.) — Im Zweistrahlfall hängt der Energieaustausch zwischen der einfallenden u. der gebeugten Welle von den Phasenbeziehungen ab: Von jeder der Wellen wird an die andere ein Anteil übertragen, dessen Amplitude proportional zur Amplitude der übertragenden Welle u. dessen Phase um $+\pi/2$ gegen die Phase der übertragenden Welle verschoben ist. In einem idealen Kristall sollten theoret. auch Wellen großer Amplitude senkrecht zur Einfallsrichtung auftreten, aber wegen der tatsächlich immer vorhandenen Kristalldeformationen können solche Wellen prakt. keine merkliche Amplitude annehmen. Ein schrittweises Näherungs-Verf. für die Berechnung der Wellenausbreitung im Fall weniger starker u. zahlreicher schwacher Anregungen wird skizziert. F. Lenz 181◇

0458 **Über die Winkelabhängigkeit und ihre Unsymmetrie von Energieverlusten an Si und Ge.** M. Creuzburg. (Z. Physik **174,** 511—24, 1963; Hamburg, Univ., Inst. für angew. Phys.; dt.) — Bei der Durchstrahlung sehr dünner *Si*- u. *Ge*-Schichten (ca. 100 Å) mit Elektronen wird u. a. ein „5-eV-Verlust" beobachtet. Aus im einzelnen beschriebenen Unterss. ergab sich, daß die Intensität dieses Verlustes bei Vergrößerung der Schichtdicke nicht ansteigt u. daß sich ihre Winkelverteilung, bes. auch bei nichtsenkrechter Inzidenz, in guter Übereinstimmung mit den theoret. Vorstellungen befindet. Daraus wird geschlossen, daß der 5-eV-Energieverlust als Oberflächenplasmaverlust anzusehen ist. H. Schroeder 181◇

0459 **Zur Größe der charakteristischen Energieverluste von Elektronen in Metallen.** Kurt Ulmer. (Z. Physik **175,** 177—83, 1963; Karlsruhe, TH, Physikal. Inst.; dt.) — Durch Einbeziehung neuerer Messungen von Röntgenemissionsspektren wird der Vgl. des Vol.-Plasmaverlustes der *Alkalimetalle* mit anderen experimentellen Ergebnissen erweitert. Dieser Vgl. versagt bei den Übergangsmetallen ebenso wie der Vgl. mit der Anzahl der Valenzelektronen u. schwer interpretierbaren opt. Messungen im UV. Durch Heranziehung neuerer, vorwiegend elektroneninterferometr. Messungen des inneren Potentials gelingt es jedoch, einen „Quasi"-Vol.-Plasmaverlust zu definieren, der für die vorliegenden Meßwerte in guter Übereinstimmung mit gemessenen charakterist. Energieverlusten steht. Danach sind z. B. der 20-eV-Energieverlust in *Ag* u. der 11-eV-Energieverlust in *W* als solche Plasmaverluste anzusprechen. — 29 Literaturangaben. H. Jehne 181◇

0460 **Temperaturverteilung längs eines gleichförmigen Stabes, der ein Elektronenstrahlbündel auffängt.** A. Pearson und J. Froom. (J. Electronics and Control [1] **14,** 215—22, 1963; Harlow, Standard Telecomm. Labor. Ltd.; engl.) — Im Hinblick auf die im allg. unerwünschte Erwärmung von stabförmigen Strukturen in Verzögerungsleitungen von Mikrowellengeräten wird die Temp.-Verteilung in einem Stab berechnet, dem auf einem Teil seiner Länge durch Auftreffen von Elektronen Wärme zugeführt wird u. dessen Querschnitt von der Koordinate in seiner Achsenrichtung nicht abhängt. Wegen der Annahme gleichmäßiger Wärmeströmung über den Stabquerschnitt kann das Problem durch Lösung der eindimensionalen Wärmeleitungsgleichung behandelt werden. Bei Vernachlässigung der Wärmeabstrahlung wird die Lösung bes. einfach. Eine Berücksichtigung der Abhängigkeit der Wärmeleitfähigkeit von der Temp. ist ebenfalls einfach, wenn man ihren Kehrwert durch eine lineare Funktion der Temp. annähert. Eine einfache Abschätzung des Einfl. der Wärmestrahlung erhält man, wenn man das die Abstrahlung berücksichtigende Glied ebenfalls linearisiert. F. Lenz 181◇

0461 **Über ein Gerät zur wahlweisen Verwendung als Röntgenmikroanalysator, Röntgenschattenmikroskop und Elektronenbeugungsanlage und über experimentelle Untersuchungen an Al–Cu und an Ge.** Otto Brümmer, Karl-Heinz Brauer und Günter Suwalski. (Z. angew. Physik **16,** 27—37, 1963; Halle/Saale, Martin-Luther-Univ., Inst. für exp. Phys.; dt.) — Beschreibung eines Geräts, in dem der engste Bündelquerschnitt aus einem Elektronenstrahlerzeuger mittels zweier magnet. Linsen wahlweise auf eine Durchstrahlungsanode für Weitwinkelinterferenzen u. Röntgenschattenmikroskopie, auf eine Objektebene für Mikroanalyse, Gitterquelleninterferenzen u. Elektronenbeugung im konvergenten Bündel oder auf die Filmebene für die Elektronenbeugung im Strahlengang nach Lebedew abgebildet werden kann. Ein wesentlicher Bestandteil des Geräts ist ein Objektmanipulator, der u. a. die lichtmkr. Unters. des Objekts gestattet, ohne es aus dem Vakuumraum herausnehmen zu müssen. Als Anwendungsbeispiel wird über Unterss. an einer Al–Cu-Leg. sowie an Ge-Aufdampfschichten berichtet. F. Lenz 181◇

0462 **Die Ableitung der Kristallklassensymmetrie aus den Internationalen Symbolen.** Hans-Jürgen Seydewitz. (Wiss. Z. Martin-Luther-Univ. Halle-Wittenberg, math.-naturwiss. R. **10,** 107—11, 1961; Mineralog.-petrograph. Inst.; dt.) G. Ruban 181◇

0463 **Darstellungen von 16 Raumgruppen aus der Klasse D_{4h}.** K. Olbrychski. (Physica Status solidi [Berlin] **3,** 2143—54, 1963; Warsaw, Pol. Acad. of Sci., Inst. of Phys.; engl.) — Vgl. Gorzkowski, C. **1964,** 12-0455. — Mit Hilfe der abstrakten Definition der Gruppe wird ein Beispiel zur Best. der Darst. einer Raumgruppe behandelt. Es wird eine Tabelle aller irreduziblen Darst. der Doppelgruppen D^1_{4h} — D^{16}_{4h} angegeben. H. Roschkowski 181◇

0464 **Raumgruppen aus der Klasse D_{4h} auf Grundlage eines tetragonal-raumzentrierten Gitters.** Z. Sęk. (Physica Status solidi [Berlin] **3,** 2155—65, 1963; engl.) — Vgl. vorst. Referat. — Die einfache u. die Spinor-Darst. der Raumgruppen D^{17}_{4h} — D^{20}_{4h} werden mit Hilfe der abstrakten Definition der Gruppe abgeleitet. H. Roschkowski 181◇

0465 **Höhere Impulsnäherung in der klassischen Stoßtheorie.** Chr. Lehmann und G. Leibfried. (Z. Physik **172,** 465—87, 1963; Oak Ridge, Tenn., Oak Ridge Nat. Labor., Solid State Div.; engl.) — Die klass. Streuung zweier Teilchen mit abstoßenden Zentralkräften wird bei kleinen Streuwinkeln störungstheoret. behandelt. Dabei wird das Potential als Störung aufgefaßt. Die erste Näherung ist die bekannte „Impulsnäherung". Durch Berücksichtigung höherer Näherungen kann man Konvergenzkriterien u. Fehlerabschätzungen angeben. Diskutiert wird ferner, unter welchen Bedingungen die Impulsnäherung gültig ist, wenn abgeschnittene Potentiale vorliegen. Im einzelnen werden untersucht: Potenzpotentiale, das exponentiell abgeschirmte Coulomb-Potential u. ein rein exponentielles Potential. Die beiden letzten Potentiale werden genauer diskutiert u. an einem Beispiel numer. erläutert, das der Wechselwrkg. zweier *Cu*-Atome entspricht. Ferner wird die Abgrenzung zur Quantenmechanik untersucht. Es wird ein Näherungs-Verf. zur Best. von Fehlern u. Konvergenzgrenzen diskutiert. H. Jehne 182◇

0466 **Über die Berechnung einiger atomarer Integrale, die Funktionen von r_{12}, r_{13} und r_{23} enthalten.** Yngve Öhrn und Jan Nordling. (J. chem. Physics **39,** 1864—71, 1963; Gainesville, Fla., Univ. of Florida, Quantum Theory Project; engl.) — Diskussion verschiedener Formen korrelierter Atomwellenfunktionen u. ihrer Bedeutung bei der Berechnung von Integralen, die in Variationslösungen der Schrödinger-Gleichung auftreten, Beschreibung eines Schemas zur Berechnung des Integrals $\int f_1(r_1)\, f_2(r_2)\, f_3(r_3)\, g_1(r_{12})\, g_2(r_{23})\, g_3(r_{31})\,(dv)$ u. Anwendung auf den Fall $g_i(r_{ij}) = r_{ij}^k$. A. Blaschette 182◇

0467 **Iterations-Variations-Verfahren für quantenmechanische Störungen.** Joseph O. Hirschfelder. (J. chem. Physics **39,** 2099—2104, 1963; Madison, Wis., Univ. of Wisconsin, Theoret. Chem. Inst.; Gainesville, Fla., Univ. of Florida, Quantum Theory Project; engl.) — Explizite Lösungen der Störungsgleichungen werden mit Hilfe des Dalgarno-Lewis-Verf. erhalten. A. Blaschette 182◇

0468 **Die Methode der Atomassoziationen.** 2. Mitt. H. Preuss. (Z. Naturforsch. **18a,** 489—95, 1963; München, MPI, Phys. u. Astrophys.; dt.) — Die vom Vf. entwickelte Meth. der Atomassoziation (LCAA-Meth.) wird weiter ausgebaut u. im Falle von 3 Atomen in ihrem Verh. näher untersucht. Es wird dabei auf Zusammenhänge zur Meth. der Valenzstrukturen (u. der Spinvalenz) hingewiesen u. gezeigt, daß die LCAA-Meth. prinzipiell auf alle Bindungstypen anwendbar ist u. auf sog. Vereinigungs- u. Trennungsgrade führt, die über die innere Struktur des jeweiligen Atom-Syst. Aufschluß geben. Als Spezialfälle enthält die Meth. die Verf. der „Atome in Moll." u. des „Vereinigten Atoms". H. Jehne 182◇

0469 **Einzentrum-Störungsnäherung für die Elektronenenergien von Molekülen. 1. Mitt. Darlegung der Methode.** Peter Hauk, Robert G. Parr und Hendrik F. Hameka. (J. chem. Physics **39,** 2085—98, 1963; Pittsburgh, Pa., Carnegie Inst. of Technol., Dep. of Chem.; Baltimore, Md., Johns Hopkins Univ.; Philadelphia, Pa., Univ. of Pennsylvania, Dep. of Chem.; engl.) — Es wird eine Einzentrum-störungs-Meth. zur Berechnung der mol. Elektronenwellenfunktionen u. -energien von Hydriden des Typs AH_n beschrieben. A. Blaschette 182◇

0470 **Störungsmethode für zweiatomige Moleküle.** E. Corinaldesi. (Nuovo Cimento [10] **30,** 105—11, 1963; Pisa, Univ., Ist. di Fis.; engl.) — Die homöopolare Bindung eines zweiatomigen homo- oder heteronuclearen Mol. wird unter Verw. einer modifizierten Schrödinger-Gleichung für eine mehrkomponentige Wellenfunktion störungsrechner. behandelt (Anwendung auf H_2 u. He_2^+). A. Blaschette 182◇

0471 **Die homonuclearen zweiatomigen Moleküle A_2 der Hauptgruppenatome A. 11. Mitt. Die einfach geladenen Molekülionen.** H. Dunken und H. Müller. (Z. Chem. **3,** 110—11, 1963; Jena, Friedrich-Schiller-Univ., Inst. für physikal. Chem.; dt.) — 10. vgl. Z. Chem. **3,** [1963], 73; 12. vgl. C. **1964,** 14-0418. H. Jehne 182◇

0472 **Untersuchung der Angleichung der Parameter durch graphische Integration für eine approximierte Eigenfunktion des Molekülions H_2^+.** Françoise Cabaret und Jean Guy. (C. R. hebd. Séances Acad. Sci. **250,** 1441—43, 1960; Paris, École Polytechn., Groupe de chim. théoret.; franz.) C. Gottfried 182

0473 **MO-Untersuchungen über angeregte Zustände von HeH.** H. H. Michels und F. E. Harris. (J. chem. Physics **39,** 1464—69, 1963; East Hanford, Conn., United Aircraft Corp., Res. Labor.; Stanford, Calif., Stanford Univ., Res. Labor.; engl.) — Die Gesamtenergie von HeH wird nach einer MO-Meth. berechnet, indem die Gesamtwellenfunktion durch eine lineare Kombination von Konfigurationen (antisymmetrisierte Prodd. aus Einelektronfunktionen in ellipt. Koordinaten) ausgedrückt wird. Eingehend untersucht werden der niedrigste $^2\Pi$-Zustand u. die beiden angeregten $^2\Sigma$-Zustände, die durch Wechselwrkg. eines He im Grundzustand mit einem 2p- bzw. einem 2s-H-Atom zustande kommen. Für den $^1\Pi$- u. den niedrigsten $^1\Sigma$-Zustand berechnet sich die Dissoziationsenergie zu 1,935 bzw. 2,336 eV. Die Ladungsverteilung um das He-Atom ist vergleichbar der in HeH (Grundzustand) u. HeH^+. Mit Ausnahme des Grundzustandes sind alle Dublettzustände des HeH bis zur Ionisationsgrenze des H-Atoms bindende Zustände; sie können durch sehr ähnliche Potentialkurven dargestellt werden. A. Blaschette 182◇

0474 **Überprüfung von Potentialkurven für zweiatomige Moleküle mit Hilfe numerischer Methoden.** J. K. Cashion. (J. chem. Physics **39,** 1872—77, 1963; Univ. of California, Lawrence Radiat. Labor. and Dep. of Chem.; engl.) — Eine genaue u. wirksame numer. Meth. zur Lösung der radialen Schrödinger-Gleichung eines zweiatomigen Mol. wird zur Überprüfung zweier angenäherter Potentialfunktionen herangezogen: 1. Für die von Pekeris angegebene Eigenwertnäherungsgleichung für einen rotierenden Morse-Oscillator werden die Fehler quant. bestimmt; 2. als Beispiel einer

Potentialfunktion ohne analyt. Lösung wird das Clinton-Potential mit dem Morse-Potential u. mit experimentellen Ergebnissen (HCl, HF, LiH, CO) verglichen.
A. Blaschette 182◇

0475 **Die Elektronenstruktur von A_2Y_4-Molekülen.** R. D. Brown und R. D. Harcourt. (Austral. J. Chem. **16,** 737—58, 1963; Clayton, Victoria, Monash Univ., Dep. of Chem.; Melbourne, Univ., Dep. of Chem.; engl.) — Die Elektronenstruktur von A_2Y_4-Moll. mit 34, 36 bzw. 38 Valenzelektronen wird mit Hilfe einer VE–SCF–MO-Näherungs-Meth. untersucht, wobei bes. Wert auf die Berücksichtigung der Delokalisierung von σ-Elektronen gelegt wird, die in der klass. Betrachtungsweise als einsame Paare an den Y-Atomen angesehen werden. Die Ergebnisse erlauben eine Deutung zahlreicher A—A- u. A—Y-Bindungsabstände sowie Y—A—Y-Bindungswinkel in den Moll. N_2O_4, $C_2O_4^{2-}$, B_2F_4, B_2Cl_4, C_2F_4, C_2Cl_4, $S_2O_4^{2-}$ u. N_2F_4. Weitere weniger gut bekannte bzw. bisher nicht nachgewiesene A_2Y_4-Syst. werden kurz im Hinblick auf ihre wahrscheinliche Stabilität diskutiert ($B_2O_4^{4-}$. $B_2F_4^{2-}$, $B_2Cl_4^{2-}$, $C_2O_4^{4-}$, $N_2O_4^{2-}$, $N_2O_4^{4-}$, N_2Cl_4, O_6, O_6^{2-}, S_2O_4, F_2O_4, Cl_2O_4). Das Ausmaß der σ-Delokalisierung ist charakterisiert durch einen Parameter a^σ, der in Beziehung zum Coulomb- u. Resonanzparameter der Hückelschen MO-Theorie steht. Allg. Regeln für den Wert von a^σ können aus den Werten der Rumpfladungen von A u. Y in bezug auf die σ-Elektronen vorausgesagt werden. Von der klass. „adjacent charge"-Regel ergeben sich Abweichungen insofern, als bei A_2Y_4-Syst. negative Formalladungen an den A-Atomen die Eigg. der A—A-Bindungen nicht wesentlich beeinflussen. Etwas aus dem Rahmen der skizzierten Theorie fallen die A_2F_4- u. A_2Cl_4-Verbindungen. A. Blaschette 182◇

0476 **Die Hauptgesetzmäßigkeiten in der geometrischen Konfiguration mehratomiger Moleküle.** W. M. Tatewski und W. P. Spiridonow. (Nachr. Moskauer Univ., Ser. II **17,** Nr. 4, 3—15, 1962; Moskau, Univ., Lehrstuhl für chem. Kinetik; russ.) — Bisher ist nur die Abhängigkeit der Struktur mehratomiger Moll. von den Valenzwinkeln (VW) u. den Kernabständen (KA) untersucht worden. Die VW im Strukturelement eines Kettenatoms hängen in 1. Näherung nur vom Valenzzustand des Atoms ab, in 2. Näherung werden sie auch durch die unmittelbare Umgebung des Kettenatoms bestimmt. Die KA werden zunächst durch den Bindungstyp, genauer unter Berücksichtigung der unmittelbaren Umgebung dieser Bindung bestimmt. Beide Größen sind von den entfernteren Teilen des Mol. unabhängig. — 58 Literaturangaben. R. K. Müller 182◇

0477 **Atomradien, Elektronegativitäten und Aktivierungsenergien in anorganischen Halbleiterverbindungen.** J. P. Suchet. (Physics Chem. Solids **16,** 265—78, 1960; Bellevue, Seine-et-Oise, C.N.R.S., Labor. de Magnétisme et de Phys. du Corps Solide; franz.) — Für zahlreiche bin. chem. Verbb., die in den Strukturtypen C 1, DO_3, A 7, B 1, C 6, C 33, B 29 bzw. DO_{18} kristallisieren, werden aus den interatomaren Abständen die kovalenten Atomradien für Ein- u. Zweielektronenbindungen in sp^3-, sp^2- u. p^3-Orbitals durch Verallgemeinerung der Theorie der Tetraederradien nach Pauling abgeleitet u. aus den Radien die homöopolaren Beiträge berechnet. Zwischen den heteropolaren Beiträgen u. den Elektronegativitäten u. Ordnungszahlen werden Beziehungen erhalten. Die berechneten Bandabstände sowie ihre homöo- u. heteropolaren Anteile sind tabellar. angegeben. Im einzelnen werden behandelt: AlP, AlAs, AlSb, AlBi, GaP, GaAs, GaSb,* GaBi, InP, InAs, InSb, InBi, ZnS, ZnSe, ZnTe, CdS, CdSe, CdTe, HgS, HgSe, HgTe, CuJ, AgJ, Al_2Te_3, Ga_2Se_3, Ga_2Te_3, In_2Se_3, In_2Te_3, HgJ_2, $[CsSb]^{2-}$, $[CsBi]^{2-}$, SnS_2, $SnSe_2$, CdJ_2, $[TlS_2]^-$, $[TlSe_2]^-$, Mg_2Si, Mg_2Ge, Mg_2Sn, Mg_2Pb, Na_2S, Na_2Se, Na_2Te, K_2S, K_2Se, K_2Te, Rb_2S, Cu_2S, Cu_2Se, Ag_2S, Ag_2Se, Ag_2Te, $[Li_2Sb]^-$, $[Li_2Bi]^-$, $[Cu_2Sb]^-$, Mg_3P_2, Mg_3As_2, Mg_3Sb_2, Mg_3Bi_2, Zn_3P_2, Zn_3As_2, Zn_3Sb_2, Zn_3Bi_2, Cd_3P_2, Cd_3As_2, Cd_3Sb_2, Cd_3Bi_2, [NaAs], [NaSb], [NaBi], [KAs], [KSb], [KBi], [RbSb], GeS, GeSe, GeTe, SnS, SnSe, $[AsSe]^+$, $[AsTe]^+$, $[SbSe]^+$, $[SbTe]^+$, $[BiSe]^+$, $[BiTe]^+$, SnTe, PbS, PbSe, PbTe, TlJ, GeJ_2, SnJ_2, PbJ_2, As_2Se_3, As_2Te_3, Sb_2Se_3, Sb_2Te_3, Bi_2Se_3, Bi_2Te_3.
Herbert Müller 182◇

0478 **Mittlere Schwingungsamplituden von Zirkonium-, Titan-, Silicium- und Bordioxid.** G. Nagarajan. (Indian J. pure appl. Physics **1,** 322—23, 1963; Annamalainagar, Annamalai Univ., Dep. of Phys.; engl.) — Nach der gruppentheoret. Meth. von Wilson wurden aus den bekannten Schwingungsspektren die Kraft-Konst. (KK) von gasförmigem ZrO_2, TiO_2, SiO_2 u. BO_2 unter der Annahme, daß diese symm. Moll. linear gebaut sind u. der Punktsymmetrie $D_{\infty h}$ angehören, berechnet. Die KK u. die mittleren Schwingungsamplituden bei 0 u. 298° K sind tabelliert. G. Gattow 182◇

0479 **Mittlere Schwingungsamplituden und thermodynamische Funktionen von Halogencyaniden.** G. Nagarajan. (Indian J. pure appl. Physics **1,** 324—27, 1963; engl.) — Vgl. vorst. Referat. — Mit Hilfe bekannter interatomarer Abstände wurden unter Zugrundelegung der von verschiedenen Autoren publizierten Schwingungsspektren von FCN (**I**), ClCN (**II**), BrCN (**III**) u. JCN (**IV**) die Schwingungsamplituden dieser unsymm. linearen Moll. (Punktsymmetrie: $C_{\infty v}$) für 0 u. 298° K sowie mittels der statist. Thermodynamik die thermodynam. Funktionen zwischen 200 u. 2000° K für den idealen Gaszustand bei 1 atm Druck berechnet; die Werte sind tabelliert. Für 298,16° K werden angegeben (in cal/Grad·Mol) für den Wärmeinhalt 8,124 (**I**), 8,570 (**II**), 8,878 (**III**) u. 9,138 (**IV**); für die Freie Energie 45,415, 47,968, 50,489 u. 52,235; für die Entropie 53,639, 56,538, 59,367 u. 61,373; für die Mol-Wärme 9,982. 10,791, 11,228 u. 11,548.
G. Gattow 182◇

0480 **Untersuchung und Bestimmung des Wassers in anorganischen Komplexen.** Clément Duval. (Chim. analytique **44,** 102—06, 1962; Paris, Labor. de Rech. microanalyt.; franz.) — Die verschiedenen Bindungsarten des H_2O in anorgan. Substanzen werden durch IR-Absorptionsspektren, Thermogravimetrie, DTA u. die Isotopen-Meth. bestimmt. Die 4 Verff. werden an Hand von Beispielen diskutiert. Es werden u. a. untersucht: Hydroxide bzw. Oxidhydrate des Ni, Sr, Cu, Mg, Al, Be, Zr, Th, Ag, Pb u. die Hydrate des SO_3 in den freien Schwefelsäuren sowie in Verbb., wie Ni-Schönit, dem die Struktur $K_2[Ni(SO_6H_4)_2(H_2O)_2]$, u. Cr-Alaun, dem die Struktur $K[Cr(SO_6H_4)_2(H_2O)_2]\cdot 6H_2O$ zuzuschreiben ist.
K. Scheffler 182◇

0481 **Die komplexe Struktur von festem amorphem und von geschmolzenem Wismut.** H. Richter. (Z. Physik **172,** 530 bis 535, 1963, Stuttgart, TH, Röntgeninst.; dt.) — Von Leonhardt u. Mitarbeitern (C. **1963,** 36) wurden unterschiedliche Werte für die Kantenlänge der rhomb. Gitterzelle des festen amorphen u. des geschmolzenen Bi erhalten. Diese Diskrepanz wird behoben, wenn man die Interferenzlagen für das feste amorphe Bi nicht der Intensitätskurve, sondern der i (s)-Kurve entnimmt. Die Fourier-Analyse der Intensitätskurve verlangt das Vorhandensein einer aufgelockerten dichtesten Kugelpackung in festem amorphem u. in geschmolzenem Bi. Die unmittelbare Diskussion der i (s)-Kurve zeigt dagegen das Vorliegen einer ausgeprägten Flächengitterstruktur. Man braucht somit beide Meth., um zu einem gesicherten Bild vom atomaren Aufbau des festen amorphen u. des geschmolzenen Bi zu gelangen. Dabei ist es angezeigt, möglichst viel an Information unmittelbar aus der Intensitäts- oder aus der i (s)-Kurve herauszulesen. H. Jehne 186◇

0482 **Zur statischen Näherung des Festkörperproblems.** Albert Haug. (Z. Physik **175,** 166—71, 1963; München, TH, Inst. für Theoret. Phys.; dt.) — Gegenüber der adiabat. Näherung werden die großen Vorzüge der stat. Näherung für die Festkörperphysik herausgestellt. Dieses Verf. liefert viel unmittelbarer als die adiabat. Meth. neben den Gitterschwingungen die Bewegung der Elektronen in einem period. Potential sowie die üblichen Ansätze für die Elektronen–Gitter-Wechselwirkung. H. Jehne 190◇

0483 **Anwendung der Schwingungstheorie eines Kristallgitters mit deformierbaren Ionen auf die Betrachtung physikalischer Eigenschaften binärer kubischer Kristalle.** K. B. Tolpygo. (Nachr. Akad. Wiss. UdSSR, physik. Ser. **24,** 177—88, 1960; Moskau, Inst. für Phys. der Akad. der Wiss. der UdSSR; russ.) — Gleichungen für die potentielle Kristallgitterenergie sowie die opt. u. akust. Schwingungen von Kristallen u. deren Beziehungen zu den elast. Eigg. von Kristallen werden abgeleitet. Die berechneten Größen werden mit experimentellen Werten von den Alkalimetallhalogeniden AB (A = Li, Na, K, Rb, Cs; B = F, Cl, Br, J mit Ausnahme von RbF u. CsF); TlCl, TlBr, AgCl, AgBr, MgO, CaO u. SrO verglichen u. zeigen gute Übereinstimmung bei den Alkalimetallhalogeniden u. eine weniger gute bei AgCl, AgBr u. MgO. Es zeigt sich, daß die Dipolaustauschkräfte grundlegend sind u.

die Ionendeformationen zusammen mit den Ladungsänderungen erwogen werden müssen u. daß so die vorgelegte Berechnung Vorteile im Vgl. mit der Theorie partieller Ionenladungen zeigt. J. Tůmová 190□

0484 **Glimmentladung als Temperaturquelle für das Erschmelzen von Oberflächen und das tiegelfreie Zonenschmelzen.** Z. Trousil. (Czechoslov. J. Physics **12,** 227–31, 1962; Prague, Czechoslov. Acad. of Sci., Inst. of Solid State Phys.; engl.) — Vf. beschreibt eine einfache App. aus durchsichtigem Quarzglas für tiegelfreies Zonenschmelzen nichtflüchtiger u. hochschm. Stoffe, in der die für die Schmelzzone erforderliche Temp. mittels einer Glimmentladung zwischen beweglichen Elektroden erzeugt wird. Das Verf., das zur Hochreinigung von Halbleitermaterialien, bes. *Si* sowie zum Erschmelzen von Halbleiter-Oberflächen, etwa zur Erzeugung von p–n-Übergängen, geeignet ist, arbeitet in Reinstwasserstoff-Atmosphäre im Bereich 80–180 Torr; der Entladungsstrom beträgt unter konst. Bedingungen ~ 1 A bei einer Spannung von 450–500 V. L. Mögele 190◇

0485 **Über das tiegelfreie Erhitzen und Schmelzen von stabilisiertem Zirkoniumdioxid durch Hochfrequenzinduktion.** Monique Perez y Jorba und Robert Collongues. (C. R. hebd. Séances Acad. Sci. **257,** 1091–93, 1963; Vitry, C.N.R.S., Labor.; franz.) — Gesinterte Mischungen von ZrO_2 mit 10% CaO bzw. Y_2O_3 werden auf Temp. zwischen 1200 u. 1600° vorgeheizt, bei denen die elektr. Leitfähigkeit der Mischoxide Werte von 1–10 $\Omega \cdot$cm erreicht. Anschließend werden die Proben mit Hochfrequenz (20 MHz) bis zum F. weitererhitzt. Auf Grund der geringen Wärmeleitfähigkeit des ZrO_2 bleibt nur eine Wandung von 1–2 mm Dicke ungeschmolzen, die die Funktion eines Tiegels übernimmt. Das Verf. ist auch auf CeO_2 u. TiO_2 anwendbar u. kann bei Verw. von ZrO_2(CaO) für längeres Erhitzen auf Temp. bei 1900° benutzt werden. Herbert Müller 190◇

0486 **Über die natürliche Epitaxie von Urandioxid und Fluorit.** Parviz Assadi und Colette de Rango. (C. R. hebd. Séances Acad. Sci. **257,** 1066–69, 1963; Paris, Fac. des Sci., Labor. de Minéral. et Cristallogr.; Bellevue, Seine-et-Oise C.N.R.S., Serv. de Microscopie électron.; franz.) — Vff. weisen an geschliffenen Proben von Antozonit autoradiograph. u. elektronenkmr. die Verteilung von UO_2 in CaF_2 nach. Kristallite von CaF_2 zeigen an Korngrenzen u. Versetzungen Einlagerungen von UO_2, die Adsorptionsschichten entsprechen. Durch Wärmebehandlung wird $Ca(UO_2)O_2$ gebildet, das epitakt. auf CaF_2 aufwächst. Herbert Müller 190◇

0487 **Die Verteilung von Versetzungen in einer elliptischen Gleitzone.** J. D. Eshelby. (Physica Status solidi [Berlin] **3,** 2057–60, 1963; Stuttgart, MPI für Metallforsch.; TH, Inst. für theoret. u. angew. Phys.; engl.) — Theoret. Unters. der Emission von Versetzungsschleifen von einer Quelle unter dem Einfl. einer angelegten Spannung u. ihrer Aufstauung an einem ellipt. Hindernis. Bestimmt werden die Anzahl der Versetzungen im Gleichgewicht u. ihre Verteilung. H. Roschkowski 190◇

0488 **Korrekturen zur Kaskadentheorie der Defekterzeugung.** G. Diener, D. Heinrich und R. Lenk. (Physica Status solidi [Berlin] **3,** 2069–82, 1963; Rossendorf bei Dresden, Zentralinst. für Kernphys., Bereich theoret. Phys.; dt.) — Eine Meth. zur Lösung der Integralgleichung der Kaskadentheorie durch Einführung einer Ersatzstoßverteilung, falls die ursprüngliche Stoßverteilung keine exakte Lösung zuläßt, wird angegeben. Sie wird auf die 1/T-Stoßverteilung angewandt. Weiterhin wird der Einfl. von Stoßketten auf die Defektzahl am Beispiel der [110]-Ketten in Cu abgeschätzt. Außerdem wird untersucht, wie eine Änderung des Wechselwrkg.-Potentials der Atome diese Korrektur beeinflußt. H. Roschkowski 190◇

0489 **Über die Art von Sprüngen auf sich schneidenden Schraubenversetzungen.** L. Zsoldos. (Physica Status solidi [Berlin] **3,** 2127–31, 1963; Budapest, Eötvös-Univ., Inst. of exper. Phys.; engl.) — Eine Diskussion der Formel von Hornstra beweist in einfacher Weise Cottrells Ergebnisse, daß der größte Teil der bei plast. Verformung entstehenden Sprünge Zwischengittersprünge sind. Trotzdem findet man, daß die Zahl der Leerstellensprünge nicht vernachlässigbar gegenüber der Zahl der Zwischengittersprünge ist. H. Roschkowski 190◇

0490 **Versetzungen in primären Gleitsystemen kubisch-flächenzentrierter Kristalle.** L. J. Teutonico. (Acta metallurg. [New York] **11,** 391–97, 1963; Farmingdale, N.Y., Republic Aviat. Corp., Appl. Res. Dev. Div., Mat. Dev. Labor.; engl.) — Die anisotrope elast. Theorie gleichförmig bewegter Versetzungen wird angewandt, um das dynam. Verh. von Versetzungen in den prim. Gleitsyst. kub.-flächenzentrierter Kristalle zu untersuchen. In ⟨1 1 2⟩- u. ⟨1 1 0⟩-Richtungen liegende Stufen- u. Schraubenversetzungen werden eingehend studiert. Für verschiedene kub.-flächenzentrierte Elementkristalle wird die Kraft zwischen zwei parallelen Versetzungen als Funktion der Geschw. numer. berechnet; die Geschw. bei der die Kraft verschwindet, u. die Grenz-Geschw. von Stufen- u. Schraubenversetzungen werden angegeben. Diese Berechnungen liefern auch den Energiebereich, in dem die verschiedenen Wechselwrkg. zwischen Versetzungen anormales Verh. zeigen. Da die interessierenden Versetzungen gewöhnlich in zwei Halbversetzungen aufgespalten sind, werden die Kräfte zwischen diesen als Funktion der Geschw. für Stufen- u. Schraubenversetzungen numer. ermittelt. Außerdem werden ähnliche Unterss. für mehrere hypothet. kub.-flächenzentrierte Materialien durchgeführt u. dadurch eine Reihe von Beziehungen zwischen den elast. Konst. u. dem dynam. Verh. gewonnen. W. Pump 190◇

0491 **Über die Reaktion einer asymmetrisch geneigten Versetzungswand mit Beimengungsatomen.** B. A. Grinberg. (Metallphysik u. Metallkunde [UdSSR] **13,** 779–82, 1962; Akad. der Wiss. der UdSSR, Inst. für Metallphys.; russ.) — Eine Gleichung für die Energie W der elast. Wechselwrkg. zwischen einem gelösten Atom u. einer Phasengrenze mit asymm. Neigung in einem Mehrstoff-Syst. wird abgeleitet u. an einem Diagramm erläutert. R. K. Müller 190◇

0492 **Der Beitrag der Inselsymmetrie bei der Berechnung des Energiespektrums der Verunreinigungsionen in einem Kristall.** A. N. Men und W. I. Tscherpanow. (Festkörperphysik [UdSSR] **5,** 1630–39, 1963; Swerdlowsk, Akad. der Wiss. der UdSSR, Abt. Ural. Inst. für Metallurgie; russ.) — Untersucht wird die Aufspaltung der ^{4}F-Niveaus von Übergangsmetallionen als Verunreinigungen auf Oktaederplätzen in einem fremden, idealen Spinellkristallfeld, wobei der Einfl. auch des zweitnächsten Nachbarn berücksichtigt wird. Das Maß der Aufspaltung hängt von dem Parameter $\overline{r^2}\, R_1{}^2/2\,\overline{r^4}$ ab (r = Abstand eines d-Elektrons vom Ursprung, $R_1{}^2$ = Abstand des zweitnächsten Nachbarn vom Übergangsmetallverunreinigungsion). K. Jaeger 190◇

0493 **Änderungen der Beugungserscheinungen von Röntgenstrahlen bei Anwesenheit von Substitutionsverunreinigungen in Siliciumkristallen.** Jacques Burgeat. (C. R. hebd. Séances Acad. Sci. **257,** 1070–72, 1963; Issy-les-Moulineaux, Seine, Centre Nat. d'Etudes des Télécommun., Dép. Phys., Chim., Métallurg.; franz.) — n-leitende Si-Einkristalle mit spezif. elektr. Widerständen von 70 $\Omega \cdot$cm werden durch Diffusion bis in Eindringtiefen von 4,2–22,8 μ mit B dotiert. Von den Proben wird der Intensitätsverlauf der Doppelreflexion 400 mit CuKα-Strahlung untersucht. Das Reflexionsvermögen steigt für geringe Eindringtiefen an. u. es erscheinen Sekundärreflexionen u. Verstärkungen des Untergrundes. Herbert Müller 190◇

0494 **Packungsfehler und Versetzungen in Titandioxid mit besonderem Bezug auf Nichtstöchiometrie.** K. H. G. Ashbee, R. E. Smallman und G. K. Williamson. (Proc. Roy. Soc. [London], Ser. A **276,** 542–52, 4 Tafeln, 1963; Birmingham, Univ., Dep. of Phys. Metallurg.; Berkeley, Glos., Central Electr. Generating Board, Mat. Div.; engl.) — Vgl. C. **1964,** 11-0572. — Die Packungsfehler u. Versetzungen in auf (1 0 0)-Flächen von Ti-Carbid durch Oxydation unter kontrollierten Bedingungen epitakt. aufgewachsenen TiO_2-Filmen wurden elektronenmkr. untersucht. Die während des Wachstums der Filme gebildeten Packungsfehler liegen auf (1 0 1)-Ebenen, wechseln jedoch oft ihre Lage innerhalb dieser Ebenenfamilie. Die Packungsfehler werden durch eine Partialversetzung mit 1/2 [1 0 1]-Vektor begrenzt. Bei Erhitzen der Probe unter dem Mikroskop, während dessen sie nichtstöchiometr. wird, heilen die Fehler nach einem von zwei möglichen Mechanismen (Gleiten der begrenzenden Partialversetzung oder Wachstum kleiner Versetzungsschleifen aus der Kondens. von Leerstellen) aus. Die beobachteten Versetzungen sind zweierlei Art u. bestehen aus dissoziierten, an einen Stapel-

fehler gebundenen bzw. undissoziierten Versetzungen mit Burgers-Vektor [0 0 1]. Es treten Wechselwrkg. zwischen beiden Typen sowie zwischen den auf (1 0 1) gleitenden Partialversetzungen u. Leerstellen-Clustern auf. Die letztere Wechselwrkg. wird als möglicher Mechanismus für die bei Unterstöchiometrie von TiO_2 erhöhte Fließspannung angesehen.
H. Roschkowski 190◇

0495 **Beweis für die anharmonische Bindung isolierter Fe-Störstellenatome.** W. A. Steyert und P. P. Craig. (Physics Letters [Amsterdam] **2**, 165—67, 1962; Los Alamos, N. Mex., Sci. Labor.; engl.) — Gemessen wurde die Temp.-Abhängigkeit des Mössbauer-Effektes für isolierte ^{57}Fe-Atome (aus ^{57}Co durch Elektroneneinfang) in *In*. Die Ergebnisse werden mit einer vorwiegend anharmon. Bindung des Fe im In-Gitter gedeutet.
K. Jaeger 190◇

0496 **Auswertung der Ausheilkurven nichtmonomolekularer Prozesse bei zeitlinearem und isochronem Aufheizen.** M. Balarin und A. Zetzsche. (Physica Status solidi [Berlin] **3**, K 387—K 390, 1963; Rossendorf bei Dresden, Dt. Akad. der Wiss., Zentral-Inst. für Kernphys., Bereich Werkstoffe u. Festkörper; dt.) — Die theoret. Grundlagen zur Erweiterung einer früher (C. **1963, 14216**) beschriebenen Meth. zur Best. der Aktivierungsenergie für die Beweglichkeit von Gitterdefekten durch zeitlineares Aufheizen auf bimol. oder andere multimol. Prozesse werden angegeben.
H. Roschkowski 190◇

0497 **Über die Theorie der Strahlungsschäden in Graphit bei den Temperaturen eines Energiereaktors.** R. L. Woolley. (Brit. J. appl. Physics **14**, 778—83, 1963; Berkeley, Glos., Berkeley Nucl. Labor., Central Electr. Gen. Board; engl.) — Eine Theorie der Strahlungsschäden in Graphit wird auf Grundlage von Wechselwrkg. von einzelnen unbeweglichen Leerstellen, kleinen beweglichen Anhäufungen von Zwischengitteratomen u. großen unbeweglichen Zwischengitteratom-Clustern aufgestellt. Die Rkk. zwischen den beweglichen u. starren Defekten führen zu Gleichungen für die Rekombination, Keim-Bldg. u. das Cluster-Wachstum u. zu Ausdrücken für die Konzz. der verschiedenen Defekte als Funktion von Temp., Dosis u. Strahlungsfluß. Die Gleichungen stimmen mit experimentellen Daten zur gespeicherten Energie u. zur Größe der Cluster von anderer Seite überein.
H. Roschkowski 190◇

0498 **Wirkungen von Spaltprodukten in Urandioxid.** B. G. Childs. (J. nuclear Mater. [Amsterdam] **9**, 217—44, 1963; Thurso, Caithness, Scottland, UKAEA, Dounreay Exper. Reactor Establ.; engl.) — Übersicht (Vorgänge u. Kinetik beim Austreten von Spaltprodd. aus UO_2 bei Bestrahlung u. Erhitzen, physikal. u. mikrostrukturelle Änderungen des UO_2 infolge zurückbleibender Spaltprodukte). — 61 Literaturangaben.
H. Roschkowski 190◇

0499 **Elektronenmikroskopische Untersuchung des Einflusses der Radioaktivität von elementarem Schwefel auf die Struktur seiner Oberfläche.** L. I. Semljanowa, I. Je. Simakow, A. M. Ljapina, W. I. Spitzyn und N. P. Dobrosselskaja. (Radiochemie [UdSSR] **5**, 392—94, 1963; russ.) — Elektronenmkr. Aufnahmen von der Oberfläche von aus CS_2-Lsgg. hergestellten S-Kristallen mit spezif. Aktivitäten von 0, 1, 10, 50 u. 100 mc/g wurden hergestellt. Die Oberfläche von Kristallen von nichtakt. S u. von S mit 1 mc/g ist relativ glatt. Die Oberfläche von S-Kristallen mit höherer spezif. Aktivität ist desto rauher, je höher die Aktivität ist. Die Oberfläche hat Ähnlichkeit mit einer durch einen Ionenstrahl geätzten Metalloberfläche. Die entwickelte Oberflächenstruktur wird durch die Ggw. einer größeren Zahl von Kristallisationszentren bei höherer Aktivität erklärt. Die spezif. Oberfläche nimmt ebenfalls mit der Erhöhung der spezif. Aktivität zu. Sie beträgt z. B. für nichtakt. S 0,57 m^2/g, für S mit 100 mc/g 1,16 m^2/g.
G. Ewald 190◇

0500 **Strukturveränderungen von Lithiumfluorid durch mechanische Bearbeitung und anschließende Temperung.** K. Meyer und U. Berger. (Z. physik. Chem. [Leipzig] **223**, 207—17, 1963; Dt. Akad. der Wiss. zu Berlin, Inst. für Phys. Chem.; dt.) — (1 1 0)-LiF-Oberflächen werden im Vakuum unter einem Winkel von 90° mit Edelkorundkörnern (∅ 0,4 bis 0,5 mm) mit ca. 420 cm/s beschossen. Die Rückbldg. der mechan. aktivierten Flächen erfolgt durch Temperung zwischen 600 u. 800° im Vakuum bzw. in N_2 bei 300 Torr. Zur Beobachtung der bearbeiteten u. getemperten Oberflächen dienen elektronenmkr. Aufnahmen. Temperung im Vakuum führt zu bevorzugter Verdampfung der mechan. aktivierten Bereiche. Rückkondens. kann nur unter den gegebenen Vers.-Bedingungen vernachlässigt werden. Dadurch kommt es zu einem definierten Abbau der gestörten Bereiche bis zu der zu erwartenden (1 1 0)-Gleichgewichtsform. Bei Temperung in N_2-Atmosphäre erfolgt wegen des relativ hohen Druckes keine definierte Abdampfung und Rückkondensation. Neben der schnellen Rückkondens. an Keim-Bldg.-Zentren, die zu Wachstumsformen ohne erkennbare morpholog. Begrenzungen führt, erfolgt auch langsameres u. geordneteres Wachstum, aus dem Wachstumsformen mit kristallograph. definierten Flächen resultieren. Zwischen diesen Ungleichgewichtsformen u. den aus der Schmelze erstarrten Strukturen, wie sie ursprünglich bei der Deutung der Ergebnisse an Steinsalz angenommen wurden, dürfte kaum ein Unterschied bestehen.
G. Beck 190◇

0501 **Die Bestimmung des Verformungsvolumens bei der Stoßbearbeitung von NaCl-Einkristallen.** K. Meyer und E. Gragert. (Physica Status solidi [Berlin] **3**, 2005—13, 1963; dt.) — Vgl. vorst. Referat. — Beim senkrechten Stoß einer 0,8 mm Stahlkugel, die mit einer Geschw. von ca. 172 cm/s auf eine (0 0 1)-NaCl-Oberfläche trifft, entsteht in der Umgebung des Kontaktes eine plast. verformte Zone. Durch sukzessives Abtragen u. Ätzen wird die räumliche Verteilung der durch den Stoßgang erzeugten Versetzungen bestimmt. Unter Berücksichtigung der Größe u. Richtung des übertragenen Impulses, der Gleitelemente der NaCl-Struktur u. der unterschiedlichen Beweglichkeit von Versetzungen mit Schrauben- u. Stufencharakter lassen sich die experimentellen Ergebnisse theoret. deuten. Unter der Annahme vereinfachter Randbedingungen ergeben sich Schlußfolgerungen über die Fortpflanzung energet. Störungen im Kristallgitter u. führen zu der Vorstellung eines quasi-adiabat. Energiestaus durch Lokalisierung sehr hoher Energien innerhalb eines engbegrenzten Raumes während der Wrkg. des Impulses.
H. Roschkowski 190◇

0502 **Diffusion.** F. R. Winslow und K. H. Osthagen. (J. Metals **15**, 855—60, 1963; Battelle Mem. Inst.; Oak Ridge, Nat. Labor.; engl.) — Überblick an Hand der Veröffentlichungen des Jahres 1962 über Diffusionsmechanismen in festen Stoffen, Lösungen der Diffusionsgleichung, Diffusion in tern. Syst., Selbstdiffusion, Unterss. an reinen Metallen u. Legg., Nichtmetallen u. fl. Metallen, Einfl. von Zug, Druck u. Temp., Korngrenzendiffusion. — 138 Literaturangaben.
M. Gehlen-Keller 190◇

0503 **Untersuchung der Diffusion einiger Elemente in Selen.** S. A. Alijarowa und G. B. Abdullajew. (Nachr. Akad. Wiss. AserbaidshanSSR, Ser. physik.-techn. chem. Wiss. **1958**, Nr. 5, 7—13; aserbaidshan., Auszug: russ.) — Untersucht wurde der Einfl. von Br-Beimengungen auf die Diffusion von S in Se; der Einfl. von Cd-Beimengungen auf die Selbstdiffusion von Se u. auf die Diffusion von Fe in Se. Zu diesem Zweck wurden zylinderförmige Proben mit wechselnden Mengen der Beimengungen angefertigt, u. nach einer Kristallisationsbehandlung bei 200° auf eine der Flächen die radioakt. markierten Elemente aufgetragen (^{35}S; ^{59}Fe, ^{75}Se). Nach Diffusionsanlassen bei 50—180° wurden parallele Schichten abgelöst u. deren Aktivität gemessen. Die S-Atome bewegten sich entlang der Kristallgrenzen. Bei allen Temp. steigt der Diffusions-Koeff. von S in Se bei Zusatz von Br erst an, fällt danach bis zu Zusätzen von 0,2% u. steigt danach wieder an. Mit steigender Br-Konz. sinkt auch die Aktivierungsenergie bis zum Minimum bei 0,032% Br, danach steigt sie wieder, u. zwar bei hohen Konzz. fast bis zum Grenzwert. Der Eigendiffusions-Koeff. von Se sowie der Diffusions-Koeff. von Fe in Se sinken beide mit steigender Konz. von Cd zunächst ab, danach steigen sie beide an. Bei gleicher Konz. des Cd haben die Kurven (Abhängigkeit der Aktivierungsenergie der Selbstdiffusion des Se u. der Diffusion des Fe im Se von der Konz. des Cd) ein Minimum. A. v. Wilpert 190□

0504 **Diffusionsprozesse in den Systemen Blei–Uran.** G. J. Wasserburg. (J. geophys. Res. **68**, 4823—46, 1963; Pasadena, Calif., California Inst. of Technol.; engl.) — Bes. mit Hinblick auf geolog. Alters-Best. wird das Verhältnis r_λ der radiogenen Tochter zum zurückbleibenden Element (mit der Zerfalls-Konst. λ) für ein kontinuierliches Diffusionsmodell untersucht, bei dem die Diffusions-Konst. eine Funktion der Zeit ist. Eine Lsg. für die gleichzeitige Diffusion von Tochter- u. zurückbleibendem Element wird in geschlossener Form gegeben. Es wird eine Theorie zur Beschreibung der Flugbahnen $r\lambda$ u. $r\lambda'$ für gepaarte Zerfallsschemata (Zerfalls-Konst. λ u. λ') entwickelt. Ein Strahlungsschaden-Modell für den Diffusions-Koeff., der $D(\tau)$ zum integrierten Strahlungsschaden u. zum *U*-(*Th*-) Geh. in Beziehung setzt, wird vorgeschlagen. Die funktionelle Beziehung zwischen $r\lambda$ u. *U*-Geh. wurde für drei wichtige Fälle bestätigt. Das Modell $D(\tau) = D_1\tau$ ergibt eine $r\lambda$, $r\lambda'$-Kurve, die sehr ähnlich der von Tilton für $D = D_0$ erhaltenen ist. Die Neigung ist etwas größer u. der lineare Bereich ausgedehnter. Die theoret. Kurven sind in angemessener Übereinstimmung mit den experimentellen Daten.

Ernst Schulte 190◇

0505 **Diffusion von Eisen in Hämatit.** W. I. Iswekow, N. Ss. Gorbunow und A. A. Babad-Sachrjapin. (Metallphysik u. Metallkunde [UdSSR] **14,** 195—99, 1962; Akad. der Wiss. der UdSSR, Inst. für phys. Chem.; russ.) — Es wurde die Diffusion von ^{59}Fe in Haematit an Proben, die durch Pressen u. Sintern des Haematitpulvers erhalten wurden, untersucht. Die ^{59}Fe-Schicht wurde auf die Haematitproben im Vakuum aufkondensiert. Die Diffusions-Koeff. von Fe in α-Fe_2O_3 wurden durch Schichtabtragen u. Aktivitätsmessungen bestimmt. Das Diffusionsglühen der Proben geschah an der Luft. Für den Temp.-Bereich von 950—1050° wurde die Temp.-Abhängigkeit des Diffusions-Koeff. von Fe in α-Fe_2O_3 in Form von $D = 1{,}3 \cdot 10^6 \exp(-100200/RT)$ erhalten.

N. Kubeth 190◇

0506 **Über die Abhängigkeit der Wirkung von Zusätzen auf die kristallchemische Stabilisierung von Dicalciumsilicat von der Lage der Kationen der Zusätze im Periodensystem von D. I. Mendelejew.** W. A. Bron und L. B. Choroschawin. (J. angew. Chem. [UdSSR] **34,** 750—56, 1961; russ.) — Die Einw. von Zusätzen (Z) auf die kristallchem. Stabilisierung (KS) von Ca_2SiO_4 kann nach der Stellung der Kationen der Z im Period. Syst. (PS) ermittelt werden. Die Kationen der Stabilisatoren ordnen sich im PS nach diagonalen, Ca^{2+} u. Si^{4+} enthaltenden Reihen (Na, Ca, Y, Ce, Ta bzw. B, Si, V, Mo) u. ihren benachbarten (rechts von den vorst. Hauptreihen sich befindenden) Diagonalreihen (Sc, Zr, Pr, W bzw. C, P, Cr, Tc) an. Auf Grund der obigen Gesetzmäßigkeit der Z im PS werden neue wirksame kristallochem. Stabilisatoren wie ZrO_2, CeO_2 u. MoO_3 vorgeschlagen. Eine positive Wrkg.kombinierter Z auf die KS von Ca_2SiO_4 wird nur in Fällen, wo der Z einen Ca_2SiO_4-Stabilisator enthält, beobachtet.

S. Baryschnikow 190

0507 **Kristallchemie des Berylls.** W. W. Bakakin und N. W. Below. (Geochemie [UdSSR] **1962,** 420—33; russ., Auszug: engl.) — Diskussion der Kompensation eines Defizits positiver Ladung durch zusätzliche Kationen in Strukturen mit 3-dimensionalen Gittern von Al-, Si- u. Be-Tetraedern u. großen Zwischenräumen zwischen diesen, wobei auf die bes. Bedeutung des W. als Stützsubstanz u. (durch seine Möglichkeit, als Protonenträger aufzutreten) als Puffersubstanz zu fungieren, eingegangen wird. Diese Vorstellung erlaubt es, eine Begründung für spezielle kristallchem. Eigg. zu geben, wie z. B. für die leichte Aufnahme von Cs, Li, Na durch Beryll u. die Abneigung gegen eine Aufnahme von Rb, K u. Mn, sowie für die hohe Dehydratisierungs-Temp. des Berylls.

H. Noack 190△

0508 **Neue Daten über synthetischen Mullit.** A. J. Majumdar und J. H. Welch. (Trans. Brit. ceram. Soc. **62,** 603—13, 1963; Garston, Watford, Herts., Building Res. Stat.; engl.) — Mullite mit 22,22—27,56 (%) SiO_2, 72,66—78,09 Al_2O_3 u. z. T. mit 0,17—0,45 CaO wurden aus der Schmelze gezogen u. opt. u. röntgenograph. untersucht. Die Brechungsindices n_γ bzw. n_α sowie die Gitter-Konst. a sind direkt bzw. umgekehrt proportional dem SiO_2-Geh. der Proben. a beträgt 7,5902 Å bei 22,28% SiO_2 u. 7,5549 Å bei 27,52% SiO_2. Lang anhaltende Wärmebehandlung im Subsolidusbereich führt zu einer Änderung der Gitterparameter. Das Eutektikum Mullit-Cristobalit liegt bei 1547 ± 5°. H. Roschkowski 190◇

0509 **Untersuchung der Bildung anomaler CaF_2-CeF_3- und CaF_2-YF_3-Mischkristalle bei der Kristallisation von Calciumfluorid aus der Schmelze.** K. G. Mjakischew und W. R. Klokman. (Radiochemie [UdSSR] **5,** 401—11, **1963**; russ.) — Vff. untersuchten die Verteilung von Ce u. Y zwischen CaF_2 als fester Phase u. dem Flußmittel NaF als fl. Phase bei den Temp. 864, 925 u. 1015° nach 2 Meth.: Kristallisation der festen Phase aus einer leicht übersätt. Schmelze u. Umkristallisation eines Überschusses der Makrokomponente in der Schmelze. Verwendet wurden die Nuklide ^{144}Ce u. ^{90}Y. Während bei der Kristallisation aus wss. Lsg. (Syst. CaF_2–YF_3–H_2O) eine untere Mischbarkeitsgrenze vorhanden ist, tritt eine solche Grenze in den Syst. CaF_2–YF_3–NaF u. CaF_2–CeF_3–NaF bei der Kristallisation aus der Schmelze nicht auf. Der Verteilungs-Koeff. D ist bei gleichen Bedingungen für CeF_3 höher als für YF_3. Die Koeff. vergrößern sich auf das 3—6fache bei einer Erhöhung der Temp. von 864 auf 1015°. Diese Veränderung wird mit einer Verminderung der Beständigkeit der entsprechenden Komplex-Verbb. des Y u. des Ce erklärt. Die Koeff. hängen bei konst. Temp. u. Zus. von der Dauer der Umkristallisation u. der Länge des Haltens der Schmelze bei der Vers.-Temp. vor dem Abscheiden der festen Phase ab. Die Vergrößerung von D mit der Zeit wird mit der Ggw. eines langsamen Prozesses erklärt. Die Löslichkeitsgrenzen von CeF_3 u. YF_3 im Syst. CaF_2–NaF werden angegeben.

G. Ewald 190◇

0510 **Grundsätze einer kristallchemischen Klassifikation der Sulfide.** A. S. Powarennych. (Geologie **12,** 377—400, 1963; Kiew; dt.) — Auf der Grundlage einer Analyse der Eigg. der die Sulfide bildenden Elemente wird eine Übersicht über die wichtigsten Typen der von ihnen gebildeten Strukturen gegeben. Zur Charakterisierung des Grades der Anisodesmizität der Bindungen wird eine Formel zur Berechnung der Festigkeit der Bindungen in den verschiedenen Richtungen angegeben. Vf. schlägt unter Berücksichtigung der Eigg. u. des Habitus der Mineralien ein Schema für eine kristallchem. Klassifikation der Sulfide vor, in dem die Einteilung in Unterklassen (wie bei den Silicaten) nach dem Typ des Strukturmotivs durchgeführt ist. H. Jehne 190◇

0511 **Über die Struktur von festem Wasserstoff.** A. A. Galkin und I. W. Matjasch. (J. exp. theoret. Physik [UdSSR] **37,** 1831—32, 1959; Inst. für Radiophys. u. Elektronik der Akad. der Wiss. der UkrainSSR; russ.) — Durch Messungen der kernmagnet. Resonanz an polykristallinem H_2, aber auch an Wasserstoffeinkristallen bei 4,2° K wird festgestellt, daß H_2 tetragonal kristallisiert. G. Rudakoff 195◇

0512 **Molekül-, Kristall- und Valenzstruktur von iso-$B_{18}H_{22}$.** Paul G. Simpson, Kirsten Folting, Robert D. Dobrott und William N. Lipscomb. (J. chem. Physics **39,** 2339—48, 1963; Cambridge, Mass., Harvard Univ., Dep. of Chem.; engl.) — Formel u. Mol.-Struktur einschließlich sämtlicher H-Parameter von iso-$B_{18}H_{22}$ wurden durch dreidimensionale Röntgenbeugungsanalyse an Einkristallen gesichert. Das B-Skelett besteht aus zwei B_{10}-Einheiten des $B_{10}H_{14}$, die eine gemeinsame $B_{(9)}$–$B_{(10)}$-Kante besitzen, so daß das Mol. eine zweizählige Achse aufweist u. die beiden Mol.-Hälften in entgegengesetzten Richtungen geöffnet sind. Die Struktur ähnelt damit der des n-$B_{18}H_{22}$, welche jedoch ein Symmetriezentrum besitzt. Kristallstruktur: $a = 9{,}199 \pm 0{,}002$, $b = 13{,}180 \pm 0{,}001$, $c = 12{,}515 \pm 0{,}002$ Å, $\beta = 109^\circ\, 35' \pm 5'$; reziproke Gittersymmetrie C_{2h}; Raumgruppe C_{2h}^5–$P\,2_1/c$; $Z = 4$; $R = \Sigma\|F_0| - |F_c\|/\Sigma|F_0| = 0{,}108$ für 3195 beobachtete Beugungsmaxima. Eine statist. Analyse der 6992 möglichen Zweizentren- u. Dreizentren-Resonanzstrukturen führt zu einer näherungsweisen Vorstellung von der Ladungsverteilung u. damit von der Verteilung der chem. Rk.-Fähigkeit auf nucleophile u. elektrophile Zentren. Das gemeinsame $B_{(9)}$-Atom weist die höchste positive Ladung auf.

A. Blaschette 195◇

0513 **Elektronenbeugungs-Untersuchungen von kristallinem Bariumchlorid-2-Wasser.** V. M. Padmanabhan, V. S. Jakkal und Jagdish Shankar. (Indian J. pure appl. Physics **1,** 293—95, 1963; Bombay, Atomic Energy Establ., Chem. Div.; engl.) — Durch Fourier-Analyse von mit 40 kV-Elektronen photograph. registrierten Elektronenbeugungsdiagrammen von $BaCl_2 \cdot 2\,H_2O$ wurden die Lagen der Ba-, Cl- u. O-Atome in der Elementarzelle bestimmt. Sie stimmen gut mit den aus Röntgen- u. Neutronenbeugungs-Unterss. gewonnenen überein. Mit Hilfe der Atomformfaktoren von Ibers wurden die Strukturfaktoren für ca. 90 Reflexe berechnet u. mit den visuell abgeschätzten Intensitäten verglichen.

F. Lenz 195◇

0514 **Elektronographische Untersuchung von Neodymoxiden.** M. Ss. Beletzki und M. I. Jerussalimski. (Ber. Akad. Wiss. UdSSR **133**, 355—58, 1960; Allunions-Forsch.-Inst. für Al u. Mg; russ.) — Nd wird bei $(6-7)\cdot 10^{-6}$ Torr in dünnem Film auf eine durch ein Cu-Netz gestützte Kollodiumunterlage aufgedampft u. elektronograph. untersucht. Schon bei Raum-Temp. wird eine ziemlich rasche Oxydation an der Luft festgestellt. Schon nach 2 Std., deutlicher nach 2 Tagen, wird eine kub. Verb. mit a = 11,21 (Å) gefunden (für Nd_2O_3 nach der Literatur a = 11,05), a nimmt weiter auf 11,36 zu. Beim Erhitzen auf 500—700° entsteht ein Oxydations-Prod. mit a = 11,05 u. O-Überschuß gegenüber Nd_2O_3. Bei maximaler Sättigung von Nd_2O_3 mit O bei 700° entfallen auf ein Nd-Atom 1,84 O-Atome. Bei 500—700° entsteht ein Oxid Nd_6O_{11} mit kub. Gitter mit a = 11,05 ± 0,03. Bei 900° treten Gitterverzerrungen ein. Bei 1800—1900° in Vakuum (10^{-3} Torr) verdampftes u. kondensiertes Nd zeigt im Mittel a = 11,24 ± 0,03; dieses Gitter entspricht vermutlich (in Analogie zu CoO_2) NdO_2. R. K. Müller 195□

0515 **Bestimmung der oktaedrischen Bindungslängen zwischen Silicium und Sauerstoff, Germanium und Sauerstoff sowie Zinn und Sauerstoff aus interplanaren Beugungsabständen in den polymeren Phthalocyaninen $(PcSiO)_x$, $(PcGeO)_x$ und $(PcSnO)_x$.** William J. Kroenke, Laurel E. Sutton, Ralph D. Joyner und Malcolm E. Kenney. (Inorg. Chem. [Washington] **2**, 1064—65, 1963; Cleveland, Ohio, Case Inst. of Technol., Dep. of Chem.; engl.) — Die kettenpolymeren Phthalocyanine $(PcSiO)_x$ (**I**), $(PcGeO)_x$ (**II**) u. $(PcSnO)_x$ (**III**) wurden durch therm. Vakuumentwässerung aus den entsprechenden Hydroxiden hergestellt; die chem. Stabilität nimmt in der Reihenfolge **I**, **II**, **III** ab. Unter den Annahmen, daß der stärkste Reflex auf den Pulveraufnahmen von **I** der 2. Ordnung des interplanaren Abstandes der polymeren Kette entspricht, daß die Ringe parallel gelagert sind u. daß der SiOSi-Winkel nahezu 180° beträgt, wird der Si-O-Abstand im Oktaeder zu 1,66 Å berechnet. Analog dazu ergeben sich für **II** u. **III** die oktaedr. Abstände Ge–O = 1,75 u. Sn–O = 1,91 Å. Beim Erhitzen von **II** (2½ Std., 500°, Hochvakuum) nimmt die Kristallinität zu u. der Ge–O-Abstand auf **1,728** ± 0,003 Å ab; IR-Aufnahmen zeigten eine Verschiebung der asymm. Valenzschwingung der GeOGe-Gruppe von 864 auf 899 cm^{-1}. G. Gattow 195◇

0516 **Die Kristallstruktur von Wismutsubchlorid. Identifizierung des Ions Bi_9^{5+}.** Alex Hershaft und John D. Corbett. (Inorg. Chem. [Washington] **2**, 979—85, 1963; Ames, Iowa, Iowa State Univ., Inst. for Atom. Res., Dep. of Chem.; engl.) — Durch Umsetzung von Bi + $BiCl_3$ in evakuierten Glasgefäßen bei 325° u. anschließende Abkühlung auf 270° (Dauer: 1—2 Wochen) wurde $Bi_{12}Cl_{14}$ (**I**; $BiCl_{1,167}$) in Form schwarzer Prismen mit hexagonalem Querschnitt hergestellt. **I** krist. rhomb. in der Raumgruppe P n n m mit Z = 4; a_0 = 23,057 ± 0,002, b_0 = 15,040 ± 0,007, c_0 = 8,761 ± 0,003 Å; D_{exp} 6,54 ± 0,05, D_R 6,56 g/cm³. Die Kristallstruktur von **I** wurde mit Hilfe von Patterson- u. dreidimensionalen Fourier-Projektionen bestimmt u. mittels Differenz-Meth. bis auf einen Zuverlässigkeitsfaktor von R = 0,156 verfeinert; die Parameter u. die interatomaren Abstände u. Winkel sind tabelliert. Die Struktur von **I** ist aus 4 Bi_9^{5+}-, 8 $BiCl_5^{2-}$- u. 2 $Bi_2Cl_8^{2-}$-Gruppen pro Elementarzelle aufgebaut. Das Bi_9^{5+}-Polyeder bildet ein trigonales Prisma mit 3 weiteren Bi oberhalb der Prismenfläche (Bi–Bi = 3,08—3,29 Å). In der $BiCl_5^{2-}$-Gruppe bauen die Cl eine verzerrte tetragonale Pyramide (TP) um das Bi auf (Bi–Cl = 2,61—2,78 Å); das $Bi_2Cl_8^{2-}$ ist aus zwei TP zusammengesetzt (Bi–Cl = 2,61—2,87 Å). — 46 Literaturangaben (Übersicht über Bi-Subchlorid). G. Gattow 195◇

0517 **Röntgenographische Untersuchung und thermoelektrische Eigenschaften des Systems $W_{x/2}Mo_{x/2}Ta_{1-x}Se_2$.** L. H. Brixner und G. Teufer. (Inorg. Chem. [Washington] **2**, 992—96, 1963; Wilmington, Del., E.I. du Pont de Nemours & Co., Exp. Station, Pigments and Engng. Dep.; engl.) — Das pseudobin. Syst. $TaSe_2$–$W_{0,5}Mo_{0,5}Se_2$ wurde im gesamten Konz.-Bereich strukturell untersucht u. der elektr. Widerstand, die Wärmeleitfähigkeit u. der Seebeck-Koeff. ermittelt; die Werte sind graph. u. tabellar. wiedergegeben. Die hexagonalen Verbb. vom Typ $W_{x/2}Mo_{x/2}Ta_{1-x}Se_2$ krist. mit x = 0,0 bis 0,65 im $CdCl_2$-Typ (D_{3d}^5), die mit x = 0,8—1,0 im MoS_2-Typ (D_{6h}^4); zwischen x = 0,65 u. 0,8 liegt ein Zweiphasengebiet vor. Für das bin. Syst. $MoSe_2$–WSe_2 werden nachst. Gitterdimensionen angegeben (Reihenfolge: a, c, Röntgendichte): $MoSe_2$ 3,289, 12,930 Å, 6,959 g/cm³; $Mo_{0,85}W_{0,15}Se_2$ 3,289, 12,935, 7,318; $Mo_{0,75}W_{0,25}Se_2$ 3,288, 12,941, 7,560; $Mo_{0,65}W_{0,35}Se_2$ 3,288, 12,945, 7,799; $Mo_{0,25}W_{0,75}Se_2$ 3,287, 12,965, 8,754; WSe_2 3,286, 12,976, 9,353. Für die im MoS_2-Typ krist. Verbb. $W_{x/2}Mo_{x/2}Ta_{1-x}Se_yTe_{2-y}$ gilt analog: $Mo_{0,47}W_{0,47}Ta_{0,06}Se_{0,5}Te_{0,5}$ 3,400, 13,770 Å, 8,991 g/cm³, $Mo_{0,47}W_{0,47}Ta_{0,06}SeTe$ 3,390, 13,560, 8,586; $Mo_{0,47}W_{0,47}Ta_{0,06}Se_{1,5}Te_{0,5}$ 3,345, 13,273, 8,381; $Mo_{0,47}W_{0,47}Ta_{0,06}Se_{1,7}Te_{0,3}$ 3,328, 13,218, 8,247. G. Gattow 195◇

0518 **Röntgenographische Untersuchung der Kaliumpolyuranate.** L. M. Kowba und T. I. Tschurbakowa. (J. Strukturchem. [UdSSR] **2**, 585—90, 1961; Moskau, Lomonossow-Univ.; russ.) — Kaliumuranate der Zus. $K_2O\cdot 3{,}1\,UO_3$ bis $K_2O\cdot 6\,UO_3$ bilden eine Phase, deren Struktur unendliche hexagonale $(UO_2)O_2$-Lagen enthält. Die K-Atome u. ein Teil der U-Atome lagern zwischen den Schichten. Bei $K_2O\cdot(5-6)\,UO_3$ wurden rhomb. Verzerrungen beobachtet. H_2O-haltige K-Polyuranate besitzen einen ähnlichen Bau. Die Ähnlichkeit wird bei der Schreibweise $(K, H_2O)UO_2\cdot(O, HO)_2\cdot n\,H_2O$ deutlich. M. Hähnert 195◇

0519 **Kristallstruktur von Rhodonit.** Ch. Ss. Mamedow. (Ber. Akad. Wiss. AserbaidshanSSR **14**, 445—50, 1958; Inst. für Chem. der Akad. der Wiss. der Aserbaidshan SSR; russ.) — Rhodonit krist. triklin mit a = 7,77, b = 12,20, c = 6,70 Å, α = 85° 15′, β = 94° 00′, γ = 111° 29′; P 1; Z = 10. Angabe der Atomkoordinaten. Es wurden 6 verschiedene Mn-Lagen bestimmt (Doppelbänder von Oktaedern). Die Struktur besitzt Ähnlichkeiten zur Wollastonitstruktur (die zickzackförmigen Rhodonitketten setzen sich aus Stücken der Wollastonitketten zusammen). M. Hähnert. 195◇

0520 **Die Kristallstruktur von Natriumnitrosylprussiat.** P. T. Manoharan und Walter C. Hamilton. (Inorg. Chem. [Washington] **2**, 1043—47, 1963; New York, N.Y., Columbia Univ., Chem. Dep.; Upton, N.Y., Brookhaven Nat. Labor.; engl.) — $Na_2[Fe(CN)_5(NO)]\cdot 2\,H_2O$ (**I**) krist. rhomb. in der Raumgruppe D_{2h}^{12} — P n n m mit Z = 4; a = 6,17 ± 0,03, b = 11,84 ± 0,06, c = 15,43 ± 0,08 Å; D_{exp} 1,72, D_R 1,76 g/cm³. Mittels 3dimensionaler Patterson- u. Fourier-Projektionen wurde die Kristallstruktur von **I** bestimmt u. mit Differenz-Synth. bis auf einen Zuverlässigkeitsfaktor von R = 0,100 (R′ = 0,154) verfeinert; die Parameter sowie die interatomaren Abstände u. Winkel sind tabelliert. Das Fe ist fast planar quadrat. von 4 prakt. linearen CN umgeben (Fe–C = 1,90—1,93, C–N = 1,14—1,19 Å); eine weitere CN-Gruppe u. das NO ergänzen die verzerrt oktaedr. Koordination (Fe–N = 1,63, N–O = 1,13 Å); die Symmetrie des $[Fe(CN)_5\cdot(NO)]^{2-}$-Ions ist C_{4v}. Jedes Na befindet sich im Mittelpunkt eines aus 4 CN u. 2 H_2O bestehenden verzerrten Oktaeders (Na–N = 2,45—2,51, Na–H_2O = 2,48—2,51 Å). Eine ausgeprägte Wasserstoffbindung liegt in **I** nicht vor. G. Gattow 195◇

0521 **Röntgenographische Bestimmung der Homogenitätsgrenze und der Natur der β-NiS-Phase.** W. G. Kusnetzow und A. A. Jelissejew. (J. Strukturchem. [UdSSR] **2**, 578—84, 1961; Kurnakow-Inst. für Allg. u. Anorg. Chem. der Akad. der Wiss. der UdSSR; russ.) — β-NiS besitzt NiAs-Struktur. Auf Grund von Präzisions-Best. der Gitter-Konst. für Ni-S-Legg. mit 47,81—55,33 Atom-% S (nach Abschrekkung von 450, 470 u. 600°) wurde festgestellt, daß das Homogenitätsgebiet der β-NiS-Phase innerhalb des Intervalls 50—51,3 Atom-% S liegt. Gitter-Konst., pyknometr. bestimmte Dichte u. Zahl der Atome in der Zelle verringern sich mit Anwachsen des S-Geh., was auf eine Defektstruktur mit unbesetzten Ni-Lagen deutet. M. Hähnert 195◇

0522 **Über normale und Defektstrukturen vom Pyrochlortyp.** Ju. A. Pjatenko. (J. Strukturchem. [UdSSR] **2**, 591—96, 1961; Inst. für Miner., Geochem. u. Kristallchem. der Seltenen Elemente; russ.) — Für Verbb. der Art $A_2B_2O_7$ ist der Strukturtyp des Pyrochlor weniger charakterist. als für Verbb. der Zus. $A_2B_2X_7$, wobei neben Sauerstoff einwertige Anionen auftreten, wie z. B. bei der Mineralgruppe (SE = Seltenerdmetalle) der Zus. $(Ca, Na, SE, U)_2(Nb, Ta, Ti, Fe)_2\cdot O_6(F, OH, O)$. M. Hähnert 195◇

0523 **Sintern aufgedampfter Filme von Natriumchlorid.** R. Rudham. (Trans. Faraday Soc. **59**, 1853—59, 1963;

Nottingham, Univ., Chem. Dep.; engl.) — Die Innenwand eines wassergekühlten Pyrexglasrohres wird bei $< 10^{-6}$ Torr mit NaCl-Schichten bedampft. Die spezif. Oberflächen F der Schichten werden als Funktion der Zeit bei Sinter-Temp. zwischen 102 u. 244° nach dem BET-Verf. durch Adsorption von Kr bei 77° K bestimmt. F steigt mit zunehmender Schichtmasse linear an. Lagerung im Vakuum bei Raum-Temp. ändert F nicht, während bei Einführung von gasförmigem HCl bzw. Cl_2 in das Vakuum-Syst. sowie bei Temp.-Erhöhung eine Sinterung auftritt, die mit der Aktivierungsenergie 1,66 eV charakterisiert werden kann. Unter Berücksichtigung des Abbaus von überschüssigen Leerstellen an den Kristallitflächen wird ein Sintermechanismus diskutiert. Herbert Müller 196◇

0524 **Die Kondensation des Germaniums aus der Dampfphase.** H. Poser. (Wiss. Z. Univ. Rostock, math.-naturwiss. R. **10**, 89—93, 1963; dt.) — Auf (1 0 0)-, (1 1 0)- u. (1 1 1)-Flächen von Ge-Einkristallplättchen werden bei $1 \cdot 10^{-5}$ Torr ca. 2 μ dicke Ge-Schichten aufgedampft. Die Struktur der Schichten wird durch Elektronenbeugung in Reflexion untersucht. Für Kondens.-Temp. $T < 300°$ sind die Schichten quasiamorph. Für $T \geq 300°$ wird ein nahezu vollständiges Laue-Diagramm beobachtet, in dem oberhalb 500° zusätzlich Kikuchi-Linien auftreten. Der Gitteraufbau ist für $T \geq 700°$ nahezu perfekt. Die Schichtkristallite sind mit den (1 0 0)-Flächen parallel zur Unterlage orientiert u. zeigen Zwillings-Bldg. nach Oktaederflächen. Für $T > 500°$ fallen sämtliche Zwillingsreflexe weg, u. die Ge-Schichten sind vollständig azimutal zu den Trägerflächen orientiert, während die Schichten oberhalb 800° parallel zum Träger liegen u. im Azimut um gewisse Beträge gedreht sind. An teilweise abgedeckten Trägerflächen wird für $T > 800°$ eine Oberflächenwanderung von Ge-Atomen beobachtet. Herbert Müller 196◇

0525 **Struktur von im Vakuum auf amorphem Quarz abgeschiedenen Germaniumfilmen.** J. E. Davey. (Rep. NRL Progr. **1961**, 14—22; engl.) — Auf feuerpolierte Quarzglasplättchen werden bei $< 2 \cdot 10^{-5}$ Torr mit Aufdampf-Geschw. von 28—900 Å/min 500—14000 Å dicke Ge-Schichten aufgedampft; die Träger-Temp. T während des Aufdampfens wird bei Temp. zwischen 50 u. 650° gehalten. Die Struktur der Schichten wird röntgenograph. u. mit Hilfe der Elektronenreflexion untersucht. Für $50 \leq T \leq 150°$ sind die Schichten amorph, während zwischen 175 u. 350° als bevorzugte Orientierung [1 1 0] beobachtet wird. Oberhalb 575° überwiegt die Orientierung [1 1 1], während bei $350 \leq T \leq 575°$ nebeneinander die Orientierungen [1 1 0], [1 0 0] u. [1 1 1] auftreten können. Die Teilchengröße in den Schichten hängt von T ab u. erreicht für die Orientierungen [1 1 0] u. [1 1 1] Werte von 2000 Å. Herbert Müller 196◇

0526 **Elektronographische Untersuchung der Phasenbildung in Doppelschichten von Pb–S und Pb–Se.** G. A. Efendijew und I. W. Iwanowa. (Ber. Akad. Wiss. AserbaidshanSSR **17**, 279—81, 1961; Physikal. Inst. der Akad. der Wiss. der AserbaidshanSSR; russ., Auszug: aserbaidshan.) — Bei einem Kontakt zwischen Metallen u. Halbleitern bilden sich leicht Phasen mit neuen Halbleiter-Eigg. aus. Mit Hilfe von Elektronogrammen wird die Bldg. neuer Phasen beim Aufdampfen von S bzw. Se auf Pb bzw. von Pb auf S u. Se untersucht. Bei der Abscheidung von Pb auf Se u. umgekehrt bildet sich *PbSe*. Bei der Abscheidung von Pb auf S entsteht PbS, PbS bildet sich jedoch ohne längeres Anlassen bei der Abscheidung von S auf Pb nicht. Auf Cellulose aufgedampftes S ist amorph, auf Pb kristallin. W.-D. Heußner 196□

0527 **Bildung einer Deuteridphase in dünnen Nickelschichten.** A. Stroka und B. Baranowski. (Bull. Acad. polon. Sci., Sér. Sci. chim. **10**, 147—52, 1962; Pol. Acad. of Sci., Inst. of Phys. Chem.; engl.) — Nach Baranowski u. Smialowski (Bull. Acad. polon. Sci., Sér. Sci. chim. **7**, [1959], 663) hergestellte, 1,03—76,0 μ dicke Ni-Schichten werden in 0,5n D_2SO_4 in 99%ig. D_2O bei 24,5—25,0° u. in Ggw. von SeO_2-Katalysatoren kathod. mit D_2 beladen. Die gebildete Deuteridphase zerfällt bei Raum-Temp. unter Entw. von D_2; aus dessen Menge u. massenspektrometr. ermittelter Isotopen-Zus. wird das Atomverhältnis D/Ni erhalten. Das von der Ni-Schicht absorbierte D_2-Vol. steigt linear mit der Schichtdicke d bis $d = 24,5\,\mu$ an u. bleibt dann konstant. D/Ni beträgt für $1 < d \leq 8\,\mu$ ca. 0,76 u. fällt mit steigendem d angenähert hyperbol. ab. Der Phasencharakter des Ni-Deuterids wird röntgenograph. bestätigt. Herbert Müller 196◇

0528 **Untersuchung der Zusammensetzung von aufgedampften Nickel–Eisen-Schichten.** R. J. Heritage, A. S. Young und I. B. Bott. (Brit. J. appl. Physics **14**, 439—43, 1963; Malvern, Worcs., Royal Radar Establ.; engl.) — Bei 10^{-6} Torr werden durch Elektronenbeschuß (8 kV, 50 mA) Ni-Legg. mit 12—40% Fe verdampft u. auf Glasträgern von 20—550° in 200—1000 Å dicken Schichten aufgefangen. Die Zus. der Schichten wird durch Röntgenfluorescenzanalyse bestimmt. Bei einer Aufdampf-Geschw. (AG) von 1000 Å/min besteht zwischen dem Fe-Geh. in der Dampfquelle (x_1%) u. in der Schicht (x_2%) eine lineare Beziehung, die für $12 \leq x_1 \leq 40$ mit $x_2 = 1,53 \cdot x_1 - 7,79$ beschrieben wird. Eine Verringerung der AG führt zu einer Abnahme von x_2; der Effekt kann mit Hilfe der Dampfdruckkurven abgeleitet werden. Änderungen von x_2 können außerdem durch Erhöhung der Träger-Temp. hervorgerufen werden, die oberhalb 250° eine Verminderung von x_2 zur Folge hat. Bei einem Abstand zwischen Dampfquelle u. Träger von 3,25 in. wird über eine Aufdampffläche von $3 \cdot 3$ (in.)^2 eine Änderung der Zus. beobachtet; x_2 nimmt zum Rand hin ab. Der Einfl. einer bevorzugten Kondensation von Ni wird diskutiert. Herbert Müller 196◇

0529 **Wechselnde Aufspaltung einer Schraubenversetzung in kubisch raumzentrierten Metallen.** F. Kroupa. (Physica Status solidi [Berlin] **3**, K391—K393, 1963; Prag, Tschechoslowak. Akad. der Wiss., Phys. Inst.; dt.) — Theoret. Unters. an Hand von 7 Literaturangaben. H. Roschkowski 197◇

0530 **Substrukturen sphärischer Aluminiumeinkristalle in Abhängigkeit von den Kristallisationsbedingungen.** G. W. Indenbaum und D. N. Popow. (Metallphysik u. Metallkunde [UdSSR] **14**, 205—11, 1962; Krasnojarsk, Kalinin-Inst. der Buntmetalle; russ.) — Mit Hilfe des Ätzens („auf Ätzfiguren") wurde der Einfl. der Kristallisationsbedingungen (Temp.-Gradient der Schmelze u. Abkühlungs-Geschw.) metallograph. auf den Charakter der Substruktur sphär. Al-Einkristalle (Reinheit 99,994 Gew.-%), die nach der Meth. von Bridgman aus der Schmelze erhalten wurden, untersucht. N. Kubeth 197◇

0531 **Die Erholung von mit Neutronen bestrahltem Zink.** J. Nihoul. (Physica Status solidi [Berlin] **3**, 2061—68, 1963; Mol, C.E.N.-S.C.K., Solid State Phys. Dep.; engl.) — Die Erholung von reinem Zn wurde nach Neutronenbestrahlung bei der Temp. des fl. N_2 durch Messung des elektr. Widerstands untersucht. Der wichtigste Erholungsvorgang läuft bei ca. 105° K ab. Zwei unabhängige analyt. Meth. ergeben eine Aktivierungsenergie von ca. 0,21 eV u. die Rk.-Ordnung 2. Die Stufe ist der Wanderung von Zwischengitteratomen zu Leerstellen zuzuschreiben u. kann mit der Stufe III bei kub.-flächenzentrierten u. kub.-raumzentrierten Metallen verglichen werden. Eine zweite, jedoch weniger ausgeprägte Erholungsstufe bei 155° K ist mit einer Aktivierungsenergie von 0,50 eV verbunden u. kann einer Leerstellenwanderung zugeschrieben werden. H. Roschkowski 197◇

0532 **Selbstdiffusion in α-Titan.** C. M. Libanati und F. Dyment. (Acta metallurg. [New York] **11**, 1263—68, 1963; Buenos Aires, Com. Nac. de Energia Atomica, Dep. de Metalurgia; span.) — Durch Aufbringen von ^{44}Ti auf Ti mit Hilfe der Rk. $2\,^{44}TiCl_3 + 3\,Ca \rightarrow 2\,^{44}Ti + 3\,CaCl_2$, Erwärmen auf Temp. zwischen 690 u. 850°, Abschleifen der Proben u. Auftragen der restlichen Gesamt-Aktivität in Abhängigkeit von der Tiefe untersuchten Vff. die Selbstdiffusion in α-Ti. Mit Hilfe der verallgemeinerten Gruzinschen Meth. kann die Temp.-Abhängigkeit des Selbstdiffusions-Koeff. D von α-Ti durch $D = 6,4 \cdot 10^{-8} \exp.(-29300/RT)\ cm^2\,s^{-1}$ dargestellt werden. Die so erhaltenen Werte der Konst. in der Arrheniusschen Gleichung werden mit anderen verglichen, die nach halbempir. Meth. erhalten wurden. Die Änderung der Diffusionsentropie wurde zu −24,5 cal/Grad·Mol berechnet. P. Kurzmann 197◇

0533 **Zonenschmelzreinigung von Aluminium und Blei.** B. N. Alexandrow und I. G. Djakow. (Metallphysik u. Metallkunde [UdSSR] **14**, 267—70, 1962; russ.). — Zur Darst. von reinstem Al u. Pb wurde ein Zonenschmelz-Verf.

angewandt. Die Anzahl der Durchläufe muß bei Al ≥ 16 u. bei Pb optimal ≥65 genommen werden. Zum Erhalt von reinstem Al u. Pb müssen vor der Zonenreinigung Zusätze von K ∼ 1 anderweitig entfernt werden. Dabei ist K das Verhältnis der Zusätze-Konz. in der festen Phase zu ihrer Konz. in der fl. Phase. N. Kubeth 197◇

0534 **Durch Ätzen sichtbar gemachte Versetzungslinien und Netzwerke in Molybdänkristallen.** Duan Fong, Nay-Ben Ming und Chi Li. (Acta physica sinica **19**, 475—76, 1963; chin.) H. Liepack 197◇

0535 **Untersuchung des Einflusses eines rekristallisierenden Glühens auf die Struktur und Eigenschaften von gegossenem Wolfram.** M. I. Gawriljuk, I. N. Tschaporowa, N. P. Wassiljewa und T. A. Ssultanjan. (Metallphysik u. Metallkunde [UdSSR] **13**, 693—700, 1962; russ.) — Der Einfl. der Glüh-Temp. auf die mechan. Eigg. u. die Struktur des gegossenen W wird elektronenmkr. untersucht. Bei der Rekristallisation des W wird eine allmähliche Ordnung der Kornstruktur des Metalls u. Verstärkung der zwischenkristallinen Grenzen beobachtet. Die Breite dieser Grenzen hängt vom Winkel der gegenseitigen Orientierung der aneinanderliegenden Körner ab u. wächst mit steigender Glüh Temp. bis fast bis zum F. bis auf 3,5—4,5 μ. Es wird vermutet, daß die Brüchigkeit des W u. ähnlicher Metalle im rekrist. Zustand durch die zwischenkristalline innere Adsorption der Verunreinigungen bedingt wird. Es werden Wege zur Beseitigung der Brüchigkeit von W im rekrist. Zustand angegeben. N. Kubeth 197◇

0536 **Die Rolle von cyclischen Halogenreaktionen beim Wachstum von Haarkristallen aus Nickel.** R. E. Cech. (Acta metallurg. [New York] **9**, 459—63, 1961; Schenectady, N.Y., Gen. Electr. Res. Labor.; engl.) — Vgl. C. **1961**, 3925. — Das Wachstum von Ni-Haarkristallen auf *NiO*- u. *Wüstit*-Kristallen auf *MgO* als Unterlage wird nach verschiedenen Meth. untersucht. Hierbei zeigte sich, daß die Red. von NiO in Ggw. von Halogen u. frisch red. Ni in einer Atmosphäre nahe dem Gleichgewicht nach Art eines cycl. Halogenmechanismus erfolgt, ähnlich wie bei der Unters. der Red. von *Magnetit* zu Wüstit in Ggw. von Fe-Halogenid. G. Ruban 197◇

0537 **Bevorzugte Ejektionsrichtungen von Atomen und Reihen fokalisierter Stöße in mit Ar^+-Ionen von 40 keV beschossenen Kupfereinkristallen.** Nicole Colombie und Phan Van Chuong. (C. R. hebd. Séances Acad. Sci. **257**, 1061—63, 1963; Toulouse, Fac. des Sci., Labor. de Phys. du Solide; franz.) — Die Flächen (1 1 1), (1 0 0) bzw. (1 1 0) von Cu-Einkristallen werden bei 10^{-6} Torr mit Ar^+-Ionen von 40 keV beschossen u. die zerstäubten Cu-Atome in einem Abstand von 10 mm mit Glasträgern aufgefangen. Die Atome werden so aus den Kristallflächen herausgeschlagen, daß für kristallograph. Richtungen mit großer Besetzungsdichte Maxima der zerstäubten Atome beobachtet werden. Die Verteilung der Abscheidungen wird mit einer gnomon. Projektion der Hauptzerstäubungsrichtungen gedeutet u. ist in Übereinstimmung mit Fokalisierungsprozessen nach Silsbee (C. **1958**, 12325). Herbert Müller 197◇

0538 **Röntgenographische Untersuchung der Rekristallisation gemahlener Aluminium-, Kupfer- und Nickelpulver. 1. Mitt. Auswertung von Rückstrahlaufnahmen.** P. Royen und W. Sterzel. (Ber. Bunsenges. physik. Chem. **67**, 716—22, 1963; Frankfurt/M., Johann-Wolfgang-Goethe-Univ., Inst. für Anorg. Chem.; dt.) — Eine Meth. zur Best. von Kristallitgrößen > 5 μ mit Hilfe einer Rückstrahlkammer mit Fokussierung wird diskutiert. Die angeführte Beziehung zur Berechnung der mittleren Kristallitgröße berücksichtigt erstmalig die spektrale Breite der $K\alpha_1$-Strahlung u. die unterschiedliche Bestrahlungsintensität für die bestrahlte Fläche. Fehler für Kristallitgrößen > 10 μ ca. 10%. Verdüstes Al-, Elektrolyt-Cu- u. Carbonyl-Ni-Pulver wurden in einer Stahlkugelmühle trocken oder mit einer Mahl-Fl. unter Luftstrom oder Inertgas oder Inertgas mit bestimmtem O_2-Partialdruck gemahlen. Die Auswertung ergibt, daß die Verformung durch den Mahlprozeß stärker ist als allein durch Pressen der Pulver. Während Tempern der ungemahlenen Pulver starke Rekristallisation ergibt, zeigen die gemahlenen Metallpulver, bes. das Al, eine deutliche Hemmung der Rekristallisation. Als Ursache wird für das Al-Pulver die beim Mahlen entstehende Oxidschicht bzw. die chemisorbierte Stearinsäure (aus der Mahl-Fl.) diskutiert. Für das Cu u. Ni wird der Effekt auf Wechselwrkg. mit den Versetzungen u. Fehlstellen im Metall zurückgeführt. G. Tetzner 197◇

0539 **Darstellung von Einkristallen aus Nickel, Kupfer und Kupfer-Nickel-Legierungen im Vakuumschmelzofen.** B. Ja. Piness und I. G. Iwanow. (Betriebs-Lab. [UdSSR] **29**, 588—89, 1963; Charkow, Gorki-Univ.; russ.) — Eine einfache Meth. zur Züchtung von Einkristallen schwerschm. Metalle, Ni, Cu u. Cu-Ni-Legg., wird ausgearbeitet. Die Einkristalle werden im gleichen Ofen (Abb.), in welchem das Ausgangsmaterial im Tiegel geschmolzen wird, erhalten. Die Einkristalle werden unmittelbar aus der Schmelze gewonnen. Dabei werden Bedingungen eingehalten, um das Entstehen einer geringen Anzahl Kristallisationskeime zu schaffen u. das Wachsen nur eines Keimes zu fördern. N. Kubeth 197◇

0540 **Versetzungsquellen in einer Aluminiumlegierung.** J. D. Embury und R. B. Nicholson. (Acta metallurg. [New York] **11**, 347—54, 1963; Cambridge, Univ.; engl.) — Ein qual. früher von Smallman (Metallurgist **1**, [1960], 146) beschriebener Typ von Versetzungsquellen in Al-Mg-Legg., wurde untersucht. Die Quelle ist gek. durch die ungewöhnliche Geometrie der Versetzungsschleifen; sie wird gedeutet auf Grund des Vervielfachungsmechanismus der Versetzungen durch einen Kletterprozeß nach Bardeen-Herring. Die Form der Schleifen ist bestimmt durch die hohe Bldg.-Energie der Sprünge in Al-Mg-Legg. (ca. 1,2 eV), die durch die Ausscheidung von Mg-Atomen an Versetzungen verursacht ist. Die Leerstellen-Konz. bei 550° beträgt ca. 1% der Gitterplätze, was eine Bindungsenergie von 0,3—0,4 eV zwischen Mg-Atomen u. Leerstellen bedingt. W. Pump 197◇

0541 **Bildung von Zirkoniumhydrid in einer binären Magnesium-Zirkonium-Legierung.** J. E. Harris, P. G. Partridge, W. T. Eeles und G. K. Rickards. (J. nuclear Mater. [Amsterdam] **9**, 339—47, 1963; Berkeley, Glos., Central Electr. Generat. Board, Berkeley Nucl. Labor.; engl.) — Die Struktur einer Mg-Leg. mit 0,6 Gew.-% Zr wurde vor u. nach einer Hydrierung mit feuchtem Ar bei ca. 570° elektronenmkr. untersucht. Bei der Hydrierung bildet sich ε-Zirkoniumhydrid. In der Ausgangs-Leg. liegt Zr hauptsächlich als Mischkristall mit Mg u. in geringerem Ausmaß als α-Zr vor. Die kristallograph. Lage der Hydridteilchen in bezug auf die Matrix wird in Verbindung mit der Verw. einer derartigen Leg. in Kernreaktoren besprochen. H. Roschkowski 197◇

0542 **Die Wärme des Wasserstofftransports in Zirkoniumlegierungen.** A. Sawatzky. (J. nuclear Mater. [Amsterdam] **9**, 364, 1963; Chalk River, Ontario, Atomic Energy of Canada Ltd., Gen. Metallurg. Branch; engl.) — Unter dem Einfl. eines Temp.-Gradienten wandert H in Zr-Legg. in die kälteren Bereiche bis zum Eintritt einer Gleichgewichtsverteilung. Die Wasserstoff-Konz. in der festen α-Lsg. beträgt $N = N_0 \exp Q_\alpha/RT$, wobei N_0 = konst. u. Q_α die Transportwärme bedeutet. Q_α wurde in *Zr*, *Zircaloy-2*, Zircaloy-2 + 0,6 Gew.-% *Y* u. Zr mit 2,6 Gew.-% *Nb* durch Einführen von H_2 bei 900°, mehrwöchiges Halten der Proben mit einem Temp.-Gradienten von 80°/cm u. Analyse scheibenförmiger Teile der Ausgangsprobe danach zu 5,7 ± 0,5 kcal/Mol für alle Proben bestimmt. H. Roschkowski 197◇

0543 **Röntgenbeugung an Wasserstoff enthaltendem Th_2Al.** J. H. N. van Vucht. (Philips Res. Rep. **18**, 21—34, 1963; Eindhoven, TU; engl.) — Vgl. C. **1964**, 19-0398. — Aus der Röntgenbeugung der intermetall. Verbb. Th_2Al, die Wasserstoff aufgenommen hatten, folgt, daß zwischen den Verbb. der Zus. $Th_8Al_4H_0$ u. ∼ $Th_8Al_4H_5$ ein Zweiphasenbereich auftritt. Von $Th_8Al_4H_5$ aufwärts bis zur Sättigung mit Wasserstoff, entsprechend der Verb. $Th_8Al_4H_{15,4}$, ist das Syst. homogen. Das Vol. der Einheitszelle nimmt dabei kontinuierlich zu. Die a-Achse der Zelle nimmt jedoch zunächst bis zur Bldg. der Verb. $Th_8Al_4H_8$ zu, bei weiterer Wasserstoffaufnahme linear ab, um schließlich den Wert des H-freien Syst. annähernd zu erreichen. Bis zur Konz. von 8 H-Atomen pro Zelle verteilen sich die H-Atome anscheinend auf 8 „Doppel"-Freiplätzen. Bei höheren Konzz. werden die Plätze mit 2 Atomen besetzt. Die Röntgendiagramme von $Th_8Al_4H_x$ (mit x = 0, 7,6, 12,1 u. 15,4) sind angegeben.

Ähnliche Messungen werden an $(0,875\,Th, 0,125\,Ce)_3Al_4H$ u. $(0,75\,Th, 0,25\,Ce)_8Al_4H$ durchgeführt. Das Gitter-Verh. ändert sich nicht erheblich durch den Ce-Gehalt. W. Pruss 197◇

0544 **Neutronenbeugung und kernmagnetische Resonanz von Deuterium- und Wasserstoff-Lösungen in Th_2Al.** J. H. N. van Vucht. (Philips Res. Rep. **18**, 35—52, 1963; engl.) — Vgl. vorst. Referat. — Neutronenbeugung bei Raum-Temp. (RT) an $Th_8Al_4D_8$, $Th_8Al_4D_{12}$, $Th_8Al_4D_{15,4}$ u. Th_8Al_4 zeigt, daß H an 16 Raumpunkten paarweise in Tetraederlücken angeordnet ist. Jedes Tetraederpaar hat eine gemeinsame Ebene. Die vier anderen Tetraederlücken sind kaum besetzt. Bei mit H nicht gesätt. Proben ist die Besetzung der Plätze zufällig. Keine Ordnung wurde bei 95° K gefunden. — Mit Proben der Zus. $Th_8Al_4H_8$, $Th_8Al_4H_{12}$, $Th_8Al_4H_{15,4}$ u. $Th_8Al_4H_{ca.8}D_{ca.8}$ wurden bei RT u. bis zu 77° K KMR-Unterss. durchgeführt. Bei RT treten sehr enge Linien infolge Protonendiffusion auf Zwischengitterplätze auf. Mit H gesätt. Proben geben breite Linien. Das 2. Moment u. die Linien der Proben bei tiefen Temp. stimmen bei $Th_8Al_4H_8$ u. $Th_8Al_4H_{12}$ gut mit den Ergebnissen der Neutronenbeugung überein. W. Pruss 197◇

0545 **Das Problem der Ordnung oder Unordnung des Wasserstoffs in $Th_8Al_4H_8$.** J. H. N. van Vucht. (Philips Res. Rep. **18**, 53—60, 1963; engl.) — Vgl. vorst. Referate. — Die Isothermen des H_2-Gleichgewichtsdruckes (zwischen 50 u. 500° bei 10^{-6} bis 10 Torr H_2-Druck) als Funktion der Anzahl H-Atome pro Th_8Al_4 haben drei Wendepunkte. Theoret. Unterss. über den Einbau von H-Atomen auf paarweise vorliegende Zwischengitterplätze im Metallgitter lassen den Schluß zu, daß die Besetzung dieser Räume durch ein einzelnes H-Atom günstiger ist als eine Doppelbesetzung. Als Modell wurde das Gitter von Th_2Al benutzt. W. Pruss 197◇

0546 **Die $(\beta + \gamma)/\gamma$-Phasengrenzen bei 675, 700 und 720° in der uranreichen Ecke des Diagramms U–Mo–Nb.** E. F. Tate und S. Nicholson. (J. nuclear Mater. [Amsterdam] **9**, 365—66, 1963; Newcastle-upon-Tyne, Internat. Res. and Dev. Co.; engl.) — Aufstellung des Zustandsdiagramms U–Mo–Nb nach metallograph. Unterss. an Legg. mit 2,3 bis 8,0 (Atom-%) Nb u. 1,0—3,0 Mo, Rest U. H. Roschkowski 197◇

0547 **Untersuchung der Struktur der Legierungen des Systems Nickel–Chrom–Bor.** P. T. Kolomytzew. (Ber. Akad. Wiss. UdSSR **144**, 112—14, 2 Tafeln, 1962; Shukow-Ing.-Akad. der Luftstreitkräfte; russ.) — Die Phasen-Zus. in Legg. des Syst. Ni–Cr–B, welche 33—50 Atom-% B enthalten, werden durch röntgenograph. Pulveraufnahmen (CrK_α, CoK_α, CuK_α) neben metallograph. Analysen u. Mikrohärte-Best. untersucht. Durch therm. Zers. von B_2H_6, $Ni(CO)_4$ u. Cr-Hydrid werden die reinen Ausgangssubstanzen dargestellt, deren Mischphasen bei 1000° in Argonatmosphäre nach anschließender Abkühlung in Luft erhalten werden. Vff. bestimmen die effektive Löslichkeit von B in festen Legg. von Ni–Cr zu 0,02—0,04 Atom-%, wobei sich die γ-, $\gamma + \alpha$- u. α-Phase bilden. In CrB, das sich in Schmelzen mit geringerem B-Geh. bildet, ist Ni prakt. ebenso unlösl., ebenso wie sich in NiB kaum Cr löst. Dieser schmale Bereich, welcher B in homogenen CrB u. NiB enthält, besteht aus den Phasen Cr_2B, Cr_5B_3, CrB u. Ni_3B, die enge Homogenitätsgrenzen besitzen. Eine Mikrohärte-Best. an Cr_5B_3, CrB u. Cr_2B mit 1500, 1700 u. 1700 kg/mm² zeigt, daß für die Cr–B-Verbb. eine Festigkeitserhöhung mit Vergrößerung des B-Geh. nicht beobachtet wird. Von prakt. Bedeutung sind die Best. der Zus. von Boriden in Ni–Cr–B-Schmelzen bei Zusätzen von Al u. Ti, da der gebildete Strukturtyp (β, δ, ε) vom Al-Geh. (hier für den untersuchten Bereich von 0,86—3,02 Atom-% Al) abhängig ist. Der isotherme Schnitt durch den Zustandsraum des Syst. Ni–Cr–B bei 1000° wird angegeben. W.-D. Heußner 197◇

0548 **Änderung der Versetzungsstruktur des Nickels bei seiner Legierung mit Titan, Chrom und Aluminium.** M. P. Ussikow und L. M. Utewski. (Metallphysik u. Metallkunde [UdSSR] **13**, 701—09, 1962; russ.) — Gesetzmäßigkeiten des Einfl. der Zusätze auf den Charakter der Versetzungen u. der Versetzungsstruktur, die sich während der plast. Verformung bildet, werden aus elektronenmkr. Unterss. an den Ni-Legg. ChN80 mit (in Gew.-%) 19,70 Cr; NT4 mit 4,25 Ti, NJu4 mit 4,15 Al, ChN80T2Ju mit 19,70 Cr, 2,23 Ti u. 0,67 Al u. ChN80T3Ju mit 19,55 Cr; 2,67 Ti u. 1,05 Al abgeleitet. Im geglühten Zustand werden in den Körnern von Ni u. seinen Legg. fast keine Versetzungen festgestellt. Abb. zeigen verschiedene Arten von Versetzungen in den genannten Ni-Legg. nach Verformungen von 0,7; 1,0; 1,7; 2,0; 3,5; 8,0 u. 8,4%. N. Kubeth 197◇

0549 **Über den Ordnungsvorgang in Ni–Cr-Legierungen.** W. I. Gomankow, D. F. Litwin, A. A. Loschmanow und B. G. Ljaschtschenko. (Metallphysik u. Metallkunde [UdSSR] **14**, 305—07, 1962; russ.) — Vgl. C. **1964**, 11-0328. — Ni–Cr-Legg. im Zus.-Bereich der Überstruktur Ni_2Cr (20 bis 35 Atom-% Cr) wurden mit Hilfe der Neutronenbeugung untersucht. Auf den Neutronogrammen polykristalliner Proben wurden keine Überstrukturlinien beobachtet. Bei der Unters. der Einkristallzone [1 1 0] wurden Reflexe beobachtet, die für die Überstruktur des Ni_2Cr charakterist. ist. Das Fehlen der Überstrukturreflexe auf den Neutronogrammen der polykristallinen Proben wird durch die geringe Empfindlichkeit der angewandten Pulver-Meth. erklärt. N. Kubeth 197◇

0550 **Über den Strukturtyp von $Cu_{15}Si_4$.** P. I. Kripjakewitsch und Je. I. Gladyschewski. (J. Strukturchem. [UdSSR] **2**, 573—77, 1961; Lwow Iwan-Franko-Univ.; russ.) — $Cu_{15}Si_4$ besitzt eine sehr dicht gepackte Struktur, die anschaulich als aus Ikosaedern $SiCu_3^{(1)}Cu_9^{(2)}$ aufgebaut beschrieben werden kann. In der Elementarzelle liegen 16 deformierte Ikosaeder, wobei jedes in kürzestem Abstand von 11 weiteren umgeben ist, einen etwas größeren Abstand weisen 15 Ikosaeder auf. Die Struktur der $Cu_{15}Si_4$ besitzt Ähnlichkeit mit den Strukturen von Cr_3Si_4, β-Mn u. α-Mn. Im gleichen Typ krist. $Na_{15}Pb_4$ u. $Li_{15}Ge_4$. M. Hähnert 197◇

0551 **Stapelfehlerdichten in den Legierungen Kupfer–Germanium, Kupfer–Silicium und Kupfer–Germanium–Silicium.** J. H. Foley, R. W. Cahn und G. V. Raynor. (Acta metallurg. [New York] **11**, Nr. 5, 355—60, 1963; Birmingham, Univ., Dep. of Phys. Metallurg.; engl.) — An Feilspänen von prim. α-Mischkristallen der Syst. Cu–Ge, Cu–Si u. Cu–Ge–Si wurden die Stapelfehlerparameter α bestimmt. Wird α in Abhängigkeit vom Verhältnis Elektronen/Atom aufgetragen, dann überlagern sich die Kurven der bin. Syst. nicht, obwohl beide zulegierten Stoffe aus derselben Gruppe des Perioden-Syst. stammen. Die durch Extrapolation bestimmten α-Werte an der Löslichkeitsgrenze sind $100 \cdot 10^{-3}$ für Cu–Ge u. $120 \cdot 10^{-3}$ für Cu–Si. In dem tern. Syst. sind die α-Werte größer als diejenigen, die man durch lineare Interpolation aus den (bei entsprechenden Konzz. genommenen) Werten der bin. Syst. erhält. Im isothermen tern. Phasendiagramm von 730° sind die Phasengrenzen $\alpha/(\alpha + \xi)$ u. $(\alpha + \xi)/\xi$ zur kupferreichen Seite konvex; dadurch wird eine Vermutung bestätigt, die den höheren α-Wert darauf zurückführt, daß die hexagonal dichtest gepackte ξ-Phase gegenüber dem prim. Mischkristall bei Ersetzung des Ge durch Si u. umgekehrt eine niedrigere Freie Energie besitzt. In einer 60%ig. kalt gewalzten Cu–Ge–Si-Leg. wurde nach Auslagerung bei tiefer Temp. eine Härtezunahme festgestellt. Diese Effekte werden auf die Diffusion von gelösten Atomen an Stapelfehlern zurückgeführt, die bei der Verformung entstehen. W. Pump 197◇

0552 **Über die Verfestigung von Legierungen mit geringer Packungsfehlerenergie.** W. Je. Panin, T. Ss. Ssidorowa und M. A. Bolschanina. (Metallphysik u. Metallkunde [UdSSR] **14**, 238—43, 1962; Tomsk, Univ., Sibir. physik.-techn. Inst.; russ.) — Es wird die Verfestigungsnatur fester Legg. von Cu–Al u. Cu–Zn mit geringer Packungsfehlerenergie untersucht. Auf Grund einer Literaturübersicht u. eigener experimenteller Daten wurde festgestellt, daß die starke Verfestigung dieser Legg., die Anomalie der Temp.-Abhängigkeit des Verformungswiderstandes u. der sprunghafte Charakter ihrer Verformungen mit der Bldg. einer großen Anzahl von Packungsfehlern u. sie umgebenden Susuki-Atmosphären während der Verformung verbunden ist. Die Zerstörung der Nahordnung hat dabei keinen merklichen Einfluß. N. Kubeth 197◇

0553 **Physikalische Eigenschaften von Cu–Zn–Sb-Legierungen.** W. A. Jurkow. (Metallphysik u. Metallkunde [UdSSR] **14**, 172—81, 1962; Archangelsk, Inst. für Forsttechn.; russ.) — Die Mikrostruktur, Mikrohärte, Dichte,

lineare Ausdehnung. elektr. u. thermoelektr. Eigg. der Legg. $CuZn_3$–Zn_3Sb_2, Cu_5Zn_8–Zn_3Sb_2, CuZn–Zn_3Sb_2 werden untersucht. Die untersuchten Legg. sind mechan. Gemische der prakt. reinen Kristallkomponenten. Linien, die die Verbb. $CuZn_3$, Cu_5Zn_8 u. CuZn im Konz.-Dreieck mit Zn_3Sb_2 verbinden, bestimmen die mögliche Lage der pseudobin. Schnitte im Syst. Cu–Zn–Sb. Das Sprödewerden der Cu–Zn-Legg., die über 50% Zn enthalten, ist bei dem Einbringen des Sb in die Legg. mit der Bldg. der Verb. Zn_3Sb_2 verbunden. Die elektr. u. thermoelektr. Eigg. der untersuchten Legg. sind lineare Funktionen der Zus. der Legierungen.
N. Kubeth 197◇

0554 **Die Hume-Rothery-Phasen in Systemen mit mehr als zwei Komponenten.** 5. Mitt. **Möglichkeit und Bedeutung von Änderungen der Zusammensetzung von Hume-Rothery-Phasen mit mehreren Komponenten.** F. Mazzoleni. (Metallurgia ital. **53**, 509—10, 1961; ital.) — 4. vgl. C. **1956**, 3786. — Wenn in der Phase $NiCuAl_2$ mit einem Verhältnis 7:4 zwischen Valenzelektronen u. Atomen unter Erhaltung dieses Verhältnisses der Al-Geh. etwas verändert wird ($NiCu_{1+x}Al_{2+y}$), muß x = 5 u. y = 3 sein. Als allg. Regel gilt, daß die Zahlen der Atome verschiedener Valenz der Beziehung $3a + b = c + 3d + 5e + 7f$ genügen müssen (a—f = Zahlen der Atome mit Valenz 0, 1···5). Bei einer Änderung gilt $3x_0 + x_1 = x_1 + 3x_3 + 5x_4 + 7x_5$. Bei einer solchen Änderung muß also offenbar eine feste Lsg. zwischen zwei Hume-Rothery-Phasen gebildet werden.
R. K. Müller 197◇

0555 **Korngrenzenausscheidung in α-β-Messing.** M. S. Wood und A. Hellawell. (Acta metallurg. [New York] **9**, 428—33, 1961; Oxford, Univ., Dep. of Metallurg.; engl.) — Proben aus α-β-Messung (45 Gew.-% Zn) werden so vergossen, daß ein Stengelgefüge entsteht, dessen Körner nahezu eine gemeinsame [1 0 0]-Achse besitzen. Nach Wärmebehandlung zur Erzeugung einer Korngrenzenausscheidung der α-Phase werden diese Proben mkr. u. mittels Laue-Rückstrahlaufnahmen von einzelnen Körnern untersucht. Die Ergebnisse zeigen, daß durch Korngrenzenwanderung plattenförmige Ausscheidungen entstehen, deren Orientierung durch das wachsende Korn der Matrix bestimmt wird. Obwohl die Dichte der möglichen Keime in einer Korngrenze mit dem Orientierungsunterschied zwischen den Körnern zusammenhängt, werden doch das Wachstum u. die Gestalt der Ausscheidung durch die Bewegung der Grenze u. durch die Orientierung der Grenzebene selbst bestimmt.
G. Ruban 197◇

0556 **Elektronenmikroskopische Untersuchung der Kristallstruktur des Martensits in einer Kupfer–Aluminium-Legierung.** Zenji Nishiyama und Setsuo Kajiwara. (Jap. J. appl. Physics **2**, 478—86, 1963; Osaka, Univ., Inst. of Sci. and Ind. Res.; engl.) — Experimentelle Unters. des β'-Martensits in einer Leg. von Cu mit 11,7% Al mittels Durchstrahlungs-Elektronenmikroskopie u. Elektronen-Feinbereichsbeugung. Im Gegensatz zu früheren Röntgenpulver-Unterss. erlaubt die Feinbereichsbeugung die Aufnahme von Einkristall-Punktdiagrammen bei verschiedener Orientierung des Kristalls zum Primärstrahl. Die Struktur hat ein monoklines Gitter, dessen Elementarzelle aus 6 dicht gepackten Schichten mit Übergitter besteht. Sie läßt sich auch als orthorhomb. Gitter mit a = **4,494**, b = 5,194, c = 38,19 Å ($a:b:c = \sqrt{3}:2:\sqrt{216}$) beschreiben, dessen Elementarzelle aus 18 Schichten besteht. Die β → β'-Umwandlung kann als ein Gleitvorgang aufgefaßt werden, bei dem die Richtung des Gleitvektors nach jeweils 3 Schichten sein Vorzeichen umkehrt.
F. Lenz 197◇

0557 **Direkte Beobachtung von Aluminium–Silber-Legierungen im Elektronenmikroskop.** Yasuyoshi Watanabe, Hideo Hayashi und Kiyozumi Hayashi. (Jap. J. appl. Physics **2**, 471—77, 1963; Osaka, Governm. Ind. Res. Inst.; engl.) — Elektronenmkr. u. Elektronenbeugungs-Unterss. von Al–Ag-Legg. mit 24 u. 30% Ag, die von 550° abgeschreckt u. bei Normaltemp. gealtert wurden. Durchstrahlbare dünne Schichten wurden durch Elektropolieren u. anschließende Ionenätzung hergestellt. Die einige Monate gealterten Proben zeigten die von Al–Cu-Legg. her bekannten Versetzungsschleifen u. -wendeln. In einer heizbaren Objektkammer werden die Lsg.- u. Ausscheidungsvorgänge untersucht. Dabei wurden vor der Ausscheidung der γ'-Phase im Beugungsbild diffuse Maxima beobachtet, die auf eine unregelmäßige Stapelung der {1 1 1}-Schichten zurückgeführt werden. Die Lsg.-Geschw. der Ausscheidung bei 540° wurde durch kinematograph. Bildaufzeichnungen gemessen.
F. Lenz 197◇

0558 **Unlöslichkeit von Spurenatomen und anomale Diffusion von Seltenerdmetallen in Silber und Blei.** G. P. Williams jun. und L. Slifkin. (Acta metallurg. [New York] **11**, 319—22, 1963; Winston-Salem, N.C., Wake Forest Coll., Dep. of Phys.; Chapel Hill, N.C., Univ. of North Carolina; engl.) — Die Diffusion von Ce, Nd u. Pm in Ag- u. Pb-Einkristalle u. -Polykristalle aus elektrolyt. aufgetragenen Schichten bei Temp. von 5—100° unterhalb des F. wurde mit Hilfe von ^{144}Ce, ^{147}Nd u. ^{147}Pm untersucht. Die Eindringkurven bestehen aus zwei Abschnitten: 1. einem steilen Abschnitt nahe der Oberfläche, der Diffusions-Koeff. der Größenordnung 10^{-12} bis 10^{-13} cm²/s selbst bei Temp. nahe dem F. entspricht; 2. einem tiefreichenden Abschnitt, der Diffusions-Koeff. von 10^{-9} bis 10^{-11} cm²/s entspricht. Der zweite Abschnitt ist sehr strukturempfindlich u. kann daher nicht mit der Vol.-Diffusion in Verbindung gebracht werden. Ähnliche Beobachtungen sind für andere Syst. berichtet worden; alle sind durch eine vernachlässigbare Löslichkeit des Spurenzusatzes im Wirtskristall gekennzeichnet.
W. Pump 197◇

0559 **Diffusion von Eisen, Kobalt und Nickel in Silber.** Ken-ichi Hirano, Morris Cohen und B. L. Averbach. (Acta metallurg. [New York] **11**, Nr. 5, 463—66, 1963; Sendai, Japan, Tohoku Univ., Dep. of Metallurgy; Cambridge, Mass., MIT, Dep. of Metallurgy; engl.) — Die Diffusions-Koeff. von Fe, Co u. Ni in Ag wurden im Temp.-Bereich 600—850° unter Verw. von ^{59}Fe, ^{60}Co u. ^{63}Ni durch Messung der Restaktivität bestimmt. Sie betragen (in cm²/s) $D_{Fe/Ag} = 9{,}4 \cdot 10^{-7} \exp(-29600/RT)$, $D_{Co/Ag} = 3{,}0 \cdot 10^{-7} \exp(-29700/RT)$ u. $D_{Ni/Ag} = 8{,}5 \cdot 10^{-7} \exp(-28700/RT)$. Frequenzfaktoren u. Aktivierungsenergien sind recht klein, verglichen mit denen für Selbstdiffusion von Silber. Anscheinend wird der Diffusionsstrom durch das Gitter durch die extrem geringe Löslichkeit von Fe, Co u. Ni in Ag so weit red., daß die Diffusion entlang von Kurzschlußwegen der geschwindigkeitsbestimmende Mechanismus wird. Das stimmt mit den Diffusionsergebnissen überein, die früher für dieselben Markierungselemente in Al erhalten wurden.
W. Pump 197◇

0560 **Transmissionselektronenmikroskopische Untersuchung der Überstrukturen von nichtstöchiometrischem Cu_3Au.** M. J. Marcinkowski und L. Zwell. (Acta metallurg. [New York] **11**, 373—90, 1963; Monroeville, Pa., E. C. Bain Labor. for Fund. Res., U. S. Steel Corp., Res. Center; engl.) — Cu–Au-Legg. mit 22,2; 24,4 u. 31,6 Atom-% Au wurden von höheren Temp. abgeschreckt, um geordnete Konfigurationen in Gleichgewichtsnähe zu erzeugen. Auf elektrochem. Wege wurden dünnen Folien hergestellt u. mittels Elektronenbeugung u. Durchstrahlung im Elektronenmikroskop untersucht. In Folien, die von der krit. Ordnungs-Temp. T_c abgeschreckt wurden, deuten die Beugungsbilder u. die beobachteten Versetzungsanordnungen auf die Ggw. sehr feiner Antiphasenkeime, die in der nahgeordneten Matrix bei diesen Temp. neben vielen anderen während des Abschreckens entstandenen Keimen existieren. Unterhalb T_c wachsen diese Keime u. werden zu großen Gebieten, die je nach Zus. aus Cu_3Au II mit einem regulären Abstand der Antiphasengrenzen von $9a_0$ u./oder aus Cu_3Au I bestehen. Die drei verschiedenen Kontrastmechanismen, mit deren Hilfe diese geordneten Konfigurationen beobachtet wurden, werden eingehend diskutiert. Zum Schluß folgt eine Unters. des speziellen Verh. von Versetzungen, soweit es mit diesen Überstrukturen u. mit der Abnahme der Stapelfehlerenergie bei zunehmender Ordnung im Zusammenhang steht.
W. Pump 197◇

0561 **Über den Mechanismus der Auflösung der Phasen im System Au–Pt.** W. W. Ssanadse. (Ber. Akad. Wiss. UdSSR **140**, 133—36, 1 Tafel, 1961; Grusin. polytechn. Lenin-Inst.; russ.) — Au u. Pt bilden eine ununterbrochene Reihe fester Lsgg., die bei Temp.-Erniedrigung in eine goldreiche (α_2) u. eine platinreiche (α_1)-Phase zerfallen. Vf. untersuchte Au–Pt-Legg. mit 10 (**I**) bzw. 25 (**II**) Atom-% Pt mit Dichten von 19,9 bzw. 20,2 g/cm³. Die Röntgendiagramme ergaben für die α_1-Phase von **I** u. **II** α = 3,921 Å; für die α_2-Phase von **I** 4,055 Å, von **II** 4,047 Å. Die Veränderung der

Parameter der beiden Phasen in Abhängigkeit von der Temp. der aufeinanderfolgenden Härtungen wurde für **I** von 100—875°, für **II** von 100—1050° im 15—25°-Intervall gemessen. Die Ergebnisse sind in einem Schema der Zwischenzustände zusammengestellt, die bei der gegenseitigen Lsg. der Phasen im Syst. Au-Pt auftreten. Pt_3Au, PtAu u. Au_3Pt sind dabei nur als Ordnungszustände im Verlauf des Lsg.-Vorganges aufzufassen. H.-J. Lunk 197◇

0562 **Zur Methodik der Datenverarbeitung bei der Reaktionsdiffusion.** M. A. Krischtal und A. P. Mokrow. (Metallphysik u. Metallkunde [UdSSR] **14,** 200—04, 1962; Tula, Mechan. Inst.; russ.) — Nach der vorgeschlagenen Meth. der Datenverarbeitung bei der Rk.-Diffusion wurden die Diffusions-Koeff. von *Mo* u. *W* in α- u. γ-Fe bestimmt. Die Aktivierungsenergie, der vorexponentielle Faktor u. die Entropieveränderung bei der Diffusion von Mo u. W in Eisen werden für Temp. von 800—1280° tabellar. angegeben. N. Kubeth 197◇

0563 **Ausscheidung gelöster Atome während der Reckalterung.** T. Mura, E. A. Lautenschlager und J. O. Brittain. (Acta metallurg. [New York **9,** 453—58, 1961; Evanston, Ill., Northwestern Univ., Dep. of Metallurg. Mater. Sci.; Milwaukee, Wis., Res. Dep.; engl.) — Vff. entwickeln eine Theorie zur Erklärung der Reckalterung (Spannungsalterung) von *Fe* u. *Stahl* unter dem Einfl. verschiedener Dehnungen, Spannungen u. Temp. u. berichten über experimentelle Ergebnisse, die diese Theorie bestätigen. Die Theorie gibt eine Beziehung zwischen der Zahl der gelösten Atome, die zu einer Versetzung wandern, u. der Alterungszeit, die zur Sättigung führt. Ein Glied in der Theorie trägt der Vol.-Diffusion Rechnung; es rührt von dem Konz.-Gradienten des C in der Nähe von Versetzungen her. Die experimentellen Ergebnisse zeigen den Zusammenhang zwischen Alterungszeit u. Zunahme der Streckgrenze nach dem Altern. G. Ruban 197◇

0564 **Stapelfehlerbildung in verformtem Austenit und Martensit.** A. J. Goldman und C. N. J. Wagner. (Acta metallurg. [New York] **11,** Nr. 5, 405—13, 1963; New Haven, Conn., Yale Univ., Hammond Metallurg. Labor.; engl.) — Durch eine Analyse der Verschiebung u. Verbreiterung der Röntgenlinien wurden Stapelfehler in Austenit u. Martensit untersucht. Drei Legg. der Zus. Fe-16% Cr-25 %Ni (**I**), Fe-16% Cr-12% Ni (**II**) u. Fe-30% Ni (**III**) wurden durch Feilen bei 200, 27 u. —197° verformt. **I** war nach Kaltverformung bei allen drei Temp. austenitisch. Die anderen wandelten sich bei —196° vollständig in Martensit um. **II** hat eine höhere Stapelfehlerdichte als **I**. Die Ergebnisse werden erklärt auf Grund des Einfl. von Ni u. Cr auf die Stapelfehlerenergie von Austenit. Anisotropie der Teilchengrößenverbreiterung u. der Gitterparameterverschiebung läßt darauf schließen, daß verformter Martensit in I u. II Stapelfehler auf (2 1 1)-Ebenen enthält, u. daß die Ausdehnung der Ebenen an den Stapelfehlern 4% beträgt. W. Pump 197◇

0565 **Untersuchung von im Vakuum geglühten Eisenoberflächen.** J. M. Blakely und H. Mykura. (Acta metallurg. [New York] **11,** 399—404, 1963; Cambridge, Mass., Harvard Univ., Gordon McKay Labor.; Glasgow, England, Glasgow Univ., Dep. of Natural Philos.; engl.) — Die Oberflächen-Selbstdiffusion an Fe-Oberflächen, die zwischen 750 u. 1100° im Vakuum geglüht wurden, wurde untersucht. Dabei wurde die Technik der übertragenen Masse benutzt. Die bei der Oberflächen-Selbstdiffusion beobachteten Aktivierungsenergien sind ähnlich denen der Vol.-Selbstdiffusion. Diese hohen Aktivierungsenergien werden der Absorption von Verunreinigungen an der Oberfläche zugeschrieben. Häufig traten Glühzwillinge von α-Eisen auf; die relativen Zwillingsgrenzen- u. Korngrenzenenergien für α- u. γ-Eisen werden angegeben. W. Pump 197◇

0566 **Abhängigkeit des Mechanismus der plastischen Verformung beim Kriechen von den Verformungsbedingungen in Ni-Al- und Ni-Co-Legierungen.** W. A. Pawlow, M. G. Gaidukow und W. W. Melnikowa. (Metallphysik u. Metallkunde [UdSSR] **14,** 275—82, 1962; Inst. für Metallphys. der Akad. der Wiss. der UdSSR; russ.) — Bei Kriechbedingungen müssen drei Mechanismen unterschieden werden: Der Schub-, der Diffusions- u. der Schub- in Verbindung mit der Erholungsprozeß. Der Mechanismus der plast. Verformung hängt von den Verformungsbedingungen u. den Leg.-Eigg. ab. Bei niedriger Temp. u. hohen Verformungsspannungen herrscht der Schubmechanismus der plast. Verformung vor. Bei hohen Temp. u. geringen Spannungen dominiert der Diffusionsmechanismus. In den Zwischenbereichen der Temp. u. der Spannungen ist die plast. Schubverformung in Verbindung mit dem Erholungsprozeß vorherrschend. N. Kubeth 200◇

0567 **Ein Vergleich der elastischen Konstanten des Chroms, die mit diffuser Röntgenstrahl- und Ultraschalltechnik gewonnen wurden.** Ali Sumer und J. F. Smith. (J. appl. Physics **34,** 2691—94, 1963; Ames, Iowa, Iowa State Univ., Inst. for Atomic Res., Dep. of Metallurgy; engl.) — An einem Cr-Einkristall wurden die elast. Konst. mit der Ultraschall-Impuls-Echo-Meth. u. therm. diffuser Röntgenstrahltechnik gemessen. Wenn gute Einkristalle herstellbar sind, ist die Ultraschall-Meth. genauer, da die diffusen Röntgenintensitäten nicht sehr genau meßbar sind. H. U. Borgstedt 200◇

0568 **Temperaturabhängigkeit der Fließspannung in kubisch-raumzentrierten Metallen.** D. P. Gregory. (Acta metallurg. [New York] **11,** Nr. 5, 455—61, 1963; Middletown, Conn., Pratt and Whitney Aircraft; engl.) — Der elektr. Widerstand von im Elektronenstrahl geschmolzenem polykristallinem *Nb* mit einigen hundert ppm interstitiellen Fremdatomen wurde gemessen u. die Temp.-Abhängigkeit der Fließspannung mit therm. aktivierten Prozessen gedeutet. Demnach wird vermutet, daß die Temp.-Abhängigkeit der Fließspannung im Bereich von 0—900° auf nichtkonservative (Leerstellen erzeugende) Bewegung von Sprüngen in Schraubenversetzungen zurückzuführen ist. Die Widerstandsmessungen zeigen, daß eingefangene Leerstellen bei ca. 167° frei u. beweglich werden. Die totale Aktivierungsenergie beträgt unter 167° ca. 3,3 eV, darüber 4,1 eV. Zur Deutung wird im ersten Fall der von Seeger angegebene Mechanismus herangezogen: Durch konservative sowie nichtkonservative Bewegung von Sprüngen in Schraubenversetzungen entstehen Leerstellen, zu deren Bldg. in Nb ca. 3,3 eV aufgebracht werden müssen. Oberhalb 167° ist eine zusätzliche Energie zur Wegdiffusion der Leerstellen erforderlich, so daß die Gesamtenergie gleich der Selbstdiffusionsenergie von ca. 4,1 eV ist. Die relativ geringe Temp.-Abhängigkeit der Fließspannung direkt über 167° wird als Übergang zwischen den beiden Mechanismen erklärt u. nicht einem Snoek-Effekt zugeschrieben. W. Pump 200◇

0569 **Einfluß der Mosaikstruktur gegossener Aluminiumeinkristalle auf ihre kritische Scherspannung.** D. Je. Owssijenko und Je. I. Ssossnina. (Metallphysik u. Metallkunde [UdSSR] **14,** 252—58, 1962; Inst. für Metallphys. der Akad. der Wiss. der UdSSR; russ.) — Es wird der Charakter der Abhängigkeit der krit. Scherspannung gegossener Einkristalle aus reinem Al von den Ausmaßen u. der Desorientierung der Blöcke gefunden. Die krit. Scherspannung wächst linear mit dem Ansteigen des Desorientierungswinkels u. fällt proportional zur Quadratwurzel aus den Blockausmaßen. Der Veränderungscharakter der Scherspannung in Abhängigkeit von der Versetzungsdichte entspricht der theoret. Abhängigkeit der elast. Wechselwrkg. der Versetzungen. Somit spielt die Versetzungsstruktur, die beim Kristallwachstum aus der Schmelze entsteht, beim Prozeß des Beginns des plast. Fließens der Kristalle eine wesentliche Rolle. N. Kubeth 200◇

0570 **Nichthydrodynamische Absorption von Stoßwellen in Aluminium.** Donald R. Curran. (J. appl. Physics **34,** 2677—85, 1963; Menlo Park, Calif., Stanford Res. Inst.; engl.) — Durch sehr schnelles Auftreffen einer Al-Scheibe wird in einer Al-Probe eine Stoßwelle erzeugt. Aus der Geschw. der freien Oberfläche gegen die Probendicke werden Schlüsse auf die Art der Absorption gezogen. Die auftretende vorzeitige Absorption widerspricht der hydrodynam. Theorie. Ein elast.-plast. Modell wurde durchgerechnet u. entspricht gut den experimentellen Daten. H. U. Borgstedt 200◇

0571 **Mechanische Eigenschaften von Tellureinkristallen.** R. J. Stokes, T. L. Johnston und C. H. Li. (Acta metallurg. [New York] **9,** 415—27, 1961; Hopkins, Minn., Honeywell Res. Center; engl.) Das mechan. Verh. von chem. polierten Te-Einkristallen wird für folgende 3 Orientierungen untersucht: I = Zugrichtung parallel $[1 1 \bar{2} 0]$, II = parallel $[1 0 \bar{1} 0]$ u. III = parallel [0 0 0 1]. Hierbei wird Gleitung in den $[1 1 \bar{2} 0]$-Richtungen auf $\{1 0 \bar{1} 0\}$-Ebenen beobachtet;

diese sind auch die Spaltebenen. Proben, die für Gleitung günstig orientiert sind (I u. II), sind extrem weich (krit. Schubspannung 300 $lb/in^2 = 200$ g/mm^2) u. duktil (mehr als 20% Dehnung), vorausgesetzt, daß sie sehr sorgfältig hergestellt u. behandelt worden sind. Bei Kristallen der Orientierung I dreht sich die akt. Gleitebene zur Ebene der maximalen Schubspannung hin u. begünstigt fortgesetzte Einfachgleitung. Bei II erhöht die Orientierungsänderung während des plast. Fließens die Spannungskomponente in der inakt. Ebene u. begünstigt Doppelgleitung. Ein größerer Verfestigungsanstieg bei Orientierung II als bei I u. das Auftreten von Gleitbändern der beiden Orientierungen stimmen mit den erwarteten Unterschieden im Gleit-Verh. überein. Bei III gibt es keine Schubspannung in $\{10\bar{1}0\}$-Ebenen; diese Proben sind fest u. spöde. Sie halten ohne plast. Verformung Normalspannungen von 20000 lb/in^2 aus. Das Verfestigungs- u. Bruch-Verh. aller Orientierungen kann mit der Anisotropie der chem. Bindung in Te in Zusammenhang gebracht werden. Die Natur der Versetzungen u. ihre Wechselwrkg. werden diskutiert. G. Ruban 200◇

0572 **Messung der inneren Reibung in dünnen Schichten.** Gerald P. Weiss und Donald O. Smith. (Rev. sci. Instruments **34,** 522—23, 1963; Lexington, Mass., MIT, Lincoln Labor.; engl.) — Durch Aufblasen einseitig geschmolzener Quarzrohre werden ca. 1 μ dicke Plättchen erzeugt, die in einer Vakuum-App. einseitig eingespannt, gedämpfte Schwingungen ausführen können, deren Amplituden opt. ermittelt werden. Die Plättchen werden auf beiden Seiten mit 5000 Å dicken Fe-Schichten bedampft u. die Änderungen des mechan. Dämpfungsfaktors wird als Funktion der Temp. bestimmt. Bei 140° u. 165 Hz wird das Auftreten der Snoek-Relaxation von C in kub. raumzentriertem Fe beobachtet. Das Verf. gestattet Messungen der inneren Reibung von $>$1000 Å dicken Schichten bei Temp. bis 400° u. Schwingungen von ca. 100 Hz. Herbert Müller 200◇

A_7. Gleichgewichte, Kinetik

0573 **Über die Untersuchung der Komplexbildung in nichtwässerigen Lösungen.** W. M. Wdowenko, L. M. Below und A. A. Tschaichorski. (Radiochemie [UdSSR] **1,** 439 bis **444,** 1959; russ.) — Es wird die Möglichkeit gezeigt, die Löslichkeits-Meth. zur Unters. der Komplex-Bldg. in unpolaren nichtwss. Lsgg. zu verwenden. Wasserfreies $CoCl_2$ liegt in verd. Lsgg. von Tributylphosphat (TBP) in Bzl. als *$CoCl_2$· 2 TBP* vor. Bei der Unters. der Wechselwrkg. von TBP mit W. wurde die Bldg. der Verb. *TBP·H_2O* beobachtet. Die Gleichgewichts-Konst. für diese Rk. beträgt $K = 14{,}4 \pm 0{,}2$. G. Rudakoff 223□

0574 **Untersuchung von Cer-, Yttrium- und Uranyl-Komplexen mit einigen chelatbildenden Verbindungen.** 1. Mitt. **Bestimmung der Zusammensetzung von Ce(III)-, Y(III)- und U(VI)-Verbindungen mit Diäthylentriaminpentaessigsäure und $\beta.\beta'$-Diaminodiäthyläther-N.N.N'.N'-tetraessigsäure.** P. M. Rasbitnaja und I. A. Korowina. (Radiochemie [UdSSR] **3,** 593—96, 1961; russ.) — Es wird die Bldg.-Geschw. u. die Zus. von Komplexen des Y(III), Ce(III) u. U(VI) mit Diäthylentriaminpentaessigsäure u. $\beta.\beta'$-Diaminodiäthyläther-N.N.N'.N'-tetraessigsäure bei pH 5,5 spektralphotometr. untersucht. Bei Kationen-Konz. von 10^{-4} bis 10^{-5} m erfolgt die Komplex-Bldg. im Verhältnis 1:1 prakt. momentan. Eberhard Fischer 223◇

0575 **Beitrag zur Kenntnis der Kupferkomplexe mit Äthylendiamin.** S. Stankoviansky, R. Rusina und E. Faithova. (Acta Fac. Rerum natur. Univ. Comenianae [Bratislava], Chim. **4,** 645—53, 1960; Bratislava, Univ., Kat. anal. chém.; slowak.) — Die pH-Abhängigkeit der Komplex-Bldg. von Cu^{2+} mit Äthylendiamin (I, en) wird spektrophotometr. untersucht. In neutralem u. alkal. Medium wird nach der Meth. von Job u. polarograph. die Bldg. der Komplexe $[Cu(en)(H_2O)_2]^{2+}$ (Absorptionsmaximum 6500 Å) u. $[Cu(en)_2]^{2+}$ (5500 Å) festgestellt; in alkal. Medium verschiebt sich das Gleichgewicht nach letzterem. In saurem Medium bildet sich neben dem Aquokomplex $[Cu(H_2O)_4]^{2+}$ auch $[Cu(en)(H_2O)_2]^{2+}$, aber nur wenig $[Cu(en)_2]^{2+}$. Mit steigender I-Konz. nimmt die Verdrängung von H_2O durch en allmählich zu. Die polarograph. Halbwellenpotentiale betragen für $[Cu(en)_2]^{2+}$ 0,48, für $[Cu(en)(H_2O)_2]^{2+}$ 0,26 V. R. K. Müller 223◇

0576 **Untersuchung des Systems Kupfer–Äthylendiamin–Komplexon III.** S. Stankoviansky, R. Rusina und E. Faithova. (Acta Fac. Rerum natur. Univ. Comenianae [Bratislava], Chim. **4,** 655—65, 1960; slowak.) — Vgl. vorst. Referat. — Zur Unters. der Komplex-Bldg. werden 0,02 m- u. 0,1 m-Lsgg. von $Cu(NO_3)_2$, Äthylendiamin (I) u. Komplexon III (II) in bin. u. tern. Syst. in verschiedenen Mischungsverhältnissen gemischt u. die Extinktionen bei 5500, 6500 6650 u. 7300 Å gemessen. Ein tern. Komplex wird nicht gebildet, vielmehr entstehen zunächst Komplexe von Cu^{2+} mit I, in denen mit steigender II-Konz. allmählich I durch II verdrängt wird. Das Extinktionsmaximum des stabileren Cu-II-Komplexes liegt bei 7300 Å. R. K. Müller 223◇

0577 **Untersuchung der Löslichkeit von K_2SO_4 und Na_2SO_4 im Gemisch der Alkalimetallaluminatlösungen von Kalium und Natrium.** B. Ch. Schwarzman. (J. angew. Chem. [UdSSR] **33,** 1048—52, 1960; russ.) — Aus der Löslichkeit von K_2SO_4 (I) u. Na_2SO_4 (II) in gemischten K- u. Na-Aluminat-Lsgg. mit einem kaust. Basizitätsmodul (Mol-Verhältnis Na_2O bzw. K_2O zu Al_2O_3) von 3,6 bei 70—110° folgt, daß durch die Temp.-Erhöhung die Löslichkeit von I u. II erhöht wird. Durch Erhöhung der Konz. des titrierbaren R_2O werden, unabhängig von der Temp., die Löslichkeit der Sulfate u. der K-Geh. der Lsg. herabgesetzt. Eine Erhöhung des titrierbaren K_2O in der Lsg. erniedrigt ihren Geh. an Sulfaten. S. Baryschnikow 224

0578 **Über den Mechanismus der Wanderung von Radium- und Thoriumisotopen.** W. I. Baranow, A. M. Babeschkin, K. B. Saborenko und Ss. W. Piroshkow. (J. anorg. Chem. [UdSSR] **3,** 1054—59, 1958; Moskau, Lomonossow-Univ., Lehrstuhl für Radiochem.; russ.) — Vgl. C. **1961,** 1840. — Zur Unters. der Auslaugung von Ra u. Th, die in natürlichen Syst. zur Störung des Zerfallsgleichgewichts führt, wurden einfache Syst. verwendet: 1. 20 bzw. 4 Jahre alte, ^{226}Ra u. $^{228}Ra(MsTh_1)$ enthaltende Ba-Salze ($BaSO_4$, $BaCO_3$ u. $BaCrO_4$), in denen sich u. a. $^{228}Th(RdTh)$ u. ^{224}Ra (ThX) durch den Zerfall angereichert hatten. Dabei liegt Isomorphie der Ba- mit den Ra-Salzen, jedoch nicht mit den Th-Verbb. vor. 2. ^{228}Th enthaltende Ce-Verbb. [CeO_2 u. $Ce_2(C_2O_4)_3 \cdot 10\, H_2O$], mit denen die durch den Zerfall angereicherten Th-Verbb. isomorph sind, die Ra-Verbb. jedoch nicht. Bestimmt wurde die Menge der nach einer bestimmten Zeit aus den Kristallen in die fl. Phase (100 mg Salze in 40 ml Lsg.) übergetretenen Isotope ^{226}Ra, ^{224}Ra u. ^{228}Th nach der Emanationsmethode. ^{228}Ra geht aus $BaCO_3$ im Verlauf von 6 Std. in Ggw. von 0,001 m $BaCl_2$-Lsg. zu 0,7% über, bei Ggw. von 0,01; 0,1 u. 1,0 m Lsg. zu ca. 3,2%. Bei der Best. des Übergangsgrades von Ra u. Th in Abhängigkeit von der Zeit zeigte sich, daß Th immer zu 0,16% in Lsg. geht, während die Ra-Menge mit der Zeit zunimmt. Wird das verwendete Salz nochmals einer Unters. unterworfen, so ist der Übergangsgrad von ^{228}Ra wesentlich geringer, d. h. der Übergang erfolgt nur von der Oberfläche aus. Der Übergangsgrad für Ra aus $BaSO_4$ verringert sich bei Ggw. von 0,01 m $BaCl_2$, HCl oder $Al(NO_3)_3$ in der angeführten Reihenfolge. Für Th ist der Übergangscharakter unabhängig vom Isomorphiecharakter unter gleichen Bedingungen immer geringsr. G. Ewald 224◇

0579 **Untersuchung der physikalisch-chemischen Eigenschaften wässeriger Plutonium(IV)-oxalatlösungen und Bestimmung des Löslichkeitsproduktes.** A. I. Mosskwin und A. D. Gelman. (J. anorg. Chem. [UdSSR] **3,** 956—61, 1958; Inst. für physik. Chem. der Akad. der Wiss. der UdSSR; russ.) — Die Löslichkeit von $Pu(C_2O_4)_2 \cdot 6\, H_2O$ (I) beträgt in W. $10{,}3 \cdot 10^{-5}$; in 1 n H_2SO_4 $8{,}0 \cdot 10^{-4}$; in 0,5 n HNO_3 $13{,}8 \cdot 10^{-5}$; in 1 n HNO_3 $27{,}5 \cdot 10^{-5}$; in 0,1 n $HClO_4$ $5{,}5 \cdot 10^{-5}$; in 0,5 n $HClO_4$ $10{,}1 \cdot 10^{-5}$ u. in 1 n $HClO_4$ $15{,}7 \cdot 10^{-5}$ Mol/Liter. I ist in konz. Säuren infolge Komplex-Bldg. besser lösl. als in Wasser. Der pH-Wert der gesätt. Lsg. von I beträgt $4{,}4 \pm 0{,}05$. Die Dissoziation des Koordinationswassers verläuft nach $[Pu(C_2O_4)_2(H_2O)_n] \rightleftharpoons [Pu(C_2O_4)_2(H_2O)_{n-1}OH]^- + H^+$. Die Dissoziation von I verläuft nach $[Pu(C_2H_4)_2(H_2O)_n] \xrightleftharpoons{70\%} [Pu(C_2O_4)(H_2O)_{n-1}OH]^+ + H^+ + C_2O_4^{2-}$. Bei niedrigen Säure-Konzz. ist infolge Verschiebung des Dissoziationsgleichgewichts die Löslichkeit von I in den vorst. Säuren geringer als in Wasser. Die molare Leitfähigkeit beträgt 470 Ω^{-1}. Das Löslichkeits-Prod. in W. wurde aus den experimentellen Werten der Löslichkeit von I in $HClO_4$ u. in den Lsg.-Gemischen HNO_3—$(NH_4)_2C_2O_4$ indirekt zu $4 \cdot 10^{-22}$ bestimmt. G. Ewald 224◇

0580 **Bestimmung der Zusammensetzung und der Instabilitätskonstante der Oxalato- und Carbonatokomplexe des Plutoniums (IV).** A. I. Mosskwin und A. D. Gelman. (J. anorg. Chem. [UdSSR] **3**, 962—74, 1958; russ.) — Vgl. vorst. Referat. — Vff. bestimmten die Löslichkeit von $Pu(C_2O_4)_2 \cdot 6\,H_2O$ in 0,001—0,35m $(NH_4)_2C_2O_4$-Lsgg. bei $20 \pm 0{,}02^0$. Sie beträgt in 0,001m $(NH_4)_2C_2O_4$-Lsg. $6{,}19 \cdot 10^{-5}$, bei 0,01m $4{,}3 \cdot 10^{-5}$, bei 0,14m $1{,}8 \cdot 10^{-4}$, bei 0,303m $8{,}92 \cdot 10^{-4}$ u. bei einer 0,35m-Lsg. $1{,}37 \cdot 10^{-3}$ Mol/Liter. Es bilden sich komplexe Ionen der Form $[Pu(C_2O_4)_n]^{+4-2n}$, die in schwach salpetersaurer Lsg. stufenweise dissoziieren. Die Gesamtinstabilitäts-Konst., die die Rk. $[Pu(C_2O_4)_n]^{+4-2n} \rightleftharpoons Pu^{4+} + nC_2O_4^{2-}$ charakterisieren, betragen für $[Pu(C_2O_4)]^{2+}$ $1{,}8 \cdot 10^{-9}$; für $[Pu(C_2O_4)_2]$ $1{,}2 \cdot 10^{-17}$; für $[Pu(C_2O_4)_3]^{2-}$ $4{,}0 \cdot 10^{-24}$ u. für $[Pu(C_2O_4)_4]^{4-}$ $3{,}2 \cdot 10^{-28}$. Die Konst. für die stufenweise Dissoziation betragen in der gleichen Reihenfolge: $K_1 = 1{,}8 \cdot 10^{-9}$; $K_2 = 6{,}7 \cdot 10^{-9}$; $K_3 = 3{,}3 \cdot 10^{-7}$ u. $K_4 = 8{,}0 \cdot 10^{-5}$. Vff. nehmen ein oktaedr. Schema der Verdrängung des W. durch $C_2O_4^{2-}$ im Aquokomplex an. Vff. bestimmten außerdem die Löslichkeit von Plutoniumhydroxid in wss. K_2CO_3-Lsg. bei 20^0 u. konst. Ionenstärke. In einer 0,36m K_2CO_3-Lsg. befinden sich $1{,}78 \cdot 10^{-4}$ (Mol/Liter) Pu^{4+} in Lsg.; bei 1,5 m $5{,}79 \cdot 10^{-4}$; bei 0,29m $1{,}28 \cdot 10^{-3}$ u. bei einer 3,62m Lsg. $1{,}65 \cdot 10^{-3}$. Die Löslichkeit von Pu^{4+} in gesätt. KCl-Lsg. ($\mu = 3{,}5$) beträgt $6{,}92 \cdot 10^{-6}$ Mol/Liter. Weiterhin wurde die Löslichkeit von Plutoniumhydroxid in wss. Lsg. von K_2CO_3 verschiedener Konz. u. veränderlicher Ionenstärke bestimmt. Die Löslichkeit von Pu^{4+} in einer 0,72m K_2CO_3-Lsg. beträgt $1{,}66 \cdot 10^{-4}$; in einer 2,17m Lsg. $1{,}34 \cdot 10^{-3}$; in 2,90m $7{,}11 \cdot 10^{-3}$ u. in einer 3,62m Lsg. $1{,}67 \cdot 10^{-3}$ Mol/Liter. Diese Löslichkeit von Pu^{4+} in wss. K_2CO_3-Lsgg. beweist die Bldg. des Komplexions $[Pu(CO_3)]^{2+}$. Die Instabilitäts-Konst. haben in diesen beiden Fällen die Größen 1,10 u. $1{,}5 \cdot 10^{-47}$. Die Koordinationszahl 8 bleibt erhalten. Die Absorptionsspektren einer Lsg. des Pu^{4+}-Carbonatokomplexes weisen auf die Bldg. von mehreren Komplexionen hin, denen die Formeln $[Pu(CO_3)_n]^{+4-2n}$ (n = 2, 3, 4 u. 5) zugeordnet werden. Die Neigung zur Komplex-Bldg. nimmt in folgender Reihenfolge ab: $Pu^{4+} > PuO_2^{2+} > PuO_2^{+}$. In gleicher Reihenfolge nimmt das Ionenpotential (Ladung/Radius) ab: 4,44; 2,91; 2,47 u. 1,15.
G. Ewald 224◇

0581 **Kinetik der Mitfällung von Eisenbeimengungen mit Calciumhydroxid aus Lösungen von Ätzlaugen.** M. M. Kuschnir. (Ukrain. chem. J. **28**, 409—11, 1962; Donezk, Werk für chem. Reagentien; russ.) — Vf. untersucht den Einfl. des Rührens der Lsg. bei der Mitfällung von Fe mit $Ca(OH)_2$ aus Lsgg. von 550 (g/Liter) KOH bzw. 310 $Ba(OH)_2$ (80^0) u. führt einige kinet. Daten für den Fall von früh gebildetem $Ca(OH)_2$ in suspendiertem Zustand an.
Kurt Winkler 224◇

0582 **Extraktion von Thorium- und Uranylnitrat mit Fuselölphosphat.** S. K. Kundra und P. D. Deshpande. (J. sci. ind. Res. [New Delhi], Sect. D **20**, 303—05, 1961; Poona, Nat. Chem. Labor.; engl.) — Vgl. J. sci. ind. Res. [New Delhi], Sect. B **19**, [1960], 78. — Fuselölphosphat (F; $Kp._2$ 150—156^0) wurde nach Nerlekar u. Srinivasan (Chem. Age India **10**, [1959], 449) hergestellt u. zur Extraktion von $Th(NO_3)_4$ u. $UO_2(NO_3)_2$ in HNO_3-Lsgg. von 0,1n bis 10n verwendet. Bei Verw. von unverd. F für die Extraktion trat die Phasentrennung nicht leicht ein; sie wurde durch Zusatz von 25 Vol.-% Kerosin erreicht. Die Verteilungs-Koeff. für Th u. U stiegen steil mit der Acidität bei niedrigen Konzz. des HNO_3 an, um dann langsam abzufallen. Bei Verw. von 25%ig. F-Lsg. wurde das Maximum mit 23,74 für U in 4,84n HNO_3 u. mit 1,76 für Th in 3,87n HNO_3 festgestellt. Die Extraktion von $UO_2(NO_3)_2$ u. $Th(NO_3)_4$ in Ggw. von 1—4 m NH_4NO_3-Lsgg. wird bei einer Säure-Konz. von 4,84n bzw. 3,87n untersucht; es wird kein bedeutender Aussalzeffekt beobachtet. Konz.-Änderungen von F bei gleichen optimalen Konzz. des HNO_3 bewirken das Optimum der Extraktion bei 1,55% $UO_2(NO_3)_2$ u. 1,84% $Th(NO_3)_4$ unter Bldg. von Disolvaten $UO_2(NO_3)_2 \cdot 2\,F$ u. $Th(NO_3)_4 \cdot 2\,F$. Die Trennung des Th von den leichten Seltenerdmetallen sollte wegen des höheren Verteilungs-Koeff. des Th bei 25%ig. F möglich sein; bei U liegen die Verhältnisse noch günstiger.
P. Nachtwey 224◇

0583 **Die Extraktion von anorganischen Verbindungen durch Gemische von Extraktionsmitteln. 1. Mitt. Untersuchungen über das System: Uran und Chrom–Schwefelsäure–Tri-n-octylamin–Alkylphosphorsäuren–Verdünnungsmittel.** Czeslaw Deptula und Stefan Minc. (Nukleonika [Warszawa] **6**, 197—209, 1961; Warszawa, Univ., Dep. of Electrochem.; Pol. Acad. of Sci., Inst. of Nucl. Res.; engl.) — Es wurde die Extraktion von UO_2SO_4 (**I**) u. $K_2Cr_2O_7$ (**II**) durch Tri-n-octylamin (T) u. Alkylphosphat-Lsgg. [Monobutyl- (MBP), Dibutyl- (DBP); 2.6.8-Trimethylnonyl-(4)- (DDPA) u. Tri-n-butylphosphat (TBP)] in CCl_4, Bzl. u. Nitrobenzol untersucht. Zwischen den Phasen wurde das Gleichgewicht durch Schütteln von 50 ml der wss. Lsg. (ca. 1 g/Liter) in H_2SO_4 verschiedener Konzz. mit 25 ml des organ. Lsg. bei 20—24^0 erreicht. — Die Verteilungsgleichgewichte werden graph. dargestellt u. eingehend diskutiert. Bei der Extraktion von **II** in Ggw. einer 0,5m benzol. Lsg. von T zeigte sich, daß die Konz. der für die Extraktion verwendeten H_2SO_4-Lsgg. für das Auftreten von Synergismus oder Antagonismus sowohl bei Verw. von DBP wie auch bei der von MBP u. DDPA bestimmend ist. TBP hat, im Gegensatz zu MBP u. DBP, auf die Extraktion von **II** durch T keinen Einfluß. Ähnliche Verhältnisse werden bei der Extraktion von **I** beobachtet.
P. Nachtwey 224◇

0584 **Allgemeine Bemerkungen über den synergetischen Effekt bei der Extraktion von Uran- und Plutoniumverbindungen.** Slawomir Siekierski und Mieczysław Taube. (Nukleonika [Warszawa] **6**, 489—501, 1961; Warszawa, Polish Acad. of Sci., Inst. of Nucl. Res., Dep. of Radiochem.; engl.) — Vff. untersuchten die theoret. Grundlagen der Extraktion bei Verw. von Gemischen von Extraktionsmitteln u. geben eine Definition für die synerget. (syn.) Wirkung. Sie diskutieren den positiven oder negativen Mechanismus einer teilweisen syn. Wrkg. bei der Extraktion von U^{6+} u. Pu^{6+}. Sie unterscheiden unter den Extraktionsmitteln 1. solche, die als große organ. Anionen wirken: Di-n-butylphosphorsäure, Monododecylphosphorsäure, Thenoyltrifluoraceton u. a., 2. solche, die als große neutrale Moll. wirken: Tri-n-butylphosphat, Tri-n-butylphosphinoxid u. a. u. 3. solche, die als große organ. Kationen wirken: Tri-n-octylamin u. Tetra-n-butylammoniumnitrat (u. a.). Für eine quant. Behandlung der syn. Erhöhung der Extraktion wird der syn. Koeff. $S = D_{1,2}\,(\text{exp.})/D_{1,2}\,(\text{add.})$ vorgeschlagen. $D_{1,2}$ (add.) ist das unter der Annahme einfacher Additivität berechnete Verteilungsverhältnis. Bei positiver (syn.) Wrkg. ist $S > 0$, bei negativer (antagonist.) Wrkg. $S < 0$ u. bei nicht syn. Syst. (einfache Additivität) $S \cong 0$. Dieser Koeff. wurde in 6 Mischungen von je 2 Extraktions-Syst. anion.; anion./neutral; anion./kation.; neutral/neutral; neutral/kation.; kation./kation.) für U^{6+} u. Pu^{6+} an Hand von Werten aus der Literatur systemat. nachgeprüft.
P. Nachtwey 224◇

0585 **Flüssig-flüssig-Extraktion mit Aminen hohen Molgewichts.** Fletcher L. Moore. (Nat. Acad. Sci. — Nat. Res. Council, nuclear Sci. Ser. NAS-NS **3101**, 1—83, 1960; Oak Ridge, Tenn., Oak Ridge Nat. Labor.; engl.) — Ausführliche Übersicht. — 93 Literaturangaben. A. Blaschette 224◇

0586 **Trennungen durch Lösungsmittelextraktion mit Tri-n-octylphosphinoxid.** J. C. White und W. J. Ross. (Nat. Acad. Sci.-nat. Res. Council, nuclear Sci. Ser. NAS-NS **3102**, 1—56, 1961; Oak Ridge, Tenn., Oak Ridge Nat. Labor.; engl.) — Ausführliche Übersicht. — 29 Literaturangaben.
A. Blaschette 224◇

0587 **Ein Reaktionsgefäß für kinetische Untersuchungen unterhalb Zimmertemperatur.** G. C. Lalor. (J. chem. Educat. **40**, 597, 1963; Kingston, Jamaica, Univ. of the West Indies; engl.)
A. Blaschette 225◇

0588 **Verbesserte Berechnung von Quasigleichgewichtswerten von Reaktionsgeschwindigkeitskonstanten.** S. H. Lin und Henry Eyring. (J. chem. Physics **39**, 1577—79, 1963; Salt Lake City, Utah, Univ. of Utah, Dep. of Chem.; engl.) — Mit Hilfe der Meth. des „steilsten Abstiegs" (method of steepest descents) wird die Gesamtzahl der Quantenzustände eines Syst. aus harmon. Oscillatoren u. der entsprechende Ausdruck für die Geschw. monomol. Rkk. berechnet.
A. Blaschette 225◇

0589 **Über einige Gesetzmäßigkeiten an chemischen Umsetzungen, die durch das Massenwirkungsgesetz dargestellt werden können.** I. Je. Starik und Ju. A. Barbanel. (Ber. Akad. Wiss. UdSSR **140**, 644—47, 1961; Chlopin-Radiuminst. der Akad. der Wiss. der UdSSR;

russ.) — Überblick über Meth. zur Charakterisierung maximaler Intensitäten chem. Umsetzungen mit verhältnismäßig großen Rk.-Ausbeuten. W.-D. Heußner 225□

0590 **Chemiluminescenz und Radikalrekombination bei Wasserstoff-Flammen.** P. J. Padley und T. M. Sugden. (VIIth Sympos. [int.] Combust., London and Oxford **1958,** 235—44, 1959; engl.) — Der bei der Zugabe geringer Mengen von Na-Salzen zu H_2–O_2–N_2-Flammen früher beobachtete Chemiluminescenzeffekt auf Grund der Rkk. Na + H + H → Na + H_2 bzw. Na + OH + H → Na + H_2O (vgl. Proc. Roy. Soc. [London], Ser. A **248,** [1958], 248) sowie die Abnahme der Zahl der angeregten Na-Atome mit der Höhe über der Rk.-Zone werden bei Zugabe von Salzen von Ga, Zn, Tl, Fe, Co, Ni, K, Cs, Cu, Ag, Cd, Mn u. Pb anstatt Na weiter untersucht. Aus den Ergebnissen wird auf die Kinetik der Radikalrekombinations-Rkk. geschlossen. H. Roschkowski 225◇

0591 **Hochtemperaturoxydation und Verbrennung von Kohlenmonoxid.** G. K. Sobolev. (VIIth Sympos. [int.] Combust., London and Oxford **1958,** 386—91, 1959; engl.) — Die Verbrennung feuchter CO–O_2–N_2-Mischungen bei Temp. von 1940—2310° K u. O_2-Konzz. in der Rk.-Zone von 0,5 bis 73% wurde untersucht. Aus den Ergebnissen wird auf die Kinetik der Gesamt-Rkk. in der Verbrennungs- u. Nachverbrennungszone der Bunsenflamme geschlossen. H. Roschkowski 225◇

0592 **Über den Einfluß von Hydroxylradikalen auf die Kinetik der Verbrennungsreaktion von Kohlenmonoxid.** P. Laffitte, F. Cusin und H. James. (Combust. and Flame **7,** 101—04, 1963; Paris, Fac. des Sci., Labor. de Chim. Gen.; engl.) H. Roschkowski 225◇

0593 **Adiabatische Theorie der Elektronenprozesse in Lösungen.** W. G. Lewitsch und R. R. Dogonadse. (Ber. Akad. Wiss. UdSSR **133,** 158—61, 1960; Inst. für Elektrochem. der Akad. der Wiss. der UdSSR; russ.) — In Weiterentw. der Theorie der Elektronenprozesse in polaren Lsgm. benutzen Vff. den Begriff der spezif. Polarisation P(r), die im Sinne des Bornschen Lsgm.-Modells als kontinuierlich angenommen wird. Dabei spielt der nichtstationäre Charakter von P(r) eine Rolle, der durch Sprünge u. Schwingungen der Lsgm.-Moll. aus einer Gleichgewichtslage in eine andere bedingt ist. Vff. entwickeln Gleichungen für den Elektronenaustausch zwischen gleichgeladenen Ionen. Für die Berechnung sind die Energie ΔE^*, die Freie Energie ΔF^* u. die Entropie ΔS^* der Aktivierung von Bedeutung. Die Wahrscheinlichkeit des Übergangs eines Elektrons von einem Ion zu einem anderen ergibt sich zu $w_{12} = w_s w_e$ (w_s = Wahrscheinlichkeit der Bldg. eines aktivierten Komplexes, w_e = Wahrscheinlichkeit des Elektronenübergangs im aktivierten Zustand). R. K. Müller 225□

0594 **Bildungsgeschwindigkeit von Selendioxid bei der Umsetzung von elementarem Selen mit starker Schwefelsäure.** L. Ss. Getzkin und W. W. Jatzuk. (Nachr. Akad. Wiss. KasachSSR, Ser. Metallurgie, Erzaufbereit. feuerfeste Mater. **1961,** Nr. 2, 39—42; russ.) — Die Kinetik der Bldg. von SeO_2 aus elementarem Se u. starkem H_2SO_4 wurde bei 300, 350 u. 400° untersucht. Die Menge des nach der summar. Gleichung $Se + 2 H_2SO_4 \rightarrow SeO_2 + 2 SO_2 + 2 H_2O$ gebildeten SeO_2 wurde durch Best. der Menge des entweichenden SO_2 ermittelt. Se von 99,98%ig. Reinheit wurde verwendet. Die Rk. wurde in einer wiedergegebenen App. durchgeführt. Die Geschw. v der Rk. steigt stark mit wachsender Temp. an; log v ist proportional 1/T. Die Aktivierungsenergie der Rk. beträgt 5,910 kcal/Mol. Demnach verläuft die Rk. über einen Diffusionsvorgang. G. Winkhaus 225◇

0595 **Untersuchung der Reaktion zwischen Diphenylcarbazid und Natriummolybdat.** R. Rusina. (Acta Fac. Rerum natur. Univ. Comenianae [Bratislava], Chim. **6,** 561—84, 1961; Bratislava, U. K., Kat. anorg. a fyz. chém.; slowak.) — Die spektrophotometr., chromatograph. u. potentiometr. untersuchte Rk. von Diphenylcarbazid (I) u. Na_2MoO_4 führt zu gefärbten Verbb., wobei die Färbung von pH-Wert, Konz. der Komponenten, Zeit u. Ionenstärke der Lsg. abhängt. Es handelt sich nicht um Komplex-Bldg., sondern um Redoxprozesse, wobei sich ein Gleichgewicht zwischen einer roten oxydierten Form von I u. einer blauen red. Form von Mo^{6+} einstellt. Die Rk. wird bei den pH-Werten 3,00, 2,2 u. 1,90 auf Grund der Jobschen Kurven verfolgt. Sie eignet sich nicht zur quant. Best., aber zum qual. Nachweis. R. K. Müller 225◇

0596 **Wirkung von negativen Ionen auf die Geschwindigkeit der Reaktion von Zink mit Salzsäure und Perchlorsäure.** Joe D. Woods und Thomas J. Rider. (Proc. Iowa Acad. Sci. **68,** 182—88, 1961; Des Moines, Iowa, Drake Univ., Dep. of Chem.; engl.) — Die Geschw. der H_2-Entw. durch Einw. von HCl oder $HClO_4$ auf Zn hängt von der Konz. der Anionen ab. Wird die Zn^{2+}-Konz. erhöht, so wird die Rk. gehemmt. Wird das Verhältnis von Cl^- : Zn = 4 : 1, so wird die Rk. beschleunigt; wahrscheinlich wird dabei zunächst $[ZnCl_4]^{2-}$ gebildet, das das überschüssige Zn^{2+} bindet. Andere Ionen, die mit Zn^{2+} Komplexe bilden können, so z. B. Br^-, J^-, SCN^-, beschleunigen die Rk. ebenfalls. Unter den Zink-Halogen-Komplexen sind die $[ZnCl_4]^{2-}$-Komplexe am stabilsten, die $[ZnJ_4]^{2-}$-Komplexe am wenigsten stabil. Dies zeigt sich auch daran, daß Cl^- die größte beschleunigende Wrkg. auf die H_2-Entw. hat, J^- die geringste. $[ClO_4]^-$ u. $[SO_4]^{2-}$ beschleunigen infolge fehlender Komplex-Bldg. die H_2-Entw. nicht. Vff. vermuten, daß die Fähigkeit zur Bldg. eines Zn-Komplexes ausschlaggebender Faktor für den Ablauf der H_2-Bldg.-Rk. ist. P. Nachtwey 225◇

0597 **Zum Mechanismus der Oxydation von Titan.** D. I. Lainer und A. Ss. Bai. (Metallphysik u. Metallkunde [UdSSR] **14,** 283—86, 1962; russ.) — Es wird die Mikrostruktur des Zunders auf Ti, das bei Temp. von 800, 850, 900° im Wasserdampf u. bei Temp. von 900, 1020 u. 1150° an Luft oxydiert wurde, mit Hilfe der Meth. der „neutralen Markierung" (Aufdampfen oder Einbetten von Pt-Filmen bzw. -Draht) untersucht; dabei wurde festgestellt, daß bei der Oxydation des Titans im Wasserdampf eine zweiseitige Diffusion der Sauerstoffionen u. von Ti durch den Zunder stattfindet. Der Vgl. der Oxidstruktur auf Ti, das an Luft u. im Wasserdampf oxydiert wurde, zeigt, daß beim Oxydieren von Titan im Wasserdampf der Beginn der intensiven Ti-Ionendiffusion mehr zur Seite niedrigerer Temp. verschoben wird als beim Oxydieren an Luft. N. Kubeth 225◇

0598 **Oxydation von Eisen in Lithium-, Natrium- und Kaliumcarbonat enthaltenden Schmelzen.** W. P. Kotschergin und E. G. Kokourowa. (J. anorg. Chem. [UdSSR] **7,** 2563—67, 1962; russ.) — Die mittleren Oxydations-Geschw. (OG) von Fe in den Schmelzen Na_2CO_3–K_2CO_3 (**I**), Li_2CO_3–K_2CO_3 (**II**), Li_2CO_3–Na_2CO_3 (**III**) u. Li_2CO_3–Na_2CO_3–K_2CO_3 (**IV**) bei 800° werden mitgeteilt. In Schmelzen äquimol. Zus. nimmt die OG in der Reihe **II**–**III**–**I** ab. Bei der Erhöhung des Li_2CO_3-Geh. in **II** u. **III** u. des K_2CO_3-Geh. in **I** wird eine Zunahme der OG beobachtet. In **IV** (50% Li_2CO_3) nimmt die OG bei gleichzeitiger Erhöhung der Na_2CO_3-Konz. u. Verringerung der K_2CO_3-Konz. zu. H. Jäger 225◇

0599 **Über den Mechanismus und die Kinetik der Bildung von 75%igem Ferrosilicium.** M. Ss. Chruschtschew und W. N. Krylow. (J. angew. Chem. [UdSSR] **34,** 756—65, 1961; russ.) — Die Herst. von Ferrosilicium (I) erfolgt nach der Rk.: $n SiO_2 + 2n C + m Fe = Fe_mSi_n + 2n CO$. Der Mechanismus der Bldg. von **I** u. die Gleichungen der Rk.-Geschw. bei 1600—1750 bzw. > 1750° werden erörtert. Es wird gezeigt, daß die Bldg. hoch-%ig. Si-Legg. hauptsächlich über die Zwischenphase der SiC-Bldg. stattfindet. Die begrenzenden Stadien des Prozesses der **I**-Bldg. sind die Zerstörung von SiC durch Fe u. SiO_2 u. die Rk. von SiO mit C. Das Schmelzen des 75% **I** enthaltenden Prod. erfolgt zweckmäßig bei 1850—1900°; eine Überhitzung der Schmelze über 1900° bringt keine Vorteile. S. Baryschnikow 225

0600 **Die Zersetzung von Kohlendioxid durch Hg 6($^3P_1$)- und Hg 6($^3P_0$)-Atome.** Otto P. Strausz und Harry E. Gunning. (Canad. J. Chem. **39,** 2244—50, 1961; Edmonton, Alberta, Univ. of Alberta, Dep. of Chem.; engl.) — Im Gegensatz zu den Ergebnissen von Cline u. Forbes [1939] stellten Vff. fest, daß CO_2 in Ggw. von Hg-Dampf einen langsamen Zerfall in CO + O erleidet, wenn es einer Strahlung von 2537 Å ausgesetzt wird. Für diesen Zerfall sind 126,7 kcal erforderlich, von denen nur 112,2 aus dem Zusammenstoß der Sekundärprodd. mit dem Hg 6($^3P_1$)-Atom verfügbar sind; die restliche Energie könnte aus der prim. Bldg. von HgO oder z. B. auch aus angeregten, sek. gebildeten CO_2-Moll. stammen. Die Zerfalls-Geschw. steigt steil an, wenn der CO_2-Druck verkleinert wird u. ändert sich direkt mit dem Exponenten der Lichtintensität. Bei der Rk. treffen angeregte CO_2-Moll. mit Hg 6($^3P_1$)-Atomen zusammen. Bei höherem CO_2-Druck wird die Rk. unterdrückt; N_2 steigert die Bldg.

von CO. Die 1,58fache Menge (maximale Ausbeute) wurde bei einem Druck von 7,4 mm N_2 u. 3,74 mm CO_2 erreicht. N_2 bildet metastabile Hg $6(^3P_0)$-Atome, die den Zerfall sensibilisieren. Wird CO_2 mit N_2 gemischt, so steigt der Zerfall bei Bestrahlung mit 4047 Å. Da diese Strahlung Hg $6(^3P_0)$ in Hg $7(^3S_1)$ überführt, kann man diese Steigerung als direkten Beweis für die Sensibilisierung der Rk. durch höhere Zustände des Hg, die durch schrittweise Anregung gebildet werden, ansehen. P. Nachtwey 226◇

0601 **Der durch Hg $6(^3P_1)$ photosensibilisierte Zerfall von Stickstoffmonoxid.** Otto P. Strausz und E. Gunning. (Canad. J. Chem. **39**, 2549—55, 1961; engl.) — Vgl. vorst. Referat. — In Anlehnung an die Unterss. der Vff. (l. c.) über die Rk. von CO mit Hg $6(^3P_1)$-Atomen wurde der Verlauf der Rk. zwischen NO u. Hg $6(^3P_1)$-Atomen verfolgt. Diese Rk. wurde unter stat. Bedingungen bei 30° u. einem Druck zwischen 1 u. 286 mm durchgeführt. Bei einem NO-Druck >4 mm war die Bldg. von $N_2 + N_2O$ konst., während das Verhältnis $N_2O : N_2$ linear mit steigendem Druck anstieg. Das Verhältnis änderte sich mit der Lichtintensität bei 2537 Å; für die Quantenausbeute von $N_2 + N_2O$ wurde ein Wert von $1{,}9 \cdot 10^{-3}$ Mol/Einstein erhalten. Mit einem vorgesetzten Br_2-Dampffilter bei 170 mm Druck, durch das die Lichtintensität bei 2537 Å auf 55,7% herabgesetzt u. gleichzeitig <1% von 4047 Å durchgelassen wurde, wurden 54% der Menge an $N_2 + N_2O$ gebildet, die ohne Filter gebildet worden wären. N_2 ist ein prim. Prod. der Reaktion. Dies wurde dadurch bewiesen, daß die Zerfallsrate von NO durch zugegebenes NO ergänzt wurde. Die Anwesenheit von N_2O als einem Hauptprod. der Rk., über das bisher nicht berichtet worden ist, kann nur durch eine Zwischen-Rk. von NO-Moll. erklärt werden, bei der einer der Rk.-Teilnehmer Energie aufgenommen hat. Gefolgert wird daraus, daß N-Atome mit NO unter Bldg. von N_2, aber nicht von N_2O reagieren. Den Rk.-Verlauf stellen Vff. folgendermaßen dar: $Hg + h\nu \rightarrow Hg^*[Hg\,6(^3P_1)]$; $Hg^* \rightarrow Hg + h\nu$ (1); $Hg^* + NO \rightarrow NO^* + Hg$ ($NO^* = NO\,[^4\Pi]$) (2); $NO^* + NO \rightarrow 2\,NO$ (3); $NO^* + NO \rightarrow (NO)_2^*$ (4). Diese Rk. führt zum Zerfall des energiereichen Dimeren $(NO)_2^*$, das beim Zusammentreffen des angeregten NO ($^4\Pi$)-Mol. mit einem NO im Grundzustand gebildet wird. Vom $(NO)_2^*$ wird angenommen, daß es in 2 Schritten zerfällt: $(NO)_2^* \rightarrow N_2 + O_2$ (5); $(NO)_2^* + NO \rightarrow N_2O + NO_2$ (6). Mit diesem Rk.-Mechanismus werden die Vers.-Ergebnisse befriedigend erklärt. P. Nachtwey 226◇

0602 **Freie Radikale und reaktionsfähige Moleküle in Clathrat-Hohlräumen.** Paul Goldberg. (Science [Washington] **142**, 378—79, 1963; Jerusalem, Israel, Hebrew Univ., Dep. of Phys. Chem.; engl.) — Lichtempfindliche Gast-Moll., die in den Hohlräumen von Clathratgittern sitzen, werden durch Bestrahlung in Radikale gespalten, die bis zur Zers.-Temp. des Gitters beständig sind. Als Wirt fungierte *W.*, als Gast-Moll. H_2S, CH_3SH u. C_2H_5SH. Die entstehenden schneeartigen Verbb. wurden reflexionsspektroskop. untersucht. Die erhaltenen Werte deuten auf die Entstehung von S_2, CH_3S u. C_2H_5S hin, die infolge ihrer Größe in den Hohlräumen fixiert sind, während der Wasserstoff diese verlassen u. sich zu H_2 vereinigen kann. Die Unterss. wurden meist bei —80° durchgeführt, doch ist der Effekt bis —2° zu beobachten, wobei die Beständigkeit allerdings stark abnimmt. Quant. Aussagen können noch nicht gemacht werden. Im einzelnen wurden nachst. Einfach- u. Doppelclathrate mit W. hergestellt: H_2O (H_2S), H_2O (CH_2Cl_2, H_2S), H_2O ($CHCl_3$, H_2S), H_2O (CCl_4, H_2S), H_2O (CH_3SH), H_2O (Ar, C_2H_5SH), H_2O (Ar, $CHCl_3$). K. Bencker 226◇

0603 **Gesetzmäßigkeiten bei der Auswahl von Katalysatoren.** 2. Mitt. **Über die physikalische und physikalisch-chemische Katalyse.** Ss. S. Roginski. (Nachr. Akad. Wiss. UdSSR, Abt. chem. Wiss. **1959**, 586—95; Inst. für physikal. Chem. der Akad. der Wiss. der UdSSR; russ.) — Vf. entwickelt eine Systematik der Katalyse u. unterscheidet 3 Typen: physikal., chem. u. physikal.-chem. Katalyse. Bei den Typen werden noch Klassen unterschieden. Die Typen u. Klassen werden in Gruppen eingeteilt, für die Charakter u. Mechanismus der Rkk., verwendete Katalysatoren u. Beispiele angegeben werden. Typ I: physikal. Katalyse, a) energet. Katalyse: Stabilisierung prim., unbeständiger Rekombinations- u. Assoziations-Prodd.; Intensivierung der Energiezufuhr bei monomol. Prozessen; Änderung der Temp.; Sensibilisierung photo- u. strahlenchem. Rkk.; b) mol.-kinet. Katalyse: Kohäsionskatalyse; Kondens.-Katalyse; Stabilisierung akt. Teilchen bei Radikal- u. Kettenreaktionen. — Typ II: physikal.-chem. Katalyse, a) Einfl. des Mediums: Beeinflussung der Rk.-Fähigkeit durch die Wechselwrkg. der Komponenten eines fl. Gemisches (bei Gasen hoher Druck); Einfl. des fl. Lsgm. auf die Rk. gelöster Moll.; Einfl. des fl. Lsgm. auf die Rk. gelöster fester Körper; b) Einfl. durch Änderung der Oberflächenenergie der Ausgangs- u. Intermediärverbb. (bei heterogenen Rkk.): Erleichterte Bldg. von Keimen einer neuen Phase; Beschleunigung durch Dispergierung; c) Einfl. auf die Rkk. fester Körper durch Schaffung oder Veränderung defekter Gitterstrukturen: Katalyse durch Regulierung von Defektstrukturen. Helmut Schäfer 227△

0604 **Spezifische Aktivität von Nickelkatalysatoren und die Adsorption von Thiophen.** G. D. Ljubarski, N. W. Kulkowa, R. Ch. Burstein, G. G. Issajewa, L. N. Iwanowskaja und N. A. Schurmowskaja. (Ber. Akad. Wiss. UdSSR **140**, 634—36, 1961; Physiko-chem. Karpow-Inst.; russ.) — Bei BET-Unterss. an einer Reihe differenzierter Ni-Katalysatoren (trägerfreies Ni aus der therm. Zers. von Ni-Formiat bzw. Oxalat, Ni auf Trägern aus Cr_2O_3, MgO, Kohle, Al_2O_3) zur Best. der Oberflächenaktivität werden durch O_2-Chemisorption bei Raum-Temp. u. vermindertem Druck sowie Niedertemp.-Adsorption von N_2 u. Kr allg. Abhängigkeiten zwischen Darst.-Meth. des Katalysators, verwendeter Trägersubstanz u. der katalyt. Aktivität festgestellt. Durch Ausbildung bes. Strukturflächen hoher Aktivitäten auf der Ni-Oberfläche eignet sich ein Al_2O_3–Ni–Alkalimetall-Katalysator bes. gut zur Hydrierung von Benzol. Weiterhin werden einige Daten zur Chemisorption von Thiophen an den einzelnen Katalysatoren angegeben. W.-D. Heußner 227□

0605 **Einfluß der Spinell-Bildung auf die Regenerierbarkeit eines Ni–Al_2O_3-Katalysators.** W. M. Akimow, A. A. Slinkin, A. M. Rubinstein, N. I. Schuikin, N. F. Kononow und L. K. Kaschkowskaja. (Nachr. Akad. Wiss. UdSSR, Abt. chem. Wiss. **1961**, 1516—18; Zelinsky-Inst. für organ. Chem. der Akad. der Wiss. der UdSSR; russ.) — Ein Katalysator aus 10% β-Ni auf 90% γ-Al_2O_3, der nach 120 Std. langem Gebrauch bei der Hydrogenolyse von Toluol zu Bzl. inakt. geworden war, ließ sich durch Glühen u. anschließende Red. mit H_2 nicht vollständig wieder aktivieren. Zur Klärung der Ursachen wurden Phasen-Zus., magnet. Susceptibilität, spezif. Oberfläche, mittlerer Porenradius u. Gesamtporen-Vol. in den 4 Stadien des Cyclus: Vor dem Gebrauch, nach 120 Std. langem Gebrauch, nach der Oxydation bei 500° u. nach der Red. mit H_2 bestimmt. Als Ursache ergab sich, daß das im Oxydationsstadium der Regenerierung gebildete NiO mit Al_2O_3 Spinell liefert u. dadurch für die anschließende Regenerierung mit H_2 verloren geht. Die Unvollständigkeit der Regenerierung drückt sich bes. in der erniedrigten spezif. Oberfläche u. der stark erhöhten magnet. Susceptibilität nach der Regenerierung im Vgl. mit dem frischen Katalysator aus. Helmut Schäfer 227□

0606 **Einige Beobachtungen über die Handhabung des Adamschen Katalysators zur Hydrierung mit Platinoxid.** Lyman R. Caswell und Robert D. Schuetz. (Proc. Iowa Acad. Sci. **68**, 223—28, 1961; Fayette, Iowa, Upper Iowa Univ., Dep. of Chem.; East Lansing, Mich., Michigan State Univ., Kedzie Chem. Labor.; engl.) — Für den Mengenbedarf an $PtO_2 \cdot H_2O$ (**I**) als Katalysator für Hydrierungszwecke wurde festgestellt: 1. **I** wirkt stark adsorbierend; es nimmt bei Berührung mit der Atmosphäre Bestandteile aus dieser auf (in 30 Min. 10% des Eigengew.); 2. die katalyt. Wrkg. beruht allein auf dem Pt-Metall, das vom Beginn des Hydrierungsprozesses an aus **I** red. wird. Der Geh. von **I** an akt. Pt ist von der Vorbehandlung des Katalysators u. den Rk.-Bedingungen abhängig. Die übliche Bezeichnung von **I** als Katalysator sollte besser in Prokatalysator geändert werden. Die Aktivierungsenergie für die katalyt. Hydrierung von o-Xylol (z. B.) ist für 2 Chargen des gleichen Katalysators verschieden. Vff. erklären dies damit, daß die katalyt. Aktivität von der jeweils unterschiedlich groß ausfallenden Oberfläche des Katalysators u. seiner Eignung abhängt, sich verschiedenen Substraten in bisher noch unbekannter Weise anzupassen. P. Nachtwey 227◇

A$_8$. Präparative anorganische Chemie, Komplexverbindungen, Metallorganische Verbindungen

0607 **Radiochemische Trennungen sehr geringer Substanzmengen.** T. T. Sugihara. (Nat. Acad. Sci. — Nat. Res. Council, nuclear Sci. Ser. NAS-NS **3103,** 1—34, 1961; Worcester, Mass., Clark Univ., Jeppson Labor.; engl.) — Übersicht. — 121 Literaturangaben. A. Blaschette 228◇

0608 **Schnelle radiochemische Trennungen.** Yusuru Kusaka und W. Wayne Meinke. (Nat. Acad. Sci. — Nat. Res. Council, nuclear Sci. Ser. NAS-NS **3104,** 1—125, 1961; Ann Arbor, Mich., Univ. of Michigan; engl.) — Übersicht. — 273 Literaturangaben. A. Blaschette 228◇

0609 **Das Astat.** Clément Duval. (Chim. analytique **45,** 557—59, 1963; E.N.S.C.P., Labor. de Rech. Microanal.; franz.) — Kurze Übersicht über Vork., Darst., Eigg. u. analyt. Bestimmung. — 13 Literaturangaben. A. Blaschette 250◇

0610 **Die Radiochemie des Schwefels.** G. W. Leddicotte. (Nat. Acad. Sci. — Nat. Res. Council, nuclear Sci. Ser. NAS-NS **3054,** 1—30, 1962; Oak Ridge, Tenn., Oak Ridge Nat. Labor.; engl.) — Grundlagen u. ausgewählte Methoden. — 89 Literaturangaben. A. Blaschette 253◇

0611 **Die Radiochemie des Phosphors.** W. T. Mullins und G. W. Leddicotte. (Nat. Acad. Sci. — Nat. Res. Council, nuclear Sci. Ser NAS-NS **3056,** 1—32, 1962; engl.) — Vgl. vorst. Referat. — 107 Literaturangaben. A. Blaschette 264◇

0612 **Die Radiochemie des Natriums.** W. T. Mullins und G. W. Leddicotte. (Nat. Acad. Sci. — Nat. Res. Council, nuclear Sci. Ser. NAS-NS **3055,** 1—44, 1962; engl.) — Vgl. vorst. Referate. — 164 Literaturangaben. A. Blaschette 274◇

0613 **Die Radiochemie des Rubidiums.** G. W. Leddicotte. (Nat. Acad. Sci. — Nat. Res. Council, nuclear Sci. Ser. NAS-NS **3053,** 1—34, 1962; engl.) — Vgl. vorst. Referate. — 91 Literaturangaben. A. Blaschette 276◇

0614 **Die Radiochemie des Urans.** James E. Grindler. (Nat. Acad. Sci. — Nat. Res. Council, nuclear Sci. Ser. NAS-NS **3050,** 1—350, 1962; Argonne, Ill., Argonne Nat. Labor.; engl.) — Vgl. vorst. Referate. — 698 Literaturangaben. A. Blaschette 339◇

0615 **Über einige chemische Eigenschaften von Thorium und Uran.** A. G. Karabasch. (J. anorg. Chem. [UdSSR] **3,** 986—95, 1958; russ.) — 99,9%ig. U wurde in einem 2- bis 15fachen Überschuß von 6n HCl in Abwesenheit von freiem O_2 gelöst. Der schwarze Nd. wurde abzentrifugiert u. z. T. direkt sowie z. T. nach Trocknen im Vakuum bei 50° auf Cl^-, auf den H^--Geh. durch Titration, auf die Wertigkeit von U u. auf den Geh. an U u. O analysiert. Die Analyse ergab eine stöchiometr. Zus. entsprechend $U^{3+} : H^- : O^{2-} = 1 : 1 : 2$. Der Cl^--Geh. betrug nur 0,77 Gew.-%. Die Bldg. eines Uranhydridhydroxids, $UH(OH)_2$, ist wahrscheinlich. Die Verb. ist pyrophor, reagiert nicht mit W., bildet leicht Koll. u. zersetzt sich in Ggw. von konz. H_2SO_4, HF u. H_3PO_4 unter Bldg. von H_2. Sie ist in HNO_3 u. H_2O_2 lösl., wird von $KMnO_4$ in schwefelsaurer, neutraler oder alkal. Lsg. unter Bldg. von H_2 quant. oxydiert u. reagiert mit AgCl unter Bldg. von H_2 u. Ag. Die Bldg.-Rk. entspricht der Gleichung $2\,U + 4\,HCl + 2\,H_2O \rightarrow UCl_4 + UH(OH)_2 + 5\,H$. Die gleiche Verb. wird durch elektrolyt. Hydrierung von U erhalten. Analog wurde mit Th ein Thoriumoxidhydroxidhydrid, *ThO(OH)H* (**I**), erhalten. Die Analyse ergab ein Verhältnis $Th^{4+} : H^- : O^{2-} = 1 : 1 : 2$. Die Verb. ist nicht pyrophor, die therm. Zers. beginnt bei 200°; die Verb. ist in Abwesenheit von O_2 stabil, in Ggw. von O_2 sowie von starken Oxydationsmitteln (HNO_3, Königswasser, H_2O_2) bildet sie ein Peroxidhydrid der Zus. $(OThH)_2O_2$ (**II**). Die Bldg.-Rk. von **I** verläuft nach $2\,Th + 4\,HCl + 2\,H_2O \rightarrow ThCl_4 + ThH(OH)O + 6\,H$. Der gelbe Nd. von **II** wurde ebenfalls analysiert. **II** wurde die Konstit.-Formel $(H^-)OTh-O-O-ThO(H^-)$ zugeordnet; seine Bldg. verläuft nach $2\,ThH(OH)O \rightarrow O(H^-)Th-O-O-Th(H^-)O + 2\,H_2O$. **II** ist an der Luft beständig, explodiert bei schnellem Erwärmen auf 150—200° u. zersetzt sich bei langsamer Erwärmung quant. in ThO_2 u. H_2; **II** bildet koll. Lösungen. G. Ewald 339◇

0616 **Einige Zersetzungseffekte in PuO_2 beim Sintern.** B. Cina. (J. nuclear Mater. [Amsterdam] **9,** 85—100, 1963; Apollo, Pa., Nucl. Mater. and Equipment Corp.; engl.) — PuO_2-Kügelchen wurden durch Kaltpressen aus PuO_2-Pulver [aus Pu(IV)-Oxalat] im Vakuum, unter H_2, O_2, N_2 bzw. Ar erhalten. Mit Ausnahme der Behandlung unter oxydierenden Bedingungen konnte in den meisten Fällen eine Red. zu α-Pu_2O_3 beobachtet werden. Ist genügend α-Pu_2O_3 vorhanden, wird aus der Zweiphasenmischung eine eutektoide Form gebildet. In diesen Fällen wird offensichtlich eine sauerstoffarme Form, PuO_{2-n}, gebildet, die bei ca. 650° eutektoid zu PuO_2 u. α-Pu_2O_3 zerfällt. Die Rolle von Verunreinigungen wird diskutiert. H. Roschkowski 343◇

0617 **Substituierte Cyanokomplexe des zweiwertigen Rheniums.** 6. Mitt. Bijon Kumar Sen, Nripendra Nath Ghosh und Pulin Bihari Sarkar. (Sci. and Cult. [Calcutta] **29,** 201—02, 1963; Calcutta, Univ. Coll. of Sci., Inorg. Chem. Labor.; engl.) — 5. vgl. Sci. and Cult. [Calcutta] **28,** [1962], 387; 4. vgl. C. **1963,** 14611. — Vff. stellten *Dicyano-bis-[α.α'-dipyridyl]-rhenium(II)* (**I**) u. *Dicyano-bis-[1.10-phenanthrolin]-rhenium(II)* (**II**), dunkelviolette Nichtelektrolyte, dar. **I** u. **II** sind in W., A., Ae., Aceton u. Bzl. unlösl., etwas lösl. in Pyridin, **II** auch in Methanol; beide sind gut lösl. in konz. H_2SO_4 u. Eisessig. Sie zeigen cis–trans-Isomerie; beim Chromatographieren einer methanol. Lsg. von **II** an Al_2O_3 wurde die polare cis-Form stärker adsorbiert, wie die UV-Spektren zeigten. Die erhaltenen Komplexsalze $[ReA_2 \cdot (CH_3CN)_2](HgJ_3)_2$ (A = *α.α'-Dipyridyl*) u. $[ReB_2(CH_3CN)_2] \cdot HgJ_4$ (B = *1.10-Phenanthrolin*) sind vermutlich die ersten kation. Komplexe von Re(II); sie sind in W. u. organ. Lsgm. unlöslich.

Versuche: *Dicyano-bis-[α.α'-dipyridyl]-rhenium(II)*(**I**), a) aus Dinatriumtetracyano-[α.α'-dipyridyl]-rhenat(II), A u. 5n CH_3COOH, Rückfluß (7 Tage); 60% (Ausbeute); b) aus $Na_3[Re(CN)_5(H_2O)]$ u. A; 5 Std., Ansäuern mit CH_3COOH u. Rückfluß (7 Tage). — *Dicyano-bis-[1.10-phenanthrolin]-rhenium(II)* (**II**), analog **I**. — $[ReA_2(CH_3CN)_2](HgJ_3)_2$ (**III**), durch 72std. Erhitzen von **I** mit überschüssigem CH_3J u. HgJ_2 in einem geschlossenen Rohr. — $[ReB_2(CH_3CN)_2]HgJ_4$, analog **III**. G. Heller 352◇

0618 **Das Nitridion in Komplexen von Übergangsmetallen.** J. Chatt, J. D. Garforth und G. A. Rowe. (Chem. and Ind. **1963,** 332; Welwyn, Herts., The Frythe, Imp. Chem. Ind. Ltd., Heavy Org. Chem. Div.; Akers Res. Labor.; engl.) — Bei der in Chem. and Ind. **1962,** 92 erwähnten ziegelroten Verb. handelt es sich um den ungeladenen Nitridokomplex $\{ReNCl_2[P(C_6H_5)_3]_2\}$ (**I**). **I** ist unlösl. u. bemerkenswert stabil gegenüber Luft, W. u. HCl; es ist nach Röntgen-Unterss. monomer u. besitzt die Re≡N-Gruppe. Das entsprechende Jodid ist in kochendem Bzl. monomer. 2 Reihen dieser Komplexe wurden gefunden: $[ReNX_2(PR_3)_2]$ (X = Cl, Br, J, R = Alkyl oder C_6H_5) u. $[ReNX_2(PR_3)_3]$. Der einzige Repräsentant der 2. Reihe ist ebenfalls in kochendem Bzl. monomer, aber löslicher in organ. Lsgm. als erstere.

Versuche: $\{ReNCl_2[P(C_6H_5)_3]_2\}$ (**I**), $C_{36}H_{30}Cl_2NP_2Re$, F. 219—221° (Zers.); vgl. C. **1963,** 12241; durch Red. einer Lsg. von Re_2O_7 durch Hydrazinhydrochlorid in Ggw. des Phosphins; ziegelrot. — $\{ReNBr_2[P(C_6H_5)_3]_2\}$, $C_{36}H_{30}Br_2 \cdot NP_2Re$, F. 213—216° (Zers.); rot. — $\{ReNJ_2[P(C_6H_5)_3]_2\}$, $C_{36}H_{30}J_2NP_2Re$, F. 178—180° (Zers.); rötlichbraun. — $\{ReNCl_2[P(C_2H_5)_2C_6H_5]_3\}$, F. 160—164° (Zers.); gelb. G. Heller 352◇

0619 **Eisen–Dipyridyl-Komplexe als Modelle für Eisen–Porphyrin-Proteine.** B. R. James, J. R. Lyons und R. J. P. Williams. (Biochemistry [Washington] **1,** Nr. 3, 379—85, 1962; Oxford, England, Univ., Inorg. Chem. Labor.; engl.) — Vgl. C. **1959,** 6395. — Zur Unters. der Änderung der relativen Stabilität der Valenzzustände des Fe-Atoms, des Redoxpotentials u. der relativen Stabilität der verschiedenen magnet. Spinzustände jedes Valenzzustandes von Porphyrinkomplexen infolge unterschiedlicher Substitution an den Pyrrolringen (Proto-, Meso-, Rhodo- u Dihydroporphyrin-Verbb.) werden Modellkomplexe verwendet, um den Einfl. des Eiweißes in den natürlichen Porphyrin-Verbb. auf das Fe auszuschalten. Je nach Herst. existieren zwei Arten von Komplexen des Fe^{3+} mit o-Phenanthrolin u. *α.α'-Dipyridyl* (**I**): blaue u. braungelbe. Spektrophotometr. Unterss. des gelben Komplexes zeigen für pH 0,8 eine Zus. $Fe^{3+} : I = 1 : 1$, für pH 2,0 1 : 2, jedoch treten ab pH 2 mehrere Fe-I-Komplexe wechselnder Zus. auf, die im Gleichgewicht miteinander stehen. Die Konst. dieser Gleichgewichte lassen sich unter Verw. des opt. (Extinktions-Koeff.) bzw. des magnet. (Susceptibilität) Verh. der Lsg. berechnen. Bei niedrigen pH-Werten liegen nur die beiden einfachen Komplex-Gleichgewichte vor: $Fe(II)X_3/Fe(III)X_3$ (blau, metastabil, Fe(III)-Komplex mit niedrigem Spin) u. $Fe(II)X_3/Fe(III)X_{0-2}$ (gelb, stabil, Fe(III)-Komplex mit hohem Spin). Dadurch wird die Unters. der Wrkg. der Spinpaarung auf die Redoxpotentiale, der Abhängigkeit des Spinzustandes von der Art des Liganden u., da im Komplex mit *5.5'-Dicarbäthoxy-2.2'-dipyridyl* (**II**) ausnahmsweise auch das Fe^{2+}-Ion einen hohen Spin besitzt, die Abhängigkeit des Redoxpotentials vom Übergang in den „Hochspin/Hochspin"-Zustand ermöglicht. Zur Messung der Redoxpotentiale wurde eine 10^{-2} m Lsg. des Liganden mit Fe(II)-Ionen so versetzt, daß sich eine 10^{-3} m Lsg. des Tris-Fe(II)-Komplexes bildete (Ausnahme: **II**). Die an H_2SO_4 0,1 m Lsg. wurde unter starkem Rühren mit einer zur Oxydation der Hälfte des Fe(II) zum Fe(III) notwendigen Menge Ce(IV)-Lsg. versetzt. Das Redoxpotential der Lsg. fällt zuerst langsam, nach 10 Min. aber ziemlich schnell auf einen konst. Endwert. Im gleichen Maße erfolgt Übergang vom blauen in den gelben Komplex. Dieser ist jedoch nicht einheitlich, sondern stellt ein Gemisch aus freiem Fe(III) u. mehreren Komplexarten dar (s. oben). Die bei diesen Verss. durch Extrapolation auf die Zeit 0 u. 1 Std. erhaltenen Redoxpotentiale werden für **I**, **II**, *4.4'-Dicarbäthoxy-*, *4.4'-Diphenyl-*, *5.5'-Dimethyl-*, *4.4'-Dimethyl-*, *4.4'-Diäthyl-*, *4.4'-Diäthyl-5.5'-dimethyl-2.2'-dipyridyl* mitgeteilt. Der bei diesen Verbb. beobachtete Zusammenhang zwischen Redoxpotential u. Basizität besteht bei den Porphyrinen nicht. Jedoch besteht Wechselwrkg. zwischen Redoxpotential u. Spintyp wie bei den **I**-Komplexen derart, daß vollständig hohe oder vollständig niedrige Spin-Syst. ein niedrigeres Potential haben als Syst., in denen sich hohe u. niedrige Spinzustände ungefähr die Waage halten. Danach muß der Spinzustand eines gegebenen Porphyrinkomplexes stark von den an das Fe gebundenen Proteingruppen bzw. deren effektiver Feldstärke abhängen; die Wrkg. der am Porphyrin gebundenen Gruppen ist dagegen von untergeordneter Bedeutung. Die effektive Feldstärke hängt im allg. nur von der relativen Lage von Protein u. Porphyrin, d. h. von ster. Effekten, ab, da als bindende Gruppen im Protein nur Imidazole oder Amine auftreten können. G. Seltmann 354◇

0620 **Kobalt(III)-amminbromate.** N. I. Lobanow. (J. anorg. Chem. [UdSSR] **5**, 842—46, 1960; Moldau-Zweigst. der Akad. der Wiss. der UdSSR, Inst. für Chem., Labor. für anorg. Chem.; russ.) — Bromate verschiedener Amminkomplexe von Co(III) wurden dargestellt. Die Bromate sind im allg. wasserlöslich. Sie sind weniger beständig als die entsprechenden Jodate u. verpuffen bei Reiben oder Schlag. Das in neutralem Medium erhaltene Salz *cis*-$[Co(NH_3)_4(NO_2)(NCS)]BrO_3$ verändert sich in festem Zustand unter teilweiser Oxydation von S durch BrO_3^-.

Versuche: (Alle krist. Ndd. wurden mit 50 u. 95% ig. A. u. mit Ae. gewaschen u. an der Luft getrocknet): $[Co(NH_3)_6](BrO_3)_3 \cdot H_2O$, orange Prismen; aus $[Co(NH_3)_6](OH)_3$ (erhalten aus 1 g des entsprechenden Chlorids) durch Neutralisation mit Essigsäure u. Zugabe von festem $NaBrO_3$ bis zur Sättigung; ca. 0,7 g (Ausbeute); die Verb. verliert H_2O unter teilweiser Zers. bei 110°. $[Co(NH_3)_5(H_2O)]Cl(BrO_3)_2$; orange Prismen; durch Zusatz von $[Co(NH_3)_5H_2O]Cl_3$ bis nahe zur Sättigung zu kaltgesätt. Lsg. von $NaBrO_3$; die Verb. geht bei 120° in $[Co(NH_3)_5Cl](BrO_3)_2$ über. $[Co(NH_3)_5(H_2O)](BrO_3)_3 \cdot 2{,}5\,H_2O$; ziegelrote Prismen; aus $[Co(NH_3)_5(H_2O)](OH)_3$ u. $NaBrO_3$ nach Neutralisation mit Essigsäure. Entsprechend für die Verbindungen: $[Co(NH_3)_5(NO_2)](BrO_3)_2$; braungelb; aus $[Co(NH_3)_5(NO_2)]Cl_2$ bei 40—45°. $[Co(NH_3)_4(H_2O)(NO_2)](BrO_3)_2$; Prismen; aus $[Co(NH_3)_4(H_2O)(NO_2)](NO_3)_2$. $[Co(NH_3)_5Cl](BrO_3)_2$; rotviolette Nadeln; aus $[Co(NH_3)_5Cl]Cl_2$ nach 5 Std.; quant.; die Verb. ist leichter lösl. in W. als das Ausgangschlorid. $[Co(NH_3)_5Br](BrO_3)_2$; aus $[Co(NH_3)_5Br]Br_2$. *cis*-$[Co(NH_3)_4(NO_2)_2]BrO_3$; gelb; aus cis-$[Co(NH_3)_4(NO_2)_2]NO_3$ nach 24 Std.; 60%. *trans*-$[Co(NH_3)_4(NO_2)_2]BrO_3$; gelbe Prismen; aus trans-$[Co(NH_3)_4(NO_2)_2]Cl$; weniger lösl. in W. als cis-Verbindung. cis-Dinitro-bis-[äthylendiamin]-kobalt(III)-bromat; *cis*-$[Co(en)_2(NO_2)_2]BrO_3 \cdot H_2O$; gelbe Prismen; aus cis-$[Co(en)_2(NO_2)_2]NO_2$; verliert H_2O bei 100—105°. *trans*-$[Co(en)_2(NO_2)_2]BrO_3$; gelbe Prismen aus trans-$[Co(en)_2(NO_2)_2]NO_3$; weniger lösl. in W. als cis-Verbindung. *trans*-$[Co(NH_3)_4Cl_2]BrO_3 \cdot 2H_2O$; grün; aus trans-$[Co(NH_3)_4Cl_2]HSO_4$; verliert H_2O bei 100°, verpufft bei 125—30°. *cis*-$[Co(en)_2Cl_2]BrO_3$; violette Platten; aus cis-$[Co(en)_2Cl_2]Cl$. *trans*-$[Co(en)_2Cl_2]BrO_3$; grüne Prismen; aus trans-$[Co(en)_2Cl_2]Cl$. *trans*-$[Co(NH_3)_4Br_2]BrO_3$; gelbgrüne Prismen; aus trans-$[Co(NH_3)_4Br_2]Br$. $[Co(NH_3)_4(NO_2)Cl]BrO_3$; ziegelfarben; aus $[Co(NH_3)_4(NO_2)Cl]Cl$. *cis*-$[Co(en)_2(NO_2)Cl] \cdot BrO_3$; rubinrote Rhomben; aus cis-$[Co(en)_2(NO_2)Cl]Cl$. *trans*-$[Co(en)_2(NO_2)Cl]BrO_3$; rotbraun; aus trans-$[Co(en)_2(NO_2)Cl]Cl$. *cis*-$[Co(NH_3)_4(NO_2)(NCS)]BrO_3$; dunkelbraune Platten; aus cis-$[Co(NH_3)_4(NO_2)(NCS)]Cl$; verpufft beim Verreiben; nach 1 Monat war die Verb. rotbraun u. S aus NCS war z. T. in SO_4 übergegangen. $[Co(NH_3)_4(C_2O_4)]BrO_3$; dunkelrote Platten; aus $[Co(NH_3)_4(C_2O_4)]_2SO_4 \cdot 2\,H_2O$ bei 50—55°; schwerlösl. in Wasser. $[Co(en)_2(C_2O_4)]BrO_3 \cdot H_2O$; ziegelrote Prismen; aus $[Co(en)_2(C_2O_4)]Cl \cdot 3\,H_2O$ bei 50—55°; schwer lösl. in W.; verliert H_2O bei 100—105° ohne Zersetzung. G. Winkhaus 355□

0621 **Kobalt(III)-amminpolybromide.** N. I. Lobanow und O. Ss. Konowalenko. (J. anorg. Chem. [UdSSR] **5**, 847—51, 1960; russ.) — Vgl. vorst. Referat. — Die Bedingungen zur Darst. der Polybromide von Amminkomplexen des Co(III) wurden untersucht. Als beste Darst.-Meth. erwies sich die Zugabe von Br_2 in konz. HBr oder in 30% ig. NaBr-Lsg. zur Co-Ammin-Lsg. oder zu festem Co-Ammin. Polybromide wurden leicht von Tetramminkomplexen, im allg. aber nicht von Pentammin- u. Hexamminkomplexen, erhalten. Co-Ammin-polybromide entstehen auch bei Einw. von HBr auf Nitrokomplexe des Co(III), wobei unter Red. der verdrängten NO_2-Gruppen intermediär Br_2 oder NOBr gebildet werden. Die Polybromide sind mit wenigen Ausnahmen [z. B. trans-$[Co(en)_2Br_2]Br \cdot Br_2$ (en = Äthylendiamin)] wenig beständig u. wenig wasserlöslich.

Versuche: $[Co(en)_3]Br_3 \cdot Br_2$; hellgelb, mikrokristallin; durch Zugabe von 5 ml Br_2 in 30 ml konz. HBr zu 2 g $[Co(en)_3]Cl_3$ in 50 ml W. bei Zimmer-Temp., Absaugen u. Trocknen im Vakuum über H_2SO_4, ca. 3,9 g (Ausbeute); durch A. u. Ae. wird Br_2 ausgewaschen. $[Co(en)_2(C_6H_5NH_2)Cl] \cdot Br_2 \cdot Br_2$; aus $[Co(en)_2(C_6H_5NH_2)Cl]Cl_2$ u. Br_2 in HBr; die Verb. verliert bei Aufbewahrung oder Behandlung mit A. oder Ae. kein Br_2. *trans*-$[Co(NH_3)_4(NO_2)_2]Br \cdot Br_2$; gelbe Platten; durch Zugabe von 50 ml Br_2–NaBr-Lsg. (15 ml Br_2 in 100 ml 30% ig. NaBr-Lsg.) zu 2 g trans-$[Co(NH_3)_4(NO_2)_2]NO_3$ in 200 ml W. in der Wärme; ca. 3,7 g. *cis*-$[Co(en)_2(NO_2)_2]Br \cdot Br_2$; gelb; aus cis-$[Co(en)_2(NO_2)_2]NO_2$ u. Br_2 in HBr; die Verb. verliert Br_2 beim Stehen. *trans*-$[Co(en)_2(NO_2)_2]Br \cdot Br_2$; hellgelb krist.; aus trans-$[Co(en)_2(NO_2)_2]NO_3$ u. Br_2 in NaBr-Lsg. in der Wärme; die Verb. verliert Br_2 beim Stehen. *trans*-$[Co(NH_3)_4Cl_2]Br \cdot Br_2$; grün; aus trans-$[Co(NH_3)_4Cl_2]HSO_4$ u. Br_2 in HBr; Verb. verliert Br_2. *trans*-$[Co(NH_3)_4Br_2]Br \cdot Br_2$; gelbgrün; durch schnelle Zugabe von Br_2 in HBr zu frischer Lsg. von trans-$[Co(NH_3)_4Br_2]Br$ in der Kälte; die Verb. verliert nur langsam Br_2. *cis*-$[Co(en)_2Cl_2]Br \cdot Br_2$; dunkelbraun; aus cis $[Co(en)_2Cl_2]Cl$ in wenig W. u. Br_2 in HBr; Verb. verliert Br_2 beim Stehen u. durch Waschen mit Äther *trans*-$[Co(en)_2Cl_2]Br \cdot Br_2$; grün; Verb. verliert Br_2. *cis*-$[Co(en)_2Br_2]Br \cdot Br_2$; fast schwarz; aus cis-$[Co(en)_2Br_2]Br$ u. Br_2 in HBr; die Verb. ist beständig. *trans*-$[Co(en)_2Br_2]Br \cdot Br_2$; olivgrün; aus trans-$[Co(en)_2Br_2]Br$ u. Br_2 in HBr in der Wärme; die Verb. ist das beständigste der erhaltenen Polybromide. *cis*-$[Co(en)_2(NO_2)Cl]Br \cdot Br_2$; ziegelrot; aus cis-$[Co(en)_2(NO_2)Cl]Cl$ u. Br_2 in HBr; unbeständig. *trans*-$[Co(en)_2(NO_2)Cl]Br \cdot Br_2$; ziegelrot; aus trans-$[Co(en)_2(NO_2)Cl]NO_3$ u. Br_2 in HBr in der Wärme; verliert langsam Br_2. $[Co(NH_3)_4(NO_2)Br]Br \cdot Br_2$; dunkelorange; aus $[Co(NH_3)_4(NO_2)Br]Br$ u. Br_2 in HBr. $[Co(en)_2(C_2O_4)]Br \cdot Br_2$; orangerot; aus $[Co(en)_2(C_2O_4)]Cl$ u. Br_2 in HBr in der Wärme; verliert langsam Br_2. G. Winkhaus 355□

0622 **Vergleichende Untersuchung von Nichtelektrolyten des Typs $[CoA_3(NO_2)_2X]$.** A. W. Ablow und E. W. Popa. (J. anorg. Chem. [UdSSR] **8**, 318—31, 1963; Akad. der Wiss. der MoldauSSR, Inst. für Chem.; russ.) — Bei der Rk. von $[Co(NH_3)_3(NO_2)_3]$ (**I**), $[Co(NH_3)en(NO_2)_3]$ (**II**) u. $[Co\,dien(NO_2)_3]$ (**III**) (en = Äthylendiamin, dien = Diäthylentriamin) mit HCl wird je eine NO_2-Gruppe durch Cl ersetzt, die in **I** u. **II** in trans-, in **III** in cis-Stellung zur anderen NO_2-Gruppe steht.

Versuche: **II** durch Erwärmen von **I** mit Äthylendiamin, umkrist. aus heißer verd. Essigsäure. — $[Co(NH_3)_3(NO_2)_2Cl]$ (**IV**), durch Lösen von **I** im 10fachen Überschuß verd. HCl. Nd. mit verd. HCl, A. u. Ae. waschen. — *[Co·*

$(NH_3)en(NO_2)_2Cl]$ (**V**), aus 15 g **II** in 50 ml W. u. 75 ml konz. HCl bei 50—60°, orangefarbiger Nd., Ausbeute 5 g. Aus W. mit HCl umkristallisieren. — $[Co(NH_3)en(NO_2)_2Br]$ aus **V** in W. mit etwas Essigsäure bei 50—60° u. Zugabe von HBr nach Erkalten. Nd. mit verd. HBr waschen, dann mit A. u. Äther. — *$[Co(dien)(NO_2)_2Br]$*, aus 1 g **III** u. 20 ml verd. HBr (1 : 1), nach 24 Std. rotbrauner Nd., mit verd. HBr, A. u. Ae. waschen. — *$[Co(NH_3)_2en(NO_2)_2]NO_3$*, 1 g **V** u. 20 ml konz. NH_3 10 Min lang erwärmen, 20 Tropfen konz. HNO_3 zugeben, unter Eiskühlung gelber Nd., aus W. umkrist., gelborangefarbige Kristalle. — *$[Co(NH_3)dienNO_2Cl]Cl$* aus $[CoNH_3dien(NO_2)_2]Cl$ (**VI**) u. konz. HCl in der Siedehitze, beim Abkühlen roter, kristalliner Niederschlag. — Analoge Rk. mit HBr ergibt einen von rot nach braun u. grün übergehenden Nd., wahrscheinlich *$[Co(NH_3)dienBr_2]Br$*. — *$[Co(NH_3)_2en(NO_2)_2Cl]$*, aus **IV** u. Äthylendiamin in der Kälte, gelbe Kristalle, aus heißem W. umkristallisieren. — *$[Co(NH_3)_3(NO_2)_2(NO_3)]\cdot H_2O$*, durch Versetzen von **IV** mit $AgNO_3$ u. Fällen des braunen Filtrats mit HNO_3, braune Kristalle. — *$[Co(NH_3)(NO_2)_2en(NO_3)]$*, aus **V** u. $AgNO_3$ in W., orangegelbe Kristalle. — *$[Co(dien)(NO_2)_2NO_3]$*, aus $[Co(dien)(NO_2)_2Cl]$ (**VII**) u. $AgNO_3$ in W., gelborange Kristalle. — *$[Co(NH_3)_3(NO_2)_2(NCS)]$*, aus 5 g **I** u. 5 g NH_4SCN in 65 ml W. bei 80—90°, gelbe Kristalle. — *$[Co(NH_3)en(NO_2)_2\cdot(NCS)]$*, aus **V** oder **II** mit SCN^- im Überschuß, braune, prismat. Kristalle, aus heißem W. umkristallisieren. — $[Co(dien)(NO_2)_2\cdot(NCS)]$, aus **VII** u. NH_4SCN beim Sieden, gelborange, mit W., A. u. Ae. waschen. — *$[Co(NH_3)_3(C_2O_4)(NO_2)]$*, aus 2 g **IV** in 15 ml W. u. 3 g Oxalsäure bei 40—50° unter Bldg. von NO_2, beim Abkühlen rote Kristalle, aus heißer Essigsäure umkristallisieren. — *$[Co(NH_3)(en)(C_2O_4)(NO_2)]$*, aus 2 g **V** in 10 ml W. u. 3 g Oxalsäure in 20 ml W. bei 40—50°, kleine, rote Kristalle, auch aus **II** erhältlich. — *$[Co(dien)(C_2O_4)(NO_2)]$*, aus **VII** mit Oxalsäure in der Hitze, rote Kristalle, aus heißem W. umkristallisieren. — *$[Co(NH_3)_3Py(NO_2)_2]Cl$*, aus 8 g **IV** u. 60 ml Pyridin u. 40 ml W., beim Erwärmen gelber Nd., waschen mit A. u. Äther. — *$[Co(NH_3)_3Py(NO_2)_2]NO_2$*, durch Lösen von vorst. Verb. in W. unter Zugabe von $AgNO_3$, geht beim Erhitzen in *$[Co(NH_3)_3(NO_2)_3]$* über. — *$[Co(NH_3)dien(NO_2)_2]NO_2$*, aus **VI** mit $AgNO_2$ in W., gelbe, glänzende Kristalle, bildet beim Erhitzen *$[Co(dien)(NO_2)_3]$*. G. Engelhardt 355◇

0623 **Die Radiochemie des Nickels.** L. J. Kirby. (Nat. Acad. Sci. — Nat. Res. Council, nuclear Sci. Ser. NAS-NS **3051,** 1—52, 1961; Richland, Wash., Hanford Atom. Prod. Operat.; engl.) — Grundlagen u. ausgewählte Methoden. — 126 Literaturangaben. A. Blaschette 356◇

0624 **Darstellung von Nickelorthosilicat.** A. M. Jegorow und M. N. Smirnowa. (J. anorg. Chem. [UdSSR] **8,** 1987—88, 1963; russ.) — Die Darst. von Ni_2SiO_4 erfolgt aus wss. Lsg. von Na_2SiO_3 unter Zusatz von alkal. $NiSO_4$-Lösungen. Für diese Lsgg. werden 300 g halbtrockenes $NiSO_4$ in 800 ml H_2O gelöst u. im dünnen Strahl unter Rühren in eine Lsg. von 145 g $Na_2SiO_3\cdot 9\,H_2O$ u. 65 g KOH in 700 ml H_2O eingegossen. Die alkal. Na_2SiO_3-Lsg. wird zweckmäßig vorher auf 80—90° erwärmt. Es scheidet sich sofort ein Nd. ab, dessen Menge durch Zusatz von 40—50 ml 10%ig. NaCl-Lsg. zur Unterstützung der Koagulation u. Stehenlassen während 12 Std. vergrößert werden kann. Nach dreimaligem Dekantieren mit W. wird das Gemisch bei 100—110° vorgetrocknet u. zur Zers. bas. Salze im Nd. kurzzeitig bei 1200—1300° geglüht. Dabei bildet sich gewöhnlich etwas NiO, das durch 10% HCl gelöst wird. Abschließend wird 20 Std. lang bei 1200—1300° geglüht. D. $4{,}735 \pm 0{,}005$ g/cm³. W.-D. Heußner 356◇

0625 **Komplexe Salze der höheren Fettsäuren.** 7. Mitt. S. Fişel und H. E. E. Franchevici. (Studii Cercetări ştiinţ., [Iaşi], Chim. **10,** 41—46, 1959; rum.) — 5. vgl. C. **1962,** 13696; 8. vgl. C. **1963,** 19730. — Vff. berichten über die Darst. von Komplex-Verbb. aus Nickelpalmitat (**I**) u. -stearat (**II**) mit den Aminen *β-Picolin, γ-Picolin, Isochinolin, Heptylamin, Benzylamin* u. *Äthylamin*.

Versuche: 10 g Palmitin- (oder Stearin-)säure werden bei 50—60° in 100 ml 80%ig. A. gelöst u. in Ggw. von Kresolrot wird eine 20%ig. wss. KOH-Lsg. bis pH 8,8 zugegeben. Dann wird mit Palmitin- (oder Stearin-)säure bis pH 7,2 neutralisiert. Nach Zugabe von Nickelnitrat-Lsg. erhält man **I** oder **II**. 1 g **I** oder **II** werden auf dem sd. Wasserbad mit 2—3 g Amin versetzt u. 10 ml wasserfreies Bzl. (bei Verb. mit Benzylamin 10 ml abs. A.) zugegeben. Nach Verdunsten bei Zimmer-Temp. wird filtriert, mit abs. A. gewaschen u. an der Luft getrocknet. Als Strukturformel wird $[NiA_2X_2]$, oder $[NiA_4]X_2$ (A = Amin, X = Säurerest) im Falle von Äthylendiamin, vorgeschlagen. Es wird gezeigt, daß ster. Behinderung die Bldg. von Verbb. mit α-Picolin, Chinolin, 2.4-Lutidin, 2.4.6-Kollidin u. Chinaldin ausschließen. I. Gabe 356

0626 **Stereochemie fünffach koordinierter Verbindungen. 3. Mitt. Einige neue Phosphinkomplexe des zweiwertigen Nickels und Kobalts.** Kai Arne Jensen, Per Halfdan Nielsen und Carl Th. Pedersen. (Acta chem. scand. **17,** 1115—25, 1963; Copenhagen, Univ. of Copenhagen, Chem. Labor. II; engl.) — 2. vgl. Acta chem. scand. **3,** [1949], 474. — *$[NiX_2(PR_3)_2]$*, *$[CoX_2(PR_3)_2]$* (X = *Cl, Br, J, CN, SCN, NO_2*; R = *Alkyl* oder *Aryl*) wurden dargestellt. Im Gegensatz zu den Komplexen mit höheren Trialkylphosphinen werden die mit R = CH_3 durch Luft-O_2 leicht zu Ni(III)- u. Co(III)-Verbb. oxydiert. Die roten, planar-quadrat. Ni-Trimethylphosphinkomplexe können in alkohol. Lsg. 2 Mol $P(CH_3)_3$ unter Bldg. von blauvioletten Verbb. des Typs $[NiX_2(PR_3)_4]$ addieren; die Leitfähigkeit einer alkohol. Lsg. von $[NiCl_2(PR_3)_2]$ wird bei Zugabe von $P(CH_3)_3$ stark erhöht. Die Ni-Komplexe mit R = $CH_2C_6H_5$ verhalten sich wie die Trialkylphosphinkomplexe; dagegen sind die Komplexe mit R = C_6H_5 paramagnet. grüne Verbb. mit tetraedr. Anordnung der Liganden. Ni-Komplexe mit R = sek.-Butyl- u. X = Br sowie R = Butyl- u. X = J bilden grünschwarze diamagnet. Kristalle mit $\mu > 0$. Die Komplexe $[Ni(NO_2)_2(PR_3)_2]$ sind den Halogeno- u. Pseudohalogenokomplexen ähnlich; sie sind diamagnet. ($\mu = 0$) u. daher transplanare Nitrokomplexe. Wie die UV-Spektren der Ni-Komplexe $[NiX_2(PR_3)_2]$ (X = NO_3^-, ClO_4^-) zeigen, sind die roten diamagnet. transplanaren Komplexe nur bei tiefen Temp. stabil; sie werden bei Zimmer-Temp. in grüne oder gelbe paramagnet. tetraedr. Komplexe umgewandelt. Die Co(II)-Phosphinkomplexe sind den stabilen Ni-Komplexen mit Oxoanionen als Liganden analog; bei tiefen Temp. wird keine Umwandlung in eine andere Form beobachtet.

Versuche: Die Darst. aller Phosphinkomplexe *$[MeX_2\cdot(PR_3)_2]$*, ausgenommen die mit X = CN^-, erfolgt durch Zugabe einer äquivalenten Menge oder eines leichten Überschusses des Phosphins zu der gut gekühlten Lsg. des entsprechenden Ni(II)- oder Co(II)-Salzes in abs. A.; Ausbeuten 70—80%; die Komplexe mit R = CH_3 enthalten z. T. überschüssiges $P(CH_3)_3$: *$[Ni(Cl_2(PR_3)_2]$*, *(R=)CH_3*, F. 195 bis 197° rot; *C_2H_5*, F. 112—113°, rot; *C_3H_7*, F. 92—93°, rot; *iso-C_3H_7*, F. 185—187°, rot; *n-C_4H_9*, F. 48—49°, rot; *iso-C_4H_9*, F. 105—108°, dunkelrot; *sek.-C_4H_9*, F. 103—105°, dunkelrot; *Cyclohexyl*, F. 226—227°, rot; *$CH_2C_6H_5$*, F. 124—125°, rot; *C_6H_5*, F. ca. 200°, blaugrün; *$[NiBr_2(PR_3)_2]$*, *(R=)C_2H_5*, F. 106 bis 107°, rot; *n-C_4H_9*, F. 51—53°, rot, diamagnet.; *sek.-C_4H_9*, F. 104—105°, dunkelgrün, diamagnet.; *$CH_2C_6H_5$*, F. 140 bis 141°, violettbraun; *C_6H_5*, F. ca. 215°, grün; *$[NiJ_2(PR_3)_2]$*, *(R=)C_2H_5*, F. 91—92°, dunkelbraun; *n-C_4H_9*, F. 32—33°, grünschwarz, diamagnet.; *$CH_2C_6H_5$*, F. 136—137°, dunkelbraun; *C_6H_5*, F. ca. 215°, rotbraun; *$[Ni(SCN)_2\cdot\{P(C_2H_5)_3\}_2]$*, F. 140—141°, orange; *$[Ni(SCN)_2\{P(C_6H_5)_3\}_2]$*, F. ca. 205°, rot; *$[Ni(NO_2)_2(PR_3)_2]$*, *(R=)$C_2H_5$*, F. 176—177°, gelb, diamagnet.; *C_3H_7*, F. 166—167°, gelb, diamagnet.; *$[Ni(NO_3)_2\cdot\{P(C_3H_7)_3\}_2]$*, F. 89—92°, grün, paramagnet.; *$[CoCl_2(PR_3)_2]$*, *(R=)CH_3*, F. 130—132°, grün; *C_2H_5*, F. 101—102°; blau; *C_3H_7*, F. 81—83°, blau; *C_6H_5*, F. ca. 225°, blau; *$[CoBr_2(PR_3)_2]$*, *(R=)CH_3*, F. 89—90°, grün; *C_2H_5*, F. 118—120°, blaugrün; *C_6H_5*, F. ca. 225°, dunkelgrün; *$[CoJ_2(PR_3)_2]$*, *(R=)C_2H_5*, F. 118—120°, grün; *C_6H_5*, F. ca. 230°, braun. Analog wurden erhalten: *$NiBr_2\cdot 3\,P(CH_3)_3$*, blauschwarze Kristalle; *$NiJ_2\cdot 3\,P(CH_3)_3$*, violettschwarze Kristalle; *$CoJ_2\cdot 2{,}5\,P(CH_3)_3$*, violettschwarz. — *$[Ni(CN_2\{(C_2H_5)_3P\}_2]$*, durch Schütteln einer alkohol. Lsg. des entsprechenden Chloro- oder Bromokomplexes mit AgCN bis zur Gelbfärbung. G. Heller 356◇

0627 **Stereochemie fünffach koordinierter Verbindungen. 4. Mitt. Die Reaktion von Nitrosylhalogeniden mit Phosphinkomplexen des Nickels und Kobalts.** Kai Arne Jensen, Børge Nygaard und Carl Th. Pedersen. (Acta chem. scand. **17,** 1126—32, 1963; engl.) — 3. vgl. vorst. Referat. — Die Phosphinkomplexe des Typs $[MeX_2(PR_3)_2]$, (Me = Ni, Co; X = Cl, Br) werden mit NOCl oder NOBr unter Bldg. intensiv gefärbter, in organ. Lsgm. leicht lösl. Komplexe des Typs $[MeX_3(PR_3)_2]$ halogeniert. Vermutlich bilden sich intermediär Verbb. des Typs $[MeCl_3(NO)(PR_3)_2]$, die leicht NO abspalten. Bei —80° absorbieren Lsgg. von $[MeX_3(PR_3)_2]$ NO unter

Farbänderung; die dunkelblaue Lsg. des Ni-Komplexes wird rotviolett, die violette Lsg. des Co-Komplexes hellgrün. Bei der Oxydation mit N_2O_3 oder N_2O_4 scheinen intermediär Komplexe der Form $[MeX_2(NO_2)(PR_3)_2]$ oder $[MeX_2(NO_3)\cdot(PR_3)_2]$ zu entstehen. Die stabilste Verb. $[CoCl_3\{(C_2H_5)_3P\}_2]$ hat in Bzl. ein Dipolmoment zwischen 2 u. 3 (D); in Pentan ist $\mu = 0$. **I** ist in Chlf.-Lsg. monomol.; $\mu_{eff} = 3{,}02$ BM; alle Daten sprechen für eine trigonalbipyramidale Konfiguration. Entsprechend verhält sich $[NiBr_3\{P(C_2H_5)_3\}_2]$ (**II**).

Versuche: *Trichloro-bis-[triäthylphosphin]-nickel(III)*, $C_{12}H_{30}Cl_3NiP_2$, F. 60—63° (Zers.); aus $[NiCl_2\{P(C_2H_5)_3\}_2]$ u. NOCl durch langsames Erwärmen von —80° an; Extrahieren mit Pentan; blauschwarze Kristalle, 70—80% (Ausbeute). — *Trichloro-bis-[trimethylphosphin]-nickel(III)*, $C_6H_{18}Cl_3NiP_2$, a) analog mit Methylenchlorid; b) aus $[NiCl_2\{P(CH_3)_3\}_2]$ in Bzl. u. Cl_2 in Pentan; rotschwarze Kristalle; 85%. — *Tribromo-bis-[trimethylphosphin]-nickel(III)*, $C_6H_{18}Br_3NiP_2$; analog vorst. Meth. b), schwarzrote Kristalle. — *Tribromo-bis-[triäthylphosphin]-nickel(III)* (**II**), $C_{12}H_{30}Br_3NiP_2$, F. 83—84°; aus $[NiBr_2\{P(C_2H_5)_3\}_2]$ u. Br_2 bzw. NOBr in Bzl.; schwarzgrüne Kristalle; 80%; *Tripropyl-* u. *Tributylphosphinkomplex*, analog, unrein, dunkelgrün. — *Trichloro-bis-[triäthylphosphin]-kobalt(III)*, (**I**), $C_{12}H_{30}Cl_3CoP_2$, F. 102—104°; analog dem Ni-Komplex; violettschwarze Kristalle; 80%. — *Trichloro-bis-[trimethylphosphin]-kobalt(III)*, aus $[CoCl_2\{P(CH_3)_3\}_2]$ u. NOCl in Bzl.; dunkelblaue Kristalle. — *Trichloro-bis-[tripropylphosphin]-kobalt(III)*, $C_{18}H_{42}Cl_3CoP_2$, F. 111—113°, analog **I**. — *Trichloro-bis-[tributylphosphin]-kobalt(III)*, analog **I**; violettschwarze Kristalle. — *Tribromo-bis-[triäthylphosphin]-kobalt(III)*, $C_{12}H_{30}Br_3CoP_2$, F. 87—89°; analog **II**; nicht ganz rein. G. Heller 356◇

0628 **Über Komplexe vom Typ des Bis-[durochinon]-nickels(0).** 5. Mitt. **Chinonkomplexe des Nickels mit Cyclooctadien-(1.5), Cyclooctatrien-(1.3.5) und mit Cyclooctatrienon.** Gerhard N. Schrauzer und Helmut Thyret. (Chem. Ber. **96**, 1755—61, 1963; München, Univ., Inst. für Anorg. Chem.; dt.) — 4. vgl. C. **1963**, 2771; 6. vgl. C. **1963**, 11927. — Durch Umsetzung von $Ni(CO)_4$ mit Durochinon in Ggw. von überschüssigem Cyclooctatrien (1.3.5) (**I**) oder Cyclooctatrienon (**II**) wurden *Cyclooctatrien-(1.3.5)-durochinonnickel(0)* (**III**) u. *Cyclooctatrienondurochinonnickel(0)* (**IV**) dargestellt. **III** bildet braunrote, luftstabile, etwas wasserlösl. Kristalle (Dipolmoment in Bzl. 3,77 Debye, IR-CO-Frequenz bei 1553 cm^{-1}); **IV** bildet dunkelrote Kristalle, die sich in unpolaren Lsgm. nur mäßig, in W. besser als **I** lösen (IR-CO-Bande 1565). Im Vgl. zu **I** besitzt **II** eine höhere Elektronenaffinität; der stärkere Anteil an Elektronenrückgabebindungen im **II**-Komplex läßt sich IR-spektroskop. nachweisen. Zum Vgl. wurde aus **II** u. $Fe_3(CO)_{12}$ *Cyclooctatrieneisentricarbonyl*, sauerstoffempfindliche gelbe Nadeln (IR-CO-Bande 1650), hergestellt, bei dem auf Grund struktureller Verschiedenheiten andere Signale im ^{1}H-NMR-Spektrum als bei **IV** auftreten. Ein „Bis-[trimethylchinon]-nickel(0)" ist nicht mehr existenzfähig; es lassen sich jedoch durch Rk. von $Ni(CO)_4$ mit Trimethyl-p-benzochinon, 2.5- oder 2.6-Dimethyl-p-benzochinon in Ggw. von Cyclooctadien-(1.5) die roten kristallinen Komplexe *Cyclooctadien-(1.5)-chinonnickel(0)*, (Chinon =) *Trimethyl-p-benzochinon* (Dipolmoment 4,78 Debye), *2.5-Dimethyl-* u. *2.6-Dimethyl-p-benzochinon* darstellen. Diese Komplexe sind stark polar, paramagnet. (1—2,75 BM), lösen sich in der Kälte gut in W. u. lassen sich mit Chlf. wieder ausschütteln. ^{1}H-NMR-Messungen ergeben, daß die „Sandwich"-Struktur auch in wss. Lsg. vorliegt u. daß die Liganden bei Raum-Temp. nicht um die Mol.-Hauptachse rotieren. Diese Komplexe stehen an der Grenze der Existenzbereiche von Ni(0) u. Ni(II)-Verbb.; 2.3-Dimethyl-p-benzochinon reagiert z. B. schon mit $Ni(CO)_4$ unter Bldg. des Ni(II)-Salzes von 2.3-Dimethylhydrochinon.

Versuche: *Cyclooctatrien-(1.3.5)-durochinon-nickel(0)* (**III**), $C_{18}H_{22}O_2Ni$, Zers. 151—152°, aus $Ni(CO)_4$, Durochinon u. überschüssigem **I**; braunrote Kristalle. — Analog: *Cyclooctatrienondurochinonnickel(0)* (**IV**), $C_{18}H_{20}O_3Ni$, Zers. 123 bis 125°; rote Kristalle; *Cyclooctadien-(1.5)-trimethylchinonnickel(0)*, $C_{17}H_{22}O_2Ni$, Zers. 118—120°; rote Kristalle; *Cyclooctadien-(1.5)-[2.6-dimethyl-p-benzochinon]-nickel(0)*, $C_{16}H_{20}O_2Ni$, Zers. 109—110°; braunrote Kristalle; *Cyclooctadien-(1.5)-[2.5-dimethyl-p-benzochinon]-nickel(0)* (vgl. C. **1962**, 12220). — *Cyclooctatrienoneisentricarbonyl*, $C_{11}H_8O_4Fe$, Zers. 94°; aus **II** u. $Fe_3(CO)_{12}$ in abs. Bzl. (4 Std., 90°, unter N_2), Extrahieren mit Ae.; gelbe Nadeln; 50% (Ausbeute). G. Heller 356◇

0629 **Über die Sinterung einiger Sulfate.** 3. Mitt. A. Ja. Sworykin. (J. angew. Chem. [UdSSR] **33**, 1019—24, 1960; Akad. der Wiss. der UdSSR, Kurnakow-Inst. für allg. u. anorgan. Chem.; russ.) — Vgl. C. **1952**, 6496. — Der Gewichtsverlust (GV) beim Erhitzen von Sulfaten u. die Sinterfestigkeit der Zers.-Prodd. werden untersucht: $MgSO_4$: GV 600° 28,8 (%), 800° 30,5; $ZnSO_4$: 200° 25,7, 800° 37,7; $SrSO_4$: GV 200° 0,05, 800° 0,90; $BaSO_4$: GV bis 500° prakt. 0, > 500° ca. 1,12; $MnSO_4$: GV 200° 31,74, 800° 33,62; $FeSO_4$: GV 200° 9,66, 300° 16,69, 400° 16,86, 500° 17,46; $CoSO_4$: GV 400° 28,66, 900° 29,65; $NiSO_4$: GV 350—800° 0,312. Die errechnete Kristallgitterenergie ist bei $MeSO_4$ mit Me = Na_2 470,2, K_2 429,6, Mg 662,4, Zn 653,3, Sr 581,9, Ba 559,0, Sn 670,9, Mn 638,5, Co 654,9, Ni 662,4. R. K. Müller 356□

A_9. Mineralogische und geologische Chemie

0630 **Zur quantitativen Charakteristik der Gleichmäßigkeit der Verteilung chemischer Elemente in natürlichen Bildungen.** W. W. Mogarowski. (Geochemie [UdSSR] **1962**, 181—83; russ.) — Ausgehend von einer von Stepanow [1940] ausgestellten Beziehung zur Berechnung des Gleichmäßigkeitsgrades der Verteilung chem. Elemente in Erzen wird der Verteilungs-Koeff. P_r für chem. Elemente in Gesteinen, Erzen u. Mineralen abgeleitet u. auf einige Lagerstätten angewandt (Tabellen). P_r hat nicht nur theoret. Interesse, sondern kann zur Geh.-Best. chem. Elemente, ihrer Beziehungen zueinander u. a. verwendet werden. H. Noack 378△

0631 **Die Anwendung der Korrelationsanalyse zur Lösung einiger geochemischer Fragen am Beispiel der Molybdän-Lagerstätte in Ost-Transbaikal.** W. A. Goganow und A. M. Kropatschew. (Geochemie [UdSSR] **1962**, 184—86; russ.) — Das Beispiel der Verw. der Variationsstatistik bei der geochem. Unters. dieser Lagerstätte zeigt, daß der Korrelationsanalyse bei der geochem. Unters. Unterss. über den Charakter der Verteilung der chem. Elemente unter Verw. von Variationskurven vorausgehen müssen. Für 75 Proben wurden für die Pb- u. Zn-Verteilung in Zonen hypo- u. hypergener Erze die Korrelations-Koeff. (KK) zu + 0,39 ± 0,04 bestimmt. KK für Zonen hypogener u. oxid. Erze sind + 0,92 ± 0,02 u. — 0,28 ± 0,08. H. Noack 378△

0632 **Über die Erhaltung von Argon in Glimmern.** L. N. Owtschinnikow, W. W. Kelarew, M. W. Panowa, W. A. Dunajew, F. L. Schangarejew und R. I. Ossadtschaja. (Geochemie [UdSSR] **1959**, Nr. 8, 704—10; Swerdlowsk, Berggeol. Inst., Abt. Ural der Akad. der Wiss. der UdSSR; russ., Auszug: engl.) — Die Ergebnisse der Best. der Erhaltung von Ar in hydratisierten *Biotiten* sowie die Extraktion des Ar bei verschiedenen Temp. werden beschrieben. Unter natürlichen Bedingungen hat die Hydratation keinen Einfl. auf den Erhaltungsgrad von Ar in Biotit. Beim Erhitzen verliert hydratisierter Biotit die Hauptmenge Ar bei tieferer Temp. als nichthydratisierter, wobei der Ar-Verlust mit steigendem Hydratisierungsgrad zunimmt. H. Noack 378△

0633 **Methode zur Bestimmung des Verhältnisses der Sauerstoffisotope in Gesteinen und Mineralen.** Je. I. Donzowa. (Geochemie [UdSSR] **1959**, Nr. 8, 669—78; Moskau, Vernadsky-Inst. für Geochem. u. analyt. Chem. der Akad. der Wiss. der UdSSR; russ., Auszug: engl.) — App. u. Vers.-Durchführung zur Red. von Gesteinen u. Mineralen mit Graphit zur O-Isotopen-Best. werden beschrieben. Die Rk. erfolgt innerhalb 15—18 Min. im Temp.-Gebiet von 1000 bis 1900°. Die Ausbeute an CO beträgt in Abhängigkeit von der chem. Zus. 95—100%. Bedingungen zur Erzielung einer hohen Reinheit des Gases werden angegeben. N_2 u. KW-Stoffe, die die massenspektrometr. CO-Isotopen-Best. stören, fehlen. Die Fehlergrenze überschreitet 0,02% nicht. Die Meth. ist bes. für Alumosilicate, die Alkalien u. Erdalkalien enthalten, geeignet. H. Noack 378△

0634 **Halogene in marinen und Süßwasser-Sedimenten.** L. A. Guljajewa und Je. Ss. Itkina. (Geochemie [UdSSR] **1962**, 524—28; Moskau, Inst. für Geol. u. Bearbeitung von Bodenschätzen; russ., Auszug: engl.) — Die Verteilung von Cl, Br, J in Sedimentgesteinen mariner u. kontinentaler Genese, in Tonen u. Argilliten verschiedener Horizonte des Paläozoikums des Wolga-Ural-Gebietes wird untersucht. In allen

Gesteinen herrscht Br im Vgl. zu J vor, das Verhältnis Br/J liegt zwischen 8,8 u. 16,3, Cl/Br zwischen 75 u. 170. An organ. Substanzen reiche Gesteine, die in marinen Bassins sedimentierten, sind an J 2—6mal reicher u. 4—15mal reicher an Br als entsprechende kontinentale Süßwassertone. Br/J liegt in den marinen Gesteinen zwischen 5 u. 6, in Süßwassergesteinen zwischen 2,2 u. 2,7. Cl/Br beträgt 45—65 bzw. 51. In Gesteinen der Seja–Burein-Niederung, die arm an organ. Substanzen sind, sinkt Cl/Br bis 1,6. H. Noack 378△

0635 **Erscheinungsformen von Selen und Tellur in Erzen der Kafan-Lagerstätte.** R. N. Sarjan. (Geochemie [UdSSR] **1962,** 236—42; Inst. für Geol. der Akad. der Wiss. der ArmenSSR; russ., Auszug: engl.) — Mkr. u. chem. Unterss. zeigen, daß der Geh. an Se u. Te gesetzmäßig von den Erzeinsprenglingen in der Nähe der Adern zu den Erzadern hin zunimmt. Se verhält sich während der hydrothermalen Mineral-Bldg. dem S sehr ähnlich. Der isomorphe Ersatz des S durch Se verringert sich in der Reihe Enargit → Galenit → Chalkopyrit → Bornit → Pyrit → Chalkosin → Sphalerit. Die Ggw. von Se in diesen Mineralen hängt mit der isovalenten Isomorphie zwischen Se^{2-} u. S^{2-} zusammen. Im Kupferkies, den Cu-, As- u. Pb-Zn-Erzen akkumuliert sich Te gegen Ende des polymetall. Mineralisationsstadiums in Form von Telluriden des Au, Ag, Bi, Pb u. als Pb-Tellurit $PbTeO_3$. Die Verwandtschaft der Metalle mit Te entspricht der Reihe: Pb → Bi → Ag → Au. Für die gesamte Lagerstätte beträgt Se/Te = 1 : 1, während es in den verschiedenen Erzen zwischen 20 : 1 u. 1 : 10 variiert. H. Noack 378△

0636 **Über Mineral-Indicatoren des Borgehaltes von Skarnen.** W. L. Barssukow. (Geochemie [UdSSR] **1960,** 399—404; Moskau, Vernadsky-Inst. für Geochem. u. analyt. Chem. der Akad. der Wiss. der UdSSR; russ., Auszug: engl.) — Ein erhöhter B-Geh. in einigen Skarnmineralen (*Diopsid* 0,027 (%), *Hypersthen* 0,015, *Hornblende* 0,020, *Granat* 0,040) kann als direktes Anzeichen für bedeutende B-Konzz. in dem Skarngebiet dienen. Die Akkumulation von B in Skarnmineralen wird auf die Isomorphie von B mit Al u. Si zurückgeführt. Die Möglichkeit des isomorphen Ersatzes für die Strukturtypen der Silicate wird unter Berücksichtigung des Valenzzustandes diskutiert. H. Noack 378△

0637 **Bor in Gesteinen und Pegmatiten von Ost-Sayan.** O. D. Stawrow und W. G. Chitrow. (Geochemie [UdSSR] **1960,** 405—13; Moskau, Allunions-Inst. für mineral. Rohstoffe; russ., Auszug: engl.) — Eine Meth. zur Spektralanalyse für geringen B-Geh. in silicat. Gesteinen (Einblasen des Probenmaterials in die horizontale Bogenentladung) unter Verw. der Linien B I 2497,73 Å, Si O 2498,10 Å wurde entwickelt. Der B-Geh. in 2 Komplexen von Gesteinen der Ost-Sajan-Berge [Ar-Prz_1(?) $< 4 \cdot 10^{-5}$% u. Prz_{2-3}(?) $<$ 0,001%] wurde bestimmt. Der Zusammenhang der Turmalinmineralisation in Pegmatiten Prz_3(?) mit dem erhöhten B-Geh. im Grundgestein (0,0006—0,009%) wird gezeigt. In den gesteinsbildenden Mineralen der Granodiorite ist 96% des B an Plagioklas gebunden. In Quarzen von Pegmatiten mit Turmalinmineralisation wurde B zu 0,0001—0,0004% bestimmt. Werte für die Entfernung von B aus Pegmatitadern in Einschlußgesteine werden gegeben (0,0011—0,55%). H. Noack 378△

0638 **Borverteilung in Mineralen von Effusiv- und metamorphen Gesteinen des mittleren Urals nach Ergebnissen der Mikrospektralanalyse.** A. Je. Lissitzyn und W. G. Chitrow. (Geochemie [UdSSR] **1962,** 259—68; russ., Auszug: engl.) — Vgl. vorst. Referat. — An 101 Proben von 12 Mineralen comagmat. Effusiva u. von mit ihnen im Zusammenhang stehenden metamorphen Gesteinen wurde der B-Geh. mikrospektralanalyt. bestimmt. Entsprechend der Feststellung Barsukows steigt der B-Geh. in *Plagioklasen* mit der Zunahme ihrer Basizität, der B-Geh. in Al-haltigen *Pyroxenen* wurde bestätigt (0,0027—0,016%). Die B-Verteilung in der *Granat–Andradit–Grossular*-Reihe (0,0021—0,010%) ist unabhängig von der Zusammensetzung. *Epidot* enthält 0,0050—0,023% B. Der höchste B-Geh. wurde im *Vesuvian* (0,023—3%) festgestellt. Während in *Hornblende, Chlorit* u. *Sphen* der B-Geh. erhöht ist, enthält *Bustamit, Quarz* u. *Biotit* wenig B. Der B-Geh. der Skarnminerale ist etwa gleich dem der Granate u. Pyroxene. H. Noack 378△

0639 **Einige Daten über den Borgehalt in Eruptivgesteinen des Erzfeldes von Turjinsk im Ural.** R. W. Getling und und Je. N. Ssawinowa. (Geochemie [UdSSR] **1958,** 374—79; Moskau, Vernadsky-Inst. für Geochem. u. analyt. Chem. der Akad. der Wiss. der UdSSR; russ., Auszug: engl.) — Es wurde der B-Geh. von 26 Proben der Datolith-Mineralisation einer Lagerstätte des Erzfeldes von Turjinsk bestimmt. Intrusiv- u. Ader- (Skarn-)Gesteine enthalten 0,002—0,003, Effusivgesteine ca. 0,006%. Aus der Analyse der Mineralfraktionen folgt, daß diese Gesteine keine B-Minerale enthalten; B ist vorwiegend in *Plagioklasen* konzentriert. Der durchschnittliche B-Geh. ist größer als für derartige Gesteine normal ist u. ist typ. für Effusiva, die mit B-Ablagerungen assoziiert sind. H. Noack 378△

0640 **Phosphor in Granitoiden von Zentral-Tjan-Schan.** A. B. Wissteliuss. (Geochemie [UdSSR] **1962,** 116—33; Leningrad, Labor. für Aerometh. der Akad. der Wiss. der UdSSR; russ., Auszug: engl.) — Die P-Geh. von 52 Proben granit. Gesteine von Zentral-Tjan-Schan (Biotit- u. Hornblendegranite u. Granitoide) sowie verschiedener Gebiete Mittelasiens u. Kasachstan zeigen, daß der Mechanismus der P-Konzentrierung in granit. Gesteinen, mit Ausnahme des nordöstlichen Kasachstans, stets der gleiche ist. Der P-Geh. zeigt eine positive Korrelation zum Quarz- u. Plagioklasgehalt. H. Noack 378△

0641 **Die Geochemie der Alkalimetalle in Graniten des Tarak-Massivs der Jenissei-Gebirgskette.** K. K. Shirow und M. A. Urussowa. (Geochemie [UdSSR] **1962,** 105—15; Moskau, Lomonossow-Univ., Lehrstuhl für Geochem.; russ., Auszug: engl.) — Auf Grund von 33 Gesteinsanalysen (Granite, Migmatite, Gneise) u. 42 Analysen von Mikroklinen (Pegmatoidabscheidungen u. Porphyroblasten) wird gezeigt, daß die Na-, K-, Li-, Rb- u. Pb-Verteilung im Tarak-Granitmassiv in Zusammenhang mit der Intensität metasomat. Prozesse steht. Die Magmatisierung u. Granitisierung ist von einer K-, Rb- u. Pb-Aufnahme u. einer Abgabe von Na u. Li begleitet. Während dieses Prozesses steigt K/Rb von 200 auf 870, K/Pb bleibt konst. (2500—2900). In den Graniten ist der Übergang von melanokraten zu leukokraten Varietäten durch einen analogen Wechsel charakterisiert. K/Rb u. K/Pb in Mikroklinen von Porphyroblasten unterscheiden sich in den einzelnen Zonen. H. Noack 378△

0642 **Über das Verhältnis des Kalium- und Rubidiumgehalts in Mineralien aus den Pegmatitadern der Kola-Halbinsel entsprechend den Daten der Spektralanalyse.** T. F. Borowik-Romanowa, A. F. Ssossedko und Je. N. Ssawinowa. (Geochemie [UdSSR] **1958,** 334—41; Moskau, Vernadsky-Inst. für Geochem. u. analyt. Chem. u. Kola-Abt. der Akad. der Wiss. der UdSSR; russ., Auszug: engl.) — Vgl. C. **1962,** 781. — In Mikroklinen von Pegmatitadern eines Pegmatitfeldes im nördlichen Teil der Halbinsel Kola unterschiedlicher Mineral-Zus. u. Struktur liegt das Verhältnis K/Rb zwischen 106 u. 7. Die K- u. Rb-Geh. liegen bei 7,84 bis 13,74 u. 0,1—1,5%. K/Rb ist für Mikrokline der gleichen Stufe der Pegmatit-Bldg. konstant. In Glimmern wurde eine Zunahme an Rb gegenüber K von NW nach SO beobachtet. In zonalen Adern steigt in Glimmern der Rb-Geh. vom Kontakt zum Zentrum an. Die regionale Abhängigkeit des K/Rb für Mikrokline wird angegeben. H. Noack 378△

0643 **Über die Verteilung von Rubidium und das K/Rb-Verhältnis in den Gesteinen des Lowosero-Alkalimassivs.** W. P. Wolkow und Je. N. Ssawinowa. (Geochemie [UdSSR] **1959,** 524—29; russ., Auszug: engl.) — Vgl. vorst. Referat. — Der Rb-Geh. in den Nephelinsyeniten des Lowosero-Massivs erhöht sich von 140 (g/t Rb) in den Gesteinen der 1. Intrusionsphase auf 230 bei der 3. Phase; der mittlere Rb-Geh. beträgt 210, das Verhältnis K/Rb 195 (mittlerer Wert). Im Komplex Lujaurit–Foyait–Urtit (2. Intrusionsphase) beträgt der Rb-Geh. 205, wobei bes. reich an Rb die feldspathaltigen Nephelinsyenite (Foyaite), aber auch die Urtite sind. Sehr junge Gesteine des Massivs sind arm an Rb (145—80). H. Noack 378△

0644 **Cäsium in alkalischen Gesteinen.** B. I. Slobin und W. I. Lebedew. (Geochemie [UdSSR] **1962,** 508—13; Moskau, Vernadsky-Inst. für Geochem. u. analyt. Chem. der Akad. der Wiss. der UdSSR; russ., Auszug: engl.) — Die Unters. der Cs-Verteilung u. die Variation des K/Cs- u. Rb/Cs-Verhältnisses in Mineralen u. alkal. Gesteinen der K-Serie des Sandyk-Massivs (Nordkirgisien) hat ezeigt, daß in einigen Gesteinen (alkal. Gabbros, Erdalkali-Syenite, Alkali- u. Nephelin-Syenite) eine sukzessive Anreicherung von Cs

(0,001—0,0038%) bei einer Abnahme des K/Cs-Verhältnisses von 3300—2100 erfolgt. Das Rb/Cs-Verhältnis ist konst. u. beträgt im Durchschnitt 21. Biotite aus Syeniten sind charakterisiert durch hohen Cs-Geh. u. kleineres K/Cs-Verhältnis als in Orthoklasen. H. Noack 378△

0645 **Verteilung von seltenen Alkalimetallen in Bodenkolloiden und die Beteiligung der Vegetation bei diesem Prozeß.** R. Ch. Aidinjan. (Geochemie [UdSSR] **1959,** 346—57; Moskau, Dokutschajew-Inst. für Bodenforsch. der Akad. der Wiss. der UdSSR; russ., Auszug: engl.) — Die größte Akkumulation von seltenen Alkalimetallen erfolgt in der koll. Fraktion < 0,2 μ, d. h. die Anreicherung an Alkalimetallen steigt mit dem Dispersitätsgrad der Böden. Beim Erhitzen der Böden geht Rb aus einem austauschfähigen Zustand infolge Einbaus des dehydratisierten Ions in freie oktaedr. Plätze des Kristallgitters in einen nichtaustauschfähigen Zustand über. Der Rb-Geh. von Pflanzen (Teeblätter, Steppenpflanzen u. a.) steht in Beziehung zum K-Geh.; beide Elemente sammeln sich in empfindlichen vegetativen u. reproduktiven Organismen, wobei K auch durch Rb substituiert werden kann. Das Mark der Teestauden enthält mehr Rb u. Cs als die gröberen Blätter. Unter natürlichen Bedingungen erfolgt durch atmosphär. u. biolog. Einfl. ein intensives Auslaugen von Li, Rb, Cs aus Waldlaub, der Grasvegetation u. abgestorbenen Wurzeln. Entsprechend erfolgt eine Anreicherung dieser Elemente bes. im Humusanteil des Bodens. H. Noack 378△

0646 **Über die Beziehung von Granitintrusionen auf Grund der Bestimmung des Gehalts an Lithium und Beryllium in Glimmern.** W. G. Pentelkow. (Geochemie [UdSSR] **1962,** 497—500; Moskau, Inst. für Miner., Geochem. u. Kristallchem. der Seltenen Elemente der Akad. der Wiss. der UdSSR; russ., Auszug: engl.) — Es wurde der Li- u. Be-Geh. in Glimmern von Granitintrusionen des Mesozoikums sowie von frühkaledon. u. herzyn. Komplexen bestimmt. Im Mesozoikum liegt der Li-Geh. zwischen 0,190% in den Graniten der Hauptintrusion u. 0,281% in Greisengraniten des Endokontaktes nachträglicher Intrusion. Der Be-Geh. wurde zu 0,00059% in porphyr. glimmerhaltigen Graniten der Hauptintrusion u. 0,00465% in vergreisten Granitadern bestimmt. In herzyn. Intrusionen beträgt der mittlere Geh. in Biotiten 0,037% Li u. 0,00033% Be etwa entsprechend den mittleren Geh. des frühkaledon. Komplexes. Die Möglichkeit einer Altersbeziehung der Intrusionskomplexe auf der Grundlage eines unterschiedlichen Geh. seltener Elemente in Glimmern wird angenommen. H. Noack 378△

0647 **Zur Geochemie des Cadmiums in den Erzfeldern von Almalyk und Altyn-Topkan des Karamasara.** Ss. T. Badalow und M. R. Jenikejew. (Geochemie [UdSSR] **1959,** 328—35; Inst. für Geol. der Akad. der Wiss. der UdSSR u. Mittelasiat. Lenin-Univ.; russ., Auszug: engl.) — Vgl. C. **1961,** 5375. — Unter hypogenen Bedingungen ist *Cd* hauptsächlich in *Sphaleriten,* weniger in Zn-haltigen Tetraedriten konz., wobei die relativ hohen Beträge von 0,30—1,10% Cd an Sphalerite späterer Mineralisationsstadien (tiefe Temp.) gebunden sind. Der Cd-Geh. ist nicht nur vom Fe-Geh., sondern auch vom Typ der Lagerstätte u. den vorkommenden Mineralparagenesen abhängig. H. Noack 378△

0648 **Über die Geochemie von Thallium, Rubidium und Lithium im magmatischen Prozeß.** N. T. Wosskressenskaja, N. F. Titkowa, N. Ss. Schuljakowskaja und Zuiin Zsin. (Geochemie [UdSSR] **1962,** 249—58; Moskau, Lomonossow-Univ., Lehrstuhl für Geochem.; russ., Auszug: engl.) — In Gesteinen Nordkaukasiens wird die Tl-, Rb- u. Li-Verteilung untersucht. In Gesteinen neogener Intrusionen beträgt in Granit–Porphyren, Granosyenit–Porphyren u. Quarz–Syenit–Porphyren der Tl-Geh. 5,2 ($\cdot 10^{-4}$%), 3,1—3,7 u. 2,4—3,3. Die Rb-Geh. sind ähnlich, die Li-Geh. niedriger. Die Rb/K u. Tl/K verändern sich gesetzmäßig. In analogen Gesteinen des Endo- u. Exokontaktes im Gebiet der kaukas. Mineralquellen erfolgt eine Anreicherung des Tl (1,6—10$\cdot 10^{-4}$%), Rb/Tl variiert dabei zwischen 20 u. 100. Die geochem. Besonderheiten sind: Vergrößerung des Geh. an Rb u. Tl in Gesteinen des Endo- u. Exokontaktes durch Konz. in postmagmat. gebildeten Erzmineralen, Konstanz des Rb/Tl in allen Gesteinsgruppen durch einheitlichen magmat. Herd u. Ähnlichkeit im Verh. des Tl u. Li in der Kontaktmetamorphose. H. Noack 378△

0649 **Thallium in einigen Effusivgesteinen.** J. R. Butler. (Geochemie [UdSSR] **1962,** 514—23; London, Royal Coll. of Sci., Sect. of Pure Geochem., Dep. of Geol.; russ., Auszug: engl.) — Tl sowie das Rb/Tl- u. K/Rb-Verhältnis wurden in 16 Kalk–Alkaligraniten (9 von Malaya u. 7 von Cornwall, England) u. in 47 Alkaligraniten von Nordnigeria bestimmt. In den Kalk–Alkaligraniten beträgt der Geh. an Tl = 2,7 bis 9,1 ppm, Rb/Tl = 84—195, K/Rb = 39—125; der K-Geh. steigt bei Zunahme des Rb-Gehaltes. Für die Alkaligranite wurden Tl-Geh. von 0,7—5,0 ppm gefunden, das Rb/Tl-Verhältnis variiert zwischen 67 u. 435. Der Rb-Geh. beträgt 0,014—0,140%; bis zu Konzz. von Rb = 0,030% steigt der Tl- parallel dem Rb-Gehalt. H. Noack 378△

0650 **Über die Verbreitung des Thalliums in Nephelin-Syeniten des Lowosero-Massivs (Halbinsel Kola).** W. I. Gerassimowski und W. Ss. Rasskasowa. (Geochemie [UdSSR] **1962,** 243—48; Moskau, Vernadsky-Inst. für Geochem. u. analyt. Chem. der Akad. der Wiss. der UdSSR; russ., Auszug: engl.) — Der durchschnittliche *Tl*-Geh. des aus Nephelin–Syeniten zusammengesetzten Lowosero-Massivs beträgt $0{,}82 \cdot 10^{-4}$%. Der Tl-Geh. in den 3 Intrusionsphasen wurde zu 1,18 ($\cdot 10^{-4}$%), 0,83 u. 0,67 bei einem Verhältnis *Rb/Tl* von 112,372 u. 458 sowie *K/Tl* von 3,40 ($\cdot 10^4$), 5,57 u. 5,76 bestimmt. H. Noack 378△

0651 **Die die geochemische Verteilung von Scandium bestimmenden Faktoren.** W. W. Schtscherbina. (Geochemie [UdSSR] **1959,** Nr. 8, 711—15; Moskau, Allunions-Inst. für mineral. Rohstoffe; russ., Auszug: engl.) — Die ungleichmäßige Sc-Verteilung in Gesteinen u. Mineralen resultiert aus den typ. lithophilen Eigg. einer relativ starken Base u. der Akkumulationsfähigkeit in der pegmatit.-hydrothermalen Stufe, die arm an Mg u. Fe, angereichert an Anionen ist (Wolframat u. Niobat), die Sc ausfällen. Die Irregularität der Sc-Verteilung in silicat. Mineralen ergibt sich aus den Gitterenergien. Die Migrationsfähigkeit des Sc wird durch eine stärkere Komplex-Bldg. als die der Seltenerdmetalle gesteigert. Sc ist an Redoxvorgängen nicht beteiligt, die Aufnahme in Kohlen u. einigen Phosphoriten erfolgt nicht durch Red., sondern Sorption. H. Noack 378△

0652 **Besonderheiten der Zusammensetzung von Seltenerdmetallen in Mineralen.** Je. I. Ssemenow und R. L. Barinski. (Geochemie [UdSSR] **1958,** 314—33; Moskau, Inst. für Miner., Geochem. u. Kristallchem. seltener Elemente der Akad. der Wiss. der UdSSR; russ., Auszug: engl.) — Die Verteilung der Seltenerdmetalle wird an Hand der Analysen von 138 Mineralproben untersucht. Entsprechend dem Geh. an einem Element werden 3 Gruppen mit einer Akkumulation von >45—50 (%; stark selektiv), >30 (selektiv), < 30 (komplex) unterschieden. Neben den bekannten Maxima an den Elementen Ce, Dy, Yb werden solche des Gd, Nd festgestellt. Die Konstanz des Verhältnisses zwischen gerad- u. ungeradzahligen Elementen ist in selektiven Mineralen gestört. In Mineralen mit Maxima an Ce, Nd, Gd ist Y meist nicht enthalten, während bei Maxima für Dy, Yb auch Y in größerer Menge vorliegt. Für mineralog.-geochem. Betrachtungen wird die Grenze zwischen der Ce- u. Y-Gruppe zwischen Tb u. Dy gezogen. H. Noack 378△

0653 **Seltenerdmetalle in Phosphoriten.** Je. I. Ssemenow, W. N. Cholodow und R. L. Barinski. (Geochemie [UdSSR] **1962,** 434—39; russ., Auszug: engl.) — Vgl. vorst. Referat. — Phosphorite, hauptsächlich von der russ. Plattform, enthalten im Durchschnitt 0,08% TR_2O_3. Der durchschnittliche Geh. der einzelnen TR beträgt: La 12,3 (% ΣTR_2O_3), Ce 25,5; Pr 5,6; Nd 18,5; Sm 4,2; Eu 0,6; Gd 4,7; Tb 0,7; Dy 3,0; Ho 0,6; Er 1,8; Tu 0,2; Lu 0,3; Y 20. Das Lanthanidenmaximum liegt meist bei Ce oder Ce–Nd; Ce–La- u. Nd–Gd-Maxima treten auch auf. Ein Zusammenhang der TR-Zus. von Phosphoriten mit ihren Altern, tekton. Lagen u. petrograph. Zus. wurde nicht gefunden. H. Noack 378△

0654 **Über die möglichen Formen des Transports der Seltenerdmetalle durch hydrothermale Lösungen.** A. W. Kosterin. (Geochemie [UdSSR] **1959,** 310—15; Moskau, Vernadsky-Inst. für Geochem. u. analyt. Chem. der Akad. der Wiss. der UdSSR; russ., Auszug: engl.) — Die Hauptmenge der Seltenerdmetalle TR hydrothermaler Lagerstätten wird durch Lsgg. des Typs $[TR(CO_3)_3]^{3-}$ eingeführt. In einigen Lagerstätten mit hohem Baryt-Geh. können TR als TR^{2+} mit SO_4^{2-} eingeführt werden. Der Übergang in komplexen

F-Verbb. ist von geringer Bedeutung. Durch Verringerung der Alkalität, durch Bindung der starken Alkalimetalle (Na, K) sowie durch Ausfällen des CO_3^{2-} als Calcit, Siderit u. a. Rkk. mit dem Einschlußgestein u. durch Druckverminderung erfolgt die Abscheidung der Seltenerdmetall-Minerale. Da die Yttererden beständigere Carbonat- u. Sulfatkomplexe bilden als die Cererden, erfolgt in den hydrothermalen Lsgg. eine Anreicherung der Yttererden. H. Noack 378△

0655 **Über einige Gesetzmäßigkeiten im Verhalten der Seltenerdmetalle und des Yttriums in magmatischen und postmagmatischen Prozessen.** A. Ss. Pawlenko, E. Je. Wainstein und N. W. Turanskaja. (Geochemie [UdSSR] **1959**, 291—309; Moskau, Vernadsky-Inst. für Geochem. u. analyt. Chem. der Akad. der Wiss. der UdSSR; russ., Auszug: engl.) — An 61 Proben werden die Faktoren bestimmt, die die Verteilung der Seltenerdmetalle u. des Y in den Lagerstätten von Ost-Tuwa während der magmat. u. postmagmat. Prozesse beeinflußten. In selektiven Ce-Mineralien u. einer Reihe komplexer Minerale besteht zwischen dem Geh. der leichten Lanthaniden La–Sm eine lineare Beziehung, für die schweren Lanthaniden Gd–Lu in selektiven Y-Mineralen ist eine ähnliche Verteilung mit einem Maximum an Dy typisch. Veränderungen sind abhängig vom Alter der Gesteine, ihrem Alkali-Geh. u. der Genese. Der Eintritt von Lanthaniden u. Y in ein Mineral hängt von dessen kristallchem. Besonderheiten ab; so ist Ce/Nd in Mineralen mit hochkoordinierten Seltenerdmetallen relativ hoch. Die Gesetzmäßigkeiten bei der Verteilung Zr-Hf, Nb-Ta, Lanthaniden–Y werden unter Berücksichtigung der höheren Beweglichkeit von Yttererden bzw. Y im Vgl. zu Cererden bzw. Lanthaniden besprochen. H. Noack 378△

0656 **Die Evolution von Zusammensetzung und Gehalt der Seltenerdmetalle in den Intrusionsphasen des Lowosero-Alkalimassivs (Halbinsel Kola).** Ju. A. Balaschow. (Geochemie [UdSSR] **1962**, 207—19; Moskau, Vernadsky-Inst. für Geochem. u. analyt. Chem. der Akad. der Wiss. der UdSSR; russ., Auszug: engl.) — Der mittlere Geh. des Lowosero-Massivs ist durch das Verhältnis $\Sigma Ce/\Sigma Y = 4{,}0$ bei einem Geh. von $\Sigma TR_2O_3 = 0{,}21\%$ charakterisiert. Mit dem Wechsel von der I. zur III. Intrusionsphase verringert sich $\Sigma Ce/\Sigma Y$ von 6,5 auf 1,8 durch eine relative Akkumulation der Y-Gruppe. Der mittlere Geh. an Seltenerdmetallen steigt von I nach III von $\Sigma TR_2O_3 = 0{,}12$–$0{,}25\%$ mit der Zunahme des melanokraten Charakters der Gesteine. Die höhere Beweglichkeit der Y-Gruppe bei der magmat. Differentiation in einer Agpaitschmelze wird durch Komplex-Bldg. erklärt, die der Ce-Gruppe in einer Miaskitschmelze durch Vorliegen der TR-Elemente in Ionenform. H. Noack 378△

0657 **Zur Geochemie des Titans beim metasomatischen Prozeß.** G. A. Ssokolow und D. I. Pawlow. (Ber. Akad. Wiss. UdSSR **142**, 445—48, 1962; Moskau, Inst. für Geol. der Erzlagerstätten, Petrographie, Miner. u. Geochem. der Akad. der Wiss. der UdSSR; russ.) — Eine maximale Ti-Konzentrierung findet am Kontakt mit Gabbroiden statt. M. Hähnert 378◇

0658 **Über das Zirkonium–Hafnium-Verhältnis in akzessorischem Zirkon von Granitoiden.** W. W. Ljaschowitsch und I. D. Schewalejewski. (Geochemie [UdSSR] **1962**, 440 bis 452; Moskau, Inst. für Miner., Geochem. u. Kristallchem. der seltenen Elemente; russ., Auszug: engl.) — Der Wert des ZrO_2/HfO_2-Verhältnisses in accessor. Zirkon von Granitoiden bleibt nahezu konst. zwischen 35 u. 40. Die mehr bas. Granitoidvarietäten (Granodiorit, Quarzdiorit) sind charakterisiert durch $ZrO_2/HfO_2 = 40$—53, die stark sauren (Alaskit) durch das Verhältnis 21—23. In der genet. verbundenen Gesteinsserie: Granit, Aplit, Pegmatit, Quarz ist im Zirkon aus Pegmatiten Hf am stärksten angereichert. Die größte Anreicherung an Hf (3%) wurde in Zirkonen albitisierter Granite gefunden. H. Noack 378△

0659 **Über das Zirkonium–Hafnium-Verhältnis in Mineralen und Gesteinen des Lowosero-Massivs.** W. I. Gerassimowski, A. M. Tusowa und I. D. Schewalejewski. (Geochemie [UdSSR] **1962**, 501—07; Moskau, Vernadsky-Inst. für Geochem. u. analyt. Chem. der Akad. der Wiss. der UdSSR; russ., Auszug: engl.) — Vgl. vorst. Ref.; vgl. C. **1962**, 15161. — In der Lowosero-Intrusion (Halbinsel Kola) erfolgt von Gesteinen der 1. zur 3. Intrusionsfazies eine Zunahme des ZrO_2/HfO_2-Verhältnisses von 40 auf 60. Der durchschnittliche Wert für das ganze Massiv beträgt ca. 47. In Zr-Mineralen übertrifft das Verhältnis den Durchschnitt (Eudialyt 54, Lowozerit 69) u. in Zr enthaltenden Mineralen ist es geringer (Aegerin 40, Arfvedsonit 40—48). Das höchste ZrO_2/HfO_2-Verhältnis wurde für Minerale postmagmat. Bldg. (*Lowozerit, Katapleit, Beljankinit*) gefunden. H. Noack 378△

0660 **Thorium-Verteilung in den Mineralen der Granitoide der Sussamyr-Batholithe (Zentral Tjan-Schan).** L. L. Leonowa. (Geochemie [UdSSR] **1962**, 490—96; Moskau, Vernadsky-Inst. für Geochem. u. analyt. Chem. der Akad. der Wiss. der UdSSR; russ., Auszug: engl.) — Es wurde festgestellt, daß in Graniten 30—40% Th an gesteinsbildende u. 60—70% an accessor. Minerale gebunden sind. Unter den accessor. Mineralen ist *Orthit* der wichtigste Mineralkonzentrator in Gesteinen. Th zeigt in Gesteinen mkr. u. submkr. Absonderungen eigener Minerale vom Uranothorittyp. Th kann Seltenerdmetalle u. Zr in accessor. Mineralen ersetzen. H. Noack 378△

0661 **Zur Geochemie des Urans und Thoriums in den Granitgesteinen des Kysyltau-Massivs (Zentral-Kasachstan). 2. Mitt. Erscheinungsformen radioaktiver Elemente in Granitgesteinen.** W. I. Baranow, Le-Tjan Du und W. I. Korobkow. (Geochemie [UdSSR] **1962**, 411—19; Moskau, Lomonossow-Univ., Lehrstuhl für Geochem. u. Radiochem.; russ., Auszug: engl.) — 1. vgl. C. **1964**, 5-0632. — Die Erscheinungsformen von radioakt. Elementen in Granitgesteinen wird mikroradiograph. unter Verw. einer fl. Kernemulsion untersucht. Es sind 3 Gruppen zu unterscheiden: Gesteinsbildende, accessor. Minerale u. Biotite. Außer diesen 3 Gruppen der prim. Kristallisation des Magmas sind die durch atmosphär. u. hydrothermale Umgestaltung entstehenden zu unterscheiden. Die Schwankungen des U-Geh. in Graniten wird aussschließlich durch Konz.-Änderungen in accessor. Mineralen u. deren Menge bestimmt. Der U-Geh. der Granite, sowohl in gesteinsbildenden, als auch in accessor. Mineralen ist abhängig von den Bldg.-Bedingungen u. Kristallisationsgeschwindigkeiten. Ein wichtiger Faktor für die Ungleichmäßigkeit der U-Verteilung sind autometasomat. Prozesse des langsam kristallisierenden Magmas. H. Noack 378△

0662 **Uranisotopen in der Natur. 2. Mitt. Isotopenzusammensetzung von Uranmineralien.** W. W. Tscherdynzew, D. P. Orlow, Je. A. Issabajew und W. I. Iwanow. (Geochemie [UdSSR] **1961**, 840—48; Moskau, Geol. Inst. der Akad. der Wiss.; Alma-Ata, Univ.; russ., Auszug: engl.) — 1. vgl. C. **1963**, 2388. — Die Abweichung von $^{234}U/^{238}U$ vom Gleichgewichtszustand hängt in den meisten Fällen mit der U-Entfernung aus dem Mineral durch Lsgg. zusammen; die Lsgg. nebst den sich daraus bildenden endogenen Mineralen (*Uraninit, Molybdänit, Magnetit, Calcit*) sind an ^{234}U angereichert, während das im prim. Mineral verbleibende U daran verarmt. Ein meßbarer Überschuß an ^{235}U tritt als Zerfalls-Prod. einiger im Mineral vorhandenen Transuranisotope auf. In Magnetiten einer Pegmatitader beträgt der Überschuß (45 ± 5) bzw. $(23 \pm 6)\%$; die anderen Minerale dieses Erzkörpers besitzen eine normale Isotopen-Zus., woraus sich die lokale Anwesenheit von Transuranemittern im Magnetit ergibt. Ebenfalls in Magnetit wurde ein Überschuß an Ac u. ^{234}U sowie in Molybdänitproben ein Überschuß an ^{235}U (40%) gefunden. Der Charakter der Abhängigkeit zwischen dem ^{235}U- u. Ac-Überschuß konnte noch nicht geklärt werden. H. Noack 378△

0663 **Über die Berechnung des Alters nach der Pb-U-Methode an radioaktiven Mineralen, die gewöhnliches Blei enthalten.** E. K. Gerling und Ju. A. Schukoljukow. (Geochemie [UdSSR] **1962**, 403—10; Leningrad, Labor. für Geol. des Präkambriums der Akad. der Wiss. der UdSSR; russ., Auszug: engl.) — An Hand der Literatur wird für U-haltige Minerale aus 10 Gebieten eine Meth. zur Best. des abs. Alters unter Berücksichtigung von „gewöhnlichem“ Pb gegeben. Die obere zeitliche Grenze der U- u. Pb-Differentiation in der Erdrinde wird zu $(5020 \pm 130) \cdot 10^6$ Jahren bestimmt. H. Noack 378△

0664 **Korrektur zu dem Artikel „Über die Deutung der Alterszahl nach der Bleimethode“.** K. K. Shirow, G. I. Schesstakow und I. B. Iwanow. (Geochemie [UdSSR]

1962, 546; russ.) — Vgl. C. 1963, 1608. — Nach Ansicht der Vff. muß die in dem l. c. Artikel verwendete Formel zur Alters-Best. für den gleichzeitigen Abtransport von Pb, U mit Th in $Pb/U = e^{\lambda t} - 1 - (1 - n/2 - m)(e^{\lambda t} - e^{\lambda T})$ abgeändert werden. H. Noack 378△

0665 **Zum Problem der Isolierung von zwei verschiedenen Altersstufen im Archaikum im Südwesten der Ukraine.** I. W. Goldenfeld. (Geochemie [UdSSR] **1962,** 475—81; Kiew, Pissarshew-Inst. für physikal. Chem.; russ., Auszug: engl.) — An Hand von 16 Monazitproben der Tschudnowo-Berditschew- u. Tscharnokit-Formation (SW-Ukraine) wurde das abs. Alter dieser Formationen zu $(2260 \pm 130) \cdot 10^6$ u. $(2040 \pm 120) \cdot 10^6$ Jahre bestimmt. Die Abweichungen der aus verschiedenen Pb-Gleichgewichten erhaltenen Alterswerte der gleichen Proben liegen in der Grenze experimenteller Fehler. H. Noack 378△

0666 **Über das Alter der ältesten Gesteine der Antarktis.** A. I. Tugarinow, Ss. I. Sykow, W. W. Shirowa und K. G. Knorre. (Geochemie [UdSSR] **1959,** 555—56; Moskau, Vernadsky-Inst. für Geochem. u. analyt. Chem. der Akad. der Wiss. der UdSSR; russ.) — Die Alters-Best. im sowjet. Teil der Antarktis wurden an *Orthit*, *Biotit* u. *Muskovit* aus Pegmatitadern durchgeführt. Die Pb–U–Th-Meth. zur Alters-Best. an Orthit u. die Ar–K-Meth. an Biotit u. Muskovit lieferten übereinstimmende Werte, nach denen die früheste magmat. Tätigkeit ca. $1300 \cdot 10^6$ Jahre zurückliegt. Der wahrscheinlichste Wert für die ältesten Gesteine der Antarktis beträgt $(1300 \pm 100) \cdot 10^6$ Jahre. H. Noack 378△

0667 **Bestimmung des absoluten Alters durch ^{14}C.** 2. Mitt. A. P. Winogradow, A. L. Dewirz, E. I. Dobkina, N. G. Markowa und L. G. Martischtschenko. (Geochemie [UdSSR] **1959,** Nr. 8, 663—68; Moskau, Vernadsky-Inst. für Geochem. u. analyt. Chem. der Akad. der Wiss. der UdSSR; russ., Auszug: engl.) — Die abs. Alterswerte für Proben der Waldai-Vergletscherung Osteuropas u. der Zyriansk-Vereisung Ostsibiriens, die etwa gleichzeitig abliefen, liegen zwischen 1920 ± 120 u. 8500 ± 300 Jahre. An Kohleproben, archäolog. Ausgrabungen der Khoresm-Expedition u. Proben eines infolge der vulkan. Tätigkeit auf der Kamschatka-Halbinsel verkohlten Baumes wurden ebenfalls Alters-Best. durchgeführt (1500 ± 170 bis 3100 ± 200 Jahre). Die ^{14}C-Best. wurde nach den Meth. der Aktivitäts-Best. von C_2H_6 u. CO_2 durchgeführt. H. Noack 378△

0668 **Bestimmung des absoluten Alters durch ^{14}C.** 3. Mitt. A. P. Winogradow, A. L. Dewirz, E. I. Dobkina und N. G. Markowa. (Geochemie [UdSSR] **1962,** 387—402; russ., Auszug: engl.) — 2. vgl. vorst. Referat. — Ergebnisse aus abs. Alters-Best. von Proben quart. Ablagerungen des südwestlichen Teils des balt. Territoriums, der Alleröd-Lagerstätten des Leningrader Gebietes, der Flußterrassen des zentralen Teils des europäischen Teils der UdSSR u. Bjelorußlands u. der Inseln des Franz-Josef-Landes. Die nach der Radiokohlenstoff-Meth. von geolog. Proben erhaltenen Werte werden mit denen der Sporen- u. Pollenanalyse verglichen. Die Alters-Best. von Funden der archäolog. Expedition Koresm wurden fortgesetzt. Für die Halbwertszeit des ^{14}C wurden die Werte $T_{1/2} = 5760 \pm 50$ u. 5780 ± 65 bestimmt. H. Noack 378△

0669 **Experimentelle Untersuchung der Genese von Manganoxidmineralien.** W. O. Perederijew. (Geol. J. [Kiew] **21,** Nr. 3, 32—42, 1961; Woroschilowsker Bergmetallinst.; ukrain.) — Der Vers. der Darst. der Manganoxidmineralien im Labor. führte zu metakoll. Bldg., was auf eine zu kurze Rk.-Dauer im Vgl. zu den natürlichen Entstehungsbedingungen zurückgeführt wird. M. Hähnert 378◇

0670 **Besonderheiten des Chemismus gesteinsbildender Minerale des differenzierten Komplexes des Lowosero-Alkalimassivs.** W. P. Wolkow, A. I. Poljakow und M. I. Karachanowa. (Geochemie [UdSSR] **1962,** 482—89; Moskau, Vernadsky-Inst. für Geochem. u. analyt. Chem. der Akad. der Wiss. der UdSSR; russ.; Auszug: engl.) — Die Unters. der Zus. gesteinsbildender Minerale einer geschichteten Intrusion von Lujaurit–Foyait–Urtiten des Lowosero-Alkalimassivs zeigt, daß die chem. Zus. der Nepheline u. Alkaliamphibole unabhängig vom Typ der Gesteine u. ihrer Stellung in geolog. Abschnitten konst. bleibt. Der erhöhte Alkali-Geh. (Tabelle) der Pyroxene aus Foyaiten u. Urtiten im Vgl. zu Lujauriten der Nephelinsyenite läßt vermuten, daß das Kristallisationsintervall der Alkalirestschmelze in Foyaiten u. Urtiten breiter als in Lujauriten war. Eine geochem. Besonderheit ist das Verhältnis Na/K = 3 in Nephelinen u. beträchtlicher Ti-Geh. in gesteinsbildenden Aegirinen (TiO_2—2,3%) gegenüber Na/K = 1,7 u. mittlerem Ti-Geh. = 0,71 im Magma. H. Noack 378△

0671 **Über die Bildungsbedingungen der Lagerstätte des Ratschi-Berges.** T. A. Twaltschrelidse. (Mitt. Akad. Wiss. GrusinSSR **27,** 703—09, 1961; Kaukas. Inst. für mineral. Rohstoffe; russ.) — Die Erz-Bldg.-Prozesse sind paragenet. an kleine Intrusionen am Südhang des Kaukasus gebunden. Es werden 2 magmat. Etappen jurass. u. tert. Alters unterschieden: 1. Dike-Bldg. von Diabasen, Porphyriten u. Gabbrodioriten; Cu-, Magnetkies- u. polymetall. Erze. Es werden 3 Mineralisationsstadien festgestellt: Pyrit, Magnetkies (+Co), Sphalerit/Bleiglanz. 2. Die sauren tert. Magmen führen zu 8 Vererzungsstadien: Mo-, As-, Fe/Sn-, einer polymetall., W-, Sb-, Hg- u. einer niedertemporären As-Vererzung. M. Hähnert 378◇

0672 **Die Grundprinzipien der Verwendung von Erzelementen kohlensaurer Wässer bei der geochemischen Suche von Erzlagerstätten (Beispiel zentraler Teil des kleinen Kaukasus).** Ss. R. Krainow und M. Ch. Korolkowa. (Geochemie [UdSSR] **1962,** 453—63; Moskau, Allunions-Forsch.-Inst. für Hydrogeol. u. Ing.-Geol.; russ., Auszug: engl.) — Übersicht über die Literatur von 1955 bis 1960 über die geochem. Bedeutung des Vork. typ. Spurenelemente (Zn, Cu, Pb, As) in kohlensaurem W. zum Auffinden von Lagerstätten. H. Noack 378△

0673 **Betpakdalit — ein neues Mineral der Oxydationszone der Wolframitlagerstätte von Karaoba.** L. P. Jermilowa und W. M. Ssenderowa. (Schr. mineralog. Allunions-Ges. [UdSSR] [2] **90,** 425—30, 1961; Moskau, Inst. für Geol. der Erzlagerstätten, Petrographie, Miner. u. Geochem. der Akad. der Wiss. der UdSSR; russ.) — Die Lagerstätte Karaoba (Zentralkasachstan) ist durch eine Serie gleichaltriger Quarzadern charakterisiert, die in Alaskitgraniten lagern u. eine relativ starke W- u. Mo-Vererzung zeigen. In den oberen Teilen der Oxydationszone wird relativ oft in kleinen Mengen ein feinkristallines, grellcitronengelbes Mineral angetroffen. Die Aggregate bestehen z. T. aus einzelnen gut ausgebildeten Kristallen einer Größe von 0,005 mm (sehr selten 0,025 mm) in Paragenese mit *Jarosit, Ferrimolybdit, Opal, Hydroglimmer, Limonit* u. *Gips*. Das Mineral ist monoklin, besitzt eine Härte von 3, ein spezif. Gew. von 2,98—3,05, ist pleochroit.; $2V = 60^0$; $n_z = 1{,}857$; $n_y = 1{,}821$, $n_x = 1{,}809$. Die Erhitzungskurve zeigt bei 120° einen stark endothermen Effekt, schwach exotherme Effekte bei 550 u. 700°. Aus der chem. Analyse errechnet sich die Formel: $CaO \cdot Fe_2O_3 \cdot As_2O_3 \cdot 5\,MoO_3 \cdot 14\,H_2O$. Möglicherweise handelt es sich um ein Mineral der Zus.: $CaFe_2H_4[As_2Mo_5O_{26}] \cdot 12\,H_2O$ oder $CaH_4[Fe_2 \cdot As_2Mo_5O_{26}] \cdot 12\,H_2O$. Die Namensgebung erfolgte nach der Fundstätte der Bet-Pak-Dala-Wüste Zentralkasachstans. M. Hähnert 380◇

0674 **Über eine eigentümliche Struktur der Dolomite.** W. G. Machlajew. (Schr. mineralog. Allunions-Ges. [UdSSR] [2] **90,** 472—78, 1961; Kriwoi Rog, Inst. für Erzbergbau; russ.) — Vf. beobachtete Dolomite einer eigentümlichen prismat. Mikrostruktur, die eine weite regionale Verbreitung besitzen. Die Begrenzungen der Kristallite sind Prismen u. Rhoboeder. Bei der Genese der Gesteine werden 6 Stadien unterschieden: 1. Absetzung der feinkörnigen Dolomite, 2. Umkristallisation zu prismat. Material, 3. körnige Umkristallisation der feinkörnigen u. prismat. Reviere, 4. Anwachsen des rhomboedr. auf prismat. Dolomit, 5. Verkieselung, 6. Calcitisierung. M. Hähnert 380◇

0675 **Die Natur der hohen Wismut- und Silbergehalte in Galeniten der Lagerstätte von Bukukinsk und einige Fragen der Isomorphie im System $PbS-Ag_2S-Bi_2S_3$.** D. O. Ontojew, P. N. Nissenbaum und N. I. Organowa. (Geochemie [UdSSR] **1960,** 414—26, 1 Tafel; Moskau, Inst. für Geol. der Erzlagerstätten, Petrographie, Miner. u. Geochem. der Akad. der Wiss. der UdSSR; russ., Auszug: engl.) — Bi u. Ag sind als α-$AgBiS_2$ im Galenit enthalten. α-$AgBiS_2$ bildet mit PbS eine kontinuierliche feste Lösung. Probleme der Isomorphie im tern. Syst. $PbS-Ag_2S-Bi_2S_3$ werden untersucht (Phasendiagramm). Galenite mit hohem Bi- u. Ag-Geh. sind wahrscheinlich typomorphe Minerale einer Hochtemp.-Erzbildung. H. Noack 380△

0676 **Tellurmineral in Kupfersulfiderzen vom Pyrittyp des südöstlichen Grusiniens.** E. I. Kachadse und G. W. Zinzadse. (Mitt. Akad. Wiss. GrusinSSR **27**, 699—702, 1961; Tbilissi, Geol. Inst. der Akad. der Wiss. der GrusinSSR; russ.) — Inmitten von Kupferkies u. in der Nähe der Kontaktzonen von Pyrit werden kleine Ausscheidungsbereiche (0,03—0,04 mm) beobachtet. Röntgenograph. (Angabe der d-Werte), chem. u. erzmkr. wird nachgewiesen, daß es sich dabei um *Calaverit* handelt. M. Hähnert 380◇

0677 **Phasennatur von Kalium-Natrium-Feldspaten.** A. Ss. Marfunin. (Schr. mineralog. Allunions-Ges. [UdSSR] [2] **89**, 623—39, 1960; Moskau, Inst. für Geol. der Erzlagerstätten, Petrographie, Miner. u. Geochem. der Akad. der Wiss. der UdSSR; russ.) — Nach eingehender Beschreibung der Proben aus verschiedensten Gesteinstypen (Lipariten, Pegmatiten, Drusen, Graniten, Hypersthen-Granit-Charnockiten, Diallaggraniten, granatführenden Graniten, Rapakiviten, Granat-Cordierit-Graniten, Migmatiten u. Syeniten) wird eine opt. u. röntgenograph. Charakteristik der Kalium-Natrium-Feldspate gegeben. M. Hähnert 380◇

0678 **Quarz-Hornblende-Plagioklasadern der Darjalsker Schlucht.** D. M. Schengelija. (Mitt. Akad. Wiss. GrusinSSR **27**, 691—97, 1961; Tbilissi, Geol. Inst. der Akad. der Wiss. der GrusinSSR; russ.) — Gang-Bldg. sind in der Darjalsker Schlucht weit verbreitet. Es handelt sich dabei um Hornblende-Plagioklas-Adern in uralit. Diabasporphyriten, Quarz-Plagioklas-Hornblende-Gänge in Granitoiden u. in untergeordneterem Maße Hornblende-Quarz-Albit-Gänge in triass. Sedimenten. M. Hähnert 380◇

0679 **Über die mineralogische Zusammensetzung der Erze der Kafan-Kupferlagerstätte.** E. A. Chatschaturjan. (Nachr. Akad. Wiss. ArmenSSR, Ser. geol. geogr. Wiss. **11**, Nr. 6, 25—40, 1958; Geol. Inst. der Akad. der Wiss. der ArmenSSR; russ., Auszug: armen.) — Vgl. C. **1960**, 417. — Die Erz-Vork. von Kafan (Südostarmenien) enthalten neben *Pyrit* (**I**) u. *Chalkopyrit* (**II**) *Galenit, Sphalerit, Covellin, Bornit, Tennantit, Enargit, Altait, Petzit, Stannin* u. *Renierit.* Als sek. Mineralien kommen *gediegenes Cu, Chalkosin, Tenorit, Cuprit, Malachit, Azurit, Chrysokoll* u. *Jarosit* vor. Folgende paragenet. Assoziationen werden unterschieden: Quarz-**I**; **I**-Bornit-**II**; **I**-Chalkosin-Enargit; Calcit-Sphalerit-Galenit; Calcit-Altait-Petzit. O. Lebtag 380△

0680 **Zur Mineralogie der polymetallischen Erze der Kupfer-Molybdän-Lagerstätte von Kadsharan.** A. Ss. Faramasjan. (Nachr. Akad. Wiss. ArmenSSR, geol. geogr. Wiss. **11**, Nr. 6, 41—47, 1958; Geol. Inst. der Akad. der Wiss. der ArmenSSR; russ., Auszug: armen.) — In den Polymetallerzen von Kadsharan (in der Nähe von Kafan), die Adern von 3—5 cm (selten mehr) bilden, sind die folgenden Stadien der Mineralisation weit verbreitet: *Quarz-Molybdänit*; Quarz-Molabdänit-*Chalkopyrit*; Quarz-Chalkopyrit. Eingesprengt in die Hauptmineralien sind gediegenes *Bi* u. *Telluride.* Nach der Spektralanalyse enthält das Polymetallerz folgende Elemente (in %): Mo 0,03; Cu 5—10; Pb $>$ 1; Ag 0,06—0,09; As 0,01—0,03; Bi 0,01—0,03; Zn $>$ 1; Te 0,01—0,03; Ga 0,001; Ge 0,001; Au Spuren; kein Ni u. Co. Die erstmalig in den untersuchten Erzen nachgewiesenen Minerale *Altait* u. *Hessit* werden eingehend beschrieben. O. Lebtag 380△

0681 **Besonderheiten der Zusammensetzung der Erze der Buribaewsker Pyritlagerstätte des Südurals.** L. D. Kurschakowa. (Schr. mineralog. Allunions-Ges. [UdSSR] [2] **90**, 462—69, 1961; Fernöstliche Zweigstelle der Akad. der Wiss. der UdSSR; russ.) — Als Haupterzminerale sind bekannt: *Pyrit, Melnikovit-Pyrit, Kupferkies, Sphalerit, Hämatit, Enargit, Bornit.* Die Unters. der chem. Zus. der Haupterzbildner zeigt, daß diese sich nach ihren Elementbeimengungen deutlich unterscheiden. Ag wird in unterschiedlichen Mengen in allen Erzen angetroffen. Die Lagerstätte unterlag einer Metamorphose u. ist als typ. für das Süduralgebiet sowohl nach seiner Erz-Zus. als auch hinsichtlich seiner strukturtekton. Merkmale zu bezeichnen. M. Hähnert 380◇

0682 **Das Graphit-Problem des Botogol-Berges (Ost-Ssajan).** K. A. Shuk-Potschekutow und W. P. Masslow. (Ber. Akad. Wiss. UdSSR **130**, 140—42, 1960; Geol. Inst. der Akad. der Wiss. der UdSSR; russ.) — Das Botogol-Massiv (Unteres oder Mittleres Devon) besitzt einen komplexen Aufbau. Den Hauptteil des Massivs nehmen Alkali- u. Nephelin-Pyroxen-Syenite ein; weiterhin finden sich leukokrate u. melanokrate Syenite, Granite, Diorite, Alkalipyroxenite, Ijolithe, Skarne, kristalline Kalke, verschiedene Schiefer u. Gneise. An das Botogoler Alkali Massiv ist eine ergiebige Graphitlagerstätte gebunden. Graphit findet sich in fast allen Gesteinstypen. Der Hauptteil ist aber an die leukokraten Nephelinsyenite u. Alkali- sowie Nephelin-Pyroxen-Syenite geknüpft. Der Graphit ist im Gestein verstreut oder bildet runde oder linsenförmige Nester verschiedener Größe. 4 Graphitarten werden unterschieden: massive, dicht kristalline, baumartig verzweigte, tropfenartige (somatoidförmige), schuppenartige Graphite, wobei erstere am verbreitetsten sind. Über die Bldg.-Bedingungen bestehen zahlreiche Ansichten, die krit. erläutert werden. M. Hähnert 380◇

B. Allgemeine und theoretische organische Chemie

0683 **Einfluß der Temperatur auf die Emissionsspektren von Stilbeneinkristallen und Mischkristallen mit Tetracen.** Robin M. Hochstrasser. (J. molecular Spectroscopy **8**, 485—506, 1962; Tallahassee, Fla., Florida State Univ., Dep. of Chem., Inst. of Mol. Biophys.; Vancouver, B.C., Univ. of British Columbia, Chem. Dep.; engl.) — Vf. untersucht das Fluorescenzspektrum eines *Stilben* (**I**)-Einkristalls (aus der Schmelze oder durch Sublimation) u. eines **I**-*Tetracen* (**II**)-Mischkristalls bei 300, 77 u. 4,2° K. Für das reine **I** sind die Fluorescenzausbeuten bei 300 u. 77° K oberhalb 26000 cm^{-1} sehr ähnlich. Bei Erniedrigung der Temp. von 300 auf 77° K tritt eine Rotverschiebung um ca. 180 $\pm$ 50 cm^{-1} u. eine Verringerung des Polarisationsverhältnisses ein. Die Emissionsintensität an der Absorptionskante (ca. 30000 cm^{-1}) sinkt mit fallender Temp., obwohl der Reabsorptionseffekt mit fallender Temp. geringer wird. Die starke Polarisation der Emission wird auf freie Exciton-Fluorescenz zurückgeführt. Die Abhängigkeit der Emissionsintensität von der Temp. ist exponentiell, woraus auf eine Boltzmann-Verteilung zwischen akt. u. inakt. angeregten Niveaus geschlossen wird. Die Emission des in **I** gelösten **II** zeigt eine ähnliche Temp.-Abhängigkeit wie das reine **I**, mit ansteigender Temp. wächst die Emissionsintensität. Dieser Anstieg verkörpert eine Änderung des Wrkg.-Grades für die Energieübertragung. Der Einfl. von Oberflächenfallen ist gering. Die Ergebnisse werden auf der Basis eines gestörten **I**-Kristallgitters diskutiert. Hubertus Zimmer B 118◇

0684 **Ultraviolettspektren von Stilben, p-Monohalogenstilbenen und Azobenzol und der trans-cis-Photoisomerisationsprozeß.** Rudolph H. Dyck und Donald S. McClure. (J. chem. Physics **36**, 2326—45, 1962; Berkeley, Calif., Univ. of California, Dep. of Chem. and Chem. Engng.; Princeton, N.J., Radio Corp. of America, RCA Labor.; engl.) — Die Absorptions- u. Fluorescenzspektren von *cis-* u. *trans-Stilben* (**I**), *p-Fluor-*, *p-Chlor-*, *p-Bromstilben* u. von *Azobenzol* werden gemessen. Die Analyse der hochaufgelösten Spektren der Mischkristalle (in Dibenzyl) führt zu einer Best. des Wertes der Potentialbarriere der cis-trans-Isomerisierung im 1. angeregten Singulettzustand von 40 kcal/Mol. Das Absorptionsspektrum des 1. Singulett-Triplett-Überganges zeigt, daß die zentrale Bindung im niedrigsten Triplettzustand eine sehr hohe Barriere der Rotation besitzt. Für **I** wird ein Elektronenenergiediagramm entwickelt u. der Desaktivierungsprozeß des photoangeregten Mol. untersucht. Rudolf Albrecht B 118◇

0685 **Erhöhung der Singulett-Triplett-Absorptionsbande von α-Chlornaphthalin in Gegenwart von Xenon unter hohem Druck.** Anna Grabowska. (Spectrochim. Acta [London] **19**, 307—13, 1963; Warszawa, Poland, Pol. Acad. of Sci., Inst. of Phys. Chem.; engl.) — Das UV-Spektrum von *α-Chlornaphthalin* (Kp. 113°) wird unter hohem Druck u. in Ggw. von Xe, C_2H_5J u. O_2 gemessen. In Ggw. von Xe unter Druck wird der verbotene Übergang $T \leftarrow S_0$ wegen der intermol. Störung durch das schwere Atom beobachtet.

Diese Störung ist in Ggw. von C_2H_5J ca. doppelt u. von O_2 ca. 3mal so groß wie bei Xe. Rudolf Albrecht B 118◇

0686 **Fluorescenzspektren von 3.4-Benzpyren in wässerigen Medien.** Günter Reske und Joachim Stauff. (Z. Naturforsch. **18b**, 773–74, 1963; Frankfurt/M., Univ., Inst. für phys. Biochem. u. Kolloidchem. im Inst. für phys. Chem.; dt.) — Vgl. C. **1961**, 9733 u. Z. Naturforsch. **18b**, [1963], 774. — Es wurden die Fluorescenzspektren von *3.4-Benzpyren* (**I**) in wss. gepufferten Lsgg. von β-Lactoglobulin (**II**) u. Coffein (**III**) gemessen u. mit denen einer Lsg. von **I** in A. verglichen. Während die Spektren in wss. **III**-Lsg. u. die in A. die von Boyland u. Green (Brit. J. Cancer **16**, [1962], 347) beschriebene Abweichung zeigen, waren die Spektren der Lsg. in **II** bzw. A. gleich. Der Grund wird in der unterschiedlichen Solvatation in den beiden wss. Lsgg. gesehen, da mit steigender Temp. die Löslichkeit des KW-Stoffes in wss. **II**-Lsg. zu-, hingegen in wss. **III**-Lsg. abnimmt. W. Pruss B 118◇

0687 **Synthese und Absorptionsspektren im nahen Ultraviolett von einigen α-Vinylselenophenen und α'-bromsubstituierten Derivaten.** Luigi Chierici und Giovanni Pappalardo. (Gazz. chim. ital. **90**, 69–78, 1960; Parma, Univ., Ist. di Chim. farmac. e tossicolog.; ital.) — Vgl. Gazz. chim. ital. **89**, [1959], 1900 u. C. **1960**, 6087 u. früher. — Es wurden die UV-Spektren von *β-Selenophenyl-(2)-acrylsäure, -methyl-, -äthylester* u. *2-[β-Acetylvinyl]-selenophen* sowie deren *5-Brom-Derivv.* aufgenommen. Es zeigt sich, daß der induktive Einfl. des Halogens eine deutliche bathochrome Verschiebung der Konjugationsbande hervorruft. Für die einzelnen Verbb., die l. c. untersuchten, sowie einige entsprechende Thiophen- u. Furan-Derivv. wird die Änderung der Übergangsenergie in Abhängigkeit von Substituenten angegeben. Daraus ergibt sich, daß der aromat. Charakter von Selenophen größenordnungsmäßig dem von Thiophen entspricht.

Versuche: *β-Selenophenyl-(2)-acrylsäure, Methylester*, $C_8H_8O_2Se$, F. 38–39° (A.), durch Sättigen der methanol. Lsg. der freien Säure mit HCl-Gas unter Wasserbadkühlung, 20 Min. Erwärmen (Wasserbad) u. Konzentrieren auf 10 ml. *Äthylester*, $C_9H_{10}O_2Se$, F. 24–25° (A.), analog. — *[2-Bromselenophenyl-(5)]-acrylsäure*, $C_7H_5BrO_2Se$, F. 187–188° (A.), durch Erwärmen einer Mischung aus 2-Bromselenophen-5-aldehyd (I), Malonsäure, Pyridin u. wenig Piperidin auf dem Ölbad auf 140° (16 Std.). *Methylester*, $C_8H_7BrO_2Se$, F. 79 bis 80° (A.), wie obiger Methylester unter Eiskühlung. *Äthylester*, $C_9H_9BrO_2Se$, $Kp._3$ 155°, analog. — *5-Brom-2-[β-acetylvinyl]-selenophen*, C_8H_7BrOSe, F. 58–59° (A.), durch 3std. Rk. von **I** mit Aceton in W. in Ggw. von 10%ig. NaOH bei Raum-Temp. u. Ae.-Extraktion der schwefelsauren Lösung. J. Richter B 118◇

0688 **Synthese und Absorptionsspektren im nahen Ultraviolett einiger α'-substituierter α-Nitroselenophene.** Antonio Bellotti und Luigi Chierici (Gazz. chim. ital. **90**, 1125–32, 1960; Parma, Univ., Ist. di Chim. farm. e tossicol.; ital.) — Vgl. C. **1960**, 6087. — Untersucht werden die UV-Spektren folgender α-Nitroselenophene in A. u. n-Hexan: *unsubstituiert, α'-Carboxy-, α'-Carbomethoxy-, α'-Carboäthoxy-, α'-Formyl-* u. *α'-Brom-*. Für die UV-Absorption sind die Chromophore —Se(C=C)n—C=O u. —Se—(C=C)—N=O verantwortlich. Der letzte ist um so stärker an der Mesomerie beteiligt, je geringer der elektromere Einfl. des α'-Substituenten ist. Aus dem Vgl. der Änderungen der Übergangsenergien, die durch die NO_2-Gruppe hervorgerufen werden, mit denjenigen der analogen Furan- u. Thiophen-Derivv. folgt hinsichtlich des aromat. Charakters die Reihe Selenophen ≧ Thiophen > Furan.

Versuche: *α-Selenophenaldehyddiacetat*, $C_9H_{10}O_4Se$, F. 61 bis 62° (Ligroin), durch Zugabe von 1%ig. H_2SO_4 zur Lsg. des Aldehyds in Acetanhydrid (**I**) bei 15° u. 24std. Stehen; 90% (Ausbeute). — *α-Nitro-α'-selenophenaldehyddiacetat*, $C_9H_9NO_6Se$, F. 107–108° (A.), durch Eintropfen von Nitriersäure in die Lsg. vorst. Verb. in **I** bei —8°; 70%. — *α-Nitro-α'-selenophenaldehyd*, $C_5H_3NO_3Se$, F. 90° (A.), durch Dampf-Dest. vorst. Verb. in nHCl. *Semicarbazon*, F. 252–253°. — *α-Nitro-α'-selenophencarbonsäure*, $C_5H_3NO_4Se$, F. 191° (W.) durch 20 Min. Erhitzen vorst. Verb. in **I** + W. mit Perhydrol auf dem Wasserbad; 89%. — *Äthylester*, $C_7H_7NO_4Se$, F. 74° (wss. A.), durch Sättigen der alkohol. Lsg. der Säure mit HCl-Gas in der Kälte u. 20 Min. Erhitzen. *Methylester*, $C_6H_5NO_4Se$, F. 81° (wss. A.), analog. — *α-Nitroselenophen*, F. 35° (PAe.), durch Erhitzen der Säure in Chinolin in Ggw. von Cu-Pulver auf dem Ölbad; 11%. J. Richter B 118◇

0689 **Die optische Rotationsdispersion von Kohlenwasserstoffen. (+)-3-Methylhexan.** B. C. Easton und M. K. Hargreaves. (J. chem. Soc. [London] **1959**, 1413–17; London, Univ. of London, Queen Elizabeth Coll.; engl.) — Die opt. Drehung von (+)-*3-Methylhexan* wurde in Abhängigkeit von der Temp. (25,3–72,3°) u. der Wellenlänge des Lichtes (3505–6438 Å) bei der reinen Verb. u. in Lsg. von n-Hexan, Bzl., CS_2 u. $HCONHCH_3$ + Aceton gemessen. Es wurde keine Abhängigkeit von [α] vom Brechungsindex n des Lsgm. selbst, aber von (n — 1) festgestellt; das gilt auch für (+)-*3-Methylheptan*, während bei *9.10-Dihydro-3.4;5.6-dibenzphenanthren* zwischen [α] u. n oder der DK des Lsgm. keine Beziehung beobachtet wird.

Versuche: *1-Brom-2-methylbutan* (**I**), Kp. 116–122°, n_D^{20} 1,4445, aus 2-Methylbutanol (**II**) u. PBr_3, 3 Tage bei Zimmer-Temp. im Rohr; 52% (Ausbeute). (+)-*Form*, $Kp._{39}$ 38,3°, $\alpha_{5461}^{20,1}$ +5,77° (*l* = 1), $[\alpha]_{5893}^{20}$ +4,068, $D._4^{20}$ 1,2232, n_D^{20} 1,4450, aus (—)-**II** ($\alpha_{5461}^{20,1}$ —5,748°; *l* = 1) u. trockenem HBr bei 0°, Erhöhung der Temp. u. Einleiten von HBr, 2½ Std. bei 100° u. Abtrennung der HBr-Lsg.; 81,5%. — *3-Methylhexan*, Kp. 87,5–94°, n_D^{15} 1,3921, a) aus vorst. Verb. u. Diäthylsulfat mit Mg in Ae. unter N_2, 15 Std. am Rückfluß, Zers. mit HCl, Extraktion mit Ae. u. Reinigen mit konz. H_2SO_4; 38%; b) aus Äthyl-Li durch langsame Zugabe von **I** in n-Pentan, ca. 12 Std. am Rückfluß u. Zers. mit Eis; 18%. (+)-*Form*, Kp. 91–93°, $[\alpha]_{5893}^{19,9}$ +9,43°, n_D^{20} 1,3892, $D._4^{19,9}$ 0,6898, aus **I** u. Li in n-Pentan unter H_2 bei — 10° u. 2 Std. bei 0°, Abtrennung des Pentyl-Li u. Umsetzung mit Diäthylsulfat in abs. Ae., 1 Std. am Rückfluß; 44,4%. A. Grohmann B 119◇

0690 **Spektrum im fernen Infrarot und Barriere der inneren Rotation von Äthylfluorid.** Gloria Sage und William Klemperer. (J. chem. Physics **39**, 371–76, 1963; Cambridge, Mass., Harvard Univ., Mallinckrodt Chem. Labor.; engl.) — Das Gasspektrum im fernen IR von *Äthylfluorid* wird gemessen. Die Q-Zweige bei 242,7, 225,5, 208,4 u. 177 cm^{-1} werden den Bandenursprüngen der Torsionsübergänge 0–1, 1–2, 2–3 u. 3–4 Å zugeordnet. Der V_6-Beitrag zum Potential der Rotationsbarriere beträgt ca. — 15 cal/Mol. Rudolf Albrecht B 120◇

0691 **Zwei „Symmetric top like"-Banden des Äthylenoxids.** Robert F. Norris und Arnold G. Meister. (J. molecular Spectroscopy **9**, 216–21, 1962; Tempe, Ariz., Arizona State Univ., Dep. of Phys.; engl.) — Obwohl das *Äthylenoxid* (**I**)-Mol. ein asymm. Kreisel ist, liegen zwei Hauptträgheitsmomente des Grundzustandes in ihren Werten dicht genug beieinander, um das Verh. eines symm. Kreisels bei den Banden vom C-Typ hervorzurufen. Die ($\nu_6 + \nu_{10}$)- u. ($\nu_2 + \nu_{13}$)-Bande im Gebiet von 4500–4600/cm zeigen dieses Verh.; durch Verunreinigungen hervorgerufene Banden des 99,7% reinen **I** wurden in diesem Bereich nicht gefunden. Bei Analyse der fraglichen Banden ergibt sich, daß die Abweichungen zwischen den berechneten u. experimentellen Wellenzahlen der P- u. R-Zweige stets <0,5 cm^{-1} bleiben. A. Ackermann B 120◇

0692 **Raman-Spektren von flüssigen Mischungen (Cyclohexanol und Äthylacetat).** P. Neelakantan. (Proc. Indian Acad. Sci., Sect. A **57**, 330–36, 1963; Bangalore, Indian Inst. of Sci., Dep. of Phys.; engl.) — Vf. teilt die Raman-Spektren von *Äthylacetat* (**I**; Anregung: 4358 cm^{-1}) u. von **I**-*Cyclohexanol* (**II**)-Gemischen mit. 27 Raman-Linien (davon 12 neue) werden bei **I** beobachtet u. durch Vgl. mit dem IR-Spektrum zugeordnet. Die ν(OH) von **II** erleidet mit zunehmender Konz. in **I** eine Verschiebung nach kleineren Frequenzen, zugleich wird die ν(C=O) von **I** an der kurzwelligen Seite immer diffuser u. spaltet bei der niedrigsten Konz., die angewendet wurde (Verhältnis der Konzz. **I**/**II** 0,2), in 2 Linien auf. Dieser Effekt wird auf H-Bindungen zurückgeführt. Hubertus Zimmer B 120◇

0693 **Über die Konfiguration und Konformation der Anomeren kristallinischer Hexosen und Heptosen.** Jakob Blom. (Acta chem. scand. **17**, 73–78, 1963; Kopenhagen, Dänemark, Brauerei Tuborg, Labor.; dt.) — Vf. gibt einen Überblick über Fragen der Konfiguration u. Konformation bei krist. Hexosen u. Heptosen. Diese haben mit Ausnahme der

Mannofuranose sämtlich Pyranoseringstruktur. Bei den Haworth-Formeln mit Nummerierung im Sinne des Uhrzeigers hat das eine Anomere von Zuckern mit Pyranosering-Syst., die mit den Ring-Syst. der D-Allose, D-Gulose, D-Altrose u. D-Idose homomorph sind, in der C 1-Konformation eine südaxiale OH-Gruppe in m-Stellung zur südaxialen glykosid. OH-Gruppe. Der O—O-Abstand solcher OH-Gruppen (2,78 Å) begünstigt die Bldg. eines spannungsfreien, 6gliedrigen H-Brücken-Syst., das energieärmer ist als alle anderen Syst., an deren Aufbau die glykosid. OH-Gruppe als einer der beiden Brückenpfeiler teilnimmt. In Gleichgewichts.-Lsgg. überwiegt entsprechend seiner Energiearmut dieses Anomere. Es handelt sich dabei um das β-D-Anomere, das auch meist ausschließlich im krist. Zustand gefunden wird u. eine südaxiale OH-Gruppe am glykosid. C-Atom in der C 1-Konformation besitzt. In die Diskussion einbezogen werden Daten von D-Allose, 6-Desoxy-, 2.6-Didesoxy-D-allose, D-Gulose-$CaCl_2 \cdot H_2O$, 6-Desoxy-D-gulose, D-Gluco-D-guloheptose, D-Altrose, 4-O-β-D-Galactosido-, 4-O-β-D-Glucosido-D-altrose, D-Fructose, 5-O-α-D-Glucosido-D-fructose, D-Idose, 2.6-Didesoxy-D-idose, D-Gluco-D-idoheptose, L-Sorbose, D-Glucose, 6-Desoxy-D-glucose, 6-Desoxy-, 4-O-β-D-Glucosido-, 4-O-β-D-Galactosido-D-glucose, D-Galactose, 6-Desoxy-D-galactose, D-Manno-D-galaheptose, D-Mannose, 4-O-β-D-Glucosido-, 4-O-β-D-Galactosido-D-mannose, D-Talose, D-Manno-D-taloheptose, β-D-Fructose u. α-L-Sorbose. Ch. Zechel B 123◇

0694 **Die Struktur anomerer Zucker: Eine Bemerkung.** Sven Furberg und Björn Pedersen. (Acta chem. scand. **17**, 1160—61, 1963; Blindern-Oslo, Norway, Central Inst. for Ind. Res.; Univ. of Oslo, Inst. of Chem.; engl.) — Vgl. vorst. Referat. — Vff. weisen auch auf Grund eigener Unterss. darauf hin, daß die gebräuchliche strukturelle Zuordnung der α- u. β-Anomeren richtig ist, was von Blom (l. c.; Acta chem. scand. **16**, [1962], 922 u. früher) u. von Christiansen (Acta chem. scand. **16**, [1962], 2341) bezweifelt worden war. Durch NMR-Aufnahmen konnten Vff. für *α-Glucose* die Struktur 1a 2e 3e 4e 5e u. für *β-Glucose* die all-äquatorial-Struktur sicherstellen. Ch. Zechel B 123◇

0695 **Einfluß der Konzentration auf das Absorptions- und das Aktionsfluorescenzspektrum organischer Substanzen in Lösung.** Jean Lavorel. (J. Chim. physique Physico-Chim. biol. **55**, 905—10, 1958; Versailles, C.N.R.A., Stat. Centrale de Physiol. Végét.; franz.) — Am Beispiel von *Fluorescein* u. *Thionin* in wss. alkal. Lsg. untersucht Vf. die Form der Fluorescenzaktionsspektren organ. Farbstoffe. Sie hängt von deren Konz. ab. Bes. fehlt in verd. Lsgg. die bekannte Abnahme der Fluorescenzausbeute in Abhängigkeit von der Wellenlänge des Erregerlichtes, die dem 1. angeregten Niveau entspricht. Je nach Anstieg der Konz. tritt diese Abnahme auf u. verstärkt sich; gleichzeitig wird ein Ausbeuteminimum links vom Absorptionsmaximum beobachtet. Der Effekt wird quant. mit der Theorie nichtfluorescierender Dimerer erklärt. J. Richter B 125◇

0696 **Einfluß der Konzentration fluorescierender Substanzen auf die Wirksamkeit von Fluorescenzinhibitoren.** Jean Lavorel. (J. Chim. physique Physico-Chim. biol. **55**, 911—15, 1958; franz.) — Vgl. vorst. Referat. — Es wird der Einfl. dynam. Inhibitoren (UO_3^-, Br^-, UO_2^-, $S_2O_3^{2-}$, S^{2-}, J^-, SCN^-) auf die Fluorescenz von *Fluorescein* in 1m NaOH u. der von stat. Inhibitoren (Diphenylamin, p-Toluidin, Hydrochinon) auf die Fluorescenz von *Rhodamin B* in abs. A. untersucht. Mit Zunahme der Konz. an fluorescierender Substanz wird eine Exaltation der Wirksamkeit der Inhibitoren festgestellt. Dieser Effekt ist der Autoinhibition analog u. wird der Wanderung der elektron. Anregung durch Resonanzübertragung zugeschrieben. J. Richter B 125◇

0697 **Physikalische Eigenschaften und chemische Konstitution.** 36. Mitt. **Die elektrischen Dipolmomente von Phenylderivaten einiger N-heterocyclischer Moleküle.** C. W. N. Cumper, R. F. A. Ginman und A. I. Vogel. (J. chem. Soc. [London] **1962**, 4518—24; London, Woolwich Polytechn.; engl.) — 35. vgl. C. **1963**, 2785. — Die Dipolmomente μ nachst. Verbb. werden in Bzl. bei 25° bestimmt: *2-Phenylpyridin*, $Kp._{12}$ 140°, aus Phenyl-Li u. Pyridin in Toluol unter N_2; $D._4^{20}$ 1,0891; n_D^{20} 1,62295; μ = 1,94 (D). *Pikrat*, F. 177,5 bis 178,5° (Aceton). — *3-Phenylpyridin*, $Kp._{10}$ 144°, aus N-Pyridyl-(3)-isobutyramid u. NOCl in Bzl.; μ = 2,28. *Pikrat*, F. 163,5—164,0°. — *4-Phenylpyridin*, F. 77—78° (W.), $Kp._{3,5}$ 135—137°, aus α-Methylstyrol, NH_4Cl u. wss. Formaldehyd bei 60—65° zum 1.2.3.6-Tetrahydro-4-phenylpyridin ($Kp._{1-2}$ 115—136°) u. Dehydrierung mit Pd-Kohle in Nitrobenzol; μ = 2,57. *Pikrat*, F. 199—200°. — *2-Phenylchinolin*, F. 82,5—83,0° (PAe.), wie 2-Phenylpyridin; μ = 1,77. *Pikrat*, F. 192,5—193,5°. — *3-Phenylchinolin*, F. 52° (n-Hexan), $Kp._{0,9}$ 163—165°, aus Phenylbrenztraubensäure u. Isatin über 3-Phenylchinolin-2.4-dicarbonsäure u. Decarboxylierung in Paraffin bei 280° in Ggw. von Cu-Bronze; μ = 2,14. *Pikrat*, F. 205°. — *4-Phenylchinolin*, F. 61° (PAe.), $Kp._1$ 170°), aus 2-Chloräthylphenylketon, Anilin u. Anilinhydrochlorid in A.; μ = 2,39. *Pikrat*, F. 226° (A.). — *6-Phenylchinolin* (I), F. 110,5—111,5° (A.); μ = 2,14. *Pikrat*, F. 204°. — *7-Phenylchinolin*, F. 59—60° (PAe.), μ = 2,06. — *8-Phenylchinolin*, F. 48,5—49,5° $Kp._{5,5}$ 185—186°, aus 2-Aminodiphenyl, o-Nitrophenol u. konz. H_2SO_4 bei 125—130°; $D._4^{20}$ 1,1525; n_D^{20} 1,68133; μ = 2,04. *Pikrat*, F. 154°. — *2.6-Diphenylchinolin*, $C_{21}H_{15}N$, F. 204—205° (A./Bzl.), aus Phenyl-Li u. I in Toluol/Bzl.; μ = 1,73. *Pikrat*, $C_{27}H_{18}N_4O_7$, F. 235,5° (A./2-Äthoxyäthanol). — *Acridin*, F. 111° (Ligroin); μ = 2,09. *Pikrat*, F. 256—259°. — *5-Phenylacridin*, F. 186 bis 187° (A.), aus Acridon u. Phenyl-Li in Bzl.; μ = 2,40. *Pikrat*, F. 234—235°. — *Phenanthridin* (II), F. 106—107° (PAe.), a) aus 2-Aminodiphenyl u. 80%ig. Ameisensäure über 2-Formamidodiphenyl (F. 75°), Erhitzen des letzteren (25 g) mit Polyphosphorsäure (250 ml) für 1 Std. auf 140—160° unter Rühren, Eingießen in W. u. Einstellen auf pH 10, Reinigung des Roh-Prod. als $HgCl_2$-Additions-Verb. (F. 199—200°); Ausbeute 16 g; b) aus 1-Benzylbenzotriazol u. Cu-Pulver durch Erhitzen auf 360—380° unter N_2 für 6—7 Std. u. Extraktion mit heißer verd. HCl; μ = 2,39. *Pikrat*, F. 244,5 bis 245,5°. — *9-Phenylphenanthridin*, F. 104,5—105° (PAe./Bzl.), aus Phenyl-Li u. **II** in Ae. durch 3std. Erhitzen unter Rückfluß; μ = 2,27. *Pikrat*, F. 252—253°. Rudolf Albrecht B 132◇

0698 **Physikalische Eigenschaften und chemische Konstitution.** 37. Mitt. **Die elektrischen Dipolmomente von einigen phenylsubstituierten 2-Phenylpyridinen.** C. W. N. Cumper, R. F. A. Ginman und A. I. Vogel. (J. chem. Soc. [London] **1962**, 4525—28; engl.) — 36. vgl. vorst. Referat. — Die Dipolmomente μ von folgenden Verbb. werden in Bzl. bei 25° bestimmt. *2-[4-Biphenylyl]-pyridin*, F. 142,5—143° (A.), aus 4-Biphenylyl-Li u. Pyridin in Toluol; μ = 1,91 (D). *Pikrat*, F. 190—191° (Aceton). — *2-p-Nitrophenylpyridin*, F. 130,5—131,5° (A.), aus diazotiertem p-Nitranilin u. Pyridin bei 40°; μ = 5,60. *Hydrochlorid*, F. 185° (wss. HCl). — *2-p-Aminophenylpyridin*, F. 97° (PAe./Bzl.), aus vorst. Verb. durch Red. mit Sn u. HCl; μ = 2,11. *Pikrat*, F. 220—221° (Zers.). — *2-o-Tolylpyridin*, $C_{12}H_{11}N$, $Kp._{1,2}$ 102°, aus o-Tolyl-Li u. Pyridin in Toluol; μ = 2,02; $D._4^{20}$ 1,0621; n_D^{20} 1,60675. *Pikrat*, $C_{18}H_{14}N_4O_7$, F. 143°. — *2-m-Tolylpyridin*, $Kp._{0,5}$ 102°, wie vorst. Verb.; μ = 1,87; $D._4^{20}$ 1,0644; n_D^{20} 1,61316. *Pikrat*, F. 183,5°. — *2-p-Tolylpyridin*, $Kp._{10}$ 142°; μ = 1,78; $D._4^{20}$ 1,0572; n_D^{20} 1,61348. *Pikrat*, F. 182,5—183,5°. Rudolf Albrecht B 132◇

0699 **Physikalische Eigenschaften und chemische Konstitution.** 38. Mitt. **Die elektrischen Dipolmomente von Aminopyridinen und Aminochinolinen.** C. W. N. Cumper, R. F. A. Ginman, D. G. Redford und A. I. Vogel. (J. chem. Soc. [London] **1963**, 1731—35; engl.) — 37. vgl. vorst. Referat. — Die Dipolmomente μ[D] folgender Verbb. werden in Bzl. gemessen: *Anilin*, $Kp._{750}$ 184,5°; n_D^{20} 1,58563; $D._4^{20}$ 1,0220; μ = 1,53, *Acetat*, F. 114° (W.); Pyridine: *2-Amino-*, F. 58,5° (PAe.), μ = 2,08, *3-Amino-*, F. 64,5° (Bzl.), μ = 3,11, *4-Amino-*, F. 159° (Bzl./A.), μ = 3,90; Chinoline: *2-Amino-*, $C_9H_8N_2$, F. 129,5—130,5° (Bzl.), $Kp._{18}$ 182—183°, a) aus 100 ml Chinolin durch Zusetzen zu einer Lsg. von $NaNH_2$ (aus 37,5 g Na u. 1 Liter fl. NH_3) in 300 ml Xylol während 1½ Std.; 32 g (Ausbeute); b) aus 10 g 2-Chlorchinolin ($Kp._{15}$ 148°) u. 55 g Phenol durch 12std. Durchleiten von NH_3 unter Sieden; 3 g; μ = 2,33. *Pikrat*, F. 266—267°. — *3-Amino-*, F. 93,5° (Bzl.), μ = 3,04. — *4-Amino-*, F. 156 bis 157° (Bzl.), aus 2,5 g 4-Chlorchinolin ($Kp._{0,5}$ 81°), 10 g Phenol u. NH_3; 2,1 g (als *Monohydrat*, F. 69—70°); μ = 3,99. *Pikrat*, F. 281°. — *5-Amino-*, $C_9H_8N_2$, F. 107,5—108,5° (Bzl.), aus 8,6 g 5-Nitrochinolin (F. 71°) durch Hydrierung in A. in Ggw. von Pd/C; 1,6 g; μ = 3,56. *Pikrat*, F. 218—219°. — *6-Amino-*, F. 116° (Bzl.), durch Red. von 6-Nitrochinolin

(F. 152°) mit Sn/HCl; $\mu = 3{,}24$. — *7-Amino-*, F. 93—94° (Bzl.), durch Hydrierung von 7-Nitrochinolin (F. 133°) in Aceton (PtO_2); $\mu = 2{,}66$. *Monohydrat*, F. 74°. *Pikrat*, F. 235 bis 237°. — *8-Amino-*, F. 64—65° (A.), aus 8-Nitrochinolin (F. 88—89°) u. Hydrazinhydrat in A. in Ggw. von Pd/Holzkohle; $\mu = 1{,}11$. *Pikrat*, F. 204—205° (Zers.).

Rudolf Albrecht B 132◇

0700 **Dielektrischer Verlust im flüssig-kristallinen p-Azoxyanisol.** E. F. Carr. (J. chem. Physics **37,** 104—06, 1962; Orono, Maine, Univ. of Maine, Phys. Dep.; engl.) — Die reellen u. imaginären Größen der komplexen dielektr. Konst. der normalen fl. Phase von *p-Azoxyanisol* werden bei 140° im Bereich 900 MHz bis 24 GHz gemessen. Der dielektr. Verlust bei 6 GHz zeigt ein Maximum in der Nähe des Klärpunktes von 135° sowohl in der anisotropen als auch in der normalen fl. Phase. Messungen bei 500 u. 900 MHz zeigen ein Ansteigen des dielektr. Verlustes beim Übergang von der anisotropen zur normalen fl. Phase.

Rudolf Albrecht B 132◇

0701 **Über die dipolare Debye-Absorption eingefrorener organischer Flüssigkeiten, die die Bindungen C=O, S=O oder NO_2 enthalten; Fall der Acetylacetate.** Marie Freymann. (C. R. hebd. Séances Acad. Sci. **253,** 2061—63, 1961; Paris, Sorbonne, Labor. de Spectrosc. Hertzienne; franz.) — Es wird die Rolle der Doppelbindungen vom Typ C=O, S=O u. NO_2 bei der Erscheinung der dipolaren Absorption untersucht, wofür folgende Verbb. herangezogen werden: *Äthanal, Paraldehyd, Benzaldehyd* (**I**), *Furfurol, Fenchon, Campher, Cyclohexanon, Acetessigsäuremethyl-* u. *-äthylester* (**II**) *Benzoesäure-* u. *Salicylsäuremethylester, Dimethylsulfoxid* (**III**), *Nitroäthan* u. *-propan.* Bei den meisten dieser Verbb. werden mehr oder weniger ausgeprägt folgende Phänomene beobachtet: 1. Die Existenz eines Maximums der Kurve tg δ (T), verbunden mit einer steilen Änderung der Kurve ε' (T). Diese Erscheinung hat eine gewisse Analogie bei der dipolaren Absorption der Halbleiter. Jedoch haben einmal die erhaltenen „Banden" im allg. eine geringere Breite (z. B. **I**, 8° Halbwertsbreite), zum anderen beobachtet man einen plötzlichen Abfall von ε' nach dem Maximum von tg δ. 2. An **III** wird gezeigt, daß mit steigender Frequenz sich das Maximum von tg δ nach höheren Temp. verschiebt. Die Aktivierungsenergie ergibt sich aus der Gleichung $\nu_c = A \exp(-U/kT)$ zu $\geqq 1$ eV. 3. Die dipolaren Phänomene scheinen mit einer oder mehreren Phasenänderungen verbunden zu sein, die bei erhöhter Temp. vorgehen u. während der Wiederabkühlung ihre Wrkg. zeigen. 4. Diese Phasenänderung (fest–fest oder fest–fl.) führt zu einem plötzlichen Anstieg von ε' u. einer Anomalie von tg δ, wenn bei steigender Temp. der Umwandlungspunkt überschritten wird. Die mit **II** vorgenommenen Verss. scheinen die Hypothese zu stützen, daß die während der Phasenänderung entstandenen Gitterfehler die dipolare Absorption hervorrufen. Diese Gitterfehler könnten in diesem bes. Fall auch durch die Keto–Enol-Tautomerie entstanden sein.

H. G. Henkel B 132◇

0702 **Die elektrischen Momente von organischen Peroxiden. 3. Mitt. Perester.** Frank D. Verderame und John G. Miller. (J. physic. Chem. **66,** 2185—88, 1962; Philadelphia, Pa., Univ. of Pennsylvania, Dep. of Chem.; engl.) — 2. vgl. Rittenhouse u. Mitarbeiter, C. **1959,** 10177. — Die Dipolmomente von tert.-Butylestern einiger langkettiger aliphat. Persäuren u. der Benzopersäure werden bei 30° gemessen. Die Meßwerte sind in Übereinstimmung mit einer festen „skew"-Konfiguration an der Peroxygruppe, wobei jedoch die Acylgruppe etwas aus der C—O—O-Ebene herausgedreht ist. Angegeben sind (Dipolmomente μ in Bzl.): tert.-Butylester von Persäuren: *Perpelargon-*; n_D^{30} 1,4273; $D._4^{30}$ 0,8868; $\mu = 2{,}98$ (D), *Percaprin-*; n_D^{30} 1,4297; $D._4^{30}$ 0,8832; $\mu = 2{,}96$, *Perlaurin-*; n_D^{30} 1,4333; $D._4^{30}$ 0,8783; $\mu = 2{,}85$—$2{,}92$, *Permyristin-*; n_D^{30} 1,4373; $D._4^{30}$ 0,8752; $\mu = 2{,}84$—$2{,}93$, *Perpalmitin-*; $\mu = 2{,}95$—$3{,}02$, *Perbenzoe-*; n_D^{30} 1,4957; $D._4^{30}$ 1,00337; $\mu = 3{,}14$. Nachst. Daten sind angegeben: *Laurinsäurechlorid*, $Kp._{18}$ 145°, *-methylester*, $Kp._{15}$ 139—141°; n_D^{25} 1,4301. — *Caprinsäurechlorid*, $Kp._{1,5}$ 53°, *-methylester*, $Kp._{15}$ 114°; n_D^{25} 1,4235. — *Myristinsäurechlorid*, $Kp._{1,5}$ 144°, *-methylester*, $Kp._{10}$ 153—155°; n_D^{25} 1,4346. — *Palmitinsäurechlorid*, $Kp._{0,3}$ 137°, *-methylester*, $Kp._{12}$ 194°; n_D^{35} 1,4355. — *Benzoylchlorid*, $Kp._{17}$ 39,5°.

Rudolf Albrecht B 132◇

0703 **Magnetooptische Übertragung der Konjugation bei Aliphaten.** Jean-François Labarre und Fernand Gallais. (C. R. hebd. Séances Acad. Sci. **253,** 1935—37, 1961; Toulouse, Labor. de Chim. gén. et minérale; franz.) — Es wurde für $\lambda = 0{,}578\,\mu$ u. 20° die mol. magnet. Rotation folgender Verbb. experimentell bestimmt u. daneben ohne Berücksichtigung der Konjugation berechnet: $CH_2{=}CH \cdot CH{=}CH_2$; $CH_2{=}CHCH{=}CHCH_3$, $Kp._{761}$ 43°; $D._4^{20}$ 0,6830; n_D^{20} 1,4279; $CH_2{=}CHCH{=}CHC_2H_5$, $Kp._{742}$ 73,5°; $D._4^{20}$ 0,7144; n_D^{20} 1,4384; $CH_3CH{=}CHCH{=}CHCH_3$, $Kp._{748}$ $D._4^{20}$ 0,7108; n_D^{20} 1,4384; $CH_3CH{=}CHCH{=}CHC_2H_5$, $Kp._{748}$ 106°; $D._4^{20}$ 0,7325; n_D^{20} 1,4485; $CH_3CH{=}CHCH{=}CHC_3H_7$, $Kp._{751}$ 130°; $D._4^{20}$ 0,7471; n_D^{20} 1,4503; $CH_2{=}C(CH_3)CH{=}CH_2$; $CH_2{=}C(CH_3){-}C(CH_3){=}CH_2$, $Kp._{752}$ 71°; $D._4^{20}$ 0,7300; n_D^{20} 1,4376; $CH_3CH{=}C(CH_3){-}CH{=}CH_2$; $(CH_3)_2C{=}CHCH{=}CH_2$, $Kp._{760}$ 74°; $D._4^{20}$ 0,7150; n_D^{20} 1,4473; $(CH_3)_2C{=}CHCH{=}CHCH_3$, $Kp._{755}$ 98°; $D._4^{20}$ 0,7189; n_D^{20} 1,4262; $CH_3CH{=}C(CH_3)C{\equiv}CH$, $Kp._{760}$ 69°; $D._4^{20}$ 0,7401; n_D^{20} 1,4314; $CH_3CH{=}C(CH_3)C{\equiv}CCHOHC_3H_7$, $Kp._{20}$ 115°; $D._4^{20}$ 0,8813; n_D^{20} 1,4687; $C_4H_9C{\equiv}CC(CH_3){=}CHCH_3$, $Kp._{15}$ 67°; $D._4^{20}$ 0,7927; n_D^{20} 1,4489; $C_2H_5{-}C{\equiv}CC{\equiv}CH$, $Kp._{135}$ 54°; $D._4^{20}$ 0,7821; n_D^{20} 1,4732; $C_4H_9C{\equiv}CC{\equiv}CH$, $Kp._{47}$ 50°; $D._4^{20}$ 0,8160; n_D^{20} 1,4735; $C_2H_5C{\equiv}CC{\equiv}CCOH \cdot (CH_3)_2$, $Kp._{0,6}$ 72°; $D._4^{20}$ 0,8700; n_D^{20} 1,4952; $C_4H_9C{\equiv}CC{\equiv}CCOH(CH_3)_2$, $Kp._{0,6}$ 86°; $D._4^{20}$ 0,8973; n_D^{20} 1,4981; $C_4H_9C{\equiv}CC{\equiv}CC(CH_3){=}CH_2$, $Kp._{13}$ 104°; $D._4^{20}$ 0,8244; n_D^{20} 1,5135; $CH_2{=}CHCH{=}CHC{\equiv}CH$, $Kp._{760}$ 85°; $D._4^{20}$ 0,7714; n_D^{20} 1,5055; $CH_2{=}CHCH{=}CHCH{=}CH_2$; $C_3H_7CH{=}C{=}CH_2$, $Kp._{760}$ 75°; $D._4^{20}$ 0,7162; n_D^{20} 1,4277; $C_4H_9CH{=}C{=}CH_2$, $Kp._{755}$ 103°; $D._4^{20}$ 0,7290; n_D^{20} 1,4334; $C_6H_{13}CH{=}C{=}CH_2$, $Kp._{22}$ 57°; $D._4^{20}$ 0,7580; n_D^{20} 1,4434; $CH_2{=}CHCH{=}C{=}CH_2$, $Kp._{748}$ 47,5°; $D._4^{20}$ 0,7174; n_D^{20} 1,4689; $C_2H_5CHOHCH{=}C{=}CHCH{=}CHCH_3$, $Kp._{0,9}$ 71°; $D._4^{20}$ 0,8918; n_D^{20} 1,5109; $C_2H_5COH(CH_3)CH{=}C{=}CHCH{=}CH_2$, $Kp._{2,5}$ 69°; $D._4^{20}$ 0,8855; n_D^{20} 1,5504; $CH_3COH(CH_3)CH{=}C{=}CHCH{=}CH_2$, $Kp._3$ 60°; $D._4^{20}$ 0,8825; n_D^{20} 1,4965. Alle Werte sind in μrad angegeben u. auf die Verdet-Konst. 4,482 μrad des W. bei $\lambda = 0{,}546\,\mu$ u. 20° bezogen. Die Unterss. haben gezeigt, daß die Ggw. eines konjugierten Syst. in einem Mol. der aliphat. Reihe eine beträchtliche Erhöhung des Rotationsvermögens zur Folge hat. Diese Erhöhung variiert etwas innerhalb derselben Verb.-Klasse, hängt aber in ihrer Größenordnung direkt von der Natur des konjugierten Syst. ab; sie wächst in der folgenden Reihe: Enine, Diine, Diin-(3.5)-en-(1), Vinylallene, Diene, Dien-(1.3)-in-(5), Triene-(1.3.5). Die Differenz zwischen gemessener u. berechneter magnet. Rotation ist für eine Verb.-Klasse fast konst. u. beträgt im Mittel für die linearen Diene + 119, für die Diine + 77 u. für die verzweigten Diene + 121 μrad. Die begrenzte Zahl der untersuchten Enine, Polyene u. Polyenine erlaubt keine allg. Schlüsse, doch zeigen die Enine ein geringeres Exaltationsinkrement als die Diene u. die Diine. Während die Differenz zwischen gemessenem u. berechnetem Wert bei den Allenen um + 10 μrad liegt, entspricht sie bei den Vinylallenen größenordnungsmäßig der der konjugierten Diene.

H. G. Henkel B 137◇

0704 **Kernmagnetische Resonanzspektren von cyclischen Fluorkohlenstoffen. 1. Mitt. ^{19}F-Spektren von Fluorcyclohexanen.** J. Homer und L. F. Thomas. (Trans. Faraday Soc. **59,** 2431—44, 1963; Birmingham, Univ., Chem. Dep.; engl.) — Es werden die hochaufgelösten kernmagnet. Resonanzspektren einer Reihe substituierter Fluorcyclohexane untersucht. Durch die Substitution z. B. von H an Stelle von F wird zum einen die Abschirmung benachbarter ^{19}F-Kerne verändert, zum anderen wird durch die Substitution auch die Stabilität der einen oder anderen Konformation vergrößert bzw. verkleinert, u. es tritt ein „Mittelwertspektrum" der einzelnen Konformationen auf. Die untersuchten Substanzen werden entsprechend in drei Gruppen eingeteilt: 1. Moll. mit starrer Sesselform (Typ A), 2. Moll., deren Konformation schnell zwischen energet. äquivalenten Sesselformen (Typ B) u. 3. Moll., deren Konformation schnell zwischen energet. nichtäquivalenten Sesselformen wechselt (Typ C). Von den untersuchten substituierten Perfluorcyclohexanen gehören zum Typ A: *1H/2H-, 1H/4H-, 1H.4H/2H-, 1H/2H.4H-, 1H.2H/4H-, 1H.5H/2H.4H-, 1H.-2H.4H/5H-,* CF_3-, 1CF_3.4H-, 1CF_3/4H-; zum Typ B: *1H.2H-, 1H/3H-, 1H.4H-, 1H.4H/2H.5H-, 1H.2H/4H.5H-*; zum Typ C: *1H-, 1H.3H-* u. *1H.2H.4H-*.

H. Frischleder B 137◇

0705 **Hyperfein-Kopplungskonstanten und ihre Abhängigkeit von den Ladungsdichten.** J. P. Colpa und J. R. Bol-

ton. (Molecular Physics 6, 273–82, 1963; Cambridge, Univ. of Cambridge, Dep. of Theoret. Chem.; engl.) — Nach McConnell (C. **1958,** 10600) ergibt sich für einwertige Ionen von aromat. Moll. die Hyperfeinkopplungs-Konst. a_H zwischen dem ungepaarten Elektron u. einem direkt an ein C des konjugierten Syst. gebundenen Proton zu $a_H = Q\varrho$ (Q = eine für die C—H-Bindung charakterist. Konst., ϱ = Spindichte am entsprechenden C-Atom). Unter Berücksichtigung des Einfl. der Spindichte ϱ u. der Überschußladungsdichte ε auf die CH-Bindung leiten Vff. die neue Gleichung $a_H = -(Q + k\,\varepsilon)\varrho$ ab. Aus experimentellen Messungen ergibt sich darin $Q = 31{,}2$ (Gauß) u. $k = 17$. Der Vgl. der unter Verw. der Hückelschen Spindichten errechneten u. der experimentell gemessenen a_H-Werte für die Ionen von *Naphthalin, Anthracen, Tetracen, Pentacen, Perylen* u. *Phenanthren* stimmen innerhalb der Fehlergrenzen u. der bei den Wellenfunktionen gemachten Vereinfachungen sehr gut überein.
H. Frischleder B 137◇

0706 **Elektronenspinresonanz- und Elektronenabsorptionsspektren der Radikalanionen von Pyridin und Acridin.** Keiji Kuwata, Teiichiro Ogawa und Kozo Hirota. (Bull. chem. Soc. Japan **34,** 291–92, 1961; Kita-ku, Osaka, Univ., Fac. of Sci., Dep. of Chem.; engl.) — Die an einer Tetrahydrofuran-Lsg. mit einem Addukt aus a) *Pyridin* u. *Na* (zunächst braungelbliche, dann rötliche Lsg.) u. b) *Acridin* u. *Na* (erst rote, dann blaue Lsg.) beobachteten ESR-Spektren bestehen aus einem breiten Singulett. Bei b) beträgt der g-Faktor 2,003 u. die Linienbreite H_{msl} 13, bei a) H_{msl} 10 Gauß. Das Absorptionsspektrum von a) zeigt ein relatives Minimum bei $17 \cdot 10^4\ cm^{-1}$. — Die Ergebnisse lassen auf die Ggw. von Radikalanionen schließen. D. Jörchel B 137◇

0707 **Paramagnetische Elektronenresonanz der Oxydationsprodukte des Phenothiazins und einiger Derivate. Ein Fall von besonders deutlicher Hyperkonjugation.** Jean-Pierre Billon, Georges Cauquis und Jean Combrisson. (C. R. hebd. Séances Acad. Sci. **253,** 1593–95, 1961; Paris, École Supér. de Phys. et de Chim. ind., Labor. de Chim. analyt. et de Chim. organ.; Saclay, Commissariat à l'Énergie Atom.; franz.) — Vgl. C. **1963,** 5413. — Es wurde die paramagnet. Elektronenresonanz der freien Radikale (1. Oxydationsstufe) von *Phenothiazin, 2-, 3-* u. *10-Methyl-, 3.7-Dimethyl-* u. *3.7.10-Trimethylphenothiazin, Phenothiazon-(3), Chlorpromazin* u. anderen (nicht genannten) Verbb. untersucht. Es zeigte sich, daß die Kopplung des ungepaarten Elektrons mit den Protonen der Methylgruppen sehr viel bedeutender ist als die mit den Protonen der seitlichen Kerne des Phenothiazins. Zwar ist eine solche Hyperkonjugation bereits an den Radikalen methylierter Semichinone festgestellt worden, aber die Kopplungs-Konst. der Hyperkonjugation sind ca. 10mal größer als die Konst. der Kopplung mit den seitlichen Kernen. Die Größenordnung der Kopplung entspricht der der Kopplung mit dem Proton der NH-Gruppe.
H. G. Henkel B 137◇

0708 **Spektrale Beziehungen der kernmagnetischen Resonanz einiger symmetrisch substituierter Epoxide und Olefine.** M. H. Gianni, E. L. Stogryn und C. M. Orlando jun. (J. physic. Chem. **67,** 1385–86, 1963; Linden, N.J., Esso Res. and Engng. Co., Special Projects Unit; engl.) — Die protonchem. Verschiebungen $\tau(CH_3)$, τ(Aryl) u. τ(CH) werden für die *cis-* u. *trans-Formen* folgender Verbb. mitgeteilt: *Buten-(2)-oxid, Stilbenoxid, 1.2-Divinyläthylenoxid, 1.2-Bis-[furyl-(2)]-äthylen, Stilben, 1.2-Dibromäthylen* u. für *Diäthylmaleat* u. *-fumarat.* Beziehungen zwischen Stereochemie u. chem. Verschiebungen der Verbb. werden untersucht.
W. Schramm B 137◇

0709 **Beitrag des Sauerstoffes zur magnetischen Rotation einiger Phosphate und Chlorophosphate.** Marie-Claire Labarre, Robert Wolf und Daniel Voigt. (C. R. hebd. Séances Acad. Sci. **253,** 1932–34, 1961; Toulouse, Fac. des Sci.; franz.) — Der Beitrag $[\varrho](\equiv PO)-[\varrho](\equiv P)$ des an P angelagerten O zur mol. magnet. Rotation der Phosphate u. Chlorphosphate ist, wie sich aus dem Vgl. mit den entsprechenden Phosphiten u. Chlorphosphiten ergibt, stark negativ. Wie im Falle von S (C. **1962,** 12233) ändert sich dieser Beitrag in den verschiedenen untersuchten Fällen bedeutend. Im Falle von O sind folgende Schlüsse möglich: 1. Für alle Alkylphosphorsäure- u. -chlorphosphorsäureester sowie für $POCl_3$ liegt der Beitrag des Sauerstoffs zwischen —210 u. —222 µrad. Er beträgt für die Mono-, Di- u. Triarylester —253, —298 bzw. —380 µrad. Diese Beobachtungen stimmen mit denen im Bereich der Mol-Refraktion von Kabatschnik u. Masstrjukowa (C. **1953,** 8575; C. **1956, 9644**), Tolkmith (Ann. New York Acad. Sci. **79,** art. 7, 187), Sayre (C. **1960,** 4463) u. Gillis (C. **1961,** 11606) gemachten überein, wonach S einen unregelmäßigen positiven, O aber einen konst. negativen Beitrag liefert. Folgende Verbb. wurden untersucht: *PCl_3*; D.$_4^{20}$ 1,5750; n$_D^{20}$ 1,5122; *$POCl_3$*; D.$_4^{20}$ 1,6760; n$_D^{20}$ 1,4603; *$(C_2H_5O)PCl_2$*; D.$_4^{20}$ 1,2812; n$_D^{20}$ 1,4650; *$(C_2H_5O)\cdot POCl_2$*; D.$_4^{20}$ 1,3842; n$_D^{20}$ 1,4346; *$(C_4H_9O)PCl_2$*; D.$_4^{20}$ 1,1790; n$_D^{20}$ 1,4660; *$(C_4H_9O)POCl_2$*; D.$_4^{20}$ 1,2598; n$_D^{20}$ 1,4407; *$(C_6H_5O)PCl_2$*; D.$_4^{20}$ 1,3555; n$_D^{20}$ 1.5603; *$(C_6H_5O)POCl_2$*; D.$_4^{20}$ 1,4164; n$_D^{20}$ 1,5237; *$(p\text{-}CH_3C_6H_4O)PCl_2$*; D.$_4^{20}$ 1,3076; n$_D^{20}$ 1,557; *$(p\text{-}CH_3C_6H_4O)POCl_2$*; D.$_4^{20}$ 1,3598; n$_D^{20}$ 1,5182; *$(C_2H_5O)_2PCl$*; D.$_4^{20}$ 1,0703; n$_D^{20}$ 1,4342; *$(C_2H_5O)_2POCl$*; D.$_4^{20}$ 1,1903; n$_D^{20}$ 1,4168; *$(C_4H_9O)_2PCl$*; D.$_4^{20}$ 1,0106; n$_D^{20}$ 1,4450; *$(C_4H_9O)_2POCl$*; D.$_4^{20}$ 1,0766; n$_D^{20}$ 1,4304; *$(C_6H_5O)_2PCl$*; D.$_4^{20}$ 1,2455; n$_D^{20}$ 1,5792; *$(C_6H_5O)_2POCl$*; D.$_4^{20}$ 1,3001; n$_D^{20}$ 1,5503; *$(p\text{-}CH_3C_6H_4O)_2PCl$*; D.$_4^{20}$ 1,1852; n$_D^{20}$ 1,5662; *$(p\text{-}CH_3C_6H_4O)_2POCl$*; D.$_4^{20}$ 1,2370; n$_D^{20}$ 1,5411; *$(C_2H_5O)_3P$*; D.$_4^{20}$ 0,9601; n$_D^{20}$ 1,4128; *$(C_2H_5O)_3PO$*; D.$_4^{20}$ 1,0693; n$_D^{20}$ 1,4052; *$(C_4H_9O)_3P$*; D.$_4^{20}$ 0,9164; n$_D^{20}$ 1,4290; *$(C_4H_9O)_3PO$*, D.$_4^{20}$ 0,9768; n$_D^{20}$ 1,4243; *$(C_6H_5O)_3P$*; D.$_4^{20}$ 1,1745^{35}; n$_D^{20}$ 1,5898; *$(C_6H_5O)_3PO$*; D.$_4^{20}$ 1,1988^{62}; *$(p\text{-}CH_3C_6H_4O)_3P$*; D.$_4^{20}$ 1,1287; n$_D^{20}$ 1,5751; *$(p\text{-}CH_3C_6H_4O)_3PO$*; D.$_4^{20}$ 1,1219^{92}.
H. G. Henkel B 137◇

0710 **Chemische und chemisch-physikalische Untersuchung an Pyron und seinen Derivaten.** 17. Mitt. **Dissoziationskonstanten einiger weiterer γ-Pyron-2- und -3-carbonsäuren.** Manlio Sanesi. (Ann. Chimica **50,** 997–1016, 1960; ital.) — 15. vgl. Franzosini u. Traverso, C. **1959,** 4418; vgl. auch C. **1962,** 2306. — Auf konduktometr. Wege wurden bei 25° die thermodynam. Dissoziations-Konst. K_a folgender Verbb. bestimmt: in wss. Lsg.: *5-Hydroxy-* $K_a = 2{,}40 \cdot 10^{-2}$; $\Lambda_0 = 373{,}57$), *5-Methoxy-γ-pyron-2-carbonsäure* ($2{,}92 \cdot 10^{-2}$; 373,06), *1-Thia-γ-pyron-3-carbonsäure* (**I**; $7{,}93 \cdot 10^{-5}$; 354,98) sowie *β-Acetylacrylsäure* ($5{,}78 \cdot 10^{-4}$; 356,05); in 50% ig. wss. A.: *6-Phenyl-γ-pyron-2-carbonsäure* ($3{,}12 \cdot 10^{-3}$; 103,54), *6-Phenyl-1-thiacyclohexadien-(2.5)-thion-(4)-carbonsäure-(2)* (*6-Phenyl-1.4-dithio-γ-pyron-2-carbonsäure*, $2{,}59 \cdot 10^{-3}$ 84,00) u. *3-Phenyl-1.2-dithiacycloheptadien-(3.6)-on-(5)-carbonsäure-(7)* [**II**, *1-Phenyl-1.5-epidithiohexadien-(1.4)-on-(3)-säure-(6)*, $1{,}79 \cdot 10^{-3}$; 88,81]. Für *2.6-Dimethyl-γ-pyron-3-carbonsäure* ($6{,}31 \cdot 10^{-6}$) u. **I** ($1{,}74 \cdot 10^{-6}$) wurden die K_a-Werte spektrophotometr. in 50% ig. wss. A. bei derselben Temp. bestimmt. Die Ergebnisse bzgl. **II** werden zur möglichen Struktur in Beziehung gesetzt, u. zwar auf Basis von Struktur-Unterss. analoger Verbb. (vgl. Bezzi u. Mitarbeiter, C. **1962,** 6349 u. Hertz u. Mitarbeiter, C. **1960,** 9502).

Versuche: *3-Phenyl-1.2-dithiacycloheptadien-(3.6)-on-(5)-carbonsäure-(7)* (**II**), F. 140° (Zers.; wss. A. 2 : 1), aus 6-Phenyl-4-thio-γ-pyron-2-carbonsäureäthylester u. KHS nach Traverso (C. **1956,** 4142). — *1-Thia-γ-pyron-3-carbonsäure* (**I**), F. 182–183° (A.), durch Cyclisierung von Thio-β.β'-dipropionsäuremethylester in Ggw. von CH_3ONa u. Dehydrierung sowie Hydrolyse des entstandenen 3-Carbomethoxy-1-thiatetrahydro-γ-pyrons. — *5-Hydroxy-γ-pyron-2-carbonsäure* (*Komensäure*), Zers. bei 300°, durch partielle Decarboxylierung von Mekonsäure (5-Hydroxy-γ-pyron-2.6-dicarbonsäure) durch Kochen mit HCl. Zers. → 5-Hydroxy-γ-pyron (Pyromekonsäure). — *5-Methoxy-γ-pyron-2-carbonsäure*, Zers. bei 265–275°, durch Methylierung vorst. Verb. mit $(CH_3O)_2SO_2$ in Ggw. von KOH. — *β-Acetylacrylsäure*, F. 123–124°, nach Wolff [1891]. J. Richter B 139◇

0711 **Untersuchungen über die Reaktionsfähigkeit von Naturprodukten.** 4. Mitt. **Die Dissoziationskonstanten der Cyanhydrine einiger Steroidketone.** Owen H. Wheeler und José L. Mateos. (Canad. J. Chem. **36,** 712–16, 1958; Mexico, D.F., Univ. Nac. Autonoma de Mexico, Inst. de Quím.; engl.) — 3. vgl. Chem. and Ind. **1957,** 395; 5. vgl. C. **1963,** 11593. — Vff. ermitteln die Dissoziations-Konst. ($K \cdot 10^2$) folgender Ketone durch argentometr. Best. der CN^--Konz. in 80% ig. Dioxan bei 25° zu: *Cyclopentanon* $56{,}0 \pm 1{,}0$; *Cyclohexanon* $6{,}00 \pm 0{,}10$; *Cholestan-3-on* (**I**) $5{,}42 \pm 0{,}05$; *-6-on* (**II**) $7{,}22 \pm 0{,}13$; *-7-on* (**III**) $1{,}25 \pm 0{,}01$; *Koprostan-3-on* (**IV**) $5{,}97 \pm 0{,}09$; *Δ^4-* (**V**) $38{,}4 \pm 0{,}60$; *Δ^5-Cholesten-3-on* (**VI**) $7{,}94 \pm 0{,}15$; *Δ^7-* (**VII**) $4{,}09 \pm 0{,}11$; *Δ^8-* (**VIII**) $3{,}97 \pm 0{,}12$; *$\Delta^{8,14}$-* (**IX**) $4{,}50 \pm 0{,}02$; *Δ^{14}-Ergosten-3-on* (**X**)

5,43 ± 0,02. Die Unterschiede in der Reaktivität der Ketone werden bei **II** u. **III** auf Abschirmeffekte durch benachbarte H-Atome, bei **V** u. **VI** auf Wechselwrkg. der CO-Gruppe mit den Elektronen der Doppelbindung zurückgeführt; der Einfl. der Doppelbindung auf die Reaktivität von **VII, VIII, IX** u. **X** nimmt mit zunehmender Entfernung von der Carbonylgruppe ab. Die Art der Verknüpfung von Ring A u. B hat prakt. keinen Einfl. auf die Reaktivität (**I** u. **IV**). Die IR- u. UV-Absorptionsspektren von **I** u. **IV**–**X** werden aufgenommen.

Versuche: *Cholestan-3-on* (**I**), F. 129–130°, durch Oxydation von Cholestanol. — *Δ^5-Cholestenon* (**VI**), durch Oxydation u. Zn-Staub-Dest. aus Cholesterindibromid. — *Koprostan-3-on* (**IV**), F. 61–63°, durch Red. vorst. Verb. in Essigester in Ggw. von Pd/C unter Piperidinzusatz; $[\alpha]_D$ +36°. — *Cholesterylbromid*, F. 97–98°, durch Rk. von Cholesterin mit PBr_3 in Bzl.; $[\alpha]_D$ –20°. — *3-Brom-6-nitro-Δ^5-cholesten*, F. 153–155°, durch Nitrierung vorst. Verb. mit rauchender HNO_3 u. $NaNO_2$. — *Cholestan-6-on* (**II**), durch Red. vorst. Verb. mit Zn-Staub. — *7-Ketocholesterylacetat*, F. 157–160°; $[\alpha]_D$ –86°, durch Oxydation von Cholesterylacetat mit Chromsäure-tert.-butylester. — *$\Delta^{3,5}$-Cholestadien-7-on*, F. 112–113°, durch Kochen vorst. Verb. mit konz. HCl. — *Cholestan-7-on* (**III**), F. 116–118°; $[\alpha]_D$ –28°, durch Red. vorst. Verb. in Essigester u. Ggw. von PtO_2. — *Δ^7-Ergosten-3-ol*, durch Hydrierung von Ergosterin in Essigester/Ae. u. Ggw. von PtO_2 bei 30 lbs. Druck. — *Δ^7-Ergosten-3-on* (**VII**), F. 159–160°; $[\alpha]_D$ +22°, a) durch Oxydation vorst. Verb. mit 1,2 Äquivalenten CrO_3 in Eisessig/Bzl.; b) durch Oxydation vorst. Verb. nach Oppenauer [1941]; c) durch Oxydation vorst. Verb. nach Sarett (J. Amer. chem. Soc. **75**, [1953], 422) mit CrO_3 in Pyridin; 50% (Ausbeute). — *$\Delta^{8,14}$-Ergostenylacetat*, a) durch Hydrierung von Ergosterylacetat in Essigester/Eisessig bei 30 lbs. in Ggw. von 5%ig. Pd/C; b) durch Hydrierung von Ergosterylacetat in Essigester bei 1000 lbs. in Ggw. von Raney-Ni. — *$\Delta^{8,14}$-Ergosten-3-on* (**IX**), F. 128–129°; $[\alpha]_D$ +31,5°, a) durch Oxydation von $\Delta^{8,14}$-Ergostenol mit CrO_3 in Eisessig/Bzl.; 70%; b) durch Oppenauer-Oxydation von $\Delta^{8,14}$-Ergostenol; 50%. — *Δ^8-Ergosten-3-on* (**VIII**), F. 118–120°; $[\alpha]_D$ +70°, aus Δ^8-Ergostenol analog vorst. Verbindung. — *Δ^{14}-Ergosten-3-on* (**X**), F. 149–150°; $[\alpha]_D$ +40°, durch Sättigen der Lsg. vorvorst. Verb. in Chlf. mit HCl, 3–4 Tage langes Stehen bei ca. 5°, Chromatographie an Al_2O_3 (neutral) u. Eluieren mit Hexan; 20%. H. J. Jahns B 139△

0712 **Die Dissoziationskonstanten von Perlolidin und Harmol.** D. D. Perrin. (New Zealand J. Sci. Technol., Sect. B **38**, 688–94, 1957; Hamilton, Ruakura Animal Res. Stat., Agric. Dep.; engl.) — Von *Perlolidin* (**I**) u. *Harmol* (**II**) werden die pK-Werte aus den UV-Absorptionsspektren in wss. Lsg. zu 11,35 bei 18 ± 1° (**I**) bzw. 9,47 bei 21 ± 1° (**II**) ermittelt. Die Spektren zeigen im Bereich pH 1–3, 6–10, 12 – 0,9m NaOH bei **I** u. 1–6, 12 – 1n NaOH bei **II** kaum Veränderungen mit der Basenstärke. **I** ist eine einwertige Base, viel schwächer als Perlolin, u. hat, entgegen der von White u. Reifer (vgl. New Zealand J. Sci. Technol., Sect. B **27**, [1945], 242) angegebenen, vermutlich die Summenformel $C_{12}H_8N_2O$. W. Sobieski B 139◇

0713 **Oscillographische Polarographie von Steroiden.** 2. Mitt. Vladimír Morávek. (Chem. Zvesti **16**, 363–64, 1962; Brno, Univ., J. E. Purkyně, Naturwiss. Fak., Biochem. Inst.; dt.) — 1. vgl. C. **1960**, 17403. — Es wurde gefunden, daß die Form der dE/dt = f_1(E)-Kurven von *Testosteron* (**I**) u. *Androstendion* in alkohol. salzsauren Lsgg. an der Tropfelektrode unterschiedlich ist. **I** gibt in $5 \cdot 10^{-4}$m Konz. von Isoamylalkohol u. A. einen tiefen Einschnitt von Q = 0,35. Z. Pechan B 142△

0714 **Vorhersagen für einige physikalische und physikochemische Eigenschaften chemischer Verbindungen.** Egon Bauman. (Nafta [Zagreb] **7**, 335–44, 1956; Zagreb, Kemijsko-prehrambeno-rudarski Fak.; jugoslaw., Auszug: engl.) — Zusammenfassung von Meth. zur Abschätzung der krit. Konst., Dichte, des Dampfdrucks, der spezif. Wärme, Schmelz-, Verdampfungs- u. Verbrennungswärme sowie der Viscosität u. Wärmeleitfähigkeit. Bei Kenntnis der Mol.-Struktur u. des Kp. bei Atmosphärendruck können nach den beschriebenen Meth. die physikal. Eigg. einer organ. Verb. vorausgesagt werden. W. Sobieski B 146◇

0715 **Die Diffusionsflammenreaktion von Natrium mit fluorierten Chlormethanen in der Dampfphase.** E. D. Kaufman und J. F. Reed. (J. physic. Chem. **67**, 896–902, 1963; Chicago, Ill., Loyola Univ., Dep. of Chem.; engl.) — Nach der Diffusionsflammen-Meth. wurden die Geschw. der Gasphasen-Rkk. von *CCl_4*, *$CFCl_3$*, *CF_2Cl_2* u. *CF_3Cl* mit Na-Dampf bei 519 u. 583° K gemessen. Die Geschw.-Konst. (cm^3/Mol·s, bei 583°) des Primärprozesses u. die Aktivierungsenergien (kcal/Mol) betragen in obiger Reihenfolge: $14{,}5 \cdot 10^{11}$, 8,4; $6{,}2–3{,}1 \cdot 10^{11}$, 8,7–9,2; $3{,}2–4{,}6 \cdot 10^{11}$, 9,0–9,5; $0{,}78 \cdot 10^{11}$, 10,2. Folgende weitere Größen wurden abgeleitet: $D(CF_2Cl–Cl)$ 72 ± 4, $D(CF_2–Cl)$ 62 ± 14, $D(CFCl_2–Cl)$ 71 ± 3 kcal/Mol, ΔH_f (CF_2Cl) –69 ± 4 u. ΔH_f $(CFCl_2)$ –24 ± 6 kcal/Mol. Bei den Rkk. wird Chemilumineszenz beobachtet. Gasförmige Prodd. der Rkk. waren C_2F_4, C_2F_6, C_4F_6, $C_2F_4Cl_2$, $C_2F_2Cl_2$ u. $C_2F_2Cl_4$. W. Schramm B 157◇

0716 **Ultraschallverhalten von binären, flüssigen Gemischen, die Triäthylamin enthalten.** 1. Mitt. K. C. Reddy, S. V. Subrahmanyam und J. Bhimasenachar. (Trans. Faraday Soc. **58**, 2352–57, 1962; Tirupati, India, Sri Venkateswara Univ., Phys. Dep.; engl.) — Vff. untersuchten mittels eines Interferometers die Ultraschall-Geschw. der bin. Fl.-Syst. von *Triäthylamin* mit *Bzl.*, *Toluol*, *o-*, *m-*, *p-Xylol*, *Cyclohexan*, *Pyridin*, *Nitrobenzol* (**I**), *o-Nitrotoluol* (**II**), *o-Chloranilin* (**III**), *Methylanilin*, *Benzylamin*, *Aceton*, *Essigsäureäthylester*, *Amylacetat*, *Essigsäureanhydrid*, *Acetophenon*, *Dioxan* u. *Diphenyläther*. Die mol. Schall-Geschw. ist mit Ausnahme von **I**, **II** u. **III** linear von der Konz. abhängig. In allen untersuchten Syst. ändert sich die Mol.-Kompressibilität linear mit der Konzentration. Die Anwendbarkeit verschiedener empir. Formeln für die Schall-Geschw. u. die Zusatzkompressibilität wird diskutiert. H. Dreyer B 159◇

0717 **Eine neue organische Radikalreaktion ohne Beteiligung freier Valenzen.** M. B. Neiman, E. G. Rozantzev und Yu. G. Mamedova. (Nature [London] **200**, 256, 1963; Moscow, Acad. of Sci., Inst. of Chem. Phys.; engl.) — Vgl. C. **1963**, 11199. — Bei der Rk. von Triacetonaminoxyl (2.2.6.6-Tetramethyl-4-oxopiperidin-N-oxyl) mit C_2H_5MgBr finden Vff. ein neues Radikal, das papierchromatograph., durch IR-, UV- u. ESR-Spektrum (Singulett, in Bzl. Triplett) als *2.2.6.6-Tetramethyl-4-äthyl-4-hydroxypiperidin-N-oxyl* (**I**, F. 67–69°, paramagnet., orangefarbene Kristalle, lösl. in W. u. organ. Lsgm.) identifiziert wurde. **I** kann auch durch katalyt. Oxydation von 2.2.6.6-Tetramethyl-4-äthyl-4-hydroxypiperidin an $NaHWO_6$ dargestellt werden (Chromatogramm, Spektren). W. Sobieski B 182◇

0718 **Aromatischer Charakter.** T. J. Harrington. (School Sci. Rev. **43**, 361–73, 1962; Leicester, Ratcliffe Coll.; engl.) — Kurze Zusammenfassung der experimentellen u. theoret. Definitionen des aromat. Charakters sowie Betrachtung einiger organ. u. anorgan. Ring-Verbb. unter diesem Blickwinkel. K. Huste B 182◇

0719 **Über verschiedene Kristallmodifikationen von Diäthylmalonylharnstoff.** Antonio Braibanti. (Gazz. chim. ital. **90**, 1394–98, 1960; Parma, Univ., Ist. di Chim. Gen. ed inorgan.; ital.) — Die Röntgenanalyse brachte folgende Ergebnisse: Modifikation I: trigonal, Parameter der Elementarzelle a = 26,80 ± 0,01 (Å), c = 6,82 ± 0,02, Z = 18, $D_{ber.}$ 1,296, mögliche Raumgruppen C_{3i} (2)–R $\bar{3}$ u. C_3(H)–R 3; Modifikation II: monoklin, a = 7,16 ± 0,02, b = 14,19 ± 0,04, c = 9,80 ± 0,02, β = 88° 48′ ± 10′, Z = 4, $D_{ber.}$ 1,223, C_{2h}(6)–C 2/a u. C_sa; Modifikation III (instabil): monoklin, die Zellparameter konnten nicht mit Sicherheit bestimmt werden; Modifikation IV: monoklin, a = 6,90 ± 0,02, b = 22,15 ± 0,01, c = 12,60 ± 0,01, β = 90°, Z = 8, $D_{ber.}$ 1,269, C_{2h}(2)–P 2_1/m u. C_2(2)–P 2_1. Die verschiedenen Kristallmodifikationen werden auf ihre Fähigkeit zur Bldg. von Polymeren über H-Brücken zwischen der –NH– u. >CO-Gruppe mit verschiedener ster. Anordnung untersucht. J. Richter B 195◇

0720 **Röntgenkristallographische Werte von Rubidiumfumaratmonohydrat ($Rb_2C_4H_2O_4$, H_2O).** M. P. Gupta und G. P. Dube. (Indian J. Physics Proc. Indian Assoc. Cultivat. Sci. **32** (**41**), 133–36, 1958; Ranchi, Coll., Dep. of Phys.; engl.) — An *Rb-Fumaratmonohydrat* wurde röntgenograph. eine trikline Struktur mit a = 9,23; b = 7,51, c = 6,66 (Å); α 81° 5′; β 96° 42′; γ 91′ 48°; Z = 2 u. der vermutlichen Raumgruppe P $\bar{1}$ festgestellt. Die gemessenen Röntgenbeugungsintensitäten sind tabellar. wiedergegeben. W. Sobieski B 195◇

0721 **Konformationen.** 1. Mitt. **Synthese, protonenmagnetische Resonanzspektren und Ultraviolettspektren von substituierten 1-Phenylcyclohexenen.** Edgar W. Garbisch jun. (J. org. Chemistry **27**, 4243—49, 1962; Minneapolis, Minn., Univ. of Minnesota, School of Chem.; engl.) — Die Protonenresonanz- u. UV-Spektren von *1-Methyl-* u. *1-Phenylcyclohexen* (**I**), vom *4-tert.-Butyl-*, *4-Methyl-*, *6-Nitro-*, *cis-* u. *trans-4-Methyl-6-nitro-*, *4.4-Dimethyl-6-nitro-* u. *6-Brom-6-nitro-Deriv. von* **I** sowie von den unten genannten weiteren Cyclohexen-Derivv. werden gemessen.

Versuche: *4-tert.-Butyl-1-p-tolylcyclohexen*, $C_{17}H_{24}$, F. 76,5—77° (CH_3OH), aus p-Tolyl-MgBr u. 4-tert.-Butylcyclohexanon u. Dehydratisierung des Arylcarbinols mit H_2SO_4/CH_3COOH. — *4.4-Dimethyl-1-phenylcyclohexen*, Kp.$_{1,2}$ 79—79,5°, aus 5,0 g 4.4-Dimethyl-1-phenylcyclohexanol (F. 54—56°) u. H_2SO_4/CH_3COOH; n_D^{25} 1,5419; 2,8 g (Ausbeute). — *2-Methyl-1-phenylcyclohexen*, $C_{13}H_{16}$, Kp.$_{12}$ 121°, aus 2-Methyl-1-phenylcyclohexanol (Kp.$_{0,5}$ 107°); n_D^{20} 1,5472, 20%. Daneben *6-Methyl-1-phenylcyclohexen*, $C_{13}H_{16}$, Kp.$_{12}$ 121°; n_D^{20} 1,5559; 77%. — *2-Isopropyl-1-phenylcyclohexen*, $C_{15}H_{20}$, Kp.$_{11,5}$ 122°, aus 2-Isopropyl-1-phenylcyclohexanol [$C_{15}H_{22}O$, F. 45—46° (PAe.)] u. 98%ig. Ameisensäure durch ½ std. Rühren bei Zimmer-Temp.; n_D^{25} 1,5300; 58%. Daneben *6-Isopropyl-1-phenylcyclohexen*, $C_{15}H_{20}$, Kp.$_{11,5}$ 130°; n_D^{25} 1,5413; 38%. — *6-tert.-Butyl-1-phenylcyclohexen*, $C_{16}H_{22}$, Kp.$_{2,2}$ 110—111°, aus 2-tert.-Butyl-1-phenylcyclohexanol (Kp.$_{2,5}$ 107—109°); n_D^{25} 1,5393; 92%. — *6.6-Dimethyl-1-phenylcyclohexen*, $C_{14}H_{18}$, Kp.$_{0,54}$ 80,5°, aus 2.2-Dimethyl-1-phenylcyclohexanol (Kp.$_{0,3}$ 105—106°); n_D^{25} 1,5324. — *1.6-Diphenylcyclohexen*, F. 52,5—53° (CH_3OH), aus 1.2-Diphenylcyclohexanol (F. 56—62°). — *1.6-Diphenyl-6-methylcyclohexen*, $C_{19}H_{20}$, F. 35—37° (CH_3OH), Kp.$_{0,33}$ 131°, aus 1.2-Diphenyl-2-methylcyclohexanol (Kp.$_{0,35}$ 154—156°); 94%. — *1-o-Tolylcyclohexen*, Kp.$_{1,2}$ 69°; n_D^{25} 1,5406. — *1-[2.6-Dimethylphenyl]-cyclohexen*, Kp.$_{1,0}$ 87°; n_D^{25} 1,5342. — *6-Acetyl-1-phenylcyclohexen*, $C_{14}H_{16}O$, F. 26,5—27° (PAe.), Kp.$_{0,15}$ 91 bis 93°, aus 20 g 1-Phenylcyclohexen durch Zusetzen zu einem Gemisch von 20 g $ZnCl_2$ u. 140 ml Acetanhydrid bei 15° u. 1½ std. Rühren bei Zimmer-Temp.; 81%. — *6-[2-Hydroxypropyl-(2)]-1-phenylcyclohexen*, $C_{15}H_{20}O$, Kp.$_{0,25}$ 107°, aus 10 g vorst. Verb. u. CH_3MgJ; n_D^{25} 1,5520; 9,5 g (Rohprod.). — *6-Acetyl-6-äthyl-1-phenylcyclohexen*, $C_{16}H_{20}O$, Kp.$_{0,15}$ 107°, aus 8 g vorvorst. Verb. u. 1,68 g $NaNH_2$ in 30 ml Bzl. durch 1 std. Rühren bei 70—75°, Zusetzen von 10,9 g C_2H_5Br bei Zimmer-Temp., 20 std. Kochen unter Rückfluß, wobei nach 4 Std. noch 10,9 g C_2H_5Br zugesetzt wurden; n_D^{25} 1,5499. — *6.6-Diäthyl-1-phenylcyclohexen*, $C_{16}H_{22}$, Kp.$_{2,7}$ 112,2—112,6°, aus 10 g vorst. Verb. durch Kochen mit 8,0 g NaOH, 10 ml 95%ig. Hydrazin u. 60 ml Diäthylenglykol unter Rückfluß u. Abdestillieren bis zu einer Temp. des Rk.-Gemisches von 190° u. weiteres 4½ std. Kochen unter Rückfluß; n_D^{25} 1,5358; 59%. — *6-Acetyl-4.4-dimethyl-1-phenylcyclohexen*, $C_{16}H_{20}O$, Kp.$_{0,03}$ 113,5—114,5°, aus 9 g 4.4-Dimethyl-1-phenylcyclohexen, 7,0 g $ZnCl_2$ u. 70 ml Acetanhydrid (Aca.) während 20 Min., n_D^{25} 1,5411; 80%. — *4.4-Dimethyl-6-[2-hydroxypropyl-(2)]-1-phenylcyclohexen*, $C_{17}H_{24}O$, F. 66—66,5° (PAe.), aus vorst. Verb. u. CH_3MgJ, 37%. — *1-Acetoxy-cis-4-tert.-butyl-trans-2-nitro-1-p-tolylcyclohexan*, $C_{19}H_{27}NO_4$, F. 131,5—132,5° (PAe.), aus 4-tert.-Butyl-1-p-tolylcyclohexen u. 70%ig. HNO_3 in Aca. in Ggw. von H_2SO_4. — *trans-4-tert.-Butyl-6-nitro-1-p-tolylcyclohexen*, $C_{17}H_{23}NO_2$, F. 75—76° (PAe.), aus 0,5 g vorst. Verb. u. 15 ml Aca. in Ggw. von H_2SO_4; 0,41 g. — *1-[Cyclohexen-(1)-yl]-cyclohexen*, Kp.$_{2,0}$ 81,5°, n_D^{25} 1,5321. — Cyclohexanone: *2-tert.-Butyl-*, Kp.$_{13}$ 80—82°; n_D^{25} 1,4561. — *2-Isopropyl-*, Kp.$_{150}$ 139—141°; n_D^{20} 1,4553. *Semicarbazon*, F. 193—195°. — *2-Phenyl-*, F. 58—62°. — *2.2-Dimethyl-*, Kp. 168—169°; n_D^{25} 1,4460. *Semicarbazon*, F. 200°. — *2-Methyl-2-phenyl-*, Kp.$_{1,5}$ 90—91°; n_D^{25} 1,5342. — *4.4-Dimethyl-*, F. 42—43°, aus 4.4-Dimethylcyclohexen-(2)-on (Kp.$_{4,1}$ 55 bis 57°; n_D^{28} 1,4686). Rudolf Albrecht B 223◇

0722 **Konformationen.** 2. Mitt. **Protonenmagnetische Resonanzbestimmung der Konformationen des $C_{(6)}$-Substituenten in 6-substituierten 1-Phenylcyclohexenen.** Edgar W. Garbisch jun. (J. org. Chemistry **27**, 4249—53, 1962; engl.) — 1. vgl. vorst. Referat. — Die bevorzugte Konformation eines Substituenten in 6-Stellung von 1-Phenyl- bzw. 1-Methylcyclohexen-Deriv. wird durch Messung der Bandenbreite bei halber Höhe des kernmagnet. Resonanzsignals (W_H) des 6-Protons ermittelt. Bei $W_H > 15$ Hz liegt der Substituent äquatorial, bei $W_H < 13$ Hz axial vor. Substituenten wie die 6-Phenyl- oder 6-tert.-Butylgruppe liegen im 1-Phenylcyclohexen-Deriv. bevorzugt in axialer Richtung. Aus den Kopplungs-Konst. der olefin. u. 6-Protonen werden die Diederwinkel zwischen den Protonen bestimmt. Untersuchte Verbb.: 1-Phenylcyclohexene: *4.4-Dimethyl-*, *6-tert.-Butyl-*, *6-Phenyl-*, *6-[2-Hydroxypropyl-(2)]-*, *4.4-Dimethyl-6-[2-hydroxypropyl-(2)]-*, *6-Acetyl-*, *4.4-Dimethyl-6-acetyl-*, *6-Nitro-*, *cis-* u. *trans-4-Methyl-6-nitro-*, *4.4-Dimethyl-6-nitro-* sowie *trans-1-[p-Toluyl]-4-tert.-butyl-6-nitrocyclohexen*. 1-Methylcyclohexene: *6-Nitro-*, *6-Acetyl-*, Kp.$_{13}$ 76—77°, aus 10,0 g Methylcyclohexen durch Zugeben zu einem Gemisch von 16,3 g $ZnCl_2$ u. 70 ml Acetanhydrid unter Rühren bei 0° u. ½ std. Rühren bei Zimmer-Temp., n_D^{25} 1,7401; 69% (Ausbeute); *6-Brom-2-nitro-* u. *6-Brom-6-nitro-* (im Gemisch), $C_7H_{10}Br \cdot NO_2$, Kp.$_{0,2}$ 65—71°, aus 3,41 g 1-Methyl-6-nitrocyclohexen, 40 ml CH_3OH, 1,35 g $NaOCH_3$ u. Zusatz von 4,45 g N-Bromsuccinimid bei 5° unter Rühren; 67%.

Rudolf Albrecht B 223◇

0723 **Konformationen.** 3. Mitt. **Bestimmung der Rotationskonformationen von Phenyl in substituierten 1-Phenylcyclohexenen durch protonenmagnetische Resonanz.** Edgar W. Garbisch jun. (J. Amer. chem. Soc. **85**, 927—31, 1963; engl.) — 2. vgl. vorst. Referat. — Durch Vgl. der gemessenen chem. Verschiebungen der olefin. Protonen von substituierten 1-Phenylcyclohexenen u. den nach Johnson u. Bovey (C. **1959**, 15297) berechneten Werten wird der Winkel zwischen der Ebene des Phenylkerns u. der durch die olefin. Doppelbindung gegebenen Ebene bestimmt. In den meisten Fällen liegt dieser Winkel zwischen 35 u. 70°. Untersuchte Verbb.: *1-Phenylcyclohexen*; substituierte 1-Phenylcyclohexene: *6-Methyl-*, *6-Isopropyl-*, *6-tert.-Butyl-*, *6.6-Dimethyl-*, *6.6-Diäthyl-*, *6-Phenyl-*, *6-Phenyl-6-methyl-*, *o-Methyl-*, *o.o'-Dimethyl-*, *6-Acetyl-*, *6-Acetyl-4.4-dimethyl-*, *6-Acetyl-6-äthyl-*, *6-Nitro-*, *trans-4-tert.-Butyl-6-nitro-p-methyl-*, *trans-4-Methyl-6-nitro-*, *4.4-Dimethyl-6-nitro-*, *6-Brom-6-nitro-*, *6-[2-Hydroxypropyl-(2)]-*, *4.4-Dimethyl-6-[2-hydroxypropyl-(2)]*.

Rudolf Albrecht B 223◇

0724 **Wechselwirkung von Nitromethan mit Aminen.** T. N. Ssumarokowa und I. G. Litwjak. (Nachr. Akad. Wiss. KasachSSR, chem. Ser. **1962**, 23—31; russ.) — Die elektr. Leitfähigkeit, Viscosität u. Dichte der Syst. *Nitromethan* (**I**)–*Pyridin*, **I**–*Piperidin* u. **I**–*Triäthylamin* wurden untersucht. **I** reagiert mit den 3 Aminen unter Bldg. von Verbb. der Zus. Amin/**I** = 1 : 2. Die Rk. hat Säure–Base-Charakter u. führt in einem Gleichgewicht zu den Ionen Amin·H^+ u. $[CH_3NO_2 \cdot CH_2NO_2]^-$. Helmut Schäfer B 223△

0725 **Wechselwirkung von Farbstoffkationen mit Lewis-Basen.** G. Scheibe, G. Buttgereit und E. Daltrozzo. (Angew. Chem. **75**, 1023—24, 1963; München, TH, Phys.-chem. Inst.; dt.) — Bei der Rk. von Farbstoffkationen A⊕ mit Lewis-Basen B–H werden reversibel stöchiometr. Addukte A–B⊕–H gebildet, wozu eine meßbare Aktivierungsenergie nötig ist. Die Gleichgewichte sind temperatur- u. konzentrationsabhängig, ihre Konst. sind ein Maß für die Addukt-Bldg., wobei im Absorptionsspektrum die langwellige Bande verschwindet (Unterbrechung des chromophoren Syst.). Isoliert wurden die Prodd. *Michlers Hydrolblau* (MH)–NH_3, F. 174°; *MH-Piperidin* (**I**), F. 156,5°; *MH-Pyrrolidin* (**II**), F. 139°; *MH-Imidazol*, F. 125—126°; *MH-Diäthylamin* (**III**), F. 114—115°; *MH-Methanol*, F. 67—69° u. *MH-W.*, F. 100—101°. Die Reaktivität der Basen folgt bei allen untersuchten Farbstoffen der Reihenfolge: **I**, **II**, **III**, N-Methylpiperidin > Diäthanolamin > Piperidin > W. > A. > Dimethylsulfoxid; die Acceptorfähigkeit der Farbstoffe der Reihe: Diphenylmethan- > Triphenylmethan-Farbstoffe (*Kristallviolett*) > Chinocyanine (*Chinolinrot*) > offenkettige Cyanine > Pyridochinocyanine > Pyridocyanine.

W. Sobieski B 223◇

0726 **Gegenseitige Löslichkeiten von einigen Kohlenwasserstoffölen und flüssigem Ammoniak.** 1. Mitt. **Löslichkeitsdaten.** Kiyoharu Ishida. (Bull. chem. Soc. Japan **31**, 143—48, 1958; Sendai, Tohoku Univ., Chem. Res. Inst. of Non-Aqueous Solutions; engl.) — Vf. bestimmt die Löslichkeitskurven von *Styrol*, *Toluol*, *Äthylbenzol*, *o-*, *p-*, *m-Xylol*, *Isopropylbenzol*, *Propylbenzol*, *1-Methylnaphthalin*, *Mesitylen*, *Tetralin*, *Octen-(1)*, *Cyclohexen*, *2.2.4-Trimethylpentan*, *n-Heptan*, *Methylcyclohexan* u. *Dekalin* in fl. NH_3. Die Löslichkeit der aromat. KW-Stoffe wurde nahe der krit. Lsg.-Temp.

gemessen, die der anderen bei 0° u. 20°. Die Ergebnisse werden in Form von Tabellen u. graph. Darstellungen wiedergegeben. K. H. Birr B 224◇

0727 **Gegenseitige Löslichkeiten von einigen Kohlenwasserstoffölen und flüssigem Ammoniak.** 2. Mitt. **Anwendung der Löslichkeitsparameter-Theorie.** Kiyoharu Ishida. (Bull. chem. Soc. Japan **31,** 148—54, 1958; engl.) — 1. vgl. vorst. Referat. — Vf. vergleicht die experimentellen Daten für die krit. Zus. (vgl. vorst. Referat) u. den Logarithmus des Aktivitäts-Koeff. bei unendlicher Verdünnung für bin. Syst. von öligen KW-Stoffen u. fl. NH_3 mit den nach der Löslichkeitsparameter-Theorie zu erwartenden. Die Löslichkeitsverhältnisse können durch die Theorie nur zufriedenstellend erklärt werden, wenn man annimmt, daß NH_3 im fl. Zustand nahezu dimerisiert ist. Die Unters. erstreckt sich auf die l. c. angegebenen KW-Stoffe. K. H. Birr B 224◇

0728 **Hydrolyseverlauf einiger organischer Anhydride und ihre Löslichkeit in Wasser.** K. Setínek, J. Rathouský und J. Krupička. (Collect. czechoslov. chem. Commun. **27,** 2694—99, 1962; Prag, Tschechoslowak. Akad. der Wiss., Inst. für theoret. Grundlagen der chem. Techn.; dt.) — Aus der acidimetr. u. polarograph. ermittelten Hydrolyse- u. Lsg.-Geschw. von *Phthal-* (**I**), *Malein-* (**II**), *Benzoe-* (**III**) u. *Crotonsäureanhydrid* (**IV**) in wss. Lsg. ergibt sich, daß neben den Säuren auch deren Anhydride gelöst vorliegen. Dementsprechend findet man bei der titrimetr. Verfolgung des Vorganges bei **I** u. **II** zunächst einen steilen Anstieg der Säure-Konz. zu einem der Vers.-Temp. direkt proportionalen Maximum, dann einen allmählichen Konz.-Abfall bis zum konst. bleibenden Wert. Polarograph. verfolgt, nimmt bei **I** die Säure-Konz. stetig bis zur Sättigung der Lsg. zu. Der polarograph. verfolgte **I**-, **II**- oder **IV**-Geh. steigt infolge der großen Lsg.-Geschw. zunächst steil an u. nimmt dann in dem Maße ab, wie sich seine Lsg.-Geschw. gegenüber der Hydrolysen-Geschw. verringert. Aus dem Zeitverlauf des Geh. von **I**–**IV** in wss. Lsg. ergibt sich für ihre Hydrolysen-Geschw. die Reihe **IV** < **I** < **II** < **III**. **III** hydrolysiert sich augenblicklich zur Säure u. kann daher polarograph. nicht erfaßt werden. Die Halbstufenpotentiale von **I**—**IV** u. von *Malein-* u. *Phthalsäure* in $3 \cdot 10^{-2}$m $(CH_3)_4NBr$-Lsg. in 95%ig. Formamid sind angegeben. Die abs. Löslichkeitswerte der Anhydride sind wegen ihrer Abhängigkeit von der Vers.-Anordnung (Rührgeschw., Teilchengröße des heterogenen Syst. u. dgl.) nicht anzugeben. A. Emr/Prag B 224△

0729 **Die Chemie des Cyclobutans. 2. Mitt. Reaktionen und Mechanismen.** Armin Wilson und David Goldhamer. (J. chem. Educat. **40,** 599—603, 1963; Hillside, N.J., Bristol Myers Prod. Div.; engl.) — 1. vgl. C. **1964,** 17-0752. — Übersicht (Cyclisierungen nach einem therm. oder photochem. induzierten Radikal- bzw. nach einem polaren Mechanismus; Ringspaltungen). — 23 Literaturangaben. A. Blaschette B 225◇

0730 **Die konformationelle Vorzugslage der Cyangruppe.** Bruce Rickborn und Frederick R. Jensen. (J. org. Chemistry **27,** 4606—08, 1962; Berkeley, Calif., Univ. of California, Dep. of Chem.; engl.) — Das Gleichgewicht von *cis-* u. *trans-4-tert.-Butylcylohexancarbonsäurenitril* in tert. Butanol in Ggw. von K-tert.-butylat wird bei Temp. von 25,2° (K[trans/cis] = 1,295) bis 79,9° (K = 1,309) gemessen. Bei 25° ist die äquatoriale Cyangruppe mit $\Delta F = -0{,}15$ kcal/Mol bevorzugt, die Entropie der axial-äquatorial-Isomerisierung beträgt $\Delta S = 0{,}7$ cal/Mol · Grad. Rudolf Albrecht B 225◇

0731 **Eine Silber-katalysierte cis-trans-Isomerisation.** C. Thomas Kisker und D. I. Crandall. (Tetrahedron [London] **19,** 701—06, 1963; Cincinnati, Ohio, Univ. of Cincinnati, Coll. of Med., Dep. of Biol. Chem.; engl.) — In Ggw. von $AgNO_3$ gehen das *Di-Na-Salz* der *cis-4-Maleylacetessigsäure* u. *cis-Maleylaceton,* jedoch nicht *Maleinsäure,* in verd. wss. Lsg. (0,005m) in die trans-Verbb. über. Die Rk. verläuft maximal bei pH 5 u. ist bei 25° anfänglich 1. Ordnung. Al-, Co-, Cu-, Cr-, Fe-, Hg-, Mg-, Mn-, Na-, Ni-, Pb-, Pt- u. Zn-Salze bewirken keine deratige Umlagerung. Rudolf Albrecht B 225◇

0732 **Einfluß der Spaltungszunahme auf die Gesamtgeschwindigkeit konkurrierender Kettenreaktionen.** Jacob Alagy, Geneviève Clément und Jean-Claude Balaceanu. (C. R. hebd. Séances Acad. Sci. **247,** 2137—39, 1958; Rueil-Malmaison, Seine-et-Oise, Inst. Franç. du Pétrole; franz.) — Am Beispiel der Oxydation des Gemisches *Cumol–Cyclohexen* bei 60° in fl. Phase in Ggw. von 0,06 Mol/Liter Azo-bis-isobutyronitril wird gezeigt, daß die Zugabe eines 2. Reagenses mit kleiner Spaltungs-Konst. allg. zu einer Beschleunigung der Gesamtgeschw. führt. Dies gilt auch dann, wenn die Oxydations-Geschw. des 2. Reagenses kleiner als die des ursprünglichen Reagenses ist. Das Ergebnis stimmt mit der allg. Theorie der Ketten-Rkk. überein. J. Richter B 225◇

0733 **Einfluß der Konjugation auf die Oxydation von Alkoholen mit Selendioxid.** Guglielmo Stagno d'Alcontres und Giacomo Lo Vecchio. (Gazz. chim. ital. **90,** 337—46, 1960; Messina, Univ., Ist. di Biochim. Appl.; ital.) — Folgende Alkohole werden oxydiert: *Propargyl-* (**I**), *Allyl-* (**II**), *Zimt-* (**III**), *β-Phenyläthylalkohol* (**IV**), *3-Phenyl-5-hydroxymethylisoxazol* (F. 52°), *3-Phenyl-5-hydroxymethyl-Δ²-isoxazolin* (F. 79—79,5°), *1-Phenyl-4-hydroxymethyl-1.2.3-triazol* (F. 113°, beim Erhitzen mit SeO_2 auf 190—200° Explosion), *1-Phenyl-5-hydroxymethyl-1.2.3-triazol* (F. 82°) u. *Furfurylalkohol* (1std. Kochen mit SeO_2 in Ae. → Spuren Furfurol). Die entsprechenden Aldehyde werden bei relativ niedriger Temp. u. mit befriedigenden Ausbeuten nur dann erhalten, wenn für die $OH{-}CH_2$-Gruppe die Möglichkeit der Hyperkonjugation mit dem Rest des Mol. besteht. Bei aromat. Resten hängt die Oxydierbarkeit der prim. OH-Gruppe aus demselben Grunde vom Ausmaß des aromat. Charakters des Kerns ab. Ist es klein, wie im Fall der heterocycl. Alkohole, so verhalten sich die Alkohole analog den aliphat. u. araliphat. mit gesätt. Kette, die mit SeO_2 Selenite bilden, die ihrerseits nur bei höherer Temp. höhere Oxydations-Prodd. geben oder sich meist zersetzen.

Versuche: *Propiolaldehyd,* a) durch Eintropfen einer **I**-Lsg. in Dioxan (Dx.) in die SeO_2-Lsg. in Dx. unter Abdestillieren von Dx. bei ca. 100°; 12% (Ausbeute); b) durch Eintropfen von **I** + SeO_2 in Dx. in sd. Dx.; 4,83%; c) durch Eintropfen einer SeO_2-Lsg. in wss. Dx. in die **I**-Lsg. in sd. Dx. u. Dest. zwischen 84—93°; 27,4%. *p-Nitrophenylhydrazon* (NP), F. 152—153°. — *Acrolein,* analog aus **II**; 17,85%. *NP,* F. 162°. — *Zimtaldehyd,* durch 4std. Kochen von **III** mit SeO_2 in Dx. u. Wasserdampf-Dest.; 59,09%. *Semicarbazon,* F. 214—215°. — *Phenyläthylselenit,* F. 65° unter Verlust von Kristallwasser u. Wiedererstarren bei 120°, F. 254° (Zers., nach Sublimation bei 180°), durch 16std. Kochen von **IV** mit SeO_2 in Dioxan. — *Phenylglyoxal, Hydrat,* F. 73°, durch Erhitzen von **IV** mit SeO_2 ohne Lsgm. auf ca. 220° u. Kochen der Ölfraktion mit viel Wasser. *Dioxim,* $C_8H_8N_2O_2$, F. 180°; *Ni-Salz,* F. 267° (Bzl.), *NP,* $C_{20}H_{16}N_6O_4$, F. 310—311°. — *3-Phenyl-5-hydroxymethylisoxazolselenit,* F. 122°, durch Erhitzen des Alkohols mit SeO_2 ohne Lsgm. auf 160°; Zers. bei 190—200°. — *3-Phenyl-5-hydroxymethyl-Δ²-isoxazolinselenit,* F. 132°, a) durch 16std. Erhitzen der Komponenten in Xylol; b) durch Erhitzen der Komponenten ohne Lsgm. auf 160°. — *1-Phenyl-5-hydroxymethyl-1.2.3-triazolselenit,* F. 93—94°, durch 16std. Kochen der Komponenten in Xylol oder Erhitzen auf 160° ohne Lösungsmittel. J. Richter B 225◇

0734 **Oxydation von alkyl- oder arylsubstituierten Isoxazolinen.** Guglielmo Stagno d'Alcontres und Giacomo Lo Vecchio. (Gazz. chim. ital. **90,** 347—55, 1960; ital.) — Vgl. vorst. Referat. — Vff. untersuchten die Oxydation folgender Verbb. mit SeO_2/Dioxan, MnO_2/Aceton u. CrO_3/Eisessig: 3-Phenyl-Δ²-isoxazoline: *unsubstituiert* F. 66—67°; *5-Methyl-,* F. 49—50°; *5-Äthyl-,* F. 52°; *5-Isopropyl-,* F. 56°; *5-Nonyl-,* F. 68—69°; *5-Phenyl-* (**I**), F. 75 bis 76°; *5-[o-,* F. 119°; *5-[m-* (**II**), F. 112°; *5-[p-Nitrophenyl]-* (**III**), F. 133°; *trans-,* F. 141°; *cis-4.5-Diphenyl-* (**IV**), F. 167—168°; *trans-4-Carbomethoxy-5-phenyl-,* F. 85—86°; *trans-,* F. 74 bis 75°; *cis-4-Carbäthoxy-5-phenyl-* (**V**), F. 95—96°; *trans-5-[o-,* F. 116°; *trans-5-[p-Nitrophenyl]-4-carbäthoxy-,* F. 94—95°; *trans-4-[o-,* F. 143—144°; *trans-4-[p-Nitrophenyl-]-5-carbäthoxy-,* F. 90°; *5-[m-* (**VI**), F. 116—117°; *5-[p-Nitrophenyl]-4-nitro-* (**VII**), F. 120—121°. Die Oxydation zu den entsprechenden Isoxazolen verlief mit SeO_2 in allen Fällen negativ, mit MnO_2 positiv bei **VI** u. **VII** u. mit CrO_3 positiv bei **I**—**VII**. Daraus folgt, daß ausschließlich die 5-arylsubstituierten Isoxazoline oxydierbar sind, wenn die beiden H-Atome in 4.5-Stellung cis-ständig sind, d. h. die Oxydierbarkeit der untersuchten Verbb. ist an die Voraussetzung gebunden, daß der Heterocyclus mit dem aromat. Substituenten konjugiert ist.

Versuche: Isoxazole: *3.5-Diphenyl-* (**VIII**), F. 141°, aus **I** mit CrO_3/Eisessig. — *3-Phenyl-5-[m-nitrophenyl]-*, $C_{15}H_{10}N_2O_3$, F. 180,5—181,5° (Bzl.), analog aus **II**. — *3-Phenyl-5-[p-nitrophenyl]-*, $C_{15}H_{10}N_2O_3$, F. 226° (A.), analog aus **III**. — *3.4.5-Triphenyl-*, $C_{21}H_{15}NO$, F. 212° (A.), analog aus **IV**. — *3.5-Diphenyl-4-carbäthoxy-*, $C_{18}H_{15}NO_3$, F. 52° (wss. A.), analog aus **V**. *Freie Säure*, F. 233° (Zers. → **VIII**). — *3-Phenyl-4-nitro-5-[m-nitrophenyl]-*, $C_{15}H_9N_3O_5$, F. 158° (Bzl.), a) durch 2std. Kochen von **VI** mit den O_2/Aceton; b) wie vorstehend. — *3-Phenyl-4-nitro-5-[p-nitrophenyl]-*, $C_{15}H_9N_3O_5$, F. 200° (Aceton), wie vorst. nach a u. b. J. Richter B 225◇

0735 **Reduktionsgeschwindigkeit einiger Steroidketone mit Natriumborhydrid.** J. L. Mateos. (Bol. Inst. Quím. Univ. nac. autónom. México **12**, 45—47, 1960; México, D.F., Univ. Nac. Autónoma, Inst. de Quím.; span.) — Übersetzung der C. **1963**, 5421 referierten Arbeit. P. Golinske B 225△

0736 **Halogensubstitution aromatischer Verbindungen in wässeriger Lösung durch Interhalogenverbindungen.** I. Mitt. **Halogenierende Wirkung von Jodmonochlorid, Jodmonobromid und Brommonochlorid.** E. Schulek und K. Burger. (Talanta [London] **1**, 147—51, 1958; Budapest, L. Eötvös Univ., Inst. of Inorgan. and Analyt. Chem.; engl.) — Vgl. C. **1963**, 846. — *JBr*, aus KJO_3, KJ u. HBr dargestellt, wirkt auf organ. Verbb. in wss. Lsg., auch wenn diese Br^--Ionen enthält, sowohl jodierend als auch bromierend. So entsteht bei der Rk. von JBr mit *Antipyrin* (**I**) in wss. Lsg. ein Gemisch von Jod- u. Bromantipyridin. Auch *Phenol* (**II**) wird sowohl jodiert als auch bromiert. Im Gegensatz zu JBr zeigt das aus $KBrO_3$, KBr u. HCl gewonnene *BrCl* in wss. Lsg. ausschließlich bromierende Eigg. u. liefert mit **I** 4-Bromantipyrin, F. 117° (Nadeln). **II** reagiert mit BrCl in wss. u. auch in salzsaurer Lsg. unter Bldg. von Tribromphenol (F. 96°) u. Tribromphenolbrom (F. 120°). Mit *p-Nitrophenol* wird Dibrom-p-nitrophenol (F. 142°), erhalten. BrCl bildet mit *Fluorescein* Eosin, das spektrograph. identifiziert wird. Bldg. von Chlor-Derivv. oder von Br^--Ionen wird in keinem Falle beobachtet. K. F. Müller B 225□

0737 **Über den Mechanismus der Ätherbildung aus Halogenhydrinen.** Djordje Stefanović und Jovan S. Ćirić. (Ber. chem. Ges. Belgrad **23/24**, 463—72, 1959; Belgrad, Math.-Naturwiss. Fak., Chem. Inst.; serbokroat., Auszug: engl.) — cis-Buten-(2)-diol-(1.4) (cis-I) wurde in *cis-1.4-Dichlorbuten-(2)* (*cis*-**II**) übergeführt, das mit H_2O_2 *dl-1.4-Dichlorbutandiol-(2.3)* (*dl*-**III**), mit $KMnO_4$ dagegen *meso*-**III** lieferte. cis-I gab mit Br_2 *dl-2.3-Dibrombutandiol-(1.4)* (*dl*-**IV**). *meso*-**IV** wurde aus cis-I über *cis-1.4-Dibrombuten-(2)* (*cis*-**V**), *trans*-**V**, *trans*-**I**-*Diacetat* u. *trans*-**I** erhalten. Sowohl aus dl-**III** wie aus dl-**IV** wurde mit Na-Phenolat in A. *dl-1.4-Diphenoxybutandiol-(2.3)* (*dl*-**VI**) erhalten, während meso-**III** u. meso-**IV** entsprechend *meso*-**VI** lieferten. — Zur Erklärung wird angenommen, daß die Williamson-Synth., die bei der Rk. von Alkyl- u. Alkenylhalogeniden mit Alkoholaten als nucleophile Substitution nach dem S_N2-Mechanismus abläuft, im Falle der Halogenhydrine über die intermediäre Bldg. der Epoxide verläuft, die dann durch Basen-Katalyse unter Öffnung des Epoxidringes mit dem Alkoholat- bzw. Phenolation die Äther geben. Die Bldg. von **VI** erfolgt somit nicht aus **III** oder **IV**, sondern aus 1.2;3.4-Dioxidobutan oder auch aus dem einfachen Epoxid. Die Identität des aus **III** u. **IV** erhaltenen **VI** wurde durch Vgl. der IR-Spektren bewiesen.

Versuche: *cis-Buten-(2)-diol-(1.4)* (*cis*-**I**), $Kp._1$ 113 bis 116°; n_D^{20} 1,4758. *Dibenzoat*, F. 64—66°. — *cis-1.4-Dichlorbuten-(2)* (*cis*-**II**), $Kp._{12}$ 47—48°, man leitet in cis-I bei 50° HCl bis zur völligen Lsg. ein; n_D^{20} 1,4872; 52,1% (Ausbeute). — *1.4-Dichlorbutandiol-(2.3)* (**III**), *dl*-**III**, F. 61—62° (Bzl.–PAe.), man trägt 125 g cis-**II** in 500 ml 98%ig. Ameisensäure u. 150 ml 25%ig. H_2O_2 ein u. erhitzt 16 Std. auf 45 bis 50°; 14,4% (*Diacetat*, F. 74°). *meso*-**III**, F. 127—128° (Ae.), man gibt zu 75 g cis-**II** in 1000 ml A. bei —10° allmählich die Lsg. von 75 g $KMnO_4$ u. 115 g $MgSO_4 \cdot 7\,H_2O$ in 1500 ml W.; 30,5% (*Diacetat*, F. 117°). — *2.3-Dibrombutandiol-(1.4)* (**IV**), *dl*-**IV**, F. 92—93° (A.–Chlf.), man gibt zu 160 g Br_2 in 400 ml Chlf. bei 10° 98 g cis-I u. läßt bei 0° über Nacht stehen; 63,6% (*Dibenzoat*, $C_{18}H_{16}Br_2O_4$, F. 82—84°, aus A.). *meso*-**IV**, F. 132—133° (Bzl.–A.), durch Zugabe von 16 g Br_2 zu 8,8 g trans-I in 50 ml Ae.; 64,5%. — *1.4-Dibrombuten-(2)* (**V**), *cis*-**V**, $Kp._{14}$ 87°, durch langsames Eintragen von 88,1 g cis-I bei < 20° in 181 g PBr_3 in 400 ml Chlf.; 79,5%. *trans*-**V**, F. 52—53° (PAe.), durch 4std. Erhitzen von cis-**V** auf 130°; 71%. — *trans-Buten-(2)-diol-(1.4)* (*trans*-**I**), $Kp._{15}$ 133—135°, man kocht 43,2 g trans-I-Diacetat mit 110 g 4%ig. Na-Methylat-Lsg. 8 Std., gibt 100 ml W. zu, entfernt Methanol u. extrahiert die wss. Lsg. 48 Std. mit Ae. im Soxhlet; n_D^{20} 1,4765; 76,7%. *Dibenzoat*, F. 99,5°. *Diacetat*, $Kp._{19}$ 121—124°, durch 6std. Erhitzen von 75 g trans-V mit 60 g Eisessig u. 90 g K-Acetat auf 130—140°; n_D^{20} 1,4429; 72,1%. — *1.4-Diphenoxybutandiol-(2.3)* (**VI**), *dl*-**VI**, $C_{16}H_{18}O_4$, F. 142—143° (A.), a) man löst 4,6 g Na in 100 ml abs. A., gibt 18,8 g Phenol u. 15,9 g dl-**III** zu u. kocht 2 Std.; 70%; b) analog aus dl-**IV**; 77,3% (*Diacetat*, $C_{20}H_{22}O_6$, F. 128—129°, aus A.). *meso*-**VI**, F. 184 bis 185° (A.), a) analog aus meso-**III**; 71,5%; b) aus meso-**IV**; 72,7% (*Diacetat*, $C_{20}H_{22}O_6$, F. 109—110° aus A.). Helmut Schäfer B 225

0738 **Untersuchungen auf dem Gebiete der Nitrierung mit Mischsäure. 3. Mitt. d-Mannit-Hexanitrat. Nitrierzeit, Stickstoffgehalt, Ausbeuten.** A. Kunz und J. Giber. (Acta chim. Acad. Sci. hung. **20**, 393—98, 1959; Budapest, TU, ehemaliges Inst. für Industrielle Organ. Chem.; dt.) — Ident. mit der C. **1961**, 7542 referierten Arbeit. H.-J. Weigmann B 225△

0739 **Kinetik und Mechanismus der aromatischen Halogenierung: Bromierung von Anisol mit Brom in Eisessig, wässeriger Essigsäure und Tetrachlorkohlenstoff.** Lourdu M. Yeddanapalli und N. S. Gnanapragasam. (J. Indian chem. Soc. **36**, 745—54, 1959; Madras, Loyola Coll., Chem. Labor.; engl.) — Vgl. C. **1957**, 9041. — In Eisessig nimmt die Gesamt-Rk.-Ordnung von 3,3 bei 0,1 m Konz. der Rk.-Partner auf 2,3 bei 0,001 m Konz. ab, was auf die Abnahme der Ordnung des Br_2 mit der Konz. zurückzuführen ist. Mit steigender Temp. von 30 auf 50° ist ebenfalls eine Abnahme der Gesamtordnung zu verzeichnen. Die Aktivierungsenergie steigt von 4,4 auf 9,92 (kcal/Mol) mit Abnahme der Konz. von 0,04 auf 0,001 m. In wss. Essigsäure ist die Rk. 2. Ordnung u. extrem schnell. Ihre Geschw. ist in 75%ig. Essigsäure 1210 mal so groß wie in Eisessig (Tabelle), u. es ergibt sich eine lineare Abhängigkeit von log k von $^1/_{DK}$ (Zeichnung). Durch Zusatz von W. wird also die Rk. bimolekular. — In CCl_4 ist die Rk. autokatalyt. u. 3. Ordnung. Die Autokatalyse wird durch gebildetes HBr verursacht. Die Aktivierungsenergie beträgt —8,48 in dem nichtautokatalysierten Anfangsbereich. Zusätze von Pyridin zu CCl_4 in wachsender Konz. verursachen eine Abnahme der Autokatalyse, aber eine Zunahme der Rk.-Geschw. bis zur Konz.-Gleichheit von Pyridin u. Br_2, im Überschuß dagegen eine starke Abnahme der Rk.-Geschwindigkeit. Zur Klärung des Rk.-Mechanismus wurden Absorptionsspektren aufgenommen. In Essigsäure wurden Ladungsübertragungskomplexe aus Br_2 u. Essigsäure bestätigt. 1 : 1-Mol.-Komplexe zwischen Br_2 u. Anisol (**I**), J_2 u. **I**, Br_2 u. Bzl. u. J_2 u. Bzl. werden nur in CCl_4 nicht aber in Eisessig gebildet. Auf Grund dieser Befunde werden verschiedene Rk.-Mechanismen für die Bromierung von **I** in diesen beiden Lsgm. diskutiert. R. Henning B 225◇

0740 **Kinetik und Mechanismus der aromatischen Halogenierung: Bromierung von Anisol mit Jodbromid in Eisessig und Tetrachlorkohlenstoff.** N. S. Gnanapragasam, N. Venkateswara Rao und Lourdu M. Yeddanapalli. (J. Indian chem. Soc. **36**, 777—83, 1959; engl.) — Vgl. vorst. Referat. — Die Anisol (I)–JBr-Rk. zeigt bedeutende Differenzen in der Kinetik, Energetik u. katalyt. Natur in den beiden Lsgm. Eisessig (**II**) u. CCl_4. Die Gesamt-Rk.-Ordnungen betragen in **II** 3, in CCl_4 4 (in den Konz.-Bereichen 0,16 bis 0,01 m bzw. 0,04—0,01 m). Die scheinbaren Aktivierungsenergien sind in **II** 11,5, in CCl_4 —3,5 kcal/Mol (in den Temp.-Bereichen 20—40° bzw. —15,5—40°). Der negative Temp.-Koeff. in CCl_4 ist durch die schwache Bindung u. daraus resultierender Dissoziation im 1 : 1-Mol.-Komplex zwischen **I** u. Br_2 erklärbar. Katalyt. Maxima der Bromierungs-Geschw. wurden festgestellt bei einem Verhältnis Gesamtmenge J_2: Gesamtmenge Br_2 von 0,35 in **II** u. 0,48 in CCl_4. Hierzu wurde bei konst. Br_2-Konz. u. von 0 ansteigender J_2-Konz. gearbeitet. Durch weitere Verss., wobei die I-Konz. u. die des freien Br_2 konst. gehalten, die des JBr aber gesteigert wurde, ergab sich am katalyt. Maximum das Konz.-Verhältnis JBr : freies Br_2

in **II** 1, in CCl_4 2, das gleichzeitig die Anzahl der pro freiem Br_2-Mol. erforderlichen JBr-Moll. als Katalysator im geschwindigkeitsbestimmenden Schritt angibt. Das katalyt. Maximum wird durch eine modifizierte Tsurutasche Gleichung (vgl. C. **1956**, 975) u. durch die Überlegung erklärt, daß zur Bldg. von JBr Br_2 als Rk.-Partner von **I** verbraucht wird u. deshalb die Rk.-Geschw. zunächst mit zunehmender J_2-Konz. wächst, dann aber rasch abfällt. Die Ergebnisse werden durch die vorgeschlagenen Rk.-Mechanismen erklärt, wobei in **II** ein anderer gilt, da hier keine 1:1-Mol.-Komplexe zwischen **I** u. Br_2 gebildet werden, sondern Ladungsübertragungskomplexe zwischen **II** u. Br_2.
R. Henning B 225◇

0741 **Reaktionen von p-Hydroxybenzylalkohol-Derivaten und ihren Methyläthern mit molekularem Chlor.** K. V. Sarkanen und C. W. Dence. (J. org. Chemistry **25**, 715 bis 720, 1960; Syracuse, N.Y., State Univ. Coll. of Forestry, Cellulose Res. Inst.; Empire State Pulp and Paper Res. Inst.; engl.) — *Benzylalkohol*-Derivv. u. ihre Methyläther mit p-ständigen OH- oder OCH_3-Gruppen werden durch mol. Cl_2 mit bemerkenswertger Leichtigkeit ihrer Carbinol- oder Carbinoläthergruppe beraubt u. zu chlorierten Phenolen oder Phenoläthern umgesetzt, wobei der Alkohol schneller reagiert als der betreffende Aldehyd. Neben dieser elektrophilen Verdrängungs-Rk. erfolgt mit einer Rk.-Geschw. von derselben Größenordnung eine normale Cl-Substitution an den freien Stellen des aromat. Kerns. Durch Best. des mol. Verhältnisses des bei der Verdrängungs-Rk. gebildeten CH_2O zum Gesamt-Cl-Verbrauch konnte das Mengenverhältnis der nach beiden Rk.-Wegen entstandenen Zwischenprodd. festgestellt werden. Die Bldg. von 4.5-Dichlorveratrol (**III**) aus *Veratrylalkohol* (**I**) führt z. B. zu 90% über 6-Chlor-3.4-dimethoxybenzylalkohol (**II**) u. zu 10% über 4-Chlorveratrol. Durch wss. oder teilweise wss. Lsgg. von mol. Cl_2 tritt weitere rasche Entmethylierung der chlorierten Phenoläther zu Chlorbrenzcatechinen (**A**) ein, die in den alkalilösl. Teilen der Chlorierungsgemische nachgewiesen u. durch Methylierung zu krist. Prodd., z. B. zu Tetrachlorveratrol, identifiziert werden konnten. **II** konnte auch partiell entmethyliert werden. Veratrol-Derivv. werden viel schneller entmethyliert als in o-Stellung zu den OCH_3-Gruppen durch Cl substituiert. Aus den Chlorierungs-Prodd. von *4-n-Propylveratrol, 3-Methoxy-4-hydroxy-ω-toluolsulfonsäure* u. *6-Chlor-3.4-dimethoxybenzaldehyd* konnten weder **III** noch die entsprechenden **A** isoliert werden, während *p-Hydroxybenzaldehyd* (**IV**) u. *-benzoesäure* (**V**) unter Verdrängung der CHO-, bzw. COOH-Gruppe u. Bldg. von 2.4.6-Trichlorphenol reagieren. Die nach Verbrauch von 2 Mol. Cl_2 entstandenen u. durch Lichtabsorption im kurzwelligen Bereich nachgewiesenen chinoiden Prodd. bilden sich vermutlich aus den **A**. Für die elektrophile Verdrängungs-Rk. wird auf Grund der Rk.-Prodd., des Umfangs der Rk., des Fehlens photochem. Effekte u. der Ähnlichkeit mit der normalen aromat. Substitution durch Cl ein Mechanismus abgeleitet, nach dem ein polarisiertes Cl_2-Mol. an einem Übergangs-σ-Komplex teilnimmt u. CH_2O in Form seines protonierten, positiv geladenen Ions den Komplex verläßt. Da die Leichtigkeit der Rk. stark von der Natur des zu ersetzenden Substituenten abhängt, dürfte dessen Abstoßung der bestimmende Schritt sein, der durch Resonanzstabilisierung des austretenden positiven Ions gefördert wird. Die durch Ggw. von elementarem Cl ausgelöste Entmethylierungs-Rk. scheint katalyt. Natur u. weder ein oxydativer Mechanismus (CH_3OH-Bldg.) noch eine säurekatalysierte Hydrolyse zu sein; für ihren Verlauf wird angeführt: Entweder wirkt Cl_2 durch seinen stark elektrophilen Charakter ähnlich wie ein Proton bei einer säurekatalysierten Hydrolyse, oder Cl_2 greift die zur OCH_3-Gruppe p-ständige Stellung an. Auf die Bedeutung der elektrophilen Verdrängungs- u. der Entmethylierungs-Rkk. in den Chlorierungs-Prozessen bei der Lignin-Verflüssigung durch Abbau der Makromoll. u. Zunahme des hydrophilen Charakters wird hingewiesen. Die Ggw. der **A** wurde durch Best. der Ionisations-Differenz-Spektren von *4.5-Dichlor-*, *4.5.6-Trichlor-* u. *Tetrabrenzcatechin* erhärtet.

Versuche: *2.4.6-Trichlorphenol*, F. 67—68°, a) aus 7,2 mMol **V** in 200 ml W. u. Cl_2-W., Filtrieren des flockigen Nd., Trocknen u. Sublimieren im Vakuum; b) aus **IV** wie vorst.; c) aus *p-Hydroxybenzylalkohol* u. Cl_2, Extrahieren mit Ae., Trocknen, Eindampfen; 81% (Ausbeute); daneben CH_2O, als *Dimedon-Deriv.*, F. 189—190°, quant. Best. durch Chromotropsäure-Meth.; 80%. — *4.5-Dichlorveratrol* (**III**), $C_8H_8Cl_2O_2$, F. 83° (wss. A., Ae.), a) aus **I** u. Cl_2 in wss. Essigsäure (1 : 1); 30% (daneben CH_2O 96% bei Chlorierung mit 2,5 Mol. Cl_2; *Dimedon-Deriv.*, F. 189°); b) analog aus **I**; 78%; c) analog aus **II**; 33%; d) analog aus *3.4-Dimethoxybenzylmethyläther*; 7%; e) analog aus 0,2 g *Pinoresinoldimethyläther*; 4,5 mg. — *Tetrachlorguajacol*, F. 119—21° (wss. A.), a) aus *Vanillylalkohol*, in Eisessig durch 1 std. Einleiten von Cl_2; b) analog *6-Chlorvanillylalkohol*. — *6-Chlor-3.4-dimethoxybenzylalkohol* (**II**), $C_9H_{11}ClO_3$, F. 82—83° (wss. A., Chlf.-fl. Naphtha), a) aus *6-Chlor-3.4-dimethoxybenzaldehyd* (F. 146°, aus *6-Chlorvanillin* u. Dimethylsulfat) u. $NaBH_4$ durch Kochen in Methanol bis zur negativen Carbonyl-Rk. mit 2.4-Dinitrophenylhydrazin, Einengen im Vakuum, Verdünnen mit W. u. Einstellen auf pH 7, 73%; b) aus dem alkal. Filtrat von **III** a), Extrahieren mit Ae., Eindampfen im Vakuum, Methylieren bei 60° mit Dimethylsulfat u. Alkali, Extrahieren mit Äther. — *Tetrachlorbrenzcatechindimethyläther*, $C_8H_6Cl_4O_2$, F. 88—89° (wss. A.), aus **III** u. 1,5 Mol. Cl_2 in Eisessig, nach 15 Min. Zers. des überschüssigen Cl_2 durch $Na_2S_2O_3$, Neutralisieren, Extrahieren mit Ae. u. 2n NaOH, Ansäuern u. Ae.-Extraktion gibt (prakt. OCH_3-freies Prod., 0,45%), Methylieren mit überschüssigem CH_2N_2.
A. Jungblut B 225◇

0742 **Austauschreaktionen von Disulfiden.** E. R. Cole. (Nature [London] **198**, 1083—84, 1963; Kensington, Sydney, Univ. of New South Wales, Dep. of Appl. Org. Chem.; engl.) — Mischungen aromat. Disulfide (**A**) geben in sd. Chlf. oder anderen Lsgm. bei Einw. von diffusem Licht innerhalb von 20—30 Min. eine Gleichgewichtsmischung, die auch die unsymm. Disulfide enthalten. Diese entsehen durch Kombination der durch Photolyse mit **A** gebildeten Radikale. Für folgende **A** wird die Rk. papierchromatograph. (R_φ-Werte) nachgewiesen: *Diphenyl-* + *Di-p-methoxyphenyl-* (**I**) → *Phenyl-p-methoxyphenyl-*; *Di-p-chlorphenyl-* + **I** → *p-Chlorphenyl-p-methoxyphenyl-*; *Di-p-methylphenyl-* + **I** → *p-Methylphenyl-p-methoxyphenyl-*; auch mit anderen Kombinationen wurden die unsymm. Verbb. nachgewiesen. Weitere R_φ-Werte für *Di-o-, -m-methylphenyl-* u. *Dibenzyldisulfid.*
W. Schramm B 225◇

0743 **Imidazol-Katalyse. 5. Mitt. Die intramolekulare Beteiligung der Imidazolyl-Gruppe bei der Hydrolyse einiger Ester und der Amide der γ-[Imidazolyl-(4)]-buttersäure und des 4-[2′-Acetoxyäthyl]-imidazols.** Thomas C. Bruice und Julian M. Sturtevant. (J. Amer. chem. Soc. **81**, 2860—70, 1959; New Haven, Conn., Yale Univ., Dep. of Chem. and Biochem.; engl.) — 4. vgl. C. **1964**, 9-0756. — Der anchimere Beschleunigungseffekt der Solvolyse durch die Imidazolgruppe, wie er intermol. beim Komplex α-Chymotrypsin–p-Nitrophenylacetat beobachtet wird, tritt beim *p-Nitrophenylester* (**II**) von *γ-[Imidazolyl-(4)]-buttersäure* (**I**) intramol. auf u. die Lactamisierungs-Geschw. ist vergleichbar. Die Geschw.-Konst. der Lactamisierung in A.-W. (50:50 Vol.), berechnet aus der Bldg.-Geschw. des entsprechenden Phenols nach $d[\text{Phenol}]/dt = k_1[E]_T + k_2[E]_N$ ($[E]_T$ = Gesamt-Konz. an Ester, $[E]_N$ = Konz. an neutralem Ester), u. die pK_1-Werte (des Imidazolrests) bei 25° betragen für **II**: $k_1 = 0{,}0\ (min^{-1})$; $k_2 = 200\ (min^{-1})$; pK_1 6,24; **I**-*Phenyl-* 0,14; 2,58; 6,91; **I**-*p-Chlorphenyl-* 0,36; 10,4; 6,69; **I**-*m-Nitrophenylester* 1,2; 144; 6,79. Der die Geschw. bestimmende Schritt der intramol. Rk. ist der Zusammenfall des tetraedr. Zwischenprod., das bei der intermol. Rk. nur in kleiner, konst. Konz. vorliegt. Die Hydrolyse von **I**-*Methylester* u. **I**-*Amid* wird mit der Solvolyse von Phthalsäuremonomethylester u. Phthalamid verglichen, u. beim Amid wird die Beteiligung der N-protonierten Imidazolylgruppe festgestellt. Bei *4-[2′-Acetoxyäthyl]-imidazol* erfolgt die Hydrolyse ebenfalls unter Begünstigung durch die Imidazolgruppe.

Versuche: *N-Acetyl-4-[2′-acetoxyäthyl]-imidazol·HCl*, $C_9H_{13}ClN_2O_3$, F. 118—120° (CH_3COOH + Acetanhydrid, farblose Nadeln), aus 35%ig. wss. techn. Butindiol-(1.4), $HgSO_4$ u. wenig konz. H_2SO_4 in W. bei 15°, 8 std. Rühren bei 20—30°, 6 Std. bei 40° u. Filtration der Lsg. vom pH 4,5 (durch $CaCO_3$), Umsetzung der gebildeten 1.4-Dihydroxybutanon-(2)-Lsg. mit $Cu(CH_3COO)_2$, 35%ig. wss. Formalin u. 35%ig. wss. NH_3, 2 std. Erhitzen auf dem Dampfbad u. Auskristallisieren des Cu-Salzes über Nacht, Ausfällen des Cu(II) mit H_2S, Eindampfen der bas. gemachten Lsg. (pH 8)

u. Rk. des Acetonextrakts mit 6n HCl; 21% (Ausbeute). — *4-[2'-Acetoxyäthyl]-imidazol*, $C_7H_{10}O_2N_2$, F. 75—76° ($CHCl_3$–Ae.), aus vorst. Verb. mit K_2CO_3 in W., 24 Std. bei 0°; 85%. — *4-[2'-Chloräthyl]-imidazol*, F. 120°, aus vorvorst. Verb. in W., 24 Std. am Rückfluß u. Umsetzung des 4-[2'-Hydroxyäthyl]-imidazols nach Turner (J. Amer. chem. Soc. **71**, [1949], 3476); 85%. — *γ-[Imidazolyl-(4)]-buttersäure·HCl* (**I**), $C_7H_{11}ClN_2O_2$, F. 166—167° (Eisessig), aus vorst. Verb. u. Na-Malonsäurediäthylester, 1 Std. am Rückfluß, Abfiltrieren des NaCl, Einengung der Lsg., 8 Std. am Rückfluß in konz. HCl; 58%. *p-Nitrophenylester·HCl* (**II**), $C_{13}H_{14}ClN_3O_4$, F. 148 bis 149° ($CHCl_3$–Ae.), aus **I** mit $SOCl_2$ u. p-Nitrophenol, 24 Std. bei 40°; 78%. *Methylester, p-Toluolsulfonatsalz*, $C_{15}H_{20}N_2O_5S$, F. 87—89° (Essigsäuremethylester–Methanol–Ae.), aus **I** u. abs. Methanol mit $SOCl_2$, 21 Std. bei 40° u. 5 Min. bei 80°, Aufnahme in abs. $CHCl_3$ u. Vertreiben des CH_3OH u. $SOCl_2$ durch Luft, Umsetzen mit trockener p-Toluolsulfonsäure u. Fällen mit Ae.; 30%. *p-Chlorphenylester·HCl*, $C_{13}H_{14}Cl_2N_2O_2$, F. 123—124°. *Phenylester·HCl*, $C_{13}H_{15}ClN_2O_2$, F. 111—112°. *m-Nitrophenylester*, $C_{13}H_{14}ClN_3O_4$, F. 121—123° ($CHCl_3$–Ae. oder Essigsäuremethylester–Methanol–Ae.), alle aus **I** u. $SOCl_2$, 45 Min. bei 55° u. Zusatz des Phenols, 5 Min. bei 100°, Fällen mit Ae.; 75—95%. *Amid·HCl*, $C_7H_{12}ClN_3O$, F. 157 bis 158° (Methanol–Essigsäuremethylester), aus **II** mit trockenem NH_3 in abs. $CHCl_3$ bei 0°; 50%.

A. Grohmann B 225◇

0744 **Durch Protonsäuren katalysierte Alkylierungsreaktionen des aromatischen Kerns mit Sulfosäureestern und Alkylhalogeniden.** C. D. Nenitzescu, S. Titeica und V. Ioan. (Acta chim. Acad. Sci. hung. **12**, 195—207, 1957; Bukarest, Akad. der Wiss. der Rumän. Volksrep., Forsch.-Labor. für Organ. Chem.; dt.) — Vff. untersuchen die Kinetik der von Földi [1928] entdeckten Kondens.-Rk. von *Benzolsulfonsäurebenzylester* (**I**) mit *Bzl.* zu Diphenylmethan u. Benzolsulfonsäure (**II**), wobei **II** als Katalysator wirkt. Die Rk. verläuft nach 1. Ordnung bzgl. **I** u. nach 2. Ordnung bzgl. **II** u. mit *Toluol* um den Faktor 2,6, mit *m-Xylol* 6,7 schneller als mit Benzol. Es werden die Geschw.-Konst. k (Liter²·Mol⁻²·s⁻¹), Aktivierungsenergie E (kcal/Mol) u. -entropie $\Delta S^{\neq}$ (cal/Mol·Grad) u. log A bei 50° von **I** 14,19 ± 0,02; 6,78 ± 0,01; —43,6 ± 0,01; 6,78 ± 0,01; *Benzolsulfonsäure-m-nitro-* $10^2 \cdot k = 0{,}0161 \pm 0{,}0013$; $E = 24{,}90 \pm 0{,}04$; $\Delta S^{\neq} = -0{,}78 \pm 0{,}4$; 13,1 ± 0,008; *-p-chlor-* 6,99 ± 0,02; 14,90 ± 0,02; —19,9 ± 0,1; 8,92 ± 0,004; *-p-methylbenzylester* 96,72; 3,87; —48,7; 2,62 u. Hammett-σ-Konst. bestimmt. Unter katalyt. Wrkg. von **II** reagieren auch *Benzylchlorid, -bromid* u. *-fluorid* glatt mit Bzl., wobei vermutlich Haloniumsalze intermediär auftreten. Die Diskussion der Mechanismen der untersuchten Rkk. zeigt, daß diese aromat. Alkylierung eine 2stufige, dem S_N1-Mechanismus ähnliche Rk. ist, wobei eine Bindung aufgespalten wird.

W. Sobieski B 225◇

0745 **Die Acetolyse von 4-Methylpenten-(3)-yl-(1)-p-toluolsulfonat.** John B. Rogan. (J. org. Chemistry **27**, 3910—12, 1962; Fort Collins, Colo., Colorado State Univ., Dep. of Chem.; engl.) — Die Acetolyse von *4-Methylpenten-(3)-yl-(1)-tosylat* bei 45° erfolgt nach 1. Ordnung. Die kinet. Werte betragen: $k = 3{,}16 \pm 0{,}02 \cdot 10^5\,s^{-1}$; $\Delta H^* = 22{,}6 \pm 0{,}2$ kcal/Mol; $\Delta S^* = -7{,}8 \pm 0{,}7$ cal/Grad·Mol. Rk.-Prodd. sind 2-Cyclopropylpropen (**I**) u. 4-Methylpenten-(3)-yl-(1)-acetat. Aus der Bldg. von **I** u. der gegenüber der Acetolyse von Äthyl-p-tosylat größeren Rk.-Geschw. (Faktor 1200) schließt Vf. auf die Beteiligung der acycl. Olefinbindung unter Bldg. eines **I**-Kations.

Versuche: *4-Methylpenten-(3)-säuremethylester*, $Kp._{640}$ 145—148°, n_D^{25} 1,4302, durch 18std. Kochen einer wss. Lsg. von 4-Methylpenten-(2)-säure [→ Gleichgewichtsmischung von Säure u. Methylester, $Kp._{10}$ 99—110°], dann 8 Min. mit Methanol, Äthylendichlorid u. konz. H_2SO_4, Abschrecken auf Eis u. fraktionierte Dest.; 68% (Ausbeute, neben 1% nachst. Verb.). — *4-Methylpenten-(2)-säuremethylester*, $C_7H_{12}O_2$, $Kp._{46}$ 74—75°, n_D^{25} 1,4305, wie vorst. Verb., aber 6std. Methylierung; 64%. — *4-Methylpenten-(3)-ol-(1)*, $C_6H_{12}O$, $Kp._{110}$ 105 bis 105,5°, n_D^{25} 1,4443, durch Red. vorvorst. Verb. mit $LiAlH_4$ u. Dest.; 84%; *3.5-Dinitrobenzoat*, $C_{13}H_{14}N_2O_6$, F. 70,9—71,6° (Heptan). — *4-Methylpenten-(3)-yl-(1)-tosylat*, $C_{13}H_{18}O_3S$, n_D^{25} 1,5127, aus vorst. Verb. u. p-Tosylchlorid in gereinigtem Pyridin bei ca. 0°, Gießen in W./PAe. (Kp. 60 bis 71°) u. Kühlen auf festem CO_2; 89%. — *4-Methylpenten-(3)-yl-(1)-acetat*, $C_8H_{14}O_2$, $Kp._{50}$ 92—93°, n_D^{25} 1,4291, durch 15std. Acetolyse von vorst. Verb. mit Na-Acetat in Acetanhydrid bei 60° (neben *2-Cyclopropylpropen*); 42%.

P. Jacob B 225◇

0746 **Alkalische Zersetzung von Verbindungen der asymmetrischen Triazin-Reihe.** 14. Mitt. **über asymmetrische Triazine.** Raffaello Fusco und Giuseppe Bianchetti. (Gazz. chim. ital. **90**, 1113—24, 1960; Milano, Univ., Ist. per la Laurea in Chim. ind., Labor. di Chim.; ital.) — 12. vgl. C. **1962**, 13764. — Zwecks Ermittlung der Stellung von Substituenten u. Unters. der Orientierungsregeln in Substitutions-Rkk. des Benzotriazin-Syst. prüfen Vff. eine neue Abbaumethode. Auf nachst. Verbb. wird der Einfl. von KOH zwischen 200 u. 350° untersucht: Benzo-1.2.4-triazine: *3-Phenyl-* [Erhitzen mit festem KOH auf dem Ölbad auf 230—250° unter N_2 → Anilin (**III**) + Benzoesäure (**I**)]; *3-Phenyl-6-methoxy-* [analog → **I** + m-Aminophenol (**II**)]; *3-Phenyl-6-chlor-* (analog → **I** + **II**); *3-Hydroxy-* (3 Std. bei 270—275° → **III**); *3-Carboxy-* (→ 62% **I** + Oxalsäure); *3-Methyl-* [→ **III** + Benzotriazol (**VI**) + o-Phenylendiamin (**IV**) + CH_3CO_2H]; *3-Äthyl-* (→ **III** + **IV** + Propionsäure); *3-Benzyl-* [bei 240° → **III**, **IV**, **I** u. Phenylessigsäure (**V**)]. — *3.5-Dihydroxy-6-phenyl-* (4—5 Std. bei 330—360° → **V**); *3-Amino-5.6-diphenyl-* (→ **I** + Toluol); *2-Aminonaphtho-[1.2:e]-[1.2.4]-triazin* (→ α-Naphthylamin); *3-Aminophenanthro-[10'.9':5.6]-1.2.4-triazin* (10 Std. bei 240—250° → Verb. $C_{28}H_{16}N_2$, F. >400°, wahrscheinlich Diphenanthreno-[9'.10':2.3;9''.10'':5.6]-pyrazin). — Benzo-1.2.4-triazin-1-oxide: *3-Phenyl-* (→ **I** + **VI**); *3-[p-Chlorphenyl]-* (5 Std. bei 250° → p-Hydroxybenzoesäure + **VI**); *3-Hydroxy-* (4 Std. bei 240° → **VI**); *2-Aminonaphtho-[1.2:e]-[1.2.4]-triazin-1-oxid* (2 Std. bei 250° → Naphthotriazol, $C_{10}H_7N_3$, F. 188°, aus W. u. verd. CH_3OH). In der Mehrzahl der Fälle wird also eine Öffnung unter N_2-Abspaltung erreicht, wobei der 3-Substituent als Carbonsäure abgespalten wird. Außerdem entsteht ein Anilin, in dem ein evtl. vorhandener Substituent zur OH-Gruppe hydrolysiert worden ist. Ein möglicher Mechanismus wird diskutiert.

Versuche: *1-[o-Nitrophenylazo]-1-nitropropan*, $C_9H_{10}N_4O_4$, F. 95° (Ligroin), durch Diazotieren von o-Nitranilin (**VIII**) u. Zugabe der Lsg. zu einer wss.-alkohol., mit etwas Lauge versetzten Lsg. von 1-Nitropropan; 66% (Ausbeute). — *3-Äthylbenzo-1.2.4-triazin*, $C_9H_9N_3$, $Kp._{12}$ 140—142°, durch Hydrierung vorst. Verb. in CH_3OH in Ggw. von Essigsäure an 10%ig. Pd-Kohle bei normalem Druck; 70%. —*1-[o-Nitrophenylazo]-2-phenyl-1-nitroäthan*, $C_{14}H_{12}N_4O_4$, F. 120° (A.), durch Diazotieren von **VIII** u. Eintropfen der Lsg. bei 0—10° in eine alkal.-wss.-alkohol. Lsg. von β-Nitroäthylbenzol; 53%. — *3-Benzylbenzo-1.2.4-triazin*, $C_{14}H_{11}N_3$, F. 76—77° (Bzl.-PAe.), durch Hydrieren vorst. Verb. wie bei vorvorst. Verbindung.

J. Richter B 225◇

0747 **Kinetik der Reaktionen von Äthylen mit Schwefelsäure. Reaktion von Äthylen mit Schwefelsäure und Äthylhydrogensulfat.** H. G. Harris und D. M. Himmelblau. (J. physic. Chem. **67**, 803—05, 1963; Austin, Tex., Univ. of Texas, Dep. of Chem. Engng.; engl.) — Die Kinetik der Rk. von C_2H_4 wurde in Diäthylsulfat–H_2SO_4-Äthylhydrogensulfat-Lsg. untersucht. Die Geschw.-Konst. hängen nur von der Anfangs-Konz. ab. Es konnte keine lineare Funktion zwischen der Geschw.-Konst. u. einer Aciditätsfunktion hergestellt werden. — Für die Löslichkeit von C_2H_4 in Diäthylsulfat wurde eine Konst. des Henryschen Gesetzes von 98,3 atm/Molenbruch bestimmt.

W. Schramm B 225◇

0748 **Stereochemie der Anlagerung an die Dreifachbindung.** 7. Mitt. **Stereochemie der Hydrobromierung von Bromacetylenen unter radikalischen Bedingungen.** L. D. Bergelsson. (Nachr. Akad. Wiss. UdSSR, Abt. chem. Wiss. **1960**, 1235—40; Zelinsky-Inst. für organ. Chem. der Akad. der Wiss. der UdSSR; russ.) — 6. vgl. C. **1963**, 8893. — 1-Brom-2-methylacetylen (**I**) u. 1-Brom-2-tert.-butylacetylen (**II**) lagern HBr unter radikal. Bedingungen vorwiegend unter Bldg. der *trans-1.2-Dibromäthylene* an. Die Struktur wird IR-spektroskop. untersucht.

Versuche: *1-Brom-2-methylacetylen* (**I**), $Kp._{758}$ 64 bis 65°, durch Sättigen einer KOBr-Lsg. mit Methylacetylen unter Eiskühlung, Extrahieren mit Ae. nach 5 Std. u. Dest. unter N_2; $D._4^{25}$ 1,5230; 61% (Ausbeute). — *1-Brom-2-tert.-butylacetylen* (**II**), C_6H_9Br, $Kp._{756}$ 113°, durch Zugabe von 25 g tert.-Butylacetylen zu 300 ml 1,2n KOBr-Lsg. bei < 5°,

Stehenlassen über Nacht, 1std. Rühren bei 20°, Extrahieren mit Hexan u. Dest. unter N_2; n_D^{20} 1,4515; $D._4^{20}$ 1,216; 69%. — *trans-1.2-Dibrompropen-(1)* (**III**), a) Kp.$_{61}$ 63—65°, durch 20 Min. langes UV-Bestrahlen eines bei —60° hergestellten Gemisches aus 12 g **I** in 50 ml Pentan u. 0,05 Mol HBr in 25 ml Pentan, Erwärmen im Dunkeln auf 0° u. Dest. unter N_2; n_D^{20} 1,5302; 9,2 g; enthält 15 ± 2% *cis-1.2-Dibrompropen-(1)* u. etwas *1.1-Dibrompropen-(1)*; b) Kp.$_{30}$ 40—44°, analog, aber ohne Lsgm.; n_D^{20} 1,5321; 6,5 g; enthält 85 ± 10% **III**. — *trans-1.2-Dibrom-1-tert.-butyläthylen* (**IV**), Kp.$_{16}$ 68—70°, a) aus 16 g **II** u. 4 g gasförmigem HBr bei —75° unter UV-Bestrahlung; n_D^{20} 1,5178; 75%; b) analog in Pentan; 10,7 g; enthält 95 ± 5% **IV**. — *cis-1.2-Dibrom-1-tert.-butyläthylen* (**V**), Kp.$_{16}$ 72—73,5°, aus 16 g **II**, 0,3 g Diphenylamin u. 4 g gasförmigem HBr bei —78° (4 Std.); n_D^{20} 1,5129; 6,6 g; enthält 70 ± 7% **V**. — *β.β-Dimethylbuttersäure-p-phenylphenacylester*, $C_{20}H_{22}O_3$, F. 90—90,5° (60%ig. A.), durch Extrahieren des vorst. erhaltenen Rk.-Gemisches mit $NaHCO_3$-Lsg., Ansäuern mit verd. HCl, Extrahieren mit Ae., Eindampfen (Öl, Kp. 185—190°), Neutralisieren mit 1%ig. NaOH, Ansäuern mit 1%ig. HCl u. 2std. Kochen mit 1,4 g p-Phenyl-ω-bromacetophenon in 30 ml Äthanol. B. Celms B 225△

0749 **β-Lactame.** 3. Mitt. **Reaktionsmechanismus.** I. L. Knunjanz, E. Je. Rytzlin und N. P. Gambarjan. (Nachr. Akad. Wiss. UdSSR, Abt. chem. Wiss. **1960**, 527—34; Inst. für elementorgan. Verbb. der Akad. der Wiss. der UdSSR; russ.) — Die früher (C. **1956**, 9436) beschriebene Meth. zur Darst. von *β-Lactamen* (**A**) aus *β*-Bromhydrozimtsäureaniliden (**B**) läßt sich auch in organ. Lsgm. in Ggw. von NaOH, KOH oder LiOH durchführen, wobei die Ausbeute an **A** in aliphat. Ketonen am höchsten ist (höher als in fl. NH_3). Bei Verw. von Alkoholen als Lsgm. oder als Zusatz zu anderen Lsgm. ebenso wie in Ggw. von tert. Aminen oder Alkoholat, entstehen vorwiegend *Zimtsäureanilide*. Die Ausbeute an **A** wird durch Best. der bei der alkal. Hydrolyse erhaltenen *β-Aminosäuren* festgestellt, die Rk.-Geschw. durch Best. des freiwerdenden Bromids nach Volhardt. Die Rk. verläuft als bimol. nucleophile Substitution 2. Ordnung in 2 Stufen: Enolisierung von **B** in Ggw. von Alkali unter Bldg. des Imidsäurealkalisalzes u. Cyclisierung unter Abspaltung von Alkalibromid, wobei die Geschw. der 1. Stufe von der Acidität von **B** u. die der 2. von der Rk.-Fähigkeit der Imidsäure abhängt. Durch Einführung von Substituenten 1. Ordnung in p-Stellung des an N gebundenen Phenylrestes wird der nucleophile Angriff des *β*-C-Atoms auf den N erleichtert (Erhöhung der Geschw. der 2. Stufe), während durch solche 2. Ordnung die Acidität von **B** u. damit die Geschw. der 1. Stufe vergrößert wird. Nicht zur Enolisierung befähigte Säureamide, z. B. α.β-Dibrom-β-phenyläthansulfonsäurecyclohexylamid, werden unter den gegebenen Rk.-Bedingungen nur dehydrohalogeniert.

Versuche: *β-Bromhydrozimtsäure* (**I**), *p-Toluidid*, $C_{16}H_{16}BrNO$, F. 127—128° (A.) (Darst. vgl. C. **1956**, 9436). *p-Anisidid*, $C_{16}H_{16}BrNO_2$, F. 128—129° (A.). *p-Bromanilid*, $C_{15}H_{13}Br_2NO$, F. 204—205° (abs. A.), durch 12std. Kochen von 5 g **I**-Anilid mit 4,3 g N-Bromsuccinimid in 160 ml CCl_4; 80% (Ausbeute). *p-Carbäthoxyanilid*, $C_{18}H_{18}BrNO_3$, F. 144 bis 145° (A.). *p-Nitroanilid*, $C_{15}H_{13}BrN_2O_3$, F. 207—210° (A.). *α-Naphthylamid*, $C_{19}H_{16}BrNO$, F. 191—193°(A.). — *β-Bromzimtsäure, p-Toluidid*, $C_{16}H_{14}BrNO$, F. 162—163,5° (wss. A.). *p-Anisidid*, $C_{16}H_{14}BrNO_2$, F. 154—155° (Isobutanol). *p-Bromanilid*, $C_{15}H_{11}Br_2NO$, F. 190—192° (Isopropanol). *p-Carbäthoxyanilid*, $C_{18}H_{16}BrNO_3$, F. 171—172° (wss. A.). *p-Nitroanilid*, $C_{15}H_{11}BrN_2O_3$, F. 222—224° (A.). *α-Naphthylamid*, $C_{19}H_{14}$·BrNO, F. 179—180° (A.). — 4-Phenylazetidinone-(2): Durch Einw. von KNH_2 auf **A** in fl. NH_3 (Meth. **C**) oder durch 1std. Stehenlassen von 0,002 Mol **A** in 100 ml 70%ig. Dioxan mit 16 ml 0,25n LiOH bei 0° (Meth. **D**): *1-p-Tolyl-*, $C_{16}H_{15}NO$, F. 126—128° (A.); nach **C**; 81,3%; daneben 8,4% *Zimtsäure-p-toluidid* u. 3% *β-Toluidinohydrozimtsäure*; nach **D** in 1 Std. 57%. — *1-p-Methoxyphenyl-*, $C_{16}H_{15}NO_2$, F. 95—97° (Isopropanol), nach **C**; 84,1%; nach **D** in 1 Std. 52,5%. — *1-[p-Bromphenyl]-*, $C_{15}H_{12}BrNO$, F. 124—126° (Isopropanol), nach **C** 63%; daneben 13% *Zimtsäure-p-bromanilid* u. 21% harzige Rückstände; nach **D** in 10 Min. 81%. — *1-[p-Carbäthoxyphenyl]-* (**II**), $C_{18}H_{17}NO_3$, F. 137—138° (A.), nach **C** 66%; daneben 10,6% *Zimtsäure-p-carbäthoxyanilid*; nach **D** in 60 Min. 99,5%. — *1-[p-Carboxyphenyl]-*, durch Verseifung vorst. Verb. mit alkohol. Alkali; 22,8%. — *1-[p-Nitrophenyl]-*, $C_{15}H_{12}N_2O_3$, F. 132—134° (A.), nach **C** 54,0%; daneben 16,6% *Zimtsäure-p-nitroanilid* u. 11% *β-[p-Nitroanilino]-hydrozimtsäure-p-nitroanilid*; nach **D** in 30 Min. 100%. — *1-[α-Naphthyl]-*, $C_{19}H_{15}NO$, F. 188—189° (A.), nach **C** 63%; nach **D** in 60 Min. 60,4%. — *β*-Arylaminohydrozimtsäuren: *p-Tolyl-*, $C_{16}H_{17}NO_2$, F. 136—137° (A.). — *p-Bromphenyl-*, $C_{15}H_{14}BrNO_2$, F. 136—138° (A.). — *p-Carboxyphenyl-*, $C_{16}H_{15}NO_4$, F. 183—187° (wss. A.), durch Hydrolyse von **II**. — *p-Nitrophenyl-*, *K-Salz*, $C_{15}H_{13}KN_2O_4$. *p-Nitroanilid*, $C_{21}H_{18}N_4O_5$, F. 147—148° (Chlf.). — *α-Naphthyl-*, $C_{19}H_{17}NO_2$, F. 164—165° (Bzl.-PAe.). — *ω-Cyclohexylaminosulfonylstyrol* (**III**), $C_{14}H_{19}NO_2S$, F. 114—115° (abs. A.), durch langsame Zugabe von 13,5 g Cyclohexylamin zu 13,7 g ω-Chlorsulfonylstyrol in 30 ml Bzl. u. Abdampfen des Bzl.; 45%; daneben 16,5% *β-Phenyl-β-cyclohexylaminoäthansulfonsäurecyclohexylamid*, $C_{20}H_{32}N_2O_2S$, F. 115—116° (A.); *Hydrochlorid*, $C_{20}H_{33}ClN_2O_2S$, F. 217—218°. — *β-Phenyl-α.β-dibromäthansulfonsäurecyclohexylamid*, $C_{14}H_{19}Br_2NO_2S$, F. 127—129° (A.), durch 3std. Stehenlassen von 1,35 g **III** in 50 ml Eisessig u. 8 ml 10%ig. Br_2–Eisessig-Lsg. am Sonnenlicht; 78%. — *ω-Brom-ω-cyclohexylaminosulfonylstyrol*, C_{14}·$H_{18}BrNO_2S$, F. 116—117° (abs. A.), a) aus vorst. Verb. nach **C**; 94%; b) aus 0,5 g vorst. Verb. in 20 ml abs. A. u. 1,5 ml 1n KOH in abs. A., Zugabe von 10 ml W. nach 10 Min.; 70%; c) aus 0,53 g vorst. Verb. u. 0,5 g KOH in 20 ml Aceton; 50%. I. Schade B 225△

0750 **Photolyse von Alkylnitriten. Der Primärprozeß bei tert.-Butylnitrit bei 3660 Å.** G. R. McMillan. (J. physic. Chem. **67**, 931—32, 1963; Clarkwood, Tex., Celanese Corp. of America, Celanese Chem. Co.; engl.) — Die mittlere Quantenausbeute der Photolyse von *tert.-Butylnitrit* (**I**) in Ggw. von ^{15}NO bei 25°, P_{NO} 14,5—44,0, P_I 14,5—33,5, Bestrahlungsdauer 540—1200 s, betrug 0,98. In geringer Ausbeute (G = 0,04) wird Aceton (**II**) gebildet. Der Primärschritt ist wahrscheinlich **I** + h$\nu \rightarrow (CH_3)_3CO\cdot$ + NO. Die geringe Menge von gebildetem **II** entsteht vielleicht durch Zerfall angeregter $(CH_3)_3CO$-Radikale. W. Schramm B 226◇

0751 **Photochemische Synthesen.** 1. Mitt. **Die Reaktion der Aldehyde und Ketone mit Cycloalkenen.** P. de Mayo, J. B. Stothers und W. Templeton. (Canad. J. Chem. **39**, 488—97, 1961; London, Ontario, Univ. of Western Ontario, Dep. of Chem.; engl.) — Die UV-Bestrahlung von *Dialkylketonen* in Cyclohexen führt zur Bldg. von Cyclohexenyldialkylcarbinolen. Die Verw. von Aldehyden führt bei komplexer Rk. (parallel laufende Kharasch-Addition) zur Bldg. der entsprechenden sek. Alkohole. Der Mechanismus der Alkohol-Bldg. wurde durch Verw. von opt.-akt. *Carvomenthen* untersucht, wobei intermediäres Cyclohexenylradikal nachgewiesen werden konnte. Entstehen u. Struktur eines Biscarbinol-Nebenprod. wird diskutiert (untersuchte Verbb. im Vers.-Teil).

Versuche: *Cyclohexen-(2)-yldimethylcarbinol* (**I**), C_9·$H_{16}O$, Kp.$_{30}$ 82°, n_D^{21} 1,4740, durch 100std. Bestrahlung (BS) bei 20° einer Lsg. von Cyclohexen (Cy) in Aceton (Lsg. A), Abdampfen des Lsgm., Vakuum-Dest. u. gas-fl. chromatograph. Trennung; 30% (Ausbeute); *3.5-Dinitrobenzoat*, $C_{16}H_{18}N_2O_6$, F. 121—124° (Chlf./Methanol). — *3.3'-Bicyclohexenyl* (**II**), Kp.$_{130}$ 167—170°, Kp.$_{18}$ 108—109°, n_D^{24} 1,5050, neben vorst. Verb. u. durch chromatograph. Trennung der BS-Prodd. aus Lsgg. nachst. Verbb.; Tetrabromide, FF. 158 bis 160 u. 191,5—192,5°. — *trans-1.2-Bis-[2-hydroxypropyl-(2)]-cyclohexan*, Kp.$_{150}$ 133—138°, aus Lsg. A durch a) 38std. BS bei Siede-Temp., b) 40std. BS bei Raum-Temp. in Ggw. von überschüssigem O_2 u. Isolierung analog vorst. Verb.; *3.5-Dinitrobenzoat*, $C_{26}H_{28}N_4O_{12}$, F. 111—113° (Methanol). — *3-Cyclohexen-(2')-ylpentanol-(3)*, $C_{11}H_{20}O$, Kp.$_{50}$ 140°, n_D^{23} 1,4823, analog **I** durch 138std. BS von Diäthylketon in Cy (neben **II**). — *4-Cyclohexen-(2')-ylheptanol-(4)*, $C_{13}H_{24}O$, n_D^{23} 1,4790, analog durch 72std. BS von Di-n-propylketon in Cy (neben **II**). — *2-[2-Hydroxypropyl-(2)]-carvomenthen*, $C_{13}H_{24}O$, analog durch 290std. BS von Aceton in (+)-Carvomenthen (Lsg. B). — *2-Acetyl-6-isopropyl-p-cymol*, aus vorst. Verb. durch 4std. Dehydrierung an Pd/C u. Acetylierung nach Pines (vgl. J. Amer. chem. Soc. **70**, [1948], 3859); *2.4-Dinitrophenylhydrazon*, F. 161—165° (Chlf./A.). — *$\Delta^{1,7}$-p-Menthen*, n_D^{25} 1,4578, durch 45std. BS von Lsg. B. — *Cyclohexylcyclohexanon*, Kp.$_{20}$ 145—146°, n_D^{23} 1,4970, durch 40std. BS von Cyclohexanon in Cy (Lsg. C) bei Siede-Temp. (neben **II** u. nachst. Verbb.); *2.4-Dinitrophenylhydrazon*, $C_{18}H_{24}N_4O_4$, F. 172—175° (Chlf./A.), orangefarben. — *Cyclo-*

hexyl-n-capronat, $C_{12}H_{22}O_2$, Kp.$_7$ 125°, n_D^{24} 1,4513, neben II u. vorst. Verb. aus Lsg. C; *3.5-Dinitrobenzoat*, F. 109—111°; *p-Bromphenacylester*, F. 70—71°. — *Äthylcyclohexylketon*, Kp.$_{15}$ 71—73°, n_D^{25} 1,4547, neben II u. nachst. Verb. durch 24std. BS von Propionaldehyd in Cy (Lsg. D); *2.4-Dinitrophenylhydrazon*, $C_{15}H_{20}N_4O_4$, F. 149—151° (Bzl.). — *1-Cyclohexen-(2')-ylpropanol-(1)*, Kp.$_{11}$ 87—88°, n_D^{25} 1,4772, analog aus Lsg. D; *3.5-Dinitrobenzoat*, $C_{16}H_{18}N_2O_6$, F. 74—78°. — *Methylcyclohexylketon*, n_D^{25} 1,4498, neben II u. nachst. Verb. durch 65std. BS von Acetaldehyd in Cy (Lsg. E); *Semicarbazon*, F. 172,5—173,5°. — *1-Cyclohexen-(2')-yläthanol-(1)*, $C_8H_{14}O$, Kp.$_{13}$ 88—90°, n_D^{21} 1,4798, analog aus Lsg. E; *3.5-Dinitrobenzoat*, $C_{15}H_{16}N_2O_6$, F. 75,5—76,5° (PAe.).
O. Jansen B 226◇

0752 **Synthese von Dimethylcyclohexadien und Vinylcyclohexen durch Dimerisierung von Butadien.** Ja. M. Pauschkin, A. G. Juswjak und A. I. Rubinstein. (Ber. Akad. Wiss. UdSSR **144**, 581—84, 1962; Gubkin-Inst. der petrochem. u. Gasind.; russ.) — Die Synth. von *1.3-Dimethylcyclohexadien* (**I**; Kp. 123—128°; D.$_4^{20}$ 0,8240; n_D^{20} 1,4633) u. *Vinylcyclohexen* (**II**) durch Dimerisierung von Butadien bei 350—500° u. der Einfl. der Rk.-Bedingungen auf die Ausbeute an **I** u. **II** wurden untersucht. Die thermodynam. Konst. der Bldg. von **I** u. **II** wurden berechnet. Bei einer Vol.-Geschw. von 28 Std.$^{-1}$ betragen die Ausbeuten an **I** u. **II** bei 350° 8,3 bzw. 14,4%, bei 500° 1,0 bzw. 5,0%. Als Neben-Prodd. werden fl. Polymere, vor allem polymeres **I** u. **II**, erhalten. Maximale Ausbeuten von 10% **I** u. 45% **II** werden bei 400—420°/3 at u. einer Vol.-Geschw. von 11 Std.$^{-1}$ erzielt. Helmut Schäfer B 227△

0753 **Hydrierung ungesättigter Verbindungen in Gegenwart von kolloidalem Palladium.** 14. Mitt. **Einige Besonderheiten der Hydrierung disubstituierter Allenkohlenwasserstoffe.** Ch. W. Baljan, A. A. Petrow, N. A. Borowikowa, W. A. Kormer und T. W. Jakowlewa. (J. allg. Chem. [UdSSR] **30** (**92**), 3247—53, 1960; Leningrad, Technol. Lensowjet-Inst.; russ.) — 13. vgl. C. **1961**, 10147. — Die Hydrierung von *Octadien-(3.4)*, *Nonadien-(3.4)* (**I**), *Decadien-(3.4)*, *7-Methyloctadien-(2.3)* u. *-(3.4)*, *6.6-Dimethylheptadien-(2.3)* u. *7.7-Dimethyloctadien-(3.4)* an Pd wurde untersucht. Die H_2-Aufnahme erfolgt mit progressiver Geschw. bis zur Aufnahme von 1 Mol H_2, wonach die Rk.-Geschw., bes. bei den verzweigten Dienen, stark absinkt. Nach Hydrierung von **I** mit 1 Mol H_2 enthält das Red.-Gemisch Nonen-(3) u. Nonen-(4), wie durch Ozonolyse festgestellt wird. Die Hydrierung von *Octatrien-(1.3.4)*, *Decatrien-(1.3.4)*, *3-Methyloctatrien-(1.3.4)* u. *8-Methylnonatrien-(1.3.4)* (**II**) erfolgt analog. Die Hydrierungs-Geschw. sinkt nach der Aufnahme von 2 Mol H_2 stark ab. Wie UV-spektroskop. gezeigt werden konnte, wird das 1. Mol H_2 an **II** in 1.4-Stellung unter Bldg. des entsprechenden 2.4-Diens angelagert. Helmut Schäfer B 227△

0754 **Versuch einer direkten Hydratisierung von Vinylacetylen an Ionenaustauscherharzen.** Ch. A. Grigorjan, A. A. Panfilow und W. I. Issaguljanz. (Ber. Akad. Wiss. ArmenSSR **35**, 33—36, 1962; Armen. Forschungs-Inst., Chimprojekt; russ.) — Bei der Hydratisierung von Vinylacetylen (**I**) an dem mit HgO behandelten Kationenaustauscher KU-2 bei 50—90° entstehen bei einem Umwandlungsgrad von **I** bis zu 15% in 88—92%ig. Ausbeute *Butanon-(3)-ol-(1)* (**II**), wenig *Acetoin* sowie *Vinylmethylketon*. Erhöhung der Temp., der Katalysatormenge u. Verminderung der Einleit-Geschw. von **I** erhöhen den Umwandlungsgrad von **I**. **II** läßt sich durch Erhitzen mit KU-2 auf 110—120° prakt. vollständig dehydratisieren. Helmut Schäfer B 227△

0755 **Einfluß der Struktur alkylaromatischer Kohlenwasserstoffe auf die Kinetik ihrer Dehydrierung.** O. K. Bogdanowa, A. A. Balandin und I. P. Belomesstnych. (Ber. Akad. Wiss. UdSSR **146**, 1327—30, 1962; russ.) — Die Geschw. der katalyt. Dehydrierung am Oxidkontakt bei 500 bis 600°, der Vol.-Geschw. 0,8—1,0 Std.$^{-1}$ u. Verdünnung mit 2—3 Gew.-Teilen Wasserdampf nimmt in der Reihe *5-Isopropyl-m-xylol* > *m-Isopropyltoluol* > *5-Äthyl-m-xylol* ab. Die Aktivierungsenergie wurde entsprechend zu 26,3, 32,7 bzw. 32,2 kcal/Mol berechnet. Die Temp.-Abhängigkeit der Geschw.-Konst. gehorcht der Arrhenius-Gleichung. Bei der Dehydrierung entstehen ohne merkliche Bldg. von Nebenprodd. m-Isopropenyltoluol, 5-Isopropenyl-m-xylol u. 5-Vinyl-m-xylol. Die relativen Adsorptions-Koeff. sowie ΔF- ΔH- u. ΔS-Werte der Adsorptionsverdrängung wurden berechnet.
Helmut Schäfer B 227△

0756 **Über den Mechanismus der Oxydation durch Kupfer(I)-chlorid, Pyridin und Luft.** 1. Mitt. **Die Eigenschaften der Reaktion.** Keizō Kinoshita. (Bull. chem. Soc. Japan **32**, 777—80, 1959; Sakyo-ku, Kyoto, Univ., School of Gen. Studies, Labor. of Chem.; engl.) — Vgl. Kinoshita, C. **1950/54**, 3146 S. — Bei der Luftoxydation von *Anilin* (**I**) in Pyridin (Py), katalysiert durch Cu_2Cl_2, entsteht in 60%ig. Ausbeute Azobenzol. Das wirksame Oxydationsmittel ist dabei ein Cu_2Cl_2–Py-Komplex: Oxydationsmittel A (**II**), hergestellt durch 3std. Luftoxydation einer Mischung aus Py u. Cu_2Cl_2 bei Raum-Temp., wie durch Oxydation von **I** mit **II** in N_2-Atmosphäre bewiesen wurde. Ein Überschuß an Methanol setzt die Ausbeute stark herab. Ein Überschuß an saurer Substanz (Essigsäure) läßt **II** seine katalyt. Wirksamkeit verlieren. Ein anderes Oxydationsmittel B (**III**) wird durch Kochen von $CuCl_2$ in Py u. Zutropfen von KOH in Methanol hergestellt. Vf. vermutet die Bldg. eines Hydroxy–$CuCl_2$-Komplexes nach: $2\ Cu^{2+} + 4\ Py + 2\ OH^- \rightleftharpoons Py_2Cu(OH)_2 \cdot CuPy_2^{2+}$. Bei der Luftoxydation von **I** mit **III** wurden Azobenzol in 45%ig. Ausbeute, bei der von *Benzil* Benzoesäure in 57%ig. Ausbeute erhalten, die sich bei höherem KOH-Geh. der Lsg. erhöhte. Die Wrkg. von Basen auf **II** u. **III** wurde untersucht. Beim Zufügen äquimol. Mengen KOH wurden beide Komplexe zerstört. Bei Behandlung mit überschüssigem $(C_2H_5)_2NH$ wurde die Ausbeute der Benzoesäure (90%) sogar erhöht. Bei Zusatz von $(C_2H_5)_3N \cdot HCl$ scheidet sich $(C_2H_5)_3N$ ab u. die katalyt. Wrkg. geht verloren. **II** u. **III** sind sich sehr ähnlich in ihren Eigg.; sie sind starke Basen, stärker als $(C_2H_5)_3N$ u. haben ähnliche katalyt. Wirkung.
R. Henning B 227◇

0757 **Über den Mechanismus der Oxydation durch Kupfer(I)-chlorid, Pyridin und Luft.** 2. Mitt. **Der Mechanismus der Bildung von Azobenzol aus Anilin.** Keizō Kinoshita. (Bull. chem. Soc. Japan **32**, 780—83, 1959; engl.) — 1. vgl. vorst. Referat. — Bei der Luftoxydation von *Anilin* (**I**) in Pyridin (Py), katalysiert durch Oxydationsmittel C, [Cu(I)-Acetat–Py-Komplex], dargestellt aus $Cu(CH_3COO)_2$, metall. Cu u. Py durch Kochen der Mischung oder durch Oxydationsmittel D [Hydroxy–Cu(II)-Acetat–Py-Komplex], dargestellt aus $Cu(CH_3COO)_2$, Py u. Zutropfen von KOH in Methanol, entstand in beiden Fällen kein Azobenzol (**II**). Vf. erklärt das damit, daß der Acetatrest in den Komplexen nicht durch **I** ersetzt werden kann u. diese neuen Komplexe nicht weiter zu **II** reagieren können. Luftoxydation von Hydrazobenzol (**III**) mit Oxydationsmittel A (vgl. l. c.) ergab fast quant. **II**, woraus geschlossen wird, daß **III** als Zwischen-Prod. bei der Luftoxydation von **I** auftritt. Vf. diskutiert mehrere Zwischenkomplexe für den Rk.-Mechanismus der Luftoxydation von **I** zu **II**. Bei der Luftoxydation von p-substituierten Anilinen [*p-Toluidin* → 4.4'-Azotoluol, *p-Anisidin* (**IV**) → 4.4'-Azoanisol (**V**)] sind die Ausbeuten sehr hoch, bei o-substituierten [*o-Toluidin* → 2.2'-Azotoluol, *o-Anisidin* → 2.2'-Azoanisol] sehr gering, was durch ster. Hinderung der o-Substituenten erklärt wird. Bei der Luftoxydation einer äquimol. Mischung von **I** u. **IV** wird bevorzugt **V** gebildet.
R. Henning B 227◇

0758 **Über den Mechanismus der Oxydation durch Kupfer(I)-chlorid, Pyridin und Luft.** 3. Mitt. **Über den Mechanismus der oxydativen Spaltung von Benzil, α-Methylbenzoin und Hydrobenzoin.** Keizō Kinoshita. (Bull. chem. Soc. Japan **32**, 783—87, 1959; engl.) — 2. vgl. vorst. Referat. — Bei der Luftoxydation von *Benzil* (**I**) in Pyridin, katalysiert durch die Oxydationsmittel A, B, C u. D (vgl. l. c.) entsteht in guter Ausbeute Benzoesäure. Bei Zusatz von $(CH_3)_3N \cdot HCl$ geht auch die katalyt. Wrkg. von C u. D verloren, u. CH_3OH verzögert die Reaktionen. Die Luftoxydation von Hydrobenzoin (**II**) u. α-Methylbenzoin (**III**) wird nur von A u. B katalysiert, wobei aus **II** Benzaldehyd u. aus **III** Acetophenon u. Benzoesäure entstehen. Auch hier verzögert CH_3OH die Reaktionen. Die Mechanismen dieser Rkk. werden beschrieben unter Annahme verschiedener Zwischenkomplexe, wobei angenommen wird, daß die oxydative Spaltung von **I**, **II** u. **III** nach dem gleichen Mechanismus wie die oxydative Dimerisation von Anilin (vgl. l. c.) verläuft.
R. Henning B 227◇

C. Präparative organische Chemie, Naturstoffe

0759 **Nomenklatur der Steroidsapogenine.** G. P. Mueller und G. R. Pettit. (Experientia [Basel] **18,** 404—05, 1962; Rockland, Marine Colloids, Inc., Res. Div.; Orono, Maine, Univ. of Maine, Dep. of Chem.; engl.) — Vff. schlagen vor, die Benennung der Steroidsapogenine unter Benutzung der Bezeichnungen *Spirostan* u. *Furostan*, wenn nötig durch die Präfixe 5α, 5β, 25 R u. 25 S modifiziert, vorzunehmen.

W. Schicke 450◇

0760 **Katalytische Hydrogenolyse von Hydroxamsäuren zu Amiden.** Robert M. Gipson, Flora H. Pettit, Charles G. Skinner und William Shive. (J. org. Chemistry **28,** 1425—26, 1963; Austin, Tex., Univ. of Texas, Clayton Foundation Biochem. Inst. and Dep. of Chem.; engl.) — Durch katalyt. Hydrierung von Hydroxamsäuren an Raney-Ni bei Raum-Temp. werden zahlreiche *Säureamide* dargestellt.

Versuche: *Laurinamid*, F. 101—102°, durch 3std. Schütteln von Laurinhydroxamsäure in Raney-Ni in A. im Parr-App. bei 50 lb./sq. in. H_2-Druck (bis zum negativen Ausfall der $FeCl_3$-Rk.), Einengen u. Fällen mit W.; 97% (Ausbeute). — Analog: *Acetamid*, in 1¼ Std.; 96%. — *Caprinamid*, in 1 Std.; 85%. — *Adipindiamid*, in 1½ Std.; 76%. — *L-Glutamin*, in 3 Std.; 80%. — *Cyclohexancarbonsäureamid*, in 3 Std.; 81%. — *Benzamid*, in 18 Std.; 78%. — *o-Aminobenzamid*, in 12 Std.; 82%. — *Nicotinamid*, in 20 Std.; 84%.

G. Fischer 460◇

0761 **Über den Mechanismus der Carboxyl-Kondensation mit Carbodiimiden.** Gábor Doleschall und Károly Lempert. (Tetrahedron Letters [London] **1963,** Nr. 18, 1195—99; Budapest, TU, Dep. of organ. Chem.; engl.) — Durch Rk. von K-Anthranilat mit C_6H_5NCS wird *o-[3-Phenylthioureido]-benzoesäure* [**I**; $C_{14}H_{12}N_2O_2S$, F. ca. 280° (Zers. ab 160°)] dargestellt, die durch Abspaltung von H_2S mittels HgO in Aceton in *1.2-Dihydro-2-phenylimino-4H-3.1-benzoxazinon-(4)* [**II**; $C_{14}H_{10}N_2O_2$, F. 192—193° (Bzl.); *Hydrochlorid*, F. 265—270° (Zers. ab 170°)] übergeht. Die Struktur von **II** wird durch das IR-Spektrum gestützt. **II** reagiert im Gegensatz zu 1.2-Dihydro-2-imino-4H-3.1-benzoxazinon-(4) (vgl. Lempert u. Doleschall, Tetrahedron Letters [London] **1963,** Nr. **12,** 781) nicht mit Alkoholen; das Hydrochlorid von **II** dagegen wird in sd. W. oder CH_3OH zu *o-[3-Phenylureido]-benzoesäure* (**III**), F. 183—184° (wss. A.), oder **III**-*Methylester*, F. 143—144° (Ligroin) gespalten. Mit Benzylamin gibt **II** in abs. Dioxan durch Kochen oder bei Raum-Temp. *N-Benzyl-o-[3-phenylureido]-benzamid*, $C_{21}H_{19}N_3O_2$, F. 194—195° (50%ig. wss. Dioxan). Die Bldg. von **II** u. seine durch Säure katalysierten Spaltungs-Rkk. stützen die von Smith u. Mitarbeitern (J. Amer. chem. Soc. **80,** [1958], 6204) aufgestellte Hypothese für die Rk. von Carbonsäuren mit Alkoholen u. a. nucleophilen Verbb. in Ggw. von Carbodiimiden über o-Acylisoharnstoffe. — Neben **I** bildet sich *1.2.3.4-Tetrahydro-4-oxo-3-phenyl-2-thionochinazolin*, das von **I** durch Behandeln der alkal. Lsg. des Rohprod. mit CO_2 u. dann mit HCl bei 0° abgetrennt wird. **II** wird durch Behandeln der Aceton-Lsg. mit PAe. gereinigt.

L. Hoppe 470◇

0762 **Untersuchungen über die Biosynthese von Nucleinsäuren.** 4. Mitt. **Synthese von markiertem 4-Aminoimidazol-5-carbonsäureamid aus ^{14}C-Bariumcarbonat.** Teruhisa Noguchi. (Pharmac. Bull. [Tokyo] **4,** 130—32, 1956; Tokyo, Univ. of Tokyo, Med. Fac., Biochem. Inst.; engl.) — 3. vgl. C. **1964,** 14-1072. — Zwecks Verfolgung der Biosynth. von Polynucleotidpurinen u. der Unters. des Einfl. von Antimetaboliten auf die Biosynth. wird *$^{14}C_{(4)}$-4-Aminoimidazol-5-carbonsäureamidhydrochlorid* dargestellt.

Versuche: *$Na^{14}CN$*, durch Verreiben von $Ba^{14}CO_3$ mit Zn u. Na, 4std. Erhitzen im Porzellanschiffchen in einer NH_3-Atmosphäre im Quarzrohr auf 650°, Lösen in W., Ansäuern mit H_2SO_4, Dest. der $H^{14}CN$ in 1n NaOH u. Eindampfen im Vakuum; 95% (Ausbeute). — *$^{14}C_{(3)}$-Cyanessigsäureäthylester*, $Kp._{20}$ 104°, durch 10 Min. langes Erhitzen vorst. Verb. mit Na-Chloracetat auf 70—80° u. Verestern; 85%. — *$^{14}C_{(1)}$-Malonsäuremonoimidsäurediäthylester, Hydrochlorid*, F. 99 bis 100°, durch Einleiten von HCl in eine Suspension vorst. Verb. in abs. A. u. abs. Ae. unter Kühlen mit Eis/NaCl; 92%. — *$^{14}C_{(1)}$-Aminocarbonylacetamidin, Hydrochlorid*, F. 174—175°, durch Suspendieren vorst. Verb. in mit NH_3 gesätt. abs. A., 20 Min. langes Schütteln unter NH_3 u. 5tägiges Stehen im verschlossenen Gefäß bei Raum-Temp.; 87%. — *$^{14}C_{(1)}$-α-Phenylazo-α-aminocarbonylacetamidin, Hydrochlorid*, F. 199 bis 200°, durch Kuppeln von vorst. Verb. mit Benzoldiazoniumchlorid nach Show u. Woolley (J. Biol. Chem. **181,** [1949], 89); aus A. gelbe Nadeln; 90,5%. — *$^{14}C_{(1)}$-α-Formamido-α-aminocarbonylacetamidin, Hydrochloridhemihydrat*, F. 93—95° (abs. A./abs. Ae.), durch Red. vorst. Verb. mit Zn/93%ig. Ameisensäure bei 45—48°; 60,5%. — *$^{14}C_{(4)}$-4-Aminoimidazol-5-carbonsäureamid, Hydrochlorid*, $C_4H_7Cl \cdot N_4O$, F. 255—256°, durch Schmelzen vorst. Verb. bei 100°, Erhitzen auf 170°, Reinigung über das Pikrat u. Fällen aus A. mit äther. HCl; 65,2%. *Pikrat*, F. 237—238°.

Klaus Lange 480△

0763 **Synthese von ^{131}J-markiertem Jodatebrin.** Hans Medenwald. (Med. u. Chem. **5,** 206—10, 1956; Leverkusen, Farbenfabrik Bayer; dt.) — Die Darst. von *^{131}J-markiertem Jodatebrin* aus 4-Anisidin wird beschrieben.

Versuche: *4-Methoxy-3'-nitro-6'-carboxydiphenylamin*, durch Kondens. von 4-Anisidin mit 2-Chlor-4-nitrobenzoesäure. — *2-Methoxy-6-nitro-9-chloracridin*, F. 215°, durch Erwärmen vorst. Verb. mit $POCl_3$; aus Pyridin gelbe Nadeln. — *2-Methoxy-6-nitroacridin*, F. 320°, durch mehrstd. Kochen vorst. Verb. mit 20%ig. HCl; aus Pyridin orangefarbene Kristalle. — *2-Methoxy-6-aminoacridin*, F. 290° (Zers.), durch katalyt. Red. vorst. Verb. in Tetrahydrofuran an Raney-Ni; aus Nitrobenzol gelbe Nadeln. — *^{131}J-2-Methoxy-6-jodacridin*, F. 270°, durch Diazotieren von 0,96 g vorst. Verb. u. Umsetzen mit $Na^{131}J$; 1,2 g (Ausbeute). — *^{131}J-2-Methoxy-6-jod-9-chloracridin*, F. 164—165° (A.), durch ½std. Kochen von 1,2 g vorst. Verb. mit $POCl_3$, Kühlen, Filtrieren, Zugabe von kaltem NH_4OH u. Absaugen; 0,85 g. — *^{131}J-Jodatebrindihydrochlorid*, F. 200° (Zers.), durch Lösen von 0,85 g vorst. Verb. in Phenol bei 100°, 1std. Zugabe von 1-Diäthylamino-4-aminopentan bei 100°, Versetzen mit verd. NaOH, Extrahieren mit Ae. u. Einleiten von HCl; 1,1 g.

W. Hampel 480△

0764 **Über die Hydrierung von Monovinylacetylen.** H. Albrecht. (Mber. dtsch. Akad. Wiss. Berlin **3,** 714—18, 1961; Schkopau, VEB Chem. Werke Buna u. Dt. Akad. Wiss., Inst. für organ. Chem., Forsch.-Gemeinschaft; dt.) — Die Hydrierung von Vinylacetylen (**I**) in A. bei 25° an Pd–$BaSO_4$ lieferte gemäß der gaschromatograph. Analyse maximal 69% *Butadien-(1.3)* (**II**) neben 30% eines Gemisches (**B**) von *Buten-(1)* (**IV**) mit der *cis-* u. *trans-Form* von *Buten-(2)* (**V**) sowie 1% *Butan* (**III**), während an Pt-Mohr 48% **II,** 39% **B** u. 13% **III** entstanden. Bei der Verw. von Raney-Ni wurden 35% **II,** 42% **B** u. 23% **III** erhalten. Die Hydrierung von **II** an Pd–$BaSO_4$ führte zu 63,6% **IV** sowie 30,8% *trans*-**V** u. 5,6% *cis*-**V**. Butadien-(1.2) lieferte analog 44,5% **IV**, 3,3% *trans*-**V** u. 52,2% *cis*-**V**. Butin-(1) u. -(2) wurden fast quant. zu **IV** u. **V** hydriert. Die Hydrierung von **I** mit nascierendem H erfolgte dagegen nur zu **II**, während die katalyt. Red. von **I** in der Gasphase unter verschiedenen Bedingungen nicht mehr als 22% **II** neben öligen polymeren Prodd. lieferte.

T. Oppermann 520◇

0765 **Synthetische Nucleoside.** 54. Mitt. **Leichte Verdrängungsreaktionen in der D-Mannit-Reihe.** 1. Mitt. B. R. Baker und A. H. Haines. (J. org. Chemistry **28,** 438—41, 1963; Buffalo, N.Y., Univ., School of Pharm., Dep. of Med. Chem.; engl.) — Die Rk. von *3-O-Benzoyl-4-O-mesyl-1.2;5.6-di-O-isopropyliden-D-mannit* (**I**), der aus 3-O-Benzoyl-1.2;5.6-di-O-isopropyliden-D-mannit (**II**) u. Methansulfonylchlorid (**III**) erhalten wird, mit Na-Acetat in sd. Dimethylformamid (DMF) mit 0,5% Wasser-Geh. führte zu einem Gemisch zweier *Monobenzoate* des *1.2;5.6-Di-O-isopropyliden-D-talits* (**IV**), aus dem *O-Benzoyl-1.2;5.6-di-O-isopropyliden-D-talit* (**V**) vom F. 124—125° in krist. Form abgetrennt werden konnte. Dessen Verseifung ergab **IV**, das auch aus dem Gemisch der **IV**-*Monobenzoate* in 44%ig. Ausbeute erhalten werden konnte. Diese Darst.-Meth. von **IV** ist stereospezif. u. besser als die Red. des entsprechenden Ketons. **V** kann sowohl durch eine Substitutions-Rk. aus **I** nach dem S_N2-Mechanismus über das entsprechende *O-Benzoyl-O-acetyl-Deriv.*, das nur IR-spektroskop. nachgewiesen wurde, als auch unter Beteiligung der benachbarten Benzoyloxygruppe über ein Orthoesterion entstehen. **V** entsteht ebenfalls aus **I** in Ggw. von NaF in sd. DMF. Wird die stark anchimere Benzoyloxygruppe durch die Methoxygruppe ersetzt, so tritt die Substitution der Mesylatgruppe nach dem S_N2-Mechanismus in den Vordergrund. Die p-Nitrobenzoyloxygruppierung steht in bezug auf den anchimeren Charakter zwischen der Benzoyloxy- u. Methoxygruppe. Das gegenüber dem Acetation stärker nucleophile Azidion begünstigt die S_N2-Substitution der Mesylatgruppe von **I** unter Bldg. des *Azidohexits*, dessen Red. *3-Amino-3-desoxy-1.2;5.6-di-O-isopropyliden-D-altrit* liefert.

Versuche: 1.2;5.6-Di-O-isopropyliden-D-mannite: *3-O-Benzoyl-4-O-mesyl-* (**I**), $C_{20}H_{28}O_9S$, F. 73—75°, aus **II** u. **III** in Pyridin durch 24std. Rk.; $[\alpha]_D^{24}$ +13,9° (1%; Chlf.); aus PAe./Bzl. Nadeln; 96% (Ausbeute). — *3-O-Benzoyl-4-O-methyl-*, $C_{20}H_{28}O_7$, aus **II** u. CH_3J in DMF durch Zugabe von Ag_2O u. 48std. Rk.; 88%. — *3-O-Methyl-*, $C_{13}H_{24}O_6$, F. 58—59° (PAe.), durch 2std. Kochen vorst. Verb. in Methanol in Ggw. von $NaOCH_3$, Zugabe von W. u. Trockeneis; $[\alpha]_D^{24}$ —0,3° (1%; Chlf.); 46%. — *3-O-Mesyl-4-O-methyl-*, $C_{14}H_{26}O_8S$, F. 71—73° (Essigester/PAe.), aus vorst. Verb. u. **III** in Pyridin in 24 Std.; $[\alpha]_D^{24}$ +9° (1%; Chlf.); 75%. — *3-O-p-Nitrobenzoyl-*, $C_{19}H_{25}NO_9$, durch Zugabe von p-Nitrobenzoylchlorid in Pyridin zu 4,4 g 1.2;5.6-Di-O-isopropyliden-D-mannit in Pyridin, Stehen über Nacht, Zugabe von wenig W., Gießen in mit $NaHCO_3$ gesätt. Eiswasser u. Extraktion mit Chlf., Lösen des Rückstands der Chlf.-Lsg. in Methanol, Kühlen, Abfiltrieren der daneben entstandenen *Di-O-p-nitrobenzoyl-Verb.* [$C_{26}H_{28}N_2O_{12}$, F. 166—168°, $[\alpha]_D^{24}$ +37,6 (1%; Chlf.); 0,69 g], Eindampfen der Mutterlauge, Lösen in PAe./Essigester, Kühlen, Abfiltrieren von Ausgangs-Prodd. u. Eindampfen; Sirup; 34%. — *3-O-Mesyl-4-O-p-nitrobenzoyl-*, $C_{20}H_{27}NO_{11}S$, F. 94—96°, aus vorst. Verb. in Pyridin mit **III**; 55%. — *1.2;5.6-Di-O-isopropyliden-D-talit* (**IV**), F. 63—64° (PAe.), durch 22std. Kochen von **I** in DMF mit 0,5% Wasser-Geh. in Ggw. von wasserfreiem Na-Acetat, Filtrieren, Zugabe von Chlf., Waschen mit W., Lösen des zurückbleibenden Sirups (**A**) in Methanol, Zugabe von Na, Stehen über Nacht, Zugabe von W., Durchleiten von CO_2, Einengen u. Extraktion mit PAe.; 46%. *Mono-O-benzoyl-Deriv.* (**V**), $C_{19}H_{26}O_7$, F. 124 bis 125° (Essigester/PAe.), a) aus **A** durch Chromatographie; b) durch 8std. Kochen von 0,61 g **I** in DMF in Ggw. von NaF, Gießen in 1%ig. $NaHCO_3$-Lsg., Erhitzen der Lsg. auf 80° u. 24std. Stehen; $[\alpha]_D^{24}$ +15,3° (1%; Chlf.); 0,12 g. *3.4-Di-O-benzoyl-Deriv.*, $C_{26}H_{30}O_8$, F. 144—145°; $[\alpha]_D^{24}$ +55,4° (1%; Chlf.). E. Reichelt 580◇

0766 **Synthetische Nucleoside.** 55. Mitt. **Leichte Verdrängungsreaktionen in der D-Mannit-Reihe.** 2. Mitt. **Die Synthese einiger 3-Aminohexite.** B. R. Baker und A. H. Haines. (J. org. Chemistry **28**, 442—45, 1963; engl.) — 54. bzw. 1. vgl. vorst. Referat. — Die Rk. von 4-O-Benzoyl-1.2;5.6-di-O-isopropyliden-3-O-mesyl-D-mannit (**I**) mit NaN_3 in sd. Dimethylformamid (DMF) führt nach einem S_N2-Mechanismus zu einer *Azido-Verb.*, die nach Red. mit $LiAlH_4$ *3-Amino-3-desoxy-1.2;5.6-di-O-isopropyliden-D-altrit* (**II**) liefert. Die zweite Rk.-Möglichkeit über ein Orthoesteranion wird eindeutig ausgeschlossen, da in diesem Falle *3-Amino-3-desoxy-1.2;5.6-di-O-isopropyliden-D-mannit* (**III**) u. *3-Amino-3-desoxy-1.2;5.6-di-O-isopropyliden-D-idit* (**IV**) nebeneinander entstehen sollten. **III** u. **IV** werden dagegen durch 14std. Rk. von 3.4-Anhydro-1.2;5.6-di-O-isopropyliden-D-talit (**V**) mit methanol. NH_3 bei 100° erhalten. **II** läßt sich zu einem *Di-O.N-benzoyl-Deriv.* umsetzen, das durch partielle Verseifung das *N-Benzoyl-Deriv.* (**IX**) liefert, welches in *3-Benzamido-3-desoxy-1.2;5.6-di-O-isopropyliden-4-O-mesyl-D-altrit* (**VI**) übergeführt wird. **VI** gibt beim Kochen mit Na-Acetat in 2-Methoxyäthanol ein Gemisch von *3-Amino-3-desoxy-3-N.4-O-benzylidin-1.2;5.6-di-O-isopropyliden-D-idit* (**VII**) u. *3-Benzamido-3-desoxy-1.2;5.6-di-O-isopropyliden-D-idit* (**VIII**) im Verhältnis 2:1. Vermutlich entsteht **VIII** direkt aus **VI** durch S_N2-Substitution mit Acetat u. anschließende Hydrolyse, da sich **VII** u. **VIII** kaum ineinander überführen lassen. **VIII** liefert ein *Benzoyl-Deriv.*, das mit dem aus **IV** erhaltenen *Dibenzoyl-Deriv.* ident. ist.

Versuche: *3.4-Anhydro-1.2;5.6-di-O-isopropyliden-D-talit* (**V**), F. 53—55° (Methanol/W.), aus **I** durch 2std. Kochen in Methanol/Na-Methylat; 59% (Ausbeute). — 1.2;5.6-Di-O-isopropyliden-D-altrite: *3-Amino-3-desoxy-* (**II**), $C_{12}H_{23}NO_5$, F. 115—116° (Essigester/PAe.), aus **I** durch 2std. Kochen mit NaN_3 in DMF, Zugabe von Chlf., Waschen mit W., Trocknen, Eindampfen der Lsg. u. Zugabe der *Azido-Verb.* zu $LiAlH_4$ in Ae. u. 1std. Kochen; $[\alpha]_D^{26}$ 2,5° (1% Chlf.); 45% (Ausbeute). — *3-Benzamido-3-desoxy-4-O-benzoyl-*, $C_{26}H_{31}NO_7$, F. 202—203° (Methanol/W.), aus **II** u. Benzoylchlorid in Pyridin; $[\alpha]_D^{26}$ 0,5° (1%; Chlf.); 82%. — *3-Benzamido-3-desoxy-* (**IX**), $C_{19}H_{27}NO_6$, F. 95—96° (Essigester/PAe.), durch 2std. Kochen vorst. Verb. in Methanol/Na-Methylat; $[\alpha]_D^{26}$ +37,8° (1%; Chlf.); 90%. — *3-Benzamido-3-desoxy-4-O-mesyl-* (**VI**), $C_{20}H_{29}NO_8S$, F. 138—139° (Methanol/Essigester), aus **IX** mit Mesylchlorid in Pyridin in 24 Std.; $[\alpha]_D^{26}$ +24,7° (1%; Chlf.); 52%. — 1.2;5.6-Di-O-isopropyliden-D-idite: *3-Amino-3-desoxy-* (**IV**), $C_{12}H_{23}NO_5$, F. 94—96° (Essigester/PAe.), durch 14std. Erhitzen von 0,845 g **V** mit methanol. NH_3 auf 100° im Autoklaven, Abziehen des Lsgm., Lösen in Chlf. u. Chromatographie; $[\alpha]_D^{24}$ —3,9° (1%; Chlf.); 0,158 g; daneben *3-Amino-3-desoxy-1.2;5.6-di-O-isopropyliden-D-mannit* [**III**; $C_{12}H_{23}NO_5$, F. 83—85° (Essigester/PAe.), $[\alpha]_D^{24}$ +22,9° (1%; Chlf.); 0,148 g; *Dibenzoyl-Deriv.*, $C_{26}H_{31}NO_7$, F. 138—139° (Essigester/PAe.); $[\alpha]_D^{24}$ +45,8° (1%; Chlf.); 69%]. — *3-Amino-3-desoxy-3-N.4-O-benzylidin-* (**VII**), $C_{19}H_{25}NO_5$, F. 87—88° (Methanol/W.), durch 19std. Kochen von **VI** mit Na-Acetat in 2-Methoxyäthanol; $[\alpha]_D^{24}$ —46,5° (1%; Chlf.); 49%; daneben **VIII**. — *3-Benzamido-3-desoxy-* (**VIII**), $C_{19}H_{27}NO_6$, F. 122—124° (PAe./Essigester), a) aus der Mutterlauge von **VII**; 25%; b) aus nachst. Verb. analog **IX**; 65%; $[\alpha]_D^{24}$ +22,9° (1%; Chlf.). — *3-Benzamido-4-O-benzoyl-3-desoxy-*, $C_{26}H_{31}NO_7$, F. 163—164° (Essigester/PAe.), a) aus **IV** u. Benzoylchlorid in Pyridin; 72%; b) aus **VIII** u. Benzoylchlorid in Pyridin; 31%; $[\alpha]_D^{24}$ +63,1° (1%; Chlf.). E. Reichelt 580◇

0767 **Darstellung und Reaktionen von 1.2-Dicyan-1.2-disulfonyläthylenen.** E. L. Martin. (J. Amer. chem. Soc. **85**, 2449—55, 1963; Wilmington, Del., E. I. du Pont de Nemours & Co., Central Res. Dep., Exper. Station; engl.) — *1.2-Dicyan-1.2-disulfonyläthylene* (**A**) werden durch Kondens. von Dichlorfumarsäuredinitril [**I**; bzw. Dichlormalein- (**XV**) oder Tetrachlorsuccindinitril (**XVI**)] mit einem Sulfinsäuresalz in Dimethylformamid (DMF) bzw. CH_3CN bei —70 bis 40° dargestellt. In Ggw. von W. werden **A** bzw. die intermediären *Chlordicyansulfonyläthylene* (**B**) zu *Dicyansulfonyläthenolaten* hydrolysiert. Die symm. Konfiguration von **A** wird aus der schwachen Nitrilabsorption bei 4,5 μ abgeleitet. Mit Butadien (**X**) bzw. Anthracen (**XI**) liefern **A** Diels-Alder-*Addukte*, mit Monoolefinen, wie p-Methoxystyrol (**XII**), *Cyclobutane*. Rk. von **A** mit prim. aromat. Aminen gibt *N-[1.2-Dicyan-2-sulfonylvinyl]-arylamine*, mit sek. bzw. tert. aromat. Aminen (**C**) *4-[1.2-Dicyan-2-sulfonylvinyl]-arylamine* (**E**); die **E** sind für Kunstfasern geeignete *Farbstoffe*. **A** reagieren auch mit akt. Diazokupplungskomponenten, Phenolen u. Pyrazolonen. Durch Rk. von **A** mit 1 Val eines Ketons mit α-Methylengruppen werden *Farbstoffe* erhalten, die als *Tetracyandisulfonylheptatriene-(1.3.5)* oder deren *cycl. Isomere* angesehen werden. Rkk. von **A** mit Na-Salzen akt. Methylen-Verbb., wie die Na-Verb. von Malonsäuredinitril (**XIII**) liefern stark saure, *pentasubstituierte Propene* (**D**), die als *Tetraalkylammoniumsalze* isoliert werden. Mit HCl geben **D** *2(6)-Amino-6(2)-chlor-4.5-dicyan-3-sulfonylpyridine*. Rkk. von **A** mit Acylhydrazinen führen zu *1-Acyl-5-amino-3-cyan-4-sulfonylpyrazolen* u. mit NH_2OH zu *5-Amino-3-cyan-4-sulfonylisoxazolen*. Mit Alkoholen reagieren **A** in Ggw. von Harnstoff zu *α.α-Dialkoxy-β-sulfonylsuccinodinitrilen*. *1.2-Dicyan-1.2-bis-[n-butylsulfonyl]-äthylen* liefert in CH_2Cl_2 mit Xylol, Mesitylen, Anisol u. **XI** *farbige π-Komplexe*; Rk. von *1.2-Dicyan-1.2-bis-[p-tolylsulfonyl]-äthylen* (**III**) mit NaCN in CH_3CN liefert *Tetracyanäthylen* in geringer Ausbeute. Die erwähnten Rkk. von **A** u. **C** verlaufen z. T. auch durch unmittelbare Rk. von Sulfinat, **I** u. **C**, ohne Isolierung von **A**, wahrscheinlich über **B**, da **I** z. B. mit N.N-Dimethylanilin (**XIV**) einen bei 150° in DMF beständigen, isolierbaren orangefarbenen *Komplex* bildet. Durch Rk. von **I** mit Na-Toluol-α-sulfinat (**IX**) dargestelltes, in CH_2Cl_2 schwach lösl., blaßgelbes *1.2-Dicyan-1.2-bis-[benzylsulfonyl]-äthylen* wird unter SO_2-Abgabe zu einem in CH_2Cl_2 lösl., farblosen, als *1-Benzyl-2-benzylsulfonyl-1.2-dicyanäthylen* angesehenen Prod. umgelagert, wenn es nicht gründlich mit W. gewaschen wird. Die letzte Verb. gibt mit tert. Aminen keine Farbstoffe. Die Umlagerung wird auf die Wrkg. von Spuren DMF zurückgeführt. Ein möglicher Verlauf der Umlagerung wird erörtert. λ_{max} u. ε_{max} der **E** im Sichtbaren sind angegeben.

Versuche: 1.2-Dicyanäthylene (**A**; FF. aus CH_2Cl_2), durch Einrühren eines Sulfinsäuresalzes in eine Lsg. von **I** in DMF bei —20 bis —60°, Zusetzen von Eis u.

W., Waschen des Nd. mit Eiswasser, Lösen in CH_2Cl_2, Trocknen u. Einengen ggf. unter Zusetzen von Ae.: *1.2-Bis-[äthylsulfonyl]-*, $C_8H_{10}N_2O_4S_2$, F. 196—198°, bei —50 bis —30°; 25% (Ausbeute). — *1.2-Bis-[allylsulfonyl]-*, $C_{10}H_{10}\cdot N_2O_4S_2$, F. 136—138°, bei —70 bis —60°; 10%. — *1.2-Bis-[n-butylsulfonyl]-*, $C_{12}H_{18}N_2O_4S_2$, F. 118—119°, bei —30 bis —15°; 57%. — *1.2-Bis-[phenylsulfonyl]-*, $C_{16}H_{10}N_4O_4S_2$, F. 264—265°, bei —40 bis —20°; 25%. — *1.2-Bis-[4-acetamidophenylsulfonyl]-* (**II**), *CH_3CN-Solvat*, $C_{20}H_{16}N_2O_6S_2\cdot 1{,}5\ CH_3CN$, F. >280°, bei —10 bis —20°; 60%. — *1.2-Bis-[4-methoxyphenylsulfonyl]-*, $C_{18}H_{14}N_2O_6S_2$, F. 245—247°, bei 10—20°; 39%. — *1.2-Bis-[4-chlorphenylsulfonyl]-*, $C_{16}H_8Cl_2\cdot N_2O_4S_2$, F. 258—259°, bei —70 bis —60°; 58%. — *1.2-Bis-[4-isopropylphenylsulfonyl]-* (**V**), $C_{22}H_{22}N_2O_4S_2$, F. 209—211°, bei —60 bis —50°; 40%. — *1.2-Bis-[methylsulfonyl]-*, $C_6H_6\cdot N_2O_4S_2$, F. 220—222° (Zers.; CH_3CN), durch 5 Min. langes Rühren von **I** u. Na- bzw. K-Methansulfinat in DMF bei —30 bis —20°, Zusetzen von W. u. Waschen des Nd. mit W. u. CH_2Cl_2; 39 bzw. 43%. — *1.2-Bis-[p-tolylsulfonyl]-* (**III**), $C_{18}H_{14}N_2O_4S_2$, F. 245—247° (Zers.), a) durch 10 Min. langes Rühren von Na-Toluol-p-sulfinat (**IV**) mit **I** in DMF bei —20 bis —10°, Zusetzen von Eiswasser u. Waschen des Nd. mit W., Methanol u. Ae.; aus CH_2Cl_2 bzw. CH_3CN blaßgelb; 76%; b) analog a) mit **XV** bei —10 bis 0°; 73%; c) analog a) mit **XVI** bei 5—10°; 47%; daneben *p-Toluolsulfonanilid*, F. 101—102° (CH_3OH u. Ae./PAe.), durch Zusetzen von Anilin zu den Mutterlaugen, Eindampfen u. Umfällen mit verd. HCl aus verd. KOH. — *1.2-Bis-[cyclohexylsulfonyl]-*, $C_{16}H_{22}N_2O_4S_2$, F. 215—216° (Zers.; CH_2Cl_2), durch Einrühren von Mg-Cyclohexansulfinatdihydrat u. $MgSO_4$ in eine Lsg. von **I** in DMF/Tetrahydrofuran (THF) bei —20°, Erwärmenlassen auf 35°, 5 Min. langes Rühren bei 25—30° u. Zusetzen von Eiswasser; 58%. — *1.2-Bis-[benzylsulfonyl]-*, $C_{18}H_{14}N_2\cdot O_4S_2$, F. 183—185° (Zers.), durch Einrühren von **IX** in eine Lsg. von **I** in DMF bei —70 bis —60°, 5 Min. langes Rühren Zusetzen von Eiswasser, Lösen des mit Eiswasser gewaschenen Nd. in CH_2Cl_2, Trocknen u. Einengen; aus CH_2Cl_2 blaßgelb; 10%. — *1-Benzyl-2-benzylsulfonyl-*, $C_{18}H_{14}N_2O_2S$, F. 127 bis 128° (Ae.), durch Behandeln vorst. Verb. mit W. u. Aufarbeiten mit CH_2Cl_2; 10%. — *Tetracyanäthylen*, F. 197—199° (geschlossene Capillare; Sublimieren bei 130—140°/0,2 Torr), durch 2std. Rühren von **III** mit NaCN in abs. CH_3CN auf dem Eisbad unter N_2, Filtrieren, Waschen des Nd. mit CH_3CN, Erwärmen des Filtrats auf 50—60°, Filtrieren, Eindampfen des Filtrats im Vakuum u. Extraktion mit Bzl.; 4%. — *4-[1.2-Dicyan-2-sulfonylvinyl]-arylamine* (**E**), a) durch 5—30 Min. langes Rühren des entsprechenden **A** u. des **C** in DMF, CH_3CN, Dimethoxyäthan oder Dimethylsulfoxid bei 24 bis 30°, Abfiltrieren bzw. Zusetzen von Eiswasser u. Abfiltrieren; b) durch 5—30 Min. langes Rühren des entsprechenden Na-Sulfinats mit **I** u. dem **C** in DMF bei 10—40° u. Aufarbeiten wie bei a): N.N-Dimethylaniline: *4-[1.2-Dicyan-2-(4-acetamidophenylsulfonyl)-vinyl]-*, $C_{20}H_{18}N_4O_3S$, F. 204 bis 206°, nach a) in 10 Min. aus **II** u. **XIV** in DMF bei 25°; verfilzte rote Kristalle; 31%. — *4-[1.2-Dicyan-2-phenylsulfonylvinyl]-*, $C_{18}H_{15}N_3O_2S$, F. 180—181°, nach b) in ¼ Std. aus **I**, Na-Benzolsulfinat u. **XIV** in DMF bei 10—15°; tiefrote Nadeln; 71%. — *4-[1.2-Dicyan-2-methylsulfonylvinyl]-, Hemiätherat*, $C_{13}H_{13}N_3O_2S\cdot ½\ (C_2H_5)_2O$, F. 189—191° ($CH_2Cl_2$/Ae.), nach b); 50%. — *4-[1.2-Dicyan-2-äthylsulfonylvinyl]-*, $C_{14}H_{15}N_3O_2S$, F. 185—186° (CH_2Cl_2/Ae.), nach b); 68%. — *4-[1.2-Dicyan-2-allylsulfonylvinyl]-*, $C_{15}H_{15}N_3O_2S$, F. 172 bis 173° (CH_2Cl_2/Ae.), nach b); 20%. — *4-[1.2-Dicyan-2-n-butylsulfonylvinyl]-*, $C_{16}H_{19}N_3O_2S$, F. 151—153° (CH_2Cl_2/Ae.), nach b); 52%. — *4-[1.2-Dicyan-2-cyclohexylsulfonylvinyl]-*, $C_{18}H_{21}N_3O_2S$, F. 212—213° (CH_2Cl_2/Ae.), nach b); 30%. — *4-[1.2-Dicyan-2-benzylsulfonylvinyl]-*, $C_{19}H_{17}N_3O_2S$, F. 186 bis 188° (CH_2Cl_2/Methanol), nach b); 25%. — *4-[1.2-Dicyan-2-(p-tolylsulfonyl)-vinyl]-* (**VII**), $C_{19}H_{17}N_3O_2S$, F. 194—195° (CH_2Cl_2/Ae.), nach b); 55%. — *4-[1.2-Dicyan-2-(4-methoxyphenylsulfonyl)-vinyl]-*, $C_{19}H_{17}N_3O_3S$, F. 173—175° (CH_2Cl_2/Ae.), nach b); 50%. — *4-[1.2-Dicyan-2-[4-chlorphenylsulfonyl)-vinyl]-*, $C_{18}H_{14}ClN_3O_2S$, F. 185—186° (CH_2Cl_2/Ae.), nach b); 46%. — *4-[1.2-Dicyan-2-(2-cyanphenylsulfonyl)-vinyl]-*, $C_{19}H_{14}N_4O_2S$, F. 222—224° (CH_2Cl_2/Ae.), nach b); 49%. — *4-[1.2-Dicyan-2-(4-nitrophenylsulfonyl)-vinyl]-, CH_2Cl_2-Solvat*, $C_{18}H_{14}N_4O_4S\cdot ½\ CH_2Cl_2$, F. 209—210° ($CH_2Cl_2$/Ae.), nach b); 63%. — *4-[1.2-Dicyan-2-(4-isopropylphenylsulfonyl)-vinyl]-*, (**VIII**), $C_{21}H_{21}N_3O_2S$, F. 153—155° (Ae.), nach b); 79%. — Analog folgende N.N-Diäthylaniline: *4-[1.2-Dicyan-2-methylsulfonylvinyl]-*, $C_{15}H_{17}N_3O_2S$, F. 145—146° (CH_2Cl_2/Ae.), nach b); 84%. — *4-[1.2-Dicyan-2-(p-tolylsulfonyl)-vinyl]-*, $C_{21}H_{21}N_3O_2S$, F. 171—173° (CH_2Cl_2/Ae.), nach b); 61%. — *4-[1.2-Dicyan-2-(p-tolylsulfonyl)-vinyl]-N-β-cyanäthyl-N-methylanilin*, $C_{21}H_{18}N_4O_2S$, F. 173—175° (CH_2Cl_2/Methanol), nach b); 30%. — *1.2-Bis-[α.β-dicyan-4-dimethylaminostyrylsulfonyl]-äthan*, $C_{26}H_{24}N_6O_4S_2$, F. 240—242° (CH_2Cl_2/Methanol), nach b); 10%. — Analog folgende 4.4-Bis-[4-dimethylaminophenyl]-1.2-dicyanbutadiene-(1.3): *1-Methylsulfonyl-*, $C_{23}H_{24}N_4O_2S$, F. 191—193° (CH_2Cl_2/Ae.), nach b); 68%. — *1-Äthylsulfonyl-*, $C_{24}H_{26}N_2O_2S$, F. 198—199° ($CH_2\cdot Cl_2$/Ae.), nach b); 76%. — *1-Allylsulfonyl-*, $C_{25}H_{26}N_4O_2S$, F. 172—173° (CH_2Cl_2/Ae.), nach b); 87%. — *1-Cyclohexylsulfonyl-*, $C_{28}H_{32}N_4O_2S$, F. 185—186° (CH_2Cl_2/Ae.), nach b); 63%. — *1-Phenylsulfonyl-*, $C_{28}H_{26}N_4O_2S$, F. 189—191° ($CH_2\cdot Cl_2$/Methanol), nach b); 79%. — *1-[p-Tolylsulfonyl]-*, $C_{29}H_{28}\cdot N_4O_2S$, F. 187—188° ($CH_2Cl_2$/Methanol), nach b); 87%. — *1-[4-Isopropylphenylsulfonyl]-*, $C_{31}H_{32}N_4O_2S$, F. 140—145° (Ae.), nach b); 67%. — *1-Benzylsulfonyl-*, $C_{29}H_{28}N_4O_2S$, F. 188—189° (CH_2Cl_2/Methanol), nach b); 50%. — *1-[4-Nitrophenylsulfonyl]-*, $C_{28}H_{25}N_5O_4S$, F. 204—205° (CH_2Cl_2/Methanol), nach b); 54%. — *1-[p-Tolylsulfonyloxymethylsulfonyl]-, CH_2Cl_2-Solvat*, $C_{30}H_{30}N_4O_5S_2\cdot ½\ CH_2Cl_2$, F. 170—172° ($CH_2Cl_2$/Ae.), nach b); 26%. — Analog: 4.4-Bis-[4-diäthylaminophenyl]-1.2-dicyanbutadiene-(1.3): *1-Methylsulfonyl-*, $C_{27}H_{32}N_4O_2S$, F. 178—179° (CH_2Cl_2/Ae.), nach b); 84%. — *1-Äthylsulfonyl-*, $C_{28}H_{34}N_4O_2S$, F. 171—172° ($CH_2\cdot Cl_2$/Ae.), nach b); 95%. — *1-Phenylsulfonyl-*, $C_{32}H_{34}N_4O_2S$, F. 171—172° (CH_2Cl_2/Methanol), nach b); 75%. — *1-[p-Tolylsulfonyl]-*, $C_{33}H_{36}N_4O_2S$, F. 120—121° (Ae.), nach b); 55%. — *2-[2.3-Dicyan-3-(p-tolylsulfonyl)-allyliden]-1.3.3-trimethyl-2.3-dihydroindol*, $C_{23}H_{21}N_3O_2S$, F. 222—223° (CH_2Cl_2/Ae.), nach b); 89%. — *4-[1.2-Dicyan-2-(p-tolylsulfonyl)-vinyl]-3-methyl-1-phenylpyrazolon-(5), Hemihydrat*, $C_{21}H_{16}N_4O_3S\cdot ½\ H_2O$, F. 171 bis 173° (Aceton/W.), nach b); 66%. — *4-[1.2-Dicyan-2-(p-tolylsulfonyl)-vinyl]-N-methylanilin*, $C_{18}H_{15}N_3O_2S$, F. 156 bis 157°, a) anallog **E** nach b) durch gleichzeitige Zugabe von **IV** u. N-Methylanilin (**XVII**) zu **I** in DMF bei —20°, 50 Min. langes Rühren bei 25° u. Zusetzen von W.; aus CH_2Cl_2/Ae. rot; 78%; b) durch Erwärmen von **III** mit **XVII** in DMF auf 60° u. Zusetzen von W.; 75%. — *N-[1.2-Dicyan-2-(p-tolylsulfonyl)-vinyl]-4-chloranilin*, $C_{17}H_{12}ClN_3O_2S$, F. 193—194°, a) durch Einrühren von 4-Chloranilin (**XVIII**) u. **IV** in **I** in DMF bei 20° u. langsames Erwärmen auf 50° u. Zusetzen von W.; aus CH_2Cl_2/Ae. bzw. wss. Aceton blaßgelb; 96%; b) durch Erwärmen von **III** mit **XVIII** in DMF auf 60°. — *N-[1.2-Dicyan-2-(p-tolylsulfonyl)-vinyl]-4-aminobenzolsulfonamid*, $C_{17}H_{14}N_4O_4S_2$, F. 220—222° (Zers.), aus **I**, **IV** u. Sulfanilamid; 95%. — *N-[1.2-Dicyan-2-(p-tolylsulfonyl)-vinyl]-anilin*, $C_{17}H_{13}N_3O_2S$, F. 156—157° (CH_2Cl_2), aus **III** u. Anilin; 68%. — *N-[1.2-Dicyan-2-methylsulfonylvinyl]-4-chloranilin*, $C_{11}H_8ClN_3O_2S$, F. 197—199° (CH_2Cl_2), aus **I**, **XVIII** u. Na-Methansulfinat; 94%. — *4.5-Dicyan-4.5-bis-[p-tolylsulfonyl]-cyclohexen*, $C_{22}H_{20}\cdot N_2O_4S_2$, F. 248—250° (Zers.; CH_3CN), durch 6std. Rühren von **III** u. **X** in THF bei 30—45°; 86%. — *11.12-Dicyan-11.12-bis-[p-tolylsulfonyl]-9.10-dihydro-9.10-äthanoanthracen*, $C_{32}H_{24}\cdot N_2O_4S_2$, F. 218—219° (Zers.; CH_2Cl_2), durch 2std. Kochen von **III** u. **XI** in CH_2Cl_2; 82%. — *1.2-Dicyan-1.2-bis-[p-tolylsulfonyl]-3-[4-methoxyphenyl]-cyclobutan*, $C_{27}H_{24}N_2O_5S_2$, F. 193 bis 195° (CH_2Cl_2/Ae.), durch ¼std. Rühren von **III** u. **XII** in THF bei 40—45°, Zusetzen von PAe. u. Waschen des Nd. mit PAe.; 84%. — *5-Amino-3-cyan-1.4-bis-[p-tolylsulfonyl]-pyrazol*, $C_{18}H_{16}N_4O_4S_2$, F. 207—209° (A.), a) durch 7std. Erhitzen von **III** u. p-Tolylsulfonylhydrazin (**XIX**) in DMF auf 90—95° u. Zusetzen von W.; 24%; b) durch 5 Min. langes Erwärmen von **XIX** mit **I** u. **IV** in Essigsäure auf dem Dampfbad; 77%. — *5-Amino-3-cyan-4-[p-tolylsulfonyl]-isoxazol*, $C_{11}H_9N_2O_3S$, F. 162 bis 163° (wss. Methanol), a) durch 5 Min. langes Erwärmen von $NH_2OH\cdot HCl$ mit CH_3COOK in CH_3COOH auf 50—60°, Zusetzen von **I** u. **IV**, Erhitzen auf 80° u. Zusetzen von W.; 33%; b) durch 5 Min. langes Erwärmen von **III** mit $NH_2OH\cdot HCl$ u. CH_3COOK in CH_3COOH auf dem Dampfbad; 61%. — *2(6)-Amino-6(2)-chlor-4.5-dicyan-3-[p-tolylsulfonyl]-pyridin*, $C_{14}H_9ClN_4O_2S$, F. 246—248°, durch 10 Min. langes Erhitzen von **XX** mit 36%ig. HCl in Aceton auf dem Dampfbad u. Zusetzen von Eiswasser; aus A. schwach gelbe filzige Nadeln; 67%. — *α.α-Dimethoxy-β-[p-tolylsulfonyl]-succinodinitril*, $C_{13}H_{14}N_2O_4S$, F. 108—109° (Ae.), durch ca. 5 Min. langes Erhitzen von **III** mit Harnstoff in Methanol auf dem Dampfbad u. Zusetzen von Eiswasser zum Filtrat; 57%. — *N.N-Di-*

methylanilin/Dichlorfumarsäuredinitril-Komplex, $C_{12}H_{11}Cl_{23}N_3$, F. 44–46°, durch Zusetzen von **XIV** zu **I** in PAe. u Kühlen; orangefarbene Nadeln; 8,5%. — *1.2.6.7-Tetracyan-4-hydroxy-1.7-bis-[p-tolylsulfonyl]-heptatrien-(1.3.5)*, $C_{25}H_{18}O_5S_2$, F. 210 bis 212° (Zers.), durch ½ std. Kochen von **III** in Aceton, Einengen u. Waschen des Nd. mit Methanol; tiefblau; 30%. — *K-1.2-Dicyan-2-[p-isopropylphenylsulfonyl]-äthenolat*, $C_{13}H_{11}$·KN_2O_3S, F. 273–274° (wss. Methanol), durch Zusetzen von **I** in THF zum wss. Filtrat der Darst. von **V** u. Kühlen. — Tetramethylammoniumsalze (**D**): *von 1.2.3.3-Tetracyan-1-[p-tolylsulfonyl]-propen* (**XX**), $C_{18}H_{19}N_5O_2S$, F. 178–180°, durch Zutropfen von **XIII** in abs. THF zu NaH in abs. THF bei —10 bis 0°, Zusetzen von **III** in abs. THF bei —20°, Erwärmen auf 40°, Eindampfen im Vakuum bei 30°, Lösen in W., Filtrieren u. Zusetzen von Tetramethylammoniumchlorid (**VI**); aus wss. Methanol gelb; 61%. — *von 1.2.3-Tricyan-1.3 bis-[p-tolylsulfonyl]-propen*, $C_{24}H_{26}N_4O_4S_2$, F. 170–171°, durch Zusetzen von p-Tolylsulfonylacetonitril zu NaH in abs. THF bei 15–20° unter N_2, Zusetzen von **III** bei 25°, Erwärmen auf 50°, Eindampfen unter Vakuum bei 30°, Zusetzen von W., Filtrieren u. Zugabe von **VI** zum Filtrat; aus Methanol bei —60° leuchtend gelb; 60%. — *von 1.2-Dicyan-2-p-tolylsulfonyl-äthenol*, $C_{15}H_{19}N_3O_3S$, F. 135–136° (W.), a) durch Erwärmen von **III** in wss. THF auf 50°, Eindampfen im Vakuum, Neutralisieren mit 10%ig. $(CH_3)_3N$-Lsg., Zusetzen von **VI** u. Kühlen; 94%; daneben **VII**, durch Zugabe von DMF, **I** u. **XIV** zum Filtrat; 71%; b) durch Zutropfen von **I** in THF zu **IV** in W. bei pH 6–7 in Ggw. von $NaHCO_3$, ½ std. Rühren, Filtrieren, Zusetzen von **VI** u. Eindampfen im Vakuum; 16%. — *von 1.2-Dicyan-2-[p-isopropylphenylsulfonyl]-äthanol*, $C_{17}H_{25}$·N_3O_3S, F. 117–118° (W.), a) durch Zutropfen von W. zu **V** in THF, Neutralisieren mit 10%ig. $(CH_3)_3N$-Lsg., Einengen im Vakuum bei 30–40° u. Kühlen; 80%; daneben **VIII**, durch Aufarbeiten des wss. Filtrats mit DMF, **I** u. **XIV**; 50%; b) durch Zutropfen von **I** in THF zu Na-p-Isopropylbenzolsulfinat in W. in Ggw. von $NaHCO_3$ bei pH 6–7, ¼ std. Rühren, Filtrieren u. Zusetzen von **VI** zum Filtrat; 35%. — *von 1.2-Dicyan-2-[p-chlorphenylsulfonyl]-äthenol*, $C_{14}H_{16}ClN_3O_3S$, F. 138–139° (W.), analog aus **I** u. Na-p-Chlorbenzolsulfinat; 33%. H. Gleinig 600◇

0768 **Zonenschmelze von Methylmethacrylat.** A. G. Anikin, G. M. Dugatschewa, W. M. Pressnjakowa und Ss. P. Bykowa. (J. physik. Chem. [UdSSR] **36**, 2074–75, 1962; Moskau, Lomonossow-Univ.; russ.) — Es wird ein Verf. beschrieben, durch das die Reinheit von *Methylmethacrylat* (Ep. —48,5°) durch 5–10maliges Zonenschmelzen von 99,2 auf 99,9–99,95% erhöht werden kann. Helmut Schäfer 810△

0769 **Über die Reaktionsfähigkeit des Malonsäurediäthylesters.** Ines Chierici, Mario Corradi und Maria Freri. (Rend. Ist. lombardo Sci. Lettere, A **93**, 715–30, 1959; Parma, Univ., Ist. di Chim. gen.; ital.) — Unter einheitlichen Vers.-Bedingungen gibt Malonsäurediäthylester (**I**) in Ggw. von Na mit CH_3J 58,2%, mit Äthyljodid 87,3% u. mit n-Propyljodid 60,6% der *Alkylmalonsäurediäthylester* (**A**). Bei der Diskussion der diesen Unterschieden zugrunde liegenden Effekte wird für die Alkyljodide ein „Inaktivitätsindex" als Differenz der erhaltenen **A**-Ausbeuten zu 100% definiert. Auch bei der Umsetzung der Alkyljodide mit den Na-Derivv. der **A** zu *Dialkylmalonsäurediäthylestern* fallen je nach den Rk.-Komponenten unterschiedliche Ausbeuten an. Die Ergebnisse werden in bezug auf den elektromeren Effekt des Carbonyl-O sowie auf induktive u. Hyperkonjugations-Effekte der Alkylreste gedeutet.

Versuche: Alkylmalonsäurediäthylester (**A**), durch Zugeben von **I** zu Na in abs. A., ½ std. Rühren, Zutropfen des Alkyljodids bei 50°, 4 std. Kochen, Zers. mit W. u. Ausäthern (Meth. **B**): *Methyl-* (**II**), Kp. 198–202°; 58,3% (Ausbeute). *Diamid*, $C_4H_8N_2O_2$, F. 216 (W.), Nadeln. — *Äthyl-* (**III**), Kp. 205–210°; 87,3%. *Diamid*, $C_5H_{10}N_2O_2$, F. 212° (W.), Nadeln. — *n-Propyl-* (**IV**), Kp. 223–227°; 60,6%. *Diamid*, $C_6H_{12}N_2O_2$. F. 183° (W.). — Dialkylmalonsäurediäthylester, aus den **A** analog **B**: *Dimethyl-*, Kp. 192–197°; 42,3%. *Diamid*, $C_5H_{10}N_2O_2$, F. 263° (W.), Nadeln. — *Methyläthyl-*, Kp. 205–210°, aus **II** 52,7%; aus **III** 51%. *Diamid* $C_6H_{12}N_2O_2$, F. 182–183° (W.), Nadeln. — *Methyl-n-propyl-*, Kp. 220–224°, aus **II** 32,1%; aus **IV** 48%. *Diamid*, $C_7H_{14}N_2O_2$, F. 182° (W.). — *Diäthyl-*, Kp. 226–230°; 52,7%. *Diamid*, $C_7H_{14}N_2O_2$, F. 223° (W.). — *Äthyl-n-propyl-*, Kp. 232–236°, aus **III** 44,3%; aus **IV** 53,3%. *Diamid*, C_8H_{16}·N_2O_2, F. 194° (W.). — *Di-n-propyl-*, Kp. 240–245°; 32,3%. *Diamid*, $C_9H_{18}N_2O_2$, F. 210° (W.). H.-E. Toussaint 820◇

0770 **Die Darstellung von δ-Oxoazelainsäure.** David Hartley. (J. chem. Soc. [London] **1962**, 4722–23; Manchester, Univ., Dep. of Chem.; engl.) — 1.7-Dichlorheptanon-(4) (**I**) wurde über *2.2-Bis-[3-chlorpropyl]-1.3-dioxolan* in *2.2-Bis-[3-cyanpropyl]-1.3-dioxolan* übergeführt. Nach Oxydation der CN-Gruppen mit H_2O_2 wurde zu *δ-Oxoazelainsäure* verseift.

Versuche: *2.2-Bis-[3-chlorpropyl]-1.3-dioxolan*, C_9H_{16}·Cl_2O_2, Kp.$_{0,4}$ 98–104°, durch Kochen von **I**, Bzl. u. Äthylenglykol in Ggw. von p-Toluolsulfonsäure unter Abdest. des Rk.-W.; 93% (Ausbeute). — *2.2-Bis-[3-cyanpropyl]-1.3-dioxolan*, $C_{11}H_{16}N_2O_2$, F. 42–42,5°, Kp.$_{0,2}$ 151–152°, durch Eintropfen vorst. Verb. in eine auf 90° erwärmte Suspension von NaCN in abs. Dimethylsulfoxid unter Rühren, ½ std. Rühren, Gießen in Chlf., Waschen mit W. u. Dest.; 96%. — *δ-Oxoazelainsäure*, $C_9H_{14}O_5$, F. 109–111°, durch Zutropfen von 100%ig. H_2O_2 zu einer Suspension vorst. Verb. in 30%ig. KOH unter Rühren u. Einleiten von N_2, 1 std. Erwärmen auf 40°, 3 std. Kochen, Gießen in 40%ig. H_3PO_4, 2 std. Stehen u. Ausäthern; 85%. Giesela Schreiber 870◇

0771 **Die Chemie aliphatischer Thiocarbamide.** 5. Mitt. **N.N.N'-Trimethylthiocarbamid.** Ranbir Singh. (J. Indian chem. Soc. **33**, 610–12, 1956; Banaras, Hindu Univ.; engl.) — 2. vgl. C. **1950/54**, 8368 S. — *N.N.N'-Trimethylthioharnstoff* (**I**, F. 87°) entsteht in 90%ig. Ausbente bei der Kondens. von Methylrhodanid mit Dimethylamin. Das Molgew. wird durch kryoskop. Best. in W. zu 113,7–118,74 ermittelt. Die Hydrolyse von **I** liefert neben 43% Amin 41% H_2S. Eine Entschwefelung gelingt zu 5,5% beim ½ std. Erhitzen mit K-Zinkat auf 100°, während Verss. bei 60 u. 80° erfolglos waren. Eine Reihe von Ag-Komplexen entsteht aus **I** u. wss. $AgNO_3$-Lsg., deren Zus. abhängig von der Konz. u. der Rk. Temp. ist. Mit Br_2 entsteht aus **I** ein nichtkrist. Prod., das aus KJ-Lsg. J_2 in Freiheit setzt. Eine ölige Fl., wahrscheinlich *N.N.N'-Trimethyl-N'-nitrosothioharnstoff*, entsteht bei der Zugabe einer kalten $NaNO_2$-Lsg. zu **I** in Essigsäure. Beim Erhitzen von **I** mit Acetanhydrid in Ggw. von wasserfreiem $ZnCl_2$ entsteht eine *Verb. vom F. 154°*, wahrscheinlich *N.N.N'-Trimethyl-N'-acetylthioharnstoff*, die beim Erwärmen mit Benzylchlorid in 40%ig. Alkalilauge eine *Verb. vom F. 146 bis 148°*, vermutlich der Zus. $C_{11}H_{16}N_2S$, liefert. W. Hampel 880△

0772 **Addukte aus Dicyanimid und Halogenwasserstoff im Molverhältnis 1:1.** Eckhard Allenstein. (Z. anorg. allg. Chem. **322**, 265–75, 1963; Stuttgart, TH, Labor. für anorgan. Chem.; dt.) — Bei der Umsetzung von $NaN(CN)_2$ mit überschüssigen konz. HX (X = Cl, Br oder J) in wss. Lsg. fallen bei Kühlung feinkristalline Ndd. der Zus. $C_2H_2N_3X$ aus. Wie die IR-Spektren u. einige Rkk. zeigen, haben diese Verbb. die Struktur von N-Cyanhalogenformamidinen N≡C—N=C(X)NH_2. In wss. Lsg. dissoziieren sie wieder in *HX* u. *Dicyanimid*, letzteres geht in konz. Lsg. zuerst in *Cyanharnstoff* u. dann in *Biuret* über. Mit A. bildet sich aus N-Cyanchlorformamidin (**I**) *O-Äthyl-N$_{(1)}$-cyanisoharnstoff* (**II**) u. mit Anilin *1-Phenyl-3-cyanguanidin*. Die Rk. von äther. **I** mit NH_3 führt zu einem Gemisch von NH_4Cl u. $NH_4[N(CN)_2]$, das bei erhöhter Temp. in *Biguanidiniumchlorid* übergeht. Die IR-Spektren von **I** u. seiner deuterierten Derivv. sowie die IR-Absorptionsmaxima der N-Cyanhalogenformamidine u. von **II** werden angegeben.

Versuche: *N-Cyanchlorformamidin* (**I**), $C_2H_2ClN_3$, a) durch Zugabe einer wss. Lsg. von $NaN(CN)_2$ zu auf —18° gekühlter konz. HCl; b) durch Digerieren eines durch Umsetzung von Ag_2N–CN mit Cl–CN bei 0° erhaltenen *Gemisches von AgCl* u. *$AgN(CN)_2$* mit verd. äther. HCl liefert durch Lösen in W. u. Einengen im Vakuum *Cyanharnstoff*, $C_2H_3N_3O$. — *D$_{(2)}$-N-Cyanchlorformamidin*, $C_2D_2ClN_3$, durch Umsetzung von $NaN(CN)_2$ mit DCl in D_2O. — *O-Äthyl-N$_{(1)}$-cyanisoharnstoff* (**II**), $C_4H_7N_3O$, F. 118,5–119°, durch Lösen von **I** in A. u. Eindampfen auf dem Wasserbad; aus Bzl. Nadeln. — *1-Phenyl-3-cyanguanidin*, $C_8H_8N_4$, F. 193° (W.), durch Umsetzen von **I** mit Anilin im Verhältnis 1 : 2–1 : 3 in Äther. — *N-Cyanbromformamidin*, analog **I** nach a) mit 48%ig. HBr. — *N-Cyanjodformamidin*, analog **I** nach a). G. Heller 880◇

0773 **Addukte aus Dicyanimid und Halogenwasserstoff im Molverhältnis 1:3.** Eckhard Allenstein. (Z. anorg. allg. Chem. **322,** 276—85, 1963; dt.) — Vgl. vorst. Referat. — N-Cyanhalogenformamidine, N≡C—N=C(X)NH_2, mit X = Cl, Br, addieren in wasserfreiem äther. Medium 2 Mol HX. Es wurden so die sehr feuchtigkeitsempfindlichen Verbb. $C_2H_4Cl_3N_3$ (**I**), $C_2H_4BrCl_2N_3$, $C_2H_4Br_2ClN_3$ (**III**) u. $C_2H_4Br_3N_3$ (**IV**) sowie — in Ggw. eines $SbCl_5$-Überschusses in Methylenchlorid — eine hydrolysebeständigere Verb. $C_2H_4Cl_3N_3 \cdot SbCl_5$ (**II**) dargestellt. Bei der Umsetzung von $N_{(2)}$-Cyanguanidin mit konz. HCl bildet sich eine entsprechende *Verb.* $C_2H_6Cl_2N_4$ (**V**). Mit Hilfe von IR-Spektren wurde nachgewiesen, daß es sich bei diesen Verbb., deren Konstit diskutiert wird, um Salze handelt, die vermutlich eine den Biguanidiniumsalzen ähnliche Konstit. besitzen. Die IR-Spektren von **I** u. **II** sowie die IR-Absorptionsmaxima von **I**, **II**, **III**, **IV** u. **V** werden angegeben u. diskutiert.

Versuche: *Verb.* $C_2H_4Cl_3N_3$ (**I**), durch Einleiten von trockenem HCl in eine eisgekühlte gesätt. Lsg. von $N_{(1)}$-Cyanchlorformamidin (**VI**) in abs. Ae.; ca. 100% (Ausbeute). — *Verb.* $C_2H_4Cl_3N_3 \cdot SbCl_5$ (**II**), durch Einleiten von trockenem HCl in eine Lsg. von **VI** in Methylenchlorid in Ggw. von überschüssigem $SbCl_5$; Nadeln. — *Verb.* $C_2H_4Br_3N_3$ (**IV**), durch Umsetzung einer gesätt. äther. HBr-Lsg. mit einer gesätt. Lsg. von N-Cyanbromformamidin (**VII**) in abs. Ae. im Vol.-Verhältnis 1 : 1. — *Verb.* $C_2H_4Br_2ClN_3$ (**III**), durch Zugabe einer HBr-Lsg., die durch Verdünnen einer gesätt. Lsg. mit einem gleich großen Vol. Ae. hergestellt worden war, zu einer gesätt. Lsg. von **VI** im Vol.-Verhältnis 1 : 1 u. sofortiges Abfiltrieren. — *Verb.* $C_2H_4BrCl_2N_3$, durch Zugabe einer wie vorst. verd. äther. HCl-Lsg. zum gleich großen Vol. einer gesätt. Lsg. von **VII** in Ae. u. sofortiges Abfiltrieren. — *Verb.* $C_2H_6Cl_2N_4$, durch allmähliche Zugabe von $N_{(2)}$-Cyanguanidin zu konz. HCl bei 0° in einer Std.; 41%. G. Heller 880◇

0774 **Mit Carnitin verwandte Verbindungen: Derivate der 4-Dimethylamino-3-hydroxybuttersäure.** F. Keller, R. R. Engle und M. W. Klohs. (J. med. Chem. **6**, 202—03, 1963; Northridge, Calif., Riker Labor., Inc., Med. Chem. Dep.; engl.) — Es werden *4-Dimethylamino-3-hydroxybuttersäure* (**I**), der entsprechende *Äthylester*, das *Säureamid* sowie *4-Dimethylaminobutandiol-(1.3)* synthetisiert u. deren Wrkg. bei der Oxydation von Palmitat in Ggw. von Herzmuskel untersucht. Es zeigt sich, daß nur **I** eine dem Carnitin vergleichbare Aktivität besitzt, die anderen Verbb. dagegen sind unwirksam.

Versuche *4-Dimethylamino-3-hydroxybuttersäure* (**I**), $C_6H_{13}NO_3$, F. 145—147°, aus 4-Amino-3-hydroxybuttersäure u. Formaldehyd u. Hydrierung in Ggw. von Pd-Kohle im Autoklaven; aus Methanol–Essigester flache Nadeln; 80% (Ausbeute). *Äthylester*, $C_8H_{17}NO_3$, $Kp._{4-5}$ 90—93°; 80%. *Amid*, $C_6H_{14}N_2O_2$, F. 85—86° (Chlf., Skellysolve c). — *4-Dimethylaminobutandiol-(1.3)*, $C_6H_{15}NO_2$, $Kp._6$ 103—104°, durch Zutropfen vorst. Esters zu $LiAlH_4$ in Tetrahydrofuran, ³/₄std. Kochen u. Stehen über Nacht; 86%. J. Trupke 950◇

0775 **Silylierte Di- und Tripeptide und ihre Verwendung zu Peptidsynthesen.** 15. Mitt. **über siliciumorganische Verbindungen.** Leonhard Birkofer, Alfred Ritter und Peter Neuhausen. (Liebigs Ann. Chem. **659**, 190—99, 1962; Köln, Univ., Inst. für organ. Chem.; dt.) — 14. vgl. C. **1962**, 13690. — Di- u. Tripeptide lassen sich mit Hexamethyldisilazan (**I**) in die entsprechenden *N-Trimethylsilylpeptidtrimethylsilylester* überführen. Während sich silylierte Tripeptide bei der Dest. zersetzen, werden N-Silyldipeptidsilylester zu den *2.5-Diketopiperazin-Derivv.* cyclisiert. Für Peptid-Synth. ist die Isolierung der N-Silyldi- bzw. -tripeptidsilylester nicht erforderlich. Diese liefern mit N-Carbobenzoxy (Cbo)-aminosäureimidazoliden oder gemischten Anhydriden aus N-Cbo-aminosäuren bzw. N-Cbo-peptiden u. Chlorameisensäureester höhere Peptide in sehr guten Ausbeuten.

Versuche: 2.5-Diketopiperazine: *3-Methyl-*, $C_5H_8N_2O_2$, F. 244° (Zers.; W./Aceton), durch 3—5std. Erhitzen von Glycyl-DL-alanin bzw. DL-Alanylglycin mit **I** auf 130°. — *1.6-Dimethyl-*, $C_6H_{10}N_2O_2$, F. 105°, $Kp._{0,02}$ 158—160°, durch 3½ std. Erhitzen von N-Methyl-DL-alanylglycin mit **I** auf 110—120°; aus Aceton/Ae. Nadeln; 54% (Ausbeute). — *1.3.6-Trimethyl-*, $C_7H_{12}N_2O_2$, F. 120°, $Kp._{0,02}$ 101°, durch 18std. Erhitzen von N-Methyl-DL-alanyl-DL-alanin u. **I** u. Sublimieren bei 0,02 Torr; 68%. — *1-Methyl-*, $C_5H_8N_2O_2$, F. 142°, durch 3std. Erwärmen von Sarkosylglycin u. **I** auf 80—100°; aus Isopropanol quadrat. Blättchen; 81%. — *1.3-Dimethyl-*, $C_6H_{10}N_2O_2$, F. 136°, durch 7std. Erhitzen von Sarkosyl-DL-alanin u. **I** auf 110—130°; aus Aceton säulenförmige Kristalle; 90%. — *1-Benzyl-6-methyl-*, $C_{12}H_{14}N_2O_2$, F. 166°, durch 14std. Erhitzen von N-Benzyl-DL-alanylglycin u. **I** auf 130°; aus W. Nadeln; 68,6%; daneben *Hexamethyldisiloxan* (**II**). — *N-Trimethylsilylglycyl-β-alanintrimethylsilylester*, $C_{11}H_{26}N_2O_3Si_2$, $Kp._{0,025}$ 138°, durch 5std. Erhitzen von Glycyl-β-alanin mit **I** auf 130°; 68%; daneben **II**. — N-Cbo-peptide, a) durch 1std. Erwärmen der N-Cbo-aminosäure bzw. des N-Cbo-peptids u. N.N'-Carbonyldiimidazol in Tetrahydrofuran (THF) auf 50°, Zugabe von silyliertem Di- bzw. Tripeptid (durch 3—15std. Erhitzen von Di- bzw. Tripeptid mit **I** auf 140—150°, Einengen bei 70°/11 Torr u. Lösen in THF) in THF, 3std. Kochen, Einengen bei 11 Torr, Zers. mit W., Abdestillieren von **II** u. Ansäuern mit 6n HCl (Meth. **A**); b) durch Lösen von N-Cbo-aminosäure bzw. -dipeptid in THF in Ggw. von Triäthylamin, Zugabe von Chlorameisensäureäthylester bei —5° unter Rühren, ½ std. Rühren bei —5°, Zugabe von silylierter Aminosäure bzw. Peptid in THF, 1½ std. Rühren bei —5° u. 1½ Std. bei Raum-Temp., kurzes Sieden, Einengen bei 40°/12 Torr, Hydrolyse mit W. in Ggw. von $NaHCO_3$ u. Ansäuern mit 6n HCl (Meth. **B**); c) analog **B** in THF/Dimethylsulfoxid (1 : 1) (Meth. **C**); d) durch Umsetzen von N-Cbo-aminosäure u. Triäthylamin mit Chlorameisensäureester u. N-Silylaminosäuresilylester analog **B**, Kühlen, Zugabe von Chlorameisensäureester u. Triäthylamin, 1std. Stehen bei —5° u. Zugabe von silylierter Aminosäure (Meth. **D**): *-glycylglycyl-DL-alanin*, $C_{15}H_{19}N_3O_6$, F. 187°, a) durch Umsetzen von N-Cbo-glycin (**IV**) u. N-Trimethylsilylglycyl-DL-alanintrimethylsilylester (**III**) nach **A**; aus verd. A. Stäbchen; 88%; b) nach **B** aus **III** u. **IV**; aus W. Stäbchen; 96%; c) aus N-Cbo-glycylglycin (**V**) u. N-Trimethylsilyl-DL-alanintrimethylsilylester nach **B**; 74%. — *-DL-alanylglycyl-DL-alanin*, $C_{16}H_{21}N_3O_6$, F. 171—173°, aus N-Cbo-DL-alanin (**VI**) u. **III** nach **A**; aus W. sternförmige Kristalle; 60%. — *-glycyl-DL-alanylglycin*, $C_{15}H_{19}N_3O_6$, F. 150°, aus **IV** u. N-Trimethylsilyl-DL-alanylglycintrimethylsilylester (**VII**) nach **A**; aus W. Nadelbüschel; 62%. — *-DL-alanyl-DL-alanylglycin*, $C_{16}H_{21}N_3O_6$, F. 179°, aus **VI** u. **VII** nach **A**; aus W. Nadeln; 73%. — *-β-alanyl-DL-alanylglycin*, $C_{16}H_{21}N_3O_6$, F. 162—163°, aus N-Cbo-β-alanin (**VIII**) u. **VII** nach **A**; aus W. sternförmige Kristalle; 93%. — *-glycylglycyl-β-alanin*, $C_{15}H_{19}N_3O_6$, F. 192°, a) aus **IV** u. N-Trimethylsilylglycin-β-alanintrimethylsilylester (**IX**) nach **A**; aus W. Blättchen; 84%; b) aus **V** u. N-Trimethylsilyl-β-alanintrimethylsilylester (**X**) nach **B**; 91%; c) aus **IV**, N-Trimethylsilylglycylglycintrimethylsilylester (**XI**) u. **X** nach **D**; 68%. — *-β-alanylglycyl-β-alanin*, $C_{16}H_{21}N_3O_6$, F. 187—188°, aus **VIII** u. **IX** nach **A**; aus W. Tafeln; 83%. — *-DL-alanylglycyl-β-alanin*, $C_{16}H_{21}N_3O_6$, F. 136°, aus **VI** u. **IX** nach **A**; aus W. Prismen; 63%. — *-DL-valylglycyl-β-alanin*, $C_{18}H_{25}N_3O_6$, F. 175°, aus N-Cbo-DL-valin (**XII**) u. **IX** nach **A**; aus W. Nadelbüschel; 87%. — *-DL-norvalylglycyl-β-alanin*, $C_{18}H_{25}N_3O_6$, F. 142,5°, aus N-Cbo-DL-norvalin u. **IX** nach **A**; aus Äthylacetat Nadeln; 90%. — *-DL-norleucylglycyl-β-alanin*, $C_{19}H_{27}N_3O_6$, F. 155—156°, aus N-Cbo-DL-norleucin u. **IX** nach **A**; aus Methanol/Äthylacetat (1 : 20) Nadeln; 81%. — *-glycylglycylglycyl-β-alanin*, $C_{17}H_{22}N_4O_7$, F. 231,5° (Zers.), a) aus **V** u. **IX** nach **A**; aus W. Tafeln; 71%; b) aus **IV** u. N-Trimethylsilylglycylglycyl-β-alanintrimethylsilylester (**XIII**) nach **A**; 80%; c) analog a) nach **B**; 94%. — *-glycylglycylglycyl-DL-alanin*, $C_{17}H_{22}N_4O_7$, F. 211,5°, a) aus **IV** u. N-Trimethylsilylglycylglycyl-DL-alanintrimethylsilylester nach **A**; aus W. Nadeln; 69%; b) aus **III** u. **V** nach **B**; 70%. — *-DL-valylglycylglycyl-DL-alanin*, $C_{20}H_{28}N_4O_7$, F. 202° (Zers.), aus **XII** u. N-Trimethylsilylglycylglycyl-DL-alanin nach **A**; aus W. Nadeln; 64%. — *-β-alanylglycylglycyl-β-alanin*, $C_{18}H_{24}N_4O_7$, F. 220° (Zers.), aus **VIII** u. **XIII** nach **A**; aus W. Tafeln; 86%. — *-glycylsarkosin*, $C_{13}H_{16}N_2O_5$, F. 100°, a) aus **IV** u. N-Trimethylsilylsarkosintrimethylsilylester nach **A**; aus Äthylacetat Tafeln; 73%; b) analog nach **B**. — *-glycyl-β-alanin*, $C_{13}H_{16}N_2O_5$, F. 142°, aus **IV** u. **X** nach **B**; aus W. Nadeln; 96%. — *-glycyl-DL-methionin*, $C_{15}H_{20}N_2O_5S$, F. 124 bis 125°, aus N-Trimethylsilyl-DL-methionintrimethylsilylester nach **B**; aus Methanol Nadeln; 87%. — *-glycyl-β-alanyl-β-alanin*, $C_{16}H_{21}N_3O_6$, F. 182°, a) aus **IV** u. N-Trimethylsilyl-β-alanyl-β-alanintrimethylsilylester (**XIV**) nach **B**; aus W. lanzettförmige Kristalle; 60%; b) analog a) aus 2 Mol **X** nach **D**; 90%. — *-DL-norleucylglycylglycyl-β-alanin*, $C_{21}H_{30}$·N_4O_7, F. 160—161°, aus N-Cbo-DL-norleucin u. **XIII** nach **B**; aus Methanol/Äthylacetat (1:10) Nadelbüschel; 87%. — *-glycylglycyl-DL-methionin*, $C_{17}H_{23}N_3O_6S$, F. 176—177°, aus **V** u. N-Trimethylsilyl-DL-methionintrimethylsilylester nach **B**; aus W. Prismen; 87%. — *-glycylglycyl-DL-β-ambutin*, $C_{16}H_{21}$·N_3O_6, F. 135°, aus **V** u. N-Trimethylsilyl-DL-β-ambutintrimethylsilylester nach **B**; aus W. rhomb. Tafeln; 64%. — *-glycyl-β-alanyl-DL-β-ambutin*, $C_{17}H_{23}N_3O_6$, F. 142°, analog vorst. Verb. aus N-Cbo-glycyl-β-alanin (**XV**); aus W. Nadelbüschel; 78%. — *-glycylglycyl-DL-β-phenyl-β-alanin*, $C_{21}H_{23}$·N_3O_6, F. 156°, aus **V** u. N-Trimethylsilyl-DL-β-phenyl-β-alanin (**XVII**) nach **B**; aus W. Nadeln; 80%. — *-glycyl-β-alanyl-DL-β-phenyl-β-alanin*, $C_{22}H_{25}N_3O_6$, F. 123—125°, aus **XV** u. **XVII** nach **B**; aus W. Nadeln; 92%. — *-glycylglycyl-DL-norvalin*, $C_{17}H_{23}N_3O_6$, F. 206—207°, aus **V** u. N-Trimethylsilyl-DL-norvalintrimethylsilylester nach **B**; aus W. Prismen; 86%. — *-glycyl-β-alanyl-β-alanyl-β-alanin*, $C_{19}H_{26}N_4O_7$, F. 216°, aus **XV** u. **XIV** nach **B**; aus W. Nadeln; 88%. — *-glycylglycyl-β-alanyl-β-alanin*, $C_{18}H_{24}N_4O_7$, F. 223°, a) aus **V** u. **XIV** nach **B**; aus W. rhomb. Tafeln; 78%; b) aus N-Cbo-glycylglycyl-β-alanin (**XVI**) u. **X** nach **C**; 92%. — *-glycyl-DL-methionyl-β-alanyl-β-alanin*, $C_{21}H_{30}N_4O_7S$, F. 140°, aus N-Cbo-glycyl-DL-methionin u. **XIV** nach **B**; aus W. Nadeln; 74%. — *-glycylglycylglycylglycyl-β-alanin*, $C_{19}H_{25}N_5O_8$, F. 256° (Zers.), aus **V** u. **XIII** nach **B**; aus W. hexagonale Tafeln; 80%. — *-glycylglycyl-β-alanylglycin*, $C_{17}H_{22}N_4O_7$, F. 210 bis 211°, aus **XVI** u. **XI** nach **C**; aus W. sternförmige Kristalle; 94%. — *-glycylglycyl-β-alanylglycyl-DL-alanin*, $C_{20}H_{27}N_5O_8$, F. 177°, aus **III** analog vorst. Verb.; aus W. rhomb. Tafeln; 91%. — *-glycyl-DL-alanylglycylglycyl-β-alanin*, $C_{20}H_{27}N_5O_8$, F. 164°, aus N-Cbo-glycyl-DL-alanin u. **XIII** nach **C**; aus Methanol/Äthylacetat/PAe. verwachsene Nadeln; 67%. — *-glycylglycyl-DL-alanyl-β-alanyl-β-alanin*, $C_{21}H_{29}N_5O_8$, F. 212,5°, aus N-Cbo-glycylglycyl-DL-alanin u. **XIV** nach **C**; aus W. büschelförmige Kristalle; 88%. — *-glycylglycyl-DL-alanylglycylglycyl-β-alanin*, $C_{22}H_{30}N_6O_9$, F. 186° (Zers.), aus **XIII** analog vorst. Verb.; aus W. rosettenförmige Kristalle; 74%. — *-glycylglycylglycyl-β-alanylglycylglycyl-β-alanin*, $C_{24}H_{33}N_7O_{10}$, F. 276° (Zers.; 20%ig. CH_3OH), aus N-Cbo-glycylglycylglycyl-β-alanin u. **XIII** nach **C**; 92%. — *-glycyl-β-alanylglycin*, $C_{15}H_{19}N_3O_6$, F. 184°, aus **IV**, **X** u. **XI** nach **D**; aus W. Nadelbüschel; 76%. — *-β-alanyl-β-alanyl-β-alanin*, $C_{17}H_{23}N_3O_6$, F. 194—195°, aus **III** u. **X** nach **D**; aus W. Tafeln; 82%. — *-β-alanyl-β-alanylglycin*, $C_{16}H_{21}N_3O_6$, F. 195° (Zers.), aus **VIII**, **X** u. **XI** nach **D**; aus W. Nadeln; 76%. — *-β-alanyl-β-alanyl-β-alanyl-β-alanin*, $C_{20}H_{28}N_4O_7$, F. 222,5°, aus **VIII**, **X** u. **XIV** nach **D**; 76%. — *N-Cbo-glycinamid*, F. 137°, aus **IV** nach **A**, Erhitzen mit **I** u. Hydrolyse; aus W. Tafeln. — *N-Cbo-DL-alaninamid*, $C_{11}H_{14}N_2O_3$, F. 124°, analog vorst. Verb. aus **VI**; aus W. Tafeln. — *N-Trimethylsilylimidazol*, Kp.$_{11}$ 91°, durch 2std. Kochen von N-Cbo-glycylimidazolid mit **I** in THF u. Dest.; daneben 1-Trimethylsilyl-3-methylhydantoin (**XVIII**, Kp.$_{0,03}$ 72°, nach weiterer Dest. im Hochvakuum durch Zers. von N-Cbo-glycin-N'-methyl-N'-trimethylsilylamid) u. N-Cbo-glycin-N'-methylamid ($C_{11}H_{14}$·N_2O_3, F. 105°, durch Hydrolyse des Dest.-Rückstandes mit W.; aus W. Schuppen). — *3-Methylhydantoin*, $C_4H_6N_2O_2$, F. 176°, durch Hydrolyse von **XVIII**. W. Hampel 950△

0776 **Über Reaktionen der Trimethylsiloxychlorsilane.** K. A. Andrianow und N. W. Delasari. (Nachr. Akad. Wiss. UdSSR, Abt. chem. Wiss. **1961**, 2169—73, Dez.; Inst. für elementorgan. Verbb. der Akad. der Wiss. der UdSSR; russ.) — Durch Rk. von Bis-[trimethylsiloxy]-dichlorsilan (**I**) mit NH_3 wird neben *Bis-[trimethylsiloxy]-diaminosilan 1.1.3.3-Tetrakis-[trimethylsiloxy]-1.3-diaminodisilazan* erhalten, das durch Erhitzen in *1.1.3.3-Tetrakis-[trimethylsiloxy]-cyclodisilazan* umgewandelt wird. Tris-[trimethylsiloxy]-chlorsilan (**II**) liefert mit NH_3 das entsprechende Aminoderivat. Bei der Rk. von Tris-[trimethylsiloxy]-silanol (**III**) mit Na entsteht *Tetrakis-[trimethylsiloxy]-silan* u. das *Na-Salz* von **III**, das mit $TiCl_4$ *Tetrakis-[tris-(trimethylsiloxy)-siloxy]-titan* liefert.

Versuche: *Bis-[trimethylsiloxy]-diaminosilan*, C_6H_{22}·$N_2O_2Si_3$, Kp.$_3$ 51—53°, durch mehrstd. Einleiten von NH_3 in **I** in Bzl., Filtrieren u. Dest. im Vakuum; n_D^{20} 1,4057; $D._4^{20}$ 0,9066; 53,1% (Ausbeute). Daneben *1.1.3.3-Tetrakis-[trimethylsiloxy]-1.3-diaminodisilazan*, $C_{12}H_{41}N_3O_4Si_6$, Kp.$_3$ 117 bis 119°; n_D^{20} 1,4119; $D._4^{20}$ 0,9338; 22,2%. — *1.1.3.3-Tetrakis-[trimethylsiloxy]-cyclodisilazan*, $C_{12}H_{38}N_2O_4Si_6$, F. 103°, Kp.$_4$ 180—184°, durch 8std. Erhitzen vorst. Verb. auf 212—304°; Nadeln; 25,5%. — *Tris-[trimethylsiloxy]-aminosilan*, C_9H_{29}·NO_3Si_4, Kp.$_{3,5}$ 65—67°, durch mehrstd. Einleiten von NH_3 in **II** in Bzl., Filtrieren u. Dest.; n_D^{20} 1,3932; $D._4^{20}$ 0,8755; 61,6%. — *Tris-[trimethylsiloxy]-silanol, Na-Salz*, $C_9H_{27}NaO_4Si_4$, durch Zugabe von Na zu **III** bei 120° u. 15std. Rühren bei 150—170°; rhomb. Kristalle; 17,9%. Daneben *Tetrakis-[trimethylsiloxy]-silan*, Kp.$_4$ 74—76°, durch Dest. des Filtrats im Vakuum; n_D^{20} 1,3875; $D._4^{20}$ 0,8660; 53%. — *Tetrakis-[tris-(trimethylsiloxy)-siloxy]-titan*, $C_{36}H_{108}O_{16}Si_{16}Ti$, Kp.$_{1,5}$ 223 bis 225°, durch Zugabe von $TiCl_4$ in Xylol zu einer Lsg. vorst. Na-Salzes in Xylol u. mehrstd. Erhitzen; n_D^{20} 1,4201; $D._4^{20}$ 0,9623; 57,3%. H. Dalmer 980△

0777 **Reaktionen von sekundären Phosphinsulfiden.** Grace Peters. (J. org. Chemistry **27**, 2198—2201, 1962; Stamford, Conn., Amer. Cyanamid Co., Central Res. Div., Chem. Res. Dep.; engl.) — Sek. Phosphinsulfide können charakterisiert werden durch Addition an Carbonyl-Verbb., Oxydation zu *Dithiophosphinsäuren* bzw. durch Umwandlung in *Thiophosphinsäurechloride*.

Versuche: *Dibutyldithiophosphinsäure* (**I**), $C_8H_{19}PS_2$, Kp.$_2$ 144—146°, durch 6std. Kochen von Dibutylphosphinsulfid (**II**) mit S in Bzl. u. Dest.; $n_D^{28,5}$ 1,5421; 79% (Rohausbeute). *Anilinsalz*, $C_{14}H_{26}NPS_2$, F. 110—111° (Acetonitril), durch Oxydation von **II** in A. mit J_2 in Ggw. von wenig KJ u. Versetzen mit methanol. Anilin; 67%. — *Diisobutyldithiophosphinsäure*, $C_8H_{19}PS_2$, F. 39—40° (Heptan), durch Rühren eines Gemisches aus Diisobutylphosphin u. S in Aceton; 84%. — *Bis-[diphenylthiophosphinyl]-disulfid*, C_{24}·$H_{20}P_2S_4$, F. 146—147° (Isopropanol/Acetonitril), durch 6½std. Kochen von Diphenylphosphin mit überschüssigem S; 100%. — *Bis-[2-cyanäthyl]-dithiophosphinsäure*, *NH_4-Salz*, $C_6H_{12}N_3PS_2$, F. 163—165° (Acetonitril), durch Zugabe von überschüssigem NH_4OH zu einem Gemisch aus S u. Bis-[cyanäthyl]-phosphin (**III**) in Acetonitril bei 10—20°, 12std. Aufbewahren bei Raum-Temp. u. Verdampfen des NH_3 u. Lsgm.; 47%. *Cyclohexylaminsalz*, $C_{12}H_{22}N_3PS_2$, F. 123—124° (Bzl.), analog aus **III**, S u. Cyclohexylamin unter Kühlen mit Eis. — *Bis-[dibutylthiophosphinyl]-disulfid*, $C_{16}H_{36}P_2S_4$, F. 62—63° (Methanol), a) aus Ammoniumdibutyldithiophosphinat u. J_2 in Methanol nach Malatesta u. Pizzotti [1946]; 94%; b) aus 5,9 g **II** in 1,4n NaOH u. J_2, 6std. Erhitzen auf 60° u. Ansäuern; 0,9 g. — *Dibutylthionophosphinsäure*, aus dem Chlorid nach Schrader [1958]; 85%. *Anilinsalz*, $C_{14}H_{26}NOPS$, F. 70—71° (Heptan), durch Zugabe von methanol. Anilin. *Chlorid*, $C_8H_{18}ClPS$, Kp.$_1$ 110—112°, a) durch Zugabe von SO_2Cl_2 in Bzl. zu **I** in Bzl. bei 40—45°, Abtrennen des entstandenen S u. Dest.; 53%; b) durch Chlorieren von **II** in CCl_4 bei 15—20°; 17%. *Anilid*, $C_{14}H_{24}$·NPS, F. 66—67° (Hexan), durch Rk. des Chlorids mit Anilin in Methanol; 35%. *Isopropylester*, $C_{11}H_{25}OPS$, Kp.$_{0,1}$ 84°, aus **II** u. Triäthylamin u. CCl_4 in Isopropanol in exothermer Rk. bei $<50°$, 1std. Kochen u. Dest.; 7%. — *Dibutyl-2.4-dichlorbenzylphosphinsulfid*, $C_{15}H_{23}Cl_2PS$, F. 60—62° (Heptan), durch Zugabe von methanol. NaOH zu **II** u. 2.4-Dichlorbenzylchlorid in Methanol bei 35°, 2½std. Kochen u. Eindampfen; 42%. — *Diphenyl-2-hydroxypropylphosphinsulfid*, $C_{15}H_{17}$·OPS, F. 118—120° (Bzl.), aus Diphenylphosphin u. S in Aceton in 12std. Rk. bei Raum-Temp.; 75%. — *Bis-[2-cyanäthyl]-2-hydroxypropylphosphinsulfid*, $C_9H_{15}N_2OPS$, F. 113 bis 115° (Bzl.), aus Bis-[2-cyanäthyl]-phosphin u. S in Aceton analog vorst. Verb.; 40%. — *Dibutyl-α-hydroxybenzylphosphinsulfid*, $C_{15}H_{25}OPS$, F. 54—55° (Heptan), a) aus **II**, Benzaldehyd in Ggw. von Triäthylamin in exothermer Rk., Zugabe von wenig Bzl. u. 3std. Kochen; 83%; b) in 2tägiger Rk. ohne Katalysator; 95%. — *Dibutyl-1-hydroxy-2.2.2-trichloräthylphosphinsulfid*, durch Zugabe von Dibutylphosphin bei 25—30° zu S u. Chloral in Bzl.; 85%; gibt bei der Rk. mit NaOH in 16%ig. wss. Methanol in Ggw. von Hydrochinon, Filtrieren nach Stehen über Nacht, Eindampfen auf 1/3 Vol., Verdünnen mit Eiswasser u. Extraktion mit CH_2Cl_2 ein *Gemisch aus 80% 2.2-Dichlorvinyldibutylthionophosphinat* [**IV**, $C_{10}H_{19}Cl_2OPS$] *u. 20% Chloräthinyldibutylthionophosphinat* [**V**, $C_{10}H_{18}ClOPS$], Kp.$_1$ 145—152°; therm. Behandlung liefert ein *Gemisch aus 84%* **V** *u. 16%* **IV**, Kp.$_{0,25}$ 145—150°. J. Gartzke 980△

0778 **Urethanphosphorsäureester.** A. W. Kirssanow und M. Ss. Marenetz. (J. allg. Chem. [UdSSR] **29** (**91**), 2256—62, Juli 1959; Inst. für organ. Chem. der Akad. der Wiss. der UkrainSSR; russ.) — Das durch Rk. von Methylurethan (**I**) mit PCl_5 erhaltene *N-Carbomethoxyimidophosphorsäuretrichlorid* (**II**) reagiert mit Methanol unter Bldg. von *N-Carbomethoxyamidophosphorsäuredimethylester* (**IV**), der aus **II** auch durch Hydrolyse zu *N-Carbomethoxyamidophosphorsäuredichlorid* (**III**) u. dessen Rk. mit Methanol zugänglich ist. Durch Rk. von Alkylurethanen mit PCl_5 werden einige *N-Carbalkoxyimidophosphorsäuretrichloride* dargestellt, die bei therm. Zers. *Alkylchloride* u. *Isocyanatophosphorsäuredichlorid* ($OCNPOCl_2$) liefern u. durch Hydrolyse oder Formolyse in *N-Carbalkoxyamidophosphorsäuredichloride* übergehen, aus denen mit Na-Alkoholaten *N-Carbalkoxyamidophosphorsäuredialkylester* erhalten werden. Die therm. Zers. von N-Carbäthoxyamidophosphorsäuredimethylester liefert *Isocyanatophosphorsäuredimethylester.*

Versuche: N-Carbalkoxyimidophosphorsäuretrichloride: *Methoxy-* (**II**), $C_2H_3Cl_3NO_2P$, Zers. bei 22—65°, durch 5 Min. langes Schütteln von je 1 Mol **I** u. PCl_5, weitere 2malige Zugabe von je 2 Mol **I** u. PCl_5 u. Erwärmen auf 5—10° bis zur vollständigen Lsg.; bei $<10°$ haltbar. — *Äthoxy-*, $C_3H_5Cl_3NO_2P$, Zers. bei 25—70°, analog mit kleineren Ansätzen. — *Isopropoxy-*, $C_4H_7Cl_3NO_2P$, Zers. bei 37—80°. — *n-Propoxy-*, $C_4H_7Cl_3NO_2P$, Zers. bei 46—86°. — *Isobutoxy-*, $C_5H_9Cl_3NO_2P$, Zers. bei 69—90°. — *n-Butoxy-*, $C_5H_9Cl_3NO_2P$, Zers. bei 78—95°. — N-Carbalkoxyamidophosphorsäuredichloride: *Methoxy-* (**III**), $C_2H_4Cl_2NO_3P$, F. 47 bis 50°, a) durch Vermischen von 1 Mol **II** mit 1 Mol W. bei $<5°$ u. 30—40 Min. langes Anlegen von Vakuum; 100% (Ausbeute); b) durch Vermischen von 0,105 Mol abs. Ameisensäure mit 1 Mol **II** bei $<10°$ u. Anlegen von Vakuum; 90%. — *Äthoxy-*, $C_3H_6Cl_2NO_3P$, F. 23—25°, nach b); 90%. — *Isopropoxy-*, $C_4H_8Cl_2NO_3P$, F. 75—77°, nach b); 90%. — *n-Propoxy-*, $C_4H_8Cl_2NO_3P$, F. 49—50°, nach b); 90%. — *Isobutoxy-*, $C_5H_{10}Cl_2NO_3P$, nach b); Fl.; 90%. — *n-Butoxy-*, $C_5H_{10}Cl_2NO_3P$, nach b); Fl.; 90%. — *cis-Cyclohexoxy-*, $C_7H_{12}\cdot Cl_2NO_3P$, F. 110—111°, aus Isocyanatophosphorsäuredichlorid u. Cyclohexanol. — *N-Carbomethoxyamidophosphorsäuredimethylester* (**IV**), $C_4H_{10}NO_5P$, F. 63—64°, a) durch Eintragen von 1 Mol **III** in ein Gemisch aus 300 ml Bzl. u. 600 ml Methanol bei $<10°$; 85%; b) durch Eintragen von 5 Mol **II** in 3 Liter Methanol bei 5—10°, 1std. Stehenlassen bei $<25°$, Lösen des nach Vakuum-Dest. verbleibenden Rückstandes in 500 ml Methanol, Zugabe von 15%ig. methanol. NH_3, Eindampfen im Vakuum u. Extrahieren mit Dichloräthan; 80%. — *Isocyanatophosphorsäuredichlorid*, $Kp._{20}$ 45—46°, durch Erwärmen von **II**; 96%. Daneben *Methylchlorid*, Kp. —22 bis —23°; 90%. — N-Carbalkoxyamidophosphorsäuredialkylester: *Methoxy-*, *Äthyl-*, $C_6H_{14}\cdot NO_5P$, durch Zugabe von 0,2 Mol Na-Äthylat in 2 Mol A. zur Lsg. von 0,1 Mol **III** in 30 ml Bzl. bei $<10°$, 2—3std. Rühren bei Raum-Temp., Eindampfen im Vakuum, Behandeln des Rückstandes mit 100—150 ml Bzl., Filtrieren u. Eindampfen im Vakuum; 75—85%. — *Äthoxy-*, *Methyl-*, $C_6H_{12}NO_5P$, analog, geht beim Erhitzen in *Isocyanatophosphorsäuredimethylester* über (80%). — Analog: *Äthoxy-*, *Äthyl-*, $C_7H_{16}NO_5P$. — *Äthoxy-*, *n-Propyl-*, $C_9H_{20}NO_5P$. — *Äthoxy-*, *Isopropyl-*, $C_9H_{20}NO_5P$. — *Äthoxy-*, *n-Butyl-*, $C_{11}H_{24}NO_5P$. — *Äthoxy-*, *Isobutyl-*, $C_{11}H_{24}NO_5P$. — *n-Propoxy-*, *Methyl-*, $C_6H_{14}NO_5P$. — *n-Propoxy-*, *Äthyl-*, $C_8H_{18}NO_5P$. — *Isopropoxy-*, *n-Propyl-*, $C_{10}H_{22}NO_5P$. — *n-Propoxy-*, *Isopropyl-*, $C_{10}H_{22}NO_5P$. — *n-Propoxy-*, *n-Butyl-*, $C_{12}H_{26}NO_5P$. — *Isopropoxy-*, *Methyl-*, $C_6H_{14}NO_5P$. — *Isopropoxy-*, *Äthyl-*, $C_8H_{18}NO_5P$. — *n-Butoxy-*, *Methyl-*, $C_7H_{16}NO_5P$. — *n-Butoxy-*, *Äthyl-*, $C_9H_{20}NO_5P$. — *n-Butoxy-*, *n-Propyl-*, $C_{11}H_{24}NO_5P$. — *Isobutoxy-*, *Methyl-*, $C_7H_{16}NO_5P$. — *Isobutoxy-*, *n-Propyl-*, $C_{11}H_{24}NO_5P$. — *Isobutoxy-*, *Isopropyl-*, $C_{11}H_{24}NO_5P$. — *cis-Cyclohexoxy-*, *Methyl-*, $C_9H_{18}NO_5P$, F. 75—76°.

B. Celms 980△

0779 **Über die Reaktion von Antimonpentachlorid mit Carbonimidsäurealkylestern.** G. I. Derkatsch und L. I. Ssamarai. (J. allg. Chem. [UdSSR] **32 (94)**, 2058, Juni 1962; Inst. für organ. Chem. der Akad. der Wiss. der UkrainSSR; russ.) — $SbCl_5$ reagiert mit Trichloracetimidomethylester u. Trichloracetonitril unter Bldg. von Addukten.

Versuche: *Trichloracetimidomethylester, $SbCl_5$-Addukt*, $C_3H_4Cl_8NOSb$, F. 114—117° (Zers.), aus Trichloracetimidomethylester u. $SbCl_5$; 100% (Ausbeute). — *Trichloracetamidoantimontetrachlorid* (**I**), C_2HCl_7NOSb, F. 144—145°, durch Erhitzen vorst. Verb. auf 115°; 63%. Daneben *Methylchlorid*; 95%. — *[2.2.2.1-Tetrachloräthylidenamino]-antimontetrachlorid*, C_2Cl_8NSb, F. 152—153°, aus **I** mit PCl_5; 60%. — *Trichloracetonitril, $SbCl_5$-Addukt*, C_2Cl_8NSb, F. 54—56°, aus Trichloracetonitril u. $SbCl_5$; 98%. B. Celms 980△

0780 **Oxydation von 2.6-Di-tert.-butyl-4-methylphenol (Jonol) in der Schmelze.** Ss. K. Sykowa und B. W. Stoljarow. (J. angew. Chem. [UdSSR] **35**, 1871, 1962; Lebedew-Inst. für synthet. Kautschuk; russ.) — Das aus 2.6-Di-tert.-butyl-4-methylphenol (Jonol) in der Schmelze bei 100° mit mol. O_2 erhaltene orangefarbene Prod. (F. 194°) besteht, wie Absorptionsspektrum u. Elementaranalyse zeigen, aus einem Gemisch von *1.2-Bis-[4-hydroxy-3.5-di-tert.-butylphenyl]-äthan* u. *1.2-Bis-[4-oxo-3.5-di-tert.-butylcyclohexadien-(2.5)-yliden]-äthan.* B. Celms 1060△

0781 **Über Orceinfarbstoffe.** 17. Mitt. **Die Autoxydation des 4.5.6-Trimethylresorcins.** Hans Musso, Dieter Maassen und Dieter Bormann. (Chem. Ber. **95**, 2837 bis 2843, 1962; Göttingen, Univ., Organ.-Chem. Inst.; Marburg, Univ., Chem. Inst.; dt.) — 16. vgl. C. **1964**, 19-0869. — 4.5.6-Trimethylresorcin (**I**) reagiert in alkal. Lsg. mit Luftsauerstoff in guter Ausbeute zum *Trimethylchinol*, *4.5.6-Trimethyl-3.4-dihydroxycyclohexadien-(2.5)-on-(1)* (**II**), dessen 3 tautomere Formen spektroskop. in Lsg. nachgewiesen werden. Reduziert man **II** mit Zn-Staub in Eisessig, so erhält man **I** zurück. Hydriert man **II** an $Pd/BaSO_4$ in A., so erhält man ein *Gemisch* aus isomeren *gesätt. Ketonen*, das nicht näher untersucht wurde. Mit 2.4-Dinitrophenylhydrazin (**VI**) gibt **II** *2.3.4-Trimethyl-5-hydroxy-2'.4'-dinitroazobenzol.* Durch Einw. von CH_2N_2 erhält man aus **II** ein Gemisch der beiden isomeren Methyläther *4.5.6-Trimethyl-3-methoxy-4-hydroxycyclohexadien-(2.5)-on-(1)* (**III**) u. *4.5.6-Trimethyl-3-methoxy-6-hydroxycyclohexadien-(2.4)-on-(1)* (**IV**) im Mengenverhältnis 3:1, das sich beim Aufbewahren in Methanol zugunsten von **III** verschiebt. **III** wird zum Vgl. durch Umsetzung von 2.3-Dimethyl-5-methoxybenzochinon (**VII**) mit CH_3MgJ oder CH_3Li synthetisiert. Bei der Hydrolyse liefern **III** u. **IV** **II** zurück. Bei der potentiometr. Titration in W. liefert **II** die Kurve einer einbasigen Säure (pK-Wert 5,55). Das als Vgl.-Substanz benötigte *4.5.6-Trimethylpyrogallol* gewinnen Vff., ausgehend von 3.4.5-Trimethoxybenzoesäuremethylester (**VIII**), über mehrere Stufen. Die UV- u. IR-Spektren von **II**, **III** u. **IV**, deren Daten aufgeführt sind, werden diskutiert. Die UV-Spektren von **II**, **III** u. **IV** sind graph. wiedergegeben.

Versuche: *4.5.6-Trimethyl-3.4-dihydroxycyclohexadien-(2.5)-on-(1)* (**II**), $C_9H_{12}O_3$, F. 150—152° (W.), a) durch 14 Tage langes Stehenlassen von **I** in 3%ig. wss. KOH bei Raum-Temp. an der Luft, Ansäuern mit verd. H_2SO_4 u. Sublimation des ausgeschiedenen Rk.-Prod. im Hochvakuum bei 120°; 69% (Ausbeute); b) analog a) in NH_4OH; 50%; c) durch Erwärmen von **III** in 1n NaOH, 24std. Aufbewahren u. Ansäuern mit verd. H_2SO_4; 53%. — *2.3.4-Trimethyl-5-hydroxy-2'.4'-dinitroazobenzol*, $C_{15}H_{14}N_4O_5$, F. 206 bis 208° (50%ig. A., dunkelrote Nadeln), durch Lösen von **II** in Eisessig, 48std. Erwärmen mit **VI** in Glykolmonomethyläther u. Zugabe von W.; 65%. — *4.5.6-Trimethyl-3-methoxy-6-hydroxycyclohexadien-(2.4)-on-(1)* (**IV**), $C_{10}H_{14}O_3$, F. 100 bis 101,5° (Cyclohexan/PAe.), durch Einw. von CH_2N_2 in Ae. auf **II** in Methanol, Eindampfen im Vakuum, chromatograph. Reinigung des in Essigester aufgenommenen Rückstands an Kieselgel u. Elution mit Essigester; 18,6%. — *4.5.6-Trimethyl-3-methoxy-4-hydroxycyclohexadien-(2.5)-on-(1)* (**III**), $C_{10}H_{14}O_3$, F. 117,5—118° (Cyclohexan/PAe.), a) analog **IV** durch weiteres Eluieren mit Essigester; 48,1%; b) durch 12std. Kochen von **VII** mit CH_3MgJ in Ae., Ansäuern mit 2n H_2SO_4 u. Ae.-Extraktion; 3,3%; c) analog b) mit CH_3Li an Stelle von CH_3MgJ bei 0°; 4,1%. — *3.4.5-Trimethoxybenzylalkohol*, Kp. 125°, durch Einrühren von **VIII** in $LiAlH_4$ in Ae., 1std. Kochen, Zugabe von Essigester, gesätt. NH_4Cl-Lsg. u. 2n HCl u. Aufarbeitung der Ae.-Lsg.; 48,5%. — *3.4.5-Trimethoxybenzylchlorid*, $C_{10}H_{13}ClO_3$, F. 60—61°, durch Rk. vorst. Verb. mit $SOCl_2$ in Bzl., Eindampfen u. Dest. des Rückstands im Schwertkolben; 65%. — *3.4.5-Trimethoxytoluol* (**V**), $C_{10}H_{14}O_3$, durch 6std. Kochen vorst. Verb. mit $LiAlH_4$ in Tetrahydrofuran (THF), Zugabe von Essigester u. 2n HCl, Ae.-Extraktion u. chromatograph. Reinigung des Ae.-Rückstands an Al_2O in Benzol-Lsg.; 97,5%. — *2.6-Bis-[chlormethyl]-3.4.5-trimethoxytoluol*, $C_{12}H_{16}Cl_2O_3$, F. 52—56°, durch 8std. Erwärmen der Suspension von **V** in konz. HCl

u. 40%ig. wss. Formaldehyd-Lsg. auf 70° unter Einleiten von HCl u. Rühren, Zugabe von W., Ae.-Extraktion u. Dest. des Ae.-Rückstandes im Hochvakuum; 19%. — *1.2.3-Trimethyl-4.5.6-trimethoxybenzol*, $C_{12}H_{18}O_3$, durch Nachchlorieren vorst. Verb. (Rohprod.) mit $SOCl_2$ in Bzl., Abdestillieren von Bzl. u. $SOCl_2$, 6std. Kochen mit $LiAlH_4$ in THF, Aufarbeitung analog **V** u. Dest. des Rohprod. im Hochvakuum bei 60—80°; 22,5%. — *Trimethylpyrogallol*, $C_9H_{12}O_3$, F. 165 bis 166°, durch 1std. Erhitzen vorst. Verb. mit Pyridinhydrochlorid auf 160°, Aufnehmen in der 10fachen Menge 2n H_2SO_4, Extraktion mit Essigester u. Aufarbeitung der neutral gewaschenen organ. Phase; 50%. — *1.2.3-Trimethyl-4.5.6-triacetoxybenzol*, $C_{15}H_{18}O_6$, F. 118—119° (Cyclohexan), durch Acetylieren vorst. Verb. mit Acetanhydrid in Pyridin.

H. G. Henkel 1060◇

0782 **Asymmetrische Synthese von Sulfoxiden.** Adolfo Mayr, Fernando Montanari und Maurilio Tramontini. (Gazz. chim. ital. **90**, 739—49, 1960; Bologna, Univ., Ist. di Chim. ind.; ital.) — Vgl. C. **1961**, 17882. — Aus einer Reihe von Alkylphenyl- u. Alkylbenzylsulfiden wurden durch Oxydation mit d-Percamphersäure *opt.-akt. Alkylphenyl-* (**A**) u. *Alkylbenzylsulfoxide* (**B**) erhalten. Da die Drehwerte der reinen A- u. B-Antipoden nicht bekannt sind, läßt sich die opt. Ausbeute dieser asymm. Synth. nicht exakt bestimmen. In der Reihe der **A** sind (in Chlf.) alle Verbb. mit unverzweigter u. β-verzweigter C-Kette im Alkylrest rechtsdrehend, die α-monosubstituierten Glieder opt.-inakt., u. bei α.α-Disubstitution (*tert.-Butylphenylsulfoxid*) tritt Inversion des Drehsinnes ein. Bei den **B** sind die unverzweigten u. β-verzweigten Glieder schwach linksdrehend, die α-monoverzweigten Verbb. schwach u. *tert.-Butylbenzylsulfoxid* relativ stark rechtsdrehend. Der Verlauf der Rkk. geht vermutlich auf eine unterschiedliche ster. Hinderung durch den Phenylrest bzw. Verzweigungen im Alkylrest zurück. Das „pseudosymm." *n-Propyl-n-butyl-* u. *p-Chlordiphenylsulfoxid* zeigen in Übereinstimmung damit keine opt. Aktivität.

Versuche: Phenylsulfide, nach bekannten Meth.: *Äthyl-*, $Kp._{12}$ 86—87°. — *n-Propyl-*, $Kp._{15}$ 101—102°. — *Isopropyl-*, $Kp._{14}$ 89—90°. — *n-Butyl-*, $Kp._{14}$ 116—117°. — *Isobutyl-*, $Kp._{15}$ 108—109°. — *sek.-Butyl-*, $Kp._{16}$ 106—107°. — *tert.-Butyl-*, $Kp._{14}$ 92—93°. — *Benzyl-*, F. 44,5°. — *p-Chlordiphenylsulfid*, $Kp._{15}$ 177—178°. — Benzylsulfide: *Äthyl-*, $Kp._{15}$ 102—104°. — *n-Propyl-*, $Kp._{16}$ 117—118°. — *Isopropyl-*, $Kp._{17}$ 122—123°. — *n-Butyl-*, $Kp._{15}$ 130—131°. — *Isobutyl-*, $Kp._{17}$ 122—123°. — *sek.-Butyl-*, $Kp._{15}$ 123—124°. — *tert.-Butyl-*, $Kp._{15}$ 117—118°. — *n-Propyl-n-butylsulfid*, $Kp._{760}$ 153—155°. — *d-Percamphersäure*, F. 49—50° (in geschlossener Capillare), durch Oxydation von d-Camphersäure mit Na_2O_2 (1:1) u. Ausziehen mit Chlf.; $[\alpha]_D^{20}$ +55,1° (c = 5; Chlf.). — Phenylsulfoxide (**A**), durch Zugeben vorst. Säure zu den Sulfiden (2:1) in Chlf. bei —10°, mehrstd. Stehen bei Raum-Temp., Ausziehen der gebildeten d-Camphersäure mit 5%ig. Soda-Lsg. u. Eindampfen (70—90% Ausbeute; [α]-Werte in Chlf.): *Äthyl-*, $Kp._{0,003}$ 90—91°, $[\alpha]_D^{20}$ +5,8°. — *n-Propyl-*, $Kp._{0,003}$ 96—99°, $[\alpha]_D^{20}$ +4,9°. — *Isopropyl-*, $Kp._{0,01}$ 98—101°, $[\alpha]_D^{20}$ 0°. — *n-Butyl-*, $Kp._{0,003}$ 103 bis 105°, $[\alpha]_D^{20}$ +4,9°. — *Isobutyl-*, $Kp._{0,005}$ 95—98°, $[\alpha]_D^{20}$ +6,0°. — *sek.-Butyl-*, $Kp._{0,002}$ 114—115°, $[\alpha]_D^{20}$ 0°. — *tert.-Butyl-*, F. 54—56°, $[\alpha]_D^{20}$ —3,4°. — *Benzyl-*, F. 120—123°, $[\alpha]_D^{20}$ +5,4°. — *p-Chlordiphenylsulfoxid*, F. 40—42°, $[\alpha]_D^{20}$ 0°. — Benzylsulfoxide (**B**), analog den **A**: *Äthyl-*, $Kp._{0,02}$ 115—117°, $[\alpha]_D^{20}$ —2,9°. — *n-Propyl-*, $Kp._{0,01}$ 113—115°, $[\alpha]_D^{20}$ —3,0°. — *Isopropyl-*, $Kp._{0,01}$ 120—122°, $[\alpha]_D^{20}$ +0,6°. — *n-Butyl-*, F. 59—61°, $[\alpha]_D^{20}$ —1,8°. — *Isobutyl-*, F. 64 bis 66°, n_D^{20} —3,1°. — *sek.-Butyl-*, $Kp._{0,005}$ 110—115°, $[\alpha]_D^{20}$ +0,7°. — *tert.-Butyl-*, F. 64—66°, $[\alpha]_D^{20}$ +10,3°. — *n-Propyl-n-butylsulfoxid*, $Kp._{0,03}$ 73—76°, $[\alpha]_D^{20}$ 0°.

H.-E. Toussaint 1090◇

0783 **Einige Isovanillin-Derivate.** J. K. Faulkner und D. Woodcock. (J. chem. Soc. [London] **1962**, 4737—38; Long Ashton, Univ. of Bristol, Res. Stat., Dep. of Agricult. and Horticult.; engl.) — Während Isovanillin (**I**) zu *2-Chlor-3-hydroxy-4-methoxybenzaldehyd* chloriert wird, liefert der aus **I** u. Bromessigsäureäthylester (**II**) erhaltene *2-Methoxy-5-formylphenoxyessigsäureäthylester* mit Cl_2 *2-Methoxy-4-chlor-5-formylphenoxyessigsäureäthylester* (**III**), der auch aus 6-Chlorveratrumaldehyd (**IV**) durch Entmethylierung u. Kondens. mit **II** zugänglich ist. **III** wird mit HBr entmethyliert.

Versuche: *2-Chlor-3-hydroxy-4-methoxybenzaldehyd*, $C_8H_7ClO_3$, F. 205—206° (wss. CH_3OH; monokline Prismen), durch Einleiten von Cl_2 in 7,6 g **I** in Chlf. bis zur Gelbfärbung des Nd.; 6,8 g (Ausbeute). *Oxim*, $C_8H_8ClNO_3$, F. 182—183° (wss. A.). *Methyläther*, $C_9H_9ClO_3$, F. 69—70° (wss. CH_3OH; monokline Prismen). — Phenoxyessigsäureäthylester: *2-Chlor-3-formyl-6-methoxy-*, $C_{12}H_{13}ClO_5$, F. 64—65° (PAe.; Nadeln), durch 2std. Kochen von 1,86 g 2-Chlorisovanillin, 1,7 ml **II** u. 0,23 g Na in A., Verdünnen mit W. u. Ausäthern; 1,15 g. — *2-Methoxy-5-formyl-*, $C_{12}H_{14}O_5$, F. 88—89° (verd. A.; Nadeln), wie vorst. aus 76 g **I**, 56 g **II** u. 12,5 g Na in A.; 59 g. — *2-Methoxy-4-chlor-5-formyl-* (**III**), $C_{12}H_{13}ClO_5$, F. 118° (PAe.; Nadeln), a) durch 1std. Einleiten von Cl_2 in eine Lsg. von 5 g vorst. Verb. in Chlf.; 1,9 g; b) durch 2std. Kochen von **V**, **II** u. Na in A., Zusetzen von W. u. Ausäthern. *Oxim*, $C_{12}H_{14}ClNO_5$, F. 129—130° (verd. A.; Stäbe). — *2-Hydroxy-4-chlor-5-formylphenoxyessigsäure*, $C_9H_7ClO_5$, F. 179—180° (W.; Nadeln), durch 2std. Kochen von 1,36 g vorst. Verb. in HBr (D. 1,48) u. W.; 0,94 g. — *2-Chlor-4-methoxy-5-hydroxybenzaldehyd* (**V**), $C_8H_7ClO_3$, F. 114—115° (verd. A.; Stäbe), durch 20 Min. langes Kochen von **IV** mit HBr, Zusetzen von W., Ausäthern u. Isolieren mit verd. NaOH. *Oxim*, $C_8H_8ClNO_3$, F. 228—229°, aus verd. A. Nadeln.

Wolfgang Schreiber 1140◇

0784 **Untersuchungen über die Perjodsäureoxydation von N-Glykosiden.** 10. Mitt. **Untersuchungen über die Perjodsäureoxydation von Anilinen.** 3. Mitt. Hiroya Tanabe. (J. pharmac. Soc. Japan [Yakugakuzasshi] **77**, 867—71, 1957; Tokyo, Nat. Hygienic Labor.; jap., Auszug: engl.) — 9. bzw. 2. vgl. C. **1963**, 19573. — *2.5-Dianilino-N.N'-diphenylbenzochinon-(1.4)-diimin* (**I**) ist papierchromatograph. nachweisbar, während für 2.5-Dianilinobenzochinon-(1.4) weder ein R_F-Wert noch ein charakterist. Farbreagens gefunden wurde. Folgende Prodd. der Perjodsäureoxydation des Anilins wurden erhalten: *2.5-Dianilinobenzochinon-(1.4)-imin* [65% (Ausbeute)], *2-Amino-5-anilino-N-phenylbenzochinon-(1.4)-imin* (15%), *2 unbekannte Substanzen* mit den F. 203—205° [(Zers.); 9%] u. >360° (6%), geringe Mengen **I**, *2.5-Dianilino-N-phenylbenzochinon-(1.4)-diimin*, *2.5-Dianilino-N-phenylbenzochinon-(1.4)-imin*, *Azobenzol* u. *nichtidentifizierte Farbstoffe*.

S. Hiller 1190△

0785 **Alkoxyphenylguanidiniumsalze. Ihre Darstellung und Verwendung als Fällungsmittel für Pikrinsäure.** C. Pasini und A. Vercellone. (Farmaco [Pavia], Ediz. sci. **10**, 823—35, 1955; Milano, Labor. Ric. Chim. Farmitalia; ital.) — Vff. beschreiben die Darst. von *4-Alkoxyphenylguanidiniumsalzen*. *4-Octyloxyphenylguanidiniumchlorid* ist besser als Nitron zur quant. Best. von Pikrinsäure (**I**) geeignet; **I** kann bei einer Konz. von 20 mg/Liter wss. Lsg. gefällt werden. Pikrate organ. Basen reagieren mit 4-Alkoxyphenylguanidiniumsalzen bzw. 2.4-Diguanidinoalkoxybenzolsalzen unter doppeltem Austausch u. unter Bldg. von Salzen anderer Säuren. Diese Rk. ermöglicht es, schnell, im neutralen Medium u. mit geringer Substanzmenge Salze organ. Basen mit beliebigen Anionen in großer Reinheit u. nahezu quant. Ausbeute darzustellen.

Versuche: 4-Alkoxy (*Propyloxy-*, *Butyloxy-*, *Octyloxy-*, *Lauryloxy-*)-nitrobenzole (**A**) werden durch 2—3std. Rk. von K-4-Nitrophenolat mit einem geringen Überschuß von Alkylbromiden bei 180—210° dargestellt: *4-Cetyloxy-*, $C_{22}H_{37}NO_3$, F. 54—56°. — 4-Alkoxy (*Propyloxy-*, *Butyloxy-*, *Isoamyloxy-*, *Lauryloxy*)-aminobenzolhydrochloride, durch Hydrieren der **A** in A. an Raney-Ni bei 50 at in der Wärme u. Zugabe von konz. HCl nach Abzentrifugieren des Ni: *4-Octyloxy-*, $C_{14}H_{24}ClNO$, F. 185° (Zers.). — *4-Cetyloxy-*, $C_{22}H_{40}ClNO$, F. 175° (Zers.). — 4-Alkoxyphenylguanidine, Hemicarbonate, durch Kochen von Hydrochloriden aromat. Amine mit Cyanamid in Essigester (Ee) oder Ee/A., Eindampfen, ¼std. Kochen mit W. u. Eintragen in überschüssige wss. $NaHCO_3$-Lsg.; Pikrate, durch Zugabe der Carbonate zur sd. Lsg. von **I**: *4-Methoxy-*, *Hemicarbonat*, $C_8H_{11}N_3O \cdot ½\, H_2CO_3$, F. 158—162° (Zers.; W./A.), aus p-Anisidinhydrochlorid. *Pikrat*, $C_{14}H_{14}N_6O_8$, F. 187—191°; aus A. gelbe Blättchen. — *4-Äthoxy-*, *Hemicarbonat*, $C_9H_{13}N_3O \cdot ½\, H_2CO_3$, F. 167—171° (Zers.), aus Phenetidinhydrochlorid in Ee/Alkohol. *Pikrat*, $C_{15}H_{16}N_6O_8$, F. 193°195°; gelbe Nadeln. — *4-Propyloxy-*, *Hemicarbonat*, $C_{10}H_{15}N_3O \cdot ½\, H_2CO_3$, F. 143—147° (Zers.), aus 4-Aminophenylpropyläther in Essigester. *Pikrat*, $C_{16}H_{18}N_6O_8$, F. 195—196,5°; gelbe Schuppen. —

4-Butyloxy-, Hemicarbonat, $C_{11}H_{17}N_3O \cdot ½ H_2CO_3$, F. 152 bis 156° (Zers.), aus 4-Aminophenylbutyläther in Essigester. *Pikrat*, $C_{17}H_{20}N_6O_8$, F. 179–181°; gelbe Schuppen. — *4-Isoamyloxy-, Hemicarbonat*, $C_{12}H_{19}N_3O \cdot ½ H_2CO_3$, F. 142 bis 147° (Zers.), aus 4-Aminophenylisoamyläther in Essigester. *Pikrat*, $C_{18}H_{22}N_6O_8$, F. 189–195°; gelbe Nadeln. — *4-Octyloxy-, Hemicarbonat*, $C_{15}H_{25}N_3O \cdot ½ H_2CO_3$, F. 138 bis 143° (Zers. Methanol), aus 4-Aminophenyloctyläther in Essigester. *Pikrat*, $C_{21}H_{28}N_6O_8$, F. 165–166,5°; aus Aceton/W. gelbe Schuppen. — *4-Lauryloxy-, Hydrochlorid* (**II**), $C_{19}H_{34}ClN_3O$, F. 165° (Zers.), aus 4-Aminophenyllauryläther in Ee (2 Std.). *Hemicarbonat*, $C_{19}H_{33}N_3O \cdot ½ H_2CO$, F. 125 bis 134° (Zers.; 80% ig. Methanol). *Pikrat*, $C_{25}H_{36}N_6O_8$, F. 159 bis 161°; aus wss. Aceton gelbe Nadeln. — *4-Cetyloxy-, Hydrochlorid*, $C_{23}H_{42}ClN_3O$, F. 198° (Ee), aus 4-Aminophenylcetyläther in Ee (3 Std.). *Pikrat*, $C_{29}H_{44}N_6O_8$, F. 190°; aus wss. Aceton gelbe Kristalle. — *o.p-Diguanidinophenyllauryläther, Carbonat* (**III**), $C_{21}H_{38}N_6O_4$, F. 133–138° (Zers.; 96% ig. A.), durch Zugabe einer Lsg. des Dihydrochlorids (**IV**) in wss. A. zu wss. Na_2CO_3. — *Histidintrimethylbetain* (*Erzinin*, **V**), durch Zugabe eines Gemisches von Histidindipikrat u. **II** zu sd. W. u. ¼std. Kochen; 88% (Ausbeute). — *Tyraminhydrochlorid*, analog **V**, jedoch durch anschließendes ¼std. Kochen mit 1n HCl; 88%. — *Murexinchlorid, Hydrochlorid*, analog **V** aus dem Dipikrat mit **IV**; 92%. — *Glykokoll*, aus dem Pikrat mit **III** analog **V**, jedoch mit A.; 99%. — *Cholinsulfat*, aus dem Pikrat mit **III** in wss. H_2SO_4; 96%. — *Doppelsulfat von 5-Hydroxytryptamin u. Kreatinin*, durch Eintragen des Gemisches von 5-Hydroxytryptaminpikrat u. **III** in die sd. Lsg. von Kreatinin in n/10 H_2SO_4 u. ¼std. Kochen; 88%. — *Aureomycinhydrochlorid*, durch 6std. Rühren von 0,5 g unreiner Verb. mit kaltem W., Abtrennen des Ungelösten, mehrstd. Rk. mit gesätt. **I**-Lsg., Filtrieren in Methanol mit 4-Cetyloxyphenylguanidinhydrochlorid durch Kohle, Eindampfen, 5std. Rühren mit kaltem W., Filtrieren u. erneutes mehrstd. Rühren mit W.; 0,29 g. H.-J. Weigmann 1280△

0786 **Synthese von Isothiocyanaten mit potentieller antineoplastischer Wirkung.** J. H. Burckhalter und Dilbagh S. Bariana. (J. med. Chem. **6**, 203–05, 1963; Lawrence, Kans., Univ., School of Pharm., Labor. of Pharm. Chem.; engl.) — Zur Prüfung auf pharmakolog. Wrkg. werden durch ½–1½std. Kochen von entsprechenden Aminen mit der berechneten Menge $CSCl_2$ in verd. Aceton, Essigester oder Chlf., Einengen im Vakuum u. Digerieren mit Aceton folgende *Isothiocyanate* dargestellt: *4-Isothiocyanatobenzoesäure-β-diäthylaminoäthylesterhydrochlorid*, $C_{14}H_{18}N_2O_2S \cdot HCl$, F. 150° (Aceton), aus Novocainhydrochlorid u. $CSCl_2$ in Aceton; 70% (Ausbeute). — *2.4-Diisothiocyanato-N-β-diäthylaminoäthylanilindihydrochlorid*, $C_{14}H_{18}N_4S_2 \cdot 2 HCl$, F. 241° [Aceton/Dimethylformamid (DMF)], durch Kondens. von 2.4-Dinitrochlorbenzol mit N.N-Diäthyläthylendiamin, katalyt. Red. des erhaltenen *2.4-Dinitro-N-β-diäthylaminoäthylanilins* an PtO_2 zu *2.4-Diamino-N-β-diäthylaminoäthylanilin* u. Rk. des letzteren mit $CSCl_2$ in Essigester; 60%. — *3.5-Diisothiocyanatobenzoesäure-β-diäthylaminoäthylesterdihydrochlorid*, $C_{15}H_{17}N_3O_2S_2 \cdot 2 HCl$, F. 113° (Aceton), durch Kondens. von 3.5-Dinitrobenzoylchlorid mit β-Diäthylaminoäthanol, katalyt. Red. des erhaltenen *3.5-Dinitrobenzoesäure-β-diäthylaminoäthylesters* an PtO_2 zu *3.5-Diaminobenzoesäure-β-diäthylaminoäthylester* u. Rk. des letzteren mit $CSCl_2$ in Chlf.; 60%. — *3-[Bis-(β-chloräthyl)-aminomethyl]-4-methoxyphenylisothiocyanathydrochlorid*, $C_{13}H_{16}Cl_2N_2OS \cdot HCl$, F. 154° (Aceton), aus 4-Methoxy-3-[bis-(β-chloräthyl)-aminomethyl]-anilindihydrochlorid u. $CSCl_2$ in Aceton; 60%. — *6-[2.4-Dinitrophenylmercapto]-purin* (**II**), $C_{11}H_6N_6O_4S$, F. 244–246° [A./DMF (3:1); gelbe Nadeln), durch Erwärmen äquimol. Mengen 2.4-Dinitrobrombenzol (**I**), 6-Mercaptopurin u. wss. NaOH in A. auf dem Wasserbad u. Abkühlen der heiß filtrierten Lsg.; 80%. — *2-[2.4-Dinitrophenylmercapto]-benzimidazol* (**III**), $C_{13}H_8N_4O_4S$, F. 231–232° (A.; gelb), analog **II** aus **I** u. 2-Mercaptobenzimidazol; 70%. — Da **II** u. **III** in organ. Lsgm. unlösl. sind, lassen sie sich nicht zu den Aminen reduzieren, daher sind auch die **II** u. **III** entsprechenden Isothiocyanato-Verbb. nicht darstellbar. Wolfgang Schreiber 1290◇

0787 **Reduktion aromatischer Nitroverbindungen mit Hydrazin.** Seiju Kubota, Ken-ichi Nara und Shigeyuki Onishi. (J. pharmac. Soc. Japan [Yakugakuzasshi] **76**, 801–04, 1956; Tokushima, Univ., Pharmac. Fac.; jap., Auszug: engl.) — N_2H_4 ist ein starkes Red.-Mittel, das aber verhältnismäßig selten zur Red. von Nitro-Verbb. benutzt wurde. Die Red. von Nitrobenzol mit $N_2H_4 \cdot H_2O$ wird in Ggw. von Cu, Fe, Zn oder Al durchgeführt. Dabei zeigte sich, daß Zn u. Al fast keine Wrkg. haben, während die Red. in Ggw. von Fe- u. Cu-Pulver gute Ausbeuten liefert. Nach dieser Meth. lassen sich auch o-, m- u. p-Nitrotoluol, o-, m- u. p-Nitrophenol u. m-Nitrobenzoesäure leicht in die entsprechenden *Amine* umwandeln. Polynitro-Verbb., z. B. Dinitrobenzol, 2.4-Dinitrotoluol, 2.4-Dinitrophenol u. Pikrinsäure werden in A. partiell red. u. liefern *Nitranilin, 2-Nitro-4-aminotoluol, 2-Nitro-4-aminophenol* u. *Pikraminsäure*.

Versuche: *Anilin*, Kp. 175–182°, durch 2–4std. Red. von Nitrobenzol mit 80% ig. $N_2H_4 \cdot H_2O$ in A. in Ggw. von Cu oder Fe bei 100°; 10,6–76,7% (Ausbeute). — *o-Toluidin*, Kp. 195–201°, analog vorst. Verb. mit Cu u. Fe; 48–92,8%. — *m-Toluidin*, Kp. 198–203°, mit Cu; 80,1%. — *p-Toluidin*, Kp. 195–201°, F. 45°, mit Cu u. Fe; 17,9 bis 56,3%. — *o-Aminophenol*, F. 173–174°, analog vorst. Verb. mit Cu u. Fe; 12,7–89,2%. — *m-Aminophenol*, F. 122–123°, mit Cu; 52,6–76,5%. — *p-Aminophenol*, F. 184–185°, mit Cu; 66,3–76,5%. — *m-Aminobenzoesäure*, F. 172–174°, mit Cu; 37%. — *m-Nitranilin*, F. 114°, mit Cu aus m-Dinitrobenzol in 5 Std. bei Raum-Temp.; 36,5%. — *2-Nitro-4-aminotoluol*, F. 78°, mit Cu in 2 Std. bei 100°; 36,1%. — *2-Amino-4-nitrophenol*, 80–90°, analog vorst. Verb.; 74,8%. — *Pikraminsäure*, F. 168–169°, mit Fe u. Cu in je 1 Std.; 88,7 bzw. 74,8%. D. Dargel 1310△

0788 **Synthese von m-Nitrodiphenylamin.** W. M. Swetlajewa und Ss. R. Shurawlew. (J. angew. Chem. [UdSSR] **35**, 1857–59, 1962; russ.) — Durch 24–48std. Erhitzen von m-Nitroacetanilid (**I**) mit Brombenzol (**II**) auf 160–200° in Ggw. von Cu_2Br_2, Cu-Bronze oder Cu-Pulver wird reines *m-Nitrodiphenylamin* erhalten.

Versuche: *m-Nitrodiphenylamin*, $C_{12}H_{10}N_2O_2$, F. 111,5–112,5° (A.–W. 2:1), durch 24std. Erhitzen von 54 g **I**, 99,2 g **II**, 1,4 g Cu_2Br_2 u. 14 g K_2SO_3 auf 160–180°, Zugabe von 15 g K_2CO_3, 24std. Erhitzen auf 180–200°, Abdestillieren des **II**, Extrahieren mit 800 ml Chlf., Chromatographie an Al_2O_3, Eluieren mit Chlf., Eindampfen, Zugabe von 80 ml konz. HCl + 100 ml A. zum Rückstand u. 5std. Erhitzen auf 100–120°; 86,9% Ausbeute. B. Celms 1310△

0789 **Reaktion von organischen Verbindungen mit Hydrazin.** 3. Mitt. **Reduktion von Azoverbindungen mit Hydrazin.** Seiju Kubota, Tadashi Akita und Tetsuyoshi Yokoshima. (J. pharmac. Soc. Japan [Yakugakuzasshi] **78**, 1194–98, 1958; Schomachi, Univ. of Tokushima, Pharmaceut. Fac.; jap., Auszug: engl.) — 2. vgl. J. pharmac. Soc. Japan [Yakugakuzasshi] **78**, [1958], 248. — Verss. zur Red. von Azo-Verbb. mit Hydrazinhydrat (H) in Ggw. von Cu werden beschrieben. Während Azo- (**I**) u. 4-Methylazobenzol durch H zu den *Hydrazo-Verbb.* red. werden, erfolgt bei 4-Amino- u. 4-Dimethylaminoazobenzol, Methylorange, Methylrot u. Orange IV die Spaltung zu den entsprechenden *Aminen*. Bei der Spaltung von 4-Hydroxyazobenzol u. 4-Hydroxyazobenzol-4′-sulfonsäure entstehen keine Aminophenole. Beim Kochen von **I** mit H in Äthylenglykol in Ggw. von NaOH u. Erhitzen auf 200° entsteht *2-Amino-* (**VI**) u. *4-Aminodiphenylamin*, die auch aus **I** ohne NaOH oder aus Hydrazobenzol (**II**) gewonnen werden. Der Bldg.-Mechanismus der Aminodiphenylamine wird diskutiert.

Versuche: *Hydrazobenzol* (**II**), F. 126–127° (A.), a) durch 2std. Kochen von 5 g **I** mit 80% ig. H in A. in Ggw. von Cu-Pulver, Filtrieren u. Eindampfen; 4,4 g (Ausbeute); b) durch 2std. Kochen von 2 g **I** mit H in Diäthylenglykol, Abtrennen von **I** (0,6 g) u. Extrahieren mit Ae.; 1,2 g. — *4-Methylhydrazobenzol*, F. 88°, durch 5std. Kochen von 2 g 4-Methylazobenzol analog **II**; 1,3 g. — *Anilin* (**V**), a) durch 5std. Kochen von 2 g 4-Aminoazobenzol analog vorst. Verb., Dampf-Dest. u. Extrahieren des Destillats mit Ae.; 0,7 g; daneben 0,5 g *p-Phenylendiamin*, F. 145°; b) durch 3std. Kochen von 2,5 g 4-Dimethylaminoazobenzol analog a) in Diäthylenglykol; 0,2 g; c) durch 5std. Kochen von 2 g 4-Hydroxyazobenzol analog **II** nach a); 0,7 g. *Pikrat*, F. 139 bis 140°. — *p-Aminobenzolsulfonsäure* (**IV**), $C_6H_7NO_3S$, F. 280 bis 300° (Zers.), durch 2std. Kochen von 5 g Methylorange analog **II** nach b), Extrahieren mit Bzl., Einengen im Vakuum u. Ansäuern mit verd. HCl; 1,5 g; daneben **III** (aus den benzol. Extrakten); 1,1 g. — *o-Aminobenzoesäure*, F. 144 bis 145°, durch Umsetzen von 2 g Methylrot analog **IV**; 0,8 g; daneben **III**; 0,4 g. — *4-Aminodiphenylamin*, F. 66—67°, $Kp._{13}$ 160—190°, a) durch 3std. Kochen von 5 g Orange IV analog **II** nach b); 1,2 g; daneben 0,3 g **IV**; b) durch 12std. Kochen von 10 g **I** mit H in Diäthylenglykol in Ggw. von KOH; 0,6 g; daneben **V** u. *2-Aminodiphenylamin* (**VI**); 1,8 g; c) analog b) aus 10 g **II** in Ggw. von NaOH; 2,7 g; daneben 2 g **V** u. 3 g **I**; d) durch Kochen von 10 g **I** mit H in Diäthylenglykol ohne KOH analog b); daneben 2,9 g **V** u. **VI** (*Acetyl-Deriv.*, $C_{14}H_{14}N_2O$, F. 118°). *Acetyl-Deriv.*, $C_{14}H_{14}N_2O$, F. 158°. — *4-Amino-N.N-dimethylanilin* (**III**), $Kp._{10}$ 110 bis 120°, a) neben **V** nach b) durch Extrahieren des Rückstands mit Bzl.; 0,3 g; b) analog **V** nach a) aus 3 g Na-4-Hydroxyazobenzol-4'-sulfonat; 1,3 g. W. Hampel 1310△

0790 **Beitrag zur Synthese und zur pharmakologischen Untersuchung acylierter Derivate des Hydrazobenzols.** Olga Efimovsky. (J. Rech. Centre nat. Rech. sci. **1959**, 147—90; Centre d'Études et de Rech. de Chim. Organ. Appl.; franz.) — Je nachdem, ob man sich bei Phenylbutazon [**I**; 4-Butyl-1.2-diphenylpyrazolidindion-(3.5)] Ringöffnung zwischen den beiden N, zwischen N u. CO oder zwischen CO u. dem zentralen $C_{(4)}$ vorstellt, resultieren substituierte *Dianilide* (**A**) der *Butylmalonsäure* oder *mono-* (**B**) bzw. *diacylierte Derivv.* (**C**) *des Hydrazobenzols* (**II**). Zwecks Vgl. ihrer pharmakolog. Eigg., bes. der entzündungshemmenden Wrkg. u. der Toxizität mit der von **I** stellt Vf. eine Reihe von **B** u. **C** dar. Diesen Unterss. ging die Synth. einiger weiterer *Pyrazolidindione-(3.5)* (Pz) mit einem O in der $C_{(4)}$-Seitenkette sowie Verss. zur Darst. von Verbb. mit 2 Pz-Kernen im Mol. u. SO_2-Analoga von I voraus. Einige **A** wurden durch Kondens. von Butylmalonsäurediäthylester (**X**) oder -dichlorid (**XI**) mit Anilin (-Derivv.) dargestellt. Nicht salzbildende (sb) **B** wurden durch Kondens. von **II** mit Säureanhydriden (**D**) oder -chloriden (**E**) erhalten, wobei nebenher Benzidinumlagerung zu beobachten ist, während sb **B** durch Kondens. von **II** mit Dicarbonsäureanhydriden (**F**) bzw. -monoesterchloriden (**G**) zugänglich sind. Die verschiedenen Meth. zur Darst. einiger der eingesetzten Zwischenprodd. werden diskutiert. Zur Synth. der **C** geht man meist von den **B** aus, die man mit **E** bzw. **G** umsetzt, während die **F** nicht weiter mit sb **B** reagieren. Einige symm. nicht sb **C** lassen sich vorteilhafter auch aus **II** u. dem entsprechenden **D** darstellen. Die möglichen Neben-Rkk. u. die UV-Spektren werden diskutiert. Die Schwierigkeiten bei der Verseifung der über die **G** dargestellten Kondens.-Prodd. zu den entsprechenden *N-Carboxyacylhydrazobenzolen* u. deren physikal. u. chem. Eigg. werden erörtert. — Beim Formoltest nach Selye (1949, ausführliche Beschreibung der Technik im Original) zeigte sich, daß Ersatz des Butylrestes in **I** durch einen *β-Äthoxyäthyl-* oder *β-[o-Carboxyphenoxyäthyl]*-Rest fast völligen Verlust der ödemhemmenden (öh) Wrkg. mit sich bringt. Bei *Butylmalonsäuredianilid* als typ. Vertreter der **A** ist die öh Wrkg. sogar in das Gegenteil verkehrt, wenn die Benzolkerne nicht, wie in *Butylmalonsäure-bis-[p-carboxyanilid]*, p-COOH-Gruppen tragen. Die nicht sb **B** bzw. **C** besitzen keine oder nur geringe öh Wirkung. Die sb **B** u. **C** besitzen eine gewisse öh Wrkg., wobei die Toxizität, die generell unter der von **I** liegt, mit der Kettenlänge, der Zunahme des ungesätt. bzw. aromat. Charakters der Substituenten wächst u. außerdem von der Natur des Kations abhängt. Wegen ihrer günstigen therapeut. Koeff. (DL_{50}: wirksame Dosis) besitzen die (*Acetyl-*) *Salicylsäure-Derivv.* einiges Interesse.

Versuche: *1-Brom-2-äthoxyäthan*, Kp. 125—127°, durch portionsweise Zugabe einer Lsg. von PBr_3 in abs. Ae. zu einer äther. Lsg. von Glykolmonoäthyläther (Cellosolve, Kp. 135°) u. 1½ std. Kochen; 66% (Ausbeute). — *β-Äthoxyäthylmalonsäurediäthylester*, Kp. 130—135°, durch 4std. Kochen einer alkohol. Lsg. der Na-Verb. von Malonsäurediäthylester (**VI**) u. vorst. Verb.; 60%. — *4-[β-Äthoxyäthyl]-1.2-diphenylpyrazolidindion-(3.5)*, $C_{19}H_{20}N_2O_3$, F. 79,5° (Cyclohexan), durch Zufügen von **II** u. vorst. Verb. in Chlorbenzol (**III**) zu einer alkohol. Na-Äthylat (**IX**)-Lsg., Erhitzen bis zum Kp. von **III** unter Abdestillieren des A., weitere Zugabe von **III**, 8std. Kochen u. mehrmaliges Fällen mit verd. HCl; feines Pulver; 45%. — *2-[β-Bromäthoxy]-benzoesäuremethylester*, $Kp._{13}$ 169°, durch Zufügen einer methanol. Lsg. von Salicylsäuremethylester zu einer methanol. Na-Methylat (**IV**)-Lsg., Abdestillieren des Lsgm. u. 4std. Erhitzen des Rückstands mit einem großen Äthylendibromid-Überschuß; 17%; daneben 22% *1.2-Bis-[o-carbomethoxyphenoxy]-äthan*, $C_{18}H_{18}O_6$, F. 72°, $Kp._{13}$ ca. 260°. — *4-[β-(o-Carboxyphenoxy)-äthyl]-1.2-diphenylpyrazolidindion-(3.5)*, $C_{24}H_{20}N_2O_5$, F. 97—98°, durch Zufügen von 1.2-Diphenylpyrazolidindion-(3.5) (**VIII**), vorst. Ester u. Butanol (**V**) zu einer methanol. **IV**-Lsg., allmähliches Erwärmen unter Abdestillieren des Methanols, 4std. Kochen, Abtrennen von KBr u. **V**, 2½ std. Kochen des hinterbleibenden Öls mit 30%ig. wss.-alkohol. NaOH u. Ansäuern der zuvor von A. befreiten u. mit Ae. extrahierten wss. Lsg. mit n/2 HCl; 78%. — *α.α'-Butyliden-bis-[malonsäurediäthylester]*, $C_{18}H_{30}O_8$, $Kp._{14}$ 204—206°, durch allmähliche Zugabe von Diäthylamin (**VII**) zu einem Gemisch aus **VI** u. Butanal bei 0 bis —5°, Erwärmenlassen auf Raum-Temp. u. 5std. Kochen; 70%. — *4.4'-Butyliden-bis-[1.2-diphenylpyrazolidindion-(3.5)]*, *Monohydrat*, $C_{34}H_{30}N_4O_4 \cdot H_2O$, F. 75°, durch allmähliche Zugabe vorst. Verb. u. **II** in **III** zu einer alkohol. **IX**-Lsg., Abdestillieren des A. u. 7std. Kochen; hellgelb; 36%. *Diäthylaminsalz*, $C_{38}H_{41}N_5O_4$, F. 193°, a) durch Einw. von **VII** auf vorst. Monohydrat in Chlf.; b) durch Kondens. von Butanal mit **VIII** in Chlf. in Ggw. von **VII**; <10%. — *Sulfoessigsäuredichlorid*, $C_2H_2Cl_2O_3S$, $Kp._{17}$ 108—112°, durch 6std. Kochen von 33 g Sulfoessigsäuremonohydrat (F. 85°) mit 0,6 Mol $SOCl_2$, Abdestillieren des überschüssigen $SOCl_2$ im Vakuum, Zugabe von 0,2 Mol PCl_5 u. 3std. Kochen; 14%; daneben 17,4 g *Sulfochloressigsäuredichlorid*, $C_2HCl_3O_3S$, $Kp._{17}$ 98—100°. Beim Vers., das Dichlorid in Chlf. in Ggw. von Pyridin mit **II** umzusetzen, konnte nur *Pyridinsulfoacetat*, $C_7H_9NO_5S$, F. 147—148°, isoliert werden. — *Butylmalonsäuredianilid*, F. 194° (A.), a) durch Zufügen von Anilin u. Butylmalonsäurediäthylester (**X**) in **III** zu einer alkohol. **IX**-Lsg. u. 12std. Kochen; 60%; daneben 6—8% *Butylmalonsäuremonoanilid*, $C_{13}H_{17}NO_3$, F. 167°; b) durch 4std. Kochen von 0,2 (Mol) **X** mit 0,6 Anilin; 90%. — *Butylmalonsäure-bis-[N-methylanilid]*, $C_{21}H_{26}N_2O_2$, F. 107° (A.), durch portionsweises Zufügen einer äther. Lsg. von Butylmalonsäuredichlorid (**XI**) zu einer äther. Methylanilin-Lsg. u. 2std. Kochen; 70%. Färbt sich an der Luft grün. — *Butylmalonsäure-bis-[p-carboxyanilid]*, $C_{21}H_{22}N_2O_6$, F. 256—257° (Zers.; wss. Methanol), durch portionsweises Zufügen einer äther. Lsg. von p-Aminobenzoesäure u. Pyridin zu einer 10%ig. **XI**-Lsg., 2std. Kochen u. 2std. Erwärmen des abgeschiedenen Öls auf dem sd. Wasserbad mit n-HCl; 96% (roh) bzw. 45% (nach mehrmaligem Umfällen u. Umkristallisieren aus Methanol/W.). — *Butylmalonsäure-bis-[p-(β-diäthylaminoäthoxycarbonyl)-anilid]*, *Dihydrochlorid*, $C_{33}H_{50}Cl_2N_4O_6$, durch portionsweises Zufügen einer Lsg. von Procain (*freie Base*, F. 54°, aus dem Hydrochlorid u. 10%ig. NaOH) zu einer äther. **XI**-Lsg.; extrem hygroskop.; 84%. — *Butylmalonsäure-bis-[p-carboxyphenylhydrazid]*, $C_{21}H_{24}N_4O_6$, F. 275—277°, durch Kochen von p-Hydrazinobenzoesäure mit Pyridin bis zur klaren Lsg., Zufügen von **XI** in Chlf. in der Wärme, Einengen im Vakuum u. Erwärmen des zurückbleibenden Öls mit n-HCl auf dem Wasserbad; 74% (unrein) bzw. 50% (nach Umkristallisieren aus wss. A.). — *Butylhydroxymalonsäuremono-1.2-diphenylhydrazid*, $C_{19}H_{22}N_2O_4$, F. 197° [Zers.; F. 147° (Fischer-Block)], durch Zufügen von alkal., O_2-haltigem W. zu einer wss. Lsg. von mit NaOH oder KOH neutralisiertem **I** u. Einengen im Vakuum oder Ansäuern mit n/2 HCl; 95% (roh). *Na-Salz*, F. 219—220°; daneben 6% *N-[α-Ketocaproyl]-hydrazobenzol*, $C_{18}H_{20}N_2O_2$, F. 120° (A.). — *4-Hydroxy-4-butyl-1.2-diphenylpyrazolidindion-(3.5)*, $C_{19}H_{20}N_2O_3$, F. 131°, durch 4std. allmähliches Erwärmen einer wss. Lsg. vorst. Hydrazids auf 100°; zierliche Nadeln aus W./A. (5:1); 35%; extrem voluminös. — *Oxalsäuremonoäthylester*, *K-Salz*, F. 222—225°, durch 50—70 Min. langes Kochen einer wss. K-Acetat-Lsg. mit Oxalsäurediäthylester (**XII**) unter heftigem Rühren, mehrstd. Stehen im Eisschrank u. Abtrennung des nebenher entstandenen *Mono-K-oxalats*; seifig schillernde Blättchen; 78%. — *Oxalsäureäthylesterchlorid* (**XIII**), Kp. 129—131°, durch 2—3std. Erhitzen vorst. Salzes mit $SOCl_2$ auf dem Wasserbad; 81%. — *Oxalsäuremonomethylester*, *K-Salz*, F. 197°, durch portionsweises Zufügen einer lauwarmen, 50%ig. wss. K-Acetat-Lsg. zu einer warmen, methanol. Oxalsäuredimethylester-Lsg.; 91%. — *Oxalsäuremethylesterchlorid*, Kp. 117—118°, aus vorst. Salz analog **XIII**; 89%. — *N.N-Diäthyloxalamidsäureäthylester*, $Kp._{22}$ 143°, durch 25std. Kochen von **XII** mit Diäthylamin; 88%. — *Oxalsäuremonodiäthylamid*,

Na-Salz, durch Versetzen einer alkohol. Lsg. vorst. Verb. mit einer 5%ig. alkohol. **IX**-Lsg. u. Abtreiben des A. im Vakuum $<50^0$; 94%. — *N.N-Diäthyloxalamidsäurechlorid,* $C_6H_{10}Cl \cdot NO_2$, $Kp._{26}$ 115—116°, aus vorst. Salz analog **XIII**; 81%. — Analog: *Malonsäuremonoäthylesterchlorid,* $Kp._{24}$ 86—88°, aus dem K-Salz des Malonsäuremonoäthylesters in Bzl.; 50%; daneben wahrscheinlich *Dicarbäthoxydiketen.* — *Bernsteinsäuremethylesterchlorid,* $Kp._{23}$ 108°; 90%. — *Bernsteinsäureäthylesterchlorid,* $Kp._{13}$ 84°, 91%; — *Fumarsäuredichlorid* (**XXII**), $Kp._{16}$ 63°, durch 1½ std. Kochen von Fumarsäure in Bzl. mit PCl_5; 89%. — *Acetylsalicylsäurechlorid,* $Kp._{14}$ 138—140°, $Kp._{10}$ 132°, a) aus Acetylsalicylsäure analog **XXII** in Bzl.; 84%; b) analog **XIII** in Chlf.; 75%. — *Salicylsäurechlorid,* $Kp._{10}$ 87°, a) analog **XIII** in 2 Std. in Bzl.; 65%; b) durch 2std. portionsweises Zufügen von Salicylsäure zu einem sd. Gemisch von $SOCl_2$ u. Bzl.; 75%. — N-Monoacylhydrazobenzole (**B**), **a**) durch Zufügen von 1 (Mol) **II** zu 2 des entsprechenden, eisgekühlten Carbonsäureanhydrids **D** unter Rühren u. Stehen über Nacht bei Raum-Temp.; **b**) durch portionsweises Zufügen einer äther. Lsg. des entsprechenden Säurechlorids **E** bzw. -esterchlorids **G** zu einer äther. **II**-Lsg. bei 20° unter lebhaftem Rühren; **c**) analog **b**) in Ggw. von Pyridin: *N-Formyl-,* F. 135° (wo nicht anders angegeben, aus A.) oder Methanol; 80% (nach **a**). — *N-Acetyl-* (**XIV**), F. 164,5°; 97% (**a**). — *N-Chloracetyl-,* F. 184°; 68% (**b**) bzw. 69% (**c**). — *N-Propionyl-,* F. 143°; 89% (**a**). — *N-n-Butyryl-,* F. 119°; 90% (**a**), 42% (**b**) bzw. 77% (**c**). — *N-n-Valeryl-,* F. 138°; 90% (**a**) bzw. 83% (**b**). — *N-Isovaleryl-,* F. 105° 54% (**a**) bzw. 77% (**c**). — *N-Caproyl-,* F. 123°; 90% (**a**). — *N-Diäthylacetyl-,* F. 142°; 49% (**b**) bzw. 82% (**c**). — *N-Phenylacetyl-,* F. 169°; 85% (**a**). — *N-Cinnamoyl-,* F. 219° (Chlf.); 90% (**a**). — *N-Benzoyl-,* F. 136° (roh); 92% (**c**). — *N-[p-Nitrobenzoyl]-,* F. 146°; 96% (**b**) bzw. 87% (**c**). — *N-Salicoyl-,* F. 133°; 11% (**b**). — *N-[O-Acetylsalicoyl]-* (**XV**), F. 145°; 51% (**b**) bzw. 65% (**c**). — *N-Äthoxycarbonyl-,* F. 74°; 37% (**b**) bzw. 81% (**c**). — *N-Methoxalyl-,* F. 151°; 71% (**b**) bzw. 77% (**c**). — *N-Äthoxalyl-,* F. 136°; 73% (**b**) bzw. 78% (**c**). — *N-[O-Äthylmalonyl]-* (**XVII**), F. 103°; 48% (**b**) bzw. 51% (**c**). — *N-[O-Methylsuccinyl]-* (**XX**), F. 101°; 39% (**b**) bzw. 82% (**c**). — *N-[O-Äthylsuccinyl]-* (**XXI**), F. 104°; 41% (**b**) bzw. 78% (**c**). — *N-Acetyl-N'-äthoxalylhydrazobenzol,* $C_{18}H_{18}N_2O_4$, F. 93° (A.), durch 4std. Kochen einer Lsg. von **XIV** in Chlf. mit **XIII**; 90%. — Analog folgende N'-Methoxalylhydrazobenzole (**C**): *N-Acetyl-,* $C_{17}H_{16}N_2O_4$, F. 102° (Methanol). — *N-Propionyl-,* $C_{18}H_{18}N_2O_4$, F. 93° (Methanol). — *N-Butyryl-,* $C_{19}H_{20}N_2O_4$, F. 88° (Methanol). — *N-Valeryl-,* $Kp._{0,45}$ 189—192° (nicht rein erhalten). — *N-Isovaleryl-,* $C_{20}H_{22}N_2O_4$, $Kp._{0,7}$ 188°. — *N-Caproyl-,* $C_{21}H_{24}N_2O_4$, $Kp._{1,2}$ 224°. — *N-Diäthylacetyl-N'-äthoxalylhydrazobenzol,* $C_{22}H_{26}N_2O_4$, F. 119° (A.). — N'-Acetylhydrazobenzole (**C**): *N-[O-Äthylmalonyl]-* (**XVI**), $C_{19}H_{20}N_2O_4$, F. 66° (A.). — *N-[O-Methylsuccinyl]-* (**XIX**), $C_{19}H_{20}N_2O_4$, F. 120° (Methanol). — *N-[O-Methylphthaloyl]-,* $C_{23}H_{20}N_2O_4$, F. 171° (Methanol), Nadeln. — *N-Caproyl-,* $C_{20}H_{24}N_2O_2$, $Kp._{3,5}$ 233°. — *N-Diäthylamidooxalyl-,* $C_{20}H_{23}N_3O_3$, F. 132,5°. — *N-Salicoyl-,* $C_{21}H_{18}N_2O_3$, F. 160°. — *1.2-Bis-[äthoxalyl]-hydrazobenzol,* $C_{20}H_{20}N_2O_6$, F. 92 bis 93° (A.). — N'-Oxalylhydrazobenzole (**C**): *N-Formyl-, Ca-Salz, Trihydrat,* $C_{15}H_{11}Ca_{1/2}N_2O_4 \cdot 1\frac{1}{2}\ H_2O$, F. 197° (Zers.), durch portionsweises Zufügen einer äquimol. Menge 10%ig. wss. KOH zu einer unter Erwärmen auf 95° hergestellten u. abgekühlten Lsg. von rohem N-Formyl-N'-methoxalylhydrazobenzol ($Kp._{0,45}$ ca. 175—180°) in A. $<20^0$ unter Rühren bis zur Neutralisation, Abtreiben des A., Ausschütteln mit Ae., Versetzen der wss. Lsg. mit HCl u. Überführung der mit Ae. ausgezogenen u. mit W. gewaschenen *freien Säure* in das Ca-Salz durch schrittweises Extrahieren der äther. Lsg. mit einer verd. wss. Suspension von $CaCO_3$ bis pH 5,7; leicht lösl. in W.; ca. 70%. — Analog (alle leicht lösl. in W.): *N-Acetyl-, Na-Salz,* F. 164° (Zers.), extrem hygroskopisch. *Ca-Salz, Trihydrat,* $C_{16}H_{13}Ca_{1/2}N_2O_4 \cdot 1\frac{1}{2}\ H_2O$, F. 179° (Zers.). *Mg-Salz,* F. 207° (Zers.). *Piperazinsalz,* $C_{36}H_{38}N_6O_8$, F. 235°. *Freie Säure,* $C_{16}H_{14}N_2O_4$, F. ca. 70°, schaumige, leicht pulverisierbare Masse, sehr hygroskopisch. — *N-Salicoyl-, Ca-Salz, Trihydrat,* $C_{21}H_{15}Ca_{1/2}N_2O_5 \cdot 1\frac{1}{2}\ H_2O$, F. 230° (Zers.), aus N-Acetylsalicoyl-N'-meth- oder -äthoxalylhydrazobenzol u. 2 Mol KOH; 56%. — *N-Acetylsalicoyl-, Ca-Salz, Tri-* u. *Oktahydrat,* $C_{23}H_{17}Ca_{1/2}N_2O_6 \cdot 1\frac{1}{2}$ (u. 4) H_2O, durch Acetylierung vorst. Verb.; 86%; gibt keine Farb-Rk. mit $FeCl_3$. — *N-Salicoyl-N'-acetylhydrazobenzol,* F. 160°, durch portionsweises Zufügen von wss. NaOH zu einer Lsg. von **XV** in A. bei 95°; 55%. — *N-Oxalylhydrazobenzol,* $C_{14}H_{12}N_2O_3$, F. 171° (A.), durch portionsweises Zufügen von wss. KOH zu einer sd. Lsg. von N-Äthoxalylhydrazobenzol, 4std. Rühren u. Zufügen von n-HCl; 36%. *Na-Salz, 3½ Hydrat,* $C_{14}H_{11}N_2NaO_3 \cdot 3\frac{1}{2}\ H_2O$. — *Säure* $C_{17}H_{14}N_2O_3$ (**XVIII**), F. 224° (A.), durch ³/₄std. Kochen einer alkohol. **XVI**-Lsg. mit 1½ Mol wss. KOH u. Ansäuern mit n-HCl; 57%. — *N-Acetyl-N'-malonylhydrazobenzol, Ca-Salz, Dihydrat,* $C_{17}H_{15}Ca_{1/2}N_2O_4 \cdot H_2O$, durch portionsweises Zufügen einer äther. Malonylmonochlorid-Lsg. zu einer Lsg. von **XIV** in Chlf., 1std. Kochen u. Extraktion mit wss. $CaCO_3$-Suspension. — *1.2-Diphenylpyrazolidindion-(3.5)* (**VIII**), $C_{15}H_{12}N_2O_2$, F. 181°, durch Verseifung von **XVII** unter den bei der Verseifung von **XVI** angewandten Bedingungen. — *N-Acetyl-N'-succinylhydrazobenzol, Hydrat,* $C_{18}H_{18}N_2O_4 \cdot H_2O$, analog **XVIII** aus **XIX** oder der entsprechenden O-Äthyl-Verb.; 80—84% bzw. 75%. — *N-Succinylhydrazobenzol,* F. 176° (A.), a) durch 4½ std. Kochen einer Lsg. von 0,5 Mol **II** in Dioxan mit einer Lsg. von 1 Mol Bernsteinsäureanhydrid in Dioxan; 84%; b) aus **XX** oder **XXI**; 76 bzw. 84%. — *N-Glutarylhydrazobenzol,* $C_{17}H_{18}N_2O_3$, F. 131° (A.), analog vorst. Verb. in 8 Std. mit Glutarsäureanhydrid; 76%. — *N-Acetyl-N'-fumarylhydrazobenzol,* $C_{18}H_{16}N_2O_4$, F. 178° (Aceton), durch 4std. Kochen von 0,1 **XIV** mit 0,2 **XXII** in abs. Chlf.; 67%. *Ca-Salz, Dihydrat,* $C_{18}H_{15}Ca_{1/2}N_2O_4 \cdot H_2O$. Bei der Rk. von **XIV** mit **XXII** im Mol.-Verhältnis 1:1 entsteht unter denselben Bedingungen im wesentlichen *Fumarsäure-bis-[1.2-diphenyl-2-acetylhydrazid],* F. 190°. — N.N'-Diacylhydrazobenzole, durch 2std. Kochen eines Gemisches aus 1 Mol **II** mit 4 Mol des entsprechenden Säureanhydrids **D**, Fällung mit Eiswasser u. Umkristallisieren aus A.; 90%: *-Diacetyl-,* F. 105°. — *-Dipropionyl-,* F. 92—93°. — *-Dicaproyl-,* $C_{24}H_{32}N_2O_2$, $Kp._{0,4}$ 186—187°, in 1 Stunde. — *Bis-[diäthylacetyl]-,* $C_{24}H_{32}N_2O_2$, F. 128—129° (A.), durch allmähliches Erhitzen eines Gemisches aus 1 Mol **II** u. 1 Mol Tetraäthylessigsäureanhydrid auf 100°; 67%.

Gerhard Müller/Bitterfeld 1310◇

0791 **Darstellung und Eigenschaften von Salzen des Metahydroxytetryls.** Dionizy Smoleński, Stanisław Bogdał und Bohdan Głowiak. (Zeszyty naukowe Politechn. Wrocławskiej, Chem. **7**, 3—9, 1961; Wrocław, Politechn., Kat. Technol. Związków azot. II; pol.) — ***Metahydroxytetryl*** (**I**; *2.4.6-Trinitro-3-hydroxyphenylmethylnitramin*) wurde durch Nitrierung von N.N-Dimethylanilin (**II**) dargestellt. **I** bildet in W. schwerlösl. *NH_4-, K-* u. *Ba-Salze* u. lösl. *Ca-, Sr-, Ag-* u. *Bi-Salze.* Die Explosivität der **I**-Salze ist verschieden u. abhängig vom Metall. Die Zünd-Temp. liegen zwischen 247° (Bi-Salz) u. 287° (NH_4-Salz), sie nehmen mit steigendem Atomgew. des Metalls ab. Die Schlagempfindlichkeit des Ag- u. des Bi-Salzes ist doppelt so groß wie die von **I**. Die Salze lassen sich aber nicht als Initialzünder verwerden. Die Brisanz ist geringer als die von **I**.

Versuche: *2.4.6-Trinitro-3-hydroxyphenylmethylanitramin* (**I**), F. 182° (W.; gelbe Kristalle), neben Tetryl bei der Umsetzung von **II** mit einem Nitriergemisch zunächst bei 45—50°, dann bei 65° u. alkal. Hydrolyse des Prod.; 50% (Ausbeute). *NH_4-Salz,* $C_7H_8N_6O_9$ (citronengelbe Kristalle), aus **I** in Essigsäure bei Zusatz von NH_4OH. *K-Salz,* $C_7H_4 \cdot KN_5O_9$ (gelbe Kristalle), analog mit KOH. *Ba-Salz,* $C_{14}H_8 \cdot BaN_{10}O_{18}$ (dunkelgelbe Kristalle), mit $Ba(OH)_2$. *Ca-Salz,* $C_{14}H_8CaN_{10}O_{18}$ (gelbe Kristalle), aus einer gesätt. K-Salz-Lsg. mit $Ca(NO_3)_2$. *Sr-Salz,* $C_{14}H_8N_{10}O_{18}Sr$ (hellgelbe Kristalle), mit $Sr(NO_3)_2$. *Ag-Salz,* $C_7H_4AgN_5O_9$ (gelbe Kristalle), mit $AgNO_3$. *Bi-Salz,* $C_{21}H_{12}BiN_{15}O_{27}$ (dunkelgelbe Kristalle), mit $Bi(NO_3)_3$.

F. Urban 1320◇

0792 **Synthese von γ-[2-Hydroxy-5-alkylphenyl]-propylaminen.** A. N. Kosst und B. M. Scheiman. (J. allg. Chem. [UdSSR] **33** (**95**), 545—49, 1963; Moskau, Lomonossow-Univ.; russ.) — Durch Aminolyse von 6-Alkyl-3.4-dihydrocumarinen werden *β-[2-Hydroxy-5-alkylphenyl]-propionamide* erhalten, die mit $LiAlH_4$ zu *γ-[2-Hydroxy-5-alkylphenyl]-propylaminen* red. werden. Letztere besitzen broncholyt. u. hypotensive Wirkung. — UV-Spektren sind angegeben.

Versuche: N-Methylpropionamide: *β-[2-Hydroxy-5-isopropylphenyl]-,* $C_{13}H_{19}NO_2$, F. 130,5—131° (Bzl.-A.), aus 9,51 g 6-Isopropyl-3.4-dihydrocumarin in 50 ml A. u. 40 ml 6%ig. wss. Methylamin durch 10 Min. langes Schütteln; 11,05 g (Ausbeute). — *β-[2-Hydroxy-5-tert-butylphenyl]-,*

$C_{14}H_{21}NO_2$, F. 113,5—114,5° (Bzl.–PAe.); quant. Ausbeute. — Propylamine: *N-Methyl-γ-[2-hydroxy-5-methylphenyl]-, Hydrochlorid*, $C_{11}H_{17}NO \cdot HCl$, F. 116—116,5° (Bzl.–A.), a) aus N-Methyl-β-[2-hydroxy-5-methylphenyl]-propionamid durch 11std. Kochen mit $LiAlH_4$, Zers. mit 15%ig. NaOH, 10std. Extrahieren der wss. Schicht mit Ae. u. Zugabe von äther. HCl; 46% (Ausbeute); b) durch 11std. Rühren der Komponenten unter Erwärmen, Zers. mit H_2SO_4, Einstellen der wss. Schicht auf pH 6, Filtrieren, Fällen als Pikrat, Zersetzen u. Extrahieren; 85%. — *γ-[2-Hydroxy-5-methylphenyl]-, Oxalat, Hydrat*, $(C_{10}H_{15}NO)_2 \cdot (COOH)_2 \cdot H_2O$, F. 180,5—181°; 17%. — *N-Methyl-γ-[2-hydroxy-5-methylphenyl]-, saures Oxalat, Hydrat*, $C_{11}H_{17}NO \cdot (COOH)_2 \cdot H_2O$, F. 109,5—110°; 60%. — *N-Methyl-γ-[2-hydroxy-5-isopropylphenyl]-, Oxalat, Halbhydrat*, $(C_{13}H_{21}NO)_2 \cdot (COOH)_2 \cdot {}^1/_2H_2O$, F. 204,5—205°; 40%.

G. Solf 1320◇

0793 **Herstellung und Konfigurationsbestimmung von syn- und anti-α-Aminoketoxim-Derivaten.** H. P. Fischer und C. A. Grob. (Helv. chim. Acta **45**, 2528—38, 1962; Basel, Univ., Inst. für Organ. Chem.; dt.) — Zusammen mit den *Benzoyl-Derivv.* u. den *2.4-Dinitrophenyläthern* werden einige *syn-* (syn-Stellung der OH- zur α-Aminogruppe) u. *anti-α-Aminoacetophenonoxime* dargestellt. Auf Grund der UV- u. IR-Spektren sowie der Bldg. von Cu-Komplexen werden die Konfigurationen bestimmt. Die Ester von Ketoximen, z. B. die Benzoyl-Derivv., von Cyclohexanonoxim u. Acetophenonoxim, werden durch N-Bromsuccinimid (**II**) in α-Stellung bromiert. Maxima der UV-Spektren vgl. Original.

Versuche (FF. korr.): *syn-α-Bromacetophenonoximbenzoat* (**I**), $C_{15}H_{12}BrNO_2$, F. 89—90°, durch 12std. Kochen von syn-Acetophenonoximbenzoat mit **II** in CCl_4 in Ggw. von Dibenzoylperoxid unter Bestrahlung mit UV-Licht, Kühlen auf 0°, Absaugen des *Succinimids* u. Eindampfen im Vakuum; aus Bzl./PAe. Rhomben; 84% (Ausbeute). — *anti-2-Bromcyclohexanonoximbenzoat*, $C_{13}H_{14}BrNO_2$, F. 127—128° (A.), durch 2std. Kochen von Cyclohexanonoximbenzoat mit **II** in CCl_4 in Ggw. von Dibenzoylperoxid; 70%. — *anti-2-Dimethylaminocyclohexanonoxim*, $C_8H_{16}N_2O$, F. 125—126° (Bzl./PAe.), durch Zugabe von Dimethylamin bei —18° zu einer Lsg. vorst. Verb. in abs. Ae., 12std. Schütteln bei 20° im Rohr, Extrahieren mit 2n HCl, Zugabe von fester K_2CO_3 u. Extrahieren mit Ae.; 86%. — anti-Acetophenonoxime, durch Zugabe des sek. Amins zu einer äther. Lsg. von anti-α-Bromacetophenonoxim (**III**) unterhalb 25°, 2std. Stehen, Waschen mit W., Extrahieren mit 2n HCl, Zugabe von fester K_2CO_3 u. Extrahieren mit Äther (Meth. **A**): *α-Piperidino-*, F. 133—135°, a) neben **VIII** nach b) durch Zugabe von W. zu der Mutterlauge bei 50° bis zur Trübung u. Kühlen auf —12°; aus Bzl./PAe. Nadeln; 17%; b) aus Piperidin nach **A**; aus Methanol Nadeln; 96%. *Hydrochlorid*, $C_{13}H_{19}ClN_2O$, F. 154 bis 155°, durch Einleiten von HCl in eine äther. Lsg.; aus Aceton Rhomben. *Benzoat* (**IV**), $C_{20}H_{22}N_2O_2$, F. 86—87° (Bzl./PAe.), durch Lösen des Oxims in Pyridin, Kühlen auf —15°, Zugabe von Benzoylchlorid bei Temp. unterhalb —5°, Zugabe zu W. u. Extrahieren mit Bzl.; 90%. *Benzoathydrobromid*, $C_{20}H_{23}BrN_2O_2$, F. 113—116°. — *α-Pyrrolidino-*, $C_{12}H_{16}N_2O$, F. 78—79°, aus Ae./PAe. Nadeln; 92%. *Benzoat* (**V**), *Hydrochlorid*, $C_{19}H_{21}ClN_2O_2$, F. 114—115° (Aceton), durch Lösen des Oxims in Aceton, Zugabe von Benzoylchlorid bei —5° u. 12std. Stehen bei 0°; 86%. — *α-Dimethylamino-*, $C_{10}H_{14}N_2O$, F. 82—84°, aus Bzl./PAe. Plättchen; 97%. *Benzoat*, $C_{17}H_{18}N_2O_2$, F. 65—66° (PAe.), analog **V**; 51% [*Pikrat*, $C_{23}H_{21}N_5O_9$, F. 131—133°]. — *α-[N-Methylbenzylamino]-*, Öl; 91%. *Hydrochlorid*, $C_{16}H_{19}ClN_2O$, F. 183 bis 186°, aus Ae./Isopropanol Nadeln. *Benzoathydrochlorid*, $C_{23}H_{23}ClN_2O_2$, F. 77—78°, analog **V**. — *α-Morpholino-*, $C_{12}H_{16}N_2O_2$, F. 116—120°, aus Methanol Plättchen; 71%. *Benzoat*, $C_{19}H_{20}N_2O_3$, F. 99—101°) (Bzl./PAe.), analog **IV**; 97%. — *α-[N-Methylanilino]-acetophenon, Oxim-2.4-dinitrophenyläther* (**VI**), $C_{21}H_{18}N_4O_5$, F. 93—94° (Bzl./PAe.), durch Lösen des Oxims in Aceton, Zugabe von wss. NaOH bei 25° u. von 2.4-Dinitrochlorbenzol in Aceton, 1std. Stehen, Eindampfen im Vakuum, Zugabe von W. u. Extrahieren mit Bzl.; 68%. *Oxim*, $C_{15}H_{16}N_2O$, F. 129—131° (verd. Methanol), a) durch 1tägiges Stehen von **III** mit Methylanilin in Methanol bei 25°, Zugabe von W. bis zur Trübung u. Kühlen auf —14°; 85%; b) durch Zugabe von Methyljodid zu Li in abs. Ae., 3std. Stehen, Zugabe von Methylanilin in abs. Ae. unter Entw. von Methan u. Zugabe von **I** in abs. Ae., 1std. Stehen, Neutralisieren u. Extrahieren mit 15%ig. HCl u. Alkalisieren mit K_2CO_3; 92%; c) durch Behandeln von **VII** mit Piperidin in Ae.; 100%. *Oximbenzoat* (**VII**), $C_{22}H_{20}N_2O_2$, F. 90—91°, durch 1tägiges Stehen von **I** mit Methylanilin in Methanol bei 25°; aus Methanol Nadeln; 81%. *Oxim-p-methoxybenzoat*, $C_{23}H_{22}N_2O_3$, F. 83—84° (Methanol), analog **IV**; 88%. *Oxim-p-nitrobenzoat*, $C_{22}H_{19}N_3O_4$, F. 90—91° (Bzl./PAe.), analog **IV**; 90%. *Oxim-3.5-dinitrobenzoat*, $C_{22}H_{18}N_4O_6$, F. 98—99° (Bzl./PAe.), analog **IV**; 79%. — syn-Acetophenonoxime, durch Umsetzung von **I** mit sek. Aminen in abs. Ae. <25° (Meth. **B**): *α-Piperidino-* (**VIII**), F. 117—118°, a) aus Piperidin nach **B**; aus Methanol Plättchen; 93%; b) durch fraktionierte Kristallisation von 15 g eines nach Cromwell u. Hoeksema [1944] hergestellten Gemisches aus **VIII** u. der anti-Form in Methanol; aus wss. Dioxan derbe Plättchen; 32%. *Benzoat*, $C_{20}H_{22}N_2O_2$, F. 86—87° (Bzl./PAe.), analog **IV**; 95%. *2.4-Dinitrophenyläther*, $C_{19}H_{20}N_4O_5$, F. 109—110° (Bzl.), analog **VI**; 70%. — *α-Morpholino-*, F. 150—152°, aus Methanol Plättchen.; 91%. *Benzoat*, $C_{19}H_{20}N_2O_3$, F. 137—140° (Methanol), analog **IV**; 93%. *2.4-Dinitrophenyläther*, $C_{18}H_{18}N_4O_6$, F. 127 bis 128° (Bzl.); 74%. — *α-Dimethylamino-*, $C_{10}H_{14}N_2O$, F. 118 bis 120°, aus Methanol Plättchen; 93%. — *α-[N-Methylbenzylamino]-, Benzoat*, $C_{23}H_{22}N_2O_2$, F. 70—71°, aus Methanol derbe Nadeln; 90%. *2.4-Dinitrophenyläther*, $C_{22}H_{20}N_4O_5$, F. 82—83° (Bzl./PAe.); 56%. — *α-Benzoylamino-*, $C_{15}H_{14}N_2O_2$, F. 158—159°, durch Umsetzen von syn-α-Aminoacetophenonoxim (**IX**) mit Benzoylchlorid; aus verd. A. Nadeln; 89%. *Benzoat*, $C_{22}H_{18}N_2O_3$, F. 137—139° (Bzl.), analog **IV**; 87%. — *α-Tritylamino-* (**X**), $C_{27}H_{24}N_2O$, F. 132—134°, durch Suspendieren von **IX** in Methylendichlorid, Zugabe von Triäthylamin, 1std. Zugabe von Tritylchlorid in Methylendichlorid bei Raum-Temp., Absaugen von *Triäthylaminhydrochlorid* u. Eindampfen im Vakuum; aus Bzl. Prismen; 71%. *Benzoat*, $C_{34}H_{28}N_2O_2$, F. 145—147° (Bzl./PAe.); 96%. *2.4-Dinitrophenyläther*, $C_{33}H_{26}N_4O_5$, F. 148—149° (Bzl.); 80%. — *α-Piperidino-p-nitroacetophenonoxim*, $C_{13}H_{17}N_3O_3$, F. 126 bis 127°, durch Lösen von 20 g des syn–anti-Isomerengemisches in heißem A. u. 12std. Stehen bei 0°; aus A. Plättchen; 6,05 g. *Benzoat*, $C_{20}H_{21}N_3O_4$, F. 138—139° (Bzl.); 80%. *2.4-Dinitrophenyläther*, $C_{19}H_{19}N_5O_7$, F. 121—123° (Bzl.); 85%. *anti-Form*, $C_{13}H_{17}N_3O_3$, F. 113—116°, aus den Mutterlaugen der syn-Form; aus A. Prismen; 3 g. *Benzoat*, $C_{20}H_{21}N_3O_4$, F. 87—88° (Bzl./PAe.); 84%. — *Acetophenonoxim-2.4-dinitrophenyläther*, $C_{14}H_{11}N_3O_5$, F. 178—179° (Bzl.); 92%. — *α-[N-Methylanilino]-p-nitroacetophenoximbenzoat*, $C_{22}H_{19}N_3O_4$, F. 120—121° (A.); 91%. — *α-Aminoacetophenonoxim-2.4-dinitrophenyläther*, $C_{14}H_{12}N_4O_5$, F. 125—127°, durch 24std. Schütteln des **X**-2.4-Dinitrophenyläthers mit konz. HCl bei 22°, Absaugen, Extrahieren des *Triphenylcarbinols* mit Bzl., 1std. Schütteln des Rückstandes mit 20%ig. KOH u. Extrahieren; aus Bzl. gelbe Kristalle; 41%.

W. Hampel 1340△

0794 **Darstellung der 4.5-Diaminosalicylsäure.** J. Perelló, J. Bartulin und H. Urrutia. (Boll. Soc. chilena Quím. **9**, 19—21, 1959; Concepción, Univ., Escuela de Quím. y Farmacia, Inst. de Quím. Orgán.; span.) — Das O-Acetyl-Deriv. der 4-Nitrosalicylsäure (**I**) läßt sich in günstigerer Ausbeute zu *4.5-Dinitrosalicylsäure* (**II**) nitrieren als die freie **I**. Durch Red. mit Sn/HCl wird aus **II** *4.5-Diaminosalicylsäure* (**III**) erhalten. Einige weitere Darst.-Meth. für **III** wurden verbessert.

Versuche: *2-Amino-4-nitrobenzoesäure*, F. 265° (A.), durch anteilweises Zugeben von $KMnO_4$ zur sd. wss. Lsg. von 2-Acetylamino-4-nitrotoluol u. $MgSO_4$, ½std. Kochen, Filtrieren, Ansäuern mit HCl u. 2std. Kochen des Nd. mit 45%ig. H_2SO_4; 53% (Ausbeute). — *4-Nitrosalicylsäure* (**I**), F. 229° (wss. A.), a) durch Diazotieren vorst. Verb. u. Zers. mit sd. gesätt. $CuSO_4$-Lsg.; 98%; b) aus 4-Nitrophthalsäure nach Chapman u. Stephen [1925]. — *4.5-Dinitrosalicylsäure* (**II**), $C_7H_4N_2O_7$, F. 192—193° (verd. Essigsäure), durch Zutropfen von HNO_3 (D. 1,42)/H_2SO_4 zum O-Acetyl-Deriv. von **I** in konz. H_2SO_4 bei —1 bis + 1°, 3std. Stehen bei Raum-Temp. u. Gießen in Eiswasser; 90%. — *4.5-Diaminosalicylsäure* (**III**), Zers. bei 195—197°. *Hydrochlorid*, $C_7H_8N_2O_3 \cdot HCl$, Zers. bei 208—210°, a) durch anteilweises Zugeben von 4-Amino-5-benzolazosalicylsäure u. Sn zu $SnCl_2$ in wss.-alkohol. HCl auf dem Wasserbad, 10 Min. langes Rühren, Stehen über Nacht u. Sättigen mit HCl; 30—35%; b) durch

Zugeben von 4-Amino-5-nitrosalicylsäure in Cellosolve zu Sn in wss.-alkohol. HCl auf dem Wasserbad, ½ std. Rühren u. Aufarbeiten wie vorst.; 50%; c) analog aus **II** (gelöst in A.); 55—60%. H.-E. Toussaint 1350◇

0795 **Über die Einwirkung von Phosphorigsäurediäthylester auf Chinon und α-Naphthochinon.** B. A. Arbusow, N. A. Poleshajewa und W. Ss. Winogradowa. (Nachr. Akad. Wiss. UdSSR, Abt. chem. Wiss. **1960**, 1219—23; Kasan, Uljanow-Lenin-Univ., Chem. Butlerow-Forsch.-Inst.; russ.) — Durch Rk. von p-Benzochinon (**I**) oder α-Naphthochinon (**II**) mit Diäthylphosphit (**III**) werden *Phosphorsäure-4-hydroxyphenyldiäthylester* bzw. *-4-hydroxynaphthyl-(1)-diäthylester* erhalten, deren Struktur durch Acetylierung u. Verseifung sowie mit Hilfe der UV-Spektren bewiesen wird.

Versuche: *Phosphorsäure-4-hydroxyphenyldiäthylester*, $C_{10}H_{15}O_5P$, a) Kp.$_{0,01}$ 171—174°, durch Zutropfen von 15 Tropfen alkohol. Na-Methylat zu einem Gemisch aus 7 g **I** u. 9 g **III**, 3 std. Erhitzen auf 95° u. Neutralisieren mit Essigsäure; n_D^{20} 1,5020—1,5025; D.$_0^{20}$ 1,2110—1,2113; 9,3 g (Ausbeute); b) Kp.$_{0,01}$ 148—159° (verunreinigt), durch Zugabe von 14,5 g Triäthylamin zu 16 g Hydrochinon (**IV**) in 200 ml abs. Ae. u. 2½ std. Erhitzen auf dem Wasserbad nach Zugabe von 25 g Phosphorsäurediäthylesterchlorid; n_D^{20} 1,4957—1,4981; D.$_0^{20}$ 1,2176—1,2180. *4-Acetyl-Deriv.*, $C_{12}H_{17}O_6P$, Kp.$_{0,035}$ 113 bis 115°, durch 1 std. Erhitzen von 4 g mit 2,9 g Acetylchlorid auf 50°, 1 Std. auf dem sd. Wasserbad u. Mol.-Dest.; n_D^{20} 1,4841; D.$_0^{20}$ 1,2049; 1,5 g. Bei Verseifung vorst. Verbb. mit HCl (1:1) entstehen **IV** (F. 168—170°) u. *Phosphorsäure* [*Phenylhydraziniumphosphat*, F. 158—159°]. — *Phosphorsäure-4-hydroxynaphthyl-(1)-diäthylester*, $C_{14}H_{17}O_5P$, F. 101 bis 102° (Ae.), durch Zutropfen von 25 Tropfen gesätt. Na-Äthylat-Lsg. zu 8,7 g **II** u. 7,5 g **III**, ½ std. Erhitzen auf 80°, Zugabe von 1 ml Essigsäure u. Gießen in Wasser. *4-Acetyl-Deriv.*, $C_{16}H_{19}O_6P$, Kp.$_{0,3}$ 199—202°, aus 1,2 g u. 0,8 g Acetylchlorid (20 Min. erhitzen); n_D^{20} 1,5383; D.$_0^{20}$ 1,2277; 0,9 g. — *1.4-Dihydroxynaphthalin*, F. 177—179°, durch Verseifung vorst. Verbb. neben Phosphorsäure.

I. Schade 1380△

0796 **Benzolphosphonsäureesterarylide.** I. N. Shmurowa. (J. allg. Chem. [UdSSR] **33** (**95**), 549—51, 1963; Inst. für organ. Chem. der Akad. der Wiss. der UkrainSSR; russ.) — Durch Rk. von Benzolphosphonsäure-N-arylamidchloriden mit Na-Methylat oder Alkoholen oder Phenolen in Ggw. von Pyridin (**I**) oder Triäthylamin (**II**) werden *Benzolphosphonsäureesterarylamide* erhalten.

Versuche: Benzolphosphonsäuremethylesterarylide: *Anilid*, $C_{13}H_{14}NO_2P$, F. 123—125° (A.), man läßt 0,02 Mol Methanol u. 0,02 Mol Benzolphosphonsäurechloridanilid in 10 ml **I** 2 Std. lang stehen, erhitzt 5 Min. auf dem Wasserbad u. gießt in W. (Meth. **A**); Prismen; 79% (Ausbeute). — *o-Toluidid*, $C_{14}H_{16}NO_2P$, F. 120—122° (A.), nach **A**; Prismen; 86%. — *m-Toluidid*, $C_{14}H_{16}NO_2P$, F. 113—115° (wss. A.), nach **A**; Prismen; 50%. — *p-Toluidid*, $C_{14}H_{16}NO_2P$, F. 124 bis 125° (wss. A.), nach **A**; Prismen; 66%. — *m-Chloranilid*, $C_{13}H_{13}ClNO_2P$, F. 97—99° (wss. A.), nach **A**; Nadeln; 86%. — *p-Chloranilid*, $C_{13}H_{13}ClNO_2P$, F. 130—131° (A.), nach **A**; Nadeln; 60%. — *2.4.6-Trichloranilid*, $C_{13}H_{11}Cl_3NO_2P$, F. 136 bis 138° (wss. A.), durch Zugabe von 0,02 Mol Benzolphosphonsäurechlorid-2.4.6-trichloranilid zu 0,02 Mol Na-Methylat (40 ml Methanol) unter Kühlung, 1 std. Stehen u. Gießen in W. (Meth. **B**); Prismen; 90%. — *m-Bromanilid*, $C_{13}H_{13}BrNO_2P$, F. 105—107° (Bzl. + PAe.), nach **A**; Prismen; 82%. — *p-Bromanilid*, $C_{13}H_{13}BrNO_2P$, F. 127—129° (wss. A.), nach **A**; Prismen; 80%. — *2.4.6-Tribromanilid*, $C_{13}H_{11}Br_3NO_2P$, F. 168—170° (Bzl.), nach **B**; Prismen; 79%. — *o-Nitroanilid*, $C_{13}H_{13}N_2O_4P$, F. 66—68° (A.), nach **A**; gelbe Nadeln; 75%. — *m-Nitroanilid*, $C_{13}H_{13}N_2O_4P$, F. 169—171° (A.), nach **A**; gelbe Prismen; 81%. — *p-Nitroanilid*, $C_{13}H_{13}N_2O_4P$, F. 118 bis 119° (Bzl.), nach **A**; Prismen; 44%. — *2.4-Dinitroanilid*, $C_{13}H_{12}N_3O_6P$, F. 100—102° (wss. A.), nach **B**; gelbe Prismen; 40%. — *2.6-Dichlor-4-nitroanilid*, $C_{13}H_{11}Cl_2N_2O_4P$, F. 178 bis 179° (A.), nach **B**; Nadeln; 77%. — *p-Anisidid*, $C_{14}H_{16}NO_3P$, F. 125—127° (wss. A.), nach **B**; Prismen; 85%. — *p-Äthoxyanilid*, $C_{15}H_{18}NO_3P$, F. 96—97° (wss. A.), nach **B**; Prismen; 90%. — Benzolphosphonsäurephenylesterarylide: *Anilid*, F. 145—146° (A.), nach **A**; Prismen; 80%. — *o-Toluidid*, $C_{19}H_{18}NO_2P$, F. 132—134° (wss. A.), nach **A**; Nadeln; 80%. — *m-Toluidid*, $C_{19}H_{18}NO_2P$, F. 99—101° (wss. A.), nach **A**; Prismen; 52%. — *p-Toluidid*, $C_{19}H_{18}NO_2P$, F. 145—147° (wss. A.), nach **A**; Nadeln; 63%. — *o-Chloranilid*, $C_{18}H_{15}ClNO_2P$, F. 123—125° (A.), nach **A**; Prismen; 67%. — *m-Chloranilid*, $C_{18}H_{15}ClNO_2P$, F. 94—95° (wss. A.), nach **A**; Prismen; 74%. — *p-Chloranilid*, $C_{18}H_{15}ClNO_2P$, F. 138—140° (A.), nach **A**; Prismen; 83%. — *2.4-Dichloranilid*, $C_{18}H_{14}Cl_2NO_2P$, F. 106—108° (wss. A.), aus den Komponenten in Ggw. von **II**, 1 std. Stehen, Eindampfen u. Verdünnen des Rückstands mit W. oder 1 n Lauge (Meth. **C**); Nadeln; 70%. — *2.4.6-Trichloranilid*, $C_{18}H_{13}Cl_3NO_2P$, F. 210—212° (A.), nach **C**; Prismen; 61%. — *p-Bromanilid*, $C_{18}H_{15}BrNO_2P$, F. 151—153° (wss. A.), nach **A**; Nadeln; 80%. — *2.4-Dibromanilid*, $C_{18}H_{14}Br_2NO_2P$, F. 104—106° (wss. A.), nach **C**; Nadeln; 76%. — *2.4.6-Tribromanilid*, $C_{18}H_{13}Br_3NO_2P$, F. 202—204° (A.), nach **C**; Nadeln; 85%. — *m-Nitroanilid*, $C_{18}H_{15}N_2O_4P$, F. 147 bis 148° (Bzl.), nach **A**; hellgelbe Nadeln; 80%. — *p-Nitroanilid*, $C_{18}H_{15}N_2O_4P$, F. 169—170° (A.), nach **A**; Nadeln; 60%. — *2.4-Dichlor-6-nitroanilid*, $C_{18}H_{13}Cl_2N_2O_4P$, F. 199 bis 200° (A.), nach **A**; Prismen; 50%. — *p-Anisidid*, $C_{19}H_{18}NO_3P$, F. 146—148° (A.), nach **A**; Prismen; 83%. — *p-Äthoxyanilid*, $C_{20}H_{20}NO_3P$, F. 143—145° (A.), nach **A**; Nadeln; 69%. G. Solf 1380◇

0797 **Reaktion von Phosphorpentachlorid mit Arylsulfonamidophosphorsäuredichloriden und -diestern.** Je. Ss. Lewtschenko, I. N. Shmurowa und A. W. Kirssanow. (J. allg. Chem. [UdSSR] **29** (**91**), 2262—67, Juli 1959; Inst. für organ. Chem. der Akad. der Wiss. der UkrainSSR; russ.) — Die Rk. von o-Nitro- (**I**), m-Nitro- u. p-Nitrobenzolsulfonamidophosphorsäuredichlorid (**II**) u. von p-Phenoxysulfonylbenzolsulfonamidophosphorsäuredichlorid mit PCl_5 führt zu den entsprechenden *Arylsulfonimidophosphorsäuretrichloriden.* Die Rk. kann aber nicht auf Arylsulfonamidophosphorsäuredichloride angewendet werden, deren Benzolkern keinen Substituenten 2. Ordnung trägt. p-Chlor- u. o-, m- u. p-Nitrobenzolsulfonamidophosphorsäurediphenylester werden mit PCl_5 zu *Arylsulfonimidophosphorsäurediphenylesterchloriden* umgesetzt, aus denen mit Na-Phenolat *Arylsulfonimidophosphorsäuretriphenylester* erhalten werden. Aus p-Chlorbenzolsulfonamidophosphorsäuredichlorid (**III**) erhält man durch Rk. mit Na-Phenolat *p-Chlorbenzolsulfonamidophosphorsäurediphenylester.*

Versuche: Benzolsulfonimidophosphorsäuretrichloride: *o-Nitro-*, F. 69—71°, a) durch 30—40 Min. langes Kochen von 0,03 Mol **I** mit 0,0315 Mol PCl_5 u. 5 ml CCl_4, Eindampfen im Vakuum bei 80—90° u. Waschen des Rückstandes mit wenig Ae.; 81% (Ausbeute); b) durch Erhitzen von **I** mit PCl_5 auf 130—135°. — *m-Nitro-*, F. 72—73°, analog nach a) u. b); 47%. — *p-Nitro-*, F. 115—117°, nach a) u. b); 57%; c) durch 15—20 Min. langes Erhitzen von 0,02 Mol **II**-K-Salz mit 0,021 Mol PCl_5 auf 130—135°; 57%. — *p-Benzoldisulfonsäurephenylesteramid*, $C_{12}H_{11}NO_5S_2$, F. 173—174° (A.), durch Zugabe von 0,1 Mol Na-Phenolat zu 0,1 Mol p-Chlorsulfonylbenzolsulfamid in 50 ml Dioxan, Stehenlassen über Nacht, 1 std. Erhitzen auf 100°, Abkühlen u. Zugabe von 200 ml W.; Nadeln; 61%. — *p-Phenoxysulfonylbenzolsulfonimidophosphorsäuretrichlorid* (**IV**), $C_{12}H_9Cl_3NO_5PS_2$, F. 103 bis 104°, durch 30 Min. langes Erhitzen von 0,03 Mol vorst. Verb. mit 0,033 Mol PCl_5 auf 120°; Prismen aus CCl_4; 100%. — *p-Phenoxysulfonylbenzolsulfonamidophosphorsäuredichlorid*, $C_{12}H_{10}Cl_2NO_6PS_2$, F. 158—160°, durch 4 std. Stehen von 0,02 Mol vorst. Verb. in 15 ml Bzl. mit 0,02 Mol Ameisensäure; Blättchen aus Bzl.; reagiert mit PCl_5 bei 115—120° unter Bldg. von **IV** (F. 103—104°; 49%); 84%. — Benzolsulfonimidophosphorsäurediphenylesterchloride: *unsubstituiert* (**V**), F. 71—73°, durch 30—40 Min. langes Erhitzen von 0,02 Mol Benzolsulfonamidophosphorsäurediphenylester mit 0,02 Mol PCl_5 auf 100—110°; 51%. — *o-Nitro-*, $C_{18}H_{14}ClN_2O_6PS$, F. 64—65°, analog; Nadeln aus CCl_4–PAe.; 84%. — *m-Nitro-*, $C_{18}H_{14}ClN_2O_6PS$, F. 82—84°; Nadeln aus Bzl.–Ae.; 80%. — *p-Nitro-*, $C_{18}H_{14}ClN_2O_6PS$, F. 79—81°; Nadeln aus Bzl.–PAe.; 91%. — *p-Chlor-*, $C_{18}H_{14}Cl_2NO_4PS$, F. 91—93°; Prismen aus Bzl.–PAe.; 77%. — Benzolsulfonimidophosphorsäuretriphenylester: *unsubstituiert*, F. 85—86°, durch 5 Min. langes Kochen von 0,01 Mol **V** mit 20 ml Bzl. u. 0,01 Mol Na-Phenolat; 87%. — *o-Nitro-*, F. 78 bis 79°; 96%. — *m-Nitro-*, F. 102—104°; 98%. — *p-Chlor-*, F. 78—80°, a) analog vorst. Verbb.; 78%; b) $C_{24}H_{19}ClNO_5PS$, durch Zugabe von 0,06 Mol Na-Phenolat zu 0,02 Mol p-Chlorbenzolsulfonimidophosphorsäuretrichlorid in 40 ml Bzl. u. mehrstd. Stehen; Prismen aus Bzl./PAe.; 87%. — *p-Chlorbenzolsulfonamidophosphorsäurediphenylester*, $C_{18}H_{15}ClNO_5PS$, F. 168—170°, durch langsame Zugabe von 0,3 Mol Na-Phenolat zu 0,1 Mol **III** in 50 ml Dioxan; Blättchen aus A.; 90%. B. Celms 1380△

0798 **Trichlorphosphazoacyle.** G. I. Derkatsch, L. I. Ssamarai und W. A. Schokol. (J. allg. Chem. [UdSSR] **32 (94)**, 2059, Juni 1962; Inst. für organ. Chem. der Akad. der Wiss. der UkrainSSR; russ.) — Arylcarbonsäureimidoalkylester reagieren mit PCl_3 in Ggw. von Triäthylamin quant. unter Bldg. von *Arylalkoxymethylenamidophosphorigsäuredichloriden* [ArC(=$NPCl_2$)OAlk; *Ar = Phenyl, p-Bromphenyl* u. *p-Nitrophenyl*], die bei Einw. von Cl_2 in 80%ig. Ausbeute in die entsprechenden *Benzoylimidophosphorsäuretrichloride* (*Trichlorphosphazoacyle*) übergehen. Letztere werden auch durch Rk. von N-Chlorarylcarbonsäureimidoalkylestern mit PCl_3 (ca. 95%) neben *Alkylhalogeniden* (ca. 90%) u. in 60%ig. Ausbeute aus N-Chlorbenzoylamiden mit PCl_3 erhalten. Bei der Einw. von PCl_3 auf Benzoesäureimidoalkylester wurden nur *$POCl_3$* (ca. 85%) u. *Benzonitril* (ca. 90%) isoliert. B. Celms 1380△

0799 **Tetrachlorcyclopropen und Hexachlorcyclopropan aus Pentachlorcyclopropan.** Stephen W. Tobey und Robert West. (Tetrahedron Letters [London] **1963**, Nr. 18, 1179—1182; Madison, Wis., Univ., Dep. of Chem.; engl.) — Trichloräthylen reagiert mit Dichlorcarben (aus $Cl_3CCOONa$ in abs. 1.2-Dimethoxyäthan bei 80°) zu *Pentachlorcyclopropan* [**I**, C_3HCl_5, Kp.$_7$ 55,5—56°, $n_D^{27,5}$ 1,5170; 25% (Ausbeute)], das durch Einw. von 18m KOH bei 80—85° in *Tetrachlorcyclopropen* (**II**; C_3Cl_4, Kp.$_{745}$ 129,5—130°, unter N_2; n_D^{27} 1,5047; 85%) übergeführt wird. **II** addiert Cl_2 im UV-Licht unter Bldg. von *Hexachlorcyclopropan* [**III**; C_3Cl_6, F. 103,5 bis 104,5° (CH_3OH; sublimiert bei 100°/1 Torr), Kp.$_{740}$ 198 bis 199°; 100%], das auch durch Rk. von Tetrachloräthylen u. $CHCl_3$ in Ggw. von überschüssigem festem KOH u. W. bei 100—105° in 5%ig. Ausbeute dargestellt werden kann. **II** reagiert mit W. bei 25° bzw. alkohol. NH_4OH bei 50° unter Bldg. von *2.3-Dichloracrylsäureanhydrid* (90%) bzw. *2.3-Dichloracrylsäurenitril* (30%). Mit Alkoholen reagiert **II** (oder **III** in Ggw. von Zn) bei 50° unter Bldg. von Gemischen aus entsprechenden *Estern der 2.3-Dichloracrylsäure, der 3.3-Dichloracrylsäure* bzw. *der Malonsäure*; diese Rk. verläuft, da sie von H_2SO_4, $ZnCl_2$, KOH oder Pyridin nicht beeinflußt wird, wahrscheinlich über ein Prod. der Addition des Alkohols an die Doppelbindung von **II** u. Spaltung des Cyclopropanringes. Die IR-Spektren von **I**, **II** u. **III** sind abgebildet. L. Hoppe 1810◇

0800 **Untersuchung der Chlorierung von Cyclohexan-Kohlenwasserstoffen. Synthese einiger monochlorierter Dimethylcyclohexane.** A. F. Alijew, Ss. D. Mechtijew und U. Ch. Agajew. (Ber. Akad. Wiss. AserbaidshanSSR **17**, 283—87, 1961; Inst. für Erdölchem. Prozesse; russ., Auszug: aserbaidshan.) — Durch Chlorierung der Hydroxyderivv. von o- bzw. p-Dimethylcyclohexan werden die entsprechenden Chlor-Derivv. erhalten.

Versuche: *1.2-Dimethyl-1-chlorcyclohexan* (**I**), $C_8H_{15}Cl$, Kp.$_{20}$ 57—58,5°, durch Hydrierung von o-Kresol bei 200—210° /100—120 at an Ni-Kieselgur zu *o-Methylcyclohexanol* (Kp. 164 bis 165°, n_D^{20} 1,4638; D.$_4^{20}$ 0,9329), Oxydation zum *o-Methylcyclohexanon* (Kp.$_{18}$ 115—116°; n_D^{20} 1,4475; D.$_4^{20}$ 0,9238), Rk. mit CH_3MgJ u. darauf mit W. zu *1.2-Dimethylcyclohexanol-(1)* (Kp.$_{12}$ 67—69°; n_D^{20} 1,4539; D.$_4^{20}$ 0,9305), Rk. mit PCl_5 u. Dest. im Vakuum; n_D^{20} 1,4643; D.$_4^{20}$ 0,9708. — *1.2-Dimethyl-4-chlorcyclohexan*, Kp.$_{20}$ 72—72,5°, Kp.$_{18}$ 69°, durch Hydrierung von 3.4-Dimethylphenol zu *1.2-Dimethylcyclohexanol-(4)* (Kp. 187—188°; n_D^{20} 1,4588; D.$_4^{20}$ 0,9137) u. anschließende Chlorierung in konz. HCl durch Einleiten von HCl; n_D^{20} 1,4602; D.$_4^{20}$ 0,9542. — *2-Methylcyclohexylmethylchlorid*, Kp.$_{20}$ 73—74°, durch Rk. von 1-Chlor-2-methylcyclohexan zu *2-Methylcyclohexylmagnesiumchlorid*, Rk. mit HCHO, anschließende Hydrolyse zu *2-Methylcyclohexylcarbinol* (Kp.$_{20}$ 80 bis 81,5°, n_D^{20} 1,4596; D.$_4^{20}$ 0,9262) u. Rk. mit PCl_5; n_D^{20} 1,4660; D.$_4^{20}$ 0,9692. — *1.4-Dimethyl-1-chlorcyclohexan*, Kp.$_{20}$ 60—61°, durch Rk. analog **I** über *1.4-Dimethylcyclohexanol-(1)* (Kp.$_{14}$ 67°; n_D^{20} 1,4548; D.$_4^{20}$ 0,9236), Chlorierung mit PCl_5 u. Dest. im Vakuum; n_D^{20} 1,4612; D.$_4^{20}$ 0,9826. — *1.4-Dimethyl-3-chlorcyclohexan*, Kp.$_{20}$ 65,5—66°, durch Hydrierung von 2.5-Dimethylphenol zu *1.4-Dimethylcyclohexanol-(3)* (Kp. 178—180°; n_D^{20} 1,4552; D.$_4^{20}$ 0,903), Chlorierung in konz. HCl in Ggw. von $ZnCl_2$ durch 6std. Einleiten von HCl unter Erhitzen u. Dest. im Vakuum; n_D^{20} 1,4597; D.$_4^{20}$ 0,9518. — *4-Methylcyclohexylmethylchlorid*, Kp.$_{20}$ 69 bis 71°, durch Chlorierung von 4-Methylcyclohexylcarbinol (Kp.$_{20}$ 90—94°; n_D^{20} 1,4593; D.$_4^{20}$ 0,9094) mit PCl_5; n_D^{20} 1,4580; D.$_4^{20}$ 0,9545. H. Dalmer 1810△

0801 **Autoxydation von Cyclohexenderivaten. Synthese von disubstituierten Cyclohexenderivaten.** M. M. Asanowskaja und W. A. Ablawa. (Nachr. Akad. Wiss. BelorussSSR, Ser. physik.-techn. Wiss. **1960**, Nr. 1, 70—74; beloruss.) — Durch Autoxydation von Cyclohexen-(1)-ylacetat (**I**), Cyclohexen-(2)-ylacetat (**II**) u. Cyclohexen-(2)-ylbenzoat (**III**) in Ggw. von Mg- oder Co-Stearat u. Red. der erhaltenen Hydroperoxide werden *Cyclohexendiolmonoacetate* dargestellt, wobei der Angriff des O_2 wahrscheinlich bei **I** in m-, bei **II** u. **III** in p-Stellung zur Acetoxygruppe erfolgt.

Versuche: *Cyclohexen-(1)-diol-(1.3?)-1-acetat*, $C_8H_{12}O_3$, Kp.$_2$ 99°, beim 30std. Durchleiten von O_2 (30 ml/Min.) durch 100 g **I** (Kp.$_{20}$ 78°; n_D^{20} 1,4590; D.$_4^{20}$ 1,0093) in Ggw. von 0,5% Mg-Stearat bei 60°, Red. mit wss. Na_2SO_3-Lsg. u. Extrahieren mit Ae.; n_D^{20} 1,4628; D.$_4^{20}$ 1,0944; 80,8% (Ausbeute). — *Cyclohexen-(2)-diol-(1.4?)-1-acetat*, $C_8H_{12}O_3$, Kp.$_1$ 97,5 bis 98,5°, analog aus 50 g **II** (Kp.$_{20}$ 78,5—79°; n_D^{20} 1,4586; D.$_4^{20}$ 1,0073) in 13 Std. bei 55° in Ggw. von Co-Stearat; n_D^{20} 1,4850; D.$_4^{20}$ 1,1280; 3,2 g. — *Cyclohexen-(2)-diol-(1.4?)-1-benzoat*, $C_{13}H_{14}O_3$, Kp.$_1$ 158—160°, aus 50 g **III** (Kp.$_5$ 145 bis 145,5°; n_D^{20} 1,5389) in 22 Std. bei 60° in Ggw. von Mg-Stearat, (Lösen in Methanol) u. Red. mit $NaSO_3$-Lsg.; n_D^{20} 1,5522; D.$_{20}^{20}$ 1,1666; 3,5 g. I. Schade 1860△

0802 **Einige Reaktionen und Derivate von 2.2-Diphenylcyclopentanon.** Stuart S. Kulp, Velmer B. Fish und Nelson R. Easton. (J. med. Chem. **6**, 516—19, 1963; Bethlehem, Pa., Lehigh Univ., Wm. H. Chandler Chem. Labor.; engl.) — Vff. beschreiben eine verbesserte Synth. von *2.2-Diphenylcyclopentanon* (**I**) sowie die Darst. von in 5-Stellung substituierten **I**-Derivv.; die bas. Verbb. dieser Reihe zeigten keine bes. analget. Wirkung. Verss., 2.2-Diphenyl-5-cyancyclopentanon (**V**) durch Rk. von 5-Brom-2.2-diphenylcyclopentanon mit KCN in W., A. oder Dimethylformamid bzw. mit NaCN in fl. NH_3 darzustellen, führten zu *2-Cyan-3.3-diphenyl-1.2-epoxycyclopentan*, das mit H_2SO_4/CH_3COOH *1-Acetoxy-2-cyan-3.3-diphenylcyclopenten* u. mit 30%ig. H_2O_2/NaOH *2-Carbamoyl-3.3-diphenyl-1.2-epoxycyclopentan* gibt, bzw. hatten keinen Erfolg. Diphenylessigsäureäthylester ließ sich mit 1-Brom-3-chlorpropan (**VI**) nicht umsetzen. Die partielle Verseifung von 2.2-Diphenyladipinsäuredimethylester zu *5.5-Diphenyl-5-carbomethoxypentansäure* nach Salmon-Legagneur u. Neveu (C. **1957**, 912) führte zu einem nicht trennbaren Gemisch. Verss., 5-Carbäthoxy-2.2-diphenylcyclopentanon durch Rk. von **I** mit Oxalsäurediäthylester u. CH_3ONa oder K-tert.-Butylat bzw. mit Kohlensäurediäthylester u. NaH darzustellen, waren ohne Erfolg.

Versuche (FF. korr.): *5-Chlor-2.2-diphenylpentansäurenitril* (**II**), $C_{17}H_{16}ClN$, F. 92—93° (CH_3OH), durch 8std. Kochen von Diphenylacetonitril (**VII**) mit NaH in abs. Dioxan unter N_2, Kühlen, Zugabe von **VI** in Dioxan (exotherm, dann Rühren) u. 10std. Kochen; 97% (Ausbeute). *Amid*, $C_{17}H_{18}ClNO$, F. 113—114° (CH_3OH oder Diisopropyläther), aus **II** u. wss. H_2SO_4/CH_3COOH (Rühren über Nacht bei 100°); 80%. — *5-Brom-2.2-diphenylpentansäurenitril*, $C_{17}H_{16}BrN$, F. 93—94,5° (CH_3OH), Kp.$_{0,2-0,5}$ 170—200°, analog **II** aus **VII** u. 2 Val Br$(CH_2)_3$Br. — *2.2.6.6-Tetraphenylpimelinsäure, Dinitril*, $C_{31}H_{26}N_2$, F. 117—118,5° (CH_3OH), a) neben vorst. Verb.; b) aus **VII** u. 0,5 Val Br$(CH_2)_3$Br; c) analog mit Trimethylenjodid. *Diamid*, $C_{31}H_{30}N_2O_2$, F. 195—196,5° (Essigester), aus vorst. Verb. u. 90%ig. H_2SO_4 (2std. Rühren bei 100°). — *2.2-Diphenyladipinsäure* (**VIII**), F. 179—180° (CH_3OH/W.), aus **III** u. 80%ig. H_2SO_4 durch 12std. Rühren bei 100°, Gießen in W., Lösen des Nd. in 10%ig. KOH, 6std. Kochen unter Rühren u. Ansäuern mit HCl; 73%. *Dimethylester*, F. 76—77°, Kp.$_{0,1-0,2}$ 160°. *Dinitril* (**III**), F. 64—65° (CH_3OH), Kp.$_{0,1}$ 160 bis 180°, aus **II** u. NaCN in sd. wss. Dimethylformamid (75std. Rühren); 86%. *Diamid*, $C_{18}H_{20}N_2O_2$, F. 202—203° (CH_3OH), aus **III** u. 80% ig. H_2SO_4 in 6 Std. bei 100°. — *5-Cyan-2.2-diphenylcyclopentanonimin* (**IV**), aus 12,5 g **III** nach Easton u. Nelson (C. **1954**, 9271) (Reinigung durch Umfällen aus Diisopropyläther mit HCl-Gas); 10 g; daneben 1,5 g *2.2.7.7-Tetraphenyl-5.10-dicyan-1.6-diiminocyclodecan*, $C_{36}H_{32}N_4$, F. 221,5—222,5° (Bzl./A.); **IV** ließ sich mit 8n H_2SO_4, H_3PO_4, HCl oder $CH_3COCOOH$ nicht zu **V** hydrolysieren; **IV** gibt *2-Chlor-3.3-diphenylcyancyclopenten* (?), F. 156—157° (CH_3OH oder Diisopropyläther), durch Einleiten von HCl in eine Lsg. von **IV** in Dioxan (1 Min.), Zutropfen von Butylnitrit, ½ std. Stehen u. ¼ std. Erhitzen auf 100°. — *5-Brom-2.2-diphenylcyclopentanon*, F. 94,5—96,5° (CH_3OH), aus **I** (durch kräftige Hydrolyse von **IV**; vgl. l. c.) u. Br_2/Dioxan-Komplex in Dioxan (Eiskühlung, Erwärmenlassen auf Raum-Temp. über Nacht u. 1 std. Kochen); ca. 100% roh. — *2-Cyan-3.3-diphenyl-1.2-epoxycyclopentan*, $C_{18}H_{15}NO$, F. 131—132° (CH_3OH), aus vorst. Verb. in A. u. KCN in sd. W. unter Rühren über Nacht; 67%. — *2-Carbamoyl-3.3-diphenyl-1.2-epoxycyclopentan*, $C_{18}H_{17}NO_2$, F. 150—151,5° (CH_3OH), aus vorst. Verb. u. 30% ig. H_2O_2 bei Raum-Temp., dann Zugabe von 6n NaOH. — *1-Acetoxy-2-cyan-3.3-diphenylcyclopenten*, $C_{20}H_{17}NO_2$, F. 121—122,5° (CH_3OH), aus vorvorst. Verb. u. sd. verd. H_2SO_4/CH_3COOH. — *5-Cyan-5.5-diphenylpentansäure*, $C_{18}H_{17}NO_2$, F. 195,5 bis 197,5° (CH_3OH), aus **III** u. sd. Dioxan/konz. HCl (48 Std.); 99%. — *5-Carbamoyl-5.5-diphenylpentansäure*, $C_{18}H_{19}NO_3$, F. 190,5—191,5° (Essigester/A.), a) durch 1std. Kochen von vorst. Verb. in konz. H_2SO_4/CH_3COOH, Zusatz von W. u. 4std. Kochen; b) aus dem Diamid von **VIII** u. 10% ig. KOH. — 2.2-Diphenylcyclopentanone: *5-Carbomethoxy-*, Kp.$_{0,2}$ 165—170°, aus **VIII**-Dimethylester u. NaH in sd. Xylol in 6 Std.; Reinigung über das *Cu-Salz*, $C_{19}H_{17}O_3Cu_{0,5}$ (83%). — *5-[2-Diäthylaminoäthyl]-*, *Hydrochlorid*, $C_{23}H_{30}ClNO$, F. 164,5 bis 165,5° (abs. A./Ae.), aus vorst. Verb. u. β-Diäthylaminoäthylchlorid in Xylol durch 2std. Rühren bei Raum-Temp., 2std. Rühren bei 100°, Isolieren mit 10% ig. HCl u. 6std. Kochen mit verd. H_2SO_4/CH_3COOH. — Analog: *5-[2-Dimethylaminoäthyl]-*, *Hydrochlorid*, $C_{21}H_{26}ClNO$, F. 206,5 bis 208,5° (Zers.). — *5-Dimethylaminomethyl-*, *Hydrochlorid*, $C_{20}H_{24}ClNO$, F. 173°, aus 1 g **I**, Paraformaldehyd u. $(CH_3)_2NH \cdot HCl$ in Ggw. von HCl (Erhitzen auf dem Dampfbad bis zur völligen Verfestigung); 0,4 g. — *5-Methyl-*, F. 52—54° (CH_3OH), Kp.$_2$ 143°, analog drittvorst. Verb.; analoge Verss. mit β-Dimethylaminoäthylchlorid waren erfolglos.

J. Rothe 1960◇

0803 **Die Struktur der Selbstkondensationsprodukte von Glutaconsäureestern.** John Harley-Mason und John C. W. Tims. (J. chem. Soc. [London] **1962**, 4719—21; Cambridge, Univ., Chem. Labor.; engl.) — Bei der Selbstkondens. von Glutaconsäurediäthyl- bzw. -dimethylester (**I**) nach Curtis u. Kenner [1914] entsteht *1.6-Dihydro-2.4-diäthoxycarbonyl-5-hydroxyphenylessigsäureäthylester* bzw. der entsprechende *Trimethylester* (**II**), deren Struktur durch IR-, UV- bzw. NMR-spektroskop. Unterss. sichergestellt wurde. Durch milde Hydrolyse von **II** bzw. durch Selbstkondens. von **I** in Ggw. von überschüssigem $NaOCH_3$ entsteht *1.6-Dihydro-2.4-dimethoxycarbonyl-5-hydroxyphenylessigsäure*, die beim Erhitzen in schlechter Ausbeute *4-Hydroxyisophthalsäuredimethylester* u. *Essigsäure* gibt.

Versuche: *1.6-Dihydro-2.4-diäthoxycarbonyl-5-hydroxyphenylessigsäureäthylester*, $C_{16}H_{22}O_7$, F. 79—79,3°. — *1.6-Dihydro-2.4-dimethoxycarbonyl-5-hydroxyphenylessigsäure*, $C_{12}H_{14}O_7$, F. 146,5—147,5° (wss. CH_3OH), durch Eintropfen von **I** in eine Lsg. von Na in CH_3OH bei 0—5°, Stehen über Nacht, Versetzen mit Ae., 24std. Stehen u. Umfällen aus NaOH mit HCl; 70% (Ausbeute). *Methylester* (**II**), $C_{13}H_{16}O_7$, F. 89—89,5°, durch Sublimation Prismen. — *2.4-Dimethoxycarbonyl-5-hydroxyphenylessigsäure*, *Hemihydrat*, $C_{12}H_{12}O_7 \cdot 0,5\,H_2O$, F. 173—174°, aus vorst. Verb. nach Pechmann u. Mitarbeitern [1904] durch Sublimation Nadeln. — *4-Hydroxyisophthalsäuredimethylester*, $C_{10}H_{10}O_5$, F. 95—96°, durch ½ std. Erhitzen von **II** mit Cu- u. Glaspulver auf 230°; durch Sublimation bei 50—85° u. 0,1 Torr Rosetten; 7%.

Gisela Schreiber 2050◇

0804 **Synthese von Norisoiridomyrmecin.** Luisa Garanti. (Chim. e Ind. [Milano] **44**, 1105—13, 1962; Milano, Univ., Ist. di chim. industriale; ital.) — Der Abbau des Nepetalactons verläuft wegen der Unbeständigkeit der cis-Verbb. auf der Stufe der Nepetonsäure unter ster. Umwandlung (vgl. McElvain u. Eisenbraun, C. **1956**, 14364), cis-Nornepetonsäure ist nur in veresterter Form stabil. Der Methylester dieser Säure wurde, wie gaschromatograph. Unterss. bewiesen, über das *Semicarbazon* ster. rein erhalten. Die Verseifung führte jedoch unter Inversion zur *trans-Nornepetonsäure*. Bei der Verseifung u. Decarboxylierung des durch Darzens-Kondens. an *cis-Nornepetonsäuremethylester* erhaltenen *Glycidesters* erfolgt ebenfalls eine Umlagerung zur *trans-Nornepetalsäure*, Hieraus wurde über *Nornepetalacton*, *cis-Nornepetalsäuremethylester* u. das Gemisch zweier epimerer *cis-Nornepetalinsäuremethylester* durch eine für Iso-Derivv. spezif. verlaufende Red. mit $LiAlH_4$ *Noirisoridomyrmecin* gewonnen. Die IR-Spektren von Iridomyrmecin u. Noriridomyrmecin sind denen der entsprechenden Iso-Verbb. gegenübergestellt.

Versuche: *trans-Cyclopentan-1.2-dicarbonsäure* (**I**), F. 160—161°, aus Cyclopentan-1.1.2.2-tetracarbonsäureäthylester durch Verseifung mit 25% ig. NaOH u. Decarboxylierung mit 35% ig. HCl; 68% (Ausbeute). — *cis-Cyclopentan-1.2-dicarbonsäureanhydrid*, F. 70°, aus **I** u. Acetanhydrid. — *cis-Cyclopentan-1.2-dicarbonsäuremonomethylester*, $C_8H_{12}O_4$, aus vorst. Verb. mit Na-Methylat; leichte Zers. bei Erwärmen. — *cis-Cyclopentan-1.2-dicarbonsäuremethylesterchlorid*, aus vorst. Verb. u. $SOCl_2$ bei 27—28°; fettiges Rk.-Prod., durch Dest. nicht weiter zu reinigen. — *cis-Nornepetonsäuremethylester* (**V**), $C_9H_{14}O_3$, Kp.$_{0,7}$ 75—76°, aus vorst. Verb. u. Methyl-ZnJ in wasserfreiem Bzl. bei 0°; n_D^{20} 1,4612—1,4599. *Semicarbazon* (**VI**), F. 152—153°; Nadeln. — *trans-Cyclopentan-1.2-dicarbonsäuredimethylester*, Kp.$_{0,5}$ 87°, aus **I** u. Diazomethan in Äther. — *trans-Cyclopentan-1.2-dicarbonsäuremonomethylester*, F. 115°, aus vorst. Verb. u. wss. Na-Methylat bei 60°. — *trans-Cyclopentan-1.2-dicarbonsäuremethylesterchlorid*, $C_8H_{11}O_3Cl$, Kp.$_{1,5}$ 76—77°, aus vorst. Verb. u. $SOCl_2$ bei 40°. — *trans-Nornepetonsäure*, Kp.$_1$ 128—129°, a) durch Verseifung u. Decarboxylierung des Kondens.-Prod. aus vorst. Verb. mit Mg/Malonsäureester in Ae. mit W., Essigsäure, H_2SO_4 (200 : 100 : 60) unter Rückfluß (8 Std.); n_D^{20} 1,4720; b) aus **V** u. 5% ig. NaOH *Semicarbazon*, F. 178—179°, auch aus **VI** durch Inversion mit 2% ig. NaOH bei 20°. *Methylester*, Kp.$_{0,5}$ 71—72°; n_D^{20} 1,4574. *Semicarbazonmethylester*, F. 146°; Plättchen. — *cis-1-Carbomethoxy-2-[1-carbäthoxy-1.2-oxidopropyl-(2)]-cyclopentan*, $C_{13}H_{20}O_5$, Kp.$_{0,5}$ 125—130°, durch Kondens. von **V** mit Chloressigester u. Na-Äthylat; n_D^{20} 1,4634. — *trans-Nornepetalsäure*, $C_9H_{14}O_3$, Kp.$_{0,05}$ 100 bis 105°, durch Verseifen u. Decarboxylieren vorst. Verb. mit Na-Äthylat bzw. 20% ig. H_2SO_4; n_D^{20} 1,4790. — *Nornepetalacton*, $C_9H_{12}O_2$, Kp.$_{0,5}$ 74°, aus vorst. Verb. durch Pyrolyse; n_D^{20} 1,4932. — *cis-Nornepetalinsäuremonomethylester* (Epimere **IV** u. **VII**; *cis-1-Carbomethoxy-2-[α-carboxyäthyl]-cyclopentan*), $C_{10}H_{16}O_4$, Kp.$_{0,01}$ 108—110°, aus vorst. Verb. durch Hydrolyse mit 10% ig. NaOH, Methylierung mit Diazomethan u. Oxydation mit trockenem O_2; n_D^{20} 1,4659; Trennung der Epimeren **IV** u. **VII** durch Verseifung u. fraktionierte Fällung der Ba-Salze von **II** u. **III**. — *Norisoiridomyrmecin*, $C_9H_{14}O_2$, Kp.$_{0,3}$ 108—110°, aus dem Gemisch von **IV** u. **VII** durch Red. mit $LiAlH_4$ in Tetrahydrofuran bei —30°; n_D^{20} 1,4801; **VII** bleibt größtenteils unverändert [F. 66° (PAe.)]. *Nornepetalinsäure* (**II**), $C_9H_{14}O_4$, F. 158°, aus **VII** mit n/10 NaOH oder aus Noriridomyrmecin (vgl. Korte u. Mitarbeiter, Tetrahedron **6**, [1959], 201) durch Oxydation mit alkal. $KMnO_4$. *Epimeres* (**III**), F. 112°, aus vorst. Verb. durch Oxydation mit $KMnO_4$.

J. Ahrens 2050◇

0805 **Synthese einiger α-alkylierter Derivate des 3.4-Dimethoxydiphenylmethans.** Pierre Berçot. (C. R. hebd. Séances Acad Sci. **256**, 1540—41, 1963; Paris, Fac. des Sci., Labor. de Chim. organ. II; franz.) — Die durch Einw. von 3.4-Dimethoxyphenyl–MgBr auf Alkylarylketone (vgl. C. **1963**, 9280), wie z. B. Butyrophenon, Isobutyrophenon, Valerophenon u. Isovalerophenon, bzw. durch Einw. von m-Tolyl–MgBr oder m-Methoxyphenyl–MgBr auf das aus Veratrol u. Acetylchlorid zugängliche 3.4-Dimethoxyacetophenon erhältlichen *tert. Alkohole* liefern, in den meisten Fällen ohne vorherige Isolierung, bei der Dest. über $KHSO_4$ in annähernd quant. Ausbeute folgende 1-[3.4-Dimethoxyphenyl]-1-phenylalkene: *-buten-(1)*, $C_{18}H_{20}O_2$, Kp.$_{0,09}$ 156—158°. — *-2-methylpropen-(1)* (**I**), $C_{18}H_{20}O_2$, F. 84°, Kp.$_{0,02}$ 158°, *-penten-(1)*, $C_{19}H_{22}O_2$, Kp.$_{0,09}$ 150°. — wie vorst., jedoch mit Isolierung des intermediären *1-[3.4-Dimethoxyphenyl]-1-phenyl-2-methylpropanols-(1)*, F. 107° (CH_3OH); Kp.$_{0,05}$ 160°. — *-3-methylbuten-(1)*, Kp.$_{0,09}$ 150°. —

1-[3.4-Dimethoxyphenyl]-1-[3-methylphenyl]-äthylen, $C_{17}H_{18}O_2$, F. 78—79°, Kp.$_{0,15}$ 140°. — *1-[3.4-Dimethoxyphenyl]-1-[3-methoxyphenyl]-äthylen*, $C_{17}H_{18}O_3$, F. 60°, Kp.$_{0,03}$ 140—142°. — Aus vorst. Verbb. entstehen durch Hydrierung an Raney-Ni bei Raum-Temp. u. Normaldruck (im Falle von **I** bei 150° u. 50 at) folgende 1-[3-Dimethoxyphenyl]-1-phenylalkane: *-butan*, $C_{18}H_{22}O_2$, Kp.$_{0,09}$ 145—146°, n_D^2 1,5632. — *-2-methylpropan*, $C_{18}H_{22}O_2$, Kp.$_{0,05}$ 129°, n_D^2 1,5571. — *-pentan*, $C_{19}H_{24}O_2$, Kp.$_{0,08}$ 145°, n_D^2 1,5582. — *-3-methylbutan*, $C_{19}H_{24}O_2$, Kp.$_{0,01}$ 160°, n_D^2 1,5588. — *1-[3.4-Dimethoxyphenyl]-1-[3-methylphenyl]-äthan*, $C_{17}H_{20}O_2$, Kp.$_{0,003}$ 130°, n_D^2 1,5707. — *1-[3.4-Dimethoxyphenyl]-1-[3-methoxyphenyl]-äthan*, $C_{17}H_{20}O_3$, Kp.$_{0,01}$ 140°, n_D^2 1,5729.

Wolfgang Schreiber 2260

0806 **Kondensation von Phenoläthern mit aliphatischen Aldehyden. 7. Mitt. Kondensation von Methylenbrenzcatechin mit Formaldehyd und Acetaldehyd.** Torquato Garofano und Aleardo Oliverio. (Ann. Chimica **47**, 896—911, 1957; Palermo, Univ., Ist. di Chim. organ.; ital.) — 6. vgl. C. **1960**, 6482. — Durch Rk. von 1.2-Methylendioxybenzol (**I**) mit Formaldehyd (**II**) entstehen je nach den Bedingungen (Mangel bzw. Überschuß von **II**) hauptsächlich *3.4;3'.4'-Bis-[methylendioxy]-diphenylmethan* (**III**) bzw. *1.2;4.5;7.8;10.11;-13.14;16.17-Hexakis-[4.5-methylendioxybenzo]-cyclooctadecahexaen* (**IV**). — Analoge Umsetzung von **I** mit Acetaldehyd (**VI**) ergibt *1.1-Bis-[3.4-methylendioxyphenyl]-äthan* u. *2.3;6.7-Bis-[methylendioxy]-9.10-dimethylanthracen*. UV-Absorption vgl. Original.

Versuche: *3.4;3'.4'-Bis-[methylendioxy]-diphenylmethan* (**III**), $C_{15}H_{12}O_4$, F. 150—151°, durch ½ std. Zugabe von 3,4 g 39%ig. **II** zu 12,2 g **I** in verd. H_2SO_4 (40 : 30) bei < 10°, ½ std. Rühren, Eintragen in Eis, Aufnehmen in Chlf., Dampf-Dest. u. Sublimieren bei 130°/0,5 Torr; Nadeln; 2,5 g. — *1.2;4.5;7.8;10.11;13.14;16.17-Hexakis-[4.5-methylendioxybenzo]-cyclooctadecahexaen* (**IV**), $C_{48}H_{36}O_{12}$, F. > 360° (Zers.), a) neben **III** aus dem Chlf.-Rückstand; aus Nitrobenzol Nadeln; 1,1 g; b) durch Zugabe von 5 ml 40%ig. **II** zur Lsg. von 2 g **I** in Eisessig, Zutropfen von konz. H_2SO_4 unter Kühlen; ¼ std. Stehen u. Versetzen mit W.; 1,8 g. — *3.4-3'.4'-Bis-[methylendioxy]-benzophenon* (**V**), F. 140°, a) durch mehrtägiges Kochen von 2 g Piperil in abs. Toluol mit $NaNH_2$ u. Zers. mit Eiswasser; aus A. glänzende Schuppen; 0,4 g; b) durch Zugabe von CrO_3/Eisessig zur sd. Lsg. von 20 g Piperilsäure in Eisessig, ¼ std. Stehen u. Gießen in W.; 10 g. *2.4-Dinitrophenylhydrazon*, $C_{21}H_{14}N_4O_8$, F. 275—276° (Zers.; Chlf./A.). *Oxim*, $C_{15}H_{11}NO_5$, F. 125—126° (A.). — *Piperonylsäure*, F. 229°, a) neben **V** nach a); 0,1 g; b) durch 48 std. Kochen von 1 g **V** in abs. Toluol mit $NaNH_2$ u. Zers. mit Eiswasser; 0,05 g; daneben nach a) u. b) wenig *1.2-Methylendioxybenzol*. — *Piperilsäure*, F. 138°, durch ¼ std. Kochen von 50 g Piperil mit KOH/Butanol; 22 g. — *3.4;3'.4'-Bis-[methylendioxy]-benzhydrol*, $C_{15}H_{12}O_5$, F. 92—93° (Methanol), a) durch Red. von 3 g **V** mit Al-Isopropylat in abs. Isopropanol; 2,6 g; b) durch Zugabe von Na zur sd. Lsg. von **V** in abs. A. u. Zers. mit W.; daneben **III**. — *2.2'-Dinitro-4.5;4'.5'-bis-[methylendioxy]-diphenylmethan*, $C_{15}H_{10}N_2O_8$, F. 217°, a) durch Zutropfen von HNO_3 (D. 1,41) zur Suspension von 0,25 g **III** in Eisessig u. 8 std. Stehen bei Raum-Temp.; gelbe Prismen oder Nadeln aus Essigsäure; 0,22 g; b) analog aus 1 g **IV**; 0,3 g. — *3.4;3'.4'-Tetramethoxydiphenylmethan*, F. 71° (Methanol), durch Erwärmen von 0,4 g **III** mit PCl_5 auf 160°, 1 std. Stehen, Gießen in W., 18 std. Stehen bei Raum-Temp., Filtrieren, Zugabe von NaOH zur wss. Suspension unter N_2, Zutropfen von Dimethylsulfat, kurzes Kochen u. 6 std. Stehen; 0,15 g. — *1.2;4.5;7.8;10.11;13.14;16.17-Hexakis-[4.5-dimethoxybenzo]-cyclooctadecahexaen*, F. 232—233° (Eisessig), durch Erwärmen von 2 g **IV** mit PCl_5 auf 230°, 1 std. Stehen bei 160—170°, Eintragen in Eiswasser, 18 std. Stehen, Filtrieren, Suspendieren in W., Zugabe von NaOH unter N_2, Zugabe von Dimethylsulfat, kurzes Kochen u. 12 std. Stehen; 0,5 g. — *1.1-Bis-[3.4-methylendioxyphenyl]-äthan*, $C_{16}H_{14}O_4$, F. 60—61° (Methanol), Kp.$_{0,05}$ 165—170°, durch 1 std. Zugabe von konz. H_2SO_4 zu 20 g **I** u. 20 ml **V** in Eisessig bei 0—5°, 1 std. Rühren, Zugabe weiterer 10 ml **VI**, 36 std. Stehen bei 0° u. Zers. mit Eiswasser; 8,5 g. — *1.1-Bis-[2-nitro-3.4-methylendioxyphenyl]-äthan*, $C_{16}H_{12}N_2O_8$, F. 229—230°, durch Zutropfen konz. HNO_3 (D. 1,41) zur Lsg. von 0,6 g vorst. Verb. in Eisessig unter Eiskühlung, kurzes Stehen u. Versetzen mit W.; aus Essigsäure gelbe Nadeln; 0,6 g. — *1.1-Bis-[2-brom-3.4-methylendioxyphenyl]-äthan*, $C_{16}H_{12}Br_2O_4$, F. 126—127° (A.), durch Zugabe von Br_2/Chlf. zur Chlf.-Lsg. von 0,6 g vorvorst. Verb. u. 12 std. Stehen; 0,85 g. — *2.3;6.7-Bis-[methylendioxy]-9.10-dimethylanthracen*, $C_{18}H_{14}O_4$, F. 320° (Zers.), durch 1 std. Zugabe von konz. H_2SO_4/Eisessig zur Lsg. von 8 g **I** u. **VI** in Eisessig unter Eiskühlung, mehrstd. Stehen bei Raum-Temp., Eintragen in Eiswasser u. Sublimieren; 0,51 g. — *2.3;6.7-Bis-[methylendioxy]-anthrachinon*, $C_{16}H_8O_6$, F. 320° (Zers.), durch Zutropfen von CrO_3/Eisessig zur sd. Suspension von 0,5 g vorst. Verb. in Eisessig, Filtrieren u. Sublimieren; gelbe Nadeln; 0,16 g.

H.-J. Weigmann 2260△

0807 **Einige substituierte Phenäthyl- und 3-Phenylpropylstyrylketone und die entsprechenden gesättigten Ketone.** Christine Maureen Clark und John Dobney Andrew Johnson. (J. chem. Soc. [London] **1962**, 126—30; Chessington, Surrey; Ockley, Surrey; engl.) — Durch Kondens. von Alkanonen-(2) mit aromat. Aldehyden werden *α.β-ungesätt. Ketone* dargestellt u. durch Hydrierung in die entsprechenden *gesätt. Ketone* übergeführt. Bei den Kondens. reagieren die Methylgruppen.

Versuche: *α-Benzylacetessigsäureäthylester* (**I**), Kp.$_{15}$ 171°, durch 4½ std. Kochen von 420 g Benzylchlorid, 432 g Acetessigsäureäthylester (**II**) u. Na-Äthylat (aus 77 g Na) in A.; 365 g (Ausbeute); daneben 140 g *α.α-Dibenzylacetessigsäureäthylester*, Kp.$_{19}$ 237—239°. — *Benzylaceton*, Kp.$_{14}$ 118°, durch mehrstd. Rk. von 660 g **I** mit 370 g KOH in 370 ml W. bei Raum-Temp., 5 std. Kochen, Eindampfen u. Zugabe von W.; 367 g; daneben *β-Phenylpropionsäure*, Kp.$_{25-26}$ 162—172°, F. 46°, durch Ansäuern der wss. Schicht; 52 g). *Semicarbazon*, $C_{11}H_{15}N_3O$, F. 115°. — *α-Phenäthylacetessigsäureäthylester* (**III**), Kp.$_{0,4}$ 121°, Kp.$_{16-20}$ 176—184°, durch 15 std. Kochen von 1280 g Phenäthylbromid, 900 g **II** u. Na-Äthylat (aus 159 g Na) in A. u. Dest.; 104 g (daneben *α.α-Bis-[phenyäthyl]-acetessigsäureäthylester*, Kp.$_{0,4}$ 192°; 84 g). *2.4-Dinitrophenylhydrazon*, $C_{20}H_{22}N_4O_6$, F. 92°. — *α-Phenäthyl-γ-phenylbuttersäure*, $C_{18}H_{20}O_2$, Kp.$_5$ 196—206°, durch 10 std. Kochen von 33,8 g vorst. Esters in A. mit 12,3 g KOH in W.; 10 g. *Anilid*, $C_{24}H_{25}NO$, F. 152°. — *5-Phenylpentanon-(2)* (**IV**), Kp.$_{17}$ 134°, a) neben **III**; 104 g; b) neben vorst. Säure; 3 g; c) durch 5½ std. Kochen von 858 g **III** in A. mit wss. KOH; daneben 6% *γ-Phenylbuttersäure* (F. 46°, Kp.$_{17}$ 170—172°). *2.4-Dinitrophenylhydrazon*, $C_{17}H_{18}N_4O_4$, F. 78°; gelb. — *α-[4-Nitrophenyl]-acetessigsäureäthylester*, F. 43°, Kp.$_{0,06}$ 178°, durch Zugabe von 4 Mol **II** zu 1 Mol 4-Nitrobenzylchlorid u. Na-Äthylat (aus 20,7 g Na) in A., ½ std. Stehen bei Raum-Temp., 3 std. Kochen, Filtrieren in der Hitze, Einengen, Ansäuern, Entfernen von 250 g **II** im Vakuum, Behandeln mit kaltem Methanol, Filtrieren u. Eindampfen; 132 g (*2.4-Dinitrophenylhydrazon*, $C_{19}H_{19}N_5O_8$, F. 158°, aus A. orangegelbe Nadeln); daneben *α.α-Bis-[4-nitrobenzyl]-acetessigsäureäthylester*, F. 138—139° (Methanol), aus dem Filtrierrückstand; 27 g; bildet kein 2.4-Dinitrophenylhydrazon. — 1-Aryl-5-phenylpenten-(1)-one-(3), durch Zugabe von 0,1 Mol 4-Phenylbutanon-(2) zu 0,1 Mol eines aromat. Aldehyds in A./W. (28 : 40), Zugabe von 10 ig. NaOH u. 48—120 std. Stehen: *Phenyl-*, F. 56° (A.); 80%. *2.4-Dinitrophenylhydrazon*, $C_{23}H_{20}N_4O_4$, F. 162°. — *4-Dimethylaminophenyl-*, F 90°; 34%. *2.4-Dinitrophenylhydrazon*, $C_{25}H_{25}N_5O_4$, F. 179°. *Semicarbazon*, $C_{20}H_{24}N_4O$, F. 179°. *Methojodid*, $C_{20}H_{24}JNO$, F. 190° (Zers.), aus W. gelbliche Blättchen. — *Furyl-(2)-*, Kp.$_7$ 198°; 46%. *2.4-Dinitrophenylhydrazon*, $C_{21}H_{18}N_4O_5$, F. 195°. — *2-Methoxyphenyl-*, Kp.$_{1,5}$ 258—278°, F. 32°; 52%. *2.4-Dinitrophenylhydrazon*, $C_{24}H_{22}N_4O_5$, F. 177°. *Semicarbazon* $C_{19}H_{21}N_3O_2$, F. 188°. — *4-Methoxyphenyl-*, F. 89° (A.); 80%. *2.4-Dinitrophenylhydrazon*, $C_{24}H_{22}N_4O_5$, F. 114°, aus Essigsäureäthylester orangerote Nadeln; bildet in wenigen Std. eine rote, körnige *Form vom F. 170—171°*. *Semicarbazon*, $C_{19}H_{21}N_3O_2$, F. 185°. — *3.4-Methylendioxyphenyl-*, F. 128° (A.); 73%. *2.4-Dinitrophenylhydrazon*, $C_{24}H_{20}N_4O_6$, F. 204°. *Semicarbazon*, $C_{19}H_{19}N_3O_3$, F. 187°. — *3.4-Dimethoxyphenyl-*, Kp.$_{16}$ 285—305°, F. 98°; 80%. *2.4-Dinitrophenylhydrazon*, $C_{25}H_{24}N_4O_6$, F. 187°. — 1-Aryl-6-phenylhexen-(1)-one-(3), analog den Penten-Verbb. aus **IV**: *Phenyl-*, F. 50,5°, Kp.$_{16}$ 244—266°; 64%. *2.4-Dinitrophenylhydrazon*, $C_{24}H_{22}N_4O_4$, F. 183°. — *4-Dimethylaminophenyl-*, F. 91° (A.); 31%. *2.4-Dinitrophenylhydrazon*, $C_{26}H_{27}N_5O_4$, F. 188 bis 189°. — *Furyl-(2)-*, F. 40°, Kp.$_{0,2}$ 152—153°; 48%. *2.4-Dinitrophenylhydrazon*, $C_{22}H_{20}N_4O_5$, F. 186°. — *2-Methoxyphenyl-*, Kp.$_{0,25}$ 196°; Öl; 28%. *2.4-Dinitrophenylhydrazon*, F. 168° bzw. 188°. — *4-Methoxyphenyl-*, F. 80° (A.); 85%.

2.4-Dinitrophenylhydrazon, $C_{25}H_{24}N_4O_5$, F. 168—178°. — *3.4-Methylendioxyphenyl-*, F. 80° (A.); 68%. *2.4-Dinitrophenylhydrazon*, $C_{25}H_{22}N_4O_6$, F. 191—192°. — *3.4-Dimethoxyphenyl-*, F. 105° (A.); 61%. *2.4-Dinitrophenylhydrazon*, $C_{26}H_{26}N_4O_6$, F. 172—184°, aus Essigester rote Nadeln u. dunkelrote kompakte Kristalle. — 1-Aryl-5-phenylpentanone-(3): *Phenyl-*, Kp.$_{1,4}$ 171°, F. 10°. *2.4-Dinitrophenylhydrazon*, $C_{23}H_{22}N_4O_4$, F. 117°. *Oxim*, F. 92°. — *4-Dimethylaminophenyl-*, $C_{19}H_{23}NO$, F. 76°. *2.4-Dinitrophenylhydrazon*, $C_{25}H_{27}N_5O_4$, F. 165°. *Oxim*, $C_{19}H_{24}N_2O$, F. 71°. *Methojodid*, $C_{20}H_{26}JNO$, F. 179° (Zers.). — *2-Methoxyphenyl-*, $C_{18}H_{20}O_2$, Kp.$_2$ 194°; Öl. — *4-Methoxyphenyl-*, $C_{18}H_{20}O_2$, Kp.$_{11,4}$ 198°, F. 32°. *2.4-Dinitrophenylhydrazon*, $C_{24}H_{24}N_4O_5$, F. 109°. *Oxim*, $C_{18}H_{21}NO_2$, F. 70—85°. — *3.4-Methylendioxyphenyl-*, $C_{18}H_{18}O_3$ Kp.$_{1,4}$ 208°, F. 45°. *2.4-Dinitrophenylhydrazon*, $C_{24}H_{22}N_4O_6$, F. 97°. *Oxim*, $C_{18}H_{19}NO_3$, F. 62°. — *3.4-Dimethoxyphenyl-*, $C_{19}H_{22}O_3$, F. 59°, Kp.$_{1,4}$ 216°. *2.4-Dinitrophenylhydrazon*, $C_{25}H_{26}N_4O_6$, F. 128°. *Oxim*, $C_{19}H_{23}NO_3$, F. 137°. — 1-Aryl-6-phenylhexanone-(3): *4-Methoxyphenyl-*, $C_{19}H_{22}O_2$, Kp.$_{1,7}$ 212°. — *3.4-Methylendioxyphenyl-*, $C_{19}H_{20}O_3$, Kp.$_2$ 223°, F. 23—25,5°. *2.4-Dinitrophenylhydrazon*, $C_{25}H_{24}N_4O_6$, F. 104,5°. — *3.4-Dimethoxyphenyl-*, $C_{20}H_{24}O_3$, F. 55°, Kp.$_{1,6}$ 227°. — *5-Brom-2-methoxybenzaldehyd-2.4-dinitrophenylhydrazon*, $C_{14}H_{11}BrN_4O_5$, F. 271°, durch Rk. von 5-Brom-2-methoxybenzaldehyd mit 2.4-Dinitrophenylhydrazin; aus Essigester Nadeln. L. Lamza 2360△

0808 **Kondensationen von Aryldiazoniumsalzen mit reaktionsfähigen ungesättigten Verbindungen.** 8. Mitt. **Umsetzung von Aryldiazoniumchloriden mit β-[4-Methoxy- und β-[3.4-Dimethoxybenzoyl]-acrylsäuren.** Hari Shanker Mehra und Kunj Behari Lal Mathur. (J. Indian chem. Soc. **33**, 618—20, 1956; Delhi, Univ.; engl.) — 7. vgl. C. **1964**, 9-0822. — Eine Reihe von *Chalkonen* entsteht bei der Rk. verschiedener Aryldiazoniumchloride mit β-[4-Methoxy- (**III**) u. β-[3.4-Dimethoxybenzoyl]-acrylsäure (**II**) unter Meerwein-Bedingungen. **III** wird dabei umgesetzt mit Benzol-, p- u. o-Chlor-, p- u. o-Brom-, o-, m- u. p-Nitrobenzoldiazoniumchlorid. Die Identifizierung der gewonnenen Prodd. erfolgt durch die Schmelzpunkte.

Versuche: Chalkone: *3'.4'-Dimethoxy-4-nitro-*, F. 179°, a) durch Umsetzen von **II** mit p-Nitrobenzoldiazoniumchlorid; b) durch Kondens. von p-Nitrobenzaldehyd mit 3.4-Dimethoxyacetophenon (**I**) in Ggw. von konz. NaOH. — *3-Nitro-3'.4'-dimethoxy-*, F. 128°, a) aus **II** u. m-Nitrobenzoldiazoniumchlorid; b) aus m-Nitrobenzaldehyd u. **I**. — *2-Nitro-3'.4'-dimethoxy-*, F. 147—148°, a) aus **II** u. o-Nitrobenzoldiazoniumchlorid; b) aus o-Nitrobenzaldehyd u. **I**. W. Hampel 2380△

0809 **Kondensationen von α-ungesättigten Aldehyden in heterogener Phase.** 1. Mitt. **Kondensation von 2-Methylpentenal mit p- und o-Methylzimtaldehyd.** 2. Mitt. **Kondensation von α-Phenylcrotonaldehyd mit Aldehyden der Formel R—CH=CH—CHO.** Jean-Jacques Godfroid. (C. R. hebd. Séances Acad. Sci. **257**, 2296—99, 1963; Paris, Labor. de Chim. organ. structurale; franz.) — Vgl. C. **1963**, 18823. — Kondens. von 2-Methylpentenal (**III**) mit p-Methylzimtaldehyd bei 400° in Ggw. von MgO führt zu *4.4'.6-Trimethyl-2-formylbiphenyl* (**I**, $C_{16}H_{16}O$, Kp.$_{0,2}$ 130°, gelbe Fl.; n_D^{24} 1,5860; *2.4-Dinitrophenylhydrazon*, F. 241—242°); daneben wird *2.4.7-Trimethylfluorenon* (**IV**, $C_{16}H_{14}O$, F. 109,5—110°, orangefarbene Kristalle) isoliert. Auf dem gleichen Wege entsteht aus **III** u. o-Methylzimtaldehyd als einziges Rk.-Prod. *4.6.6'(2')-Trimethyl-2-formylbiphenyl* (**II**, $C_{16}H_{16}O$, F. 50 bis 51°, Kp.$_{0,2}$ 131°; n_D^{25} 1,5850). Oxydation von **I** bzw. **II** ergibt *4.4'.6-Trimethylbiphenylcarbonsäure-(2)* (**V**, $C_{16}H_{16}O_2$, F. 190—191°) bzw. *4.6.6'(2')-Trimethylbiphenylcarbonsäure-(2)* (**VI**, $C_{16}H_{16}O_2$, F. 137,5—138°). Durch Dehydratisierung von **V** wird **IV**, durch Dehydratisierung von **VI** *2.4.5-Trimethylfluorenon* ($C_{16}H_{14}O$, F. 107,5—108°, gelbe Nadeln) erhalten. Kondens. von α-Phenylcrotonaldehyd (**VII**) mit Acrolein bzw. Crotonaldehyd liefert *3-Formylbiphenyl* ($C_{13}H_{10}O$, Kp.$_{0,3}$ 121°; n_D^{18} 1,6275; *2.4-Dinitrophenylhydrazon*, F. 232°) bzw. *4-Methyl-3-formylbiphenyl* ($C_{14}H_{12}O$, F. 35,5—37°, Kp.$_{0,3}$ 119—120°; n_D^{21} 1,6312), die sich zu *Biphenylcarbonsäure-(3)* ($C_{13}H_{10}O_2$, F. 165,5—166°) bzw. *4-Methylbiphenylcarbonsäure-(3)* ($C_{14}H_{12}O_2$, F. 209,5—210°) oxydieren lassen. Mit Zimtaldehyd reagiert **VII** unter Decarbonylierung zu einer Verb., die sich als *p-Terphenyl* ($C_{18}H_{14}$, F. 204,5—206°, graue Blättchen) erweist. Die Daten der IR-, UV- u. NMR-Spektren sind angegeben. H. Miele 2410◇

0810 **Über die Reaktion einiger substituierter Triarylchlor- und -brommethane mit Salzen von Dialkylphosphiten.** A. Je. Arbusow und Zsin-lin Tschshan. (Ber. Akad. Wiss. UdSSR **144**, 1039—41, 1962; Filiale Kasan der Akad. der Wiss. der UdSSR; russ.) — Bei der Rk. von p-Methoxytriphenyl- (F. 136—138°), p.p'-Dimethoxytriphenyl- (F. 120 bis 121,5°) u. Tris-[p-methoxyphenyl]-brommethan (F. 106 bis 108°) mit Na-Diäthylphosphit (**I**) in Bzl.-Chlf.-Ae. oder mit Triäthylphosphit werden (ggf. nach Hydrolyse) *p-Methoxytriphenylmethylphosphonsäurediäthylester* (F. 117,5 bis 118,5°), *p.p'-Dimethoxytriphenylmethylphosphonsäure* (F. 214°) bzw. *Tris-[p-methoxyphenyl]-methylphosphonsäure* [F. 229 bis 229,5°; *Diäthylester*, F. 139—140,5°] erhalten. In Ggw. von O_2 führt die Rk. dagegen hauptsächlich zu *Bis-[p-methoxytriphenylmethyl]-peroxid* (F. 153—155°), *Bis-[p.p'-dimethoxytriphenylmethyl]-peroxid* (F. 130°) bzw. *Bis-[tri-(p-methoxyphenyl)-methyl]-peroxid* (F. 125—126°). — Die Rk. von p-Äthoxytriphenylbrommethan mit **I** verläuft unter gleichzeitiger Bldg. von *Bis-[p-äthoxytriphenylmethyl]-peroxid* (F. 125,5°) u. *p-Äthoxytriphenylmethylphosphonsäurediäthylester* (Kp.$_2$ 76°). — Bei Tris-[p-chlorphenyl]-brommethan (**II**, F. 143—145°), Tris-[p-bromphenyl]- u. o.p'.p''-Trichlortriphenylchlormethan beteiligt sich auch das aromat. gebundene Halogen an der Rk. mit **I**. Aus den Rk.-Prodd. von **II** mit **I** bzw. K-Diäthylphosphit werden 8 bzw. 38% *Bis-[tri-(p-chlorphenyl)-methyl]-peroxid* (F. 190°) isoliert. Bei den genannten Rkk. entstehen intermediär Triarylmethylradikale, wie die Bldg. der Peroxide in Ggw. von O_2 sowie die während der Rk. aufgenommenen paramagnet. Elektronenresonanzspektren beweisen. Helmut Schäfer 2580△

0811 **Über die Darstellung von Hydroxyderivaten von Arylindonen.** Tsch. P. Iwanow und B. W. Alexijew. (C. R. Acad. bulg. Sci. **12**, 211—14, 1959; engl., Auszug: russ.) — Zwecks Unters. ihrer östrogenen Wrkg. wurden *3-Äthyl-* u. *3-p-Tolyl-2-[p-hydroxyphenyl]-indon-(1)* dargestellt.

Versuche: *3-Äthyl-2-[p-hydroxyphenyl]-indon-(1)*; dunkelrotes Öl. *Hydrat*, F. 127—130° (Zers.; A.-W.), durch Diazotierung von 0,9 g 3-Äthyl-2-[p-aminophenyl]-indon-(1) in 30 ml Pyridin mit 1 g $NaNO_2$ in 45 ml H_2SO_4 u. 45 ml W., Zugabe von 4 g Harnstoff, Gießen in 250 ml 30%ig. H_2SO_4 bei 80° u. 1std. Rühren; orange; 76,8% (Ausbeute). *Benzoyl-Deriv.*, $C_{24}H_{18}O_3$, F. 80—82° (Methanol); dunkelorange. — Analog: *3-p-Tolyl-2-[p-hydroxyphenyl]-indon-(1)*, F. 163 bis 164° (Essigsäure), aus 3-p-Tolyl-2-[p-aminophenyl]-indon-(1); dunkelrot; 68%. *Benzoyl-Deriv.*, $C_{29}H_{20}O_3$, F. 158,5—160° (Methanol); rot. *3.5-Dinitrobenzoyl-Deriv.*, F. 188—190° (A.); orangerot. Helmut Schäfer 2650△

0812 **Wanderung des Alkylsulfonylrestes in Alkyl-[1-chlornaphthyl-(8)]-sulfonen.** W. A. Koptjug, T. N. Gerassimowa und N. N. Woroshzow jun. (Chem. Wiss. Ind. [UdSSR] **4**, 414—15, 1959; Moskau, Chem.-technolog. Mendelejew-Inst.; russ.) — Durch 5std. Erhitzen von *Methyl-[1-chlornaphthyl-(8)]-sulfon* ($C_{11}H_9ClO_2S$, F. 126,5—127°) auf 200° wird in 40%ig. Ausbeute *Methyl-[1-chlornaphthyl-(7)]-sulfon* (**I**, $C_{11}H_9ClO_2S$, F. 160,5—161°) erhalten. Analog liefert *Äthyl-[1-chlornaphthyl-(8)]-sulfon* ($C_{12}H_{11}ClO_2S$, F. 143 bis 143,5°) bei 220—230° in 66%ig. Ausbeute *Äthyl-[1-chlornaphthyl-(7)]-sulfon* ($C_{12}H_{11}ClO_2S$, F. 122—122,5°). **I**, *Methyl-[1-chlornaphthyl-(5)]-* ($C_{11}H_9ClO_2S$, F. 141—141,5°), *Methyl-[2-chlornaphthyl-(8)]-* ($C_{11}H_9ClO_2S$, F. 117,5—118°) u. *Methyl-α-naphthylsulfon* werden dagegen nicht isomerisiert. I. Schade 2700△

0813 **Naphthalindicarbonsäureester.** David N. Burdge und N. Lee Allphin. (J. chem. Engng. Data **8**, 457—59, 1963; Littleton, Colo., Marathon Oil Co., Denver Res. Center; engl.) — Die FF. bzw. Kpp. einer Anzahl von *Estern* der *Naphthalin-1.6-*, *-2.3-*, *-2.6-* u. *-2.7-dicarbonsäure* wurden bestimmt. Die Ester wurden aus den entsprechenden Dicarbonsäuredichloriden bzw. -anhydriden erhalten. Mit Ausnahme der Dimethylester ist die Reihenfolge abnehmender FF. für Ester eines gegebenen Alkohols 2,6 > 2,7 > 2,3 > 1,6; dies gilt auch für die FF. bei Raum-Temp. fl. Ester.

Versuche (FF. korr.): Naphthalindicarbonsäuredichloride, durch Rk. der entsprechenden Dicarbonsäure mit $SOCl_2$ in Ggw. von Dimethylformamid: *-1.6-*, $C_{12}H_6Cl_2O_2$, F. 124—125°. — *-2.6-*, F. 187,5—189°. — *-2.7-*, F. 144,5 bis 145,5°. — *Naphthalin-2.3-dicarbonsäureanhydrid*, $C_{12}H_6O_3$, F. 245—247°, analog. — Naphthalin-1.6-dicarbonsäureester: *-dimethyl-*, $C_{14}H_{12}O_4$, F. 98—98,5°. — *-diäthyl-*,

$C_{16}H_{16}O_4$, Kp.$_{0,5}$ 140°. — *-dibutyl-*, $C_{20}H_{24}O_4$, Kp.$_{0,07}$ 172°. — *-dipentyl-*, $C_{22}H_{28}O_4$, F. —29 bis —26°, Kp.$_{0,07}$ 185°. — *-dihexyl-*, $C_{24}H_{32}O_4$, Kp.$_{0,07}$ 197°. — *-dioctyl-*, $C_{28}H_{40}O_4$, Kp.$_{0,07}$ 213°. — Naphthalin-2.3-dicarbonsäureester: *-dimethyl-*, $C_{14}H_{12}O_4$, F. 50—51°. — *-diäthyl-*, $C_{16}H_{16}O_4$, F. 56,5 bis 57°. — *-dibutyl-*, $C_{20}H_{24}O_4$, F. 37—37,5°. — *-dipentyl-*, $C_{22}H_{28}O_4$, F. —14 bis —12°, Kp.$_{0,075}$ 183°. — *-dihexyl-*, $C_{24}H_{32}O_4$, Kp.$_{0,07}$ 203°. — *-dioctyl-*, $C_{28}H_{40}O_4$, Kp.$_{0,075}$ 224°. — Naphthalin-2.6-dicarbonsäureester: *-dimethyl-*, $C_{14}H_{12}O_4$, F. 189,5—190°. — *-diäthyl-*, $C_{16}H_{16}O_4$, F. 126,5—127°. — *-dipropyl-*, $C_{18}H_{20}O_4$, F. 83,5—85°. — *-dibutyl-*, $C_{20}H_{24}O_4$, F. 79,5—80°. — *-dipentyl-*, $C_{22}H_{28}O_4$, F. 76—77°. — *-dihexyl-*, $C_{24}H_{32}O_4$, F. 88,5—89°. — *-diheptyl-*, $C_{26}H_{36}O_4$, F. 81—82°. — *-dioctyl-*, $C_{28}H_{40}O_4$, F. 80—81°. — *-dinonyl-*, $C_{30}H_{44}O_4$, F. 68,5 bis 69,5°. — *-didecyl-*, $C_{32}H_{48}O_4$, F. 80,5—81°. — *-diundecyl-*, $C_{34}H_{52}O_4$, F. 74—74,5°. — *didodecyl-*, $C_{36}H_{56}O_4$, F. 52—53°. — *-ditetradecyl-*, $C_{40}H_{64}O_4$, F. 87—88°. — *-dipentadecyl-*, $C_{42}H_{68}O_4$, F. 82—83°. — *-dihexadecyl-*, $C_{44}H_{72}O_4$, F. 79,5—80°. — *-diisopentyl-*, $C_{22}H_{28}O_4$, F. 62—63°. — Naphthalin-2.7-dicarbonsäureester: *-dimethyl-*, $C_{14}H_{12}O_4$, F. 135,5—136°. — *-diäthyl-*, $C_{16}H_{16}O_4$, F. 69,5—70°. — *-dibutyl-*, $C_{20}H_{24}O_4$, F. 44,5—45°. — *-dipentyl-*, $C_{22}H_{28}O_4$, F. 23—23,5°. — *-dihexyl-*, $C_{24}H_{32}O_4$, F. 38,5—39°. — *-dioctyl-*, $C_{28}H_{40}O_4$, F. 38,5—40°.
P. H. Laur 2700◇

0814 **Erweiterung eines Indons zu einem Naphtholring.** C. F. Koelsch. (J. org. Chemistry **26,** 1003—05, 1961; Minneapolis, Minn., Univ. of Minnesota, School of Chem.; engl.) — Vgl. C. **1961,** 17552. — 2-Carbäthoxy-3-phenylindon (**I**) reagiert in einer Michael-Rk. mit Phenacylchlorid (**II**) unter Bldg. eines Anions, das mit KOH unter Cl^--Abspaltung *1-Benzoyl-2-oxo-6b-phenyl-1a.6b-dihydrocycloprop-[b]-indencarbonsäure-(1a)-äthylester* ergibt. Dieser Ester lagert sich unter Einw. von Basen in Naphthol-Derivv. um.

Versuche: *1-Benzoyl-2-oxo-6b-phenyl-1a.6b-dihydrocycloprop-[b]-indencarbonsäure-(1a)-äthylester*, $C_{26}H_{20}O_4$, F. 115 bis 116°, durch Erwärmen von 2,5 g **I** u. 1,5 g **II** in tert.-Butanol, Kühlen auf 25°, 1/4std. Schütteln mit 0,75 g 85% ig. KOH in 1,5 ml W., Eindampfen bei 95° im Vakuum, Lösen in W. u. Extrahieren mit Ae.; aus verd. A. Nadeln; 2,6 g (Ausbeute). — *3-Benzoyl-1-hydroxy-4-phenylnaphthoesäure-(2)-äthylester*, $C_{26}H_{20}O_4$, F. 120—121°, durch 1/4std. Erhitzen von 2,6 g vorst. Verb. mit 0,17 g Na in abs. A. im Wasserbad; aus A. Prismen; 2,4 g. *Freie Säure*, $C_{24}H_{16}O_4$, F. 215—217°, durch 1std. Kochen des Esters mit 5% ig. NaOH; aus verd. Essigsäure Nadeln; ca. 100%. — *3-Benzoyl-4-phenylnaphthol-(1)*, $C_{23}H_{16}O_2$, F. 236°, durch 5 Min. langes Erhitzen vorst. Verb. auf 220°; aus Toluol gelbe Prismen. *Methyläther*, $C_{24}H_{18}O_2$, F. 148—149°, a) durch Methylieren mit Dimethylsulfat in 5% ig. NaOH; aus A. Platten; b) durch 1/4std. Kochen von 0,6 g **V** mit 50% ig. Essigsäure in Ggw. von wenig HCl; 0,5 g. — *Benzhydrylbernsteinsäure* (**III**), F. 180 bis 183°, durch 1/2 std. Kochen von 15 g Diphenylitaconsäure u. 30 g Raney-Leg. in 10% ig. NaOH, Zugabe zu gesätt. $BaCl_2$-Lsg., Absaugen u. 1/4std. Kochen mit verd. HCl; Nadeln; 14,9 g. *Monomethylester*, $C_{18}H_{18}O_4$, F. 150—152°, durch Red. von 10 g Diphenylitaconsäure mit Raney-Leg., Zugabe von heißer HCl, Trocknen, 1std. Kochen mit Methanol in Ggw. von konz. H_2SO_4, Verdünnen mit W. u. Extrahieren mit Ae.; aus Äthylacetat/Ligroin Nadeln; 5,8 g; daneben *Dimethylester*, $C_{19}H_{20}O_4$, F. 60—68°, aus Ligroin Prismen; 3 g. — *1-Phenyl-4-oxo-1.2.3.4-tetrahydronaphthoesäure-(2)*, durch Cyclisierung von 8,4 g **III** nach Hewitt [1936]; 7,3 g. *Methylester*, $C_{18}H_{16}O_3$, F. 115—117°, durch 1std. Kochen mit Methanol in Ggw. von konz. H_2SO_4; aus Methanol Nadeln; 4,5 g. — *4-Hydroxy-1-phenylnaphthoesäure-(2)-methylester*, $C_{18}H_{14}O_3$, F. 173—174°, durch Bromieren von 4,5 g vorst. Methylesters in Bzl. u. 4 Min. langes Kochen des kristallinen Rückstandes in Kollidin; aus Methanol hexagonale Platten; 3,8 g. *Methyläther* (**IV**) $C_{19}H_{16}O_3$, F. 118 bis 119°; aus 80% ig. Essigsäure Nadeln; 86%. — *4-Methoxy-1-phenylnaphthoesäure-(2)*, $C_{18}H_{14}O_3$, F. 217—219°, durch 1 Min. langes Kochen von 1,5 g **IV** u. 0,7 g NaOH in Äthylenglykol, Verdünnen mit W. u. Ansäuern; aus Essigsäure Prismen; 1,4 g. *Amid*, $C_{18}H_{15}NO_2$, F. 210—212°, durch 5 Min. langes Kochen von 1,4 g der Säure mit $SOCl_2$ in Bzl., Eindampfen bei 100° im Vakuum, Lösen in Bzl. u. 10 Min. langes Schütteln mit konz. NH_4OH; aus A. Nadeln; 1,35 g. *Nitril*, $C_{18}H_{13}NO$, F. 162°, durch 10 Min. langes Kochen von 1,1 g Amid mit $POCl_3$, Eindampfen im Vakuum bei 100°, Zugabe von W. u. Extrahieren mit Bzl.; aus Essigsäure Nadeln; 1 g. — *4-Methoxy-1-phenylnaphthyl-(2)-phenylketiminhydrochlorid* (**V**), *Methanolat*, $C_{24}H_{20}ClNO \cdot CH_3OH$, F. 235 bis 240°, durch 1/2 std. Kochen von 0,9 g vorst. Nitrils in Bzl. mit äther. Phenyl-MgBr-Lsg. u. Schütteln mit kalter HCl; aus Methanol u. Ae. gelber Prismen; 1 g. W. Hampel 2700□

0815 **Darstellung eines p-Semidins durch Einwirkung von Säuren auf 1.2′-Hydrazonaphthalin.** L. G. Krolik und W. O. Lukaschewitsch. (Ber. Akad. Wiss. UdSSR **135,** 1139—42, 11/12. 1960; Forschungsinst. für organ. Zwischenprodd. u. Farbstoffe; russ.) — Es wird die Umlagerung von *1.2′-Hydrazonaphthalin* (**I**) bei Einw. von Säuren (HCl, HBr u. H_2SO_4) verschiedener Konzz. (10—40% ig) ohne u. mit Lsgm. (A., Aceton, Ae., Bzl., PAe.) untersucht u. festgestellt, daß die Ausbeute an *4-Amino-1.2′-dinaphthylamin* (**II**) bei Verw. geringer Mengen Lsgm. (bes. Ae.) steigt (bis 33%), während bei vollständiger Auflösung von **I** nur *1′.2-Diaminodinaphthyl-(1.2′)* (**III**) erhalten wird. Neben **II** u. **III** werden bei einigen Verss. geringe Mengen *3.4;7.8-Dibenzocarbazol* u. *Azo-Verbb.* gebildet.

Versuche: *4-Amino-1.2′-azonaphthalin*, F. 145,5 bis 146,5° (A.), durch Diazotieren von β-Naphthylamin u. Kupplung mit α-Naphthylamin in HCl; 95% (Rohausbeute). — *1.2′-Azonaphthalin*, F. 144—144,5° (A.), aus vorst. Verb.; 50%. — *1.2′-Hydrazonaphthalin* (**I**), F. 141—142° (Zers.), durch Red. vorst. Verb. mit Zn-Pulver in NH_4OH. — *3.4;7.8-Dibenzocarbazol*, $C_{20}H_{13}N$, F. 236—237° (A.), a) durch Schütteln von 1 g **I** in 30 ml Ae. mit 15 ml 10% ig. HCl unter N_2 bei 0°, 16std. Stehenlassen bei Zimmer-Temp., Filtrieren, Zugabe von NH_4OH (→ **III**), Abdestillieren des Ae. u. Abtrennen der entstandenen Azo-Verbb. (0,07 g) durch Waschen mit PAe.; b) durch 5 Min. langes Erhitzen von **III**-Hydrochlorid im Rohr auf 240°; 90%. — *1′.2-Diaminodinaphthyl-(1.2′)* (**III**), F. 146—147° (A.). *Dibenzoyl-Deriv.*, F. 253—254° (Aceton). — *4-Amino-1.2′-dinaphthylamin* (**II**), F. 151—152° (A.). *4-Acetyl-Deriv.*, $C_{22}H_{18}N_2O$, F. 182—183° (A.). *4-Benzoyl-Deriv.*, F. 246—247° (A.). I. Schade 2700△

0816 **Cyanäthylierung polycyclischer Kohlenwasserstoffe.** A. Je. Kretow und A. Je. Ochramowitsch. (J. angew. Chem. [UdSSR] **33,** 744—46, 1960; Dnepropetrowsk, Chem.-technolog. Inst.; russ.) — Das aus Acrylonitril (**I**) u. Anthracen (**II**) zugängliche *9.10-[1′-Cyanäthylen]-9.10-dihydroanthracen* (**III**) u. einige seiner Derivv. werden beschrieben.

Versuche: *9.10-[1′-Carboxyäthylen]-9.10-dihydroanthracen*, F. 186° (Methanol u. W.), durch 5—6std. Kochen von 10 g **III** in 100 ml mit KOH gesätt. Isoamylalkohol; 80% (Ausbeute). *Nitril* (**III**), $C_{17}H_{13}N$, F. 122° (Methanol), durch langsame Zugabe von 32,75 g **I** zu dem sd. Gemisch aus 50 g **II** u. 250 ml Acetanhydrid, 22std. Kochen, Abdestillieren des Lsgm. u. **I** u. Gießen in 1 Liter W.; 80 bis 85% (Ausbeute). *Amid*, $C_{17}H_{15}NO$, F. 238,5°, durch 4—5std. Erhitzen von 10 g **III**, 35 ml 12% ig. H_2O_2, 45 ml 95% ig. A. u. 3,4 ml 6m NaOH auf dem Wasserbad, mehrstd. Stehen u. Zugabe von W.; 78—80%. *Methylester*, $C_{18}H_{16}O_2$, F. 115 bis 116° (Methanol), durch 4std. Erhitzen von 20 g **III**, 35,9 g Methanol u. 16,9 g H_2SO_4; 60%. *n-Butylester*, $C_{21}H_{22}O_2$, F. 58—59° analog; 70—75%. I. Schade 2800△

0817 **Das Kondensationsprodukt von Phenanthrenchinon-(9.10) und Acetessigsäureäthylester.** Arthur C. Cope und D. W. H. MacDowell. (J. Amer. chem. Soc. **80,** 5513—16, 1958; Cambridge, Mass., MIT, Dep. of Chem.; engl.) — Vgl. C. **1956,** 14020. — Den aus dem Kondens.-Prod. von Phenanthrenchinon-(9.10) u. Acetessigsäureäthylester durch Säurebehandlung hervorgehenden Derivv. werden auf Grund chem. Eigg. sowie UV- u. IR-Spektren neue Strukturen zugeordnet.

Versuche: Cyclopenta-[l]-phenanthrene: *1-Carbäthoxy-3a-hydroxy-2-oxo-3.3a-dihydro-2H-*, nach Cope u. Mitarbeitern (C. **1956,** 14020). — *1-Carbäthoxy-2-oxo-2.3-dihydro-1H-* (**I**), $C_{20}H_{16}O_3$, F. 124—125,5°, a) durch 1 Min. langes Erwärmen vorst. Verb. mit HJ auf 70°, Verdünnen mit W., Filtrieren, Digerieren des Rückstandes mit 5% ig. $NaHSO_3$-Lsg. u. Umkristallisieren aus Äthylacetat u. A.; grüne $FeCl_3$-Rk.; 53% (Ausbeute); b) durch 2std. Kochen von **II**-Diäthylester (s. unten) mit Na-Pulver in abs. Bzl. (Dieckmann-Rk.), Gießen auf Eis u. HCl, Extrahieren mit Ae. u. Einengen; 23%. — *2.3-Dihydro-2-oxo-1H-*, F. 222,5—223,5° (Dioxan), durch 18std. Kochen von **I** mit Eisessig u. HCl; 88%. — *1-Carbäthoxy-1-hydroxy-2-oxo-1H-2.3-dihydro-* (**III**), $C_{20}H_{16}O_4$,

F. 175—176° (Essigester), durch 17std. Kochen von I mit W. u. H_2SO_4 (4:1); 35%. — *1-Carbäthoxy-1-acetoxy-2-oxo-2.3-dihydro-1H-* (**IV**), $C_{22}H_{18}O_5$, F. 166,0—167,5° (Nadeln aus Äthylacetat), a) durch 1½std. Kochen von I mit Eisessig, Abfiltrieren von *1-Carbäthoxy-2-oxo-2H-cyclopenta-[l]-phenanthren* [$C_{20}H_{14}O_3$, F. 288,0—289,4°; Nadeln; 33%] u. Gießen in W.; 44%; b) durch Rk. von **III** mit Acetanhydrid. — *1-Carbäthoxy-1-äthoxy-2-oxo-2.3-dihydro-1H-*, $C_{22}H_{20}O_4$, F. 144,1—145,0° (Essigester), durch Rk. von I mit A. u. H_2SO_4 nach Japp u. Klingemann [1891]; 63%. — *9-Carbomethoxymethyl-10-[α-äthoxycarbomethoxymethyl]-phenanthren*, $C_{22}H_{22}O_5$ F. 124,1—125,1°, durch 10 Min. langes Kochen vorst. Verb. mit 5%ig. wss. KOH, Filtrieren, Ansäuern mit HCl, Abfiltrieren der *freien Säure* (98%) u. 24std. Kochen mit CH_3OH/HCl; 91%. — *1-Carboxy-3-oxo-1H-3.4-dihydrophenanthro-[9.10:c]-pyran*, $C_{18}H_{12}O_4$, F. 274,0—275,2° (Zers.; A.), a) durch 6std. Kochen vorst. Verb. mit Eisessig in 44%ig. HBr, Kühlen, Filtrieren u. 14std. Kochen mit KOH (2 g in 5 ml CH_3OH u. 25 ml W.); 48%; b) durch 15 Min. langes Kochen von **III** mit NaOH u. W.; 68%; c) durch 5 Min. langes Erwärmen von **IV** mit 10%ig. wss. NaOH; 88%. *Methylester*, $C_{19}H_{14}O_4$, F. 254,9—255,5°, aus Säure u. CH_3OH/HCl (CH_2N_2); 78% (71%). *Äthylester*, $C_{20}H_{16}O_4$, F. 237,7 bis 238,9°, durch 1std. Kochen der freien Säure mit A./HCl, Filtrieren u. Trocknen; 87%. — *9.10-Bis-[carboxymethyl]-phenanthren* (**II**), $C_{18}H_{14}O_4$, F. 298,5—300,0°, durch 10 Min. langes Kochen von I mit 5%ig. wss. KOH, Filtrieren nach Zugabe von Norit, Kühlen u. Ansäuern; 90%. *Diäthylester*, F. 97,4—98,2°; 73%. *Dimethylester*, F. 146—148°; 90%.

M. Lehmann 2950△

0818 **Einfache und ausgiebige Synthese des Pentacens.** V. Bruckner, A. Karczag (Wilhelms), K. Körmendy, M. Mészáros und J. Tomasz. (Acta chim. Acad. Sci. hung. **22, 443**—48, 1960; Budapest, L.-Eötvos-Univ., Organ.-chem. Inst.; dt.) — Die Synth. von *Pentacen* durch Red. von Pentacenchinon-(6.13) mit Al-Tricyclohexylat in sd. Cyclohexanol wird beschrieben.

Versuche: *Succinylobernsteinsäurediäthylester*, F. 126 bis 127° (Bzl./A.), durch 4std. Kochen von Bernsteinsäurediäthylester u. Essigester mit Ae., Zugabe zu Eiswasser u. Ansäuern; 81,6% (Ausbeute). — *Cyclohexandion-(1.4)*, F. 78 bis 79°, durch Erhitzen vorst. Verb. mit W. auf 200° unter Druck; aus A. Nadeln; 63%. — *Pentacenchinon-(6.13)*, F. 378°, durch 5std. Stehen vorst. Verb. mit Phthaldialdehyd in A. in Ggw. von 5%ig. KOH bei Raum-Temp.; aus Dimethylformamid dottergelbe Nadeln; 79,5%. — *Pentacen*, $C_{22}H_{14}$, durch 48std. Kochen vorst. Verb. mit Cyclohexanol in Ggw. von Al-Tricyclohexylat, Absaugen u. Auskochen mit Essigsäure; tiefblaue, kupferglänzende Kristalle; 50,9%.

W. Hampel 2950△

0819 **Quaternäre Ammoniumverbindungen.** 1. Mitt. **Die Antiacetylcholinesterase-Wirkung einer Reihe von spiranartigen quaternären Ammoniumverbindungen.** J. Thomas. (J. med. pharmac. Chem. **3,** 45—51, 1961; Manchester, Univ., Dep. of Pharm.; engl.) — 17 *spiranartige quatern. Ammonium-Verbb.* werden hergestellt. Nach der Warburgschen manometr. Standard-Meth. (Tabelle) ergibt sich für deren Antiacetylcholinesterase-Wrkg. im Falle der Sechsring-Verbb. keine Veränderung gegenüber offenkettigen Verbb., im Falle der Fünfring-Verbb. jedoch eine Aktivitätszunahme. Äther-O vermindert, 2.6-Dimethylierung steigert die Wrkg.; die aromat. Verbb. sind die aktivsten der Reihe.

Versuche: *Piperidin-[1-spiro-1']-piperidiniumbromid*, $C_{10}H_{20}BrN$, F. 309° (Zers.; Chlf.), durch 6std. Kochen von Piperidin (I) u. ½ Val 1.5-Dibrompentan (**VI**) in Chlf., Einengen, Zusatz von wss. NaOH, Einengen u. Extrahieren mit Chlf.; 86% (Ausbeute). — Analog: *Piperidin-[1-spiro-1']-pyrrolidiniumbromid*, $C_9H_{18}BrN$, F. 260—261° [Äthylmethylketon (ÄMK)-Chlf.]. — *2.6-Dimethylpiperidin-[1-spiro-1']-pyrrolidiniumbromid*, $C_{11}H_{22}BrN$, F. 285—286° (Chlf.-Methanol u. Chlf.-ÄMK), aus 2.6-Dimethylpiperidin (**II**). — *Pyrrolidin-[1-spiro-1']-pyrrolidiniumbromid*, $C_8H_{16}BrN$, F. 261 bis 262° (Aceton). — *2.6-Dimethylpiperidin-[1-spiro-1']-piperidiniumbromid*, $C_{12}H_{24}BrN$, F. 254—255° (Chlf. ÄMK). *Piperidin-[1-spiro-4']-morpholiniumbromid*, $C_9H_{18}BrNO$, F. 276 bis 278° (Chlf.), aus I u. 2.2'-Dichlordiäthyläther (**III**). — *Morpholin-[4-spiro-4']-morpholiniumchlorid*, $C_8H_{16}ClNO_2$, F. 298—299° (Zers.; Chlf.), aus Morpholin (**IV**) u. **III**. — *Morpholin-[4-spiro-1']-pyrrolidiniumbromid*, $C_8H_{16}BrNO$, F. 188 bis 189° (Chlf.-ÄMK), aus **IV** u. 1.4-Dibrombutan (**V**). — *2.6-Dimethylpiperidin-[1-spiro-4']-morpholiniumchlorid*, $C_{11}H_{22}ClNO$, F. 301—302° (Chlf.-ÄMK), aus **II** u. **III**. — *Isoindolin-[2-spiro-1']-piperidiniumbromid*, $C_{13}H_{18}BrN$, F. 244 bis 245° (Chlf.-ÄMK), aus I u. o-Xylylendibromid. — *N.N-Diäthylpyrrolidiniumbromid*, $C_8H_{18}BrN$, F. 303° (A.-ÄMK), aus Diäthylamin (**VII**) u. **V**. — *N.N-Diäthylpiperidiniumbromid*, $C_9H_{20}BrN$, F. 299° (A.-ÄMK). — *1.2.5.6-Tetrahydropyridin-[1-spiro-1']-piperidiumbromid*, $C_{10}H_{18}BrN$, F. 286° (Zers.), aus 1.2.3.6-Tetrahydropyridin. — *1.2.3.4-Tetrahydrochinolin-[1-spiro-1']-piperidiniumbromid*, $C_{14}H_{20}BrN$, F. 228—229° (Zers.; Isopropanol), aus 1.2.3.4-Tetrahydrochinolin u. 1 Val **VI** durch 24std. Kochen in Ggw. von NaOH in 90%ig. A., Einengen, 10 Min. langes Aufkochen des Rückstandes in Chlf., Filtrieren, Einengen des Filtrats u. Umkristallisieren des Rückstandes; 12%. — Analog: *1.2.3.4-Tetrahydroisochinolin-[2-spiro-1']-piperidiniumbromid*, F. 201—202° (Isopropanol). — *Indolin-[1-spiro-1']-piperidiniumbromid*, $C_{13}H_{18}BrN$, F. 156—157° (Isopropanol). — *Diäthyldi-n-propylammoniumbromid*, $C_{10}H_{24}BrN$, F. 227—229° (ÄMK), aus **VII** u. n-Propylbromid.

K. Ziegenhorn 3000◇

0820 **Zur Konstitution einer Verbindung $C_5H_2Br_2O_2$ und ihres Adduktes mit Cyclopentadien.** H. Koch und J. Pirsch. (Mh. Chem. **93,** 661—66, 1962; Wien, Univ., Pharmaceut.-chem. Inst.; dt.) — Für die von Wolff u. Rüdel [1897] aus 3.5-Dibrompentanon-(4)-säure (**IV**) dargestellte Verb. wird nicht die Struktur eines 4.4-Dibromcyclopentendions-(3.5), sondern die eines *2-Dibrommethylen-5-oxodihydrofurans* angenommen, was durch experimentelle Befunde gestützt werden kann.

Versuche: *Verb. $C_5H_2Br_2O_2$* (I), F. 137° (Bzl.), durch 1—2std. Erwärmen von 20 g **IV** mit 30%ig. rauchender H_2SO_4 auf 100°, Gießen auf Eis u. Dampf-Dest.; 10—12 g (Ausbeute). — *3-Dibrommethylen-4.7-endomethylen-Δ⁵-tetrahydrophthalid*, $C_{10}H_8Br_2O_2$, F. 88°, durch 5std. Kochen von 10 g I mit Cyclopentadien in Bzl.; aus Bzl. Nadeln; 10,5 g. — *3-Acetylbicyclo-[2.2.1]-heptan-2-carbonsäureäthylester* (**III**), $C_{12}H_{18}O_3$, Kp.$_{12}$ 140—142°, durch Hydrieren von 10 g vorst. Verb. in A. an Pd-Kohle; 5,3 g. *Semicarbazon*, $C_{13}H_{21}N_3O_3$, F. 158 bis 159°. *2.4-Dinitrophenylhydrazon*, $C_{18}H_{22}N_4O_6$, F. 140°; gelbe Blättchen. — *Lävulinsäureäthylester* (**II**), Kp.$_{20}$ 100—105°, durch Hydrieren von 6 g I analog **III**; 2,8 g. *Semicarbazon*, $C_8H_{15}N_3O_3$, F. 150°. *2.4-Dinitrophenylhydrazon*, $C_{13}H_{16}N_4O_6$, F. 101—102°; gelbe Kristalle. — *2-Hydroxymethyl-3-[1-hydroxyäthyl]-bicyclo-[2.2.1]-heptan*, $C_{10}H_{18}O_2$, Kp.$_{0,1}$ 145—150° (Kugelrohr), durch Red. von 3 g **III** mit $LiAlH_4$ in abs. Ae.; 2,2 g. — *1-Methyl-3.6-endomethylenhexahydrophthalan*, $C_{10}H_{16}O$, durch Lösen von 2 g vorst. Verb. in 25 ml 40%ig. H_2SO_4 u. Dest. mit Wasserdampf, Sättigen des Destillates mit NaCl u. Extrahieren mit wenig Ae.; terpenartig riechendes Öl. — *1-Hydroxy-4-methyl-5.8-endomethylen-5.6.7.8.9.10-hexahydro-2.3-diazanaphthalin*, $C_{10}H_{14}N_2O$, F. 162°, durch Erhitzen von 5 g **III** mit Hydrazin auf 120°; Sublimation bei 130—140° im Vakuum; 3,2 g. — *3-Hydroxy-6-methyl-4.5-dihydropyridazin*, F. 102—103°, durch 1std. Kochen von 1,5 g **II** mit Hydrazin; 1,2 g.

W. Hampel 3061△

0821 **Zur Kenntnis des Thiophens.** 12. Mitt. **Über Chlorthiophenaldehyde.** Elmar Profft und Hans-Enno Petzold. (Wiss. Z. Techn. Hochschule Chem. Leuna-Merseburg, **4,** 37—42, 1961/62; Leuna-Merseburg, TH für Chem., Inst. für Organ. Chem.; dt.) — Ident. mit der C. **1963,** 495 referierten Arbeit.

P. Golinske 3071△

0822 **Schwefelheterocyclen.** 18. Mitt. **Notiz über Versuche zur Synthese des Thiomaleinsäureanhydrids und Darstellung von Tetrahydrothiophthalsäureanhydrid.** R. Mayer, G. Däbritz, G. Ullrich, H. Werner, G. Ulbricht und K. Gewald. (J. prakt. Chem. [4] **21,** 80—84, 1963; Dresden, Techn. Univ., Inst. für Organ. Chem.; dt.) — 16. vgl. C. **1964,** 19-0843. — *3.4.5.6-Tetrahydrothiophthalsäureanhydrid* [*4.5.6.7-Tetrahydrobenzo-[c]-thiophendion-(1.3)*; I] wird durch Rk. von 3.4.5.6-Tetrahydrophthalsäureanhydrid (**II**) mit Na_2S dargestellt. Verss. zur Synth. von Thiomaleinsäureanhydrid [Thiophendion-(2.5)] aus Maleinsäureanhydrid, Maleinsäure, Fumarsäure, deren Säurechloride, Thiobernsteinsäure oder dem Anthrazenaddukt der Maleinsäure schlagen fehl.

Versuche: *3.4.5.6-Tetrahydrothiophthalsäureanhydrid* (I), $C_8H_8O_2S$, F. 34—35° (wss. Methanol), durch Verreiben von 40 g **II** mit $Na_2S \cdot 9\,H_2O$, Verdünnen mit W., Filtrieren in eisgekühlte 10% ig. HCl u. Neutralisieren mit kalter verd. Na_2CO_3; Schuppen; 35% (Ausbeute). *α-Naphtholaddukt*; gelb; F. 35°. — *3.4.5.6-Tetrahydrophthalsäure*, F. 118—120°, a) durch Ansäuern vorst. neutraler Lsg. mit HCl u. Extrahieren mit Ae.; 18,5 g; b) durch kurzes Erwärmen von **I** in verd. NaOH, Ansäuern u. Ausäthern; Blättchen; 78%. *Säureanhydrid*, F. 72°, durch Sublimieren der Säure bei 100°. — *2.2'.4.4'-Tetranitrodiphenylsulfid*, $C_{12}H_6N_4O_8S$, F. 198—201° (Aceton); durch Zugeben von **I** zu einer Lsg. von Na in Methanol, Versetzen mit 2.4-Dinitrochlorbenzol in Methanol bei 20°, kurzes Erwärmen u. Extrahieren des Nd. mit Aceton; gelbe Nadeln; 15%; daneben *2.2'.4.4'-Tetranitrodiphenyldisulfid*, $C_{12}H_6N_4O_8S_2$, F. 255—260° (Zers.; Dimethylformamid); aus dem Extraktionsrückstand; 49%. E. Schraven 3071◇

0823 **Über die Umsetzung von 1.4-Dihalogenbutandiolen-(2.3) mit primären und sekundären Aminen.** E. Uhlig und D. Dorn. (J. prakt. Chem. [4] **21**, 266—71, 1963; Jena, Univ., Anorgan. Chem. Inst.; dt.) — Durch Umsetzung von meso-1.4-Dihalogenbutandiolen-(2.3) (**A**) mit CH_3NH_2 oder $C_2H_5 \cdot NH_2$ bei 95° entstehen *N-Alkyl-3.4-dihydroxypyrrolidine.* $(CH_3)_2NH$, $(C_2H_5)_2NH$ u. Piperidin (**III**) regieren mit den **A** unter Bldg. von *N.N-Dialkyl-3.4-dihydroxypyrrolidiniumsalzen.* Pyrrolidin (**IV**) liefert unter vergleichbaren Bedingungen *1.4-Dipyrrolidinobutandiol-(2.3).* Für die vorst. beschriebenen Rkk. wird ein Mechanismus diskutiert.

Versuche: *N-Äthyl-3.4-dihydroxypyrrolidin* (**I**), $C_6H_{13}NO_2$, Kp.$_1$ 116—117°, durch 2std. Erhitzen von meso-1.4-Dichlorbutandiol-(2.3) (**II**) mit $C_2H_5NH_2$ in Bzl. im Autoklaven auf 95°, Lösen des durch Abkühlen u. Einengen erhaltenen Rk.-Prod. in abs. CH_3OH, Zugabe von $NaOCH_3$ u. Eindampfen der filtrierten Lsg.; 69% (Ausbeute). *Dibenzoat-Hydrochlorid*, $C_{20}H_{22}ClNO_4$, F. 196° (CH_3OH/Ae.), durch 2std. Kochen von 1 Mol **I** mit 2 Mol Benzoylchlorid in Pyridin, Gießen in Eiswasser, Ae.-Extraktion u. Schütteln der Ae.-Phase mit 6n HCl. — *meso-1.4-Bis-[äthylamino]-butandiol-(2.3)*, $C_8H_{20}N_2O_2$, F. 148° (Bzl.), analog **I** durch 1std. Erhitzen von **II** u. $C_2H_5NH_2$ im Autoklaven auf 85°; daneben **I**. — *N.N-Dimethyl-3.4-dihydroxypyrrolidiniumchlorid* (**V**), $C_6H_{14}ClNO_2$, durch 4std. Erhitzen von **II** mit $(CH_3)_2NH$ in Bzl. im Autoklaven auf 95°, Lösen der festen Phase in CH_3OH u. Fällen mit Ae.; sehr hygroskopisch. — *N.N-Dimethyl-3.4-dihydroxypyrrolidiniumbromid* (**VI**). $C_6H_{14}BrNO_2$, durch 20std. Aufbewahren von meso-1.4-Dibrombutandiol-(2.3) mit $(CH_3)_2NH$ in Bzl. u. Aufarbeitung analog **V**. *Reineckat*, F. 264° (Zers.), aus **V** oder **VI** in Äthanol — *N.N-Diäthyl-3.4-dihydroxypyrrolidiniumchlorid*, $C_8H_{18}ClNO_2$, (CH_3OH/Ae.; hygroskop. Nadeln), analog **V** aus $(C_2H_5)_2NH$ u. **II** im Überschuß. — *N.N-Pentamethylen-3.4-dihydroxypyrrolidiniumchlorid*, $C_9H_{18}ClNO_2$, analog vorst. Verb. aus **II** u. **III**. — *meso-1.4-Dipyrrolidinobutandiol-(2.3)-dihydrochlorid*, $C_{12}H_{26}Cl_2N_2O_2$, F. 273° (CH_3OH), durch 6std. Kochen von **II** mit **IV** u. Abdest. von nicht umgesetztem **IV**. Hanfried Arnold 3081◇

0824 **Untersuchungen über Insekticide. 3. Mitt. Neue Synthese von DL-Prolin.** Torizo Takahashi und Kazuo Kariyone. (J. pharmac. Soc. Japan [Yakugakuzasshi] **78**, 1306—07, 1958; Kyoto, Univ. of Kyoto, Med. Fac., Pharmaceut. Inst.; Osaka, Fujisawa Pharmaceut. Ind. Ltd., Res. Labor.; jap., Auszug: engl.) — 2. vgl. C. **1963**, 19583. — Das durch Bromierung von Piperidon-(2) in Ggw. von PCl_5 gewonnene *3.3-Dibrompiperidon-(2)* ergibt bei der katalyt. Hydrierung an Raney-Ni in Ggw. von Triäthylamin *3-Brompiperidon-(2)* (**I**). Die Hydrolyse von **I** mit konz. HCl u. Cyclisierung mit konz. NaOH ergibt das *Na-Salz der Pyrrolidin-2-carbonsäure*, aus dem mittels konz. HCl durch nachfolgende Umsetzung mit Ag_2CO_3 u. H_2S *DL-Prolin* gewonnen werden kann.

Versuche: *3-Brompiperidon-(2)* (**I**), C_5H_8BrNO, F. 147° (Aceton), durch katalyt. Hydrieren von 6 g 3.3-Dibrompiperidon-(2) in Methanol an Raney-Ni in Ggw. von Triäthylamin; 3,1 g (Ausbeute). — *DL-Prolin*, $C_5H_9NO_2$, F. 204° (Dioxan), durch 8std. Kochen von 3 g vorst. Verb. mit konz. HCl, Einengen im Vakuum, Lösen in W., Zugabe von konz. NaOH, 5tägiges Stehen, Dampf-Dest., Ansäuern des Rückstandes mit HCl, Einengen im Vakuum, Lösen in A., Eindampfen zur Trockne, Erhitzen mit wss. Ag_2CO_3-Lsg., Filtrieren u. Einleiten von H_2S; 1,2 g. W. Hampel 3081△

0825 **Untersuchungen über die aktiven Komponenten von Digenea simplex Ag. und verwandte Verbindungen. 62. Mitt. Synthesen von Prolinderivaten durch Cyclisierung von γ-Aminoketonen.** Yasushi Sanno. (J. pharmac. Soc. Japan [Yakugakuzasshi] **78**, 1113, 1958; Osaka, Takeda Pharmaceut. Ind. Ltd., Res. Labor.; jap., Auszug: engl.) — 61. vgl. C. **1964**, 18-0877. — Ausgehend von Acetylamino- (**I**) bzw. Benzyloxycarbonylaminomalonsäurediäthylester (**V**) u. durch Cyclisierung der hieraus gewonnenen *2-Acetylamino-2-[2-acetyläthyl]-* (**IV**) bzw. *2-[Acetyläthyl]-2-[2-benzyloxycarbonylamino]-malonsäurediäthylester* (**VI**) wird die Synth. von zwei stereoisomeren *5-Methylprolinen* (F. 188 u. F. 207°) beschrieben. IR-Spektren vgl. Original.

Versuche: Malonsäurediäthylester: *2-Acetylamino-2-piperidinomethyl-* (**II**), $C_{15}H_{26}N_2O_5$, F. 71—72°, durch Zutropfen von 35% ig. Formaldehyd zu 28 g **I** in Piperidin u. 5 Min. langes Erhitzen auf dem Wasserbad; aus Cyclohexan Nadeln; 22 g (Ausbeute). — *2-Acetylamino-2-[2.2-diacetyläthyl]-* (**III**), $C_{15}H_{23}NO_7$, Kp.$_1$ 165—170°, durch Zutropfen von Acetylaceton zu **II** in A. bei 15—20° in Ggw. von Dimethylsulfat u. Na, 12std. Stehen, Einengen u. Extrahieren mit Äther. — *2-Acetylamino-2-[2-acetyläthyl]-* (**IV**), $C_{13}H_{21}NO_6$, F. 89—90°, a) durch Umsetzen von 22 g **II** mit Na-Äthylat u. Acetylaceton, Zutropfen von Dimethylsulfat bei 15°, Stehen über Nacht, Einengen u. Zugabe von W.; aus W. Säulen; 6 g; b) analog a) durch Rk. von 14,5 g **I** mit 4-Dimethylaminobutanon-(2); 8 g. — *2-Benzyloxycarbonylamino-2-piperidinomethyl-, Hydrochlorid*, $C_{21}H_{31}ClN_2O_6$, F. 150° (Zers.), aus 3,1 g **V** analog **II**, Aufnehmen in Ae., Zugabe von n-HCl, Neutralisieren der HCl-Phase mit KOH, Extrahieren mit Ae., Einengen Zugabe von Aceton u. äthanol. HCl; aus Aceton Tafeln; 2,5 g. — *2-[2-Acetyläthyl]-2-[benzyloxycarbonylamino]-* (**VI**,) Kp.$_{0,5}$ 183—186°, a) aus 8 g vorst. Verb. analog **IV** unter a); 3,5 g; b) aus 13,5 g **V** analog **IV** unter b); 9,5 g. *2.4-Dinitrophenylhydrazon*, $C_{25}H_{29}N_5O_{10}$, F. 134°; Nadeln. — *5-Methyl-3.4-dihydro-2H-pyrrol-2-carbonsäure, Hydrochlorid*, $C_6H_{10}ClNO_2$, F. 193° (Zers.), a) durch 1½ std. Kochen von 3 g **IV** mit 20% ig. HCl; 0,8 g; b) analog a) aus **III**. *Äthylester* (**VII**), $C_8H_{13}NO_2$, Kp.$_{25}$ 114—115°. — *5-Methyl-3.4-dihydro-2H-pyrrol-2.2-dicarbonsäurediäthylester* (**VIII**), $C_{11}H_{17}NO_4$, Kp.$_{13}$ 148—149°, a) durch Red. von 8 g **VI** in A. in Ggw. von Pd/Kohle; 3 g; b) durch 4std. Kochen von **IV** mit äthanol. HCl, Einengen, Zugabe von W., Sättigen mit K_2CO_3 u. Extrahieren mit Äther. *Pikrat*, $C_{17}H_{20}N_4O_{11}$, F. 145°; Blättchen. — *1-Acetyl-2-methyl-Δ²-pyrrolin-5.5-dicarbonsäurediäthylester*, $C_{13}H_{19}NO_5$, Kp.$_1$ 150°, durch 3std. Kochen vorst. Verb. mit Essigsäureanhydrid; daneben **IV**. — *5-Methylpyrrolidin-2.2-dicarbonsäurediäthylester* (**IX**), $C_{11}H_{19}NO_4$, Kp.$_{21}$ 139—140°, a) durch Red. von 3 g **VIII** in Methanol in Ggw. von PtO_2; 2,5 g; b) aus 47 g 2-[2.2-Diacetyläthyl]-2-[benzyloxycarbonylamino]-malonsäurediäthylester in Essigsäure analog a) in Ggw. von Pd/Kohle bei 12 at; 16 g. — *5-Methylprolin*, $C_6H_{11}NO_2$, F. 188° (Isopropylalkohol), aus dem Hydrochlorid. *Hydrochlorid*, $C_6H_{12}ClNO_2$, F. 186—187°, durch 2—3std. Erhitzen des Äthylesters mit HCl auf 120—130°; Nadeln. *Äthylester*, $C_8H_{15}NO_2$, Kp.$_{19}$ 94—95°, durch Red. von 8 g **VII** in A. in Ggw. von PtO_2, Einengen u. Extrahieren mit Ae.; 6,5 g. *Isomeres*, F. 207°, durch 2std. Kochen von 16 g **IX** mit 20% ig. HCl, Einengen u. Behandeln des hygroskop. Hydrochlorids mit Ag_2O u. H_2S. H. Krause 3081△

0826 **Untersuchungen über die aktiven Komponenten von Digenea simplex Ag. und verwandte Verbindungen.** 63. Mitt. **Untersuchungen über die Produkte der reduktiven Cyclisierung von γ-Nitroketonen.** 1. Mitt. Yasushi Sanno. (J. pharmac. Soc. Japan [Yakugakuzasshi] **78**, 1119—22, 1958; jap., Auszug: engl.) — 62. vgl. vorst. Referat. — Die Red. von γ-Nitroketonen mit Zn-Staub u. Eisessig liefert *Pyrrol*-(**A**) u. *3.4-Dihydro-2H-pyrrol*-(**B**)-Derivv., wenn in α-Stellung zur Carbonylgruppe, die an der Cyclisierung beteiligt ist, sich eine weitere Carbonylgruppe in Form eines Carboxyl- oder Acetylrestes befindet. Sind diese Reste in α- u. α'-Stellung vorhanden, werden nur **A** u. bei ihrer Abwesenheit nur **B** erhalten.

Versuche: *2-Nitro-4-methylpentanol-(3)*, $C_6H_{13}NO_3$, Kp.$_{10}$ 97°, durch Zutropfen von Nitroäthan zu einem Gemisch von Isobutyraldehyd u. Diäthylamin, 15std. Stehen bei 20°, Zugabe von 2n HCl u. Extrahieren mit Ae.; 83% (Ausbeute). — *2-Nitro-3-acetoxy-4-methylpentan*, $C_8H_{15}NO_4$, Kp.$_4$ 89—90°, durch Umsetzen vorst. Verb. mit Essigsäureanhydrid; 90%. — *2-Nitro-4-methylpenten-(26)* (**I**), $C_6H_{11}NO_2$, Kp.$_{11}$ 72—74°, durch 6std. Kochen vorst. Verb. in Bzl. mit Na_2CO_3; 80%. — *2-Acetyl-3-isopropyl-4-nitropentansäureäthylester* (**II**), Kp.$_{1,7}$ 100—155°, durch Zutropfen von **I** in Ae. zu einem Gemisch von

3-Oxobuttersäureäthylester, Ae. u. Na-Äthylat bei 10°; daneben **VII** (s. unten). — *3-Oxo-4-äthoxycarbonyl-5-isopropyl-6-nitroheptansäureäthylester* (**III**), durch Umsetzen von **I** mit 3-Oxoglutarsäurediäthylester analog **II** bei 25°; Öl. — *3-Acetyl-4-isopropyl-5-nitropentanon-(2)* (**IV**), Kp.$_2$ 133—135°, durch Zugabe von Diäthylamin zu einem Gemisch von Acetylaceton u. 1-Nitro-3-methylbuten-(1) in trockenem Ae. u. 24std. Stehen bei 0—5°. — *4-Isopropyl-5-nitropentanon-(2)* (**V**), $C_8H_{15}NO_3$, Kp.$_8$ 123—125°, durch Rk. von 7,8 g 2-Oxo-5-methylhexen-(3) mit Nitromethan in Ggw. von Na-Methylat, Ansäuern mit Essigsäure, Gießen auf Eis u. Extrahieren mit Ae.; 3,5 g. — 3.4-Dihydro-2H-pyrrole: *2.5-Dimethyl-3-isopropyl-4-äthoxycarbonyl-* (**VI**), Kp.$_{1,7}$ 88°, durch Zugabe von Zn-Staub zu **II** in Essigsäure bei 70—90°, 3std. Erhitzen auf 90—95°, Zugabe von 30%ig. NaOH, Aufnehmen des Öls in Ae., Rühren mit n-HCl, Alkalisieren mit NaOH u. Extrahieren mit Äther. *Pikrat*, $C_{18}H_{24}N_4O_9$, F. 150°. — *2.5-Dimethyl-3-isopropyl-*, Kp.$_{1,7}$ 35°; neben **VI**. *Pikrat*, $C_{15}H_{20}N_4O_7$, F. 146°; daneben **VII**. — *3-Isopropyl-4-acetyl-5-methyl-* (**VIII**), Kp.$_2$ 83 bis 86°, aus **IV** analog **VI**. *Pikrolonatmonohydrat*, $C_{20}H_{25}N_5O_6 \cdot H_2O$, F. 140°, Tafeln. — *3-Isopropyl-5-methyl-*, Kp.$_5$ 40—42°, a) neben **VIII**; b) aus **V** analog **VI**. *Pikrat*, $C_{14}H_{18}N_4O_7$, F. 135 bis 136°. — Pyrrole: *2-Methyl-3-acetyl-4-isopropyl-*, $C_{10}H_{15}NO$, F. 175°, aus der äther. Lsg. von **VIII**; aus A. Tafeln. — *2.5-Dimethyl-3-äthoxycarbonyl-4-isopropyl-* (**VII**), $C_{12}H_{19}NO_2$, F. 127° (A.), a) neben **VI**; b) neben **II**. — *2-Äthoxycarbonylmethyl-3-äthoxycarbonyl-4-isopropyl-5-methyl-*, $C_{15}H_{23}NO_4$, F. 110°, a) aus **III** analog **VI**; b) durch Red. von **III** in Ggw. von Raney-Ni bei 30 at; c) analog a) in Essigsäureanhydrid/Essigsäure 2:1; Blättchen. H. Krause 3081△

0827 **Untersuchungen über die aktiven Komponenten von Digenea simplex Ag. und verwandte Verbindungen.** 64. Mitt. **Untersuchungen über die Produkte der reduktiven Cyclisierung von γ-Nitroketonen.** 2. Mitt. Yasushi Sanno. (J. pharmac. Soc. Japan [Yakugakuzasshi] **78,** 1123—27, 1958; jap., Auszug: engl.) — 63. bzw. 1. vgl. vorst. Referat. — Die durch Red. von 2-Äthyl-2-acetyl-3-isopropyl-4-nitrobuttersäureäthylester mit Zn-Staub in Eisessig als Neben-Prod. erhaltene bas. Substanz (vgl. C. **1963,** 5453) wird als *3-Isopropyl-4-äthyl-4-äthoxycarbonyl-5-hydroxy-5-methyl-Δ^2-pyrrolin* (**I**; $C_{13}H_{23}NO_3$. *Pikrat*, F. 102°) identifiziert. Der Rk.-Mechanismus wird erörtert. UV- u. IR-Spektren s. Original.

Versuche: *Δ^2-Pyrroline*: *N-Acetyl-3-isopropyl-4-äthoxycarbonyl-4-äthyl-5-acetoxy-5-methyl-*, $C_{17}H_{27}NO_5$ Kp.$_{0,2-0,3}$ 166—168°, durch Rk. von **I** mit Essigsäureanhydrid. — *N-Acetyl-3-isopropyl-4-äthoxycarbonyl-4-äthyl-5-methyl-*, $C_{15}H_{25}NO_3$, F. 124°, analog vorst. Verb. aus 1,3 g 3-Isopropyl-4-äthoxycarbonyl-4-äthyl-5-methyl-3.4-dihydro-2H-pyrrol; Prismen; 300 mg (Ausbeute). — *3-Isopropyl-4-carboxy-4-äthyl-5-hydroxy-5-methyl-*, F. 60° (Zers.), durch Verseifen von **I** mit methanol. KOH. — *3-Isopropyl-4-äthyl-5-hydroxy-5-methyl-*, Kp.$_{3-4}$ 123—125°, durch Decarboxylieren vorst. Verbindung. *Pikrat*, $C_{16}H_{22}N_4O_8$, F. 68°. H. Krause 3081△

0828 **Untersuchungen über die aktiven Komponenten von Digenea simplex Ag. und verwandte Verbindungen.** 65. Mitt. **Synthese von 2-Carboxy-3-isopropylpyrrolidyl-(5)-essigsäure. Eine neue Synthese von Prolin und seinen Derivaten.** 1. Mitt. Kunizo Osugi. (J. pharmac. Soc. Japan [Yakugakuzasshi] **78,** 1313—17, 1958; jap., Auszug: engl.) — 64. vgl. vorst. Referat. — *2-Äthoxycarbonyl-3-isopropylpyrrolidyliden-(5)-essigsäureäthylester* wird durch milde Hydrierung von 1-Nitro-2-isopropylpentanon-(4)-dicarbonsäure-(1.5)-diäthylester (**I**) an Raney-Ni dargestellt. Hydrierung von **I** an PtO_2 u. Pd-Kohle führt zu *2-Äthoxycarbonyl-3-isopropylpyrrolidyl-(5)-essigsäureäthylester*, dessen Verseifung *2-Carboxy-3-isopropylpyrrolidyl-(5)-essigsäure* liefert. Es wird gezeigt, daß ein γ,δ-ungesätt. Ketoester an der Michael-Kondens. als Acceptor teilnimmt. UV- u. IR-Spektren einiger Verbb. vgl. Original.

Versuche: *1-Carbäthoxypiperidin*, $C_8H_{15}NO_2$, Kp.$_{0,9}$ 55—56°, durch ½std. Kochen von 15,7 g 4-Piperidino-5-methylhexanon-(2) mit Kohlensäurediäthylester u. NaH in Ae., Zugabe von A., Gießen in Eiswasser, Neutralisieren mit Essigsäure u. Extraktion mit Ae.; 7,6 g (Ausbeute). *Dibrom-Deriv.*, $C_8H_{13}Br_2NO_2$, F. 140°; Prismen. — *Äthoxycarbonylacetylchlorid*, $C_5H_7ClO_3$, Kp.$_{25}$ 79—80°, durch Zugabe von $SOCl_2$ zu 340 g K-Salz des Malonsäuremonoäthylesters in CCl_4 bei —75° u. 2std. Erhitzen auf 80°; 173 g. — *4-Methylpenten-(2)-oylessigsäureäthylester*, $C_{10}H_{16}O_3$, Kp.$_{9-10}$ 85—90°, durch Erhitzen von Mg mit A., Xylol u. CCl_4 auf dem Wasserbad, Dest. im Vakuum, ¼std. Kochen des Rückstandes mit 310 g Malonsäuremonoäthylestermono-tert.-butylester in Ae., ½std. Kochen mit 4-Methylpenten-(2)-säurechlorid, Zugabe von W., Einengen der äther. Schicht u. 2std. Erhitzen mit p-Toluolsulfonsäure in Bzl. auf 90°, n_D^{30} 1,4631; 180 g. *Cu-Salz der Enolform*, $C_{20}H_{30}CuO_6$, F. 133°; grüne Körnchen. — *2-Carbäthoxy-3-isopropylpyrrolidyliden-(5)-essigsäureäthylester*, $C_{14}H_{23}NO_4$, F. 64°, Kp.$_{0,3}$ 143—145°, Kp.$_{0,15}$ 135—140°, durch 4tägiges Stehen von 45,5 g Nitroessigsäureäthylester mit vorst. Verb. u. Triäthylamin bei Raum-Temp., Rühren mit 10%ig. HCl u. Ae., 6std. Hydrieren des gebildeten Michael-*Adduktes* (**I**) an Raney-Ni bei 80 kg/cm² bei 20—25°, Einengen, Zugabe von Ae., Rühren mit 10%ig. HCl u. Extraktion mit Ae.; 17 g. — *2-Äthoxycarbonyl-3-isopropylpyrrolidyl-(5)-essigsäureäthylester*, $C_{14}H_{25}NO_4$, Kp.$_{0,3}$ 135°, durch 16std. Hydrierung vorst. Verb. in A./Essigsäure an PtO_2 u. Pd-Kohle bei Raum-Temp., Dest., Rühren des Rückstandes mit Bzl. u. 10%ig. HCl, Zugabe von K_2CO_3 u. Extraktion mit Ae.; 65%. *Pikrat*, $C_{20}H_{28}N_4O_{11}$, F. 145°; Nadeln. — *2-Carboxy-3-isopropylpyrrolidyl-(5)-essigsäure*, $C_{10}H_{17}NO_4$, F. 225° (Zers.), durch 2½std. Kochen vorst. Verb. mit wss. $Ba(OH)_2$-Lsg., Zugabe von H_2SO_4 u. Reinigen an Amberlite IR-4B; aus W. Prismen; 62%. Gottfried Schreiber 3081△

0829 **Untersuchungen über die aktiven Komponenten von Digenea simplex Ag. und verwandte Verbindungen.** 66. Mitt. **Synthese von Piperidon-(2) und seinen 5-Isopropyl-, 5-Propyl- und 5-[1-Methyl-2-äthoxyäthyl]-Derivaten. Eine neue Synthese von Prolin und seinen Derivaten.** 2. Mitt. 1. Teil. Kunizo Osugi. (J. pharmac. Soc. Japan [Yakugakuzasshi] **78,** 1318—23, 1958; jap., Auszug: engl.) — 65. bzw. 1. vgl. vorst. Referat. — Aus 2-Cyanglutarsäurediäthylester(**II**) wird *4-Cyanbuttersäureäthylester* dargestellt, dessen reduktive Cyclisierung *Piperidon-(2)* (**I**) liefert. Analog werden substituierte **I**-*Verbb.* erhalten. Eine neue Synth. für *Prolin* u. seine Derivv. wird angegeben, bei der durch Kochen von 3.3-Dihalogenpiperidonen-(2) mit $Ba(OH)_2$ *Pyrrolincarbonsäuren* entstehen, die dann zu den entsprechenden *Aminosäuren* hydriert werden. IR-Spektren vgl. Original.

Versuche: *4-Cyanbuttersäureäthylester*, $C_7H_{11}NO_2$, Kp.$_{14}$ 118°, Kp.$_{1,5}$ 92°, durch 5tägiges Stehen von 106,6 g **II** mit 85%ig. KOH in A. bei —10°, Zugabe von KOH bis pH 9, 5tägiges Stehen bei 0°; Dest., Zugabe von W., Extraktion mit Ae., Ansäuern mit HCl, Extraktion mit Ae., Erhitzen des gebildeten *Halbesters* mit Cu-Pulver auf 170—180° bei 15 Torr u. Extraktion mit Ae.; 41,8 g (Ausbeute). — *Piperidon-(2)* (**I**), C_5H_9NO, F. 39—40°, Kp.$_{0,4}$ 105°, durch 6std. Hydrierung von 55,3 g vorst. Verb. in A. u. Triäthylamin an Raney-Ni bei 100 kg/sq. cm bei 120—130°; 27,5 g; daneben 125 g *5-[2-Oxopiperidino]-valeriansäureäthylester* (**III**), $C_{12}H_{21}NO_3$, Kp.$_{0,15}$ 148°. — *5-[2-Oxopiperidino]-valeriansäure*, $C_{10}H_{17}NO_3$, F. 83°, durch kurzes Erhitzen von 2,3 g **III** mit 85%ig. KOH, Ansäuern mit konz. HCl u. Extraktion mit Essigsäureäthylester; 1 g. — *2-Cyan-2-isopropylglutarsäurediäthylester* (**IV**), $C_{13}H_{21}NO_4$, Kp.$_1$ 135°, durch 2½std. Kochen von 64 g **II** mit $NaOC_2H_5$ u. Isopropyljodid in A., Einengen u. Rühren mit W. u. Bzl.; n_D^{17} 1,4440; 68 g. — *2-Cyan-2-propylglutarsäurediäthylester* (**V**), Kp.$_{0,6}$ 130°, aus 149 g **II**, Propyljodid u. Na in A. analog **IV**; n_D^{33} 1,4350; 145 g. — *2-Cyan-2-[1-methyl-2-äthoxyäthyl]-glutarsäurediäthylester* (**VI**), $C_{15}H_{25}NO_5$, Kp.$_1$ 144°, durch 20std. Kochen von 82,5 g **II** mit Na, 1-Äthoxy-2-brompropan u. wenig NaJ in A., Dest., Zugabe von Bzl. u. Neutralisieren mit Essigsäure; 53,2 g. — *4-Cyan-4-isopropylbuttersäure* (**VII**), $C_8H_{13}NO_2$, Kp.$_1$ 135°, durch 1½std. Kochen von 128 g **VIII** mit wss. KOH u. A., Dest., Zugabe von W., Ansäuern mit HCl u. Extraktion mit Ae.; 102 g. *Äthylester* (**VIII**), $C_{10}H_{17}NO_2$, Kp.$_{15}$ 131°, durch Kochen von 333 g **IV** mit 80%ig. KOH, A. u. W., Einengen, Ansäuern mit konz. HCl, Extraktion mit Essigsäureäthylester, 12std. Stehen der 260 g *Dicarbonsäure* mit konz. H_2SO_4 u. A., 1½std. Kochen, Einengen, Gießen in Eiswasser, Zugabe von K_2CO_3, Extraktion mit Ae., Ansäuern der wss. Schicht mit HCl u. Extraktion des *Halbesters* mit Ae., Dest., Erhitzen mit Cu-Pulver auf 180—190° im Vakuum u. Extraktion mit Ae.; 187 g. — *4-Cyan-4-propylbuttersäureäthylester* (**IX**), $C_{10}H_{17}NO_2$, Kp.$_{0,15}$ 95°, aus 25,5 g **V** analog **VIII**; n_D^{31} 1,4280; 14,5 g. — *4-Cyan-4-[1-methyl-2-äthoxyäthyl]-buttersäure*, $C_{10}H_{17}NO_3$, Kp.$_{1,5}$ 155°, aus 22,7 g **X** analog **VII**; 16 g. *Äthyl-*

ester (X) $C_{12}H_{21}NO_3$, Kp.$_{15}$ 160°, aus 239 g VI analog VIII; n_D^{17} 1,4396; 128 g. – Piperidone-(2): *3.3-Dichlor-*, $C_5H_7Cl_2$·NO, F. 164–165°, aus I, SO_2Cl_2 u. P nach Gandry u. Berlinquet (vgl. Canad. J. Res., Sect. B **28**, [1950], 245). – *5-Isopropyl-* (XI), $C_8H_{15}NO$, F. 42° (Cyclohexan), durch 3std. Hydrierung von 37 g VIII in A. u. Triäthylamin an Raney-Ni bei 109 kg/sq. cm bei 110–120°; 25 g. – *5-Propyl-* (XII), $C_8H_{15}NO$, F. 47°, Kp.$_{0,25}$ 122°, durch 5std. Hydrierung von 45 g IX bei 100 kg/sq. cm analog XI; 28,5 g. – *5-[1-Methyl-2-äthoxyäthyl]-* (XIII), $C_{10}H_{19}NO_2$, Kp.$_{2,5}$ 150–153°, aus 22,6 g X analog XI; 15 g. – *3.3-Dichlor-5-isopropyl-* (XIV), C_8H_{13}·Cl_2NO, F. 127° (Aceton), durch 40 Min. langes Kochen von 2,8 g XI mit rotem P u. SO_2Cl_2 in CCl_4, Einengen im Vakuum u. Zugabe von Eiswasser; 3 g. – *3.3-Dichlor-5-propyl-*, C_8H_{13}·Cl_2NO, F. 123–124°, aus 14,1 g XII analog XIV, Nadeln; 16,3 g. – *3.3-Dichlor-5-[1-methyl-2-äthoxyäthyl]-*, $C_{10}H_{17}Cl_2$·NO_2, F. 77–80°, aus 3,7 g XIII analog XIV; 1,5 g.

Gottfried Schreiber 3081△

0830 **Untersuchungen über die aktiven Komponenten von Digenea simplex Ag. und verwandte Verbindungen.** 67. Mitt. **Synthese von 5-[2-Dimethylaminopropyl]-piperidon-(2).** 1. Mitt. **Eine neue Pyrolyse von Betainen.** 1. Mitt., 1. Teil. Kunizo Osugi. (J. pharmac. Soc. Japan [Yakugakuzasshi] **78**, 1324–28, 1958; jap., Auszug: engl.) – 66. vgl. vorst. Referat. – Die Rk. von 2-Cyanglutarsäurediäthylester (I) mit 1-Dimethylamino-2-brompropan (VI) liefert in Ggw. einer Base *2-Cyan-2-[2-dimethylaminopropyl]-glutarsäurediäthylester* (II). Konzentrierung der wss. Lsg. von verseiftem II in HCl führt unter Decarboxylierung zu *4-Cyan-6-dimethylaminoheptansäurehydrochlorid.* Bei Hydrierung des Äthylesters (III) vorst. Verb. entsteht *5-[2-Dimethylaminopropyl]-piperidon-(2)* (IV). Die Tatsache, daß in II, III u. IV die 2-Dimethylaminopropylgruppe als Seitenkette vorhanden ist, wird durch Pyrolyse des aus III mit CH_3J erhaltenen *Methojodids* zu einem *ungesätt. Ester* bewiesen, dessen cyclisierende Hydrierung *5-Propylpiperidon-(2)* liefert. Der Rk.-Mechanismus der Bldg. von II aus VI u. I wird diskutiert.

Versuche: *2-Cyan-2-[2-dimethylaminopropyl]-glutarsäurediäthylester* (II), $C_{15}H_{26}N_2O_4$, Kp.$_{0,3}$ 138–141°, a) durch Rk. von I mit $NaOC_2H_5$ in A., Einengen im Vakuum, Zugabe von Bzl. u. VI, 2std. Kochen, 12std. Stehen, Rühren mit 10%ig. HCl, Zugabe von K_2CO_3 u. Extraktion mit Ae.; 82% (Ausbeute); b) durch Rk. von I mit VI-Hydrobromid in A., Zugabe von $NaOC_2H_5$ bei –5°, 2std. Kochen, 12std. Stehen, Einengen u. Weiterverarbeiten wie a); n_D^{26} 1,4506; 75%. *Pikrolonat*, $C_{25}H_{34}N_6O_9$, F. 124–125° (A.). – *4-Cyan-6-dimethylaminoheptansäureäthylester* (III), $C_{12}H_{22}N_2O_2$, Kp.$_{0,3}$ 110°, durch 4std. Kochen von II mit 20%ig. KOH, Zugabe von konz. HCl, Einengen im Vakuum, Zugabe von A., 1std. Kochen mit konz. H_2SO_4, 12std. Stehen, Einengen im Vakuum, Gießen in Eiswasser, Zugabe von K_2CO_3 u. Extraktion mit Ae.; n_D^{28} 1,4452; 65%. *Pikrat*, $C_{18}H_{25}N_5O_9$, F. 115°; aus A. Nadeln. *Methojodid*, $C_{13}H_{25}JN_2O_2$, F. 140–141°; aus Methanol Nadeln. – *5-[2-Dimethylaminopropyl]-piperidon-(2)* (IV), $C_{10}H_{20}N_2O$, Kp.$_{0,3}$ 140°, durch 3std. Hydrierung von III in A. an Raney-Ni bei 122 kg/sq. cm u. 125–132°; 92%. *Hydrobromid*, $C_{10}H_{21}BrN_2O$, F. 180° (A.). *Methojodid*, $C_{11}H_{23}JN_2O$, F. 242° (A.). – *4-Cyan-Δ*-heptensäuremethylester* (V), C_9H_{13}·NO_2, Kp.$_{14}$ 130°, durch 1½ std. Kochen von III mit CH_3J in Aceton, 12std. Stehen, Einengen im Vakuum, Zugabe von W. u. Ag_2O u. 2½ std. Rühren bei 22–23°; 6 g; daneben 20 g *4-Cyan-6-dimethylaminoheptansäuremethylester* [$C_{11}H_{20}N_2O_2$, Kp.$_{0,5}$ 111–114°. *Pikrat*, $C_{17}H_{23}N_5O_9$, F. 108–110°] u. *Trimethylamin* (*Pikrat*, $C_9H_{12}N_4O_7$, F. 219°). – *5-Propylpiperidon-(2)*, Kp.$_{0,2}$ 120°, durch Hydrierung von 2,6 g V in A. u. Triäthylamin an Raney-Ni bei 98 kg/sq. cm; 1,5 g. – *3.3-Dichlor-5-propylpiperidon-(2)*, F. 121–123°, durch ½ std. Kochen von 1,4 g vorst. Verb. mit rotem P, SO_2Cl_2 u. CCl_4 bei 70–80°; aus Aceton Nadeln; 1,2 g.

Gottfried Schreiber 3081△

0831 **Synthese einiger 2-[Pyrryl-(2)]-pyrroline.** H. Booth, A. W. Johnson und F. Johnson. (J. chem. Soc. [London] **1962**, 98–103; Nottingham, Univ.; engl.) – Die Synth. von *2-[Pyrryl-(2)]-pyrrolinen* wird beschrieben u. die Konstit. der Nebenprodd. aufgeklärt.

Versuche: $Δ^1$-Pyrroline: *2-[3.4.5-Trimethylpyrryl-(2)]-* (I), $C_{11}H_{16}N_2$, F. 126–128°, a) durch 10 Min. lange Zugabe von 11,5 g 2.3.4-Trimethylpyrrol (II) in Ae. zu Methyl-MgJ (aus 15,2 g CH_3J) in Ae., Zugabe von 11,1 g γ-Chlorbutyronitril (III) in Ae., mehrstd. Kochen, Zers. mit W., Alkalisieren mit KOH, Extraktion der Ae.-Phase mit gesätt. KH_2PO_4-Lsg., Alkalisieren, Extraktion mit Ae., Eindampfen u. Sublimieren bei 90°/0,2 Torr; 2,5 g (Ausbeute); b) durch Zugabe von 3 g IV in Ae. zur Grignard-Verb. aus 3,2 g II, Eindampfen, Zugabe von Xylol u. 6std. Kochen; 1 g (roh). *Pikrat*, $C_{17}H_{19}N_5O_7$, F. 177–178°, aus Methanol gelbe Nadeln. – *2-Methoxy-* (IV), C_5H_9NO, Kp.$_{10}$ 45°, durch 2std. Zutropfen von 31,5 g Dimethylsulfat zur sd. Lsg. von 21,75 g Pyrrolidon-(2) in Bzl., 24std. Kochen, Zugabe von gesätt. K_2CO_3-Lsg. u. Eindampfen der Benzolphase; 14 g (roh). *Pikrat*, $C_{11}H_{12}N_4O_8$, F. 87–89° (A.). *Pikrolonat*, $C_{15}H_{17}N_5O_6$, F. 162–163° (A.). – *2-[3.4-Dimethylpyrryl-(2)]-*, $C_{10}H_{14}N_2$, F. 178–179°, durch Zugabe von 5,05 g IV in Ae. zur Grignard-Verb. aus 5 g 3.4-Dimethylpyrrol in Ae., Eindampfen, Zugabe von Xylol, mehrstd. Erhitzen auf 90°, Eindampfen u. Sublimieren bei 85°/0,1 Torr; Prismen. – *4.5.5-Trimethyl-2-[3.4.5-trimethylpyrryl-(2)]-*, $C_{14}H_{22}N_2$, F. 84–86°, a) durch ½ std. Erhitzen von je 2 g II u. 4.5.5-Trimethyl-$Δ^1$-pyrrolin (V) auf 130°, dann 3 Tage auf 100° u. Sublimieren bei 100 bis 120°/0,5 Torr; 0,3 g; b) durch Rk. von 2 g V mit 1 Val konz. HCl, Zugabe von 2 g II in A., 48std. Kochen, Eindampfen, Zugabe von KOH u. Extraktion mit Ae.; 3,8 g (roh). *Pikrat*, $C_{20}H_{25}N_5O_7$, F. 182–184°, aus Methanol gelbe Prismen. – *2-Methyl-5-[5-methylpyrryl-(2)]-* (VI), $C_{10}H_{14}N_2$, F. 62–64°, Kp.$_{0,05}$ 80° (Bad), durch Sättigen einer äther. Lsg. von 2 g 2-Methylpyrrol (VIII) mit HCl-Gas, Dekantieren, Lösen in verd. NaOH, Extraktion mit Ae., Eindampfen, Dest. u. Sublimieren bei 50°/0,05 Torr; 1,3 g (roh). – *γ-[2.3.4-Trimethyl-2H-pyrryl-(2)]-butyronitril*, analog I aus 1,5 Mol III u. der Grignard-Verb. aus 1 Mol II in Ae. u. Sublimieren bei 120°/0,2 Torr; Öl; 1,2 g; daneben wenig I. *Pikrat*, $C_{17}H_{19}$·N_5O_7, F. 109–111°, aus Methanol gelbe Prismen. – *γ-[2.3.4.5-Tetramethyl-2H-pyrryl-(2)]-butyronitril*, $C_{12}H_{18}N_2$, Kp.$_1$ 100°, analog I aus je 1 Mol III u. 2.3.4.5-Tetramethylpyrrol (VII); 14,3% (roh). *Pikrat*, $C_{18}H_{21}N_5O_7$, F. 132–133°, aus Methanol grünlichgelbe Prismen. – *γ-[2.5-Dimethyl-2H-pyrryl-(2)]-butyronitril*, $C_{10}H_{14}N_2$, Kp.$_{0,2}$ 100°, analog I aus je 1 Mol III u. 2.5-Dimethylpyrrol; Öl; 1,4 g. *Pikrat*, $C_{16}H_{17}N_5O_7$, F. 134 bis 136°, aus Methanol gelbe Prismen. – *5.6.7.8-Tetrahydro-5-imino-1.2-dimethylindolizin*, $C_{10}H_{14}N_2$, F. 58–60°, durch Zugabe von 4,36 g III in Ae. zur Grignard-Verb. aus 4 g 3.4-Dimethylpyrrol in Ae., 3std. Kochen, Eindampfen, Zugabe von Xylol u. mehrstd. Erhitzen auf 90°; 0,59 g. *Pikrat*, $C_{16}H_{17}N_5O_7$, F. 225°, aus Methanol Prismen. – *5.6.7.8-Tetrahydro-1.2-dimethyl-5-oxoindolizin*, $C_{10}H_{13}NO$, F. 58–59°, a) neben vorst. Verb.; b) durch Hydrolyse vorst. Verb. mit verd. HCl. – *4-Äthyl-3-methyl-5-[2.3.4.5-tetramethyl-2H-pyrryl-(2)-methyl]-pyrrol-2-carbonsäureäthylester*, F. 85°, durch Zugabe von 3 g VII in Ae. zu Methyl-MgJ (aus 1,5 ml CH_3J) in Ae., 1std. Kochen, Zugabe von 6,6 g 5-Brommethyl-4-äthyl-3-methylpyrrol-2-carbonsäureäthylester in Ae., 18std. Kochen, Zugabe von gesätt. NH_4Cl-Lsg., Extraktion mit Ae., Ausschütteln mit 2n HCl, Alkalisieren mit NaOH, Extraktion mit Ae. u. Reinigung über das Pikrat; daneben 0,75 g rohes VII. *Pikrat*, $C_{25}H_{31}N_5O_9$, F. 150–152°, aus A. gelbe Prismen. *Pikrolonat*, $C_{29}H_{36}N_6O_7$, F. 130–133°, aus A. grüngelbe Nadeln. – *2.4-Dimethylpyrrol*, durch 2 Min. langes Erwärmen von VI-Hydrochlorid (aus 1 g VIII) mit verd. H_2SO_4, Dest. mit Wasserdampf u. Extraktion mit Ae.; 0,2 g. *Pikrat*, F. 158 bis 159°, rotbraune Nadeln. – *2.3.4-Trimethylpyrrolhydrochlorid*, $C_7H_{12}ClN$, F. 137–138° (Zers.), durch Sättigen der äther. Lsg. von 3 g II mit HCl-Gas; aus Essigsäure/Ae. graue Nadeln; 3,2 g.

L. Lamza 3081△

0832 **Untersuchungen über Adrenochromderivate.** 2. Mitt. **Synthese von Adrenochromanaloga.** 1. Mitt. **Synthese von 5.6-Dioxo-2.3.5.6-tetrahydroindolverbindungen.** Jun-ichi Iwao und Ko-ichi Tomino. (J. pharmac. Soc. Japan [Yakugakuzasshi] **76**, 808–10, 1956; Osaka, Gohei Tanabe & Co. Ltd., Osaka Res. Labor.; jap., Auszug: engl.) – 1. vgl. C. **1963**, 22308. – Um den Einfl. der Substituenten in 1-, 2- u. 3-Stellung des Tetrahydroindolskeletts auf die hämostat. Wrkg. zu untersuchen, werden *1-Methyl-5-semicarbazono-6-oxo-2.3.5.6-tetrahydroindol*, *1-Methyl-2-äthoxycarbonyl-5-semicarbazono-6-oxo-2.3.5.6-tetrahydroindol* u. *1-[β-Hydroxyäthyl]-3-hydroxy-5-semicarbazono-6-oxo-2.3.5.6-tetrahydroindol* dargestellt. Alle Verbb. sind nur schwach in W. lösl., die Löslichkeit wächst auch durch die Einführung einer β-Hydroxyäthylgruppe in das Adrenochrommonosemicarbazon nicht.

Versuche: 6-Oxo-2.3.5.6-tetrahydroindole: *1-Methyl-5-semicarbazono-*, $C_{10}H_{12}N_4O_2$, F. 225° (Zers.), aus *Epinochrom* (*1-Methyl-5.6-dioxo-2.3.5.6-tetrahydroindol*, aus Epininhydrobromid) u. Semicarbazid. — *1-Methyl-5-hydroximino-*, F. 180—181° (Zers.), analog vorst. Verbindung. — *1-Methyl-2-äthoxycarbonyl-5-semicarbazono-*, $C_{13}H_{16}N_4O_4$, F. 212° (Zers.), aus 1 g α-Methylamino-β-[3.4-dihydroxyphenyl]-propionsäureäthylester (**I**) über *1-Methyl-2-carbäthoxy-5.6-dioxo-2.3.5.6-tetrahydroindol*; 0,7 g (Ausbeute). — *1-Methyl-2-äthoxycarbonyl-3-jod-5-semicarbazono-*, $C_{13}H_{15}JN_4O_4$, F. 149 bis 150° (Zers.), aus 0,7 g **I** mit KJO_3 über *1-Methyl-2-äthoxycarbonyl-3-jod-5.6-dioxo-2.3.5.6-tetrahydroindol* [F. 80° (Zers.); 0,84 g]. — *1-[β-Hydroxyäthyl]-3-hydroxy-5-semicarbazono-, Hydrat*, $C_{11}H_{14}N_4O_4 \cdot H_2O$, F. 218° (Zers.), durch Rk. von 4 g **II** (s. unten) mit Semicarbazid über die entsprechende *5.6-Dioxo-Verb.*; 2,8 g. — *1-Methyl-3-hydroxy-5-isonicotinoylhydrazono-, 3/4-Hydrat*, $C_{15}H_{14}N_4O_3 \cdot 3/4\,H_2O$, F. 207° (Zers.), aus 1 g Adrenochrom mit Isonicotinoylhydrazin; 0,7 g. — *1-Methyl-3-hydroxy-5-cyanacetylhydrazono-*, $C_{12}H_{12}N_4O_3$, F. 194° (Zers.), analog vorst. Verb. aus 0,6 g Adrenochrom; 0,2 g. — *N-[β-(3.4-Dihydroxyphenyl)-β-hydroxyäthyl]-äthanolamin* (**II**), aus N-[3.4-Dihydroxyphenacyl]-äthanolamin. — *2-[3.4-Dihydroxyphenyl]-morpholinhydrochlorid*, $C_{10}H_{13}NO_3 \cdot HCl$, F. 222° (Zers.), aus **II** durch Wasserabspaltung. D. Dargel 3081△

0833 **Untersuchungen über Adrenochromderivate. 3. Mitt. Synthese von Adrenochromanaloga. 2. Mitt. Synthese von o-benzochinoiden Verbindungen.** Jun-ichi Iwao und Mitsutaka Kawazu. (J. pharmac. Soc. Japan [Yakugakuzasshi] **76,** 811—13, 1956; jap., Auszug: engl.) — 2. bzw. 1. vgl. vorst. Referat. — 3.4-Dibenzyloxyanilin (**II**) wird mit Dimethylsulfat u. NaOH zu *N.N.N-Trimethyl-3.4-dibenzyloxyaniliniumhydrogencarbonat* (**III**) methyliert, dessen Pyrolyse *N.N-Dimethyl-3.4-dibenzyloxyanilin* liefert. Nachfolgende Debenzylierung u. Oxydation ergibt *1-Dimethylamino-3-oxo-4-semicarbazonocyclohexadien* (**I**) u. *1-Dimethylamino-3-oxo-4-hydroximinocyclohexadien*. **I** ist in W. extrem wenig löslich. Die Methylierung von **II** mit Formaldehyd/HCOOH liefert *1.5-Methano-3.4;7.8-bis-[4.5-dibenzyloxybenzo]-1.5-diazacyclooctadien*, das ein *Methojodid* liefert u. beim Erhitzen mit Acetanhydrid unter Entw. von *Formaldehyd* in *1.5-Diacetyl-3.4;7.8-bis-[4.5-dibenzyloxybenzo]-1.5-diazacyclooctadien* übergeht.

Versuche: *3.4-Dibenzyloxyanilin* (**II**), F. 113°, durch Hydrieren von 3.4-Dibenzyloxynitrobenzol an Raney-Ni. *Hydrochlorid*, $C_{20}H_{19}NO_2 \cdot HCl$, F. 192—195° (Zers.). — *N.N.N-Trimethyl-3.4-dibenzyloxyaniliniumhydrogencarbonat* (**III**), *Hemihydrat*, $C_{23}H_{26}NO_2 \cdot HCO_3 \cdot 1/2\,H_2O$, F. 185—187° (Zers.), durch Methylieren von 17 g **II** mit Dimethylsulfat u. NaOH bei 40—50°; Blättchen; 20 g (Ausbeute). — *N.N-Dimethyl-3.4-dibenzyloxyanilin, Hydrochloridsesquihydrat*, $C_{22}H_{23}NO_2 \cdot HCl \cdot 1\,1/2\,H_2O$, F. 88—89°, durch Erhitzen von 6,8 g **III** auf 190°; 4,7 g. *Pikrat*, $C_{22}H_{23}NO_2 \cdot C_6H_3N_3O_7$, F. 134 bis 135° (Zers.). *Hexachloroplatinat*, $C_{22}H_{23}NO_2 \cdot 1/2\,H_2PtCl_6$, F. 153—154° (Zers.). *Methojodid*, $C_{23}H_{26}NO_2J$, F. 187—189° — *N.N-Dimethyl-3.4-dihydroxyanilin*, F. 103—113°, durch Hydrieren von 4,7 g vorst. Verb. an Pd/Kohle (6 Std.); Prismen; 2 g. — *1-Dimethylamino-3-oxo-4-semicarbazonocyclohexadien* (**I**), $C_9H_{12}N_4O_2$, F. 227—228° (Zers.), durch Oxydation von 0,8 g vorst. Verb. bei 0—3° u. Zugabe von Semicarbazidhydrochlorid; dunkelrotes Pulver; 0,8 g. — *1-Dimethylamino-3-oxo-4-hydroximinocyclohexadien*, F. 169—172° (Zers.), analog vorst. Verb.; rotbraune Blättchen. — *N.N.N-Trimethyl-3.4-dihydroxyaniliniumhydrogencarbonat*, $C_9H_{14}NO_2 \cdot HCO_3$, F. 210—212° (Zers.), durch Hydrieren von 9 g **III** an Pd/Kohle bei 50°; Säulen; 4,5 g. — *1.5-Methano-3.4;7.8-bis-[4.5-dibenzyloxybenzo]-1.5-diazacyclooctadien*, $C_{43}H_{38}N_2O_4$, F. 120—122°, durch Methylieren von 3 g **II** mit 30%ig. Formaldehyd/80%ig. HCOOH; 2,2 g. *Methojodiddihydrat*, $C_{43}H_{38}N_2O_4 \cdot CH_3J \cdot 2\,H_2O$, F. 200—202°. — *1.5-Diacetyl-3.4;7.8-bis-[4.5-dibenzyloxybenzo]-1.5-diazacyclooctadien, Dihydrat*, $C_{46}H_{42}N_2O_6 \cdot 2\,H_2O$, F. 298—300° (Zers.), durch Erhitzen vorst. Verb. mit Acetanhydrid. D. Dargel 3081△

0834 **Untersuchungen über Adrenochromderivate. 4. Mitt. Synthese von Adrenochromanaloga. 3. Mitt. Synthese von 6.7-dioxo-1.2.3.4.6.7-hexahydrochinolinartigen Verbindungen.** Jun-ichi Iwao und Ko-ichi Tomino. (J. pharmac. Soc. Japan [Yakugakuzasshi] **76,** 814—17, 1956; jap., Auszug: engl.) — 3. bzw. 2. vgl. vorst. Referat. — Wenn die hämostat. Wrkg. von Adrenochrom u. seinem Monosemicarbazon auf das o-chinoide bzw. -Chinonimid-Syst. zurückzuführen ist, dann müßten auch Verbb. vom Typ des 6.7-Dioxo-1.2.3.4.6.7-hexahydrochinolins hämostat. Wrkg. zeigen. In dieser Annahme werden *1-Methyl-4-hydroxy-* u. *1-Methyl-6-semicarbazono-7-oxo-1.2.3.4.6.7-hexahydrochinolin* dargestellt. Im Gegensatz zu den Erwartungen sind beide Verbb. sehr wenig in W. lösl., wie die anderen bisher dargestellten, mit Adrenochrom verwandten Verbb., so daß die pharmakolog. Wrkg. nicht geprüft werden konnte.

Versuche: *ω-Brom-3-methoxy-4-hydroxypropiophenon* F. 103—106°, durch Friedel-Crafts-Rk. von o-Methoxyphenol mit β-Brompropionylchlorid in CS_2. — *ω-Methylamino-3-methoxy-4-hydroxypropiophenon, Hydrobromid*, $C_{11}H_{15}NO_3 \cdot HBr$, F. 187—188°, durch Rk. vorst. Verb. mit Methylamin u. Umsetzen mit 48%ig. HBr; 4,9 g (Ausbeute). — *ω-Methylamino-3.4-dihydroxypropiophenon, Hydrobromid*, $C_{10}H_{13}NO_3 \cdot HBr$, F. 197—198°, durch Abspalten der O-Methylgruppe mit 48%ig. HBr aus 9,2 g vorst. Verb.; 7,3 g. — *3-Methylamino-1-[3.4-dihydroxyphenyl]-propanol, Hydrobromid*, durch Hydrieren vorst. Verbindung. — *1-Methyl-4-hydroxy-6-semicarbazono-7-oxo-1.2.3.4.6.7-hexahydrochinolin, Trihydrat*, Zers. bei 247°, aus vorst. Verb. über *1-Methyl-4'-hydroxy-6.7-dioxo-1.2.3.4.6.7-hexahydrochinolin.* — *1-Methyl-4-hydroxy-6-hydroximino-7-oxo-1.2.3.4.6.7-hexahydrochinolin*, F. 177° (Zers.), analog vorst. Verbindung. — *3.4-Dimethoxyhydrozimtsäure*, F. 96—97°, durch Hydrieren von 10 g 3.4-Dimethoxyzimtsäure bei 80—90°; 10 g. — *6.7-Dimethoxy-3.4-dihydrocarbostyril*, F. 130—136°, durch Nitrieren vorst. Verb., Hydrieren von 8,2 g der erhaltenen *6-Nitro-3.4-dimethoxyhydrozimtsäure* an Raney-Ni u. Cyclisieren; 6,2 g. — *6.7-Dimethoxy-1.2.3.4-tetrahydrochinolin*, F. 194°, durch Red. von 4 g vorst. Verb. mit $LiAlH_4$ (6 Std.); 3,5 g. — *1-Methyl-6.7-dimethoxy-1.2.3.4-tetrahydrochinolin*, Kp.$_2$ 146°, durch Methylieren von 3 g vorst. Verb.; 1,3 g. *Hydrobromid*, F. 187—188°. *Hydrojodid*, F. 216° (Zers.). — *1-Methyl-6.7-dihydroxy-1.2.3.4-tetrahydrochinolin, Hydrobromid*, $C_{10}H_{13}NO_2 \cdot HBr$, F. 198—200°, durch Demethylieren von 1 g vorst. Verb. mit 48%ig. HBr (2 Std.); 1 g. — *1-Methyl-6-semicarbazono-7-oxo-1.2.3.4.6.7-hexahydrochinolin*, $C_{11}H_{14}N_4O_2$, F. 225° (Zers.), aus 0,7 g vorst. Verb.; 0,6 g. — *1-Methyl-6-hydroximino-7-oxo-1.2.3.4.6.7-hexahydrochinolin*, F. 182°, analog vorst. Verbindung. D. Dargel 3081△

0835 **Darstellung von Pyrazolonderivaten. 2. Mitt. Synthese von 3-Amino-1-phenyl-2-methylpyrazolon-(5) und verwandten Verbindungen.** Isoo Ito. (J. pharmac. Soc. Japan [Yakugakuzasshi] **76,** 820—22, 1956; Nagoya, Nagoya City Univ., Coll. of Pharmac.; jap., Auszug: engl.) — 1. vgl. C. **1963,** 19586. — Um ihre pharmakolog. Wrkg. zu untersuchen, werden *3-Amino-*, *3-Methylaminomethyl-* u. *3-Dimethylaminomethyl-1-phenyl-2-methylpyrazolon-(5)* u. *4-Dimethylaminomethylantipyrin* dargestellt. Keine dieser Verbb. zeigt antipyret. oder analget. Wirkung.

Versuche: 1-Phenyl-2-methylpyrazolone-(5): *4-Brom-3-carboxy-*, $C_{11}H_9BrN_2O_3$, F. 186—187° (Zers.), durch Oxydation von 1-Phenyl-2-methyl-3-hydroxymethyl-4-brompyrazolon-(5) mit $KMnO_4$ in Ggw. von $Ba(OH)_2 \cdot 8\,H_2O$; 93,6% (Ausbeute). — *4-Brom-3-methoxycarbonyl-*, $C_{12}H_{11}BrN_2O_3$, F. 128°, aus vorst. Verb.; 92%. — *4-Brom-3-hydrazinocarbonyl-*, $C_{11}H_{11}BrN_4O_2$, F. 192° (Zers.), aus vorst. Verb. mit 65%ig. $N_2H_4 \cdot H_2O$; 96,9%. — *4-Brom-3-benzyloxycarbonylamino-*, $C_{18}H_{16}BrN_3O_3$, F. 163—164°, durch Umwandeln vorst. Verb. in das *Azid* [F. 109—110° (Zers.)] mit $NaNO_2$ u. Curtius-Abbau in Benzylalkohol; 80%. — *3-Amino-*, $C_{10}H_{11}N_3O$, F. 212° (Zers.), durch Hydrieren vorst. Verb. am Adams-Katalysator; 87%. — *4-Brom-3-dimethylaminomethyl-*, $C_{13}H_{16}BrN_3O$, F. 143°, aus 1-Phenyl-2-methyl-3-brommethyl-4-brompyrazolon-(5) (**I**) u. Dimethylamin bei 60°; 83%. — *3-Dimethylaminomethyl-*, $C_{13}H_{17}N_3O$, F. 83—84°, durch Hydrieren vorst. Verb. am Adams-Katalysator; 89,1%. — *4-Brom-3-methylaminomethyl-, Dipikrat*, $C_{12}H_{14}BrN_3O \cdot 2\,C_6H_3N_3O_7$, F. 224° (Zers.), aus **I** u. Methylamin u. Umwandeln in das Dipikrat. *Freie Base*, F. 84° (Zers.). — *3-Methylaminomethyl-*, $C_{12}H_{15}N_3O$, F. 70—71°, durch Hydrieren vorst. Verb. an Raney-Ni. D. Dargel 3122△

0836 **Darstellung von Pyrazolonderivaten. 3. Mitt. Synthese von 3-Formyl- und 3.4-Diformyl-2-methyl-1-phenylpyrazolon-(5).** Isoo Ito. (J. pharmac. Soc. Japan [Yakugakuzasshi] **76**, 822—24, 1956; jap., Auszug: engl.) — 2. vgl. vorst. Referat. — *3-Formyl-2-methyl-1-phenylpyrazolon-(5)* wird durch McFadyen-Stevens-Meth. aus 1-Phenyl-2-methyl-3-carboxypyrazolon-(5) oder durch Ball-Rk. der entsprechenden 3-Hydroxymethyl-Verb. erhalten; letztere Meth. ist besser geeignet, weil sich die Ausgangssubstanz leichter beschaffen läßt u. weil die Ausbeuten besser sind. *3.4-Diformyl-2-methyl-1-phenylpyrazolon-(5)* (**I**) wird durch Ball-Rk. von 3.4-Bis-[hydroxymethyl]-2-methyl-1-phenylpyrazolon-(5) als instabiles Öl erhalten, das als krist. *Bis-[phenylhydrazon]* bzw. *Pyridazin-Deriv.* identifiziert wird.

Versuche: 1-Phenyl-2-methylpyrazolone-(5): *3-Carbomethoxy-*, $C_{12}H_{12}N_2O_3$, F. 121°, durch Hydrieren von 1-Phenyl-2-methyl-3-carbomethoxy-4-brompyrazolon-(5) an Raney-Ni; 93% (Ausbeute). — *3-Hydrazinocarbonyl-*, $C_{11}H_{12}N_4O_2$, F. 147°, aus vorst. Verb. mit 65%ig. $N_2H_4 \cdot H_2O$; 78%. *N-Piperonyliden-Deriv.*, $C_{19}H_{16}N_4O_4$, F. 274°. *N-Benzolsulfonyl-Deriv.*, $C_{17}H_{16}N_4O_4S$, F. 229°, mit Benzolsulfonylchlorid; 93,4%. — *3-Hydroxymethyl-*, $C_{11}H_{12}N_2O_2$, F. 145°, durch Hydrieren der entsprechenden 4-Brom-Verb. an Raney-Ni. — *3-Formyl-*, $C_{11}H_{10}N_2O_2$, F. 119—120° (Zers.), a) durch McFadyen-Stevens-Rk. vorvorst. Benzolsulfonyl-Deriv. bei 160°; b) durch Ball-Rk. vorst. Verb. mit MnO_2; 64,22%. *Hydrat*, F. 108°. *Phenylhydrazon*, $C_{17}H_{16}N_4O$, F. 227°. — *3.4-Bis-[hydroxymethyl]-*, $C_{12}H_{14}N_2O_3$, F. 164° (Zers.), durch Rk. vorvorst. Verb. mit Formaldehyd (35% ig); 93%. — *3.4-Diformyl-* (**I**), *Bis-[phenylhydrazon]*, $C_{24}H_{22}N_6O$, F. 216° (Zers.), durch Ball-Rk. vorst. Verb. mit MnO_2 u. Rk. mit Phenylhydrazin; 38,4%. — *1-Methyl-2-phenyl-3-oxo-2.3-dihydro-1H-pyrazolo-[3.4:d]-pyridazin*, $C_{12}H_{10}N_4O$, F. 186°, durch Rk. von **I** mit 60%ig. $N_2H_4 \cdot H_2O$; 82,9%.

D. Dargel 3122△

0837 **Über die cis-trans-Isomerie der Δ^2-Isoxazoline.** Paolo Grünanger, Claudia Gandini und Adolfo Quilico. (Rend. Ist. lombardo Sci. Lettere, A **93**, 467—94, 1959; Milano, Politecn., Ist. di Chim. Gen., Centro di Chim. Ind. del C.N.R.; ital.) — Die Rk. von Benzonitriloxid (**I**) mit trans-Zimtsäureestern (trans-**II**-Estern) führt zu den Estern der *trans-3.5-Diphenyl-Δ^2-isoxazolin-4-carbonsäure* (*trans*-**III**). Aus cis-**II**-Estern werden analog die *cis*-**III**-*Ester* gebildet; daneben fallen isomere Verbb. mit bisher ungeklärter Struktur an. Auch beim Verseifen der cis-**III**-Ester mit wss. Alkali wird allein *trans*-**III** erhalten, doch ließ sich mit methanol. KOH in der Kälte *cis*-**III** gewinnen. Als Nebenprod. beim Verseifen der **III**-Ester entsteht stets etwas *3-Phenyl-4-benzylidenisoxazolon-(5)*. Die Umsetzung von **I** mit trans-**II** liefert neben etwas *trans*-**III** hauptsächlich *trans-O-Cinnamoylbenzhydroxamsäure* (*trans*-**IV**), die zum Vgl. aus Benzhydroxamsäure u. trans-Cinnamoylchlorid dargestellt wird. Aus **I** u. cis-**II** wird entsprechend *cis*-**IV** erhalten. Mit cis-Stilben reagiert **I** unter Bldg. von *cis-3.4.5-Triphenyl-Δ^2-isoxazolin* (*cis*-**V**), das sich in Ggw. von konz. H_2SO_4 in *trans*-**V** umlagert. In alkohol. Lsg. werden die cis-**III**- u. trans-**III**-Ester wechselseitig zu einem Diastereomerengemisch mit Überwiegen der *trans-Form* isomerisiert. Das von Kohler [1924] durch Red. des N-Oxids von **V** mit Zn/Essigsäure u. nachfolgendes Behandeln mit konz. H_2SO_4 erhaltene Prod. stellt kein Triphenylisoxazolin, sondern vermutlich eine offenkettige Verb. dar. — Die Spektren der untersuchten Verbb. sind z. T. wiedergegeben.

Versuche: *trans-3.5-Diphenyl-Δ^2-isoxazolin-4-carbonsäure* (*trans*-**III**), $C_{16}H_{13}NO_3$, F. 139° (Zers.; Eisessig), durch Erhitzen der cis-**III**- oder trans-**III**-Ester in wss.-alkohol. NaOH u. Ansäuern; Nadeln. *Äthylester*, $C_{18}H_{17}NO_3$, F. 76 bis 77° (Hexan), durch 1½std. Kochen von **I** mit 8 g trans-**II**-Äthylester in Ae., Stehen über Nacht, Eindampfen u. Chromatographie in Bzl. an Al_2O_3; Nadeln; 3,5 g (Ausbeute); daneben *Diphenylfuroxan* (**VI**), F. 116—117°. *Methylester*, $C_{17}H_{15}NO_3$, F. 87—88° (Hexan), aus **I** u. trans-**II**-Methylester. — *cis*-**III**, $C_{16}H_{13}NO_3$, F. 191° (Zers.; Eisessig), durch schwaches Erwärmen des Methylesters mit 4% ig. NaOH in A., Verdünnen mit W. u. Gießen auf Eis/HCl. *Äthylester*, $C_{18}H_{17} \cdot NO_3$, F. 95—96° (Hexan), aus **I** u. 3,9 g cis-**II**-Äthylester; Nadeln; 0,2 g; daneben **VI** u. *Verb.* $C_{18}H_{17}NO_3$, F. 158,5 bis 159° (Bzl.; Nadeln). *Methylester*, $C_{17}H_{15}NO_3$, F. 105—106°, aus **I** u. cis-**II**-Methylester. — *3-Phenyl-4-benzylidenisoxazolon-(5)*, $C_{16}H_{11}NO_2$, F. 190—190,5° (Eisessig), durch 24std. Stehen von 1 g trans-**III**-Äthylester in methanol. KOH; gelbe Schuppen; 0,3 g; daneben 0,5 g *trans*-**III**; gibt durch 10 Min. langes Kochen mit 10%ig. KOH *3-Phenylisoxazolon-(5)*, F. 151—152° (Methanol), Nadeln. — *trans-O-Cinnamoylbenzhydroxamsäure* (*trans*-**IV**), $C_{16}H_{13}NO_3$, F. 169—169,5° (A.), a) durch ½std. Kochen von **I** mit 3,35 g trans-**II** in Ae.; Nadeln; 2 g; daneben *trans*-**III**; b) aus Benzhydroxamsäure u. trans-Cinnamoylchlorid. — *cis*-**IV**, $C_{16}H_{13}NO_3$, F. 151 bis 152° (Bzl.), aus **I** u. 3,5 g cis-**II**; Nadeln; 1,25 g. — *cis-3.4.5-Triphenyl-Δ^2-isoxazolin* (*cis*-**V**), $C_{21}H_{17}NO$, F. 167° (A.), durch 1std. Kochen von 3,8 g cis-Stilben mit **I** in Ae.; 0,6 g. — *trans*-**V**, F. 140—141° (A.), durch mehrstd. Stehen von cis-**V** in konz. H_2SO_4. — *Verb. vom F. 204—205°*, durch Red. des N-Oxids von cis-**V** mit Zn/Essigsäure nach Kohler [1924] u. Behandeln des erhaltenen Prod. (F. 183—184°) mit konz. H_2SO_4; daneben *3.4.5-Triphenylisoxazol*, F. 212°.

H.-E. Toussaint 3132◇

0838 **Untersuchungen über 3-[o-Tolyl]- und 3-[p-Tolyl]-thiazolidindione-(2.4).** P. N. Bhargava, R. P. Rao und M. S. Sastry. (J. Indian chem. Soc. **33**, 596—98, 1956; Banaras, Hindu Univ.; engl.) — Vgl. C. **1962**, 8603, 13018 u. 13019. — Die Darst. von *3-[o-Tolyl]-5-arylidenthiazolidindionen-(2.4)* durch Kondens. von 3-[o-Tolyl]-thiazolidindion-(2.4) (**I**) mit Aldehyden in Essigsäure u. von *3-[p-Tolyl]-5-arylidenthiazolidindionen-(2.4)* durch Kondens. von Aldehyden mit 3-[p-Tolyl]-thiazolidindion-(2.4) (**II**) werden beschrieben. Weiterhin wird die Synth. von *3-[o-Tolyl]-5-arylazo-* u. *3-[p-Tolyl]-5-arylazothiazolidindionen-(2.4)* durchgeführt.

Versuche: *3-[o-Tolyl]-thiazolidindion-(2.4)* (**I**), F. 154°, durch Umsetzen von symm.-Bis-[o-tolyl]-thioharnstoff mit Chloressigsäure in Essigsäure. — 5-Aryliden-3-[o-tolyl]-thiazolidindione-(2.4), durch 1½std. Kochen von **I** mit Aldehyden in Essigsäure, Verdünnen mit W., Filtrieren u. Umkristallisieren aus Essigsäure: *5-[m-Nitrobenzyliden]-*, F. 156°. — *5-Benzyliden-* (**III**), F. 133—135°. — *5-[m-Hydroxybenzyliden]-*, F. 160°. — *5-[p-Hydroxybenzyliden]-*, F. 168 bis 169°. — *5-[3-Phenylpropen-(2)-yliden]-*, F. 98° (Zers.). — *5-Furfuryliden-*, F. 101°. — *3-[p-Tolyl]-thiazolidindion-(2.4)* (**II**), F. 162°. — 5-Aryliden-3-[p-tolyl]-thiazolidindione-(2.4), durch Kondens. von **II** mit Aldehyden analog den vorst. Verbb.: *5-Benzyliden-*, F. 208°. — *5-[o-Nitrobenzyliden]-*, F. 224°. — *5-[m-Nitrobenzyliden]-*, F. 216°. — *5-[m-Hydroxybenzyliden]-*, F. 222°. — *5-[o-Hydroxybenzyliden]-*, F. 242°. — *5-[p-Methoxybenzyliden]-*, F. 204°. — *5-[p-Dimethylaminobenzyliden]-*, F. 236°. — *5-[3-Phenylpropen-(2)-yliden]-*, F. 201°. — *5-[3-Methoxy-4-hydroxybenzyliden]-*, F. 235°. — *5-[3.4-Dimethoxybenzyliden]-*, F. 194°. — *5-[3.4-Methylendioxybenzyliden]-*, F. 220°. — *5-[β-Hydroxy-α-naphthylimino]-*, F. 205°, durch Kondens. von **II** mit α-Nitroso-β-naphthol. — 5-Arylazo-3-[o-tolyl]-thiazolidindione-(2.4), durch Kondens. von **I** mit Aryldiazoniumchloriden: *5-Phenylazo-*, F. 148°. — *5-[o-Tolylazo]-*, F. 136°. — *5-[p-Tolylazo]-*, F. 146°. — *5-[α-Naphthylazo]-*, F. 119°. — *5-[β-Naphthylazo]-*, F. 113—115°. — *5-[p-Methoxyphenylazo]-*, F. 145°. — *5-[o-Aminosulfonylphenylazo]-*, F. 120—122°. — 5-Arylazo-3-[p-tolyl]-thiazolidindione-(2.4): *5-Phenylazo-*, F. 130°. — *5-[p-Tolylazo]-*, F. 195°. — *5-[o-Aminosulfonylphenylazo]*, F. >300°. — *3-[Acetoxymercuri-p-tolyl]-thiazolidindion-(2.4)*, F. 310° (A.), durch Stehen von **II** mit Hg-Acetat in verd. Essigsäure/A. über Nacht. — *3-[Acetoxymercuri-o-tolyl]-5-benzylidenthiazolidindion-(2.4)*, F. 170—171°, analog vorst. Verb. aus **III**.

W. Hampel 3142△

0839 **Synthese von Isobergapten.** G. Rodighiero und C. Antonello. (Farmaco [Pavia], Ediz. sci. **10**, 889—96, 1955; Padova, Univ., Ist. di Chim. farmac. e tossicolog.; ital.) — Eine Synth. von *Isobergapten* aus 5-Methoxy-8-formylcumarinyl-(7)-oxyessigsäure durch Rk. mit Acetanhydrid/Na-Acetat wird beschrieben. Diese Säure wird aus Phloroglucin (**I**) über den **I**-*Methyläther*, *2.4-Dihydroxy-6-methoxybenzaldehyd*, *7-Hydroxy-5-methoxycumarin* u. *8-Formyl-7-hydroxy-5-methoxycumarin* durch Verseifen ihres mit Bromessigsäureäthylester (**II**)/K_2CO_3 gebildeten *Äthylesters* erhalten. UV-Absorption vgl. Original.

Versuche: *Phloroglucinmonomethyläther*, F. 78° (Bzl.), durch Zugabe von wasserfreiem K_2CO_3 u. Dimethylsulfat zur Lsg. von 45 g **I** in abs. Aceton, 1½std. Kochen, Dest. des Lsgm. u. Eintragen in W.; 18,25 g (Ausbeute); daneben 9,3 g *Phloroglucindimethyläther* (F. 38°; Nadeln). — *2.4-Dihydroxy-6-methoxybenzaldehyd*, F. 200—202° (Zers.; W.), durch 1½std. wechselseitiges Einleiten von trocknem HCN u. HCl in die abs. äther. Lsg. vorst. Verb., 12std. Stehen, Dekantieren

u. 10 Min. langes Erhitzen des Rückstandes mit W. auf 60°; 87%. — 5-Methoxycumarine: *3-Carboxy-7-hydroxy-*, F. 264°, durch Zugabe von Cyanessigsäureäthylester zur Lsg. vorst. Verb. in 20%ig. wss. NaOH, 16std. Stehen bei Raum-Temp., Zugabe von 9%ig. HCl u. ½std. Kochen; aus A. Nadeln; 71%. — *7-Hydroxy-*, F. 243—244° (50%ig. Methanol), durch ½std. Erhitzen vorst. Verb. mit CaO auf 230° bei 100 Torr u. Sublimieren bei 140—170° (Bad-Temp.)/0,005 Torr; 73%. — *7-Hydroxy-8-formyl-*, $C_{11}H_8O_5$, F. 254° (Zers.), durch 5std. Erhitzen vorst. Verb. mit Urotropin in Eisessig auf 100°, Zugabe von sd. 10%ig. HCl u. 10 Min. langes Stehen; aus Toluol Nadeln; 8,7%. *Phenylhydrazon*, $C_{17}H_{14}N_2O_4$, F. 270° (Zers.), durch ½std. Erhitzen von 30 mg Formyl-Verb. mit Phenylhydrazin in Essigsäure auf 100°; aus A. gelbe Nadeln; 27 mg. — *7-Äthoxycarbonylmethoxy-8-formyl-*, $C_{15}H_{14}O_7$, F. 156°, durch 24std. Kochen von 140 mg vorst. Verb. in abs. Aceton mit 0,3 ml **II** u. K_2CO_3 u. erneutes 24std. Kochen des Ungelösten mit 0,3 ml **II**; aus abs. A. Nadeln; 0,1 g. — *7-Carboxymethoxy-8-formyl-*, $C_{13}H_{10}O_7$, F. 241—242° (Zers.), durch ½std. Kochen vorst. Verb. mit 5%ig. wss.-methanol. (1 : 1) KOH; aus Aceton Nadeln; 88,5%. — *Isobergapten*, $C_{12}H_8O_4$, F. 222°, durch 1std. Kochen vorst. Verb. in Acetanhydrid mit geschmolzenem Na-Acetat, Kühlen, Zugabe von W., Neutralisieren mit $KHCO_3$ u. 24std. Ausäthern; aus Ae./Äthylacetat Nadeln; 30%. H.-J. Weigmann 3211△

0840 **Untersuchungen über Acetylenverbindungen. 23. Mitt. Ein neuer Ringschluß von Propin-(2)-yläthern.** Issei Iwai und Junya Ide. (Chem. pharmac. Bull. [Tokyo] **10**, 926—33, 1962; Tokyo, Sankyo Co., Takamine Labor.; engl.) — 22. vgl. Chem. pharmac. Bull. [Tokyo] **10**, [1962], 376. — Durch Kochen von 3-[Naphthyl-(2)-oxy]-propin-(1) (**I**), seines *1-Phenyl-* (**II**) oder *1-Methyl-Deriv.* (**III**) in N.N-Diäthylanilin (DAA) werden *3H-Naphtho-[2.1:b]-pyran* (**IV**) bzw. sein *1-Phenyl-* (**VII**) oder *1-Methyl-Deriv.* (**VIII**) erhalten. Analog gibt *1-Phenyl-3-[naphthyl-(1')-oxy]-propin-(1)* (**V**) *4-Phenyl-2H-naphtho-[1.2:b]-pyran* (**VI**). In Ggw. von Pt-Katalysatoren lassen sich **IV**, seine Derivv. u. **VI** zu den entsprechenden *2.3-* bzw. *3.4-Dihydro-Verbb.* hydrieren. Zur unabhängigen Synth. von **IV** wird 3-[Naphthyl-(2')-oxy]-propionitril in *2.3-Dihydro-1H-naphtho-[2.1:b]-pyranon-(1)* (**IX**) übergeführt, dieses mit $NaBH_4$ zum entsprechenden *Alkohol* (**XIV**) red., der mit $POCl_3$ **IV** gibt. Rk. von **IX** mit C_6H_5MgBr bzw. CH_3MgJ u. Rk. des entstandenen *1-Phenyl-* (**XV**) bzw. *1-Methyl-2.3-dihydro-1H-naphtho-[2.1:b]-pyranols-(1)* (**XVI**) mit $POCl_3$ führen zu **VII** u. **VIII**. Überführen von 3-[Naphthyl-(1')-oxy]-propionitril in *2.3-Dihydro-4H-naphtho-[1.2:b]-pyranon-(4)* (**XII**), Rk. mit C_6H_5MgBr u. Rk. des entstandenen *Alkohols* (**XVII**) mit $POCl_3$ geben **VI**. Die durch 20 Min. langes Erhitzen von **I** auf 208° erhaltenen gelben Nadeln (F. 180°) sind nicht ident. mit **IV**. Die UV-Spektren von **I**, **IV** u. der 2.3-Dihydro-Verb. von **IV** sind abgebildet.

Versuche: Propine-(1): *1-Phenyl-3-[naphthyl-(2')-oxy]-* (**II**), $C_{19}H_{14}O$, F. 92—93° (PAe.), durch 8std. Kochen von 20 g 1-Phenyl-3-brompropin-(1) (**X**), 15 g Naphthol-(2) (**XI**) u. 15 g K_2CO_3 in Aceton, Filtrieren, Zusetzen von Ae., Waschen mit 5%ig. NaOH u. W. u. Eindampfen; 19 g (Ausbeute). — *1-Methyl-3-[naphthyl-(2')-oxy]-* (**III**), $C_{14}H_{12}O$, F. 69—70°, durch Zutropfen von 28 g **I** in abs. Ae. zu 4,1 g Na in fl. NH_3, 1½std. Rühren bei —40°, Zutropfen von 28,4 g CH_3J in abs. Ae., weiteres 4std. Rühren bei —45°, Zugabe von 9 g NH_4Cl, Stehen über Nacht unter Kühlen durch CO_2/Aceton, Eindampfen bei Raum-Temp., Gießen auf Eis, Waschen der organ. Phase mit verd. H_2SO_4 u. W. u. Eindampfen unter Vakuum; aus A. gelbe Nadeln; 6 g. — *1-Phenyl-3-[naphthyl-(1')-oxy]-* (**V**), $C_{19}H_{14}O$, F. 65,6—66,5°, analog **II** aus **X** u. Naphthol-(1) (**XIII**) in 10 Std. u. Chromatographie an Al_2O_3; aus Bzl.-PAe. Prismen; 18 g. — *2.3-Dihydro-1H-naphtho-[2.1:b]-pyranon-(1)* (**IX**), $C_{13}H_{10}O_2$, F. 44—45°, aus 300 g **XI** nach Levine u. Bryant (J. Amer. chem. Soc. **69**, [1947], 2341); 120 g. — *2.3-Dihydro-4H-naphtho-[1.2:b]-pyranon-(4)* (**XII**), $C_{13}H_{10}O_2$, F. 104—105°, aus 100 g **XIII** nach Colonge u. Guyot (C. **1958**, 13777); aus A. Platten; 12 g. — 2.3-Dihydro-1H-naphtho-[2.1:b]-pyranole-(1): *Unsubstituiert* (**XIV**), $C_{13}H_{12}O_2$, F. 109—109,5°, durch 15std. Stehen von 20 g **IX** u. 1,843 g $NaBH_4$ in A. bei Raum-Temp., Zers. mit Essigsäure, Eindampfen unter Vakuum u. Gießen auf Eis; aus CCl_4 Nadeln; 18 g. — *1-Phenyl-* (**XV**), $C_{19}H_{16}O_2$, F. 159 bis 160° (CCl_4), durch Zutropfen von C_6H_5MgBr zu **IX** in abs. Ae. bei 0°, 3std. Kochen unter Rühren, Zusetzen von NH_4Cl-Lsg. u. Aufarbeiten der organ. Phase. — *1-Methyl-* (**XVI**), $C_{14}H_{14}O_2$, F. 117—118°, analog **XV** aus CH_3MgJ u. **IX**; aus CCl_4 Nadeln. — *4-Phenyl-3.4-dihydro-2H-naphtho-[1.2:b]-pyranol-(4)* (**XVII**), analog **XV** aus **XII**; roh. — 3H-Naphtho-[2.1:b]-pyrane: *Unsubstituiert* (**IV**), $C_{13}H_{10}O$, F. 41 bis 41,5°, a) durch 40 Min. langes Kochen von **I** in DAA, Zusetzen von Bzl., Waschen mit 5%ig. HCl u. W., Eindampfen unter Vakuum u. Chromatographie an Al_2O_3; gelbe Nadeln aus A.; 40%; b) durch Zutropfen von $POCl_3$ zu **XIV** in Pyridin bei 0°, 1std. Kochen u. Gießen auf Eis; 66%. — *1-Phenyl-* (**VII**), $C_{19}H_{14}O$, F. 118—119°, analog **IV** a) nach Meth. a) aus 2 g **II**; aus A. orangefarbene Nadeln; 1,9 g; b) nach Meth. b) in 1½ Std. aus **XV**. — *1-Methyl-* (**VIII**), $C_{14}H_{12}O$, $Kp._{0,02}$ 105—110°, $Kp._{0,015}$ 104—112°, a) durch 4std. Kochen von **III** in DAA, Eindampfen unter Vakuum, Lösen in Ae., Waschen mit 5%ig. HCl u. 10%ig. $NaHCO_3$-Lsg. u. Aufarbeiten; gelbes Öl; 49%; b) analog **IV** nach Meth. b) aus **XVI** in 3 Std., Gießen auf Eis u. Ae.-Extraktion. — 2H-Naphtho-[1.2:b]-pyrane: *4-Phenyl-* (**VI**), $C_{19}H_{14}O$, F. 97—98°, analog **IV** a) nach Meth. a) aus **V** in 4½ Std., Eindampfen, Lösen in Ae. u. Aufarbeiten; aus A. Platten; 50%; b) nach Meth. b) aus 2 g **XVII** in 2 Std.; 1,4 g. — *4-Phenyl-3.4-dihydro-*, $C_{19}H_{16}O$, F. 99—100°, durch Hydrieren von **VI** in A. in Ggw. von Pd-$BaSO_4$; aus PAe. Nadeln. — 2.3-Dihydro-1H-naphtho-[2.1:b]-pyrane: *Unsubstituiert*, $C_{13}H_{12}O$, F. 38,5—39,5°, durch Hydrieren von **IV** in A. in Ggw. von PtO_2; Nadeln. — *1-Phenyl-*, $C_{19}H_{16}O$, F. 134 bis 135°, analog vorst. Verb. aus **VII**; aus A. Nadeln. — *1-Methyl-*, $C_{14}H_{14}O$, F. 59—60°, durch Hydrieren von **VIII** in A. in Ggw. von Pd-$BaSO_4$; aus A. Nadeln. G. Reinöhl 3211◇

0841 **Synthese von 5.9-Dioxa-6-dimethylamino-9.14-dihydroceranthrol-(14).** Herbert Haase. (J. prakt. Chem. [4] **20**, 161—65, 1963; Berlin-Adlershof, Dt. Akad. der Wiss., Arbeitsstelle für Photochem.; dt.) — Vgl. C. **1959**, 11518. — Bei der Nitrierung von 1-Hydroxyxanthon (**I**) entsteht neben geringen Mengen *1-Hydroxy-4-nitroxanthon* u. *1-Hydroxy-2.4-dinitroxanthon* als Hauptprod. *1-Hydroxy-2-nitroxanthon* (**II**). Hinweise auf die Konstit. von **II** liefert die Red. zur *2-Aminoverb.* mit Raney-Ni in Tetrahydrofuran, die bei der Kondens. mit Orthoessigester ein für o-Aminophenole charakterist. Kondens.-Prod. gibt. Die Red. von **II** in Eisessig (ES) bzw. Acetanhydrid (AA) führt zu *1-Hydroxy-2-acetamidoxanthon*. 1-Hydroxy-2-aminoxanthonhydrojodid (**III**) läßt sich durch Erhitzen mit CH_3OH quaternieren. Beim Kochen des quart. Salzes mit Äthanolamin entsteht *1-Hydroxy-2-dimethylaminoxanthon* (**IV**), das mit überschüssiger Grignard-Verb. (**VII**) von o-Bromanisol zu *1-Hydroxy-2-dimethylamino-9-[o-methoxyphenyl]-xanthydrol-(9)* (**V**) reagiert. Längere Rk.-Dauer führt über *1-Hydroxy-2-dimethylamino-9-[o-hydroxyphenyl]-xanthohydrol-(9)* zu *5.9-Dioxa-6-dimethylamino-9.14-dihydroceranthrol-(14)* (**VI**). Erhitzen von **V** mit HBr führt quant. zu **VI**, mit Zn/ES wird aus **V** *1-Hydroxy-2-dimethylamino-9-[o-methoxyphenyl]-xanthen* gebildet.

Versuche: *1-Hydroxy-2-nitroxanthon* (**II**), $C_{13}H_7NO_5$, F. 234—235° (Dioxan, Nitrobenzol, ES, durch Versetzen einer Lsg. von **I** in ES mit HNO_3 (D. 1,52) u. 24std. Stehen; 30% (Ausbeute). — *1-Hydroxy-2-aminoxanthon*, $C_{13}H_9NO_3$, F. 213° (Propanol), durch ½std. Erwärmen einer Suspension von Fe-Pulver mit **II** in Es/W. unter O_2-Ausschluß auf dem Wasserbad; ca. 100%. *Hydrochlorid*, F. 282° (Zers.), durch Fällen mit HCl in Eisessig *N-Acetylverb.*, $C_{15}H_{11}NO_4$, F. 224° (Isopropanol), durch 1std. Rühren eines Gemisches von **II**, ES, AA u. Fe-Pulver auf dem Wasserbad. — *1-Hydroxy-2-trimethylammonioxanthonjodid*, $C_{16}H_{16}JNO_3$, F. 208—212° (Zers.; verd. A.), durch 20std. Erhitzen von **III** mit CH_3OH im Rohr auf 130°; ca. 100%. — *1-Hydroxy-2-dimethylaminoxanthon* (**IV**), $C_{15}H_{13}NO_3$, F. 105° (A.), durch ¼std. Kochen vorst. Verb. in Äthanolamin u. Ausfällen mit W.; 70%. — *1-Hydroxy-2-dimethylamino-9-[o-methoxyphenyl]-xanthydrol-(9)* (**V**), $C_{22}H_{21}NO_4$, F. 157° (Zers.; A.), durch Zutropfen einer Lsg. von **IV** in Bzl. zu **VII** in sd. Ae.; 65%. — *5.9-Dioxa-6-dimethylamino-9.14-dihydroceranthrol-(14)* (**VI**), $C_{21}H_{17}NO_3$, F. 150° (Zers.; A.), durch 20std. Erhitzen von **V** mit HBr im Rohr auf 130°, Gießen auf Eis u. Fällen mit NH_4OH; ca. 100%. — *1-Hydroxy-2-dimethylamino-9-[o-methoxyphenyl]-xanthen*, $C_{22}H_{21}NO_3$, F. 154° (A.), durch Behandeln von **V** mit Zn-Staub in ES bis zur Entfärbung u. Fällen mit NH_4OH. G. O. Jäger 3211◇

0842 **Neue Synthesen von Thiapyrylium- und 1-Thianaphthaliniumkationen.** I. Degani, R. Fochi und C. Vin-

cenzi. (Tetrahedron Letters [London] **1963**, 1167—69; Bologna, Univ., Ist. di Chim. Ind.; engl.) — Vff. verwandeln Thio-γ-pyran bei Raum-Temp. mit PCl_5 in CCl_4 in *1-Thiopyryliumchlorid* (**I**) mit > 90%ig. Ausbeute. **I** läßt sich leicht in das entsprechende *Perchlorat* (**II**) u. *Jodid* [**III**; F. 209° (Zers.)] überführen. Eine weitere Meth. ist die Red. von 1-Thio-γ-pyron mit AlH_3 in Ae. zu dem entsprechenden *Alkohol*, welcher beim Behandeln mit $HClO_4$ bzw. HJ in **II** bzw. **III** übergeht. In gleicher Weise entsteht durch Rk. von 1-Thiochromanon-(4) mit AlH_3 u. folgende Behandlung mit $HClO_4$ *1-Thianaphthaliniumperchlorat* (F. 220°).
L. Hoppe 3221◇

0843 **Schwefelheterocyclen.** 16. Mitt. **Synthese und Eigenschaften des 5.6-Benzothialens (Cyclopenta-[b]-benzothiopyran).** Joachim Franke und Roland Mayer. (J. prakt. Chem. [4] **21** (**293**), 75—79, 1963; Dresden, Techn. Univ., Inst. für Organ. Chem.; dt.) — 15. vgl. J. prakt. Chem. [4] **21** (**293**), [1963], 65. — *2.3-Benzo-5.6-cyclopentenothiopyron-(4)* (**I**) wird aus 1-Carbäthoxycyclopentanon-(2) (**II**) oder 1-Carbäthoxycyclopentanthion-(2) (**III**) synthetisiert. Durch Red. von **I** zum *Thiopyran* u. katalyt. Dampfphasenhydrierung entsteht *5.6-Benzothialen.* UV-Spektren vgl. Original.

Versuche (FF. korr.): *2.3-Benzo-5.6-cyclopentenothiopyron-(4)* (**I**), $C_{12}H_{10}OS$, F. 146—147° (Aceton), a) durch Lösen von P_2O_5 in H_3PO_4, Zugeben nachst. Verb. bei 50° innerhalb 5 Min., 1std. Rühren bei 50—60°, 12std. Stehen bei 20° u. Versetzen mit W. unter Eiskühlung, Nadeln; 83% (Ausbeute); b) durch Zutropfen eines Gemisches aus **II** u. Thiophenol zur Lsg. von P_2O_5 in H_3PO_4 u. 3std. Rühren bei 50 bis 60°; 57%. — *[1-Carbäthoxycyclopenten-(1)-yl-(2)]-phenylsulfid*, $C_{14}H_{16}O_2S$, Kp.$_{0,15}$ 134—138°, durch Rk. des Pb-Salzes von **II** u. Cu-Pulver in Brombenzol bei 140—150°; blaßgelbes Öl; 84%. — *2.3-Benzo-5.6-cyclopenteno-γ-thiopyran*, $C_{12}H_{12}S$, Kp.$_{0,15}$ 88—93°, durch Zugeben von $LiAlH_4$ u. **I** zu $AlCl_3$ in Ae. innerhalb 30 Min., ½std. Kochen, Behandeln mit Essigester u. verd. HCl, Verdünnen mit W. u. Extrahieren mit Ae.; 69%. — *2.3-Cyclopentenobenzothiopyryliumperchlorat*, $C_{12}H_{11}\cdot ClO_4S$, F. 205—208° (Zers.; Eisessig), durch 10std. Rk. vorst. Verb. mit 70%ig. $HClO_4$ in Eisessig; grüngelbe Nadeln; 30%. — *5.6-Benzothialen* (*Cyclopenta-[b]-benzothiopyran*), $C_{12}H_8S$, > 120° Zers. (Cyclohexan), durch Dehydrierung vorvorst. Verb. in der Dampfphase an Pd-Kohle mit N_2 bei 320°; Blättchen; 30%. *1.3.5-Trinitrobenzolsolvat*, $C_{18}H_{11}N_3O_6S$, F. 94 bis 95° (A.), durch Rk. mit 1.3.5-Trinitrobenzol in A.; rotbraune Nadeln. — *1.3(?)-Dichlor-5.6-benzothialen*, $C_{12}H_6Cl_2S$, F. 158 bis 162° (Zers.), durch 2tägige Rk. vorst. Verb. mit N-Chlorsuccinimid in Bzl. bei 20° im Dunkeln, Einengen u. Trennen an Al_2O_3; fast schwarze Nadeln aus A. oder Bzl./PAe.; 48%.
E. Schraven 3221◇

0844 **Salze des 2-Hydroxy-3.5-dinitropyridins.** Bohdan Głowiak. (Zeszyty naukowe Politechn. Wrocławskiej, Chem. **7**, 49—58, 1961; Wrocław, Politechn., Kat. Technol. Związków azot. II; pol.) — Dargestellt wurde *2-Hydroxy-3.5-dinitropyridin* (**I**) u. sein *Na-*, *Pb-*, *Ag-*, *Cu(II)-*, *Hg(II)-* u. *Bi(III)-Salz.* Die Salze detonieren bei Zündung, sind aber keine Initialzünder. Das Pb-Salz ist sehr empfindlich gegen Schlag u. Hitze (Flamme). Seine Brisanz entspricht eher der des Pb-Pikrats als der des Pb-Salzes von 2.4-Dinitrophenol. Brisanz u. O-Bilanz gehen bei diesen Pb-Salzen parallel.

Versuche: *2-Hydroxy-3.5-dinitropyridin*, *Pb-Salz*, $C_{10}H_4N_6O_{10}Pb$, F. 312° (unter Explosion; gelbe Kristalle), aus der wss. Lsg. des Na-Salzes durch Lösen von **I** in $NaHCO_3$-Lsg. bei 40—45° u. Zusatz von 0,5 ml Essigsäure u. $Pb(NO_3)_2$ bei 60—65°; 87% (Ausbeute). *Ag-Salz*, *Monohydrat*, $C_5H_2Ag\cdot N_3O_5\cdot H_2O$, F. 303° (gelbes Pulver), analog mit $AgNO_3$; 90%. *Cu-Salz*, $C_{10}H_4CuN_6O_{10}$, F. 236° unter Explosion; grüngelbe Kristalle), mit $CuSO_4$; 72%. *Hg-Salz*, $C_{10}H_4HgN_6O_{10}$, F. 227° (gelbe Kristalle), mit $Hg(NO_3)_2$; 89%. *Bi-Salz*, $C_{15}H_6$ BiN_9O_{15}, F. 194° (gelbe Nadeln), mit $Bi(NO_3)_3$; 75%.
F. Urban 3231◇

0845 **Untersuchungen über 4-Hydroxypyridinderivate.** 4. Mitt. **Der Einfluß einer α-Methylgruppe des Pyridinringes auf die Pyridonkondensation mit Chloressigsäure.** Halina Bojarska-Dahlig. (Roczniki Chem. [Ann. Soc. chim. Polonorum] **31**, 1159—66, 1957; pol., Auszug: engl.) — 3. vgl. ibid. **31**,[1957], 1147; 5. vgl. C. **1963**, **10856**. — Verss., 2.6-Dimethylpyridon-(4) u. 2.6-Dimethyl-3.5-dijodpyridon-(4) mit Chloressigsäure (**I**) zu 4-Oxo-1.4-dihydropyridyl-(1)-essigsäuren zu kondensieren, blieben infolge von ster. Hinderung ohne Erfolg. Der Vgl. analoger Rkk. von 3.5-Dijod- u. 3.5-Dijod-2-methylpyridon-(4) zeigt, daß Einführung einer 2ständigen Methylgruppe in den Pyridinkern eine leichte Verringerung der Ausbeute an Pyridon-(2)-yl-(1)-essigsäuren bewirkt.

Versuche: 4-Hydroxypyridine: *2-Methyl-* (**II**), F. 174—174,5° (Aceton/W.). — *3.5-Dijod-2-methyl-* (**III**), $C_6H_5J_2NO$, F. 254—256° (Zers.; Pyridin/W.), durch Erwärmen von **II** mit wss. Na_2CO_3 auf 100°, Zugabe von J_2 u. 1std. Stehen bei 100°; 95%. — *2.6-Dimethyl-*, F. 230—232° (W.). *Hydrochlorid*, $C_7H_{10}ClNO$, FF. ca. 280° (Zers.) u. ca. 300° (wss. A.). — *2.6-Dimethyl-3.5-dijod-*, $C_7H_7J_2NO$, F. 263,5—264,5° (Zers.; wss. Methanol), durch Erwärmen vorst. Verb. mit wss. Na_2CO_3, 1std. Zugabe von J_2 u. 1std. Erwärmen auf 100°; ca. 100%. — *1-Carboxymethyl-2-methyl-3.5-dijodpyridon-(4)*, $C_8H_7J_2NO_3$, F. 234° (Zers.), a) analog nachst. Verb. durch 1½std. Rk. von **III**; 72%; b) durch analoge Rk. (8 Std.) in Ggw. 5%ig. wss. Na_2CO_3-Lsg.; 81%. *Diäthanolammoniumsalz*, $C_{12}H_{18}J_2N_2O_5$, F. 200—200,5°, durch Rk. mit wss. Diäthanolamin; 91%. — *1-Carboxymethyl-2-methylpyridon-(4)*, *Hydrat*, $C_8H_9NO_3\cdot H_2O$, FF. 162—165° u. 214° (Zers.; wss. A.), durch 2std. Erwärmen von **II** mit wss. Na_2CO_3 u. **I**; 50%.
H.-J. Weigmann 3231△

0846 **Katalytische N-Acylierung von Piperidin, α- und β-Pipecolin mit Kohlenoxid.** Ja. Ju. Alijew, I. B. Romanowa und L. Ch. Freidlin. (Usbek. chem. J. **1962**, Nr. 6, 58—66; Akad. der Wiss. der UsbekSSR, Inst. für Chem.; Akad. der Wiss. der UdSSR, Zelinsky-Inst. für organ. Chem.; russ.) — Durch Carbonylierung von Piperidin, α- u. β-Pipecolin in Ggw. von NiJ_2, $NiCl_2$, Jod oder Na-Methylat wurden *N-Formylpiperidin* [$C_6H_{11}NO$, Kp.$_7$ 95°, Kp. 222°; D_4^{20} 1,0176; n_D^{20} 1,4834], *N-Formyl-α-pipecolin* [$C_7H_{13}NO$, Kp.$_{14}$ 107°, Kp. 232°; D_4^{20} 1,0041; n_D^{20} 1,4810] u. *N-Formyl-β-pipecolin* [$C_7H_{13}NO$, Kp.$_6$ 92—94°, Kp. 230—233°; D_4^{20} 0,9073; n_D^{20} 1,4770] dargestellt. Maximale Ausbeuten von 95—98% werden in Ggw. des 6m Überschusses an Na-Methylat in Methanol als Lsgm. bei 120—150°/20—60 Min./130 at CO-Druck erhalten.
Helmut Schäfer 3231△

0847 **Hydrierung von Pyridincarbonsäuren mit Platinkatalysator.** Morris Freifelder. (J. org. Chemistry **27**, 4046, 1962; North Chicago, Ill., Abbott Labor., Organ. Chem. Dep., Res. Div.; engl.) — Die Hydrierung von Picolinsäuren an PtO_2 als Katalysator zu *Piperidincarbonsäuren* wird beschrieben. Bei Umsetzung von Nicotinsäure entsteht unter gleichzeitiger Decarboxylierung *Piperidin.*

Versuche: *Piperidin-2-carbonsäure*, F. 276°, durch 4—5std. Hydrieren von Picolinsäure an PtO_2 in W. unter geringen Überdruck, Eindampfen im Vakuum u. Stehen mit abs. A.; 97% (Ausbeute). — *Piperidin-4-carbonsäure*, F. 336°, analog vorst. Verb.; 81,5%. — *Piperidinhydrochlorid*, durch Hydrieren von Nicotinsäure unter Decarboxylierung u. Umsetzen mit verd. HCl; 18%.
W. Hampel 3231△

0848 **2-Brommethylnicotinsäureester: Reaktion mit nucleophilen Reagentien.** J. Hurst und D. G. Wibberley. (J. chem. Soc. [London] **1962**, **119**—22; Durham, Sunderland Co., Sunderland Technical Coll., Pharm. Dep.; engl.) — Durch Rk. von 2-Methyl- (**I**) bzw. 2-Methyl-6-phenylnicotinsäureäthylester (**II**) mit N-Bromsuccinimid (**III**) werden die entsprechenden *Brommethyl-Derivv.* erhalten u. mit einer Reihe von nucleophilen Reagentien umgesetzt.

Versuche: Nicotinsäureäthylester: *2-Brommethyl-*, *Hydrochlorid*, $C_9H_{11}BrClNO_2$, F. 152—153° (Zers.), durch 6std. Kochen von 10 g **I**, 15 g **III** u. 1 g Dibenzoylperoxid (**IV**) in CCl_4, Filtrieren, Waschen des Filtrats mit 4%ig. NaOH, Auswaschen von 0,3 g **I** mit 2%ig. HCl u. Sättigen mit HCl; aus A. Prismen; 0,1 g (Ausbeute); daneben *2-Dibrommethyl-*; 3,7 g (roh). *Freie Base* (**V**), gelbes Öl. *Pikrat*, $C_{15}H_{13}BrN_4O_9$, F. 125—127°, aus A. gelbe Prismen. — *2-Brommethyl-6-phenyl-* (**VI**), $C_{15}H_{14}BrNO_2$, F. 79—80°, durch 10std. Kochen von 60 g **II**, 2 g **IV** u. 50 g **III** in CCl_4; aus A. Prismen; 44 g. — *2-Cyanmethyl-*, $C_{10}H_{10}N_2O_2$, F. 67—68°, durch 2std. Rühren von 2,7 g **V** in A. mit 1,35 g KCN in W. bei Raum-Temp., Zugabe von W. u. Extraktion mit Ae.; aus A. Prismen; 2 g (roh). — *2-Cyanmethyl-6-phenyl-*, $C_{16}H_{14}N_2O_2$, F. 90—91°, durch 8std. Kochen von 8 g **VI** in A. mit 1,7 g KCN in W., Zugabe von W., aus A. Nadeln; 5,6 g (roh). — *6-Phenyl-2-thiocyanmethyl-*, $C_{16}H_{14}N_2O_2S$, F. 116—117°, durch ½std. Kochen von 1 g **VI** u. 0,5 g KSCN in A.; aus Methanol Nadeln;

0,56 g (roh). — *2-[2.2-Bis-(äthoxycarbonyl)-äthyl]-*, Kp.$_1$ 156 bis 157°, durch 1std. Rühren von 1 g **V**, 0,79 g Malonsäurediäthylester (**VII**) u. Na-Äthylat (aus 0,1 g Na) in A., Eindampfen u. Extraktion mit Ae.; 1 g. *Pikrat*, $C_{22}H_{24}N_4O_{13}$, F. 72 bis 73°. — *2-[2.2-Bis-(äthoxycarbonyl)-äthyl]-6-phenyl-*, $C_{22}H_{25}$·NO_6, F. 122—123°, durch Zugabe von 3,2 g **VI** zu 1,6 g **VII** u. Na-Äthylat (aus 0,23 g Na) in A. u. 5std. Kochen; aus A. Prismen; 3,1 g (roh). — *2-[Naphthyl-(2)-oxymethyl]-*, durch 4std. Kochen von 1 g **V**, 0,6 g β-Naphthol u. alkohol. Na-Äthylat-Lsg. u. Zugabe von Äther. *Pikrat*, $C_{25}H_{20}N_4O_{10}$, F. 175—177°. — *2-[Naphthyl-(2)-oxymethyl]-6-phenyl-*, analog aus 0,7 g **VI** in 7 Std.; 0,21 g. *Pikrat*, $C_{31}H_{24}N_4O_{10}$, F. 141 bis 142°. — *2-[2-Phenylhydrazino]-methyl-*, $C_{15}H_{17}N_3O_2$, F. 214—219° (A.), durch 2std. Kochen von 1 g **V** u. 0,9 g Phenylhydrazin in A.; 0,53 g. — *2-Hydroxymethylnicotinsäurelacton*, $C_7H_5NO_2$, F. 141—142°, a) durch 1½std. Rühren von 1,2 g **V**-Hydrochlorid mit verd. KOH, Ansäuern auf pH 3 u. Extraktion mit Ae.; aus A. Nadeln; 0,39 g; b) durch 5std. Kochen von 1 g **V** mit 30%ig. H_2SO_4; 0,31 g. — *2-Hydroxymethyl-6-phenylnicotinsäurelacton, Monohydrat*, $C_{13}H_9NO_2$·H_2O, F. 159—161°, durch 4std. Kochen von 1 g **VI** mit 50%ig. KOH, Zugabe von W. u. Ansäuern mit HCl; aus A. Nadeln; 0,6 g (roh). — Nicotinsäurelactame: *2-Aminomethyl-* (**IX**), $C_7H_6N_2O$, F. 204—206°, a) durch 1std. Rühren von 1,8 g **V** in Chlf. mit 1,1 g Hexamin (**VIII**), Lösen von 1,5 g des erhaltenen *Additions-Prod.* ($C_{15}H_{22}BrN_5O_2$, F. 142—144°; 2 g) in A./HCl, 1std. Kochen, Filtrieren, Eindampfen, Rühren mit K_2CO_3 in Chlf. u. Eindampfen; aus A. Nadeln; 0,8 g; b) durch Behandeln von 1 g **V**-Hydrochlorid in A. mit NH_4OH (D. 0,88), 6std. Rühren, Einengen u. Extraktion mit Chlf.; 0,31 g. — *2-Aminomethyl-6-phenyl-*, $C_{13}H_{10}N_2O$, F. 263—265°, a) analog **IX** nach a) aus 1,6 g **VI** über das **VIII**-*Addukt* (F. 177—179°; 2,04 g) u. dessen Rk. mit A. u. HCl; aus A. Prismen; 0,7 g; b) analog **IX** nach b) aus 3,2 g **VI**; 1,3 g. — *2-Anilinomethyl-*, $C_{13}H_{10}N_2O$, F. 179—181°, durch 2std. Kochen von 1 g **V** u. 0,76 g Anilin in A., Zugabe von W. u. Kristallisieren des Öls aus Eisessig; aus A. Nadeln; 0,6 g (roh). — *2-Anilinomethyl-6-phenyl-*, $C_{19}H_{14}N_2O$, F. 228—229°, durch 6std. Kochen von 0,8 g **VI** mit 0,48 g Anilin in A. u. Kühlen; aus Eisessig Nadeln; 0,48 g (roh). — *3-Äthoxycarbonylpyridyl-(2)-methansulfonsäure*, $C_9H_{11}NO_5S$, F. 295—297°, durch 6std. Rühren von 1 g **V** mit wss. Na_2SO_3-Lsg. bei Raum-Temp., Waschen mit Ae., Ansäuern u. Einengen; Nadeln; 0,62 g. L. Lamza 3231△

0849 **Reduktion von 2.2'-, 3.3'- und 4.4'-Bipyridyl-1.1'-dioxid.** Joju Haginiwa und Keiko Shiomi. (J. pharmac. Soc. Japan [Yakugakuzasshi] **76**, 858—59, 1956; Inohama, Chiba Univ., Pharmac. Inst.; jap., Auszug: engl.) — Am leichtesten läßt sich 4.4'-Bipyridyl-1.1'-dioxid mit SO_2 red., sehr schwer läßt sich die 3.3'-Verb. reduzieren. Es werden die Red.-Potentiale der Bipyridyl-1.1'-dioxide bei verschiedenen pH-Werten angegeben.

Versuche: *3.3'-Bipyridyl-1.1'-dioxid*, $C_{10}H_8N_2O_2$, F. 305°. — *4.4'-Bipyridyl-1.1'-dioxid, Dihydrat*, F. 310°. D. Dargel 3231△

0850 **In der Seitenkette halogenierte Methylpyridine und Methylchinoline.** W. Mathes und H. Schüly. (Angew. Chem. **75**, 235—40, 1963; Ludwigshafen, Wissenschaftl. Labor. Dr. F. Raschig; dt.) — Neben einem Überblick über ältere Verf. wird die Darst. von 2-Chlormethylpyridinen bzw. -chinolinen durch direkte Chlorierung in neutralen Lsgm. u. Zusatz säurebindender Mittel beschrieben. Ohne säurebindende Mittel entstehen bes. bei höheren Temp. Trichlormethylderivate. In Ggw. mehrerer Methylgruppen wird nur eine in 2-Stellung chloriert. Die Rk.-Prodd. reagieren erst bei höheren Temp. mit sich selbst unter Bldg. von *2-Chlormethyl-1-[α-picolyl]-pyridiniumchlorid* bzw. *6.12-Dihydrodipyrido-[1.2:a;1'.2':d]-pyrazidiniumdichlorid*. Die Abtrennung der als Nebenprodd. gebildeten Di- u. Trichlormethyl-Derivv. erfolgt auf Grund verschiedener Basizitätsgrade.

Versuche: *2-Chlormethylpyridin* (**I**), Kp.$_{1,5}$ 45—47°, aus *2-Methylpyridin* in CCl_4 u. wasserfreier Soda beim Erhitzen auf 60° unter Rühren u. Einleiten von Cl_2 (ca. 6 Std.). Nach Abkühlen mit H_2O versetzen u. mit 2n HCl extrahieren; n_D^{20} 1,5365 65% (Ausbeute); (Pikrat, F. 149—150°. Hydrochlorid, F. 128°); daneben *2-Dichlormethylpyridin*, Kp.$_{1,2}$ 62 bis 64°, durch Extraktion mit konz. HCl; n_D^{20} 1,5530 (Pikrat, F. 117—118°) u. *2-Trichlormethylpyridin*, Kp.$_{1,2}$ 76—80°, F. —10°, aus dem Rückstand; n_D^{20} 1,5620. — Analog **I** wurden hergestellt: *2-Chlormethyl-3-methylpyridin*, Kp.$_{1,4}$ 59—61°; n_D^{20} 1,5407. Pikrat, F. 146—146,5°. *Hydrochlorid*, F. 157°; 64%. — *2-Chlormethyl-4-methylpyridin*, Kp.$_{0,9}$ 51—52°; n_D^{20} 1,5326; 44%. *Pikrat*, F. 159—160°. — *2-Chlormethyl-6-methylpyridin*, Kp.$_{1,1}$ 46°; n_D^{20} 1,5315; 57%. *Pikrat*, F. 160 bis 161°. *Hydrochlorid*, F. 155—156°. — *2-Chlormethyl-4.6-dimethylpyridin*, Kp.$_{1,4}$ 68—70°; n_D^{20} 1,5290; 55%. Pikrat, F. 126 bis 128°. — *2-Chlormethylchinolin*, F. 56,5—57,5°, analog **I** aus 2-Methylchinolin 86%; [*Pikrat*, F. 171—172°. *Hydrochlorid*, F. 190—192° (Zers.)]; daneben *2-Dichlormethylchinolin*, F. 82—83°, aus dem Rückstand der neutralen CCl_4-Lsg.; 4%. *Pikrat*, F. 118—119°. L. Holzhey 3231◇

0851 **Untersuchungen über die Synthese von 6-Hydroxy-7-bromchinolin. 1. Mitt. Über die Skraup-Reaktion mit 2-Brom-4-nitrophenol und 2.6-Dibrom-4-nitrophenol.** Eiichi Fujita, Kiyoko Onishi und Noriko Waki. (J. pharmac. Soc. Japan [Yakugakuzasshi] **76**, 817—20, 1956; Tokushima, Univ., Fac. of Pharmac.; jap., Auszug: engl.) — Die Rk. von 1 Teil 2-Brom-4-nitrophenol mit 1,5 Teilen Eisessig, 2,5 Teilen Glycerin u. 3 Teilen konz. H_2SO_4 in der Hitze liefert *5-Brom-6-hydroxychinolin* (**II**) u. *6-Hydroxy-7-bromchinolin* (**I**) im ungefähren Verhältnis 3:1. Die Verw. von konz. H_3PO_4 an Stelle von Eisessig liefert einen geringen Anteil von **I** allein. Dieselbe Rk. von 1 Teil 2.6-Dibrom-4-nitrophenol ergibt *5.7-Dibrom-6-hydroxychinolin* (**III**), die Verw. von 80%ig. HCOOH an Stelle von Eisessig liefert ebenfalls in der Hauptsache **III**, dem etwas **I** beigemischt ist. Die Verw. von konz. H_3PO_4 an Stelle von Eisessig liefert **I** allein in verhältnismäßig hoher Ausbeute. Diese Ergebnisse zeigen, daß die Synth. von **I** allein u. in guter Ausbeute durch eine modifizierte Skraup-Rk. aus 2.6-Dibrom-4-nitrophenol mit konz. H_3PO_4, Glycerin u. konz. H_2SO_4 gelingt.

Versuche: *5-Brom-6-hydroxychinolin* (**II**), F. 185 bis 186°, durch Rk. von *2-Brom-4-nitrophenol* (F. 113—114°, aus p-Nitrophenol) mit Eisessig, Glycerin u. konz. H_2SO_4 (3 Std. bei 140°). — *7-Brom-6-hydroxychinolin* (**I**), C_9H_6BrNO, F. 261 bis 262°, a) neben **II**; b) durch Demethylierung der entsprechenden 6-Methoxy-Verb. mit 48%ig. HBr; c) analog a) mit konz. H_3PO_4 an Stelle von Eisessig; d) neben **III** bei der Rk. mit 80%ig. HCOOH; e) durch 3std. Rk. von 2.6-Dibrom-4-nitrophenol mit Glycerin, konz. H_2SO_4 u. konz. H_3PO_4 bei 150—160°. — *5.7-Dibrom-6-hydroxychinolin* (**III**), $C_9H_5Br_2NO$, F. 211—212°, a) analog **II** nach a) aus *2.6-Dibrom-4-nitrophenol* (F. 142—144°, aus p-Nitrophenol); daneben geringe Mengen **I**; b) analog a) mit 80%ig. HCOOH an Stelle von Eisessig. — *6-Methoxy-7-bromchinolin*, $C_{10}H_8BrNO$, F. 110—111°, durch Methylieren von **I**. D. Dargel 3231△

0852 **Über die Darstellung von Hydrazin-Derivaten des Chinaldins in $C_{(4)}$- und $C_{(7)}$-Stellung.** Gerhard Buchmann und Horst Brinkmann. (Wiss. Z. Techn. Hochschule Chem. Leuna-Merseburg **4**, 123—26, 1961/62; Leuna-Merseburg, TH für Chem., Inst. für Organ. Chem.; dt.) — Ident. mit der C. **1963**, 18843 referierten Arbeit. P. Golinske 3231△

0853 **Azatriptycen.** G. Wittig und G. Steinhoff. (Angew. Chem. **75**, 453, 1963; Heidelberg, Univ., Inst. für Organ. Chemie; dt.) — Vgl. C. **1962**, 16314. — Bei der Rk. von 9-[o-Chlorphenyl]-9.10-dihydroacridin (**I**) mit KNH_2 in fl. NH_3 wird über eine Dehydrobenzolzwischenstufe *Azatriptycen* (**II**), F. 266—267° [*Methojodid*; isoliert als *Tetraphenylborat*, F. 289,5—291° (Zers.)] in 54%ig. Ausbeute erhalten. Analog entstehen aus 9-[m-Chlorphenyl]-9.10-dihydroacridin (**III**) nur 17% **II**. **I** u. **III** werden nach Bernthsen [1884] durch Rk. von Diphenylamin mit den entsprechenden Chlorbenzoesäuren u. anschließende Red. dargestellt. IR-, UV- u. NMR-Spektren bestätigen die Struktur von **II**. Das UV-Spektrum von **II** zeigt vollkommene Übereinstimmung mit dem des isosteren Triptycens, das mit **II** keine F.-Depression zeigt. Gottfried Schreiber 3231◇

0854 **Ein neuer Syntheseweg zum Benzo-[c]-phenanthridinsystem: Internucleare Cyclisierung an einem Pyridinring.** R. A. Abramovitch und G. Tertzakian. (Canad. J. Chem. **41**, 2265—71, 1963; Saskatoon, Saskatchewan, Univ., Dep. of Chem.; engl.) — *Benzo-[c]-phenanthridin* wird durch Pschorr-Cyclisierung von trans-α-[Isochinolyl-(4)]-o-aminozimtsäure (**II**) u. Decarboxylierung des Prod. erhalten. **II** wird durch Kondens. von Isochinolyl-(4)-essigsäure (**III**) mit o-Nitrobenzaldehyd (**IV**) u. Red. der erhaltenen *Nitro-Verb.* (trans-**XV**) synthetisiert. Die Synth. von **III** aus Isochinolincarbonsäure-(4) (**V**) wird beschrieben. Verss., **III** durch Homologisierung von **V** nach Arndt-Eistert darzustellen, schlugen fehl. Kondens. von **IV** mit Isochinolyl-(4)-acetonitril (**VI**) führt nur zum *Nitril* (**XI**) von cis-**XV**, das sich durch Bestrahlen mit UV-Licht nicht isomerisieren läßt. Der *Äthylester* von **III** wird in geringer Ausbeute durch Willgerodt-Rk. des aus 4-Aminoisochinolin (**I**) darstellbaren Isochinolyl-(4)-methylketons (**VII**) erhalten. **XI** wird durch Red. mit 2 Val H_2 oder mit N_2H_4 in Ggw. von Raney-Ni in das *1-Oxid* (**XII**) von *2-Amino-3-[isochinolyl-(4')]-chinolin* (**XVI**) übergeführt, dessen Struktur sich aus dem IR-Spektrum, seinen Eigg. u. Rkk., wie der Red. mit $SnCl_2$ in CH_3COOH/HCl oder Fe(II)-Oxalat zu **XVI**, ergibt. Verss., 4-Bromisochinolin (**XVII**) oder sein N-Oxid mit Na-Malonsäurediäthylester zu kondensieren, hatten keinen Erfolg. Durch Red. von **V** mit $LiAlH_4$ erhaltenes *4-Hydroxymethylisochinolin* (**VIII**) wird mit MnO_2 zu *4-Formylisochinolin* (**IX**) oxydiert, das bei dem Vers. der Kondens. mit o-Nitrophenylessigsäure keine reinen Prodd. lieferte. Die Rk. von **IX** mit Hippursäure (**XVIII**) führt zu geringen Mengen *5-[Isochinolyl-(4)-methylen]-2-phenyloxazolon.*

Versuche: *Isochinolincarbonsäure-(4)-chloridhydrochlorid*, F. $>310^0$, durch 1std. Einleiten von HCl in eine Lsg. von 3 g **V** in warmem A., Abfiltrieren u. 1½ std. Kochen des getrockneten Nd. mit $SOCl_2$; 3,8 g (Ausbeute); gibt mit CH_2N_2 in abs. Ae. durch 1std. Rühren bei 5^0 das entsprechende *Diazoketon*, das durch 4std. Rk. mit Ag_2O in A. bei $60-70^0$, 1std. Kochen, Filtrieren, Eindampfen, Extraktion mit Bzl. u. Chromatographie an Al_2O_3 kein reines Prod. ergab. — *4-Bromisochinolin-2-oxid*, C_9H_6BrNO, F. $182-183^0$ (A.), durch 19std. Erhitzen von 5 g **XVII** mit Essigsäure/30% ig. H_2O_2 auf 60 bis 70^0; 0,5 g. — *Isochinolyl-(4)-methylketon* (**VII**), F. $70-72^0$, durch langsames Zugeben von $NaNO_2$ in W. zu 2 g **I** in HCl bei $0-5^0$, Neutralisation mit Na-Acetat in W., Eintragen unter die Oberfläche einer Lsg. von Acetaldoxim, $CuSO_4$ u. Na_2SO_3 in W. bei $10-15^0$, 1std. Rühren mit Na-Acetat in W., Ansäuern mit HCl, 3std. Kochen, Alkalisieren mit NH_4OH, Ausäthern, Abdestillieren des Lsgm. u. Chromatographie an Al_2O_3; 0,4 g. — *Isochinolyl-(4)-methanol* (**VIII**), $C_{10}H_9NO$, F. $93-94^0$ (Ae.), durch Zutropfen von 7,9 g **V**-Äthylester in abs. Ae. zu $LiAlH_4$/Ae. bei 0^0 u. 1std. Rühren; **4,3** g. — *4-Formylisochinolin* (**IX**), $C_{10}H_7NO$, F. $103,5-104,5^0$, durch 16std. Schütteln von 0,46 g **VIII** in Bzl. mit akt. MnO_2 bei Raum-Temp.; 0,4 g. — *5-[Isochinolyl-(4)-methylen]-2-phenyloxazolon*, $C_{19}H_{12}N_2O_2$, F. $251-252^0$ (Bzl.), durch ¼ std. Erhitzen von 0,052 g **IX**, **XVIII**, Na-Acetat u. Acetanhydrid auf $140-145^0$ u. Zusatz von W. zu der heißen Schmelze; feine grüne Kristalle; 0,009 g. — *4-Chlormethylisochinolinhydrochlorid* (**X**), $C_{10}H_9NCl_2$, F. 225^0 (Zers.), durch 1std. Kochen von **VIII**-Hydrochlorid aus 4,3 g **VIII**) mit $SOCl_2$; 4,76 g. — *Isochinolyl-(4)-essigsäure* (**III**), *Hydrochlorid* (**XIV**), $C_{11}H_9NO_2 \cdot HCl$, F. $241-243^0$ (Zers.), durch Einw. von $NaNO_2$ in W. auf 0,31 g des Amids in 6n HCl u. Stehen über Nacht bei Raum-Temp.; aus abs. A. Stäbe; 0,32 g. *Äthylester*, $C_{13}H_{13}NO_2$, F. $62-64^0$, a) durch 15std. Kochen von 0,189 g **VII**, S u. Morpholin, Zusatz von 5% ig. äthanol. NaOH, 73std. Kochen, Gießen in W., Einengen im Vakuum, Zusatz von W., Sättigen mit Salz, Waschen mit Ae., Eindampfen mit HCl, Aufnehmen in A., Filtrieren, Zusatz von Ae., Kochen des Nd. mit äthanol. HCl über Nacht, Gießen in gesätt. NaCl-Lsg., Alkalisieren mit NH_4OH u. Extraktion mit Ae.; durch Sublimieren bei 100^0/15 Torr u. aus PAe. Nadeln; 0,02 g; b) durch 3std. Kochen von 0,1 g **VI** in abs. A./konz. H_2SO_4; 0,07 g. *Nitril* (**VI**), $C_{11}H_8N_2$, F. $109-110^0$ (Bzl./PAe.), a) durch Zutropfen von 4,3 g **X** in 50% ig. A. zu NaCN in sd. A./W. u. 40 Min. langes Kochen; 1,45 g; b) durch Zutropfen von 12 g **X** in Dimethylsulfoxid zu NaCN in Dimethylsulfoxid bei Raum-Temp., 2½ std. Rühren, Gießen in W. u. Extraktion mit Ae.; 4,7 g. *Amid*, $C_{11}H_{10}N_2O$, F. $232-232,5^0$, durch 17std. Stehen von 0,5 g **VI** in konz. H_2SO_4, Gießen in W. u. Alkalisieren mit 20% ig. NaOH; aus W. Nadeln; 0,475 g. — *cis-α-[Isochinolyl-(4)]-o-nitrozimtsäurenitril* (**XI**), $C_{18}H_{11}N_3O_2$, F. 177 bis 178^0 (A.), durch Erhitzen von 1 g **VI**, **IV**, Triäthylamin u. Acetanhydrid auf dem Dampfbad über Nacht; 1,6 g. — *2-Amino-3-[isochinolyl-(4)]-chinolin-1-oxid* (**XII**), $C_{18}H_{13}N_3O$, F. $260-261^0$ (Aceton), durch Einw. von H_2 bei Raum-Temp. auf 0,2 g **XI** in Essigester in Ggw. von 10% ig. Pd/Kohle; 0,185 g. — *2-Amino-3-[isochinolyl-(4)]-chinolin*, $C_{18}H_{13}N_3$, F. $252-253,5^0$ (A.), a) durch 18std. Kochen von 0,1 g **XII** mit einer an HCl gesätt. Lsg. von $SnCl_2$ in Essigsäure; 0,055 g; b) durch 20 Min. langes Erhitzen von 0,1 g **XII**, Fe(II)-Oxalat-Dihydrat u. Pb-Granulat auf 330^0; 9 mg. — *trans-α-[Isochinolyl-(4)]-o-nitrozimtsäure* (*trans*-**XV**), $C_{18}H_{12}N_2O_4$, F. $246-247^0$, durch 35 Min. langes Kochen von 1,41 g **XIV**, **IV**, Triäthylamin u. Na-Acetat in Acetanhydrid; aus CH_3OH orangegelbe Kristalle; 1,14 g. — *trans-α-[Isochinolyl-(4)]-o-aminozimtsäure* (**II**), $C_{18}H_{14}N_2O_2$, F. $279-281^0$ (Zers., A.,) durch rasche Zugabe von 1 g **XV** in NH_4OH zu $FeSO_4$ in sd. W., Alkalisieren mit NH_4OH u. Rühren (10 Min.); 0,4 g. — *Benzo-[c]-phenanthridincarbonsäure-(11)*, F. $270-272^0$ (Zers.), durch Diazotierung von 0,25 g **II** mit $NaNO_2$-Lsg. in 5% ig. HCl $<1^0$, Zusatz von Harnstoff u. Gattermann-Cu-Pulver, 5std. Rühren bei Raum-Temp., Ansäuern mit Essigsäure, Abfiltrieren u. Extraktion des Nd. mit CH_3OH im Soxhlet-App.; 0,12 g. — *Benzo-[c]-phenanthridin*, $C_{17}H_{11}N$, F. $135-135,5^0$ (wss, A.), durch Kochen von 0,05 g vorst. Verb. mit Chinolin u. Cu-Pulver bis zum Ende der Gas-Entw.; Zusatz von W., Dest. mit Dampf, Extraktion des Rückstands mit Ae. u. Chromatographie an Al_2O_3; 0,02 g. G. O. Jäger 3231◇

0855 **1.5-Naphthyridin und einige seiner Alkylderivate.** Henry Rapoport und Andrew D. Batcho. (J. org. Chemistry **28**, 1753—59, 1963; Berkeley, Calif., Univ., Dep. of Chem.; engl.) — Skraup-Rk. von 3-Aminopyridin (**I**) mit Glycerin (**VI**) in Ggw. von Borsäure liefert *1.5-Naphthyridin* (**II**). Durch selektive Fraktionierung werden daneben *1.2.3.4-Tetrahydro-* (**III**), *3-Methyl-* (**IV**) u. *3-Äthyl-1.5-naphthyridin* (**V**) isoliert, die durch unabhängige Synth. identifiziert werden. *1.7-Naphthyridin* (**VII**) wird bei dieser Rk. nicht gebildet. **IV** sowie *2-* bzw. *4-Methyl-1.5-naphthyridin* werden durch Rk. von **I** mit Crotonaldehyd (**VIII**), Methacrolein (**IX**) bzw. Methylvinylketon (**X**) dargestellt. Evtl. entsteht **III** durch Disproportionierung einer Dihydro-Verb., die durch Dehydratisierung des bei der Cyclisierung des aus **I** u. Acrolein gebildeten Arylaminopropionaldehyds entstandenen Carbinols gebildet wird. $KMnO_4$-Oxydation von **V** liefert *1.5-Naphthyridin-3-carbonsäure*. Die gleiche Rk. mit **IV** liefert *3-Acetamidopicolinsäure*, die bei 212^0 zu *3-Acetamidopyridin* decarboxyliert wird. Durch Oxydation von **IV** mit $Na_2Cr_2O_7$ wird *3-Methyl-1H-1.5-naphthyridinon-(2)* (**XI**) erhalten. *N-Methylnaphthyridinone* werden durch Oxydation der entsprechenden *Methojodide* mit $K_3[Fe(CN)_6]$ dargestellt. Das nach Albert u. Hampton (C. **1953**, 8868) erhältliche *7H-1.7-Naphthyridinon-(8)* wird über das *8-Chlor-Deriv.* in das *8-Hydrazino-Deriv.* (**XII**) übergeführt, das in Ggw. von Cu^{2+} **VII** gibt. Die UV-Spektren (Methanol) von **II**, **VII**, **XI**, *1-Methyl-1H-1.5-naphthyridinon-(2)* u. *1.5-Dimethyl-2.6-dioxo-1.2.5.6-tetrahydro-1.5-naphthyridin* sind abgebildet.

Versuche: 1.5-Naphthyridine: *Unsubstituiert* (**II**), $C_8H_6N_2$, F. $74-75^0$ (Pentan), Kp.$_{54}$ $150-152^0$, durch Zusetzen einer Lsg. von Borsäure u. abs. **VI** in einer Mischung von konz. H_2SO_4 u. 15% rauchender H_2SO_4 zu As_2O_5, $FeSO_4$ u. **I**, Erhitzen auf 100^0, dann 20 Std. auf 135^0, Alkalisieren, Dampf-Dest., Einstellen des Destillats auf pH 3,1 mit H_3PO_4 u. Extrahieren mit Pentan, Alkalisieren der wss. Schicht (pH 3) mit NaOH, Extrahieren mit Ae. u. Fraktionieren; 31% (Ausbeute); daneben 4,4% **IV** (Kp.$_{56}$ $173-175^0$) u. 4,4% **V** (Kp.$_{56}$ 181 bis 182^0). *Methojodid* (**XIII**), $C_9H_9JN_2$, F. $254-255^0$ (Zers.), durch 12std. Kochen von 1 g **II** in Methanol mit CH_3J auf dem Dampfbad; 1,6 g. — *1.2.3.4-Tetrahydro-* (**III**), $C_8H_{10}N_2$, F. $109-111^0$ (Bzl.-Hexan u. Sublimieren bei $80^0/50\ \mu$), Kp.$_{18}$ $117-120^0$, a) analog **II**, jedoch 5std. Erhitzen; 5%; b) durch Hydrieren von **II** in 95% ig. A. über PtO_2; 100%. — *3-Methyl-* (**IV**), $C_9H_8N_2$, F. $73-75^0$ (Pentan u. Sublimieren bei 60^0/0,2 Torr), durch Zutropfen von **IX** zu $FeSO_4$, As_2O_5 u. **I** in konz. H_2SO_4 bei 120^0 (Bad), weiteres Zutropfen von **IX** nach 4 Std. u. 15std. Erhitzen auf 170^0; 30%. — *2-Methyl-*, $C_9H_8N_2$, F. $60-61^0$ (Sublimieren bei 40^0/0,1 Torr), durch Zutropfen von **VIII** zu einem Gemisch von Sulfo-mix (vgl. Utermohlen, J. org. Chemistry **8**, [1943], 544), W. u. **I** bei $125-130^0$, Erhitzen auf 150^0 über Nacht u. Chromatographie an Al_2O_3. — *2-Styryl-*, $C_{16}H_{12}N_2$, F. $120-121^0$ (Bzl.-Hexan), durch 2tägiges Kochen von 1,04 g vorst. Verb. in Eisessig, Acetanhydrid u. Benzaldehyd unter N_2, Zusetzen von 3nHCl, Extrahieren mit CH_2Cl_2 u. Sublimieren bei $100^0/10\ \mu$; 1,2 g. — *4-Methyl-*, $C_9H_8N_2$, F. $30-32^0$, analog **IV** mit **X**; 11%. — *3-Äthyl-* (**V**), $C_{10}H_{10}N_2$, Kp.$_{56}$ $181-182^0$, Kp.$_{40}$ $162-170^0$, durch Erhitzen von 23,5 g **I** mit $FeSO_4$, As_2O_5, 2-Hydroxymethyl-2-methylpropandiol-(1.3), Borsäure u. konz. H_2SO_4 auf 150^0 u. nach Abklingen der Rk. 4 Std. auf 130^0 u. Isolieren des Prod. wie bei **II**; 5 g. — *7H-1.7-Naphthyridinon-(8)* (**XIV**), F. $236-239^0$ (Methanol u. Sublimieren bei $180^0/10\mu$), nach Albert u. Hampton (l. c.), jedoch mit Sulfo-mix (vgl. l. c.); 90%. — *1.7-Naphthyridin* (**VII**), $C_8H_6N_2$, F. $60-62^0$ (Sublimieren bei 60^0/0,1 Torr), durch Zutropfen von **10%ig.** $CuSO_4$-Lsg. zu 2,68 g **XII** in wss. CH_3CO_2H, ³/₄std. Erhitzen auf dem Dampfbad u. Alkalisieren mit konz. NaOH, Extrahieren mit CH_2Cl_2 u. Chromatographie an Al_2O_3; 500 mg. *8-Chlor-Deriv.*, $C_8H_5ClN_2$, F. 87 bis 88° (Bzl.–Hexan), durch Kochen von **XIV** mit $POCl_3$ über Nacht, Eindampfen im Vakuum, Zusetzen von Eiswasser, Einstellen auf pH 5 mit NaOH u. Extrahieren der wss. Schicht mit CH_2Cl_2, Eindampfen u. Sublimieren bei 80°/0,5 Torr; 58%. *8-Hydrazino-Deriv.* (**XII**), $C_8H_8N_4$, F. 98–99° (Sublimieren bei 100°/0,1 Torr), durch 10 Min. langes Kochen des 8-Chlor-Deriv. in A. mit 85%ig. $N_2H_4 \cdot H_2O$ auf dem Dampfbad; 99%. — *1.5-Naphthyridin-3-carbonsäure*, $C_9H_6N_2O_2$, F. 279° (Sublimieren bei 150°/5 μ), durch 1½std. Erhitzen von 8,9 g **V** in W. auf 70° u. gleichzeitiges Zusetzen von $KMnO_4$, Waschen mit CH_2Cl_2, Einstellen auf pH 3 mit H_3PO_4 u. Extrahieren mit Chlf.; 2,4 g. *Amid*, $C_9H_7N_3O$, F. 257° (Methanol–Aceton u. Sublimieren bei 150°/10 μ), durch Rk. der Säure mit $SOCl_2$, Eindampfen, Zusetzen von konz. NH_4OH u. Extrahieren mit $CHCl_3$. — *3-Acetamidopicolinsäure*, $C_8H_8 \cdot N_2O_3$, F. 212° (Zers.; Sublimieren bei 150°/10 μ), analog vorst. Verb. aus **IV**; 30%. — *3-Acetamidopyridin*, F. 129–131°, durch Decarboxylieren vorst. Verb. in sd. p-tert.-Butyltoluol. — *3-Methyl-1H-1.5-naphthyridinon-(2)* (**XI**), $C_9H_8N_2O$, F. 261 bis 262° (Sublimieren bei 100°/10 μ), durch Zutropfen von $Na_2Cr_2O_7$-Lsg. zu **IV** in 6n H_2SO_4 bei 100° u. weiteres Erhitzen auf 100° über Nacht, Einstellen auf pH 3,1 mit NaOH, Extrahieren mit Chlf., Eindampfen, Lösen in $Na_2 \cdot CO_3$-Lsg., Extrahieren mit Chlf., Eindampfen u. Chromatographie an Al_2O_3 mit CH_2Cl_2, dann mit W., Einstellen des wss. Eluats auf pH 7 u. Extrahieren mit Chlf.; 400 mg. — *1-Methyl-1H-1.5-naphthyridinon-(2)*, $C_9H_8N_2O$, F. 104–105° (Sublimieren bei 95°/5 μ), durch gleichzeitiges Zutropfen von NaOH u. von $K_3[Fe(CN)_6]$-Lsg. zu **XIII** in W. unter Kühlen mit Eis–Methanol, weiteres 1½std. Kühlen, dann weiteres 5std. Rühren bei Raum-Temp., Extrahieren mit Chlf. u. Chromatographie an Al_2O_3; 56%. *Methojodid*, $C_{10}H_{11}JN_2O$, F. 216° (Zers.), durch 2tägiges Kochen mit CH_3J in Bzl.; aus Methanol–Ae. orangefarbene Nadeln. — *1.5-Dimethyl-2.6-dioxo-1.2.5.6-tetrahydro-1.5-naphthyridin*, $C_{10}H_{10}N_2O_2$, F. 220 bis 222° (Zers.), analog vorst. Verb. aus 3 g vorst. Methojodids u. Sublimieren bei 190°/10 μ; aus Methanol–Aceton gelbe Nadeln; 1,8 g. — *1.5-Dimethyl-3-äthyl-2.6-dioxo-1.2.5.6-tetrahydro-1.5-naphthyridin*, $C_{12}H_{14}N_2O_2$, F. 261–262° (Sublimieren bei 150°/10 μ), durch 2tägiges Erhitzen von **V** in abs. Bzl. mit CH_3J auf dem Dampfbad, Vakuum-Dest., Oxydation des Rückstands durch Zusetzen von $K_3[Fe(CN)_6]$-Lsg. u. NaOH bei 5°, Extrahieren mit Chlf., Eindampfen, Lösen in 3n HCl u. Extrahieren mit Chlf.; 17%; daneben 14% *1-Methyl-3-äthyl-1H-1.5-naphthyridinon-(2)* [$C_{11}H_{12}N_2O$, F. 107–108° (Sublimieren bei 80°/50 μ), durch Ansäuern der alkal. Lsg., Extrahieren mit CH_2Cl_2 u. Chromatographie an Al_2O_3].

H. Gleinig 3231◇

0856 **Reserpinanaloge: Synthese von β-Carbolinderivaten.** A. M. Ahsan und W. H. Linnell. (J. chem. Soc. [London] **1963**, 3928–30; London, School of Pharm.; engl.) — Vff. synthetisierten eine Reihe *2-[Hydroxyalkyl]-substituierter 1.2.3.4-Tetrahydro-β-carboline*, die am günstigsten aus 1.2.3.4-Tetrahydro-β-carbolin (**I**) dargestellt werden. Die bei der Synth. verwendeten Chloralkylmethylketone wurden mit $NaBH_4$ zu den entsprechenden *Alkoholen* reduziert.

Versuche: 1.2.3.4-Tetrahydro-β-carboline: *2-[4-Hydroxypentyl]-* (**III**), $C_{16}H_{22}N_2O$, F. 150–151° (Äthylacetat), durch 72std. Kochen von 500 mg **I** (aus Norharman mit Na in A.) u. 4-Chlor-1-methylbutylacetat (**II**) (aus 5-Chlorpentanon-(2) mit $NaBH_4$ u. Acetylierung) in A.; 255 mg (Ausbeute). — *2-[4-Hydroxypentyl]-1-methyl-*, $C_{17}H_{24} \cdot N_2O$, F. 171–173° (CH_3OH), durch 15std. Erhitzen von 1,75 g 1-Methyl-β-carbolin (aus DL-Tryptophan u. Acetaldehyd) mit **II** in Benzylalkohol unter N_2 auf 120–130°, Zugabe von Ae. u. 1½std. Rühren des erhaltenen Prod. (F. 195 bis 200°; 80%) in Methanol mit $NaBH_4$ $< 30°$, dann Stehen über Nacht bei Raum-Temp., nach Aufarbeitung 1½std. Kochen des entstandenen Prod. (2,16 g) mit methanol. NaOH. — *2-[3-Hydroxybutyl]-*, F. 176–179°, analog vorst. Verbindung. — *2-[2-Hydroxypropyl]-*, $C_{14}H_{18}N_2O$, F. 147–148° (Methanol), a) analog vorvorst. Verb.; b) durch Rk. von 500 mg **I** mit Propylenoxid in CH_3OH; 76%. — *2-[4-(3.4.5-Trimethoxybenzoyloxy)-pentyl]-*, *Hydrochloridhemihydrat*, $(C_{26}H_{32}N_2O_5 \cdot HCl)_2 \cdot H_2O$, sintert bei 95°, erweicht 108–110°, aus **III** in Pyridin durch langsame Zugabe von 3.4.5-Trimethoxybenzoylchlorid unter Kühlung u. 4std. Stehen bei Raumtemperatur. *Pikrat*, $C_{32}H_{35}N_5O_{12}$, F. 168° (Zers.; A./Ae.). — *1-Methyl-2-[4-(3.4.5-trimethoxybenzoyloxy)-pentyl]-*, *Hydrochloridmonohydrat*, $C_{27}H_{34}N_2O_5 \cdot HCl \cdot H_2O$, analog vorst. Verb.; sintert bei 108°, erweicht bei 118° (Zers.). — *2-[2-(3.4.5-Trimethoxybenzoyloxy)-propyl]-*, *Hydrochloridhemihydrat*, $C_{24}H_{28}N_2O_5 \cdot HCl \cdot \frac{1}{2} H_2O$, analog vorst. Verb.; erweicht 130° (Zers.). — *2-[3.4.5-Trimethoxybenzoyl]-*, $C_{21}H_{22}N_2O_4$, F. 185,5–186,5° (A.; Prismen), aus **I** in Bzl. u. 3.4.5-Trimethoxybenzoylchlorid in 3 Stunden.

P. Laur 3231◇

0857 **Synthese von Pyridocarbazolderivaten.** Takanobu Itai und Masaaki Sekijima. (J. pharmac. Soc. Japan [Yakugakuzasshi] **76,** 798–800, 1956; Tokyo, Nat. Hygienic Labor.; jap., Auszug: engl.) — Durch Conrad-Limpach-Rk. wird aus 3-Aminocarbazol oder aus seinem 9-Acetyl-Deriv. ein *Methylpyridocarbazol* (**I**) dargestellt. Um die Richtung der Cyclisierung zu bestimmen, wird *3-Methyl-7H-pyrido-[2.3:c]-carbazol* aus 6-Hydrazinochinaldin u. Cyclohexanon durch Fischers Indol-Synth. u. Dehydrierung dargestellt, da bei dieser Rk. die Cyclisierung immer in 5-Stellung erfolgt. Durch Misch-F. wird gefunden, daß die erhaltene Substanz mit **I** ident. ist.

Versuche: *β-[Carbazolyl-(3)-amino]-crotonsäureäthylester*, $C_{18}H_{18}N_2O_2$, F. 152–153°, durch 3–4std. Kochen von 1 g 3-Aminocarbazol mit Acetessigsäureäthylester in A.; 0,78 g (Ausbeute). — *β-[9-Acetylcarbazolyl-(3)-amino]-crotonsäureäthylester*, analog vorst. Verb. aus N-Acetyl-3-aminocarbazol in Methanol. — *1-Hydroxy-3-methyl-7H-pyrido-[2.3:c]-carbazol*, $C_{16}H_{12}N_2O$, F. 328,5–329,5°, a) durch 1std. Erhitzen von 1 g vorvorst. Verb. in Diphenyläther auf 250 bis 280°; 0,56 g; b) durch ½std. Erhitzen vorst. Verb. in Diphenyläther auf 250°; 3,1 g (aus 3 g des entsprechenden Carbazols). — *1-Chlor-3-methyl-7H-pyrido-[2.3:c]-carbazol* (**II**), $C_{16}H_{11}ClN_2$, F. 223°, durch 1std. Erhitzen von 0,5 g vorst. Verb. mit $POCl_3$ auf 120° im Rohr; 0,5 g. — *1-[β-Diäthylaminoäthylamino]-3-methyl-7H-pyrido-[2.3:c]-carbazol*, $C_{22}H_{26}N_4$, F. 229–230°, durch ½std. Erhitzen von 0,5 g **II** mit N.N-Diäthyläthylendiamin auf 130–140°; 0,44 g. — *6-Cyclohexylidenhydrazinochinaldin*, F. 165°, aus 6-Hydrazinochinaldin u. Cyclohexanon. — *3-Methyl-8.9.10.11-tetrahydro-7H-pyrido-[2.3:c]-carbazol* (**I**), $C_{16}H_{16}N_2$, F. 209–210°, durch 1std. Erhitzen vorst. Verb. mit konz. H_2SO_4 auf 100°. — *3-Methyl-7H-pyrido-[2.3:c]-carbazol*, $C_{16}H_{12}N_2$, F. 229–230°, a) durch Hydrieren von 0,1 g **II** an Pd/Kohle; 50 mg; b) durch Dehydrieren von 150 mg vorst. Verb. an Pd/Kohle bei 200–220° (1 Std.) u. 250° (1 Std.); 80 mg. *Dipikrat*, $C_{28}H_{18}N_8O_{14}$, F. 262–263°.

D. Dargel 3231△

0858 **Untersuchung auf dem Gebiet der C-Acylierung heterocyclischer Ketoenole.** 4. Mitt. **5-Acylbarbitursäuren.** N. Ss. Wulfsson und R. B. Shurin. (J. allg. Chem. [UdSSR] **31** (**93**), 281–83, 1961; Forschungsinst. für organ. Zwischenprodd. u. Farbstoffe; russ.) — 2. vgl. C. **1963,** 10072. — Durch Rk. von Barbitursäure (**I**) mit Carbonsäuren in Ggw. von $POCl_3$ wurden *5-Acylbarbitursäuren* dargestellt u. in ihre *Phenylhydrazone* übergeführt.

Versuche: Barbitursäuren: *5-Acetyl-*, $C_6H_6N_2O_4$, F. 295–297° (Zers.; verd. Essigsäure), durch ³/₄std. Kochen von 3 g **I**, 15 ml Eisessig u. 6 ml $POCl_3$ u. Verdünnen mit 150 ml W.; 86%. *Phenylhydrazon*, F. 308–310°. — Analog: *5-Propionyl-*, $C_7H_8N_2O_4$, F. 242–244°; 70%. *Phenylhydrazon*, $C_{13}H_{14}N_4O_3$, F. 241–242°. — *5-n-Butyryl-*, $C_8H_{10}N_2O_4$, F. 224–225°; 78%. *Phenylhydrazon*, $C_{14}H_{16}N_4O_3$, F. 248 bis 249°. — *5-Isobutyryl-*, $C_8H_{10}N_2O_4$, F. 230–233°; 25%. *Phenylhydrazon*, $C_{14}H_{16}N_4O_3$, F. 272–275°. — *5-n-Valeryl-*, $C_9H_{12} \cdot N_2O_4$, F. 218–218,5°; 75%. *Phenylhydrazon*, $C_{15}H_{18}N_4O_3$, F. 228–229°. — *5-Isovaleryl-*, $C_9H_{12}N_2O_4$, F. 213–213,5°; 70%. *Phenylhydrazon*, $C_{15}H_{18}N_4O_3$, F. 226–226,5°. — *5-n-Caproyl-*, $C_{10}H_{14}N_2O_4$, F. 210–210,5°; 77%. *Phenylhydrazon*, $C_{16}H_{20}N_4O_3$, F. 228–228,5°. — *5-Önanthoyl-*, $C_{11}H_{16}N_2O_4$, F. 205°; 79%. *Phenylhydrazon*, $C_{17}H_{22}N_4O_3$, F. 230–230,5°. — *5-Capryloyl-*, $C_{12}H_{18}N_2O_4$, F. 210°; 30%. *Phenylhydrazon*, $C_{18}H_{24}N_4O_3$, F. 230,5–231°. Helmut Schäfer 3272△

0859 **Schwefelhaltige Pyrimidinderivate.** 4. Mitt. **Synthese von 2.6-Dimethyl-4-aminopyrimidin-5-carbonsäurenitril und des Methylanalogons von Thiamin.** Mahiko Horiuchi. (J. pharmac. Soc. Japan [Yakugakuzasshi] **78,** 1224–28, 1958; Amagasaki, Shionogi & Co. Ltd., Res. Labor.; jap., Auszug: engl.) — 3. vgl. J. pharmac. Soc. Japan [Yakugakuzasshi] **78,** [1958], 137; 2. vgl. C. **1963,** 21941. — Bei der

Darst. von 2.6-Dimethyl-4-amino-5-cyanpyrimidin (I) nach Kenner u. Mitarbeitern [1943] wurde statt I [*1-Acetamidinoäthyliden*]-*malonsäuredinitril* erhalten. Aus dieser Verb. entsteht I beim Erwärmen mit Acetamidin. Das Methylanalogon von Thiamin, *3-[2.6-Dimethyl-4-aminopyrimidyl-(5)-methyl]-4-methyl-5-[2-hydroxyäthyl]-thiazoliumchloridhydrochlorid*, wird aus I synthetisiert u. zeigt bei Ratten $^1/_3$ der Wrkg. von Thiamin. IR- u. UV-Spektren vgl. Original.

Versuche: [*1-Acetamidinoäthyliden*]-*malonsäuredinitril*, $C_7H_8N_4$, F. 218°, durch 3std. Kochen von 18,9 g Acetamidinhydrochlorid mit Malonsäuredinitril in Ggw. von äthanol. Na-Äthylat-Lsg., Stehen über Nacht u. Waschen mit W.; aus A. Platten; 10 g (Ausbeute). — *2.6-Dimethyl-4-amino-5-cyanpyrimidin* (I), F. 220°, a) durch Umsetzen der doppelten Menge Acetamidinhydrochlorid analog vorst. Verb.; aus A. Nadeln; 16 g; b) durch 3std. Kochen von 3,7 g vorst. Verb. mit 4,7 g Acetamidinhydrochlorid in Ggw. von Na-Äthylat analog a); 3,7 g. *Pikrat*, $C_{13}H_{11}N_7O_7$, F. 195° (Zers.). — *2.6-Dimethyl-4-amino-5-aminomethylpyrimidin*, F. 194°, durch 3std. katalyt. Hydrieren von 7,4 g I in mit NH_3 gesätt. Methanol an Raney-Ni bei 120°/65 at; rotes Pulver; 5 g. *Pikrat*, $C_{13}H_{15}\cdot N_7O_7$, F. 218° (Zers.). *Dihydrochloridhemihydrat*, $C_7H_{14}Cl_2N_4\cdot{}^1/_2\,H_2O$, F. 298° (Zers.; A.). — *2.6-Dimethyl-4-amino-5-hydroxymethylpyrimidin*, *Hemihydrat*, $C_7H_{11}N_3O\cdot{}^1/_2\,H_2O$, F. 185°, durch Diazotieren einer Lsg. von 7,6 g vorst. Verb. in verd. HCl bei pH 2 bei 95°, Neutralisieren mit Soda-Lsg. u. Filtrieren; aus W. Nadeln; 7,2 g. — *2.6-Dimethyl-4-amino-5-chlormethylpyrimidinhydrochlorid* (II), $C_7H_{11}Cl_2N_3$, F. 253° (Zers.), durch Zugabe vorst. Verb. zu $POCl_3$ bei 80°, Zugabe von A. bei 60° u. Waschen mit äthanol. HCl u. Ae.; 62,5%. — *S-[2.6-Dimethyl-4-aminopyrimidyl-(5)-methyl]-isothioharnstoff*, *Dihydrochlorid*, $C_8H_{15}Cl_2N_5S$, F. 225° (Zers.), durch 1std. Kochen von 1 g II mit Thioharnstoff in A.; 1,3 g. *Dipikrat*, $C_{20}H_{19}N_{11}O_{14}S$, F. 185° (Zers.). — *Bis-[2.6-dimethyl-4-aminopyrimidyl-(5)-methyl]-disulfid*, *Pentahydrat*, $C_{14}H_{20}N_6S_2\cdot 5\,H_2O$, F. 238° (Zers.), durch 5 Min. langes Kochen von 2,8 g vorst. Verb. mit verd. NaOH u. 48std. Stehen bei Raum-Temp.; 1,5 g. *Dipikrat*, $C_{26}H_{26}N_{12}O_{14}S_2$, F. 232° (Zers.). — *3-[2.6-Dimethyl-4-aminopyrimidyl-(5)-methyl]-4-methyl-5-[2-hydroxyäthyl]-thiazoliumchloridhydrochlorid*, *Trihydrat*, $C_{13}H_{20}Cl_2N_4OS\cdot 3\,H_2O$, F. 238° (Zers.), durch 3std. Erhitzen von 2 g II mit 4-Methyl-5-[2-hydroxyäthyl]-thiazol auf 150°, Kühlen u. Zugabe von A.; aus A. Nadeln; 2 g. *Dipikrat*, $C_{25}H_{24}N_{10}O_{15}S$, F. 193° (Zers.).

W. Hampel 3272

0860 **Untersuchungen über die Synthese von Pyrimidinderivaten.** 1. Mitt. **Synthese von 6-[Pyrimidyl-(2)-amino]-hexansäurederivaten.** Toshiyoshi Yoshikawa. (J. pharmac. Soc. Japan [Yakugakuzasshi] **76,** 772—75, 1956; Kumamoto, Univ., Pharmac. Fac.; jap., Auszug: engl.) — Die kondensierende Cyclisierung von 6-Guanidinohexansäure (I) u. Chlormalondialdehyd in gleichen Mengen in konz. H_2SO_4 (bei Anwendung von Chlorsulfonsäure unter Eiskühlung) liefert *6-[5-Chlorpyrimidyl-(2)-amino]-hexansäure*. Eine ähnliche Rk. unter Verw. von Brommalondialdehyd ergibt die entsprechende *5-Bromverbindung*. Die Rk. von I-Hydrochlorid mit Na-Nitromalondialdehyd in W. in Ggw. von Piperidin bei Raum-Temp. liefert *6-[5-Nitropyrimidyl-(2)-amino]-hexansäure* (II), die durch Red. mit $SnCl_2$/HCl in die entsprechende *5-Amino-Verb.* übergeht. Während I sich nach den gewöhnlichen Meth. nicht verestern läßt, gelingt die Veresterung von II leicht. Zusammenschmelzen von 2-Methylmercapto-4.6-dimethylpyrimidin (III) u. 6-Aminohexansäure bei 200° ergibt *6-[4.6-Dimethylpyrimidyl-(2)-amino]-hexansäure*. **III** wird aus Acetylaceton u. S-Methylisothioharnstoff dargestellt nach der Meth. von Hale u. Mitarbeitern [1915]. Als Nebenprod. entsteht bei dieser Rk. *4.6-Dimethylpyrimidin-2-carbonsäureamidin* (IV).

Versuche: *6-Guanidinohexansäure* (I), F. 165°, aus 6-Aminohexansäure u. S-Methylisothioharnstoff; 92% (Ausbeute). — *Chlormalondialdehyd*, F. 145°, nach Beattie u. Mitarbeitern [1932]; 26%. — *Brommalondialdehyd*, F. 140°, analog vorst. Verb.; 30%. — *Na-Nitromalondialdehyd*, F. 114 bis 115°; 38%. — *2-Methylmercapto-4.6-dimethylpyrimidin* (III), $C_7H_{10}N_2S$, F. 24°, Kp.$_{14}$ 123—125°, durch Kondens. von Acetylaceton mit S-Methylisothioharnstoff in Ggw. von KOH; Nadeln; 42,2%; daneben *4.6-Dimethylpyrimidin-2-carbonsäureamidin* (IV), $C_7H_{10}N_4$, F. 155,5—156°; Nadeln; 11%. — Hexansäuren: *6-[5-Chlorpyrimidyl-(2)-amino]-*, *Hydrogensulfat*, $C_{10}H_{14}ClN_3O_2\cdot H_2SO_4$, F. 116°, aus 2,3 g Chlormalondialdehyd u. 3,8 g I; 3,1 g. — *6-[5-Brompyrimidyl-(2)-amino]-*, F. 225° (Zers.), analog vorst. Verb. aus 3,5 g I; 2,9 g. *Hydrogensulfat*, $C_{10}H_{14}BrN_3O_2\cdot H_2SO_4$, F. 119°. — *6-[5-Nitropyrimidyl-(2)-amino]-* (II), F. 299—300° (Zers.), aus I-Hydrochlorid u. Na-Nitromalondialdehyd; Prismen; 48,7%. *Hydrochlorid*, F. 164°. — *6-[5-Aminopyrimidyl-(2)-amino]-*, $C_{10}H_{16}\cdot N_4O_2$, F. 295° (Zers.), durch Hydrieren von II; Nadeln; 76,2%. *Hydrochlorid*, F. 165,5°. — *6-[5-Nitropyrimidyl-(2)-amino]-*, *Äthylester*, $C_{12}H_{18}N_4O_4$, F. 288°, durch Verestern von II; 64%. *Hydrochlorid*, F. 159°. — *6-[5-Aminopyrimidyl-(2)-amino]-*, *Äthylester*, $C_{12}H_{20}N_4O_2$, F. 297—298° (Zers.), analog vorst. Verb.; Nadeln; 72%. *Hydrochlorid*, F. 165°. — *6-[4.6-Dimethylpyrimidyl-(2)-amino]-*, *Hydrochlorid*, $C_{12}H_{19}N_3O_2\cdot HCl$, F. 131°, aus III u. 6-Aminohexansäure bei 200°; Nadeln; 40,2%. — *4.6-Dimethyl-5'-nitrobipyrimidyl-(2.2')*, $C_{10}H_9N_5O_2$, F. 225° (Zers.), aus IV u. Na-Nitromalondialdehyd bei 50—60°; Nadeln; 45,4%. — *5'-Amino-4.6-dimethylbipyrimidyl-(2.2')*, *Dihydrochlorid*, $C_{10}H_{11}N_5\cdot 2\,HCl$, F. 274° (Zers.), durch Hydrieren vorst. Verb.; Nadeln; 81%.

D. Dargel 3272△

0861 **Untersuchungen über die Synthese von Pyrimidinderivaten.** 2. Mitt. **Synthese von Dipyrimidylsulfonderivaten und Diazotierung von 6-[5-Aminopyrimidyl-(2)-amino]-hexansäure.** Toshiyoshi Yoshikawa. (J. pharmac. Soc. Japan [Yakugakuzasshi] **76,** 776—78, 1956; jap., Auszug: engl.) — 1. vgl. vorst. Referat. — Durch Erhitzen von 6-[5-Brompyrimidyl-(2)-amino]-hexansäure (I) u. Thioharnstoff (II) in wss. Lsg. entsteht *6-[5-Isothiuronylpyrimidyl-(2)-amino]-hexansäure*, die mit Na-Nitromalondialdehyd (III) in wss. Lsg. mit Piperidin als Kondens.-Mittel *6-{5-[5-Nitropyrimidyl-(2)-mercapto]-pyrimidyl-(2)-amino}-hexansäure* liefert. Letztere Verb. ergibt durch Permanganatoxydation *6-{5-[5-Nitropyrimidyl-(2)-sulfonyl]-pyrimidyl-(2)-amino}-hexansäure*, die mit $SnCl_2$/konz. HCl die entsprechende *5-Amino-Verb.* liefert. Die Diazotierung von 6-[5-Aminopyrimidyl-(2)-amino]-hexansäure (IV) nach der üblichen Meth. gibt *6-[5-Hydroxypyrimidyl-(2)-amino]-hexansäure*. In ähnlicher Weise werden auch die *5-Chlor-* u. die *5-Brom-Verb.* erhalten. Neben der 5-Chlor- bzw. 5-Brom-Verb. entstehen *6-{1-[5-Chlorpyrimidyl-(2)]-hydrazino}-hexansäure* bzw. die entsprechende *5-Brom-Verb.*, wie durch Bldg. des entsprechenden *Hydrazons* mit Anisaldehyd bewiesen wird.

Versuche: Hexansäuren: *6-[5-Isothiuronylpyrimidyl-(2)-amino]-*, $C_{11}H_{17}N_5O_2S$, F. 162°, durch 3½ std. Rk. von 3,72 g I u. 1,5 g II in wss. Lsg.; 1,93 g (Ausbeute). — *6-{5-[5-Nitropyrimidyl-(2)-mercapto]-pyrimidyl-(2)-amino}-*, $C_{14}H_{16}\cdot N_6O_4S$, F. 145—145,5° (Zers.), durch Rk. vorst. Verb. mit III; 70%. — *6-{5-[5-Nitropyrimidyl-(2)-sulfonyl]-pyrimidyl-(2)-amino}-*, $C_{14}H_{16}N_6O_6S$, F. 284—285° (Zers.), durch $KMnO_4$-Oxydation vorst. Verb. (0,56 g) in Essigsäure; 0,39 g. — *6-{5-[5-Aminopyrimidyl-(2)-sulfonyl]-pyrimidyl-(2)-amino}-*, *Hydrochlorid*, $C_{14}H_{18}N_6O_4S\cdot HCl$, F. 162—163°, durch 1std. Red. vorst. Verb. mit $SnCl_2$/HCl bei 60—70°; 87%. — *6-[5-Hydroxypyrimidyl-(2)-amino]-*, *Sulfat*, $C_{10}H_{15}N_3O_3\cdot{}^1/_2\,H_2SO_4$, F. 307—308° (Zers.), durch Diazotieren von 2,2 g IV u. Verkochen der erhaltenen *Diazoniumsalz*-Lsg.; 0,8 g. *Freie Base*, F. 153°. — *6-{1-[5-Chlorpyrimidyl-(2)]-hydrazino}-*, $C_{10}H_{15}ClN_4O_2$, F. 290° (Zers.), durch Diazotieren von 2,5 g IV u. Verkochen in Ggw. von Cl-Ionen; 2,1 g. *Hydrochlorid*, F. 167°. — *6-{1-[5-Brompyrimidyl-(2)]-hydrazino}-*, $C_{10}H_{15}\cdot BrN_4O_2$, F. 290° (Zers.), analog vorst. Verb.; 1,2 g. *Hydrobromid*, F. 167°. — *6-{2-[p-Methoxybenzyliden]-1-[5-brompyrimidyl-(2)]-hydrazino}-*, $C_{18}H_{21}BrN_4O_3$, F. 294—295° (Zers.), aus 0,63 g vorst. Verb. mit Anisaldehyd; 0,51 g.

D. Dargel 3272△

0862 **Untersuchungen über Pyridazinderivate.** 1. Mitt. **Synthese und antimikrobielle Wirksamkeit von 6-substituierten 3-Aminopyridazinen und ihren Sulfonamidoderivaten.** Tatsuya Horie (Ishida), Kiyokatsu Kinjo und Takeo Ueda. (Chem. pharmac. Bull. [Tokyo] **10,** 580—91, 1962; Tokyo, Keio Univ., Pharmaceut. Inst.; engl.) — Zwecks Auffindung verbesserter Sulfonamiddrogen wurden *6-Hydroxy-*, *6-Mercapto-*, *6-Alkoxy-* u. *6-Alkylmercapto-3-sulfanilamidopyridazine* u. die als Zwischenprodd. benötigten *6-substituierten 3-Aminopyridazine* dargestellt. Die Wirksamkeit der Sulfonamide gegen verschiedene Bakterien u. Viren wurde geprüft. *6-Methoxy-*, *6-Äthoxy-* u. *6-Methylmercapto-3-sulfanilamidopyridazin* zeigen bemerkenswerte antibakterielle Wirkung.

Versuche: 3-Aminopyridazine: *6-Chlor-* (I), $C_4H_4\cdot ClN_3$, F. 215° (Zers.), Prismen aus Methanol. — *6-Brom-* (II), $C_4H_4BrN_3$, F. 210° (Zers.), blaßgelbe Prismen aus Methanol.—

6-Acetoxy- (**III**), F. 264—265° (Zers.; A.), durch 3 std. Kochen von 3,9 g **I** u. frisch geschmolzenem wasserfreiem K-Acetat in Eisessig u. Eindampfen im Vakuum; 3,5 g (Ausbeute). — *6-Hydroxy-*, F. 227° (Zers.), durch 1 std. Kochen von **III** mit 10% ig. HCl, Eindampfen im Vakuum, Lösen des erhaltenen *Hydrochlorids* ($C_4H_6ClN_3O$, F. 246°, Prismen aus Methanol; 63%) in NH_4OH, Eindampfen, Extrahieren mit Aceton u. Eindampfen; aus A. Prismen. — *6-Mercapto-*, $C_4H_5N_3S$, F. 280—285° (Zers.), durch 8 std. Erhitzen von **I** mit A./25% ig. wss. NaHS (1:1) im Autoklaven auf 120—130°, Suspendieren des Nd. in 50% ig. Methanol, Zugabe von 10% ig. NaOH bis zur fast vollständigen Lsg. u. schwaches Ansäuern mit 10% ig. HCl; gelbe Prismen; 87%. — 3-Amino-6-alkoxy- (**A**) u. -6-aryloxypyridazine, durch Zugabe von 0,1 Mol **I** oder **II** zur Lsg. von 0,12 g-Atom Na in einem abs. Alkohol bzw. Phenol, 6—10 std. Erhitzen auf 120—130° (nötigenfalls im Autoklaven), Neutralisieren des Filtrats mit 10% ig. HCl, Alkalisieren mit NH_4OH, Eindampfen im Vakuum $<140°$, Extrahieren mit Aceton u. Eindampfen (Meth. **G**); 63—85% (roh). [Hydrochloride, durch Lösen in alkohol. HCl, Behandeln mit A-Kohle u. Gießen in abs. Äther]: *6-Methoxy-*, $C_5H_7N_3O$, F. 106°, a) nach **G**; schwach braune Prismen aus Essigester; b) durch 10 std. Erhitzen von 4 g 3-Brom-6-methoxypyridazin (**IV**) mit wenig W., Cu-Pulver u. fl. NH_3 im Autoklaven auf 100°, Eindunsten, Extrahieren mit Aceton u. Eindampfen; 1,6 g; c) aus 4 g **IV** analog **V**; 0,8 g; entsteht nicht durch Umsetzung von 3-Chlor-6-methoxypyridazin (**VI**) analog b). — *6-Äthoxy-*, $C_6H_9N_3O$, F. 169°, Nadeln aus Essigester. — *6-n-Propoxy-*, F. 113°, Prismen aus Essigester. *Hydrochlorid*, $C_7H_{12}ClN_3O$, F. 185°, aus A./Ae. Nadeln. — *6-n-Butoxy-*, *Hydrat*, $C_8H_{15}N_3O_2$, F. 128°, Prismen aus Aceton. *Hydrochlorid*, F. 167°, aus A./Ae. Nadeln. — *6-n-Amyloxy-*, F. 126°, Prismen aus Aceton. *Hydrochlorid*, $C_9H_{16}ClN_3O$, F. 159°, aus A. Nadeln. — *6-Isoamyloxy-*, F. 102°, Prismen aus Essigester. *Hydrochlorid*, $C_9H_{16}ClN_3O$, F. 184°, aus A. Nadeln. — *6-n-Hexyloxy-*, F. ca. 50°, Prismen aus Essigester. *Hydrochlorid*, $C_{10}H_{18}ClN_3O$, F. 164° (A./Ae.). — *6-n-Octyloxy-*, Öl. *Hydrochlorid*, $C_{12}H_{22}ClN_3O$, F. 168°, aus A. Nadeln. — *6-n-Decyloxy-*, $C_{14}H_{25}N_3O$, F. 70° (Essigester). — *6-[β-Hydroxyäthoxy]-*, *Hydrat*, $C_6H_{11}N_3O_3$, F. 141°, aus A. Prismen. — *6-[β-Äthoxyäthoxy]-*, $C_8H_{13}N_3O_2$, F. 89°, aus A. Prismen. — *6-[β-(β-Hydroxyäthoxy)-äthoxy]-*, $C_8H_{13}N_3O_3$, F. 113°, aus A. Prismen. — *6-Benzyloxy-*, $C_{11}H_{11}N_3O$, F. 117°, Nadeln aus Essigester. *N-Acetyl-Verb.*, $C_{13}H_{13}N_3O_2$, F. 190°, aus A. Nadeln. — *6-[p-Tolyloxy]-*, $C_{11}H_{11}N_3O$, F. 160°, aus A. Prismen. — 3-Amino-6-alkylmercaptopyridazine (**B**), durch Zugabe von 0,03 Mol pulverisiertem **I** oder **II** zur Lsg. von 0,036 Mol Na-Mercaptid in Dioxan, 8 std. Erhitzen im Autoklaven auf 120—140°, Ansäuern mit Essigsäure, Einengen im Vakuum, Alkalisieren mit NH_4OH, Eindampfen, Extrahieren mit Aceton u. Eindampfen; ca. 75% (roh): *-methyl-*, $C_5H_7N_3S$, F. 116°, aus Chlf. gelbe Nadeln. — *-äthyl-*, $C_6H_9N_3S$, F. 53°, aus Chlf. gelbe Nadeln. — *-butyl-*, $C_8H_{13}N_3S$, F. 85°, aus Chlf. Nadeln. — 3-Amino-6-arylmercaptopyridazine, durch Zugabe von 0,05 Mol eines Thiophenols u. 6,5 g **I** zu abs.-alkohol. Na-Äthylat u. 8 std. Erhitzen im Autoklaven auf 130—140°; ca. 80%: *-phenyl-*, $C_{10}H_9N_3S$, F. 138°, aus A. Prismen. — *-p-tolyl-*, $C_{11}H_{11}N_3S$, F. 149°, aus A. Prismen. — *3-Chlor-6-hydroxypyridazin* (**V**), F. 137—140°, durch Zugabe von 4 g **VI** u. Cu-Pulver zu bei 0° gesätt. methanol. NH_3, 24 std. Erhitzen im Autoklaven auf 150—170°, Eindampfen, Extrahieren mit Bzl. u. Eindampfen; Nadeln aus Bzl.; 2,8 g. — *6-Chlor-* [**VII**; $C_{12}H_{11}ClN_4O_3S$, F. 225° (Zers.; wss.-methanol. NH_3/Essigsäure oder verd. Methanol), schwachgelb] u. *6-Brom-3-[N^4-acetylsulfanilamido]-pyridazin* [**VIII**; $C_{12}H_{11}BrN_4O_3S$, F. 194° (Zers.; wss.-methanol. NH_3/Essigsäure oder verd. Methanol), schwachgelb], a) durch portionsweise Zugabe von 0,022 Mol N-Acetylsulfanilsäurechlorid (**IX**) zu 0,02 Mol **I** bzw. **II** in abs. Pyridin unter Rühren bei 40—50°, 2 std. Rühren bei 60°, Stehen über Nacht, Eindampfen im Vakuum, Gießen in heißes W., Neutralisieren (pH 4—5) mit 10% ig. HCl u. Heißfiltration; 85—90%; b) durch Vermahlen von je 0,01 Mol 3.6-Dihalogenpyridazin (**C**), N^4-Acetylsulfanilamid u. wasserfreiem K_2CO_3, 1 std. Erhitzen auf 170—180°, Zugabe von W. u. Ansäuern (pH 4—5) mit 10% ig. HCl; 68—81%. — *3-[Bis-(p-acetylaminobenzolsulfonyl)-amino]-6-chlorpyridazin*, $C_{20}H_{18}ClN_5O_6S_2$, Zers. $>300°$, in geringer Menge neben **VII** nach a) im techn. Maßstab durch Lösen des Eindampfrückstandes in verd. NH_4OH als Nd.; Prismen aus Aceton; gibt bei 1 std. Kochen in A./10% ig. NaOH (1:1) u. Ansäuern mit Essigsäure **VII**. — *6-Chlor-* [**X**; $C_{10}H_9ClN_4O_2S$, F. 195° (Zers.), gelbliche Prismen aus Methanol oder verd. NH_4OH/Essigsäure] u. *6-Brom-3-sulfanilamidopyridazin* [**XI**; $C_{10}H_9BrN_4O_2S$, F. 200° (Zers.), gelbliche Prismen aus Methanol oder verd. NH_4OH/Essigsäure], a) durch 3 std. Kochen von 0,01 Mol **VII** bzw. **VIII** in A./10% ig. NaOH (1:1), Eindampfen u. Ansäuern mit Essigsäure in der Hitze; ca. 90%; b) analog **VII** u. **VIII** nach b) durch Rk. von 0,02 Mol **C**, 0,02 Mol Sulfanilamid u. 0,03 Mol K_2CO_3 bei 140—150°; ca. 65—85%. — 3-[N^4-Acetylsulfanilamido]-6-alkoxypyridazine (**D**), durch 1 std. Rühren von 0,01 Mol **A** in abs. Pyridin mit 0,011 Mol **IX** bei Raum-Temp., ½ std. Erhitzen auf 80°, Eindampfen im Vakuum, Eingießen in heißes W. u. Ansäuern mit 10% ig. HCl; ca. 90%: *6-Methoxy-*, $C_{13}H_{14}N_4O_4S$, F. 222° (Zers.), Nadeln aus Methanol oder wss.-methanol. NH_3/Essigsäure. — *6-Äthoxy-*, $C_{14}H_{16}N_4O_4S$, F. 200° (Zers.), Nadeln aus Methanol oder wss.-methanol. NH_3/Essigsäure. — *6-n-Butoxy-*, $C_{16}H_{20}N_4O_4S$, F. 185° (Zers.), Nadeln aus Methanol oder wss.-methanol. NH_3/Essigsäure. — 3-Sulfanilamido-6-alkoxypyridazine (**E**), a) durch 2 std. Kochen von 0,01 Mol **D** in A./10% ig. NaOH (1:1), Eindampfen u. Ansäuern mit verd. Essigsäure (pH 4—5); 75—85%; b) durch 6—8 std. Erhitzen von 0,02 Mol **X** oder **XI** in der Lsg. von 0,048 g-Atom Na im entsprechenden Alkohol im Autoklaven auf 120—140° unter Rühren, Eindampfen, Eingießen in W. u. Ansäuern mit Essigsäure; 60—90% (roh): *6-Methoxy-*, $C_{11}H_{12}N_4O_3S$, F. 181°, gelbliche Prismen aus Methanol oder verd. Methanol. — *6-Äthoxy-*, $C_{12}H_{14}N_4O_3S$, F. 183°, gelbliche Prismen aus Methanol oder verd. Methanol. — *6-Isopropoxy-*, $C_{13}H_{16}N_4O_3S$, F. 184°, gelbliche Prismen aus Methanol oder verd. Methanol. — *6-n-Butoxy-*, $C_{14}H_{18}N_4O_3S$, F. 167°, aus 70% ig. A. gelbliche Prismen. — *6-n-Hexyloxy-*, $C_{16}H_{22}N_4O_3S$, F. 139°, aus Bzl./A. Nadeln. — *6-n-Octyloxy-*, $C_{18}H_{26}N_4O_3S$, F. 133°, aus Bzl./A. Nadeln. — 3-[N^4-Acetylsulfanilamido]-6-alkylmercaptopyridazine (**F**), analog **D** durch Kondens. der **B** mit **IX** in abs. Pyridin: *-methyl-*, $C_{13}H_{14}N_4O_3S_2$, F. 224°, Prismen aus Methanol. — *-äthyl-*, $C_{14}H_{16}N_4O_3S_2$, F. 195°, Prismen aus Methanol. — *-butyl-*, $C_{16}H_{20}N_4O_3S_2$, F. 148°, Nadeln aus Methanol. — 3-Sulfanilamido-6-alkylmercaptopyridazine, a) analog **E** durch Hydrolyse der **F** mit verd. NaOH (2,5 Val NaOH); 76—88%; b) durch Zugabe von 0,02 Mol **X** oder **XI** zur Lsg. von 0,46 g-Atom Na in Methanol, Eindampfen, Suspendieren des erhaltenen *Na-Salzes* in der Lsg. von 0,025 Mol des entsprechenden Na-Mercaptids in Dioxan, 8—10 std. Erhitzen im Autoklaven auf 125—145°, Eingießen in W., Eindampfen im Vakuum u. Einrühren in sehr stark verd. Essigsäure; 55 bis 82%: *-methyl-*, $C_{11}H_{12}N_4O_2S_2$, F. 198°, gelbliche Prismen aus Methanol. — *-äthyl-*, $C_{12}H_{14}N_4O_2S_2$, F. 166°, gelbliche Prismen aus verd. Methanol. — *-n-propyl-*, $C_{13}H_{16}N_4O_2S_2$, F. 168°, gelbliche Prismen aus verd. Methanol. — *-n-butyl-*, $C_{14}H_{18}N_4O_2S_2$, F. 140°, gelbliche Prismen aus verd. Methanol. — *-n-amyl-*, $C_{15}H_{20}N_4O_2S_2$, F. 151°, Prismen aus Methanol. — *-n-hexyl-*, $C_{16}H_{22}N_4O_2S_2$, F. 143°, Prismen aus Methanol. — 3-Sulfanilamidopyridazine: *6-Acetoxy-* (**XII**), $C_{12}H_{12}N_4O_4S$, F. 210° (Zers.; Methanol), durch 3 std. Kochen von 2,8 g **X** oder **XI** u. frisch geschmolzenem K_2CO_3 in Eisessig u. Eindampfen im Vakuum; 2,6 g. *N^4-Acetyl-Verb.* (**XIII**), $C_{14}H_{14}N_4O_5S$, F. 265° (Zers.; wss.-methanol. NH_3/Essigsäure oder Methanol), a) analog **XII** aus **VII** oder **VIII** u. K_2CO_3 in Eisessig; 78%; b) durch Rk. von 1,5 g **III** mit **IX** in abs. Pyridin; 0,6 g. — *6-Hydroxy-*, $C_{10}H_{10}N_4O_3S$, F. 257° (Zers.; 75% ig. Methanol), a) durch 1½ std. Kochen von **XII** in A./10% ig. HCl (1:1), Eindampfen, Lösen in verd. NH_4OH u. Ansäuern mit Essigsäure (pH 4—5); gelblich; 67%; b) analog a) durch Hydrolyse von **XIII** mit verd. HCl. — *6-Mercapto-*, $C_{10}H_{10}N_4O_2S_2$, F. 285° (Zers.; wss.-methanol. NH_3/Essigsäure), durch 10 std. Erhitzen von **X**, 2n Lsg. von NaHS in 90% ig. A. u. alkohol. Na-Äthylat im Autoklaven auf 120—130°, schwaches Ansäuern mit 10% ig. HCl u. Eindampfen; gelb; 70%. G. Fischer 3272◇

0863 **Untersuchungen über Pyridazinderivate. 2. Mitt. Synthese von 6-substituierten 3-[p-Nitrobenzol-, 3-[p-Toluol- und 3-[p-Aminomethylbenzolsulfonamido]-pyridazinen.** Tatsuya Horie (Ishida) und Takeo Ueda. (Chem. pharmac. Bull. [Tokyo] **10**, 591—95, 1962; engl.) — 1. vgl. vorst. Referat. — Vff. beschreiben die Synth. verschiedener *6.4'-disubstituierter 3-Benzolsulfonamidopyridazine*. Alle Verbb. sind unwirksam gegenüber *Staphylococcus aureus* u. *Escherichia coli*.

Versuche: 3-[p-Nitrobenzolsulfonamido]-6-alkoxy- (**A**) u. -6-aryloxypyridazine, durch Zugabe von 0,01 Mol p-Nitrobenzolsulfonylchlorid zu 0,01 Mol 3-Amino-6-alkoxy- bzw. -6-aryloxypyridazinen (**B**) in eiskaltem abs. Pyridin, 1std. Schütteln, ½std. Erhitzen auf 60°, Eindampfen im Vakuum, Digerieren mit Eiswasser u. Ansäuern mit 10%ig. HCl (pH 4—5); 68—86% (Ausbeute): *6-Methoxy-*, $C_{11}H_{10}N_4O_5S$, F. 165°, aus Methanol gelbliche Nadeln. — *6-Äthoxy-*, $C_{12}H_{12}N_4O_5S$, F. 146°, aus A. gelbliche Nadeln. — *6-n-Propoxy-*, $C_{13}H_{14}N_4O_5S$, F. 173°, aus A. gelbliche Nadeln. — *6-n-Butoxy-*, $C_{14}H_{16}N_4O_5S$, F. 159°, aus A. gelbliche Nadeln. — *6-n-Amyloxy-*, $C_{15}H_{18}N_4O_5S$, F. 133°, aus A. Nadeln. — *6-n-Hexyloxy-*, $C_{16}H_{20}N_4O_5S$, F. 119°, aus A. Nadeln. — *6-[β-Äthoxyäthoxy]-*, $C_{14}H_{16}N_4O_6S$, F. 151°, aus A. Nadeln. — *6-p-Tolyloxy-*, $C_{17}H_{14}N_4O_5S$, F. 191°, aus Methanol gelbliche Prismen. — 3-[p-Toluolsulfonamido]-6-halogenpyridazine, durch langsame Zugabe von 0,011 Mol p-Toluolsulfonylchlorid (**I**) zur Suspension von 0,01 Mol 3-Amino-6-halogenpyridazinen in abs. Pyridin bei 40—50° unter Rühren, ½std. Erhitzen auf 60° u. Aufarbeiten wie **A**; 70—83%: *6-Chlor-* (**II**), $C_{11}H_{10}ClN_3O_2S$, F. 152°, aus Methanol Nadeln. — *6-Brom-*, $C_{11}H_{10}BrN_3O_2S$, F. 142°, aus Methanol Nadeln. — 3-[p-Toluolsulfonamido]-6-alkoxy- u. -6-aryloxypyridazine, a) analog **A** aus den **B** u. **I** in abs. Pyridin; 75—85%; b) durch Auflösen von 0,025 g-Atom Na in dem entsprechenden abs. Alkohol, 8std. Erhitzen mit 2,5 g **II** im Autoklaven auf 120—130°, Ansäuern mit Essigsäure, Eindampfen, Lösen in verd. NH_4OH u. Ansäuern mit verd. Essigsäure unter Kühlung; 46—70%: *6-Methoxy-*, $C_{12}H_{13}N_3O_3S$, F. 119°, aus Methanol Nadeln. — *6-Äthoxy-*, $C_{13}H_{15}N_3O_3S$, F. 141°, aus Methanol Nadeln. — *6-n-Propoxy-*, $C_{14}H_{17}N_3O_3S$, F. 150°, aus Methanol Nadeln. — *6-n-Butoxy-*, $C_{15}H_{19}N_3O_3S$, F. 144°, aus Methanol Nadeln. — *6-n-Amyloxy-*, $C_{16}H_{21}N_3O_3S$, F. 109°, aus 70%ig. Methanol Nadeln. — *6-n-Hexyloxy-*, $C_{17}H_{23}N_3O_3S$, F. 110°, aus 70%ig. Methanol Nadeln. — *6-n-Decyloxy-*, $C_{21}H_{31}N_3O_3S$, F. 125° (Bzl./Ae.). — *6-[β-Äthoxyäthoxy]-*, $C_{15}H_{19}N_3O_4S$, F. 108°, aus Methanol Nadeln. — *6-p-Tolyloxy-*, $C_{18}H_{17}N_3O_3S$, F. 164°, aus Methanol Prismen. — 3-Sulfanilamido-6-alkoxypyridazine, durch ca. 5std. Hydrieren der **A** an 10%ig. Pd-Tierkohle in 50%ig. wss. Essigsäure u. Eindampfen im Vakuum: *6-Methoxy-*, F. 180—181° (Methanol); 88%. — *6-Äthoxy-*, F. 181—183° (Methanol); 83%. — 3-[p-Phthalimidomethylbenzolsulfonamido]-pyridazine: *6-Methoxy-* (**III**), $C_{20}H_{16}N_4O_5S$, F. 216° (Zers.; Aceton), durch Zugabe von 3,7 g p-Phthalimidomethylbenzolsulfonylchlorid in abs. Pyridin zu 1,25 g 3-Amino-6-methoxypyridazin in abs. Pyridin, 1std. Schütteln bei Raum-Temp., ½std. Erhitzen auf 60—80°, Eindampfen im Vakuum, Eingießen in W. u. Ansäuern mit verd. HCl; 2 g. — *6-Chlor-* (**IV**), $C_{19}H_{13}ClN_4O_4S$, F. 222° (Zers.; Aceton), analog **III** aus 1,3 g 3-Amino-6-chlorpyridazin; 2,6 g. — 3-[p-Aminomethylbenzolsulfonamido]-pyridazine: *6-Methoxy-*, $C_{12}H_{14}N_4O_3S$, F. 231° (Zers.), durch 3std. Erhitzen von 2,1 g **III** in 10%ig. Soda-Lsg. mit 85%ig. Hydrazinhydrat auf dem Dampfbad, Entfernen des W., Ansäuern mit 5%ig. HCl, 1std. Erhitzen auf dem Dampfbad, Filtrieren, Einengen im Vakuum u. Neutralisieren mit NH_4OH (pH 7—7,5); aus 50%ig. A. Nadeln; 1 g. — *6-Chlor-*, $C_{11}H_{11}ClN_4O_2S$, F. ca. 280° (Zers.), analog vorst. Verb. aus 2,1 g **IV**; aus 50%ig. A. Nadeln; 1,1 g. G. Fischer 3272◇

0864 **Untersuchungen über Pyridazinderivate.** 3. Mitt. **Verbesserte synthetische Methode für 3-Sulfanilamido-6-alkoxypyridazine.** Tatsuya Horie (Ishida) und Takeo Ueda. (Chem. pharmac. Bull. [Tokyo] **10**, 595—602, 1962; engl.) — 2. vgl. vorst. Referat. — Einige neue Synth. für *3-Sulfanilamido-6-alkoxypyridazine* (**A**; vgl. vorvorst. Ref.) wurden mit dem Ziel der techn. Anwendung untersucht. Bei der Entacetylierungs-Alkoxylierungs-Rk. von 3-[N⁴-Acetylsulfanilamido]-6-chlorpyridazin (**I**) mit einem Na-Alkoholat in dem entsprechenden Alkohol entstehen die **A** u. der entsprechende *Essigsäurealkylester* in ausgezeichneten Ausbeuten. Zur Aufklärung des Rk.-Mechanismus wurden **I**, 3-[N⁴-Acetylsulfanilamido]-6-methoxypyridazin u. 3-Sulfanilamido-6-chlorpyridazin unter verschiedenen Bedingungen mit Na-Methylat in Methanol umgesetzt u. die Ausbeuten an *Ester*, *Na-Acetat* u. Cl^- bestimmt. Es zeigt sich, daß Entacetylierung u. Methoxylierung gleichzeitig erfolgen; da *3-Sulfanilamido-6-methoxypyridazin* (**II**) in guter Ausbeute entsteht, ist diese Meth. für die techn. Synth. von **II** aus **I** geeignet.

Versuche: 3-Sulfanilamidopyridazine: *6-Methoxy-* (**II**), F. 180—181°, durch Lösen von 11 g Na in abs. Methanol, Zugabe von 50 g **I**, 8std. Erhitzen in einem Fe-Rohr im Autoklaven auf 120—130°, Filtrieren, Eindampfen, Verdünnen des Rückstands mit W. u. Ansäuern mit Essigsäure; gelbliche Prismen aus verd. NH_4OH/verd. Essigsäure oder Methanol/wenig Essigsäure; 93% (Ausbeute); daneben (durch Fraktionieren des Destillats) *Methylacetat* [**III**, Kp. 55 bis 57°; 10,5 ml (roh); 9 ml bilden bei 7tägigem Stehen mit 28%ig. NH_4OH im Einschmelzrohr bei Raum-Temp. u. Eindampfen im Vakuum ca. 4 g *Acetamid* (F. 80—81°, Prismen)]. — *6-Äthoxy-* u. *6-Isopropoxy-*, analog. — *Aceton, 2.4-Dinitrophenylhydrazon*, F. 127°, durch Lösen von Na in reinem abs. Methanol, 4std. Erhitzen mit reinem **III** im Autoklaven auf 120°, Entfernen flüchtiger Anteile auf dem Dampfbad, Lösen des Rückstandes (enthält *Acetessigsäuremethylester*) in reinem Methanol, 1std. Kochen mit 1n KOH, Dest. u. Kochen des Destillats mit überschüssiger Lsg. von 2.4-Dinitrophenylhydrazinhydrochlorid; 0,8%. G. Fischer 3272◇

0865 **Neue Chinoxalinderivate. 6-Hydroxychinoxalin-7-carbonsäure. 2.3-Dimethyl-6-hydroxychinoxalin-7-carbonsäure.** J. Perelló, J. Bartulin und H. Urrutia. (Bol. Soc. chilena Quím. **9**, 22—24, 1959; Concepción, Univ., Escuela de Quím. y Farmacia, Inst. de Quím. Orgán. span.) — 4.5-Diaminosalicylsäure (**I**) geht mit α-Diketo-Verbb. erwartungsgemäß glatt Kondens. zu *6-Hydroxychinoxalin-7-carbonsäuren* ein.

Versuche: Chinoxalin-7-carbonsäuren: *6-Hydroxy-* (**II**), Sublimation >242°, durch Zugeben von Glyoxalbisulfit zu **I**-Monohydrochlorid in wss. $NaHCO_3$-Lsg. in inerter Atmosphäre auf dem Wasserbad, 1std. Rühren u. Ansäuern mit HCl; gelb; 85% (Ausbeute). *Hydrochlorid*, $C_9H_6N_2O_3 \cdot HCl$, Sublimation >260°. — *2.3-Dimethyl-6-hydroxy-*, $C_{11}H_{10}N_2O_3$, Sublimation >260°, analog **II** aus **I** u. Diacetyl in W.; gelb; 95%. *Hydrochlorid*, $C_{11}H_{10}N_2O_3 \cdot HCl$, Sublimation >194—197°. — *2.3-Diphenyl-6-hydroxy-*, $C_{21}H_{14}N_2O_3$, F. 254—256° (PAe.), a) durch 20 Min. langes Kochen von **I**-Hydrochlorid mit Benzil in wss. A.; 84%; b) durch ¼std. Schmelzen von **I**-Hydrochlorid mit Benzil; 83%. H.-E. Toussaint 3272

0866 **Hydrazinderivate des Pyrimidins.** 5. Mitt. **Synthese von symm.-Triazolo-[4.3:c]-pyrimidinen.** Den-itsu Shiho, Shoichiro Tagami, Noboru Takahayashi und Rikuko Honda. (J. pharmac. Soc. Japan [Yakugakuzasshi] **76**, 804—07, 1956; Okuda, Toyama, Univ., Pharmac. Fac.; jap., Auszug: engl.) — 4. vgl. C. **1962**, 3459. — *2.5-Dimethyl-4-methoxy-6-chlorpyrimidin* wird aus der entsprechenden 4.6-Dichlor-Verb. dargestellt u. mit $N_2H_4 \cdot H_2O$ in *2.5-Dimethyl-4-methoxy-6-hydrazinopyrimidin* (**I**) übergeführt. Die Rk. von **I** mit Carbonsäuren oder ihren Chloriden u. Pyridin oder mit Carbonsäureestern liefert *Monoacyl-Verbb.*, die durch Erhitzen mit $POCl_3$ oder durch direkte Behandlung von **I** mit Carbonsäureanhydriden u. einer kleinen Menge konz. H_2SO_4 *5.8-Dimethyl-7-methoxy-6-alkyl-symm.-triazolo-[4.3:c]-pyrimidine* gibt. Die Rk. von **I** mit kalter HNO_2 liefert *5.8-Dimethyl-7-methoxytetrazolo-[1.5:c]-pyrimidin*.

Versuche: 2.5-Dimethyl-4-methoxypyrimidine: *6-Chlor-*, $C_7H_9ClN_2O$, Kp.₄ 70°, aus 3,54 g 2.5-Dimethyl-4.6-dichlorpyrimidin mit Na-Methylat; 2,9 g. — *6-Hydrazino-* (**I**), $C_7H_{12}N_4O$, F. 142°, aus 3 g vorst. Verb. mit 80%ig. $N_2H_4 \cdot H_2O$; 2,5 g. *Diacetat*, $C_{11}H_{16}N_4O_3$, F. 127,5°. *Diformyl-Deriv.*, $C_9H_{12}N_4O_3$, F. 119—119,5°. — *6-Benzylidenhydrazino-*, $C_{14}H_{16}N_4O$, F. 177°, aus **I** mit dem entsprechenden Aldehyd; Nadeln. — *6-Salicylidenhydrazino-*, $C_{14}H_{16}N_4O_2$, F. 161°, analog vorst. Verb.; blaßgelbe Nadeln. — *6-[2.4-Dihydroxybenzylidenhydrazino]-*, $C_{14}H_{16}N_4O_3$, F. 224° (Zers.); blaßgelbe Nadeln. — *6-[3-Methoxy-4-hydroxybenzylidenhydrazino]-*, $C_{15}H_{18}N_4O_3$, F. 238°; Säulen. — *6-[p-Nitrobenzylidenhydrazino]-*, $C_{14}H_{15}N_5O_3$, F. 227°; gelbe Nadeln. — *6-Furfurylidenhydrazino-*, $C_{12}H_{14}N_4O_2$, F. 156°; Nadeln. — *6-[β-Formylhydrazino]-*, $C_8H_{12}N_4O_2$, F. 181°, aus 0,42 g **I** mit 80%ig. HCOOH. — *6-[β-Acetylhydrazino]-*, $C_9H_{14}N_4O_2$, F. 208°, aus **I** mit Essigsäure, Essigsäurechlorid oder Essigsäureester/Pyridin. — *6-[β-Propionylhydrazino]-*, $C_{10}H_{16}N_4O_2$, F. 153 bis 154°, analog vorst. Verbindung. — *6-[β-Butyrylhydrazino]-*, $C_{11}H_{18}N_4O_2$, F. 139°, mit Butyrylchlorid. — *6-[β-Isovalerylhydrazino]-*, $C_{12}H_{20}N_4O_2$, F. 151—151,5°, mit Isovalerylchlorid. — *6-[β-Benzoylhydrazino]-*, $C_{14}H_{16}N_4O_2$, F. 208—209°, mit Benzoylchlorid. — 5.8-Dimethyl-7-methoxy-symm.-

triazolo-[4.3:c]-pyrimidine: *Unsubstituiert*, $C_8H_{10}N_4O$, F. 182°, aus der 6-Formylhydrazino-Verb. mit $POCl_3$ bei 100°. — *3-Methyl-*, $C_9H_{12}N_4O$, F. 238°, a) analog vorst. Verb. mit $POCl_3$ bei 100—110°; b) aus I mit Acetanhydrid. — *3-Äthyl-*, $C_{10}H_{14}N_4O$, F. 202°, analog vorst. Verb. nach b). — *3-Propyl-*, $C_{11}H_{16}N_4O$, F. 140°, mit $POCl_3$ bei 100°. — *3-Isobutyl-*, $C_{12}H_{18}N_4O$, F. 126°, mit $POCl_3$. — *3-Phenyl-*, $C_{14}H_{14}N_4O$, F. 142—143°, mit $POCl_3$. — *5.8-Dimethyl-7-methoxytetrazolo-[1.5:c]-pyrimidin*, $C_7H_9N_5O$, F. 68—68,5°, aus I mit $NaNO_2$ in 12%ig. Essigsäure. D. Dargel 3272△

0867 **Synthese von Pyridazinderivaten. 5. Mitt. Synthese von symm.-Triazolo-[4.3:b]- und Tetrazolo-[4.5:b]-pyridazinen.** 2. Mitt. Noboru Takahayashi. (J. pharmac. Soc. Japan [Yakugakuzasshi] **76**, 765—67, 1956; Okuda, Toyama, Univ., Pharmac. Fac.; jap., Auszug: engl.) — 4. vgl. J. pharmac. Soc. Japan [Yakugakuzasshi] **75**, [1955], 1245; 2. vgl. J. pharmac. Soc. Japan [Yakugakuzasshi] **75**, [1955], 1242. — 3-Acylhydrazino-6-chlorpyridazine unterliegen in Alkalihydroxid-Lsg. der Cyclisierung in *symm.-Triazolo-[4.3:b]-pyridazine*, diese Rk. erfolgt nicht in neutraler oder saurer Lösung. 6-Chlor-symm.-triazolo-[4.3:b]-pyridazin (I) u. 6-Chlortetrazolo-[4.5:b]-pyridazin (II) können durch katalyt. Hydrierung in die entsprechenden Grund-Syst. umgewandelt werden. **I** u. **II** reagieren mit 10—20%ig. NaOH, alkohol. NH_3-Lsg. u. 80%ig. $N_2H_4 \cdot H_2O$-Lsg. unter Bldg. der entsprechenden *6-Hydroxy-*, *6-Amino-* bzw. *6-Hydrazino-Verbindungen*.

Versuche: symm.-Triazolo-[4.3:b]-pyridazine: *Unsubstituiert*, $C_5H_4N_4$, F. 134°, a) durch Hydrieren von 0,6 g **I** in Methanol/28%ig. NH_4OH an Pd/Kohle; 0,4 g (Ausbeute); b) durch Kochen der entsprechenden 6-Hydrazino-Verbb. mit $CuSO_4$-Lsg.; aus Bzl./Methanol Platten. *Hydrochlorid*, F. 230°. — *6-Hydazino-*, $C_5H_6N_6$, F. 221°, aus 0,75 g **I** mit 80%ig. $N_2H_4 \cdot H_2O$; 0,6 g. — *6-[β-Formylhydrazino]-*, $C_6H_6N_6O$, F. 252°, mit 50- bzw. 80%ig. HCOOH aus 0,2 g vorst. Verb.; Nadeln; 0,2 g. — *6-Hydroxy-*, $C_5H_4N_4O$, F. 291° (Zers.), aus 0,31 g **I** mit 10%ig. NaOH; 0,2 g. — *6-Amino-*, $C_5H_5N_5$, F. 272,5°, durch 3std. Erhitzen von **I** (1,5 g) mit alkohol. NH_3 im Rohr bei 150°; 1,1 g. — *6-Mercapto-*, F. 236°, aus **I** analog vorst. Verb.; 73%. — Tetrazolo-[4.5:b]-pyridazine: *Unsubstituiert*, $C_4H_3N_5$, F. 104°, aus 1,4 g **II** durch Hydrieren; 0,8 g. *Hydrochlorid*, F. 151°; Platten. — *6-Hydrazino-*, $C_4H_5N_7$, F. 230,5°, aus 0,3 g **II** mit 80%ig. $N_2H_4 \cdot H_2O$; Blätter; 0,25 g. — *6-Hydroxy-*, $C_4H_3N_5O$, F. 208° (Zers.), durch 2std. Erhitzen von 0,1 g **II** mit 20%ig. NaOH; Säulen; 0,03 g. — Bei der Rk. von 3-[β-Formylhydrazino]- u. 3-[β-Acetylhydrazino]-6-chlorpyridazin mit 90%ig. H_2SO_4 bei 50—60° erhält man nur die Ausgangssubstanz zurück. D. Dargel 3272△

0868 **Möglichkeiten der Reaktion von Brenztraubensäure mit Amiden.** R. Giuliano. (Farmaco [Pavia], Ediz. sci. **10**, 917—21, 1955; Roma, Univ., Ist. di Chim. Farmac.; ital.) — Die Kondens.-Rkk. von Brenztraubensäure (I) mit Amiden werden untersucht. Durch Kondens. von **I** mit aromat. Hydroxyamiden werden substituierte *2.3-Dihydro-1.3-benzoxazone-(4)* dargestellt.

Versuche: 2-Carboxy-2.3-dihydro-1.3-benzoxazone-(4), durch 3std. Erhitzen von **I** mit aromat. Amiden aus 110—115°/15—20 Torr im Mol-Verhältnis 1 : 1: *2-Methyl-* $C_{10}H_9NO_4$, F. 230° (Zers.; A., W. oder Essigsäure), aus Salicylamid. — *2-Phenyl-*, $C_{15}H_{11}NO_4$, F. 235—236° (Zers.; A.), aus Salicylamid u. Benzoylameisensäure. — *2-Methyl-6-hydroxy-*, $C_{10}H_9NO_5$, F. 231° (Zers.), aus 2.5-Dihydroxybenzamid; aus W. Nadeln. — *2-Methyl-7-hydroxy-*, $C_{10}H_9NO_5$, F. 232° (Zers.), aus β-Resorcylsäureamid; aus W. Nadeln. H.-J. Weigmann 3282△

0869 **Über Orceinfarbstoffe.** 16. Mitt. **Die Autoxydation von Resorcinderivaten, insbesondere des 4.5-Dimethylresorcins.** Hans Musso und Dieter Maassen. (Chem. Ber. **95**, 2831—36, 1962; Göttingen, Univ., Organ.-Chem. Inst.; dt.) — 15. vgl. C. **1962, 7160**. — Aus den Verss. der Autoxydation von methylsubstituierten Resorcin-Derivv. ergibt sich, daß im Orcein außer den bisher isolierten 14 Phenoxazonfarbstoffen keine weiteren Vertreter vorkommen. Bei der Autoxydation von 4.5-Dimethylresorcin (I) in konz. NH_4OH entsteht *7-Hydroxy-3.4.5.6-tetramethylphenoxazaon-(2)* (**II**). Neben **II** scheint sich in geringer Menge ein weiterer Phenoxazonfarbstoff zu bilden, denn die Acetylierung des Autoxydations-Prod. von **I** liefert neben dem gelben *Acetyl-Deriv.* von **II** eine rote *Acetyl-Verb. vom F. 340°* (**III**), die sich durch Alkali zu einem *7-Hydroxyphenoxazon-(2)* verseifen läßt. Für **II** und **III** sind die UV-Maxima u. die IR-Banden angegeben.

Versuche: *7-Hydroxy-3.4.5.6-tetramethylphenoxazon-(2)* (**II**), F. > 350° (Zers.), durch 6 Wochen langes Aufbewahren einer Lsg. von **I** (F. 137—138°) in konz. NH_4OH an der Luft, Absaugen der aus der violetten Lsg. ausgeschiedenen braunen Substanz u. Reinigung der letzteren durch Sublimation im Hochvakuum bei 220°; 0,04% (Ausbeute). *Acetylderiv.*, $C_{18}H_{17}NO_4$, F. 258—260° (gelbe Kristalle; Bzl./Chlf.), durch Ansäuern der Mutterlauge von **II**, Extraktion mit Butanol, Eindampfen der organ. Lsg. im Vakuum, Acetylierung mit Acetanhydrid u. Pyridin u. chromatograph. Reinigung aus Bzl.-Lsg. an Kieselgel; 0,35%; daneben *Acetylverb. vom F. 340°* (**III**), rote Kristalle; ca. 0,11%. H. G. Henkel 3282◇

0870 **Darstellung und Reaktionen von Dialkylaminoborazolen und Reaktion von Diäthylaminobordichlorid mit primären Aminen.** W. Gerrard, H. R. Hudson und E. F. Mooney. (J. chem. Soc. [London] **1962**, 113—19; London, Northern Polytechnic; engl.) — Durch Rk. von Tri-B-chlorborazol (I) mit sek. Aminen bzw. durch Aminolyse von Tris-B-[dimethylamino]-(II) u. Tris-B-[diäthylamino]-borazol (**III**) werden die entsprechenden *Tris-B-[dialkylamino]-borazole* (T) dargestellt. Beim Vers. Tris-B-[di-sek.-butylamino]-borazol zu isolieren, findet Polymerisation unter Eliminierung von Di-sek.-butylamin (**IV**) statt; bei der therm. Polymerisation der übrigen **T** werden ebenfalls sek. Amine gebildet. Beim Vers. Tri-B-aminoborazol aus **I** u. NH_3-Gas darzustellen wird nur polymeres Material erhalten; die Darst. gelingt jedoch durch analoge Rk. von **III**. Die Umsetzung von Diäthylaminobordichlorid (**V**) mit prim. Aminen führt zur Bldg. von *N-substituierten B-Chlorborazolen*, die teilweise aminolysiert werden.

Versuche: Borazole: *Tris-B-[diäthylamino]-* (**III**), $Kp._{0,4}$ 120—136°, $Kp._{0,1}$ 120°, durch Zugabe von 13,3 g **I** zu 31,9 g Diäthylamin (**VI**) in Bzl. (Meth. **A**); n_D^{20} 1,4728; $D._4^{20}$ 0,9160; 57% (Ausbeute); [daneben 23,9 g *Diäthylammoniumchlorid* (**VII**), $C_4H_{12}ClN$]; liefert bei der Pyrolyse neben **VI** ein nichtschm. Polymerisat (**P.**). — *Tris-B-[dimethylamino]-* (**II**), F. 112—115°, nach **A**; 50,8%. — *Tris-B-[di-n-propylamino]-*, F. 32—35°, $Kp._{0,4}$ 170—172°, nach **A**; 47%. — *Tris-B-[diisopropylamino]-*, F. 138—143°, nach **A**; 51,7%; liefert bei der Pyrolyse **P.** u. *Diisopropylamin* (n_D^{21} 1,3962. *Hydrochlorid*, $C_6H_{16}ClN$). — *Tris-B-[di-n-butylamino]-* (**IX**), $Kp._{0,05}$ 200°, a) nach **A**; n_D^{20} 1,4720; $D._4^{20}$ 0,8986; 42%; b) durch 2½ std. Erhitzen von 19,8 g Di-n-butylamin (**VIII**) u. 10,1 g **III** auf 110—180°; 68%; daneben 6,7 g **VI** (Kp. 56°; n_D^{20} 1,3852); 5,8 g **VIII** u. **P.** — *Tris-B-[diisobutylamino]-*, F. 47—52°, $Kp._{0,3}$ 167°, nach **A**; n_D^{20} 1,4690; 28%. — *Tris-B-[phenylmethylamino]-*, F. 128—132°, nach **A**; 64%. — *Tris-B-[diphenylamino]-*, F. > 235° (Zers.), nach **A**; 76%. — *Tri-B-amino-*, $H_9B_3N_6$, durch Einleiten von NH_3 in eine benzol. Lsg. von 9,4 g **III**; gelb nichtschm.; 3,3 g; daneben 1 g **P.** u. **VI** (→ 4,2 g **VII**); verändert sich in 10 Monaten unter Luftabschluß nicht. — *Tri-B-chlor-* (**I**), durch Zutropfen von 5 g BCl_3 in CH_2Cl_2 zu 5,3 g **IX** in CH_2Cl_2 bei —80°, Eindampfen bei 10 Torr u. Sublimieren bei 53°/0,8 Torr; 1,2 g; daneben 2,9 g *Di-n-butylaminobordichlorid* ($C_8H_{18}BCl_2N$, $Kp._{0,1}$ 41°, n_D^{20} 1,4500); b) durch Einleiten von HCl-Gas in eine Lsg. von 6,7 g **IX** in Bzl. bei Raum-Temp., Filtrieren, Eindampfen u. Sublimieren bei 80—100°/0,1 Torr; daneben 1,73 g **VIII**-*Hydrochlorid* [$C_8H_{20}ClN$, aus CH_2Cl_2/n-Pentan (**XI**) Kristalle]; c) durch Zugabe von 1,72 g NH_3 in CH_2Cl_2 zu 15,5 g **V** in CH_2Cl_2 u. Eindampfen bei 10 Torr; 0,05 g; daneben 5,3 g **VII**. — *Tri-N-[n-butyl]-tri-B-chlor-*, $C_{12}H_{27}B_3Cl_3N_3$, $Kp._1$ 200°, a) durch Zugabe von 3,8 g n-Butylamin (**X**) zu 8,1 g **V** in CH_2Cl_2 bei 15°, Filtrieren von 6,2 g **VII**, Eindampfen u. Extraktion von 2,7 g des Rückstands (5,9 g) mit **XI**; 1,8 g; b) analog aus 10,3 g **X** u. 21,6 g **V** in **IX**; Filtrieren von 15,7 g **VII** u. Dest.; wachsartig; 1,55 g. — *Tri-B-chlor-tri-N-phenyl-* (**XII**), $C_{18}H_{15}B_3Cl_3N_3$, F. 194—220° (Zers.), a) durch Zugabe von 2,87 g Anilin zu 1,75 g **V** in **XI** u. Bzl. bei 15° u. Filtrieren von 3,12 g **VII**; 4,26 g; b) analog aus 8,7 g Anilin u. 14,8 g **V** in Bzl., Filtrieren von 5,4 g **VII** u. Kristallisieren aus Bzl.; 8,3 g (im Gemisch mit 62% **VII**); daneben durch Eindampfen der Mutterlauge u. 10½ std. Sublimieren des Rückstands (6,1 g) bei 100°/0,01 Torr 0,16 g *Anilinhydrochlorid*, weiteres

6½ std. Sublimieren bei 200°/0,01 Torr, weitere 1,44 g **XII** u. in weiteren 25 Std. 0,9 g *B-Anilino-B-chlor-tri-N-phenylborazol*. — *Di-sek.-butylamin* (**IV**), Kp. 132—134°, durch 2std. Erhitzen von 4,9 g **II** mit 9,1 g **IV** auf 140°; n_D^{20} 1,4088; 7,86 g; daneben **P.**, 1,06 g *Dimethylamin* u. 0,7 g **II**. *Hydrochlorid*, $C_8H_{20}ClN$, durch Zugabe von 85,8 g **IV** zu 19,1 g **I** in Toluol; daneben 22 g **P.** — *Tri-n-butylborat*, $C_{12}H_{27}BO_3$, $Kp._{0,8}$ 70—80°, durch Rk. von 10,4 g **III** mit 7,85 g n-Butanol bei Raum-Temp. u. Dest.; n_D^{20} 1,4095; 2,9 g; daneben 6,2 g **VI** (n_D^{20} 1,3848), 0,9 g partiell alkoxylierte Aminoborazole ($Kp._{0,8}$ 80—150°, n_D^{20} 1,4112) u. 3,6 g **P.** — *Diphenylaminobordichlorid*, $C_{12}H_{10}BCl_2N$, F. 64—67°, $Kp._{0,01}$ 20—25°, durch 27std. Erwärmen von 12,8 g Diphenylammoniumtetrachlorborat auf 20—25°/0,01 Torr; 10,3 g. — *Gemisch aus 60% n-Butylaminobordichlorid u. 40% n-Butylammoniumchlorid*, $C_4H_{10}BCl_2N + C_4H_{12}ClN$, durch Rk. von 1,53 g **X** mit 5,22 g vorst. Verb. in CH_2Cl_2; 1,55 g; daneben durch Eindampfen des Filtrats u. Extraktion des Rückstands mit Ae.; 2,2 g *Gemisch aus Diphenylamin* u. *Diphenylammoniumchlorid*.

L. Lamza 3354△

0871 **Eine Synthese der DL-Mycarose und DL-Epimycarose.** Hans Grisebach, Werner Hofheinz und Norbert Doerr. (Chem. Ber. **96**, 1823—26, 1963; Freiburg i. Br., Univ., Chem. Labor.; dt.) — 3-Hydroxy-3-methylhexen-(4)-säure-(1)-methylester (**I**) gibt mit Phthalmonopersäure das *Epoxid*, das nach Hydrolyse des Oxiranringes mit n/10 H_2SO_4 ein Gemisch der 3-epimeren *Mycaronsäurelactone* (**II**) liefert. Die partielle Red. von **II** zu den beiden 3-epimeren Zuckern mit Natriumborhydrid verläuft unvollständig. Die Red. mit Bis-[3-methylbutyl-(2)]-boran (**III**) dagegen liefert einen Sirup, aus dem durch Chromatographie *DL-3-Epimycarose* (R_F 0,54; wss. Butanol), *DL-Mycarose* (R_F 0,65) u. ein Öl (R_F 0,72), das nicht weiter untersucht wird, isoliert werden.

Versuche: *3-Methyl-3.4.5-trihydroxyhexansäure-γ(δ)-lacton* (**II**), $C_7H_{12}O_4$, F. 68—120° (Dioxan/Cyclohexan), aus **I** durch 24std. Rk. bei 0° mit Phthalmonopersäure in Ae. u. weitere 24std. Rk. bei Raum-Temp., 48std. Schütteln mit n/10 H_2SO_4; 90% (Ausbeute). — *DL-Mycarose*, $C_7H_{14}O_4$, Sirup, durch Zugeben von **3**,7 g **II** zu **III** (aus $LiNH_4$, 3-Methylbuten-(2) u. BF_3-Ätherat in abs. Tetrahydrofuran), 36std. Rk. bei Raumtemp. u. anschließende Zers. mit 3n NaOH u. 30%ig. H_2O_2 u. Chromatographie; 150 mg; daneben DL-3-Epimycarose, F. 139—142°; 75 mg; u. 10 mg eines Öls.

D. Burmeister 3400◇

0872 **Über die Nitrierung von Fructose.** A. Schwager und Y. Leibowitz. (Bull. Res. Council Israel, Sect A **5**, 266—67, 1956; Jerusalem, Hebrew Univ.; engl.) — Die Nitrierung von Fructose mit HNO_3/H_2SO_4, HNO_3/Essigsäure/Acetanhydrid u. mit N_2O_5 in Chlf. ergab zwei *Fructosanhexanitrate*, aus denen durch Denitrierung mittels katalyt. Red. *Difructose-1.2′;2.1′-* u. *-1.2′;2.4′-dianhydrid* erhalten wurden.

W. Hampel 3400△

0873 **Synthese des D-Glucosamin-3-phosphates.** Rudolf Lambert und Friedrich Zilliken. (Chem. Ber. **96**, 2350 bis 2355, 1963; Nijmegen, R. K. Univ., Biochem. Labor.; dt.) — N-Carbobenzoxy(Cbo)-benzyl-α-D-glucosaminid (**I**) wird zur *4.6-Benzyliden-Verb.* (**II**) umgesetzt, die $POCl_3$ in Pyridin in 3-Stellung phosphoryliert u. anschließend in das *N-Cbo-4.6-benzylidenbenzyl-α-D-glucosaminid-3-O-mononatriumphosphat* (**III**) übergeführt wird. Die Umsetzung von **II** mit Diphenylchlorphosphat liefert *N-Cbo-4.6-benzylidenbenzyl-α-D-glycosaminid-3-O-diphenylphosphat*. Durch Wasserdampf-Dest. von **III** in Ggw. eines Kationenaustauschers wird *N-Cbo-benzyl-α-D-glucosaminid-3-O-phosphat* erhalten, das durch Hydrierung an Pd/Kohle bei pH 6 in *D-Glucosamin-3-O-phosphat* (**IV**) übergeführt wird. Kurzzeitige Hydrierung von **III** liefert *4.6-Benzylidenbenzyl-α-D-glucosaminid-3-O-phosphat* (**V**). **V** kann durch weitere Hydrierung in **IV** übergeführt werden. Durch Hydrierung von **III** bei 100—130 at wird *2-Amino-2-desoxy-D-glucit-3-O-phosphat*, das auch durch Red. von **IV** mit $NaBH_4$ entsteht, erhalten.

Versuche: *N-Cbo-4.6-benzylidenbenzyl-α-D-glucosaminid* (**II**), $C_{28}H_{29}NO_7$, F. 230°, aus **I** durch 16std. Stehenlassen mit Benzaldehyd/$ZnCl_2$ bei Raum-Temp.; $[\alpha]_D^{21}$ +98,6° (c = 0,5; Chlf.), aus Toluol Nadeln; 80% (Ausbeute). — *N-Cbo-4.6-benzylidenbenzyl-α-D-glucosaminid-3-O-mononatriumphosphat* (**III**), $C_{28}H_{29}NNaO_{10}P$, F. 265°, durch Zugabe einer Lsg. von $POCl_3$ in Pyridin zu einer Lsg. von **II** in Pyridin bei —30°, weiteres Abkühlen, 16std. Rk. bei 4°, Zutropfen zu wss. NaOH, Ansäuern bis pH 1, Absaugen des Nd., Lösen in Methanol u. Zugabe von methanol. NaOH bis pH 7; $[\alpha]_D^{21}$ +106° (c = 0,5; Methanol); aus A. prismat. Nadeln; 66%. — *N-Cbo-4.6-benzylidenbenzyl-α-D-glucosaminid-3-O-diphenylphosphat*, $C_{40}H_{38}NO_{10}P$, F. 103°, aus **II** durch 24std. Rk. mit Diphenylchlorphosphat bei Raum-Temp. in Pyridin; $[\alpha]_D$ +55° (c = 1; Chlf.); aus Chlf./PAe. seidige Nadeln; 86%. — *D-Glucosamin-3-O-phosphat* (**IV**), $C_6H_{14}NO_8P$, F. 157—158° (Zers.), durch Wasserdampf-Dest. von **III** in Ggw. eines Kationenaustauschers u. nach Abfiltrieren des Ionenaustauschers 16std. Hydrieren bei pH 6 in Ggw. von Pd/Kohle; $[\alpha]_D^{20}$ +79,0° (c = 0,25; W.); aus W./Methanol Nadeln; 61%. — *4.6-Benzylidenbenzyl-α-D-glucosaminid-3-O-phosphat* (**V**), $C_{20}H_{24}NO_8P$, F. 243°, durch Hydrierung von **III** in 50%ig. Methanol in Ggw. von Pd/Kohle bis zur Beendigung der CO_2-Entw.; $[\alpha]_D^{20}$ +400°, [c = 0,25; Dimethylformamid (DMF)]; aus W. u. DMF/W. Stäbchen; 85%. — *2-Amino-2-desoxy-D-glucit-3-O-phosphat*, $C_6H_{16}NO_8P$, F. 193—195°, a) aus **III** durch 24std. Hydrierung bei Raum-Temp. u. 130 at; 81%; b) durch Red. von 100 mg **IV** in W. mit $NaBH_4$; 26 mg; $[\alpha]_D^{22}$ —20,5° (c = 0,25; W.); aus W./DMF Nadeln.

D. Burmeister 3400◇

0874 **Darstellung von 1-Glykosiden des Benzotriazols.** H. Bräuniger und A. Koine. (Arch. Pharmaz. **296/68**, 665—68, 1963; Rostock, Univ., Pharm.-chem. Inst.; dt.) — Die Acetobrom-Derivv. der D-Glucose u. L-Arabinose werden mit dem Trimethylsilylester(**Ia**) des Benzotriazols (**I**) umgesetzt. Aus α-Acetobrom-D-glucose (**IIa**) wird das *N-β-D-Glucosid*, aus β-Acetobrom-L-arabinose (**IIb**) das *N-α-L-Arabinosid* erhalten; die entsprechenden Anomeren sind nicht nachweisbar. Die Glykoside wurden papierchromatograph. auf Einheitlichkeit geprüft u. mit Ba-Methylat entacetyliert.

Versuche: *Trimethylsilylbenzotriazol* (**Ia**), durch 10std. Kochen von **I** u. Hexamethyldisilazan. — *1-[Tetra-O-acetyl-β-D-glucopyranosyl]-benzotriazol* (**III**). $C_{20}H_{23}N_3O_9$, F. 118 bis 119°, durch 1std. Erhitzen von **Ia** u. **IIa** auf 130° im Vakuum; aus A. Nadeln; $[\alpha]_D^{23}$ —61,7° (c = 0,8; Chlf.); 39% (Ausbeute). — *1-β-D-Glucopyranosylbenzotriazol* (**IV**), $C_{12}H_{15}N_3O_5$, F. 197°, durch 24std. Stehen von **III** in methanol. Ba-Methylat-Lsg., Eindampfen, Lösen in Methanol u. Zusatz von Ae.; aus Methanol Prismen; $[\alpha]_D^{21}$ —39,3° (c = 1,459; Pyridin); 80%. — *1-[Tri-O-acetyl-α-L-arabopyranosyl]-benzotriazol*, $C_{17}H_{19}N_3O_7$, F. 176°, analog **III** aus **Ia** u. **IIb**; aus A. Prismen; $[\alpha]_D^{22}$ —70,3° (c = 0,905; Chlf.); 55%. — *1-α-L-Arabopyranosylbenzotriazol*, $C_{11}H_{13}N_3O_4$, F. 183—184°, analog **IV** aus vorst. Verb.; aus Methanol Prismen; $[\alpha]_D^{21}$ —84,6° (c = 0,983; Pyridin); 76%. — *1-Benzylbenzotriazol* (**V**), $C_{13}H_{11}N_3$, F. 115°, a) durch ¼std. Kochen von **Ia** mit Benzylchlorid, Einengen u. Umkristallisieren des Rückstandes; 67%; b) analog a) aus **I**; 89%; aus A. Nadeln. Daneben nach a); 3% *Dibenzylbenzotriazoliumchlorid* ($C_{20}H_{18}ClN_3$, F. 188—190°, Prismen) u. 12% *2-Benzylbenzotriazol*. — *1-Methyl-2-benzylbenzotriazoliummethylsulfat*, F. 142°, aus **I**; aus Methanol–Ae. Blättchen.

K. Schoene 3450◇

0875 **Chemische Untersuchung der Alkaloide aus Calligonum minimum Lipsky (über die Struktur der Basen Nr. 3 und Nr. 4).** B. Abdussalamow und A. Ss. Ssadykow. (Usbek. chem. J. **6**, Nr. 4, 79—82, 1962; Taschkent, Lenin-Univ.; russ.) — Die aus *Calligonum minimum* isolierten Alkaloide Nr. 3 u. Nr. 3 sind *2-Hydroxy-1.2.3.4-tetrahydroharman* (*Calligonin-N-oxid*) bzw. *Harman*. Letzteres geht bei der Hydrierung mit Na in *Calligonin* (*1.2.3.4-Tetrahydroharman*) über.

Versuche: *2-Hydroxy-1.2.3.4-tetrahydroharman*, $C_{12}H_{14}N_2O$, F. 132—133°. *Hydrochlorid*, F. 215—215,5° (abs. A.-Aceton). *Pikrat*, F. 119—121° (W.). — *Harman*, $C_{12}H_{10}N_2$, F. 234—235°. *Hydrochlorid*, F. > 250°. *Pikrat*, F. 256—258° (Zers.; A.). — *Calligonin*, F. 178—179°, durch Zugabe von 2,5 g Na zu 1 g vorst. Verb. in 25 ml sd. A.; 0,8 g (Ausbeute).

Helmut Schäfer 3500△

0876 **Untersuchung der Alkaloide aus den Samen von Lolium cuneatum (Nevski).** Ss. Ju. Junussow und Ss. T. Akramow. (Ber. Akad. Wiss. UsbekSSR **1959**, Nr. 3, 36—39; Inst. für Pflanzenstoffchem. der Akad. der Wiss. der UsbekSSR; russ., Auszug: usbek.) — Es wird gezeigt, daß im *Norlolin*, *Lolin* u. *Lolinin* jeweils ein durch eine ätherartige O-Brücke substituierter Pyrrolizidinring vorliegt, der im Falle des Norlolins außerdem eine Aminogruppe, im Lolin eine Methylaminogruppe u. im Lolinin eine Methylacetylaminogruppe enthält.

Versuche: *Hydroxychlorlolin* (I), F. 105–106°, durch Erhitzen von Lolin mit 15%ig. HCl (1 : 5) im Rohr auf 130 bis 140°; $[\alpha]_D^{16}$ –74,49° (Methanol). *Dihydrochlorid*, F. 229 bis 230° (Zers.). *Pikrat*, F. 184–186°. – *N-Methylhydroxychlorlolin* (II), F. 82–84°, aus I mit der äquivalenten Menge Formaldehyd u. Ameisensäure. *Jodmethylathydrojodid*, F. 196 bis 198° (Zers.). *Dihydrobromid*, F. 206–207° (Zers.). *Pikrat*, F. 210–212° (Zers.). *Dijodmethylat*, F. 208–210° (Zers.). – *O-Acetyl-N-methylhydroxychlorlolin*, aus II mit Acetylchlorid. *Dijodmethylat*, F. 207–208° (Zers.). – *Hydroxyhydrololin* (III), F. 93–94°, aus I durch Red. an Raney-Ni; $[\alpha]_D^{23}$ –32,1° (Methanol). *Dihydrochlorid*, F. 207–208° *Dihydrobromid*, F. 204–205°. – *Hydrodesoxychlorlolin* (IV), Kp.$_2$ 105°, aus III mit $SOCl_2$; $[\alpha]_D^{28}$ +75,64° (A.). *Dihydrochlorid*, F. 218–220° (Zers.). *Dihydrobromid*, F. 220–222°. – *Dihydrodesoxylolin* (V), Kp.$_2$ 78°, aus IV durch Red. an Raney-Ni; $[\alpha]_D^{17}$ +71,83° (Aceton) [*Dihydrojodid*, F. 131–132°; *Perchlorat*, F. 232–234° (Zers.); *Hexachloroplatinat*, F. 222° (Zers.); *Pikrat*, F. 220 bis 222° (Zers.); von V werden auch ein *N-Methyl-Deriv.* u. ein *N-Nitroso-Deriv.* erhalten]. Neben V entsteht bei der Red. von IV *Pyrrolizidin* [*Pikrat*, F. 256° (Zers.); *Hexachloroplatinat*, F. 205–206° (Zers.)]. – Da bei der Red. von I kein Methylamin abgespalten wird, sind in I Hydroxyl- u. Aminogruppe an das gleiche C-Atom gebunden; auch Chlor u. Aminogruppe in IV befinden sich am gleichen C-Atom. B. Celms 3500△

0877 **Notiz zur Synthese von Desacetylcolchicin.** R. Modelli und A. Vercellone. (Farmaco [Pavia], Ediz. sci. **10**, 877–82, 1955; Milano, Farmitalia, Labor. Scientif. e di Ric., Sez. Chim.; ital.) – Colchicin wird über *Colchicein* u. *Trimethylcolchicinsäure* (I) in die *Tartrate* von *Desacetylcolchicin* (II) u. *Isodesacetylcolchicin* (III) übergeführt. III kann durch Desmethylieren in I u. *Dimethylcolchicinsäure* übergeführt werden u. ergibt dann durch Methylierung das pharmakolog. wirksame II.

Versuche: *Colchicein, Hydrat*, $C_{21}H_{25}NO_7$, F. 146 bis 147°, durch 1 std. Kochen von 20 g Colchicin (Mono-Chlf.-Solvat) mit n/10 HCl; Nadeln; ca. 100% (Ausbeute). – *Trimethylcolchicinsäure* (I), F. 169–170° (Methanol), a) durch Alkalisieren der Lsg. von 10 g III-Tartrat in W. mit NaOH in Ggw. von Methylenchlorid, Trocknen u. Eindampfen der organ. Phase, Lösen in 1n HCl, 4std. Kochen u. Zugabe von 5n NaOH bei 40–50° bis pH 6,8; 4–4,5 g; daneben 1,5 bis 2 g *Dimethylcolchicinsäure* (F. 124°); b) analog durch Alkalisieren der wss. Lsg. von 6 g II-Tartrat, Extrahieren mit Methylenchlorid u. 1std. Kochen mit n/10 HCl; 3,2 g. *Dimethanolsolvat*, $C_{21}H_{29}NO_7$, F. 159–161°, durch 70 Min. langes Kochen von 10 g I mit n/10 HCl, Neutralisieren mit 5n NaOH u. mehrst. Stehen bei 40–50°; aus Methanol + 0,5% Essigsäure hellgelbe Kristalle; $[\alpha]_D$ –233° (c = 1; Chlf.); 8,9 g. – *Desacetylcolchicin* (II), *Tartrat*, $C_{24}H_{29}NO_{11}$, F. 238–242° (Methanol), durch Zugabe von Diazomethan/Methylenchlorid (aus einer benzol. CH_2N_2-Lsg.) zur Suspension von 5 g I-Dimethansolvat in abs. Methylenchlorid bei –5° unter N_2, Dest. u. Zugabe von warmer methanol. Weinsäure-Lsg.; 1,4 g; daneben aus der Mutterlauge 1,4 g *Isodesacetylcolchicintartrat* (III-*Tartrat*, $C_{24}H_{29}NO_{11}$, F. 178–180°). H.-J. Weigmann 3500△

0878 **Über einige pharmazeutisch interessante Verbindungen.** A. Banchetti. (Farmaco [Pavia], Ediz. sci. **10**, 873–76, 1955; Pisa, Ist. Gentili, Rep. Scient.; ital.) – Als pharmaceut. interessierende Verbb. werden *Camphercarbonsäure-Derivv.* von *Äthylmorphin* u. *Diäthylamin*, sowie das *p-Aminobenzoat* von *Colamin* u. *1.3-Bis-[trimethylammonio]-propanol-(2)-dibromid* dargestellt.

Versuche: *Äthylmorphin, Camphercarbonsäure-Deriv.*, $C_{30}H_{39}NO_6$, durch Lösen äquimol. Mengen von Camphercarbonsäure u. Äthylmorphin in A. oder Chlf. u. Fällen mit PAe.; $[\alpha]_D^{10}$ –21,1° (c = 2; Chlf.); gelbliches, hygroskop. Pulver. – *Camphercarbonsäurediäthylamid*, $C_{15}H_{25}NO_2$, F. 96 bis 98° (PAe.), a) durch Zutropfen von überschüssigem Diäthylamin/PAe. zur Lsg. von Camphercarbonsäurechlorid im gleichen Lsgm. unter Eiskühlung; b) durch Rk. äquimol. Mengen beider Komponenten in Ae. (F. 120°; Zers.). – *Colamin, p-Aminobenzoat*, $C_9H_{14}N_2O_3$, F. 148–149°, durch Vereinigen der warmen äthanol. Lsgg. beider Komponenten; aus A. Nadeln. – *1.3-Bis-[trimethylammonio]-propanol-(2)-dibromid*, $C_9H_{24}Br_2N_2O$, F. 251–253° (A.), durch Rk. von Glycerindibromhydrin mit Trimethylamin in wss. oder alkohol. Lsg. bzw. in der Dampfphase.

H.-J. Weigmann 3500△

0879 **Lycopodiumalkaloide.** 4. Mitt. **Alkaloide aus Lycopodium clavatum Linn. aus Jamaica.** R. H. Burnell und B. S. Mootoo. (Canad. J. Chem. **39**, 1090–93, 1961; Jamaica, Univ. Coll. of West Indies, Chem. Dep.; engl.) – 1. vgl. C. **1960**, 7861; 7. vgl. C. **1963**, 18465. – Aus dem im April in einer Höhe von ca. 5000 ft. auf Jamaica gesammelten *Lycopodium clavatum* Linn. werden *Clavolonin* (I), *Fawcettiin* (II), *Base A* (III, *Fawcettimin*), *Lycopodin* (IV), *Dihydrolycopodin* u. *Substanz L 2* (*Acetyldihydrolycopodin*) isoliert. Bei den im Juli des gleichen Jahres gesammelten Pflanzen werden ebenfalls I, II u. IV gefunden. III ist nicht mehr vorhanden. Zusätzlich wird *Desacetylfawcettiin* isoliert.

Versuche: *Rohbasengemisch* (April), durch Extrahieren von 42 kg trockener gemahlener Pflanzen mit 2%ig. wss. Weinsäure, Einengen auf $^1/_{10}$ des Vol., Ausschütteln mit Chlf., Alkalisieren der wss. Phase mit NH_4OH, Extrahieren mit Chlf. u. Verteilung zwischen Chlf. u. Phosphatpuffer (pH 6,98) aus den Pufferphasen (**A**) 27 g starke Basen, den Chlf.-Phasen 1 u. 2 (**B**) 25 g schwache Basen u. den Chlf.-Phasen 3–10 (**C**) 14 g (Ausbeute). – *Clavolonin* (I), $C_{16}H_{25}\cdot NO_2$, F. 238° (Aceton u. Sublimation), durch Lösen von **A** in heißem Aceton, Kühlen u. Abfiltrieren; 9,67 g. *Methojodid*, $C_{16}H_{25}NO_2\cdot CH_3J$, F. 325–328° (Zers.; A./Aceton). – *Fawcettiin* (II)-*perchlorat*, F. 272–275° (Aceton), durch Ansäuern der aceton. Mutterlaugen von I mit $HClO_4$, Zugabe von wenig Ae. u. Abfiltrieren; 11,3 g. – *Dihydrolycopodin*, $C_{16}H_{27}NO$, F. 168° (Aceton), durch Alkalisieren vorst. Mutterlaugen, Al_2O_3-Chromatographie, Eluieren mit Bzl., Lösen in heißem Äthylacetat u. Kühlen; 610 mg. *Methojodid*, $C_{16}H_{27}NO\cdot CH_3J$, F. 283–287° (A./Aceton). – *Base A*, (III, *Fawcettimin*), $C_{16}H_{25}NO_2$, durch erneutes Verteilen von **C** zwischen Chlf. u. Phosphatpuffer (pH 6,69), Abtrennen der starken u. schwachen Basen, Al_2O_3-Chromatographie in Bzl. u. Sublimation bei 130°/2 Torr; glasartig; 4,07 g. *Hydrochlorid*, $C_{16}H_{25}NO_2\cdot HCl$, F. 235° (Zers.; A./Aceton). *Perchlorat*, $C_{16}H_{25}NO_2\cdot HClO_4$, F. 225–226° (Isopropanol/Aceton). *Methylmethojodid*, $C_{18}H_{30}JNO_2$, F. 240–242° (A./Aceton). *N-Nitroso-Deriv.*, $C_{16}H_{24}N_2O_3$, F. 137–138° (A./W.), durch tropfenweise Zugabe von wss. $NaNO_2$-Lsg. zu 170 mg III in Eisessig; 106 mg. – *Lycopodin* (IV), F. 116–118°, a) durch erneute Verteilung von **B** zwischen Chlf. u. Acetatpuffer (pH 5,59), Abtrennen der starken Basen u. Neutralprodd., Al_2O_3-Chromatographie von 4,15 g in Bzl. (→ 2,97 g) u. Reinigung über das *Nitrat* (→ 1,2 g); b) durch Regenerieren der Basen aus der Nitrat-Lsg. u. den an Al_2O_3 adsorbierten Prodd. (8,5 g) u. 20fache Verteilung zwischen Chlf. u. Acetatpuffer (pH 4,27); aus den Fraktionen 6–14 2,11 g (*Perchlorat*). *Methojodid*, $C_{16}H_{25}NO\cdot CH_3J$, F. 322–323° (A./Aceton). – *Substanz L 2* (*Acetyldihydrolycopodin*), aus Fraktion 8 vorst. Verteilung. – *Desacetylfawcettiin*, F. 205–208° (Aceton), durch Extraktion von 22 kg im Juli gesammelter Pflanzen u. Verteilung; aus Fraktion 10 1,18 g; daneben 9,9 g IV aus Fraktion 1 u. 2, 2,2 g I u. 2,45 g II (Perchlorat) aus den Fraktionen 3–8.

G. Teege 3500◇

0880 **Untersuchungen über die Alkaloide der Menispermaceen.** 136. Mitt. **Die Alkaloide von Stephania japonica Miers.** 3. Mitt. **Konstitution von Homostephanolin.** 1. Mitt. Masao Tomita und Yasuo Watanabe. (J. pharmac. Soc. Japan [Yakugakuzasshi] **76**, 856–57, 1956; Kyoto, Univ., Med. Fac., Pharmac. Fac.; jap., Auszug: engl.) – 135. bzw. 2. vgl. C. **1964**, 10-1217. – *Homostephanolin* [$C_{20}H_{25}NO_5$, F. 233°; $[\alpha]_D^{16}$ –247,8° (l = 5 cm; c = 1,444; Chlf.)] wird neu untersucht. Dabei wird festgestellt, daß diese tert. Base (aus Blättern u. Stengeln von *Stephania japonica* Miers. durch Extraktion mit Methanol, Einengen, Ansäuern mit 5%ig. Essigsäure bei 60°, Ausäthern, Ausschütteln mit NaOH u. Ansäuern der alkal. Lsg. mit HCl gewonnen) eine OH-, drei Methoxy- u. eine N-Methylgruppe enthält. Die Behandlung mit CH_2N_2 in Methanol liefert *O-Methylhomostephanolin* ($C_{21}H_{27}NO_5$, F. 116°, aus 0,2 g Homostephanolin; 0,11 g), das mit *Hasubanonin* ident. ist.

D. Dargel 3500△

0881 **Untersuchungen über die Alkaloide der Menispermaceen.** 137. Mitt. **Isolierung von Magnoflorin aus Sinomenium acutum Redh. et Wils.** Masao Tomita und Takehiko Kugo. (J. pharmac. Soc. Japan [Yakugakuzasshi] **76**, 857 bis 858, 1956; jap., Auszug: engl.) – 136. vgl. vorst. Referat. – Durch Extraktion von *Sinomenium acutum* Redh. et Wils. mit Methanol u. Chlf. kann die wasserlösl. quatern. Base

Magnoflorin [*Styphnat*, $C_{20}H_{24}NO_4 \cdot C_6H_2N_3O_8$, F. 230—231° (Zers.). *Jodid*, $C_{20}H_{24}JNO_4$, F. 253—254° (Zers.)] über das *Reineckat* in verhältnismäßig hoher Ausbeute gewonnen werden. D. Dargel 3500△

0882 **Über die Bildung molekularer Additionsverbindungen von Kakothelin und Brucinchinon mit polycyclischen aromatischen Kohlenwasserstoffen.** Nicola Gallo. (Gazz. chim. ital. **92,** 402—05, 1962; Bari, Univ., Ist. di Chim. gener. ed inorgan.; ital.) — Während Kakothelin (**I**) mit Anthracen, Phenanthren, Pyren u. Chrysen mol. Additions-Verbb. des „charge transfer-Typs" bildet, entstehen unter den gleichen experimentellen Bedingungen mit Brucinchinon keine analogen Komplexe. Dieses verschiedene Verh. wird mit den durch die Nitrogruppe des **I** verursachten unterschiedlichen Redox-Eigg. beider Chinone in Beziehung gesetzt u. steht im Einklang mit Befunden früherer Untersuchungen. In alkal. Lsg. verliert **I** die Fähigkeit zur Komplex-Bldg. durch Isomerisierung der Nitro- in die Isonitrosogruppe.

Versuche: *Kakothelinanthracen* ($C_{21}H_{21}N_3O_7 \cdot C_{14}H_{10}$), *Kakothelinphenanthren* ($C_{21}H_{21}N_3O_7 \cdot C_{14}H_{10}$), *Kakothelinpyren* ($C_{21}H_{21}N_3O_7 \cdot C_{16}H_{10}$) u. *Kakothelinchrysen* ($C_{21}H_{21}N_3O_7 \cdot C_{18}H_{12}$) durch 20 Min. langes Erwärmen äquimol. Mengen von **I** u. den entsprechenden KW-Stoffen in Dimethylformamid, Heißfiltration u. Umkristallisation; alle Komplexe sind braun gefärbt, zersetzen sich ohne zu schmelzen oberhalb 300° u. besitzen analyt. Molekularverhältnisse von 1 : 1. J. Ahrens 3500◇

0883 **Echitamin.** A. Chatterjee und S. Ghosal. (Chem. and Ind. **1961,** 176—77; Calcutta, Univ. Coll. of Sci., Dep. of Chem.; engl.) — Vgl. Ghosal u. Gosh Majumder, C. **1962,** 138 u. Chatterjee u. Mitarbeiter, C. **1963,** 21557. — Kurze Zusammenfassung früherer Ergebnisse, die zu der für Echitamin (**I**; vgl. Chatterjee, l. c.) aufgestellten Struktur führten. Im Einklang mit dieser Struktur steht die Bldg. von *3-[β-Methylaminoäthyl]-indol* [*Pikrat*, F. 168—171° (Zers.), aus A. gelbe Nadeln], das neuerdings bei der alkal. $KMnO_4$-Oxydation von **I** erhalten wurde. Vgl. dagegen Chakravarti u. Mitarbeiter, C. **1962,** 16328; C. **1963,** 2082. G. Teege 3500◇

0884 **Abbau und Synthese von Sesamolin im Sesamsamen (Sesamum indicum).** A. Nagabhushanam, M. Srinivasan und V. Subrahmanyan. (J. sci. ind. Res. [New Delhi], Sect. C **15,** 283—84, 1956; Mysore, Central Food Technol. Res. Inst.; engl.) — *Sesamin* u. *Sesamolin* werden in den vegetativen Teilen von *Sesamum indicum* nicht gefunden. Ihre Entstehung im Samen erfolgt in einer zur Ölproduktion konkurrierenden Reaktion. W. Hampel 3500△

0885 **Die Bestandteile des flüchtigen Öls aus dem Holz von Torreya nucifera.** Tsutomu Sakai, Kiichi Nishimura und Yoshio Hirose. (Tetrahedron Letters. [London] **1963,** 1171—73; Osaka, Inst. of Food Chem.; engl.) — Aus dem neutralen, flüchtigen Holzöl von Torreya nucifera (**a**) wurden neben *Dendrolasin* (**V**) u. *o-Methoxyzimtaldehyd*, F. 45—46°, durch Chromatographie an Silicagel 4 Sesquiterpene isoliert, die als *2-Methyl-6-[p-tolyl]-hepten-(2)-al* [**I**, „Nuciferal", $C_{15}H_{20}O$, Kp.$_{0,03}$ 107,5—108,5°; $[\alpha]_D^{20}$ +62,07° (c = 16,547; Chlf.); *2.4-Dinitrophenylhydrazon*, $C_{21}H_{24}N_4O_4$, F. 138—139°], *2.6-Dimethyl-9-[furyl-(3)]-nonadien-(2.6)-al* (**II**; „Torreyal", $C_{15}H_{20}O_2$, Kp.$_{0,05}$ 124—126°; $[\alpha]_D^{20}$ +1,90°; *2.4-Dinitrophenylhydrazon*, $C_{21}H_{24}N_4O_5$, F. 111 bis 112°), *2-Methyl-6-[p-tolyl]-hepten-(2)-ol-(1)* (**III**; „Nuciferol", $C_{15}H_{22}O$, Kp.$_{0,05}$ 131—132°; $[\alpha]_D^{20}$ +41,06°), *2.6-Dimethyl-9-[furyl-(3)]-nonadien-(2.6)-ol-(1)* (**IV**; „Torreyol", $C_{15}H_{22}O_2$, Kp.$_{0,03}$ 117—119°; $[\alpha]_D^{20}$ ±0°) identifiziert wurden. Für die angegebenen Strukturen sprechen neben UV- u. IR-Spektren die folgenden Rkk.: Wolf-Kishner-Red. des Semicarbazons von **I** → *ar-Curcumen*; Wolff-Kishner-Red. des Semicarbazons von **II** → **V**; Ozonolyse von **II** → *Lävulinaldehyd* (als *2.4-Dinitrophenylhydrazon*, F. 238°); CrO_3-Oxydation von **III** → **I**; Red. von **I** bzw. **II** mit $LiAlH_4$ → **III** bzw. **IV**. Da die von Shonozaki [1922] aus **a**-Blättern isolierte u. als „Torreyol" bezeichnete Verb. als δ-Cadinol identifiziert wurde, wird die Verw. des Namens „Torreyol" für **IV** vorgeschlagen. L. Hoppe 3600◇

0886 **Saponine und Sapogenine.** 12. Mitt. **Isolierung von Odoratissimin, einem neuen Saponin aus Samen von Albizzia odoratissima Benth.** I. P. Varshney und Mohd S. Y. Khan. (J. sci. ind. Res. [New Delhi], Sect. B **21,** 30—33, 1962; Aligarh, Muslim Univ., Dep. of Chem.; engl.) — 11. vgl. C. **1964,** 5-0892. — Aus den aus Uttcer Pradesh stammenden Samen von *Albizzia odoratissima Benth.* (**A**) wurde ein Saponin isoliert, das Vff. als *Odoratissimin* (**I**) bezeichnen. **I** wurde über sein *Acetat* gereinigt. Die Hydrolyse von **I** gibt *Echinocystsäure* (**III**), daneben *Glucose*, *Arabinose*, *Xylose* u. *Rhamnose*. Rk. des Diacetats von **III** (**II**) mit Br_2 führt zu einem *Diacetylbromlacton*. Die IR-Spektren des aus **A** erhaltenen u. des durch unabhängige Synth. aus **III** dargestellten *Methylesters* von **II** sind abgebildet.

Versuche (FF. korr.): *Odoratissimin* (**I**), F. 227—228° (n-Butanol), durch Extrahieren von entfetteten **A** mit 95%ig. A., Extrahieren der wss. Lsg. des Saponins, welche 5% NaCl enthält, mit n-Butanol, Entfärbung mit Kohle, Ausfällen mit Aceton → Pulver [F. 180—182° (2-Komponentengemisch)], Acetylieren → Pulver [F. 154—156° (Fällen mit PAe. aus Chlf.)], Verseifen mit 0,4n NaOH bei Raum-Temp., Neutralisieren mittels Ionenaustauschers u. Verdrängen des W. durch n-Butanol. — *Echinocystsäure* (**III**), $C_{30}H_{48}O_4$, F. 296 bis 299°, durch Hydrolyse von **I** mit 10%ig. H_2SO_4, Zusetzen von KOH, Waschen mit Ae., Ansäuern mit HCl u. Reinigen über **II**; aus Isopropanol Platten. *Diacetat* (**II**), $C_{34}H_{52}O_6$, F. 265—276°, aus Methanol Nadeln; *Methylester*, $C_{35}H_{54}O_6$, F. 201—202°, aus Methanol Nadeln. *Methylester*, F. 213—215°, aus Methanol Nadeln. — *Diacetylbromlacton* $C_{34}H_{51}BrO_6$, F. 180—181° (CH_3OH), durch 1std. Stehen von **II**, CH_3·COONa u. Br_2 in CH_3COOH bei Raum-Temp. u. Eintropfen in wss. $Na_2S_2O_3$-Lösung. — *Zucker*, aus dem Hydrolysat von **I** nach Neutralisieren mittels Ionenaustauschers oder $BaCO_3$ u. Eindampfen → Sirup; Papierchromatographie → *Glucose*, *Arabinose*, *Xylose* u. *Rhamnose*. P. H. Laur 3650◇

0887 **Verlauf der Wagner-Meerwein-Umlagerung bei einigen 17-Hydroxysteroiden.** 2. Mitt. Vincenzo Tortorella und Aurelio Romeo. (Gazz. chim. ital. **92,** 1118—24, 1962; Roma, Univ., Ist. di Chim. farmac. appl.; ital.) — 1. vgl. C. **1964,** 9-0913. — Die Lage der bei der Wagner-Meerwein-Umlagerung entstehenden Doppelbindung wird bei Steroiden mit einer tert. alkohol. Gruppe in 17-Stellung von Substituenten im C-Ring beeinflußt. Während Steroide mit einer Keto- oder Hydroxygruppe in 11-Stellung Δ^{12}-Derivv. ergeben, liefern Steroide ohne Substituenten im C-Ring Δ^{13}-Verbindungen. KMR-Spektren bestätigten, daß die Umlagerung bei *3β.20β-Diacetoxy-17α-hydroxy-*Δ^5*-pregnen* (**I**) u. dessen Hydrierungs-Prod. *3β.20β-Diacetoxy-17α-hydroxy-5-allopregnan* (**II**) zu *3β-Acetoxy-17α-[α-acetoxyäthyl]-18-desmethyl-*$\Delta^{5.13}$*-norpregnadien* (**III**) u. *3β-Acetoxy-17α-[α-acetoxyäthyl]-18-desmethyl-*Δ^{13}*-5α-norpregnen* (**IV**) mit einer zusätzlichen Doppelbindung zwischen den C-Atomen 13 u. 14 führt. KMR-Spektren vgl. Original.

Versuche: *3β.20β-Diacetoxy-17α-hydroxy-*Δ^5*-pregnen* (**I**), F. 155—157°, aus **VI** u. Pyridin/Acetanhydrid bei 20°; $[\alpha]_D$ −32,2° (Chlf.). — *3β.20β-Diacetoxy-17α-hydroxy-5-allopregnan* (**II**), F. 148—149°, durch katalyt. Hydrierung von **I** an Pt in Essigsäure. — *3β-Acetoxy-17α-[α-acetoxyäthyl]-18-desmethyl-*$\Delta^{5.13}$*-norpregnadien* (**III**), $C_{25}H_{36}O_4$, F. 131—132°, aus **I** durch Umlagerung mit p-Toluolsulfonsäure in Eisessig/Acetanhydrid, Analyse des Rohprod. durch Dünnschichtchromatographie an Silicagel, Trennung durch Säulenchromatographie an Florisil (1 : 30) u. Gradienteneluierung mit Hexan, Bzl., Ae.; $[\alpha]_D$ −124,4° (Chlf.). — *3β-Acetoxy-17α-[α-acetoxyäthyl]-18-desmethyl-*Δ^{13}*-5α-norpregnen* (**IV**), $C_{25}H_{38}O_4$, F. 110—112°, durch Umlagerung von **II** mit p-Toluolsulfonsäure in Essigsäure/Acetanhydrid, Reinigung durch Chromatographie an Florisil (1 : 15) u. fraktionierte Eluierung mit Hexan; $[\alpha]_D$ −21,9° (Chlf.). — *3β.17α.20β-Triacetoxy-*Δ^5*-pregnen* (**V**), $C_{27}H_{40}O_6$, F. 177—179°, Nebenprod. bei der Umlagerung von **I**; $[\alpha]_D$ −46,0° (Chlf.). — *3β.17α.20β-Trihydroxy-*Δ^5*-pregnen* (**VI**), F. 215—217°, a) aus **V** u. $LiAlH_4$ in Tetrahydrofuran; $[\alpha]_D$ −73,9° (A.); b) aus 3β.17α-Dihydroxy-20-oxo-Δ^5-pregnen mit $NaBH_4$. — *3β-Hydroxy-17α-[α-hydroxyäthyl]-18-desmethyl-*$\Delta^{5.13}$*-norpregnadien*, F. 139 bis 141°, aus **III** u. alkohol. KOH; $[\alpha]_D$ −199° (Chlf.). J. Ahrens 3700◇

0888 **Darstellung von Cholestan-3α-thiol.** Paulo A. Bobbio und Florinda O. Bobbio. (Chem. Ber. **95,** 2747—49, 1962; São Paulo, Univ., Inst. Zimotécnico, E. S. A. „Luiz de Queiroz", Chem. Dep.; dt.) — Die Darst. von *Cholestan-3α-thiol* nach einer katalyt. Meth. aus Cholestanon bzw. durch Red. von Cholestan-3α-olrhodanid wird beschrieben.

Versuche: *Cholestan-3α-thiol*, $C_{27}H_{48}S$, F. 80—81,5° (A.), a) durch Red. des S-Benzoyl-Deriv. mit $LiAlH_4$; $[\alpha]_D^{27}$ +36,3° (0,9%; Chlf.); 65% (Ausbeute); b) durch 2std. Kochen von Cholestan-3α-olrhodanid mit $LiAlH_4$ in abs. Ae.; 91%. *S-Benzoyl-Deriv.*, $C_{34}H_{52}OS$, F. 149—151° (PAe.), a) aus dem Thiol mit Benzoylchlorid; $[\alpha]_D^{25}$ +33° (1,1%; Chlf.); b) durch 9std. Erhitzen von Cholestanon mit S in Bzl. in Ggw. von Co_xS_y (aus 7,1 g $CoCl_2 \cdot 6\,H_2O$ in 4,9 cm³ W., 7,2 g $Na_2S \cdot 10\,H_2O$ u. 2,0 g S in 4,6 cm³ W.) als Katalysator auf 150° bei 138 at Anfangsdruck, Extrahieren mit 95%ig. A. u. Umsetzen mit Benzoylchlorid; 25%. — *5α-Cholestan*, $C_{27}H_{48}$, F. 79—80°, durch 8std. Kochen von 0,3 g vorst. Thiols mit Raney-Ni in A.; 0,2 g. — *Dicholestan-3α-yl-disulfid*, $C_{54}H_{94}S_2$, F. 178—180° (Essigester), durch Zugabe einer alkohol. J_2-Lsg. zu einer sd. Lsg. von 0,25 g vorvorst. Thiols in A.; 0,2 g. — *Cholestan-3β-oltosylat*, $C_{34}H_{54}O_3S$, F. 140—142° (Aceton), durch 3tägiges Stehen von 2,1 g Cholestanol u. p-Toluolsulfochlorid in Pyridin bei 25—27°, Verdünnen mit W. u. Extrahieren mit Bzl.; 92%. — *Cholestan-3α-olrhodanid*, $C_{28}H_{47}NS$, F. 93,5—95° (Aceton), durch 60sts. Kochen vorst. Verb. mit KSCN in Aceton u. Verdünnen mit W.; $[\alpha]_D^{26}$ +39° (1,1%; Chlf.); 63%. — *7.12-Dioxocholansäureäthylester*, F. 150—153° (A.), durch 10std. Schütteln von Dehydrocholsäure mit S in Bzl. in Ggw. von Co_xS_y bei 130° u. 138 at Anfangsdruck u. Entschwefeln mit Raney-Ni. *Dioxim*, $C_{26}H_{42}N_2O_4$, F. 245—247°.
W. Hampel 3700△

0889 **Die Synthese von Cumöstrol aus einem Flavyliumsalz.** Leonard Jurd. (Tetrahedron Letters [London] **1963**, Nr. 18, 1151—1153; Albany, Calif., U. S. Dep. of Agric., Agric. Res. Serv., Western Utilizat. Res. and Dev. Div.; engl.) — *Cumöstrol* (**I**) wird auf folgendem Wege synthetisiert: 2.4-Dihydroxybenzaldehyd u. ω-Methoxy-2.4-dibenzyloxyacetophenon (F. 103—104°) in äther. HCl → *2'.4'.7-Trihydroxy-3-methoxyflavyliumchlorid* (**II**)-*2'.7-dibenzyläther* (F. 217 bis 218°), CH_3COOH/konz. HCl → **II** (karminrote Nadeln aus wss.-methanol. HCl); 10 Min. lange Rk. von 10 g **II** in warmem CH_3OH/W. mit 30%ig. H_2O_2, Ansäuern mit konz. H_2SO_4, ¼std. Erhitzen u. Kühlen → 4,18 g **I** ($C_{15}H_8O_5$, F. >350°, gelbes, krist. Pulver aus Aceton; *Diacetat*, $C_{19}H_{12}O_7$, F. 229 bis 230°, aus CH_3COOH oder Tetrahydrofuran/CH_3OH Nadeln).
L. Hoppe 3750◇

0890 **Untersuchungen über Steroidhormone.** 3. Mitt. **Veresterung von Steoriden.** 1. Mitt. **Eine neue Synthese von Östradiol-17-monoestern.** Minoru Hosoi und Hiromu Mori. (J. pharmac. Soc. Japan [Yakugakuzasshi] **76**, 847—48, 1956; Shimosakunobe, Kawasaki-shi, Teikoku Hormon Mfg. Co. Ltd., Res. Labor.; jap., Auszug: engl.) — 2. vgl. J. pharmac. Soc. Japan [Yakugakuzasshi] **75**, [1955], 1506. — Östradiol-17-monoester werden beim Erhitzen von Östradiol mit Carbonsäuren in guter Ausbeute erhalten: Mit Essigsäure 74,8%, mit Propionsäure 80,9%, mit Buttersäure 75,8%, mit Isobuttersäure 70,9%, mit Valeriansäure 80,1% u. mit Äthoxyessigsäure 58,1%.

Versuche: *Östradiol-17-acetat* (**I**), F. 215—217° — *Östradiol-3-benzoat-17-acetat*, F. 171,5—173°, aus **I**. — *Östradiol-17-propionat*, F. 198—199,5°. — *Östradiol-17-butyrat*, F. 165—166°. — *Östradiol-17-isobutyrat*, F. 183—184,5°. — *Östradiol-17-valerat*, F. 143—145°. — *Östradiol-17-äthoxyacetat*, $C_{22}H_{30}O_4$, F. 151—152°.
D. Dargel 3750△

0891 **Untersuchungen über Steroidhormone.** 4. Mitt. **Veresterung von Steroiden.** 2. Mitt. **Veresterung von Steroidalkoholen durch Umesterung.** Minoru Hosoi und Hiromu Mori. (J. pharmac. Soc. Japan [Yakugakuzasshi] **76**, 849—50, 1956; jap., Auszug: engl.) — 3. bzw. 1. vgl. vorst. Referat. — Bei der Umesterung werden HCl, H_2SO_4 u. p-Toluolsulfonsäure als Katalysatoren verwendet. Letztere gibt die besten Ausbeuten. Von Testosteron werden durch Umesterung das Acetat, Propionat u. Valerat, vom Δ^5-Androsten-3β.17β-diol das Diacetat u. vom Östradiol das 17-Acetat u. 17-Propionat hergestellt.

Versuche: *Testosteronacetat*, F. 141—142°, a) mit HCl; 34,9%; b) mit H_2SO_4; 54,1%; c) mit p-Toluolsulfonsäure (Meth. **A**); 73,3%. — *Testosteronpropionat*, F. 117,5 bis 120,5°, nach **A**; 50,3%. — *Testosteronvalerat*, F. 107,5 bis 110°, nach **A**; 41,8%. — *Δ^5-Androsten-3β.17β-dioldiacetat*, F. 158—159°, nach **A**; 46,5%. — *Östradiol-17-acetat*, F. 209 bis 214°, nach **A**; 77,6%. — *Östradiol-17-propionat*, F. 197,5 bis 199°, nach **A**; 56,6%.
D. Dargel 3750△

0892 **Heterocyclische Steroide.** 2. Mitt. **Darstellung und NMR-Spektren von 17.17-Dialkyl-Δ^{13}-dehydrosteroiden.** E. Caspi und D. M. Piatak. (Canad. J. Chem. **41**, 2294—98, 1963; Shrewsbury, Mass., Worcester Foundat. for Exp. Biol.; engl.) — 1. vgl. Chem. and Ind. **1962**, 1984. — Eine Reihe von *17.17-Dialkyl-Δ^{13}-dehydrosteroiden* wurde durch Wagner-Meerwein-Umlagerung der entsprechenden 17β-Hydroxy-17α-alkylsteroide dargestellt. Analoge Steroide mit einem Isoxazol- oder Pyrazolring anelliert an Ring A wurden synthetisiert. Die KMR-Spektren werden diskutiert; die τ-Werte sind für die $C_{(19)}$- u. ggf. $C_{(18)}$-CH_3-, $C_{(17)}$-Alkylgruppen, $C_{(4)}$-Protonen u. $C_{(2)}$-Substituenten der Verbb. tabellar. angegeben.

Versuche (FF. korr.): *17'β-Methoxy-$\Delta^{2'.4'}$-androstadieno-[2'.3':4.5]-isoxazol*, F. 102—105°, aus 2-Hydroxymethylen-17β-methoxy-Δ^4-androsten-3-on u. $NH_2OH \cdot HCl$ in sd. CH_3COOH (vgl. l. c.); 59,1% (Ausbeute). — *17'α-Äthyl-17'β-methyl-18'-nor-$\Delta^{2'.4'.13'}$-östratrieno-[2'.3':4.5]-isoxazol*, F. 94—98°, aus 17α-Äthyl-2-hydroxymethylen-17β-methyl-18-nor-$\Delta^{4.13}$-östradien-3-on; 14,8%. — Analog: *9'α-Fluor-11'β-hydroxy-17'.17'-dimethyl-18'-nor-$\Delta^{2'.4'.13'}$-androstatrieno-[2'.3':4.5]-isoxazol*, F. 206—211°; 53,3%. — *17.17-Dimethyl-18-nor-$\Delta^{4.13}$-androstadien-3-on*, F. 66—70°, aus 17α-Methyltestosteron u. HCl-gesätt. Eisessig (10 Min. langes Kochen); 100%. — Analog: *17α-Äthyl-17β-methyl-18-nor-$\Delta^{4.13}$-östradien-3-on*, F. 83—85°, aus 17α-Äthyl-19-nortestosteron; 100%. — *17.17-Dimethyl-9α-fluor-18-nor-$\Delta^{4.13}$-androstadien-11β-ol-3-on*, F. 205—207°, aus 9α-Fluor-17α-methyl-Δ^4-androsten-11β.17β-diol-3-on; 72,4%. — *2α.17.17-Trimethyl-18-nor-5α-Δ^{13}-androsten-3-on*, F. 118—121°, aus 2α.17α-Dimethyl-5α-androstan-17β-ol-3-on; 64,7%. — *17'.17'-Dimethyl-18'-nor-$\Delta^{2'.4'.13'}$-androstatrieno-[2'.3':4.5]-pyrazol*, F. 191—195° (Aceton), aus 2-Hydroxymethylen-17.17-dimethyl-18-nor-$\Delta^{4.13}$-androstadien-3-on u. $N_2H_4 \cdot H_2O$ in sd. A. (4 Std.); 23,4%.
J. Rothe 3750

0893 **Steroide.** 7. Mitt. **Mikrobiologische Oxydation von Progesteron und 17α-Hydroxydesoxycorticosteron mittels Stemphylium botryosum.** Masamoto Nishikawa und Hikoichi Hagiwara. (J. pharmac. Soc. Japan [Yakugakuzasshi] **78**, 1256—58, 1958; Osaka, Takeda Pharmaceut. Ind. Ltd., Res. Labor.; jap., Auszug: engl.) — 6. vgl. J. pharmac. Soc. Japan [Yakugakuzasshi] **78**, [1958], 213; 4. vgl. C. **1961**, 9853. — Die mikrobiolog. Oxydation von Progesteron (**I**) mit *Stemphylium botryosum* (S) ergibt *14α-Hydroxyprogesteron*, das auch bei der mikrobiolog. Oxydation mit Hilfe von *Curvularia lunata* u. *Cunninghamella blakeslelana* gewonnen wird. In analoger Rk. wird aus 17α-Hydroxydesoxycorticosteron mit Hilfe von S *14α.17α-Dihydroxydesoxycorticosteron* gebildet.

Versuche: *14α.21-Dihydroxy-Δ^4-pregnen-3.20-dion*, $C_{21}H_{30}O_4$, F. 175—176° (Aceton/Ae.), durch 1std. Kochen von 500 mg 14α.17α.21-Trihydroxy-Δ^4-pregnen-3.20-dion mit Zn in 50%ig. Essigsäure, Neutralisieren mit NaOH, Extrahieren mit Chlf./Ae., Eindampfen, Lösen in Bzl. u. Chromatographie. — *14α-Hydroxyprogesteron*, $C_{21}H_{30}O_3$, F. 191—192°, a) durch 20std. Einleiten von Luft in eine Lsg. aus 970 g S u. 4 g **I** in 20 Litern W. bei 28°, Extrahieren mit Dichloräthan, Eindampfen u. Chromatographie in benzol. Lsg.; $[\alpha]_D^{33}$ +186° (Aceton); 960 mg (Ausbeute); b) analog a) aus 50 mg **I** mit Hilfe von *Cunninghamella blakeslelana*; aus Methanol Prismen; 80 mg; c) analog a) aus 400 mg **I** mit Hilfe von *Curvularia lunata*; 140 mg; d) durch 2std. Erwärmen von 50 mg vorst. Verb. mit p-Tosylchlorid in Pyridin auf 50—60°, 24std. Stehen bei Raum-Temp., Verdünnen mit Ae., Eindampfen, 5 Min. langes Kochen mit NaJ in Aceton, Eindampfen, Red. mit Zn in Essigsäure u. Extrahieren mit Ae.; 20 mg. — *14α.17α.21-Trihydroxy-Δ^4-pregnen-3.20-dion*, $C_{21}H_{30}O_5$, F. 227—228° (Zers.), durch 75std. Einleiten von Luft in eine Lsg. aus 4 g 17α-Hydroxydesoxycorticosteron u. S in W. in Ggw. von wenig A., Extrahieren mit Äthylacetat u. Chromatographie; $[\alpha]_D^{17}$ +144° (Aceton); 200 mg. *Acetyl-Deriv.*, $C_{23}H_{32}O_6$, F. 224—226° (Methanol).
W. Hampel 3750

0894 **Untersuchungen über verwandte Verbindungen von Vitamin B₁.** 22. Mitt. **Acylierung von Thiothiamin und seinen Derivaten.** Shigeru Yoshida und Rinji Takasaki (Chem. pharmac. Bull. [Tokyo] **6**, 527—31, 1958; Tokyo, Sankyo Co. Ltd.; engl.) — 21. vgl. C. **1962**, 11563. — Als

Vorvers. zur evtl. Synth. von „Lipothiamid" (vgl. Reed u. DeBusk, C. **1953**, 2618) wird die Acylierung von 3-[2-Methyl-4-aminopyrimidyl-(5)-methyl]-3a-methylperhydrofuro-[2.3:d]-thiazolthion-(2) (**I**) u. von Thiothiamin (**II**) untersucht. Dabei wurden N-acyliertes **I** sowie *N.O-Diacylthiothiamin* (**III**) erhalten. N.O-Diacetyl-**II** (**IV**) ließ sich mit Acetanhydrid in Pyridin in *N.N.O-Triacetylthiothiamin* überführen. Die **III** ergeben bei alkal. Hydrolyse N-acylierte **II**. Die Darst. von DL-α-Liposäureanhydrid gelang nicht.

Versuche: 3-[2'-Methyl-4'-acylaminopyrimidyl-(5')-methyl]-3a-methylperhydrofuro-[2.3:d]-thiazolthione-(2), durch 3std. Erwärmen von **I** mit Säureanhydriden: *-4'-acetyl-*, $C_{14}H_{18}N_4O_2S_2$, F. 167—168°, rhomb. Prismen; liefert durch ¼std. Rk. mit 10%ig. HCl bei 50—55° **II** (F. 240°), durch ½std. Erhitzen mit 5%ig. HCl auf 50° u. Alkalisieren *Tetrahydrothiothiamin* (F. 175°) u. durch 1std. Erwärmen mit 5%ig. alkohol. HCl auf 60° *Thiothiaminhydrochlorid* ($C_{12}H_{16}N_4OS_2 \cdot HCl$, F. 221°). — *-4'-propionyl-*, $C_{15}H_{20}N_4O_2S_2$, F. 149—150°. — *-4'-butyryl-*, $C_{16}H_{22}N_4O_2S_2$, F. 104,5—105,5°. — 3-[2'-Methyl-4'-acylaminopyrimidyl-(5')-methyl]-4-methyl-5-[β-acyloxyäthyl]-Δ^4-thiazolinthione-(2) (**III**; N.O-Diacylthiothiamine): *N.O-Diacetyl-* (**IV**), $C_{16}H_{20}N_4O_3S_2$, F. 134—135°; liefert durch 1std. Erwärmen auf 40° mit 1%ig. alkohol. KOH die *N-Monoacetyl-Verb.* ($C_{14}H_{18}N_4O_2S_2$, F. 118,5—119,5°), dagegen mit 0,5%ig. alkohol. KOH ein *Isomeres* von **II** (F. 122—123°), das auch durch Kristallisieren von **II** aus W. erhalten wird. — *N.O-Dipropionyl-*, $C_{18}H_{24}N_4O_3S_2$, F. 132—133°. — *N.O-Dibutyryl-*, $C_{20}H_{28}N_4O_3S_2$, F. 104—105°. — *3-[2'-Methyl-4'-diacetylaminopyrimidyl-(5')-methyl]-4-methyl-5-[β-acetoxyäthyl]-Δ^4-thiazolinthion-(2)*, $C_{18}H_{22}N_4O_4S_2$, F. 113—115°, aus **IV** in Pyridin mit Acetanhydrid in 1 Std. bei 90—100°. L. Schuler 3800◇

0895 **Untersuchungen über verwandte Verbindungen von Vitamin B₁. 23. Mitt. Synthese von N-Acyl-O.S-dibenzoylthiaminen.** Shigeru Yoshida und Mitsuru Kataoka. (Chem. pharmac. Bull. [Tokyo] **6**, 576—77, Okt. 1958; engl.) — 22. vgl. vorst. Referat. — Aus O.S-Dibenzoylthiamin (**I**) wurden mit dem entsprechenden Säureanhydrid die *N-Acetyl-*, *-Propionyl-* u. *-Butyryl-Derivv.* hergestellt.

Versuche: N-Acyl-O.S-dibenzoylthiamine: *N-Acetyl-*, $C_{28}H_{28}N_4O_5S$, F. 103°, aus 1,5 g **I** u. Acetanhydrid in Bzl. in 3 Std. bei 80—85°. *Pikrat*, F. 141°. — Analog: *N-Propionyl-*, *Pikrat*, $C_{29}H_{30}N_4O_5S \cdot C_6H_3N_3O_7$, F. 148°. — *N-Butyryl-*, *Pikrat*, $C_{30}H_{32}N_4O_5S \cdot C_6H_3N_3O_7$, F. 160°. L. Schuler 3800◇

0896 **Synthese einiger neuer Analoga von Chloramphenicol.** S. Rossi und R. Trave. (Farmaco [Pavia], Ediz. Sci. **15**, 396—405, 1960; Milano, Univ., Ist. di Chim. industriale, Labor. di Chim. industriale organ.; ital.) — Ausgehend von Mercaptoessigsäureäthylester u. 2-Chlor-5-nitrobenzaldehyd wird die Synth. eines neuen Analogons von Chloromycetin, das das 5-Nitrothionaphthen-Syst. enthält, beschrieben. Durch fraktionierte Kristallisation der Hydrochloride der entsprechenden Basen werden die beiden „threo"- u. „erythro"-Racemate getrennt. Das Dichloracetyl-Deriv. des letzteren zeigt antibakterielle Eigenschaften.

Versuche: 5-Nitrothionaphthene: *2-Carbäthoxy-*, F. 166° (Essigsäure), durch Zugabe von Mercaptoessigsäureäthylester zu Na in abs. A., Zugabe von 2-Chlor-5-nitrobenzaldehyd in A. unter Kühlung u. 4std. Kochen; 85% (Ausbeute). — *2-Carboxy-*, F. 237°, durch 2std. Kochen vorst. Verb. mit NaOH; 98,5%. — *2-Chlorcarbonyl-*, F. 160° (abs. Bzl.), durch 4std. Kochen vorst. Verb. mit $SOCl_2$; 88%. — *2-Diazoacetyl-*, $C_{10}H_5N_3O_3S$, F. 168° (Zers.), durch Mischen vorst. Verb. in abs. Chlf. mit äther. CH_2N_2, mehrstd. Stehen u. Waschen mit Bzl. u. Ae.; 86,5%. — *2-Bromacetyl-*, $C_{10}H_6 \cdot BrNO_3S$, F. 194° (Essigsäure), durch Zugabe von 47%ig. HBr zu vorst. Verb. in Essigsäure u. ¾std. Erhitzen auf 50°; 93%; liefert mit p-Nitrophenylhydrazin ein *Osazon*. — *2-[α-Aminoacetyl]-*, *Hydrochlorid*, $C_{10}H_8N_2O_3S \cdot HCl$, F. 224° (Zers.; methanol. wss. HCl), durch Lösen vorst. Verb. in abs. Chlf. bei 40°, Versetzen mit Hexamethylentetramin, 48std. Stehen bei Raum-Temp., Filtrieren, Suspendieren in Methanol, Versetzen mit konz. HCl u. Kochen; 76%. — *2-[α-Acetamidoacetyl]-*, $C_{12}H_{10}N_2O_4S$, F. 221°, durch Versetzen vorst. Verb. mit Acetanhydrid u. portionsweise Zugabe von Na-Acetat in 2 Std.; aus Dioxan hellgelbe Mikrokristalle; 52%. — *2-[α-Acetamido-α-hydroxymethylacetyl]-* (**I**), $C_{13}H_{12}N_2O_5S$, F. 165° (verd. Essigsäure), durch Lösen vorst. Verb. in W./A. (100:34) bei 50°, Versetzen mit 38%ig. Formaldehyd u. $NaHCO_3$ u. Kochen bis zur Lsg.; 84%. — *2-Formyl-*, $C_9H_5NO_3S$, F. 202° (Essigsäure), durch Lösen vorvorst. Verb. in 80%ig. A., mehrstd. Stehen mit $NaBH_4$, Filtrieren, Versetzen mit Essigsäure, Eindampfen im Vakuum, ½ std. Kochen mit 10%ig. HCl, Eindampfen im Vakuum, Aufnehmen in W., Versetzen mit KJO_4, 2std. Rühren, mehrstd. Stehen bei Raum-Temp. u. Extrahieren mit Essigester; 27%. *p-Nitrophenylhydrazon*, $C_{15}H_{10}N_4O_4S$, F. 298°. — *2-[α.α-Dicarbäthoxyacetyl]-* (**II**), $C_{16}H_{15}NO_7S$, F. 80° (Methanol), durch Zugabe von Malonsäurediäthylester in A./Chlorbenzol zu Mg in abs. A. in Ggw. von CCl_4 u. etwas J_2 bei <65° (½ Std.), Versetzen mit 5-Nitrothionaphthen-2-carbonsäurechlorid in Chlorbenzol, mehrstd. Stehen bei Raum-Temp. u. Behandeln mit verd. H_2SO_4; 80,3%. — *2-Acetyl-*, $C_{10}H_7NO_3S$, F. 172° (Essigsäure), durch 5std. Kochen von **II** mit Essigsäure/W./H_2SO_4; 97,2%. — *2-Dibromacetyl-*, $C_{10}H_5Br_2NO_3S$, F. 167° (Essigsäure), durch Zugabe von Br_2 in Essigsäure zu vorst. Verb. in Eisessig bei 70°; 69%. — *2-[1.2-Bis-(p-nitrophenylhydrazono)-äthyl]-*, $C_{22}H_{15}N_7O_6S$, F. 275°, durch längeres Kochen vorst. Verb. mit p-Nitrophenylhydrazin in Essigsäure; ziegelrote Kristalle. — *2-[α.α-Dicarbäthoxy-α-bromacetyl]-*, $C_{16}H_{14}BrNO_7S$, F. 105° (Methanol), durch Zugabe von Br_2 in Chlf. zu **II** in Chlf. bei 40°; 87%. — *2-[Hydroxyacetyl]-*, $C_{10}H_7NO_4S$, F. 231° (Essigsäure), durch 10std. Kochen vorst. Verb. mit W./Essigsäure/H_2SO_4; 85,2%. — *Gemisch aus dl-threo- u. dl-erythro-1-[5-Nitrothionaphthenyl-(2)]-2-acetamidopropandiol-(1.3)*, $C_{13}H_{14}N_2O_5S$, F. 250—262° (A./Ae.), durch Versetzen von **I** in 75%ig. A. mit $NaBH_4$, Eindampfen zur Trockne im Vakuum u. Aufnehmen in Alkohol. — *dl-erythro-1-[5-Nitrothionaphthenyl-(2)]-2-aminopropandiol-(1.3)-hydrochlorid*, durch 20 Min. langes Kochen vorst. Verb. mit alkohol. HCl, Kühlen, Verdünnen mit W., Eindampfen zur Trockne im Vakuum u. fraktionierte Kristallisation aus alkohol. HCl als weniger lösl. Teil; daneben die *dl-threo-Verbindung*. — *dl-erythro-1-[5-Nitrothionaphthenyl-(2)]-2-dichloracetamidopropandiol-(1.3)*, $C_{13}H_{12}Cl_2N_2O_5S$, F. 143° (verd. A.), durch Lösen vorst. erythro-Verb. in Na-haltigem A., Zugabe von Dichloressigsäuremethylester, ½ std. Kochen, Eindampfen im Vakuum u. fraktionierte Kristallisation aus verd. A.; daneben die entsprechende *dl-threo-Verb.*, $C_{13}H_{12}Cl_2N_2O_5S$, F. 120°. P. Golinske 3900△

0897 **Struktur von Neochlorogensäure und „Bande 510".** M. L. Scarpati und P. Esposito. (Tetrahedron Letters [London] **1963**, Nr. 18, 1147—50; Rom, Univ., Ist. di Chim. Organ.; engl.) — Vff. zeigen, daß Neochlorogensäure (**I**; vgl. Corse, C. **1955**, 11021) bzw. „Bande 510" (**II**; vgl. Sondheimer u. Mitarbeiter, C. **1960**, 4558; C. **1962**, 2575) *5-* bzw. *4-O-Kaffeylchinasäure* ist. **I** u. **II** wurden durch Extraktion von Artischockenblättern oder Kaffeebohnen mit sd. W., Zusatz von Pb-Acetat, Zers. des Nd. mit H_2S in W., Extraktion mit Essigester u. Chromatographie an Silicagel isoliert. **I** [$C_{16}H_{18}O_9$, F. 204—206° (Zers.), $[\alpha]_D^{18}$ +3,1°] bildet einen 1:1-*Komplex mit Kaffein* (F. 128—130°) u. gibt durch Einw. von HCl in Aceton das *γ-Lacton* [**III**; $C_{16}H_{16}O_8$, F. 222—225° (Zers.)]; **III** wird durch Erhitzen mit CH_3J u. K_2CO_3 in Aceton in einen *Dimethyläther* ($C_{18}H_{20}O_8$, F. 178—180°) übergeführt, der durch warme verd. CH_3COOH zum *Dimethyläther von* **I** ($C_{18}H_{22}O_9$, F. 183—185°) verseift wird. **I** wird durch äther. CH_2N_2-Lsg. in CH_3OH in ein *Trimethyl-Deriv.* ($C_{19}H_{24}O_9$, F. 83—85°) übergeführt, das in verd. CH_3COOH 1 Val HJO_4 reduziert. — **II** ($C_{16}H_{18}O_9$, $[\alpha]_D^{15}$ −69°) ist nicht krist.; sie gibt mit CH_2N_2 ein *Trimethyl-Deriv.*, $C_{19}H_{24}O_9$, das von HJO_4 nicht gespalten wird. Dagegen wird bei einem Vers. mit dem Trimethyl-Deriv. von Chlorogensäure 1 Val HJO_4 verbraucht. L. Hoppe 3950◇

0898 **Chemische Bestandteile von Sonneratia apetala Ham.** S. N. Srivastava, D. S. Bhakuni, V. N. Sharma und K. N. Kaul. (J. sci. ind. Res. [New Delhi], Sect. B **21**, 549—52, 1962; Lucknow, Nat. Botan. Gardens; engl.) — Aus Rinde u. Holz von *Sonneratia apetala* Ham. (**S**) wurden neben *β-Sitosterin* u. *Ursolsäure* die Verbb. **A** u. **B** isoliert u. auf Grund ihrer Rkk. als *3.3'.4-Trimethoxy-4'-hydroxy-* bzw. *3.3'-Dimethoxy-4.4'-dihydroxydiphensäuredilacton* identifiziert. **A** gibt ein *Mono-*, **B** ein *Diacetat*. **A** u. **B** geben mit CH_2N_2 dieselbe *Tetramethoxyverbindung* (**I**). Rk. von **A** u. HJ gibt eine *Tetrahydroxy-Verb.*, die mit CH_2N_2 in **I** übergeführt wird u. die bei der Dest. mit Zn-Staub *Fluoren*, beim Schmelzen mit KOH *2.2'.3.3'.4.4'-Tetrahydroxydiphenyl* gibt.

Versuche: *Verb.* **A**, $C_{17}H_{12}O_8$, F. 285° (Zers.), durch Extrahieren von 1735 g **S** mit Aceton, Einengen, Kühlen, Lösen des Nd. in 5%ig. Na_2CO_3-Lsg., Ansäuern mit verd. HCl, Abfiltrieren, Waschen mit W., Extrahieren mit Essigester, Eindampfen, Lösen in Alkali, Ansäuern u. fraktionierte Kristallisation aus Essigester, Eisessig u. Dioxan; gelbe Nadeln; 1,05 g (Ausbeute); daneben *Verb.* **B** [$C_{16}H_{10}O_8$, F. 340° (Zers.), gelbe Nadeln; 38 mg]. — *Methylierungs-Prod. von* **A** *bzw.* **B** (**I**), $C_{18}H_{14}O_8$, F. 341—342° (Zers.), a) durch Rk. von 21 mg **A** mit CH_2N_2; aus Essigester gelbe Nadeln; 18 mg; b) analog aus 17 mg **B**; 13 mg; c) analog aus 22 mg nachst. Verb.; 17 mg. — *Demethylierungs-Prod. von* **A** *bzw.* **B**, $C_{14}H_6O_8$, F. >370°, a) durch 4std. Kochen von 460 mg **A** u. HJ u. Zusetzen von W.; aus Eisessig gelbe Nadeln; 340 mg; b) analog aus **B**. — *Fluoren*, $C_{13}H_{10}$, F. 116° (Vakuumsublimation), durch Zn-Staub-Dest. von 158 mg vorst. Verb.; aus Methanol Platten; 21 mg. — *2.2'.3.3'.4.4'-Tetrahydroxydiphenyl, Hexamethyläther*, $C_{18}H_{22}O_6$, F. 123°, durch Erhitzen vorvorst. Verb. u. KOH in Ggw. von W. auf 160—180° unter einem inerten Gas, Extrahieren mit W., Ansäuern mit HCl, Extrahieren mit Ae. u. Essigester, Alkalisieren der wss. Phase, Eindampfen, Ansäuern, Extrahieren mit A., Eindampfen der vereinigten Extrakte, Lösen in Methanol u. Stehen mit CH_2N_2 über Nacht; Nadeln. — *β-Sitosterin*, $C_{29}H_{50}O$, F. 135—136°, durch Einengen des PAe.-Extrakts von 750 g **S**, Kühlen, Abfiltrieren u. Chromatographie an Al_2O_3; aus Methanol Nadeln; $[\alpha]_D$ —35° (Chlf.); 180 mg. *Monoacetat*, F. 131—132°, $[\alpha]_D$ —38° (Chlf.). — *Ursolsäure*, $C_{30}H_{48}O_3$, F. 284—285° (Methanol) durch Ae.-Extraktion von **S**. *Acetat*, $C_{32}H_{50}O_4$, F. 245°. *Methylester*, F. 170°. Eberhard Reichelt 3950◇

D. Makromolekulare Chemie

0899 **Lichtstreuung und Röntgenkleinwinkelstreuung von statistisch verknäuelten Fadenmolekülen, berechnet nach der „Monte Carlo-Methode".** S. Heine, O. Kratky und J. Roppert. (Makromolekulare Chem. **56**, 150—68, 1962; Graz, Univ., Inst. für physik. Chem.; Wien, Univ., Inst. für Statistik; dt.) — Die über eine größere Zahl von Konfigurationen gemittelten Streukurven wurden für die beiden Gliederketten mit $\cos\alpha = 0{,}8$ u. $\cos\alpha = 0{,}9$ berechnet. Sie zeigen für die längeren Ketten (etwa ab 10 Persistenzlängen) die charakterist. Aufteilung in 3 Bereiche. Für beide Valenzwinkel sind sehr dichte Kurvenscharen bis zu einer Länge von 100 Persistenzlängen angegeben. H. Schroeder 4000◇

0900 **Zur Theorie der dielektrischen Relaxation der amorphen Polymeren.** S. Kästner. (Mber. dtsch. Akad. Wiss. Berlin **4**, 754—55, 1962; Inst. für Kunststoffe; dt.) — Kurzmitt. über die C. **1963**, 15067 referierte Arbeit. C. Gottfried 4000△

0901 **Elastizität und Quellung makromolekularer Stoffe.** Willem Prins. (Svensk kem. Tidskr. **75**, 125—33, 1963; Delft, TH, Labor. of Phys. Chem.; engl.) — Auf der Grundlage eines 3dimensionalen Netzwerks aus langkettigen Makromoll. werden besprochen: die Fernelastizität; die Quellung von Polymeren bis zum Gleichgewicht in Fll. u. die Knitterung von Textilien, die Umwandlung chem. in mechan. Energie, z. B. in kontraktilen Polyelektrolytgelen, Strukturphasenübergänge in Fasern u. ein Modell der Muskelkontraktion. Verantwortlich für alle Erscheinungen ist die strukturelle Vielseitigkeit der langkettigen Makromoleküle. M. Hagedorn 4000◇

0902 **Eine allgemeine Behandlung der Gleichgewichtscopolymerisation.** A. V. Tobolsky und G. D. T. Owen. (J. Polymer Sci. **59**, 329—37, 1962; Princeton, N.J., Princeton Univ., Frick Chem. Labor.; engl.) Die von Tobolsky u. Eisenberg (vgl. C. **1960**, 16108) entwickelte Theorie der Gleichgewichtspolymerisation wird auf den Fall der Gleichgewichtscopolymerisation zwischen 2 Monomeren übertragen, wobei wieder die 3 l. c. genannten Fälle behandelt werden. Es werden so Gleichungen, die die Zus. u. den Polymerisationsgrad der Copolymeren beschreiben, erhalten. Die Anwendung der Theorie auf die Copolymerisation von S + Se ergibt recht gute Übereinstimmung mit den experimentellen Daten (der Literatur entnommen). O. Fuchs 4000◇

0903 **Methoden zur Untersuchung der Polymerisationsmechanismen.** Alain Guyot. (Chim. mod. **7**, 187—97, 1962; Villeurbanne, C.N.R.S., Inst. de rech. sur la Catalyse; franz.) — Übersicht. — 21 Literaturangaben. M. Hagedorn 4000◇

0904 **Untersuchung der Wärmeleitfähigkeit von Hochpolymeren.** 3. Mitt. **Wärmeleitfähigkeit von Niederdruck-Polyäthylen.** Makoto Hattori. (Chem. High Polymers [Tokyo] **17**, 432—35, 1960; Osaka, Univ., Coll. of Engng.; jap., Auszug: engl.) — 2. vgl. C. **1964**, 12-0968; vgl. auch C. **1963**, 4727. — Unterss. über die Wärmeleitfähigkeit von 3 Proben *Niederdruck-Polyäthylen* (**I**) bei —60 bis +100° zeigen, daß die Leitfähigkeit der Proben mit Molgew. von 50000 u. 80000 bei ca. —20° größere Temp.-Abhängigkeit aufzuweisen beginnt. Oberhalb Raum-Temp. entsprechen die Leitfähigkeit/Temp.-Beziehungen dieser Proben denen des früher (l. c.) untersuchten **I** mit hohem Molgew.; die Probe mit Molgew. 120000 verhält sich anders. Die Wärmeleitfähigkeit der 3 Proben ist höher als die von Hochdruck-**I**. W. Wesly 4010◇

0905 **Neue morphologische Strukturen des Polyäthylens.** I. Heber. (Kolloid-Z., Z. Polymere **189**, 112—14, 1963; Darmstadt, Dt. Kunststoff-Inst.; dt.) — In Xylol (**I**) gelöstes *Niederdruckpolyäthylen* (*Marlex 9*, Molgew. 90000; **II**) krist. bei Kristallisations-Temp. (T_K) von 80—90° u. niedriger Ausgangs-Konz. c_0 ($c_0 < 10^{-4}$ g **II**/cm³ **I**) in Form von rautenförmigen Einkristallen, bei hohen T_K (120°, also hohen Verdampfungs-Geschw.) u. hohen c_0 ($4 \cdot 10^{-4}$ g **II**/cm³ **I**) in Form von Sphärolithen. Bei niedrigen c_0 u. hohen T_K krist. **II** in Form 6eckiger Platten (P.), deren c-Achse u. somit Mol.-Ketten senkrecht zur Grundfläche stehen u. deren kristallograph. b-Achse der orthorhomb. Elementarzelle von **II** in Richtung der längsten Ausdehnung der P. zeigt. Der stumpfe Winkel am Ende der P. (116°) stimmt gut mit dem von rautenförmigen Einkristallen (113°) überein. Diese P. lagern sich häufig zu zentralsymm. Gebilden zusammen, u. zwar so, daß ihre b-Achse wie bei den aus der Schmelze gewachsenen Sphärolithen in radialer Richtung liegt. Daraus wird geschlossen, daß P. isolierte Lamellen sind, aus denen sich die Sphärolithe aufbauen. G. Vetter 4010◇

0906 **Pfropfpolymerisation durch Vorheizen von Polyäthylen in Gegenwart von Dibenzoylperoxid.** Seizo Okamura und Tomonobu Manabe. (Bull. chem. Soc. Japan **33**, 1526—28, 1960; Sakyo-ku, Kyoto, Kyoto Univ., Fac. of Engng., Dep. of Text. Chem.; engl.) — Durch Tränken von *Polyäthylen* (**I**)-Folie mit einer benzol. Lsg. von *Dibenzoylperoxid* (**II**) u. anschließendes Trocknen wurde ein *Polyäthylen* erhalten, das ca. 0,2% **II** enthielt. Die Proben wurden zuerst an Luft u. dann mit *Methacrylsäuremethylester* (**III**) im evakuierten Glasrohr erhitzt. Nach Extraktion von entstandenem Homopolymerem mit Bzl. u. Trocknung wurde der Anteil an **I**/**III**-*Pfropfpolymerem* durch Best. der Gew.-Zunahme ermittelt. Die Pfropfpolymerisations-Geschw. ist um so größer, je höher u. länger vorgeheizt, u. je länger u. bei je höheren Temp. die Rk. durchgeführt wird, um so geringer, je größer der Zeitraum zwischen Vorheizen u. der Rk. mit **III** ist. Es wird ein Rk.-Schema vorgeschlagen, bei dem Übertragungs-Rkk. u. Peroxid-Bldg. durch O_2 als wesentlich angesehen werden. U. Müller 4010◇

0907 **Über den Mechanismus der Bildung von stereoregulärem Polyäthyliden aus Diazoäthan.** A. G. Nasini und L. Trossarelli. (Makromolekulare Chem. **61**, 40—45, 1963; Torino, Italy, Univ., Ist. Chim.; Centro Naz. di Chim. delle Macromol.; engl.) — Im untersuchten Temp.- (20 bis —30°) u. Konz.-Bereich ($3 \cdot 10^{-1}$ bis $4 \cdot 10^{-2}$ Mol/Liter) in äther. Lsgg. sind die Geschw. der Bldg. von kristallinem u. amorphem Polyäthyliden (**I**) bei der mit koll. Au katalysierten Zers. von Diazoäthan (**II**) u. die Geschw. der Zers. von **II** nur von der Temp. u. von der Konz. des Katalysators, aber nicht von der **II** Konz. abhängig, d. h. bei gegebener Temp. sind die Geschw. der Bldg. von **I** u. der Zers. von **II** nur von der Größe der akt. Katalysatoroberfläche abhängig. Die scheinbare Aktivierungsenergie beträgt für die Zers. von **II** 14 kcal/Mol, für die Bldg. von amorphem **I** 12 kcal/Mol u. für die Bldg. von kristallinem **I** 8 kcal/Mol, weshalb bei niedriger

Temp. bes. die Bldg. von kristallinem **I** begünstigt wird: Die Ausbeute an kristallinem **I** beträgt bei 0° 10% des gebildeten Polymeren u. wird größer mit sinkender Rk.-Temp., bei −50° beträgt die Ausbeute an kristallinem **I** ca. 50%. Der Polymerisationsgrad des amorphen **I** wird größer mit niedrigerer Rk.-Temp. u. wird kleiner, wenn die Konz. des Katalysators u. viel kleiner, wenn die Konz. von **II** größer wird. Daraus folgt eine Verringerung der Geschw. der Ketteninitiierung u. -fortpflanzung oder der Kettenübertragung durch unzersetztes **II**, das wahrscheinlich den Kettenabbruch verursacht. Der daraus abgeleitete Abbruchmechanismus der Ketten von amorphem **I** klärt auch das Zustandekommen von zwei (endständigen) Doppelbindungen pro Polymermolekül. Der abgeleitete Mechanismus der Bldg. von kristallinem **I** erklärt die niedrigere Aktivierungsenergie u. die Tatsache, daß die Geschw. der Bldg. weniger vom Rk.-Medium abhängt als die Bldg. von amorphem **I**. G. Vetter 4010◇

0908 **Pfropfpolymerisation von Acrylonitril auf vorher im Vakuum bestrahltes Polyäthylen und Polypropen.** Masatosi Miura und Shunzi Kawamatsu. (Chem. high Polymers [Tokyo] **19**, 175–80, 1962; Kokubunji, Tokyo, Hitachi Central Res. Labor.; jap., Auszug: engl.) — Der Einfl. von Polymerisations-Temp., Kristallinität des Polymeren u. Bestrahlungsdosis auf die Pfropfpolymerisation von *Acrylonitril* (**I**) auf vorher im Vakuum bestrahltes *Polyäthylen* (**II**) u. *Polypropen* wurde untersucht. Mit steigender Temp. nimmt die Aufpfropfungs-Geschw. u. die Menge des insgesamt aufgepfropften **I** bis zu Temp. um 80° zu, ist bei 105° jedoch wieder geringer. Bei tieferen Temp. (0–15°) läßt sich auf **II** niedriger Dichte, bei höheren (35° u. höher) auf solches höherer Dichte mehr aufpfropfen. Die aufgepfropfte Menge ist um so größer, je länger bestrahlt wurde, wobei der Einfl. von **II** hoher Dichte am größten ist. Je später die Zugabe von **I** nach Beendigung der Bestrahlung erfolgt, desto weniger wird aufgepfropft; bei höheren Temp. ist dieser Einfl. geringer, bei **II** hoher Dichte ist er bei 105° kaum mehr vorhanden. Zur Erklärung wird angenommen, daß im bestrahlten Polymeren zwei Arten von freien Radikalen vorliegen: ein langlebiges, dessen Konz. mit der Bestrahlungsdosis proportional ansteigt u. das bei tieferer Temp. nicht zur Auslösung der Polymerisation befähigt ist, u. ein kurzlebiges, dessen Konz. oberhalb einer bestimmten Bestrahlungsdosis nicht mehr zunimmt u. das auch bei tieferen Temp. die Polymerisation auslöst. U. Müller 4010◇

0909 **Pfropfcopolymerisation von Vinylacetat auf bestrahltes Polypropylen in Emulsion.** Sadao Torikai und Eiji Mukoyama. (Chem. High Polymers [Tokyo] **19**, 337–43, 1962; Ishiyama, Otsu, Shiga, Toyo Rayon Co., Central Res. Labor.; jap., Auszug: engl.) — Beim Aufpfropfen von *Vinylacetat* auf vorher bestrahltes *Polypropylen* in Emulsion wurde gefunden, daß bei Monomeren-Konzz. über 10% die Aufpfropf-Geschw. unabhängig von der Monomeren-Konz. ist u. daß sich nichtgereinigtes oder langabgestandenes Monomeres ohne Schwierigkeiten verwenden läßt. Manche Emulgatoren beschleunigen die Pfropfpolymerisation, andere verzögern sie. Auch bei hydrophobem Polypropylen beschleunigt W. bei Konzz. bis 0,1% die Aufpfropfung merklich. Die Temp.-Abhängigkeit ist derart, daß die Pfropfpolymerisation bei 60° schneller verläuft als bei 20° u. bei 100°. U. Müller 4010◇

0910 **Sphärolith-Deformation im Polybuten-(1).** K. Sasaguri, M. B. Rhodes und R. S. Stein. (J. Polymer Sci., Part B **1**, 571–74, 1963; Amherst, Mass., Univ. of Massachusetts, Polymer Res. Inst.; engl.) — Filme aus *Polybuten-(1)* (**I**) wurden unter einem Druck von 2000 lbs./sq.in. 15 Min. auf 150° erhitzt u. dann langsam unter 80° abgekühlt. Beim anschließenden Dehnen des Filmes erleidet die Sphärolithstruktur eine affine Deformation (mkr. Aufnahmen mit polarisiertem Licht). Die vor dem Dehnen negative Sphärolithdoppelbrechung wird beim Dehnen stärker negativ. Die Erscheinungen werden auf eine Änderung der Kristallitorientierung in den Sphärolithen beim Dehnen zurückgeführt. Wurden die **I**-Filme vor dem Dehnen gealtert (ohne nähere Angaben), so sprach die Doppelbrechung der Sphärolithe stärker auf den Dehnungsvorgang als vor der Alterung an. O. Fuchs 4010◇

0911 **Die Mischbarkeit von Polymeren: Parameter für die Wechselwirkung zwischen Polybutadien und Polystyrol.** Thomas R. Paxton. (J. appl. Polymer Sci. **7**, 1499–1508, 1963; Brecksville, Ohio, B. F. Goodrich Res. Center; engl.) — Es war nicht möglich, ineinander (ohne Lsgm.) völlig lösl. *Polybutadien* (**I**) u. *Polystyrol* (**II**) aufzufinden, auch nicht unter sehr niedrigmolekularen. Die bei der Suche danach ermittelten Daten werden nun verwendet, die Parameter der Wechselwrkg. zwischen **I** u. **II** zu berechnen. **I** u. **II** werden aus den Monomeren durch Redox-Emulsionspolymerisation bei 5° (bei < 70% Umsatz) gewonnen u. durch Umfällen gereinigt. Die Löslichkeit der in ihrem **I/II**-Verhältnis variierten Mischungen aus **I** u. **II** von wechselndem Molgew. wird in Toluol, Bzl. u. CCl_4 bestimmt. Die für Nichtelektrolyte aufgestellten Gleichungen von Maron werden für 3 Komponenten u. für Lsgg. von niedrigmol. Polymeren in hoher Konz. modifiziert. In dieser Form gestatten sie die Abschätzung der Parameter der Wechselwrkg. zwischen **I/II**; von den weiteren Parametern für **I**/Lsgm. u. **II**/Lsgm. kann nur ausgesagt werden, daß sie konzentrationsabhängig zu sein scheinen. M. Hagedorn 4010◇

0912 **Bestimmung der Struktur verschiedener Polydiene durch kernmagnetische Resonanz.** François Schué und Jean-Pierre Dole-Robbe. (Bull. Soc. chim. France **1963**, 975–77; Strasbourg, Labor. de Rech. et de Contrôle du Caoutchouc; Fac. Sci., Inst. de Chim., Labor. de rech. org. appl.; franz.) — Die Struktur von polymerisiertem *Isopren*, *2.3-Dimethylbutadien-(1.3)* u. *Pentadien-(1.3)* (Katalysator Li) wurde untersucht. Die mit der Meth. der kernmagnet. Resonanz ermittelten Strukturen von *Polyisopren* u. *Polypentadien* sind den mit IR-Spektroskopie erhaltenen Strukturen vergleichbar. H. Schroeder 4010◇

0913 **Eine neue Methode zur Bestimmung von Verteilungen der 3.4(beziehungsweise 1.2)-Addition oder der Cyclisierung auf die Moleküle von Polyisopren und Polybutadien.** M. Hoffmann. (Makromolekulare Chem. **57**, 96–104, 1962; Leverkusen, Farbenfabriken Bayer Akt.-Ges., Wiss. Hauptlabor.; dt.) — Die durch Umsetzung mit Perbenzoesäure vergrößerte Löslichkeit von *1.4-Polyisopren* in CCl_4–CH_3OH-Gemischen wurde bestimmt. Moll., die überwiegend nach dem Prinzip der 3.4(bzw. 1.2)-Addition aufgebaut sind oder die Doppelbindungen verloren haben, lassen sich leicht abtrennen. Bruchteile eines % dieser Moll. in *cis-1.4-Polyisopren* können mittels der Trübungstitration nachgewiesen werden. Die Löslichkeit von *cis-1.4-Polybutadien* wird durch die Rk. mit Perbenzoesäure weniger erhöht als die von cis-1.4-Polyisopren. H. Schroeder 4010◇

0914 **Polymerisation von Vinylchlorid in der Dampfphase mit Röntgenstrahlen.** Jan A. Herman und Pierre M. Hupin. (Canad. J. Chem. **41**, 1578–87, 1963; Québec, Québec, Univ. Laval, Dép. de Chim.; franz.) — *Vinylchlorid* (**I**) wird dampfförmig bei konst. Druck < 1 atm mit Röntgenstrahlen polymerisiert. Um die kinet. Einzelheiten der Anfangsphase der Polymerisation — Anfangs-Geschw. nach der Induktion, Hauptpolymerisations-Geschw., Anfangs-Geschw. der Nachpolymerisation — zu untersuchen, wird nur bis zu ca. 1% Umsatz während durchschnittlich 150 Min. (einschließlich der Nachpolymerisation ohne Bestrahlung) polymerisiert. Das feste Polymerisat hat ein Durchschnitts-Molgew. von 1400 ($\overline{DP} = 18{,}2$). Die Einfl. des Drucks, der Temp. u. der Strahlenintensität werden beobachtet. Der von Druck u. Temp. abhängige Wert für G($-C_2H_3Cl$) (verbrauchtes **I**) schwankt zwischen 100 u. 400. Die Aktivierungsenergie des Kettenwachstums (Anfangs-Geschw.) beträgt 2,5 kcal/Mol, die des behinderten Kettenabbruchs 7,4 kcal/Mol. Der Temp.-Koeff. der Polymerisationsenergie ist negativ; dafür wird eine Erklärung gegeben. M. Hagedorn 4010◇

0915 **Polymerisation von Vinylchlorid mit einem Katalysator aus Triäthylaluminium, einer Verbindung eines Übergangsmetalls und einem Additiv.** Nobuyuki Ashikari. (Chem. High Polymers [Tokyo] **19**, 728–33, 1962; Musashino-shi, Tokyo, Nippon Telegraph and Telephone Public Corp., Electrical Commun. Labor.; jap., Auszug: engl.) — Als Additive (**A**) werden Butanol, Di-n-butylsulfid u. Tetrahydrofuran (THF) (1. Gruppe) sowie Äthylacetat u. Aceton (2. Gruppe) verwendet. Der Einfl. der Verb. eines Übergangsmetalls (**M**) u. von **A** auf Polymerisations-Geschw., Stereoregularität u. Molgew., die Möglichkeit zur Darst. syndyotakt. bzw. isotakt. Polymerer sowie der Rk.-Mechanismus werden untersucht. Im Falle der 1. Gruppe wird eine maximale Polymerisations-Geschw. bei einem vergleichsweise niedrigen A/Al-Verhältnis erhalten, im Falle der 2. Gruppe tritt kein derartiger Effekt auf. Die Stereoregularität wird mehr durch Menge als durch Art der **A** beeinflußt. Das Molgew. hängt von der Art der **A**, nicht dagegen von der Menge ab. Die Polymerisations-Geschw. wird von **M** in der folgenden Reihenfolge beeinflußt: $FeCl_3 \gg$ V-Verb. $>$ Ti-Verbindung. An isotakt. bzw. syndyotakt. Anteilen reiches Material kann nur schwer nach dieser Meth. erhalten werden. Die Ergebnisse der Copolymerisation von **I** mit *Acrylonitril* bzw. *Methylmethacrylat* u. der ziemlich kleine Wert der Aktivierungsenergie bei der *Vinylchlorid*-Polymerisation mit Triäthyl-Al–THF–$FeCl_3$ führen zu der Annahme, daß ein ion. Polymerisationsmechanismus vorliegt. K. Gröbe 4010◇

0916 **Die thermische Zersetzung von Polyvinylchlorid in Lösung.** 1. Mitt. **Die Reaktionskinetik der Dehydrochlorierungsreaktion.** W. I. Bengough und H. M. Sharpe. (Makromolekulare Chem. **66**, 31—44, 1963; Glasgow, Royal Coll. of Sci. and Technol., Dep. of Chem. Technol.; engl.) — *Polyvinylchloride* (**I**) von unterschiedlichem mittlerem Polymerisationsgrad $\overline{P}_n$ (905, 553, 367 u. 192) wurden aus Vinylchlorid bei Temp. oberhalb 60° in Ggw. von 1.1′-Azo-bis-isobutyronitril (**II**) unter Ausschluß von Luft synthetisiert. Die Geschw. der HCl-Abspaltung v_{HCl} dieser **I** unter N_2 wurde in Abhängigkeit von der Temp. T (178, 192, 198 u. 212°), vom Lsgm. [Benzoesäureäthylester (**III**), o-Dichlorbenzol (**IV**) u. Nitrobenzol (**V**)], von der Polymer-Konz. C_p (73—150 g/Liter) u. vom $\overline{P}_n$ (proportional dem Molgew.) untersucht. Bei konst. T (178°) ist v_{HCl} von **I** in **III** u. **IV** konst., in **V** erfolgt ein starker Anstieg von v_{HCl} u. Dunkelwerden der Lsg.; in **III** beträgt $v_{HCl} = 5{,}7 \cdot 10^7 \cdot e^{-22800/RT} \cdot C_n$ ($C_n = C_p$ in Polymol/Liter). v_{HCl} ist für bestimmte Gew.-Konz. umgekehrt proportional $\overline{P}_n$. Die HCl-Abspaltung beginnt an den Kettenenden, weshalb v_{HCl} stärker von C_p als von der Gew.-Konz. abhängig ist. Die Aktivierungsenergie der HCl-Abspaltung von **I** in **II** beträgt unabhängig von T u. $\overline{P}_n$ 23,4 ± 0,6 kcal/Mol. Lsgg. von **I** in **III** mit zugesetzten freien radikal. Initiatoren (**II** oder Dibenzoylperoxid) erhöhen v_{HCl} etwas, von den zugesetzten Stabilisatoren beeinflussen 1.4-Diaminoanthrachinon u. α-Phenylindol v_{HCl} nicht, während Tetrachlor-o-benzochinon v_{HCl} leicht erhöht u. Stanclere 70 (dialkylzinnsalzhaltig) v_{HCl} um ca. 15% während einer Zeit vermindert, die proportional der zugefügten Menge ist. O_2 beeinflußt v_{HCl} nicht, verursacht aber rasches Dunkelwerden der Lsg. u. Kettenspaltung. Verschiedene Mechanismen der HCl-Abspaltung werden diskutiert. G. Vetter 4010◇

0917 **Einflüsse der γ-Bestrahlung auf Polyvinylchlorid.** 2. Mitt. **γ-Bestrahlung von mit Bis-[2-äthylhexyl]-phthalat weichgemachtem PVC.** Tadashi Kimura, Hiroshi Murata und Keinosuke Yoshida. (Chem. High Polymers [Tokyo] **19**, 747—51, 1962; Kita-ku, Osaka, Municipal Techn. Res. Inst.; Hiroshima, Univ.; jap., Auszug: engl.) — Bei der Unters. der Einfl. wurden verschiedene Stabilisatoren verwendet u. ihr Einfl. auf den Abbau durch die Ermittlung der Dehnungsfestigkeit der Proben ermittelt. Weiterhin werden Cl-Geh. u. der Durchschnittspolymerisationsgrad des *PVC* ermittelt, das aus den Proben, die mit Dosen bis zu $7{,}7 \cdot 10^7$ r bestrahlt wurden, extrahiert wird. Die Dehnungsfestigkeit der Proben fällt merklich mit steigender Strahlendosis ab. Das PVC wird in beträchtlichem Maße vernetzt u. gespalten. Der Unterschied in den Einfl. der verschiedenen Stabilisatoren ist vergleichsweise gering. K. Gröbe 4010◇

0918 **Einflüsse der γ-Bestrahlung auf Polyvinylchlorid.** 3. Mitt. **Variieren des Polymerisationsgrades von PVC unter Berücksichtigung der Molekulargewichtsverteilung.** Tadashi Kimura und Keinosuke Yoshida. (Chem. High Polymers [Tokyo] **19**, 751—54, 1962; jap., Auszug: engl.) — 2. vgl. vorst. Referat. — Durch *Bis-[2-äthylhexyl]-phthalat* weichgemachte *PVC*-Folien werden der γ-Strahlung von ^{60}Co ausgesetzt u. der Grad des Abbaus durch Vgl. der Molgew.-Verteilungskurven von PVC bei verschiedenen Strahlungsdosen ermittelt. Bis zu Dosen von $3{,}8 \cdot 10^7$ r wird PVC hauptsächlich vernetzt u. die Verteilungskurve verschiebt sich nach höheren Werten. Das durchschnittliche Molgew. von PVC nimmt zu. Daneben wird PVC auch in der Hauptkette gespalten, so daß der Anteil niedermol. Fraktionen ebenfalls merklich anzusteigen beginnt, nachdem eine Dosis von $5{,}7 \cdot 10^7$ r erreicht wurde. K. Gröbe 4010◇

0919 **Einflüsse der γ-Bestrahlung auf Polyvinylchlorid.** 4. Mitt. **γ-Bestrahlung eines mit Weichmachern vom Phosphattyp weichgemachten PVC.** Tadashi Kimura. (Chem. High Polymers [Tokyo] **20**, 65—68, 1963; jap., Auszug: engl.) — 3. vgl. vorst. Referat. — Der Einfl. der γ-Bestrahlung auf *PVC*, das durch *Trikresyl-* bzw. *Phenyldikresylphosphat* weichgemacht wurde, wird untersucht. Die visuelle Schädigung der Proben war nur sehr gering, auch die Zugfestigkeit zeigte bis zu Dosen von $7{,}7 \cdot 10^7$ r keinen merklichen Abfall. Der Durchschnittspolymerisationsgrad des extrahierten PVC stieg anfangs leicht an, später war keine merkliche Änderung mehr festzustellen. Die Molgew.-Verteilungskurven des abgebauten PVC waren nur wenig von denen des Originals verschieden. Diese Resultate führen zu dem Schluß, daß Phosphatweichmacher PVC wirksam gegen Abbau durch γ-Strahlung schützen. K. Gröbe 4010◇

0920 **Einflüsse der γ-Bestrahlung auf Polyvinylchlorid.** 5. Mitt. **γ-Bestrahlung eines mit aliphatischen Weichmachern weichgemachten PVC.** Tadashi Kimura. (Chem. High Polymers [Tokyo] **20**, 68—72, 1963; jap., Auszug: engl. S. 72.) — 4. vgl. vorst. Referat. — Die Einfl. werden an einem *PVC* untersucht, das mit Bis-[2-äthylhexyl]-sebacinat bzw. mit epoxydiertem Safloröl weichgemacht wurde. Die visuelle Schädigung der Proben war nur geringfügig, Zugfestigkeit u. Dehnung der Proben verringerten sich kaum bis zu Dosen von $7{,}7 \cdot 10^7$ r. Der Durchschnittspolymerisationsgrad des extrahierten PVC zeigte keine merkliche Veränderung. Eine Gel-Bldg., die auf eine Vernetzung des PVC zurückzuführen ist, war nicht festzustellen. Das epoxydierte Safloröl scheint PVC anzugreifen, falls Radikale bei der γ-Bestrahlung gebildet werden. Darauf zurückführend, wurde ein Molgew.-Anstieg des Polymeren beobachtet. K. Gröbe 4010◇

0921 **Einfüsse der γ-Bestrahlung auf Polyvinylchlorid.** 6. Mitt. **γ-Bestrahlung von PVC, welches durch verschiedene Mengen an Bis-[2-äthylhexyl]-phthalat weichgemacht wurde.** Tadashi Kimura. (Chem. High Polymers [Tokyo] **20**, 72—75, 1963; jap., Auszug: engl. S. 75.) — 5. vgl. vorst. Referat. — Nach Zufügen von Bis-[2-äthylhexyl]-phthalat (**I**) verringert sich der Grad der Farbveränderung der Probe stark. Die Änderung des Cl-Geh. von *PVC*, welches aus den Proben extrahiert wurde, variierte nur unwesentlich. Gel-Bldg. wurde nur an zwei Proben beobachtet, die kein oder nur wenig **I** enthielten (Strahlungsdosis $5 \cdot 10^7$ r). Der lösl. Teil des obigen PVC-Gels zeigte infolge Vernetzung einen starken Anstieg im Durchschnittspolymerisationsgrad. Offensichtlich schützt **I** PVC vor Schädigung durch γ-Bestrahlung. K. Gröbe 4010◇

0922 **Radikalzerfall und Verfärbung bei verschiedenen Temperaturen in nichtweichgemachtem Polyvinylchlorid nach Bestrahlung im Vakuum bei 25°.** G. J. Atchison. (J. appl. Polymer Sci. **7**, 1471—85, 1963; Midland, Mich., Dow Chem. Co., Radiochem. Res. Labor.; engl.) — Preßplatten aus weichmacherfreiem *PVC* werden im Vakuum bei 25° mit 2-MeV-Elektronen (Dosis 5,9—7,3 Mrad) bestrahlt u. anschließend sofort auf eintretende Veränderungen durch Radikalzerfall über elektronen-paramagnet. Resonanz (EPR)-Messungen u. auf Farbstoff-Bldg. lichtspektroskop. beobachtet. EPR-Messungen an 0,06-in.-Platten erfolgen unter O_2-Ausschluß während der Lagerung bei 80, 55 u. 30°, die opt. Messungen (0,004-in.-Platten) unter den gleichen Bedingungen. Der Radikalzerfall deutet auf 3 verschiedene, mit der Temp. exponentiell abklingende Radikalarten hin: mit Halbwertszeiten von 20 Min., 210 Min., 135 Std. bei 80°, von 40 Min., 400 Min. u. 141 Std. bei 55° u. 54 Min., 720 Min. u. 3200 Std. bei 30°. G-Werte für die Radikal-Bldg. bei 25° werden zu 1,6, 2,0 u. 1,4 berechnet, die Aktivierungsenergie des Radikalzerfalls für die kurz-, mittel- u. langlebigen Radikale zu 4,4 bzw. 5,0 bzw. 13,7 kcal/Mol. Die opt. Messungen zeigen ein breites Maximum bei 500—550 mμ u. 7 Absorptionsspitzen bei 505—510, 483—485, 458—460, 430—435, 400—405, 364—365, 329—330 mμ. Die breiteren Banden sind auf Verbb. zurückzuführen, deren Konz. umgekehrt proportional der Konz. der langlebigen Radikale ist. Die Spitzen entsprechen Literaturwerten für eine Polyenkette mit 16—17 konjugierten Doppelbindungen. M. Hagedorn 4010◇

0923 **Untersuchung über Polytrifluorchloräthylen.** 5. Mitt. **Bestimmung der Schmelzviscosität.** 2. Mitt. **Abhängigkeit der Schubspannung oder Schubgeschwindigkeit und Einfluß**

des thermischen Abbaus. Susumu Furuya. (Chem. High Polymers [Tokyo] **17**, 24—29, 1960; Tokyo, Electr. Communic. Labor.; jap., Auszug: engl.) — 4. bzw. 1. vgl. C. **1963**, 12435. — Unterss. über das Verh. von geschmolzenem *Polytrifluorchloräthylen* zeigen, daß die Schmelzviscosität Newtonsches Verh. aufweist, wenn der therm. Abbau, der von Temp. u. Erhitzungsdauer abhängt, nicht groß ist. Der therm. Abbau wird aus der Beziehung zwischen Schmelzviscosität u. Erhitzungsdauer u. der Beziehung zwischen Molgew. u. Erhitzungsdauer ermittelt. W. Wesly 4010◇

0924 **Untersuchung über Polytrifluorchloräthylen.** 6. Mitt. **Bestimmung der Beziehung zwischen Molekulargewicht und Intrinsicviscosität.** Susumu Furuya und Masakazu Honda. (Chem. High Polymers [Tokyo] **17**, 202—06, 1960; jap., Auszug: engl.) — 5. vgl. vorst. Referat. — Die Beziehung zwischen Molgew. u. Intrinsicviscosität von *Polytrifluorchloräthylen* wird durch Gleichungen wiedergegeben. Die Viscosität wird in Lsgg. von 2.5-Dichlorbenzotrifluorid (I) u. o-Chlorbenzotrifluorid (II) bei 130° bestimmt. Unter Benutzung der Gleichung von Walsh u. Kaufmann für **I** gilt für **II** die Beziehung $[\eta] = 7{,}92 \cdot 10^5 \cdot M^{0,73}$ bei 130° ($2{,}2 \cdot 10^5 \leq M \leq 6{,}2 \cdot 10^5$). W. Wesly 4010◇

0925 **Untersuchungen über Polytrifluorchloräthylen.** **7. Mitt. Die Beziehung zwischen Schmelzviscosität, Molekulargewicht und Temperatur.** Susumu Furuya. (Chem. High Polymers [Tokyo] **17**, 668—71, 1960; jap., Auszug: engl.) — 6. vgl. vorst. Referat. — Für die Beziehung zwischen Schmelzviscosität η, Molgew. ($1 \cdot 10^5$—$5 \cdot 10^5$) u. Temp. (500—556° K) von *Polytrifluorchloräthylen* gilt die Gleichung $\log \eta = -18{,}70 + 3{,}5 \log M + 15{,}1 \cdot 10^3/2{,}3\,RT$ (M ist das aus der Intrinsicviscosität in o-Chlorbenzotrifluorid bestimmte Molgew.). W. Wesly 4010◇

0926 **Viscosität und Elastizität von γ-bestrahltem Polytetrafluoräthylenharz oberhalb des Schmelzpunktes.** Kazuyoshi Matsumae, Muneo Watanabe, Atsuo Nishioka und Torao Ichimiya. (J. Polymer Sci. **28**, 653—55, 1958; Kichijoji, Musashino, Tokyo, Nippon Telegraph & Telephone Publ. Corp., Electr. Commun. Labor.; engl.) — Mit einer ^{60}Co-γ-Strahlenquelle (10^2—10^7 r) bestrahltes *Polytetrafluoräthylen* zeigt eine Beziehung zwischen Schmelzviscosität (η) u. Strahlungsdosis (R) bei verschiedenen Temp. nach $\log \eta = A(1 - BR^n)$ (A, B, n = temperaturabhängige Konst.). Die Abnahme von η bei steigendem R beruht auf Kettenverkürzung, die ihrerseits eine erhöhte Kristallinität zur Folge hat. Mit steigendem R nimmt der Elastizitätsmodul u. dessen Tendenz, bei höherer Temp. zuzunehmen, ab. Parallel geht die Abnahme der Gummielastizität. J. Runge 4010◇

0927 **Über die Bestimmung des kristallinen Anteils in isotaktischem Polystyrol aus der Röntgenstrahlenbeugung.** G. Challa, P. H. Hermans und A. Weidinger. (Makromolekulare Chem. **56**, 169—78, 1962; Utrecht, AKU and affiliated Co., Inst. for Cellulose Res.; engl.) — Es wird eine einfache Meth., die keine Korrekturen für Lorentz-Faktor, Polarisation u. inkohärente Strahlung erfordert, beschrieben. 14 unterschiedlich behandelte Präpp. wurden untersucht. Die Ergebnisse werden mit berechneten Werten verglichen. H. Schroeder 4010◇

0928 **Analyse zweier charakteristischer Verteilungen von Polystyrol durch Kolonnenfraktionierung.** G. V. Schulz, A. Scholz und R. V. Figini. (Makromolekulare Chem. **57**, 220—40, 1962; Mainz, Univ., Inst. für physikal. Chem.; dt.) — Zwei radikal. unterschiedlich polymerisierte *Polystyrole* wurden in einer Kolonne nach Baker-Williams fraktioniert. Die Molgew.-Verteilungen können durch eine allg. Kopplungsgleichung beschrieben werden. Verschiedene Auswertemeth. (Berechnung der Mittelwerte aus Fraktionierungsdaten, graph. Auswertung der integralen u. differentiellen Verteilung, genauere Analyse der integralen Verteilungskurven) werden diskutiert. Die Genauigkeit der Meth. beträgt ca. ±10%. H. Schroeder 4010◇

0929 **Polymerisation von Styrol durch Bis-[pentachlorcyclopentadienyl].** Meyer Schwarz. (J. Polymer Sci. **37**, 319—20, 1959; Washington, D.C., U. S. Dep. of the Army, Diamond Ordnance Fuel Labor.; engl.) — In Ggw. von Bis-[pentachlorcyclopentadienyl] (I) polymerisiert *Styrol* radikalisch. Mit einer 0,034 m Lsg. von **I** in Styrol wird im geschlossenen Bombenrohr bei 100° eine bessere Ausbeute an *Polystyrol* als bei der therm. Polymerisation unter gleichen Bedingungen erhalten. Durch Zugabe von Benzochinon wird die Polymerisation verhindert. Kinet. Unterss. über die Abnahme des I-Geh. während der Rk. u. die Beobachtung, daß **I** durch Kochen in Bzl. nicht verändert wird, lassen auf einen komplizierten Verlauf der Polymerisation schließen, bei dem **I** als Überträger wirkt. E. Koßmehl 4010◇

0930 **Pyrolyse einiger Polyvinylpolymerer bei Temperaturen bis zu 1200°.** Sidney Straus und Samuel L. Madorsky. (J. Res. nat. Bur. Standards, A **66**, 401—06, 1962; engl.) — Das pyrolyt. Verh. von *Polystyrol, Polytetrafluoräthylen, Poly-α-methylstyrol, Polypropylen, Polyisobutylen* u. *Polymethylacrylat* bei 500, 800 u. 1200° im Vakuum wurde untersucht. Die abgespaltenen flüchtigen Prodd. wurden fraktioniert; die Fraktionen wurden massenspektrometr. u. mkr. analysiert. Bereits bekannte Daten bei 500° werden bestätigt. Bei 800 u. 1200° tritt eine wesentlich stärkere Aufspaltung der Substanzen ein. Mit steigender Temp. nimmt der Anteil des Monomeren stark ab, der Anteil niedriger Alkane, Alkene u. Alkine stark zu. Die Ergebnisse sind in Tabellen zusammengefaßt. H. Schroeder 4010◇

0931 **Über die Polymerisation in umgekehrter Emulsion.** H. Bartl und W. von Bonin. (Makromolekulare Chem. **57**, 74—95, 1962; Leverkusen, Farbenfabriken Bayer Akt.-Ges., Labor.; dt.) — Die Polymerisation von in W. nicht oder nur wenig lösl. Monomeren in umgekehrter Emulsion (Typ: „W.-in-Öl") wurde mit *Styrol* u. *Methacrylsäuremethylester* untersucht. Als Emulgierhilfen wurden in W. unlösl., in Monomeren aber lösl. Pfropfpolymerisate von Styrol auf Polyäthylenoxid verwendet. Die Annahme der Nichtexistenz von Micellen in der wss. Phase u. der Einleitung der Polymerisation durch in W. lösl. Initiatoren an der Phasengrenzfläche wird durch photograph. Aufnahmen gestützt. Die auspolymerisierte umgekehrte Emulsion ist ein Polymerisatblock mit Zellstruktur, dessen Zellen die dispergierte wss. Phase enthalten. Mkr. Aufnahmen zeigen, daß die Zellwände aus Agglomeraten sehr kleiner Polymerisatperlen bestehen. H. Schroeder 4010◇

0932 **Untersuchung des Mechanismus der Strahlungspolymerisation.** 2 Mitt. **Über den Mechanismus der Carboniumpolymerisation von Styrol mit Methylmethacrylat unter Einwirkung von γ-Strahlen.** M. K. Jakowlewa, A. P. Scheinker und A. D. Abkin. (Hochmolekulare Verbind. [UdSSR] **3**, 828—32, 1961; Physikal.-chem. Karpow-Forschungsinst.; russ., Auszug: engl.) — 1. vgl. C. **1960**, **504**. — Die durch γ-Strahlung initiierte Copolymerisation von *Styrol* (**I**) mit *Methylmethacrylat* (**II**) in Äthylchlorid wurde bei +25 bis −78° u. der Konz. 2,0 Mol/Liter untersucht. Der relative I-Geh. in den *Copolymeren* erhöht sich mit abnehmender Temperatur. Die bei −78° erhaltenen Copolymeren sind stark an **I** angereichert. Die Polymerisations-Geschw. von **I** wird durch geringe Zusätze von **II** stark vermindert. Aus der Zus. der Copolymeren u. der Kinetik der Copolymerisation folgt, daß die Copolymerisation von **I** mit **II** nach einem Carboniummechanismus erfolgt. Helmut Schäfer 4010△

0933 **Anisotropie der Wärmeausdehnung und Wärmeleitung in einachsig verstreckten amorphen Hochpolymeren.** K.-H. Hellwege, J. Hennig und W. Knappe. (Kolloid-Z. Z. Polymere **188**, 121—27, 1963; Darmstadt, Dt. Kunststoff-Inst.; dt.) — An einachsig verstrecktem *Polystyrol* (**I**), *Polymethylmethacrylat* (**II**), *Polyvinylchlorid* (**III**) u. *Polycarbonat* (**IV**) wurde die Wärmeleitfähigkeit u. die lineare Wärmeausdehnung im Temp.-Bereich unterhalb der Glasumwandlungs-Temp. gemessen. Der Temp.-Bereich für die Messungen der Wärmeausdehnung liegt zwischen −80 u. +45°, der für die Messungen der Wärmeleitfähigkeit zwischen −15 u. +45°, wobei betont wird, daß bei diesen Temp. keine irreversiblen Dimensionsänderungen auftreten. Die Ausgangsdichte der Proben wurde nach der Auftriebs-Meth. gemessen. Hierbei ergab sich, daß die Dichte durchweg linear mit zunehmendem Verstreckungsgrad zunimmt. Experimentell wurde ein Anstieg der Wärmeleitfähigkeit u. ein Abfall des linearen Ausdehnungs-Koeff. mit steigendem Verstreckungsgrad in der Verstreckungsrichtung beobachtet, während senkrecht dazu sich diese beiden Größen umgekehrt verhalten. Die Anisotropieeffekte sind bei **IV** am größten u. nehmen in der Reihenfolge **III** → **II** → **I** ab. Auf Grund einfacher Modellvorstellungen läßt sich ein Zusammenhang zwischen der Wärmeleitfähigkeit u. dem linearen Wärmeausdehnungs-Koeff. angeben, der durch die Messungen eine Bestätigung fand. C. Gottfried 4010△

0934 **Beziehungen zwischen Viscosität und Molekulargewicht von Polyvinylacetat und Polyvinylalkohol.** 3. Mitt. **Beziehungen zwischen Viscosität und Molekulargewicht von Polyvinylacetat.** Masakazu Matsumoto und Yasuzi Ohyanagi. (Chem. High Polymers [Tokyo] **17**, 1—6, 1960; Okayama, Kurashiki Rayon Co., Res. Labor.; jap., Auszug: engl. — C. **1962**, 10861.) W. Wesly 4010◇

0935 **Beziehungen zwischen Viscosität und Molekulargewicht von Polyvinylacetat und Polyvinylalkohol.** 4. Mitt. **Einige Erörterungen über die Werte der Lichtstreuungs- und Viscositätsmessungen von Polyvinylacetat.** Masakazu Matsumoto und Yasuzi Ohyanagi. (Chem. High Polymers [Tokyo] **17**, 97—103, 1960; jap., Auszug: engl.) — 3. vgl. vorst. Referat. — Auf Grund der l. c. erhaltenen Ergebnisse werden der Trägheitsradius, der 2. Virialkoeff., die Flory-Konst. u. die mol. Konst. der Dimension von *Polyvinylacetat* (**I**) erörtert. Die Beziehung zwischen dem quadrat. Mittelwert des Mol.-Radius $\langle \bar{s}^2 \rangle_w^{1/2}$, dem 2. Virialkoeff. A_2 u. dem Gew.-Mittel-Molgew. M_w in Aceton (**II**) u. Methyläthylketon (**III**) ist durch $\langle \bar{s}^2 \rangle_w^{1/2} = 1{,}47 \cdot 10^{-1} \cdot M_w^{0,57}$ (Å) u. $A_2 \propto M_w^{-0,28}$ gegeben. Die Flory-Konst. Φ wurde korr. u. zu $2{,}6 \cdot 10^{23}$ in **II** u. $2{,}8 \cdot 10^{23}$ in **III** bestimmt. Die die Steifheit der Polymerkette betreffenden Konst. $C_0 = (\bar{r}_0^2/P)^{1/2}$, $(\bar{r}_0^2/\bar{r}_f^2)^{1/2}$ u. $M_0 \cdot [\eta]_\Theta/P^{1/2}$ wurden zu 6,5 Å, 2,10 u. 78 berechnet. Aus dem Vgl. dieser Werte mit denen anderer Polymerer wird geschlossen, daß die Steifheit der Polymerkette von **I** in Lsg. in der Reihenfolge *Polystyrol* > **I** > *Polymethylmethacrylat* abnimmt. W. Wesly 4010◇

0936 **Beziehungen zwischen Viscosität und Molekulargewicht von Polyvinylacetat und Polyvinylalkohol.** 5. Mitt. **Beziehung zwischen Viscosität und Molekulargewicht von Polyvinylalkohol.** Masakazu Matsumoto und Yasuzi Ohyanagi. (Chem. High Polymers [Tokyo] **17**, 191—96, 1960; jap., Auszug: engl.) — 4. vgl. vorst. Referat. — Die Viscosität wss. *Polyvinylalkohol* (**I**)-Lsgg. hängt von der Schub-Geschw. im Bereich 0—1000 s^{-1} bei 30° ab, wenn der Polymerisationsgrad P von **I** >1700 beträgt; in solchen Fällen wird die Viscosität auf die der Schub-Geschw. 0 berichtigt. Für die Beziehung zwischen der berichtigten Grenzviscositätszahl $[\eta]$ in ml/g u. dem Gew.- u. Zahlenmittel-Molgew. M_w bzw. M_n bei geringem P von **I** gilt: $[\eta] = 4{,}28 \cdot 10^{-2} M_w^{0,64}$ u. $[\eta] = 6{,}70 \cdot 10^{-2} M_n^{0,64}$. Für die vollkommen homogene Fraktion gilt: $[\eta] = 4{,}53 \cdot 10^{-2} \cdot M^{0,64}$ u. $[\eta] = 5{,}08 \cdot 10^{-1} \cdot P^{0,64}$. W. Wesly 4010◇

0937 **Kernspin-Gitterrelaxation in Polyäthylenglykolen.** G. Allen, T. M. Connor und H. Pursey. (Trans. Faraday Soc. **59**, 1525—34, 1963; Manchester, Univ., Chem. Dep.; Teddington, Nat. Phys. Labor., Basic Phys. Div.; engl.) — Zu den Unterss. standen die folgenden Präpp. zur Verfügung: eine Reihe von *Carbowax-Polyäthylenglykolen* mit Molgew. zwischen 200 u. 20000 sowie *Polyox 2464*, *Polyox FC 2075* u. *Polyox FC 118*, die alle höhere Molgew. hatten. Gemessen wurden an diesen Präpp. in der Schmelze u. im festen Zustand mit einer Impulstechnik die Kernspin-Gitterrelaxationszeiten T_1 zwischen —80 u. +135° als Funktion der Temp. u. der Kettenlänge. In jedem Falle wurde ein niedrigster Wert von T_1 gefunden. Das Auftreten dieser Minima wird jedoch in einem gewissen Maße durch den Kristallinitätsgrad des Polymeren beeinflußt, speziell im Molgew.-Bereich von ca. 10_4. Bei einem Vgl. mit dielektr. u. mechan. Daten aus der Literatur wurde in diesem Molgew.-Bereich keine Wechselbeziehung zwischen den Temp., bei denen T_1-Minima auftraten, u. den Temp. maximalen dielektr. u. mechan. Verlustes festgestellt. Bei Verss. mit *Di-* u. *Triäthylenglykolen* waren die Kurven $\log T_1 | 1 | T$ sehr ähnlich denen, die das Carbowax mit dem Molgew. 200 gegeben hatte. C. Gottfried 4010△

0938 **Kationische Tieftemperatur-Polymerisation von Alkylvinyläthern und die Eigenschaften der erhaltenen Polymeren.** 6. Mitt. **Polymerisation einiger niedriger Alkylvinyläther und die Eigenschaften dieser Polymeren.** Toshinobu Higashimura, Yôko Sunaga und Seizo Okamura. (Chem. High Polymers [Tokyo] **17**, 257—62, 1960; Kyoto, Univ., Fac. of Engng., Dep. of Textile Chem.; jap., Auszug: engl.) — 4. vgl. C. **1964**, 10-0967. — Unterss. über die Polymerisation von *Vinyl-n-butyl-*, *-isopropyl-* u. *-äthyläther* mit $BF_3 \cdot O(C_2H_5)_2$ bei —78° zeigen, daß die Stereoregelmäßigkeit der gewonnenen Polymeren durch die Fällungs-Temp., den Elastizitätsmodul u. Röntgenbeugungsaufnahmen bestimmt werden kann. Polymere mit mehr isotakt. Struktur erhält man bei geringer Monomerenkonzentration. Aus diesen lassen sich keine Polymeren mit hoher Stereoregelmäßigkeit wie aus Vinylmethyl- u. -isobutyläther gewinnen. W. Wesly 4010◇

0939 **Der Mechanismus der Polyphasen-Polymerisation von Alkylvinyläther und die Eigenschaften der erhaltenen Polymeren.** Kōichiro Iwasaki, Mitsuo Uchida und Senji Nakano. (Chem. High Polymers [Tokyo] **19**, 256—60, 1962; Hisamoto, Kamoichyo, Kawasaki, Kanagawa, Mitsubishi Chem. Ind., Centr. Res. Labor.; jap., Auszug: engl.) — Der Einfl. der Polymerisationsbedingungen (Monomer-Konz., Temp., Lsgm. u. Katalysatoren) bei der Polyphasenpolymerisation von *Isopropylvinyläther*, *Isobutyl-* (**I**) u. *n-Butylvinyläther* auf die Eigg. der erhaltenen Polymeren (prozentuale Umsetzung, Viscosität, Dichte, Löslichkeit in Methyläthylketon, Röntgenbeugung u. Kristallinität) wird untersucht (Kurven). Der kristalline Anteil eines bei —72° aus 8%ig. Lsg. von **I** in PAe. polymerisierten *Polyisobutylvinyläthers* betrug ca. 60%. Die Aktivität der untersuchten Katalysatoren [$TiCl_4$, $BF_3 \cdot 2\,CH_3COOH$, $BF_3 \cdot C_4H_8O$, $BF_3 \cdot 2\,(C_2H_5)_2O$ u. $BF_3 \cdot (C_2H_5)_2O$] ist zwar im festen Zustand wesentlich größer als im fl., aber man schließt daraus, daß sich der Mechanismus der Polyphasenpolymerisation vom Mechanismus der üblichen, heterogenen, katalyt. Polymerisation mit festen Katalysatoren unterscheidet. G. Vetter 4010◇

0940 **Eine Untersuchung der Adsorption eines Äthylenoxid-Propylenoxid-Kondensats an Quarzpulver mittels radioaktiver Markierung.** H. R. Heydegger und H. N. Dunning. (J. physic. Chem. **63**, 1613—15, 1959; Bartlesville, Okla., U. S. Dep. of the Interior, Bur. of Mines, Petroleum Exp. Stat., Surface Chem. Labor.; engl.) — Die Adsorption von ^{14}C-markiertem *Äthylenoxid–Propylenoxid-Polykondensat* (**I**, *Pluronic L-64*, Molgew. 2850), das ein nichtion. Detergens ist, an Quarzpulver wurde an äthanol. **I**-Lsgg. untersucht, deren Konzz. 1,8—10 µg/g betrugen. Sie ist schwächer als bei anderen nichtion. Detergentien u. reversibel u. folgt der Langmuir-Gleichung $x/M = C/(60{,}06\,C + 850{,}2)$ bzw. $x/m = C/(0{,}00154\,C + 0{,}0218)$ (x/m = µg **I** pro g Quarz; x/M = µg **I** pro cm^2 Quarzoberfläche; C = Gleichgewichts-Konz. von **I**). A. Grohmann 4010◇

0941 **Bestimmung des micellaren Charakters von Lösungen nichtionogener Netzmittel mit der Ultrazentrifuge.** C. W. Dwiggins jun. und R. J. Bolen. (J. physic. Chem. **66**, 574—75, 1962; Bartlesville, Okla., U. S. Dep. of Interior, Bur. of Mines, Bartlesville Petroleum Res. Center; engl.) — 2. vgl. C. **1962**, 10115. — Von wss. Lsgg. mit 0,6255—1,3454% *Polyoxyäthylennonylphenol* (**I**) wird das Micellar-Gew. (MG) als Funktion des Mol-Verhältnisses von *Äthylenoxid* (**II**) bei 25° mit einer Ultrazentrifuge bestimmt. Mit abnehmender Zahl der **II**-Gruppen steigt das MG von **I** in der Lsg. an. Mit Hilfe der Molekulardest. wird eine **I**-Fraktion mit dem Mol-Verhältnis 7,6 gewonnen u. in steigenden Mengen zum ursprünglichen **I** zugesetzt. Die beobachteten MG zeigen, daß Moll. mit langen **II**-Ketten das MG erheblich beeinflussen. Herbert Müller 4010□

0942 **Polyadditionsraktionen von Bis-epoxyverbindungen.** Yoshio Iwakura und Kazuhiro Matsuzaki. (Chem. High Polymers [Tokyo] **17**, 703—09, 1960; Tokyo, Inst. of Technol., Res. Labor. of Resources Utilizat.; jap., Auszug: engl.) — Zur Synth. von *Diepoxyharzen* werden die beiden Monomeren *2.2'-Bis-[p-(2.3-epoxypropoxy)-phenyl]-propan* (**I**; $C_{21}H_{24}O_4$, $Kp._{0,05-0,07}$ 209—211°; 63% Ausbeute) u. *1.4-Bis-[2.3-epoxypropoxy]-benzol* (**II**, $C_{12}H_{14}O_4$, FF. 118—119° u. 90—91°) dargestellt. **I** wird durch Kondens. von Aceton mit 2 Mol Phenol in Ggw. von HCl oder H_2SO_4, Lösen des erhaltenen *2.2'-Bis-[4-hydroxyphenyl]-propans* (**III**, F. 155 bis 156°; 61%) in KOH u. Umsetzung des *Di-K-Salzes* mit Epichlorhydrin (**IV**) gewonnen, **II** durch Rk. von Hydrochinon mit **IV** in Ggw. von $NaOCH_3$. Die Polyadditions-Rkk. von **I** bzw. **II** ergeben mit Monoaminen (**A**: *Anilin*, *Isoamylamin* u. *n-Undecylamin*) u. Diaminen [**B**: *Tetra-*, *Hexamethylendiamin* u. *N.N'-Dimethyltetramethylendiamin* (**V**)] *polymere Bis-[hydroxyamine]*, mit Dimercaptanen (**C**: *Äthylen-*, *Tetra-* u. *Hexamethylendimercaptan*) *Poly-bis-[hydroxythioäther]*, mit Dicarbonsäuren (**D**: *Adipinsäure*, *Korksäure* u. *Azelainsäure*) *Poly-bis-[hydroxycarbonsäureester]* sowie mit

Diolen [**E**: *Butandiol-(1.4)* in Anisol in Ggw. von $BF_3 \cdot O(C_2H_5)_2$ als Katalysator, *Hexandiol-(1.6)*, *Cyclohexandiol-(1.4)* in Toluol mit $SnCl_4 \cdot 3\,H_2O$ u. **III** in Toluol mit $NaOCH_3$] *Poly-bis-[hydroxyäther]*. Die Polyaddition der **A** erfolgt in Anisol, Dimethylformamid (DMF) oder DMF bei 130—150° u. die der **B** u. **C** in Anisol (bei **V** in DMF). Die Polyadditionen von **I** bzw. **II** mit den **A** u. **V** ergeben lineare, in organ. Lsgm. lösl. Polymere, die mit den prim. **B**, **C**, **D** u. **E** vermutlich infolge Vernetzung unschmelzbare u. unlösl. Polymerisate. In den drei letzten Fällen bilden die durch Öffnung der Epoxyringe entstehenden sek. Hydroxylgruppen mit anderen Epoxygruppen dreidimensional vernetzte Harze. W. Wesly 4010◇

0943 **Viscosität verdünnter Lösungen von Polyelektrolyten.** Ichiro Sakurada und Norio Ise. (Chem. High Polymers [Tokyo] **17**, 146—50, 1960; Kyoto, Univ., Dep. of Textile Chem.; jap., Auszug: engl.) — 1. vgl. C. **1963**, 12436. — Viscosimetr. Unterss. an *K-Polyvinylsulfat* werden ausgeführt. Vff. zeigen, daß bei der Verdünnungs-Meth. von Pals-Hermans (vgl. C. **1950/54**, 962 S) ein Parameter m einen anderen Wert als 1 aufweist, wie sich im Falle von teilweise acetalisiertem *Polyvinylalkohol* mit *Glyoxylsäure* ergibt. Die Viscosität der Dimethylsulfoxid-Lsg. ist viel höher als die der wss. Lsg. u. zeigt die Konz.-Abhängigkeit von Polyelektrolytlösungen. W. Wesly 4010◇

0944 **Untersuchung der elektrochemischen Eigenschaften und der Form der Moleküle von Acrylsäure–Äthylensulfonsäure-Copolymeren.** W. A. Kargin, Ss. Ja. Mirlina und A. D. Antipina. (Hochmolekulare Verbind. [UdSSR] **1**. 1428—37, 1959; Moksau, Lomonossow-Univ.; russ.) — Es wird der Einfl. elektrostat. Wechselwrkg. in *Copolymeren* aus *Äthylensulfon-* (**I**) u. *Acrylsäure* (**II**) u. in *Polyäthylensulfonsäure* (**III**) durch Best. der Viscosität u. der Elektroleitfähigkeit in Abhängigkeit von den Konzz. der Polymeren u. vom pH-Wert sowie durch konduktometr. u. potentiometr. Neutralisationstitrationen u. durch elektronenmkr. Unterss. der wss. Lsgg. ihrer *Na-Salze* untersucht. Es wird festgestellt, daß es in Lsgg. von derartigen Copolymeren (aus starken u. schwachen Säuren) infolge elektrostat. Wechselwrkg. je nach Größe der Ladung zur Bldg. von Assoziaten kommt, die zu einer erheblichen Änderung der Mol.-Ketten führt. Untersucht wurden Copolymere mit einem Geh. von 10, 30, 40 u. 50% **II**, die durch 36 std. Polymerisation des Na-Salzes oder des Butylesters von **I** mit **II** unter N_2 u. UV-Bestrahlung bei Zimmer-Temp., Verseifen mit 5%ig. NaOH u. Umkristallisieren aus Methanol erhalten wurden, außerdem **III**-Na-Salze, die aus Na-Äthylensulfonat in 60%ig. wss. Lsg. bei 5° dargestellt wurden. I. Schade 4010△

0945 **Thermodynamische Funktionen der Quellung vernetzter Polystyrolsulfonsäureharze.** 3. Mitt. **Harze in der Kaliumform.** D. Dolar, S. Lapanje und Š. Palik. (Z. physik. Chem. [Frankfurt/M.] **34**, 360—68, 1962; Ljubljana, Univ., Phys. Chem. Labor.; Nuclear Inst. „J. Stefan"; engl.) — 2. vgl. C. **1961**, 508. — In Fortsetzung der l. c. u. früher durchgeführten Unterss. bestimmten Vff. an 2 *Polystyrolsulfonsäureharzen* als *K-Salz* die integralen freien Enthalpien, die integralen Enthalpien u. die integralen Entropien für vollkommenes Quellen in W.; der Divinylbenzol (DVB)-Geh. der beiden untersuchten Harze war 3% bzw. 15%. Außerdem wurden die Änderungen dieser thermodynam. Funktionen bei 25° beim Quellen als Funktionen verschiedenen Feuchtigkeits-Geh. gemessen. Es wurde außerdem die Abhängigkeit der Wassersorption (n_w/n_r) von der relativen Feuchtigkeit untersucht. Die Kurven für die integralen freien Enthalpien, die integralen Enthalpien u. die integralen Entropien sind denen der für das Na-Salz (vgl. l. c.) bestimmten Kurven sehr ähnlich. Die Kurven für die freie Enthalpie nehmen kontinuierlich mit zunehmendem n_w/n_r zu; dasselbe gilt für die integrale Enthalpie des Harzes mit 15% DVB, während bei dem mit 3% DVB ein Maximum bei ca. $n_w/n_r = 3$ auftritt. Beide Kurven für die integralen Entropien zeigen Maxima; bei dem Vgl. mit den entsprechenden Kurven für die Na-Harze zeigt sich, daß die Maxima nach niederen Werten von n_w/n_r verschoben sind. Aus den erhaltenen Daten wurden die relativen partiellen Molarentropien erhalten. C. Gottfried 4010△

0946 **Polykondensation von Acetaldehyd an einem Silicagel während der Dehydratisierung des letzteren.** W. W. Strelko, L. N. Ganjuk, I. Ja. Katschkurowa und S. S. Wyssotzki. (Ber. Akad. Wiss. UdSSR **145**, 1297—1300, 1962; Pissarshewski-Inst. für physik. Chem. der Akad. der Wiss. der UkrainSSR; russ.) — Bei der Unters. der Dehydratisierung von Silicagel in einer Atmosphäre von *Acetaldehyd* wurde festgestellt, daß bei ständiger Abführung des Wasserdampfes auf der Oberfläche des Silicagels eine Polykondens. des Acetaldehyds unter Bldg. von teilweise oxydierten Polyenaldehyden mit annähernd gleichem Molgew. vor sich geht. Letztere stellen einen viscosen, rotbraunen Stoff dar, der in allen gebräuchlichen Lsgm lösl. ist. Silicagele, die in ihren Poren Polymere mit konjugierten Doppelbindungen enthalten, werden als akt. Füllstoffe vorgeschlagen, da solche Polymere als Inhibitoren bei Radikal-Rkk. wirken. Gribovszki 4010◇

0947 **Stereoregularität von Polymethacrylonitril.** H. Sobue, T. Uryu, K. Matsuzaki und Y. Tabata. (J. Polymer Sci. Part B **1**, 409—11, 1963; Tokyo, Tokyo Univ., Fac. of Engng.; engl.) — Methacrylonitril wurde entweder mit γ-Strahlen bei — 78° (Fall A) oder mit $n\text{-}C_4H_9Li$ in Toluol bei — 78° (Fall B) polymerisiert. Das erhaltene *Polymethacrylonitril* (**I**) wurde mit 20%ig. wss. NaOH zur *Polymethacrylsäure* verseift u. letztere mit Diazomethan zu *Polymethylmethacrylat* (**II**) verestert. Von **II** wurden die IR- u. kernmagnet. Resonanzspektren aufgenommen. Hieraus folgt, daß **II** u. somit **I** Stereoblockstruktur besitzen. Der prozentuale Anteil an isotakt., heterotakt. u. syndyotakt. Strukturen ergibt sich zu 36, 64 u. 0 bei A u. zu 32, 55 u. 13 bei B. O. Fuchs 4010◇

0948 **Meßanordnung für die komplexe Dielektrizitätskonstante Polymerer im Frequenzbereich von 100 kHz bis 240 MHz im Temperaturbereich von 20 bis 130°.** E. Schlosser (Mber. dtsch. Akad. Wiss. Berlin **4**, 755—57, 1962; Berlin, Dt. Akad. d. Wiss., Inst. f. Kunststoffe; dt.) — Beschreibung der Meßanordnung u. der Meßmethode. Als Beispiel wird das Meßergebnis der Frequenzabhängigkeit von ε' u. ε'' für ein *Copolymerisat* aus 40,5% *Methylmethacrylat* u. 59,5% *Styrol* bei Temp. von 26—129° graph. wiedergegeben. C. Gottfried 4010△

0949 **Dielektrische Messungen an Plexiglas bei 36,06 GHz und 70,86 GHz.** Joachim Haase, Eberhard Sistig und Werner Zeil. (Z. Naturforsch. **18a**, 883, 1963; Kiel, Univ., Lehrstuhl für Chem. Phys.; dt.) — An *Plexiglas* der Firma Röhm & Haas wurde gezeigt, daß oberhalb 10 GHz ein Anstieg des dielektr. Verlustes von Plexiglas zu höheren Frequenzen auf ungefähr den doppelten Wert erfolgt. H. Schroeder 4010◇

0950 **Die Doppelbrechung beim Fließen von Polybutylmethacrylatlösungen.** W. N. Zwetkow und Ss. Ja. Ljubina. (Hochmolekulare Verbind. **1**, 857—62, 1959; Inst. für hochmol. Verbb. der Akad. der Wiss. der UdSSR; russ.) — Die dynam. Doppelbrechung (n) u. die Grenzviscosität von Fraktionen von *Polybutylmethacrylat* (**I**) werden in Bzl. u. Äthylacetat (**II**) untersucht. Lsgg. von **I**-Fraktionen in Bzl. zeigen negative Doppelbrechung, deren Größe der Differenz $(\alpha_1 - \alpha_2) = -14 \cdot 10^{-25}\,cm^3$ der Polarisierbarkeiten eines statist. Segments von **I** entspricht. Der Vgl. der berechneten u. experimentellen $(\alpha_1 - \alpha_2)$-Werte für die Monomerenkette von **I** unter der Annahme freier Rotation um verschiedene Bindungen zeigt, daß bei den Seitenketten von **I** merkliche Hinderung der Rotation auftritt, die auf der Wechselwrkg. von durch eine CH_2-Gruppe getrennten großen Estergruppen beruht (im Gegensatz zu Polymethylmethacrylat). Unabhängig vom Molgew. ist im Mittel $[n]/[\eta] = 1{,}2 \cdot 10^{-10}$. Bei der Unters. der Lsgg. von **I**-Fraktionen in **II** hängt n ebenfalls linear vom Geschw.-Gradienten g ab, aber positiv. Mit steigender Konz. nimmt die opt. Inhomogenität der Lsgg. u. die Anisotropie der Form der Makromoll. ab. Dadurch wird eine Trennung des Formeffekts vom Effekt der Eigenanisotropie u. eine Best. der Asymmetrie p des Mol.-Knäuels möglich. Im Mittel ist p für alle **I**-Fraktionen 2,4, in Einklang mit der statist. Theorie von Kuhn [1934]. R. K. Müller 4010◇

0951 **Untersuchungen über die Polymerisation von Vinylchlorid.** 17. Mitt. **Darstellung von Pfropfpolymeren unter Verwendung von tert.-Butylpercrotonat.** Taizo Uno und Keinosuke Yoshida. (Chem. High Polymers [Tokyo] **17**, 183—86, 1960; jap., Auszug: engl.) — 16. vgl. C. **1964**, 5-0934. — Zur Herst. von *Pfropfpolymeren* wird *Vinylacetat* (**I**) mit *tert.-Butylpercrotonat* unter Verw. von α.α'-Azo-bis-isobutyronitril copolymerisiert, das Prod. in Styrol u. Methylmethacrylat gelöst u. auf 70° erwärmt. Ein anderes Verf. besteht darin, die polymere Endgruppe von Styrol mit Dicrotonoylperoxid in eine Crotonoylgruppe umzuwandeln. Das *Styrolpolymere* wird mit **I** an der Endgruppe des Polystyrols copolymerisiert. W. Wesly 4010◇

0952 **Untersuchungen über Polymere und die Polymerisation von Itaconsäurederivaten.** 2. Mitt. **Copolymerisation von Itaconsäuredialkylestern.** Susumu Nagai und Keinosuke Yoshida. (Chem. High Polymers [Tokyo] **17,** 77—79, 1960; Osaka, Municipal Techn. Res. Inst.; jap., Auszug: engl.) — 1. vgl. C. **1963,** 12055. — Unterss. über die Blockpolymerisation von *Vinylchlorid* mit *Itaconsäurediäthyl-* (**I**), *-diisopropyl-* (**II**) u. *-dioctylester* (**III**) bei 50° unter Verw. von α.α'-Azodiisobutyronitril ergeben nachst. Werte für das Reaktivitätsverhältnis der Monomeren: bei **I** $r_1 = 0{,}06 \pm 0{,}01$, $r_2 = 5{,}65 \pm 0{,}25$; **II**: $r_1 = 0{,}06 \pm 0{,}01$ $r_2 = 6{,}0 \pm 0{,}5$; **III**: $r_1 = 0{,}06 \pm 0{,}02$, $r_2 = 7{,}0 \pm 1{,}0$. Die Ggw. einer kleinen Menge Dialkylitaconat vermindert die Polymerisations-Geschw. u. die Viscosität der Copolymerisate. W. Wesly 4010◇

0953 **Untersuchungen über Polymere und die Polymerisation von Itaconsäurederivaten.** 3. Mitt. **Polymerisationsgeschwindigkeit von Itaconsäuredialkylestern.** Susumu Nagai und Keinosuke Yoshida. (Chem. High Polymers [Tokyo] **17,** 79—82, 1960; jap., Auszug: engl.) — 2. vgl. vorst. Referat. — Unterss. über die Polymerisation in Substanz von *Itaconsäuredimethyl-*, *-diäthyl-*, *-di-n-propyl-*, *-di-n-butyl-* u. *-dioctylester* bei 50° unter Verw. von α.α'-Azodiisobutyronitril (**I**) zeigen, daß die Polymerisations-Geschw. der Quadratwurzel der Anfangs-Konz. von **I** proportional ist u. mit dem Übergang von den Methyl- zu den Octylgruppen steigt. Diese Tatsache wird erläutert. W. Wesly 4010◇

0954 **Untersuchungen über Polymere und die Polymerisation von Itaconsäurederivaten.** 4. Mitt. **Polymerisation von Itaconsäure in wässeriger Lösung.** Susumu Nagai und Keinosuke Yoshida. (Chem. High Polymers [Tokyo] **17,** 748—52, 1960; jap., Auszug: engl.) — 3. vgl. vorst. Referat. — *Itaconsäure* (**I**) wird in wss. Lsg. in Ggw. von $K_2S_2O_8$ (**II**) bei 50° polymerisiert. Die Trennung des Polymeren vom unveränderten Monomeren erfolgt mit einem stark vernetzten Anionenaustauscher. Der pH-abhängige Polymerisationsgrad ist proportional $[I]^{\sim 1,4}$ u. $[II]^{\sim 0,5}$; er ist konst. bei pH 2,3—3,8, fällt beim Anstieg > 3,8 u. wird 0 im alkal. Bereich. W. Wesly 4010◇

0955 **Ultraviolettstabilität vernetzter Polycaprolactamsysteme.** Stephen D. Bruck. (J. Res. nat. Bur. Standards, A **66,** 489—95, 1962; engl.) — Der Abbau chem. variierter *Polycaprolactam*-Syst. (methylmethoxylierte Fasern u. Fasern mit Methylen-, Disulfid- bzw. Alkylensulfidbrücken) unter UV-Bestrahlung wird unter Verw. eines empfindlichen analyt. Verf., bei dem die nach der Bestrahlung in derFaser erhalten gebliebenen $-CH_2$-Gruppen in Formaldehyd übergeführt werden, untersucht. Die Konz. des Formaldehyds wird spektrophotometr. über die Färbung eines mit Chromotropsäure gebildeten Komplexes bestimmt. Die Rkk. sind von 1. Ordnung, die ermittelten Geschw.-Konst. sind tabelliert. Aus Röntgenstrahlbeugungsaufnahmen ist ersichtlich, daß der Brückenspaltung eine Abnahme der inneren Orientierung der Vernetzung parallel geht. — I. vgl. C. **1963,** 13969. H. Schroeder 4010◇

0956 **Kristalline Polymere von Phenyl- und n-Butylisocyanaten.** G. Natta, J. DiPietro und M. Cambini. (Makromolekulare Chem. **56,** 200—07, 1962; Milano, Politecn., Ist. di Chim. Ind.; engl.) — Durch anion. Polymerisation von *Phenylisocyanat* (**I**) u. *n-Butylisocyanat* (**II**) mit Alkyl-Li in Bzl./Toluol, bzw. n-Octyl-Na in Dichlormethan wurden kristalline *Polymere* (wahrscheinlich *Polyamidine*) erhalten [polymeres **I,** F. 274—275°, unlösl. in Bzl.; polymeres **II,** F. 165°, Intrinsicviscosität (30°) 5,3, unlösl. in Dimethylformamid u. CCl_4]. Es werden die Röntgen- u. IR-Spektren gemessen u. diskutiert. Kation. (mit $AlBr_3$) läßt sich **I** nur zu amorphen Verbb. u. **II** überhaupt nicht polymerisieren. W. Walter 4010◇

0957 **Polykondensate aus N.N'-Bis-[methoxymethyl]-harnstoff in saurer Lösung bei Zimmertemperatur.** Hidero Hamada. (Chem. High Polymers [Toyko] **19,** 169—74, 1962; Hakozaki, Kyushu Univ., Fac. of Agric., Wood Res. Labor.; jap., Auszug: engl.) — Aus konz. Lsg. von *N.N'-Bis-[methoxymethyl]-harnstoff* in angesäuertem Methanol wurde bei Zimmer-Temp. ein glasartiges Harz (**A**) erhalten, während aus verd. Lsg. unter gleichen Bedingungen ein pulverförmiges Polymeres (**B**) entstand. Aus den Werten der Elementaranalyse u. des Gesamtgeh. an Formaldehyd wurde eine verzweigte Struktur abgeleitet. Das Verhältnis Harnstoff/Formaldehyd in **A** ist kleiner als in **B**. Von einem als Zwischenprod. der Polykondens. hergestellten Öl wird ein sphär. Aufbau der Moll. angenommen; dies folgt aus der Konz.-Abhängigkeit der Viscosität in Benzylalkohol. U. Müller 4010◇

0958 **Synthesen von Kondensations- und Additionspolymeren.** 2. Mitt. **Synthesen von Hochpolymeren mit 2 verschiedenen Bindungen durch Polyaddition oder Polyadditionskondensation.** Ryohei Oda, Shohei Tokiura, Akira Miyasu und Masaya Okano. (Chem. High Polymers [Tokyo] **16,** 260—66, 1959; Kyoto, Univ., Inst. Chem. Res., Takatsuki u. Yamaguchi, Ube Industries; jap., Auszug: engl.) — 1. vgl. C. **1962,** 15991. — Zur Synth. von *Polymeren*, die 2 verschiedenartige funktionelle Gruppen enthalten, werden Polyadditions- bzw. Polyadditions-Kondens.-Rkk. von *Hexamethylendiamin* (**I**), *Butandiol-(1.4)* u. *6-Aminohexanol-(1)* mit unsymmetr. Verbb. unternommen, die als 1. Endgruppe eine Acryloyl- oder Epoxygruppe u. am anderen Ende eine Acryloyl-, Epoxy-, Ester- oder Urethangruppe enthalten, wie z. B. die Kondens.-Prodd. aus *Acrylsäure* (**IV**) oder *Acryloylchlorid* (**IVa**) mit *ε-Aminocapronsäure* (**V**), deren *Äthylester* (**Va**), *p-Aminobenzoesäure* (**VI**), deren *Äthylester*, *p-Hydroxybenzoesäure* (**VII**), deren *Methylester* (**VIIa**), *N-Carbäthoxyhexamethylendiamin* (**VIII**), *N-Carbäthoxy-p-phenylendiamin* (**IX**), *6-Carbäthoxyaminohexanol-(1)* (**X**) u. mit *p-Carbäthoxyaminophenol* (**XI**), ferner aus *$N^ε$-Carbäthoxyaminocapronsäure* (**XII**), *p-Carbäthoxyaminobenzoesäure* (**XIII**), *ε-Hydroxycapronsäureäthylester* (**XIV**) u. **VIIa**, jeweils mit *Glycid* bzw. *Epichlorhydrin* (**XVI**). Die Polyadditions-Kondens.-Prodd. aus **I** mit *p-Acryloylaminobenzoesäureäthylester* (**IIIa**), *$N^ε$-Carbäthoxyaminocapronsäureglycidylester* u. *p-Carbäthoxyaminobenzoesäureglycidylester* sind gelbe harte *Harze* mit einem Erweichungspunkt von ca. 140°.

Versuche: *$N^ε$-Acryloylaminocapronsäure* (**XVII**), $C_9H_{15}NO_3$, F. 84—85°, aus 0,4 Mol **V**·HCl in 100 ml W., 0,5 Mol NaOH in 100 ml W. u. 0,1% Hydrochinon (**XVIII**), Zutropfen von 0,53 Mol **IVa** bei 0°, Neutralisieren mit 20% ig. NaOH (1 Std.) < 10° u. Zugabe von HCl (kongosauer); 98% (Ausbeute). *Äthylester* (**XIX**), $C_{11}H_{19}NO_3$, F. 45°, aus 0,17 Mol **Va** in 100 ml Bzl. u. 0,2 g **XVIII**, Zutropfen von 0,22 Mol **IVa** (40 Min.) < 10°, Neutralisieren mit 0,25 Mol K_2CO_3 u. Filtrieren; 53%. *Glycidylester* (**XV**), $C_{12}H_{19}NO_4$, Fl., aus 0,2 Mol **XVII** u. 0,2 Mol KOH in 50 ml W., Eindampfen zur Trockne u. Erhitzen (3½ Std. auf 110—115°) mit 2 Mol **XVI** in Ggw. von 0,2 g **XVIII** u. 0,1 g $(C_2H_5)_4NBr$; 70%; nicht kristallisier- u. destillierbar. — *p-Acryloylaminobenzoesäure* (**II**), $C_{10}H_9NO_3$, F. 228—229°, aus 0,36 Mol **VI** mit **IVa** analog **XVII**; 98%. *Äthylester* (**IIIa**), $C_{12}H_{13}NO_3$, F. 110—112° (wss. A.), analog **XIX**, jedoch in Dioxan; 90%. *Glycidylester* (**IIIb**), $C_{13}H_{13}NO_4$, F. 154—155° (A.), aus 0,15 Mol **II** in 200 ml Methanol bei 60° u. 0,16 Mol Na in 50 ml Methanol u. Einw. von **XVI** auf 0,12 Mol des gebildeten Na-Salzes analog **XV**; 80%. — *p-Acryloyloxybenzoesäure*, $C_{10}H_8O_4$, F. 187,5—188°, aus 0,35 Mol **VII** analog **II**; 98,5%. *Methylester*, $C_{11}H_{10}O_4$, F. 73 bis 74° (wss. CH_3OH), aus 0,3 Mol **VIIa** analog **IIIa**; 82,5%. — *N-Acryloyl-N'-carbäthoxyhexamethylendiamin*, $C_{12}H_{22}N_2O_3$, F. 79—80° (wss. A.), aus 0,06 Mol **VIII** in 100 ml Bzl., 0,2 g **XVIII**, 0,09 Mol **IVa** u. 15 g K_2CO_3 < 10°, dann bei 50° (1 Std.); 55%. — *N-Acryloyl-N'-carbäthoxy-p-phenylendiamin*, $C_{12}H_{14}N_2O_3$, F. 200—201° (wss. Dioxan), aus 0,3 Mol **IX**·HCl, 12 g NaOH in W., 200 A. u. **IVa** analog vorst. Verb.; 77%. — *6-Acryloyloxy-N-carbäthoxyhexylamin*, $C_{12}H_{21}NO_4$, Kp.$_5$ 181—182°, analog aus 0,1 Mol **X**; 30%. — *p-Aryloyloxy-N-carbäthoxyanilin*, $C_{12}H_{13}NO_4$, F. 71° (wss. A.), aus 0,2 Mol **XI** analog; 75%. — Glycidylester: *$N^ε$-Carbäthoxyaminocapronsäure-*, $C_{12}H_{21}NO_5$, Kp.$_5$ 205—207°, aus 0,12 Mol **XII** analog **XV**; 49%. — *p-Carbäthoxyaminobenzoesäure-*, $C_{13}H_{15}$·NO_5, F. 142—143° (Bzl.), aus 0,84 Mol **XIII** analog; 57%. — *ε-Glycidyloxycapronsäureäthylester*, $C_{11}H_{20}O_4$, Kp.$_6$ 136 bis 139°, aus 0,2 Mol **XIV**, 0,24 Mol **XVI** u. 0,004 Mol $SnCl_2$ bei 60° (2 Std.), Reinigung des Rohprod. durch Zusatz von 0,26 Mol **XVI** in 100 ml A. (über Nacht), Filtrieren u. Vakuum-Dest.; 23,2%. — *p-Glycidyloxybenzoesäuremethylester*, $C_{11}H_{12}O_4$, F. 114—116° (wss. CH_3OH), aus 0,33 Mol **VIIa**, 0,4 Mol **XVI**

u. 0,42 Mol Na in 200 ml Methanol, 2 Std. bei 50°; 29%. — **I**-Polymerisate: **I** kann sowohl nach Art einer Michael-Addition an die C=C-Bindung des **IV**-Restes als auch unter Öffnung des Rings sich an die Epoxygruppe addieren oder aber sich mit Estergruppen usw. zu Amiden usw. kondensieren: **I/IIIb**, 0,02 Mol **IIIb** wird mit 0,024 Mol **I** u. 0,05 g N-Phenyl-β-naphthylamin gut gemischt u. im N_2-Strom mit 10 ml einer Lsg. von 0,05 Mol Na in 10 ml tert.-Butanol kurze Zeit auf 50° erwärmt u. so eine viscose Fl. erhalten, die in einem Ölbad von tert.-Butanol befreit u. 2 Std. auf 210—220° u. 1 Std. auf 240° erhitzt wird, rotes Harz, verspinnbar aber nicht dehnbar, unlösl. in A., Bzl., lösl. in HCOOH u. m-Kresol. — **I/IIIa**, analog, mit ähnlichen Eigg., Erweichungspunkt (Ew.) ca. 140°. — **I/IX/IV**, 0,02 Mol **IX/IV** werden mit 0,024 Mol **I** wie vorst. zur Rk. gebracht; hellbraunes Harz, quillt in Eisessig, Erweichungspunkt 90°; Intrinsicviscosität [η] 0,21 (m-Kresol, 25°). — **I/XII**/*Glycid*, analog durch Erhitzen der Komponenten auf 150—160° (Gas-Entw.), dann auf 240° (3 Std.); blaugelbes Harz, Ew. 140°, nicht verstreckbar. — **I/VIIa**/*Glycid*, durch Erhitzen von 0,015 Mol **VIIa**/Glycid u. 0,016 Mol **I** auf 80° bis zum homogenen Gemisch, dann auf 240—250° (3 Std.); blaugelbes Harz, Ew. 85°; [η] 0,18 (m-Kresol bei 25°). L. Schuler 4010□

0959 **Wechselwirkungen zwischen Polyvinylpyrrolidon und sauren Verbindungen: Einige Betrachtungen zur Koazervation.** Bernard Sébille und Jean Néel. (J. Chim. physique **60**, 475—91, 1963; Paris, École Sup. de Phys. et de chim. Labor. de chim. macromol.; franz.) — *Polyvinylpyrrolidon* (**I**) bildet mit sauren Verbb. über H-Bindungen Assoziations-Verbb., die zu Ausfällungen u. Koazervat (**A**)-Bldg. führen können. Nach qual. Unterss. des Verh. wss. Lsgg. von **I** gegenüber Säuren u. Phenolen wird das Syst. **I**/*W.*/*Acrylsäure* als das mit dem schmalsten **A**-Bereich quant. untersucht. Der Einfl. der Mol-Masse von **I** u. der Temp. auf **A** wird verfolgt, ebenso auch die Wrkg. des Zusatzes einer 4. Komponente (Säuren, Salze). Die Resultate zeigen, daß die Größe der Wechselwrkg. zwischen **I** u. Säure durch die Acidität der Säure, ihren (möglichst geringen) Assoziationsgrad u. den mehr oder minder hydrophoben Charakter ihres, die akt. Funtkion tragenden Radikals bestimmt wird. Es schließen sich Ausführungen im Sinne einer schärferen Präzisierung der Bedingungen für die Anwendung der Phasenregel auf hochmol. Syst. an. M. Hagedorn 4010◇

0960 **Radiochemische Polymerisation von N-Vinylcarbazol in festem und flüssigem Zustand.** Adolphe Chapiro und Gyula Hardy. (J. Chim. physique Physico-Chim. biol. **59**, 993—98, 1962; Bellevue, Seine-et-Oise C.N.R.S., Labor. de Chim. des Radiations; franz.) — *N-Vinylcarbazol* (**I**) wird ≷ 64° (F. von **I**) mit γ-Strahlen (17,7—37,4 u. 61,0 rad/s.) aus ^{60}Co (200 c) bestrahlt; immer wird **I** polymerisiert. Die Zeit/Polymerausbeute-Kurven verlaufen bei > 64° fast geradlinig; die 60°-Kurve hat eine komplexe Form. Bei < 64° tritt eine mit fallender Temp. oder bei Verminderung der Strahlenintensität längerwerdende Induktionsperiode auf. Die Viscosität [η] steigt nahe F. u. > 64° mit der Strahlendosis; bei der Polymerisation (Pn) von festem **I** bleibt [η] konstant. Die Nachpolymerisation von **I** nach beendeter Bestrahlung (bei 40°) hört nach 24 Std. Dunkellagerung bei 40° auf; bis dahin verdoppelt sich die Ausbeute an polymerem **I**. Die Aktivierungsenergie (für fl. **I** u. Anfangs-Geschw. von festem **I**) beträgt ca. 12 kcal/Mol, der Intensitätsexponent für die Anfangs-Geschw. in fester Phase ca. 0,60—0,75. Der Einfl. von Inhibitoren auf die Pn ist nicht eindeutig. Die Unterss. der Pn. von **I**/Bzl.-Gemischen unter Bestrahlung führt zu dem Eindruck, daß dabei steigende Bzl.-Mengen ähnliche Wrkg. wie Temp.-Erhöhungen haben. Die Pn. von **I** wird mit einem Radikalmechanismus erklärt. Es wird beobachtet, daß **I**/CCl_4-Gemische (70 : 30) schon ohne Bestrahlung von selbst polymerisieren, z. B. im Dunkeln bei 30° mit 0,23% Umsatz/Std. Für diese spontane Pn. wird eine Erklärung vorgeschlagen. M. Hagedorn 4010◇

0961 **Adsorption von Polydimethylsiloxan aus Lösungen durch Aerosile.** A. W. Kisselew, B. N. Nowikowa und Ju. A. Eltekow. (Ber. Akad. Wiss. UdSSR **149**, 131—34, 1963; Phys.-chem. Inst. der Akad. der Wiss. der UdSSR; russ.) — Die Adsorption von *Polydimethylsiloxan* (**I**-Molgew. 350000) verläuft an nichtvorbehandeltem Aerosil (Degussa) u. an Aerosil, das bei 800° dehydratisiert wurde, gleichartig. Eine Vorbehandlung des Aerosils mit Trimethylchlorsilan verringert dagegen die Adsorption von **I** um das zweifache. Es ist wahrscheinlich, daß bei der maximalen Adsorption ein Teilchen Aerosil von einem Makromol. **I** bedeckt wird. Die in Lsg. spiralförmigen **I**-Moll. dehnen sich bei der Adsorption u. bilden eine Schicht dicht gepackter Makromoll. auf dem Aerosil. J. v. Schroeder 4010◇

0962 **Katalytische und Strahlungspolymerisation und Copolymerisation von Allylhydridsilanen.** I. N. Ljaschenko, N. Ss. Nametkin, L. Ss. Polak, A. W. Toptschijew, A. Ss. Feldman und T. I. Tschernyschewa. (Hochmolekulare Verbind. [UdSSR] **3**, 833—40, 1961; Akad. der Wiss. der UdSSR, Inst. für petrochem. Synth., russ., Auszug: engl.) — Die Polymerisation von *Diäthylallylsilan* [**I**; Kp. 126—127°; $D._4^{20}$ 0,7536; n_D^{20} 1,4302], *Äthylphenylallylsilan* [**II**; $Kp._3$ 76—78°; $D._4^{20}$ 0,8935; n_D^{20} 1,5124], *Diphenylallylsilan* [**III**; $Kp._2$ 132—135°; $D._4^{20}$ 0,9954; n_D^{20} 1,5762], *Äthyldiallylsilan* [**IV**; Kp. 142—149°; $D._4^{20}$ 0,7784; n_D^{20} 1,4503] u. *Triallylsilan* [**V**; $Kp._2$ 42—44°; $D._4^{20}$ 0,8014; n_D^{20} 1,4682] u. die Copolymerisation mit *Acrylonitril* u. *Styrol* bei Initiierung mit Dibenzoylperoxid, Pt/Kohle, γ- u. β-Strahlung wurde untersucht. **I, II** u. **III** liefern bei der Polymerisation Fll. bzw. Öle, **IV** u. **V** feste Polymere. Die Si—H-Bindungen bleiben in den Polymeren u. Copolymeren erhalten. Die IR- u. Kernresonanz-Spektren wurden aufgenommen. Die strahlenchem. Polymerisation von **I—V** erfolgt nach einem Radikalmechanismus. Helmut Schäfer 4010△

0963 **Synthese linearer Alumosiloxanpolymerer durch Silanolkondensation.** S. N. Nudelman, A. W. Swiridowa und A. Ss. Nowikow. (Hochmolekulare Verbind. [UdSSR] **3**, 841—46, 1961; Forschungsinst. der Gummiind.; russ., Auszug: engl.) — Durch Kondens. von Polydimethylsiloxanolen mit den Komplexen aus Al-Butylat u. Äthyl- oder n-Octylacetoacetat wurden lineare *Polyalumodimethylsiloxane* dargestellt. Die Rk. wurde durch Mischen der Komponenten in Bzl. u. Ausfällen der Polymeren mit Aceton ausgeführt. Die erhaltenen Polymeren sind fest u. erweichen beim Erhitzen. Ihr Al-Geh. hängt nicht vom Verhältnis der Ausgangsverbb., wohl aber von dem Molgew. des Polydimethylsiloxanols ab. Die Si–O–Al-Bindungen werden bei Einw. von Acetylaceton gespalten. Helmut Schäfer 4010△

0964 **Synthese organischer Phosphorverbindungen durch Reaktion von Phosphorsäureanhydrid mit Aluminiumphenolaten.** W. K. Kusskow, Ss. G. Fedorow und Ss. I. Wolfkowitsch. (Nachr. Akad. Wiss. UdSSR, Abt. chem. Wiss. **1960**, 1200—05; Moskau, Lomonossow-Univ.; russ.) — Durch Kondens. von P_2O_5 mit Al-Phenolat (**I**) oder Al-Kresolaten werden hydrolysebeständige, in Alkalien unter Salz-Bldg. lösl. *phosphororgan. Polymere* (**A**) erhalten, die je Monomereneinheit eine acetylierbare OH-Gruppe enthalten u. wahrscheinlich als trimere Metaphosphorsäureester oder Polyphenylphosphonsäureester vorliegen. Die Rk. von **A** mit konz. H_2SO_4 liefert Sulfonsäuren u. Harz, mit Nitriersäure Pikrinsäure bzw. Trinitro-m-kresol. Die Copolymerisation von **I** mit P_2O_5, Phenol u. Paraformaldehyd verläuft unter Bldg. eines alkalilösl. Harzes mit geringerem P-Geh. als **A**, während eine Pfropfpolymerisation mit Novolaken nicht gelingt.

Versuche: *Polymeres* $[C_{12}H_9O_3P]_n$, durch Erhitzen eines Gemisches aus 7,1 g P_2O_5, 18,3 g **I** u. 1 g NaOH auf 50° (Temp.-Anstieg auf 225°), 5maliges Extrahieren mit 50 ml 5%ig. KOH nach dem Abkühlen, Filtrieren des Extraktes u. Ansäuern mit 2n HCl, Waschen des Nd. mit W., Trocknen an der Luft bei 105°; lösl. in Äthanolamin u. Pyridin; 8 g (Ausbeute); bei Verw. größerer Mengen P_2O_5 sinkt die Ausbeute auf 4 g. *Na-Salz*, $[C_{12}H_8NaO_3P]_n$, durch Lösen von 3 g Polymerem in 15 ml 5%ig. NaOH u. Abkühlen auf —3°; Zers. oberhalb 400°. *Brom-Deriv.*, $[C_{12}H_5Br_4O_3P]_n$, aus 3 g Polymerem in 35 ml 5%ig. NaOH u. 32 g Br_2 bei 0°, lösl. in Pyridin; Zers. oberhalb 400°; 5,4 g. — *Polymeres* $[C_{14}H_{13}O_3P]_n$, analog aus 7,2 g P_2O_5 u. 20,5 g Al-m-Kresolat. — *Polymeres* $[C_{14}H_{13}\cdot O_3P]_n$, analog aus einem Gemisch isomerer Al-Kresolate; 9,2 g. J. Schade 4010△

0965 **Untersuchung der thermischen Umwandlungen einiger Kautschukarten nach der Methode der thermomechanischen Kurven.** B. Ja. Teitelbaum, T. A. Jagfarowa, M. P. Dianow und E. F. Gubanow. (Ber. Akad.

Wiss. UdSSR **140,** 1132—35, 1961; Chem. Arbusow-Inst.; Kasan, Filiale der Akad. der Wiss. der UdSSR, Inst. für organ. Chem.; russ.) — Die Abhängigkeit der Deformierbarkeit von der therm. Behandlung wurde bei —100 bis 400° an verschiedenen Kautschukproben (*Natur-*, *Butadien-*, *Isopren-*, *Piperylen-Kautschuk*) untersucht. Die Butadien-Kautschuksorten bilden beim Erhitzen auf 250° starre, vernetzte Strukturen, die Pentadien-Kautschuksorten werden dagegen abgebaut. Helmut Schäfer 4030△

0966 **Bestimmung der komplexen Schubmoduli von Kautschuk in Abhängigkeit von der Frequenz.** Eva Havránková und Antonín Havránek. (Českoslov. Časopis Fysiku **13,** 94—103, 1963; Praha, ČVÚT, Karlovy Univ., Fak. tech. a jader. fys., Matemat.-fys. fak.; tschech.) — Vf. leiten eine Theorie des komplexen Schubmoduls ab u. teilen die Konstruktion einer App. für prakt. Messungen mit. Die Einrichtung besteht aus einer Einspannvorr. für die Proben (ca. 4 cm^3) u. einem schwingenden Teil (4200 g/cm^2); die Schwingungen werden mittels eines Elektromotors (10—100 U/min) u. einem Exzenter hervorgerufen. — Prakt. Messungen an *natürlichem* (**I**) u. *synthet. Kautschuk* (**II**) zeigen, daß der Modul von der Frequenz abhängt u. lokale Maxima (bei **I** 33 Hz; $1{,}45 \cdot 10^{-7}$ dyn/cm^2, bei **II** 50 Hz; $2{,}25 \cdot 10^{-7}$ dyn/cm^2) sowie lokale Minima besitzt (**I** —42 Hz; $1{,}4 \cdot 10^{-7}$ dyn/cm^2, **II** 67 Hz; $2{,}2 \cdot 10^{-7}$ dyn/cm^2). Die imaginäre Komponente des komplexen Schubmoduls ist von der Frequenz unabhängig u. beträgt für **I** 0,30, für **II** $0{,}39 \cdot 10^7$ dyn/cm^2. J. Tůmová 4030◇

0967 **Bestimmung des Gehaltes an 1.2-Gliedern in Piperylenkautschuk.** A. I. Jakubtschik und W. K. Smirnowa. (J. angew. Chem. [UdSSR] **35,** 159—64, 1962; russ.) — Ozonide von *Piperylenkautschuk SKP-138 W* (**I**) wurden durch katalyt. Hydrierung in Ggw. von $PdCl_2$ auf $CaCO_3$ u. hydrolyt. mit W. u. 3—20%ig. H_2O_2-Lsgg. zersetzt u. in den Zers.-Prodd. wurde der Geh. an CH_3COOH u. CH_3CHO ermittelt. Der mit Hilfe der Hydrierung gemessene Geh. an 1.2-Gliedern in **I** betrug 6,8% u. stimmte mit dem bei der Zers. von **I**-Epoxid durch Perjodsäure gefundenen Wert gut überein. Der anormal hohe Geh. an 1.2-Gliedern, der bei der hydrolyt. Zers. von **I**-Ozonid gefunden wurde, ist wahrscheinlich auf die Formiat-Peroxidumgruppierung nach Ziegler [1950] zurückzuführen. T. Lukanoff 4030◇

0968 **Untersuchungen über den Bruch von Cellulosetriacetat-Filmen.** 4. Mitt. **Bruchverhalten plastifizierter Filme.** Koichi Nakamura. (Chem. High Polymers [Tokyo] **17,** 403—07, 1960; Tokyo, Konishiroku Photo Ind. Co., Ltd., Chem. Res. Div.; jap., Auszug: engl.) — 3. vgl. C. **1963,** 15260. — Unterss. über das Bruch-Verh. plastifizierter *Cellulosetriacetat*-Filme nach Zusatz von *m-Kresol* (**I**), *Diäthylphthalat* (**II**), *Äthylenglykolmonoacetat* (**III**), *Phthalsäure-äthyl-β-äthoxyäthylester* (**IV**) u. *Triphenylphosphat* (**V**) zeigen, daß die Boyersche Zugfestigkeitsgleichung für Filme mit **I**- u. **II**-Zusätzen gilt. Filme mit **III**-Zusatz sind bei Stoß- u. stat. Belastung zäh. Proben mit Gemischen aus **II** u. **V** neigen zum Bruch. Die Stoßfestigkeit steigt bei Anwendung von **V** unter Verminderung der stat. Festigkeit. Stoß- u. stat. Bruchenergie steigen mit der Verw. von **II** oder **IV** bei einem Vol.-Bruch > 0,18. Zwischen Elastizitätsmodul u. Stoßfestigkeit plastifizierter Filme besteht keine bestimmte Beziehung. W. Wesly 4050◇

0969 **Untersuchungen über den Bruch von Cellulosetriacetat-Filmen.** 5. Mitt. **Beziehung zwischen dem Lösungsvermögen gemischter Lösungsmittel und dem Bruchverhalten.** Kōichi Nakamura. (Chem. High Polymers [Tokyo] **17,** 407—12, 1960; jap., Auszug: engl.) — 4. vgl. vorst. Referat. — Das Lösungsvermögen von Gemischen aus Methylendichlorid (**I**) u. A. zeigt bei 85 (Vol.-%) **I** u. von Chlf./A.-Gemischen bei 80 Chlf. Höchstwerte, was durch das Verh. von [η], k' (Minimum), Verdünnungsverhältnis, Viscosität der konz. Lsg. (Minimum) u. Aktivierungsenergie (Minimum) angezeigt wird. Zähigkeit, Stoßbruchenergie, Ermüdungs-Eigg., Zugfestigkeit u. spezif. Dehnung der *Cellulosetriacetat* (**II**)-Filme weisen einen Höchstwert beim höchsten Lösungsvermögen auf; der Elastizitätsmodul zeigt dabei einen Mindestwert. Salz-Einfl. werden bei der Lsg.-Viscosität u. den mechan. Eigg. beobachtet. Lösungsvermögen, Zähigkeit u. Lsg.-Viscosität nehmen mit den in **II** enthaltenen mehrwertigen Salzen ab. W. Wesly 4050◇

0970 **Über das niedrigmolekulare Dioxanlignin.** 3. Mitt. M. M. Tschotschijewa und N. I. Nikitin. (J. angew. Chem. [UdSSR] **34,** 2733—37, 1961; russ.) — Aus wss. Lsgg. von aus Holz gewonnenem *Dioxanlignin* (**I**) läßt sich durch Ae. nur ein Teil ausfällen. Beim Einengen der Rest-Lsgg. u. Eingießen in W. erhielten Vff. ein Prod. (5,8—2,8% vom Ausgangsholz), dessen Elementaranalyse mit 19,5—14,8% OCH_3 auf fast reines **I** hinwies. Es enthielt nur 4,3—1,9% Hemicellulosen. Molgew. nach Rast bei **I** von Eiche 200—650, von Ajaner-Tanne 323—850. Das niedermol. **I** löst sich gut in verd. NaOH, NH_4OH, Essigsäure u. anderen organ. Lösungsmitteln. Auffallend ist die Löslichkeit in sd. W. u. in konz. H_2SO_4. Bei schonender Oxydation des **I** mit Nitrobenzol in alkal. Medium erhält man nur geringe Ausbeuten (8,1—4,2) an aromat. Aldehyden. M. Ulmann 4050◇

0971 **Solubilisierung und optische Drehung in Eialbuminlösungen.** W. N. Ismailowa, W. A. Ptschelin und L. Je. Bobrowa. (Hochmolekulare Verbind. **3,** 847—51, 1961; Moskau, Univ.; russ., Auszug: engl.) — Die Löslichkeit von Bzl. in wss. Lsgg. wird durch *Eialbumin* auf das 3—5fache erhöht. Die Löslichkeit von Bzl., die opt. Drehung solcher Lsgg. u. die Zähigkeit hängen im Bereich pH 4,5—10,5 kaum vom pH ab. Die Konformation des Proteins scheint also stabil zu sein. Es wird angenommen, daß Bzl. mit den nicht-polaren Seitengruppen der Helix des Proteins reagiert, wodurch eine kompaktere Struktur des Proteins erzielt wird. M. Wiedemann 4070◇

0972 **Über strukturmechanische Eigenschaften von Proteinfasern.** N. W. Grigorjewa, W. A. Ptschelin und P. A. Rehbinder. (Ber. Akad. Wiss. UdSSR **137,** 889—92, 1/4. 1961; Moskau, Lomonossow-Univ., Forsch.-Inst. für die Pelzind.; russ.) — Es wurden die strukturmechan. Eigg. von *Gelatine*-Fasern u. die Änderungen dieser Eigg. während des Gerbungsprozesses untersucht. Das Gerben der Fasern wurde nach Judin [1955] (7 Std. mit einer Chrom–Glucose–Sulfat-Extrakt-Lsg. u. Einführen von 1,34 Mol Na-Formiat auf 1 g Atom Cr bei pH 4,9) durchgeführt. Es wurde die Kinetik der Faserdeformation (Verlängerung) bei einer einachsigen Dehnung u. konst. Belastung (von 50 g bis 5 kg), wie auch die Kinetik der abnehmenden Faserdeformation (nach Entfernung der Belastung) untersucht. Ferner wurde auch der Einfl. der Temp. u. der Einfl. einer augenblicklichen Belastung auf die kinet. Erscheinungen festgestellt. Es wurden sowohl gegerbte, wie auch ungegerbte (rohe) Fasern u. trockene sowie mit $(NH_4)_2SO_4$-Lsg. gesätt. Fasern eingesetzt. C. Kozák 4070□

0973 **Die Einführung intramolekularer kovalenter Vernetzungen in Ichthyokol-Tropokollagen mit monofunktionellen Aldehyden.** Arthur Veis und Maurice P. Drake. (J. biol. Chemistry **238,** 2003—11, 1963; Chicago, Ill., Northwestern Univ. Med. School, Dep. of Biochem.; engl.) — In natives *Ichthyokol-Tropokollagen* (**I**) werden durch Rk. mit *Formaldehyd* Methylenbrücken eingeführt, wodurch eine Umwandlung in *γ-Tropokollagen* erfolgt u. durch Denaturierung *γ-Gelatine* mit dem Molgew. des Ausgangstropokollagens erhalten wird. Die Methylengruppe verbindet möglicherweise die ε-Aminogruppe von Lysin mit der Amidgruppe des Asparagins oder auch mit der Guanidinogruppe von Arginin oder mit der Amidgruppe von Glutamin. Pro Tropokollageneinheit werden unter den optimalen Bedingungen der Bldg. der γ-Form 10 Methylenbrücken eingeführt; daraus wird geschlossen, daß die Brücken-Bldg. aller 4—5 Grundbausteine längs der Achse erfolgt. Intermol. Vernetzung wie auch die Bldg. von Schwanz–Schwanz-Dimeren kann ebenfalls vorkommen. Die synthet. γ-Gelatine kann renaturiert werden; die Vernetzung ist ziemlich stabil gegen therm. Hydrolyse, wie etwa schwächere Peptidbindungen in Kollagen. Die Herst. von **I** erfolgt aus *tunica externa* der Schwimmblase des Buffalofisches (*ostariophysi ictiobus*) nach Orekhovich u. Mitarbeitern (Biokhimiya **13,** [1948], 55) u. Gallop (Arch. Biochem. Biophysics **54,** [1955], 486) durch 3wöchige Extraktion im Satzbetrieb u. dialyt. Fällung gegen dest. Wasser. Der Geh. an Hydroxyprolin war 12,2%. Die saure Vernetzung wird mit 37%ig. Formaldehyd als 3,4, 6,2 oder 9,0%ig. Lsg. mit **I** in 0,1 m Acetat- oder 0,1 m Citratpuffer-Lsgg. (pH 2,8—4,7; **I** wird weniger als 0,2% gelöst) u. während 72 (3,4% HCHO), 48 (6,2% HCHO) bzw. 24 Std. (9% HCHO) vorgenommen, 3 Tage gegen die jeweiligen Puffer dialysiert u. aufgearbeitet.

Die neutrale Vernetzung wird wie vorst., nur mit I in 0,5n $CaCl_2$ von pH 7,2—7,6 (NaOH) gelöst, vorgenommen. Die Vernetzung mit Acetaldehyd wird analog der mit Formaldehyd durchgeführt. Durch Sedimentationsanalyse u. Viscositätsmessung erhaltene Werte der einzelnen Prodd. sind tabellar. angegeben. — Durch Messen des Wechsels der spezif. opt. Drehung bei 15° u. 365 mμ u. durch Messen der Denaturierungs-Temp. T_c wird auf die therm. Denaturierung geschlossen. Die Renaturierung wird in 0,1 m KCl, 2—3 Min. langes Erwärmen auf 60°, Zentrifugieren bei 40° u. mehrstd. Stehen bei 4—10° vorgenommen (bei Erwärmen auf 40° werden die Lsgg. in 30 Min. trübe). K. Dorfner 4070

0974 **Untersuchungen über jodierte Proteine.** 5. Mitt. **Untersuchungen verschieden jodierter Caseine durch Papierelektrophorese.** Nobuo Ishikawa. (J. pharmac. Soc. Japan [Yakugakuzasshi] **78,** 1150—52, 1958; Ebara, Shinagawa, Tokyo, Hoshi Pharmaceut. College; jap., Auszug: engl.) — Die Stärke der Denaturierung von jodiertem *Casein* wird mittels Papierelektrophorese untersucht. Während nach partieller Jodierung unter milden Bedingungen die *α-Casein* (**I**)- u. *β-Casein* (**II**)-Peaks noch darstellbar sind, erfolgt bei vollständiger Jodierung Oxydation von **II**, u. das Phoretogramm wird unscharf. Bei inkubiertem *Jodcasein* wird die Trennung der **I**- u. **II**-Peaks unmöglich. H. Krause 4070△

0975 **Einfluß von Detergentien auf die Konformation von Proteinen.** 3. Mitt. **Rotationsdispersion und Cotton-Effekt im Verhältnis zur α-Helix-Ordnung.** Bruno Jirgensons. (Makromolekulare Chem. **56,** 138—49, 1962; Houston Tex., Univ. of Texas, Dep. of Biochem., M. D. Anderson Hospital and Tumor Inst.; engl.) — 1. vgl. Arch. Biochem. Biophysics **94,** [1961], 59. — Die opt. Rotationsdispersion von 10 Proteinen wurde mit UV-Licht (220—250 mμ) untersucht. Die Proteine *Serum-γ-globulin*, Bence-Jones-*Protein* u. *Pepsin* ohne Helixstruktur zeigen keinen Cotton-Effekt bei 220—240 mμ; dieser Effekt wird durch Na-Decyl- u. Na-Dodecylsulfat hervorgerufen. Der Cotton-Effekt der Proteine mit α-Helix (*Serumalbumin, Insulin, Wachstumshormon, Lysozym,* bakterielle *α-Amylase, Lactatdehydrogenase* u. *Glutamatdehydrogenase*) wurde dagegen durch die Detergentien mehr oder weniger abgeschwächt. Dodecylsulfat war dabei stärker wirksam als Decylsulfat. Der Cotton-Effekt der disulfidhaltigen Proteine wurde von den Detergentien weniger beeinflußt als derjenige der cysteinfreien bakteriellen Amylase. H. Schroeder 4070◇

E. Biologische Chemie, Physiologie, Medizin

E_1. Allgemeine Biologie und Biochemie

0976 **Anwendung von Isatin für die Fingerprint-Technik bei der Untersuchung der Protein-Struktur.** A. Krawczyk. (Bull. Acad. polon. Sci., Sér. Sci. biol. **10,** 87—90, 1962; Cracow, School of Med., Dep. of Physiol. Chem.; engl.) — Die bei der Trypsin-Einw. auf Human- u. Pferdehämoglobin entstehenden Spalt-Prodd. werden nach der von Ingram beschriebenen Fingerprint-Meth. getrennt u. die mit *Isatin* (**I**) u. *Ninhydrin* (**II**) entwickelten Chromatogramme verglichen. Die Anfärbung mit **I** ermöglicht eine weitere Differenzierung der entstehenden Peptide durch die Bldg. verschieden gefärbter Flecke bei unterschiedlicher Aminosäure-Zus. der Peptide. Gegenüber der Anfärbung mit **II**, bei der keine Unterschiede zwischen den aus Human- u. Serumhämoglobin erhaltenen Spalt-Prodd. festgestellt werden, gelingt es bei der Verw. von **I**, fünf unterschiedlich gefärbte Peptide nachzuweisen. H.-P. Pietsch 4100◇

0977 **Chemie und biosynthetische Bedeutung der Mevalonsäure.** M. C. Khosla. (J. sci. ind. Res. [New Delhi], Sect. A **21,** 327—30, 1962; Lucknow, Central Drug Res. Inst.; engl.) — Übersicht; Entdeckung u. Isolierung, Struktur, Synth. u. Konfiguration, biosynthet. Bedeutung. — 56 Literaturangaben. P. Gregorzewski 4100◇

0978 **Selektive modifizierte Sterilität unter dem Einfluß von Dimethylphosphat und anderen Verbindungen.** I. A. Rapoport. (Ber. Akad. Wiss. UdSSR **147,** 943—46, 1962; russ.) — Kurzübersicht über die mutagenen Eigg. von *Dimethylphosphat, Urethan, Bulbocapnin, Harnstoff, Methyl-, Äthyl-* u. *Äthylidenharnstoff* unter bes. Berücksichtigung früherer Arbeiten des Verfassers. — 6 Literaturangaben. O. Lebtag 4130△

0979 **Die Vorprodukte der Aminosäuren als Mutagene.** I. A. Rapoport. (Ber. Akad. Wiss. UdSSR **147,** 1193—95, 1962; Inst. für chem. Physik der Akad. der Wiss. der UdSSR; russ.) — In Verss. an *Drosophila melanogaster* ist die mutagene Wrkg. der *α-Ketoglutarsäure* (**I**) in der Periode der Metamorphose etwa so stark wie die Bestrahlung mit 1000 r; bei der **I**-Wrkg. auf erwachsene Insekten ist die Wrkg. etwa gleich der von 500 r. Die mutagene Wrkg. von *Oxalessig-* u. *Brenztraubensäure* ist schwächer als die von **I**. Die Bedeutung der Ergebnisse für den Krebs-Kreislauf wird erörtert. O. Lebtag 4130△

0980 **Durch Viktoriablau und durch Nachtblau angeregte Bildung respirationsdefizienter Mutanten der Hefe.** S. Nagai. (Exp. Cell Res. **26,** 37—42, 1962; Nara, Japan, Univ., Fac. of Sci.; engl.) — *Victoriablau 4 R* u. *B* sowie *Nachtblau* sind imstande, eine respirationsdefiziente Mutation der Bäckerhefe zu bewirken. Ihre Wirksamkeit im Vgl. zu anderen bas. Farbstoffen ist aber schwächer, denn sie verhalten sich verhältnismäßig tox., wobei sie defiziente Hefe um $^1/_6$—$^1/_8$ mal stärker unterdrücken als normale. Sie hemmen schon in geringen Dosen Stimulatoren, wie Acriflavin, Pararosanilin, Pyronin B u. J, Coffein; sind aber ihre Dosen nahe zum Schwellenwert, dann wirken sie anregend, bes. wenn sie mit Acridinrot 3 B kombiniert werden. L. Macher 4130◇

0981 **Nucleinsäurebildung und Ultraviolett-induzierte Mutation bei Bakterien: einige Betrachtungen im Lichte neuer Ergebnisse.** C. O. Doudney. (J. cellular comparat. Physiol. **58,** Suppl. Nr. 1, 145—50, Dez. 1961; Houston, Tex. Univ. of Texas, Dep. of Biol., M. D. Anderson Hospital and Tumor Inst.; engl.) — Übersicht. Diskussion. — 12 Literaturangaben. K. Maier 4130◇

0982 **Gengesteuerte Reaktivierung ultraviolettinaktivierter Bakteriophagen.** Walter Harm. (J. cellular comparat. Physiol. **58,** Suppl. Nr. 1, 69—77, Dez. 1961; Köln, Univ., Inst. für Genetik; engl.) — Das mit dem *r 17*-Locus des T 2-Phagen eng gekoppelte *u*-Gen steuert die UV-Empfindlichkeit u. den Umfang der Photoreaktivierung (PR) derart, daß ausnahmslos größere UV-Empfindlichkeit (entsprechend dem u^+-Allel; Allelzustand, in dem die Reaktivierungs-Rk. des *u*-Cistrons nicht erfolgen kann) von einer höheren PR u. kleinere UV-Empfindlichkeit (entsprechend dem *u*-Allel) von einer kleineren PR begleitet ist. Ein in einer Zelle enthaltenes *u*-Gen verändert das Überleben eines infizierenden u^+-Phagen durch Verhinderung der Letalität von etwa der Hälfte der Treffer. Diese *u*-Gen-Reaktivierung (uR) kommt obligator. in T 4 vor u. bewirkt dessen gegenüber T 2 verminderte UV-Empfindlichkeit. Die UV-Empfindlichkeit der *u*-Genfunktion beträgt ca. 0,9% der Phagengesamtempfindlichkeit. Durch Inaktivierung des rII-B-Cistrons erhaltene Ergebnisse zeigen, daß der Umfang der Reaktivierbarkeit (PR u. uR) in verschiedenen Regionen des Phagengenoms verschieden sein kann. uR tritt nur auf, wenn das *u*-Gen im unbestrahlten Phagen ist. uR kann 25% der Treffer, die die rII-B-Funktion verhindern, reaktivieren. Die UV-Treffer in den empfindlichen Zentren, die photoreaktivierbar, aber vermutlich nicht *u*-reaktivierbar sind, reichen zur Erklärung des Unterschieds von PR u. uR des Gesamtphagen aus. Photoreaktivierbare u. *u*-Gen-reaktivierbare UV-Schäden treten möglicherweise im Thymin ein. — Diskussion. K. Maier 4130◇

0983 **Variabler Gehalt an Desoxyribonucleinsäure (DNS) in embryonalen Zellen von Cyclops strenuus.** H. F. Stich. (Exp. Cell Res. **26,** 136—43, 1962; Kingston, Ontario, Canada, Univ., Dep. of Biol.; engl.) — Die mikrophotometr. Best. des Geh. an *Desoxyribonucleinsäure* (DNA) in embryonalen u. defizienten Zellen von *Cyclops strenuus* erfolgte nach der Zweiwellenlängen-Meth. von Patau. Die Zellen von *C. strenuus* haben einen 2-, 4-, 8- u. 16fachen Chromosomensatz. Obwohl gemäß einer allg. Hypothese je Chromosomenkomplement ein konst. Geh. an DNS entfällt, konnten dennoch Veränderungen des DNS-Geh. in zwei bes. Stufen der Embryogenesis festgestellt werden. Ein Anteil an DNS wird in Oozyten synthetisiert, ein anderer in der 16-Zellstufe. Es wird hieraus auf zwei Typen von DNS in den Chromosomen geschlossen: Ein Anteil an DNS bleibt in konst. Menge während der Lebensspanne der Zelle, ein anderer variiert mengenmäßig. Der letztere ist womöglich auf die heterochromat. Segmente der Chromosomen beschränkt. L. Macher 4150◇

0984 **Vital- und Postvitalfärbung bei Mikroorganismen.** Luis Pedemonte Oliver. (Medicamenta **13,** 57—62, 1961; Barcelona, Univ., Fac. de Farm.; span.) — Übersicht über Vitalfärbung (saure Farbstoffe, Methylenblau) u. Postvitalfärbung (Meth. von Gram) von Mikroorganismen. K. Zingraf 4150◇

0985 **Wiederherstellung einer Ultraviolettschädigung cellulärer Desoxyribonucleinsäure.** Claud S. Rupert. (J. cellular comparat. Physiol. **58,** Suppl. Nr. 1, 57—68, Dez. 1961; Baltimore, Md., Johns Hopkins Univ., School of Hygiene and Public Health; engl.) — Übersicht. Photoreaktivierbare Zellen enthalten Enzyme, die UV-Schädigung (kurzwelliges Sonnenlicht) transformierender Desoxyribonucleinsäure (DNS) in vitro rückgängig machen. Ähnlich erfolgt die Wiederherst. auch in anderen natürlichen DNS ohne ersichtliche biolog. Aktivität. Es ist noch unklar, ob reaktivierte DNS wieder im ursprünglichen Zustand vorliegt. Photoreaktivierbare UV-Schädigungen von DNS bedingen einen erheblichen Anteil der gesamten UV-Wrkg. auf die Zelle. Zur Vermeidung dieser Effekte müssen die Schädigungen beseitigt werden. Photoreaktivierung ist von der Zelle entwickelter Mechanismus zur Aufhebung bei DNS durch Sonnenlicht hervorgerufener Schäden. Daneben existieren wahrscheinlich noch andere Mechanismen mit der Funktion wie die Photoreaktivierung. Diskussion. — 17 Literaturangaben. K. Maier 4150◇

0986 **Die Wirkungen von Ultraviolettlicht auf die biologischen und physikochemischen Eigenschaften der Desoxyribonucleinsäure.** J. Marmur, W. F. Anderson, L. Matthews, K. Berns, E. Gajewska, D. Lane und P. Doty. (J. cellular comparat. Physiol. **58,** Suppl. Nr. 1, 33—55, Dez. 1961; Cambridge, Mass., Harvard Univ., Dep. of Chem.; engl.) — Bei Bestrahlung gelöster Desoxyribonucleinsäure (DNS) mit 254 mμ-Licht treten Verlust der Transformationsaktivität u. Veränderungen der physikochem. Eigg. auf. Der Verlust der biolog. Aktivität aus *Diplococcus pneumoniae* u. *Bacillus subtilis* isolierter DNS hängt vom genet. Marker u. von dessen Größe u. dem Molgew. der bestrahlten DNS ab. Bei Einw. größerer Dosen wird native DNS partiell abgebaut u. in der Struktur gelockert. Es wurde eine Vernetzung der komplementären Stränge beobachtet. Die UV-induzierten physikochem. Veränderungen waren durch Erniedrigung der Denaturierungs-Temp., Absinken des Sedimentations-Koeff. nach Denaturierung, Viscositätsabnahme, Dichtezunahme im CsCl-Gradienten, Vernetzung von DNS-Strängen u. Anstieg des Denaturierungs-pH nachweisbar. Die meisten dieser Veränderungen werden durch einen größeren Adenin- + Thymin-Geh. von DNS u. Substitution von Thymin durch 5-Bromuracil verstärkt. Bei Einw. der gleichen Dosis von Licht desselben λ verhalten sich denaturierte u. native DNS unterschiedlich. Je kleiner das Molgew. von DNS, desto kleiner ist bei gleicher Dosis die physikochem. Schädigung. Die UV-induzierten biolog. u. Viscositätsänderungen zeigen keinen O-Effekt. Das Photoreaktivierungsenzym aus Backhefe reaktiviert in Ggw. sichtbaren Lichts UV-behandelte transformierende DNS. Die Reaktivierung beruht möglicherweise z. T. auf Zerstörung UV-induzierter Vernetzungen. — Diskussion. K. Maier 4150◇

0987 **Die Wirkung von Röntgenstrahlen auf das UV-Absorptionsspektrum von Desoxyribonucleinsäure-Lösungen.** Lothar Rossberg. (Strahlentherapie **121,** 443—49, 1963; Frankfurt/M., Max-Planck-Inst. für Biophys.; dt.) — Ein aus Forellenspermien gewonnenes hochmol. *Na-Desoxyribonucleinsäure* (DNS)-Präp. wurde mit 70 kV Röntgenstrahlen (Filter 0,5 mm Al, Dosisleistung 150 kr/min.) oder mit UV-Licht bestrahlt u. die Viscositätsänderung als Ausdruck einer Depolymerisation gemessen. Außerdem wurde die Extinktion der Lsgg. gegen die des Lsgm. bestimmt. Es zeigte sich, daß das für die DNS charakterist. Absorptionsmaximum bei 260 nm mit zunehmender Strahlendosis schwächer wird u. nach Applikation von 300 kr völlig verschwindet. Eine Hemmung der Wirksamkeit der Strahlung tritt ein, wenn die DNS statt in dest. W. in NaCl-Lsg. bestrahlt wird. In diesem Fall setzt für einen Teil der Basen die Strahlen-Wrkg. verzögert ein, nämlich für diejenigen, die durch die Depolymerisation noch nicht aus der Helix herausgelöst sind. Dieser Effekt tritt bei UV-Bestrahlung nicht ein. W. Reusse 4150◇

0988 **Thymus-Desoxyribonucleioprotein.** 5. Mitt. **Der Einfluß der Denaturierung auf die Sedimentation.** G. Giannoni, A. R. Peacocke und I. O. Walker. (Biochim. biophysica Acta [Amsterdam] **72,** 469—74, 1963; Oxford, Univ., Dep. of Biochem.; engl.) — 4. vgl. ibid. **72,** [1963], 310. — *Desoxyribonucleoprotein* (**I**) aus Thymusdrüsen wird bei Temp. oberhalb 75° in verd. Phosphatpuffer therm. denaturiert. Die Zunahme der Absorption bei 259 mμ dient dabei als quant. Maß für die Denaturierung. Natives **I** hat einen Sedimentations-Koeff. von 36 S (extrapoliert auf die Konz. 0), vollständig denaturiertes **I** von ca. 7,6 S. Alle untersuchten partiell denaturierten **I**-Proben zeigten ein Sedimentationsmuster, das aus einer langsamen Front bestand mit $s_{w,20} = 7$ S u. einer schnellen Front mit einem Sedimentations-Koeff., der dem von nativem **I** bei gleicher Konz. entsprach. Da denaturiertes **I** zur Aggregation neigt u. dadurch eine Beobachtung der schnelleren Front erschwert wird, ist eine Messung der Sedimentations-Konst. nur bei der langsamen Front signifikant. Bei verschiedenem Denaturierungsgrad wurden keine wesentlichen Unterschiede im Sedimentations-Koeff. der langsamen Komponente gefunden. Die Ergebnisse deuten auf einen „Alles-oder-nichts"-Mechanismus der therm. Denaturierung von **I** hin. Helmut Schulze 4150◇

0989 **Extraktion von Desoxyribonucleinsäure aus verschiedenen Geweben mit Hilfe von Papain.** G. Aubin, P. Chenaille, N. Lamonthezie und C. Paoletti. (Biochim. biophysica Acta [Amsterdam] **72,** 456—68, 1963; Villejuif/Seine, Inst. Gustave Roussy, Unité de Biochimie; Paris, Hôpital Saint-Louis, Inst. de Rech. sur les Leucémies, Labor. d'Hématologie Expérimentale; franz.) — Bei der Gewinnung von *Desoxyribonucleinsäure* (DNS) aus Geweben erweist sich die Verw. von proteolyt. Enzymen als vorteilhaft. Das bei —80° gepulverte Organ wird mit 0,14 m NaCl/0,05 m Na-Citrat behandelt, die Suspension auf eine Konz. von 1 mg DNS/ml verd. u. 7—8 Std. lang bei 45° u. pH 6,8—6,9 unter Zusatz von Papain u. Cholsäure hydrolysiert. Aus der filtrierten Lsg. fällt nach Zugabe von NaCl u. A. die DNS aus, die nach einmaligem Umfällen rein ist. Die gewonnene DNS ist hochpolymer u. enthält weniger als 2% Protein u. weniger als 1% RNS. Die Ausbeute liegt bei 85%. Die besten Ergebnisse wurden an der Thymusdrüse des Kalbes u. dem Herings- u. Makrelensperma erhalten. Bei Geweben mit niedrigerem DNS-Geh. (Lunge, Darm u. Leber von Kaninchen, Erythrocyten des Huhns u. Ehrlich-Ascites-Tumorzellen der Maus) sind Ausbeute u. Reinheit der extrahierten DNS schlechter. Helmut Schulze 4150◇

0990 **Die reversible Abspaltung von Desoxyribonuclease, Protein und Ribonucleinsäure von Ribosomen.** M. Tal und D. Elson. (Biochim. biophysica Acta [Amsterdam] **72,** 439—50, 1963; Rehovoth, Israel, The Weizmann Inst. of Science, Biochem. Section; engl.) — Ribosomen (R) aus *Escherichia coli* mit den Sedimentations-Konst. 70 S u. 100 S enthalten ca. 8—9% der gesamten *Desoxyribonuclease* (EC 3.1. 4.5; **I**)-Aktivität der Zelle. Durch Erniedrigung der Mg^{2+}-Konz. dissoziieren die R in kleinere Teilchen, wobei sie den größten Teil ihrer **I**-Aktivität verlieren. Die Menge des abgespaltenen **I** geht ungefähr (nicht exakt) parallel dem Grad der Dissoziation von R. Gleichzeitig werden auch geringe Mengen Protein (**II**) u. Ribonucleinsäure (RNS) von R freigesetzt. Bei vollständiger Dissoziation von R sind ca. 3—4% des ribosomalen RNS u. 8—10% des ribosomalen **II** abgespalten. Die Abspaltung von **I**, RNS u. **II** von den R ist vollkommen reversibel. Bei Erhöhung der Mg-Konz. reassoziieren alle Teilchen zu den ursprünglichen R, die sich vom Ausgangsmaterial nicht unterscheiden. Bei der Reassoziierung können die R 30—40% mehr an **I** aufnehmen, als sie bei ihrer Isolierung enthielten, wenn man der Lsg. **I** zufügt. Es scheint, als ob **I**, RNS u. **II** nicht als direkte Folge der Dissoziation von R abgespalten werden, sondern durch einen sek. Effekt. Helmut Schulze 4150◇

0991 **Vergleichende Untersuchungen über Aminosäurezusammensetzung und N-endständige Aminosäuren der**

Proteine von Ribosomen aus Escherichia coli, Hefe und Rattenleber. Ichiro Haruna. (Biochim. biophysica Acta [Amsterdam] **72,** 451—55, 1963; Kyoto, Japan, Kyoto Univ., Inst. for Virus Res.; engl.) — Die Proteinbestandteile (I) der Ribosomen aus Rattenleber, Hefe u. *E. coli* wurde auf ihre Zus. untersucht durch Hydrolyse u. anschließende Überführung der Aminosäuren in die Dinitrophenol (DNP)-Derivv., die durch Papierchromatographie identifiziert wurden. Zwischen **I** aus Rattenleber u. Hefe wurden Unterschiede im Geh. an *Leucin, Phenylalanin* u. *Arginin* gefunden; **I** aus E. coli unterscheidet sich von **I** aus Rattenleber u. Hefe im Geh. an *Alanin, Lysin* u. Arginin. **I** aus Rattenleber u. E. coli haben einen höheren Anteil an bas. Aminosäuren als an sauren. **I** aus Rattenleber konnte in zwei Fraktionen aufgeteilt werden, die sich in ihrer Zus. aber nicht unterscheiden. — Die Endgruppenbestimmung wurde ebenfalls über die DNP-Derivv. vorgenommen, aber an intakten Ribosomen. Alanin u. Serin wurden als Hauptkomponenten gefunden, Unterschiede zwischen den drei verschiedenen Ribosomenarten konnten nicht festgestellt werden. Aus der Endgruppen-Best. ergaben sich Molgew. von 79000 für **I** aus Rattenleber, 49000 für **I** aus Hefe u. 48000 für **I** aus E. coli. Helmut Schulze 4150◇

0992 **Mikrospektrophotometrische Messungen der Cytochrome in einem mitochondrialen Aggregat in vivo.** Robert Perry, Bo Thorell, Lennart Åkerman und Britton Chance. (Biochim. biophysica Acta [Amsterdam] **39,** 24—32, 25/3. 1960; Philadelphia, Pa., Univ. of Pennsylvania, Johnson Res. Found.; Stockholm, Karolinska Inst., Dep. of Pathol.; engl.)) — In einzelnen „Nebenkernen" — während der Spermatogenese bei Heuschrecken — auftretende Konzz. von Atmungsenzymen werden mikrospektrophotometr. bestimmt. 6000 Moll. *Cytochrom b* sind mit der Meth. noch entdeckbar. Soret-Spektren red. u. oxydierter Cytochrome konnten nachgewiesen werden, abhängig davon, ob die Zellen anaerob [in Ggw. von Glucose (I) in wenigen Min. anaerober Zustand] oder aerob (in Abwesenheit von **I** ca. 1½ Std. lang aerobe Verhältnisse) gehalten werden. In Ggw. von 4 mm *Jodacetat* ist die Atmung stark gehemmt, deshalb hier auch in **I**-Ggw. etwa das Bild der aeroben Verhältnisse. Die Gesamt-Konz. der *Cytochrome* a_3, *a, b, c* u. c_1 ist im Nebenkern ca. $7 \cdot 10^4$ Moll./μ^3 u. damit mindestens 50mal so hoch wie in irgendeinem vergleichbaren Teil der Zelle.
S. Dittmann-Mitzscherlich 4150□

0993 **Eine vergleichende Untersuchung der Nucleotidzusammensetzung von löslichen Ribonucleinsäuren in einigen Arten von Bakterien und Tieren.** G. N. Saitzewa, T. M. Dmitrijewa, Tschan-Fa Sjui und A. N. Beloserski. (Ber. Akad. Wiss. UdSSR **147,** 1211—14, 1962; Moskau, Lomonossow-Univ.; russ.) — Die Unters. der *Nucleotid* (**I**)-Zus. der *lösl.* bzw. *ribosomalen Ribonucleinsäure* (s-**II** bzw. r-**II**) u. der *Desoxyribonucleinsäure* (**III**) von *Sarcina flava, Azotobacter vinelandii* u. *Proteus vulgaris* u. über die **I**-Zus. von s-**II** von *Ratte, Taube, Frosch* u. *Karpfen* ergab, daß sowohl bei Bakterien wie bei Tieren die **I**-Zus. der s-**II** durch die gleichen Mengen Cytidylsäure (C) u. Guanylsäure (G) u. dad. gek. ist, daß der Geh. an Adenylsäure (A) gleich der Summe Uridylsäure (U) + Pseudouridylsäure (pU) ist: (G + U + pU)/(A + C) = 1; 6-Ketogruppen/6-Aminogruppen = 1; Purine/Pyrimidine ~ 1. Bei den Tieren enthält die s-**II** mehr C u. weniger Purin-**I** als bei den Bakterien. Der Geh. an pU ist bei Tieren u. Bakterien etwa der gleiche. Bei den Tieren enthält die s-**II** weniger A u. mehr C als die r-**II**. Die s-**II** der Bakterien zeigt Artverschiedenheiten der **I**-Zus. (ausgiebig erörtert). Auch die s-**II** der Tiere zeigen starke Artunterschiede, bes. im Geh. an methylierten Adeninverbindungen. Zwischen den Geh. an s-**II** u. **III** besteht bei den Bakterien eine Korrelation. O. Lebtag 4150△

0994 **Über einige Besonderheiten der Nucleotidzusammensetzung der Desoxyribonucleinsäuren von Tieren und höheren Pflanzen.** A. Ss. Antonow, O. O. Faworowa und A. N. Beloserski. (Ber. Akad. Wiss. UdSSR **147,** 1480—83, 1962; Moskau, Lomonossow-Univ.; russ.) — In der *Desoxyribonucleinsäure* (**I**) von Pflanzen u. Tieren wurde der Geh. an Guanyl-, Cytidyl-, Adenyl- u. Thymidylsäure sowie an *5-Methylcytidylsäure* (**II**) bestimmt. Für den **II**-Geh. wurden folgende Werte in Mol-% ermittelt: *Homoedyctia palmata* 1,3; *Actinia ecquina* 0,9; *Patella sp.* 0,9; *Pecten islandicus* 0,5; *Chironomus plumosus* <0,2; *Artemia salina* 0,1; *Nephtys ciliata* 1,7; *Asterias rubens* 1,0; *Halocyntia aurantium* 1,0; *Thymusdrüse des Kalbes* 1,3; *Leber der Maus* 1,0; *Kaninchenleber* 1,0; *Weizenembryo* 6,2. Aus den Ergebnissen läßt sich mit hoher Wahrscheinlichkeit ableiten, daß nach dem **II**-Geh. die **I** von Pflanzen u. Tieren charakterist. Unterschiede aufweisen. Die Annahme, daß die **I** von Tieren nur wenig **II** enthält, wird bestätigt. O. Lebtag 4150△

0995 **Die freien Nucleotide der Muskeln von Extremität und Brust des Huhns.** W. I. Shiwkow. (Ber. Akad. Wiss. UdSSR **149,** 453—55, 1963; Bulgar. Akad. der Wiss., Inst. für vergleichende Pathol. der Tiere; russ.) — In den Muskeln von Extremität u. Brust des Huhns lassen sich *Inosinmonophosphat* (**I**), *Diphosphopyridinnucleotid* (**II**), *Adenosintri-* (**III**)- u. *Adenosindiphosphat* (**IV**) nachweisen. *Adenosinmonophosphat* kommt dagegen (entgegen Literaturangaben) nicht vor. Im Beinmuskel ist der Nucleotid-Geh. im Winter u. Sommer annähernd gleich. Das Verhältnis **III**/**IV** ist mit 3,3 im Winter u. 4,0 im Sommer sehr hoch, ein Beweis für die Ggw. von Adenylatkinase. Im Brustmuskel zeigt der Geh. an **II**, **IV** u. **I** + **III** + **IV** keine Abhängigkeit von der Jahreszeit. Der Geh. an **III** ist im Winter geringer, der Geh. an **I** größer als im Sommer. Das Verhältnis **III**/**IV** nimmt im Frühjahr zu. Danach verläuft der Adeninnucleotidumsatz im Winter in Richtung des **III**-Zerfalls u. der **I**-Zunahme. In den letzten Frühjahrsmonaten erfolgt eine verstärkte Resynth. von **III** u. eine Abnahme von **I**. O. Lebtag 4150△

0996 **Reaktionen von Desoxyribonucleinsäure-Radikalen mit Sulfhydryl-Verbindungen in röntgenbestrahlten Bacteriophagen-Systemen.** P. Howard-Flanders, Jack Levin und Lee Theriot. (Radiat. Res. **18,** 593—606, 1963; New Haven, Conn., Yale Univ. School of Med., Dep. of Radiol. and Internal Med.; engl.) — Suspensionen der T 2-Bakteriophage sowie von *E. coli* nach Infizierung mit T 2 wurden mit 250 kV-Röntgenstrahlen bei einer Dosisleistung von 3750 rad/min bestrahlt. Auszählung der Überlebenden nach Applikation von bis zu 300 krad ergab, daß in Ggw. von H_2S u. *Mercaptoäthanol* die Strahlen-Wrkg. um den Faktor 1,8 gemindert wird. O_2 u. NO kompensieren diesen Schutzeffekt mit Sulfhydryl-bindendem Material (z. B. n-Äthylmaleimid) bewirkt auch in Abwesenheit von O_2 erhöhte Strahlenschäden. Die antagonist. Wrkg. von O_2 u. Sulfhydryl wird in dem Sinne diskutiert, daß die Rk. der Sulfhydrylgruppen mit den Desoxyribonucleinsäureradikalen der Phagen schneller erfolgt als die des Sauerstoffs. W. Reusse 4150◇

0997 **Nucleotid- und Polynucleotidsynthese bei Trypanosoma cruzi.** 6. Mitt. **In vitro-Wirkung von Analogen des Stylomycinaminonucleosids.** Olga Castellani und J. F. Fernandes. (Exp. Parasitology **12,** 52—54, 1962; São Paulo, Univ., Fac. de Med., Dep. of Parasitol. and Labor. de Fisiol. Celular; engl.) — 5. vgl. Revista do Instituto de Med. Trop. de São Paulo **2,** [1960], 147. — Vff. untersuchen *Stylomycin*-Analoge auf ihre Hemm-Wrkg. auf den Einbau von ^{14}C-*Adenin* in *Purinnucleinsäuren* von *Trypanosoma cruzi.* Untersucht werden folgende 3′-Desoxy-3′-aminoadenosine: N^6-*Methyl-* (**I**), $N^6.N^6$-*Dimethyl-* (**II**), $N^6.N^6$-*Diäthyl-* (**III**), N^6-*Methyl-*N^6-*propyl-* (**IV**), $N^6.N^6$-*Dipropyl-* (**V**), $N^6.N^6$-*Dibutyl-* (**VI**), $N^6.N^6$-*Diamyl-* (**VII**), N^6-*Benzyl-* (**VIII**), *6-Desamino-6-hydroxy-* (**IX**). Die Reihenfolge der Hemmwrkg. war folgende: **V** (stärkste Hemmung), **VII, IV, III, VIII, I, II, VI. IX** zeigt keine Hemmung. W. Hiller 4150◇

0998 **Nucleotid- und Polynucleotidsynthese bei Trypanosoma cruzi.** 7. Mitt. **Vorstufen der Pyrimidinnucleotide.** L. Rey und J. F. Fernandes. (Exp. Parasitology **12,** 55—60, Febr. 1962; engl.) — 6. vgl. vorst. Referat. — *Trypanosoma cruzi* nutzt *Orotsäure* zum Aufbau der *Nucleotide* u. *Polynucleotide* nur in geringem Maße. In viel stärkerem Maße (20mal stärker) wird dagegen *Uracil* für den Einbau in die säurelösl. u. *Nucleinsäure*-Fraktionen genutzt. *5-Fluoruracil* hemmt in starkem Maße den Einbau von Uracil in *Uridylsäure,* beeinflußt jedoch nicht die Umbildung von *Uridyl-* in *Cytidylsäure. 6-Propyl-2-thiouracil* hemmt diese Umbildung jedoch in geringem Maße, beeinflußt aber nicht den Einbau von Uracil in Uridylsäure. Vff. vermuten Ggw. von *Uridinphosphorylase* u. *Uridinphosphokinase.* W. Hiller 4150◇

0999 **Die Beteiligung spezifischer Ribonucleinsäure an der Blühinduktion.** Dieter Hess. (Planta **57,** 13—28, 1961; Freiburg i. Br., Univ., Bot. Inst.; dt.) — Vgl. C. **1963,** 2130. — Werden Blattstecklinge von *Streptocarpus* 8 Std. lang mit *Ribonuclease* in Aqua dest. behandelt, so tritt bei den Stecklingen eine verzögerte Regenerat-Bldg. der Blätter u. eine verzögerte Blüteninduktion ein. Induzierte Pflanzen weisen ein Verhältnis *Ribonucleinsäure*:*Desoxyribonucleinsäure* von 19,9 auf; vegetative Pflanzen ein solches von 25,8. Die induzierten Pflanzen zeigen ein anderes Basenverhältnis in bezug auf Guanin: Adenin als die vegetativen Pflanzen. Unterschiede bestehen dagegen nicht in den Verhältnissen der anderen Basenkombinationen u. im Verhältnis Purine: Pyrimidine. Die Blüten-Bldg. kann unter induktiven Bedingungen durch *Thiouracil* u. *Äthionin* gehemmt werden. W. Hiller 4150◇

1000 **Die biologische Steuerung von Antimetaboliten des malignen Wachstum.** G. F. Gause. (J. theoret. Biol. **1**, 535—41, Okt. 1961; Moscow, Acad. of Med. Sci.; Inst. of Antibiotics; engl.) — Übersicht. Von Mikroorganismen wurden Mutanten mit biochem. Veränderungen erhalten, die denen entsprechender biochem. Abwandlungen in den Zellen maligner Tumoren höherer Organismen ähnlich sind. Metabolite einiger biochem. Syst. zeigen bei Prüfung in ähnlichen Syst. anderer Organismen Antimetaboliteigenschaften. In Hinblick auf das Prinzip der Antimetabolithemmung sollten biochem. Komponenten von Mikroorganismen, die Krebszellen analog sind, in größerem Umfang als mögliche Antimetabolite in den ähnlichen, aber nicht ident. biochem. Syst. von Tumorzellen geprüft werden. — 23 Literaturangaben. K. Maier 4160◇

1001 **Enzymatische und histochemische Veränderungen nach Einwirkung ionisierender Strahlen.** 2. Mitt. **Die Bedeutung der Fermentuntersuchung in malignen Körperhöhlenergüssen und Tumorgewebe während der Strahlentherapie.** Karl-Heinz Kärcher. (Strahlentherapie **119**, 23—37, 1962; Heidelberg, Univ., Czerny-Krankenhaus für Strahlenbehandlung; dt.) — Es wird über Best. der Fermentaktivität von *Lactatdehydrase* u. *Malatdehydrogenase* im Serum u. im Exsudat von Patienten mit malignen Körperhöhlenergüssen oder Tumoren berichtet, die zuvor mit ^{198}Au-Injektionen behandelt wurden. Es zeigte sich, daß der rasche Zerfall der Tumorzellen von einem Aktivitätsanstieg begleitet ist. Dies tritt nur bei zellhaltigen Transsudaten auf. Die Serumwerte bleiben vom Anstieg der Ergußfermente unbeeinflußt. W. Reusse 4160◇

1002 **Aktivität der Katalase und Kathepsine in den Fraktionen der wasserlöslichen Proteine der Rattenleber bei Cancerogenese.** B. L. Rubentschik. (Ber. Akad. Wiss. UkrainSSR **1963**, 241—44; Ukrain. Forschungs-Inst. für Ernährung; russ., Auszug: engl.) — In Verss. an weißen Ratten, die mit dem Futter entweder 30 Tage oder 18 Wochen 0,06% *p-Dimethylaminoazobenzol* (**I**) erhielten, verursacht die 30tägige Verabreichung von **I** keine Aktivitätsänderung der *Katalase* (**II**) u. der *Kathepsine* (**III**) in den wasserlösl. Eiweißfraktionen der Leber. Die nach 18 Wochen **I**-Verabreichung einsetzende Geschwulst-Bldg. verändert die Aktivität von **II** nicht, jedoch sehr stark die Aktivität von **III**. Die starken Aktivitätsänderungen von **III** hängen wahrscheinlich nicht nur mit der Eiweiß-Synth. während der Geschwulst-Bldg. zusammen, sondern auch mit dem fermentativen Einfl. der Krebszellen auf die benachbarten Gewebe. O. Lebtag 4160△

1003 **Histochemische Untersuchung der Bernsteinsäuredehydrogenaseaktivität bei der durch 3-Methyl-4-dimethylaminoazobenzol hervorgerufenen Rattenleber-Carcinogenese.** D. C. Hadjiolov. (Experientia [Basel] **19**, 316—17, 1963; Sofia, Oncol. Res. Inst., Dep. of Pathol.; engl.) — Vgl. C. **1963**, 18500. — Wegen sich widersprechender Resultate bei histochem. Nachw. von Dehydrogenasen in durch Azofarbstoffe hervorgerufenen Lebertumoren wurden die Aktivitätsschwankungen der *Bernsteinsäuredehydrogenase* (**I**) im Verlaufe der durch *3-Methyl-4-dimethylaminoazobenzol* bewirkten Carcinogenese der Rattenleber sowie in den Primärtumoren untersucht. Dabei konnte eine Steigerung der **I**-Aktivität in präcancerösen Stadien (Cholangiofibrose u. Parenchymhypertrophie) beobachtet werden, die von einer Verminderung der **I**-Aktivität sowie deren Verschwinden in den fertigen Tumoren gefolgt war. U. Tausendfreund 4160◇

1004 **Transaminasen der Aminodicarbonsäuren und des Glutamins in Geschwülsten des menschlichen Gehirns.** T. T. Beresow und N. G. Lutzenko. (Ber. Akad. Wiss. UdSSR **149**, 1435—37, 1963; Moskau, 1. Med. Ssetschenow-Inst., Inst. für Neurochir. der Akad. der med. Wiss. der UdSSR; russ.) — In Verss. mit verschiedenen Hirngeschwulstgeweben unter Anwendung von Glutamin, Asparaginsäure oder Alanin als NH_2-Donator u. von α-Ketoglutarsäure oder α-Ketosuccinamsäure (β-Monoamid der Oxalessigsäure) als NH_2-Acceptor zeigt sich, daß in allen Geschwulstarten hochakt. *Aspartattransaminase* (**I**) u. *Alanintransaminase* (**II**) zugegen sind. Die Aktivität von **I** ist 2—7 mal größer als die von **II**. Dies steht im Einklang mit dem hohen Synth.-Vermögen der Geschwulstzellen für Eiweiß. In den gutartigen Geschwülsten liegt neben **I** u. **II** eine spezif. *Glutaminstransaminase* vor, ein Beweis dafür, daß die Geschwulstzellen des Gehirns die Fähigkeit beibehalten, durch Umaminierung Aminodicarbonsäureamide zu synthetisieren. In den untersuchten Geschwülsten läßt sich auch eine Dicarboxylase nachweisen, nicht jedoch Asparagintransaminase. O. Lebtag 4160△

1005 **Glykolytische Enzyme und saure Phosphatasen des Serums bei Mammacarcinomatose.** K. A. Jegatheesan und G. F. Joplin. (Brit. med. J. **1962, I**, 831—34; Hammersmith, London, Postgraduate Med. School of London, Dep. of Chem. Pathol. and Med.; engl.) — Bei 85% der 61 untersuchten Patienten war die Serum-*Phosphoglucoseisomerase*-Aktivität u. bei 50—60% die *formolfeste saure Phosphatase* erhöht. Ch. Jürgens 4160◇

1006 **Eine Prüfung der HeLa-Krebszellen zur Erzeugung von γ-Globulin.** A. Z. Budzyński, E. Broda, G. Kellner und J. S. Frimmel. (Nature [London] **196**, 892—93, 1962; Wien, Univ., Histolog.-Embryolog. Inst.; engl.) — Es wird eine Meth. für den Nachw. u. die Messung der autonomen Erzeugung von genau definierten *Proteinen* durch Zellen in Gewebekulturen beschrieben. Es wurde ein *γ-Globulin*-Präp. aus HeLa-Zellen nach A.-Fraktionierungs-Meth. erhalten, die mit *Radioleucin* inkubiert wurden. Die nachfolgende Reinigung erfolgte durch Elektrophorse in Stärkegel. O. Jansen 4160◇

1007 **Der Abbau von zugefügtem Serumalbumin bei einer mitochondrialen Funktion des Novikoff-Hepatoms.** N. W. Penn. (Cancer Res. **22**, 388—92, 1962; New York, N.Y., Albert Einstein College of Medicine, Dep. of Biochem. and Pathol.; engl.) — Die Ggw. eines *Coenzym A*-abhängigen Syst., das zugefügtes Serumalbumin abbaut, wird vom Vf. in einer mitochondrialen Fraktion des impfbaren Novikoff-Hepatoms nachgewiesen. Die Tumorfraktion hat ein Aktivitätsniveau, welches mit jenem von normalen Mitochondrien-Präpp. der Rattenleber vergleichbar ist. O. Jansen 4160◇

1008 **Einfluß der Ribonucleinsäuren der Leber auf die Implantation und Wachstum von Impftumoren.** N. N. Aksenova, V. M. Bresler, V. I. Vorobyev und J. M. Olenov. (Nature [London] **196**, 443—44, 1962; Leningrad, Acad. of Sciences of the U.S.S.R., Inst. of Cytology, Labor. of Cancer Cytology; engl.) — Die Kapazität von Tumorzellen für das autonome Wachstum nimmt ab nach Inkubation mit *Ribonucleinsäure* aus normalem Gewebe. O. Jansen 4160◇

1009 **Untersuchungen an thyrotropen Hypophysentumoren von Mäusen.** 6. Mitt. **Monodejodination von Tetrac.** Eugene M. Volpert, Joan Tierney und Sidney C. Werner. (Proc. Soc. exp. Biol. Med. **112**, 725—27, 1963; New York, N.Y., Columbia Univ., Coll. of Phys. and Surg., Dep. of Med. and Biochem.; engl.) — ^{131}*J-Tetrac* (*3.5.3'.5'-Tetrajodthyroessigsäure*) wurde intraperitoneal (0,5—0,8 μg u. 11—13 μc) an weibliche 25 g schwere Mäuse, denen z. T. die Thyreoidea oder die Nebennieren entfernt u. 3 Arten thyrotroper Hypophysentumore, 1 adrenotroper Hypophysentumor oder 1 Fibrosarkom implantiert worden waren, injiziert u. die papierchromatographierten Organextrakte radiometr. überprüft. Hierbei wurde festgestellt, daß *Triac* (*3.5.3'-Trijodthyroessigsäure*) nur in den 3 thyrotropen Tumoren u. in keinem anderen Gewebe als Stoffwechsel-Prod. des Tetrac auftritt. U. Drehmann 4160◇

1010 **Vergleichsuntersuchungen mit Rous-Sarkomvirus, Tumorzellen und Kükenembryozellen, welche in vitro durch das Virus transformiert wurden.** 1. Mitt. **Bildung von Mucopolysaccharid.** Stian Erichsen, Jan Eng und Herbert R. Morgan. (J. exp. Medicine **114**, 435—40, 1961; Oslo, Nat. Inst. Public Health Virus Dep.; Rochester, N.Y., Univ., School of Med. and Dent., Dep. of Bact., Tissue Culture

Labor.; engl.) — Kükenembryofibroblasten (Kf), welche in vitro mit Rous-*Sarkomvirus* infiziert wurden, erwerben die Fähigkeit, das *saure Mucopolysaccharid* zu bilden, welches in Rous-Sarkomtumorzellen (RS) auftritt u. durch Tumorzellen auch in vitro gebildet wird. Die Kf erwerben synthet., morpholog., metabol. u. proliferierende Eigg., die für RS charakterist. sind, u. die transformierten Kf erscheinen als den RS analog. Ekkehard Schmid 4160◇

1011 **Tabakrauch und Lungenkrebs.** J. W. Cook. (Roy. Inst. Chem., Lecture Ser. **1961**, Nr. 5, 1—18; Exeter, Univ.; engl.) — Übersicht. Rückblick, statist. Unterss. über Lungenkrebs, andere Faktoren als Rauch, allg. Rückschlüsse aus epidemiolog. Untersuchungen, experimentelle Unterss., Bestandteile des Tabakrauches, in diesem identifizierte carcinogene KW-Stoffe. — 44 Literaturangaben. K. Maier 4160◇

1012 **Elektronendonator- oder Elektronenacceptor-Eigenschaften und die carcinogene Aktivität organischer Moleküle.** Bernard Pullman und Alberte Pullmann. (Nature [London] **199**, 467—71, 1963; Paris, Univ., Inst. de Biol. Physico-Chim.; engl.) — Vff. widerlegen die von Allison u. Nash (Nature [London] **197**, [1963], 758) vertretene Auffassung, daß die Eig. einer Verb., Krebs zu erzeugen, eine Folge der Kombination von Elektronendonator- als auch Elektronenacceptor-Eigg. sei. — 26 Literaturangaben. H. Köditz 4160△

1013 **Vergleichende elektronenmikroskopische Untersuchungen über die Wirkung von Dimethylnitrosamin, Fluorenyl-(2)-amin und Prednisolon auf Rattenleberzellen.** Rune G. Gustafsson und Björn A. Afzelius. (J. nat. Cancer Inst. **30**, 1045—75, 1963; Stockholm, Schweden, Wenner-Gren Inst.; engl.) — Ratten wird *Dimethylnitrosamin* (**I**; 20 mg/kg), *Fluorenyl-(2)-amin* (**II**; 450 mg/kg) oder *Prednisolon* (**III**; 50 mg/kg) peroral oder intraperitoneal appliziert u. die Leber elektronenmkr. u. biochem. untersucht. Kontrolltiere bleiben 20 Std. ohne Nahrung bzw. werden ad libitum gefüttert. Als wesentliche Wrkg. werden beobachtet: Alteration des endoplasmat. Retikulums u. Abnahme der membranständigen Granula nach **I** u. **II**, Vermehrung der freien Ribosomen nach Applikation von **II** u. **III** u. Vermehrung des morpholog. faßbaren Glykogens (stimmt mit den biochem. Werten überein). M. Arnold 4160◇

1014 **Experimentelle Untersuchungen der o-, m- u. p-Phenylendiaminhydrochlorid-Vergiftung.** Tatsuo Matsuoka. (Fukuoka Acta med. [Fukuoka-Igaku-Zassi] **53**, 39—57, Jan. 1962; Kyushu Univ., Fac. of Med., Dep. of Hyg.; jap., Auszug: engl.) — An Mäusen wird nach subkutaner Injektion die DL_{50} für *o-Phenylendiamin* (**I**), *m-Phenylendiamin* (**II**) u. *m-Phenylendiaminhydrochlorid* (**III**) zu 450, 90 u. 120 mg/kg bestimmt. Bei längerer Behandlung mit $^1/_5$—$^1/_{10}$ der DL_{50} tritt Wachstumsverringerung u. Erniedrigung der Erythrocytenzahl u. des Hämoglobin-Geh. auf. Histopatholog. werden in der Leber Kongestion, Pigmentierung der Kupfferschen Zellen u. Verfettung; in der Lunge Hyperämie, Proliferation des Interstitialgewebes, Zellinfiltration u. Emphysem sowie Nierenveränderungen beobachtet. An der Injektionsstelle treten sarkomatöse Veränderungen auf, was als Beweis für eine carcinogene Wrkg. gewertet wird. P. Gregorzewski 4160◇

1015 **Einfluß von p-Hydroxypropiophenon auf die Leberkrebsbildung bei Ratten nach Aufnahme von Äthionin und N-[Fluorenyl-(2)-acetamid].** Herschel Sidransky, Shirley Clark und Tsuneo Baba. (J. nat. Cancer Inst. **30**, 999—1013, 1963; Pittsburgh, Pa., Univ. of Pittsburgh, School of Med., Dep. of Path.; Bethesda, Md., Nat. Cancer Inst., Labor. of Path.; engl.) — Weiße Inzuchtratten werden mit Diät gefüttert, die entweder *Äthionin* (**I**) oder *N-[Fluorenyl-(2)-acetamid]* (**II**) mit oder ohne *p-Hydroxypropiophenon* (**III**) enthält. Fortlaufende Verss. mit **III** in Verbindung mit **II** zeigen im Gegensatz zu Verss. mit **III** u. **I** keine Inhibierung der Induktion von Leberkrebs. In Kurzzeit-Verss. mit **I**-Diät zeigt sich eine beträchtliche Verminderung des Leberglykogen-Geh., nicht jedoch nach Verfütterung von **II**- u. **III**- sowie von Kontrolldiät. **I** u. **III** führen zu schwerer Cholangiofibrose u. einer merklichen Proliferation von Zellen des Ductus. Daraus folgt, daß die Cholangiofibrose mit den Zellen des Ductus in Beziehung steht. M. Arnold 4160◇

1016 **Selektive Zerstörungen im Hoden infolge von 7.12-Dimethylbenz-[a]-anthracen.** Elizabeth Ford und Charles Huggins. (J. exp. Medicine **118**, 27—40, 1963; Chicago, Ill., Univ. of Chicago, Ben May Labor. for Cancer Res.; engl.) — Nach einmaliger Verfütterung oder i.v. Injektion von *7.12-Dimethylbenz-[a]-anthracen* zeigten die Hoden, bes. die Spermatogonien u. ruhenden Spermatocyten, von Ratten schwere Schädigungen, während an den Ovarien keine solchen Wrkg. beobachtet wurden. *3-Methylcholanthrenbenz-[a]-pyren* u. *2-Acetamidophenanthren* schädigten die Hoden nicht. K. Zingraf 4160◇

1017 **N-Hydroxy-2-acetylaminofluoren: Ein Stoffwechselprodukt von 2-Acetylaminofluoren mit erhöhter carcinogener Wirkung bei Ratten.** Elizabeth C. Miller, James A. Miller und Henrik A. Hartmann. (Cancer Res. **21**, Nr. 6 [Part I], 815—31, 1961; Madison, Wis., Univ. of Wisconsin, Med. School, McArdle Memorial Labor., Cancer Res. and Dep. Pathol.; engl.) — *N-Hydroxy-2-acetylaminofluoren* (**I**), das Hauptstoffwechsel-Prod. von *2-Acetylaminofluoren* (**II**) in der Ratte zeigte stärkere Aktivität als **II** bei der *Carcinogenese* in der Leber, den Brustdüsen, dem Dünndarm u. dem Gehörgang von Ratten. Wird **I** im Futter verabreicht, so ruft es zahlreiche *Papillome* u. *Schuppenzellentumoren* im Vormagen hervor, bei intraperitonealer Injektion entsteht eine Vielzahl von *Sarkomen* im Peritoneum. **II** war oral u. intraperitoneal unwirksam. *3-Methylchloranthren*, welches bei Verfütterung ein hochwirksamer Carcinogenesehemmer für **II** ist, war bei **I** unwirksam. **I** scheint daher die unmittelbare Ursache der Carcinogenese durch **II** in Ratten zu sein. Ekkehard Schmid 4160◇

1018 **Durch ein sterilisierendes Steroid verursachte Ovartumore.** A. Lipschutz, R. Iglesias und S. Salinas. (Nature [London] **196**, 946—48, 1962; Santiago, Chile, Servicio Nac. de Salud, Inst. de Med. Exp.; engl.) — Die Sterilität wurde bei Mäusen durch subkutane Verabreichung von *19-Norprogesteron* in Pillen verursacht. 108 oder 176 Tage nach der Entfernung der Pillen (vergleichbar mit 5 oder 10 Jahren der reproduktiven Lebensspanne bei Frauen) werden die Tiere wieder fertil. Bei vielen Tieren bildeten sich unter dieser Einw. nach einigen Monaten körnige Zelltumore aus. O. Jansen 4160◇

1019 **Experimente mit Lithium in der Chemotherapie des Krebses.** Jørgen Hastrup. (Acta radiol. [Stockholm] **56**, 124—28, Aug. 1961; Aarhus, Univ., Inst. of Gen. Pathol. u. Radium Centre for Jutland; engl.) — Mäuse (M) mit bösartigen, homologen Tumoren (NJ-Tumor bei AKA-M u. Adenocarcinom-PBH bei CH_3-M) erhielten tägliche Dosen von 2,5 bzw. 5 mVal/kg Körper-Gew. *Li* in Form von LiCl intraperitoneal. Außerdem wurden 13 Patienten mit malignen Störungen mit Li_2CO_3 in Dosen von 300—1200 mg behandelt. Die Li-Toleranz war sowohl bei den tumortragenden M als auch bei den Patienten herabgesetzt. Li zeigte keine antineoplast. Wirkung. W. Fiedler/Radebeul 4160◇

1020 **Antitumor-Aktivität der Triazenoimidazole.** Y. Fulmer Shealy, John A. Montgomery und W. Russell Laster jun. (Biochem. Pharmacol. **11**, 674—76, 1962; Birmingham, Ala., Southern Res. Inst., Kettering-Meyer Labor.; engl.) — Viele Analoge der *Purin-* u. *Pyrimidin*-Basen der *Nucleinsäuren* zeigten eine wachstumshemmende Wrkg. auf neoplast. Zellen in vitro u. in vivo; sie sind Derivv. des *Purin-* oder *Pyrimidin*-Ringes oder dessen heterocycl. Analogen, in welchen das Ring-Syst. verändert wurde. Vff. berichten über die Aktivität eines *Imidazol-Deriv.* gegen Sarkom 180, Adenom 755 u. lymphat. Leukämie L 1210. Es wurde ein Zwischenprod. bei der Umwandlung des *5- (oder 4)-Aminoimidazol-4(oder 5)-carbonsäureamids (AIC)* zu *2-Azohypoxanthin* isoliert, welches sich als *5-Diazoimidazol-4-carbonsäureamid* (**I**) erwies u. sich gegen menschlichen Hautkrebs akt. zeigte. Obgleich **I** unter trockenen Bedingungen gehalten werden kann, bildet es in Lsgg. über einen breiten pH-Bereich unter Ringschluß *2-Azohypoxanthin*. Diese Instabilität in Lsgg. begrenzt seine Brauchbarkeit als Antitumormittel. Es wird gezeigt, daß die *Triazin-Derivv.* aus mehrfachen Gründen eine solche Wrkg. ausüben. **I** zeigt als inneres Diazoniumsalz bei Kupplungs-Rkk. das typ. Verh. der aromat. Diazoniumsalze. Die Rkk. mit *Dimethylamin* ergibt *5(oder 4)-[Dimethyltriazeno]-imidazol-4(oder 5)-carbonsäureamid*, $C_6H_{10}N_6O$, welches sich bei 250—255° explosiv zersetzt; es ist in neutralen Lsgg. bei Abwesenheit von Licht stabil. AIC hemmt S 180 u. Ca 755. Dei der DL_{10} hemmt AIC das Wachstum von Sarkom 180 auf 32% u. Carcinom 755 auf 16% im Vgl. zu den Kontrollen. O. Jansen 4160◇

1021 **5-Brom-2′-desoxycytidin (BCDR).** 2. Mitt. **Untersuchungen an neoplastischen Zellen der Maus in Kultur und in vitro.** John W. Cramer, William H. Prusoff und Arnold D. Welch. (Biochem. Pharmacol. **8,** 331–35, 1961; New Haven, Conn., Yale Univ., School of Med., Dep. of Pharmacol.; engl.) — 1. vgl. Biochem. Pharmacol. **8,** [1961], 324. — Toxizität, Stoffwechsel u. Wrkg.-Mechanismus von *5-Brom-2′-desoxycytidin* (**I**) wurde bei neoplast. Säugerzellen (Mäusemastzellen P 815 Y, Mäuselymphoblasten L 5178 Y, Ehrlich-Ascitescarcinomzellen) in Kultur u. durch Inkubation in vitro untersucht. **I** hemmte, allerdings nicht vollständig, das Wachstum von P 815 Y. Die Hemmung wurde durch Zusatz von Thymidin oder 2′-Desoxycytidin teilweise verhindert. Enzymat. hydrolysierte Desoxyribonucleinsäuren (DNS) aus ^{3}H-**I**-inkubierten Zellen enthalten im wesentlichen allen ^{3}H als *5-Brom-2′-desoxyuridin-5′-monophosphat* (**II**). **I** wird nach Entaminierung in Form von **II** an Stelle von Thymidylsäure in DNS eingebaut. Jedoch scheint auch Bldg. von **I**-5′-Phosphat u. anschließende Entaminierung zu **II** durch Desoxycytidylatdesaminase möglich zu sein. K. Maier 4160

1022 **Einflüsse von Prednisolon auf die in vitro Vermehrung von Ehrlich-Ascitestumorzellen und ihren oxydativen und phosphorylativen Stoffwehcsel.** Kazuhiko Hattori. (Nagoya J. med. Sci. **25,** 1–10, 1962; Nagoya, Univ., School of Med., First Dep. of Internal Med.; engl.) — $1{,}5 \cdot 10^{-5}$ bis $3 \cdot 10^{-4}$ m *Prednisolon* (**I**) hemmt das Wachstum von Ehrlich-Ascitestumorzellkulturen. Die Respiration wird durch **I** reversibel, der ^{32}P-Einbau in säurelösl. Phosphat irreversibel gehemmt. Von den oxydativen Enzymen werden nur die Pyridinnucleotid-bedürftigen gehemmt. **I**-resistente Kulturen werden nicht oder nur schwach beeinflußt. P. Gregorzewski 4160◇

1023 **Hämatologische und Tumor-hemmende Wirkungen von Peptidderivaten von Melphalan.** L. A. Elson und A. Haddow, F. Bergel und J. A. Stock. (Biochem. Pharmacol. **11,** 1079–87, 1962; London, Royal Cancer Hosp., Inst. for Cancer Res., Chester Beatty Res. Inst.; engl.) — Vff. untersuchen die hämatolog. u. Tumor-hemmende Wrkg. von Peptid-Derivv. von *p-[Bis-(β-chloräthyl)-amino]-L-phenylalanin* (*Melphalan,* **I**). **I** 5 mg/kg 80% (Abnahme der Lymphocyten von Normalwert bei vorst. Dosis), 9 (letale Dosis im Vgl. zu **I**-Äthylester = 10), 1 mg/kg (Öl) ∞ [Hemmung des Walker-Tumors durch vorst. Dosis in Ölmedium. Der Hemmwert (in diesem Fall ∞) ist der Quotient aus dem Gew. des individuellen Tumors nach 13 Tagen Implantation u. dem Gew. eines analogen Tumors, jedoch mit 12tägiger Behandlung mit vorst. Verb.]; **I**-Äthylesterhydrochlorid, 5 mg/kg 75%, 10, 1 mg/kg (W.) ∞; p [Bis-(β-chloräthyl)-amino]-L-phenylalaninäthylester: *N^{α}-Valyl-, Hydrochloridhydrat,* 5 mg/kg 75%, 12,5, 1 mg/kg (Öl) ∞; *N^{α}-Leucyl-, Hydrochloridhydrat,* 6,5 mg/kg 75%, 11,5, 2 mg/kg (W.) ∞; *N^{α}-Phenylalanyl-, Hydrochlorid,* 6 mg/kg 78%, 12, 1,5 mg/kg (Öl) ∞; *N^{α}-Valylglycyl-, Dihydrochlorid,* 6 mg/kg 81%, 20, 10 mg/kg (Öl) ∞; *N^{α}-Alanylleucyl-, Dihydrochlorid,* 6,5 mg/kg 72%, 25, 10 mg/kg (W.) ∞; *N^{α}-Valylglycylglycyl-, Dihydrochlorid-dihydrat,* 10 mg/kg 63%, 30, 10 mg/kg (W.) ∞; *N^{α}-Formyl-,* 50 mg/kg 80%, 200, 20 mg/kg (Öl) ∞; *N^{α}-[N-Acetylphenylalanyl]-,* 45 mg/kg 80%, 100, 12,5 mg/kg (Öl) **41**; *N^{α}-[N-Acetylleucyl]-,* 20 mg/kg 80%, 51, 6 mg/kg (Öl) 210; N^{α}-Formyl-**I**, 50 mg/kg 90%, 150, 20 mg/kg (Öl) ∞; *N^{α}-Valyl-p-bis-[β-chloräthyl]-amino-L-phenylalaninäthoxycarbonylmethylamid,* 6 mg pro kg 71%, 20, 5 mg/kg (W.) ∞. Blockierung der freien COOH-Gruppen von **I** oder seinen Derivv. durch Veresterung red. nicht die physiolog. Aktivität. Im Gegensatz dazu red. Blockierung der freien NH_2-Gruppe durch Formylierung oder Acetylierung die Aktivität, obgleich keine entsprechende Abnahme der chem. Reaktivität der N-Stickstofflostgruppe vorliegt. Die hohe tumorhemmende u. hämatolog. Aktivität in Di-, Tri- u. Tetrapeptidestern von **I** kann erhalten werden, wenn die endständige NH_2-Gruppe der Peptidkette frei bleibt. W. Hiller 4160◇

1024 **Die Rolle der Adsorption bei der Kontrolle der Reaktionsgeschwindigkeit von Chlorambucil mit Protein.** J. H. Linford. (Canad. J. Biochem. Physiol. **41,** 931–39, 1963; Winnipeg, Univ. of Manitoba, Dep. of Biochem.; engl.) *Hämoglobin* (**I**) u. *Rinderserumalbumin* (**II**) besitzen etwa das gleiche Molgew. u. den gleichen Geh. an freier Carbonsäure, trotzdem erfolgt die Alkylierung von **I** durch *Chlorambucil* (**III**) bei 37° u. pH 8,4 30mal schneller als die von **II**; dagegen erfolgt die Adsorption von **III** durch **II** 20mal schneller als durch **I**. Die Adsorption scheint **III** vor der Aktivierung im Lsgm. zu schützen. K. Zingraf 4160◇

1025 **Die direkte Wirkung von Antihistamin auf Tumorzellensuspensionen.** G. Honti und Gy. Putnoky. (Z. ges. inn. Med. Grenzgebiete **17,** 1028, 15/10. 1962; Kecskemét, Komitats-Poliklin.; Budapest, Zentrallabor. für ärztl. Fortbildung; dt.) — Da nach einer subkutanen Injektion von Tumorzellsuspensionen (A.B. II-, E.C.- u. A.B. I-Tumoren der Maus) zusammen mit einer Lsg. des Antihistaminicum *Suprastin* im Gegensatz zu Kontrolltieren keine Tumor-Entw. zu beobachten ist, wird eine direkte Einw. des Mittels auf die Tumorzellen u. damit eine direkte Schädigung des Tumorgewebes angenommen. Da außerdem das Mittel aus den injizierten Geweben ohne deren Schädigung resorbiert wird, erhebt sich die Frage, weshalb Tumorgewebe selektiv geschädigt wird. U. Tausendfreund 4160◇

1026 **Antitumor-Wirkung neuer Sercomycinderivate.** 1. Mitt. **Die Bedeutung von Äthyl- und substituierten Methylengruppen.** Antonio Caputo, Maurizio Brunori und Raffaele Giuliano. (Cancer Res. **21,** 1499–1509, 1961; Rome, Ist. „Regina Elena"; Bari, Univ., Ist. di Chim. Farmaceut. e Tossicol.; engl.) — Die Unters. der Beziehung zwischen der Konst. von 70 neuen *Sarcomycin* (**I**)-Derivv. u. deren antineoplast. Aktivität zeigte, daß einige Verbb. mit C_2H_5- u. substituierten CH_2-Gruppen erhöht antitumorwirksam waren (Hemm-Wrkg. auf Ehrlich-Ascitestumor, tetraploider Lipschutz-Stamm IV). Die Wrkg. der von den aktivsten Verbb. zuerst hervorgerufenen morpholog. Veränderungen äußert sich beim Kern (verminderte Mitosetätigkeit) u. im Auftreten geschädigter Zellen mit Pyknose- u. Karolyseerscheinungen. Die Wrkg. von **I**-Derivv. auf Atmung u. Glykolyse von Tumorzellen besteht in einer beträchtlichen Verminderung der O_2-Aufnahme, wobei die Abnahme der Konz. der Verb. proportional ist. Die anaerobe Glykolyse wird nur von den höchsten Substanz-Konzz. vermindert. Geprüfte **I**-Derivv.: Cyclopentanon-3-carbonsäuren: *2-Methyl- (Dihydrosarcomycin), 2.5-Dipiperonyliden-, 2.5-Dipiperonyliden-4-methyl-, 2.5-Dianisal-, 2.5-Dianisal-4-methyl-, 5-Piperonyliden-2-äthyl-, 5-Benzal-2-äthyl-, 5-Anisal-2-äthyl-, 5-p-Dimethylaminobenzal-2-äthyl-, 2-Äthyl- (Homodihydrosarcomycin), 5-Benzal-2-methyl-, 5-Piperonyliden-2-methyl-, 2-Anisal-2-methyl-, 5-p-Dimethylaminobenzal-2-methyl-, 5-Äthyl-, Semicarbazon; 2-Äthyl-, Thiosemicarbazon; 2-Äthyl-, 3.4-Dinitrophenylhydrazon; 5-Äthyl-, Thiosemicarbazon; 2-Methyl-, Thiosemicarbazon; 2.5-Dianisal-, 4-Äthyl, 2.5-Dianisal-4-n-propyl-, 2.5-Dipiperonyliden-4-äthyl-, 2.5-Dipiperonyliden-4-n-propyl-; 2-Methyl-, Isonicotinoylhydrazon; 2-Äthyl-, Isonicotinoylhydrazon; 5-Methyl-, Isonicotinoylhydrazon; 5-Äthyl-, Isonicotinoylhydrazon; 2-n-Propyl-, Isonicotinoylhydrazon; 2-n-Butyl-, Isonicotinoylhydrazon; 5-n-Propyl-, Isonicotinoylhydrazon; 5-n-Butyl-, Isonicotinoylhydrazon; 5-Methyl-, Thiosemicarbazon; 5-n-Propyl-, Thiosemicarbazon, 2-Äthyl-, Thiazolon-(4)-yl-(2)-hydrazon; 2-Äthyl-, 5-Methylthiazolon-(4)-yl-(2)-hydrazon; 5-n-Butyl-, Semicarbazon, 2-Äthyl-, Oxim; 5-Methyl-, Oxim; 2-Anisal-5-propyl-, 5-Cinnamal-2-äthyl-; 4.5-Dimethyl-, Semicarbazon; 5-Anisal-2-isopropyl-; 2-n-Butyl-, Thiosemicarbazon; 2-Propyl-, Semicarbazon; 2-Propyl-, Thiosemicarbazon; 5-Anisal-2-n-butyl-, 5-Piperonyliden-2-n-butyl-; 2-Äthyl-, 5-Methylthiazolon-(4)-yl-(2)-hydrazon; 5-Piperonyliden-2-propyl-, 5-Anisal-2-propyl-; 2-n-Pentyl-, Semicarbazon; 2-Isopentyl-, Semicarbazon; 2-n-Pentyl-, Isonicotinoylhydrazon, 2.5-Dimethyl-, Isonicotinoylhydrazon; 5-p-Dimethylaminobenzal-2-isopentyl-, 5-p-Dimethylaminobenzal-2-n-pentyl-; 2.5-Dimethyl-, Thiosemicarbazon; 2.5-Dimethyl-, 2-Isopentyl-, 2-n-Pentyl-; 2.5-Dimethyl-, Semicarbazon; 2-Isopentyl-, Thiosemicarbazon; 2-n-Pentyl-, Thiosemicarbazon; 4-Äthyl-; 4-Äthyl-, Thiosemicarbazon; 4-Äthyl-, Semicarbazon; 4-Äthyl-5-methyl-, Semicarbazon, Thiosemicarbazon, Isonicotinoylhydrazon; 2.5-Dipiperonylidencyclopentanon-3.4-dicarbonsäure.* K. Maier 4160◇

1027 **Das Antibioticum Cruzin und der Mechanismus seiner Wirkung auf die Krebszellen.** N. G. Kljujewa und

G. I. Rosskin. (Nachr. Akad. Wiss. UdSSR, biol. Ser. **28,** 366—90, 1963; russ., Auszug: engl.) — Übersicht. Behandelt werden: Eigg. der Krebszellen u. Aufgaben der Chemotherapie u. Biotherapie des Krebses; Ergebnisse u. Aussichten der Erforschung einiger Antikrebsantibiotica aus der Pflanzenzelle; das Antibioticum *Cruzin* u. seine Eigg.; mkr. u. submkr. Veränderungen der Krebszellen unter dem Einfl. von Cruzin. — 68 Literaturangaben. O. Lebtag 4160△

E_2. Enzymologie, Gärung

1028 **Die Inaktivierung der Cytochromoxydase durch einen Faktor im Hämolysat von Kaninchenreticulocyten.** H. J. Altenbrunn und S. Rapoport (unter Mitarbeit von Ch. Hahn). (Acta biol. med. german. [Berlin] 2, 599—620; 1959; Berlin, Humboldt-Univ., Physiol.-Chem. Inst.) — Messung der Aktivität der *Cytochromoxydase* (I) in Homogenaten aus Rattenherzen in 0,1 m Phosphatpuffer von pH 7,4 nach Zugabe von *red. Cytochrom* c durch Messung der Extinktionsabnahme bei 550 mμ. Durch den Überstand aus gefrierhämolysierten Kaninchenreticulocyten kann I gehemmt werden. Der Hemmstoff ist hitzelabil, nicht dialysierbar. Er fällt bei pH 7,5 bei 33—50% Sättigung mit $(NH_4)_2SO_4$ aus. Durch *Dithionit* wird der Hemmstoff nicht inaktiviert. Die Konz. des Hemmstoffs nimmt mit der Reifung der Erythrocyten ab. Klaus Becker 4210◇

1029 **Cytochrom-c-Oxydase-Aktivität im Hepatopankreas der Schnecke Viviparus viviparus L.** Ludwik Obuchowicz und Teresa Zerbe. (Bull. Soc. Amis Sci. Lettres Poznań, Ser. D **1962,** 39—46; Poznań, A. Mickiewicz Univ., Dep. of Animal Physiol.; engl.) — Es wurde im Hepatopankreas der Schnecke *Viviparus viviparus* die Ggw. von *Cytochrom-c-Oxydase* (I) nachgewiesen. Der Anstieg der Konz. an *Ascorbat* auf 20 μm im Medium stimuliert die I-Aktivität; auch die Zunahme der *Cytochrom-c*-Konz. bis zu 80 μm hat eine deutliche Stimulierung der I-Aktivität zur Folge. Auch die Zunahme der Phosphat-Konz. auf 1,5—22,5 mm ruft einen schwachen Anstieg der I-Aktivität hervor. pH-Optimum von I = 7,1. Die I-Aktivität nimmt linear ab mit steigender osmolarer Konz. des Mediums. Optimale Temp. = 40°. Die I-Aktivität wird durch *KCN* 10^{-3}m zu 91% gehemmt. H. Aman 4210◇

1030 **Atmungsenzyme im Flußkrebs Astacus leptodactylus Eschz.** 1. Mitt. **Aktivität der Bernsteinsäuredehydrogenase, Bernsteinsäureoxydase und Cytochrom-c-Oxydase in Mitochondrien des Hepatopankreas.** Ludwik Obuchowicz. (Bull. Soc. Amis Sci. Lettres Poznań, Ser. D **1962,** 3—22; Poznań, A. Mickiewicz Univ., Dep. of Animal Physiol.; engl.) — Mitochondrien des Hepatopankreas vom Flußkrebs *Astacus leptodactylus* enthalten *Bernsteinsäuredehydrogenase* (I), *Bernsteinsäureoxydase* (II) u. *Cytochrom-c-oxydase* (III). Zunahme der Substrat-Konz. stimuliert die Aktivität dieser Enzyme nur bis zu einem bestimmten Punkt. Die Aktivität von I nimmt mit der Konz. an Phosphat bis zu 40 mm zu, um dann konst. zu bleiben. Die Aktivitäten von II u. III werden ebenfalls durch ansteigende Konzz. an Phosphat stimuliert, nehmen aber bei höheren Phosphat-Konzz. wieder ab. Die Optima waren 10 bzw. 60 mm Phosphat. Die Aktivitäten von II u. III steigen an mit zunehmender Erhöhung der exogenen Konz. von Cytochrom c auf 16,3 bzw. 65 μm. pH-Optima für I = 7,5, für II = 7,05 u. für III = 7,45. Der Tonus des Mediums beeinflußt die I-Aktivität nicht, die II-Aktivität hat ihr Optimum bei der osmot. Konz. Δt 0,61°. Die III-Aktivität nimmt mit ansteigendem Tonus rasch ab. Die Temp.-Optima für I, II u. III liegen zwischen 35 u. 38°. *KCN* 10^{5-}m hemmt die II-Aktivität vollständig; durch *Fluorid* $5\cdot10^{-2}$m wird II zu 48% u. durch *Malonat* 10^{-2}m zu 60% gehemmt. *Dinitrophenol* 10^{-4}m stimuliert die II-Aktivität um 8%, in höheren Konzz. 10^{-3} u. 10^{-2}m verursacht es eine 48- bzw. 83%ig. Hemmung. H. Aman 4210◇

1031 **Atmungsenzyme im Flußkrebs Astacus leptodactylus Eschz.** 2. Mitt. **Aktivität der reduzierten DL- und reduzierten Triphosphorpyridinnucleotid-Cytochrom-c-Reduktasen und einiger Kupferoxydasen im Hepatopankreas.** Ludwik Obuchowicz. (Bull. Soc. Amis Sci. Lettres Poznań, Ser. D **1962,** 23—37; engl.) — 1. vgl. vorst. Referat. — In Mitochondrien von *Astacus leptodactylus* wurden *red. Diphosphopyridinnucleodit-Cytochrom-c-Reduktase* (I) u. *red. Triphosphopyridinnucleotid-Cytochrom-c-Reduktase* (II) gefunden, wobei die Aktivität von I vielfach höher ist als die von II. Die Zunahme der Substrat-Konz. stimuliert die Aktivität von I u. II bis zu einem gewissen Punkt. Während eine Konz. von 20 mm an Phosphat für I optimal ist, nimmt die II-Aktivität fortlaufend zu mit dem Anstieg der Phosphat-Konz. im Medium. Die Aktivität von I u. II wird stark bei einflußt durch die Konz. an exogenem *Cytochrom c.* Optima sind 63 μm bzw. 31,5 μm. Konzz. darüber wirken hemmend. pH-Optimum für I = 7,3, für II = 7,6. Die Aktivität von II nimmt fortlaufend ab bei Anstieg der osmot. Konz. im Inkubationsmedium, während I maximal akt. ist bei Δt 0,40°. *Brenzcatechinase, Kresolase, Dihydroxyphenyl-, l-Alanin-Oxydase* u. *Ascorbinsäureoxydase* wurden im Hepatopankreas des Flußkrebses nicht aufgefunden. H. Aman 4210◇

1032 **Aktivität der Gewebekatalase bei einigen C57BL-Unterstämmen und anderen Stämmen von Zuchtmäusen.** Miloslav Rechcigl jun. und W. E. Heston. (J. nat. Cancer Inst. **30,** 855—64, 1963; Bethesda, Md., Nat. Cancer Inst., Labor. of Biochem. and Biol.; engl.) — Die Aktivität der *Leber-* (I) u. *Nierenkatalase* (II) wird bei einigen Inzuchtmäusestämmen ermittelt. Bei Tieren vom C57BL-Stamm u. seinen Unterstämmen ist die Aktivität von I etwa halb so groß wie bei den anderen Stämmen, die Aktivität von II ist bei allen C57BL-Unterstämmen etwa gleich groß, jedoch höher als in anderen Stämmen. ♂ Tiere zeigen gewöhnlich eine etwas höhere I- u. II-Aktivität als ♀. Die unterschiedliche Katalaseaktivität wird als Folge einer möglichen Mutation erörtert. M. Arnold 4210◇

1033 **Nitratreduktase in zellfreien Extrakten von Azotobacter.** J. H. Becking. (Plant and Soil [The Hague] **16,** 202—13, 1962; Wageningen, Agricult. Univ., Labor. of Microbiol.; engl.) — Vf. weist in zellfreien Extrakten von *Azotobacter vinelandii* eine an red. Nicotinamidadenindinucleotidphosphat gebundene *Nitratreduktase* (I) nach. I wird durch *Mo* u. *Flavinmononucleotid* stimuliert. Ein Teil der Aktivität findet sich im Überstand (144000·*g*), der größte Teil jedoch im Sediment. Dialyse gegen Cystein oder Glutathion enthaltenden Phosphatpuffer erhöht die I-Aktivität in geringem Maße. Neben I zeigen die zellfreien Extrakte eine starke *red. Nicotinamidadenindinucleotidoxydase*-Aktivität. W. Hiller 4210◇

1034 **Eine modifizierte Methode zur Direktfärbung von Milchsäuredehydrogenase-Isoenzymen mit Nitroblautetrazolium auf Agargelelektrophorese.** R. J. Wieme, M. van Sande, D. Karcher, A. Lowenthal und H. J. van der Helm. (Clin. chim. Acta [Amsterdam] **7,** 750—54, 1962; Ghent, Univ., Med. Clin., Labor.; Antwerp, Inst. for Tropic. Med., Labor. of Biochem.; Berchem-Antwerp, Bunge Inst., Labor. of Neurochem.; Santpoort, Provincial Ziekenhuis; engl.) — Als neue Meth. zum Nachw. von *Milchsäuredehydrogenase-Isoenzymen* mit Hilfe der Nitroblau–Tetrazolium-Technik wird das Übergießen der Agargel–Elektrophorese-Platte mit der Substrat-Lsg. (mit Agar bei 0,9% stabilisiert) empfohlen; anschließend Inkubation bei 37°. Neben der leichten Routineanwendung wird ein Vorteil in der Möglichkeit der Kalkulierung relativer Aktivitäten gesehen, da weder Enzym noch Substrat in Inkubations-Fl. verloren gehen kann. U. Tausendfreund 4210◇

1035 **Lösung und Eigenschaften der strukturell gebundenen Glucosedehydrogenase des Bacterium anitratum.** Per A. Hallberg und Jens G. Hauge. (Acta chem. scand. **17,** 899, 1963; Oslo, Nat. Inst. of Health; engl.) — Die noch strukturell an Teilchen gebundene *Dehydrogenase* (I) läßt sich durch Schallbehandlung, mit organ. Lsgm., verschiedenen Schlangengiften u. Trypsin nicht abtrennen. — Die gewaschenen Teilchen werden bei pH 7,5 in Ggw. von 2,2 mg Desoxycholat pro mg Protein „gelöst" u. diese „Lsg." mit Protaminsulfat u. $(NH_4)_2SO_4$ fraktioniert. Bei einer Konz. zwischen 61 u. 76% können 68% der Aktivität im Nd. nachgewiesen werden. Der größte Teil der Enzymaktivität dieser Fraktion läßt sich bei pH 7 nicht an DEAE-Cellulose binden; die Restfraktion wird durch Adsorption an CM-Cellulose u. anschließende Eluierung konzentriert. Bei einer Ausbeute von 50% beträgt die Aktivitätsverstärkung das 270fache. Durch Zusätze von Glucose zum gereinigten Präp. tritt eine Absorptionsbande bei 337 mμ auf. Aus der Ähnlichkeit des Verh. mit dem der lösl. *Glucosedehydrogenase* (II) in *B. anitratus* wird geschlossen, daß II entweder eine Vorstufe oder ein Abbau-Prod. von I ist. H. Köditz 3210◇

1036 **Die Verteilung von Glutaminsäuredehydrogenase-Aktivität und α-Ketoglutarat in verschiedenen Teilen der Tomatenpflanze.** J. van Die. (Acta bot. neerl. **11**, 1—10, 1962; Wageningen, Plant Physiol. Res. Centre; engl.) — Die höchste *Glutaminsäuredehydrogenase* (**I**)-Aktivität u. der höchste *α-Ketoglutarat*-Geh. werden in der Rinden–Phloem-Region junger lateraler Wurzeln gefunden. In allen untersuchten Geweben ist die **I**-Aktivität an die Mitochondrienfraktion gebunden. P. Gregorzewski 4210◇

1037 **Oxydation von reduziertem Glutathion durch Acetylphenylhydrazin, Hämoglobin und Erythrocyten.** Doris Balinsky und Ralph E. Bernstein. (Nature [London] **199**, 187—88, 1963; Johannesburg, South African Inst. for Med. Res., Electrolyte and Metabol. Res. Unit.; engl.) — Bericht über die Wrkg. von *Acetylphenylhydrazin* (**I**), *Hämoglobin* (**II**) u. Erythrocyten auf *red. Gluthation* (**III**) in *Luft* u. N_2: **I** oxydiert unter Luft etwas **III**, unter N_2 nicht; die **I**-Wrkg. wird durch **II**-Ggw. gesteigert (Bldg. eines Oxydans durch Einw. von **I** auf **II**); kein Beweis für das Vorliegen eines zusätzlichen cellulären **III**-oxydierenden Mechanismus, wie **III**-Oxydase; **II** selbst kann **III** zu einem Teil oxydieren (bei steigender **II**-Konz. von 0,2—0,1 mm in steigendem Maße), **I** wirkt fördernd; nach vorheriger Präinkubation von **I** in Luft (Oxydations-Prod.) ist die Fähigkeit von **I** zur Oxydation von **III** gesteigert u. unabhängig von **II**. U. Tausendfreund 4210◇

1038 **Der Einfluß einiger Faktoren auf die Geschwindigkeit der Oxydation von Glutathion in wässerigen Lösungen.** Stanisław Krauze, Zbigniew Bożyk und Alina Murawska. (Roczniki państwowego Zakładu Hig. **13**, 183 bis 189, 1962; Warszawa, Akad. Med., Zakł. Bad Środków spoż.; pol.) — *Glutathion* (**I**) wird mit steigendem pH u. bei Erhöhung der Temp. leicht oxydiert. *Thymol* in 0,002m Konz. hat keinen Einfl. auf die Oxydations-Geschw. von **I**. Die beste Stabilisierung von **I** bei seiner polarograph. Best. ist der Ausschluß von Luft-O_2. F. Urban 4210◇

1039 **Der Einfluß einiger Faktoren auf die Geschwindigkeit der Oxydation von Glutathion in pflanzlichen enzymatischen Systemen.** Stanisław Krauze, Zbigniew Bozyk und Alina Murawska. (Roczniki państwowego Zakładu Hig. **13**, 191—200, 1962; pol.) — Vgl. vorst. Referat. — Die polarograph. Best. von *red. Glutathion* (**I**) in pflanzlichem Material wird durch Enzyme gestört. Zur Stabilisierung der dynam. biochem. Vorgänge im Gewebe muß die Extraktion von **I** aus der Probe bei niedrigem pH erfolgen. Bewährt haben sich zur Extraktion 3% ig. Oxalsäure u. die Puffer-Lsg. nach Clark u. Lubs (pH 1). F. Urban 4210◇

1040 **Aerober Stoffwechsel von embryonenlosen Eiern von Ascaris lumbricoides.** L. C. Costello und H. Brown. (Exp. Parasitology **12**, 33—40, 1962; Baltimore, Md., Univ. of Maryland, School of Pharm., Dep. of Physiol.; engl.) Vff. weisen in embryonenlosen Eiern von *Ascaris lumbricoides Bernsteinsäuredehydrogenase, Aconitase, Isocitronensäuredehydrogenase, Brenztraubensäuredehydrogenase, α-Ketoglutarsäuredehydrogenase* u. *Äpfelsäuredehydrogenase* nach. In Ggw. von *Oxalacetat* wird von den Homogenaten *Citrat* gebildet. Die Homogenate der embryonenlosen Eier verbrauchen O_2; der Atmungsquotient beträgt hier 0,16—0,18, bei den enthäuteten Eiern dagegen 0,35. Die Homogenate enthalten die zur Aufrechterhaltung des Krebs-Cyclus erforderlichen Enzyme. W. Hiller 4210◇

1041 **Isoenzymmuster der alkalischen Serumphosphatase bei Agargelelektrophorese und deren klinische Bedeutung.** W. G. Haije und M. De Jong. (Clin. chim. Acta [Amsterdam] **8**, 620—23, 1963; Rotterdam, Radiotherap. Inst.; engl.) — Da bereits mit anderen Meth. eine Beziehung zwischen einer oder mehreren Enzymkomponenten der *alkal. Phosphatase* (**I**) des Serums u. bestimmten Geweben, bes. Leber u. Knochen, nachgewiesen werden konnte, wurde mit der einfachen Agargel-Elektrophorese-Technik die Verteilung der **I**-Isoenzyme an Seren von Patienten mit Skelett- u. Lebergallenerkrankungen (meist neoplast. Ursprungs) in Gegenüberstellung zu Seren von normalen Erwachsenen u. Kindern untersucht. Dabei fanden sich 3 Hauptbanden der **I**-Aktivität, von denen Bande I eine **I**-Aktivität aus Knochensubstanz (bei osteoplast. Knochenaktivität) u. Bande II u. III **I**-Aktivität aus der Leber repräsentieren. Die Best. der **I**-Isoenzyme ist demnach nützlich zur Differentialdiagnose zwischen Leber- u. Knochenerkrankungen (bes. Tumormetastasen). U. Tausensfreund 4210◇

1042 **Modifizierte Technik zur Bestimmung der sauren und alkalischen Serumphosphatase.** Pedro B. Camponovo und Rita Ruiz. (Rev. Asoc. bioquím. argent. **29**, 64—67, 1961; Cordoba, Inst. Nac. de Cardiol., Labor. de Anál.; span.) — Beschreibung einer Meth. zur Best. der sauren u. alkal. Serumphosphatase, wobei ein Glycerophosphat-Präp. nach Shinowara, Jones u. Reinhart [1942] als Substrat dient u. die Best. des anorgan. P des Serums nach der Meth. von Taussky u. Shorr [1940] erfolgt. K. Zingraf 4210◇

1043 **Wirkung des Insulins auf die Aufnahme und Phosphorylierung von Glucose und Fructose durch Spermatozoen vom Widder.** R. R.-Candela und M. Rodriguez-López. (Med. exp. [Basel] **7**, 351—57, 1962; Madrid, Inst. „G. Marañon", Centro de Invest. Biológ.; franz.) — Vergleichende Unterss. über die Aufnahme von *Glucose* u. *Fructose* durch Widderspermatozoen u. über die Phosphorylierung dieser Zucker. Bei Glucose wurden für Aufnahme u. Phosphorylierung gleiche Werte gefunden, während bei der Fructose die Aufnahmewerte geringer waren als die der Phosphorylierung. Bei Fructose steigert Insulin die Aufnahme bis zur Höhe der Phosphorylierung, auf die Glucoseaufnahme hat es jedoch keine Wirkung. Die schwache, durch Fructose verursachte Hemmung der Glucoseaufnahme kann eine Folge der Wrkg. von Fructose auf die Phosphorylierung von Glucose sein. U. Drehmann 4210◇

1044 **Die Wirkung von Serumalbumin auf die oxydative Phosphorylierung in Insektenmitochondrien.** Lech Wojtczak und Anna B. Wojtczak. (Biochim. biophysica Acta [Amsterdam] **31**, 297—99, 1959; Warsaw, Nencki Inst. of Exp. Biol., Dep. of Biochem.) — Die oxydative Phosphorylierung in Mitochondrien der Larven von *Galleria methonella* L. wurde durch menschliches u. Rinderserum-*Albumin* (**I**), nicht jedoch Eiklar oder **I**-Fraktion eines Acetonpulvers von Froschmuskel, gesteigert. Adenosintriphosphat–Orthophosphat-Austausch konnte nur in Ggw. von menschlichem oder Rinder-**I** beobachtet werden. Der Hemmstoff der Austausch-Rk. ist in den Mitochondrien vorhanden u. kann durch Serum-**I** entfernt werden. K. Zingraf 4210◇

1045 **Adenosintriphosphatase und einige andere Fermente des Phosphorumsatzes in den Homogenaten und Extrakten der Fischeier.** N. M. Abrossimowa und R. I. Tatarskaja. (Biochemie [UdSSR] **28**, 128—36, 1963; Moskau, Inst. für physikal.-chem. u. Strahlenbiolog. der Akad. der Wiss. der UdSSR; russ., Auszug: engl.) — Die Homogenate u. Extrakte der unbefruchteten Eier von *Acipenser güldenstädti colchicus v. Marli, Acipenser stellatus Pall* u. *Misgurnus fossilis L.* enthalten eine sehr akt. *Adenosintriphosphatase* (**I**), deren maximale Aktivität beim pH 9 liegt. Die Homogenate u. Extrakte der Eier von Acipenser enthalten eine sehr akt. *Adenylatkinase* u. eine anorgan. *Pyrophosphatase*. Die Dephosphorylierung des Adenosindiphosphats erfolgt nur sehr schwach. Ferner kommen *5'-Nucleotidase* (**II**), *Adenyldesaminase* u. eine unspezif. *Säurephosphatase* vor. Die Eier von Misgurnus unterscheiden sich von den Acipensereiern dadurch, daß sie keine **II** enthalten u. daß die Pyrophosphatase weniger akt. ist. Die **I** aus den Eiern von Acipenser wird durch Ca^{2+} u. Mg^{2+} nicht aktiviert, durch 0,1m KCl-Lsg. stark inaktiviert. Die **I** von Misgurnus wird durch Ca^{2+} ebenfalls nicht, durch Mg^{2+} jedoch stark aktiviert. Die **I**-Aktivität wird durch Einfrieren u. Auftauen der Eier, durch „Altern" der Homogenate u. durch Einw. von 2.4-Dinitrophenol bzw. NaN_3 verändert. Aus den Vers.-Ergebnissen kann nicht geschlossen werden, daß die Rolle des Ca^{2+} bei der Befruchtung der Fischeier in einer Aktivierung der **I** besteht. O. Lebtag 4210△

1046 **Untersuchung von am Nucleinsäurestoffwechsel in fötaler, junger und regenerierender Rattenleber beteiligten Enzymen.** L. Stevens und L. A. Stocken. (Biochem. J. **87**, 12—15, 1963; Oxford, Univ., Dep. of Biochem.; engl.) — *Thymidinphosphorylase* (**I**) u. *Uridinphosphorylase* besaßen in foetaler u. junger Rattenleber geringere Aktivität als in solcher erwachsener Tiere. In regenerierender Leber war die **I**-Aktivität gleichfalls vermindert. Leber von Foeten u.

jungen Ratten bauten Thymidin rascher in Desoxyribonucleinsäure ein als solche erwachsener Tiere. Bei der Geburt war die *Dihydroorotase*-Aktivität doppelt so groß wie beim ausgewachsenen Tier. Ganzkörperröntgenbestrahlung (400 r) 6 Std. nach partieller Hepatektomie verzögerte die Abnahme des Thyminabbaus. K. Maier 4210◇

1047 **Die von der Desoxyribonucleinsäure abhängige fermentative Synthese der Ribonucleinsäure in der synchronisierten Kultur von Azotobacter vinelandii.** G. N. Saitzewa. (Ber. Akad. Wiss. UdSSR **150,** 176—79, 1963; Moskau, Lomonossow-Univ.; russ.) — Die *Ribonucleinsäure-polymerase* (**I**) synthetisiert in Ggw. von Desoxyribonucleinsäure (**II**) in der lebenden Zelle die *Informationsribonucleinsäure* (I-**III**). Die aus Azotobacter vinelandii während der synchronen Entw. isolierte **I** ist bei 37° etwas weniger akt. als die Ausgangs-**I**, wenn die Zellen zuvor der Kälte ausgesetzt wurden. Bei 4° ist die **I**-Aktivität gleich Null. Die Veränderung der **I**-Aktivität verläuft cyclisch. Parallel hierzu verändert sich die Synth. von I-**III**. Die Periodizität der Synth. von I-**III** steht im Einklang mit der stufenweisen Anreicherung von s-**III** u. **II**. Die Aktivierung der **I** durch Behandlung mit $(NH_4)_2SO_4$ oder Protaminsulfat ist bei den Extrakten aus Zellen der Lagphase u. bei geteilten Zellen verschieden. Während der Zellteilung werden im Vgl. zur Lagphase größere Mengen von Stoffen gebildet, welche die Synth. von I-**III** hemmen u. durch $(NH_4)_2SO_4$ nicht völlig entfernt werden können. Während der synchronen Entw. von Az. vinelandii bewirken diese Hemmstoffe den cycl. Verlauf der Synth. von I-**III** mit Hilfe von **I**. O. Lebtag 4210△

1048 **Die Einwirkung isonisierender Strahlung auf die Pyridinnucleotide von Thymocyten.** J. F. Scaife. (Canad. J. Biochem. Physiol. **41,** 1469—81, 1963; Ottawa, Dep. of Nat. Defence, Defence Res. Board, Defence Res. Chem. Labor.; engl.) — In vitro- u. in vivo-Unterss. zur Erforschung von Wrkg. u. Mechanismus der ^{60}Co-γ- u. Röntgenstrahlung auf Pyridinnucleotide zeigten zunächst bei Ganzkörperbestrahlung eine rasche Abnahme des *Nicotinamidadenindinucleotids* (*NAD*) des Rattenthymus (ebenso bei Maus u. Hamster), begleitet von einem nach 4 Std. bis 13% betragenden Gew.-Verlust der Thymusdrüsen. Das gleiche ergibt sich, wenn suspendierte Thymocyten bestrahlt werden. Bereits 25 rad bewirken eine beträchtliche Abnahme, während eine Dosis über 200 rad hinaus nur noch eine geringere Abnahme von NAD bedingt. Die Abnahme von NAD ist nicht von einer Zunahme von *red. Nicotinamidadenindinucleotid* (*$NADH_2$*) begleitet, jedoch wurde in den Na_2CO_3-Extrakten eine *nichtidentifizierte fluorescierende Substanz* gefunden, die von den Zellen nach der Bestrahlung abgegeben wurde. *Nicotinamid* (**I**; 200 mg, intraperitoneal), 15 Min. oder 17 Std. vor der Bestrahlung gegeben, ergab bei normalen u. bestrahlten Zellen eine Steigerung des NAD-Gehalts. *Nicotinsäure, Cysteamin* u. *Promethazin* zeigten ebenfalls keinen Einfl. auf die Abnahme von NAD. Bei Zellsuspensionen wirkte sich 0,01 m **I** genauso aus wie in vivo. 0,01 m Nicotinsäure oder 0,001 m *L-Cystein* wirkten sich nicht auf die Abnahme von NAD in den Thymocyten aus. *Nicotinamidadenindinucleotidase* (**II**) wurde in Lsg. aus normalen u. bestrahlten Thymocyten nach 4 Std. unter Zufügen von 5 μg NAD/ml bestimmt u. zeigte keine Abnahme, wohingegen die Aktivität durch 0,01 m **I** gehemmt wurde. Um die Aktivität von **II** in den Thymocyten normaler u. bestrahlter Ratten zu bestimmen, wurden die Thymusdrüsen in 0,25 m Rohrzucker-/0,003 m $CaCl_2$-Lsg. homogenisiert u. durch Zentrifugieren in Zellkerne, Mitochondrien u. überstehende Lsg. getrennt u. bei 37° 30 Min. im Gemisch mit 50 μg NAD/ml bestrahlt. Die Zellkerne u. Mitochondrien von bestrahlten Ratten zeigten eine geringere **II**-Aktivität, während sie in der überstehenden Lsg. höher war als bei normalen Tieren. Das würde bedeuten, daß durch die Bestrahlung **II**-Aktivität freigemacht wurde. Zur Klärung derselben Fragestellung bzgl. NAD wurden Zellkerne u. Mitochondrien in isoton. KCl oder in 0,25 m Rohrzucker-/0,003 m $CaCl_2$-Lsg. mit oder ohne Zufügen von 0,01 m **I** untersucht, wobei für diejenigen aus bestrahlten Ratten niedrigere Werte erhalten wurden. Die Fähigkeit zum Aufbau von NAD ist sowohl im ganzen Körper als auch in dem aus den Thymusdrüsen isolierten Zellen nach einer Ganzkörperbestrahlung gehemmt. Bestrahlungs-Verss. bzgl. *Ribonucleinsäure* zeigten, daß davon 4 Std. nach der Bestrahlung mit 800 rad keine Abnahme festgestellt werden kann. K. Dorfner 4210◇

1049 **Der Cofaktorbedarf von Phosphodesoxyribomutase des Kälberthymus.** J. Jonsen, S. Laland und N. O. Solum. (Acta chem. scand. **17,** 899—900, 1963; Blindern, Univ. of Oslo, Dep. of Biochem.; engl.) — Vff. prüfen, ob für die *Phosphodesoxyribomutase* (**I**)-Rk. (Umwandlung von Desoxyribose-1-phosphat in Desoxyribose-5-phosphat) ein Aktivator erforderlich ist u. ob *Desoxyribose-1.5-diphosphat* (**II**) im Substrat vorliegt. Da die Umwandlung von synthet. **I** der des durch Enzym-Einw. gewonnenen Substrats entspricht, liegt keine Notwendigkeit für einen Aktivator für die optimale Rk.-Geschw. vor. Die gegenteiligen Beobachtungen anderer Autoren werden auf unterschiedliche Darst. von **I** zurückgeführt, die zu zwei Formen des Enzyms führen: ein Phosphoenzym, das keinen Aktivator benötigt, u. ein Dephosphoenzym, dessen Aktivität an der Ggw. von Zucker-1.5-diphosphat als Cofaktor gebunden ist. Diese Auffassung wird durch die Unters. der **I**-Rk. in Ggw. von ^{32}P-Orthophosphat bestätigt. Es wird gezeigt, daß **II** aus Desoxyribose-1-phosphat durch eine Transphosphorylase gebildet wird, die in der für die Darst. von **I** verwendeten Leberphosphorylase vorliegt. H. Köditz 4210◇

1050 **Histochemische Studien über die Carboanhydraseaktivität der Samenwege und ihrer Anhangdrüsen von Mus rattus.** A. Waldeyer und G. Häusler. (Acta biol. med. german. [Berlin] **2,** 568—89, 1959; Berlin, Humboldt-Univ., Anatom. Inst.; dt.) — In gekühltem Aceton fixierte Gewebeschnitte werden in einer Lsg. aus 1 ml 0,1 m $CoSO_4$, 6 ml 0,5 m H_2SO_4, 7—10 ml 0,8 m Na_2SO_4 u. 0,75 g $NaHCO_3$ in 40—43 ml W. inkubiert. In Anwesenheit von *Carbanhydratase* (**I**) kommt es zu einer sichtbaren Ausfällung von *$CoCO_3$*. **I** kann deutlich in allen Teilen des Nebenhodens, im Seiten-, Ober- u. Hinterlappen der Prostata u. schwach in den Epithelien der Samenbläschen, der Ampulle u. den angrenzenden Teilen des Ductus deferens der Ratte nachgewiesen werden. Klaus Becker 4210◇

1051 **Von der Hemmbarkeit der katalytischen Aktivität der Kohlensäureanhydratase (KA) I.** Michael Leiner und Heinrich Beck. (Acta biol. med. german. [Berlin] **2,** 631—49, 1959; Mainz, Univ., Labor. für Zellphysiolog.) — Unters. über die Hemmwrkg. von Schwermetallionen auf die Rinderblut-KA. Darst. des Ferments aus wasserhämolysierten Erythrocyten nach A.- u. Chlf.-Extraktion in der Kälte, Acetonfällung, Fällung aus wss. Lsg. mit $Pb(CH_3COO)_2$, Entfernung des Pb durch PO_4, endgültiger Acetonfällung. Die Hemmung erfolgt in folgender Reihenfolge: Au^{3+}, Co^{2+}, Pd^{2+}, Cd^{2+}, Ag^+, Ni^{2+}, Zn^{2+}, Cu^{2+}, Hg^{2+}, Pt^{4+}, Pb^{2+}, Sn^{2+}, sie ist bei pH 4 ausgeprägter als bei pH 7, z. T. durch Neutralisation u. Äthylendiamintetraacetat wieder langsam aufhebbar. Klaus Becker 4210◇

1052 **Hemmung von Histidindecarboxylasen und Wechselwirkung der Inhibitoren mit Pyridoxal-5′-phosphat.** D. Mackay und D. M. Shepherd. (Biochim. biophysica Acta [Amsterdam] **59,** 553—61, 1962; Dundee, Great Britain, Queen's Coll., Univ. of St. Andrews, Dep. of Pharm. and Therapeut.; engl.) — Zur Klärung der Hemmwrkg. verschiedener Verbb. auf die *Histidindecarboxylase* werden die Rkk. zwischen *Pyridoxal-5′-phosphat* (**I**) u. bestimmten Aminosäuren (2-Mercaptohistidin, L-3.4-Dihydroxyphenylalanin, α-Methyl-3.4-hydroxyphenylalanin, 2-Methylhistidin, 3-Methylhistidin u. L-Monojodhistidin) reaktionskinet. bei pH 7,8 u. 6,8 bei Zimmer-Temp. untersucht. Für die Rk. zwischen **I** u. den Aminosäuren wird eine Cyclisierung, direkt oder über eine Schiffsche Base, angenommen u. experimentell belegt. Die Hemmwrkg. der angegebenen Aminosäuren u. weiterer Verbb. (D-Histidin, L-Arginin, Imidazol, 4-Methyl-5-nitroimidazol, Cystein) auf die Histidindecarboxylasen aus Meerschweinchenniere u. aus transplantablen Hepatomen (F-Hep) wird angegeben. Die unterschiedliche Hemmwrkg. läßt sich aus der Struktur der Aminosäuren erklären. In einigen Fällen hat die Cyclisierung zwischen **I** u. den Aminosäuren den Hauptanteil an der Enzymhemmung. W. Rehner 4210◇

1053 **Adenosintriphosphat-abhängige Inkorporation von ^{14}C-Glucose in Charoninschwefelsäuren durch einen zellfreien Extrakt der Schleimdrüse von Charonia lampas.** Katsuhira Iida. (J. Biochemistry [Tokyo] **53,** 37—42, 1963; Nagoya, Univ., Fac. of Sci., Dep. of Chem.; engl.) — Bei 30°-Inkubation von 0,5 ml zellfreiem Extrakt der *Charonia lampas*-Schleimdrüsen mit 0,05—0,1 μc ^{14}C-Glucose bei

pH 7,2—7,4 (Gesamtvol. 1,5 ml) wurde nur dann eine Inkorporation des Tracers beobachtet, wenn während der Rk. Adenosintriphosphat (2 μMol) u. Mg^{2+}-Ionen (7,5 μMol) im Gesamtvol. von 1,5 ml anwesend waren. Papierchromatograph. wird nachgewiesen, daß Adenosintriphosphat während der Glucoseinkorporation fast vollständig in Adenosinmonophosphat umgewandelt wird. Die S-arme Charoninschwefelsäure wurde vor der S-reichen markiert. Der größte Teil der inkorporierten Aktivität wurde nach Zentrifugieren des zellfreien Extrakts im Überstand gefunden.
U. Drehmann 4210◇

1054 **Einfluß der Anaerobiose auf den Glucose-Stoffwechsel im isolierten Rattenzwerchfell.** Anne Beloff-Chain, Raffaella Catanzaro, E. B. Chain, L. Longinotti und Ines Masi e F. Pocchiari. (Rend. Ist. super. Sanità **23,** 953—63, 1960; Roma, Ist. Super. di Sanità, Labor. di Chim. Biol.; ital.) — Inhaltlich ident. mit der im C. **1961,** **12123** referierten Arbeit. K. Zingraf 4210◇

1055 **Neuere Untersuchungen über die β-Glucuronidase.** William H. Fishman. (Farmaco [Pavia], Ediz. Sci. **18,** 397—407, 1963; Boston, Mass., Tufts Univ., School of Med.; ital.) — Übersicht. — 25 Literaturangaben.
K. Zingraf 4210◇

1056 **Der Abbau von Na-Alginat durch Enzyme des Alginovibrio aquatilis.** Kjell E. Eimhjellen, Per A. Rosness und Eva Hegge. (Acta chem. scand. **17,** 901, 1963; Trondheim, Technical Univ. of Norway, Dep. of Biochem.; engl.) — Die Unters. des Abbaus von *Na-Alginat* (I) durch *Alginovibrio aquatilis* Meland zeigt, daß mindestens zwei Enzyme bzw. Enzym-Syst. für die vollständige Hydrolyse von I zu jenen Verbb. erforderlich sind, die von dem Bacterium oxydiert werden. — Ein extracelluläres Enzym (Alginase), das bei der Kultur von *A. aquatilis* auf I erhalten u. gereinigt wurde, hydrolysiert I zu einem Gemisch von *Oligouroniden* (II), die als Ba-Salz isoliert werden. Das Gemisch konnte papierchromatograph. in 5 Fraktionen zerlegt werden. Die schnelle Abnahme der Viscosität relativ zur Erhöhung der reduzierenden Wrkg., die Absorption bei 232 mμ u. die Menge der *β-Formylpyruvat* (III) bildenden Substanz weisen darauf hin, daß Alginase ein endogen wirkendes Enzym ist. Die Inkubation von II mit zellfreien Extrakten des Bacteriums führt zur Vermehrung (100—300%) der Verbb., die bei der Perjodoxydation III ergeben. Das Bacterium enthält also ein weiteres Enzym, das die Hydrolyse der gebildeten II vollendet. Papierchromatograph. verhalten sich diese Endprodd. wie *5-Keto-4-desoxyuronsäure* oder *2-Keto-3-desoxygluconsäure.* — Zusätze von Ca^{2+} zum Medium u. Senkung der Temp. erhöhen die Ausbeute an Alginase wesentlich. H. Köditz 4210◇

1057 **Saccharasen in Fungi.** Elwyn T. Reese, Rasma Birzgalis und Mary Mandels. (Canad. J. Biochem. Physiol. **40,** 273—83, 1962; Natick, Mass., Quartermaster Res. and Engng. Center, Pioneering Res. Div.; engl.) — Bei einer großen Anzahl von Pilzen u. Hefen wird durch Verw. von *Saccharosemonopalmitat* als C-Quelle die Bldg. extracellulärer *Saccharase* (I) verstärkt. Zonenelektrophoret. tritt I in den meisten Fällen als einheitliche Komponente, aber auch in Form von 2 bzw. 3 Komponenten auf.
P. Gregorzewski 4210◇

1058 **Polyglucosidase der Streptococcus-Art.** 1. Mitt. **Optimale Milieubedingungen für die Bildung von Polyglucosidase.** Janina Cybulska und Roman Pakuła. (Med. dóswiadczalna Mikrobiol. **15,** 177—88, 1963; pol.) — Die maximale Ausbeute an *Polyglucosidase* wurde auf Nährböden erzielt, die Peptondialysat, Hefe u. Caseinhydrolysat enthielten, obwohl die Bakterien sich langsamer als auf Todd-Hewitt-Nährlsg. entwickelten. Die Nährböden enthalten keine makromol. Bestandteile. Schon die Ggw. von 10% Glucose vermindert den Geh. des synthetisierten Dextrans um ca. 70% durch gereinigte I im zellfreien Medium.
P. Kadach 4210◇

1059 **Leber-Amylase.** 3. Mitt. **Synthese in der durchströmten Leber und Abgabe an die Perfusionsflüssigkeit.** Marjorie Arnold und William J. Rutter. (J. biol. Chemistry **238,** 2760—65, 1963; Urbana, Ill., Univ., Dep. of Chem. and Chem. Engng., Div. of Biochem.; engl.) — Vff. bestimmen bei Perfusions-Verss. an der isolierten Rattenleber unter Verw. der Nährstoff-Lsg. von Waymouth [0,01 m *Lactat* statt *Glucose* (I), Rattenerythrocyten, Rinderserumalbumin, Penicillin u. Streptomycin] die Geh. an I u. *Amylase* (II) sowie die Gallenproduktion. Es zeigt sich, daß die II-Aktivität u. Sekretion von Gallen-Fl. während der ersten 3 Std. der Durchströmung fortschreitend ansteigen. Die I-Akkumulation im Perfusat verläuft zunächst sehr rasch u. verringert sich allmählich entsprechend der Glykogen-Synth. in der Leber. Die II-Bldg. u. -Anhäufung im Perfusat wird durch Entzug von *Tryptophan* bzw. biolog. wirksamer Aminosäuren sowie Austausch von Phenylalanin gegen *Fluorphenylalanin* u. Versetzen mit *Puromycin,* einem Inhibitor der Protein-Synth., vermindert. Unter den gleichen Bedingungen verringert sich auch der Einbau von ^{14}C aus ^{14}*C-L-Leucin* (III) in das Protein der Durchströmungsflüssigkeit. Die während der Durchströmung in Ggw. von III gebildete II läßt sich mittels spezif. Kaninchenantiserum isolieren u. enthält die Hauptmenge an ^{14}C. Die erhaltene II-Menge entspricht ca. 0,5% des gesamten synthetisierten Serumproteins. Aus den Ergebnissen wird geschlossen, daß die Leber unter normalen physiolog. Bedingungen die wichtigste, wenn auch nicht einzige, II-Quelle darstellt.
P. Fahrnlaender 4210◇

1060 **Stoffwechsel des Stierspermas.** 12. Mitt. **Galaktose als ein Indicator des Hexosetransports durch Stierspermatozoen.** R. J. Flipse. (J. Dairy Sci. **45,** 1083—86, 1962; University Park, Pa., Pennsylvania State Univ., Dep. of Dairy Sci., Dairy Breeding Res. Center; engl.) — 10. vgl. C. **1962,** 8662. — $^{14}C_{(1)}$*-Galaktose* (I) eignet sich als Indicator für Hexosetransport durch die Zellmembran gewaschener Stierspermatozoen, da die Verw. ungehemmter Zellen möglich ist u. wegen der geringen $^{14}CO_2$-Bldg. nur geringe Stoffwechselfaktoren einen störenden Einfl. entfalten. Zwar tritt I etwas langsamer in die Zelle als *Fructose* (so daß für beide ein jeweils spezif. Transportmechanismus zu bestehen scheint), jedoch verhalten sich beide Zucker gegenüber Inhibitoren gleich (so daß auch ein unspezif. Mechanismus für beide tätig ist). Der I-Transport geht teilweise über ein akt. Transport-Syst. vor sich, teilweise ist der I-Transport passiv u. energieunabhängig. U. Tausendfreund 4210◇

1061 **Nachweis der Verantwortlichkeit der L-Asparaginase des Meerschweinchenserums für ihre Antilymphomwirkungen.** 1. Mitt. **Eigenschaften der L-Asparaginase von Meerschweinchenserum in Beziehung mit denen der Antilymphom-Substanz.** J. D. Broome. (J. exp. Medicine **118,** 99—120, 1963; New York, N.Y., New York Hosp., Cornell Med. Center, Dep. of Pathol.; engl.) — Das Verh. der Thermostabilität der *L-Asparaginase* (I) im Meerschweinchenserum u. des Faktors, der das Wachstum der Zellen des Lymphoms 6C3HED in vivo hemmt, war gleich. I fehlt im Serum neugeborener Meerschweinchen, u. dieses hemmt das Lymphom nicht. Antilymphomaktivität fand sich nur in Serumfraktionen, die I enthielten. K. Zingraf 4210◇

1062 **Nachweis der Verantwortlichkeit der L-Asparaginase des Meerschweinchenserums für ihre Antilymphomwirkungen.** 2. Mitt. **Verlust der Empfindlichkeit der in L-Asparaginase-freiem Medium gezüchteten Lymphom-6C3HED-Zellen gegen die Wirkungen von Meerschweinchenserum in vivo.** J. D. Broome. (J. exp. Medicine **118,** 121—48, 1963; engl.) — 1. vgl. vorst. Referat. — Zellen des Lymphoms 6C3HED, die in *L-Asparaginsäure* (I)-freiem Eagleschem Medium gezüchtet wurden, verloren ihre Empfindlichkeit gegen die Antilymphom-Wrkg. von Meerschweinchenserum. I von Meerschweinchenserum ist für dessen Antilymphom-Wrkg. verantwortlich. K. Zingraf 4210◇

1063 **Untersuchungen über den γ-Aminobuttersäurestoffwechsel.** 2. Mitt. **Mangelnde Wirkung von Pyridoxalphosphat auf die von Aminooxyessigsäure hervorgerufene γ-Aminobuttersäure-α-Ketoglutarsäure-Transaminasehemmung.** Donald P. Wallach. (Biochem. Pharmacol. **8,** 328—31, Nov. 1961; Kalamazoo, Mich., Upjohn Co., Dep. of Nutrit. and Metabolic Diseases; engl.) — 1. vgl. C. **1962,** 1645. — $6{,}6 \cdot 10^{-6}$m *Aminooxyessigsäure* (III) hemmte die *Transaminase* (I) des gekoppelten *γ-Aminobuttersäure-α-Ketoglutarsäure-Transaminase-Succinhalbaldehyddehydrogenase*-Syst. von *E. coli* (ATCC-26) 50%ig. 1—100fache *Pyridoxalphosphat* (II)-Konzz., als die gebundene Inhibitor-Konz. betrug, hoben diese Hemmung nicht auf. Weitere Steigerung der II-Konz. auf $6{,}6 \cdot 10^{-3}$m hemmte I stark. Anscheinend wirkt III als ein kompetitiver I-Inhibitor. K. Maier 4210

1064 **Arginase in Junghennen-Embryos.** 1. Mitt. **Die Natur der Aktivitätsveränderungen während der Entwicklung.** Eva Eliasson. (Exp. Cell Res. **26,** 175—88, 1962; Stockholm, Univ., Wenner-Gren-Inst. of Exp. Biol.; engl.) — Die Synth. der *Arginase* (**I**) wurde in befruchteten Eiern von Leghornhühnern während der frühen Embryo-Entw. in Homogenaten des ganzen Embryos verfolgt. Es konnte die Ansicht bestätigt werden, daß mit ansteigender **I**-Aktivität die Synth. eines spezif. Enzymproteins einhergeht. Dies wird aber nicht durch quant. Veränderungen vorhandener spezif. Enzyminhibitoren oder durch Veränderungen der Eigg. des Enzymproteins verursacht. L. Macher 4210◇

1065 **Untersuchungen über die Stellung von sechs Aminosäuresubstituenten im A-Protein von Tryptophansynthetase.** Bruce C. Carlton und Charles Yanofsky. (J. biol. Chemistry **238,** 2390—92, 1963; Stanford, Calif., Stanford Univ., Dep. of Biol. Sci.; engl.) — Ein aus chymotrypt. Spaltprodd. des *Tryptophansynthetase-A-Proteins* (aus *E. coli*-Wildtypstamm) isoliertes *Nonapeptid* (**I**, *TP3C1*) hat auf Grund des Abbaus nach Edman, der Spaltung mit *Carboxypeptidase* (**II**) u. *Leucinaminopeptidase* u. der partiellen Säurehydrolyse die Aminosäuresequenz AspNH$_2$·Ala·Ala·Pro·Pro·Leu·GluNH$_2$·Gly·Phe. Ein Vgl. der bei **II**-Spaltung von **I** aus Wildtyp, 2 Mutanten- u. 5 Revertantenstämmen erhaltenen Aminosäuren zeigt, daß bei der Mutation stets eine Aminosubstitution an der gleichen Stelle des Proteins eintritt. K. Maier 4210◇

1066 **Konjugationen mit Glutathion katalysierendes Enzym aus Rattenleber.** 2. Mitt. **Ersatz von Nitrogruppen.** Suad Al-Kassab, E. Boyland und K. Williams. (Biochem. J. **87,** 4—9, 1963; London, Royal Cancer Hosp., Chester Beatty Res. Inst., Inst. of Cancer Res.; engl.) — 1. vgl. C. **1962,** 3506. — Rattenleberüberstand enthält ein *Enzym* (**I**), das den Ersatz labiler aromat. NO$_2$-Gruppen durch *Glutathion* (**II**) unter Nitritfreisetzung katalysiert. **I** ist vermutlich mit dem Enzym, das **II** u. 3.4-Dichlornitrobenzol unter Chloridabspaltung konjugiert, identisch. *4-Nitropyridin-N-oxid* u. *4-Nitrochinolin-N-oxid* reagieren bereits spontan mit **II**, jedoch beschleunigt Überstand die Rk. beträchtlich. Aus 2.3.5.6-, 2.3.4.6-Tetrachlornitrobenzol u. Pentachlornitrobenzol wurde gleichfalls NO_2^-, kein Cl^-, abgespalten. K. Maier 4210◇

1067 **Untersuchungen über den Stoffwechsel von schwefelhaltigen Verbindungen in Pflanzen.** 1. Mitt. **Desulfhydration von Cystein durch Extrakte von Genus Allium.** A. Imamiya. (Seikagaku [Biochemie, Tokyo] **33,** 781—86, 1961; Sapporo, Hokkaido Univ., Fac. of Sci., Dep. of Chem.; jap.) M. Arnold 4210◇

1068 **Die proteolytische Wirkung des Trypsins in Gegenwart eines Überschusses an Seruminhibitor.** K. M. Weremijenko und W. O. Belitzer. (Nachr. Akad. Wiss. UkrainSSR **1963,** 501—04; Biochem. Inst. der Akad. der Wiss. der UkrainSSR; Inst. für Oto-Laryngolog. des Gesundheitsminist. der UkrainSSR; ukrain., Auszug: engl.) — Im Unterschied zu den übrigen Eiweißsubstraten wird das *Protamin* (**I**) in Ggw. der 100fachen Mengen an *Serum*-Inhibitor (SI) durch *Trypsin* (**II**) gespalten. Optimal für die **II**-Wrkg. auf **I** ist das pH 7,5—8,2. Durch den SI wird die spontane Inaktivierung des **II** verhindert. Durch i.v. Zufuhr von 0,07—2,2 mg **II**/kg kann im Kaninchen-Vers. der **II**-Geh. im Blutserum innerhalb 2 Std., mitunter auch innerhalb 24 Std., bestimmt werden. Bei i.m. **II**-Zufuhr ist die proteolyt. Aktivität des Blutserums 15—30 Min. genügend hoch. Nach 2 Std. sinkt sie in den meisten Fällen auf Null herab. Aus den Vers.-Ergebnissen ist zu schließen, daß die **II**-Wrkg. bei Entzündungen darauf beruht, daß auch in Ggw. von überschüssigem SI die **I**-ähnlichen Stoffe hydrolysiert werden. O. Lebtag 4210△

1069 **Anwendung von Ultraschall bei der Extraktion von Pepsin.** L. Ss. Kasarnowski, W. N. Ssolonko und L. A. Schinjanski. (Med. Ind. UdSSR **17,** Nr. 2, 18—19, 1963; Charkow, Pharmakolog. Inst.; russ.) — Durch Anwendung von Ultraschall kann die Gewinnung von *Pepsin* (**I**) aus der Schleimhaut des Schweinemagens die Konz. der HCl von 13 auf 0,5%, die Extraktionsdauer von 48 Std. auf 8 Min. herabgesetzt werden. Die wie üblich vorbereitete Schleimhaut wird mit 0,5%ig. HCl beim Verhältnis 1 : 4 5 Min. mit 500 kHz beschallt, danach erneut mit HCl im Verhältnis 1 : 2 3 Min. lang. Das so gewonnene **I** entspricht den Anforderungen der Sowjet. Pharmakopoe. O. Lebtag 4210△

1070 **Experimentelle Untersuchung der Pepsin- und Kathepsin-Aktivität im Magensaft, Blut und Urin.** S. Ziemlański. (Bull. Acad. polon. Sci., Sér. Sci. biol. **10,** 97—102, 1962; Warsaw, School of Med., Dep. of gen. and exp. Pathol.; engl.) — Vf. untersucht an Hunden die Wechselbeziehungen zwischen *Pepsin* (**I**) u. *Kathepsin* (**II**) im Magensaft, Blut u. Urin bei inakt. Drüsen der Magenschleimhaut u. bei Verw. von Sekretionsstimulantien. Weiterhin wird die Abhängigkeit der **I**- u. **II**-Aktivität von der Anwesenheit der Magenschleimhaut im Organismus geprüft. Nach Insulininjektion wird im Magensaft eine höhere Fermentaktivität als bei Histamininjektion festgestellt. Die **II**-Aktivität im Blut ist höher als die **I**-Aktivität. Im Urin wird das umgekehrte Verhältnis festgestellt. Stimulantien der Magensekretion erhöhen die **I**- u. **II**-Aktivität im Blut nicht. Insulininjektion führt zur Erhöhung der **I**-Aktivität im Urin. Bei bilateraler Unterbindung der Harnleiter kommt es zu einer Intensivierung der **I**-Aktivität im Blut. Nach Gastrektomie wird kaum noch eine **I**-Aktivität im Blut u. Urin festgestellt, während die **II**-Aktivität konst. bleibt. H.-P. Pietsch 4210◇

1071 **Untersuchungen über den enzymatischen Abbau von Ribonuclease durch Subtilopeptidase A (Subtilisin A).** M. Ottesen und M. Székely. (C. R. Trav. Lab. Carlsberg, Sér. chim. **32,** 319—31, 1962; Kopenhagen, Carlsberg-Labor.; engl.) — Die früher (Güntelberg, Ottesen, C. **1956,** 756) als *Subtilisin A* bezeichnete Protease von *Bacillus subtilis* wird gemäß der neuen Nomenklatur nunmehr als *Subtilopeptidase A* (**I**) (Codezahl: 3, 4, 4, 16) bezeichnet. — Untersucht wurde die Einw. von **I** auf *Ribonuclease* bei pH 8,00 u. 25° unter Chromatographie der Abbau-Prodd. an IRC-50-Harz sowie zweidimensionaler Papierelektrophorese. In den verschiedenen Stufen des Abbaus liegen stets *Ribonuclease A* (**II**), *Ribonuclease S* (**III**) u. niedermol. *Peptide* (**IV**) nebeneinander vor; andere stabile hochmol. Abbau-Prodd. oder größere Änderungen in dem **IV**-Muster waren nicht nachweisbar. Offenbar erfolgt der Abbau in zwei Stufen, wobei zunäshst **II** verhältnismäßig rasch gebildet wird. Die in den Abbau-Lsgg. verbleibende **I**-Aktivität ist das Ergebnis einer kombinierten Wrkg. von **II** u. **III**. A. Hesse 4210◇

1072 **Wirkung von Rennin (Labferment) auf Casein. Die Funktion der Neuraminsäurereste.** R. A. Gibbons und G. C. Cheeseman. (Biochim. biophysica Acta [Amsterdam] **56,** 354—56, 1962; Shinfield, Reading, Berks., Nat. Inst. for Res. in Dairying; engl.) — *Rennin* (*Labferment*; **I**) führt bei 37° sowohl bei mit Neuraminidase behandeltem als auch bei unbehandeltem *k-Casein* zu einem rasch auftretenden Nd. (etwas schneller bei vorbehandeltem Casein). Nach der Fällung finden sich von 2 mg Casein 81 μg N im Überstand, vom vorbehandelten Casein jedoch 83 μg N. Das aus dem nichtvorbehandelten Casein freigesetzte Glykomacropeptid enthält 97% der ursprünglich vorhandenen *Neuraminsäure*, die in freiem Zustand nicht freigesetzt wird. **I** hat keine Neuraminidase- oder Glykosidaseaktivität. U. Tausendfreund 4210◇

1073 **Altersbedingte Variation der Empfindlichkeit menschlichen Muskelproteins gegenüber enzymatischer Digestion.** R. R. Kohn. (Exp. Cell Res. **26,** 223—25, 1962; Cleveland, Ohio, Western Reserve Univ., Inst. of Path.; engl.) — Homogenate von *Skelettmuskel-Protein* (**V**) von Menschen im Alter von 1—89 Jahren wurden mit 0,5% *Collagenase* (**I**) 120 Min., mit 0,05% *Papain* (**II**) 60 Min., mit 0,005% *Pepsin* (**III**) 30 Min. bei 37° bebrütet u. die Rk. mit 5% *Trichloressigsäure* (**IV**) beendet. Das in **IV** unlösl. Protein wurde nach der Meth. von Lowry bestimmt. Bei **I** u. **III** ergaben sich signifikante, altersbedingte Variationen an unlösl. **V**; bei **II** waren sie mäßiger. Die Proteine alter Muskeln sind gegenüber der Digestion mit den angeführten Enzymen bedeutend empfindlicher als junge Muskeln, weil die Protein-Moll. mit steigendem Alter einer Denaturation unterliegen u. so enzymat. Digestion gegenüber (Collagen mitgerechnet) empfindlicher werden. L. Macher 4210◇

1074 **Nichtadaptive Sekretion von pektischen Enzymen durch Rhizoctonia solani Kuhn auf synthetischem Medium.** M. N. Gupta. (Sci. and Cult. [Calcutta] **28,** 482—83, 1962; Naini Tol, U.P.; D.S.B. Government Coll., Bot. Dep.; engl.) — Vf. untersucht, ob für die Sekretion von pekt. Enzymen durch *Rhizoctonia solani* eine Anwesenheit von *Pektin* im Inkubationsmedium erforderlich ist. Auf allen 5 angewandten

Medien zeigt *Rh. solani* Sekretion von *Protopektinase, Polygalakturonase* u. *Pektinesterase*, unabhängig von der An- oder Abwesenheit von Pektin. Die stärkste Enzymsekretion erfolgt auf einem Pepton–NH_4NO_3-Medium.
W. Hiller 4210◇

1075 **Bestimmung von Phospholipase C durch Messung der Eigelbtrübung.** Abramo C. Ottolenghi. (Analyt. Biochem. [New York] **5**, 37—46, 1963; Philadelphia, Pa., Sidney Hillman Med. Center; engl.) — Zur Best. der *Phospholipase C* dienen 1. eine phosphatgepufferte (pH 7,0), steril bei Raum-Temp. bis 2 Monate haltbare Eigelbsuspension (Präp. „*Colbeck EY*" von Difco Laboratories) u. 2. die Kultur-Fl. von wachsendem *Bacillus cereus* oder eine Lsg. des lyophilisierten Pulvers aus der Gär-Lsg. als Enzym. — 2,5 (ml) des verd. Eigelb-Präp. werden im Beckmann DB-Spektrophotometer bei 28—29° mit 0,2 der Enzym-Lsg. gemischt, die Änderung der opt. Dichte (im Vgl. mit einem Blindvers. ohne Enzym) fortlaufend bei 560 mμ, z. B. nach je 2 Min., abgelesen u. die Werte in Kurven aufgetragen, die anfangs nicht linear verlaufen, so daß der Beginn der Trübung stark verzögert ist u. erst später brauchbare Werte erhalten werden. Eine zweite Variable der Meth. ist das „scheinbar verfügbare Substrat" (apparent available substrate factor), das nur bei stärkerer Substrat (Eigelb)-Verdünnung bei verschiedenen Substraten konst. ist. Die Meth. stimmt mit anderen Meth. (Blutgerinnungsverhütung usw.) bzgl. der Resultate überein. Nach einer modifizierten vereinfachten Best.-Meth. wird die Zeit des Ansteigens der opt. Dichte zwischen zwei bestimmten Werten ohne selbstregistrierende App. gemessen. G. Vogel 4210◇

1076 **Bestimmung der Phospholipase-C-Aktivität (Cl. perfringens Typ A) durch Diffusion in Agar-Gel mit Lecithin.** A. Switalska und A. Zakrzewska. (Bull. Acad. polon. Sci., Sér. Sci. biol. **10**, 1962; 79—81, Warsaw, State Inst. of Hyg., Dep. of Control of Sera and Vaccines; engl.) — Bei Diffusion einer *Phospholipase-C* (**I**)-Lsg. durch Agar-Gel, dem *Lecithin* (**II**) zugesetzt wird, kommt es durch Spaltung von **II** zur Ausbildung einer opalescierenden Zone. Innerhalb des Bereichs von 0,42—12,50 mg **I**/ml steht der log der **I**-Konz. in linearer Relation zum Durchmesser der opalescierenden Zone, wodurch die Best. der **I**-Aktivität ermöglicht wird. Die Best. kann sowohl für aus Kultur-Lsgg. als auch aus Zellextrakten von *Cl. perfringens* Typ A gewonnene **I** angewandt werden. H.-P. Pietsch 4210◇

1077 **Freie Fettsäuren in Möhrenpräparationen und ihre Wirkung auf isolierte Möhrenmitochondrien.** L. Dalgarno und L. M. Birt. (Biochem. J. **87**, 586—96, 1963; Parkville, N. 2, Victoria, Australia, Univ. of Melbourne, Russell Grimwalde School of Biochem.; engl.) — Vff. fanden in *Möhrenhomogenaten* (aus 150 g Gewebe), die mit bzw. ohne Albuminzugabe dargestellt waren, nach dem Aufbewahren bei 4° nach 25 Min. 0,013 bzw. 0,015 mm *freie Fettsäuren* (**I**). Nach 60 Min. stiegen diese Werte auf 0,041 bzw. 0,11 an. Die aus den Homogenaten dargestellten Mitochondriensuspensionen enthielten **I** in einer Konz. von 1,1 bzw. 0,56 mm. Gaschromatograph. wurde nachgewiesen, daß *Ölsäure* (**II**), *Stearinsäure, Palmitinsäure* u. eine nicht näher charakterisierte, *kurzkettige Verb.*, deren Konz. beim Stehen zunimmt, die Hauptkomponenten dieser Fraktion darstellen. In der unter Zusatz von Albumin zubereiteten Mitochondrienfraktion fanden sich relativ hohe Konzz. an C_{18}-*Polyensäuren*. Die Gesamtfettsäuren der Gewebe- u. Mitochondrienlipide setzen sich überwiegend aus *Linolsäure* (**III**) u. *Palmitinsäure* zusammen. Große Mengen *Octadecadien-(6.9)-säure* u. eine nichtcharakterisierte Fettsäure wurden in den Mitochrondrienlipiden ebenfalls nachgewiesen. Möhrenmitochondrien, dargestellt unter Zusatz von Albumin, gaben bei Inkubation mit Succinat, Malat, Citrat, α-Ketoglutarat u. red. Nicotinamidadenindinucleotid ($NADH_2$) P: O-Verhältnisse von 1,6; 1,9; 2,0; 2,0 bzw. 1,3. Bei vergleichbaren Präpp., die ohne Albumin hergestellt waren, wurden die P: O-Werte niedriger als 0,1 gefunden. Mit den gleichen Substraten ergab die Warburg-Unters. q_{O_2}-Werte von 15; 64; 43; 5; 9 bzw. 47% der entsprechenden Werte für die unter Albuminzusatz hergestellten Mitochondrien. — **II** (0,1; 1 u. 10 mm) hemmt die Sauerstoffaufnahme in Ggw. von Succinat stärker als mit Malat. Die Sauerstoffaufnahme von unter Albuminzusatz bereiteten Möhrenmitochondrien wird bei der Inkubation mit Laurin-, **II**, Linolen-Myristinsäure u. **III** über 70% gehemmt. Eine geringere Wrkg. wurde durch Palmitin- (57%), Stearin- (32), Arachin- (17%) u. Buttersäure (0%) hervorgerufen. Fettsäuren, die die Sauerstoffaufnahme hemmen, erniedrigen das P: O-Verhältnis. Dabei nimmt die Hemmung der Phosphorylierung u. der Sauerstoffaufnahme mit der Kettenlänge der Fettsäuren von C_8—C_{12} stark zu. **II** u. Stearinsäure hemmten die Aktivität der Malatdehydrogenase nicht, der Succinatdehydrogenase zu 39% u. der Dihydronicotinsäureamidadenindinucleotiddehydrogenase zu 92 bzw. 85%.
H. Zöllner 4210◇

1078 **Protoplasma: Endoplasmatisches Reticulum und Mikrosomen und deren Eigenschaften.** Philip Siekevitz. (Annu. Rev. Physiol. **25**, 15—40, 1963; New York, Rockefeller Inst.; engl.) — Übersicht (bis Aug. 1962). Isolierung von „Mikrosomen" (= isolierte intracellulare Membranfraktion, zerkleinertes Reticulum), chem. Zus., Fettsäure-, Phospholipid-Steroidstoffwechsel, Redox-Rkk., Transport- u. Übertragungsfunktionen, Glucose-6-phosphat, Esterasen, Uridin-gekoppelte Transferasen u. Ascorbinsäure-Synth., Nucleotidstoffwechsel, Enzyme, verschiedene Eigenschaften. — 441 Literaturangaben.
K. Maier 4210◇

1079 **Die Serumacetylcholinesterase im Stress (Bestimmung bei Meerschweinchen).** Osvaldo F. Gnocchi, Isabel N. de Kantor, Juan C. Calamera und B. Carlos Fink. (Rev. Asoc. bioquím. Argent. **28**, 145—50, 1962; Buenos Aires, Univ. Nac. Fac. de Bioquím. y Farm., Cat. de Anat. y Fisiol. Animal.; span.) — Beim Meerschweinchen war die Aktivität der Serum-Acetylcholinesterase unter Streßbedingungen stets verringert. K. Zingraf 4210◇

1080 **Die Synthese von Acetylcholin durch Acetontrockenpulver aus Hirn normaler Ratten und solcher mit Thiaminmangel.** B. Bhagat und Mary F. Lockett. (J. Pharmacy Pharmacol. **14**, 37—40, 1962; London, Chelsea Coll. of Sci. and Technol., Dep. of Physiology and Pharmacology; engl.) — An Ratten, in deren Futter der *Thiamin*-Geh. durch Zusatz von Na-Metabisulfit zerstört wurde, wird eine normale Aktivität der *Cholinacetylase*, aber ein Mindergeh. an *Coenzym A* gefunden, welches damit für die herabgesetzte *Acetylcholin*-Synth. verantwortlich ist. Best.-Meth. für die Enzym-Aktivitäten u. für Acetylcholin werden angegeben.
W. Holland 4210◇

1081 **Quantitative Auswertung der Thiocholinmethode für Cholinesterase bei der Anwendung auf einzelne Endplatten des Mäuse-Gastrocnemius-Muskels.** Miro Brzin und Erik Zeuthen. (C. R. Trav. Lab. Carlsberg **32**, 139—53, 1961; Copenhagen, Carlsberg Foundation, Biol. Inst.; engl.) — Bei der Spaltung von *Acetylthiocholin* (**I**) durch Cholinesterase werden äquimol. Mengen *Essigsäure* u. *Thiocholin* (**II**) frei. Mittels einer Cartesianschen Tauchwaage kann das durch Fällen mit Cu^{2+}-Ionen aus **I** einer einzelnen Endplatte des Mäuse-Gastrocnemius-Muskels gebildete Cu-**II** kontinuierlich verfolgt werden. Nur $^1/_3$—$^1/_2$ des entstehenden **II** wird gefällt. Vermutlich tritt als 2. Endprod. das lösl. Disulfid von **II** in erheblicher Menge auf. Endplatten weißer Muskelfasern enthalten mehr **I**-spaltendes Enzym als solche roter Fasern.
K. Maier 4210◇

1082 **Der Stoffwechsel von L-Thyroxin in den Mitochondrien verschiedener Gewebe der Ratte in Gegenwart von Pyridoxalphosphat und α-Ketoglutarat, Diphosphopyridinnucleotid oder Flavinnucleotid.** Kiyoshi Yamamoto, Shoojiro Shimizu und Ichiro Ishikawa. (Jap. J. Physiol. **10**, 594—601, 1950; Meabashi, Gunma Univ., Inst. of Endocrinol., Dep. of Physiol.; engl.) — Unter Verw. von Mitochondrien-Fraktionen der Niere, der Leber, des Herzens, der Femoralmuskeln u. des Gehirns erwachsener ♂ Wistar-Ratten weisen Vff. nach, daß in diesen Geweben Enzyme vorliegen, deren Aktivität an bestimmte Cofaktoren, *Diphosphopyridin* u. α-*Ketoglutarat* als Aminogruppenacceptoren, *Diphosphopyridinnucleotid* (**I**) u. *Flavinmononucleotid* (**II**), das Coenzym der L-Aminosäureoxydase, gebunden ist. Als Maßstab für die Aktivität der beiden Desaminasen dient der Grad der Umwandlung von *Thyroxin* (**III**) in Tetrajodthyroessigsäure. Die Aktivität des an **II** gebundenen Enzyms, einer Dejodase, wird an der Menge des aus **III** gebildeten anorgan. J bestimmt. Die beiden Desaminasen sind vor allem in der Niere wirksam; das an **I** gebundene Enzym ist weniger wirksam. Die Dejodase, die offensichtlich eine neue Art von Enzym in den Mitochondrien darstellt, ist am wirksamsten in der Leber. Die Beobachtung, daß **III** hauptsächlich von Nieren-Mitochondrien desaminiert u. von Leber-Mitochrondrien dejodiert wird, stimmt mit der Tatsache überein, daß Schilddrüsenhormone vor allem in diesen beiden Organen in vivo abgebaut werden. H. Köditz 4210△

1083 **Eigenschaften einer von Flavinmononucleotid abhängigen Thyroxindejodase der Mitochondrien der Rattenleber.** Kiyoshi Yamamoto, Shoojiro Shimizu und Ichiro Ishikawa. (Jap. J. Physiol. **10**, 610—19, 1960; Maebashi, Gunma Univ., Inst. of Endocrinol., Dep. of Physiol.; engl.) — Vgl. vorst. Referat. — Vff. untersuchen die Eigg. einer in den Mitochondrien der Leber erwachsener ♂ Wistar-Ratten relativ konz. vorliegenden, von *Flavinmononucleotid* (**I**) abhängigen *Thyroxindejodase* (**II**). Die Aktivität der **II** wird an der Zunahme des anorgan. ^{131}J u. an der Abnahme der Radioaktivität des mit ^{131}J markierten Thyroxins (**III**) papierchromatograph. mit n-Butanol: Eisessig: W = 78 : 5 :17 als Lsgm.-Syst. bestimmt. Die **I**-abhängige **II** ist optimal bei pH 7,0—7,5 wirksam. Sie wird durch Kochen, Reduzierung des O_2-Druckes u. durch KCN inaktiviert. Zusätze von nicht markiertem *Trijodthyronin* hemmen sowohl die chem. als auch die enzymat. Dejodierung wesentlich. Die Substratspezifität ist gering, da Tetrajodthyroessigsäure im gleichen Umfang wie **III** dejodiert wird. Die chem. Dejodierung in Ggw. von Riboflavin ist relativ groß; dagegen erfolgt in Ggw. von Flavinadenindinucleotid allein keine merkliche Dejodierung. Bei der Inkubation dieser beiden Flavine mit **III** u. Mitochondrien wird die enzymat. Dejodierung wesentlich erhöht. — Auf Grund dieser Beobachtungen schließen Vff., daß die physiol. Rolle der Leber bei der Dejodierung der Schilddrüsenhormone einer **I**-abhängigen **II** aus den Mitochondrien zuzuschreiben ist. H. Köditz 4210△

1084 **Kupfer, Tyrosinase und die kinetische Stabilität von Sauerstoff.** Harold J. Bright, Brian J. B. Wood und Lloyd L. Ingraham. (Ann. New York Acad. Sci. **100**, 965—76, 1963; Davis, Calif., Univ. of California, Dep. of Biochem. u. Biophys.; engl.) — *Tyrosinase* (**I**) soll zwei wichtige Funktionen besitzen: 1. Jedes Cu^+-Ion ist tetraedr. von **4** π-gebundenen Liganden umgeben. Wenn sich O_2 mit einem solchen Cu^+-Ion zum Percupryl-Ion verbindet, wird die Resonanz des O_2-Mol. zerstört u. die reduktive Spaltung zum Cupryl-Ion erleichtert. 2. **I** besitzt eine Base im akt. Zentrum. Diese bas. Gruppe setzt die Aktivierungsenergie für die Ionisierung eines Protons nach elektrophilem Angriff des Cupryl-Ions auf den Benzolring des Substrats deutlich herab. K. Zingraf 4210◇

1085 **Biosynthese der L-Ascorbinsäure bei Tieren und Pflanzen.** F. A. Isherwood und L. W. Mapson. (Ann. New York Acad. Sci. **92**, 6—20, 1961; Cambridge, Low Temp. Res. Station; engl.) — Vgl. C. **1963**, 8995. — Die Bldg. von *L-Ascorbinsäure* (**I**) erfolgt aus Hexosen. Auf Grund radiochem. Verss. sind Vff. der Ansicht, daß im Tier- u. Pflanzenreich die **I**-Synth. direkt aus *Glucose* (**II**) ohne Aufspaltung der C-Kette erfolgt. Von den OH-Gruppen der **II** muß die OH-Gruppe am $C_{(5)}$ von D in L umgekehrt werden. Dieser Vorgang kann durch direkte Inversion der Gruppen am $C_{(5)}$ über eine Ketogruppe oder durch Inversion der gesamten Kette erfolgen. Hierfür diskutieren Vff. mehrere mögliche Mechanismen. Nach Injektion einer Anzahl von Zucker-Derivv. an Ratten erhöhten *L-Gulono-γ-lacton* (**III**), *L-Galaktono-γ-lacton* (**IV**) u. die entsprechenden *Uronsäure-Derivv.* (UD) *D-Glucurono-γ-lacton* u. *D-Galakturonsäuremethylester* (**V**) die Ausscheidung von **I** im Harn. Die Umwandlung der Aldonolactone erfolgt in einem größeren Maße als bei den UD, da hier für die enzymat. Umwandlung 2 Stufen benötigt werden. *Partikelchen* (Pa; Mitochondrien) aus Rattenleber, bes. aber Mitochondrien/Mikrosomenfraktionen bewirken die enzymat. Umwandlung von **III** u. **IV** in **I**. Eine Behandlung der Pa-Faktoren mit Desoxycholat führt zu einem „lösl. Enzym". Für die Aktivität des „löslichen Enzyms" sind keine SH-Verbb. notwendig. Diese Präpp. wandeln **III** in **I** in Ggw. von O_2 oder von Elektronenacceptoren unter anaeroben Bedingungen mit 2.6-Dichlorphenolindophenol als Indikator um. Die Oxydation von **III** war unabhängig von *Nicotinamidadenindinucleotid* (NAD) oder *Nicodinamidadenindinucleotidphosphat* (NADP). Das Gesamthomogenat wandelt im Gegensatz zu den partiell gereinigten Enzym-Präpp. auch *L-Gulonat* (**VI**) in **I** um. Bei Zusatz von **IV** oder **V** zu Kresse-, Bohnen- u. Erbsensaaten wird **I** synthetisiert. Extrakte aus Erbsensaaten überführen **IV** gleichfalls in **I**. Die hierfür verantwortlichen Enzyme sind in den Mitochondrien lokalisiert. So wurde durch Fraktionierung eines Blumenkohlextraktes mit Aceton ein partiell gereinigtes „lösliches Enzym" isoliert. Dieses Enzym ist ein Flavoprotein u. benötigt für die Aktivität Thiolgruppen. Aus der Pa-Fraktion von Erbsensaathomogenat in Rohrzucker–Phosphat-Lsg. konnte eine *L-Galaktono-γ-lactondehydrogenase* (**VII**) isoliert werden. **VII** katalysiert eine Rk. zwischen *red. NADP* ($NADPH_2$) u. **V**. Das Endprod. dieser Rk. ist wahrscheinlich **IV**. Die freie Säure wurde nicht reduziert. *red. NAD* ($NADH_2$) konnte $NADPH_2$ nicht ersetzen. Die enzymat. Oxydation von **VI** u. Überführung in **I** gelang mit einer aus Ratten- oder Schafsleber isolierten *Aldonolactonase* (**VIII**). **VIII** ist ident. mit einem dialysablen Faktor aus dem „löslichen Enzym". Es gelang bisher nicht, bei Pflanzen das Vork. einer **VIII** nachzuweisen. Meerschweinchen können **I** nicht synthetisieren. Der Grund hierfür liegt wahrscheinlich in der Abwesenheit der für die Umwandlung der Endstufe notwendigen Enzyme. Bei Vgl. der Umwandlung von Zuckersäure-Derivv. in **I**-Analoga durch Pa-Enzyme von Tieren (Ratten) u. Pflanzen (Erbsen) zeigte sich ein deutlicher Unterschied. Die Pflanzenenzyme wirkten spezifischer. **III** (Ratte; Erbse in μMol/ml/90 Min. verbraucht) 1,0; 0,0. *L-Fucono-γ-lacton* 0,55; 0,6. *D-Arabono-γ-lacton* 0,55; 0,6. *L-Arabono-γ-lacton* 0,0; 0,0. *D-Ribono-γ-lacton* 0,0; 0,0. *D-Lyxono-γ-lacton* 1,1; 0,0. *D-Xylono-γ-lacton* 0,0; 0,0. *D-Idono-γ-lacton* 0,7; 0,0. *D-Talano-γ-lacton* 0,45; 0,0. **IV** 1,0; 1,0. *D-Mannono-γ-lacton* 0,9; 0,0. *L-Galaktonsäuremethylester* 1,0. — *L-Gulonsäuremethylester* 1,0. — Für den Mechanismus der Umwandlung von **III** in **I** wurde nachstehender Mechanismus erhärtet: **III** → 2-Hydroxy-L-gulono-γ-lacton → **I**. Die Reihenfolge der Enzyme für die **I**-Synth. gestaltet sich: D-Glucuronyl-Enzym I → L-Gulonyl-Enzym II → 2-Oxy-L-gulonyl-Enzym III → **I**. Ein gleiches Bild könnte sich bei den Pflanzen mit **V** ergeben. G. Bratfisch 4210◇

1086 **Wirkung von Arylsulfatase auf Vitamin-K_3-disulfat.** F. C. C. Hoskin und Carole von Eschen. (Biochim. biophysica Acta [Amsterdam] **67**, 669—71, 1963; New York, N.Y., Columbia Univ., Coll. of Physicians and Surgeons, Dep. of Neurol.; engl.) — *Arylsulfatase* (**I**) wurde aus Rattenleber oder -hirn bzw. aus *Aspergillus oryzae* (als Mylase P) mit Cyclohexan gewonnen u. die Wrkg. auf *Vitamin-K_3* (**II**)-Präpp. untersucht. Aus *Vitamin-K_3-disulfat* (**III**) wurde auch nach 24 Std. kein **II**, d. h. red. **II** gebildet, was aus dem Nullwert für die Extinktion bei 250—251 mμ hervorgeht. Nach Bebrütung von **III** mit Mylase P wurde anorgan. Sulfat, aber nie mehr als 50% des für eine Totalhydrolyse berechneten Wertes gefunden. Daraus folgt, daß **III** durch **I** nur bis zum Monosulfat, [2 (oder 3)-Methyl-4-hydroxynaphthalinsulfat-(1)] hydrolysiert wird. Da außerdem der Stoffwechsel in Hirngewebeschnitten durch **III** auch bei Konz. von $5 \cdot 10^{-4}$m weder stimuliert noch gehemmt wird, ist es unwahrscheinlich, daß das **II**-Monosulfat einen Einfl. auf den Stoffwechsel im Hirn, wie er durch den Diphosphatester oder **II**, [2-Methylnaphthochinon-(1.4)] selbst erfolgt, ausübt. Zum Vgl. wurden *1.6-* bzw. *1.7-* bzw. *2.7-Dihydroxynaphthalin* (quant. extrahierbar mit Ae., aber nicht mit Cyclohexan) u. deren Disulfatester hergestellt u. Extinktionsmaxima u. -Koeff. der Naphthalin-Verbb. in Ae. mit den abweichenden Werten der betreffenden Disulfatester in W. (Werte in Klammern) bestimmt. 1.6-Dihydroxynaphthalin, λ_{max} 244 (282) mμ, ε_m 26000 (7000); 1.7-Verb., λ_{max} 240 (280) mμ, ε_m 30000 (5000); 2.7-Verb., λ_{max} 232,5 (267,5) m, ε_m 88000 (3700). G. Vogel 4210◇

1087 **Mucinogenese und Enzymmorphologie der Rattenvagina; Phosphorylase, β-Glucuronidase, reduziertes Nicotinamidadenindinucleotid-Diaphorase und Phosphatasen.** Tadao Takeuchi, Masando Hayashi und William H. Fishman. (Acta endocrinol. [Copenhagen] **39**, 395—406, 1962; Boston, Mass., Tufts Univ. School of Med., Dep. of Pathol.; New England, Center Hosp., Cancer Res. Dep.; engl.) — Das Vaginalepithel ovarektomierter Ratten wurde nach subkutaner Injektion östrogener Hormone (17β-Östradiol) enzymmorpholog. unter besonderer Berücksichtigung der Mucin-Bldg. untersucht. Lokalisierung u. Konz. der untersuchten Enzyme [*Amylophosphorylase* (**I**), *Amylo-1.4 → 1.6-transglucosidase* (**II**), *saure* u. *alkal. Phosphatase* (**III**), *5-Nucleotidase* (**IV**), *Esterase, red. Nicotinamidadenindinucleotid-Diaphorase* (**V**), *β-Glucuronidase* (**VI**)] variieren in Abhängigkeit vom Stand der hormonalen Stimulation. Die mucösen Zellen sind bes. reich an **I, III, IV, V** u. **VI**. Es scheint eine enge

Beziehung zwischen I u. der Mucin-Bldg. zu bestehen. I u. II zeigen eine ähnliche Lokalisierung, so daß sie wahrscheinlich auch ähnliche physiolog. Funktionen ausüben.
P. Schwerdtfeger 4210◇

1088 **Über den Einfluß chirurgischer Eingriffe auf die Fermentaktivität im Serum.** J. Rehn, E. Köhnlein, S. Graner und A. Zeller. (Med. Welt **1960**, 347—53, 13/2.; Freiburg, Univ., Chir. Klinik; dt.) — Nach chirurg. Eingriffen im Bauchraum wird eine Erhöhung folgender Enzymaktivitäten im Serum festgestellt: *Glutamat-Oxalat-Transaminase* (SGOT), *Glutamat-Pyruvat-Transaminase* (SGPT), *Lactatdehydrogenase* (LDH) u. *1.6-Diphosphofructaldolase* (SALD). Der Anstieg von SGOT u. SGPT ist am größten bei wegen eines Verschlußikterus durchgeführten Operationen, d. h. bei Krankheiten, bei denen eine Schädigung der Leber vorliegt.
Klaus Becker 4210◇

1089 **Untersuchung über Enzyme, die Blutgruppensubstanzen zerlegen. 14. Mitt. Chemische Wirkung eines Enzyms aus Bacillus cereus, welches die O(H)-Blutgruppensubstanz zersetzt.** Shigeru Yamamoto und Ken Furukawa. (Med. and Biol. [Tokyo] **62,** 53—58, 1962; Gunma Univ., School of Med., Dep. Leg.; jap.) — 13. vgl. Med. and Biol. [Tokyo] **57** (5), [1960] 184. — Aus *Bacillus fulminans* u. *Bacillus cereus* werden die die *O(H)-Blutgruppensubstanz* (**I**) zersetzenden *Enzyme* (BE) abgetrennt u. gereinigt. Auf gleichen Protein-Geh. berechnet beträgt die BE-Aktivität des BE aus B. fulminans 340, die aus B. cereus 60. Zum Vgl. wird die Hemmung des Anti-O(H)-Agglutinins des Anguilla- bzw. Vogelserums herangezogen. Nach der BE-Einw. wird eine Fraktionierung mittels Dialyse durchgeführt. Aus der Unters. der Außenfl. mittels Darco-Celite-Säulen u. Papierchromatographie u. Best. von Protein u. Kohlenhydraten ergibt sich: Aus I werden durch BE aus B. fulminans außer viel *Fucose* (**II**) u. wenig *Galaktose* (**III**) mehrere Oligosaccharide freigesetzt, welche **II** u. **III** sowie *N-Acetylhexosamin* enthalten. Das BE besteht demnach vorwiegend aus *L-Fucosidase*. Im Falle von B. cereus wird die gegen die im Vogel- bzw. Anguillaserum enthaltenen Anti-Shiga- u. Anti-I-Antikörper gerichtete I-Wrkg. vernichtet (vgl. l. c.). In ähnlicher Weise wie vorst. wird auf die Ggw. einer *L-Fucosidase* u. einer *β-D-Galaktosidase* geschlossen.
L. Schuler 4210◇

1090 **Die Wirkung von Ultraviolettlicht und Röntgenstrahlen auf ein enzymbildendes System.** G. David Novelli, Tadanori Kameyama und J. M. Eisenstadt. (J. cellular comparat. Physiol. **58,** Suppl. Nr. 1, 225—44, Dez. 1961; Oak Ridge, Tenn., Oak Ridge Nat. Labor., Biol. Div.; engl.) — UV-Bestrahlung von *E. coli*-Zellen hemmt die induzierte Synth. von *β-Galaktosidase* (**I**). Photoreaktivierung hebt die Hemmung auf. Rohextrakte solcher Zellen enthalten eine partikelgebundene **I**-Fraktion. Partikelgebundene ribosomale **I** kommt nur in Ggw. von Inducer vor, bei dessen Entfernen **I** die Partikel verläßt u. in den lösl. Pool übergeht. Es wurde ein zellfreies Syst. der **I**-Synth. aufgefunden, das aus Partikeln u. Überstand besteht, die beide aus präinduzierten Zellen hergestellt werden müssen. Das Syst. benötigt Inducer, eine Energiequelle, Aminosäuren u. Nucleosiddi- u. -triphosphate. Chloramphenicol, Glucose, Ribonuclease u. Desoxyribonuclease hemmen die **I**-Synthese. UV-Behandlung des Überstands gibt ein inakt. Präp., das durch Desoxyribonucleinsäure (DNS) aus unbehandeltem Überstand reaktivierbar ist. Röntgenbestrahlung der Zellen zerstört die induzierte Enzymsynthese. Zellfreie Präpp. aus derart bestrahlten Zellen sind inaktiv. Bei Ergänzung durch DNS synthetisieren solche inakt. Präpp. **I**. Nur DNS aus Zellen, die das **I**-Gen enthalten, ist wirksam. — Diskussion.
K. Maier 4210◇

1091 **Zur Methodik der Bestimmung der Dehydraseaktivität im Boden.** A. Sch. Galstjan. (Ber. Akad. Wiss. ArmenSSR **35,** 181—84, 1962; Inst. für Bodenkunde u. Agrochemie u. Zonales Landwirtsch.-Inst. der ArmenSSR; russ., Auszug: armen.) — Die Best. der *Dehydrase* (**I**)-Aktivität von Böden nach Lenhard (vgl. C. **1959,** 15171) wird dahin modifiziert, daß statt des Thunberg-Rohrs Vakuumkolben u. statt Methylalkohol A. angewandt werden. 1 g lufttrockener Boden wird mit 15 mg $CaCO_3$ versetzt, mit 1%ig. Glucose-Lsg. angefeuchtet u. mit 1 ml 1%ig. Lsg. von 2.3.5-Triphenyltetrazoliumsalz versetzt. Nach 24 std. Stehenlassen des vakuumierten Kolbens bei 37—38° wird mit 25 ml A. versetzt, filtriert u. colorimetriert. Die I-Aktivität wird in mg Triphenylformazan je 100 g Boden u. 24 Std. ausgedrückt. Zwischen der I-Aktivität u. dem Winterweizenertrag auf Braunerde besteht eine direkte Beziehung. Die Ergebnisse sind zuverlässiger als nach der Meth. von Lenhard.
O. Lebtag 4210△

E₃. Mikrobiologie, Bakteriologie, Immunologie

1092 **Einfaches Verfahren zur Unterscheidung von säurefesten Mycobakterien auf Grund ihrer Zelloberflächeneigenschaften.** 1. Mitt. **Suspendierbarkeit von Mycobacterien in organischen Lösungsmitteln.** Hiroshi Takahashi und Toyoho Murohashi. (Med. and Biol. [Tokyo] **62,** 67 bis 71, 1962; Tokyo, Nat. Inst. Health, Dep. Tubercul.; jap.) — Zwischen dem Grad der Benetzbarkeit der Zellenoberfläche von Mikroben (*Mycobacterium smegmatis, M. phlei, M. ulcerans* u. a., über 400 Stämme werden untersucht) durch *Petrolbenzin* (**I**) bzw. W. u. der Kolonialform besteht, wegen der verschiedenen Anreicherung an Lipiden, eine enge Beziehung. Von wenigen Ausnahmen abgesehen, unterscheiden sich hierbei die R- u. S-Typen der Kolonien: Die Mikroben in nährbodenfeuchtem Zustand suspendieren gut in **I**, im getrockneten hingegen werden Mikroben der S-Typ-Kolonien leichter als jene mit R-Typ zur Suspension gebracht. Unter den organ. Lsgm. zeigt sich *Chlf.* als stärkstes Suspensionsmittel; *Benzin* u. *Aceton* dagegen sind schwach. Die Suspendierbarkeit kann so als einfaches Kriterium zur Unterscheidung gewisser Mikrobentypen dienen. L. Schuler 4300◇

1093 **Aminosäuren in Abwasser während der Behandlung.** B. Meera Bai, C. V. Viswanathan und S. C. Pillai. (J. sci. ind. Res. [New Delhi], Sect. C **21,** 72—76, 1962; Bangalore, Ind. Inst. of Sci., Dep. of Biochem.; engl.) — Vff. untersuchen den Einfl. verschiedener Behandlungs-Meth. (chem. Koagulation, vollständige Sedimentation, „septic tank"-Meth. u. Belebtschlamm-Verf.) auf den Aminosäuren (AS)-Geh. der entsprechenden Produkte. Sämtliche Verff. führen zur Abnahme des AS-Geh. der Abwässer, doch enthält der Schlamm der aeroben biolog. Behandlung den höchsten Geh. an AS u. organ. Bestandteilen.
P. Gregorzewski 4300◇

1094 **Gebundener Phosphor und das Wachstum von Phytoplankton.** Larry A. Whitford und Ronald C. Phillips. (Science [Washington] **129,** 961—62, 1959; St. Petersburg, Florida State Board of Conservation; Raleigh, North Carolina State Coll., Dep. of Bot.; engl.) — Das Wachstum des Phytoplanktons in vier Teilchen von North Carolina wurde untersucht. Es wurde keine Korrelation zwischen der Zahl der Phytoplankton-Organismen u. dem P-Geh. des W. gefunden. Ch. Jürgens 4310◇

1095 **Über einige biochemische Eigenschaften von Pseudomonas aeruginosa. 2. Mitt. Wirkung auf Kohlenhydrate und Polyalkohole in Elektrolyt-haltigen Grundmedien.** Arturo A. Solari, Maria Herero, Maria S. D. de Cremaschi und Mabel I. de Reid. (Rev. Asoc. bioquím. argent. **27,** 104—16, 1962; La Plata, Univ., Fac. de Quím. y Farm., Cat. de Hig. y Microbiol. General; span.) — 32 Stämme von *Pseudomonas aeruginosa*, die in Elektrolyt- u. Kohlenhydrathaltigen Medien mit KNO_3 u./oder $NH_4H_2PO_4$ als N-Quelle gezüchtet wurden, konnten *Glucose, Lävulose, Glycerin, Mannit, Galaktose* u. *Sorbit* als C-Quelle verwerten; *Trehalose* verwerteten nur 24 Stämme, *Mannose* 5 u. *Rhamnose* 3. *Arabinose, Xylose* oder *Salicin* wurden von keinem Stamm verwertet.
K. Zingraf 4310◇

1096 **Die Beziehung zwischen Alanin und Vitamin B₂ zum Wachstum von Milchsäurebakterien.** Ichiro Chibata, Shigeki Yamada, Hiroshi Ito, Setsuko Furutsu und Isamu Utsumi. (J. Biochemistry [Tokyo] **49,** 373—78, 1961; Osaka, Tanabe Seiyaku Co., Ltd.; engl.) — *Alanin* (**I**) u. seine *Stereoisomeren* u. *Vitamin* B_6 (**II**) können sich als Wachstumsfaktoren teilweise ersetzen. *Streptococcus faecalis R* (Sf) benötigt entweder **I** oder **II** zum Wachstum, D-I oder L-I sind unwirksam. *Leuconostoc mesenteroides P-60* (Lm) verhält sich ähnlich, doch ist nur D-I unwirksam. *Lactobacillus arabinosus 17-5* (La) wächst mit D-I, L-I u. DL-I besser als mit **II**. Unter den **II**-Verbb. war *Pyridoxal* bei Sf u. Lm, *Pyridoxamin* bei La die wirksamste Substanz. Ekkehard Schmid 4310◇

1097 **Der Aminosäurevorrat in Escherichia coli.** Roy J. Britten und F. T. McClure. (Bacteriol. Rev. **26,** 292 bis 335, 1962; Washington, D.C., Carnegie Institution of Washington, Dep. of Terrestrial Magnetism; Silver Spring, Md., Johns Hopkins Univ., Applied Physics Labor.; engl.) — Übersicht. — 14 Literaturangaben.
P. Gregorzewski 4315◇

1098 **Durch enzymatische Spaltung von Alginaten erhaltene Oligouronide.** 1. Mitt. M. Yoshikawa. (Seikagaku [Biochemie, Tokyo] **33,** 794—98, 1961; Hyogo Univ. of Agric.; jap.) M. Arnold 4315◇

1099 **Aminozucker in entfetteten Zellen von Bacillus Calmette-Guérin (BCG).** K. Anno, N. Yoshimoto und N. Seno. (Seikagaku [Biochemie, Tokyo] **33,** 765—68, 1961; Tokyo, Ochanomizu Univ., Fac. of Sci., Dep. of Chem.; jap.) M. Arnold 4315◇

1100 **Die Zusammensetzung der Zellwand von Actinomyces bovis: Isolierung von 6-Desoxy-L-talose.** Alastair P. MacLennan. (Biochim. biophysica Acta [Amsterdam] **48,** 600—01, 1961; Porton, Salisbury, Wilts., Microbiol. Res. Establ.; engl.) — *A. bovis* (Ab) wurde durch Aceton–A.–Ae.-Behandlung von Lipiden befreit, dan nmechan. zertrümmert u. mit n-H_2SO_4 für 2 Std. bei 100° hydrolysiert. Im Hydrolysat wurden neben einer Reihe von Zuckern *6-Dexoxy-L-talose* (I), $C_6H_{13}O_5$, F. 119—121°, $[\alpha]_D^{21}$ —18,9° (W.) chromatograph. isoliert u. identifiziert. I wurde von Kaninchen-immunseren gegen Ab präzipitiert.
Ekkehard Schmid 4315◇

1101 **Untersuchung über die Oberflächenstruktur von gramnegativen Bakterien und deren biologisch aktiven Substanzen.** 3. Mitt. **Ein einfaches aus der Zellwand von Pseudomonas aerugenosa isoliertes Protein mit Pyocin-Aktivität und dessen nahe Beziehung zum Endotoxin.** Yuzuru Homma und Nachiko Suzuki. (Jap. J. Bacteriol. **16,** 917—25, 1961; Tokyo, Univ., Inst. Infect. Diseas.; jap.) — Vgl. C. **1963,** 17357. — Aus 1 g der „Oberflächensubstanz" von *Pseudomonas aeruginosa* werden bei pH 8 mit 0,06% Lysozym u. 0,6% EDTA (Äthylendiamintetraessigsäure), Zentrifugieren, Sättigung mit $(NH_4)_2SO_4$, Dialyse, Gefriertrocknen, Behandeln mit n-Propanol u. „Unterphasen-Lsgm." aus 2,7 ml Cyclohexylamin + 17 ml n-Propanol + 6 ml 85%ig. H_3PO_4 + 7,26 g KOH + 72 ml W. u. Aufarbeitung 214 mg eines einfachen homogenen *Proteins* (**I**), mit 15% N u. 0,3% P, mit *Pyocin* (**II**)-Aktivität u. einer Sedimentations-Konst. $s_{20,w}$ = 1,7 S gewonnen. In ähnlicher Weise wird aus dem Autolysat erhaltenes ursprüngliches *Endotoxin* (**IIIa**) gereinigt zu einem *Endotoxin P* (**III**) mit 15,4% N u. einer Sedimentations-Konst. $s_{20,w}$ = 1,1 S. **I** u. **III** verhalten sich bei der Zonenelektrophorese sehr ähnlich, desgl. im UV-Spektr. u. in der Aminosäurenzusammensetzung. Die **II**-Aktivität von **I** beträgt 0,08 μg; sie fehlt bei **III** völlig. Behandlung von **I** mit Trypsin u. Nagarse bringt sie bei **I** ebenfalls zum Erlöschen; Desoxyribonuclease u. Ribonuclease sind aber ohne solche Wirkung. Die Antigen-Eigg. (Kaninchen) stehen mit obigen Befunden im Einklang. Der Zuckeranteil des **IIIa** ist nicht **II**-aktiv. **I** u. **III** sind beim Kaninchen mit 3 μg/kg pyrogen. Aus allen bisherigen Beobachtungen schließen Vff.: das **II**-akt. **I** befindet sich in der Oberflächensubstanz der Zellwand, deckt sich weitgehend mit dem Lipopolysaccharid-verknüpften Proteinanteil von **III** im natürlichen Zustand, während das aus dem Autolysat stammende **III** aus **I** durch Übergang in niedrigmol. Form verändert worden ist u. damit gleichzeitig seine **II**-Aktivität eingebüßt hat. L. Schuler 4315◇

1102 **Die Perjodat-Oxydation der Muramsäure.** G. R. Barker. (Biochem. J. **82,** 11P, Jan. 1962; Manchester, Univ., Dep. of Chem.; engl.) — Die *Perjodat* (**I**)-Oxydation der *Muramsäure* (**II**) ergibt bei einem Verbrauch von 6 Mol **I**/Mol **II** innerhalb 3 Wochen *Milchsäure* unter Abspaltung von 1 Mol CO_2. Die **I**-Oxydation ist eine „Überoxydation" u. gibt Aufschluß über die Struktur der **II**; sie entspricht dem Schema von Head u. Hughes (J. chem. Soc. [London] [1954], 603) für Verbb., die als Zwischenprodd. Äther des *Tartronaldehyds* bilden. H. Ackermann 4315□

1103 **Die nach Einwirkung ionisierender Strahlung das Überleben von Bakterien beeinflussenden Faktoren.** Howard I. Adler und Manfred S. Engel. (J. cellular comparat. Physiol. **58,** Suppl. Nr. 1, 95—105, Dez. 1961; Oak Ridge, Tenn., Oak Ridge Nat. Labor., Biol. Div.; engl.) — Aerob gezüchtete *E. coli*-Zellen benötigen zum Auftreten des Glucoseeffekts (Resistenz gegen ionisierende Strahlung in Ggw. von Glucose gewachsener Zellen) *Katalase* (**I**) u. /oder *Cytochrom*-Aktivität, während für anaerob gewachsene Zellen diese Syst. nicht erforderlich sind. Möglicherweise entwickelt sich u. funktioniert der Resistenzmechanismus nicht gut in Ggw. von H_2O_2. Aerobe Zellen bilden im Stoffwechsel H_2O_2 u. hemmen dadurch vielleicht die Entw. des Mechanismus, es sei denn, **I** ist vorhanden u. zerstört H_2O_2. Anaerob entsteht kein H_2O_2 u. es besteht demgemäß kein **I**-Bedarf. Bei *Rhodopseudomonas spheroides*-Zellen, deren **I**-Geh. zwischen 0,002 u. 25% des Gesamtproteins schwanken kann, beeinflußt der **I**-Spiegel die Strahlungsempfindlichkeit nicht. Eine Strahlungsschutz-Wrkg. in der Zelle vorhandener **I** besteht nicht. Anscheinend verleiht **I**-Ggw. allein nicht automat. Schutz gegen ionisierende Strahlung oder H_2O_2. Bei anaerob in Glucose (0,1%)-Nährlsg. gezüchteten **I**-negativen *E. coli* H_7-Zellen beeinflußt kurz vor Bestrahlung zugesetzte **I** die Inaktivierungskurve nicht wesentlich, während bei aerob in Ggw. von 1% Glucose gewachsenen ein **I**-Zusatz eine erhebliche Schutz-Wrkg. ausübt. — Diskussion. K. Maier 4320◇

1104 **Die Wirkungen von Hitze, Kälte und p-Fluorphenylalanin auf die Morphogenese synchronisierter Tetrahymena pyriformis GL.** Joseph Frankel. (C. R. Trav. Lab. Carlsberg **33,** 1—52, 1962; Copenhagen, Carlsberg Found., Biol. Inst.; engl.) — Hohe Temp. (34°), niedrige Temp. (9—11°) u. *p-Fluorphenylalanin* ($4 \cdot 10^{-3}$ u. $5 \cdot 10^{-5}$m; **I**) üben die gleichen morphogenet. Wrkg. auf synchronisierte *Tetrahymena pyriformis* GL. aus; Einw. vor einem bestimmten Stabilisierungspunkt führt zum Entw.-Stop. **I** benötigt dabei längere Einwirkungszeit. Die orale Morphogenese u. die Zellteilung stehen bei *Tetrahymena* offenbar unter gemeinsamer physiolog. Kontrolle. U. Tausengfreund 4320◇

1105 **Über die Isolierung neuer Stoffwechselprodukte aus Penicillium brefeldianum Dodge.** E. Härri, W. Loeffler, H. P. Sigg, H. Stähelin und Ch. Tamm. (Helv. chim. Acta **46,** 1235—43, 1963; Basel, Sandoz Akt.-Ges, Pharm.-chem. Forsch.-Labor. u. Abt. für med.-biol. Forschung; dt.) — Aus dem Kulturfiltrat von *Penicillium brefeldianum Dodge, Stamm S 464,* isolierten Vff. neben *Palitantin* (**I**) u. *Frequentin* (**II**) 2 neue Stoffwechsel-Prodd., *Brefeldin A* (**III**) u. *Brefeldin B* (**IV**). Fulvinsäure, $C_{14}H_{12}O_8$, u. Griseofulvin wurden nicht gebildet. *Stamm S 498* bildete als Haupt-Prod. **III** u. *1-O-Stearylglycerin* (α-Monostearin). **III**, $C_{16}H_{24}O_4$, F. 204—205°, $[\alpha]_D^{22}$ +96° (Methanol) enthält eine C-Methylgruppe, das IR-Spektrum zeigt die Ggw. von OH-Gruppen, einer Ester- bzw. Lactonfunktion u. einer C=C-Streckschwingung (1646 cm^{-1}). Katalyt. Hydrierung mit Pd-Kohle in A. liefert ein Tetrahydro-Deriv. (F. 134°) (**V**), das sich mit CrO_3 in Eisessig zu einem Diketon dehydrieren läßt. Mit Acetanhydrid liefert **III** ein Di-O-acetyl-Deriv. (F. 130°), mit Methansulfochlorid ein Di-O-mesylat (F. 130°) u. mit p-Phenylazobenzoylchlorid ein Mono-O-(p-phenylazobenzoyl)-Deriv. (F. 192°) u. ein Bis-O-(p-phenylazobenzoyl)-Deriv. (F. 154°). **III** enthält 2 Doppelbindungen u. 2 sek. alkohol. OH-Gruppen. Die beiden anderen O-Atome liegen als Ester- bzw. Lactongruppierung vor, die mit der einen C=C-Doppelbindung konjugiert ist. **IV**, $C_{15}H_{22}O_5$, F. 163—165°, $[\alpha]_D^{21}$ —109° (Dioxan) bzw. —119° (Methanol), zeigt im IR-Spektrum das Vorliegen von OH-Gruppen, einer COOH-Gruppe u. einer Ketofunktion. **IV** bildet mit Diazomethan einen Methylester (**VI**), der mit Methansulfochlorid in Pyridin ein krist. Mono-O-mesyl-Deriv. (F. 140°) lieferte. **IV** ist eine Ketocarbonsäure, die noch eine alkohol. OH-Gruppe enthält. — **I** u. **IV** zeigten keine Wrkg. gegen Sproßpilze u. Bakterien bei Konzz. von 100 μg/ml. **II** wirkte bei 100 μg/ml schwach antibiot. u. hemmte das Wachstum von *Micrococcus pyogenes var. aureus, Bac. subtilis, Candida albicans, Saccharomyces cerevisiae, Trichophyton gypseum* u. *Achorion quinckeanum* vollständig. **III** hemmte das Wachstum von *Candida albicans* u. *Candida tropicalis* bereits bei 10 μg/ml. **I, II** u. **IV** zeigten in vitro auf die Zellvermehrung des Mäuse-Mastzelltumors P-815 in der Gewebekultur keine Wrkg. bei Konz. von 100 μg/ml. **III** bewirkte bei einer Konz. von 0,2 μg/ml eine 50%ig. Hemmung der Zellvermehrung u. bei täglicher intraperitonealer Injektion von 50 mg/kg eine starke Hemmung des Tumorwachstums bei Ehrlichschem Mäuse-Ascitestumor. **III** ist wenig tox., die DL_{50} liegt bei der Maus höher als 200 mg/kg bei intraperitonealer Applikation.

Versuche: Inhaltsstoffe aus Pen. brefeldianum, Stamm S 464: Die Kulturbrühe des Pilzstammes S 464 (aus einer afrikan. Erdprobe), gezüchtet auf einem Medium mit 20 (g) Glucose, 2 Malzextrakt, 2 Hefeextrakt, 2 Pepton, 2 KH_2PO_4, 2 $MgSO_4 \cdot 7\,H_2O$/Liter W. (pH 5,5) in einem 50 Liter Gärtank (27°, 1,5 m^3/Std., 92 Std.) wird mit 500 g Hyflo-Super-Cel filtriert u. 3mal mit je 10 Liter PAe., 10 Liter Ae. u. 10 Liter Essigester extrahiert u. die über Na_2SO_4 getrockneten Extrakte eingedampft. Der PAe.-Extrakt (1,49 g) liefert 200 mg **II**, F. 131—132°, $C_{14}H_{20}O_4$, $[\alpha]_D^{22} = +65 \pm 2°$ (c = 0,95, $CHCl_3$), UV-Spektrum (Dioxan): Maxima bei 232 mμ u. 290 mμ; IR-Spektrum (KBr): Banden bei 3450, 3020, 2960, 2920, 2740, 1735, 1720, 1660, 1640, 1140, 1080 u. 990 cm^{-1}. — Der Ae.-Extrakt (7,5 g) gibt nach Kristallisation aus Methanol–Ae. 720 mg rohes **III**, $C_{16}H_{24}O_4$, F. 204—205°, farblose Prismen aus Methanol–Ae., nach Reinigung über Silicagel (Elution mit Chlf. mit 2—5% Methanol), $[\alpha]_D^{22} + 96 \pm 2°$ (c = 1,08, Methanol). UV-Spektrum: Maximum bei 215 nm (log $\varepsilon = 4{,}05$), IR-Spektrum (KBr): Banden bei 3370, 1711, 1646, 1260, 1115, 1080, 990, 1005, 980 cm^{-1}. — Die Mutterlaugenrückstände (6,8 g) liefern nach Chromatographie über Silicagel u. Elution mit Chlf.–Essigester (4:1) 685 mg Rohprod. u. dieses aus Ae.–Pentan 45 mg **IV**, $C_{15}H_{22}O_5$, F. 163—165°, $[\alpha]_D = -119 \pm 2°$ (c = 0,96; Methanol), $[\alpha]_D^{21} = -109 \pm 2°$ (c = 1,0; Dioxan). UV-Spektrum: Endabsorption bei 210 nm, IR-Spektrum: (CH_2Cll_2), Banden bei 3500, 2940, 2860, 1750, 1720, 1250, 1195, 1160, 1090, 1020 cm^{-1}. Die mit Chlf.–Essigester (1:1) eluierten Fraktionen liefern 370 mg **I**, $C_{14}H_{22}O_4$, farblose Nadeln aus Essigester–Pentan, F. 157—158°, $[\alpha]_D^{22} = +2 \pm 2°$ (c = 1,1; Chlf.); *2.4-Dinitrophenylhydrazon*, F. 208°. *Tetrahydro*-**I**, F. 106—108°; *Palitantinsäure* (Oxydation nach Doeuvre mit HgJ_2/K/NaOH), F. 147—149°. Nachfolgende Elution mit Chlf.–Essigester (1:1) liefert noch 237 mg **III**. — Inhaltsstoffe aus Pen. brefeld. S 498: (*Penicillium spec.* aus Erdprobe von Tanganjika), gezüchtet auf 30 g Glucose, 8,5 g $NaNO_3$, 2,72 g KH_2PO_4, 1,23 $MgSO_4 \cdot 7\,H_2O$, 25 mg $FeSO_4 \cdot 7\,H_2O$/Liter W. in 50 Liter Gärtank, 28 Std. lang. Nach Filtration der Kulturbrühe mit Hyflo-Super-Cel wird 3mal mit je 10 Liter Essigester ausgezogen, Extrakte im Vakuum eingedampft u. der aus 2 Phasen bestehende Rückstand zwischen 85% Methanol u. PAe. verteilt. Die Methanolextrakte werden konz., Rückstand mit W. versetzt u. 3mal mit Chlf. extrahiert. Die mit W. gewaschenen u. über Na_2SO_4 getrockneten Auszüge werden eingedampft, Rückstand (0,82 g) an 25 g Silicagel chromatographiert. Elution mit Chlf.–Essigester (4:1) liefert 362 mg rohes u. aus Ae. 115 mg α-Monostearin, farblose Blättchen, F. 72—73°. Elution mit Chlf.–Essigester (7:3) gibt 271 mg **III**, F. 204—205°. — *Di-O-acetyl*-**III**: $C_{20}H_{28}O_6$, F. 130—131°, $[\alpha]_D^{22} = +17 \pm 2°$ (Methanol) aus **III** (800 mg) mit 10 ml Pyridin u. 5 ml Acetanhydrid, 42 Std., 20°. Farblose Kristalle aus Ae.–Pentan. IR-Spektrum (Nujolsuspension): 1740, 1725, 1707, 1650, 1455, 1370, 1252, 1230, 1080, 1020, 1005, 980 cm^{-1}, UV-Endabsorption bei 210 mμ *Di-O-mesyl*-**III**: $C_{18}H_{28}O_8S_2$, F. 130—131° (Zers.), $[\alpha]_D^{21} = +4 \pm 2°$ (Methanol), aus 57 mg **III** mit 0,09 ml Methansulfonylchlorid in 2 ml Pyridin bei 0°, 24 Std. lang, farblose Nadeln (66 mg), UV-Endabsorption bei 210 nm; IR-Spektrum (KBr): 1700, 1650, 1350, 1265, 1170, 975, 915, 780, 700 cm^{-1}. — *Bis-O-[p-nitrobenzoyl]*-**III**: $C_{30}H_{30}O_{10}N_2$, F. 87—95°, aus 50 mg **III** mit 80 mg p-Nitrobenzoylchlorid in 1 ml Pyridin, 24 Std. lang 20°, Eingießen in Eiswasser, Ausziehen mit Chloroform. UV-Maximum bei 248 nm; IR-Spektrum (KBr): 1715, 1610, 1528, 1350, 1275, 1120, 1105, 722 cm^{-1}. — *Bis-O-[p-phenylazobenzoyl]*-**III**: $C_{42}H_{40}O_6N_4$, F. 154—155°, aus 50 mg **III** mit 100 mg p-Phenylazobenzoylchlorid in 1 ml Pyridin, 27 Std. lang, 20°, Eingießen in Eiswasser u. Extraktion mit Chlf., Chromatographie über Silicagel, Elution mit Bzl., orangefarbige Nadeln aus Ae.–Pentan, (23 mg); UV-Maxima bei 226 u. 450 nm; IR-Spektrum (KBr): 1720, 1710, 1275, 1260, 1110, 865, 780, 700 cm^{-1}. — *Mono-O-[p-phenylazobenzoyl]*-**III**: F. 192—194° durch Elution mit Chlf.–Methanol (99:1) u. Umlösen aus Chlf.–Pentan, 20 mg. — *Tetrahydro*-**III** (**V**): $C_{16}H_{28}O_4$, F. 134°, $[\alpha]_D^{22} = \pm 1{,}3 \pm 2°$ (Methanol), aus 141 mg **III** in 10 ml A. u. 30 mg 10% Pd-Kohle + H_2 (2,08 Mol), 146 mg Rohprod., farblose Kristalle aus Ae. IR-Spektrum (KBr): 3300, 1730, 1245, 1093, 1045, 970, 850, 820, 700 cm^{-1}. — *Diketon aus* **V**: $C_{16}H_{24}O_4$, F. 174,5—175°, $[\alpha]_D^{22} = -70 \pm 2°$ (Methanol), aus 150 mg **V** in 75 ml Aceton u. 1,5 ml CrO_3-Reagens (100 ml enthalten 26,7 g CrO_3, 21,3 ml konz. H_2SO_4 u. W.), 5 Min. lang 20°, Zusatz von 1,5 ml Methanol, nach 5 Min. in Eiswassez (200 ml), Extraktion mit Ae., 129 mg farblose Kristalle aus Ae.–Pentan. UV-Spektrum: Maximum bei 283 nm, IR-Spektrum (KBr) 2940, 2860, 1740 Schulter, 1727, 1695, 1460, 1405, 1370, 1270, 1185, 1120, 1035, 985, 950 cm^{-1}; **VI**-*Methylester* (**VI**) aus 123 mg **IV** in 5 ml Methylenchlorid, 0°, u. äther. Diazomethan, 15 Min. lang Eindampfrückstand an Silicagel chromatograph. 105 mg farbloses Öl durch Elution mit Bzl.–Chlf. (1:9) IR-Spektrum: (CH_2Cl_2) 3550, 2930, 2860, 1750, 1720, 1460, 1440, 1210, 1070, 1020 cm^{-1}; *Mono-O-mesyl*-**IV**-*Methylester*: $C_{17}H_{26}O_6S$, F. 140—141°, aus 47 mg **VI** in 2 ml Pyridin u. 0,1 ml Methansulfonsäurechlorid, 0°, 22 Std. lang bei 20°, mit Chlf. verd., gewaschen mit 2n HCl, 0,5n Na_2CO_3 u. Wasser. Nach Eindampfen 52 mg Neutralteil (gelbes Öl), Chromatographie an Silicagel u. Elution mit Bzl.–Chlf. (1:1), 26 mg farblose Prismen aus Ae.–Pentan, IR-Spektrum (CH_2Cl_2: 2920, 2840, 1745, 1733, 1350, 1200, 1175, 1070, 940, 930, 845 cm^{-1}. B. Görlich 4320◇

1106 **Der Einbau von Protein- und Kohlenhydratvorstufen während des Zellcyclus einer Spalthefe.** J. M. Mitchison und K. M. Wilbur. (Exp. Cell Res. **26**, 144—57, 1962; Edinburgh, Univ., Dep. of Zoology; engl.) — In Wachstum begriffene Kulturen von *Schizosaccharomyces pombe* wurden mit ^{14}*C-Leucin*, ^{35}*S-Methionin* u. ^{14}*C-Glucose* markiert u. Autoradiogramme angefertigt. Die Zellänge wurde bestimmt, um ihr Alter im Zellcyclus zu ermitteln. Für jede Markierungsart wurden Kurven angefertigt, um den Anteil des Einbaues während des Zellcyclus anzugeben. Die Ergebnisse weisen darauf hin, daß der Anteil an *Protein-* u. *Kohlenhydrat*-Polymeren während des Zellcyclus ansteigt. Verss. zeigten, daß der Einbau mehr durch Synth. als durch Austausch oder Adsorption erfolgt u. daß Leucin, Glycin in Protein u. Glucose in Kohlenhydrate eingebaut wurde. Es blieb ein größerer Anteil an nicht eingebauten Isotopen zurück, die nicht schnell genug reagierten. L. Macher 4320◇

1107 **Mechanismus der Transformation der Polysaccharidkapsel bei Pneumokokken.** D. M. Kohoutová. (Nature [London] **190**, 1171—73, 1961; Prag, Czechoslovak Acad. Sci., Inst. Biol.; engl.) — Bei einer R-Form von *Pneumokokken, Typ II*, ergaben sich Schwierigkeiten der Transformation in die kapsulierte S-Form der Type III. Sowohl der Stamm (**I**) als auch das *Transformationsprinzip* (**II**) wurden auf Veränderungen untersucht. **I** zeigte geringe Veränderung, das **II**, ein aus demselben **I** gewonnener roher, deproteinisierter Desoxyribonucleinsäureextrakt erfordert jetzt *Desoxyribonuclease* zur Wirkung. Zugabe von *Citrat* allein hemmt Transformation u. Wachstum. Ekkehard Schmid 4320◇

1108 **Thyroxin und Hefestoffwechsel: Trennung von Oxydation und Phosphorylierung.** James M. Hodges, Morris Gutenstein und Walter Marx. (Arch. Biochem. Biophysics **101**, 429—35, 1963; Los Angeles, Calif., Univ. of Southern California, School of Med., Dep. of Biochem.; engl.) — Eine Mitochondrienfraktion von Backhefe oxydierte *Succinat* u. veresterte *anorgan. Phosphat* gleichzeitig. *L-Thyroxin* setzte den P/O-Quotienten deutlich herab. K. Zingraf 4320◇

1109 **Enzymatische Desaminierung und Amidspaltung der Folsäure.** Walter S. McNutt. (Arch. Biochem. Biophysics **101**, 1—6, 1963; Boston, Mass., Tufts Univ., School of Med., Dep. of Pharmacol.; engl.) — Aus Zellen von *Alcaligenes faecalis*, die in Ggw. von *Xanthopterin* gewachsen sind, wird ein roher Enzymextrakt (**I**) gewonnen. **I** katalysiert die Desaminierung u. die Spaltung der Amidbindung von *Folsäure* (**II**), wobei *Pteroinsäure* (**III**), desaminierte **II** sowie durch weitere Rk. mit **III** desaminierte **II** entstehen. *Rhizopterin* dagegen wird nicht desaminiert. E.-R. Lochmann 4320◇

1110 **Partielle Reinigung eines von Fusarium moniliforme gebildeten Metaboliten, der die Ausnutzung von Sauerstoff durch keimende Gerste inhibiert.** Neville Prentice. (Physiol. Plantarum [Copenhagen] **15**, 693—99, 1962; US. Dep. of Agricult., Agric. Res. Serv., Crops Res. Div., Barley and Malt Labor.; Madison, Wis., Univ. of Wisconsin, Wisconsin Agric.-Exp. Stat.; engl.) — Eine isolierte Kultur von *Fusarium moniliforme* produzierte in Richards Nähr-Lsg. einen Stoff, der die Ausnutzung von O_2 durch keimende Gerste hemmte. Vf. reinigte den Stoff durch Adsorption an Aktiv-Kohle, Herauslösen aus dieser mit Methanol, Ersatz des Lsgm. durch W., Extraktion aus wss. Lsg. mit Ae. u. chromatograph. Trennung des in Ae. Lösl. auf einer Cellulosesäule mit Bzl. u. Isopropanol in Benzol. — Die Best. der Toxizität erfolgte

durch manometr. Messung des O_2-Verbrauchs keimender Gerste. Das wirksamste Präp. verursachte 50%ig. Hemmung des O_2-Verbrauchs bei einer Konz. von 10 μg/ml.
H. G. W. Gleiß 4320◇

1111 **Der Einfluß von Spurenelementen auf die Fettsäuresynthese von Penicillium aurantiobrunneum.** Jagjit Singh und I. S. Bhardwaj. (J. sci. ind. Res. [New Delhi], Sect. C. **21 C,** 84, 1962; Chandigarh, Panjab Univ., Chem. Dep.; engl.) — *Cu, Zn, Cr, Al, V, Br, Fe, Ni* u. *Mn* stimulieren die Fett-Synth. u. das Wachstum von *Penicillium aurantiobrunneum.*
P. Gregorzewski 4325◇

1112 **Wirksamkeit verschiedener Fungicide gegen die Stengelgallenkrankheit von Coriandrum sativum L.** P. N. Narula. (Sci. and Cult. [Calcutta] **28,** 481—82, 1962; Pusa, Bihar; Bot. Sub-Station; engl.) — Vf. prüft verschiedene Fungizide auf die Hemmung der Auskeimung der Sporen von *Protomyces macrosporus* Ung. Die Hemmung zeigt folgende Werte bei einer Anwendung der Fungizide in Konzz. von 1000 ppm: *Fytolan* 86,9%, *Ferenosan* 86,3, *Kupfer Sandoz* 89,0, *Funguskupfer* 100%, *Dithane* 100% u. *Spessul* 32,6.
W. Hiller 4330◇

1113 **Wirksamkeit von Phorat als Fungicid.** Joseph Hacskaylo und R. B. Stewart. (Phytopathology **52,** 371—72, 1962; U. S. Dep. of Agricult., Agricult. Res. Serv., Crops Res. Div.; Texas Agric. Exp. Stat., Coll. Stat.; engl.) — 1. Petri-Schalen, die je 190 ml fl. Kartoffel–Dextrose-Agar u. 10 ml einer Lsg. von 0,1, 1,0, 10,0 oder 20,0 mg *Phorat* (*O.O-Diäthyl-S-[äthylmercaptomethyl]-dithiophosphat*; **I**) in Aceton enthielten, wurden mit den phytopathogenen Pilzen *Rhizoctonia solani* (Rs), *Rhizopus nigricans* (Rn), *Fusarium moniliforme* (Fm) bzw. *Pythium debaryanum* (Pd) beimpft u. 6 Tage bei 72—76° F bebrütet. Das Mycelwachstum von Pd wurde mit wachsender **I**-Konz. stärker gehemmt; bei 5 bis 50 ppm **I**, nicht jedoch bei höheren Konzz. nahm die Sporangienzahl von Rn ab u. das Mycelwachstum wurde unterdrückt; Mycel u. Sklerotien von Rs wuchsen bei 5 ppm schwach, bei $>$50 ppm jedoch nicht mehr; 5 u. 50 ppm reduzierten das Mycelwachstum von Fm, Steigerung der Dosis auf 3000 ppm blieb jedoch wirkungslos. **I** stimulierte die Sporenproduktion von Fm. — 2. 200 Samen von Upland-Baumwolle wurden mit 4 lbs. akt. **I**/100 lbs. Saat behandelt, mit obigen 4 Pilzarten beimpft u. bei 82—92 oder 70—72° F in Sand kultiviert. Die Keimprozente wurden mit denen unbehandelter Kontrollen verglichen. Es keimten bei Rs-Beimpfung bei hoher Temp. 70%, bei niedriger 51%, bei Fm bei hoher Temp. 60,6% (= 11% unter den Kontrollen!), bei niedriger 55,5%. Bei Pd war **I** mit hoher Temp. ohne Wrkg., mit niedriger Temp. lagen die Keimprozente 11% über den Kontrollen. Bei Rn lag die Keimquote temperaturunabhängig ca. 10% über der der unbehandelten Kontrollen. I-Konzz. $>$50 ppm hatten auf Fm keine, auf Rn u. Pd schwache, auf Rs gute Wirkung. **I** war bei den benutzten Konzz. leicht phytotoxisch.
H. G. W. Gleiß 4330◇

1114 **Die Wirkung von α-Äthylisonicotinsäurethiamid auf die Morphologie von Mycobacterium tuberculosis (elektronenmikroskopische Untersuchungen).** V. Nitti und R. Virgilio. (Riv. Ist. sieroterap. ital. **35,** 514—28, 1960; Napoli, Univ., Clin. Tisiol.; ital.) — Nach Einw. von *α-Äthylisonicotinsäurethioamid* tritt bei *Mycobacterium tuberculosis* zunächst eine Zunahme der elektron. Dichte u. eine Schwellung der ganzen Zelle auf. Es folgen lyt. Erscheinungen, die schließlich zur Zerstörung der Zelle führen. Die Veränderungen sind denen nach *Isonicotinsäurehydrazid* ähnlich. K. Zingraf 4330◇

1115 **Die Wirkung einiger Arylguanidino- und Arylaminopyrimidine auf das Wachstum bestimmter Mikroorganismen.** Dolly Roy, Sudhamoy Ghosh und B. C. Guha. (Arch. Biochem. Biophysics **92.** 366—72, 1961; Calcutta, Univ., Coll. Sci. & Technol., Dep. Appl. Chem.; engl.) — Vgl. C. **1961,** 6859. — *Streptococcus faecalis, Lactobacillus arabinosus* u. *Escherichia coli* werden durch *2.4-Diamino-6-hydroxypyrimidin* (**I**) gehemmt. Wird **I** durch Ersatz von $C_{(2)}$- u./oder $C_{(4)}$- *Amino*-Gruppen durch *para*-substituierte *Arylamino*- oder *Arylguanidino*-Gruppen abgewandelt, so ergeben sich weitere Derivv., von denen die *2.4-Bis-[arylamino]-6-hydroxypyrimidine* am wirksamsten waren. Die Wrkg. der *Arylamino*- u. *Arylguanidino*-Derivv. von **I** unterscheidet sich von jener der *2.4-Diaminopyrimidine* dadurch, daß die ersteren die Wrkg. von Folsäure nicht kompetitiv umkehren. Die Hemm-Wrkg. liegt in einer Störung des *Pyrimidin*-Stoffwechsels. Folgende Verbb. werden getestet: Guanidino-4-amino-6-hydroxypyrimidine: *3-Phenyl-3-[p-Methoxyphenyl]-*, *3-[p-Tolyl]-*, *3-[p-Nitrophenyl]-*, *3-[p-Chlorphenyl]-*; 4-Amino-6-hydroxypyrimidine: *2-Phenylamino-*, *2-p-Tolylamino-*, *2-p-Chlorphenylamino-*; 2-Amino-6-hydroxypyrimidine: *4-Phenylamino-*, *4-p-Tolylamino-*, *4-p-Chlorphenyl-*; 6-Hydroxypyrimidine: *2.4-Bis-[phenylamino]-*, *2.4-Bis-[p-tolylamino]-*, *2.4-Bis-[p-chlorphenyl]-*; Pyrimidine: *2.4-Diamino-5-[p-chlorphenyl]-6-methyl-*, *2.4.6-Triamino-*, *2.4-Diamino-6-hydroxy-*; *6-Azauracil*, *6-Azathymin*, *5-Bromuracil.* Ekkehard Schmid 4330◇

1116 **Über die bakterieiden Eigenschaften des Labmagensaftes des Rindes.** Ch. Sch. Chairutdinow und A. A. Abidow. (Usbek. biol. J. **7,** Nr. 2, 63—65, 1963; Inst. für experim. Med. der Akad. der Wiss. der UsbekSSR; russ.) — Der natürliche *Labmagensaft* des Rindes wirkt stark bakterieid gegenüber *Bacterium colicommune, Bact. coli typhi abdominalis, Bact. coli dysenteriae Flexner* „c“, *Staphylococcus aureus, Streptomyces viridians, Strept. faecalis* u. *Bact. pyocyaneum,* nicht jedoch gegenüber der *Hefe.* Der neutrale Saft zeigt keine bakterieiden Eigenschaften. Der fermentfreie, HCl-haltige Saft wirkt bakterieid. Die bakterieiden Eigg. des Labmagensaftes beruhen demnach auf der Ggw. von HCl (das Ergebnis ist jedoch nicht ganz sicher). O. Lebtag 4330△

1117 **Fungitoxizität von Ligninmonomeren, Modellsubstanzen und Zersetzungsprodukten.** B. T. Lingappa und John L. Lockwood. (Phytopathology **52,** 295—99, 1962; East Lansing, Mich., Michigan State Univ., Dep. of Bot. and Plant Pathol.; engl.) — Verschiedene Stoffe aus Naturböden wurden auf Kartoffel–Dextrose-Agar bei 24° an 4—7 Tage alten Kulturen der Pilze *Glomerella cingulata, Fusarium oxysporum f. lycopersici* u. *Penicillium frequentans* in ihrer Wrkg. auf Conidienhemmung u. Keimschlauchwachstum untersucht. Humusstoffe, Lipoide, A.-Extrakte u. Lignin waren weder fungitox. noch stimulierend. Die mit Dioxan oder A. aus entfetteten Böden u. Weizenstroh gewonnene ligninähnliche Fraktion u. A.-Extrakte aus ligninverbesserten Böden hemmten jedoch bei einer Konz. von 10^{-2} bis 10^{-3} m in Abhängigkeit vom pH-Wert des Mediums das Pilzwachstum. Zusatz von 0,5% *Pepton* hob die fungistat. Wrkg. einiger Verbb. auf. Die fungistat. Wrkg. von Ernterückständen auf phytopathogene Bodenpilze ist daher auf Abbau-Prodd. von Lignin zurückzuführen.
H. G. W. Gleiß 4330◇

1118 **Isolierung von streptomycinresistenten Tuberkelbacillen aus Medien mit Streptomycingehalt und Zusatz von Coffein, 8-Azaguanin oder Acriflavin und deren biologische Bedeutung.** Koomi Kanai. (Med. and Biol. [Tokyo] **62,** 72—75, 1962; Tokyo, Nat. Inst. Health, Dep. Tuberc.; jap.) — Auf Ogawa-Eiernährboden ± Geh. (μg/ml) an *Coffein* (1000) bzw. *8-Azaguanin* (75) oder *Acriflavin* (200) u. 1—4 μg/ml *Streptomycin* (**I**; als Dihydrostreptomycinsulfat) kultivierte humane Stämme (H 2) von *Tuberkelbacillen* ergeben nach 1-stufiger Isolierung eine heterogene, verschieden **I**-resistente Population. Aus deren Unters. ergibt sich, daß durch die Zusätze die Auslese von gegen **I** indifferenten Mikroben u. solchen mit hoher Resistenz gegen **I** gefördert wird. Erörterung über den sek. Effekt der Zusätze, die zum Auftreten der Resistenz beitragen. L. Schuler 4340◇

1119 **Wirkung des intermittierenden Kontaktes mit Kanamycin in vitro auf Mycobacterium tuberculosis.** V. Nitti und R. Cantarella. (Riv. Ist. sieroterap. ital. **35,** 556—63, 1960; Napoli, Univ., Clin. Tisiol.; ital.) — Wenn *Mycobacterium tuberculosis* täglich nur 2 Std. lang mit *Kanamycin* (**I**) in vitro in Kontakt kam, war die Wrkg. von **I** wesentlich schwächer als bei Dauerkontakt. Durch Dosissteigerung konnte dieser Wrkg.-Verlust ausgeglichen werden. Die Wrkg. von *Streptomycin* wurde durch intermittierende Anwendung weniger stark herabgesetzt. K. Zingraf 4340◇

1120 **Wirkungsmechanismus der Antibiotika.** 2. Mitt. **Untersuchung über den Wirkungsmechanismus des Cycloserins und seines L-Stereoisomeren.** Jennie Ciak und Fred E. Hahn. (Antibiotics and Chemotherapy **9,** 47—54, 1959; Washington, D.C., Walter Reed Army Med. Center, W. Reed Army Inst. of Res., Dep. of Rickettsial Diseases; engl.) — 1. vgl. C. **1961,** 1977. — Dosen von ≧ 16 μg/ml *Cycloserin* (**I**) verursachen eine Lysis der Zellen von *Escherichia-coli*-Kulturen. Durch die Zugabe von 0,16m Saccharose-Lsg.

kann diese Lysis aufgehoben werden. Unter der Einw. von I auf *Staphylococcus-aureus*-Kulturen findet in den Zellen eine Speicherung von *N-Acylaminozuckern* statt. Beide Phänomene lassen sich auch in Ggw. von *Penicillin G*, aber nicht in Ggw. von synthet. *L-Cycloserin* (**II**) nachweisen. **II** unterscheidet sich außerdem von I durch sein antibiot. Spektrum. Es wird deshalb für **II** ein anderer Wrkg.-Mechanismus angenommen.
K.-W. Glombitza 4340◇

1121 **Kohlenhydratstoffwechsel von Milchsäurekulturen. Wirkungen von Antibioticis auf den Glucose-, Galaktose- u. Lactosestoffwechsel von Streptococcus lactis.** K. M. Shahani und J. R. Vakil. (J. Dairy Sci. **45**, 1057—65, 1962; Lincoln, Nebr., Univ. of Nebraska, Dep. of Dairy Husbandry; engl.) — Der Abbau von Zuckern (*Glucose*, *Galaktose* u. vorwiegend *Lactose*, unter Bldg. von Milchsäure, Ameisensäure, Essigsäure, CO_2, A. u. Glycerin; Verw. der klass. Glykolyse u. teilweise des Hexosemonophosphat-Shunt) von *Streptococcus lactis, Stamm UN*, wird unter gleichzeitiger Wachstumshemmung durch *Penicillin* (**I**; 10 E./ml) oder *Streptomycin* (**II**; 10 μg/ml) für 18—24 Std. gestoppt; jedoch wird bei längerdauernder Inkubation (48 Std.) Wachstum u. Zuckerabbau wieder aufgenommen. **I** hemmt den Monosaccharidabbau, **II** den Disaccharidabbau stärker. *Aureomycin* u. *Terramycin* hemmen bis zu 48 Std. Wachstum u. Zuckerabbau vollständig.
U. Tausendfreund 4340◇

1122 **Untersuchung über die gegenseitige Beeinflussung antibiotischer Substanzen: experimenteller Beitrag.** R. Dettori. (Giorn. Microbiol. **10**, 49—64, 1962; Milano, Univ., Istit. di Microbiol.; ital.) — 6 Meth. zur Prüfung des Synergismus zweier Antibiotica werden am Beispiel des *Desmethylchlortetracyclins* u. des *Erythromycinpropionsäureesterlaurylsulfates* gegenübergestellt (Organismen: *Escherichia coli K 12, Pseudomonas aeruginosa*). Die Best. der minimalen Hemm-Konz. verschiedener Antibiotica-Mischungen im Reihenverdünnungstest ist am sichersten u. schnellsten durchführbar. Die Best. der Bakteriostase auf Agar (Maccacaro u. Dordi, Boll. Soc. Med. clin. Pavia **59**, [1955], 5) ergibt den deutlichsten Beweis für einen Synergismus.
K. W. Glombitza 4340◇

1123 **Extraktion und Fraktionierung von Antigenmaterial aus Staphylococcus aureus.** Gunnar Haukenes, Norvald Losnegard und Per Oeding. (Acta pathol. microbiol. scand. **53**, 84—94, 1961; Bergen, Univ., School of Med., Gade Inst., Dep. of Microbiol.; engl.) — Von den Meth. zur Gewinnung von Bakterienextrakten, wie Einfrieren u. Auftauen, Harnstoffextraktion, Zertrümmerung in der Kugelmühle, Auswaschen mit Acetonextraktion u. Zertrümmerung in einer Bakterienpresse (Bp.), war Bp. das schonendste Verfahren. Das aus Bp. erhaltene Material von *S. aureus* 1503 wurde mit Puffer ausgezogen, mit n-HCl ausgefällt, dialysiert u. mit A. umgefällt Das Präzipitat enthielt nach chem. u. Agargelpräzipitations-Unters. reduzierende Polysaccharide mit mehreren Antigenkomponenten. Die serolog. Typen-Best. (Ty.) von S. aureus beruht auf Agglutination, u. einige der Agglutinogene decken sich mit den Agarpräzipitationslinien. Die Ty. allein ist noch unbefriedigend, die immunochem. Best. muß noch an Stämmen mit klaren Antigenen weiter ausgearbeitet werden.
Ekkehard Schmid 4370◇

1124 **Eine subzelluläre, Antitoxin bindende Komponente von Corynebacterium diphtheriae.** M. Yoneda und M. Matsuda. (Nature [London] **192**, 642—43, 1961; Osaka Univ., Res. Inst. for Microbial Diseases; engl.) — Suspensionen von toxinbildenden (Park Williams No. 8) (a) u. nicht toxinbildenden Stämmen (b) von *C. diphtheriae* wurden mit Ultraschall zertrümmert u. fraktioniert auszentrifugiert. Die Fraktionen bei 14500 *g* (**I**), 100000 *g* (**II**) u. gereinigte Zellwand-Präpp. (**III**) von I wurden im Flockungs- u. Agardoppeldiffusions-Vers. auf Antitoxinbindung (AB) untersucht. Nur **I** u. **II** von a binden *Antitoxin* (**IV**), nicht aber **III**, oder **I** u. **II** von b. Anwesenheit von **I** u. **II** von b stört die AB von **I** u. **II** von a nicht. Gewaschenes **II** von a ist für Meerschweinchen nicht tödlich, gibt aber am Kaninchen eine intrakutane Rk., welche durch **IV** ausgelöscht werden kann.
Ekkehard Schmid 4370◇

1125 **Unterschuungen der Polysaccharide von Trichophyton rosaceum.** J. Zamiechowska-Miazga. (Bull. Acad. polon. Sci., Sér. Sci. biol. **10**, 3—7, 1962; Warschau, School of Med., Dep. of med. Microbiol.; engl.) — In den durch chem. Fraktionierung von *Trichophyton rosaceum* erhaltenen 8 Fraktionen (5 Polysaccharid-, 1 Lipid- u. 2 Rückstandfraktionen) wurden Zucker, N, P, Proteine u. Glucosamin bestimmt. In den Polysaccharidfraktionen wurden *Glucose*, *Mannose*, *Xylose*, *Rhamnose*, eine Hexose mit $R_F = 30$, *Fucose* (vermutlich), *Arabinose* u. *Ribose* papierchromatograph. identifiziert. 3 Fraktionen enthalten außerdem Uronsäure. Alle Fraktionen sind Polysaccharid–Protein-Symplexe. Ihre serolog. Aktivität liegt zwischen 32000 u. 64000.
U. Drehmann 4370◇

1126 **Die Immunchromatographie, eine neue Technik, angewandt auf das System des Aphthosevirus.** K. O. Hobohm, S. Rivenson und E. P. de Banchero. (Rev. Asoc. bioquím. Argent. **28**, 183—89, 1962; Buenos Aires, Inst. de Fiebre Aftosa; span.) — Durch spezif. Ausfällung mit homologen Meerschweinchenantiseren u. anschließende Papierchromatographie war eine Identifizierung der Typen O, A u. C des *Rinderaphthosevirus* möglich. K. Zingraf 4374◇

1127 **Parameter, die die Äthylenoxidwirkung auf Virusverunreinigungen von Proteinlösungen beeinflussen.** W. Doleschel und W. Auerswald. (Med. exp. [Basel] **7**, 358—62, 1962; Wien, Univ., Med. School, Dep. of Physiol.; engl.) — Der sterilisierende Effekt von $(CH_2)_2O$ wurde auf seine Abhängigkeit von der Konz. gleichzeitig anwesender Proteine u. Neutralsalze, von der Temp. u. der Einwirkungszeit überprüft. Es zeigte sich, daß Protein-Konzz. bis zu 10% u. Neutralsalz-Konzz. bis 2m ohne Einfl. auf die Wrkg. von $(CH_2)_2O$ sind. Bei niedriger Temp. ist die sterilisierende Wrkg. unzureichend, sie kann aber durch Verlängerung der Einwirkungszeit verbessert werden. U. Drehmann 4374◇

1128 **Wirtsspezifität der durch Escherichia coli gebildeten Desoxyribonucleinsäure.** 1. Mitt. **Die durch den Wirt kontrollierte Modifikation der Bacteriophagen λ.** Werner Arber und Daisy Dussoix. (J. molecular Biol. **5**, 18—36, Juli 1962; Geneva, Univ., Biophysics Labor.; engl.) — Bacteriophagen λ tragen eine Wirtsspezifität, die durch die Bakterienspezies bestimmt wird, in der sie gebildet werden. Nach Infektion des bakteriellen Wirtes wird entweder die Phagen-*Desoxyribonucleinsäure* (DNS) akzeptiert u. aufgenommen oder abgebaut bzw. abgestoßen. Wird die DNS voll aufgenommen, so vermehrt sie sich. Die Bacteriophagenpartikel, die nunmehr ausschließlich die neu gebildete DNS enthalten, besitzen nunmehr die Spezifität zu diesem Wirt. Dieser Befund wird mit den Bacteriophagen λK, λK(P 1), λB u. λC auf den Wirtsbakterien *E. coli* K 12, K 12(P 1), Bc 251 u. C bestätigt. Ein kleiner Teil der übertragenen Phagen weist die jeweils urspüngliche Wirtsspezifität auf, während der Großteil der neugebildeten Phagen die Infektionsspezifität gegenüber dem neuen Wirt aufweist. Um zu prüfen, ob die von den elterlichen Phagen übertragene DNS u. die damit übertragene Wirtsspezifität der Eltern im selben Bacteriophagenpartikel vorliegen, werden Bacteriophagen λK(P 1) mit ^{32}P markiert. Auf Grund des β-Zerfalls des Radiophosphors erleiden diese Phagen eine exponentielle Inaktivierung. Werden die Phagen zur Infektion des nichtlysogenen Wirtes *E. coli* K 12 in ^{32}P freiem Medium herangezogen, so zeigt sich, daß die neuen Phagen (wegen der großen Menge der neu gebildeten DNS) keine exponentielle Inaktivierung während der Kultivierung erleiden. Der geringe Anteil der Bacteriophagen mit der ursprünglichen Wirtsspezifität an K 12(P 1) weist dagegen die durch ^{32}P induzierte Inaktivierung auf. Die genaue Best. der Inaktivierungs-Geschw. bei diesen Phagenpartikeln ergab, daß diese Phagen 45—50% der elterlichen ^{32}P-Inaktivierungssensibilität aufweisen. Dieser Effekt wird auf die Strangtrennung der elterlichen DNS während der Replikation zurückgeführt, wobei die nächste Generation nur noch halbmarkierte „hybride" DNS, entsprechend dem Watson-Crick-Modell der DNS, enthält. Die Inaktivierungssensibilität liegt nicht genau bei 50% der elterlichen Inaktivierung, sondern unterhalb zwischen 40 bis 50%, weil zwischen den markierten elterlichen DNS-Strängen u. denen der unmarkierten nächsten Generation Rekombinationen stattfinden. Wird die Bacteriophage λK (P 1) in synthet. Medium mit 99,7% D_2O kultiviert, so lassen sich die Partikel im OsCl-Gradienten als scharfe Banden sedimentieren. Werden deuterierte Bacteriophagen λK(P 1) auf *E. coli* K 12 in H_2O kultiviert, so wird ebenfalls bestätigt, daß die Wirtsspezifität der Phagen durch die Phagen-DNS definiert wird. Wird *E. coli* K 12 mit Bacteriophagen λcK infiziert u. in verschiedenen Abständen superinfiziert mit der Phage P 1, so zeigt sich, daß bei gleichzeitiger Infektion durch die beiden Phagen in fast alle λ-Partikel die spezif. P 1-Modifikationen induziert werden. Erfolgt die Superinfektion durch P 1 verzögert, so ist der Anteil der modifizierten Phagenpartikel verringert. Die Umwandlung des λK-produzierenden Komplexes in den λK(P 1)-produzierenden Komplex erfolgt bald nach der Superinfektion durch P 1. Die Umwandlung erfolgt auch, wenn P 1-Phagen vor der Infektion mit λK auf *E. coli* K 12 kultiviert werden. Die Wirtsspezifität wird in Ggw. von P 1-Phagen demnach sowohl als Kontrolle der Aufnahme der nichtadaptierten DNS als auch als Kontrolle der Modifizierung dieser DNS wirksam. Zur Modifizierung von λK in λK(P 1) ist es nicht notwendig, daß vorher eine DNS-Replikation stattgefunden hat. L. Träger 4374◇

1129 **Wirtsspezifität der durch Escherichia coli gebildeten Desoxyribonucleinsäure.** 2. Mitt. **Kontrolle über die Desoxyribonucleinsäureaufnahme aus dem infizierenden Phagen λ.** Daisy Dussoix und Werner Arber. (J. molecular Biol. **5**, 37—49, Juli 1962; engl.) — 1. vgl. vorst. Referat. — Werden Bacteriophagen λK nicht auf ihrem normalen Wirt *E. coli* K 12 (Plaque-Wert 1) kultiviert, sondern auf *E. coli* Bc 251 oder *E. coli* K 12(P 1) mit den Plaque-Werten 10^{-4} bzw. $2 \cdot 10^{-5}$, so werden trotz dieser geringen Infektionsrate fast alle Partikel durch Adsorption an die Bakterienzelle gebunden. Demnach steuert die Wirtsspezifität nicht die Bindung der Phagen, sondern deren Aufnahme. Werden ^{32}P-markierte λK-Phagen zur Infektion von *E. coli* K 12 herangezogen, so befindet sich nach 15 Min. 90% der Radioaktivität in der in 2% Perchlorsäure unlösl. Fraktion, die mit den Bakterien sedimentiert werden kann. Auf dem Wirt K 12(P 1) befindet sich dagegen 50—75% ^{32}P in der säurelösl. Fraktion u. kann nicht mit den Bakterien sedimentiert werden. Das gleiche gilt für *E. coli* Bc 251 u. BB 220 als Wirtsbakterien. Nach der Adsorption der Phagen erscheinen erste *Desoxyribonucleinsäure* (DNS)-Spalt-Prodd. einige Min. später. Dabei nimmt dann die Menge säurelösl. ^{32}P rasch zu u. der Wert erreicht ein Plateau nach 10—20 Minuten. Nach Adsorption an Norit zeigt sich, daß ein Teil des säurelösl. ^{32}P als anorgan. Phosphat vorliegt. Wird *E. coli* C 600 als Wirt mit P 1-Phagen infiziert u. anschließend mit ^{32}P-markierten Bacteriophagen λK superinfiziert, so läßt sich dagegen kein DNS-Abbau beobachten. Durch Mischinfektion von Bacteriophagen λK u. λK(P 1) auf K 12(P 1) als Wirt wird eine genet. Karte der λ-Phage mit den relativen Rekombinationshäufigkeiten aufgestellt. Wird eine *Streptomycin*-resistente Mutante aus *E. coli* C 600 (P 1) oder K 12(P 1) isoliert, so zeigt sich, daß diese bakteriellen Mutanten nach Infektion mit Phagen λK die Phagen λK(P 1), also mit der neuen Wirtsspezifität, freisetzen. Dabei zeigen diese Bakterienmutanten eine erhöhte Aufnahme der Phagen gegenüber der normalen *Streptomycin*-empfindlichen Kultur. L. Träger 4374◇

1130 **Wirkungen von Deuteriumoxid auf die Plattenbildung und Vermehrung des Simianvirus.** Richard I. Carp, Ivan Chudnow, Hilary Koprowski und David Kritchevsky. (Proc. Soc. exp. Biol. Med. **113**, 569—71, 1963; Philadelphia, Pa., Wistar Inst. of Anatomy and Biol.; engl.) — Vff. untersuchen den Einfl. von 25—50% *D_2O* im Medium auf die Vermehrung des Simian-Virus$_{40}$. In Affennierengewebe bei 37 u. 40° wird die Vermehrung des Virus bei beiden D_2O-Konzz. gehemmt. Vff. vermuten, daß die D_2O-Wrkg. in erster Linie auf einer Hemmung der Vermehrung des Virus beruht u. nicht auf eine Inaktivierung zurückzuführen ist. W. Hiller 4374◇

1131 **Untersuchungen über die inhibierende Wirkung von Guanidin auf die Poliovirusvermehrung in Zellkulturen.** Derek Crowther und Joseph L. Melnick. (Virology **15**, 65—74, 1961; Houston, Tex., Baylor Univ., Coll. of Med., Dep. of Virol. and Epidemolog.; engl.) — Abgeschwächte Typen 1 u. 2 von Poliovirus werden in Affennierenzellenkulturen durch Guanidin stärker inhibiert. Nicht so der Typ 3, ein abgeschwächter oraler Vaccinestamm, er verhält sich wie die virulenten Stämme. M. Schönberg 4374◇

1132 **Antiviren-Verbindungen.** 3. Mitt. **Derivate des Biphenyls.** G. Cavallini, E. Massarani, D. Nardi, L. Mauri und F. Magrassi. (Farmaco [Pavia], Ediz. Sci. **15**, 503—20, 1960; Vister-Casatenovo Brianza, Labor. Ric. di Chim. terapeut.; Napoli, Univ., Ist. di Patolog. speciale med. e Metodolog. clin.; ital.) — 2. vgl. C. **1961**, 11766. — Einige funktionelle Derivv. des *Biphenylylglyoxals* (**I**) u. des *Bis-4.4'-biphenylylglyoxals* (**II**) werden dargestellt. Sie zeigen z. T. Antiviruswirkung. Untersucht werden: *4'-Methoxy-*, *3'-Chlor-4'-methoxybiphenylylglyoxalhydrat*, **I**-*Hydrat*, **II**-*Dihydrat*, *α-Hydroxy-* u. *α-Äthoxyphenacylaminobenzoesäure*, **I**-*Isonicotinylhydrazon* sowie die im Vers.-Teil beschriebenen Verbindungen.

Versuche: *4'-Hydroxybiphenylyl-(4')-glyoxalhydrat* (**III**), $C_{14}H_{10}O_3 \cdot H_2O$, F. 168—170° (Methyläthylketon/PAe.), durch 5std. Erwärmen von 4-Hydroxybiphenylyl-(4)-methylketon u. SeO_2 in Dioxan/W. auf 70°; 40% (Ausbeute). *$NaHSO_3$-Verb.*, $C_{14}H_{10}O_3 \cdot NaHSO_3$, durch Zugabe einer alkohol. Lsg. des Hydrats zu 1,5%ig. wss. $NaHSO_3$-Lsg., Stehen über Nacht u. Absaugen; 90%. — *2-[4'-Hydroxybiphenylyl]-chinoxalin*, $C_{20}H_{14}N_2O$, F. 247—248° (verd. A.), mit o-Phenylendiamin; 70%. — *p-[α-Hydroxy-4-(4'-methoxyphenyl)-phenacylamino]-benzoesäure*, $C_{22}H_{19}NO_5$, F. 214—215°, analog **V** aus 4-Methoxybiphenylylglyoxalhydrat (**IV**); 70%. — *p-[α-Hydroxy-4-(4'-methoxy-3'-chlorphenyl)-phenacylamino]-benzoesäure*, $C_{22}H_{18}ClNO_5$, F. 224—225°, analog **V**; 75%. — p-[α-Äthoxyphenacylamino]-benzoesäuren: *-4'-phenyl-, -4'-phenyläthylester* (**V**), $C_{25}H_{25}NO_4$, F. 135—136°, durch Zugabe von p-Aminobenzoesäureäthylester zu **I** in A. bei 60° u. 4std. Rühren bei 60°; 94%. *-4'-[4''-methoxyphenyl]*, $C_{23}H_{21}$·NO_5, F. 211—213°, analog **V** aus **III**; 50%. — *-4'-[4''-methoxyphenyl]-*, $C_{24}H_{23}NO_5$, F. 224°, analog **V**; 60%. — *-4'-[3''-chlor-4''-methoxyphenyl]-*, $C_{24}H_{22}ClNO_5$, F. 228—229°; 60%. — *p-[α-Äthoxy-4-phenylphenacylamino]-salicylsäure, Methylester*, $C_{24}H_{23}NO_5$, F. 118—119°, analog **V** mit p-Aminosalicylsäuremethylester; 85%. *Isopropylester*, $C_{26}H_{27}NO_5$, F. 107—108°; 80%. — 4-Biphenylylglyoxalisonicotinoylhydrazone: *4'-Methoxy-* (**VI**), $C_{21}H_{17}N_3O_3$, F. 226—227°, durch 3std. Kochen von **IV** mit Isonicotinylhydrazin in A.; 95%. — *3'-Chlor-4'-methoxy-*, $C_{21}H_{16}ClN_3O_3$, F. 232—233°, analog **VI**; 75%. — 4.4'-Bisbiphenylylglyoxale: *Bishemiäthylacetal*, $C_{20}H_{22}O_6$, F. 126—127° (A.), durch 6std. Kochen von **II**-Hydrat in A.; 70%. — *Bishemiisopropylacetal*, $C_{22}H_{26}O_6$, F. 126° (Isopropanol), analog in Isopropanol; 70%. — *Bishemi-n-propylacetal*, $C_{22}H_{26}O_6$, F. 131—132° (Propanol); 72%. — *Bishemi-n-octylacetal*, $C_{32}H_{46}O_6$, F. 106°, analog in n-Octanol in 3 Std. bei 80°; 60%. — *1.1'-[Diphenylyl-(4.4')]-bis-[glyoxal-2-isonicotinoylhydrazon]*, $C_{28}H_{20}N_6O_4$, F. 280° (Zers.), analog **VI** aus **II**; 55%. — 4.4'-Bis-[α-(4-äthoxycarbonylphenylamino)-acetyl]-biphenyle: *Bis-α-äthoxy-*, $C_{38}H_{40}N_2O_8$, F. 166—167°, analog **V** aus **II**; 70%. — *Bis-α-isopentoxy-*, $C_{44}H_{52}N_2O_8$, F. 156—157°, analog in 20 Std. bei Raum-Temp.; 80%. — *Bis-α-isopropoxy-*, $C_{40}H_{44}N_2O_8$, F. 164° (Zers.); 60%. W. Holland 4374◇

E_4. Pflanzenchemie, Pflanzenphysiologie, Pflanzenpathologie

1133 **Biologischer Nacheffekt und langlebige freie Radikale in bestrahlten Samen.** Alan D. Conger. (J. cellular comparat. Physiol. **58**, Suppl. Nr. 1, 27—32, 1961; Gainesville, Fla., Univ. of Florida, Dep. of Bot. and Biol.; engl.) — Es wurde die Wrkg. verschiedener Behandlung von Gerstensamen (W., O_2, Gase, Temp. usw.) auf die bei deren Bestrahlung gebildeten langlebigen freien Radikale u. auf die Erscheinung des Nacheffekts (= Schädigung beim Lagern/Schädigung sofort) untersucht. Ein maximaler oder vergrößerter Nacheffekt tritt ein bei trockenen Samen, Ggw. von O_2, Raum-Temp., Strahlung niedriger Ionendichte (Röntgen- oder γ-Strahlen) u. nimmt mit steigender Lagerungsdauer zu. W., Fehlen von O_2, Ggw. von Radikalfängern, wie NO u. H-Donatoren, Temp. $< -70°$ u. Bestrahlung mit hohen Ionendichten vermindern oder hemmen den Nacheffekt. In feuchten Samen sind Moll. frei beweglich, u. Radikale können sich daher rasch vereinigen. Mit O_2 kann aus den langlebigen Radikalen Bldg. des Peroxylradikals, das zusätzlich biolog. schädigen kann, erfolgen. Erhitzen nach Bestrahlung erhöht Schädigung u. Radikalzerfall. Bei „supertrockenen" Samen ($<$3—4%) sank die Radikalausbeute überraschenderweise auf ca. 60% der bei 3—4% Wasser-Geh. beobachteten ab. Der entscheidende krit. Faktor dürfte hierbei der Grad der Starrheit (Molekülbeweglichkeit) des Materials sein. K. Maier 4404◇

1134 **Über die Rolle der Oligosaccharide und ihre Dynamik für die Bewertung der Winterfestigkeit von Winterweizen und Roggen.** M. I. Rybakowa. (Ber. Akad. Wiss. UdSSR **148**, 217—18, 1963; russ.) — Die Unterss. an winterfestem Roggen u. winterfestem Winterweizen (2 Sorten) er-

gaben, daß der Geh. an *Oligosacchariden* (**I**) um so stärker variiert, je winterfester die Sorte ist. Bei Temp.-Abnahme nimmt die *Fructose* (**II**)-Menge stark, die *Glucose* (**III**)-Menge wenig zu. Der I-Geh. beträgt beim Roggen 27,62%, beim Winterweizen 16,97%. Beim Roggen nimmt der I-Geh. im Frühjahr im Vgl. zum Herbst um 1,94%, im Winterweizen um fast 50% ab. Die übliche Bewertung der Winterfestigkeit nach dem Geh. an **II** u. **III** ohne Berücksichtigung der Dynamik der **I**-Anreicherung führt zu falschen Ergebnissen. Die Beobachtungen im Herbst müssen durch Best. der **I**-, **II**- u. **III**-Mengen in den Blättern u. im Bestockungsknoten zwischen Schneeschmelze u. beginnender Photosynth. ergänzt werden.
O. Lebtag 4404△

1135 **Untersuchungen an vollständig deuterierten Proteinen. 1. Mitt. Die Immunochemie von deuteriertem Protein und dessen Wasserstoffanalogen.** Donald S. Berns. (J. Amer. chem. Soc. **85**, 1676—78, 1963; Albany, N.Y., New York State Dep. of Health, Div. of Labor. and Res.; Albany Med. Coll., Dep. of Biochem.; engl.) — Vgl. J. Amer. chem. Soc. **85**, [1963], 8. — Auf Grund qual. u. quant. immunochem. Unterss. (Diffusions-Meth.) nach Oudin u. Ouchterlony; quant. Präzipitinkurven) von normalem u. völlig deuteriertem *Phycocyanin* (**I**) aus den blaugrünen Algen *Plectonema calothricoides, Phormidium luridium* u. *Synechococcus lividus* ergaben Identität beider Proteine in der prim., sek. u. tert. Struktur. Die Präzipitinkurven ließen quant. einen kleinen Unterschied zwischen den antigenen Eigg. gegenüber Antiprotioantisera des Deuterio- u. Protio-I aus *P. calothricoides* erkennen. *S. lividus*-I gab Kreuz-Rk. mit dem Antikörper zu *P. calothricoides*-**I**. Ein gewisser Anteil der Antigen-Eig. der Phycocyanine ist sehr wahrscheinlich an den Chromophor, der in allen Fällen sehr ähnlich oder ident. ist, gebunden.
K. Maier 4420◇

1136 **Über den Wassergehalt in den Chlorophyllen a und b.** W. M. Kutjurin und W. P. Knjasew. (Ber. Akad. Wiss. UdSSR **149**, 456—59, 1963; russ.) — Die Verss. über den Wasser-Geh. im *Chlorophyll* (**I**) u. *Phäophytin* (**II**) im Gleichgewicht mit der Luftfeuchtigkeit, im Vakuum u. beim Erwärmen ergaben, daß der Wasseraustritt aus **Ib** 2—3mal langsamer verläuft als aus **Ia**. Bei **Ia** + **Ib** liegt die Geschw. dazwischen. Bei **II** ist der Wasseraustritt der gleiche wie bei **Ib**. Aus den Ergebnissen ergibt sich kein schlüssiger Beweis für die Existenz von Hydraten von **Ia** u. **Ib** bestimmter Zusammensetzung. Der Wasser-Geh. in **Ia** u. **Ib** ist abhängig von der Kristallinität u. der Größe der Kristalle u. quant. verschieden. Die Festigkeit der Wasserbindung ist bei **Ia** u. **Ib** verschieden. Diese Unterschiede sind bei **IIa** u. **IIb** geringer.
O. Lebtag 4420△

1137 **Die Aminosäurezusammensetzung einiger philippinischer Nahrungspflanzen.** Isabel Conception und Iluminada S. Cruz. (Philippine J. Sci. **90**, 497—517, 1961; Manila, Nat. Inst. of Sci. and Technol., Food and Nutrit. Res. Center; Nat. Sci. Dev. Board; engl.) — Es werden der Wasser-, Protein- u. Asche-Geh. sowie mikrobiolog. der Geh. an den Aminosäuren Arginin, Cystin, Histidin, Isoleucin, Leucin, Lysin, Methionin, Phenylalanin, Threonin, Tyrosin u. Valin von Nahrungspflanzen, wie Mais, Reis, Süßkartoffel, Bohne u. a. bestimmt, die auf den Philippinen angebaut werden.
D. Groß/Halle 4420◇

1138 **Einige unverseifbare Lipide der Spadix von Arum maculatum.** J. F. Pennock, F. W. Hemming und R. A. Morton. (Biochem. J. **82**, 11P, 1962; Liverpool, Univ., Dep. of Biochem.; engl.) — In Fortsetzung der Unterss. über den *Ubichinon*-Geh. wurden die *unverseifbaren Lipide* (**I**) in der reifen Spadix von *Arum maculatum* bestimmt. Die **I** wurden chromatographiert u. durch PAe. mit steigendem Ae.-Anteil eluiert. Die ersten Fraktionen enthielten einen *gesätt. KW-Stoff*, F. 55°, *β-Carotin, Phytoen, Phytofluen, Squalen, Kofler-Chinon-45* (**II**), nicht nachweisbar war *Lycopersen*. In den Mittelfraktionen wurden gefunden: *Ubichinon-50* (**III**), *α-Tocopherol, Tocopherylchinon*; nicht nachweisbar waren *Ubichromenol* u. *Solanachromen*. Die anschließenden Fraktionen enthielten *langkettige* (davon einen gesätt. Alkohol, F. 69,5°) u. *isoprenoide Alkohole* (*Dolichol-100* u. ein vorläufig als *Solanesol-50* identifizierter). Die stärker polaren Fraktionen enthielten *Sterine* u. *Xanthophyllinpigmente*. Die hohe **III**-Konz. erklärt die hohe Cytochromaktivität, der geringe Geh. an **II** die Abwesenheit von Chlorophyll.
H. Ackermann 4420□

1139 **Über Euphorbia lathyris L. und das aus ihren Samen gewonnene Öl.** A. Popoff, I. Micev und B. Kuzmanov. (C. R. Acad. bulg. Sci. **14**, 369—71, 1961; Bulgar. Akad. der Wiss., Botan. Inst. u. Inst. für organ. Chem.; dt., Auszug: russ.) — Die Samen der in Sofia gezüchteten *Euphoria lathyris* L. enthielten nach papierchromatograph. u. absorptionsspektrophotometr. Unterss. 5% W. u. 42% Öl [n_D^{20} 1,4725, SZ. 0,31, VZ. 198,6, JZ. (Kaufmann) 83,1, RhZ. 77,6, Hydroxylzahl 2,4], das aus 75,5% *Ölsäure*, 5,3% *Linolsäure*, 12,1% *gesätt. Fettsäuren*, 4,5% *Glycerin*-Rest u. 0,6% unverseifbaren Stoffen bestand. Die Toxizität des Ölkuchens beruhte auf der Ggw. von *Rizin*.
I. v. Kloch-Kornitz 4420◇

1140 **Alkaloide aus dem oberirdischen Teil der Frühlingsknotenblume (Leucojum vernum L.). Amaryllidaceae.** J. Tomko, I. Bendík, O. Bauerová, J. Mokrý und S. Bauer. (Chem. Zvesti **15**, 839—42, 1962; Bratislava, Slov. akad. vied, Chem. úst. Odd. chém. alkaloidov; slowak.) — In den Blättern von *Leucoium vernum* aus der Ostslowakei werden papierchromatograph. 0,038% *Lycorin* (**I**, auf Trocken-Gew. bezogen) bestimmt. In den grünen Samenkapseln finden sich nur sehr geringe Mengen **I**. *Galanthamin* u. andere Alkaloide werden in den oberird. Pflanzenteilen nach dem Abblühen nur in Spuren nachgewiesen.
R. K. Müller 4420◇

1141 **Über die chemische Zusammensetzung von stickstofffreien organischen Stoffen der Früchte von Juglans regia L.** Jevrossima K. Pazarinčević und A. F. Damanski. (Ber. chem. Ges. Belgrad **27**, 23—35, 1962; Belgrad, Univ., Fak. für Phar. u. Fak. für Technol.; jugosl., Auszug: franz.) — Ausführliches Zahlenmaterial über die Zus. der N-freien Substanzen in den vegetativen u. reproduktiven Organen von Juglans regia L. in 6 verschiedenen Entw.-Stadien.
O. Lebtag 4420△

1142 **Extraktstoffe aus Hölzern. 4. Mitt. Extraktstoffe aus Symphoricarpus rivularis.** Wesley Cocker und A. L. Cantan. (Perfum. essent. Oil Rec. **54**, 171—74, 1963; engl.) — 3. vgl. J. chem. Soc. [London] **1963**, 677; 2. vgl. C. **1963**, 18423. — Aus dem Ligroinextrakt des Holzes von *Symphoricarpus rivularis* werden anch alkal. Hydrolyse *β-Sitosterin* {F. 135°; $[\alpha]_D$ —32,5° (c = 0,25; Chlf.). *Acetyl-Deriv.*, F. 125°} u. ein *Alkohol vom F. 193°* (**I**; aus Bzn./Äthylacetat Nadeln. *Acetyl-Deriv.*, F. 165°) isoliert. **I** gibt eine violette Rk. mit Liebermann-Burchardt-Reagens u. wandert in Cyclohexanon/Äthylacetat (4:1) bzw. in Ae./Bzl. (3:7) an Kieselgeldünnschichten mit R_F 0,45 bzw. 0,65; mit Ae./Bzl. (1:1) erfolgt Trennung in zwei Verbb. vom R_F 0,75 u. 0,85. Im flüchtigen Anteil der Neutralstoffe werden durch Gaschromatographie *Cineol* (oder *Limonen*), *Myrcen* (oder *Phellandren*), *Alloocimen* (oder *Methylheptenon*), *α-* u. *β-Thujon, Nerol, α-Terpineol* u. *Citral* festgestellt. Die Säuren enthalten keine flüchtigen Anteile; Veresterung mit CH_2N_2, Abtrennen der ungesätt. Verbb. mit Hg-Acetat u. Gaschromatographie ergibt folgende Zus. der gesätt. Fettsäuren: 2 (%) *Nonansäure*, 1,8 *Isodecansäure*, 0,25 *Decansäure*, 2,2 *Undecansäure*, 7,1 *Laurinsäure*, 0,75 *Isododecansäure*, 4,5 *Tridecansäure*, 0,88 *Isotetradecansäure*, 4,5 *Myristinsäure*, 0,31 *Isopentadecansäure*, 3,1 *Pentadecansäure*, 0,88 *Isohexadecansäure*, 4,5 *Palmitinsäure*, 3,6 *Margarinsäure*, 0,13 *Isooctadecansäure*, 3,0 *Stearinsäure*, 4,4 *Isononadecansäure*, 6,9 *Eikosansäure*, 7,7 *Heneikosansäure*, 13,0 *Dokosansäure*, 10,0 *Trikosansäure*, 11,8 *Tetrakosansäure* u. 4,4 *Pentakosansäure*. Analog wird die Zus. der ungesätt. Säuren bestimmt: 5,6 *Tetradecensäure*, 7,1 *Pentadecensäure*, 53,9 *Hexadecensäure*, 33,3 *Ölsäure*; die Diensäuren enthalten 33,6 *Tetradecadiensäure*, 25,5 *Pentadecadiensäure* u. 40,7 *Hexadecadiensäure*, an Triensäuren wird nur *Hexadecatriensäure* gefunden. Im CH_3OH-Extrakt werden durch Papierchromatographie in Phenol/W. (500:125), Butanol/A./W. (5:1:4) bzw. Äthylacetat/Pyridin/W. (8:2:1) nachgewiesen: *Glucose* (R_F 0,3; R_F 0,15; R_G 1,0), *Sorbose* (0,38; 0,18; 1,33), *Fructoe* (0,5; 0,19; 1,34) u. *Saccharose* (0,08; 0,09; 0,5) sowie ein *Äsculetinglykosid* [R_F 0,25 (Eisessig/Butanol/W., 1:4:5, untere Schicht), 0,83 (obere Schicht), 0,6 (Eisessig/W., 1:9), — (Propanol/NH_4OH, 7:3)]. Letzteres liefert bei der Hydrolyse *Äsculetin* (R_F 0,75; 0,53; 0,29; 0,48), das durch direkten Vgl. mit einem authent. Präp. identifiziert wird.
F. Heller 4420◇

1143 **Verbindungen aus Petasides officinalis Moench und Petasides albus (L.) Gaertn.** L. Novotný, V. Herout und F. Šorm. (Tetrahedron Letters [London] **1961**, Nr. 20,

697—701; Prag, Akad. der Wiss., Inst. für organ. Chem. u. Biochem.; engl.) — Aus Pestwurz *Petasides officinalis* u. *P. albus* werden 12 bisher unbekannte Verbb. isoliert. Es handelt sich um 6 Verbb. vom Furantyp, 5 Verbb. mit einer α.β-ungesätt. δ-Lactongruppe u. um den sesquiterpenartigen Kohlenwasserstoff *Eremophilen*. Die Strukturaufklärung ist kurz beschrieben, die vorläufigen Strukturformeln sind angegeben, ebenso die charakterist. Banden im IR- u. UV-Spektrum. — *Furanoeremophilan*, $C_{15}H_{22}O$, $Kp._{16}$ 148°, $D._4^{20}$ 1,0270, n_D^{20} 1,5172, $[\alpha]_D^{20}$ −8,4°. *Furanoeremophilon*, $C_{15}H_{22}O_2$, F. 150°, $[\alpha]_D^{20}$ ±0°. *Petasalbin*, $C_{15}H_{22}O_2$, F. 81 bis 82°, $[\alpha]_D^{20}$ −11,2°. *Albopetasin*, $C_{20}H_{28}O_3$, F. 106—107°, $[\alpha=_D^{20}$ ±0°. *Albopetasol*, $C_{15}H_{22}O_3$, F. 178—180°, $[\alpha]_D^{20}$ −24,1°. *Furanopetasin*, $C_{20}H_{28}O_4$, F. 105—106°, $[\alpha]_D^{20}$ ±0°. *Eremophilenolide*, $C_{15}H_{22}O_2$, F. 125°, $[\alpha]_D^{20}$ +16,6°. *Petasidolide A*, $C_{20}H_{28}O_4$, F. 147°, $[\alpha]_D^{20}$ +48°. *Petasidolide B*, $C_{20}H_{28}O_4$, F. 146°, $[\alpha]_D^{20}$ +31,8°. *S-Petasitolide A*, $C_{19}H_{26}O_4S$, F. 201—202°, $[\alpha]_D^{20}$ −15,3°. *S-Petasitolide B*, $C_{19}H_{26}O_4S$, F. 199—200°, $[\alpha]_D^{20}$ −32,9°. *Eremophilene*, $C_{15}H_{24}$, $Kp._{19}$ 132°, $D._4^{20}$ 0,9325, n_4^{20} 1,5067, $[\alpha]_D^{20}$ −104,2°.

D. Groß/Halle 4420◇

1144 **Aspekte einer biochemischen Klassifikation einiger Pflanzenarten und -varietäten von landwirtschaftlichem Interesse.** Luciano Tombesi. (Atti Accad. Georgofili [7] **7 (136)**, 85—92, 1960; ital.) — Die Monokotyledonen, mit Ausnahme der Maydeen, unterscheiden sich von den Dikotyledonen durch den geringen Geh. an *Ascorbinsäureoxydase* u. *Brenzcatechinoxydase* (**I**). Die Pflanzenarten mit hohem **I**-Geh. besitzen allg. eine geringe *Carboanhydrase* (**II**)-Aktivität. Der Ascorbinsäure- u. Glutathion-Geh. ist der **II**-Aktivität direkt proportional. K. Zingraf 4420◇

1145 **Der Ascorbinsäuregehalt von getrockneten Drogen von Nachtschattengewächsen.** R. S. Piha, Marjatta Heinola, Salme Korhonen und Aini Piha. (Suomalaisen Tiedeakatemian Toimituksia [Ann. Acad. Sci. fenn.], Ser. A. V **99/5**, 1—16, 1962; Helsinki, Univ., Inst. of Physiol.; engl.) — Vff. bestimmen die Gesamt-*Ascorbinsäure* als *Dehydroascorbinsäure* nach der Meth. von Roe u. Kuether modifiziert nach Roe u. Oesterling, nach der der Extrakt mit *2.4-Dinitrophenylhydrazin* in Ggw. von *Thioharnstoff* inkubiert wird (4 ml farbloser Extrakt + 1 Tropfen Thioharnstoff-Lsg. + 1 ml 2%ig. 2.4-Dinitrophenylhydrazin-Lsg. für 3 Std. bei 37° inkubieren, Lösen des gelbroten Deriv. in 85%ig. H_2SO_4 u. Messen der Extinktion bei 540 mμ). Die höchsten Werte werden erhalten, wenn 3 g der Drogen mit 100 ml Extraktionsmischung behandelt werden. Längere Extraktionszeiten (17—23 Std.) geben um 10—150% höhere Werte als kürzere (10 Min.). Durch ein besseres Zerkleinern wird die Ausbeute ebenfalls erhöht. Folgende Werte für den Geh. an Gesamtascorbinsäure werden erhalten (mg/100 g): *Capsicum annuum*-Früchte 6,92; *Capsicum fastigiatum*-Früchte 5,75; Tabakblätter 3,47; *Solanum dulcamara*-Stengel 3,07; *Datura stramonium*-Blätter 2,78; *Atropa belladonna* Kraut 1,88; *Hyoscyamus niger*-Blätter 1,28 u. *H. niger*-Samen 0,37. W. Hiller 4425◇

1146 **Durch β-Strahlen bewirkte Änderung des Ascorbinsäuregehaltes von Samen der Vicia faba.** 1. Mitt. M. Z. Barakat, M. F. Abdel-Wahab und Sami A. El-Kinawi. (Mh. Chem. **93**, 754—60, 1962; Cairo, Radioisotope Centre; Cairo Univ., Fac. of Vet. Med., Biochem. Dep.; dt.) — Samen von *Vicia faba* werden bestrahlt, indem sie in W. mit $H_3{}^{32}PO_4$ 48 Std. eingeweicht werden. In allen Fällen tritt eine signifikante Verringerung des *Ascorbinsäure*-Geh. während der Keimung ein. W. Hiller 4425◇

1147 **Ionenaustausch in den Pflanzen.** Alberto Malquori. (Atti Accad. Georgofili [7] **7 (136)**, 163—77, 1960; ital.) — Übersicht. — 20 Literaturangaben.

K. Zingraf 4450◇

1148 **Verwendung von ^{45}Calcium zur Analyse der Stoffversorgung wachsender Früchte.** Hubert Ziegler. (Planta **60**, 41—45, 1963; Darmstadt, TH, Bot. Inst.; dt.) — Vf. untersucht den *Ca*-Transport in Früchten u. Fruchtstielen von *Curcurbita maxima*. Erhalten die Früchte eine $^{45}CaCl_2$-Injektion, so wird Ca durch den Fruchtstiel abtransportiert. Die Geschw. ist größer als die für eine Normaldiffusion in Frage kommende. Vf. nimmt dies als Beweis für einen Transport im Xylem in Richtung Pflanze an. W. Hiller 4450◇

1149 **Die Resorption von Li und Ca durch Gerstenwurzeln.** Yoav Waisel. (Acta bot. neerl. **11**, 56—68, 1962; Groningen, Univ., Dep. of Plant Physiol.; engl.) — Es wird die Beeinflussung der *Li*-Aufnahme durch *Ca* an abgeschnittenen Gerstenwurzeln untersucht u. festgestellt, daß die *Li*-Resorption durch Ca u. Sr kompetitiv, durch Mg nicht kompetitiv gehemmt wird. P. Gregorzewski 4450◇

1150 **Die Wirkung von Calcium auf die Aufnahme monovalenter Ionen durch abgeschnittene Gerstenwurzeln.** Yoav Waisel. (Physiol. Plantarum [Copenhagen] **15**, 709—24, 1962; Tel Aviv, Israel, Univ. of Tel Aviv, Dep. of Bot.; engl.) — An 6 Tage alten, abgeschnittenen Wurzeln von Gerste wurde in Lsgg. von pH 5,5—5,7 die Wrkg. von *Ca* u. *Mg* auf die Aufnahme von ^{22}Na u. ^{86}Rb, auf Q_{10} dieses Prozesses u. die Wechselwrkg. zwischen Na, Rb u. *H* untersucht. Divalente Ionen wirken auf die selektive Permeabilität der äußeren Protoplasmaschranke der Zelle. Der Anreicherungsmechanismus scheint unspezif. zu sein. Die Affinität ist bei H > Na > Rb. Diffusion in die Zellen u./oder temperaturunabhängige Kationenanreicherung sind voneinander unabhängige Prozesse metabol. Akkumulation. Der Viets-Effekt entsteht durch Ca-bedingte Änderungen der Membranpermeabilität. Ca erhöht die Diffusion von *K* oder Rb, erniedrigt jedoch die von Na, *Li* u. vielleicht auch H. Verringerte Energiezufuhr hat geringere Membranpermeabilität zur Folge. H. G. W. Gleiß 4450◇

1151 **Über die Organbildung an in vitro kultiviertem Knollengewebe von Solanum tuberosum.** Günter Fellenberg. (Z. Bot. **51**, 113—41, 1963; Erlangen, Univ., Bot. Inst.; dt.) — *α-Naphthylessigsäure* (**I**), *β-Indolylessigsäure* (**II**), *2.4-Dichlorphenoxyessigsäure* u. *β-Indolylacetonitril* (**III**) bewirken bei Kartoffelknollen Kallus-Bldg.; Tryptophan ist ohne Wirkung. Die Wirksamkeit sinkt in der angegebenen Reihenfolge. Wurzel-Bldg. erfolgt nur durch **I** u. **II**, Sproß-Bldg. durch **I**, **II** u. **III**. *Adenin* (**IV**), *Nicotinsäure* u. *Guaninhydrochlorid* zeigen bei einigen Kartoffelsorten eine leichte Hemmung der Knöllchen-Bldg. aus Knollengewebe. Eine Kombination von **I**, **IV**, *Biotin* u. Nicotinsäure steigert die Knöllchen-Bldg. bei höheren **I**-Konzentrationen. Kombination von **I**, **IV** u. Kinetin hemmt die Knöllchen-Bldg. u. steigert die Wurzel-Bldg. bei 1 mg **I** u. 20 mg **IV**/Liter. Die angegebenen Wrkg. sind bei den einzelnen Sorten stark modifiziert. W. Hiller 4450◇

1152 **Nucleare Reaktion auf Hämoglobinbehandlung.** Arun Kumar Sharma und Tarapada Chatterjee. (Ann. Bot. [Roma] **27**, 145—51, 1961; Univ. of Calcutta, Dep. of Bot., Cytogenetics Labor.) — Werden Knollen von Speisezwiebeln mit verschiedenen Konzz. an *Hämoglobin*, *Eisenacetat* u. *MgCl* behandelt, so treten beim Hämoglobin Chromosomenbrüche u. polyploide Kerne auf. Bei allen 3 Agentien zeigen sich Verklumpungen, Chromosomenverkürzungen u. Verklebungen am Chromosomensatz. Vff. leiten aus den Ergebnissen ab, daß die Chromosomen-brechende Eig. des *Chlorophylls* eine Eig. des Chlorophyll-Mol. ist.

W. Hiller 4460◇

1153 **Einfluß der Aminosäuren auf die Biosynthese von Chlorophyll.** O. G. Ssudjina und K. P. Dowbisch. (Nachr. Akad. Wiss. UkrainSSR **1963**, 512—15; Inst. für Botanik der Akad. der Wiss. der UkrainSSR; ukrain., Auszug: engl.) — Bei Lichtzutritt während des Wachstums der Weizenpflanzen ist der Geh. an *Asparaginsäure* (**I**) + *Serin*, *Glutaminsäure*, *Alanin* u. *Methionin* höher als bei der etiolierten Pflanze. Der Geh. an *Asparagin* u. *Cystein* (**II**) ist der gleiche. Durch Belichtung der etiolierten Pflanze wird in den ersten 24 Std. der Geh. an **I** u. **II** vermindert. Zusatz von Aminosäuren zum Nährboden beeinflußt in den ersten 17 Std. der Belichtung der etiolierten Pflanze die Synth. von *Chlorophyll a* u. *b* (**IIIa** u. **IIIb**) nicht. Nach 48—72 Std. zeigt sich eine starke Stimulierung der Synth. von **IIIa** u. **IIIb** durch Glykokoll (**IV**). Dies bestätigt die Teilnahme des **IV** an der **III**-Synthese. Die Hemmung der **III**-Synth. durch Streptomycin führt zur Anreicherung von Aminosäuren, bes. von Alanin. Hierin sehen Vff. eine Bestätigung der These, daß durch Streptomycin das Anfangsstadium der **III**-Synth. gehemmt wird.

O. Lebtag 4460△

1154 **Über die Nichtverwendung von ^{14}C-Arginin bei der Biosynthese von Lupinen-Alkaloiden.** E. Nowacki und J. Przybylska. (Bull. Acad. polon. Sci., Sér. Sci.

biol. **10,** 1—22, 1962; Poznań, Polish Acad. of Sci., Inst. of Plant Genetics; engl.) — Vff. ließen 5 Wochen alte, entwurzelte, blaue u. weiße Futter- u. Bitterlupinen uniformmarkierte ^{14}*C-Arginin-HCl*-Lsg. (16 mg mit 40 μc für 21 Pflanzen) aufnehmen u. extrahierten 2 Tage später die Alkaloide u. die freien Aminosäuren. Bei den 4 untersuchten Lupinenarten konnte im *Lupanin* keine Radioaktivität nachgewiesen werden, das verabreichte ^{14}C-Arginin wurde autoradiograph. auf den Papierchromatogrammen der freien Aminosäuren festgestellt. U. Drehmann 4460◇

1155 **Untersuchungen über die Phosphorverwertung einiger Futterlupinen. 1. Mitt. Einfluß des Grades der Phosphorversorgung auf die Ertragsgröße und -qualität.** Tadeusz Lasota. (Roczniki Nauk rolniczych, Ser. A **85,** 47—72, 1962; Zakł. Fizjol. Rozw. Roślin IUNG; pol.) — Bei reichlicher P_2O_5-Versorgung zeigt nur die weiße Lupine Sortenunterschiede im Rohertrag zugunsten mittelfrüher Sorten. Bei geringerer P_2O_5-Versorgung nehmen Rohertrag, P_2O_5- u. N-Geh. am stärksten bei der schmalblättrigen, am wenigsten bei der weißen ab, Sortenunterschiede finden sich auch bei der gelben Lupine. Der Alkaloid-Geh. in Samen u. Stengel geht der P_2O_5-Versorgung parallel. R. K. Müller 4470◇

1156 **Durch Bicarbonat induzierte Eisenschlorose bei Reis** B. T. Mercado. (Philippine Agriculturist **46,** 315—23, 1962; Philippine Central Exp. Stat., Dep. of Agricult. Bot.; engl.) — Vf. untersucht den Einfl. verschiedener Mengen *Fe* u. *P* in Ggw. von *$NaHCO_3$* auf das Wachstum von Reispflanzen in Nährlösung. Bei Kultur in einer 10 mVal $NaHCO_3$/Liter enthaltenden Nähr-Lsg. treten Fe-Mangelsymptome auf, obgleich die Gewebe hohe Fe-Konzz. aufweisen. Der Fe-Geh. in den Wurzeln ist höher als in den Blättern. Zugabe von 10 mVal $NaHCO_3$/Liter verringert die Bewegung von ca. 70 ppm Fe zum Sproß u. verursacht die Retention von ca. 3650 ppm Fe in den Wurzeln. Die P-Verfügbarkeit steigt mit steigenden $NaHCO_3$-Gaben. W. Hiller 4470◇

1157 **Untersuchungen über die physiologischen Wirkungen von Huminsäure. 1. Mitt. Aufnahme von Huminsäure durch Nutzpflanzen und ihre physiologischen Wirkungen.** Sueo Aso und Isao Sakai. (J. Sci. Soil Manure, Japan [Nippon Dojohiryogaku Zasshi] **34,** 49—52, 1963; jap.) W. Hiller 4470◇

1158 **Einfluß der Vitamine B_1 und H und des Gibberellins auf das Wachstum von Fomitopsis annosa (Fr.) Karst.** Ss. F. Negrutzki. (Wiss. Hochschulber. [Moskau], Biol. Wiss. **1963,** Nr. 2, 144—47; Lugansk, Landwirtsch. Inst., Lehrstuhl für Botanik, Pflanzenphysiol. u. Mikrobiol.; russ.) — Die Unterss. über den Einfl. von *Vitamin B_1* (**I**), *Vitamin H* (**II**) u. *Gibberellin* (**III**) auf das Wachstum von *Fomitopsis annosa* (Fr.) Karst. auf Agar-Saccharose-Pepton-Nährboden (a) oder fl. Glucose-Asparagin-Nährboden (b) ergaben, daß **I** das Mycelwachstum nur wenig beeinflußt. Am stärksten ist die **I**-Wrkg. auf b, wo nach 5,0 γ **I** die Trockensubstanz des Myceliums nach 10 Tagen 112,5% der Kontrolle beträgt. In hohen Konzz. wirkt **I** hemmend auf das Mycelwachstum: 50 bzw. 65,9% der Kontrolle 10 Tage nach der Zugabe von 50 mg **I**. Durch 0,5 bzw. 5 γ **I** wird das Wachstum auf a um je 2,3%, auf b um 4,2 bzw. 8,4% erhöht. Nach 50 mg **II** beträgt die Trockensubstanz nur 33,1—38,6% auf a u. 33,1—31,3% auf b. Durch **III** wird das Wachstum bei jeder Konz. gehemmt. Nach 0,1 bzw. 100 γ **III** beträgt die Trockensubstanz auf b nach 10 Tagen 72,9 bzw. 64,6% der Kontrolle. Das Wurzel-Syst. von Fomitopsis synthetisiert demnach **I** u. **II** aus den Substanzen der Nähr-Lsg. u. ist nicht auf deren Zusatz zum Nährboden angewiesen. O. Lebtag 4480△

1159 **Über die Reaktion der Ferulasäure mit Gibberellin und Indolylessigsäure beim Pflanzenwachstum.** M. Ss. Bardinskaja, L. D. Prussakowa und T. A. Schubert. (Ber. Akad. Wiss. UdSSR **146,** 1445—48, 1962; Timirjasew-Inst. für Pflanzenphysiol. der Akad. der Wiss. der UdSSR; russ.) — Die Unterss. über den Einfl. von *Ferulasäure* (**I**), *Gibberellin* (**II**; Gibberellsäure A_3) u. *β-Indolylessigsäure* (**III**) auf das Wachstum von Mais- u. Erbsenpflanzen sowie deren Einfl. auf das isolierte Gewebe von *Parthenocissus tricuspidata* ergaben, daß durch 10^{-5}m **I**-Lsg. das Wachstum der Erbse inhibiert, das von Mais u. *P. tricuspidata* stimuliert wird. 10^{-5} bzw. 10^{-7}m stimuliert in allen Fällen das Wachstum. Die 10^{-5}m **III**-Lsg. ist prakt. ohne Einfluß. Durch gleichzeitige Anwendung von **I** u. **II** wird das Wachstum von Mais u. Erbse stimuliert, das Wachstum des isolierten Gewebes gehemmt. Die Hemmung des Wachstums der Erbsenpflanze durch **I** beruht auf dem Summeneffekt von **I** u. Chlorogensäure, die in der Zelle selbst vorliegt. Die Wechselwrkg. zwischen **I** u. **II** ist in der Pflanze u. im isolierten Gewebe verschieden. Aus den vorläufigen Ergebnissen ist zu schließen, daß die Wrkg. von **I** eng mit dem Umsatz der Aminosäure (u. damit auch des Eiweißes) zusammenhängt. O. Lebtag 4485△

1160 **Wirkung von 2-Thiouracil auf Zelldifferenzierung und Blattmorphogenese von Cannabis sativa.** J. Heslop-Harrison. (Ann. Botany [N. S.] **26,** 375—87, 1962; Birmingham, Univ. of Birmingham, Dep. of Bot.; engl.) — Die obere Epidermis junger, voll entfalteter Blätter junger Hanfpflanzen (*Cannabis sativa* L.) hat Vf. mit einer wss. Lsg. von 100 μg *2-Thiouracil* (**I**)/ml (Tagesdosis: 30—40 μg/Pflanze) unter Zusatz des Netzmittels Teepol behandelt. **I** hemmte binnen 10—14 Tagen Spitzenwachstum u. Organogenese u. die Zelldifferenzierung im Palisadenparenchym (ohne Red. der laminalen Ausbreitung). Später traten morphogenet. Defekte an den Blättern auf. Mit Abbruch der Behandlung normalisierte sich der acropetale Wuchs wieder, lokale anatom. Anomalien in der Lamina sowie Flecken oder Streifen abnormaler Pigmentation traten sporad., jedoch noch während der ganzen Lebensdauer der Pflanze auf. **I** induzierte somit auch persistente Instabilität bei den Proplastiden des meristemat. Gewebes. H. G. W. Gleiß 4485◇

1161 **Resorption und Ausnutzung von Tryptophan durch Avena-Koleoptilen.** A. R. Schrank und Daniel G. Murrie. (Physiol. Plantarum [Copenhagen] **15,** 683—92, 1962; Austin, Texas, Univ. of Texas, Dep. of Zool.; engl.) — Isolierte Koleoptilen-Segmente 72 Std. alter, 28—32 mm hoher Sämlinge von *Avena sativa* L. var. Victory wurden 5 Min. bis 20 Std. einer Konz. von 10 mg/Liter ^{14}*C-Tryptophan* (**I**) ausgesetzt, danach 5 mm dick geschnitten, auf Filterpapier ausgepreßt u. über $CaCl_2$ getrocknet. Die basalen Enden resorbierten **I**, transportierten es jedoch nicht acropetal. Die mit Aceton behandelten Spitzen resorbierten **I** u. transportierten es jedoch nicht basipetal. 24std. Behandlung mit 10 mg **I**/Liter bei 21 bis 23° u. rotem Neonlicht hatte weder bei den Basalenden aufrechter, noch bei den Spitzen verkehrter Koleoptilen eine Wrkg. auf die Zuwachsrate der Segmente. $1 \cdot 10^{-3}$m **I** stimulierte das Wachstum 5 mm langer, schwimmender Schnitte ohne u. in Ggw. von 0,01 mg *Indolylessigsäure* (**II**)/Liter. Die gleiche **I**-Konz hatte keine Wrkg. auf das Wachstum in Ggw. hoher Konzz. von **II**. D-**I** u. L-**I** hatten gleiche Wrkg. wie DL-**I**. Das Wachstum 15 mm langer, mit Aceton behandelter Koleoptilenspitzen war durch Eintauchen der Segmente in belüftete wss. Lsgg. von 0,1 u. 1,0 mg **II**/Liter oder $1 \cdot 10^{-4}$ u. $1 \cdot 10^{-3}$m **I** zu beschleunigen. In jedem Falle war die höhere Konz. die wirksamere. Die beobachtete Stimulation des Längenwachstums ist auf die Umwandlung von **I** in **II** in vivo zurückzuführen. H. G. W. Gleiß 4485◇

1162 **Untersuchungen über Kupferfungicide. 12. Mitt. Absorption der Komplexe durch Blätter.** P. Arman und R. L. Wain. (Ann. appl. Biol. **51,** 439—43, 1963; Univ. of London, Wye Coll.; engl.) — 11. vgl. Ann. appl. Biol. **48,** [1960], 392. — Vff. untersuchen die *Cu*-Aufnahme durch Blätter aus Lsgg. von $CuSO_4$, die verschiedene Zusätze von Chelatbildnern erhalten haben. Bei Zusatz von *Glycin* ist ein Maximum der Aufnahme bei einem molaren Verhältnis Glycin/Cu von 2 vorhanden (im Vers. wurden molare Verhältnisse von 1—5 angewandt). Die Maxima der anderen Chelatbildner haben folgende Werte: Leucin 1,5—2, Methionin 2, Tryptophan 1 u. 2, Glutaminsäure 3, Na-Äthylendiamintetraacetat keines, Äthylendiamin 1 u. 2, Acetylaceton 1,5—2, Weinsäure keines, Äpfelsäure 1,5—2, Citronensäure 1,5—2, Salicylsäure 3, Oxalsäure keines, Malonsäure keines. Vff. nehmen an, daß Cu sowohl als einzelnes Ion als auch in Komplexform aufgenommen werden kann. W. Hiller 4490◇

1163 **Versuche zur Anwendung von Äthylmercuriphosphat und anderer Materialien zur Behandlung von Zuckerrübensamen.** W. J. Byford. (Ann. appl. Biol. **51,** 41—49, 1963; Higham, Bury St. Edmunds, Suffolk, Broom's Barn Exp. Stat.; engl.) — Bei Verss. 1957—1961 hatte Tauchen der Zuckerrübensamen in Lsg. von *Äthylmercuriphosphat* (**I**) gute

Bekämpfungsergebnisse gegen *Pleospora betae* u. vermehrte die auflaufenden Sämlinge mehr als das Sprühen. Bei letzterem ist die Menge des zugegebenen W. ausschlaggebend, nicht der endgültige Wassergehalt. Die anderen geprüften Beizmittel: Aabiton (Methylmercuribenzoat), Panogen, (Methylmercuridicyandiamid), Agrosol (Methylmercuridicyandiamid), Mist-O-Matic-Fungicid (Phenylmercuriacetat), Agrosan (Gemisch aus Phenylmercuriacetat u. Äthylmercurichlorid), Ceresan (Methoxyäthylmercurisilicat), B 4992 (Bismethylmercurisulfat), Mema (Methoxyäthylmercuriacetat), CF 721 (Methylmercuri-8-hydroxychinolinat), PMA (Phenylmercuriacetat) u. PMF (Phenylmercurifluoracetamid) waren dem I auch beim Tauchen in der Wrkg. unterlegen.

Fritz Müller/Ludwigshafen 4490◇

1164 **Die Hemmung des Wachstums von Enteromorpha linza (L.) J.AG. durch Natriumdimethyldithiocarbamat und Tetramethylthiuramdisulfid.** P. E. Björn Lindahl. (Physiol. Plantarum [Copenhagen] **15,** 607—22, 1962; Uppsala, Univ. of Uppsala, Inst. of Physiol. Bot.; Inst. of Plant Physiol., Royal Agric. Coll.; engl.) — Je 5—10 2—5 mm lange Thalli der marinen Alge *Enteromorpha linza* wurden bei 18°, pH 7,5—8,0 u. 16 Std. Licht von 4000 Lux in 50 ml unsterilem, gefiltertem Meerwasser aus der Fucus-Ascophyllum-Zone des Gullmarsfjords (25‰ Salz-Geh.) mit 0,1% Tris-(hydroxymethyl)-aminomethan, 0,01% KNO_3 u. 0,002% K_2HPO_4 sowie unter Zusatz von 1500 Na_3-Versenol, Fe^{3+}, Zn^{2+}, Mn^{2+}, Co^{2+}, Cu^{2+}, H_3BO_3 u. Na_2MoO_4 sowie (in verschiedenen Konzz.) *Natriumdimethyldithiocarbamat* (I) oder *Tetramethylthiuramdisulfid* (II) kultiviert. Nach 14 Tagen wurde das Algenmaterial bei 105° getrocknet u. das Trocken-Gew. bestimmt. Totalhemmung des Wachstums verursachten 1,0 bis $7{,}5\cdot10^7$m **II**/Liter, $2-15\cdot10^7$m **I**/Liter, $>30\cdot10^7$m **II**/Liter u. $>60\cdot10^7$m **I**/Liter. Im Bereich der dazwischen liegenden Konzz. ergab sich bei **I** schwache Hemmung (Ertrag: 1,5 mg Trocken-Gew. Algen/Flasche), bei **II** starke Hemmung (Ertrag: 0,75 mg Trocken-Gew. Algen/Flasche). **II** war als Algicid doppelt so wirksam wie **I**. Ursache für die algicide Wrkg. ist bei niederen **I**- u. **II**-Konzz. die Bldg. des tox. [*Cu-Dimethyldithiocarbamat*]$^+$, bei höheren Konzz. die Bldg. von [*Dimethyldithiocarbamat*]$^-$. Das bei mittleren **I**- u. **II**-Konzz. entstehende *Cu*-[*Dimethyldithiocarbamat*]$_2$ ist nicht toxisch. H. G. W. Gleiß 4495◇

E$_5$. Tierchemie, Tierphysiologie, Tierpathologie

1165 **Zur Methode der quantitativen Bestimmung des Umsatzes an markierten Stoffen durch Organkulturen.** H. Wrba und H. Rabes. (Exp. Cell Res. **26,** 62—69, 1962; München, Univ., Path. Inst.; dt.) — Für die quant. Ermittlung des Umsatzes an radioakt. markiertem Phosphat durch Organkulturen ergaben die Meth. mit fl. Nährboden einen verbesserten Substanzaustausch. Auch aus halbfesten, geronnenen Nährböden nehmen explantierte Organe die Nährstoffe u. radioakt. P in meßbarer Menge auf. Die verschiedenen Anteile des Explantats befinden sich dabei in verschiedener Stoffwechsellage. Um den hochmol. organ. Einbau an Phosphaten zu bestimmen, bewährt sich die Meth. der Gewebebrei-Explantation mit anschließender Trichloressigsäure-Extraktion. Für die vergleichende Substanzaufnahme von Dispersionen ca. 0,1—1,0 mg schwerer Explantate in fl. Nähr-Lsg. erhält man die einheitlichsten Werte im schnell rotierenden Roller-Röhrchen. L. Macher 4500◇

1166 **Physikalisch-chemische Untersuchungen an einigen modifizierten Ovomucoiden.** H. F. Deutsch und Jane I. Morton. (Arch. Biochem. Biophysics **93,** 654—60, 1961; Madison, Wis., Univ. of Wisconsin, Dep. of Physiol. Chem.; engl.) — Aus Hühnereiweiß gewonnenes u. gereinigtes *Ovomucoid* (**I**) wurde folgendermaßen modifiziert: a) durch Erhitzen mit verd. NaOH 60—120 Min./100°: „erhitztes **I**" (**II**); b) durch Dialyse bei pH 7,4 gegen Mercaptoäthanol: „red. **I**" (**III**); durch Dialyse von **III** gegen einen Jodacetamid-haltigen Puffer: „red. alkyliertes **I**" (**IV**); d) **II** wurde gemäß c) behandelt (**V**); e) **IV** wurde gemäß a) behandelt (**VI**). — Im Sedimentationslauf geben **I, II, III** Werte von S_{20} 2,62 S, **IV, V, VI** dagegen S_{20} 1,92 S. Durch die Modifizierung sind die Diffusions-Koeff. außer bei **III** erniedrigt worden. Die elektrophoret. Beweglichkeiten sind bei **I, II, III** gleich, für **IV, V, VI** vermindert, u. sie fallen mit wachsendem pH. Der isoelektr. Punkt hat sich durch die Modifizierung erhöht. Gegenüber **I** besitzen **II—VI** für pH $>$ 4 ein höheres Bindungsvermögen. Bei der UV-Analyse zeigt nur **II** zwischen 250 u. 310 mμ einen höheren Extinktionswert. Als Ursache für die Modifizierung der Eigg. von **I** werden Veränderungen am Cysteinanteil diskutiert. K. Heyns 4500◇

1167 **Vergleich des physikalisch-chemischen und physiologischen Verhaltens von natürlichem Inulin und seinen radioaktiven Derivaten.** Philip S. Chen jun., A. Raymond Terepka und Kea Lane. (Proc. Soc. exp. Biol. Med. **113,** 584—88, 1963; Rochester, N.Y., Univ. of Rochester, Dep. of Radiat. Biol.; engl.) — Unterschiedliches physikal.-chem. Verh. infolge von Größenunterschieden bei *Inulin* (**I**), $^{14}C_{(COOH)}$-**I** u. $^{3}H_{(OCH_3)}$-**I** wurde bei der Dialyse durch Cellophanmembran, bei der Zentrifugaldruckultrazentrifugierung u. bei der Gelfiltration durch eine Sephadex G 50-Säule beobachtet. Dagegen wurde die Filtration von unmarkiertem **I** im Vgl. zu dem kleineren $^{14}C_{(COOH)}$-**I** in der Niere des Hundes nicht stärker gehemmt. K. Zingraf 4520◇

1168 **Immunologische, chemische und isotopische Identifizierung von ^{14}C-markierten bakteriellen Polysacchariden in tierischen Geweben.** Russell S. Jones, Irma Radcliffe und Alfred Linker. (Proc. Soc. exp. Biol. Med. **110,** 323—26, 1962; Salt Lake City, Utah, Univ. of Utah, Coll. of Med. and Veteran's Admin. Hosp., Dep. of Rath. and Biochem.; engl.) — Unmarkierte u. durch Zusatz von $^{14}C_{(1)}$-Natriumacetat biosynthet. markierte, mit 0,1n NaOH extrahierte u. mit 70%ig. A. ausgefällte *Polysaccharide* (PS) eingekapselter *Klebsiella pneumoniae*, Typ B, wurden mit 2n HCl 3 Std. bei 98° hydrolysiert. Chromatograph. Trennung der Hydrolysate ergab, daß die PS aus *Glucose*, *Glucuronsäure* u. *Rhamnose* bestehen. — 1 mg ^{14}C-PS/100 g Körper-Gew. wurden als 1%ig. Lsg. in sterilem, pyrogenfreiem 0,15m NaCl in die Schwanzvene von ♂ Ratten injiziert. Leber, Milz u. Lymphknoten der 1—14 Tage post injectionem abgetöteten Tiere wurden mit A., Trichloressigsäure, Papain (in Phosphatpuffer pH 6,9), Desoxyribonuclease, Ribonuclease (in Acetatpuffer pH 5) u. heißer 30%ig. KOH extrahiert. Die PS wurden durch Behandlung der Extrakte mit einer 1%ig. Lsg. von Natriumacetat in 70%ig. A. 12 Std. bei 4° ausgefällt, in 0,15m NaCl-Lsg. gelöst, 30 Min. bei 4° mit 20000·*g* zentrifugiert u. mit Kaninchen-Antiklebsiellaserum in 0,15m NaCl-Lsg. gemischt. Nach 12 Std. wurden die Gemische aus Gewebeextrakten u. Seren erneut zentrifugiert, das Überstehende wurde dekantiert u. der Nd. in 0,1n NaOH gelöst. In beidem wurden ca. 80% des radioakt. Materials frei von Lipoiden, Protein u. Nucleinsäuren wiedergefunden. Es hatte seine Hapten-Eigg. beibehalten. H. G. W. Gleiß 4520◇

1169 **Zwei fluorescierende Aminosäuren, die im Resilin, einem gummiähnlichen Protein, als Brücken zwischen den Peptidketten fungieren.** Svend Olav Andersen. (Acta chem. scand. **17,** 869, 1963; Kopenhagen, Dänemark, Univ., Zoophysiolog. Labor.; engl.) — Im *Resilin* (**I**), einem Insektenprotein, wurden zwei neue phenol. Aminosäuren (AS) aufgefunden, deren Aminogruppen nicht mit Dinitrofluorbenzol reagieren: eine Diaminodicarbonsäure u. eine Triaminotricarbonsäure. Es wird gefolgert, daß die Peptidketten des **I** durch diese beiden AS verknüpft sind, wodurch sich die Elastizität des **I** erklärt. Aus dem Geh. an diesen beiden AS wird das mittlere Molgew. zu 3000 berechnet.

K. Heyns 4520◇

1170 **Papierchromatographie einiger Fraktionen der Eier von Ascaris suum.** Benedict J. Jaskoski. (Exp. Parasitology **12,** 19—24, 1962; Chicago, Ill., Loyola Univ., Dep. of Biol. Sci.; engl.) — Vf. findet in den Larven, in normalen u. enthäuteten Eiern von *Ascaris suum* die folgenden 18 Aminosäuren: *Cystin* (**I**), *Lysin* (**II**), *Arginin* (**III**), *Histidin* (**IV**), *Asparaginsäure* (**V**), *Glycin* (**VI**), *Serin* (**VII**), *Alanin*, *Prolin* (**VIII**), *Glutaminsäure* (**IX**), *Threonin* (**X**), *Tyrosin* (**XI**), *Methionin* (**XII**), *Valin* (**XIII**), *Tryptophan* (**XIV**), *Phenylalanin* (**XV**), *Leucin* (**XVI**) u. *Isoleucin* (**XVII**). In der Dottermembran sind folgende 9 Aminosäuren vorhanden: **I, III, V, VIII, XI, XIV, XV, XVI** u. **XVII**. In einer Fraktion der Mittelhaut werden folgende 7 Aminosäuren gefunden: **I, III, V, VI, VII, VIII** u. **XI**. In der äußeren Proteinhaut weist Vf. 16 Aminosäuren nach, nämlich **I, II** u. **IV—XVII**. Die N-endständige Aminosäure der Dottermembran ist **I**.

W. Hiller 4520◇

1171 **Über die chemische Konstitution von Lysolecithinen.** A. Petter, W. Schlemmer und K. Zipf. (J. pharmacy

Pharmacol. **13,** 636—37, 1961; München, Univ., Tierärztl. Fak., Inst. für Pharmakolog., Toxikolog. u. Pharmaz.; engl.) — Lecithinase A spaltet *Lecithin* unter Lösung einer Fettsäureesterbindung u. Bldg. von *Lysolecithin* (**I**), wahrscheinlich in Form von *α'-Acyl*-**I**, u. einer langkettigen Fettsäure. **I** entsteht ferner durch saure Hydrolyse von *Plasmalogenen* (**II**). Derart gebildetes **I** liegt bis zu 68% (Rinderherzmuskel-**II**) als *β-Acyl*-**I** vor (mit einem entsprechenden Anteil ungesätt. Fettsäuren), da in **II** die Fettaldehydreste mindestens zu 68% mit der α'-Stellung verknüpft sind. K. Maier 4520◇

1172 **Anwendung der Arrheniusgleichung beim Schwanzsehnenkollagen der Ratte.** Wayne H. Akeson. (Nature [London] **199,** 185—86, 1963; Seattle, Wash., Univ. of Washington, School of Med., Div. of Orthoped. Surg.; engl.) — Es wird gezeigt, daß gemäß den Unterss. von Weir u. Carter (1949, 1950; welche annahmen, daß die hydrothermale Schrumpfung des *Sehnenkollagens* eine Rk. 1. Ordnung sei, die die Theorie der abs. Rk.-Geschw. auf diesen Vorgang anwendeten u. die Halbzeit der Faserschrumpfung als Index der Rk.-Geschw. bei verschiedenen Temp. als Geschw.-Konst. in die Arrhenius-Gleichung einsetzten) die Formel der Arrhenius-Gleichung mit Δ H (Aktivierungshitze) — Δ S = Δ F auch beim Sehnenkollagen des Rattenschwanzes angewendet werden kann. Vorläufige Unterss. lassen erkennen, daß damit ein Vgl. zu anderen Säugetierkollagenarten sowie Unterss. über Alterung u. Kollagenveränderungen bei patholog. Zuständen möglich sind. U. Tausendfreund 4520◇

1173 **Ultrafiltrierbares und an Kollagen gebundenes Hydroxyprolin in Lungengewebekulturen und in subcellulären Fraktionen von Hühnern.** M. Chvapil, Emma Holečková, B. Čmuchalová, V. Kobrle und J. Hurych. (Exp. Cell Res. **26,** 1—8, 1962; Prag, Acad. of Sci., Inst. of Ind. Hyg. and Occ. Diseases, Labor. of Physiol. and Pathophysiol. of Metabol.; engl.) — In Lungengewebekulturen von Embryofibroblasten 11 Tage alter Hühner wurde die Veränderung des ultrafiltrierbaren u. an *Kollagen* (**I**) gebundenen *Hydroxyprolins* (**II**) während einer 8tägigen Inkubationszeit verfolgt. Man fand, daß neben einer Anreicherung an **I**-Proteinen die Konz. des ultrafiltrablen **II** abnahm. Koll. SiO_2 stimulierte die Bldg. von **I** u. die von Mucopolysacchariden. Die Prüfung der Verteilung von **I** u. **II** u. von ultrafiltrierbarem **II** in individuellen subcellulären Fraktionen von Carragheenin–Granuloma-Zellen ergab, daß an **I** gebundenes **II** in mitochondrialen u. mikrosomalen Cellularfraktionen fehlt. L. Macher 4520◇

1174 **Der Einfluß von Pepsin auf die Struktur und die faserbildenden Eigenschaften von Kollagen.** Reimar Hafter und Helmut Hörmann. (Hoppe-Seyler's Z. physiol. Chem. **330,** 169—81, 1963; München, Max-Planck-Inst. für Eiweiß- u. Lederforsch.; dt.) — Vff. untersuchten den Einfl. von *Pepsin* (**I**) auf die Struktur von *Kollagenen* (**II**). Kälber-**II** wird durch **I** bei 25° vollständig in Lsg. gebracht. Bei Vgl. der Aminosäure-Zus. u. Sedimentations-Verh. von *Kälber*-**II** mit *Tropo*-**II** wurden prakt. die gleichen Werte erhalten. Die Wärmedenaturierung setzte bei Kälber-**II** nur um ca. 1,5° früher ein als bei Tropo-**II**. In der Ultrazentrifuge wurde harnstoffdenaturiertes, **I**-gelöstes Kälber-**II** in 2 Hauptkomponenten α u. β aufgespalten. Die Sedimentations-Konst. hiervon stimmten mit denen der entsprechenden Untereinheiten von Tropa-**II** überein. Die Wärmeabscheidung von **I**-gelöstem **II** war, ähnlich wie die von Tropo-**II**, stark pH-abhängig. Im I.P. bei pH 4,5—5 beobachteten Vff. kürzeste Inkubationszeiten bis zum Einsetzen der Abscheidung. Gut ausgebildete lichtmkr. erkennbare Fibrillen wurden von **I**-gelöstem Kälber-**II** nur im alkal. Bereich zwischen pH 6 u. 9 erhalten. Vff. erklären die Wrkg. von **I** auf die faserbildenden Eigg. von **II** mit einer Zerstörung nichtkollagener Begleitsubstanzen, die die Faser-Bldg. günstig beeinflussen. G. Bratfisch 4520◇

1175 **Chemische Zusammensetzung und makromolekulare Struktur von Chondroitinsulfat-Proteinen.** Eckhart Buddecke, Wolfgang Kröz und Erich Lanka. (Hoppe Seyler's Z. physiol. Chem. **331,** 196—218, 1963; Tübingen, Univ., Physiolog.-chem. Inst.; Max-Planck-Inst. für Virusforsch.; dt.) — Vff. beschreiben die Isolierung von einheitlichen *Chondroitinsulfat* (**I**)-*Proteinen* aus Rindernasenknorpel, menschlichem Rippenknorpel u. menschlicher Aorta durch spezielle Verf. u. vergleichen deren chem. Zus. sowie makromol. Eigg. miteinander. Die **I**-Proteine hatten einen Protein-Geh. zwischen 16 u. 22%. Die Kohlenhydratkomponente besteht beim Rindernasenknorpel aus **I**-A, das kristallin erhalten wird, beim menschlichen Rippenknorpel aus einem Gemisch **I**-A u. -C, bei der menschlichen Aorta aus **I**-C. Für die chromatograph. u. in der Ultrazentrifuge einheitlichen **I**-Proteine wurden Sedimentations-, Diffusions-Konst., Viscosität u. spezif. partielles Vol. bestimmt. Die Molgew. nehmen in der Reihenfolge Rindernasenknorpel ($5{,}5 \cdot 10^5$), menschliche Rippenknorpel ($2{,}8 \cdot 10^5$) u. menschliche Aorta ($7{,}1 \cdot 10^4$) ab. **I**-Protein bildete in Ggw. von Cu^{2+}, Ca^{2+} u. Co^{2+} Mol.-Aggregate mit einem bis auf mehrere Millionen erhöhten Molgewicht. Die wirksame molare Konz. für Ca^{2+} lag im physiolog. Konz.-Bereich. Die Einw. von Trypsin u. Papain führten beim Rindernasenknorpel-**I**-Protein zur Spaltung der Proteinkomponente, Viscositätsverlust u. Erniedrigung des Molgew. auf 5,5 oder $2{,}0 \cdot 10^4$. Quant. Aminosäureanalysen der Proteinkomponente zeigten keine Beziehung zum Kollagen. Der nach Abbau mit Papain am **I** verbleibende geringe Aminosäureanteil besteht zu über 70% aus Serin. Das effektive hydrodynam. Vol. von **I**-Protein kann bis zu 100 ml W./g betragen. Lsgg. von **I**-Protein bewirkten Immobilisation von W. u. Hemmung der Glucosediffusion. Auf Grund der makromol. Eigg. der **I**-Proteine nehmen Vff. an, daß ihre physiolog. Funktion in einer Bindung extracellulären W. u. Regulation von Diffusionsvorgängen im Zwischenzellraum besteht. G. Bratfisch 4520◇

1176 **Untersuchungen über Eidotter von Amphibien.** 3. Mitt. **Trennung der Bestandteile von Dotterthrombocyten.** Robin A. Wallace. (Biochim. biophysica Acta [Amsterdam] **74,** 495—504, 1963; Oak Ridge, Tenn., Oak Ridge Nat. Labor., Biol. Div.: engl.) — Dotterthrombocyten von Amphibieneiern in situ enthalten keine Ribonucleinsäure u. ihr Desoxyribonucleinsäure-Geh. ist noch ungewiß; bisher wurde auch kein extrahierbares Polysaccharid nachgewiesen. Bei Lsg. in starken Salz-Lsgg. unter nichtoxydativen Bedingungen wird der Hauptteil der in W. unlösl. Dotterthrombocyten in der Ultrazentrifuge in 2 Bestandteile getrennt; diese können durch Ausfällung mit $(NH_4)_2SO_4$ isoliert werden. K. Zingraf 4520◇

1177 **Untersuchungen über Eidotter von Amphibien.** 4. Mitt. **Analyse der Hauptkomponente von Dotterthrombocyten.** Robin A. Wallace. (Biochim. biophysica Acta [Amsterdam] **74,** 505—18, 1963; engl.) — 3. vgl. vorst. Referat. — Beschreibung einer Meth. [Ausfällung mit $(NH_4)_2SO_4$ bei geringstmöglichem Kontakt mit Oxydationsmitteln] zur Isolierung der beiden Hauptkomponenten der Dotterthrombocyten von Amphibieneiern. Die eine ist ein *Phosphoprotein* (Molgew. 32000, P-Geh. 8,4%), ähnlich dem *Phosphovitin* (**I**), die andere ein *Lipoprotein* (Molgew. 420000, Lipid-Geh. 17,5%) ähnlich dem *Lipovitellin* (**II**). Im Hauptkörperkristall kommen je 2 Moll. **I** auf 1 Mol. **II**, u. die **I**-Moll. sind in einem einfachen hexagonalen Gitter angeordnet. K. Zingraf 4520◇

1178 **Die Lipide des braunen Mäusefettes.** W. A. Spencer und G. Dempster. (Canad. J. Biochem. Physiol. **40,** 1705—15, 1962; Saskatoon, Univ. of Saskatchewan, Dep. of Bacterol.; engl.) — Bei neugeborenen Albinomäusen beträgt der *Glycerid* (**I**)-Geh. des braunen, interscapularen Fetts 20% des Frischgewebes; der Geh. steigt in den ersten Tagen auf 40%, später langsam auf 60% (Erwachsenenwert). Der *Phosphatid* (**II**)-Geh. beträgt bei der Geburt 3,5%, bei erwachsenen Mäusen 1,5—2%. Das Gew. des braunen Fettkörpers steigt von 7 auf 70 mg. **I** des braunen Fettes ähnelt denen des weißen Fettes, jedoch enthält **I** des braunen Fettes mehr Stearinsäure u. weniger Palmitölsäure. **II** des braunen (weißen) Fettes ist bei Erwachsenen folgendermaßen zusammengesetzt: 38,8 (%) (43,0) *Phosphatidylcholin*, 29,9(23,9) *Phosphatidyläthanolamin*, 4,7 (4,4) *Phosphatidylserin*, 2,1 (2,3) *Monophosphoinositid*, 13,6 (3,8) *Polyglycerophosphatid*, 1,6 (1,4) *Cholinplasmalogen*, 6,3 (7,3) *Äthanolaminplasmalogen*, 3,1 (13,8) *Sphingomyelin*. Die Lecithine sind gleichartig zusammengesetzt. Es bestehen Ähnlichkeiten von **II** des braunen Fettes mit denen der Leber. U. Tausendfreund 4520◇

1179 **Auftrennung des eisenhaltigen Ferritins aus der Pferdemilz in drei verschiedene Fraktionen mittels der Stärkegel-Elektrophorese.** Rudolf Kopp, Arnold Vogt und Gunter Maass. (Nature [London] **198,** 892—93, 1963; Freiburg/Br., Univ., Hygieneinst.; engl.) — Aus Pferdemilz isoliertes *Ferritin* (**I**), das sich bei der Papier- u. Immunoelektrophorese homogen verhält, zeigt bei der Stärkegel-Elektrophorese 3—4 verschiedene Zonen, die sich mit Amidoschwarz 10 B anfärben lassen u. die typ. Preußischblau-Rk. liefern. Bei *Apoferritin* ließ sich nur eine Zone nachweisen, die die gleiche Beweglichkeit zeigte wie Zone 1 des **I**. Zone 1 enthielt 90%, Zone 2 $<$10% u. Zone 3 $<$1% **I**. Die Substanzen aller 3 Zonen verhielten sich serolog. ident., die der Zonen 2 u. 3 wurden bei relativ niedrigen Konzz. von $(NH_4)_2SO_4$ ($<$22%) gefällt, die der Zone 1 erst bei Konzz. $>$22%. Letzte enthielt weniger Fe als die Substanzen der Zone 2 u. 3. In der Ultrazentrifuge (Phosphatpuffer, pH 6,9) zeigten die Präpp. der Zonen 2 u. 3 auch einen höheren Sedimentations-Koeff. als die der Zone 1. Daß es sich bei diesen 3 Fraktionen nicht um Synth.-Prodd. handelt, die bei der Elektrophorese (unter Einw. von bivalenten Metallen, wie Cd) gebildet werden (Dimere u. Polymere des **I**), zeigten Vff. an Hand von frisch bereitetem **I** (gewonnen durch Extraktion gefrorener Pferdemilz mit Äthylendiamintetraessigsäure, 0,05%, 4°), das bei der Stärkegel-Elektrophorese ebenfalls 3 Zonen lieferte. B. Görlich 4520◇

1180 **Die chemische Struktur von Melaninen.** G. A. Swan. (Ann. New York Acad. Sci. **100,** 1005—19, 1963; Newcastle-upon-Tyne, Univ. of Durham, King's Coll., Dep. of Chem.; engl.) — Übersicht. — 29 Literaturangaben.
K. Zingraf 4520◇

1181 **Über das Vorkommen von schwach sauren Substanzen in Embryonen von Bufo vulgaris.** Leo Raunich. (Atti Accad. Sci. Ist. Bologna, Cl. Sci. fisiche, Rend. [11] **8,** Nr. 1, 16—20, 1961; ital.) — In der in 70%ig. Methanol lösl. Fraktion des Acetonextrakts von Embryonen von *Bufo vulgaris* kommen folgende schwach saure Substanzen vor: 2 Substanzen mit starker Fluorescenz im Woodschen Licht, wahrscheinlich Pterine. u. 2 Substanzen, die die Phenol-Rk. ergeben. K. Zingraf 4520◇

1182 **Die Wirkung von Calcium auf den Natriumtransport durch die Froschhaut.** Peter F. Curran und John R. Gill jun. (J. gen. Physiol. **45,** Nr. 4, [Part 1], 625—41, 1962; Copenhagen, Univ. of Copenhagen, Inst. of Biol. Chem.; engl.) — Vff. untersuchten an isolierter Abdominalhaut von *Rana temporaria* L. nach der Meth. von Ussing u. Zerahn (Acta physiol. scand. **23,** [1951], 110) zwischen Lucitkammern den Einfl. von *Ca* auf den *Na*-Transport. Die benutzten Lsgg. waren Modifikationen einer Ringer-Lsg., in der NaCl teilweise durch Cholinchlorid ersetzt worden war. Es wurden Ca-freie Kontroll-Lsgg. mit 5 verschiedenen Na-Konzz. zwischen 6 u. 96 mm untersucht. Der unidirektionale Na- u. Cl-Fluß wurde mit ^{22}Na (oder ^{24}Na) u. ^{36}Cl gemessen. Wachsende Ca-Konz. verringerte den Na-Transport reversibel bis zu einem gewissen Grenzwert, der von der Na-Konz. abhängt: bei 96 mm Na betrug die Hemmung 60%, bei 19 mm nur 18%. Vff. interpretieren dieses Resultat als Verringerung der Na-Permeabilität der äußeren Membran der transportierenden Zellen, die offenbar den akt. Na-Transport verringert, indem weniger Na für das Transport-Syst. verfügbar wird.
H. G. W. Gleiß 4550◇

1183 **Einfluß der Methodik auf elektroencephalographischen Schlaf und Erwachen; Untersuchungen mit Reserpin und Etryptamine bei Kaninchen.** W. G. Steiner, G. R. Pscheidt und H. E. Himwich. (Science [Washington] **141,** 53—55, 1963; Galesburg, Ill., Galesburg State Res. Hosp., Thudichum Psychiatr. Res. Labor.; engl.) — Veränderung der Meth., nach welcher ein Arzneimittel verabreicht wird, kann zu unterschiedlichen Resultaten bei elektroencephalograph. Aufzeichnungen führen. So wurden mit *Reserpin* u. *Etryptamine* (*α-Äthyltryptamin*) bei Kaninchen elektroencephalograph. Schlafrhythmen beobachtet, wenn die Substanzen vor der operativen Vorbereitung zur elektroencephalograph. Registrierung verabreicht wurden; im Gegensatz dazu kam es zu Wachrhythmen, wenn die Substanzen nach der operativen Vorbereitung gegeben wurden. Die konventionelle Verabreichung erfolgt zwar postoperativ, die Ergebnisse der präoperativen Verabreichung stimmen jedoch mehr mit den Verhaltens- u. biochem. Befunden überein. U. Tausendfreund 4550◇

1184 **Vergleichende Untersuchungen über die Empfindlichkeit der Methoden zum Blutartnachweis.** F. Schleyer. (Z. Immunitätsforsch. exp. Therap. **119,** 444—53, 1960; Bonn, Univ., Inst. für gerichtl. Med.; dt.) — Die Empfindlichkeit des *Eiweiß*-Artnachw. wurde an abgemessenen Mengen Menschenserum mittels des Antihumanglobulin-Hemmvers., der Meth. der passiven *Hämagglutination* nach *Tannin*-Sensibilisierung der Blutzellen u. der Präzipitationstechnik festgelegt. O. Jansen 4551◇

1185 **Die Bedeutung der Gegenwart von Zellen und spezifischem Antikörper für den Abbau von Antigen-Eiweiß in vitro.** F. Lindlar und A. Vogt. (Acta allergol. [Copenhagen] **17,** 66—73, 1962; Tübingen, Univ., Patholog. Inst.; dt.) — Proteolyse-Verss. an Kaninchenblut in vitro mit Humanalbumin (markiert mit ^{131}J) als Substrat mit antigenen Eigg. u. Auftrennung der wasserlösl. Spaltprodd. bis zur radiograph. Darst. zeigen, daß der Antigen (**I**)-Abbau bis zu den Aminosäuren geht. Das Vollblut von sensibilisierten Tieren baut ein Vielfaches der durch Serum desselben Tieres abgebauten **I** ab. Normalblut baut etwas mehr **I** als Normalserum ab. Die Mengen des durch Seren allein abgebauten **I** sind gleich. W. Wesly 4551◇

1186 **Die Hydrolyse von Kaninchen-γ-Globulin und Antikörpern mit kristallinem Papain.** R. R. Porter. (Biochem. J. **73,** 119—26, 1959; London, Nat. Inst. for Med. Res.; engl.) — Ausführliche Wiedergabe der C. **1959,** 8939 referierten Arbeit. W. Wesly 4551◇

1187 **Untersuchung der Abbauprodukte von Kaninchen-γ-Globulin mit Hilfe der Ultrazentrifuge.** P. A. Charlwood. (Biochem. J. **73,** 126—27, 1959; London, Nat. Inst. for Med. Res.; engl.) — Addendum zum vorst. Referat. Durch Analyse mit der Ultrazentrifuge findet Vf. bei mit Papain abgebautem Kaninchen-*γ-Globulin* 3 Fraktionen mit den Molgew. 49600, 52600 u. 80200. Die Summe der Molgew. der 3 Fraktionen ist in Übereinstimmung mit dem Molgew. des gesamten γ-Globulins (187600). W. Hiller 4551

1188 **Immunochemie. — Immunochemische Untersuchung eines Glykoproteins aus der Hornhaut, des Keratoglucosaminoglykans-I.** Barbara Robert, Janine Parlebas und Ladislas Robert. (C. R. hebd. Séances Acad. Sci. **256,** 323—25, 1963; Paris, Inst. Nat. d'Hyg. et de l'Assoc. Claude Bernard, Labor. de Biochim. du Centre de Rech. allerg. et immunolog.; franz.) P. Teichgräber 4551◇

1189 **Untersuchung über die Entkalkung der Zähne mit Chelaton 3 und Säure.** Anna Plačkova. (Ceskoslov. Morfol. **7,** 111—15, 1959; Prag, Stomatolog. Inst.; tschech.) — Aus den Vgl.-Verss. der Entkalkung der Zähne mit 0,5 m *Chelaton 3* (**I**; *Äthylendiamintetraacetat-Na$_2$*) u. 5%ig. HNO_3 geht hervor: Bei der Entkalkung mit **I** bleibt eine bessere morpholog. Struktur erhalten, die Rk. mit Alcian-Blau ist deutlicher, die Rk. mit Feulgen ist farbig (bei Säure farblos). Bindegewebe u. Nervengewebe sind besser imprägniert, die Entkalkung geht langsamer u. deutlicher vor sich u. ein kontrastreicheres Bild der Struktur beim elektron. Mikroskopieren wird erreicht. S. Paprotny 4552◇

1190 **Ernährung und Caries der Zähne.** 3. Mitt. **Der Einfluß der Vitamine A und D auf die Entstehung der Zahncaries bei Ratten, die mit einer vergleichbar falschen menschlichen Nahrung gefüttert worden sind.** Maria Kossakowska und Aleksander Szczygieł. (Roczniki państwowego Zakladu Hig. **13,** 141—49, 1962; pol.) — — 2. vgl. C. **1962,** 8687. — Ein Zusatz von *Vitamin A* u. *D* kann den schädlichen *Ca*-Mangel in der Ernährung für die Entw. von Zähnen u. Knochen nicht ausgleichen.
F. Urban 4552◇

1191 **Die Wirkung von Salicylglucuronid auf die Auflösung von Hydroxylapatit in Harnsteinen.** Robert B. Aronson. (J. Urology **88,** 563—65, 1962; Boston, Mass., Boston Univ., School of Med., Dep. of Biochem.; engl.) — 0,1 mm *Salicylglucuronid* (*o-Carboxyphenyl-β-D-pyranoglucuronosid*, welche nach peroraler Verabreichung von *Acetylsalicylsäure*, *Salicylsäure* oder *Salicylamid* beim Menschen vermehrt mit dem Harn ausgeschieden wird; **I**) beschleunigt in vitro die Auflösung von synthet. *Hydroxylapatit* (**II**) u. von Harnsteinen, die vorwiegend aus **II** bestehen. Eine ähnliche, wenn auch geringere Wrkg. wie **I** wird von 0,1 mm *Östradiolglucuronid* ausgeübt. Komplex-Bldg. zwischen **I** u. *Ca* konnte nicht nachgewiesen werden. U. Tausendfreund 4552◇

1192 **Die Fettsäurenzusammensetzungen des menschlichen Colostrums und der Fette der reifen Muttermilch unter freigewählter Kost sowie die Veränderungen im Verlaufe der Lactation.** Yoshirō Yamamoto. (Ann. Paediatrici jap. **8**, 284—91, 1962; Kyoto, Univ., Dep. of Pediatr.; jap., Auszug: engl. S. 74.) — Folgende Durchschnittswerte für Fettsäuren wurden in Japan für menschliches Colostrum (bzw. reife Muttermilch) bei freier Kostwahl gefunden: *Caprinsäure* (**I**) 0,3% der Gesamtfettsäuremethylester (2,3%), *Laurinsäure* (**II**) 2,3 (12,0), *Myristinsäure* (**III**) 5,6 (13,9), *Palmitinsäure* 30,4 (22,5), *Palmitölsäure* 5,4 (5,1), *Stearinsäure* 6,2 (4,8), *Ölsäure* (**IV**) 32,5 (25,2), *Linolsäure* 13,1 (11,8), *Linolensäure* 0,5 (0,9). Im Vgl. mit der Muttermilch von Europäern u. Amerikanern ist in der japan. Muttermilch mehr **I**, **II** u. **III** enthalten; der **IV**-Geh. ist dagegen geringer. Die Unterschiede in der Fettsäuren-Zus. der Muttermilch sind als eine Folge der Ernährungsunterschiede anzusehen. U. Tausendfreund 4555◇

1193 **Hitzedenaturierung von β-Lactoglobulinen A und B.** Patricia Gough und Robert Jenness. (J. Dairy Sci. **45**, 1033—39, 1962; St. Paul, Minn., Univ. of Minnesota, Dep. of Agric. Biochem.; engl.) — *β-Lactoglobulin B* wird bei Hitze-Einw. (67—75°) schneller als *β-Lactoglobulin A* denaturiert, gleich woher das Protein stammt (von verschiedenen Kühen, so daß es sich nicht um individuelle Abweichung handeln kann; isoliert, gereinigt, in Puffer oder in Magermilch mit den anderen natürlichen Bestandteilen). Beide Proteine weichen bzgl. Löslichkeit bei pH 5,0, SH-Gruppenaktivität u. spezif. Drehung sowie bzgl. Aktivierungsenergie u. -entropie voneinander ab. U. Tausendfreund 4555◇

1194 **Stoffwechsel der Steroidhormone in vivo beim Blaurückenlachs. — A. Verringerte Hormonclearance beim reifen, kastrierten pazifischen Lachs (Oncorhynchus nerka). B. Vorstufen von 11-Ketosteron.** D. R. Idler und und B. Truscott (unter Mitarbeit von H. C. Freeman, V. Chang, P. J. Schmidt und A. P. Ronald). (Canad. J. Biochem. Physiol. **41**, 875—87, 1963; Halifax, N.S., Fisheries Res. Board of Canada, Technol. Stat.; Vancouver, B.C., Technol. Stat.; engl.) — Die Ausscheidung von intraarteriell injiziertem $^{14}C_{(4)}$-*Cortison* (**I**) u. $^{14}C_{(4)}$-*Cortisol* (**II**) aus dem Plasma erfolgte beim geschlechtsreifen kastrierten Blaurückenlachs viel langsamer als bei unreifen Tieren oder beim atlant. Lachs (*Salmo salar*). Im Blut des reifen Blaurückenlachses findet sich *11-Ketotestosteron* (**III**) als Geschlechtshormon in hoher Konz.; Vorstufen sind *Testosteron* (**IV**) u. *17α-Hydroxyprogesteron* (**V**). **IV** wurde in vivo auch aus **V** gebildet. **II** wurde in **I**, nicht jedoch in **III**, umgewandelt. K. Zingraf 4558◇

1195 **Endokrine Kontrolle des Stoffwechsels.** P. J. Randle. (Annu. Rev. Physiol. **25**, 291—324, 1963; Cambridge, Univ., Dep. of Biochem.; engl.) — Übersicht (bis Mai 1962). Kohlenhydrat- u. Fettstoffwechsel (Muskel, Fettgewebe, Leber), Proteinstoffwechsel, allg. Aspekte der endokrinen Kontrolle. — 321 Literaturangaben. K. Maier 4558◇

1196 **Das Verhalten autotransplantierter Ovarien bei Patienten nach Operation wegen Krebs der Cervix uteri.** Michio Matsumoto. (Fukuoka Acta med. [Fukuoka-Igaku-Zassi] **54**, 24—38, 1963; Kyushu, Univ., Fac. of Med., Dep. of Obstetr. and Gynecol.; jap., Auszug: engl.) — Nach Operation wegen Krebs der Cervix uteri sank der Geh. der Östrogene im Harn rasch ab u. stieg dann allmählich wieder an. Dabei zeigte *Östriol*, nicht jedoch *Östron* u. *Östradiol* (**I**), starke Schwankungen. Wenn die Ovarien autotransplantiert wurden, erfolgte die Abnahme langsamer u. der Anstieg führte zu Werten, die 70% über denen der kastrierten Frauen lagen, dabei nahm jedoch **I** langsamer zu als bei diesen. Die *Pregnandiol*-Ausscheidung im Harn war bei beiden Gruppen gleich, während die Ausscheidung der 17-Ketosteroide bei den kastrierten etwas unterhalb der Norm lag. K. Zingraf 4559◇

1197 **Die Bedeutung der Östrogene für die Placentapassage von ^{131}J-Thyroxin.** N. Louros, K. Moiras und A. Vrettos. (Ann. d'Endocrinol. **22**, 995—99, 1961; Athènes, Univ., 1re Clin. d'obstétrique et de gynécol.; franz.) — Der Einfl. von *Östrogenen* (**I**) auf die Permeabilität der Placenta für *Thyroxin* (**II**) wurde durch tägliche Zufuhr von *Östriol* (oral, i.m.) ab Trächtigkeitsbeginn u. einmalige Injektion (i. m.) von ^{131}J-**II** am 21. Tag bei Albinoratten untersucht. Eine 2. Gruppe erhielt nur **II**. Der Geh. an butanolextrahierbarem Jod von Embryo- u. Mutterblut unterschied sich nicht signifikant. Der Beziehung zwischen der Menge von **II**-bindendem Protein u. von **I**, die von der Mutter auf den Embryo übergehen, dürfte erhebliche Bedeutung zukommen. K. Maier 4559◇

1198 **Untersuchung der Ausscheidung radioaktiver Abbauprodukte nach Zufuhr von ^{14}C-Triphenyläthylen bei der Maus.** Jacques Maniey. (Ann. d'Endocrinol. **22**, 912—16, 1961; Paris, Inst. du Radium; franz.) — Intraperitoneale oder subkutane Injektion von 1 mg ^{14}C-*Triphenyläthylen* (*Phenylstilben*) löst bei der ♀ Maus Ausscheidung ^{14}C-markierten Materials in den verschiedenen Harn- u. Faecesfraktionen aus, was für zahlreiche Abbauwege des Östrogens spricht. Die Ausscheidung verläuft langsam. K. Maier 4559◇

1199 **Progestative Aktivität von Äthinylöstrenol bei Amenorrhoe.** N. E. Borglin. (Acta endocrinol. [Copenhagen] **39**, 415—22, 1962; Malmö, Gen. Hosp., Dep. of Obstetr. and Gynecol.; engl.) — Die Wrkg. von *17α-Äthinyl-17β-hydroxyöstr-4-en* (**I**; *Äthinylöstrenol*) bei Zufuhr per os (35 mg/Menstrualcyclus) wurde an 10 Fällen von Amenorrhoe u. 1 Fall von Oligomenorrhoe untersucht. **I** wirkte in allen Fällen günstig. Die histolog. Befunde werden angeführt. Nebenwrkg. wurden nicht beobachtet. P. Schwerdtfeger 4559◇

1200 **Biosynthese von Testosteron durch ein Stein-Leventhal-Ovarium.** Nelson Leon, Manuel Neves e Castro und Ralph I. Dorfman. (Acta endocrinol. [Copenhagen] **39**, 411—14, 1962; Shrewsbury, Mass., Worcester Foundat. for Exp. Biol.; engl.) — Die durch Resektion erhaltenen Ovarien eines Falles von Stein-Leventhal-Syndrom bei normaler Ausscheidung von 17-Ketosteroiden wurden mit $^{14}C_{(1)}$-*Acetat* inkubiert, wobei die Bldg. von ^{14}C-*Testosteron* (**I**) nachgewiesen werden konnte. Vff. diskutieren die Möglichkeit, daß bestimmte Fälle von Hirsutismus u. Virilismus bei der Frau durch eine geringe Erhöhung der **I**-Produktion hervorgerufen werden, die noch keine signifikante Erhöhung der 17-Ketosteroide im Harn auslöst. P. Schwerdtfeger 4559◇

1201 **Urinausscheidung neutraler 17-Ketosteroide bei Hengsten.** H. Pigoń. (Bull. Acad. polon. Sci., Sér. Sci. biol. **10**, 13—16, 1962; Cracow, Coll. of Agric., Dep. of Animal Physiol.; engl.) — Best. von 17-Ketosteroiden (17-KS) im Urin (Zimmermann-Meth.) von jungen u. erwachsenen Hengsten, Wallachen u. Fohlen u. Vgl.-Unterss. an Stuten verschiedenen Alters ergaben, daß diese Verbb. im Urin neugeborener Pferde nicht auftreten u. daß ihre Konz. bis zum 8. oder 10. Lebensmonat bei ♂ u. ♀ Tieren ansteigt. Nach Kastration trat zwar Verminderung der 17-KS-Ausscheidung von 13—33% auf, die Durchschnittswerte lagen jedoch fast auf gleicher Höhe wie die von erwachsenen Hengsten u. Fohlen. Es wird angenommen, daß die 17-KS-Produktion der Nebennierenrinde nach der Kastration ansteigt. U. Drehmann 4559◇

1202 **Der Nachweis von Dehydroepiandrosteron in menschlichen sklerocystischen Ovarien.** I. Stárka, Z. Matys und J. Janata. (Clin. chim. Acta [Amsterdam] **7**, 776—79, 1962; Prag, Endocrinol. Forschungsinst.; Hořovice, Krankenhaus; dt.) — Aus sklerocyst. Ovarien des Menschen wurde neben Δ^4-Androsten-3.17-dion) erstmals auch *Dehydroepiandrosteron* (**I**) isoliert. Die relative Menge von **I** deutet einerseits auf teilweise Inaktivierung der *3β-ol-Dehydrogenase* in diesen Ovarien, anderseits auf die Möglichkeit einer Androgen-Biosynth., die als Zwischenstufe weder Progesteron noch 17α-Hydroxyprogesteron voraussetzt. U. Tausendfreund 4559◇

1203 **Progesteron-Gehalte des venösen Ovariumplasmas von Schafen mit abnormen Eiern.** J. McClure und J. W. Ronaldson. (New Zealand J. agric. Res. **5**, 507—09, 1962; Hamilton, Dep. of Agric., Ruakura Animal Res. Stat.; engl.) — Bei der Unters. des venösen Ovariumplasmas von 17 Schafen (6 Tage nach der Paarung) ergaben sich bei 9 Schafen Eierstöcke mit normalen Blastocysten u. Blastomeren u. bei den 8 übrigen abnormale Eier. Signifikante Unterschiede in der Progesteron-Konz. ergaben sich nicht. W. Wesly 4559◇

1204 **Die Gonadotropine. Gegenwärtige Kenntnisse. Extraktionsmethoden, Chemische Bestimmungsversuche.** Doris-E. Weihs. (Mém. Soc. vaudoise Sci. natur. **13**, 263 bis 326, 1963; Lausanne, Centre anticanc. romand, Serv. de Rech. exp.; franz.) — Übersicht. — 199 Literaturangaben. K. Zingraf 4560◇

1205 **Über den verminderten Gehalt an gonadotropem Hormon des Hypophysenvorderlappens bei Hunden mit Hypothalamusverletzungen.** Julian M. Davidson, Alexander N. Contopoulos und William F. Ganong. (Endocrinology **66**, 735—40, 1960; San Francisco, Calif., Univ. of California, Dep. of Physiol. and Anat.; engl.) — Kastrierten u. nichtkastrierten Hunden werden elektrolyt. Schädigungen des Hypothalamus u. der Eminentia beigebracht, u. nach 5—7 Wochen die Aktivität des die *interstitiellen Zellen stimulierenden Hormons* (*IZSH*) u. des die *Follikel stimulierenden Hormons* (*FSH*) in der Hypophyse biolog. bestimmt. Bes. Schäden an der Eminentia post. med. führen zur Verringerung der Hormonaktivitäten, ohne daß hierbei eine Beziehung zu Funktionsänderungen von Schilddrüse oder Nebenniere noch zu bestehendem Diabetes insipidus auftritt. Es handelt sich also um eine spezif. Wrkg. auf die Bldg. u. Sekretion von IZSH u. FSH. Manfred Schmidt 4560◇

1206 **Die Neurophypophyse.** C. R. Kleeman und R. E. Cutler. (Annu. Rev. Physiol. **25**, 385—432, 1963; Los Angeles, Calif., Mount Sinai Hosp., Wadsworth Gen. Hosp.; Univ. of California, Med. Center, Dep. of Med.; engl.) — Übersicht (März 1962). Eigg. u. chem. Natur des neurosekretor. Materials, akt. neurohypophysäre Peptide (Oxytocin, Vasopressin, Bldg. u. Abgabe, chron. Reizung des Hypophysenhinterlappens), Abgabe von *Hypophysenhinterlappenhormonen* (**I**), Hormone im Blute, Ausscheidung u. Inaktivierung, Rk. auf **I** (antidiuret. u. saluret. Effekt, Wrkg. auf verschiedene Membranen u. Enzym-Syst., W. u. Harnstoff, Na-Transport), Wrkg. des Ionenmilieus auf die Hormon-Rk., oxytoc. u. galaktogene Aktivität von **I**, Gefäß-Rkk., **I** als Mediatoren von Hypophysenvorderlappenhormonen, Beziehungen von **I** zu anderen Hormonen, Einfl. einiger Stoffwechselzustände auf die Rk. auf antidiuret. Hormon, Best.-Meth., einige mit **I** zusammenhängende klin.-patholog. Zustände. — 413 Literaturangaben. K. Maier 4560◇

1207 **Die durch die Wirkungen von Steroidhormonen auf die Milchdrüse nachgewiesene sekretorische Kapazität der autotransplantierten Hypophyse. 2. Mitt. Wirkungen von Testosteronpropionat.** Kurt Ahrén. (Acta endocrinol. [Copenhagen] **39**, 338—54, 1962; Göteborg, Univ. of Göteborg, Dep. of Physiol.; engl.) — 1. vgl. C. **1964**, 8-1315. — Es wurde untersucht, ob die in die Nierenkapsel autotransplantierte Hypophyse *Wachstumshormon* (**I**) sezerniert. Hierzu wird die Rk. der Milchdrüse auf *Testosteron* (**II**)-Stimulation als Index benutzt, da diese nur in Ggw. von **I** erfolgt. Tägliche Injektionen von 0,05 bzw. 0,25 mg **II**-Propionat, 14 Tage lang, lösten bei kastrierten Ratten mit autotransplantierter Hypophyse keine Lobular-Alveolar-Entw. der Milchdrüse aus, wohl aber bei kastrierten Ratten mit intakter Hypophyse. Ebenso konnte eine Entw. der Milchdrüse bei den kastrierten Tieren mit autotransplantierter Hypophyse beobachtet werden, wenn **I** u. **II** gemeinsam injiziert wurden. Die Ergebnisse zeigen, daß bei der Ratte mit autotransplantierter Hypophyse ein beträchtlicher **I**-Mangel besteht. P. Schwerdtfeger 4560◇

1208 **Der Nucleinsäuregehalt der Leber von mit Hypophysenhinterlappenhormon behandelten Ratten.** Tsutomu Hiroshige und Shinji Itoh. (Jap. J. Physiol. **10**, 659—65, 1960; Sapparo, Hokkaido Univ., School of Med., Dep. of Physiol.; engl.) — Eine längere Behandlung (10 Tage) mit *Pitressin* (**I**; 400 mE täglich pro 100 g Körpergewicht intraperitoneal injiziert) führt zu einer Erhöhung des Geh. an *Ribonucleinsäure* (RNS) u. Gesamt-N in der Leber junger ♂ Wistar-Ratten, während der Geh. an *Desoxyribonucleinsäure* (DNS) nicht verändert wird. *Pitocin* hat bei gleichen Bedingungen keine Wirkung. Nach der Hypophysektomie nimmt der Geh. an RNS u. an Gesamt-N beträchtlich ab; diese Wrkg. wird durch intraperitoneale Injektionen von 2—8 Dosen Wachstumhormon (4 Tage lang) wieder aufgehoben. **I** zeigt diese Wrkg. nicht. Der Einfl. des Wachstumhormons auf die Leber hypophysektomierter Ratten zeigt sich auch im Ansteigen des RNS : DNS-Verhältnisses u. des Gewichts der Leber. Gaben von *Cortisonacetat* (5 mg/100 g Körpergewicht für 5 Tage) führten zu einer wesentlichen Gewichtszunahme der Leber u. einer geringen Erhöhung des RNS-Spiegels. **I** führt in normalen Ratten zur Erweiterung der Epiphysenknorpelgröße des Schienbeins. Pitocin hat keine derartige Wirkung. Die bei hypophysektomierten Ratten beobachtete Verringerung der Epiphysenknorpelgröße wird durch Wachstumshormon, nicht aber durch **I**, aufgehoben. Aus den Verss. wird geschlossen, daß **I**-Gaben zu einer vermehrten Ausschüttung von Wachstumshormon des Hypophysenvorderlappens führen. H. Köditz 4560△

1209 **Untersuchungen über Erythropoietin. 11. Mitt. Neues bioanalytisches Verfahren zur Bestimmung der Erythropoietinaktivität.** Fumimaro Takaku und Kunitake Hirashima. (Med. and Biol. [Tokyo] **62**, 62—66, 1962; Tokyo, Univ., Med. Fak., Dep. of Internal Med.; jap.) — In wechselnden Mengen wird *Harn* von anäm. Patienten mit schlechter Regenerationsfähigkeit, die *Erythropoietin*-Aktivität zeigen, Albinoratten injiziert. Der Anstieg der Gesamtzahl/mm³ an Reticulocyten im peripheren Blut ist wegen der linearen Zusammenhänge ein Indicator für den Anstieg der Erythropoese. Das Verf. wird wegen der ausführlich erörterten Vorteile empfohlen. L. Schuler 4560◇

1210 **Untersuchungen an Patienten mit Nebennierenrindenüberfunktion. 1. Mitt. Die Wirkung von Corticotropin auf die Gehalte an Corticosteroiden, 17-Ketosteroiden und Aldosteron.** Inge Dyrenfurth, A. J. Blair, J. C. Beck und Eleanor H. Venning. (J. clin. Endocrinol. Metabolism **20**, 735—50, 1960; Montreal, McGill Univ. Clinic, Royal Victoria Hosp. and Dep. of Invest Med.; engl.) — An 24 Patienten (Cushing-Syndrom u. a.) mit einer Überfunktion der Nebennierenrinde u. einer Anzahl klin. gesunder Vgl.-Personen wurden die *Corticosteroide* im Urin u. Harn sowie die *17-Ketosteroide* u. *Aldosteron* im Urin vor, während der Verabfolgung u. nach dem Absetzen von *Adrenocorticotropem Hormon* (ACTH) bestimmt. Bei den Patienten stellt sich nach der ACTH-Stimulation der Ausgangswert im Plasma im Vgl. zu den Kontrollen verzögert wieder ein. Eine Behandlung der Patienten mit *9α-Fluorhydrocortison* ergibt bzgl. der Wirksamkeit des Medikaments eine Korrelation zur ACTH-Wirkung. Die Ausscheidung von Aldosteron im Urin vor (6,1 u. 6,7 μg) u. nach (14,0 u. 13,4 μg) der ACTH-Verabfolgung bewegte sich innerhalb der Norm. Durch Verabfolgung von *9α-Fluorometholone* (*Oxylone*) an 2 Patienten wurde die Ausscheidung von Corticosteroiden u. 17-Ketosteroiden im Urin der Patienten herabgesetzt. W. Rehner 4560◇

1211 **Unterdrückung der hypophysär bedingten Wirkung von Adrenocorticotropem Hormon beim Menschen durch Verabreichung von Adrenocorticotropem Hormon oder Cortisol.** John E. Plager und Paul Cushman jun. [unter techn. Mitarbeit von Alice E. Chase]. (J. clin. Endocrinol. Metabolism **22**, 147—54, Febr. 1962; Rochester, N.Y., Univ. School of Med. and Dent., Dep. of Med.; engl.) — Es wird eine Meth. zur indirekten Best. des im Plasma zirkulierenden *Adrenocorticotropen Hormons* (ACTH) aus der Hypophyse mit Hilfe von *Metopiron* (**I**) {*2-Methyl-1.2-bis-[pyridyl-(3)]-propanon-(1)*} angegeben. **I** hemmt in geringer Konz. die *11β-Hydroxylase*-Aktivität der Nebenniere u. somit die Umwandlung von *Substanz S* (**II**; *17α.21-Dihydroxy-4-pregnen-3.20-dion*) in *Cortisol* (**III**). **I** u. **II** werden nach Extraktion mit Chlf. aus dem Plasma papierchromatograph. voneinander getrennt u. nach der Porter-Silber-Meth. bestimmt. Durch **II**-Gabe wird der **III**-Geh. im Plasma herabgesetzt. Dies hat eine Reiz-Wrkg. auf die Hypophyse zur Folge u. führt zu einer ACTH-Sekretion. Bei einigen Patienten (♂, Alter zwischen 20 u. 45) wurde der **II**-Spiegel im Plasma nach **I**-Infusion (8 Std., 2—3 g insgesamt) untersucht. Er betrug 9,1 γ (Mittelwert)/100 ml Plasma. Wurde 3 Tage lang mit ACTH vorbehandelt u. 48 Std. nach der letzten ACTH-Gabe getestet, so war die endogene Sekretion von ACTH aus der Hypophyse vermindert. Eine **III**-Behandlung über 3 Tage führte zu den gleichen Ergebnissen. Außerdem war die Ansprechbarkeit der Nebenniere auf exogenes ACTH stark herabgesetzt. A. Eben 4560◇

1212 **Die Corticotropinsekretion der homotransplantierten Hypophyse bei der Ratte.** Roger Foster jun. und I. Rothchild. (Acta endocrinol. [Copenhagen] **39**, 371—84, 1962; Cleveland, Ohio, Western Reserve Univ., School of Med., Dep. of Obstetr. and Gynecol.; engl.) — 10 Wochen alte Ratten, die seit 3 Wochen homotransplantierte Hypophysen unter der Nierenkapsel trugen, wurden hypophysektomiert u. 24 Std.

später auf die *Adrenocorticotropin* (I)-Freisetzung durch die Transplantate untersucht. Als Test diente die Ascorbinsäureverarmung der Nebenniere nach Stimulation durch Ae.-Anästhesie u. unilaterale Adrenalektomie sowie teilweise i.v. Histamininjektion. Die Ergebnisse deuten darauf hin, daß bei den transplantierten Hypophysen ein Teilschritt der I-Freisetzung gestört ist, der wahrscheinlich durch die direkte Verbindung mit dem Zentralnerven-Syst. ausgelöst wird. Der I-Geh. der transplantierten Hypophysen ist dem der in situ befindlichen gleich. Es wird die Möglichkeit diskutiert, daß ein Nicht-I-Faktor der Transplantate die Nebennierengewichte erhöhte. P. Schwerdtfeger 4560◇

1213 **Adrenocorticosteroidprofil beim hypertensiven Hund.** Paige K. Besch, Katherine A. Brownell, Frank A. Hartman und David J. Watson. (Acta endocrinol. [Copenhagen] **39**, 355—70, 1962; Columbus, Ohio, Ohio State Med. School, Dep. of Obstetrics and Gynecol., Dep. of Physiol.; engl.) — Experimentell hypertensive Hunde (Abklemmen der Nierenarterie bzw. unilaterale Nephrektomie mit nachfolgender kontralateraler Nierenconstriction) weisen im Plasma der Adrenalvene 5 Steroide auf, die stärker polar als Cortisol sind [*6β.11β.17α.21-Tetrahydroxypregn-4-en-3.20-dion, 3α.17α.20β.21-Tetrahydroxy-5β-pregnan-11-on, 3α.11β.17α.21-Tetrahydroxy-5β-pregnan-20-on* (I), *3α.17α.21-Trihydroxy-5β-pregnan-11.20-dion* (II), *11β.17α.20β.21-Tetrahydroxypregn-4-en-3-on* (III)], während bei den Kontrolltieren nur I u. II auftreten. Die Hauptkomponente (32%) der hypertensiven Tiere ist III. Die bei beiden Gruppen auftretenden Steroide I u. II liegen bei der hypertensiven Gruppe in ihren Geh. um ca. 50% höher. P. Schwerdtfeger 4561◇

1214 **17α-Methyl-19-nortestosteron und Adrenocorticotropin-Sekretion.** G. Hellinga und L. G. Huis in t'Veld. (Acta physiol. pharmacol. neerl. **8**, 557—60, 1959; Utrecht, Nat. Inst. of Publ. Health, Dep. of Endocrinol.; engl.) — Bei 2 Mädchen mit angeborener Nebennierenhypertrophie bewirkte *17α-Methyl-19-nortestosteron* (Orgasteron, Organon; 10 mg täglich, 14 Tage lang) eine Abnahme der Ausscheidung von 11-oxydierten *17-Ketosteroiden* (I; Fraktion VI + VII) u. von Diketonen u. I (Fraktion II + III), dagegen nahm die Ausscheidung der nichtalkohol. I (Fraktion I) sowie der *11-Desoxy-3-α-hydroxy*-I (Fraktion IV u. V) zu. Jedoch nahm nach Behandlung mit *Diadreson F* die Ausscheidung aller Fraktionen der I ab. K. Zingraf 4561◇

1215 **Die Wirkung von Cortison auf den Östruscyclus der Säuger, die Metamorphose der Frösche und das Wachstum der Pflanzen.** V. Donnet und J. M. Chevalier. (Ann. d'Endocrinol. **22**, 850—69, 1961; Marseille, Fac. de Méd., Labor. de Méd. Exp.; franz.) — Hohe *Cortison* (I)-Dosen bewirkten bei Mäusen, Ratten, Meerschweinchen, Kaninchen u. Affen Diöstrus, kleinere wirkten nur progesteronantagonist., sehr kleine aktivierten zuweilen die Ovarialfunktion. Große Dosen störten oder stoppten die Metamorphose der Kaulquappe. Bei Pflanzen (*Triticium sativum, Phaseolus vulgaris, Ervum lens*) wirkten kleine bis mittlere I-Konzz. auf das Keimlingswachstum aktivierend, hohe hemmend. K. Maier 4561◇

1216 **Die Wirkung von Cortison und Vitamin B_{12} auf die Ulcusentstehung bei Shay-Ratten.** Cs. Hadnagy, F. Biró und L. Kelemen. (Dtsch. Z. Verdauungs- u. Stoffwechselkrankh. **22**, 258—61, 1962; Tg. Mures — Marosvásárhely, Rumänien, 2. Med. Klinik, Anatom. Inst. u. Klinik für Infektionskrankheiten; dt.) — Durch Pylorus-Ligatur bei Ratten hervorgebrachte Geschwüre (Shay-Ulcus) bilden sich vorerst im Rumen. Die durch Cortison in der Pylorus-Gegend ausgeübte ulcerogene Wrkg. wird von Vitamin B_{12} aufgehoben. W. Wesly 4561◇

1217 **Die Wirkung von Desoxycorticosteron auf lösliche Adenosintriphosphatase der Rinderherzmitochondrien.** Melvin Blecher. (Proc. Soc. exp. Biol. Med. **111**, 529—31, 1962; Washington, D.C., Georgetown Univ., Schools of Med. and Dent., Dep. of Biochem.; engl.) — Wird *Adenosintriphosphatase* aus Rinderherzmitochondrien mit *Desoxycorticosteron* (I) [gelöst in *Propylenglykol* (II)] inkubiert, so wird deren Aktivität um über 35% gehemmt. II allein zeigt keine Wirkung. Auf die Aktivität der *Milchsäuredehydrogenase* (Kaninchenmuskel) u. *Brenztraubensäurekinase* (Kaninchenmuskel) zeigt I (0,5 mm) keine Wirkung. W. Hiller 4561◇

1218 **Stoffwechsel von ^{14}C-Cortisol in Kulturen menschlicher peripherer Leukocyten von Patienten mit Leukämie.** Alan D. Forker, Robert E. Bolinger, J. H. Morris und W. E. Larson. (Metabolism, clin. and exp. **12**, 751—59, 1963; Kansas City, Kans., Univ. of Kansas Med. Center, Dep. of Med.; engl.) — Durch Kulturen von menschlichen peripheren Leukocyten wird *$^{14}C_{(4)}$-Cortisol* in ein stärker polares Steroid umgewandelt. Die Umwandlungs-Geschw. betrug für Leukocyten von Normalpersonen $2{,}18 \cdot 10^{-3}$ μMol/Zelle/24 Stunden. Sie war bei Leukocyten von Corticosteroid-behandelten Patienten mit chron. lymphat. Leukämie verringert u. bei Leukocyten von Patienten mit akuter Leukämie (mit Blasten) erhöht. K. Zingraf 4561◇

1219 **Wechselwirkung zwischen Methandrostenolon und adrenocorticalen Hormonen.** A. A. Renzi und J. J. Chart. (Proc. Soc. exp. Biol. Med. **110**, 259—62, 1962; Summit, N.J., CIBA Pharm. Co., Res. Dep.; engl.) — 1. Intakte ♂ Ratten, denen 0,5 mg *Dexamethason* (I) als Trimethylacetat i.m. u. 10 Tage lang 1,0 oder 5,0 mg/d *Methandrostolon* (*17α-Methyl-17β-hydroxyandrosta-1.4-dien-3-on, Dianabol*, CIBA 17309-Ba, II) als wss. Suspension injiziert worden waren, zeigten bei stark androgener Wrkg. von II einen geringeren u. kurzfristigeren Verlust an Körpergewicht als solche, die I allein erhalten hatten. Junge kastrierte Ratten, denen 28 Tage lang 1,5 mg/d *Cortisonacetat* (III) u. 0,1—1,0 mg/d II oder *Methyltestosteron* (IV) subkutan injiziert worden waren, zeigten bei fehlender oder schwacher (II) bzw. starker (IV) androgener Wrkg. auf das Gewicht der Glandula vesiculosa u. starkem myotrophem Effekt auf das Gewicht des Musculus levator ani ebenfalls deutlichen Antagonismus von II gegenüber der wuchsinhibitor. Wrkg. von III. IV war bei niedriger Dosierung wirkungslos. — Erzeugte Entzündungen wurden über 4 Tage subkutan mit 8 mg II/d, 0,25 bzw. 0,5 mg/d *Hydrocortison* (V) oder 2,5 μg I/d sowie kombiniert mit I + II u. II + V behandelt. II verringerte des Exsudat-Vol. auf 5,4, V auf 4,0—4,6, I auf 4,8, I + II auf 2,9 u. II + V sogar auf 1,9—2,0 (unbehandelte Kontrollen: 6,3) ml. II verringerte das Gewicht der Thymusdrüse auf 180, V auf 171—200, I auf 213, I + II auf 134,1 u. II + V auf 129—170 (Kontrollen: 240 bis 250) mg. V verringerte das Gewicht der Nebennieren (Nn) auf 38,7—41,2, I auf 42, I + II auf 40 u. II + V auf 38,2 bis 41,1 (Kontrollen: 43,1—44,6) mg. II hatte keinen Einfl. auf das Nn-Gewicht. Die Granulomgewichte intakter u. adrenalektomierter Tiere verringerten sich durch 7tägige subkutane Applikation von 4 mg II/d nur schwach, durch eine solche mit 0,005 mg I/d stärker, durch I + II am stärksten (von 550 auf 345 mg). Intakte Ratten zeigten stärkere Red. des Granulom-Gewichts als adrenalektomierte. — 3. Die antiphlogist. Wrkg. von I war auch durch subkutane Applikation von 4 mg/d IV u. *Testosteron*, nicht jedoch durch *Noräthandrolon* u. *Progesteron* zu steigern. Dauerbehandlung mit II verursacht im Gegensatz zu der mit Glucocorticoiden keine Nn-Atrophie, inhibiert nicht die kompensator. Hypertrophie der Nn nach unilateraler Adrenalektomie, hat keine Wrkg. auf den Kohlenhydratstoffwechsel, die Na- u. W.-Exkretion, inhibiert jedoch die durch III induzierte Nn-Atrophie. H. G. W. Gleiß 4561◇

1220 **Hypomagnesämie nach Aldosteron-Anwendung bei Ratten.** B. W. J. Mahy und K. A. Munday. (J. Physiology **168**, 22P—23P, 1963; Southampton, Univ., Dep. of Physiol. and Biochem.; engl.) — Adrenalektomierte Ratten, denen 6 Tage lang normales Futter verabreicht wurde, zeigten starke Hämokonz., Verlust von Na^+u. Cl^-, K^+-Retention, normale Ca-Werte im Plasma, Hypermagnesämie u. Absinken der Körper-Temp.; diese Wrkg. konnten durch 1%ig. *NaCl*-Lsg. als Trink-Fl. verhütet werden. Durch Einw. von Kälte (0—2° C) wurde die erhöhte Mg-Konz. im Plasma u. der Temp.-Abfall vergrößert. *Cortison* u. *Desoxycorticosteronacetat* erhöhten den Mg-Geh. im Plasma u. Harn von intakten Tieren, verringerten ihn aber im Harn von adrenalektomierten Tieren. *Aldosteron* verringerte den Mg-Geh. im Plasma von intakten oder adrenalektromierten Tieren, auch in der Kälte, aber mit dem Antagonisten SC-11927 (Kaliumsalz der 3-Oxo-9α-fluor-11β.17β-dihydroxy-17α-pregn-4-en-21-carbonsäure) stieg er speziell bei Kälte an. K. Zingraf 4561◇

1221 **Beobachtungen über Anomalitäten in der Ausscheidung von Sulfobromphthalein und Indocyaningrün aus dem Plasma infolge von Norethandrolon.** Carroll M. Leevy,

Gilbert R. Cherrick und Charles S. Davidson. (J. Lab. clin. Med. **57**, 918—26, 1961; Boston, Mass., Boston City Hosp., Thorndike Memor. Labor.; Second and Fourth (Harvard) Med. Serv.; Harvard Med. School, Dep. of Med.; Jersey City, N.J., Jersey City Med. Center, Dep. of Med., Div. of Hepat. Metab. and Nutrit; Seton Hall Coll. of Med.; engl.) — Bei Normalpersonen wurde die anfängliche Ausscheidung von *Sulfobromphthalein* (I) aus dem Plasma bei täglicher Verabreichung von 100—150 mg *Norethandrolon* (II), 7—12 Tage lang, von 14,2 auf 10,3% je Min. herabgesetzt, während die Retention in 45 Min. in der gleichen Zeit von 2,0 auf 13,8% zunahm. Bei Patienten mit Fettleber war die anfängliche Ausscheidung von I um 47% verringert u. die Retention von I im Plasma auf das Vierfache gesteigert. Die durch II gesetzte subcelluläre Schädigung wird durch die I-Retention besser demonstriert als durch die Retention von Indocyaningrün, die Serumtransaminase, die alkal. Phosphatase, das Serumbilirubin, die Cephalin-Cholesterin-Flockung oder die Hippursäuresynthese. K. Zingraf 4561◇

1222 **Klinische Erfahrungen mit rasch wirksamen Dexamethasonestern.** F. Scheiffarth und L. Zicha. (Med. Welt **1960**, 365—67, 13/2.; Erlangen, Univ., Med. Klinik; dt.) — *Dexamethason-Na-Hemisuccinat* u. *Dexamethasondiäthylaminoacetat* sind wasserlösl. u. können daher in Notfällen bei den Krankheiten, deren Behandlung Cortison-Derivv. erfordern, parenteral gegeben werden. Klaus Becker 4561◇

1223 **Über den Einfluß der Glykocorticoide und des adrenocorticotropen Hormons auf den Spiegel der nichtveresterten Fettsäuren im menschlichen Blutplasma.** T. Freiman und K. Cheideman. (Nachr. Akad. Wiss. LettSSR **1963**, Nr. 4, 137—140; Inst. für experim. u. klin. Med. der Akad. der Wiss. der LettSSR; russ.) — Die Beobachtungen an 10 Gesunden (a), 12 Patienten mit Diabetes (b) u. 9 Kranken mit Thyreotoxikose (c) ergaben, daß zwischen dem Blutplasma-Geh. an *11-Hydroxycorticosteroiden* (I) u. *nichtveresterten Fettsäuren* (II) eine lineare Beziehung besteht. Der Ausgangs-Geh. an II im Plasma von b u. c ist wesentlich höher als bei a. Der Anfangs-Geh. von I ist bei b etwas höher als bei a. Bei b bewirkt die Zufuhr von *adrenocorticotropem Hormon* (III) nach 1 Std. eine Abnahme von II. Bei a u. c läßt sich diese I-Abnahme nicht nachweisen. 1 Std. nach der III-Zufuhr ist der Zucker-Spiegel bei b prakt. unverändert. Nach III-Zufuhr ist der II-Geh. bei a erhöht, bes. stark nach 4 Stunden. Worauf die „paradoxe" Abnahme der II nach III-Zufuhr bei gleichzeitiger Zunahme der freien I beruht, ist noch ungeklärt. O. Lebtag 4561△

1224 **Vanillinsäure als Endprodukt des Abbaues von Adrenalin und Noradrenalin.** Wilhelm Dirscherl, Helmut Thomas und Herbert Schriefers. (Acta endocrinol. [Copenhagen] **39**, 385—94, 1962; Bonn, Univ., Physiol.-Chem. Inst.; dt.) — Werden isolierte Rattenlebern mit *3-Methoxy-4-hydroxymandelsäure* durchströmt, so lassen sich papierchromatograph. 3 Metabolite nachweisen, von denen einer, nach Reinigung durch Chromatographie an Amberlite IRC-50 bzw. CG-50/II auf Grund des F., der Kristallform u. des UV- u. IR-Spektrums als *Vanillinsäure* (I) identifiziert wurde. Perfusions-Verss. mit I lieferten nur ein Stoffwechsel-Prod. in geringer Konz., wahrscheinlich ein I-Konjugat. Vff. schließen daß I somit als Stoffwechsel-Prod. von *Adrenalin* u. *Noradrenalin* anzusehen ist. P. Schwerdtfeger 4561

1225 **Vorläufige Mitteilung über bestimmte pharmakologische Eigenschaften von 3β.16α-Dihydroxyallopregnan-20-on.** P. A. Desaulles. (Experientia [Basel] **15**, 301 bis 303, 1959; Basel, Ciba Ltd., Pharmaceut. Dep., Res. Labor.; engl.) — *3β.16α-Dihydroxyallopregnan-20-on* bewirkt bei nebennierenlosen, NaCl-belasteten Ratten eine Mehrausscheidung von *Na* mit dem Harn, welche sich nicht mit den Wrkg. anderer Na-mobilisierender Substanzen vergleichen läßt. Maximale Wrkg. ist bereits mit 1,0 μg/kg zu erzielen. U. Tausendfreund 4561◇

1226 **Methylprednisolonsalbe.** Y. Takaishi und K. Ueda. (Acta dermatol. [Kyoto] **56**, 74—78, 1961; Kyoto Prefectural Univ. of Med.; jap., Auszug: engl. S. 7) — Vff. führen 58 Fälle von Hautkrankheiten an, die mit *Medrol* (Salbe mit 0,5% *Methylprednisolon*) behandelt wurden. W. Hiller 4561◇

1227 **Untersuchung der Nebennierenrindenfunktion bei Adipositas.** Claude J. Migeon, Orville C. Green und John P. Eckert. (Metabolism, clin. and exp. **12**, 718—39, 1963; Baltimore, Md., Johns Hopkins Univ., School of Med., Dep. of Pediatr.; Columbus, Ohio, Ohio State Univ., Med. School, Children's Hosp.; engl.) — Von der Kindheit bis zum Alter besteht eine Zunahme der Ausscheidung von *17-Hydroxycorticosteroiden* (I) im Harn, wenn sie jedoch auf die Oberflächeneinheit umgerechnet wird, so ist sie in allen Altersstufen gleich (3,1 ± 1,1 mg/m²/24 Std.). Die *Cortisol* (II)-Erzeugung betrug bei Männern 20,37 ± 3,14 mg/24 Std., bei Frauen 17,46 ± 1,94 mg/24 Std., auf die Oberflächeneinheit umgerechnet jedoch bei beiden Geschlechtern 11,3 ± 1,6 mg/24 Stunden. Patienten mit Adipositas schieden wesentlich höhere Mengen I im Harn aus als Normalpersonen u. die II-Produktion war bei ihnen erhöht. Der Geh. von I im Ruhezustand u. die Rk. auf Anwendung von Adrenocorticotropem Hormon war bei Fettsüchtigen normal, dagegen war die Halbwertszeit der nichtkonjugierten Radioaktivität nach Infusion von ^{14}C-II im Plasma kürzer als bei Normalpersonen. K. Zingraf 4561◇

1228 **Schilddrüsen-Brenzcatechinamin-Beziehungen bei der Freisetzung freier Fettsäuren aus Fettgewebe.** V. Felt, V. Vrbenský und P. Beneš. (Experientia [Basel] **19**, 315, 1963; Prague, Res. Inst. of Endocrinol.; engl.) — Zur Klärung der Rolle der endogenen *Brenzcatechinamine* (I) bei der Steigerung der Freisetzung *freier Fettsäuren* (II) aus dem Fettgewebe bei Hyperthyreose wurde der Einfl. des Sympathicolyticums *Phentolamin* (*Regitin*, Ciba; III) auf die II-Freisetzung aus dem Fettgewebe ♀ Ratten untersucht. Dabei konnte die II-Abgabe aus dem mesenterialen Fettgewebe hyperthyreoter u. euthyreoter Tiere durch III blockiert werden, so daß die erhöhte II-Freisetzung bei Hyperthyreose vermutlich auf gesteigerter I-Aktivität beruht. U. Tausendfreund 4561◇

1229 **Mathematische Stoffwechselanalyse unter Verwendung eines Analogrechners. 1. Mitt. Isotopenkinetik des Jodstoffwechsels in der Schilddrüse.** Nubuo Fukuda und Motoyosi Sugita. (J. theoret. Biol. **1**, 440—59, Okt. 1961; Tokyo, Nat. Inst. of Radiol. Sci. and Tokyo, Kunitachi Hitotsubashi Univ.; engl.) — Eine mathemat. Formulierung von in vivo-Prozessen ist derart komplex, daß eine numer. Analyse mittels üblicher Meth. kaum mehr möglich ist u. Analogrechenverff. oder sogar Digitalrechner herangezogen werden müssen. Anwendungen des Analogrechenverf. auf die Isotopenkinetik werden diskutiert. Es werden ein Fließschema des Jodstoffwechsels der Schilddrüse unter Annahme eines J_2-Einbaus in Globulin in Epithelzellen u. eine Gruppe simultaner Grundgleichungen mit 17 unabhängigen Veränderlichen, die das dynam. Verh. von ^{131}J in die Schilddrüse beschreiben, angegeben. Die meisten Syst.-Parameter werden aus Fließgleichgewichtsbetrachtungen ermittelt u. signifikante Beziehungen zwischen ihnen abgeleitet. Die Gleichungen werden durch Analogrechenverff. gelöst. Durch Variation der Werte der Syst.-Parameter wurden im Modell-Syst. Variationen erhalten, die auf Ähnlichkeit mit patholog. Zuständen beim Menschen hindeuten. K. Maier 4562◇

1230 **Thyreotropinsekretion bei Rindern nach langdauernder Thyroxintherapie sowie nach deren Absetzen.** B. N. Premachandra und C. W. Turner. (J. Dairy Sci. **45**, 1102—05, 1962; Columbia, Mo., Univ. of Missouri, Dep. of Dairy Husbandry; engl.) — Wird Kühen, die nach Überschreiten der Lactationsmaxima für längere Zeiträume (bis zu 29 Wochen) überhöhte *Thyroxin* (I)-Gaben erhielten (bis zu 50 u. 100% über der experimentell ermittelten I-Sekretions-Geschw.) I entzogen, so kommt es zu einem raschen Abfall der Milchsekretion innerhalb 10—12 Tagen; dann geringer Wiederanstieg u. Verbleiben auf einem neuen Niveau. Gleichzeitige Funktionsprüfungen der Schilddrüsentätigkeit (mit ^{131}J-Aufnahme) zeigen, daß der Rückgang der Milchsekretion nach I-Entzug offenbar durch subnormale endogene I-Sekretion bedingt ist (bis zum Wiedereinsetzen der endogenen I-Sekretion). U. Tausendfreund 4562◇

1231 **Gesteigerte Lactationsreaktion bei Rindern mit einer 50 % über der normalen Sekretionsgeschwindigkeit liegenden Thyroxinzufuhr.** B. N. Premachandra und C. W. Turner. (J. Dairy Sci. **45**, 1098—1101, 1962; Columbia, Mo., Univ. of Missouri, Dep. of Dairy Husbandry; engl.) — Bei einer *Thyroxin* (I)-Zufuhr, die 50% über der jeweiligen Winter-I-Sekretions-Geschw. liegt, kann bei Kühen spätestens innerhalb 4 Wochen eine Erhöhung der Milchausbeute im Frühling u. Sommer erzielt werden (12,1—67,9%, durchschnittlich 27,6%). Die durch I bewirkte Temp.-Erhöhung ist nur gering, die Fluktuationen sind mit denen unbehandelter Kühe zu vergleichen. Der durch I ausgelöste Gewichtsverlust beträgt 3,7—14,2% (durchschnittlich 9,7%) u. wird 2 Wochen nach Beendigung der I-Behandlung wieder aufgeholt. Eine Verfütterung von *Thyreoprotein* kann demnach von 15 auf 10 g /1000 lb Körpergewicht/Tag bei den meisten Kühen vermindert werden. U. Tausendfreund 4562◇

1232 **Die Wirkung von einigen mit Thyroxin verwandten Verbindungen auf den Cholesteringehalt im Serum und Leber und auf Arteriosklerose und Herzgewicht bei Ratten und Mäusen.** W. F. J. Cuthbertson, P. V. Elcoate, D. M. Ireland, D. C. B. Mills und Patricia Shearley. (J. Endocrinology **21**, 45—68, 1960; Greenford, Middlesex, Glaxo Labor. Ltd.; engl.) — Die Wirksamkeit einiger mit Thyroxin verwandter Verbb. wird durch den Vgl. der Serum- u. Leber–Cholesterin-Geh. u. die Best. der erhöhten Anfärbbarkeit mit Sudan IV des cardiovasculären Syst. untersucht. Wenig wirksam sind Verbb., die kein J in der 3- u. 5-Stellung des Mol. enthalten. 3.5.3′-Trijod-Verbb. sind wirksamer als 3.5.3′.5′-Tetrajod-Verbindungen. Diese sind wieder wirksamer als 3.5-Dijod-Verbindungen. Die L-Isomeren von 3.5.3′-Trijodthyronin u. -Thyroxin sind wirksamer als die D-Isomeren, bei 3.5-Dijodthyronin sind die D u. L-Isomeren gleich wirksam. Weiterhin wird der Einfl. der Verbb. auf Vergrößerung des Ventrikels an Mäusen mit Normaldiät u. Ratten, deren Diät noch Fett, Cholesterin, Cholin u. Cholsäure enthält, sowie an Ratten mit Normaldiät unter Zugabe von Uracil untersucht. Hier zeigen sich ähnliche Wrkg. bzgl. Hypertrophie des Ventrikels sowie auf Beeinflussung des O_2 Bedarfs u. Antikropf-Wirksamkeit. Keine oder nur geringe Wrkg. zeigen Verbb., deren 3.5-Stellung nicht durch J ersetzt ist. 3.5.3′-Trijod-Verbb. sind wirksamer als 3.5.3′.5′-Tetrajod-Verbb., die wieder stärker als 3.5-Dijodverbindungen wirken. Jodierte L-Derivv. des Thyronins sind wirksamer als die entsprechenden Verbb. der Thyroessigsäure, diese sind stärker wirksam als Derivv. der Thyroameisensäure. Jodierte L-Thyronin-Verbb. sind wirksamer als die der D-Isomeren. Das Vermögen einer Verb., eine Erhöhung des Serum-Cholesterins zu verhindern im Verhältnis zu ihrer Beeinflussung des Herzens ist in einzelnen Fällen, z. B. bei 3.5-Dijod-D-thyronin u. -D-thyroxin 3mal höher als bei anderen, z. B. bei 3.5.3′-Trijod-L-thyronin u. -L-thyroxin. Geprüfte Verbb.: Thyronine: Unsubstituiert, *3-Jod-*, *3.5-Dijod-*, *3.5.3′-Trijod-*, *3.5.3′.5′-Tetrajod-*, *3′-Jod-*, *3.3′-Dijod-*, *3.3′.5′-Trijod-*. — Thyroameisensäuren: *3.5-Dijod-*, *3.5.3′-Trijod-*, *3.5.3′.5′-Tetrajod-*. Thyroessigsäuren: *3.5-Dijod-*, *3.5.3′-Trijod-*, *3.5.3′.5′-Tetrajod-*. *3.5.3′-Trijodthyropionsäure*, *3.5-Dijodthyronamin*, *3.5-Dicyan-4-(4′-methoxyphenoxy)-N-acetylphenyl-L-alaninäthylester*, *3.5-Diacetylamino-4-(4′-methoxyphenoxy)-N-acetylphenyl-L-alaninäthylester*. F. Zeidler 4562◇

1233 **Der Einfluß von Reserpin auf die antithyreoidale Wirkung von Kaliumperchlorat.** H. L. Krüskemper, F. J. Kessler und E. Steinkrüger. (Acta endocrinol. [Copenhagen] **39**, 423—30, 1962; Bonn, Med. Univ.-Poliklin.; dt.) — *Reserpin* (I; 5—500 µg) hemmt in vitro die Lebergeweberespiration normaler ♂ Ratten nicht. In vivo konnte durch I keine signifikante Veränderung der Schilddrüsengewichte erzielt werden. Die nach längerer I-Zufuhr zu beobachtende Abnahme der Lebergeweberespiration bei gleichzeitiger morpholog. Stimulation der Schilddrüse ist auf eine geringe Hemmung der Hormon-Synth. in der Schilddrüse zurückzuführen. Die durch Perchlorat hervorgerufene morpholog. Veränderung der Schilddrüse bei experimenteller Hypothyreose kann durch I nicht verhindert werden. Eine Hemmung von Bldg., Freisetzung oder Wrkg. des thyreotropen Hormons durch I ist nach Ansicht der Vff. unwahrscheinlich. I übt somit keine direkte Wrkg. auf den oxydativen Stoffwechsel aus, sondern wirkt nur über die Schilddrüse. P. Schwerdtfeger 4562

1234 **Der Einfluß der subakuten Bleivergiftung auf die ^{131}Jodaufnahme durch die Rattenschilddrüse.** Marcel Horande und Raúl Precz Castrillo. (Ann d'Endocrinol. **22**, 898—901, 1961; Caracas, Venezuela, Inst. de Méd. Exp., Dép. de Pharmacol. et Toxicol.; franz.) — Nach subakuter *Pb*-Vergiftung ♂ Ratten durch 4malige intraperitoneale Injektion von Pb-Subacetat stieg die ^{131}*J*-Aufnahme der Schilddrüse erheblich an. Vff. nehmen an, daß es sich um eine unspezif. Schilddrüsen-Rk. im Rahmen eines allg. Adaptionssyndroms handelt. K. Maier 4562◇

1235 **Funktionelle Zustände der Schilddrüse und der Nucleinsäure- und Histonspiegel in den Testes und Ovarien des Kaninchens.** L. Rejniak. (Nature [London] **198**, 1210—11, 1963; Poland, Bialystock Medical Ass., Dep. of Pathological Anatomy; engl.) — Zur Erzeugung von Hyper- u. Hypothyreodismus erhielten ♀ u. ♂ Kaninchen Injektionen von *Thyroxin* (I), *Tapasol* (II) u. *Methylthiouracil* (III). In den Geschlechtsdrüsen werden Desoxyribonucleinsäure (DNS) mit der Feulgen-Rk., Ribonucleinsäure (RNS) mit der Brachet-Rk. u. Histone mit der F.C.G.-Rk. bestimmt. — I bedingt quant. Veränderungen im Geh. an DNS in den Testes u. an DNS sowie Histonen in den Ovarien. Diese Beobachtung stimmt mit der allg. in anderen Organen festgestellten Veränderung der RNS- u. Histon-Geh. überein, in denen der Stoffwechsel schneller bzw. langsamer verläuft. H. Köditz 4562◇

1236 **Schilddrüse.** Sidney H. Ingbar und Valerie Anne Galton. (Annu Rev. Physiol. **25**, 361—84, 1963; Boston, Mass., Harvard Med. School, Dep. of Med.; Hanover, N.H., Dartmouth Med. School, Dep. of Physiol.; engl.) — Übersicht (bis Mai 1962). Biosynth. der Schilddrüsenhormone (I) (Schilddrüsenjodtransportmechanismus, oxydativer Mechanismus u. organ. Jodierungen der Schilddrüse, Dijodierung, Kupplung u. proteolyt. Mechanismen, Enthalogenierung von Jodtyrosinen, Heterogenität der Schilddrüsenfunktion), Intermediärstoffwechsel der Schilddrüse, peripherer I-Stoffwechsel. — 180 Literaturangaben. K. Maier 4562◇

1237 **Nebenschilddrüse.** Paul L. Munson, Philip F. Hirsch und Armen H. Tashjian jun. (Annu. Rev. Physiol. **25**, 325—60, 1963; Boston, Mass., Harvard, School of Dental Med., Biol. Res. Labor., and Med. School, Dep. of Pharmacol.; engl.) — Übersicht (bis Juni 1962). Chemie, biolog. Best., Wrkg. des Nebenschilddrüsenhormons (I) (Knochen, anorgan. Phosphat im Harn, Harn-Ca, Lactation, Elektrolytverteilung, Mg-Stoffwechsel, Linse, Calciphylaxie, Nieren-Wrkg.), Regulierung der I-Sekretion (Best. der normalen Sekretions-Geschw., I-Bindung u. Abbau, Beziehung zu Vitamin D, vergleichende Physiologie, Calcitonin. — 330 Literaturangaben. K. Maier 4563◇

1238 **Der Abbau von Glukagon durch das Blutplasma verschiedener Species.** I. Arthur Mirsky, Gladys Perisutti und Neil C. Davis. (Endocrinology **64**, 992—1001, 1959; Pittsburgh, Pa., Univ. of Pittsburgh, School of Med., Dep. of Clin. Sci.; engl.) — Bei Unterss. zur Klärung der Frage nach der Bedeutung von *Plasmin* (I), *Streptokinase* (II) u. einem möglichen *Proaktivator* (III) beim Abbau von *Glukagon* (IV) durch frisches Plasma zeigte sich, daß I für die hydrolyt. Wrkg. des Plasmas gegenüber IV verantwortlich ist u. daß die Aktivierung von *Plasminogen* durch II von einem III abhängig ist. III liegt jedoch nur im Plasma von Mensch, Affe u. Katze vor. III fehlt (oder existiert nur in sehr geringen Mengen) im Plasma von Ratte, Meerschweinchen, Huhn, Kaninchen, Rind u. Hund. U. Tausendfreund 4564◇

1239 **Der Einfluß von Adrenalektomie auf die Stoffwechselwirkungen von Glukagon bei fastenden Ratten.** Stanley R. Glasser und Joseph L. Izzo. (Endocrinology **70**, 54—61, 1962; Rochester, N.Y., Univ. of Rochester, School of Med. and Dent., Dep. of Radiation Biol. and Med.; engl.) — Gaben von *Glukagon* zeigen bei adrenalektomierten u. normalen fastenden Ratten die gleiche Wrkg.: Verstärkte Ausscheidung von *N*, *P* u. *Kreatinin* durch den Harn, starke Abnahme von Körper-, Leber- u. Muskelmasse. Es bestehen jedoch quant. Unterschiede. Im Gegensatz zu normalen Tieren verursacht Glukagon bei adrenalektomierten Tieren keine Abnahme des Leberglykogens, jedoch eine Zunahme des Blutzuckers u. des Muskelglykogens. W. Hiller 4564◇

1240 **Kontinuierliche Stoffwechseluntersuchungen an normalen und Pankreas-ektomierten Hunden während wiederholter Ganzkörper-Röntgenbestrahlungen.** O. H. Gaebler, R. J. Bloor und Harold C. Choitz. (Canad. J. Biochem. Physiol. **39**, 863—71, 1961; Detroit, Mich., Edsel B. Ford Inst. for Med. Res. and Henry Ford Hosp., Dep. of Radiol.; engl.) — ♀ Hunde wurden in 10tägigen Abständen mit 200 kV Röntgenstrahlen (HWS 1 mm Cu) bestrahlt, u. zwar so lange, daß die Gesamtdosis 547—3549 r bei einer Vers.-Dauer von 4—22 Monaten betrug. Ein Pankreas-ektomiertes Tier erhielt in 9 Monaten 807 r. Beobachtung der Nahrungsaufnahme, des Körpergewichts, der Wasseraufnahme, des Urin-Vol. u. des N-Geh. im Urin ergab, daß die Funktion der Nebennierenrinde von der Entfernung des Pankreas nicht beeinträchtigt wird. Bei den hochbestrahlten Tieren zeigten Knochenmark u. andere Gewebe leichte histolog. nachweisbare Strahlenschäden. W. Reusse 4564◇

1241 **Dynamik des Stoffwechsels von markiertem Jod, markiertem Thyroxin und mit Jod markiertem Serum-Albumin in der Bauchspeicheldrüse.** E. Costiner, D. Niculescu-Zinca und L. Vaisler. (Comun. Acad. Republ. Populare romîne [Bucuresti] **11**, 127—35, 1961; rum.) — Die Dynamik des Stoffwechsels von markiertem *Jod*, markiertem *Thyroxin* (**I**) u. Serum-*Albumin* in der Bauchspeicheldrüse wird untersucht. In der 1. halben Stunde dringt **I** in den extracellulären Raum ein. Eine 3 mal größere Menge **I** wird in sehr schneller Rk. während 10 Std. durch das pankreat. Gewebe resorbiert. Das Serum-Albumin des vasculären Raumes wird nach einer anderen Dynamik mit sehr großer Geschw. vom pankreat. Gewebe fixiert. Die Ausscheidung der Stoffwechsel-Prodd. geschieht sehr schnell. R. Grundmann 4564

1242 **Die Glucosetoleranz von Magen-, Darm-Geschwürkranken und ihre Leber- und Bauchspeicheldrüsenschädigungen.** Cs. Hadnagy und A. Németh. (Dtsch. Z. Verdauungs- u. Stoffwechselkrankh. **22**, 266—75, 1962; Tg. Mures-Marosvásárhely, Rumänien, 2. Med. Klin.; dt.) — Bei zahlreichen Fällen von Ulcus ventriculi u. duodeni ergaben sich in 17% der Fälle hypoglykäm. Blutzuckerwerte. In 6% der *Glucose* (**I**)-Belastungen zeigten sich diabetogene Zuckerkurven. Subkutane Injektionen von *Vitamin* B_{12} beschleunigten die **I**-Resorption u. die Toleranz. Bei 26,3% der Ulcuskranken war der Urobilinogen-Geh. des Harns erhöht; in 1,3% kam Bilirubinurie vor. In 4% der Fälle fand sich *Bilirubin* im Serum. W. Wesly 4564◇

1243 **Histochemische Untersuchungen über Glucose-6-phosphatase, Adenosintriphosphatase und Amylophosphorylase in den Pankreasinseln normaler und adipös-hyperglykämischer Mäuse.** Bo Hellman und Claes Hellerström. (Acta endocrinol. [Copenhagen] **39**, 474—82, 1962; Uppsala, Univ., Histolog. Dep.; engl.) — Vgl. C. **1963**, 9005. — Vff. untersuchten histochem. die Langerhansschen Inseln von normalen Mäusen sowie solchen mit erblicher Obesitas u. Hyperglykämie (AO-Mäuse). Die *Glucose-6-phosphatase* (**I**)-Aktivität ist in den hyperakt. B-Zellen der AO-Mäuse hoch, bei den normalen Tieren jedoch nur mäßig stark. Adenosintriphosphat-hydrolysierende Enzyme wurden in beiden Fällen in den Capillaren u. dem periinsulären Bindegewebe, jedoch nicht in den Inselzellen gefunden. Diese Aktivität ist wahrscheinlich in der Hauptsache auf weniger spezif. Polyphosphatasen zurückzuführen. Die Rk. auf Amylophosphorylase war in beiden Fällen negativ. Die Unterschiede in der **I**-Aktivität deuten nach Ansicht der Vff. darauf hin, daß **I** ein wesentlicher Kontrollfaktor der Insulinfreisetzung durch die B-Zellen ist. P. Schwerdtfeger 4564◇

1244 **Der Stoffwechsel verschieden markierter Glucose in Fettlebern von Mäusen mit kongenitaler Hyperglykämie und Obesitas.** Bo Hellman, Stig Larsson und Sighild Westman. (Acta endocrinol. [Copenhagen] **39**, 457—64. 1962; Uppsala, Univ., Histolog. Dep.; Stockholm, Royal Vet. School, Dep. of Physiol. and Clin. Biochem.; engl.) — Leberschnitte von Mäusen mit erblichem Obesitas–Hyperglykämie-Syndrom (AO-Mäuse) wurden in vitro mit $^{14}C_{(1)}$- bzw. $^{14}C_{(6)}$-*Glucose* (**I**) inkubiert. Die mit diesen Fettlebern (Fett-Geh. 32,6 ± 2,7%) erhaltenen Ergebnisse werden mit den bei Lebern (Fett-Geh. 15,7 ± 0,9%) normoglykäm. Mäuse beobachteten verglichen. Bei den AO-Tieren ist der **I**-Einbau in alle untersuchten Leberfraktionen niedriger. Die nach Inkubation mit $^{14}C_{(6)}$-**I** erhaltene CO_2-Menge ist signifikant geringer als bei den normalen Lebern, ebenso bestehen signifikante Unterschiede bei dem unlösl. Rückstand (Extraktion mit Trichloressigsäure u. A.–Ae.). Signifikante Unterschiede zwischen AO- u. normalen Mäusen in bezug auf das Verhältnis der ^{14}C-Aktivitäten bei Angebot von $^{14}C_{(1)}$- bzw. $^{14}C_{(6)}$-**I** bestehen nur beim CO_2.
P. Schwerdtfeger 4564◇

1245 **Anregung des Einbaus von Leucin in das Protein der durchströmten Leber durch Insulin.** J. C. Penhos und M. E. Krahl. (Amer. J. Physiol. **204**, 140—42, 1963; Chicago, Ill., Univ. of Chicago, Dep. of Physiol.; engl.) — 0,01 Einheit *Insulin*/ml, dem zur Durchströmung der Leber verwendeten Blut zugesetzt, steigerte den Einbau von $^{14}C_{(1)}$-Leucin in das *Protein* der Leber von Ratten, die 3 Monate zuvor partiell pankreatektomiert wurden (Mittlerer Endblutzucker 160 mg%), nicht jedoch von Tieren, die 6 Monate zuvor partiell pankreatektomiert wurden (Endblutzucker 315 mg%). K. Zingraf 4564◇

1246 **Papierelektrophoretische Untersuchungen von Insulin.** M. Abe, K. Inokuma, M. Kawamura und Y. Matsushima. (Tokyo Jikeikai med. J. **76**, 863—65, 1961; jap.) H. Herper 4564◇

1247 **Die chemische Struktur von Insulin in Beziehung zur biologischen Aktivität und zur Antigenwirkung.** Thaddeus E. Prout. (Metabolism, clin. and exp. **12**, 673—86, 1963; Baltimore, Md., Johns Hopkins Univ., School of Med., Dep. of Med.; engl.) — Übersicht. — 94 Literaturangaben. K. Zingraf 4564◇

1248 **Reaktion von Jod mit Insulin und fibrösem Insulin.** P. H. Springell. (Biochim. biophysica Acta [Amsterdam] **63**, 136—49, 1962; London, Nat. Inst. for Med. Res.; engl.) — *Natives Insulin* (**I**) nimmt bei Jodierungs-Verss. (mit J-Monochlorid) im pH-Bereich zwischen pH 1 u. 10 sehr rasch 6 Atome J/Mol. auf; die A-Kette erhält dabei den größten J-Anteil; anschließend werden 2 oder mehr Atome J langsam, vorwiegend durch die B-Kette, aufgenommen; Jodierung geht trotz Fällung von **I** am isoelektr. Punkt vor sich. *Fibröses Insulin* (**II**; hergestellt nach Waugh, 1948) nimmt nur 6 J-Atome/6000 g bei lang dauernder Exposition gegenüber Reagensüberschuß auf; initial sind A- u. B-Ketten gleichermaßen beteiligt, in der späteren, langsamen Phase vorwiegend Rk. mit der A-Kette. Aus den Ergebnissen mit Unters. des 3.5-Dijodthyrosin-Geh. wird gefolgert, daß bei pH 1 eine vorübergehende Maskierung eines Tyrosylrestes in der B-Kette von **I** auftritt, während **II** vermutlich ein dauernd maskiertes Tyrosin in der B-Kette enthält u. ein oder beide A-Ketten-Tyrosine langsamer als die von **I** reagieren. U. Tausendfreund 4564◇

1249 **Der Einfluß des Alloxandiabetes auf die Bildung und Zusammensetzung des reparativen Granulationsgewebes.** A. Lindner und B. Rudas. (Naunyn-Schmiedebergs Arch. exp. Pathol. Pharmakol. **242**, 576—82, 1962; Wien, Univ., Inst. für allg. u. experim. Pathol.; dt.) — An Ratten ausgeführte Unterss. zeigen, daß die Bldg. des reparativen Granulationsgewebes bei experimentell gesetzten Wunden durch permanenten Alloxandiabetes vermindert wird. Der Glykogen-Geh. des Wundgewebes diabet. Tiere erhöht sich gegenüber stoffwechselnormalen Kontrollen auf mehr als das Doppelte; der Wasser-Geh. ist etwas vermindert, der Hexosamin-Geh. unverändert. Die Nebennieren der diabet. Ratten sind abs. u. bezogen auf das Körper-Gew. vergrößert.
W. Wesly 4564◇

1250 **Die Wirkung von Reserpin auf den Kohlenhydratstoffwechsel bei Diabetes.** P. Bornemisza, J. Vass und Cs. Hadnagy. (Dtsch. Z. Verdauungs- u. Stoffwechselkrankh. **22**, 262—66, 1962; Tg. Mures-Marosvásárhely, Rumänien, Poliklin. 1. u. 2. Med. Klin.; dt.) — An zahlreichen Diabetikern ausgeführte Unterss. zeigen, daß *Rauwolfia serpentina* den Kohlenhydratstoffwechsel in 31% der Fälle günstig, in 12% ungünstig beeinflußt. Die günstigste Wrkg. zeigt sich bei Diabetikern ohne antidiabet. Behandlung bzw. mit leichtem Diabetes, die ungünstigste Wrkg. bei Diabetikern mit Insulinbehandlung. W. Wesly 4564◇

1251 **Die Wirkungen von Arylsulfonylharnstoffen auf die respiratorische Aktivität und den Glucosestoffwechsel isolierter Kaninchennierenrinde.** Norbert Freinkel und Sidney H. Ingbar. (Endocrinology **64**, 1002—09, 1959; Boston, Mass., Boston City Hosp., Thorndike Mem. Labor. and 2. and 4. (Harvard) Med. Serv.; Harvard Med. School, Dep. of Med.; Howard Hughes Med. Inst.; engl.) — Zur Vermittlung von Kenntnissen über die Wrkg. von Arylsulfonylharnstoffen auf den Atemstoffwechsel isolierter Zell-Präpp. wurden Schnitte der Nierenrinde des Kaninchens mit *Orinase* (*1-Butyl-3-p-tolylsulfonylharnstoff*; **I**) u. dem Stoffwechselendprod. von **I**: *1-Butyl-3-p-carboxyphenylsulfonylharnstoff* (*p-Carboxyphenylsulfonylharnstoff*; **II**; beide Upjohn Comp.) inkubiert. $5 \cdot 10^{-3}$ m **I** führte dabei zur Halbierung des O_2-Verbrauchs u. zur Erhöhung des *Wasser*-Geh. der Zellen als Begleiterscheinung, sowohl in *Glucose* (**III**)-haltigem als auch **III**-freiem Phosphatpuffermedium. **I** verringerte den Einbau von ^{14}C-**III** in Gewebelipide, meist kam es jedoch trotzdem zum Verschwinden von **III** aus dem Medium. **II** bewies nur ca. $^1/_5$ der Atm-Hemmwrkg. von **I**. U. Tausendfreund 4564◇

1252 **Über die hypoglykämisierende Wirkung einiger Biguanide und deren entsprechender Kupferkomplexe.** F. Piccinini, E. Marazzi Uberti und I. Lucattelli. (Farmaco [Pavia], Ediz. Sci. **15**, 521—29, 1960; Milano, Ist. de Angeli, Labor. Ric.; ital.) — *Methyl-*, *Isopropyl-*, *Phenäthyl-* (I), *Benzyl-* u. *p-Äthoxyphenylbiguanid* sowie deren *Cu-Komplexe* (A) werden auf ihre Toxizität u. hypoglykämisierende Wrkg. an Ratte, Kaninchen u. Meerschweinchen geprüft. Die A werden durch Zugabe von ammoniakal. $CuSO_4$-Lsg. zum Biguanid u. H_2SO_4 u. Waschen des Nd. mit W. u. A. erhalten. Die *Biguanide* (B) u. die entsprechenden A zeigen etwa gleiche molare Toxizität. Bes. am Meerschweinchen zeigt sich, daß die A der Alkyl-B geringere, die A der Aryl- u. Aralkyl-B jedoch höhere Wrkg. auf den Blutzuckerspiegel haben als die B selbst. **I** weist die geringste Wrkg. auf. W. Holland 4564◇

1253 **Behandlung der akuten Pankreaserkrankungen mit einem enzymatischen Inaktivator.** Heinz Griessmann. (Clinica terapeut. [Roma] **26**, 399—405, 1963; Neumünster, Osped. Civ., Div. Chir.; ital.) — *Trasylol*, ein enzymat. Hemmstoff von Kallikrein u. Trypsin aus Rinderparotis, wurde bei mehr als 120 Patienten mit akuter Pankreatitis angewandt; dadurch wurde die Mortalität verringert u. die Heilungsdauer bzw. die Zeit bis zum chirurg. Eingriff verkürzt. K. Zingraf 4564◇

1254 **Der Einfluß des Epiphysenhormons auf die experimentelle Struma bei jodarmem Futter.** St.-M. Milcu, A. Lupulescu, I. Negoescu und Fl. Cocu. (Comun. Acad. Republ. Populare romîne **9**, 515—20, 1 Tafel, 1959; rum.) — Von ausgewachsenen Ratten erhält eine Gruppe 4 Monate lang *J*-armes Futter, eine andere dasselbe mit Zusatz von *Epiphysenhormon* (**I**, 30 Tage lang 1 ml/Tag), die dritte nur **I**, die Kontrollgruppe normales Futter. Die **I**-Behandlung hemmt die Ausbldg. von hyperplast. Kropf, vermindert das Zellwachstum, den Grundumsatz u. die J-Bindung (untersucht mit ^{131}J) u. führt zum Wiederauftreten des Kolloids. Die Ergebnisse bestätigen den Antagonismus zwischen dem Hypothalamus–Hypophyse–Thyroidea- u. dem Epithalamus–Epiphyse-System. R. K. Müller 4565◇

1255 **Beiträge von Histamin und Kalium zum anaphylaktischen Schock.** William H. Macmillan. (Arch. int. Pharmacodynam. Thérap. **133**, 66—74, 1961; Burlington, Vt., Univ. of Vermont, Coll. of Med., Dep. of Pharmacol.; engl.) — Eine gegenseitige Potenzierung von *Histamin* (I) u. *K* in ihren Wrkg. auf die Gefäße trat bei der Katze nicht ein. Die Freisetzung von K nach Anwendung von *Serotonin* (**II**) ist im Bereich von 25—100 μg/kg nicht dosisabhängig. Eine kombinierte Freisetzung von **I**, **II** u. *K* dürfte nicht für den Anaphylaxietod verantwortlich sein. K. Zingraf 4569◇

1256 **Abbau von ^{14}C-Histamin bei Patienten mit allergischen Krankheiten.** E. Helander, S.-E. Lindell, Karen Nilsson und H. Westing. (Acta allergol. [København] **17**, 86—97, 1962; Göteborg, Univ., Dep. of Allergol. u. Dep. of Clin. Physiol.; Lund, Univ., Inst. of Physiol.; engl.) — Unterss. der Urinausscheidungen von Patienten mit Bronchialasthma u. Articaria nach Injektion von *^{14}C-Histamin* (**I**) zeigen, daß im Vgl. mit den Ergebnissen derselben, aber symptomfreien u. den Ergebnissen nichtallerg. Patienten keine Veränderungen im Abbau oder der Ausscheidung von **I** während der Asthma- u. Articaria-Rkk. oder während der Behandlung mit Nebennierenrindensteroiden auftritt. W. Wesly 4569◇

1257 **Die Wirkung intravenöser Infusionen von Histamin auf die Jodidsekretion durch den Magen des narkotisierten Hundes.** K. Brown-Grant, J.D. Cumming A. L. Haigh und E. H. L. Harries. (J. Physiology **168**, 11P—12P, 1963; Birmingham, Univ., Dep. of Physiol.; engl.) — Bei mit Natrium-Pentobarbiton narkotisierten Hunden erhöhte die i.v. Infusion von saurem *Histaminphosphat* die Clearance (Geh. von ^{131}J im Magensaft/10·Konz. von ^{131}J/ml Blut) von $^{131}J^-$ nach Injektion von $Na^{131}J$ u. die Magensäuresekretion. Die J^--Sekretion scheint durch die Durchblutung der Magenschleimhaut begrenzt zu werden. K. Zingraf 4569◇

1258 **Neue colorimetrische Technik zur Bestimmung von 5-Hydroxytryptamin.** Francisco Javier Solduga Camarero. (Medicamenta [Madrid] **27** (**14**), 70—71, 1962; Barcelona, Inst. Españ. de Fisiol. y Bioquím.; span.) — Beschreibung einer colorimetr. Meth. (Violettfärbung mit Essigsäureanhydrid in Essigsäure–H_2SO_4) zur Best. von 5-Hydroxytryptamin; Absorptionsmaximum bei 275 mμ. K. Zingraf 4569◇

1259 **Wirkung von Äthylalkohol auf den Stoffwechsel des Serotonins.** J. P. Girard. (Med. exp. [Basel] **7**, 287 bis 295, 1962; Genève, Clin. univ. de méd. interne; franz.) — Bei mehreren Personen, die an nach dem Essen auftretenden Hitzewallungen litten, bei Cirrhosen, einem Patienten mit einem Carcinoidsyndrom u. einigen Kontrollpersonen wurde die Wrkg. einer *A.*-Infusion (200 ml 30%ig) auf den *Serotonin* (**I**)-Stoffwechsel untersucht. Bestimmt wurden der **I**-Blutspiegel u. die *5-Hydroxyindolessigsäure* (**II**)-Ausscheidung im Urin. Mit Ausnahme der Cirrhosen kam es in allen anderen Fällen stets zu einer deutlichen Mobilisation von **I** durch Äthylalkohol. Das andersartige Verh. bei den Cirrhosen läßt sich durch eine Abbaustörung der Intermediär-Prodd. von **I** u. **II** erklären. K. Böhm 4569◇

1260 **Antidiuretische Wirkung von Bradykinin.** M. Rocha e Silva jun. und G. Malnic. (Med. exp. [Basel] **7**, 329—34, 1962; São Paulo, Univ., Fac. of Med., Dep. of Physiol.; engl.) — Die Carotisinjektion synthet. *Bradykinins* an nichtanästhetisierte Hunde rief eine starke u. langanhaltende antidiuret. Wrkg. hervor. I.v. Gaben in gleicher Höhe beeinflußten die Diurese nicht. Bradykinin wirkt vermutlich indirekt auf die Nierenfunktion durch Freisetzung des antidiuret. Hormons der Neurohypophyse. U. Drehmann 4569◇

1261 **Beim atropinisierten Hund durch Acetylcholin induzierte Blutdrucksenkung.** R. W. Gardier, E. A. James jun., P. C. Johnson, A. B. Richards und R. P. Roesch. (Brit. J. Pharmacol. Chemotherapy **20**, 579—85, 1963; Indianapolis, Ind., Indiana Univ., School of Med., Dep. of Pharmacol., Anaesthesiol. and Physiol.; engl.) — Unterss. über den depressor. Mechanismus von *Acetylcholin* (**I**) beim atropinbehandelten Hund führten zu folgenden Ergebnissen: Die Pressor-Rk. auf **I** ist Folge einer Erhöhung des Herz–Min.-Vol.; sie ist begleitet von *Adrenalin* (**II**)-Freisetzung aus dem Nebennierenmark; nach Verabreichung von *N-Diäthylaminoäthyl-N-isopentyl-N'.N'-diisopropylharnstoff* (*P-286*; **III**) vermindert **I** den Blutdruck, u. zwar über eine Verminderung des peripheren Gesamtwiderstands (Darmgefäße unbeteiligt) bei fehlendem Anstieg des Herz–Min.-Vol.; vermutlich blockiert **III** die Freigabe von **II**; die Blutdrucksenkung kann durch Dichlorisoprenalin nicht blockiert werden u. ist auch nach Reserpin vorhanden. Die Blutdrucksenkung ist vermutlich Folge der Stimulierung von gefäßerweiternden Ganglien. U. Tausendfreund 4569◇

1262 **Mechanismus, über welchen Halothan die Pressorreaktion auf Acetylcholin umkehrt.** R. W. Gardier, A. B. Richards, V. K. Stoelting und N. White. (Brit. J. Pharmacol. Chemotherapy **20**, 586—91, 1963; Indianapolis, Ind., Indiana Univ., School of Med., Dep. of Anaesthesiol. and Pharmacol.; engl.) — *Halothan* (**I**; tiefe Narkose beim Hund) kehrt die initiale Pressor-Rk. auf *Acetylcholin* (**II**) nach Atropinbehandlung infolge einer Verminderung des peripheren Gesamtwiderstands u. Fehlen des Herz–Min.-Vol.-Anstiegs um. Die sek. Pressor-Rk. auf **II** wird nur abgeschwächt (Verringerung des Herz–Min.-Vol.-Anstiegs); der periphere Gesamtwiderstand steigt dabei. **I** blockiert den Anstieg des Blutzuckers nach **II** nicht. Die durch **I** in der sek. Pressor-Phase bewirkten Veränderungen sind deshalb offensichtlich eher Folge einer Herzdämpfung als einer Nebennierenmarkblockierung. Im Gegensatz dazu führt *N-Diäthylaminoäthyl-N-isopentyl-N'.N'-diisopropylharnstoff* (*P-286*) bei ähnlichen Veränderungen der **II**-Pressor-Rk. zu einer Verhinderung des Blutzuckeranstiegs nach **II**. In einigen Verss. wurde durch tiefe **I**-Narkose die inotrope Rk. des Herzens auf **II**

gehemmt, während die chronotrope Rk. unverändert blieb; eine derartig selektive Blockierungs-Wrkg. hat sicher Bedeutung bei der Hervorrufung von Arrhythmien.
U. Tausendfreund 4569◇

1263 **Reflexionsreaktionen von Fröschen auf Melanophorenstimulierendes Hormon.** Robert S. Teague und Jane R. Patton. (Ann. New York Acad.Sci. **100,** 686—95,, 1963; Birmingham, Ala., Univ. of Alabama, Med. Center Dep. of Pharmacol and Biochem.; engl.) — Zur Best. der Aktivität von *Melanophoren-stimulierendem Hormon* wurde eine Meth. entwickelt, die das Reflexionsvermögen der Rückenfläche des hypophysektomierten Frosches *Hyla cinerea* benutzt. Das Reflexionsvermögen wird mit dem Spektrophotometer gemessen. K. Zingraf 4569◇

1264 **Die Verteilung von α-Aminostickstoff zwischen Erythrocyten und Plasma im fötalen und mütterlichen Blut.** K. B. Björnesjö. (Scand. J. clin. Lab. Invest. **15,** 198—201, 1963; Karlstad, Central Hosp., Dep. of Clin. Chem.; engl.) — Fötales Plasma besitzt eine signifikant höhere Amino-N-Konz. als mütterliches. Der Amino-N-Quotient von Erythrocyten u. Plasma ist niedrig, obwohl die Konz. in den Erythrocyten ziemlich hoch ist. Während der Schwangerschaft nimmt die Amino-N-Konz. im Plasma der Mutter ab, in den Erythrocyten dagegen zu. K. Zingraf 4572◇

1265 **Untersuchungen über das Hämoglobin von Anadara (Arca) inflata.** N. Sumita und A. Kajita. (Seikagaku [Biochemie, Tokyo] **33,** 774—80,1961; Tokyo, Nippon Med. School, Dep. of Biochem.; jap.) M. Arnold 4572◇

1266 **Wirkung der Dialyse und des Ferricyanids auf die Redoxtitrationen des Hämoglobins.** Kenneth Abel. (Arch. Biochem. Biophysics **101,** 286—91, 1963; Longan, Utah, Utah State Univ., Chem. Dep.; engl.) — Am Redox-Syst. *Pferdehämoglobin/Methämoglobin* (*Hb/MetHb*) wurden unter verschiedenen Bedingungen reduktive bzw. oxydative elektrometr. Titrationen vorgenommen. Bei Ionenstärke 0,1 wurden nach 12-, 60- u. 100std. Dialyse des *Hb* bei reduktiver Titration mit *Phthiocol* kein Unterschied im Halbpotential u. nur geringe im Kurvenverlauf gefunden, hingegen hatte die Dialyse auf die oxydative Titration mittels $K_3Fe(CN)_6$ starken Einfluß. So stieg der Wert n der Nernst-Gleichung nach der Dialyse von ca. 2 bei reduktiver Titration auf 4 bei oxydativer. Auch wird die Endpunkt-Best. dabei schwierig. Dialysiertes u. nichtdialysiertes *Hb* besitzen im Halbpotential eine Differenz von ca. 67 mV. Die Dialyse soll zum Auffalten des Proteins führen. Polarisierte Zwillingselektroden werden verwendet, um die Reversibilität der Redoxtitration zu prüfen. Dabei zeigt sich, daß die reduktive Titration des *MetHb* die Kriterien der Reversibilität erfüllt, die oxydative mit $K_3Fe(CN)_6$ hingegen nicht. Es wird angenommen, daß $K_3Fe(CN)_6$ zuerst mit spezif. Aminosäuren des Proteins reagiert, von denen dann zum Fe ein Elektronentransport erfolgt, da die Oxydation des *Hb*-Fe durch $K_3Fe(CN)_6$ stöchiometr. erfolgt. W. Scheler 4572◇

1267 **Die quantitative Bestimmung des Eisenumsatzes und der Hämoglobinsynthese beim Menschen.** Myron Pollycove und Robert Mortimer. (J. clin. Invest. **40,** 753—82, Mai 1961; Berkeley, Calif., Univ., Donner Pavilion, Donner Labor. and the Lawrence Radiat. Labor.; Boston, Mass., Vet. Admin. Hosp., Radioisotope Serv. and Med. Serv.; engl.) — Bei 13 gesunden Personen (a) u. 6 Patienten mit Hämochromatosis (b) wird mittels ^{59}Fe der Fe-Umsatz bestimmt. Die Fe-Verteilung wurde in Form von Modellen aufgestellt u. berechnet. Während bei b die *Hämoglobin*-Synth. u. die Erythrocytenlebensdauer normal sind, findet man gegenüber a eine starke Erhöhung der Fe-Ablagerung in Form von *Ferritin* u. *Hämosiderin*, gleichzeitig wird der Fe-Geh. im Plasma erhöht. H. Ackermann 4572◇

1268 **Saure Mucopolysaccharide in menschlichen Leukocyten.** J. Clausen und V. Andersen. (Clin. chim. Acta [Amsterdam] **8,** 505—12, 1963; Copenhagen, Univ., Dep. of Biochem.; engl.) — Zur Vermittlung von Kenntnissen über den Geh. menschlicher Zellen an *sauren Mucopolysacchariden* wurden Leukocytenextrakte auf ihren **I**-Geh. hin untersucht. Papierelektrophoret. fand sich in 9 von 11 Proben von myeloischer Leukämie eine Fraktion, die mit *Chondroitinsulfat C* ident. war. In 2 myeloisch-leukäm. Proben u. einer lymphat.-leukäm. Probe fand sich eine Fraktion mit der Wanderungsgeschw. von *Hyaluronsäure*; bei IR-Spektroskopie erwies sich diese Fraktion als sulfatfrei. U. Tausendfreund 4573◇

1269 **Kohlenhydratstoffwechsel in Leucocyten.** 5. Mitt. **Der Stoffwechsel von 5 C-Atome enthaltenden Substraten in den polymorphonulcearen Leukocyten des Kaninchens.** Rune L. Stjernholm und Ernest P. Noble. (Arch. Biochem. Biophysics **100,** 200—04, 1963; Cleveland, Ohio, West. Res. Univ., School of Med., Dep. of Biochem. and Med.; engl.) — Vff. inkubieren polymorphonucleare Leukocyten des Kaninchens in Serum u. *Glucose* (**I**) enthaltender Puffer-Lsg. von Hank mit $^{14}C_{(1)}$-*L*- (**II**), $^{14}C_{(1)}$- (**III**) u. $^{14}C_{(5)}$-*D-Arabinose* (**IV**) sowie $^{14}C_{(1)}$-*Ribit* (**V**) u. $^{14}C_{(1)}$-*D-Lyxose* (**VI**) u. bestimmen den ^{14}C-Einbau in das gebildete *Glykogen* (**VII**) u. *Lactal* (**VIII**). Es zeigt sich, daß nur sehr geringe ^{14}C-Mengen (bis 0,04%) in **VII** u. bis 0,10% der Aktivität in **VIII** übergeführt werden. Aus **V** u. **VI** wird kein ^{14}C in **VII** eingebaut. Die Hauptmenge ^{14}C aus **II** u. **III** ist an $C_{(1)}$ u. $C_{(3)}$ der **I**-Einheiten des **VII**-Mol. im Verhältnis 2:1 lokalisiert, nur geringe Aktivitätanteile werden an $C_{(6)}$ gebunden. Aus **IV** tritt ^{14}C nur an $C_{(6)}$ der **I**-Reste über. In **VIII** enthält das β-C-Atom im Vgl. mit —COOH bzw. α-C die 3—4fach höhere ^{14}C-Menge aus **II** u. **III**. **IV** lieferte nur $^{14}C_{(\beta)}$-**VIII**. Aus den Ergebnissen geht hervor, daß Pentosen, **V** u. **VI** durch Leukocyten nur langsam verwertet u. mittels eines Transketolase-Transaldolase-Syst. umgewandelt werden. **V** wird zunächst durch Einw. einer Polyoldehydrogenase zu *D-Ribulose* oxydiert, die nach Phosphorylierung weiteren Rkk. unterworfen ist.
P. Fahrnlaender 4573◇

1270 **Verlauf der fraktionierten Fibrinogenausfällung und Blutkörperchensedimentationsgeschwindigkeit.** R. Polimeni und G. Marchese. (Riv. Ist. sieroterap. ital. **35,** 539—55, 1960; Roma, Osped. Riun., Policlin. Umberto I, VII Padiglione; ital.) — Bei Personen, bei denen die Blutkörperchensedimentations-Geschw. (BSG) erhöht war, wurde auch ein erhöhter *Fibrinogen* (**I**)-Geh. im Blut beobachtet; jedoch bestand kein paralleles Verhalten beider Erscheinungen. Die Kurven der **I**-Aussalzung mit Na_2SO_4 zeigten konst. eine charakterist. Inversion, die mit steigender BSG immer stärker ausgeprägt war. K. Zingraf 4573◇

1271 **Die Veränderungen des Pentosephosphat-Weges in Erythrocyten während deren Alterung in vitro.** J. Palek. (Experientia [Basel] **19,** 305—06, 1963; Prague. engl.) — Beobachtungen über die graduelle Verminderung der *Glucose-6-phosphatdehydrogenase* (**I**)-Aktivität bei Lagerung von Erythrocyten wurden durch Unters. der *Pentose* (**II**)-Bldg. aus *Glucose* (**III**) während der in vitro-Alterung der Zellen ergänzt. Nach 2 Tagen wurde dabei eine allmähliche Verringerung der Gesamt-**II**-Bldg. beobachtet. Die Verminderung der **II**-Bldg. ist größer als die gleichzeitige Abnahme der **III**-Verwertung. Es wird daher angenommen, daß die Verminderung der **I**-Aktivität ausgeprägter ist als diejenige der anderen, die glykolyt. Aktivität der Zellen bestimmenden Enzyme (bes. die der initialen **III**-Phosphorylierung in der Hexokinase-Rk.). Die Stimulans-Wrkg. von *Methylenblau* auf die **II**-Bldg. nahm während der Alterung stark ab, die Verminderung der **II**-Bldg. aus **III** steht in Erythrocyten-Inkubaten demnach in enger Beziehung zur **I**-Aktivitätsverminderung.
U. Tausendfreund 4573◇

1272 **Untersuchungen des hämatopoietischen Einflusses von Kobalt im menschlichen Organismus und beim Kaninchen.** Hanna Lipińska-Ebnerowa. (Łódzkie Towarzystwo naukowe, Wydział IV. **4,** Nr. 27, 1—64, 1961; Lodz; pol.) — Der Einfl. der Zufuhr von $CoCl_2$ auf das Blut-Bldg.-Syst. u. das Knochenmark u. seine Giftigkeit für innere Organe werden untersucht. Kaninchen wird $CoCl_2$ in Mengen von 1—10 mg/kg täglich 14—21 Tage lang subkutan injiziert. $CoCl_2$ erhöht dabei deutlich die Zahl der Erythrocyten u. Reticulocyten, weniger den Hämoglobinwert; die Zahl der Leukocyten u. die Koagulationszeit werden nicht beeinflußt. Die histopatholog. Unters. zeigt die Möglichkeit schwacher Toxizität bei Mengen von 5 mg u. mehr. In Verss. an gesunden u. anäm. Menschen werden täglich 5 Dosen von 10 mg $CoCl_2$ 5—10 Tage lang oral gegeben. Hierbei regt $CoCl_2$ das Blut-Bldg.-Syst. von Patienten mit tox. Anämie, neoplasmat. Anämie u. Anämie infolge chron. Krankheiten an, ohne Nebenwrkg. zu zeigen. — 155 Literaturangaben.
R. K. Müller 4573◇

1273 **Untersuchungen der Serumproteine durch Papierelektrophorese unter besonderer Berücksichtigung der fraktionierten Elutions-Methode.** H. Ugaki. (Tokyo Jikeikai med. J. **76,** 1013—24, 1961; jap.) H. Herper 4574◇

1274 **Fraktionierung der Serumeiweißkörper mit Amoniumsulfatlösung.** Agustin D. Marenzi und Luis Barrera. (Rev. Asoc. bioquim. argent. **25**, 163—68, 1960; Buenos Aires, Univ., Fac. de Farm y Bioquím.; Centro de Invest. Fisiol.; Inst. de Quím. Biol.; span.) — Beschreibung einer Meth. zur Fraktionierung der Serumeiweißkörper unter Verw. von 2,15m $(NH_4)_2SO_4$. K. Zingraf 4574◇

1275 **Die mit Perchlorsäure nicht fällbaren Proteine des Humanserums.** H. E. Schultze, K. Heide und H. Haupt. (Clin. chim. Acta [Amsterdam] **7**, 854—68, 1962; Marburg/Lahn, Beringwerke Akt.-Ges.; dt.) — Infolge gegenseitiger Löslichkeitsbeeinflussung ist eine scharfe Trennung von lösl. u. unlösl. Serumproteinen mit Hilfe von *$HClO_4$* nicht möglich. Bei Anwendung von 0,2m $HClO_4$ bleibt eine größere Anzahl u. größere Menge von Glykoproteinen des normalen menschlichen Serums in der lösl. Fraktion als bei Fraktionierung mit 0,6m $HClO_4$. Elektrophoret. Trennung der lösl. Glykoproteine in Polyvinylchlorid bei pH 4,5 ergibt 4 Unterfraktionen; aus diesen wird Reindarst. von *saurem α_1-Glykoprotein, Neuramino-Glykoprotein, α_1-Antitrypsin, α_{1x}-Glykoprotein, Gc-Komponenten, Haptoglobin, Hämopexin* u. *β_2-Glykoprotein* beschrieben. Alle bisher rein dargestellten Proteine sind bei isolierter Prüfung in 1%ig. Lsg. auch in 0,6m $HClO_4$ löslich. U. Tausendfreund 4574◇

1276 **Wirkung von Konvulsionen auf den Gehalt an Natrium und Kalium im Blutserum und in der Cerebrospinalflüssigkeit.** A. K. Datta. (Indian J. med. Res. **51**, 737 bis 741, 1963; Amritsar, Med. Coll., Dep. of Clin. Med.; engl.) — Vf. untersucht den Geh. an *Na* u. *K* im Blutserum u. in der Cerebrospinal-Fl. vor u. nach Konvulsionen an Patienten, die eine Elektroschocktherapie erhalten. Zwischen 6 u. 20 Min. nach Beginn der Konvulsionen tritt ein Abfall im K-Geh. des Serums ein. Alle anderen Veränderungen sind nicht signifikant. W. Hiller 4574◇

1277 **Untersuchungen des Serum-Kaliumspiegels, seine tägliche Schwankung und der Einfluß von Kaliumchlorid und Glucose-Verabreichung.** E. Asai, M. Kawamura, A. Akasaka und M. Adachi. (Tokyo Jikeikai med. J. **76**, 977—85, 1961; jap.) H. Herper 4574◇

1278 **Über die Untersuchung von Kreatin und Kreatinin bei Patienten mit Gelenkerkrankungen.** Jan Štepán. (Med. exp. [Basel] **7**, 309—16, 1962; Prague, Rest. Inst. of Rheumatic Diseases; engl.) — Bei 116 Patienten einschließlich der Kontrollen wurden *Kreatin* (**I**)- u. *Kreatinin* (**II**)-Spiegel in Plasma u. Serum u. die Harnausscheidung von **I** u. **II** vor u. nach Belastung (in 14 Fällen) untersucht. Die gefundenen Werte bei an Gelenkrheumatismus erkrankten Personen sich recht variabel. Da **I** u. **II** in den Geweben, die beim Rheumakranken gewöhnlich betroffen werden, synthetisiert u. metabolisiert werden, wird angenommen, daß die endogene **II**-Clearance nur als Orientierungstest für die Glomerulusfiltration der Nieren verwertbar ist. K. Böhm 4574◇

1279 **Serumtocopherol, Cholesterin und Triglycerid bei Krankheiten der Herzkranzgefäße.** Esko A. Nikkila und Risto Peikonen. (Circulation [New York] **27**, 919—28, 1963; Helsinki, Univ. of Helsinki, Dep. of Med.; engl.) — Der Geh. an *Cholesterin* bei normalen Vers.-Personen unter 35 Jahren (über 35 Jahre) beträgt 231 (272) bei Personen mit überstandenem Herzinfarkt 324 (312,5) mg/100 ml Serum. Die diesen entsprechenden Werte für *Triglyceride* sind 87,2 (101,1) bzw. 167,9 (178,1) u. für *Tocopherol* 11,1 (13,5) bzw. 15,9 (15,6). W. Wesly 4574◇

1280 **Korrelationen zwischen Cholesterin und Harnsäure im Serum.** Myron R. Schoenfeld und Emanuel Goldberger. (Metabolism, clin. and exp. **12**, 714—17, 1963; New York, N.Y., Montefiore Hosp., Adult Clin., Med. Div.; engl.) — Bei Patienten mit Hypercholesterinämie bestand auch ein erhöhter Harnsäure-Geh. im Serum, u. die Veränderungen des Geh. der beiden Substanzen im Blut verliefen in der gleichen Richtung. K. Zingraf 4574◇

1281 **Vergleich der tubidimetrischen Bestimmung der Lipoproteine mit Heparin und Dextransulfat.** J. Kellen und F. Link. (Z. ges. inn. Med. Grenzgebiete **17**, 1125—26, 1962; Bratislava, Bezirkskrankenhaus Levoča, Zentral-Labor.; Akad. der Wiss., Virol. Inst.; dt.) — Mit den zur Zeit an Hand empir. Erfahrungen zur Fällung von Lipoproteinen verwendeten Substanzen *Heparin* (**I**), *Dextransulfat* mit Molgew. $35 \cdot 10^3$ (**II**) bzw. Dextransulfat mit Molgew. $54 \cdot 10^3$ (**III**) werden *β-Lipoproteine* gefällt, die nicht ident. sind. **II** erfaßt eine Fraktion, die bei Gesunden unabhängig von Alter u. Geschlecht ist, während **III** mit ganz anderen Fraktionen (bei Gesunden u. Hepatitiskranken) reagiert. Patholog. erhöhte Serumlipide bei Hepatitis werden am empfindlichsten mit **I** oder **II** bestimmt. U. Tausendfreund 4574◇

1282 **Versuch zur Lokalisierung des aktiven Faktors der Staphylococcus aureus-Koagulase.** D. Jungerman. (Bull. Acad. polon. Sci., Sér. Sci. biol. **10**, 83—86, 1962; Warsaw, School of Med., Dep. of Med. Microbiol.; engl.) — Vf. isoliert eine Glykopeptidfraktion aus Zellen von *Staphylococcus aureus*, die die Koagulation des Blutplasmas bewirkt. Als Bestandteile werden Glucose, Mannose, Xylose u. eine nicht identifizierte Hexose sowie Glucosamin u. 6% Protein oder Peptid nachgewiesen. Außerdem ist eine erhebliche Menge P (ca. 6%) u. N (ca. 4%) enthalten. Durch Einw. von Alkalien oder Trypsin wird die koagulierende Fähigkeit der Fraktion aufgehoben. Wahrscheinlich ist das Plasma-koagulierende Agens ein Protein oder Peptid. Ähnlich wie freie Koagulase wirkt das Agens nicht direkt auf Fibrinogen ein, sondern benötigt für seine Aktivierung Komponenten des Blutplasmas. H.-P. Pietsch 4574◇

1283 **Mechanismen zur Harnverdünnung und -konzentrierung der Invertebraten.** Bodil Schmidt-Nielsen (unter Mitarbeit von Donald F. Laws). (Annu. Rev. Physiol. **25**, 631—58, 1963; Durham, N.C., Duke Univ., Dep. of Zool. and Physiol.; Adelaide, Univ. of Adelaide, Dep. of Zool.; engl.) — Übersicht (bis Juli 1962). Protozoen (Struktur, Funktion), Coelenteraten, Echinodermaten, Platyhelminthes, Aschelminthes, Anneliden, Mollusken, Arthropoden; Vgl. zwischen Invertebraten- u. Vertebratennieren (Filtration oder Sekretion, proximaler u. distaler Tubulus. — 277 Literaturangaben. K. Maier 4577◇

1284 **Untersuchungen über die Zusammensetzung des Chylus (Chylothorax nach Resektion einer Aortenisthmusstenose).** H. Böhme, D. Lohmann und H. Trenckmann. (Dtsch. Z. Verdauungs- u. Stoffwechselkrankh. **22**, 250—58, 1962; Leipzig, Karl-Marx-Univ., Medizin. Klinik; dt.) — Unterss. von Blutserum u. Chylus eines Patienten mit einem Chylothorax ergaben einen verringerten *Eiweiß*-Geh. der Lymphe bei gleichartiger Verteilung der Eiweißfraktionen. Die Gesamt-*Lipoide* waren im Chylus höher; die Werte für freies u. verestertes *Cholesterin* u. *Phosphatide* lagen in Höhe der Blutserumwerte. Die *Lipoproteide* des Chylus wiesen im Vgl. mit dem Eiweißanteil einen höheren Lipid-Geh. auf. W. Wesly 4578◇

1285 **Quantitative Untersuchung der Entwicklung in axenischem Milieu aufgezogener Drosophila.** Jean David. (Bull. biol. France Belgique **93**, 472—505, 1959; Lyon, Fac. des Sci., Labor. de Zool. exp.; franz.) — Ein nicht fermentiertes, durch Zusatz eines Antisepticums, wie Nipagin, steril gemachtes Nährmedium, das im wesentlichen aus Trockenbierhefe u. Maismehl besteht, ermöglicht eine fast gleich schnelle Aufzucht von *Drosophila melanogaster*-Larven wie das gebräuchliche fermentierte. Die Larven benötigen nicht nur ein richtig zusammengesetztes, sondern auch genügend konz. Futter. Die Wrkg. jeder Einzelkomponente hängt vom Verhältnis zu den übrigen Bestandteilen ab. Ein Zusatz von Kohlenhydraten, Lipiden u. anorgan. Salzen ist überflüssig. Die Toxizität einiger Fettsubstanzen deutet auf einen speziellen Lipidstoffwechsel von *Drosophila* hin. Die Variabilität von Eigg. im Laufe der Entw. wurde durch Zucht zahlreicher Generationen eines Mutantenstamms (*vestigial*) in axen. Milieu untersucht. Einige hierbei zu beobachtende Abwandlungen von Eigg. sind wohl kaum dem neuen Nährmedium zuzuschreiben. Aus der gleichen Elterngruppe hervorgegangene, auf dem gleichen Nährboden aufgezogene Tiere bilden eine homogene Population. Sind diese Voraussetzungen nicht erfüllt, treten häufig signifikante Unterschiede auf. Altern der Eltern wirkt sich bei der Nachkommenschaft in einer gewissen Wachstumsverzögerung u. einer Sterblichkeitszunahme im Larven- u. Nymphenstadium aus. K. Maier 4583◇

1286 **Über das Wirkungsspektrum von Aminosäuren auf Gewebe. 1. Mitt. Der Einfluß einer Überdosierung verschiedener Aminosäuren auf Zellen in vitro.** P. Gunhold,

G. Kellner und J. Frimmel. (Z. Tierphysiol., Tierernähr. Futtermittelkunde **17**, 332—42, 1962; Wien, Landw.-chem. Bundesversuchsanst.; Univ., Histolog.-embryolog. Inst.; dt.) — 5—25fache Überdosierung von *Threonin*, *Alanin* u. *Serin* (*l*-Form u. Racemat) beeinflußte das Wachstum der Fibrinoblasten von 11 Tage alten Hühnerembryonen nicht. K. Zingraf 4585◇

1287 **Essentielle Fettsäuren.** H. J. Thomasson. (Riv. ital. Sostanze grasse **38**, 541—48, 1961; Vlaardingen, Unilever Res. Labor.; ital.) — Vf. berichtet über die Meth. zur Feststellung *essentieller Fettsäuren* (I) in den verschiedenen Nahrungsfetten u. Ölen. Die Wrkg. der I, bezogen auf den Standard *Linolsäure*, hinsichtlich biolog. Wrkg. u. Blutcholesterin-Geh. an Tieren wird mit gesätt., ungesätt. u. mehrfach ungesätt. Fettsäuren verglichen. Ekkehard Schmid 4585◇

1288 **Wirkung eines Zusatzes von Magnesium zum Milchfutter auf die Wachstumsgeschwindigkeit und die Zusammensetzung des Serums bei jungen Ratten.** D. N. Mullick und Kumari Bimla Kakkar. (Indian J. med. Res. **51**, 742—48, 1963; Izatnagar, U. P., Indian Vet. Res. Inst., Animal. Nutrit. Div.; engl.) — Verfütterung von Milch allein ruft bei jungen Ratten Hypercalcämie, Hypercholesterinämie u. Hypomagnesiämie hervor. Durch Zusatz von Mg wurde eine Umkehr bewirkt u. das Wachstum beschleunigt. K. Zingraf 4585◇

1289 **Biologische Reaktion junger mit Genistin- und Genistein-Diäten gefütterter Ratten.** Aden C. Magee. (J. Nutrit. **80**, 151—56, 1963; Greensboro, N. C., Woman's Coll. of the Univ., School of Home Econ.; engl.) — Diäten mit 0,1% u. 0,5% *Genistin* (I) u. *Genistein* (II) bewirken nach 4 Wochen bei 0,5% I oder II eine deutliche Unterbrechung der Gew.-Zunahme u. eine deutliche Abnahme des Gew. der Nieren u. der Milz, während der Eisenspiegel in Leber u. Milz zunimmt. Das Hämoglobin u. der Cu-Spiegel des Gewebes wurden nicht beeinflußt. Der Zn-Geh. in den Knochen u. der Leber war höher, die Ablagerung von Ca, P u. Mg in den Knochen junger Ratten wurde verstärkt u. das Verhältnis Ca : P in den Knochen niedriger. K. Dorfner 4585◇

1290 **Änderung der mineralischen Zusammensetzung des Magensaftes bei qualitativ verschiedener Ernährung und optimaler Temperatur.** E. Ss. Belowa. (Usbek. biol. J. **7**, Nr. 2, 21—25, 1963; Inst. für exp. Med. der Akad. der Wiss. der UsbekSSR; russ.) — Fütterungs-Verss. an Hunden ergaben, daß bei gemischter Kost (18—21°) neben der erhöhten Magensaftabsonderung eine Erhöhung der Konz. der Chloride u. eine Konz.-Abnahme von Ca^{2+} u. Na^+ eintritt. Der Gesamtgeh. des Magensaftes erhöht sich bei Cl^- um 384%, bei Ca^{2+} um 65%, bei Na^+ um 57,7% im Vgl. zum Nüchternmagensaft. Bei vorwiegender Eiweißernährung ist die Konz.-Zunahme bei Cl^- u. die Konz.-Abnahme bei Na^+ u. Ca^{2+} stärker als bei gemischter Ernährung. Die Gesamtmenge nimmt hierbei bei Cl^- um 628%, bei Ca^{2+} um 166,6%, bei Na^+ um 51,3% zu. Bei vorwiegender Fetternährung nehmen die Konzz. von Cl^- u. Na^+ etwas zu; die Konz. von Ca^{2+} nimmt ab. Der Gesamtgeh. im Magensaft nimmt bei Cl^- um 39,7%, bei Ca^{2+} um 60,0%, bei Na^+ um 10,9% ab. Nach Kohlenhydraternährung nimmt die Konz. von Cl^- sehr stark zu, die von Ca^{2+} u. Na^+ ab. Der Magensaft-Geh. an Cl^- beträgt 1 Std. nach der Fütterung 382,2%, an Ca^{2+} 166,6% der Norm. O. Lebtag 4585△

1291 **Veränderung der Zusammensetzung und Eigenschaften des Blutes bei qualitativ verschiedener Ernährung und hoher Temperatur.** M. W. Abdussamatowa. (Usbek. biol. J. **7**, Nr. 2, 26—29, 1963; Inst. für exp. Med. der Akad. der Wiss. der UsbekSSR; russ.) — In Fütterungs-Verss. mit Affen, die täglich 2 Std. Temp. von 33—41° ausgesetzt werden, beträgt nach gemischter Ernährung der Blut-Geh. an Cl^- 528—553 (mg%), an Na^+ 216—295, an Ca^{2+} 10,8—11,7. Bei Eiweißernährung nimmt der Geh. an Cl^- um 3,3—13,3% ab, an Na^+ um 1,3—6,7% zu; der Geh. an Ca^{2+} nimmt bald ab, bald zu. Bei Kohlenhydraternährung nimmt der Blut-Geh. an Na^+ um 8,8—25,9% zu, an Cl^- um 9,1—14,2% ab. Bei Fetternährung nimmt der Geh. an Cl^- um 15,6—23,6%, an Na^+ um 5,5—42,8% ab; der Geh. an Ca^{2+} nimmt um 3,4—9,8% zu. Die Veränderungen der Erythrocyten, Thrombocyten, des Hämoglobins u. der Trockensubstanz des Blutes in Abhängigkeit von der Futterart werden mitgeteilt. O. Lebtag 4585△

1292 **Carotin, Riboflavin und Nicotinsäuregehalt einiger indischer Nahrungsmittel.** M. N. Satyanarayana und S. B. Kadkol. (Indian J. med. Res. **51**, 764—67, 1963; Mysore, Central Food Technol. Res. Inst.; engl.) — Vff. bestimmen bei 44 pflanzlichen Prodd. (Getreide, Gemüse, Ölfrüchte, Gewürze) bei je 4 verschiedenen Provenienzen den Geh. an *Carotin*, *Riboflavin* u. *Nicotinsäure*. Die Ergebnisse sind in einer Tabelle wiedergegeben. W. Hiller 4587◇

1293 **Die Beziehungen zwischen den Vitaminen A, D, C und B$_{12}$ und ihr Einfluß auf den Stoffwechsel von Calcium, Phosphor und Stickstoff bei wachsenden Tieren.** A. P. Schitzkowa. (Hyg. u. Sanitätswes. [UdSSR] **28**, Nr. 2, 41—48, 1963; Moskau, Erissman-Forschungsinst. für Hyg.; russ., Auszug: engl.) — In 60—70 Tage langen Fütterungs-Verss. (Ratten) wird gezeigt, daß bei Mangel an *Ca*, *Vitamin A* (I) u. *Vitamin D* (II) in der Nahrung im Organismus eine starke Verarmung an Ca eintritt. Durch 5fachen II-Überschuß der Nahrung bei Mangel an Ca u. I sowie bei 5fachem Überschuß an I bei Mangel an Ca u. II wird die Ca-Bilanz nicht wesentlich verbessert. I- u. II-Mangel in der Nahrung beeinflußt den Umsatz von Ca, P u. N, den Ca-Geh. im Blutserum u. den Knochen-Geh. an *alkal. Phosphatase* (III). Zusatz von *Vitamin C* u. *Vitamin B_{12}* zur I- u. II-armen Nahrung verbessert zwar die Ca-Bilanz, normalisiert jedoch nicht den Ca-Geh. des Blutserums u. den III-Geh. der Knochen. Für die normale Mineralisierung der Knochen ist demnach vor allem eine ausreichende Versorgung mit I u. II erforderlich. O. Lebtag 4587△

1294 **Beiträge zur Molekularphysiologie von Thiamin.** Z. G. Bánhidi. (Acta physiol. scand., Suppl. **50**, Nr. 174, 1—20, 1960; Stockholm, Univ. of Stockholm, Wenner-Green Inst. for Exp. Biol.; engl.) — Vf. gibt einen Überblick über Arbeiten, die sich mit der Frage der Verwertung verschiedener homomerer Disulfidformen des *Thiamins* (I) u. ihrer Derivv. sowie einiger gemischter Disulfide von I durch Bakterien u. Ratten beschäftigen. Es werden folgende speziellen Fragen behandelt: Die mikrobiolog. Best. von I u. seinen Derivv.; die biolog. Spezifität des I-Mol.; die chem. Aktivität von I im Verhältnis zu seiner physiolog. Rolle; Disulfid-Derivv. des I in biolog. Systemen. Aus dem Vgl. mit eigenen Unterss. werden folgende Schlüsse gezogen: 1. Die Aktivierung dieser Disulfide durch Red. (Cystein, Ascorbinsäure usw.) ist erforderlich, um sie für Bakterien verwertbar zu machen. 2. Neben der I-Pantethein-Rk. erfolgt noch die Bldg. komplexer Verbb. aus Cystein u. I bzw. Liposäure u. I (I-Lipoat), die auch in Abwesenheit von Red.-Mitteln von Bakterien verwertet werden können. 3. I-Lipoat könnte das Vorliegen der großen Anzahl von Liposäurekonjugaten in Naturextrakten erklären. 4. Das Auftreten von akt. gemischten I-Disulfiden läßt die Möglichkeit eines zusätzlichen biochem. Mechanismus zu, der nicht unbedingt mit dem von Breslow (J. Amer. chem. Soc. **80**, [1958], 3719) vorgeschlagenen im Widerspruch stehen muß. H. Köditz 4587△

1295 **Untersuchungen über Pantothenol.** 1. Mitt. **Vergleichende Untersuchung der Ausnutzung von D-Pantothenol und D-Pantothenat durch die Ratte.** Yutaka Yamawaki und Tadashi Ishida. (Vitamins [Kyoto] **23**, 169—72, 1961; Iizaka, Toa Alimentary Chem. Ind. Ltd.; jap., Auszug: engl.) — Vff. bestimmen die Menge an *Pantothensäure* (I) im Rattenurin nach intraperitonealer oder oraler Anwendung von *D-Pantothenol* (II) oder *Ca-D-Pantothenat* (III) mit Hilfe von *Lactobacillus arabinosus*. Nach intraperitonealen III-Gaben ist die I-Ausscheidung in den folgenden 24 Std. größer als nach II-Gaben. Die Ausscheidung im Verlauf einer Woche ist nach II- u. III-Gaben gleich. Dagegen ist bei oralen Gaben innerhalb von 24 Std. die I-Ausscheidung nach II-Gaben größer im Vgl. zu III. Daraus folgt, daß die Resorption von II durch den Dünndarm größer ist als die von III. Die Ausnutzung von II in Arzneimitteln ist somit größer als die von III. W. Hiller 4587◇

1296 **Tritierte Folsäure als diagnostisches Hilfsmittel bei Folsäuredefizit.** T. W. Sheehy, R. Santini jun., R. Guerra, R. Angel und I. C. Plough. (J. Lab. clin. Med. **61**, 650—59, 1963; U. S. Army Tropical Res. Med. Labor., Dep. of Med.; engl.) — Beschreibung von 2 neuen Meth. zur

Feststellung von *Folsäure*-Defizit beim Menschen: 1. eine Modifizierung der üblichen Clearance-Best.; 2. Messung der ^{3}H-Folsäureausscheidung im Urin innerhalb von 3 u. 24 Std. nach der i.v. Injektion der markierten Verbindung. Bei unbehandelter Psilosis sind beide Werte wesentlich herabgesetzt.
U. Drehmann 4587◇

1297 **Dissoziation von Pyridoxin und anderen Verbindungen im angeregten Zustand.** J. W. Bridges, P. J. Creaven, D. S. Davies und R. T. Williams. (Biochem. J. **88**, Nr. 3, Proc. biochem. Soc. 65P, 1963; London, St. Mary's Hosp., Med. School, Dep. of Biochem.; engl.) — Bei der Unters. der Fluorescenz biochem. interessanter Verbb. durch Best. der pH-Wrkg. auf Anregungs- u. Fluorescenzwellenlängen wurde in mehreren Fällen die „Erscheinung der Dissoziation im Anregungszustand des Mol." (Förster) beobachtet [z. B. *p-Toluidin, p-Anisidin, o-Hydroxybiphenyl* (**IV**), *p-Hydroxybenzoatanion, Kation von Pyridol-*(*3*) (**III**), *Pyridoxin* (**I**), *Pyridoxamin* (**II**), *Pyridoxal*]. Wenn Dissoziation im Anregungszustand eintritt, fluoresciert das Mol. als Ion. **I** fluoresciert bei pH $< -0{,}8$ maximal bei 345 mμ, bei $-0{,}8$ bis 9,0 bei 400 mμ, bei 10,5—14 bei 380 mμ, was dem Kation, dipolaren Ion u. Anion entspricht. pH < 7. Die Fluorescenz verläuft wie die normale Ionisation von dipolarem Ion zum Anion, nicht aber wie diejenige von Kation zu dipolarem Ion. Bei pH-Werten, wo **I** als Kation vorliegt, fluoresciert das dipolare Ion. Der normale p*Ka* des Kations ist 5,0, der des angeregten $-0{,}78$. **II** u. **III** verhalten sich ähnlich. **IV** (p*Ka* 10,0, angeregt 1,5) fluoresciert bei pH 6 als Anion, λ_{max} 415 mμ, bei pH 12 als Anion, λ_{max} 415 mμ, *p-Hydroxybiphenyl* bei pH 6 in der mol. Form, λ_{max} 340 mμ, bei pH 12 als Anion, λ_{max} 400 mμ. Dieses Verh. wurde zur Best. der o- u. p-Hydroxylierung von Biphenyl durch Lebermikrosomen verwertet.
K. Maier 4587◇

1298 **Vergleichende Wirkungen von Hefe, Vitamin-B-Komplex und Vitamin B_{12} auf die Überlebensrate von indischen Kleinkarpfen während der ersten zwei Lebenswochen.** B. C. Das und H. Krishnamurthy. (Proc. nat. Inst. Sci. India, Part B **25**, 300—06, 1959; Calcutta, Indian Statistical Inst., Biometry Res. Unit; engl.) — Es wurde die Wrkg. von *Vitamin B_{12}* (**I**), *Vitamin-B-Komplex* (Thiaminhydrochlorid, Riboflavin, Pyridoxinhydrochlorid, Nicotinsäureamid u. Ca-Pantothenat) u. Hefe auf die Überlebensrate von kleineren Karpfenfischen (*Labeo bata, Cirrhina reba, Crossocheilus latia*) untersucht. Bei den Kontrollen war in der ersten Woche die Sterblichkeit am größten, nach den 2 ersten Wochen überlebten 18%. Zusatz von 25 μg **I** zu je 9 Litern W. steigerte die Überlebensrate auf 36%, Zusatz von Hefe oder B-Komplex auf 78—80%. Es wird auf den ökonom. Wert von Hefe bei der Fischaufzucht hingewiesen.
W. Damerau 4587◇

1299 **Ein Vergleich der Gehalte von Lebern und Nieren mit Kobalt behandelter und leicht kobaltarmer Lämmer an Vitamin B_{12}.** E. D. Andrews und L. I. Hart. (New Zealand J. agric. Res. **5**, 403—08, 1962; Wallaceville, Dep. of Agric., Animal Res. Stat.; engl.) — Die Lebern mit CoO behandelter Lämmer enthielten 0,44—1,6 (μg/g), die Nieren 0,25—0,75 *Vitamin B_{12}* (**I**). Die entsprechenden Werte bei Tieren, die auf Co-armen Weiden grasten, betrugen 0,09—0,16 bzw. 0,19—0,26. Die den diagnost. Wert von **I**-Konzz. bes. in der Niere begrenzenden Faktoren werden erörtert.
W. Wesly 4587◇

1300 **Vitamin B_{12} und der nutritive Wert von rohen Sojabohnen.** B. R. Baliga, H. N. Bhagavan und R. Rajagopalan. (Indian J. med. Res. **51**, 749—57, 1963; Mysore, Central Food Technol. Res. Inst.; engl.) — Der Nährwert von Sojabohnen ist geringer als auf Grund der Aminosäuren-Zus. anzunehmen ist. Vff. untersuchen den Einfl. einer Zufütterung von *Vitamin B_{12}* (**I**) auf den biolog. Wert roher Sojabohnen sowie den Einfl. einer in vitro-Trypsinverdauung rohen Sojabohnenproteins u. Caseins mit zugegebenem Trypsininhibitor mit u. ohne **I**. Zusatz von 50 μg **I** pro kg Diät erhöht den Nährwert von Sojamehl in dem gleichen Maße wie eine Hitzebehandlung. Wird zu Casein Sojabohnentrypsininhibitor zugesetzt, so sinkt der biolog. Wert von 86 auf 75%, Zugabe von **I** stellt den ursprünglichen biolog. Wert wieder her. Zusatz von **I** zu einer Caseindiät erhöht deren biolog. Wert nicht. Bei einer in vitro-Trypsinverdauung verstärkt ein **I**-Zusatz die Freisetzung von α-Aminostickstoff u. Methionin aus rohem Sojabohnenprotein oder Casein + Sojabohnentrypsininhibitor. W. Hiller 4587◇

1301 **Vitamin B_{12} und der nutritive Wert hitzebehandelter Sojabohnen.** B. R. Baliga und R. Rajagopalan. (Indian J. med. Res. **51**, 758—63, 1963; Mysore, Central Food Technol. Inst.; engl.) — Vgl. vorst. Referat. — Erhitztes Sojabohnenprotein zeigt bei Ratten einen maximalen biolog. Wert, wenn es in einer Menge von 5% zur Diät zugesetzt wird. Vitamin-B_{12}-Zusatz (50 μg/kg Diät) erhöht den biolog. Wert nur bei einem Proteinzusatz von 7,5 u. 10% zur Diät. Eine Zugabe von *Aureomycin* erhöht den biolog. Wert von optimal erhitztem Sojabohnenprotein nur, wenn der Proteinzusatz 10% zur Diät beträgt. W. Hiller 4587◇

1302 **Die Aussagekraft des Testes mit radioaktivem Vitamin B_{12} bei hyperchromer Anämie.** R. Lasserre. (Helv. med. Acta **30**, 91—115, 1963; Genève, Clin. univ. de Méd. int.; franz.) — Die Teste mit radioakt. *Vitamin B_{12}* (**I**) ermöglichen eine nicht allzu genaue Best. des *Intrinsic factors* (**II**). Die spontane Heilung der perniciösen Anämie kann durch den Schilling-Test nachgewiesen werden. Nach oraler Anwendung hoher Antibioticadosen kann eine Resorptionsstörung von **I** im Darm beobachtet werden. Anämien vom Biermer-Typ stehen nicht im Zusammenhang mit einem Mangel an **II**. K. Zingraf 4587◇

1303 **Isolierung eines Intrinsic factor-Vitamin-B_{12}-Komplexes.** William W. Bromer und Edwin O. Davisson. (Biochem. biophysic. Res. Commun. **4**, 61—65, 1961; Indianapolis, Ind., Lilly Res. Labor.; engl.) — Die Isolierung u. Teilcharakterisierung eines *Intrinsic factor–Vitamin-B_{12}-Komplexes* aus der Pylorus-Schleimhaut des Schweins, der wirksam war sowohl im Schilling-Test als auch bei einem Patienten mit einem Rückfall an perniciöser Anämie bei weniger als 50 μg, wird beschrieben. A. Gabert 4587◇

1304 **Bindung von Vitamin B_{12} durch Intrinsic factor und intestinale Resorption.** Kunio Okuda. (Clin. chim. Acta [Amsterdam] **7**, 780—87, 1962; Ube, Yamaguchi Med. Coll., Dep. of Med.; engl.) — An der Darmschlinge der Ratte führte die Unters. der Beziehung zwischen resorptionsfördernder Aktivität von *Intrinsic factor* (**I**) u. der Bindungsaktivität von **I** für *Vitamin B_{12}* (**II**) zu folgenden Resultaten: Diäthylaminoäthylcellulosechromatographie von Schleimhautextrakt des Rattenmagens ergibt eine **II**-bindende Komponente; diese Komponente ist nicht homogen, die **I**-Aktivität ist jedoch immer mit der Bindungsaktivität vergesellschaftet; die **II**-bindende Aktivität des Extrakts ist thermolabil, Verminderung der Bindungsaktivität führt zu einer proportionalen Verminderung der **I**-Aktivität; die **II**-Resorption ist größer, wenn **II** bei der Verabreichung an die **II**-Quelle gekoppelt ist, als wenn **II** sich in freiem Zustand befindet; unter bestimmten Bedingungen kann jedoch die **I**-Aktivität ohne Aufspaltung der Bindung zwischen **I** u. **II** zerstört werden, so daß die Bindung von **I** an **II** zwar eine essentielle, jedoch nicht die einzige Funktion von **I** darstellt.
U. Tausendfreund 4587◇

1305 **Untersuchungen über den Intrinsic factor und perniciöse Anämie.** 3. Mitt. **Die Intrinsic factor-Aktivität und die Vitamin B_{12} bindende Stärke elektrophoretischer Fraktionen von Intrinsic factor-Konzentraten.** H. Berlin, R. Berlin, G. Brante und S.-G. Sjöberg. (Scand. J. clin. Lab. Invest. **13**, 245—48, 1961; Stockholm, A/B Kabi, Res. Dep.; Falköping, Central County Hosp.; Eskilstuna, Schweden, Central County Hosp.; engl.) — 2. vgl. C. **1963**, 21621. — Zwei Intrinsic factor (IF)-Präpp. werden elektrophoret. in Fraktionen zerlegt, die hinsichtlich ihres Protein-Geh., ihrer IF-Aktivität (Schilling-Test) u. ihrer Bindungskapazität für Vitamin B_{12} untereinander verglichen werden. Aus den Verss. geht hervor, daß zwischen dem Protein-Geh. u. den biolog. Aktivitäten keine Korrelationen bestehen. Enge Beziehungen sind jedoch zwischen der IF-Aktivität u. der Vitamin-B_{12}-bindenden Kapazität zu erkennen. Geringe Abweichungen einer strengen Proportionalität könnten auf einem Inhibitor der IF-Aktivität oder einem Vitamin-B_{12}-Binder ohne IF-Aktivität beruhen. P. Loch 4587◇

1306 **Synthetisches Ascorbigen als Vitamin-C-Quelle für Meerschweinchen.** 2. Mitt. Martti Kiesvaara und Artturi I. Virtanen. (Acta chem. scand. **17**, 849—53, 1963;

Helsinki, Finland, Biochem. Inst., Foundat. for Chem. Res.; engl.) — 1. vgl. C. **1963**, 1349. — Vff. berichten über quant. Unterss. an Meerschweinchen mit verschiedenen Mengen an *Ascorbigen* (**I**). Die verwendeten **I**-Präpp. enthielten $< 1\ \mu g$ freie Ascorbinsäure (**II**)/mg **I** (papierchromatograph. Nachw.). Die Tiergruppen erhielten 2 verschiedene **II**-freie Diäten. Im Vgl. zu den Kontrolltieren erhielten die Tiere entweder zusätzlich steigende Mengen an **I** (3, 7, 10 oder 20 mg/Tag) oder an **II** (0,6 u. 3 mg/Tag). 3—5 mg **I** verlängerten das Leben, während 26 mg **I** bei scorbut. Tieren lebenserhaltend waren. 10—15% der in **I** gebundenen **II** werden von den Tieren ausgenützt. Die Freisetzung von **II** aus **I** ist eine pH-Funktion. Die Verss. bestätigen die bereits berichteten Ergebnisse. G. Bratfisch 4587◇

1307 **Vitamin C in Beziehung zur Widerstandsfähigkeit gegenüber tiefer Temperatur.** Louis-Paul Dugal. (Ann. New York Acad. Sci. **92,** 307—17, 1961; Ottawa, Canada, Univ., Dep. of Biol.; engl.) — Vf. untersuchte an Ratten, Meerschweinchen u. Affen den Einfl. von Kälte auf den *Ascorbinsäure* (**I**)-Geh. der Gewebe (Leber, Niere u. Nebenniere) u. die Wrkg. von **I** auf die Kältetoleranz. Werden Ratten der Kälte ausgesetzt, so steigt der Geh. an **I** in den untersuchten Geweben u. im Harn graduell an. Bei Ratten, die sich nicht akklimatisieren können, ist der Geh. an **I** sehr gering, die Tiere sterben. Auch hungernde Ratten zeigten bei —15° für kurze Zeit einen Anstieg im **I**-Geh. der Gewebe. Meerschweinchen u. Affen können **I** nicht synthetisieren. Diese Tiere zeigen in der Kälte eine größere Retention von **I** in den Geweben. Für Tiere, die einer tiefen Temp. ausgesetzt werden, war die Applikation hoher **I**-Dosen nützlich. Je tiefer die Temp., um so höher war der Verbrauch an **I**. Vf. gibt für diesen Mechanismus folgende mögliche Erklärung: Sowohl Aussetzen der Tiere einer tiefen Temp. als auch **I**-Applikation beschleunigen den Stoffwechsel von Tyrosin, Phenylalanin u. Vorstufen der Schilddrüsen- u. Medullahormone. Diese Hormone spielen führende Rollen für die Befähigung der Tiere, sich zu akklimatisieren. Der wirkende Mechanismus ist noch nicht bekannt. G. Bratfisch 4587◇

1308 **Stoffwechsel von Ascorbinsäure bei verschiedenen Hautkrankheiten.** Kin-ichi Ishitoya. (Jap. J. Dermatol. **71,** 401—22, 1961; Hirosaki, Hirosaki Univ., Dermato-Urological Dep.; engl.) — Vf. findet im Blut von Normalpersonen einen Geh. an *Ascorbinsäure* (**I**) von 0,75 mg% u. im Urin einen von 0,74 mg%, der Geh. an *Serumcholinesterase* beträgt 0,97. Niedrige **I**-Blutspiegel werden gefunden bei der Addisonschen Krankheit, Chloasma u. postexanthematöser Pigmentation. Niedrige **I**-Spiegel in Blut u. Urin u. verminderte Aktivität der Serumcholinesterase treten bei allerg. Hautkrankheiten auf. Niedrige **I**-Blutspiegel treten häufiger bei Patienten mit gestörter Hypophysen- u. Nebennierenfunktion auf. Niedrige **I**-Blutspiegel + verminderte Aktivität der Serumcholinesterase finden sich bei Personen mit ungenügender Leberfunktion. W. Hiller 4587◇

1309 **Ernährungs- und enzymatische Untersuchungen über den Stimulationsmechanismus der Ascorbinsäuresynthese durch Arzneimittel und carcinogene Kohlenwasserstoffe.** Oscar Touster und Siegfried Hollmann. (Ann. New York Acad. Sci. **92,** 318—23, 1961; Nashville, Tenn., Vanderbilt Univ., School of Med., Dep. of Biochem.; engl.) — Vff. untersuchten den Mechanismus einer erhöhten *Ascorbinsäure* (**I**)-Ausscheidung nach Verabreichung von *Barbital* (**II**) u. *3-Methylcholanthren* (**III**) an Ratten. Die erhöhte **I**-Ausscheidung wird deutlich unterbunden, wenn nach **II**- oder **III**-Verabreichung der Milchdiät *Äthionin* (**IV**) beigegeben wurde. **IV** ist ein Inhibitor für Proteinsynthesen. Ein weiterer Zusatz von *Methionin* (**V**) zu **IV** hebt die Hemmwrkg. von **IV** wieder auf, so daß die **I**-Ausscheidung nach **II** oder **III** erhöht bleibt. In Abwesenheit von **II** oder **III** hatten weder **IV** noch **V** einen Einfl. auf die **I**-Ausscheidung. Auf Grund der **IV**-Wrkg. besteht nach Auffassung von Vff. die Wahrscheinlichkeit, daß die erhöhte **I**-Ausscheidung nach **II** oder **III** die Synth. eines Enzyms, das an der **I**-Bldg. beteiligt ist, nach sich zieht. Hierzu bestimmten Vff. verschiedene mit der **I**-Synth. im Zusammenhang stehende Enzyme in der Leber von normalen u. mit Arzneimitteln behandelten Tieren. Untersucht wurde der Geh. an *Uridindiphosphatglucosedehydrogenase* (**VI**) u. der von *Uridindiphosphatglucuronsäurepyrophosphatase* (**VII**) bei normalen Tieren u. solchen nach Behandlung mit **III**, *3.4-Benzpyren* (**VIII**), **II** oder *Chloreton* (**IX**; Chlorbutanol) mit u. ohne **IV**. **III** u. **VIII** hatten auf **VI** keine Wrkg.; **II** u. **IX** dagegen verdoppelten den **VI**-Spiegel, aber nicht in Ggw. von **IV**. Die Veränderungen der **VII** sind beachtlich, aber schwierig in einen Zusammenhang mit der **I**-Ausscheidung zu bringen. G. Bratfisch 4587◇

1310 **Hypovitaminose A nach Magenoperationen.** H. Berndt und I. Hiller. (Dtsch. Z. Verdauungs- u. Stoffwechselkrankh. **22,** 233—40, 1962; Dt. Akad. Wiss. Berlin, Robert-Rössle-Klinik; dt.) — Best. der Dunkeladaption an Magenresezierten u. Gastrektomierten ergaben keine A-Hypovitaminose. Die *Vitamin-A*-Konz. im Serum der meisten Patienten war signifikant geringer als die Kontrollwerte. Der *Carotin*-Geh. des Serums der Magenresezierten war normal, der der Gastrektomierten vermindert. W. Wesly 4587◇

1311 **Untersuchungen über den Vitamin-A-Stoffwechsel. 3. Mitt. Die Resorptionsweise von Vitamin-A-Estern bei der lebenden Ratte.** S. Mahadevan, P. Seshadri Sastry und J. Ganguly. (Biochem. J. **88,** 531—34, 1963; Bangalore, Indian Inst. of Sci., Dep. of Biochem.; engl.) — In Ergänzung früherer Beobachtungen, wonach *Vitamin A* (**I**; als Alkohol oder Acetat peroral gegeben) letztlich in der Leber als **I**-Palmitat deponiert wird u. wonach **I**-Acetat bei der Resorption offenbar einer Hydrolyse u. erneuten Veresterung unterliegt, wird hier darüber berichtet, daß Hydrolyse von **I**-Estern für die Resorption ein essentieller Vorgang ist. Die Ergebnisse bei Ratten lassen erkennen, daß sämtliche verfütterten **I**-Ester bei der Resorption hydrolysiert werden u. daß der **I**-Alkohol die Zellmembranen durchquert, um innerhalb der Zelle wieder verestert zu werden (vorwiegend mit Palmitinsäure). U. Tausendfreund 4587◇

1312 **Untersuchungen über den Vitamin-A-Stoffwechsel. 4. Mitt. Untersuchungen über die Resorptionsweise von Vitamin A durch den Rattendarm in vitro.** S. Mahadevan, P. Seshadri Sastry und J. Ganguly. (Biochem. J. **88,** 534—39, 1963; engl.) — 3. vgl. vorst. Referat. — An evertierten Darmsäcken der Ratten wird auch in vitro gezeigt, daß die vorherige Hydrolyse von *Vitamin-A* (**I**)-Estern ein essentieller Vorgang für die **I**-Resorption ist u. daß nur der **I**-Alkohol durch die Darmschleimhautzellmembran dringen kann, wonach er innerhalb der Zelle erneut verestert wird. Das hydrolyt. Enzym dürfte auf der Schleimhautzellmembran-Außenseite seinen Sitz haben, das veresternde Enzym ist dagegen in der Zelle selbst lokalisiert; in vivo hat das hydrolyt. wirkende Enzym aber wohl geringere Bedeutung, da die **I**-Ester bereits durch im Darmlumen vorliegendes hydrolyt. Enzym hydrolysiert werden. U. Tausendfreund 4587◇

1313 **Beobachtungen über die Wirkungen von Vitamin D beim Menschen, einschließlich der Beziehung zu Cortison.** W. P. U. Jackson und C. P. Dancaster. (J. clin. Endocrinol. Metabolism **22,** 195—211, Febr. 1962; Cape Town, South Africa, Observatory; Univ., Endocrine Res. Group, Dep. of Med.; Groote Schuur Hosp.; engl.) — Bei 6 normalen Bantu-Negern, 5 Patienten mit Englischer Krankheit, 2 Patienten mit sek. Hyperparathyreoidismus u. 4 Patienten mit Sarcoidosis werden Stoffwechselbilanz-Unterss. nach *Vitamin-D* (**I**)-Gaben durchgeführt. **I** bewirkt prim. einen Anstieg des *Ca*-Spiegels in Serum u. Urin. Eine vermehrte Resorption von **I** durch den Darm wurde nur bei Rachitispatienten beobachtet. Dem Anstieg der *Phosphat*-Konz. im Serum nach **I**-Gabe folgte eine erhöhte Ausscheidung von Phosphat im Urin. Nur bei einem Patienten mit Hyperparathyreoidismus schien dies auf einer herabgesetzten Fähigkeit der Nierentubuli zur Rückresorption zu beruhen. Einige Patienten mit Sarcoidosis zeigten eine Überempfindlichkeit gegenüber **I**. Cortison wirkt nicht direkt als Antagonist des **I**, vermag aber die Empfindlichkeit gegenüber der **I**-Wrkg. herabzusetzen. A. Eben 4587◇

1314 **Untersuchungen über die Ausscheidung von Produkten von Glykuronsäure-Konjugaten der Benzoe- und p-Hydroxybenzoesäure in der Galle.** J. Biener, E. Costiner und L. Vaisler. (Comun. Acad. Republ. Populare romîne **11,** 137—42, 1961; rum.) — Die Ausscheidung von *Benzoesäure* u. *p-Hydroxybenzoesäure* (**I**) in Form von Glykuronsäurekonjugaten beim Hund wird untersucht. Die Ausscheidung von **I** geschieht in Form von Mono- u. Diglykuroniden. Der Einfl. substituierter Gruppen auf die Moll. der Glykuronidgruppierungen wird besprochen. R. Grundmann 4594◇

1315 **Dünnschichtadsorptionschromatographie an mikroskopischen Schnitten.** Alan F. Hofmann. (Analyt. Biochem. [New York] **3,** 145—49, 1962; Lund, Univ., Dep. of Physiol. Chem.; engl.) — Eine schnelle qual. Trennung von Gemischen von *Gallensäuren, Gallensäure*-Derivv., *Gallensäure*-Konjugaten u. Lipidgruppen wird beschrieben. Hierbei wird das Adsorbens (Kieselsäure) für mkr. Schnitte angewandt. O. Jansen 4594◇

1316 **Der Umsatz der Stickstoffverbindungen im Pansen der Wiederkäuer.** A. I. Ssolnzew, N. A. Muchina und A. K. Bobylew. (Nachr. Akad. Wiss. UdSSR, biol. Ser. **28,** 419—29, 1963; Moskau, Landw. Timirjasew-Akad.; russ., Auszug: engl.) — Übersicht. — 25 Literaturangaben. O. Lebtag 4594△

1317 **Die Entwicklung des Verdauungssystems des jungen Tieres.** 3. Mitt. **Carbohydraseenzymentwicklung beim jungen Lamm.** D. M. Walker. (J. agric. Sci. **53,** 374—80, 1959; London, Royal Veterin. Coll.; engl.) — 2. vgl. J. agric. Sci. **52,** [1959], 357. — Im Rahmen einer Vers.-Reihe über die physiolog. Entw. des Verdauungstrakts u. der Carbohydrasefermente wurde an 5—35 Tage alten Lämmern die Veränderung von Fermentaktivitäten untersucht. Dabei zeigte die Aktivität von Pankreas- u. Dünndarm-*Amylase* nur geringen Anstieg, die Aktivitäten von *Lactase* u. *Maltase* blieben in diesem Zeitraum konst., *Saccharase*-Aktivität war nicht meßbar. Demnach ist das junge Lamm zur Verwertung aller Kohlenhydrate außer *Lactose* u. *Glucose* von frühzeitiger Entw. der Pansenfauna u. -flora abhängig. U. Tausendfreund 4594◇

1318 **Die Entwicklung des Verdauungssystems des jungen Tieres. 4. Mitt. Proteolytische Enzymentwicklung. beim jungen Lamm.** D. M. Walker. (J. agric. Sci. **53,** 381—86, 1959.) — 3. vgl. vorst. Referat. — Bei Unters. der Aktivität proteolyt. Enzyme in den Verdauungsorganen u. deren Inhaltsstoffen beim 7—35 Tage alten Lamm fand sich pH 1,8-Aktivität nur im Labmagen u. dessen Inhalt. Aktivität bei pH 3,5 war in allen Geweben (gegenüber Hämoglobin) nachweisbar. Aktivität bei pH 8,5 (gegenüber Azocasein) war nur im Dünndarminhalt u. Pankreas feststellbar. Die meisten Gewebe u. Inhaltsstoffe ließen bis zum 21. Tag einen Aktivitätsanstieg bei pH 1,8 u. 3,5 erkennen, danach Aktivitätsrückgang. Die Milchgerinnung im Labmagen hörte nach 21 Tagen, dem Beginn der Pansenfunktion, auf. U. Tausendfreund 4594◇

1319 **Über Energieumwandlung.** A. Szent-Györgyi. (Acta physiol. Acad. Sci. hung. **19,** 293—96, 1961; Woods Hole, Mass., Marine Biol. Labor., Inst. for Muscle Res.; engl.) — Betrachtung über die Begriffe freie Energie, fester Zustand u. „charge transfer" hinsichtlich ihrer Bedeutung für Biochemie u. Medizin. K. Maier 4595◇

1320 **Der Einfluß unterschiedlicher Calorien : Protein-Verhältnisse im Futter auf die Stickstoffretention und die Körperzusammensetzung der Ratte.** D. S. Wagle, Urmila Marfatia und A. Sreenivasan. (Brit. J. Nutrit. **16,** 369—77, 1962; Mysore, India, Central Food Technolog. Res. Inst.; engl.) — Entwöhnte Ratten erhielten über 4 Wochen ein Futter mit unterschiedlichem Calorien (a)/Protein (b)-Verhältnis. Durch Verringerung des a- bzw. b-Geh. im Futter wird die Gewichts-Entw. sowie die N-Retention u. der N-Geh. (bes. der lösl. b) der Leber u. Muskeln herabgesetzt. Die Steigerung des a/b-Verhältnisses führt zu vermehrter Fettablagerung, zu einer Erhöhung der Gesamt- u. Phospholipide in Leber u. Plasma sowie der Bernsteinsäure- u. Xanthinoxydase, α-Tocopherol- u. Ubichinonwerte in der Leber. Die Cholesterinwerte wurden nur wenig beeinflußt. Der Zusatz von Cellulose zum Futter führte durch die verringerte a- u. b-Aufnahme zu einer Abnahme der Albumin- sowie α_1- u. α_2-Globulin-Konzz. im Plasma. H. Ackermann 4595◇

1321 **Das Stoffwechselschicksal von ^{14}C-2.2-Bis-[p-chlorphenyl]-1.1.1-trichloräthan bei Triatoma infestans.** Maria Luisa Dinamarca, Moises Agosin und Amador Neghme. (Exp. Parasitology **12,** 61—72, 1962; Santiago, Univ. of Chile, Biochem. Sect., Dep. of Parasitology; engl.) — *^{14}C-2.2-Bis-[p-chlorphenyl]-1.1.1-trichloräthan* (**I**) wird von Nymphen von *Triatoma infestans* in geringerem Maße resorbiert als von ♂. **I** wird von den Nymphen im Vgl. zu ♂ auch rascher wieder ausgeschieden u. metabolisiert. Bei den Nymphen ist *2.2-Bis-[p-chlorphenyl]-1.1-dichloräthylen* das Hauptstoffwechsel-Prod., bei den ♂ ist es dagegen eine bisher noch nicht identifizierte Verbindung. W. Hiller 4596◇

1322 **Der Stoffwechsel von Indol-3-carbonsäure bei der Ratte.** R. M. Acheson und L. J. King. (Biochim. biophysica Acta [Amsterdam] **71,** 643—49, 1963; Oxford, Univ., Dep. of Biochem.; engl.) — *Indol-3-carbonsäure* (**I**) wurde in einer Dosis von 30 mg intraperitoneal oder mit der Nahrung ♂ Ratten zugeführt. Der 24-Std.-Sammelurin wurde aufgearbeitet, extrahiert u. papierchromatograph. bzw. -elektrophoret. auf seine **I**-Stoffwechsel-Prodd. hin untersucht. Der Extraktionsvorgang mit eingesetzten bekannten Mengen **I** besitzt eine Ausbeute von 37 ± 10%. Im Urin wurden nach **I**-Gabe 30 Bestandteile gefunden, die eine positive Ehrlichsche Rk. geben. Darunter befinden sich zu 20% der verabreichten **I**-Menge die **I** selbst sowie das *Indol-3-carbonsäureglucuronid* u. *6-Hydroxyindol-3-carbonsäure.* Das Glucuronid reagiert dabei mit Ehrlich's-Reagens auf den Papierchromatogrammen nur, wenn es erwärmt wird (mit Fön). *Indolyl-3-carbonylglycin* konnte als Stoffwechsel-Prod. des **I** ausgeschlossen werden.

Versuche: *N-[Indolyl-(3)-carbonyl]-aminoessigsäureäthylester*, $C_{13}H_{14}N_2O_3$, F. 154°, aus 1,6 g Indol-3-carbonsäure mit 1,2 g Aminoessigsäureäthylester in trockenem Tetrahydrofuran (10 ml) u. 2,4 g Dicyclohexylcarbodiimid in trockenem Tetrahydrofuran (5 ml) durch 3½ std. Schütteln u. Verdampfen des Filtrats zur Trockne; aus A. + wenig W. 2,3 g Schuppen. — *N-[Indolyl-(3)-carbonyl]-aminoessigsäure,* $C_{11}H_{10}N_2O_3$, F. 191—192°, aus vorst. Ester durch 1¾ std. Schütteln mit 0,8n NaOH u. Ansäuern mit HCl. Plättchen aus W. mit 85%ig. Ausbeute. W. Scheler 4596◇

1323 **Der Einfluß von Palmitat auf den in vitro-Stoffwechsel von Glucose im Nebenhodenfettgewebe von Mäusen.** Sighild Westman und Bo Hellman. (Med. exp. [Basel] **7,** 324—28, 1962; Uppsala, Univ. of Uppsala, Histolog. Dep.; engl.) — Wurde Nebenhodenfettgewebe von Mäusen mit gleichmäßig markierter *^{14}C-Glucose* (**I**) ohne oder mit *Kaliumpalmitat* (**II**; 2 mm) bei 37° für 3 Std. in 0,5 ml Krebs-Ringer-Phosphatpuffer inkubiert, so war bei Ggw. von **II** die Einbaurate von **I** in die Neutralfettfraktion erhöht, während die Bldg. von radioakt. CO_2 nicht beeinflußt wurde. Die Hypothese einer gesteigerten Aufnahme von freien Fettsäuren als Stimulans des **I**-Stoffwechsels im Fettgewebe wird diskutiert. K. Böhm 4596◇

1324 **Haltung von Ascaris lumbricoides in vitro.** 2. Mitt. **Veränderungen im Kohlenhydratgehalt von Muskeln und Ovar.** R. P. Harpur. (Canad. J. Biochem. Physiol. **41,** 1673—89, 1963; Quebec, McGill Univ., Macdonald Coll. P.O., Inst. of Parasitol.; engl.) — 1. vgl. Canad. J. Zool. **40,** [1962], 991. — Wenn *Ascaris lumbricoides* in vitro unter N_2 oder 5% O_2 sowie in Ggw. oder bei Fehlen von 14 mm NH_4^+, 0,2% *Glucose* (**I**), einem Vitamin-Gemisch oder einem Aminosäurengemisch gehalten wurde, so trat in den ersten 3 Tagen ein Absinken des *Glykogen* (**II**)-Geh. u. des *Trehalose*-Geh. im Muskel u. Ovar auf. Lediglich **I** zeigte eine Sparwrkg. gegenüber **II**. K. Zingraf 4596◇

1325 **Hirnglykogen nach Fütterung und während des Fastens.** K. G. Prasannan, R. Rajan und K. Subrahmanyam. (Indian J. med. Res. **51,** 703—07, 1963; Pondicherry, Med. Coll., Dep. of Biochem.; engl.) — Während des Fastens ist der Geh. von *Glykogen* im Hirn der Ratte verringert, jedoch nicht so stark wie in der Leber. K. Zingraf 4596◇

1326 **In vivo-Abbau von Histaminadenindinucleotidphosphat zu Histaminribonucleosid.** S. G. A. Alivisatos, A. A. Abdel-Latif, F. Ungar und G. A. Mourkides. (Nature [London] **199,** 907—08, 1963; Chicago, Illinois Inst. of Technol., Chicago Med. School and Dep. of Biol., Div. of Enzymol.; engl.) — Unter der Annahme, daß Histaminadenindinucleotide in Organismus u. Gewebe schnell abgebaut werden, wird Mäusen 10—20 μMol *$^{14}C_{(2)}$-Histaminadenindinucleotidphosphat* (**I**) intraperitoneal injiziert. Die Ausscheidung der nach 24 Std. im Urin auftretenden Verb. ist nach 54 Std. auf 0,1% abgefallen, sie konnte als *Histaminribonucleosid* identifiziert werden. Oxydative Veränderungen am **I** wurden nicht festgestellt. G. Seltmann 4596◇

1327 **Der $^{14}C_{(1)}$-Kreatin-Stoffwechsel bei Mäusen mit hereditärer Muskeldystrophie.** Coy D. Fitch, James D.

Oates und James S. Dinning. (J. clin. Invest. **40**, 850—56, 1961; Little Rock, Ark., Univ. of Arkansas, School of Med., Dep. of Biochem.; engl.) — $^{14}C_{(1)}$-*Kreatin* (**I**) wurde normalen (a) u. an hereditärer Muskeldystrophie leidenden Mäusen (b) intraperitoneal injiziert. Nach verschiedenen Zeiten wurde die I-Konz. u. spezif. Aktivität in der Skelettmuskulatur (SM) u. Herzmuskulatur sowie die Aktivitäten von **I** u. *Kreatinin* (**II**) im Harn bestimmt. Die Gesamtausscheidung von **I** + **II** war bei a) u. b) annähernd gleich; bei b) war jedoch das **I**/**II**-Verhältnis erhöht. Die **I**-Konz. in SM ist bei b) nach 38 Tagen signifikant verringert. Die Ergebnisse zeigen, daß bei b) eine verringerte Zurückhaltung des **I** in der SM besteht. H. Ackermann 4596◇

1328 **Der Einbau der Methylgruppe von $^{14}C_{(CH_3)}$-Methionin in Ubichinon in der Ratte.** D. E. M. Lawson und J. Glover. (Biochem. biophysic. Res. Commun. **4**, 223—27, 10/3. 1961, Liverpool, Univ., Dep. of Biochem.; engl.) — Die Methylgruppe von $^{14}C_{(CH_3)}$-*Methionin* wird bei oraler Verabreichung zu geringen Mengen in *Ubichinon* u. in die Sterine der Rattenleber u. der Eingeweide eingebaut. Die spezif. Aktivität des Ubichinons ist dabei 70—300fach größer als die der Sterine. Der größte Teil der Radioaktivität des Ubichinons findet sich in den Methoxylgruppen. A. Gabert 4596◇

1329 **Wirkung bakterieller Infektion auf die Fettsäurenzusammensetzung der Gewebe.** Masakatsu Sudō. (Ann. Paediatrici jap. **8**, 316—23, 1962; Kyoto Univ., Dep. of Ped.; engl.) — Bei Infektion von Mäusen mit einer halben DL_{50} hämolyt. Streptokokken (interaperitoneal) kommt es zu Veränderungen der Fettsäuren-Zus. in den Organen wie bei Mangel an essentiellen Fettsäuren. Die Veränderungen treten (in absteigender Reihenfolge) in Leber, Lunge u. Nieren auf; in den anderen Organen nur geringe Änderungen. Immer wird in Leber, Lunge u. Nieren der Geh. an *Stearinsäure, Linolsäure* u. *Arachidonsäure* durch die Infektion herabgesetzt; in Lunge u. Milz kommt es auch zur Verminderung des Geh. an *ungesätt. C_{22}-Fettsäuren*; der Geh. an *Palmitölsäure* u. *Ölsäure* in Leber, Lunge u. Nieren steigt; der Geh. an *Myristinsäure* u. *Palmitinsäure* bleibt unverändert. U. Tausendfreund 4596◇

1330 **Polyenfettsäuren und Cholesterin in Küken nach Verabreichung von 9-cis-12-cis-Linolsäure, 9-trans-12-trans-Linolsäure bzw. 9-trans-11-trans-Linolsäure.** G. Hølmer, G. Kristensen, E. Søndergaard und H. Dam. (Brit. J. Nutrit. **16**, 379—86, 1962; Copenhagen, Polytechnic Inst., Danish Fat. Res. Inst. and Dep. of Biochem. and Nutrit; engl.) — Vff. untersuchten an Küken die Beeinflussung des *Cholesterin* (**I**)-Stoffwechsels nach Verabreichung eines fettarmen Futters (3,8% Gesamtfettsäure) ohne u. mit Zusatz von je 1,5% *9-cis-12-cis-*, *9-trans-11-trans-* bzw. *9-trans-12-trans-Äthyllinolsäure* sowie deren Schicksal im Körper. Das 9-trans-11-trans-Isomere führt zu erhöhter *Triensäure* (**III**)-Ablagerung in Leber u. Herz, 9-trans-12-trans-Isomeres zu erhöhter *Diensäure* (**IV**)-Ablagerung in Leber, Herz u. Gehirn. Eine Umwandlung der **IV** in trans-Arachidonsäure (**II**) findet nicht statt. Durch das 9-cis-12-cis-Isomere wird der **II**-Geh. im Gehirn erhöht, der **III**-Geh. erniedrigt. Transfettsäuren wurden nach Verabreichung der beiden Trans-Verbb. in der Leber nachgewiesen. Eine Beeinflussung des **I**-Geh. in Plasma u. Gehirn durch die Transverbb. findet nicht statt. Dagegen werden die Leber-**I**-Werte signifikant erhöht. Der **I**-Geh. im Herz wird nur durch das 9-trans-12-trans-Isomere gesteigert. H. Ackermann 4596◇

1331 **Einige Angaben über den Fettstoffwechsel bei Kranken mit atherosklerotischen „Coronarerkrankungen".** K. Cheideman. (Nachr. Akad. Wiss. LettSSR **1963**, Nr. 3, 97—100; Inst. für experim. u. klin. Med. der Akad. der Wiss. der LettSSR; russ.) — Die Unterss. an 20 Gesunden u. 13 Patienten mit atherosklerot. Krankheit ergaben, daß 8 u. 24 Std. nach der peroralen Zufuhr von Sonnenblumenöl (markiert mit ^{131}J) die Intensität der Strahlung an verschiedenen Körperteilen der Kranken höher ist als in der Kontrolle. Bei den Gesunden ist die Radioaktivität abhängig vom Alter: am höchsten im Alter von 29 Jahren u. weniger, am geringsten im Alter von 40 Jahren u. mehr. Das Verf. wird als diagnost. Merkmal der atherosklerot. Coronarkrankheit empfohlen. Die Ergebnisse werden im Hinblick auf den Umsatz der Triglyceride diskutiert. O. Lebtag 4596△

1332 **Die Biosynthese von Steroiden in der Seidenraupe.** Mieko Saito, Masayoshi Yamazaki und Masatoshi Kobayashi. (Nature [London] **198**, 1324, 1963; Tokyo, Suginami-ku, Sericultural Experiment Station; engl.) — An Larven, Puppen u. „Dauer"puppen des F_1-Hybrids von J. 122 u. C. 115 der Seidenraupe (*Bombyx mori* L.) wird die Biosynth. von *Sterin* mit Hilfe von $^{14}C_{(2)}$-*Acetat* (**I**)-Injektionen verfolgt, um zu ermitteln, ob Sterin in der Seidenraupe aus dem Acetat derselben Vorstufe wie bei Säugetieren gebildet wird, oder ob die Sterinbiosynth. zu einer der postembryonalen Entw.-Stufen in enger Beziehung steht. Da der Einbau von **I** in Digitonid in den Larvenstadien sehr geringfügig, in den Vorpuppen- u. Puppenstadien dagegen sehr ausgeprägt ist, wird von den Vff. vermutet, daß **I** auch in den Puppen der Seidenraupe ein Vorläufer des Sterins ist. 30 Tage alte „Dauer"-puppen können Sterin nicht aus **I** synthetisieren. Wahrscheinlich greift das Gehirn in den Sterinstoffwechsel der Seidenraupe ein. H. Köditz 4596◇

1333 **Sedimentationsuntersuchungen über polymerisierte Aktinlösungen.** P. Johnson, D. H. Napper und A. J. Rowe. (Biochim. biophysica Acta [Amsterdam] **74**, 365—73, 1963; Cambridge, Univ., Dep. of Colloid Sci.; engl.) — Ultrazentrifugierung polymerisierter *Aktin* (**I**)-Lsgg. läßt das Vorhandensein zweier Komponenten (F_1-I u. F_2-I) in Lsg. sowie einer Gel-Komponente erkennen; Gel-I ist bei Alterung vermehrt, ferner nach Ultraschall-Einwirkung. Der extrapolierte Sedimentations-Koeff. beträgt für F_1-I 40 S u. für F_2-I 98 S. Unter der Annahme eines langgestreckten, linearen F_1-I-Mol. wird dessen Durchmesser mit 62 ± 5 Å bei einem Achsenverhältnis zwischen 50 u. 200 angegeben. Bei F_2-I handelt es sich möglicherweise um ein Seit-zu-Seit-Dimeres von F_1-I. Gel-I durchläuft eine reversible Depolymerisierung u. ergibt mit Myosin einen Adenosintriphosphat-empfindlichen Komplex, ähnlich wie bei der Gel-Komponente von Aktomyosin. U. Tausendfreund 4597◇

1334 **Sedimentation und Aggregation von Kabeljaumyosin: erneute Untersuchung.** J. J. Connell. (Biochim. biophysica Acta [Amsterdam] **74**, 374—85, 1963; Aberdeen, Torry Res. Station; engl.) — Da bisherige Unterss. über das *Myosin* (**I**) des Kabeljaus noch nicht so eindeutige Befunde wie bei Kaninchen-I erbrachten, wurde erneut das Verh. von Kabeljau-I bei Ultrazentrifugierung untersucht. Es ergab sich kein Anhalt für eine Abhängigkeit der Sedimentations-Koeff. oder der aggregierten Komponenten vom Alter des Präp. oder dem Ausmaß der Aggregation. Der Verlauf der Aggregation folgt einer Rk. 2. Ordnung bei Protein-Konzz. von 0,1 bis 0,4% (bei 1,3%ig. Konz. kommt es zur Abweichung). Durch Verdünnung bis zu niedriger Ionenstärke kann die Aggregation bei der Fällung von Kabeljau-I vermieden werden. U. Tausendfreund 4597◇

1335 **Physikalische Eigenschaften von mit Glycerin und anderen Lösungen versetzten Muskelfasern.** T. Sakai, T. Sakuta, I. Noma und S. Kumekawa. (Tokyo Jikeikai med. J. **70**, 133—37, 1955; jap.) W. Hampel 4597△

1336 **Die Wirkung von den Aktivzustand des quergestreiften Muskels verlängernden Mitteln auf die Wedensky-Hemmung.** W. Lammers und D. van der Most van Spijk. (Acta physiol. pharmacol. neerl. **8**, 536—37, 1959; Utrecht, State Inst. of Publ. Health, Pharmacol. Labor.; engl.) — Am vorderen Tibialmuskel der Katze konnte mit jeder Frequenz, die höher war als die Verschmelzungsfrequenz (u. bei genügend langer Dauer der Reizung auch mit dieser selbst), Wedensky-Hemmung ausgelöst werden; sie trat auch bei direkter Reizung des curarisierten Muskels auf. Die Latenzzeit bis zum Eintritt der Hemmung wurde durch *Chinin, Chinidin, Adrenalin, Coffein* u. Temp.-Abnahme deutlich verringert. *Ouabain* u. *$CaCl_2$* hatten keinen Einfluß. K. Zingraf 4597◇

1337 **Ausscheidung einer negativ inotropen Substanz durch das Herzmuskelgewebe.** G. N. Kopylowa und M. G. Udelnow. (Wiss. Hochschulber. [Moskau], Biol. Wiss. **1963**, Nr. 2, 62—67; Moskau, Lomonossow-Univ., Lehrstuhl für Physiol. der Tiere; russ.) — In Verss. am Muskelgewebe des Herzventrikels unter Bedingungen, welche einen Reiz der Nervenendigungen des Ventrikels ausschließen, wird gezeigt, daß die *acetylcholinähnliche Substanz* von den Muskeln selbst ausgeschieden wird. Diese Substanz wird von den myocardialen Strukturen des Ventrikels während solcher Funktionsänderungen ausgeschieden, die für die Hemmung der Herztätigkeit charakterist. sind. O. Lebtag 4597△

1338 **Calciumfluß in der Herzkammermuskulatur des Säugers.** G. A. Langer und A. J. Brady. (J. gen. Physiol. **46**, 703—19, 1963; Los Angeles, Calif., Univ. of California, Dep. of Med.; engl.) — Bei Unters. der ^{45}*Ca*-Austauschvorgänge am, durch seine eigene Arterie perfundierten, exzidierten Papillarmuskel (des Hundeherzens) erweist sich die Hauptkomponente des Ca-Flusses als unabhängig von der Kontraktionsfrequenz. Es läßt sich eine rasch äquilibrierende Phase (Halbzeit 4—6 Min.) u. eine langsamer äquilibrierende Phase mit progressiv sinkender Geschw.-Konst. erkennen. Eine Nebenkomponente der Ca-Austauschvorgänge ist reizabhängig u. durch eine Veränderung der Ca-Umsatz-Geschw. gek., so daß der veränderte Zufluß/Abfluß-Quotient 20—25 Min. zur Erreichung des Gleichgewichts benötigt; danach kommt es trotz erhöhter Reiz-Geschw. nicht mehr zu Veränderungen des Gesamt-Ca im Gewebe. U. Tausendfreund 4597◇

1339 **Niere, Wasser und Elektrolytstoffwechsel.** Karl J. Ullrich und Donald J. Marsh. (Annu. Rev. Physiol. **25**, 91—142, 1963; Berlin, Freie Univ., Physiol. Inst.; engl.) — Übersicht (bis Juni 1962). Morphologie, Nierenkreislauf (Autoregulation, Rkk. des Nierenkreislaufs), Harnkonzentrierung u. Verdünnung (antidiuret. Hormon), Elektrolyttransport (Mechanismen der Ca-, Mg- u. Phosphatausscheidung, Nebenschilddrüsenhormon u. Verh. des Ca in der Niere, Elektrolyttransport u. Stoffwechsel im cellularen u. subcellularen Bereich, Na-Transport u. O_2-Verbrauch, Wrkg. von Ouabain auf die Na-Ausscheidung), Vol.-Regulierung-Aldosteron, Ausscheidung organ. Verbb. (schwache Elektrolyte: Aminosäuren; Nichtelektrolyte), Regulierung des Säure-Base-Gleichgewichts (Funktion des Bicarbonats), Extracellularfl. (extrarenales W. u. Elektrolytstoffwechsel, intracellulare Ionen-Zus., Red. des extracellularen Fl.-Vol., Na u. vasomotor. Tonus), Nierenstoffwechsel, Diuretica (Chlorthiazid, saluret. Sulfonamide, Hg-Diuretica, Antialdosterone), Tagesrhythmus, troph. Funktionen. — 428 Literaturangaben. K. Maier 4597◇

1340 **Leberfunktionsprobe mit Ovolecithincholesterinantigen.** Pedro Kesselman. (Rev. Asoc. bioquím. argent. **25**, 184—87, 1960; span.) — Beschreibung einer Modifikation der Leberfunktionsprobe von Hanger (1939), wobei an Stelle des schwer erhältlichen erforderlichen Cephalins aus Eiern gewonnenes Lecithin verwendet wird. K. Zingraf 4597◇

1341 **Die Wirkung langdauernder Eiweißmangeldiät und chronischer CCl_4-Intoxikation auf das submikroskopische Bild der Rattenleber.** Heinz David, Kurt Lunzenauer und István Bartok. (Z. ges. inn. Med. Grenzgebiete **17**, 993—99, 1962; Berlin, Humboldt-Univ., Pathol. Inst.; Charité, Rudolf-Virchow-Haus; dt.) — Chron. *Eiweiß*-Mangel u. langdauernde *CCl_4*-Intoxikation bewirken bei der Ratte die gleichen Veränderungen, nämlich tox. Zellschädigungen. Der prim. Eingriff ist in jedem Falle in einer Veränderung der Synth. u. des Geh. von Ribonucleoproteiden u. Eiweiß zu sehen, was sich in Modifikationen des Ergastoplasmas äußert. U. Tausendfreund 4597◇

1342 **Pathologische und biochemische Untersuchungen über Mucosubstanzen. 1. Mitt. Saure Mucosubstanzen einer primären Milz-Amyloidose.** Takashi Okuyama, Koh-Iti Turumi und Kazuko Kikuta. (Seikagaku [Biochemie, Tokyo] **35**, 9—14, 1963; Fukushima, Med. Coll., Dep. Biochem. Dep. Pathology; jap.) J. Lehmberg 4597◇

1343 **Aminosäurentransport in Hirnrindenschnitten. 1. Mitt. Die Beziehung zwischen Energieproduktion und dem glucoseabhängigen Transport von Glycin.** P. N. Abadom und P. G. Scholefield. (Canad. J. Biochem. Physiol. **40**, 1575—89, 1962; Montreal, McGill-Montreal Gen. Hosp., Res. Inst.; engl.) — Bei Best. der Beziehung zwischen *Adenosintriphosphat* (ATP)-Geh. von in Ggw. von *Glucose* inkubierten Rattenhirnschnitten zum Ausmaß der *Glycin* (I)-Akkumulierungsfähigkeit dieser Schnitte zeigte sich eine direkte Beziehung zwischen ATP-Geh. u. I-Akkumulierung. Der Quotient I/ATP ist auch unter einer Reihe experimenteller Bedingungen (die zur Änderung des ATP-Geh. führen) konstant. Die I-Aufnahme wird demnach offenbar durch den ATP-Geh. des Gewebes reguliert. U. Tausendfreund 4598◇

1344 **Aminosäurentransport in Hirnrindenschnitten. 2. Mitt. Hemmung zwischen Aminosäuren.** P. N. Abadom und P. G. Scholefield. (Canad. J. Biochem. Physiol. **40**, 1591—1602, 1962; engl.) — 1. vgl. vorst. Referat. — Als Beitrag zu Unterss. verschiedener Aminosäurenanaloge als potentieller Antikrebssubstanzen sowie der Best. verschiedener funktioneller Gruppen, welche chemotherapeut. Stoffen zur Förderung selektiver Akkumulierung in verschiedenen Organen beigeordnet werden können, wird gezeigt, daß in (Ratten-) Hirnschnitten verschiedene *Aminosäuren*-Transport-Syst. existieren, von denen jedes seine eigene Spezifität gegenüber Substrat u. gegenüber hemmender Aminosäure hat. Die durch Aminosäuren ausgeübte Hemmwrkg. ist entweder kompetitiver Natur oder indirekt. U. Tausendfreund 4598◇

1345 **Aminosäurentransport in Hirnrindenschnitten. 3. Mitt. Die Verwertung von Energie für den Transport.** P. N. Abadom und P. G. Scholefield. (Canad. J. Biochem. Physiol. **40**, 1603—17, 1962; engl.) — 2. vgl. vorst. Referat. — Wenn auch in Ggw. von *Glucose* (I) als Substrat in Rattenhirnschnitten die Bldg. von *Adenosintriphosphat* (ATP) im Vgl. mit *Mannose* u. *Fructose* am größten ist, so ist doch der von der ATP-Konz. abhängige *Aminosäuren*-Transport bei allen Substraten konstant (das bei Oxydation der Substrate entstehende ATP dürfte für den Transport nicht verfügbar sein). Der durch I unterhaltene Transport kann durch Dinitrophenol, Digoxin u. Uranyl-Ionen gehemmt werden; der durch *Pyruvat* (II) vermittelte Transport ist gegenüber diesen Hemmstoffen resistent (nicht jedoch gegenüber K^+), was durch II-Dismutation (unter Bldg. von *Acetyl-Coenzym A*) u. Umkehr der Acetatthiokinase-Rk. (unter Bldg. eines resistenten ATP) zu erklären ist. U. Tausendfreund 4598◇

1346 **In vivo-Bildung von Phospholipiden aus ^{14}C-markierten Vorläufern im sich entwickelnden Rattenhirn.** E. T. Pritchard. (J. Neurochem. [London] **10**, 495—502, 1963; Manitoba, Winnipeg, Univ., Oral Biology, Biochim. Section; engl.) — Verss. an 1 Tag alten ♂ Ratten, denen ^{14}C-Acetat, -Malonat, -Palmitat, Linoleat oder -Linolat intraperitoneal injiziert worden war, bestätigten im allg. frühere Ergebnisse anderer Autoren über die Stabilität von Lipiden u. bes. von *Cholesterin*. Die Verss. zeigten aber auch, daß einige der durch das inkorporierte ^{14}C markierten *Phospholipide* u. *Lecithine* schon während der ersten 25 Entw.-Tage der Tiere radiometr. nicht mehr nachweisbar waren. Dies deutet auf einen lebhaften Lipidstoffwechsel während der frühen Hirn-Entw. hin. U. Drehmann 4598◇

1347 **Die Desamidierung der Eiweißstoffe des Gehirns und die Veränderung ihrer Makrostruktur unter dem Einfluß des Insulins.** L. Ja. Tjachepyld. (Ber. Akad. Wiss. UdSSR **147**, 964—66, 1962; Tartu, Univ.; russ.) — Im Kaninchen-Vers. beobachtet man nach subkutaner Zufuhr von 30 Einheiten *Insulin* (I)/kg in allen Fällen eine Abnahme des Amid-N der Hirnproteine u. eine Zunahme des NH_3-Geh., bedingt durch die Desamidierung der Proteine. Der Geh. an *Glutamin* (II) wird im Gehirn durch I bald vermehrt, bald vermindert. Im Blut nehmen NH_3 u. II nur wenig zu. Die elektrophoret. Beweglichkeit der Hirnproteine wird durch I erhöht, bedingt durch die Zunahme der freien ionisierenden Carboxylgruppen als Folge der Desamidierung. Die UV-Spektren zeigen Veränderungen der Makrostruktur der Proteine an. Die Aktivität der Glutaminsynthetase wird nach I vermindert. Dies bestätigt, daß die Desamidierung bei der I-Glykämie auf der Hemmung der synthet. Prozesse beruht. O. Lebtag 4598△

1348 **Über den Einfluß der Ribonucleinsäure auf die Erregbarkeit des Nerven-Muskel-Präparates von Warmblütern.** N. A. Smirnowa und W. G. Owetschkin. (Wiss. Hochschulber. [Moskau], Biol. Wiss. **1963**, Nr. 2, 101—04; Moskau, Lomonossow-Univ., Lehrstuhl für Physiol. der Tiere; russ.) — Am Nerven-Muskel-Präp. der Ratte wird gezeigt, daß die *Ribonucleinsäure* (I) sehr wahrscheinlich auf die neuromuskuläre Reizleitung einwirkt. Bei Zufuhr von $1 \cdot 10^{-2}$%ig. I-Lsg. nach $1 \cdot 10^{-8}$%ig. Lsg. von Diplacin wird die Blockierung der neuromuskulären Reizleitung völlig aufgehoben. Zufuhr von I nach Succinylcholin bewirkt eine nur geringe Veränderung der direkten Reizbarkeit. O. Lebtag 4598△

1349 **Der histochemisch nachweisbare Glykogenaufbau und -abbau in den Astrocyten und Ependymzellen als Beispiel einer funktionsabhängigen Stoffwechselaktivität der Neuroglia.** A. Oksche. (Z. Zellforsch. mikroskop. Anatom.

54, 307—61, 1961; Marburg a. d. Lahn, Univ., Anatom. Inst.; dt.) — Die histochem. Unters. von Gehirnen von *Rana temporaria* L., *Erinaceus europaeus* L., *Glis glis* L. u. *Rattus rattus*, sowie von exzidiertem Material aus menschlichen Gehirnen auf *Glykogen* (I) ergab in ependymalen Gliazellen (Tanycyten) u. Astrocyten einen I-Auf- u. Abbau, der vom physiolog. Aktivitätszustand des Zentralnerven-Syst. abhängt. Die ependymalen Tanycyten der niederen Wirbeltiere u. Astrocyten sind anscheinend wesentlich an der Versorgung der Ganglienzelle mit Glucose beteiligt. In den Gliazellen erfolgt beträchtliche I-Bldg. in der Winterstarre (Frosch), im Winterschlaf (Siebenschläfer, Igel) u. im mehrtägigen Megaphenschlaf (Ratte). Nach Beendigung des Winterschlafs verschwindet I zuerst aus Rückenmark u. Medulla oblongata, dann aus der Großhirnrinde. In operativ unterbrochenen Zellausläufern der Froschtanycyten findet eine extrem starke I-Einlagerung statt. Im Randgebiet menschlicher Hirntumoren kommt es zu einer starken I-Anhäufung in den Astrocyten. Bei einigen Formen der I-Speicherkrankheit, die durch I-Ablagerung im Zentralnerven-Syst. ausgezeichnet sind, finden sich zahlreiche stark proliferierte, mit I überladene Astrocyten. K. Maier 4598◇

1350 **Wirkung von Formamid auf das Quellungsverhalten von Cornea und Sklera mit dem Effekt einer Extraktion von Mucoproteinen aus den Geweben.** W. A. Loeven. (Acta physiol. pharmacol. neerl. **8**, 466—85, 1959; Leyden, Univ., Labor. of Med. Chem.; engl.) — Das Quellungsvermögen von Cornea u. Sklera von Rinderaugen wurde durch *Formamid* (I) bei allen pH-Werten herabgesetzt. Durch I werden Mucopolysaccharide aus den Geweben extrahiert. K. Zingraf 4598◇

1351 **Fehlen einer Wechselbeziehung zwischen Geruch und Molekülschwingungen.** K. Buijs, C. J. H. Schutte und F. Verster. (Nature [London] **192**, 751—52, 1961; Pretoria, Nat. Chem. and Physical Res. Labor., Council for Scientific and Ind. Res.; engl.) — Riechverss. bei 4 Personen ergaben, daß D_2S geruchsmäßig nicht von H_2S unterschieden werden kann. Einem schnellen D-H-Austausch wurde vorgebeugt durch „Deuterierung" der Nasenschleimhaut mittels D_2O. Da die fundamentalen Schwingungsfrequenzen, wie auch die Rotations-Konst., für beide Stoffe sehr verschieden sind, scheint kein Zusammenhang zwischen Geruchsempfindung u. Schwingungen der freien Moll. vorzuliegen (Hypothese von G. M. Dyson, 1928; in den letzten Jahren von R. H. Wright näher ausgearbeitet).

Versuche: *Deuteriumsulfid*, D_2S, durch Zugabe von wasserfreiem $AlCl_3$ zu einer Na_2S-Lsg. in reinem D_2O. H. J. Hoenders 4598◇

1352 **Vergleichende elektrophysiologische Analyse der cholinergischen Organisation der Rindensynapse.** O. G. Baklawadshjan. (Ber. Akad. Wiss. ArmenSSR **35**, 185 bis 192, 1962; Orbeli-Inst. für Physiol. der Akad. der Wiss. der ArmenSSR; russ., Auszug: armen.) — Zwecks Erforschung der Neurochemie der inhibierenden u. erregenden Synapse werden im Katzen-Vers. die Wrkg. von *Ganyleron* (**I**; *p-Isobutoxybenzoesäure-α.β-dimethyl-γ-diäthylaminopropylesterhydrochlorid*), *Arpenal* (**II**) u. *Atropin* (**III**) miteinander verglichen. Durch **I** wird in den meisten Fällen die negative Phase der Rk. auf eine Reizung der peripheren Nerven teilweise oder ganz unterdrückt, die positive Phase verstärkt. Ähnlich, aber schwächer wirkt **II**. Unter der Einw. von **III** wird das negative Potential auf $^1/_3$—$^1/_4$ abgeschwächt, die positive Phase 1,0—1,5 mal verstärkt. Die Mechanismen der Wrkg. von **I**, **II** u. **III** werden diskutiert. O. Lebtag 4598△

1353 **Leitung und Übertragung im Nervensystem.** R. Stämpfli. (Annu. Rev. Physiol. **25**, 493—522, 1963; Homburg/Saarland, Univ. of Saarland, Med. School, Dep. of Physiol.; engl.) — Übersicht (bis Juni 1962). Die Membran (Struktur, Modelle, mathemat. Modelle, das durchströmte Riesenaxon, Hummeraxone, Synapsen (Molluskenganglien, Motoneuronen, Trigeminalkern, weitere Neuronen, autonome Ganglien, präsynapt. Hemmung), myelinhaltige Nervenfasern u. Ranviersche Knoten (Ionentheorie, Funktion von Acetylcholin in Ranvier-Knoten, posttetan. Hyperpolarisation, hyperpolarisierende Rk.), Stoffwechsel u. akt. Transport, Bewegung des Axoplasmainhalts längs des Axons, Degeneration u. Regeneration, Struktur u. Biochemie von Myelin. — 220 Literaturangaben. K. Maier 4598◇

1354 **Somatosensorische Mechanismen.** Edward R. Perl. (Annu. Rev. Physiol. **25**, 459—92, 1963; Salt Lake City, Utah, Univ. of Utah, Coll. of Med., Dep. of Physiol.; engl.) — Übersicht (bis Juli 1962). Receptoren (Auslösung von Impulsen, neuromuskuläre Spindel, Gruppe III-Muskelreceptoren, „Spezifität" von Receptoren, Schwingungs-, Berührungs- u. Spannungsreceptoren), synapt. Reizübertragung, ascendierende Bahnen, Einfl. synapt. Relais auf Signale peripherer Receptoren, höhere suprasegmentale Projektionen. — 110 Literaturangaben. K. Maier 4598◇

1355 **Höhere Nervenfunktionen: der Orientierungsreflex.** E. N. Sokolov. (Annu. Rev. Physiol. **25**, 545—80, 1963; Moscow, Moscow Univ.; engl.) — Übersicht (Sept. 1962). — 145 Literaturangaben. K. Maier 4598◇

1365 **Geschlechtsunterschied in der Empfindlichkeit der tarsalen Chemoreceptoren des kleinen Kohlweißlings (Pieris rapae crucivora) gegenüber einigen Zuckern.** Tyuzi Kusano. (Trans. Tottori Soc. agric. Sci. [Tottori Nogaku-Kwaiho] **15**, 16—24, 1963; Tottori, Univ., Fac. of Agr., Labor. of Appl. Entomol.; engl.) — Bei *Pieris rapae* zeigen die tarsalen Chemoreceptoren bei ♀ Tieren eine viel höhere Empfindlichkeit gegenüber Saccharose, Fructose oder Honig als ♂ Tiere. Beide Geschlechter sprachen auf Maltose, Glucose u. Lactose nicht an. K. Zingraf 4598◇

E₆. Pharmakologie, Therapie, Toxikologie, Hygiene

1357 **Strukturelle Analogien und Zerlegung der Wirkung einiger Naturstoffe.** L. Velluz. (Farmaco [Pavia], Ediz. Sci. **15**, 533—52, 1960; Romainville, Centre des Rech. Roussel-Uclaf; franz.) — Übersicht. An *Thiocolchicinen*, *Reserpinen* u. *Hepariden* wird die Lokalisierung der pharmakolog. Wrkg. im Mol. u. deren Änderung bei chem. Abwandlung aufgezeigt. W. Holland 4600◇

1358 **Vergleichende Untersuchung des Radioisotopen-Stoffwechsels bei Säugern.** 2. Mitt. **Die Retention von ^{131}J bei vier Säugetierarten.** J. E. Furchner und C. R. Richmond. (Health Physics **9**, 277—82, 1963; Los Alamos, N.Mex., Univ. of California, Los Alamos Sci. Labor.; engl.) — Ratten, Mäuse, Hunde u. Affen erhielten per os Gaben von 0,3—4,0, andere Ratten u. Mäuse intraperitoneal 0,3—0,6 μc ^{131}J. In Ganzkörperzählanlagen wurde dann während 21—51 Tagen die Gesamtretention im Organismus bestimmt, außerdem wurde bei getöteten Tieren der Geh. von Schilddrüse, Fell u. abdominalen u. Thoraxhohlräumen an ^{131}J ermittelt. Die Gesamtretention folgt bei Ratten u. Mäusen einer aus 3, bei Hunden u. Affen einer aus 2 Komponenten bestehenden Exponentialfunktion. Die Unterschiede zwischen oraler u. intraperitonealer Verabreichung sind gering. Die Gesamtretention verteilt sich etwa gleichmäßig auf Schilddrüse u. Fell. W. Reusse 4601◇

1359 **Vergleichsuntersuchungen zur Kinetik von ^{47}Ca und ^{85}Sr beim Menschen.** S. H. Cohn, S. W. Lippincott, E. A. Gusmano und J. S. Robertson. (Radiat. Res. **19**, 104—19, 1963; Upton, N.Y., Brookhaven Nat. Labor., Rad. Res. Center; engl.) — 6 Patienten mit verschiedenartigen Störungen am Knochengerüst erhielten intravenöse Injektionen mit 20 μc $^{47}CaCl_2$ u. 5 μc $^{85}SrCl_2$. Nach 4 Std. bis 10 Tagen entnommene Blutproben, ferner der 24-Std.-Urin u. die Faeces wurden während 10 Tagen auf ihren Geh. an den beiden Isotopen untersucht, ferner wurde die Aktivität der Patienten in einem Ganzkörperzähler gemessen. Aus den erhaltenen Meßergebnissen werden rechnerisch Werte für Zuwachs-, Retention, Austausch u. biolog. Verlust ermittelt u. daraus Rückschlüsse auf den Skelettstoffwechsel gezogen. Das gesamte Knochengewebe besteht danach aus vier im Stoffwechsel durch unterschiedliche Zeit-Konst. gekennzeichnete Bestandteile. Die gefundenen zeitlichen Abhängigkeiten werden im einzelnen erläutert. W. Reusse 4601◇

1360 **In vivo γ-Spektrometrie für Inhalationen von Neptunium-237-Protactinium-233, Kobalt-60 und Zirkonium-95-Niobium-95.** R. E. Cofield. (Health Physics **9**, 283—92, 1963; Oak Ridge, Tenn., Union Carbide Nucl. Co.; engl.) — Es wird über Meßergebnisse an Personen berichtet, die in kernchem. Anlagen beschäftigt sind. Durch auf den Thorax aufgesetzte große Scintillationskristalle u. Vielkanaldiskriminatoren wurde der Geh. der Lunge an ^{60}Co, ^{237}Np-^{233}Pa u. ^{85}Zr-^{85}Nb ermittelt, wobei die in vivo-Best. durch Unterss. an einem

Masonitphantom ergänzt wurden. Die mit einer solchen Technik nachweisbaren Mindestmengen betragen 0,00026 μc ^{237}Np im Gleichgewicht mit ^{233}Pa 0,0006 μc ^{60}Co u. 0,001 μc ^{95}Zr oder ^{95}Nb, das sind 2% derjenigen Mengen, die je Woche 0,3 rem an die Lungen an Strahlung abgeben würden. Es wird ferner über wiederholte Messungen u. deren Ergebnisse an einem unbeabsichtigt beatmeten Fall berichtet. W. Reusse 4601◇

1361 **Einige Wirkungen einer Langzeit-α-Bestrahlung auf Zusammmensetzung und Struktur des Knochens.** Betsy J. Stover und W. S. S. Jee. (Health Physics **9**, 267—75, 1963; Salt Lake City, Utah, Univ., Coll. of Med., Dep. of Anat., Div. of Radiobiol.; engl.) — Es wird über Unterss. an Knochen von normalen Hunden sowie solchen berichtet, die 3—5 Jahre vorher eine einmalige i. v. Injektion von 3 μc ^{239}Pu/kg erhalten hatten. Es zeigte sich, daß bei diesen Tieren der relative Geh. des Knochengewebes an W., organ. u. anorgan. Substanz verändert war, während der Ca- u. der Phosphatanteil im mineral. Material nicht beeinflußt wurde. Diese Befunde werden in Verbindung mit histol. u. radioautograph. Beeobachtungen über die zelluläre u. mineral. Struktur des Gewebes erörtert. W. Reusse 4601◇

1362 **Untersuchungen zur Plutonium-Inhalation.** 3. Mitt. **Der Einfluß von Teilchengröße und Gesamtdosis auf Niederschlag, Retention und Transport.** W. J. Bair und D. H. Willard. (Health Physics **9**, 253—66, 1963; Richland, Wash., Gen. Electr. Co., Stanford Labor., Biol. Labor.; engl.) — 2. vgl. C. **1962**, 18179. — 48 Hunde wurden mit $^{239}PuO_2$-Aerosolen beatmet, wobei die Konz. zwischen 10^{-7} u. 10^{-3} μc/cm³ Luft u. die beatmete Menge zwischen 0,01 u. 100 μc lag. Es wurde mit 3 Teilchengrößen gearbeitet: 0,086, 0,43 u. 0,60 μ. Die Tiere wurden nach 1—14 Tagen getötet, das Lungengewebe verascht u. auf seinen Geh. an ^{239}Pu untersucht. Dasselbe geschah mit Urin u. Faeces. Es ergab sich, daß in den Lungenalveolen um so mehr ^{239}Pu inkorporiert wird, je größer die Teilchen sind u. je geringer die gesamte zur Retention gelangende Menge ist. Die Ausscheidung über Urin u. Faeces ist dementsprechend am intensivsten bei der geringsten Teilchengröße. W. Reusse 4601◇

1363 **Akute Röntgenstrahlenwirkungen auf Mamma-Adenocarconime bei der Maus: Die Radioorthophosphat-Aufnahme in die Desoxyribonucleinsäure.** Kelly H. Clifton und Halvor Vermund. (Radiat. Res. **18**, 528—39, 1963; Madison, Wis., Univ. Med. School, Dep. of Radiol. Res. Labor.; engl.) — Mamma-Adenocarcinome wurden auf junge Mäuse subkutan transplantiert u. diese mit 140 kV Röntgenstrahlen bei Filterung mit 1 mm Al lokal oder total bestrahlt. Mit Hilfe von ^{32}P-Injektionen wird festgestellt, daß die P-Inkorporation in die Desoxyribonucleinsäure in beiden Fällen in ähnlichem Maß gemindert wird. Die Abnahme ist proportional dem log der Strahlungsdosis. Dasselbe ergab sich bei Parallel-Unterss. an der Rattenleber. W. Reusse 4601◇

1364 **Radioorthophosphataufnahme in die Desoxyribonucleinsäure, Autoradiographie und Histologie während strahleninduzierter Regression und Wiederwachstum von Mamma-Adenocarcinomen bei der Maus.** Kelly H. Clifton und Halvor Vermund. (Radiat. Res. **18**, 516—27, 1963; Madison, Wis., Univ., Med. School, Dep. of Radiol., Res. Labor.; engl.) — Mäuse mit Adenocarcinomen der Mamma wurden bestrahlt u. erhielten unmittelbar danach ^{32}P-Injektionen. Andere Tiere erhielten Injektionen mit T-markiertem Thymidin. Unters. der Inkorporation des ^{32}P ergab eine strahleninduzierte Abnahme, wahrscheinlich als Folge einer Zellschädigung, bestehend in einer Herabsetzung der *Desoxyribonucleinsäure*-Synthese. Weitere Verss. über Regression u. ein erneutes Tumorwachstum lassen erkennen, daß die verminderte ^{32}P-Aufnahme kein eindeutiges Kriterium für eine Zellschädigung darstellt. W. Reusse 4601◇

1365 **In vivo-Untersuchung der Entfernung von Spurenelementen aus Nucleinsäuren von Hefe durch ionisierende Bestrahlung.** Hans Altmann, Gerhard Stehlik und Karl Kaindl. (Nature [London] **199**, 823, 1963; Seibersdorf, Austria, Reactor Centre, Inst. of Biol. and Agricult.; engl.) — Vor u. nach Bestrahlung von Hefe mit Dosen zwischen 0 u. 24000 rad aus einer ^{60}Co-Quelle wurde der Geh. an Spurenelementen in der *Nucleinsäure* (I) mittels der Neutronenaktivierungsanalyse bestimmt. Mit steigenden Dosen nehmen die in I enthaltenen Mengen Cu, Mn, Ni u. Zn ab. Ein Teil der Metalle konnte in niedermol. Zellfraktionen wiederentdeckt werden, ein anderer wurde durch metallbindende Moll. in der Zelle eingefangen; eine Wanderung der Metalle durch die Zellwände scheint nicht zu erfolgen. G. Seltmann 4601◇

1366 **Das Verhalten der Brenztraubensäure, l(+)-Milchsäure und α-Ketoglutarsäure im Rattenblut nach Röntgenganzkörperbestrahlung.** Gunther Barth, Friedrich Besenbeck und Harald Schön. (Strahlentherapie **119**, 59—64, 1962; Erlangen/Nürnberg, Univ., Med. Klin.; dt.) — Ratten wurden mit 200 kV Röntgenstrahlen bei einem FHA von 50 cm u. Gesamtdosen zwischen 50 u. 2000 r totalbestrahlt u. der Geh. des Blutes nach 12 Std. bis 7 Tagen an *Brenztraubensäure* (I), *l(+)-Milchsäure* (II) u. *α-Ketoglutarsäure* (III) spektralphotometr. bestimmt. Dabei konnte eine Abhängigkeit des Blut-Geh. an **I**, **II** u. **III** von der Bestrahlungsdosis u. der Zeit der Entnahme nach der Bestrahlung nicht gefunden werden. W. Reusse 4601◇

1367 **Paramagnetische Elektronenspinresonanz-Untersuchungen über die Wirkung einiger Strahlenschutzstoffe in Modellsystemen.** E. Schröder und H. G. Thom. (Arch. Sci. [Genève] **14** (**166**), 197—200, 1961; Berlin-Buch, Dt. Akad. der Wiss., Forsch.-Gem., Inst. für Med. u. Biol.; dt.) — Es wird über paramagnet. Elektronenspinresonanz (EPR)-Messungen mit folgenden Strahlenschutzsubstanzen berichtet: *N-Acetylhomocysteinthiolacton*, *Diäthyldithiocarbamat*, *S-β-Aminoäthylisothiuroniumbromid*, *Ascorbinsäure*, *Dehydroascorbinsäure*, *Gallussäurepropylester*, *Thioctsäure* u. *Cystein*. Die Stoffe wurden in Dioxan, Dimethylsulfoxid u. anderen Lsgm. im Mol-Verhältnis 1:1 mit α.α-Diphenyl-α-picrylhydrazyl (DPPH) gelöst u. 5 Min. lang bzw. 10 Std. lang nach der Mischung gemessen. Als Lsgm.-Rk. u. zugleich als Partner im Zusammenhang mit Polymerisationsprozessen dienten Acrylsäure u. Methacrylsäuremethylester, die mit 10^5—10^6 r bestrahlt wurden. Beobachtung des EPR-Signals u. der Viscosität ergab Resultate, die zu dem Schluß führen, daß die Wrkg. der Strahlenschutzstoffe weniger auf einer direkten, äquivalenten, radikallöschenden Wrkg. beruht als auf einem komplexen Wrkg.-Mechanismus, der offenbar über Energieleitungsprozesse in Proteinen u. Nucleinsäuren die Wrkg. auch sehr geringer Mengen derartiger Substanzen im biolog. Material zu erklären erlaubt. W. Reusse 4601◇

1368 **Eine vergleichende Bewertung der Wirksamkeit der Schutzwirkung von Mercamin (β-Mercaptoäthylamin) bei durchgängiger und fraktionierter Bestrahlung.** Ss. N. Alexandrow und K. F. Galkowskaja. (Ber. Akad. Wiss. UdSSR **150**, 665—67, 1963; Zentr. Forschungs-Inst. für med. Radiologie; russ.) — Durch intraperitoneale Zufuhr von 0,15 mg *Mercamin* (**I**; *β-Mercaptoäthylamin*)/g 10—15 Min. vor der einmaligen Totalbestrahlung mit ^{60}Co in der Dosis 800 r wird die Überlebensrate der weißen Ratte von 42 auf 73% erhöht. Werden die Tiere in Abständen von 7 Tagen mit je 200 r bestrahlt, so bewirkt die Zufuhr von **I** eine Erhöhung der Letalität von 37 auf 45%. Die Lebensdauer der die Strahlenkrankheit überstehenden Tiere wird durch **I** weder bei der einmaligen ,noch bei der wiederholten Bestrahlung verlängert. O. Lebtag 4601△

1369 **Radioprotektive Wirkung von Aminoalkylthioestern.** Bertil Hansen und Bo Sörbo. (Acta radiol. [Stockholm] **56**, 141—44, Aug. 1961; Sundyberg, Schweden, Res. Inst. of Nat. Defence, Dep. I; engl.) — Vgl. C. **1960**, 14100. — ♂ Mäuse eines Inzucht-CBA-Stammes wurden mit 1092 r (die DL_{50} der benutzten Mäuse betrug 748 r) Röntgenstrahlen behandelt. Bestrahlungsbedingungen: 260 kV, 10 mA, 4 mm Al- u. 0,5 mm Cu-Filter, Dosisrate 84 r/min. 15 Min. vor Bestrahlung erhielten die Tiere intraperitoneale Injektionen folgender Verbb. in NaCl-Lsg.: *Cysteamin-HCl* (**I**) 0,45 (DL_{50} in mg/kg), *S-[3-Aminopropyl]-thioschwefelsäure* (**II**) 0,58, *Sulfocystein-Na-Salz* (**III**) 0,32, *S-[2-Aminoäthyl]-äthanthiosulfonat-HBr* (**IV**) 0,056, *S-[2-Aminoäthyl]-thiophosphorsäuremono-Na-Salz* (**V**) 0,93, *S-[2-Aminoäthyl]-äthanthiophosphonsäure* (**VI**) 0,14. Die Dosis lag bei 0,5 der DL_{50}. **II** ist schwächer wirksam als **I**, jedoch ebenso wirksam wie die früher beschriebene *S-[2-Aminoäthyl]-thioschwefelsäure*. **V** besitzt die gleiche Schutz-Wrkg. wie **I**, während **III**, **IV** u. **VI** unwirksam sind.

Versuche: **III** bzw. **V** wurden nach Sörbo (C. **1959**, 12273) bzw. Åkerfeldt (C. **1960**. 13667) dargestellt. *S-[3-Aminopropyl]-thioschwefelsäure* (**II**), $C_3H_{10}NO_3S_2$, wurde analog der

Aminoäthyl-Verb. nach Bretschneider, S. B. Österr. Akad. Wiss. math.-naturw. Kl. Abt. IIb, **159**, [1950], 372) synthetisiert. *S-[2-Aminoäthyl]-äthanthiosulfonat-HBr* (**IV**), $C_4H_{12}Br \cdot NO_2S_2$, aus Natriumäthanthiosulfonat u. 2-Bromäthylammoniumbromid (**VII**) in Isopropanol; 12% (Ausbeute). Hydrolysen-Konst. $k = 3{,}52 \cdot 10^{-4}\ s^{-1}$ in 0,1m-KCl bei pH 7,00 u. 25°. *S-[2-Aminoäthyl]-äthanthiophosphorige Säure* (**VI**), $C_4H_{12} \cdot NO_2PS$, aus dem Dinatriumsalz der Äthanthiophosphorigsäure u. **VII** in W., 1 Woche Stehen bei Zimmer-Temp., 53%.
W. Fiedler/Radebeul 4601◇

1370 **Vergleich der Wirkung ionisierender Strahlungen und biologischer Alkylierungsmittel (Stickstoffloste) auf cellularer und subcellularer Ebene.** Peter Alexander. (Sci. Rep. Ist. superiore Sanità **1**, 537—50, 1961; London, Chester Beatty Res. Inst., Inst. of Cancer Res., Royal Cancer Hosp.; engl.) — Die Wrkg.-Weise verschiedener Alkylierungsmittel (*Stickstoffloste*; **I**, Epoxide, Substanzen des Myleran-typs) ist bzgl. des Primäreffekts verschieden, jedoch führen sie wie ionisierende Strahlung zu sehr ähnlichen biolog. Schäden. Die Abtötung von Zellen wird bei **I** durch Vernetzung der *Desoxyribonucleinsäure* (DNS) im Zellkern hervorgerufen, während strahlenchem. Schäden der DNS weniger leicht zum Zelltod führen. Die Schädigung intracellularer Membranen ist ebenfalls von Bedeutung. W. Damerau 4601◇

1371 **Vergleich körperlicher Spätschäden durch einige Radiomimetica und Röntgenstrahlen.** J. W. Conklin, A. C. Upton, K. W. Christenberry und T. P. McDonald. (Radiat. Res. **19**, 156—68, 1963; Oak Ridge, Tenn., Oak Ridge Nat. Labor., Biol. Div.; engl.) — ♀ Mäuse erhielten entweder i. v. Injektionen mit *Stickstofflost* (**I**) oder intraperitoneale Injektionen mit *Triäthylenmelamin* (**II**) oder Ganzkörperbestrahlungen mit 250 kV Röntgenstrahlen (Filter 3 mm Al, HWS 0,44 mm Cu). In allen Fällen wurde die $DL_{50}/_{30}$ gegeben. Die nach 30 Tagen Überlebenden wurden auf eintretende Spätschäden beobachtet. Die mittlere Überlebenszeit betrug nach **I**-Injektion 561, nach **II**-Injektion 508 u. nach Bestrahlung 396 Tage. **I** bewirkt vorwiegend Pulmonaradenome u. ovariale Tumoren, **II** Thymuslymphome, Pulmonaradenome u. Lungentumoren, während die Bestrahlung Thymuslymphome u. Ovarialtumoren hervorruft, weniger das Auftreten von Pulmonaradenomen. **I** u. **II** fördern das Eintreten von Linsentrübungen. W. Reusse 4601◇

1372 **Aufhebung prämutationaler Schädigung durch Röntgenbestrahlung bei der Drosophila-Spermatogenese.** F. H. Sobels und A. D. Tates. (J. cellular comparat. Physiol. **58**, Suppl. Nr. 1, 189—96, 1961; Leiden, State Univ., Dep. of Radiation Genetics; engl.) — Unterss. an *Drosophila* deuten auf die Möglichkeit einer Wiederherst. prämutationaler Schädigungen durch Röntgenstrahlung in mindestens 3 Stadien der Spermatogenese (Spermatiden, meiot. Stadien, späte Spermatogonie) hin. Unterteilung der Strahlungsdosis u. Vorbehandlung mit *Chloramphenicol* (Hemmung der Protein-Synth.) verringern die mutagenen Strahleneffekte, während N_2-Vorbehandlung diese vermehrt. *Cyanid*-Nachbehandlung steigert oder senkt die Mutationsfrequenz. Eine Deutung dieser Beobachtungen wird durch Annahme zweier an der Wiederherst. prämutationaler Schädigungen beteiligten Prozesse möglich. K. Maier 4601◇

1373 **Aerobe Glykolyse röntgenbestrahlter Thymocyten.** Kimiko Araki und D. K. Myers. (Canad. J. Biochem. Physiol. **41**, 2157—69, 1963; Chalk River, Ontario, Canada, Biol. Branch, Atomic Energy of Canada Lim.; engl.) — Die aerobe Bldg. von *Milchsäure* (**I**) durch Rattenthymocyten wird durch Bestrahlung mit 1000 r wesentlich erhöht. Respiration u. anaerobe **I**-Bldg. sind gegenüber Röntgenbestrahlung weniger empfindlich. Der Einfl. von Metaboliten des Krebs-Cyclus (Citrat, -Ketoglutarat, Succinat, Fumarat, Malat u. Oxalacetat) auf die **I**-Bldg. u. den O_2-Verbrauch deutet darauf hin, daß der initiale Strahlenschaden der Thymocyten nicht durch Verlust dieser Intermediär-Prodd. bedingt ist. Stoffwechselinhibitoren, wie Jodacetamid, Aresenit, Dinitrophenol, Cyanid u. Malonat führten zu einer wesentlich stärkeren **I**-Produktion. Die aerobe **I**-Bldg. bestrahlter Thymocyten stellt somit nur einen kleinen Teil der glykolyt. Kapazität dar. Die durch 2.4-Dinitrophenol gesteigerte **I**-Bldg. wurde durch 5—6000 r auf 50% vermindert. H. Hüller 4601◇

1374 **Cytophatische Wirkungen von Deuteriumoxid auf die männliche Keimdrüse der Maus und des Hundes.** A. P. Amarose und Dorice M. Czajka. (Exp. Cell Res. **26**, 43—61, 1962; Argonne, Ill., Argonne Nat. Labor., Div. of Biol. and Med. Res.; engl.) — Mit 30% D_2O im Trinkwasser zeigten ♂ Mäuse nach 30—35 Tagen in den Testes die Bldg. von multinuclearen Riesenzellen, die nur spermiogene Elemente aufwiesen. Die Nebenhoden zeigten nach 40 Tagen ein völliges Fehlen von Spermatozoen u. eine größere Zerstörung des Testistubuli. Die bei Hunden gemachten Beobachtungen waren denen bei Mäusen festgestellten gleich. L. Macher 4606◇

1375 **Einfluß des intravenös zugeführten Natriumfluorids auf die Glykolyse und den Pentosecyclus im Blut.** I. D. Golowatzki und B. D. Iwassik. (Nachr. Akad. Wiss. UkrainSSR **1963**, 504—07; Lwow, Inst. für Tierheilkunde; ukrain., Auszug: engl.) — Im Hunde-Vers. bewirkt die i. v. Zufuhr von 40—45 mg *NaF*/kg, die zu einem letalen Ausgang führt, eine starke Zunahme des Blut-Geh. an *Glucose* (bis zum 4fachen Wert), eine Zunahme der *Pentosen* (vorwiegend der nichtphosphorylierten Adenyl-Verbb.), eine Zunahme der *Fructose* u. *Triosen* u. eine Abnahme der *Ribosephosphate*. Bei der Zufuhr von 35—40 mg NaF/kg (kein letaler Ausgang) sind die Veränderungen weniger ausgeprägt, mitunter gegensätzlicher Natur. Pentosen u. Fructose nehmen hierbei ab. Die Erythrocythämolysate der durch NaF vergifteten Tiere zeigen eine intensive Verwertung von Fructose-1.6-diphosphat u. Ribose-5-phosphat für die Synth. von Milchsäure. Die Umwandlung von Glucose-1-phosphat in Fructose u. Pentose wird durch NaF gehemmt. Der Mechanismus der NaF-Wrkg. wird diskutiert. O. Lebtag 4606△

1376 **Die Wirkung intraarterieller Infusionen von Kaliumchlorid auf die Reaktionsfähigkeit der Gefäße in der menschlichen Hand.** W. E. Glover, H. N. Ghosh und K. J. Hutchison. (J. Physiology **168**, 9 P, 1963; Belfast, Queen's Univ., Dep. of Physiol.; engl.) — Durch Infusion von isoton. KCl-Lsg. mit 0,4 mVal (nicht jedoch mit 0,2 oder 0,3 mVal)/Min. in die Arteria brachialis wurde die Durchblutung der Hand um durchschnittlich 14% erhöht, die Rk.-Fähigkeit der Blutgefäße der Hand auf intraarterielle Infusionen von Adrenalin aber nicht signifikant verändert.
K. Zingraf 4606◇

1377 **Der Einfluß von Kohlendioxid auf die Toxizität von nicht dissoziiertem Ammoniak an der Regenbogenforelle (Salmo gairdnerii Richardson).** R. Lloyd und D. W. M. Herbert. (Ann. appl. Biol. **48**, 399—404, 1960; Stevenage, Herts., Water Pollution Res. Labor.; engl.) — Vff. untersuchten den Einfl. von CO_2 auf die Toxizität von nicht dissoziiertem NH_3 an der Regenbogenforelle in 40 Liter Aqarien über 3 Wochen. Es wurde gefunden, daß die Toxizität nicht allein von der Konz. an nicht dissoziiertem NH_3 abhängt. Die Toxizität wird von der Konz. an freiem CO_2 beeinflußt. CO_2 verursacht ein Absinken des pH u. der Konz. an nicht dissoziiertem NH_3. Das Ausmaß des Absinkens hängt ab von der Anfangs-Konz. an freiem CO_2 im Wasser.
G. Bratfisch 4606◇

1378 **Bestimmung der Toxizität verschiedener Substanzen für Gewebe durch die Fluorescenz-Farbstoff-Methode.** W. Mański, W. Zawisza und A. Zylberberg. (Bull. Acad. polon. Sci., Sér. Sci. biol. **6**, 85—91, 1958.) — An weißen Mäusen u. Meerschweinchen wurden die tox. Wrkg. von *Formalin*, *Sublimat*, *krist. Penicillin* (*K-Salz*), *Dihydrostreptomycin*, *Chloralhydrat*, *Urethan*, *Atropin* u. *Atoxyl* auf die Organgewebe von Herz, Lunge, Niere, Leber, Hirn u. auf die Leukocyten mit Hilfe von *Acridinorange* (**I**) untersucht. In toten Zellen (hohe Konz.) fluoresziert **I** rot, in lebenden Zellen (geringe Anreicherung) dagegen grün. Die cytotox. Effekte der untersuchten Substanzen werden in Tabellen übersichtlich geordnet mitgeteilt. K. Böhm 4607◇

1379 **Der Stoffwechsel von Phorat, einem organischen Phosphor-Insecticid, bei drei Insektenarten.** J. J. Menn und W. M. Hoskins. (J. econ. Entomol. **55**, 90—96, 1962; Mountain View, Calif., Stauffer Chem. Comp.; Berkeley, Calif., Univ. of California; engl.) — 1. Die Best. der DL_{50} von *Phorat* (*O.O-Diäthyl-S-[äthylmercapto]-methyldithiophosphat Thimet*; **I**) u. seiner Oxydations-Prodd. in Glycerin an *Musca domestica* L. ergab maximale Werte für **I** (0,04 µg/Fliege) u. sein O-Analoges (**II**; 0,02 µg/Fliege). Die übrigen Oxydations-Prodd. waren 2—6mal weniger toxisch. — 2. Die Best. der *Cholinesterase*-Hemmung durch **I** u. **I**-Metaboliten (Me) an menschlichem Blut in vitro ergab bei 2std. Einw. mit einer Änderung des pH von 6 auf 8, daß das Sulfon von **II** mit $0{,}05 \cdot 10^{-6}$ (50%ig. Hemmung bei vorst. mKonz.) die am stärksten, **I** mit $23 \cdot 10^{-6}$ die am schwächsten hemmende Verb. war. — 3. Je 10 Imagines von *Oncopeltus fasciatus* (DALLAS), *Rhodnius prolixus* STAHL u. *Blattella germanica* (L.) ♂♂ wurden unter CO_2-Anaesthesie mesosternal mit einer Lsg. von 2 µl **I** oder seinen Derivv. in Aceton behandelt, extrahiert u. gereinigt. Die Me wurden mit einer 25% ig. Lsg. von *β-Methoxypropionitril* (**III**) in Aceton als stationäre Phase u. mit **III**-gesätt. Cyclohexan als Bewegungsphase papierchromatograph. getrennt u. mit einer 0,5% ig. Lsg. von 2.6-Dibrom-N-chlor-p-chinonimin in Cyclohexan nachgewiesen (Empfindlichkeit: 1—5 µg **I** oder Me). Das Sulfoxid u. das Sulfon von **I** u. **II** ließen sich chromatograph. nicht voneinander trennen. Stoffwechselüberwachung über 2 Tage post applicationem ergab, daß alle 3 Insektenspecies in vivo aus **I** hauptsächlich das **I**-Sulfoxid u./oder das **I**-Sulfon bilden, nicht jedoch **II**-Sulfoxid oder **II**-Sulfon. **II** wird in vivo sehr rasch abgebaut.

H. G. W. Gleiß 4607◇

1380 **Resorption und Elimination von General Chemical 4072 bei percutaner Applikation am Rind.** W. F. Chamberlain und D. E. Hopkins. (J. econ. Entomol. **55**, 86—88, 1962; Kerrville, Texas, Livestock Insects Investig., Ent. Res. Div., Agric. Res. Serv., U.S.D.A.; engl.) — Ein mit W. verd. Gemisch aus 45 Teilen *General Chemical 4072* (*2-Chlor-1-[2.4-dichlorphenyl]-vinyldiäthylphosphat*; **I**), 80 Teilen des Lsgm. Velsicol AR 60 u. 10 Teilen des Emulgators CTX 54 (William Cooper & Nephews, Inc., Chicago, Ill.) wurde in 3 verschiedenen **I**-Konzz. (0,5, 0,25 u. 0,1%) aus 1½ inch Abstand auf das Fell von 3 jungen Ochsen gesprüht. Urin, Faeces u. Blut aus der Vena jugularis wurden über 14 Tage post applicationem laufend auf radioakt. Stoffe untersucht. Der 2 Std. nach Behandlung mit 7,818 µVal/ml maximale Geh. des Blutes an radioakt. Material beweist rasche Resorption von **I**. Die maximale Konz. im Urin lag mit 2965,7 µVal/ml 3 Std., die in den Faeces mit 441,3 µVal/ml 24 Std. lang post applicationem. Niedrige Konzz. radioakt. Materials 1 Woche nach Behandlung in Urin u. Faeces zeigen, daß **I** oder seine Abbau-Prodd. rasch ausgeschieden werden. 25—32% der applizierten Dosis wurden mit dem Urin, 1,6—2,1% mit den Faeces eliminiert. Im Urin fanden sich 9 oder 10 radioakt. Verbb., die jedoch größtenteils nicht sicher identifiziert werden konnten.

H. G. W. Gleiß 4607◇

1381 **Die Wirkung von Alkohol und Nahrungsentzug auf die Xyloseresorption im Rattendünndarm.** M. D. Small, S. N. Gershoff, S. A. Broitman, P. L. Colon, R. C. Cavanagh und N. Zamcheck. (Amer. J. Digest. Diseases [N. 5.] **5**, 801—06, 1960; Boston, Mass., Univ., School of Med.; Harvard School of Public Health and Path., Dep. of Nutr. City Hosp.; engl.) — An Fett, Vitaminen u. Protein mangelhafte Ernährung u. *A.*-Zufuhr für sich u. in Kombination verursachen eine Verminderung der *Xylose*-Resorption im Rattendünndarm, wobei *A.* die Wrkg. mangelhafter Ernährung noch verstärkt.

F. Krusen 4607◇

1382 **Die Wirkung von Acetaldehyd auf die Chemoreceptoren des Glomus caroticum.** N. Joels und E. Neil. (J. Physiology **168**, 234—37, 1963; London, Middlesex Hosp., Med. School, Dep. of Physiol.; engl.) — Lokale Injektion von *Acetaldehyd* (**I**) über die Zungenarterie erregt die Chemoreceptoren der Carotis u. löst eine Reflexhyperpnoe aus, die durch Durchschneidung des Carotissinusnervs aufgehoben werden kann. Wenn das von seiner Blutversorgung abgetrennte Glomus caroticum mit Krebs-Henseleit-Lsg. durchströmt wurde, die auf ein p_{O_2} von 150 mm Hg eingestellt war, u. $3 \cdot 10^{-3}$m **I** enthielt, so erfolgte eine Entladung der Chemoreceptoren, die durch Erhöhung von p_{O_2} aufgehoben wurde. Formaldehyd zeigte keine **I**-ähnliche Wirkung.

K. Zingraf 4607◇

1383 **Rolle sympathischer Entladung bei der hepatotoxischen Wirkung von Tetrachlorkohlenstoff.** O. D. Gulati, S. D. Gokhale, B. A. Sayed und A. D. Joseph. (Arch. int. Pharmacodynam. Thérap. **138**, 412—19, 1962; Baroda, Med. Coll., Dep. of Pharmacol. and Pathol.; engl.) — Da bei Mäusen durch Vorbehandlung mit *Guanethidin* (*Ismelinsulfat*, Ciba), *Pempidintartrat* (May & Baker) u. bes. mit *Phenoxybenzamine* (*Dibenzylinehydrochlorid*, Smith Kline & French) ein Schutz gegenüber der hepatox. Wrkg. von CCl_4 (gemessen an der Verlängerung der Pentobarbiton-Schlafzeit u. an der histopatholog. Leberschädigung, welche beide konform laufen) ausgeübt werden konnte, ist anzunehmen, daß Stimulation sympath. Gebiete mit peripheren sympath. Entladungen eine bestimmende Rolle bei der CCl_4-Leberschädigung spielt. Die sympath. Stimulierung dürfte dabei über Restriktion des Blutstroms zur Leber eine Anoxie u. somit die charakterist. Nekrosen um die Zentralvene des Leberläppchens auslösen.

U. Tausendfreund 4607◇

1384 **Ausscheidung von saurem Harn nach Injektion von Natriumsalzen organischer Säuren.** H. E. F. Davies. (J. Physiology **168**, 15 P—16 P, 1963; Cardiff, Univ. Coll., Dep. of Physiol.; engl.) — Bei mit Natrium-Pentobarbiton narkotisierten Hunden verringerten *Dinatriumsuccinat* (**I**), *Dinatriumfumarat*, *Dinatriummalonat*, *Natriumacetat* u. *Natrium-n-butyrat* nach i. v. Injektion das pH des Harns um ca. 1,0, Na_2SO_4 u. $Na_4[Fe(CN_6)]$ um ca. 0,5, NaCl dagegen prakt. nicht. Die Wrkg. von **I** u. Bernsteinsäure war etwa gleich. **I** bewirkte eine deutliche Zunahme der Ausscheidung von *W.* u. *Na*, bei niedrigem pH des Harns auch von NH_3 u. *K*, beeinflußte die Ausscheidung von *Kreatinin* aber nur wenig.

K. Zingraf 4607◇

1385 **Einfluß des p-Toluolsulfonylbutylharnstoffs auf die Acetylierungsprozesse in tierischem Gewebe.** R. Gryglewski. (Bull. Acad. polon. Sci., Sér. Sci. biol. **10**, 103—07, 1962; Cracow, Polish Acad. Sci., Inst. of Pharmakol.; engl.) — Vf. folgert aus den Vers.-Ergebnissen über den Einfl. des *p-Toluolsulfonylbutylharnstoffs* (**I**) auf die Acetylierung im tier. Gewebe, daß **I** gleichartig wie die Codecarboxylase auf α-Ketosäuren einwirkt. Der dabei zu erwartende erhöhte Geh. des Gewebes an Acetyl-Co A als Prod. der Decarboxylierung von Brenztraubensäure wird durch die festgestellte Erhöhung der Acetylierung von p-Aminobenzoesäure im Rattenorganismus u. durch die verstärkte Synth. von Acetylcholin in Schnitten von Rattenhirn u. in den Darmwänden von Kaninchen u. Schweinen bei Einw. von **I** dokumentiert.

H.-P. Pietsch 4607◇

1386 **Einfluß des p-Toluolsulfonylbutylharnstoffs auf die Wirkung des isolierten Kaninchenherzens.** R. Gryglewski. (Bull. Acad. polon. Sci., Sér. Sci. biol. **10**, 109—110, 1962; Cracow, Polish Acad. Sci., Inst. of Pharmacol.; engl.) — Das *Na-Salz* des *p-Toluolsulfonylbutylharnstoffs* (**I**) bewirkt in einer Konz. von 10^{-4} g/ml eine geringfügige Vergrößerung der Amplitude u. Frequenz der Kontraktion von gut oxydiertem Kaninchenherz im Präp. nach Langendorff. In einem anoxäm. Herzmuskel kommt es dagegen zu einer doppelten Vergrößerung der Amplitude der Herzkontraktion. Der Zusatz von **I** führt zur Beseitigung der Arrhythmie. Die positive inotrope Wrkg. von **I** bei den anoxäm. Herzmuskel ist offensichtlich auf eine direkte Einw. auf die Herzmuskelenzyme zurückzuführen.

H. P. Pietsch 4607◇

1387 **Der Einfluß von Methylthiouracil auf biochemische Änderungen beim experimentellen Granulom.** Karel Trnavský, Zdena Trnavská und Jiří Malinský. (Med. exp. [Basel] **7**, 305—08, 1962; Piestany, Czechoslovakia, Res. Inst. for Rheumatic Diseases; engl.) — Durch subkutane Injektion von 0,2 ml Oleum Terebinthinae wurde bei weißen ♂ Ratten ein experimentelles Granulom erzeugt, u. der Einfl. von *Methylthiouracil* (**I**) auf die Granulom-Bldg. mittels biochem. u. histol. Unterss. überprüft. Im Anfangsstadium der Granulom-Bldg. war bei den mit **I** vorbehandelten Tieren eine Hemmung der Bindegewebs-Rk. nachweisbar, die mit einer Verminderung an Gesamt-*Hydroxyprolin*, *Desoxyribonucleinsäure* u. *Hexosamin* einherging. Die biochem. u. histolog. Befunde im Endstadium der Granulom-Bldg. waren bei den mit **I** behandelten u. bei den Kontrolltieren gleich.

K. Böhm 4607◇

1388 **Über den Einfluß der oxydierten Oleinsäure auf die Formelemente des Blutes und die Veränderung der Erythrogramme von Ratten.** Ju. B. Kudrjaschow, Je. N. Gontscharenko und Jui-chua Sjue. (Wiss. Hochschulber. [Moskau], Biol. Wiss. **1963**, Nr. 2, 109—14; Moskau, Lomonossow-Univ., Lehrstuhl für Biophysik u. Inst. für biol. Physik; russ.) — Im Ratten-Vers. ist die Wrkg. der *oxydierten Oleinsäure* (**I**) auf die Formelemente des Blutes abhängig von der

Menge u. der Art (einmalig, wiederholt) der Zufuhr. Alle durch I verursachten Veränderungen des Blutes sind ähnlich den Veränderungen durch ionisierende Strahlen. In den ersten Tagen nach der I-Zufuhr tritt in der Regel eine neutrophile Leukocytose auf, später eine allg. Leukopenie. Verändert wird vor allem der Geh. an Lymphocyten. Die Zahl der Erythrocyten verändert sich deutlich erst in der 2. Woche nach der I-Zufuhr. Die Form der Erythrogramme nach I-Zufuhr spricht dafür, daß vor allem die Erythropoese gestört wird. O. Lebtag 4607△

1389 **Biomikroskopische Beobachtungen über vasoconstrictorische und thrombogene Wirkungen im Gefäßbett des Flügels der nichtnarkotisierten Fledermaus, hervorgerufen durch langkettige, gesättigte Fettsäuren.** Louis A. Soloff und Mary P. Wiedeman. (Nature [London] **199**, 495—96, 1963; Philadelphia, Pa., Temple Univ. Med. Center; engl.) — Bei intraarterieller oder i. v. Injektion in die Flügel der nichtnarkotisierten Fledermaus rufen Suspensionen von *Na-Stearat* (I) oder *Na-Palmitat* (0,01%) diffuse u. lokale Vasoconstrictionen hervor, die für einige Std. bis zu mehreren Tagen anhalten können. Diese Constrictionen sind von der neuralen Versorgung der Gefäße unabhängig. Außerdem kommt es zur Thromben-Bldg., wobei I sich als aktiver erweist. Bei der Ätiologie der Atherosklerose scheint die vasoconstrictor. Wrkg. bedeutsamer als die thrombogene Wrkg. zu sein. *Heparin* verhütet beide Wirkungen. *Ölsäure*, *Linolensäure* (selbst in größeren Mengen), anorgan. Lsgg., *Glucose*, *NaCl* oder *Kaolin* (bis 0,1%) haben keine Gefäßwirkungen. U. Tausendfreund 4607◇

1390 **Biochemische Untersuchungen über Öle und Fette. 10. Mitt. Toxizität von hitzedenaturiertem Linolensäureäthylester.** Noburo Matsuo. (Bull. chem. Soc. Japan **35**, 105—08, 1962; Musashino, Tokyo, Seikei Univ., Dep. of Chem.; engl.) — 9. vgl. C. **1962**, 18921. — Vgl. C. **1962**, 12747. — *Linolensäureäthylester* (I) wurde 40 Std. bei 250° im CO_2-Strom denaturiert. Beim denaturierten I wurden folgende Werte bestimmt: n_D^{20} 1,4838, JZ. 157,5, VZ. 170,1 u. SZ. 6,5. Mittels der Harnstoffaddukt-Meth. konnten daraus 21,2% *geradkettige* (II) (n_D^{20} 1,4692, JZ. 201,5, VZ. 177,4 u. SZ. 0,4) u. 63,3% *cycl. Ester* (III) (n_D^{20} 1,4891, JZ. 142,5, VZ. 168,6 u. SZ. 7,3) isoliert werden. Anschließend erfolgte die Trennung der cycl. Ester durch Vakuum-Dest. in ein schwachgelbes *Destillat* (24,7%, IV) (n_D^{20} 1,4751, JZ. 159,4, VZ. 171,0 u. SZ. 7,4) u. einen *Rückstand* (V) (n_D^{20} 1,4948, JZ. 135,8, VZ. 168,5 u. SZ. 8,2). Die so dargestellten Prodd. wurden an Ratten verfüttert, die eine Standardnahrung erhielten, der jeweils 20% einer dieser Fraktionen zugesetzt wurden. Nach I erfolgte normales Wachstum. Denaturiertes I hatte Gew.-Verlust der Tiere u. Tod nach ca. 15 Tagen zur Folge. IV bewirkte schon nach 3—4 Tagen den Tod der Ratten, dagegen war die Toxizität von V geringer; die Tiere nahmen sogar langsam an Gew. zu. Offensichtlich entsteht bei der Denaturierung ein monomeres Cyclohexan-Deriv., wie Vf. auf Grund des IR-Spektrums (Absorptionsbande bei 660 cm^{-1}) u. des Molgew. (293) sowie der schon angegebenen Meßwerte schließt. H. Zöllner 4607◇

1391 **Chemische Konstitution und Wirkung im Akanthosetest.** F. Schaaf. (Dermatologica [Basel] **123**, 362—74, 1961; Basel, CIBA AG., Wiss. Labor.; dt.) — Chem. definierte Stoffe können an der Tierhaut charakterist. morpholog. Veränderungen erzeugen. Mehrmaliger Kontakt führt in normaler Meerschweinchen- oder Rattenhaut zu mehr oder minder ausgeprägter Epidermisverbreiterung mit Akanthose, wobei schon einmalige Anwendung auf die Meerschweinchenzitze eine deutliche Mitoseaktivierung, oft sogar einen Mitosestoß im Epithel hervorrufen kann. Eine Reihe von Verbb. wurde im Akanthosetest (Dermatologica **106**, [1953], 357; Arch. klin. exp. Derm. **210**, [1960], 327) geprüft: Ester: *Laurinsäurebenzyl-*, Konz. 15%, mittlerer Akanthosefaktor 2,2; *Malonsäurediallyl-*, 10/1,2; *Adipinsäureisopropyltetrahydrofurfuryl-*, 3,6/1,2; *Benzoesäurebenzyl-*, 40/3,4; *Salicylsäurebenzyl-*, 40/2,6; *Zimtsäurebenzyl-*, 40/3,4; *Zimtsäurecinnamyl-*, 40/1,2; *Zimtsäureallyl-*, 40/3,6; *Zimtsäure-β-diäthylaminoäthyl-*, HCl, 50/1,9; *α-Naphthoesäurebenzyl-*, 40/3,5; *Acetylsalicylsäure*, 18/1,9; *Siliconöl* 9996/1000, 1; *abs. A.*, 1; *Aceton*, 1; *Benzylalkohol*, 50/1,3; *Dibenzyl*, 10/2,1; *Stilben*, 5/1,4; *Desoxybenzoin*, 5/1,2; *Benzoin*, 5/1,1; *Hydrobenzoin*, 5/1; *Dibenzyläther*, 10/3,2; *Dibenzylketon*, 10/2; *Citronellol*, 20/5,0; *i-Rhodinol*, 20/4,4; *Geraniol*, 20/3,1; *Nerol*, 20/3,3; *Linalool*, 20/4,6; *Nerolidol*, 20/4,3; *Farnesol*, 20/4,2; *Anethol*, 10/1,3; *Allylalkohol*, 10/1; *Isosafrol*, 10/1,8; *Sorbinsäure*, 50/1,2; *Phoron*, 20/1,5. K. Maier 4607◇

1392 **Die Wirkung von nichtionischen Netzmitteln auf die Haut.** Hisashi Takasu und Shigeko Yumoto. (Jap. J. Dermatol. **71**, 381—400, 1961; Tokyo, Kobayashi Kose Cosmetics Co. Ltd., and Tokyo Jikei-kai School of Med., Dep. of Dermatol.; jap., Auszug: engl.) — *Sorbitan-* u. *Polyoxyäthylenalkyl*-Verbb. zeigen keine dermatolog. Wrkg., wenn die Bindung zwischen den beiden Atomgruppen (hydrophil u. lipophil) eine Esterbindung ist. *Polyoxyäthylenalkyläther* zeigt starken Einfl. auf die Haut. Mittel mit niedrigem Polymerisationsgrad von Polyoxyäthylenalkyläther bewirken bei kurzer Anwendung schon starke Rk. (Hyperkeratose, Acanthose, Zellulase-Infiltration); bei hohem Polymerisationsgrad tritt eine starke Haut-Rk. nach kontinuierlicher u. langer Anwendung ein. Mittel vom Polyoxyäthylenalkyläthertyp zeigen auch starke Wrkg. auf die Haut bei Verdünnung. W. Hiller 4607◇

1393 **Entzündungshemmende, antipyretische und antinociceptive Eigenschaften von N-[2.3-Xylyl]-anthranilsäure (Mefenamsäure).** C. V. Winder, J. Wax, L. Scotti, R. A. Scherrer, E. M. Jones und F. W. Short. (J. Pharmacol. exp. Therapeut. **138**, 405—13, 1962; Ann Arbor, Mich.; Parke, Davis and Co., Res. Div., Dep. of Pharmacol. u. Chem.; engl.) — *N-[2.3-Xylyl]-anthranilsäure* (I; *Mefenamsäure Cl-473*), F. 230—231°, wird durch eine durch Cu-katalysierte Kondens. von *o-Chlorbenzoesäure* u. *2.3-Dimethylanilin* erhalten. Es besitzt eine halb so starke entzündungshemmende Wrkg. wie Phenylbutazon (II) beim UV-Erythem-Vers. an Meerschweinchen, wirkt dem Hefefieber bei Ratten genauso wirksam entgegen wie II (oral gegeben) u. zeigt eine 1,4mal so starke antinociceptive Wrkg. wie Aminopyrin. Normale u. adrenalektomierte Ratten tolerieren Gaben von 100 mg I/kg täglich für 7 Tage ohne Nebenwirkungen. W. Hiller 4607◇

1394 **Experimentelle Embryopathien infolge von α.α'-Dipyridyl bei Kaninchen.** Ernesto Martini. (Atti Accad. Sci. Ist. Bologna, Cl. Sci. fisiche, Rend. [11] **8**, Nr. 1, 53—56, 1961; ital.) — Bei Föten von Müttern, die während der Schwangerschaft u. an den 4 dieser vorangehenden Tagen täglich 1 cm^3 einer 0,5%ig. Lsg. von *α.α'-Dipyridyl*/kg erhielten, wurden Miß-Bldg., vor allem Gaumenspalten u. Agenesie der Lider, beobachtet. K. Zingraf 4607◇

1395 **Quaternäre Ammoniumverbindungen in der medizinischen Chemie. Teil 1 und 2.** P. F. D'Arcy und E. P. Taylor. (J. Pharmacy Pharmacol. **14**, 129—46, 1962; 193—216; Ware, Hertfordshire, Allen u. Hanburys Ltd.; engl.) — Übersicht. Pharmakodynam. Aktivität (neuromuskuläre Blocker, Ganglienblocker, Antiacetylcholinmittel u. Anticholinesterasen), chemotherapeut. Aktivität (antimikrobielle Mittel, oberflächenakt. Mittel, Mittel gegen Trypanosomen, Anthelminthica, Amöbicide). — Ca. 300 Literaturangaben. W. Hiller 4607

1396 **Biologische Aktivität von Stickstoffatome besitzenden Steroiden.** 1. Mitt. **Synthetische Stickstoffsteroide.** M. Alauddin und M. Martin-Smith. (J. Pharmacy Pharmacol. **14**, 325—49, 1962; Glasgow, Univ., Inst. of Physiol.; Div. of Exp. Pharmacol.; engl.) — Übersicht. Klin. Folgerungen, synthet. Stickstoffsteroide u. ihr Platz in der modernen Theorie, Rezeptortheorie, Stickstoffsteroide als Antimetabolite, Bioisosterismus. — Ca. 200 Literaturangaben. W. Hiller 4607

1397 **Biologische Aktivität von Stickstoffatome besitzenden Steroiden.** 2. Mitt. **Steroidalkaloide.** M. Alauddin und M. Martin-Smith. (J. Pharmacy Pharmacol. **14**, 469—95, 1962; engl.) — 1. vgl. vorst. Referat. — Übersicht. Formal vom Pregnan abstammende Basen (3-Aminopregnane, 20-Aminopregnane), formal vom Cholestan abstammende Basen (Holarrhimingruppe, Conarrhimingruppe, Conkurhingruppe) vom Solanidan abgeleitete Basen, Alkaloide mit „Jervi"-Skelett, Derivv. von Spirosolan, Jeweratrumalkaloide, Ceveratrumalkaloide, Tritillariaalkaloide. — Ca. 250 Literaturangaben. W. Hiller 4607

1398 **Verteilung und Ausscheidung von $^{14}C_{(3)}$-Aminonucleosid in normalen und nephrotischen Ratten.** Carl S. Alexander, Herbert T. Nagasawa und Dorothy Filbin. (Proc. Soc. exp. Biol. Med. **111**, 521—26, 1962.

Minneapolis, Minn., Univ. of Minnesota and Veterans Admin. Hosp., Med. and Radioisotope Serv.; engl.) — Erhalten Ratten subkutan $^{14}C_{(8)}$-*Aminonucleosid*, so werden bei normalen Tieren in den folgenden 8 Std. 65—70% der Dosis mit dem Urin ausgeschieden, die Hälfte davon ist unverändert. 15—26% werden in den Faeces ausgeschieden. Im Blutplasma finden sich 2,6—3,7%, in der Leber 2,1—2,5%. Niere, Lunge, Milz, Herz, Nebennieren u. Ascites-Fl. enthalten einzeln weniger als 0,2%. Nephrot. Ratten zeigen eine verminderte Ausscheidung gegenüber normalen Tieren.
W. Hiller 4607◇

1399 **Empfindlichkeit gegenüber Vaginal-Gelees, eine Bemerkung über den therapeutischen Index von Spermiciden.** John H. Holzaepfel, John S. Warner und Juliet A. Howard. (J. Amer. pharmac. Assoc., sci. Edit. **48**, 486—87, 1959; Columbus, Ohio, Dep. of Abstetr. and Gynecol., Ohio State Univ., Coll. of Med. and Battelle Memorial Inst.; engl.) — Vgl. C. **1960**, 13453. — Als Bestandteile von Vaginalgelees wurden *Lauramidinhydrochlorid* (0,5%), *Methylendithiocyanat* (0,5%), *tert.-Dodecylthionona-[äthylenoxy]-äthanol* (8%; I), *tert.-Tridecyloxypoly-[äthylenoxy]-äthanol* (8%; II), *tert.-Nonylphenoxypoly-[äthylenoxy]-äthanol* (4%), *Octylresorcinoxynona-[äthylenoxy]-äthanol* (4%), *N.N.N'-Tris-[hydroxyäthylpolyoxyäthylen]-N'-octadecylpropylen-(1.3)-diaminacetat* (2%) u. *Bis-[n-butylphenyl]-jodoniumchlorid* (0,25%) beim Kaninchen im Vaginalreizungstest u. auf ihre spermicide Wrkg. hin geprüft. Der therapeut. Index der Verbb. als Verhältnis der maximalen nicht reizenden Konz. im Kaninchen-Vaginalreizungstest zur Minimal-Konz. für sofortige Unbeweglichkeit der Spermien zeigt die Bedeutung beider Prüfungen für die Beurteilung von spermiciden Vaginalgelees. Danach sind I u. II mit hohem therapeut. Index gut geeignete Spermicide.
K. Böhm 4607◇

1400 **Transportformen von Isothiocyanaten, Stabilität und Spaltbarkeit. 3. Mitt. Über Therapeutica mit Isothiocyanatgruppen.** O.-E. Schultz und K. Gleixner. (Arch. Pharmaz. **295/67**, 879—94, 1962; Kiel, Univ., Pharmaz. Inst.; dt.) — 2. vgl. C. **1964**, 11-0882. — Um zu säurestabilen Transportformen der Isothiocyanate zu gelangen, wird das Dithiocarbaminsäure-Mol. durch Veresterung oder Acylierung in verschiedenen Richtungen abgewandelt. Die S-[Thiocarbamoyl]-thiokohlensäureäthylester bzw. -benzyl- u. -carbäthoxymethylester R—NH—CS—S—CO—O—R sind zu instabil u. zersetzen sich schon bei Raum-Temp. in wenigen Std., sie sind nicht im Hochvakuum destillierbar. Sie werden deshalb als Thioharnstoffe charakterisiert. Gleiches gilt für entsprechende Diäthylamide u. das Dithiocarbaminsäureessigsäureanhydrid. Die Acetonylester u. das Anhydrid mit Zimtsäure sind dagegen so stabil, daß sie nicht durch NaOH zu zersetzen sind, ebenso die einfachen Alkylester. Lediglich die Methoxymethylester u. das Anhydrid mit Benzoesäure sind in alkal. Medium gut spaltbar. Rk. der dithiocarbaminsauren Salze mit $SOCl_2$ bzw. Benzolsulfochlorid führen wegen der Instabilität der Zwischenprodd. zu Isothiocyanaten, die Umsetzung mit $POCl_3$ gelingt nicht. Der Zusammenhang zwischen Konst. u. Spaltbarkeit in wss. NaOH wird erörtert.

Versuche: *3-Methylmercaptopropylamin*, durch Red. von 3-Methylmercaptopropionitril mit $LiAlH_4$. Die katalyt. Red. gelang nicht. — *3-Methylsulfoxidopropylamin*, durch Oxydation von 13,5 g vorst. Verb. mit 30% ig. H_2O_2 in Aceton unter Kühlung mit Eis/NaCl, 24std. Stehen bei 0°, 2 Tage bei Raum-Temp.; 12,3 g (Ausbeute), roh. — S-[Thiocarbamoyl]-thiokohlensäureäthylester: *N-Phenyl-* (I), F. 74,5—75°, durch Zugabe von Chlorkohlensäureäthylester (II) zu Ammoniumdithiocarbanilat (V) in Ae. unter Rühren u. Kühlung, Filtrieren u. Abdampfen bei Raum-Temp.; 21%. — Nach vorst. Meth. auch die folgenden Verbb.: *N-Benzyl-*, Öl; 40%. — *N-Allyl-*, Öl; 30%. — *N-Isopropyl-*, Öl; 37%. — *N-Butyl-*, Öl; 40%. — *N-[4-Methylsulfoxidobutyl]-*, Öl; 35%. — *N-[3-Methylsulfoxidopropyl]-*, Öl; 11%. — *N-[3-Methylmercaptopropyl]-*, Öl; 16%. — *N-Pyridyl-(2)-isothiocyanat* (Dimeres?), F. 109—110° (Bzl./PAe.), durch Rk. von Triäthylammonium-N-pyridyl-(2)-dithiocarbamat (VI) mit II in Aceton unter Eis/NaCl-Kühlung. Daneben *N.N'-Dipyridyl-(2)-thioharnstoff*. — Thioharnstoffe: Aus den entsprechenden S-[Thiocarbamoyl]-thiokohlensäureäthylestern mit konz. wss. NH_3. — *Phenyl-*, F. 154°. — *Benzyl-*, F. 162°. — *Allyl-*, F. 76°. — *Butyl-*, F. 78°. — *3-Methylmercaptopropyl-*, F. 88°. — *N-Pyridyl-(2)-N'-phenyl-*, F. 171°. — *N.N'-Bis-thiazolyl-(2)-*, $C_7H_6N_4S_2$, F. 242°. — *N-Allyl-S-[thiocarbamoyl]-thiokohlensäurebenzylester*, wie I, jedoch mit Chlorkohlensäurebenzylester (III) bei —10°, nicht destillierbares Öl; 52%. — *N-Picolyl-(2)-S-[thiocarbamoyl]-thiokohlensäurebenzylester*, $C_{14}H_{14}N_2S_2$, F. 114° (A.), aus Picolylamin, CS_2 u. Triäthylamin über das Triäthylammoniumsalz u. dessen Rk. mit III. — *N-Allyl-S-[thiocarbamoyl]-thiokohlensäurediäthylamid*, Öl, durch Rk. von Triäthylammonium-N-allyldithiocarbamat u. Chlor-N.N-diäthylcarbamid in Ae. u. Aceton bei —10°. Zersetzt sich rasch zu *N-Allyl-N.N'-diäthylthioharnstoff*, F. 55—56°. — S-[Thiocarbamoyl]-mercaptoessigsäureäthylester: *N-Isopropyl-* (IV), Zers. 140° im Hochvakuum, aus Ammonium-N-isopropyldithiocarbamat u. Chloressigsäureäthylester in Ae.; 81,5%. — *N-Pyridyl-(2)-*, $C_{10}H_{12}N_2O_2S_2$, F. 87° (A.), analog vorst. Verbindung. — *N-Picolyl-(2)-*, F. 108°, amorph. — *N-Phenyl-*, F. 62—63°. — *N-Butyl-*, Öl. — *N-2-Aminopyridyl-*, F. 87°. — *N-Isopropylthiocarbaminoylmercaptoacetamid*, $C_6H_{12}N_2OS_2$, F. 140° (W.), durch Stehen von IV mit konz. NH_3. — *N-Phenyl-S-[thiocarbamoyl]-mercaptoacetonester*, $C_{10}H_{11}NOS_2$, F. 148°, aus V u. Chloraceton in A./Äthyläther. — *N-Benzyl-S-[thiocarbamoyl]-mercaptoaceton*, $C_{11}H_{13}NOS_2$, F. 106°, analog. — Dithiocarbaminsäuremethoxymethylester: *N-Benzyl-*, $C_{10}H_{13}NOS_2$, F. 57° (verd. A.), mit Chlordimethyläther; 53%. — *N-Allyl-*, Öl, gibt mit NaOH *N-Allylisothiocyanat* (→ *N-Allyl-N-phenylthioharnstoff*, F. 98°). — Dithiourethane: *N-Allyl-S-benzoyl-*, $C_{11}H_{11}NOS_2$, F. 55,5° (A./Aceton/W.), mit Benzoylchlorid aus dem Ammoniumcarbamat; 36%. — *N-Benzyl-S-benzoyl-*, $C_{15}H_{13}NOS_2$, F. 78°; 61%. — *N-Pyridyl-(2)-S-benzoyl-*, gibt mit NaOH *Pyridylisothiocyanat* (bildet mit Anilin *N-Pyridyl-(2)-N'-phenylthioharnstoff*, F. 171°). — *N-Phenyl-S-acetyl-*, Zers. mit NaOH. — *N-Benzyl-S-acetyl-*, Zers. mit NaOH. — *N-Benzyl-S-cinnamoyl-*, F. 121°; 47%. — *N-Benzyl-N'-phenylthioharnsroff*, durch Rk. von Triäthylammonium-N-benzyldithiocarbamat u. $SOCl_2$ in Aceton/Ae. unter Kühlung, Zers. mit NaOH u. Rk. mit Anilin. — *N-Pyridyl-(2)-dithiocarbaminsäurebenzylester*, $C_{13}H_{12}N_2S_2$, F. 124—125° (A.), durch 24std. Stehen von VI u. Benzylchlorid in A.; 66%.
W. Holland 4607◇

1401 **Thiazole und Benzthiazol-N-glucoside.** Kim. Panagopoulos, J. Vavougios, G. Kallistratos und P. Kontowassili. (Arzneimittel-Forsch. **12**, 1169—71, 1962; Mariensee, Max-Planck-Inst. für Tierzüchtung u. Tierernährung, Abt. für Radiobiochem. u. Ernährungsphysiol.; Athen, Biolog. Labor.; engl.) — Zur Auffindung neuer Verbb. mit fungitox., bakteriostat., insekticider, chemotherapeut. u. anticancerogener Wrkg. stellen Vff. *Glucosylamino*-Derivv. des *Thiazols* u. *Benzthiazols* dar durch direkte Kupplung der Aldosen mit *2-Aminothiazol* bzw. *2-Aminobenzthiazol*.

Versuche: Thiazole: *2-[Glucosyl-(1)-amino]-* (I), $C_9H_{14}N_2O_5S$, F. 166—168°, aus 10 g *2-Aminothiazol* (II) u. 18 g Glucose durch Erhitzen in Methanol; 22 g (Ausbeute). — *2-[2.3.4.6-Tetraacetylglucosyl-(1)-amino]-*, $C_{17}H_{22}N_2O_9S$, F. 153 bis 157°, a) durch Schütteln von I, Acetanhydrid u. Pyridin oder b) durch Schütteln von II, *Tetra-O-acetyl D glucosyl bromid*, Bzl., Silberoxid u. wasserfreies $CaSO_4$. — *2-[Galaktosyl-(1)-amino]-*, $C_9H_{14}N_2O_5S$, F. 193—196°, aus 10 g Galaktose u. 10,5 g II durch 6std. Kochen in Methanol, $[\alpha]_D^{23}$ +68,3° (c = 3, CH_3OH); 24 g. — *2-[Mannosyl-(1)-amino]-*, F. 194—196°, nach vorst. Meth., $[\alpha]_D^{23}$ —31,8 (c = 2, CH_3OH); 17,8 g. — *2-[Arabinosyl-(1)-amino]-*, $C_8H_{12}N_2O_4S$, F. 150 bis 153°, aus 15,6 g Arabinose u. 10,5 g II durch ½ std. Erhitzen in A. auf dem Wasserbad, $[\alpha]_D^{23}$ —53 bis —56° (c = 1,5; CH_3OH); 20,5 g. — *2-[Xylosyl-(1)-amino]-*, $C_8H_{12}N_2O_4S$, F. 155—157°, aus 15,6 g Xylose u. 10,5 g II in abs. A., $[\alpha]_D^{23}$ —84,3 (c = CHOH), 14,3 g. — Benzthiazole: *2-[Glucosyl-(1)-amino]-*, $C_{13}H_{16}N_2O_5S$, F. 176—179°, aus 18 g Glucose u. 10,5 g *2-Aminobenzthiazol* (III) durch Erhitzen in Methanol unter Zusatz von NH_4Cl, $[\alpha]_D^{23}$ —72,6° (c = 2; CH_3OH); 23 g. — *2-[Mannosyl-(1)-amino]-*, $C_{13}H_{16}N_2O_5S$, F. 153—155°, $[\alpha]_D$ —38,6° (c = 2; CH_3OH), nach vorst. Methode. — *2-[Galaktosyl-(1)-amino]-*, $C_{13}H_{16}N_2O_5S$, F. 143 bis 145°, aus 18 g Galaktose u. 11 g III unter NH_4Cl-Zusatz, $[\alpha]_D^{20}$ 77,1 (c = 1,5; CH_3OH); 24,8 g. — *2-[Arabinosyl-(1)-amino]-*, $C_{12}H_{14}N_2O_4S$, F. 156—159°, $[\alpha]_D^{20}$ 7,9° (c = 2; CH_3OH). — *2-[Rhamnosyl-(1)-amino]-*, $C_{13}H_{16}N_2O_4S$, F. 132 bis 135°, $[\alpha]_D^{20}$ —883° (c = 1,5; CH_3OH). — *2-[Ribosyl-(1)-amino]-*, $C_{12}H_{14}N_2O_4S$, F. 150—152°, $[\alpha]_D^{22}$ —40,5° (c = 2; CH_3OH). — *2-[Xylosyl-(1)-amino]-*, $C_{12}H_{14}N_2O_5S$, F. 127 bis

131°, $[\alpha]_D^{22}$ +4,8° (c = 2, CH_3OH). — 4-Methylthiazole: *2-[Glucosyl-(1)-amino]-*, $C_{10}H_{16}N_2O_5S$, F. 163—169°, $[\alpha]_D$ —52,9° (c = 2; CH_3OH). — *2-[Galaktosyl-(1)-amino]-*, $C_{10}H_{16}$·N_2O_5S, F. 188—192°, $[\alpha]_D$ —63,7° (c = 2; CH_3OH). — *2-[Mannosyl-(1)-amino]-*, $C_{10}H_{16}N_2O_5S$, F. 128—130°, $[\alpha]_D$ —19,8° (c = 2; CH_3OH). — *2-[Arabinosyl-(1)-amino]-*, C_9H_{14}·N_2O_4S, F. 170—173°, $[\alpha]_D$ —28,4° (c = 1,4; CH_3OH). — *2-[Xylosyl-(1)-amino]-*, $C_9H_{14}N_4O_4S$, F. 158—163°, $[\alpha]_D$ —45,6° (c = 2; CH_3OH). — *2-[Rhamnosyl-(1)-amino]-*, $C_{10}H_{16}N_2O_4S$, F. 133—137°, $[\alpha]_D$ +22,4° (c = 2; CH_3OH). — *2-[Ribosyl-(1)-amino]-*, F. 157—159°, $[\alpha]_D$ —36,8° (c = 2; CH_3OH). — *2-[Maltosyl-(1)-amino]-thiazol*, $C_{15}H_{24}N_2O_{10}S$, F. 150—153°, $[\alpha]_D$ —46,8° (c = 2; CH_3OH). — *2-[Lactosyl-(1)-amino]-thiazol*, $C_{15}H_{24}N_2O_{10}S$, F. 130—137°, $[\alpha]_D$ —18,3° (c = 2; CH_3OH). W. Hiller 4607◇

1402 **Der Einfluß von Methoxyphenylsubstitutionen auf die strychninähnliche Aktivität von Aryldiazaadamantanonen und Aryldiazaadamantanolen.** S. Chiavarelli, L. V. Fennoy, G. Settimj und Leonor De Baran. (J. med. pharmac. Chem. **5**, 1293—97, 1962; Rome, Ist. Superiore di Sanità, Labor. di Chim. Terapeutica; engl.) — Dargestellt werden an den Phenylresten durch Methoxylgruppen substituierte *1.5-Diphenyl-3.7-diazaadamantanone-(9)* (**I**) u. *-adamantanole-(9)* (**II**). Der Einfl. der Methoxylgruppen auf deren strychninähnliche Aktivität wird untersucht. Bei den **I** ist mit Ausnahme des o-Methoxy-Deriv., das gegenüber 1.5-Diphenyl-3.7-diazaadamantanon-(9) eine merkliche Aktivitätszunahme zeigt, der Verlust der strychninähnlichen Wrkg. zu verzeichnen, während bei den **II** mit Ausnahme des 3.4-Dimethoxy- u. des 3.4.5-Trimethoxy-Deriv., die wirkungslos sind, nur eine Aktivitätsminderung zu bemerken ist.

Versuche: *1.3-Bis-[3.4.5-trimethoxyphenyl]-aceton*, $C_{21}H_{26}O$,F. 99—101° (abs. A.), durch Pyrolyse von Pb-3.4.5-trimethoxyphenylacetat bei 0,02 Torr Anfangsdruck; dest. bei 190—235°/3 Torr; 48% (Ausbeute). — 3.7-Diazaadamantannone-(9): *1.5-Bis-[3.4.5-trimethoxyphenyl]-* (**III**), $C_{26}H_{32}N_2O_7$, F. 231—232° (A.), durch 5std. Kochen vorst. Verb. mit Paraformaldehyd u. NH_4-Acetat in abs. A. u. mehrstd. Stehen in der Kälte; inakt.; 33%. — *1.5-Diphenyl-*, $C_{20}H_{20}N_2O$, F. 263—264°; strychninähnlich (st.); DL_{50} 67 (mg/kg Maus)/440 (mg/kg Kaninchen); 59%. — *1.5-Bis-[m-tolyl]-*, $C_{22}H_{24}N_2O$, F. 172—173°; st.; 500/—; 60%. — *1.5-Bis-[2-methoxyphenyl]-*, $C_{22}H_{24}N_2O_3$, F. 240—242°; st.; 20/66; 22%. — *1.5-Bis-[3-methoxyphenyl]-*, $C_{22}H_{24}N_2O_3$, F. 201 bis 203°; nicht convulsiv (nc.); 300/—; 50%. — *1.5-Bis-[4-methoxyphenyl]-*, $C_{22}H_{24}N_2O_3$, F. 215—216°; nc.; 35/10; 60%. — *1.5-Bis-[3.4-dimethoxyphenyl]-*, $C_{24}H_{28}N_2O_5$, F. 153—155°; nc.; 100/20; 45%. *Strychnin*; st.; 0,4/0,4. — 3.7-Diazaadamantanole-(9): 1.5-Bis-[3.4.5-trimethoxyphenyl]-, $C_{26}H_{34}N_2O_7$, F. 207—208° (Methanol), durch Zugabe von **III** in THF zu $LiAlH_4$ in THF, 8std. Kochen u. Zers. mit wenig W.; inakt.; 70%. — *1.5-Diphenyl-*, $C_{20}H_{22}N_2O$, F. 278—279°; st.; 1,5/1,2; 87%. — *1.5-Bis-[m-tolyl]-*, $C_{22}H_{26}N_2O$, F. 207 bis 208°; st.; 7,5/1,5; 75%. — *1.5-Bis-[2-methoxyphenyl]-*, $C_{22}H_{26}N_2O_3$, F. 225—226°; st.; 20/7; 60%. — *1.5-Bis-[3-methoxyphenyl]-*, $C_{22}H_{26}N_2O_3$, F. 197—198°; st.; 10/4; 60%. — *1.5-Bis-[4-methoxyphenyl]-*, $C_{22}H_{26}N_2O_3$, F. 239—240°; st.; 3,5/5; 60%. *Methyläther*, $C_{23}H_{28}N_2O_3$, F. 233—234°; convulsiv (c.); 100/—; 95%. *Äthyläther*, $C_{24}H_{30}N_2O_3$, F. 264°; c.; 150/—; 95%. — *1.5-Bis-[3.4-dimethoxyphenyl]-*, $C_{24}H_{30}$·N_2O_5, F. 191—193°; nc.; 300/—; 25%. Klaus Lange 4607△

1403 **Die Wirkung von Triacanthin, einem natürlichen, von Adenin abgeleiteten Alkaloid, speziell auf das Zentralnervensystem.** André Quevauviller und Odette Blanpin. (Thérapie **16**, 782—90, 1961; Paris, Fac. de Pharm.; franz.) — Das Hydrochlorid des in *Holarrhena floribunda* u. *Gleditchia triacanthos* vorkommenden Alkaloids *Triacanthin*, (*7-[γ.γ-Dimethylallyl]-6-aminopurin*) besitzt geringe Toxizität, DL_{50} 175 mg/kg Maus, i.v., 500 mg/kg oral, ruft bei der Ratte im chron. Toxizitäts-Vers. in Leber, Nieren, Magen u. Nebennieren keine histol. Veränderungen hervor u. beeinflußt das Wachstum nicht. Bei Hund u. Kaninchen wirkt es durch einen zentralen sympatholyt. Effekt blutdrucksenkend u. peripher gefäßerweiternd, auf die Atmung antispat. u. analept., erregt in subtox. Dosen bulbäre, Hypothalamus u. protuberentiale Region, wirkt hyperglykäm. u. aktiviert die Erythropoiese. K. Maier 4608◇

1404 **Die Wirkung von Pilocarpin auf säurelösliche Phosphorverbindungen der Submaxillardrüsen der Ratte.** R. H. Dreisbach und E. Gerlach. (Proc. Soc. exp. Biol. Med. **111**, 526—29, 1962; Freiburg/Br., Inst. für Physiol.; engl.) — Ratten erhalten *Pilocarpin* (**I**; 10 mg/kg) u. ^{32}P subkutan injiziert. Nach 30 Min. ist die *PO_4*-Fraktion in den mit **I** behandelten Tieren gegenüber den Normaltieren von 39,0 auf 46,0 erhöht; die *Kreatinphosphat*-Fraktion von 32,0 auf 37,3; die *Adenosintri-* von 20,5 auf 24,1; die *Adenosindi-* von 16,6 auf 20,6 u. die *Adenosinmonophosphat*-Fraktion von 7,3 auf 8,7. Die Differenzen der letzten 4 Fraktionen liegen allerdings innerhalb der Fehlergrenzen. W. Hiller 4608◇

1405 **Durch Physostigmin induzierte Thetaaktivität des Hippocampus und Lernverhalten der Ratte.** J. Bureš, Z. Bohdanecký und T. Weiss. (Psychopharmacologia [Berlin] **3**, 254—63, 5/10. 1962; Prague, Czechoslovak. Acad. of Sci., Inst. of Physiol.; Res. Inst. for Pharm. and Biochem.; engl.) — Bei curarisierten bzw. sich frei bewegenden nichtanästhesierten Ratten zeigt sich im Elektroencephalogramm 3—7 Min. nach intraperitonealer Injektion von *Physostigmin* (**I**)*-Salicylat* (1 mg/kg) eine *Θ*-Aktivität im Hippocampusbereich, die nach 10 Min. ihr Maximum erreicht u. nach 30 bis 60 Min. wieder verschwindet. Dem Auftreten der *Θ*-Wellen entspricht eine Störung der Lerntätigkeit. Diese ist 10 Min. nach Zufuhr von 0,5—1,0 mg **I**/kg völlig gestört. Die Wrkg. von **I** auf das Behalten (Retention) von Situationen wurde ebenfalls geprüft. Die funktionelle Bedeutung der *Θ*-Aktivität des Hippocampus wird diskutiert. P. Schwerdtfeger 4608◇

1406 **Wirkung von Cissus quadrangularis auf die Heilung von Cortison-behandelten Frakturen.** Guru Charan Prasad und K. N. Udupa. (Indian J. med. Res. **51**, 667—76, 1963; Banaras, Banaras Hindu Univ., Coll. of Med. Sci.; engl.) — Durch Anwendung von *Cortison* wird die Heilung von Knochenbrüchen bei Kaninchen wesentlich verzögert (verringerte Periost-Rk. u. Callus-Bldg.). Diese Wrkg. wird durch *Durabolin* (*19-Nor-17β-hydroxy-3-ketoandrosten-17-phenylpropionat*) herabgesetzt u. durch parenterale Anwendung eines Gesamtextraktes der Pflanze *Cissus quadrangularis* aufgehoben. K. Zingraf 4608◇

1407 **Die Anreicherung einer depressorisch aktiven Substanz aus Rinderblut.** Lieselotte Hedler und Peter Marquardt. (Arzneimittel-Forsch. **11**, 260—62, 1961; Freiburg/Br., Univ., Abt. für exp. Therap.; dt.) — Die Anreicherung der depressor. akt. Substanz erfolgt durch Enteiweißung des homogenisierten Rinderblutes mit A., Einengen der wss.-alkohol. Lsg. im Vakuum u. Ausfällen des Rohkonzentrats mit Aceton. Das Rohkonzentrat u. die weiter beschriebenen Anreicherungen werden am Blutdruck der Katze getestet. U. Förster 4609◇

1408 **Ein Versuch, Meerschweine mit Sulfadiazin zu sensibilisieren.** T. Watanabe und S. Fukuda. (Tokyo Jikeikai med. J. **70**, 228—29, 1955; jap.) W. Hampel 4610△

1409 **Blutspiegel und Konzentration des Natriumsalzes von 1-[5-Nitrofurfuryliden-(2)-amino]-hydantoin im Harn nach intramuskulärer Verabfolgung beim Menschen.** G. Giachini, L. Fidenzoni, S. Benvignati und F. Avanzini. (J. Urology **85**, 189—91, 1961; Rom, San Camillo De Lellis Hosp.; engl.) — Nach einer einmaligen oralen Verabfolgung von 100 mg *1-[5-Nitrofurfuryliden-(2)-amino]-hydantoin* (**I**) werden mit dem menschlichen Harn nach ½, 1, 3, 6, 12, im Durchschnitt (14 Patienten) 2,1—4,4—11,5—13,1—3, 8, 07 in den angegebenen Zeitintervallen (also insgesamt 35,6 mg) ausgeschieden, Nach i.m. Verabfolgung von 100 mg des in W. lösl. **I**-*Na-Salzes* werden folgende (den vorigen entsprechende) Werte gefunden: 9,7—11,8—19,8—5,7—1,9—0,4, insgesamt 49,3 mg. Die Ausscheidung geht also bei dieser Verabfolgungsart schneller vonstatten. Die **I**-Blutspiegel sind in beiden Fällen unerheblich. P. Loch 4610◇

1410 **Klinische Untersuchungen über α-Äthylthioisonicotinamid-Behandlung der Lungentuberkulose. Die bakteriologische Wirkung und die Resistenz der Tuberkelbazillen gegenüber α-Äthylthioisonicotinamid.** Hiroshi Sakurai, Ikunoshin Inoue, Akikazu Sasaoka, Takashi Suzuki, Atsushi Yagi und Masao Tanaka. (Jap.

Arch. intern. Med. **9**, 539—45, 1962; Osaka, Prefect. Habikino T. B. Sanatorium; jap., Auszug: engl.) — Die meisten, von tuberkulösen Patienten mit positivem Sputumbefund isolierten Tuberkelbacillenstämme erweisen sich als empfindlich gegenüber 50 γ *Äthionamid* (*α-Äthylthioisonicotinamid*; **I**)/ml in Ogawa-Medium (entsprechend 10 γ **I**/ml in Kirchner-Medium), wenn auch einige Stämme bereits von sich aus gegenüber mehr als 50 γ **I**/ml resistent sind (bei diesen Fällen wirkt sich **I**-Behandlung bakteriolog. kaum aus). Nach 2monatiger **I**-Behandlung sind bei 57% der Patienten mit positivem Sputum **I**-resistente Tuberkelbacillen nachweisbar; niedriger ist die Resistenzquote nach Kombinationsbehandlung, bes. nach Kombination von **I** mit *Cycloserin*; trotz Kombination ist nach 6monatiger **I**-Behandlung eine Resistenz bei 60% der Fälle mit positivem Sputumsbefund nachweisbar. In den **I**-behandelten Fällen war die erworbene Resistenz meist mit einer Steigerung der *Thiosemicarbazon*-Resistenz verbunden. U. Tausendfreund 4610◇

1411 **Die schistosomiciden und toxischen Wirkungen einiger N-p-Aminophenoxyalkylamide.** R. F. Collins, M. Davis, N. D. Edge, J. Hill, H. W. Reading und Eleanor R. Turnbull. (Brit. J. Pharmacol. Chemotherapy **14**, 467—76, 1959; Dagenham, Essex, May & Baker Ltd., Res. Labor.; engl.) — Von mehreren gegenüber *Schistosoma mansoni* bei Mäusen wirksamen *N-[ω-p-Aminophenoxyalkyl]-amiden* wirkte *N-[5-p-Aminophenoxypentyl]-benzamid* (**I**) auf ausgewachsene Tiere rascher als *Lucanthone*, aber langsamer als *Kaliumantimonyltartrat*. Gegen unreife Würmer war **I** inaktiv. **I** u. *N-[5-p-Aminophenoxypentyl]-phthalimid* (**II**) wirkten bei Hamstern auf *S. mansoni*, **II** war bei Affen unwirksam (**I** nicht getestet). Die Verschlechterung des Sehvermögens bei Katzen war in dieser Amidreihe viel geringer u. seltener als bei ω-p-Aminophenoxyalkyl-Derivv. ohne Amidgruppierung. Die allg. Toxikologie sowie Resorption u. Ausscheidung von **I** u. **II** wurde bei Mäusen u. Katzen untersucht. Geprüfte Verbb. (als Base, * als Methansulfonat geprüft): N-[5-p-Aminophenoxypentyl]-acylamide: *Formyl-*, DL_{50} 0,75 (Einzeldosis, g/kg Maus), DC_{50} (Tagesdosis) >0,20; *Acet-*, 1,5/0,42; *Propionyl-*, 1,0/>0,40; *Caproyl-*, >4,0, inakt.; *Dichloracet-*, 1,2/0,40; *Trichloracet-*, 0,50/0,20; *Cyanacet-*, 2,5/<0,80; *Phenylacet-*, 1,0/>0,30; *ω-Phenylvaleryl-*, 4,0, inakt.; *Cinnamoyl-*, >4,0/>1,0; *Diphenylacet-*, >4,0, <1,0; *Phenoxyacet-*, 2,0/>0,60; *p-Chlorphenoxyacet-*, >4,0/0,20; *2.4-Dichlorphenoxyacet-*, >4,0/>0,20; *β-[N-(α.γ-Dihydroxy-β.β-dimethylbutyryl)]-aminopropionyl-*, >1,0, >0,50; *Benzoylaminoacet-*, >4,0/0,38; *Hexahydrobenz-*, >4,0, inakt.; *Phthalimidoacet-*, >4,0/>1,0; **I**, >4,0/0,20; *p-Nitrobenz-*, >4,0/<1,0; *p-Aminobenz-**, 1,0, inakt.; *p-Acetaminobenz-*, >4,0/>0,20; *p-Chlorbenz-*, >4,0/>1,0; *p-Brombenz-*, >4,0/1,0; *p-Methylbenz-*, >4,0, inakt.; *o-Hydroxybenz-*, >4,0, inakt.; *p-Hydroxybenz-*, 1,0, inakt.; *o-Methoxybenz-*, 3,0/>0,20; *m-Methoxybenz-*, 1,5/0,20; *p-Methoxybenz-*, >4,0/0,29; *o-Carboxybenz-, Li-Salz*, 3,0/>0,80; *p-Carboxybenz-*, >4,0, inakt.; *p-Carbomethoxybenz-*, 1,5, inakt.; *N-[5-p-Aminophenoxypentyl]-N-phenylacetamid*, inakt., *1-[5-p-Aminophenoxypentyl]-3-p-äthoxyphenylthioharnstoff*, inakt.; *N-[4-p-Aminophenoxybutyl]-benzamid*, 3,0, inakt.; *N-[8-p-Aminophenoxyoctyl]-benzamid*, 4,0/0,16; *N-[5-p-Aminophenoxy-1-phenylpentyl]-benzamid*, inakt.; *N-[5-p-Aminophenoxypentyl]-carbaminsäureäthylester**, 1,0/>0,3; *N-[5-p-Aminophenoxypentyl]-oxamidsäureäthylester**, 0,75, inakt.; *N-[5-p-Aminophenoxypentyl]-harnstoff*, 1,5, inakt.; *N.N'-Bis-[5-p-aminophenoxypentyl]-harnstoff*, >4,0, inakt.; *N.N'-Bis-[5-p-aminophenoxypentyl]-oxamid*, >4,0/>1,0; *N.N'-Bis-[5-p-aminophenoxypentyl]-glutarsäurediamid**, 3,0, inakt.; Amino-N-substituierte N-[5-p-Aminophenoxypentyl]-benzamide: *Methyl-*, >4,0/0,20; *Dimethyl-*, >4,0/0,50; *β-Hydroxyäthyl-*, 4,0/0,40; *Bis-[β-hydroxyäthyl]-*, >4,0/>0,80; *β-Methoxyäthyl-*, 2,0/>0,60; *β.γ-Dihydroxypropyl-*, >4,0/>1,0; *Bis-[β.γ-dihydroxypropyl]-*, >4,0, inakt.; *Bis-[β-hydroxypropyl]-*, >4,0/<1,0; *Carbamoylmethyl-*, >4,0, inakt.; *Sulfomethyl-, Na-Salz*, 4,0/>0,20; *Acetyl-*, >4,0, inakt.; *D-Glucosyl-*, >4,0/>0,40; N-5-p-Aminophenoxyalkylphthalimide: *-äthyl-**, 0,8, inakt.; *-propyl-**, 1,5, inakt.; *-butyl-*, >4,0, inakt.; **II**, >4,0/0,18; *-hexyl-*, >4,0/0,15; *-heptyl-*, 4,0/0,14; *-octyl-*, >4,0/0,22; *-nonyl-*, >4,0/>1,0; *-decyl-*, >4,0, inakt.; *-hexen-(3)-yl-**, 1,0/>0,20; *N-[5-p-Aminophenoxypentyl]-[3-nitrophthalimid]*, 1,5, inakt.; *-[3-aminophthalimid]*, >4,0, inakt.; *N-[5-p-Aminophenoxy-3-methylpentyl]-phthalimid*, —, inakt.; *N-[5-p-Aminophenoxy-1-phenylpentyl]-phthalimid*, —, inakt.; *N-[5-p-Aminophenoxypentyl]-tetrachlorphthalimid*, —, inakt.; Amino-N-substituierte N-[5-p-Aminophenoxypentyl]-phthalimide: *Methyl-*, >4,0/>0,20; *Dimethyl-*, *Bis-[β-hydroxyäthyl]-*, >4,0/>0,40; *Bis-[β-chloräthyl]-*, >4,0, inakt.; *β-Carboxypropionyl-*, *NH_4-Salz*, 4,0, inakt.; *N-Nitroso-N-methyl-*, >4,0, inakt.; *2-Amino-4-methylpyrimidyl-(6)-*, >4,0/>1,0; *$N_{(3)}$-Methylpyrimidinium-Deriv.*, >4,0, inakt.; *5-Nitrofurfuryliden-*, >4,0, inakt.; N-[5-p-Aminophenoxypentyl]-dicarbonsäureimide: *Bernsteinsäure-*, 3,5/0,19; *Malein-*, 1,5/>0,40; *Glutar-*, 3,0/>0,40; *β-Äthyl-β-methylglutar-*, >4,0/>0,20; *Barbitursäure-*, >4,0, inakt.; *Hexahydrophthal-*, >4,0/0,30; *Homophthal-**, >4,0/>1,0; *Benzoesäuresulf-*, >4,0/>0,20; *(±)-Camphersäure-*, 4,0/<0,80; *N-[5-p-Aminophenoxypentyl]-diacetylamin*, 3,0/0,80; *N-[5-p-Aminophenoxypentyl]-dibenzoylamin*, >4,0/>1,0; *N.N'-Bis-[5-p-aminophenoxypentyl]-phthaldiamid*, >4,0/>1,0; *-terephthaldiamid*, inakt.; N-[5-p-Aminophenoxypentyl]-carbonsäureamide: *Nicotinsäure*, 1,0/>0,20; *Isonicotinsäure*, 1,5/>0,40; *Furan-2-carbonsäure*, 3,0/>0,45; *Thiophen-2-carbonsäure*, 3,0/0,21; *Naphthalin-1-carbonsäure*, >4,0/0,43; *N-Methylbenzoesäure*, 0,75/>0,25; *N-Phenylbenzoesäure*, 3,0/>0,80; *N-Cyclohexylbenzoesäure**, >4,0/inakt.; *N.N-Bis-[5-p-Aminophenoxypentyl]-benzamid*, 1,5/>0,40; *N-[5-p-Aminophenoxypentyl]-benzhydroxamsäure*, >4,0/inakt.; *N-[5-p-Aminophenoxypentyl]-D-benzylhydroxamsäure*, >4,0/0,80; *N-[5-p-Aminophenoxypentyl]-pyridon-(2)*, 1,5, inakt.; *N-[5-p-Aminophenoxypentyl]-piperidon-(2)*, 1,5/0,20; *N-[5-p-Aminophenoxypentyl]-isoindolinon-(1)*, >4,0/>0,20; *N-[5-p-Aminophenoxypentyl]-benzothiazolon-(3)*, >4,0, inakt.; *N-[5-p-Aminophenoxypentyl]-2.4-dioxobenz-1.3-oxazin*, >4,0/>0,20. K. Maier 4610◇

1412 **Synergistische Wirkung des Penicillins in der Gegenwart von Cyanocobalamin.** Mahboob Ilahi und M. I. D. Chughtai. (Pakistan J. sci. ind. Res. **5**, 273—75, 1962; Lahore, Univ. of the Panjab, Inst. of Chem.; engl.) — Im Lochplattentest zeigt sich zwischen *Penicillin* (0,5 I.E.) u. *Cyanocobalamin* (Vitamin B_{12}) in Dosen von 2,5 – 15 μg ein starker Synergismus gegenüber *Staphylococcus aureus*. *Kobalt* (1—4 μg) wirkt ebenfalls synergistisch.
K. W. Glombitza 4611◇

1413 **Ein neues, von einem Streptomyces gebildetes Antibioticum, Amidinomycin N-[β-Guanyläthyl]-3-aminocyclopentancarbonsäureamid.** Shoshiro Nakamura, Keiko Karasawa, Hiroshi Yonehara, Nobuo Tanaka und Hamao Umezawa. (J. Antibiotics [Tokyo], Ser. A **14**, 103—06, 1961; Tokyo, Univ. of Tokyo, Inst. of Appl. Microbiol.; engl.) — Aus einer mit *Streptomyces flavochromogenes* verwandten Streptomycesart wurde ein Antibioticum, *Amidinomycin* (**I**), isoliert, das sporenbildende Bakterien teilweise hemmt; **I**-*Reineckat*, $C_9H_{18}N_4O \cdot 2\,H[Cr(NH_3)_2(SCN)_4]$, F. 208—211° (Zers.), rosa Nadeln; **I**-*Sulfat*, $C_9H_{18}N_4O \cdot H_2SO_4$, F. 285—288° (Zers.), Nadeln, Platten, $[\alpha]_D^{21}$ —3,9° (c = 3%; W.). **I**-Hydrolyse mit 6n HCl (110°, 30 Min.) gab *3-Aminocyclopentancarbonsäure* u. *β-Guanyläthylamin*, weitere Hydrolyse des letzten *β-Alanin*. **I** ist demnach *N-[β-Guanyläthyl]-3-aminocyclopentancarbonsäureamid*. DL_{50} von **I**-Sulfat, 18 mg/kg Maus intravenös. K. Maier 4611

1414 **Wirkungen von Hamycin, einem neuen antifungalen Antibioticum, auf die Elektrolyte im Rattenherz.** H. R. K. Arora und V. Arora. (Med. exp. [Basel] **7**, 280—86, 1962; New Delhi, Maulana Azad Med. Coll., Dep. of Pharmacol. and All India Inst. of Med. Sci.; engl.) — *Hamycin* (**I**), ein Antibioticum mit fungicider Wrkg., verursacht bei Perfusion des Rattenherzens in einer Konz. von 10^{-6} g/ml innerhalb von 15—20 Min. systol. Herzstillstand. Dabei kommt es gleichzeitig zur Abnahme des Gewebewassers, Verminderung der Gewebe-Konz. an *K* u. Vermehrung der Gewebe-Konz. von *Na*, prozentualer auf das Trocken-Gew. bezogener Verringerung des Gesamt-Geh. an *Na* u. *K*, jedoch zu keiner Änderung der Gesamtgewebe-Konz. an *Na* u. *K* u. Anstieg des Verhältnisses Resttrocken-Gew. zum Gesamtgewebe-Geh. an *Na* u. *K*. Diese Veränderungen sind ähnlich denen nach Digitalisverabreichung bei digitalisempfindlichen Tieren. Wahrscheinlich beruht die Herzwirksamkeit von **I** auf diesen Elektrolytveränderungen. K. Böhm 4611◇

1415 **Klinische Untersuchung mit Cathomycin.** S. Watanabe, Y. Asada und K. Tachibana. (Acta dermatol. [Kyoto] **56**, 69—73, 1961; Kyoto Univ., Med. School, Dep. of

Dermatol.; jap., Auszug: engl. S. 7.) — *Cathomycin* zeigte bei Hautkrankheiten Heilwrkg., teilweise in solchen Fällen, wo andere Antibiotica (Penicillin, Chloramphenicol, Streptomycin, Tetracyclin, Erythromycin) u. Sulfonamide unwirksam sind. Cathomycin zeigt ausgezeichnete antibiot. Wrkg. gegen Staphylokokken. Mit Ausnahme von Nausea in wenigen Fällen traten keine Nebenwrkg. auf. W. Hiller 4611◇

1416 **Der Mechanismus der Fettleberbildung durch Antibiotica-Verabreichung.** Madoka Ito. (Nagoya J. med. Sci. **25,** 37—59, 1962; Nagoya Univ., School of Med., 2nd Dep. of Internal Med.; engl.) — Im Gegensatz zur CCl_4-Fettleber entsteht die Antibiotica-Fettleber langsamer u. ist von geringerem Ausmaß. Als Ursache wird eine Störung des Lipidstoffwechsels angenommen, die durch eine Hemmung der *Bernsteinsäuredehydrogenase* u. der *Fettsäureoxydasen* eingeleitet wird. P. Gregorzewski 4611◇

1417 **Pharmakologische und therapeutische Untersuchung über Penicillinase.** Lucas Bermudo Fernandez. (Medicamenta **13,** 63—65, 1961; Sevilla, Acad. C. de Real Acad. de Med.; span.) — Übersicht über phys.-chem. Eigg., Anwendungsmöglichkeiten, Kontakt-Rkk., Vorsichtsmaßnahmen bei der Anwendung, Dosierung u. prophylakt. Verabreichung von Penicillinase. — 12 Literaturangaben. K. Zingraf 4614◇

1418 **Die Wirkung von Salicylatvergiftung auf die Ausscheidung von Aminosäure bei der Ratte.** Helen K. Berry und George M. Guest. (Metabolism, clin. and exp. **12,** 760—70, 1963; Cincinnati, Ohio, Children's Hosp. Res. Found; Univ. of Cincinnati, Coll. of Med., Dep. of Pediatr.; engl.) — Bei akuter Vergiftung durch eine Einzelinjektion von *Natriumsalicylat* war die Ausscheidung von *Glutaminsäure* 2 Std. nach Injektion auf das 100fache erhöht. Innerhalb von 24 Std. entwickelte sich eine ausgeprägte Aminoacidurie, die bis zu 48 Std. anhielt, begleitet von Glucosurie u. Proteinurie. K. Zingraf 4615◇

1419 **Die Wirkung von Salicylat auf unveresterte Fettsäuren des Plasmas.** Sheldon G. Gilgore, W. Lawrence Drew und Joseph J. Rupp. (Amer. J. med. Sci. **245,** 456—58, 1963; Philadelphia, Pa., Jefferson Med. Coll., Dep. of Med., Div. of Endocrinol.; engl.) — Durch i.v. Infusion von *Na-Salicylat* (**I**; 5 g in 500 ml physiolog. NaCl-Lsg. über die Dauer von 2 Std. infundiert) kommt es bei normalen Personen zu einem ca. 20%ig. Anstieg des Plasma-Geh. an *unveresterten Fettsäuren* (**II**); der *Blutzucker* bleibt unverändert. Bei Diabetikern dagegen kommt es durch **I** zu einem ca. 50%ig. **II**-Anstieg u. einer durchschnittlichen Verminderung des Blutzuckerspiegels um 28%. Die Wrkg. von **I** auf den Blutzucker kann nicht mit einer Steigerung der *Insulin* (**III**)-Abgabe zusammenhängen, da **III** ja zu einer **II**-Verminderung im Plasma führt. **I** hat demnach eine **III**-artige Wrkg. auf den Kohlenhydratstoffwechsel (des Diabetikers) u. übt andererseits eine im Gegensatz zur antilipolyt. Wrkg. von **III** stehende lipolyt. Wrkg. aus oder interferiert mit der peripheren **II**-Verwertung. U. Tausendfreund 4615◇

1420 **Hämiglobinbildung im Blute des Menschen nach Einnahme von Phenacetin und von N-Acetyl-p-aminophenol.** Manfred Kiese und Hartmut Menzel. (Naunyn-Schmiedebergs Arch. exp. Pathol. Pharmakol. **242,** 551—54, 1962; Tübingen, Univ., Pharmakol. Inst.; dt.) — Bei gesunden Personen stieg nach Einnahme von 2mal je 1 g *Phenacetin* im Abstand von 20 Min. die Konz. des *Hämiglobins* im Blut von 1,2 ± 0,1 (%) des Gesamt-Blutfarbstoffs auf 3,0 ± 0,22 an u. nach Einnahme von 2mal je 0,843 g *N-Acetyl-p-aminophenol* auf 1,7 ± 0,1. W. Wesly 4615◇

1421 **Nierenschädigung nach Phenacetinabusus.** Paul Eckey. (Z. ges. inn. Med. Grenzgebiete **17,** 1046—50, 1962; Forst/Lausitz, Krankenhaus, Inn. Abt.; dt.) — In 1 von 2 Fällen mit interstitieller Nephritis nach jahrelangem *Phenacetin* (**I**)-Abusus konnte **I** als ätiolog. Faktor mitverantwortlich gemacht werden. U. Tausendfreund 4615◇

1422 **Der durch Carrageenin induzierte Absceß als neue Prüfmethode für die antientzündliche Wirkung von Steroiden und anderen Wirkstoffen.** K.-F. Benitz und L. M. Hall. (Arch. int. Pharmacodynam. Thérap. **144,** 185—95, 1963; Pearl River, N.Y., Amer. Cyanamid Comp.; engl.) — Vff. bestimmen das Gew. von durch subkutane Injektion einer 2%ig. wss. *Carrageenin* (**I**)-Lsg. bei ♀ Ratten induzierten Abscessen (patholog. Gewebe + Exsudat) unter dem Einfl. von *Hydrocortisonacetat* (**II**), *Prednisolon* (**III**), *Triamcinolon* (**IV**), *Na-Salicylat* (**V**), *Phenylbutazon* (Na-Salz, **VI**) u. einer Kombination von **VI** u. *Aminopyrin* (**VII**, 1:1) oral bzw. intraperitoneal. Die Absceß-Bldg. ist abhängig von der applizierten **I**-Menge u. wird nur geringfügig durch das Körper-Gew. beeinflußt. Die nach Zufuhr vorst. Verbb. beobachtete Abnahme des Absceß-Gew. ist nur dann als antientzündliche Wrkg. anzusehen, wenn die betreffende zugeführte Substanz keine lokal erregenden Effekte ausübt. So vermindern intraperitoneale Gaben von **I** (150 mg/kg) oder Diatomeenerde (200) das Absceß-Gew. infolge einer die Bldg. von patholog. Gewebe inhibierenden Peritonitis. Eine solche lokale Reiz-Wrkg. läßt sich durch orale Applikation vermeiden. Von den untersuchten Verbb. vermindern **II** (120 mg/kg), **III** (12) u. **IV** (12) die Absceß-Bldg. um 48—59%; eine geringere Wirsamkeit (Gew.-Abnahme um 31—41%) zeigen **V** (400); **VI** (300) u. **VI**—**VII** (300). P. Fahrnlaender 4617◇

1423 **Wirkung wiederholter Atophan-Dosen auf die Ascorbinsäure-Konzentration im Blut des Hundes.** José A. Santome und Carlos Tanturi. (Rev. Asoc. bioquím. argent. **27,** 116—21, 1962; Buenos Aires, Univ., Fac. de Ci. Méd., Labor. de Patol. y Cir. Experim.; span.) — Tägliche orale Verabreichung von 2 g *Atophan* täglich, 7 bzw. 15 Tage lang, bewirkte bei Hunden eine deutliche Zunahme des *Ascorbinsäure*-Geh. im Blut. K. Zingraf 4617◇

1424 **Über die akute Wirkung von Phenylbutazon auf den Wasserhaushalt.** B. Siró und J. Hankiss. (Z. ges. inn. Med. Grenzgebiete **17,** 1071—73, 1962; Debrecen, Univ., I. Med. Klin.; dt.) — Es wird angenommen, daß die nach Verabreichung von *Phenylbutazon* zu beobachtende akute Retention von *W.* (u. *Na*) nicht als Nebenwrkg. zu werten ist, sondern zu den pharmakolog. Wrkg. gehört u. in geringerem Maße in allen Fällen, in ausgeprägter Weise bei bestimmten Fällen in Erscheinung tritt. U. Tausendfreund 4617◇

1425 **Monoaminooxydase (MAO) und ihre Hemmbarkeit.** P. Cooper. (West African Pharmacist **3,** 81—83, 93, 1961; engl.) — Übersicht. — 6 Literaturangaben. Dorothea Hoffmann 4620◇

1426 **Inotrope Wirkung der sympathicomimetischen Amine und Phosphorylase-Aktivität des isolierten Rattenherzens.** E. Lacroix und I. Leusen. (Arch. int. Pharmacodynam. Thérap. **133,** 89—100, Aug./Sept. 1961; Gand, Univ., Labor. de Physio-Pathol.; franz.) — Im isolierten Langendorffschen Rattenherzen nahm mit dem Eintritt der positiv-inotropen Wrkg. von *Noradrenalin* (**I**) u. *Tyramin* (**II**) die Phosphorylaseaktivität zu. Vorbehandlung mit *Reserpin* hebt die Wrkg. von **II**, nicht jedoch von **I**, auf. Vorbehandlung mit *Iproniazid* beeinflußt die Wrkg. von **II** nicht. Zusatz von *Dichlorisoproterenol* in einer Konz. von $^1/_{2000000}$ zur Durchströmungs-Fl. hebt die Wrkg. von **I** auf. K. Zingraf 4620◇

1427 **Die Wirkung von Epinephrin und Hexamethoniumbromid auf die Lungenventilation beim Menschen.** A. Bouhuys, R. Jönsson, S. Lichtneckert, S.-E. Lindell, C. Lundgren und G. Lundin. (Acta physiol. pharmacol. neerl. **8,** 437—46, 1959; Lund, Univ., Inst. of Physiol.; engl.) — Inhalation von *Epinephrin*-Aerosol bewirkte bei Normalpersonen keine Veränderung der Verteilung des eingeatmeten O_2 in der Lunge. Der Spontantonus der Bronchialmuskulatur ist zu schwach, um die Luftverteilung in der Lunge zu beeinflussen. Durch subkutane Injektion von *Hexamethoniumbromid* wurde die N_2-Clearance der Lunge bei 3 von 4 Personen geringfügig verzögert. K. Zingraf 4620◇

1428 **Einfluß von Meprobamat und Emylcamate auf das Verhalten des Menschen im verlängerten Serientest.** Paul Bertelson und Rachel Joffe. (Psychopharmacologia [Berlin] **3,** 242—53, 5/10. 1962; Bruxelles, Univ., Labor. de Psychol.; franz.) — An 63 normalen Studenten wurde die Wrkg. von *Meprobamat* (1200 mg) bzw. *Emylcamate* (*1-Äthyl-1-methylpropylcarbamat*; 1200 mg) auf das Verh. im 40-Min.-Test (4 wechselnden Signalen entsprechende Tasten zuordnen) untersucht. Beide Verbb. hemmen die Rk.-Geschw., während sie auf Fehler bzw. Rk.-Blockierung (überlange Wartezeiten) keinen Einfl. ausüben. In diesen vorläufigen Unterss. ließen sich keine Unterschiede zwischen beiden Verbb. nachweisen. P. Schwerdtfeger 4620◇

1429 **Untersuchungen über die Wirkung von Iproniazid auf einige Funktionen und Metaboliten des Gehirns weißer Mäuse und über die Modifizierung der Reserpinwirkung durch Iproniazid.** C.-J. Estler. (Med. exp. [Basel] **7**, 335—43, 1962; Nürnberg, Pharmakolog. Inst. der Univ. Erlangen; dt.) — Bei der Unters. der Wrkg. von *Iproniazid* u. *Reserpin*, die einzeln u. kombiniert an weiße Mäuse verabreicht wurden, stellte Vf. fest, daß 100 mg Iproniazid/kg keine merklichen Verhaltensänderungen hervorriefen, im Gehirn jedoch eine vorübergehende Erhöhung des *Glykogen-* u. *Kreatininphopshat*-Geh. nach 30 Std., eine Abnahme von *Adenosintriphosphat* (*ATP*) nach 48—72 Std. u. der *Hexokinase* nach 72 Std. bewirkten. Die durch 1 mg Reserpin/kg hervorgerufenen Funktionsänderungen (Sedierung, Hypothermie, verminderter O-Verbrauch) wurden durch 24 Std. zuvor erfolgte Verabreichung von 100 mg Iproniazid/kg antagonist. beeinflußt. Die reserpinbedingten Veränderungen im Gehirn-Metabolit-Geh. (Glykogen- u. ATP-Zunahme nach 6 Std., Kreatininphosphatabnahme nach 6—24 Std.) wurden nicht verändert. Die durch Iproniazid u. Reserpin hervorgerufenen Änderungen im Gehirn-Metabolit-Geh. scheinen in keinem Zusammenhang mit den untersuchten Funktionsänderungen u. den Veränderungen im Gehirn-Serotonin- u. -Noradrenalin-Geh. zu stehen. U. Drehmann 4620◇

1430 **Einige Beobachtungen über die Wechselwirkung von Chlorpromazin und anfallsweisen Fluchtreaktionen in Freiheit.** Fogle C. Clark und Bobby J. Steele. (Psychopharmacologia [Berlin] **4**, 221—31, 1963; Evansville, Ind., Evansville State Hosp., Res. Dep.; engl.) — Im Sidman-Schema nimmt die Quote der Flucht-Rkk. im allg. mit steigenden Dosen von *Chlorpromazin* (I) als Funktion der Dosis ab; gleichzeitig nimmt die Schockquote ebenfalls als Funktion der Dosis zu. Bei Vers.-Objekten, die ausgeprägte Ausbrüche nach dem Schock zeigen, zeigte die Schockquote das übliche Verh., aber die Quote der Flucht-Rkk. nahm zu, wenn kleinere Dosen als 1,0 mg I/kg verabreicht wurden. Wenn Ausbrüche zusätzlich bestraft wurden, konnte das übliche Verh. wiederhergestellt werden. K. Zingraf 4620◇

1431 **Einfluß des Chlorpromazins auf die Aufnahme des ^{35}S-Methionins durch Kern und Cytoplasma.** R. Gonfiantini und A. Longinelli. (Experientia [Basel] **18**, 220—22, 1962; São Paulo, Univ. of São Paulo, Med. School, Labor. of Cell Physiol. and Clinica Psiquiátrica; engl.) — Ratten wurden mit *Chlorpromazin* behandelt u. erhielten eine Injektion von *^{35}S-Methionin.* Die Radioautographien der histolog. Schnitte zeigten, daß *Chlorpromazin* eine Hemmwrkg. auf die Synth. des Kern- u. Cytoplasmaproteins ausübt. Die Zellen, welche eine große Synth.-Geschw. des Proteins ausüben, sind am meisten beeinflußt. O. Jansen 4620◇

1432 **Chlorpromazin beim Schutz von akuten Wirkungen von durch extensiv hohe Temperaturen hervorgerufenen Hautschädigungen bei Ratten.** Leif Horn und John Marquis Converse. (Proc. Soc. exp. Biol. Med. **113**, 194—97, 1963; New York, N.Y., Univ., School of Med., Dep. of Surg.; engl.) — Erhalten Ratten unmittelbar nach den durch hohe Temp. erfolgten Läsionen eine *Chlorpromazin*-Injektion, so werden die rasch eintretenden letalen tödlichen Wrkg. verhindert. Die Injektion zeigt jedoch bei der späteren Periode eine größere Mortalität. W. Hiller 4620◇

1433 **Das Addiction Research Center Inventory: Standardisierung von Skalen zur Bewertung subjektiver Wirkungen von Morphin, Amphetamin, Pentobarbital, Alkohol, LSD-25, Pyrahexyl und Chlorpromazin.** Harris E. Hill, Charles A. Haertzen, Albert B. Wolbach jun. und Edward J. Miner. (Psychopharmacologia [Berlin] **4**, 167—83, 1963; Lexington, Ky., PHS Hosp., Nat. Inst. of Mental Health Addict. Res. Center; engl.) — Das ,,Addiction Research Center Inventory", ein Fragebogen mit 550 Fragen zur Beurteilung von subjektiven Wrkg. von Arzneimitteln u. von Persönlichkeitscharakteristiken, wurde standardisiert u. ohne Verabreichung von Arzneimitteln sowie nach Anwendung von Placebo, *Morphin, Amphetamin, Pentobarbital, A., LSD-25, Pyrahexyl* u. *Chlorpromazin* angewandt. K. Zingraf 4620◇

1434 **Stimulation und Sedation bei der Behandlung depressiver Zustände.** G. Lai. (Psychopharmacologia [Berlin] **4**, 206—20, 1963; Lausanne, Clin. psychiatr. univ.; franz.) — 104 Patienten mit Depressionszuständen wurden mit *Amitriptylin* (I) behandelt. Die Wrkg. von I liegt zwischen der von Chlorpromazin, dessen sedative Eigg. es teilt, u. Imipramin, dessen stimulierende Eigg. es ebenfalls besitzt. K. Zingraf 4620◇

1435 **Hemmung der Dopadecarboxylase durch das Hydrazinoanaloge von α-Methyldopa.** C. C. Porter, L. S. Watson, D. C. Titus, J. A. Totaro und S. S. Byer. (Biochem. Pharmacol. **11**, 1067—77, 1962; West Point, Pa., Merck Inst. for Therapeut. Res.; engl.) — Die α-Hydrazinoanalogen von *α-Methyldopa* zeigen folgende Hemmung der *L-Dopadecarboxylase* in vitro (in Konzz. von 0,002 μMol in 2,8 ml): β-Phenylpropionsäuren: *3.4-Dihydroxy-α-hydrazino-* 72%; *3.4-Dihydroxy-α-methyl-α-hydrazino-* (I) 85%; *3-Hydroxy-α-hydrazino-* 50%; in Konzz. von 0,20 μMol in 2,8 ml *α-Methyl-α-hydrazino-* 77%; *3-Methoxy-4-hydroxy-α-methyl-α-hydrazino-* 83%; *3.4-Dihydroxy-α-methyl-α-amino-* (α-Methyldopa) 25%; *4-Methoxy-α-hydrazino-* 55%; *α-Hydrazinocapronsäure* 24%; *α-Hydrazinoisovaleriansäure* 26% u. *α-Hydrazino-α-äthylbuttersäure* 20% (bei 0,10 μMol in 2,8 ml). In vivo hemmt I die Akkumulation von *Serotonin* (II) von Mäusen, die *5-Hydroxytryptophan* erhalten haben u. die Exkretion von II durch den Harn bei Ratten, die 5-Hydroxytryptamin erhalten haben. I vermindert die Ausatmung von $^{14}CO_2$ bei Ratten, die *L-^{14}C(COOH)-Tyrosin, -Phenylalanin* oder *-α-Methyldopa* erhalten haben, nicht aber die von *^{14}C(COOH)-DL-Glutaminsäure.* I häuft sich in den Nieren an, ist jedoch nicht im Gehirn nachzuweisen. Ratten decarboxylieren I mit größerer Geschw. nach oraler Anwendung im Vgl. zu intraperitonealer Anwendung. *Monoaminoxydase* wird in vivo durch I nicht gehemmt. W. Hiller 4620◇

1436 **Untersuchung über experimentelle Äquivalente bei hallucinogener Wirkung. Wirkung von Hallucinogenen auf die Rektaltemperatur des Kaninchens und auf die Morphin-Wirkung bei der Maus.** J. Jacob, C. Lafille, G. Loiseau, P. Echinard-Garin und C. Barthelmy. (Med. exp. [Basel] **7**, 296—304, 1962; Paris, Inst. Pasteur, Labor. de Pharmacol., Serv. de Chim. thérapeut.; franz.) — Untersucht wurde der Einfl. von *LSD, Bromlysergamid* (**I**), *Psilocybin* (**II**), *Dimethyltryptamin* (**III**), *Diäthyltryptamin* (**IV**), *Amphetamin* (**V**), *JB 318, JB 336, Dinitrophenol* (**VI**), *Mezcalin* (**VII**), *α-Äthyltryptamin* (**VIII**), *Phencyclidin* (**IX**), *Pentetrazol* (**X**) u. *Nalorphin* (**XI**) auf die Körper-Temp. beim Kaninchen u. die *Morphin* (**XII**)-Wrkg. bei der Maus. Es besteht bei *LSD*, **I**, **II**, **III**, **IV** u. **VII** eine auffällige Korrelation zwischen der temperatursteigernden Wrkg. beim Kaninchen, dem antianalget. Effekt an der Maus u. der hallucinogenen Wrkg. am Menschen. *JB 318* u. *JB 336* wirken ebenfalls temperatursteigernd u. antianalget., ihre hallucinogenen Eigg. scheinen aber auf einem andersgearteten Mechanismus gegenüber **XII** bei Mäusen zu beruhen. **V**, **VIII**, **IX** u. **X** wirken nur temperatursteigernd u. **XI** nur antianalgetisch. K. Böhm 4620◇

1437 **Wirkung von Verbindungen auf den Blutdruck und das Verhalten von Ratten bei chronischer Fluchtsituation.** M. D. G. Aceto, W. J. Kinnard und J. P. Buckley. (Arch. int. Pharmacodynam. Thérap. **144**, 214—25, 1963; Pittsburgh, Pa., Univ. of Pittsburgh, School of Pharm., Dep. of Pharmacol.; engl.) — Der Stress infolge dauernder Anwendung des Kletterstangen-App. bei Ratten bewirkte einen Blutdruckanstieg, der im ersten Monat am höchsten war. Er wurde durch *d-Amphetaminsulfat, N-Äthylpiperidyl-(3)-phenylcyclopentylglykolathydrochlorid* (*JB-329, Ditran*) u. *5-[o-Methoxyphenoxymethyl]-oxazolidin-(2)* (*OM-518*) nicht beeinflußt u. durch Reserpin oder Chlorpromazin etwas verringert. K. Zingraf 4620◇

1438 **Die parasympathische Wirkung von α-Hydroxymethyl-α-phenylpropionsäure-β-diisopropylaminoäthylesterhydrochlorid.** G. Bianchi und G. Maffii. (Farmaco [Pavia], Ediz. sci. **18**, 346—69, 1963; Milano, Lepetit S. p. A., Labor. di Farmacol.; ital.) — *α-Hydroxymethyl-α-phenylpropionsäure-β-diisopropylaminoäthylesterhydrochlorid* (*L 1903*) zeigte im Tier-Vers. eine parasynapticolyt. Wrkg., die der von *Atropin* vergleichbar war u. die des *Probanthins* bei oraler Verabreichung übertraf. K. Zingraf 4620◇

1439 **Hemmung des Peristaltikreflexes des isolierten Meerschweinchendarmes durch einige Parasympathicolytica nach Einführung ins Darmlumen.** G. Bianchi. (Farmaco [Pavia], Ediz. sci. **18**, 370—77, 1963; Milano, Lepetit S.p. A., Labor. di Farmacol.; ital.) — Vgl. vorst.

Referat. — Bei Zusatz zum Medium war zur Hemmung des Peristaltikreflexes am isolierten Meerschweinchendarm eine 3mal höhere Konz. von *α-Hydroxymethyl-α-phenylpropionsäure-β-diisopropylaminoäthylesterhydrochlorid* (*L 1903*) als von *Probanthin* oder *Atropin* erforderlich. Wenn die Substanzen in das Darmlumen eingeführt wurden, so war die zur Hemmung erforderliche Konz. etwa gleich, aber höher als bei Zusatz zum Medium. K. Zingraf 4620◇

1440 **Die Hemmwirkung von Psilocybin und verwandten Verbindungen auf menschliche Cholinesterasen in vitro.** Elmer K. Zsigmond, Vera M. Foldes und Francis F. Foldes. (Psychopharmacologia [Berlin] **4**, 232—34, 1963; Pittsburgh, Pa., Mercy Hosp., Dep. of Anesth.; Univ. of Pittsburgh, School of Med., Dep. of Anesth.; engl.) — Bei *Psilocybin, Bufotenin* u. *Serotonin* besteht wie bei Lysergsäurediäthylamid u. seinen Derivv. keine Beziehung zwischen der *Anticholinesterase*-Aktivität in vitro u. der halluzinationserzeugenden Wrkg. in vivo. K. Zingraf 4620◇

1441 **Biologische und pharmakologische Wirkungen der Monoaminoxydasehemmstoffe. Die Kombination Tranylcypromin-Trifluoperazin bei der Behandlung der depressiven Syndrome.** Felice Riccardo Grattarola, Giuseppe Rosso und Gian Giacomo Rovera. (Clinica terapeut. [Roma] **26**, 406—30, 1963; Torino, Univ., Clin. delle Mal. Nerv. e Ment.; ital.) — 100 Patienten mit depressiven Syndromen wurden 30 mg *Tranylcypromin* täglich mit oder ohne Zusatz von *Trifluoperazin* behandelt. Die Angst u. Depression wurde oft schon am 2.—3. Behandlungstag gebessert. Bei 73 Patienten war der Erfolg zufriedenstellend, bei 44 sehr gut (bes. bei Involutionsmelancholikern u. endogenen depressiven Psychosen). K. Zingraf 4620◇

1442 **Die Wirkung verschiedener Psychopharmaca auf die spontane Alternation der Ratte.** E. Grandjean und K. Bättig. (Helv. physiol. pharmacol. Acta **20**, 373—81, 1962; Zürich, ETH, Inst. für Hyg. u. Arbeitsphysiolog.; engl.) — Unter spontaner Alternation der Ratte versteht man die Tendenz der Tiere bei wiederholter Ankunft an der gleichen Wegegabelung stets die der vorausgehenden Richtungsänderung entgegengesetzte einzuschlagen. In einem einfachen T-Labyrinth lag die durchschnittliche Alternationshäufigkeit unbeeinflußter Ratten bei 70—75%. Auf intraperitoneale Verabreichung von 1,2 u. 4 mg *Amphetamin*/kg bzw. 5, 10 u. 20 mg *Tofranil*/kg bestand eine nicht signifikante Tendenz zur Abschwächung der Alternation mit gleichzeitig signifikanter, dosisabhängiger Verlangsamung der Laufgeschwindigkeit. *Amobarbital* (10, 20, 40 mg/kg) red. die Alternationshäufigkeit signifikant u. dosisabhängig, ließ die Laufgeschw. unbeeinflußt. *Methaminodiazepoxid* (*Librium*, 20, 40, 80 mg/kg) red. beide Wrkg. signifikant. *Chlorpromazin* (*Largactil* 0,75, 1,5, 3 mg/kg) verlangsamte, erhöhte aber bei höherer Dosierung die Alternationshäufigkeit. *Meprobamat* (Miltown, 20, 40, 80 mg/kg) red. die Alternation, erhöhte aber die Laufgeschwindigkeit. Die Alternation ist also ein Phänomen, das mehr als nur depressive oder stimulierende Stoff-Eigg. sichtbar macht. W. Biehler 4620◇

1443 **Pyridyläthylierte d-α-Methylphenäthylamine.** Seymour L. Shapiro, Ira M. Rose, Frank C. Testa und Louis Freedman. (J. org. Chemistry **26**, 1323—24, 1961; Yonkers, N.Y., U. S. Vitamine and Pharmaceut. Corp., Organ. Res. Div.; engl.) — Zur Unters. der analept. Aktivität werden verschiedene N-substituierte *N-[2-Pyridyläthyl]-d-α-methylphenäthylamine* dargestellt. Bei *N-[2-Pyridyl-(2)-äthyl]-d-α-methylphenäthylamin* [**II**; DL$_{min}$ 75 (mg/kg); Testdosis: 10 (mg/kg); 166 (% der Aktivität von] d-α-Methylphenäthylamin; I] ist gegenüber **I** eine Aktivitätssteigerung zu verzeichnen, während *N-[p-Methoxybenzoyl]*- (1000; 100; 22), *N-[o-Äthoxybenzoyl]-N-[2-pyridyl-(2)-äthyl]-d-α-methylphenäthylamin* (1000; 100; 26), *N-[2-Pyridyl-(4)-äthyl]-d-α-methylphenäthylamin* (100; 10; 28) u. *N-{2-[5-Äthylpyridyl-(2)]-äthyl}-d-α-methylphenäthylamin* (75; 10; 30) geringere Wirksamkeit als **I** besitzen.

Versuche: d-α-Methylphenäthylamine: *N-{2-[5-Äthylpyridyl-(2)]-äthyl}-*, $C_{18}H_{24}N_2$, Kp. 148—150°, durch 8std. Kochen von **I**, 2-Vinyl-5-äthylpyridin u. Essigsäure in Methanol u. Fraktionieren; $[\alpha]_D^{20}$ +22,30° (Methanol); 46% (Ausbeute). — *N-[2-Pyridyl-(2)-äthyl]*- (**II**), $C_{16}H_{20}N_2$, Kp.$_{0,05}$ 120°; $[\alpha]_D^{20}$ +21,40° (Methanol); 66%. — *N-[2-Pyridyl-(2)-äthyl]-N-acetyl-*, $C_{18}H_{22}N_2O$, Kp.$_{0,16}$ 170—179°, durch 1std. Kochen vorst. Verb. in Acetanhydrid, Zugabe von W., Alkalisieren u. Extraktion mit Bzl.; 87%. *Methojodid*, $C_{19}H_{25}JN_2O$, F. 151—152° (Essigester), durch 2std. Kochen des Amids in Acetonitril mit Methyljodid; 85%. — *N-[2-Pyridyl-(2)-äthyl]-N-[p-methoxybenzoyl]-*, $C_{24}H_{26}N_2O_2$, Kp.$_{0,03}$ 238 bis 242°; 39%. — *N-[2-Pyridyl-(2)-äthyl]-N-[o-äthoxybenzoyl]-*, $C_{25}H_{28}N_2O_2$, Kp.$_{0,03}$ 226—229°; 47%. — *N-[2-Pyridyl-(2)-äthyl]-N-[3.4.5-trimethoxybenzoyl]-*, $C_{26}H_{30}N_2O_4$, F. 117—118° (Hexan/Bzl.), durch 1std. Zutropfen von **II** in Bzl. zu 3.4.5-Trimethoxybenzoylchlorid in Bzl. bei 25—30° unter Rühren, 1std. Kochen, 24std. Stehen bei 20°, Extrahieren mit HCl u. Alkalisieren der sauren Lsg.; 58%. — *N-[2-Pyridyl-(4)-äthyl]-*, $C_{16}H_{20}N_2$, Kp.$_{0,08}$ 128—134°; $[\alpha]_D^{20}$ 24,30° (Methanol); 53%. — *N-[2-Pyridyl-(4)-äthyl]-N-[o-äthoxybenzoyl]-*, $C_{25}H_{28}N_2O_2$, F. 103—106° (Hexan/Bzl.); 57%. Klaus Lange 4622△

1444 **Die Behandlung abnormer Regelungsvorgänge des Kreislaufs mit einem neuen zentralen Analepticum, 2-Äthyl-3.3-diphenylpropen-(2)-ylamin.** K. Bachmann. (Arzneimittel-Forsch. **13**, 168—73, 1963; Erlangen-Nürnberg, Univ., Medizin. Klinik; dt.) — Pharmakodynam. Kreislauf-Unterss. mit dem zentralen Analepticum *2-Äthyl-3.3-diphenylpropen-(2)-ylamin* (*Gilutensin*, Gebr. Giulini) bei 16 Herzgesunden (direkte arterielle Blutdruckregistrierung im Liegen u. bei orthostat. Belastung) weisen neben blutdrucksteigernder auch auf stabilisierende Wrkg. der Substanz. Bedeutsam ist die Normalisierung der Übergangsfunktion, was zur Verminderung oder Beseitigung abnormer Regelungsvorgänge des Kreislaufs bei stat. Blutdrucklabilität führt. U. Tausendfreund 4622◇

1445 **Der Antiprurituseffekt von R 516 (Glanil) bei Hautkrankheiten.** Alf Björnberg, Håkan Gisslén und Lars Hellgren. (Acta allergol. [Copenhagen] **16**, 374—79, 1961; Gothenburg, Sahlgrenska Sjukhus, Hudklinik; engl.) — *1-Benzhydryl-4-cinnamylpiperazin* (**I**; *R 516*) ist ein neues Antihistaminicum von extrem niedriger akuter u. chron. Toxizität. Bei 36 Patienten mit Dermatosen, die von Hautjucken begleitet waren, gab die Tagesdosis von 15 mg **I** mit 90% Signifikanz eine Antiprurituswirkung. K. Maier 4625◇

1446 **Schicksal einiger Sedativa im Körper.** 1. Mitt. **α-Bromisovalerylharnstoff (Bromural).** Kanji Haruna. (J. Biochemistry [Tokyo] **49**, 388—91, Mai 1961; Okayama, Okayama Univ., Med. School, Dep. of Biochem.; engl.) — *α-Bromisovalerylharnstoff* (*Bromural*) wurde an Frauen verabfolgt u. aus dem Urin konnte dann als Stoffwechsel-Prod. *S-[Isopropylcarboxymethyl]-cystein* [*Isovalthin*; **I**], $C_8H_{15}NO_4S$, F. 213° (Zers.), isoliert u. identifiziert werden. **I** wurde sowohl in der N-freien als auch N-gebundenen Form ausgeschieden. Es konnte auch aus dem Urin von Patienten mit Hypercholesterinämie u. Patienten mit Kretinismus u. schwerem Diabetes isoliert werden. Bei Katzen führt die Zufuhr von Leucin zu einer auffallenden I-Urinausscheidung. K. Böhm 4627◇

1447 **Radiochemische Reinheit von durch Tritiumaustausch markiertem Barbital.** C. R. Boshart, G. K. W. Kim und T. S. Miya. (J. Pharmac. Sci. **51**, 385—86, 1962; Pearl River, N.Y., Amer. Cyanamid, Lederle Labor. Div.; engl.) — Ein nach der Wilzbach-Meth. mit T markiertes *Barbital* erweist sich durch Umkristallisieren, durch Fl.-Fl.-Verteilung u. Papierchromatographie als Prod. von mindestens 95%ig. radiochem. Reinheit. Die biolog. Stabilität ist in 2 Std. ebenfalls >95%. Das Präp. hat eine spezif. Aktivität von 253 mc/g. W. Holland 4627◇

1448 **Neue Wirkung von Cocain.** Theodore Koppanyi und Gloria Comulada Feeney. (Science [Washington] **129**, 151—52, 1959; Washington, D.C., Georgetown Univ., Dep. of Pharmacol., School of Med. and Dent.) — Bei Katzen in Chloraloseanästhesie wurde die Wrkg. von *Acetylcholin* (**I**) auf die Nickhaut, den Blutdruck u. die Herzfrequenz bestimmt. Dann wurden 3 mg *Cocain* (**II**)/kg verabreicht. Nach einer Latenzzeit von 60 Sek. steigt die Spannung der Nickhaut an, gleichgültig, ob der Halssympathicus erhalten war oder nicht oder die Tiere adrenalektomiert wurden. Erhielten die Tiere 10 mg *Hexamethonium*/kg, so wurde die Höhe der Kontraktionen nicht aufgehoben, in einigen Fällen wurde sie sogar gesteigert. Intravenöse Injektion von 100 γ *Atropin*, das die Nickhaut-Rk., den Vasodepressoreffekt u. den Herzeffekt aufhebt, kehrte die I-Wrkg. nicht in einen Pressoreffekt um. Eine Erklärung für diese Befunde kann noch nicht gegeben werden. K. Böhm 4627◇

1449 **Wirkungen einiger pharmakologischer Wirkstoffe auf die Erschöpfungszeit und das Verhalten von Mäusen beim Schwimmen bei 20°. 1. Mitt. Beschreibung der Technik. — Wirkungen von Amphetamin, Cocain, Coffein, Hexobarbital und Meprobamat.** J. Jacob und G. Michaud. (Arch. int. Pharmacodynam. Thérap. **133**, 101—15, 1961; Paris, Inst. Pasteur, Serv. de Chim. Thérap., Labor. de Pharmacol.; franz.) — 2. vgl. C. **1963**, 20115. — Der Eintritt der Ermüdung bei Mäusen, die in W. von 20° schwammen, wurde durch *Amphetamin*, *Cocain*, *Coffein* u. nichtnarkot. Dosen von *Hexobarbital* (**I**) nicht beeinflußt, durch Dosen von **I** oder von *Meprobamat* (**II**), die zur Narkose bzw. Pseudonarkose führten, beschleunigt u. durch niedrigere Dosen von **II** verzögert. K. Zingraf 4627◇

1450 **Vergleich der Wirkungen von einzelnen Dosen von Morphin und Thebain auf Körpertemperatur, Aktivität und Hirn- und Herzgehalte an Brenzcatechinaminen und Serotonin.** Jewell W. Sloan, J. W. Brooks, Anna J. Eisenman und W. R. Martin. (Psychopharmacologia [Berlin] **3**, 291—301, 5/10. 1962; Lexington, Ky., Nat. Inst. of Mental Health, Addiction Res. Center, PHS Hosp.; engl.) — Ausgewachsene Ratten beiderlei Geschlechts erhielten intraperitoneal *Morphinsulfat* (**I**; 15, 30 bzw. 60 mg/kg). 2 Std. nach Zufuhr der höchsten **I**-Gabe (jedoch nicht nach 4 Std.) konnte im Hirn ein signifikanter Anstieg der *Brenzcatechinamine* (**II**) beobachtet werden, während das Hirn-*Serotonin* (**III**) keine signifikanten Veränderungen zeigte. Auch die Veränderungen der Herz-**II** waren nicht signifikant. Die niedrigen **I**-Dosen führten zunächst zu einer Depression u. danach zu einem Anstieg der Aktivität u. der Körpertemperatur. Bei der hohen **I**-Dosis erfolgte eine starke Depression von Körper-Temp. u. Aktivität, die ihr Maximum nach 2 Std. erreichte. Die betroffenen Tiere wiesen auch eine Atmungsdepression u. teilweise auch Cyanosis auf. *Thebain* (20 mg/kg) führte zu einer Verminderung von Herz- u. Hirn-**II**, während das Herz-**III** prakt. nicht verändert wurde; Hyperthermie trat nicht auf. P. Schwerdtfeger 4627◇

1451 **Über einige physiologische Wirkungen von (+)-Morphin.** Kakuji Goto, Hidemasa Yamasaki, Izuru Yamamoto und Hiroyuki Ohno. (Proc. Jap. Acad. **33**, 660—62, 1957; Tokyo, Kitasato Inst., Dep. of Chem.; Okayama, Okayama Univ., Dep. of Pharmacol.; engl.) — An ♂ dd-Mäusen wurde (+)-*Morphin* (**I**) im Vgl. mit (—)-*Morphin* (**II**) im Schwanzkneiftest u. auf konvulsive Wrkg. untersucht. Die analget. Wrkg. wurde im Heißplattentest (55 ± 0,5°) geprüft. **I** hat im Heißplattentest u. Schwanzkneif-Vers. in Dosen unter 32 mg/10 g keine Wirkung. Bei Dosen von über 16 mg **I**/10 g treten Konvulsionen auf, die tox. Zeichen der letalen Dosen (über 2 mg/10 g) von **II** sind. K. Böhm 4627

1452 **Untersuchungen über Morphin.** 1. Mitt. **Wirkungen von Nalorphin und Levallorphan nach Implantation von Morphinpillen bei Mäusen.** F. Huidobro, C. Maggiolo und E. Contreras. (Arch. int. Pharmacodynam. Thérap. **144**, 196—205, 1963; Santiago, Cathol. Univ. of Chile, Dep. of Pharm.; engl.) — Vff. implantierten Pillen von *Morphinhydrochlorid* (**I**) bzw. *Nalorphinhydrobromid* (**II**) in das subkutane Gewebe von Mäusen u. untersuchen den Einfl. verschiedener in das Peritoneum injizierter Dosen **II** bzw. **I** auf das Abstinenzsyndrom (AS). Geringe Mengen resorbiertes **I** (bis 500 mg/kg) u. injiziertes **II** (1—2,5) ergeben schwache AS; höhere **II**-Zufuhren verursachen neben starkem AS eine Depression des Nervensystems. Implantation von **II**-Pillen nach subkutaner **I**-Resorption ruft eine längere Zeit anhaltendes AS hervor. Täglich einmalige Applikation von **II** bzw. *Levallorphan* (**III**) nach **I**-Implantation innerhalb von 10 bis 14 Tagen führt zu einer Verminderung der Intensität des AS, während im gleichen Zeitraum 3mal täglich zugeführtes **II** oder **III** die **I**-Wrkg. in Erscheinung treten läßt, ohne daß, bes. bei höheren Mengen an resorbiertem **I**, eine Abnahme des AS beobachtet wird. Es wird angenommen, daß Einzeldosen **II** u. **III** die Wrkg. von **I** antagonisieren; nach eingetretener **I**-Toleranz verhalten sich **II** u. **III** dagegen als Antistoffwechselsubstanzen, indem sie das im Nerven-Syst. vorhandene wirksame, AS bildende **I** zerstören. P. Fahrnlaender 4627◇

1453 **Untersuchungen über Morphin.** 2. Mitt. **Wiederholte Zufuhr von Nalorphin bei chronisch mit Morphinpillen behandelten weißen Mäusen.** F. Huidobro und E. Contreras. (Arch. int. Pharmacodynam. Thérap. **144**, 206—13, 1963; engl.) — 1. vgl. vorst. Referat. — Vff. geben weißen Mäusen innerhalb von 4 Monaten insgesamt 6 subkutane *Morphin* (**I**)-Implantationen u. wiederholte Injektionen (etwa alle 8 Tage) von *Nalorphinhydrobromid* (**II**) in das Peritoneum u. bestimmen das Ausmaß des gebildeten Abstinenzsyndroms (AS). Es zeigt sich, daß nach hohen **I**-Dosen die Intensität des AS abnimmt u. nach geringen **I**-Mengen verschwindet. Zusätzliche subkutane **I**-Zufuhr (10—20 mg/kg) nach der 1. **I**-Implantation führt zum erneuten Auftreten bzw. zur Verstärkung des AS. Behandlung mit **II** verursacht nach geringeren resorbierten **I**-Mengen eine Verminderung; nach höheren **I**-Dosen eine Zunahme des AS. *Reserpin* u. *Na-Glutamat* rufen keine Steigerung der Intensität des durch **I**-Toleranz oder **II**-Behandlung verminderten AS hervor. P. Fahrnlaender 4627◇

1454 **Einige ungewöhnliche Wirkungen von Atropin auf den glatten Muskel des Hühneramnions.** A. W. Cuthbert. (J. Physiology **168**, 20P—21P, 1963; London, School of Pharm., Dep. of Pharmacol.; engl.) — Der glatte Muskel des Hühneramnions zeigt in durchlüfteter Hankscher Lsg. bei 37° Spontankontraktion, die durch 10^{-5} g *Atropinsulfat* (**I**)/ml potenziert wird. Bei dieser Wrkg. von **I** scheint es sich um eine adsorptive Verdrängungs-Rk. mit Acetylcholin an den Muscarinreceptoren zu handeln. K. Zingraf 4628◇

1455 **Die Pharmakologie einiger Hydroxybenzylisochinolinderivate.** J. J. Lewis und M. S. Zoha. (J. Pharmacy Pharmacol. **9**, 955—62, Dez. 1957; Glasgow, Univ., Dep. of Materia Medica and Therapeutics.) — (±)-*1-[4'-Hydroxybenzyl]-2-methyl-6-methoxy-7-äthoxy-1.2.3.4-tetrahydroisochinolin* (**I**), (+)-**I**, (—)-**I**, **I**-*Methochlorid*, (±)-*1-[4'-Hydroxybenzyl]-2-methyl-7-methoxy-6-äthoxy-1.2.3.4-tetrahydroisochinolin* (**II**), (—)-**II**, **II**-*Methochlorid* u. *5.6.13.13a-Tetrahydro-2.3.10.11-tetrahydroxy-8H-dibenzo-[a:g]-pyridocholinhydrochlorid* besaßen nur geringe curareähnliche Aktivität (**II** < **I**). Die Wrkg. auf Rattendiaphragma u. Froschrectusmuskel wurde durch Quaternisierung der Racemate ca. 5fach gesteigert. Die tert. Basen zeigten bei wiederholter Verabreichung starke krampferregende Wrkg. (anästhesierte oder Spinalkatze), die etwa derjenigen von Leptazol entsprach (Maus). K. Maier 4628□

1456 **Darstellung und anticonvulsive Aktivität von N-substituierten Benzoldisulfonamiden.** Gerald F. Holland, William H. Funderburk und Kenneth F. Finger. (J. med. Chem. **6**, 307—12, 1963; Groton, Conn., Chas. Pfizer & Co., Inc., Med. Res. Labor.; engl.) — Durch Rk. von 3- (**I**) bzw. 4-Sulfamylbenzolsulfonylchlorid (**II**) mit verschiedenen Aminen werden die entsprechenden N-substituierten *Benzol-1.3-* (**A**) bzw. *-1.4-disulfonamide* (**B**) dargestellt, deren pharmakolog. Wrkg. mit der von Acetazolamid, Äthoxazolamid u. a. verglichen wird. Bei der Unters. an Swiss-Webster-kranken Mäusen zeigen die **B** größere anticonvulsive Aktivität [ausgedrückt durch die bei 50% der Testtiere die Streckung der hinteren Extremitäten verhindernde Dosis (PD_{50})] als die **A**. Die **B** sind bessere Kohlensäureanhydraseinhibitoren als die **A**. Sperrige u. polare Substituenten in **A** bewirken einen Aktivitätsverlust.

Versuche (FF. korr.): *4-Sulfamylbenzolsulfonylchlorid* (**II**), $C_6H_6ClNO_4S_2$, F. 155—156° (Chlf.), durch Zugabe von gesätt. $NaNO_2$-Lsg. zu Sulfanilamid in W./konz. HCl bei 0°, Gießen der erhaltenen Lsg. in mit SO_2 gesätt. Eisessig/$CuCl_2 \cdot 2\,H_2O$ u. Verdünnen nach 10 Min. langer Rk. mit Eiswasser; 42% (Ausbeute). — *3-Sulfamylbenzolsulfonylchlorid* (**I**), $C_6H_6ClNO_4S_2$, F. 155—156°, aus 3-Aminobenzolsulfonamid; 60%. — Benzol-1.4-disulfonamide: *N-[3-Methoxypropyl]-* (**III**), $C_{10}H_{16}N_2O_5S_2$, F. 159—160° (wss. A.), durch 16std. Kochen von **II** mit 3-Methoxypropylamin in Chlf.; PD_{50} < 30 (mg/kg Maus); 71%. — *N-Methyl-*, $C_7H_{10} \cdot N_2O_4S_2$, F. 158—159°, analog **III**; PD_{50} 30—135; 61%. — *N-Äthyl-*, $C_8H_{12}N_2O_4S_2$, F. 163—164°, analog **III**; PD_{50} <30; 64%. — *N-[2-Bromäthyl]-* (**IV**), $C_8H_{11}BrN_2O_4S_2$, F. 154—155°, durch mehrstd. Rühren von **II**, 2-Bromäthylaminhydrochlorid u. Triäthylamin in CH_2Cl_2 bei 25°; PD_{50} 30—135; 63%. — *N-[3-Brompropyl]-*, $C_9H_{13}BrN_2O_4S_2$, F. 161—162°, analog **IV**; PD_{50} 30—135; 79%. — *N-Isopropyl-*, $C_9H_{14}N_2O_4S_2$, F. 169

bis 170°, analog **III**; PD_{50} <30; 71%. — *N-Allyl-*, $C_9H_{12}\cdot N_2O_4S_2$, F. 154—155°, analog **III**; PD_{50} 30—135; 69%. — *N-n-Propyl-*, $C_9H_{14}N_2O_4S_2$, F. 171—172°, analog **III**; PD_{50} <30; 76%. — *N-Methallyl-*, $C_{10}H_{14}N_2O_4S_2$, F. 184—185°; PD_{50} 30—135; 80%. — *N-n-Butyl-*, $C_{10}H_{16}N_2O_4S_2$, F. 171 bis 172°, analog **III**; PD_{50} 30—135; 84%. — *N-n-Heptyl-*, $C_{13}H_{22}N_2O_4S_2$, F. 179—180°, analog **III**; PD_{50} >500; 81%. — *N-Carboxymethyl-*, $C_8H_{10}N_2O_6S_2$, F. 234—235°, analog nach nachst. Verb.; PD_{50} 250—500; 81%. *Amid,* $C_8H_{11}N_3O_5S_2$, F. 242—243° (W.), durch 12std. Rühren des Äthylesters mit überschüssigem NH_4OH bei 25°; PD_{50} 135—250; 71%. *Propylamid,* $C_{11}H_{17}N_3O_5S_2$, F. 145—146° (wss. A.), durch 16std. Kochen des Äthylesters mit Propylamin in Methanol; PD_{50} 250—500; 95%. *Hydrazid,* $C_8H_{12}N_4O_5S_2$, F. 191—192° (W.), durch 2std. Kochen des Äthylesters mit Hydrazinhydrat in abs. A.; PD_{50} 135—250; 69%. *Äthylester,* $C_{10}H_{14}N_2O_6S_2$, F. 184—185° (wss. A.), durch Zutropfen von Triäthylamin zu **II** u. Glycinäthylesterhydrochlorid in Chlf. u. 20std. Rk. bei 25°; PD_{50} 250—500; 52%. — *N-[2-Carboxyäthyl]-*, $C_9H_{12}N_2O_6S_2$, F. 195—196°, analog nachst. Verb.; PD_{50} 135 bis 250; 28%. — *N-[3-Carboxypropyl]-*, $C_{10}H_{14}N_2O_6S_2$, F. 176 bis 177° (W.), durch 16std. Rühren von **II** u. 4-Aminobuttersäure in 1n NaOH bei 25° u. Ansäuern mit 1n HCl; PD_{50} 135 bis 250; 74%. — *N-Hexyl-*, $C_{12}H_{20}N_2O_4S_2$, F. 202—203°, analog **III**; PD_{50} 30—135; 60%. — *N.N-Pentamethylen-*, $C_{11}H_{16}N_2O_4S_2$, F. 220—221°, analog **III**; PD_{50} <30; 48%. — *N.N-[3-Oxapentamethylen]-*, $C_{10}H_{14}N_2O_5S_2$, F. 192—193°, analog **III**; PD_{50} <30; 68%. — *N-Phenyl-*, $C_{12}H_{12}N_2O_4S_2$, F. 230—231°, analog **III**; PD_{50} 30—135; 79%. — *N-[p-Dimethylaminophenyl]-*, $C_{14}H_{17}N_3O_4S_2$, F. 243° (Zers.), analog **III**; PD_{50} >500; 80%. — *N-[m-Trifluormethylphenyl]-*, $C_{13}H_{11}\cdot F_3N_2O_4S_2$, F. 167—168°, analog **III**; PD_{50} >500; 52%. — *N-[p-Chlorphenyl]-*, $C_{12}H_{11}ClN_2O_4S_2$, F. 252—253°, analog **III**; PD_{50} 30—135; 95%. — *N-Benzyl-*, $C_{13}H_{14}N_2O_4S_2$, F. 196 bis 197°, analog **III**; PD_{50} <30; 60%. — *N-[o-Chlorbenzyl]-*, $C_{13}H_{13}ClN_2O_4S_2$, F. 173—174°, analog **III**; PD_{50} 30—135; 91%. — *N-[p-Chlorbenzyl]-*, $C_{13}H_{13}ClN_2O_4S_2$, F. 204—205°, analog **III**; PD_{50} 30—135; 79%. — *N-Phenäthyl-*, $C_{14}H_{16}\cdot N_2O_4S_2$, F. 190—191°, analog **III**; PD_{50} 250—500; 97%. — *N-[1-Phenylpropyl-(2)]-*, (+)-*Isomeres*, $C_{15}H_{18}N_2O_4S_2$, F. 172 bis 173°, analog **III**; PD_{50} 135—250; $[\alpha]_D^{23,4}$ +58,9° (c = 1,03; 1n NaOH); 77%. — *N-Naphthyl-(1)-*, $C_{16}H_{14}N_2O_4S_2$, F. 241—242°, analog **III**; PD_{50} >500; 33%. — *N.N-Diäthyl-*, $C_{10}H_{16}N_2O_4S_2$, F. 158—160°, analog **III**; PD_{50} <30; 62%. — *N-Methyl-N-[o-chlorbenzyl]-*, $C_{14}H_{15}ClN_2O_4S_2$, F. 184—185°, analog **III**; PD_{50} 30—135; 83%. — *N-Methyl-N-[p-chlorbenzyl]-*, $C_{14}H_{15}ClN_2O_4S_2$, F. 182—183°, analog **III**; PD_{50} 30 bis 135; 66%. — *N.N-Dibenzyl-*, $C_{20}H_{20}N_2O_4S_2$, F. 178—179°, analog **III**; PD_{50} 250—500; 27%. — Benzol-1.3-disulfonamide: *N-Isopropyl-*, $C_9H_{14}N_2O_4S_2$, F. 145—146°, analog **III**; PD_{50} 30—135; 68%. — *N-[2-Bromäthyl]-*, $C_8H_{11}BrN_2O_4S_2$, F. 159—160° (wss. Aceton), analog **IV**; PD_{50} >500; 86%. — *N-[m-Trifluormethylphenyl]-*, $C_{13}H_{11}F_3N_2O_4S_2$, F. 159—160°, analog **III**; PD_{50} >500; 69%. — *N-Benzyl-*, $C_{13}H_{14}N_2O_4S_2$, F. 132—133°, analog **III**; PD_{50} 135—250; 87%. — *N-[1-Phenylpropyl-(2)]-*, (+)-*Isomeres*, $C_{15}H_{18}N_2O_4S_2$, F. 140—141°, analog **III**; PD_{50} >500; $[\alpha]_D^{25,4}$ +48,7° (c = 1,03; 1n NaOH); 64%. — *Benzol-1.3-disulfonylchlorid*, F. 56—58°, durch ½std. Zutropfen von Chlorsulfonsäure unter Kühlen zu Benzolsulfonamid, 3std. Erhitzen auf 125°, Kühlen, Zutropfen von $SOCl_2$, 1½std. Erhitzen auf 80° u. Zers. mit Eis; 75%. — *4-Methylbenzol-1.3-disulfonylchlorid*, analog vorst. Verbindung. — *p-Toluolsulfonylchlorid*, F. 63—65°, durch 1std. Kochen von p-Toluolsulfonamid mit Chlorsulfonsäure in Chlf. u. Verdünnen mit Essigester u. W.; 84%.

Klaus Lange 4628△

1457 **Wirkung von Theophyllin auf die Coronardurchblutung des isolierten u. nach Langendorf durchströmten Meerschweinchenherzens.** I. David, M. Audiberti und N. Galvagno. (Farmaco [Pavia], Ediz. Sci. **18**, 378—89, 1963; Torino, Ist. Biol. Chemioterap. „A.B.C.": Labor. Ric.; ital.) — In Konzz. von 10^{-4} bis 10^{-6} steigerte *Theophyllin* die Coronardurchblutung im isolierten durchströmten Meerschweinchenherzen; das Wrkg.-Maximum wurde nach 10 Min. beobachtet.

K. Zingraf 4630◇

1458 **Blockade adrenergischer Neurone und andere akute Wirkungen von N-Benzyl-N'.N''-dimethylguanidin und seinem o-Chlor-Derivat.** A. L. A. Bourat und A. F. Green. (Brit. J. Pharmacol. Chemotherapy **20**, 36—55, 1963; Beckenham, Kent, Langley Court, Wellcome Res. Labor.; engl.) — *Bethanidin* (*BW 467 C 60*) u. sein *o-Chlor-Deriv.* (*BW 392 C 60*) weisen chem. u. pharmakolog. große Ähnlichkeit mit *Bretylium* u. *Guanethidin* auf (Hund, Affe), sind aber stärkere Blocker der adrenerg. Mechanismen (Katze). Im Gegensatz zu Guanethidin setzen Bethanidin u. BW 392 C 60 den Geh. der Katzeniris an pressor. Aminen 24 Std. nach Einzelgabe nicht herab. Hohe i.v. Gaben blockieren kurzfristig die autonomen cholinerg. Mechanismen u. verursachen neuromuskuläre Lähmung der willkürlichen Muskulatur. Beide Verbb. werden vom Verdauungstrakt gut aufgenommen; Bethanidin verursacht beim Meerschweinchen keinen Durchfall.

W. Biehler 4630◇

1459 **Mechanismus des positiv inotropen Effekts von Bretylium und Guanethidin.** B. Bhagat und F. E. Shideman. (Brit. J. Pharmacol. Chemotherapy **20**, 56—62, 1963; Madison, Wis., University of Wisconsin, Medical School, Dep. of Pharmacology and Toxicology; engl.) — Der isolierte, atropinisierte Rattenvorhof reagiert positiv inotrop auf *Bretylium* (**I**), *Guanethidin* (**II**) u. *Tyramin* (**III**). Vorbehandlung mit Reserpin oder Zusatz von Dichlorisoprenalin (1-[3.4-Dichlorphenyl]-2-isopropylaminoäthanolhydrochlorid) verhindert dies, Vorbehandlung mit Noradrenalin ermöglicht es dann wieder. **I**, **II** u. **III** setzen also im Herzen Brenzcatechinamine frei. **II** setzt die Brenzcatechinamin-Konz. herab u. verhindert Aufnahme exogenen Noradrenalins, **I** hat einen anderen Wirkungsmechanismus. Vorbehandlung mit **I** verhindert den Brenzcatechinaminabfall im Herzen durch durch **II**, ebenso Pheniprazin (1-Phenyl-2-hydrazinopropan), ein Monaminoxydase-Inhibitor.

W. Biehler 4630◇

1460 **Die Wirkungen von Guanethidin auf den Noradrenalingehalt des Hypothalamus bei Katze und Ratte.** R. Dagirmanjian. (J. Pharmacy Pharmacol. **15**, 518—21, 1963; Babraham, Cambridge, Agric. Res. Council, Inst. of Animal Physiol.; engl.) — Vf. untersucht die Wrkg. von akuter u. chron. Verabreichung von *Guanethidin* (**I**) auf den Geh. von *Noradrenalin* (**II**) im Hypothalamus von Katzen u. Ratten. Eine einzelne intraperitoneale Injektion von 15 mg **I**/kg verändert den **II**-Geh. nicht bei Katzen. Tägliche subkutane Injektionen von 15 mg **I**/kg für 7 Tage senken den **II**-Geh. im Katzenhypothalamus. Bei Ratten haben **I**-Injektionen keinen Einfl. auf den **II**-Gehalt.

W. Hiller 4630◇

1461 **Einige Untersuchungen über die peripheren Wirkungen von Bulbocapnin bei Katzen.** J. C. Wagner. (Acta physiol. pharmacol. neerl. **8**, 532—33, 1959; Utrecht, Univ., Pharmacol. Labor.; engl.) — *Bulbocapnin* (**I**) veränderte die Atemfrequenz u. das Min.-Vol. der Atmung von Thalamus- u. enthirnten Katzen nicht, bewirkte jedoch bei den Thalamustieren eine kurze Apnoe, bei den enthirnten Tieren dagegen eine Hyperpnoe. Die Magenentleerung u. Darmpassage der Nahrung wurde durch **I** beschleunigt. **I** bewirkte eine Blutdrucksenkung, auch wenn der Druck vorher durch Adrenalin erhöht wurde; dabei wurde das Min.-Vol. des Herzens durch niedrige Dosen von **I** vergrößert, durch hohe dagegen verringert.

K. Zingraf 4630◇

1462 **Pharmakologische Wirkung einiger mit Leptodactylin chemisch verwandter Verbindungen.** A. Glässer und C. Pasini. (Farmaco [Pavia], Ediz. Sci. **15**, 493—502, 1960; Milano, Farmitalia S.P.A., Labor. Ric.; ital.) — Einige dem *Leptodactylin* (**I**) verwandte Verbb. werden dargestellt u. pharmakolog. geprüft. Die Wrkg. auf verschiedene Muskel-Präpp. sind bei **I** u. **II** am stärksten, **II**, **III** u. **IV** zeigen die stärkste Wrkg. auf den Blutdruck. **IV** hat cholinerg. Eigenschaften. Außer den genannten u. im Vers.-Teil beschriebenen Verbb. wurden geprüft: *β-[4-Hydroxyphenyl]-äthyl-*, *β-[2-Hydroxyphenyl]-äthyl-*, *β-[4-Hydroxyphenyl]-β-hydroxyäthyl-* u. *β-Phenyläthyltrimethylammoniumjodid* (**IV**).

Versuche: *β-[3-Chlorphenyl]-propionamid* (**V**). $C_9H_{10}\cdot ClNO$, F. 65—67° (Bzl.), aus 1 g Säure [durch Diazotierung aus β-[3-Aminophenyl]-propionsäure u. $SOCl_2$ in Chlf. über das Chlorid u. dessen Rk. mit konz. NH_4OH; 0,7 g (Ausbeute). — *β-[3-Methoxyphenyl]-äthyltrimethylammoniumjodid* (**VI**), $C_{12}H_{20}JNO$, F. 186—188° (W.), aus dem durch Hofmann-Abbau erhaltenen Methoxyphenyläthylamin u. CH_3J in Methanol mit 20%ig. NaOH u. Rk. mit HJ. — *β-[3-Hydroxyphenyl]-äthyltrimethylammoniumpikrat* (**I**-Pikrat), $C_{17}H_{20}N_4O_8$, F. 200—202°, aus 2 g **VI** durch Ätherspaltung mit HJ u. Rk. mit *Pikrinsäure* (**VII**); 1,5 g. — *β-[3-Hydroxyphenyl]-β-*

hydroxyäthyltrimethylammoniumpikrat, $C_{17}H_{20}N_4O_9$, F. 174 bis 175°, aus 0,3 g 3-Hydroxyphenylhydroxyäthylmethylammoniumchlorid u. CH_3J u. Rk. mit **VII**; 0,4 g. — *ω-Trimethylammonio-3-hydroxyacetophenonjodid*, $C_{11}H_{16}JNO_2$, F. 213—215° (W.), aus 0,5 g ω-Methylamino-3-hydroxyacetophenon u. CH_3J u. Rk. mit HJ; 0,7 g. — *ω-Trimethylammonio-4-hydroxyacetophenonjodid*, $C_{11}H_{16}JNO_2$, F. 220 bis 222° (W.), wie vorst. aus 0,3 g ω-Methylamino-4-hydroxyacetophenon; 0,25 g. — *β-[3.4-Dimethoxyphenyl]-äthyltrimethylammoniumjodid*, $C_{13}H_{22}JNO_2$, F. 234—236° (W.). — *β-[3.4-Dihydroxyphenyl]-äthyltrimethylammoniumpikrat* (**III**), $C_{17}H_{20}N_4O_9$, F. 168—170° (W.). — *β-[3-Chlorphenyl]-äthyltrimethylammoniumjodid* (**II**), $C_{11}H_{17}ClJN$, F. 206—208° (Methanol/W.), aus 1,6 g **V** durch Hofmann-Abbau u. Rk. mit CH_3J; 1,25 g. — *β-[3-Methylphenyl]-äthyltrimethylammoniumjodid*, $C_{12}H_{20}JN$, F. 244—247° (W.). W. Holland 4630◇

1463 **Die modernen synthetischen Diuretica.** M. N. Schtschukina. (Med. Ind. UdSSR **17**, Nr. 4, 7—19, 1963; Allunions Chem.-Pharm. Ordshonikidse-Forschungs-Inst.; russ.) — Übersicht. — 59 Literaturangaben. O. Lebtag 4634△

1464 **Pharmakologische Untersuchungen eines neuen Diureticums „Diurex".** Bunzaburo Nuki, Junichi Iwaki, Yoshiaki Kawano und Hiroshi Yonemaru. (Fukuoka Acta med. [Fukuoka-Igaku-Zasshi] **53**, 32—38, 1962; Fukuoka, Kyushu Univ., Fac. of Med., Dep. of Pharmacol.; jap., Aszug: engl.) — *Diurex* (*2.4-Bis-[aminosulfonyl]-5-chlortoluol*, **I**) erhöht bei i.v. Gabe von 10 mg/kg bei Katzen das Urinvol. u. die Geschw. der Na^+-, Cl^-- u. K^+-Ausscheidung. Die Durchblutung der Nierenarterien u. die Atmung werden nicht beeinflußt. P. Gregorzewski 4634◇

1465 **Experimentelle Untersuchung von Diureticis.** H. van Riezen. (Acta physiol. pharmacol. neerl. **8**, 534, 1959; Utrecht, Univ., Pharmacol. Labor.; engl.) — Die gesteigerte Diurese nach *Thiomerin* (**I**), *Theophyllin* u. *Chlorothiazid* (**II**) ist weitgehend auf eine Erhöhung der Glomerulusfiltrations-Geschw. zurückzuführen; diese beruht bei **I** u. **II** auf einer Verdünnung des zirkulierenden Plasmas. K. Zingraf 4634◇

1466 **Zwei wichtige Nebenwirkungen der Saluretica: das hyperurikämische und hyperglykämische Syndrom.** Francesco Grossi. (Clinica terapeut. [Roma] **26**, 464—71, 1963; Roma, Univ., Ist. di Terap. Med. Sistem. e Idrol. Med.; ital.) — Übersicht. — 28 Literaturangaben. K. Zingraf 4634◇

1467 **Klinische Versuche mit neuen terpenhaltigen Arzneimitteln.** N. Ch. Makssudow und I. P. Pogorelko. (Usbek. biol. J. **7**, Nr. 2, 38—44, 1963; Chem. Inst. der Akad. der Wiss. der UsbekSSR; russ.) — An 92 Patienten mit Harnsteinen u. 42 Kranken mit Urolithiasis erwies sich das *Artemisol* (**I**) als ein wirksames Mittel. **I** ist das äther. Öl von *Artemisia scoparia*, das 4% α-Pinen, 30% β-Pinen, 10% Myrcen sowie Campher u. Borneol enthält u. mit Menthol, Menthen, Neomenthol, Trilon B, A u. Pfirsichöl versetzt wird. Die Wrkg. von **I** ist schwächer als die von Rowatinex. O. Lebtag 4640△

1468 **Antifertilitätswirkungen eines Emetindimeren.** N. M. Khanna, R. N. Iyer, Amiya B. Kar und M. Mundle. (J. sci. ind. Res. [New Delhi], Sect. C **21**, 84—86, 1962; Lucknow, Central Drug Res. Inst.; engl.) — *Dimeres Emetin* zeigt bei ♀ Ratten bes. nach oraler Verabreichung über 14 Tage einen deutlichen Antifertilitätseffekt, es wird eine Hemmung der Nidation als Ursache angenommen.

Versuche: *Dimeres Emetin*, $C_{59}H_{84}J_2N_4O_8$, F. 212° (A.), durch 8std. Kochen von Emetin, CH_2J_2 u. Xylol. P. Gregorzewski 4646◇

1469 **Antitussive Eigenschaften von 2-Trimethylammonio-1.2-diphenyldiäthylätherbromid.** H. Plisnier. (C. R. Séances Soc. Biol. Filiales **152**, 1267—68, 1958; herausgeg. 10/1. 1959; Bruxelles, Univ. Libre, Labor. de Pharmacodynam. et de Therapeutique; franz.) — *Trimethylammonio-1.2-diphenyldiäthylätherbromid*, $C_{19}H_{26}BrNO$, ist ein 3mal stärkeres Antitussivum als Codeinphosphat. Die DL beträgt 78 mg/kg (Meerschweinchen). S. Groitzsch 4650◇

1470 **Erprobung eines neuen Hustenmittels unter Verwendung des vergleichenden doppelten Blindversuchs.** Hans Libal. (Med. Welt **1960**, 383—85, Gauting bei München, Tbc-Krankenhaus) — Bei 32 Männern u. 21 Frauen mit einer Tuberkulose ist *5-Azaphenthiazin-10-carbonsäure-β-[β'-piperidinoäthoxy]-äthylesterhydrochlorid* (*Selvigon*) bei gleicher Dosierung wie *Codein* als Hustenmittel doppelt so wirksam, ohne daß eine Gewöhnung festgestellt wird. Klaus Becker 4650◇

1471 **Die Pharmakotherapie der Barbituratvergiftungen.** Pál Szentmiklósi. (Gyógyszerészet [Pharmazie] **2**, 162—64, 1958; Budapest, Fővárosi Fanács Gyógyszertári Központ.; ung.) — Die allg. Brauchbarkeit von *Cardiazol*, *Pikrotoxin*, *Phenylalkylaminen* u. *Glutarimid* (Bemegrid, Doriden) wird an Hand der Literatur besprochen. P. Hajdu 4675◇

F. Pharmazeutische Chemie, Desinfektion

1472 **Internationale Sachbezeichnungen für Arzneimittel. 6. Liste.** Anonym. (Pharmaz. Ztg. verein. Apotheker-Ztg. **103**, 456—58; dt.) W. Barz 4750◇

1473 **Vorhersage der Stabilität von Arzneistoffen und pharmazeutischen Zubereitungen.** Edward R. Garrett. (J. pharmac. Sci. **51**, 811—33, 1962; Gainesville, Fla., Univ., Coll. of Pharm.; engl.) — Übersicht. — 198 Literaturangaben. S. Erbe 4750◇

1474 **Untersuchung der Wasserdampfaufnahme durch pharmazeutische Pulver.** W. A. Strickland jun. (J. pharmac. Sci. **51**, 310—14, April 1962; Little Rock, Ark., Univ. of Arkansas, School of Pharm.; engl.) — Die Wasseraufnahme bzw. -abgabe verschiedener pharmazeut. pulverförmiger Substanzen wurde in Hygrostaten mit 0, 20, 45, 70 u. 90% rel. Luftfeuchtigkeit bestimmt. Weniger als ± 0,5% Gewichtsveränderung zeigten Aminophyllin, Aminopyrin, dl-Amphetaminsulfat, Benzocain, Chinin, Chloramphenicol, Cincophen, Codein, Diphenylhydantoin, Holocain, Hydrochinon, Niacin, Niacinamid, Phenobarbital, Phenothiazin, Procain·HCl, Prochlorperazinmaleat, Sulfathiazol, Talcum u. Tetracainbase. Deutliche z. T. erhebliche Gewichtsveränderungen wurden bei Casein, Mg-Trisilicat, Thiamin·HCl, $MgCO_3$, p-Aminobenzoesäure, Methylenblau, Polyglykol E 4000 u. E 20000, Diphenylhydantoin-Na, Maisstärke, Phenobarbital-Na, Methocel 4000 u. Procainbase festgestellt. Sorptions–Desorptions-Isothermen für eine Reihe dieser Stoffe u. für Bacitracin u. Veegum werden angegeben. Im Falle der Procainbase bildet sich bei Wasseraufnahme ein krist. Dihydrat aus. S. Erbe 4766◇

1475 **Forschungserfolge im Studium russischer Arzneipflanzen im Verlauf der vergangenen sechs Jahre.** Bert Schulz. (Österr. Apotheker-Ztg. **17**, 119—20, 1963; Innsbruck; dt.) — In der UdSSR wird der Arzneipflanzenforschung große Aufmerksamkeit gewidmet. Es werden eine große Anzahl Alkaloide aus verschiedenen Pflanzen angegeben. die in den letzten Jahren gegen die verschiedensten Erkrankungen in die Therapie eingeführt wurden. G. Alcer 4782◇

1476 **Das Maiglöckchen als Arzneimittel.** Gerhard Peithner. (Österr. Apotheker-Ztg. **17**, 269—75, 1963; Wien, Univ., Pharmakogn. Inst.; dt.) — Es wird auf die Arzneimittelgeschichte u. die Verw. von *Convallaria majalis* L. in der Volksmedizin eingegangen. Übersicht über Inhaltsstoffe, Wrkg. u. Anwendung sowie Wert-Best. der Droge bzw. der pharmazeut. Zubereitungen. — 39 Literaturangaben. G. Alcer 4782◇

1477 **Methylphlorbutyrophenon, ein weiterer Wirkstoff der Wurmfarnextrakte.** E. Stahl und P. J. Schorn. (Sci. pharmac. [Wien] **31**, 157—61, 1963; Saarbrücken, Univ., Inst. f. Pharmakogn.; dt.) — Aus handelsüblichem *Extractum Filicis aethereum* u. selbstbereiteten Extrakten aus *Dryopteris filix mas* L. wurde mittels der MgO-Meth. nach Mühlemann u. Käsermann [1942] Rohfilicin hergestellt u. dieses durch Dünnschichtchromatographie getrennt. Ein in allen Extrakten in Mengen von 1—5% gefundenes Phenol, $C_{11}H_{14}O_4$,

F. 162—163°, wurde, da bei der Alkali-Zink-Spaltung Methylphloroglucin u. n-Buttersäure erhalten wurden, als *Methylphlorbutyrophenon* identifiziert. G. Alcer 4782◇

1478 **Untersuchungen über die aromatischen Inhaltsstoffe von Kerala. 1. Mitt. Chemische Untersuchung der Knollen von Kaempferia gelanga L.** P. Madhavan Pillai und N. S. Wariyar. (J. Proc. Instn. Chemists [India] **34**, 197—200, 1962; Trivandrum, Univ. Coll., Dep. of Chem.; engl.) — Die Knollen von *Kaempferia galanga* L., die als Expektorans, Diureticum u. Carminativum Verw. finden, enthalten mit PAe. extrahierbaren *p-Methoxyzimtsäureäthylester*, F. 49—50°, 2,05% (Ausbeute); anschließende Extraktion mit Methanol ergab 0,07% *p-Methoxyzimtsäure*, F. 170°, welche möglicherweise, wie auch ihre Derivv., aus *Prephensäure* entsteht. E. Lück 4782◇

1479 **Isolierung von Polyporsäure aus Lopharia papyracea.** V. Jirawongse, E. Ramstad und J. Wolinsky. (J. pharmac. Sci. **51**, 1108—109, 1962; Lafayette, Ind., Purdue Univ., Dep. of Pharm. and Chem.; engl.) — Aus dem in Thailand als Anthelminthicum gebrauchten, baumbewohnenden Pilz *Lopharia papyracea* konnte durch Extraktion mit Chlf. *Polyporsäure*, $C_{18}H_{12}O_4$, F. 310,5—312°, isoliert u. nach Vakuumsublimation u. Umkristallisieren aus Chlf. durch Elementaranalyse, IR-Spektrum u. Derivv. identifiziert werden. F. v. Gizycki 4782◇

1480 **Notiz über das Vorkommen von Scopoletin in den Blütenköpfen von Helichrysum ararenium D.C.** R. Hänsel, L. Langhammer und A.-G. Albrecht. (Sci. pharmac. [Wien] **31**, 88—94, 1963; Berlin, Freie Univ., Inst. f. Pharmakogn.; dt.) — Aus Blütenköpfchen von *Helichrysum arenarium D.C.* wurde neben (—)*Naringenin-5-β-D-glucosid*, F. 160°, nach Mehrfachtrennung des Aceton-Extraktes durch Chromatographie an Polyamid, Isolierung u. Sublimation *Scopoletin* u. eine Substanz gewonnen in der *5-Methoxy-7-hydroxyphthalid* vermutet wird. G. Alcer 4782◇

1481 **Polyacetylene als Inhaltsstoffe von Arzneipflanzen.** G. Rücker. (Pharmaz. Ztg. verein. Apotheker-Ztg. **108**, 1169—75, 1963; Münster, Univ., Inst. f. Pharmaz. u. Lebensmittelchem.; dt.) — 60 Literaturangaben. H. Franzen 4782◇

1482 **Die Charakterisierung oberflächenaktiver Stoffe durch Hydrophil-Lipophil-Balance.** M. A. Kassem. (Pharmaz. Ztg. verein. Apotheker-Ztg. **108**, 1175—81, 1963; Münster, Univ., Inst. f. Pharmaz. u. Lebensmittelchem.; Nat. Res. Centre Cairo-Dokke (V.A.R.); dt.) — Übersicht über Meth. zur Ermittlung des HLB (Hydrophil-Lipophil-Balance)-Wertes der für die Herst. von Arzneiformen verwendeten oberflächenakt. Stoffe sowie deren Eigenschaften. — 23 Literaturangaben. H. Franzen 4786◇

1483 **Wertminderungen von Arzneistoffen durch anorganische Gelbildner. 5. Mitt. Über den Einfluß von Hilfsstoffen bei der Herstellung von Arzneizubereitungen.** Karl Thoma, Elsa Ullmann und Erich Wolferseder. (Arch. Pharmaz. Ber. dtsch. pharmaz. Ges. **295/67**, 548—55, 1962; München, Univ., Inst. für Pharm. u. Lebensmittelchem.; dt.) — Vgl. Arzneimittel-Forsch. **9**, [1959], 708. — Starke Wertminderungen wurden festgestellt bei der Einw. von *Bentonit* (**I**) bzw. *Veegum* (**II**) auf die Desinfektionsmittel Cetylpyridiniumchlorid, Dodecyltriphenylphosphoniumbromid, Dodecyldimethyl-3.4-dichlorbenzylammoniumchlorid, Dodecyldi-(aminoäthyl)-β-aminobuttersäure, 2-Äthoxy-6.9-diaminoacridinlactat, Trypaflavin, Phenylquecksilberacetat u. 8-Hydroxychinolinsulfat sowie bei der Einw. von **II** auf *Na-Äthylmercurithiosalicylat* (**III**). Eine nur geringe Wertminderung wurde gefunden bei der Einw. von **I** auf **III** u. von **I** u. **II** auf Penicillin-G-Na. — 26 Literaturangaben. S. Erbe 4786◇

1484 **Verteilungskoeffizienten und Dissoziations-Konstanten einer Serie von Barbitursäurederivaten.** J. P. Leyda, D. J. Lamb und L. E. Harris. (J. Amer. pharmac. Assoc., sci. Edit. **49**, 581—83, 1960; Columbus, Ohio, Univ., School of Pharmacy; engl.) — Für folgende *Barbiturate* wurden die λ_{max}-Werte (in mμ), die mol. Extinktion, die Dissoziations-Konst. u. die Verteilungs-Koeff. (bei 25° in einem Syst. der wss. Lsg. u. einer Mischung von 60% Chlf. u. 40% Isooctan) bestimmt: Barbital, Probarbital, Butethal, Butabarbital, 5-Äthyl-5-[2-methylallyl]-barbitursäure, Pentobarbital, Vinbarbital, Amobarbital, Cyclobarbital, Phenobarbital, Diallylbarbitursäure, Aprobarbital u. Allylbarbitursäure. Außerdem wurde eine Gleichung entwickelt, die die Beziehung zwischen Verteilungs-Koeff. u. Dissoziations-Konst. einer schwachen Säure zum Ausdruck bringt. Die Gleichung basiert auf der Annahme, daß die Säure in der wss. Phase u. im organ. Lsgm. in der monomeren Form vorliegt, u. daß sich nur der undissoziierte Teil der Säuren zwischen den nicht miteinander mischbaren Lsgm. verteilt. Diese Annahme konnte auf Grund der Vers.-Ergebnisse als richtig bestätigt werden. H. Kockert 4806◇

1485 **Beziehung zwischen den Verteilungskoeffizienten verschiedener Barbitursäuren.** Donald J. Lamb und Loyd E. Harris. (J. Amer. pharmac. Assoc., sci. Edit. **49**, 583—85, 1960; Columbus, Ohio, Univ., Coll. of Pharmacy; engl.) — Vgl. vorst. Referat. — Es wird eine Gleichung aufgestellt, in der die Verteilungs-Koeff. folgender *Barbitursäure* (**I**)-*Derivv.* als Funktionen der Zahl der C-Atome der Substituenten u. der Substituenten-Konst. nach Taft ausgedrückt werden: Barbital, Probarbital, Butethal, Butabarbital, Pentobarbital, Amobarbital, Phenobarbital, Aprobarbital, Allylbarbitursäure, Diallylbarbitursäure, 5-Äthyl-5-[2-methylallyl]-barbitursäure. Die Ergebnisse zeigen, daß die Verteilungs-Koeff. der verschiedenen **I** mit der Zahl der C-Atome sowie den Substituenten-Konst. nach Taft der 5.5-ständigen Substituenten korrelieren. Daraus läßt sich ableiten, daß die Verteilung der **I** nicht nur durch die Größe der 5.5-ständigen Substituenten, sondern auch durch den induktiven Effekt, den diese Gruppen auf den hydrophilen Teil der **I**-Mol. ausüben, beeinflußt wird. H. Kockert 4806◇

1486 **Zusammenhang zwischen der Auflösungszeit in vitro und der Freisetzung von Vitaminen in vivo aus einer dreifach dosierten Zubereitung mit verzögerter Freisetzung.** A. B. Morrison, C. B. Perusse und J. A. Campbell. (J. pharmac. Sci. **51**, 623—26, 1962; Ottawa, Dep. of National Health and Welfare, Food and Drug Labor.; engl.) — An Hand von Unterss. der in vitro-Auflösung sowie der in vivo-Freisetzung von Multivitamin-Präpp. in 3 Umhüllungen wird gezeigt, daß der von der USP XVI angegebene Test — Resistenz von 30 Min. gegen Magensaft u. 2 Std. gegen Darmsaft — zu lang ist. Ein großer Teil von Riboflavin, Thiamin u. Niacinamid wird in solchen Umhüllungen in den Faeces wiedergefunden. W. Holland 4808◇

1487 **Einfluß von Polyoxyäthylen-Addukten auf die antibakterielle Aktivität von Antibiotica. 4. Mitt. Über die Bedeutung oberflächenaktiver Substanzen bei der Herstellung von Arzneizubereitungen.** Elsa Ullmann und Berthold Moser. (Arch. Pharmaz. **295/67**, 136—43, 1962; München, Univ., Inst. für Pharm. u. Lebensmittelchem.; dt.) — 3. vgl. C. **1963**, 6323. — Mit Hilfe des Agar-Diffusionstestes gegenüber *Styphalococcus aureus* SG 511 wurden die Wrkg.-Änderungen von *Phenoxymethylpenicillin* (**I**), **I**-*K*, *Tetracyclin·HCl*, *Chloramphenicol* u. *Bacitracin* in Ggw. wechselnder Konzz. von Polyoxyäthylenlauryläther, Polyoxyäthylensorbitanmonolaurat u. -stearat sowie Polyoxyäthylenstearat (Molgew. 1100, 2600 bzw. 5000) untersucht. Die Wechselwrkg. sind weitgehend abhängig von den physikal.-chem. Eigg. der Arzneisubstanz. Ihr Ausmaß ist nicht vorherzusagen, sondern muß in jedem Falle experimentell bestimmt werden. — Einzelheiten im Original. S. Erbe 4810◇

1488 **Untersuchungen über die Stabilität von Penicillin-G-Natrium in Anwesenheit von nichtionogenen oberflächenaktiven Substanzen (Polyäthylenglykolderivaten).** 6. Mitt. **über die Bedeutung oberflächenaktiver Substanzen bei der Herstellung von Arzneizubereitungen.** Karl Thoma, Elsa Ullmann und Georg Zelfel. (Arch. Pharmaz. Ber. dtsch. pharmaz. Ges. **295/67**, 670—78, 1962; dt.) — 4. vgl. vorst. Referat. — *Polyäthylenglykolstearate* (**I**) u. *Polyäthylenglykolsorbitanester* (**II**) vermindern die Stabilität von Penicillin-G-Na-Lsgg. (**III**). Konz. **III** sind stabiler als verd.; die Zers. geht mit steigender **I**- bzw. **II**-Konz. schneller vonstatten. Der Polymerisationsgrad der Polyäthylenglykol-Komponente ist prakt. ohne Bedeutung. **I** u. **II** wirken stärker inaktivierend auf **III** als die reinen, nicht oberflächenakt. Polyglykole. Als Ursache wurden Schwermetallspuren in **I** u. **II** erkannt. S. Erbe 4810◇

1489 **Quecksilber-II-Komplexe des d-Cycloserin.** Nicholas G. Lordi. (J. pharmac. Sci. **52**, 397—99, 1963; Newark,

N.J., Rutgers State Univ., Coll. of Pharm.; engl.) — Durch Messung der verschiedenen Dissoziations-Konst. in einem Syst. *Hg-II-Acetat-Cycloserin* (I) in (mittels $NaNO_3$) 0,4 m Lsg. ergibt sich für die Bldg.-Konst. des *Di-I-Hg-II-Komplexes* bei 25° ein Wert von $10^{17,5}$. Auf Grund der Bldg.-Konst. verschiedener Gleichgewichte wird angenommen, daß Chelatbindungen nur eine untergeordnete Rolle spielen.
K.-W. Glombitza 4810◇

1490 **Ein Beitrag zur Frage nach der Zahl der Arzneispezialitäten.** 1. Mitt. **Auszählung der „Großen Deutschen Spezialitätentaxe — Lauer-Taxe“.** 2. Mitt. **Auszählung der homöopathischen Arzneimittellisten der Firmen Dr. Madeus & Co. und Dr. W. Schwabe G. m. b. H.** Paul Behrens. (Pharmaz. Ztg. verein. Apotheker-Ztg. **103**, 1251—54, 1958; **104**, 786—88, 1959; dt.) W. Barz 4814◇

1491 **Die Herstellung steriler Arzneistoff-Lösungen.** 2. Mitt. **Sterilisation.** H. Brantner. (Österr. Apotheker-Ztg. **17**, 359—64, 1963; Graz, Univ., Hygiene-Inst.; dt.) — 1. vgl. Österr. Apotheker-Ztg. **17**, [1963], 209; vgl. C. **1963**, 14777. — Vf. gibt Definition der Begriffe Sterilisation, fraktionierte Sterilisation, Konservierung, Pasteurisierung u. Desinfektion sowie Einteilung der Arzneistoffe hinsichtlich Thermostabilität bzw. -labilität. Vor- u. Nachteile physikal., chem., asept., mechan. sowie spezieller Verff. zur Sterilisation werden besprochen. Für jede Arzneistoff-Lsg. muß das geeignetste Verf. experimentell ermittelt werden, um größtmögliche Keimfreiheit zu erreichen. — 59 Literaturangaben.
J. Roehr 4830◇

1492 **Zur raschen Identifizierung von Glykolen sowie zur quantitativen Bestimmung von Glykol-Wasser-Gemischen mit Hilfe der kritischen Mischungstemperatur (MTk).** Th. Kartnig und G. Kren. (Sci. pharmac. [Wien] **31**, 128—35, 1963; Graz, Univ., Inst. für Pharmakogn.; dt.) — Zur Identifizierung von *Glycerin*, *Äthylenglykol*, *Propandiol-(1.2)*, *Propandiol-(1.3)*, *Butandiol-(1.3)*, *Butandiol-(1.4)*, *Butandiol-(2.3)* wurde die Meth. der Mikro-F.-Best. der entsprechenden p-Nitrophenylhydrazone, die Trennung mittels Dünnschichtchromatographie u. die Best. der krit. Mischungs-Temp. (MTk) untersucht. Zur Best. der MTk nach Fischer wird das Glykol mit Test-Fl. (Nitromethan, Nitrobenzol, Bzl. oder 2-Nitropropan in Glascapillare (∅ 0,2—0,3 mm) aufgezogen, diese verschmolzen u. auf dem Mikroheiztisch erhitzt. Die Temp., bei der der Meniskus zwischen den beiden Fll. verschwindet, stellt die MTk dar. Die 6 Diole u. Glycerin können durch die MTk einwandfrei identifiziert werden. Auch zur quant. Best. von Glykol-W.-Gemischen ist die MTk gut brauchbar. Genauigkeit 1%. G. Alcer 4880◇

1493 **Polarographische Bestimmungsmethode für 1-Piperidinomethylcyclohexanon-(2) (Carion, Spiractin).** Wanda Sztark und Marian Eckstein. (Dissertat. pharmac. [Warszawa] **14**, 321—25, 1962; Kraków, Akad. Med., Zakł. Chem. nieorg. i analit.; Kat. Chem. farmac.; pol.) — Die polarograph. Best. von *1-Piperidinomethylcyclohexanon-(2)-hydrochlorid* erfolgt vorteilhaft bei pH 9,15. Das Halbstufenpotential gegen eine gesätt. Hg_2Cl_2-Elektrode beträgt —1,6 V. Bei Konzz. von 0,2—1,5 mg/ml ist die Stufenhöhe der Konz. proportional. F. Urban 4880◇

1494 **Papierchromatgoraphie ungesättigter Barbitursäurederivate.** Bogusław Bobrański und Ludwik Syper. (Dissertat. pharmac. [Warszawa] **14**, 315—20, 1962; Wrocław, Akad. Med., Zakł. Chem. farmac.; engl.) — 5.5-Diallyl-, 5-Allyl-5-isopropyl-, 5-Allyl-5-isobutylbarbitursäure, 5-Allyl-5-isopropylthiobarbitursäure, 5-Allyl-5-isopropyl-1'-methylbutylbarbitursäure, 5-Allyl-5-phenylbarbitursäure u. 5-Allyl-5-[1'-naphthylbutyl]-barbitursäure können nach Addition von Hg-Acetat an die Doppelbindung in methanol. Lsg. papierchromatograph. getrennt werden. Überschüssiges Hg-Acetat wird aus der Lsg. als HgO gefällt u. abfiltriert. Die Lsg. wird auf Schleicher-Schüll-Papier Nr. 2043b aufgetragen. Das Papier wird durch Tränken mit Alkoholen (Amylalkohol, Cyclohexanol, 2-Methylcyclohexanol, Octanol, Benzylalkohol), Anisol oder Tetralin präpariert. Entwickelt wird mit 16,5—33,3% ig. Essigsäure. Es wird die Meth. der reversiblen Phasen angewandt. Die Nachw.-Grenze liegt bei 0,02—0,05 μg. F. Urban 4880◇

1495 **Bestimmung des Sulfadiazins.** H. Wachsmuth und L. van Koeckhoven. (J. Pharmac. Belgique [N. S.] **18** (**45**), 375—77, 1963; Anvers, Hôp. Stuivenberg, Labor. de Chim. et de Biochim.; franz.) — *Sulfadiazin* (I) reagiert mit verschiedenen Indolen in Ggw. starker Säure unter Bldg. roter bis violetter Färbungen. Die Rk. wird durch das hydrolyt. abgespaltene 2-Aminopyrimidin hervorgerufen; bei dessen Substitution in Stellung 4, 5 oder 6 tritt sie nicht ein (Sulfamerazin, Sulfadimerazin). — Ausführung: 1. 1 ml wss. I-Lsg. + 1 ml 50% ig. H_2SO_4 + 0,2 ml 0,25% ig. alkohol. Indol-Lsg. werden 10 Min. auf dem sd. Wasserbad erhitzt u. 4 ml Eisessig zugegeben, Messung bei 490 nm. — 2. 1 ml wss. I-Lsg. + 4 ml Reagens (2 ml W., 2 ml konz. HCl, 0,5 mg Indol) werden 15 Min. auf dem sd. Wasserbad in geschlossenem Gefäß erhitzt; nach Abkühlen erfolgt Messung bei 550 nm. Gültigkeitsbereich des Lambert-Beerschen Gesetzes 10 bis 100 μg I. Man kann auch den Farbstoff mit Amylalkohol extrahieren u. so zur Messung bringen.
W. Kupferschmid 4880◇

1496 **Beitrag zum Nachweis von Purinbasen.** H. Wachsmuth und L. van Koeckhoven. (J. Pharmac. Belgique [N. S.] **18** (**45**), 366—71, 1963; Anvers, Hôp. Stuivenberg, Labor. de Chim. et de Biochim.; franz.) — Die Oxydation mit schwefelsaurer $KMnO_4$-Lsg., Extraktion mit Ae. oder Chlf. u. Umsetzung des Verdunstungsrückstands mit Thiophen-H_2SO_4 ergibt bei *Coffein* (I), *Theobromin* (II) u. *Theophyllin* (III) eine spezif. Blaufärbung, jedoch ist eine Unterscheidung der 3 Basen nicht möglich, auch eignet sich die Rk. nicht zur quant. Bestimmung. Die Oxydation der Purinbasen mit Brom, Verdampfen u. Aufnehmen des Rückstands mit Ammoniak ergibt eine Violettfärbung (Murexid-Rk.). Durch Chromatographie der Rk.-Prodd. mit dem Laufmittel Butanol/Collidin/W./Ammoniak (20:80:25:1) kann II erkannt werden, da der R_F-Wert von denen der Rk.-Prodd. anderer Purinbasen genügend abweicht: I u. III 0,75; II 0,35; Xanthin, Harnsäure u. a. Purinbasen 0,06. III gibt mit phosphatgepufferter alkal. Nitroprussidnatrium- u. Kaliumhexacyanoferrat-Lsg. eine Grünfärbung, die auch zur photometr. Best. herangezogen werden kann. II stört dabei nicht, I erst bei 4fachem Überschuß. Ferner stören mehr oder weniger stark Adrenalin, Eserin, Novocain, Novesin, Pilocarpin, Sympatol, Phenylephrin, Suprifen u. die Sulfonamide.
W. Kupferschnid 4880◇

1497 **Photometrische Bestimmung des Präparats Ismelin mit Hilfe des Reinecke-Salzes.** Maria Smaga. (Dissertat. pharmac. [Warszawa] **14**, 327—30, 1962; Kraków, Akad. Med., Zakł. Chem. nieorgan. u. analit.; pol.) — *Ismelin* {2-[Oktahydroazocinyl-(1')]-äthyl}-guanidin wird in schwach saurer Lsg. mit dem Reinecke-Salz gefällt. Der Nd. wird in Aceton gelöst u. die Lsg. photometriert. Das Lambert-Beersche Gesetz ist im Bereich 0,2—1,0 mg/ml erfüllt. Der Fehler der Best. liegt bei —0,2 bis 0,76%.
F. Urban 4880◇

1498 **Identifizierung der Flavone der Körbchen von Achillea millefolium L.** Adam Michaluk. (Dissertat. pharmac. [Warszawa] **14**, 347—53, 1962; Kraków, Akad. Med., Zakł. Farmakogn.; pol.) — Im methanol. Extrakt der Körbchen von *Achillea millefolium* L. wurden papierchromatograph. Apigenin, Apigeninglucosid, Luteolinglucosid u. Kaffeesäure nachgewiesen. Durch präparative Chromatographie wurden die Glucoside isoliert u. als *Apigenin-7-glucosid* (F. 201—202°, R_F 0,65 mit n-Butanol-Essigsäure-W., 4:1:5) u. *Luteolin-7-glucosid* (F. 251—252°, R_F 0,40) identifiziert. F. Urban 4480◇

1499 **Quantitative Bestimmung von Aloin in Aloe capensis.** 2. Mitt. **Colorimetrische Bestimmung.** Ljubomir Kraus. (Acta polon. pharmac. **16**, 223—24, 1959; Pradze, Z Państwowego Inst. Kontroli Leków; pol.) — 1. vgl. C. **1958**, 6039. — *Aloin* (I) wurde aus dem Rohmaterial mittels Papierchromatographie unter Verw. von Butanol-W.-Eisessig (40:50:10) als mobiler Phase isoliert. Die Ausscheidungsstelle des I wurde mit UV-Strahlen ermittelt. I wurde dann aus dem Papier eluiert u. mit $FeCl_3$ oxydiert. Colorimetriert wurde mit dem Pulfrich-Photometer. W. Barz 4880◇

1500 **Colorimetrische Bestimmung von Alantolactonen mit Hilfe einer Lösung von Vanillin in konzentrierter Schwefelsäure.** 1. Mitt. Waloria Olechnowicz-Stępień und Halina Rządkowska. (Dissertat. pharmac. [Warszawa] **14**, 331—38, 1962; Wrocław, Akad. Med., Zakł. Farmakogn.; pol.) — *Alantolacton* (I) u. *Isoalantolacton* (II) aus dem äther. Öl der Wurzeln von *Inula helenium* L. geben mit einer 0,01% ig. Lsg. von Vanillin in konz. H_2SO_4

u. Methanol eine rotviolette Färbung. Auf 0,1 g Substanz werden 3 ml Reagens u. 5 ml Methanol verwendet. Nach 10 Min. wird die Lsg. bei 550 mμ colorimetriert. I u. II haben annähernd gleiche Extinktionen. Die Meth. erlaubt den Nachw. von wenigstens 40 μg/8 ml. F. Urban 4880◇

1501 **Phytochemische Analyse der Zwetschgenkerne (Prunus domestica L.).** 1. Mitt. Tadeusz Bodalski und Mieczysław Woroszczuk. (Dissertat. pharmac. [Warszawa] **14,** 339—45, **1962;** Wrocław, Akad. Med., Kat. Farmakogn.; pol.) — Der Öl-Geh. trockener Zwetschgenkerne liegt im Mittel bei 39,47%. Das Öl hat die physikal. Konst.: $D._{20}^{20}$ 0,9185, n_D^{20} 1,4703, SZ. 2,96, VZ. 182,05, AZ. 19,6, JZ. 98,63. Das Öl enthält 96,39% Fettsäuren, davon 8,94 gesättigte. Die ungesätt. Fettsäuren sind Ölsäure (83,14%) u. Linolsäure (16,86%). Der Geh. an *Amygdalosid*, bestimmt durch enzymat. Autohydrolyse u. Abdestillieren von HCN mit argentometr. Titration, beträgt 2,5%. Die Hydrolyse verläuft mit 84%ig. Ausbeute. F. Urban 4880◇

1502 **Bestimmung des aus Centella asiatica durch quantitative Dünnschichtchromatographie an Glaspulver isolierten Asiaticosids mit Anthron.** Thomas Rahandraha, Marc Chanez, Pierre Boiteau und Simone Jaquard. (Ann. pharmac. franc. **21,** 561—67, **1963;** Paris, Fac. de Méd., Labor. de Physiol. nutr. des Vitamines et des Hormones; franz.) — 200 μg der Triterpenfraktion aus *Centella asiatica* werden in äthanol. Lsg. auf die Startlinie der Glaspulverschicht gebracht u. 15—20 Min. mit Äthylacetat/A./Eisessig (48:1:1) chromatographiert. Die dem *Asiaticosid* (I) entsprechende Zone wird herausgekratzt, in einem Zentrifugenglas mit 2 ml 50%ig. Essigsäure eluiert u. unter Eiskühlung tropfenweise mit 4 ml Anthron–H_2SO_4 versetzt. Das Gemisch wird 20 Min. in einem Wasserbad von 65° erwärmt, rasch abgekühlt u. 10 Min. bei 6000 U/min zentrifugiert. Die photometr. Messung der überstehenden Lsg. erfolgt bei 625 nm gegen einen Blind-Vers. mit Alkohol. Das mit Essigsäureanhydrid–H_2SO_4 entwickelte Chromatogramm zeigt zwischen I u. Asiatsäure noch eine unbekannte Substanz, die ebenfalls mit Anthron eine Farb-Rk. gibt (Maximum 510 u. 600 nm). W. Kupferschmid 4880◇

1503 **Über die colorimetrische Bestimmung der Digitoxose.** Jaroslav Bartos. (Ann. pharmac. franç. **21,** 603—04, **1963;** Romainville, Seine, Centre de Rech. Roussel-Uclaf; franz.) — 3 Meth. zur Best. von *Digitoxose* wurden überprüft u. verbessert: 1. Die in 2 ml Eisessig gelöste Probe wird mit 1 ml einer 0,02%ig. Xanthydrol-Lsg. in Eisessig u. 1 ml einer 1%ig. Lsg. von krist. p-Toluolsulfonsäure in Eisessig 5 Min. auf dem sd. Wasserbad erhitzt u. darauf 5 Min. im Eisbad abgekühlt. Nach 5 Min. langem Stehen bei Raum-Temp. wird bei 550 nm gemessen. Die Meth. eignet sich auch zur Best. von Digitoxin u. Gitoxin, jedoch nicht für die Tetraacetate u. -benzoate. — 2. Zu der in 5 ml Eisessig gelösten Probe gibt man 1 ml einer frisch bereiteten Lsg. von 0,25% Flavyliumperchlorat u. 2% wasserfreiem Na-Acetat in Eisessig, erhitzt 30 Min. auf dem sd. Wasserbad, läßt 10 Min. abkühlen u. mißt die gelbgrüne Färbung bei 450 nm. Die Glykoside reagieren wesentlich schwächer, die Genine überhaupt nicht. — 3. Zu der in 1 ml W. gelösten Probe fügt man 0,5 ml Reagens-Lsg. (40 mg 2-Hydrazinobenzothiazol in 2,5 ml 0,1 n HCl gelöst u. mit W. auf 10 ml aufgefüllt) sowie 0,5 ml 0,1 n Na_2CO_3-Lsg., erhitzt 15 Min. auf dem sd. Wasserbad u. kühlt 5 Min. in W. von 15° ab. Dann gibt man 2 ml verd. H_2O_2 (2,5% Perhydrol in W.) hinzu u. läßt 10 Min. bei Raum-Temp. stehen. Man verd. mit 2 ml A., schüttelt u. mißt nach 1 Std. die blaue Färbung bei 580 nm. Das wasserunlösl. Digitoxin wird hierbei nicht erfaßt. W. Kupferschmid 4880◇

1504 **Die Wirkstoffe von Genista aetnensis DC.** E. Steinegger, R. Bernasconi und G. Ottaviano. (Pharmac. Acta Helvetiae **38,** 371—80, **1963,** Beilage zu: Schweiz. Apotheker-Ztg.; Bern, Univ., Pharmaz. Inst.; dt.) — In den mittleren Regionen des Aetna u. bestimmten Regionen Siziliens beheimatete *Genista aetnensis* DC. enthält in den oberird. Organen hauptsächlich (—)-*Spartein* (I) u. *Retamin* (II) neben wenig *Anagyrin* (III), *Cytisin* (IV) u. *Methylcytisin* (V), in den Blüten IV, V u. III neben wenig (+)-*Spartein* u. Spuren von II. In den Samen findet sich hauptsächlich IV neben wenig V u. III. Die Gewinnung der genannten Alkaloide aus dem methanol. Perkolat des Drogenpulvers u. die absteigende papierchromatograph. Auftrennung sowie diejenige mittels Dünnschicht- u. Säulenchromatographie werden eingehend beschrieben, ebenso ihre Identifizierung. Vorl. Mitt. von pharmakolog. Voruntersuchungen. von II. W. Rittler 4880◇

1505 **Die Alkaloide von Cytisus praecox Bean.** St. Gill und E. Steinegger. (Sci. pharmac. [Wien] **31,** 135—40, **1963;** Bern, Univ., Pharmaz. Inst., Pharmakogn. Abt.; dt.) — Vgl. vorst. Referat. — Aus im November 1962 gesammelten überird. Teilen von *Cytisus praecox Bean* wurde nach Steinegger u. Mitarbeitern (vgl. vorst. Ref.) Rohalkaloidextrakt hergestellt. Im Dünnschichtchromatogramm wurden bes. 2 Alkaloide gefunden, die durch Pikrat- u. Sulfatfällung bzw. mit Perchlorat u. durch chromatograph. Vergleiche mit Testsubstanzen als (—)-*Spartein* (I) u. (—)-*Lupanin* (II) identifiziert wurden. I ist Haupt-, II Nebenalkaloid. Zwei weitere in Spuren vorhandene Dragendorff-positive Stoffe stellen Zers.-Prodd. von I dar G. Alcer 4880◇

1506 **Dünnschicht- und Papierchromatographie von natürlich vorkommenden Polyacetylenverbindungen.** K. E. Schulte, F. Ahrens und E. Sprenger. (Pharmaz. Ztg. verein. Apotheker-Ztg. **108,** 1165—69, **1963;** Münster, Univ., Inst. für Pharmaz. u. Lebensmittelchem.; dt.) — Meth. u. Vorteile der Dünnschicht- u. Papierchromatographie (Dicobaltoktacarbonyl als Reagens) zum Nachw. von natürlich vorkommenden Polyacetylen-Verbb. in Arzneipflanzen werden ausführlich behandelt. — 42 Literaturangaben. H. Franzen 4880◇

1507 **Trennung und Bestimmung von Cobalaminen in Kombination mit Folsäure und Nicotinamid.** G. Alessandro, F. Dal Brollo und E. Mecarelli. (Boll. chim. farmac. **102,** 161—72, **1963;** Milano, Farmitalia; ital.) — Beschreibung einer Meth. zur spektrophotometr. Best. von *Cyano-* u. *Hydroxycobalamin* in Präpp., die außerdem *Folsäure* (I) u. *Nicotinamid* (II) enthalten nach chromatograph. Trennung auf Diäthylaminoäthylcellulose u. Carboxymethylcellulose. I wird mit N-[Naphthyl-(1)]-äthylendiamindichlorid u. II polarograph. bestimmt. K. Zingraf 4880◇

1508 **Zur chemischen Bestimmung von Vitamin D in pharmazeutischen Zubereitungen, insbesondere Multivitaminpräparaten.** R. Strohecker und H. Pies. (Arch. Pharmaz. Ber. dtsch. pharmaz. Ges. **294/66,** 800—11, **1961;** Darmstadt, E. Merck Akt.-Ges., Kontroll-Labor.; dt.) — Die Best. von *Vitamin D* (I) in nur I enthaltenden Präpp. gelingt auf chem. Wege ohne Schwierigkeiten. Bei der Trennung von I von *Vitamin A* (II) nach der Meth. der USP XVI wird I mit einem Fehler von $\pm 6\%$ wiedergefunden. Diese Best. versagt in Ggw. von *Vitamin E* (III). Die Abtrennung von III von I u. II gelingt mit Hilfe einer Mg-Phosphatsäule. Nach der Abtrennung von III werden I u. II über eine Kieselgursäule getrennt. Die I-haltige Fraktion wird dann von II-Zers.-Prodd. u. anderen störenden Stoffen mit Hilfe einer Florex XXS-Säule befreit. Der Rückstand des benzol. I-Eluats wird in Chlf. der $SbCl_3$–Acetylchlorid-Rk. unterworfen. Die erhaltene Extinktion wird um den in einem Blind-Vers. erhaltenen Wert korrigiert. Die Meth. wird durch Anwendung einer kombinierten Kieselgur–Florex-Säule verbessert. Bei 13 untersuchten I-Präpp. des Handels, die neben I II, III u./oder wasserlösl. Vitamine enthielten, lagen die gefundenen I-Werte in 11 Fällen zwischen 92 u. 106%. Nur in 2 Fällen wurden 85 bzw. 90% I wiedergefunden. Genaue Arbeitsvorschriften im Original. S. Erbe 4880◇

1509 **Colorimetrische Bestimmung von Methylandrostendiol in Gegenwart von Prednisolon.** G. Sekules. (Boll. chim. farmac. **102,** 25—32, **1963;** Milano, Ist. de Angeli, Labor. Anal.; ital.) — Beschreibung einer colorimetr. Meth. zur Best. von *Methylandrostendiol* in Ggw. von Prednisolon unter Verw. von 50% $HClO_4$. K. Zingraf 4880◇

1510 A/S Apothekernes Laboratorium for Spesialpraeparater, Oslo, Norwegen (Erfinder: Aage Petersen, Erik Hoff und Ruth Gjermundsen), **Herstellung von Salpetersäureestern von substituierten Propandiolen-1.3)** von der allg. Formel $O_2NO \cdot CH_2 \cdot C(R_1)(R_2) \cdot CH_2 \cdot ONO_2$, worin R_1 u. R_2 Alkylgruppen mit 3—10 C-Atomen, dad. gek., daß 1.3-Propandiole der Formel $HO-CH_2-C(R_1R_2)-CH_2OH$, wo R_1 u. R_2 die obige Bedeutung haben, mit Nitrier- oder

Salpetersäure umgesetzt werden. — Beispiele: *2-Methyl-2-n-propyl-1.3-propandioldinitrat*, Kp.$_{0,2}$ 66—67°, *2.2-Diäthyl-*, Kp.$_{0,4}$ 78°, 2-Äthyl-2-n-butyl-, Kp.$_{0,6}$ 98,5°, 2-Methyl-2-n-propyl-1.3-propandioldinitrat, Kp.$_{0,3}$ 74°. — *Mittel gegen Angina pectoris.* (**Norw. P. 98140** vom 14/3. 1960, ausg. 12/6. 1961.) K. H. Kähler 4807

1511 Reheis Co., Inc., Berkeley Heights, N.J., V.St.A., **Herstellung von Citryltrigluconsäure (I)** erfolgt durch Rk.

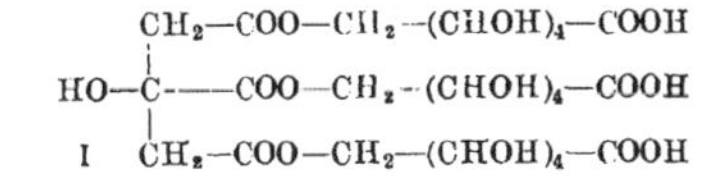

von 3 (Mol) d-Gluconsäure oder deren δ-Lacton mit 1 Citronensäure in wss. Lsg. bei 80—110°. — Die *Ca-*, *Mg-* oder *Fe-Salze* werden erhalten durch Rk. von I in wss. Lsg. mit einem entsprechenden Metalloxid, -hydroxid oder -carbonat u. Fällen des Endprod. durch Zusatz eines mit W. mischbaren organ. Lsgm., z. B. CH_3OH. — Die in W. leicht lösl. Salze dienen als *Therapeutica.* (**E. P. 894752** vom 22/3. 1960, ausg. 26/4. 1962. A. Prior. 20/5. 1959.)
O. Müller-Meiningen 4807

1512 Instituto de Angeli S. p. A., Italien (Erfinder: Cesare Gordani, Enrico Adami und Bruno Vavalleri), **Herstellung von Farnesylessigestern** der allg. Formel *F—CH₂—COOR* (F = Farnesylrest; R = Alkyl-, Alkenyl-, Cycloalkyl-, Aryl-, Aralkyl-, Aralkenyl-, heterocycl. Gruppe (Dodecyl-, 3.7-Dimethyloctyl-, 3.7.11-Trimethyldodecyl-, Cinnamyl-, Propargyl-, Phytil, Carvacrylrest) durch Rk. von Verbb. der allg. Formel $F—CH_2—COX$ mit Verbb. RY (X u. Y = reaktionsfähige Gruppen) in Ggw. veresternder Katalysatoren (anorgan. oder organ. Basen, anorgan. Säuren, Sulfosäuren, Toluolsulfosäure, BF_3, Lewis-Säuren, $ZnCl_2$) u. säurebindenden Mitteln. — *Pharmaceutica.* (**Ung. P. 150897** vom 24/5. 1962, ausg. 20/7. 1963. It. Prior. 24/5 1961.) F. Landsberger 4807

1513 Warner-Lambert Pharmaceutical Co., Morris Plains, übert. von: Robert I. Meltzer, Rockaway, Robert J. Stanaback, Bernardsville, und Wilson B. Lutz, Madison, N.J., V.St.A., **Trijodthyroninderivate** der allg. Formel I (R = Carboxyl, —A—COOH; A = Alky-

I

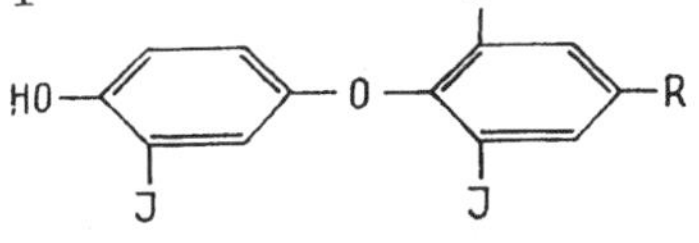

len, Aminoalkylen mit 1—3 C-Atomen im Alkylrest) werden hergestellt durch Rk. von Thyroninanaloga der allg. Formel II

II

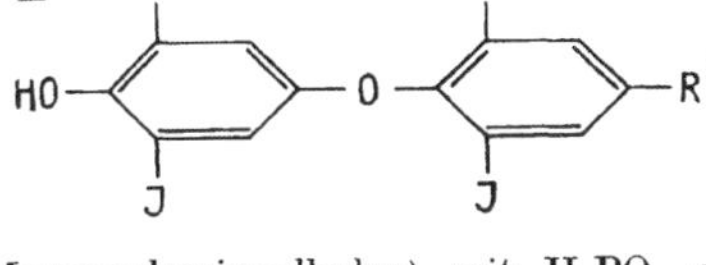

(R' = R, Monoacylaminoalkylen) mit H_3PO_3 oder H_3PO_2 bei 90—150° in Ggw. von Eisessig, wobei das Gew.-Verhältnis Säure zu II mindestens 6:1 ist. — 250 (mg) Na-L-Thyroxin·5 H_2O kocht man 24 Std. mit 10 ml Eisessig u. 10 ml 30%ig. H_3PO_2 unter N_2 unter Rückfluß, engt im Vakuum ein, neutralisiert mit NaOH u. filtriert → 35 *3.5.3'-Trijodthyronin, Hydrochlorid* (**III**), $[\alpha]_D^{25}$ —15°; analog erhält man **III** aus N-Acetyl-L-thyroxin. — Aus 3.5.3'.5'-Tetrajod (**IV**)-thyroessigsäure erhält man analog ein Gemisch von **IV**- u. *3.5.3'-Trijodthyroessigsäure*; 75% (Ausbeute); aus **IV**-Thyropropionsäure ein Gemisch von **IV**- u. *3.5.3'-Trijodthyropropionsäure*; 80%. — *Pharmazeutica*, erniedrigen den Cholesterinspiegel im Blut. (**A. P. 3046306** vom 24/6. 1959, ausg. 24/7. 1962.)
A. Debo 4807

1514 Egyesült Gyógyszer és Tápszergyár, Budapest, Ungarn, **Herstellung von α[p-Nitrobenzoyl]-α-phthaliminoessigsäureestern.** Eine Lsg. von Nitropbenzoylbromessigsäureäthylester, hergestellt aus p-Nitrobenzoylessigsäureäthylester u. Bromsuccinimid, wird mit K-Phthalimid (I) u. CCl_4 vermischt u. portionsweise mit Dimethylformamid bei < 25° versetzt. Das Gemisch wird 2 Std. bei 0—15° gerührt, mit Äthylendichlorid verd. u. mit W. versetzt. Mit 10%ig. HCl wird der pH-Wert auf 3 reduziert. Man kühlt auf 0° ab, worauf das ausgefallene, nicht in Rk. getretene I abfiltriert wird. Die organ. Phase des Filtrats wird abgetrennt u. aufgearbeitet. *α-(p-Nitrobenzoyl)-α-phthaliminoessigsäureäthylester*, F. 106—107°. — *Zwischenprodd. zur Herst. von Pharmazeutica.* (**E. P. 874362** vom 18/7. 1958, ausg. 2/8. 1961. Ung. Prior. 18/7. 1957.) C. Lüttgen 4807

1515 Uclaf, Paris, Frankreich, **3.5-Disulfaminobenzoesäureverbindungen** der allg. Formel I (X_1, X_2 u. X_3,

I

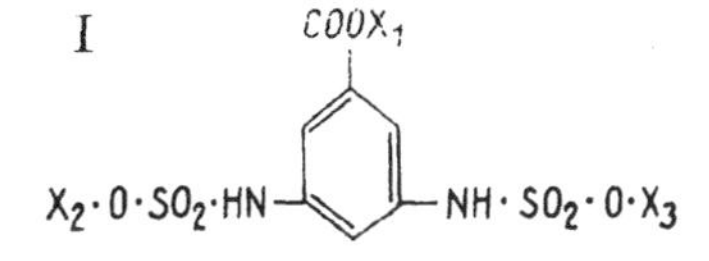

gleich oder verschieden = H, nichttox. Metallion, NH_4 oder Rest einer organ. Base) erhält man durch Rk. von 3.5-Diaminobenzoesäure oder einem ihrer Salze mit $SO_2(OH)Cl$ in Ggw. einer tert., bes. heterocycl. Base oder durch Rk. eines $NaOH—NaHSO_3$-Gemisches mit 3.5-Dinitrobenzoesäure, Umsetzen des schwer isolierbaren 3.5-Disulfaminobenzoesäure zu einem wasserunlösl., bes. quatern. NH_4-Salz, bes. mit „Hyamin 1622" der Formel II u. Umwandeln des quatern.

II

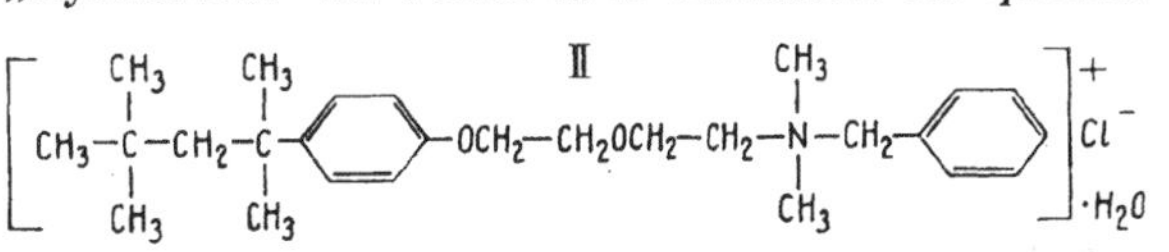

Salzes zu nachst. Salzen. — Man erhält z. B. aus 57,5 (ml) $SO_2(OH)Cl$ u. 575 Pyridin unter N_2 bei Temp. unterhalb 0° Pyridinsulfonsäure, daraus mit 50 g 3.5-Diaminobenzoesäurehydrochlorid u. dann mit 3800 einer wss. Lsg. von „Hyamin 1622-Hydrochlorid" das *Hyamin 1622-Salz* der *3.5-Disulfaminobenzoesäure.* Das gleiche Prod. erhält man durch Rk. eines Gemisches aus 10 einer konz. wss. NaOH u. 90 einer konz. wss. $NaHSO_3$-Lsg. nach Zusatz von 25 2n NaOH u. 200 W. mit 3.5-Dinitrobenzoesäure, Erhitzen des Gemisches unter N_2 beim Kp. der Fl. u. Rk. mit 750 einer 10%ig. Hyamin 1622-Lsg.; aus vorst. Salz erhält man durch Rk. mit Triäthylamin das *Di-[triäthylammonium]-Salz*, $C_{19}H_{38}N_4O_8S_2$, F. 236°; 78% (Ausbeute); daraus mit methanol. NaOH das *Trinatriumsalz* (neu); 93%; bzw. mit methanol. K-Acetat das *Trikaliumsalz* (neu), F. > 300°; 98%; bzw. mit methanol. Na-Acetat das *Dinatriumsalz*, quantitativ. — *Mittel* gegen *Entzündungen, rheumat. Fieber* u. *Arthritis.* (**E. P. 879050** vom 22/2. 1960, ausg. 4/10. 1961. F. Prior. 27/2. 1959.)
G. Vogel 4807

1516 Merck & Co., Inc., Rahway (Erfinder: Frederick William Bollinger, Westfield, und Meyer Sletzinger, North Plainfield), N.J., V.St.A., **Phenylalanin- und Hydantoinderivate.** *Phenylalanin-Derivv.* der Formel I, in

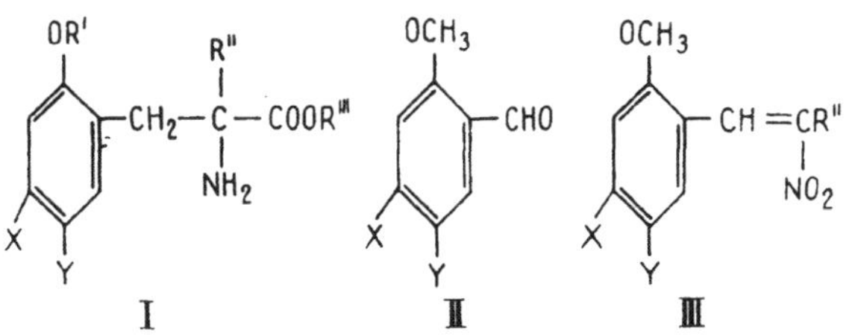

I II III

welcher R' = H oder Methyl, R'' = niedriger Alkylrest, R''' = H oder niedrige Alkylgruppe, X u. Y = H, OH oder CH_3O, wobei eines davon = H, u. deren nichttox. *Additionssalze* sind geeignet für die *Behandlung von hohem Blutdruck.* Die Verbb. werden dargestellt, indem man eine Verb. **II** mit $R''CH_2NO_2$ umsetzt, die entstandene Verb. **III** mit Fe u. HCl red., die erhaltene Verb. **IV** mit einem in W. lösl. Cyanid u. $(NH_4)_2CO_3$ u. die entstandene Verb. **V** mit einer Base behandelt. — 122 (g) 2.5-Dimethoxybenzaldehyd, 66,3 Nitroäthan, 147 ml Toluol u. 14,7 ml n-Butylamin werden 6 Std. am Rückfluß mit Wasserextraktor gekocht. 42,7 des erhaltenen 1-[2-Nitropropenyl]-2.5-dimethoxybenzols

u. 364 ml abs. A. werden erhitzt, dann werden 910 W., 72,7 Fe-Pulver u. 2,91 $FeCl_3$ zugegeben, am Rückfluß wird gekocht. Dann werden 131 ml konz. HCl zugesetzt, wobei im Sieden gehalten wird. Das Filtrat wird auf pH 1 gebracht: 23,46 *1-[2.5-Dimethoxyphenyl]-propanon-(2)*, $Kp._{1,25}$ 95°. 20 dieser Verb. u. 215 ml A. werden erhitzt, die Lsg. wird mit 72,5 $(NH_4)_2CO_3$ u. 15,75 KCN in 215 W. versetzt, für 84 Std. gerührt u. filtriert: 21,13 *5-Methyl-5-[2.5-dimethoxybenzyl]-hydantoin.* 19 dieser Verb. u. 108 $Ba(OH)_2 \cdot 8\,H_2O$ werden in 537 W. unter N_2 60 Std. gekocht, 1,02 W. werden zugegeben,

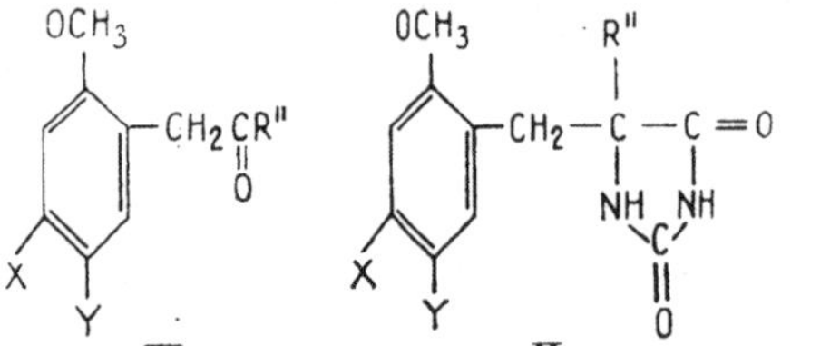

IV V

die Lsg. wird neutralisiert u. wieder mit 1,02 W. versetzt. Die Mischung wird abfiltriert, das Filtrat im Vakuum eingeengt, der Rückstand in 500 Methanol gelöst, filtriert u. konz.: 20,8 *α-Methyl-β-[2.5-dimethoxyphenylalanin]-*, F. 176 bis 207°. Daraus mit 48%ig. HBr in N_2 nach 16 Std. *α-Methyl-β-[2.5-dihydroxyphenyl]-alanin,* F. 248—250° (Zers.). Analog: *5-Äthyl-5-[2.5-dimethoxybenzyl]-hydantoin; α-Äthyl-β-[2.5-dimethoxyphenyl]-* u. *-[2.5-dihydroxyphenyl]-alanin-, 5-Methyl-5-[2.4-dimethoxybenzyl]-hydantoin, α-Methyl-β-[2.4-dimethoxyphenyl]-*, F. 239—241° (Zers.), u. *-[2.4-dihydroxyphenyl]-alanin,* F. 284° (Zers.) — *5-Äthyl-5-[2.4-dimethoxybenzyl]-hydantoin; α-Äthyl-β-[2.4-dimethoxyphenyl]-* u. *-[2.4-dihydroxyphenyl]-alanin.* (**Israel. A. S. 16 858** vom 22/2. 1962, ausg. 23/5. 1963.) Y. Hess 4807

1517 Spofa, Spojené Farmaceutické Závody, Národní Podnik (Erfinder: Miroslav Protiva, Edita Adlerová und Jiří Jilek), Prag, Tschechoslowakei, **Spasmolytisch wirksame Sulfoniumsalze.** Zu F. PP. 1 232 909, 1 232 910 u. 1 232 911; C. **1962,** 17927 u. Niederl. P. 99 079; C. **1963,** 2547 ist nachzutragen: Es sind Verbb. der allg. Formel $[C_6H_5CZ(R)-COOCH_2-CH_2-\overset{+}{S}(R')-R'']A^-$ (R = H, Alkyl, Cycloalkyl, Aryl, Aralkyl; R' u. R'' = niedermol. Alkyl, bes. Methyl oder Äthyl; Z = H, OH; A = Anion einer starken, anorgan. Säure, bes. J) herstellbar. — Aus Phenylcyclohexylessigsäure-2-bromäthylester u. Na-Methylmercaptid unter Rückfluß → Phenylcyclohexylessigsäure-2-methylmercaptoäthylester, $Kp._2$ bzw. $Kp._{1,2}$ 182° bzw. 165—172°; F. 29—30°; auch erhältlich aus der Säure in Ggw. von äthanol. Na-Äthylat u. 2-Methylmercaptoäthylchlorid in 90%ig. Ausbeute. Mit Methyljodid entsteht *2-(Phenylcyclohexylacetoxy)-äthyldimethylsulfoniumjodid,* aus A. F. 101—102°; in 100 cm³ W. lösen sich 0,4 g; in 100 cm³ A. 4,8 g; in nicht polaren Lsgm. unlöslich. (**Schwz. PP. 347 517, 347 518, 347 519** vom 4/10. 1956, ausg. 31/8. 1960. Alle Tschech. Prior. 6/10. 1955 u. **350 646** vom 10/12. 1956, ausg. 31/1. 1961. Tschech. Prior. 7/7. 1956.) G. Krauß 4807

1518 Sandoz Akt.-Ges., Basel (Erfinder: Ernst Jucker, Arnold Vogel, Binningen, und Erwin Rissi, Basel), Schweiz, **Herstellung von 3.5-Diketopyrazolidinen**

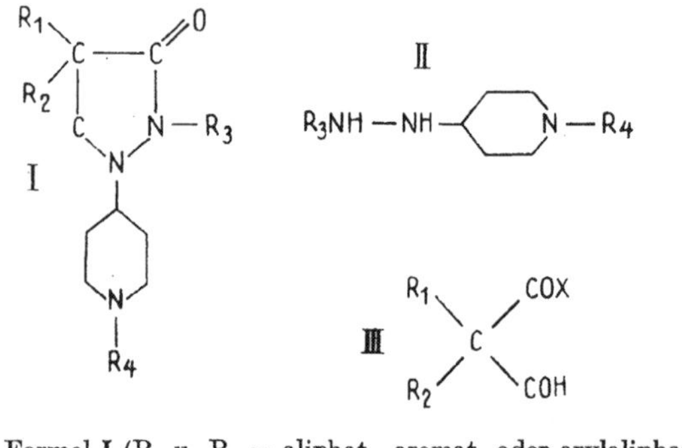

I II III

der Formel I (R_1 u. R_2 = aliphat., aromat. oder arylaliphat. Rest, R_3 = H oder Alkylgruppe mit 1—4 C-Atomen, R_4 = Alkylgruppe mit 1—4 C-Atomen) durch Rk. eines Piperidyl-4'-hydrazins der Formel II mit einem reaktionsfähigen Malonsäure-Deriv. der Formel III (X = Br, Cl, N_3 oder O-Alkyl). — Aus Benzoylhydrazin in A. u. N-Methyl-4-piperidon wird das Benzoylhydrazon des letzteren (F. 146 bis 147°) erhalten, aus dem nach Hydrierung über N-Methylpiperidyl-4'-hydrazin ($Kp._{0,25-0,32}$ 66—67°) mit Diphenylmalonylchlorid u. Triäthylamin [*1-(N-Methylpiperidyl-4')* = **A**]*-4.4-diphenyl-3.5-diketopyrazolidin,* F. 258—263°, erhalten wird. Analog werden folgende *3.5-Diketopyrazolidine* erhalten: **A***-2-methyl-4.4-diphenyl-*, F. 112—113°; **A***-2-methyl-4.4-di-n-butyl-*, F. 200—202°; **A***-2-methyl-4.4-diäthyl-, -hydrochlorid,* F. 220—221°; **A***-2-methyl-4.4-dimethyl-, -hydrochlorid,* F. 261—262°; **A***-2-isopropyl-4.4-diphenyl-*, F. 124 bis 125°, *-hydrochlorid,* F. 247—252° (Zers.); **A***-2-isopropyl-4.4-di-n-butyl-, -monohydrochlorid,* F. 234—236°; **A***-2-isopropyl-4.4-dimethyl-, -monohydrochlorid,* F. 261—262° (Zers.); **A***-4.4-diäthyl-*, F. 186,5—190°; *1-(N-Isopropylpiperidyl-(4')-2-methyl-4.4-diphenyl-*, F. 119—120°, *-hydrochlorid,* F. 235 bis 239°; *1-(N-Isopropylpiperidyl-(4')-2-methyl-4.4-di-n-butyl-,* ölig, *-hydrochlorid,* F. 237—240°; **A***-3.5-diketo-4.4-diäthylpyrazolidin,* F. 188—189°; — *Pharmakodynam., antiphlogist. Eigg.,* bei *rheumat. Erkrankungen.* (**Schwz. P. 351 608** vom 7/1. 1956, ausg. 15/3. 1961.) H. Roos 4807

1519 Merck & Co., Inc., Rahway, N.J., übert. von: Frederick C. Novello, Lansdale, Pa., V.St.A., **4-Chinazolonverbindungen** der allg., bei Substitution der N-Atome mit H tautomeren Formeln **I, II** oder **III** (R_1 = H, Halogen,

I II III

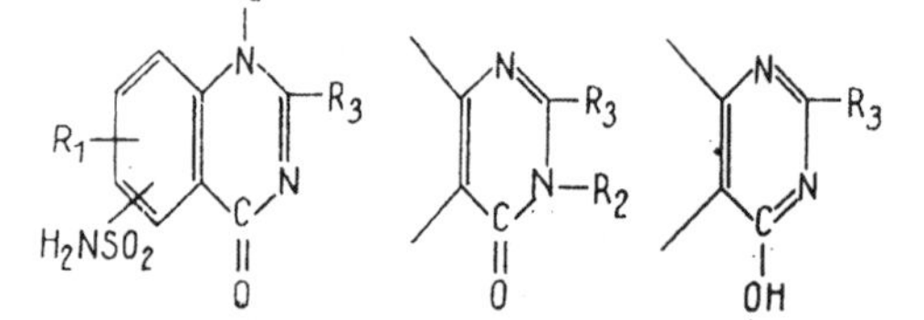

niedrigmol. Alkyl- oder Alkoxyrest mit je 1—5 C-Atomen, NO_2 oder NH_2; R_2 = H oder Alkylrest mit 1—5 C-Atomen; R_3 = Alkylrest mit 1—11 C-Atomen, einkerniger Aryl- oder Aralkylrest mit 1—3 C-Atomen im Arylrest) erhält man a) durch Rk. eines 2-Methylacylanilids mit $ClSO_3H$ u. dann mit NH_3 erst bei Raum-Temp., dann auf dem Dampfbad, Oxydation der 2-Methyl-4-sulfamylanilin-Verb. mit $KMnO_4$ bei 100°, Rk. des Oxydations-Prod. (2-Carboxylsulfamylacylanilid-Verb.) mit $POCl_3$ usw. bei Raum- oder erhöhter Temp. in Ggw. eines Lsgm., dann mit NH_3 oder einem prim. Amin u. Ringschluß des Prod. durch 1—5std. Erhitzen auf 150—250° oder durch Erhitzen mit wss. oder alkohol. Alkali oder b) durch Rk. einer Anthranilsäure-Verb. mit $ClSO_3H$ u. dann mit NH_3 zu einer 2-Carboxysulfamylacylanilid-Verb. (s. oben) usw. wie bei a) oder c) durch Hydrolyse letzterer Verb. zu einer 2-Carboxysulfamylanilin-Verb. u. Rk. der letzteren mit Formamid. Rk.-Schemata im Original. — Zum Beispiel 5-Chlor-2-methylacetanilid + $ClSO_3H$ → 5-Chlor-2-methyl-4-sulfamylacetanilid, F. 262—263° [aus A.-W. (50 zu 50)]; hieraus mit HCl + A. → *2-Carboxy-5-chlor-4-sulfamylanilin,* F. 267° (aus A.-W., Zers.); dann mit Formamid bei 130—140° → *7-Chlor-6-sulfamyl-4-chinazolin,* F. 314 bis 315° (aus A.-W., Zers.). Analog erhält man folgende 6-Sulfamyl-4-chinazoline: *7-Chlor-3-äthyl-2-methyl-.* — *7-Chlor-1-methyl-.* — *7-Methoxy-.* — *1.2-Dimethyl-7-methoxy-* (aus 2-Carboxy-5-methoxy-N-methylanilin u. Essigsäureanhydrid über 2-Carboxy-5-methoxy-N-methylacetanilid u. 2-Carboxy-5-methoxy-4-sulfamyl-N-methylacetanilid). — *7-Nitro-* (aus 5-Chlor-2-methylacetanilid über 2-Carboxy-5-nitro-4-sulfamylanilin). — *7-Amino-.* — *1-Methyl-7-nitro-.* — *7-Amino-1-methyl-.* — *7-Methyl-.* — *7-Propyl-.* — *7-Propoxy-.* — *7-Chlor-1-propyl-.* — *7-Fluor-.* — *1-Äthyl-7-nitro-.* — *7-Chlor-2.3-di-[n-propyl]-.* — *7-Chlor-3-äthyl-2-undecyl-.* — *7-Chlor-3-äthyl-2-phenyl-.* — *7-Chlor-*; daraus *Na-Salz* zur Herst. von Tabletten u. Injektions-Lsgg. für *Diuretica.* Ferner erhält man *6-Chlor-7-sulfamyl-4-chinazolin.* — *6-Sulfamyl-4-chinazolin.* (**A. P. 2 952 680** vom 22/1. 1958, ausg. 13/9. 1960.) G. Vogel 4807

1520 Wellcome Foundation Ltd. (Erfinder: Albert Gordon Caldwell und Leslie Percy Walls), London, England, **Herstellung von Piperazinverbindungen.** Zu Ung. PP. 148 159; C. **1963,** 11035 u. 149 800; C. **1963,** 11036

ist nachzutragen: Die Rk. von N-Alkyl- bzw. N-Alkoxycarbonylpiperazinen mit Säurechloriden oder Säureanhydriden wird in einem Lsgm., wie Aceton oder Bzl., in Ggw. eines Säurebindemittels, bes. Na_2CO_3, oder eines Überschusses des Piperazins durchgeführt. — Piperazine: *N-[3-Chlorpropionyl]-N'-methyl-, Hydrochlorid*, F. 190° (Zers.; A.), aus 3-Chlorpropionylchlorid u. N-Methylpiperazin in Aceton in Ggw. von Na_2CO_3 durch 2std. Rühren bei normaler Temp.; kleine Platten. — Analog: *N-[3-Chlorpropionyl]-N'-äthoxycarbonyl-*, $Kp._{0,5}$ 164—166°. — *N-[2-Chlorpropionyl]-N'-äthoxy-, Hydrochlorid*, $Kp._{0,8}$ 152—154°. — *Heilmittel.* (**Oe. P. 218 021** vom 21/8. 1959, ausg. 10/11. 1961.)
G. Colsmann 4807

1521 Ciba Ltd., Basel, Schweiz, **Herstellung von 6-[p-Toluolsulfonamid]-3-chlorpyridazin (I)**, F. 152—153°. Man gibt 19,1 g p-Toluolsulfonylchlorid langsam zu einer Lsg. von 12,9 g 3-Chlor-6-aminopyridazin in 80 (cm^3) wasserfreiem Pyridin, erhitzt 1 Std. auf 90—95°, gießt das Gemisch in 500 n-HCl u. läßt über Nacht stehen. Der Nd. wird abgesaugt, in 250 0,5n-NaOH gelöst, Ungelöstes abgesaugt u. mit 2n-HCl das **I** ausgefällt u. aus A. umkristallisiert. — *Pharmazeuticum.* (**Ind. P. 68 477** vom 22/7. 1959, ausg. 29/9. 1961. Pakistan. Prior. 18/10. 1958.) C. Lüttgen 4807

1522 Upjohn Co., übert. von: Harold G. Petering, Kalamazoo, Mich., V.St.A., **Herstellung von 8-Chloralloxazin-5.10-dioxid.** 8-Chloralloxazin (**I**) wird in inerten Lsgm. (**II**) mit Perverbb. (**III**) oxydiert, wobei auf 1 (Mol) 2—20 **III** angewandt werden; Rk.-Temp. 15—100°, bes. 65—95°. Beispiele für **II**: H_2CO_2, $CH_3{\cdot}COOH$, A. + W.,

IV

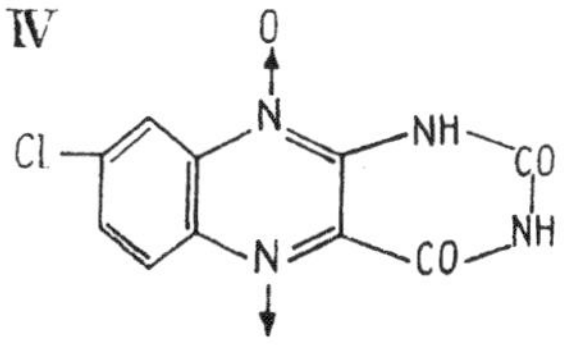

Methanol + W., Isopropanol oder andere niedrigmol. Alkohole + W.; Beispiele für **III**: H_2O_2, O_3, Benzoylperoxid, Perbenzoe-, Peressig-, Perschwefel- u. andere Persäuren. Man erhält **I**-Dioxid $C_{10}H_5O_4N_4$ gemäß Formel **IV** weiße Kristalle, F. 293 bis 294°. Verw. zur Herst. von Präpp. mit *diuret.* Wirkung. (**A. P. 2 973 359** vom 10/9. 1959, ausg. 28/2. 1961.)
A. Kalix 4807

1523 Sandoz Akt.-Ges., Basel, Schweiz, **Herstellung von in 7-Stellung substituierten Theophyllinderivaten.** Zu D. A. S. 1 130 813; C. **1963**, 13287, ist nachzutragen, daß man zu Verbb. der allg. Formel **I** (R = H oder CH_3) auch gelangen kann, wenn man Theophyllin mit einem N-Methylpipecolylhalogenid umsetzt u. das Rk.-Prod. ggf. durch Behandeln mit Alkyl oder Hydroxyalkylestern einer organ. oder anorgan. Säure in die entsprechenden quart. Verbb. überführt. — Beispiel: *7-[N-Methyl-2-pipecolyl]-theophyllinbrommethylat*, F. 282°. Histamin- u. acetylcholinhemmende Wirkung. (**Oe. PP. 216 524** vom 19/11. 1959, ausg. 10/8. 1961 u. **217 048** vom 19/11. 1959, ausg. 11/9. 1961. Beide Schwz. Prior. 21/11. 1958.) W. Gräger 4807

1524 Smith, Kline & French Laboratories, Philadelphia, übert. von: Joseph Weinstock, Havertown, Pa., V.St.A., **4.7-Diamino-N-aralkyl-2-aryl-6-pteridincarboxamide** der allg. Formel **I** (R_1 = ggf. durch einen

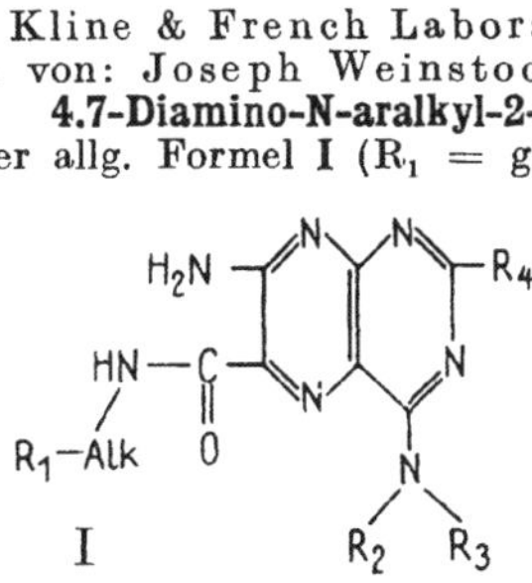

Alkyl-, Alkoxyrest, Halogen mit Atomgew. < 80, oder NO_2 substituierter Phenylrest, heterocycl. Ring mit einem Heteroatom, wie O, S oder tert. N-Atom, bes. Furyl-, Thienyl- oder Pyridylrest; Alk = Alkenylrest mit 1—6, bes. 1—2 C-Atomen; R_2 u. R_3 = H oder Alkylrest; R_4 = Phenyl-, $R_6(R_5)-C_6H_3$-oder Thienyl-Rest; R_5 u. R_6 = Alkyl-, Alkoxyrest, Halogen mit Atomgew. < 80, NO_2, OH oder NH_2; alle Alkyl- u. Alkoxyreste mit 1—4, bes. 1—2 C-Atomen) erhält man durch Rk. eines 4.6-Diamino-2-aryl-5-nitrosopyrimidins mit einem N-Aralkyl-α-cyanacetamid im Überschuß in einem organ. Lsgm., bes. in Ggw. eines Alkalialkoxids während 2—30 Min. bei ca. 50 bis ca. 200° unter Rückfluß. — Man erhitzt z. B. eine Lsg. aus 12,5 (g) 4.6-Diamino-5-nitroso-2-phenylpyrimidin u. 11,8 N-Benzyl-α-cyanacetamid in 250 ml Dimethylformamid unter Rückfluß, setzt 3 CH_3ONa zu, erhitzt 2 Min. unter Rückfluß, kühlt verd. mit 100 ml W. u. filtriert → *4.7-Diamino-N-benzyl-2-phenyl-6-pteridincarboxamid*, F. 314 bis 318° (aus Dimethylformamid). Analog erhält man *4.7-Diamino-N-phenyläthyl-2-phenyl-pt* (*pt* = -6-pteridincarboxamid); *4.7-Diamino-2-phenyl-N-[4'-pyridyläthyl]-pt*; *4.7-Diamino-N-[2'-furyläthyl]-2-phenyl-pt*; *4.7-Diamino-N-[p-methoxyphenäthyl]-2-phenyl-pt*; *4.7-Diamino-N-[β-methylphenäthyl]-2-phenyl-pt*; *4.7-Diamino-N-[α-butylphenäthyl]-2-phenyl-pt*; *7-Amino-N-benzyl-4-methylamino-2-phenyl-pt*; *7-Amino-N-benzyl-4-dimethylamino-2-phenyl-pt*; *7-Amino-N-benzyl-4-dibutylamino-2-phenyl-pt*; *4.7-Diamino-N-benzyl-2-[p-methoxyphenyl]-pt*, *4.7-Diamino-N-benzyl-2-[p-chlorphenyl]-pt*; *4.7-Diamino-N-benzyl-2-[3'-thienyl]-pt*; *4.7-Diamino-2-[2'-amino-4'-chlorphenyl]-N-benzyl-pt*; *4.7-Diamino-N-benzyl-2-[2'-thienyl]-pt*; *4.7-Diamino-N-[m-methylbenzyl]-2-phenyl-pt*; *4.7-Diamino-N-[p-chlorbenzyl]-2-phenyl-pt*; *4.7-Diamino-N-[p-butylphenäthyl]-2-phenyl-pt*; *4.7-Diamino-N-[p-butoxybenzyl]-2-phenyl-pt*; *4.7-Diamino-N-[o-nitrophenäthyl]-2-phenyl-pt*; *4.7-Diamino-N-[3'-thienyläthyl]-2-phenyl-pt*; *4.7-Dimethylamino-N-benzyl-2-[m-tolyl]-pt*; *4.7-Diamino-N-benzyl-2-[4-hydroxy-3'-nitrophenyl]-pt*; *4.7-Diamino-2-phenyl-N-[6'-phenylhexyl]-pt*. *Diuretica.* Vgl. A. PP. 2 963 479, 2 963 480, 2 963 481 u. 2 975 180; s. nachst. Referate. (**A. P. 2 963 478** vom 4/5. 1959, ausg. 6/12. 1960.) G. Vogel 4807

1525 Edward C. Taylor, Princeton, N.J., V.St.A., **2-Aryl-4.7-diamino-6-cyanpteridine** der allg. Formel **I** (Ar = Thienyl- oder $R_4(R_3)C_6H_3$-Rest; R_1 u. R_2 = H oder Alkylrest; R_3 u. R_4 = H, Halogen mit Atomgew. 80, Alkyl-, Alkoxyrest, NO_2, NH_2 oder OH; alle Alkylreste mit 1—4, bes. 1—2 C-Atomen) erhält man durch Rk. eines 2-Phenyl-4.6-diamino-5-nitrosopyrimidins mit Malonsäurenitril durch

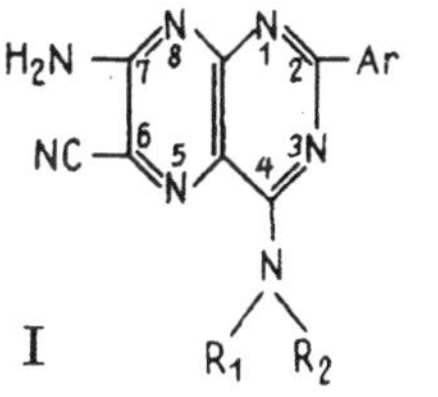

Erhitzen in einem inerten, die Ausgangsstoffe lösenden Lsgm., 1—12, bes. 3—6, Std. bei 50—150°, bes. 85—100°. — Man erhitzt z. B. eine Lsg. von 2 (g) 2-Phenyl-4.6-diamino-5-nitrosopyrimidin u. 0,7 Malonsäurenitril in 30 ml Pyridin 4 Std. auf 90—95°, engt das Rk.-Gemisch auf das halbe Vol. ein u. verd. es mit 100 ml W. → *2-Phenyl-4.7-diamino-6-cyanpteridin* (**II**), F. 360° (aus Dimethylformamid, **III**), gelbe Kristalle. Analog erhält man *2-[Chlorphenyl]-***dc** (dc = 4.7-Diamino-6-cyanpteridin); *2-[p-Methylphenyl]-dc* aus 4.6. — Diamino-5-nitroso-2-[p-methylphenyl]-pyrimidin, F. 279 bis 280°; Zers.); *2-[o-Chlorphenyl]-dc*; *2-[m-Methylphenyl]-dc*; *2-[o-Butoxyphenyl]-dc*; *2-[m-Bromphenyl]-*; *2-[p-Äthylphenyl]-dc*; *2-[m-Brom-p-methoxyphenyl]-dc*; *2-[o-Butyl-m-methoxyphenyl]-dc*; *2-[β-Thienyl]-dc*; *2-[α-Thienyl]-dc*; *2-[o-Amino-p-chlorphenyl]-dc*; *2-[p-Hydroxy-m-nitrophenyl]-dc*; *2-[m-Aminophenyl]-dc*. Ferner erhält man *2-Phenyl-7-amino-4-methylamino-cpt* (cpt = -6-cyanpteridin); *2-Phenyl-7-amino-4-dimethylamino-cpt*; *2-Phenyl-7-amino-4-dibutylamino-cpt*. — Man erhält ferner aus **II** u. Hydrazin in abs. A. → *2-Phenyl-4.7-diamino-6-pteridinamidrazon*, F. 287° (aus wss. **III**, Zers.), gelb. — Aus **II** u. N-methylhydrazin das entsprechende *N-Methylamidrazon*, F. 310° (Zers.), gelb; daraus reines Prod. durch Extraktion mit sd. A. u. Kristallisation aus wss. **III**. — Aus **II** u. unsymm. Dimethylhydrazin das entsprechende *N-Dimethylamidrazon*. — Aus **II** u. überschüssiger H_2O_2-Lsg. in einem Gemisch aus 10% ig. NaOH-Lsg. in CH_3OH bei 40° → *2-Phenyl-4.7-diamino-6-pteridincarboxamid*; vgl. A. PP. 2 963 478; s. vorst. Ref., 2 963 480, 2 963 481 u. 2 975 180;

s. nachst. Referate. — *Diuretica.* (**A. P. 2 963 479** vom 6/8. 1959, ausg. 4/12. 1960.) G. Vogel 4801

1526 Edward C. Taylor, Princeton, N.J., und Joseph Weinstock, Phoenixville, Pa., V.St.A., **6-Pteridinhydrazin- und -amidrazon-Derivate** der allg. Formel I (R_1, R_2, R_4 u. R_5 = H oder Alkylrest mit 1—4 C-Atomen; R_3 = O oder NH; Ar = Phenyl-, Chlorphenyl-, Tolyl-, Methoxyphenyl-, α.α.α-Trifluortolyl-, Hydroxyphenyl-, Thienyl- oder Pyridylrest) erhält man durch Rk. eines entsprechenden 6-Pteridincarbonsäureesters mit einem ggf. alkylsubstituierten Hydrazin in einem polaren organ. Lsgm. mit höchstens 6 C-Atomen während ca. 10 Min. bis 8 Std. bei 70—200°, bes. 90 bis 150°, bzw. eines 6-Cyanpteridins mit einem Hydrazin in einem

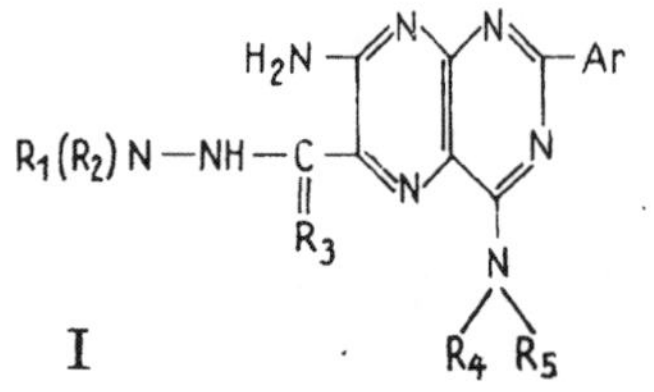

I

niedrigmol. Alkohol unter Rückfluß. — Man setzt z. B. einer sd. Lsg. von 6,45 g 4.6-Diamino-2-phenyl-5-nitrosopyrimidin in 400 (ml) CH_3OH 2,94 CH_3ONa zu, hält 1 Std. unter Rückfluß filtriert u. extrahiert die gelben Kristalle mit 300 sd. W. → Methyl-4.7-diamino-2-phenyl-6-pteridincarboxylat (II), F. ca. 286°. Man setzt 5 g Methylhydrazin einer sd. Lsg. von 3 g **II** in 300 2-Äthoxyäthanol zu, hält 10 Min. unter Rückfluß, kühlt u. filtriert → Gemisch aus *4.7-Diamino-2-phenyl-6-pteridincarbonsäure-2-methylhydrazid* u. dem entsprechenden *1-Methylhydrazid.* Aus 500 mg des Methylhydrazids erhält man mit Maleinsäure in A. auf dem Dampfbad → *Maleinat.* Analog erhält man *4.7-Diamino-2-phenyl-6-pteridincarbonsäurehydrazid;* daraus *Hydrochlorid.* — *4.7-Diamino-2-[p-chlorphenyl]-6-pteridincarbonsäuremethylhydrazid.* — *4.7-Diamino-2-[p-methoxyphenyl]-6-pteridincarbonsäurehydrazid.* — *4.7-Diamino-2-[3'-thienyl]-6-pteridincarbonsäuredibutylhydrazid.* — *4.7-Diamino-2-[2'-thienyl]-6-pteidincarbonsäurepropylhydrazid.* — *4.7-Diamino-2-[m-tolyl]-6-pteridincarbonsäurehydrazid;* daraus *Phosphat.* — *4.7-Diamino-2-[o-fluorphenyl]-6-pteridincarbonsäuremethylhydrazid.* — *4.7-Diamino-2-[m-aminophenyl]-6-pteridincarbonsäurehydrazid.* — *4.7-Diamino-2-[α.α.α-trifluor-p-tolyl]-6-pteridincarbonsäuremethylhydrazid;* daraus *Maleinat.* — *Methyl-7-amino-4-methylamino-2-phenylpteridincarbonsäuremethylhydrazid.* — *7-Amino-4-dimethylamino-2-phenylpteridincarbonsäurehydrazid.* — *4.7-Diamino-2-[4'-pyridyl]-6-pteridincarbonsäuredimethylhydrazid.* — *Äthyl-7-amino-4-dibutylamino-2-phenyl-6-pteridincarbonsäurehydrazid.* — *4.7-Diamino-2-[m-hydroxyphenyl]-6-pteridincarbonsäuremethylhydrazid.* — Aus 2-Phenyl-4.6-diamino-5-nitrosopyrimidin u. Malonsäurenitril in Pyridin → 2-Phenyl-4.7-diamino-6-cyanpteridin (**III**), F. > 360° (aus wss. Dimethylformamid (**IV**), gelb; daraus mit Hydrazin in abs. A. unter Rückfluß → *2-Phenyl-4-diamino-6-pteridinamidrazon,* F. 287° (aus wss. **IV**, Zers.). Analog erhält man aus **III** → *2-Phenyl-4.7-diamino-6-pteridin-N-methylamidrazon,* F. 310° (Zers.), gelb; daraus *Maleinat;* bzw. das entsprechende *N-Dimethylamidrazon.* — Aus 4.6-Diamino-2-[p-chlorphenyl]-5-nitrosopyrimidin u. Malonsäurenitril → 2-[p-Chlorphenyl]-4.6-diamino-6-cyanpteridin; daraus mit Hydrazon → *Amidrazon-Derivat.* Aus 4.6-Diamino-2-[p-methoxyphenyl]-5-nitrosopyrimidin, F. 278° (Zers.), mit Malonsäurenitril → Cyanpteridin-Deriv.; daraus mit Hydrazin → *Amidrazon.* Analog erhält man aus 4.6-Diamino-5-nitroso-2-[p-methylphenyl]-pyrimidin, F. 279—280° (Zers.) → *Cyanpteridin-Deriv.* → *N-Isopropylamidrazon-Derivat.* — *2-[o-Fluorphenyl]-4.7-diamino-6-cyanpteridin;* daraus *N-Methylamidrazon.* — *2-[m-Methylphenyl]-4,7 diamino-6-cyanpteridin;* daraus *N-Dimethyl amidrazon;* daraus *Hydrochlorid.* — *2-[o-Butoxyphenyl]-4.7-diamino-6-cyanpteridin;* daraus *Amidrazon.* — *2-[m-Bromphenyl]-4.7-diamino-6-cyanpteridin;* daraus *N-Methylamidrazon.* — *2-[p-Äthylphenyl]-4.7-diamino-6-cyanpteridin;* daraus *Amidrazon.* — *2-[m-Brom-p-methoxyphenyl]-4.7-diamino-6-cyanpteridin;* daraus *Amidrazon.* — *2-[o-Butyl-m-methoxyphenyl]-4.7-diamino-6-cyanpteridin;* daraus *Amidrazon.* — *2-Phenyl-7-amino-4-methylamino-6-cyanpteridin;* daraus *Amidrazon.* — *2-Phenyl-7-amino-4-dibutylamino-6-cyanpteridin;* daraus *N-Methylamidrazon. Diuretica.* Vgl. A. PP. 2 963 478, 2 963 479; s. vorst. Referate, 2 963 481 u. 2 975 180; s. nachst. Referate. (**A. P. 2 963 480** vom 29/12. 1959, ausg. 6/12. 1960.) G. Vogel 4801

1527 Smith, Kline & French Laboratories, Philadelphia, übert. von: June Grannells, Philadelphia, und Joseph Weinstock, Phoenixville, Pa., V.St.A., **6-Pteridincarbonsäureester** der allg. Formel **I** (Ar = Phenyl-, Chlorphenyl-, Tolyl-, Methoxyphenyl-, α.α.α-Trifluortolyl-, Hydroxyphenyl-, Aminophenyl-, Thienyl- oder Pyridylrest; R_1 = Alkyl- oder Phenylrest; R_2 u. R_3 = H oder Alkylrest (alle Alkyle mit 1—4 C-Atomen) erhält man durch Rk. eines 4.6-Diamino-2-aryl-5-nitrosopyrimidins mit einem Überschuß eines Cyanessigsäureesters in einem organ. Lsgm. in Ggw. eines

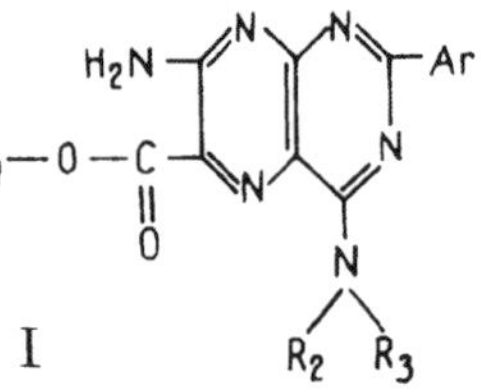

I

Alkalialkoxids bei ca. 50—200° unter Rückfluß. — Zum Beispiel 4.6-Diamino-2-phenyl-5-nitrosopyrimidin in CH_3OH + Methylcyanacetat u. Na-Methylat → *4.7-Diamino-2-phenyl-6-pteridincarbonsäuremethylester* (**II**), F. ca. 286° (aus Dimethylformamid), gelb. — Analog erhält man folgende *Ester: 4.7-Diamino-2-phenyl-6-pteridincarbonsäureäthyl-* (**III**), F. 290° (aus wss. Dimethylformamid); *4.7-Diamino-2-phenylisopropyl-; 4.7-Diamino-2-phenyl-tert.-butyl-; 4.7-Diamino-2-[p-chlorphenyl]-methyl-; 4.7-Diamino-2-[p-methoxyphenyl]-methyl-; 4.7-Diamino-2-[3'-thienyl]-methyl-; 4.7-Diamino-2-[2'-thienyl]-n-propyl-; 4.7-Diamino-2-[m-tolyl]-methyl-; 4.7-Diamino-2-[o-nitrophenyl]-äthyl-; 4.7-Diamino-2-[m-aminophenyl]-methyl-; 4.7-Diamino-2-[α.α.α-trifluor-p-tolyl]-methyl-; 7-Amino-4-methylamino-2-phenylmethyl-; 7-Amino-4-dimethylamino-2-phenylmethyl-; 4.7-Diamino-2-[4'-pyridyl]-methyl-; 4.7-Diamino-2-phenylphenyl-; 7-Amino-4-dibutylamino-2-phenyläthyl-; 4.7-Diamino-2-[m-hydroxyphenyl]-methyl-.* Ferner erhält man aus **III** u. NH_3 → 4.7-Diamino-2-phenyl-6-pteridincarboxamid; aus **II** u. Dimethylamin → 4.7-Diamino-N-N-dimethyl-2-phenyl-6-pteridincarboxamid; aus **II** u. Hydrazin → 4.7-Diamino-2-phenyl-6-pteridincarbonsäurehydrazid; aus **II** u. Methylhydrazin → Gemisch aus 4.7-Diamino-2-phenyl-6-pteridincarbonsäure-2-methylhydrazid u. dem entsprechenden -1-hydrazid. — *Zwischenprodd.* für *Diuretica.* Vgl. A. PP. 2 963 478, 2 963 479, 2 963 480 s. vorst. Reff. u. 2 975 180; s. nachst. Referat. (**A. P. 2 963 481** vom 27/11. 1959, ausg. 6/12. 1960.) G. Vogel 4801

1528 Thomas S. Odsene, West Chester, Pa., und Edward C. Taylor, Princeton, N.J., V.St.A., **4.7-Diamino-2-aryl-6-pteridincarbonsäureamide** der allg. Formel I (Ar = Phenyl-, R_6—$(R_5)C_6H_3$- oder Thienylrest; R_1 u.

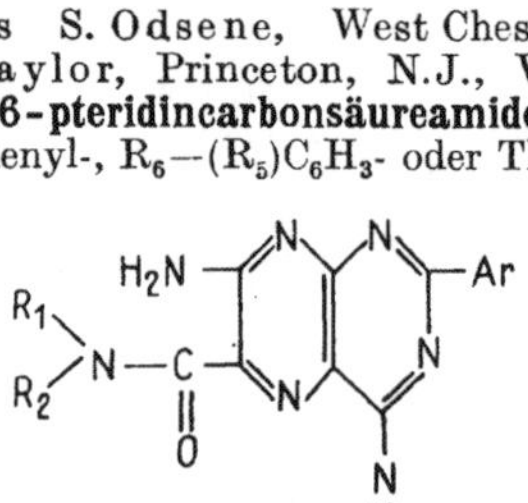

I

R_2 = H, Alkyl- oder in ω-Stellung hydroxy-, acetoxy-, chlor- oder aminosubstituierter Alkylenrest; R_3 u. R_4 = H oder Alkylrest; R_5 u. R_6 = H, Halogen mit Atomgew. < 80, Alkyl-, Alkoxyrest, NO_2, NH_2 oder OH (Alkyl- u. Alkoxyreste mit maximal 4, bes. 1—2 C-Atomen) erhält man durch Rk. eines 4.6-Diamino-2-aryl-5-nitrosopyrimidins mit einem α-Cyanacetamid-Deriv. (im Überschuß) in einem organ. Lsgm., bes. in Ggw. eines Alkalialkoxids 5—30 Min. bei ca. 50—200° unter Rückfluß. — Zum Beispiel 4.6-Diamino-5-nitroso-2-phenylpyrimidin + Cyanacetamid + Na-Äthylat in A. → *4.7-Diamino-2-phenyl-6-pteridincarbonsäureamid,* F. 360° [aus wss. Dimethylformamid (**II**)], gelbe Kristalle. Analog erhält man folgende **6-Pteridincarbonsäureamide**: *4.7-Diamino-N-äthyl-2-phenyl-,* F. 336,5—338° (aus wss. **II**). — *4.7-Diamino-*

N-isopropyl-2-phenyl-, F. 347,5—349° (aus wss. **II**). — *4.7-Diamino-N.N-dimethyl-2-phenyl-*, F. > 300° (aus wss. **II**). — *4.7-Diamino-N-methyl-2-phenyl-*. — *4.7-Diamino-2-[p-chlorphenyl-*, Nadeln. — *4.7-Diamino-2-[p-methoxyphenyl]-*, gelbe Kristalle. — *4.7-Diamino-2-[p-tolyl]-*, gelbe Nadeln. — *4.7-Diamino-6-[2-hydroxyäthyl]-2-phenyl-*, F. 308,5—309,5° (aus **II**). —*4.7-Diamino-N.N-di-[2-hydroxyäthyl]-2-phenyl-*. — *4.7-Diamino-N-[2-chloräthyl]-2-phenyl-*. — *N-[2-Acetoxyäthyl]-4.7-diamino-2-phenyl-*. — *4.6-Diamino-N-[2-aminoäthyl]-2-phenyl-*. — *4.7-Diamino-N-[2-phenyl-*. — *4.7-Diamino-2-[m-aminophenyl]-*. — *4.7-Diamino-2-[o-chlorphenyl]-*. — *4.7-Diamino-2-[m-tolyl]-*. — *4.7-Diamino-2-[4'-hydroxy-3'-nitrophenyl]-*. — *4.7-Diamino-2-[o-butoxyphenyl]-*, *4.7-Diamino-2-[2'-amino-4'-chlorphenyl]-*. — *4.7-Diamino-2-[m-bromphenyl]-N-methyl-*. — *4.7-Diamino-2-[p-äthylphenyl]-*. — *4.7-Diamino-2-[3'-brom-4'-methoxyphenyl]-*. — *4.7-Diamino-2-[2'-butyl-3'-methoxyphenyl]-*. — *4.7-Diamino-2-[3'-thienyl]-*. — *4.7-Diamino-2-[2'-thienyl]-*. — *7-Amino-4-methylamino-2-phenyl-*. — *7-Amino-4-dimethylamino-2-phenyl-* u. *7-Amino-4-dibutylamino-2-phenyl-*. *Diuretica*. Vgl. A. PP. 2 963 478, 2 963 479, 2 963 480 u. 2 963 481; s. vorst. Referate. (**A. P. 2 975 180** vom 12/5. 1959, ausg. 14/3. 1961.) G. Vogel 4801

1529 Ralph G. Haber, Tel-Aviv, und Abic Chemical Laboratories Ltd., Ramat, Gan, Israel, **Oxazolidone und Hydrooxazinone** der Formel **I**, in welcher R = H oder

I

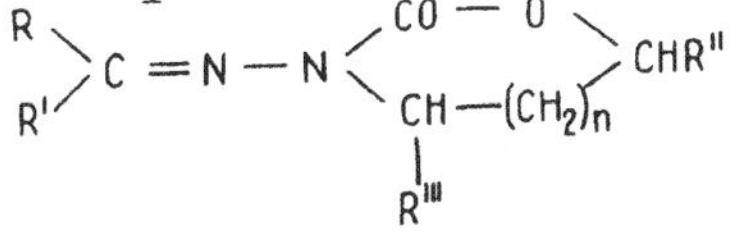

Alkylrest, R' = Alkyl-, Aryl- oder heterocycl. Rest, R'' = H, niedrige Alkyl-, -$CH_2N(Alkyl)_2$- oder -CH_2Z-Gruppe, Z = gesätt. N-heterocycl. Rest, wobei das Hetero-N-Atom an die CH_2-Gruppe gebunden ist, R''' = H oder niedrige Alkylgruppe, n = 0 oder 1, haben *antibakterielle Eigg.* u. werden dargestellt durch Rk. einer Verb. RR'C=NNH_2 mit einer Verb. der Formel Y·CH(R''')·$[CH_2]_n$·CH(R'')·O·CO·X, in welcher X = Cl oder Br u. Y = Cl, Br oder J, in einem inerten Lsgm. in Ggw. eines bas. Mittels oder in einem bas. Lsgm., bei 10° bis zum Kp. der Lösung. — So werden 31 (g) 5-Nitrofurfurolhydrazon in 100 Aceton unter Kühlung mit 12 $KHCO_3$ in 50 W. versetzt. Danach werden unter Kühlung 3 β-Chloräthylchlorformiat (**II**) hinzugegeben, die Mischung wird 2 Std. stehen gelassen, 15 Min. gekocht, angesäuert, das Aceton im Vakuum abdest. u. die Mischung dann in W. gegossen. Der Nd. wird aus Dimethylformamid umkrist.: *3-[5-Nitrofurfurylidenamino]-oxazolidinon-(2)* (**III**). — Ähnlich aus Furfurolhydrazon, Pyridin + Triäthylamin u. **II** *3-[Furfurylidenamino] oxazolidinon-(2)*. — Analoge Verbb. aus Acetonhydrazon u. Benzaldehydhydrazon. — Aus Acetophenonhydrazon, Pyridin + Triäthylamin u. **II** *3-[α-Phenyläthylidenamino]-oxazolidin-2-on*, nachheriger Rk. mit Nitrofurfurol gibt **III**. Aus Nitrofurfurolhydrazon, Aceton + $KHCO_3$ u. γ-Chlorpropylchloroformiat *3-[5-Nitrofurfurylidenamino]-3.4.5.6-tetrahydro-1.3-oxazinon-(2)*. (**Israel. A. S. 16 256** vom 2/11. 1961, ausg. 23/5. 1963.) Y. Hess 4807

1530 Ciba Pharmaceutical Products, Inc., Summit, übert. von: George De Stevens, New Providence, N.J., V.St.A., **2.3-Dihydro-1.4-thiazinone-(3)** der allg.

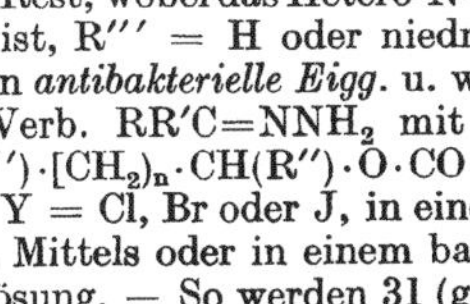

I

Formel **I** [R u. R_1 = H, organ. Rest; Z = Alkylenrest mit 3—5 C-Atomen; A = Direktbindung oder Alkylenrest; B—N — tert. Aminogruppe oder deren Salze u. quatern. Ammonium-Verbb.] werden erhalten durch Rk. eines 2-Halogencycloalkanons, das durch den Rest B=N—A— substituiert ist, mit einem Amid der allg. Formel HS—CH(R_1)—CO·NHR, bes. bei 50—250° u. ggf. Einführung eines organ. Restes in 4-Stellung. — 10 (g) 2-Brom-6-piperidinomethylcyclohexanon–HBr, F. 129—131° (aus 38,0 2-Piperidinocyclohexanon–HBr in 100 ml heißem Eisessig (**II**) u. 23 Brom in 20 ml **II**) u. 2,5 Thioglykolsäureamid in 75 ml A. werden 1½ Std. unter Rückfluß erhitzt → *5.6-[1'-(Piperidinomethyl)-tetramethylen]-2.3-dihydro-1.4-thiazin-3-on–HBr*, F. 245 bis 247° aus A., freie Base aus vorst. Verb. durch Rk. mit einer wss. NaOH-Lsg. u. Extraktion mit Ae.; Methojodid durch Behandeln eines aceton. Lsg. der freien Base mit Methyljodid. — Es werden auf analoge Weise folgende 5.6-Tetramethylen-2.3-dihydro-1.4-thiazin-3-on-hydrobromide hergestellt. *1'-Piperidino-*, F. 202—204° (aus 2-Piperidinocyclohexanon, F. 140—150°); *-1'-[4''-Methylpiperidinomethyl]-*, F. 245—247°; *1'-[3''-Methylpiperidinomethyl]-*, F. 232 bis 235°; *1'-Pirrolydinomethyl-* (aus 2-Pyrrolidinomethylcyclohexanon–HCl, F. 128—130°, über dessen HBr-Salz, F. 158 bis 160°, u. das 2-Brom-6-pyrrolidinomethylcyclohexenon, F. 153 bis 155°); *1'-Dimethylaminomethyl-*; *2'-Piperidino-* (aus 5-Piperidinocyclohexanon–HBr, F. 171—174°, über das 2-Brom-Deriv., F. 157—158°); ferner werden folgende weiteren 2.3-Dihydro-1.4-thiazin-3-on-hydrobromide hergestellt: *5.6-[1'-(Piperidinomethyl)-trimethylen]-*, (aus 2-Brom-5-piperidinomethylcyclopentanon, F. 132—135°); *5.6-[1'-(Piperidinomethyl)-pentamethylen]-*. — *Analgetica*. (**A. P. 2 887 483** vom 2/7. 1957, ausg. 19/5. 1959.) F. Hirsch 4807

1531 Knud Abildgaard und Løvens Kemiske Fabrik ved A. Kongsted, Ballerup, Dänemark, **3.3-Disubstituierte 7-Sulfamyl-3.4-dihydro-1.2.4-benzothiadiazin-1.1-dioxide** (**I**). Zu Ung. P. 149 323; C. **1962**, 6511 ist nachzutragen: Es wird die Herst. folgender **I** beschrieben: *3.3-Dimethyl-6-nitro-*, F. 233—233,5°, *3-Methyl-3-chlormethyl-6-trifluormethyl-*, F. 227—227,5° (Zers.), *3-Methyl-3-chlormethyl-6-nitro-*, F. 238,5—239,5°, *3-Methyl-3-carbäthoxy-6-trifluormethyl-*, F. 191—194°, *3-Methyl-3-carbäthoxymethyl-6-trifluormethyl-*, F. 150—152°, *-6-nitro-*, F. 218—219°, *Cyclopentano-1'.3-spiro-6-trifluormethyl-*, F. 232,5—234°, *-6-chlor-*, F. 234°, *Cyclohexan-1'.3-spiro-6-brom-*, F. 281—283°, *2'-Methylcyclohexan-1'.3-spiro-6-trifluormethyl-*, F. 232—234°, *-6-brom-*, F. 231—233°, *2'-Chlorcyclohexan-1.3'-spiro-6-trifluormethan-*, F. 218—219°, *-6-chlor-*, F. 223—225°, u. *3-Methyl-3-acetyl-6-chlor-*, F. 246—247° (Zers.). (**Ind. P. 74 839** vom 9/1. 1961.) C. Lüttgen 4807

1532 Hoffmann-La Roche, Inc., Nutley, N.J., übert. von: Jack J. Fox, White Plains, N.Y., und Robert Duschinsky, Essex Fells, N.J., V.St.A., **Herstellung von N_1-Glykosiden des 5-Fluorcytosins.** Aus 5-Fluor-2'.3'.5'-tri-(O-benzoyl)-uridin u. P_2S_5 durch Kochen in Pyridin (**II**) → 4-Thio-5-fluor-2'.3'.5'-tri-(O-benzoyl)-uridin, F. 183,5—184°, mit gesätt. alkohol. NH_3-Lsg. im Druckrohr 15 Std. auf 85° erhitzt → rohes *5-Fluorcytidin* (**I**), mit HCl-Gas in alkohol. Lsg. → **I**-*Hydrochlorid*, F. 173—174°. Über einen stark sauren Kationenaustauscher, der in die Ammoniumform überführt wurde, läßt sich durch fraktioniertes Auswaschen reines **I**, FF. 190 u. 199—200°, gewinnen. Analog aus 5-Fluor-3'.5'-di-(O-benzoyl)-2'-deoxyuridin (**III**), F. 236,5—237,5° (hergestellt aus 5-Fluor-2'-deoxyuridin durch 60std. Erhitzen in wasserfreiem **II** auf 55—60°) → 4-Thio-**III**, F. 210—211° → *5-Fluor-2'-deoxycytidin* [5-Fluor-1-(D-2'-deoxy-β-ribofuranoxyl)-cytoxin], F. 180—182°. — Die Verbb. sind *bakteriostat.* u. akt. gegen gram-positive u. gram-negative Bakterien, wie Staphylococcus aureus, Lactobacillus leichmannei u. Proteus vulgaris. (**A. P. 3 002 965** vom 17/4. 1958, ausg. 3/10. 1961. **E. P. 859 245** vom 24/3. 1959, ausg. 18/1. 1961. A. Prior. 17/4. 1958.) C. Lüttgen 4807

1533 Ciba Pharmaceutical Produts, Inc., Summit, übert. von: Charles Ferdinand Huebner, Chatham, N.J., V.St.A., **Lactone mit allo-Yohimbanaufbau** der allg. Formel **I** (X = Rest eines Benzolringes, der bes. in 10- u. 11-Stellung Cl, Br, F, Alkyl, Alkoxy oder Methylendioxy enthalten kann; R = niedermol. Alkyl) erhält man durch Red. einer Verb. der allg. Formel **II** mit einem reduzierend wirkenden Mittel, wie Alkalimetallhydriden oder -borhydriden, Alkalimetallen u. Alkanolen oder NH_3, Na-Amalgam oder H_2 in Ggw. von Oxiden des Pt, Pd u. Ni. Die Rk. kann auch mit den opt. akt. oder rac. Verbb. durchgeführt werden. — Aus 1 g Tetrahydroreserpsäurelactonchlorid in 50 ml Methanol u. 0,5 g $NaBH_4$ unter Rückfluß → *Isoreserpsäurelacton*, aus Chlf. F. 215—216°. Bei der Red. kann das Lacton zur 18-Hydroxy-16-carbonsäure oder deren Ester aufgespalten werden. Die

Ausgangsstoffe erhält man durch Rk. von Chinon mit 1.4-Butadien-1-carbonsäure, Red. der entstandenen 6.9-Dioxo-1.3.5α-6.9.10α-hexahydronaphthalin-1β-carbonsäure mit $NaBH_4$ zu 6β-Hydroxy-9-oxo-1.4.5α.6.9.10α-hexahydronaphthalin-1β-carbonsäure, die mit Perbenzoesäure 2.3α-Oxido-6β-hydroxy-

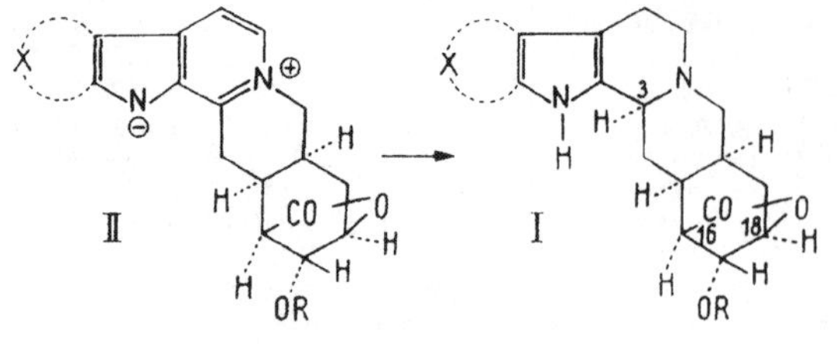

9-oxo-1.2.3.4.5α.6.9.10α-octahydronaphthalin-1-carbonsäure liefert, aus der nach Veresterung mit Diazomethan u. Red. mit Al-Isopropylat nach Meerwein-Ponndorf (1β → 9β)-Lacton der 3.6β-Oxido-9β-hydroxy-3.4.5α.6.9.10α-hexahydronaphthalin-1β-carbonsäure entsteht, das durch Anlagerung von Alkanol an die 1-Doppelbindung das Lacton der 2α-Alkoxy-3.6β-oxido-9β-hydroxy-1.2.3.4.5α.6.9.10α-octahydronaphthalin-1β-carbonsäure gibt, aus dem durch Anlagerung von Bromhydrin das Lacton der 2α-Alkoxy-3.6β-oxido-7α-brom-8β.9β-dihydroxy-1.2.3.4.5α.6.7.8.9.10α-dekahydronaphthalin-1β-carbonsäure entsteht; durch Oxydation mit CrO_3 erhält man die 8-Oxoverb., die durch Red. mit Zn in Essigsäure 2α-Alkoxy-3β-hydroxy-8-oxo-1.2.3.4.5α.8.9.10α-octahydronaphthalin-1β-carbonsäure liefert, die mit Diazomethan verestert, mit Essigsäureanhydrid in Pyridin acetyliert, mit OsO_4 oxydiert u. mit Perjodsäure zum 2α-Alkoxy-3β-acetoxy-5β-aldehydo-6β-carboxymethylcyclohexan-1β-carbonsäuremethylester abgebaut wird, daraus entsteht nach der Veresterung mit Diazomethan, Kondens. mit Tryptamin u. Ringschluß **II**. Zur Salz-Bldg. sind geeignet: HCl, HNO_3, H_2SO_4, H_3PO_4, $HClO_4$, Essig-, Citronen-, Oxal-, Wein-, Ascorbin-, Methansulfon-, Hydroxyäthansulfon-, p-Toluolsulfon-, Salicyl-, p-Aminosalicyl- oder Acetylsalicylsäure. — *Zwischenprodd.* zur Herst. von *Reserpin, Deserpidin* u. *Rescinnamin.* (**A. P. 2 986 562** vom 29/5. 1956, ausg. 30/5. 1961.)
G. Krauß 4807

1534 F. Hoffmann-La Roche & Co. Akt.-Ges. (Erfinder: Robert Duschinsky, Walter G. Farkas und Charles Heidelberger), **Herstellung von Nucleotiden des 5-Fluoruracils** durch Rk. von 5-Fluoruridin oder 2'-Desoxy-5-fluoruridin mit einer Chlorphosphorsäure (HPO_2Cl_2 oder H_2PO_3Cl), wobei das erhaltene Rk.-Prod. in ein *pharmazeut. wirksames Salz* umgewandelt werden kann. — Beispiele: *2'-Desoxy-5-fluoruridin-5'-monophosphat, 5-Fluoruridin-5'-diphosphat, 5-Fluoruridin-5'-triphosphat.* (**Aust. P. 237 065** vom 7/5. 1959, ausg. 8/2. 1962. A. Prior. 20/5. 1958.)
K. Demmler 4807

1535 Farbenfabriken Bayer Akt.-Ges., Leverkusen, **Vitamin-A-Aldehyd, Vitamin-A-Alkohol und Vitamin-A-Ester** erhält man durch Rk. von β-Ionon (**I**) mit einem Propargylhalogenid u. Zn zum Acetylencarbinol, Wasserabspaltung mit einem anorgan. Säurechlorid (PCl_5, PCl_3, PBr_3, $POCl_3$, $SOCl_2$, bes. $AsCl_3$) in Ggw. einer tert. organ. Base u. Abtrennung des als Nebenprod. erhaltenen Retro-KW-Stoffs, anschließende Umwandlung des KW-Stoffs mit Hilfe einer Grignard-Verb. u. 1.1-Dialkoxybutan-3-on (**VI**) zum β-Hydroxyacetal u. teilweise Hydrierung dieser Verb. mit komplexen Metallhydriden oder katalyt. mit H_2. Zuletzt wird das partiell hydrierte β-Hydroxyacetal im organ. Medium mit einer sauren Verb. (HCl, HBr, H_2SO_4) zum Vitamin A-Aldehyd (**II**) verseift. **II** kann noch red. u. ggf. der erhaltene Alkohol verestert werden. — 183 g aktivierter Zn-Staub werden mit 384 g **I** in 400 ml Ae. + 400 ml Tetrahydrofuran + 2 g α-Tocopherolacetat (**IV**) zum Rückfluß erhitzt u. langsam 384 g Propargylbromid zugegeben u. nach dem Aufarbeiten ein gelbliches, dickes Öl erhalten = *6-[2¹.6¹.6¹-Trimethylcyclohexen-(1¹)-yl]-4-methyl-4-hydroxyhexen-(5)-in-(1)* (**III**), n_D^{20} 1,5050. 404 g **III** in 1000 ml Bzl. + 320 g Chinolin werden auf — 10° gekühlt, 298 g $AsCl_3$ in 800 ml Bzl. zugetropft u. dann die Mischung 2 Std. zum Rückfluß erhitzt. Nach dem Abtrennen von 37 g *6-[2¹.6¹.6¹-Trimethylcyclohexen-(2¹)-yliden]-4-methylhexen-(4)-in-(1)* **F.** 51° erhält man 250 g *6-[2¹, 6¹, 6¹-Trimethylcyclohexen-(1¹)-yl]-4-methylhexadien-(3.5)-in-(1)* (**V**), dunkelgelbes Öl, von geringer Viscosität, n_D^{20} 1,5569. Man kühlt eine Lsg. von Äthyl-MgBr, hergestellt aus 46 g Mg u. 204 g Äthylbromid in 750 ml Ae. auf 0° ab u. gibt 330 g **V** in 500 ml Ae. tropfenweise zu. Nach dem Nachlassen der Rk. erhitzt man die Mischung 2 Std. zum Rückfluß u. gibt nach dem Abkühlen des Gemisches 275 g **VI** in 450 ml Ae. tropfenweise zu. Nach dem Zersetzen des Rk.-Gemisches mit NH_4Cl-Lsg. erhält man *9-[2¹.6¹.6¹-Trimethylcyclohexen-(1¹)-yl]-3.7-dimethyl-1.1-dimethoxy-3-hydroxynonadien-(6.8)-in-(4)* (**VII**), n_D^{20} 1,5320. Zu 40 g $LiAlH_4$ in 100 ml Ae. gibt man bei — 10° unter Rühren 400 g **VII** in 1500 ml Ae., erhitzt dann die Rk.-Mischung 1½ Std. zum Sieden u. erhält nach dem Zersetzen mit Diäthylacetat in Ae. u. dann mit NH_4Cl-Lsg. 381 g *9-[2¹.6¹.6¹-Trimethylcyclohexen-(1¹)-yl]-3.7-dimethyl-3-hydroxy-1.1-dimethoxynonatrien-(4.6.8)* (**VIII**), dickes Öl, n_D^{20} 1,5433. Man erhitzt eine Lsg. von 57 g **VIII** in 250 ml Dioxan (**IX**) + 1 g Phenothiazin im Inertgasstrom zum Sieden, fügt 17 ml 2n-HCl + 50 g **IX** zu u. erhitzt die Mischung 5 Min. zum Rückfluß. Nach dem Aufarbeiten erhält man 35 g **II**, orangegelbes Öl. (**E. P. 899 991** vom 14/12. 1960, ausg. 27/6. 1962. D. Prior. 21/12. 1959.) A. Jahn 4809

1536 Merck & Co., Inc., Rahway, übert. von: Lewis E. Stoyle jun., Westfield, Philip A. Quellette, Rahway, und Edward J. Hanus, Palisade, N.J., V.St.A., **Geschmackloses Multivitamin-B-Präparat,** dad. gek., daß man Vitamine aus der B-Gruppe, Niacinamid u./oder wasserlösl. Derivv. davon, z. B. in einer Schmelze aus „Emersol 132"-Stearinsäure mit ca. 49 Gew.-% Stearinsäure, 50% Palmitinsäure u. 1% Myristinsäure einrührt, die Schmelze homogenisiert, in einer Kammer bei 25° versprüht u. das erhaltene Pulver mit einer Teilchengröße von 150 mesh entweder zu Tabletten oder als Bestandteil von Kaugummi verarbeitet. (**A. P. 3 037 911** vom 4/9. 1959, ausg. 5/6. 1962.)
W. Heyer 4809

1537 Warner-Lambert Pharmaceutical Co., Morris Plains, übert. von: Mirris E. Stolar, Mount Freedom, N.J., V.St.A., **Oral applizierbares Vitamin-B_{12}-Präparat,** dad. gek., daß man Cyanocobalamin oder Hydroxycobalamin als wss. Lsg. an Mg-Trisilicat adsorbiert u. das Adsorbat im Vakuum trocknet. (**A. P. 3 060 095** vom 21/3. 1961, ausg. 23/10. 1962.) W. Heyer 4809

1538 Chas. Pfizer & Co., Inc., Brooklyn, N.Y., V.St.A., **21-Hydroxypregnan- beziehungsweise -allopregnan-3.20-dion.** Man hydriert z. B. Desoxycorticosteron (**Ia**) katalyt. mit H_2/Pd-$CaCO_3$ in A. → *21-Hydroxypregnan-3,20-dion* (**I**), F. 152—154°. — Alternativ läßt sich **I** durch entsprechende Hydrierung von **Ia**-Acetat → *21-Acetoxypregnandion,* F. 148—151°, neben *21-Acetoxyallopregnandion,* F. 190 bis 193° (**II**), herstellen (nach chromatograph. Aufarbeitung). — **II** + methanol. K_2CO_3 → *21-Hydroxyallopregnan-3.20-dion,* F. 155—157°. — Man kann auch 21-Acetoxy-Δ^5-pregnen-3β-ol-20-on katalyt. mit H_2/Pd-Kohle hydrieren → *21-Acetoxyallopregnan-3β-ol-20-on,* welches sich durch CrO_3-Oxydation überführen läßt → **II**. — *Zwischenprodd. zur Herst. von Heilmitteln.* (**Oe. P. 222 279** vom 16/5. 1955, ausg. 10/7. 1962. A. Prior. 27/1 1955.) U. Sievers 4809

1539 Shionogi & Co. Ltd., Osaka, übert. von: Taichiro Komeno, Sumiyoshi-ku, Japan, **Acylthiohydroxysteroide** erhält man durch Spaltung von vic. Steroidepoxiden mit einer Alkanthiolsäure. — Man setzt z. B. 3β-Acetoxy-5α.6α-expoxycholestan mit Äthanthiolsäure um → *3β-Acetoxy-5α-hydroxy-6β-acetylthiocholestan,* F. 135—137°; $[\alpha]_D^{23}$ — 67°. — Analog: *5α-Hydroxy-6β-acetylthiopregnan-3.20-dion,* F. 227—229°; $[\alpha]_D^{23}$ — 27°, neben *6β-Acetylthio-Δ^4-pregnen-3.20-dion,* F. 175—185°. — *2α-Acetylthio-3β-hydroxy-5β.22β-spirostan,* F. 213—215°. *Zwichenprodd. zur Herst. von Heilmitteln.* (**A. P. 3 047 590** vom 22/7. 1960, ausg. 31/7. 1962. Jap. Prior. 27/7. 1959. **E. P. 907 522** vom 22/7. 1960, ausg. 3/10. 1962. F. Prior. 27/7. 1959.)
U. Sievers 4808

1540 Syntex Soc. An., übert. von: Albert Bowers und Howard J. Ringold, Mexico, Mexico, **6-Cyanderivate von 16α-Hydroxycorticoiden.** Man setzt z. B. 3-Äthylendioxy-17.20;20.21-bis-methylendioxy-5α.6α-oxidopregnan-11-on mit KCN in Äthylenglykol unter Rückfluß um → *3-Äthylendioxy-6-cyan-17.20;20.21-bismethylendioxy-Δ^5-pregnen-11-on,* welches sich durch Rk. mit 60%ig. Ameisensäure auf dem Wasserbad überführen läßt → *6α-Cyancortison;* durch Hydroxylierung mit einer Kultur von *Streptomyces* *roseochromogenus* unter üblichen aeroben Bedingungen erhält man hieraus → *6α-Cyan-16α-hydroxycortison.* — Die Überführung in 21-Acylate, 16.17-Acetale sowie die Herst. entsprechender 9α-Fluor-Verbb. wird, jedoch ebenfalls ohne Angabe physikal. Daten, beschrieben. — *Heilmittel.* (**A. P. 3 037 976** vom 25/8. 1959, ausg. 5/6. 1962. Mexican. Prior. 27/9. 1958.) U. Sievers 4809

1541 Schering Corp., Bloomfield, übert. von: Arthur Nobile, Livingston, N. J., V.St.A., **Hormonpräparat,** enthaltend als Wirkstoff *17α-Methyl*(bzw. *Äthyl*)-$\Delta^{1.4}$-*androstadien-17β-ol-3-on* oder den entsprechenden *-17-acetatester.* Der Wirkstoff wird z. B. erhalten aus 17-Methyltestosteron durch Behandeln mit Corynebacterium simplex (ATCC 6946) auf biolog. Wege bei 28—30° in einem 0,1 (%) Hefeextrakt, 9 ml 0,2m KH_2PO_4 u. 9 ml 0,2m Na_2HPO_4 auf 100 ml Kultur-Lsg. enthaltendem Nährmedium. (**A. P. 3 060 092** vom 12/10. 1960, ausg. 23/10. 1962.) W. Heyer 4809

1542 Alberto Ercoli, Mailand, Italien, **Arzneimittel.** Es enthält als Wirkstoff ein neues Steroid-Deriv. der Androstanreihe, bes. die *Alkyl-*, *Cycloalkyl-* u. *Aralkylenoläther*-Derivv. des *6-Chlor-17α-methyltestosteron,* das *-6-fluorandrosten-3.17-dion, -2α-methylandrosten-3.17-dion* oder *-6-fluor-17α-methyltestosteron.* (**A. P. 3 053 735** vom 4/5. 1960, ausg. 11/9. 1962. It. Prior. 9/3. 1960.) W. Heyer 4809

1543 N. V. Philips' Gloeilampenfabrieken, Eindhoven, Niederlande, **Reinigung von Kristall-Insulin,** dad. gek., daß man das mit amorphem oder mikrokristallinem Fremdstoff verunreinigte Kristallisat mit einer gepufferten wss. Fl. vom pH 3,8—4,3, bes. 4—4,3, wäscht. (**E. P. 913 042** vom 4/10. 1961, ausg. 12/12. 1962. Niederl. Prior. 7/10. 1960.) W. Heyer 4809

1544 Soc. d'Études de Recherches et d'Applications Scientifiques et Médicales E.R.A.S.M.E., Paris, Frankreich (Erfinder: Boris Gradnik, Andrea Pedrazzoli und Gianmario Cipelletti), **N-[4'-(β-Hydroxyäthyl)-diäthylendiamino-1'-methyl]-tetracyclin** der Formel I erhält man durch Rk. von 1 (Mol) Tetracyclinbase,

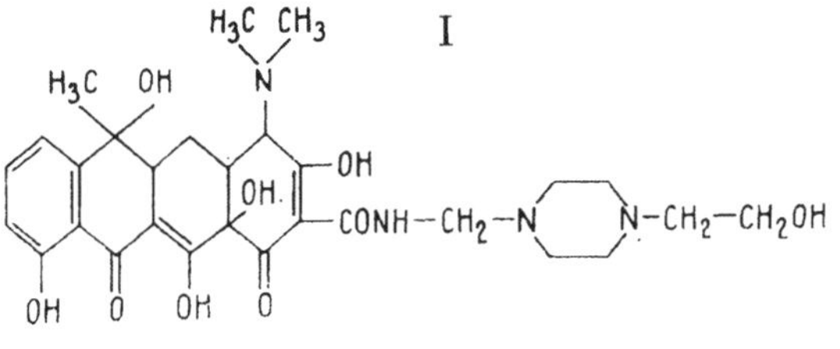

I

1—2 CH_2O (35%ig. Lsg.) oder Paraformaldehyd u. 1 bis 2 N-[β-Hydroxyäthyl]-diäthylendiamin (**II**) oder je 1 dieser Stoffe in W. oder einem inerten organ. Lsgm. [CH_3OH, A., n-Propanol, Isopropanol (**III**), n-Butanol, Äthylacetat bzw. CH_2O bei Verw. von Paraformaldehyd] während 1—6 Std. bei ca. 20—60°, bes. aber durch Verw. der Rk.-Teilnehmer in Suspension für hohe Ausbeuten (95—98%). — Man setzt z. B. einer Lsg. von 13 (g) **II** in 500 ml **III** 3 Paraformaldehyd zu, erhitzt 30 Min. auf 60°, kühlt die Lsg. auf 40°, setzt 22,2 wasserfreie Tetracyclinbase als feines Pulver zu, rührt 3 Std. unter Durchleiten von trocknem N_2, wäscht mit **III** u. Ae. u. trocknet im Vakuum → 27 **I**, F. 162—163° (Zers., unkorr.); $[\alpha]_D^{20}$ —175±3° (c = 0,5% in CH_3OH) bzw. —195±3° (c = 0,5% in W.), UV-Absorption einer Lsg. von 10 μg **I**/ml 0,1n HCl: λ_{max} 35 mμ, E = 0,244, hellgelbes, krist. Pulver, geschmacklos, etwas bitter, >1,5 g/**I** in 1 ml W. lösl., ferner lösl. in CH_3OH u. Formamid, weniger lösl. in A. u. **III**, unlösl. in Ae., Bzl. u. Chlf., pH einer 2%ig. wss. Lsg. 7,6, DL_{50} ca. 142—145 mg/kg (Maus u. Ratte). Herst. von Lsgg. für i.m. Injektion. (**E. P. 888 968** vom 31/3. 1959, ausg. 7/2. 1962.) G. Vogel 4811

1545 Roskilde Medical Co. Ltd., Roskilde, Dänemark, **Herstellung eines injizierbaren Eisenpräparats** durch Rk. eines Dextranglucosids mit einem Ferrisalz. Man löst 5 (g) Dextranglyceringlucosid (μ = 0,19) in 20 W., gibt 3 NaOH in 5 W. u. darauf 8 ml 30%ig. $FeCl_3$-Lsg. zu u. kocht das Gemisch 1/4 Std.; den Nd. trennt man ab, gibt zum Filtrat A., trennt den Nd. ab u. trocknet ihn durch Behandeln mit A. u. Ae.; er enthält 0,5% Fe. (**Ind. P. 69 170** vom 24/9. 1959.) C. Lüttgen 4815

1546 Hausmann Laboratories Ltd., St. Gallen, Schweiz, **Herstellung von Eisenpolyisomaltosid-Komplexen** durch Rk. einer Lsg. eines wasserlösl. Dextrans mit einer Lsg. oder Suspension einer Fe-Verb. u. überschüssigem Alkali u. Oxydation des gebildeten Komplexes. Man erhitzt ein Gemisch aus einer Lsg. von 25 (g) teilweise depolymerisiertem Dextran, intrins. Viscosität 0,05 bei 25°, 25 ml 15n NaOH u. 8,38 $FeCl_2 \cdot 2\,H_2O$ in 40 W. 25 Min. auf 85—90°, zentrifugiert nach dem Abkühlen u. stellt den pH-Wert der Lsg. mit 2n HCl auf 6,5 ein, um den gebildeten Ferrokomplex zur Ferriisomaltose zu oxydieren, die mit 95%ig. A. ausgefällt wird. Zur Verw. als *Arzneimittel* wird das Prod. in eine wss. isoton. Lsg. mit 5% Fe übergeführt. (**Ind. P. 69 671** vom 12/11. 1959.) C. Lüttgen 4815

1547 Riker Laboratories, Inc., Los Angeles, Calif., V.St.A., **Arzneimittel,** die in die Blutbahn injiziert werden müssen, z. B. Heparin, sulfatiertes Stärkedextrin oder sulfatierte Polysaccharide, können oral appliziert werden im Gemisch mit einem Alkalisalz einer Aminosäure, z. B. Äthylendiamintetraessigsäure, Triglycin u. Pyrrolidin-2.5-dicarbonsäure-N-essigsäure. (**Ind. P. 68 599** vom 1/8. 1959.) C. Lüttgen 4815

1548 Farbwerke Hoechst Akt.-Ges. vormals Meister Lucius & Brüning, Frankfurt/M., **Mittel zur oralen Behandlung von Diabetes,** gek. durch einen Geh. an N-[4-Methylbenzolsulfonyl]-N'.N'-hexamethylenharnstoff. Man erhält diese Verb. durch Rk. von N-[4-Methylbenzolsulfonyl]-N-acetylharnstoff mit Hexamethylenimin durch Erhitzen auf 130—140°. (**Ind. P. 67 901** vom 2/6. 1959.) C. Lüttgen 4815

1549 Sandoz Akt.-Ges., Basel (Erfinder: Jean Pierre Bourquin, Erhard Schenker, Rudolf Griot, Basel, Arthur Brack, Riehen, und Walter Steffen, Münchenstein), Schweiz, **Herstellung von kombinierten Antiseptica** durch Mischen von 5.7-Dibrom-8-hydroxychinolin mit 5.7-Dihalogen-8-benzoyloxychinaldinen der allg.

I

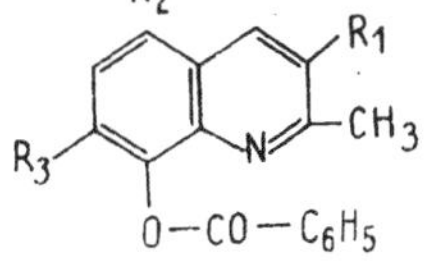

Formel **I** (R_1 = H, CH_3; jedes R_2 = Cl oder Br) u. Verarbeiten zu Streupulver, Tabletten, Suppositorien. (**Ung. P. 150 739** vom 14/7. 1961, ausg. 20/4. 1963. Schwz. Prior. 16/7. 1960. **Zusatz zu Ung. P. 149 565; C. 1962, 19014.**) F. Landsberger 4833

1550 Norwich Pharmacal Co., Norwich, N.Y., V.St.A., **Nitrierung von Furanverbindungen** durch Behandlung von 2-Furylketon mit einer Mischung von HNO_3 u. Essigsäureanhydrid u. Gewinnung des *5-Nitro-2-furylketons* aus dem Rk.-Gemisch ohne mit W. zu verdünnen durch Zugabe von einem Salz einer schwachen Säure u. einer starken anorgan. Base. Die Nitrierung kann auch in Ggw. kleiner Mengen einer starken Mineralsäure vorgenommen werden. Zur Gewinnung weiterer Mengen des Endprod. kann mit einem organ. Lsgm. extrahiert oder mit einem Carbonylreagens, wie Semicarbazid, gefällt werden. — *Schimmelverhütungsmittel.* (**E. P. 904 091** vom 4/2. 1960, ausg. 22/8. 1962. A. Prior. 20/2. 1959.) R. Bauereis 4833

1551 American Cyanamid Co., New York, N.Y., übert. von: George Allen jun., Paramus, und John S. Webb, Woodcliff Lake, N.J., V.St.A., **Herstellung von Acylaminopyrrolen** der allg. Formel **I**, worin R_1, R_2

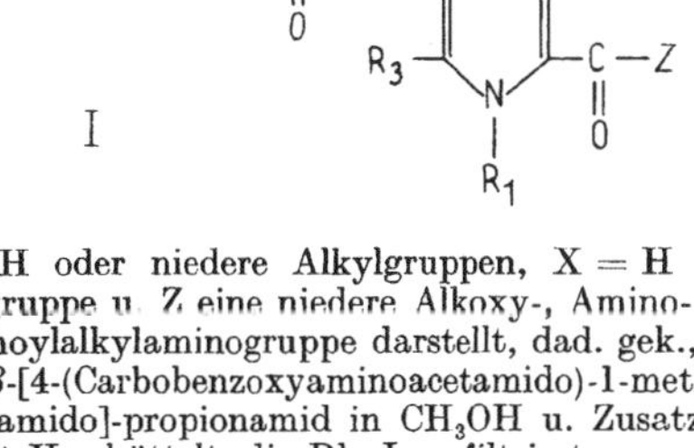

u. R_3 = H oder niedere Alkylgruppen, X = H oder eine Amidinogruppe u. Z eine niedere Alkoxy-, Amino- oder eine ω-Carbamoylalkylaminogruppe darstellt, dad. gek., daß man z. B. das β-[4-(Carbobenzoxyaminoacetamido)-1-methyl-2-pyrrolcarboxamido]-propionamid in CH_3OH u. Zusatz von Pd-Kohle mit H schüttelt, die Rk.-Lsg. filtriert u. nach Zugabe einer kleinen Menge Eisessig auf dem Wasserbad konz. →

β-[4-(Aminoacetamido)-1-methyl-2-pyrrolcarboxamido]-propionamidacetat, F. 173—176°; *4-(Aminoacetamido)-1-methyl-2'-pyrrolcarbonsäureäthylesterhydrobromid*, F. 267—268° (Zers.), u. daraus durch Rk. mit wss. Cyanamid bei pH 8,7 → *4-(Guanidinoacetamido)-1-methyl-2-pyrrolcarbonsäureäthylesterhydrobromid*, F. 199—201° (Zers.); *4-(Guanidinoacetamido)-2-pyrrolcarboxamidpikrat*, F. >240°; *4-(Guanidinoacetamido)-1.3.5-trimethyl-2-pyrrolcarbonsäureäthylester*, *-hydrobromid*, F. 183 bis 187° (Zers.), *-nitrat*, F. 168—170°; *4-(Guanidinoacetamido)-1-methyl-2-pyrrolcarboxamidnitrathydrat*, F. 127—132° u. 142—144°. — *Baktericide u. fungicide Mittel*, bes. gegen *Mycobacterium S.P. 607*, *Sarcina lutea*, *Hormodendrum cladosporoides*, *Streptococcus*. (**A. P. 2 901 489** vom 4/12. 1956, ausg. 25/8. 1959.) W. Heyer 4833

1552 **J. R. Geigy Akt.-Ges.**, Basel, Schweiz, *Herstellung von therapeutisch wirksamen Glykolen*. (**Ind. P. 68 130** vom 23/6. 1959, ausg. 17/1. 1962. — C. **1961,** 13277 [D. A. S. 1 095 271].)

1553 **J. R. Geigy Akt.-Ges.**, Basel, Schweiz, *Herstellung bis-tertiärer Glykole*. (**Niederl. P. 104 461** vom 7/1. 1958, ausg. 16/4. 1963. Schwz. Prior. 8/1. 1957. — C. **1960,** 11743 [Oe. P. 202 124].)

1554 **Gernot Grimmer** und **Walter Sturm**, Hamburg, *Entzündungshemmend wirkende Salze von cis-Δ^9-Heptadecensäure und -Pentadecensäure*. (**E. P. 858 621** vom 9/6. 1959, ausg. 11/1. 1961. D. Prior. 28/6. 1958. — C. **1964,** 9-1555 [D. A. S. 1 147 221].)

1555 **Ciba Ltd.**, Basel, Schweiz (Erfinder: **Jean Druey** und **Paul Schmidt**), *Sulfonamide*. (**Aust. P. 235 592** vom 28/1. 1959, ausg. 19/10. 1961. Schwz. Prior. 14/3. 1958. — C. **1964,** 10-1601 [E. P. 848 627].)

1556 **J. R. Geigy Akt.-Ges.**, Basel, Schweiz, *Aryloxyessigsäureamide*. (**Ind. P. 68 369** vom 13/7. 1959, ausg. 28/3. 1962. — C. **1963,** 7857 [A. P. 3 010 996].)

1557 **Farbwerke Hoechst Akt.-Ges. vormals Meister Lucius & Brüning**, Frankfurt/M., *Analgetisch wirksame α-Amino-β-hydroxycarbonsäureamide*. (**Ind. P. 68 740** vom 13/8. 1959, ausg. 15/3. 1962. — C. **1961,** 4808 [D. A. S. 1 087 616].)

1558 **Ciba Akt.-Ges.**, Basel (Erfinder: **Jean Druey**, Riehen, und **Paul Schmidt**, Therwil/Basel-Land), Schweiz. *Herstellung neuer N-Acylsulfonamide*. (**Schwz. P. 366 545** vom 14/3. 1958, ausg. 28/2. 1963. — C. **1964,** 10-1601 [E. P. 848 627].)

1559 **Farbwerke Hoechst Akt.-Ges. vormals Meister Lucius & Brüning**, Frankfurt/M., *Benzolsulfonylharnstoffe*. (**F. P. 918 396** vom 30/6. 1961, ausg. 13/2. 1963. D. Prior. 30/6. 1960. — C. **1963,** 14045 [D. A. S. 1 135 891].)

1560 **Krewell-Leuffen G. m. b. H.**, Eitorf/Sieg, *Neue N-substituierte Carbaminsäureester und deren Herstellung*. (**E. P. 914 525** vom 11/7. 1961, ausg. 2/1. 1963. D. Prior. 14/7. 1960. — C. **1964,** 9-1559 [D. A. S. 1 150 973].)

1561 **Sandoz Ltd.**, Basel, Schweiz, *Organische Hydrazinderivate*. (**E. P. 922 585** vom 17/7. 1959, ausg. 3/4. 1963. Schwz. Prior. 8/8. u. 25/9. 1958 u. 29/5. 1959. — C. **1962,** 17852 [Oe. P. 211 292].)

1562 **N. V. Philips' Gloeilampenfabrieken**, Eindhoven, Niederlande, *Substituierte Aminoacetophenone*. (**Ind. P. 67 372** vom 16/4. 1959, ausg. 14/12. 1961. — C. **1963,** 2547 [Niederl. PP. 98 366 u. 98 367].)

1563 **National Research Development Corp.**, London, England, *Herstellung von Verbindungen mit Antitumoraktivität*. (**Ind. P. 69 526** vom 29/10. 1959, ausg. 12/7. 1962. — C. **1962,** 1323 [Ung. P. 149 248].)

1564 **May & Baker Ltd.**, Dagenham, England, *Herstellung substituierter 1.4-Diazacycloheptane*. (**Ind. P. 67 134** vom 23/3. 1959, ausg. 28/11. 1962. E. Prior. 24/3. 1958. — C. **1962,** 18566 [Oe. P. 208 872].)

1565 **Soc. des Usines Chimiques Rhône-Poulenc**, Paris, Frankreich, *Herstellung von Iminodibenzylderivaten*. (**Ind. P. 68 095** vom 20/6. 1959, ausg. 24/5. 1962. — C. **1962,** 8349 [F. P. 1 215 599].)

1566 **Soc. des Usines Chimiques Rhône-Poulenc**, Paris, Frankreich, *Herstellung von Iminodibenzylderivaten*. (**Ind. P. 68 126** vom 23/6. 1959, ausg. 3/3. 1962. — C. **1962,** 8349 [F. P. 1 216 271].)

1567 **Werner Richard Boehme** und **Joseph Nichols**, *Herstellung von basisch substituierten N-Bicycloalkanen und -alkenen*. (**Aust. P. 235 544** vom 16/10. 1958, ausg. 19/10. 1961. A. Prior. 24/10. 1957. — C. **1963,** 8647 [A. P. 2 926 172].)

1568 **Ciba Akt.-Ges.**, Basel, Schweiz (Erfinder: **Jean Druey, Paul Schmidt, Kurt Eichenberger** und **Max Wilhelm**), *Pyrazole und ihre Derivate*. (**Aust. P. 235 756** vom 29/5. 1959, ausg. 2/11. 1961. Schwz. Prior. 30/5. u. 13/6. 1958, 22/1. u. 3/4. 1959. — C. **1962,** 18567 [Oe. P. 211 832].)

1569 **J. R. Geigy Akt.-Ges.**, Basel, Schweiz, *1.2-Diaryl-3.5-dioxopyrazolidine*. (**Niederl. P. 104 433** vom 31/7. 1957, ausg. 16/4. 1963. Schwz. Prior. 3/8. 1956. — C. **1960,** 8272 [Oe. P. 199 180].)

1570 **Farbenfabriken Bayer Akt.-Ges.**, Leverkusen, übert. von: **Gerhard Domagk**, Wuppertal, **Karl-Wolfgang Schellhammer, Siegfried Petersen**, Leverkusen, und **Hans-Bodo König**, Wuppertal, *Derivate von 8-Aza-[lin.-Naphthothiazol]- und -[lin.-Naphthooxazol]-4.9-chinone*. (**A. P. 3 005 824** vom 27/3. 1959, ausg. 24/10. 1961. D. Prior. 29/3. 1958. — C. **1963,** 15531 [Oe. P. 210 424].)

1571 **J. R. Geigy Akt.-Ges.**, Basel, Schweiz, *Herstellung heterocyclischer Stickstoffverbindungen*. (**Niederl. P. 104 460** vom 28/12. 1957, ausg. 16/4. 1963. Schwz. Prior. 28/12. 1956, 8/2. u. 25/11. 1957. — C. **1961,** 18790 [D. A. S. 1 069 634].)

1572 **Ciba Ltd.**, Basel, Schweiz (Erfinder: **Jean Druey, Paul Schmidt, Kurt Eichenberger** und **Max Wilhelm**), *5-Alkyl-6-halogen-4-oxo-4.5-dihydropyrazolo-[3.4.d]-pyrimidine*. (**Aust. P. 235 679** vom 29/5. 1959, ausg. 26/10. 1961. Schwz. Prior. 13/6. 1958, 22/1. u. 3/4. 1959. — C. **1962,** 1325 [D. A. S. 1 104 964].)

1573 **Soc. des Usines Chimiques Rhône-Poulenc**, Frankreich (Erfinder: **Robert Mickel Jacob** und **Raymond Jacques Horclois**), *Phenthiazinderivate*. (**Aust. P. 235 661** vom 7/1. 1959, ausg. 26/10. 1961. F. Prior. 7/2. u. 19/6. 1958. — C. **1962,** 5023 [F. P. 1 212 725], C. **1962,** 8348 [F. P. 73 140] u. C. **1962,** 17140 [F. P. 73 296].)

1574 **Soc. des Usines Chimiques Rhône-Poulenc**, Paris, Frankreich, *Phenthiazinderivate*. (**Ind. P. 67 463** vom 24/4. 1959, ausg. 10/1. 1962. — C. **1961,** 6957 [D. A. S. 1 092 476].)

1575 **Spofa, Sdruženi Podnikû pro Zdravotnickou Výrobu**, Prag, Tschechoslowakei, *Herstellung von basischen 1.3-Dihalogenphenthiazinderivaten*. (**Ind. P. 68 945** vom 3/9. 1959, ausg. 27/2. 1962. — C. **1963,** 15154 [D. A. S. 1 137 734].)

1576 **Ciba Ltd.**, Basel, Schweiz (Erfinder: **George de Stevens** und **Lincoln Harvey Werner**), *6-Chlor-7-sulfamyl-3.4-dihydro-1.2.4-benzothiadiazin-1.1-dioxid*. (**Aust. P. 235 664** vom 11/2. 1959, ausg. 26/10. 1961. A. Prior. 3/3., 9/4., 9/6., 29/7. u. 29/9. 1958. — C. **1963, 6701** [E. P. 847 064].)

1577 **Sandoz Akt.-Ges.**, Basel, Schweiz (Erfinder: **Albert Hofmann** und **Franz Troxler**), *Lysergsäurederivat*. (**Aust. P. 235 663** vom 11/2. 1959, ausg. 26/10. 1961. Schwz. Prior. 7/3. 1958. Zusatz zu Aust. P. 224 349; C. 1961, 12191. — C. **1962,** 1716 [Oe. P. 206 590].)

1578 **Ciba Ltd.**, Basel, Schweiz (Erfinder: **Emil Schlittler**), *Reserpsäureester*. (**Aust. P. 235 920** vom 7/11. 1958, ausg. 16/11. 1961. A. Prior. 14/11. 1957. Zusatz zu Aust. P. 203 896; C. 1961, 18797. — C. **1962,** 7627 [F. P. 1 214 358].)

1579 **Ciba Ltd.**, Basel, Schweiz (Erfinder: **Emil Schlittler**), *Reserpsäurediester*. (**Aust. P. 235 921** vom 7/11. 1958, ausg. 16/11. 1961. A. Prior. 14/11. 1957. Zusatz zu Aust. P. 203 896; C. 1961, 18797. — C. **1961,** 2373 [E. P. 837 879].)

1580 **Ciba Ltd.**, Basel, Schweiz (Erfinder: **Emil Schlittler**), *Reserpsäurediester*. (**Aust. P. 235 924** vom 7/11. 1958, ausg. 16/11. 1961. A. Prior. 14/11. 1957. Zusatz zu Aust. P. 203 896; C. 1961, 18797. — C. **1961,** 2373 [E. P. 837 948].)

1581 **Ciba Ltd.**, Basel, Schweiz (Erfinder: **Emil Schlittler**), *Reserpsäurediester*. (**Aust. P. 235 925** vom 7/11. 1958, ausg. 16/11. 1961. A. Prior. 14/11. 1957. Zusatz zu Aust. P. 203 896; C. 1961, 18797. — C. **1962,** 5024 [F. P. 1 217 033].)

1582 **Ciba Ltd.**, Basel, Schweiz (Erfinder: **Emil Schlittler**), *Reserpsäurediester*. (**Aust. P. 235 926** vom 7/11. 1958, ausg. 16/11. 1961. A. Prior. 14/11. 1957. Zusatz zu Aust. P. 203 896; C. 1961, 18797. — C. **1962,** 5024 [F. P. 1 217 034].)

1583 **Uclaf**, Paris, Frankreich, *Herstellung von Heparamin*. (**Ind. P. 67 959** vom 8/6. 1959, ausg. 5/3. 1962. E. Prior. 11/2. 1959. — C. **1963,** 5567 [E. P. 863 235].)

1584 **Bracco Industria Chimica S. p. A.** (Erfinder: **Ernst Felder** und **Davide Pitrè**), Mailand, Italien, *Pantothensäureester*. (**Schwz. P. 368 794** vom 9/4. 1958, ausg. 15/6. 1963. — C. **1963,** 5568 [A. P. 2 979 525].)

1585 **Upjohn Co.**, Kalamazoo, Mich., V.St.A., *Herstellung von Steroiden*. (**E. P. 903 926** vom 30/5. 1961, ausg. 22/8. 1962. A. Prior. 1/7. 1960. — C. **1964,** 9-1591 [A. P. 3 019 242].)

1586 **Lepetit Soc. An.** (Erfinder: **Giangiacomo Nathanson**), Mailand, Italien, *Herstellung von therapeutisch wirksamen Steroidverbindungen*. (**D. A. S. 1 155 123** Kl. 12o vom 6/8. 1960, ausg. 3/10. 1963. E. Prior. 7/8. 1959. **E. P. 909 306** vom 7/8. 1959, ausg. 31/10. 1962. — C. **1964,** 9-1587 [A. P. 3 025 309].)

1587 **Chas. Pfizer & Co., Inc.**, Brooklyn, N.Y., V.St.A., *6β-Fluorsteroide*. (**Ind. P. 69 195** vom 26/9. 1959, ausg. 13/3. 1962. — C. **1962,** 9080 [A. P. 2 961 441].)

1588 **Upjohn Co.** (Erfinder: **Donald Emery Ayer** und **William Paul Schneider**), Kalamazoo, Mich., V.St.A., *Herstellung von therapeutisch wirksamen 16-Fluorsteroiden*. (**D. A. S. 1 146 880** Kl. 12o vom 17/12. 1960, ausg. 11/4. 1963. **E. PP. 915 696** u. **915 697** vom 8/12. 1960, ausg. 16/1. 1963. Alle A. Prior. 11/1. 1960. — C. **1964,** 8-1508 [A. P. 3027 383].)

1589 **American Cyanamid Co.**, V.St.A. (Erfinder: **Seymour Bernstein, Milton David Heller** und **Stephen Myron Stolar**), *Herstellung von 16α.17α-Dihydroxysteroiden*. (**F. P. 1 273 368** vom 17/11. 1959, ausg. 7/2. 1962. A. Prior. 17/11. 1958. — C. **1964,** 8-1509 [E. P. 887 748].)

1590 **Scherico Ltd.**, Luzern, Schweiz, *Herstellung neuer Corticosteroide*. (**Ind. P. 69 406** vom 20/10. 1959, ausg. 31/5. 1962. E. Prior. 19/11. 1958. — C. **1961,** 4814 [A. P. 2 894 963].)

1591 **Takeda Pharmaceutical Industries Ltd.**, Higashi-ku, Osaka, Japan (Erfinder: **Rokuro Takeda**, Kobe, **Itaru Nakanishi**, Osaka, Japan, **Hayao Nawa**, Austin, Tex., V.St.A., **Masao Uchibayashi**, Kawanishi, **Tsunaharu Kusaka**, Amagasaki, **Jiro Terumichi**, Higashinada-ku Kobe, **Minoru Uchida**, Kobe, **Michio Katsumata**, Nishinomiya, **Mikuko Yoshino**, Miyakojima-ku, Osaka, und **Hiroshi Fujitani**, Minoo, Japan), *Umwandlung von Steroiden der Pregnanreihe mit Hilfe von Mikroorganismen*. (**D. A. S. 1 154 802** Kl. 12o vom 25/5. 1959, ausg. 26/9. 1963. Jap. Prior. 26/5. 1958. — C. **1962,** 10197 [E. P. 859 694].)

1592 **Glaxo Laboratories Ltd.**, Greenford, England, *$\Delta^{5.4.9,10}$-Trienverbindungen der Pregnanreihe*. (**Ind. P. 68 608** vom 1/8. 1959, ausg. 1/5. 1962. E. Prior. 7/8. 1958. — C. **1963,** 10579 [E. P. 864 231].)

1593 **Soc. Farmaceutici Italia**, Mailand, Italien, *6α-Methyl-17α-hydroxyprogesteron*. (**Ind. P. 67 410** vom 20/4. 1959, ausg. 10/1. 1962. E. Prior. 24/4. 1958. — C. **1963,** 3328 [E. P. 882 387].)

1594 **Merck & Co., Inc.**, Rahway (Erfinder: **James Gillin**, Westfield), N.J., V.St.A., *Herstellung von kristallinem Mononatriumsalz von Novobiocin*. (**Schwz. P. 370 195** vom 3/4. 1958, ausg. 15/8. 1963. A. Prior. 4/4. 1957. — C. **1962,** 3909 [Belg. P. 566 261].)

1595 **Ciba Ltd.**, Basel, Schweiz, *Herstellung des Antibioticums Actinomycin Z und seiner Komponenten*. (**E. P. 923 612** vom 27/7. 1959, ausg. 18/4. 1963. Schwz. Prior. 25/7. 1958 u. 5/6. 1959. — C. **1961,** 12566 [D. A. S. 1 089 512].)

1596 **Ciba Ltd.**, Basel, Schweiz, *Herstellung der Antibiotica Lankavamycin und/oder Lankavacidin*. (**Ind. P. 68 053** vom 16/6. 1959, ausg. 5/1. 1962. — C. **1962,** 13500 [D. A. S. 1 110 821].)

1597 **Ciba Ltd.**, Basel, Schweiz, *Gewinnung von Avilamycin.* **(Ind. P. 68 654** vom 5/8. 1959, ausg. 6/3. 1962. — **C. 1962,** 13138 [D. A. S. 1 116 864].)

1598 **Ciba Ltd.**, Basel, Schweiz, *Herstellung des Antibioticums Holothin, dessen Acylderivaten und Hydrohalogeniden.* **(E. P. 923 061** vom 27/7. 1959, ausg. 10/4. 1963. Schwz. Prior. 25/7., 30/7. 1958 u. 12/2. 1959. — **C. 1961,** 4457 [D. A. S. 1 085 297].)

1599 **Kyosei Seiyaku Kabushiki Kaisha,** Otaru-shi, Japan, *Herstellung eines Blutersatzmittels.* **(Niederl. P. 104 409** vom 26/4. 1957, ausg. 16/4. 1963. Jap. Prior. 28/4. 1956. — **C. 1962,** 9083 [E. P. 863 544].)

1600 **J. R. Geigy Akt.-Ges.,** Basel, Schweiz, *Herstellung von 2-Imino- bzw. 2-Amino-1.3-di-azaheterocyclen.* **(Ind. P. 67 972** vom 9/6. 1959, ausg. 16/5. 1962. — **C. 1962, 16068** [Oe. P. 212 309].)

G. Analyse, Laboratorium

1601 **Vorrichtung zur Stabilisierung des Druckes im niederen Druckbereich.** Günter Brederlow. (Vakuum-Techn. **4,** 108—09, 1959; Greifswald, Dt. Akad. der Wiss., Inst. für Gasentladungsphys.; dt.) — Der Druck im Arbeitsraum wird mit einem Fl.-Manometer (Siliconöl) gemessen. In einem Schenkel befindet sich ein Schwimmer, der den Lichtstrahl einer Lichtschranke steuert, welche ihrerseits ein elektromagnet. Gaseinlaßventil beeinflußt. Durch Heben u. Senken der Lichtschranke kann jeder Wert zwischen 0 u. 6 Torr eingestellt werden. Das Ventil ist bis zu Druckdifferenzen von 30 Torr dicht. Die Ansprechempfindlichkeit liegt bei einer Druckänderung von 0,03 Torr. R. Junge 5016◇

1602 **Hochvakuumthermoelement.** John E. Cox. (Rev. sci. Instruments **34,** 931—32, 1963; Washington, D.C., U. S. Naval Res. Labor.; engl.) — Die Thermospannung eines Molybdän-Kovar-Thermoelements für ein Temp.-Intervall von $+50$ bis $+500^0$ (Bezugsspannung 0^0) wird durch eine quadrat. Gleichung der Temp. angegeben. Der Temp.-Koeff. der Thermospannung von -150 bis $+600^0$ wird direkt gemessen. Das untersuchte Thermoelement ist für Messungen im Hochvakuum bei Glaseinschmelzung geeignet. A. Helms/Merseburg 5016◇

1603 **Ein Kompressions-Vakuummeter nach McLeod für die Praxis und das Laboratorium.** G. Peche. (Glas-Instrumenten-Techn. **7,** 4—7, 48—49, 1963; dt.) Ch. Weiske 5026◇

1604 **Empfindlichkeit eines Ionenpumpen-Leckdetektors.** A. E. Barrington. (Rev. sci. Instruments **33,** 1045—46, 1962; Palo Alto, Calif., Varian Assoc.; engl.) — Analyse der Betriebsparameter. K. Jaeger 5026◇

1605 **Eine Methode der multiplikativen Dampf-Flüssigkeits-Verteilung mit präparativem Maßstab.** Örn Wahlroos. (Acta chem. scand. **15,** 2053—55, 1961; Helsinki, Biochem. Inst., Labor. of Foundat. for Chem. Res.; engl.) — Beschreibung einer Gegenstrom-App. zur Vielfachtrennung von Dampf-Fl.-Gemischen für den Spuren-Nachw. flüchtiger Verbb. in anderen flüchtigen Stoffen. Die Best. der Verteilungs-Koeff. erfolgt nach einer modifizierten Lovelock-Meth. gaschromatographisch. Angabe einer Gleichung zur Berechnung der Anzahl der zur Trennung notwendigen Platten in der Apparatur. S. v. Schieszl 5034◇

1606 **Verwendung einer magnetischen Suspensionswaage zur Bestimmung von Dichten und spezifischen Partialvolumina.** J. W. Beams und Alexander M. Clarke. (Rev. sci. Instruments **33,** 750—53, 1962; Charlottesville, Va., Univ. of Virginia, Dep. of Phys.; engl.) — Es werden zwei Modifikationen der Meth. beschrieben, mit denen hohe Präzision erreicht werden kann. Sie erfordern wenig Materialaufwand bei kurzen Meßzeiten. R. Nink 5042◇

1607 **α-Strahlen-Meßanlage für Bestimmungen geringer Dichten.** R. P. Gardner und H. H. Ross. (Rev. sci. Instruments **33,** 1227—30, 1962; Oak Ridge, Tenn., Inst. of Nucl. Stud.; engl.) — Die zur Best. von Gasdichten konstruierte Meßanlage enthält eine α-Strahlquelle (gepulvertes ^{239}Pu-Sulfat in Epoxyharz) u. als Detektor einen Au-Si-Grenzschichthalbleiter; das Verf. beruht auf der Absorptionsmessung. Die Anordnung kann zur Unterscheidung von Gasen verschiedener Dichte oder bei gleichem Gas zur Höhenmessung verwendet werden. Die Meßgenauigkeit bei Druck-Best. in Luft beträgt 0,2—0,4 mm Hg. W. Reusse 5042◇

1608 **Apparatur zur Bestimmung kleiner Dichteänderungen von Metallen.** Ju. P. Liberow. (Betriebs-Lab. [UdSSR] **29,** 1261—62, 1963; Baikow-Inst. für Metallurg.; russ.) H. Roschkowski 5042◇

1609 **Volumenmikrodilatometer zur Untersuchung von Phasenübergängen.** I. M. Ottschenaschenko, W. M. Neimark, N. K. Jermilow und B. N. Jegorow. (Betriebs-Lab. [UdSSR] **29,** 1260—61, 1963; Zentrales Konstruktionsbüro der Akad. der Wiss. der UdSSR; Kurmakow-Inst. für allg. u. anorgan. Chem.; russ.) H. Roschkowski 5048◇

1610 **Ein automatisch registrierendes Dilatometer.** R. Bowles und B. Sugarman. (J. sci. Instruments **40,** 117—20, 1963; Sheffield, Brit. Glass Ind. Res. Assoc.; engl.) — Beschreibung eines Dilatometers, das automat. Messungen der linearen Wärmeausdehnung im Bereich 0—800° an 10 cm langen Proben mit einem Schwankungs-Koeff. von 1% gestattet. W. Betcke 5048◇

1611 **Apparatur zur Messung der Spannung der Zwischenschicht an der Flüssigkeits-Flüssigkeits-Grenze.** O. A. Timofejewitschewa, N. N. Waletow und N. Ss. Anurow. (J. physik. Chem. [UdSSR] **37,** 2361—62, 1963; Moskau, Kurnakow-Inst. für allg. u. anorgan. Chem. der Akad. der Wiss. der UdSSR; russ., Auszug: engl.) — Es wird eine Capillar-App. beschrieben, mit der die Best. von Oberflächenspannungen nach der Formel von Cantor wesentlich vereinfacht durchgeführt werden kann. Für die Werte der Oberflächenspannung von Hg im Gleichgewicht mit seinem gesätt. Dampf im Vakuum u. von Hg an der Grenze zu W. werden derart 466 bzw. 370 dyn/cm erhalten. Mit eingeschmolzenen Elektroden können in der App. auch Elektrocapillaritätsmessungen durchgeführt werden. H. Roschkowski 5048◇

1612 **Heißfilmanemometer konstanter Temperatur als ein Gerät zu Messungen von Flüssigkeitsturbulenz.** S. G. Bankoff und R. S. Rosler. (Rev. sci. Instruments **33,** 1209—12, 1962; Evanston, Ill., Northwestern Univ.; engl.) — Vff. untersuchten die Verw. des Heißfilmanemometers von Ling u. Hubbard (J. aeronaut. Sci. **23,** [1956], 890) zur Messung der freien Fl.-Turbulenz. Als heißer Film wurde ein 50—100 Å dicker Pt-Film verwendet, der an einen Glaskeil angeschmolzen war. Die Vers.-Ergebnisse der Messungen an einem Wasserstrahl sind graph. wiedergegeben. C. Gottfried 5048△

1613 **Automatisches Gerät zur Bestimmung der Oberflächengröße feinteiliger Substanzen.** N. Hansen und W. Littmann. (Z. Instrumentenkunde **71,** 153—59, 1963; Aachen, Philips Zentrallabor. GmbH.; dt.) — Vff. beschreiben einen App. zur Best. der Oberflächengröße von Pulvern mit Hilfe der physikal. Adsorption von Ar bei 77,3° K. Das Gerät arbeitet vollautomatisch. Die Oberfläche wird direkt in m² digital angezeigt. K. Scheffler 5048◇

1614 **Einfache dauerhafte Ketenlampe.** Ludwig Kamlander. (Chemiker-Ztg. **86,** 101, 1962; Wien, Univ., Organ.-chem. Inst.; dt.) — Beschreibung einer Ketenlampe, die eine Überhitzung verhindert, Harz-Bldg. vermeidet u. einen leichten Austausch der Heizwendel gestattet. W. Wesly 5048□

1615 **Verdampferquellen für die Abscheidung von lochfreien Filmen.** W. C. Vergara, H. M. Greenhouse und N. C. Nicholas. (Rev. sci. Instruments **34,** 520—22, 1863; Baltimore, Md., Bendix Corp., Bendix Radio Div., Adv. Res. Dep.; engl.) — Vff. beschreiben eine modifizierte Dampfquelle, die in Vakuumaufdampfanlagen verwendet wird u. das Auftreten von Löchern in den Aufdampfschichten verhindert. Da bei Verw. konventioneller Dampfquellen im Dampfstrahl makroskop. Teilchen mitgerissen werden, die die Bldg. ungleichmäßiger Schichten mit Löchern zur Folge haben, wird der Dampfstrahl durch geeignet geformte Reflexionswände von den Teilchen getrennt u. gleichzeitig auf den zu bedampfenden Träger fokussiert. Das Aufdampfen von SiO. Cr u. Cu für elektr. Kondensatoren ist angegeben. Herbert Müller 5048◇

1616 **Mechanische Geschwindigkeit eines Abscheidungsmonitors.** P. E. Oberg. (Rev. sci. Instruments **34,** 1055 bis 1056, 1963; St. Paul, Minn., Sperry Rand Corp., Univac Div.; engl.) — Vf. beschreibt eine App., in der langsame zeitliche Änderungen einer Meßgröße mechan. differenziert

werden. Die Verw. zur Kontrolle der Abscheidungs-Geschw. beim Vakuumaufdampfen wird erläutert.
Herbert Müller 5048◇

1617 **Magnetisch gehaltene Aufdampfmaske.** Frank E. Jones und Alfred B. Castle sen. (Rev. sci. Instruments **34,** 1055, 1963; Washington, D.C., Nat. Bur. of Stand.; engl.) — Vff. beschreiben den Aufbau einer Stahlblende, die magnet. in der gewünschten Stellung festgehalten wird u. bei der Herst. von kammförmigen Aufdampfschichten für Hygrometer Verw. finden kann. Herbert Müller. 5048◇

1618 **Einfaches Verfahren zum Registrieren von Verdampfungsmasken.** G. W. Leck. (Rev. sci. Instruments **33,** 683—84, 1962; Princeton, N.J., Radio Corp. of America, David Sarnoff Res. Center; engl.) — Beschreibung eines Verf. zum Registrieren von Verdampfungsmasken, wobei eine UV-Lichtquelle an Stelle des den zu verdampfenden Stoff enthaltenden Korbes u. ein lichtempfindliches Substrat statt des wirklichen Substrats verwendet wird. Durch Reihenexponierung des lichtempfindlichen Substrats durch jede Maske u. Entw. des latenten Bildes erhält man Aufschluß über den jeweiligen Stand. W. Wesly 5048◇

1619 **Mischer für die Untersuchung der Kinetik schneller Reaktionen in Lösungen mit Hilfe der Fließmethode.** Ju. B. Kletenik. (J. physik. Chem. [UdSSR] **37,** 1193—95, 1963; russ., Auszug: engl.) — Ein Mischer für die Mischung flacher alternierender Schichten von Lsgg. wird beschrieben. Die Hauptmenge der Lsgg. wird dabei in $5-6 \cdot 10^{-5}$ s gemischt, wobei $5 \cdot 10^{-5}$ s nach dem Mischbeginn gemessen werden kann. W. Pump 5048◇

1620 **Verfahren zur quantitativen Auswertung katalytischer Reaktionen: die Simultankomparations-Methode.** János Bognár. (Mikrochim. ichnoanalyt. Acta [Wien] **1963,** 801—28; Miskolc, Ungarn, TU für Schwerind., Lehrkanzel für Chem.; dt.) — Die Meth. beruht auf dem Vgl. physikal. Eigg. (Färbung, Entfärbung, Trübung, elektr. Leitfähigkeit) der Analysen-Lsg. mit denen von gleichzeitig angesetzten, das zu bestimmende Ion in bekannten abgestuften Konzz. enthaltenden Lösungen. Eine Startpipette mit 12 Einzelpipetten, die zugleich entleert werden können, ermöglicht das gleichzeitige Starten der Reaktionen. Die Vorteile der Meth. liegen im Fortfall der Zeitmessung u. der Analyse einer Blindprobe sowie in der Temp.-Unabhängigkeit. Als Beispiele werden die Best. von Co mit Tiron + H_2O_2, mit Tiron + 2.7-Dihydroxynaphthalin + H_2O_2, mit Tiron + Orcin + H_2O u. mit Luzigenin + H_2O_2, die Best. von Cu mit Fe(III) + $S_2O_3^{2-}$, von Mo mit Methylenblau bzw. Kakotelin + Hydrazinsulfat, von V mit J^- + Ascorbinsäure + ClO_3^- sowie die Best. von J^- mit Ce(IV) + As(III) bzw. JO_3^- + AsO_3^{3-} beschrieben. P. Kurzmann 5052◇

1621 **Durch Verwendung von Elektronenrechenmaschinen automatisierte Aktivierungsanalyse.** D. Gibbons, L. E. Fite und R. E. Wainerdi. (Analyt. Chem., Proc. int. Sympos., Birmingham Univ. [U.K.] **1962,** 169—73, 1963; College Station, Tex., Agric. and Mechan. Coll., Activat. Analyt. Res. Labor.; engl.) — Es wird zusammenfassend über die bisher bekannt gewordenen Verss. zur Programmierung von Elektronenrechenmaschinen für die Auswertung der Meßergebnisse von Aktivierungsanalysen berichtet. — 26 Literaturangaben. W. Reusse 5052◇

1622 **Optimale Bestrahlungs- und Meßbedingung bei der Aktivierungsanalyse. Gammaspektrometrische Bestimmung von Spuren von Verunreinigung einer aktiven Matrix.** S. Sterlinski. (Nukleonika [Warszawa] **8,** 57—67, 1963; Warszawa, Inst. Badań Jądrowych; pol., Auszug: engl.) — Die Möglichkeit, durch γ-Spektrometrie in Ggw. eines akt. Grundelements Spuren von Verunreinigungen zu ermitteln, wird behandelt u. danach die optimalen Bedingungen für Bestrahlung u. Messung abgeleitet. M. Wiedemann 5052◇

1623 **Allgemeine Anwendbarkeit der Methode des Kanalverhältnisses bei Messungen der Zählausbeute von Scintillationsflüssigkeiten.** Elizabeth T. Bush. (Analytic. Chem. **35,** 1024—29, 1963; Des Plaines, Ill., Nuclear-Chicago Corp.; engl.) — Vf. prüfte die Abhängigkeit der Zählausbeute vom Kanalverhältnis als Funktion kleiner Veränderungen des Photomultipliers, der Diskriminatorspannung u. anderer apparativer Variablen für Stoffe, die Auslöschung bewirken, Lsgm.-Syst. u. für verschiedene Konzz. der fluorescierenden Substanzen. Jeder Probe wurde ^{14}C- oder ^{3}H-markiertes Toluol zugesetzt. Folgende Syst. wurden untersucht: 2.5-Diphenyloxazol (I), I + 2-p-Phenylen-bis-[5-phenyloxazol] (II), 2-(4-Biphenylyl)-5-phenyl-1.3.4-oxadiazol, Dioxan + I + II, Dioxan + I + II + Naphthalin, Hyaminhydroxid, Äthanolamin, W., Aceton, Benzoesäure, Ölsäure, KOH, Tributylphosphat, Alanin, Adenin, Albumin, Insulin, Harn, Blutfällung durch Aceton sowie durch $ZnSO_4$ + NaOH, Filtrat einer Leberhomogenatfällung durch $ZnSO_4$ + NaOH, Leberhomogenatfällung durch $ZnSO_4$ + NaOH, J_2, gelbes Wachs, Indigo, Methylviolett, Kristallviolett, Malachitgrün, O_2. Als sek. Lsgm. wurden zugesetzt: Methanol, A., Xylol, Anisol, 1.2-Dimethoxyäthan, Äthylenglykol u. 2-Methoxyäthanol.
U. Wenzel 5052◇

1624 **Physik und Technik der massenspektroskopischen Analyse.** 6. Mitt. **Das Massenspektrometer in der Gasanalyse.** Hans Voshage. (Kerntechn., Isotopentechn. u. -Chem. **3,** 492—97, 1961; Mainz, MPI für Chem.; dt.) — 5. vgl. C. **1964,** 2-0108. — Überblick über das Zusammenwirken aller Teilfunktionen bei den wichtigsten Anwendungen der massenspektrometr. Gasanalyse. O. Jansen 5052◇

1625 **Bestimmung des Brechungsinkrements mit dem Leitz-Interferenzmikroskop und einem photoelektrischen Indicator.** W. Boguth und F. Habermalz. (Z. wiss. Mikroskop. mikroskop. Techn. **65,** 186—89, 1963; Gießen, Justus-Liebig-Univ., Inst. für Biochem. u. Endokrinolog. der Haustiere; dt.) — Das Brechungsinkrement von Lsgg. läßt sich unmittelbar mit einem Fehler von ca. $0{,}5 \cdot 10^{-5}$ bestimmen. Die Auswertung der photograph. aufgenommenen Interferenzbilder erfolgt mit einem photoelektr. Differenzindicator. H. Jehne 5056◇

1626 **Spuren- und Phasenanalyse mit kristalloptischen Methoden.** Th. Ernst. (Z. analyt. Chem. **197,** 119—33, 1963; Erlangen, Univ., Mineralog. Inst.; dt.) — Kristallopt. Meth. können zur Best. chem. Substanzen herangezogen werden, da sie sehr empfindlich, spezif. u. sicher sind. Das gilt auch z. B. für toxikolog. wichtige Stoffe; unter Umständen empfiehlt es sich, Fällungs-Rkk. einzuschalten, etwa bei den „Zwikkerschen" Rkk. zum Nachw. von Barbituraten. Bes. vorteilhaft sind die Verff. zur Best. mehrphasiger Syst. etwa auf dem Gebiet der keram. Stoffe. Bei den oxid. oder auch silicat. Stahleinschlüssen kann durch die Feststellung der Aggregation eine Herkunftsangabe der Einschlüsse gegeben werden. Ernst Schulte 5056◇

1627 **Neuartige Technik zur Herstellung eines engen Spalts in einer Metallplatte.** Dwight L. Allensworth. (Rev. sci. Instruments **34,** 302, 1963; Albuquerque, N.Mex., Sandia Corp.; engl.) — Nach Eingravierung einer V-Rinne bis dicht über den Boden u. Bohren von Löchern an den Endpunkten wird mit einem dünnen Draht der Spalt eingeschnitten, Breite 0,0025—0,013 cm ± 10%, Abweichung von der Geradlinigkeit ± ein Drahtradius (Benutzung als Kollimatoren). R. Uttech 5056◇

1628 **Die Reproduzierbarkeit der quantitativen Filtrierpapierelektrophorese.** Haruo Uzawa. (Fukuoka Acta med. [Fukuoka-Igaku-Zassi] **47,** 716—24, 1956; Kyushu Univ., Fac. of Med., Second Dep. of Internal Med.; jap., Auszug: engl.) — Die Faktoren, die die Reproduzierbarkeit der quant. Papierelektrophorese nach Grassmann beeinflussen, werden untersucht. Vf. hält einzelne Präparierung der Papierstreifen für die verschiedenen Proben u. konst. Zus. der verwendeten Reagentien für bes. wichtig, um eine möglichst geringe Standardabweichung zu erzielen.
Gottfried Schreiber 5062△

1629 **Eine komplette Einrichtung zur Hochspannungselektrophorese.** S. Fittkau. (Pharmazie **18,** 678—82, 1963; Halle/Saale, Martin-Luther-Univ., Physiolog.-chem. Inst.; dt.) — Die Elektrophoresekammer arbeitet nach dem Prinzip der gekühlten Unterlage. Den Kühlträger bildet ein von Sole durchströmter Metallblock, der zur elektr. Isolierung mit einem Polyesterlack u. einer Glasplatte über einem Ölfilm versehen ist. Durch seine Dimensionierung von 60 × 30 cm gestattet die App. eine an die Elektrophorese anschließende Papierchromatographie. Durch intensive Kühlung können bei Potentialgradienten von 100 V/cm Stromwärmen von 0,3 W/cm² abgeführt werden, wodurch die Verw. von Puffern

höherer Ionenstärke sowie bei Einsatz von anderen Trägerschichten (Stärke, Dextran, Cellulosepulver) auch die präparative Trennung von höhermol. Verbb. möglich ist.
H. Moldenhauer 5062◇

1630 **Konservierung von Stärkegel-Elektrophoresestreifen.** W. G. Dangerfield und Gillian Faulkner. (Nature [London] **200,** 388, 1963; London, North Middlesex Hosp.; engl.) — Stärkegel läßt sich durch Tränken mit Glycerin (4% ig. wss. Lsg. mit 5% Essigsäure) nach einer im einzelnen beschriebenen Behandlung konservieren.
K.-D. Schubert 5062◇

1631 **Chromatographie im Fliehkraftfeld.** 11. Mitt. **Chromatographie mit geometrischer Begrenzung der mobilen Phase.** Zdeněk Deyl, Jan Rosmus und Miroslav Pavlíček. (Mikrochim. Acta [Wien] **1963,** 390—94; Prag, Zentralforschungs-Inst. für die Lebensmittel-Ind. u. Chem.-Techn. Hochschule, Inst. für Automatisation; dt.) — 5. vgl. C. **1964,** 16-1654. — Um Fliehkraftchromatogramme photometr. auswerten zu können, wurde die Fleckenform durch geometr. Begrenzung der mobilen Phase durch Imprägnieren des Papiers mit Hartparaffin, Epoxidharz u. ä. so verändert, daß sie normalen Chromatogrammflecken glich. Die Meth. verkürzt die zur Entw. u. Auswertung der Chromatogramme erforderliche Zeit auf ca. 30—45 Minuten.
R. Krämer 5062◇

1632 **Ein elektronischer Registrierapparat für Impulszahlen und seine Anwendungen im Bereiche der Radiochromatographie.** Marco Frank. (Rend. Ist. super. Sanità **23,** 1128—48, 1960; Roma, Ist. Super di Sanità, Labor. di Elettronica; ital.) — Beschreibung eines elektron. Impulszählers, der sich bes. zur Best. von radioakt. Zonen des Radiochromatogramms eignet.
K. Zingraf 5062◇

1633 **Ein Gestell für rechteckige Küvetten.** John B. Pate und James P. Lodge jun. (Appl. Spectroscopy **17,** 76, 1963; Boulder, Colo., Nat. Center for Atmospheric Res.; engl.) — Abb. u. kurze Beschreibung eines Küvettengestells der Fa. Nalge Co., Inc.
K.-D. Schubert 5063◇

1634 **Verteilung der von einer scheibenförmigen Küvette ausgehenden Fluorescenz.** W. H. Melhuish. (J. opt. Soc. America **51,** 278—79, 1961; New Zealand, Inst. of Nuclear Sci., Dep. of Sci. and Ind. Res.; engl.) — Es werden die Fehler untersucht, die bei abs. Fluorescenzmessungen durch innere Reflexion in Küvetten verursacht werden. Bes. die Winkelverteilung der Fluorescenz u. der Quantenfluß (Quanten $\cdot$ $cm^{-2} \cdot s^{-1}$) in Richtung der Normalen von einer scheibenförmigen Küvette wird gemessen. Die Fluorescenzverteilung bei einer Küvette mit geschwärzter Rückwand u. geschwärzten Seiten entspricht ungefähr der zu erwartenden Verteilung.
D. Noack 5063◇

1635 **Monochromator oder angestuftes Spektralfilter?** Norman Holgate. (Mineralog. Mag. J. mineralog. Soc. **33,** 512—16, 1963; Univ. of Glasgow; engl.) — Die Anwendbarkeit von Monochromatoren für Unterss. im sichtbaren Bereich in der petrograph. Mineralogie wird diskutiert u. eine neue App. mit einem abgestuften Interferenzfilter beschrieben.
Ernst Schulte 5063◇

1636 **Vakuum-Ultraviolettmonochromator.** P. L. Hartman. (Rev. sci. Instruments **33,** 1082—87, 1962; Ithaca, N.Y., Cornell Univ., Dep. of Phys. and Labor. of Atomic and Solid State Phys.; engl.) — Beschreibung der Vorrichtung.
C. Gottfried 5063△

1637 **Ein Apparat zur Messung der Lichtausbeute.** G. Cheroff, C. Lanza und S. Triebwasser. (Rev. sci. Instruments **34,** 1138—41, 1963; Yorktown Heights, N.Y., BM, Res. Center; engl.) — Beschrieben wird eine Vorr. zur Messung der Lichtquantenausbeute in einem geschlossenen Raum mit diffus reflektierenden Wänden u. einer Atmosphäre mit bekannter Absorption.
K. Jaeger 5063◇

1638 **Harmonischer, hoch stabilisierter Mikrowellen-Oszillator.** R. L. Poynter und G. R. Steffensen. (Rev. sci. Instruments **34,** 77—82, 1963; Pasadena, Calif., California Inst. of Techn., Jet Propuls. Labor., Space Sci. Div.; engl.) — Vff. beschreiben für hoch auflösende Mikrowellenspektrometer u. für die Spektralanalyse von Mikrowellensignalen einen hochstabilisierten Oscillator, der durch die 200-MHz-Bande harmonisiert wird.
G. Krien 5063◇

1639 **Absolut messendes Mikrowellenrefraktometer.** M. J. Vetter und M. C. Thompson jun. (Rev. sci. Instruments **33,** 656—60, 1962; Boulder, Colo., Nat. Bur. of Standards, Boulder Labor.; engl.) — Mikrowellenrefraktometer, in dem ein geeichter u. abstimmbarer Hohlraumresonanzkörper durch Servoschaltung auf die Änderungen der Resonanzfrequenz des Probenresonators anspricht. Gegenüber früher entwickelten Geräten wurden merkliche Verbesserungen bzgl. der Eichstabilität u. Einfachheit der Bedienung u. eine Meßgenauigkeit von $\pm \leqq 1$ ppm über mehrere Wochen hinaus erzielt.
W. Sobieski 5063◇

1640 **Neuere Entwicklungen auf dem Gebiet der japanischen spektroskopischen Instrumente.** H. Yoshinaga. (Pure appl. Chem. **7,** 45—65, 1963; Osaka, Univ., Dep. of Appl. Phys.; engl.) — Bericht über die zur Zeit in Japan hergestellten Spektrographen, Raman-Spektrometer u. Spektrophotometer für den sichtbaren, UV- u. IR-Bereich. — 17 Literaturangaben.
Gerhard Schulze 5063◇

1641 **Ein Reflexionsspektrometer mit verschieden gekrümmtem Kristall.** H. A. Elion. (Rev. sci. Instruments **33,** 753—55, 1962; Burlington, N.J., Elion Instr., Inc.; Cambridge, Mass., MIT; engl.) — Das beschriebene Spektrometer unterscheidet sich teilweise von den Anordnungen nach Johann bzw. Johansson sowie vom Harkerschen Konzept. Mit einem Glimmerkristall auf reinem Si wird ein Signal-Rausch-Verhältnis von 3100:1 erreicht. Ein direkter Vgl. der Röntgenintensitäten ist möglich ohne eine Beugungskorrektur anbringen zu müssen.
R. Nink 5063◇

1642 **Einige Neuentwicklungen gerätetechnischen Zubehörs für die Molekülspektroskopie.** W. Falta. (Abh. dtsch. Akad. Wiss. Berlin, Kl. Math., Physik Techn. Nr. **3,** 1962, 23—28; Jena VEB Carl Zeiss Jena, Labor. für opt. Meßgeräte; dt.)
A. Blaschette 5063◇

1643 **Bei hohem Druck verwendbarer Kingscher Ofen (50 at).** M. Biron. (J. Physique Radium **21,** 99 S—100 S, 1960; Bordeaux, Fac. des Sci., Labor. de Phys., Expér. et d'Opt. Mol.; franz.) — Speziell zur Unters. der Emissions- u. Absorptionsspektren zweiatomiger Moll. im Sichtbaren u. im UV konstruierte u. beschreibt Vf. einen Kingschen Ofen, der einem von Zeemann (vgl. C. **1954,** 10175) beschriebenen Ofen entspricht, jedoch zur Verw. bei höheren Drücken abgeändert wurde.
C. Gottfried 5063△

1644 **Methode der Rädchenelektrode mit Probentabletten.** M. S. Wang. (Appl. Spectroscopy **17,** 76—77, 1963; Urbana Ill., Univ. of Illinois, Agronomy Dep.; engl.) — Aus Graphit u. Probensubstanz werden Tabletten (Ø = 0,5 in.) gepreßt. Ein modifizierter Rädchenelektrodenhalter führt selbsttätig die Zentrierung der Tablette u. nach der Aufnahme ihre Ausstoßung durch. Die Tabletten können durch einen Luft- oder Gasstrom gekühlt werden. Um in einer bestimmten Entladungsatmosphäre arbeiten zu können, ist der Halter in einen Kasten einsetzbar.
K.-D. Schubert 5063◇

1645 **Eine neue Elektrode aus elektrisch leitendem Kunststoff zur spektrochemischen Analyse von Nichtleitern.** Sumeo Matsushita und Tsuneko Kumagai (Z. analyt. Chem. **199,** 1—6, 1964; Tokyo, Tokyo Metropolitan Ind. Res. Inst., Chem. Dep.; dt.) — Durch Metallzusatz leitend gemachte Kunstharze wurden nach Vermischen mit der Probensubstanz zu zylindr. Körpern ausgehärtet. So erhaltene Elektroden mit einem spezif. Widerstand von 10^{-2} bis 10^{-3} $\Omega \cdot cm$ wurden bei Anregung im Hochspannungs- (Feußner-) Funken mit gutem Erfolg zur Best. von Eu, Sm u. Gd in Silicaten (5—2000 ppm, Varianz ca. 8%), von Halogenen u. S verwendet.
W. Herfurt 5063◇

1646 **Hohlkathoden für konstante Intensitätsverhältnisse der Spektren verschiedener Elemente.** H. Maßmann. (Z. Instrumentenkunde **71,** 225—29, 1963; Dortmund, Inst. für Spektrochem. u. angewandte Spektroskopie; dt.) — Für die Entw. geeigneter Lichtquellen von gleicher Intensität für die Messung der Atomabsorption nach der Röntgenfluorescenzanalyse befriedigten Hohlkathoden aus Legg. nicht. Eine beiderseitig offene Hohlkathode aus Stahl mit eingelegten einzelnen, getrennten Ringen aus reinen Metallen (z. B. Ni, Cu u. Fe), wobei der mittlere Ring die stärkste Kühlung durch Wärmeableitung erfuhr, zeigte nach Verlauf von 2 Std. eine sehr gleichbleibende Intensität der Spektrallinien der einzelnen Metalle, wenn bei vorgegebenem Ar-Spülgasdruck der Entladungsstrom auf 100 mA gehalten wurde.
R. Kaiser 5063◇

1647 **Einfluß der Stromstärke und der Verdampfungsgeschwindigkeit der Probe auf die Intensität der Linien im Spektrum des Wechselstromkohlebogens.** L. E. Naimark, R. S. Akischewa und P. N. Tschalych. (Nachr. Akad. Wiss. KasachSSR, Ser. Metallurgie, Erzaufbereit. **1961,** Nr. 2, 97—103; russ.) — Der Einfl. der Stromstärke i (5—20 A) u. der Verdampfungs-Geschw. v der Proben auf die Intensität der Spektrallinien von Elementen im Wechselstromkohlebogen mit senkrechten Elektroden wurde studiert. Gemische von SiO_2 oder NaCl mit einem Geh. von $^1/_{100}$—$^1/_{10}$% an *In, Tl, Cd, As, Pb, Ga, Ge, Te, Sn, Sb* u. *Cu* (1,5%) wurden als Proben verwendet. Mit SiO_2 wurden alle aufgezählten (außer Cu) Elemente vollständig verdampft, mit NaCl nur die ersten 5. Durch Steigerung von i wird die Empfindlichkeit der Best. der Elemente vervielfacht. Da aber mit zunehmendem i die Selbstabsorption der Linien bei kleineren Konzz. der Elemente einsetzt, muß bei höheren Konzz. der Elemente u. bei Fehlen von geeigneten schwachen analyt. Linien mit kleinerem i gearbeitet werden. Bei leichtflüchtigen Elementen nimmt die Reproduzierbarkeit der Best. bei i $<$ 10—15 A ab. Tiefere Krater ($<$ 6 mm) in der unteren Elektrode erhöhen nur die Expositionszeit, nicht aber die Empfindlichkeit. Mit steigendem v wächst die Linienintensität. v kann durch Kühlung der unteren Elektrode mittels Einbringen in einen Metallmantel sowie durch Steigerung von i erhöht werden.
G. Winkhaus 5063◇

1648 **Durch Stoßwellen angeregte Spektren.** W. M. Vaidya. (Proc. nat. Acad. Sci. India, Sect. A **32,** 209—13, 1962; New Delhi, Nat. Phys. Labor.; engl.) — Beschreibung einer Vers.-Anordnung zur Anregung u. Beobachtung von Spektren von Gasen in Druckrohren. Es werden Stoßwellen mit Geschw. von 100—200 Hach u. Temp. von 30000—50000° erreicht u. die Spektren der Gasgemische C_2H_2–*Ar*, CH_4–*Ar* u. *CO–Ar* mit H_2 als Trägergas untersucht. W. Sobieski 5063◇

1649 **Verbreiterung einer Linie durch einen Amplitudenselektor.** P. Moatti. (J. Physique Radium **22,** 225—29, 1961; franz.) — Vf. untersuchte theoret. die Verbreiterung eines Energiespektrums durch Summierung in den Kanälen eines Amplitudenselektors. C. Gottfried 5063△

1650 **Den Spektralbereich von 2327—6750 Å erfassende Eisenspektren von 391 empfindlichen Linien von 55 Elementen.** R. Intonti und A. Taddeucci. (Metallurgia ital. **54,** 341—44, 1962; Roma, Ist. Superiore di Sanità; ital.) — An Hand des Fe-Bogenspektrums haben Vff. experimentell die Wellenlängen einer größeren Anzahl von Elementen vermessen u. in einem Atlas die Wellenlängen einer größeren Anzahl von Linien sowie die Anregungspotentiale in Tabellen zusammengestellt. Aufgenommen sind in dem Atlas im ganzen 391 Linien der folgenden Elemente Ag, Al, As, *Au, B, Ba, Be, Bi, C, Ca, Cd, Co, Cr, Cs, Cu, Ga, Ge, Hf, Hg, In, Ir, K, La, Li, Mg, Mn, Mo, Na, Nb, Ni, Os, P, Pb, Pd, Pt, Rb, Re, Rh, Ru, Sb, Sc, Si, Sn, Sr, Ta, Te, Th, Ti, Tl, U, V, W, Y, Zn* u. *Zr.*
C. Gottfried 5063△

1651 **Diffuse Reflexionsspektroskopie in der analytischen Chemie.** G. Kortüm. (Analyt. Chem., Proc. Int. Sympos., Birmingham Univ. [U. K.] **1962,** 307—13, 1963; Tübingen, Univ., Inst. für phys. Chem.; engl.) — Übersicht über Theorie u. Anwendung der diffusen Reflexionsspektroskopie in der Analytik. B. Krebs 5063◇

1652 **Spektrochemische Analyse radioaktiver Substanzen.** 1. Mitt. **Messungen im Wechselstrombogen.** V. Svoboda und V. Dědek. (Acta chim. Acad. Sci. hung. **32,** 407—17, 1962; Prag, Forschungsinst. zur Herst. u. Anwendung von Radioisotopen; dt.) — Vff. bestimmen den Einfl. der Entladungsatmosphäre u. der Plasma-Temp. auf die spektrochem. Analyse im Wechselstrombogen u. geben eine Meth. zur Reinheitskontrolle radioakt. Lsgg. an, die sehr empfindlich ist, aber einen Durchschnittsfehler von 30% zeigt. Die kleinsten bestimmbaren Mengen betragen für Cu 0,7, Cd 20, Zn 100, Sr 0,5, In 5, K 300, Ca 600, Co 10, La 30, Mn 6 u. Y 15 mμg.
R. Krämer 5063◇

1653 **Röntgenspektrometrie mit radioaktiven Strahlungsquellen.** John F. Cameron und John R. Rhodes. (Nucleonis [New York] **19,** Nr. 6, 53—56, 1961; Wantage, Berks. AERE, Wantage Res. Labor.; engl.) — An Stelle einer Röntgenröhre werden bei der Radioisotopenfluorescenzspektrometrie Strahlungsquellen mit niederenerget. γ- oder Röntgenemission (^{241}Am, ^{3}H/Ti, ^{3}H/Zr, ^{147}Pm) benutzt, um in einem Target charakterist. Röntgenstrahlung anzuregen, die z. B. mit Hilfe eines Proportionalzählers nachgewiesen u. diskriminiert wird. Die Meth. wird zur Schnellanalyse einfacher Gemische benutzt. Es konnten auf diese Weise z. B. 1—4% Ni in Al in 1 Min. mit einer Genauigkeit von 2% bestimmt werden. Die Anwendung des Verf. zur Messung der Dicke von Überzügen war bei verschiedenen Farb- u. Metallschichten von $2 \cdot 10^{-3}$ bis 10^{-6} Zoll Dicke erfolgreich (Fehler 1—2%).
T. Tamberg 5063◇

1654 **Einige Anwendungen der Röntgenfluorescenzanalyse.** H. N. Wilson und R. J. Otter. (Analyt. Chem., Proc. int. Sympos., Birmingham Univ. [U. K.] **1962,** 335—38, 1963; Durham, Imperial Chem. Ind. Ltd.; engl.) — Die Anwendung der Röntgenfluorescenzanalyse auf folgende Probleme wird beschrieben: Best. von Schwermetallspuren in Düngern, Best. von Sr u. Ba in Sedimenten, Best. von U in Phosphatmineralien u. Best. von Pb in der Atmosphäre.
B. Krebs 5063◇

1655 **Apparative Faktoren und Leistungskennzahl beim Nachweis von Spurenkonzentrationen durch spektrochemische Analyse mit Röntgenstrahlen.** N. Spielberg und Mechthilde Bradenstein. (Appl. Spectroscopy **17,** 6—9, 1963; Irvington-on-Hudson, N.Y., Philips Labor.; engl.) — Der Einfl. von Strahlungsquelle u. Monochromator, von Kollimatoranordnung, Dispersion u. Auflösungsvermögen des Spektral-App. u. Detektors auf die Zuverlässigkeit der Röntgenspektralanalyse von Stahlproben wurde untersucht. Eine mathemat. Auswertung der Ergebnisse zeigt, daß stärkere Auflösung oder höhere Dispersion im opt. Teil eines Gerätes infolge der relativen Intensitätsabnahme der Spektrallinien gegen den Untergrund die Reproduzierbarkeit der Detektoranzeige beeinträchtigt u. der mittlere Fehler einer Best. selten verringert, u. U. sogar vergrößert wird. W. Herfurt 5063◇

1656 **Messung der Rotationsdispersion mit einem Zusatzgerät zu dem Spektrophotometer Beckman DU.** Giorgio Nebbia. (Boll. sci. Fac. Chim. ind. Bologna **18,** 138—47, 1960; Bari, Univ., Ist. di Merceol.; ital.) — Vf. beschreibt eine von Keston u. Lospalluto (vgl. Federation Proc. **12,** [1953], 229) entwickelte Vorr., die als Zusatzgerät zu dem Beckmanschen Spektrophotometer zu Messungen der Rotationsdipersion verwendet werden kann. Die gute Verwendbarkeit des Gerätes wird an Hand von Messungen an *Saccharose, Glutaminsäure* u. *Cholesterin* aufgezeigt. C. Gottfried 5063△

1657 **Skalenspreizung bei flammenphotometrischen Absorptions-Spektralanalysen für mittlere Extinktionsbereiche.** W. Lang und R. Herrmann. (Mikrochim. ichnoanalyt. Acta [Wien] **1963,** 1053—58; Gießen, Univ.-Hautklinik, Abt. für med. Phys.; dt.) — Die Skalenspreizung gelingt nach dem Verf. nach dem Prinzip der Galvanometerverstärker oder durch Skalenspreizung nach erfolgter Spitzengleichrichtung des Wechselsignals. G. Günzler 5063◇

1658 **Die physikalischen Grundlagen der analytischen Atomarabsorptionsspektrometrie. Die Beziehung zum Lambert-Beerschen Gesetz.** Keiichiro Fuwa und Bert L. Vallee. (Analytic. Chem. **35,** 942—46, 1963; Boston, Mass., Harvard Med. School, Dep. of Med., Div. of Med. Biol., Biophys. Res. Labor.; Boston, Mass., Peter Bent Brigham Hospital; engl.) — Vff. verwenden die Lichtabsorption von Moll. in Lsgg., die sich durch das Lambert-Beersche Gesetz beschreiben läßt, als Modell bei der Unters. der Atomarabsorption. Erwartungsgemäß erweist sich dabei die Empfindlichkeit einer Messung als Funktion der Länge der absorbierenden Flammenschicht u. des Reflexionsvermögens der die Flamme umgebenden Kammeroberfläche. Mit den von Vff. beschriebenen Absorptionskammern läßt sich die Nachw.-Grenze für viele Elemente weitgehend herabsetzen; für Zn, Cd, Mg, Cu, Ni u. Co schwanken die Nachw.-Grenzen zwischen 0,4 u. 16 ppb. Eichkurven werden für die Best. folgender Elemente (Absorptionslinien in Å in Klammern angegeben: Zn (2139), Cd (2288), Mg (2852), Cu (3248), Co (2425) u. Ni (2311).
Gerhard Schulze 5063◇

1659 **Photoempfindliches Instrument mit flachem Wellenlängenansprechen.** Paul M. McPherson, Nathan Sclar, Bernard R. Linden, Willem Brouwer und A. T. Stair. (J. opt. Soc. America **51,** 767—73, 1961; Acton, Mass., McPherson Instrum. Corp.; Clifton, N.J., Allen B. DuMont Labor.;

Boston, Mass., Univ., Phys. Dep.; Bedford, Mass., Air Force Res. Labor., Geophys. Res. Directorate, Thermal Radiat. Labor.; engl.) — Vff. beschreiben neu entwickelte photoempfindliche Instrumente zum Messen der abs. Bestrahlungsmenge für die 4 Spektralbereiche 2000—2500, 2500—4000, 4000 bis 5000 u. 5000—10000 Å, die eine konst. elektr. Ausgangsleistung für einen gegebenen Fluß irgendeiner Wellenlängenverteilung innerhalb des jeweiligen Bereiches liefern.
C. Gottfried 5063△

1660 **Eine an einem Abbe-Komparator angebrachte photoelektrische Einstellvorrichtung.** Per Gunnvald. (Ark. Fysik **22**, 333—39, 1962; Lund, Univ. of Lund, Phys. Labor.; engl.) — Der mechan. u. elektr. Teil der Anordnung nach Tomkins u. Fred wird verbessert, so daß die Meßgenauigkeit $\pm 0,3\ \mu$ beträgt. D. Noack 5063◇

1661 **Über die Genauigkeit mikrophotometrischer Messungen von Spektrallinien.** E. Plško. (Acta chim. Acad. Sci. hung. **32**, 419—27, 1962; Bratislava, Slowak. Akad. der Wiss., Inst. für Anorg. Chem., Abt. für Silicatchem.; dt.) — Vff. leiten aus Verss. eine Gleichung für die theoret. Fehlerverteilung bei mikrophotometr. Schwärzungsmessungen an Spektrallinien ab. R. Krämer 5063◇

1662 **Untersuchungen über eine neue Methode zur Auswertung photographischer Meßgrößen.** J. van Calker und H. Kasselmann. (Z. analyt. Chem. **198**, 143—54, 1963; Münster, Univ., Phys. Inst.; dt.) — Aus einer mit einem Zweistufenfilter gemachten Aufnahme eines Vielliniensspektrums kann nach dem Churchill-Verf. über eine Vorkurve die Schwärzungskurve gewonnen werden. Aus einer von der üblichen Form abweichenden Vorkurve können u. a. die photograph. Kenndaten sowie Aussagen über Verlauf u. Gradation der Schwärzungskurve leicht u. schnell gewonnen u. sehr bequem u. genau ihr geradliniger Teil u. seine Steigung abgelesen werden. Der mathemat. Zusammenhang zwischen dieser Vorkurve u. der Schwärzungskurve wird angegeben. Damit läßt sich ein einfaches rechner. u. zeichner. Verf. begründen, die γ(s)-Kurve direkt aus der Vorkurve zu gewinnen. Die angegebenen Meth. wurden prakt. erprobt sowie u. a. dazu benutzt, spezielle UV-empfindliche Schichten zu untersuchen. H. Kuchenbecker 5063◇

1663 **Anwendung eines Photometers mit zwei Photoelementen als Densitometer.** Je. D. Buglow und Ja. F. Buglowa. (Laboratoriumswesen [UdSSR] **6**, Nr. 4, 48—49, 1960; Minsk, Beloruss. Forsch.-Inst. für Bluttransfusion u. Med. Inst., Lehrst. für Hospitaltherapie; russ.) — Vf. empfiehlt eine Vorr., durch die das Photometer Labor-532 mit 2 Photoelementen als Densitometer benutzt werden kann. Der Papierstreifen kann in seiner ganzen Breite photometriert werden, da der Durchmesser der Photoelemente 45 mm beträgt, während beim Photometer EEK-M nur ein Streifen von 15 mm gemessen werden kann. Außerdem zeigt das Galvanometer sofort den Extinktionswert an. E. Steinberg 5064□

1664 **Photometer für Feldemissions-Untersuchungen.** Stuart A. Hoenig und Richard Stonemetz. (Rev. sci. Instruments **34**, 700, 1963; Tucson, Ariz., Univ. of Arizona, Dep. of Mech. Engng.; engl.) — Es wird ein einfaches, auf der Basis einer CdS-Photozelle entwickeltes Photometer als Hilfsmittel zur photograph. Registrierung der Feldemissionsmeßdaten beschrieben. B. Krebs 5064◇

1665 **Flüssigkeitsanalyse.** Werner Schaefer. (Arch. techn. Messen ind. Meßtechn. **1962**, Nr. 318, 167—68; Frankfurt/M.; dt.) — Übersicht über elektrochem. Meth. (Coulometrie, Polarographie, automat. Titration), physikal. Meth. (Wechsellicht-Filter-Photometrie, Colorimetrie, Aktivierungsanalyse, magnet. Kernresonanz) u. Wasseranalyse. — 33 Literaturangaben. H. Seifert 5066◇

1666 **Neue maßanalytische Methoden für galvanische Elektrolyte.** O. Borchert. (Elektrie **16**, 73—81, 1962; Schönebeck; dt.) — Vgl. C. **1963**, 15549. — Nach allg. Ausführungen über die Komplexometrie mit EDTA werden Arbeitsvorschriften zur Best. von Zn^{2+}, Cd^{2+}, Ni^{2+}, Ag^{+}, Cu^{2+} u. CN^{-} in galvan. Bädern unter Berücksichtigung von Ca^{2+} u. Fe^{3+} als Verunreinigungen angegeben. — 40 Literaturangaben. K. Huste 5066◇

1667 **Neuartiger Redoxtitrations-Automat.** P. Boldt und H. Lackner. (Angew. Chem. **75**, 978, 1963; Göttingen, Univ., Organ.-Chem. Inst.; dt.) — Kurze Beschreibung eines neuartigen Redoxtitrationsautomaten, der erst dann wieder neue Titrations-Fl. zugibt, wenn sich das Gleichgewicht eingestellt hat; der Zeitaufwand für eine Titration liegt zwischen 6 u. 8 Std., die Fehlerbreite der Einzelmessung beträgt ± 2 mV. Die Redoxpotentiale E_0 nachst. Verbb. wurden in 0,5n HCl (50% A.), bezogen auf 1.4-Naphthochinon ($E_0 = +483,5$ mV), bestimmt: 2.5-Dihydroxybenzochinon +437; 2-Hydroxynaphthochinon +359; 5-Hydroxynaphthochinon +450; lin-Naphtindazol-4.9-chinon +154 u. 7-Hydroxyactinomycin C_1 +204 mV. G. Gattow 5066

1668 **Über die Möglichkeit der Anwendung der Tantalmikroelektrode in der Amperometrie.** W. A. Chadejew und P. F. Obeltschenko. (Ber. Akad. Wiss. UsbekSSR **1959**, Nr. 6, 31—33; Lenin-Univ.; russ.) — Vff. untersuchten rotierende Drahtelektroden aus W, Mo u. Ta auf ihre Verwendbarkeit als Indicatorelektroden bei amperometr. Titrationen. Die besten Ergebnisse wurden mit Ta erzielt. Als Bezugselektrode wurde die gesätt. Kalomelelektrode benutzt, die Umdrehungs-Geschw. betrug 700 U/Minuten. Titrationskurven werden angegeben für $K_2Cr_2O_7$ mit Mohrschem Salz in 2n H_2SO_4, $ZnCl_2$ mit $K_4[Fe(CN)_6]$ in 1 m NH_4-Acetat, $AgNO_3$ mit KJ in 0,1 m KNO_3, $CuSO_4$ mit KSCN in 0,1 n H_2SO_4 + 0,3 g Ascorbinsäure. Im Vgl. zur Pt-Elektrode zeigt die Ta-Elektrode eine geringere Empfindlichkeit, wenn es bei der Titration zu keiner Metallabscheidung kommt. Es wurde festgestellt, daß die Diffusionsströme bei der Oxydation einiger organ. Verbb., wie Trilon B, Ascorbinsäure, α-Nitroso-β-naphthol, eine größere zeitliche Konstanz als an der Pt-Elektrode aufweisen. Aus diesem Grunde sehen Vff. Vorzüge in der Verw. der Ta-Elektrode bei Titrationen vieler organ. Stoffe.
E. Winkler 5066◇

1669 **Ein sehr genauer automatischer pH-Titrationsapparat.** S. W. Thorne. (J. sci. Instruments **39**, 593—95, 1962; Canberra, C.S.I.R.O., Div. of Plant Ind.; engl.) — Beschreibung des App., dessen Genauigkeit im pH-Bereich von 1—10 $\pm$ 0,01 pH beträgt. C. Gottfried 5066△

1670 **Polarographische Untersuchung von Unithiol an einer tropfenden Quecksilberelektrode.** Ch. K. Osspanow, S. B. Roshdesstwenskaja und O. A. Ssongina. (J. analyt. Chem. [UdSSR] **18**, 430, 1963; Alma Ata, Kasach. Kirow-Univ.; russ., Auszug: engl.) — Bei der Polarographie von Unithiol (2.3-Dimercaptopropansulfonsäure, Na-Salz, **I**) wurden beim Arbeiten in NH_4OH/NH_4Cl- bzw. KOH-Lsgg. gut ausgebildete Maxima gefunden, die auf die Bldg. eines stabilen Komplexes von Hg mit **I** zurückgeführt werden. Bei kathod. Red. werden in einem NH_4OH/NH_4Cl-Leitelektrolyten zwei Stufen beobachtet, die der Red. der beiden Komplexe von Hg mit **I** entsprechen. EDTA stört nicht, da seine Komplexe mit Hg schwächer als die von **I** sind. P. Kurzmann 5072◇

1671 **Verunreinigungen in analysenreinen Chemikalien.** E. Högfeldt. (J. Chromatogr. [Amsterdam] **12**, 112—13. 1963; Stockholm, Royal Inst. of Technol., Dep. of Inorg, Chem.; engl.) — Vf. zeigt am Beispiel zweier Xylolproben, daß auch als analysenrein deklarierte Reagentien stark verunreinigt sein können u. empfiehlt für flüchtige organ. Substanzen vor der Verw. eine gaschromatograph. Reinheitsprüfung. G. Bock 5072◇

1672 **Verbesserte Wrede-Pumpe.** Robert A. Sharpless, K. C. Clark und Robert A. Young. (Rev. sci. Instruments **32**, 532—37, 1961; Seattle, Wash., Univ. of Washington, Dep. of Phys.; engl.) — Vff. besprechen zuerst die theoret. Grundlagen der von Wrede [1920] entwickelten Pumpe, die dazu diente, Atome in einem Gas festzustellen. Dies wurde durch Messung der Unterschiede in der Effusions-Geschw. von Atomen u. den entsprechenden Moll. durch eine Apertur erreicht, deren Dimensionen klein waren im Vgl. zu einer mittleren freien Weglänge. Hinter der Apertur erhöhte eine katalyt. Oberfläche die Geschw. der atomaren Rekombination. Auf der einen Seite des Diaphragmas, auf der die Effusionsaperturen angebracht sind, befindet sich ein Gemisch von Moll. u. Atomen, während sich auf der anderen Seite nur Moll. befinden. Bei Gleichgewicht, wenn keine Massenüberführung stattfindet, steht der Druckgradient, der durch das Diaphragma eingestellt wird, in einem einfachen Verhältnis zu dem Partialdruck der Atome. Vff. beschreiben Verbesserungen an der Pumpe, wodurch eine Ansprechzeit von ca. 1 Sek. u. eine Empfindlichkeit erhalten wird, die ausreichend ist, um einen Partialdruck von Atomen von ca. 10^{-5} mm Hg festzustellen. C. Gottfried 5086△

1673 **Gasvolumetrische Untersuchung bei reduzierten Drücken.** L. G. Berg und K. P. Pribylow. (Betriebs-Lab. [UdSSR] **28**, 828, 1962; Kasan, Staatl. Univ. „W. I. Lenin"; russ.) — Zur Erhöhung der Empfindlichkeit der gasvolumetr. Analyse von Stoffen mit geringem Feuchtigkeits-Geh. wird eine thermogravimetr. Vakuum-Meth. vorgeschlagen. Das Vol. des entwickelten Gases wird mit einer automat. Gasbürette für niedere Drücke gemessen. Die Einwaage (10—1 mg) wird in einem länglichen Rk.-Gefäß, in dessen erweitertem Teil sich CaH_2 befindet, in einen Horizontalofen gebracht. Damit verbunden sind über einen Dreiwegehahn Büretten, Manometer u. Vakuumsystem. Nach Anlegen des Vakuums, wird der Ofen aufgeheizt u. die Gas-Vol. in Abhängigkeit von T gemessen. Es lassen sich alle Zwischenhydrate erfassen, die unter Normalbedingungen instabil sind. Hans Berge 5086◇

1674 **Die kontinuierliche instrumentelle Stromanalyse von Flammengasen.** F. H. Holderness und J. J. Macfarlane. (VIIth Sympos. [int.] Combust., London and Oxford **1958**, 923—28, 1959; engl.) — Vorschlag zur kontinuierlichen Analyse von gasförmigen Verbrennungs-Prodd. (CO_2, CO, H_2, KW-Stoffe, Brennstoff) mit Hilfe einer bes. beschriebenen Apparatur. H. Roschkowski 5086◇

1675 **Doppelkammer Mikro-Querschnitt-Detektor für die Analyse permanenter Gase.** Kenneth Abel und Hannibal de Schmertzing. (Analytic. Chem. **35**, 1754—56, 1963; Falls Church, Va., Melpar, Inc., Res. Div.; engl.) — Es wird ein Detektor mit Doppelkammer, 4 Tritiumfolien, 2 polarisierenden Elektroden (+45 V) u. einer Kollektorelektrode beschrieben, der zur gaschromatograph. Analyse von H_2, O_2, N_2, CO_2 bei mikrobiolog. Unterss. bzw. von H_2, CH_4, CO, CO_2, C_2H_6, C_2H_4, C_2H_2, C_3H_8 aus pyrolyt. Zers. metallorgan. Verbb. an Silicagel- u. Molekularsiebsäulen eingesetzt wurde. W. Luchsinger 5086◇

1676 **Ein kontinuierliches, elektrolytisches Analysengerät für saure oder basische Verbindungen in Gasströmen.** R. L. Burnett und R. F. Klaver. (Analytic. Chem. **35**, 1709—12, 1963; Richmond, Calif., California Res. Corp.; engl.) — Das Gas wird mit einer wss. Salz-Lsg. gewaschen u. die aufgelöste Säure oder Base mit elektrolyt. erzeugten Hydronium- oder Hydroxidionen titriert. Innerhalb des Titrationsgefäßes wird ein konst. pH aufrechterhalten. Der dazu nötige Strom dient als Maß für den Säure- oder Base-Geh. des Gases. Es wurden HCl-Konzz. von 0,1—300 ppm bestimmt. J. Günther/Jena 5086◇

1677 **Neue Anordnung für den Nachweis und die Bestimmung von Substanzspuren im Gaszustand.** André Lestienne. (Chim. analytique **44**, 377—87, 1962; Vincennes, Inst. Nat. Agronom. Soc. Kodak-Pathé, Labor. de Rech.; franz.) — Der elektrochem. Nachw. u. die Best. geringer Mengen flüchtiger Substanzen gelingt mit Hilfe einer neuen Metallelektrodenanordnung, die von einer ganz geringen Menge kontinuierlich sich erneuernden Rk.-Fl. bedeckt ist. Diese Elektroden befinden sich in dem zu untersuchenden Gasstrom. Durch die Rk. des Gases mit der die Elektroden bedeckenden Fl. ändern sich die Leitfähigkeits-Eigg. der Rk.-Fl., u. diese Änderungen sind ein Maß für die Menge des nachzuweisenden bzw. bestimmenden Gases. Beschreibung der Meth. für den Nachw. von NH_3, Essigsäure, Ameisensäure, Carbonyl-Verbb., HCHO u. Methanol. A.-M. Fretzdorff 5086◇

1678 **Die durchschnittliche Veränderlichkeit der Werte von COH-Meßeinheiten und Methoden zur Erhöhung der Anzeigegenauigkeit.** Wayne E. Hale und Norman E. Waggoner. (J. Air Pollut. Control Assoc. **12**, 322—23, 1962; California State Dep. of Public Health; engl.) — Vff. untersuchen die Ursachen für die Schwankungen der COH-Werte von AISI-Probeentnehmern, die nebeneinander an Orten stehen, in denen die erwarteten Werte im allg. kleiner als 3,0 sind. Die durch individuelle Auswerter, durch Berechnungs-Meth. zur Ermittlung der Durchschnittswerte u. durch die Lichtdurchlässigkeit des Bandes verursachten Schwankungen werden ermittelt. I. Köditz 5088

1679 **Eine Feld- und Laboratoriumsauswertung der Ranta- und Marcali-Methoden zur Bestimmung von TDI.** R. F. Skonieczny. (Amer. ind. Hyg. Assoc. J. **24**, 17—22, 1963; Detroit, Mich., Detroit Dep. of Health, Bur. of Ind. Hyg.; engl.) — Die früher festgelegte Maximalgrenze von 0,1 ppm Toluoldiisocyanat (TDI) in der Luft wurde 1961 auf 0,02 ppm reduziert. Die an Pflanzen durchgeführten Unterss. sind angegeben, u. die Ranta- u. Marcali-Meth. werden krit. besprochen. H. Althoff 5088△

a) Elemente und anorganische Verbindungen

1680 **Erhöhung der Verdünnungsgrenze beim Nachweis verschiedener Ionen unter Verwendung von Oxycellulose als Auffänger.** E. Schulek, Zs. Remport-Horváth, A. Lásztity, E. Körös und L. Pataki. (Analyt. Chem., Proc. ind. Sympos., Birmingham Univ. [U.K.] **1962**, 21—27, 1963; Budapest, E. Eötvös Univ., Inst. of Inorg. and Analyt. Chem.; engl.) — Oxycellulose mit einer Fadenlänge von 0,5—1,0 mm u. 0,01 mm ∅ wird in der zu untersuchenden Probe (pH 5,8—6,2) suspendiert. Man läßt unter Rühren einige Std. lang stehen u. filtriert anschließend. Der Nachw. der von der Oxycellulose aufgenommenen Elemente kann durch Tüpfelanalyse oder spektrograph. Unterss. erfolgen. Mit 3 mg Oxycellulose lassen sich in 1 Liter dest. W. noch 1 bis 10 μg Ag^+, Al^{3+}, Ba^{2+}, Bi^{3+}, Cd^{2+}, Co^{2+}, Cu^{2+}, Fe^{2+}, Fe^{3+}, Mn^{2+}, Ni^{2+}, Pb^{2+} u. Zn^{2+} qual. oder bestenfalls halbquant. nachweisen. Quant. Unterss. wurden mit ^{90}Sr u. ^{65}Zn durchgeführt. — Diskussion. H. Kuchenbecker 5106◇

1681 **Verwertung von Ionenaustauschharzen in der analytischen Chemie.** 8. Mitt. **Elution verschiedener Metalle aus einem Kationenaustauschharz mit Thiosulfatlösung.** Tetsuo Katsura. (Japan Analyst **11**, 769—70, 1962; Kosaka, Dowako K. K.; jap.) — 7. vgl. C. **1964**, 5-1702. — Zum Vgl. mit den Ergebnissen der Säulen-Verss. (l. c.) werden die Gleichgewichte von 0,1 m Lsgg. (20 ml) von vorwiegend Nitraten von *Cu(II)*, *Zn*, *Pb*, *Cd*, *Mg*, *Ba*, *Sr*, *Ca*, *Ni*, *Co*, *Mn*, *Al*, *Fe(II)* u. *Fe(III)* mit Amberlite IR-120, Na-Form (0,2 g) u. $Na_2S_2O_3$ (**I**)-Lsgg. untersucht, u. zwar durch 30 Min. langes Schütteln u. Wiederholung mit neuer Metall-Lsg. bis zur Sättigung u. darauffolgende Elution mit 0,05—0,35 m **I**-Lsgg. u. Best. des in Lsg. gegangenen Metalls mit EDTA. Das Diagramm Molarität der **I**-Lsg. gegen das Verhältnis vom Austauscher zurückgehaltene Metallmenge zu in Lsg. gegangene Menge ergibt strahlenförmig laufende Geraden, aus denen sich die Elutionsfolge Cu(II) > Cd > Pb > Zn ergibt. Werden als Puffer zur **I**-Lsg. steigende Mengen 25% ig. NH_4-Acetat-Lsg. zugesetzt, so neigen die Geraden zur Parallelausrichtung u. zeigen eine Herabsetzung der Absorption an den Austauscher sowie verminderte Trennwrkg. im Vgl. zu **I** an. L. Schuler 5106◇

1682 **Bestimmung des Wasserstoffgehaltes von pulverförmigen Katalysatoren mit einem elektrochemischen Verfahren.** Andor Cserhegyi, György Horányi und Ferenc Nagy. (Magyar Kémiai Folyóirat [Ung. Z. Chem.] **69**, 245—47, 1963; Bufdapest, Zentralforschungsinst. für Chem.; ung.) — Die zur Best. des H_2-Geh. von pulverförmigen Katalysatoren ausgearbeitete Meth. beruht auf der Aufnahme von Ladungskurven. Im Vgl. zur rein chem. Meth. ist dieses Verf. genauer. I. Náray-Szaób G 238△

1683 **Die Bestimmung der Spurenmetallgehalte im Ozean durch Atomarabsorptionsspektroskopie.** B. P. Fabricand, R. R. Sawyer, S. G. Ungar und S. Adler. (Geochim. cosmochim. Acta [London] **26**, 1023—27, 1962; Dobbs Ferry, N.Y., Columbia Univ., Hudson Labor.; engl.) — Es wird ein umgebautes IR-Spektrophotometer benutzt. An Stelle der IR-Lichtquelle wird eine Hohlkathodenröhre verwendet. Es können mit dieser Meth. 1 pro 10^9 Teilchen u. weniger in wenigen Sek. in Proben von < 1 cm³ Meerwasser direkt bestimmt werden. Im W. aus verschiedenen Tiefen u. Gebieten wurden 0,018—0,035 Cu, 0,10—0,13 Fe, 0,054—0,080 Mn, 0,0022—0,0063 Ni u. 0,0091—0,011 μg-Atom Zn/Liter ermittelt. J. Heinze G 240

1684 **Hochfrequenz-Endpunktanzeige bei der Fluorbestimmung mit Thoriumnitrat.** Otto Klug. (Fémipari Kutató Intézet Közleményei [Mitt. Forsch.-Inst. NE-Metalle] **6**, 367—70, 1962; Budapest, Forschungsinst. für Nichteisenmetalle; ung.) — Der Endpunkt bei der Titration einer NaF-Lsg. (bis 0,01n) mit $Th(NO_3)_4$-Lsg. kann mit Hilfe der Hochfrequenzanzeige mit einer Genauigkeit von $\pm 2{,}5\%$ bestimmt werden. L. Zombory G 246△

1685 **Kontinuierliche Methode zur Bestimmung der Chlorate im Chlordioxyd-Generator mit einem photoelektrischen Durchfluß-Colorimeter.** U. Glabisz, H. Mikosza, L. Offert und M. Kowalski. (Zeszyty naukowe Politechn. Szczecińskiej, Chem. **1960,** Nr. 14, 55—56; Kat. Technol. Chem. nieorg.; pol.) — Die Best. fußt auf den Gleichungen: $ClO_3^- + 6\,J^- + 6\,H^+ \rightarrow Cl^- + 3\,J_2 + 3\,H_2O, ClO_2 + 4\,J^- + 4\,H^+ \rightarrow Cl^- + 4\,J + 2\,H_2O$. ClO_2 wird colorimetr. mit dem Pulfrich-Photometer bestimmt. Ein rotierender Spiegel ermöglicht ein abwechselndes Beleuchten der Vgl.- u. Meßküvette u. kann unter Verw. entsprechender Zusatz-Vorr. zur Kontrolle kontinuierlicher Prozesse angewandt werden. P. Kadach G 247◇

1686 **Colorimetrische Methode zur Bestimmung der Chloratkonzentration im Chlordioxid-Gaserzeuger.** Urszula Glabisz und Ludmila Offert. (Zeszyty naukowe Politechn. Szczecińskiej, Chem. **1960,** Nr. 18, 103—20; Kat. Technol. Chem. nieorg.; tschech., Auszug: dt.) — Nutzung der KJ-Redoxfarb-Rk. zur Best. des ClO_3^--Geh. u. des ClO_2. P. Kadach G 247◇

1687 **Analytische Anwendungen von Alkalimetalle anzeigenden Glaselektroden.** G. Mattock. (Analyt. Chem., Proc. int. Sympos., Birmingham Univ. [U.K.] **1962,** 247—54, 1963; Richmond, Surrey, Electron. Instr. Ltd.; engl.) — Es wird über den allg. Entw.-Stand auf dem Gebiet der Glaselektroden für Na- u. K-Best. berichtet. Die Anzeige bei den Na-empfindlichen Gläsern BH 68 u. BH 104 ist unabhängig von der Konz. gleichzeitig vorhandener K-Ionen, während die Anzeige bei dem K-empfindlichen Glas BH 115 von Na-Ionen beeinflußt wird. Als Anwendungsgebiete der Elektroden werden kurz behandelt: Biochem. u. klin. Unterss., Membrandiffusionsmessungen, Wasserprüfungen u. kontinuierliche Kontrollen von Fll. im industriellen Betrieb. W. Reusse G 272◇

1688 **Indirekte komplexometrische Natriumbestimmung.** J. Doležal, I. Novozámský und J. Zýka. (Collect. czechoslov. chem. Commun. **27,** 1830—34, 1962; Prag, Karls-Univ., Inst. für analyt. Chem.; dt.) — Es wurde die Na^+-Fällung mit verschiedenen UO_2–Me(II)-Doppelacetaten (**I**; Me = Zn, Mg, Cu, Cd, Ni, Co) unter Bldg. unlösl. tern. Acetate vom Typus $(UO_2)_3$–Me(II)$Na(CH_3COO)_9 \cdot x\,H_2O$ (**II**) untersucht u. eine komplexometr. Meth. zur indirekten Na-Best. ausgearbeitet. Die Meth. beruht auf der Fällung von Na^+ mit Co(II)-**I**, Isolierung u. Lsg. des Nd. u. komplexometr. Best. des dem Na äquivalenten U nach Kinnunen, Elbeih u. Mitarbeitern (C. **1961,** 3428). Als Na-Fällungsmittel wurden **I** aller angeführten Metalle in wss., alkohol. u. wss.-alkohol. Lsgg. untersucht. Die Fällung wurde in mit Paraffin bezogenen Bechergläsern durchgeführt u. sämtliche verwendeten Lsgg. wurden in Polyäthylengefäßen aufbewahrt. — 0,05 bis 1 ml Lsg. mit 10—250 µg Na wurden mit 5—25 ml der betreffenden **I**-Lsg. versetzt, der gebildete **II**-Nd. wurde nach 1—2 Std. abfiltriert u. mit 10—30 ml (bei alkohol. Lsgg. 2—3 ml) Eisessig (**III**) (durch 8std. Schütteln mit dem entsprechenden überschüssigen **II** gesätt.) gewaschen. Hierauf wurde der Nd. in 25—100 ml W. gelöst, die Lsg. mit 0,01m EDTA-Lsg. im Überschuß versetzt u. U(VI) durch Zugabe von 0,2—0,5 g Ascorbinsäure u. $\geqq 15$ Min. langes Kochen zu U(IV) red., wonach die Fl. nach Abkühlen u. Zusatz von 2—3 Tropfen 0,1%ig. Xylenolorange-Lsg. gegen 0,01m $Th(NO_3)_4$-Lsg. bis zum Umschlag von Gelb nach Rotviolett titriert wurde. Bei hohen U-Konzz. wird der Farbumschlag durch die grüne Farbe des U(IV)-Salzes etwas gestört. — Am besten hat sich Mg- u. bes. Co-**I** bewährt. Herst. der entsprechenden Fällungs-Lsgg.: A. 32 g Uranylacetat (**IV**) u. 100 g Mg-Acetat werden mit einem Gemisch von 20 ml **III**, 500 ml Å. u. ca. 300 ml dest. W. auf dem Wasserbad bis zur vollständigen Lsg. erwärmt (ca. 10 Min.). Die Fl. wird auf 1000 ml mit W. verd. u. nach 12—14 Std. filtriert; B. analog vorst. Lsg. aus 2,5 g **IV**, 10 g Co-Acetat, 10 ml **III**, 500 ml W. u. 250 ml Äthanol. Die Lsg. wird nach 24 Std. filtriert. Beide Lsgg. werden im Dunkeln aufbewahrt. Unter Verw. der Lsg. A betragen die größten relativen Fehler, $\pm 2{,}5\%$, bei der Lsg. B nur $\pm 2\%$. Die übrigen untersuchten **I** sind nur wenig (Zn-**I**, Ni-**I** in W.; Fehler 5—15%) oder gar nicht geeignet (Cu- u. Cd-**I**). — NH_4^+, Zn^{2+}, Mg^{2+}, Cd^{2+}, Mn^{2+}, Fe^{2+}, Ca^{2+}, Sr^{2+}, Ba^{2+} u. Hg^{2+} stören bei Verw. von Co-**I** nicht. Ein 2facher K^+-Überschuß hat höhere Ergebnisse zur Folge, Li wird mitgefällt u. stört daher. K. Kámen/Prag G 274△

1689 **Genaue Messung des Natriumoxidgehaltes von Aluminatlaugen.** István Fehér. (Fémipari Kutató Intézet Közleményei [Mitt. Forsch.-Inst. NE-Metalle] **6,** 349—55, 1962; Budapest, Forschungsinst. für Nichteisenmetalle; ung.) — Zur Best. wird $Al(OH)_3$ aus heißer Lsg. mit $(NH_4)_2CO_3$ gefällt, NH_3 ausgekocht u. die Lsg. mit 0,1n HCl titriert. Dieses Verf. ist mit geringer Abänderung auch zur Analyse größere Mengen F enthaltenden Laugen geeignet. L. Zombory G 294△

1690 **Refraktometrische Untersuchung von Alkalialuminatlösungen.** A. A. Tschisstjakowa und W. A. Kawina. (Nichteisenmetalle [UdSSR] **34,** Nr. 3, 67—70, 1961; Allunions Forschungsinst. für Aluminium u. Magnesium; russ.) — Beschrieben wird eine Meth. zur Best. der Konz. von Al_2O_3 u. Na_2O in alkal. Aluminat-Lsgg. sowie der Veränderungen der Konz. dieser Lsgg. bei ihrem spontanen Zerfall. Die Lsgg. wurden über Hydrargillit-Ndd. geleitet u. die Konz. ihrer Abhängigkeit von der Zeit refraktometr. geprüft. Else Heinemann G 294

1691 **Spektrographische Analyse von sehr reinem Aluminium.** O. F. Degtjarewa, L. G. Ssinitzyna und A. Je. Prosskurjakowa. (J. analyt. Chem. [UdSSR] **18,** 510—13, 1963; russ., Auszug: engl.) — Vgl. C. **1963,** 16683. — Vff. geben eine Meth. zur Best. von B, P, Zn, Cd, Sb, Be, As, Co, W, Si, Mn, Fe, Mg, Pb, Ga, Ni, Bi, V, Mo, Sn, Ti, Cu, In, Ag, Pt, Pd, Ca, Cr, Ba, Tl, Na, K, Li u. Rb in Al_2O_3 durch fraktionierte Dest. aus C-Elektroden in einen Gleichstrombogen von 7—12 A an. Die Empfindlichkeit der Meth. beträgt $3 \cdot 10^{-5}$ bis $3 \cdot 10^{-2}\%$, die Reproduzierbarkeit 10—20%. Der Einfl. der Dichte des Al_2O_3-Pulvers auf das Mischen bei der Herst. von Standards wurde untersucht. P. Kurzmann G 294◇

1692 **Bestimmung ultrakleiner Mengen Gallium, Zink und Cadmium in sehr reinem Aluminium mit einer anodischen voltamperometrischen Methode an einer stationären Quecksilberelektrode.** L. N. Wassiljewa und Je. N. Winogradowa. (J. analyt. Chem. [UdSSR] **18,** 454—59, 1963; Moskau, Lomonossow-Univ.; russ., Auszug: engl.) — Vff. geben eine Meth. zur Best. von $6 \cdot 10^{-5}\%$ Zn, $1 \cdot 10^{-5}\%$ Ga u. $2 \cdot 10^{-6}\%$ Cd in Al an. P. Kurzmann G 295◇

1693 **Polarographische Indiumbestimmung in Gegenwart eines größeren Bleiüberschusses.** 2. Mitt. Petr Kühn und Milan Kváček. (Hutnické Listy **18,** 203—04, 1963; Ostrava, Vys. škola báňská; Kutná Hora, Ústav nerost. surovin; tschech.) — 1. vgl. C. **1963,** 8666. — Es wurde die Abtrennung eines größeren Pb-Überschusses für die polarograph. In-Best. in Pb-Erzen untersucht. Am geeignetsten erscheint die Trennung mit H_2SO_4: die schwach saure Proben-Lsg. (100 ml) wird mit 10 ml H_2SO_4 (1 : 1) versetzt u. zum Sieden erhitzt. Der Nd. wird nach 4 Std. abfiltriert, In u. Fe mit NH_3-Lsg. niedergeschlagen u. abfiltriert. Der Nd. wird in HCl gelöst, die Lsg. fast eingedampft u. mit 2m HCl u. 2m KBr-Lsg. aufgenommen u. polarographiert (1 ml 0,5%ig. Gelatine-Lsg. in 50 ml Proben-Lsg., $\pi_{1/2} = -43$ V). J. Tůmová G 296◇

1694 **Trihydroxyglutarsäure und deren Salze als Puffer bei der Trennung der Lanthaniden durch Ionenaustauscherchromatographie.** S. F. Andrejewa und W. N. Nikonow. (Nachr. landwirtsch. Timirjasew-Akad. [UdSSR] **1962,** Nr. 3, 198—205; russ., Auszug: engl.) — Die Eignung von Trihydroxyglutarsäure (**I**) als Puffersubstanz bei der Trennung von Lanthaniden durch Komplexelution an Ionenaustauschern wurde untersucht. Mit Ceriterden bildet **I** bei pH 3,3—5,5 schwerlösl. Verbb., bei höheren pH-Werten Komplex-Verbb., deren Beständigkeit mit dem pH u. mit der Ordnungszahl des Elements wächst. Zur chromatograph. Trennung kann **I** als Puffer im Gemisch mit Trilon B (**II**) zur Komplexelution in Lsgg. benutzt werden, die höchstens 20 g **II**/Liter enthalten (z. B. 20 g **II**/Liter u. 10 g **I**/Liter) bei pH 8,2. A. Krause G 303◇

1695 **Abtrennung des Ce, Nd, Pr und La von Er, Dy, Gd, Eu und Sm durch Anionenaustausch.** R. A. Edge. (Analytica chim. Acta [Amsterdam] **29,** 321—24, 1963; Rondebosch, South Africa, Univ. of Cape Town, Dep. of Geochem.; engl.) — Vf. beschreibt die Trennung von Spuren der oben genannten Elemente an dem stark bas. Anionenaustauscher De Acidite FF (Nitratform). Als Elutionsmittel dient ein Gemisch aus 35% 3,5n HNO_3 u. 65% Methanol. G. Kynast G 303◇

1696 **Spektrophotometrische Vanadinbestimmung mit Xylenolorange nach dem Trennen an Katex.** I. Janoušek. (Collect. czechoslov. chem. Commun. **27**, 2972—75, 1962; Plzeň, Lenin-Werke, Forschungs- u. Prüfungsinst.; dt.) — V(V) bildet mehrere rote Komplexe mit Xylenolorange (I) im pH-Bereich von 3—6. Bei Reagensüberschuß bildet sich ein 1:1-Komplex (λ_{max} 530 nm), bei Metallüberschuß ein 2:1-Komplex (λ_{max} 580 nm). Zur Best. von 5—50 μg V gibt man 5 ml Acetatpuffer (pH 4,0) u. 2 ml 0,001 m I-Lsg. in 5%ig. A. zu der Probe-Lsg., füllt auf 50 ml auf u. photometriert bei 530 nm. Die Best. wird durch Fe^{3+}, Al^{3+}, Zn^{2+}, Cd^{2+}, Bi^{3+}, Zr^{4+}, Ti^{4+}, Ni^{2+}, Co^{2+}, Mn^{2+}, Tartrat, Citrat, F^-, H_2O_2 u. EDTA gestört. Zur Abtrennung des V von den Störionen dient eine Katex FN-Säule. Die Kationen sowie V in Form von VO_3^-, das bei Berührung mit dem Kunstharz zum VO^{2+} red. wird, werden festgehalten, V wird mit 0,1%ig. H_2O_2 selektiv eluiert. Der störende Einfl. des H_2O_2 wird durch Eindampfen der Eluate mit wenig $NaNO_3$ zur Trockne eliminiert. Die Standardabweichung bei der Best. von 40 μg V in Ggw. von Störkationen betrug ±3 Rel.-%. Die Meth. wurde zur V-Best. in der Asche von Heizölen herangezogen. J. Vaněček G 330△

1697 **Bestimmung des Vanadingehaltes in Bauxiten und in Produkten der Tonerdeerzeugung.** Sándor Metlenko und Otto Klug. (Fémipari Kutató Intézet Közleményei [Mitt. Forsch.-Inst. NE-Metalle] **6**, 327—35, 1962; Budapest, Forschungsinst. für Nichteisenmetalle; ung.) — Aus dem Vgl. der zur Best. des V verwendeten Meth. wurde festgestellt, daß die jodometr. u. reduktometr. Meth. über 5%, die reduktometr. Titration bei 2—5%, die colorimetr. Meth. unter 2% u. die mit Azofarbstoff-Lsgg. ausgeführten Titrationen unter 0,5% V_2O_5-Geh. anzuwenden sind. L. Zombory G 330△

1698 **Anwendung von Azofarbstoffen bei der Bestimmung des Vanadingehaltes in Produkten der Tonerdeindustrie.** Otto Klug und Sándor Metlenkó. (Magyar Kémikusok Lapja [Z. Ver. ung. Chemiker] **18**, 293—94, 1963; Budapest, Forschungsinst. für Nichteisenmetalle; ung.) — Die Meth. beruht auf der oxydativen Wrkg. des V_2O_5. Bauxit, Tonerde, Rotschlamm werden mit NaOH + Na_2O_2 aufgeschlossen, ein Anteil der bereiteten Stamm-Lsg. mit dem 3fachen Vol. H_2SO_4 (1:1) vermischt u. mit 0,01%ig. Methylorange- oder Dimethylgelb-Lsg. bis zum Farbumschlag von Grünlichgelb nach Rot titriert. Oxydierende Stoffe stören; Al, Cu^{2+}, Mn^{2+}, Fe^{3+} (in Ggw. von H_3PO_4), Ti, MoO_4^{2+} stören nicht. Genauigkeit ±1 μg, kleinste Menge 9 μg. J. Plank G 330△

1699 **Verwendung von Phosphorsäure-Butanolestern in der Chemie des Molybdäns.** 3. Mitt. **Die Extraktion des Molybdäns mit Dibutylphosphat und darauffolgende photometrische Mikrobestimmung mit Morin.** András Kiss. (Magyar Kémiai Folyóirat [Ung. Z. Chem.] **69**, 272—77, 1963; Budapest, Verein. Glühlampen- u. Elektrizitätsfabrik; ung.) — 2. vgl. C. **1964**, 1-1762. — Die Extinktion des Mo(VI)-Morin (I)-Komplexes weicht von der des I bei 420—430 nm am stärksten ab, somit kann man bei diesen Wellenlängen die Best. nach Abtrennen des Mo von den störenden Ionen nach dem schon mitgeteilten Verf. des Vf. ausführen. Geringe Fremdionenmengen können in 0,1n HCl durch EDTA maskiert werden. Die Meth. ist zur Best. von 2,5—125 μg Mo geeignet u. sehr genau. J. Plank G 336△

1700 **Untersuchung der Luminescenz von Uranylsulfat- und Uranylfluoridlösungen zur Erhöhung der Empfindlichkeit der Uranbestimmung.** T. Ss. Dobroljubskaja. (J. analyt. Chem. [UdSSR] **18**, 486—91, 1963; Moskau, Vernadsky-Inst. für Geochem. u. Analyt. Chem. der Akad. der Wiss. der UdSSR; russ., Auszug: engl.) — Vf. untersuchte die Bedingungen zur fluorimetr. Best. von U in SO_4^{2-} u. F^- enthaltenden Lsgg. bei Anregung mit Licht der Wellenlänge 253,7 nm. Durch Zusatz von $(NaPO_3)_3$ kann die Fluorescenz u. damit die Empfindlichkeit in Ggw. von F^- u. SO_4^{2-} erhöht werden. Die Bezugs-Lsgg. müssen eine ähnliche Zus. u. Temp. wie die zu bestimmende Lsg. haben. P. Kurzmann G 339◇

1701 **Einfluß von Graphitelektroden unterschiedlicher Eigenschaften auf die Trägerdestillation der Verunreinigungen in U_3O_8.** C. E. Pepper, A. J. Pardi und M. G. Atwell. (Appl. Spectroscopy **17**, 114—19, 1963; Cincinnati, Ohio, Nat. Lead Co. of Ohio; engl.) — Empfindlichkeit u. Reproduzierbarkeit der Best. von häufig auftretenden Verunreinigungen in U_3O_8 bei Verw. von AgCl/LiF (11:1) oder Ga_2O_3 als Träger unter Benutzung 7 verschiedener Typen von Graphitanoden wurden untersucht. Danach ist, von wenigen Ausnahmen abgesehen, Elektroden aus hartem Material mit relativ hohem elektr. Widerstand der Vorzug zu geben. W. Herfurt G 339◇

1702 **Anwendung der Extraktion mit Methylisobutylketon auf die Bestimmung von Eisen in Kalkstein und in Mangandioxid durch Dipicolinsäure.** Ichiro Morimoto und Susumu Tanaka. (Japan Analyst **11**, 861—63, 1962; Gifu Univ.; jap.) — Vgl. C. **1963**, 19728. — Das Verf. mit 2.6-Pyridindicarbonsäure (Dipicolinsäure, I) hat folgende Vorteile: kein Einfl. der Absorption des Reagens, rasches Eintreten u. Stabilität der Färbung u. niedriger Preis. Nahezu ebenso genau wie mit o-Phenanthrolin werden die Ergebnisse, wenn die colorimetr. Best. nach Ausschütteln des Fe aus 6n HCl mit Methylisobutylketon u. Rückextraktion mit 10%ig. $NH_2OH \cdot HCl$-Lsg. erfolgt. Für Geh. von 5 μg Fe/25 ml Lsg. sind 4 ml I-Lsg. (0,2 g I/100 ml) nötig, damit das Beersche Gesetz gültig bleibt. L. Schuler G 354◇

1703 **Eine neue Methode zur Bestimmung von „Ferroeisen" und „Überschuß-Sauerstoff" in Gesteinen, Mineralen und Oxiden.** C. Oliver Ingamells. (Talanta [London] **4**, 268—73, 1960; University Park, Pa., Pennsylvania State Univ., Mineral Constitut. Labor.; engl.) — Die zur Best. von Über- oder Unterschuß an O in Mineralen oder Oxiden vorgeschlagene Meth. beruht darauf, daß Mn(III) u. auch Mn(II) in einem Gemisch von H_3PO_4 u. Pyrophosphaten beständig sind. Die Probe wird in Ggw. oder Abwesenheit von Standardoxid in einer H_3PO_4-Mischung gelöst, die überschüssiges Mn(II) enthält. Das in Lsg. verbleibende oder durch Rk. mit der Probe gebildete Mn(III) wird mit $(NH_4)_2Fe(SO_4)_2$ unter Verw. von Diphenylamin als Indicator titriert. — Beispiele für die Best. von FeO in *Shonkinit, Chromit, Granat, Grunerit, Amphibol, Pyroxen, Biotit, Olivin, Ilvait, Granit, Diabas*, für die Best. von „Überschußsauerstoff" in *Fe_3MnO_4, Mn_3O_4, MnO, Ce_2O_3, Pr_2O_3, Tb_2O_3, Bleiglätte, Kobaltoxid*. Genaue Ergebnisse werden mit relativ kleinen Probemengen erhalten. E. Miessgang 5290◇

b) Organische Verbindungen

1704 **Gleichzeitige Kohlenstoff-, Wasserstoff-, Halogen- oder Schwefelbestimmung nach der Verbrennungsmethode unter Aufflammen.** W. A. Klimowa, T. A. Antipowa und G. K. Muchina. (Nachr. Akad. Wiss. UdSSR, Abt. chem. Wiss. **1962**, 19—22; Zelinsky-Inst. für organ. Chem. der Akad. der Wiss. der UdSSR; russ.) — Die Best. geschieht in einem etwas verlängerten Verbrennungsrohr, das zur Absorption von Cl oder S zwei Schiffchen mit Ag enthält. Die Schiffchen werden zur Cl-Best. mit Elektroöfen auf 420—450°, zur S-Best. auf 570—580° erwärmt. J. v. Schroeder 5352□

1705 **Mikrochemische Schwefelbestimmung nach einer Destillationsmethode.** Gerhard Ackermann und Günter Pitzler. (Mikrochim. ichnoanalyt. Acta [Wien] **1963**, 636—42; Freiberg/Sa., Bergakad., Inst. für anorgan. u. analyt. Chem.; dt.) — Zur Best. von anorgan. u. organ. gebundenem S wird dieses durch das Zers.-Prod. des $AgMnO_4$ nach Körbl zu SO_4^{2-} oxydiert u. mit HPO_3 zu H_2SO_4 umgesetzt, das abdest. u. nach Entfernung störender Kationen mittels Ionenaustauscher volumetr. mit $Ba(ClO_4)_2$-Lsg. gegen Thorin als Indicator bestimmt wird. J. Peters 5352◇

1706 **Bestimmung des Schwefelgehaltes von Kohlenwasserstoffen durch Absorption der Bremsstrahlung von Tritium.** Piroska Fodor-Csányi, György Horányi und Olivér Kaposi. (Magyar Kémiai Folyóirat [Ung. Z. Chem.] **67**, 491—95, 1961; Budapest, L. Eötvös-Univ., Lehrst. für phys. Chem. u. Radiol.; ung.) — Der S-Geh. von KW-Stoffen wird durch Absorption der T-Bremsstrahlung von 1,05 Å durchschnittlicher Wellenlänge bestimmt. Die Absorption der Lsgg. von bekannter Zus. wird gemessen u. der Massenabsorptions-Koeff. des C, des H u. des S nach dem

Lambert-Beerschen Gesetz bestimmt. Mit Hilfe dieser Daten wird der S-Geh. der Mischung durch Best. des Massenabsorptions-Koeff. festgestellt. Die Meth. ist zur Best. von S-Geh. von 0,5—3,0% gut geeignet. Die Genauigkeit kann sich mit jeder der klass. S-Best.-Meth. messen (± 0,02%). Der Zeitbedarf ist wesentlich kleiner, die Einrichtung dagegen teurer. I. Náray-Szabó 5352

1707 **Titrimetrische Mikrobestimmung von Phosphor in organischen Substanzen in Gegenwart von Barium und Calcium.** J. Horáček. (Collect. czechoslov. chem. Commun. **27**, 1811—16, 1962; Prag, Tschechoslow. Akad. der Wiss., Inst. für organ. Chem. u. Biochem.; dt.) — 4—6 mg Probe werden im Kjeldahl-Kolben mit 0,7 ml sd. 70%ig. $HClO_4$, der nach einigen Min. 0,2—0,4 ml konz. HNO_3 zugegeben werden, aufgeschlossen. Nach 10 Min. langem Kochen wird die völlig entfärbte Rk.-Fl. in einen Titrierkolben mit W. gespült u. mit 5n NaOH-Lsg. gegen Phenolphthalein neutralisiert; das Endvol. der Fl. soll ca. 20 ml betragen. Das pH wird durch Zugabe eines Tropfens verd. HNO_3 (1 : 3) auf 3—4 eingestellt. In Ggw. von Ba^{2+} wird dieses mit 0,5—1 ml 0,1n H_2SO_4 gefällt. Die Lsg. wird zur Hydrolyse des ggf. gebildeten Polyphosphats sowie Entfernung des aus NaOH stammenden CO_2 bzw. vollständigen Ausscheidung von $BaSO_4$ 5—10 Min. lang gekocht, wonach ca. 1 g festes Urotropin (**I**) u. 2 Tropfen wss. 0,5%ig. Chromazurol-S (**III**)-Lsg. zugegeben werden u. die Lsg. gegen 0,01m $La(NO_3)_3$ (**II**)-Lsg. [8,66 g **II** (Hexahydrat) gelöst in 2000 ml des. W.] in der Siedehitze unter intensivem Rühren bis zum Umschlag von Hellgelb nach Violettblau titriert wird. Ist Ca^{2+} zugegen, wird die Fl. nach pH-Einstellung mit verd. HNO_3 auf 3—4 mit **II**-Lsg. in kleinem Überschuß versetzt u. 5 Min. lang gekocht, wobei $LaPO_4$ ausfällt. Bei sehr niedrigen PO_4^{3-}-Konzz. sind einige mg **I** zur Unterstützung der $LaPO_4$-Ausfällung hinzuzufügen. $Ca_3(PO_4)_2$ fällt unter diesen Bedingungen nicht aus. Nach Zugabe von 2—3 ml 0,01m EDTA (**IV**)-Lsg., 1 g **I** u. 2 Tropfen **III**-Lsg. wird das überschüssige **IV** gegen **II**-Lsg. beim Sieden wie vorher titriert. Vor dem Titrationsbeginn muß die zu titrierende Lsg. reingelb sein; färbt sie sich blau, so wird noch etwas **IV**-Lsg. zugegeben. Die Meth. eignet sich für alle P-haltigen Verbb. mit Ausnahme flüchtiger Flüssigkeiten. Es können größere Probenmengen (10—10^2 mg) analysiert werden; Ca-Geh. > 2,5 mg stören, < 10 mg Ba stören nicht. ClO_4^- in hohen Konzz. sowie kleinere Mengen NO_3^-, SO_4^{2-} u. a. übliche Anionen stören nicht. Durch größere SO_4^{2-}-Mengen, AsO_4^{3-} u. F^- wird die Meth. beeinträchtigt; jedoch können auch F-haltige Verbb. analysiert werden, wenn während des Probenaufschlusses alles F abgeraucht wird. Die Best. dauert 20 bis 25 Min. u. die Fehler steigen nicht über ± 0,3%. K. Kámen/Prag 5352△

1708 **Untersuchungen über organische Mikroanalyse.** 7. Mitt. **Gleichzeitige Unterscheidung und Bestimmung von Methoxyl- und Äthoxyl-Gruppen.** Minoru Fukuda. (J. pharmac. Soc. Japan [Yakugakuzasshi] **80**, 25—29, 1960; Osaka, Univ., Pharm. Fac.; jap., Auszug: engl.) — 4. vgl. C. **1961**, 12 1631; 9. vgl. C. **1962**, 18217. — Das bei der Hydrolyse mit HJ nach Zeisel erhaltene Alkyljodid wird am Pt-Kontakt im Luftstrom zu J_2 u. CO_2 verbrannt. J wird an Ag-Drahtnetz u. CO_2 in einem CO_2-Absorptionsröhrchen absorbiert u. gravimetr. bestimmt. Aus dem molaren Verhältnis CO_2 : J läßt sich die Art u. aus der J-Menge der Geh. an Alkoxylgruppen bestimmen. A. M. Fretzdorff 5360◇

1709 **Infrarotspektroskopische Bestimmung der Methyl- und Methylengruppen in engen Paraffin- und Paraffin-Naphthen-Fraktionen.** Ss. I. Krassnowa, A. F. Malnew, G. A. Putschkowskaja und W. T. Skljar. (Nachr. Akad. Wiss. UdSSR, physik. Ser. **27**, 98—99, 1963; russ.) — Vff. beschreiben die quant. Best. der CH_3- u. CH_2-Gruppen mit den Analysenbanden 3,38, 3,42, 7,14—7,44 u. 12,5—14,3μ von in einem schmalen Temp.-Bereich abgetrennten festen u. fl. Paraffin- u. Paraffin-Naphthen-Fraktionen aus Erdöl. U.-L. Rau G 510◇

1710 **Gaschromatographische Bestimmung von Spuren Äthanol in Methanol.** Karl J. Bombaugh und William E. Thomason. (Analytic. Chem. **35**, 1452—54, 1963; Merriam, Res. and Developm. Div. Spencer Chem. Co.; engl.) — Mit 10% d-Sorbit auf acetyliertem White Chromosorb (**A**) als stationärer Phase in einer Cu-Säule von 35'·1/4" lassen sich A.-Spuren (< 10 ppm) in Methanol (**II**) bei 100° bestimmen. Bei 59° werden A. u. **II** gleichzeitig, unter dieser Temp. A. zuerst u. über 59° **II** zuerst eluiert. **A** wird 1 Std. lang in Eisessig behandelt, gewaschen, getrocknet u. gesiebt. Die Behandlung des festen Trägers u. die Säulen-Temp. sind die Hauptkriterien für eine vollständige Trennung. K. Stammbach G 560◇

1711 **Schneller Nachweis von Sorbit in Gegenwart anderer Polyalkohole mit Hilfe eindimensionaler Papierchromatographie.** G. Cerutti und I. Trabucchi. (Chim. e Ind. [Milano] **40**, 819—26, 1958; Milano, Ist. Chemioterap. Ital., Centro Fic.; ital.) — Vff. untersuchen den papierchromatograph. Nachw. von Sorbit (**I**) neben Mannit, Glycerin, Glykol im Apfelsaft sowie im käuflichen, nichtkrist. Produkt. Als Laufmittel wird n-Butanol-Essigsäure-W. (4 : 1 : 5) empfohlen, zur Anfärbung der Flecken $FeCl_3$ u. l-Ascorbinsäure. Reiner, käuflicher **I** zeigt in allen Fällen nur einen Flecken, während beim nichtkrist. Prod. mehrere auftreten. Als Verunreinigungen werden **I**-Anhydroverbb. angenommen. F. Mader G 580◇

1712 **Identifizierung von Methylketonen niederen Molekulargewiches mit Hilfe der Dünnschichtchromatographie der 2.4-Dinitrophenylhydrazone.** Claudette Bordet und Georges Michel. (C. R. hebd. Séances Acad. Sci. **256**, 3482—83, 1963; Lyon, Fac. Cathol. des Sci., Labor. de Chim. biol.; franz.) — Zur Struktur-Unters. verzweigter Fettsäuren wird eine Probe mit H_2CrO_4 oxydiert u. mit Wasserdampf in eine Vorlage mit 2.4-Dinitrophenylhydraziniumchlorid-Lsg. abdestilliert. Die 2.4-Dinitrophenylhydrazone (**I**) werden mit PAe. extrahiert u. auf mit Silicagel G beschichteten Glasplatten getrennt. Von 5 benutzten Laufmitteln (A: Hexan[**II**]-Ae. [93 : 7], B: **II**-Ae. [88 : 12], C: **II**-Ae.-A. [88 : 10 : 2], D: **II**-Ae.-A. [96 : 2 : 2] u. E: **II**-Bzl.-Ae. (48 : 48 : 4] erwiesen sich C u. E zur Trennung der **I** von Aceton, Methyläthyl- u. Methylpropylketon als günstigste. W. Kupfer G 700◇

1713 **Spezifische Bestimmung von gasförmigen Ketonspuren mit Hilfe eines galvanischen Detektors.** Alain Berton. (C. R. hebd. Séances Acad. Sci. **257**, 679—80, 1963; Centre Nat. de la Rech. Sci.; franz.) — In einer früheren Mitt. (C. **1961**, 948) ist das Prinzip von galvan. Zellen beschrieben worden, die sich für den Nachw. von Spuren organ. Gase u. Dämpfe eignen. Vf. beschreibt ein galvan. Element auf der Basis einer alkal. $K_3[Fe(CN)_6]$-Lsg., welche den Nachw. von Spuren von Ketonen gestattet. Es ist prakt. auf alle Aldehyde unempfindlich u. spricht auf andere Lsgm. wie Alkohole, Ester, KW-Stoffe, Cl-Derivv., usw. nicht an. In einem 150 ml-Gefäß befinden sich 2 Pt-Netzelektroden, wovon die eine ganz eintaucht u. die andere auf der Oberfläche der Lsg. angeordnet ist. Auf letztere wird das Probengas geleitet. Die beiden Elektroden sind mit einem hochempfindlichen Galvanometer verbunden. Es konnten nachgewiesen werden: Aceton, Butanon-(2), Pentanon-(3), Diacetonylalkohol, Diisopropylalkohol, Hexandion, Cyclohexanon, Methylcyclohexanon, Phenyläthylketon, Acetophenon, Isophoron. Für Aceton beträgt die Empfindlichkeit 0,12 g/m³ bei einer Gasprobe von 300 ml. Durch Verstärkung des Signals können höhere Empfindlichkeiten erreicht werden. Die Zelle kann als gaschromatograph. Detektor zur spezif. quant. Anlayse von Ketonen verwendet werden. K. Stammbach G 700◇

1714 **Erhöhung der Acidität von sehr schwachen Säuren in tertiärem Butylalkohol.** L. W. Marple und J. S. Fritz. (Analytic. Chem. **35**, 1431—34, 1963; Ames, Iowa, Iowa State Univ., Inst. for Atomic Res. and Dep. of Chem.; engl.) — Die Dissoziation der meisten Tetrabutylammoniumsalze in tert.-Butanol ist infolge der niedrigen DK der Lsgm. nicht stark. Der Zusatz von Tetrabutylammoniumbromid (**I**) kann als eine Meth. zur Erhöhung der Acidität u. Verbesserung der Titrations-Eigg. bei schwachen Säuren (z. B. *2.6-Dimethylphenol, Succinimid, Malonsäure, Äthylacetoacetat, Acetoacetanilid*) empfohlen werden, da die Dissoziations-Konst. der Hydroxide in verd. Lsgg. genügend groß sind. Die Acidität einer Lsg. von 2.6-Di-tert.-butylphenolat kann in bezug auf eine verd. Lsg. von Tetrabutylammoniumhydroxid erhöht werden, wenn der **I**-Geh. erhöht wird. W. Hegenberg G 800◇

1715 **Bestimmung von malonsaurem Diäthylester und seiner substituierten Derivate in nichtwässerigen Lösungen.** J. Inczedy und O. Gimesi. (Acta chim. Acad. Sci. hung. **31**, 347—56, 1962; Budapest, Techn. Univ., Inst. für Allgem.

Chem.; dt.) — Zur Best. wird die Enolisierbarkeit der un- bzw. monosubstituierten Malonester in bas. Lsgm. ausgenutzt. Die Säurestärke hängt vom Lsgm. u. der Alkylgruppe ab. Bei potentiometr. Titrationen mit $KOCH_3$ in Äthylendiamin werden Malonsäurediäthylester (**I**) u. Monoalkylmalonsäurediäthylester (**II**; Alkyl = C_2H_5, nC_4H_9 u. Cyclohexyl) neben Dialkylmalonsäurediäthylestern exakt in zwei Stufen erfaßt. o-Nitranilin schlägt im 2. Potentialsprung um, für den 1. Sprung wurde kein Indicator gefunden. In Dimethylformamid, Pyridin u. Pyridin/Bzl. (5 : 1; **A**) enolisieren **II** je nach Alkylgruppe, hier dient Azoviolett als Indicator. Bei Titrationen in **A** werden Unterscheidungen zwischen den verschiedenen **II** möglich. Mit Hilfe von empir. Eichkurven können einzelne Komponenten von Estergemischen ermittelt werden.
W. Kupfer G 820◇

1716 **Industrielle Verwendung der Nebenprodukte von Reis.** 15. Mitt. **Trihydroxyglutarsäure: Bestimmung im Gemisch mit Oxal- und Xylonsäure.** E. Primo Yúfera, A. Casas Carramiñana und A. Carrasco Andreu. (Rev. Agroquím. Tecnol. Alimentos **1**, Nr. 2, 26—30, 1961; Valencia, Dep. de Quím. Vegetal.; span.) — Vff. untersuchten die manganatometr. Best. von *Trihydroxyglutar* (**I**)- u. *Oxalsäure* (**II**) in dem bei der Oxydation von Xylose erhaltenen Gemisch. Aus dem $KMnO_4$-Verbrauch bei normaler Titration (partielle Oxydation) u. bei Rücktitration eines $KMnO_4$-Überschusses (totale Oxydation) in einem anderen Anteil der Proben-Lsg. lassen sich die Geh. an **I** u. **II** nach zwei angegebenen Formeln errechnen. Dieser Best. von **I** u. **II** geht eine Abtrennung mit $CaCO_3$ voran.
P. Kurzmann G 830◇

1717 **Oxydimetrische Bestimmung organischer Derivate des Hydrazins.** Balwant Singh und S. S. Sahota. (J. Indian chem. Soc. **38**, 569—75, 1961; Chandigrah, Punjab Univ., Chem. Dep.; engl.) — Zusammenfassende Übersicht. — 53 Literaturangaben. R. Krämer G 900◇

1718 **Der Einfluß von veresternden und acetylierenden Gruppen auf die Retentionszeiten von Aminosäuren in der Gaschromatographie.** Satoru Makisumi, C. H. Nicholls und H. A. Saroff. (J. Chromatogr. [Amsterdam] **12**, 106—08, 1963; Bethesda, Md., U.S. Dep. of Health, Educ. and Welfare, Nat. Inst. of Health, Public Serv., Nat. Inst. of Arthritis an Metabolic Diseases; engl.) — Bestimmt werden die Retentionszeiten der *Methyl-* (**I**), *Äthyl-*, *Propyl-*, *Butyl-* u. *Amylester* von *Leucin* u. *Phenylalanin* sowie deren *N-Acetyl-* u. *N-Trifluoracetyl* (**II**)*-Derivv.* an Neopentylglykolsuccinat bei verschiedenen Temperaturen. Die **I**–**II**-Verbb. ergaben die kürzesten Analysenzeiten. G. Bock G 950◇

1719 **Versuche zur Erkennung und Bestimmung von δ-Aminolävulinsäure und δ-Aminovaleriansäure durch automatische Ionenaustauscherchromatographie.** Th. Breyhan und F. Heilinger. (Z. analyt. Chem. **199**, 42—45, 1964; Braunschweig-Völkerode, Forschungsanst. für Landwirtschaft, Chem. Unters.-Labor. u. Inst. für Pflanzenbau u. Saatguterzeugung; dt.) — Mit Hilfe des Spinco-Aminosäure-Analysators (Beckman Instruments) wurde die Möglichkeit zur Best. der δ-Aminolävulin- (**I**) u. δ-Aminovaleriansäure (**II**) untersucht. Beide Aminosäuren dienten als Modellsubstanzen zur Identifizierung unbekannter Spitzen im Chromatogramm von Kartoffelkeimextrakten. **I** benötigt ein Elutions-Vol. von 750 ml Puffer-Lsg., entsprechend einer Laufzeit von 28 Std., wenn die Analyse mit der 150-cm-Säule bei 50° u. mit Puffer-Lsgg. von pH 3,25—4,25 durchgeführt wird. **II** wird bei Verw. der 50-cm-Säule bei 50° u. Puffer pH 5,28 in ca. 160 Min. eluiert. Während die Konz. von **I** in den Keimen eine genaue Best. ermöglicht, ist die von **II** so gering, daß die Einzelwerte stark variieren. G. Kynast G 950◇

1720 **Isotopeneffekte in der Verteilungs-Gaschromatographie.** 1. Mitt. **Das gaschromatographische Verhalten von Benzol und Perdeuterobenzol.** Arnaldo Liberti, Gian Paolo Cartoni und Fabrizio Bruner. (J. Chromatogr. [Amsterdam] **12**, 8—14, 1963; Napoli, Univ., Ist. di Chim. Analit.; engl.) — Zur Trennung in Glascapillaren (40 u. 80 m lang) sind unpolare Trennfl. (Squalan, Siliconöl 702) besser geeignet als polare (Dinonylphthalat). Aus den bei 0—50° gemessenen Retentions-Vol. u. bekannten Werten für die Dampfdrücke u. latenten Wärmemengen werden die Differenzen der Entropien, der Mischungswärmen u. das Verhältnis der Aktivitäts-Koeff. berechnet. G. Bock G 1010◇

1721 **Charakterisierung von Jodbenzol und seinen Homologen durch Bildung mehrwertiger Jodderivate mit Peressigsäure.** Jacob G. Sharefkin und Harold Saltzman. (Analytic. Chem. **35**, 1428—31, 1963; Brooklyn, N.Y., City Univ., Brooklyn Coll.; engl.) — Bei der Herst. von Aryljodosodiacetaten (z. B. *Jodbenzol, o-, m-* u. *p-Jodtoluol, 2-Jod-m-, -p-* u. *4-Jod-m-xylol, o-Jodphenetol, 4-Jodbiphenyl, o-Jodbenzoesäure*) ist die Natur der Ringsubstituenten von besonderer Bedeutung. Elektronenanziehende Gruppen hemmen die Oxydation von Aryljodoverbb.; elektronenabstoßende Gruppen rufen eine starke Ringoxydation hervor. J-substituierte Benzole wurden durch die Rk. mit 40% ig. Oxyessigsäure charakterisiert, wobei Jodobenzoldiacetate u. Jodoxyverbb. entstanden. Die Diacetate (**I**) wurden schnell zu Jodosoverbb. hydrolysiert. **I** sind stabil, rein u. haben definierte Schmelzpunkte. Alle drei Verbb. wurden durch ihre FF. u. Explosionspunkte u. ihre quant. Rk. mit J unter Bldg. von J_2 nachgewiesen. Dieses wurde mit Thiosulfat titriert. Die besten Ergebnisse wurden mit Jodoverbb. erzielt, deren Substituentengruppen intermediäre Elektroneneffekte zeigten. W. Hegenberg G 1010◇

1722 **Analyse von Benzaldehyd in Gegenwart von Benzoesäure, Benzochinon und Maleinsäure.** R. N. Kumar, G. N. Bhat und N. R. Kuloor. (Current Sci. [Bangalore] **31**, 491—92, 1962; Bangalore, Indian Inst. of Sci., Dep. of Chem. Engng.; engl.) — Das Verf. ermöglicht nicht nur die Best. von Benzaldehyd (**I**) neben Benzoesäure (**II**), Benzochinon (**III**) u. Maleinsäure (**IV**), sondern die Best. von **I**, **II**, **III** u. **IV** in einer Einwaage. Zur äther. Lsg. von **I**—**IV** werden 5 ml 35% ig. wss. KJ-Lsg. u. einige Tropfen 30% ig. H_2SO_4 gegeben, unter Schütteln reagiert **III** mit KJ zu Hydrochinon (**V**) u. J_2. Das Gemisch wird mit überschüssiger $Na_2S_2O_3$-Lsg. (**VI**) versetzt, äther. u. wss. Phase werden getrennt, in der wss. Phase wird der **VI**-Überschuß jodometr. bestimmt. Die äther. Schicht wird mit $NaHCO_3$-Lsg. gewaschen, wobei **II** u. **IV** herausgelöst werden. In der äther. Phase wird **I** neben **V** durch Oximierung bestimmt. **II** u. **IV** werden weitgehend durch Ansäuern u. Extraktion mit Ae. getrennt. **II** gelang quant. in den Ae.-Extrakt. **IV** wird permanganometr. in der wss. u. äther. Phase titriert. W. Kupfer G 1210◇

1723 **Verteilungschromatographie polycyclischer aromatischer Kohlenwasserstoffe.** C. R. Raha und Anne Chestnut. (Indian J. appl. Chem. **24**, 23—28, 1961; Chicago, Ill., Chicago Med. School, Div. of Oncol.; engl.) — Die papierchromatograph. Trennung von *Anthracen, Benzanthracen, Benzpyren, Chrysen* u. *Dibenzanthracen* wurde an acetyliertem Papier in Toluol/Methanol/W. u. nichtacetyliertem Papier in vorst. Lsgm. u. N.N-Dimethylformamid/Isooctan durchgeführt. Im Gegensatz dazu konnte keine Trennung an methyliertem sowie an säure- oder alkalibehandeltem Papier beobachtet werden. E. Moisar G 2800◇

1724 **Modifikation der Scottschen Indolbestimmung.** E. McEvoy-Bowe. (Analyst **88**, 893—94, 1963; Singapore, Univ., Fac. of Med., Dep. of Biochem.; engl.) — Die colorimetr. Meth. von Scott (C. **1962**, 6822) wird in der Empfindlichkeit u. der Stabilität der Farbe verbessert. Indol wird aus wss. Lsg. mit Toluol extrahiert. Der Extrakt wird bei 37° mit einer 0,5% ig. Lsg. von p-Dimethylaminozimtaldehyd in n-Propanol u. mit 8% ig. H_2SO_4 in A. umgesetzt. In der Kälte wird mit 50% ig. Essigsäure extrahiert u. die Extinktion bei 625 nm gemessen. 3-Methylindol stört nicht.
R. Drautzburg G 3081◇

1725 **Bestimmung des N-Vinylcarbazols in seinen Polymeren.** Ju. P. Ponomarew, W. N. Dmitrijewa und W. D. Besugly. (J. analyt. Chem. [UdSSR] **18**, 654—56, 1963; Charkow, Allunions-Forsch.-Inst. für Einkristalle, scintillierende Materialien u. hochreine chem. Substanzen; russ., Auszug: engl.) — Zur Best. des monomeren *Vinylcarbazols* in Polymeren u. Copolymeren mit Methylmethacrylat kann seine Rk. mit $Hg(CH_3COO)_2$ in Ggw. von CH_3OH benutzt werden. Das zu untersuchende Polymerisat wird in Chlf. oder 1.2-Dichloräthan gelöst u. die im Verlaufe der genannten Umsetzung entstehende, der Zahl der Vinylgruppen äquivalente Menge CH_3COOH nach Zusatz von wss. NaCl-Lsg. titrimetr. (0,02n NaOH, Phenolphthalein) ermittelt.
W. Herfurt G 3081◇

1726 **Yagoda-Papiere: Fortlaufende Registrierung des Benedict-Testes für reduzierende Zuckerarten.** G. R. F. Davis. (Clin. chim. Acta [Amsterdam] **8**, 635—36, 1963;

Saskatoon „Saskatchewan Canada Agric., Res. Branch, Entomol. Sect.; engl.) — Es wird über die Verwendbarkeit der Yagoda-Papiere auch für Nachw. u. Best. reduzierend wirkender Zucker in Lsgg. berichtet. Dazu wird das Papier mit 25 µg Benedict-Lsg. behandelt u. getrocknet; Applikation von 10 µg verschieden konz. *D-Glucose* (**I**)-Lsgg. (0,01 bis 10,0%) auf jeweils 3 Streifen, 15 Min. lang bei 100° erhitzen. Konzz. von 0,01, 0,02 u. 0,05% **I** zeigen Blaufärbung, 0,1 u. 0,2% sind grünblau, 0,5% ist gelbgrün, 1,0 u. 2,0% sind grüngelb, 5% ist gelb u. 10% ist orangegelb gefärbt. Die Unterschiede zwischen 2,0, 5,0 u. 10% **I** sind leicht erkennbar; unmöglich ist eine Unterscheidung unterhalb 0,1% sowie zwischen 0,1 u. 0,2% bzw. zwischen 1,0 u. 2,0%. Die Verfärbungen blieben bis zu 3 Monate konstant.

U. Tausendfreund G 3400◇

1727 **Identifizierung der Xylose, Arabinose und anderen Zuckern.** B. Drożdż. (Acta biochim. polon. **6**, 369—72, 1959. Zakł. Farmakogn. A. M. w Poznaniu; poln.) — Zum papierchromatograph. oder Tüpfel-Nachw. wurden Barbitur- u. Thiobarbitursäure-Lsgg. in Eisessig verwendet u. die Farbflecke von Tages- u. UV-Licht untersucht. Durch $^1/_4$std. Erwärmen auf 125° u. anschließendes Bedampfen über sd. W. erzielt man rasch gut entwickelte Flecke.

P. Kadach G 3400◇

1728 **R_M-Werte in der Adsorptionschromatographie.** J. Chamberlain und G. H. Thomas. (J. Chromatogr. [Amsterdam] **11**, 408—09, 1963; Birmingham, Univ., Dep. of Anatomy; engl.) — Der von Bush definierte ΔR_{Mr}-Wert wird für die Umwandlung von 5α-3-Ketonen zu 5-β-3-Ketonen (Cholestan-3-on, Pregnan-3.20-dion, Androstan-3.17-dion u. 17β-Hydroxyandrostan-3-on) für zwei Adsorptions-Syst. (Dünnschichtchromatographie mit Al_2O_3 u. SiO_2) u. für ein Gas–Fl.-Verteilungs-Syst. berechnet. Für die beiden Isomeren ergab sich im Letzteren ein konst. ΔR_{Mr}-Wert von —0,04, was in den Adsorptions-Syst. nicht gefunden wurde.

H. Nentwig G 3700◇

1729 **Untersuchung der die Liebermann-Burchardsche Cholesterin-Reaktion beeinflussenden Faktoren.** E. H. Martensson. (Scand. J. clin. Lab. Invest., Suppl. **15**, Nr. 69, 164—80, 1962; Gothenburg, Sahlgrens Hosp., Central Labor.; engl.) — Bei der untersuchten Liebermann-Burchard-Rk. wird das Verhältnis von Chlf.-Extrakt: H_2SO_4: Acetanhydrid (5 : 0,1 : 2) angewandt u. als optimal angesehen. Die gebildete Farbe weist Maxima im roten (640 bis 660 nm) u. im violetten Bereich (ca. 420 nm) auf. Diejenige im roten Bereich zeigt nach 30 Min. maximale Extinktion, verschiebt sich in Abhängigkeit von der Zeit zu längeren Wellenlängen u. gehorcht nur im Bereich von 2—10 mg/100 ml dem Beerschen Gesetz. Im Gegensatz dazu steigt die Absorption des violetten Lichtes beständig mit der Zeit an u. folgt streng dem Beerschen Gesetz. Die Absorption bei 660 nm steigt bei 10° langsam an u. ergibt zwischen 20 u. 40° ein Maximum, wogegen diejenige bei 410 nm zwischen 10 u. 40° ständig ansteigt. Außerdem ist die bei 410 nm gemessene Absorption etwa doppelt so hoch wie die größte bei 660 nm bestimmte bei gleicher Cholesterin (**I**)-Konzentration. Allerdings ist der bei 410 nm gemessene Einfl. von Licht auf die Absorption deutlich u. bei 660 nm nur geringfügig. Da W. die Farb-Bldg. beeinflußt, müssen wasserfreie Bedingungen eingehalten werden. Es wird ein Standard-Verf. mit Messung bei 410 nm angegeben. Die Genauigkeit beträgt ± 1,9%. Örtliche Normalwerte werden mit 238 ± S.D. 50 mg **I**/100 ml Serum angegeben. Der Mechanismus der Rk. wird diskutiert. **I**-Acetat gab nach der Standard-Meth. im Durchschnitt 9% u. **I**-Stearat 16% höhere Absorptionen.

H. Althoff G 3700△

1730 **Bestimmung der Proteinverunreinigung von Desoxyribonucleinsäure mit der Methode von Folin und Lowry.** George R. Shepherd und Peggy A. Hopkins. (Analytic. Chem. **35**, 1548—49, 1963; Los Alamos, N.Mex., Univ. of California, Los Alamos Sci. Labor.; engl.) — Als Vgl.-Lsgg. wurden neben hochpolymerisierter *Desoxyribonucleinsäure* (DNA, aus Lachssperma) u. *Protaminsulfat* folgende Ribonucleinsäure-Derivv. untersucht: *Guanin, Xanthin, Guanylsäure, Hypoxanthin, Guanosin, Uracil, Adenosin, Cytidin, Adenin, Cytosin, Thymin, Uridin, Thymidin, Adenylsäure, Cytidylsäure, Uridylsäure, Thymidylsäure, Orotsäure.* Je 1 ml 0,002m Lsg. wurde unter Rühren mit 1 ml Folin-Reagens C bei Raum-Temp. zusammengebracht. Nach 30 Min. wurde 0,5 ml verd. (1 : 1) Folin-Reagens E unter kräftigem Schütteln hinzugesetzt. Nach weiteren 30 Min. wurde die Extinktion bei 570 nm gemessen. Mengen von 10—15 µg Protamin oder Histon pro g DNA sind noch nachweisbar. Die gute Empfindlichkeit der Meth. gestattet es, Verunreinigungen in DNA-Präpp. sofort zu erkennen.

W. Rehner G 3950◇

d) Medizinische und toxikologische Analyse

1731 **Die erste Dissoziationskonstante der Kohlensäure als eine Funktion des pH.** O. Siggard Andersen. (Scand. J. clin. Lab. Invest. **14**, 587—97, 1962; Copenhagen, Rigshosp., Dep. of Clin. Chem.; engl.) — Die erste Dissoziations-Konst. (**A**) für Kohlensäure wurde bei 38° u. 25° in wss. Lsg. (Ionenstärke 0,15 u. 0,025) u. im Plasma bestimmt. **A** scheint mit zunehmendem pH abzunehmen. Als Ursache hierfür wird die Ggw. von undissoziiertem $NaCO_3^-$ u. CO_3^{2-}, im Plasma auch noch Amidcarbonat, angesehen, die fälschlicherweise als Hydrogencarbonat (**I**) bestimmt werden. pK_1' 6,13 für Plasma bei 38°, unabhängig vom pH. pK_1'' (scheinbare **I**-Konz., titrimetr. bestimmt) 6,099 u. pK_1''' (scheinbare **I**-Konz., gasometr. bestimmt) berechnet zu 6,104 für Plasma bei 38° u. pH 7,4.

W. Rehner 5727◇

1732 **Zur Methodik der Cholinesterasebestimmung im Blut.** E. Sch. Matlina und W. M. Prichoshan. (Laboratoriumswesen [UdSSR] **7**, Nr. 6, 10—12, 1961; Inst. für höhere Nerventät. der Akad. der Wiss. der UdSSR, Labor. für neuro-humoral. Reg. u. Moskau, Med. Ssetschenow-Inst., Klinik für Nervenerkrank.; russ.) — 0,1 ml Blut werden mit 2 ml 0,9%ig. NaCl-Lsg. u. einem Tropfen Heparin (5000 ME/ml) gemischt. Die Erythrocyten (**I**) werden abzentrifugiert. Im Blutplasma (**II**, Zentrifugat) befindet sich die Pseudocholinesterase (**III**), die außer Acetylcholin (**IV**) eine Reihe von Cholinestern hydrolysiert, während die in **I** enthaltene echte Cholinesterase (**V**) **IV** spezif. hydrolysiert. — Zur Best. der **III**-Aktivität wird zu **II** ein Tropfen 2,5%ig. Na_2HPO_4-Lsg., 0,2 ml **IV**-Lsg. (0,2 g **IV**-Chlorid in 10 ml 0,9%ig. NaCl-Lsg. gelöst u. mit 0,1n NaOH-Lsg. gegen Phenolrot auf pH 7,6 neutralisiert) u. ein Tropfen Phenolrot gegeben, die Mischung 30 Min lang bei 37° inkubiert (Farbumschlag von Hellhimbeerrot nach Gelb), die Hydrolyse durch Zusatz von 0,1 ml 0,05%ig. Proserin-Lsg. (mit 0,005n NaOH-Lsg. gegen Phenolrot auf pH 7,6 eingestellt) beendet, u. die aus **IV** gebildete Essigsäure mit 0,005n NaOH-Lsg. gegen eine Blindprobe bis zum Farbumschlag nach hellhimbeerrot titriert. — Zur Best. der **V**-Aktivität wird zu **I** 1 ml 0,9%ig. NCl-Lsg. zugegeben, zentrifugiert, das Zentrifugat abpipettiert, **I** mit Filterpapier getrocknet u. mit 1 ml W. hämolysiert. 0,3 ml dieser Lsg. werden mit krist. Na_2HPO_4 auf pH 7,6 eingestellt u. mit 2 ml 0,9%ig. NaCl-Lsg. versetzt. Dann wird wie oben verfahren.

E. Steinberg 5727□

1733 **Schnelle turbidimetrische Methoden für die Bestimmung des Plasma-Fibrinogens.** D. A. Podmore. (Clin. chim. Acta [Amsterdam] **4**, 242—45, 1959; Sheffield, Royal Infirmary, Dep. of Chem. Pathol.; engl.) — Vf. vergleicht 4 turbidimetr. Meth. zur Best. des Plasma-Fibrinogens (**I**) mit der Standard-Meth. nach Cullen u. Van Slyke-Kjeldahl. Sie liefern danach für Routine-Unterss. genügend genaue **I**-Werte. Der **I**-Geh. des Plasma schwankt zwischen 0,12 u. 0,50 g/100 ml (Mittel: 0,327). Zu 0,5 ml Oxalat-Plasma werden z. B. 5 ml Na_2SO_4-Lsg. (105 g wasserfreies Na_2SO_4/Liter) zugesetzt u. nach 3 Min. der **I**-Geh. bei 625 nm im Graukeilphotometer ermittelt.

B. Görlich 5727◇

1734 **Photometrische Bestimmung von Harnstoff in organischen Flüssigkeiten.** Pedro B. Camponovo. (Rev. Asoc. bioquím. argent. **26**, 67—71, 1961; Cordoba, Inst. Nac. de Cardiol., Labor. de Análisis; span.) — Beschreibung einer photometr. Meth. zur Best. von Harnstoff in Blut, Plasma oder Serum unter Verw. von NaClO u. Phenol. Erforderlich sind 0,2 ml enteiweißte Flüssigkeit.

K. Zingraf 5728◇

1735 **Die klinische Bedeutung der „scheinbaren" Serum-Kreatinin-Konzentration.** Bertil Josephson. (Scand. J. clin. Lab. Invest., Suppl. **15**, Nr. 69, 121—29, 1962; Stockholm, St. Eriks Sjukhus and Kronprinsessan Lovisas Barnsjukhus Clin. Labor.; engl.) — Bei einer größeren Anzahl von Patienten sowie bei Ratten mit einem durch Uranylnitrat erzeugten Nierenschaden werden im Serum Kreatinin (**I**) als „scheinbares" **I** mit der Pikrat-Rk. nach Jaffé, Nicht-

eiweiß-N (II) nach der Folin-Meth. u. Harnstoff (III) durch die Urease-Meth. bestimmt. Der Vgl. zeigte eine gute Übereinstimmung zwischen Rest-N u. „scheinbarer" I-Konz., u. beide Best. scheinen für diagnost. u. prognost. Gesichtspunkte gleichwertig zu sein. Abweichungen waren bes. bei schlechter Nierenfunktion festzustellen u. schienen außerdem von der verwendeten Modifikation der Jaffé-Rk. abhängig zu sein. Im normalen Konz.-Bereich konnte keine Beziehung zwischen I u. II gefunden werden. Als Routine-Meth. ist die Best. der „scheinbaren" I-Konz. derjenigen der III-Konz. überlegen u. etwa gleichwertig der Best. der II-Konzentration.
H. Althoff 5728△

1736 **Analysen von Magnesium im Serum und in anderen Körperflüssigkeiten mit Hilfe der Absorptionsflammenphotometrie.** Roland Herrmann und Walter Lang. (Z. ges. exp. Med. **135**, 569—82, 1962; Gießen, Univ., Hautklin., Labor. für Med.-Phys.; dt.) — Vff. beschreiben eine einfache u. schnelle absorptionsflammenphotometr. Analysen-Meth. zur quant. Mg-Best. in verd. Seren u. anderen medizin. Substraten. Die zu analysierenden Prodd. werden mit 0,1n H_2SO_4 verd. u. bei 285 nm gegen eine Eichkurve gemessen. Die Nachw.-Grenze beträgt 0,0022 mg Mg/100 ml. Mögliche Störfaktoren durch andere Elemente werden diskutiert.
J. Behlke 5728◇

1737 **Fluorimetrische Calciumtitration.** Jack E. Jackson, Moira Breen und Chiadao Chen. (J. Lab. clin. Med. **60**, 700—08, 1962; Chicago, Ill., Northwestern Univ., Med. School, Dep. of Biochem.; engl.) — Nach Anpassung eines Fluorimeters an direkte Titration (Rührmotor u. Mikrobürette) lassen sich Harn- u. Serumproben mit 2—10 μg *Ca* in 0,25n KOH mit EDTA (Di-Na-Äthylendiamintetraacetat) unter Verw. von Calcein W (Fluoresceiniminodiessigsäure, G. Fred. Smith. Chem. Comp.) titrieren. Calcein geht mit Ca^{2+} einen Komplex ein, der durch 490 mu maximal erregt wird u. Fluorescenz mit einem Maximum von 520 mμ ausschickt. Der rasche Abfall der Fluorescenz, der durch Eliminierung von Ca aus dem Komplex durch EDTA zustande kommt, wird auf dem Galvanometer des Fluorimeters verfolgt, um den Endpunkt der Titration zu markieren. Mg^{2+} u. PO_4^{2-} stören nicht; durch Cu^{2+}, Zn^{2+}, Fe^{3+} u. Fe^{2+} werden die Werte erniedrigt, doch kann diese Interferenz durch KCN u. Triäthanolamin verhütet werden. Die Ergebnisse stehen in guter Übereinstimmung mit denen der Clark-Collip-Oxalat-Fällungsmethode.
U. Tausendfreund 5732◇

1738 **„Klein-Volumen"-Elektrophorese.** 1. Mitt. **Trennung von Aminosäuren.** J. Fischl und Sara Segal. (Clin. chim. Acta [Amsterdam] **8**, 399—405, 9163; Zerifin, Israel, Governm. Hosp., „Asaf Harofe", Dep. of Biochem.; engl.) — Unter Verw. des zur Hochspannungs-„Mikroelektrophorese" entwickelten Prinzips (vgl. Clin. chim. Acta [Amsterdam] **7**, [1962] 537) stellten Vff. eine Kleinapp. her, die Filterpapier von nur 6·36 cm u. geringe Puffermengen erfordert, so daß das elektr. Potential auf 650—700 V (19—21 V/cm) u. die Laufzeit auf 60—80 Min. red. werden u. Kühlung entfallen kann. Mit Puffer-Lsg. aus 2,5%ig. Ameisensäure + 7,8%ig. Essigsäure (1 : 1) wurden 11—17 ninhydrinpositive Fraktionen im Harn erhalten. Die Meth. eignet sich für Reihen-Unterss., bes. auch zur Krankheitsdiagnose (z. B. Cystinurie, Phenylketonurie) aus von der Norm abweichenden Pherogrammen von Harn oder Plasma. Auswertung durch Elution oder densitometr. Entsalzen der Proben ist nicht nötig; Proteinmengen über 50 mg% stören. Andere Puffer, z. B. Essigsäure-Pyridin oder 0,4m Essigsäure sind für gewisse Unterss. ebenfalls brauchbar.
J. Trupke 5732◇

1739 **„Klein-Volumen"-Elektrophorese.** 2. Mitt. **Elektrochromatographie.** J. Fischl und S. Segal. (Clin. chim. Acta [Amsterdam] **8**, 479—81, 1963; engl.) — 1. vgl. vorst. Referat. — Die App. wird durch ein aus 2 auf einem Träger angebrachten Glasplatten bestehendes Zusatzaggregat ergänzt, wodurch eine chromatograph. Nachbehandlung des erhaltenen Pherogramms u. so eine Trennung der meisten im Harn auftretenden Aminosäuren ermöglicht wird.
J. Trupke 5732◇

1740 **Chromatographische Bestimmung von Aminosäuren in biologischen Flüssigkeiten nach der Methode des „inneren Standards".** Ja. Ssantoi und W. Kowatsch. (Laboratoriumswesen [UdSSR] **9**, Nr. 10, 41—42, 1963; russ.) — Nach Einführung (Vers.-Tiere, Mensch) von mit ^{35}S markiertem Methionin u. $Na^{131}J$ werden aus biolog. Fll. bzw. Auszügen aus Organen freie Aminosäuren (I) an Amberlite IR-120 abgetrennt; der zur Trockne eingedampfte Extrakt wird in 0,5ml W. gelöst. 600 — 5000 Impulse/min ausstrahlende 0,04—0,12 ml Lsg. werden zwecks Herst. von Papierchromatogrammen auf Papierstreifen aufgetragen. Als Lsgm. wird Butanol–W.–Ameisensäure–A. (40:40:10:2) verwendet. Nach der Trocknung werden die erhaltenen Chromatogramme mit Fotofilmen in Strahlenkassetten eingeführt. Die Entw. der Radiochromatogramme erfolgt nach 2—4 Wochen. Das Verf. ermöglicht die quant. I-Best. in biolog. Objekten u. I-Gemischen.
S. Baryschnikow 5756△

1741 **Die Bedeutung der Emissionsspektrographie in der Kriminalistik.** E. Martin. (Chimia [Aarau, Schweiz] **17**, 262—74, 1963; Basel, Schweiz, Kriminaltechn. Abt. der Staatsanwaltschaft Basel-Stadt; dt.) — Zur Analyse von Spuren dient neben der Mikroskopie in Auf- u. Durchsicht, im polarisierten Licht u. mit Hilfe der Blaulichtfluorescenz, der Mikrofluorescenz u. IR-Photographie, der Mikrokristallisation, der Papier- u. Dünnschichtchromatographie, der Mikrophotographie u. der Absorptionsspektrographie bes. die Emissionsspektrographie. Mit ihr lassen sich Metalle (z. B. Vgl. von Mordwerkzeugen mit Splittern in der Wunde des Ermordeten), Farbstoffe u. Lacke (Vgl. von Einbruchwerkzeugen mit Spuren am Tatort), Glas, Mineralien, Keramik, mineral. Öle, Chemikalien, Arzneien, Brand- u. Explosionsrückstände, Textilien, Papier u. Klebstoffe qual. u. quant. untersuchen. Mkr. kleine Spuren werden in spektralreinem Graphitpulver tablettiert. Vf. beschreibt das Preßgerät nach Schwander u. Martin. Der Preßling wird in freier Luft oder in einer CO_2-Atmosphäre durch einen Air Jet angeregt, der von Stallwood (C. **1955**, 4892) entwickelt u. von Schwander (C. **1963**, 17069) verbessert wurde.
J. Balke 5762◇

1742 **Über die quantitative polarographische Bestimmung geringer Bleimengen.** 1. Mitt. **Elektrolytische Methode.** Toru Suzutani und Makoto Takagi. (J. Kyoto prefect. med. Univ. **58**, 697—700, 1955; Kyoto, Prefect. Med. Univ., Dep. of Forest Med.; jap., Auszug: engl.). — Vff. geben eine neue qual. u. quant. polarograph. Meth. zur Best. geringer Pb-Mengen in biolog. Material an. Die Vers.-Anordnung, notwendige Reinigungs-Meth., Lsgm. u. Elektrolyse-Temp. werden beschrieben.
Gottfried Schreiber 5662△

1743 **Über die quantitative polarographische Bestimmung geringen Bleimengen.** 2. Mitt. **Höhe der Reduktionsstufe (Diffusionsstrom) und Berechnung der Konzentration.** Toru Suzutani und Yukio Kimura. (J. Kyoto prefect. med. Univ. **58**, 701—04, 1955; jap., Auszug: engl.) — 1. vgl. vorst. Referat. — Für die quant. Best. von Pb-Spuren in biolog. Material wird die Charakteristik des Polarogramms angegeben u. die Pb-Konz. aus der Höhe der Red.-Stufe bestimmt. Bei Anfertigung einer Standard-Kurve bei jedem Vers. ist die Genauigkeit am größten.
Gottfried Schreiber 5662△

1744 **Anwendung der Gaschromatographie in der analytischen Toxikologie.** Leo Kazyak und Edward C. Knoblock. (Analytic. Chem. **35**, 1448—52, 1963; Washington, D.C., Walter Reed Army Med. Center, Walter Reed Army Inst. of Res., Div. of Biochem.; engl.) — Mikromengen von Barbituraten (I), Alkaloiden, Tranquilizern, sympathomimet. Aminen u. anderen toxikolog. wichtigen Prodd. lassen sich an hochtemperaturbeständigen stationären Phasen wie SE-30 u. QF-1 unter Verw. des Ar-Ionisationsdetektors chromatographieren. An Stelle mehrerer stationärer Phasen wird eine einzige, nämlich 1% SE-30 auf Chromosorb W verwendet. Dafür wird die Temp. u. der Eingangsdruck variiert. Das fl. biolog. Material wird gepuffert (für I zwischen pH 4,0 u. 7,5), die Droge mit $CHCl_3$ extrahiert u. der Extrakt mit Puffer-Lsg. von pH 7 nachgewaschen. Dasselbe Material wird noch bei einem pH < 3 u. anschließend bei einem pH > 9 extrahiert, ohne mit neutralem Puffer nachzuwaschen. Ein neuer Teil der Probe wird zuerst sauer hydrolysiert u. dann bei pH 7,4 extrahiert. Die $CHCl_3$-Proben werden eingedunstet u. jeweils ein aliquoter in den Gas-Chromatographen injiziert. Die Retentionsdaten für *Phenethylamin, Amphetamin, Desoxyephidrin* (*Methamphetamin*), *Nicotin, Ephedrin, Äthynylcyclohexylcarbamat* (*Valmid*), *Warfarin* (**I**), *Methylpyron* (*Noludar*, **II**), *Barbital* (**III**), *Probarbital* (*Ipral*), *Acetophenetidin*

(*Phenacetin*), *Meperidin* (*Demerol*, **IV**), *Amobarbital* (*Amytal*), *Hydroxyphenamat* (*Listica*), *Pentobarbital*, *Pheniramin* (*Trimeton*), *Coffein*, *Secobarbital* (*Seconal*), *Diphenhydramin* (*Benadryl*), *Glutethimid* (*Doriden*, **V**), *Meprobamat* (*Miltown*, **VI**), *Lidocain* (*Xylocain*), *Prominal* (*Mebaral*), *Antipyrin* (**VII**), *Aminopyrin* (**VIII**), *Tripelennamin* (*Pyribenzamin*), *Methapyrilen* (*Histadyl*), *Chlorpheniramin* (*Chlor-Trimeton*), *Phenobarbital*, *Procain*, *Methadon* (*Dolophin*), *Bromdiphenhydramin* (*Ambodryl*), *Propoxyphen* (*Darvon*, **IX**), *Atropin*, *Thonzylamin* (*Anahist*), *Chlorcyclizin* (*Perazil*), *α-Cyclohexyl-α-phenyl-1-piperidinpropanol* (*Artan*), *Tetracain* (*Pentocain*), *Promazin* (*Sparin*), *Librium* (**X**), *Scopolamin* (**XI**), *DDT*, *Antazolin* (*Antistin*), *Codein*, *Äthylmorphin* (*Dionin*), *Diphenylhydantoin* (*Dilantin*), *Chlorpromazin* (*Thorazin*), *Morphin* (**XII**), *Äthylchlorvynol* (*Placidyl*, **XIII**), *Cinchonin*, *Cinchonidin*, *Diacetylmorphin* (*Heroin*), *Chlorchin*, *Dibucain* (*Nupercain*), *Chinidin*, *Chinin*, *Anileridin* (*Leritin*), *Meclizin* (*Bonamin*) u. *Strychnin* sind für verschiedene Temp. für die 1%-SE-30-Säule tabelliert u. werden mit den Daten auf einer 5%-SE-30- bzw. 3%-QF-1-Säule verglichen. 4 Drogen mit ähnlicher UV-Charakteristik (**IV, V, IX** u. **XI**) werden aufgetrennt. Substanzenpaare mit ähnlichen Rückhaltezeiten (**II, III, VII–VIII**) lassen sich auf 3% QF-1 identifizieren. In biolog. Mustern wurden erfolgreich **XIII, VI, V, X** u. **I** nachgewiesen. Trotz der bei der Hydrolyse von Urin entstehenden Hydrolyse-Prodd. konnte **XII** nachgewiesen werden. K. Stammbach 5764◇

1745 Miles Laboratories, Inc., V.St.A. (Erfinder: Helen Murray Free), **Nachweis von Glucose im Urin** mit einer Mischung aus z. B. 5 (mg) Peroxydase, 200 Glucoseoxydase, 200 o-Toluidinhydrochlorid u. 100 Gelatine oder 1600 H_3BO_3. Nach Lösen oder Suspendieren in W. werden Papierstreifen damit getränkt, die sich beim Aufbringen von glucosehaltigen Lsg. blau färben. (**F. P. 1 170 875** vom 15/1. 1957, ausg. 20/1. 1959. A. Prior. 6/2. 1956.) J. Bardeleben 5733

1746 Miles Laboratories, Inc., V.St.A. (Erfinder: Richard Spencer Nicholls, Dale Edwin Fonner und Paul William Perding), **Bestimmung von Albumin im Urin** mit einer Mischung aus einem Reagens zum Ausfällen der Proteine u. einem Reagens zum Anfärben der ausgefällten Proteine. Außerdem enthält die Mischung eine in W. lösl. organ. Säure, wie Salicylsulfonsäure, Pikrinsäure, Maleinsäure, Weinsäure oder Citronensäure, sowie Alkalicarbonat oder -bicarbonat. *Fällungsmittel*: Salicylsulfonsäure, Pikrinsäure, Alkalimetaphosphate, $PbNO_3$, $ZnSO_4$, $BaCl_2$, $Al_2(SO_4)_3$ oder $AlCl_3$. *Farbstoffe*: Brillantgrün, Kristallviolett, Malachitgrün. — Beispiel: 15 (Teile) Citronensäureanhydrid, 7 Salicylsulfonsäureanhydrid, 3 $CaSO_4$, 2,4 H_3BO_3, 0,8 $NaHCO_3$, 0,03 Brillantgrün. (**F. P. 1 173 427** vom 29/3. 1957, ausg. 25/2. 1959. A. Prior. 12/4. 1956.) J. Bardeleben 5733

1747 Miles Laboratories, Inc., V.St.A. (Erfinder: Alfred Henry Free und Mary Lou Kercher), **Nachweis von Albumin** in Körper-Fll., wie *Urin*, mit einer Mischung aus 0,002 g Bromphenolblau, 1 Phthalsäure, 1 Fumarsäure u. 20 ml W. bzw. 0,002 Bromphenolblau, 5 $Al_2(SO_4)_3$ u. 20 ml Wasser. Mit einer dieser Mischungen wird Filterpapier getränkt, auf das die zu untersuchende Fl. gebracht wird. Bei Anwesenheit von Albumin tritt Farb-Rk. ein. (**F. P. 1 174 942** vom 10/5. 1957, ausg. 18/3. 1959. A. Prior. 21/5. 1956.) J. Bardeleben 5733

H. Angewandte Chemie

H_1. Allgemeine chemische Technologie

1748 **Mathematische Modelle: Ein Hilfsmittel für die chemische Industrie.** P. V. Youle. (Chem. and Ind. **1963**, 1336–38; Billingham, I.C.I. Heavy Organ. Chem. Div.; engl.) — Allg. Darst. der Vorteile, die mit Hilfe eines mit Rechenmaschinen entworfenen Modells chem. Anlagen verbunden sind. I. Köditz 5800△

1749 **Chemieingenieurwesen für tiefe Temperaturen.** M. Ruhemann. (Trans. Instn. chem. Engr. **41**, Nr. 5, chem. Engr. Nr. 169, CE176–CE183, 1963; Manchester, Petrocarbon Dev. Ltd., Sunlight House; engl.) — Allg. Übersicht über die Probleme beim Arbeiten bei tiefen Temp. im techn. Maßstabe. G. Gattow 5800◇

1750 **Anwendung der Strahlenenergie in der Industrie.** C. Bokhoven. (Chem. Weekbl. **59**, 565–69, 1963; Staatsmijnen, Centraal Labor.; niederl.) — Anwendungsmöglichkeit der Strahlenenergie bei der Herst. von Hydrazin, von Polymeren u. deren Modifikationen. F. Rosendahl 5800△

1751 **Strahlungsaustausch-Anordnungsfaktoren für gerade Kreiszylinder zu rechteckigen Ebenen.** J. A. Wiebelt und S. Y. Ruo. (Int. J. Heat Mass Transfer **6**, 143–46, 1963; Oklahoma, State Univ.; engl.) — Die Lösung vieler prakt. Probleme des therm. Strahlungsaustausches erfordert die Kenntnis des Anordnungsfaktors für gerade Kreiszylinder zu rechteckigen Ebenen, die Vff. als Ergebnis langwieriger numer. Berechnungen in Form von Diagrammen wiedergeben. Diese angegebenen Werte wurden nach der Kontur-Integrations-Meth. auf einem Digitalrechner IBM-650 mit einer Endgenauigkeit von $\pm 5\%$ erhalten. W.-D. Heußner 5800◇

1752 **Die Geschwindigkeitsverteilung einer isothermen zweiphasigen gleichgerichteten laminaren Strömung in einem horizontalen rechteckigen Bett.** Y. P. Tang und D. M. Himmelblau. (Chem. Engng. Sci. **18**, 143–44, 1963; Austin, Tex., Univ., Dep. of Chem. Engng.; engl.) — Entw. von Gleichungen unter Berücksichtigung der Wand- u. Phasengrenz-Bedingungen. Gerhard Günther 5800◇

1753 **Gleichwertigkeit zwischen den durch chemische Reaktion und durch Volumenviscosität hervorgerufenen Effekten in linearisierten, nicht im Gleichgewicht stehenden Strömungen.** L. G. Napolitano. (AIAA Journal **1**, 917 bis 918, 1963; Naples, Univ. of Naples, Inst. Aron.; engl.) — Es wird nachgewiesen, daß in linearisierten Strömungen eines reagierenden Mediums, in denen das Verhältnis zwischen makroskop. charakterist. Zeit u. für die chem. Rk. charakterist. Zeit viel größer als 1 ist, d. h. unter Nichtgleichgewichtsbedingungen, die Relaxation die gleichen Effekte hervorruft wie eine Vol.-Viscosität. Inge Vieweg 5800◇

1754 **Verweilzeitunterschiede von polydispersen Materialteilchen in der vertikalen, pneumatischen Förderrohrleitung.** Jaroslav Valchář. (Chem. Techn. **15**, 531–35, 1963; Prag; dt.) — Die Beziehung für die Verteilungsfunktion $F(\tau)$ wird abgeleitet, durch die die unterschiedliche Teilchenverweilzeit des polydispersen Materials in der vertikalen, pneumat. Förderrohrleitung u. der Ausdruck zur Best. der mittleren Verweilzeit in Anlagen dieses Typs charakterisiert werden. Aus der Analyse geht hervor, daß im anwachsenden Fraktionsbereich des polydispersen Materials auch die Verweilzeitunterschiede von festen Teilchen in der Rohrleitung größer werden. Herbert Hoffmann 5800◇

1755 **Über die Verteilung der Verweilzeit in einem zylindrischen Gefäß.** W. T. F. Lau. (Chem. Engng. Sci. **18**, 243–44, 1963; Sidney, Univ., Dep. of Mechan. Engng.; engl.) — Ableitung von Ausdrücken für die Verweilzeitverteilung in einem zylindr. Gefäß mit Zu- u. Abgangsleitungen an beliebigen Stellen des Zylindermantels. Optimale Verhältnisse liegen bei diametraler Lage von Zu- u. Abgang vor. G. Günther 5802◇

1756 **Chemisch beständige Behälter, Türme und Kamine.** Eberhard Keetman. (Werkstoffe u. Korrosion **14**, 161–65, 1963; Bochum, Dr. C. Otto & Co. G.m.b.H.; dt.) — Der Aufbau von chem. beständigen Behältern aus Phenol- oder Kresol–Formaldehyd-Kunstharzwerkstoffen u. glasfaserverstärkten Polyesterharzkunststoffen wird beschrieben u. die Eigg. der Kunststoffe erläutert. F. Vier 5804

1757 **Anwendungsgrenzen für Stähle in Kontakt mit Wasserstoff.** G. A. Nelson. (Werkstoffe u. Korrosion **14**, 65–69, 1963; Emeryville, Calif., Shell Dev. Co.; dt.) — Bei $\lesssim 220^0$ bis zu einem Druck von 850 kp/cm² kann Stahl mit niedrigem C-Geh. eingesetzt werden, ohne daß Permeabilität oder sonstige Schäden auftreten. Dagegen zeigten hochfeste wärmebehandelte Stähle unter diesen Bedingungen Versprödung. Bei höheren Drücken u. Temp. reagiert H_2 mit Fe-Carbiden unter CH_4-Bildung. Durch carbidstabilisierende Zusätze, wie Mn, Cr, W, Mo, V, Ti, Nb kann die Rk. zwischen

H_2 u. den Fe-Carbiden verhindert werden. In einem Diagramm werden die Anwendungsgrenzen für Stähle mit Spuren von Leg.-Zusätzen aufgezeigt. Geringe Zusätze von Mo haben die beste Wirkung. An Hand einer Tafel wird die Inkubationszeit bis zum Angriff von H_2 bei verschiedenen Temp. u. Drücken erörtert. F. Vier 5804

1758 **Bestimmung der lokalen Werte von Wärmeübergangskoeffizienten in Modellapparaturen.** S. Bretsznajder und I. Mościcka. (Przemysł chem. **42,** 35—38, 1963; Warszawa, Zakład Fizykochemicznych Podstaw technol. Inst. Chem. Fiz.; PAN pol.) — Vff. beschreiben eine Meth. zur Best. der lokalen Werte von Wärmeübergangs-Koeff. (Oberfläche–Luft) bei verschiedener Luftströmungs-Geschw. u. vergleichen sie mit den Werten, die sich aus der Nusselt-Gleichung ergeben. I. Köditz 5816

1759 **Der Wärmeübergangsmechanismus von Gas in verflüssigten Schichten.** J. S. M. Botterill und J. R. Williams. (Trans. Instn. chem. Engr. **41,** 217—30, 1963; Birmingham, Univ., Dep. of Chem. Engng.; engl.) — Unter Bedingungen, unter denen ein Wärmeübergang (WÜ) durch Strahlung zu vernachlässigen ist, wurde der WÜ zwischen kugelförmigen Teilchen, die sich in einer Fl. (H_2O, Freon-12, Luft, H_2) befinden, u. einer Oberfläche experimentell u. theoret. zwischen 1 u. 10^0 untersucht. Die Isothermen, die Temp.-Profile von gerührten u. ungerührten verflüssigten Schichten usw. sind graph. wiedergegeben. G. Gattow 5816◇

1760 **Wärmeübergang von einem Gas in die Wandung einer Gas/Festkörper-Transportleitung.** G. Jepson, A. Poll und W. Smith. (Trans. Instn. chem. Engr. **41,** 207—11, 1963; Stevenage, Herts., Warren Spring Labor., Dep. of Sci. and Ind. Res.; engl.) — Mit Hilfe einer ausführlich beschriebenen App. wurde das Verhältnis der Wärmeübergangs-Koeff. (WK) zwischen der Wandung eines senkrecht stehenden Rohres u. einem Gas (mit u. ohne Festkörper) bestimmt. WK nimmt mit steigender Gas-Geschw. ab u. mit der zugesetzten Festkörpermenge zu. WK durchläuft ein Minimum bei einer Partikelgröße von 500—600 μm. Die Ergebnisse werden graph. mitgeteilt. G. Gattow 5816◇

1761 **Wärme- und Stoffübergang von einem beliebig geformten Körper bei erzwungener Strömung und kleinen Péclet-Zahlen.** H. Brenner. (Chem. Engng. Sci. **18,** 109—22, 1963; New York, N.Y., Univ., Dep. of Chem. Engng.; engl.) — Entw. von Gleichungs-Syst., die Wärme- u. Stofftransportvorgänge an von Fl. umströmten Festkörpern beschreiben. G. Günther 5816◇

1762 **Zirkulierende Wärmeübergangssysteme unter Verwendung von Salz mit Wasserzusatz.** H. F. Payne, D. J. I. Davies und J. G. Parker. (Trans. Instn. chem. Engr. **41,** Nr. 5, chem. Eng. Nr. 169, CE188—CE190, 1963; Manchester, Hygrotherm Engng. Ltd.; engl.) — Während organ. Verbb. für die Wärmeüberführung (WÜ) temperaturmäßig begrenzt sind (z. B. *Dowtherm A'* oder *TAS 180* bis maximal 350°), ist die tern. eutekt. Mischung „*H.T.S.*" oder „*Hitec*" [F. 142°; 40 (%) $NaNO_2$, 7 $NaNO_3$, 53 KNO_3) bis zu Temp. von 500° als Substanz für die WÜ geeignet. Um F. zu erniedrigen, wird H_2O zugesetzt. Entsprechende App., die im Kreislauf arbeiten, werden schemat. mitgeteilt. G. Gattow 5816◇

1763 **Untersuchung der Wirksamkeit der Wärmerückgewinnung in einem Zyklonaustauscher, der mit einem Wirbelschichtofen betrieben wird.** J. Ciborowski und S. Wroński. (Przemysł chem. **42,** 38—41, 1963; Warszawa, Katedra Inżynierii Chem. Politechniki; pol.) — Vff. berichten über die Ergebnisse einer Unters. über Wärmerückgewinnung bei gleichzeitiger Herst. von SO_2 u. S. Die Wärmerückgewinnung ist in dem beschriebenen Syst. sehr groß. I. Köditz 5816

1764 **Messung des Mischungsgrades von Flüssigkeiten.** L. M. Schwartz. (Chem. Engng. Sci. **18,** 223—25, 1963; Princeton, Univ., Dep. of Chem.; engl.) — Als Maß für den Ablauf der Mischung in fl. Syst. wird eine Konz.-Funktion vorgeschlagen. Die Funktion wird erhalten durch die Messung der Lichtabsorption einer zugesetzten Leitsubstanz, die in charakterist. Weise vom Beerschen Gesetz abweicht. Für wss. Syst. ist $CuCl_2$ als Tracer geeignet. G. Günther 5822◇

1765 **Cyclische Wanderung von Blasen in senkrecht schwingenden Flüssigkeitssäulen.** R. H. Buchanan, Graeme Jameson und Doeriaman Oedjoe. (Ind. Engng. Chem. **1,** 82—86, 1962; Kensington, Australia, Univ. of New South Wales; engl.) — In senkrecht schwingenden Fll. mit freien Oberflächen bilden sich durch Spritzer an der Oberfläche Blasen, die von einer gewissen Grenzfrequenz ω_c an nach unten sinken, sich dort zu großen Blasen vereinigen, die wieder an die Oberfläche steigen. Das führt zu bes. raschen u. wirkungsvollen Durchmischungen von Fl. u. Gas. Theoret. Betrachtung ergibt für die Grenzfrequenz, daß $A \cdot \omega_c^2 \approx g + \sqrt{3g^2 + (3g\,P_E/\varrho h)}$ (A = Amplitude, P_E = äußerer Druck, ϱ = Dichte der Fl., h = Abstand von der Oberfläche). Messungen an Fl. in vibrierenden (320—2900 U/min) Zylindern bestätigen diese Ableitungen. W.-G. Ackermann 5824◇

1766 **Untersuchung der drückenden Wirkung des Cyanidions.** M. B. Barbin und I. A. Kakowski. (Hochschulnachr., Berg-J. [UdSSR] **1959,** Nr. 1, 148—56 Swerdlowsk, Polytechn. Inst., Lehrstuhl für Metallurgie der Edelmetalle; russ.) — Unter Anwendung der mit ^{35}S markierten *Xanthogenate* (**I**) wird radiograph. gezeigt, daß die **I** auf der Oberfläche von Ag-Platten ungleichmäßig verteilt sind. Aus dem Vgl. der radiograph., radiochem. u. Flotationswerte geht hervor, daß bei Anwendung von *KCN*, Cyanidkomplexen von Ag u. **I** auf der Oberfläche der Ag-Platte keine monomol. Adsorptionsschicht entsteht. Die drückende Wrkg. des Cyanids ist chem. Natur. Durch die Ggw. des Drückers (KCN) wird die Menge des an der Oberfläche fixierten **I** u. damit die Schwärzung der photograph. Platte vermindert. O. Lebtag 5828△

1767 **Automatischer Fraktionssammler für größere Flüssigkeitsmengen.** H. Richter und E. Fritze. (Chem. Techn. **15,** 559, 1963; Piesteritz, VEB Stickstoffwerke; dt.) — Beschreibung einer App. für das kontinuierliche Sammeln von Eluatproben, wie sie bei der Trennung von Makromengen Seltener Erden durch Ionenaustausch anfallen. Herbert Hoffmann 5828◇

1768 **Zwischenphasengebiete in Gas–Flüssigkeits-Rührbehältern.** K. R. Westerterp, L. L. van Dierendonck und J. A. de Kraa. (Chem. Engng. Sci. **18,** 157—76, 1963; Delft, Niederlande, TH, Labor. für physikal. Technol.; engl.) — Die mit einem Rührer in einem Gas–Fl.-Reaktor erzeugte totale Phasengrenzfläche wurde mittels chem. Rkk. bestimmt, deren Rk.-Geschw. genau bekannt waren: Oxydation von Sulfit-Lsgg. mit O_2 u. die Rk. zwischen NaOH-Lsgg. u. CO_2. Für die 1. Rk. ist die chem. Rk. in der Fl.-Grenzschicht unter den angewandten Bedingungen geschwindigkeitsbestimmend. Zwei Einfl.-Gebiete können unterschieden werden: 1. Das Rühren hat keinen Einfluß. Bei Rühr-Geschw. unterhalb eines Grenzwertes n_{0D} wird die Größe der Grenzfläche unabhängig von der Rührwirkung. 2. Ein Gebiet mit Rühreinfluß. Oberhalb der krit. Rühr-Geschw. n_{0D} ist die Größe der Phasengrenzfläche unabhängig vom Gasdurchsatz oder von der Art der Gaseinleitung. n_{0D} ist abhängig vom Verhältnis Tankdurchmesser zu Rührerdurchmesser u. vermutlich unabhängig von der Viscosität der Flüssigkeit. Es konnten allg. gültige Gesetzmäßigkeiten für die Mindestrühr-Geschw. u. die erzeugte Phasengrenzfläche für Rührkessel von ∅ = 0,14—0,90 m mit geometr. ähnlichen Rührern verschiedener Größe abgeleitet werden. Es wird angenommen, daß die Beziehungen auch für Kessel mit ∅ > 1 m zur Dimensionierung verwendet werden dürfen. Der Einfl. der physikal. Eigg. der Fl. ist noch nicht geklärt. G. Günther 5840◇

1769 **Vakuummessung auf der Grundlage der Wärmeleitfähigkeitsmessung.** James M. Benson. (Instruments Control Syst. **36,** 98—101, 1963; Hastings-Raydist, Inc.; engl.) — Besprechung der Typen nach Pirani, Voege u. Hastings, deren gemeinsames Prinzip die Wärmeleitfähigkeitsmessung von elektr. erhitzten Glühdrähten ist. Üblicher Meßbereich 10^0—10^{-3} mm Hg. J. Martins 5842◇

1770 **Vakuummessung auf der Grundlage der Gasionisierung.** J. M. Lafferty und T. A. Vanderslice. (Instruments Control Syst. **36,** 90—96, 1963; Schenectady, N.Y., Gen. Electr. Res. Labor.; engl.) — Besprechung von 8 Typen von Meßinstrumenten, die insgesamt einen Meßbereich von 10^0—10^{-13} mm Hg erfassen. Sie beruhen auf der Registrierung von Ionen, die durch Zusammenstöße von Gas-Moll. mit Teilchen hoher Energie im Vakuum erzeugt werden. — 25 Literaturangaben. J. Martins 5842◇

1771 **Raschig-Ringe aus Steinzeug für die chemische Industrie. Untersuchung ihrer Eigenschaften.** R. Bugarel. (Bull. Soc. franç. Céram. **1963**, Nr. 58, 35—55; Toulouse, Inst. du Génie Chim.; franz.) — Raschig-Ringe von 10, 25 u. 50 mm u. verschiedenen Herstellern werden auf ihre Eigg. untersucht. Bei Ringen gleicher Abmessungen treten unterschiedliche physikal. Eigg. auf. Für jeden Füllkörper werden Funktionsdiagramme aufgestellt, mit deren Hilfe die für eine Füllung zweckmäßigsten Abmessungen der Ringe ermittelt werden können. J. Heinze 5844◇

1772 **Interphasenübergang in stationären zweiphasigen Medien.** S. Prager. (Chem. Engng. Sci. **18**, 227—31, 1963; Minneapolis, Minn., Univ.; engl.) — Entw. mathemat. Gleichungs-Syst. für die Beschreibung der Adsorption eines gelösten Stoffes an der Phasengrenze fest/fl. bei gegebener Anfangs-Konz. ohne u. mit laufender Neubldg. des gelösten Stoffes sowie des Übergangs von gelöstem Stoff von einer Phase in eine ursprünglich davon freie 2. fl. Phase. G. Günther 5848◇

1773 **Kinetik der CO_2-Absorption in alkalischen Lösungen.** 2. Mitt. **Absorption in einer Füllkörperkolonne und Überprüfungen von Oberflächenerneuerungsmodellen.** P. V. Danckwerts, A. M. Kennedy und D. Roberts. (Chem. Engng. Sci. **18**, 63—72, 1963; Cambridge, Dep. of Chem. Engng.; engl.) — 1. vgl. C. **1963**, 3142. — Die Resultate der Absorption von CO_2 in NaOH-, $Na_2CO_3/NaHCO_3$- u. Na_2SO_4-Lsgg. in einer Kolonne mit 12,5 mm Raschig-Ringen werden mit den durch die von Higbie u. Danckwerts aufgestellte Oberflächen–Erneuerungs-Theorie vorausgesagten Werten verglichen. Es wird eine gute Übereinstimmung gefunden. G. Günther 5848◇

1774 **Wege zur Intensivierung der Absorption der Stickstoffoxide aus Auspuffgasen durch Basen.** S. N. Gans. (Hochschulnachr. [Iwanowo], Chem. u. chem. Technol. **4**, Nr. 6, 998—1002, 1961; Dnepropetrowsk, Chem.-Technol. Dsershinski-Inst.; russ.) — Aus den Verss. u. Berechnungen geht hervor, daß durch Zusatz von NO_2 zum Auspuffgas bis zum Verhältnis $NO_2/NO = 1$ die Absorption der Gase durch NaOH sehr verbessert wird. Bei Anwendung eines mechan. Absorbers hoher Turbulenz wird beim Verhältnis $NO/NO_2 = 1, 0/1, 2$ eine Absorption an $Ca(OH)_2$ von 94—95% erzielt. Bei einer Kontaktdauer von 7,0—7,5 Sek. zwischen Fl. u. Gas enthält das Auspuffgas nur 0,05—0,06% N-Oxide Beim Fehlen von mechan. Absorbern kann eine Absorption von 80—85% erreicht werden. O. Lebtag 5850△

1775 **Vorbehandlung und Entschlammung von Kühlwassersystemen.** Charles W. Brown und L. F. Probst. (Mater. Protect. **2**, Nr. 4, 41—43, 1963; Houston, Texas, Betz Labor., Inc.; Philadelphia, Pa., Betz Labor., Inc.; engl.) — Vff. beschreiben ein Programm der Vorbehandlung der Leitungen von Kühlwasser-Ssyst. u. der Lsg. von Ablagerungen in den Rohren, das durch kontrollierte Stillegungen bestimmter Abschnitte des Syst. den Ausfall des ganzen Syst. durch Verunreinigungen aller Art nach Möglichkeit verhindern soll. Die Verknüpfung beider Meth. ermöglicht ferner eine umfangreiche Verw. von Stahlrohren in Wärmeaustauschern u. erhöht die Wärmeübergangsleistung bei langen Betriebsperioden oder bei ungewöhnlichen Betriebsbedingungen. I. Köditz 5858△

1776 **Einige Bemerkungen über Erneuerungsmodelle.** E. Ruckenstein. (Chem. Engng. Sci. **18**, 233—41, 1963; Bukarest, Rumänien, Polytechn. Inst.; engl.) — Zur Darst. des Ablaufs des Stoffübergangs in der Nähe einer Wand unter turbulenten Bedingungen wird ein Erneuerungsmodell vorgeschlagen. Hierbei findet zwischen dem Film an der Wand u. der übrigen Fl. ein Stoffaustausch statt. Von diesem Modell ausgehend werden Gleichungen für den Stoffübergangs-Koeff. entwickelt, die für 2 Extremfälle gültig sind. G. Günther 5860◇

1777 **Wärme- und Stoffübergang in turbulenten getrennten Strömungen.** P. D. Richardson. (Chem. Engng. Sci. **18**, 149—55, 1963; Providence, R.I., Brown Univ.; engl.) — Es wird die Abhängigkeit der Austausch-Geschw. von der Reynolds-Zahl u. anderen Faktoren überprüft. Es werden Beziehungen für den Stoff- u. Wärmeaustausch angegeben, welche die besonderen Verhältnisse bei umströmten stumpfen Körpern, wie z. B. Zylindern, berücksichtigen. G. Günther 5860◇

1778 **Eine Integralmethode zur Berechnung des Wärme- und Stoffübergangs in laminaren Grenzschichten. F. E. C.** Culick. (AIAA Journal **1**, 783—93, 1963; Cambridge, Mass., Massachusetts Inst. of Technol.; engl.) — Das Problem des gleichzeitigen Wärme- u. Stoffübergangs in der laminaren Grenzschicht einer bin. Mischung bei gleichbleibendem Druck wird mittels einer Integral-Meth. untersucht. Aus Konz.-Beziehungen u. Energiebilanzen ergeben sich zwei Integralbeziehungen, von denen die eine den Zusammenhang zwischen Stoffübergangs-Geschw. u. Oberflächen-Konz. im eingeführten Gas u. die andere den Zusammenhang zwischen Oberflächen-Temp. u. Wärmeübergangs-Geschw. bei gleichzeitigem Stoffübergang angibt. Das Beispiel der Einblasung von He u. Luft in einem Luftstrom wird berechnet, die Ergebnisse stimmen mit anderen Berechnungen u. vorliegendem experimentellem Material gut überein. Inge Vieweg 5860◇

1779 **Beziehungen zwischen Stoffaustausch und Aufstiegsgeschwindigkeit einzelner Blasen.** J. H. Leonard und G. Houghton. (Chem. Engng. Sci. **18**, 133—42, 1963; Pittsburgh, Pa., Univ., Dep. of Chem. Engng.; engl.) — Mit Hilfe einer dilatometr. Meth. werden die Stoffübergangs-Geschw. an Einzelblasen für die Syst. N_2O–W. u. C_2H_4–W. bestimmt. Gleichzeitig konnte die Aufstiegs-Geschw. der Einzelblasen gemessen werden. Es wird gefunden, daß sie sowohl durch den Stoffübergang als auch durch die radiale Bewegung beeinflußt wird u. daß die spezif. Absorptions-Geschw. mit zunehmender Länge der Aufstiegsbahn abnimmt. Im Fall der Desorption scheint das Verh. gerade umgekehrt zu sein. Die Absorption von N_2O aus einzelnen Blasen wird durch die Anwesenheit von Inertgas in der Blase oder von oberflächenakt. Substanzen im W. erschwert. Daraus wird geschlossen, daß die Oberflächenbeschaffenheit die Absorptions- oder Desorptions-Geschw. maßgeblich beeinflußt, u. es werden Vermutungen über die Natur dieser Effekte diskutiert. G. Günther 5860◇

1780 **Ein hydrodynamisches Modell für den Stoffübergang in einem Rührkesselextraktor.** D. R. Olander. (Chem. Engng. Sci. **18**, 123—32, 1963; Berkeley, Calif., Univ., Dep. of Nuclear Engng.; engl.) — Vf. vergleicht die an Hand von Modellvorstellungen erhaltenen Werte von Stoffübergangsfaktoren bei der Extraktion mit empir. Werten im Syst. W.–Tributylphosphat–n-Hexan. Hieraus wird abgeleitet, daß bei den empir. Werten laminare Verhältnisse vorgelegen haben u. daß selbst eine stark gewellte Austauschfläche gegenüber einer ebenen den Stoffaustausch nicht wesentlich erhöht. G. Günther 5862◇

1781 **Kolonnen für die Flüssig–Flüssig-Extraktion. Berechnung der Übergangseinheit für den allgemeinen Fall des gleichzeitigen Übergangs der drei Bestandteile.** A. Vignes und P. le Goff. (Chem. Engng. Sci. **18**, 83—93, 1963; Nancy, École Nat. Supérieure des Ind. Chim.; franz.) — Es wird die Gleichung für das Arbeiten einer Gegenstrom-Extraktionskolonne für den allg. Fall aufgestellt, daß die 3 Komponenten (Lsgm., gelöster Stoff u. Extraktionsmittel) teilweise mischbar sind. Es ist zweckmäßig, eine einzige globale Übergangsleitfähigkeit zu benützen u. die spezif. Kontaktfläche zwischen den Phasen auf die dispergierte Phase zu beziehen. Die Meth. für die Berechnung des Übergangsintegrals wird angegeben u. die Gültigkeit des zur Charakterisierung der Wirksamkeit einer Kolonne dienenden Begriffes der „Höhe einer Übergangseinheit" diskutiert. Es ist zweckmäßiger, die „Zeit einer Übergangseinheit" zu benützen. G. Günther 5862◇

1782 **Flüssig–Flüssig-Extraktion von Metallsalzen.** K. van Ipenburg. (Chem. Weekbl. **59**, 540—47, 1963; niederl.) — (Vgl. Recueil Trav. chim. Pays Bas **80**, [1961], 269. — Übersicht an Hand eines aufgestellten Klassifikationsschemas. — 75 Schrifttumsangaben. F. Rosendahl 5862△

1783 **Bemerkungen zur Arbeit: „Optimale Querstromextraktion mit Produktrückführung" von D. F. Rudd und E. D. Blum.** R. Jackson. (Chem. Engng. Sci. **18**, 215—17, 1963; Edinburgh, Univ., u. Heriot-Watt Coll.; engl.) — Vf. weist nach, daß die von Rudd u. Blum (C. **1963**, 16699) vorgeschlagene Meth. nicht allg.-gültig ist u. nur in Spezialfällen zu korrekten Aussagen führt. G. Günther 5862◇

1784 **Hochleistungsfähige Füllung von Destillationskolonnen für niedrige Drücke.** S. R. M. Ellis, K. E. Porter und M. C. Jones. (Trans. Instn. chem. Engr. **41**, 212—16, 1963; Birmingham, Univ., Dep. of Chem. Engng.; engl.) — Unters. der Fl.-Verteilung u. Dest.-Eigg. einer Kolonne, die mit mit „Multifil" verknüpftem Draht gefüllt ist. Die Dest.-Kolonne wird ausführlich beschrieben, die Meßergebnisse werden mitgeteilt. G. Gattow 5864◇

1785 **Experimentaluntersuchung über das Blasensieden. 1. Mitt. Einfluß von Oberflächenbehandlungen auf den spezifischen Wärmeübergang.** Sergio Faggiani. (Ric. sci., Parte II, Sez. A **3**, 591—97, 1963; Roma, Univ., Ist. di Fisica Tecn.; ital.) — An einer früher beschriebenen App. wurden Messungen der Wärmeableitung Φ an Pt- u. Ni-Drähten von 0,6 mm ∅ in sd. W. vorgenommen u. der Einfl. der Oberflächenbehandlung dieser Drähte durch Polieren, Anschmirgeln u. Säureätzung auf die spezif. Wärmeableitung untersucht. Am Verlauf der wiedergegebenen Φ-Kurven zeigte sich allg. eine sehr beträchtliche Steigerung des Wärmeflusses bei geätzten Oberflächen (157 W/cm^2 bei Pt, 202 W/cm^2 bei Ni). R. Kaiser 5864◇

1786 **Das Wachstum eines Dampffilms an einer schnell beheizten ebenen Oberfläche.** T. D. Hamill und S. G. Bankoff. (Chem. Engng. Sci. **18**, 355—63, 1963; Evanston, Ill., Northwestern Univ., Dep. of Chem. Engng.; engl.) — Mathemat. Behandlung von Verdampfungsproblemen unter Anwendung von Ähnlichkeitsbetrachtungen. G. Günther 5864◇

1787 **Eine Diffusionspumpe mit neuer Anordnung der Druckstufen.** H. Bollinger. (Exp. Techn. Physik **11**, 312—16, 1963; Berlin, Forschungsgemeinschaft der Deutschen Akad. der Wiss., Inst. für Gerätebau; dt.) — Bei einer neu entwickelten „Schachtelpumpe" konnte durch Einschachtelung der nachfolgenden Düsen samt Kühlmantel in den Dampfschirm der hochvakuumseitigen Düse u. Anordnung eines Leitkegels eine Verkürzung der Bauhöhe u. Herabsetzung des elektr. Leistungsbedarfs gegenüber der bisherigen Ausführung erreicht werden. Es wurde eine Pumpe mit 25000 Liter/s Saug-Geschw. gebaut, die bei einem Leistungsbedarf von 8,5 kW alle Erwartungen erfüllt. R. Truckseß 5880◇

1788 **Industrielle Druckschalter.** L. J. Jenkin. (Instrument Pract., Control Syst.-Electronics-Automat. **17**, 276—85, 1963; K.D.G., Instruments Ltd.; engl.) — Vf. gibt einen ausführlichen Einblick in die Terminologie von Druckschaltern sowie den Aufbau u. Mechanismus der verschiedensten Schaltermodelle. Die richtige Auswahl der geeignetsten Schalter samt Montagehinweisen wird besprochen. L. Mögele 5882◇

1789 **Industrielles Registrier-Luxmeter.** B. Leroy, P. Jeannot und Et. Vassy. (Mesures Controle ind. **28**, 895—98, 1963; Paris, Univ., Cie. des Compteurs, Fac. des Sci.; franz.) — Beschreibung eines Geräts zur automat. Registrierung der Beleuchtung, bes. des Tageslichts, wobei Meßstelle u. Registriergerät getrennt sind, so daß letzteres an beliebiger Stelle aufgestellt werden kann. Der Meßbereich liegt zwischen 100 u. 200000 Lux, seine spektrale Empfindlichkeit entspricht der des Auges. Durch Vorschalten von Filtern u. Verw. geeigneter Photozellen kann die Empfindlichkeit abgeändert werden. R. Truckseß 5886◇

1790 **Optimierung eines chemischen Fabrikationsprozesses mit Hilfe der Kybernetik.** T. Reis. (Acta chim. Acad. Sci. hung. **35**, 361—75, 1963; Paris, Soc. Engineering Pétrole Chimie; franz.) — Am Beispiel der Rk.-Katalyse eines Rohstoffes mit Abtrennung des Haupt-Prod. in einer dampfbeheizten Abtreibkolonne, Rückgewinnung des Katalysators u. Abführung der gesamten Verunreinigungen wird eine Evolutions-Meth. zur automat. Regelung für die Einstellung der optimalen Betriebsbedingungen entwickelt, wobei 3 Wege näher gekennzeichnet werden. R. Kaiser 5888◇

1791 **Eine Methode zur Bestimmung von Näherungswerten für Übertragungsfunktionen in Systemen.** V. J. Law und R. V. Bailey. (Chem. Engng. Sci. **18**, 189—202, 1963; Tulane Univ., Dep. of Chemical Engng.; engl.) — Vf. zeigt, daß zur Best. der Übertragungsfunktionen beliebiger Syst. die Meth. des Impuls-Vgl. allg. anwendbar ist. Ein einfacher statist. Test wählt dabei die beste Form der empir. Übertragungsfunktion aus. An Hand von Beispielen von Syst. 1., 2. u. 3. Ordnung wird das Vorgehen zur Best. der für die Prozeßregelung wichtigen Übertragungsfunktionen linearer Syst., ausgehend von leicht zugänglichen experimentellen Daten, erläutert. G. Günther 5888◇

1792 **Einige Anwendungen von Radioisotopen in der chemischen Industrie.** P. Johnson, R. M. Bullock und J. Whiston. (Chem. and Ind. **1963**, 750—56; Billingham, Co. Durham, Imp. Chem. Ind. Ltd., Heavy Organ. Chem. Div., Res. Dep.; engl.) — Überblick über die Anwendung von Radioisotopen zur Lösung von Problemen, die sich aus chem. Prozessen ergeben, z. B. Höhenstandsmessungen u. Regulierungsmöglichkeiten in Rk.-Gefäßen u. Dest.-Kolonnen, Auffindung von Korrosionserscheinungen in Gefäßen u. Rohrleitungen, Strömungsmessungen, Best. der Verweilzeit, Feststellung von Leckstellen. I. Köditz 5888△

1793 **Charakterisierung der Porenstruktur von Graphit. 1. Mitt. Untersuchungsmethoden.** L. Küchler und E. G. Schlosser. (Kerntechn., Isotopentechn. u. -chem. **5**, 145—52, 1963; Frankfurt/M.-Höchst, Farbwerke Hoechst Akt.-Ges., vorm. Meister Lucius & Brüning; dt.) — Die angewendeten Unters.- Meth. (Best. der Dichte durch Messungen an Kugeln u. an kleinen Probezylindern u. durch gasvolumetr. Messungen; Best. der Porosität nach der BET-Meth. u. durch Capillar-Kondens. u. Best. der Hg-Penetration; Best. der Permeabilität nach der Vakuumzerfall- u. Effusions-Meth.) werden kurz charakterisiert. Die Best. der Permeabilitäts-Konst. nach den genannten Meth. ergibt eine gute Charakterisierung der Poren, während die anderen aufgeführten Meth. teils ungenauer, teils aufwendiger sind, aber wertvolle Ergänzungen liefern können. Elektronenmkr. Aufnahmen an unverdichtetem Graphit lassen bei einer Fläche von 320 μm^2 im Mittel je einen Hohlraum von 5 μm ∅ erkennen. Daraus wird eine Porendichte von $3 \cdot 10^5$ cm^{-2} gefolgert. Bei Verdichtung der Masse tritt keine Schott-Dichtung ein, sondern es erfolgt eine Porenveränderung durch Ablagerung von Material an den Porenwänden oder durch lockere Einlagerung von Flocken in den Poren. Dies wird durch Porenspektren bestätigt, nach denen mit dem Verschwinden größerer Poren kleinere erzeugt werden. F. Rosendahl 5894△

1794 **Ein neuer kerntechnischer Werkstoff: Das gefrittete Magnesiumoxid.** M. Salesse, R. Caillat und J. Hérenguel. (J. nuclear Mater. [Amsterdam] **8**, 39—40, 1963; Saclay, Gif-sur-Yvette, Seine-et-Oise, France, Commisariat à l'Énergie Atomique; franz.) — Geringer Einfangsquerschnitt, gute Verarbeitbarkeit, keine Leg.-Fähigkeit mit U, gutes mechan. u. therm. Verh. machen anoxydiertes, gefrittetes Mg zu einem brauchbaren Werkstoff für die Kerntechnik. M. Hagedorn 5894◇

1795 **Herstellung, Verarbeitung und metallurgische Eigenschaften der Mischwerkstoffe vom Typ Mg/MgO.** J. Hérenguel. (J. nuclear Mater. [Amsterdam] **8**, 49—59, 1963; franz.) — Das auf Grund der Erfahrungen bei dem Al/Al_2O_3-Syst. vergleichsweise untersuchte Fritten-Syst. Mg/MgO zeigt unter Beibehaltung der kernchem. Eigg. von Mg eine verbesserte mechan. u. therm. Widerstandsfähigkeit u. eine bemerkenswerte Strukturstabilität bei hoher Temp.-Dauerbeanspruchung. Besprochen werden: Erzeugung der Oxidschicht durch Behandlung von Mg mit CO_2 bei 350—550° oder mit F oder F-Verbb. bei bis 600°; Verdichten in der Kälte, mit nachfolgendem Entgasen, u. anschließend bei 400°; Extrusion als Rohr; mechan. Eigg. von gefrittetem Mg/MgO unter Zugspannung, Natur u. Dichte des Oxidfilms auf den Teilchen; Anisotropie der mechan. Eigg. der extrudierten Formkörper; Struktur u. Kompaktheit der Fritte u. deren Stabilität bei den Temp. der Betriebsbeanspruchung. M. Hagedorn 5894◇

1796 **Stähle für Kernreaktoren.** A. L. Medin. (Metal Progr. **83**, 109—12, 148, 150, 152—55, 1963; Glen Burnie, Md., Pfaudler Permutit, Inc.; engl.) — Überblick über die in Kernreaktoren als Brennstoffumhüllung oder für den Reaktorbau verwendeten Stähle, ihre mechan. Eigg. u. ihr Korrosionsverhalten. F. Vier 5894

1797 **Sekundäre Dampferzeuger für Siedewasserreaktoren.** K. J. de Jong und C. de Pater. (Ingenieur ['s Gravenhage] **75**, W 139—46, 1963; niederländ.) F. Rosendahl 5894△

1798 **Brennstoffbeschickung bei einem arbeitenden gasgekühlten Versuchsreaktor (EGCR).** Harold D. Young. (Nuclear Engng. **8**, Nr. 81, 64—69, 1963; Kaiser Engng.,

Assoc. Mechan. Engng.; engl.) — Die Beschickungsmaschine führt den Brennstoff bei vollem Betrieb des Reaktors zu. Sie besteht aus einem abgeschirmten Druckgefäß von 2,74 m ∅ u. 10,70 m Höhe. Die Temp. des Kühlmittels beträgt 260° bei einem Druck von 22 at. Gerhard Schmidt 5894◇

1799 **Wärmeübertragung in Kernenergieanlagen.** M. Bogaardt. (Ingenieur ['s-Gravenhage] **75,** W 123—26, 1963; niederl.) — Überblick über die verschiedenen Probleme, die bei der Übertragung der Wärme innerhalb u. außerhalb von Kernreaktoren auftreten. Bes. Berücksichtigung finden die mit W. gekühlten u. moderierten Reaktoren. F. Rosendahl 5894△

1800 **Wärmeübertragung bei hohen Temperaturen.** M. Dalle Donne und F. H. Bowditch. (Nuclear Engng. **8,** Nr. 80, 20—29, 1963; ENEA Dragon Proj. and U. K. AEA; engl.) — Beim Dragon-Reaktor ist der Strömungszustand des *He* im Core u. in den Wärmeaustauschern turbulent für Maximal- u. laminar für Minimalfluß bzw. natürliche Konvektion. Die experimentellen Ergebnisse für laminare, turbulente u. laminar-turbulente Luftströmung durch Rohre mit kreisförmigem Querschnitt werden wiedergegeben. Gerhard Schmidt 5894◇

1801 **Kontrollmaterialien für Hochtemperaturreaktoren unter besonderer Berücksichtigung von Mischoxiden.** F. Haeßner, G. Petzow und E. Preisler. (Kerntechn., Isotopentechn. u. -chem. **5,** 153—56, 1963; Ber. dtsch. keram. Ges. e. V. **40,** 102, 1963; Stuttgart, Max-Planck-Inst. für Metallforsch.; dt.) — Die Anforderungen, die an Kontrollmaterialien gestellt werden, lassen für höhere >Temp. (700°) die Verw. des guten therm. Absorbers Cd in Kombination mit einem epitherm. Absorber als geeignet erscheinen. $Cd_2Ta_2O_7$ u. die Kombination von $Cd_2Ta_2O_7$ mit $InTaO_4$ dürften hierfür geeignet sein. Die Herst., therm. Beständigkeit an der Luft u. gegenüber Metallen sowie weitere Eigg. werden besprochen. J. Noack 5894△

1802 **Herstellung und Verarbeitung von Uranmonocarbid für Brennelemente.** P. Himmelstein, B. Liebmann und L. Schäfer. (Ber. dtsch. keram. Ges. e. V. **40,** 153—58, 1963; Wolfgang b. Hanau, NUKEM G. m. b. H.; dt.) — Vgl. C. **1964,** 1-1893. J. Noack 5894◇

1803 **Erfassung kleinerer Mengen radioaktiver Abfälle und deren Sicherstellung.** H.-J. Marcinowski. (Kerntechn., Isotopentechn. u. -chem. **5,** 157—59, 1963; Frankfurt/M., Isotopenstudiengesellsch. e. V.; dt.) — Allg. Ausführungen. F. Rosendahl 5894△

1804 **Verbesserung der quasi-stationären Nährungslösung für die Kinetik chemischer Reaktionen durch die Methode der einmaligen Störung.** J. R. Bowen, A. Acrivos und A. K. Oppenheim. (Chem. Engng. Sci. **18,** 177—88, 1963; engl.) — Die Meth. der „einmaligen Störung" wird an Hand der Analyse 4 typ. kinet. Schemata in längeren mathemat. Ableitungen erläutert. G. Günther 5896◇

1805 **Die Struktur der Zone der durch Diffusion kontrollierten Reaktion.** S. K. Friedlander und K. H. Keller. (Chem. Engng. Sci. **18,** 365—75, 1963; Baltimore, Md., John Hopkins Univ.; Dep. of Chem. Engng.; engl.) — Vff. stellen die Differentialgleichung für sehr schnelle Rkk. mit endlicher Geschw. für die Kinetik 2. u. 3. Ordnung auf. Bei Rk.-Geschw. mit endlichem Wert muß die Rk.-Zone eine endliche Dicke haben u. einen Konz.-Gradienten aufweisen. Die numer. Berechnung wird für das Auflösen einer CO_2-Blase in Lauge aufgeführt. Durch Messen der Dicke der Rk.-Zone sollte es möglich sein, die Rk.-Geschw. in Lsgg. abzuschätzen. G. Günther 5896◇

1806 **Der Einfluß axialer Diffusionsprozesse auf die optimale Ausbeute von Röhrenreaktoren. 1. Mitt. Isotherme Reaktoren mit einfacher reversibler Reaktion A ⇌ C.** J. Adler und D. Vortmyer. (Chem. Engng. Sci. **18,** 99—108, 1963; London, Imp. Coll.; engl.) — Ein eindimensionales Modell für einen kontinuierlich betriebenen Reaktor vom Typus des Strömungsrohres wird vorgeschlagen, in welchem in einer Kammer von endlicher Länge eine isotherme reversible Rk. A ⇌ C durchgeführt wird. Der Einfl. der axialen Diffusion auf optimale Ausbeute u. Temp. wird geprüft. Numer. Resultate werden angeführt für eine Modell-Rk., deren Aktivierungenergie halb so groß ist wie diejenige der Rückreaktion. G. Günther 5896◇

1807 **Elemente einer makrodynamischen Theorie des durch Diffusion und Sedimentation bewirkten Transportes in fluidisierten Systemen, einschließlich der mit schwachem Gel-Charakter.** Ole Lamm. (Kungl. Tekn. Högskolans Handl. **1963,** Nr. 204, 1—20; Stockholm, Royal Inst. of Technol.; engl.) — Die isotherme Diffusion u. Sedimentation laufen nach Gesetzen der Freien Energie ab, wenn die Widerstände den Charakter einer Reibung zwischen den Komponenten haben. Vf. zeigt, wie andere Arten der Verteilung diese Gesetze im Prinzip abschwächen, wobei vom Verh. einer gelartigen Lsg. ausgegangen wird. G. Günther 5904◇

1808 **Der Übergang zwischen dem festangeordneten und dem fluidisierten Zustand.** K. E. Bertil Andersson. (Kungl. Tekn. Högskolan Handl. **1963,** Nr. 202, 1—14; Stockholm, Royal Inst. of Technol.; engl.) — An Hand eines Diagramms über die Abhängigkeit der Wirbelbetthöhe u. des Druckabfalles von der Geschw. des strömenden Mediums zeigt Vf., daß beim Übergang vom festangeordneten in den fluidisierten Zustand zwischen der „maximalen Geschw. im Festbett" (I) u. der „minimalen Fluidisations-Geschw." (**II**) unterschieden werden muß. Für die Best. von **II** empfiehlt Vf. eine Methode. Literaturwerte für **II** haben im allg. eine bessere Übereinstimmung zu den **I**-Werten als die **II**-Werte nach der Theorie des Verfassers. Gerhard Günther 5904◇

1809 **Druckabfall in Füllkörperbetten.** K. E. Bertil Andersson. (Kungl. Tekn. Högskolan Handl. **1963,** Nr. 201, 1—38; Stockholm, Royal Inst. of Technol.; engl.) — Vf. fand, daß in einem bestimmten Bereich die Druckabfallgleichung nach Ergun inkonsistent ist. Verss. in Betten aus gleich großen Kugeln führten zu 2 Funktionen für die Kozeny-Konst. u. den Proportionalitätsfaktor. Dabei wurden auch der Wand- u. der Endeffekt untersucht. — 55 Literaturangaben. Gerhard Günther 5904◇

1810 **Ein Kriterium für das isotherme Verhalten eines Katalysator-Pellets.** J. B. Anderson. (Chem. Engng. Sci. **18,** 147—48, 1963; Princeton, N.J., Univ., School of Engng. and Appl. Sci.; engl.) — Entsprechend den Vorstellungen von Weiss (Z. phys. Chem. **11,** [1957], 1) über die Abwesenheit von Konz.-Gradienten in Katalysatorpellets unter bestimmten Verhältnissen von Radius, Rk.-Geschw., Konz. des reagierenden Stoffes u. Ausmaß der Porendiffusion leitet Vf. einen Ausdruck ab, dessen Größe eine Aussage über die An- oder Abwesenheit von Temp.-Gradienten innerhalb der Pellets gestattet. Danach bestehen z. B. bei der Dehydrierung von *Cyclohexan* an Pt/Al_2O_3 unter Reformingbedingungen nennenswerte Temp.-Gradienten innerhalb eines Pellets von 2 mm Durchmesser. Gerhard Günther 5904◇

1811 **Diskontinuitätseffekte an katalytischen Oberflächen in Laminargrenzschichten von dissoziiertem Gas.** P. M. Chung, S. W. Liu und H. Mirels. (Int. J. Heat Mass Transfer **6,** 193—210, 1963; El Segundo, Calif., Aerospace Corp., Aerodynamic and Propulsion Res. Labor.; engl.) — Vff. bestimmen die katalyt. Rekombination von Atomen entlang einer Oberfläche mit diskontinuierlicher Veränderung der katalyt. Oberflächenaktivität u. nehmen an, daß die katalyt. Aktivität dabei einen Sprung von 0 oder ∞ auf beliebige, aber konst. Werte an einer bestimmten Stelle aufweist. Für allg. zweidimensionale u. achssymm. Körper werden von Vff. stark gekühlte hyperson. Laminargrenzschichten unter Verw. einer Volterra-Integralgleichung u. einer modifizierten Pohlhausen-Integral-Meth. als Näherung untersucht. Der Einfl. einer nicht katalyt. wirkenden Anlaufstrecke auf den Wärmeübergang an eine in Fließrichtung abwärts gelegene Fläche von endlicher katalyt. Wrkg. wird diskutiert. Vff. vervollkommnen eine Meth. zur Best. der örtlichen Atom-Konzz. in Hochtemp.-Vers.-Einrichtungen durch differentialkatalyt. Meßvorrichtungen. — 22 Literaturangaben. W.-D. Heußner 5904◇

1812 F. J. Collin, Akt.-Ges. zur Verwertung von Brennstoffen und Metallen (Erfinder: Alfred Jäppelt, Dortmund), **Verwertung von schwefelsauren Eisensalzlösungen,** bes. *Beizablaugen,* dad. gek., daß die aus der Beizlauge gewonnenen Fe-haltigen Schlämme als *Bindemittel zur Brikettierung* des im Stahlwerk anfallenden *Gichtstaubes* u./oder *Feinerzes* verwendet u. die gewonnen Briketts anschließend im Hochofen verhüttet werden. Bevorzugt wird der $Fe(OH)_3$-Schlamm, der getrennt vom Cyanschlamm u. FeS gewonnen werden kann, als Bindemittel benutzt. (**D. A. S. 1 039 546** Kl. 18a vom 2/10. 1957, ausg. 25/9. 1958.) M. Neckermann 5811

1813 California Research Corp., San Francisco (Erfinder: John Richard Thomas, Lafayette), Calif., V.St.A., **Herstellung stabiler Metalldispersionen** mit einem Teilchen-Ø $< 0{,}1\ \mu$ in organ. Lsgm., dad. gek., daß man eine metallorgan. Verb. eines nur an C gebundenen elektropositiven Metalls in einer Polymer-Lsg. in KW-Stoffen oder Äthern zersetzt, wobei das Polymere ein Homopolymer aus einem ungesätt. Ester mit nur einer polymerisierbaren Äthylengruppe u./oder ein Mischpolymer aus a) wenigstens einem, KW-Stoff-Löslichkeit bewirkenden Monomeren mit nur einer polymerisierbaren Äthylenbindung u. einer einwertigen KW-Stoff-Gruppe mit 4—30 aliphat. C-Atomen u. b) wenigstens einem polaren Monomeren ist, ein Molgew. von $\sim$100000 bis $\sim$1000000 aufweist u. in einer Menge von 0,01—10% des Lsgm. in der Lsg. enthalten ist. Als Monomeres der Gruppe b) werden bes. ungesätt. aliphat. Mono- u. Dicarbonsäuren mit 3—6 C-Atomen, deren Polyäthylenglykolesteralkyläthern u. Aminoalkylestern, sowie der N-Vinylpyrrolidone verwendet. Als das in KW-Stoffen u. Äthern lösl. Polymere wird bes. ein Copolymer aus a) wenigstens einem Alkylmethacrylat u. b) Vinylpyrrolidon verwendet. — Eine Lsg. von $Pb(C_2H_5)_4$ in Isooctan, das 0,3% eines aus Dodecylmethacrylat u. N-Vinylpyrrolidon bestehenden Mischpolymeren enthält, wird einer intensiven UV-Strahlung ausgesetzt → beständiges Pb-Kolloid. In ähnlicher Weise, wobei die Zers. auch durch Erhitzen herbeigeführt werden kann, werden Sole von den Metallen Mg, Sn, Be, Mo, Al, Ni, Ti, Co, Fe, Cr, Zn, Cd u. Mn erhalten. — Diverse Verw., z. B. zur Herst. von *Einfeldmagneten*, als Zusatz für *Raketenkraftstoffe*, als *Hydrierungskatalysatoren*. (**D. A. S. 1 154 442** Kl. 12g vom 21/2. 1961, ausg. 19/9. 1963. A. Prior. 31/3. 1960.) H. Roos 5825

1814 Farbenfabriken Bayer Akt.-Ges., Leverkusen (Erfinder: Otto Doepke, Leverkusen, Erhard Paschke, Köln, und Walter Niemann, Bergisch Gladbach), **Herstellung einer chemisch aktivierten Entfärbungskohle** mit breitem Wrkg.-Bereich. Zerkleinerter dichter Torf wird mit Zinkchlorid (**I**) in einem seiner begrenzten Aufnahmefähigkeit für **I** angepaßten Maischverhältnis (bes. 1:2) angesetzt u. dieser vorgemaischte Torf unter Rühren bis zum Ablauf einer deutlich sichtbaren Rk. (Schwarzfärbung u. Austrocknung) erhitzt, worauf durch weitere Zugabe von **I** auf ein Maischverhältnis von 1:3 bis 1:3,5 hochgemaischt wird u. die Maische anschließend aktiviert wird. (**D. A. S. 1 134 660** Kl. 12i vom 14/3. 1961, ausg. 16/8. 1962.) E. Miessgang 5849

1815 Badische Anilin- & Soda-Fabrik Akt.-Ges., Ludwigshafen/Rh. (Erfinder: Roland Schwen, Friedelsheim, und Wilhelm Münster, Ludwigshafen/Rh.), **Wasserhaltiges Frostschutzmittel** auf Basis von *1.2-Diolen* unter Verw. bekannter Korrosionsinhibitoren, gek. durch einen Geh. an 0,2—2 (0,5—1) (%) $Na_2B_4O_7$, 0,1—1 (0,2—0,4) $NaNO_3$, 0,1—1 (0,2—0,4) $NaNO_2$, 0,01—0,1 (0,02—0,04) $Na_2 \cdot SiO_3$, 1—4 (1,5—2,5) Na-Benzoat u. 0,01—0,5 (0,05—0,2) Benztriazol, bezogen auf die Diole. Beispiele mit *Äthylenglykol* u. *1.2-Propylenglykol*. — Vergleichsbeispiele. (**D. A. S. 1 154 976** Kl. 46c vom 4/10. 1961, ausg. 26/9. 1963.) H. Schindler 5859

1816 Union Carbide Corp., New York, N.Y. (Erfinder: Iared Wilson Clark, Charleston, Joseph Peter Henry und Charles Edward Rectonwald, South Charleston, W.Va.), V.St.A., **Herstellung von Pentafluoräthan (I)**, dad. gek., daß Tetrachloräthylen, 1.1-Dichlor-2.2-difluoräthylen oder Chlortrifluoräthylen (**II**) mit HF in Ggw. eines Cr(II)-Oxid enthaltenden Katalysators (**III**) bei 200—550° umgesetzt wird. — Während 3 Std. wurden 430 g **II** u. 227 g HF über 160 cm^3 eines tablettierten **III** bei 350 bis 400° verdampft. Das Kondensat enthielt 130 g **I**, 94 g Chlortetrafluoräthan u. 162 g **II** neben einer geringen Menge an Chlorpentafluortriäthan u. Dichlortetrafluoräthan. — *Kühlmittel*. (**D. A. S. 1 154 797** Kl. 12o vom 29/3. 1961, ausg. 26/9. 1963. A. Prior. 12/4. 1960.) J. Mühleisen 5859

1817 W. R. Grace & Co., New York, N.Y. (Erfinder: Frederick T. Fitch und Jean G. Smith, Baltimore, Md.), V.St.A., **Herstellung von mit Siliciumdioxid umhüllten Thoriumoxid-, Uranoxid-, Thorium-Uranoxid oder Plutoniumoxid-Solen** zur Verw. als *Kernreaktorbrennstoffe*. Dem nicht umhüllten Sol wird ein organ. Silicat (**I**), z. B. ein Alkylsilicat mit 1—3 C-Atomen, bes. Tetraäthylorthosilicat, in einer Menge zugesetzt, die einem Verhältnis von Metalloxid zu SiO_2 zwischen 1 : 1 u. 10 : 1, bes. zwischen 2 : 1 u. 3 : 1, entspricht, das Gemisch auf 70—150°, bes. auf ca. 100°, unter Rückfluß erhitzt, bis **I** hydrolysiert ist, wobei der pH-Wert oberhalb des I.P. des SiO_2 gehalten wird. Anschließend wird das Sol in bekannter Weise von verunreinigenden Ionen befreit. (**D. A. S. 1 156 054** Kl. 12g vom 10/5. 1961, ausg. 24/10. 1963. A. Prior. 12/5. 1960.) H. Roos 5895

1818 W. R. Grace & Co., New York, N.Y. (Erfinder: Frederick T. Fitch und Jean G. Smith, Baltimore, Md.), V.St.A., **Herstellung eines hydrothermisch stabilen Thorium-, Plutonium- oder Uransilicat-Sols** durch gemeinsame Hydrolyse des Metallsalzes, bes. eines Salzes des 4wertigen Th u. eines organ. Alkylorthosilicats, mit 1—3 C-Atomen, mit einer starken einbas. Säure in wss. Lösung. Die Anionen werden nach der Hydrolyse gleichzeitig oder nacheinander aus der Lsg. entfernt, bis die spezif. Leitfähigkeit des Sols bei 25° unter 10^{-3} mho/cm liegt, u. anschließend wird der pH-Wert des entstandenen Sols durch Zusatz eines Alkalihydroxids auf 7—10 eingestellt. Die Hydrolyse wird bes. in Ggw. von Harnstoff, in wss. Medium ohne ein Hydrolysierhilfsmittel u. bei 75—150° durchgeführt. Die Hydrolyse kann auch durch Elektrodialyse, wobei gleichzeitig die Anionen entfernt werden, bewirkt werden. Zur Erzeugung eines SiO_2-Überzugs auf den Solteilchen kann nach der Hydrolyse ein organ. Silicat zugesetzt u. das Sol erhitzt werden. — *Kernreaktorbrennstoffe*. (**D. A. S. 1 156 055** Kl. 12g vom 10/5. 1961, ausg. 24/10. 1963. A. Prior. 12/5. 1960.) H. Roos 5895

1819 A. E. I.-John Thompson Nuclear Energy Co. Ltd., London (Erfinder: Brian Frederick Cooke, Knutsford), England, **Kernreaktor.** Zur Strahlrohrabschirmung dient ein seitlich über das äußere Ende des Strahlrohrs hinweg verschiebbares Tor, das auf der dem Reaktor zugekehrten Seite eine Abschlußplatte trägt, die an dem Tor durch ein Parallelgestänge so befestigt ist, daß es in der geschlossenen Lage seitlich gegen einen Anschlag anstößt, der das Gestänge so dreht, daß die Platte gegen einen um das äußere Ende des Strahlrohrs gelegten Sitz gepreßt wird, um eine Fl.-dichte Abdichtung zu bilden, während ohne Anstoß an den Anschlag das Gestänge in entgegengesetzter Richtung vorgespannt ist, um die Platte von dem Strahlrohr entfernt zu halten u. seitliche Bewegung zu ermöglichen. (**D. A. S. 1 146 208** Kl. 21g vom 7/7. 1960, ausg. 28/3. 1963. E. Prior. 9/7. 1959.) H. Kessel 5895

1820 Dow Chemical Co., Midland, Mich. (Erfinder: Lyle B. Borst, Ossining, N.Y.), V.St.A., **Kernreaktor.** Ein unterkrit. Reaktorkern ist von einer für sich allein ebenfalls unterkrit. Neutronenlieferungs-Vorr. umgeben (z. B. einem mantelförmig angeordneten, mindestens 3-stufigen Neutronenvervielfacher), die mindestens so viel Neutronen in den Reaktorkern schickt, daß der Reaktor krit. wird u. bleibt. (**D. A. S. 1 138 169** Kl. 21g vom 16/10. 1959, ausg. 18/10. 1962. A. Prior. 28/10. 1958.) H. Kessel 5895

1821 De Havilland Engine Co. Ltd., Leavesden (Erfinder: Francis Robert Bell, London), England, **Moderator für Kernreaktoren.** mit einer Anzahl aufeinanderliegender Schichten aus nebeneinander angeordneten, unter sich gleichartigen, von Brennstoff- u. Kühlkanälen durchsetzten, im Querschnitt vieleckigen Moderatorblöcken. Vorsprünge an den Mantelflächen greifen in entsprechende Vertiefungen in den Mantelflächen angrenzender Moderatorblöcke ein. (**D. A. S. 1 144 411** Kl. 21g vom 16/3. 1960, ausg. 28/2. 1963. E. Prior. 16/3. 1959.) H. Kessel 5895

1822 Kali-Chemie Akt.-Ges. (Erfinder: Karl-Hermann Koepernik), Hannover, **Herstellung von Katalysatorträgern**, die geformt, gegen hohe Temp. beständig u. mechan. sehr fest sind, dad. gek., daß chem. unbehandelter Ton (bes. 10—90 Gew.-Teile) mit $Al(OH)_3$ (bes. 90—10 Gew.-Teile), ggf. unter Zusatz von Porosierungs- u. Gleitmitteln, vermischt, zu Formlingen verformt, ggf. bei Temp. bes. $< 100°$ getrocknet u. bei ca. 900—1400°, bes. bei 1000—1100°, gebrannt wird. — 35 (kg) Kaolinton mit ca. 10% W. werden nach Mahlung mit 65 $Al(OH)_3$ [Geh. an $Al(OH)_3$ ca. 65%] u. mit 2 einer 50%ig. wss. Emulsion eines synthet. Harzes vermischt. Nach Zugabe von 10% W. wird stranggepreßt, die Formlinge bei 80° 15 Std. getrocknet u. nach mehrstd. Aufheizen 2 Std. bei 1100° gebrannt. (**D. A. S. 1 152 995** Kl. 12g vom 2/3. 1961, ausg. 22/8. 1963.) H. Roos 5905

1823 Universal Oil Products Co., Des Plaines (Erfinder: James Hoekstra, Evergreen Park, Ill., V.St.A., **Herstellung eines ein Platinmetall und Halogen enthaltenden Trägerkatalysators,** wobei ein Friedel-Crafts-Metallhalogenid (I), bes. $AlCl_3$, durch Aufdampfen auf ein Prod., bestehend aus einem anorgan. hitzebeständigen Oxid, bes. Al_2O_3, u. einem im red. Wertigkeitszustand vorliegenden Metall der Pt-Gruppe, aufgedampft u. das erhaltene Prod. so lange auf eine Temp. von ca. 400—700° erhitzt wird, bis das nicht umgesetzte Halogenid entfernt ist, dad. gek., daß der das Pt-Metall enthaltende Träger vor dem Aufdampfen des I mit einem Gemisch aus Halogenwasserstoff, bes. HCl oder HBr u. H_2, bes. bei 500—600°, behandelt wird, wobei das Verf. bes. so lange durchgeführt wird, bis im wesentlichen alles W. entfernt u. das Pt-Metall im Wertigkeitsbereich von 0—0,5 vorliegt. Das Prod. kann anschließend noch in Ggw. eines inerten Gases 1—48 Std. bei 400—700° calciniert werden. (**D. A. S. 1 156 053** Kl. 12g vom 19/7. 1960, ausg. 24/10. 1963. A. Prior. 20/7. 1959. **Zusatz zu D. A. S. 1 048 877; C. 1960, 10012.**) H. Roos 5905

1824 **Kenichi Suga**, Tokio, Japan, *Nutzbarmachen der Verbrennungswärme von minderwertiger Kohle.* (**Ind. P. 67 687** vom 15/5. 1959, ausg. 27/3. 1962. — **C. 1963,** 6732 [Aust. P. 231 698].)

1825 **Arndt Striegler, Siegfrid Unger, Egon-Rüdiger Strich** und **Hans-Jochen Wölfer**, Deutschland, *Herstellung kugelförmiger Katalysatoren.* (**UdSSR. P. 132 621** vom 3/3. 1959. — **C. 1963,** 5155 [D. P. [DDR] 20 704].)

H_5. Anorganische Industrie

1826 **Luftzerlegung.** P. M. Schuftan. (Chem. Process Engng. **43,** 458—63, 1962; Brit. Oxygen Co. Ltd.; engl.) — Verschiedene neue Verff. u. Anlagen zur Gewinnung von O_2, N_2 u. Ar werden beschrieben. H. Schroeder 6076◇

1827 **Gaschromatographische Untersuchungen von Retortenabgasen der CS_2-Produktion.** Hans Nestler und Werner Berger. (Chem. Techn. **15,** 616—17, 1963; Premnitz, VEB Chemiefaserwerk „Friedrich Engels", Hauptabt. Forsch. u. Entw.; dt.) — Die Trennung des Gemisches Luft, CS_2, COS, H_2S u. CO_2 erfolgte gaschromatograph. bei Raumtemperatur. Der Trägerstrom betrug zu Beginn 40 ml H_2/min u. wurde nach Eluierung des COS auf 140 ml erhöht, um die lange CS_2-Retentionszeit zu verkürzen. Als stationäre Phase wurde Squalan auf Heydeflon bzw. Diaphorit verwendet. Die relativen Retentionszeiten: Inerte 0,5, CO_2 0,7, H_2S 1,0, COS 1,6 u. CS_2 20,3. Die Analysendauer beträgt einschließlich Auswertung 30 Minuten. Herbert Hoffmann 6076◇

1828 **Verhalten von an Marmatit-Oberflächen adsorbierten Xanthaten in Gegenwart von Luft, Sauerstoff und Kohlendioxid.** S. Ramachandra Rao und C. C. Patel. (Indian J. Technol. **1,** 132, 1963; Bangalore, Ind. Inst. of Sci., Dep. of Inorg. and Physic. Chem.; engl.) — Im Anschluß an frühere Arbeiten über Sulfiderze (1960—62) wurde das Verh. von Marmatit (Ma) mit 50,6 (%) Zn, 11,4 Fe, 34,5 S u. 2,5 SiO_2 gegenüber zugesetztem Xanthat als Sammlerreagens bei der Schaumflotation untersucht. In üblicher Weise wurde der beim Durchperlen von Luft, O_2 oder CO_2 auftretende Kontaktwinkel an den Schwebepartikeln gemessen. Bei mit $CuSO_4$ aktivierter Oberfläche ist das Verh. ähnlich dem bei Sphalerit; ohne Aktivierung zeigen sich zeitlich rasch zunehmende Kontaktwinkel, bes. mit Isoamylxanthat bei CO_2-Gemischen mit Luft oder O_2 als Zeichen einer zeitbedingten gesteigerten Xanthatadsorption bei pH 7. Bei pH 8,5 war dagegen an aktivierten Ma-Oberflächen keine Dixanthat-Bldg. feststellbar. R. Kaiser 6076◇

1829 **Elektrolytische Darstellung von Bromaten.** S. Sundararajan, K. C. Narasimham und H. V. K. Udupa. (Chem. Process Engng. **43,** 438—41, 447, 1962; India, Central Electrochem. Res. Inst.; engl.) — Der Einfl. von Anodenstromdichte, Temp. u. Zusätzen ($Cr_2O_7^{2-}$, BrO_3^-) wird bei der anod. Oxydation von Br^- zu BrO_3^- untersucht. Als Anode dient auf Graphit oder Kohle aufgebrachtes PbO_2 (Stromausbeute 93—96%). Die Reinheit des Rohprod. beträgt **99,1%**. Das im Labor.-Maßstab erprobte Verf. wurde auch auf eine größere Anlage (75 A-Zelle) übertragen. H. Schroeder H 258◇

1830 **Synthese von anorganischen Silicat-Füllstoffen und Filterhilfsmitteln.** L. R. Blair. (Trans. Soc. Mining Engr. AIME **223,** 29—33, März 1962; Manville, N.J., Johns-Manville Prod. Corp.; engl.) — Von ca. 25 verschiedenen Formen der Ca-Silicathydrate haben 7 prakt. Verw. gefunden. Zur Herst. wird eine Mischung von CaO u. SiO_2 in überschüssigem W. oder Lsgg. von Na_2SiO_3 u. $CaCl_2$ umgesetzt. Mit steigender Rk.-Temp. wird der Hydratationsgrad der Silicate geringer. Dabei entstehen zwischen 0 u. 500° die kristallwasserhaltigen Verbb. des Typs 0,5—0,8 CaO : 1 SiO_2, 0,8—1,3 CaO : 1 SiO_2 u. >1,3 CaO : SiO_2; über 500° entsteht hydratfreier Wollastonit $CaO \cdot SiO_2$. Von synthet. Mg-Silicathydraten sind 3 Formen bekannt. Neben einem wenig definierten Prod. bei Raum-Temp. erhält man unter hydrothermalen Bedingungen bis zu 300° 2 Mg-Silicate: Synthet. Serpentin, $3 MgO \cdot 2 SiO_2 \cdot 2 H_2O$, u. bei einem Verhältnis MgO : SiO_2 = <1,5 : 1 synthet. Talk, $3 MgO \cdot 4 SiO_2 \cdot H_2O$. Über 550° entsteht Forsterit, $2 MgO \cdot SiO_2$. Als Rohstoffe dienen wasserlösl. Na-Silicate, Silicagel oder Kieselerde u. wss. Aufschlämmungen alkal. Salze des Mg u. Ca, die bei Temp. von 100—200° unter Druck umgesetzt werden. R. Truckseß H 261◇

1831 **Metallorganische Verbindungen als Träger für Metalle.** T. P. Whaley und A. P. Giraitis. (Chem. Engng. Progr. **58,** Nr. 8, 65—67, 1962; Baton Rouge, La., Ethyl Corp.; engl.) — Allg. Überblick über die Beziehungen zwischen den Eigg. von metallorgan. Verbindungen u. der Gesamtstruktur, der Anwendung, die diese Verbb. in der Metallurgie gefunden haben, sowie der möglichen Anwendung in der Industrie. I. Köditz H 270

1832 **Entfernung und Wiedergewinnung von Cäsium-137 aus Swimmung-Pool-Reaktorwasser.** Fausto W. Lima, Alcidio Abrao und Constancia Pagano. (Ind. Engng. Chem. **52,** 147—48, 1960; São Paulo, Brazil, Inst. de Engng. Atom.; engl.) — Aus dem Reaktorwasser, das ein Reinigungs-Syst. (bestehend aus Ionenaustauscher- u. Aktivkohlesätzen) passiert hat, wird die Mehrzahl der radioakt. Spaltprodd. durch Zusatz von $FeCl_3$, NaOH + Na_2CO_3 gefällt. Nach 24 Std. wird die überstehende bas. Lsg. (pH 10), die ^{137}Cs u. Spuren von Sr, Seltenerdmetallen u. Ru enthält, mit H_2SO_4 gegen Methylorange neutralisiert, mit 60 g NH_4-Alaun/Liter versetzt u. mit H_2SO_4 auf pH 3,6 gebracht. Bei Zusatz von A. krist. Na-Alaun, der 98—100% des Cs enthält, aus. Der Nd. kann für eine Reihe weiterer Fällungen verwendet werden. Zur Gewinnung des Cs wird in heißem W. gelöst, $Al(OH)_3$ durch NH_3 gefällt, NH_3 verkocht u. ^{137}Cs durch Anionenaustausch gewonnen. W. Betcke H 277◇

1833 **Azotierungsversuche von Calciumcarbid in der Wirbelschicht unter Verwendung von reaktionsbeschleunigenden Zusätzen.** Alfred Haba, Eugeniusz Błasiak, Tadeusz Rosner und Mirosław Badzyński. (Zeszyty neukowe Politechn. Szczecińskiej, Chem. **1960,** Nr. 2, 61—101; pol.) — Die verwendete Mischung zur Produktion von Kalkstickstoff nach der Meth. Frank-Caro eignet sich nicht zur Azotierung in Wirbelschichten. Bei Zugabe von $CaCl_2$ u. techn. Kalkstickstoff vergrößert sich der Anteil des gebundenen N_2. Der Azotierungsprozeß in Wirbelschichten verläuft mit größerem Effekt bei Zugabe von hoch-%ig. CaC_2. Die einstufige period. Meth. der Azotierung in Wirbelschichten eignet sich nicht für die Verarbeitung von geringprozentigem CaC_2 u. kann nur als Vorstufe in Verbindung mit einer anderen Meth. angewendet werden. K. Pluta H 283◇

1834 **Chemisch-technologische Erfahrungen bei der Synthese aluminiumorganischer Verbindungen.** Klaus Wolfgang Knothe und Robert Kaufhold. (Chem. Techn. **15,** 592—94, 1963; VEB Leuna-Werke „Walter Ulbricht", Organ. Abt.; dt.) — Beschreibung einer technolog. einfachen Synth. der Al-Alkylhalogenide u. deren Lsgg. in KW-Stoffen. Die Dosierung der Rk.-Komponenten, die Rk. im Autoklaven, die Verdünnung, die Filtration u. die Lagerung der Lsgg. sowie die verwendete App. werden ausführlich beschrieben. Herbert Hoffmann H 294◇

1835 **Chlorierung von Bauxitschlamm.** V. Damodaran, V. G. Neurgaonkar, D. N. Sen und J. Gupta. (Indian J. Technol. **1**, 132, 1963; Poona, Nat. Chem. Labor.; engl.) — Ein Rotschlamm der ind. Al-Industrie mit 27% TiO_2 läßt sich auf Ti verarbeiten, wenn vor der Chlorierung der größte Teil des Fe nach Red. mit Koks als auslaugbares $FeCl_2$ entfernt wird. Der Rückstand enthält 40—50% TiO_2 mit nur 3% Fe_2O_3. Dieses wird brikettiert u. bei 400—520° chloriert. Die Ausbeute beträgt 80—85% Ti als $TiCl_4$, woraus durch Hydrolyse einerseits TiO_2, andererseits das für die Fe-Extraktion benötigte HCl gewonnen wird. R. Kaiser H 321◇

1836 **Übersicht über die Naturgraphitindustrie mit Angaben über neuere Entwicklungstendenzen.** John J. Schanz jun. und A. B. T. Werner. (Trans. Soc. Mining Engr. AIME **223**, 370—80, 1962; University Park, Pa., Pennsylvania State Univ., Dep. of Mineral Econ.; engl.) R. Trucksess 6148◇

1837 **Extraktion von Kieselsäure mit NaOH aus geringwertigen kieselsäurehaltigen Eisenerzen.** Theodore D. Tiemann. (Trans. Soc. Mining Engr. AIME **223**, 173—78, 1962; Madison, Wis., Univ., Minerals and Metals Engng.; engl.) — Unterss. über die Extraktion von Kieselsäure aus Minnesota- u. Wisconsin-Taconiten (39 bzw. 30% Fe u. 39 bzw. 53% SiO_2) mit Lsgg. von 25—500 g NaOH/Liter bei 312—408° F. Die Löslichkeit von SiO_2 ist der Oberflächengröße direkt proportional, u. der Extraktionsgrad nimmt mit steigender Temp. u. NaOH-Konz. zu. Im Gegensatz zu Quarz mit Korngrößen von 400—50 μm u. 79% Löslichkeit läßt sich das in mikrokristallinen Dimensionen (< 50 μm) in den Taconiten vorhandene SiO_2 zu 98% extrahieren. R. Truckseß 6148◇

1838 **Die Synthese von Forsterit, Diopsid, Akermanit und Wollastonit aus geschmolzenem PbO.** W. H. Grodkiewicz und L. G. Van Uitert. (J. Amer. ceram. Soc. **46**, 356, 1963; Murray Hills, N.J., Bell Telephone Labor., Inc.; engl.) — Verschiedene Mischungen der Oxide von Ca, Mg u. Si wurden in PbO zusammen mit geringen Mengen $NH_4Cr \cdot (SO_4)_2$ bei 1350° geschmolzen u. danach mit einer Abkühlungs-Geschw. von 2°/Std. auf 900° abgekühlt. 2 mm große Diopsidkristalle wurden aus Schmelzen mit 20—30% Oxiden, Forsterit aus solchen mit 20% Mg- u. Si-Oxid gezüchtet, u. große Akermanittafeln wuchsen auf der Oberfläche der Schmelzen bei 20% Oxidgehalt. Wollastonit entstand bei höherem Ca/Mg-Verhältnis. Pb^{2+}-Ionen können Ca^{2+}-Ionen zum gewissen Teil ersetzen. J. Heinze 6150◇

1839 American Cyanamid Co. (Erfinder: Daniel Chalmers McLean und Joseph Emmett Carpenter), **Mittel zum Verfestigen von Gesteinsformationen,** bestehend aus einer Lsg. eines ungesätt. linearen Polyesters (aus Äthylen-$\alpha.\beta$-dicarbonsäuren u. 2wertigen Alkoholen) in einer fl. monomeren polymerisierbaren Verb., einem Peroxid als Härter u. einem Co-Promotor, dad. gek., daß es als Inhibitor ein Phenol, bes. tert.-Butylbrenzcatechin, enthält, der die Härtezeit verlängert. (**Aust. P. 236 699** vom 29/4. 1959, ausg. 11/1. 1962. A. Prior. 30/4. 1958.) C. Lüttgen 6077

1840 Kali-Chemie Akt.-Ges., Hannover, **Herstellung von Natriumborhydrid** erfolgt durch Umsetzung von NaH mit Borwasserstoffen bei 50—100° in Ggw. von Alkylgruppen, bes. die Methyl- oder Äthylgruppe, enthaltenden organ. B-Verbb., bes. $(C_2H_5)_2BH$, als Aktivator (**I**), wobei **I** in Mengen von 0,1—30 Mol-%, bes. 0,1—5 Mol-%, bezogen auf NaH, angewandt wird. (**E. P. 907 463** vom 21/10. 1960, ausg. 3/10. 1962. D. Prior. 30/10. 1959.) K. Wolk H 258

1841 Irvine J. Solomon, Morton J. Klein und Kiyoshi Hattori, alle per Adresse Callery Chemical Co., Chicago, Ill., V.St.A., **Symmetrische Dialkyldiborane** werden hergestellt durch Rk. von überschüssigem B_2H_6 mit einem Gemisch von Alkyldiboranen unterhalb 75° u. unterhalb 100 lbs./sq.in., Abtrennung von reinem Monoalkyldiboran u. dessen anschließende Disproportionierung. — Man hält 546 (ml) B_2H_6 u. 51,1 gemischte Diäthyldiborane (**I**) 20 Min. bei 25° u. dest. → 24,3 Monoäthyldiboran (**II**) bei —138° (Kühler-Temp.), u. **I** u. höher äthylierte Diborane bei —85° u. B_2H_6 bei —196°; nach 4maliger Wiederholung → 45,2 **II**, Kp.$_7$ 78°, die 31,5 **I** behandelt man nochmals 16 Std. mit B_2H_6 → 9,9 **II**. 2,5 mMol **II** hält man 15 Min. bei 25° u. 120 Torr u. fraktioniert → 0,35 mMol *symm.-Diäthyldiboran* (**III**), Kp.$_{36}$ 0°, 0,35 mMol B_2H_6 u. 1,85 **II**. — Für die Rk. $2\,C_2H_5B_2H_5 \rightleftharpoons B_2H_6 + \text{symm.}\ (C_2H_5)_2B_2H_4$ bei 25° ist K_p = 0,39 in der Gasphase u. K_p = 0,169 in der fl. Phase. Unsymm. **III** hat IR-Banden bei 3,9, 4,1 u. 8,6 μ, symm. **III** nur bei 3,9 μ. Symm. **III** gibt bei der Hydrolyse ausschließlich $C_2H_5B(OH)_2$. — *Zwischenprodukte.* (**A. P. 3 053 899** vom 17/4. 1959, ausg. 11/9. 1962.) A. Debo H 258

1842 Olin Mathieson Chemical Corp., übert. von: Perry R. Kippur, Hamden, Conn., V.St.A., **2-Chlorvinylalkylchlorborane** der allg. Formel ClCH:CHB(R)Cl (R = Alkyl mit 1—5 C-Atomen) werden hergestellt durch Rk. von Acetylen mit einem Alkyldichlorboran bei 40—115° in Ggw. von Aktivkohle. — *2-Chlorvinyläthylchlorboran*; 90% Ausbeute. Vorr. ist angegeben. — *Zwischenprodukte.* (**A. P. 3 045 044** vom 28/1. 1959, ausg. 17/7. 1962.) A. Debo H 258

1843 Farbenfabriken Bayer Akt.-Ges., Leverkusen, **Herstellung von Alkaliboranaten.** Alkalihydride oder Alkalimetalle u. H_2 werden bei 50—500°, bes. 100—200°, mit BF_3 oder einem Additions-Prod. von BF_3 in Ggw. von Fluoroborsäureestern der Formel $F_nB(OR)_{3-n}$ (R = aliphat. oder aromat. KW-Stoff-Rest, n = 1 oder 2) als Katalysator umgesetzt, wobei der Katalysator in Mengen von 0,5 bis 50 Gew.-%, bezogen auf das Alkalihydrid, angewandt wird. Die Rk. erfolgt bes. in Ggw. einer organ. N-Base [$(C_2H_5)_3N$ oder Pyridin] oder eines Äthers als Cokatalysator in einem gegenüber den Rk.-Partnern inerten fl. Medium unter überatmosphär. Druck. (**E. P. 905 998** vom 9/11. 1960, ausg. 19/9. 1962. D. Prior. 12/11. 1959.) K. Wolk H 258

1844 Farbenfabriken Bayer Akt.-Ges., Leverkusen, **Herstellung von Alkali- oder Erdalkaliboronaten.** Alkalibzw. Erdalkalihydride oder Alkali- bzw. Erdalkalimetalle u. H_2 werden bei 50—500°, bes. 120—200°, mit einem Fluorborsäureester der Formel $F_nB(OR)_{3-n}$ (R = aliphat. oder aromat. KW-Stoff-Rest; n = 1 oder 2), bes. $F_2BOC_4H_9$, umgesetzt, wobei in Ggw. einer organ. N-Base oder einem Äther unter überatmosphär. Druck gearbeitet werden kann. Die Umsetzung wird bes. in einem Mineralöl, dessen Kp. > die Rk.-Temp. ist, vorgenommen. (**E. P. 905 999** vom 9/11. 1960, ausg. 19/9. 1962. D. Prior. 12/11. 1959.) K. Wolk H 258

1845 Kali-Chemie Akt.-Ges., übert. von: Herbert Jenkner, Hannover, **Bortrialkyle** werden hergestellt durch Rk. von B_2O_3, Alkali- oder Erdalkaliboraten, die durch Entwässerung erhalten wurden, mit niedermol. Alkylaluminiumchloriden oder deren Alkalichloridkomplexen bei 50—250° u. Abdestillieren der Bortrialkyle. — 20,2 (Gew.-Teile) $Na_2B_4O_7$ (aus Borax oder Kernit bei 230° im Vakuum) suspendiert man in 128 $(C_2H_5)_3Al_2Cl_3$ (mit 48,7% Cl) u. erhitzt unter N_2 auf 200—210°. Innerhalb 3 Std. dest. 36,8 *Bortriäthyl* (**I**), 94% (Ausbeute). — Analog aus 14 B_2O_3 (aus H_3BO_3 bei 150—220°/10—12 Torr) → 36,1 **I**; 92%. (**A. P. 3 042 723** vom 26/9. 1960, ausg. 3/7. 1962. D. Prior. 26/9. 1959.) A. Debo H 258

1846 E. I. du Pont de Nemours & Co., übert. von: Henry C. Milles, Wilmington, Del., V.St.A., **Derivate von Borazanen** werden hergestellt durch Rk. von Diboran mit NH_4-Salzen in Tetrahydrofuran oder in Methyläthern von Glykolen bei Temp. unter 0°. — In eine Lsg. von 5 g NH_4SCN in 100 ml abs. Äthylenglykoldimethyläther leitet man bei —80° 0,034 Mol Diboran ein. Man läßt auf Raum-Temp. erwärmen, dest. das Lsgm. bei < 50 Torr ab, löst in Ae. u. fällt mit PAe. → 4 g *B-Rhodanborazan*, $H_3N \cdot BH_2SCN$; CH_5BN_2S; IR-Banden bei 4,15, 3,0—3,7, 6,1—6,35 u. 4,6 bis 4,7 μ. — Ähnlich erhält man: $H_3N \cdot BH_2CN \cdot BH_3 \cdot$ 0,75 Dioxan; IR-Banden bei 4,1—4,25, 4,45, 3,1 u. 6,2 μ. — *B-Acetylborazan*, $H_3N \cdot BH_2OCOCH_3$, $C_2H_8BNO_2$. — *B-Benzoylborazan*, $H_3N \cdot BH_2OCOC_6H_5$, $C_7H_{10}BNO_2$. — $H_3N \cdot BH_2 \cdot NO_3$. — $H(CH_3)_2N \cdot BH_2CN \cdot BH_3$, $C_3H_{12}B_2N_2$; IR-Banden bei 3,1, 6,8, 4,05, 4,2 u. 4,4 μ. — $CH_3NH_2 \cdot BH_2CN \cdot BH_3$, $C_2H_{10}B_2N_2$. — $H_3N \cdot BH_2SCH_3 \cdot BH_3$. — $(H_3N \cdot BH_2)_2S \cdot 2\,BH_3$. — $(H_3N \cdot BH_2)_2SO_4 \cdot 2\,BH_3$. — $H_3N \cdot BH_2OCN$. — $H_3N \cdot BH_2SC_2H_5 \cdot BH_3$. — $H_3N \cdot BH_2SC_{10}H_{21} \cdot BH_3$. — $H_3N \cdot BH_2OCOC_8H_{17}$. — $H_3N \cdot BH_2OCOC_4H_9$. — $H_3N \cdot BH_2OCO \cdot C_2H_5$. — $H_3N \cdot BH_2OCOC_{17}H_{35}$. — $(C_3H_7)_2NH \cdot BH_2OCN$. — $C_4H_9NH_2 \cdot BH_2CN \cdot BH_3$. — $(C_2H_5)_2NH \cdot BH_2OCOCH_3$. — $C_2H_5NH_2 \cdot BH_2OCOC_6H_5$. — $C_6H_{11}NH_2 \cdot BH_2SCH_3 \cdot BH_3$. —

$C_{18}H_{37}NH_2 \cdot BH_2SCN$. — $(C_{10}H_{21})_2NH \cdot BH_2OCOC_2H_5$. — $(C_2H_5)_2NH \cdot BH_2CN \cdot BH_3$. — $[(CH_3)_2NH \cdot BH_2]S \cdot 2\,BH_3$. — $[(C_2H_5)_2NH \cdot BH_2]_2SO_4 \cdot 2\,BH_3$. — Die vorst. Verbb. sind in wss. Lsg. bei pH <7 stabil gegen Hydrolyse, die wss. u. alkohol. Lsgg. sind schwache Säuren, bei pH >7 erfolgt H_2-Entwicklung. Kernresonanzspektren vgl. Original. — *Red.-Mittel*, Verw. zum Plattieren von Metallen. (**A. P. 3 051 546** vom 29/9. 1959, ausg. 28/8. 1962.) A. Debo H 258

1847 Allied Chemical Corp., New York, N.Y., übert. von: Robert W. Mason, Morris Plains, und Donald H. Kelly, Gladstone, N.J., V.St.A., **Silan,** das von schädlichem Diboran frei ist, erhält man durch Umsetzen von Si-Halogeniden mit Alkali-Al-Hydriden in Ggw. von Lsgm. u. Erdalkalimetall-Al-Hydriden, wobei das letztere in einer Menge vorhanden ist, die ca. $^1/_{10}$ des Gew. der Borverunreinigungen beträgt. (**A. P. 3 043 664** vom 9/6. 1958, ausg. 10/7. 1962.) R. Zimmermann H 261

1848 J. T. Baker Chemical Co., übert. von: Carlyle E. Shoemaker und Gene Sumrell, Easton, Pa., V.St.A., **Reinigung von Silan.** Mit Borhydriden verunreinigtes Silan wird hierzu gasförmig durch eine nichtwss. Lsg. eines Amins, z. B. Triäthylamin, in einem inerten organ. Lsgm. bei ca. —100 bis +25° geleitet. (**A. P. 3 041 141** vom 6/9. 1955, ausg. 26/6. 1962.) R. Zimmermann H 261

1849 American Cyanamid Co., New York, N.Y., übert. von: Sheldon A. Buckler, Stamford, und Vernon P. Wystrach, Darien, Conn., V.St.A., **Bis-(1-alkyl-1-carboxy-1-hydroxymethyl)-phosphinsäuren (I), deren neutrale Alkali- oder Erdalkalisalze als Lösungsmittel für Eisen. I** der allg. Formel $[R-C(OH)(COOY)]_2P(:O)(OY)$ (Y = H, Alkali- oder Erdalkalimetall; R = Alkylrest mit 1—17 C-Atomen) eignen sich zum *Abtrennen von Schwermetallen* [Ni, Co, Cu, Fe, UO_2, Th(IV)-Ionen], *von Alkali u. Erdalkaliionen.* Sie lösen sogar $Fe(OH)_3$ auf. Die Herst. der **I** erfolgt auf die in A. P. 2 953 584; C. **1962**, 652 angegebene Weise. (**A. P. 3 060 127** vom 27/6. 1957, ausg. 23/10. 1962.) A. Jahn H 264

1850 Kali-Forschungs-Anstalt G. m. b. H., Hannover (Erfinder: Hans Autenrieth, Hannover, Gerd Peuschel, Benthe, und Günter Weichart, Hannover), **Verfahren zur elektrostatischen Aufbereitung von Carnallit enthaltenden Rohsalzen** in 2 Stufen unter vorhergehender chem. Konditionierung. In der 1. Stufe erfolgt die übliche Abtrennung der nichtkalihaltigen Bestandteile aus dem Rohsalz unter Verw. bekannter Konditionierungsmittel mit Ausnahme der Mittel, die in der 2. Stufe zur Anwendung gelangen. In der 2. Stufe erfolgt die weitere Auftrennung des in der 1. Stufe erhaltenen carnallithaltigen Vorkonzentrats in eine sylvinreiche, aber carnallitarme sowie eine carnallitreiche, aber sylvinarme Fraktion unter Nachkonditionierung mit folgenden Verbb., die eine Auswahl der in der 1. Stufe angewandten Konditionierung darstellen: *Benzoesäure, Phthalsäure, Salicylsäure, Zimtsäure, Atropasäure, Phenylessigsäure, α-Nitroso-β-naphthol, β-Nitroso-α-naphthol* sowie deren Salzen, Substitutions-Prodd. u. Derivv., z. B. Methylbenzoesäure, Chlorbenzoesäure, Methyl- u. Äthylsalicylsäure, Sulfobenzoesäure, Vanillinsäure u. a., sowie Gemischen der genannten Verbb. untereinander. Die elektrostat. Trennung in beiden Stufen erfolgt zwischen Raum-Temp. u. Schmelz-Temp. des Carnallits vorzugsweise bei 30—80°. (**D. A. S. 1 142 802** Kl. 1b vom 26/8. 1961, ausg. 31/1. 1963.) W. Hauswald H 275

1851 Engelhard Industries, Inc., Newark, übert. von: Robert H. Cramer, Woodbury, und Edward J. Rosinsky, Abnonesson, N.J., V.St.A., **Gewinnung einer wasserhaltigen Tonerde,** die zu 5—50 (Gew.-%) α-$Al_2O_3 \cdot H_2O$ u. 50—95 $Al_2O_3 \cdot 3\,H_2O$, bes. β-$Al_2O_3 \cdot 3\,H_2O$ enthält. Man läßt auf Al-Metall einer Reinheit von 99,9% mit großer Oberfläche W. im Überschuß unter Ausschluß einer Säure u. in Ggw. von Hg oder einer Hg-Verb. einwirken. Dabei hält man die Temp. des Rk.-Gemisches auf 80—140 F u. das pH zwischen 7 u. 10. Innerhalb von 8—96 Std. ist das Al-Metall in die oben genannte Tonerde übergeführt. (**A. P. 3 042 628** vom 12/3. 1958, ausg. 3/7. 1962.) H. Nebelsieck H 294

1852 E. I. du Pont de Nemours & Co., übert. von: Oswin B. Wilcox, Wilmington, Del., V.St.A., **Gewinnung von Fasertonerde** durch Rk. eines wasserhaltigen Oxydationsgases bei 100—200° mit fl. Al-Amalgam, das einen konst. Al-Geh. von 0,003—0,2% enthält. Man leitet das Amalgam mit einer Geschw. von 0,05—50 ft./sec durch die Rk.-Zone u. trennt von Zeit zu Zeit die an der Oberfläche des Amalgams gebildete Fasertonerde ab. Um die ggf. mitgerissenen Hg- oder HgO-Teilchen zu entfernen, erhitzt man die Fasertonerde auf 750—950° u. erhält so reine, amorphe mikrofaserige Tonerde. (**A. P. 3 039 849** vom 5/6. 1957, ausg. 19/6. 1962.) H. Nebelsiek H 294

1853 Procter & Gamble Co., Cincinnati, übert. von: Robert W. Broge, Mount Healtby, Ohio, V.St.A., **Tonerde für Zahnpasten.** Man entwässert Gibbsit durch Erhitzen auf 500—800°, indem man die Temp. um 20° bis höchstens 200° in der Min. steigert. Anschließend erhitzt man die gebildete Tonerde >1 Std. auf 900—1050°, bis sich eine Tonerde gebildet hat, die nicht >20 (%) γ-Tonerde, nicht >10 α-Tonerde, wenigstens 20, aber nicht >90 $\varkappa$ Tonerde enthält, wobei der Rest aus amorphem Al_2O_3 besteht. (**A. P. 3 003 919** vom 22/6. 1956, ausg. 10/10. 1961.) H. Nebelsiek H 294

1854 Österreichische Stickstoffwerke Akt.-Ges., Linz, Österreich, **Entwässern von Aluminiumfluoridhydraten** durch schnelles Erhitzen des Hydrats auf die für den gewünschten Entwässerungsgrad erforderliche Temp. für wenige, höchstens 5 Sek., bes. unter Verw. von AlF_3-Hydraten mit einer Korngröße von höchstens 0,5 mm in fluidisiertem Zustand. (**E. P. 911 837** vom 17/2. 1961, ausg. 28/11. 1962. Oe. Prior. 18/2. 1960.) K. Demmler H 294

1855 Ethyl Corp., New York, N.Y., V.St.A., **Herstellung von Alanaten des Lithiums oder eines Metalls der II. Gruppe des Periodischen Systems mit einem Atomgewicht unter 200.** Man setzt $NaAlH_4$ mit dem Halogenid des Metalls, dessen Alanat hergestellt werden soll, in Ggw. eines als Lsgm. dienenden aliphat. Monoäthers, der nur C, H u. O enthält, oder eines nur aus C, H u. N bestehenden Lsgm. um, wobei das Lsgm. wenigstens 12% O bzw. N enthalten soll. Es werden bes. Ae. u. Tetramethyläthylendiamin angewandt u. Li-, Ca- u. Mg-Alanate hergestellt. (**E. P. 905 985** vom 22/12. 1959, ausg. 19/9. 1962. A. Prior. 24/2. 1959.) K. Wolk H 294

1856 Continental Oil Co., Ponca City, Okla., V.St.A., **Herstellung von Diäthylaluminiumhydrid** durch Rk. von $Al(C_2H_5)_3$ mit Al u. H_2 unter Druck u. Erhitzen, dad. gek., daß an Stelle von reinem Al ein Al mit ca. 0,15% Ti, V, Zr, Nb verwendet wird. (**Ind. P. 70 648** vom 5/2. 1960, E. Prior. 30/11. 1959.) C. Lüttgen H 294

1857 A. G. Posamantir, **Herstellen von Diäthylaluminiumhalogeniden** durch Umsetzung von äquimol. Mengen von Diäthylaluminiumhalogenid u. Monoäthylaluminiumdihalogenid mit Na, wobei man zur vollständigen Ausnutzung des Al Äthylhalogenid in die Rk.-Zone einführt: $(C_2H_5)_3 \cdot Al_2X_3 + 2\,Na + C_2H_5X \rightarrow 2\,(C_2H_5)_2AlX + 2\,NaX$. — Zu 440 ml Bzn. (Kp. 100—115°) gibt man unter N_2 54,5 (g) Na, erhitzt zum Sieden u. gibt langsam 285,4 des Äthylaluminiumsesquichlorids zu. Dann kühlt man auf 30—40° u. gibt 120 Äthylchlorid zu. 235,8 reines *Diäthylaluminiumchlorid* scheiden sich ab. — Ggf. kann man auch bei 5 at arbeiten. (**UdSSR. P. 131 761** vom 14/10. 1959.) B. Pankow H 294

1858 Ethyl Corp., New York, N.Y., übert. von: Merle L. Gould, Baton Rouge, La., V.St.A., **Aluminiumtrialkyle (I)** werden hergestellt durch Rk. von aktiviertem Al mit H_2 in Ggw. von fl. **I** unter Zusatz von 0,02—0,37 Moläquivalent Alkali- oder Erdalkalimetall oder -hydrid (bezogen auf **I**) unter Druck bei 75—200°. Das hierbei erhaltene Dialkylaluminiumhydrid wird anschließend mit C_2H_4 alkyliert. Durch gleichzeitige Zugabe von H_2 u. C_2H_4 wird **I** in einer Stufe erhalten. — Beispiele für *Aluminiumtriäthyl* sind angegeben. (**A. P. 3 050 541** vom 30/7. 1958, ausg. 21/8. 1962.) A. Debo H 294

1859 A. F. Shigatsch, A. F. Popow, Je. I. Larikow und A. L. Kolpakow, **Destillation von Aluminiumtriisobutyl (I).** Da **I** therm. instabil ist u. sich bei 50° in Diisobutyl-Al-Hydrid u. Isobutylen (**II**) zersetzt u. die Vakuum-Dest. (bei 0,1 bis 0,5 mm u. 30—35°) durch Oxydation u. Selbstentzündung bei Berührung mit Luft gefährlich ist, wird **II** als Inertgas eingeführt. Hierbei kann die Temp. erhöht u. die Dest. bei

Atmosphären- oder erhöhtem Druck durchgeführt werden. — In einer geschlossenen Dest.-Anlage zirkuliert **II** mit einer bestimmten Geschwindigkeit. In eine auf 50° vorgewärmte Kolonne gibt man 135 (g) einer techn. Benzin-Lsg., die 67,5 **I** enthält. Die zu destillierende Fl. sammelt sich in der Blase, u. die abdest. Fl. wird erneut auf die Kolonne gegeben. Bei 85° dest. man u. erhält 3 Fraktionen: **I**: 65 Benzinfraktion die 8% oder 5,3 **I** enthält; **II**: 45 Hauptfraktion mit 40,7 oder 90,5% **I**; **III**: 24 Rückstand u. Verlust. (**UdSSR. P. 131 351** vom 2/12. 1959.) I. Lasch H 294

1860 Monsanto Chemical Co., St. Louis, Mo., übert. von: William K. Johnson und James C. Wygant, Dayton, Ohio, V.St.A., **Alkylaluminiumsalze organischer Säuren** der allg. Formel $R_2AlOC(O)R$ (R = ggf. phenylsubstituiertes Alkyl mit ≥ 2 C-Atomen) werden hergestellt durch Rk. von AlR_3 mit CO_2. Die Salze werden ggf. anschließend zu Carbonsäuren hydrolysiert. — In 54 (g) Triisobutyl-Al in 300 ml Bzl. leitet man bei 50° trockenes CO_2, kocht 20 Min. unter Rückfluß u. hydrolysiert die Lsg. → 16,1 Isovaleriansäure, 58%. — Ähnlich erhält man aus Triäthyl-Al → $(C_2H_5)_2AlOC(O)C_2H_5 \cdot Al(C_2H_5)_3$, Öl; aus $(C_6H_5CH_2CH_2)_3Al$ → dicke rote Masse mit 6,31% Al. (**A. P. 3 057 900** vom 12/9. 1955, ausg. 9/10. 1962.) A. Debo H 294

1861 Ethyl Corp., New York, N.Y., übert. von: Shirl E. Cook und Hymin Shapiro, Baton Rouge, La., V.St.A., **Alkylbleiverbindungen** werden gegen therm. Zers. stabilisiert durch den Zusatz eines Phosphorsäureesters der allg. Formel R'O(R''O)(R'''O)PO (R', R'', R''' = Alkyl, Cycloalkyl, Aryl, Alkaryl) u. 1. aromat. KW-Stoffen mit 9—24 C-Atomen, 2. Nitroalkanen mit 1—12 C-Atomen, 3. Alkylnitriten mit 2—18 C-Atomen, 4. olefin. ungesätt. aliphat. Monocarbonsäuren mit 3—24 C-Atomen u. 1—3 olefin. Doppelbindungen, 5. Perjodalkanen mit 1—8 C-Atomen u. 2—4 J-Atomen, 6. Perhalogenalkanen mit 2—4 C-Atomen u. Cl oder Br als Halogen, 7. olefin. KW-Stoffe mit 4—24 C-Atomen u. einem $Kp._{760} > 1°$. (**A. P. 3 038 918** vom 13/7. 1960, ausg. 12/6. 1962.) A. Debo H 328

1862 United States of America, Secretary of Army, übert. von: Lydia A. Suchoff, Shrewsbury, N.J., V.St.A., **Reinste und dünnste Filme von Niobpentoxid.** Man stellt eine 1—3%ig. Lsg. von Nb-Äthylat oder -Isopropylat in Methyl-, Äthyl- oder Isopropylalkohol her u. überzieht bei normaler Temp. eine Platte mit einem dünnen Film dieser Lösung. Anschließend läßt man den Film an der Luft trocknen u. erhitzt ca. 15 Min. auf 200—300°. Nachdem man dieses Verf. mehrmals wiederholt hat, erhält man z. B. eine Elektrode mit einem Nb_2O_5-Film mit einer hohen Dielektrizitätskonstante. (**A. P. 3 047 424** vom 2/5. 1960, ausg. 31/7. 1962.) H. Nebelsiek H 331

1863 Kawecki Chemical Co., übert. von: Edwin J. Bielecki, Boyertown, Pa., V.St.A., **Herstellung von Kaliumfluorotantalat aus Tantalerzen.** Man extrahiert das Ta u. Nb enthaltende Erz mit konz. HF, stellt in der erhaltenen Lsg. durch Zusatz von W. den Gesamt-Geh. von Ta u. Nb auf höchstens 1,2 lbs./gal. u. den Fluorid-Geh. auf ca. 5 bis 20 Gew.-% ein, entfernt das Ta u. Nb aus der Lsg. mittels eines Anionaustauschharzes, eluiert das adsorbierte Nb mit einer wss., mit HF angesäuerten NH_4Cl-Lsg. u. anschließend das Ta mit einer wss. Lsg. von NH_4F u. NH_4Cl unter Zusatz von so viel HCl, daß ihr Chlorid-Geh. 1,5—25 Gew.-% beträgt, wobei man so viel der angesäuerten Lsg. anwendet, daß das Eluat wenigstens 15 g/Liter Ta, berechnet als Ta_2O_5, enthält, fügt zu der Ta enthaltenden Lsg. einen stöchiometr. Überschuß von KCl u. krist. K_2TaF_7 aus. (**A. P. 3 051 547** vom 27/10. 1960, ausg. 28/8. 1962.) K. Demmler H 332

1864 United States Atomic Energy Commission, übert. von Frederick L. Horn, Sayville, N.Y., V.St.A., **Extraktion von Protactinium.** Man setzt Thoriumdioxid einem Neutronenbeschuß aus u. bringt das bestrahlte, Pa-haltige Material ca. 10 Min. bei 100—115° mit einer nichtwss. Lsg. von 11—27 (Mol-%) NO_2, 62—84 HF u. 0—26 BrF_3 zusammen. Durch Abdestillieren der überschüssigen, nichtwss. Lsg. erhält man den Pa-Komplex in Verbindung mit dem beschossenen Material. Den Pa-Komplex isoliert man dann mit einer wss. Lösung. (**A. P. 3 046 088** vom 27/6. 1960, ausg. 24/7. 1962.) H. Nebelsiek H 333

1865 Didier-Werke Akt.-Ges. (Erfinder: Walter König), Wiesbaden, **Reinigen von Chromit.** Man vermischt den feingebrochenen Chromit mit CaO oder einer beim Rösten CaO bildenden Verb. u. erhitzt das Gemisch auf Temp. bis zu 1600°. Anschließend vermahlt man das Röst-Prod. auf < 4 mm Korngröße u. trennt die < 0,2 mm großen Körner ab. (**E. P. 914 461** vom 13/4. 1960, ausg. 2/1. 1963.) H. Nebelsiek H 335

1866 K. Ja. Schapiro, Je. P. Bogomilskaja und G. A. Mejersson, **Herstellung von Ammoniummolybdat** mit $\leq 0,02\%$ Na_2SO_4 aus Na-Molybdat durch Zusatz von 80—100 (g/Liter) festem NH_4Cl zu einer auf pH 3 eingestellten, 70 Mo enthaltenden Lsg. u. Behandlung des Ammoniumpolymolybdat-Nd. mit 7%ig. NH_4Cl-Lsg. bei 90—100°. (**UdSSR. P. 133 869** vom 29/3. 1960.) L. Großner H 336

1867 K. Ja. Schapiro und G. A. Mejersson, **Gewinnung von Wolframsäure** durch Zers. von Wolframit mit 26—28%ig. HCl in Kugelmühlen bei 80—120° unter Einhaltung einer End-Konz. an HCl von 160—180 g/Liter. (**UdSSR. P. 129 195** vom 2/9. 1959.) L. Großner H 337

1868 United States Atomic Energy Commission, übert. von: Warren E. Clifford, San Francisco, Calif., V.St.A., **Gewinnung von Uran** aus U-haltigen Erzen oder Oxiden. Man laugt das feingebrochene Ausgangsmaterial mit Na_2CO_3-Lsg. in Ggw. von NH_4OH u. einer Cu-Verb. als Katalysator bei ca. 90°. Dabei leitet man gleichzeitig Luft oder O_2 ein oder setzt ein Hypochlorit hinzu. Aus der vom Rückstand abgetrennten Lsg. erhält man U(VI). (**A. P. 3 036 881** vom 23/5. 1957, ausg. 29/5. 1962.) H. Nebelsiek H 339

1869 United States Atomic Energy Commission, Germantown, Md., V.St.A., **Abtrennen von Uran** aus einem Gemisch von U, Zr u. Spaltprodukten. Man erhitzt das Gemisch im Autoklav in HF in Ggw. von wenigstens 7 Mol-% NO_2 auf 70—150°. Dabei geht U in einen lösl. Uranfluoridkomplex über, während Zr im Rückstand als unlösl. ZrF_4-Komplex zurückbleibt. Nach dem Abtrennen erhitzt man die U u. Spalt-Prodd. enthaltende Lsg. mit fl. Halogenfluorid unter Abtreiben von UF_6 u. eines Teils der Fluoride der Spaltprodukte. Die vereinigten Kondensate trennt man durch fraktionierte Destillation. (**E. P. 891 436** vom 15/3. 1960, ausg. 14/3. 1962. A. Prior. 6/4. 1959.) H. Nebelsiek H 339

1870 United States Atomic Energy Commission, übert. von: Theodore A. Gens, Oak Ridge, Tenn., V.St.A., **Rückgewinnung von Uran** aus U–Zr-Rückständen. Man leitet über die metall. Masse bei 350—800° wasserfreien HCl, so daß $ZrCl_4$ entweicht u. ein U-haltiger Rückstand übrig bleibt. Diesen behandelt man bei 550—600° mit CCl_4-Dämpfen unter Bldg. von Uranchlorid, das gasförmig entweicht, durch Kondens. niedergeschlagen u. auf UF_6 oder $U(NO_3)_6$ aufgearbeitet werden kann. (**A. P. 3 043 653** vom 8/7. 1960, ausg. 10/7. 1962.) H. Nebelsiek H 339

1871 Phillips Petroleum Co., übert. von John C. Hillyer, Bartlesville, Okla., V.St.A., **Oxydation von Uranverbindungen.** Eine Anschlämmung von feingebrochenem U-Erz mit einer wss. Lsg. aus Na_2CO_3 u. $NaHCO_3$ wird im Autoklav oder dgl. bei 100—135° u. Durchleiten von Luft in Ggw. von Hämoglobin, z. B. getrocknetem Tierblut, als Katalysator oxydiert. Nach mehrstd. Behandlung (bis zu 20 Std.) wird filtriert u. das U(VI)-haltige Filtrat in üblicher Weise aufgearbeitet. (**A. P. 3 003 848** vom 14/9. 1959, ausg. 10/10. 1961.) H. Nebelsiek H 339

1872 United Kingdom Atomic Energy Authority, London, England (Erfinder: Peter Best, Sidney Roy Twigg und Charles Moss), **Gewinnung von nichtstöchiometrischem Urandioxid.** Man läßt stöchiometr. UO_2 von oben durch ein senkrechtes, nur in seinem oberen Teil erhitztes Rohr fallen. Dabei leitet man dem fallenden UO_2 Luft entgegen, die im unteren Teil des Rohres kalt u. erst im oberen Rohrteil erwärmt ist. Diese Luft soll die UO_2-Teilchen im unteren Rohrteil kühlen u. dabei gleichzeitig verhindern, daß die Luft mit dem herabfallenden UO_2 im unteren Teil noch reagiert. — Das so erhaltene, nichtstöchiometr. UO_2 dient zur Herst. von Sinterkörpern hoher Dichte zwecks Verwendung in Kernreaktoren. (**E. P. 913 684** vom 8/7. 1958, ausg. 28/2. 1962.) H. Nebelsiek H 339

1873 United States Atomic Energy Commission, übert. von: Ward L. Lyon, Fremont, Calif., V.St.A., **Abtrennen von Oxiden des Urans von den Oxiden anderer Actinide.** Man suspendiert die Oxide in einer NaCl–KCl-Schmelze u. leitet in diese bei 700—800° Cl_2 oder $COCl_2$. Dabei gehen die Oxide des U als Uranylchloride in die Schmelze, während die anderen Oxide ungelöst bleiben u. nicht chloriert werden. Letztere filtriert man bei 800°, z. B. mit Hilfe von Quarzwolle, ab. (**A. P. 3 030 176** vom 28/6. 1960, ausg. 17/4. 1962.) H. Nebelsiek H 339

1874 Allied Chemical Corp., New York, N.Y., übert. von: Robert V. Townend, Morris Township, und John E. Wilkalis, Morris Plains, N.J., V.St.A., **Gewinnung von Urantetrafluorid** durch Red. von Verbb. des U(VI) mit SO_2 u. anschließende Rk. mit HF. Man arbeitet dabei in Abwesenheit von Cl-Ionen bei Überdruck u. 110—275° in Ggw. von CuF_2 oder $CuSO_4$ als Katalysator. (**A. P. 3 029 129** vom 11/2. 1960, ausg. 10/4. 1962.) H. Nebelsiek H 339

1875 W. R. Grace & Co. (Erfinder: Frederick Troupe Fitsch, Moises Gali Sanchez und Milton Charles Vanik), New York, N.Y., V.St.A., **Herstellung von Thorium-Uran-Solen.** Man vermischt ein Sol eines Gemisches aus Thoriumoxid- u. Uranoxid-Teilchen mit einem frisch bereiteten Sol aus SiO_2-Teilchen u. stellt durch NaOH-Zusatz in der Mischung ein pH von 7—11, bes. 7,5—9,5, her. Dann erhitzt man das gemischte Sol mehrere Std. unter Rückfluß u. konz. es z. B. durch Verdampfen. Man erhält ein gemischtes ThO_2–UO_2–Cl, das von einem dünnen Film aus SiO_2-Teilchen überzogen ist. (**E. P. 905 919** vom 9/6. 1960, ausg. 12/9. 1962.) H. Nebelsiek H 339

1876 United States Atomic Energy Commission, übert. von: Stephen Lawroski, Naperville, Albert A. Jonke, Elmhurst, und Rollin G. Taecker, Naperville, Ill., V.St.A., **Thermische Zersetzung von Uranylnitrathexahydrat.** In ein Fließbett aus UO_3-Teilchen leitet man von unten eine 2,4m $UO_2(NO_3)_2 \cdot 6\,H_2O$-Lsg. u. gleichzeitig einen Luftstrom solcher Stärke, daß die Uranylnitrat-Lsg. in das Bett hinein zerstäubt wird. Dabei hält man die Temp. auf 210—350°. Man erhält UO_3, das man aus dem Fließbett von Zeit zu Zeit abzieht. (**A. P. 2 981 592** vom 13/5. 1957, ausg. 25/4. 1961.) H. Nebelsiek H 339

1877 United States Atomic Energy Commission, übert. von: Roy H. Beaton, Richland, Wash., V.St.A., **Abtrennen von Plutoniumverbindungen** aus wss. Lsg., die neben Verbb. des Pu(IV) noch solche der Spalt-Prodd. enthalten. Man schickt die Lsg. durch ein Adsorptionsmittel, das aus 95% TiO_2 u. 5% Glimmer als Bindemittel besteht u. ca. 3 Std. bei 800—1000° calciniert worden ist. Dabei werden die Pu-Verbb. adsorbiert. (**A. P. 2 990 243** vom 10/8. 1945, ausg. 27/6. 1961.) H. Nebelsiek H 343

1878 United States Atomic Energy Commission, übert. von: Glenn T. Seaborg, Chicago, Ill., V.St.A., **Kontrolle der Oxydationsstufe von Plutoniumverbindungen.** Man oxydiert zuerst eine wss., Pu-Ionen enthaltende Lsg. mit einem Bromat, Permanganat oder Bichromat des Ag u. versetzt die erhaltene wss. Lsg. anschließend mit einem Red.-Mittel, so daß man nach ca. 1 std. Digerieren bei 15—35° sämliches Pu der Lsg. in die 4wertige Stufe übergeführt hat. (**A. P. 3 000 695** vom 27/12. 1945, ausg. 19/9. 1961.) H. Nebelsiek H 343

1879 American Cyanamid Co. (Erfinder: Norman Hedley und Howard Tabachnick), **Verhinderung des Ausfallens oder Absetzens von Eisen- und/oder Kupfersalzen** aus ihren wenigstens 5 ppm Fe, Cu u./oder Fe + Cu enthaltenden, ein pH > 6,0 aufweisenden Lsgg. durch Zusatz eines synthet., polymeren, wasserlösl. Polyelektrolyten mit einem Molgew. von wenigstens 10000, bes. zwischen 50000 u. 750000, z. B. Polymerisate der Acryl- u. Methacrylsäure, von Acrylamiden, Aminoalkylmethacrylamiden, des Äthylens, Propylens, Isobutylens, Styrols u. dergleichen. (**Aust. P. 237 025** vom 18/3. 1959, ausg. 8/2. 1962. A. Prior. 20/3. 1958.) K. Demmler H 354

1880 International Nickel Co. (Mond) Ltd., London, England (Erfinder: Stanley Charles Townshend und De Witt Henry West), **Herstellung von Nickelcarbonyl.** Man red. Ni-Oxide enthaltendes Material mit H_2, führt S ein u. behandelt das red., 0,8—2,5 Gew.-% S enthaltende Material mit CO, wobei die Einführung des S in das Rk.-Gemisch mittels eines Gemisches von H_2 u. SO_2 mit 0,5—25% SO_2 bei 60—300° bewirkt wird. (**E. P. 902 307** vom 9/6. 1959, ausg. 1/8. 1962.) K. Demmler H 356

1881 International Nickel Co. (Mond) Ltd., London, England (Erfinder: Stanley Charles Townshend und De Witt Henry West), **Herstellung von Nickelcarbonyl.** Man red. Ni-Oxide enthaltendes Material mit H_2, führt S in das Material ein u. behandelt das red. Material mit CO bei atmosphär. oder wenig erhöhtem Druck, wobei die Red. bei 350—500° vorgenommen wird unter Einführung von so viel elementarem S, daß das red. Material wenigstens 0,3 Gew.-% aufweist, u. danach der restliche S bei < 300° mittels eines Gemisches von H_2 u. SO_2 eingeführt wird. (**E. P. 902 308** vom 8/6. 1960, ausg. 1/8. 1962.) K. Demmler H 356

1882 Miniera di Libiola Soc. in Acc. Sempl., Genua, Italien, **Herstellung von Kupfersulfat** aus Cu-haltigen Pyriten u. aus Kalkpyrit. Das Ausgangsmineral wird durch Flotation konz., zu einer Korngröße von 6—7 cm, ggf. mit Bindemitteln, gekörnt, bei Temp. < 700° geröstet, bis 70 bis 80 (%) des Cu in $CuSO_4$ u. 15—25 in CuO übergeführt sind, während ca. 5 als CuS zurückbleiben, mit W. oder verd. $CuSO_4$-Lsg. (aus dem Waschwasser des Prozesses) hydratisiert, wobei $FeSO_4$ gebildet wird, das sich mit CuO zu $CuSO_4$ u. $Fe(OH)_3$ umsetzt. Das Röst-Prod. wird vermahlen, mit $Ca(OH)_2$ versetzt, mit W. oder Mutterlauge aus der Kristallisation unter Einblasen von Preßluft ausgelaugt, filtriert, auf 80° erwärmt u. zur Kristallisation angesetzt. Aus dem Filterrückstand des Röst-Prod. wird das nicht umgesetzte CuS gewonnen. — Vorr., Zeichnung. (**It. P. 560 855** vom 10/10. 1956.) K. Koebke H 358

1883 Permutit Co. Ltd. und Consolidated Gold Fields of South Africa Ltd., London, England (Erfinder: Jack Davison), **Gewinnung von komplexen Gold-, Kupfer- und Nickelanionen** aus Cyanid-Lsgg. mittels eines Ionenaustauschharzes in Salzform, Behandeln des die komplexen Anionen enthaltenden Harzes mit einem Alkalicyanid u. anschließend mit einer Mineralsäure, worauf aus dem von Cu u. Ni befreiten Harz das Au mittels einer alkal. Thiocyanat-Lsg. eluiert wird. (**E. P. 901 573** vom 12/10. 1959, ausg. 18/7. 1962.) K. Demmler H 360

1884 United States Atomic Energy Commission, übert. von: William E. Grummitt und William H. Hardwick, Deep River, Canada, **Gewinnung von Ruthenium und seinen Isotopen mit einem Atomgewicht 103 und 106** aus seinen wss., bes. Nitrat-Lsgg., durch Oxydation des Ru zur 8-Wertigkeit u. anschließende Extraktion des Ru mittels Tetrachloräthan, Tetrabrommethan, CCl_4 u. deren Gemischen, wobei organ. Stoffe vor der Oxydation mittels Tetrachloräthan entfernt werden können. (**A. P. 2 967 209** vom 18/6. 1948, ausg. 3/1. 1961.) K. Demmler H 363

1885 **Deutsche Solvay-Werke G. m. b. H.**, Deutschland, *Verhinderung des Zusammenbackens von Ammoniumchlorid.* (**F. P. 1 255 791** vom 29/4. 1960, ausg. 16/6. 1961. D. Prior. 4/11. 1959. — C. **1963,** 17083 [Oe. P. 218 543].)

1886 **E. I. du Pont de Nemours & Co.**, Wilmington, Del. (Erfinder: **Earl L. Muetterties**, Chadds Ford, Pa.), V.St.A., *Herstellung von Borhydriden.* (**Schwz. P. 368 786** vom 1/4. 1958, ausg. 15/6. 1963. A. Prior. 1/4. 1957. — C. **1960,** 258 [D. A. S. 1 054 079].)

1887 **Engelhard Industries, Inc.**, und **Mississippi Chemical Corp.**, V.St.A. (Erfinder: **Marion L. Brown jun.** und **Albert W. Green**), *Oxydation von Kohlenoxid in Gasgemischen.* (**F. P. 1 249 838** vom 9/9. 1959, ausg. 22/3. 1961. A. Prior. 10/9. 1958. — C. **1963,** 17832 [E. P. 882 536].)

1888 **Westinghouse Electric Corp.**, V.St.A. (Erfinder: **Ting Li Chu** und **Richard L. Longini**), *Herstellung von reinstem Silicium.* (**F. P. 1 225 567** vom 28/5. 1959, ausg. 1/7. 1960. A. Prior. 29/5. 1958. — C. **1963,** 17832 [E. P. 875 622].)

1889 **Prat-Daniel**, Paris, Frankreich, *Behandlung von Gasen mit Flüssigkeiten.* (**Niederl. P. 103 333** vom 24/12. 1957, ausg. 17/12. 1962. D. Prior. 4/1. 1957. — C. **1959,** 16448 [D. A. S. 1 052 957].)

H_6. Silicatchemie, Baustoffe

1890 **Über die Größe des konvektiven Wärmeübergangs von der Flamme auf das Glas in Glasschmelzwannenöfen. 2. Mitt. Einfluß der Verbrennung auf die konvektive Wärmeübertragung.** Rolf Germerdonk. (Glastechn. Ber. **36,** 158—69, 1963; Hannover, TH, Inst. für Thermodynamik u. Verfahrenstechn.; dt.) — 1. vgl. C. **1963,** 20169. — Der Wärmeübergang durch Konvektion im Modell kann erheblich

gesteigert werden, wenn das Brenngas innerhalb der Strömungsgrenzschicht verbrennen kann. Diese Ergebnisse gelten auch für Glaswannenöfen u. können dort zu einer merklichen Erhöhung des Wärmeüberganges führen.
J. Heinze 6172◇

1891 **Einige Bemerkungen über Strukturvorstellungen anorganischer Gläser.** 1. Mitt. M. R. Marinow. (Silikattechnik **14**, 131—34, 1963; Sofia, Chem.-technolog. Inst.; dt.) — Eine krit. Übersicht bisher entwickelter Strukturvorstellungen mit 60 Literaturangaben.
J. Wellner 6200◇

1892 **Grundsätzliche Bemerkungen über den Bruchvorgang bei Glas.** P. Acloque. (Silicates ind. **28**, 323—31, 1963; Co. de Saint-Gobain; franz.) — Der Bruchbeginn, sein Ablauf u. seine Folgen, die Theorie der Oberflächenfehler u. die Folgerungen, die aus der statist. Verteilung der Bindungsenergien gezogen werden können, werden untersucht. Die Theorien der Bruchausbreitung werden mit den experimentellen Ergebnissen verglichen. Die Beurteilung von Bruchvorgängen (Best. der Bruch-Geschw., Beobachtung der Bruchfläche) wird beschrieben. J. Heinze 6200◇

1893 **Neue Beobachtungen an griechischen und türkischen Magnesitlagerstätten.** W. E. Petrascheck. (Radex-Rdsch. **1962**, 303—10; Leoben, Montan. Hochschule; dt.) — Die Lagerstätten von dichtem Magnesit bei Kakavos im Serpentinmassiv von Mittel-Euböa sind an ein sich kreuzendes Syst. von tekton. NW-SE- u. E-W-Linien gebunden. Der CaO-Geh. des Magnesits nimmt mit der Tiefe zu; SiO_2 ist in den höchsten Teilen der Lagerstätte angereichert. In hangenden jungtertiären Sandsteinen u. Konglomeraten kommen neben den schon bekannten Magnesitgeröllen auch neugebildete Magnesitknollen, -imprägnationen u. kleine -gänge vor. Diese Neubldg. weisen auf leichte Beweglichkeit des $MgCO_3$ hin. Hinweis auf ähnliche Vork. in den Werfener Schichten der Alpen. J. Heinze 6208◇

1894 **Zur Frage der komplexen Anwendung der transkaukasischen Roterden.** P. W. Dybina und Ju. I. Wischnjak. (Hochschulnachr. [Iwanowo], Chem. u. chem. Technol. **4**, Nr. 6, 1042—44, 1961; Allunions Polytechn. Inst. für Fernunterricht; russ.) — Durch 2std. Glühen bei 700° u. Behandeln mit HCl können aus der transkaukas. *Roterde* 88—97% des darin enthaltenen Al_2O_3 u. 90—94% des enthaltenen Fe_2O_3 extrahiert werden. Durch Behandeln der geglühten Roterde mit H_2SO_4 werden vom Fe_2O_3 91—95%, vom Al_2O_3 90—96% extrahiert. O. Lebtag 6208△

1895 **Entstehung und Lösung des Problems der Entwässerung stark wasserhaltiger gewaschener Schottersande.** M. Chromec und M. Brückner. (Stavivo **41**, 136—38, 1963; Olomouc, Těžba štěrkopisků; tschech.)
R. Grundmann 6208◇

1896 **Zirkonpigmente für Glasuren.** Anonym. (Ceramics **14**, 26, 29—30, 1963; engl.) — Vgl. Nossowa u. Witochina; C. **1963**, 17837. J. Heinze 6212◇

1897 **Der Umkehr-Emaillierofen.** Hans Pfeiffer. (Glas — Email — Keramo-Techn. **14**, 369—78, 1963; Wuppertal; dt.) — Die Vorzüge des Umkehremaillierofens liegen bei einer unteren Leistungsgrenze von 400/500 kg/h in seiner guten Wirtschaftlichkeit. Techn. Einzelheiten der Ofenkonstruktion werden unter besonderer Berücksichtigung der Beheizung besprochen. W. Gulbins 6212◇

1898 **Einige neuere Öfen und Förderanlagen in der Emailindustrie.** H. C. M. Dams. (Glas — Email — Keramo-Techn. **14**, 378—80, 1963; Rotterdam/Niederlande; dt.) — Die Wirtschaftlichkeit eines elektr. beheizten Umkehremaillierofens für kleine Leistung u. diskontinuierlichen Betrieb, dessen Ofendach für eine Trockneranlage ausgenutzt ist, wird durch Angabe der Strombilanz belegt. W. Gulbins 6212◇

1899 **Zeitgemäße Emaillieröfen.** Heinz Wiegand. (Glas — Email — Keramo-Techn. **14**, 381—88, 1963; Großalmerode; dt.) — Überblick über die von den Vereinigten Großalmeroder Thonwerken seit der Jahrhundertwende herausgebrachten Emaillierofentypen mit kurzer Charakterisierung des jeweiligen Verw.-Zwecks. W. Gulbins 6212◇

1900 **Brennroste, Brenngeräte und Beschickungseinrichtungen für Emaillieröfen.** Arnold Strauch. (Glas — Email, — Keramo-Techn. **14**, 389—91, 1963; Sechshelden; dt.) — Hand in Hand mit der fortschreitenden Entw. der Emaillieröfen geht eine an die jeweils verwendete Ofentype u. an das Brenngut angeglichene Verbesserung der Brennhilfsgeräte, Roste, Gestelle u. Gehänge, wofür Beispiele angegeben werden.
W. Gulbins 6212◇

1901 **Beitrag zur Kenntnis des sizilianischen Tons. Der Ton von San Stefano Camastra.** Giulio Polizzotti und Maria Domenica Grillone. (Chim. e Ind. Milano **45**, 422—26, 1963; ital.) — Die Unterss. zeigen, daß sich die tonhaltige Fraktion aus gut krist. Illit, Chlorit u. Kaolinit zusammensetzt. Auf Grund der festgestellten niedrigen Kationenaustauschfähigkeit kann das Vorhandensein bemerkenswerter Mengen von Mineralien mit erweitertem Gitter ausgeschlossen werden. An nebensächlichen Mineralien sind vorhanden: Quarz, Kalkspat, Pyrit, Biotit, Muskovit u. ein Fe-Oxidhydrat. W. Renker 6216◇

1902 **Die fundamentalen Eigenschaften von Tonen, Löß und Gesteinen und ihre Anwendung auf technische Probleme.** Anonym. (Scientia sinica **8**, 1169—93, 1959; Acad. Sinica, Inst. of Civil Engng., Soil Mechanics Labor.; engl.) — Es wird über Arbeiten, Unters.-Verff., neue Geräte u. a. in China berichtet. Für das rheolog. Verh. von Ton u. Löß werden Gleichungen abgeleitet. J. Heinze 6216◇

1903 **Feuerfeste Stoffe zum Heiß-Aufspritzen.** Akira Wakabayashi. (Kinzoku [Metals] **32**, Nr. 18, 45—48, 1962; jap.) — Die Eigg. von amorphen, P_2O_5-enthaltenden, feuerfesten Stoffen (Nitron Steel Pipe Mfg. Co.) zur Reparatur von Siemens-Martin-Öfen, Gußpfannen usw. u. die Vorzüge der feuerfesten Stoffe werden beschrieben.
W. Wesly 6218◇

1904 **Darstellung und Eigenschaften von Borcarbid.** Reimar Kranz. (Keram. Z. **15**, 459—64, 1963; Julich; dt.) — Infolge des engen Intervalles zwischen Bldg.-Temp. u. therm. Zerfall werden bei Borcarbid (B_4C) ständig Graphitausscheidungen beobachtet, die die Festigkeits-Eigg. stark herabsetzen. Bei Druck-Verss. in Ar-Atmosphäre erreicht man bei Drücken von 120 kg/cm², 2300° u. Borüberschuß sehr harte Carbide mit einer Vickers-Härte von 8500 kg/mm², die der Härte des Diamanten sehr nahe kommt. Die Kristallgitter von Diamant, SiC u. B_4C werden miteinander verglichen. — Anwendung als widerstandsfähige, hochfeuerfeste Werkstoffe.
N. Peters 6220◇

1905 **Einige Einflüsse der verlängerten Durchmischung von Beton.** J. D. Dewar. (Cement, Lime Gravel **38**, 121—28, 1963; engl.) — Fertig gemischter Beton wurde nochmals 5 Std. bei 60° F u. 60% relativer Feuchtigkeit gemischt. Einige Eigg. des Materials wurden bestimmt. Im allg. nimmt die Verarbeitbarkeit mit der Zeit der Durchmischung ab, während die Druckfestigkeit ansteigt. Für eine gewisse Zeit ist der Verlust an Verarbeitbarkeit klein u. läßt sich durch Wasserzusatz ausgleichen, jedoch nicht bei starkkonz. Mischungen u. langen Durchmischungszeiten. Die Trockenschrumpfung von Beton mit niedrigem Zement-Geh. steigt nach verlängerter Durchmischung. J. Heinze 6224◇

1906 **Polymer-Zementmaterialien.** Ju. Ss. Tscherkinski, W. M. Kalaschnikowa und W. L. Smeljanski. (Plast. Massen [UdSSR] **1960**, Nr. 9, 4—7; russ.) — An Hand von 14 Literaturangaben wird der Einfl. des Verhältnisses Polymeres/Zement u. verschiedener Stabilisatoren bzw. Emulgatoren (Fett- u. Sulfonsäuren, $CaCl_2$, Na_2CO_3, Dibutylphthalat), die dem bei der Herst. von *Betonen* aus Polyvinylacetat u. Zement verwendeten synthet. Latex zugegeben werden, auf die phys.-chem. Eigg. der vorst. Betone erörtert.
Nadja Winkler 6224△

1907 **Der Einfluß von gewöhnlich in natürlichem Wasser vorhandenen Ionen auf die Flotation von Kalkstein.** W. W. Agey, H. B. Salisbury und P. L. Placek. (U.S. Dep. Interior, Bur. Mines, Rep. Invest. **1963**, Nr. 6189, 1—25; Salt Lake City, Utah, Bureau of Mines, Salt Lake City Metallurgy Res. Center; engl.) — Die Einfl. der Bicarbonate, Sulfate u. Chloride von Na, Ca u. Mg auf die Flotation von Kalkstein aus einem Kalkstein-Quarzgemisch wurden unter Berücksichtigung anderer einflußnehmender Faktoren (Feinheit u. Korngrößenverteilung der Minerale, Trübendichte, Temp., Aktivierungs- u. Flotationsdauer, Grad des Rührens u. a.) untersucht. Bei Anwesenheit von Na oder Mg wurden Quarz u. Kalkstein aktiviert, während Ca-Verbb. u. Chloride (mit Ausnahme von NaCl) gegenteilige Einfl. zeigen.
J. Heinze 6226◇

1908 **Die Beeinflussung von in Hochleistungsschachtöfen gebranntem Kalk durch die Brennstoffe Gaskoks und Anthrazit.** Bernhard Butterling. (Silikattechnik **14,** 150—54, 1963; Merseburg; dt.) — Beim Brennen mit Gaskoks sind die spezif. Wärmekosten sowie die Verunreinigung durch Asche u. die chem. Aktivität des CaO größer, jedoch der Restgeh. an CO_2 kleiner als beim Brennen mit Anthrazit. J. Wellner 6226◇

1909 **Kunststoffe im Bauwesen. Entwicklungen und Anwendungen von Kunststoffen.** A. Schneider. (Kunststoff-Rdsch. **10,** 389—98, 1963; Winterthur/Schweiz; dt.) — Vf. beschreibt die Anwendungsmöglichkeiten der Kunststoffe im Bauwesen an Hand ihrer Eigg. u. vergleicht sie mit den herkömmlichen Baumaterialien. Davon abgeleitet werden die Vor- u. Nachteile der Kunststoffe im Außen- u. Innenbau beschrieben. Dabei geht Vf. bes. auf die Flach- u. Wellplatten aus glasfaserverstärkten Polyester-Kunststoffen u. Schaumstoffe aus Polystyrol ein. Nagel 6228◇

1910 **Farbige glasfaserverstärkte Kunststoffe für das Bauwesen.** A. R. Witenberg und Ju. D. Dudina. (Plast. Massen [UdSSR] **1960,** Nr. 10, 47—49; russ.) — Technologie der Herst. von Platten aus gefärbten glasfaserverstärkten Kunststoffen. Die Grundlage bildet ungesätt. *Polyesterharz,* dem als Initiator *Cumolhydroperoxid* u. als Beschleuniger 8%ig. *Co-Naphthenat*-Lsg. in Styrol zugegeben werden. Die Pigmentierung erfolgt durch Zusatz gebräuchlicher anorgan. u. organ. Farbstoffe bis zu 5%. Die fertige Mischung wird in Formen gegeben u. mit Glasfasergeweben (alkalifrei) verpreßt. Die Platten dienen zum Außen- u. Innenschmuck von Gebäuden, zur Möbel-Herst. u. zur Verkleidung von Wänden. Horst Braun 6228◇

1911 **Keramische Schleifscheiben auf Al_2O_3- und SiC-Basis.** A. Schneider. (Radex-Rdsch. **1962,** 273—90; Winterthur; dt.) — Es werden die Technologie der Herst. von Schleifscheiben sowie deren Aufbau u. Überprüfung beschrieben. J. Heinze 6238◇

1912 **Erforschung und kinematographische Untersuchung der Primärreaktionen der Gemengebestandteile im Hochtemperaturmikroskop.** Alejandro Vidal. (Glastechn. Ber. **36,** 305—23, 1963; Mannheim, Inst. für angew. Mikroskopie, Photographie u. Kinematographie; dt.) — Die Wrkg. der einzelnen Komponenten in den Syst. Soda–Sand u. Soda–Calcit bzw. Kalkstein–Sand wurde im Hochtemp.-Mikroskop untersucht. Hinweise auf die techn. Auswertung werden gegeben. J. Heinze 6240◇

1913 **Dauerhaftigkeit von Glas.** J. F. Greene. (Ceram. Ind. **74,** Nr. 6, 73—76, 94, 1960; Owens-Illinois Glass Co., Kimble Glass Co.; engl.) — Unterss. über die Dauerhaftigkeit (DH) von Glas werden an gepulverten Proben u. an Glasgefäßen durchgeführt, indem mit W., Säuren oder Alkali bei erhöhter Temp. (90—121°) gearbeitet wird. Der Gewichtsverlust der Proben oder das Herauslösen von Alkali gilt als Maß für DH. Kornfeinheit u. Größe u. Art der Gefäßoberfläche beeinflussen die Resultate. F. Reinhart 6242

1914 **Spannungsoptische Bestimmung der Wärmeausdehnungen von Gläsern und Metallen.** A. M. Kruithof und A. A. Padmos. (Sprechsaal Keram., Glas, Email **95,** 464—67, 484—87, 518—20, 691—93, 1962; **96,** 36—39, 1963; Eindhoven, N.V. Philips' Gloeilampenfabr. Entw.-Zentrum; dt.) — Entsprechend der Wichtigkeit der Glaseinschmelzung für elektron. Bauelemente werden Verff. zur Herst. von Teststücken (Glas–Glas, Glas–Metall-Verschmelzung, Drahteinschmelzungen) angegeben, ferner Hinweise auf ihre Unters. mit dem Polarisationsmikroskop. Der Zusammenhang zwischen den durch Doppelbrechung erkennbaren Spannungen u. den Differenzen der Ausdehnungs-Koeff. wird dargelegt. Bei Viscositäten $> 10^{16}$ P wird die Dehnungskurve nur durch die Spannungsänderungen beeinflußt, bei höheren Temp. wirken Viscosität, Strukturänderungen zusammen mit Dichteänderungen, elast. Nachwrkg. u. Abkühlgeschw. mit. Die Größe der Spannung ist abhängig von der Geometrie der Anschmelzung, dem Ausdehnungsunterschied bei Meßtemp. u. Abkühlung sowie von der Erstarrungsgeschwindigkeit. An einer Wolframdraht/Borosilicatglas-Einschmelzung wird aufgezeigt, daß die Formeln von Hull u. Burger nicht ohne weiteres verwendbar sind. Die angegebenen Messungen werden als Maßnahmen für die laufende Kontrolle in der Glashütte täglich vorgenommen durch Unters. der Spannung des geschmolzenen Glases gegen ein Standardglas L. Kühnert 6242◇

1915 **Adsorption instabiler Nuclide in wässeriger Phase an Glasoberflächen.** Günther Schindler. (Silikattechnik **14,** 135—39, 1963; Leipzig, Inst. f. angew. Radioaktivität; dt.) — Die Adsorption der Nuclide ^{137}Cs u. $^{90}Sr/^{90}Y$ aus Salz-Lsgg. an Glas nimmt in der Reihe *Alkalikalkglas, Supremaxglas, Silibor-T-Glas* u. *Geräteglas G 20* ab. Geringe Adsorption erfolgt aus sauren Lsgg. u. nach Säurevorbehandlung des Glases. Ein Lsg.-pH von 7—7,4 bei ^{137}Cs u. von 8—9 bei $^{90}Sr/^{90}Y$ bewirkt maximale Adsorption. 0,1—0,5n HCl dekontaminiert das Glas binnen 2 Stunden. Sättigung der Adsorption von ^{137}Cs tritt bei der Lsg.-Konz. $4 \cdot 10^{-5}$ g/ml CsCl ein. Von dem Paar $^{90}Sr/^{90}Y$ wird ^{90}Y stärker adsorbiert. Die prakt. Berücksichtigung dieser Bedingungen verhindert weitgehend Aktivitätsverluste an Glasflächen. J. Wellner 6242◇

1916 **Der Einfluß der Umgebung auf den Sprödbruch von Kieselsäure.** M. L. Hammond und S. F. Ravitz. (J. Amer. ceram. Soc. **46,** 329—32, 1963; Berkeley, Calif., Univ. of California, Dep. of Miner. Technol.; engl.) — Die Bruchfestigkeit von Stäben aus SiO_2-Glas wurde im Vakuum u. in gesätt. Dämpfen von W., Äthyl-, n-Butyl-, n-Propylalkohol, Äthylacetat u. Benzol bestimmt. Die Beziehungen zwischen der Erniedrigung der Bruchfestigkeit von SiO_2-Glas durch Dampf u. der korrespondierenden Abnahme der freien Oberflächenenergie von Quarz lassen sich mit der Sprödbruchtheorie von Griffith deuten. J. Heinze 6244◇

1917 **Die Torsionsprüfung von Schamottesteinen bei hohen Temperaturen.** Manfred Koltermann und Detlev Wiegmann. (Tonind.-Ztg. keram. Rdsch. **87,** 339—43, 1963; Clausthal, Bergakad., Inst. für Steine u. Erden; dt.) — Vff. beschreiben eine Meth. zur Torsionsprüfung von Schamottesteinen, bei welcher das Drehmoment konst. gehalten u. die Vers.-Temp. erhöht wird. Als günstigste Vers.-Bedingungen ergaben sich die Aufheizgeschw. zwischen 20—800° von 10°/Min. u. über 800° von 8°/Min., die Belastung 7,5 kpcm u. die Abmessungen der Probestäbe 250×15×15 mm. Durch Vgl. der Resultate (E_1-Werte 810—1020°; E Erweichungspunkt) mit denen der Druckfeuerbeständigkeitsprüfung (t_a-Werte 1255—1500°) wird gezeigt, daß die Torsionsprüfung einen besseren Einblick in die Eigg. der Schamottesteine ergibt. Eine Beziehung zwischen dem Al_2O_3-Geh. u. dem Torsions-Verh. wird nicht festgestellt. Der Anteil der Glasphase hat großen Einfl. auf das Torsionsverhalten. Eine neue Meth. zur Auswertung von Torsionskurven wird beschrieben. O. Henning 6248◇

1918 **Das Verhalten von elektrisch geschmolzenem Spinell gegen Glas.** M. Boffe und M. Jaupain. (Silicates ind. **28,** 187—95, 1963; franz.) — Mehrere Arten von schmelzgegossenen Materialien mit Cr_2O_3, MgO u. Al_2O_3 wurden im Hinblick auf ihr Verh. im Kontakt mit Kalknatronglas untersucht. Verglichen werden die Neigung zur Blasen-Bldg., die Widerstandsfähigkeit gegen Korrosion durch das Glas u. das Verh. in abwechselnd reduzierender u. oxydierender Atmosphäre. Verschiedene Materialien mit unterschiedlichen Cr_2O_3-Geh. widerstehen der Korrosion durch Glas u. alkal. Dämpfe besser als die bekannten schmelzgegossenen Feuerfest-Materialien. J. Heinze 6248◇

1919 **Bestimmung der Anisotropie und Erzeugung künstlicher Strukturen in plastischen keramischen Massen.** F. Ss. Enteliss. (Glas u. Keram. [UdSSR] **18,** Nr. 2, 24—28, Febr. 1961; russ.) — Die vorgeschlagene quant. Schnellmeth. zur Best. der Anisotropie keram. Massen beruht auf der Annahme, daß bei Druckbelastung zwischen 2 Platten in der zur Hauptebene des Pinakoids senkrechten Richtung die Längenzunahme größer ist als in der dazu parallelen Richtung. Es wird empfohlen, künstliche anisotrope Strukturen der keram. Massen zu erzeugen. Hierfür eignet sich die Extrusion. O. Lebtag 6248△

1920 **Die Reproduzierbarkeit der Biegezug- und Drucktests zur Bestimmung der Festigkeit im Zement.** M. F. Kaplan. (Proc. Amer. Soc. Testing Mater. **60,** 1006—19, 1960; Pretoria, Süd-Afrika, Civil Engng. Div., Council for Sci. and Ind. Res.; engl.) — Die Reproduzierbarkeit der Biegezug- u. Druckfestigkeit von handgemischten u. ver-

dichteten Proben wurde in ca. 2000 Verss. überprüft. Die Tests sind mit den Resultaten der Cement Statistical u. Technical Assn. (Cembureau), mit den brit. Standards u. der ASTM vergleichbar. Die Abweichungen innerhalb der Vers.-Serien, die aus 3—6 Proben bestanden, betrugen 2,5—4% für die Druck- u. 4—5% für die Biegezugfestigkeit, wobei die Druckfestigkeit stärkeren Schwingungen unterliegt. Vgl. zwischen den Serien ergeben gegenüber den Drucktesten in der Biegezugfessigkeit geringere Abweichungen. Von verschiedenen Bearbeitern durchgeführte Unterss. wiesen Schwankungen bis zu 2,4% u. die von verschiedenen Labor. ermittelten Werte Unterschiede in der Druckfestigkeit von 5,3% sowie in der Biegezugfestigkeit von 7,6% auf.
H. Schumann 6252

1921 **Röntgenbeugungsuntersuchungen an hydratisierten Portlandzementpasten.** D. L. Kantor, L. E. Copeland und Elaine R. Anderson. (Proc. Amer. Soc. Testing Mater **60,** 1020—35, 1960; Skokie, Ill., Basic Res. Sect., Portland Cement Assn., Res. and Dev. Labor.; engl.) — Zur Anwendung kamen mit W. gesätt., getrocknete u. teilweise nach dem Trocknen wieder gesätt. Proben von 8 Portlandzementen. W. beeinflußt die Ergebnisse in starkem Maße. Als Hydratations-Prodd. des Tricalcium- oder β-Dicalciumsilicats wurden dem Tobermorit ähnliche Ca-Silicathydrate gefunden. Als feste Lsgg. konnten ein Hydrogranattyp des Ca-Aluminoferrit- u. Tetracalciumaluminathydrats u. ein anderer Typ, aus Tricalciumferrit- u. Tricalciumaluminathydrat zusammengesetzt, nachgewiesen werden. Die beiden Ca-Sulfoaluminate wurden ebenfalls festgestellt. Niedrigsulfathaltige Sulfoaluminate schließen hochsulfathaltige Aluminate aus, wobei im zuletzt genannten Sulfoaluminat auch nach längerer Zeit nur sehr wenig Tricalciumaluminat vorhanden ist. Die Stärke der Röntgen-Linien von Calciummonocarboaluminat nimmt mit steigendem Geh. an Carbonat u. Feuchtigkeit zu.
H. Schumann 6252

1922 **Die Mikroskopie von dampfgetrockneten Asbest-Portlandzement-Produkten.** Donald Bailey. (J. Amer. ceram. Soc. **46,** 348—51, 1963; Manville, N.J., Johns-Manville Prod. Corp., Res. and Engng. Centre; engl.) — Die Herst. von An- u. Dünnschliffen für mkr. Unterss. wird beschrieben.
J. Heinze 6252◇

1923 **Eigenschaften von Betonzusatzmitteln. Eine Zusammenstellung von Prüfergebnissen.** W. Albrecht und U. Mannherz. (Betonstein-Ztg. **29,** 281—96, 1963; Stuttgart, TH, Otto-Graf-Inst.; dt.) — Nach Zusammenstellung der Hauptanforderungen an Betonverflüssiger, luftporenbildende Betonverflüssiger, luftporenbildende Betonzusatzmittel u. Betondichtungsmittel werden die Prüfergebnisse mit 54, 32, 44 bzw. 46 verschiedenen im Handel befindlichen Mitteln graph. dargestellt. Durch die Zusätze werden in unterschiedlichem Maße der Erstarrungsbeginn u. das -ende verzögert, das Schwinden erhöht, Nachversteifung u. Wassereinsparung festgestellt, der Luftgeh. erhöht, die 28-Tage-Druckfestigkeit um 8—20% erhöht, die Frostwiderstandsfähigkeit erhöht u. die Wasseraufnahme um 20—30% vermindert.
O. Henning 6252◇

1924 **Der Einfluß der Probengröße auf die elastischen Eigenschaften von Beton.** Masaichi Okushima und Yoshio Kosaka. (Technol. Rep. Osaka Univ. **12,** 371—79, 1962; Dep. of Structural Engng.; engl.) — Von Probekörpern aus Portlandzement, die mit unterschiedlichen W./Zement-Faktoren u. unter variierten Bedingungen hergestellt wurden, werden die dynam. u. stat. Elastizitätsmoduln u. die Druckfestigkeit nach 7 u. 28 Tagen bestimmt. Die Probekörper besaßen zylindr. Form, deren Durchmesser u. Länge 15 u. 30 cm, 10 u. 20 cm u. 5 u. 10 cm betrugen. Während bei gleichem W./Zement-Faktor die Spannungs-Dehnungs-Diagramme der Proben mit $\Phi = 15$ u. 10 cm unterhalb 70% der maximalen Spannung nur geringe Differenzen zeigen, steigen der dynam. Elastizitätsmodul u. die Druckfestigkeit mit abnehmender Probengröße leicht an.
O. Henning 6252◇

1925 **Zur Frage der Lunker in schmelzflüssig gegossenen Steinen und deren Feststellung durch Anwendung der γ-Defektoskopie.** E. Becker, E. Frischbutter und F. Vorsprach. (Silikattechnik **14,** 145—50, 1963; Magdeburg, Inst. f. Werkstoffkunde u. Werkstoffprüfung der TH; Berlin, Inst. f. angew. Silikatforsch. der DAW; dt.) — Vff. stellen die Ursachen der Lunker-Bldg. dar u. zeigen die Anwendung des Nuclids ^{60}Co bei der Serienprüfung von Steinen mit Materialdicken bis zu 600 mm. J. Wellner 6256◇

1926 Mulder & Zoon N. V., Amsterdam, Niederlande (Erfinder: James A. Bower, Chester, W.Va., V.St.A.), **Herstellung gebrannter Keramik mit Unterglasurmalerei.** Nach dem Dekorieren des Biskuits mit einem Wachsabziehbild u. nach dem Entfernen der Trägerschicht wird das Biskuit erhitzt u. vor dem Auftragen einer weiteren Dekorschicht mit einer dünnen Glasurschicht versehen, die sich mit der Ausarbeitungsglasur verträgt. Diese dünne Glasurschicht wird getrocknet, bevor die Ausarbeitungsglasur aufgetragen wird. Das Verf. kann bei vielschichtigem Dekor mehrmals wiederholt werden, ehe die Ausarbeitungsglasur aufgetragen wird. (**D. A. S. 1 151 459** Kl. 80b vom 11/3. 1961, ausg. 11/7. 1963.) H. Wiedemann 6213

1927 Siemens-Schuckertwerke Akt.-Ges., Berlin und Erlangen (Erfinder: Wolfram Bauer, Emil Singer und Otto Staufenberger, Redwitz/Rod.), **Porzellanformkörper** können im Strangpreß-Verf. aus einer Rohmasse hergestellt werden, die neben W., unplast. Ton u./oder Tonerde u./oder Quarz, Feldspat u. bis zu 3 (%) Tragant u./oder 2 Dextrin, 1,5 Methylcellulose u. 3 Alginate enthält. (**D. A. S. 1 148 477** Kl. 80b vom 16/1. 1959, ausg. 9/5. 1963.)
G. Frikell 6215

1928 Johannes Tacken, Münster, **Poröse, keramische, körnige Stoffe** werden hergestellt aus beim Brennen aufblähenden eisenoxidhaltigen Silicaten im Drehrohrofen bei ca. 1200°, wobei das Rohgut in Form von Pellets mit einer das Anbacken verhindernden Außenschicht, z. B. Zement, $Ca(OH)_2$, Gips u. außerdem Sand, Quarzmehl oder Hochofenschlackensand überzogen wird. (**D. A. S. 1 154 753** Kl. 80b vom 19/12. 1961, ausg. 19/9. 1963.) G. Frikell 6221

1929 N. V. Philips' Gloeilampenfabrieken, Eindhoven (Erfinder: Enno Cort Munk, Jacques Petrus Johannes Philippan und Adriaan Rademakers, Eindhoven), Niederlande, **Herstellen flacher keramischer Körper.** Eine gießbare Masse wird auf eine Platte geschüttelt, auf der sie sich zu einer dünnen Schicht ausbreitet, dann getrocknet, die noch plast. Schicht von der Platte entfernt, in Stücke zerteilt, die paarweise mit den Seiten, die in bezug auf die Platte gleiche Lage einnahmen, aufeinandergelegt u. dann gesintert werden. (**D. A. S. 1 151 209** Kl. 80b vom 19/5. 1960, ausg. 4/7. 1963. Niederl. Prior. 23/5. 1959.)
H. Widmann 6221

1930 United Kingdom Atomic Energy Authority, London (Erfinder: Robert Lewis Bickerdike, Anthony Reginald George Brown, Garyth Hughes, William Johnson und William Watt, Farnborough, Hampshire, England, **Herstellung eines dichten Schichtrohres aus Kohlenstoff.** Kohlenstoffrohre mit verschiedenen Durchmessern werden ineinandergesteckt u. entweder mit Hilfe einer fl., polymerisierbaren Verb. oder durch pyrolyt. Nd. einer KW-Stoff-Verb., die gleichzeitig die Poren der einzelnen Kohlerohre abdichtet, fest miteinander verbunden. (**D. A. S. 1 152 933** Kl. 80b vom 10/2. 1960, ausg. 14/8. 1963. E. Prior. 10/2. 1959.) H. Widmann 6221

1931 VEB Keramische Werke Neuhaus, Neuhaus-Schierschnitz (Erfinder: Gustav Schumacher, unbekannten Aufenthaltes, und Hans Diptern, Sonneberg), **Verbesserung der Werkstoffeigenschaften von Titannitrid-Mischwerkstoffen.** Eine Mischung von Tonerde in feingemahlenem Zustand u. 1—50 Gew.-% Titanhydrid wird im Stickstoff-Wasserstoff-Gemisch bei 1800—2000° so lange behandelt, bis das Titanhydrid in Titannitrid umgewandelt ist. Diese Herst. garantiert größtmögliche Reinheit des Endprodukts. (**D. A. S. 1 149 288** Kl. 80b vom 28/3. 1961, ausg. 22/5. 1963.) H. Widmann 6221

1932 Henkel & Cie. G. m. b. H. (Erfinder: Bruno Blaser, Helmut von Freyhold und Karl-Heinz Worms), Düsseldorf, **Verflüssigung von anorganischen Schlämmen.** Zementrohschlamm, keram. Schlicker, a. u. bes. silicat. Schlämme erfahren bei gleichem Geh. an W. eine Verringerung der Viscosität durch Zusatz von Acylierungs-

Prodd. von H_3PO_3, z. B. in Mengen von 0,05 Gew.-%. (**D. A. S. 1 154 028** Kl. 80b vom 23/1. 1960, ausg. 5/9. 1963.) G. Frikell 6223

1933 Adolf Haag, Karlsruhe, **Putzmasse für Decken und Wände.** Das leicht aufbringbare, schnell trocknende, mit W. anzurührende Gemisch besteht aus: 45—65 (Gew.-Teilen) Gips, 2—8 Holzschliff oder Zellstoff-Fasern mit Zusatz von 15% Klebstoff, wie tier. Leim oder modifizierte Cellulose, 0,2—0,8 Methylcellulose u. 35—45 rundkörnigem Sand mit Ø 0—0,5 mm. (**D. A. S. 1 154 029** Kl. 80b vom 25/8. 1959, ausg. 5/9. 1963.) G. Frikell 6227

1934 **Imperial Chemical Industries Ltd.**, London, England (Erfinder: **Kenneth Gerrard Cunningham** und **Andrew Jamieson Baillie**), *Kalk-Gips-Trockenmörtel.* (**Aust. P. 235 692** vom 1/9. 1959, ausg. 26/10. 1961. E. Prior. 5/9. 1958. — C. **1962**, 8753 [E. P. 859 414].)

1935 **Deutsche Erdöl-Akt.-Ges.**, Hamburg (Erfinder: **Christoph Schmid** und **Rudolf Gedenk**, Wietze, Kr. Celle), *Herstellung eines Abdichtungs- und Verfestigungsmittels.* (**D. P. [DDR] 16 771** Kl. 84c vom 6/12. 1956, ausg. 7/4. 1959 [Ausschließungspatent]. — C. **1962**, 1375 [Niederl. P. 96 403].)

H_7. Agrikulturchemie, Schädlingsbekämpfung

1936 **Auflösung von Apatit in Magnesiumphosphat.** Włodzimierz Bobrownicki, Józef Kubicki und Kazimierz Sławski. (Chem. stosowana **3**, 353—60, 1959; Wrocław, PAN, Inst. Chem. fiz.; Politechn., Kat. Technol. nieorgan.; pol.) — *$Mg_3(PO_4)_2$* u. *Apatit* (**I**) wurden in verschiedenen Mengenverhältnissen geschmolzen. Der Anteil des in 2%ig. Citronensäure lösl. P_2O_5 der Schmelze bleibt von reinem $Mg_3(PO_4)_2$ bis zu Schmelzen mit 50% **I** prakt. konst. (52,8—45,2%). Mit höherem **I**-Geh. nimmt die Löslichkeit von P_2O_5 stetig ab. Prodd. mit 20—50% **I** sind vollständig glasig. Nach der therm. Entglasung, die ab 620—650° einsetzt u. exotherm verläuft, nimmt der Anteil an citratlösl. P_2O_5 kaum ab. Bei der Entglasung tritt eine neue krist. Phase auf, die röntgenograph. als das Doppelsalz *$Ca_3Mg_3(PO_4)_4$* identifiziert worden ist. Reines $Ca_3Mg_3(PO_4)_4$ ist in 2%ig. Citronensäure gut löslich. F. Urban 6282□

1937 **Die Stickstoffdüngemittel, Entwicklung und Perspektiven.** R. Bedhome. (Chim. et Ind. **90**, 105—20, 1963; franz.) — Es wird zunächst ein geschichtlicher Überblick über die Entw. der Verff. zur Herst. von NH_3 u. Stickstoffdüngemitteln sowie über die gegenwärtigen Tendenzen gegeben. Es schließen sich Ausführungen über die Entw. der Produktion u. des Verbrauches an. W. Renker 6284◇

1938 **Biuretbildung bei der Herstellung von Harnstoff.** P. J. C. Kaasenbrood, P. J. Van Den Berg und L. J. Revallier. (J. agric. Food Chem. **11**, 39—43, 1963; Geleen, Dutch State Mines, Central Labor.; engl.) — Unterss. über die Bldg. von *Biuret* (**I**) bei der *Harnstoff* (**II**)-Herst. zeigen, daß die Geschw. der **I**-Bldg. in geschmolzenem **II** u. in konz. wss. **II**-Lsgg. eine Funktion der NH_3-Konz. ist. Diese Beziehung wird damit erklärt, daß **I** hauptsächlich durch eine reversible Rk. zwischen **II** u. HNCO (entstanden aus **II** unter Freiwerden von NH_3) gebildet wird. Die direkte Umwandlung von **II** in **I** u. NH_3 spielt eine untergeordnete Rolle. Der reversible Charakter der **I**-Bldg. wird dadurch bestätigt, daß die in einer **II**-Schmelze entstehende Menge an **I** mit steigender NH_3-Konz. abnimmt. Die Umwandlungs-Geschw. wird durch bas. Verbb. erhöht u. durch saure Verbb. vermindert. W. Wesly 6284◇

1939 **Untersuchungen über die Bewegung des Wassers in Hochlandböden.** 6. Mitt. **Die Bewegung der Bodenfeuchtigkeit in Abhängigkeit von der Verschiedenartigkeit der Bodenstruktur in den Profilen.** Shiro Terasawa. (J. Sci. Soil Manure, Japan [Nippon Dojohiryogaku Zasshi] **33**, 553—56, 1962; jap.) — 5. vgl. C. **1964**, 6/7-2195. R. Grundmann 6302◇

1940 **Untersuchungen über die Bewegung des Wassers in Hochlandböden.** 7. Mitt. **Die Wirkung der Dicke der Bodenschichten auf die Feuchtigkeit der Bodenoberfläche.** Shiro Terasawa. (J. Sci. Soil Manure, Japan [Nippon Dojohiryogaku Zasshi] **33**, 557—61, 1962; jap.) — 6. vgl. vorst. Referat. R. Grundmann 6302◇

1941 **Bestimmung des Gesamtporenvolumens in frisch gepflügtem Boden.** H. Kuipers und C. van Ouwerkerk. (Netherl. J. agric. Sci. **11**, 45—53, 1963; Wageningen, State Agric. Univ., Soil Tillage Labor.; Groningen, Inst. for Soil Fertility; engl.) — Vff. beschreiben eine Meth. zur Best. der Krumenhöhen in frisch gepflügten Böden u. berechnen daraus das Gesamtporenvolumen. In dem angeführten Beispiel beträgt das Gesamtporen-Vol. vor dem Pflügen 45,0%, nach dem Pflügen 57,0%, 1 Monat nach dem Pflügen 52,8%, vor der Bereitung des Saatbeetes 52,4% u. nach der Bereitung des Saatbeetes 47,2%. Regen vermindert das Poren-Vol. u. Frost erhöht es in starkem Maße. W. Hiller 6302◇

1942 **Der Einfluß von Winterroggen als Deckpflanze auf die Bodenstruktur.** R. E. Benoit, N. A. Willits und W. J. Hanna. (Agronomy J. **54**, 419—20, 1962; New Brunswick, N.J., State Univ., Dep. of Soils, Agric. Exp. Stat.; engl.) — In 6jährigen Feld-Verss. auf sandigem Lehm mit Winterroggen (Secale cereale var. Balbao) als Deckfrucht verbesserten vor allem die untergepflügten Wurzeln desselben die physikal. Eigg. des Bodens. Diese Wrkg. wurde jedoch erst vom 3. Jahr an beobachtet u. konnte auch im Unterboden festgestellt werden. Die eingearbeiteten oberird. Pflanzenteile konnten allein die Bodenstruktur nicht beeinflussen. W. Kreipe 6302◇

1943 **Die Auswirkung einer Einbringung von anorganischen Chemikalien auf die Durchlässigkeitseigenschaften eines schwarzen Baumwollbodens.** R. K. Katti und T. S. S. Koppeshwarrao. (Indian J. Technol. **1**, 80—82, 1963; Bombay, Indian Inst. of Technol., Soil Engng. Sect.; engl.) — Unterss. über die Durchlässigkeit von schwarzen Baumwollböden ergaben, daß dieselbe durch Tränkung der Böden mit Lsgg. anorgan. Verbb. (*KOH, KCl, NaOH, NaCl, Na_2CO_3*) erhöht wird. Je höher die Konz. der Lsgg. u. je länger die Einw.-Dauer derselben ist, um so größer wird die Durchlässigkeit der Böden. Die Geschw. der Aufnahme der Verbb. ist in den ersten 4 Std. der Tränkung hoch u. nimmt dann ab. KOH u. KCl steigern die Durchlässigkeit stärker als NaOH u. NaCl. W. Wesly 6302◇

1944 **Die Auswirkung des partiellen Sauerstoffdrucks im Boden auf die durch Kalk induzierte Chlorose.** R. Mokady. (Plant and Soil [The Hague] **15**, 377—86, 1961; Rehovot, Israel, Nat. and Univ., Inst. of Agric.; engl.) — Vf. bestimmt die *O_2*-Konz. in Böden unter Papsalum dilatatum u. Chloris gayana. Bei einem bestimmten Feuchtigkeitsintervall existiert eine negative Korrelation zwischen der O_2-Konz. des Bodens u. der *Chlorophyll*-Konz. der Blätter. W. Hiller 6304◇

1945 **Bodenaggregation und Kalkgehalt als Faktoren der durch Kalk induzierten Chlorose.** R. Mokady. (Plant and Soil [The Hague] **15**, 367—76, 1961; Rehovot, Israel, Nat. and Univ., Inst. of Agric.; engl.) — Bei hohem *Ca*-Geh. des Bodens sinkt bei Papsalum dilatatum der Ertrag in erster Linie bei groben Bodenkrümeln. Bei groben Krümeln sinkt der Geh. der Pflanzen an *Chlorophyll a* (**I**), *Chlorophyll b* (**II**) u. **I** + **II** mit steigendem Kalk-Geh. des Bodens. Bei feinen Krümeln steigt der Geh. an **I**, **II** u. **I** + **II** an, wenn er auf Trockensubstanz u. Blattfläche bezogen wird. W. Hiller 6304◇

1946 **Über die Auswaschung von Calcium, Magnesium, Chlorid und Sulfat aus dem Boden (Lysimeterversuche).** 3. Mitt. C. Pfaff. (Z. Acker- u. Pflanzenbau **117**, 117—28, 1963; dt.) — 2. vgl. C. **1964**, 3-2146. — Vf. stellt durch Lysimeter-Verss. fest, daß aus ungedüngten Böden in Abhängigkeit von der Bodenart 23—34 g CaO/m^2 jährlich ausgewaschen werden. Die Auswaschung aus alkal. Böden ist dabei wesentlich größer als aus sauren. Cl^- u. SO_4^{2-} begünstigen die Auswaschung. Die Abwanderung an MgO liegt jährlich bei ca. 2,4 g/m^2. Die MgO-Verluste werden durch CaO-Düngung erhöht. W. Kölling 6304◇

1947 **Austauschbares Natrium in kalkhaltigen Böden.** Lannes E. Davis. (Proc. Soil Sci. Soc. America **22**, 270, 1958; Davis, Calif., Univ. of California, Dep. of Soils and Plant Nutrit.; engl.) — Stellungnahme zu der Arbeit von Bower u. Goertzen (C. **1960**, 4968). B. Scheifele 6304

1948 **Die Auswirkungen einer Ansäuerung auf Alkaliböden und kalkhaltige Böden.** S. K. Tobia und A. G. Pollard. (J. Sci. Food Agric. **9**, 705—13, 1958; London, Imp. Coll., Dep. of Agric. Chem.; engl.) — In Modell-Verss. mit einem künstlich alkalisierten Boden(Auswaschen mit

NaCl, anschließend Zugabe von 0,005% Na_2CO_3) bzw. mit einem mit $CaCO_3$ angereicherten Boden sowie in Feld-Verss. wurden die Auswrkg. einer Ansäuerung derartiger Böden mit H_2SO_4 (I) oder Al- bzw. Fe-Sulfat (**II** bzw. **III**) untersucht. Im kalkhaltigen Boden war die ansäuernde Wrkg. von **II** stärker u. andauernder als die von **III**. Im neutralen Boden hielt die durch **II**-Zugabe erzielte Acidität ein Jahr an, die durch **I** erreichte dagegen nur kurze Zeit. Durch **II**-Zufuhr wurde die Perkolation in allen Böden deutlich verbessert, was nicht so sehr auf die Ansäuerung als auf die flockende Wrkg. der Al^{3+}-Ionen zurückgeführt wird. Bei kontinuierlicher Bewässerung wurde nach **II**-Behandlung aus dem Alkaliboden mehr Mn mobilisiert (anaerobe Red.) als aus dem natürlichen Boden. **II**-Zufuhr erhöhte die P-Fixierung im natürlichen Boden u. im Alkaliboden, verringerte sie aber im kalkhaltigen Boden. Wilfried Werner 6304◇

1949 **Der Abbau von Waldstreu in Beziehung zu Umweltfaktoren.** Martin Witkamp und J. van der Drift. (Plant and Soil [The Hague] **15,** 295—311, 1961; Arnhem, Inst. for Biol. Field Res.; engl.) — Vff. untersuchen Bldg. u. Abbau von Waldstreu bei verschiedenen Auflagetypen (ein- u. mehrjährige Streuauflage). Die Streu im Mull (Streu wird innerhalb eines Jahres abgebaut u. in den Boden einverleibt) hat ein günstigeres C/N-Verhältnis (27,8) als die Streu im Moor (33,2; Streu von mehreren Jahren wird akkumuliert u. bildet eine für Nährstoffe undurchlässige Schicht von Auflage-Rohhumus). Die Fluktuationen der Intensität des Abbaus sind bei beiden Typen gleich. Die Fauna in beiden Typen u. die Intensität des Abbaus werden näher beschrieben. W. Hiller 6304◇

1950 **Bodenuntersuchungen in der Tondermarsch.** K. A. Bondorff. (Tidsskr. Planteavl **66,** Sonderheft 1—39, 1962; dän.) — In den untersuchten Böden werden die Geh. an $CaCO_3$, P_2O_5, K_2O u. austauschbarem Na_2O sowie der pH-Wert u. die Austauschkapazität bestimmt u. in Karten eingetragen. R. K. Müller 6304◇

1951 **Die chemische Anreicherung der Böden von Brenne.** S. Périgaud und R. Blanchet. (C. R. hebd. Séances Acad. Agric. France **49,** 256—63, 1963; Clermond-Ferrand, Stat. Agronom.; franz.) — K- u. P-Unterss. über die Zus. der Böden von Brenne zeigen, daß bei hinreichend filtrierenden Sand- u. Tonsandböden durch Auswaschen eine Anreicherung des Untergrundes stattfindet. Das Waschwasser enthält K^+ in nicht zu vernachlässigender Menge. Bei wenig durchlässigen Tonböden erfolgt die natürliche Anreicherung mehr zufällig. Die sich daraus ergebenden landwirtschaftlichen Maßnahmen werden erörtert. W. Wesly 6304◇

1952 **Eine pedologische Untersuchung des Phosphors in 12 aus Granit entstandenen Böden.** A. Wild. (Austral. J. agric. Res. **12,** 286—99, 1961; Canberra, S.S.I.R.O., Div. of Soils; engl.) — Aus den P-Geh. der verschiedenen Horizonte von 12 Bodenprofilen u. des jeweiligen granit. Ausgangsmaterials leitet Vf. ab, daß im Verlauf des Verwitterungsprozesses eine P-Auswaschung aus diesen Böden stattgefunden haben muß. Eine Berechnung des P-Verlustes pro cm^2 Profiloberfläche ergab, daß dieser P-Verlust zwischen 4 u. 81% lag unter der Annahme, daß während der Verwitterung keine Gew.-Veränderung eingetreten ist. Setzt man dagegen voraus, daß keine Vol.-Änderung eingetreten ist, so errechnet sich ein Verlust zwischen 17 u. 89% des Ausgangs-P. Das dritte Berechnungs-Verf. basiert auf der Annahme, daß während der Verwitterung kein Zr ausgewaschen wurde, u. ergibt P-Verluste zwischen 22 u. 85%. Eine fraktionierte P-Analyse zeigte, daß eine Anreicherung des in Na-Dithionit lösl. P (an Fe-Oxide gebundener bzw. von Fe-Oxiden eingeschlossener P) stattgefunden hatte u. somit diese P-Form weniger leicht ausgewaschen wird als Apatit-P. Wilfried Werner 6304◇

1953 **Erste Angaben über die Dynamik des Phosphors in den kalkhaltigen Böden der Champagne berrichonne.** R. Blanchet, C. Crouzet, R. Studer und C. Chaumont. (C. R. hebd. Séances Acad. Agric. France **49,** 305—17, 1963; Châteauroux, I.N.R.A., Station Agronom.; franz.) — Unterss. über das Verh. von P in Ca-haltigen Böden der Champagne berrichonne zeigen, daß manche Böden Ca-Phosphat-Ndd. enthalten, die den Pflanzen wenig nützen. Die Fällungen erfolgen langsam u. sind schwach reversibel. Abhilfemaßnahmen werden erörtert W. Wesly 6304◇

1954 **Durch starke Düngung verursachte Chlorose bei der Sojabohne.** J. B. Weber und A. C. Caldwell. (Agronomy J. **54,** 425—27, 1962; St. Paul, Minn., Univ., Minnesota Agric. Exp. Stat.; engl.) — In Feld-Verss. mit hohen P-Gaben [400 (lb./acre) P_2O_5 in Form von konz. Superphosphat] bzw. hohen PK-Gaben (400 P_2O_5 + 400 K_2O in Form von KCl) gedüngte Sojabohnen wiesen chlorot. Veränderungen auf. Die starke P-Düngung hatte einen beträchtlich höheren B- u. Ca-Geh. sowie einen fast 2 mal höheren Mg-, P- u. Fe-Geh. der Pflanzen (im Vgl. zu den Kontrollen) zur Folge. Nur wenig verringert waren der Mn-, Cu- u. N-Geh., während der Zn- u. K-Geh. stärker abgenommen hatten. Die überhöhte P + K-Düngung verursachte einen bedeutend höheren P-, Ca- u. Fe-Geh. sowie einen fast doppelten K-Geh. (im Vgl. zu den Kontrollen). Stärker verringert waren der Zn-, N- u. Mn-Geh., nur wenig niedriger lagen der Cu-, B- u. Mg-Gehalt. Die Sojabohnenerträge wurden durch die starke Düngung kaum beeinflußt. Bei hoher P + K-Düngung zugesetztes Mn-Chelat (10 lb./acre) erhöhte die Erträge leicht, während diese unter den gleichen Bedingungen bei hoher P-Düngung signifikant abnahmen. Zusätze von Fe-Chelaten besaßen keinen signifikanten Einfl. auf den Ertrag. W. Kreipe 6304◇

1955 **Einflüsse von Düngemitteln auf eine bewässerte Weide in Süd-Alberta.** D. B. Wilson und S. Dubetz. (Empire J. exp. Agric. **31,** 161—66, 1963; Lethbridge, Alberta, Canada Agric. Res. Stat.; engl.) — Auf einer bewässerten Weide mit Dactylis glomerata L., Bromus inermis Leyss., Festuca rubra L. u. Trifolium repens L. ausgeführte Verss. zeigen, daß der Ertrag an Trockensubstanz durch 2 jährliche Gaben von Tripelsuperphosphat (40 lbs./acre P_2O_5) in 4 Jahren gesteigert wurde. Gaben von NH_4NO_3 bis 120 lbs./acre N steigerten den Ertrag signifikant, bes. bei Anwendung im Frühjahr. In 40 Tagen werden 40 lb./acre N völlig verbraucht. NH_4NO_3 vermindert die Kleeerträge im Rasen. P u. N finden sich hauptsächlich in den Gräsern der Weide wieder. W. Wesly 6304◇

1956 **Veränderungen der Fruchtbarkeit von kultivierten Weizenböden im südlichen Neusüdwales.** C. H. Williams und J. Lipsett. (Austral. J. agric. Res. **12,** 612—29, 1961; Canberra, C.S.I.R.O., Div. of Plant Ind.; engl.) — Vff. bestimmten an Bodenproben von 55 seit ca. 20 Jahren kultivierten Feldern sowie an Proben von nichtkultivierten Nachbarflächen die chem. Kriterien der Bodenfruchtbarkeit. Sämtliche Böden gehörten zur Gruppe der rotbraunen Erden. Der Geh. der Böden an organ. Substanz war durch die ca. 20jährige Bebauung im Mittel um 30% gefallen. Dagegen hatte sich der Geh. an organ. P nur um ca. 17% verringert. Das durchschnittliche Verhältnis von C:N:S:organ. P betrug im unbebauten Boden 175,3:10:1,37:0,63, im bebauten Boden dagegen 170,9:10:1,49:0,74. Mit dem Absinken der organ. Substanz war auch die Kationenaustauschkapazität abgefallen u. der Geh. an austauschbaren Kationen gesunken. Der Geh. der Krume an S u. NO_3 war im kultivierten Boden niedriger, der Geh. an anorgan. P dagegen höher. Letzteres wird auf die Mineralisierung des organ. P sowie auf die P-Düngung zurückgeführt. Trotzdem ist der P-Versorgungszustand der Böden noch sehr niedrig, so daß alle Standorte sehr gut auf eine P-Düngung ansprechen. Wilfried Werner 6304◇

1957 **Untersuchung über die Ursachen des Mangels an Nitrifikation in urbar gemachten Böden.** K. Vlassak. (Agricultura [Louvain] [2] **11,** 225—44, 1963; Inst. voor Aanmoed. von het Wetensch. Onderz. in Nijverheid en Landbouw.; fläm.) — Unterss. über die Mineralisierung des N in biolog. akt., aber nicht nitrifizierenden Böden zeigen, daß Cu, Mg, P u. Mo keinen Einfl. ausüben; $Ca(OH)_2$ dagegen fördert die NH_3-Bildung. Lactate u. Acetate hemmen die NH_3- u. NO_3-Bildung. Durch Zusatz einer Suspension von biolog. akt. Böden zu gut nitrifizierenden Böden wird die Mineralisation deutlich gehemmt. Gemische beider Bodenarten mineralisierten schlechter als erwartet wurde. W. Wesly 6304◇

1958 **Auslaugbarer Stickstoff in mit Rasendüngern inkubierten Böden.** E. J. Bredakis und J. E. Steckel. (Agronomy J. **55,** 145—47, 1963; Amherst, Mass., Univ. of Massachusetts, Agric. Exp. Stat.; engl.) — Es wird über N-Mineralisations-Verss. mit $(NH_4)_2SO_4$ (**I**), *Harnstoff* (**II**), *Ricinuspreßkuchen* (**III**), *Milorganite* (**IV**), *Uranite* (**V**) u. *Nitro-*

form (**VI**) berichtet. Die vorst. Dünger wurden mit sandiger Lehmerde bei Zimmer-Temp. bebrütet u. ihr Geh. an auslaugbarem N über 15 Wochen in 3wöchigen Intervallen bestimmt. Der Geh. an auslaugbarem N war in den ersten 3 Wochen des Vers. am größten u. variierte in der Reihenfolge: **I** = **II** > **III** > **IV** > **V** = **VI**. In der 3.—12. Woche variierte der Geh. an auslaugbarem N wie folgt: **VI** = **V** > **III** = **IV**. Verminderte Bodenacidität erhöhte in den ersten 3 Wochen des Vers. den Geh. an auslaugbarem N bei allen Düngern.
H. Goebel 6304◇

1959 **Versuche zur Zuführung von Nitrat auf Ionenaustauschern.** 2. Mitt. Erik Poulsen. (Tidsskr. Planteavl. **65,** 625—39, 1962; Blangstedgaard, Forsøgsstat.; dän.) — 1. vgl. C. **1962,** 16459. — In Gefäß-Verss. wird die *N*-Düngung von Tomaten u. Gurken mit *$Ca(NO_3)_2$* u. mit der *NO_3^-*-Form von *Dowex 2* (**I**) verglichen. Mit **I** werden teils dieselben Erträge, teils höhere Erträge als mit $Ca(NO_3)_2$ erzielt. Bei Verw. von **I** werden Salzschäden, ein unerwünscht rasches Auslaugen des N u. eine Zunahme der Leitfähigkeit des Bodens vermieden. **I** hat auch noch eine Nachwrkg. im folgenden Jahr.
R. K. Müller 6304◇

1960 **Die Adsorption von Harnstoff an Boden.** 2. Mitt. **Analyse eines Mechanismus der Harnstoffadsorption im Boden durch eine infrarotspektrophotometrische Methode.** Shingo Mitsui und Hiroshi Takato. (J. Sci. Soil Manure, Japan [Nippon Dojohiryogaku Zasshi] **33,** 521—26, 1962; jap.) — 1. vgl. C. **1962,** 14660. R. Grundmann 6304◇

1961 **Über die Wirkung von Crotonylidendiharnstoff (CD-Harnstoff) als Stickstoffdünger.** J. Jung. (Plant and Soil [The Hague] **15,** 284—90, 1961; Limburgerhof, Landw. Vers.-Stat.; dt.) — Vf. untersucht *Crotonylidendiharnstoff* (**I**; liegt vermutlich als *2-Oxo-4-methyl-6-ureidohexahydropyrimidin* vor) auf seine Eigg. als langsam wirkender *N*-Dünger. Im Vgl. zu *NH_4NO_3*, *Acetylendiharnstoff*, *Oxamid*, *Glykokoll*, *Hippursäure* u. *Casein* zeigen **I** u. auch *Ureaform* (**II**) die geringsten Auswaschungsverluste. **I** ist jedoch in der Ertrags-Bldg. **II** bei Gras überlegen. Nach dem 6. Schnitt ist die erzielte Menge an Trockensubstanz bei Anwendung von **I** doppelt so hoch wie durch Verw. von **II** u. NH_4NO_3. **I** ist **II** wegen der bessren Ausnutzung u. NH_4NO_3 wegen der geringeren Auswaschung überlegen. W. Hiller 6304◇

1962 **Verwertbarer Stickstoff in einigen Kondensationsprodukten von Harnstoff mit Formaldehyd.** F. Leslie Long und G. M. Volk. (Agronomy J. **55,** 155—58, 1963; Florida Agric. Exp. Stat.; engl.) — Im Gewächshaus-Vers. wurde an Hafer u. Hirse der verwertbare *N* von *Harnstoff-Formaldehyd-Kondensations-Prodd.* (**I**) untersucht. *Methylendi-*, *Dimethylentri-*, *Trimethylentetraharnstoff* u. *Hexamethylentetraminphosphat* hatten alle die gleiche N-Verwertbarkeit wie lösl. mineral. N. Das unlösl. *N-dure* (59% HCHO, 26% Harnstoff) lieferte mit 100 lb. N/acre gleiche Ernteerträge wie 100 lb. lösl., dabei wurde jedoch nur $^1/_3$ des N aufgenommen. Bei *Ureaform* (**II**, 38% Gesamt-N) erfolgte ca. $^1/_6$ der Aufnahme an Gesamt-N in den letzten 7 Wochen eines 18 Wochen dauernden Vers., während bei lösl. N in dieser Zeit nur $^1/_2$—$^1/_3$ dieser Menge aufgenommen wurde. 100 lb. **II** wirkten nicht toxisch. Die Nitrifikation von lösl. N wurde durch Lehmzusatz gesteigert. Unlösl. **I** nitrifizierten sehr rasch ohne Lehmzusatz. **I** sind von prakt. Wert als Reserve an unlösl. N im Boden. H. Goebel 6304◇

1963 **Untersuchungen über die Wirkung der Düngerplacierung auf das Wachstum einiger Hochlandkulturen.** 1. Mitt. **Auf- und Abwärts-Bewegung von Düngerelementen im Boden.** Yoshiaki Ishizuka, Akira Tanaka und Mitsuru Hayashi. (J. Sci. Soil Manure, Japan [Nippon Dojohiryogaku Zasshi] **33,** 562—66, 1962; jap.)
R. Grundmann 6304◇

1964 **Einige Wirkungen der N-Düngung, der Reife und des Lichts auf die Zusammensetzung von Dactylis glomerata.** C. H. Gordon, A. M. Decker und H. G. Wiseman. (Agronomy J. **54,** 376—78, 1962; Maryland, Univ., Dep. of Agronomy, Agric. Exp. Stat., Animal Husbandry Res. Div.; engl.) — In 2jährigen Feld-Verss. wurde Dactylis glomerata mit 400—1200 lb. NH_4NO_3 (33,5% N) pro acre gedüngt. In allen Fällen hatte die N-Düngung gegenüber den Kontrollen eine deutliche Erhöhung des Rohprotein- u. Nitrat-Geh. der Futterpflanzen zur Folge, während ihr Trockensubstanz-Geh. abnahm. Diese Erscheinungen konnten durchgehend, wenn auch mit fortschreitender Reife in weniger ausgeprägtem Maße, vom negativen Stadium bis zum Samenstadium in allen Entw.-Stufen beobachtet werden. Bis zur Blühperiode wiesen die N-gedüngten Pflanzen einen geringeren Geh. an reduzierenden Zuckern auf als die Kontrollen. Der Einfl. der N-Düngung auf die Zus. der Pflanzen ließ sich durch Beschattung (50%) noch verstärken. Da bei den angewandten Düngermengen der höchste Nitratanteil in den Pflanzen 2,4% ausmachte, dürfte er für das Vieh nicht tox. sein.
W. Kreipe 6304◇

1965 **Ansprechen von Knaulgras auf Kalium- und Stickstoffdüngung auf einem Wickham-Schluff-Lehmboden.** C. B. Kresge und S. E. Younts. (Agronomy J. **55,** 161—64, 1963; Maryland Agric. Exp. Stat.; engl.) — In 3jährigen Verss. wurde gefunden, daß bei Düngung mit 200 (lb./acre) *N* u. 83 *K* der Ernteertrag an Knaulgras u. die N-, P- u. K-Aufnahme durch die Pflanze am höchsten waren.
H. Goebel 6304◇

1966 **Die Beeinflussung des Nährwertes von Mais durch natürliche und künstliche Dünger.** 2. Mitt. **Vitamine und Aminosäuren.** Y. P. Gupta und N. B. Das. (Indian J. agric. Sci. **31,** 47—52, 1961; engl.) — 1. vgl. C. **1963,** 7140. — Kornproben von verschiedenen Parzellen eines Maisdüngungs-Vers. (Glied eines Fruchtfolge–Dauerdüngungs-Vers.) wurden auf ihren Geh. an den Vitaminen *Thiamin* (**I**), *Riboflavin* (**II**) u. *Niacin* (**III**) sowie an den Aminosäuren *Methionin* (**IV**), *Cystein* (**V**) u. *Tryptophan* (**VI**) analysiert. Bei Berechnung der Hauptwrkg. der Makronährstoffe ergab sich, daß *N* den Geh. an **I**, **III**, **V** u. **VI** positiv, den Geh. an **II** u. **IV** hingegen negativ beeinflußte. *P* erhöhte den Geh. an **I** u. **IV** u. senkte den Geh. an den anderen untersuchten Inhaltsstoffen. *K* wirkte fördernd auf den Geh. an den 3 Vitaminen u. an **IV**. Stallmist u. Rapskuchen beeinflußten den **I**-Geh. unterschiedlich. Bei Betrachtung der Wechselwrkg. zeigte sich, daß NP, PK u. NPK den Geh. an den 3 Vitaminen ungünstig beeinflußten, während sich NK positiv auswirkte. Von den Aminosäuren wurden **IV** u. **V** durch NP u. PK vermindert, während **VI** erhöht wurde. NPK wirkte umgekehrt. NK erhöhte **V** u. verminderte **IV** u. **VI**. Wilfried Werner 6304◇

1967 **Beeinflussung der Süßmaisproduktion durch Feuchtigkeit und Stickstoff.** C. O. Stanberry, H. A. Schreiber, M. Lowrey und C. L. Jenson. (Agronomy J. **55,** 159—61, 1963; Tucson, Ariz., Arizona Agric. Exp. Stat.; engl.) — In Arizona wurde an Süßmais über 3 Jahre lang der Einfl. von Feuchtigkeit u. zusätzlicher *N*-Düngung in verschiedenen Wachstumsstadien untersucht. In allen Stadien wirkten Beregnung u. N-Düngung ertragssteigernd. H. Goebel 6304◇

1968 **Wechselbeziehungen zwischen Bodenfeuchtigkeit zur Aussaatzeit und Stickstoffdüngung beim Anbau von Winterweizen.** Robert E. Ramig und H. F. Rhoades. (Agronomy J. **55,** 123—27, 1963; Nebraska, Agric. Exp. Stat., engl.) — Auf N-armen Böden in Zentralnebraska mit ca. 12 in. Ndd. von Oktober bis Juni wurden bei Winterweizen maximale Ernten erzielt, wenn mit 20 lb. *N*/acre auf je 2,5—3 in. Ndd. vor der Aussaat im 6-feet-Bodenprofil gedüngt wurde. H. Goebel 6304◇

1969 **Bewässerung in der gemäßigten Zone mit ozeanischem Einfluß und Wechselwirkungen zwischen der Kalium- und Wasserversorgung der Pflanzen.** R. Studer und R. Blanchet. (C. R. hebd. Séances Acad. Agric. France **49,** 339—48, 1963; Châteauroux, I.N.R.A., Stat. Agronom.; franz.) — Im sehr trocknen Sommer 1962 war die Einw. der Bewässerung wasserarmer Böden Südfrankreichs auf den Ertrag an Luzerne u. Raygras beträchtlich. Ohne Bewässerung betrug der Ertrag an Raygras 9,8 (t/ha Trockensubstanz), durch 275 mm W. wurde er auf 17,8 gesteigert. In Ggw. von K-Dünger wirkt die Bewässerung ebenfalls ertragssteigernd. Die Ergebnisse werden erörtert.
W. Wesly 6304◇

1970 **Auswirkung der Düngung auf das Nährstoffgleichgewicht in Weideböden.** J. J. Lehr, J. Grashuis und E. E. van Koetsveld. (Netherl. J. agric. Sci. **11,** 23—37, 1963; Wageningen, Chilean Nitrate Agric. Serv., Plant Nutrit. Res. Labor.; Hogland near Amersforst, Schothorst Inst. for Modern Cattle Feeding; engl.) — Für die humosen sandigen Böden Hollands ist das dort angewandte Düngungs-

Syst. (Kalkammonsalpeter + Kaliumnitrat + Superphosphat) ausreichend, um auf Weiden den Nährstoff-Geh. u. die Boden-Rk. aufrechtzuerhalten. Das Auswaschen der Basen ist ziemlich eingeschränkt. Nachteilig ist, daß bei diesem Syst. eine Verarmung an Na u. Mg eintritt. Zur Verbesserung des Mg-Spiegels empfehlen Vff. Gaben von 100 kg/ha Kieserit oder Düngung mit einer Kalkammonsalpetersorte, die Mg enthält. Zur Verbesserung des Na-Geh. wird für die erste Düngung Chile-Salpeter empfohlen. Bei starker organ. Düngung kann auch NaCl verwandt werden.
W. Hiller 6304◇

1971 **Erste Ergebnisse der Untersuchung über den Mangel an Zink im Südwesten von Frankreich.** A. Dartigues, J. Delmas, E. Lubet und W. Routchenko. (C. R. hebd. Séances Acad. Agric. France **49**, 266—79, 1963; Pont-de-la-Maye, Stat. d'Agron.; franz.) — An Maispflanzen werden die Folgen von Zn-Mangel (sterile Ähren, Ertragsrückgang) gezeigt. Das Fehlen von Zn verhindert oder begrenzt die Verwertung des dargebotenen N, wogegen der P-Geh. der Pflanzen steigt. Zwischen den Geh. an Zn einerseits u. an P u. Fe andererseits besteht eine negative Wechselbeziehung.
W. Wesly 6304◇

1972 **Über die Aufnahme, Wanderung und Umwandlung von Cyanamid in Kalkstickstoff, besonders in Verbindung mit seiner herbiciden Wirkung.** 1. Mitt. **Vorläufige Versuche über die Aufnahme von ^{14}C-Cyanamid durch Wurzeln und Blätter und seine Zersetzung in Pflanzen.** Shingo Mitsui, Kiyoshi Kurihara, Kenichi Watanabe und Yoshiro Minami. (J. Sci. Soil Manure, Japan [Nippon Dozyô-Hiryô-Gaku Zasshi] **33**, 501—05, 1962; jap.)
R. Grundmann 6312◇

1973 **Über die Aufnahme, Wanderung und Umwandlung von Cyanamid in Kalkstickstoff, besonders in Verbindung mit seiner herbiciden Wirkung.** 2. Mitt. **Beobachtung von Symptomen einer Cyanamidschädigung und die Wirkung von Licht und pH auf die Aufnahme von Cyanamid (durch Pflanzen).** Shingo Mitsui, Kiyoshi Kurihara und Shin Hmoma. (J. Sci. Soil Manure, Japan [Nippon Dozyô-Hiryô-Gaku Zasshi] **33**, 537—42, 1962; jap.) — 1. vgl. vorst. Referat.
R. Grundmann 6312◇

1974 **Über die Aufnahme, Wanderung und Umwandlung von Cyanamid in Kalkstickstoff, besonders in Verbindung mit seiner herbiciden Wirkung.** 3. Mitt. **Das Fortschreiten der Cyanamid-Zersetzung in Sojabohnenpflanzen und ihren Gewebehomogenaten.** Shingo Mitsui, Kiyoshi Kurihara und Shin Hmoma. (J. Sci. Soil Manure, Japan [Nippon Dozyô-Hiryô-Gaku Zasshi] **33**, 543—47, 1962; jap.) — 2. vgl. vorst. Referat.
R. Grundmann 6312◇

1975 **Untersuchungen mit Dinitro-o-kresol (DNOC) im Hinblick auf die Verwendung als Vorauflaufherbicid in Forstbaumschulen.** S. K. Uhlig. (Nachrichtenbl. dtsch. Pflanzenschutzdienst [Berlin] [N. F.] **17 (43)**, 83—85, 1963; Dresden, TU, Forstbotan. Inst. Tharandt; dt.) — Vf. diskutiert die phytotox. wirksame Konz., die Eindringtiefe u. die Wrkg.-Dauer im Boden.
R. Grundmann 6312◇

1976 **Auswirkung einer Samenbehandlung mit Maleinsäurehydrazid auf Keimung und Sämlingswachstum von Mais.** Ibarra S. Santos. (Philippine Agriculturist **44**, 134—45, 1960; engl.) — Durch Behandlung von Maissamen mit *Maleinsäurehydrazid* (**I**; in Lsg. oder als Pulver) wird das Auflaufen der Sämlinge um einen Tag verzögert. Mit **I** bestäubte Samen verlieren ihre Keimkraft rascher als unbehandelte. In **I**-Lsg. getauchte Samen bringen langsam wachsende u. früher oder später absterbende Sämlinge hervor. Sämlinge aus Samen, die nach Bestäubung mit **I** 12 oder mehr Tage gelagert hatten, sterben auch ab.
W. Wesly 6312◇

1977 **Untersuchung über die Gibberellin-Anwendung bei Weintrauben (Delaware).** Ituo Wakisaka. (Trans. Tottori Soc. agric. Sci. [Tottori Nogaku-Kwaiho] **13**, 1—6, 1961; jap., Auszug: engl.) — Eine Besprühung von Delaware-Reben 2 Wochen vor der Blüte mit 100 ppm *Gibberellin* (**I**) führte dazu, daß mehr als 45% der gebildeten Beeren kernlos waren. Die Trauben wurden um 40—50% verlängert. Mkr. Unterss. zeigten, daß diese Verlängerung nicht auf einer vermehrten Zell-Bldg., sondern auf einem stärkeren Längenwachstum der vorhandenen Zellen beruhte. Die Blüte wurde um ca. 1 Woche beschleunigt. Je früher die **I**-Behandlung erfolgte, um so früher verfärbten sich die Trauben u. wurden reif. Die mit **I** behandelten Trauben wiesen 3 Wochen früher einen Zucker-Geh. von 18% auf als die nicht behandelten. Die Zahl der Beeren pro Traube wurde durch **I** leicht erhöht, die Größe der einzelnen Beeren aber leicht vermindert.
Wilfried Werner 6312◇

1978 **Wirksamkeit von Ethion gegen Spinnmilben auf Citrusbäumen in Florida.** Roger B. Johnson. (Citrus Ind. **44**, Nr. 4, 5—6, 1963; Lake Alfred, Fla., Florida Citrus Exp. Stat.; engl.) — Bericht über erfolgreiche Bekämpfungsversuche.
Frank Günther 6312◇

1979 **Bioökologische Beobachtungen an Dacus oleae und Bekämpfungsversuche in Ascea (Salerno) im Jahre 1958.** Giuseppe Russo. (Ann. Sperimentaz. agrar. [N. S.] **14**, 517—72, 1960; ital.) — Vgl. C. **1962**, 1003. — Die besten Ergebnisse bei der Bekämpfung von Dacus oleae in Ascea (Provinz Salerno) konnten mit *Parathion* (**I**), *Rogor*, *Oleation* u. *R.M. 60* erzielt werden. Weniger wirksam waren *Ciba 570* (*Phosphamidon*), *Dacutox* (*Diazinon*), *Dipterex*, *Phosdrin* u. *E.F. 3/58*. Das Preßöl aus den im Juni mit *DDT* (0,200% akt. Substanz) u. **I** (0,050%) u. im September mit *DDT* (0,050%) u. *$CuSO_4$* (0,100%) behandelten Oliven enthielten keine tox. Rückstände oder nur Spuren davon u. war für die menschliche Ernährung vom hygien-sanitären Standpunkt aus einwandfrei (Tabellen).
G. Platzer 6312□

1980 **Untersuchungen über Insekticid-Rezepturen.** 3. Mitt. **Über die Bedeutung organischer Lösungsmittel in Insekticid-Zubereitungen.** Yasunosuke Ikeda. (Annu. Rep. Takamine Lab. **8**, 199—204, 1956; jap., Auszug: engl.) — Bei Verss. mit Blattläusen (Injektion, top. Applikation) wurde festgestellt, daß die durch Zusatz von organ. Lsgm. zu Emulsionen von *DDT*, *BHC* u. *EPN* bewirkte Steigerung der insekticiden Wrkg. darauf zurückzuführen ist, daß derartige Emulsionen leichter in den Insektenkörper einzudringen vermögen.
M. Winiker 6312◇

1981 **Anwendung der Blatt-, Frucht- und Bodenanalyse zur Bestimmung des Kaliumspiegels von Orangenbäumen.** R. C. J. Koo. (Citrus Ind. **44**, Nr. 4, 9—10, 12, 25—26, 1963; Lake Alfred, Fla., Univ. of Florida, Citrus Exp. Stat.; engl.) — Da ein Überschuß an K-Düngung sich bei Orangenbäumen in einer Verringerung des Anteils der lösl. Bestandteile im Saft auswirkt, andererseits ein K-Mangel die Ernteausbeute verringert u. Frühsymptome eines K-Mangels fehlen, suchte Vf. ein geeignetes Kriterium. Dies besteht im optimalen K-Geh. der Blätter, der bei Hamlin-Orangen 1,5%, bei Valencia-Orangen 1,1—1,2% betragen soll. Eine unterbrochene K-Düngung muß nach 2 bzw. 3 Jahren fortgesetzt werden.
Frank Günther 6320◇

1982 **Die Bedeutung des gefrorenen Anteils unter Frost stehender Böden.** E. Penner. (Proc. Amer. Soc. Testing Mater. **60**, 1151—65, 1960; Ottawa, Canada, Soil Mech. Sect., Div. of Build. Res. Nat. Council; engl.) — Der gefrorene Anteil von Böden wird durch den Wärmeabfluß aus der Bodenprobe u. durch den Grad der Durchdringung des Bodens vom Frost festgelegt. Entsprechend des Wärmeabflusses aus der Bodenprobe steigt der Feuchtigkeits-Geh. im Unters.-Material an, woraus eine Vol.-Zunahme durch das sich sofort bildende Eis resultiert. Die Eismenge nimmt in der Gefrierzone so weit zu, wie das W. aus dem umgebenden Erdreich entzogen werden kann. Die Frostempfindlichkeit der Böden durch Labor.-Gefrierverss. auf der Grundlage gleicher Frostdurchlässigkeiten zu bestimmen, wird abgelehnt u. dafür die an die Umgebung abgegebene Wärme als Kriterium vorgeschlagen.
H. Schumann 6324◇

1983 **Nachahmung der Druck-Zug-Verhältnisse in Erdmassen durch einen Laboratoriumsversuch.** Richard G. Ahlvin und Donald N. Brown. (Proc. Amer. Soc. Testing Mater. **60**, 1137—50, 1960; Vicksburg, Miss., Spez. Proj. Sect., Soils Div., U. S. Army Engng. Waterways Exp. Stat.; engl.) — An tonigen zusammenhängenden Massen mit einem Plastizitätsfaktor 12 u. an geschlämmten kompakten Sandmassen wurden Prüfreihen unter Verw. spezieller Triaxialteste durchgeführt. Zur besseren Lastverteilung u. Reproduzierbarkeit wurden für die Belastungs-Verss. Platten von 250, 500 u. 1000 sq.in. Fläche benutzt. Mit Hilfe dieser Meth. lassen sich reproduzierbare Ergebnisse erzielen, wobei zu beachten ist, daß bei vorbelastetem Material die Größe der Vorbelastung mindestens

so hoch sein muß, daß sie dem entsprechenden Bereich der Druck–Zug-Kurve angehört. Die Dichte der Sandmasse steigt hierbei nur wenig an, die Schubfestigkeit bleibt bestehen, jedoch nimmt die Deformation der Teilchen stark zu.
H. Schumann 6324◇

1984 **Bestimmung der Phosphatversorgung von Böden mit Hilfe von radioaktivem Phosphor in Gefäßversuchen.** A. Andersen, B. Gregers-Hansen und G. Nielsen. (Acta Agric. scand. **11,** 270—90, 1961; Risö, Res. Establ., Danish Atomic Energy Comm., Agric. Res. Dep.; engl.) — Als Phosphatzustand des Bodens definieren Vff. die P-Menge, die bereits verfügbar ist oder während der Vegetation pflanzenverfügbar wird. Sie ermitteln den Phosphatzustand im Gefäß-Vers. mittels der Isotopenverdünnungs-Meth. von Larsen (L-Wert). Der L-Wert erwies sich als unabhängig von der Höhe der P-Düngung, stieg jedoch während der Vegetation auf das 2—5fache an. Der L-Wert u. sein Anstieg im Verlauf der Vegetation wurden durch die Form des P-Düngers u. die Größe der Vers.-Gefäße beeinflußt. Der in 15 verschiedenen Böden ermittelte L-Wert korrelierte linear mit der im Gefäß-Vers. festgestellten P-Aufnahme durch die Pflanze.
Wilfried Werner 6324◇

1985 **Die Ermittlung des Bedarfs von Weizen an Phosphatdüngemitteln in Neu-Südwales durch Bodenanalyse.** J. D. Colwell. (Austral. J. exp. Agric. animal Husbandry **3,** 190—97, 1963; Canberra, C.S.I.R.O., Div. of Soils; engl.) — In den Jahren 1958—60 wurde der Geh. an *pflanzenverfügbarem* P_2O_5 in zahlreichen Böden (mit u. ohne Superphosphatgaben) mit 5 verschiedenen Verff. (Extraktion mit 0,5m $NaHCO_3$, 0,2n H_2SO_4, 2,5%ig. Essigsäure, 0,5m NH_4F u. 0,03n NH_4F + 0,025n HCl) ermittelt. Die Ergebnisse wurden mit den Erträgen an Weizen verglichen. Die beste Übereinstimmung zwischen Ertrag u. pflanzenverfügbarem P_2O_5 lieferte die Extraktion mit 0,5m $NaHCO_3$, gefolgt von der Extraktion mit 0,03n NH_4F + 0,025n HCl.
W. Wesly 6324◇

1986 **Mitteilung über die Verfahren zur Bestimmung von pflanzenverfügbarem Kalium.** J. Hagin und A. Dovrat. (Empire J. exp. Agric. **31,** 186—88, 1963; Rehovot, Israel, Nat. and Univ. Inst. of Agric.; engl.) — Zur Best. des *pflanzenverfügbaren K* im Boden eignet sich das Verf. von Woodruff (C. **1956,** 7342) besser als die auf der Best. des austauschbaren K beruhenden Methoden. W. Wesly 6324◇

1987 **Gemeinschaftsuntersuchung über die Analyse von Maleinsäurehydrazid-Rückständen.** J. R. Lane. (J. Assoc. off. agric. Chemists **46,** 261—68, 1963; Naugatuck, Conn., Naugatuck Chem., Div. of U. S. Rubber Co.; engl.) — Eine Nachprüfung des Naugatuck-Verf. G-114-A, einer Modifikation der Meth. von Lane u. Mitarbeitern (C. **1959,** 7324) zur Best. von Maleinsäurehydrazid (Red. zu Hydrazin, das colorimetr. ermittelt wird) ergab in den meisten der mit der Unters. betrauten Labor. genaue Werte, so daß das Verf. empfohlen wird. Jedoch sollen vorgeschlagene Modifikationen der Arbeitsweise untersucht werden. W. Wesly 6328◇

1988 **Identifizierung von 3.4-Methylendioxyphenyl-Synergisten durch Dünnschicht-Chromatographie.** Morton Beroza. (J. agric. Food Chem. **11,** 51—54, 1963; Beltsville, Md., USDA, Entomol. Res. Div.; engl.) — Zur Dünnschichtchromatographie von Methylendioxyphenylsynergisten (Piperonylbutoxid, Sulfoxid, Sesamex, Bucarpolate, n-Propylisome, Piperonylcyclonen, Sesamin, Ascarinin u. Sesamolin) eignen sich am besten SiO_2-Scheiben mit einer Lsg. von 2,5% Aceton in Bzl. als mobiler Phase. Die Flecken werden sichtbar gemacht durch Besprühen mit Chromotrop–H_2SO_4-Reagens. Die erhaltenen Färbungen u. R_F-Werte werden angegeben. W. Wesly 6328◇

1989 **Programmierte Temperatur-Gaschromatographie (PTGC) und mikrovolumetrischer Nachweis von chlorhaltigen Insekticiden.** Jerry Burke. (J. Assoc. off. agric. Chemists **46,** 198—204, 1963; Washington, D.C., Food and Drug Admin., Div. of Food; engl.) — Unterss. über die Verw. einer Kombination von programmierter Temp.-Gaschromatographie (PTGC) u. mikrocoulometr. Nachw.-Syst. zum Nachw. Cl enthaltender Insekticide zeigen, daß die PTGC bessere Chromatogramme u. in kürzerer Zeit liefert als die isotherm. Gaschromatographie. Trennungen, die letztere nicht auszuführen imstande ist, vermag auch die PTGC nicht zu vollbringen. Die Arbeitsbedingungen zur PTGC werden ermittelt. Die relativen Retentionszeiten für 22 Schädlingsbekämpfungsmittel werden angegeben. Die Vorteile der PTGC werden aufgezeigt. W. Wesly 6328◇

1990 Monsanto Chemical Co., übert. von: John H. Nolan, St. Louis, Mo., V.St.A., **Entblätterungsmittel.** Auf die Blätter von Früchte tragenden Pflanzen, bes. Baumwoll- u. Bohnenpflanzen, werden wss. Gemische versprüht, die als Wirkstoffe *elementaren S* u. *Jodate* oder *Jodide* des K, Na, Ca, NH_4 oder Mg u. anderer wasserlösl. Metalle enthalten, bes. in Konzz. von 0,05—5%. Verwendete Mengen ca. 0,045 bis 9,0 kg/4050 m^2. Es können auch Stäubemittel zur Anwendung kommen, die 10—50% der Wirkstoffe enthalten u. denen Netz-, Dispergier- oder Haftmittel in Mengen von 0,05—5% beigemischt worden sind. Es wird eine ca. 100%ig. Entblätterung der behandelten Pflanzen erreicht u. die maschinelle Ernte der Baumwollkapseln u. Bohnenschoten erleichtert. (**A. P. 3 023 095** vom 11/7. 1956, ausg. 27/2. 1962.)
H. Karst 6313

1991 Union Carbide Corp., übert. von: Carol K. Sauers, Middlebush, und Robert J. Cotter, New Brunswick, N.J., V.St.A., **Isomaleinimide** der allg. Formel **I** u. **II** (R = 1- oder 2wertiger KW-Stoffrest, wie gesätt. oder

I

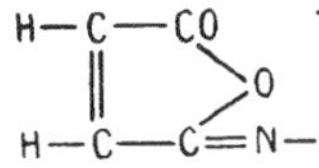

II

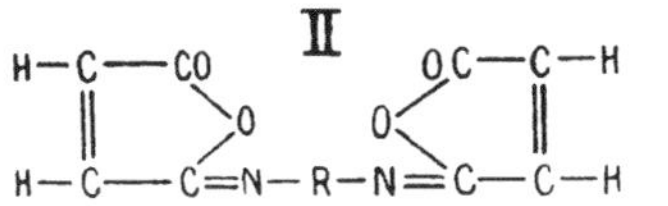

ungesätt. Alkyl u. Cycloalkyl, Halogen-, Alkoxy-, Aryloxyalkyl-, -cycloalkyl-, -aryl, Alkaryl, Nitroaryl, Hydroxynaphthyl) erhält man durch Rk. eines Ammoniumsalzes der Maleinamidsäure der allg. Formel HOOCCH=CHCO—NH—R′ oder HOOCCH=CHCONH—R′—NH—CO—CH=CHCOOH (R′ = R mit höchstens 20 C-Atomen) entweder mit einem Säurehalogenid der allg. Formel R″—O—Z(=O)—X (R″ = KW-Stoffrest; Z = C- oder S-Atom; X = Halogen) oder einem Halogenacylhalogenid der allg. Formel R‴—COX (R‴ = Halogenalkyl mit wenigstens einem Halogenatom am α-C-Atom) u. einem tert. organ. Amin (das keine störende —COOH- u. —NH_2-Gruppe u. keine Doppel- u. Dreifachbindungen enthält) oder mit einem Carbodiimid der allg. Formel Q—N=C=N—Q′ (Q u. Q′ = gesätt. oder ungesätt. Alkyl, Cycloalkyl, Phenyl, Naphthyl, Alkaryl) bei —70° bis zur Zers.-Temp. der Ausgangsstoffe, bes. —5 bis +85°, ggf. in Ggw. eines Verdünnungsmittels (aromat., cycloaliphat. u. aliphat. KW-Stoffe, die Halogen u. Alkoxy enthalten können, Äther, Dioxan, aliphat. Ketone u. Dimethylformamid) bei normalem, erhöhtem oder erniedrigtem Druck. — Aus 0,25 Mol N-Phenylmaleinamidsäure in 300 ml Dichlormethan u. 0,25 Mol Triäthylamin unter Kühlung mit Eis → Triäthylammoniumsalz, daraus mit 0,25 Mol Chlorameisensäureäthylester bei 0—5° unter Entw. von CO_2 → 20 g *N-Phenylisomaleinimid*, $C_{10}H_7NO_2$, aus Bzl.–Ae. im Verhältnis 1 : 1, F. 61,5—62,5°; auch erhältlich mit Dichloracetylchlorid oder N.N′-Dicyclohexylcarbodiimid; 94% (Ausbeute). — Maleinsäureanhydrid + n-Butylamin → N-n-Butylmaleinamidsäure + Triäthylamin + Chlorameisensäureäthylester → *N-n-Butylisomaleinimid*, $C_8H_{11}NO_2$, Kp.$_1$ 62—67°; 78%. — N.N′-(4.4′-Diphenylmethan)-bis-maleinamidsäure → *N.N′-(4.4′-Diphenylmethan)-bis-isomaleinimid*, $C_{21}H_{14}N_2O_4$, F. 150—151°; 89%. — N.N′-Hexamethylen-bis-maleinamidsäure + Dicyclohexylcarbodiimid → *N.N′-Hexamethylen-bis-isomaleinimid*, $C_{14}H_{16}N_2O_4$, aus Bzl.–Ae., F. 93—95°. — N-(2.4-Dimethylphenyl)-maleinamidsäure → *N-(2.4-Dimethylphenyl)-isomaleinimid*, $C_{12}H_{11}NO_2$, aus Bzl. in Ggw. von „Florisil" orangefarbene Nadeln, F. 55—57°; 95%. — N.o-Tolylmaleinamidsäure → *N-o-Tolylisomaleinimid*, $C_{11}H_9NO_2$, F. 37—39°; 99%. — N-o-Chlorphenylmaleinamidsäure → *N-o-Chlorphenylisomaleinimid*, $C_{10}H_6ClNO_2$, F. 62—66°; 98%. — Die Verbb. lassen sich zu den entsprechenden *Maleinimiden isomerisieren*, die als *Insekticide* dienen. — Die Bis-isomaleinimide geben mit prim. Diaminen *Polymere*, die mit S zu unschmelzbaren, unlösl. Prodd. vernetzbar sind. — *Fungicide* u. *Entblätterungsmittel.* (**A. PP. 2 980 701** vom 5/11. 1959, ausg. 18/4. 1961, **2 998 429** vom 24/11. 1959, ausg. 29/8. 1961 u. **3 035 065** vom 5/11. 1959, ausg. 15/5. 1962.)
G. Krauß 6313

1992 Chipman Chemical Co., Inc., Bound Brook (Erfinder: Irvin W. Bales, Westfield), N.J., V.St.A., **Unkrautvertilgungsmittel** für Gräser, tiefwurzelnde u. Blattunkräuter, gek. durch einen Geh. an Alkalichlorat u. einer Aminotriazin-Verb. der allg. Formel **I**, worin X = H,

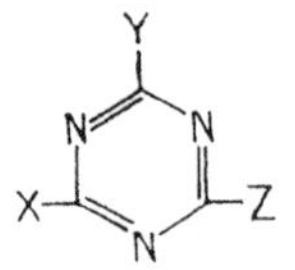

I

heterocycl. im Ring N enthaltene Reste u. KW-Stoffreste mit 1—8 C-Atomen, die an den Aminotriazinkern über ein C-Atom, O, S oder Iminogruppen gebunden sind, Y u. Z = Halogen, Hydroxyl-, Mercapto-, Imino- u. KW-Stoffreste, wie bei X. Die Aminotriazin-Verb. entspricht bes. der allg. Formel **II**, worin R_1, R_2, R_3 u. R_4 = H oder aliphat. KW-Stoff-

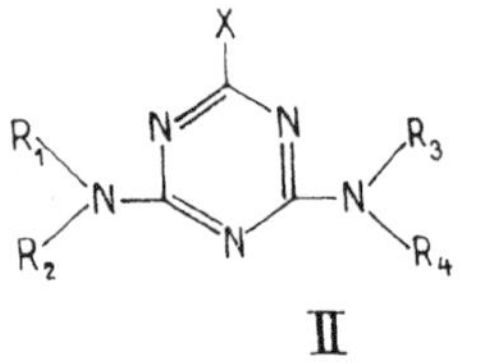

II

reste mit 1—5 C-Atomen u. nicht mehr als 3 der Substituenten R_1, R_2, R_3 u. R_4 = H u. X = Halogenatom. Die Mittel können noch ein Alkalicarbonat oder Alkalimetaborat enthalten. — Bes. geeignete symm.-Triazin-Verbb. sind z. B. *2-Chlor-4.6-bis-[äthylamino]-*, *2-Chlor-4.6-bis-[allylamino]-*, *2-Chlor-4.6-bis-[piperidino]-*, *2-Chlor-4.6-bis-morpholino-*, *2.4.6-Trimethoxy-* oder *-äthoxy-*, *2-Brom-4.6-bis-[äthylamino]-* u. *2-Chlor-4.6-bis-[tert.-butylamino]-*. Durch Zusatz von ca. 0,5 bis 25% der Triazin-Verb. zu Na- oder K-Chlorat wird synergist. Wrkg. erzielt. Der Einsatz der Mittel erfolgt als wss. Dispersion, Lsgg., Stäubemittel oder aufgeschlämmt in organ. Lösungsmitteln. (**D. A. S. 1 140 396** Kl. 45 l vom 8/1. 1960, ausg. 29/11. 1962. A. Prior. 8/1. 1959) H. Karst 6313

1993 Velsicol Chemical Corp., Chicago, Ill., V.St.A., **Herbicide Mischung,** welche einen inerten Träger u. als Wirkstoff eine Verb. der allg. Formel **I** enthält, in welcher

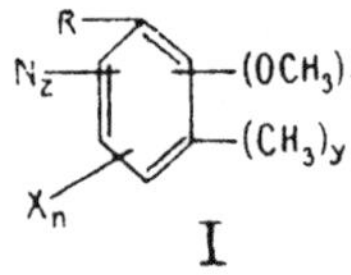

I

X = Cl oder Br, n = 0—3, z = 0—2, y = 0 oder 1, N = Nitro- oder Aminogruppe u. R = COOH, —CHClCOOH oder —CCl_2COOH. An Wirkstoffen sind genannt: 2-Methoxy-3.5-dichlor-, 2-Methoxy-3.5-dibrom-, 2-Amino-3.5-dichlor-, 2.6-Dimethoxy-3-chlor-, 2-Methoxy-3.5-dinitro-, 3-Methoxy-2.6-dichlor-, 2-Chlor-5-methoxy-, 2-Methoxy-3-methyl-5-chlor-, 2-Amino-3.5.6-trichlorbenzoesäure, α-Chlorphenyl-, α.α-Dichlorphenylessigsäure. Die Wirkstoffe können in Form der freien Säure, des Anhydrids, eines Salzes, Amids oder Esters verwendet werden. (**Oe. P. 219 341** vom 4/8. 1959, ausg. 25/1. 1962. A. Prior. 4/8., 15/9., 22/9., 23/9., 13/10. u. 19/11. 1958.) W. Wittholz 6313

1994 Hooker Chemical Corp., Niagara Falls, N.Y., V.St.A., **Stabilisierung von 1.2.3.4.7.7-Hexachlor-bicyclo-(2.2.1)-2-hepten-5.6-bis-hydroxymethylsulfit** durch Behandlung mit mindestens 5% W. bei 30—170° u. Trennung des stabilisierten Prod. vom W., Zusatz von 0,01—15% einer Verb. (I), die eine —CO—N<-Gruppe enthält oder durch Behandlung der Verb. bei 75—175° mit 0,05—15% eines gesätt. Alkohols mit 1—5 C-Atomen u. 0,01—15% einer Verb. die eine —CO—N<-Gruppe enthält. — Als Beispiele für **I** werden genannt: Formamid, Acrylamid, Acetanilid, Harnstoff u. Mischungen davon. — *Herbicid, Fungicid, Insekticid.* (**E. P. 909 587** vom 21/1. 1960, ausg. 31/10. 1962. A. Prior. 23/3. 1959.) R. Bauereis 6313

1995 Dow Chemical Co., übert. von: Raymond H. Rigterink, Midland, Mich., V.St.A., **Polyalkylenglykol-3.4-dihydro-2H-1.3-benzoxazin-3-ylalkylmonoäther** der allg. Formel **I** (R = ggf. Cl-, Br-, phenyl-, benzyl-, cyclohexyl- oder alkylsubstituierter (1—16 C-Atome) o-Phenylenrest, Y = Alkylenrest mit 2 oder 3 C-Atomen, n = 6—40] erhält man durch Rk. eines Polyalkylenglykolaminoalkylmonoäthers der allg. Formel $H_2N-(Y-O-)_nH$ mit CH_2O oder diesen abgebenden Stoffen u. weitere Rk. des Prod. mit einem Phenol der Formel ROH, wobei Y, n u. R die obige Bedeutung haben. Man kann auch eine Verb. der allg. Formel **I**, in der n = 1 ist, mit Äthylen- u./oder Propylenoxid umsetzen. —

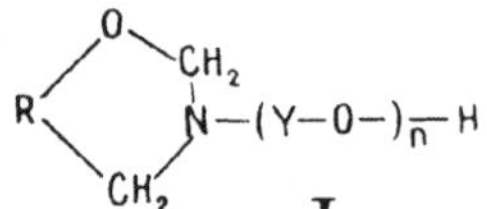

I

0,23 (Mol) Pentaäthylenglykol-2-aminoäthylmonoäther gibt man während 15 Min. zu 0,5 Paraformaldehyd u. 0,25 g KOH in 100 cm^3 CH_3OH u. hält auf 25—30°, worauf 0,25 Mol 4-Chlorphenol zugegeben u. 2 Std. unter Rückfluß bei ca. 75° erhitzt wird. Durch fraktionierte Dest. bei bis zu 100° u. 10 mm Hg werden die niedrigsd. Stoffe entfernt, wobei man als Rückstand fl. *Pentaäthylenglykol-6-chlor-3.4-dihydro-2H-1.3-benzoxazin-3-yläthylmonoäther*, n_D^{26} 1,5196, erhält. Mit 2.4.5-Trichlorphenol erhält man analog die *5.6.8-Trichlor-Verb.*, n_D^{25} 1,5466. — *Schädlingsbekämpfungsmittel* u. *Herbicide.* (**A. P. 3 023 207** vom 22/10. 1959, ausg. 27/2. 1962.) J. Mühleisen 6313

1996 Dow Chemical Co., Midland, Mich., übert. von: Donald G. Kundiger und Robert L. Soulen, Manhattan, Kans., V.St.A., **Herstellung von Chlorallylaminen** der Formel $(Cl_2C{=}C(CH_3)-CH_2)_nNH_{3-n}$ (n = 2 oder 3) durch Rk. von 1.1.3-Trichlor-2-methylpropen-(1) mit wasserfreiem NH_3 zweckmäßig in einem inerten Lsgm. (Ae., Dioxan, Methylcyclohexan, bes. A.) bei ca. 20° bis Kp. der Lsg., bes. bei 30—35°. Man erhält so das tert. Amin [*Tris-(3.3-dichlor-2-methylallyl)-amin*], F. 63,5—65°, das *sek. Amin*, $Kp._{0,4-0,9}$ 31 bis 35°; n_D^{20} 1,5052, u. das *prim. Amin*, $Kp._{0,3-0,35}$ 101—104°, n_D^{20} 1,5247, die in üblicher Weise getrennt werden können. — *Insekticide, Nematocide, Fungicide* u. *Herbicide.* (**A. P. 3 008 994** vom 16/1. 1959, ausg. 14/11. 1961.) W. Gräger 6313

1997 Farbenfabriken Bayer Akt.-Ges., Leverkusen, **Verbindungen von mehrwertigen Metallen mit Polychlorphenolen und höher molekularen Carbonsäuren,** die *fungicide, baktericide, insekticide* u. *herbicide* Wrkg. aufweisen erhält man durch Rk. von etwa äquimol. Mengen eines wasserlösl. Salzes eines Polychlorphenols u. eines wasserlösl. Salzes einer Carbonsäure mit mehr als 6 C-Atomen mit einer etwa äquimol. Menge eines wasserlösl. Salzes eines mehrwertigen Metalls in W., ggf. in Ggw. eines organ. Lösungsmittels. — So erhält man z. B. durch Verrühren einer Lsg. von 28,7 (g) krist. $ZnSO_4$ in 100 ml W. mit einer Lsg. von 28,8 Na-Pentachlorphenolat (**I**) u. 25,5 Na-Naphthenat (**II**) in 250 ml W. bei Raum-Temp. ein Prod. in Form eines weißen Nd., der in Leichtöl, Kp. 200—300°, leicht lösl. u. in Solventnaphtha zu 5% lösl. ist. An Stelle von **I** können die Alkalisalze des 2.4-Dichlor-, 2.4.5- u. 2.4.6-Trichlorphenols u. des Tetrachlorphenols u. an Stelle von **II** die Alkalisalze der Benzoe-, p-Chlorbenzoe-, Laurin-, Öl-, Stearin- u. Tallölfettsäure verwendet werden. (**E. P. 895 440** vom 27/5. 1960, ausg. 2/5. 1962. D. Prior. 6/6. 1959.) A. Mohr 6313

1998 Chemische Werke Witten G. m. b. H. (Erfinder: Gustav Renckhoff, Rudolf Junghähnel und Wolfgang Wolfes), Witten, **Baktericide, fungicide und insekticide Mittel,** gek. durch einen Geh. an Azidoessigsäureestern chlorierter Phenole, bes. dem *Azidoessigsäureester des Pentachlorphenols*, F. 101°, den man durch Umsetzung von Pentachlorphenol (**I**) mit Azidoessigsäure unter Zusatz von Triäthylamin in Aceton erhält. Die Ester sind ebenso wirksam wie freies **I**, sind aber nicht flüchtig, reizen die Schleimhaut nicht, werden nicht so leicht ausgewaschen u. sind unempfindlich gegen UV-Strahlen. (**D. A. S. 1 149 859** Kl. 30i vom 2/5. 1961, ausg. 6/6. 1963.) K. Koebke 6313

1999 „Shell" Research Ltd., London (Erfinder: Johannes Thomas Hackmann, Herne Bay, Paulus Adriaan Harthoorn und John Kidd, Sittingbourne), England, **Herbicide und Schädlingsbekämpfungsmittel mit fungiciden, baktericiden und molluscicīden Eigenschaften,** gek. durch einen Geh. an *2.6-Dichlor-* oder *2.4.6-Trichlorbenzonitriloxid* als Wirkstoff. Man erhält die Wirkstoffe aus dem entsprechenden Aldoxim durch Rk. mit einem Hypochlorit in wss. Lsg. bei $< 15^0$ oder durch Rk. mit HNO_3 bei $< 20^0$ in Eisessig oder durch therm. Abbau von α-Nitroaldoxim bei $< 50^0$ in fester Form oder in niedrigsd. Lsgm. unter N_2. (**D. A. S. 1 149 937** Kl. 45 l vom 30/12. 1960, ausg. 6/6. 1963. E. Prior. 1/1. u. 18/11. 1960.) K. Koebke 6313

2000 Upjohn Co., Kalamazoo, übert. von: Alan J. Lemin, Richland Township, Mich., V.St.A., **Fungicide Pflanzenschutzmittel** enthalten als Wirkstoff eine Verb. der allg. Formel **I**, worin X ein Halogenatom bedeutet, oder

I

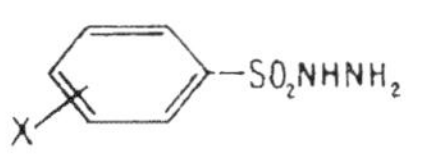

ein Säureadditions-, Alkali- oder Cu-Salz einer solchen Verb., z. B. *p-Chlorbenzolsulfonsäurehydrazid* (**II**), F. 112—114°; *p-Brombenzolsulfonsäurehydrazid*, F. 117—119°, u. des Na- u. Cu-Salzes von **II**. (**A. P. 2 993 829** vom 18/9. 1958, ausg. 25/7. 1961.) K. Koebke 6313

2001 Dow Chemical Co., Midland, Mich., übert. von: Donald G. Kundiger, Manhattan, Kans., und Clarence R. Dick, Lake Jackson, Tex., V.St.A., **Herstellung von N-(3-Chlormethylallyl)-benzolsulfonaniliden** der allg. Formel $R-S(=O)_2-N(R)-CH_2-C(X)=CCl-Y$ (R = Phenyl, ggf. in 4-Stellung durch Cl, NO_2 oder CH_3 substituiert, X = H oder CH_3, Y = Cl oder CH_3) durch Rk. eines chlorierten KW-Stoffs der Formel $ClH_2C-C(X)=CCl-Y$ mit einem N-monosubstituierten Sulfonanilid der Formel $R-S(=O)_2-NH-R$ in Ggw. von Alkalien (Alkalicarbonat, -hydroxid, -alkoholat) zweckmäßig in einem inerten Lsgm. (W., CH_3OH, A., Propanol, Isopropanol, Aceton, Dioxan, Dimethylformamid) bei 20—120°. Man erhält so folgende *Benzolsulfonanilide: 4'-Chlor-N-(3.3-dichlor-2-methylallyl)-4-nitro-*, F. 181,5—182,5°; *4-Chlor-N-(3.3-dichlor-2-methylallyl)-4'-nitro-*, F. 165—167°; *N-(3.3-Dichlor-2-methylallyl)-4'-methyl-*, F. 116—118°; *4'-Chlor-N-(3-chlor-3-methylallyl)-4-nitro-*, F. 121 bis 122°; *N-(3.3-Dichlor-2-methylallyl)-4-methyl-4'-nitro-*, F. 134—136°; *N-(3.3-Dichlor-2-methylallyl)-4.4'-dichlor-*, F. 112 bis 113,5°; *N-(3-Chlor-3-methylallyl)-4.4'-dichlor-*, F. 79—80°; *N-(3-Chlor-3-methylallyl)-4-methyl-4'-nitro-*, F. 108—109,5°. — *Insekticide, Baktericide, Herbicide.* (**A. P. 2 964 538** vom 14/7. 1958, ausg. 13/12. 1960.) W. Gräger 6313

2002 Monsanto Chemical Co., St. Louis, übert. von: Leo J. Weaver, Creve Cœur, Mo., V.St.A., **Fungicide und bactericide Verbindungen** der Formeln **I** u. **II**, worin

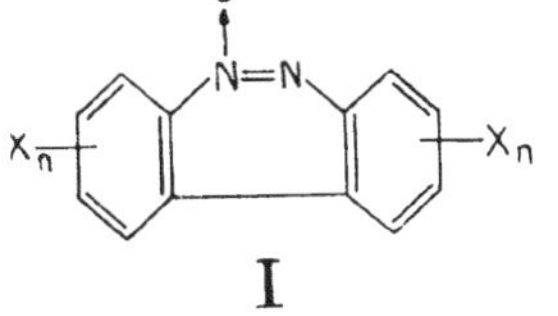

I

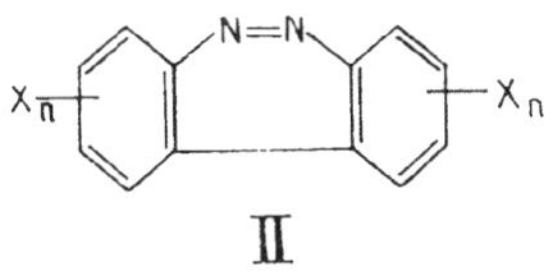

II

X ein Halogenatom oder ein ggf. halogenierter Alkylrest mit bis zu 3 C-Atomen u. n = 0, 1 oder 2 bedeutet, erhält man durch Kondens. der entsprechenden o-Chlornitrobenzole in Ggw. von Metallkatalysatoren (Cu) u. Red. des Kondens.-Prod. zu einer Verb. der Formel **I**, die weiter mit $SnCl_2$ zu einer Verb. der Formel **II** red. werden kann. Die Verbb. sind geeignet zur *Imprägnierung von Textilien, Kunststoffolien, Holz* u. zur Anwendung im *Pflanzenschutz*. (**A. PP. 3 012 909** u. **3 012 910** vom 28/1. 1959, ausg. 12/12. 1961.) K. Koebke 6313

2003 Nederlandse Centrale Organisatie voor Toegepast-Natuurwetenschappelijk Onderzoek, Den Haag, Niederlande, **Gametocides Präparat,** das bei hoher sterilisierender Wrkg. auf den Blütenstaub der damit behandelten Pflanzen keine Schädigungen an diesen hervorruft, besteht aus einer 0,05—2%ig., bes. 0,1—1%ig., Lsg. eines Alkalisalzes von Dichloressigsäure, die außerdem ein Netzmittel enthält. (**Niederl. P. 103 204** vom 31/10. 1960, ausg. 15/11. 1962.) F. Böhm 6313

2004 Boots Pure Drug Co. Ltd., Nottingham, übert. von: Melvyn Lumb und George D. Wilkin, Nottingham, England, **Herstellung eines Präparats aus Pilzen der Klasse Moniliaceae,** dad. gek., daß man die Pilze (Arthrobotrys (A.) robusta Duddington, A. cladodes Drechsler, A. conoides Drechsler, Trichothecium flagrans Duddington oder Cylindrocarpon radicicola Wollenweber] in einer, z. B. in 100 ml 2,8 (%) Molkenpulver, 3,4 Lactose, 0,4 KH_2PO_4 u. 0,38 Maisweichwasserfeststoffe enthaltenden wss. Lsg. (pH 6,8—7) 14—21 Tage bei 24—28° züchtet u. die sporenreiche Pilzmasse allein oder auf einem Träger mit großer Oberfläche, wie Bimsstein, Asbest, Torfmehl, Kleie, bes. Vermiculit, bei 28—30° im Luftstrom zu einem streufähigen Prod. trocknet. — *Mittel gegen Fadenwürmer im Boden.* (**A. P. 3 013 946** vom 24/4. 1959, ausg. 19/12. 1961.) G. Vogel 6313

2005 United States of America, Secretary of Army, übert. von: Sidney H. Ross und Leonard Teitell, Philadelphia, Pa., V.St.A., **Bekämpfung von Pilzbefall** auf Cellulose- oder Eiweißmaterial, dadurch, daß man das zu schützende Material mit einer Lsg. von *Thiolutin* in Cyclohexanon behandelt u. das Lsgm. abdampft. (**A. P. 3 038 819** vom 25/8. 1958, ausg. 12/6. 1962.) K. Koebke 6313

2006 Farbenfabriken Bayer Akt.-Ges., Leverkusen (Erfinder: Engelbert Kühle, Köln, Richard Wegler, Leverkusen, Victor Flück, Basel, Schweiz, Ferdinand Grewe, Köln, und Günter Unterstenhöfer, Opladen), **Kontaktfungicide und acaricide Pflanzenschutzmittel.** Sie enthalten höhere Alkyl-N-glykoside der Formel ZNR_1R_2, worin Z den Rest eines reduzierenden Zuckers aus der Reihe der Mono- u. Disaccharide, R_1 einen Alkylrest mit 10 bis 18 C-Atomen u. R_2 = H oder einen niederen Alkylrest bedeutet. (**D. A. S. 1 145 418** Kl. 451 vom 6/4. 1960, ausg. 14/3. 1963.) K. Koebke 6313

2007 Rohm & Haas Co., Philadelphia, Pa. (Erfinder: Chien-Pen Lo, Philadelphia, und Richard Lewis Orsage, Framingham, Mass.), V.St.A., **Bekämpfung von Pilzen und Bakterien auf Pflanzen** durch Verw. von Wirkstoffen der Formel **I** (An = Anion; R^1 = lipophile Gruppe

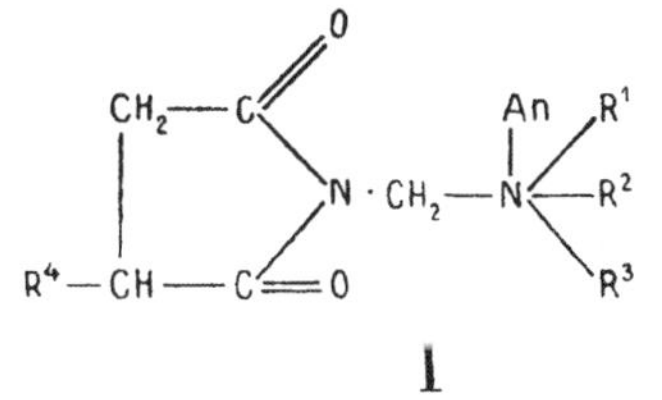

I

mit 10—25 C-Atomen; R^2 u. R^3 = CH_3-, C_2H_5-, β-Hydroxyäthyl-, Benzyl- oder gemeinsam eine 2wertige aliphat. Gruppe mit 4—5 C-Atomen; R^4 = H, Alkenyl- oder Alkylrest mit 1—12 C-Atomen). Die Wirkstoffe werden hergestellt, indem man ein N-Halogensuccinimid mit einem tert. Amin, $NR^1R^2R^3$, zur Rk. bringt. — [Succinimidomethyl]-dimethylammoniumchloride: *Dodecyl-*, F. 171—173° (Zers.). — *5.5.7.7-Tetramethylocten-(2)-yl-*, F. 188—190°. — *[Dodecylbenzyl]-*, F. 193—194°. — *[tert.-Octylphenoxyäthoxyäthyl]-*, F. 154—157°. (**D. A. S. 1 141 130** Kl. 451 vom 13/8. 1960, ausg. 13/12. 1962. A. Prior. 28/8. 1959.) K. Koebke 6313

2008 Progil, Paris, Frankreich, **Biocide Mittel zur Imprägnierung von Holz und Textilien,** enthaltend als Wirkstoff eine Verb. der allg. Formel $(ArO)_nX(OCOR)_m$, wobei Ar einen ggf. substituierten Phenylrest, R einen cycl. oder nicht cycl. organ. Rest mit mehr als 6 C-Atomen bedeuten, der von einer nicht flüchtigen organ. Säure abgeleitet ist, X ein mehrwertiges fungicides Metall (Mn, Fe, Co, Ni, Cu, Zn, Hg) u. n u. m ganze Zahlen, deren Summe der Wertigkeit des Metalls entspricht. — 380(g) Kolophonium (SZ. 164), 270 Pentachlorphenol u. 2500 schweres aromat. Lsgm. (Methylnaphthaline-Polypropylbenzole) werden vermischt, 200 Cu-Acetat zugegeben u. 40 Min. auf 140° erhitzt. — *Schutzmittel* gegen *Insekten, Pilze* u. *Bakterien.* (**E. P. 880 411** vom 12/5. 1958, ausg. 18/10. 1961. F. Prior. 16/5. 1957.) K. Koebke 6313

2009 N. N. Melnikow, K. D. Schwetzowa-Schilowskaja, Je. B. Michaljutina, Je. I. Andrejewa, K. A. Gar, K. A. Gorbylewa, Ss. L. Warschawski und L. P. Kofman, **Herstellung von Phenarsoxinderivaten** durch Rk. von Phenarsoxinchlorid (**I**) mit Dialkyldithiophosphaten, Dimethyldithiocarbaminat oder Äthylxanthogenat. — Anwendung als *Saatgutbeizen*, ggf. zusammen mit Insekticiden. — Zu einer Lsg. von K-O.O-Diäthyldithiophosphat in Aceton (**II**) wird bei 50—60° eine äquimol. Menge **I**, in **II** gelöst, gegeben. Nach 30 Min. wird filtriert u. eingedampft: *O.O-Diäthyl-S-[phenarsoxinyl-(10)]-dithiophosphat,* F. 65° (**II**), Ausbeute 80%. (**UdSSR. P. 134 082** vom 5/1. 1960.) L. Großner 6313

2010 American Cyanamid Co., New York, N.Y., V.St.A., **Mittel zur Bekämpfung von Thallophyten** (Pilzen, Bakterien, Algen oder anderen pflanzlichen Organismen) in industriellen Substraten, wie W.. Cellulose, Anstrichfarben, Holz, enthaltend als Wirkstoff 0,001—0,5% *Arsenobenzol* oder ein *Alkalimetallphenylarsenit.* (**E. P. 902 025** vom 16/5. 1960, ausg. 25/7. 1962. A. Prior. 21/5. 1959.) K. Koebke 6313

2011 Badische Anilin- & Soda-Fabrik Akt.-Ges., Ludwigshafen/Rh. (Erfinder: Horst Pommer, Günter Scheuerer, Ludwigshafen/Rh., Herbert Stummeyer, Mannheim, und Ernst-Heinrich Pommer, Ludwigshafen/Rh.), **Pflanzenschutzmittel mit fungicider Wirkung,** gek. durch einen Geh. an einer Verb. der Formel **I**, in der R = H

I

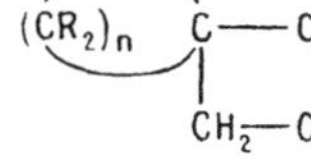

oder CH_3 u. n die Zahlen 4—7 bedeuten. Man erhält die Verbb. z. B. durch Umsetzung der substituierten spiro-Methylensuccinimide in Form ihrer Metallsalze mit Perchlormethylmercaptan in wss. Lsg. oder in wasserfreiem Medium. — Beispiele [N-Trichlormethylmercapto = in folgendem **II**, succinimid = **III**]: **II**-*α.α-spiro-tetramethylen*-**III**, F. 81—82°; **II**-*α.α-spiropentamethylen*-**III**, F. 79—80°; **II**-*α.α-spirohexamethylen*-**III**, 109—110°; **II**-*α.α-spiroheptamethylen*-**III**, 121—122°; **II**-*α.α-(1-methylpentamethylen)-spiro*-**III**, F. 116—118°; **II**-*α.α-(2-methylpentamethylen)-spiro*-**III**, F. 108—110°; **II**-*α.α-(3-methylpentamethylen)-spiro*-**III**, F. 96—98°; **II**-*α.α-(2.3-dimethylpentamethylen)-spiro*-**III**, F. 140—142°; **II**-*α.α-(1.3-dimethylpentamethylen)-spiro*-**III**, F. 78—81°. (**D. A. S. 1 145 420** Kl. 451 vom 3/8. 1960, ausg. 14/3. 1963.) K. Koebke 6313

2012 Dow Chemical Co., Midland. übert. von: Carl B. Havens, Midland, und Ronald G. Brookens, Auburn, Mich., V.St.A., **2-Hydroxy-3-nitro-5-phenylpropiophenon,** verwendbar als *parasiticides Mittel*, erhält man durch Nitrieren von 2-Hydroxy-5-phenylpropiophenon mit Nitriersäure bei 0—5° als wasserunlösl. gelben Feststoff vom F. 55—60°, der in Aceton, A., Bzl., Toluol u. Xylol lösl. ist. (**A. P. 3 048 637** vom 30/11. 1959, ausg. 7/8. 1962.) A. Mohr 6313

2013 Monsanto Chemical Co., St. Louis, Mo., übert. von: Walter A. Darlington, und John A. Stephens, Dayton, Ohio, V.St.A., **Hemmung von Viruserkrankungen bei Pflanzen** durch *β*- u. *γ-Aminonitrile* u. deren Salzen der allg. Formel $R_1R_2N—R—CN$, worin R eine Alkylengruppe mit 2—3 C-Atomen u. R_1 u. R_2 ein H-Atom oder einem aliphat. KW-Stoffrest mit 4—18 C-Atomen bedeuten, mindestens eins davon aber einen KW-Stoff. Die Verbb. hemmen die Tabakmosaik- u. Tabakringfleckenviruserkrankung bei Tabak u. Bohnen. Beispiele: *3-Aminopropionitrile* (R_1 = H, R_2, Konz., % Hemmung): *n-Dodecyl-HCl*, $5 \cdot 10^{-6}$, 93; *n-Dodecyl-*, $5 \cdot 10^{-5}$, 62; *n-Butyl-*, $1 \cdot 10^{-3}$, 37; *n-Octyl-*, $1 \cdot 10^{-3}$, 34; *3-Diäthylaminopropyl-*, $1 \cdot 10^{-3}$, 30; *n-Octadecyl-*, $1 \cdot 10^{-4}$, 27; *3-Isodecyloxypropyl-*, $1 \cdot 10^{-3}$, 99; *2-Äthylhexyl-*, $1 \cdot 10^{-3}$, 17; *n-Amyl-* $1 \cdot 10^{-3}$, 34; *Decyl* (verzweigt)-, $1 \cdot 10^{-3}$, 95; *tert.-Butyl-*, $1 \cdot 10^{-3}$, 34; *N.N-Diisobutyl-*, $1 \cdot 10^{-3}$, 48; *n-Tetradecyl-*, $5 \cdot 10^{-5}$, 62; *n-Decyl-*, $1 \cdot 10^{-4}$, 30; *Cetyl-*, $1 \cdot 10^{-4}$, 36; *tert.-Dodecyl-*, $1 \cdot 10^{-3}$, 57. (**A. P. 3 004 887** vom 23/9. 1959, ausg. 17/10. 1961.) R. Bauereis 6313

2014 Československá Socialistická Republika (Erfinder: Jiří Novák, Jiří Farkaš und Franz Šorm), Prag, Tschechoslowakei, **Herstellung von 2.2-Dihalogencyclopropancarbonsäuren** (**I**) durch Umsetzen alkal. Salze von Trichloressigsäure (**II**) mit Estern oder Nitrilen ungesätt. Säuren der allg. Formel R(R')C=C(R'')·COOH (R, R' u. R'' = H, Alkyl, Aryl), worauf die erhaltenen Ester oder Nitrile der **I** durch saure oder alkal. Hydrolyse in die freien Säuren überführt werden. — Beispiel: 34 (g) Na-Salz der **II** + 20 Methylmetacrylat (stabilisiert mit 0,05 Hydrochinon oder Pikrinsäure) werden im Autoklav 1 Std. lang auf 140° erhitzt, mit Ae. extrahiert, filtriert, u. der Ae. abdestilliert. Man erhält 15 1-Methyl-2.2-dichlorcyclopropancarbonsäuremethylester (Kp. 74°/8 mm) in 41% ig. Ausbeute. Durch 2 std. Erhitzen mit 30 ml HCl konz. + 30 ml Dioxan erhält man nach Neutralisieren mit $NaHCO_3$ das Na-Salz, durch Ansäuern 12 der freien 1-Methyl-2.2-dichlorpropionsäure, F. 66° (86% ig. Ausbeute). (**Tschech. P. 99 352** vom 25/3. 1960, ausg. 15/4. 1961.) L. Macher 6313

2015 N. N. Melnikow, S. N. Iwanowa, Je. I. Addrejewa, K. A. Gar, Je. A. Martinowa, und N. W. Jewtejewa, **Beizen von Samen.** Als wirksame Bestandteile werden Trialkyl-Sn-Fluoride oder -Chloride mit chlororgan. Insekticiden, wie *γ*-Hexachlorcyclohexan (HCC), Heptachlor oder Aldrin gemischt. — Folgende Präpp. werden z. B. angewendet: 2—3 (%) Tributylzinnfluorid, oder -chlorid, 12 HCC, 85—86 Talk oder andere Füllmittel; 2—3 Tributylzinnfluorid, 10 Aldrin, 87—88 Füllmittel. — Die Präpp. steigern die Keimfähigkeit von 10—15% pro Ernte. (**UdSSR. P. 131 591** vom 12/11. 1959.) I. Lasch 6313

2016 N. V. Philips' Gloeilampenfabrieken, Eindhoven, Niederlande, **Schädlingsbekämpfungsmittel,** die für lebende Pflanzen relativ unschädlich sind, besitzen als wirksame Substanz eine Verb. der allg. Formel $(C_6H_5)_3Sn \cdot NH \cdot SO_2 \cdot Y$ (Y = ggf. durch bis zu 3 Alkylreste mit 1—4 C-Atomen substituierter Benzolrest), z. B. *Triphenylzinn-p-toluolsulfonamid.* (**Niederl. P. 103 105** vom 17/5. 1958, ausg. 15/11. 1962.) F. Böhm 6313

2017 Badische Anilin- & Soda-Fabrik Akt.-Ges., Deutschland, **Herstellung von Isochromanylessigsäurederivaten** mit Wuchsstoff- u. Herbicidwirkung. Zu D. B. P. 924 387; C. **1955,** 6604 ist nachzutragen: *Isochromanylacetamid,* F. 177—178°, aus Isochromanylacetonitril durch Verseifung; Kristalle. (**F. P. 1 237 103** vom 19/6. 1953, ausg. 23/11. 1960. D. Prior. 20/6. u. 5/9. 1952.) Eberhard Riedel 6313

2018 Dow Chemical Co., Midland, übert. von: Chester E. Pawloski, Bay City, Mich., V.St.A., **p-(N.N-Dipropin-(2)-ylamino)-benzoesäurepropin-(2)-ylester (I)** wird erhalten durch Rk. von p-(N.N-Dipropin-(2)-ylamino)-benzoesäure, F. 71—73°, mit Propargylalkohol (**II**) in äquimol. Mengen in Ggw. eines Veresterungskatalysators (H_2SO_4) u. eines mit W. nicht mischbaren Lsgm. (Bzl., Toluol, Hexan) bei 80—160°, zweckmäßig beim Kp. des Lsgm., bei dem das bei der Rk. gebildete W. ebenfalls abdest., wobei bis zur Beendigung der Rk. das Lsgm. jeweils wieder zugesetzt wird. Bei geringem Überschuß von **II** wird ein Optimum der Ausbeute an **I**, F. 52—54°, erzielt. — Verw. als Stäube- oder Spritzmittel zur *Schädlingsbekämpfung.* (**A. P. 3 061 630** vom 23/3. 1961, ausg. 30/10. 1962. W. Gräger 6313

2019 Union Carbide Australia Ltd. (Erfinder: Douglas Lyons Ford und Conrad Max Gibian), **Herstellung von 1.1-Dichlor-2.2-bis-(chlorphenyl)-äthanen.** Man chloriert A. mit gasförmigem Cl_2 bei Temp. bis zu 60°, bis die ölige Phase ein größtes Vol. von 1,25—1,35 g/ml, gemessen bei 25°, erreicht, mischt beide Phasen mit Monochlorbenzol, wobei die wss. Phase extrahiert u. die ölige Phase dehydriert wird, trennt die wss. Phase ab, bringt die Komponenten des Gemisches aus Monochlorbenzol u. öliger Phase mit Oleum u. H_2SO_4 zur Rk. u. trennt aus dem Rk.-Gemisch ein krist. Prod. mit z. B. 72,5% 1.1-Dichlor-2.2-bis-(p-chlorphenyl)-äthan ab. — *Insekticide.* (**Aust. P. 237 277** vom 21/7. 1958, ausg. 15/2. 1962.) K. Demmler 6313

2020 Dow Chemical Co., Midland, Mich., übert. von: Charles R. Youngson, Long Beach, und Cleve A. I. Goring, Garden Grove, Calif., V.St.A., **Schädlingsbekämpfungsmittel für** den Pflanzenschutz mit Wrkg. gegen Insekten, Drahtwürmer u. Nematoden, enthaltend als Wirkstoffe ein Gemisch von 1 (Teil) *1.4-Dichlor-2-butin* u. 0,3 bis 39% CH_3Br in einem inerten Träger. Die Wirkstoffe zeigen

Synergismus, die Mittel können als Räuchermittel zur Bodenbehandlung oder zur Behandlung von Früchten, Gemüse oder Saatgut verwendet werden. (**A. P. 3 061 507** vom 30/10. 1959, ausg. 30/10. 1962.) K. Koebke 6313

2021 Diamond Alkali Co., Cleveland, übert. von: Henry Bluestone, University Heights, Ohio, Paul H. Schuldt, Yonkers, N.Y., John H. Wotiz, Mentor, Charles E. Entemann, Painesville, und Francis Huba, Fairport Harbor, Ohio, V.St.A., **Herstellung von 2.4.5-Trichlorphenylhydroxylamin,** $C_6H_4Cl_3NO$, F. 65,5—66,5° (Heptan), erfolgt z. B. durch katalyt. Red. von 22,6 g 2.4.5-Trichlornitrobenzol in 100 ml Isopropanol in Ggw. von Raney-Ni bis 2 Mol H_2 aufgenommen sind. — *Nematocid.* (**A. P. 3 037 058** vom 2/12. 1959, ausg. 29/5. 1962.) O. Müller-Meiningen 6313

2022 Dow Chemical Co., Midland, Mich., V.St.A., übert. von: George A. Olah und Stephen Joseph Kuhn, Sarnia, Ontario, Canada, **Herstellung von 1-tert.-Butyl-4-(1- oder 2-fluoräthyl)-benzolen** durch Rk. der entsprechenden Chlor- oder Brom-Verb. mit AgF in ein fl. Rk.-Medium, bes. Acetonitril bei 15—75°, bes. 60—65°, u. normalem Druck, z. B. *1-tert.-Butyl-4-(2-fluoräthyl)-benzol*, Kp.$_4$ 83—85°, n_D^{25} 1,4897. *Wirksam gegen das Keimen von Samen schädlicher Pflanzen,* ferner als *Baktericid, Fungicid* u. *Insekticid.* (**A. P. 2 998 460** vom 28/1. 1960, ausg. 29/8. 1961.) W. Gräger 6313

2023 Union Carbide Corp., New York, N.Y., übert. von: Joseph A. Lambrech, Charleston, W.Va., V.St.A., **Carbaminsäureester.** Die besondere *insekticide Wrkg.* der im A. P. 2 903 478, C. **1960**, 9008 beschriebenen 1-Naphthylcarbamate wird in Vgl. zu folgenden „-carbamaten" (**I**) gesetzt: 1-Naphthyl-N-butyl-**I**, F. 67°; 1-Naphthyl-N.N-dibutyl-**I**, Kp.$_{1,5}$ 184°; 1-Naphthyl-N-(N',N'-dimethylamino)-äthyl-**I**, Kp.$_3$ 158 bis 164°; 1-Naphthyl-N-1-naphthyl-**I**, F. 260°; 1-Naphthyl-N-(α-methylbenzyl)-**I**, F. 125°; p-Acetylphenyl-N-methyl-**I**, Kp.$_3$ 130—135°; Phenyl-N.N-dimethyl-**I**, F. 45°; p-tert. Butylphenyl-N.N-dimethyl-**I**, Kp.$_{15}$ 110°, u. 2.3.5-Trimethylphenyl-N-phenyl-**I**, F. 175—176°. Zu der in A. P. 2 903 478 aufgeführten Verb. ist nachzutragen: N-Hexyl-Verb., D_{20}^{20} 1,064. (**A. P. 3 009 855** vom 7/8. 1959, ausg. 21/11. 1961.) G. König 6313

2024 Československá Socialistická Republika (Erfinder: Jiří Novák, Jiří Farkaš und Franz Šorm, Prag), Tschechoslowakei, **Neue insekticid wirksame Ester** durch Veresterung geeigneter Derivv., z. B. der Chloride, von Cyclopropancarbonsäuren der allg. Formel **I** (X u. Y = gleiche oder verschiedene Halogene) mit Ketoalkoholen der allg. Formel **II** (R_2 = ungesätt. aliphat. oder alicycl. Rest mit 3—5 C-

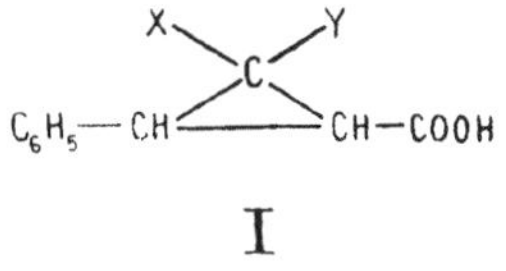

I

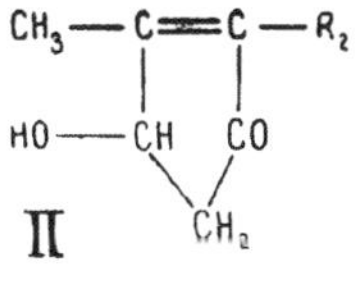

II

Atomen). — Beispiel: Zu 2,5 (g) 2.2-Dichlor-3-phenylcyclopropancarbonsäurechlorid in 10 ml Bzl. gibt man 1,7 eines 2-Alkyl-3-methyl-4-hydroxycyclopent-2-en-1-on in 1 ml Pyridin. Nach 24 Std. versetzt man mit Ae., schüttelt mit HCl 1%ig. u. gesätt. $NaHCO_3$-Lsg. aus. Nach Abdestillieren des Ae. erhält man den entsprechenden Ester in 65%ig. Ausbeute. (**Tschech. P. 99 353** vom 25/3. 1960, ausg. 15/4. 1961.) L. Macher 6313

2025 Československá Socialistická Republika (Erfinder: Jozef Macko Ján Ondrejka, Preßburg), Tschechoslowakei, **Herstellung neuer, insekticid wirksamer cycloaliphatischer Ester der Carbaminsäure** von der allg. Formel **I** (R = niedere Alkylreste, R' = Allyl- oder Cyclo-

I

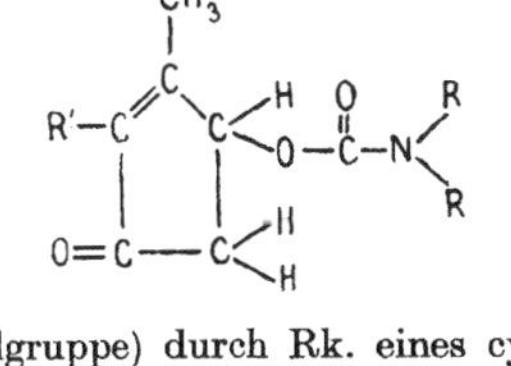

II

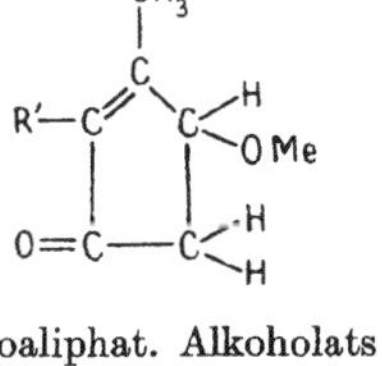

pentylgruppe) durch Rk. eines cycloaliphat. Alkoholats der allg. Formel **II** (Me = Alkalimetall, R' = wie in Formel **I**) mit einem Halogenid einer niedrigen Dialkylcarbaminsäure. — Beispiel: Aus 1,68 (g) Na + 30 ml CH_3OH + 11,1 Alletrolon in 150 ml wasserfreiem Toluol werden 30 ml CH_3OH abdestilliert. Bei 60° werden 7,85 Dimethylcarbamylchlorid zugefügt, nach 12std. Erhitzen wird vom NaCl abfiltriert u. Toluol zuletzt im Vakuum abdestilliert. Der erhaltene *dl-2-Allyl-3-methyl-2-cyclopenten-1-on-4-(N.N-dimethyl)-carbaminsäureester* dest. bei Kp.$_{0,2}$ 130—140°. (**Tschech. P. 98 209** vom 29/10. 1959, ausg. 15/1. 1961.) L. Macher 6313

2026 Diamond Alkali Co., Cleveland (Erfinder: Frank B. Slezak und Irving Rosen, Painesville), Ohio, V.St.A., **Schädlingsbekämpfungsmittel,** enthaltend als Wirkstoff wenigstens eine Verb. der Formel **I**, worin x = 0 oder 1,

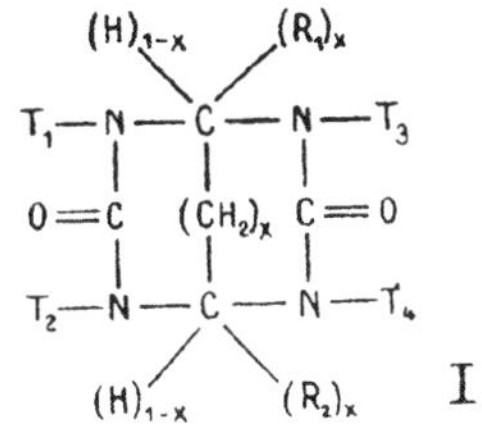

I

R_1 u. R_2 Alkylgruppen u. T_1, T_2, T_3 u. T_4 H oder Halogenatome sind, wobei wenigstens ein T ein Halogenatom ist. Man erhält die Verbb. durch Halogenierung der entsprechenden Hydro-Verbb. in wss. alkal. Lösung. Man verwendet bes. *2.4.6.8-Tetrachlor-2.4.6.8-tetrazabicyclo-(3.3.0)-octa-3.7-dion* (**II**), *1.5-Dimethyl-2.4.6.8-tetrachlor-2.4.6.8-tetrazabicyclo-(3.3.1)-nona-3.7-dion* oder *Dichlor-2.4.6.8-tetrazabicyclo-(3.3.0)-octa-3.7-dion* (**III**) oder ein synergist. Gemisch von **II** u. **III**. Die Mittel sind verwendbar zur *Desinfektion* von Wäsche, wobei sie auch *bleichend* wirken. Man kann sie auch in der Landwirtschaft als *Fungicide u. Nematocide* verwenden. — Vgl. F. P. 1 226 421; C. **1962**, 16778. (**Schwz. P. 362 882** vom 20/1. 1958, ausg. 15/8. 1962. A. Prior. 23/1. 1957.) K. Koebke 6313

2027 Upjohn Co., übert. von: Richard E. Strube, Robert D. Birkenmeyer und Fred Kagan, Kalamazoo, Mich., V.St.A., **Benzylphosphonsäureester** der allg. Formel $(XCH_2CH_2)_2N-CH_2-C_6H_4-CH_2-P(:O)(OR)_2$ (**I**) (X = Cl, Br, J) R = H, Alkylrest mit 1—4 C-Atomen) erhält man durch Rk. von o-, m- oder p-Cyanobenzylhalogenid mit Trialkylphosphit zu einem Dialkylcyanobenzylphosphonat, das zum Dialkylaminomethylbenzylphosphonat (**II**) hydriert wird. **II** wird mit einem Hydroxylierungsmittel (Äthylenoxid, Äthylenhalogenhydrin) zum Dialkyl-N.N-bis-(2-hydroxyäthyl)-aminomethylbenzylphosphonat u. dieses mit einem Halogenierungsmittel zu **I** umgesetzt. — 1,89 (Mol) p-Cyanbenzylbromid u. 2.4-Triäthylphosphit werden bei 95—100°, dann bei 130° u. zuletzt bei 150° umgesetzt u. in 96%ig. Ausbeute *p-Cyanbenzylphosphonsäurediäthylester* (**III**), Kp.$_{0,03}$ 146—150°, erhalten. 0,25 **III** wird in 400 ml A. + 0,83 HCl bei Normal-Temp. mit H_2 in Ggw. von Pt-Oxid bei 50 lb./sq.in. zu *p-Aminomethylbenzylphosphonsäurediäthylester* (**IV**), Kp.$_{0,05}$ 130 139°, hydriert. 0,04 **IV** werden unter Druck mit 25 ml Äthylenoxid in 20 ml Bzl. 6 Std. bei 75° zu *p-[N.N-Bis-(2-hydroxyäthyl)-aminomethyl]-benzylphosphonsäurediäthylester* (**V**), n_D^{25} 1,5123, umgesetzt. Zu 500 ml $CHCl_3$, 10 ml Pyridin (**VI**), 15 g **VI**-HCl u. 41 ml $SOCl_2$ tropft man 5,7 g **V** in 200 ml $CHCl_3$ bei 25—32° u. erhält nach dem Aufarbeiten *p-[N.N-Bis-(2-chloräthyl)-aminomethyl]-benzylphosphonsäurediäthylester*, farbloses Öl. — *Insekticid, Virucid,* Verbb. mit *mutagenen Eigenschaften.* (**A. P. 3 052 709** vom 30/7. 1959, ausg. 4/9. 1962.) A. Jahn. 6313

2028 Schering Akt.-Ges., Berlin (Erfinder: Albert Jäger, Berlin, und Horst Peissker, Wolfenbüttel), **Schädlingsbekämpfungsmittel mit insekticider und acaricider Wirkung** nach D. A. S. 1 128 219, enthaltend synergist. Mischungen von Carbamidsäureestern der Formel (**I**),

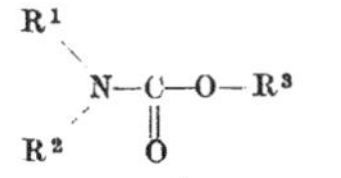

I

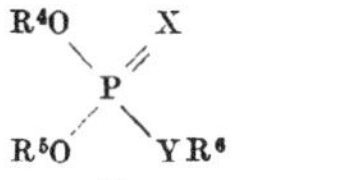

II

in der R^1 u. R^2 oder CH_3 u. R^3 ggf. alkylsubstituiertes Aryl oder einen heterocycl. Rest bedeuten, u. von in üblichen Anwendungs-Konzz. allein insekticid unwirksamen Phosphorsäureestern der Formel (**II**), in der R^4 u. R^5 niederes Alkyl u. R^6 Phenyl bedeuten, wobei R^6 auch substituiert sein kann, dad. gek., daß in der Formel des Phosphorsäureesters X = O, u. Y = O, X = S u. Y = S oder X = O u. Y = S bedeutet. R^6 kann hier bes. einen carbonylgruppenhaltigen Alkylrest tragen. (**D. A. S. 1 137 895** Kl. 451 vom 15/2. 1961, ausg. 11/10. 1961. **Zusatz zu D. A. S. 1 128 219; C. 1963, 13715**). K. Koebke 6313

2029 Ciba Akt.-Ges., Basel (Erfinder: Ernst Beriger, Allschwil), Schweiz, **Schädlingsbekämpfungsmittel,** bes. gegen *Insekten* u. *Acariden*, enthalten als Wirkstoffe Verbb. der allg. Formel **I** (R u. R_1 = ggf. substituierte Alkyl-,

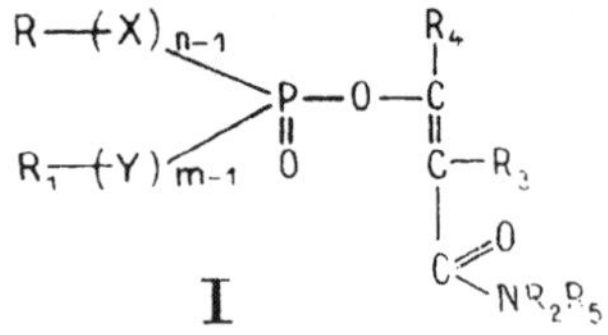

I

Cyclohexyl-, Benzyl-, Phenyl- oder Tetrahydrofurfurylreste, wobei R u. R_1 auch Glieder eines Ring-Syst. sein können; R_2 = durch 1 oder 2 O-Atome oder S-Atome unterbrochener Alkylrest oder Alkylarylrest; R_3 = H, niederer Alkylrest oder Halogen; R_4 = niederer Alkylrest, Cyclohexyl-, Phenyl-, Furyl- oder Tetrahydrofurylrest; R_5 = H, Alkylrest oder gleicher Rest wie R_2; X u. Y = —O-, —S-, —NH- oder —N(R)—; n u. m = 1 oder 2), z. B. das durch Rk. von α-Chloracetessigsäuremethoxypropylamid mit Trimethylphosphit in Chlorbenzol erhaltene Prod. $(CH_3O)_2P(:O)-OC(CH_3)=CH-CONH-C_3H_6OCH_3$. Die Mittel wirken auf verschiedene Entwicklungsstufen, wie Eier, Larven, Imagines als Kontakt- u. Fraßgift. (**D. A. S. 1 140 776** vom 23/2. 1961; ausg. 6/12. 1962. Schwz. Prior. 24/2. 1960.) W. Heyer 6313

2030 Farbenfabriken Bayer Akt.-Ges., Leverkusen (Erfinder: Gerhard Schrader und Reimer Cölln, Wuppertal), **Arylalkylthiolphosphinsäureester** erhält man durch Rk. von Arylalkylthiolphosphinsäuren der allg. Formel **I**

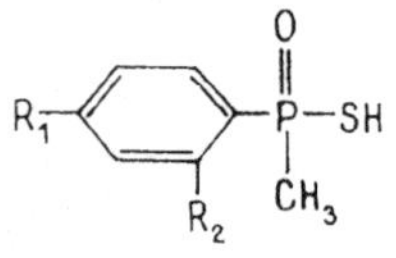

I

im alkal. Medium oder in Form ihrer Salze, bes. in Ggw. eines Lsgm., mit Verbb. der allg. Formel $Cl-(CH_2)_n-Y$ ($R_1 = CH_3$- oder CH_3S-; R_2 = H oder Cl; Y = C_2H_5S-, $(C_2H_5)_2N$- oder der durch CH_3 u. gleichzeitig CH_3S-substituierte Phenylrest; n = 1 oder 2). — Zu 56 g [2-chlor-4-methylphenyl]-methylthiolphosphinsaurem K (**II**) in 60 ml Methanol tropft man unter Rühren bei 70° 47 g 2-Chlormethyl-4-methylthioanisol, erhitzt 1 Std. lang auf 70°, kühlt auf Raum-Temp., gießt in Eiswasser u. arbeitet auf. Man erhält in 77%ig. Ausbeute *[2-Chlor-4-methylphenyl]-methylthiolphosphinsäure-S-[2-methylmercapto-5-methylbenzyl]-ester*, gelbes, in W. unlösl. Öl. — [4-Methylmercaptophenyl]-methylthiolphosphinsäure + KOH + Chlormethylthioäthyläther (**III**) → *[4-Methylmercaptophenyl]-methylthiolphosphinsäure-S-[äthylmercaptomethyl]-ester*. — **II** + β-Chloräthyldiäthylamin → *[2-Chlor-4-methylphenyl]-methylthiolphosphinsäure-S-[β-diäthylaminoäthyl]-ester*. — **II** + **III** → *[2-Chlor-4-methylphenyl]-methylthiolphosphinsäure-S-[äthylmercaptomethyl]-ester*. — *Schädlingsbekämpfungsmittel*. **D. A. S. 1 139 496** Kl. 12o vom 13/3. 1959, ausg. 15/11. 1962. **Zusatz zu D. A. S. 1 119 869; C. 1962, 16110**). A. Jahn 6313

2031 Boyce Thompson Institute for Plant Research, Inc., New York, übert. von: Edward A. Prill, Yonkers, N.Y., V.St.A., **Dihydrosafrol-6-sulfinsäure und deren Alkylderivate** der allg. Formel **I**, wobei R = KW-

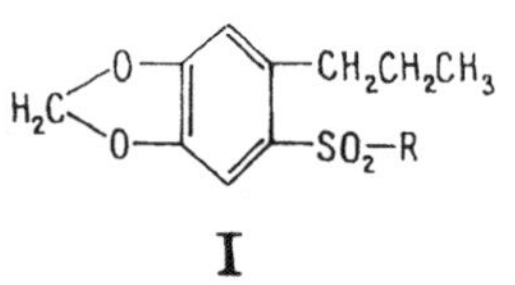

I

Stoffrest oder H, erhält man bei der Rk. von frisch dest. 6-Aminodihydrosafrol mit konz. H_2SO_4 unter Bldg. des Sulfats, Diazotierung mit $NaNO_2$-Lsg., Entfernung von überschüssigem $NaNO_2$ mit $(HSO_3)NH_2$, Zugabe von verd. H_2SO_4, Sättigen mit SO_2, Zusetzen einer Cu-Paste, hergestellt aus $CuSO_4$ u. Zn-Pulver, u. Rühren. Man filtriert die Rk.-Mischung u. erhält im Filtrat *Dihydrosafrol-6-sulfinsäure*, welche mit Na_2CO_3 das *Na-Salz* ergibt. Bringt man dieses mit äquimol. Mengen n-Octyljodid in methanol. Lsg. zur Rk., erhält man als viscoses Öl die Verb. **I** mit R = $(CH_2)_7CH_3$. — *Insekticide.* (**A. P. 2 830 061** vom 29/11. 1954, ausg. 8/4. 1958.) G. König 6313

2032 Helmuth Badenhoff, Kopenhagen, Dänemark, **Bekämpfung von unerwünschten tierischen Schädlingen, wie Pfahlkrebs (Limnoria), an Unterwasserteilen von Pfählen oder Schiffsteilen.** Mittels eines Schlauches wird überhitzter Wasserdampf oder Heißwasser unmittelbar auf die Oberfläche der angegriffenen Teile geführt. Dem Dampf oder W. werden auch Gift- oder Imprägnierstoffe zugesetzt. (**Dän. P. 88 733** vom 19/9. 1957, ausg. 13/6. 1960.) K. H. Kähler 6313

2033 **Hokkaido Tanko Kisen Kabushiki Kaisha**, Japan, *Herstellung von Phosphatdüngemitteln*. (**F. P. 1 252 905** vom 7/3. 1960, ausg. 10/5. 1961. Jap. Prior. 6/3., 19/3. u. 27/3. 1959. — C. **1963,** 16 724 [E. P. 886 951].)

2034 **J. R. Geigy Akt.-Ges.**, Basel, Schweiz, *Mittel zur Beeinflussung des Pflanzenwuchses*. (**Niederl. P. 104 120** vom 6/11. 1957, ausg. 15/3. 1963. Schwz. Prior. 7/11. 1956. — C. **1960,** 13816 [Oe. P. 202 151] u. C. **1960,** 12136 [Oe. P. 205 799].)

2035 **Chemische Werke Albert,** Deutschland, *Förderung des Pflanzenwachstums*. (**F. P. 1 254 058** vom 14/3. 1960, ausg. 24/5. 1961. D. Prior. 24/3. 1959. — C. **1963,** 7924 [Oe. P. 214 947].)

2036 **Soc. des Usines Chimiques Rhône-Poulenc** (Erfinder: **Jean Metivier**), *Mittel zur Förderung des Pflanzenwachstums*. (**Aust. P. 233 355** vom 18/11. 1958 ausg. 4/5. 1961. F. Prior. 18/11. 1957. — C. **1961,** 14805 [D. A. S. 1 107 445].)

2037 **J. R. Geigy Akt.-Ges.,** Basel Schweiz (Erfinder: **John Vahan Simonian, Harry Kroll** und **Janet Brooks Peterson**), *Harnstoffderivate*. (**E. P. 863 443** vom 22/7. 1958, ausg. 22/3. 1961. A. Prior. 23/7. 1957. — C. **1962,** 9867 [F. P. 1 212 100].)

2038 **Boots Pure Drug Co. Ltd.,** Nottingham, England, *Herstellung von Isothiocyanaten*. (**Oe. P. 204 028** vom 1/2. 1957, ausg. 25/6. 1959. E. Prior. 3/2. u. 9/5. 1956. — C. **1961, 15535** [Aust. P. 215 133].)

2039 **Badische Anilin- & Soda-Fabrik Akt.-Ges.,** Deutschland, *Herstellung von halogenierten Kohlenwasserstoffen aus ungesättigten cyclischen Kohlenwasserstoffen*. (**F. P. 1 193 242** vom 14/3. 1958, ausg. 30/10. 1959. D. Prior. 16/3. 1957. — C. **1960, 13818** [D. A. S. 1 036 847].)

2040 **American Cyanamid Co.,** New York, N.Y., V.St.A., *Herstellung neuer Phosphorsäureester*. (**Ind. P. 68 757** vom 17/8. 1959, ausg. 26/12. 1961. Can. Prior. 20/6. 1959. — C. **1961,** 14807 [D. A. S. 1 106 766].)

2041 **Farbenfabriken Bayer Akt.-Ges.** (Erfinder: **Gerhard Schrader**), Deutschland, *Herstellung von Thiolphosphorsäureestern*. (**F. P. 1 266 422** vom 2/9. 1960, ausg. 10/11. 1961. D. Prior. 5/9. 1959. — C. **1961,** 10725 [D. A. S. 1 100 019].)

2042 **Farbenfabriken Bayer Akt.-Ges.,** Leverkusen, *Dithiophosphonsäureester*. (**E. P. 920 142** vom 27/6. 1961, ausg. 6/3. 1963. D. Prior. 30/6. 1960. — C. **1964,** 4-2154 [D. A. S. 1 137 013].)

H_8. Metallurgie, Korrosion

2043 **Statistische Analyse der Erd- und Diamant-Bohrproben in der San Manuel-Kupfer-Mine, Arizona.** Scott W. Hazen jun. (U. S. Dep. Interior., Bur. Mines, Rep. of Investigat. **6216,** 1—124, 1963; Denver, Colo., Denver Mining Res. Center; engl.) — Vgl. der verschiedenen Bohrproben u. Best. des Gesamt-*Cu*-Geh. u. des *Cu-Oxid*-Gehaltes. F. Rosendahl 6354△

2044 **Erkundung von Eisenvorräten in Neu-Mexiko.** C. M. Harrer und F. J. Kelly. (U. S. Dep. Interior., Bur. Mines, Inform. Circ. **8190,** 1—112, 1963; Washington, D.C.; Denver, Colo., Bur. Mines, Div. of Econ. Anal. and Min. Res. Off., Area V; engl.) — Beschreibung der Fundstätten von Fe-Erzen u. der damit in Zusammenhang stehenden Vork. von *Kalkstein, Dolomit, Kohle, Erdöl, Naturgas* u. *W.* in Neu Mexiko. — 40 Literaturangaben. F. Rosendahl 6354△

2045 **Über einen Zusammenhang zwischen den Komponenten von Magnetiterzen des Vorkommens von Schorija.** P. I. Raisski. (Hochschulnachr. [Swerdlowsk], Berg-J. **1959,** Nr. 9, 55—63; Tomsk, Polytechn. Kirow-Inst.; russ.) — In den Magnetiterzen des Vork. Schorija besteht zwischen den Geh. an *Fe* u. *Si* bzw. Fe u. *Ca* eine reziproke nichtlineare Beziehung. In den Erzen mit 30—60% Fe ist dieses Verhältnis fast linear. Bei einem Fe-Geh. von 43% u. mehr besteht zwischen Fe u. *Zn* bzw. *S* eine direkte Beziehung, bei weniger als 43% Fe eine reziproke. Die Geh. an *Al* u. *Mg* nehmen mit steigendem Fe-Geh. ab. O. Lebtag 6354△

2046 **Abbau und Anreicherung der Erzvorkommen bei Moose Mountain.** E. W. Geist und S. A. Mahon. (Canad. Mining metallurg. Bull. **55**, 109—12, 1962; engl.) — Die geolog. Verhältnisse werden mitgeteilt u. Erläuterungen der Aufbereitung des Fe-Erzes an Hand eines Stammbaumes gegeben. H. Hochstein 6360◇

2047 **Untersuchung über die Aufbereitung des Magnetitskarnerzes.** Karel Vetejška. (Rudy **10**, Nr. 2, Beil.: Práce výzkumnych Ústavů 7—11, 1962; Praha, Ustav pro výzkum rud; tschech., Auszug: russ., dt.) — Das in Budeč (Ostböhmen) abgebaute Erz enthält ca. 70 (%) vererzten Skarn, 15 nichtvererzten Skarn, 10 Pegmatit u. 5 Granit. Die vorteilhafteste Aufbereitung besteht in der Trockenmagnetscheidung des Erzes der Korngröße 0—25 mm, wobei bei 30% Fe-Geh. 40% Taubgestein abfallen. Die magnet. Fraktion wird gemahlen (50% — 200 mesh) u. der Naßmagnetscheidung unterworfen. Das Konzentrat enthält Magnetiterz mit 63% *Fe*; das Ausbringen bei der Trockenscheidung liegt über 80%, bei der Naßscheidung über 85%. J. Tůmová 6360◇

2048 **Anreicherung bei Bancroft.** B. Barlin und H. J. Keys. (Mining Engng. **15**, 47—53, 1963; Bancroft, Nord-Rhodesien, Bancroft Mines Ltd.; engl.) — Bericht über die Aufbereitung der bei Bancroft gewonnenen Erze, bes. von *Cu-Oxid* u. *-Sulfid*. F. Vier 6360◇

2049 **Intensivierung des Auslaugens von Kupfersulfid-Mineralien durch sulfatreduzierende Bakterien.** W. I. Iwanow und F. I. Nagirnjal. (Nichteisenmetalle [UdSSR] **35**, Nr. 8, 30—36, 1962; russ.) — Aus sauren Grubenwässern werden Reinkulturen von Thiobacillus ferroxidans (A) u. Thiobacillus thioxidans (B) abgesondert u. mit ihnen Verss. zur Auslaugung von natürlichem *Pyrit* u. chem. reinem CuS vorgenommen, die in Ggw. von A 2—2,5mal so schnell erfolgt wie in Ggw. von B. A beschleunigt die Auslaugung auch dann, wenn Fe-Salze fehlen. Die größte Wrkg. wird durch Inokulation eines Gemisches von A u. B erreicht, wobei A sowohl unmittelbar Sulfide zu Sulfaten oxydiert, als auch die Fe-Sulfate regeneriert. Weitere Verss. erfolgen mit *Chalkopyrit* u. ergeben, daß für die Auslagung die Regeneration der Fe-Sulfate von größerer Bedeutung ist als die unmittelbare Wrkg. von A auf das Mineral. Es werden die optimalen Bedingungen für einen kontinuierlichen Mehrstufenprozeß zur gleichzeitigen Ausbeutung von 2 oder mehr Abschnitten der Halden durch abwechselnde Berieselung mit sauren Grubenwässern oder Abwässern aus Zementationsanlagen (pH 1,7—2,0) beschrieben. J. Lehmberg 6360△

2050 **Reaktion von Martit und Magnetit mit Natriumoleat bei verschiedenen pH-Werten.** F. N. Belasch und A. I. Andrejewa. (Ber. Akad. Wiss. UdSSR **145**, 615—16, 1962; Kriworoshker Erzbergwerks-Inst.; russ.) — Auf Grund von Unterss. wird festgestellt, daß bei der Rk. von Na-Oleat mit der Oberfläche von *Magnetit* u. *Martit* sowohl eine Chemisorption der Oleationen als auch eine physikal. Sorption der Oleinsäure-Moll. stattfindet. Eine maximale Sorption des Sammlers tritt bei einer Vorbehandlung der Mineralien durch ein den pH-Wert regelndes Mittel in einem schwachsauren Medium in einem engen Bereich der pH-Werte auf. Bei der Behandlung der Mineralien mit einem Sammler ohne vorausgehende Zugabe des pH-Reglers wird in einem sauren Medium Na-Oleat nicht von der Oberfläche der Fe-Oxide desorbiert, was die Durchführung der Flotation in einem breiterem pH-Bereich von 2,5—7,2 ermöglicht. In einem bas. Mittel verdrängen die Hydroxylionen den Sammler von der Oberfläche der Fe-Oxide. H. Hochstein 6362◇

2051 **Eine feuerfeste Masse für die Auskleidung der Wandungen eines elektrischen Lichtbogenofens.** B. M. Gaissin, D. P. Grosow und R. L. Markarjan. (Giesserei-Betr. [UdSSR] **1963**, Nr. 6, 39; russ.) — Für die Auskleidung der Wandungen von bas. elektr. Lichtbogen-Schmelzöfen für unlegierte u. legierte Stähle wird eine feuerfeste Masse empfohlen, die aus 60 (%) *Magnesit-* u. 20 *Chrommagnesit*-Pulver sowie 20 feuerfestem *Ton* besteht u. der auf 100 (Teile) 5—7 Wasserglas zugesetzt werden. Die Haltbarkeit der Auskleidung wird dadurch verdoppelt u. hält für 70—80 Schmelzen. H. Hochstein 6370◇

2052 **Der thermische Wirkungsgrad, das Wärmeaufnahmevermögen von Stahl und die Oxydationsfähigkeit eines Siemens-Martin-Ofens bei Zugabe von Sauerstoff und Preßluft in die Flamme.** 2. Mitt. I. W. Below und I. Ta. Wilnjanski. (Hochschulnachr. [Moskau], Eisenmetallurgie **6**, 172—78, 1963; Allunions Forsch.-Inst. für metallurg. Wärmetechnik; russ.) — Die Oxydationsfähigkeit der Atmosphäre eines Siemens-Martin-Ofens (SMO) wird in Abhängigkeit von ihrer Zus. theoret. erörtert u. Angaben über den spezif. Wärmeverbrauch bei einer Stahlschmelzung im SMO bei einem Betrieb mit an O_2 angereichertem Wind u. bei normalem Wind gemacht. Hieraus folgt, daß eine Erhöhung der Oxydationsfähigkeit des Ofens bei Vergrößerung der O_2-Konz. im Wind nicht nur den theoret. erforderlichen Verbrauch an äußerer Wärme beim Stahlschmelzen vermindert, sondern auch gleichzeitig die relative Wärmemenge, die in der Schmelze am Ende des Schmelzens gespeichert ist, verringert. H. Hochstein 6370◇

2053 **Anthrazit für Erzagglomerisierungsprozesse.** R. A. Limons und H. M. Kraner. (Pennsylvania State Univ., Mineral Ind. Exp. Stat., Bull. **1961**, 91—96; Bethlehem, Pa., Bethlehem Steel Co.; engl.) — Um feinkörnige Fe-Erze oder -Konzentrate im Hochofen verwenden zu können, werden diese vorher mit Anthrazit (**I**) gesintert oder pelletisiert. Vff. konnten durch Verss. zeigen, daß für diese Zwecke auch Semi-**I**-Verw. finden kann. K. Strenge 6370◇

2054 **Die Struktur und Phasenzusammensetzung selbstgehender Sinter.** Eugeniusz Mazanek, Stanisława Jasieńska, Feliks Bratasz und Roman Kopeć. (Arch. Hutnictwa **7**, 305—18, 1962; pol.) — Unterss. über gesintertes *Fe_2O_3*-Erz mit Zusätzen von *$CaCO_3$* oder *Dolomit* zeigen, daß die Red.-Fähigkeit mit der Basizität steigt; bei Basizitäten von $>$ 1,4 fällt die Red.-Fähigkeit. Größere Mengen *FeO* vermindern die Red.-Fähigkeit saurer u. bas. Sinter, wie aus deren Phasen-Zus. hervorgeht. Die Ggw. mineral. Komponenten erschwerte die Red.-Fähigkeit FeO-reicher u. stark bas. Sinter. W. Wesly 6378◇

2055 **Schmelzverfahren für Nichteisen-Metalle.** Yutaka Fujiwara und Ryo Morikawa. (Kinzoku [Metals] **32**, Nr. 17, 32—36, 1962; jap.) — Beschreibung der Verff. zum Schmelzen von *Cu*, *Pb* u. *Zn*, bes. des „Direktschmelzverf." zur Herst. von Cu-Pulver durch Red. von Cu-Salz-Lsgg. mit H_2. W. Wesly 6380◇

2056 **Über die Gewinnung der Schwermetalle durch Schmelzelektrolyse.** 7. Mitt. **Zur Elektrokristallisation, insbesondere kompakter Niederschläge.** J. Lindau und F. Sauerwald. (Metalloberfläche **17**, 357—62, 1963; Halle/S., Univ., Inst. f. Physik. Chem.; dt.) — 6. vgl. C. **1963**, 21699. — Die Variation der maßgebenden Faktoren waren meist dieselben wie in der 6. Mitteilung. Die Abhängigkeit der Struktur der erzielten Ndd. von den vorliegenden Bedingungen erwies sich wiederum als sehr kompliziert. Bei *Fe* wurde trotz überwiegend dendrit. loser Abscheidung auch eine kompakte Abscheidung erzielt, bei *Cu* wurden unter den gewählten Bedingungen nur dendrit. Abscheidungen beobachtet. Wesentlich bei den Verss. mit *Ag* war die Modifizierung der verwendeten Elektrolyte durch schlechtleitende Salze wie $AlBr_3$. Bei den Verss. mit Elektrolyten aus $AgBr \cdot AlBr_3$ verschiedener Zus. wurden unter den verschiedensten Bedingungen kompakte Ndd. erhalten, jedenfalls leichter als aus den früher (l. c.) verwendeten AgCl-KCl-Schmelzen oder ähnlichen bzw. Nitratschmelzen. Der feinkörnigste Nd. wurde mit einer rotierenden Kathode erzielt. Alle Ergebnisse gelten vorläufig nur für die gerade vorliegenden Vers.-Bedingungen. F. Sauerwald 6380◇

2057 **Schaum-Sand-Mischungen.** G. Purcell und R. F. Lee. (Mining Engng. **15**, 53—55, 1963; Sacorro, N.M., New Mexico Inst. of Mining and Technol.; engl.) — Herst., Eigg. u. Verw. von *Polyurethan*-Schaum, bes. in Mischung mit *Sand*. F. Vier 6382◇

2058 **Die Kontrolle von Ölbindemitteln durch Sand.** Rinaldo Cattaneo. (Fonderia [Milano] **7**, 201—08, 249—55, 1958; **8**, 55—61, 193—202, 1959; ital.) — Übersicht über Klassifizierung der Ölbindemittel (normale, emulgierende, verharzte u. selbsthärtende Öle), chem. Proben, Viscosität, Spezif. Gew. u. deren Best. u. Meßgeräte. G. Platzer 6382

2059 **Plycast-Verfahren, ein neues Präzisionsgußverfahren.** H. J. Marshall. (Kinzoku [Metals] **32**, Nr. 18, 25—32, 1962; jap.) — Das Plycast-Verf., eine Verbesserung des Wachsausschmelzverf., u. seine Vorteile (Herst. größerer Gußstücke, Vereinfachung u. Mechanisierung des Verf.) werden beschrieben. W. Wesly 6382◇

2060 **Gießzeit von Stahlgußstücken in grünen Sandformen.** Kazimierz Hess. (Slévárenství **10,** 125—32, 1962; Krakow, Inst. odlewnictwa; tschech.) — Ausführliche Unterss. der Kühlbedingungen der Stirn des in die Form fließenden Metalls (*Stahl* mit 0,15—0,5% C) ermöglichen, eine Formel nebst Nomogramm für die Feststellung der Beziehungen zwischen Gießzeit, Gießtemp. u. Formfüllungsvermögen aufzustellen. J. Tůmová 6382◇

2061 **Die Eigenschaften des Sphärogusses beim Gießen in Kokillen.** Igor Macášek. (Slévárenství **10,** 132—37, 1962; Brno, Katedra slévárenství Vys. školy techn.; tschech.) — Durch Abgießen des Sphärogusses in Kokillen wird die Kugelform des Graphits nicht beeinträchtigt. Bes. Aufmerksamkeit muß jedoch dem verminderten Formfüllungsvermögen geschenkt werden; die Gußstücke müssen weiter zur Beseitigung des sich bes. in den Oberflächenschichten bildenden Zementits u. zur Beseitigung von inneren Spannungen stets geglüht werden. J. Tůmová 6382◇

2062 **Untersuchung der Erstarrungsprozesses von Gußstücken am Filtrationsmodell.** E. A. Iodko. (Hochschulnachr. [Moskau], Eisenmetallurgie **6,** 51—57, 1963; Dnepropetrowsk, metallurg. Inst.; russ.) — Ausgearbeitet wird eine Modellvers.-Meth. der Erstarrungsvorgänge auf einem Filtrationsmodell, die sich durch eine einfache Best. der Konfiguration der Erstarrungsfront auszeichnet. Es wird festgestellt, daß bei Abwesenheit eines Wärmewiderstandes zwischen dem Gußstück u. dem umgebenden Mittel die Verringerung der Fläche, von der die Gußstückwärme abgegeben wird, um mehr als das 5fache, den Erstarrungs-Koeff. um das 1,2fache verringert. Störungen der Berührung des Gußstückes mit der Form, die während der Erstarrung auftreten, zeigen einen Einfl. auf das Profil der Erstarrungsfront; dieser Einfl. ist um so schwächer, je später nach Beginn des Erstarrungsprozesses der Kontakt gestört wird u. um so kleiner die Fläche der Kontaktstörung ist. H. Hochstein 6382◇

2063 **Die Dichte geschmolzener, Eisen(II)-oxid enthaltender Schlacken.** Akira Adachi und Kazumi Ogino. (Technol. Rep. Osaka Univ. **12,** 147—52, 1962; Dep. of Metallurgy; engl.) — Unterss. über die Dichte geschmolzener, FeO enthaltender Schlacken zeigen, daß die Dichte der Syst. *FeO–SiO₂* u. *FeO–CaO–SiO₂* mit dem FeO-Geh. steigt u. mit der Temp. fällt u. bei 1400° 4,34—3,42 bzw. 3,92—3,20 beträgt. Im Syst. $FeO-SiO_2$ tritt bei der Zus. $2 FeO \cdot SiO_2$ keine Anomalie auf. Im Diagramm des Syst. $FeO-CaO-SiO_2$ werden die Linien gleicher Dichte bei 1400° wiedergegeben. W. Wesly 6390◇

2064 **Hochofenschmelze mit Koks aus einer Beschickung mit einem Anthrazitanteil.** W. L. Lewin, M. N. Abramowitsch, D. I. Schljachow und L. M. Freidin. (Hüttenwes.- u. Erzbergbau [UdSSR] **1963,** Nr. 2, 23—26; russ.) — Der Betrieb bei einer mittleren Hochofengröße bei der Herst. von Gießerei-*Roheisen* zeigte in 10 Betriebstagen bei Verw. eines mit 15% Anthracit hergestellten Vers.-Kokses im Hochofen-Möller befriedigende Ergebnisse. Der Ofengang war ziemlich gleichmäßig u. Verstopfungen des Herdes durch Koksklein traten nicht auf. Die Verteilung des Gasstromes im Ofen war normal u. stabil. Die Ausnutzung der Gasenergie war gleich derjenigen bei Verw. von gewöhnlichem Koks. Eine Verringerung des *S*-Geh. im Koks auf 0,2% erleichterte die Herst. von Roheisen mit nur 0,02% S bei einem Betrieb mit einer Schlackenbasizität CaO/SiO_2 von 1,2—1,25. Die techn.-wirtschaftlichen Kennwerte des Ofens wurden etwas verschlechtert. Die Ofenleistung sank im Mittel um 5% u. der Koksverbrauch stieg um 5%. H. Hochstein 6400◇

2065 **Kinetik der Verdampfung von Magnesium während des Abstehens von Sphärogußeisen in der Gießpfanne.** Jerzy Piaskowski. (Prace Inst. Odlewnictwa **11,** 321—26, 1961; Zakł. Fiz. Metali; pol.) — Unter der Annahme, daß die Verdampfung des Mg aus dem fl. Sphäroguß proportional der Oberfläche des Metalls u. der Anfangs-Konz. von Mg im Metall vor sich geht, wird für die Abnahme der Mg-Konz. eine Gleichung abgeleitet. F. Urban 6404◇

2066 **Einfluß von Silicium auf die Graphitbildung in weißem Gußeisen mit 1,7—2,5% Kohlenstoffgehalt.** Eduard Dorazil. (Sborník vysokého Učení techn. Brně **1961,** 99—105; tschech.) — Unterss. über den Einfl. von Si auf die Graphit-Bldg. (GB) in Gußeisen mit 1,7—2,5% C zeigen, daß die zum Zerfall des ledeburit. Zementits notwendige Zeit durch die höhere Temp. der 1. GB-Stufe, den höheren Si-Geh. u. geringeren C-Geh. verkürzt wird. Auf die 2. GB-Stufe wirkt die chem. Zus. stärker als auf die 1. Stufe ein, wobei ein höherer Si-Geh. den stärksten Einfl. ausübt. Es empfiehlt sich, den Si-Geh. des ferrit. Tempergusses in Abhängigkeit von Wanddicke u. C-Geh. möglichst hoch zu halten. W. Wesly 6404◇

2067 **Kupfer als Legierungselement in Gußeisen.** W. E. Day. (Mod. Castings **42,** Nr. 5, 87—89, 1962; Plainfield, N.J., Mack Trucks, Inc.; engl.) — Nach einem histor. Überblick über die Verw. von legiertem Gußeisen wird auf Cu als Leg.-Element eingegangen u. Wärmewechsel- u. Verschleiß-Verss. sowie Härtemessungen an Gußstücken aus Gußeisenschmelzen mit ca. 3—3,9 (%) C, 1,6—2,0 Si, 0,5—0,9 Mn, 0,15—0,35 P, 0,07—0,1 S, 0,1—0,75 Cr, 0—1,55 Cu u. 0,1—2,0 Ni ausgeführt. Ferner werden das Gefüge, die Zugfestigkeit, Biegefestigkeit, Bruchdurchbiegung u. Härtung von Schmelzen mit ca. 3—3,85 C, 1,4—1,9 Si, 0,65—0,9 Mn, 0,07—0,25 P, 0,08 bis 0,14 S, 0,25—0,5 Cr, 0—1,4 Cu u. 0,1—2,1 Ni (Gußeisen für Zylinderblöcke u. Bremstrommeln) festgestellt. Es werden Richtangaben für die chem. Zus. von Teilen aus unlegiertem u. legiertem Gußeisen für die Verw. in benzin- u. dieselkraftstoffbetriebenen Fahrzeugen gemacht. H. Hochstein 6404◇

2068 **Der Einfluß der Technologie der Verarbeitung von phosphorhaltigem Roheisen auf die Eigenschaften von Stahl.** W. A. Woropajew, B. A. Scharow und A. N. Sannes. (Hüttenwes.- u. Erzbergbau [UdSSR] **1963,** Nr. 2, 7—8; Werk Asowstahl; russ.) — Aus Schmelzverss. ergibt sich, daß bei einer Dauer der Kochperiode von unter 50 Min. ein erhöhter Geh. an Oxiden, Silicaten u. Sulfiden im Stahl festgestellt wird. Bei einer Kochzeit über 80 Min. tritt eine Steigerung der Menge an Oxiden u. groben lamellaren Sulfiden auf. Die günstigste Dauer der Kochperiode, die eine unschädliche H-Konz. u. die geringste Menge an nichtmetall. Einschlüssen bei ausreichender Bad-Temp.-Steigerung bewirkt, beträgt 60—70 Minuten. H. Hochstein 6408◇

2069 **Strangguß von kohlenstoffhaltigem Stahl mit Biegung des gegossenen Stranges.** W. T. Sladkoschtejew, W. I. Achtyrski, R. W. Potanin, Ju. M. Kutschminski, B. A. Tofpenetz, B. I. Birman und A. Ss. Jeremenko. (Hüttenwes.- u. Erzbergbau [UdSSR] **1963,** Nr. 2, 11—14; Ukrain. Inst. für Metalle; russ.) — Beschreibung einer Stranggußanlage nach dem Bogengießverf. für unlegierten Stahl, bei der der Strang nach Austritt aus der Kühlkokille zunächst durch Führungswalzen senkrecht absinkt, dann aber in einer Kurve geführt wird u. dadurch eine gebogene Form erhält. Es werden die mechan. Eigg. des so hergestellten Stahlstranges ermittelt. Es zeigt sich, daß die mechan. Eigg. von Profilstahl aus den kontinuierlich gegossenen Strängen, die eine Umbiegung sowohl in der noch fl. Phase als auch nach vollendeter Erstarrung unterworfen waren, vollständig den Normbedingungen entsprechen. H. Hochstein 6408◇

2070 **Erfahrungen und Fortschritte bei der Anwendung der isothermen Glühung auf übereutektoide Stähle.** M. Baj. (Metallurgia ital. **54,** 529—37, 545, 1962; Bozen, Acciaierie di Bolzano; ital.) — An verschiedenen Typen der wichtigsten, in Italien verwendeten übereutektoiden Stähle werden die Zyklen der isothermen Glühung bestimmt u. die für jede Type günstigste Temp.- u. Zeitdauer der Austenitisierung, Umwandlung u. Abkühlung ermittelt. — 22 Literaturangaben. A. Sander 6408◇

2071 **Gefügeabhängigkeit eines unlegierten Stahls mit 0,68% Kohlenstoff vom Austenitisierungsvorgang.** Genjiro Mima und Shigenori Hori. (Trans. Japan Inst. Metals **3,** 190—96, 1962; Osaka, Japan, Univ.; engl.) — Der Umwandlungsverlauf eines Stahles mit 0,68% C nach schneller Erhitzung auf Austenitisierungs-Temp. wird durch Härtemessungen u. durch mkr. u. dilatometr. Meth. verfolgt. Die zu dieser Unters. verwendeten Proben haben ein lamellarperlit. Gefüge mit Graphitknötchen oder ein Gefüge aus körnigem Perlit mit kugeligem Graphit. Die aus den Härtemessungen der körnigen Proben erhaltenen Austenitisierungskurven haben eine S-förmige Gestalt, während die Austenitisierung der lamellaren Proben nach einer bestimmten Inkubationszeit schneller vollendet wird. Die Ursache für die zur vollständigen Umwandlung der verschiedenen Gefügebestandteile erforderlichen Zeit hängt damit zusammen, daß die ferrit.-zementit. Trennfläche ihren stabilen Endzustand noch nicht erreicht hat. H. Hochstein 6408◇

2072 **Erweiterung des Gießtemperaturbereichs von Hadfield-Stahl durch Modifizierung.** Zdzisław Durmała. (Prace Inst. Odlewnictwa **11**, 327—54, 1961; Zakł. Staliwa; pol.) — Ein Zusatz von 0,02—0,2% *Ti* führt bei 1500° zur Kornverkleinerung, bei 1550° zur Begrenzung der Transkristallisationszone im Hadfield-Stahl. Dabei werden die Zugfestigkeit, die Dehnung, die Brucheinschnürung u. die Kerbzähigkeit verbessert. Gießt man den modifizierten Stahl in Magnesit-Formen, so erhält man infolge der schnelleren Abkühlung des Gusses Stahl mit noch kleinerem Korn u. einem geringen Geh. an Carbiden. Andere Zusätze, wie *Zr, Al, Na, Ca* bringen nicht diese Vorteile, wie Ti. F. Urban 6410◇

2073 **Experimentelle Untersuchungen über den Einfluß von einachsigem Zug auf den martensitischen γ-ε-Umwandlungspunkt in Eisen-Mangan-Legierungen.** G. Hecht. (Neue Hütte **8**, 694—95, 1963; Halle/S., Univ., Inst. f. Phys. Chem.; VEB Leunawerke, Abtlg. Materialprüfung; dt.) — Untersucht wurde ein Stahl mit 16,19% Mn im homogenisierten, dann verschmiedeten u. gezogenen Zustand von 65 kp/mm Zugfestigkeit. Der $\gamma \rightarrow \varepsilon$-Martensitpunkt wurde durch einachsigen Zug zu höheren Temp., u. zwar um 0,2—0,3°/kp/mm² verschoben. Gemessen wurde der elektr. Widerstand. F. Sauerwald 6410◇

2074 **Epitaktische Keimbildung von Martensit auf Zementit.** H. Warlimont. (Trans. metallurg. Soc. AIME **22**, 495—99, 1962; Monroeville, Pa., U.S. Steel Corp.; engl.) — Die Ausscheidung von Zementitlamellen aus C-reichem Austenit führt zu einer örtlichen Martensit-Bldg. in der Grundmasse neben der Ausscheidung nach einer Abschreckung. Das Wachstum dieses Martensits ist ungewöhnlich eingeschränkt. Eine deutliche Gitterbeziehung wird zwischen diesem Martensit u. der Zementitphase festgestellt. Es zeigt sich, daß der Martensit im Bereich der geringsten C-Konz. an der Austenit–Zementit-Grenzfläche mit einer geringen Energie-Übereinstimmung zum Zementitgitter durch Keim-Bldg. entsteht. Die Einschränkung des Wachstums der Martensit-Phase in der Nähe der Zementitlamellen kann durch einen Fehler in der nichtgleitfähigen Zementit–Martensit-Trennfläche u. durch eine Anhäufung des C-Gradienten im Austenit erklärt werden. Die Unters. wurde durch Licht- u. Elektronen-Mikroskopie u. durch Elektronenbeugung an dünnen Folien aus einer Fe-Leg. mit 1,15% C u. 5,1% Mn ausgeführt. — 20 Literaturangaben. H. Hochstein 6410◇

2075 **Das Schmelzen von Stahl unter einem flüssigen Flußmittel.** K. K. Prochorenko, Ju. G. Jemeljanenko, N. Ja. Ischtschuk, N. F. Nakonetschny und W. P. Ossipow. (Hüttenwes.- u. Erzbergbau [UdSSR] **1963**, Nr. 2, 9—11; Inst. für Gasverwendung der Akad. der Wiss. der UkrainSSR; russ.) — Durch die Verw. einer fl. synthet. Schlacke wird das Ausbringen eines fehlerfreien *38ChMJuA*-Stahles in einem elektr. Stahlschmelzofen bei kontinuierlichem Abguß um 13—15% erhöht. Die Gattierungs-Zus. dieser Schlacke beträgt 35 (%) Flußspat, 40 Schamottepulver, 20 CaO u. 5 Na-Silicat-Klumpen. Die Temp. der fl. Schlacke darf nicht unter 1600—1650° liegen. H. Hochstein 6410◇

2076 **Die Erhöhung der Festigkeit und Plastizität von Schienen aus Chromnickelstahl.** P. Ss. Plechanow. (Stahl [UdSSR] **23**, 459—60, 1963; russ.) — Zur Herst. von Schienen mit hoher Festigkeit u. Plastizität wird die Verw. eines *Cr–Ni*-Stahles mit 0,5—0,6 (%) C, 0,6—0,9 Mn, 0,18—0,30 Si, 0,6—1,0 Cr, 0,6—1,0 Ni, bis 0,04 P u. bis 0,04 S empfohlen, der nach Härtung in Öl bei 400—500° angelassen wurde. H. Hochstein 6410◇

2077 **Der Einfluß einer Alterungsbehandlung auf die Dilatation in Alnico 5.** Tetsuo Kato. (Trans. Japan Inst. Metals **3**, 105—10, 1962; Nagoya, Daido Steel Co.; engl.) — Die Veränderung der Wärme-Dilatation während des Alterungsprozesses in bei verschiedenen Alterungs-Temp. behandeltem *Alnico 5* wird untersucht. Dabei werden bisherige Ergebnisse bestätigt. Außerdem zeigte sich, daß bei 350—550° eine Kontraktion u. bei 550—650° die größte Expansion auftraten, während eine Änderung der Expansion bei 700—800° beobachtet wurde. Diese Änderungen sind von den Alterungsbedingungen abhängig. Es wird gefolgert, daß in *Alnico 5* zwei verschiedene Arten von Umwandlungsmechanismen während der Alterung auftreten. Der eine tritt unterhalb von ca. 600° auf u. ist eine Art Ordnungs–Unordnungs-Übergang, u. der andere ist eine Ausscheidung, welche während des Alterungsvorganges über 650° stattfindet. Es scheint, daß der erstgenannte in der Hauptsache die besten magnet. Eigg. verursacht. H. Hochstein 6410◇

2078 **Der Einfluß von Aluminium und Titan auf das Makrogefüge permanentmagnetischer Legierungen vom Alnico-Typ.** W. Wright und A. Thomas. (Kobalt **1961**, 40—43; Sheffield, England, Permanent Magnet Assoc., Zentral-Forschungslab.; dt.) — Zur Prüfung der Grundlagen der Vorzugskristallisation von *Alnico*-Dauermagnet-Legg. mit Ti-Geh. wurden Parallelverss. mit *Nimonic*-Legg. durchgeführt, bei denen die Kristallisation einfacher erfolgt. Dabei zeigte sich, daß das Auftreten feiner globulit. Kristalle von den Geh. an *Al* u. *Ti* u. nicht von Ti-Geh. allein abhängt. Solche Kristalle sind bei guten Dauermagnet-Legg. vorhanden. Für die Ausbldg. stengliger Kristallisationen scheint der steilere Temp.-Gradient in der Schmelze u. eine sehr kleine Erstarrungs-Geschw. notwendig zu sein. Auch Analysenabwandlungen werden empfohlen. H. Fahlenbrach 6410◇

2079 **Der Einfluß des Zusatzes von Titanpreßlingen zu Eisen und Stahl.** Saburo Mitsui, Hisashi Yanagi und Shigenobu Kawakatsu. (Kinzoku [Metals] **32**, Nr. 18, 42—44, 1962; jap.) — Wirksamer als ein *Ti*-Zusatz in Form von Ferrotitan zu Fe u. Stahl ist *Ti-Schwamm* in Brikettform. Für schwach gekohlten u. rostfreien 18–8-Stahl ist eine geringe Menge Ti erforderlich. W. Wesly 6418◇

2080 **Die Rückgewinnung von Kupfer aus verdünnten Prozeßlaugen.** J. S. Jacobi. (Mining Engng. **15**, 56—62, 1963; La Oroya, Peru, Cerro de Pasco Corp.; engl.) — Behandelt wird das Ausfällen von Cu aus verd. Lsg. durch Fe-Schrott, Fe-Schwamm u. ähnliche Fällmittel, durch reduzierende Gase, durch kathod. Abscheidung, durch Ionenaustauscher, als Sulfid oder Thiocyant. Das Vorkonzentrieren der verd. Lsg. wird besprochen. F. Vier 6432◇

2081 **Schlackenschutz von Legierungen auf Kupfergrundlage.** K. I. Tkatschew. (Giesserei-Betr. [UdSSR] **1960**, Nr. 8, 10—13; russ.) — Die Schlackendecke beim Schmelzen von *Cu*-Legg. soll vor allem einen Schutz vor Gasaufnahme u. Abbrand darstellen. Hierzu kommen mehrere Schlacken in Frage, die nach ihrer chem. Zus., dem Säure-Index u. der Schlacken-Bldg.-Temp. angegeben u. in ihrer Schutz-Wrkg. im einzelnen besprochen werden. Schmelzverss. u. Festigkeitsprüfungen an erschmolzenen Cu-Legg. zeigen, daß mit Schlackendeckenschutz beim Erschmelzen die Festigkeit u. Streckgrenze der Leg. im Gegensatz zur schlackendeckenfreien Schmelzführung nicht erniedrigt wird. Die Wirksamkeit des Schlackenschutzes wird bes. durch den Charakter der Ausgangsbeschickungsmaterialien u. die Sorte der erschmolzenen Cu-Legg. bestimmt. H. Hochstein 6432◇

2082 **Isothermische Umwandlungen in Aluminiumbronzen von fast eutektischer Zusammensetzung.** Zofia Wendorff. (Arch. Hutnictwa **7**, 319—32, 1962; pol.) — Die isotherm. Umwandlungen von *Al*-Bronzen mit annähernd eutekt. Zus. werden in Diagrammen u. Photographien wiedergegeben. Bei 525—475° findet eine anfangs geordnete β–β_1-Umwandlung bei der N-Leg. mit 11,94 (%) Al, bei 525—245° bei der P-Leg. mit 11,25 Al statt. Nach Unterkühlung der N-Leg. auf 30° bildet sich die γ_2-Phase vor der eutekt. Phase; bei $<$ 30° bildet sich die übersätt. α-Phase. Bei Temp., die eine höhere Stabilität der β-Phase gewährleisten, zeigt sich eine Inhomogenität in den β-Körnern vor der Umwandlung der eutekt. Phase. Die N-Leg. zeigt im ganzen Bereich der Unterkühlung eine $\beta \rightarrow \alpha + \gamma_2$-Umwandlung; in der P-Leg. erfolgt die eutekt. Umwandlung bei $>$ 475°. Die Dicke der $\alpha + \gamma_2$-Schichten der P-Leg. am Ende der Feinumwandlung u. bei gegebener Temp. der isotherm. Umwandlung ist konst. u. fällt mit der Temp. bis 500°. Bei tieferer Temp. steigen die eutekt. Phasen wieder an. Dieses Phänomen wird von dem pre-eutekt. β–β_1-Übergang u. durch die abgeschiedene, übersätt. α-Phase beeinflußt. Die P-Leg. erleidet eine frühere, eutekt. Umwandlung als die N-Legierung. Die in Al-Bronzen stattfindende Diffusion verläuft anders als in Stählen. W. Wesly 6432◇

2083 **Zum Einfluß von Temperaturzyklen auf Strukturumwandlungen des Magnesiums.** D. Buttinelli und G. de Gregorio. (Metallurgia ital. **54**, 538—45, 1962; Rom, Univ., Ist. die Metallurgia e Metallografia u. Cimitatato Naz. per l'Energia Nucl.; ital.) — Bei Temp.-Wechsel-Verss. an Proben von polykristallinem *Mg* konnten durch Anwendung bestimmter Parameter des Wärmekreislaufs geeignete Bedingungen für Rekristallisationsvorgänge, Kornvergrößerung durch Korngrenzenwanderung oder Polygonisation unter Subkorn-Bldg. gewonnen werden. Untersucht wurde der Einfl. der verschiedenen Variablen der Behandlung, wie erhöhte Temp., Dauer der Behandlung bei erhöhter Temp., Geschw. u. Entw. der Vorgänge während der Wärmezyklen. Der wahrscheinliche Mechanismus dieser Vorgänge sowie die berechnete Aktivierungsenergie für beide Mg-Typen werden näher erörtert. A. Sander 6444◇

2084 **Die Verteilung von Beryllium in Beryllium enthaltenden, gegossenen Mg-Al-Legierungen.** Riei Ichikawa und Reiko Saito. (Bull. Nagoya Inst. Technol. **13**, 332—34, 1961; jap., Auszug: engl.) — Unterss. über die Be-Verteilung in Mg–Al-Legg. mit 0,005—1% Be beim Gießen unter Ar in offenen Formen zeigen, daß der Be-Geh. der Oberflächenteile der verfestigten Proben höher als der der inneren Teile ist. Die Struktur der Oberflächenschicht wird mkr. u. röntgenograph. untersucht. W. Wesly 6444◇

2085 **Untersuchungen über die Eignung von Teer–Pech-Rohstoffen für die bei der Aluminiumoxidelektrolyse angewandten Kohlenmassen.** Zenobia Kozielska. (Koks-Smoła-Gaz **6**, 170—75, 1961; Inst. Metall Niezelaznych; pol.) — Die quant. u. qual. Zus. bester Mischungen poln. Rohstoffe für Kohlenmassen, die bei der Al-Oxidelektrolyse verwendet werden, wird dargelegt. R. Grundmann 6446◇

2086 **Die Al–7 Si–0,3 Mg-Legierung; einfache und komplexe Schmelzgußcharakteristiken.** G. Bracale. (Mod. Castings **41**, Nr. 4, 228—52, 1962; Novara, Italien, ISML; engl.) — Beschreibung der Grundlagen der Erstarrungsvorgänge von Legg., bes. von Al-Legg., sowie der Erstarrungsvorgänge u. der einfachen u. komplexen Gußvorgänge bei *Al–7 Si–0,3 Mg*. — 26 Literaturangaben. K. Hillinger 6446◇

2087 **Eisen in Aluminium–Magnesium–Silicium-Legierungen.** M. Paganelli und F. Sacchi. (Metal Ind. [London] **98**, 83—86, 109—10, 112, 1961; engl.) — Untersucht wurde die Wrkg. eines Fe-Geh. auf die mechan. Eigg. u. das Verh. bei der anod. Behandlung einer Al-Leg. mit 0,65 (%) Mg u. 0,4 Si. Preßteile mit 4 verschiedenen Fe-Geh. (bis 0,5), je unter 6 verschiedenen Wärmebehandlungsbedingungen wurden geprüft. Die mechan. Eigg. wurden durch den Fe-Geh. nur wenig beeinflußt. Die besten mechan. Eigg. wurden beim Abschrecken in W. u. künstlichem Altern erhalten. Mit Fe-Geh. bis 0,15 können anod. Schichten bester Qualität erhalten werden. Besserer Glanz als in Luft wird nach Abschrecken in W. u. durch natürliches Altern als durch künstliches Altern erzielt. Für Tür- u. Fensterrahmen hat zunehmender Geh. an Fe wenig Einfluß. Für Autobeschläge ist jedoch ein Fe-Geh. nur bis 0,15 geeignet. F. Vier 6446◇

2088 **Neutronenabsorbierende Reaktorwerkstoffe.** Friedrich Wolf. (Blech **10**, 246—49, 1963; dt.) — Berichtet wird über die Absorption therm. Neutronen durch B_4C enthaltendes *Al* (*Boral*), über Herst., Eigg. u. Verarbeitung von Boral. — 12 Literaturangaben. F. Vier 6446◇

2089 **Herstellung und Eigenschaften von destilliertem Yttrium.** C. E. Habermann und A. H. Daane. (J. less-common metals [Amsterdam] **5**, 134—39, 1963; Ames, Iowa, Iowa State Univ.; engl.) — Dest.-Verff. zum Reinigen u. Herst. von Y mit $<$ 150 ppm O werden beschrieben. Es wurde ein F. von 1510° des reinen Y festgestellt, ein Umwandlungspunkt bei 1459° im festen Zustand aus den Widerstandsdaten bei hohen Temp., eine Rockwell-H-Härte von 60 u. verbesserte Walz- u. Schmiedeeigenschaften. F. Vier 6448

2090 **Herstellung von 99,9999%igem Gallium mittels fraktionierter Kristallisation beziehungsweise Zonenschmelzens.** Elemér Papp, Károly Solymár, Ferenc Farkas und Ferenc Kovács. (Fémipari Kutató Intézet Közleményei [Mitt. Forsch.-Inst. NE-Metalle] **6**, 109—20, 1962; Budapest, Forsch.-Inst., NE-Metalle; ung.) — Nach kurzer Übersicht über die Herst. von *Reinstgallium* stellen Vff. fest, daß die fraktionierte Kristallisation, wobei prakt. sämtliche Verunreinigungen (0,0001—0,0003%) des gereinigten Ga in der fl. Phase des Ga angereichert werden können, zur Herst. des Reinst-Ga (6·9) u. auch zur Anreicherung der Beimengungen zur Analyse dieser geeignet ist. Vff. beschreiben die von ihnen ausgearbeitete, elektron. gesteuerte Drehtrommel-Zonenschmelzeinrichtung u. geben die Analysendaten der mit diesem App. hergestellten *Höchst-Reingallium*-Proben (5·9 u. 6·9) an. L. Zombory 6448△

2091 **Verfahren und apparative Einrichtungen zur Galliumgewinnung aus Aluminatlaugen.** Alfred Lange und Christa Fischer-Bartelk. (Bergakademie [Freiberg] **14**, 556—63, 1962; Freiberg, Bergakad.; dt.) — Durch Verss. wurde festgestellt, daß sich Ga aus Aluminatlaugen durch Na-Amalgam unter Bldg. von Ga–Na-Amalgam zementieren läßt. Bei einem Na-Geh.des Amalgams von 0,3—0,4% wird Na am besten ausgenutzt, bei höheren Konzz. wird die Umsetzung mit dem H der Lsg. begünstigt. Temp.-Erhöhung führt zwar zur Steigerung der Abscheidungs-Geschw. des Ga, setzt aber gleichzeitig die Na-Ausnutzung herab. Dieses Freiberger Verf. läßt sich bei Raum-Temp. durchführen. Es wurde eine App. entwickelt. Die Ergebnisse des im Kleinmaßstab durchgeführten Verf. lassen wesentliche Vorteile gegenüber dem Elektrolyse-Verf. von Bretèque erkennen. F. Vier 6456

2092 **Untersuchung der Sinterungskinetik metallischer Pulver.** R. Ss. Minz. (J. anorg. Chem. [UdSSR] **5**, 908—13, 1960; russ.) — Die Sinterungskinetik von gepreßten *Ni-*, *Ti-*, *Cu-* u. *Mo*-Pulvern wurde in einem beschriebenen Vakuumdilatometer untersucht. Es zeigte sich, daß die Dichte der Proben bei mehrfachem cycl. Erwärmen (Ni, Ti bis 1100°, Cu bis 1000°, Mo bis 1300°) ununterbrochen zunimmt, wobei bei Ni zwischen 200 u. 400° Unregelmäßigkeiten infolge magnet. Umwandlungen des Metalls auftreten. Wie am Beispiel des Ti gezeigt wurde, wird durch cycl. Sinterung eine schnellere Verdichtung erzielt als bei isothermer Durchführung des Prozesses. G. Winkhaus 6474□

2093 **Eine optische Methode für kontinuierliche Schrumpfungsmessungen während des Sinterns.** M. H. Tikkanen. (Jernkontorets Ann. **147**, 52—56, 1963; Helsinki, TH, Metallurg. Labor.; dt.) — Zur Messung der Schwindung während des Sintervorgangs wird eine photograph. Meth. beschrieben, die die Änderung der Abmessungen bei hohen Temp. kurzzeitig im Ofen registriert. Die Meth. wird durch die Beobachtung des Sintervorgangs von *TiC–Ni*-Preßlingen mit einem Ni-Geh. von 5% bei Temp. zwischen 1200 u. 1400° erläutert. Die Pulver wurden 2, 4, 8 u. 16 Std. in einer Vibrationsmühle gemahlen u. zeigten den außergewöhnlich großen Einfl. der Mahldauer auf die Sinterfähigkeit. H. Fahlenbrach 6474◇

2094 **Über thermische und mechanische Aktivierung von Oxidpulveroberflächen.** B. Frisch und H. Hassdenteufel. (Jernkontorets Ann. **147**, 87—106, 1963; Saarbrücken, Univ., Inst. für Werkstoffk. u. Allg. Hüttenk.; dt.) — An Hand eines Modell- u. Eich-Vers. mit *CaO* wird die Arbeitsweise u. die Empfindlichkeit eines Hochvakuumsorptionskalorimeters erläutert. Mit dem Gerät wird die partielle molare Enthalpie der Vorgänge gemessen. Bei Verss. an der therm. Aktivierung von α-Al_2O_3-Pulvern zeigte sich eine Abhängigkeit der maximalen Enthalpiewerte von der therm. Behandlung u. damit die Bedeutung für die Reinigung von Oberflächen im Vakuum im Sinne der Hüttigschen Theorie u. der Oberflächengrößenermittlung. Ferner wird die Adsorption von W. auf α-Al_2O_3 untersucht. Außerdem wird gezeigt, daß der Oberflächenzustand von α-Al_2O_3-Pulvern von der Glühung u. von der Mahldauer in W. u. in Bzl. stark abhängt. Die Unterschiede werden mit den Versetzungen in Zusammenhang gebracht. Die unterschiedliche Wirksamkeit des Mahlens in W. u. in Bzl. wird durch Spannungskorrosion erklärt. — 16 Literaturangaben. H. Fahlenbrach 6474◇

2095 **Teilchengrößenanalyse in der Hartmetalltechnik.** H. F. Fischmeister. (Jernkontorets Ann. **147**, 57—86, 1963; Stockholm, Schwed. Inst. für Metallforschung, Jernkontorets Labor. of Pulvermetall.; dt.) — Eine Teilchengrößenanalyse von Hartmetallpulver ist mit keiner der heute üblichen Meth. möglich, da eine Agglomeration nirgends ausgeschlossen ist. Nach Unters. der Desagglomeration sind folgende Punkte zu beachten: Reproduzierbarkeit, Empfindlichkeit für Änderungen in den Pulver-Eigg., Additivität u. Zusammenhang der Korngrößenanalyse mit dem Prozeßverhalten. Die Einwert-Meth. (z. B. Schütt-Gew., Mittelkorngröße nach Fisher) u. die Sedimentations-Meth. werden auf ihre Brauchbarkeit für die Teilchengrößenanalyse diskutiert. — 28 Literaturangaben. H. Fahlenbrach 6476◇

2096 **Eine Anwendung der Bruchstellen-Statistik auf die Mikrostruktur von Hartmetallen.** D. E. Gücer und J. Gurland. (Jernkontorets Ann. **147,** 111—15, 1963; Istanbul, Türkei, Techn. Univ.; Providence, R.I., Brown Univ.; engl.) — Legg. aus einer spröden u. aus einer duktilen Phase brechen auf zwei verschiedene Arten. Wenn die spröde Phase im Proben-Vol. zusammenhängt, erfolgt der Bruch an der schwächsten Stelle des Zusammenhalts der spröden Phase. Liegt die spröde Phase feindispers in der Probe vor, so hemmt die duktile Phase die Bruchausbreitung. Mit diesen auch mathemat. erhärteten Vorstellungen gelingt eine Erklärung der höheren Härtewerte der dispersen Sinterhartmetallstrukturen. H. Fahlenbrach 6476◇

2097 **Die Rißbildungsarbeit als Maß für die Zähigkeit von Hartmetall.** S. Palmqvist. (Jernkontorets Ann. **147,** 107—10, 1963; Fagersta, Fagersta Bruks A.B.; dt.) — Die Riß-Bldg.-Arbeit A_{k300} zur Erzeugung eines Risses von 300 μ Länge um einen Vickers-Härteeindruck wird mit der Zähigkeit von gesinterten Hartmetallen in Zusammenhang gebracht. A_{k300} ist einfacher zu messen als der von Vf. (Jernkontorets Ann. **141,** [1957], 300) für den gleichen Zweck vorgeschlagene Schwellenwert P_k der Prüfkraft zur Erzeugung von Rissen bei der Härtemessung nach Vickers. Zur reproduzierbaren Messung von A_{k300} ist der Oberflächenzustand der Hartmetallproben stets gleich zu halten. Zusammen mit röntgenograph. Spannungsmessungen sind mit der A_k-Meth. Schleif- u. Polierspannungen zu untersuchen. H. Fahlenbrach 6480◇

2098 **Gerät zur Steuerung der Verfestigung von Metallen.** R. I. Garber, I. A. Gindin, I. M. Nekljudow, G. G. Tschetschelnitzki und W. M. Stoljarow. (Betriebs-Lab. [UdSSR] **28,** 107—09, 1962; Physikal.-Techn. Inst. der Akad. der Wiss. der UkrainSSR; russ.) — Beschreibung der Konstruktion u. Arbeitsweise einer App. für die Diffusionsverfestigung von Metallen, bei welcher die Geschw. der Spannungserhöhung im Bereich 10—3000 g/mm²·h variiert werden kann. Für die rasche Belastung können Geschw. bis zu 80 kg/mm²·h angewandt werden. Die Höchstbelastung beträgt 350 kg. Man kann ein Vakuum von 10^{-6} mm Hg oder Inertgasatmosphäre anwenden. Die maximale Arbeits-Temp. beträgt 800°. Die bei 300° aufgenommenen Kriechkurven von *Fe* bei Belastungs-Geschw. von 92 u. 48·10³ g/mm²·h zeigen, daß bei geringerer Geschw. der Belastung die Deformation abnimmt. O. Lebtag 6480△

2099 **Messung der Ultraschallschwächung als Mittel zur Qualitätskontrolle von Stahl- und Stahlgußwerkstücken.** Ekkehart Krainer. (Materialprüfung **4,** 463—69, 1962; Kapfenberg, Steiermark, Gebr. Böhler & Co., Akt.-Ges.; dt.) — Ein gerichtetes Schallbündel wird beim Durchgang durch einen kristallinen, bes. metall. Werkstoff durch Absorption u. Streuung geschwächt. Die Beeinflussung der Streuung durch das Gefüge u. die Anwendung der Schallschwächungsmessung auf Stahl werden erörtert. — 35 Literaturangaben. W. Wesly 6480◇

2100 **Einfaches Verfahren zur Ausdehnung des Bereichs der Jominy-Prüfung.** S. Orzechowski und M. Białecki. (Prace Inst. hutniczych. **14,** 151—54, 1962; Inst. Metalurgii Żelaza; pol.) — Zur Ausdehnung der Jominy-Prüfung wird ein Verf. vorgeschlagen, das auf der Best. der Oberflächenhärte runder oder viereckiger, 20—100 mm dicker, bei der Austenitisierungs-Temp. an der Luft abgekühlter Proben beruht. Die Ergebnisse werden auf die Standard-Jominy-Prüfung bezogen. Bei Ölabschreckung wird der Härtungsbereich auf Querschnitte bis 600 mm Ø erweitert. W. Wesly 6480◇

2101 **Abhängigkeit der Härte, des Biegeverhaltens und des Dauerbiegeverhaltens von der Anlaßwirkung für einen Stahl mit 0,28% C.** Peter Fischer. (Draht-Welt **48,** 1—4, 1962; dt.) — Proben aus einem Stahl mit 0,28 (%)C, 1,01 Mn u. 0,89 Cr werden nach dem Härten bei zwischen 100 u. 350° liegenden Temp. mit Zeiten zwischen 1 Sek. u. 32 Std. angelassen. Gemessen werden nach diesen Behandlungen die Härte, Elastizitätsgrenze, Biegefestigkeit u. der Bruchwinkel. Bei gleichmäßig abnehmender Härte nimmt der Bruchwinkel gleichmäßig zu u. durchläuft die Elastizitätsgrenze mit zunehmender Anlaß-Temp. u. -dauer einen schwach ausgeprägten Höchstwert. Die für den Verlauf der Elastizitätsgrenze kennzeichnende Aktivierungsenergie ist mit 19700 cal/Mol viel kleiner als die früher bei einem Stahl mit 1,1 C bestimmte von 30500 cal/Mol, was auf zwei verschiedene Ursachen für das Maximum der Elastizitätsgrenze hindeutet. Die Dauerbiege-Verss. ergaben eine kontinuierliche Abnahme der Wechsel- u. der Schwellbiegefestigkeit mit zunehmender Anlaß-Temp., während das Setzmaß einen Kleinstwert durchläuft. H. Hochstein 6480◇

2102 **Das Problem der Stufenbildung in Kohlenstoffstählen bei der Verdrillungsprobe.** Janusz Lesiecki. (Arch. Hutnicta **7,** 265—78, 1962; pol.) — Beim Verdrillen von Stahlproben tritt eine lokale Deformation in Form von Stufen ein. Diese Erscheinung hängt mit der Bldg. der Lüdersschen Bänder beim Zug-Vers. zusammen. Die Stufen-Bldg. tritt nur bei ferrit. Gefüge auf u. verschwindet bei höheren Temp. (um 300°) wegen der verstärksten Diffusion von *C* u. *N*. Die Geschw. der Deformationsfortpflanzung ist außer von der Temp. noch von der mechan. u. therm. Bearbeitung des Materials abhängig. F. Urban 6480◇

2103 **Unmittelbare Beobachtung und Analyse des Rißwachstums in Einkristallen aus Eisen mit 3% Silicium.** A. S. Tetelman und W. D. Robertson. (Acta metallurg. [New York] **11,** 415—26, 1963; Dearborn, Mich., Ford Motor Co., New Haven, Conn., Yale Univ.; engl.) — Die Ausscheidung von H aus Einkristallen einer Fe-Leg. mit 3% Si führt zu 10^{-2} cm langen Mikrorissen in {1 0 0}-Ebenen, wenn H entweder durch Elektrolyse oder durch Abschrecken in H_2 eingeführt war. Die durch das Wachstum der Risse hervorgerufene plast. Verformung kann an gek. Versetzungen im Kristallinnern beobachtet werden. Die Gleitebenen, am Kopf der Risse bei der plast. Verformung betätigt, konnten identifiziert werden. Sie stimmen mit den theoret. zu erwartenden überein. Auf Grund des diskontinuierlichen Charakters des Rißwachstums unter innerem Druck konnte das Verhältnis der zur Riß-Bldg. notwendigen Arbeit zu der bei der Ausbreitung angewandten Arbeit bestimmt werden. Dieses Verhältnis beträgt für 10^{-2} cm lange Risse ca. 1. F. Vier 6480

2104 **Eine Betrachtung über den Sprödbruch von perlitfreiem Eisen.** Kazuyoshi Kamachi und Masaki Watanabe. (Technol. Rep. Osaka Univ. **12,** 141—46, 1962; Dep. of Weld. Engng.; engl.) — Für den Sprödbruch von perlitfreiem Fe wird eine theoret. Erklärung gegeben, wobei der Sprödbruch als ein Vorgang angesehen wird, der der Erstarrung einer unterkühlten Fl. analog ist. W. Wesly 6480◇

2105 **Sprödbrucheigenschaften eines Kernreaktor-Druckgefäßstahles.** E. T. Wessel und W. H. Pryle. (Welding J. **40,** Nr. 1, Suppl.: Welding Res. 41s—48s, 1961; Pittsburgh, Pa., Westinghouse Res. Labor., Metallurgy Dep.; engl.) — Unterss. über die Eigg. von wärmebehandeltem *A302B*-Stahl mit 0,21 (%) C, 1,34 Mn, 0,015 P, 0,010 S, 0,27 Si, 0,04 Ni, 0,09 Cr, 0,50 Mo, 0,08 Cu zeigen, daß der Stahl viel sprödbruchfester als andere Stähle ist. — 13 Literaturangaben. W. Wesly 6480◇

2106 **Kristallographische Röntgenuntersuchung von nichtmetallischen Einschlüssen in den Stählen und Untersuchung über ihren Ursprung.** M. Ferrero, G. Timo und F. Creton. (Mém. sci. Rev. Métallurgie **59,** 75—78, 1962; Aosta, It., Nazionale Cogne; franz.) — Durch Debye-Scherrer-Röntgenbeugungs-Unterss. wird die Natur nichtmetall. Einschlüsse in Stählen bestimmt. Das Unters.-Verf., bei dem mit einem Geiger-Müller-Zähler gearbeitet wird, wird beschrieben. Zu den hiermit feststellbaren Einschlüssen gehören *α-Quarz, β Cristobalit, Mullit, Sillimanit, Graphit, SiC, Limonit, Bredigit, Larnit, Wollastonit.* H. Hochstein 6484◇

2107 **Untersuchung der Salz- und Metallschmelzen mit Hilfe des radioaktiven Isotop-Verfahrens.** A. I. Beljajev. (Fémipari Kutató Intézet Közleményei [Mitt. Forsch.-

Inst. NE-Metalle] **6**, 137—59, 1962; Moskau, Inst. Strahlforsch.; ung.) — Es wurde der Zusammenhang zwischen dem Absorptionsgrad der γ-Strahlen u. den verschiedenen Parametern der Schmelzen (Dichte, Elektronendichte, Atomzahl, Tonerde-Konz.) studiert. Besprechung der auf die einzelnen Schmelz-Syst. bezüglichen Ergebnisse. L. Zombory 6484△

2108 **Der kritische Verformungsgrad der Legierung ChN70WMJuT.(EI765).** M. P. Markowetz und G. A. Stepanow. (Metallkunde therm. Metallbearb. [UdSSR] **1963,** 26—27; Moskau, Energet. Inst.; russ.) — Eine Kaltverformung u. die damit verbundene Verfestigung der Leg. *ChN70WMJuT* (EI765) mit 0,11 (%) C, 0,23 Si, 0,29 Mn, 14,6 Cr, 0,55 Fe, 1,22 Ti, 1,85 Al, 5,05 W, 4,17 Mo, 0,05 S, 0,008 P, Rest Ni, ergibt einen negativen Einfl. auf die Dauerfestigkeit: Je höher der Verfestigungsgrad ist, desto niedriger ist die Dauerfestigkeit. Krit. Verformungsgrade von ca. 8% erniedrigen die Dauerfestigkeit dieser Leg. sehr stark. Bei einer Verformung von 16% wird eine extreme Abhängigkeit festgestellt: Bei größeren plast. Verformungsgraden wird die Dauerfestigkeit aufs neue bei einer Erhöhung des Verfestigungsgrades stark erniedrigt. Bei der Herst. von Teilen für Betriebs-Temp. von 715° muß ein krit. Verformungsgrad vermieden werden. H. Hochstein 6490◇

2109 **Die Einwirkung der Rauheit von Metallblechen und Werkzeugoberflächen auf die Tiefziehfähigkeit.** Shinji Fukui, Kiyota Yoshida, Kunio Abe und Koji Ozaki. (Sci. Pap. Inst. physic. chem. Res. [Tokyo] **56,** 59—68, 1962; Plastic Working Labor.; engl.) — Unterss. über den Einfl. der Oberflächenrauheit von schwach gekohlten Stahlblechen u. Werkzeugen auf die Tiefziehbearbeitbarkeit von zylindr. Bechern zeigen, daß eine Rauheit von wenigen μ im allg. günstig wirkt. Bei Verw. hochviscoser Schmiermittel führt eine Rauheit von einigen μ zur besten Schmierwirkung. Die besten Zurichtungs-Verff. werden erörtert. W. Wesly 6490◇

2110 **Beschleunigte Rekristallisation kaltgewalzter Stahlbleche mit geringem Kohlenstoffgehalt.** Fryderyk Staub und Łucja Cieślak. (Arch. Hutnictwa **7,** 333—44, 1962; pol.) — Unterss. über den Einfl. der Erhitzungs-Geschw. (EG; 7—6800°/s im Temp.-Bereich 800—850°) auf die Eigg. von Blechen mit geringem *C*-Geh. zeigen, daß 2 Arten der EG mit vollständiger Rekristallisation (RK) vorliegen. Bei EG bis 100°/s sind mechan. Eigg. u. Textur die gleichen wie bei Proben, deren RK bei herkömmlicher Temp. erfolgt. Bei EG von 100—1000°/s ist die RK unvollständig; mechan. Eigg. u. Struktur sind denen von teilweise rekrist. Blechen gleich. Eine beschleunigte RK ergibt sich bei EG von 1000 bis 6800°/s. Die mechan. Eigg. angelassener Proben entsprechen denen von auf übliche Weise rekrist. Blechen, abgesehen von einer Verbesserung der Zähigkeit u. plast. Verformbarkeit. Die Bleche haben eine feine Struktur mit gleicher Korngröße. Bei Steigerung der EG nimmt die Vollkommenheit der RK-Textur ab, bis die Textur (bei ca. 4000°/s) völlig zerfällt. W. Wesly 6490◇

2111 **Änderung des Energiebedarfs des Aluminiumstrangprozesses in Abhängigkeit von der Metallreinheit und dem Preßdruck.** András Domony. (Fémipari Kutató Intézet Közleményei [Mitt. Forsch.-Inst. NE-Metalle] **6,** 181—86, 1962; Budapest, Forsch.-Inst. NE-Metalle; ung.) — In Preßverss. unter gleichen Bedingungen bei Temp. von 300 u. 400° an Reinst-Al sowie an *Fe* u. *Si* enthaltendem Hüttenaluminium (99,9, 99,8, 99,5%) wurde der Energiebedarf des Strangprozesses verglichen u. einige Festigkeitskennzahlen ermittelt. Auswertung der Ergebnisse. L. Zombory 6490△

2112 **Prüfung der Eigenschaften von Drähten aus Al–Mg-Legierungen.** Robert K. Vassel. (Fémipari Kutató Intézet Közleményei [Mitt. Forsch.-Inst. NE-Metalle] **6,** 213—28, 1962; Budapest, Forsch.-Inst. NE-Metalle; ung.) — Vf. bestimmte die charakterist. mechan. u. elektr. Eigg. der Leg.-Drähte vom Al–Mg-Typ, um die Verw.-Gebiete dieser festzustellen. Die bisherigen Verss. zeigten, daß die Drähte z. B. für die Herst. von 2adrigen Drähten mit Kunststoff- oder Gummiisolierung verwendbar sind. L. Zombory 6490△

2113 **Anwendung von Aluminiumlegierung 2219 zur Herstellung von Raketen-Druckgefäßen.** Clayton H. Crane und Whitney G. Smith. (Welding J. **40,** Nr. 1, Suppl.: Welding Res. 33s—40s, 1961; Seattle, Wash., Boeing Airplane Co., Aero-Space Div.; engl.) — Ein Vgl. der Eigg. der Al-Legg. *2014* u. *2219* zeigt, daß wärmebehandelte u. gealterte Schweißen von *2014* geringe Verformbarkeit u. Zähigkeit aufweisen u. bei 2achsiger Belastung vorzeitig versagen. Dagegen gibt *2219* nach Wärmebehandlung zähe, plast. verformbare Schweißen u. eignet sich zur Herst. von Druckgefäßen. Die schweißtechn., metallurg. u. mechan. Eigg. beider Legg. werden erörtert. W. Wesly 6490◇

2114 **Temperaturverteilung und elektrische Erfordernisse bei Hochfrequenz-Induktionshärtung.** Haruyuki Suganuma. (Kinzoku [Metals] **32,** Nr. 18, 60—65, 1962; jap.) — Die Beziehungen zwischen den elektr. u. therm. Erfordernissen bei der Hochfrequenz-Induktionshärtung werden theoret. untersucht. W. Wesly 6492◇

2115 **Temperaturmessung und -verteilung bei der Wärmebehandlung in elektrisch beheizten Versuchsöfen.** Karl Schweyher. (Stahl u. Eisen **83,** 1162—69, 1963; Duisburg-Huckingen; dt.) — Die Genauigkeit der Temp.-Messung u. die dafür maßgebenden Einflußgrößen werden beschrieben. Für elektr. beheizte Labor.-Öfen wird der Einfl. der Bauart u. der Luftumwälzung auf die Temp.-Verteilung im Ofenraum u. die Ausdehnung des Bereichs mit konst. Temp. untersucht. Bei einer Vergütungsbehandlung sind die Genauigkeit der Temp.-Messung u. die Temp.-Konstanz des verwendeten Ofenraums maßgebend für die erreichbare Gleichmäßigkeit der mechan. Eigenschaften. An unlegierten u. legierten Vergütungsstählen wird gezeigt, wie Abweichungen von der Soll-Temp. bei der Anlaßbehandlung Änderungen in den mechan. Eigg. bewirken. Je steiler die Anlaßkurve verläuft, um so größer sind die durch jeweils gleiche Temp.-Abweichungen bewirkten Änderungen in den mechan. Kennwerten. H. Hochstein 6492◇

2116 **Die Verhütung von Oxydation und Entkohlung bei der Wärmebehandlung.** Katsuhiko Yoshida. (Kinzoku [Metals] **32,** Nr. 17, 41—45, 1962; jap.) — Verff. zur Verhütung von Oxydation u. Entkohlung von Werkzeugstählen, bes. durch Aufbringen eines Schutzüberzugs werden beschrieben. W. Wesly 6492◇

2117 **Gefügeausbildung beim Glühen in Topf- und Haubenöfen.** Dietrich Schreiber. (Stahl u. Eisen **83,** 1177—80, 1963; Hohenlimburg, Vers.-Anst. Hoesch Akt.-Ges., Walzwerke; dt.) — Der Einfl. der Glühbehandlung in Töpfen verschiedener Bauart auf das Weichglühen von Federstahlband wird untersucht. Es werden Angaben über die Zementit-Ausbildung u. Härte in Abhängigkeit von der Temp.-Führung gemacht. Warmband mit eutektoider Zus. wird in Haubenöfen auf kugeligen Zementit geglüht, wobei Angaben über den Temp.-Bereich beim Glühen gemacht werden. Die Temp.-Verteilung in den Hauben wird festgestellt u. ihr Einfl. auf die Gefügeausbildung. ermittelt. Durch eine kombinierte Glühbehandlung, bei der zuerst in einem Durchlaufofen das Einformen des Zementits zu Kugeln eingeleitet u. dann in einem Topfofen ohne Überschreiten des A_1-Punktes weiter geglüht wird, ist das geforderte gleichmäßige Glühergebnis mit Sicherheit zu erreichen. H. Hochstein 6492◇

2118 **(1 0 0)[0 0 1]-Sekundär-Rekristallisation in Si-haltigem Stahl durch „Tiefvakuum"-Glühung.** Yozo Nakajima. (Trans. Japan Inst. Metals **3,** 124, 1962; Amagaski, Japan, Res. Labor. der Mitsubishi Electric Mfg. Co. Ltd.; engl.) — Die (1 0 0)[0 0 1]-Sekundär-Rekristallisationstextur wurde in einem Transformatorenstahl mit 3% Si von 0,35 mm Dicke durch eine H_2-Glühung bei 700° in einem Vakuum von $5 \cdot 10^{-3}$ mm Hg festgestellt. H. Hochstein 6492◇

2119 **Die Entkohlung von kalt gewalztem Siliciumstahl.** Armin Mayer. (Stahl u. Eisen **83,** 1169—76, 1963; Hohenlimburg; dt.) — Die Entkohlung von kaltgewalzten Weicheisen u. Si-Stählen mit Rk.-Gasen wurde durch Best. der Zus. der Ofenatmosphäre beim Glühen untersucht. Nach einer Theorie von Lücke über das Entkohlen von γ-Fe soll die Diffusion der C-Atome im α-Fe der Vorgang sein, der die Entkohlungs-Geschw. bestimmt. Das setzt die Möglichkeit voraus, mit der Ofenatmosphäre die C-Konz. an der Werkstoffoberfläche auf 0% C zu senken. Es wird in diesem Zusammenhang der Einfl. der Ofenatmosphäre auf die Entkohlung untersucht, dann der der Glüh-Temp. u. schließlich der des Si. Hierbei zeigt sich, daß die Entkohlungs-Geschw.

von Fe innerhalb des Temp.-Bereichs, der durch die Umwandlungspunkte P u. G des Fe–C–Schaubildes begrenzt wird, ein Maximum zeigt. Die Temp. im Maximum steigt mit dem Si-Geh. des Fe an, was auf die Zunahme der A_3-Temp. mit dem Si-Geh. zurückgeführt wird. Der Höchstwert der Entkohlungs-Geschw. nimmt mit dem Si-Geh. merklich zu. Der Einfl. von Oberflächenschichten, die während des Glühens gebildet werden können, auf die Entkohlungs-Geschw. wird erörtert. H. Hochstein 6492◇

2120 **Hartlöten von dünnen Nickelblechen.** W. A. Petersen. (Welding J. **42,** Nr. 4, Suppl.: Welding Res. 190s–192s, 1963; Bayonne, N.J., International Nickel Co., Inc.; engl.) — Mit einer Leg. von 65 (%) W, 23 *Mn*, 7 *Si* u. 5 *Cu* lassen sich dünne Ni-Bleche gut verlöten. Die Lötstellen haben ausgezeichnete Dehnbarkeit, Scherfestigkeit u. Oxydationsbeständigkeit bei einer Löt-Temp. von 1850° F. F. Vier 6504◇

2121 **Untersuchungen an Hartlötverbindungen als Beitrag zur Entwicklung eines Prüfverfahrens für die statische Zerreiß- und Scherfestigkeit von Spaltlötungen.** J. Schatz und K. F. Zimmermann. (Schweissen u. Schneiden **15,** 413–18, 1963; Frankfurt/M.; dt.) — Unter Verw. sorgfältig vorbereiteter Meßproben konnte die Zerreiß- u. Scherfestigkeit von Spaltlotverbindungen mit nur kleiner Streuung gemessen werden. Im Spaltbreitenbereich von 0,08–0,2 mm hatte die Spaltbreite nur einen geringen Einfl. auf die Festigkeit der mit Silberlot gelöteten Verbindungen, sie lag bei einer Lötspaltbreite von 0,1 mm etwas höher. Dagegen wurde eine starke Wrkg. der Eigenfestigkeit der Grundwerkstoffe auf die Festigkeit der Lötverbindungen festgestellt. Mit steigender Eigenfestigkeit nimmt auch ihre Festigkeit zu. Lote mit hohem Ag-Geh. ergaben Höchstwerte. — 20 Literaturangaben. F. Vier 6504◇

2122 **Dampfschutz-Lichtbogenschweißung mit einer Geschwindigkeit von 200 inch je Minute.** R. A. Wilson. (Welding J. **40,** 13–17, 1961; Cleveland, Ohio, Lincoln Electric Co.; engl.) — Übersicht über Ausführung, Anwendung u. Vorteile der Dampfschutz-Lichtbogenschweißung unter Verw. nackter, röhrenförmiger Schweißelektroden, deren aus chem. Verbb. bestehende Füllung in der Lichtbogenwärme verdampft u. beim Kondensieren das Schweißmetall schützt u. desoxydiert. W. Wesly 6506◇

2123 **Eigenschaften mit Plasma aufgespritzter Werkstoffe.** M. A. Levinstein, A. Eisenlohr und B. E. Kramer. (Welding J. **40,** Nr. 1, Suppl.: Welding Res. 8s–13s, 1961; Cincinnati, Ohio, General Electric Co.; engl.) — Beschreibung einer Lichtbogen–Plasma-Anlage zum Aufspritzen von Werkstoffen mit höchstem F. (*W*, *Mo*, *Hf*-, *Ta*- u. *Ce-Carbide* u. *-Oxide*) u. der Eigg. der aufgespritzten Überzüge. W. Wesly 6506◇

2124 **Vergleich von Verfahren zum Schweißen von Stahlblechen ultrahoher Festigkeit.** R. E. Travis, V. P. Ardito und, C. M. Adams jun. (Welding J. **42,** Nr. 1, Suppl.: Welding Res. 9s–17s, 1963; Cambridge, Mass., Massachusetts Inst. of Technol.; engl.) — Unterss. an mehreren, abgeschreckten u. getemperten Stählen zeigen, daß das Elektronenstrahlschweiß-Verf. Schweißen mit feinerer, dendrit. Struktur u. höherer biaxialer Festigkeit als die Schutzgas–Lichtbogen-Verff. erzeugt. W. Wesly 6506◇

2125 **Elektroden zum spritzfreien Schweißen von Stahl in Kohlendioxid.** Everett Cushman. (Welding J. **40,** Nr. 1, Suppl.: Welding Res. 14s–21s, 1961; Murray Hill, N.J., Air Reduction Co., Central Res. Labor.; engl.) — Zur CO_2-Schutzgas-Lichtbogenschweißung von Schmiedeeisen wird ein Schweißdraht empfohlen, dessen *Cs* enthaltender Überzug einen Zusatz von *Na*, *K* oder *Rb* (erzeugt durch Eintauchen in verd. Salz-Lsgg. der Metalle) erhalten hat. Dadurch wird das Spritzen beim Schweißen verhütet. W. Wesly 6506◇

2126 **Die metallurgische Schweißbarkeit der Stähle.** Ivan Hrivnák. (Schweisstechnik [Berlin] **13,** 295–300, 1963; Bratislava, Forsch.-Inst. für Schweißtechn.; dt.) — Vgl. C. **1963,** 19001. — Die metallurg. Schweißbarkeit von C-, legierten, austenit. u. austenit.-ferrit. Stählen u. die die Schweißbarkeit beeinflussenden chem., physikal. u. mechan. Faktoren werden beschrieben. W. Wesly 6506◇

2127 **Schweißbarkeit von Borstahl, mit 1,20 % Bor legiert.** C. D. Brons. (Welding J. **42,** 13–22, 1963; Richland, Wash., General Electric Co., Hanford Atomic Products Operation; engl.) — Unterss. über die Schweißbarkeit von Stahl mit ≦0,05 (%) C, 0,3–0,9 Mn, ≦0,030 P, ≦0,030 S, ≦0,9 Si, 1,10–1,50 B zeigen, daß der Stahl bei Einhaltung der beschriebenen Arbeitsweise mit sich selbst, *A212*- Stahl u. einigen austenit., rostfreien Stählen verschweißt, u. ziemlich harten Beanspruchungen ausgesetzt werden kann. W. Wesly 6506◇

2128 **Das Schweißen von korrosionsfestem austenitischem Chrom-Nickel-Mangan-Stickstoff-Stahl OCh17N5G9AB (EP55).** N. I. Kachowski, K. A. Juschtschenko, W. G. Fartuschny und S. W. Juschkewitsch. (Automat. Schweissen [UdSSR] **16,** Nr. 7, 21–28, 1963; Paton-Inst. für Elektroschweißung der Akad. der Wiss. der UkrainSSR; russ.) — Untersucht wird der Einfl. einer kurzzeitigen Schweißerhitzung bei 650° auf die Korrosionsbeständigkeit eines Stahls mit 0,08 (%) C, 8–10 Mn, 0,6 Si, 16–18 Cr, 4,5–5,5 Ni, bis 0,8 Nb, 0,18–0,25 N, bis 0,03 S u. 0,035 P. Für die Lichtbogenschweißung dieses Stahls werden Zuschlagmaterialien empfohlen. Die mechan. u. Korrosions-Eigg. der Schweißverbindungen des *Cr-Ni-Mn-N*-Stahls werden angegeben. H. Hochstein 6506◇

2129 **Der Einfluß von Legierungselementen auf die 475°-Sprödigkeit von austenitisch-ferritischem aufgeschweißtem Metall.** N. I. Koperssak. (Automat Schweissen [UdSSR] **16,** Nr. 7, 15–20, 1963; Kiew, Polytechn. Inst.; russ.) — Das Hauptmittel zur Beschränkung der 475°-Sprödigkeit in einer austenit.-ferrit. *Cr-Ni*-Leg. ist eine begrenzte Erniedrigung des Geh. der α-Phase. Ein zusätzliches Legieren des austenit.-ferrit. aufgeschweißten Metalls mit *Mo*, *V*, *W*, *Si* u. *Mn* beseitigt nicht die Entw. der Versprödung nach einer Dauererwärmung bei 475°. Alle diese Elemente beschleunigen in größerem oder geringerem Maße die Prozesse der Versprödung u. erniedrigen die Kerbschlagzähigkeit. Im Bereich kleiner Geh. an α-Phase beeinflußt die zusätzliche Leg. wenig die Kerbschlagzähigkeit des aufgeschweißten Metalls im Zustand der 475°-Versprödung. Zur Verringerung der Versprödung bei 475° muß man den Cr-Geh. im aufgeschweißten Metall maximal erniedrigen. Eine gewisse Menge an α-Phase, die für die Beständigkeit der Schweißnähte gegen interkristalline Korrosion u. Warmriß-Bldg. erforderlich ist, muß man durch eine zusätzliche Auflegierung durch andere Ferritbildner bewirken. H. Hochstein 6506◇

2130 **Untersuchungen über die Warmrißbildung in hochfesten Schweißmetallen.** H. W. Mishler, R. E. Monroe und P. J. Rieppel. (Welding J. **40,** Nr. 1, Suppl.: Welding Res. 1s–7s, 1961; Columbus, Ohio, Battelle Mem. Inst., Metals Joining Div.; engl.) — An *SAE 4340*-Stahl ausgeführte Kalt–Warm-Wechsel-Unterss. zeigen, daß das Auftreten von Warmrissen verhindert wird, wenn der Geh. an $S + P$ $< 0,025$ (%) beträgt, entsprechend 0,017–0,020 P u. 0,005 S. W. Wesly 6506◇

2131 **Stahlfestigkeit und Verformbarkeitsverhalten bei Wärmewechsel des Lichtbogenschweißens.** C. S. Williams. (Welding J. **42,** Nr. 1, Suppl.: Welding Res. 1s–8s, 1963; Pittsburgh, Pa., Westinghouse Res. and Dev. Center; engl.) — Beschreibung des Verh. austenit., rostfreier u. ferrit. *Stähle* u. von *Inconel* bei einer der „Warmverformbarkeits"-Prüfung (Hot Ductility test) von Nippes u. Savage (vgl. C. **1963,** 19002) ähnlichen Prüfung, die sich von dieser durch höhere maximale Prüf-Temp. u. einen neuen, die Rißanfälligkeit angebenden Index unterscheidet. W. Wesly 6506◇

2132 **Kerbempfindlichkeit der wärmebeeinflußten Zone von Stahl 316.** R. J. Christoffel. (Welding J. **42,** Nr. 1, Suppl.: Welding Res. 25s–28s, 1963; Schenectady, N.Y., General Electric Co., Large Steam Turbine-Generator Dep.; engl.) — Die Kerbbruchfestigkeit von Stahl *316* wird in der wärmebeeinflußten Zone durch Schweißen nicht vermindert; sie ist größer als die von glatten Barren nach 10000 Std. langer Behandlung bei 1100° F. W. Wesly 6506◇

2133 **Schweißen von Niob mit 1 % Zirkonium.** E. A. Franco-Ferreira und G. M. Slaughter. (Welding J. **42,** Nr. 1, Suppl.: Welding Res. 18s–24s, 1963; Oak Ridge, Tenn., Oak Ridge Nat. Labor.; engl.) — Unterss. über das Alterungs-Verh. von Schweißen an der Nb-Leg. mit 1% Zr zeigen, daß Versprödung bei 1500–1800° F erfolgt. Zur Erzeugung der Schweißen dient eine Kammer mit überwachter Atmosphäre. Anlassen bei 1900–2200° F nach dem

Schweißen bewirkt Überalterung; nach anschließendem Erhitzen auf niedrigere Temp. tritt keine Versprödung auf. Zwischen Anlaßzeit u. -Temp. u. der Menge der Ausscheidung besteht eine gute Wechselbeziehung. W. Wesly 6506◇

2134 **Lichtbogenschweißung einer Ni–Cr–Fe–(Inconel)-Legierung für Kernkraftanlagen.** Jai Bland und W. A. Owczarski. (Welding J. **40**, Nr. 1, Suppl.: Welding Res. 22s–32s, 1961; Schenectady, N.Y., General Electric Co., Knolls Atom. Power Labor.; engl.) — Die Eigg. von *Inconel*-Lichtbogenschweißen unter Verw. von Schweißdrähten mit Zusätzen von *Nb*, *Nb–Mn* oder *Ti* u. Anwendung des Schutzgas-, Inertgas-W- u. Inertgas-Metall-Lichtbogen-Verf. werden miteinander verglichen u. erörtert. W. Wesly 6506◇

2135 **Polieren — Glätten — Einebnen.** Robert Weiner. (Blech **10**, 224—29, 1963; dt.) — Überblick über die Beurteilung polierter Oberflächen u. die Prüf-Verff. für die mechan. Oberflächenbeschaffenheit. Die Unterschiede zwischen Glättung u. Einebnung werden erläutert. F. Vier 6508◇

2136 **Wasserbedarf, Spülen und Trocknen.** Samuel Spring. (Metal Finishing **61**, Nr. 4, 46—51, 53, 1963; Atlanta, Ga., Oxford Chem. Corp.; engl.) — Überblick über die bes. beim Spülen von oberflächenbehandelten Metallteilen auftretenden Verunreinigungen u. ihre Beseitigung. F. Vier 6508

2137 **Grundlagen der Ultraschall-Reinigung.** 1. Mitt. Robert Petermann. (Galvanotechn. u. Oberflächenschutz [Zürich] **4**, 256—59, 1963; dt., franz.) M. Gehlen-Keller 6510

2138 **Die Technik der Ultraschall-Reinigung.** 2. Mitt. Hans-Jakob Stäger. (Galvanotechn. u. Oberflächenschutz [Zürich] **4**, 260—63, 1963; dt., franz.) — 1. vgl. vorst. Referat. M. Gehlen-Keller 6510

2139 **Überzüge auf Drähten aus rostfreien Stählen und nickelreichen Legierungen.** Kenneth P. Brown. (Wire and Wire Products **36**, 1018—20, 1961; Long Beach, Calif., Techalloy Co., Inc.; engl.) — Übersicht über Eigg. u. Aufbringen von Metallen, Oxiden, trocknen u. nassen Schutzüberzügen auf Drähte aus rostfreien Stählen u. Ni-reichen Legierungen. W. Wesly 6516◇

2140 **Galvanische Überzüge auf Titan und Titan-Legierungen.** William B. Harding. (Plating **50**, 131—35, 1963; Kansas City, Mo., Bendix Corp.; engl.) — Auf Grund von Verss. wird festgestellt, daß festhaftende galvan. *Au*-Überzüge auf handelsüblichem Ti oder der *B 120VCA-Ti*-Leg. aus Cyanid- u. Citratelektrolyten nicht erhalten werden können. Für ähnliche Bäder von anderen Metallen ist dasselbe zu erwarten. Haftfeste *Pt*-Überzüge können auf handelsüblichem Ti, nicht aber auf der *B 120VCA-Ti*-Leg. erhalten werden. Mäßig haftende *Ni*-Überzüge werden durch stromloses Abscheiden erhalten. Erhitzen auf mindestens 400° für 15 Min. verbessert die Haftfestigkeit zu außerordentlich hohen Werten. Beizen der *B 120VCA-Ti*-Leg. führt zu starker Absorption von H, was Blasen-Bldg. beim Vernickeln ergibt. — 13 Literaturangaben. F. Vier 6516

2141 **Plattierung mit Titandampf.** Shigetake Okamoto. (Kinzoku [Metals] **32**, Nr. 18, 36—40, 1962; jap.) — Zum Überziehen von Fe-Oberflächen mit *Ti* wird $TiCl_4$ angewandt. Die Eigg. der Ti-Schicht u. die Probleme des Verf. werden erörtert. W. Wesly 6516◇

2142 **Aluminieren von Ventilstahl.** Etsujiro Yajima, Koichi Furusawa und Ryoichi Abe. (Bull. Nagoya Inst. Technol. **13**, 335—38, 1961; jap., Auszug: engl.) — Unterss. über das Aluminieren von Ventilstahl mit 0,35—0,45 (%) C, 1,80—2,50 Si, <0,60 Mn, <0,030 P, <0,030 S, <0,50 Ni, 10,00—13,00 Cr, 0,70—1,30 Mo zeigen, daß die optimalen Bedingungen sind: 2—10 Min. langes Eintauchen in ein Al-Si (3%)-Bad von 700—800° u. Erhitzen im Salzbad unter denselben Bedingungen. Die erhaltenen Diffusionsschichten sind nicht spröde. W. Wesly 6516◇

2143 **Komplexometrisches Verfahren zur Bestimmung der Dicke der Chromplattierung von Stahl.** M. R. Verma, K. C. Agrawal und J. S. Bahl. (Electroplating Metal Finishing **14**, 119—22, 1961; Neu Delhi, Indien, Nat. Phys. Labor.; engl.) — Zu einer sehr genauen Best. der Dicke der Cr-Plattierung von Stahl wird eine Fläche bekannter Größe mit einem Gemisch von H_2SO_4 u. $K_2S_2O_8$ behandelt, die Lsg. bei pH 4—5 mit sd. EDTA-Lsg. versetzt u. die opt. Dichte bei 538 (Cr) u. 400 (Fe) mμ ermittelt. Zur Auswertung der korr. Befunde (gelöste Fe-Menge) dient eine Gleichung. W. Wesly 6518◇

2144 **Mechanismus der Oxydation von Metallen bei höheren Temperaturen.** 2. Mitt. Stanisław Mrowec. (Arch. Hutnictwa **7**, 251—64, 1962; pol.) — 1. vgl. C. **1962**, 18614. — Die Bldg. einer zweiteiligen Zunderschicht mit nichtdefektem Anionengitter bei der Oxydation von Metallen (Me) verläuft in 2 Stufen: Anfangs wird entsprechend dem von Wagner postulierten Mechanismus eine dicht anliegende Schicht MeX (X = S, O) gebildet. Bei einer bestimmten krit. Dicke löst sie sich ab u. im Spalt zwischen Schicht u. Me bildet sich die 2. Schicht. Diese ist porös. Das Oxydationsmittel wird durch Zerfall der äußeren Schicht nachgeliefert. Der beschriebene Mechanismus wurde mit Hilfe der Beziehung $p_{X_2}^{(i)}$ (berechnet) $\ll p_{X_2}^{II}$ überprüft. $p_{X_2}^{(i)}$ ist der Partialdruck des Oxydationsmittels im Spalt, $p_{X_2}^{II}$ der Druck von X_2 an der Phasengrenze MeX/X_2. Diese Beziehung ist gültig für die Syst. *Ag–S*, *Cu–S*, *Fe–S*, *Ni–S*, *Ni–O* u. *Co–O*, jedoch nicht für *Fe–O*. F. Urban 6530◇

2145 **Geschweißte Versuchskonstruktionen aus HEGAL (Al–Mg–Zn-Legierung).** Zoltán Buray. (Fémipari Kutató Intézet Közleményei [Mitt. Forsch.-Inst. NE-Metalle] **6**, 229—44, 1962; Budapest, Forschungsinst. für Nichteisenmetalle; ung.) — Auf Grund von Vgl.-Verss. u. Literaturangaben wurde festgestellt, daß der Charakter der Oxydationskurve von HEGAL von den Literaturangaben mit der Abweichung übereinstimmt, daß die Oxydation von HEGAL über 400° bedeutend größer ist. Die Korrosionsfestigkeit der oxydierten Leg. ist viel schlechter als die des oxidfreien Grundstoffs. L. Zombory 6530△

2146 **Einfluß der Bewegung des Elektrolyts auf die Bildung der Al_2O_3-Schutzschicht.** Edith Lichtenberger-Bajza. (Fémipari Kutató Intézet Közleményei [Mitt. Forsch.-Inst. NE-Metalle] **6**, 257—65, 1962; Budapest, Forschungsinst. für Nichteisenmetalle; ung.) — Vf. untersuchte, ob Rühren des Elektrolyts in Bädern verschiedener Zus. die Oxydations-Geschw. erhöht u. in welchem Maße. Rühren der üblichen schwefelsauren Bäder übte keine günstige Wrkg. aus, in Chlorid enthaltenden schwefelsauren Bädern war aber eine 10—20%ig. Verdickung der Oxidschicht zu beobachten. Im Oxalsäure–Ameisensäure enthaltenden Elektrolyt war die Wrkg. des Rührens am günstigsten, vorausgesetzt, daß die Oxydationsspannung 60 V überschreitet. Verw. der Drehanode ist vorteilhaft. L. Zombory 6530△

2147 **Anodisierung von Aluminiumleitern in Durchzieheinrichtungen.** Pál Csokán. (Fémipari Kutató Intézet Közleményei [Mitt. Forsch.-Inst. NE-Metalle] **6**, 267—82, 1962; Budapest, Forschungsinst. für Nichteisenmetalle; ung.) — Beschreibung der zur kontinuierlichen Anodisierung von Leitdrähten u. Blechen aus Al in einer Durchzieheinrichtung, vom Vf. ausgearbeiteten Meth., welche aus folgenden Teilvorgängen besteht: elektrochem. u. chem. Vorbehandlung, Spülen im Wasserstrom, Anodisierung in einem H_2SO_4-Bad, Spülen, Trocknen, Porenfüllung. Die Ergebnisse sind befriedigend. L. Zombory 6530△

2148 **Festigkeitseigenschaften der mit Hartoxidschichten überzogenen Aluminiumbleche.** G. Sinay und Paul Csokán. (Blech **9**, 650—53, 1962; dt.) — Die physikal. u. mechan. Eigg. von mit Hartoxidschichten überzogenen, 0,8—2 mm dicken Blechen aus Al u. *AlMgSi* werden ermittelt. Der Einfl. der Oxidschicht ist bei Zugbeanspruchung von Nachteil, bei Biegebeanspruchung von Vorteil. W. Wesly 6530◇

2149 **Die Oxydationsgeschwindigkeit von Rhenium an Luft bei erhöhten Temperaturen.** W. L. Phillips jun. (J. less.-common metals [Amsterdam] **5**, 97—100, 1963; Wilmington, Del., E. I. du Pont de Nemours & Co.; engl.) — Die Oxydationsbeständigkeit von Re an Luft wurde an gegossenen u. gesinterten Proben bei 600—1300° bestimmt. Bei allen Temp. folgte die Oxydations-Geschw. einem linearen Gesetz. Gegossene u. gesinterte Proben zeigten keinen Unterschied. Bei zunehmender Luftströmung stieg die Oxydations-Geschw. rasch an, erreicht ein Maximum u. blieb dann unabhängig von der Strömungsgeschwindigkeit. F. Vier 6530◇

2150 **Einfluß der 475°-Versprödung von hochchromhaltigen ferritischen Stählen auf ihre Korrosionsbeständigkeit.** Fujio Tsukamoto, Kenji Harada und Satoru Kaneko. (Trans. Japan Inst. Metals **3**, 118—23, 1962; Kawasaki, Res. Labor.; Nippon Metal Ind. Co Ltd.; engl.) — Bei einer potentiostat. Unters. wird neben der Abhängigkeit der Korrosionsbeständigkeit, die im akt. Zustand erhalten bleibt, hochchromhaltiger ferrit. Stähle von der 475°-Versprödung ferner noch der Mechanismus dieser Versprödung bestimmt. Das Flade-Potential des bei 475° behandelten Stahls ist weniger edel bei 0,1—0,15 μ als das von geglühtem Stahl. Die krit. Stromdichte für die Passivierung nimmt durch die 475°-Behandlung ab. Der Widerstand gegen interkristalline Korrosion nimmt dabei gleichfalls ab. Im überpassiven Zustand hat der Anodenstrom die Tendenz durch die 475°-Behandlung abzunehmen u. ein sek. passiver Zustand wird festgestellt. Diese Änderungen sind bei 475° am deutlichsten u. bestehen offenbar auf einer Abhängigkeit von der Behandlungszeit. Das Verh. des ferrit. Cr-Stahls wird durch die Bldg. eines Fe_3Cr-Typs des Übergitters erklärt.
H. Hochstein 6538◇

2151 **Korrosion von Aluminium in Hochdruckdampf bei Temperaturen über und unter 320°.** Tatsuo Kondo, Cho Akutsu und Masayuki Kawasaki. (Trans. Japan Inst. Metals **3**, 110—18, 1962; Tokai-Mura, Japan Atomic Energy Res. Inst.; engl.) — Die Unterss. der Korrosion von Al in Hochtemp.-Dampf, der Rk.-Kinetik u. Gefügebeobachtungen der Korrosions-Prodd. werden in bes. Autoklaven durchgeführt, die geeignet sind, gleichzeitig hohe Temp. u. Drücke auszuhalten. Dabei wurde ein bemerkenswerter Unterschied im Korrosions-Verh. in Temp.-Bereichen über u. unter 320° infolge der Umwandlung des auf der Metalloberfläche gebildeten Oxids beobachtet. Der Korrosionsprozeß bei Temp. bis 320° hat eine parabol. Zeitabhängigkeit, aus der die Aktivierungsenergie zu ca. 32 kcal/Mol berechnet wird, ein Wert der annähernd mit dem übereinstimmt, wie er aus dem wss. Korrosions-Prod. im gleichen Temp.-Bereich erhalten worden ist. Die Korrosion von Al im Böhmit-Bldg.-Bereich wird durch den einwärts gerichteten Hydratisierungsvorgang des Oxids gekennzeichnet. Bei höheren Temp., bei denen der Dampf überhitzt ist, ist die Korrosion vernachlässigbar klein. Jedoch tritt ein örtlicher Eindringangriff auf, der sehr schnell fortschreitet u. ganz willkürlich verteilt ist. Das Verhältnis der Eindringinduktionszeit u. dem Dampfdruck wird durch $t_i = C_1 \cdot p^{-4}$ bestimmt, woraus die Druckabhängigkeit der Korrosions-Geschw. zu $k = C_2 \cdot p^4$ abgeleitet wird. Der sehr dünne Oxidfilm war ein amorphes Oxid mit verteilten Keimen u. Whiskern aus α-Al_2O_3. Einige H_2-Blasen waren an den Korngrenzen des Metalls angelagert, wie sich metallograph. nachweisen ließ. Der Mechanismus des Eindring-Korrosionsangriffs wird mit der H-Anlagerung in Zusammenhang gebracht. H. Hochstein 6538◇

2152 **Feuerseitige Korrosion in ölgefeuerten Dampfkesseln.** L. K. Rendle, R. D. Wilsdon und G. Whittingham. (Corrosion Prevent. and Control **7**, Nr. 6, 37—48, Nr. 8, 42—45, 1960; engl. — C. **1960**, 13189.)
W. Wesly 6538◇

2153 **Schutzbelüftung.** M. Vassie. (Corrosion Prevent. Control **7**, 47, 1960; Colt Ventilation Ltd.; engl.) — Zum Schutz von Stahlteilen, Isolierungen usw. im Innern von Gebäuden vor Korrosionen durch Kondens. von Feuchtigkeit muß die relative Feuchtigkeit der Luft durch Vermischen mit Luft geringerer relativer Feuchtigkeit (u. nach Möglichkeit durch Temp.-Senkung) vermindert werden. Dazu ist eine geeignete Belüftung erforderlich. W. Wesly 6538◇

2154 **Elektrochemische Verfahren zur Korrosionsuntersuchung.** A. G. Gobjilă und E. Ludoşan. (Petrol şi Gaze **12**, 261—66, 1961; rum.) — Der Korrosionsschutz der Tiefausrüstung von Sonden wird beschrieben. Schnelle u. genaue Verff. zur Best. der Korrosions-Geschw. u. der optimalen Schutzmittelmenge werden angegeben.
R. Grundmann 6540◇

2155 **Beständigkeit von Aluminium und Al-Legierungen gegen Schwefelwasserstoff bei höheren Drücken.** Rolf Erstling. (Chemiker-Ztg./Chem. Apparatur **86**, 889—94, 1962; Butzbach, Werkstoffstelle der Pintsch Bamag Akt.-Ges.; dt.) — Das Verh. von *Al* u. seinen Legg. gegenüber H_2S unter erhöhten Drücken wird untersucht. Die Korrosion von Al durch H_2S geschieht durch Lochfraß-Bldg., die mittels der statist. Theorie der extremen Werte rechner. erfaßt werden kann. Vgl.-Verss. mit N_2 bei höherem Druck führten zu einer Zerstörung des Gefüges durch interkristalline Korrosion. Auswirkungen des Schweißvorgangs auf die Korrosionsbeständigkeit der Werkstoffe wurden an *Reinst-Al* (99,99%) festgestellt. Wilhelm Lange 6540◇

2156 **Carbidwerkzeug-Verschleißuntersuchungen durch mikroskopische, radioaktive und Reibungs-Methoden.** B. Colding. (Jernkontorets Ann. **147**, 160—99, 1963; Västeras, ASEA; engl.) — Eine Beziehung zwischen der Lebensdauer des Werkzeugs u. seiner Schnitt-Geschw. wird auf Grund von mkr. u. Reibungsmessungen aufgestellt. Mit der Meth. der radioakt. Indicatoren werden die Abriebergebnisse erhärtet. — 21 Literaturangaben. H. Fahlenbrach 6546◇

2157 **Untersuchungen über das Verschleißverhalten von Hartmetallwerkzeugen.** M. Gappisch. (Jernkontorets Ann. **147**, 133—59, 1963; Aachen, TH, Labor. für Werkzeugmaschinenbau u. Betriebslehre; dt.) — Diskutiert wird der Einfl. der Diffusions- u. Schweißprozesse zwischen Werkzeug u. Werkstück bei verschiedenen Schnitt-Geschw. u. anderen Schnittvariablen. Ferner wird auf die Bedeutung der α–γ-Umwandlung in der Fließzone hingewiesen. — 21 Literaturangaben. H. Fahlenbrach 6546◇

2158 **Zum Verschleißverhalten von Sinterhartmetallen und Hartlegierungen.** O. Knotek. (Jernkontorets Ann. **147**, 116—32, 1963; Düsseldorf, Gebr. Böhler & Co., Akt.-Ges.; dt.) — Zur Erörterung der Verschleißfestigkeit von Hartmetallen u. Hartlegg. werden die physikal. u. metallurg. Grundlagen, bes. im Hinblick auf die Vorgänge in der Bindephase, herangezogen. Dazu werden auch experimentelle Beiträge zum Syst. *Co–W–Cr–C* u. zur Ausscheidung der Carbide aus *Co–WC*-Legg. gebracht. — 16 Literaturangaben.
H. Fahlenbrach 6546◇

2159 N. G. Klimenko, L. W. Zarenko und T. M. Kaląschnikowa, **Flotieren von Cu–Zn-Erzen** unter Verw. von Cyaniden zum Drücken von Zn-Mineralien. Bei einem Verbrauch von 1,5 (kg/t) Cyanid werden anschließend 0,5 Anionenaustauscher zugesetzt, um Depression von Cu-Erzen, bes. Chalkopyrit, zu verhindern. (**UdSSR. P. 134 220** vom 19/5. 1960.) L. Großner 6363

2160 American Chrome Co., Nev., übert. von: Dwight L. Harris Nye, Mont., V.St.A., **Anreicherung von Chrom in chromhaltigen Erzen,** bes. zur Herst. von *Ferrochrom*, gek. durch folgende Verf.-Stufen: Mahlen des Erzes auf feines Korn, Mischen des Mahlguts mit *C-haltigem Red.-Mittel* (Kohle, Koks oder KW-Stoffe — gasförmig, fl. oder fest), Erhitzen des Gemisches auf 900—1300°, Laugen des gerösteten Materials in H_2SO_4 (pH $\approx$2—6, bes. 4), Trennen der Lsg. vom Rückstand, Trocknen des Rückstandes, Pelletisieren u./oder Sintern des Rückstandes als Vorbereitung zum Schmelzen. Auf diese Weise kann das Verhältnis Cr : Fe von $< 1{,}5 : 1$ auf $> 3 : 1$ erhöht werden bei einer Cr-Ausbeute bis 99,9%. (**A. P. 2 905 546** vom 5/12. 1957, ausg. 22/9. 1959.)
K. Bayer 6378

2161 E. I. du Pont de Nemours & Co., Wilmington, Del., übert. von: Willem Jan Siemons, Landenburg, Pa., V.St.A., **Reinigung von hochschmelzenden Metallen,** bes. von *Nb, Ta* u. *Mo* u. deren *Legg.*, durch Schmelzen von *hohlen* Abschmelzelektroden aus diesen Metallen oder Legg. im Lichtbogenofen unter Vakuum oder inertem Gas. Die in den Ofen eingesetzten Elektroden haben eine durchgehende axiale Bohrung, zusätzlich kann auch noch eine seitliche Bohrung vorgesehen werden. Durch den Druckunterschied im Ofen u. in der axialen Bohrung werden die Verunreinigungen im Lichtbogenplasma verdampft u. über die Bohrungen in den Ofen abgeführt; auf diese Weise werden die Metalle beim Umschmelzen der Elektroden gereinigt. (**A. P. 2 899 294** vom 10/6. 1958, ausg. 11/8. 1959.) K. Bayer 6381

2162 Enrico Alessandrini und Rodolfo Fattori, Florenz, Italien, **Rückgewinnung von wertvollen Metallen aus Abfällen** durch Schmelzen unter Zugabe von Flußmitteln (Na_2CO_3, $CaCO_3$, Na_3BO_3, H_3BO_3, CaF_2, SiO_2, Metalloxide) u. Red.-Mitteln (C, Metalle), dad. gek., daß man im rotierenden Ofen schmilzt. — Vorr., Zeichnung. (**It. P. 562 758** vom 26/11. 1956.) K. Koebke 6381

2163 I. A. Kusin, A. M. Ssemuschin und W. F. Jewdokimow, **Strahlenchemische Reduktion von Cu^{2+}** an Ionenaustauschern mit γ-Quanten. 7% des am Kationenaustauscher KU 2 fixierten Cu^{2+} werden nach ^{60}Co-Bestrahlung mit $4 \cdot 10^8$ r in wss. Phase als feinkrist. Metall abgeschieden. (**UdSSR. P. 134 422** vom 19/5. 1960.) L. Großner 6433

2164 Harvey L. Slatin, New York, N.Y., V.St.A., **Herstellung von Aluminium hoher Reinheit durch Schmelzflußelektrolyse,** bei der Roh-Al unter Verw. einer fl. bipolaren Elektrode raffiniert wird, dad. gek., daß innerhalb einer gemeinsamen Zelle zunächst prim. Al durch Einleiten von gasförmigem *$AlCl_3$* unter die Oberfläche der fl. bipolaren Elektrode aus Al, das bes. mit *Cu* legiert ist, in einer Anolytenkammer hergestellt wird, deren Anolyt aus einem Al_2O_3- u. Al-Halogenid-freien Schmelzbad u. mindestens einem Salz der Gruppe der Alkali- u. Erdalkalihalogenide besteht, wobei zumindest eines dieser Salze das Chlorid ist, u. das Schmelzbad eine geringere Dichte als die fl. Al-Leg. hat, u. daß in der 2. Stufe in einer Katholytenkammer das mit der fl. bipolaren Elektrode legierte Al in bekannter Weise nach Art der Dreischichtenelektrolyse raffiniert wird, wobei als Katholyt ein Al_2O_3-freies Schmelzbad aus mindestens einem Salz der Alkali- u. Erdalkalihalogenide zusammen mit *AlF_3* verwendet wird. — 1 Zeichnung. (**D. A. S. 1 152 550** Kl. 40c vom 28/12. 1959, ausg. 8/8. 1963. **A. P. 2 919 234** vom 3/10. 1956, ausg. 29/12. 1959.) K. Bayer 6447

2165 Aluminium Laboratories Ltd., Montreal (Erfinder: Ethan Allen Hollingshead und Norman William Frederick Philips, Arvida), Quebec, Canada, **Herstellung von reinem Aluminium nach dem Subhalogenid-Verfahren,** wobei dissoziierende Halogenide der verunreinigenden Metalle, bes. des *Mn*, aus Al-Subhalogeniddämpfen entfernt werden, dad. gek., daß ein Strom von *AlCl*-Dämpfen, der mit *$MnCl_2$* verunreinigt ist, in eine Rektifizierkolonne eingeführt wird u. daß ferner ein Strom fl. Al an einer höher gelegenen Stelle der Rektifizierkolonne eingeführt wird, so daß sich das fl. Al im Gegenstrom zu den aufsteigenden verunreinigten AlCl-Dämpfen bewegt u. dabei kondensiertes Mn aufnimmt, wobei das gereinigte AlCl am oberen Ende der Kolonne abgezogen u. in einem bes. Zers.-Kondensator zur Bldg. von reinem Al zersetzt wird. (**D. A. S. 1 149 175** Kl. 40a vom 8/11. 1960, ausg. 22/5. 1963. A. Prior. 12/11. 1959.) K. Bayer 6447

2166 Aluminium Laboratories Ltd., Montreal (Erfinder: Ethan Allen Hollingshead, Norman William Frederick Philipps und Frederick William Southam, Arvida), Quebec, Canada, **Kondensation und Zersetzung einer gasförmigen Aluminiumverbindung, besonders eines Aluminiumsubhalogenids,** dad. gek., daß die Al-Verb. längs der Bahn fortgeleitet wird, die durch Oberflächen aus Graphit begrenzt ist, der eine scheinbare Dichte von $>1{,}5$ hat, wobei dieser Graphit so gekühlt wird, daß seine Oberflächen-Temp. im Bereich von 1200—660° liegt. (**D. A. S. 1 148 083** Kl. 40a vom 8/11. 1960, ausg. 2/5. 1963. A. Prior. 12/11. 1959.) K. Bayer 6447

2167 National Research Corp., Cambridge, übert. von: Frank C. Benner, Waltham, und Earl E. Chadrey jun., Sudbury, Mass., V.St.A., **Herstellung von Titan durch Schmelzflußelektrolyse** aus *$TiCl_4$*-Dampf, der in einen schmelzfl. Elektrolyten aus 40 (%) LiCl, 53,2 KCl u. 6,4 NaCl eingeführt wird. Das kathod. abgeschiedene Ti-Pulver wird in einer Vakuumkammer durch Dest. gereinigt. — Vorr., 3 Figuren. (**A. P. 2 880 156** vom 23/6. 1951, ausg. 31/3. 1959.) K. Bayer 6449

2168 Union Carbide Corp., New York (Erfinder: Roger Allan Perkins, Tonawanda, und Max Lewis Pochon, Niagara Falls), N.Y., V.St.A., **Verwendung von Tantal-Titan-Legierungen zur Herstellung harter, warmfester, korrosions- und oxydationsbeständiger, schmiedbarer und leicht kalt verarbeitbarer Gegenstände** mit erhöhtem elektr. Widerstand u. erhöhter maximaler elast. Dehnung. Die zur Verw. gelangenden Legg. bestehen aus 4—30 (%) Ti, Rest Ta. — Vgl. auch Oe. P. 206 183; C. **1961**, 9583 u. F. P. 1 210 714; C. **1962**, 2161. (**D. A. S. 1 151 126** Kl. 40b vom 11/6. 1958, ausg. 4/7. 1963. A. Prior. 12/6. 1957.) C. F. Gross 6449

2169 United Kingdom Atomic Energy Authority (Erfinder: James Elgie Lloyd und Donald Duxbury), London, England, **Herstellung von Uran aus Urantetrafluorid** mit *Mg*, wobei das Rk.-Gemisch verdichtet u. auf Rk.-Temp. erhitzt wird, dad. gek., daß das Erhitzen in *2 Stufen* ausgeführt wird, u. zwar derart, daß zunächst der Rk.-Behälter evakuiert u. das Rk.-Gemisch auf eine unterhalb der Rk.-Temp. liegende Temp. erhitzt wird u. daß das Gemisch erst danach auf Rk.-Temp. unter z. B. Ar gebracht wird. (**D. A. S. 1 148 084** Kl. 40a vom 19/1. 1960, ausg. 2/5. 1963. E. Prior. 22/1. 1959.) K. Bayer 6449

2170 Ss. Ss. Korowin, A. M. Resnik und L. P. Boltromejuk, **Extraktion von Gallium** aus salzsauren oder mit *NaCl* gesätt. schwefelsauren Lsgg., die bes. *Al, Fe* u. *Cu* enthalten, mit 20%ig. Lsgg. von *Tributylphosphat* in einem inerten Lsgm., z. B. Dichloräthan. Aus Lsgg. mit 3,8n HCl gehen 96,4% *Ga* in die organ. Phase, die mit W. oder 1—3%ig. wss. Alkali reextrahiert wird. — Tabellen. (**UdSSR. P. 134 426** vom 31/3. 1960.) L. Großner 6449

2171 Continental Titanium Metals Corp. G.m.b.H., Krefeld (Erfinder: Jack Alan Yoblin, Rosewille, Mich., V.St.A.), **Herstellung von Titanpulver** durch Dehydrieren von Pulver aus hydriertem Ti durch Erhitzen auf erhöhte Temp. in einem evakuierten Behälter, gek. durch die zeitliche Aufeinanderfolge folgender 3 Verf.-Stufen: a) Erhitzen des Pulvers aus hydriertem Ti auf ca. 400° unter ständigem Evakuieren bis zu einem Druck von wenigstens 10^{-2} mm Hg; b) weiteres Erhitzen auf ca. 650—750° unter Einstellung eines H_2-Drucks von mindestens ca. 500 mm Hg; c) erneutes Evakuieren u. Halten der Temp. zwischen 450—750° so lange, bis das Ti vollständig dehydriert ist. (**D. A. S. 1 149 537** Kl. 40a vom 24/7. 1959, ausg. 30/5. 1963.) K. Bayer 6475

2172 E. I. du Pont de Nemours & Co., Wilmington, Del., V.St.A., **Pulvermasse zur Herstellung von Formkörpern aus einer Molybdän-Silicium-Legierung** besteht aus 45—65 (%) Mo, 2—19 *N*, Rest 19—53 Si u. übliche Verunreinigungen, wobei die Teilchen im wesentlichen alle eine Korngröße unter 75 μ aufweisen. Bes. enthält die Pulvermasse neben wenigstens einem Teil an elementarem Mo u./oder Si den N in Form der Verb. Si_3N_4. Mo u. Si können auch wenigstens teilweise als Mo-Si-Leg. vorliegen. Die Herst. der Formkörper kann durch Kaltpressen u. anschließendes Sintern bei wenigstens 900°, bes. oberhalb 1300°, oder durch Warmpressen bei wenigstens 900°, bes. bei 1300—1700°, unter einem Druck von wenigstens 1000 lbs./sq.in., bes. 2000—5000 lbs./sq.in., erfolgen. Die Formkörper aus der Leg. zeichnen sich durch hohe Schlagfestigkeit sowie durch hervorragende Oxydationsbeständigkeit u. hohe Zugfestigkeit bei erhöhten Temp., z. B. bis 1500°, aus. Sie können daher für *Schneidwerkzeuge, Heizelemente* u. für Bauteile verwendet werden, die hohen Temp. ausgesetzt sind, z. B. *Turbinenschaufeln* u. andere Teile von Düsenmotoren. — Zustandsdiagramm. (**E. P. 924 414** vom 1/1. 1960, ausg. 24/4. 1963. A. Prior. 17/2. 1959.) C. F. Gross 6475

2173 Soc. d'Exploitation des Matérials Hispano-Suiza, Frankreich, **Vorbehandeln von Metallen vor dem Nitrieren.** Die Metalle, wie austenit. Stähle, Ti u. seine Legg., Legg. des Zr, werden durch elektrolyt. Behandlung entpassiviert, indem sie in salzsauren Elektrolyten, der *$CuSO_4$* oder *$CuCl_2$* enthält, mit Stromdichten von 2—50 (A/dm²), bes. von 5, behandelt werden. Hierbei wird gleichzeitig eine *Cu*-Schicht niedergeschlagen, die den einzudiffundierenden N_2 durchläßt u. eine Repassivierung verhindert. (**F. P. 1 269 196** vom 28/6. 1960, ausg. 13/12. 1961.) F. Markhoff 6493

2174 Union Carbide & Carbon Corp., V.St.A. (Erfinder: Rudolph Thomas Breymeier), **Elektroschweißverfahren.** Die Schweißstelle wird durch ein Gasgemisch aus O_2 u. Ar oder He geschützt; O_2-Geh. 0,1—50%. Dem Schweißstrom von ca. 100 A/mm² wird ein hochfrequenter Wechselstrom überlagert. — Schemat. Zeichnung. (**F. P. 69 477** vom 14/3. 1956, ausg. 7/11. 1958. A. Prior. 15/3. 1955. **Zusatz zu F. P. 1 052 882; C. 1957, 7239.**) J. Bardeleben 6507

2175 Air Reduction Co., Inc., V.St.A. (Erfinder: Harold R. Lyons), **Elektroschweißverfahren.** Zum Schutz gegen Oxydation werden die zu schweißenden Stellen eines Werkstückes mit festem CO_2 belegt, das sublimiert u. ständig eine Schutzgasatmosphäre schafft. — Abbildung. (**F. P. 1 150 236** vom 25/5. 1956, ausg. 9/1. 1958. A. Prior. 27/5. 1955.) J. Bardeleben 6507

2176 Air Liquide (Soc. An. pour l'Étude et l'Exploitation des Procédés Georges Claude), Frankreich (Erfinder: Pierre Soulary und Pierre Reynould), **Elektroschweißverfahren für weiche Stähle.** Als Schutzgas wird Rohargon mit 0,5% N_2, dem 10—25 O_2 oder CO_2 zugesetzt ist, verwendet. Bei O_2-Zusatz muß die Schweißelektrode 0,8—1,2 (%) Si, 0,8—1,5 Mn, 0,1—0,2 Ti u. wenig C oder 0,3—0,5 Si, 0,5—1,5 Mn, 0,1—0,2 Ti, 0,1—0,2 Zr u./oder Al enthalten; bei CO_2-Zusatz können gewöhnliche Schweißdrähte mit 1% Desoxydantien verwendet werden. (**F. P. 1 155 581** vom 6/7. 1956, ausg. 6/5. 1958.) J. Bardeleben 6507

2177 Comp. Générale du Duralumin et du Cuivre, Frankreich (Erfinder: Marcel Fournaire und Albert Trompier), **Widerstandsschweißung von Al und seinen Legierungen.** Auf die zu schweißenden Stellen werden monomere oder polymere organ. N-Verbb., bes. langkettige Amine, oder höhere Alkohole gebracht. Über den Reinigungseffekt hinaus gestatten diese Verbb. die Auswaschung von Cu-Elektroden. — 2 Zeichnungen. (**F. P. 1 166 746** vom 13/2. 1957, ausg. 14/11. 1958.) J. Bardeleben 6507

2178 British Oxygen Co. Ltd., England, **Elektrode für Elektroschweißverfahren.** in CO_2-Atmosphäre aus einem Eisenkern u. einer Hülle aus Flußmittel u. Desoxydantien. Hauptbestandteil der Hülle ist TiO_2. — Zum Beispiel: 45—60 (Gew.-Teile) TiO_2, 4—12 CaF_2, 12—24 Feldspat, 10 bis 20 Ferrolegg., wie Ferromangan, -silicium, -titan, -aluminium. — Weitere Beispiele. — 2 Zeichnungen. (**F. P. 1 177 034** vom 28/5. 1957, ausg. 20/4. 1959. E. Prior. 29/5. u. 26/11. 1956.) J. Bardeleben 6507

2179 Entreprise de Soudure autogène de Berlaimont (E.S.A.B.), Frankreich, übert. von: Elektriska Svetsningsaktiebolaget, **Schweißelektrode.** Ein Eisenstab wird mit einer Mischung folgender Zus. umpreßt: 45 (Teile) $CaCO_3$ u. CaF_2, 10 ZrO_2, 5 SrO_3, 2 TiO_2, 35 *Fe*-Pulver. Außerdem kann *Ferrosilicium, Ferromangan*, $BaCO_3$, $MgCO_3$ u. Na_3AlF_6 hinzugefügt werden. Als Bindemittel wird K_4SiO_4 verwendet. (**F. P. 1 154 395** vom 6/7. 1956, ausg. 8/4. 1958. Schwed. Prior. 7/7. 1955.) J. Bardeleben 6507

2180 Étienne Spire, Frankreich, **Schweißelektrode** aus Fe, das nach dem Puddelprozeß hergestellt wird. Die eingeschlossene Schlacke, die als Flußmittel dient, hat folgende Zus.: 1. *saure Schlacke*: 60—75 (%) Fe_2O_3, FeO, 8—15 SiO_2, 1,5—5 CaO, 8—25 TiO_2, 1—5 MnO, 1—5 K_2O, Na_2O. 2. *bas. Schlacke*: 5—15 TiO_2, 0—10 Al_2O_3, 20—35 CaO, 5—10 K_2O, Na_2O, 5—15 MnO, 0—5 SiO_2, 20—30 CaF_2, 0—5 B_2O_3, 0—10 Fe_2O_3, FeO. (**F. P. 1 150 458** vom 4/5. 1956, ausg. 14/1. 1958.) J. Bardeleben 6507

2181 P. P. Baranow, **Ätzen von Stahl** nach Wachsschablonen mit 25%ig. alkohol. *Jod*-Lösung. (**UdSSR. P. 133 730** vom 14/3. 1960.) L. Großner 6513

2182 A. M. Okonischnikow und A. M. Wartanjan, **Abscheidung von Cu, Cd und Tl aus Zn-Lösungen** an in der Lsg. rotierenden Cu- oder Edelstahlscheiben, die mit ebenfalls in die Lsg. eintauchenden Zn-Zylindern kurzgeschlossen sind. (**UdSSR. P. 134 424** vom 28/4. 1960.) L. Großner 6517

2183 Dayton Bright Copper Co., übert. von: Charles Nelson Abbott, Trotwood, Ohio, V.St.A., **Glanzkupferbad** besteht aus $CuSO_4$, H_2SO_4 u. einem prim. Glanzzusatz in einer Menge von 5—50 mg/Liter Badlösung. Dieser Zusatz besteht aus *Pyridin, Thioharnstoff, Allylthioharnstoff* oder *Acetylthioharnstoff*. Ein weiterer Zusatz besteht aus 0,005—0,5 g/Liter *Polyacrylamid*. (**A. P. 2 954 331** vom 14/8. 1958, ausg. 27/9. 1960.) F. Markhoff 6517

2184 Louis Henri Andrain de la Croix und Marcel Jérôme Cohen, Frankreich, **Bad für die elektrolytische Verchromung** enthält neben CrO_3 bas. Salze, die Bldg. von *Chromaten* u. *Polychromaten* bewirken. Außerdem wird der Geh. an SO_4-Ionen auf weniger als 1 g/Liter gehalten. Die SO_4-Ionen werden als *Sulfate* des *V*, *Co* oder *Ni* in das Bad eingeführt. Beispiel: 400 (g/Liter) CrO_3, 40 Li_2CO_3, 5 V-Sulfat, 1 cm^3 Methylalkohol. Die Ndd. sind homogen. (**F. P. 1 269 057** vom 1/7. 1957, ausg. 13/12. 1961.) F. Markhoff 6519

2185 Commissariat à l'Énergie Atomique, Paris (Erfinder: Louis Facquet, Vaucresson, Seine-et-Oise, Jacques Daboval, Clichy, Seine, und Guy Chauvin, Fontenay-aux-Roses, Seine), Frankreich, **Galvanisches Nickelbad,** bes. zum Abscheiden von Ni-Überzügen auf U-Stäben, die in Kernreaktoren verwendet werden, dad. gek., daß es aus $NiSO_4$ oder $NiSO_4$-$NiCl_2$ mit einem Geh. von weniger als 15 g/Liter Cl-Ionen u. *K*- oder *Na-Alaun* in einer Konz. von mehr als 15 g/Liter an krist. Salz besteht. Zum Beispiel 280 (g/Liter) $NiSO_4 \cdot 7\ H_2O$, 70 $K_2Al_2(SO_4)_4 \cdot 24\ H_2O$. Das Bad wird bei einem pH-Wert von 3—3,5, einer Temp. von 40—60° u. einer Stromdichte von 1 A/dm^2 betrieben. (**D. A. S. 1 144 073** Kl. 48a vom 27/2. 1961, ausg. 21/2. 1963. F. Prior. 22/3. 1960.) H. Hänle 6521

2186 Sperry Rand Corp., New York, N.Y. (Erfinder: Joseph S. Mathias, Riverton, N.J., und Edwin F. Schneider, Jenkintown, Pa.), V.St.A., **Galvanisches Abscheiden eines Nickel-Eisen-Überzugs.** Dem Ni- u. Fe-Salze enthaltenden Bad werden 0,05—0,4 g/Liter, bes. 0,08 bis 0,3, *Alkalihypophosphit* zugesetzt. pH-Wert der Lsg. unter 3, bes. 1,7—2,8. Zweckmäßig wird in Ggw. eines starken magnet. Feldes gearbeitet, dessen Kraftlinien parallel zu der Ebene des Überzuges verlaufen. Die so erzeugten Schichten besitzen geringe Koerzitivität H_c u. H_k u. eine kleine Umschlagzeit. Man arbeitet mit Stromdichten von 5—6 mA. In 60 Sek. wird ein Film von 800 Å niedergeschlagen. Diagramme. (**D. A. S. 1 147 817** Kl. 48a vom 30/9. 1961, ausg. 25/4. 1963. A. Prior. 5/10. 1960.) F. Markhoff 6521

2187 Guy Villette und René Glenat, Frankreich, **Glanzzusatz für galvanische Nickelbäder** besteht aus *Methylsalicylat* oder einer Verb. der allg. Formel $Ar\langle^{OH}_{COOR}$. In dieser bedeutet Ar eine ein- oder mehrkernige aromat. Verb. u. R eine einwertige gesätt. oder ungesätt. aliphat. Gruppe oder eine cycl., aromat. oder heterocycl. Gruppe. Zusammen mit einem Zusatz von aromat. Sulfonsäuren oder ihren Alkalisalzen oder Salzen des Mg oder Ni sowie von aromat. Sulfamiden oder Sulfimiden werden glänzende u. duktile Ni-Ndd. erhalten. (**F. P. 1 225 637** vom 9/10. 1959, ausg. 8/5. 1961.) F. Markhoff 6521

2188 I.P.E.R., Turin, Italien, **Mischung zum Verzinken von Kühlern für Kraftfahrzeuge,** bestehend aus 1—10 (%) $ZnCl_2$, 1—10 *HCl*, 0,001—0,2 „*Teepol*", 0,03—0,9 $C_9H_{20}N_2S$, $C_6H_{12}N_2S$ oder $C_7H_{16}N_2S$ oder eines Gemisches dieser Verbb. u. W. ad 100. (**It. P. 562 642** vom 13/11. 1956.) K. Koebke 6523

2189 F. I. Belkind, N. A. Bedritzki, Ss. I. Wolfson, R. A. Gwirz, L. D. Sacharotschkin, O. G. Fedotow und Ch. I. Tschesskiss, **Korrosionsschutz von Ventilfedern** in benzinhaltiger Atmosphäre durch aufeinanderfolgende Überzüge von *Zn*, *Al* u. *Perchlorvinyllack*. (**UdSSR. P. 133 731** vom 14/3. 1960.) L. Großner 6529

2190 Gio-Battista Masera, Turin, Italien, **Herstellung eines Korrosionsschutzmittels für Metalle.** 50 (Teile) *Walratöl* werden mit 50 *Naphtha* (D. ca. 0,94) vermischt, auf 50—60° erwärmt, 25 *Vaseline*, 5 *Paraffin* u. 175 *Graphit* eingerührt u. abgekühlt. (**It. P. 522 401** vom 15/10. 1952.) K. Koebke 6529

2191 Henri Wache, Frankreich, **Korrosionsschutzüberzugsmittel** für Metalle u. andere Stoffe, bes. für Rohre aus Stahl, Zement oder Beton. Zunächst wird ein Gemisch von Steinkohlenteer, Braunkohlenteer, Steinkohlenschweröl oder Erdölschweröl u. Epoxyharz aufgetragen u. danach ein Härtemittel für das Epoxyharz, z. B. Diäthylentriamin (**I**), zweckmäßig im Gemisch mit Sand u. Braunkohlenteer, als feste körnige Masse aufgestreut. — Zum Beispiel enthält das erste Auftragungsmittel 60 (%) Anthracenöl, 30 Epoxyharz u. 10 Steinkohlenteer u. das zweite 85 Sand, 1 I u. 12 Steinkohlenteer. (**F. P. 1 293 072** vom 28/3. 1961, ausg. 17/10. 1962.) M. F. Müller 6529

2192 L. F. Grigorjewa, **Korrosionsschützende Überzüge auf Al und dessen Legierungen** durch eine Epoxidharzkomposition nach UdSSR. P. 110 749. Einschichtige Überzüge werden durch Aufbringen einer Mischung von 100 (Teilen) *Epoxidharz ED 5* (**I**) u. 8 *Polyäthylenpolyamin* (**II**) auf die 120° warmen Teile u. je 1std. Trocknen an Luft, bei 100, 150 u. 170° erhalten. Es kann auch zuerst eine Unterschicht aus 100 **I**, 8 **II**, 20 *Dibutylphthalat* u. 100—200 *Quarzmehl* u. nach Härten eine zweite Schicht aus **I, II** u. *anorgan. Pigmenten* aufgebracht werden. (**UdSSR. P. 125 996** vom 4/5. 1959. **Zusatz zu UdSSR. P. 110749; C. 1963, 22966.**)

L. Großner 6529

2193 **British Oxygen Co. Ltd.**, London, England, *Verfahren zum Feinen von Eisenschmelzen.* (**Ind. P. 70 924** vom 1/3. 1960. E. Prior. 13/3. 1959. — C. **1963,** 7154 [E. P. 878 386].)

2194 **International Nickel Co. of Canada Ltd.** (Erfinder: **Paul Etienne Queneau, Stanley Charles Townshend und Roland Stansfield Young**), *Gewinnung von Kobalt.* (**Aust. P. 237 776** vom 3/2. 1958, ausg. 22/3. 1962. A. Prior. 6/2. 1958. — C. **1961,** 17741 [F. P. 1 222 865].)

2195 **Metal & Thermit Corp.** (Erfinder: **Frank Passal**), *Galvanisches Kupferbad.* (**Aust. P. 237 572** vom 25/1. 1960, ausg. 15/3. 1962. A. Prior. 19/3. 1959. — C. **1962,** 15397 [F. P. 1 250 128].)

2196 **Alfred Teves Maschinen- und Armaturenfabrik K.G.**, Frankfurt/M., übert. von: **Gerhard Kubera und Gisela Prasse,** Blumberg, *Herstellung von Aluminiumüberzügen.* (**A. P. 2 987 805** vom 24/5. 1957, ausg. 13/6. 1961. D. Prior. 26/5. 1956. — C. **1960,** 958 [Oe. P. 199 963].)

2197 **Soc. Continentale Parker,** Frankreich, *Bildung von Schutzüberzügen auf Metallen.* (**F. P. 1 271 331** vom 20/9. 1960, ausg. 17/1. 1962. E. Prior. 21/9. 1959. — C. **1963,** 9890 [E. P. 886 594].)

2198 **Metallgesellschaft Akt.-Ges.**, Frankfurt/M., *Bildung von Schutzüberzügen auf Metallen.* (**Oe. P. 222 459** vom 20/9. 1960, ausg. 25/7. 1962. E. Prior. 21/9. 1959 u. 29/8. 1960. — C. **1963,** 9890 [E. P. 886 594].)

2199 **Kaiser Aluminum & Chemical Corp.**, Oakland, Calif. (Erfinder: **Bruce Elmer Deal,** Spokane, Wash., und **Larry Swanson,** Cœur D'alene, Idaho), V.St.A., *Wässerige Lösung und Verfahren zur Erzeugung von gefärbten und abriebfesten Überzügen auf Aluminium durch anodische Oxydation.* (**D. A. S. 1 145 888** Kl. 48a vom 14/4. 1959, ausg. 21/3. 1963. A. Prior. 14/4. 1958. — C. **1962,** 4334 [E. P. 850 576].)

2200 **Metallgesellschaft Akt.-Ges.**, Frankfurt/M. (Erfinder: **Walter R. Cavanagh,** Detroit, und **James I. Maurer,** St. Clair Shores, Mich., V.St.A.), *Kaltreinigen und Phosphatieren von Metallen.* (**D. A. S. 1 151 708** Kl. 48d vom 2/9. 1958, ausg. 18/7. 1963. A. Prior. 29/11. 1957. — C. **1963,** 14847 [A. P. 3 007 817 u. E. P. 871 606].)

2201 **Gerhard Collardin G. m. b. H.**, Köln, *Phosphatieren von Metallen.* (**E. P. 905 008** vom 26/2. 1960, ausg. 5/9. 1962. D. Prior. 27/2. 1959. — C. **1962,** 9143 [D. A. S. 1 098 322].)

2202 **Gerhard Collardin G. m. b. H.**, Köln, *Phosphatieren von Metallen.* (**E. P. 905 853** vom 26/2. 1960, ausg. 12/9. 1962. D. Prior. 27/2. 1959. — C. **1961, 15920** [D. A. S. 1 095 081].)

2203 **Metallgesellschaft Akt.-Ges.**, Frankfurt/M. (Erfinder: **Jean Bary,** Neuilly-sur-Seine, Frankreich), *Phosphatieren von Metalloberflächen.* (**D. A. S. 1 153 222** Kl. 48d vom 9/1. 1957, ausg. 22/8. 1963. E. Prior. 18/1. 1956. — C. **1959,** 618 [F. P. 1 141 140].)

2204 **Metallgesellschaft Akt.-Ges.**, Frankfurt/M. (Erfinder: **Dennis Brian Freeman,** North Harrow, Middlesex, England), *Phosphatieren von Metalloberflächen.* (**D. A. S. 1 145 893** Kl. 48d vom 28/1. 1960, ausg. 21/3. 1963. E. Prior. 12/2. 1959. — C. **1962,** 15398 [F. P. 1 247 850].)

2205 **Gerhard Collardin G. m. b. H.**, Köln, *Herstellung feinkristalliner, dünner, festhaftender Phosphatschichten auf Metallen.* (**E. P. 903 151** vom 29/2. 1960, ausg. 15/8. 1962. D. Prior. 27/2. 1959. — C. **1963,** 2230 [D. A. S. 1 095 625].)

2206 **Pyrene Co. Ltd.**, Brentford, Middlesex, England, *Herstellung von Phosphatüberzügen auf Eisen.* (**E. P. 884 954** vom 20/7. 1960, ausg. 20/12. 1961. A. Prior. 20/7. 1959. — C. **1963,** 10 666 [Oe. P. 215 763].)

2207 **Metallgesellschaft Akt.-Ges.** (Erfinder: **Heinz Keller, Werner Rausch** und **Heinrich Fleischhauer**), Frankfurt/M., *Aufbringen von Phosphatschichten.* (**D. A. S. 1 147 819** Kl. 48d vom 17/12. 1952, ausg. 25/4. 1963. — C. **1957,** 8935 [Oe. P. 186 484].)

2208 **Stefan Klinghoffer,** Wien, Österreich, *Phosphatschichten zur Verbesserung der Kaltverformung von Eisen- und Stahldrähten oder -bändern.* (**Oe. P. 222 974** vom 14/4. 1956, ausg. 27/8. 1962. D. Prior. 10/11. 1955. **D. A. S. 1 103 108** Kl. 48d vom 10/11. 1955, ausg. 23/3. 1961. — C. **1961,** 4877 [F. P. 1 192 515].)

2209 **Metallgesellschaft Akt.-Ges.** (Erfinder: **Heinz Keller, Hellmuth Kempf** und **Rudolf Brodt**), Frankfurt/M., *Herstellung von festen Gemischen zur Herstellung von Phosphatierungslösungen.* (**Schwz. P. 349 857** vom 24/11. 1953, ausg. 15/12. 1960. D. Prior. 24/11., 26/11. u. 31/12. 1952 u. 30/10. 1953. — C. **1960,** 4018 [Oe. P. 194 213], C. **1960,** 8677 [Oe. P. 200 413] u. C. **1960,** 1321 [Oe. P. 196 198].)

2210 **Shell Internationale Research Mij. N. V.**, Niederlande, *Verhinderung der Korrosion von Eisen.* (**F. P. 1 274 200** vom 24/11. 1960, ausg. 14/2. 1962. Niederl. Prior. 26/11. 1959. — C. **1963,** 10269 [E. P. 888 682].)

2211 **Solvay & Cie.**, Belgien, *Schutz von Metallen gegen den Angriff durch Sole.* (**F. P. 1 259 807** vom 14/6. 1960, ausg. 11/8. 1961. Belg. Prior. 16/6. 1959. — C. **1963,** 13363 [Oe. P. 218 816].)

H_9. Organische Industrie

2212 **Die Petrochemie als Rohstoffquelle der organischen Chemie.** Otto Horn. (Chemiker-Ztg./Chem. Apparatur **87,** 7—13, **1963**; Frankfurt/Main-Höchst, Farbwerke Hoechst Akt.-Ges., vorm. Meister Lucius & Brüning; dt.). — Anläßlich des 100. Jubiläums der Farbwerke Hoechst wird der von Tag zu Tag wachsende Einfl. der Petrochemie auf die chem. Industrie geschildert. Dabei wird bes. der Einfl. gewürdigt, den die Farbwerke Hoechst auf die Entw. gehabt haben u. noch haben. H. Lütgert 6550◇

2213 **Untersuchung des Phasengleichgewichts fest-flüssig in Systemen von Diphenyl mit isomeren Dimethylnaphthalinen, Naphthalin und Acenaphthen.** Tadeusz Gruberski. (Przemysł chem. **42,** 88—92, 1963; Warszawa, Zakład Fis.-chem. Inst. Chem. Ogólnej; pol.) — Unters. des fest-fl. Gleichgewichts der bin. Syst. aus Diphenyl mit den Isomeren 2.6-, 2.3- u. 2.7-Dimethylnaphthalin, Acenaphthen u. Naphthalin zeigen, daß alle diese Komponenten ein bin. Eutektikum bilden. Es wird festgestellt, inwieweit die untersuchten Syst. mit der Annahme von Swietosławski [1949] übereinstimmen. Für die Mehrzahl dieser Syst. werden die Zus. für das eutekt. Gemisch u. die FF. der bin. Gemische mit mathemat. Beziehungen berechnet. I. Kalzendorf 6550◇

2214 **Zur Theorie der Ölspaltung.** Karla Wencke. (Freiberger Forsch.-H., Reihe A **239,** 83—95, 1962; Berlin; dt.) — Die Rkk. von Cyclohexan, n-Hexan, Bzl., Hexen-(1) u. C_2H_4 mit Wasserdampf in Ggw. von Dolomit- oder CaO-Katalysatoren (mit u. ohne Zusatz von Ni) werden untersucht. Die Ergebnisse lassen darauf schließen, daß W. erst in die Rk. eingreift, wenn durch prim. Spaltprozesse C entsteht, das dann mit W. reagiert. Die Möglichkeit der Aktivierung von W. durch CaO wird diskutiert. K. Strenge H 460◇

2215 **Erfahrungen bei der optimierenden Steuerung einer petrochemischen Synthese mit einem Prozeßrechner.** H. Harders, G. Heller und P. R. Laurer. (Chemie-Ing.-Techn. **35,** 405—10, 1963; Ludwigshafen/Rh., Bad. Anilin- & Soda-Fabrik Akt.-Ges.; dt.) — Die großtechn. Synth. von *Butyraldehyd* u. *Butanol* nach dem Oxo-Verf. wird durch einen Prozeßrechner RW 300 gesteuert. Das Optimierungsziel ist der maximale Gewinn bei vorgegebener Produktionshöhe. Durch eine Regressionsanalyse der Vers.-Daten werden Gleichungs-Syst. erhalten, die mit den Sicherheitsbegrenzungen das mathemat. Modell bilden. Wichtige Daten werden zur Dokumentation der Betriebsergebnisse ausgedruckt.

R. Grundmann H 490◇

2216 **Die Löslichkeit von Acetylen, Äthylen, Propylen und Kohlendioxid in Dimethylformamid bei niedrigen Temperaturen.** Je. R. Schenderei und F. P. Iwanowski. (Gas-Ind. [UdSSR] **7,** Nr. 7, 38—44, 1962; russ.) — Die Unters. der Löslichkeit von *Acetylen* (**I**), *Äthylen* (**II**), *Propylen* (**III**) u. CO_2 in *Dimethylformamid* (**IV**) im Temp.-Bereich +25 bis −55° u. beim Druck von 760 mm Hg sowie der Löslichkeit von **I** in der wss. **IV**-Lsg. (bis zu 10% W.) ergab, daß die Löslichkeit von **I** u. **III** im untersuchten Konz.-Bereich durch die nachstehende Gleichung beschrieben wird: $p_2 = KN_2e^{A/RT(1-\varphi_1^2)}$, wo p_2 = Gleichgewichtsdruck der Komponente über der Lsg., N_2 = Molanteil der Komponente in der Lsg., K = Henry-Koeff., φ_1 = Vol.-Anteil des W. in der Lösung. Auf Grund der Löslichkeiten von **I, II, III** u. CO_2 in **IV** werden die Lösungswärmen ermittelt. Die Selektivität von **IV** gegenüber den Paaren **I**–CO_2, **I–II** u. **I–III** nimmt mit sinkendem p_2-Wert zu. Beim Druck unter 100 mm Hg nimmt die Selektivität mit sinkender Temp. zu, bei höherem Druck zunächst bis zu einem Maximum zu, dann ab. O. Lebtag H 500△

2217 **Die Dichte des flüssigen Propans.** Friedrich-Wilhelm Seemann und Martin Urban. (Erdöl–Kohle–Erdgas–Petrochem. **16,** 117—19, 1963; Berlin-Charlottenburg, Phys.-Techn. Bundesanstalt, Inst. Berlin; München, TH, Elektro-Physik. Inst.; dt.) — Die Dichte von hochreinem Propan (**I**), dessen Fremdstoff-Geh. nach massenspektrograph. Aufnahmen bei < 0,1 Mol-% lag, wird pyknometr. bestimmt. Der erhaltene Wert von 0,50015 ± 0,00003 g/ml bei 20° u. beim Sättigungsdruck von 7,56 kp/cm² ist auf eine Dezimale genauer als bisher bestimmt u. weicht von den Literaturangaben bis zu 0,002 g/ml ab. Die Temp.-Abhängigkeit der **I**-Dichte im Bereich von 5—26° beim jeweiligen Sättigungsdruck u. von −43 bis −70° bei Atmosphärendruck wird gemessen. Daraus ergibt sich der therm. Ausdehnungs-Koeff. von **I** in den genannten Temp.-Bereichen.

K. Triems H 510◇

2218 **Hochreines, preisgünstiges Isobutylen durch das CFR-Verfahren.** André M. Valet, Jean P. Michaux, Jean J. Bellec und H. Russell Sheely. (Erdöl–Kohle–Erdgas–Petrochem. **16,** 100—04, 1963; Le Havre, France, Comp. Franç. de Raffinage; Cambridge, Mass., USA, Bodger Manufact. Co.; dt.) — Eine Vers.-Anlage zur Gewinnung von hochreinem Isobutylen nach dem CFR-Verf. wird beschrieben.

Die bei den Unterss. erhaltenen typ. Ergebnisse hinsichtlich Ausbeuten, Prod.-Qualität, Säurebeständigkeit, Korrosion u. a. mehr werden für 3 Arten von Einsatzmaterial angeführt: Eine C_4-Fraktion der katalyt. Crackung, eine butadienreiche C_4-Fraktion der Dampfcrackung u. eine an n-Buten-(1) reiche Fraktion. Die Betriebskosten für eine Anlage mit einer Kapazität von 36000 t/a werden angegeben. K. Triems H 520◇

2219 **Acetylenproduktion und Energie.** Stanislaw Ksiażkiewicz. (Przemysł chem. **42,** 63—65, 1963; Biuro Projektów Przemysłu Org.; pol.) — Ein Beispiel für den ökonom. Vorteil in den zusammenarbeitenden Betrieben ist die Herst. von C_2H_2 durch Elektroracken von CH_4, die eine Verwertung der im industriellen Bezirk freien Energie gestattet, wenn das Elektrizitätsnetz nicht ausgelastet ist. Auf diese Art wird eine rationelle Ausnutzung der Energieanlagen bei gleichzeitiger Senkung des Preises für C_2H_2 unter die Produktionsselbstkosten, die bei der Herst. nach dem Carbid- u. dem Halbverbrennungs-Verf. entstehen, erreicht. I. Kalzendorf H 530◇

2220 **Ein Verfahren zur Gewinnung von Diäthylsulfat.** B. K. Seinalow. (Erdöl-Wirtsch. Aserbaidshan **41,** Nr. 11, 39—40, 1962; russ.) — Als Ausgangsprod. verwendet man ein Halbfabrikat der schwefelsauren Synth. von A., das eine mit A. gesätt. H_2SO_4 darstellt u. das mit W. 1 : 1 verd. sowie mit der ein- oder zweifachen Menge CCl_4 behandelt wird. Aus dem Rückstand wird *Diäthylsulfat* durch Dest. im Vakuum ausgeschieden ($Kp._{15}$ 81—85°, Spezif. Gew. 1,178, n_D^{20} 1,3980). P. Scheer H 590

2221 **Diäthylenglykol-Fettsäureester.** R. Schneider. (Fette, Seifen einschl. Anstrichmittel **59,** 876—78, 1957; Aarburg, Schweiz; dt.) — Vgl. C. **1957,** 8676. — Übersicht über Arten, Eigg., Verw. u. Analyse von Diäthylenglykol-Fettsäureestern. — 60 Literaturangaben. W. Wesly H 810◇

2222 **Untersuchung der Isomerisierung von Maleinsäure zu Fumarsäure.** Zbigniew Leszczyński, Jan Kubica und Lucjan Rybacki. (Przemysł chem. **42,** 92—95, 1963; Warszawa, Zakład Technol. Inst. Chem. Ogólnej; pol.) — Die ersten Verss. über die Darst. von Fumarsäure (**I**) durch Isomerisierung von kristalliner Maleinsäure (**II**) oder ihrer wss. Lsg. werden beschrieben. Innerhalb der Unters.-Zeit (3 Std.) findet ohne Katalysatoren bei kristalliner **II** unterhalb des F. (130°) keine Isomerisierung statt, während in Ggw. von Cl^- prakt. vollständige Isomerisierung bei ~ 100° stattfindet. Die Isomerisierung von **II** in wss. Lsg. bei Atmosphärendruck u. dem Kp. der Lsg. läuft nur bei großen Konzz. ab. Ohne Katalysator muß die Konz. > 80% betragen, wenn die Ausbeuten hoch sein sollen. Wird die Isomerisierung bei erhöhtem Druck u. erhöhter Temp. durchgeführt, kann die Konz. auf ~ 40% absinken. 2 Technologien für die **I**-Herst. werden ausgearbeitet, die auf diesen beiden Verff. basieren. I. Kalzendorf H 820◇

2223 **Die Synthese von Aminoguanidin und verwandten Verbindungen.** F. Kurzer und Leonard E. A. Godfrey. (Chem. and Ind. **1962,** 1584—95, London, Univ., Roy. Free Hospital School of Med.; engl.) — Übersicht über die Herst. von Aminoguanidin durch Red. von Nitroguanidin (chem. u. elektrolyt. Red.), Hydrazinolyse (von O-Alkylisoharnstoff, S-Alkylisothioharnstoff, Nitroso- u. Nitroguanidin), Hydrazinierung (Addition von N_2H_4 an ungesätt. Verbb.) u. Aminolyse von Isothiosemicarbaziden u. deren Synth. sowie die Synth. von Diamino- u. Triaminoguanidin, Aminoguanidin-Derivv. u. Guanylhydrazonen. — 153 Literaturangaben. R. Grundmann H 880◇

2224 **Neuere Aromatenverbindungen.** Harry W. Haines jun. (Chem. Engng. Progr. **59,** Nr. 2, 36—40, 1963; Houston, Tex., Haines & Assoc.; engl.) — Im Gegensatz zu der in den letzten Jahren forcierten Entw. der leichten Aromaten-Verbb. befindet sich die der schwereren aromat. Verbb. (z. B. Polymethylbenzole, Diphenyloxid-Derivv. u.a.) noch im Anfangsstadium. Es wird auf die Notwendigkeit der Entw. neuer Aromaten-Verbb. hingewiesen. An Hand von mehreren Beispielen wird nachgewiesen, daß es bereits zu Überschneidungen im Angebot von bestimmten Prodd. gekommen ist (Kunstharze aus Phenol bzw. Diphenyloxid; Alkydharze u. Polyester aus o-Xylol bzw. Pseudocumol u. a. mehr). Alle beschriebenen Absatzschwierigkeiten sowie die einzuleitenden Gegenmaßnahmen werden bestimmt durch das gegenwärtig in den USA vorliegende Überangebot von aromat. Monomeren. Wermann H 1000◇

2225 **Reinigung von p-Xylol mit einer pulsierenden Kolonne.** S. J. Marwil und S. J. Kolner. (Chem. Engng. Progr. **59,** Nr. 2, 60—65, 1963; Bartlesville, Okla., Phillips Petroleum Co.; engl.) — Die in einer Pilotanlage getestete pulsierende Kolonne ist, im Vgl. mit einer Kolben-Kolonne, für die Anreicherung einer Substanz aus einem eutekt. Gemisch mit Hilfe der fraktionierten Kristallisation vorgesehen. Als Testgemisch wird ein Gemisch von o-, m- u. p-Xylol (**I**), Toluol u. Äthylbenzol eingesetzt. An Hand eines technolog. Schemas u. von Schnittskizzen der beiden Kolonnen wird ausführlich auf die Funktionsweise der Pilotanlage eingegangen. Als Kältekreislauf wird ein Kaskaden-Syst. mit C_2H_4/ Freon 22 gewählt. Für die Kolonnen u. die Kühlaggregate sind die Konstruktionsmaße angegeben. Bei einer Konz. von 70 Gew.-% **I** im Einsatzgemisch wird mit Hilfe der Kolonnen ein Endprod. von 98 Gew.-% **I** erreicht. Die Durchsatz-Geschw. beträgt 175—210 gal./hr·sq.feet. Mit einer Durchsatz-Geschw. von 92 gal./hr·sq.ft. wird eine Anreicherung von 63,8 auf 99,1 Gew.-% **I** erzielt. Wermann H 1010◇

2226 **Dibenzoylperoxid.** Enrico Ferraris. (Mater. plast. Elastomeri **29,** 163—71, 1963; ital.) — Herst., Kennwerte, Reaktivität, Lagerung u. Anwendung sowie Handelsnamen von Dibenzoylperoxid werden besprochen. B. Scheifele H 1210◇

2227 **Salicylsäure-Herstellung mit geschlossenem Phenol-Kreislauf.** Bogdan Borkowski, Jadwiga Pasynkiewicz, Feliks Muzalewski und Halina Nalewajko. (Przemysł chem. **42,** 95—98, 1963; Warszawa, Centr. Labor. Gasownictwa, Starogardzskie Zakłady Farm.; pol.) — Die beschriebene Herst.-Meth. für Salicylsäure (**I**) gestattet den vollständigen Verbrauch von eingesetztem Phenol (**II**). **II,** das nicht umgesetzt wird oder in Neben-Rkk. entsteht, wird mit Bzl. aus dem Rk.-Prod. extrahiert. Mit konz. NaOH-Lsg. wird es aus der Bzl.-Lsg. zurückgewonnen. Entstehendes Na-Phenolat kann direkt in den Prozeß zurückgegeben werden. **I,** die in Kristallisationslauge gelöst ist, kann ebenfalls als Na-Salz gewonnen werden. I. Kalzendorf H 1250◇

2228 **Technisch-wirtschaftliche Aspekte bei der Erzeugung von Caprolactam.** A. S. Banciu. (Rev. Chim. [București] **14,** 111—115, 1963; rum.) — Allg. Übersicht der Herst.-Verff. von Caprolactam aus Phenol (**I**), Bzl., Toluol, Cyclohexan sowie aus aliphat. Verbindungen. Die Wirtschaftlichkeit der Verf. wird verglichen, wobei bes. japan. Daten als Grundlage dienen. Das rum. Kunstfaserwerk Săvinești verwendet **I** als Rohstoff. P. W. Kittner H 3370◇

2229 **Die industrielle Gewinnung von Purinalkaloiden.** O. Ju. Magidsson. (Med. Ind. UdSSR **16,** Nr. 8, 3—11, 1962; Allunions Chem.-Pharm. Ordshonikidse-Forschungs-Inst.; russ.) — Die geschichtliche Entw. der Herst. von *Purinalkaloiden* bis zur modernen Halb- u. Vollsynth. dieser Produkte. O. Lebtag H 3500△

2230 Columbia-Southern Chemical Corp., V.St.A. (Erfinder: Douglas Henry Eisenlohr), **Herstellung halogenierter Kohlenwasserstoffe,** dad. gek., daß man mit elementarem Halogen (Cl_2) in der Gasphase in 2 Zonen halogeniert, wobei Halogen durch eine Düse in die 1. Zone, der KW-Stoff in die 2. Zone eingebracht wird. In der 1. Zone herrscht höherer Druck, u. hier erfolgt die Rk. im Gegenstromprinzip. Zone 1 ist ein Ni-Zylinder von z. B. 1520 (mm) Länge u. 101,6 ∅, an dessen einem Ende durch eine konzentr. zur Längsachse angeordnete Düse Cl_2 eintritt. Um den Zylinder herum ist ein 2. angeordnet mit 1216 Länge u. 152 ∅, in den z. B. CH_4 eintritt. Durch den Druckabfall erfolgt in dem geschlossenen Syst. ein Umlauf, bei dem die Temp. durch einen Mantel, in dem Diphenylen u. Diphenylenoxid zirkulieren, geregelt wird. — Zeichnung. (**F. P. 1 222 974** vom 27/4. 1959, ausg. 14/6. 1960. A. Prior. 2/5. 1958.) S. Böttcher 6565

2231 Farbwerke Hoechst Akt.-Ges., vormals Meister Lucius & Brüning, Frankfurt/M. (Erfinder: Lothar Hörnig, Frankfurt/M., Gerhard Theilig, Lorsbach/Taunus, und Erhard Weber, Frankfurt/M.),

Herstellung von Aldehyden, Ketonen und/oder Säuren durch Rk. von Olefinen mit Oxydationsmitteln im neutralen bis sauren Medium in Ggw. von W., Edelmetall-Verbb. u. Redoxsystemen. An Stelle reiner Olefine verwendet man durch Diene verunreinigte Olefine, die vor der Oxydations-Rk. mittels überschüssigem H_2 an einem Festbett-Hydrierungskatalysator, bes. Pd auf SiO_2, bes. unter den gleichen Druck- u. Temp.-Bedingungen, wie sie bei der nachfolgenden Rk. herrschen, der selektiven Hydrierung unterworfen werden. Die Verunreinigungen (Propadien, Propin, Butadien) würden zu Ausfällungen von Schwermetallen in der Katalysator-Lsg. u. zur Bldg. von Acrolein führen. (**D. A. S. 1 154 798** Kl. 12o vom 5/12. 1961, ausg. 26/9. 1963.) A. Jahn 6583

2232 Phillips Petroleum Co., übert. von: John W. Begley, Bartlesville, Okla., V.St.A., **Acetylen beziehungsweise Äthylen beziehungsweise deren Mischungen** erhält man durch Cracken von Methan, Äthan, Propan, Butan oder deren Mischungen, auch in Ggw. der entsprechenden Olefine bei 1250—2700°F, bes. 2200—2700°F bzw. 1250 bis 1700° F bzw. 1700—2200° u. 0,0001—2, bzw. 0,01—2 bzw. 0,01—0,2 Sek. Verweilzeit in einer langgestreckten Rk.-Kammer, die durch Gitter aus keram. Stoffen in mehrere Kammern unterteilt ist. Durch Verbrennen von KW-Stoffen werden die Kammern so erhitzt, daß die mittlere Kammer die höchste Temp. hat; in diese werden dann die zu crackenden KW-Stoffe eingeleitet u. beim Druchstreichen der übrigen Kammern abgeschreckt. Vorr., Zeichnungen u. Diagramm. (**A. P. 2 868 855** vom 18/10. 1954, ausg. 13/1. 1959.) G. Krauß H 500

2233 Phillips Petroleum Co., übert. von: Joseph R. Cobb jun., Bartlesville, Okla., V.St.A., **Reinigung und Trennung von Kohlenwasserstoffmischungen,** wobei einer der Bestandteile niedriger sd. u. der andere höher sd. als der abzutrennende sein soll, erfolgt durch fraktionierte Destillation. Die am Kopf der Kolonne abgezogenen Dämpfe werden unter indirektem Wärmeaustausch mit einem verdampften Kühlmittel verflüssigt; die entstandene Fl. wird als Rückfluß in die Kolonne gegeben, während die nicht verflüssigten Anteile am Kopf entfernt werden. Das verdampfte Kühlmittel wird nach dem Verdichten unter indirektem Wärmeaustausch zum Bodenprod. der Kolonne geführt, wodurch es verflüssigt wird. Oberhalb der Zufuhrstelle der Ausgangsmischung in die Kolonne wird ein Seitenstrom abgezweigt, der in indirektem Wärmeaustausch zur Ausgangsmischung geführt wird. — Getrennt wird eine Mischung aus *Äthylen, Methan* u. *Äthan.* — Vorr., Zeichnung. (**A. P. 2 916 888** vom 29/12. 1955, ausg. 15/12. 1959.) G. Krauß H 500

2234 Continental Oil Co., V.St.A. (Erfinder: Mark Trevor Atwood und Gifford George McClaflin), **Herstellung von Alkylhalogeniden,** bes. *n-Octylbromid,* dad. gek., daß man ein Trialkyl-Al (Trioctyl-Al) in einem komplexbildenden Lsgm. (Ae., Tetrahydrofuran, Triäthylamin, n-Pentan) bei ca. 35° mit fl. Br_2 bzw. bei 5—7° mit Cl_2 umsetzt. (**F. P. 1 239 732** vom 3/11. 1959, ausg. 9/12. 1960. A. Prior. 25/11. 1958.) S. Böttcher H 510

2235 Farbwerke Hoechst Akt.-Ges., vormals Meister Lucius & Brüning, Frankfurt/M. (Erfinder: Otto Scherer, Bad Soden, Taunus, Heinrich Kühn, Gerhard Hörlein und Karl Heinz Grafen, Frankfurt/M.), **Herstellung von Trifluorbrommethan** (I) aus $CHCl_3$ durch Fluorierung (II) u. Bromierung (III) des gebildeten Trifluormethans mit elementarem Br_2, dad. gek., daß man die **II** von $CHCl_3$ in Ggw. von AlF_3 als Katalysator oberhalb 350° u. die **III** des entstandenen Trifluormethans nach einer W.- u. Alkaliwäsche sowie einer anschließenden Trocknung ohne Isolierung u. Reinigung von Zwischenprodd. bei Temp. zwischen 650 u. 800° in einem Arbeitsgang kontinuierlich ausführt, wobei man die **II** des $CHCl_3$ mit mindestens der 3,5fachen mol. Menge an gasförmigem HF, bezogen auf $CHCl_3$, vornimmt u. die **III** des CHF_3 unter gesteuerter Dosierung des Br_2 mit Hilfe einer Dosierpumpe in einer Rk.-Zone ausführt, deren Innenwände aus gesinterten Oxiden von Al, Zr oder Mg, bes. aus Al_2O_3, bestehen. Man erhält so **I** in einer Gesamtausbeute von > 80%, bezogen auf $CHCl_3$. — Vorrichtung. (**D. A. S. 1 155 104** Kl. 12o vom 30/7. 1960, ausg. 3/10. 1963.) J. Mühleisen H 510

2236 Lentia G. m. b. H., Ein- und Verkauf, München (Erfinder: Alfred Schmidt, Linz, Österreich), **Herstellung von gasförmigen, ungesättigten Kohlenwasserstoffen** durch Spalten von KW-Stoffen in einer Wirbelschicht körniger Wärmeträger, wobei die zur Spaltung benötigte Wärme durch Verbrennung des bei der Spaltung gebildeten C mit O_2 oder diesen enthaltenden Gasen erzeugt wird u. die zu spaltenden KW-Stoffe an einer Stelle in das Wirbelbett eingeführt werden, an der zugesetzter O_2 sich mit dem C umgesetzt hat, dad. gek., daß man fl. KW-Stoffe spaltet wobei sie in den oberen Teil der aus körnigen Wärmeträgern bestehenden Wirbelschicht (bes. Quarzsand mit der Korngröße von 0,1 bis 1, bes. 0,3—0,5 mm) eingeführt werden, deren Höhe mindestens das 1½fache u. höchstens das 6fache, bes. das 3fache, ihres Durchmessers beträgt, wobei die Menge des zugesetzten O_2 durch Überwachung der Zus. des Endgases so bemessen ist, daß die zu spaltenden KW-Stoffe nicht nennenswert mitverbrannt werden. Falls sich aus den zu spaltenden KW-Stoffen nur wenig C bildet, wird zweckmäßig zusätzlich ein weniger wertvoller Brennstoff in die Rk.-Kammer eingeführt. Je H-reicher der zu spaltende KW-Stoff ist, desto höher ist die Ausbeute an Olefinen. — Aus Petroleum, Kp. 200 bis 280°, 85(%) C u. 13 H, bei 800° unter Zusatz von Luft → 18,6 *Äthylen.* Schwerverdampfbare KW-Stoffe werden durch Düsen im Spaltraum zerstäubt. — Vorr., Zeichnung. — Vgl. Oe. P. 200 566; C. **1960,** 13194. (**D. A. S. 1 124 477** Kl. 12o vom 5/5. 1958, ausg. 1/3. 1962. Oe. Prior. 5/6. 1957.) G. Krauß H 520

2237 Esso Research and Engineering Co., übert. von: Merrell R. Fenske und Jennings H. Jones, State College, Pa., V.St.A., **Olefine, Diolefine und sauerstoffhaltige Verbindungen,** bes. *Äthylen, Propylen* u. *Butadien* erhält man durch Oxydation von aliphat. bzw. cycloaliphat. KW-Stoffen mit 2—30 bzw. 5 oder 6 C-Atomen im Ring, die z. B. bei —20 bis +450° sieden u. die wenigstens 30% der C-Atome in Form von $—CH_2$- oder $—CH_3$-Gruppen enthalten, im Dampfzustand mit O_2, Luft, die mit O_2 angereichert sein kann, oder Mischungen aus O_2 u. Dampf bei 500 bis höchstens 750, bes. 520—650° u. einer Verweilzeit von 1—20 Sek. u. bis zu 200 lbs./sq.in., wobei man durch den Rk.-Raum Feststoffteilchen (Sand, Glasperlen, Quarz, geschmolzenes Al_2O_3, Mullit, Koks) mit einer Teilchengröße von 50—2000, bes. 250—500 μ, bes. im Gegenstrom in einer Menge von 0,05—10, bes. 0,1%, bezogen auf das Vol. des Rk.-Raumes, u. bei einer Temp. von bes. 400—550° regnen läßt, um die Rk.-Wärme abzuführen, damit die Rk.-Temp. nicht > 750° ansteigt. Das Verhältnis von O_2 : KW-Stoff beträgt 0,5—5 : 1. Die Rk.-Temp. soll bes. 20—100° höher sein, als die der Feststoffteilchen nach dem Anspringen der Oxydation. — Nach dem anderen Verf. werden Alkohole, Ketone, Amine, Äther, Ester, KW-Stoffe, Olefine oder Naphthene bei 300 bis 500°, bes. 330—430° u. 0,01—15 at bei einer kurzen Verweilzeit von höchstens wenigen Sek. u. einer linearen Geschw. von 0,5—5 Fuß je Sek. oxydiert, wobei man zur Temp.-Regelung durch den Rk.-Raum 0,01—0,1 Vol. bzw. 2—100 (lbs.) Feststoffteilchen je Vol. Gas bzw. je lb. dampfförmiger Rk.-Mischung regnen läßt. Das Verhältnis von O_2 : KW-Stoff beträgt 0,5—2,5 : 1. Die KW-Stoffe sollen 30% des C-Geh. in Form von $—CH_2$- u. $—CH_3$-Gruppen enthalten. Durch Oxydation von 100 n-Hexan bei 565 bzw. 575° werden 17,8 bzw. 20,4 *Äthylen,* 14,2 bzw. 14,5 *Propylen,* 13,8 bzw. 10,5 *Butene,* 8,6 bzw. 4 *Pentene,* 5,3 bzw. 2,8 *Hexene* gewonnen. — Aus 100 Äthan entstehen 75 Äthylen; aus Propan 27,5 Propylen, aus n-Butan 23,4 Butene; aus Cetan C_3—C_{16} *Olefine;* aus Cyclohexan → *Cyclohexen, Cyclohexadien* u. *Aromaten,* aus 2-Octen → C_6–C_5-*Olefine, Diolefine, Aromaten* u. O-haltige Verbindungen. Ferner sind oxydierbar: Gasöl, Naphtha, festes Petrolatum, Heptan, Decane, Triakontan, Cyclopentan, Methylcyclopentan. Dimethylcyclohexan, Dekalin u. deren Mischungen. — Nach dem anderen Verf. sind noch oxydierbar: 2.2.4-Trimethylpentan, n-Hexanol, n-Butanol, 2-Octanol, Heptan-2-on, Kerosin, wodurch meistens Epoxide entstehen. n-Hexan → *2.5-Dimethyl-, 2-Äthyltetrahydrofuran, 2.4-* u. *2.3-Epoxyhexan* neben etwas HCHO, Acet-, Propion-, Butyraldehyd u. Aceton. — n-Butan → *HCHO, Acet-, Propionaldehyd, Aceton, Methanol, A., Propanol* u. *Tetrahydrofuran.* — n-Heptan → *2-Methyl-5-äthyl-, 2-Propyltetrahydrofuran, 2.4-* u. *3.4-Epoxyheptan.* — n-Decan → *2-Methyl-5-amyl-* u. *2-Hexyltetrahydrofuran.* — n-Cetan → *Epoxyhexadecan* u.

Trimethylen- u. *Äthylenoxid.* — 2.4-Dimethylpentan → *2.2.4-Trimethyltetrahydrofuran,* Kp. 106—107°. — 2.3-Dimethylbutan → *2.3-Dimethyl-2.3-* u. *-1.3-epoxybutan.* — 2.2.4-Trimethylpentan → *2.2.4.4-Tetramethyltetrahydrofuran,* Kp. 117 bis 120°; *1-tert.-Butyl-2-methyltrimethylenoxid* u. *1-tert.-Butyl-2.2-dimethyläthylenoxid.* — Cyclohexan → *1.2-* u. *1.4-Epoxycyclohexan, n-Valer-* u. *n-Hexaldehyd.* — Methylcyclohexan → *1-Methyl-1.2-, -1.3-* u. *1.4-epoxycyclohexan.* — Methylcyclopentan → *Epoxymethylcyclopentane.* — 1-Hexen → *2.5-Dimethyltetrahydrofuran, Acrolein,* HCHO, Acet-, Butyr-, Valeraldehyd. — Vorr., Zeichnungen. — Vgl. F. P. 72 488; C. **1962,** 3260 u. E. P. 772 680; C. **1958,** 12501. (**E. P. 825 675** vom 22/10. 1957, ausg. 16/12. 1959. A. Prior. 20/11. 1956. **A. P. 2 872 472** vom 21/11. 1955, ausg. 3/2. 1959.) G. Krauß H 520

2238 Farbwerke Hoechst Akt.-Ges., vormals Meister Lucius & Brüning (Erfinder: Lothar Hörnig), Frankfurt/M., **Regenerierung flüssiger Katalysatoren,** die für die *Oxydation von Olefinen* mit O_2 zu Aldehyden, Ketonen u./oder Säuren verwendet werden. Man löst die Ausfällungen von Cu-Oxid-Verbb., die Cl- u. ggf. Acetationen enthalten, mit 20%ig. niedermol. gesätt., aliphat., Carbonsäuren, bes. Essigsäure, deren Cu-Salze im Katalysator lösl. sind u. fügt die Auflösung wieder dem Katalysator zu. Zum Auflösen kann noch HCl mitverwendet werden. (**D. A. S. 1 153 741** Kl. 12o vom 7/11. 1958, ausg. 5/9. 1963.) A. Jahn H 520

2239 Phillips Petroleum Co., übert. von: Joseph R. Cobb jun., Bartlesville, Okla., V.St.A., **Abkühlen von heißen Crackgasen,** die neben *Äthylen* u. *Propylen* polymerisationsfreudige Verbb., wie Acetylen, Alkylacetylene, Butadien u. Cyclopentadiene enthalten, erfolgt dadurch, daß man die Gase unter direktem Wärmeaustausch mit einem Kühlöl (Paraffine, Aromaten) z. B. von 900 auf 180° F abschreckt, dann mit W. z. B. von 100° F durch direkten Wärmeaustausch auf z. B. 116° F u. weiterhin mit gekühltem W. von ca. 52° F z. B. auf 58° F abkühlt; die abgekühlten Gase sollen anschließend den Verdichter mit einer Temp. von ca. 250° F verlassen u. werden dann wie vorst. mit W. u. gekühltem W. abgekühlt u. darauf unter einem höheren Druck als vorher so verdichtet, daß ihre Temp. nach dem Verdichten der Raum-Temp. entspricht. — Vorr., Zeichnung. (**A. P. 2 876 865** vom 2/11. 1956, ausg. 10/3. 1959.) G. Krauß H 520

2240 Institut Français du Pétrole, des Carburants et Lubrifiants (Erfinder: A. Giraud und J. Limido), Frankreich, **Crackprozeß.** *Äthylen* wird aus Äthan durch Überleiten über eine auf 800—1200, bes. 950 bis 1050° erhitzte Metallschmelze gewonnen, wobei die Kontaktzeit $^1/_{1000}$—$^1/_2$, bes. $^2/_{1000}$—$^2/_{100}$ Sek. betragen soll. (**F. P. 1 240 502** vom 7/10. 1955, ausg. 20/12. 1960.) Eberhard Eiedel H 520

2241 Pittsburgh Plate Glass Co., Pittsburgh, Pa. (Erfinder: Blaine Otis Pray, Wadsworth, Ohio, und Raymond Swayne Chisholm, Pittsburgh, Pa.), V.St.A. **Stabilisierung von Trichloräthylen, Perchloräthylen** oder anderen aliphat. Halogen-KW-Stoffen. Als Stabilisierungsmittel werden Salze schwacher Säuren (Carbonsäuren — auch Phenole — oder anorgan. Säuren pK $< 2 \cdot 10^{-2}$ bei 25°, bes. HNO_2) mit durch 1 oder mehr organ. Reste substituierten Ammoniumhydroxiden mit mindestens einem freien H-Atom am N-Atom in Mengen von 0,01—2, bes. 0,01—0,3, Gew.-%, ggf. in Ggw. von anderen Zusatzstoffen, verwendet. Bes. geeignet sind N.N-Di-n- (oder -iso-)-propylammoniumacetat, -formiat, -nitrit oder -2-chlorphenolat, N.N-Dicyclohexylammoniumnitrit u. N-Methylmorpholiniumacetat. Die stabilisierten Prodd. sind geeignet zum Entfetten von Metallen. — Tabelle. (**D. A. S. 1 140 927** Kl. 12o vom 28/11. 1959, ausg. 13/12. 1962. A. Prior. 2/12. 1958.) W. Gräger H 520

2242 M. I. Bogdanow und Ch. A. Aronowitsch, **Trennung von Kohlenwasserstoff-Gemischen** der C_5-Fraktion. Die extraktive Dest. in Ggw. von wss. Acetonitril (10 bis 20 Gew.-% W.) trennt aus KW-Stoff-Gemischen hochkonz. *Isopren* (I) ab; Rk.-Temp. 90°, Druck 4 at. Das azeotrope Gemisch des Acetonitrils mit W. siedet bei 76°. Diese niedrige Temp. verhindert die therm. Polymerisation der diolefin. KW-Stoffe, vermindert den Verlust u. verbessert die Reinheit des Produkts. Mit dieser Meth. kann I von 2-Methylbutan getrennt werden. (**UdSSR. P. 131 349** vom 27/7. 1959.) J. Lasch H 520

2243 Phillips Petroleum Co., übert. von: Raymond C. Scofield, Bartlesville, Okla., V.St.A., **Gewinnung von Acetylenen** (I) aus einem Gasstrom, der Acetylen (II), höhermol. I, Diacetylen, CO_2 u. andere KW-Stoffe enthält, erfolgt dadurch, daß man das Gas bei $<$ 0, bes. —20° bis —70° F mit Dimethylformamid (III) behandelt, daß nur Diacetylen gelöst wird; das Restgas wird mit III behandelt, daß sämtliche I gelöst werden. Aus dieser Lsg. wird durch Fraktionieren zuerst CO_2 u. dann II u. I gewonnen. Aus diesem I- u. II-haltigen Gas werden die I mit Heptan abgetrennt. Man kann den Gasstrom mit III auch so behandeln, daß sämtliche I u. CO_2 gelöst werden; aus der Lsg. wird dann durch Fraktionieren zuerst CO_2, dann II u. I gewonnen, während Diacetylen in Lsg. bleibt. II wird von I durch Behandeln mit Toluol abgetrennt. — Vorr., Zeichnungen. (**A. P. 2 900 044** vom 7/7. 1954, ausg. 18/8. 1959.) G. Krauß H 530

2244 Farbwerke Hoechst Akt.-Ges., vormals Meister Lucius & Brüning, Frankfurt/M. (Erfinder: Valentin Döllein, Burgkirchen/Alz), **Kontinuierliche Herstellung von Fettalkoholen** aus Fettsäuren oder deren Estern mit H bei Drücken über 100 atü u. Temp. von 180 bis 300° an Katalysatoren aus akt. Tonerde u. darauf verteilten katalyt. wirksamen Metallen oder Metall-Verbb., dad. gek., daß im Rk.-Raum ein Wasserdampfpartialdruck von 1—30 atü hergestellt u. aufrechterhalten wird. Als katalyt. wirkende Katalysatoren kommen bes. Cu, Zn, Cd, Co, Sn, V, Cr, Mo, W, Mn, auch gemischt, in Betracht. — Zum Beispiel Alkohole aus Leinöl, Ricinusöl, Spermöl. (**D. A. S. 1 146 483** Kl. 12o vom 2/9. 1961, ausg. 4/4. 1963.) G. König H 560

2245 Olin Mathieson Chemical Corp., V.St.A. (Erfinder: William I. Denton), **Aktivierung eines Katalysators** zur Isomerisierung eines Alkylenoxids (Butylen-, Amylenoxid) zum entsprechenden *ungesätt. Alkohol* (Propylenoxid zu *Allylalkohol*) dad. gek., daß man frisch bereitetes bas. Li-Phosphat bei 25—300°, bes. 100—200°, mit einem Gemisch aus gleichen Teilen W. u. einem organ. Lsgm. (A., Aceton, Propylenoxid, Dioxan, Äthylacetat) behandelt. (**F. P. 1 238 624** vom 9/10. 1959, ausg. 2/12. 1960. A. Prior. 8/6. 1959). S. Böttcher H 560

2246 Josef Meissner, Köln (Erfinder: Fritz Meissner, Köln, Werner Belitz, Bergisch-Gladbach, und Edelfried Hahn, Köln), **Herstellung von höheren mehrwertigen Alkoholen** durch Aldol-Kondens. von CH_2O u. einem höheren Aldehyd der allg. Formel $(R_1)(R_2)CH-C(=O)\cdot(H)$, in welcher R_1 u. R_2 = H u./oder C_1-C_3-Alkylreste bedeuten, in alkal. Medium u. anschließende Rk. nach Cannizzaro, wobei die Rk.-Komponenten unter Rückmischung miteinander gemischt werden u. ohne Rückmischung zu Ende reagieren, dad. gek., daß die Rk. in 2 Stufen unterschiedlicher Rk.-Bedingungen abläuft, wobei in der 1. Stufe unter Rückmischung die Rk.-Komponenten in einen Überschuß des Rk.-Prod. eingeführt werden, wobei die Verweilzeit in dieser Stufe so gewählt wird, daß die Aldol-Kondens. zum überwiegenden Teil abläuft. Vorteilhaft wird in der 2. Phase bei höheren Temp. gearbeitet. Auf 1 Mol CH_3CHO sollen 4—15 Mol CH_2O angewandt werden. Es wird die Herst. von *Pentaerythrit, Dipentaerythrit, Pentaglycerin, Trimethylolpropan* u. *2.2-Dimethylolpropan* beschrieben. (**D. A. S. 1 153 739** Kl. 12o vom 15/12. 1958, ausg. 5/9. 1963.) G. König H 580

2247 Farbwerke Hoechst Akt.-Ges., vormals Meister Lucius & Brüning, übert. von: Otto Scherer und Paul Fritz Schacher, Frankfurt/M.), **Vinylsulfonylfluoride** erhält man durch Halogenwasserstoffabspaltung aus 2-Halogenäthan- oder 2.2-Dihalogenäthansulfonylfluorid (Halogen = Cl, Br) bei 0—40° in Ggw. von W. u. eines schwach alkal. säurebindenden Mittels (Alkali- u. Erdalkalioxide, -hydroxide, -carbonate oder deren Mischungen) bei pH 7—10. — Aus 146,5 g 2-Chloräthansulfonylfluorid, $ClCH_2CH_2SO_2F$, in 250 cm^3 W. in Ggw. von 22 g MgO bei 40° → *Vinylsulfonylfluorid*; 90—92% (Ausbeute). — 2.2-Dichloräthansulfonylfluorid in Ggw. von $NaHCO_3$ → *2-Chlorvinylsulfonylfluorid,* $Kp._{760}$ 131,5°; 90%. — *Zwischenprodd.,* bes. zur Herst. von *Mischpolymeren,* z. B. mit Vinylacetat, Styrol, Acrylnitril, Acryl- u. Methacrylsäureester, Vinylchlorid, Trifluorchloräthylen; durch Verseifen der Mischpolymeren mit Säuren oder Alkalien in alkohol. Lsg. in Ggw. von Aldehyden entstehen *Polyvinylalkohole,* deren OH-Gruppen ganz oder teilweise *acetalisiert* sind. (**A. P. 2 884 452** vom 8/10. 1956, ausg. 28/4. 1959.) G. Krauß H 600

2248 Phillips Petroleum Co., übert. von: William B. Whitney, Bartlesville, Okla., V.St.A., **Metallpetroleumsulfonate** erhält man durch Sulfonieren von hochmol., bes. mit Propan u. Lsgm. gereinigten Schmierölen mit einer Viscosität von 120—700, bes. 150—600 SUS/210° F u. einer Viscositätszahl von 85—95 u. höher mit 10—40%ig. Oleum im Verhältnis 1 : 0,2—0,6 bei 50—200, bes. 80—150° F. Die Mischung wird dann mit wenigstens der 3fachen Menge W. bei 150—200° F unter starkem Rühren gewaschen; hierauf werden die abgetrennten Sulfonsäuren mit überschüssigen (3—10%) Oxiden von Li, K, Ni, Co, Cd, Ag, Fe, Al, Cu, Mg, Pb, Be, Hg, Na, Sn, Zn, bes. Ba u. Ca unter Erhitzen u. gleichzeitigem Entfernen des W. neutralisiert; die anorgan. Salze werden bei 200—250° F abfiltriert. Die noch vorhandenen nicht sulfonierten Öle können durch Extraktion mit Isopropanol, Methylisobutylketon, Butanol oder verflüssigten gasförmigen KW-Stoffen extrahiert werden. — Vorr., Zeichnung. (**A. P. 2 909 563** vom 6/9. 1955, ausg. 20/10. 1959.) K. Krauß H 600

2249 Badische Anilin- & Soda-Fabrik Akt.-Ges. Ludwigshafen/Rh. (Erfinder: Wolfgang Merz, Ludwigshafen/Rh., Erich Nebe, Heidelberg, und Herbert Toussaint, Frankenthal, Pfalz), **Reinigung roher wässeriger Lösungen von Dialdehyden und Diketonen** von sauren Bestandteilen durch Behandeln der Lsgg. mit Anionenaustauscherharzen, die sek. oder tert. Aminogruppen oder quatern. Ammoniumgruppen in der Bicarbonatsalzform enthalten. Beispiel für Glyoxal. (**D. A. S. 1 154 081** Kl. 12o vom 3/2. 1962, ausg. 12/9. 1963.) A. Jahn H 650

2250 Comp. de Saint-Gobain, Neuilly-sur-Seine (Erfinder: Claude Thibault, Saint-Mandé), Frankreich, **Reinigung von Formaldehyd,** der durch geringe Mengen W., HCOOH, CH_3OH, $HCOOCH_3$ u. Methylal verunreinigt ist, durch Waschen der Dämpfe mit einem Diester eines Polyäthylenglykols (I) oder dem Monoester eines Monoalkyläthers eines I, bes. Diäthylenglykolmonoäthylätheracetat bei 80 bis 120°. (**D. A. S. 1 155 108** Kl. 12o vom 28/3. 1961, ausg. 3/10. 1963. F. Prior. 14/6. 1960.) A. Jahn H 670

2251 Eastman Kodak Co., Rochester, N.Y. (Erfinder: Charles Wesley Hargis und Howard Seth Young, Kingsport, Tenn.), V.St.A., **α.β-ungesättigte, niedere, aliphatische Aldehyde** erhält man durch Dehydrierung der entsprechenden gesätt. Aldehyde gleicher C-Zahl bei 100 bis 600°, bes. 150—500°, u. einer Kontaktzeit von 0,1 bis 100 Sek. mit Oxiden des As, Sb u./oder Bi, ggf. in Ggw. eines oxydierend wirkenden Gases. Falls in Abwesenheit von O_2 gearbeitet wird, kann sich an die Rk. die Regeneration des Katalysators mit O_2 in Verdünnung mit N_2 oder mit HNO_3 anschließen. — Isobutyraldehyd (I) + Sb_2O_5 → *Methacrolein* (Ausbeute, bezogen auf verbrauchten I 81,5%, Umsatz 20,1%). Butyraldehyd + Sb_2O_4 → Crotonaldehyd (73,5% bzw. 20%). (**D. A. S. 1 154 082** Kl. 12o vom 8/11. 1960, ausg. 12/9. 1963. A. Prior. 23/2. 1960.) A. Jahn H 670

2252 N. V. Algemeene Norit Mij., Amsterdam (Erfinder: Thonis Johannes van der Weel, Zandvoort), Niederlande, **Verfahren und Vorrichtung zur Gewinnung von Ketonen** aus wasserreichen Fl.-Gemischen (I), welche beim Ausdämpfen ketonbeladener Aktivkohle anfallen u. mit dem Keton zusammen übergehende, mit Lauge harzbildende Verunreinigungen mit höherem Kp. als das Keton enthalten. Die I werden in einer Kolonne verdampft u. so weit fraktioniert, daß am Kolonnenkopf das Keton-W.-Azeotrop u. die mit Lauge hazrbildenden Verunreinigungen abgehen. Dieses Gemisch leitet man in eine weitere Kolonne, in der die aufsteigenden Dämpfe mit im Kreislauf u. Gegenstrom geführter Alkalihydroxid-Lsg. in Berührung gebracht werden, u. trennt das erhaltene Destillat, das aus reinem Aceton u. W. als azeotropes Gemisch besteht, in bekannter Weise. — Abbildung. (**D. A. S. 1 155 430** Kl. 12o vom 22/8. 1961, ausg. 10/10. 1963. Niederl. Prior. 9/5. 1961.) A. Jahn H 710

2253 Badische Anilin- & Soda-Fabrik Akt.-Ges., Ludwigshafen/Rh. (Erfinder: Franz Reicheneder, Ludwigshafen/Rh., Hans Grassner, Heidelberg, und Fritz Stolp, Ludwigshafen/Rh.), **Diäthylketon** erhält man durch Rk. von Propionsäure (I) bei 300—400° an einem Katalysator, der Fe(III)-Oxid u. V(V)-Oxid enthält. Bevorzugt werden Katalysatoren verwendet, zu dessen Herst. V- u. Fe-Oxid im Gewichtsverhältnis 1 : 1,5—4 angewendet wurden. Ausbeute, bezogen auf die angewandte bzw. umgesetzte I 98,7 bzw. 99,2%. Arbeitet man mit Katalysatoren, die nur aus V(V)-Oxid bzw. Fe(III)-Oxid bestehen, so erhält man Ausbeuten von nur 39,7 bzw. 70,4%. (**D. A. S. 1 154 451** Kl. 12o vom 19/10. 1961, ausg. 19/9. 1963.) A. Jahn H 710

2254 Chemische Werke Hüls Akt.-Ges., Deutschland, **Stabilisierung von monomeren Acrylsäureestern,** bes. des Methylesters, dad. gek., daß man ein 1-Aminobuten-(1)-on-(3) bzw. das tautomere 1-Iminobutanon-(3), z. B. 1-[p-Phenylazophenylimino]- (hergestellt aus p-Aminoazobenzol u. 3-Ketobutyraldehyddimethylacetal) oder 1-[Benzylimino]-butanon-(3) zusetzt. (**F. P. 1 239 702** vom 3/11. 1959, ausg. 9/12. 1960. D. Prior. 13/5. 1959.) S. Böttcher H 810

2255 Knapsack-Griesheim Akt.-Ges., Deutschland, **Isolierung und Reinigung von Acrylnitril** (I) aus Gasgemischen, die daneben HCN, Acetaldehyd (II), Acetonitril (III), Propionitril u. höhere Nitrile enthalten, dad. gek., daß man die Gase bei ca. 70° mit W. wäscht, die wss. Lsg. durch Wärmeaustausch auf ca. 85° vorwärmt u. in einer Kolonne mit Wasserdampf destilliert. Dabei geht **III** mit Dampf über; die anderen Bestandteile werden kondensiert, die wss. Phase wird abgetrennt u. in die Kolonne zurückgegeben; die **I, II** u. HCN enthaltende Phase wird erneut destilliert. — Schema der Anlage. (**F. P. 1 239 243** vom 30/10. 1959, ausg. 7/12. 1960. D. Prior. 31/10. 1958.) S. Böttcher H 810

2256 General Aniline & Film Corp., New York, N.Y., übert. von: Harry D. Anspon, Easton, Pa., V.St.A., **Stabilisierung von α-Chloracrylsäurealkylestern,** bes. des Methyl-, Äthyl-, Propyl-, Isopropyl- u. Butylesters, gegen *Polymerisation* bei der Herst., beim Lagern, bei der Dest. u. bei der sonstigen Handhabung, bes. in der Wärme, erfolgt durch Zusatz von 0,001—1% *1.4.5.8-Tetrahydroxyleukoanthrachinon,* wodurch nach 147 Tagen noch keine Gel-Bldg. auftritt. Nach dem anderen Verf. dienen als Stabilisierungsmittel: *1.4-Diaminoanthrachinone* bes. der allg. Formel I u. deren Leuko-Verbb. (R u. R_3 = H,

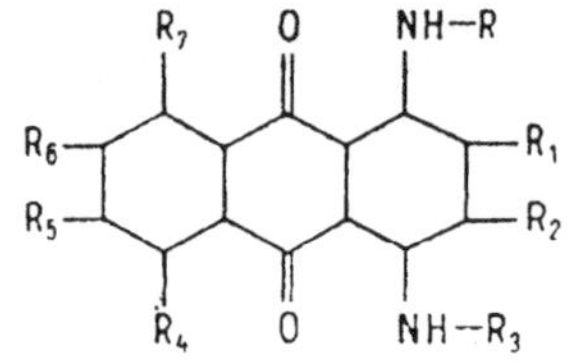

I

Alkyl, Hydroxyalkyl, Acyl; R_1, R_2, R_4, R_5, R_6 u. R_7 = NH_2, Alkylamino, Dialkylamino, Acylamino, Halogen, NO_2, Alkyl, Alkoxy, Aryloxy, Hydroxy, Carboxy, Carboxamido, Carbalkoxy, SO_3H, Sulfonamido, Alkyl- u. Dialkylsulfonamido). Als Stabilisierungsmittel sind geeignet: 1.4-Diamino-; 1.4-Bis-(methylamino)-; 1.4-Bis-(acetylamino)-; 1.4-Bis-(propionylamino)-; 1.4.5-Triamino-; 1.4.5.8-Tetraamino-; 1.4-Diamino-2-methoxy-; 1.4-Diamino-5-nitro-; 1.4-Diamino-5-hydroxy-; 1.4-Diamino-5.8-dihydroxy-; 1.4-Bis-(methylamino)-5.8-dihydroxy-; 1.4-Bis-(äthylamino)-5.8-dihydroxy-; 1.4-Diamino-2-brom-; 1.4-Diamino-2.3-dibrom-; 1.4-Diamino-2.3-dimethoxy-; 1.4-Diamino-2-cyan-; 1-Acetamido-4-amino-; 1-Amino-4-methylamino-; 1-Amino-2-methoxy-4-methylamino-; 1-Butylamino-4-methylamino-; 1-(2-Hydroxyäthylamino)-4-methylamino-; 1.4-Bis-(hydroxyäthylamino)-anthrachinon, 1.4-Diaminoanthrachinon-2.3-disulfonsäure, 1-Amino-4-methylamino-2-anthrachinoncarboxamid, 1.4-Diamino-2-phenoxyanthrachinon-3-sulfonsäure. Bei der Dest., bes. beim länger dauernden rückfließenden Erhitzen wird noch Chloranil zur Stabilisierung zugesetzt. — Mit den gleichen Mitteln können ganz allg. polymerisierbare, ungesätt., halogenhaltige organ. Verbb. stabilisiert werden. (**A. PP. 2 886 494** vom 1/5. 1957, ausg. 12/5. 1959 u. **2 882 207** vom 29/3. 1957, ausg. 14/4. 1959). G. Krauß H 810

2257 Československá Socialistická Republika, Tschechoslowakei (Erfinder: Hugo Gutmann, Birsfelden, Otto Straub, Bottmingen, und Paul Zeller, Neuallschwil, Schweiz), **Neue substituierte Säurehydrazide**

der allg. Formel R_1—CO—NH—NH—R_2, wobei R_1 einen gesätt. oder ungesätt. KW-Stoffrest mit 12—20 C-Atomen, u. R_2 einen Benzyl- oder einen 1—6 C-Atome in geradliniger oder verzweigter Kette enthaltenden alicycl. KW-Stoffrest bedeuten, erhält man durch Umsetzen entsprechender Säuren der allg. Formel R_1—COOH mit Hydrazin oder einem substituierten Hydrazin der Formel NH_2—NH—R_2 in Ggw. von N.N'-disubstituiertem Carbodiimid, worauf das Säurehydrazid in sein Salz verwandelt wird. — Beispiel: 20 (g) Linolsäure, 5,4 Isopropylhydrazin (I) löst man in 100 ml Methylenchlorid, rührt einige Std. lang mit 14,7 Dicyclohexylharnstoff, vertreibt I im Vakuum u. erhält nach Reinigen des Rohprod. Linolsäureisopropylhydrazid als gelbliches Öl, das bei 0° erhärtet. (**Tschech. P. 97 696** vom 3/7. 1958, ausg. 15/12. 1960. Schwz. Prior. 3/7. 1957.) L. Macher H 810

2258 I. G. Farbenindustrie Akt.-Ges., Frankfurt/M. (Erfinder: Ellsworth K. Ellingboe, Wilmington, Del., V.St.A.), **Gemische aus gesättigten aliphatischen Mono- und/oder Dicarbonsäuren** erhält man durch Oxydation von hochmol. ungesätt. aliphat. Monocarbonsäuren mit HNO_3 in Ggw. von V-haltigen Katalysatoren. Beispiele: 1 (Mol) Ölsäure + 10 88%ig. HNO_3 + 0,1% NH_4-Vanadat → Gemisch aus 65—80% *Azelain-*, Rest *Korksäure*, F. 90—110° (W.) u. Monocarbonsäuren, bes. *Pelargonsäure* (I). — Erucasäure → 50% I-*Methylester* (Kp.$_2$ 60—70°) u. 41% *Brassylsäuremethylester*, Kp.$_{1-0,5}$ 136—153°. (**D. R. P. 765 731** Kl. 12o vom 2/3. 1940, ausg. 22/8. 1963.) O. Müller-Meiningen H 820

2259 I. G. Farbenindustrie Akt.-Ges., Frankfurt/M., **Reinigung von aliphatischen Dinitrilen,** die aus den entsprechenden Dicarbonsäuren u. NH_3 bei erhöhter Temp. hergestellt wurden, erfolgt durch Behandeln mit einer wss. Lsg. von SO_2 oder seinen sauren Salzen, bes. Bisulfiten, wie NH_4HSO_3 u. anschließendes Waschen mit Wasser. — Beispiele zur Reinigung von Adiponitril, tert.-Butyladiponitril. (**D. R. P. 757 502** Kl. 12o vom 24/3. 1939, ausg. 22/8. 1963. A. Prior. 23/3. 1938.) O. Müller-Meiningen H 820

2260 Monsanto Chemical Co., St. Louis, Mo. (Erfinder: Eugene Lee Ringwald, Decatur, Ala.), V.St.A., **Reinigung von gesättigten aliphatischen Mono- oder Dinitrilen,** C_3—C_{20}, bes. C_4—C_{10}, durch Behandeln mit einer starken O-Säure (I) u. anschließende Dest. des Nitrils, dad. gek., daß man als I 0,1—25 Gew.-% HNO_3 (berechnet als 100%ig. HNO_3) in Form einer ca. 1—80%ig., bes. 10—70%ig. Säure verwendet, bei 60—150°, bes. 95—115°, arbeitet, u. die Behandlungsdauer bes. 10—60 Min. beträgt. Das behandelte Nitril wäscht man bes. vor seiner Dest. mit wss. Alkalilauge u. ggf. anschließend mit W., bes. bei 50—60°. — Beispiel zur Reinigung von *Adiponitril*. (**D. A. S. 1 150 062** Kl. 12o vom 24/12. 1958, ausg. 12/6. 1963. A. Prior. 30/12. 1957.) O. Müller-Meiningen H 820

2261 Knapsack-Griesheim Akt.-Ges. (Erfinder: Kurt Sennewald, Knapsack, Alexander Ohorodnik, Neu Berrenrath, Hugo Gudernatsch, Hermühlheim, und Hermann Vierling, Hürth), **Herstellung von Adipinsäuredinitril,** dad. gek., daß man ein Gemisch aus 20 bis 90 (Mol-%), bes. 50—80, eines β-Halogen-, bes. β-Chlorpropionitrils, u. 10—80, bes. 20—50 CH_2=CH—CN, dem man 0,05—5, bes. 0,5—1 Gew.-% W. zusetzt, bei 20—100, bes. 35—65°, mit 0,3—0,5 Gew.-% eines Alkali-, bes. fl. Na-Amalgams, das man zum Rk.-Gemisch zutropft, u./oder eines Erdalkaliamalgams, umsetzt. (**D. A. S. 1 151 791** Kl. 12o vom 26/5. 1961, ausg. 25/7. 1963.) O. Müller-Meiningen H 820

2262 Imperial Chemical Industries Ltd., England, **Harnstoffprodukte** werden vor dem Zusammenballen bewahrt durch einen Zusatz von 0,005—0,1% C_{10-25}-Alkylamin, bes. Dodecyl- (I), Tetradecyl- (II), Hexadecyl- (III), Octadecylamin (IV) oder Gemischen aus Octadecadienyl-, Octadecenylamin (V), III u. IV oder aus IV, III, V u. II oder aus I, II, Octylamin, III, IV u. V. Die Zusatzstoffe werden dem geschmolzenen Harnstoff bei vorzugsweise 65—120° beigemischt. (**F. P. 1 240 284** vom 9/11. 1959, ausg. 20/12. 1960. E. Prior. 12/11. 1958 u. 14/10. 1959.) Eberhard Riedel H 880

2263 Farbenfabriken Bayer Akt.-Ges., Leverkusen (Erfinder: Klaus Reinert, Köln, Hugo Wilms und Rudolf Braden, Leverkusen), **Herstellung von Cyanwasserstoff** durch Rk. von KW-Stoffen mit 2—5 C-Atomen mit NH_3 bei Temp. zwischen ca. 600 u. 750° in Ggw. von wenig O_2 u. eines Al_2O_3-Katalysators u. ggf. unter Zusatz von Inertgas, gek. durch Verw. eines Katalysators, der aus Al-Salzen durch Fällen mit NH_3 bei pH 6,5 u. anschließendem Erhitzen bei Temp. bis zu 500° erhalten worden ist. (**D. A. S. 1 153 734** Kl. 12k vom 27/6. 1960, ausg. 5/9. 1963.) H. Roos H 890

2264 Pittsburgh Coke & Chemical Co. (Erfinder: Frank Joseph Vancheri und Johnstone Sinnott Mackay), Pittsburgh, Pa., V.St.A., **Herstellung von Dicyan** durch therm. Zers. von Cu(I)-Cyanid in inerter Atmosphäre bei Temp. >500°, bes. 820—850°. (**D. A. S. 1 153 003** Kl. 12k vom 15/9. 1960, ausg. 22/8. 1963.) H. Roos H 890

2265 Farbenfabriken Bayer Akt.-Ges. (Erfinder: Heinrich Morschel und Claus Skopalik), Leverkusen, **Aliphatische Isocyanate** erhält man durch Rk. von N.N'-Dialkylharnstoffen, mit je 1—6 C-Atomen im gleichen oder verschiedenen Alkyl, mit äquivalenten Mengen eines Dialkyl-, Diaryl- oder Alkylarylcarbonats bei erhöhter Temp., bes. >200°, bes. mit solchen Kohlensäureestern, deren Kp. >200° liegt. Bei der Rk. entstehen 2 Mol Isocyanat u. 2 Mol Alkohol bzw. Phenol, die voneinander bes. durch Dest. getrennt werden. — Aus 130 (Teilen) N.N'-Dimethylharnstoff u. 318 Diphenylcarbonat bei 200—250° unter gleichzeitigem Abdestillieren von 142 entstandenem *Methylisocyanat*, Kp. 43—45°; im unteren Teil der Kolonne werden 277 Phenol abgenommen. — N.N'-Diäthylharnstoff → *Äthylisocyanat*, Kp. 60°. — N.N'-Diisopropylharnstoff → *Isopropylisocyanat*, Kp. 67°. — N.N'-Di-n-butylharnstoff + Di-α-naphthylcarbonat → *n-Butylisocyanat*, Kp. 107—112°. — N-Methyl-N'-äthylharnstoff → Mischung aus *Methyl-* u. *Äthylisocyanat*. — N-Methyl-N'-phenylharnstoff → Mischung aus Methyl- u. *Phenylisocyanat*. Zur Rk. sind noch verwendbar: Di-n-butyl-, Äthylen- u. Äthyl-α-naphthylcarbonat. — Die Rk. ist auch kontinuierlich als Sumpf- oder Riesel-Verf. durchführbar. (**D. A. S. 1154090** Kl. 12o vom 20/2. 1961, ausg. 12/9. 1963.) G. Krauß H 890

2266 Farbenfabriken Bayer Akt.-Ges. (Erfinder: Wolfgang Lehmann, Leverkusen, und Heinz Ziemann, Leichlingen/Rhld.), **Ätherpolyisocyanate** erhält man durch Rk. von Ätheraminen der allg. Formel H_2N—$(CH_2)_3$—O—CH_2—C(R)(R')—CH_2—O—$(CH_2)_3$—NH_2 (R u. R' = Alkyl, Cycloalkyl, Chloralkyl, γ-Aminopropoxymethyl; R u. R' können zusammen mit dem C auch einen cycloaliphat. Ring bilden) oder deren Salzen, wie Hydrochloriden oder Carbaminaten, mit $COCl_2$, bes. zuerst in der Kälte u. dann in der Hitze, z. B. bei 80—120°, bes. in Ggw. eines Lsgm. (Toluol, Xylol, Chlorbenzol, o-Dichlorbenzol, Nitrobenzol). Eine bes. Reinigung der entstandenen Isocyanate durch Umkristallisieren oder Destillieren ist nicht notwendig. — In 100 (Teile) 1.3-Bis-(γ-aminopropoxy)-2.2-dimethylpropan in 1000 Toluol leitet man unter Kühlen trockenes CO_2 bzw. trockene HCl ein, erwärmt die anfangs gallertartige Mischung im CO_2-Strom auf 40—50°, kühlt sie nach der Sättigung mit CO_2 auf 0°, leitet in das entstandene Carbaminat bzw. Dihydrochlorid $COCl_2$ unter langsamer Temp.-Erhöhung auf 90—106° ein, dest. das Lsgm. im Vakuum nach vorherigem Ausblasen der Lsg. mit N_2 ab u. erhält *1.3-Bis-(γ-isocyanatopropoxy)-2.2-dimethylpropan*, $C_{13}H_{22}N_2O_4$, Kp.$_{0,11-0,16}$ 109—115°; nach nochmaliger Dest. bei Kp.$_{0,07}$ 111—113° enthält das Diisocyanat nur noch 0,1% Cl; Ausbeute 75%. — 1.3-Bis-(γ-aminopropoxy)-2.2-diäthylpropan → Carbaminat → *1.3-Bis-(γ-isocyanatopropoxy)-2.2-diäthylpropan*, $C_{15}H_{26}N_2O_4$, Kp.$_1$ 152—158°; Ausbeute 81%. — 1.3-Bis-(γ-aminopropoxy)-2-methyl-2-propylpropan → Carbaminat → *1.3-Bis-(γ-isocyanatopropoxy)-2-methyl-2-propylpropan*, $C_{15}H_{26}N_2O_4$, Kp.$_{1,5}$ 160—165°; Ausbeute 70%. — 1.1-Bis-(γ-aminopropoxymethyl)-cyclohexan → Carbaminat → *1.1-Bis-(γ-isocyanatopropoxymethyl)-cyclohexan*, $C_{16}H_{26}N_2O_4$, Kp.$_1$ 175—185°; Ausbeute 75%. — Die Ausgangsamine erhält man z. B. durch Anlagerung von 2.2-Dimethylolpropan, 3.3-Dimethylol-n-pentan, 1.1.1-Trimethylolpropan, Pentaerythrit, 1.3-Dichlor-2.2-dimethylolpropan, 2-Methyl-2-propylpropan-1.3-diol, 1.1-Dihydroxymethylcyclohexan u. 2.2-Dicyclohexylpropan-1.3-diol (herstellbar durch Red. von Dicyclohexylmalonsäurediäthylester) an Acrylsäurenitril u. nachfolgende Hydrierung des Adduktes. — Durch Anlagerung von Polyalkoholen an die Isocyanate entstehen *Urethanpolyisocyanate*. — *Zwischenprodd.*, bes. zur Herst. von *Kunststoffen* u. *Di-, Tri-* u. *Tetraäthyleniminharnstoffen*. (**D. A. S. 1 154 092** Kl. 12o vom 7/2. 1962, ausg. 12/9. 1963.) G. Krauß H 890

2267 Rohm & Haas Co., Philadelphia (Erfinder: Joseph William Nemec, Rydal, Charles Harlan McKeever, Meadowbrook, und Edward Lee Wolffe, Willow Grove), Pa., V.St.A., **Herstellung von Äthylendiamin** durch Umsetzung von HCN, CH_2O, NH_3 u. H_2 über einem aktivierten Hydrierungskatalysator auf Basis von Ni u./oder Co mit oder ohne Trägerstoff bei 90—130° u. 203 bis 679 at Druck. Der Katalysator kann durch kleine Mengen von Metallen aus den Gruppen Ib, IIb, VIb, VIIb oder VIIIb des Perioden-Syst. aktiviert werden. (**D. A. S. 1 154 121** Kl. 12q vom 28/7. 1960, ausg. 12/9. 1963. A. Prior. 3/8. 1959.) R. Bauereis H 910

2268 Wilhelm Schemuth, Deutschland, **Herstellung von Cystin und Cystein.** 1 Mol Brenztraubensäure u. 2 Mol Acetamid geben durch 1std. Erhitzen auf 180° ein Gemisch aus 80% α.α-Di-[acetylamino]-propionsäure u. 5% α-Acetylaminoacrylsäure (I), das durch Erhitzen in Ggw. von Acetanhydrid auf 180—200° zu >90% in I übergeführt wird. I wird während 2 Std. in Bzl. mit Thioessigsäure auf 50—60° erhitzt, die gebildete α-Acetylamino-β-acetylmercaptopropionsäure in Ggw. von Oxydationsmitteln zu *Cystin* (90% Ausbeute) bzw. in Ggw. von Red.-Mitteln zu *Cystein* verseift. (**F. P. 1 237 706** vom 20/7. 1956, ausg. 25/11. 1960. D. Prior. 23/7. 1955.) Eberhard Riedel H 950

2269 Uclaf, Paris (Erfinder: Léon Velluz, Paris, Gaston Amiard, Noisy-le-Sec, und René Heymes, Romainville), Frankreich, **α- und γ-Glutamylpeptide.** Zu F. P. 1 129 627; C. **1959,** 625, ist nachzutragen: Es sind Verbb. der allg. Formeln HOOC—CH(R)—NH—CO—CH(NH_2)CH_2—CH_2—COOH [R = H, CH_3, —CH_2—CH(CH_3)$_2$, —CH_2—C_6H_4·OH] u. HOOC—CH(NH_2)—CH_2—CH_2—CO—NH—CH(R)—COOH herstellbar. Die als Zwischenprodd. erhaltenen Diester der allg. Formel R′OOC—CH[NHC(C_6H_5)$_3$]CH_2CH_2COOR″ sind gegen Alkali beständig u. lassen sich zu Monoestern der allg. Formel R′OOC—CH[NHC(C_6H_5)$_3$]CH_2CH_2COOH leicht verseifen. — *Zwischenprodukte.* (**Schwz. PP. 348 161** vom 12/7. 1956, ausg. 30/9. 1960 u. **349 608** vom 12/7. 1956, ausg. 15/12. 1960. Beide F. Prior. 29/7. 1955.) G. Krauß H 950

2270 Uclaf, Paris (Erfinder: Gaston Amiard, Noisy-le-Sec, René Heymes, Romainville, und Léon Velluz, Paris), Frankreich, **Peptide.** Zu F. P. 71 873; C. **1962,** 11731, ist nachzutragen: Es werden Peptide der allg. Formel R′—CO—CH(NH_2)—(CH_2)$_n$—CO—R (n = Vielfaches von 1, bes. 2 oder 3; von R u. R′ ist eines NH_2, das andere ein Aminosäure- oder Peptid-, z. B. Di- oder Polypeptidrest) durch Rk. einer N-Tritylaminosäure der allg. Formel (C_6H_5)$_3$C—NH—CH(CO—R‴)—(CH_2)$_n$—CO—R″ (von R″ u. R‴ ist eines NH_2, das andere OH) mit einem Aminosäureester oder einem Peptid in Ggw. von Dicyclohexylcarbodiimid u. eines Lsgm. (Methylenchlorid) bei —10 bis 0° u. Abspaltung des Tritylrestes mit wss. Essigsäure unter Erhitzen hergestellt. — *Zwischenprodd.* zur Herst. von *Oxytocinen* u. *Vasopressinen*. (**Schwz. P. 349 607** vom 11/7. 1958, ausg. 15/12. 1960. F. Prior. 22/7. 1957.) G. Krauß H 950

2271 Ethyl Corp., New York, N.Y. (Erfinder: Julian Bernard Honeycutt jun., Baton Rouge, La.), V.St.A., **Herstellung von Organoborverbindungen** durch Rk. von Alkali- oder Erdalkali-Verbb. eines KW-Stoff-Borhydrids, bes. mit 3 KW-Stoffresten, hergestellt durch Umsetzung eines Alkali- oder Erdalkalihydrids mit einer organ. B-Verb. in einem Äther bei 25—200° oder in einem KW-Stoff bei 50—150°, mit einem α-Olefin, bes. mit ≦6 C-Atomen, in Ggw. einer organ. Verb. eines Metalls der 3. Hauptgruppe des Period. Syst., bes. eines Bortrialkyls, wie Triäthylboran, u. ggf. eines Lsgm., wie Diglykoldimethyläther (I), bei 100—175° u. erhöhtem Druck. — *Natriumtriäthylborhydrid* (II), aus Na-Hydrid u. Triäthylboran (III) in Hexan durch 30 Min. langes Kochen u. Abdestillieren des Lsgm., viscose Flüssigkeit. — *Natriumtetraäthylboran, Diglykoldimethylätherat*, aus II u. Äthylen (IV) in I in Ggw. von III durch 4½ std. Rühren bei 145—150° u. 70—72 at; 87% (Ausbeute). Analog: *Tetrahydrofuranätherat*, aus 24,4 (Teilen) II durch 5½ std. Rk. mit IV bei 69,5—70,5 at in 155 Tetrahydrofuran in Ggw. von 15,4 III bei 100—108°. — *Natriumtetra-[2-phenyläthyl]-boran*, aus Na-tri-[2-phenyläthyl]-borhydrid; 50%. (**F. P. 1 242 703** vom 15/12. 1959, ausg. 6/1. 1961. **D. A. S. 1 121 612** Kl. 12o vom 18/12. 1959, ausg. 11/1. 1962. Beide A. Prior. 29/12. 1958.) G. Colsmann H 980

2272 UCLAF, Paris (Erfinder: Robert Joly, Montmorency, und Robert Bucourt, Villiers-le-Bel), Frankreich, **Herstellung von Trialkylboranen,** dad. gek., daß man eine Lsg. von Alkyl-Zn-Halogenid in einem N.N-Dialkylamid bei 50—160° unter N_2 mit BCl_3 oder BF_3 behandelt, das Rk.-Prod. fraktioniert oder nach Verdünnen mit W. aus der Lsg. extrahiert. — In eine Lsg. von 222 (g) Methyl-Zn-Bromid in 235 Dimethylformamid wird bei 90—100° 1½ Std. lang BF_3 eingeleitet. Man kondensiert bei —50 bis —60° u. dest. *Trimethyl-B* bei —20°. — *Triäthyl-B*, Kp. 94—96,5°, *Tri-[n-propyl]-B*, Kp. 163—165°, *Tri-[n-butyl]-B*, aus Äthyl-, n-Propyl- bzw. n-Butyl-Zn-Bromid. (**F. P. 1 240 097** vom 24/7. 1959, ausg. 20/12. 1960. **D. A. S. 1 138 772** Kl. 12o vom 28/6. 1960, ausg. 31/10. 1962. **E. P. 891 879** vom 21/4. 1960, ausg. 21/3. 1962. Beide F. Prior. 24/7. 1959.) S. Böttcher H 980

2273 General Electric Co., Schenectady (Erfinder: James Milburn Dotson, Rexford), N.Y., V.St.A., **Die Direktsynthese von Organochlorsilanen** erfolgt durch Durchströmen eines organ. Chlorids durch eine Wirbelschicht aus Si-Körnern, wobei zusätzlich Si in die Wirbelschicht eingetragen wird u. die Korngröße des zugesetzten Si über der der Wirbelschicht liegt u. ein Teil des Si der Wirbelschicht in nicht oxydierender Atmosphäre zerkleinert wird. Die Zerkleinerung wird stetig mittels Düsen vorgenommen, durch die das organ. Chlorid mit Schall-Geschw. in die Wirbelschicht eintritt. — Vorr., 2 Zeichnungen. (**D. A. S. 1 155 128** Kl. 12o vom 27/11. 1961, ausg. 3/10. 1963. A. Prior. 28/11. 1960.) A. Debo H 980

2274 Jean Marie Cheymol, Pierre-Eugène Chabrier de Lassaunière, René Jules Paul Hazard, Mohamed Selim und Thuong Nguyen Thanh, Frankreich, **Herstellung von Phosphorsäureamiden** der allg. Formeln $(R_1)(R_2)N \cdot P(:O)(OCH_3)[ON(Alk)_4]$ (I) u. $[(R_1)(R_2)N]_2 \cdot P(:O)[ON(Alk)_4]$ (II) (R_1 u. R_2 = H, Alkyl-, Aryl-, Aralkyl- oder, gemeinsam mit N, heterocycl. Rest; Alk = Alkyl-, bes. CH_3-Rest), dad. gek., daß man ein Halogenid der Dimethyl- bzw. ein Dihalogenid der Monomethylphosphorsäure in Ae. mit der 2- oder 4fachen Menge NH_3 bzw. einem prim. oder sek. Amin umsetzt u. das entstehende Amid in Aceton mit einem leichten Überschuß eines Trialkylamins erwärmt. — Man läßt 0,5 (Mol) Dimethylorthophosphorsäurechlorid bei 5—10° langsam zu der Lsg. von 1,1 eines sek. Amins in Ae. tropfen, rührt 1 Std. lang, filtriert, dampft ab u. destilliert. Man erhält folgende Verbb. $(R_1)(R_2)N \cdot P(:O)(OCH_3)_2$, $:R_1 = R_2 = CH_3$, $Kp._1$ 78—79°; n_D^{25} 1,4175. — $R_1 = R_2 = C_2H_5$, $Kp._{15}$ 92°; n_D^{25} 1,4240. — $R_1 = R_2 = n\text{-}C_3H_7$, $Kp._{15}$ 112°; n_D^{25} 1,4300. — $R_1 = R_2 = n\text{-}C_4H_9$, $Kp._{15}$ 96°; n_D^{25} 1,4355. — $R_1 = R_2 = n\text{-}C_8H_{17}$, $Kp._1$ 156—157°; n_D^{25} 1,4420. — $(R_1)(R_2)N$ = *Piperidino*; $Kp._{15}$ 119°; n_D^{25} 1,4528. — $(R_1)(R_2)N$ = *Morpholino*, $Kp._1$ 96°, n_D^{25} 1,4530. — 0,2 Mol der Monoamide werden in Aceton mit 100 cm^3 28%ig. Lsg. von Trimethylamin mehrere Std. auf 80° erwärmt; man erhält die *Salze* I mit Alk = CH_3, FF. (in vorst. Reihenfolge) 221, 231—232, 245, 243—244, 186, 212 u. 177°. — Bei Verw. von Monomethylorthophosphorsäuredichlorid u. den genannten Aminen erhält man die Amide $[(R_1)(R_2)N]_2P(:O)(OCH_3)$, $Kp._1$ 49—50°, n_D^{25} 1,4368; $Kp._1$ 96°, n_D^{25} 1,4410; $Kp._1$ 107°; Zers.; Zers.; $Kp._1$ 125°, n_D^{25} 1,4872; F. 45—47° (in vorst. Reihenfolge). — Entsprechende *Tetramethylammoniumsalze*: FF. 180—182, 222, 308—309, 257—258, 320, 300—303, 257—259°. — Ferner Verbb. $(R_1)(R_2)N - P \cdot (:O)(OCH_3)(OAlk)$: Alk = C_2H_5, $(R_1)(R_2)N$ = *Piperidino*, $Kp._1$ 79°. — Alk = C_2H_5, $R_1 = R_2 = C_2H_5$, $Kp._1$ 59—60°. — Alk = $-CH_2-C_6H_5$, $R_1 = R_2 = C_2H_5$, $Kp._1$ 114°. (**F. P. 1 239 989** vom 20/7. 1959, ausg. 9/12. 1960.) S. Böttcher H 980

2275 M. A. Ssokolowski und P. M. Sawlin, **Herstellung von Di-[N-(ω-carboxyhexyl)-β-aminoäthyl]-vinylphosphonat (I)** durch Rk. von ω-Aminoönanthsäure (II) mit CH_2 = CHP(:O)(OCH_2CH_2Cl)$_2$ (III) u. Überführung des erhaltenen Hydrochlorids mit C_2H_5ONa in den freien Ester. — Zu 11,65 (g) III in 50 ml 80%ig. wss. A. werden 14,5 II im gleichen Lsgm. gegeben, danach wird 4 Std. lang erwärmt u. das Lsgm. verdampft: 26,15 I-*Dihydrochlorid*; daraus mit 2,5 Na in 100 ml Ä.: I, F. —70°. (**UdSSR. P. 133 865** vom 13/4. 1960.) L. Großner H 980

2276 Metallgesellschaft Akt.-Ges., Frankfurt/M. (Erfinder: Karl-Heinz Eisenlohr, Buchschlag, und Hans Wirth, Frankfurt/M.), **Trennung aromatischer von nichtaromatischen Kohlenwasserstoffen** durch Extraktion mit einem N-Methylpyrrolidon enthaltenden Lsgm., dad. gek., daß zur Gewinnung reinster Aromaten das aus KW-Stoffgemischen mit hohem Aromaten-Geh. bestehende Einsatzgut mit einem Lsgm. extrahiert wird, das aus *N-Methylpyrrolidon* mit über 10—40 Gew.-% W. besteht, wobei dem Lsgm. ein Extraktrücklauf u./oder ein aus KW-Stoffen, die unterhalb der zu gewinnenden Aromaten sieden, bes. aus Pentan bestehendes Gegen-Lsgm. entgegengeführt wird u. der Extrakt in bekannter Weise aufgearbeitet wird. — Zeichnung. (**D. A. S. 1 153 738** Kl. 12o vom 4/6. 1960, ausg. 5/9. 1963.) E. Kahles H 1010

2277 Ciba Akt.-Ges. (Erfinder: Paul Müller, Albert Friedrich Buri, Hansruedi Pfister und Robert Trefzer), Basel, Schweiz, **Wasserfreie Arylsulfochloride** werden hergestellt durch Rk. von aromat. Verbb. mit $ClSO_3H$, wobei man das Chlorsulfonierungsgemisch unter intensivem Mischen in eine Mischung von mit W. nicht mischbaren organ. inerten Lsgm. u. W. einfließen läßt. Als Lsgm. sind bes. Nitrobenzol, Tetrachloräthylen, Essigsäureester u. Methylisobutylketon geeignet. — Beispiele für *Acetylsulfanilsäurechlorid*, F. 143,4—144,2°, Ausbeuten bis 88%, u. *5-Chloranilin-2.4-disulfonsäurechlorid*, 80% Ausbeute sind angegeben. (**D. A. S. 1 155 442** Kl. 12o vom 19/11. 1960, ausg. 10/10. 1963. Schwz. Prior. 24/11. u. 11/12. 1959.) A. Debo H 1090

2278 Ontario Paper Co. Ltd., Thorold (Erfinder: John Henry Fisher und Charles Alfred Sankey, St. Catherines), Ontario, Canada, **Herstellung von Vanillin und anderen Oxydationsprodukten aus Ligninsulfonsäureverbindungen.** Zu F. PP. 990 461, 990 462 u. 990 463; C. **1952,** 4689, ist nachzutragen, daß die Rk.-Teilnehmer (I) in einem oder in einer Reihe von Rk.-Gefäßen unter kontinuierlicher Zuführung der I u. kontinuierlicher Abführung der Rk.-Prodd. aus der in Bewegung gehaltenen Rk.-Mischung umgesetzt werden. (**D. B. P. 976 502** Kl. 12o vom 11/8. 1950, ausg. 17/10. 1963. Anmeldung bekanntgemacht 16/4. 1953. Can. Prior. 11/8. 1948.) A. Jahn H 1140

2279 Chemische Werke Witten G. m. b. H. (Erfinder: Gustav Renckhoff, Hans-Leo Hülsmann und Walter Rudolph), Witten, **Herstellung von Methylterephthalsäuredimethylester und Trimellitsäuretrimethylester,** dad. gek., daß man 1.3-Dimethyl-4-methoxymethylbenzol mit O_2 in fl. Phase, bes. bei 1—10 atü u. in Ggw. üblicher Katalysatoren, bei 90—200°, bes. 120—165°, zu 2.4-Dimethylbenzoesäure oxydiert, diese nach Veresterung zum Methylester zu einem Gemisch aus Methylterephthalsäuremonomethylester u. 4-Methylorthophthalsäuremonomethylester weiteroxydiert, daraus nach Veresterung zu den Dimethylestern durch Zugabe von Methanol reinen, krist. Methylterephthalsäuredimethylester ausfällt, nach seiner Abtrennung u. Abtrennung des Methanols den Rückstand zum Trimellitsäuredimethylester weiteroxydiert u. diesen zum Trimellitsäuretrimethylester verestert. (**D. A. S 1 153 355** Kl. 12o vom 25/5. 1962, ausg. 29/8. 1963.) L. Stadelmann 1200

2280 Perfogit S. p. A., Mailand, Italien, **Oxydation von alkylierten aromatischen Monocarbonsäuren,** dad. gek., daß man die Säuren bei >150° mit gasförmiger HNO_3 behandelt, ggf. in Ggw. eines Oxydationskatalysators. (**It. P. 562 689** vom 30/11. 1956. D. Prior. 5/11. 1956.) K. Koebke H 1210

2281 Badische Anilin- & Soda-Fabrik Akt.-Ges. (Erfinder: Gotthilf Wenner, Ludwigshafen/Rh., und Rudolf Keller, Ziegelhausen bei Heidelberg), **Benzoesäurealkylester und deren Derivate** erhält man durch Oxydation von Alkyl- oder Chloralkylbenzolen, die ggf. eine oder mehrere nicht oxydierbare, an den Kern gebundene Gruppen enthalten (Halogenatome, Nitro-, Sulfonsäure-, Sulfonat-, Äther-, Methoxy-, Phenoxyreste) mit O_2 oder diesen enthaltenden Gasen bei 120—220, bes. 140—200° u. wenigstens 10 at, z. B. 15—60, bes. 20—40 at, in fl. Zustand in Ggw. von Schwermetallsalzen, die in mehreren Wertigkeitsstufen auftreten können, als Katalysatoren (Salze des Mn, Co oder V von Essig-, Butter-, Äthylhexan-, Öl- oder Naphthensäure) u. mindestens 40, vorteilhaft 60—95, bes. 60—80 Gew.-% eines Alkanols mit 1—4 C-Atomen. Die Katalysatormenge beträgt bes. ca. 0,1—5 Gew.-%; als weitere Beschleuniger dienen noch Alkali-, Erdalkali- u. NH_4-Bromide; als HCl-bindende Mittel Alkali- u. Erdalkalihydroxide. Das Rk.-Gefäß soll während der O_2-Behandlung bes. vollständig mit Fl. gefüllt sein. Die Oxydation ist auch bei 80—300 at durchführbar, wenn bei niedrigeren Temp. gearbeitet werden soll. — Aus 1170 g Cumol in 3530 g Methanol in Ggw. von 10 g Mn-Acetat u. 10 g KBr unter Einpressen von stündlich 380 Liter O_2 bei 165° u. 28 at → *Benzoesäuremethylester* neben wenig *Methylformiat*, *Formaldehyddimethylacetal* u. *Acetophenon*; (Ausbeute) 88%; aus Toluol 91%; aus Benzylchlorid 86%. — p-Bromcumol, $Kp._{28}$ 111°, → *p-Brombenzoesäuremethylester*, F. 80°; 86%; *p-Brombenzoesäure*, F. 258°; *p-Bromacetophenon*, $Kp._7$ 117°. — K-p-Isopropylbenzolsulfonat → *K-Benzoesäuremethylester-p-sulfonat*, F. >300° (Zers.); 82%; *K-Benzoesäure-p-sulfonat*, F. >260° (Zers.); *K-Acetophenon-p-sulfonat*, F. >300° (Zers.). — p-Nitrocumol, $Kp._{10}$ 122°, → *p-Nitrobenzoesäuremethylester*, F. 96°; 86%; *p-Nitroacetophenon*, F. 80°. — 1-Isopropyl-2-nitrobenzol-4-K-sulfonat → *2-Nitrobenzoesäuremethylester-4-K-sulfonat*; 83%; *2-Nitro-1-benzoesäure-4-K-sulfonat* u. *1-Acetophenon-2-nitro-4-K-sulfonat*. — p-Methoxycumol, $Kp._{30}$ 105°, → *p-Methoxybenzoesäuremethylester*, Kp. 255°; F. 47°; 82%; *p-Methoxybenzoesäure*, F. 185°; *p-Methoxyacetophenon*, F. 38°. — p-Methyldiphenyloxid → *Diphenyloxid-p-carbonsäuremethylester*, $Kp._{760}$ 318°; 80%; *Diphenyloxid-p-carbonsäure*, F. 158°; *Diphenyloxid-p-aldehyd*, $Kp._{22}$ 192°. Ferner sind oxydierbar: Äthylchlor- u. Chloräthylbenzol, Dichlortoluole, Äthyldichlorbenzole, Chlormethylchlorbenzol, Trichlortoluole, Isopropylmono- oder -di- oder -trichlorbenzole, die entsprechenden Br- u. J-Derivv., Nitrotoluol, Nitrochlormethylbenzol u. deren Homologe mit 1—4 C-Atomen in der oxydierbaren Seitenkette, Dinitrotoluol, Dinitroäthylbenzol, Dinitrochloräthylbenzol, Dinitrocumol, o-, m- oder p-Toluolsulfonsäure, Äthyl- u. Isopropylbenzolsulfonsäuren, Methoxy- oder Äthoxytoluol, Methoxychloräthylbenzol, Isopropyl- oder 4.4'-Diisopropyldiphenyloxid, p-Nitro-o-chlortoluol, p-Brom-o-nitrocumol u. p-Sulfo-o-nitroäthylbenzol. — *Zwischenprodukte*. (**D. A. S. 1 154 478** Kl. 12o vom 2/1. 1960, ausg. 19/9. 1963.) G. Krauß H 1210

2282 Chemische Werke Witten G. m. b. H. (Erfinder: Gustav Renckhoff und Walter Rudolph), Witten/Ruhr, **Halbesterchloride von Benzoldicarbonsäuren** erhält man durch Rk. von Trichlormethylbenzoesäureestern prim., gesätt., aliphat. Alkohole bei 100—160° in Ggw. von 0,01 bis 1,0% an koordinativ ungesätt. anorgan. Polyhalogen-Verbb., z. B. $FeCl_3$, $SbCl_5$, $ZnCl_2$, $AlCl_3$ oder BF_3, mit Benzoldicarbonsäurehalbestern, z. B. Isophthalsäuremonomethylester. — *Zwischenprodd.* für die Herst. von Kunststoffen. (**D. A. S. 1 151 792** Kl. 12o vom 2/2. 1962, ausg. 25/7. 1963. **Zusatz zu D.A.S. 1 148 995; C. 1963, 22905.**) L. Stadelmann H 1220

2283 Chemische Werke Witten. G. m. b. H, Witten (Erfinder: Ewald Katzschmann, Dortmund), **Äthylenglykolmonoester gesättigter Carbonsäuren** erhält man durch Rk. gesätt. Mono- oder Polycarbonsäuren oder deren Mischungen mit bes. überschüssigem oder auch unterschüssigem Äthylenoxid bei 25—200, bes. 80—160°, u. 0—15 atü in Abwesenheit von Katalysatoren u. in Ggw. eines Gemisches aus W. u. Amiden gesätt. niedermol., aliphat. Carbonsäuren oder deren N-Alkyl-Derivv. im Verhältnis 15—1:1—10, bes. 4—5:3—2; ggf. nach Zusatz von Neutralisierungsmitteln werden die Ester in üblicher Weise gewonnen. — Aus 90 g Terephthalsäuremonomethylester u. 45 g fl. Äthylenoxid in Ggw. von 175 g Eis u. 175 g Dimethylformamid in einem V 4 A-Schütteldruckgefäß zuerst bei 5°, dann bei 95°, zuletzt bei 60° → *Terephthalsäuremonomethyläthylenglykolmonoester*, F. 78,6°; (Ausbeute) 95,8%. — Terephthalsäure → *Terephthalsäurediäthylenglykolmonoester*, F. 110,1°; 66%. — *p-Chlorbenzoesäureäthylenglykolmonoester*, aus 10% wss. Dimethylformamid, F. 69,7°. — *Phenylessigsäureäthylenglykolmonoester*, 84,5%. — *4-tert.-Butylbenzoesäureäthylenglykolmonoester*, 83%. — *Benzoesäureäthylenglykolmonoester*, $Kp._{11}$ 153—158°; 86,8%. — *p-Toluylsäureäthylenglykolmonoester*, $Kp._1$ 126—127°; 84%. — *Capronsäure-*, 75,7%; *Tetrachlorphthalsäure-*, 88%; *2-Hydroxy-p-toluyl-*

säure-, 98,5%; *Propionsäure-*, Kp.$_{16}$ 90—97°; 93,4%; *Buttersäure-*, Kp.$_2$ 74°; 78%; *1.3.5-Benzoltricarbonsäureäthylenglykolmonoester*, 48%. — *Zwischenprodd.* zur Herst. von *Weichmachern, Harzen, Lacken, Kunststoffen* u. *Fasern*. (**D. A. S. 1 154 479** Kl. 12o vom 11/4. 1961, ausg. 19/9. 1963.)
G. Krauß H 1220

2284 Comp. de Saint-Gobain, Neuilly-sur-Seine (Erfinder: Maurice Assenat, Saint Fons, Rhône, und M. Etienne Berjot, Lyon), Frankreich, **Vorrichtung zum Chlorieren von Phthalsäureanhydrid** durch Einleiten von Cl_2 in geschmolzenes Anhydrid in Ggw. eines Gemisches aus verschiedenen Molybdänchloriden. Das Chlorierungsgefäß enthält ein zentral u. senkrecht angeordnetes Rohr von geringerer Höhe als der des Chlorierungsgefäßes, in dessen unterem Teil die nach oben gerichtete u. mit einem Abschlußkörper aus porösem Material versehene Zuleitung für das Cl_2 angebracht ist. (**D. A. S. 1 154 084** Kl. 12o vom 12/5. 1961, ausg. 12/9. 1963. F. Prior. 13/5. 1960.) L. Stadelmann H 1220

2285 Hans J. Zimmer Verfahrenstechnik, Frankfurt/M. (Erfinder: Gerhard Rauth, Bergen-Enkheim), **Herstellung von Terephthalsäure** durch Oxydation einer ca. gesätt., bes. 15—35 mol-%ig. Lsg. von p-Toluylsäure in p-Xylol in fl. Phase bei erhöhter Temp. mit O_2, wobei der Geh. an Terephthalsäure entweder durch Abbrechen der Oxydation oder durch konst. Zufuhr von Frischxylol u. Entnahme des Endprod. unter 25 Mol-%, bes. zwischen 10 u. 20 Mol-%, bezogen auf das gesamte Rk.-Gemisch, gehalten wird. (**D. A. S. 1 153 356** Kl. 12o vom 28/3. 1960, ausg. 29/8. 1963.)
L. Stadelmann H 1220

2286 Jaroslav Beranek, Drahomir Sokol, Josef Ratusky und Frantisek Sorm, Tschechoslowakei, **Herstellung von Kaliumterephthalat,** dad. gek., daß man ein Gemisch aus feinverteiltem K-Phthalat u. auf 500—900° vorgewärmtem CO_2 tangential in ein kugeliges Rk.-Gefäß einbläst u. die isomerisierten Teilchen abtrennt. (**F. P. 1 238 638** vom 12/10. 1959, ausg. 2/12. 1960.) S. Böttcher H 1220

2287 Norwich Pharmacal Co. (Erfinder: Robert Tarr Edmunds), Norwich, N.Y., V.St.A., **Herstellung von Acetylsalicylsäure** durch Umsetzung von Salicylsäure mit einem molaren Überschuß an Essigsäureanhydrid in Ggw. eines inerten destillierbaren Verdünnungsmittels in einem geschlossenen Gefäß bei 85—95°, Verringerung des Drucks auf 170 mm Hg u. Dest. unter weiterer Druckminderung auf 90—30 mm Hg. (**D. A. S. 1 155 140** Kl. 12q vom 30/5. 1960, ausg. 3/10. 1963. A. Prior. 10/6. 1959.)
R. Bauereis H 1250

2288 Laboratories d'Analyses et de Recherches Biologiques Mauvernay, Frankreich, **Herstellung von 3-Methyl-2-hydroxy-N-cyclohexylbenzamid,** F. 83—85°, dad. gek., daß man o-Kresotinsäuremethylester mit Cyclohexylamin umsetzt. (**F. P. 1 239 694** vom 30/10. 1959, ausg. 9/12. 1960.) S. Böttcher H 1250

2289 Badische Anilin- & Soda-Fabrik Akt.-Ges. (Erfinder: Hubert Suter, Günther Pöhler und Heinrich Sperber), Ludwigshafen/Rh., **N.N'-Dialkylarylendiamine** werden hergestellt durch Rk. von aromat. Diamino-Verbb. in Form ihrer 3—30%ig. Lsg. in dem Alkohol, der zur Alkylierung dient, mit sek. Alkoholen oberhalb 150° in Ggw. von Ni- oder Co-Katalysatoren unter Druck in fl. Phase u. ggf in Ggw. von H_2. — Man erhitzt 108 (g) p-Phenylendiamin in 1110 sek.-Butanol mit 2 Litern eines Katalysators aus 15% Ni, 5% Cu u. 1% Mn auf SiO_2 auf 160—180°, wobei man den Druck mit N_2 auf 14 atü hält, u. dest. → *N.N'-Di-sek.-butyl-p-phenylendiamin*, Kp.$_{13}$ 171—174°; 92,5% Ausbeute, ggf. neben N-Mono-sek.-butyl-p-phenylendiamin, Kp.$_{13}$ 150—152°. — Analog erhält man *N.N'-Dicyclohexyl-p-phenylendiamin*, Kp.$_{0,5}$ 200—205°, F. 103—104°, neben N-Monocyclohexyl-p-phenylendiamin, F. 52°, Kp.$_{27}$ 213—215°. (**D. A. S. 1 155 136** Kl. 12q vom 8/6. 1961, ausg. 3/10. 1963.)
A. Debo H 1310

2290 Badische Anilin- & Soda-Fabrik Akt.-Ges. (Erfinder: Matthias Seefelder und Wolfgang Jentzsch), Ludwigshafen/Rh., **Symmetrisch N.N'-disubstituierte Formamidine** der allg. Formel R—NH—CH=N—R (R = Alkyl, Alkenyl, Aralkyl, die noch Dialkylamino-, Äther- oder OH-Gruppen enthalten können) entstehen dem Stand der Technik gegenüber in sehr einfacher Weise dadurch, daß man Amine der allg. Formel R—NH_2 mit gasförmigem oder fl. HCN im Mol-Verhältnis wenigstens 2 : 1, möglichst jedoch nicht über 5 : 1, in fl. oder gasförmigem Zustand auf 50—135°, bes. 80—120°, ggf. bei 1—5 atü u. in Ggw. eines Verdünnungs- oder Lsgm. (N_2, Ar, Ae., Tetrahydrofuran, Dioxan, Di-n-butyläther, PAe., Octan, Cyclohexan, Bzl., Toluol, Xylol, Dekalin) erhitzt, bis die NH_3-Abspaltung beendet ist. — Aus 775 Teilen fl. Methylamin u. 240 Teilen fl. HCN zuerst unter Kühlung, dann 20 Std. im Druckgefäß bei 80° bis zu einem Selbstdruck von 30 atü → *N.N'-Dimethylformamidin*, Kp.$_{12}$ 50—53°; 80% (Ausbeute), bezogen auf HCN. — n-Propylamin → *N.N'-Di-n-propylformamidin*, Kp.$_{20}$ 94—96°; 60%. — n-Butylamin → *N.N'-Di-n-butylformamidin*, Kp.$_{20}$ 115—125°; 60%. — *N.N'-Diisobutylformamidin*, Kp.$_{13}$ 97—113°; 56%. — 3-Dimethylaminopropylamin → *N.N'-Bis-(3-dimethylaminopropyl)-formamidin*, Kp.$_{0,5-1}$ 100—120°; 50%. — β-Phenyläthylamin → *N.N'-Bis-(β-phenyläthyl)-formamidin*, Kp.$_{0,5-1}$ 180—195°; 64%. — Ferner können mit HCN umgesetzt werden: Äthyl-, n-Octyl-, 2-Äthylhexyl-, Dodecyl-, Stearyl-, Allyl-, Crotyl-, Oleylamin, β-Äthoxyäthyl-, p-Methoxybenzyl-, Äthanol- oder Propanolamin. Mit Säuren entstehen die entsprechenden Salze. — *Zwischenprodukte*. (**D. A. S. 1 154 459** Kl. 12o vom 18/1. 1962, ausg. 19/9. 1963.) G. Krauß H 1310

2291 M. A. Butlerowski und E. W. Awdejenko, **Herstellung von 1-[p-Nitrophenyl]-aminoäthanol (I)** durch Ammonolyse von p-Nitrophenylchlormethylcarbinol (**II**) oder p-Nitrophenylstyroloxid (**III**) mit fl. NH_3 in Ggw. von Wasser. — 20,2 g **II**, 200 ml NH_4OH u. 460—500 ml NH_3 werden im Autoklaven 1 Std. auf 50—55° erwärmt: **I**; 85 bis 88% Ausbeute. — Analog mit **III** 90—92% Ausbeute; F. 133 bis 136°. (**UdSSR. P. 134 258** vom 16/2. 1960.)
L. Großner H 1320

2292 Farbwerke Hoechst Akt.-Ges., vormals Meister Lucius & Brüning, Frankfurt/M. (Erfinder: Paul Schlack, Stuttgart, und Walter Koller, Frankfurt/M.), **Herstellung von Aminoalkylhydroxyarylketonen,** die ggf. am aromat. Ring substituiert sein können oder deren Hydroxygruppe alkyliert ist oder deren N-Atom durch KW-Stoff- oder Acylreste substituiert ist, dad. gek., daß man Aminocarbonsäuren mit an gesätt. C-Atom gebundener Aminogruppe u. mindestens 3 C-Atomen zwischen Amino- u. Carboxylgruppe mit Phenolen mit reaktionsfähigem Kernwasserstoff in Polyphosphorsäure umsetzt. Bei Verbb. mit $<$5 C-Atomen zwischen Amino- u. Carboxylgruppe muß mindestens 1 H-Atom der Aminogruppe durch eine Alkyl- oder Acylgruppe substituiert sein. — Beispiel: 20,13 (g) ω-Aminoundecansäure u. 9,41 Phenol werden 3 Std. unter Rühren in 140 Polyphosphorsäure (78 Gew.-% P_2O_5) auf 75° erwärmt. Nach dem Erkalten wird in Eiswasser eingetragen, das Phosphat des Aminoketons mit W. säurefrei gewaschen u. mehrmals aus Salzsäure umkristallisiert. Durch Verseifen der N-Acetyl-Verb. reines *4-Hydroxyphenyl-[10-aminodecyl]-ketonhydrochlorid*, F. 138°. — Weitere Beispiele: 4-Hydroxyphenyl-[7-aminoheptyl]-keton, F. 176°; 4-Hydroxyphenyl-[5-benzaminopentyl]-keton, F. 137,5°; 4-Hydroxyphenyl-[5-acetaminopentyl]-keton, F. 149°; 4-Hydroxyphenyl-[3-acetaminopropyl]-keton; 4-Hydroxyphenyl-[3-benzaminopropyl]-keton, F. 167°; 2-Hydroxy-5-methylphenyl-[5-benzaminopentyl]-keton, F. 99°; 2-Hydroxy-5-methylphenyl-[10-aminodecyl]-ketonhydrochlorid, F. 145—147°; 4-Methoxyphenyl-[7-aminoheptyl]-keton, F. 66°; 4-Äthoxyphenyl-[5-aminopentyl]-ketonhydrochlorid, F. 174°; 2-Hydroxy-5-tert.-butylphenyl-[5-aminopentyl]-ketonhydrochlorid, F. 129—130°; 2.4-Dihydroxyphenyl-[10-aminodecyl]-ketonhydrochlorid, F. 150°; 2.4-Dimethoxyphenyl-[10-aminodecyl]-keton, F. 46—46,5°; Hydrochlorid, F. 63,5—64°, Dihydrogenphosphat, F. 173°; 2.4-Dihydroxyphenyl-[7-aminoheptyl]-keton, F. 13,5—14°, Hydrochlorid, F. 85°; 2.4-Dimethoxyphenyl-[4-ureidobutyl]-keton, F. 133°; N.N'-Bis-[2.4-dimethoxyphenyl]-5-oxopentylharnstoff, F. 168°; N.N'-Bis-[2.4-dimethoxyphenyl]-6-oxohexylharnstoff, F. 132—133°; 1-Methoxynaphthyl-α-[5-benzaminopentyl]-keton, F. 133°; 2.4-Dimethoxyphenyl-[N-methyl-10-aminodecyl]-keton, F. 39—40°, Hydrochlorid, F. 105—107°; 2.4-Dimethoxyphenyl-[5-dimethylaminopentyl]-ketonhydrochlorid, F. 142—144°; 2.4-Dimethoxyphenyl-[3-dimethylaminopropyl]-ketonhydrochlorid, F. 151°; 2.4-Dimethoxyphenyl-[5-phthalimidopentyl]-keton, F. 92°; 2.4-Di-

methoxyphenyl-[N-methyl-N-benzoyl-4-aminobutyl]-keton, Kp.$_{0,7}$ 250—270°. — *Zwischenprodd.* für Pharmazeutica, Kunststoffe u. Absorptionsmittel für UV-Licht. (**D. A. S. 1 146 498** Kl. 12q vom 15/10. 1958, ausg. 4/4. 1963.)
R. Bauereis H 1320

2293 A. P. Skoldinow und W. T. Klimko, **Herstellung von α-Alkyl- und α-Aryl-β-alkoxyacroleinen** durch Erwärmen entsprechender Malondialdehydtetraacetale mit $SOCl_2$ (I). — Zu 4,68 (g) 1.1.3.3-Tetraäthoxy-2-methylpropan in 5 ml CH_2Cl_2 werden bei Zimmer-Temp. vorsichtig 4,76 I gegeben, danach wird auf 60—70° erwärmt u. fraktioniert: 1,9 *α-Methyl-β-äthoxyacrolein,* Kp.$_3$ 60—63°; n_D^{20} 1,4770; $D._4^{20}$ 0,9604. (**UdSSR. P. 133 871** vom 29/3. 1960.)
L. Großner H 1540

2294 Hooker Chemical Corp., V.St.A. (Erfinder: Walter Hugo Prahl, Sol Joseph Lederman und Ellis Irving Lichtblau), **Herstellung und Reinigung von Diphenylolalkanen,** dad. gek., daß man das Rohprod., z. B. *2.2-Bis-[4-hydroxyphenyl]-propan* (I), schmilzt, langsam kristallisieren läßt u. die granulierte Masse bei Raum-Temp. mit einem Lsgm. behandelt, das die Verunreinigungen ca. 30mal leichter löst als I. Man kann auch I zunächst dest. u. dann extrahieren. Die Herst. von I erfolgt durch Einleiten von HCl in ein Gemisch aus 1 (Teil) Aceton u. 3 Phenol $<80°$, bis das Aceton verbraucht ist, u. Entfernen von W., HCl u. unverbrauchtem Phenol durch Destillation. Anschließend erfolgt die Reinigung, wobei als Lsgm. CH_2Cl_2, Bzl., Äthylendichlorid, Toluol, Chlorbenzol, Xylol, Cumol u. o-Dichlorbenzol verwendet werden. — Analog erhält man *Dihydroxydiphenylmethan* u. *1.1-Bis-[4-hydroxyphenyl]-cyclohexan.* (**F. P. 1 240 154** vom 18/9. 1959, ausg. 20/12. 1960. A. Prior. 5/2. 1959.)
S. Böttcher H 2260

2295 Universal Oil Products Co., Des Plaines, übert. von: Louis Schmerling, Riverside, Ill.), V.St.A., **Herstellung von 2.3-Dichlorbicyclo-[2.2.1]-heptadienen-(2.5).** Trichlorbicyclo-[2.2.1]-hepten, das durch Rk. eines Cyclopentadiens mit einem Trichloräthylen erhalten ist, wird in bekannter Weise in Ggw. eines stark alkal. wirkenden Dehydrochlorierungsmittels, z. B. Alkalialkoholat, u. eines alkohol. Lsgm. bei einer Temp. von 50—250° dehydrochloriert u. das Prod. in üblicher Weise, z. B. durch fraktionierte Dest. u./oder Kristallisation, abgetrennt. — Aus 5.5.6-Trichlorbicyclo-[2.2.1]-hepten-(2) u. KOH in A. bei 80° (oder in Propanol bei 90°) → *2.3-Dichlorbicyclo-[2.2.1]-heptadien-(2.5),* Kp.$_{92}$ 104—105°, Kp.$_{22}$ 69—70°, Kp.$_{760}$ 173—174°. (**A. P. 2 914 571** vom 25/4. 1956, ausg. 24/11. 1959. **E. P. 876 962** vom 17/11. 1959, ausg. 6/9. 1961. **D. A. S. 1 124 488** Kl. 12o vom 21/11. 1959, ausg. 1/3. 1962.) H. Roos H 2950

2296 Research and Mechanical Applications S. p. A. (R.A.M.A.), Italien (Erfinder: Paolo Rovesti), **Herstellung von Furfurol und Cellulose** aus Vegetabilien, wie Stroh, Korn oder Mais bzw. deren Abfällen, dad. gek., daß man diese im Autoklaven bei ca. 110° mit H_2SO_3 bzw. HCOOH behandelt, wobei die Pentosane in Pentosen übergeführt werden. Man setzt zur Verhinderung von Polymerisation u. Verharzung Friedel-Crafts-Katalysatoren ($AlCl_3$, $ZnCl_2$) zu. Durch anschließende Erwärmung auf 185—190° u. kontinuierliches Umwälzen der Fl. erhält man hohe Ausbeuten an *Furfurol,* während die Cellulosestruktur unzerstört bleibt u. die Rückstände für die *Papier-Herst.* verwendet werden können. (**F. P. 1 239 523** vom 15/10. 1959, ausg. 7/12. 1960. It. Prior. 15/10. 1958.) S. Böttcher H 3061

2297 Rolando Rigamonti und Elena Spaccamela Marchetti, Turin, Italien, **Extrahieren von Furfurol (I) aus wässerigen Lösungen** durch fl.-fl.-Extraktion im Gegenstrom u. Dest. des I aus dem Extrakt, dad. gek., daß man als Extraktionsmittel Fettsäuren u./oder deren Ester oder Gemische davon mit einem Kp. von 200—240° verwendet, bes. die Fettsäuren mit 6, 8, 10 oder 12 C-Atomen u. deren Methylester. (**It. P. 527 935** vom 11/1. 1955.)
K. Koebke H 3061

2298 Distillers Co. Ltd., England (Erfinder: Archibald Robert Graham, Dennis James George Long und Denis Cheselden Quin), **Herstellung von Benzofuranen,** dad. gek., daß man 1 (Mol) einer aliphat. α-Hydroxycarbonyl-Verb. bei 100—400° in fl. oder Dampfphase in Ggw. von 0,005—10 Gew.-% (bezogen auf das Phenol) eines Katalysators aus aktiviertem Al_2O_3, einem mit Säure oder Alkali behandelten Bimsstein, einem Ionenaustauscher, H_2SO_4, HCl, H_3PO_4, Fe oder Montmorillonit mit 2 eines Phenols kondensiert. — Man erhitzt 100 (Gew.-Teile) Phenol, eine 36%ig. methanol. Lsg. von 2,7 Hydroxyaceton u. 0,6 Fullererde 30 Min. auf 158°, dest. Methanol ab, läßt 1½ Std. bei 180°, filtriert, neutralisiert mit Soda-Lsg., extrahiert mit PAe. u. erhält eine 18%ig. Ausbeute an *2-Methylbenzofuran.* — *2.3-Dimethylbenzofuran* aus Acetylmethylcarbinol. — *2.3-Dipropylbenzofuran,* Kp.$_4$ 120°; n_D^{20} 1,5292, aus Butyrylpropylcarbinol. — *2-Methyl-4-hydroxybenzofuran,* aus Resorcin. — *2-Methyl-4.5-benzocumaron,* F. 54°, aus β-Naphthol. (**F. P. 1 239 849** vom 6/11. 1959, ausg. 9/12. 1960. E. Prior. 20/11. 1958.) S. Böttcher H 3061

2299 Comp. Française des Matières Colorantes, Frankreich (Erfinder: Paul Muller), **Herstellung von Additionsprodukten aus tertiären Aminen und Diol-bis-[chlormethyläthern],** dad. gek., daß man in Aceton oder Methyläthylketon arbeitet. — 62 (Teile) Äthandiol-(1.2) u. 60 Trioxymethylen werden unter Rühren u. Kühlen bei 25° mit 75 HCl-Gas versetzt, dem fl. Gemisch 40 $CaCl_2$ zugesetzt, u. es wird dekantiert. Man gibt das Di-[chlormethyl]-Deriv. langsam bei 40—45° zu 162 α-Picolin in 260 Aceton u. erhält das *Di-[α-picoliniumsalz] des Äthandiol-(1.2)-di-[chlormethyläthers].* — Analog das *Dipyridinium-* u. *Di-[trimethylammoniumsalz].* (**F. P. 1 240 008** vom 21/7. 1959, ausg. 9/12. 1960.)
S. Böttcher 3231

2300 Soc. Sicedison S. p. A., Italien (Erfinder: Guildobaldo Cevidalli, Jean Herzenberg und Adriano Nenz), **Herstellung von Alkenylpyridinen** durch Dehydrierung von Alkylpyridinen, dad. gek., daß man diese (z. B. 2-, 3- oder 4-Äthyl-, 2-Methyl-5-äthyl-, 4-Methyl-5-äthyl-, 2.4-Diäthyl-, 2.5-Diäthyl-, 2-Methyl-5-propylpyridin) mit Wasserdampf bei 510—700° über einen Katalysator aus 40—90 (Gew.-%) ZnO, 5—45 Fe_2O_3, 0,5—10 Alkalioxid oder -carbonat, 0,2—5 Cr_2O_3, 1—20 CaO u. 1—15 Al_2O_3 leitet. Zu seiner Herst. mischt man z. B. 800 (g) ZnO mit einer wss. Lsg. von 14 KOH, setzt der Paste den Nd. zu, der bei der Behandlung einer Lsg. von 630 $Fe_2(SO_4)_3 \cdot 9\,H_2O$ u. 34,8 $Cr_2 \cdot (SO_4)_3 \cdot 15\,H_2O$ mit NH_3 entsteht, trocknet, red. u. glüht 10 Std. bei 750° im N_2-Strom. Über diesen Katalysator leitet man in einem elektr. Ofen ein Gemisch aus auf 700° vorgewärmtem Wasserdampf u. verdampftem 2-Methyl-5-äthylpyridin. Man kondensiert, dest. die organ. Phase u. erhält *2-Methyl-5-vinylpyridin.* (**F. P. 1 240 131** vom 25/8. 1959, ausg. 20/12. 1960. It. Prior. 14/10. 1958.)
S. Böttcher 3231

2301 Imperial Chemical Industries Ltd., England, **Herstellung von Polypyridylen.** Zu E. PP. 869 954; C. **1963,** 3395 u. 869 955; C. **1963,** 691 ist nachzutragen, daß das Mol-Verhältnis der Ausgangsstoffe Pyridin, sein Hydrochlorid u. ein Metallhalogenid bzw. Polypyridyl, sein Hydrochlorid u. ein Metallhalogenid 5 : 1 : 1 bis 25 : 1 : 1 betragen soll u. daß die Rk. in einem Rk.-Gefäß mit Tantaloberfläche u. ggf. unter dem bei dem Rk.-Ablauf entstehenden Druck durchgeführt werden soll. (**F. P. 1 236 734** vom 17/9. 1959, ausg. 18/11. 1960. E. Prior. 18/9. 1958 u. 1/10. 1958.)
Eberhard Riedel H 3231

2302 M. W. Rubzow, Je. Je. Michlina und W. Ja. Worobjewa, **Herstellung von Chinuclidon-(3)** (I) durch Kondens. von 1-Carbäthoxymethyl-4-carbäthoxypiperidin (**II**) mittels K-n-Butylat. — Die Lsg. von 69,2 g KOH, 1000 (ml) n-Butanol u. 100 Toluol wird bis zum Aufhören der Wasserabscheidung gekocht, im Vakuum eingeengt u. der Rückstand bei 200° entwässert. Nach Zusatz von 200 Toluol wird unter Sieden mit 120 g **II** in 300 Toluol versetzt, 5 Std. gekocht, mit 400 konz. HCl versetzt, die wss. Phase abgetrennt, 16 Std. gekocht u. eingedampft. Der Rückstand wird in 50%ig. KOH gelöst u. mit Bzl. extrahiert: I, F. 133—135°; 70% Ausbeute. (**UdSSR. P. 134265** vom 16/3. 1960.) L. Großner H 3231

2303 G. P. Ssokolow und Ss. A. Giller, **Herstellung substituierter Pyridazin-3-carbonsäureamide und -hydrazide** durch Rk. von Pyridazin-3-carbonsäureestern mit mono-substituierten Aminen bzw. Hydrazinen oder durch Kondens. von Pyridazin-3-carbonsäurehydrazid (I) mit Aldehyden oder Ketonen u. katalyt. Druckhydrierung. — 5 (g) I werden in 10 ml Aceton gelöst, die Lsg. wird zum Trocknen eingeengt: 5,4 *Pyridazin-3-carbonsäureisopropylidenhydrazid,* F. 99 bis

101° (Aceton). 7 davon werden in 30 ml Isopropanol (**II**) in Ggw. von 200 mg Pt-Oxid mit 70—80 at H_2 bei Raum-Temp. hydriert: 4,5 *Pyridazin-3-carbonsäure-2'-isopropylhydrazid*, F. 133—134°. — Analog folgende Pyridazin-3-carbonsäure-Derivv.: Aus 2,4 **I** u. 3,2 Acetaldehyd in 24 ml **II** 2,4 *Äthylidenhydrazid*, F. 166—167°. — Aus 5 **I** u. 10 ml Methyläthylketon 5,8 *Isobutylidenhydrazid*, F. 90—91°. — Aus 7 **I** u. 35 ml Cyclohexanon 8,9 *Cyclohexylidenhydrazid*, F. 137—138°; daraus *Cyclohexylhydrazid*, F. 146—147°. — Aus 5 **I** u. 5 ml Acetophenon in 50 ml CH_3OH 7,1 *α-Methylbenzylidenhydrazid*, F. 167—168°. — Aus 6,8 **I** u. 7 ml Methylbenzylketon in 50 ml A. 11,2 *β-Phenylisopropylidenhydrazid*, F. 161—162°. — Aus 2 **I** u. 2 ml Benzaldehyd in 25 ml A. 3 *Benzylidenhydrazid*, F. 214—215°. — Aus 2,5 **I** u. 2 ml Furfurol in 25 ml A. 3,4 *Furfurylidenhydrazid*, F. 220—221°. — Aus 2 **I** u. 2,2 p-Dimethylaminobenzaldehyd in 50 ml A. 3,3 *p-Dimethylaminobenzylidenhydrazid*, F. 274—275°. — Aus 2 **I** u. 2,3 o-Nitrobenzaldehyd in 30 ml A. 3,3 *o-Nitrobenzylidenhydrazid*, F. 188—189°. — Aus 2 **I** u. 2,1 5-Nitrofurfurol in 100 ml **II** 3,7 *5-Nitrofurfurylidenhydrazid*, F. 293—294°. — Aus 2 **I** u. 2,7 5-Nitrofurfurylidenaceton in 100 ml **II** 4,5 *α-Methyl-γ-[5-nitrofuryl-(2)]-allylidenhydrazid*, F. 263—264°. — Aus 3 Pyridazin-3-carbonsäureäthylester (**III**) u. 2 Methylhydrazin 3,2 *2-Methylhydrazid*, F. 114—115°. — Aus 5 **III** u. 5 Phenylhydrazin 5,2 *2-Phenylhydrazid*, F. 132—133°. — Aus 3 **III** in 20 ml A. durch Sättigen mit CH_3NH_2 2,4 *Methylamid*, F. 118—119°. — Aus 2 **III** u. $C_2H_5NH_2$ 1,8 *Äthylamid*, F. 71 bis 72°. — Aus 2 **III** u. Butylamin 2,1 *Butylamid*, F. 79—80°. — Aus 3 **III** u. Aminoäthanol in 30 ml A. 3 *2-Hydroxyäthylamid*, F. 137—138°. — Aus 4,7 **III** u. 10 2-Diäthylaminoäthylamin 6,5 *2-Diäthylaminoäthylamid*, Kp.$_{1-2}$ 147—148°; $n_D^{27,5}$ 1,5140. (**UdSSR. P. 134 269** vom 7/12. 1959.) L. Großner H 3272

2304 Ss. W. Shurawlew und A. N. Gritzenko, **Herstellung von N-Methyl- und N-[β-Hydroxyäthyl]-N'-[γ-chlorpropyl]-piperazin** durch Erwärmen von N-Methyl- (**I**) bzw. N-[β-Hydroxyäthyl]-piperazin (**II**) mit 1-Chlor-3-brompropan (**III**) in Toluol (**IV**) auf 70—80°. — 10 (g) **I** u. 7,86 **III** werden in 75 ml **IV** 3 Std. erwärmt, danach wird filtriert, das Filtrat im Vakuum eingeengt, der ölige Rückstand in 50 ml **IV** gelöst u. mit äther. HCl versetzt: *N-Methyl-N'-[γ-chlorpropyl]-piperazindihydrochlorid*, F. 258° (Zers.; abs. A.); 74,5% (Rohausbeute). — Analog aus 26 **II** u. 15,7 **III** *N-[β-Hydroxyäthyl]-N'-[γ-chlorpropyl]-piperazinhydrochlorid*, F. 206° (Zers.; abs. A.); 68%. (**UdSSR. P. 134 268** vom 14/12. 1959.) L. Großner H 3272

2305 R. G. Gluschkow und O. Ju. Magidsson, **Herstellung von Hypoxanthin** (**I**) durch Erhitzen von α-Amino-α-cyanacetamid (**II**, hergestellt durch Nitrosierung von Cyanacetamid u. Red.) mit Formamid (**III**) auf 180—190°. — Aus 6 g **II**, F. 120—122°, u. 36 ml **III** werden 3,9 g **I** erhalten. (**UdSSR. P. 134 267** vom 9/3. 1960.) L. Großner H 3272

2306 Spofa, Sdruženi Podniku pro Zdravotnickou Výrobu (Erfinder: Jaromir Hebky, Jiri Kejha und Otto Radek), Tschechoslowakei, **Herstellung von Phenothiazinderivaten**, die in 1- u. 3-Stellung Alkyl-, Alkoxyreste oder in einer der beiden Stellen ein Halogenatom sowie in 10-Stellung einen tert. Aminoalkylrest mit 2 bis 6 C-Atomen enthalten, durch Kondens. von entsprechenden 1.3-disubstituierten Phenothiazinen mit einem tert.-Aminoalkylhalogenid. — Phenothiazine: *1.3-Dimethyl-10-[γ-dimethylaminopropyl]*-, Kp.$_2$ 178°, aus 1.3-Dimethylphenothiazin in Xylol durch 2std. Erhitzen mit $NaNH_2$ auf 130° u. 2std. Umsetzung mit 3-Dimethylaminopropylchlorid in Xylol bei 130°. *Hydrochlorid*, F. 169°, Nadeln. — Analog: *1.3-Dimethyl-10-[β-dimethylaminopropyl]*-, Kp.$_{1,2}$ 203—204°. *Hydrochlorid*, F. 205° (Zers.). — *1-Methyl-3-chlor-10-[γ-dimethylaminopropyl]*-, Kp.$_1$ 208°. *Hydrochlorid*, F. 177—178°. — *1-Chlor-3-methoxy-10-[β-dimethylaminopropyl]*-, *Hydrochlorid*, F. 212°. (**F. P. 1 237 726** vom 20/12. 1958, ausg. 25/11. 1960. Tschech. Prior. 20/12. 1957.) Eberhard Riedel H 3292

2307 Deutsche Gold- und Silber-Scheideanstalt vormals Roessler, Frankfurt/M. (Erfinder: Tilo Franz, Frankfurt/M., Robert Richter, Hochkirchen-Köln, und Gerhard Bach, Wesseling-Köln), **Rieselfähiges, nicht zusammenbackendes Cyanurchlorid** erhält man durch Zugabe von 0,3—3% an feinverteiltem SiO_2, TiO_2, Al_2O_3, Al-Silicat oder Ca-Silicat zu feinteiligem Cyanurchlorid. (**D. A. S. 1 134 999** Kl. 12p vom 31/8. 1960, ausg. 23/8. 1962.) A. Jahn H 3313

2308 Masakata Tokime und Michiomi Kimura, Tokio, Japan, **Kontinuierliche Herstellung von Cyanursäurechlorid** durch Polymerisation von HCN-freiem ClCN in Ggw. von Aktivkohle (**I**), aus der die Oxide, Hydroxide u. Salze der Metalle der 1. u. 2. Gruppe des Period. Syst. so weit entfernt wurden, daß der aus 1 Teil Asche u. 100 Teilen W. gewonnene Extrakt einen pH-Wert von <8, bes. 7,6, aufweist, als Katalysator bei 300—450° in der Gasphase. **I** erhält man durch Behandeln des Rohprod. mit organ. oder anorgan. Säuren, bes. HCl (wenigstens 48 Std., bes. 72 Std. u. mehr), u. nachfolgendes Waschen. (**D. A. S. 1 147 592** Kl. 12p vom 9/1. 1960, ausg. 25/4. 1963. **E. P. 881 420** vom 21/12. 1959, ausg. 1/11. 1961. **Schwz. P. 368 809** vom 8/1. 1960, ausg. 15/6. 1963. Alle Jap. Prior. 9/1. 1959.) A. Jahn H 3313

2309 I. G. Farbenindustrie Akt.-Ges., Frankfurt/M., **Herstellung von Umwandlungsprodukten des Cyclohexanonoxims** (**I**), dad. gek., daß man es, bes. verd. mit NH_3, in der Dampfphase bei 200—500° über einen Dehydratationskatalysator leitet u. die entstandenen Rk.-Prodd. trennt. — Man leitet ein Gemisch aus 39 (Gew.-Teilen) NH_3 u. 60 **I** in der Std. über 250 cm³ auf 360° erhitztes Silicagel. Es fällt eine zweiphasige Fl. an, die in die ölige u. wss. Schicht getrennt wird. Jede Schicht wird für sich aufgearbeitet. Die ölige Schicht besteht zur Hälfte aus 5-Hexennitril (**II**), Kp.$_{12}$ 50°, u. dem trimeren Kondens.-Prod. des **II**, Kp.$_2$ 130—140°, F. 132°. Aus der wss. Schicht wird *ε-Caprolactam* mit Ae. extrahiert. (**D. R. P. 753 437** Kl. 12p vom 20/7. 1949, ausg. 22/8. 1963. A. Prior. 23/7. 1938.) C. Lüttgen H 3370

2310 Unilever N. V., Rotterdam, Niederlande (Erfinder: Hermann Pardun, Kleve), **Herstellung gereinigter Phosphatidprodukte** unter Verw. eines organ. Nichtlsgm. für Phosphatide (**I**) u. eines organ. Lsgm. mit gutem Lösungsvermögen für **I**. Das Mengenverhältnis zwischen den beiden Lsgm. wird so gewählt, z. B. 2 : 1 bis 6 : 1, daß sich während der Behandlung der Rohphosphatide zwei fl. Phasen bilden, von denen die eine die gesamten **I**, die andere Öl, Fettsäuren u. sonstige Verunreinigungen enthält, worauf die beiden Phasen getrennt u. die reinen **I** in bekannter Weise gewonnen werden. Als Lsgm. für die **I** werden aliphat., cycloaliphat. oder aromat. KW-Stoffe mit 5—7 C-Atomen, oder chlorierte KW-Stoffe mit 1—2 C-Atomen verwendet, als Nichtlsgm. neutrale organ. Carbonyl-Verbb., z. B. Ketone oder Alkylester aliphat. Säuren. (**D. A. S. 1 154 706** Kl. 53i vom 12/5. 1960, ausg. 19/9. 1963. E. Prior. 12/5. 1959.) W. Kranz H 3950

2311 **J. R. Geigy Akt.-Ges.**, Basel, Schweiz, *Stabilisieren oxydationsempfindlicher Stoffe*. (**Ind. P. 68 062** vom 17/6. 1959, ausg. 22/1. 1962. — C. **1962**, 17921 [F. P. 1 233 767].)

2312 **Engelhard Industries, Inc.**, Newark, N.J., V.St.A., *Hydrierung von Aldehyden und Ketonen*. (**E. P. 908 639** vom 4/8. 1959, ausg. 24/10. 1962. A. Prior. 6/8. 1958. — C. **1962**, 17922 [F. P. 1 230 841].)

2313 **Solvay & Cie.**, Brüssel, übert. von: **Charles de Prez**, Uccle-Brüssel, Belgien, *Hydrohalogenierung von Acetylen*. (**A. P. 3 509 034** vom 30/12. 1958, ausg. 16/10. 1962. Belg. Prior. 31/12. 1957. — C. **1962**, 15020 [F. P. 1 226 442].)

2314 **Institut Français du Pétrole, des Carburants et Lubrifiants**, Paris, Frankreich, *Herstellung von Isopren*. (**Ind. P. 69 962** vom 7/12. 1959, ausg. 29/5. 1962. E. Prior. 25/9. 1959. — C. **1963**, 8342 [E. P. 876 960].)

2315 **Esso Research and Engineering Co.** (Erfinder: **Robert P. Cahn**), V.St.A., *Eliminierung von Acetylen aus an Butadien reichen Gemischen*. (**F. P. 1 261 234** vom 17/3. 1960, ausg. 8/9. 1961. A. Prior. 1/5. 1959. — C. **1962**, 19004 [D. A. S. 1 115 235].)

2316 **Union Carbide Corp.**, New York, N.Y., V.St.A., *Reinigung von Alkoholen*. (**E. P. 908 641** vom 6/10. 1959, ausg. 24/10. 1962. A. Prior. 7/10. 1958. — C. **1963**, 14851 [D.A. S. 1 134 363].)

2317 **Esso Research and Engineering Co.** (Erfinder: **Joseph Kern Mertzweiller** und **Rhea N. Watts**), V.St.A., *Herstellung von Alkoholen aus Olefinen*. (**F. P. 1 261 231** vom 11/3. 1960, ausg. 8/9. 1961. A. Prior. 16/4. 1959. — C. **1962**, 10636 [D. A. S. 1 114 469].)

2318 **Union Carbide Corp.**, New York, N.Y., V.St.A., *Reinigung von Alkoholen*. (**E. P. 919 487** vom 12/5. 1959, ausg. 27/2. 1963. A. Prior. 13/5. 1958. — C. **1962**, 5470 [D. A. S. 1 113 449].)

2319 **Eastman Kodak Co.** (Erfinder: **Hugh John Hagemeyer jun.**, **Howard Nolan Wright jun.** und **Gonzalous Augustus Bobo jun.**), Rochester, N.Y., V.St.A., *Reinigung von Octanolen und Decanolen*. (**E. P. 908 767** vom 2/4. 1959, ausg. 24/10. 1962. A. Prior. 18/4. 1958. — C. **1962**, 650 [D. A. S. 1 105 861].)

2320 **Ethyl Corp.**, New York, N.Y., V.St.A., *Trimethylphosphat*. (**E. P. 909 056** vom 4/8. 1960, ausg. 24/10. 1962. A. Prior. 20/8. 1959. — C. **1963**, 4136 [D. A. S. 1 129 468].)

2321 **Badische Anilin- & Soda-Fabrik Akt.-Ges.** (Erfinder: **Klaus Wiebusch**), Deutschland, *Katalysator für die Maleinsäure- und Maleinsäureanhydridgewinnung*. (**F. P. 1 261 073** vom 27/6. 1960, ausg. 6/9. 1961. D. Prior. 27/6. 1959. — C. **1962**, 12833 [D. A. S. 1 115 241].)

2322 **Stamicarbon N. V.**, Niederlande, *Herstellung von L-Lysin und seinen Salzen.* **(F. P. 1 261 743** vom 5/7. 1960, ausg. 13/9. 1961. Niederl. Prior. 9/7. 1959 u. 18/5. 1960. — C. **1962**, 14324 [D. A. S. 1 118 795].)

2323 **Stamicarbon N. V.**, Heerlen, Niederlande, *Reinigen von α-Aminolactamen.* **(Ind. P. 73 370** vom 14/9. 1960. — C. **1964**, 9-2235 [E. P. 901 618].)

2324 **Herbert-Charles Brown**, V.St.A., *Herstellung von organischen Borverbindungen.* **(F. P. 1 266 329** vom 31/8. 1960, ausg. 8/11. 1961. A. Prior. 31/8. 1959. — C. **1963**, 5234 [D. A. S. 1 125 923].)

2325 **American Cyanamid Co.**, V.St.A. (Erfinder: **Sheldon A. Buckler** und **Lois Doll**), *Herstellung von sekundären Phosphinen.* **(F. P. 1 266 330** vom 31/8. 1960, ausg. 8/11. 1961. A. Prior. 31/8. 1959. — C. **1963**, 12211 [A. P. 2 999 882].)

2326 **Farbwerke Hoechst Akt.-Ges., vormals Meister Lucius & Brüning**, Deutschland, *Herstellung quaternärer organischer Phosphorverbindungen.* **(F. P. 1 251 235** vom 30/1. 1958, ausg. 14/4. 1961. D. Prior. 30/1., 2/2., 25/5. u. 7/6. 1957. — C. **1960**, 8011 [D. A. S. 1 067 811], C. **1959**, 7602 [D. A. S. 1 041 958], C. **1959**, 10398 [D. A. S. 1 042 583] u. C. **1959**, 10726 [D. A. S. 1 045 401].)

2327 **Farbenfabriken Bayer Akt.-Ges.**, Leverkusen, *4-Nitro-2.6-di-tert.-butylphenol.* **(Ind. P. 69 635** vom 10/11. 1959, ausg. 28/2. 1962. E. Prior. 13/7. 1959. — C. **1961**, 8471 [D. A. S. 1 092 025].)

2328 **General Aniline & Film Corp.**, New York, N.Y. (Erfinder: **David E. Graham**, Westfield, N.J., und **Winfred Cornelius Craig**, West Long Branch, N.J.), V.St.A., *Herstellung von Benzaldehyden.* **(D. A. S. 1 153 009** Kl. 12o vom 11/2. 1961, ausg. 22/8. 1963. A. Prior. 17/2. 1960. — C. **1964**, 9-2251 [E. P. 899 953].)

2329 **Deutsche Gold- und Silber-Scheideanstalt vormals Roessler**, Deutschland, *Monofluorphthalsäuren.* **(F. P. 1 252 239** vom 8/1. 1960, ausg. 28/4. 1961. D. Prior. 17/1. 1959. — C. **1961**, 9978 [D. A. S. 1 095 803].)

2330 **Farbenfabriken Bayer Akt.-Ges.**, Deutschland (Erfinder: **Engelbert Kühle** und **Ludwig Eue**), *Herstellung von Kondensationsprodukten.* **(F. P. 1 250 683** vom 5/12. 1959, ausg. 7/4. 1961. D. Prior. 6/12. 1958 u. 20/11. 1959. — C. **1963**, 4144 [D. A. S. 1 132 117] u. C. **1963**, 14861 [D. A. S. 1 135 888].)

2331 **VEB Leuna-Werke „Walter Ulbricht"**, Leuna, *Gewinnung von Oxim und Hydroxylaminsulfat aus Oximierungsablaugen.* **(E. P. 908 859** vom 1/12. 1959, ausg. 24/10. 1962. Aust. Prior. 5/1. 1959. — C. **1962**, 6967 [Oe. P. 211 294].)

2332 **Olin Mathieson Chemical Corp.**, New York, N.Y., V.St.A., *Reinigung von Alkylenoxiden.* **(E. P. 910 932** vom 13/12. 1960, ausg. 21/11. 1962. A. Prior. 30/12. 1959. — C. **1963**, 4147 [D. A. S. 1 131 653].)

2333 **J. R. Geigy Akt.-Ges.**, Basel, Schweiz, *Dihydrofuranderivate.* **(E. P. 881 521** vom 2/5. 1958, ausg. 1/11. 1961. Schwz. Prior. 30/7., 29/11. 1957 u. 18/4. 1958. — C. **1962**, 15035 [F. P. 1 226 425].)

2334 **Chemische Werke Hüls Akt.-Ges.**, Deutschland, *Herstellung von 1.3-Dioxolanen.* **(F. P. 1 261 703** vom 4/7. 1960, ausg. 13/9. 1961. D. Prior. 19/9. 1959. — C. **1961**, 2791 [D. A. S. 1 086 241].)

2335 **C. F. Boehringer & Söhne G. m. b. H.**, Deutschland, *Herstellung von L-Erythro-5-amino-6-phenyl-1.3-dioxanen.* **(F. P. 1 266 474** vom 13/12. 1958, ausg. 10/11. 1961. D. Prior. 24/12. 1957. — C. **1963**, 4883 [D. A. S. 1 128 860].)

2336 **W. R. Grace & Co.**, New York, N.Y., V.St.A., *Glucoseureidester.* **(E. P. 876 122** vom 2/9. 1959, ausg. 30/8. 1961. — C. **1962**, 4025 [A. PP. 2 903 445 u. 2 903 446].)

H_{10}. Färberei, Organische Farbstoffe

2337 **Untersuchungen über das Direktfärben in polymeren Lösungen.** 3. Mitt. **Verminderung der offenbaren Affinität der Farbstoffe für Cellulose und Adsorptionswärme für Polymere in Lösungen.** Yoshio Suda und Tadashi Shirota. (J. Soc. Textile Cellulose Ind., Japan [Sen-i Gakkaishi] **17**, 414—20, 1961, Yokohama, Japan, Textile Res. Inst. of Japanese Governm.; jap., Auszug: engl.) — 1. vgl. C. **1961**, 3488. — Die von Cellulose (**B**) adsorptiv aufgenommene Farbstoffmenge ist in Ggw. von adsorbierenden Polymeren [Weizenstärke (**A**)] geringer, was durch die große Affinität von **A** für Direktfarbstoffe u. durch die Abnahme der Färbebad-Konz. verursacht wird. Es wird eine Beziehung zur Berechnung der effektiven Färbebad-Konz. $[D]_\sigma$ u. der Differenz zwischen offenbarer Konz. D u. $[D]_\sigma'$, die der Menge des von **A** adsorbierten Farbstoffs entspricht, angegeben: $[D]_\sigma - [D]_\sigma'/[D]_\sigma' = K$ (Konst.). Aus der Temp.-Abhängigkeit des Verteilungs-Koeff. K wird die Farbstoffadsorption auf **A** berechnet; sie ist etwas geringer als die auf **B**. Gottfried Lange 7002◇

2338 **Neue Farbstoffe und Textilhilfsmittel.** Anonym. (Melliand Textilber. **43**, 410, 1962; dt.). — Compagnie Française des Matières Colorantes, Paris, Frankreich: *Dulceta EP* ist eine Polyäthylenemulsion von anion. Charakter, sehr stabil u. in allen Verhältnissen mit W. mischbar. Allein oder in Verbindung mit heißfixierbaren Appreturen angewandt, gibt es Geweben aus Cellulosefasern einen geschmeidigen u. angenehmen Griff; zudem hat es schmierfettähnliche Eigenschaften. — *Neutrichrome-Farbstoffe; Neutrichrome-Gelb 2RLL, -Gelb 3RLL, -Bordeaux 3BLL, -Braun IRL, -Braun 2BLL, -Grau 2BLL*, sind für Wolle u. Nylon geeignet. Sie besitzen sehr gute Licht-, Wasser-, Meerwasser-, Schweiß-, Walk- u. Waschechtheiten. — Imperial Chemical Industries, Manchester: *Cirrasol GM* stellt ein nichtsubstantives Antistaticum in Form eines neutralen, nichtionogenen, oberflächenakt. Hilfsmittels vom Typ der Polyglykolester dar. Es kann aufgesprüht oder geklotzt werden. — Sandoz Akt.-Ges., Basel, Schweiz: *Lanasynreinorange GL* wird bes. als Ätzboden auf Seide von bisher unerreichter Echtheit u. Brillanz empfohlen. Es kann weiterhin für Orangenuancen auf Wolle, Seide u. synthet. Polyamidfasern in Färbung u. Druck verwendet werden. — *Foronschwarz 2BL ultradispers* kann zum Färben von Polyesterfasern verwendet werden; es besitzt hervorragende Licht-, Thermofixier-, Plissier-, Naß- u. Waschechtheiten. — Chemische Fabrik Stockhausen & Cie., Krefeld: *Sebosan KA* ist ein nichtionogener Weichmacher, der einen knirschenden Griff hervorruft; es wird für die Avivage von nativen u. regenerierten Cellulosefasern in Flocke, Garn u. Gewebe verwendet. — *Stokotal WMF*, ein polyäthylenhaltiger Weichmacher, wird für Avivagen u. Füllappreturen verwendet. — *Sarpifan HF* wird zum heißsiegelfähigen Ausrüsten von Geweben, Gewirken, Filzen u. Vliesen verwendet. — *Sarpifan RFT* ist ein anionakt., emulgierter Synth.-Latex für waschbeständige, vulkanisierbare, rutschfeste Teppichrückenappretur sowie für eine weiche, polfeste Ausrüstung. — *Sarpifan NG* wird zum Kaschieren von Geweben auf Geweben empfohlen; es ist beständig gegen Kochwäsche u. chem. Reinigung. — *Sarpifan KAH* ist für das Kaschieren von Polyurethanschaum auf Textilien u. Plastikfolien, auch für siliconisiertes Gewebe, geeignet. — *Sarpifan KAN* ist für das Kaschieren von Polyurethanschaumstoff auf Textilien nach der Sprüh-Meth. u. zum Verfestigen von Faservliesen geeignet. Die erzielten Effekte sind beständig gegen Licht, W. u. chem. Reinigung. I. Beßer 7018◇

2339 **Ausgewählte Probleme im Bereich des Färbens von Wicklungen nach dem Aufsteckverfahren.** Robert Kulka. (Przegląd włókienniczy **16**, 30—32, 1962; pol.) — Die für das Färben von textilen Rohstoffen verwendeten Wicklungsarten, die Konstruktionen u. die Merkmale der verwendeten Spulen werden besprochen. Charakterist. u. wesentlichste Momente, die auf positive Ergebnisse beim Färben von Textilien in Form von Wicklungen Einfl. haben, werden erörtert. R. Grundmann 7020◇

2340 **Mit Naphthanilidfarbstoffen gefärbte Blue-jean-Artikel (Schlichten/Grundieren der Kette).** Hans Herzog. (Teintex **28**, 28, 31, 33, 1963; Pratteln, Suisse, Rohner S.A.; franz.) — Die Grundlage des Verf. besteht im bläuichen Schlichten der Kette, nur daß das Schlichtebad eine Lsg. des Naphtholats enthält. Die so gleichzeitig geschlichtete u. grundierte Kette wird getrocknet u. auf Kettbäume gebracht. Die Kette wird dann mit einem rohen oder weißen Schußgarn gewebt; das so erhaltene Gewebe passiert dann ein Bad, das eine diazotierte Echtbase oder ein Diazo-Echtsalz enthält; nur die Kette wird entwickelt, während der Schuß seine ursprüngliche Farbe behält. Nähere Einzelheiten werden angegeben. L. Jentgen 7020◇

2341 **Färben von Viscosefasern für Mischungen mit Wolle.** R. C. Cheetham. (Textile Manufacturer **89**, 74—77, 1963; Droylsden, Manchester, Courtaulds Ltd., Res. Labor.; engl.) — Auf verschiedenen modifizierten Zellwollen (**A**), wie gekräuselte Fibro, stark gekräuseltes Evlan, Durafil mit fast rundem Querschnitt, hochfestes Fibro, vernetzte VR4, spinngefärbtes Fibro-Duracol, „ribbonfil", Effektfäden u. -fasern mit flachem Querschnitt, wird hingewiesen, die alle mit Wolle (**B**) gemischt werden u. allein oder in Mischung auf den üblichen Färbe-App. für **B** in Form von Fasern, Kabeln, Garnen oder im Stück gefärbt werden können. Es werden Angaben gemacht über die Färbe-Eigg. aller dieser **A**, die vorliegenden Probleme, die Färbe-App., die Farbstoffwahl, die Anwendung der Direkt- u. metallisierbaren Direktfarbstoffe, die Ausrüstung gefärbter Flocke, das Waschen von Mischgarnen u. -geweben u. andere. L. Jentgen 7020◇

2342 **Druck mit Türkisecht auf weißem und azotoliertem Gewebe.** G. I. Jakimow, A. S. Tschernomordik und M. P. Shukowa, (Textil-Ind. [UdSSR] **21**, Nr. 8, 61—62, 1961; russ.) — Für die Färbung von weißem u. azotoliertem Gewebe wird Türkisecht in heißem W. gelöst (15 g in 150 g) u. mit 100 g Harnstoff versetzt. Zur Gewinnung der 2. Lsg. werden 50 g Fixiermittel DZU (Kondens.-Prod. von Dicyan-

diamin u. Formaldehyd) in 50 g W. gelöst u. mit 565 g Stärkeverdicker u. 70 g $(NH_4)_2CrO_4$ versetzt. Die Lsgg. 1 u. 2 werden miteinander vermischt. Das Chromat kann durch Bichromat ersetzt werden. Hierbei wird ein grünlicher Ton erhalten.
O. Lebtag 7022△

2343 **Beitrag zur Untersuchung der Bedingungen zur Feindispergierung von Dispersions-Azofarbstoffen.** 1. Mitt. A. Spiliadis, D. Breţcanu, Rosethea Schip, Virginia Cornea und Emilia Panfil. (Rev. Chim. [Bucureşti] **14**, 84—90, 1963; rum.) — 1-Hydroxy-2-[p-acetamidobenzolazo]-4-methylbenzol (*Galben Reliton G*), 4-[p-Nitrobenzolazo]-anilin (*Portocaliv Reliton GR*), N-Äthyl-N-[β-hydroxyäthyl]-4-[p-nitrobenzolazo]-anilin (*Ecarlat Reliton BA*) u. *N.N-Bis-[β-hydroxyäthyl]-4-[p-nitrobenzolazo]-anilin* (*Rosu Reliton GG*) werden feucht in Kugelmühlen dispergiert. Die Tourenzahl der Mühle beträgt 76 U/min, der Ø der Kugeln 12—15 mm. Die günstigsten Bedingungen wurden durch Variation von Dispersionsmittel, Feuchtigkeit, Farbstoffmenge u. Zeit bestimmt. In Kurven wird der Anteil der Partikel von $> 1\ \mu$ als Funktion dieser Parameter dargestellt.
P. W. Kittner 7052◇

2344 Massimiliano Noberasco, Mailand, Italien, **Färben von Textilien** aus natürlichen oder synthet. Fasern. Um auf jeder Seite des Gewebes eine andere Farbe zu erzeugen, färbt man das Gewebe mit der einen Farbe ein, überzieht die andere Seite oder beide Seiten mit einem Film aus einem transparenten Kunststoff (Acryl-, Vinyl-, Cellulose-, Melamin-, Styrol- oder Acetatharz) u. überschichtet den Film mit einer oder mehreren farbigen Kunstharzfilmen. (**It. P. 527 917** vom 5/1. 1955.) K. Koebke 7021

2345 Alfredo Nai, Mailand, Italien, **Färben von Polyacrylnitrilfasern** oder von Mischpolymeren mit Vinylacetat, dadurch, daß man das Polymerisat in Form eines feinen Pulvers mit einer wss. Dispersion des Farbstoffs (Azofarbstoff, Indanthren- oder Lackfarbstoff) zu einer Paste vermischt, bevor man trocken oder naß verspinnt. (**It. P. 527 820** vom 31/7. 1954.) K. Koebke 7021

2346 Ubaldo Rossi, Florenz, Italien, **Färben von Glasfäden oder Glasgeweben,** dad. gek., daß man durch Sprühen, Baden, Pinseln oder Drucken eine Suspension oder Lsg. eines anorgan. Pigments (Metalloxid oder Metallsalz) in einem fl. Träger aufbringt u. bis zur Verflüchtigung des Trägers erwärmt. Die Träger können enthalten: Fette, Harze, Lacke, W., Alkohole, Ketone, KW-Stoffe, Äther, Cellulosederivate. (**It. P. 527 514** vom 22/1. 1954.)
K. Koebke 7021

2347 Badische Anilin- & Soda-Fabrik Akt.-Ges., Ludwigshafen/Rh. (Erfinder: Günter Krehbiel, Mannheim, Günter Lange, Hans Wilhelm, Ludwigshafen/Rh., Gerd Louis, Frankenthal, und Hans Weidinger, Ludwigshafen/Rh.), **Färben beziehungsweise Bedrucken und/oder optisches Aufhellen und gleichzeitiges Ausrüsten von Textilien.** Man verfährt wie in der D. A. S. 1 136 302 beschrieben, verwendet jedoch Emulsions-, Lsg.-, Block-, Suspensions- oder Fällungsmischpolymerisate der dort bezeichneten Zus., die als Farbstoffe Fluorescenzfarbstoffe, z. B. polymerisierbare Derivv. des Stilbens oder fluorescierende Farbstoffe der Triarylmethanreihe, einpolymerisiert enthalten. (**D. A. SS. 1 141 614** Kl. 8m vom 29/7. 1961, ausg. 27/12. 1962. **Zusatz zu D. A. S. 1 136302; C. 1963, 22914** u. **1445136** [Zusatz-Anmeldung] Kl. 8m vom 1/8. 1961, ausg. 14/3. 1963.) F. Böhm 7023

2348 Badische Anilin- & Soda-Fabrik Akt.-Ges. (Erfinder: Hans Wilhelm, Ludwigshafen/Rh., Gerd Louis, Frankenthal, Günter Lange, Ernst Penning und Hans Weidinger), Ludwigshafen/Rh., **Färben beziehungsweise Bedrucken und gleichzeitiges Ausrüsten von Textilien.** Man verfährt wie in der D. A. S. 1 136 302 beschrieben, verwendet jedoch Emulsionsmischpolymerisate der bezeichneten Art von Leuko-Verbb. von Triarylmethanfarbstoffen, die nach der Polymerisation zur Entw. der Farbe oxydiert worden sind. (**D. A. S. 1 143 480** Kl. 8m vom 27/5. 1961, ausg. 14/2. 1963. **Zusatz zu D. A. S. 1 136302; C. 1963, 22914.**) F. Böhm 7023

2349 Ciba Akt.-Ges. (Erfinder: Ernst Reich), Basel, Schweiz, **Braune Pigmentfarbstoffe** für die **Lederfärberei,** zur Herst. spinngefärbter Viscosestrümpfe, zum Einfärben von Polyvinylchlorid u. dgl. besitzen die allg. Formel **I**

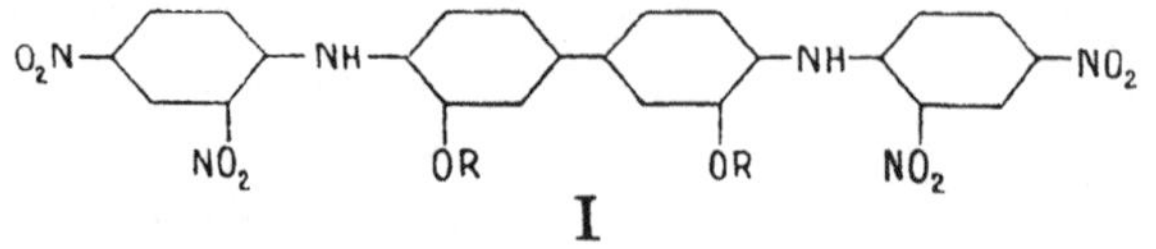

I

(R = niedermol. Alkylrest, bes. CH_3). (**D. A. S. 1 143 483** Kl. 8m vom 26/7. 1960, ausg. 14/2. 1963. Schwz. Prior. 27/7. 1959 u. 5/5. 1960.) F. Böhm 7025

2350 Farbwerke Hoechst Akt.-Ges. vormals Meister Lucius & Brüning (Erfinder: Heinrich Sieber), Frankfurt/M., **Herstellung von 4.5-Dichlor- und 4.5-Dibromnaphthalin-1.8-dicarbonsäureanhydrid.** Man setzt 1.4.5.8-Naphthalintetracarbonsäure in W. unter Zusatz von Alkalihydroxiden, -carbonaten, -acetaten oder -phosphaten gelöst bei pH 4—6,5 u. 10—70°, mit Cl_2 oder Br_2 oder diese abgebenden Mitteln um. — *Zwischenprod.* für die Herst. von Küpenfarbstoffen. (**D. A. S. 1 154 799** Kl. 12o vom 19/4. 1962, ausg. 26/9. 1963.) L. Stadelmann 7049

2351 American Cyanamid Co., übert. von: Frederick Brody, New York, N.Y., und Julian Jacob Leavitt, Somerville, N.J., V.St.A., **Herstellung von 8-Alkoxy-6-aminocarbostyrilen** der allg. Formel I (R_1 u.

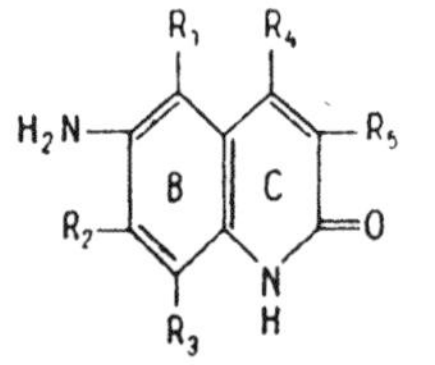

I

R_2 = H, Halogen, Phenyl-, Alkyl- oder niedere Alkoxygruppe R_3 = niedere Alkoxygruppe, R_4 = H, niedere Alkyl- oder Phenylgruppe, R_5 = H oder niedere Alkylgruppe, wobei R_4 u. R_5 zusammen auch einen Cyclohexanring darstellen können), dad. gek., daß man z. B. 66,4 (Teile) von durch Rk. von 12 2.5-Diäthoxyanilin mit 36 Äthylacetoacetat am Rückfluß erhaltem 2.5-Diäthoxyacetoacetanilid mit 184 konz. H_2SO_4 auf ca. 85—90° erhitzt u. cyclisiert → *5.8-Diäthoxy-4-methylcarbostyril*, mittels CH_3COOH u. konz. HNO_3 eine NO_2-Gruppe einführt, diese katalyt. in Ggw. von Pd-Kohle red. → *6-Amino-5.8-diäthoxy-4-methylcarbostyril*; analog: *6-Amino-5.8-dimethoxy-4-methylcarbostyril*; *6-Amino-4.5-dimethyl-8-methoxycarbostyril*; *6-Amino-8-chlor-4-methylcarbostyril*; *6-Amino-8-methoxy-4-methylcarbostyril*; *6-Amino-5.8-diäthoxy-4-phenylcarbostyril*. — *Zwischenprodd. zur Herst. von Azofarbstoffen.* (**A. P. 2 901 485** vom 26/1. 1954, ausg. 25/8. 1959.)
W. Heyer 7049

2352 Farbenfabriken Bayer Akt.-Ges., Leverkusen, **Herstellung von Diazoaminoverbindungen** der allg. Formel **I** (R = Rest einer Diazo- oder Tetrazo-Verb., R_1 u. R_2 =

I

ggf. substituierte Alkyl-, Isoalkyl-, Aralkyl- oder Cycloalkylrest). 1-Amino-2-methyl-5-chlorbenzol wird in schwach sodaalkal. Lsg. mit 2-Methylaminobenzol-1-carbonsäure-5-äthylsulfon gekuppelt, wobei die Lsg. durch dauernde Zugabe von Na_2CO_3 neutral gehalten wird. Nach 2std. Rühren wird filtriert u. das Rk.-Prod. mit NaCl ausgefällt. Mit äquivalenten Teilen 1-(2'.3'-Hydroxynaphthoylamino)-2-äthoxybenzol in A. gelöst u. mit NaOH, W. u. einem Verdickungsmittel zu einer Druckpaste verarbeitet, gibt es auf Baumwolle u. Celluloseregenerat nach dem Dämpfen eine lichtechte scharlachrote Färbung. — Weitere Beispiele. (**Ind. P. 69 198** vom 28/9. 1959. E. Prior. 8/7. 1959.) C. Lüttgen 7053

2353 Badische Anilin- & Soda-Fabrik Akt.-Ges. (Erfinder: Fritz Graser), Ludwigshafen/Rh., **Küpenfarbstoffe der Anthrachinonreihe** von gutem Ziehvermögen, die sich dadurch auszeichnen, daß sie Textilgut aus nativer u./oder regenerierter Cellulose aus warmer bis heißer Küpe in kräftigen klaren Tönen färben, erhält man entweder durch Rk. der durch Kondens. von 1 Mol eines Cyanursäuretrihalogenids (**I**) mit 2 Mol gleicher oder verschiedener Aminoanthrachinone (**II**) erhältlichen Verbb., die an ein C-Atom des 1.3.5-Triazinringes gebunden ein Halogenatom tragen, mit nicht verküpbaren aromat. prim. Aminen, die einen heterocycl. Fünfring enthalten, der mindestens 2 Heteroatome aufweist, oder durch Rk. der durch Kondens. von 1 (Mol) des **I** mit 1 des genannten nicht verküpbaren aromat. prim. Amins erhältlichen Verbb., die am C-Atom des 1.3.5-Triazinringes gebunden 2 Halogenatome tragen, gleichzeitig oder nacheinander in beliebiger Reihenfolge mit 2 Mol gleicher oder verschiedener **II**. — Durch Erhitzen von 44,6 (Gew.-Teilen) 1-Aminoanthrachinon (**III**) mit 18,5 Cyanursäurechlorid (**IV**) in Nitrobenzol auf 190—195° wird ein Kondens.-Prod. (**V**) erhalten, in dem 1 Cl-Atom von **IV** noch erhalten ist. Durch Erhitzen von 18,6 **V** in Nitrobenzol mit 18 2-(4'-Aminophenyl)-6-methylbenzthiazol (**VI**) auf 200° wird ein Farbstoff erhalten, der Baumwolle (**A**) aus heißer Küpe gelb färbt. Ebenfalls in gelben Tönen färbende Farbstoffe werden in ähnlicher Weise erhalten aus **IV** u.: **III** u. 2-Phenyl-6-aminobenztriazol (**VII**, erhältlich durch Kuppeln von diazotiertem Anilin mit 1.3-Diaminobenzol u. Oxydation des erhaltenen Azofarbstoffs mit ammoniakal. Cu-Sulfat-Lsg.); **III** u. 2-(4'-Aminophenyl)-benztriazol; **III** u. 2-(4'-Aminophenyl)-benzoxazol (**VIIa**); 2-Aminoanthrachinon (**VIII**) u. **VI** oder **VIIa**; **III**, **VIII** u. **VI**; **III** u. 2-Phenyl-5-aminobenzoxazol (**IX**); 1-Amino-5-chloranthrachinon u. **VI**; **III** u. 2-(p- oder m-Aminophenyl)-5-phenyl-1.3.4-oxdiazol; **III** u. 2-(4'-Aminophenyl)-4.5-[naphthylen-(1''.2'')]- oder 2-(Naphthyl-1')-5-aminobenzoxazol; **III** u. 2-(4'-Aminophenyl)-1.5-bis-phenyl-1.3.4-triazol. In orange Tönen färbende Farbstoffe können erhalten werden aus **IV** u.: 1-Amino-5-benzoylaminoanthrachinon (**X**) u. **IX**; **III**, **X** u. **VIIa**, **IX** oder **VII**; **X** u. **VII** oder 2-Phenyl-5-methyl-6-aminobenztriazol (**XI**); **X** u. 2-(3'-Aminophenyl)-benzoxazol. Der Farbstoff aus **IV**, 1-Amino-4-benzoylaminoanthrachinon u. **XI** färbt **A** rot. (**F. P. 1 249 767** vom 3/3. 1960, ausg. 22/3. 1961. D. Prior. 4/3. 1959. **D. A. S. 1 149 476** Kl. 22b vom 4/3. 1959, ausg. 30/5. 1963.)

O. Roick 7059

2354 **Fabriek van Chemische Producten N. V.**, Niederlande, *Herstellung von lichtechten Reservierungsmitteln.* (**F. P. 1 268 782** vom 26/9. 1960, ausg. 8/12. 1961. Niederl. Prior. 14/10. 1959. — C. **1963,** 18638 [Niederl. P. 98 949].)

2355 **Badische Anilin- & Soda-Fabrik Akt.-Ges.**, Ludwigshafen/Rh., *Dispersionsfarbstoffe enthaltende Druckpaste.* (**E. P. 928 652** vom 22/9. 1961, ausg. 12/6. 1963. D. Prior. 24/9. 1960. — C. **1963,** 3757 [D. A. S. 1 121 024].)

2356 **Ciba Akt.-Ges.** (Erfinder: **Jacques Wegmann**), Basel, Schweiz, *Stabilisierung von Dihalogentriazingruppen enthaltenden Farbstoffpräparaten.* (**Schwz. P. 370 050** vom 18/7. 1958, ausg. 15/8. 1963. — C. **1963,** 11447 [E. P. 880 393].)

2357 **Comp. Française des Matières Colorantes Soc. An.**, Paris (Erfinder: **Marcel Jirou**, Sotterville-les-Rouen), Frankreich, *Färben von Textilgut.* (**Schwz. P. 370 049** vom 1/10. 1959, ausg. 15/8. 1963. F. Prior. 19/9. 1958. — C. **1963,** 3012 [D. A. S. 1 116 627].)

2358 **Ciba Ltd.**, Basel, übert. von: **Arthur Buehler**, Rheinfelden, und **Richard Casty**, Kaiseraugst, Schweiz, *Färben von stickstoffhaltigen Fasern.* (**A. P. 3 071 427** vom 23/4. 1959, ausg. 1/1. 1963. Schwz. Prior. 30/4. 1958. — C. **1962,** 9909 [Oe. P. 208 329].)

2359 **Ciba Akt.-Ges.**, Basel (Erfinder: **Heinz Abel**, Reinach), Schweiz, *Gleichzeitiges Färben von Wolle und Cellulosefasern.* (**D. A. S. 1 155 753** Kl. 8m vom 13/11. 1959, ausg. 17/10. 1963. — **C. 1963,** 2629 [Ung. P. 149 482].)

2360 **Ciba Ltd.**, Basel, übert. von: **Heinz Abel**, Reinach, Schweiz, *Färben von Wolle und Cellulose enthaltenden Textilien.* (**A. P. 3 075 822** vom 19/10. 1959, ausg. 29/1. 1963. Schwz. Prior. 14/11. 1958. — C. **1963,** 2629 [Ung. P. 149 482].)

2361 **British Celanese Ltd.**, übert. von: **Henry Charles Olpin**, **Jack Wood** und **William James Savory**, Spondon, England, *Färben von Cellulosetriacetat.* (**A. P. 3 069 219** vom 22/6. 1956, ausg. 18/12. 1962. E. Prior. 8/7. 1955. — C. **1959,** 16169 [E. P. 793 559].)

2362 **Bradford Dyers' Association Ltd.**, Bradford (Erfinder: **William Bragg**, West Ardsley, **George Landells**, Meanwood, und **James Harry Leach**, Clayton), England, *Mustern von Textilien, Filmen und Folien aus Polyestern.* (**D. A. S. 1 154 791** Kl. 8n vom 29/10. 1958, ausg. 26/9. 1963. E. Prior. 30/10. 1957. — **C. 1963,** 695 [F. P. 1 215 713].)

2363 **Comp. Française des Matières Colorantes Soc. An.**, Paris (Erfinder: **Guy Charles Maurice du Peloux**, Boisguillaume, und **Jean Marie Louis Leroy**, Rouen), Frankreich, *Färben von Polyesterfasern.* (**Schwz. P. 370 743** vom 17/2. 1961, ausg. 13/9. 1963. F. Prior. 1/3. 1960. — C. **1963,** 14870 [D. A. S. 1 134 354].)

2364 **Farbenfabriken Bayer Akt.-Ges.**, Leverkusen, *Methinfarbstoffe.* (**Ind. P. 69 528** vom 29/10. 1959. E. Prior. 21/8. 1959. — C. **1963,** 11451 [Oe. P. 218 467].)

2365 **Ciba Akt.-Ges.**, Basel (Erfinder: **Arthur Maeder**, Therwil, **Theodor Weber**, Neuewelt, **Georg Sulzer**, **Willy Fatzer** und **Peter Gürtler**, Basel), Schweiz, *Kunstharzappretur.* (**D. A. S. 1 153 714** Kl. 8k vom 11/8. 1956, ausg. 5/9. 1963. Schwz. Prior. 17/8., 9/9. u. 2/12. 1955. — C. **1959,** 5635 [Oe. P. 194 825].)

2366 **Ciba Co., Inc.**, Fair Lawn, N.J., V.St.A., übert. von: **Hermann Werdenberg**, Basel, Schweiz, *Bedrucken von Cellulosefasern oder dergleichen.* (**A. P. 3 068 058** vom 27/11. 1959, ausg. 11/12. 1962. D. Prior. 26/11. 1958. — C. **1963,** 3013 [F. P. 1 241 551].)

2367 **J. R. Geigy Akt.-Ges.**, Basel, Schweiz, *Bedrucken von mattierter Kunstseide.* (**E. P. 925 326** vom 21/4. 1961, ausg. 8/5. 1963. Schwz. Prior. 23/4. 1960. — C. **1963, 3760** [D. A. S. 1 126 840].)

2368 **Union Carbide Corp.**, New York, N.Y. (Erfinder: **Domenick Donald Gagliardi**, East Greenwich, R.I.), V.St.A., *Fixieren von Direktfarbstoffen auf Cellulosematerial.* (**D. A. S. 1 153 719** Kl. 8m vom 26/6. 1959, ausg. 5/9. 1963. A. Prior. 26/6. 1958. — C. **1963,** 3013 [F. P. 1 232 589].)

2369 **Imperial Chemical Industries Ltd.**, London, übert. von: **Brian Ribbons Fishwick** und **Eric Leslie Johnson**, Manchester, England, *Wasserlösliche Monoazofarbstoffe.* (**A. P. 3 084 153** vom 28/10. 1959, ausg. 2/4. 1963. E. Prior. 3/11. 1958. — C. **1963,** 18644 [F. P. 1 242 433].)

2370 **Durand & Huguenin Akt.-Ges.** (Erfinder: **Franz Graf**), Basel, Schweiz. *Metallisierbare Monoazofarbstoffe.* (**D. A. S. 1 151 334** Kl. 22a vom 16/1. 1959, ausg. 11/7. 1963. **E. P. 915 013** vom 16/1. 1959, ausg. 9/1. 1963. **A. P. 3 060 167** vom 15/1. 1959, ausg. 23/10. 1962. Alle Schwz. Prior. 17/1. 1958. **Schwz. P. 367 914** vom 17/1. 1958, ausg. 30/4. 1963. — C. **1964,** 9-2315 [F. P. 1 222 679].)

2371 **Durand & Huguenin Akt.-Ges.** (Erfinder: **Franz Graf** und **Hans Grossmann**), Basel, Schweiz, *Metallisierbare Monoazofarbstoffe.* (**Schwz. P. 365 163** vom 14/6. 1957, ausg. 15/12. 1962. **E. P. 898 353** vom 16/. 1958, ausg. 6/6. 1962. Schwz. Prior. 14/6. 1957. — C. **1964,** 9—2315 [F. P. 1 208 493].)

2372 **Comp. Française des Matières Colorantes Soc. An.**, Paris (Erfinder: **Guy Charles Maurice du Peloux**, Boisguillaume, und **Jean Marie Louis Leroy**, Rouen), Frankreich, *Färben von Polyesterfasern.* (**Schwz. P. 370 744** vom 22/2. 1961, ausg. 13/9. 1963. F. Prior. 1/3. 1960. — C. **1963,** 13372 [F. P. 1 258 327].)

2373 **University of Kansas Research Foundation** (Erfinder: **Joseph H. Burckhalter**, Lawrence, Kansas, und **Robert J. Seiwald**, San Francisco, Calif.), V.St.A., **Fluoreszenzfarbstoffe.** (**D. A. S. 1 155 551** Kl. 22b vom 29/4. 1959, ausg. 10/10. 1963. A. Prior. 29/4. 1958. — C. **1961,** 11151 [A. P. 2 937 186].)

2374 **Badische Anilin- & Soda-Fabrik Akt.-Ges.** (Erfinder: **Julius Eisele**, Ludwigshafen/Rh., **Wilhelm Federkiel**, Frankenthal/Pfalz, **Ludwig Schuster**, **Robert Gehm**, Ludwigshafen/Rh., **Arnold Tartter**, Lambsheim/Pfalz, **Fritz Graser**, **Werner Rohland** und **Erich Stöckl**, Ludwigshafen/Rh.), *Farbstoffe der Anthrachinonreihe.* (**Schwz. P. 370 511** vom 11/12. 1957, ausg. 30/8. 1963. D. Prior. 10/9. 1957. — C. **1960,** 4362 [D. A. S. 1 066 682].)

2375 **Ciba Akt.-Ges.**, Basel (Erfinder: **Raymond Gunst**, Basel, und **Hans Wilhelm Liechti**, Oberwil), Schweiz, *Anthrachinonfarbstoffe.* (**Schwz. P. 370 180** vom 4/3. 1959, ausg. 15/8. 1963. — C. **1963,** 3401 [F. P. 1 249 137].)

2376 **Farbenfabriken Bayer Akt.-Ges.**, Leverkusen (Erfinder: **Heinz Adolf Dortmann**, Bergisch Gladbach), *Färben von Hydroxylgruppen enthaltenden Textilien.* (**Schwz. P. 370 741** vom 24/3. 1960, ausg. 13/9. 1963. D. Prior. 28/3. 1959. — C. **1963,** 16368 [F. P. 1 256 709].)

2377 **Farbenfabriken Bayer Akt.-Ges.**, übert. von: **Fritz Baumann** und **Hans-Samuel Bien**, Leverkusen, *Farbstoffe.* (**A. P. 3 068 057** vom 14/11. 1958, ausg. 11/12. 1962. D. Prior. 19/11. 1957. — C. **1960,** 12511 [D. A. S. 1 073 131].)

2378 **Soc. Monsavon-l'Oréal**, Paris, Frankreich, *Farbstoffe für Keratinfasern.* (**Oe. P. 227 350** vom 22/4. 1960, ausg. 10/5. 1963. F. Prior. 23/4. 1959. — C. **1962,** 2182 [Schwz. P. 351 357] u. C. **1963,** 10689 [F. P. 1 253 228].)

2379 **Farbenfabriken Bayer Akt.-Ges.**, übert. von: **Georg Rösch**, Leverkusen, **Helmut Klappert** und **Karl-Heinz Gehringer**, Köln, *Tetraazaporphinfarbstoffe.* (**A. P. 3 063 780** vom 26/11. 1958, ausg. 13/11. 1962. D. Prior.. 2/12. 1957. — C. **1962,** 8798 [Oe. P. 209 459].)

2380 **J. R. Geigy Akt.-Ges.**, Basel (Erfinder: **André Pugin** und **Jakob Bindler**, Riehen), Schweiz, *Wasserunlösliche Farbsalze der Phthalocyaninreihe.* (**A. P. 3 082 213** vom 9/12. 1960, ausg. 19/3. 1963. **D. A. S. 1 156 191** Kl. 22e vom 9/12. 1960, ausg. 24/10. 1963. Beide Schwz. Prior. 10/12. 1959. — C. **1963,** 22183 [F. P. 1 275 863].)

H_{IIa}. Farben, Anstriche, Lacke, Naturharze

2381 **Bleistaub als Pigment für Anstrichmittel.** Reinhold Hawner. (Farbe u. Lack **69**, 611—15, 1963; Saarlouis-Roden; dt.) — Bei den technolog. Prüfungen zur Unters. der Wechselwrkg. zwischen chem. reinem Bleistaub u. Bindemittel (B) ergab sich folgende Reihenfolge für die geeigneten B u. ihre Konz. in %: *Cyclokautschuk* (18), *Epikote* aminhärtend (8), *Chlorkautschuk* (12), *Cyclokautschuk/Alkydharz* 1:1 (18), *Styrolalkyd* (12), *Chlorkautschuk/Alkydharz* 1:1 (18). Die Anwendung von Bleistaubfarben dürfte in den Fällen bes. geeignet sein, bei denen Zinkstaubfarben einer aggressiven chem. Belastung nicht gewachsen sind. Bei dem Salzsprühtest sind die wasserunquellbaren Syst. den wasserquellbaren überlegen.

H. Doßmann 7092◇

2382 **Gelbpigmente, ihre physikalischen Grenzen und Einsatzmöglichkeiten.** Erwin Herrmann. (Farbe u. Lack

69, 601—10, 1963; Stuttgart, Farbenfabriken G. Siegle u. Co.; dt.) — Besprochen werden anorgan. (Oxidpigmente, sulfid. Pigmente, Chromate, Antimonate) u. organ. (Hansagelbtypen, Benzidingelbe, Grüngoldpigmente, höher mol. Azopigmente) Gelbpigmente. Vf. diskutiert den physikal. Begriff der Teilchengröße u. ihren Zusammenhang mit der Deckfähigkeit sowie den Einfl. des Brechungsindex auf diese Eigenschaft. Ferner werden Temp.-Beständigkeit u. Löslichkeit der Pigmente in ihrer Auswrkg. auf die unterschiedlichen Verw.-Zwecke besprochen u. das Problem der Lichtechtheit behandelt. Eine gute Bewertung der Lichtechtheit wird in Anlehnung an die Meth. von Schirmer [1959] erhalten, wenn man als Ordinate statt der Stufen der Wollskala die entsprechenden Megalux-Std. in Abhängigkeit von der Pigmentierungshöhe bzw. dem Verhältnis Bunt-/Weißpigment aufträgt. Man erhält dann eine geradlinige Funktion, die für verschieden lichtechte organ. Farbstoffe angegeben wird. H. Doßmann 7092◇

2383 **Über Hetero- und Heteropolysäuren als Inhibitorkomplexbildner.** G. Meyer. (Dtsch. Farben-Z. **17,** 417—24, 1963; Rüschlikon/ZH; dt.) — Vf. formuliert die Bldg. von Heterosäuren (**I**) u. Heteropolysäuren (**II**), wie sie im Zusammenwirken von Pigmenten u. Untergrund entstehen können. **I** u. **II** sind trotz ionogener Bindung viel stabiler als normale Salzionen. Die außergewöhnliche Beständigkeit der zwischen **I** u. **II** u. dem Metallgrund gebildeten Inhibitorkomplexe wird auf das Entstehen schwerlösl. Anlagerungskomplexe zurückgeführt. Neben den bekannten gefärbten Inhibitorkomplexen des Molybdatrots sowie des bas. Pb-Chromats auf Basis von **I** u. **II** schlägt Vf. auf Grund theoret. Überlegungen neue hellfarbige Inhibitorpigmente mit hervorragenden Rostschutz-Eigg. auf der Basis Phosphorsäure–Molybdänsäure, Metableisäure–Molybdänsäure, Orthobleisäure–Molybdänsäure, Phosphorsäure–Orthobleisäure–Molybdänsäure vor. R. Zeisberger 7092◇

2384 **Über das Samenöl von Parinarium annamense.** J. D. von Mikusch. (Farbe u. Lack **69,** 585—88, 1963; Hamburg-Harburg, Margarine-Union GmbH; dt.) — Die Kerne der Früchte von *Parinarium annamense* aus der Familie *Rosaceae* haben große Ähnlichkeit mit denen von *Parinurium campestre*. Es wurde ein Öl-Geh. von 64,2% festgestellt. Die Ölkennzahlen werden in einer Tabelle aufgeführt. In diesem Samenöl (**I**), das keine *Linolen-* u. *Parinarsäure* enthält, wurden in % nachgewiesen: *Eläosterinsäure* (39,7), *Licansäure* (19,3), *Linol* (7,5) u. *Ölsäure* (16,8) sowie gesätt. Fettsäuren (12,3) u. Hydroxysäuren (4,4). Nach seinen trocknenden Eigg. liegt **I** zwischen Leinöl u. Holzöl. H. Doßmann 7096◇

2385 **Modifizierte Standöle mit arteigenem Harzanteil und deren Bedeutung für die gesamte Anstrichtechnik.** Bruno Suppan. (Prakt. Chem. [Wien] **14,** 67—70, 1963; Wien; dt.) — Modifizierte Standöle mit arteigenem Harzanteil sind Bindemittel(**I**)-Syst. mit den Vorteilen des Leinöls bei gleichzeitiger Ausschaltung von dessen Nachteilen. Diese **I** werden in der sog. G-Verkochung hergestellt, einem Verf., bei dem mit bestimmten Katalysatoren Öle so weit polymerisiert u. kondensiert werden, daß ein arteigener u. schwer verseifbarer Harzanteil entsteht. Das Verh. verschiedener Grundierungen u. Decklacke, die diese **I** enthalten, bei verschiedenen Beanspruchungen u. Einfl. ist graph. dargestellt. M.-L. Kehren 7096◇

2386 **Isophthal-Alkydharze und ihre Anwendung in Lacken** Franca Murri. (Pitture e Vernici **39,** 295—99, 1963; Milano, Nymco S.p.A.; ital.) — Angaben über Herst. von luft- u. ofentrocknenden Isophthalalkydharzen u. Anwendungsgebiete der damit hergestellten Industrielackfarben sowie Angabe von Formulierungen. B. Scheifele 7106◇

2387 **Über die Entwicklung von Spiegellacken.** Robert Kempf. (Ind.-Lackier-Betr. **31,** 228—32, 1963; Kaufbeuren-Neugablonz; dt.) — Es werden die Voraussetzungen für einen guten Spiegellack, der besondere physikal. Eigg. besitzen muß, aufgeführt u. auf die Anwendung der neueren Einbrennlacke hingewiesen. M.-L. Kehren 7106◇

2388 **Der moderne Oberflächenschutz, seine Entwicklung und Anwendung, insbesondere an Leichtmetallbauteilen aus Blechen und Bändern.** Hans Günter Lülfing. (Blech **10,** 229—33, 1963; dt.) — Überblick. Bes. erwähnt wird die Vorbehandlung der Leichtmetallteile für den nachfolgenden Lackauftrag („Wash-Primer" u. Chromatierung). F. Vier 7106◇

2389 **Bestimmung der optimalen Mahlgutzusammensetzung zur Herstellung von titandioxidhaltigen Anstrich- und Druckfarben in verschiedenen Geräten.** H. Rohrer. (Farbe u. Lack **69,** 591—96, 1963; Leverkusen, Titangesellschaft GmbH; dt.) — Als Beispiel wurde u. a. ein Syst. aus dem Pigment Kronos RN 57, einem Alkyd–Melamin-Einbrennharz als Bindemittel u. einer Mischung von Xylol u. Butanol als Lsgm. gewählt. Nach einem Anreibetest wird der Fließpunkt mit maximaler Pigmentmenge aus einer Fließpunktkurve an einem Konz.-Dreieck abgelesen. Für diesen Fließpunkt wird durch Verdünnungs-Verss. der günstigste Viscositätsbereich für die verwendeten Geräte (Kugelmühle, Kady Mill, Cowles Dissolver, Dreiwalzenstuhl) bestimmt. Die Dispergierbarkeit wird durch die Zus. u. die Viscosität des Mahlgutes beeinflußt. Das Verf. zur Ermittlung der optimalen Mahlgutzus. für das zitierte Syst. in Gew.-% (Pigment 69,2, Lsgm. 26,6, Bindemittel 4,2) wird am Beispiel der Kugelmühle besprochen. H. Doßmann 7152◇

2390 **Abgeschwächte Totalreflexions- gegenüber Transmissions-Infrarotspektroskopie bei der quantitativen Abschätzung von Anstrichfarben-Bindemitteln.** Raymond J. McGowan. (Analytic. Chem. **35,** 1664—65, 1963; Port Hueneme, Calif., U.S. Naval Civil Engng. Labor., Phys. and Math. Div.; engl.) — Vf. vergleicht die neue Totalreflexion-IR-spektroskop. Meß-Meth. (ATR) von dünnen Alkydharzschichten mit der Transmissions-Meth., für die man zur quant. Best. die Schichtdicke kennen muß, während es bei der ATR-Meth. nicht notwendig ist, so daß diese bei der quant. Bewertung von Anstrichfarbenbindemitteln in dünner Schicht zu bevorzugen ist. A. Kumm 7154◇

2391 **Gaschromatographische Untersuchung der Pyrolyseprodukte von Lackbindemitteln.** Fritz Sadowski und Eva Kühn. (Farbe u. Lack **69,** 267—74, 1963; Köln-Raderthal, Fa. Spies, Hecker & Co., Chem. Forsch.-Labor.; dt.) — Vff. beschreiben eine App. zur pyrolyt. Zers. von Lackbindemitteln unter konst. Bedingungen. In Verbindung mit der Gaschromatographie wurden von 25 verschiedenen Handels-Prodd. reproduzierbare u. spezif. Pyrogramme erhalten. Die Auftrennung der Pyrolysate erfolgte an einer 2-m-Trennsäule (Di-n-decylphthalat) mit He als Trägergas bei einer Säulen-Temp. von 100°. Eine chem. Zuordnung der einzelnen Peaks erfolgte nicht. Ein Weg zur Identifizierung unbekannter Lackbindemittel bzw. Bindemittelgemische unter Anwendung der beschriebenen Meth. in Verbindung mit der chem. Analyse wird an Hand eines Beispiels erläutert. — 20 Literaturangaben. D. Quaas 7154◇

2392 **Zur Beurteilung von Lacken für die Lebensmittelverpackung hinsichtlich extrahierbarer Stoffe.** K. H. Mebes und H. Zwicky. (Farbe u. Lack **69,** 588—91, 1963; Wehr/Baden u. Basel, Ciba Akt.-Ges.; dt.) — An glasseideverstärkten freien Lackfilmen wurde eine Meth. zur Prüfung der Eignung verschiedener Lacke im Sinne des Lebensmittelgesetzes erprobt (Best. extrahierbarer Stoffe). Untersucht wurden die Lackkombinationen: *Epoxidharz* (**I**)–*Polyaminoamidharz*, **I**–*Resolätherharz*, **I**–*Melamin* (**II**)-Harz, **I**–**II**–*Phenolharz*, **I**–**II**-Harz, modifiziert. Die Extraktion erfolgte mit den Lsgm.: dest. W., 3-gewichts-%ig. Essigsäure, 10 Vol.-%ig. reinem A. u. peroxidfreiem, über Na_2SO_4 getrocknetem Ae.; in Abb. werden die Eindampfrückstände in Gew.-% der Ausgangsfilmmenge bzw. in mg/cm² angegeben. Der Wert dieser Ergebnisse für die Beurteilung der Verwendbarkeit der Lacke in der Lebensmittelindustrie wird diskutiert. H. Doßmann 7158◇

2393 Columbia-Southern Chemical Corp. (Erfinder: Edward Merle Allen und Richard Ralph Palumbo), V.St.A., **Herstellung von TiO_2-Pigmenten** durch Oxydation von $TiCl_4$ mit O_2 in einer beheizten doppelwandigen Rk.-Kammer bei mindestens 900° F unter Zuleiten von heißen Verbrennungsgasen in die Rk.-Zone, um dabei einen Kreiswirbel der Rk.-Komponenten in der Rk.-Zone zu erzeugen. Dabei entsteht eine Suspension von TiO_2 in den heißen Gasen. — 5 Abb.; Diagramm. (**F. P. 1 289 463** vom 7/12. 1960, ausg. 22/8. 1962. A. Prior. 7/12. 1959.) M. F. Müller 7093

2394 Moltofill G. m. b. H., Grenzach/Baden, **Gipshaltige Spachtelmasse** mit verbesserten Eigg., wie Härte,

Klebkraft, Abbindezeit, Feuchtigkeitsaufnahme. Zus.: 8 (Gew.-%) Asbest, 0,07—5,0 Gemisch Methylcellulose-Na-Carboxycellulose, Verhältnis 4:1 bis 2:1, Rest $CaSO_4 \cdot \frac{1}{2} H_2O$. (**D. A. S. 1 156 010** Kl. 80b vom 23/4. 1959, ausg. 17/10. 1963.) G. Frikell 7097

2395 E. I. du Pont de Nemours & Co., Wilmington (Erfinder: Robert Leonard Adelman, Wilmington, Del., und Aaron Oken, Chadds Ford, Pa.), V.St.A., **Wachsmasse für Überzüge und Verklebungen,** gek. durch einen Geh. an 20—99 (Gew.-Teilen) eines Erdölwachses (I) u. 1—80 eines Mischpolymerisats (II) von Äthylen u. Vinylacetat mit einem Mol-Verhältnis von 4—16:1 u. einer inneren Viscosität von ca. 0,45—1,5. — Das I besteht aus Paraffin oder mikrokrist. Paraffin. Zum Beispiel verschmilzt man ein Gemisch von 40 g II mit einem Mol-Verhältnis von 5:1 u. einer inneren Viscosität von 0,96 mit 60 g Paraffin. Die Masse ist verschweißbar u. sehr haftfest. (**D. A. S. 1 151 937** Kl. 39b vom 22/1. 1960, ausg. 25/7. 1963. A. Prior. 26/1. 1959.) K. Sarre 7107

2396 Johannes Kahnes, Zwickau, und Willy Albert, Coschütz, **Gegen Säuren und Alkalien beständige, ofentrocknende Kombinationslacke.** enthalten > 50% eines plastifizierend wirkenden Kondensations-Prod. aus 2wertigen Carbonsäuren u. einem Verätherungs-Prod. aus Phenolen u. Chlorhydrinen, z. B. eines Polyesters aus aliphat. Dicarbonsäuren u. einem Verätherungs-Prod. aus Bisphenol u. Chlorhydrin oder eines sauren Esters aus einem Kondens.-Prod. von einwertigen Phenolen oder Bisphenolen u. CH_2O, dessen Methylolgruppen mit einem Alkohol veräthert sein können u. dessen phenol. OH-Gruppen mit Chlorhydrinen veräthert sind, u. Dicarbonsäuren. Als härtende u. die Beständigkeit erhöhende Komponente wird ein Präkondensat aus Epoxidharz u. butylierten Phenolalkoholen oder solchen, deren phenol. OH-Gruppen mit Chlorhydrinen veräthert sind, verwendet. — Konservendosen-, Spinnspulenlacke. — Diagramme. (**D. P. [DDR] 25 337** Kl. 22h vom 16/4. 1960, ausg. 14/5. 1963 [Wirtschaftspatent].) W. Wittholz 7107

2397 Bergwerksverband G. m. b. H., Essen (Erfinder: Joachim Bergmann, Gelsenkirchen, Otto Grosskinsky und Walter Thürauf, Dortmund), **Herstellung modifizierter härtbarer Epoxidharze** aus mehrwertigen Phenolen, Epi- oder Dihalogenhydrin (I) u. Fettalkoholen(II), dad. gek., daß man mehrwertige Phenole, mit Epi- oder I u. II in Ggw. bas. Kondens.-Mittel u. eines organ. Lsgm. in der Wärme umsetzt u. nach Abtrennung der gebildeten Salze die mit II modifizierten Epoxidharze mit den in dem Rk.-Prod. noch vorhandenen, nicht umgesetzten II oder mit weiteren Mengen an II weiter veräthert. — Ein Gemisch von 150 Liter Dioxan, 22,8 kg 4.4'-Dioxydiphenyldimethylmethan u. 15 kg Fettalkohol (C_{18}, JZ. 80—85) wird unter Erwärmen mit 7,6 kg NaOH vernetzt u. während 40 Min. werden unter Erhitzen zum Sieden 11,1 kg Epichlorhydrin zugesetzt, wobei die Siede Temp. 7½ Std. aufrecht erhalten wird. Bei der Aufarbeitung erhält man ein klares, beim Abkühlen trübe werdendes Harz. Wird dieses in der Hitze mit 295 g H_3PO_4 (85%ig) 10—15 Min. auf 250° erhitzt, erhält man ein auch in der Kälte klares Harz. Die Prodd. dienen zusammen mit Härtungsmitteln zur Herst. schmiegsamer *Überzüge,* die eine gute Wasser- u. Chemikalienfestigkeit aufweisen. (**D.A.S. 1 154 275** Kl. 39c vom 28/11. 1956, ausg. 12/9. 1963.) J. Mühleisen 7107

2398 Sandoz Akt.-Ges. (Erfinder: Ladislaw Kocian, Basel), Schweiz, **Herstellung von feindispergierte Pigmente enthaltenden Präparaten,** die für die Verarbeitung zu Anstrichstoffen u. Druckfarben dienen. Man nimmt die mechan. Bearbeitung in Ggw. von organ. Mahlkörpern vor, welche im Endprod. verbleiben, jedoch unter den Bearbeitungsbedingungen, z. B. im Kneter oder der Kugelmühle, im verwendeten fl. oder halbflüssigen organ. Medium, z. B. Weichmacher, schwer bzw. unlösl. sind. Geeignete Mahlkörper sind z. B. Celluloseacetobutyrat für Celluloseacetobutyratlacke, Nitro- oder Äthylcellulose für Äthyl- oder Nitrocelluloselacke, Vinylpolymerisate für Vinyllacke (**Schwz. P. 361 349** vom 1/11. 1957, ausg. 30/5. 1962. P. Krug 7107

2399 E. I. du Pont de Nemours & Co., Wilmington, übert. von: Alfred Lester Oppegard, New Castle, und Halsey Bidwell Sterensom, Wilmington, Del., V.St.A., **Organosilane** mit organ. Rest, die C=C-Doppelbindungen aufweisen, erhält man durch Rk. von Silanen, die mindestens 2 H-Atome am Si aufweisen, mit 2 olefin., konjugierte C=C-Doppelbindungen enthaltenden KW-Stoffen in Ggw. eines Alkalimetallkatalysators. — Durch Rk. von 11 (Teilen) Butadien mit 7 SiH_4 in Ggw. von Na u. Ae. während 10 Std. bei 40° erhält man *Monobutenylsilan,* $Kp._{82}$ 56—57°, u. *Dibutenylsilan,* $Kp._{82}$ 89°. Weitere Verbb.: *Tributenylsilan* (I), $Kp._{77}$ 144—151°; *Di-α-phenyläthylsilan* (aus Styrol + SiH_4), $Kp._{0,2}$ 130—133°; *Tributenylmethoxysilan,* $Kp._{0,04}$ 45—47°, aus I u. CH_3OH in Ggw. von Na. — *Überzugsmittel.* (**A. P. 3 026 213** vom 23/9. 1959, ausg. 20/3. 1962.) J. Mühleisen 7107

2400 Rohm & Haas Co. (Erfinder: Allen Melvin Levantin), Philadelphia, Pa., V.St.A., **Lacke und Überzugsmittel** enthalten a) thermoplast. Mischpolymerisate eines Oxyalkylesters einer α,β-ungesätt. Carbonsäure, b) ein alkyliertes Harnstoff- oder Melaminharz sowie c) ein Epoxyharz. Verw. zum Anstrich von Papier, Textilien, Leder, Holz, Keramik usw. Die Filme sind reinigungsbeständig. (**D. A. S. 1 149 842** Kl. 22h vom 9/1. 1960, ausg. 6/6. 1963. A. Prior. 9/1. 1959.) M. Böttcher 7107

2401 Nopco Chemical Co., Harrison, N.J., V.St.A., **Überzugsmittel für Faserstoffe,** z. B. für Papier, Pappe, Textilien, enthalten eine Mischung von plastifizierter *Polyvinylacetat-* (I) mit einer Wachsemulsion, welche einen schwach sauren Emulgator enthält. An Stelle von I kann auch ein Mischpolymerisat aus I u. Dibutylmaleinat verwendet werden. (**E. P. 876 226** vom 9/6. 1958, ausg. 30/8. 1961. A. Prior. 23/7. 1957.) M. Böttcher 7107

2402 Shawinigan Resins Corp., Springfield (Erfinder: Edward Lavin, Longmeadow, und Albert H. Markhart, Wilbraham), Mass., V.St.A., **Ofentrocknende Überzugsmittel,** bes. zum Überziehen von elektr. Leitern enthalten 100 (Teile) Polyvinylacetal, 1—30 Phenol-Aldehyd-Harz, 0,5—20 Melaminharz u. 20—200 Polyurethanaddukte (verkappte Polyisocyanate). (**D. A. S. 1 153 127** Kl. 22h vom 22/2. 1960, ausg. 22/8. 1963. A. Prior. 29/6. 1959.) M. Böttcher 7107

2403 Siemens-Schuckertwerke Akt.-Ges., Berlin und Erlangen (Erfinder: Fritz Weigel, Schwabach, Robert Schwarz und Wilhelm Kuchen, Aachen), **Lacke und Überzugsmittel** bestehen aus einer Lsg. eines mindestens zwei Hydroxygruppen enthaltenden Polyvinylacetals u. eines aromat. Orthokieselsäureesters in einem solchen Verhältnis, daß nach dem Aufbringen u. der Rk. in der Hitze der Kunststoff noch freie Hydroxygruppen enthält. (**D. A. S. 1 151 339** Kl. 22h vom 1/9. 1953, ausg. 11/7. 1963.) M. Böttcher 7107

2404 North American Philips Co., Inc., New York, N.Y., übert. von: Sjerp Anne Troelstra und Jan Anton Willem van Laar, Eindhoven, Niederlande, **Behandlung von magnetischen Schallträgern,** dad. gek., daß man sie mit einem Lack, z. B. auf Basis von Polyvinylchlorid, behandelt, welcher unlösl. magnet. Pulver, z. B. TiO_2-, C_2O_3-, Fe_2O_3-Pulver, enthält, die mit P-Verbb., z. B. Dikresylphosphorsäure oder Dibutyl-o-phosphorsäure, überzogen sind. (**A. P. 3 003 965** vom 25/8. 1954, ausg. 10/10. 1961. Niederl. Prior. 29/9. 1953.) M. Böttcher 7107

2405 Badische Anilin- & Soda-Fabrik Akt.-Ges., Ludwigshafen/Rh. (Erfinder: Rudolf Reffert, Frankenthal, und Walter Runkel, Ludwigshafen/Rh.), **Herstellung fremdstoffarmer Polymerisatdispersionen,** dad. gek., daß man die zur Herst. der Dispersionen (I) erforderlichen u. während der Herst. entstehenden ionogenen Verbb. nachträglich durch Behandeln der I nur mit Anionenaustauschern (II) oder auch mit Kationenaustauschern weitgehend entfernt. — Beispiele mit Vinylchlorid- (u. Vinylacetat-) sowie Styrol-(Misch-)Polymerisaten, die mit verschiedenen Ionenaustauschertypen bei wechselndem pH-Wert behandelt werden. Tabellen über die Ergebnisse. Die sprühgetrockneten Endprodd. geben beständige klare Lsgg. in z. B. Äthylacetat. Eine 15%ig. Lsg. gibt glatte u. glänzende Oberflächen nach der *Lackierung* damit. (**D. A. S. 1 131 013** Kl. 39c vom 1/12. 1960, ausg. 7/6. 1962.) H. Schindler 7107

2406 E. I. du Pont de Nemours & Co. (Erfinder: William Harold Calkins, Windsor Hills, und Walter

Murray Edwards), Wilmington, Del., V.St.A., **Herstellung von beständigen, fließfähigen, vorpolymerisierten Sirupen aus mono- und polymeren Vinylverbindungen,** dad. gek., daß man Methylmethacrylat mit einer oder mehreren polyfunktionellen polymerisierbaren Verbb. der Formel $CH_2=C(R)-X-C(R')=CH_2$, in welcher X 2wertige Gruppen der $-C(O)-O-$, $-C(O)-O-Y-O-(O)C-$ oder Phenylen bedeutet, worin Y = Alkylen, Polyalkylen, Alkylenoxid oder Polyalkylenoxid darstellt, während R u. R' = H u./oder Alkyl bedeuten, einer partiellen Polymerisation in Ggw. eines Kettenübertragungsmittels u. einer so geringen Menge eines Polymerisationserregers bis zur Erzielung einer Viscosität der Rk.-Lsg. zwischen 0,5 u. 50 cP bei 25° unterwirft, das in der Masse nicht > ca. 20 Teile/Million verbleiben, u. darauf die Polymerisation durch Abkühlen abbricht. Dies kann durch Zusatz einer kalten Lsg. eines Stabilisierungsmittels in dem Monomeren geschehen, z. B. Hydrochinon. Als polymerisierbare Verb. kann z. B. Äthylendimethacrylat in einer Menge von 0,05—1,00 (Mol-%) oder Allylmethacrylat in Mengen von 0,1—10, jeweils bezogen auf die Gesamtmenge der Monomeren, verwendet werden. Der erhaltene Sirup ist durch das in ihm enthaltene Mischpolymere zu einer Weiterpolymerisation unter Bldg. eines *Schichtstoffs* oder *Überzugs* befähigt, in dem das Mischpolymere, das ursprünglich im Sirup enthalten war, oder ein Teil desselben unlösl. geworden ist. — Mengenbeispiele. (**D. A. S. 1 127 591** Kl. 39c vom 15/4. 1959, ausg. 12/4. 1962. A. Prior. 3/10. 1958.) H. Schindler 7107

2407 Finapleax Soc. An. (Holding), Luxemburg (Erfinder: Jules Pinsky und Alvin R. Nielsen), **Verbesserung der Festigkeit von Kunstharz gegen die Durchlässigkeit von Flüssigkeiten.** Das Kunstharz (bes. Behälter daraus) wird mit einem Vinylidenchlorid-Acrylnitril (75 bis 90 : 25—10%)-Mischpolymerisat, das noch 25—65 Gew.-% eines alkohollösl. Harnstoff-HCHO-Harzes enthalten kann, überzogen. Zusätzlich kann noch ein Vinylchlorid-Vinylacetat-Vinylalkohol-Mischpolymerisat mitverwendet werden. — Man schwenkt z. B. Polyäthylenflaschen mit einer Lsg. von 100 g Vinylidenchlorid-Acrylnitril (80 : 20%)-Harz in 250 ml Methyläthylketon aus u. trocknet. — Bei Verw. des Harnstoff-HCHO-Harzes härtet man letzteres. (**F. P. 1 210 820** vom 22/7. 1958, ausg. 10/3. 1960. A. Prior. 26/7. 1957.) M. Pankow 7107

2408 Jean Pijoff, Frankreich, **Unterwasserfarbe** für bewuchsfreie Schiffsbodenanstriche aus 20 (g) Kupferpulver, 100 30%ig. Harzlack u. 10 Butylalkohol. (**F. P. 1 291 109** vom 26/4. 1961, ausg. 14/9. 1962.) M. F. Müller 7107

2409 Kendall Co., Boston (Erfinder: Carlos Miguel Samour, Wellesley Hills), Mass., V.St.A., **Herstellung thermoplastischer Harze aus Terpenen** (**I**) durch Polymerisation, dad. gek., daß man ein **I** mit einem endodienbicycl. KW-Stoff (**II**) in Ggw. von Katalysatoren copolymerisiert. Als **II** wird in den Mengenbeispielen *Bicyclo-(2.2.1)-heptadien-(2.5)* verwendet, wobei das Mol-Verhältnis **I** : **II** nicht < 1 : 9 ist. Als **I** werden mono- oder bicycl. Verbb., z. B. α- u./oder *β-Pinen* oder ein **I**-Gemisch, z. B. *Terpentinöl*, eingesetzt. Arbeitstemp. —10 bis ca. +70°, Katalysator $AlCl_3$ oder BF_3. Aus Tabelle u. Kurven geht hervor, daß Erweichungspunkt u. Molgew. Funktionen des Gew.-Verhältnisses **I** : **II** sind. — *Ersatz für Polyterpene.* (**D. A. S. 1 128 660** Kl. 39c vom 11/8. 1960, ausg. 26/4. 1962. A. Prior. 11/8. 1959.) H. Schindler 7149

2410 **Koppers Co., Inc.**, Pittsburgh, Pa., V.St.A., *Herstellung von Novolakharzen.* (**E. P. 907 238** vom 13/1. 1959, ausg. 3/10. 1962. A. Prior. 13/1. 1958. — C. **1963**, 12615 [Aust. P. 233 124].)

2411 **Stella Soc. An.**, Vernier (Erfinder: **Pierre Castan** und **Claude Gandillon,** Genf), Schweiz, *Herstellung von hitzehärtbaren Kunstharzen.* (**Schwz. P. 365 875** vom 17/6. 1957, ausg. 15/1. 1963. **E. P. 897665** vom 16/6. 1958, ausg. 30/5. 1962. Schwz. Prior. 17/6. 1957. — C. **1962, 16502** [F. P. 1 208 475].)

2412 **Ciba Akt.-Ges.** (Erfinder: **Hans Ulrich Gassmann** und **Hans R. Zbinden),** Basel, Schweiz, *Pigmentfarbstoffdispersion.* (**D. A. S. 1 153 720** Kl. 8m vom 6/7. 1960, ausg. 5/9. 1963. Schwz. Prior. 7/7. 1959. — C. **1963,** 8352 [F. P. 1 265 491].)

2413 **N. V. de Bataafsche Petroleum Mij.,** Den Haag, Niederlande (Erfinder: **James Richard Scheibli,** San Lorenzo, Calif., **Clifford Victor Wittenwyler,** Union, und **Harvey Laird Parry,** Maplewood, N.J., V.St.A.), *Härtbare Epoxidmischung.* (**Schwz. P. 368 624** vom 29/7. 1957, ausg. 31/5. 1963. A. Prior. 30/7. u. 20/8. 1956. — C. **1961,** 5976 [Belg. P. 559 629].)

2414 **Rohm & Haas Co.** (Erfinder: **S. Melamed),** Philadelphia, Pa., V.St.A., *Überzugspräparat.* (**Jap. A. S. 13 640/1961** vom 5/6. 1958, ausg. 17/8. 1961. A. Prior. 12/6. 1957. — C. **1963,** 16752 [D. A. S. 1 133 058].)

2415 **Union Carbide Corp.,** New York, N.Y., V.St.A. (Erfinder: **John Randolph Straughan, Ralph Stickle jun.** und **William Franklin Hill jun.),** *Herstellung von Kunststofflatices für Überzüge.* (**E. P. 881 417** vom 13/7. 1959, ausg. 1/11. 1961. A. Prior. 15/7. 1958. — C. **1963,** 3774 [F. P. 1 237 341].)

2416 **Rohm & Haas Co.,** V.St.A. (Erfinder: **Hugo Arvids Alps, Melvin David Hurwitz** und **Benjamin Berryl Kine),** *Überziehen von Leder.* (**F. P. 1 161 284** vom 31/10. 1956, ausg. 25/8. 1958. A. Prior. 1/11. 1955. — C. **1963,** 8765 [A. P. 2 880 116].)

H_{11b}. Plaste (Kunstharze, Plastische Massen)

2417 **Technologie der Produktion von Phthalatweichmachern.** Bogdan Wolff. (Przemysł chem. **42**, 65—73, 1963; Zakędzierzyn; pol.) — Die Herst.-Meth. für Phthalatweichmacher werden besprochen. Veresterungs-Meth. u. die Abhängigkeit ihrer Geschw. von verschiedenen Bedingungen werden charakterisiert. Auch die Rektifizierung von Phthalsäureestern u. das Bleichen werden erörtert. Es werden die prakt. realisierten Produktions-Verff. für Methyl-, Butyl- sowie Octylphthalat besprochen u. der Vorschlag wird diskutiert, die Veresterung anderer Alkohole, basierend auf mehrjährigen Unters.-Arbeiten, industriell zu lösen. Es wird unterstrichen, daß es möglich u. zweckmäßig ist, die beschriebenen kontinuierlichen Meth., Mehrfachverdampfer u. a., einzuführen, die bis jetzt in Polen keine Verw. fanden. I. Kalzendorf 7170◇

2418 **Darstellung von Tetrahydrophthalsäureanhydrid und Endomethylentetrahydrophthalsäureanhydrid.** Anonym. (Ind. Chemist **38**, 467—68, 1962; engl.) — Tetrahydrophthalsäureanhydrid (**I**, F. 100°) u. Endomethylentetrahydrophthalsäureanhydrid (**II**, F. 165°) sowie deren Ester sind bessere Weichmacher als Phthalsäureanhydrid. Bei Verw. von **I** u. **II** bei Kautschuk, Kunstharzen aus Harnstoff/HCHO (**I**, Melamin/**I** u. Alkydharzen) reagieren diese bei niederen Temp., trocknen schneller, sind härter u. weisen einen erhöhten Glanz auf. **I** u. **II** sind lösl. in Bzl. u. schwer lösl. in Petroläther. **I** u. **II** werden nach Diels-Alder aus Butadien bzw. Cyclopentadien u. Maleinsäureanhydrid in Bzl. als Lsgm. hergestellt. Die Herst. ohne Bzl. ist ebenfalls möglich. Genaue Darst.-Vorschriften sind gegeben. H. Hammitzsch 7170◇

2419 **Verwendung von thermoplastischen Materialien für Gleitlager.** W. A. Nemm. (Plast. Massen [UdSSR] **1960**, Nr. 11, 23—31; russ.) — Gleitlager (GL) aus *Fluoroplasten* ohne Füllstoffe haben bei trockner Reibung einen Reibungs-Koeff. (RK) von 0,04—0,1 u. werden bei einer Belastung p v ≦ 0,4—0,5 kp/cm²·m/s verwendet. Durch die Verw. von Schmierölen sinkt RK bis 0,02; die zulässige Betriebs-Temp. beträgt 260°. Durch Zugabe von Füllstoffen (Graphit, MoS_2, Cu, Glasfaser) wird die Verschleißfestigkeit erhöht, RK wird verkleinert. Bei einer Belastung p v ≦ 400—500 kp/cm²·m/s können GL aus *Polyamid* verwendet werden, die nach ihrer Verschleißfestigkeit, Belastbarkeit u. ihren RK Weißmetall u. Bronze-Legg. gleichwertig sind. Bei wss. Schmierung wird p v geringer. Ein Zusatz von Füllstoffen verbessert die Wärmeleitfähigkeit u. erhöht die zulässige Geschw. u. Belastung. Dabei kann p v ≧ 1000 erreicht werden. Nadja Winkler 7170△

2420 **Dachdeckmaterialien aus plastischen Massen.** Ju. M. Ssafronow. (Plast. Massen [UdSSR] **1960**, Nr. 11, 37—38; russ.) — Eine zusammenfassende Übersicht über die Anwendung von plast. Massen als Dachdeckmaterialien sowohl in der UdSSR als auch in anderen europäischen Ländern u. den USA. K. Wekua 7170□

2421 **Festigkeit von plastischen Massen bei wiederholten Belastungen.** B. I. Panschin, G. M. Bartenew und G. N. Finogenow. (Plast. Massen [UdSSR] **1960**, Nr. 11, 47—54; russ.) — Angegeben werden Werte, die die Verminderung der Festigkeit von plast. Massen u. glasfaserverstärkten Kunststoffen unter wiederholter Belastung charakterisieren. Kunststoffe auf der Grundlage von *Methylmethacrylat* u. *Methacrylsäure* weisen eine hohe Wärmefestigkeit u. eine hohe Festigkeit bei wiederholter Belastung sowohl bei Raum- als auch bei erhöhter Temp. auf. Berechnungs-Meth. der Festigkeit von plast. Massen werden beschrieben. Nadja Winkler 7170△

2422 **Polypropylen: Eigenschaften, Verarbeitung und Anwendung.** R. Ilg. (Z. Schweisstechn. [Zürich] **53,**

303—09, 1963; Genf, Soc. pour les métaux ouvrés, Firma Somo; dt.) — Überblick über die Entw., Bedeutung, Eigg., die Einsatzgebiete u. Bearbeitung von Polypropylen, bes. die spanabhebende Bearbeitung, die spanlose Verformung, die Heißgas-Zusatzdrahtschweißung, Heizelement- u. die Polyfusionsschweißung. — Diskussion. I. Köditz 7172△

2423 **Polystyrol- und „Hochstyrol"-Latex.** Takeshi Hagiwara. (J. Soc. Rubber Ind., Japan [Nippon Gomu Kyokai Shi] **36**, 148—50, 1963; Nippon Zeon K. K.; jap.) — Übersicht über die Hauptеigg. von ca. 80 handelsüblichen Emulsionen (Latices) aus Polystyrol u. „Hochstyrol" (mit 50—85% Styrol). L. Schuler 7172◇

2424 **Beziehung zwischen Quellung und Vernetzung sulfonierter Polystyrolharze.** T. R. E. Kressman und J. R. Millar. (Chem. and Ind. **1961**, 1833—34; London, Permutit Co. Ltd.; engl.) — Die Beziehungen zwischen der Toluol (**I**)-Quellung von Styrol-Divinylbenzol (**II**)-Copolymeren (**III**) u. seinem **II**-Geh., der spezif. Wasserquellung von **III** u. seinem **II**-Geh. u. der **I**-Quellung von **III** u. seiner spezif. Wasserquellung werden in logarithm. Maßstab durch je 1 Kurve ausgedrückt. W. Wesly 7172◇

2425 **PVC-Latex.** Takeshi Hagiwara. (J. Soc. Rubber Ind., Japan [Nippon Gomu Kyokai Shi] **36**, 140—43, 1963; Nippon Zeon K. K., Hauptforschungslabor.; jap.) — Übersicht über die Eigg. verschiedener Sorten Latex aus *Polyvinyl-* u. *-vinylidenchlorid*, z. B. „Envi"-Latex. L. Schuler 7172◇

2426 **Polyvinylacetat-Latex (Sakuvi-Emulsion).** Takeshi Hagiwara. (J. Soc. Rubber Ind., Japan [Nippon Gomu Kyokai Shi] **36**, 144—47, 1963; Nippon Zeon K. K.; jap.) — Übersicht über die Entw. des Herst.-Verf., die Eigg. (Stabilität, Viscosität usw.) u. die Anwendung von Emulsionen aus Polyvinylacetat. L. Schuler 7172◇

2427 **Polyacrylat-Latex.** Eiichi Tanaka und Ryōji Konno. (J. Soc. Rubber Ind., Japan [Nippon Gomu Kyokai Shi] **36**, 133—36, 1963; Yokka, Nippon Gosei-Gomu K. K.; jap.) — Übersicht über die handelsüblichen Sorten der Latices der *Acryl*-Reihe u. den Zusammenhang zwischen deren Eigg. u. Zusammensetzung. L. Schuler 7172◇

2428 **Innere Reibung von plastischen Massen aus Phenol-Formaldehyd bei verschiedenen Temperaturen.** W. Ss. Posstnikow. (Plast. Massen [UdSSR] **1960**, Nr. 11, 60—68; russ.) — Auf Grund des Maxwellschen Modells wird die Abhängigkeit der inneren Reibung der plast. Massen aus *Phenol-Formaldehyd* von der Temp. festgestellt. Es wird experimentell gezeigt, daß der Charakter der vorst. Abhängigkeit auf den allmählichen Übergang von reinem Harz zum fertigen Prod. zurückzuführen ist. Nadja Winkler 7176△

2429 **Dielektrische Eigenschaften von Phenol-Formaldehyd-Harzen in verschiedenen Erhärtungsstadien.** I. F. Kanawetz und L. F. Grigorjewa. (Plast. Massen [UdSSR] **1961**, Nr. 3, 15—20; russ.) Vff. untersuchten *Phenol-Formaldehyd-Harze* der Typen *Novolak*, *Resol* u. *Anilin-Phenol-Formaldehyd-Harze* des Typus Resol, um Verbesserungen der dielektr. Eigg. durch Veränderung des Produktionsprozesses zu erreichen. An den Proben wurden zwischen 20 u. 160° der spezif. Vol.-Widerstand, die DK (Frequenz 50 Hz, Spannung bis zu 2 kV/mm) u. die elektr. Durchschlagsfestigkeit (E) gemessen. Es konnten Gesetzmäßigkeiten festgestellt werden, denen sich die elektr. Eigg. der Harze unterordnen. Sie verbessern sich in dem Maße, wie die Harze erhärten u. wie aus ihnen flüchtige Stoffe entfernt werden. Erhöhte Temp. u. Feuchtigkeit wirken entgegengesetzt. Die Verschlechterung der dielektr. Eigg. werden durch Relaxations- u. Polarisationsprozesse hervorgerufen. Bei der Erhärtung der Harze verschiebt sich das Maximum in der Kurve, die die Abhängigkeit von tg δ von der Temp. zeigt, in Richtung der höheren Temperaturen. Das Maximum der Harze vom Typ des Resols liegt bei 60°, des Resitols bei 80° u. des Resits bei 100°. Die Erhöhung der Spannung bis zu 2 kV führt keine wesentliche Veränderung von tg δ beim Resit herbei, jedoch beim Resol u. Resitol, wo sich tg δ u. DK einem Grenzwert nähern, der die maximale Polarisation bei 50 Hz charakterisiert. Bei 120° vergrößern sich beim Resit tg δ u. DK. Mit Erhöhung der Spannung nähern sie sich ebenfalls einem maximalen Grenzwert. Es wurden Gleichungen erhalten, denen sich die elektr. Eigg. der untersuchten Harze in Abhängigkeit von der Temp. u. dem Geh. an flüchtigen Komponenten unterordnen. S. Schischkin 7176△

2430 **Der Einfluß der Zusatzstoffe auf die Eigenschaften und die Alterungsbeständigkeit von Epoxidharz-Formstoffen.** K. Blinne und W. Möller. (Kunststoffe-Plastics [Solothurn] **10**, 1—11, 1963; Zürich, Maschinenfabrik Oerlikon, Abt. Materialprüf.; dt.) — Von 9 Härtern [*Phthalsäureanhydrid* (PA), PA-Derivv. (Ciba 903 u. 905), *Hexachlorendomethylentetrahydro-PA* (HET), *methyliertes Maleinsäureaddukt von PA* bzw. *Methylnadicanhydrid* (MNA), *Diaminodiphenylmethan* (DDM), *Diaminodiphenylsulfon* (DADPS) u. *Tetramethylendiamin* (TMDA), 1 Beschleuniger (Ciba-Beschleuniger DY 061), 1 Flexibilisator (*Polypropandiol*) sowie 2 Füllstoffen (Schiefer- u. Quarzmehl)] werden die Auswirkungen auf verschiedene Eigg. der gehärteten Harzkombination u. deren Beständigkeit bei therm. Beanspruchung ermittelt. Bes. werden Alterungs-Verh., mechan. Festigkeiten u. Elastizitätsmodul ermittelt. Die Ergebnisse ermöglichen es, Epoxidharzkombinationen mit bestimmten Eigg. aus den vorliegenden Daten zusammenzustellen. K. Gröbe 7176◇

2431 **Polyesterharze.** Zofia Kłosowska. (Przemysł chem. **42**, 73—78, 1963; Inst. Tworzyw Stucznych; pol.) — Ungesätt. Polyester-, Malein- u. Allylharze werden unter bes. Berücksichtigung der in Polen für Laminate, Lacke u. Abgüsse hergestellten Typen besprochen. Der Kondens.- Chemismus ungesätt. Polyester, der Einfl. der Rohstoffauswahl auf die Endeigg., die Härtungsparameter u. ihr Einfl. auf die Eigg. des Fertigprod. werden angegeben. I. Kalzendorf 7176◇

2432 **Über die Kristallisation von Polyglykolterephthalat bei der Quellung in Aceton.** H. G. Zachmann. (Kolloid-Z., Z. Polymere **189**, 67—69, 1963; Mainz, Univ., Inst. für physikal. Chem., Labor. für Phys. der Hochpolymeren; dt.) — Zur Aufklärung der Quellungskristallisation wird die Quellgeschw. von Polyglykolterephthalatfolien (120 μ) in Aceton (**I**) bei 30° gemessen u. die aufgenommene Fl.-Menge gravimetr. als Funktion der Quellzeit bestimmt, die Kristallisations-Geschw. des gequollenen Materials (8 μ dicke Folien) gemessen u. der Kristallisationsverlauf im Innern der 120 μ dicken Folien mit einem Polarisationsmikroskop verfolgt. Der mit zunehmender Quellzeit beobachtete Anstieg der Dichte beruht auf dem Anwachsen der Dicke der krist. Randschichten u. kann nicht mit der Theorie von Avrami ausgewertet werden. Aus der Unters. des kristallinen Endzustandes der Quellungskristallisation wird gefolgert, daß das spezif. Vol. der gequollenen Probe nicht aus den spezif. Vol. von **I** u. der ungequollenen Probe additiv berechnet werden kann. I. Köditz 7176△

2433 **Neueste mechanische Kennwerte von Polycarbonat-Kunststoffen.** Jack E. Hauck. (Materials Design Engng. **58**, 70—74, 1963; engl.) — Übersicht über die mechan., elektr. u. chem. Eigg. von Polycarbonat-Kunststoffen. W. Wesly 7176◇

2434 **Polymermaterialien in der Fischindustrie.** K. P. Grinewitsch, D. Ja. Shinkin, I. A. Subkow, Ss. L. Popowa und A. N. Wolkow. (Plast. Massen [UdSSR] **1960**, Nr. 11, 18—19; russ.) — Um die Qualität von Fischereinetzen (FN) aus synthet. Fasern zu verbessern, werden Netzmaterialien im Harz *F-9* (7,5—10%ig. Lsg.), das durch die Hydrolyse von *Phenyläthoxysilan* erhalten wird, eingetaucht u. anschließend getrocknet. Dadurch wird die Abriebfestigkeit von FN um das 2—3fache erhöht, die Wasseraufnahmefähigkeit um das 4—5fache u. die Dehnung bei Belastung um das 1,5fache verringert. Nadja Winkler 7188△

2435 **Zur Frage der Verwendung von Tungölkuchen für die Herstellung von Harzen und plastischen Massen.** I. M. Gwerdziteli und Ch. N. Fidler. (Plast. Massen [UdSSR] **1960**, Nr. 11, 14—17; russ.) — Die aus Tungölkuchen isolierten ~ 22% Eiweiß u. 32% Cellulose werden mit Phenol u. Resolharzen in Ggw. von H_2SO_4 kondensiert. So erhaltene phenolfreie thermoplast. Harze werden unter bestimmten Bedingungen (Druck, Temp., Preßdauer) u. mit verschiedenen Füllstoffen zu billigen *Preßmassen* verarbeitet, die nach den phys.-chem. Eigg. denen aus Phenol-Formaldehydharzen nicht nachstehen. Nadja Winkler 7204△

2436 **Ein kontinuierlich arbeitendes Viscosimeter.** 1. Mitt. **Theorie der Sonde.** I. N. Kogan, W. W. Rubinstein, F. B. Wursel und A. W. Mai. (Plast. Massen [UdSSR] **1960,** Nr. 11, 42—46; russ.) — Beschreibung der Konstruktion u. Arbeitsweise eines neu entwickelten *Viscosimeters* (Herst. von Plasten). Es besteht aus einem Elektronenblock, mit dem ein Geber (Sonde), der in die zu untersuchende Masse eingetaucht wird, durch ein Kabel verbunden ist. Mit Hilfe von erzeugten Impulsen, deren Intensität von der Viscosität der Fl. oder Masse abhängt, u. der angeführten Gleichung wird die Viscosität berechnet. Nadja Winkler 7210△

2437 **Elektrokonsistometer für die Bestimmung der Verarbeitungs-, Gelatinierungs- und Erhärtungsdauer von Harzen.** T. P. Gilman, Ss. M. Perlin und A. S. Leitess. (Plast. Massen [UdSSR] **1960,** Nr. 11, 68—71; russ.) — Konstruktion u. Arbeitsweise des Gerätes. Nadja Winkler 7210△

2438 **Einige Probleme der Festigkeit von Polymeren.** G. M. Bartenew. (Plast. Massen [UdSSR] **1960,** Nr. 9, 48—53; russ.) — Allg. Übersicht über die Best. der Festigkeit von plast. Massen an Hand von 25 Literaturangaben. Nadja Winkler 7210△

2439 **Rheologische Charakteristik von Hochdruck-Polyäthylen.** Ss. I. Klas und Je. Je. Gluchow. (Plast. Massen [UdSSR] **1961,** Nr. 3, 28—31; russ.) — Die Unterss. von *Hochdruck-Polyäthylen* wurden unter Bedingungen von homogenen reinen Verschiebungen mit einem Rotationsviscosimeter durchgeführt. Dabei wurden 2 Bereiche gefunden, die sich nach dem Charakter der Strömung unterscheiden. Bei kleinen Verschiebungs-Geschw. wird die Strömung durch größere Aktivierungsenergie gekennzeichnet als bei großen. Es wurden empir. Abhängigkeiten der rheolog. Charakteristiken von den technolog. Parametern gefunden, die man zur Lösung prakt. Fragen verwenden kann. E. Sambrowskaja 7210△

2440 **Röntgenographische Untersuchung des Ordnungszustandes von Methylolpolyamidharzen.** A. W. Jermolina, L. A. Rodiwilowa, K. N. Wlassowa und L. A. Igonin. (Plast. Massen [UdSSR] **1960,** Nr. 11, 58—59; russ.) — Untersucht werden Prodd. der Kondens. von *Caprolactam* u. *AH*-Salz, die einer Vorbehandlung mit Paraformaldehyd in verschiedenen Alkoholen unterzogen wurden. Durch die Zufuhr von Methylol (**I**)- u. Methoxy (**II**)-Gruppen in das erhaltene Polyamid wird der zwischenmol. Abstand in dem Prod., der von der zugeführten **I**- u. **II**-Menge abhängt, größer. Nach dem Erstarren der Masse wird, unabhängig von der Natur u. Größe der Seitenradikale, eine Verkleinerung des zwischenmol. Abstandes beobachtet, was die Bldg. von Methylenbrücken zwischen den Polyamidketten bedeutet. Nadja Winkler 7210△

2441 Laboratori Riuniti Studi e Ricerche S.p.A., San Donato Milanese (Erfinder: Paolo Chini und Agostino Baradel, Mailand), Italien, **Aluminiumacetylenverbindungen** werden hergestellt durch Rk. von Alkaliacetyliden mit Aluminiumhalogeniden in Ggw. eines Äthers oder Amins bei 0—100°. — In eine Suspension von 13 (g) Na in 100 ml Äthylbenzol u. 400 ml Dioxan leitet man 6 Std. bei 70—75° Acetylen ein u. gibt dann innerhalb 1 Std. 23,3 $AlCl_3$, rührt dann 4 Std. bei 55—60°, filtriert, dampft ein → 23,7 $Al(C{\equiv}CH)_3 \cdot C_4H_8O_2$ (**I**); 68% (Ausbeute); analog erhält man $Al(C{\equiv}CH)_3 \cdot C_4H_8O$. — Aus **I** u. $(CH_3)_3N$ → $Al(C{\equiv}CH_3) \cdot N(CH_3)_3$; aus **I** u. Pyridin → $Al(C{\equiv}CH)_3 \cdot 2\ C_2H_5N$. — 3,4 **I** u. 6 $Al(C_2H_5)_3$ in Dioxan → $Al(C_2H_5)_2(C{\equiv}CH) \cdot C_4H_8O_2$, rotbraune, nichtdestillierbare Fl.; analog erhält man $(C_2H_5)Al \cdot (C{\equiv}CH)_2$. Die vorst. Verb. erhält man aus 1 Mol $Al(C_2H_5)Cl_2$ u. 2 Mol NaC≡CH. — 5,3 **I** u. $AlCl_3$ in Dioxan → $Al(C{\equiv}CH)_2 \cdot Cl \cdot 2\ C_4H_8O_2$ (noch unrein); ähnlich erhält man $Al(C{\equiv}CH)Cl_2 \cdot C_4H_8O_2$ (noch unrein). — In eine Lsg. von 1 $LiAlH_4$ in 50 ml Tetrahydrofuran leitet man 2 Std. C_2H_2 in Ggw. von 1% LiH ein → $LiAl(C{\equiv}CH)_4 \cdot C_4H_8O$; 100%. — *Polymerisationskatalysatoren.* (**D. A. S. 1 154 476** Kl. 12o vom 16/11. 1961, ausg. 19/9. 1963. It. Prior. 16/11. 1960.) A. Debo 7171

2442 Badische Anilin- & Soda-Fabrik Akt.-Ges., Ludwigshafen/Rh. (Erfinder: Herbert Müller, Frankenthal), **Additionskomplexe von Metallen der VIII. Gruppe und aromatischen Kohlenwasserstoffen** werden hergestellt durch Rk. von feinverteilten Metallen der VIII. Gruppe mit ggf. substituierten KW-Stoffen u. Al-Halogeniden ggf. in Ggw. inerter Lsgm. bei Temp. bis 150°. — Man rührt 2,5 (g) Raney-Co, 15 $AlCl_3$ u. 500 abs. Bzl. 5 Std. bei 55—60° u. filtriert → 15 $Co(C_6H_6)_2 \cdot 3{,}5\ AlCl_3$, goldgelbe Kristalle, Zers.-Punkt 60°. — Analog: $Co(C_6H_6)_2 \cdot AlBr_3$, Zers. bei ca. 90°; *Bis-hexaäthylbenzol-Co*$\cdot AlCl_3$, gelbbraune Kristalle, Zers. bei ca. 100°; *Dimesitylen-Co*$\cdot AlCl_3$, Zers. bei ca. 95°; *Ditoluol-Co*$\cdot AlCl_3$, Zers. ca. 80°; $Ni(C_6H_6)_2 \cdot (AlCl_3)_5$, Zers. bei 150°. — *Katalysatoren* für *Polymerisationen.* (**D. A. S. 1 154 803** Kl. 12o vom 19/1. 1962, ausg. 26/9. 1963.) A. Debo 7171

2443 Phillips Petroleum Co., Del., übert. von: Jean P. Jones, Bartlesville, Okla., V.St.A., **Hydroperoxide tertiärer Alkylcyclohexene (I),** erhält man bei der Rk. von 1—20 (Teilen) des 2.3-Dimethylbutans mit 1 Vinylcyclohexen in Ggw. eines Alkylierungskatalysators, z. B. $AlCl_2F$, $BF_3 \cdot HF \cdot H_2O$, Metallphosphate, anorgan. Säuren, Tonerden, wie Mg-Al-Silicate, bei 50—450° F u. Drücken, welche die fl. Phase aufrechterhalten. Die Rk.-Mischung wird fraktioniert u. die zwischen 465—490° übergehende Fraktion, enthaltend einen C_{14}-KW-Stoff, wird bei 122—320° F während 1—10 Std. in Ggw. eines Oxydationskatalysators, wie mehrwertige Metalle, mittels Luft oder O_2 zu **I** oxydiert. Als Initiator für die Oxydation verwendet man geringe Mengen eines Peroxids, z. B. Diisopropylbenzolhydroperoxid, gemischt mit Na_2CO_3. Vorteilhaft verwendet man bei der Oxydation inerte Lsgm., wie Bzl., n-Decan. — *Polymerisationskatalysatoren,* bes. für Verbb., welche die $CH_2{=}C{<}$-Gruppe enthalten. (**A. P. 2 899 469** vom 4/9. 1951, ausg. 11/8. 1959.) G. König 7171

2444 André Samuel, Saint-Maur-des-Fossés, Seine, Frankreich, **Nichtentflammbare Kunststoffe** erhält man durch Polymerisation oder Polykondens. polymerisierbarer oder polykondensierbarer Massen, z. B. nicht vollständig polymerisiertes Polystyrol oder Polyvinylchlorid, die bis zu 20% eines Hexahalogenäthans, bes. Hexachloräthan, beigemischt, enthalten. — Vgl. E. P. 721 706; C. **1956,** **3710.** (**D. A. S. 1 152 264** Kl. 39c vom 1/7. 1952, ausg. 1/8. 1963. A. Prior. 1951.) L. Stadelmann 7171

2445 Goodyear Tire & Rubber Co., Akron, Ohio, V.St.A., **Herstellung gewebeüberzogener, geschäumter Polsterteile** auf Basis eines Körpers aus aufgeblähtem elastomerem Stoff u. einem damit verbundenen porösen Deckmaterial (**I**), z. B. Gewebe oder Gewirke, dad. gek., daß als Schlichtemittel ein Polymerisat mit einer Grundkette, die Fluorkohlenstoffacrylatestereinheiten enthält, aufgetragen, **I** den Umrissen des fertigen Gegenstandes angepaßt, ein aufgeblähter elastomerer Stoff auf das behandelte **I** aufgebracht u. gefärbt wird. (**D. A. S. 1 149 327** Kl. 8 l vom 4/7. 1960, ausg. 30/5. 1963. A. Prior. 15/7. 1959.) M. Böttcher 7171

2446 T. P. Wischnjakowa, Ja. M. Pauschkin., L. W. Bondarenko und A. K. Shomow, **Katalysator für die Olefinpolymerisation** unter Verw. von SiO_2-imprägnierter Kohle als Träger erhöhter mechan. Festigkeit. — Kohle wird mit Wasserglas 6 Std. auf 100° erwärmt, danach wird dekantiert, mit 2n H_2SO_4 angesäuert, mit W. ausgekocht u. 2 Std. bei 160—170° getrocknet. Der Träger wird 6 Std. bei 100° mit 40%ig. H_3PO_4 imprägniert u. zur Umwandlung in Pyrophosphat 6 Std. auf 320° erhitzt. (**UdSSR. P. 133 863** vom 28/2. 1960.) L. Großner 7173

2447 Farbwerke Hoechst Akt.-Ges. vormals Meister Lucius & Brüning, Frankfurt/M. (Erfinder: Herbert Bestian, Frankfurt/M., Dieter Günther, Kelkheim/Taunus, und Helmut Korbanka, Hofheim/Taunus), **Polymerisation von äthylenisch ungesättigten Verbindungen** mit O_2, Luft oder anderen O_2 enthaltenden Gasgemischen als Katalysator, dad. gek., daß man als Aktivierungsmittel für den O_2 ein Keten der allg. Formel $R_1R_2C{=}C{=}O$, bes. in Mengen von 0,1—3 Gew.-% verwendet, wobei die Reste R_1 u. R_2 gleich oder verschieden sind u. ggf. substituierte Alkyl-, Aryl-, Aralkyl-, Alkrayl-, Cycloalkylgruppen oder heterocycl. Gruppen bedeuten, u. bei Temp. polymerisiert, die oberhalb der Beständigkeitsbereiche der entsprechenden Ketenperoxide liegen. Die Rk. erfolgt bes. bei —20 bis 150°. — 100 g Vinylacetat werden bei 40° auf 1,3 g Dimethylketen versetzt, worauf unter Rühren des Gemisches auf dessen Oberfläche O_2 geleitet wird. Die Viscosität der Lsg. steigt stark an u. nach 75 Min.

erhält man ein farbloses Polyvinylacetat, das zerkleinert u. im Vakuum von Monomerem befreit wird. Ausbeute 65 g mit K-Wert 73, bestimmt an der 1% ig. Lsg. in Benzol. (**D. A. S. 1 156 237** Kl. 39c vom 9/5. 1962, ausg. 24/10. 1963.)
J. Mühleisen 7173

2448 Montecatini Soc. Gen. per l'Industria Mineraria e Chimica (Erfinder: Corneli Caldo), Mailand, Italien, **Stabilisieren von Polymerisaten aus α-Olefinen.** Als Stabilisator werden 0,02—2 Gew.-%, bezogen auf das Polyolefin, an Tetrapropenylbernsteinsäureanhydrid verwendet, ggf. im Gemisch mit einem anorgan. Salz der Stearinsäure, wie Ca-Stearat. Der Zusatz bewirkt eine Stabilisierung gegen Wärme-Einw. in Ggw. von O_2 u. ruft keine Flecken hervor. (**D. A. S. 1 153 521** Kl. 39b vom 13/6. 1961, ausg. 29/8. 1963. It. Prior. 15/6. 1960.)
F. Markhoff 7173

2449 Farbwerke Hoechst Akt.-Ges. vormals Meister Lucius & Brüning, Frankfurt/M. (Erfinder: David Samuel Breslow, Wilmington, Del., V.St.A.), **Stabilisierte Formmassen aus stereoregulären Polymerisaten von α-Olefinen.** Die Massen enthalten kleine Mengen eines Ni-Phenolats eines Bis-(p-alkylphenol)-sulfoxids oder eines Bis-(p-alkylphenol)-sulfons, bei denen die Alkylgruppen mindestens 2 C-Atome aufweisen, ggf. im Gemisch mit kleinen Mengen eines bekannten phenol. Polyolefinstabilisators, wie o-Nonylphenol. Die Prodd. besitzen erhöhte Lichtstabilität. (**D. A. S. 1 153 520** Kl. 39b vom 8/8. 1961, ausg. 29/8. 1963. A. Prior. 11/8. 1960.)
F. Markhoff 7173

2450 Badische Anilin- & Soda-Fabrik Akt.-Ges., Ludwigshafen/Rh. (Erfinder: Hans Craubner, Leopoldshafen, Gerhard Illing, Neuleiningen, und Kurt Demmler, Ludwigshafen/Rh.), **Herstellung von Formmassen aus Polyolefinen und ungesättigten Polyestern,** dad. gek., daß man ein Gemisch aus A) > 50% an Polyolefinen oder Polystyrol, B) ungesätt. Polyestern, die ggf. halogenhaltig sind, z. B. Ester aus Fumarsäure u. Butandiol-(1.4) oder aus Phthalsäureanhydrid, Maleinsäureanhydrid u. Propylenglykol, u. ggf. C) ≦ 50%, bezogen auf die Polyester, an olefin. ungesätt. Monomeren, z. B. Styrol, in Ggw. üblicher, freier Radikale bildender Katalysatoren u. ggf. zusätzlich von beim Härten von ungesätt. Polyestern üblichen Beschleunigern bei 60—350° intensiv verknetet. — *Formbeständige, bedruckbare Formkörper.* (**D. A. S. 1 153 905** Kl. 39c vom 19/10. 1960, ausg. 5/9. 1963.)
L. Stadelmann 7173

2451 Rohm & Haas Co., Philadelphia (Erfinder: La Verne Norman Bauer, Cheltenham), Pa., V.St.A., **Herstellung öllöslicher, dispergierender Mischpolymerer** aus monoäthylen. ungesätt. Monomeren (I) u. stickstoffhaltigen Monovinyliden-Verbb. (II) in Ggw. von freie Radikale bildenden Initiatoren, dad. gek., daß man mindestens ein I zu 40—85% zu einem in KW-Stoffen lösl. Polymeren (III) umsetzt, dem dieses III neben noch nicht umgesetzten I enthaltenden Gemisch mindestens eine II zusetzt, die ein dreiwertiges, mindestens 2 verschiedene Substituenten tragendes N-Atom besitzt, das mit mindestens einer Valenz an ein C-Atom des Substituenten gebunden ist, u. die Polymerisation fortsetzt, wobei die II 1—30 Gew.-% des Endprod. ausmachen soll. In der 1. Stufe soll mindestens ein Alkylacrylat oder -methacrylat mit ≧ 8 C-Atomen im Alkylrest verwendet werden. Man kann auch in der 1. Stufe ein Gemisch eines I mit ≧ 16 C-Atomen u. eines I mit nicht > 4 C-Atomen anwenden, das zu 40—85% polymerisiert u. nach Zusatz von II auspolymerisiert wird. In diesem Falle soll von insgesamt 100 (Teilen) Monomeren 30—70 auf die langkettigen, 70—30 auf die kurzkettigen I u. 1—30 auf die II kommen. Folgende Ansätze sind in den ausführlichen Mengenbeispielen aufgeführt: Cetylstearyl- u. Lauryl-Myristylmethacrylat (u. Butylmethacrylat); Stearylmethacrylat u. Styrol; Vinylstearat u. Vinyl-2-äthylhexanoat oder Dodecylmethacrylat; Dilaurylfumarat u. Vinylacetat; Distearylmaleat oder -itaconat. Als Zusatz-II sind N-Vinylpyrrolidinon, N-Vinylcaprolactam, N-Vinyloxazolidon, N-Vinylsuccinimid, N-n-Butylacrylamid u. N-(8-Methacryloxy-3.6-dioxaoctyl)-pyrrolidinon, n_D^{20} 1,4808, genannt. Dispergierende Wrkg., z. B. zur Dispergierung von Asphalten in typ. Mineralölen geeignet. Tabelle der Meßwerte. (**D. A. S. 1 118 971** Kl. 39c vom 13/5. 1959, ausg. 7/12. 1961. A. Prior. 22/5. 1958.)
H. Schindler 7173

2452 Montecatini Soc. Gen. per l'Industria Mineraria e Chimica (Erfinder: Alberto Bonvicini), Mailand, Italien, **Stabilisierte Formmassen** aus im wesentlichen kristallinen *Polyolefinen* enthalten als Stabilisator einen Mono- oder Diester der Maleinsäure der Formel ROOC—CH=CH—COOR′ (R = gerad- oder verzweigkettiger aliphat. Alkylrest mit 3—30 C-Atomen oder H u. R′ = gerad- oder verzweigkettiger aliphat. Alkylrest mit 3—30 C-Atomen) ggf. im Gemisch mit einem anorgan. Salz der Stearinsäure. (**D. A. S. 1 155 904** Kl. 39b vom 18/12. 1961, ausg. 17/10. 1963. It. Prior. 21/12. 1960.)
H. Eckmans 7173

2453 Farbenfabriken Bayer Akt.-Ges. (Erfinder: Nikolaus Schön und Gottfried Pampus), Leverkusen, **Polymerisation von Butadien-(1.3).** Man verwendet Katalysatoren, die erhalten worden sind, indem man bei Verw. von JCl auf 1 Mol $TiCl_4$ 0,6—7 Mol JCl u. eine Molmenge an Li-Al-Tetraalkyl oder Li-Al-Alkylhydrid einsetzt, deren Grenzen durch die Beziehung a = (b + 1,33) ± 1,65 festgelegt sind, in der a die Molmenge Li-Al-Tetraalkyl bzw. Li-Al-Alkylhydrid u. b die Menge an JCl in Mol darstellt, oder indem man bei Verw. von JBr oder Mischungen von J_2 u. Br_2 mit mehr als 30 Mol-% J_2 auf 1 Mol $TiCl_4$ 0,4—5 Mol JBr oder 0,4—5 Mol einer Mischung aus Br_2 u. J_2 mit mehr als 30 Mol-% J_2 u. eine Molmenge an Li-Al-Tetraalkyl oder Li-Al-Alkylhydrid einsetzt, deren Grenzen durch die Beziehung a = (0,625 b + 2,16) ± 0,66 festgelegt sind, in der a die Molmenge des Li-Al-Tetraalkyls bzw. Li-Al-Alkylhydrids u. b die Menge an JBr oder an Mischung von Br_2 u. J_2 mit vorzugsweise mehr als 30 Mol-% J_2 darstellt, wobei man auf 100 (Teile) Butadien 0,015—1,5, bes. 0,05—0,5 $TiCl_4$ einsetzt. — 70—90% cis-1.4-Verknüpfung, *hohe Eigenklebrigkeit* u. *hohe Filmfestigkeit* der Polymerisate. (**D. A. S. 1 154 636** Kl. 39c vom 8/8. 1961, ausg. 19/9. 1963.) L. Stadelmann 7173

2454 Foster Grant Co., Inc., V.St.A. (Erfinder: Herbert Seymour Schnitzer, Richard Bernard Bishop, Paul Raymond Heinig und Fred Edwin Wiley), **Schlagfeste Polystyrolmischung** durch Zusatz eines durch Pfropfpolymerisation von Styrol an Buna S, Perbunan oder Polychloropren erhaltenen Pfropfpolymeren. — 50 (Gew.-Teile) kautschukartiges Butadien-Styrol-Mischpolymeres werden kalt 10 Min. gebrochen u. mit 20 Styrol gemischt. Man gibt die Mischung in 30 Styrol, das 10 Butylstearat, 3,3 Jonol u. 0,045 Eisessig enthält, läßt 10 Tage stehen u. erhitzt dann 24 Std. auf 100° u. 16 Std. auf 150° zwischen den Platten einer Presse, zerkleinert das Pfropfpolymere u. mischt 113,3 davon mit 567 Polystyrol, spritzt es bei 130° u. formt zu Pastillen, die verpreßt werden. — Auch kontinuierliche Herst. des Pfropfpolymeren. — Zeichnung. (**F. P. 1 213 542** vom 28/8. 1958, ausg. 1/4. 1960. A. Prior. 28/8. 1957.)
M. Pankow 7173

2455 Montecatini Soc. Gen. per l'Industria Mineraria e Chimica (Erfinder: Giulio Natta, Enrico Beati und Febo Severini), Mailand, Italien, **Herstellung von transparenten Styrolmischpolymeren,** dad. gek., daß Styrol (I) bei > 50° in Ggw. von Peroxid-Derivv. (II) eines im wesentlichen linearen amorphen, nicht kristallisierbaren (Misch-)Polymeren von Arylolefinen der Formel CH_2—CH—$(CH_2)_n$—C_6H_5, in der n nicht > 6 ist, polymerisiert wird. Als II werden Verbb. mit einem O-Geh. von 0,1—1% u. einer Grenzviscosität von 0,2—1, bestimmt in Toluol bei 75° verwendet. Bes. genannt ist das II eines linearen amorphen 5-Phenylpenten-(1)-Polymeren, das von der Polymerisation zu 5—20, bes. 10—15%, in I gelöst wird. Man erhält harte, leicht zu bearbeitende Prodd. mit Schlagfestigkeit 16 kgcm/cm² u. einer Rockwell-Härte (Skala L von 90). (**D. A. S. 1 123 112** Kl. 39c vom 22/7. 1960, ausg. 1/2. 1962. It. Prior. 7/8. 1959.)
H. Schindler 7173

2456 W. R. Grace & Co., New York, N.Y. (Erfinder: Calvin James Benning, Clarksville, Md.), V.St.A., **Herstellung von vinylaromatischen Polymeren** aus *Styrol* u./oder *Divinylbenzol*, dad. gek., daß $TiCl_2$ als Katalysator verwendet wird. Hierbei kann das Gemisch zumindest in der Endstufe unter Rühren auf ca. 50° erwärmt werden. Das Rk.-Gemisch wird vorteilhaft in z. B. Methyläthylketon oder oder p-Xylol gelöst u. das Polymerisat mit Methanol oder Aceton gefällt. Mengenbeispiele. Die Endprodd. sind bei

Zimmer-Temp. fest u. in obigen Lsgm. löslich. (**D. A. S. 1 114 034** Kl. 39c vom 10/5. 1960, ausg. 21/9. 1961. A. Prior. 8/6. 1959.) H. Schindler 7173

2457 National Lead Co., New York, N.Y. (Erfinder: Uno Kruse, East Orange, und Daniel Francis Herman, Orange, N.J.), V.St.A., **Polymerisation von Äthylen** mittels Grignard-Verbb. u. $ZrCl_4$ bei niedrigen Drücken u. Temp., dad. gek., daß man Äthylen bei -20 bis $+150°$ mit $ZrCl_4$, einer Grignard-Verb. (I) u. Na behandelt. I kann eine aliphat. mit 1—5 C-Atomen, eine Phenyl- oder Bromid-I sein. Auf 1 (Mol) $ZrCl_4$ kommen ½—16 Na u. 1,75—3,5 I. Beispiele mit Methyl–MgBr u. ähnlichen Verbb.; Polyäthylen mit hohem Molgew. u. $> 90\%$ Kristallisationsgrad. (**D. A. S. 1 126 615** Kl. 39c vom 27/4. 1960, ausg. 29/3. 1962. A. Prior. 28/4. 1959.) H. Schindler 7173

2458 Ruhrchemie Akt.-Ges., Oberhausen (Erfinder: Heinrich Tramm, Mülheim/Ruhr, Otto Roelen, Herbert Göthel, Oberhausen, und Helmut Kolling, Duisburg), **Herstellen von Rohren und Formteilen aus Polyäthylen.** Es wird Polyäthylen verwendet, das durch Polymerisation von Äthylen mit Katalysatormischungen aus Diäthyl-Al-Chlorid u. $TiCl_4$ bei Drücken < 200 kg/cm² u. Temp. bis annähernd 100° hergestellt worden ist u. ein Molgew. oberhalb 100000 besitzt. Die Prodd. weisen keine Spannungsrißkorrosion auf, sind bei der Temp. der fl. Luft noch verwendbar u. besitzen hohe Kerbschlagzähigkeit. (**D. A. S. 1 153 523** Kl. 39b vom 12/6. 1954, ausg. 29/8. 1963.) F. Markhoff 7173

2459 Dow Chemical Co., Midland (Erfinder: Douglas Stewart Chisholm, Dale Delos Freeman, Robert Eugene Holzinger, Midland, und Harry Hamilton Price, Shepherd), Mich., V.St.A., **Herstellung von Polyäthylenschaumstoffen** durch Strangpressen eines fließbaren Gels aus Polyäthylen, das ein flüchtiges organ. Treibmittel u. zusätzlich eine kleine Menge eines thermoplast. Polymeren oder Mischpolymeren eines monovinylaromat. KW-Stoffes der Benzolreihe enthält, bei erhöhter Temp in eine Zone niedrigen Druckes. (**D. A. S. 1 155 903** Kl. 39b vom 19/10. 1960, ausg. 17/10. 1963. A. Prior. 9/11. 1959.) H. Eckmans 7173

2460 Badische Anilin- & Soda-Fabrik Akt.-Ges., Ludwigshafen/Rh. (Erfinder: Hans Eilbracht, Klaus Kinkel, Ludwigshafen/Rh., Erich Umlauf, Heidelberg, und Friedrich Urban, Limburgerhof/Pfalz), **Formmasse zur Herstellung von nicht blockenden Folien,** bestehend aus einer Mischung von 95—99,9 (98—99,5) (Gew.-%) eines Polyäthylens (I) mit $D < 0{,}920$ u. 0,1—5 (0,5—2) eines I mit $D > 0{,}925$ u. $< 0{,}940$. Beispiel, Tabelle u. Kurven über den Temp.-Gradienten des Blockwertes. (**D. A. S. 1 121 328** Kl. 39b vom 2/12. 1958, ausg. 4/1. 1962.) H. Schindler 7173

2461 Farbwerke Hoechst Akt.-Ges. vormals Meister Lucius & Brüning (Erfinder: Eberhard Paschke), Frankfurt/M., **Herstellung von (Misch-)Polymerisaten aus Vinylchlorid,** die eine Primärteilchengröße von 0,1 bis 1 μ besitzen u. sich zur Herst. von *Pasten* eignen, durch Polymerisation des oder der Monomeren in wss. Medium, dad. gek., daß man als Katalysatoren wasserlösl. Perverbb. oder Redoxkombinationen u. als Emulgatoren (I) die vorwiegend öllösl. ungesätt. Fettsäuren mit einer oder mehreren Doppelbindungen u. 10—25 C-Atomen, die ggf. auch eine oder mehrere Oxy- u./oder Epoxygruppen enthalten können, ggf. zusammen mit nicht $> 0{,}1$ Gew.-% eines gut wirksamen Netzmittels, verwendet u. außerdem bei gegebener Kessel- u. Rührerform eine Rührerdrehzahl wählt, welche kurz über der liegt, bei welcher ein feinteiliger Polymerisatlatex mit einer Teilchengröße von $< 0{,}1\ \mu$ erhalten wird. Als I sind genannt: Ölsäure, Ricinusöl-, Elaidin-, Linol-, Linolen-, Eruca-, Brassidinsäure u. expoxydierte Prodd. dieser Säuren in Mengen von 0,1 bis 5 Gew.-%, bezogen auf Monomeres. Mengenbeispiel u. Vgl.-Beispiel. (**D. A. S. 1 121 333** Kl. 39c vom 15/4. 1959, ausg. 4/1. 1962.) H. Schindler 7173

2462 W. R. Grace & Co., Cambridge (Erfinder: Alexei Trofimow, Cambridge, Philip K. Isaacs und Donald Goodman, Brookline), Mass., V.St.A., **Mischpolymerisation von Vinylidenchlorid (I) und Vinylchlorid (II)** in wss. Emulsion in Ggw. eines Katalysators u. eines Emulgators (III), dad. gek., daß man als III ein Alkyl- u./oder Alkarylsulfat u./oder -sulfonat u./oder ein Di-Na-Sulfobernsteinsäure-N-alkylmonoamid mit jeweils 12—20 C-Atomen im Alkylrest u./oder Na-Oleylsulfonat verwendet, in einer 1. Stufe ein Gemisch aus 40—60 (Gew.-%) I u. 60—40 II, ggf. unter Zugabe von Glycerin, bis zu einer Umwandlung von 40—90% mischpolymerisiert, dann in der 2. Stufe ein Gemisch aus 60—90 (Gew.-%) I u. 40—10 II zugibt u. das Verf. bis zu einer Gesamtumwandlung von 80—95% wieder durchführt, wobei man 20—50 Gew.-% der Gesamtmonomeren in der 1. u. den Rest in der 2. Stufe zusetzt. Als III sind genannt: Na-Dodecylbenzolsulfonat, Di-Na-Sulfobernsteinsäure-N-octadecylmonoamid bzw. -N-eicosylmonoamid, K-Octadecylbenzolsulfonat u./oder Na-Octadecylsulfat, bes. 0,1—1,0 (0,5) Gew.-% der wss. Phase. Mengenbeispiele u. Vgl.-Verff. mit Tabellen der physikal. Eigg. der Endprodd., die bes. undurchlässig für Gase u. Dämpfe vollkommen heißsiegelfähig u. sehr fest sind. (**D. A. S. 1 112 832** Kl. 39c vom 17/11. 1959, ausg. 17/8. 1961. A. Prior. 24/11. 1958 u. 3/11. 1959.) H. Schindler 7173

2463 Solvic Soc. An., Brüssel, Belgien (Erfinder: Carl W. Heinen und Attilio Palvarini, Genf, Schweiz), **Aufpfropfen einer polymerisierbaren Verbindung auf ein (Misch-)-Polymerisat von Vinylchlorid oder Vinylidenchlorid,** dad. gek., daß man das Ausgangspolymerisat einer teilweisen Dehydrochlorierung unterwirft u. in bekannter Weise peroxydiert, worauf auf das so erhaltene Prod. eine polymerisierbare Verb. aufgepfropft wird. Das teildehydrochlorierte Prod. wird zweckmäßig in einem organ. Lsgm., z. B. Tetrahydrofuran, gelöst u. dann bei ca. 0° mit O_3 behandelt. Das anfangs stark gefärbte Polymere wird farblos, kann mit PAe. gefällt werden u. hat einen akt. O_2-Geh. von ca, 1,15 bis 1,62 Gew.-%. Die so erhaltenen peroxydierten Prodd. werden bes. als Initiatoren für Radikalpolymerisationen verwendet. Zum Beispiel werden 1 g peroxydiertes Polymeres mit 30 g Styrol auf 60° erhitzt. Nach 20 Std. u. Ausfällen mit Methanol erhält man 14 g des gepfropften Polymeren = siebenfache Vergrößerung des Gewichts des Ausgangspolymeren. (**D. A. S. 1 122 706** Kl. 39c vom 14/9. 1959, ausg. 25/1. 1962. Belg. Prior. 26/9. 1958.) H. Schindler 7173

2464 Esso Research and Engineering Co., V.St.A. (Erfinder: Richard Louis Ray, Edward Allen Hunter und John L. Ernst), **Schlagfeste Polyvinylchloridmischung** durch Zusatz von 0,5—50, bes. 3—30 Gew.-% halogenierten Butylkautschuks, z. B. aus 100 (Gew.-Teilen) Polyvinylchlorid, 3 Dibutyl-Sn-Dilaurat-Stabilisator, 0,5 Stearinsäure-Weichmacher u. 5 chloriertem Butylkautschuk (1,2 Gew.-% Cl-Geh.). (**F. P. 1 223 906** vom 11/5. 1959, ausg. 21/6. 1960. A. Prior. 26/5. 1958.) M. Pankow 7173

2465 D. N. Andrijewski, **Plastifizieren von Polyvinylchlorid** mit Gemischen von Dibutylphthalat u. α-Phenyl-$\alpha.\alpha$-dimethyl-p-kresoläthern, bes. dem Isoamyläther. Die Äther werden durch Rk. der Alkaliphenolats $C_6H_5C(CH_3)_2$—$C_6H_4\cdot ONa$(p) mit dem entsprechenden Alkylhalogenid oder Dichloräthan erhalten; der Chloräthyläther verbessert die Adhäsions-Eigg. von Filmen. (**UdSSR. P. 133 894** vom 21/1. 1960.) L. Großner 7173

2466 Carlisle Chemical Works, Inc., Reading, Ohio, übert. von: Gerry P. Mack, Jackson Heights, und Emery Parker, New York, N.Y., V.St.A., **Halogenhaltige Ester** als Stabilisatoren für hitzebeständige halogenhaltige Harzmassen, gek. durch die allg. Formel (RO)(R'O)P(OR'') [I] (R, R' u. R'' = ggf. gleiche, einwertige halogenhaltige organ. Reste, die durch ein C-Atom an die O-Atome der H_3PO_3 gebunden sind, wobei das Halogenatom bes. an ein C-Atom in Nachbarstellung zu einem O-Atom gebunden ist) bzw. durch ein Rk.-Prod. aus einer Verb. mit zwei endständigen Epoxygruppen u. einer Verb. der allg. Formel (A)(B)P-Hal [A u. B = Halogen oder OR (R wie vorst.)] bzw. durch die allg. Formel $(RO)_2P$—$OR'OP(OR)_2$ (RO wie vorst.; OR'O = chlorhaltiger Rest mit zwei endständigen Epoxygruppen) bzw. durch die allg. Formel RO—$P(OR')_2$ (R u. R' wie vorst., jedoch unter sich verschieden) bzw. durch die allg. Formel I (R, R' u. R'' jedoch verschiedene Reste). Man verwendet bes. Rk.-Prodd. aus PCl_3 u. einer Epoxy-Verb. u. ggf. einen zweiten Stabilisator, der ein organ. Metall- u./oder ein organ. Sn-Salz u./oder eine Epoxy-Verb. enthält. — Man mischt z. B. 180 (g) Propylenoxid unter Kühlung mit 137,4 PCl_3,

erhöht die Temp. von 25 auf 40°, hält nach 2 Std. noch 1 Std. unter Rückfluß, rührt die Lsg. mit 5 Na u. filtriert → *Tris-(2-chlorpropyl)-phosphit*, vermutlich ein Gemisch der zwei Isomeren $P[-OCH_2CH(CH_3)Cl]_3$ u. $P[-OCH(CH_3)CH_2Cl]$, $Kp._5$ 152°, $D._4^{20}$ 1,2723, n_D^{20} 1,4597; 96,5% (Ausbeute); aus 1 Mol. PCl_3 u. 3 Mol. Epichlorhydrin → *Tris-(2.3-dichlorpropyl)-phosphit*, bestehend aus zwei Isomeren $P[OCH_2CH\cdot ClCH_2Cl)_3$ u. $P(OCHCH_2ClCH_2Cl)_3$, D. 1,4494, n_D 1,5129; 92,6%. — Ferner folgende Phosphite: *Bis-(1.1.3.3-tetramethyl-2-chlorbutyl-2-chlorpropyl-* (2 Isomere), n_D 1,4663; 70,2%; *Tris-(2-chlorphenyläthyl)-*, D. 1,2553, n_D 1,5758; 98,1%; *Tris-(2-chlorpropyl-3-allyloxy)-* (Mischung von 2 Isomeren), D. 1,1954, n_D 1,4877; *Bis-(2-chlorpropyl)-1-octyl-2-chlor-9-carboxynonyl-*, D. 1,1033, n_D 1,4759; 89,2%. — Aus 0,3 Mol. PCl_3, 0,67 Mol. Phenylglycidyläther u. 0,3 Mol. epoxydiertes Sojaöl (5,46% Epoxy-O-Geh.) → gemischtes Chlorphosphit, D. 1,1768, n_D 1,5262; 98,3%; aus 0,5 Mol. PCl_3, 1 Mol. Propylenoxid u. 110,3 g „Araldite KD-283" (Kondens.-Prod. aus Epichlorhydrin u. p.p'-Dihydroxydiphenyldimethylmethan) → Ester, vermutlich mit der allg. Formel: $[CH_3-CH(CH_2Cl)-O]_2=P-O-CH(CH_2Cl)-CH_2-[O-C_6H_4-C(CH_3)_2-C_6H_4-O-CH_2-CH(OH)-CH_2]_n-O-C_6H_4-C(CH_3)_2-C_6H_4-O-CH_2-CH(CH_2Cl)-O-P=O-CH(CH_2Cl)-CH_3$, viscose Fl., SZ. 4,7, $D.^{20}$ 1,253, n_D^{20} 1,5371. Alle vorst. Ester sind farblose Fll., von denen die meisten nicht ohne Zers. (zu Phosphonaten) destillierbar sind. — Man mischt z. B. 800 (g) Vinylchloridharz (Polymerisat oder Mischpolymerisat) mit 400 Dioctylphthalat, fügt 16 Ba-Cd-Laurat (16% Ba, 8% Cd), 4 epoxydiertes Sojaöl (5,6% Epoxy-O-Geh.) u. 1% (auf Harz bezogen) eines der vorst. Stabilisatoren zu u. erhält klare Filme zur Lebensmittelverpackung bzw. Rohrleitungen für Getränke. — Beispiele. (**E. P. 803 082** vom 10/1. 1955, ausg. 15/10. 1958. A. Prior. 17/6. 1954. **A. P. 2 938 877** vom 17/6. 1954, ausg. 31/5. 1960.)
G. Vogel 7173

2467 Röhm & Haas G. m. b. H., Darmstadt (Erfinder: Theodor Völker, Darmstadt, und Harald Rauch-Puntigam, Graz, Österreich), **Herstellung von Polymerisationskunststoffen** von hoher Wärmeformbeständigkeit u./oder nit guten mechan. Eigg. durch Mischpolymerisation von mindestens 2 Monomeren (I), dad. gek., daß mindestens eines der I eine polymerisierbare Äthyliden-Verb. mit mindestens 1 u. höchstens 3 C—C-Doppelbindungen der allg. Formel $R_1-C(O)-NH-C(R)H-O-C(O)-R_2$ ist, in der R_1 u./oder R_2 einen Vinyl- oder Isopropylenrest, R_1 oder R_2 einen geradkettigen oder verzweigten Alkylrest oder substituierten Arylrest u. R = H, Alkyl, Alkylen oder Aryl bedeuten. Dem zu polymerisierenden Gemisch können noch Weichmacher u./oder makromol. Verbb. zugesetzt werden. Zur Darst. einer Yliden-Verb. kann z. B. von N-(β-Trichlorhydroxyläthyl)-acetamid, dem Rk.-Prod. aus Chloral u. Acetamid, ausgegangen werden, das mit Methacrylsäureanhydrid verestert wird. Das erhaltene N-[β-Trichlor-(hydroxyäthyl)]-methacrylamidmethacrylat wird z. B. Methylmethacrylat im Verhältnis 5:95 zugesetzt u. die Mischung bei ca. 50° in Ggw. von 0,1 (%) Azodiisobuttersäurenitril u. 0,1 Benzoylperoxid polymerisiert. Anschließend wird nach 3 Std. bei 100—110° getempert. Tabelle über die mechan. Eigg. verschiedener Monomerengemische. (**D. A. S. 1 123 475** Kl. 39c vom 13/9. 1960, ausg. 8/2. 1962.)
H. Schindler 7173

2468 Badische Anilin- & Soda-Fabrik Akt.-Ges. (Erfinder: Otto von Schickh, Robert Gehm und Hans Wilhelm), Ludwigshafen/Rh., **Herstellung von (Misch-)Polymerisaten von tertiären basischen Vinylverbindungen** sowie deren Salzen oder quatern. Ammonium-Verbb., dad. gek., daß man die Polymerisation in Ggw. von Azo-Verbb. der allg. Formel $R^1-N=N-R^2$, in der R^1 u. R^2 einen organ. Rest bedeuten, u. von Red.-Mitteln, wie sie für Polymerisationen mit Redox-Katalysator-Syst. gebräuchlich sind, vornimmt. In den Mengenbeispielen werden säureamid u. mit Dimethylsulfat quaternisiertes Diäthylaminomethylenmethacrylsäureamid bzw. N-Vinylimidazol in Ggw. von Azodiisobuttersäurenitril u. Na-Formaldehydsulfoxylat bzw. Na_2SO_3 erhitzt. Erhöhung der Rk.-Geschw. u. Ausbeute ohne wesentliche Vergilbung. (**D. A. S. 1 122 256** Kl. 39c vom 25/7. 1959, ausg. 18/1. 1962.)
H. Schindler 7173

2469 I. Ja. Schelomkowa und I. N. Wlodawetz, **Herstellung von porösen Materialien** durch Modifizieren natürlicher oder synthet. Hochmolekularer mit wss. Aldehyd-Lsgg., Mineral- oder organ. Säuren, deren Anhydriden u. Salzen, wobei die Rk. durch die Temp. so langsam geführt wird, daß Gas-Entw. oder Konvektion vermieden werden u. makroskop. einheitliche feinporöse Stoffe erhalten werden. — Zu einer 5—20%ig. wss. Polyvinylalkohol-Lsg. werden <30° 2 bis 15(%) HCHO, 2—30 H_2SO_4, etwas $(NH_4)_2SO_4$, organ. Säuren, deren Anhydride u. andere modifizierende Zusätze gegeben, die Lsg. wird zu Folien oder ähnlichem vergossen, unter Verschluß auf 50—95° erhitzt u. das erhaltene Gel ggf. durch Behandlung mit Salz-Lsgg. stabilisiert. (**UdSSR. P. 134 021** vom 18/1. 1960.)
L. Großner 7173

2470 Badische Anilin- & Soda-Fabrik Akt.-Ges., Ludwigshafen/Rh. (Erfinder: Herbert Müller, Frankenthal), **Additionskomplexe von Übergangsmetallen und aromatischen Kohlenwasserstoffen**, die ggf. substituiert sein können, werden hergestellt durch Rk. von feinkörnigen Übergangsmetallen der IV.—VII. Gruppe mit ggf. substituierten aromat. KW-Stoffen u. Al-Halogeniden bei Temp. bis zu 150° unter Wasserausschluß. — Man mahlt 3,2 (g) feinkörniges Mn, 280 abs. Bzl. u. 25 $AlCl_3$ 13 Std. in einer Schwingmühle unter N_2, erwärmt 4 Std. auf 80°, filtriert u. engt ein → 4 $Mn(C_6H_6)_2\cdot(AlCl_3)_6$, Zers.-Temp. ca. 190°. — Analog: 3 Cr, 50 $AlCl_3$ u. 280 abs. Bzl. → 15 $C_6H_6\cdot Cr\cdot(AlCl_3)_3$, Zers.-Temp. ca. 180°; 2,8 Ti, 50 $AlCl_3$ u. 280 Bzl. → $(C_6H_6)_{1,5}\cdot Ti\cdot(AlCl_3)_{4,5}$. — *Polymerisationskatalysatoren*, bes. für Vinylisobutyläther. (**D. A. S. 1 155 777** Kl. 12o vom 18/1. 1962, ausg. 17/10. 1963.)
A. Debo 7173

2471 Henkel & Cie. G. m. b. H. (Erfinder: Hans Zoebelein und Manfred Dohr), Düsseldorf, **Herstellung von festen, wasserlöslichen (Misch-)Polymerisaten** durch Polymerisation von wasserlösl. Monomeren (I) in einem organ. Rk.-Medium (II), in dem sich die I nicht oder nur wenig lösen, sowie in Ggw. von Polymerisationskatalysatoren (III), dad. gek., daß man das in Substanz im II in Ggw. von Dispergiermitteln (IV) dispergierte I bzw. I-Gemisch bei einer mindestens so hohen Temp., daß das I bzw. I-Gemisch in fl. Form vorliegt, polymerisiert, wobei im Fall einer Mischpolymerisation auch solche I mitverwendet werden können, die im II lösl. sind. In den Mengenbeispielen sind als I Acrylamid u. Methacrylamid, als II Toluol u. Bzl. eingesetzt, u. zwar im Mengenverhältnis I:II = 1:2—10. Die Rk. wird bei 50—100° mit $K_2S_2O_8$, ggf. zusammen mit einem Aktivator, u. mit Celluloseester oder Celluloseäther, die freie OH-Gruppen enthalten, als IV durchgeführt. Die Endprodd. fallen als grobe Pulver oder Perlen an, die leicht abfiltrierbar u. gut in W. lösl. sind. (**D. A. S. 1 110 869** Kl. 39c vom 25/4. 1959, ausg. 13/7. 1961.)
H. Schindler 7173

2472 Rohm & Haas Co., Philadelphia (Erfinder: Robert Paul Fellmann, Levittown, Pa., und Mary Joan Kampf, Erlton, N.J.), V.St.A., **Herstellung von Polymerisaten von Estern der Acryl- und/oder Methacrylsäure**, dad. gek., daß man solche Ester (I), die keine nach Zerewitinoff reagierenden H-Atome besitzen, bei —20 bis +40° mit ca. 0,2 bis ca. 1,5 (Mol.), berechnet auf I, einer Organo-Mg-Verb. der allg. Formel R—Mg—Y, in der R = Alkyl, Cycloalkyl, Aralkyl, Aryl, Alkenyl, Alkoxyaryl, Aralkenyl oder Alkinyl u. Y eine ebensolche Gruppe oder Br darstellt, zur Bldg. einer Katalysator-Lsg. (II) mischt u. diese II u. einen I in einem Mol-Verhältnis von ca. 0,01 bis ca. 0,2 (Mol) Organo-Mg-Verb. je I mischt u. bei 0 bis —100° auspolymerisiert. Vor- u. Haupt-Rk. sollen in einem solchen organ. Lsgm. durchgeführt werden, das bei den gegebenen Arbeitsbedingungen kein nach Zerewitinoff reagierendes H-Atom enthält. Bes. werden die I der allg. Formel $CH_2=CR_0COOC(R^1)(R^3)(R^2)$ verwendet, worin R_0 = H oder CH_3, R^1 u. R^2 = CH_3 oder C_2H_5 u. R^3 = H oder CH_3 sind. Zahlreiche Beispiele mit Isopropylacrylat, Methyl-, Allyl-, 2-Äthylhexyl-, tert.-Butyl-, Isobornyl- (u. Cyclohexyl-), 2-Hexylhexylacrylat, Phenyl-, Stearyl- u. Benzylmethacrylat als I, Toluol als Lsgm. u. Phenyl-MgBr als II. Die Endprodd. haben Molgew. bis zu 3,8 Millionen, damit erheblich höher als Prodd. ohne Vorreaktion. (**D. A. S. 1 131 017** Kl. 39c vom 31/10. 1960, ausg. 7/6. 1962. A. Prior. 30/10. 1959.)
H. Schindler 7173

2473 Badische Anilin- & Soda-Fabrik Akt.-Ges., Ludwigshafen/Rh. (Erfinder: Hansjürgen Kessler, Mannheim, Rolf Fikentscher und Hans Brandeis,

Ludwigshafen/Rh.), **Hitzehärtbare Preßmassen** erhält man durch Mischpolymerisation von N-(β-Trichlor-α-alkoxyäthyl)-acrylamiden oder -methacrylamiden mit anderen ungesätt. polymerisierbaren Verbb. in Lsg. oder Dispersion. — Verw. auch zur Herst. von *Filmen, Folien, Überzügen* u. als *Imprägnier-* u. *Bindemittel*. (**D. A. S. 1 154 630** Kl. 39c vom 30/5. 1961, ausg. 19/9. 1963.) L. Stadelmann 7173

2474 Esso Research and Engineering Co., V.St.A. (Erfinder: Wilbur F. Fiscder und David R. Hammel), **Elastomeren-Plastomeren-Mischung** unter Zusatz eines Freiradikal-Katalysators u. einer aromat. bifunktionellen Verb. (N-Methyl-N.4-dinitrosoanilin (I), p-Chinondioxim, p-Dinitrobenzol, Dibenzo-p-chinondioxim]. — 100 (g) Niederdruckpolyäthylen werden im Banbury-Mischer bei 135 bis 138° mit 50 Butylkautschuk, 0,5 I u. 0,5 Dicumylperoxid gemischt, 5 Min. bei 149—160° geknetet, bei 149° geformt u. in der Presse bei 105 kg/cm² abgekühlt. — Verbesserung der Alterung, Härte, Zugfestigkeit. (**F. P. 1 219 247** vom 19/11. 1958, ausg. 16/5. 1960. A. Prior. 16/12. 1957.) M. Pankow 7173

2475 Badische Anilin- & Soda-Fabrik Akt.-Ges., Ludwigshafen/Rh. (Erfinder: Josef Georg Floß, Ludwigshafen/Rh., und Nikolaus von Kutepow, Karlsruhe), **Polymerisationsinitiatoren** für die Polymerisation von CH_2O. Verw. von Ni(O)-Komplexen, die als Liganden organ. Verbb. der Elemente der V. Hauptgruppe des Period. Syst. in ihrer dreibindigen Form u./oder ein- oder mehrfach ungesätt. organ. Verbb. u. ggf. bis 3 CO-Mol. enthalten. — Beispiele: $Ni(CO)_3P(C_6H_5)_3$; $Ni[P(C_6H_4)_3]_2$; Cyclododecatrien-(1.5.9) u. 30 weitere Verbindungen. (**D. A. S. 1 153 904** Kl. 39c vom 20/12. 1961, ausg. 5/9. 1963.) W. Overbeck 7177

2476 Badische Anilin- & Soda-Fabrik Akt.-Ges., Ludwigshafen/Rh. (Erfinder: Konrad Jost, Lützelsachsen/Bergstraße), **Herstellung von makromolekularem Polyformaldehyd** durch Polymerisation von CH_2O mittels Al-Verbb. der Formel $Al(R^1)(R^2)(R^3)$, in der R^1, R^2 u. R^3 Halogen, H oder einen organ. Rest bedeuten u. gleich oder verschieden sein können, in Ggw. von organ. Lsgm. bei —100 bis +100°, dad. gek., daß als organ. Lsgm. Ketone verwendet werden, z. B. Aceton oder Cyclohexanon. Dadurch Erhöhung der Polymerisations-Geschw. um ein vielfaches. (**D. A. S. 1 153 903** Kl. 39c vom 5/9. 1959, ausg. 5/9. 1963.) W. Overbeck 7177

2477 Farbenfabriken Bayer Akt.-Ges., Leverkusen (Erfinder: Kuno Wagner, Hans Scheurlen, Leverkusen, und Helmut Kritzler, Köln), **Polyoxymethylene** werden gegen Wärmeabbau stabilisiert mit aromat. Diaminen, die in o-Stellung zur Aminogruppe alkyliert sind. — Zum Beispiel 3.3'.5.5'-Tetraisopropyl-4.4'-diaminodiphenylmethan. (**D. A. S. 1 152 541** Kl. 39b vom 4/6. 1959, ausg. 8/8. 1963.) F. Koch 7177

2478 Farbenfabriken Bayer Akt.-Ges., Leverkusen (Erfinder: Kuno Naggnes, Hans Scheurlen, Leverkusen, und Helmut Kritzler, Köln), **Polyoxymethylene** werden gegen Wärmeabbau stabilisiert mit Aldehyden von tert. aromat. Aminen oder deren Hydrazonen, Semicarbazonen, Oximen, Azinen, Acetalen, bzw. Schiffschen Basen. — Genannt sind: 4-Diäthylaminobenzaldehyd, 4-Dimethylaminobenzaldehydhydazine, -phenylhydrazin u. a. mehr. (**D. A. S. 1 152 542** Kl. 39b vom 4/6. 1959, ausg. 8/8. 1963.) F. Koch 7177

2479 Teikoku Jinzo Kenshi Kabushiki Kaisha, Osaka (Erfinder: Seizaburo Sakakibara, Hiroshi, Aoki, und Michichika Kuwabara, Yamaguchi-ken), Japan, **Polyoxymethylenmassen,** die gegen therm. Abbau stabil sind, enthalten polymere Epoxid-Verbb., die mit einem Amin derart umgesetzt worden sind, so daß 2—80% der ursprünglich vorhandenen Epoxidgruppen abgebunden sind. (**D. A. S. 1 151 936** Kl. 39b vom 28/3. 1961, ausg. 25/7. 1963. Jap. Prior. 31/3. 1960.) F. Koch 7177

2480 Farbwerke Hoechst Akt.-Ges. vormals Meister Lucius & Brüning, Frankfurt/M. (Erfinder: Karl Hamann, Stuttgart, Hans-Dieter Hermann und Edgar Fischer, Frankfurt/M.), **Stabilisieren von Polyoxymethylenen** durch Rk. der endständigen OH-Gruppen, ggf. in Ggw. von Katalysatoren, dad. gek., daß man solche Polyoxymethylene, die sich bei 220° in 30 Min. unter N_2 zu $<80\%$ zersetzen, bei 50—220° mit cycl. Kohlensäureestern von 2wertigen aliphat. Alkoholen umsetzt. Die Rk. kann in heterogener Phase mit festen Polyoxymethylenen u. fl. oder gasförmigen Kohlensäureestern durchgeführt werden. — Unter Luftabschluß werden 50 (Gew.-Teile) polymeres Trioxan mit 8 Glykolcarbonat oder 1.3-Butylenglykolcarbonat 20 Min. bei 200° geknetet, ggf. in Ggw. von 0,02 Alkalihalogenid, worauf der überschüssige Ester bei 200° entfernt wird. (**D. A. S. 1 155 596** Kl. 39c vom 3/1. 1961, ausg. 10/10. 1963.) W. Overbeck 7177

2481 Union Carbide Corp., New York, N.Y., übert. von: Benjamin Phillips, Charleston, Frederick C. Frostick jun., South Charleston, Charles W. McGary jun., Charleston, und Charles T. Patrick jun., St. Albans, W.Va., V.St.A., **Herstellung von polymerisierbaren und härtbaren Kondensationsprodukten von Epoxiden** der allg. Formel I u. Polycarbonsäuren **(II)** bzw.

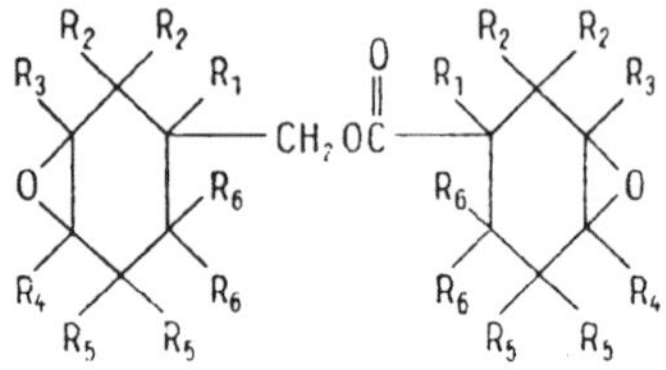

I

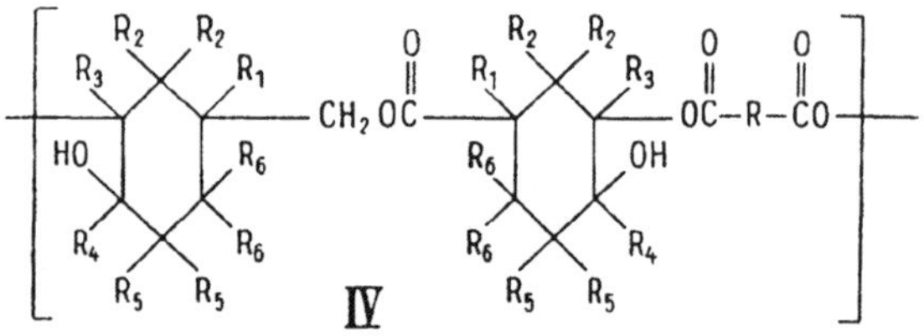

IV

Polycarbonsäureanhydriden (III) oder sauren Polycarbonsäureestern mit freier Carboxylgruppe, erhält man bei der Rk. von 3.4-Epoxycyclohexylmethyl-3.4-epoxycyclohexancarboxylat der Formel I mit aliphat., aromat., cycloaliphat., Polycarbonsäuren, bes. der Dicarbonsäuren. in Ggw. oder Abwesenheit von Katalysatoren bei 25—200°. Man erhält Verbb. der allg. Formel **IV** (R_1—R_6 = H u./oder Alkylgruppen, bes. niedrigmol., R = ein Dicarbonsäurerest). **II** sollen mit y Carboxyläquivalente auf 1 Epoxidäquivalent des Diepoxids u. **III** sollen mit x Carboxyläquivalenten auf 1 Epoxidäquivalent des Diepoxids angewandt werden, wobei y = 0,1—1,5 u. x = 0,0—1,0, die Summe von y + x jedoch nicht >2 u. das Verhältnis x/y < 1, wenn x > 0,0. — 1-Methyl-3-cyclohexenylmethyl-3-cyclohexencarboxylat u. Peressigsäure in Aceton werden bei 35—40° 1½ Std. u. anschließend bei —11° 16 Std. gerührt. Man setzt Äthylbenzol zu u. dest. die Lsgm. ab. Man erhält *3.4-Epoxy-1-methylcyclohexylmethyl-3.4-epoxy-1-methylcyclohexancarboxylat*, $Kp._3$ 180—195°, n_D^{30} 1,4855. *6-Methyl-3.4-epoxycyclohexylmethyl-6-methyl-3.4-epoxycyclohexancarbaoxylat*, Kp. 335°, $Kp._3$ 185—186°, n_D^{30} 1,4880. — Isomere: *3.4-Epoxy-(3 u./oder 4)-methylcyclohexylmethyl-3.4-epoxy-(3 u./oder 4)-methylcyclohexancarboxylat*, $Kp._3$ 187—195°, n_D^{30} 1,4822—1,4830. — *3.4-Epoxy-(2 oder 5)-methylcyclohexancarboxylat*, $Kp._2$ 183—185°, n_D^{30} 1,4927. — Adipinsäure wird mit 3.4-Epoxy-6-methylcyclohexylmethyl-3.4-epoxy-6-methylcyclohexancarboxylat erhitzt, wobei Gelatinierung innerhalb 5 Min. bei 140° eintritt. Bei 160° u. innerhalb 6 Std. tritt Härtung zu einem klaren, leicht gelblichen Harz ein. (**A. P. 2 890 194** vom 24/5. 1956, ausg. 9/6. 1959.) G. König 7177

2482 Farbenfabriken Bayer Akt.-Ges. (Erfinder: Wolfgang Lehmann), Leverkusen, **Stabile Lösungen oder Dispersionen aus Epoxyharzen und Aminen.** Diese können dadurch hergestellt werden, daß man viscose Lsgg. oder Dispersionen von Prodd., die durch Kondens. von mehrwertigen Aminen u. einer solchen Menge an Epoxid-Verb., daß auf jedes akt. H-Atom des Amins 1—3 Epoxidgruppen kamen, hergestellt worden sind, mit Säuren auf einen pH-Wert von 2—7 einstellt. (**D. A. S. 1 153 524** Kl. 39b vom 10/11. 1959, ausg. 29/8. 1963.) F. Koch 7177

2483 Schering Akt.-Ges., Berlin (Erfinder: Martin Wallis, Kamen, und Eugen Griebsch, Unna), **Härtungsmittel für Epoxyharze (I).** Es werden Verbb. der allg. Formel $P(NR_1R_2)_x(R_3)_y$ (x = 2—3; y = 3—x; R_1, R_2 = Alkyl-R_3 = Alkoxy- u./oder Aroxy- u./oder Aralkoxy- u./oder Hydroaroxy u./oder Aryl-, Alkyl-, Aralkyl, Hydroarylreste) ggf. zusammen mit N-Aminoalkylamiden, die aus ein- u./oder höhenfunktionellen, höhermol. Fettsäuren u. Polyalkylenpolyaminen hergestellt worden sind, verwendet. Die Verbb. sind fl. u. erniedrigen die Viscosität der I. (**D. A. S. 1 154 624** Kl. 39b vom 12/8. 1960, ausg. 19/9. 1963.) J. Mühleisen 7177

2484 Food Machinery and Chemical Corp., New York, N.Y. (Erfinder: Paul Edwin Willard, Baltimore, Md.), V.St.A., **Herstellung von trockenen, frei fließbaren, schmelzbaren Präpolymeren,** die einen verbleibenden Nichtsättigungsgrad aufweisen u. geeignet zur weiteren Polymerisation zu einem thermohärtbaren Harz sind, dad. gek., daß man einen monomeren Polyallylester einer Polycarbonsäure in Ggw. von freie Radikale bildenden Katalysatoren polymerisiert, bis ein Teil des Monomeren (I) in Polymeres (II) umgewandelt ist, wobei das II in Lsg. in dem I ist, u. daß man die II-Lsg. in eine Scherzone leitet, wobei letztere auf einer schmalen Querschnittsfläche der Lsg. wirkt, u. daß man die Lsg. starken Scherzügen in der Scherzone unterwirft, u. je Vol. dieser Lsg. mindestens zwei Vol. eines inerten, fl. Ausfällungsmittels (III), welches Lsgm. für I u. kein Lsgm. für II ist, gleichzeitig in die Scherzone einleitet, wodurch II ausgefällt u. gleichzeitig I im III gelöst wird; daß man ferner die Mischung des II-Nd. u. der I-Lsg. aus der Scherzone ableitet u. den II-Nd. abtrennt, wäscht u. trocknet. Als I werden Diallyl- bzw. Dimethallylester einer Phthalsäure, bes. Diallyl-o-phthalat oder ein Dialkylester einer Bicyclodicarbonsäure oder Mischungen solcher Polyallylester, eingesetzt. Nach einem der Mengenbeispiele wird von Diallylbicyclo-(2.2.1)-5-hepten-2.3-dicarbonsäureester ausgegangen, das in Ggw. von tert. Butylperbenzoat in Isopropanol auf 108—109° erhitzt wird. Nach Abkühlen auf 0° u. Zusatz von Methanol wird die Mischung in einer Koll.-Mühle behandelt, worauf bei 0° filtriert u. gewaschen u. das Endprod. bei 80° getrocknet wird. (**D. A. S. 1 118 456** Kl. 39c vom 6/5. 1960, ausg. 30/11. 1961. A. Prior. 6/5. 1959.) H. Schindler 7177

2485 Rheinpreussen Akt.-Ges. für Bergbau und Chemie, Homberg/Ndrh. (Erfinder: Helmut Schwarzhans, Moers), **Kontinuierliche Herstellung von höhermolekularen Kondensationsprodukten aus Ketonen und Formaldehyd** in Ggw. von Kondens.-Mitteln, dad. gek., daß man die Rk.-Partner, von denen einer auf eine über der Rk.-Temp. liegende Temp. gebracht ist, in einer Mischdüse mischt, kurzzeitig durch einen Rk.-Raum leitet u. anschließend das Kondens.-Mittel durch Zudosierung eines Abpufferungsmittels abpuffert. Man kann das Kondens.-Mittel auch dem kalten Rk.-Partner vor Eintritt in die Mischdüse zusetzen. — Auf 120—135° erwärmtes *Methyläthylketon* (I) wird mit kalter 30%ig. wss. CH_2O (II)-Lsg. gemischt, die 60 cm^3 44%ig. NaOH enthielt. Das Verhältnis von II:I war 2,2:1. Die Rk. dauerte 45 Sek. bei 80°. Dann wurde mit 10%ig. H_2SO_4 neutralisiert, gewaschen u. getrocknet. Helles, sprödes Harz, F. 80°. — Zeichnung. (**D. A. S. 1 155 909** Kl. 39c vom 12/12. 1957, ausg. 17/10. 1963.) W. Overbeck 7177

2486 Kreidl K. G., Wien, Österreich, und Spumalit-Anstalt, Vaduz, Liechtenstein (Erfinder: Werner H. Kreidl, Wien, Österreich, und O. A. Vieli, Razüns, Schweiz), **Aminoplastschaumstoffe** aus CH_2O-Harnstoff-Kondens.-Prodd., die 0,002—0,2 Mol NH_3, Triäthanolamin oder Melamin pro Mol Harnstoff einkondensiert enthalten. (**D. A. S. 1 153 162** Kl. 39b vom 2/6. 1958, ausg. 22/8. 1963. Oe. Prior. 3/6. 1957.) E. Dörfel 7181

2487 Toyo Koatsu Industries, Inc., Tokio (Erfinder: Yanosube Inaba, Koji Kimoto, Fujisawa City, Aironsi Iiyama, Odawara City, Kazuhiro Matsuzaki, Kamakura City, und Toshimi Nakagawa, Yokahama City), Japan, **Spinnbare Polyharnstoffe** erhält man kontinuierlich aus gesätt. aliphat. diprim. Diaminen, Harnstoff-Verbb. in einer 1. Rk.-Zone < 130°, Rk. des bimol. Kondens.-Prod. mit weiterem Diamin oder Alkylmonoamin von mindestens 3 C-Atomen u. Kp. unter dem des 1. Diamins in einer 2. Rk.-Zone bei Eingangs-Temp. von 110—130° u. Ausgangs-Temp. von 200—260° u. Weitererhitzen des Polyharnstoffvorpolymerisats in einer 3. Zone bei 200—260°, wobei die abgetrennten gasförmigen Stoffe von prim. Aminen abgetrennt werden u. letztere in gesteuerten Mengen der 1. oder 2. Rk.-Zone wieder zugeführt werden. (**D. A. S. 1 153 170** Kl. 39c vom 25/5. 1961, ausg. 22/8. 1963.) E. Dörfel 7181

2488 Badische Anilin- & Soda-Fabrik Akt.-Ges., Ludwigshafen/Rh. (Erfinder: Walter Stilz, Horst Pommer, Ludwigshafen/Rh., Franz Schmidt, Mannheim, Hans Biczysko und Heinz Fessmann, Ludwigshafen/Rh.), **Stabilisieren Carbonamidgruppen aufweisender Formmassen,** bes. gegen Wärme-Einw. durch Verw. von 0,1—5% von Bis-styrylbenzolen mit mindestens je einer freien oder verätherten Hydroxylgruppe. — Geeignet für Polyamide, Polyurethane, Polyharnstoffe. (**D. A. S. 1 154 617** Kl. 39b vom 26/10. 1960, ausg. 19/9. 1963.) E. Dörfel 7181

2489 Badische Anilin- & Soda-Fabrik Akt.-Ges. (Erfinder: Richard Pflüger und Hermann Lingl), Ludwigshafen/Rh., **Polyamide** werden stabilisiert, indem in Lactamen lösl. Gemische von 0,001—0,1% Cu^{II}-Salzen u. 0,01—0,5% Phosphortrihalogenid oder -oxyhalogenid, bezogen auf die Ausgangsstoffe, unter Homogenisieren in der Polyamidschmelze verwendet werden. Zusatz der Stabilisatorgemische erfolgt zu den Monomeren, wie auch den Polymeren. (**D. A. S. 1 152 816** Kl. 39b vom 27/1. 1962, ausg. 14/8. 1963.) E. Dörfel 7181

2490 Dow Corning Akt.-Ges., Basel, Schweiz (Erfinder: Clyde L. Whipple, Midland, Mich., V.St.A.), **Polyurethanschaumstoffe** erhält man durch Rk. von Polyäthern oder Polyestern, Diisocyanaten, Polyalkylenglykolreste enthaltenden Polysiloxanen mit Si-Alkylen- bzw. Cycloalkylenbindungen in Mengen von 0,20—4%, auf Polyhydroxyl-Verbb. u. -diisocyanat bezogen, sowie Katalysatoren, Treibmitteln, bzw. u./oder Wasser. (**D. A. S. 1 153 166** Kl. 39b vom 29/3. 1961, ausg. 22/8. 1963. A. Prior. 13/5. 1960.) E. Dörfel 7181

2491 Farbenfabriken Bayer Akt.-Ges. (Erfinder: Wulf von Bonin udd Helmut Piechota), Leverkusen, **Polyurethanschaumstoffe** erhält man durch Rk. von Polyisocyanaten, W. u./oder anderen Treibmitteln u. Polyäthern, die durch Pfropf-(misch-)polymerisation von ungesätt., polymerisierbaren Verbb. auf Polyäther modifiziert worden waren, ggf. zusammen mit anderen Poly-OH-Verbb. sowie Katalysatoren (tert. Amine oder Metallsalze) u. Schaumstabilisatoren. (**D. A. S. 1 152 536** Kl. 39b vom 30/3. 1962, ausg. 8/8. 1963.) E. Dörfel 7181

2492 Farbenfabriken Bayer Akt.-Ges. (Erfinder: Wulf von Bonin, Erwin Müller und Otto Bayer), Leverkusen, **Urethangruppen aufweisende Kunststoffe** erhält man aus Polyhydroxyl-Verbb. (I), Molgew. > 800 (Polyester oder Polyäther), die durch Polymerisation von ungesätt. polymerisierbaren Verbb. in diesen I modifiziert worden sind (durch Lösen der Monomeren in den I, bzw. Suspendieren, u. Polymerisieren durch Radikalbildner), Polyisocyanaten, ggf. Kettenverlängerern oder anderen Vernetzern (S_2, CH_2O oder Peroxide). — Homo- u. Pfropfpolymerisate. (**D. A. S. 1 152 537** Kl. 39b vom 2/6. 1962, ausg. 8/8. 1963.) E. Dörfel 7181

2493 Farbenfabriken Bayer Akt.-Ges. (Erfinder: Harald Oertel und Heinrich Rinke), Leverkusen, **Herstellung von Urethangruppen enthaltenden Formkörpern** aus Lsgg. von im wesentlichen linearen Rk.-Prodd. aus höhermol. Poly-OH-Verbb., Polyisocyanaten u. Kettenverlängerern ohne nennenswerten freien NCO-Gruppen-Geh. durch Erhitzen auf ca. 80—170° unter Entfernen des Lsgm. u. unter Formgebung, nachdem 0,01—9% vom Feststoff-Geh. der Lsg. Verbb. mit mindestens 2 Äthylenimidgruppen, an CO-, CS-, CO—NH-, CSNH-, COO-, CSO-, SO_2-, C=N-Gruppen, Kohlensäure- oder Phosphorsäurereste gebunden, zugesetzt worden waren. (**D. A. S. 1 153 161** Kl. 39b vom 16/8. 1961, ausg. 22/8. 1963.) E. Dörfel 7181

2494 Farbenfabriken Bayer Akt.-Ges., Leverkusen (Erfinder: Wilhelm Thoma, Köln, Harald Oertel und Heinrich Rinke, Leverkusen), **Stabilisierung von Ure-**

than- und Hydrazidgruppen aufweisenden Polyaddukten gegen Verfärbung durch Verw. von Salzen des Sn, Sb u./oder Be in Lsgg. von NCO-freien Addukten. (**D. A. S. 1 153 892** Kl. 39b vom 12/1. 1962, ausg. 5/9. 1963.) E. Dörfel 7181

2495 Farbenfabriken Bayer Akt.-Ges., Leverkusen (Erfinder: Helmut Piechota und Hans Wirtz, Leverkusen), **Polyurethanschaumstoffe** erhält man aus ggf. halogeniertem Tallöl, das mit mindestens anteilig trifunktionellen Polyhydroxyl-Verbb. (Triole, Tetrole, Hexite oder Aminoalkohole) verestert worden ist, ggf. in Verbindung mit anderen Polyhydroxyl-Verbb., u. Polyisocyanaten sowie W. u./oder anderen Treibmitteln. (**D. A. S. 1 154 273** Kl. 39c vom 6/5. 1961, ausg. 12/9. 1963.) E. Dörfel 7181

2496 Farbenfabriken Bayer Akt.-Ges., Leverkusen (Erfinder: Hans Holtschmidt, Köln, Eberhart Degener, Leverkusen, und Günther Braun, Köln), **Niedermolekulare, Phosphonsäuregruppen enthaltende Kondensationsprodukte** erhält man durch Rk. von α-Halogenalkylarylisocyanaten mit Verbb., die mindestens ein mit NCO-Gruppen reaktives H-Atom enthalten u. mit Triestern der H_3PO_3 u. ein-, zwei- oder mehrwertigen Alkanolen, Alkenolen oder Aralkanolen, die ggf. durch Halogenatome substituiert sind, bei Raum-Temp. oder unter Erwärmen bis 180°. Dabei wird die Menge der 3 Rk.-Teilnehmer stets so gewählt, daß niedermol. Verbb. entstehen. — 4-Chlormethyl-1.3-phenylendiisocyanat + Tri-β-chloräthylphosphit (I) + Kresol → $(Cl-CH_2CH_2O)_2P(:O)-CH_2-C_6H_3(NHCOOC_6H_4CH_3)_2-$ (*o.p*), Öl. 4-Brommethyl-1.3-phenylendiisocyanat + I + Diäthylenglykol → $[(Cl-CH_2CH_2O)_2P(:O)-CH_2-C_6H_3(NCO\text{-}o)-p\text{-}NHCOOCH_2-CH_2-]_2O$, Öl. — *Kunststoffvorprodukte.* (**D. A. S. 1 154 105** Kl. 12o vom 26/11. 1960, ausg. 12/9. 1963.) A. Jahn 7181

2497 Manufactures de Produits Chimiques du Nord (Établissements Kuhlmann), Paris, Frankreich (Erfinder: Earl James Robertson, Trenton, Mich., V.St.A.), **Polyätherurethanschaumstoffe** erhält man durch Rk. von 1. ggf. verzweigten u. ggf. N-haltigen Polyäthern mit 2—6 Hydroxylgruppen, Molgew. 270—12000, 2. Tetra-(oxyalkyl)-alkylendiamin, Molgew. 200—400, 3. Polyisocyanat, 4. oberflächenakt. Stoffen u. 5. Treibmitteln durch Verschäumen bei Temp. oberhalb des Kp. des als Treibmittel verwendeten Lsgm. bei einem NCO/OH-Verhältnis von 0,8/1 bis 1,2/1 u. Verhältnis von 2. zu 1. von 0,75/1 bis 6,0/1 u. einem Äquivalent-Gew. von 1. + 2. von 80—130. (**D. A. S. 1 153 518** Kl. 39b vom 25/1. 1960, ausg. 29/8. 1963. A. Prior. 26/1. 1959.) E. Dörfel 7181

2498 N. W. Schorygina, A. G. Tschernowa, L. A. Ssudarewa, Ja. N. Iwaschtschenko und Je. G. Nowikowa, **Herstellung von Preßmassen** durch Rk. der Kondens.-Prodd. aus CH_2O u. Naphthalin, Phenanthren oder Styrol (I) mit Phenol (II) u. Verarbeitung des Novolaks mit Mineralfüllstoffen. — I u. CH_2O werden im Verhältnis 1 : 4 in Ggw. von H_2SO_4 umgesetzt; 1 (Gew.-Teil) Rk.-Prod. wird mit 2 II u. 0,27 CH_2O kondensiert. Die bei 210° gepreßten Gegenstände werden vor Gebrauch langsam auf 250° erhitzt. (**UdSSR. P. 134 419** vom 8/5. 1959.) L. Großner 7205

2499 Aldo Fronduto und Roberto Todeschi, Rom, Italien, **Herstellung von Kunststoffplatten.** Man geht von einer wss. Emulsion von Polyvinylchlorid, ggf. im Gemisch mit Polyvinylacetat aus, der man ein Silicat oder Metalloxid zumischt. Die erhaltene Paste kann direkt bei 1,5 at verformt werden. Hohe Widerstandskraft gegen mechan. Einfl., gegen Säuren u. Basen. (**It. P. 562 652** vom 22/11. 1956.) K. Koebke 7205

2500 I. W. Prowintejew, Je. W. Rusin und W. F. Pankratow, **Herstellung kunststoffbeschichteter Bitumenplatten.** Aus Bitumen, Cumaronharz, Stearin, Talk u. Asbestfasern hergestellte Platten werden mit einer Masse aus 7—9 (%) Polyvinylchlorid, 3—5 Dibutylphthalat, 2—3 Stearin, 8—12 Cyclohexanon–HCHO-Harz, 8—12 Polystyrol u. 60—70 Pigmenten durch Kalandern oder Pressen beschichtet. (**UdSSR. P. 134 617** vom 2/10. 1959.) L. Großner 7205

2501 Röhm & Haas G. m. b. H., Chemische Fabrik (Erfinder: Fritz Kollinsky, Adolf Wohnhas und Georg Schwebel), Darmstadt, **Herstellung transparenter bis glasklarer Formmassen** hoher Schlag- u. Kerbzähigkeit u. guter Wärmeformbeständigkeit durch Polymerisation von Methacrylsäuremethylester (I) in Ggw. eines zu >50 Gew.-% aus Butadien (II) u. zum restlichen Teil aus Acrylnitril (III) aufgebauten Mischpolymerisats, dad. gek., daß gemeinsam mit I eine der folgenden mischpolymerisierenden Verbb.: Styrol, Vinylcarbazol, Benzyl-, Phenyl-, o-Kresyl- oder β-Chloräthylmethacrylat, N-Vinylpyrrolidon oder -phthalimid, C-Vinylpyridin oder III polymerisiert wird, wobei die Zus. des Mischpolymerisats (IV) u. des Monomerengemischs sowie die Mengenanteile zwischen IV u. Monomerengemisch so bemessen werden, daß im Endprod. der I-Anteil mindestens 20 (Gew.-%), der Anteil eines obiger Comonomeren höchstens 50 u. der II-Anteil 5—25 ausmacht. Das aus II u. III aufgebaute IV kann als Latex zur Verw. kommen u. die Formmasse als Emulsionspolymerisat hergestellt werden. Die Reihenfolge der Polymerisationsanteile IV u. I kann variiert werden, wobei I aus einem oder mehreren obiger Monomeren bestehen kann. In den Mengenbeispielen sind die Vicat-Erweichungs-Temp., die Schlag- u. Kerbzähigkeitswerte der Endprodd. angegeben. (**D. A. S. 1 127 086** Kl. 39c vom 10/9. 1960, ausg. 5/4. 1962.) H. Schindler 7205

2502 Luigi Bellotti, Venedig, Italien, **Wasserdichte und gasdurchlässige Kunstharze oder Kautschuke** erhält man, indem man in die Materialien Haare oder Fasern pflanzlicher oder tier. Herkunft einarbeitet. (**It. P. 528 044** vom 16/6. 1954.) K. Koebke 7205

2503 **Gerald Oster**, New York, N.Y., V.St.A., *Vernetzen von Kohlenwasserstoffen.* (**D. A. S. 1 152 534** Kl. 39b vom 18/12. 1956, ausg. 8/8. 1963. A. Prior. 20/12. 1955 u. 20/9. 1956. — C. **1963,** 314 [E. P. 848 414].)

2504 **Monsanto Chemical Co.**, St. Louis, Mo., übert. von: **Robert J. McManimie, Harry G. Hurst** und **Edward H. Mottus**, Dayton, Ohio, V.St.A., *Herstellung von Ziegler-Katalysatoren.* (**A. P. 3 065 220** vom 22/5. 1956, ausg. 20/11. 1962. — C. **1961,** 1388 [Aust. P. 218 210].)

2505 **Karl Ziegler, Heinz Breil, Erhard Holzkamp** und **Heinz Martin**, Mülheim/Ruhr, *Polymerisationskatalysatoren für Olefine.* (**A. P. 3 070 549** vom 1/7. 1958, ausg. 25/12. 1962. D. Prior. 19/1. 1954. — C. **1957,** 4254 [F. P. 1 123 617].)

2506 **Farbwerke Hoechst Akt.-Ges. vormals Meister Lucius & Brüning**, Frankfurt/M., *Aktivierung von Katalysatoren für die Olefinpolymerisation.* (**E. P. 914 283** vom 2/2. 1959, ausg. 2/1. 1963. D. Prior. 31/1. 1958 u. 7/1. 1959. — C. **1962,** 11751 [D. A. S. 1 123 109].)

2507 **National Lead Co.**, New York, N.Y., übert. von: **Daniel F. Herman**, Orange, N.J., und **Robert C. Kollman**, Rockville Centre, N.Y., V.St.A., *Olefinpolymerisation.* (**A. P. 3 078 262** vom 16/12. 1957, ausg. 19/2. 1963. — C. **1963,** 8770 [E. P. 875 793].)

2508 **Union Carbide Corp.**, New York, N.Y., V.St.A. (Erfinder: **Alford Gailey Farnham**), *Polymerisation von Olefinen.* (**E. P. 920 501** vom 1/5. 1959, ausg. 6/3. 1963. A. Prior. 5/5. 1958. — C. **1963,** 3032 [F. P. 1 222 986].)

2509 **Ruhrchemie Akt.-Ges.**, Oberhausen, *Reinigung von Polyolefinen.* (**E. P. 913 153** vom 2/3. 1959, ausg. 19/12. 1962. D. Prior. 21/3. 1958. — C. **1962,** 13965 [D. A. S. 1 122 705].)

2510 **Stamicarbon N. V.**, Heerlen, Niederlande, *Polymerisation von α-olefinischen Kohlenwasserstoffen.* (**Ind. P. 69 951** vom 7/12. 1959, ausg. 28/6. 1962. — C. **1963,** 3032 [Oe. P. 218 241].)

2511 **Soc. des Usines Chimiques Rhône-Poulenc**, Paris (Erfinder: **André Fournet, Michel Ruaud**, Lyon, und **Yannik Bonnet**, Tassin la Demie-Lune), Frankreich, *Herstellung von Polypropylen.* (**Jap. A. S. 14 736/1961** vom 9/2. 1959, ausg. 30/8. 1961. F. Prior. 8/2. 1958. — C. **1961,** 2459 [Oe. P. 208 076].)

2512 **California Research Corp.**, San Francisco, Calif., V.St.A., *Herstellung von Butenpolymeren.* (**E. P. 919 554** vom 22/2. 1960, ausg. 27/2. 1963. A. Prior. 29/6. 1959. — C. **1963,** 11836 [A. P. 2 970 179].)

2513 **E. I. du Pont de Nemours & Co.**, übert. von: **Herbert Sousa Eleuterio**, Wilmington, Del., V.St.A., *Polymerisation cyclischer Olefine.* (**A. P. 3 074 918** vom 20/6. 1957, ausg. 22/1. 1963. — C. **1963,** 5668 [E. P. 872 335].)

2514 **Phillips Petroleum Co.**, Del., übert. von: **Harold D. Lyons**, Bartlesville, Okla., V.St.A., *Katalysatorsystem für Äthylenpolymerisation.* (**A. P. 2 993 883** vom 25/3. 1959, ausg. 25/7. 1961. — C. **1963,** 5665 [E. P. 868 909].)

2515 **Eastman Kodak Co.**, Rochester, N.Y., übert. von: **Hugh J. Hagemeyer jun.** und **Marvin B. Edwards**, Longview, Tex., V.St.A., *Äthylenpolymerisation.* (**A. P. 3 072 632** vom 1/11. 1956, ausg. 8/1. 1963. — C. **1963,** 5664 [E. P. 871 337].)

2516 **Soc. des Usines Chimiques Rhône-Poulenc**, Paris, übert. von: **Gilbert Bo, Edouard Fichet, André Perrot**, Lyon, und **Philippe Perras**, Collonges au Mont d'Or, Frankreich, *Herstellung von Polyäthylen.* (**A. P. 3 079 371** vom 19/5. 1958, ausg. 26/2. 1963. F. Prior. 29/5. 1957. — C. **1960,** 9740 [F. P. 1 176 337].)

2517 **E. I. du Pont de Nemours & Co.** (Erfinder: **Lester Ray Bartron**), Wilmington, Del., V.St.A., *Herstellen selbsttragender weichmacherfreier Folien aus Polyvinylfluoriddispersionen.* (**D. A. S. 1 154 939** Kl. 39b vom 20/8. 1958, ausg. 26/9. 1963. A. Prior. 22/8. 1957. — C. **1963,** 1880 [E. P. 838 043].)

2518 **Farbwerke Hoechst Akt.-Ges. vormals Meister Lucius & Brüning**, Frankfurt/M., *Herstellung chlorierter Polymerer.* (**E. P. 926 294** vom 24/8. 1959, ausg. 15/5. 1963. D. Prior. 23/8. 1958. — C. **1963,** 7187 [F. P. 1 238 949].)

2519 **Petrochemicals Ltd.**, London (Erfinder: **Peter Bailes**, Manchester, und **Edward Tiggin Berrows**, Bowdon, Cheshire), England, *Herstellung von chloriertem Polyäthylen.* (**Schwz. P. 354 254** vom 25/5. 1956, ausg. 30/6. 1961. E. Prior. 27/5. 1955 u. 7/2. 1956. — C. **1959**, 16798 [F. P. 1 155 130].)

2520 **Shell Oil Co.**, New York, N.Y., V.St.A., übert. von: **Adrianus J. W. Meder** und **Nellius G. Kramer**, Pernis, Niederlande, *Vinylchlorid-polymere mit verbesserter Härte.* (**A. P. 2 970 979** vom 24/3. 1958, ausg. 7/2. 1961. Niederl. Prior. 27/3. 1957. — C. **1963**, 1880 [E. P. 853 804].)

2521 **Montecatini Soc. Gen. per l'Industria Mineraria e Chimica**, Mailand, Italien, und **Karl Ziegler**, Mülheim/Ruhr, *Polymerisieren von Fluorstyrolen.* (**Ind. P. 67 115** vom 20/3. 1959, ausg. 13/12. 1961. Zusatz zu Ind. P. 59 674; C. 1962, 3280. — C. **1964**, 9-2404 [Aust. P. 234 540].)

2522 **Montecatini Soc. Gen. per l'Industria Mineraria e Chimica**, Mailand, Italien, und **Karl Ziegler**, Mülheim/Ruhr, *Polymerisation von Vinylverbindungen.* (**Ind. P. 69 958** vom 7/12. 1959. — C. **1963**, 2649 [F. P. 1 248 156].)

2523 **Wacker-Chemie G. m. b. H.**, München, *Abscheidung von Vinylpolymeren aus wässerigen Dispersionen.* (**E. P. 927 897** vom 5/10. 1959, ausg. 6/6. 1963. D. Prior. 3/10. 1958. — C. **1962**, 18294 [D. A. S. 1 108 910].)

2524 **Monsanto Chemical Co.**, St. Louis, Mo., V.St.A., *Polymerisation von Vinylalkyläthern.* (**E. P. 923 386** vom 18/8. 1959, ausg. 10/4. 1963. A. Prior. 18/8. 1958. — C. **1963**, 12997 [F. P. 1 242 342].)

2525 **Montecatini Soc. Gen. per l'Industria Mineraria e Chimica**, Mailand, Italien, *Polymerisation von Acrylmonomeren.* (**E. P. 912 404** vom 27/6. 1960, ausg. 5/12. 1962. It. Prior. 30/6. 1959. — C. **1963**, 2651 [Ung. P. 149 499].)

2526 **E. I. du Pont de Nemours & Co.**, Wilmington, übert. von: **Lester David Grandine jun.**, Wilmington, Del., und **William Kenneth Wilkinson**, Waynesboro, Va., V.St.A., *Herstellung wässeriger Aufschlämmungen von Polyacrylnitril durch Mischpolymerisation mit polymerisierbaren Säuren.* (**A. P. 3 075 934** vom 4/11. 1957, ausg. 29/1. 1963. — C. **1963**, 1095 [E. P. 848 614].)

2527 **Soc. des Usines Chimiques Rhône-Poulenc**, Paris, Frankreich, *Herstellung von Mischpolymerisaten auf Acrylnitrilbasis.* (**E. P. 871 883** vom 3/3. 1960, ausg. 5/7. 1961. F. Prior. 13/3. 1959. — C. **1963**, 13005 [F. P. 1 228 335].)

2528 **Union Carbide Corp.**, New York, N.Y., V.St.A. (Erfinder: **Keith Lewis Smith, Alfred Edwards Winslow** und **Edward Curry Seltzer**), *Herstellung von Polyäthermischpolymerisaten.* (**E. P. 879 950** vom 31/3. 1958, ausg. 11/10. 1961. A. Prior. 2/4. 1957. — C. **1961**, 14115 [D. A. S. 1 100 950].)

2529 **Union Carbide Corp.**, New York, N.Y. (Erfinder: **Keith Lewis Smith, Alfred Edwards Winslow** und **Edward Curry Seltzer**), *Herstellung von Polyäther-Polysäure-Präparaten.* (**Jap. A. S. 14 635/1961** vom 4/4. 1958, ausg. 29/8. 1961. — C. **1962**, 9920 [Aust. P. 223 609].)

2530 **Deutsche Gold- und Silber-Scheideanstalt vormals Roessler**, Frankfurt/M., *Herstellung mehrwertiger makromolekularer Säuren.* (**E. P. 913 766** vom 29/1. 1959, ausg. 28/12. 1962. D. Prior. 31/1. 1958. — C. **1961**, 1389 [D. A. S. 1 063 806].)

2531 **Soc. des Usines Chimiques Rhône-Poulenc**, Paris, Frankreich, *Herstellung von Mischpolymerisaten auf Polyesterbasis.* (**E. P. 876 129** vom 14/4. 1960, ausg. 30/8. 1961. F. Prior. 21/4. u. 2/7. 1959. — C. **1963**, 11844 [D. A. S. 1 129 693].)

2532 **Montecatini Soc. Gen. per l'Industria Mineraria e Chimica**, Mailand, Italien, und **Karl Ziegler**, Mülheim/Ruhr, *Herstellung von Heteroblockpolymeren.* (**E. P. 915 622** vom 13/4. 1959, ausg. 16/1. 1963. It. Prior. 18/4. u. 12/4. 1958. — C. **1962**, 4002 [F. P. 1 220 573].)

2533 **Pechiney Comp. de Produits Chimiques et Électrométallurgiques**, Paris, Frankreich (Erfinder: **Marcel Rivu** und **René Pibarot**), *Herstellung von Harzschaum.* (**Belg. P. 568 419** vom 7/6. 1958, ausg. 21/10. 1960. F. Prior. 7/6. 1957. — C. **1962**, 7353 [F. P. 1 179 397].)

2534 **Farbenfabriken Bayer Akt.-Ges.**, Leverkusen, *Thermoplastische Formmassen.* (**Ind. P. 69 036** vom 11/9. 1959, ausg. 7/4. 1962. E. Prior. 9/6. 1959. — C. **1962**, 13967 [D. A. S. 1 078 324].)

2535 **General Mills, Inc.**, übert. von: **Lawrence W. Berglund, Stuart A. Harrison**, Minneapolis, Minn., und **Erwin L. Capener**, China Lake, Calif., V.St.A., *Azeotrope Veresterung von Phenolharzen.* (**A. P. 3 041 298** vom 3/5. 1955, ausg. 26/6. 1962. — C. **1962**, 12117 [Can. P. 553 568].)

2536 **Union Carbide Corp.**, New York, N.Y. (Erfinder: **John Sedgewick Fry**, Somerville, und **John Leo Welch jun.**, Bound Brook, N.J.), V.St.A., *Formmassen, die polymere Glycidyläther und Phenol-Formaldehyd-Kondensate enthalten.* (**D. A. S. 1 154 271** Kl. 32b vom 23/5. 1959, ausg. 12/9. 1963. A. Prior. 28/5. 1958. — C. **1963**, 11843 [E. P. 874 245].)

2537 **Farbenfabriken Bayer Akt.-Ges.**, Leverkusen, und **Mobay Chemical Co.**, Pittsburgh, Pa., V.St.A., übert. von: **Werner Schulte-Huermann** und **Hermann Schnell**, Krefeld, *Herstellung von Polyäthern.* (**A. P. 3 076 784** vom 20/1. 1958, ausg. 5/2. 1963. D. Prior. 25/1. 1957. — C. **1959**, 5642 [D. A. S. 1 037 137].)

2538 **Farbenfabriken Bayer Akt.-Ges.**, Leverkusen, und **Mobay Chemical Co.**, Pittsburgh, Pa., V.St.A., übert. von: **Rudolf Merten**, Köln, *Herstellung von Polyäthern.* (**A. P. 3 081 343** vom 20/10. 1958, ausg. 12/3. 1963. D. Prior. 24/10. 1957. — C. **1960**, 6678 [D. A. S. 1 064 240].)

2539 **Union Carbide Corp.**, N.Y., übert. von: **John R. Kilsheimer**, South Charleston, W.Va., V.St.A., *Polymerisation von Allyl-2.3-epoxy-2-hydroxyalkanoaten.* (**A. P. 2 971 945** vom 19/12. 1956, ausg. 14/2. 1961. — C. **1962**, 17231 [Jap. A. S. 1397/1960].)

2540 **Soc. An. des Manufactures des Glaces et Produits Chimiques de St. Gobain, Chauny & Cirey**, Paris, Frankreich, *Polyaddukte von Diepoxyverbindungen.* (**Belg. P. 547 845** vom 15/5. 1956, ausg. 6/11. 1959. F. Prior. 18/5. 1955. — C. **1959**, 2630 [Oe. P. 195 111].)

2541 **Ciba Ltd.**, Basel, übert. von: **Willy Fisch**, Binningen, **Paul Zuppinger**, Arlesheim, und **Hans Brueschweiler**, Basel, Schweiz, *Härtbare Epoxidgemische.* (**A. P. 3 072 607** vom 31/3. 1959, ausg. 8/1. 1963. Schwz. Prior. 3/4. 1958. — C. **1963**, 7549 [D. A. S. 1 113 566].)

2542 **Inventa Akt.-Ges. für Forschung und Patentverwertung**, Luzern, Schweiz, *Herstellung von Epoxyharzen.* (**Ind. P. 69 929** vom 4/12. 1959, ausg. 11/7. 1962. — C. **1962**, 16150 [Oe. P. 216 765].)

2543 **Union Carbide Corp.**, New York, N.Y., V.St.A. (Erfinder: **Ch. W. McGary jun.** und **Ch. T. Patrick jun.**), *Herstellung von Epoxidharzen.* (**Belg. P. 563 324** vom 18/12. 1957, ausg. 17/6. 1960. A. Prior. 20/12. 1956. — C. **1962**, 8808 [Aust. P. 229 030].)

2544 **Ciba Ltd.**, Basel, übert. von: **Paul Zuppinger**, Arlesheim, und **Hans Brueschweiler**, Basel, Schweiz, *Epoxyharzgemische.* (**A. P. 3 072 606** vom 23/3. 1959, ausg. 8/1. 1963. Schwz. Prior. 27/3. 1958. — C. **1963**, 7549 [D. A. S. 1 113 565].)

2545 **Allied Chemical Corp.**, übert. von: **Stanley D. Koch**, Boston, Mass., und **George L. Greenfield**, Fort Worth, Tex., V.St.A., *Vanadiumverbindungen als Katalysatoren beim Herstellen von Polyestern.* (**A. P. 3 079 363** vom 13/11. 1957, ausg. 26/2. 1963. — C. **1961**, 13739 [E. P. 832 169].)

2546 **Chemstrand Corp.**, Decatur, Ala., V.St.A. (Erfinder: **Arthur Baker Beindorff** und **Hobson Dewey de Witt**), *Polyesterpräparat.* (**Aust. P. 235 658** vom 5/12. 1958, ausg. 26/10. 1961. — C. **1962**, 7717 [E. P. 854 032].)

2547 **Farbwerke Hoechst Akt.-Ges. vormals Meister Lucius & Brüning**, übert. von: **Heinz Schmidt**, Frankfurt/M., *Isocyanate als Härter in Polyestermassen.* (**A. P. 3 079 364** vom 5/8. 1958, ausg. 26/2. 1963. D. Prior. 9/8. 1957. — C. **1960**, 6677 [D. A. S. 1 061 065].)

2548 **Farbenfabriken Bayer Akt.-Ges.**, Leverkusen (Erfinder: **Hermann Schnell, Ulrich Veiel** und **Ludwig Bottenbruch**, Krefeld), *Veränderung der physikalischen und chemischen Eigenschaften von Polycarbonaten.* (**Jap. A. S. 14 949/1961** vom 2/7. 1959, ausg. 1/9. 1961. D. Prior. 2/7. 1958. — C. **1960**, 17632 [D. A. S. 1 085 668].)

2549 **Hercules Powder Co.**, Wilmington, Del., V.St.A., *Polymerisieren von 3.3-Bis-[chlormethyl]-oxetan.* (**Jap. A. S. 14 739/1961** vom 17/11. 1958, ausg. 30/8. 1961. A. Prior. 18/11. 1957. — C. **1962**, 12466 [E. P. 858 789].)

2550 **Union Rheinische Braunkohlenkraftstoff Akt.-Ges.**, Wesseling, *Polymerisation von Acrylnitril.* (**E. P. 909 369** vom 20/2. 1961, ausg. 31/10. 1962. D. Prior. 12/3. 1960. — C. **1962**, 17586 [D. A. S. 1 123 833].)

2551 **American Cyanamid Co.**, New York, N.Y. ,V.St.A. (Erfinder: **John Christos Petropoulos**), *Polyester-Aminoplast-Gemische.* (**Aust. P. 235 538** vom 29/1. 1958, ausg. 19/10. 1961. A. Prior. 7/2. 1957. — C. **1960**, 7703 [A. P. 2 851 429].)

2552 **Dunlop Rubber Co. Ltd.**, London (Erfinder: **Peter Merriman**, Birmingham), England, *Verfahren und Vorrichtung zur Herstellung von Polyurethanschaumstoffen.* (**D. A. S. 1 155 234** Kl. 39b vom 6/2. 1959, ausg. 3/10. 1963. E. Prior. 6/2. 1958. — C. **1961**, 12662 [F. P. 1 220 214].)

2553 **Thiokol Chemical Corp.**, Trenton (Erfinder: **Harold Lewis Elkin**, Trenton), N.J., V.St.A., *Herstellung von Polyurethanschaumstoffen.* (**Schwz. P. 370 240** vom 24/3. 1958, ausg. 15/8. 1963. A. Prior. 27/3. 1957. — C. **1961**, 8499 [D. A. S. 1 093 080].)

2554 **Dow Chemical Co.** (Erfinder: **Wesley L. Archer, Robert St. Montgomery, John Lester Lang, Keith B. Boyer** und **Herbert B. Rickert**), Midland, Mich., V.St.A., *Herstellung von vernetzbaren Präparaten.* (**Jap. A. S. 14 648/1961** vom 26/3. 1958, ausg. 29/8. 1961. — C. **1960**, 16957 [A. PP. 2 895 934, 2 895 935 u. 2 895 936].)

2555 **Badische Anilin- & Soda-Fabrik Akt.-Ges.** (Erfinder: **Hans Scheuermann** und **Johann Lenz**), Ludwigshafen/Rh., *Herstellung aminoplastgebundener Faserplatten.* (**Schwz. P. 370 241** vom 16/9. 1958, ausg. 15/8. 1963. D. Prior. 19/10. 1957. — C. **1960**, 1694 [D. A. S. 1 055 806].)

H_{12}. Kautschuk

2556 **Komponenten für die Latexbereitung und allgemeine Verfahren zur Latexherstellung.** Tadaharu Ashizawa. (J. Soc. Rubber Ind., Japan [Nippon Gomu Kyokai Shi] **36**, 156—92, 1963; Rondexfaser K. K.; jap.) — Übersicht über die Hilfsstoffe zur Latexbereitung, bes. Emulgatoren, S u. gelbe Farbstoffe, sowie die prakt. (auch apparative) Ausführung des Zusammenmischens der Komponenten. L. Schuler 7222◇

2557 **Natürlicher Kautschuk(NR)-Latex.** Sintaro Kunisawa. (J. Soc. Rubber Ind., Japan [Nippon Gomu Kyokai Shi] **36**, 83—95, 1963; Tennen Gomu Kenkyusho; jap.) — Übersicht über Kautschukquellen, Bestandteile von Latex (**A**) u. dessen Rkk., Konzentrierung von **A** u. Latexrohstoff, dessen Eigg. u. Verarbeitbarkeit. L. Schuler 7222◇

2558 **Gesättigter und ungesättigter Äthylen/Propylenkautschuk.** H. Blümel, H. Paul und G. Schleich. (Kautschuk u. Gummi **16**, 369—76, 1963; Marl, Chem. Werke Hüls Akt.-Ges.; dt.) — Überblick über die Entw. von gesätt. u. ungesätt. Äthylen–Propylen-Kautschuk (APK bzw. APUK) sowie die Vorteile von APUK gegenüber APK. Die Möglichkeiten von hoch mit Ruß u. Öl gefüllten APUK-Mischungen sowie das Verh. solcher Vulkanisate beim Strecken mit Öl u. die mechan. Eigg. dieser Vulkanisate im Vgl. zu denen von Butyl-, Chlorbutyl- u. Kaltkautschuk werden diskutiert. Abschließend wird auf die Möglichkeiten des Einsatzes von APUK in der Bereifungs- u. Kabel-Herst.-Industrie hingewiesen. I. Köditz 7224△

2559 **SBR-Latex (aus synthetischem Styrol–Butadien-Kautschuk).** Jōji Simozato und Ryoji Konno. (J.

Soc. Rubber Ind., Japan [Nippon Gomu Kyokai Shi] **36**, 96—107, 1963; Yokka, Nippon Gosei Gomu K. K.; jap.) — Übersicht über die Entw. der Herst. von Latex aus synthet. Styrol–Butadien-Kautschuk (SBR-Latex), die gegenwärtigen Herst.-Verff., Sorten u. deren Charakteristica. — 32 Literaturangaben. L. Schuler 7224◇

2560 **NBR-Latex (aus dem Copolymerisat von Butadien- und Acrylonitril).** Masayuki Furuya. (J. Soc. Rubber Ind., Japan [Nippon Gomu Kyokai Shi] **36**, 108—23, 1963; Nippon Zeon K. K.; jap.) — Übersicht über die Herst.-Verff. von *NBR-Latex* (mit 40—50% Feststoff, 0,05—0,2 μ Teilchendurchmesser), die Sorten (bes. in USA, England u. Deutschland), die Technologie der Kombinationen (Art der Emulsionsstabilisatoren usw.) u. die Anwendungsbereiche. L. Schuler 7224◇

2561 **CR-Latex (insbesondere Neoprenlatex).** Kenichi Yamamoto. (J. Soc. Rubber Ind., Japan [Nippon Gomu Kyokai Shi] **36**, 124—29, 1963; Showa Neopren K. K.; jap.) — Übersicht über Herst., Eigg. u. allg. gebräuchliche Sorten von Neoprenlatex sowie dessen bes. Varianten, wie *Latex 400*, *571* usw. u. deren jeweils auszeichnende Sondereigg., die Frage eines evtl. schädlichen Einfl. auf den menschlichen Organismus u. die Stabilität der Emulsionen. L. Schuler 7224◇

2562 **Butyl-Latex.** Eiichi Tanaka und Ryôzi Konno. (J. Soc. Rubber Ind., Japan [Nippon Gomu Kyokai Shi] **36**, 130—32, 1963; Nippon Gosei Gomu K. K.; jap.) — Übersicht über die Entw. des Herst.-Verf. u. die Eigg. von Latex u. der daraus erhältlichen Filme. L. Schuler 7224◇

2563 **Polyvinylpyridin-Latex.** Eiichi Tanaka und Ryōji Konno. (J. Soc. Rubber Ind., Japan [Nippon Gomu Kyokai Shi] **36**, 137—39, 1963; Nippon Gosei-Gomu K. K.; jap.) — Übersicht über die Eigg. der marktüblichen Sorten, bes. im Hinblick auf die Verw. für Autoreifen. L. Schuler 7224◇

2564 **Polymerisationsverfahren zur Herstellung von ABS-Kunststoffen.** F. Klema. (Kunststoffe-Plastics [Solothurn] **10**, 17—18, 1963; Innsbruck; dt.) — Ein durch Copolymerisation erhaltenes kautschukartiges Butadien–Acrylonitril (**I**)-Polymerisat wird mit der Harzmilch eines Styrol (**II**)-**I**-Copolymerisats vermischt oder aber **I** u. **II** werden bei 48° in Ggw. eines Emulgators (Harzseife) u. eines Katalysators (K-Persulfat) auf Polybutadien aufgepfropft. Der Kautschukanteil nach dem ersten Verf. kann zwischen 5 u. 50% schwanken. Die ABS-Polymerisate werden mit einem Antioxydans (Phenole oder Phosphite) versehen. K. Gröbe 7224◇

2565 **Gewinnungsverfahren von einigen Mischpolymeren und ihren Eigenschaften.** W. I. Alexejenko. (Plast. Massen [UdSSR] **1961**, Nr. 4, 3—6; russ.) — Es wurden die Mischsyst. aus Polyvinylalkohol u. COOH-Gruppen enthaltendem Kautschuk (mit 10% Methacrylsäure) sowie Polychloroprenkautschuk-Polybutadien-Chlorvinylmischpolymer untersucht. Das Mischen der Ausgangsprodd. erfolgte in Pulverform (auf Walzen) u. in Form von Latex. In den Prodd. nach dem 2. Verf. zeigen sich die Eigg. der Ausgangsstoffe stärker als in den Prodd. der 1. Methode. Die Mischpolymere aus Latex besitzen eine Struktur, die aus gemischten Kügelchen verschiedener Polymerer besteht. Die Eigg. u. Verw. der Mischpolymeren (Herst. von *Kautschuk*) werden beschrieben. L. Nossowa 7224△

2566 **Gammabestrahlung natürlicher und künstlicher Elastomerer.** Aldemaro Ciaperoni. (Mater. plast. Elastomeri **29**, 157—62, 1963; ital.) — Gegenüber Elastomeren besitzen γ-Strahlen vulkanisierende u. vernetzende Wrkg., wobei die Eigg. dieser bestrahlten Vulkanisate nicht schlechter als die der mit S vulkanisierten Prodd. sind, doch bewirken starke Strahlungsdosen auch Kettenspaltung mit entsprechender Beeinträchtigung der dynam. Eigg. des Vulkanisats. B. Scheifele 7228◇

2567 **Heißflüssigkeits-Vulkanisierung von mit Siliconkautschuk isolierten Drähten und Kabeln.** S. J. Nizinski. (Wire and Wire Products **38**, 227—28, 274—75, 1963; Midland, Mich., Dow Corning Corp.; engl.) — Beschreibung der Heiß-Fl.-Vulkanisierung von mit Siliconkautschuk isolierten Drähten u. Kabeln in Behältern (mit MgO isoliert) unter Verw. von Polyglykol als Wärmeüberträger in Ggw. eines Antioxydans u. Vgl. mit der langsameren Heißluftvulkanisierung. W. Wesly 7228◇

2568 **Latex für die Teppichherstellung.** Bunshichi Takeda. (J. Soc. Rubber Ind., Japan [Nippon Gomu Kyokai Shi] **36**, 236—38, 1963; Nippon Zeon K. K.; jap.) — Übersicht über Latexsorten aus synthet. Kautschuk für die Herst. von Teppichgrundlagen usw. L. Schuler 7230◇

2569 **Gummiartikel nach dem Tauchverfahren.** Motoji Okikura. (J. Soc. Rubber Ind., Japan [Nippon Gomu Kyokai Shi] **36**, 193—205, 1963; Tennen Gomu Kenkyujo; jap.) — Übersicht über die Grundlagen des Tauchverf. mit Latex, die prakt. Ausführung, Hilfsstoffe, gegenwärtigen Normen der Fabrikation, Gerinnungsmittel u. deren Zus., Nachreinigung der Waren durch Extraktion, Trocknung, Vulkanisation, Oberflächenbehandlung u. die apparative Ausrüstung. L. Schuler 7230◇

2570 **Gegossene Gummiwaren.** Sintaro Kunisawa. (J. Soc. Rubber Ind., Japan [Nippon Gomu Kyokai Shi] **36**, 206—10, 1963; Tennen Gomu Kenkyujo; jap.) — Übersicht über die Grundzüge des Verf., die Ausgangsmaterialien u. die Herst. von Hohlkörpern (Ballons usw.) u. massiven Stücken aus Latex. L. Schuler 7230◇

2571 **Schaumgummi.** Daizaburo Orioka. (J. Soc. Rubber Ind., Japan (Nippon Gomu Kyokai Shi] **36**, 211—20, 1963; Toyo Gomu-Kagaku Kogyo K. K.; jap.) — Übersicht über die Geschichte des Schaumgummis, die kennzeichnenden Eigg. u. Herst.-Verfahren. — 24 Literaturangaben. L. Schuler 7230◇

2572 **Gummifäden.** Tadaharu Ashizawa. (J. Soc. Rubber Ind., Japan [Nippon Gomu Kyokai Shi] **36**, 221—25, 1963; Rondex-Gummifaden K. K.; jap.) — Übersicht über die Vorteile von Gummifäden aus Latex, Ausgangs- u. Hilfsstoffe, vorbereitende Operationen, Fällbad, Herst.-Verff. u. App. u. Prüfung der Produkte. L. Schuler 7230◇

2573 **Sonderverwendungsgebiete für Latex.** 1. Mitt. **Behandlungsverfahren von Textilmaterialien für die Gummiindustrie.** Masao Torigoe und Keishi Kasahara. (J. Soc. Rubber Ind., Japan [Nippon Gomu Kyokai Shi] **36**, 257—64, 1963; Nippon Zeon K. K.; jap.) — Übersicht über die Latexbehandlung von Geweben für Riemen, Schläuche usw. für die Gummiindustrie, bes. hinsichtlich Klebekraft der Latices u. Qualitätsverbesserung der Gewebe (meist aus Nylon usw.). L. Schuler 7230◇

2574 **Sonderverwendungsgebiete für Latex.** 2. Mitt. **Behandlung von Textilien und Leder.** Masao Torigoe. (J. Soc. Rubber Ind., Japan **36**, 265—71, 1963; jap.) — 1. vgl. vorst. Referat. — Übersicht über die Behandlungs-Verff. von Geweben u. Leder mit Latex zur Pigmentbindung usw. sowie über Koagulations- u. Vulkanisationsfragen. — 25 Literaturangaben. L. Schuler 7230◇

2575 **Synthetische Weichmacher für die Regeneration von Gummi aus dessen Pyrolyseprodukten.** Je. M. Zwetajewa, R. I. Ssidorowa, M. N. Drugowskaja und I. A. Schochin. (Kautschuk u. Gummi [UdSSR] **19**, Nr. 12, 31—34, Dez. 1960; Forschungsinst. für Reifenind.; russ.) — Vgl. C. **1960**, 10432. — Das durch Pyrolyse von Gummi anfallende „Gummiöl" wird mit Hilfe von H_2SO_4 polymerisiert u. sulfuriert. Die Ausbeute an polymerisiertem Prod. beträgt 46%, die an desodoriertem Öl 43% vom Ausgangsöl. Das desodorierte Prod. besitzt eine geringere JZ. als das unbehandelte Öl. Bei der Behandlung mit H_2SO_4 erfolgt demnach neben anderen Prozessen eine Dehydro- u. Hydropolymerisation. Während das unbehandelte Prod. bei der Regeneration von Gummi nur zusammen mit anderen Weichmachern verwendet werden kann, kann das mit H_2SO_4 erhaltene Prod. als alleiniger Weichmacher dienen. Die guten regenerierenden Eigg. werden halbtechn. bei der Regenerierung von Autoreifen bestätigt. Das desodorierte Öl eignet sich jedoch nicht als Weichmacher bei der Regenerierung von Schutzreifen, da die erforderliche Zerreißfestigkeit nicht erzielt wird. O. Lebtag 7232△

2576 **Prüfverfahren für Rohlatices.** Daizaburō Orioka, Toyoharu Kiyota, Satomi Suzuki und Michihisa Naito. (J. Soc. Rubber Ind., Japan [Nippon Gomu Kyokai Shi] **36**, 151—55, 1963; Toyo Gomu-Kagaku Kogyo K. K.; jap.) — Systemat. Übersicht über die Arten der Verff. u. die einzelnen zu prüfenden Eigenschaften. — 38 Literaturangaben. L. Schuler 7248◇

2577 Esso Research and Engineering Co., V.St.A. (Erfinder: Richard Louia Ray und Alfred L. Miller), **Herstellung von konzentriertem Butylkautschuklatex.** Zu Butylkautschuk-Lsg. gibt man ein Emulgiermittel, homogenisiert die Lsg. mit W. u. verdampft das Lösungsmittel. — Zu einer Lsg. von 230 (g) Butylkautschuk in 770 Hexan gibt man 11,5 Na-Nonylphenoxytetraoxyäthylenäthylsulfat u. 245 W., dispergiert 30 Min., schickt 2mal durch einen Ultraschallhomogenisator u. entfernt Hexan bei 85°. (**F. P. 1 228 419** vom 1/4. 1959, ausg. 29/8. 1960. A. Prior. 11/4. 1958.) M. Pankow 7225

2578 Badische Anilin- & Soda-Fabrik Akt.-Ges., Ludwigshafen/Rh. (Erfinder: Konrad Jost, Lützelsachsen/Bergstraße), **Herstellung von makromolekularen Mischpolymerisaten aus Formaldehyd und Acetaldehyd,** dad. gek., daß man CH_2O u. CH_3CHO in Ggw. geringer Mengen von Al-Verbb. der Formel $Al(R^1)(R^2)(R^3)$, in der R^1, R^2 u. R^3 H, Halogen oder einen gesätt. aliphat., aromat. oder cycloaliphat. Rest oder einen über das O-Atom an das Al-Atom gebundenen Rest einer aromat. Oxy-Verb. bedeuten u. gleich oder verschieden sein können, polymerisiert. — Bei —40° gibt man zu 400 (Teilen) CH_3CHO 4 Al-Triisobutyl u. leitet bei 80 mm Hg-Druck 2 Teile CH_2O/min 14 Min. lang ein u. dampft die erhaltene Gallerte bei 50° ein. Ausbeute: 25 eines elast. *kautschukartigen* farblosen Polymerisats (60 CH_2O : 40 CH_3CHO). — Angabe der physikal. Daten. (**D. A. S. 1 154 274** Kl. 39c vom 5/9. 1959, ausg. 12/9. 1963.) W. Overbeck 7225

2579 Phillips Petroleum Co. (Erfinder: James Newton Short), Bartlesville, Okla., V.St.A., **Herstellung von regellosen Mischpolymerisaten,** in denen die verschiedenen Monomereneinheiten in regelloser Aufeinanderfolge aneinander gebunden sind, aus einem konjugierten C_{4-5}-Dien u. einem vinylsubstituierten aromat. KW-Stoff, worin die Vinylgruppe an ein Kern-C-Atom gebunden ist, dad. gek., daß man die Monomeren in Ggw. einer als Polymerisationskatalysator bekannten Verb. der Formel $R(Li)_x$, worin $x = 1—4$ u. R ein (cyclo-)aliphat. oder aromat. KW-Stoffrest ist sowie eines KW-Stoffs als Verdünnungsmittel polymerisiert, wobei man die Monomeren gleichzeitig, jedoch mit einer solchen Geschw. zugibt, die geringer ist als die normale Polymerisations-Geschw. des Syst. unter den angewandten Bedingungen. Das Verf. wird bei 70—200° durchgeführt, wobei auf 100 Gew.-Teile Gesamtmonomere 0,3—100 mÄquivalente Katalysator u. auf 50—95 (Gew.-Teile) Dien 50—5 einer Vinyl-Verb. kommen. — Mengenbeispiele mit 1.3-Butadien oder Isopren u. Styrol in Cyclohexan (I) u. in Ggw. von n-Butyl-Li bei 116—121° mit wechselnden Zugabezeiten u. variierenden Polymerisationszeiten, I- u. Katalysatormengen. Tabellen über die Eigenviscosität u. den Refraktionsindex der Endprodd. sowie deren mechan. Eigg. u. des daraus hergestellten *Kunstkautschuks.* (**D. A. S. 1 130 169** Kl. 39c vom 30/12. 1960, ausg. 24/5. 1962. A. Prior. 31/12. 1959.) H. Schindler 7225

2580 Farbenfabriken Bayer Akt.-Ges., Leverkusen (Erfinder: Karl-Ludwig Schmidt, Opladen, Erwin Müller, Leverkusen, und Julius Peter, Wien, Österreich), **Polyestermethanelastomere** erhält man durch Rk. von Polyisocyanaten, ggf. Kettenverlängerern, Radikalbildnern u. Polyestern aus Adipinsäure u. einer Glykolmischung aus 60—75% Hexandiol-(1.6) u. 25—40% Butandiol-(2.3) u./oder 2.2-Dimethylpropandiol-(1.3), ggf. in Ggw. von Füllstoffen. (**D. A. S. 1 152 535** Kl. 39b vom 22/3. 1962, ausg. 8/8. 1963.) E. Dörfel 7225

2581 Farbenfabriken Bayer Akt.-Ges., Leverkusen (Erfinder: Artur Reischl, Erwin Müller, Leverkusen, und Wilhelm Kallert, Köln), **Kautschukelastische, thermoplastische Polyurethane** erhält man durch Rk. von difunktionellen OH-Verbb., Molgew. 800—3000, Diisocyanaten u. difunktionellen Kettenverlängerern mit dem Kennzeichen des Umsatzes von Uretdiondiisocyanaten, bes. das dimere 2.4-Toluylendiisocyanat, u. anderem Diisocyanat sowie W. oder Glykol als Kettenverlängerer bei Temp. < 100° in solchen Mengen, daß prakt. keine freien NCO-Gruppen mehr vorliegen. (**D. A. S. 1 153 900** Kl. 39c vom 31/10. 1961, ausg. 5/9. 1963.) E. Dörfel 7225

2582 Farbenfabriken Bayer Akt.-Ges., Leverkusen (Erfinder: Siegmund Helmeth, Bad Godesberg), **Elastische Organopolysiloxanformkörper** verringerter Dehnungsspannung erhält man durch Vernetzen von Massen aus 90—40 (Teilen) α.ω-Dihydroxypolydimethylsiloxanen mit einer Viscosität von 1000—30000 cSt, 10—60 Füllstoff (fein disperse Silicate, Talkum, Kreide, Gips, Ruß oder Acetylcellulose), 1—5 Ortho- oder Polykieselsäureestern u. 0,1 bis 5 Metallsalzen, denen man vor der Formgebung noch 10 bis 60%, bezogen auf die Füllstoffmenge, 10—35% Feststoff enthaltende Alkalisilicat-Lsg. zugefügt hat. — Herst. von Abdruckmassen. (**D. A. S. 1 153 167** Kl. 39b vom 31/7. 1961, ausg. 22/8. 1963.) E. Dörfel 7225

2583 Wacker-Chemie G. m. b. H., München (Erfinder: Siegfried Nitzsche und Manfred Wick, Burghausen), **Elastomere Organopolysiloxane** erhält man bei Raum-Temp. durch Aushärten von OH-endblockierten Diorganopolysiloxanen (a), durch Triorganosiloxygruppen endblockierte Diorganopolysiloxane (b), Vernetzer (c) u. Katalysatoren (d) durch Vereinigen zweier Massen, deren eine die Komponenten (c) u. (a) u. deren andere die Komponenten (d) u. (b) enthält. (**D. A. S. 1 153 169** Kl. 39b vom 19/2. 1959, ausg. 22/8. 1963.) E. Dörfel 7225

2584 Werner Petzold, Wittenberge/Priegnitz, und Artur Rivier, Dessau, **Herstellung vernetzter Pflanzenölderivate** durch Epoxydierung u. Nachbehandlung mit PCl_3. — Faktisartige, lufttrocknende, toluollösl. bis gummielast. Stoffe, die in Kautschukmischungen als *Alterungsschutzmittel* wirken. — Man epoxydiert Leinöl mit Perameisensäure bis zur JZ. 143. 100 g des Prod. werden mit 0,6 g PCl_3 2 Tage bei Raum-Temp. gehalten: Hochviscoses, helles Öl, das an Glas, Eisen oder Holz fest haftet. (**D. P. [DDR] 25 736** Kl. 39c vom 21/12. 1959, ausg. 26/7. 1963 [Wirtschaftspatent].) M. Pankow 7227

2585 Esso Research and Engineering Co., V.St.A. (Erfinder: William P. Cain, Harry S. Makowski und Attilio L. Bisio), **Herstellung und Vulkanisation von chlorierten Mischpolymerisaten des Äthylens mit einem höheren Olefin.** Man gewinnt die Mischpolymeren bei Niederdruck mit Ziegler-Katalysatoren, chloriert sie u. vulkanisiert sie mit S, ggf. Vulkanisationsbeschleuniger, u. einem Oxid, Sulfid, Salz oder Pulver von Metallen der Gruppe IIa u. b des Period. Syst., Cu oder Fe, bes. Zn, Cd, Mn, Fe u. Pb, Aminen oder Polyaminen u./oder Dicumylperoxid. — Verw. der Vulkanisate für *Reifen, Schläuche* oder *Dichtungen.* — So wird das mit $TiCl_3$, $AlCl_3$ erhaltene Mischpolymere von Äthylen u. Propylen in Chlorbenzol durch Einleiten von Cl_2 chloriert. Zu dem chlorierten Prod. gibt man 50 (Gew.-%) halbverstärkenden Ruß, 5 ZnO, 2 S u. je 1 Tetramethylthiuramdisulfid u. Dibenzothiazyldisulfid u. erhitzt 15 Min. auf 154°. (**F. P. 1 222 065** vom 1/4. 1959, ausg. 8/6. 1960. A. Prior. 1/4. u. 2/6. 1958.) M. Pankow 7229

2586 Esso Research and Engineering Co., V.St.A. (Erfinder: Kenneth W. Powers, Samuel B. Robison und James V. Fusco), **Vulkanisieren von Butylkautschuk** mit S oder einer S-Verb., wie Morpholindisulfid, u. einer Beschleunigermischung aus einem Dithiocarbamat u. Arylothiazyldisulfid oder Tetraalkylthiuramdisulfid bei 121 bis 204°. — Man vulkanisiert eine Mischung aus 100 (Gew.-Teilen) Butylkauschuck. 30 Ruß „SAF", 20 Ruß „FT", 0,7 N.4-Dinitroso-N-methylanilin, 5 ZnO, 5 saurem Phenol-HCHO-Harz, 2 S u. je 1 Te-Diäthyldithiocarbamat, Benzothiazyldisulfid, 1 Tetramethylthiuramdisulfid u. Phenyl-β-naphthylamin 15 Min. bei 153°. (**F. P. 1 210 113** vom 2/9. 1958, ausg. 7/3. 1960. A. Prior. 6/9. 1957.) M. Pankow 7229

2587 Zellstofffabrik Waldhof (Erfinder: August W. Sohn), Mannheim, **Kautschuk-Lignin-Mischungen.** Herst. dad. gek., daß dem natürlichen oder synthet. Kautschuk Hydrolyse-Lignin in Mischung mit bes. > 10% W. zugesetzt wird. — 100 (Teile) Naturkautschuk, 80 Al-Silicat, 5 ZnO, 5 TiO_2, 2,5 S, 1 Dibenzothiazyldisulfid, 0,5 Diphenylguanidin u. 2 Stearinsäure werden mit 20 eines 20% W. enthaltenden Hydrolyse-Lignins vermischt u. 20 Min. bei 143° vulkanisiert. (**D. A. S. 1 154 267** Kl. 39b vom 12/3. 1957, ausg. 12/9. 1963.) W. Overbeck 7231

2588 Esso Research and Engineering Co., V.St.A., **Plastizieren von Butylkautschuk** durch Zusatz eines an seiner Oberfläche O_2 enthaltenden Rußes, längere Erwärmung der Mischung u. Zusatz eines Weichmachers, wie Erdöl. — Man gibt zu 301 (g) einer Mischung von 1500 Butylkautschuk, 750 Kanalruß EPC u. 7,5 Stearinsäure in 10 Min 20 eines KW-Stoff-Öles, erhitzt 4 Std. lang im Autoklaven bei 154°, gibt in 5 Min. 10 ZnO, 2 Tetramethylthiuramdisulfid, 2 Benzothiazyldisulfid u. 4 S bei 27—32° auf dem Kalander zu u. vulkanisiert 20 Min. lang bei 153°. — Verbesserung des Rückpralls. (**F. P. 1 215 940** vom 1/12. 1958, ausg. 21/4. 1960.) M. Pankow 7231

2589 Esso Research and Engineering Co., V.St.A. (Erfinder: Byron M. Vanderbilt, Charles F. Marsden jun. und Albert M. Gessler), **Schichtstoff für Rohre** aus einer Innenschicht aus Nitrilkautschuk u. ggf. Harz, einer faserverstärkten Mittelschicht aus Styrolkautschuk, der zusätzlich Styrol oder Vinyltoluol enthalten kann, u. einer Außenschicht aus Nitrilkautschuk. Zur Vulkanisation enthalten alle Schichten Dicumylperoxid als Vulkanisiermittel, das eine gleichmäßige Vulkanisation aller Schichten bewirkt. — So enthält die innere u. äußere Schicht eine Mischung aus 100 (Teilen) Butadien-Acrylnitril(65:35%)-Mischpolymerisat u. 100 Polyvinylchloridpulver, 3 Diphenylamin–HCHO-Kondens.-Prod., 5 Pb-Phosphat als Stabilisator, 40 Ruß, 5 ZnO, 1 Stearinsäure, 20 Weichmacher u. 1 Dicumylperoxid; die Fasern der Mittelschicht sind mit einer Mischung aus 50% Butadien–Styrol (80:20%)-Na-Mischpolymerisat u. 50% Styrol oder Vinyltoluol u. 4% (der Mischung) Dicumylperoxid getränkt. Das fertige Schichtmaterial wird 1 Std. lang bei 143° frei gehärtet. (**F. P. 1 220 949** vom 8/1. 1959, ausg. 30/5. 1960. A. Prior. 14/1. 1958.) M. Pankow 7231

2590 Esso Research and Engineering Co., V.St.A. (Erfinder: Richard H. Dudley, Robert L. Zapp und Hubert A. Pattison jun.), **Schichtstoff.** Zur besseren Bindung von Butylkautschuk (I) an stark ungesätt. Kautschuk (II) (Naturkautschuk, GR-S), bringt man auf letzterem eine Lage aus 25—65% bromiertem I u. 35—75 **II**, darauf eine Lage aus 70—95% bromiertem I u. 30—5% **II** u. schließlich I. — Herst. von *Reifen* mit einer Karkasse aus II u. einer Laufdecke aus **I**. (**F. P. 1 225 114** vom 17/2. 1959, ausg. 29/6. 1960. A. Prior. 17/3. 1958.) M. Pankow 7231

2591 Esso Research and Engineering Co., V.St.A. (Erfinder: Conrad J. Jankowski), **Reifenwulst** aus Butylkautschuk, der zur besseren Haftung an den Wulstdrähten 5—40% chlorsulfoniertes Polyäthylen, z. B. „Hypalon 20", enthält. (**F. P. 1 221 739** vom 8/1. 1959, ausg. 3/6. 1960. A. Prior. 6/2. 1958.) M. Pankow 7231

2592 **Montecatini Soc. Gen. per l'Industria Mineraria e Chimica** (Erfinder: **Giulio Natta, Giovanni Crespi** und **Mario Bruzzone**), Mailand, Italien, *Herstellung von Elastomeren aus α-Olefinpolymeren und -mischpolymeren.* (**Belg. P. 568 581** vom 13/6. 1958, ausg. 4/11. 1960. It. Prior. 14/6. 1957. — C. **1961,** 11550 [F. P. 1 208 447, Oe. P. 212 012 u. D. P. [DDR] 20 352].)

2593 **Godfrey L. Cabot, Inc.,** Boston, Mass., V.St.A. (Erfinder: **Eli M. Dannenberg, Raymond P. Rossman** und **Herman F. Mark**), *Härtbares Olefinmischpolymerisat.* (**Jap. A. S. 14 636/1961** vom 30/4. 1958, ausg. 29/8. 1961. A. Prior. 29/4. 1957. — C. **1963,** 6041 [Belg. P. 567 253].)

2594 **Phillips Petroleum Co.** (Erfinder: **Robert Paul Zelinsky** und **David Richard Smith**), Bartlesville, Okla., V.St.A., *Herstellung von Polybutadien-(1.3) mit cis-1.4-Addition.* (**Jap. A. S. 15 193/1961** vom 17/10. 1956, ausg. 2/9. 1961. A. Prior. 16/4. 1956. — C. **1962,** 17952 [E. P. 848 065].)

2595 **Natural Rubber Producers' Research Association,** übert. von: **John Ivan Cunneen** und **William Ferguson Watson,** Welwyn Garden City, England, *Kautschuknachbehandlung.* (**A. P. 3 062 802** vom 8/9. 1959, ausg. 6/11. 1962. — C. **1964,** 9-2528 [E. P. 898 604].)

2596 **Polymer Corp. Ltd.,** Sarnia, Ontario, Canada (Erfinder: **Frank Woods**), *Vulkanisierverfahren.* (**E. P. 873 110** vom 23/6. 1958, ausg. 19/7. 1961. — C. **1964,** 9-2533 [A. P. 3 012 014].)

2597 **Farbenfabriken Bayer Akt.-Ges.,** Leverkusen (Erfinder: **Friedrich Laber,** Leverkusen, **Ernst Roos,** Köln, und **Hans Pohle,** Leverkusen), *Vulkanisieren von Kautschuk.* (**Jap. A. S. 15 037/1961** vom 31/10. 1959, ausg. 1/9. 1961. D. Prior. 31/10. 1958. — C. **1962,** 17241 [D. A. S. 1 112 685].)

2598 **United States Rubber Co.,** New York, N.Y., übert. von: **Pliny O. Tawney,** Passaic, **George H. Brice,** Glen Rock, und **Paul Viohl,** Ramsey, N.J., V.St.A., *Vulkanisation von Butylkautschuk.* (**A. P. 2 977 348** vom 7/10. 1958, ausg. 28/3. 1961. — C. **1963,** 2256 [E. P. 859 398].)

2599 **Farbenfabriken Bayer Akt.-Ges.,** Leverkusen (Erfinder: **Heinz Esser,** Köln, **Gustav Sinn,** Bergisch Neukirchen, und **Hanswilli Brachel,** Köln), *Stabilisieren von Kautschuk- und Kunstharzschaum.* (**Jap. A. S. 15 039/1961** vom 12/8. 1959, ausg. 1/9. 1961. D. Prior. 12/8. 1958. — C. **1963,** 6424 [F. P. 1 233 833].)

H_{16}. Nahrungs-, Genuß- und Futtermittel

2600 **Betrachtungen über den Wärmeübergang bei der Nahrungsmittelherstellung.** C. L. Cutting. (Chem. and Ind. **1963,** 1004—11; Leatherhead, Surrey, Brit. Food Mfg. Ind. Res. Assoc.; engl.) — Übersicht über die Vorgänge u. zahlenmäßigen Größen des Wärmeüberganges bei der Herst. von Nahrungsmitteln (Backen, Kochen, Eindosen, Pasteurisieren, Sterilisieren, Abkühlen, Gefrieren, Auftauen, Trocknen). — 44 Literaturangaben. W. Wesly 7632◇

2601 **Die Destillation und ihre Bedeutung in Landwirtschaft und Lebensmittelindustrie.** Jean Mejane. (Ind. aliment. agric. **79,** 663—71, 1962; franz.) — Überblick über wissenschaftliche Grundlagen, Technik u. Anwendungsgebiete verschiedener Destillationsverfahren. F. v. Gizycki 7632◇

2602 **Eigenschaften von Fettsäureestern der Amylose.** Audrey T. Gros und R. O. Feuge. (J. Amer. Oil Chemists' Soc. **39,** 19—24, 1962; New Orleans, La., Southern Reg. Res. Labor.; engl.) — Ausgehend von der Möglichkeit, daß Ester aus Fettsäuren u. Polyhydroxy-Verbb. als *Schutzüberzüge* bei Lebensmitteln u. anderen Substanzen geeignet sein dürften — auch hinsichtlich ihrer ernährungsphysiolog. Unbedenklichkeit — werden systemat. Verss. mit *Amylose* sowie mit gesätt. Fettsäuren (C_2—C_{18}), mit *Ölsäure* sowie mit Baumwollsamenfettsäuren durchgeführt. Angaben über die Beschaffenheit der eingesetzten Materialien, die präparative Darst. der *Amylose-Fettsäureester* (**A**), die analyt. Kennzeichnung der Präpp. sowie die physikal.-chem. Eigg. (Erweichungspunkt, Dichte, Dehnbarkeit, Durchlässigkeit für Wasserdampf). Aus den graph. u. tabellar. mitgeteilten Ergebnissen wird abgeleitet, daß mit ansteigender Kettenlänge der gesätt. Fettsäuren der Erweichungspunkt der **A** zuerst absinkt, dann aber ansteigt; er liegt beim Stearat bei 56,2°. Die Dichte der **A** ist größer als die der entsprechenden Triglyceride; sie nimmt mit verlängerter Kettenlänge ab; analog verhält sich die Wasserdampfdurchlässigkeit; das Acetat zeigt die größte Dehnbarkeit. K. Täufel 7658◇

2603 **Entnahme und Vorbereitung der Proben für Untersuchungen.** W. Schuphan. (Ind. aliment. agric. **80,** 529—34, 1963; Geisenheim/Rh.; franz.) — Es wird gezeigt, daß die Entnahme von Proben von Pflanzen-Prodd. zur Best. ihres biochem. Wertes von grundsätzlicher Bedeutung ist. Die vielfach auftretenden Differenzen zwischen den Ergebnissen verschiedener Autoren sind nur teilweise auf physiolog. Einfl. zurückzuführen. Meist ist ein unkorrektes Verf. der Probenahme die Ursache ungenauer Analysenergebnisse. W. Wesly 7660◇

2604 **Die Erreger der Sauerteiggärung. Über den Einfluß der Hefe auf die Milchsäurebakterien des Sauerteiges.** G. Spicher. (Arbeitsgemeinsch. Getreideforsch. E. V., Ber. Getreidechem.-Tag. **1962,** 95—105; Detmold, Bundesforschungsanst. für Getreideverarb.; dt.) — Sauerteige aus Reinkulturen homofermentativer Milchsäurebakterien werden durch Zusatz von Backhefe wenig beeinflußt. Gegenüber den heterofermentativen Sauerteigbakterien wirkte sich die Ggw. von Hefen in begrenztem Umfange günstig aus. H. Haevecker 7674◇

2605 **Der Einfluß der Jahreszeit, der Lagertemperatur und der Temperatur während der Lichteinwirkung auf die Chlorophyllanhäufung in White-Rose-Kartoffeln.** M. Yamaguchi, D. L. Hughes und F. D. Howard. (Proc. Amer. Soc. horticult. Sci. **75,** 529—36, 1960; Davis, Calif., Univ. of California; engl.) — Im Winter geerntete Kartoffeln (**A**) entwickelten unter Licht-Einw. (LE) mehr *Chlorophyll* (**I**) als im Sommer geerntete. Je niedriger die Lager-Temp. während der LE, um so stärker die **I**-Bildung. **A,** welche vor der LE bei 41° F aufbewahrt worden waren entwickelten wesentlich schneller **I** als solche, die bei 68—86° F aufbewahrt worden waren. Möglicherweise spielt der Zucker-Geh. u. die Veränderungen im Kohlenhydrat-Geh. während der Kühllagerung der **A** bei der **I**-Bldg. eine Rolle. E. Lück 7678◇

2606 **Die Verwendung von Papier, welches zur Verminderung der Fäulnis von lagernden Früchten mit Estern des o-Phenylphenols imprägniert wurde.** R. G. Tomkins. (Nature [London] **199,** 669—70, 1963; Larkfield Maidstone, Agric. Res. Council, Ditton Labor.; engl.) — Tomaten u. Citrusfrüchte wurden in Papiere eingewickelt, welche pro 100 sq. in. 50 mg *Essigsäure-, Propionsäure-, Buttersäure-, Isobuttersäure-, Capronsäure-, Methoxyessigsäure-, Benzoesäure-* u. *Crotonsäure-o-phenylphenylester* enthielten. Die zuletzt genannten 4 Verbb. waren wirkungslos hinsichtlich der Verhütung von mikrobiolog. Veränderungen oder verursachten Schädigungen der Früchte. Die anderen Ester reichten in ihrer Wrkg. an die von *Diphenyl* heran. E. Lück 7688◇

2607 **Die Entfernung von Kohlendioxid aus kontrollierten Lageratmosphären mittels Wasser.** R. M. Smock und L. Yatsu. (Proc. Amer. Soc. horticult. Sci. **75,** 53—60, 1960; Ithaca, N.Y., Cornell Univ., Dep. of Pomology; engl.) — Die Entfernung von CO_2 aus Lageratmosphären, z. B. für Früchte, die eine kontrollierte u. standardisierte Zus. haben, ist durch eine Art Umwälzung mittels W. und erwärmter Luft möglich. E. Lück 7688◇

2608 **Methoden zur Bestimmung des Reifegrades von Früchten beim Pflücken und während des Lagerns.** P. Molls Rasmussen. (Tidsskr. Planteavl **66,** 353—64, 1962; Blangstedgaard, Statens forsøgsstation; dän.) — In Unterss. an Äpfeln werden verschiedene Meth. der Reifeprüfung untersucht: refraktometr. Zucker-Best., Säure-Best. durch Titration mit 0,1n NaOH, Festigkeitsprüfung mit dem Magness Taylor-Druckmesser u. Viscositäts-Best. an Fruchtsaft mit Raaschou-Viscosimeter. Die beiden letzteren Meth. sind beim Verfolgen der Entw. während des Lagerns noch am ehesten brauchbar, sie geben ein Kriterium für die vorhandene Menge an wasserlösl. *Pektin.* R. K. Müller 7688◇

2609 **Beobachtungen über Bräunungsreaktionen an zerquetschten Bartlett-Birnen.** L. E. Scott, G. E. Mattus und L. L. Claypool. (Proc. Amer. Soc. horticult. Sci. **75,** 106—13, 1960; Davis, Calif., Univ. of California; engl.) — An zerquetschten Bartlett-Birnen auftretende Fleckenbräune wird durch eine *Oxydase* verursacht. Ähnliche Bräunungen treten auch nach dem Eintauchen zerquetschter Früchte in W. von 60 bis 80° ein. Der Ausfall des Molybdattests auf Tannine steht in engem Zusammenhang mit der Empfindlichkeit der Birnen gegenüber dem Auftreten von Bräunungen. E. Lück 7688◇

2610 **Die durch Bleiarsenatsprays bei Pampelmusen verursachte Änderung der Zuckerzusammensetzung, des Gehaltes an Bioflavonoiden und des pH-Wertes.** E. J. Deszyck und S. V. Ting. (Proc. Amer. Soc. horticult. Sci. **75,** 266—70, 1960; Lake Alfred, Fla., Citrus Exper. Stat.; engl.) — Besprühen von Marsh-Pampelmusen mit *Bleiarsenat*-Lsgg. führt zu einer Verminderung des Geh. an reduzierenden Zuckern u. zu einer Erhöhung des Geh. an nichtreduzierenden Zuckern u. an Gesamtzucker. Der Geh. an *Bioflavonoiden* u. der pH-Wert zeigten eine Erhöhung. E. Lück 7688◇

2611 **Chemische Veränderungen von Jersey- und Rubel-Blaubeeren in Abhängigkeit von der Reifung und dem Verderb.** R. E. Woodruff, D. H. Dewey und H. M. Sell. (Proc. Amer. Soc. horticult. Sci. **75,** 387—401, 1960; East Lansing, Michigan State Univ.; engl.) — Bei der Reifung von Blaubeeren steigt der Geh. an Zuckern zunächst an um von einem bestimmten Zeitpunkt an konst. zu bleiben. Der Geh. an Säuren nimmt dauernd ab. Die Farbe vertieft sich bis zu einem gewissen Grenzwert. Der Geh. an *Pektin* nimmt kontinuierlich ab, während die *Pektinmethylesterase*-Aktivität zunimmt. Die übrigen organ. Bestandteile, bes. *Stärke, Polysaccharide,* der Geh. an ätherlösl. Substanzen, an *Lignin* u. *Cellulose* änderten sich nicht wesentlich. Zwischen dem Verhältnis Zucker: Säure sowie dem Reifegrad besteht eine enge Korrelation. E. Lück 7688◇

2612 **Atmung und Reifung von Oliven.** E. C. Maxie, P. B. Catlin und H. T. Hartmann. (Proc. Amer. Soc. horticult. Sci. **75,** 275—91, 1960; Davis, Calif., Univ. of California; engl.) — C_2H_4 u. *2.4-Dichlorphenoxyessigsäure* (**I**) haben bei 68° F keinen Einfl. auf die Atmung u. die Reifung von Oliven, während bei 77° u. höheren Temp. eine bemerkenswerte Steigerung der Atmung zu beobachten war. Die grüne Farbe der Früchte bleicht aus, ein Weichwerden tritt jedoch nicht ein. **I**-Behandlung führt zu einer Schädigung der Oliven. E. Lück 7688◇

2613 **Über die Qualitätserhaltung von Trockenerzeugnissen. 3. Mitt. Das Trocknen von Gemüsen und Kartoffeln auf niedrige Endwassergehalte.** Paul Görling. (Ind. Obst- u. Gemüseverwert. **48,** 32—38, 1963; München, Inst. für Lebensmitteltechnol. u. Verpackung; dt.) — 2. vgl. C. **1964,** 2-2632. — Da Qualitätsminderungen auch unterhalb der Grenze des Schimmelpilzwachstums (14% W.) durch enzymat. u. nichtenzymat. Bräunungs-Rkk. ablaufen können, wurden systemat. die Trockenbedingungen für schonende Endtrocknung sowie eine Nachtrocknung in der Verpackung von verschiedenen Gemüsearten untersucht. E. Moisar 7690◇

2614 **Die Beziehungen zwischen Festigkeit und Pektinesteraseaktivität bei Tomaten.** C. B. Hall und R. A. Dennison. (Proc. Amer. Soc. horticult. Sci. **75,** 629—31, 1960; Gainesville, Fla., Agric. Exper. Stat.; engl.) — Zwischen der *Pektinesterase*-Aktivität von Tomaten u. deren Festigkeit besteht kein direkter Zusammenhang. E. Lück 7690◇

2615 **Entfärbung und Qualitätserhaltung bei Weißkrautsalat.** F. J. Francis. (Proc. Amer. Soc. horticult. Sci. **75,** 449—55, 1960; Amherst, Mass., Univ. of Massachusetts; engl.) — Der Hauptfaktor bei den Farbveränderungen (FV) von Weißkrautsalat (WS) ist der die Verpackung durchdringende O_2. Aus diesem Grund ist die Verpackung entscheidend für die Qualitätserhaltung. Der Grad der FV kann durch colorimetr. Auswertung eines Acetonextraktes verfolgt werden. Zwischen dem Farbstoff-Geh. (*Chlorophyll* u. *Carotinoide*) des WS u. der FV besteht keine Korrelation. Zusätze von 0,1% *K-Sorbat* (**I**) oder 25 ppm *Hydroxytetracyclin* (**II**) oder **I** u. **II** zusammen führten zu einer Haltbarkeitsverlängerung des Erzeugnisses. E. Lück 7690◇

2616 **Die Einflüsse von Temperatur, Verpackung und Befeuchten auf die Qualität von gelagerter Sellerie.** C. S. Parsons. (Proc. Amer. Soc. horticult. Sci. **75,** 463—69, 1960; Beltsville, Md., U. S. Dep. of Agric.; engl.) — Die optimale Lager-Temp. für *Sellerie* (**A**) beträgt 32° F. Durch Befeuchten der **A** oder durch Verpacken in Pergament ließ sich das Ausmaß des Verwelkens vermindern. Mit einer Polyäthylen-Beutelverpackung wurde die beste Schutz-Wrkg. erreicht. E. Lück 7690◇

2617 **Über den Einfluß verschiedenartiger Klärmittel auf das Ergebnis der Untersuchung von Honig.** Zofia Fedorowska. (Acta polon. pharmac. **19,** 79—90, 1962; Kraków, Akad. Med., Zakl. Bromatol.; pol.) — Vor der Best. physikal. u. chem. Eigg. von *Honig* (**A**) muß die wss. **A**-Lsg. von Nichtzuckern befreit werden. Außerdem müssen die Enzyme inaktiviert werden. Die verschiedenen Reinigungs-Meth. werden krit. untersucht. Die gewöhnlich verwendeten Reagentien haben keinen Einfl. auf die Drehung u. die Reduzierbarkeit der **A**-Lösung. Verwendet man aber Pb-Acetat oder Na_2SO_3 mit Zusatz von NH_4OH, so wird der Fructose-Geh. von **A** erniedrigt. Bas. Pb-Acetat, Na_2HPO_4, $K_4[Fe(CN)_6]$, $ZnSO_4$ oder frisch gefälltes $Al(OH)_3$ hemmen nur teilweise die Aktivität der Enzyme von **A**; *Invertase* wird nur im alkal. Medium vollständig inaktiv. Bei mit Saccharose verfälschtem **A** hemmen die meisten Reagentien nicht die enzymat. Vorgänge. F. Urban 7700◇

2618 **Über den Einfluß von Pektin auf den L-Ascorbinsäureabbau.** J. Herrmann und H. G. Grossmann. (Pharmaz. Zentralhalle Deutschland **101,** 743—48, 1962; Berlin, Humboldt-Univ., Inst. für Technol. und Vorratspflege; dt.) — Von den Vff. durchgeführte Modell-Verss. zeigen, daß *Pektin* (**I**) die durch Cu katalysierte *Ascorbinsäure* (**II**)-Oxydation — möglicherweise unter Bldg. von inaktivem *Cu-Pektinat* — zu hemmen vermag. Für die Wrkg. von **I** gegenüber **II** erscheint ferner die jeweils verwendete Puffersubstanz von ausschlaggebender Bedeutung. G. Heder 7702◇

2619 **Die Bedeutung der Fruchtsäfte in der Ernährung.** W. Feldheim. (Flüssiges Obst **30,** Jubiläumsh. VIII/20—28, 1963; Gießen; dt.) — Allg. Ausführungen über die Bedeutung von *Fruchtsäften* in der Ernährung auf Grund ihrer Inhaltsstoffe, wie z. B. Vitamine, Mineralstoffe, organ. Säuren usw. G. Heder 7706◇

2620 **β-Carotin, Farbe und Nährstoff für Säfte und Getränke.** J. C. Bauernfeind, M. Osadca und R. H. Bunnell. (Food Technol. **16,** Nr. 8, 101—07, 1962; Nutley, N.Y., Hoffmann-La Roche, Inc.; engl.) — Zwei in W. dispergierbare synthet. *β-Carotin* (**I**)-Präpp. erwiesen sich beim Einsatz in der Getränkeindustrie bei 12 monatiger Aufbewahrung der mit diesen Präpp. versetzten Prodd. in geschlossenen Behältern als stabil, u. sie besaßen für die ganze Zeit volle biolog. Vitamin-A-Aktivität. Nach Lagerung von Getränken für 6 u. 12 Monate bei 75° F bzw. für 3 Monate bei 86° F waren die Verluste an **I** gering. Die qual. u. quant. Best. von zugesetztem **I** ist beschrieben. G. Heder 7706◇

2621 **Die chemische Zusammensetzung von Tabakblättern und deren Einfluß auf den bei üblicher Wärmefermentation erhaltenen Reifegrad.** A. S. Sastry und P. Sitapathi. (J. sci. ind. Res. [New Delhi], Sect. A **18,** 472—78,

1959; Rajahmundry, Central Tobacco Res. Inst.; engl.) — Der beste Reifegrad wurde erhalten, wenn die grünen Tabakblätter einen Feuchtigkeits-Geh. von 80—85% u. einen Stärke-Geh. von 13% aufweisen. Der Geh. an N bzw. Proteinen u. anderen Inhaltsstoffen war von untergeordnetem Einfluß.
E. Lück 7734◇

2622 **Frischfleisch in evakuierten Plastikverpackungen. Untersuchungen über chemische und bakteriologische Veränderungen in verpacktem Frischfleisch.** H. Fredholm. (Fleischwirtschaft **15**, 95—99, 1963; Stockholm; dt.) — Frischfleisch, in Plastikfolien verpackt, zeigt bei 10tägiger Lagerung für Ochsenfilet eine gute Haltbarkeit, während bei Proben von Schweinskotelett ein beträchtlicher Abfall in der organolept. Bewertung festzustellen ist. Der Gew.-Verlust ist bei Schweinskotelett vom Verpackungsmaterial abhängig. Größere Proben zeigen bei Verpackung eine erheblich stärkere Entw. von Oberflächenkeimen als bei unverpackter Lagerung, während die Verhältnisse bzgl. des Keim-Geh. im Fleischinneren umgekehrt liegen. G. Heder 7750◇

2623 **Die Mikrostruktur des Muskels und ihre Beziehung zum Wasserbindungsvermögen des Fleisches.** R. Hamm. (Fleischwirtschaft **15**, 298—301, 1963; Kulmbach, Bundesanstalt für Fleischforschung; dt.) — Unter Hinweis auf die gegenwärtigen Kenntnisse über die Struktur des Muskels beschäftigt sich der Autor mit dem Wasserbindungsvermögen, wobei die Art der Einlagerung von W., die Menge u. die Veränderungen bei der Lagerung an Hand der Kontraktionstheorie von Huxley erläutert werden. A. Täufel 7750◇

2624 **Struktur und Festigkeit von Eierschalen.** C. Tyler. (Chem. and Ind. **1963**, 1012—13; Reading, Univ., Dep. of Physiol. Chem.; engl.) — Übersicht über die chem., physikal. u. strukturellen Eigg. der Schalen von Hühnereiern.
W. Wesly 7754◇

2625 **Bedingungen zur Abtötung von Salmonellen in Mayonnaise.** K. Coretti. (Fleischwirtschaft **15**, 89—92, 1963; Gießen; dt.) — CH_3COOH (**I**) tötet innerhalb von 24 Std. Salmonellen in *Mayonaise* (**A**) ab, wenn ihre Konz. 0,4 bis 0,7% beträgt u. die **A** bei 15° gelagert wird. Höhere Konzz. an **I** verursachen geschmacklichen Abfall. G. Heder 7754◇

2626 **Lipaseaktivität in Milch und Milchprodukten.** Gunnar Sjöström. (Acta polytechn. scand. Nr. **16**, Chem. includ. Metallurgy Ser. [N. S.] Nr. **21**, 87—89, 1962; Alnarp, Schweden, Dairy Dep.; engl.) — Übersicht über das Verh. von *Lipase* in Milch (-Produkten). — 15 Literaturangaben.
W. Wesly 7756◇

2627 **Untersuchungen über gefrorene Milch unter besonderer Berücksichtigung der Denaturierung der Milchproteine.** Zenichi Saito und Yoshio Hashimoto. (J. Fac. Agric. Hokkaido Univ. **52**, 162—85, 1962; Sapporo, Japan, Hokkaido Univ., Fac. of Agric.; engl.) — Physikochem. Unterss. über die Denaturierung von *Casein* (**I**) u./oder **I**-Micellen durch Gefrieren (GF) u. andere mit dem GF verbundene Maßnahmen zeigten, daß durch GF oder Lagerung im gefrorenen Zustand bei —10° die Acidität vermutlich durch Fällung von Salzen leicht gesenkt wird u. die Viscosität roher u. pasteurisierter Mager- sowie roher Vollmilch zunehmende Tendenz aufweist. Letztere Tendenz zeigen auch **I**-Lösungen. Das Verh. bei der Elektrophorese sowie das elektronenopt. Bild wurden dagegen nicht verändert. Bei pH 4,7 aus gefrierkonz. oder evaporierter (gesüßter) Magermilch gefälltes **I** zeigte ähnliche elektrophoret. Eigenschaften. Ein in gefrierkonz. Magermilch gebildeter Nd. bestand hauptsächlich aus **I**. Vermutlich fallen die **I**-Micellen infolge der hohen Salz-Konz. aus. Gefriertrocknen von Magermilch blieb ohne Einfl. auf die elektrophoret. Eigg., dagegen bewirkte Gefriertrocknen eines **I**-Leims eine Veränderung des absteigenden, jedoch nicht des aufsteigenden Teils des Elektropherogramms. Nach den Ergebnissen hat GF keinen merklichen Einfl. auf die untersuchten Eigg. der Milch, sofern vor dem GF keine Konzentrierung erfolgte. Hans Thiele 7756◇

2628 **Vom natürlichen Milcheiweiß zur strahlungssicheren Käsekonserve.** Albert Meyer. (Dtsch. Molkerei-Ztg. **83**, 1439—55, 1962; Ludwigshafen/Rh.; dt.) — Allg. Ausführungen. Winfried Krüger 7760◇

2629 **Der Gehalt an ^{90}Sr und ^{89}Sr im deutschen Käse nach Wiederaufnahme der Atomkernwaffenversuche im Herbst 1961.** Adriana Enda Marah, O. Paakkola und E. Knoop. (Kieler milchwirtsch. Forschungsber. **15**, 33—40, 1963; Kiel, Physikal. Inst. der Bundesforschungsanstalt; dt.) — Vff. berichten über ^{89}Sr- u. ^{90}Sr-Geh. in Käse im Raum von Süddeutschland u. Schleswig-Holstein für die Zeit von Sept. bis Nov. 1961. Aus dem Verhältnis beider Isotope zueinander u. aus theoret. Überlegungen schließen Vff., daß in Norddeutschland nur 10% u. in Süddeutschland 6% der ^{90}Sr-Mengen in Molkerei-Prodd. von frischem Fallout herrühren, der Rest aus der Vers.-Periode vom Herbst 1958 stammt. Ferner wird festgestellt, daß es möglich ist, aus der γ-spektrometr. Messung des Geh. an ^{140}Ba den Geh. an ^{89}Sr in Milch u. Milch-Prodd. abzuschätzen. G. Heder 7760◇

2630 **Die Wirkung anorganischer Phosphate auf tierisches Eiweiß.** 8. Mitt. **Zur Verwendung der Polyphosphate bei Schmelzkäse.** Friedrich Kiermeier und Klement Möhler. (Z. Lebensmittel-Unters. u. -Forsch. **112**, 175—84, 1960; dt.) — 6. vgl. C. **1959**, 4328. — Physikal. Messungen lieferten in Verbindung mit Modell-Verss. wichtige Hinweise bzgl. des Einfl. *polymerer Phosphate* (**I**) auf Konsistenz, Quellung u. pH-Wert von Schmelzkäsen. Diesen Hinweisen zufolge sind die techn. Anwendungsmöglichkeiten der **I** bei der Schmelzkäse-Herst. vielfältiger als die des *Na-Citrats* (**II**). Weiter wurde festgestellt, daß **II**-haltige Schmelzkäse mehr zum mikrobiol. Verderb neigen als **I**-haltige.
M. Winiker 7760□

2631 **Die Wirkung anorganischer Phosphate auf tierisches Eiweiß.** 9. Mitt. **Untersuchung zur Verwendung von Polyphosphaten bei Schmelzkäse.** Friedrich Kiermeier. (Z. Lebensmittel-Unters. u. -Forsch. **118**, 128—40, 1962; Weihenstephan, TH München, Milchwirtschaftliches Inst.; dt.) — 8. vgl. vorst. Referat. — Aus handelsüblichen Rohkäsesorten werden unter Zusatz von verschiedenen Schmelzsalzen (*Ortho-* (**I**), *Pyro-* (**II**), *Polyphosphat* (**III**), **I** + **III**, **II** + **III**, *Citrat* bzw. Citrat mit Phosphaten sowie sog. Industriesalzmischungen) Käsezubereitungen hergestellt u. auf Trockenmasse, Fett, Konsistenz, Organoleptik u. Haltbarkeit geprüft. **I** liefert Käse mit unbefriedigender Konsistenz u. geringer Haltbarkeit. **II** allein eignet sich ebenso wegen des Nachquelleffektes nicht zur Käsezubereitung, ebenfalls nicht Mischungen von **I** u. **II**. Ggw. von **III** liefert dagegen gute Konsistenz- u. Geschmacks-Eigg. des Käses bei verlängerter Haltbarkeit.
A. Täufel 7760◇

2632 **Die Nutzung von Fetten bei der Fütterung von Geflügel und Vieh in den USA.** 1. Mitt. **Einführung und Technologie.** Waldo C. Ault, R. W. Riemenschneider, Donald H. Saunders und A. N. Wrigley. (Oléagineux **17**, 19—26, 1962; Philadelphia, Pa., USA, Eastern Reg. Res. Labor.; franz.) — Überblick über die in den USA zu Fütterungszwecken verwendeten Fette, ihre Gewinnung, Aufbewahrung u. Haltbarmachung. F. v. Gizycki 7780◇

2633 **Die Nutzung von Fetten bei der Fütterung von Geflügel und Vieh in den USA.** 2. Mitt. **Geflügelfütterung.** Waldo C. Ault, R. W. Riemenschneider, Donald H. Saunders und A. N. Wrigley. (Oléagineux **17**, 79—89, 1962; Philadelphia, Penns., USA, Eastern Reg. Res. Labor.; franz.) — 1. vgl. vorst. Referat. — Übersicht über die Verw. von Fetten bei der Aufzucht u. Mast von Geflügel. — 97 Literaturhinweise. F. v. Gizycki 7780◇

2634 **Die Nutzung von Fetten bei der Fütterung von Geflügel und Vieh in den USA.** 3. Mitt. **Viehfütterung.** Waldo C. Ault, R. W. Riemenschneider, Donald H. Saunders und A. N. Wrigley. (Oléagineux **17**, 189—94, 1962; Philadelphia, Pa., USA, Eastern Reg. Res. Labor.; franz.) — 2. vgl. vorst. Referat. — Übersicht über die Verw. von Fetten bei der Fütterung von Nutz- u. Haustieren. — 63 Literaturangaben. F. v. Gizycki 7780◇

2635 **Silageuntersuchungen.** 10. Mitt. **Untersuchungen über Gärungsprozesse in Silage. Malz als Zusatz bei der biologischen Silierung.** Conrad Rydin. (Arch. Mikrobiol. **38**, 156—70, 1961; engl.) — 7. vgl. C. **1958**, 2892. — Zusätze geringer Mengen an Mehl verschiedener Getreidearten zu Leguminosen-Silagen hatten keinen positiven Einfl. auf die *Milchsäuregärung*, da rohe Stärke nur schwer vergärbar ist. Eine Beimischung von Malzmehl, das sehr α-Amylase-reich ist, bewirkt zusammen mit Getreidemehl eine gute Milchsäuregärung. Die Qualität der Silage wird dadurch verbessert.
H.-D. Bock 7782◇

2636 **Silierungsversuche mit besonderer Berücksichtigung der Prüfung von Zusatzstoffen.** H. Land Jensen, Kr. G. Mølle, Erik Møller und E. J. Nørgaard Pedersen. (Tidsskr. Planteavl **66**, 256—335, 1962; dän.) — Unter Best. der Silierverluste (% organ. Substanz, NH_3-freies Rohprotein, Reinprotein), des pH-Wertes u. der Qualität (NH_3-Zahl, flüchtige Säuren, Buttersäurezahl) wird der Einfl. verschiedener Zusatzstoffe beim Silieren von Rüben, Klee, Luzerne usw. untersucht. Die besten Ergebnisse werden mit AIV-Säure (54,5% ig. H_2SO_4, 1 : 5,5 verd.), 85% ig. Ameisensäure, 1 : 10 verd., u. bei den Kohlenhydratmitteln mit Melasse erzielt. Ebenfalls wirksam sind AIV-Salz (NH_4HSO_4), DAG-Salz (Sulfaminsäure), Dusarit, GK-Pulver u. Reymersholms Siliersalz [$NaH_5(PO_4)_2$ + $NaHSO_4$]. R. K. Müller 7782◇

2637 **Einfluß verschiedener Zerkleinerungs- und Erntemethoden auf die Silierung von Klee und Luzerne. Vorläufige Ergebnisse 1957—60.** Anonym. (Tidsskr. Planteavl **66**, 529 bis 532, 1962; Jyndevad, Studsgaard u. Ødum; dän.) — Auf Grund der Best. der Saftmenge (kg/100 kg Siliergut), der Silierverluste (% organ. Substanz, NH_3-freies Protein, Reinprotein) u. der Silagequalität wird festgestellt, daß starkes Zerquetschen des Siliergutes im Vgl. mit der einfachen Zerkleinerung mit Zusatz von AIV-Säure (54,5%ig. H_2SO_4, 1 : 5,5 verd.) solche Vorteile bietet, daß es 25—33% der normalen Menge AIV-Säure ersetzen kann. R. K. Müller 7782◇

2638 **Carotin und Vitamin C in einigen Wiesenpflanzen der südöstlichen Kara-Kum.** G. Ss. Kalenow. (Nachr. Akad. Wiss. TurkmenSSR **1959**, Nr. 3, 40—47, Inst. für Botanik der Akad. der TurkmenSSR; russ.) — In 41 Steppen-Pflanzen wird zu verschiedenen Zeitpunkten der Vegetation in Wurzeln, Blättern, Stengeln, Blüten u. Früchten der Geh. an *Vitamin C* (**I**) u. *Carotin* (**II**) bestimmt. In den meisten Fällen enthalten die als *Schaffutter* in Betracht kommenden Grünteile der Pflanzen 25—60 mg/kg **II**, in seltenen Fällen bis zu 100 mg/kg. Der **I**-Geh. liegt in der Regel bei 500—1500 mg/kg, in seltenen Fällen bei 4190 mg/kg. Im Frühjahr werden den Schafen mit dem Weidegras die 8—15fachen Mengen des **I**- u. **II**-Bedarfs zugeführt. O. Lebtag 7782△

2639 **Strontiumgehalt in den Lebensmitteln der Turkmenischen SSR nach den Ergebnissen der Spektralanalyse.** N. N. Grigorjanz. (Fragen d. Ernähr. [UdSSR] **22**, Nr. 6, 63—65, 1963; Aschchabad, Med. Inst., Lehrstuhl für med. Chemie; russ., Auszug: engl.) — Durch Unters. von Fleisch, Milch u. Milch-Prodd., Getreidearten, Mehl, Brot, Teigwaren u. Gemüsearten wird festgestellt, daß in den Nahrungsmitteln von Turkmenien der *Sr*-Geh. zwischen 0,095 u. 5,80 mg-% schwankt. Er nimmt in der Reihe Gemüse—Getreide u. Getreide-Prodd.—tier. Prodd. ab. In den tier. Prodd. beträgt der Sr-Geh. 0,112—0,273 mg-%. Das Leitungswasser von Aschchabad enthält im Mittel 2,05 mg Sr/Liter. Bei einer täglichen Nahrungsaufnahme von 3100 cal werden zusammen mit dem Trinkwasser dem menschlichen Organismus täglich 14—22 mg Sr zugeführt. O. Lebtag 7788△

2640 **Die allgemeine Beta-Radioaktivität einiger polnischer Lebensmittel pflanzlicher Herkunft.** Zbigniew Piechucki und Jerzy Rdzanek. (Acta polon. pharmac. **14**, 37—44, 1962; Warszawa, Wojsk. Inst. Hig. i Epidemol.; pol.) — Gemessen wurde die allg. *β*-Aktivität (gegen natürliches K_2CO_3 als Standard) von Getreide, Getreide-Prodd., Gemüse u. Obst in den Jahren 1958—1960. Die Aktivität des Getreides betrug 537 [1958] u. 507 [1960] (pc/100 g), die von Getreide-Prodd. war nur $^1/_3$ bis $^1/_2$ so hoch. Die mittleren Aktivitäten von Hülsenfrüchten lagen bei 1057—1254. Oberird. Pflanzenteile anderer Gemüsearten hatten 2,4mal weniger Aktivität als unterirdische. Die Aktivität ungewaschener Früchte betrug im Mittel 152, gewaschener nur 104. F. Urban 7788◇

2641 **Einige Mineralstoffe in gekochten Lebensmitteln (Natrium, Kalium, Magnesium, Kupfer und Mangan).** S. P. Roychowdhury, J. A. Khan, K. N. Bose und M. N. Habibi. (J. Proc. Instn. Chemists [India] **34**, 186—92, 1962; Patna, Patna Med. Coll. Hospital u. Public Health Inst.; engl.) — Es wurde der Geh. einiger ind. Lebensmittel pflanzlicher u. tier. Herkunft an Na, K, Mg, Cu u. Mn untersucht, u. zwar vor u. nach dem Kochen. Die durch eine gemischte Kost bei normaler Nahrungsaufnahme aufgenommene Mineralstoffmenge deckt in allen Fällen den Tagesbedarf bei weitem. E. Lück 7788◇

2642 **Der Gehalt einiger gebräuchlicher Nahrungsmittel von Ostpakistan an Gesamt- und freiem Eisen und Kupfer.** Mrityunjoy Sarker und K. Ahmad. (Pakistan J. biol. agric. Sci. **6**, 19—23, 1963; Dacca, Dacca Univ., Dep. of Biochem.; engl.) — Die Geh. von 64 Nahrungsmitteln von Ost-Pakistan an Gesamt- u. freiem *Fe* u. *Cu* werden (Zahlentafeln) angegeben. W. Wesly 7788◇

2643 **Chemie der nichtenzymatischen Bräunung.** 9. Mitt. **Untersuchungen über Zuckermonoester der Äpfelsäure, die in gebräunten gefriergetrockneten Aprikosen gefunden werden.** D. L. Ingles und T. M. Reynolds. (Austral. J. Chem. **12**, 483—90, 1959; Homebush, N.S.W., C.S.I.R.O., Div. of Food Pres. and Transport; engl.) — 8. vgl. C. **1963**, **5855**. — Durch Erhitzen der unsubstituierten Zucker mit *DL-Äpfelsäure* werden Monoester von Glucose, Fructose u. Saccharose dargestellt. Chromatograph. Trennung zeigt, daß aus Glucose u. Fructose je 4, aus Saccharose 6 Ester gebildet werden. 3 Glucoseester werden chromatograph. rein erhalten u. durch Perjodatoxydation (PO) als *Glucose-1-α-*, *-6-α-* u. *-6-β-hydrogenmalat* identifiziert. *Fructose-6-α-hydrogenmalat* wird ebenfalls chromatograph. rein erhalten. Die Strukturen der anderen Ester werden auf Grund des pH nach der PO u. der $R_{Glucose}$-Werte der Ester bestimmt. Die Strukturen von 3 Saccharoseestern werden auf Grund partieller saurer Hydrolyse geklärt. Diese Unters.-Ergebnisse deuten auf die Identität der Ester mit den in gefriergetrockneten Früchten gefundenen Äpfelsäureestern hin. Die Säuren in dem gefriergetrockneten Obst werden durch Eluierungschromatographie unter Verw. eines Anionenaustauscherharzes bestimmt. Die Säuren u. Ester in bei 25, 37 u. 50° aufbewahrten gefriergetrockneten Obst werden ebenso bestimmt.

Versuche: *Glucose-1-α-hydrogenmalat* (**I**), durch 8std. Erhitzen von 20 g D-Glucose mit DL-Äpfelsäure in W. auf dem Wasserbad, Zugabe von W., Gießen auf Dowex 1-X4 (Acetatform), Waschen mit W., Zugabe von 0,1n HCl, Einengen im Vakuum bei 40°, Lösen in W., Überführung auf eine Cellulosesäule u. Entwickeln mit Aceton/W. (1 : 1); 0,03 g (Ausbeute). *Brucinsalz, Dihydrat* (**II**), $C_{33}H_{42}N_2O_4 \cdot 2\,H_2O$, F. 137°, durch Rk. von 0,021 g **I** mit Brucin in W. u. Methanol bei 50°, $[\alpha]_D^{25}$ — 5,3° (c = 0,04; W.). Neben **I** 0,08 g *Glucose-6-α-hydrogenmalat* (**III**), $C_{10}H_{16}O_{10}$, Sirup, $[\alpha]_D^{25}$ + 37,0° (c = 1,0; W.). *Brucinsalz* (**IV**), $C_{33}H_{42}N_2O_4$, F. 115°, aus 50 mg **III**; 60 mg. — *Glucose-6-β-hydrogenmalat* (**V**), $C_{10}H_{16}O_{10}$, Sirup. Daneben *Glucose-1-β-hydrogenmalat*. — *Fructose-6-α-hydrogenmalat* (**VI**), durch 2std. Kochen von 20 g Fructose mit DL-Äpfelsäure in W., Zugabe von W., Gießen auf Dowex 1 (Acetatform) u. Zugabe von 0,1n HCl; 0,8 g. *Brucinsalz* (**VII**), $C_{33}H_{42}N_2O_4$, F. 118°, $[\alpha]_D^{25}$ — 14° (c = 2,0; W.). Neben **VI** *Fructose-1-α-*, *Fructose-6-β-* u. *Fructose-1-β-hydrogenmalat*. — *Ameisensäure*, durch PO von **II**, **IV**, **V** u. **VII**. — *Formaldehyd*, durch PO von **II**. *Dimedonderivat*. — *Gemisch aus Saccharose-*, *Glucose-* u. *Fructose-α-hydrogenmalat*, durch 2std. Erhitzen von Saccharose mit Äpfelsäure in W. auf 100°. Daneben Gemische aus *Glucose-* u. *Fructose-α-hydrogenmalat*, aus *Saccharose-β-* u. *Glucose-* u. *Fructose-α-hydrogenmalat* u. aus *Glucose-* u. *Fructose-β-hydrogenmalat*. — Folgende Säuren werden durch Eluierungschromatographie in gefriergetrockneten Aprikosen an Säulen von Dowex 1-X 4 nachgewiesen: *Chinasäure*, *Äpfelsäure*, *Citronensäure*, H_3PO_4. Gottfried Schreiber 7808△

2644 **Anwendungen der oscillographischen Polarographie zur Bestimmung von organischen Phosphorinsekticiden.** 2. Mitt. **Ein Schnellverfahren zur Bestimmung von Parathion in einigen Früchten und Gemüsen.** Raymond J. Gajan. (J. Assoc. off. agric. Chemists **46**, 216—22, 1963; Washington, D.C., Food and Drug Admin., Div. of Food.; engl.) — 1. vgl. C. **1963**, 14471. — Zur oscillograph.-polarograph. Best. von *Parathion* (**I**)-Rückständen auf Gemüse u. Früchten dient eine Na-Acetat u. NaCl enthaltende, mit Eisessig auf pH 5,0 eingestellte Träger-Lösung. Das maximale Potential von **I**, bezogen auf eine Ag-Drahtelektrode beträgt — 0,62 ± 0,02 V. Die Erfassungsgrenze von **I** liegt < 0,1 ppm. *Methylanthranilat* u. *p-Nitrophenol* stören nicht. W. Wesly 7808◇

2645 **Chemische Analyse einiger Varietäten des Indischen Pfeffers (Piper nigrum L.).** 2. Mitt. C. T. Dwaraknath, T. N. Ramachandra Rao und D. S. Johar. (Food Sci. [India] **10**, 1—2, 1961; Mysore, Central Food Technol. Res. Inst.; engl.) — 1. vgl. C. **1960**, 12530. — Analysendaten unter

besonderer Berücksichtigung des *Piperin*-Geh. von 12 Varietäten des Ind. Pfeffers werden gegeben.
D. Munsche 7826◇

2646 **Der Mechanismus des Solanesolabbaus durch Pyrolyse.** J. D. Grossman, R. M. Ikeda, E. J. Deszyck und A. Bavley. (Nature [London] **199**, 661—63, 1963; Richmond, Virg., Philip Morris Inc.; engl.) — Bei der Hydrolyse von *Solanesol*, einem Bestandteil des Rauchtabaks, fanden sich α- u. *β-Pyronen, Dimethyloctan*, wahrscheinlich *2.6-* u. *2.7-Dimethyloctan, Dimethylvinylcyclohexen, Δ^1-Menthen*, ein *Dipenten* u. C_{10}-Kohlenwasserstoffe. E. Lück 7836◇

2647 **Die gaschromatographische Analyse von Obstaromastoffen.** Wolfgang Müller. (Wiss. Z. Techn. Univ. Dresden **12**, 589—90, 1963; Pillnitz; dt.) — Vf. bespricht Besonderheiten u. Zielsetzung der gaschromatograph. Unters. von Obstaromastoffen. In 2 Tabellen werden die bis heute bekannten Komponenten des Apfelaromas aufgeführt, wobei die eine den Saft direkt u. die andere die Lagerluft betrifft.
G. Heder 7842◇

2648 **Untersuchung des Geschmacksstoffes von Natto. 1. Mitt. Die Identifizierung der flüchtigen sauren Verbindungen mittels Papierchromatographie.** Y. Obata und K. Matano. (J. agric. chem. Soc. Japan [Nippon Nôgei-kagaku Kaishi] **33**, 567—69, 1959; jap.) — Durch papierchromatograph. Trennung als Hydroxamsäuren sind in *Natto* als flücht. Säuren *Essig-, Propion-, Butter-, Valerian-, Capron-* u. *Phenylessigsäure* nachweisbar. G. Heder 7842◇

2649 **Untersuchung des Geschmacksstoffes von Natto. 2. Mitt. Über die Veränderung des Diacetylgehaltes im Verlauf der Verarbeitung von Natto.** Y. Obata und K. Matano. (J. agric. chem. Soc. Japan [Nippon Nôgei-kagaku Kaishi] **33**, 569—71, 1959; Sapporo, Univ. of Hokkaido, Dep. of Agric. Chem., Fac. of Agric.; jap.) — 1. vgl. vorst. Referat. — Die Abhängigkeit des Geh. an *Diacetyl* vom pH-Wert u. der Temp. wird erörtert. G. Heder 7842◇

2650 **Stickstoffaktoren für Hühnchen.** Anonym. (Analyst **88**, 583—84, 1963; engl.) — Bericht des Unterausschusses für Fleischwaren des Ausschusses für analyt. Methoden. Folgende Durchschnittswerte für die N-Faktoren (% N in fettfreiem Fleisch) bei der Analyse von Hühnchen werden empfohlen: Brustfleisch 3,9, dunkles Fleisch 3,6 u. gesamtes Fleisch + Haut 3,7. J. Kraetsch 7850◇

2651 **Über den Nachweis von Quellstoffen in Fleischwaren und mögliche Störungen durch andere Polysaccharide.** R. Grau und A. Schweiger. (Z. Lebensmittel-Unters. u. -Forsch. **119**, 210—16, 1963; Kulmbach, Bundesanstalt für Fleischforschung; Inst. für Chemie u. Physik; dt.) — Mit der Zielsetzung polysaccharidhaltige Quellstoffzusätze in Fleischwaren nachzuweisen, wird ein Verf. ausgearbeitet, bei dem entfettetes u. entzuckertes Fleisch mit 5 Vol-%ig. H_2SO_4 hydrolysiert wird u. die nach der Neutralisation abgetrennten Kohlenhydrate dünnschichtchromatograph. an Cellulosepulver erfaßbar sind. Durch ein kombiniertes Verf. unter Verw. der Fließmittel Essigsäureäthylester–Pyridin–W. (2 : 1 : 2), mit W. gesätt. Phenol–1%ig. NH_3 u. Isopropanol–Pyridin–Eisessig–W. (80 : 80 : 10 : 40) gelingt die Auftrennung der Hydrolyse-Prodd., die *Hexosen, Pentosen* (**A**) u. *Uronsäuren* (**B**) darstellen. Bei Anfärbung mit p-Anisidinphthalat sind **B** in Konzz. von 0,3—0,5 μg, **A** in Konzz. von 0,1—0,3 μg nachweisbar. Die gleichen, aus den Gewürzzusätzen der Fleischwaren zu erwartenden Hydrolyse-Prodd. liegen bei normaler Würzung in Konzz. vor, die nach diesem Verf. nicht mehr erfaßbar u. damit als Fehlerquelle auszuschließen sind.
G. Heder 7850◇

2652 **Proteine des Eidotters.** H.-D. Belitz. (Z. Lebensmittel-Unters. u. -Forsch. **119**, 201—10, 1963; Berlin, TU, Inst. für Lebensmittelchemie u. -technol.; dt.) — Vf. vermittelt in einer Übersicht die Kenntnisse über die *Proteine* des Eidotters u. beschreibt die Möglichkeiten ihrer Trennung. — 39 Literaturangaben. G. Heder 7854◇

2653 **Ein Schnellverfahren zur Bestimmung der Verteilung der in Milchpulver eingeschlossenen Luft.** J. H. Verhoog. (Nederl. Melk- en Zuiveltijdschr. **17**, 233—44, 1963; Coop. Condensfabr. „Friesland"; engl.) — Zur Best. der Verteilung der in Milchpulver eingeschlossenen Luft wird die Probe (0,5 g) in Gemischen von CCl_4 u. fl. Paraffin bekannter Dichte suspendiert, zentrifugiert u. das Vol. der Sedimente abgelesen. Aus den Sediment-Vol. ergaben sich Dichteverteilung u. mittlere Dichte. Die mit diesem Verf. bei der Unters. mehrerer Milchpulver erhaltenen Werte werden erörtert.
W. Wesly 7856◇

2654 **Untersuchung der unverseifbaren Fraktion aus Rahm- und Butterfett.** P. López Lorenzo, B. Sanz Pérez und J. Burgos. (An. Bromatol. [Madrid] **14**, 205—19, 1962; Zaragoza, Univ., Fac. de Vet.; span.) — Vff. extrahierten nach Gerber Rahm (**A**)- u. Butterproben (**B**) u. unterwarfen diese nach der Verseifung einer Analyse durch Chromatographie an Al_2O_3 u. Spektrophotometrie. Es erfolgte ferner eine Best. des *Vitamin-A* (**I**)-, *Tocopherol* (**II**)-, *Steroid* (nach Lieberman-Buchard)-, *Cholesterin* (**III**)- u. *Ubichinon*-Gehalts (**IV**). Während der **I**-Geh. bei **A**-Fett gering unter 4 γ/g Fett lag, überstieg er bei **B**-Fett diesen Wert etwas. Der **II**-Geh. betrug bei **B** 14,8—18,0 γ/g Fett, bei **A** dagegen nur 1,30 γ. **III** war in beiden Fettarten mit ca. 2 mg/g enthalten, **IV** mit ca. 1,0 γ/g. In allen Proben wurden in ähnlichen Konzz. durch Papierchromatographie nach Acetylierung u. Hydrolyse die Alkohole *Dolycol* u. *Solanesol* nachgewiesen.
Hans Thiele 7858◇

2655 **Freie Aminosäuren in einigen spanischen Käsesorten.** P. López Lorenzo, B. Sanz Pérez und J. Burgos. (An. Bromatol. [Madrid] **14**, 221—27, 1962; Zaragoza, Univ., Fac. de Vet.; span.) — Proben verschiedener Käsesorten wurden mit W. homogenisiert u. filtriert. Nach Fällung der restlichen Proteine wurde das Filtrat zur Trockne eingedampft, in Isopropylalkohol aufgenommen u. auf Whatman Nr. 1-Papier zweidimensional mit Phenol chromatographiert. In Fresco-Schafskäse wurden *Alanin* (**I**), *Leucin* (**II**), *Tyrosin* (**III**) u. *Serin* (**IV**); in Villalónkäse *Glutaminsäure* (**V**), **I**, *Cystin* (**VI**), *Glykokoll* (**VII**), **II**, *Methionin* (**VIII**), **III** u. **IV**; in Burgoskäse *Asparaginsäure* (**IX**), **V**, **VII**, **II**, **VIII**, **III** u. **IV**; in Roncalkäse **IX**, **V**, **I**, *Phenylalanin* (**X**), **VII**, **II**, **III**, *Tryptophan* (**XI**) u. **IV**; in Manchegokäse **IX**, **V**, **I**, *Arginin* (**XII**), **X**, **VII**, *Hydroxyprolin, Histidin*, **II**, *Lysin* (**XIII**), **III**, **XI** u. **IV** u. in Bolakäse **IX**, **V**, **I**, **XII**, **VI**, **VII**, **II**, **XIII**, **III**, **XI**, *Threonin*, **IV** u. *Valin* nachgewiesen. Käse mit längerer Reifungszeit enthalten demnach mehr freie Aminosäuren als schnell reifende. Vom 2. bis zum 20. Tag stieg bei Roncalkäse der Geh. an **V** von 0,70 auf 2,3, an **II** von 0,80 auf 1,4, an **III** von 0,40 auf 1,4 u. an **XI** von 1,4 auf 1,8 mg/g an. Für die Beurteilung des Reifegrades dürfte auch die Best. der anderen Aminosäuren von Bedeutung sein. Hans Thiele 7860◇

H_{17}. Fette, Seifen, Wasch- und Reinigungsmittel usw.

2656 **Autoxydationsversuche an Modellsubstanzen zur Frage der Fettautoxydation.** A. Rieche, M. Schulz, H. E. Seyfarth und G. Gottschalk. (Fette, Seifen, Anstrichmittel **64**, 198—205, 1962; Berlin, DAdW, Inst. organ. Chem. u. Jena, Univ., Inst. techn. Chem.; dt.) — Es wurden Modell-Verss. zur Frage der Abhängigkeit der Autoxydation von Substituenten an der akt. CH-Bindung an Substanzen durchgeführt, die nur an einem Zentrum oxydiert werden können u. zu definierten Oxydations-Prodd. führen. Autoxydations-Verss. an Isochroman, Vinylessigsäuremethylester u. Crotonsäuremethylester lassen darauf schließen, daß der Ort des Auftretens der „Radikalstelle" bei ungesätt. Fettsäuren von den die CH-Gruppe aktivierenden Momenten abhängt: Doppelbindungen, Estergruppen, OH-Gruppen. Die entstehende Hydroperoxid-Gruppe tritt nur dann an diese Stelle, wenn eine Umlagerung des Radikals unter Verschiebung einer Doppelbindung nicht eintreten kann. Wird die Umlagerung des Radikals durch Dien-Bldg. oder unter Einbeziehung einer Carbonylgruppe begünstigt, so entstehen bevorzugt die Hydroperoxide, sie sich von den durch die Konjugation begünstigten mesomeren Grenzformen ableiten.
M.-L. Kehren 7878◇

2657 **Kinetische Untersuchung der durch Glucose, Fructose und Saccharose aktivierten Autoxydation einer Methyllinoleatemulsion.** Ahmed Fahmy Mabrouk und L. R. Dugan jun. (J. Amer. Oil Chemists' Soc. **38**, 692—95, 1961; Chicago, Ill., Univ., Amer. Meat Inst. Foundation; engl.) — Unterss. der Vff. zeigen, daß die Autoxydation (**A**) (gemessen durch die Sauerstoffaufnahme in einer Warburg-Flasche) von *Methyllinoleat* (**I**)-Emulsionen in wss. phosphatgepufferten

Lsgg. in Anwesenheit von *Saccharose* (**II**), *Glucose* (**III**) u. *Fructose* (**IV**) beträchtlich gesteigert wird [bei äquimol. Zuckermengen Oxydations-Geschw. (OG) von **II** < **III** < **IV**]. Die OG steigt bei Erhöhung der Zucker-Konz. u. des pH-Wertes (Maximum bei pH 8,00). Erkenntlich an der CO_2-Entw. erfolgt eine Mitoxydation des Zuckers, wobei **IV** am stärksten reagiert u. sich **II** bei Erniedrigung des pH-Wertes durch Inversion in die Monosaccharide stärker mit Sauerstoff umsetzt. Der lineare Verlauf des log der Rk.-Geschw. mit der reziproken abs. Temp. erlaubt die Berechnung der Aktivierungsenergien [kcal/Mol] der **A** von **I** in Anwesenheit von **II**, **III** u. **IV**: 14,9, 10,6, 10,6 (pH 5,50); 16,0, 10,8, 10,4 (pH 7,00); 14,4, 10,2, 8,8 (pH 8,00), die wesentlich geringer sind als bei Abwesenheit von Zucker (18,20 kcal/Mol.). Während zugefügte Ascorbinsäure die Sauerstoffabsorption des Syst. erhöht (wahrscheinlich Mitoxydation durch **I**-Peroxid), verhindern nahezu (Zugabe am Anfang) oder verlangsamen (Zugabe während der **A**) Nordihydroguajaretsäure, Propylgallat u. Hydrochinon die **A**. — 27 Literaturangaben.
N. Trzebowski 7878◇

2658 **Einfluß des Grades der Ungesättigtheit eines Fettes auf die Leistungsfähigkeit des Nickelformiatkatalysators.** B. N. Tjutjunnikow und I. I. Nowitzkaja. (Öl- u. Fett-Ind. [UdSSR] **28**, Nr. 9, 18—20, 1962; Charkow, polytechn. Lenin-Inst.; russ.) — Die Leistungsfähigkeit eines *Ni-Formiat*-Katalysators ist prakt. vom Grad der Ungesättigtheit eines Fettes unabhängig. Bei Ricinusöl ist die Wirksamkeit des Katalysators zweimal kleiner als bei anderen Ölen. Das wird durch die Bldg. größerer Ni-Kristallite erklärt, die sich nicht mehr mit der ausreichenden Menge H_2 sättigen können.
J. Eichhorn 7880◇

2659 **Fortschritte in der Entwicklung von Backfetten.** R. O. Feuge, Betty L. Bradshaw und N. V. Lovegren. (Food Processing Packaging **32**, 376—78, 1963; New Orleans, La., Southern Reg. Res. Labor.; engl.) — Fortschrittsbericht über das Härten u. Festwerden von Kakaobutter durch mechan. Bearbeitung u. die Herst. kakaobutterartiger Fette durch Veresterung von Ölsäure mit gemischten Diglyceriden der Palmitin- u. Stearinsäure.
W. Wesly 7892◇

2660 **Vergleichende Untersuchung über die Haltbarkeit von Samen der Sonnenblume.** C. G. Masson. (Oléagineux **18**, 641—45, 1963; franz.) — Von prakt. Gesichtspunkten ausgehend, werden Proben von feuchten Samen der Sonnenblume unter verschiedenen Bedingungen gelagert (freie Atmosphäre bei konst. Feuchtigkeit, abgeschlossene Atmosphäre, in einer Atmosphäre von CO_2, von N_2, von SO_2). Nach den graph. u. tabellar. mitgeteilten Befunden (4,5 Monate Lagerung) erweist sich die Aufbewahrung der Samen mit 17—18% W. in einer CO_2-Atmosphäre als sehr gut u. wird für die Praxis empfohlen.
K. Täufel 7894◇

2661 **Untersuchung des Prozesses des Massenaustausches bei der Extraktion von Ölen aus Ölsamen.** N. U. Risajew, M. I. Nijasow und W. Ja. Gotfrid. (Hochschulnachr. [Iwanowo], Chem. chem. Technol. **3**, 933—36, 1960; Mittelasiat. Polytechn. Inst.; russ.) — Es wird ein Kriterium ($Nu = 0{,}045\ Re^{0,8}\ Pr^{0,3}\ c^{-0,55}$) abgeleitet u. zur Berechnung von Extraktionsprozessen (fest-fl.) für geeignet befunden. Nach der angeführten Gleichung berechnete Werte stimmen mit den in einer gläsernen Kolonne bei der *Entölung* von Sojabohnen mit Bzn. erhaltenen Vers.-Ergebnissen überein.
Hans Nestler 7894□

2662 **Gasförmiges Ammoniak als Raffiniermittel für Baumwollsaatöle.** M. A. Zeitoun, W. B. Harris und W. D. Harris. (J. Amer. Oil Chemists' Soc. **40**, 279—83, 1963; Coll. Station, Agric. and Mechan. Coll. Texas, Texas Engng. Exp. Station, Cottonseed Prod. Res. Labor.; engl.) — Baumwollsaatöl wird unter 8 psig mit gasförmigem NH_3 behandelt (quant. Rk. mit den freien Säuren des Öls) u. mit W. nachgewaschen. Die Raffinierverluste sind im Vgl. zu anderen Raffinier-Verff. sehr gering. Eine Nachraffination mit NaOH ist zur Verbesserung der Farbe erforderlich, der Farbstandard wird jedoch nicht erreicht.
W. Melloh 7894◇

2663 **Das Öl der Samen von Goebelia pachycarpa.** A. L. Markman und A. I. Gluschenkowa. (Usbek. chem. J. **7**, Nr. 1, 81—85, 1963; Inst. für Chemie der Pflanzenstoffe der Akad. Wiss. UsbekSSR; russ.) — Durch Extraktion des Samens von *Goebelia pachycarpa* (Sophora pachycarpa) mit PAe. wird ein Öl der SZ. 0,97—1,26 (mg KOH) erhalten: d^{20} 0,9226; n_D^{20} 1,4773; abs. Viscosität 0,5231 (20°); relative Viscosität 7,47° (Engler); VZ. 191,25; JZ. 131,77; Rhz. 75,45; Reichert-Meisel-Zahl 0,79; Polenske-Zahl 2,11; AZ. 8,22; Unverseifbares 2,59%; Hydroxylzahl 0,12. Die aus dem Öl gewonnenen Fettsäuren besitzen ein mittleres Molgew. von 275,05; JZ. 137,81; RhZ. 89,95%. Die Fettsäuren bestehen zu 7,36% aus ungesätt. Säuren, zu 28,67% aus Ölsäure, zu 62,10% aus Linolsäure u. zu 1,97% aus Diensäuren. Die Ausbeute an β-Sitosterin beträgt 0,14% des Öls bzw. 12,1% des Unverseifbaren. An Tocopherol erhält das Öl 0,66 mg-%. Das Öl ist halbtrocknend. Der Nichtglyceridkomplex enthält Carotinoide. Die pharmakolog. Unters. ergab die Nichttoxizität des Öls, da die Alkaloide nicht in die niedrigkonz. Miscella übergehen.
O. Lebtag 7894△

2664 **Das Erhitzen von pflanzlichem Öl mit Sonnenenergie.** Mohan Lal Khanna. (Solar Energy **6**, 60—63, 1962; New Delhi, Nat. Phys. Labor. of India; engl.) — Beschreibung der Wirkungsweise eines in Indien kommerziell hergestellten, mit Sonnenenergie arbeitenden Kochers für pflanzliche Öle. Zur Mittagszeit wird nach 50 Min. eine Öl-Temp. von 398° F erreicht.
M. Reiher 7894◇

2665 **Synthese und Eigenschaften einer Distearinsäure.** P. Capella, E. Fedeli, A. F. Valentini, G. Gregorio und G. Jacini. (Chim. e Ind. [Milano] **45**, 1212—15, 1963; Milano, Staz. sperim. olii e grassi; ital.) — Vff. stellen *10.11-Dioctyleikosandicarbonsäure* (Distearinsäure) synthet. her. Deren Eigg. werden mit denen der Polymersäure verglichen, die aus thermopolymerisiertem Sojaöl abgetrennt worden sind.
W. Renker 7908◇

2666 **Physikalische Chemie von Detergentien.** H. E. Garrett. (Chem. and Ind. **1963**, 1606—16, Port Sunlight, Cheshire, Unilever Res. Labor.; engl.) — Übersicht. — 43 Literaturangaben.
H. Roschkowski 7912◇

2667 **Neue Waschrohstoffe und Alkylolamide in flüssigen Produkten.** Christine Sass. (Seifen-Öle-Fette-Wachse **89**, 853—56, 1963; dt.) — Vf. gibt einen Überblick über die an fl. Shampoos, Wasch- u. Spülmittel gestellten Forderungen, den Einsatz von Monoäthanol-, Monoisopropanol- u. Diäthanolamiden in fl. Prodd. u. über die Anwendung der voll abbaufähigen u. außerordentlich hautfreundlichen Sulfobernsteinsäurehalbester in vielen fl. Spezialprodukten.
H. Brämer 7912◇

2668 **Die Synthese von Octylphenol und von diesem abgeleiteten nichtionischen oberflächenaktiven Verbindungen.** H. R. Sonawane und B. C. Subba Rao. (Indian J. Technol. **1**, 36—39, 1963; Poona, Nat. Chem. Labor.; engl.) — Die optimalen Bedingungen zur Herst. des als Ausgangsmaterial für nichtion. oberflächenakt. Verbb. dienenden Monooctylphenols aus Phenol u. Octen (**I**) werden ermittelt. **I** stammt z. T. aus der Dehydratisierung von Octanol-(2), das seinerseits beim alkal. Cracken von Ricinusöl anfällt, teils aus der gelenkten katalyt. Tetrapolymerisation von C_2H_4. Es liefert bei der Rk. mit berechneten Mengen Äthylenoxid Polyäthylenoxyoctylphenole, die je nach der Kettenlänge des Polyäthylenoxyanteils als Netz-, Reinigungs- u. Emulgiermittel verwendbar sind.
R. Held 7912◇

2669 **Untersuchungen an den grenzflächenaktiven Stoffen aus Glycidyl-und Glycerylläthern als Zwischenprodukte. 8. Mitt. Anionische grenzflächenaktive Stoffe mit der Sulfonsäuregruppe aus höheren Glycidyläthern.** Tsunehiko Kuwamura. (J. chem. Soc. Japan, ind. Chem. Sect. [Kyogo Kagaku Zasshi] **66**, 215—21, 1963; Kiriu, Gunma-Daigaku, Kôgakubu; jap., Auszug: engl. S. A 14.) — 7. vgl. J. chem. Soc. Japan **65**, [1962] 1265. — Aus höheren Glycidyläthern u. Na_2SO_3 werden *Na-2-Hydroxy-3-alkoxypropansulfonate* (**I**) (Alkyl-Rest: n-C_6, n-C_8, n-C_{10}, n-C_{12}, tert.-C_8H_{17}-C_6H_4) hergestellt, die etwas schwieriger wasserlösl. sind als die entsprechenden Na-Alkylsulfonate (**II**). Die schlechtere Wasserlöslichkeit von **I** beruht offenbar auf der H-Brücke zwischen der OH-Gruppe u. der SO_3^--Gruppe. Die krit. Micell-Konzz. der **I**-Lsgg. liegen viel niedriger als die der **II**-Lsgg.; die Lsgg. von **I** zeigen hervorragendes Benetzungsvermögen u. große

Beständigkeit in hartem W., die mit steigender Temp. u. bes. bei ca. 35° sprunghaft zunimmt. E. Maekawa 7912◇

2670 **Adsorption von Cholesterin an Öl-Wasser-Grenzflächen.** O. Harva. (Finska Kemistsamfundets Medd. **72**, 32—39, 1963; Helsinki, Finland, Finland Inst. of Technol.; engl.) — Es wird die Grenzflächenspannung zwischen KW-Stoffen u. W. sowie zwischen n-Heptan u. wss. Na-Dodecylsulfat-Lsgg. als Funktion der Cholesterin-Konz. gemessen. M.-L. Kehren 7912◇

2671 **Einwirkung von Elektrolyten auf mit anionischen Seifen stabilisierte Emulsionen.** Axel O. Bohn. (Finsk Kemistsamfundets Medd. **72**, 40—47, 1963; Kobenhavn, Danmarks tekniske højskole; engl.) — Durch Zugabe von Elektrolyten zu Seifen-Lsgg. nimmt die krit. Micellar-Konz. ab, gleichzeitig ändern sich Viscosität, Oberflächen- u. Grenzflächenspannung, Brechungsindex, spezif. Gew., Lsg.-Wärme u. osmot. Druck u. damit auch die Stabilität der Emulsionen. — 29 Literaturangaben. M.-L. Kehren 7912◇

2672 **Synthetische Zusätze vom Dispergiermitteltyp.** P. I. Ssanin, L. F. Tschernjawskaja, W. W. Scher und N. W. Melentjewa. (Ber. Akad. Wiss. UdSSR **140**, 176—78, 1961; Inst. für erdölchem. Synth. der Akad. der Wiss. der UdSSR; russ.) — Die stabilisierende Wrkg. von Detergentien wird am Beispiel der Stabilisierung einer Suspension von Kanalruß in Toluol durch Zusätze von Ni-Dialkyldithiophosphaten Ni[(RO)$_2$PSS]$_2$ mit R = n-C_4H_9 (**I**), n-$C_{10}H_{21}$ (**II**) u. n-$C_{18}H_{37}$ (**III**) untersucht, wobei einerseits die zur vollständigen Ausscheidung des Rußes benötigte Zeit, andererseits die Änderung der Extinktion mit der Zeit ermittelt wird. Die Stabilisier-Wrkg. nimmt mit der Länge von R zu. An 1 g Ruß werden nach den Adsorptionsisothermen 5,70 mMol (3,1 g) **I**, 4,08 (3,6) **II** u. 3,17 (4,2) **III** adsorbiert, an einem Rußteilchen (mittlerer Dimension) $6 \cdot 10^4$ Moll. **III** oder etwa doppelt so viele Moll. **I**. Die Zusätze können nicht nur Agglomeration der Rußteilchen verhindern, sondern auch schon gebildete Agglomerate dispergieren. R. K. Müller 7912◇

2673 **Über das Wesen der Trockenimprägnierung und seine Bedeutung für den modernen Chemischreinigungsbetrieb.** G. Wirtz und K. Wunderlich. (SVF Fachorg. Textilveredl. **17**, 272—83, 1962; dt.) — Trockenimprägnierung (wirksame Bestandteile: Paraffin-KW-Stoffe u. Metallalkoholate des Al, Ti oder Ir) im Anschluß an eine Chemischreinigung vermeidet gegenüber der Naßimprägnierung die unangenehmen Nachteile der Naßwäsche, spart Energie, vermindert die Bügelarbeit u. erfordert keine zusätzlichen Maschinen u. Arbeitsräume. Das Trockenimprägnierbad muß aber hochkonz. angewendet werden u. wird bereits durch kleine Mengen an verschleppten Reinigungsverstärkern in seiner Wrkg. geschädigt. R. Kießling 7914◇

2674 **Reinigungsmittel mit oberflächenaktiven Substanzen für den Haushalt.** W. Fries. (Fette u. Seifen, Anstrichmittel **65**, 953—58, 1963; Düsseldorf, Henkel & Cie GmbH; dt.) — Übersicht über die Meth. u. App. zur Gebrauchswertprüfung von tensidhaltigen, wasserlösl. Haushaltsreinigungsmitteln u. tensidhaltigen Scheuermitteln, wobei einmal die Reinigungs-Wrkg. u. zum anderen die Aggressivität gegenüber dem schmutztragenden Substrat beurteilt werden. I. Ohme 7916◇

2675 **Moderne Geschirrspülmittel.** H. Wedell. (Ber. dtsch. keram. Ges. e. V. **40**, 236—41, 1963; Düsseldorf, Henkel & Cie., GmbH, Anwendungstechn. Labor.; dt.) — Zus. u. Wrkg. neuzeitlicher Geschirrspülmittel werden erörtert. Spülmittel für manuelles Spülen bestehen vorwiegend aus neutralen Netzmittelgemischen. Für Geschirrspülmaschinen verwendet man alkal. reagierende Gemische anorgan. Salze. Bei geeigneter Zus. der Spülmittel erleiden Glas- u. Porzellanoberflächen keine Korrosion. W. Wesly 7916◇

2676 **Bewertungsmethode von oberflächenaktiven Stoffen bei der Reinigung von lackierten Oberflächen.** A. Arpino und V. De Rosa. (Riv. ital. Sostanze grasse **40**, 55—62, 1963; Milano, Staz. Speriment. Olii e Grassi; ital.) — Vff. untersuchen die Abwaschbarkeit eines auf der Grundlage von Silicaten, Eisenoxiden, Fetten, Wachsen, Kienruß u. Mineralöl hergestellten synthet. Schmutzes von Autokarosserien durch verschiedene Waschmittel mit dem Gardner-Gerät. I. Köditz 7916

2677 **Verwertung von Agavefaserabfällen.** 1. Mitt. **Isolierung von Hartwachs.** M. B. Jauhari und B. Biswas. (Indian Oil Soap J. **28**, 230—34, 1963; Kanpur, H.B. Technol. Inst.; engl.) — Agavefaserabfälle (ofengetrocknet) aus einer Seilerei wurden mit Ae., Aceton, Chlf., CCl_4, A., Bzl., Toluol u. A.-Bzl. (1:2) extrahiert, wobei A.-Bzl. (1:2) die beste Ausbeute, 18,03% eines hellgrünbraunen Prod. (**I**) nach Abdampfen des Lsgm. u. Trocknen im Vakuum über $CaCl_2$, gab. **I**, F. 84—85°, hatte 0,35% Asche-Geh., VZ. 63,30, SZ. 23,96, JZ. 48,70 (Wij's), AZ. 109,33. **I** wurde in den A.-unlösl. Hartwachsanteil (**II**), 58,1%, u. den A.-lösl. Fettanteil (**III**), 41,3%, zerlegt. **II**, F. 89—90°, hatte 0,57% Asche-Geh., VZ. 67,92, SZ. 9,32, JZ. 33,70 u. **III** VZ. 54,65, SZ. 19,24, JZ. 40,09. **II** konnte mit Na-Hypochloritlauge (23,51 g akt. Cl/Liter) bei Zimmer-Temp. gebleicht werden (89,1% Ausbeute). Das gebleichte **II**, F. 105—106°, hatte 1,16% Asche-Geh., VZ. 34,10, SZ. 6,78, JZ. 13,41. K. Hinterauer 7924◇

2678 **Lösungsmittelfraktionierung von Wollwachssäuren.** D. T. Downing. (Austral. J. appl. Sci. **14**, 50—56, 1963; Melbourne, C.S.I.R.O., Chem. Res. Labor.; engl.) — Nach Verseifung des Wachses, Abtrennung des Unverseifbaren u. Überführung der Wollwachssäuren in die Methylester werden diese in α-Hydroxy-, ω-Hydroxy- u. nichthydroxylierte Ester durch Kristallisation u. Gegenstromverteilung (GV) aufgetrennt. Kontinuierliche GV zur Gewinnung größerer Materialmengen scheint möglich zu sein. M.-L. Kehren 7924◇

2679 **Bestimmung der magnetischen Kernresonanz mittels Breitbandspektroskopie zur Ermittlung des Gehaltes an flüssiger und fester Substanz in Sojaöl auf verschiedenen Stufen der Hydrierung.** William P. Ferren und Roy E. Morse. (Food Technol. **17**, Nr. 8, 112—14, 1963; New Brunswick, N.J., State Univ., Dep. of Food Sci., Rutgers; engl.) — Vf. beschreibt die Ermittlung der Anteile an fester u. fl. Substanz während des Hydrierungsprozesses von *Sojaöl* unter Heranziehung der Breitband-NMR-Spektroskopie, wobei auf der Basis der großen Differenz der Absorptionswerte für fl. Öl u. für festes hydriertes Fett die Auswertung erfolgt. G. Heder 7932◇

2680 **Über die Differenzierung der Säurezahl, der Hydrolyse- und der Oxydationssäurezahl unter besonderer Berücksichtigung der Anwendungen für die ausführliche Bestimmung des Verderbs von Speisefetten und Ölen.** St. A. Ivanov. (C. R. Acad. bulg. Sci. **14**, 683—86, 1961; dt., Auszug: russ.) — Zwecks ausführlicher Best. des Verderbs von Speisefetten u. -ölen wird die Differenzierung der SZ. dieser Prodd. in Hydrolyse-SZ. (HSZ) u. Oxydations-SZ. (OSZ) vorgeschlagen. Eine genaue (in einer Probe durchführbare) Best.-Meth. der HSZ (bedingt durch infolge Hydrolyse von Triglyceriden entstandene höhere Fettsäuren) u. OSZ (bedingt durch infolge Oxydation entstandene niedermol. Aldehydcarbon- u. Dicarbonsäuren) wird eingehend beschrieben. HSZ- u. OSZ-Werte vom frischen u. ranziggewordenem Sonnenblumen-, Reis-, Mandel- u. Erdnußöl werden erörtert. S. Baryschnikow 7932△

2681 **Dünnschichtchromatographie von Lipoiden.** Helmut K. Mangold. (J. Amer. Oil Chemists' Soc. **38**, 708—27, 1961; Austin, Minn., Univ. of Minnesota, Hormel Inst.; engl.) — Vf. gibt einen Überblick der experimentellen Durchführung der Dünnschichtchromatographie u. ihrer Anwendung (auch in Verbindung mit der Papier- u. Gas-Fl.-Chromatographie) auf dem Fettgebiet. — 235 Literaturangaben. N. Trzebowski 7932◇

2682 **Über ein neues Verfahren zur Unterscheidung von Preß- und Extraktionsolivenöl.** E. Hatzopoulos. (Rev. franç. Corps gras **9**, 283—86, 1962; Athen, École Polytechn.; franz.) — Unter Hinweis auf die bisher angegebenen, meist nur wenig sicheren Meth. zur Unterscheidung der Preß- von den Extraktionsölen wird ein neues Verf. mitgeteilt; es beruht darauf, daß Olivenöl nach Belichtung mit einer Mazda-Lampe eine mit einem Fl.-Scintillator meßbare Strahlung aussendet, die signifikante Unterschiede zwischen extrahiertem Öl u. Preßöl aufweist (Beschreibung der App. u. der Arbeitsweise). Nach den Beleganalysen liefert das einfach u. rasch durchführbare Verf. reproduzierbare u. eindeutige Ergebnisse; bis herab zu ca. 10% Extraktionsöl sind im Preßöl noch zu erkennen. K. Täufel 7932◇

2683 **Die Zusammensetzung des Samenöles von Pachyrrhizus erosus (Jam-Bohne).** J. H. Broadbent und G. Shone. (J. Sci. Food Agric. **14**, 524—27, 1963; London, Tropical Prod. Inst.; engl.) — Aus den Samen von *Pachyrrhizus erosus*, die bisher oft als Insekticide sowie als Fischgifte verwendet wurden, wird durch Extraktion mit kaltem PAe. das Öl gewonnen; SZ. 1,55; VZ. 194; JZ. (Wijs) 84; Unverseifbares 1,4%. Die gaschromatograph. Unters. der Methylester der Gesamtfettsäuren ergibt: *Palmitin-* (26,7%), *Stearin-* (5,7), *Öl-* (33,4), *Linol-* (34,2), *Linolensäure* (Spuren); das Öl ähnelt dem Baumwollsaatöl. Mittels Dünnschichtchromatographie wird das isolierte Unverseifbare, das 55% von mit Digitonin fällbaren Sterinen enthält, in 6 Komponenten differenziert, deren 2 positive Liebermann-Burchard-Rk. geben, während eine einen positiven Emmerie-Engel-Test auf Tocopherole liefert. Hinweise an Hand des Schrifttums auf die prakt. Verw. der Knollen von P. erosus sowie der Samen. K. Täufel 7932◇

2684 **Bestimmung der Erucasäure in Rapsöl.** Turhan A. Sesbes. (Chim. analytique **45**, 351—56, 1963; Istanbul, Fac. des Sci., Inst. de Chim.; franz.) — Verschiedene aus den Jahren 1910—1929 stammende gravimetr. Meth. zur quant. Best. von *Erucasäure* in *Rapsöl*, bei denen über die fettsauren K- u. Mg-Salze, die Fettsäureäthylester u. deren Bromierungs-Prodd. getrennt wird, werden experimentell verglichen. Die Verff. liefern sehr ähnliche Werte. Die Vorzüge gewisser Varianten werden herausgestellt. W. Kupfer 7932◇

2685 **Fehler in der Azelaoglyceridmethode.** G. Lakshminarayana und D. Rebello. (J. Amer. Oil Chemists' Soc. **40**, 300—01, 1963; Bombay, India, Univ., Dep. of Chem. Technol.; engl.) — Eine krit. Wertung der von Kartha [1953] beschriebenen Meth. zur Best. der Glycerid-Zus.; die Meth. wird stark in Zweifel gezogen. W. Melloh 7932◇

2686 **Eine neue technische Methode für die Isolierung der Geschmacksstoffe aus Fetten und Ölen.** S. S. Chang. (J. Amer. Oil Chemists' Soc. **38**, 669—71, 1961; Decatur, Ill., A. E. Staley Mfg. Comp.; engl.) — Es wird eine techn. verwendbare Meth. zur kontinuierlichen (nicht quant.) Isolierung der Geschmacksstoffe (G) von Fetten u. Ölen beschrieben, bei der durch schonende Behandlung (12 Min., 80°) keine Zers.-Rkk. erfolgen. Die nach folgenden 4 Stufen erhaltenen u. durch Gaschromatographie identifizierten G (vgl. folgendes Ref.) sind für das Öl (z. B. *Sojaöl, Maisöl*) charakterist.: 1. kontinuierlicher Gegenstromkontakt des Öles mit Dampf in einer 30-Boden-Oldershaw-Kolonne im Vakuum; 2. Kondens. des Dampfes in Kühlfallen; 3. kontinuierliche Fl.–Fl.-Extraktion mit organ. Lsgm. (z. B. Ae.); 4. Verdampfung der Hauptmenge des Lsgm. u. gaschromatograph. Best. der Geschmacksstoffe. N. Trzebowski 7932◇

2687 **Charakterisierung des Reversionsgeschmackes von Sojaöl.** S. S. Chang, K. M. Brobst, H. Tai und C. E. Ireland. (J. Amer. Oil Chemists' Soc. **38**, 671—74, 1961; Decatur, Ill., A. E. Staley Mfg. Comp.; engl.) — Vgl. vorst. Referat. — Von den 14 durch Gas–Fl.-Chromatographie erzielten Fraktionen der von revertiertem, aber nicht ranzigem Sojaöl isolierten Geschmacksstoffe konnten durch IR-Spektroskopie 6 identifiziert werden: *Äthylformiat, Äthylacetat, A., n-Butyraldehyd, Heptanon-(2), Heptanal-(2)*; 4 konnten gedeutet werden als Aldehyd oder Ester, Keton (wahrscheinlich Homologes von Heptanon-(2)], Alkohol u. Ester, u. 4 ergaben zwar charakterist., jedoch bisher nicht bestimmbare Spektren, wobei Dimethylamino- u. andere Stickstoff-Verbb. nicht ausgeschlossen werden. N. Trzebowski 7932◇

2688 **trans-Fettsäuregehalt von Schweineschmalz nach Fütterung von Schweinen mit rindertalghaltigem Kraftfutter. Ein Beitrag zur quantitativen infrarotspektroskopischen Bestimmung von trans-Fettsäuren in Fetten.** Hans Lück, Wilfried Saumweber und Rudolf Kohn. (Z. Lebensmittel-Unters. u. -Forsch. **120**, 286—95, 1963; München, Dt. Forschungsanst. für Lebensmittelchem.; dt.) — Bei Unterss. von Schweineschmalz von Tieren, die mit rindertalghaltigem, also trans-Fettsäuren enthaltendem Kraftfutter aufgezogen wurden, werden die trans-Fettsäuren gemäß den Verff. der Literatur auf dem Wege der IR-Spektroskopie ermittelt. Dabei wird gezeigt, daß sich die analyt. Ergebnisse, wenn für die Eichkurve reines Schweineschmalz verwendet bzw. mit reinem Schmalz kompensiert wird, bei Unters. der Glyceride bzw. der daraus hergestellten Methylester nur innerhalb der Fehlergrenzen voneinander unterscheiden; die Umwandlung der Glyceride in die Methylester vor der Auswertung der trans-Banden ist deshalb nicht notwendig. Der Zusatz von Fett zum Futter verkürzt die Mastzeit für Schweine u. liefert gutes Fleisch; im Depotfett der mit Rindertalg gefütterten Tiere können trans-Fettsäuren in einer Menge bis zu 1,5% auftreten. Bei einem solchen Schmalz mit dem angegebenen höheren Geh. an trans-Fettsäuren sind die Bömer-Zahlen erniedrigt; damit kann eine Aussage, daß es sich bei solchen Prodd. um mit Talg verfälschtes Schmalz handelt, nicht mit Sicherheit gemacht werden. — 27 Literaturangaben. K. Täufel 7934◇

2689 **Eine einfache Eichmethode für Gas-Flüssigkeit-Chromatographiekolonnen zur quantitativen Fettsäureanalyse.** H. M. Edwards jun. und J. E. Marion. (J. Amer. Oil Chemists' Soc. **40**, 299—300, 1963; Athens, Ga., Univ. of Georgia, Poultry Dep.; engl.) — Ein Gemisch der Methylester von definierten gesätt. u. ungesätt. Fettsäuren wird 5mal analysiert u. die Korrekturfaktoren (KF) unter Zugrundelegung von Methylstearat berechnet. Die KF werden als Funktion der Retentionszeit dargestellt. Diese Funktion wird als logarithm. vorausgesetzt u. eine Gleichung aufgestellt, die am besten mit den gefundenen Werten übereinstimmt. Diese Gleichung wird zur Berechnung aller KF von Chromatogrammen verwendet, die mit der Kolonne erhalten werden. W. Melloh 7936◇

2690 **Die quantitative Bestimmung von Hexachlorophen.** G. T. Walker. (Seifen-Öle-Fette-Wachse **89**, 820—21, 1963; dt.) — Die quant. Best. von *Hexachlorophen* (G-11) in reinem Zustand gelingt durch potentiometr. Titration mit 0,1n NaOH, seine Best. in *Seifen* u. anderen Präpp. durch colorimetr. Best. seiner mit 4-Aminoantipyrin + Na_2CO_3-Lsg. versetzten Aceton-Lsg. mit K-Ferricyanid u. Messung der Absorption bei 475 mμ. Als 3. Verf. beschreibt Vf. die UV-Spektroskopie von G-11 in verschiedenen Lsgm. u. Messung der Absorption bei 300—320 mμ. H. Brämer 7938◇

2691 **Bestimmung von Natriumdodecylbenzolsulfonat und Nopco 2265.** Guillermo Zubieta. (Ind. y Quím. **22**, 110, 1962; span.) — Vf. beschreibt die volumetr. Best. von Na-Dodecylbenzolsulfonat (**I**) mit einer Lsg. von Nopco 2265 (**II**, Gemisch aus Fettsäuren verschiedener Kettenlänge u. einem Polyamin) in Ggw. von Azogeraninrot u. Chlf. in verd. H_2SO_4. Umgekehrt kann auch **II** bei pH 3,4 (K-Hydrogentartratpuffer) mit einer Lsg. von **I** in Ggw. von Methylenblau u. Chlf. bestimmt werden. P. Kurzmann 7942◇

2692 **Bestimmung des Äthylenoxidgehaltes in nichtionogenen Detergentien.** P. Voogt. (Fette u. Seifen, Anstrichmittel, **65**, 964—70, 1963; Vlaardingen, Niederlande, Unilever Res. Labor.; dt.) — Der Geh. an *Äthylenoxid* (*ÄO*) in Nonylphenol-, Lauryl- u. Talgalkoholpolyglykoläthern sowie in Polyglykolen wird nach einer modifizierten Zeisel-Meth. (nach Morgan-Etienne) bestimmt. Die ÄO-Gruppen reagieren mit Jodwasserstoffsäure; das gebildete Äthyljodid wird durch Rk. mit überschüssigem $AgNO_3$ u. potentiometr. Rücktitration des Überschusses mit Ammonrhodanid, das Nebenprod. Äthylen jodometr. bestimmt. Die Standardabweichung beträgt ca. 0,6% relativ. Schneller kann der ÄO-Geh. mit Hilfe der IR-Absorption bei 2485 mμ in CCl_4 spektrophotometr. bestimmt werden. Bei dieser Meth. beträgt die Standardabweichung ca. 0,4% abs. für Prodd. mit mehr als 30—35% ÄO. Die nach beiden Meth. erhaltenen Ergebnisse entsprechen einander. I. Ohme 7942◇

2693 Procter & Gamble Co., V.St.A. (Erfinder: Joseph Blinka und Preston W. Grounds jun.), **Reinigungsmittelstück** aus 10—35 (%) Na-Seife, 15—40 synthet. anion. Waschmittel (z. B. Na-Dodecylsulfat, Na-Cocomonoglycerylsulfonat, Na-Cocosulfoacetat) u. 15—45 gelatinierter Stärke; Summe synthet. Waschmittel u. Na-Seife = 25—65%. — 2 Abb., Diagramm. (**F. P. 1 159 776** vom 7/9. 1956, ausg. 2/7. 1958. A. Prior. 8/9. 1955.) T. Oppermann 7913

2694 Colgate-Palmolive Co., New York, N.Y., V.St.A. (Erfinder: William Ralph Hearn, Scarboro, Allister Neil MacLean und Frederick William Trusler, Toronto, Ontario, Canada), **Flüssiges Grobwaschmittel** mit einem Geh. an 5—30 (%) eines Gemisches aus wasserlösl., anion. Sulfonat-Waschrohstoffen u. nichtion. Waschrohstoffen, 10—30 alkal. Polyphosphaten, 0,1—2 Carboxyalkylcellulose, gek. durch einen Geh. von 0,1—1% hydriertem Ricinusöl (I) zur Verhinderung der Phasentrennung. — Beispiel: 54,7 W., 10 Na-Dodecylbenzolsulfonat, 20 $K_4P_2O_7$, 5 Lauroylisopropanolamid, 6,5 Na-Toluolsulfonat, 0,5 Na-Carboxymethylcellulose, 0,3 I u. 3 Na-Silicat. (**D. A. S. 1 152 779** Kl. 23e vom 21/12. 1960, ausg. 14/8. 1963. A. Prior. 22/12. 1959.) C. Lüttgen 7913

2695 L. Sonneborn Sons, Inc., übert. von: Manuel Blumer, Petrolia, Pa., und Gershon M. Goldberg, Waverley, Mass., V.St.A., **Gegen Licht und Hitze beständige, sich nicht verfärbende und nicht fluorescierende Mahoganysulfonsäuren und deren Salze** erhält man durch Bleichen der Sulfonsäuren mit einem peroxidierten Mineralöl mit 0,01—0,025 (%), bes. 0,02—0,08, Peroxid-Geh. (bezogen auf H_2O_2) in Ggw. eines Petroleum-KW-Stoffes, bes. mit einer Viscosität von 50—400 Sek. Saybolt bei 100° F u. bes. 5—15 eines Alkanols mit 1—3 C-Atomen bei wenigstens 125° F bis unterhalb der Zers.-Temp. der Sulfonsäure. — 1250 Teile Mineralöl (Viscosität 100 Sek. Saybolt/100° F) werden bei 255° F 12 Std. mit Luft geblasen; der Peroxid-Geh., bezogen auf H_2O_2, beträgt dann 1%. Eine 65%ig. Lsg. von Na-Mahoganysulfonat im nichtsulfonierten Öl wird mit 30 des vorst. peroxidierten Mineralöls 10 Std. erhitzt, wodurch die Farbzahl von 10 auf 6—7R Lovibond vermindert wird u. die ursprünglich vorhandene blauviolette Fluorescenz verschwindet. (**A. P. 2 851 483** vom 20/10. 1954, ausg. 9/9. 1958.) G. Krauß 7913

2696 Sonneborn Chemical and Refining Corp., übert. von: Manuel Blumer, Petrolia, Pa., V.St.A., **Reine Erdalkali- und Magnesiumsalze öllöslicher Mahoganysulfonsäuren** erhält man dadurch, daß man diese in Ggw. eines KW-Stofföles mit 30—1000 Sek. SUS/100° F u. der 1—3fachen Menge eines wss., wenigstens 70, bes. 80- bis 90%ig. Alkanols mit 1—5, bes. 1—3 C-Atomen mit Erdalkalioxiden, -hydroxiden, -chloriden, -nitraten, -acetaten oder -formiaten neutralisiert u. die etwas ölhaltige Alkoholschicht abtrennt, aus der man nach dem Verjagen des Alkohols die reinen Sulfonate gewinnt. — 200 g einer Mahoganysulfonsäure mit 3 (%) W., 10,3 freier H_2SO_4, 0,5 SO_2 u. 35,5 Mineralöl werden nach Zusatz von 50 g Mineralöl u. 500 ml 80%ig. Isopropanol mit 50 g $Ca(OH)_2$ neutralisiert; durch Abtrennen der Alkoholschicht, Verjagen des Alkohols u. Entwässern erhält man reines *Ca-Sulfonat*, das bei 80° F ein Gel u. bei 200° F eine viscose Fl. bildet. — *Mg-Sulfonat*. (**A. P. 2 961 403** vom 6/9. 1956, ausg. 22/11. 1960.) G. Krauß 7913

2697 Thomas Hedley & Co. Ltd., England, **Reinigungsmittelpulver.** Es enthält einen fein verteilten Farbstoff. — Zum Beispiel vermischt man ein Gemisch aus 0,3 (Teilen) „Vulcanosol 5 G"-Blau (mittlere Korngröße 2 μ) u. 10 Na-Perborat mit 90 eines sprühgetrockneten Seifenpulvers aus 85 (%) Seife, 8 festes Na-Silicat u. ca. 6,5 Feuchtigkeit. (**F. P. 1 169 831** vom 19/3. 1957, ausg. 6/1. 1959. E. Prior. 21/3. 1956 u. 7/3. 1957.) T. Oppermann 7917

2698 Wyandotte Chemicals Corp., Wyandotte, übert. von: Lester G. Lundsted, Grosse Ile, Mich., V.St.A., **Reinigungsmittel aus Stickstoff enthaltenden Polyoxyalkylenen.** Man läßt auf N-enthaltende, reaktive H-Atome aufweisende Verbb. mit <7 C-Atomen, z. B. prim. Alkylamine, wie Äthylamin, Alkylenpolyamine, wie Äthylendiamin oder Triäthylentetramin, Alkanolamine, wie Triäthanolamin, heterocycl. N-Verbb., wie Piperazin, ferner NH_3, $OHNH_2$ oder Aminophenole zunächst Propylenoxid u. dann Äthylenoxid einwirken, so daß die Polypropylenoxidketten ein Mol.-Gew. von 900—25000 u. die Äthylenoxidketten 20—90 Gew.-% der ganzen Verb. betragen. Zur Herst. der Reinigungsmittel vgl. A. P. 2 674 619; C. **1956,** 3178. Die Mittel wirken bereits bei 90° F reinigend. (**A. P. 2 979 528** vom 30/12. 1957, ausg. 11/4. 1961.) K. Sarre 7917

2699 International Groom Co. G. m. b. H. (Erfinder: Reginald William Groom und Huibert Willem Hartog), **Reinigen von Öltanks** mit wss. Lsgg., z. B. aus 100 (kg) NaCl, 1 Na_2CrO_4, 3 NaOH, 11,1 H_3PO_4 (32% P_2O_5) u. 1000 W., dad. gek., daß man die verbrauchte Lsg. mit einem Polyglykoläther (I) versetzt, dessen Trübungspunkt nicht über der Temp. liegt, bei der die Trennung der Reinigungs-Lsg. (II) von dem aufgenommenen Öl durch Absetzen erfolgt, bes. Stearyl- oder Octadecylpolyglykoläther mit 28 Äthylenoxideinheiten. Der Zusatz der I bewirkt ein besseres u. schnelleres Absetzen der Ölphase von der wss. II, die nach Abtrennen des Öls für die weitere Reinigung verwendet werden kann. (**Aust. P. 232 393** vom 26/2. 1959, ausg. 23/2. 1961. Niederl. Prior. 27/2. 1958. **Niederl. P. 101 035** vom 27/2. 1958, ausg. 16/4. 1962.) C. Lüttgen 7917

2700 Stéarinerie Dubois Fils, Seine, Frankreich, **Kerze,** welche einen Docht enthält, der in Abständen von einer gefärbte Flammen liefernden Masse umgeben oder an dem eine solche Masse enthaltende Petarde angeordnet ist. — Zeichnung. (**F. P. 70 379** vom 26/7. 1956, ausg. 6/4. 1959. **Zusatz zu F. P. 1127 061; C. 1960, 335.**) T. Oppermann 7921

2701 Georges Fénelon, Lot, Frankreich, **Selbstauslöschende Kerze** enthält einen Docht, welcher an gewünschten Stellen mit einer feuerlöschenden Substanz imprägniert ist, z. B. einer Na- oder K-Silicat-Lsg., Celluloseacetat–Aceton-Gemisch, NH_4Cl–Ammoniumphosphat-Gemisch. (**F. P. 1 170 540** vom 2/4. 1957, ausg. 15/1. 1959.) T. Oppermann 7921

2702 Manuel Muntañola Tey, Spanien, **Kerzen und Figuren aus Wachs** mit einem Aussehen wie Stein oder Marmor. Man bringt in die Mitte der Form einen Docht an, welcher in seinem mittleren Teil auf einer Länge von 1—1½ cm mit einem geeigneten Farbstoff imprägniert ist, u. gießt die geschmolzene Wachs- oder wachsartige Masse (Paraffin, Wachs, Stearin, Walrat) in Achsenrichtung des Dochtes in die Form. (**F. P. 1 160 597** vom 21/11. 1956, ausg. 18/7. 1958. Span. Prior. 14/6. 1956.) T. Oppermann 7921

2703 **British Nylon Spinners Ltd.,** Pontypool, England (Erfinder: **Kenneth Arthur Brunt** und **David Williams**), *Herstellung von Waschmitteln.* (**E. P. 916 555** vom 28/5. 1960, ausg. 23/1. 1963. — C. **1962,** 16173 [D. A. S. 1 120 625].)

2704 **Union Carbide Corp.,** übert. von: **Arthur B. Steele jun.,** Ossining, N.Y., **Edward J. Mills jun.,** Charleston, und **Donald G. Leis,** St. Albans, W.Va., V.St.A., *Polyoxyalkylenverbindungen.* (**A. P. 3 078 315** vom 2/9. 1955, ausg. 19/2. 1963. C. **1959,** 16820 [D. A. S. 1 054 239].)

2705 **Farbwerke Hoechst Akt.-Ges. vormals Meister Lucius & Brüning,** Frankfurt/M., *Kohlenwasserstoffwachse mit verbesserten mechanischen Eigenschaften.* (**E. P. 887 417** vom 28/8. 1958, ausg. 17/1. 1962. D. Prior. 28/8. 1957. — C. **1959,** 15536 [D. A. S. 1 050 052].)

H_{18a}. Holz, Cellulose, Zellstoff, Papier, Papierdruck, Celluloid, Linoleum

2706 **Die mechanischen Eigenschaften von 174 australischen Hölzern.** E. Bolza und N. H. Kloot. (Commonwealth sci. ind. Res. Organizat., Australia, Divis. Forest Products, Technol. Pap. **1963,** 3—112; Melbourne, C.S.I.R.O., Div. of Forest Prod.; engl.) — In einem großen Tabellenwerk sind die Vers.-Ergebnisse von mechan. Beanspruchungen, die nach Normenvorschriften durchgeführt werden, an 174 austral. Hölzern zusammengefaßt. Es werden bestimmt: Biege-, Schlagbiege-, Druck- (parallel u. senkrecht zur Holzfaser), Scher- u. Spaltfestigkeit, Zähigkeit, Izodwert, Härte u. die Grenzwerte der Beanspruchungen. Außerdem sind die Dichte im lufttrockenen u. grünen Zustand u. die Grunddichte angegeben. F. Zeidler 7952◇

2707 **Faktoren, die die Viscositätsabnahme von Cellulose bei ihrer Veresterung mit niedrigen aliphatischen Anhydriden beeinflussen.** Carl J. Malm, R. E. Glegg, Leo J. Tanghe und Janet Thompson. (Tappi **44,** 669—78, 1961; Rochester, N.Y., Eastman Kodak Co., Cellulose Technol. Div.; engl.) — Zur Klärung der Faktoren, die den Abbau von Celluloseacetat-, -propionat u. -butyrat während ihrer Herst. beeinflussen, werden gelöste Triester in verschiedenen Veresterungsgemischen untersucht. Der Einfl. der Säuregruppe im Ester u. im Lsgm. wird gesondert u. zusammen untersucht. Bei verschiedenen Estern im gleichen Säure–Anhydrid-Gemisch nimmt die Viscosität in der Reihenfolge: Acetyl, Propionyl, n-Butyryl, ab. Beim gleichen Ester u. anderen Säuregruppen im Lsgm. ist die Reihenfolge umgekehrt. Für Ester in ihren entsprechenden Säure–Anhydrid-Gemischen bestimmt der Katalysator (I) die Reihenfolge. Wird das Verhältnis Säure/Anhydrid bei konst. I-Konz. variiert, so ändert sich die Geschw. der Viscositätsabnahme oder bleibt unverändert, je nach Art des I. Wird die I-Konz. so eingestellt, daß gleiche Veresterungs-Geschw. bei verschiedenen Säure–Anhydrid-Verhältnissen u. verschiedenen Temp. erreicht werden, nimmt die Viscosität bei höherer Anhydrid-Konz.

u. tieferer Temp. ab. Diese Veresterungsbedingungen liegen bei der techn. Herst. von hochviscosen Celluloseestern der Propion- u. Buttersäure vor. Die wirksame Anhydrid-Konz. kann erhöht werden, indem die Menge aliphat. Säure auf einem Minimum gehalten wird. F. Zeidler 7954◇

2708 **Über die Zusammensetzung der Kupferoxidammoniak- und der Kupferalkalicellulose.** Franz Hoelkeskamp. (Papier **16**, 102—05, 1962; Wuppertal, J. P. Bemberg Akt.-Ges., Labor.; dt.) — Zur Ermittlung der Zus. von Cuoxamcellulose (**I**) u. Kupferalkalicellulose (**II**) wird eine Meth. angewandt, bei der leicht vernetzte Linters mit Cuoxam (**III**) bzw. **III** u. NaOH überdeckt werden. Aus der Abnahme der Konzz. der Rk.-Komponenten wird die Zus. der topochem. entstandenen Verbb. errechnet. Die Ergebnisse bestätigen für **I** die Angaben von Traube [1921, 1930]. Bei der Unters. von **II** erhält man jedoch Werte, die auf eine bisher noch unbekannte Verb. $(C_{12}H_{18}O_{10}Cu)Na_4$ hinweisen. Dieses Ergebnis kann durch eine direkte Best. des Cu- u. NaOH-Geh. in einer gereinigten **II** erhärtet werden. Ferner wird über ein Cupricellulosat berichtet, das beim hydrolyt. Zerfall einer gereinigten **II** entsteht. F. Zeidler 7954◇

2709 **Die Herstellung von Hochausbeutezellstoffen in kontinuierlichen Kamyr-Kochern.** Åke Backlund. (Papír a Celulosa **18**, 76—80, 1963; Karlstad, Švědsko, AB Kamyr; tschech.) — Verschiedene Typen von Kamyr-Anlagen, die sich bei der kontinuierlichen Herst. von Neutralsulfit-Hochausbeutezellstoffen u. bei der Zellstoffgewinnung nach dem Kaltsoda-Verf. u. zur Herst. von Kisten- u. Wellpappe bewährt haben, werden schemat. dargestellt u. beschrieben. C. Kozák 7956◇

2710 **Die Verarbeitbarkeit vom slowakischen Edelkastanienholz auf Zellstoffe für papiertechnologische und chemische Weiterverwendung.** František Kozmál und Ján Bučko. (Papír a Celulosa **18**, 73—76, 1963; Bratislava, Katedra chem. technol. dreva a chem. vláken SVŠT; slowak.) — Die chem. Zus. u. die Makrostruktur von slowak. Edelkastanienholz (**I**) werden beschrieben. Verss. zwecks Herst. von Zellstoff aus **I** nach dem Sulfat- bzw. Sulfit-Verf. zeigen, daß die Delignifizierung in beiden Fällen glatt verläuft, jedoch liefert der Sulfitaufschluß höhere Ausbeuten. Der aus **I** hergestellte Zellstoff eignet sich zur Herst. von Papier, chem. Fasern, Cellulose-Derivv. u. anderen chem. Produkten. C. Kozák 7956◇

2711 **Die Überwachung der Zellstoffqualität in einer Fabrik für gebleichten Kraftzellstoff.** Robert P. Green. (Tappi **46**, 14A—24A, 1963; engl.) — Die verschiedenen Holzarten u. Meth. des Kochens u. Bleichens werden auf Faktoren, die Qualität u. Gleichmäßigkeit des Zellstoffs beeinflussen können, untersucht. Auf die Unzulänglichkeiten der zur Zellstoffbeurteilung angewandten physikal. Unters.-Meth. wird bes. hingewiesen u. stattdessen eine breitere Anwendung chem. Meth. empfohlen. F. Zeidler 7956◇

2712 **Der Einfluß von Elektrolyten auf das ζ-Potential und die Entwässerungseigenschaften von Zellstoff.** K. Hästbacka und L. Nordman. (Paperi ja Puu **45**, 353—58, 1963; engl.) — Durch Beimischung von Elektrolyten zu ungebleichtem Sulfitzellstoff wird der Paralleleffekt auf das ζ-Potential u. die Schopper-Riegler-Zahl untersucht. Es zeigt sich, daß der pH-Wert einer Zellstoffsuspension mit Elektrolytzusatz einen wesentlichen Einfl. auf das elektrokinet. Potential hat. Über den möglichen Einfl. der Hydrolyse-Prodd. des Al-Ions auf das ζ-Potential wird diskutiert. F. Zeidler 7956◇

2713 **Die Verbrennung einzelner Tropfen von Sulfitablauge. Eine vorläufige Untersuchung.** M. T. Monaghan und R. G. Siddall. (Tappi **46**, 89—91, 1963; Sheffield, Univ., Dep. of Fuel Technol. and Chem. Engng.; engl.) — Die für die Verbrennungs-Verss. verwendete Sulfitablauge enthält 47,4% W. u. 15,7% Asche in der Trockensubstanz, ihr Heizwert beträgt 1770 kcal/kg. Zweck der Unterss. ist, die während der Verbrennung von Ablauge auftretenden Prozesse mit den bei der Verbrennung herkömmlicher Brennstoffe auftretenden zu vergleichen. Die Werte für die Entzündungsverzögerung u. Brennzeiten bei Temp.-Änderungen zwischen 550 u. 800° an Tropfen von 2000 μ betragen 12—1,75 bzw. 4,5—1 Sekunde. Bei $>550°$ werden folgende Erscheinungen beobachtet: Beim Einführen des Tropfens in den Verbrennungsofen beginnt er zu brodeln, schwillt stark an u. zieht sich stellenweise zusammen, die Viscosität erhöht sich u. die Farbe verändert sich, bis er sich in einen festen gelben Körper verwandelt. Er verkohlt dann zu einem schwarzen koksähnlichen Körper. Dieser entzündet sich plötzlich, oft mit einem blitzähnlichen Aufflammen. Während der Verbrennung glüht er hell auf u. hinterläßt nach dem Verlöschen als Rückstand eine weißliche Asche. F. Zeidler 7962◇

2714 **Untersuchungen im Rahmen des Aufschlusses mit hydrotropen Agentien.** V. Diaconescu und N. Asandai. (Zellstoff u. Papier **12**, 228—36, 1963; Jazi, Rumänien, Polytechn. Inst.; dt.) — In Labor.-Verss. wird Schilf (*Phragmites communis*) mit Alkalisalzen der o-Xylolsulfonsäure bzw. der Benzoesäure in 30—35%ig. Lsg. aufgeschlossen. Bei einem Flottenverhältnis von 1 : 4 beträgt die Kochdauer bei 165° 2½—4 Std., die Anheizdauer 2 Stunden. Die Ausbeuten liegen bei 60—70%. Zugabe von NaOH oder Na_2S (5—10%) beeinträchtigt nicht die Ausbeute, erleichtert aber das Auswaschen des Zellstoffs. Verss. mit einem Detergens rumän. Herkunft (Na-Dodecylbenzolsulfonat) ergeben in 70%ig. Ausbeute dunklen Zellstoff, der durch Zugabe von Alkali zur Aufschluß-Fl. aufgehellt werden kann. Das gelöste Lignin fällt beim Verdünnen mit W. aus. Bei diesen neuartigen Aufschluß-Verff. treten Verunreinigungen der Atmosphäre wie durch Abgase der Sulfatfabriken u. der Gewässer wie bei den sauren Bisulfit-Verff. nicht auf. Die Möglichkeit, die Ablaugen bis zu 9mal wiederzuverwenden, wonach erst das Lignin ausgefällt u. die Lsg. konz. wird, gestattet die Anwendung der hydrotropen Salze in einem geschlossenen Kreislauf. Für die Unters. des Lignins eröffnen diese Aufschluß-Verff. neue Perspektiven. F. Zeidler 7964◇

2715 **Die Mitverwendung von kurzfaserigen Zellstoffen zur Herstellung von graphischen Papieren in der Papierfabrik Pilsen.** Milan Kraitr. (Papír a Celulosa **18**, 81—86, 1963; Plzeň, Západočeské papírny; tschech.) — Erfahrungen, die durch langfristige Verss. mit der Zugabe von *kurzfaserigen Zellstoffen* (**A**), wie gebleichten Sulfatzellstoffen aus Schilf u. Buchenholz, sowie mit gebleichtem Pappelsulfitzellstoff (in Form von Mischzellstoff aus Fichten- u. Pappelholz) bei der Herst. holzfreier graph. Papiere gewonnen wurden, werden mitgeteilt. Eine Mitverwendung der angeführten **A** ist nur bis zu 20% ratsam. Bei größeren Zugaben treten erhebliche Mängel der Qualität u. Verarbeitbarkeit des Papiers ein. Die Eigg. der unter Zugabe von **A** hergestellten Papiersorten werden beschrieben u. mit denen der aus reinem Fichtensulfitzellstoff hergestellten Papiere verglichen. C. Kozak 7974◇

2716 **Der Einfluß der chemischen Bestandteile von Zellstoff aus Pinus radiata (D. Don.) auf die Herstellung von Papier.** A. J. Watson und F. H. Phillips. (APPITA — J. Austral. New Zealand Pulp Paper Ind. techn. Assoc. **16**, 165—75, 1963; C.S.I.R.O., Div. of Forest Prod.; engl.) — Verss. an Zellstoffen mit Lignin (**I**)-Geh. von 2—25% bei sonst konst. Geh. der anderen Bestandteile zeigen eine Verbesserung der Papier-Eigg. mit sinkendem **I**-Gehalt. Durch 1std. Behandlung von Chloritholocellulose aus *P. radiata* mit NaOH-Lsgg. bei 20° wird der Einfl. der alkalilösl. Polysaccharide (**II**) auf die papiertechnolog. Eigg. der Cellulose untersucht. Alkali-Konzz. von $<0{,}5\%$ ergeben keine Defibrierung. Das Herauslösen von **II** durch Alkali-Lsgg. von $\leqq 5\%$ beeinflußt nicht die auf Faserbindung beruhenden Festigkeits-Eigg., wenn auch die Faserausbeuten von 69 auf 58% erniedrigt werden. Werden weitere **II**-Mengen mit Alkali noch höherer Konz. gelöst, so ergeben sich Zellstoffe mit schlechteren Festigkeits-Eigg., was wahrscheinlich durch Veränderungen an den Zellstoffen bedingt ist. Zugabe alkalilösl. **II** zur Koch-Fl. beim Sodaprozeß ergibt etwas höhere Ausbeuten u. eine geringe Verbesserung der Festigkeits-Eigg. des Zellstoffs. F. Zeidler 7974◇

2717 **Untersuchungen über den Leimungseffekt von Papier. 1. Mitt. Untersuchung über das Messen der Bedingungen beim Leimungseffekt.** Takao Kosugi und Akihiko Morimoto. (J. Jap. techn. Assoc. Pulp Paper Ind. [Parapu Kami Kogyo Zasshi] **17**, 248—57, 1963; Osaka, Arakawa Forest Chem. Ind. Ltd., Res. and Dev. Labor.; jap., Auszug: engl.) — Die Zusammenhänge zwischen dem schwankenden Leimungsgrad bei der Stockigt-Meth. u. den Faktoren, die ihn beeinflussen können, werden untersucht. Dazu gehören Temp. u. Konz. der Lsg., die Konz. des Reagens u. seine Tropfzeit, der Wasser-Geh. im Papier, der unterschiedliche Charakter beider Seiten des Papiers u. der individuelle Unterschied. Es besteht eine lineare Beziehung zwischen der Leimung y u. der Viscosität x von W.: $y = a + b x$, eine weitere Beziehung zwischen der Viscosität u. der Temp. von W.: $x = 17{,}16 - 0{,}438\, t + 0{,}0044\, t^2$. Daraus folgt als Beziehung des Leimungsgrades zur Temp.: $y = a + b \cdot (17{,}16 - 0{,}438\, t + 0{,}0044\, t^2)$. Die Konst. a u. b gelten für ein bestimmtes Papier. Der Ergänzungswert des Leimungsgrades bei t^0 wird durch folgende Gleichung wiedergegeben: $y' = b\,(-0{,}438 + 0{,}0088\, t)$. F. Zeidler 7978◇

2718 **Papierbeschichtung.** A. Foulon. (Wbl. Papierfabrikat. **91,** 720, 1963; dt.) — Eine allg. gehaltene Betrachtung über Zweck, Materialien, Verff. u. Ergebnisse der Papierbeschichtung. F. Zeidler 7982◇

2719 **Die Herstellung von mehrschichtigen Papiersäcken.** Ernest F. Barker. (Papeterie **85,** 772—90, 1963; franz.) — Herst. u. Verw. von mehrschichtigen Papiersäcken u. die benötigten Maschinen werden beschrieben. F. Zeidler 7984◇

2720 **Struktur und Eigenschaften von Papier.** 14. Mitt. **Der Einfluß der Trocknung auf Cellulosefasern und das Problem der Erhaltung der Zellstoffestigkeit.** H. G. Higgins und A. W. McKenzie. (APPITA — J. Austral. New Zealand Pulp Paper Ind. techn. Assoc. **16,** 145—64, 1963; Melbourne, C.S.I.R.O., Div. of Forest Prod.; engl.) — 13. vgl. C. **1962,** 13992. — Für den Transport oder die Lagerung getrocknete Zellstoffe (I) nehmen in ihren Festigkeits-Eigg. im Vgl. mit nicht getrockneten bedeutend ab. Auf der Faseroberfläche lassen sich morpholog. Veränderungen beobachten, die auf verstärkten intramol. H-Brücken beruhen. Die Unterss. der Ursachen solcher festigkeitsmindernden Einfl. wird an verschiedenen **I** derart durchgeführt, daß man 1. die Faktoren, die bei der **I**-Trocknung auftreten, beeinflußt. Hierzu werden Salze, wie NaCl, Na_2CO_3, Na_2HPO_4, Na_3PO_4, Na-Hexametaphosphat, $Na_2B_4O_7$, ferner Stoffe, wie Harnstoff, Glycerin, Rohrzucker, Stärkedextrine, hydroxyäthylierte u. kation. Stärken, Na-Alginat, Carboxymethylcellulose, Polyäthylenglykol, Guar-Gummi u. Farbstoffe sowie Na-Alkylsulfonat zu **I** zugegeben. 2. wird die physikal. Behandlung, wie Gefriertrocknung oder Kochen, auf ihre Wrkg. untersucht. Einige Behandlungsarten bewirken eine bemerkenswerte Festigkeitserhaltung bei ungemahlenem **I** u. nach Wiederanfeuchten bei gemahlenem **I** im Vgl. mit nichtgetrocknetem. Eine wirtschaftliche Auswertung dieser Unterss. kann erst durch Verss. in der Fabrik erfolgen. Die Zusammenhänge der experimentellen Daten mit der Rolle der Hemicellulosen bei der Papierfabrikation werden kurz erörtert. F. Zeidler 7984◇

2721 **Eine Untersuchung über die Steifheit und „Koshi" von Papier.** Isamu Koriki und Jin Matsuo. (J. Jap. techn. Assoc. Pulp Paper Ind. [Parapu Kami Kogyo Zasshi] **17,** 222—29, 1963; Jujo Paper Mfg. Co. Ltd., Res. Dep.; jap., Auszug: engl.) — Von den Faktoren, die die Steifheit von Papier beeinflussen, wird der Einfl. der Dichte, Beschwerung u. des Grund-Gew. an handgeschöpften Bögen untersucht. Eine Formel u. ein Diagramm, aus denen die Steifheit in Abhängigkeit vom Grund-Gew., unabhängig von Zellstoffsorte, Mahleinrichtung u. Mahlgrad, berechnet werden kann, lautet: $\log S = \log a + 1{,}832 \log W$. Hierin bedeuten der Steifheitsfaktor $= S\,(100/W)^{1{,}832}$, S = Steifheit, W = Grund-Gew. g/m^2, a = eine Konstante. Obgleich „Koshi", eine der traditionellen Meth. zur Qualitätsbeurteilung von Papier, nicht ein reines Maß für die Steifheit ist, sondern vom Gefühl des Menschen abhängt, hat man eine Formel für „Koshi" abgeleitet u. sie „zusammengesetzte Steifheit" genannt. Der Ausdruck wird wie folgt angegeben: Zusammengesetzte Steifheit $= [S - (1{,}0 - D) \cdot 86{,}7] \cdot D \cdot T\, S$. Darin bedeuten S = Steifheit, D = Dichte in g/cm^3, T S = Dehnungsfestigkeit in kg. F. Zeidler 7984◇

2722 **Die Querkontraktion von Papieren.** Walter Brecht und Rudolf Wanka. (Papier **17,** 141—47, 1963; Darmstadt, TH, Inst. für Papierfabrikation; dt.) — Die Querkontraktion (I), die bei Papieren auftritt, wenn der Streifen oder die Bahn in der Längsrichtung gedehnt wird, ist bis jetzt fast noch gar nicht untersucht worden, obwohl es sich bei dieser Eig. um ein wichtiges Kriterium der sog. Flächenbeständigkeit handelt. Messungen an Papieren verschiedener Art geben Werte von 0,5—1,5%. Das Verhältnis von **I** zur Längsdehnung (Poisson-Zahl) beträgt 0,1—0,45. Die Unterss. klären den Einfl. von Längsdehnung u. Längszug auf die **I**, ferner die Abhängigkeit der **I** von der Beschaffenheit der Papiere, wie sie sich in der Stoffmahlung, dem Flächen-Gew., dem Füllstoff-Geh., der beim Trocknen herrschenden Zugspannung u. im Feuchtigkeits-Geh. ausdrückt. F. Zeidler 7984◇

2723 **Wachspapiere.** Anonym. (Adhäsion **6,** 125—28, 1962; dt.) — Folgende Wachspapier (**I**)-Sorten werden unterschieden: 1. Trocken-**I**, 2. selbstklebende oder Naß-**I**, 3. einseitig gewachste Papiere, 4. transparente **I**, 5. mehrlagige **I** mit einer Wachszwischenschicht. Von diesen Papieren wird Wasserabweisung bis Wasserdichte, Gas- u. Wasserdampfdichte, Öl- u. Fettdichte verlangt, daneben für bes. Zwecke Widerstandsfähigkeit gegen Chemikalien bzw. saure u. alkal. Lösungen. Zum Imprägnieren werden je nach dem Verw.-Zweck des **I** Paraffin (**II**)-Spezialsorten bzw. Gemische von Mikrohart- u. Glanzwachsen u. Kunststoffen verwendet. Sie müssen geruch- u. geschmacklos, d. h. voll raffiniert sein. Für gewachste Abdeckpapiere werden auch **II**-Gatsch u. Petrolatum verwendet. Zähigkeit, Plastizität u. Kältebeständigkeit sind die hervorragendsten Eigg. der Mikrowachse. Die nach dem Fischer-Tropsch-Verf. hergestellten **II**, mit FF. von > Raum-Temp. bis >100°, lassen sich mit vegetabilen u. animalen u. Mineralwachsen im Schmelzfluß, teilweise auch in Emulsionsform, mischen. In derartigen Mischungen treten bes. die Härte u. der hohe Ep. der **II** hervor. Die Polyäthylen-Wachs-Gemische zeichnen sich durch große Härte, höhere Abrieb- u. Siegelfestigkeit u. etwas verbesserte Flexibilität aus. Die bei der Wachsverarbeitung einzuhaltenden Bedingungen tragen ebenso wie die Qualität der zu imprägnierenden Papiere u. der verwendeten Wachse u. Gemische dazu bei, ein dem Verw.-Zweck entsprechendes Prod. zu erhalten. Die zur **I**-Herst. verwendeten Maschinen u. Verff. sind beschrieben. F. Zeidler 7986◇

2724 **Druckbarkeit der mittleren Farbtöne auf Zeitungspapier.** G. Calabrò, I. Fabbri und A. Quattrucci. (Cellulosa e Carta **14,** Nr. 6, 5—16, 1963; Ente Naz. per la Cellulosa e per la Carta, Labor. Grafico; ital.) — Die Druckwiedergabe bei Verw. von Rasterklischees wird untersucht u. durch Variation der Druckbelastung, der Papier-Geschw. u. der Menge an schwarzer u. kornblumenblauer Farbe der Mechanismus der Übertragung der Farbe auf das Papier geklärt. Um definierte, optimale, reproduzierbare Druckbedingungen zu erhalten, werden Meth. zur Best. der Farbaufnahme der Klischees u. der Farbdichte auf dem Papier ausgearbeitet. W. Anika 7988◇

2725 **Das Stäuben der Zeitungsrotationsfarben.** C. C. Mill. (Adhäsion **6,** 29—31, 75—78, 1962; Leatherhead, Printing, Packaging & Allied Trades Res. Assoc.; dt.) — Unterss. über die Verhinderung des Stäubens von Zeitungsrotationsfarben zeigen, daß dazu Glycerinmonostearat, Glycerinmonoricinoleat u. Hercules-Antischaummittel 4 gleich geeignet u. der Wrkg. von Polyäthylenglykolmonolaurat u. Glycerinmonooleat überlegen sind. W. Wesly 7990◇

2726 **Erfahrungen beim Einsatz von Flächengewichtsmeßgeräten in der Papierindustrie.** H. Peupelmann, R. Rüger und W. Schnabl. (Zellstoff u. Papier **12,** 236—39, 1963; Jena, VEB Carl Zeiss, Bereich Forsch. u. Entw.; dt.) — Prakt. Erfahrungen beim Einsatz von Flächen-Gew.-Meßgeräten in der Papierindustrie, bes. Fehler-Einfl., wie elektrostat. Aufladung u. Schwankungen der Luft-Temp. auf die Best. niedriger Flächen-Gew., werden mitgeteilt. Die Unterss. werden an Zweistrahlgeräten durchgeführt. Unter Verw. von ^{147}Pm, ^{85}Kr, ^{90}Sr als Strahler ist der Fehler <1% im Bereich von 5—7000 g/m^2. Alterung u. Temp.-Gang des gemeinsamen Arbeitswiderstandes, Alterung der Strahler, Schwankungen in der Kammerspannung u. langsame Änderungen des Luftdrucks u. der Luftfeuchtigkeit werden eliminiert. F. Zeidler 8010◇

2727 Dr. Wolman G. m. b. H. (Erfinder: Wolfgang Schulz), **Holzkonservierungsmittel,** enthaltend in W. schwer lösl. Cu- oder Zn-Borate, deren Kationen mit CrO_3 lösl. Chromate bilden, wobei auf 1 (Mol.) Metallborat x CrO_3 u. 0—2 x B_2O_3 kommen (x = 1,8—3). — Beispiel: 17,1 (%) ZnO, **44,0** CrO_3, 38,9 $B(OH)_3$. (**Aust. P. 237115** vom 3/4. 1959, ausg. 4/2. 1962. D. Prior. 10/4. 1958.) K. Demmler 7953

2728 Rayonier, Inc., V.St.A. (Erfinder: Reid Logan Mitchell, Arthur Raymond Albohn und Stig George Palmgren), **Herstellung von Hydroxyäthylcellulose** durch kontinuierliches Führen einer Schicht aus Alkalicellulosefasern durch eine Äthylenoxidgas enthaltende Kammer mittels eines Vibrators. — Beschreibung der Anlage, 2 Zeichnungen. (**F. P. 1 249 131** vom 24/2. 1960, ausg. 15/3. 1961. A. Prior. 7/4. 1959.) G. Colsmann 7971

2729 American Viscose Corp., Philadelphia, übert. von: Orlando A. Battista, Drexel Hill, Pa., V.St.A., **Herstellung von Papier aus in Wasser fibrillierten, teilweise hydrolysierten Fasern aus regenerierter Cellulose** mit einem auf 20—75% des ursprünglichen durchschnittlichen Polymerisationsgrades (PG) herabgesetzten durchschnittlichen PG, dad. gek., daß die teilweise hydrolysierten Fasern bei 1,2% Stoffdichte 20 Min. (in einem „standard Waring Blendor") aufgeschlagen (fibrilliert) werden, so daß die hydrolysierten Fasern das gleiche Gew. wie die ursprünglichen Fasern besitzen u. ein Handmusterblatt eine Reißlänge von $\geqq 400$ m u. eine Einreißfestigkeit (nach Elmendorf) von ca. $\geqq 50$ besitzt. — Tabellen, Rk.-Schema. (**A. P. 3 052 593** vom 31/12. 1958, ausg. 4/9. 1962.) G. Vogel 7975

2730 American Cyanamid Co., New York, N.Y., übert. von: Joseph C. Conger, Sr., Somerville, N.J., V.St.A., **Konzentrierte wässerige Methylenblaupasten** werden hergestellt aus Zn-freiem Methylenblauhydrochlorid (33—45 Teile), W. (6—14) u. Glycerin (Rest auf 100). Die nicht entmischenden, nicht absetzenden u. nicht auskristallisierenden Konzentrate gestatten eine präzise Dosierung des Farbstoffs z. B. für die Einfärbung von Papiermassen. (**A. P. 3 049 395** vom 6/5. 1960, ausg. 14/8. 1962.) H. Kastner 7981

2731 Rohm & Haas Co., Philadelphia, Pa., übert. von: Paul J. McLaughlin, Moorestown, N.J., V.St.A., **Herstellung von naßfestem Papier,** dad. gek., daß ein Papier mit einem Grund-Gew. von 10—65 lbs./Ries zu 500 Blatt u. einem Fasermahlgrad von 260—455 μ Canada Standard mit einer 2—32%ig. wss. Dispersion eines wasserunlösl. Copolymeren aus 3—10% Malein- oder Aconitsäure oder deren Salze oder Anhydride u. mindestens einem Comonomeren, wie Acrylonitril, Vinyltoluol, Ester der Acryl- u. Methacrylsäure, imprägniert wird, wobei die Dispersion eine niedrige Viscosität u. einen Gesamtfeststoff-Geh. von nicht $>36\%$ hat u. der Geh. an Copolymeren im Feststoff $>85\%$ beträgt; der Imprägnierung schließt sich eine Temp.-Behandlung auf 240—450° F an, die bei den höheren Temp. 2—5 Min. u. bei den niedrigeren Temp. ca. 30 Min. beträgt. (**A. P. 3 017 291** vom 6/1. 1959, ausg. 16/1. 1962.) A. Gradl 7987

2732 Uarco, Inc., Chicago, Ill., V.St.A., **Druckempfindliches Beschichtungsmaterial für Aufzeichnungsträger.** In ein Bad aus Wachs u. Lsgm. werden dunkel gefärbte Teilchen verrührt, aus dem Bad entfernt u. das Lsgm. verdampft. Die mit Wachs überzogenen Teilchen werden mit kleineren, hell gefärbten Teilchen in Berührung gebracht, so daß die hell gefärbten Teilchen an dem Wachsüberzug der dunklen Teilchen haften u. diese ganz einhüllen. Die so erhaltenen Teilchen werden getrocknet u. können zum Beschichten von Papier verwendet werden. — Vgl. A. P. 2 890 969; C. **1960,** 12560. (**E. P. 832 707** vom 15/4. 1957, ausg. 13/4. 1960. A. Prior. 3/8. 1956.) P. Mayer 7987

2733 American Cyanamid Co., New York, N.Y., V.St.A., **Verstärktes Faservlies** für die Herst. von „Steiff"-Papier (Spielkarten), dad. gek., daß wassergeschöpfte Cellulosefasern mindestens an den freien Oberflächen 25—300% eines Methylmethacrylatpolymerisats enthalten, wobei das Polymerisat durch direkte C—C-Bindung an die Cellulose gebunden ist. (**E. P. 902 788** vom 15/7. 1960, ausg. 9/8. 1962. A. Prior. 4/8. 1959.) A. Gradl 7987

2734 Ferrucio Biamino und Sergio Biamino, Turin, Italien, **Herstellung von Druckplatten** für die Vervielfältigung von Zeichnungen. Man bringt die Zeichnung auf eine Kunstharzfolie aus „Astrolon" auf, fixiert sie mit einem Nitrocelluloselack u. überträgt sie photomechan. auf eine Zn-Platte, aus der in üblicher Weise die Druckplatte gefertigt wird. (**It. P. 527 544** vom 24/12. 1954.) K. Koebke 7989

2735 Kodak-Pathé, Frankreich (Erfinder: Pierre Amédée Roman und Maurice Edgar Pfaff), **Thermographisches Reproduktionsverfahren** zur Gewinnung von mehreren Kopien von einem Original unter Verw. einer Matrize, die ein Farbbild u. ein schmelzbares Bindemittel enthält u. mit einem Blatt von gewöhnlichem Papier in Berührung gebracht wird. Auf die Matrize wirkt eine Wärmequelle, wodurch das Farbbild auf das Blatt Papier übertragen wird. Dieses Verf. wird mehrfach wiederholt, um Kopien von dem Original herzustellen. — 2 Abbildungen. (**F. P. 1 289 450** vom 7/11. 1960, ausg. 20/8. 1962.) M. F. Müller 7989

2736 Tribune Co., Chicago, übert. von: Robert K. Remer, Elgin, Ill., V.St.A., **Elektrisch leitende Drucke ergebende Farbe** besteht aus einer Öl-in-W.-Dispersion mit 4—15% Ruß, 5—20 neutralisiertem Ligninsulfonat, 15 bis 30 Mineralöl u. 40—55 Wasser. (**A. P. 3 043 784** vom 22/12. 1958, ausg. 10/7. 1962.) C. Kittler 7991

H_{18b}. Textilfasern

2737 **Ein der Verschmutzung mit Ölen vorbeugendes, auf fluororganischen Verbindungen basierendes Appretiermittel.** Ignacy Jakobson. (Przegląd włókienniczy **16,** 34—37, 1962; Blachownia, SL., Inst. Ciężkiej Synt. Org.; pol.) — Allg. Grundlagen über ölabweisende Mittel für Gewebeimprägnierung werden besprochen u. auf sehr gute Ergebnisse mit perfluorierten Mitteln hingewiesen. Beispiele aus der Patentliteratur werden angeführt. R. Grundmann 8028◇

2738 **Die Verwendung von Lösungsmitteln beim Bleichen.** N. F. Crowder und W. A. S. White. (Textile Inst. Ind. **1,** Nr. 1, 11—12, 1963; engl.) — Die kontinuierliche Lsgm.-Extraktion von Textilien mit nicht entzündlichem Cl_2C:CHCl u. anschließender Schnellverdampfung wird gegenwärtig handelsmäßig zum Bleichen von Baumwollstückware, Entölen von Jutestückwaren vor der Beschichtung, Waschen schwerer Wollstückware u. Waschen von Kammgarn- u. Wolle/Polyester-Materialien u. a. immer mehr verwendet. Die Verff. u. Möglichkeiten der Lsgm.-Extraktion als integraler Teil der Wasch- u. Bleichverff. werden erörtert. L. Jentgen 8032◇

2739 **Physikalische Eigenschaften einiger kommerzieller nichtgewebter Textilien.** G. E. Cusick, J. W. S. Hearle, R. I. C. Michie, R. H. Peters und P. J. Stevenson. (J. Textile Inst., Proc. **54,** P52—P74, 1963; Manchester, England, Univ. of Manchester, Manchester Coll. of Sci. and Technol., Dep. of Text. Technol. and Text. Chem.; engl.) — Überblick über die Herst.-Verff. von nichtgewebten Textilien u. die Prüfungsergebnisse bei folgenden physikal. Eigg.: Dichte, Gleichmäßigkeit, Aussehen, Dehnung, Elastizität, Bruch- u. Reißfestigkeit, Biege-, Scher- u. Knitterbeständigkeit, Anisotropie. G.-D. Gollnisch 8040◇

2740 **„Static": Bemerkungen über Ursachen und Verhinderung.** P. S. H. Henry. (Textile Inst. Ind. **1,** 8—10, 1963; engl.) — Das Auftreten, die Entstehung, die Wrkg., die Feststellung des Vorhandenseins sowie die Bedingungen zur Beseitigung von stat. Aufladungen werden erörtert. Hingewiesen wird auf die Gefahren von Asphaltfußböden u. Gummisohlen. Brandgefahr ist bei Vorhandensein entzündlicher Dämpfe, heißer, trockner Textilien oder Gummioberflächen gegeben. Vorsichtsmaßregeln werden vorgeschlagen. Abschließend werden stat. Aufladungen beim Gebrauch von Textilien untersucht. L. Jentgen 8040◇

2741 **Kräuselfasern durch Gummierung.** Hideo Iwai. (J. Soc. Rubber Ind., Japan [Nippon Gomu Kyokai Shi] **36,** 233—35, 1963; Towa Locken-Ind. K. K.; jap.) — Übersicht über die Herst. von gekräuselten Fasern bzw. Haaren mittels Latexbehandlung sowie deren Verw.-Gebiete. L. Schuler 8040◇

2742 **Der Einfluß des Feuchtigkeitsgehalts der Rohbaumwolle auf die Quantität der Mängel, die ihre Fasern aufweisen können.** Ch. Weimann. (Ind. Textile **1963,** 109—11; franz.) — Baumwolle (**A**) aus Anbaugebieten in der UdSSR wird besprochen. Es wird festgestellt, daß der Schmutz-Geh. u. die Mängel der **A**-Fasern prozentual mit dem Feuchtigkeits-Geh. steigen. Vor der ersten Verarbeitung von Roh-**A** ist deshalb eine Trocknung unerläßlich. In einer Tabelle sind die prozentualen Schmutz- u. Fehler-Geh. sowjet. Baumwollen verschiedener Provenienz im Vgl. zum Standard aufgeführt. L. Jentgen 8044◇

2743 **Naßknittererholung: Oberflächenbehandlung.** J. T. Marsh. (Textile Manufacturer **89,** 83—85, 1963; engl. — C. **1963,** 21003.) L. Jentgen 8044◇

2744 **Sorptionsverhalten von Pigmenten an Baumwolle in wässerigem Medium.** 1. Mitt. **Gleichgewichtsverteilung zwischen Faser und Flotte.** E. F. Wagner. (Textil-Rdsch. [St. Gallen] **18,** 17—23, 1963; dt.) — Die Verss. erstrecken sich auf das Aufziehen u. Abziehen von hydrophoben u. hydrophilen Pigment (**A**)-Partikeln. Als Substrat dient Baumwollgewebe mittlerer Qualität. Die Messungen beziehen sich auf die Zeitabhängigkeit dieser Vorgänge u. die Gleichgewichtsverhältnisse von **A**-Teilchen zwischen textilem Gewebe u. Flotte bei verschiedenen Temp. u. Elektrolytkonzentrationen. Mit zunehmender Konz. an anion., waschakt. Substanz verringert sich die **A**-Konz. auf der Faseroberfläche, mit Erhöhung der Waschtemp. von 60 auf 90° verringert sich die Gleichgewichts-Konz. auf der Faseroberfläche. L. Jentgen 8044◇

2745 **Die Wirkung von Strahlung aus dem fernen Ultraviolett auf Baumwollcellulose.** G. S. Egerton, E. Attle, F. Guirguis und M. A. Rathor. (J. Soc. Dyers Colourists **79,** 49—55, 1963; Manchester, Univ., Fac. of Technol., Dep. of Text. Chem.; engl.) — Die Art des Abbaus wird eindeutig durch die Ggw. von Wasserdampf u. O_2 u. die Temp. des Syst. beeinflußt. Der Angriff auf das Cellulose (**A**)-Mol. konz. sich anscheinend auf das Kettenende; dort scheint eine Abspaltung von H aus prim. Alkoholgruppen aufzutreten. Weitere Veränderungen in **A** können nach Beendigung der Bestrahlung eintreten; das Ausmaß dieser Veränderungen hängt stark von den angewandten Prüfmeth. ab. Für diesen Zweck ist die Best. der opt. Dichte durchsichtiger **A**-Filme viel empfindlicher als die Prüfungen, die auf Baumwollgarn angewandt werden können. Es deutet nichts auf die Entstehung vieler alkaliempfindlicher Vernetzungen durch Bestrahlung hin. Einer der auffälligsten Unterschiede gegenüber der Wrkg. von nahen UV- oder sichtbaren Strahlen ist die Wrkg. von Küpenfarbstoffen, die den Abbau durch entfernte UV-Strahlen erheblich hemmen. L. Jentgen 8044◇

2746 **Die Verwendung von Bis-[hydroxyäthyl]-sulfon in Vielzweckausrüstungen für Baumwolle.** Clark M. Welch. (Textile Res. J. **33,** 165—67, 1963; New Orleans, La., Southern Reg. Res. Labor.; engl.) — Die Verw. von Divinylsulfon (**I**) zur Bindung akt. H-Verbb. u. H-Polymerer an Baumwolle, wobei gleichzeitig die Cellulose vernetzt wird, ebenso der von Addukten von **I** mit Aminen oder Harnstoff, ist bereits beschrieben worden. Es wird gezeigt, daß eine Anzahl monomerer u. polymerer Addukte von W. u. Divinylsulfon bei diesen Verff. als Bindemittel verwendet werden können. Bis-[hydroxyäthyl]-sulfon, das handelsmäßig als wash-wear-Ausrüstungsmittel verfügbar ist, erweist sich bes. wirkungsvoll beim Binden von Aminen, Phenolen u. Alkoholen u. solchen Siliconen, die ≡Si—H-Gruppen enthalten, an Cellulose. Als Beispiele werden die Bindung von Farbstoffen, hydroxyl. Polymeren u. Methylhydrogenpolysiloxanen angeführt. L. Jentgen 8044◇

2747 **Chemische Modifizierung von Baumwollgarnen für Fischereinetze.** T. Rosner, H. Wojcikiewicz und A. Ulaczyk. (Przegląd Włókienniczy **16,** 40—42, 1962; Szczecin, Katedra Włókien Sztucznych politechn.; pol.) R. Grundmann 8044◇

2748 **Einige Faktoren, die die Geruchsentwicklung in harzbehandelten Baumwollgeweben beeinflussen.** Gertrude A. Lathrop, Donald J. Latta, Dean Bixler, Charles E. Brown jun., Alfred T. Clifford, Earl T. Hartgrove, Lewis T. Kelly, Stephen H. Nye, Alfred Spencer und John B. Wathey. (Amer. Dyestuff Reporter **52,** P123—P133, 1963; Unit, Merchants & Mfg., Inc., Old Fort Finishing Plant Div.; Burlington Ind., Inc., Bixler-Haynes Chem. Co.; Sun Chem. Corp., Warwick Chem. Co. Div., Riegel Text. Co., Riegel Dev. Labor.; Celanese Fibers Co.; Deering Milliken Res. Corp.; Sandoz, Inc.; Stein Hall & Co., Inc.; engl.) — 6 Harzarten werden nach verschiedenen Verff. auf gebleichte Baumwollgewebe angewandt. Nach der Lagerung unter normalen Bedingungen wird der Geruch von einem Ausschuß nach der Riechmeth. beurteilt. Die reinen Triazonharze ergeben den stärksten Geruch. Mit einer ausgewählten Personengruppe wird ein Test durchgeführt, um festzustellen, welche bekannten Konzz. an HCHO (**I**), $(CH_3)_3N$ (**II**) u. NH_3 (**III**) noch wahrnehmbar sind. Bedeutend größere Mengen an **I** als an **II** u. **III** werden ertragen. Weitere Verss. zeigen, daß bestimmte atmosphär. Bedingungen bei der Lagerung, z. B. hoher Feuchtigkeits- u. CO_2-Geh., die Geruchs-Bldg. verstärken, andere aber vermindern können. Die Verpackung in durchsichtigen Folien wird in dieser Hinsicht krit. betrachtet. L. Jentgen 8044◇

2749 **Rösten von Flachs und Hanf durch Belüftungsmethoden.** K. Uranowicz. (Textile Manufacturer **89,** 49—53, 1963; engl.) — Ausführliche Angaben über mittlere u. Großverss. werden gemacht. Die Hauptvorteile sind Verkürzung der Röstzeit um 25%, geringerer Wärme- u. Wasserverbrauch u. weniger verschmutzte Abwässer. Die physikal. Eigg. der Flachs- u. Hanfgarne sind die gleichen wie bei nicht belüfteten Verfahren. L. Jentgen 8050◇

2750 **Die Rolle der „Thiol"-Gruppen von Wolle.** H. Zahn. (Teintex **28,** 81, 83—84, 87, 89—90, 93, 1963; Aix-la-Chapelle, Dt. Wollforschungsinst.; franz.) — Besprochen werden: die Best. des Geh. der Wolle (**A**) an Cystin (**I**) u. Cystein (**II**) über ein „Kurzzeithydrolysat"; der **I**-Geh. von **A** u. der Grund für seine Erhöhung (chem. Vorbehandlung); Verff., die zur Verminderung des **II**-Geh. in unbehandelten oder red. **A** führen, wie Alkylieren, Nitroarylieren, Acylieren, Alkylieren mit Alanin-Derivv., durch **I**- u. Cysteinsäure-Bldg.; **II**-Zers. durch H_2S-Abspaltung. Es werden Empfehlungen für die Überwachung des **II**-Geh. während der Textilnachbehandlung gegeben. M. Hagedorn 8060◇

2751 **Neue Entwicklungen bei Ausrüstungsverfahren und -maschinen in der Streich- und Kammgarnindustrie.** D. Haigh. (Textile Manufacturer **89,** 78—80, 1963; Sellers and Co., Huddersfield Ltd.; engl.) — Die Probleme bei der Entw. der Ausrüstungsmaschinen bestehen in Erhöhung der Produktivität, Anpassung an neue Fasern u. Ausrüstungs-Verff., Berücksichtigung eines höheren Grades der Standardisierung u. vermehrter Qualitätskontrolle. In dieser Richtung erzielte Fortschritte werden beschrieben. Bes. eingegangen wird auf Hochleistungs- u. kontinuierliche Waschmaschinen, Seng-, Scher- u. Krabbmaschinen. Die Vor- u. Nachteile werden krit. betrachtet. L. Jentgen 8060◇

2752 **Die differentielle Sorptionswärme von Wolle.** I. K. Walker. (New Zealand J. Sci. **6,** 127—45, 1963; Wellington, Dominion Labor., Dep. of Sci. and Ind. Res.; engl.) — Bei Anwendung der Theorie von Cooper u. Ashpole (C. **1959,** 12415) auf Wolle (**A**) mit einem Feuchtigkeits-Geh. von $<10\%$ lassen sich neue Werte für die differentielle Sorptionswärme berechnen. Die Berechnung aus calor. Daten stimmt überein mit der aus der Clausius-Clapeyronschen Gleichung. Bei $<7\%$ besteht eine geringe Abhängigkeit der Sorptionswerte von der Temperatur. Ein Einfl. der **A**-Provenienz ist nicht nachweisbar. G.-D. Gollnisch 8060◇

2753 **Die Kraft-Dehnungs-Eigenschaften von filzenden Wollen.** K. J. Whiteley. (J. Textile Inst., Trans. **54,** T 1 bis T 8, 1963; Kensington, New South Wales, Australia, Univ. of New South Wales, School of Wool Technol.; engl.) — Die für die Herst. von Hartfilzen (**A**) als ideal anzusehenden Kraft-Dehnungs-Eigg. von Wollen (**B**) werden untersucht. Die Zugkraft bei 30% Dehnung reicht von 5,5—7 kg/mm² im Vgl. zu 4,7 kg/mm² bei einer austral. Lamm-**B**. Die **A**-Typen entsprechen in ihren rheolog. Eigg. **B** geringer Plastizität. Die Reibungs-Eigg. dieser Typen unterscheiden sich nur unerheblich von denen anderer **B**, die für schlechter gehalten werden, u. der Naß-D.F.E. (ein Verhältnis der Mit-Strich- u. Gegen-Strichreibungs-Koeff.) ist nur dann Grenzfaktor, wenn er auf $<0{,}27$ sinkt. Er steht nicht in Zusammenhang mit einem niedrigen Trocken-D.F.E. Aus den Angaben geht hervor, daß die außerordentlich starken, feinen Fasern in den Unter-**B** der primitiven Rassen für die ausgezeichneten Filz-Eigg. verantwortlich sind. L. Jentgen 8060◇

2754 **Untersuchungen über die Festigkeitseigenschaften von Hashtnagri-Wolle.** Mumtaz Ahmad. (Pakistan J. sci. ind. Res. **6,** 8—12, 1963; Peshawar, Pakistan Council of Sci. and Ind. Res., Wool Res. Div., North Reg. Labor.; engl.) — Hashtnagri-Wolle aus verschiedenen Gebieten Pakistans (Charsadela u. Mardan) wird in treue, untreue, Stichelhaar u. markhaltige Wollen aufgeteilt u. die Festigkeits-Eigg., wie Bruch-, Reiß- u. Zerreißfestigkeit, in Abhängigkeit von der Wollfeinheit ermittelt. Die hierbei erhaltenen Ergebnisse werden diskutiert. H. G. Fröhlich 8060◇

2755 **Untersuchungen über die Bruch- und Zerreißfestigkeit von Kaghani-Wollfasern in Abhängigkeit von ihrem Durchmesser.** Arbab Abdul Wakil und Amir Mohammad. (Pakistan J. sci. ind. Res. **6**, 13—16, 1963; Peshawar, Pakistan Council of Sci. and Ind. Res., Wool Res. Div., North Reg. Labor.; engl.) — Kaghani-Wollen aus verschiedenen Gebieten Pakistans (Kaghantal u. Azad Kashmir) werden in treue, untreue u. markhaltige Wollen aufgeteilt u. die Beziehungen zwischen den Festigkeits-Eigg. u. der Feinheit bestimmt. Die im einzelnen erhaltenen Ergebnisse werden besprochen. H. G. Fröhlich 8060◇

2756 **Einige rheologische Eigenschaften indischer Teppichwollen.** G. D. Bhogale und K. J. Whiteley. (Textile Res. J. **33**, 161—63, 1963; Kensington, N.S.W, Australia, Univ. of New South Wales, School of Wool Technol.; engl.) — 6 ind. Teppichwollen werden mit einem Cambridge Textile-Extensometer auf ihre Kraft/Dehnungs-Eigg. untersucht. Die erhaltenen mittleren Ergebnisse werden mit einigen typ. Werten für austral. Wollen hoher u. niederer Plastizität in einer Tabelle verglichen. Die Gestalt der Kraft/Dehnungs-Kurve ist in bezug auf die Dehnungen, bei denen die charakterist. Phasen auftreten, normal; die Kraftwerte sind jedoch bei gegebenen Dehnungen sehr hoch, was auf eine bes. Fasersubstanz hinweist. Es wird gefolgert, daß die untersuchten ind. Teppichwollen andere rheolog. Eigg. besitzen, ähnlich den Wollfasern zur Herst. von harten u. weichen Filzen. L. Jentgen 8060◇

2757 **Die Chemie der Reaktion zwischen Tetrakis-[hydroxymethyl]-phosphoniumchlorid und Keratin.** A. D. Jenkins und L. J. Wolfram. (J. Soc. Dyers Colourists **79**, 55—61, 1963; Reading, Berks., Gillette Ind. Ltd., Res. Labor.; engl.) — Die Chemie der Rk. zwischen Tetrakis-[hydroxymethyl]-phosphoniumchlorid u. Keratin (**A**) wird durch analyt. Verff., Unterss. der Veränderungen der mechan. Eigg. der Faser u. mittels Fixier- u. Färbeverss. untersucht. Es wird gefolgert, daß vorherrschend Red. von Disulfidbindungen zu Thiolen eintritt u. darauf unter drastischeren Bedingungen die Entstehung von Thiazolidin-4-carbonsäure folgt. Kovalente Bindung von P-haltigen Teilen an **A** tritt nicht ein. L. Jentgen 8060◇

2758 **Gattungsnamen für Synthesefasern.** J. E. Ford. (Textile Inst. Ind. **1**, Nr. 2, 13—14, 1963; engl.) — Von der Federal Trade Commision werden für die in Großbritannien üblichen Synth.-Fasern folgende Gattungsnamen definiert: *Acrylic* [≧85% Polyacrylonitril (**A**)], *Modacrylic* (35—85% **A**), *Polyester* (≧85% Ester aus Dialkohol u. Terephthalsäure), *Rayon* (regenerierte Cellulose, ≧85% der OH-Gruppen sind unsubstituiert), *Acetate* (Celluloseacetat), *Triacetate* (≧92% der OH-Gruppen sind acetyliert), *Saran* (≧80% Polyvinylchlorid), *Azlon* (regeneriertes Protein), *Nytril* (≧85% Polyvinylidendinitril), *Nylon* (Polyamid), *Rubber* (Natur- u. Synth.-Kautschuk), *Spandexs* (≧85% segmentiertes Polyurethan), *Vinal* (≧50% Polyvinylalkohol), *Olefin* (≧85% Polyäthylen oder -propylen), *Vinyon* (≧85% Polyvinylchlorid), *Metallic* (Metall oder Metall/Plaste), *Glass* (Glas). G.-D. Gollnisch 8070◇

2759 **Über einige Fragen einer neuen Technik und Technologie auf dem Gebiet der Gewinnung von Viscosefasern.** Je. M. Mogilewski. (Chemiefasern [UdSSR] **1960**, Nr. 1, 3—9; russ.) — Überblick. — 79 Literaturangaben. D. G. 8074△

2760 **Acetylierung von Cellulosefasern in flüssiger Phase. 3. Mitt. Faseracetylierung von Viscosereyon nach Verdrängung des Tränkungswassers durch Lösungsmitteldampf.** Ichiro Sakurada, Yasuyoshi Sakaguchi und Kazuhiro Nagai. (J. Soc. Textile Cellulose Ind., Japan [Sen-i Gakkaishi] **13**, 293—97, 1957; Kyoto, Japan, Kyoto Univ., Fac. of Engng., Dep. of Text. Chem.; jap., Auszug: engl. S. 293.) — 2. vgl. ibid. **13**, [1957], 199. — Das vom Eintauchen von Reyonfasern in Salz-Lsgg. herrührende W. wird mit fl. oder dampfförmigen Lsgm. (CH_3COOH- oder Essigesterdampf) verdrängt, worauf die Faser mit H_2SO_4 oder Sulfoessigsäure als Katalysator acetyliert wird. Die zum Befeuchten der Faser verwendete Salz-Lsg. beeinflußt die Verdrängung. $ZnSO_4$ wirkt störend auf die Verdrängung, CH_3COOK erleichtert sie. W. Wesly 8074◇

2761 **Acetylierung von Cellulosefasern in flüssiger Phase. 4. Mitt. Acetylierung von Baumwollgarn mit Schwefelsäurekatalysator. 5. Mitt. Acetylierung von Baumwollgarn mit Überchlorsäurekatalysator.** Ichiro Sakurada und Yasuyoshi Sakaguchi. (J. Soc. Textile Cellulose Ind., Japan [Sen-i Gakkaishi] **13**, 297—304, 1957; jap., Auszug: engl. S. 292—93.) — 3. vgl. vorst. Referat. — Baumwollfasern werden nach Vorbehandlung mit CH_3COOH unter Verw. von H_2SO_4 oder Sulfoessigsäure als Katalysator acetyliert. Im Vgl. mit Viscosereyon ist der amorphe Teil der Baumwolle organ. Fll. leichter zugänglich. Als Katalysator wird auch $HClO_4$ verwendet, wobei ein größerer Bereich von Tränkungs-Fll. anwendbar ist. Im Gegensatz zur Acetylierung unter Verw. von H_2SO_4 erfolgt die Acetylierung bei Verw. von $HClO_4$ als Katalysator leichter als die von Reyon. W. Wesly 8074◇

2762 **Die polynosische Faser und ihre Modifizierung.** 2. Mitt. **Polynosische Faser in Mischung mit Celluloseäthern.** T. Mikami und Ø. Ellefsen. (Norsk Skogind. **17**, 57—62, 1963; Oslo, Norway, Norweg. Pulp and Paper Res. Inst.; engl.) — 1. vgl. C. **1964**, 1-2916. — Die Möglichkeit, Celluloseäther (**A**), gemischt mit polynos. Viscose (**B**) zu verspinnen, wird untersucht u. dabei festgestellt, daß **A** mit hydrophob substituierten Gruppen hierfür nicht geeignet sind. Mischungen von Hydroxyäthylcellulose (**C**) zeigen gutes Spinnverhalten. Es scheint, daß **C** als Weichmacher bei der plast. Verformung beim Spinnprozeß wirkt. Gemische von polynos. Fasern mit **C** zeigen höheren Naßmodul als andere. Gemische aus **B** mit **C** u. Carboxymethylcellulose bieten zahlreiche Modifikationsmöglichkeiten. F. Zeidler 8074◇

2763 **Die polynosische Faser und ihre Modifizierung.** 3. Mitt. **Herstellung von Hydroxyäthylcellulose und Mischspinnen von mäßig substituierter Hydroxyäthylcellulose.** T. Mikami und Ø. Ellefsen. (Norsk Skogind. **17**, 104—08, 1963; engl.) — 2. vgl. vorst. Referat. — Hydroxyäthylcellulose (**A**) wird durch Veräthern von Alkalicellulose mit Äthylenoxid (**I**) dargestellt. Der Einfl. von **I**-Menge, Temp. u. Alkali-Konz. bei der Mercerisierung wird untersucht. Die molare Substitution (MS) erhöht sich mit steigender **I**-Menge u. zunehmender Temperatur. Das Verhältnis Mol **I**/Glucoseeinheiten u. MS ist bei jeder Temp.-Höhe der Verätherung positiv u. linear. Es ist unnötig, eine 18% Alkali übersteigende Alkali-Konz. bei der Mercerisierung zu verwenden, weil sich die MS nicht erhöht u. Cellulose bei einer Alkali-Konz. von >18% abgebaut wird. Die Viscosität der alkal. Lsg. nimmt mit erhöhter MS ab. Die Kw-Werte der alkal. Lsg. erhöhen sich sehr schnell unterhalb einer MS von 0,5. Die Filtrierbarkeit von nur mäßig substituierter **A** ist besser als die von herkömmlicher. Im Spinnverh. sind Gemische von mäßig substituierten **A**, bes. solche mit einer MS von 0,49, stabil. Im 5%-Naßmodul sind gemischte polynos. Fasern mit mäßig substituierten **A** nicht höher als gewöhnliche polynos. Fasern; ihr Naßmodul beim Bruch ist jedoch höher. F. Zeidler 8074◇

2764 **Die polynosische Faser und ihre Modifizierung.** 4. Mitt. **Faser-Acetylierung von gemischter Polynosic-Faser, die Hydroxyäthylcellulose enthält.** T. Mikami und Ø. Ellefsen. (Norsk Skogind. **17**, 151—54, 1963; engl.) — 3. vgl. vorst. Referat. — Bei Verw. eines Gemisches aus Bzl. u. CH_3COOH als Verdünnungsmittel (**A**) im Acetylierungsbad ist die Beziehung zwischen der Zus. von **A** u. dem log des Substitutionsgrades (SG) linear; SG wächst mit zunehmender Benzolmenge. Die Beziehungen zwischen $(CH_3CO)_2O$ (**I**) u. dem log von SG können durch 2 Geraden dargestellt werden. Ein Gemisch von polynos. Fasern mit niedrigsubstituierter Hydroxyäthylcellulose zeigt einen etwas höheren Acetyl-SG als gewöhnliche u. andere polynos. Fasergemische bei 30 ml **I**; bei Verw. von 10 ml **I** zeigen sich keine Unterschiede. Ein acetyliertes Gemisch von polynos. Fasern mit Hydroxyäthylcellulose besitzt höhere Schlingenfestigkeit als eine acetylierte gewöhnliche polynos. Faser. F. Zeidler 8074◇

2765 **Die polynosische Faser und ihre Modifizierung.** 5. Mitt. **Die Veränderung der Feinstruktur bei der Modifizierung der polynosischen Faser.** T. Mikami und Ø. Ellefsen. (Norsk Skogind. **17**, 232—35, 1963; engl.) — 4. vgl. vorst. Referat. — Die Anwendungsmöglichkeiten von polynos. Fasern (**A**) werden durch Mischspinnen mit Hydroxyäthylcellulose (**B**) u. Faseracetylierung erweitert. Ein Mischspinnen von **A** u. **B** scheint, im Hinblick auf die durchschnittlichen charakterist. Merkmale der Kurven, die die Verteilung der Seitenordnung wiedergeben, nicht sehr verschieden von dem gewöhnlicher **A** zu sein. Die Veränderung der Verteilung des Ordnungszustandes durch Mischspinnen mit **B** verschiedenen

Substitutionsgrades wird im Hinblick auf die Art der Entkristallisierung, die durch das Zumischen von **B** eingeleitet wird, diskutiert. F. Zeidler 8074◇

2766 **Färben und Ausrüsten von Triacetatstoffen. („Ease of Care“).** M. Fred Fortess. (Teintex **28,** 7, 9—10, 13, 15—16, 19, 21, 22, 25, 27—28, 1963; Celanese Fibers Co.; franz. — C. **1963,** 5317.) L. Jentgen 8076◇

2767 **Abhängigkeit der Gasdurchlässigkeit von der Festigkeit der Elementbindung in aus Verbindungen elastomerer und polymerer Fasern aufgebauten Stoffen.** W. G. Rajewski, Ss. Ss. Wojutzki und S. D. Steinberg. (Hochschulnachr. [Iwanowo], Chem. u. chem. Technol. **4,** Nr. 6, 1022—25, 1961; Moskau, Inst. für chem. Feintechnolog.; Forschungsinst. für Reifenind.; russ.) — Die aus *Gummi* u. Gewebe aus *Cellulose, Kapron* oder *glasverstärkter Faser* hergestellten Prodd. zeigen bei Verbesserung durch erhöhten Druck bei der Herst. eine Abnahme der Durchlässigkeit für H_2 u. eine Erhöhung der Bindefestigkeit zwischen Gummi u. Unterlage. Die Abhängigkeit hat linearen Charakter.
O. Lebtag 8080△

2768 **Schlichten von Webketten aus Acrilan.** Ryszard Tomaszewski. (Przegląd włókienniczy **16,** 25—30, 1962; pol.) — Die Eigg. von Polyacrylonitrilfasern (Acrilan) u. das für das Schlichten von Ketten aus diesen Fasern angewendete Verf. werden besprochen. R. Grundmann 8080◇

2769 **Glasfasern und Schichten für hohe Widerstandsfähigkeit.** E. Groene. (Verres et Réfractaires **17,** 11—15, 1963; Soc. du Verre Textile, Centre d'Études, de Rech. et d'Essais; franz.) — Der spezif. Widerstand von Glasfasern ist eine Material-Konst. u. unabhängig von den Parametern der Faserbildung. Der theoret. Widerstand (1000 bis 1500 kg/mm²) ist industriell noch nicht zu erreichen. Für Schichten mit 80% Glas sollte der Bruchwert bei 270 kg/mm² liegen, während industriell Werte von nur 150 kg/mm² erreicht werden. J. Heinze 8082◇

2770 **Sehr große Zukunftsaussichten für Arbeitskleidung aus Papier.** Maurice Pariat. (Papier, Carton Cellulose [Paris] **12,** Nr. 2, 97—98, 1963; franz.) — Gew., physikal. u. chem. Eigg. der „ungewebten“ Stoffe hängen vom Ausgangsmaterial (z. B. Baumwolle, Wolle, Kunstseide, Nylon u. Viscose) ab. „Kaycel“ ist eine aus Nylon, Kunstseide oder Baumwolle bestehende Faserschicht, die mit einem Bindemittel auf einem Blatt aus Zellstoffwatte oder Kunststoffasern fixiert wird. Seine Verarbeitung ist die von gewebten Stoffen; es kann feuerfest, wasserdicht u. abriebgeschützt imprägniert werden sowie in jedem Farbton eingefärbt u. wie Papier bedruckt werden. Beschmutzte Kleidungsstücke werden weggeworfen. F. Zeidler 8090◇

2771 **Nicht gewebte Gummitücher.** Hideo Nishimoto und Katuo Yoshikawa. (J. Soc. Rubber Ind., Japan [Nippon Gomu Kyokai Shi] **36,** 226—32, 1963; Kanai; jap.) — Übersicht über die Herst.-Verff. aus Latex, die benötigten Hilfsstoffe, Eigg. u. Verw.-Gebiete. — 39 Literaturangaben.
L. Schuler 8090◇

2772 **Die Eigenschaften und Verarbeitung moderner Metallgarne.** E. Albinson. (Textile Recorder **80,** Nr. 955, 59—61. Nr. 956, 79—80, 1962; Textile J. Australia **37,** 1466—67, 1533, 1962; engl.) — Da bisher im wesentlichen die dekorative Wrkg. von Metallgarnen (**A**) behandelt wurde u. entsprechende techn. u. prakt. Hinweise über ihren Gebrauch fehlen, werden die Schäden beschrieben, die sie durch mechan. oder chem. Einfl. erleiden u. wie diese Fehler festgestellt werden können. Die ungefähre Zus. der Hauptgruppen der neuesten **A**-Typen, ihre Struktur, ihre Gebrauchs- u. physikal. Eigg. werden in Tabellen angegeben. Die nasse Verarbeitung von Geweben, die **A** enthalten, wird besprochen u. die zukünftigen Entw.-Tendenzen von **A** werden aufgezeigt.
L. Jentgen 8090◇

2773 **Appreturanalyse.** R. Aenishänslin. (De Tex **22,** 82—88, 166—73, 371—76, 470—75, 1963; Basel, Ciba Akt.-Ges.; niederl.) — Zusammenstellung der Analysen-Verff. für Appreturbestandteile (Vorproben u. Best. von Al, Sb, Ba, B, Cr, Fe, Halogenen, Ca, Cu, Mg, Mn, P, S, Si, N, Ti, Zn, Sn, Zr, Trennung von Appretur u. Faser durch Extraktion).
W. Wesly 8098◇

2774 **Schnelle Bestimmung von Pentachlorphenyllaurat in Textilmaterialien.** R. G. Reid. (J. Textile Inst., Trans. **54,** T46—T48, 1963; Dundee, Scotland, Low & Bonar Ltd., Groop Res. & Testing Dep., Dens Works; engl.) — Pentachlorphenyllaurat (LPCP) wird weit verbreitet als Antiseptikum in Textilgeweben verwendet, die widrigen Bedingungen, z. B. bei der Lagerung, oder Witterungs-Einfl. ausgesetzt sind. Die normale Meth. zur Best. von LPCP, die nicht ausreichend genau ist, wird beschrieben. Eine schnelle Meth. zur Best. von LPCP u. ähnlichen chlorhaltigen Antiseptica, die auf der entsprechend veränderten Schönigschen O_2-Kolben-Meth. (C. **1956,** 4534; C. **1957,** 9177) verbunden mit potentiometr. Titration des erzeugten Cl-Ions beruht, wird dargelegt. Die Meth. ist nicht spezif., da die Ggw. anderer Cl-haltiger Verbb. störend wirkt, ist aber wertvoll für Routinekontrollen unter bekannten Verarbeitungsbedingungen.
L. Jentgen 8098◇

2775 **Bruchfestigkeit von Einzelfasern unter transversalem Druck.** G. E. Settle und S. L. Anderson. (J. Textile Inst., Trans. **54,** T28—T39, 1963; Torridon, Headingley, Leeds, Woolen Ind. Res. Assoc.; engl.) — Ein App. zur Messung der Kraft zum Schneiden von Einzelfasern wird beschrieben. Schneidedrähte werden unter einer allmählich zunehmenden Belastung in rechten Winkeln auf eine Faser gepreßt, die unter konst. Spannung auf einem ebenen Amboß befestigt ist. Die Schneidelast wird bestimmt. Die quant. Beziehungen zwischen Schneidelast u. Faserdurchmesser, Faserspannung u. Durchmesser des Schneidedrahts werden für Wolle, Nylon u. Terylene angegeben. Bei diesen Fasern spiegelt die Schneidelast weitgehend die Reißfestigkeit wider.
L. Jentgen 8100◇

2776 **Bestimmung von Tritium, Kohlenstoff-14 und Schwefel-35 in Wolle mit Hilfe der Flüssigkeits-Scintillationszählung.** A. M. Downes und A. R. Till. (Nature [London] **197,** 449—50, 1963; Prospect, New South Wales, Australia, C.S.I.R.O., Div. of Animal Physiol., Ian Clunies Ross Animal Res. Labor.; engl.) — Die Best. wird an gewaschenen u. getrockneten Woll (**A**)-Proben in Toluol vorgenommen, das 0,4% 2.5-Diphenyloxazol u. 0,01% 1.4-Bis-[5-phenyloxazolyl-(2)]-benzol enthält. Die Beziehung zwischen Zählausbeute u. **A**-Menge verläuft linear für ^3H bis zu 200 mg, für ^{14}C u. ^{35}S bis zu 500—800 mg **A**. Die Resultate sind über einen Zeitraum von 3 Monaten reproduzierbar. Vgl. mit der Oxydations-Meth. u. Betrachtungen über den Einfl. der **A**-Fiberbeschaffenheit werden angestellt.
F. M. Friedrich-Anderseck 8108◇

2777 **Physikalische Untersuchungsmethoden für Teppiche.** S. L. Anderson und Dorothy G. Clegg. (Textile Inst. Ind. **1,** Nr. 2, 6—8, 1963; Leeds, Wool Res. Assoc.; engl.) — Eine Meth. zur Dichtemessung an Wollteppichen wird beschrieben. Gemessen wird ungebraucht, nach 24std. Belastung mit 100 lbs./in.² sowie 1 u. 24 Std. u. 1 Woche danach.
G.-D. Gollnisch 8108◇

2778 Soc. in nome coll. S. Bigagli & Co. Fonderie Officine Meccaniche, Prato, Florenz, Italien, **Behandlung von Textilfasern.** Um die elektr. Aufladung während des Kardierens zu verhindern, feuchtet man die Fasern auf der Kardiermaschine durch Versprühen von W. an. — Vorr., Zeichnung. (**It. P. 562 730** vom 13/11. 1956.)
K. Koebke 8033

2779 Olin Mathieson Chemical Corp., New York (Erfinder: Ronald W. Marek, Tonawanda), N.Y., V.St. A., **Komplexsalze der Dichlorisocyanursäure** der allg. Formel $A_n(MZ_4) \cdot x\,H_2O$ [A = Alkali- oder Erdalkalimetall, n = 1, falls A = Erdalkalimetall, n = 2, falls A = Alkalimetall; M = Cu, Cd, Ni; Z = Dichlorisocyanursäurerest $(C_3O_3N_3Cl_2)^-$; x = ganze Zahl von 0—6] erhält man durch Mischen einer Lsg. eines Alkali- oder Erdalkalisalzes der Dichlorisocyanursäure mit der wss. Lsg. eines Salzes des Ni, Cu oder Cd bei pH 4—7 u. Gewinnung des sich abscheidenden Komplexsalzes. — *Bleich-* u. *Desinfektionsmittel.* (**D. A. S. 1 131 217** Kl. 12p vom 28/2. 1961, ausg. 14/6. 1962. A. Prior. 4/3. 1960. **A. P. 3 055 889** vom 4/3. 1960, ausg. 25/9. 1962.)
A. Jahn 8033

2780 Ciba Ltd., Basel, Schweiz, **Herstellung von neuen 2.5-Di-[benzimidazolyl-(2')]-furanverbindungen.** Zu D.A.S. 1 086 237; C. **1961,** 3860 ist nachzutragen: Außer der angegebenen Herst. aus o-Diamin u. Furandicarbonsäure wird noch die Herst. mit andern Dicarbonsäuren beschrieben. So erhält man aus o-Phenylendiamin (I) u. Schleimsäure → *2.5-Di-[benzimidazolyl-(2)]-furan*, F. 294—296° aus I u. Zuckersäure (II) *2.5-Di-[benzimidazolyl-(2)]-furan*, F. 302—304°, aus 1-Methyl-3.4-diaminobenzol u. II → *2.5-Di-[6-methylbenzimidazolyl-(2)]-furan*, u. aus 1-Amino-2-methylaminobenzol u. II → *2.5-Di-[N-methylbenzimidazolyl-(2)]-furan*, F. 273 bis 274°. — *Opt. Aufheller.* (**Ind. P. 69 628** vom 9/11. 1959.) C. Lüttgen 8033

2781 Marino Livio, Como, Italien, **Wasserdichtmachen von Textilien** aus natürlichen oder Kunstfasern durch Imprägnieren mit einem Kunstharz, dad. gek., daß man eine über das übliche Maß verd. Lsg. des Harzes anwendet u. das Gewebe unter Dehnung setzt, während man imprägniert. Nach der Imprägnierung führt man den Stoff noch durch ein Bad mit einem Lsgm. für das Imprägnierharz. Man erhält weiche Prodd., die keinen auf der Oberfläche des Gewebes haftenden Film aufweisen u. doch wasserdicht sind. (**It. P. 527 542** vom 24/12. 1954.) K. Koebke 8037

2782 Resintex Industrie Tessili Resinati S. p. A., Mailand, Italien, **Herstellung von wasserdichten Geweben mit pelzartigem Aussehen,** dad., daß man ein Gewebe aus Seide, Nylon, Baumwolle mit einem Kunstharz (Vinyl- oder Acrylharz) beschichtet, auf die frische Schicht aus einem elektrostat. App. Faserpulver (Seide, Nylon, Baumwolle) aufsprüht, in einem 2. elektrostat. App. die nicht haftenden Fasern abzieht u. trocknet. — Zeichnung. (**It. P. 527 944** vom 13/1. 1955.) K. Koebke 8039

2783 Otto Wichterle, Jan Šebenda und Jaroslaw Králíček, Prag, Tschechoslowakei, **Kontinuierliche Polymerisation von ε-Caprolactam (I)** u. ähnlichen Monomeren. Man führt in das eine Ende eines länglichen druckfesten Rk.-Gefäßes von 220—280° getrennt geschmolzenes I mit I-Alkalisalz als Initiator u. die Verb. RCON(X)R′ (R u. R′ = H, Alkylrest bzw. gemeinsame Glieder eines C-Ringes; X = polarer Substituent, wie Acyl, Carbalkoxyl, CN) enthaltendes I ein u. preßt das daraus erhaltene Polymere am anderen Ende durch eine 200° heiße Düse als Längsgebilde (Stanzen, Röhren, Bänder, Fäden) aus. — Zeichnung. (**F. P. 1 243 632** vom 18/12. 1959, ausg. 16/1. 1961. **D. P. [DDR] 25 391** Kl. 39c vom 15/12. 1959, ausg. 22/5. 1963 [Wirtschaftspatent].) M. Pankow 8081

2784 Bombrini, Parodi, Delfino S. p. A., Rom, Italien, **Verbesserung von Polyamidfasern.** Man behandelt bei normaler Temp. mit wss. *Thioglykolsäure*-Lsg., wäscht mit W. u. trocknet an der Luft, während der Faden unter Spannung steht. (**It. P. 562 301** vom 29/7. 1953. **Zusatz zu It. P. 509 876; C. 1961, 8164.**) K. Koebke 8081

2785 Bombrini Parodi Delfino, S. p. A., Rom, Italien, **Verbessern der Polyamidfasern.** Beim Verf. nach It. P. 509 876 kann man mit geringeren Konzz. an *Thioglykolsäure* (I) (2% statt 60%) auskommen, wenn man den Lsgg. $CaCl_2$, NaCl oder Na_2SO_4 zusetzt oder an Stelle der wss. Lsg. von I eine Lsg. in PAe. verwendet. Der Zusatz von Salzen ist auch nützlich, wenn man die Fasern mit Phenol oder m-Kresol behandelt. Statt I kann man auch *Monochloressigsäure* verwenden. (**It. P. 562 302** vom 4/12. 1953. **Zusatz zu It. P. 509 876; C. 1961, 8164.**) K. Koebke 8081

2786 Armando Ballarini, Turin, Italien, **Wasserdichtmachen von Superpolyamidgeweben.** Das Gewebe wird mit einer NH_3-Lsg. von 3—5 Bé bei ≦100° behandelt, gestreckt u. im Luftstrom von ≦30° getrocknet, auf der Innenseite mit einer Acrylharzschicht belegt, die polymerisiert u. ggf. mit weiteren Schichten überzogen wird. Zuletzt wird die Außenseite des Gewebes mit einer wasserabweisenden Schicht (Silicon) überzogen u. das Gewebe kalandriert. — Vorr., Zeichnungen. (**It. P. 528 280** vom 5/1. 1955.) K. Koebke 8081

2787 **Celanese Corp. of America,** New York, N.Y., übert. von: **Fred Fortess,** New Providence, und **Norman Van Gorder,** Scotch Plains, N.J., V.St.A., *Ausrüstung von Cellulosetextilien.* (**A. P. 3 077 460** vom 17/8. 1955, ausg. 12/2. 1963. — C. **1961,** 1058 [E. P. 828 822].)

2788 **Heberlein & Co. Akt.-Ges.** (Erfinder: **Fritz Münzel**), Wattwil, Schweiz, *Kunstharzausrüstung von Cellulosetextilien.* (**D. A. S. 1 153 715** Kl. 8k vom 14/12. 1959, ausg. 5/9. 1963. Schwz. Prior. 8/5. 1959. C. **1962,** 15084 [Oe. P. 216 466].)

2789 **Farbwerke Hoechst Akt.-Ges. vormals Meister Lucius & Brüning** (Erfinder: **Ludwig Orthner** und **Martin Reuter**), Frankfurt/M., *Textilhydrophobierung.* (**D. B. P. 976 508** Kl. 8k vom 10/4. 1952, ausg. 10/10. 1963. Anmeldung bekanntgemacht 1/12. 1955. — C. **1956,** 5994 [F. P. 1 078 673].)

2790 **Farbenfabriken Bayer Akt.-Ges.,** Leverkusen, übert. von: **Karlfried Wedemeyer,** Köln, **Karl Gustav Kleb,** Leverkusen, **Heinz Adolf Dortmann,** Bergisch Gladbach, und **Detlef Delfs,** Opladen, *Behandlung von Hydroxylgruppen enthaltenden Textilien.* (**A. P. 3 066 005** vom 21/7. 1959, ausg. 27/11. 1962. D. Prior. 1/2. 1958. — C. **1962,** 3680 [F. P. 1 218 093].)

2791 **Shri Ram Institute for Industrial Research, Civil Lines,** übert. von: **Vasant B. Chipalkatti, Hanmanta R. Chipalkatti** und **Shri P. N. Sharma,** Delhi, Indien, *Naßbehandlung von Textilien.* (**A. P. 3 066 998** vom 7/5. 1958, ausg. 4/12. 1962. — C. **1961,** 13046 [F. P. 1 195 724].)

2792 **Associated Lead Manufacturers Ltd.,** London (Erfinder: **Norman-John Read,** Greenford), England, *Flammschutzdispersion.* (**D. A. S. 1 154 067** Kl. 8k vom 7/5. 1956, ausg. 12/9. 1963. E. Prior. 9/5. 1955. — C. **1958,** 14482 [E. P. 791 802].)

2793 **Edwin L. Donahue,** Hawthorne, N.J., V.St.A., *Flammsichermachen von Cellulosetextilien.* (**D. A. S. 1 154 431** Kl. 8k vom 6/5. 1959, ausg. 19/9. 1963. A. Prior. 26/9. 1958. — C. **1963,** 3834 [Niederl. P. 100 316].)

2794 **General Electric Co.,** New York (Erfinder: **Donald van Arsdale Brown, Edgar Dow Brown jun.,** und **Herbert Jack Leavitt,** Schenectady), N.Y., V.St.A., *Hydrophobiermittel.* (**D. A. S. 1 153 717** Kl. 8k vom 16/4. 1958, ausg. 5/9. 1963. A. Prior. 13/5. 1957. — C. **1961,** 8884 [A. P. 2 928 798].)

2795 **Bleachers Association Ltd.,** Manchester, übert. von: **Henry Bristow McCance** und **Frederick R. W. Sloan,** Ballyclare, England, *Behandlung von Cellulosetextilien.* (**A. P. 3 071 430** vom 3/3. 1958, ausg. 1/1. 1963. E. Prior. 11/3. 1957. — C. **1962,** 13627 [D. A. S. 1 121 578].)

2796 **Chemische Fabrik Stockhausen & Cie.** (Erfinder: **Rudolf Nowak Fritz Stockhausen** und **Hubert Risges**), Krefeld, *Vorbehandlung von Pelzfellen für die Bleiche.* (**D. A. S. 1 154 594** Kl. 28a vom 28/2. 1958, ausg. 19/9. 1963. — C. **1962,** 15457 [Oe. P. 211 469].)

2797 **Montecatini Soc. Gen. per l'Industria Mineraria e Chimica, Italien** (Erfinder: **Vittorio Capuccio** und **Ubaldo Riboni**), *Herstellung von färbbaren Fasern.* (**F. P. 1 263 856** vom 19/4. 1960, ausg. 11/10. 1961. It. Prior. 21/4. 1959. — C. **1963,** 18682 [Oe. P. 219 001].)

2798 **Hercules Powder Co.,** Wilmington, Del., V.St.A., *Ausrüstung von Polyolefinfädentextilien.* (**E. P. 928 992** vom 10/3. 1961, ausg. 19/6. 1963. A. Prior. 15/3. 1960. — C. **1963,** 7988 [A. P. 3 009 830].)

2799 **Kurashiki Rayon Co. Ltd.,** Okayama, Japan, und **Air Reduction Co., Inc.,** New York, N.Y., V.St.A., übert. von: **Yasuji Ohno, Hitoshi Abe** und **Kenichi Tanabe,** Kurashiki City, Japan, *Färbbare Polyvinylalkoholfasern.* (**A. P. 3 071 429** vom 2/6. 1959, ausg. 1/1. 1963. Jap. Prior. 9/6. 1958. — C. **1962,** 17975 [Jap. A. S. 10 535/1960].)

2800 **Kurashiki Rayon Kabushiki Kaisha,** Kurashiki, Japan, *Erhöhung der Anfärbbarkeit von Polyvinylalkohol.* (**E. P. 883 037** vom 6/7. 1959, ausg. 22/11. 1961. Jap. Prior. 14/7. 1958. — C. **1963,** 4568 [Jap. A. S. 15 390/1960].)

2801 **Asahi Kasei Kogyo Kabushiki Kaisha,** Dojima-Hamadori, Kita-ku, Osaka, Japan, *Herstellung von Fasern und Folien aus Acrylnitrilcopolymeren.* (**E. P. 931 794** vom 26/8. 1959, ausg. 17/7. 1963. Jap. Prior. 6/9. 1958. — C. **1963,** 15645 [F. P. 1 240 133].)

H_{19}. Brennstoffe, Erdöl, Mineralöle

2802 **Die Verwendung von Brennstoffen in der chemischen Industrie: Derzeitige und zukünftige Entwicklung.** W. A. M. Edwards. (J. Inst. Fuel **36,** 500—08, 1963; London, Imp. Chem. Ind. Ltd., Techn. Dep.; engl.) — Verw. von Kohle u. Öl zur Dampferzeugung u. von Erdöl als chem. Rohstoff. F. Rosendahl 8120△

2803 **Bohruntersuchungen: Das Bohren mit Diamanten.** James Paone und W. E. Bruce. (U.S. Dep. Interior, Bur. Mines, Rep. Invest. **6324,** 1—32, 1963; Minneapolis, Minn., Bur. of Mines., Minneapolis Mining Res. Center; engl.) — Aufstellung von Parametern zur Vorherbest. der Bohrgeschwindigkeit. F. Rosendahl 8120△

2804 **Über die Mineralbeimengungen in Förderkohlen.** L. Ss. Alexejew. (Ber. Akad. Wiss. UdSSR **124,** 903—06, 1959; Fernost-Zweigstelle der Sibir. Abt. der Akad. der Wiss. der UdSSR; russ.) — Es wurde ein Verf. angewandt, das die mineral. Bestandteile der Kohlen in möglichst wenig veränderter Form von den Kohlen abtrennt. In den untersuchten Bureiner Kohlen wurden als Hauptmasse Tonmineralien, *Quarz-* u. *Feldspat*-Körner nachgewiesen; in der Tonfraktion ergab die thermo- u. elektronograph. Analyse *Hydroglimmer, Kaolinite* sowie öfters auch bedeutende *FeO*-Mengen. Von den authigenen Mineralien wurden *Pyrit* sowie *Siderit* ermittelt, deren Mengen höher lagen als in den entsprechenden Böden u. Deckschichten: sie bilden sich demnach im Diagenesestadium. Das angewandte Verf. ermöglicht Aussagen über die Genesis u. andere Vorgänge bei der Kohle-Bildung. A. v. Wilpert 8126□

2805 **Neuere Arbeiten und Erkenntnisse über Spurenelemente in Kohlen.** Hans Jürgen Rösler. (Bergakademie [Freiberg] **15,** 77—81, 1963; Freiberg, Bergakad. Freiberg, Inst. für Mineral. u. Lagerstättenlehre; dt.) — Bes. die Herkunft von Ge in verschiedenen Kohlesorten wird untersucht. Die Herkunft von Ge sowie der Vorgang der Ge-Aufnahme durch Kohle werden diskutiert. Ge-reiche Kohlen treten immer dort auf, wo der kohlenbeckenfüllende Verwitterungsschutt u. die ihn begleitenden Wässer aus Gebieten mit sauren Intrusivgesteinen u. den dazugehörigen Lagerstätten stammen. K. Strenge 8126◇

2806 **Ein Beispiel für die Verwendung von Asphaltrückständen der Rohölverarbeitung.** Marc Butaud und Jean Patouillet. (Rev. gén. Thermique **2**, 43—47, 1963; franz.) — Je nach Art des Rohöls u. der Verarbeitung fallen feste oder plast. Rückstände (Asphalte, Peche) mit 85,5—87% C u. 10,5—8% H an, die oft nur durch Verbrennung nutzbar gemacht werden können ($H_0 \sim 10000$ cal/kg). Ihre Viscosität beträgt bei 200° 75—150, bei 300° 10—30 cSt; Pumpfähigkeit erfordert Viscositäten von < 100, Versprühbarkeit (mit Wasserdampf von 2—3 at) am Brenner < 30 cSt. Beheizte Rohrleitungen u. Pumpen sowie Spezialbrenner sind notwendig. Die Flamme ist sehr heiß u. stark strahlend. 8—10% CO_2 im Abgas sollen nicht überschritten werden. R. Hegenbarth 8128◇

2807 **Verfahrensentwicklungen bei der Entfernung von Schwefeldioxid aus heißen Rauchgasen.** 2. Mitt. **Untersuchungen an einem Laborofen zur Verfeuerung von Pulverkohle.** R. C. Kurtzrock, D. Bienstock und J. H. Field. (U.S. Dep. Interior, Bur. Mines, Rep. Invest., **6307**, 1—37, 1963; Pittsburgh, Pa., Bur. of Mines, Pittsburgh Coal Res. Center; engl.) — 1. vgl. C. **1962**, 2489. — Konstruktion u. Arbeitsweise einer Feuerung im Labor.-Maßstab, in der Pulverkohle verbrannt werden kann, werden beschrieben. Unter Bldg. von 250—1000 cu.ft. werden 1—4 pounds Kohle/h verfeuert. Mit dem Ofen kann ein kontinuierlicher oder diskontinuierlicher Betrieb aufrechterhalten werden. F. Rosendahl 8130△

2808 **Besprechung einer Baum-Setzmaschine zur Aufbereitung von Kohlen aus den Rocky Mountains.** Michael Sokaski, P. S. Jacobsen und M. R. Geer. (U.S. Dep. Interior, Bur. Mines, Rep. Invest. **6306**, 1—40, 1963; Seattle, Wash., Bur. of Mines, Seattle Coal Res. Labor.; engl.) — Durch die vorgenommenen Umänderungen an der Setzmaschine konnte deren Trennschärfe wesentlich erhöht werden. F. Rosendahl 8134△

2809 **Untersuchung über die elektrostatische Konzentration von Kohle mit geringem Eisengehalt in Coronaentladungsfeldern.** Shigeru Mukai, Takahide Wakamatsu und Yoshihisa Shida. (Suiyokwai-Shi [Trans. Mining metallurg. Alumni Assoc.] **15**, 51—56, 1963; jap., Auszug: engl.) — Unterss. über die Aufbereitung von Kohle mit geringem Fe-Geh. durch elektrostat. Trennung im Coronaentladungsfeld zeigen, daß Kohleteilchen mit bes. geringem Asche- u. Fe-Geh. von der Walze angezogen, die mit hohen Geh. abgestoßen werden. Die Ergebnisse werden erörtert. W. Wesly 8134◇

2810 **Die Kokereiindustrie in der UdSSR.** A. H. A. Wynn und G. W. Lee. (J. Inst. Fuel **36**, 533—38, 1963; Brit. Coke Res. Assoc.; engl.) — Übersicht. — 32 Literaturangaben. F. Rosendahl 8142△

2811 **Gleichgewicht der Methankonvertierung mit Wasserdampf bei Normaldruck.** Zyta Mazurek und Tadeusz Mazurek. (Przemysl chem. **42**, 103—05, 1963; Zakład Chem. Oświęcim; pol.) — Die Zus. des Gases im Gleichgewichtszustand, das durch Konvertierung von Erdgas (**A**) mit Wasserdampf erhalten wird, wird angegeben. Berechnungen für die Zus. von poln. **A** werden durchgeführt. Die Einfl. der Temp. u. des Wasserdampf-Überschusses bei der Rk. werden in die Berechnungen einbezogen. I. Kalzendorf 8152◇

2812 **Herstellung von Stadtgas aus Produkten der Mineralölindustrie.** Helmut Pichler und Theodor Heike. (Erdöl Kohle-Erdgas-Petrochem. **16**, 112—16, 1963; Karlsruhe, TH, Inst. f. Gastechn., Feuerungstechn. u. Wasserchem.; dt.) — Die verschiedenen Verf.-Möglichkeiten zur Herst. von Stadtgas aus Prodd. der Mineralölindustrie werden aufgezeigt u. — soweit sie für die Praxis von Bedeutung sind — hinsichtlich ihrer charakterist. Merkmale für die Umwandlung von fl. u. gasförmigen KW-Stoffen behandelt. Vergleichbare Kosten der Gaserzeugung aus verschiedenen Rohstoffen werden angegeben. K. Triems 8156◇

2813 **Gas.** D. C. Elgin. (J. Inst. Fuel **36**, 524—30, 1963; Scott. Gas Board; engl.) — Übersicht über die Gasindustrie in Schottland. F. Rosendahl 8156△

2814 **Ein physikalisch wirkendes Waschverfahren zur Entfernung saurer Komponenten aus Erdgasen.** Hans-Ulrich Kohrt, Kurt Thormann und Karl Bratzler. (Erdöl Kohle-Erdgas-Petrochem. **16**, 96—99, 1963; Frankfurt/M., Lurgi Ges. für Wärmetechn. m. b. H.; dt.) — Zur Entfernung saurer Bestandteile aus Erdgasen (**A**), wie z. B. H_2S u. CO_2 können physikal. wirkende Waschverff. verwendet werden. Das sog. Purisol-Verf. wird beschrieben. Hierbei wird N-Methylpyrrolidon als Waschmittel benutzt, das gegenüber CO_2 eine bes. gute Selektivität für H_2S hat. Das Verf. wird an Hand einiger Fließbilder beschrieben u. seine Wirtschaftlichkeit erläutert, die mit zunehmendem H_2S-Geh. in **A** steigt. K. Triems 8164◇

2815 **Untersuchungen über die Anwendung von Sauerstoffüberträgern zur Beseitigung von Schwefelwasserstoff aus Gasen durch ein Naßverfahren.** Hanna Regulska. (Gaz, Woda Techn. sanit. **37**, 65—68, 1963; Centralne Labor. Gazownictwa; pol.) — Erläuterungen über die Meth. der durchgeführten Labor.-Verss. mit verschiedenen Sauerstoffüberträgern. Zusammenstellung der Unters.-Ergebnisse. K. Pluta 8172◇

2816 **Studien über geeignete Maßnahmen zur Aufbereitung von Braunkohlen-Kokereiteer, insbesondere durch Anwendung einer Selektivextraktion.** Erich Gundermann. (Bergakademie [Freiberg] **15**, 127—28, 1963; Freiberg, Bergakad., Fak. für Bergbau u. Hüttenwes.; dt.) — Durch Extrahieren mit verschiedenen polaren Lsgm. (CH_3OH, Glykol) kann ostelb. Braunkohlen-Kokereiteer, der einen hohen Geh. an sauren Bestandteilen (Kreosot) sowie an Harz u. asphaltartigen Stoffen aufweist, raffiniert werden. Der Öl-Geh. der Raffinate beträgt ca. 60%. Die Entölung erfolgt mittels selektiver Lsgm. [Butanon, Aceton, CH_3OH + Bzl. (1 : 1)]. Das entölte Rohparaffin muß in üblicher Weise mit Adsorptionsmitteln nachbehandelt werden. Es wird bewiesen, daß der wegen seines Reichtums an Kreosoten u. asphaltartigen Substanzen schwer verwertbare Braunkohlen-Kokereiteer zu einer Reihe gut nutzbarer Wertstoffe aufbereitet werden kann, die den entsprechenden Prodd. aus Erdöl in bezug auf S-Armut u. Freisein von Ti u. V überlegen sind. J. Gänsheimer 8178◇

2817 **Bestimmung des integralen Drosseleffektes von Naturgas.** B. L. Kriwoschein und I. Je. Chodanowitsch. (Gas-Ind. [UdSSR] **8**, Nr. 1, 47—51, 1963; russ.) — Es werden Gleichungen für die Berechnung des integralen Drosseleffektes für *Naturgas* in Anwendung auf die Gasverteilerstationen abgeleitet u. mit den Verw.-Werten verglichen. Die erhaltenen Zahlenwerte ermöglichen die Berechnung der zur Verhütung der Hydrat-Bldg. erforderlichen Temperatur. O. Lebtag 8186△

2818 **Entfernung von Methan (Entgasung) aus Pocahontas-Kohlenflöz Nr. 4 in Südwestvirginia.** W. M. Merrits, C. R. Waine, L. P. Mokwa und M. J. Ackerman. (U.S. Dep. Interior, Bur. Mines, Rep. Invest. **6326**, 1—39, 1963; Pittsburgh, Pa., Pittsburgh Mining Res. Center; Coalwood, W.Va., Olga Coal Co.; engl.) — Bes. Hohlbohrer werden eingesetzt, um den CH_4-Geh. im Flöz bestimmen zu können. Zur Unters. von CH_4 wird eine neue App. verwendet. Durch Einpressen von W. in ein Bohrloch kann die Ausbeute in den anderen gesteigert werden. Normalerweise werden 131 cu.ft. 86%ig. CH_4 je m gewonnen. Durch das Einpressen von W. wird die Ausbeute auf 1540 cu.ft. je m erhöht. F. Rosendahl 8186△

2819 **Das Öl in der schottischen Wirtschaft.** G. H. B. Watson. (J. Inst. Fuel **36**, 515—18, 1963; Industrial, Shell and BP Scotland, Ltd.; engl.) — Überblick über die Verw. von Öl als Brennstoff u. als Rohstoff in der chem. Industrie. F. Rosendahl 8186△

2820 **Grundlagen und Computer-Technik zur Berechnung einer Fünf-Komponenten-Wasserflutung im Zweiphasenfluß.** R. V. Higgins und A. J. Leighton. (U.S. Dep. Interior, Bur. Mines, Rep. Invest. **6305**, 1—71, 1963; San Francisco, Calif., Bur of Mines, San Francisco Petroleum Res. Labor.; engl.) — Aufstellung eines Computer-Programms zur Berechnung der Wasserflutung eines vielgestaltigen Ölvorkommens. Meth. u. Programm der Wasserflutung werden im Labor. an einem 5-Komponenten-Gemisch aus Ölen verschiedener Viscosität untersucht. Die angestellten Berechnungen stimmen mit den Labor.-Unterss. überein. F. Rosendahl 8190△

2821 **Beitrag zur Bekämpfung von Spülungsverlusten unter besonderer Berücksichtigung der in der DDR gegebenen Bedingungen.** Heinrich Markgraf. (Freiberger Forsch.-H., Reihe A **294,** 13–73, 1963; dt.) — Mit Hilfe von Formeln wird durch eine überschlägige Rechnung gezeigt, daß bereits Spalten von 1 mm Breite zu einem totalen Spülungsverlust führen können. Sowohl ungar. Bentonit (**A**) als auch Friedländer Ton, mit Dieselöl vermischt, eignen sich gut zum Abdichten von Spülungsverlust-Zonen. Es entstehen dünnfl., grobdisperse Aufschlämmungen, die bei der Zugabe geeigneter Mengen W. innerhalb weniger Sek. koagulieren u. zähe Klumpen bilden. Beim Einsatz von Zement (**B**) hat der Zusatz von Additiven nur wenig Wert. Ebenso ist eine Mischung von Tonerdeschmelz-**B** u. Portland-**B** ungeeignet; doch sind unter Zusatz von **A** hergestellte Gel-**B** geeignet. Gas-**B** sind bevorzugt zu verwenden, da sie eine genügende Festigkeit aufweisen. Die Dichte ist wesentlich geringer als die von reinem **B.** F. Rosendahl 8190△

2822 **Die Wirksamkeit von oxyäthylierten Derivaten der Cycloalkansäuren und von Alkoxyarylformaldehydharzen bei der Demulgierung von Erdöl.** F. Ss. Popessku und A. G. Gobshila. (Chem. Technol. Brennstoffe Öle [UdSSR] **8,** Nr. 5, 22–26, 1963; russ.) — Oxyäthylierte Derivv. der *Cykloalkansäuren* u. *Alkoxyarylformaldehydharze* besitzen in Abhängigkeit von der Menge des angelagerten Äthylenoxides als nichtionogene oberflächenakt. Stoffe (NOAS) eine hohe Demulgierungsaktivität. Von den untersuchten NOAS weisen bei der Demulgierung von Erdölen Derivv. der Naphthensäuren die höchste Aktivität auf. J. Fohl 8190◇

2823 **Untersuchung der Fraktionen schwefelhaltiger Verbindungen aus dem Destillat von 300–400° des Tuismasiner Erdöls.** B. B. Krol, S. I. Rosanowa und A. A. Roshdesstwenskaja. (Chem. Technol. Brennstoffe Öle [UdSSR] **8,** Nr. 5, 26–31, 1963; russ.) — Aus dem Destillat 300–400° des Tuimasiner Erdöls wurden S-haltige Verbb. vom Molgew. 230–260 u. mit einem S-Geh. von 10% abgetrennt. Auf Grund der physikal.-chem. Eigg. dieser Fraktionen wird angenommen, daß im Destillat Verbb. vom Typ Benzothiophen u. Thiophan vorhanden sind. Sulfide hemmen den Oxydationsprozeß von KW-Stoffen des Transformatorenöls aus S-haltigen Erdölen, Derivv. von Benzothiophen verbessern dagegen die Stabilität des Öles nicht. J. Fohl 8192◇

2824 **Neue Anwendungsgebiete für Molekularsiebe in Raffinerien.** Peter Sherwood. (Techn. du Pétrole **18,** Nr. 204, 23–24, 26–28, 1962; franz.) — Die Anwendung von Molekularsieben zur Trocknung, Entschwefelung, Trennung von KW-Stoffen, Katalyse sowie für analyt. Zwecke wird beschrieben. R. Hegenbarth 8194◇

2825 **Tieftemperaturzerlegung von Kohlenwasserstoffgemischen aus petrochemischen Prozessen.** Herbert Baldus und Gerhard Linde. (Erdöl Kohle-Erdgas-Petrochem. **16,** 104–08, 1963; Höllriegelskreuth b. München, Ges. für Linde's Eismaschinen Akt.-Ges.; dt.) — Von der Gesellschaft Linde entwickelte Verff. zur Zerlegung von KW-Stoffgemischen durch tiefe Temp. werden erläutert. Diese Verff. dienen hauptsächlich der Gewinnung von C_2H_4 u. Propylen. An Hand zweier Beispiele werden die wichtigsten Verf.-Schritte dargelegt u. z. T. näher begründet. Im 1. Beispiel wird die Zerlegung eines Rohgases mit hohem Geh. an schweren KW-Stoffen beschrieben, im 2. Beispiel die Zerlegung eines Gases mit niedrigem Geh. an schweren KW-Stoffen. Allg. über Linde-Anlagen, wie z. B. Kapazität, Flexibilität, Reinheit der Prodd., Ausbeuten, Aufstellung, Regelung u. Fernbedienung, werden erörtert. K. Triems 8194◇

2826 **Die Vergrößerung der Rohstoffquellen für die erdölchemische Industrie durch Rekonstruktion von Anlagen für katalytisches Cracken.** A. Gonssales, A. W. Agafonow, W. M. Kurganow und B. T. Abajewa. (Chem. Technol. Brennstoffe Öle [UdSSR] **8,** Nr. 5, 12–18, 1963; russ.) — Durch Rekonstruktion der *Crackanlage* (Wanderbett-Verf. mit kugelförmigem Katalysator) wurde im Salvater Erdölkombinat bei der Verarbeitung von schweren Vakuumdestillaten eine Erhöhung der Ausbeute auf 110–120% u. 180–190% erreicht. In Abhängigkeit von den Crackbedingungen erhielt man in 24 Std. bis 270 t Gas mit hohem Geh. an ungesätt. KW-Stoffen, bis 370 t Bzn. mit hoher Octanzahl, bis 490 t Ausgangsstoff für Dieselkraftstoff u. bis 310 t hocharomat. Gasölfraktionen. J. Fohl 8196◇

2827 **Ein dynamisches Modell eines katalytischen Reforming-Reaktors.** W. G. Welter. (Chem. Engng. Progr. **59,** Nr. 2, 78–81, 1963; Ponce City, Okla., Continental Oil Co.; engl.) — Das beschriebene mathemat. Modell ermöglicht die Unters. des dynam. Verh. eines Reforming-Reaktors mit Axialströmung auf einem Digitalrechner. Die aufgestellten Differentialgleichungen tragen in sich eine Reihe von getroffenen Vereinfachungen, wie z. B.: Gültigkeit des idealen Gasgesetzes, konst. Katalysatoraktivität, Vernachlässigung der spezif. Wärme des Katalysators, Vernachlässigung der Wärmeverluste, Annahme eines linearen Druckprofiles, Rückvermischung in axialer u. radialer Richtung u. a. mehr. Es wird in einer Reihe von Diagrammen gezeigt, wie sich (bei verschiedenen Rückvermischungsgraden u. Syst.-Temp.) eine momentane Veränderung der Temp. u. der Naphthen-Konz. zeitlich über den Reaktor fortpflanzt. Es wird darauf hingewiesen, daß dieses Modell auch für andere Festbett-Reaktor-Syst. Verw. finden kann. J. Wermann 8200◇

2828 **Zusammenhänge zwischen chemischer Konstitution und Gleitverhalten ausgewählter organischer Verbindungen und legierter Mineralöle. Untersuchung auf dem Gleitindicator nach Tannert-Wieland.** Günter Spengler und Fritz Wunsch. (Erdöl Kohle–Erdgas-Petrochem. **16,** 126 bis 132, 1963; München, TH, dt.) — Das Gleitverh. verschiedener organ. Körperklassen auf dem Gleitindicator nach Tannert-Wieland wird untersucht, wobei das bei niedrigen Geschw. auftretende „stick-slip"-Verh. berücksichtigt wird. Es wird gezeigt, daß ganz allg. der Reibungs-Koeff. wie auch die Reibungsschwingungsamplituden mit zunehmender C-Kettenlänge abnehmen. Es wird festgestellt, daß das Gleitverh. von Monocarbonsäureestern aus dem ihrer Bausteine resultiert. Es werden Unterss. über die Wrkg. von Additiven, über die Veränderung der Gleitflächen während der Unters. u. über evtl. auftretende elektrostat. Aufladungen durchgeführt. K. Triems 8220◇

2829 **Die Schmierung von Gold.** Morton Antler. (Wear [Amsterdam] **6,** 44–65, 1963; Endicott, N.Y., USA, IBM Corp., Gen. Prod. Div., Dev. Labor.; engl.) — Unterss. über die Schmierung von Au-Kontakten zeigen, daß die Grenzschicht-Eigg. u. die Viscosität von Schmierfll. deren Wirksamkeit bestimmen. Fll. mit hohem Halogen-Geh. sind brauchbarer als andere Fll.; Silicone enthaltende Fll. sind weniger geeignet. Fll. verdienen vor Fetten u. festen Stoffen bei wiederholtem Gleiten den Vorzug. Die Wrkg. der Schmiermittel (Gleiten mit geringer Reibung) wird erläutert. W. Wesly 8220◇

2830 **Schutzeigenschaften von Schmiermitteln.** Henryk Maczel und Barbara Madejska. (Nafta [Katowice] **19,** 38–42, 1963; Centralne Labor. Prod. Naftowych; pol.) — Theoret. Betrachtung über die Schutz-Wrkg. der Schmiermittel. Beschreibung des Martynow-Gerätes zur Best. der Feuchtigkeitsdurchlässigkeit von dünnen Schmiermittelschichten unter verschiedenen Bedingungen. Die Verss. zeigen, daß die verbesserte Martynow-App. eine gute Bewertung der Schutz-Eigg. von Schmiermitteln erlaubt. K. Pluta 8222◇

2831 **Die Oxydation von Paraffin im Schaumzustand.** W. M. Ssedatschew, W. W. Nessmelow, A. Ss. Moissejewa, N. M. Lebedewa, I. M. Kusnetzowa, R. Sch. Latypow, N. N. Terpilowski und O. W. Maminow. (Chem. Technol. Brennstoffe Öle [UdSSR] **8,** Nr. 5, 18–22, 1963; Rumänien, Inst. für Bohrung u. Förderung; russ.) — Ein neuer kontinuierlicher Prozeß der Oxydation von *Paraffin* im Schaumzustand wurde ausgearbeitet. Die optimalen Bedingungen des Verf. sind: Temp. 125–130°, Luftverbrauch 1 m^3/kg Paraffin, SZ. des Prod. beim Austritt aus dem Reaktor 50–60. Die Säuren, die bei diesem Prozeß gewonnen werden, sind für die Darst. von synthet. Erdöl-Prodd. geeignet. Die Wirksamkeit des Verf. wurde im Vgl. mit dem period. bis auf 270% erhöht. J. Fohl 8226◇

2832 **Über eine zweistufige Entasphaltierung von Goudronen schwefelhaltiger Erdöle.** B. A. Ssobolew und D. O. Goldberg. (Chem. Technol. Brennstoffe Öle [UdSSR] **8,** Nr. 5, 8–12, 1963; Erdöl-Forsch.-Inst. der BaschkirSSR;

russ.) — Vff. zeigen, daß eine zweistufige Entasphaltierung von *Goudron* aus S-haltigen Erdölen mit geringem Teer-Geh. u. hohem Geh. an öligen Komponenten geeignet ist. In der 1. Stufe werden die Ausgangsstoffe für Motorenöle u. in der 2. Stufe für hochviscose Heißdampfzylinderöle („Vapor") erhalten. Die Technologie wird beschrieben.
J. Fohl 8228◇

2833 **Asphalt mit Latexzusatz.** Tōru Nemoto. (J. Soc. Rubber Ind., Japan (Nippon Gomo Kyokai Shi) **36,** 244—45; **1963**; Tennen Gomu K. K.; jap.) — Übersicht über Herst. u. Änderung der Eigg. von Asphalt mit Latexzusatz.
L. Schuler 8236◇

2834 **Ultraviolette Absorptionsspektren von Steinkohlen.** Shuya Fujii. (J. Fuel Soc. Japan **38,** 384—87, 1959; Waseda, Univ.; jap., Auszug: engl.) — Mit Hilfe der Opalglas-Meth. werden die UV-Absorptionsspektren von suspendierten Steinkohlen u. Inkohlungs-Prodd. untersucht u. die Absorptionsmaxima gemessen. Bei jüngeren Kohlen liegt das Maximum bei 215 mμ, bei älteren Kohlen mit einem C-Geh. von 75 bzw. 85% bei 230 bzw. 260 mμ. Das Verhältnis der opt. Dichte der Suspensionen bei 260 mμ u. bei 230 mμ nimmt mit steigendem C-Geh. zu, d. h. die durchschnittliche Größe der aromat. Ringe wächst mit der Inkohlung. I. Köditz 8246△

2835 **Ultraviolettspektren von Steinkohlen und Extrakten.** R. A. Friedel. (Chem. and Ind. **1961,** 462—63; Pittsburgh, Pa., Pittsburgh Coal Res. Center, Bur. of Mines, Div. of Bituminous Coal; engl.) — Kritik an den Ergebnissen einer Arbeit von Fujii (vgl. vorst. Ref.). Vf. weist nach, daß die von Fujii gefundene Absorptionsbande bei 2300 Å auf Fehler der verwendeten Meß-App. beruhen muß. I. Köditz 8246

2836 **Beitrag zur Phenolanalytik in Braunkohlenprodukten.** Karla Krumbholz und Wilhelm Weissner. (Chem. Techn. **15,** 101—04, 1963; Leipzig; Altenburg; dt.) — Eine verbesserte Meth. zur analyt. Best. der wichtigsten 1-wertigen Phenole in Prodd. der Braunkohlenindustrie wird beschrieben. Die gaschromatograph. Best. benötigt nur geringe Probemengen. Eine ausführliche Beschreibung der Verss. mit Testsubstanzen u. eine Arbeitsvorschrift werden angegeben.
H. Hoffmann 8248◇

2837 **Messungen zur Schwefelbilanz und zum SO_3/SO_2-Gleichgewicht in Rauchgasen.** Harald Jüntgen. (Erdöl Kohle-Erdgas-Petrochem. **16,** 119—25, 1963; Essen-Kray, Bergbau-Forsch. G. m. b. H., Forsch.-Inst. des Steinkohlenbergbauvereins; dt.) — Nach einer Diskussion der thermodynam. u. kinet. Grundlagen werden Verss. zur Verbrennung von S zu SO_2 u. SO_3 in einem Vers.-Ölofen mitgeteilt. Die Aufstellung einer S-Bilanz zeigt, daß unmittelbar hinter der Brennkammer Brennstoff-S quant. als SO_2 u. SO_3 im Rauchgas (**A**) wiedergefunden wird. S verbrennt in der heißen Flamme zu SO_2 u. setzt sich in Ggw. von O_2 bei Abkühlung zu SO_3 um. Das Gleichgewicht friert aber bei 1000—1100° ein, so daß der Umsatz zu SO_3 in der Gasphase wenig von der Temp. abhängt u. in Ggw. von 1% O_2 in **A** in der Größenordnung von 1 bis 3%, bzgl. der Gesamtmenge an SO_2 u. SO_3, liegt. Der Umsatz zu SO_3 steigt proportional zur Quadratwurzel aus dem Geh. an O_2 in **A** an. Die SO_3-Konz. in **A** ergibt sich als Prod. aus dem Umsatz zu SO_3 u. dem mit steigendem O_2-Geh. abfallenden Gesamt-Geh. an SO_2 u. SO_3. Die SO_3-Konz. steigt daher mit wachsendem O_2-Geh. anfangs steil an u. durchläuft später ein flaches Maximum. Die an den der Brennkammer nachgeschalteten Rohrwandungen katalyt. bedingten Umsätze zu SO_3 lassen sich nicht quant. erfassen, da trotz einer Beheizung auf $>300°$ stets eine wechselnde Adsorption von S bzw. dessen Oxiden an den Rohrwandungen beobachtet wird.
K. Triems 8250◇

2838 **Untersuchung des Germaniumgehaltes in den Erdölen der Sowjetunion.** L. A. Guljajewa und I. F. Lossitzkaja. (Geochemie [UdSSR] **1959,** 152—58; Moskau, Inst. für Erdöl der Akad. der Wiss. der UdSSR; russ., Auszug: engl.) — Zur Best. des *Ge*-Geh. in Erdölen verschiedener Lagerstätten der SU wurde Erdöl in Ggw. von Oxydationsmitteln verascht, Ge als $GeCl_4$ abdest. u. colorimetr. mit Phenylfluoron bestimmt. Der Ge-Geh. beträgt 0,015—0,150 g/t Erdöl, Maximal-Geh. von 0,32—0,69 g/t wurden in Aserbaidschan u. im Orenburggebiet gefunden. H. Noack 8252△

2839 **Neue amerikanische Vorschriften für Verschnittbitumen.** H. Nüssel. (Bitumen **25,** 47—48, 1963; Hamburg; dt.) — Die bisherigen Vorschriften des amerikan. Asphaltinstitutes auf diesem Gebiet werden vereinfacht. Es wird nur noch, abgesehen von den Straßenölen, zwischen 4 schnellbindenden u. 4 mittelschnellbindenden Verschnittbitumina (**A**) unterschieden. Als weiterhin vereinfachend erweist sich die Durchführung der Viscositätsmessungen bei nur noch einer Temp. (140° F) u. die Viscositätsangabe in abs. Einheiten (cSt). Unter Berücksichtigung der Tatsache, daß für europäische klimat. Verhältnisse eine Unterteilung in schnellbindende u. mittelschnellbindende **A** nicht erforderlich ist, ergeben sich so nur noch 4 verschiedene Typen. Diese werden mit all ihren Daten erläutert u. mit den entsprechenden deutschen Typen nach DIN 1995 verglichen. D. Meyer 8262◇

2840 **Thermogravimetrische Untersuchung von Asphaltenen.** Michel Bestougeff, Georges Guiochon und Léon Jacqué. (C. R. hebd. Séances Acad. Sci. **254,** 266—68, 1962; École Polytechn., Labor. de Chim.; franz.) — Die therm. Zers. von 3 Asphaltenen verschiedenen Ursprungs wird thermogravimetr. untersucht. Method. wird derart vorgegangen, daß die Proben in geschlossenen oder offenen Tiegeln mit einer Erhitzungs-Geschw. von 180 oder 300°/h bis auf 700° oder aber isotherm. auf 325—600° erhitzt werden. Es wird festgestellt, daß die Umwandlung bis ~325° einsetzt u. zur partiellen Bldg. von Carbenen (**A**) führt; ~90% an **A** werden durch mehrstd. Erhitzen auf 375—380° erhalten. Die Erhitzungsrückstände sind reicher an O als die Ausgangsstoffe, u. der N-Geh. der Ausgangsstoffe ist angenähert der gleiche wie der der flüchtigen Anteile. Tabellar. sind die elementaren Zus. der Ausgangs-Prodd. u. der bei den verschiedenen Temp. erhaltenen Rest-Prodd. angegeben. Das Verhältnis C/M für die flüchtigen Prod. ändert sich nur wenig während der Zers.; es schwankt jedoch beträchtlich von Probe zu Probe.
C. Gottfried 8264△

2841 **Untersuchungen über das elastische und plastische Verhalten von Gußasphalt.** Herbert Schnecke. (Straßen- u. Tiefbau **17,** 14—29, 1963; Mainz; dt.) — Ein Beitrag zur Klärung des physikal. Verh. bituminöser Mineralgemische unter Berücksichtigung von Temp. u. Zeit wird gegeben. Gußasphalt (**A**) erfährt bei Druckbelastungen gleichzeitig eine elast. u. eine plast. Verformung, deren Anteil von der Belastungszeit u. der Temp. abhängig ist. Da die Verformung mit der Dauer der Belastung wächst, müßten bituminöse Straßendecken für den Straßenverkehr ungeeignet sein. Der Widerspruch, der sich durch diese Folgerung mit der Erfahrung ergibt, wird erklärt. Außerdem werden eine langzeitige Rückverformung (Erholungsverformung) u. ein von Temp. u. Zeit abhängiger Elastizitätsmodul von **A** festgestellt.
K.-D. Lemke 8266

2842 **Die Bestimmung der Rohwichte an Gestein und Asphaltmischgut.** J. Ewers. (Bitumen **25,** 48—50, **1963**; Hamburg; dt.) — 4 verschiedene Meth. zur Best. des scheinbaren spezif. Gew. bzw. der Rohwichte von Asphaltmassen werden diskutiert. Auf Grund umfangreicher Meßergebnisse, die in knapp gefaßten Tabellen dargelegt sind, ergibt sich ein eindeutiger Vorteil für die Meth. der Best. der Rohwichte mit dem Flaschenpyknometer. Während die anderen 3 Meth., die nach DIN 1995, die mit dem Luftpyknometer u. die der Tauchwägung am losen Mischgut, eine Fehlergrenze bis zu ± 4,5% besitzen, liegt die des Flaschenpyknometers bei ± 1,8%. D. Meyer 8266◇

2843 Soc. de Produits Chimiques d'Auby Neuilly-sur-Seine (Erfinder: Pierre Foucault, Paris), Frankreich, **Oberflächenbehandlung von Kohle vor, während und nach der Flotation,** dad. gek., daß man der zu behandelnden Trübe für alle in Frage kommenden Betriebsvorgänge ein gemeinsames oberflächenakt. Mittel zusetzt, das besteht aus: a) einem *Polyalkylenpolyamin* oder einem Gemisch davon mit der allg. Formel $R-[NH-(CH_2)_p]_n-NH_2$, in der R einen gesätt. oder ungesätt. KW-Stoffrest mit gerader oder verzweigter Kette u. 8—22 C-Atomen u. n eine ganze Zahl von 2—6 bedeutet, u. b) einem phenolfreien *Steinkohlenteeröl.* (**D. A. S. 1 147 543** Kl. 1c vom 11/8. 1960, ausg. 25/4. 1963. F. Prior. 11/8. 1959.) P. Lohn 8135

2844 Badische Anilin- & Soda-Fabrik Akt.-Ges., Ludwigshafen/Rh. (Erfinder: Franz Duftschmid, Heidelberg, Willibald Funk und Ferdinand Markert, Ludwigshafen/Rh.), **Herstellung von Kohlenoxid-Wasserstoff-Gemischen in Abstichgaserzeugern,** dad. gek., daß ein Teil des O_2 u. der übrigen gasförmigen Vergasungsmittel getrennt vom Brennstoffstaub in den Abstichgaserzeuger eingeführt wird. (**D. B. P. 976 435** Kl. 24e vom 2/9. 1950, ausg. 5/9. 1963. Anmeldung bekanntgemacht 13/9. 1951.) E. Kahles 8151

2845 Heinrich Koppers G. m. b. H., Essen (Erfinder: Willi Rühl, Willi Blum, Essen, und Horst Berns, Mülheim), **Herstellung eines Heizgases** durch katalyt. Spaltung von gasförmigen oder durch Dest. gewonnenen fl. KW-Stoffen in Ggw. von Wasserdampf u. ggf. geringen Mengen O_2 (Luft), dad. gek., daß die räumliche Konz. der akt. Zentren des an sich hochakt., bes. Ni-haltigen, Katalysators wenigstens teilweise durch Zumischung von katalyt. prakt. unwirksamen, hitzebeständigen, festen Stoffen im Verhältnis zwischen ca. 1:1 u. 1:10 Katalysator zu Verdünnungsmittel herabgesetzt wird unter gleichzeitiger Erhöhung der Temp. im verd. Katalysator um 75—150° gegenüber der bei unverdünntem Katalysator üblicherweise angewandten Temp. (650—750°, je nach Einsatzgut). (**D. A. S. 1 152 217** Kl. 26a vom 10/9. 1960, ausg. 1/8. 1963.) E. Kahles 8157

2846 Demag-Humboldt-Niederschachtofen G. m. b. H., Duisburg, **Entwässsern von Teer.** Der Teer wird in dünner Schicht auf das untere Ende eines endlosen, nach oben geneigten Metallbandes gebracht, das von unten durch Ölbrenner auf ca. 100—140° oder, falls der Teer zur Brikettierung von Brennstoffen oder Erzen bestimmt ist, auf 200 bis 280° erhitzt ist. Am oberen Ende des Bandes wird der wasserfreie Teer abgenommen. Zusätzlich kann noch eine Bestrahlung mit IR-Strahlen erfolgen. — Zeichnung. (**Ind. P. 70 088** vom 17/12. 1959. E. Prior. 20/10. 1959.) C. Lüttgen 8177

2847 Shell Internationale Research Mij. N. V., Den Haag, (Erfinder: Lodewijk Johannes Schmit Jongbloed und Nicolaas Henk van Lingen, Rijswijk), Niederlande, **Verfahren zum Bohren durchlässiger Gebirgsschichten.** Es wird eine Bohrspülung verwandt, die an der Bohrlochwand keine Filterkuchenschicht bildet, sondern die durchlässige Gebirgsschicht in gewissem Abstand von der Bohrlochwand verstopft. Hierzu wird der Bohrspülung eine lösl. Substanz zugegeben, die im Kontakt mit der im Gebirge vorhandenen Fl. einen Nd. bildet. Bes. werden wss. Lsgg. von *Pb-Acetat, Na-Stearat*, Lsgg. von *Bitumen* oder *Paraffin* in geeigneten Lsgm., wie *Paraffin* u. *Methyläthylketon*, sowie *Aluminiumcarboxymethylcellulose* verwandt. (**D. A. S. 1 148 953** Kl. 5a vom 16/1. 1962, ausg. 22/5. 1963. Niederl. Prior. 18/1. 1961.) St. Zimmer 8191

2848 Badische Anilin- & Soda-Fabrik Akt.-Ges., Ludwigshafen/Rh. (Erfinder: Hans Wilhelm Schmidt, Lampertheim, Wilhelm Rittinger, Schifferstadt/Pfalz, und Hans Gerstacker †, Mannheim), **Entfernung von Kohlenoxidsulfid und organisch gebundenem Schwefel aus olefinhaltigen Crackgasen** erfolgt durch Waschen mit 0,1 bis 10, bes. 2—6% ig. wss. NaOH oder KOH bei 20—110, bes. 60—95°, u. normalem oder erhöhtem Druck, bes. 10—35 at, bes. im Gegenstrom, in Rk.-Gefäßen, deren Austauschoberfläche 2—4, bes. 3—4 m² je m³ des stündlich durchgeleiteten Gases beträgt, bes. in Kolonnen mit geeigneten Einbauten oder Füllkörpern (Glockenböden-, Blasenkolonnen). Gleichzeitig wird auch vorhandenes CO_2 entfernt. Der S-Geh. der Crackgase wird z. B. von 30 mg S auf 3 mg je m³ beim Waschen mit NaOH erniedrigt. — Vorr., Zeichnung. (**D. A. S. 1 154 457** Kl. 12o vom 3/11. 1961, ausg. 19/9. 1963.) G. Krauß 8195

2849 British Petroleum Co. Ltd., London, England, **Raffination von Benzin,** das harzbildende ungesätt. KW-Stoffe, wie Styrol, Cyclopentadien oder andere konjugierte Diene enthält, bes. solches, das durch Cracken von Petroleum-KW-Stoffen in Ggw. von Dampf erhalten wird, dad. gek., daß es mit H_2 in Ggw. eines Katalysators, bes. Ni, behandelt u. anschließend bei einer Temp. von $<250°$ dest. wird. (**Ind. P. 68 507** vom 24/7. 1959. E. Prior. 25/7. 1958.) C. Lüttgen 8195

2850 Union Carbide Corp., V.St.A., **Kohlehydrierung.** Man stellt aus pulverisierter Kohle u. einem Öl eine Paste her, die 40—70 Gew.-% C enthält, leitet bei 175—840 kg/cm² H_2 ein, wobei eine fl. u. eine Gasphase entstehen, u. erhitzt bei 280—420 kg/cm² auf 500—600°. Dabei reagieren >10 (Gew.-%) C unter Bldg. einer Leichtölfraktion, Kp. 75—300°, die zu 15—30 aus *Phenolen*, Kp. 230—270° (davon 70 in o- u. p-Stellung nicht substituiert), 40—50 *äthylsubstituierten Phenolen*, Kp. 207—230°, 2 *tert.- heterocycl. Aminen*, 10 *Naphthalinen* u. *aromat. KW-Stoffen* besteht. Die Einleitung von H_2 erfolgt katalyt. in einem Syst. horizontal angeordneter Gefäße, die Rk. der fl. u. Gasphase erfolgt unter Rühren in vertikalen Röhren mit einem Kühlungs- u. Heizsystem. — Verf.-Schema, Zeichnung, Diagramme. (**F. P. 1 239 296** vom 30/10. 1959, ausg. 7/12. 1960.) S. Böttcher 8199

2851 British Petroleum Co. Ltd., London (Erfinder: Alan Arthur Yeo und Stanley Francis Birch, Sunbury-on-Thames), England, **Herstellung oder Wiederherstellung von Katalysatoren unter Verwendung verbrauchter Metalloxid-Trägerkatalysatoren,** die vorher *für die Umwandlung von KW-Stoffen* verwendet worden sind u. die durch Imprägnieren eines amphoteren Oxids mit einer Lsg. von Verbb. der Fe-Gruppe, die sich durch Erhitzen zum Oxid zersetzen lassen, anschließendes Rösten bei über 650° unter Bldg. eines Grundkatalysators u. darauffolgendes Aufbringen von Fe, Co, Ni, Cr oder Mo hergestellt worden sind, dad. gek., daß diese verbrauchten komplexen Katalysatoren bei über 500° geröstet u. dann mit starken Säuren zur Extraktion lösl. Komponenten behandelt u. zur Entfernung der Säure, bes. mit W., gewaschen werden u. daß auf dieses extrahierte u. gewaschene Material Pt, Ir, Pd, Ni, Fe, Co, Cr-Oxid oder Mo-Oxid aufgebracht werden. (**D. A. S. 1 152 388** Kl. 12o vom 17/4. 1958, ausg. 8/8. 1963. E. Prior. 18/4. 1957.) E. Kahles 8201

2852 Esso Research and Engineering Co., V.St.A. (Erfinder: Roy A. Westlund jun. und Alvin M. Natkin), **Antikorrosionsmittel für flüssige Brenn- und Kraftstoffe** (z. B. Bzn., Leuchtpetroleum, Heizöl) aus einem Salz einer N-Acylaminocarbonsäure der allg. Formel $[R(NH_{2n+1}\cdot C_n)COO]_xM$, worin R = an das N-Atom gebundener Acylrest mit 7—22 C-Atomen, n = 1 oder 2, M = Alkali- oder Erdalkalimetall u. x = Wertigkeit des Metalls, z. B. N-Stearoylsarkosin. (**F. P. 1 172 966** vom 13/3. 1957, ausg. 18/2. 1959. A. Prior. 14/3. 1956.) T. Oppermann 8205

2853 Di. W. S. S. p. A., Abbiategrasso, Mailand, Italien, **Additive für Motortreibstoffe** enthalten ein β-Ketonsalz des Fe, Ni, Co, Cu in einem Glykoläther, gelöst. — 20 g Co-Acetylacetonat, 80 (cm³) Chlf., 160 CH_3OH, 160 Tetrahydronaphthalin, 300 Äthylenglykol-mono-n-butyläther, 240 Benzin. Von dieser Mischung werden 0,25—2 auf 1 Liter Treibstoff gegeben. (**It. P. 527 990** vom 21/1. 1954.) K. Koebke 8205

2854 Studiengesellschaft Kohle m. b. H. (Erfinder: Roland Köster), Mülheim/Ruhr, **Methylgruppen enthaltende Bortrialkyle** werden hergestellt durch Pyrolyse von organ. B-Verbb. mit 2 oder mehr C-Atome enthaltenden Alkylresten am B oder deren Mischungen bei 150—500° u. Abtrennung der niedrigstsd. B-Methyl-Verbb., wobei man den Ausgangs-Verbb. vorteilhaft 1—50 Mol.-% alkylierte Diborane, Diboran oder Borazon zusetzt oder sie vor der Pyrolyse leicht anhydriert. — Erhitzt man 1,95 kg Bortriisobutyl 2—3 Std. lang auf 350° → 30 (g) $B(CH_3)_2C_4H_9$-*iso*, 70 $B(CH_3)(C_3H_7)C_4H_9$-*iso*, 340 $B(CH_3)(C_4H_9\text{-}iso)_2$, 40 $B(C_3H_7)_2C_4H_9$-iso, 320 $B(C_3H_7)(C_4H_9\text{-iso})_2$ u. 820 $B(C_4H_9\text{-iso})_3$ neben 20 Propylen, 240 Isobutylen u. wenig Hexenen u. Isobutan. Erhitzt man das B-Alkylgemisch mit 100 $B_2(C_4H_9\text{-iso})_4$ auf 150° → 60 *Bortrimethyl*. — Die Herst. weiterer Gemische, die u. a. $B(CH_3)_2\cdot C_2H_5$, Kp. 12°, u. $B(CH_3)(C_2H_5)_2$, Kp. 55°, enthalten, ist angegeben. — *Zündmittel* für *Treibstoffe*. (**D. A. S. 1 153 752** Kl. 12o vom 22/6. 1960, ausg. 5/9. 1963.) A. Debo 8205

2855 Heinrich Steffens, Pharmazeutische Präparate, Hamburg (Erfinder: Eberhard Potratz und Emil Arnt, Hamburg), **Verbesserung der Lagerfähigkeit und Verbrennung von Heizölen** durch Verw. eines aus 10 g Cer(III)-chlorid, 150 cm³ wasserfreiem Methanol u. 8 g Zn-Chlorid mit anschließendem Erwärmen u. Cl-Einleitung bis zur Rotfärbung hergestellten Gemisches nach Vermischen der filtrierten Lsg. mit dest. Kresol im Verhältnis 1:10 als Zusatz im Verhältnis 1:3000. (**D. A. S. 1 153 849** Kl. 23b vom 11/12. 1958, ausg. 5/9. 1963.) E. Kahles 8217

2856 Rothen Co., Italiana, Como, Mailand, Italien, **Verbesserung von Kraft- und Schmierstoffen** durch Zusatz von ca. 10% eines Gemisches aus 7 (Teilen) Bleinaphthenat (30—32% Pb), 2 CCl_4 oder C_2H_5Cl u. 9 Mineralöl (5° Engler bei 50°). Erhöhte Schmierfähigkeit. (**It. P. 535 254** vom 18/2. 1955. D. Prior. 18/2. 1954.) K. Koebke 8221

2857 „Shell" Research Ltd., London (Erfinder: James Campbell, Hampton Hill, Middlesex), England, **Öllösungen basischer öllöslicher Metallsalze organischer Carbon- oder Sulfonsäuren** erhält man dadurch, daß man die rohe techn. Öl-Lsg. eines öllösl. Metall- oder NH_4-Salzes einer organ. Carbon- oder Sulfonsäure mit organ. oder anorgan. Säuren, bes. H_2SO_4, ansäuert, die Öl-Lsg. der entstandenen organ. Carbon- oder Sulfonsäure mit einem mit W. mischbaren ein- oder mehrwertigen Alkohol oder Keton mit höchstens 6 C-Atomen (Methanol, A., Äthylenglykol, Aceton) als Lsgm. behandelt, die suspendierten Salze aus der Lsg. abfiltriert oder abschleudert u. die Öl-Lsg. der Carbon- oder Sulfonsäure mit überschüssigen Metallbasen behandelt oder umsetzt u. das gebildete öllösl. Salz in Ggw. des Öles u. des vorst. genannten Lsgm. mit einer in der Rk.-Mischung im Entstehungszustand gebildeten ölunlösl., Metall-Verb. (Carbonat, Sulfit oder Salz einer niedermol. organ. Carbonsäure) umsetzt. Die Lsgm.-Menge soll 3—100, bes. 8—20%, betragen. Als Öle dienen fl. KW-Stoffe, wie Bzl., Toluol, Xylol, Pentan, Heptan, Petroleum, Schmierölfraktionen, Gasolin; in der letzten Stufe des Verf. kann auch ein höherviscoses Öl, z. B. Spindelöl, ein polymeres Olefin, Alkylaryl-KW-Stoffe, fl. Polysiloxan, Sebacinsäure- oder Adipinsäure-2-äthylhexylester, Trioctylphosphat oder Ricinusöl verwendet werden. Salze sind herstellbar von : Na, K, Ni, bes. Ca, Ba, Mg, Zn, Pb, Al, Cu, Sn, Co, Ni u. Mn. Als Carbonsäuren sind verwendbar: Alkylarylcarbonsäuren, Alkylsalicylsäuren, bes. mit 12 u. mehr C-Atomen im Alkyl, Naphthensäuren u. cycloaliphat. Carbonsäuren; Sulfonsäuren sind ableitbar von aliphat., cycloaliphat., aromat. oder alkylaromat. Carbonsäuren. — Eine Lsg. von unreinen Na-Salzen von Mono- u. Dialkylsalicylsäuren mit 14—18 C-Atomen im Alkyl (hergestellt durch Rk. der Alkylphenolate mit CO_2 unter Druck) in Xylol wird mit 35% ig. H_2SO_4 angesäuert, nach dem Abtrennen der H_2SO_4 mit Methanol behandelt, dann filtriert, mit einer Aufschlämmung von CaO in Xylol versetzt u. bei 50° CO_2 eingeleitet. Die abgetrennte Xylolschicht wird zentrifugiert, das Xylol abdest., der Rückstand in Spindelöl gelöst, zentrifugiert u. filtriert. — *Schmierölzusatzmittel.* (**E. P. 821 397** vom 18/11. 1957, ausg. 7/10. 1959, u. **D. A. S. 1 127 903** Kl. 12o vom 17/11. 1958, ausg. 19/4. 1962. E. Prior. 18/11. 1957.) G. Krauß 8221

2858 Standard Oil Co., Chicago, Ill., übert. von: Albert R. Sabol, Munster, Ind., V.St.A., **Behandlung sulfurierter Terpene,** die gegen Ag u. andere Metalle korrosiv sind, mit gesätt. einbas. Carbonsäuren, die 1—4 C-Atome in der Alkylgruppe aufweisen, bei ca. 32—40° F während 3 bis 5 Std. u. anschließendes Waschen der Rk.-Mischung mit einem verd. gesätt. Alkohol, bes. A., um die Carbonsäure zu entfernen. Das gewaschene Prod. wird auf ca. 212 bis ca. 200° erhitzt. Man kann während des Erhitzens der Rk.-Mischung auch wasserfreies HCl durchleiten. Das sulfurierte Terpen kann man auch in einem niedrigsd. KW-Stoff, wie C_6H_{14}, gelöst anwenden. — *Schmierölzusätze* allein oder gemischt mit anderen bekannten Additiven. (**A. P. 2 910 462** vom 27/2. 1957, ausg. 27/10. 1959.) G. König 8221

2859 Hendrik van der Horst, Niederlande, **Schmieren von Verbrennungsmotorenzylindern** mit einer instabilen, >20% W. enthaltenden Schmierölemulsion. Sie kann als korrosionsverhindernde Substanzen z. B. quatern. Ammoniumsalze, Amine, organ. Phosphate enthalten. (**F. P. 1 194 078** vom 1/4. 1958, ausg. 6/11. 1959. Niederl. Prior. 2/4. 1957.) T. Oppermann 8221

2860 Michael W. Freeman, Detroit, Mich., V.St.A., **Behandeln von Metall-Maschinenteilen,** die großer Belastung oder Bedingungen, die Abnutzung bewirken, ausgesetzt sind. Man behandelt die Oberfläche mit fl. Alkyl- oder Alkylolaminen, die 1—18 Gew.-% eines anorgan. P-Sulfids enthalten. Hierdurch tritt eine chem. Rk. mit der Metalloberfläche ein, vermutlich wird ein dünner Schmierfilm gebildet. (**A. P. 2 789 071** vom 6/10. 1952, ausg. 16/4. 1957.)
E. Drews 8221

2861 Chemische Werke Hüls Akt.-Ges. (Erfinder: Heinrich Weber, Bernhard Schleimer und Walter Franke, Marl), **Herstellung von telomerenreichen Kohlenwasserstoffen durch Polymerisation von Äthylen in Gegenwart von Alkylbenzolen** mit Hilfe von Mischkatalysatoren aus Verbb. der Metalle der IV. bis VI. Nebengruppe des Period. Syst. einerseits u. metallorgan. Verbb. der Metalle der I. bis III. Gruppe des Period. Syst. andererseits, dad. gek., daß man zur Herst. von telomerenreichen KW-Stoffen Äthylen in Ggw. von Alkylbenzolen mit 1—2 Alkylgruppen mit Hilfe eines Mischkatalysators aus einerseits Titanhalogeniden u. andererseits Alkylaluminiumhalogeniden der Formel $R_nAl \cdot X_{(3-n)}$, in der R Alkyl- oder Alkylarylreste mit 1—12 C-Atomen, X ein Halogen u. n 1,5—2,5 bedeuten, bei —50 bis 50° u. bei 0—5 at, ggf. in Ggw. von inerten fl. Verdünnungsmitteln, behandelt. Ausgangsstoffe, z. B. für *Schmiermittel.* (**D. A. S. 1 152 389** Kl. 12o vom 21/3. 1960, ausg. 8/8. 1963.)
E. Kahles 8223

2862 Sinclair Refining Co., New York, N.Y. (Erfinder: David Wilson Young, Homewood, Ill.), V.St.A., **Schmiermittelgemische** aus einem synthet. Schmieröl (Viscosität 30—250 SUS bei 99°), im wesentlichen aus C, H u. O mit oder ohne Si zusammengesetzt, z. B. Diisooctylazelat, Siloxan, Ucon DLB 144 E, Plexol 201, Di-[2-äthylhexyl]-sebacat, Polymethylsilicon, u. einer organ. Ti-Verb., z. B. Tetrabutyl-, Tetra-[2-äthylhexyl]-, Tetra-[dichlorpropyl]-, Tetraamylthio-, Diphenyldichlortitanat, Ti-Tetraanilid, Ti-Stearat, Ti-Linoleat, Ti-Naphthenat, Ti-Oleat, Ti-Laurat, Polymere von: Dichlordiäthoxy-Ti, Dichlordibutoxy-Ti u. Monochlortributoxy-Ti, Tetraäthyltitanat u. CH_3COOH, Stearinsäure u. Tetrabutyltitanat, Ti-Oleat. (**F. P. 1 186 979** vom 19/4. 1957, ausg. 4/9. 1959. **D. A. S. 1 112 601** Kl. 23c vom 18/4. 1957, ausg. 10/8. 1961. **E. P. 866 054** vom 23/4. 1957, ausg. 26/4. 1961. Alle A. Prior. 19/4. u. 3/12. 1956 u. 21/3. 1957.)
T. Oppermann 8223

2863 Socony Mobil Oil Co., Inc., übert. von: Harry J. Andress jun., Pitman, N.J., V.St.A., **Komplexsalze aus organischen Säuren und Metallalkoholaten.** 1 Äquivalent aliphat., aromat. u. Naphthensäuren mit 10—24 C-Atomen, die beiden letzten können noch einen oder mehrere Alkylreste mit 10—24 C-Atomen enthalten, Phenole, Alkylphenole mit wenigstens 10 C-Atomen im Alkyl, Alkyl-, Alkaryl- u. Aralkylphosphor-, -phosphon- u. -phosphinsäuren, Alkyl-, Alkaryl- u. Aralkylsulfonsäuren, Alkylschwefelsäureester u. P u. S enthaltende Säuren werden in Ggw. eines Lsgm. (Mineralöle, Kerosin, Toluol, Xylol, Naphtha) mit 2—6 Äquivalenten von Alkoholaten aus einwertigen Alkanolen mit 1—20 C-Atomen u. Metallen der 1. bis 4. Gruppe des Period. Syst. (K, Ca, Ba, Sr, Zn, Mg, Al, Sn) auf 50—200, bes. 120—175°, erhitzt; anschließend kann die Lsg. filtriert werden. Die Verbb. enthalten 2—6 Äquivalente Metall. — 33 g Na als Na-Methylat in Methanol u. 98 g wasserfreies $ZnCl_2$ werden 2 Std. lang unter Rückfluß erhitzt; die Zn-Methylat enthaltende Mischung wird dann mit 200 g Naphthensäure, SZ. 200, in 400 g gereinigtem Mineralöl (Viscosität nach Saybolt 35 Sek./210° F) 5 Std. lang auf 125° erhitzt u. über „Hi-Flo" (Diatomeenerde) filtriert, Zn-Geh. 7,3 (%); ähnlich erfolgt die Rk. mit Al-Isopropylat. — „Wachsphenol" (hergestellt aus Paraffin, F. 120°, ca. 24 C-Atome, durch Behandeln mit Cl_2 bei 200° F bis Cl-Geh. 14 beträgt, dieses Cl-Paraffin wird dann mit Phenol bei 150° in Ggw. von ca. 3 $AlCl_3$ umgesetzt) + Na-Butylat. — „Wachs-β-naphthol" (Herst. wie vorst.) + Mg-Methylat. Ferner können umgesetzt werden Decan-, Laurin-, Stearin-, Öl-, Linol-, Arachidin-, Abietin-, Salicyl-, Diamylbenzoe-, Hexadecylbenzoe-, „Wachsbenzoesäure" (Herst. wie vorst.), Diamylphenol, Dinonylbrenzcatechin, Hexadecylhydrochinon, „Wachspyrogallol", Dodecylphenylphosphorsäure, Octadecylphosphonsäure, Diamylphosphinsäure, Dodecylphenyl-, „Wachsbenzol"-, Petroleumsulfonsäure, Octadecylschwefelsäureester, Phenyldithiophosphorsäure, Didodecylthiophosphonsäure u. Dihexadecylphosphinsäure mit Na-, Ca-, Ba-, Mg-Methylat, Al-Isopropylat, Ca-Butylat, K-Caprylat, Ba-Decylat, Ca-Dodecylat, Mg-Tetracylat, -Octadecylat u. Zn-Hexadecylat. — Verw. als *Antioxydations- Stabilisierungs-* u. *Reinigungsmittel* für *Schmieröle, Heizöle* u. *Treibstoffe; Rostschutzmittel* in *Gasolinen.* — Vgl. E. P. 774 119; C. **1959**, 1991. (**A. P. 2 851 417** vom 10/4. 1953, ausg. 9/9. 1958.)
G. Krauß 8223

2864 **Esso Research and Engineering Co.**, Elizabeth, N.J., V.St.A. *Verfahren zum Entschwefeln von Petrolkoks mittels heißer wasserstoffhaltiger Gase.* (**D. A. S. 1 146 475** Kl. 10a vom 6/3. 1956, ausg. 4/4. 1963. A. Prior. 7/3. 1955. — C. **1959**, 9098. [E. P. 795 747].)

H$_{20}$. Schieß- und Sprengstoffe, Zündmittel

2865 **Einfluß der Anfangstemperatur auf die Größe des kritischen Durchmessers von Nitroglycerin und Trotyl.** A. F. Beljajew und R. Ch. Kurbangalina. (J. physik. Chem.

[UdSSR] **34,** 603—10, 1960; Akad. der Wiss. der UdSSR, Inst. für chem. Physik; russ., Auszug: engl.) — Der krit. Durchmesser d_k, bei dem noch eine stabile Fortpflanzung der Detonation erfolgt, wird für *Nitroglycerin* (I) u. festes sowie fl. *Trotyl* (II) in Abhängigkeit von der Anfangs-Temp. t_a bestimmt. Bei **I** u. **II** (fl.) nimmt d_k bei Zunahme von t_a ab, z. B. bei **I** beim Übergang von $t_a = -20^0$ auf $+70^0$ von 3,9 auf 1,1 mm. Bei **II** ist nahe dem F. d_k größer als bei **I** (20^0). Detonations-Koeff. u. -Empfindlichkeit sind also bei **I** u. **II** völlig verschieden. Beim Flammpunkt ist d_k von **II** ca. 3mal so groß wie bei **I**, die Explosions-Eigg. von **I** u. **II** werden also ähnlicher. Wenn man annimmt, daß die Detonation von **I** u. **II** dadurch erfolgt, daß sich durch Kompression Wärme entwickelt, u. dann eine homogene Rk. eintritt, müßte die durch die Stoßwelle verursachte Anfangs-Temp. der chem. Rk. 1100 bis 1200^0 K betragen. Bei pulverförmigem **II** ist der Mechanismus der chem. Umwandlung von demjenigen bei fl. **II** verschieden. R. K. Müller 8304□

2866 **Untersuchung der Zone der chemischen Reaktion von Trotyl.** A. N. Dremin und P. F. Pochil. (J. physik. Chem. [UdSSR] **34,** 2561—70, 1960; Akad. der Wiss. der UdSSR, Inst. für chem. Phys.; russ., Auszug: engl.) — Die Breite a (mm) der Zone der chem. Rk. der Detonationswelle von *Trotyl* (I) wird nach der Meth. von Kistiakowsky u. Kydd (C. **1957**, 6366) bei Anfangsdichten p_0 von 1,00 bis 1,59 g/cm³ untersucht. Dabei ergibt sich a in der Größenordnung von 10^{-1} mm, also um eine Zehnerpotenz kleiner als der krit. Durchmesser. Bei Abnahme von p_0 nimmt a zu, bei Zunahme des Drucks ab. Die Dauer der chem. Rk. von I ist von der Größenordnung 10^{-7} bis 10^{-8} s. Die Registrierung einer chem. Rk.-Zone mit gegenüber dem Jouget-Punkt erhöhten Detonationsparametern (Druck u. Massen-Geschw.) wird als Bestätigung der hydrodynam. Theorie der Detonation nach Seldowitsch [1940] angesprochen. R. K. Müller 8304□

2867 **Die Entwicklung der Sprengstoffe in Belgien.** L. Deffet. (Explosifs **13,** 103—10, 1960; Centre rech. ind. produits explosifs; franz.) — Vf. behandelt die Sicherheitssprengstoffe mit einem Mantel (Dicke 5 mm) aus inerten Verbb. im Gew. von 130—180 g auf 100 g Sprengstoff. Aus Unterss. mittels Schatten-, Kurzzeit- u. Röntgenblitzaufnahmen ergibt sich, daß der Mantel die Gasausbreitung verzögert u. so verhindert, daß die anfangs heißen Gase mit der Umgebung in Kontakt kommen u. z. B. Schlagwetter zünden. Außerdem wird die Temp. der Detonationsgase herabgesetzt. Bei den Sprengstoffen mit ausgetauschten Salzpaaren ($NaNO_3$-NH_4Cl) besteht der Mechanismus der Detonationsübertragung in einer langsamen Wrkg. der Detonationsgase, beim Dynamit dagegen in der raschen Wrkg. der Stoßwelle. H. Freiwald 8304◇

2868 **Das ballistische Pendel und seine Anwendung zur Prüfung der Sprengwirkung von Explosivstoffen.** A. Schmidt. (Explosivstoffe **10,** 23—34, 1962; Freiburg i. Br.; dt.) — Die Arbeit umfaßt eine umfangreiche Darst. der physikal. Grundlagen u. Ableitungen für das Pendel, die Anwendung dieser physikal. Gesetze auf den ballist. Mörser, auf Stoßpendel verschiedener Konstruktion als Gerät für die vergleichende Prüfung von Explosivstoffen, ein Beispiel mit konkreten Zahlenwerten, krit. Vgl. mit u. Beurteilungen von vorliegenden in- u. ausländ. diesbezüglichen Arbeiten u. Diskussionen. K.-U. Schirmer 8304◇

2869 **Die Wirkungen der Kernstrahlung auf organische Sprengstoffe.** M. J. Urizar, E. D. Loughran und L. C. Smith. (Explosivstoffe **10,** 55—66, 1962; Los Alamos, N.Mex., U.S.A., Univ. of California, Los Alamos Sci. Labor.; engl., Auszug: dt.) — Folgende Sprengstoffe wurden einer Neutronen- u. γ-Bestrahlung in Proben von 3 g in einer speziellen Vers.-Anordnung eines „Schwimmbad"-Reaktors bei -62 u. $+38^0$ den Intensitäten eines „10^{15}-Vers." u. eines „10^{16}-Vers." ausgesetzt: TNT, RDX (Hexogen), HMX (Oktogen), Tetryl, NC, PETN (Nitropenta) u. 4 Sprengstoffgemische mit den Bezeichnungen „Composition B", 9404, 9010 u. 9407. „10^{15}-Vers.": Strahlung am Ort der Proben ca. $6\cdot10^{10}$ n/cm²/s u. $2\cdot10^{12}$ γ/cm²/s; „10^{16}-Vers.": $3\cdot10^{11}$ n/cm²/s u. $1,3-10^{13}$ γ/cm²/s. Nach mehreren Meth. wurden die bestrahlten Proben untersucht. Es zeigten sich bei allen Sprengstoffen Veränderungen; Gew.-Verlust, Farbänderung, Enthalpieänderung. Es wurde festgestellt, daß kein Sprengstoff durch den 10^{15}-Vers. beschädigt wurde, beim 10^{16}-Vers. aber TNT kaum, die anderen mehr oder weniger stark zerstört wurden. Die Struktur von NC wird völlig zerstört; das bedeutet die Möglichkeit einer Zündung bedingt durch die schnelle Zers. bei Bestrahlung einer größeren Menge NC. K.-U. Schirmer 8304◇

2870 **Ausdehnung von „hot spots" bei der Schlagexplosion von exothermen Stoffen.** Morton H. Friedman. (Trans. Faraday Soc. **59,** 1865—73, 1963; St. Paul, Minn., Mining and Mfg. Co., Centr. Res. Labor.; engl.) — Die krit. Größe eines kleinen, heißen Bereiches (hot spot) in einer exotherm zerfallenden Substanz wird als eine Funktion der Temp. des „hot spot" u. der Umgebung sowie der Eigg. des Explosivstoffs bestimmt. Der „hot spot" kann mit einem mathemat. Modell als rechtwinklige Temp.-Spitze in einer unendlich großen Probe einer reaktionsfähigen Substanz durch eine Differentialgleichung beschrieben werden. Die Ergebnisse der Analyse werden zur Best. der Rk.-Ordnung, des Einfl. der physikal. u. kinet. Eigg. der Reaktanten sowie zur Berechnung der experimentellen Explosionszeiten benutzt. G. Krien 8320◇

2871 Salvatore Custodero, Turin, Italien, **Herstellung von Sprengstoffen.** Der sauerstoffabgebende feste Bestandteil ($KClO_3$, $KClO_4$, NH_4ClO_3, $NaClO_3$, $NaClO_4$, ggf. mit Zusatz von MnO_2) wird trocken zu Formstückchen (Körnchen, Täfelchen, Zylinder) mit einer Dichte von ca. 1,7—1,75 verpreßt. Die Teilchen nehmen 11,2—10,2% des fl. Brennstoffs (Naphtha, Petroleum) auf, wenn sie anschließend in diese Fll. getaucht werden. (**It. P. 527 499** vom 17/1. 1955.) K. Koebke 8305

2872 Chemotherm G. m. b. H., Deutschland (Erfinder: Vinzenz Anger und Erich Urbach), **Herstellung von Sprengstoff.** Eine Hülse wird mit einem Stoff gefüllt, der für sich allein nicht detonationsfähig ist, z. B. mit m-Nitrochlorbenzol. Am Einsatzort wird die berechnete Menge HNO_3 zugegeben u. werden die Patronen sofort verschlossen. (**F. P. 1 156 037** vom 16/8. 1956, ausg. 12/5. 1958. Schwz. Prior. 7/12. 1955.) J. Bardeleben 8305

2873 United States Rubber Co., New York, N.Y., übert. von: Paul F. Hartman, Clifton, N.J., V.St.A., **N-[2.2.2-Trinitroalkyl]-amide** der allg. Formel $(NO_2)_3C-CH(R)-NH-C(=O)-X$ (R = Alkyl; X = Alkyl-, Aryl-, Furyl- oder $(NO_2)_3C-CH(R)$- oder $(NO_2)_3C-CH(R)-NH-C(=O)-(CH_2)_{n-1}$-Rest; n = ganze Zahl) erhält man durch Rk. eines Gemisches aus einem Aldehyd mit mindestens 2 C-Atomen u. Trinitromethan (**I**) in einem Lsgm. u. einem Amid in einem inerten, bes. dem gleichen, Lsgm. unter 1—2std. Rühren bei 70—95° u. Eingießen des Rk.-Gemisches in W., falls das Lsgm. in W. lösl. ist, oder durch Konzentrieren des Rk.-Gemisches bis zur Kristallisation des Prod., falls das Lsgm. in W. unlösl. ist. Das Lsgm. soll eine prakt. Menge des Aldehyds u. des **I** in einer Lsg. u. des Amids in der zweiten Lsg. lösen. Meistens sind wasserfreie oder verd. Essigsäure, oft auch Chlf. oder CCl_4 bzw. W. als Lsgm. bei Verw. niedrigmol. (wasserlösl.) Aldehyde geeignet. — Man trägt z. B. 4,5 (g) **I**, 1 CH_3CHO u. 0,9 Harnstoff langsam in 25 ml Eisessig ein, erhitzt die Lsg. 1 Std. bei 90—95°, kühlt u. verd. mit W. → 3,75 Nd., *N.N'-Bis-[1-(trinitromethyl)-äthyl]-harnstoff*, $C_7H_{10}N_8O_{13}$, F. 145° (Zers.; aus Chlf.-Skellysolve) (Skellysolve = hauptsächlich n-Hexan), O-Bilanz —23; 60% (Ausbeute), auf heißer Platte verpuffend, auf Hammerschlag detonierend; gleiches Prod. bei Verw. von W. statt Eisessig. Ferner erhält man aus **I**, Propionaldehyd (**II**), Essigsäure u. W. → *N.N'-Bis-[1-(trinitromethyl)-propyl]-harnstoff*, $C_9H_{14}N_8O_{13}$, F. 110—112°, O-Bilanz —43; 30%, durch Hammerschlag schwer detonierbar; aus **I**, **II** u. Acetamid in Chlf. → *N-[1-(Trinitromethyl)-propyl]-acetamid*, $C_6H_{10}N_4O_7$, F. 125—130° (aus wss. CH_3OH), O-Bilanz —64; 20%; ferner Prodd. (in Essigsäure) aus 0,02 (Mol) **I**, 0,02 **II** u. 0,017 n-Butyramid, F. 92—93°, O-Bilanz —92; 23%; aus je 0,02 **I**, **II** u. Benzamid, F. 134—135°, O-Bilanz —108; 40%; aus je 0,0086 **I**, **II** u. Furoylamid, F. 92—94°, O-Bilanz —79; 20%; aus je 0,028 **I**, n-Butyraldehyd u. n-Butyramid, F. 87°, O-Bilanz —104; 43%; aus 0,02 **I**, 0,02 Isobutyraldehyd u. 0,024 Capronsäureamid, F. 115°, O-Bilanz —125°; 4%; aus **I**, n-Heptaldehyd u. Adipinsäureamid in Skellysolve-Toluol-Essigsäure-Gemisch → *N.N' [Bis-(1-trinitromethyl)-heptyl]-adipinsäureamid*, $C_{22}H_{38}N_8O_{14}$, F. 140°; sämtlich auf Hammerschlag nicht detonierbar. — *Explosivstoffe, Treibladungen* u. *Weichmacher dazu.* (**A. P. 3 028 425** vom 20/6. 1952, ausg. 3/4. 1962.) G. Vogel 8305

2874 Vulcanin S. p. A., Brescia, Italien, **Reinigen von Trinitrotoluol (I)** von Verunreinigungen, wie sie nach der Synth. oder in Abfällen vorhanden sind. Man schmilzt **I**, vermischt es mit ca. 3% Adsorbentien, wie Aktivkohle, Bleicherde, Silicagel, pflanzlichen Fasern oder Gemischen davon, u. filtriert mit Preß- oder Saugdruck über Filterpressen mit einem Porendurchmesser von $< 50\,\mu$. Das Filtrat wird zur Entfernung von flüchtigen Beimengungen (Nitromethan, Feuchtigkeit) einige Zeit im fl. Zustand unter Vakuum gehalten oder mit getrockneter Luft durchströmt. (**It. P. 527 805** vom 10/12. 1953.) K. Koebke 8305

2875 John A. Gallaghan und Robert Evans, Indian Head, Md., V.St.A., **Neue Bis-[guanidinium]-hydroxyalkan- und Bis-[nitroguanidino]-nitroxyalkanverbindungen** der allg. Formeln $H_2N-C(=NH)-NH-CH_2-(CHOH)_n-CH_2-NH-C(=NH)-NH_2$ (**I**) bzw. $O_2N-NH-C(=NH)-NH-CH_2-(CHONO_2)_n-CH_2-NH-C(=NH)-NH-NO_2$ (**II**) erhält man nach den Rk.-Schemen a) $2\,H_2N-C(=NH)-X-R$ (Salz) $+ H_2N-CH_2-(CHOH)_n-CH_2-NH_2 \xrightarrow{\text{W.-Spuren}}$ **I**-Salz $+$ RXH [X = O oder S; R = (C_{1-5})-Alkylrest; n = ganze Zahl >1, bes. 1—5] mit oder ohne Lsgm. (A., Wasserspuren), 1—2 Std. bei Raum-Temp. oder bei ca. 20—85°, Lösen des Rohprod. in wenig heißem W. u. Fällen mit CH_3OH bzw. b) $H_2N-C(=NH)-NH-CH_2-(CHOH)_n-CH_2-NH-C(=NH)-NH_2$—Salz $+ (n+2)\,HNO_3 \xrightarrow[H_2SO_4]{0-20^0}$ **II** $+ (n+2)\,H_2O$ + freie Säure, ggf. in Ggw. eines Lsgm. (neben der Nitriersäure), 30 Min. bis 1 Std. bei 0—20° u. Reinigen des Prod. durch Extraktion mit heißem Wasser. — Man rührt z. B. ein Rk.-Gemisch aus äquimolaren Mengen von Methylthiopseudoharnstoffsulfat u. 1.3-Diamino-2-hydroxypropan ca. 2 Std. bei Raum-Temp., gießt das Gemisch auf Eis u. reinigt mit wenig heißem W. → *1.3-Bis-[guanidinium]-2-hydroxypropansulfat*, $C_5H_{14}N_6O \cdot H_2SO_4$, F. 234—235° (Zers.), daraus *freie Base*; daraus mit Nitriersäure aus 2—3 (Teilen) H_2SO_4 u. 1 HNO_3, durch Aufgießen des Rk.-Prod. auf Eis usw. → *1.3-Bis-[nitroguanidino]-2-nitroxypropan*, $C_5H_{11}N_9O_7$, F. 160—161° (Zers.), glimmerartige Kristalle. — Verbesserung der Zündung von Treibladungen für Schnellfeuerwaffen u. Raketen, Herst. von Unterwasserladungen, Zusatz-Lsgg. zu Düsenbrennstoffölen sowie Zwischenprodd. von Therapeutica. — Mengenbeispiele für Treibladungen. (**A. P. 3 014 073** vom 23/4. 1956, ausg. 19/12. 1961.) G. Vogel 8311

2876 Phillips Petroleum Co., übert. von: Richard C. Doss und Howard W. Bost, Bartlesville, Okla., V.St.A., **Diamino-1-alkene** der allg. Formel $(R)_2N-[C(R')_2]_n-C(R')=CH-N(R)_2$ erhält man durch Rk. eines Halogenaldehyds der allg. Formel $R'-[C(X)(R')]_n-CH(X)-CHO$ mit einem sek. Amin der allg. Formel R—NH—R (R u. R' = Alkyl, Cycloalkyl, Alkenyl, Cycloalkenyl, Aryl, Alkaryl, Aralkyl; R' auch H u. kann 1—17 u. R 1—7 C-Atome enthalten; n = 0, 1 oder 2; die Gesamtzahl der C-Atome je Mol soll 30 nicht übersteigen; X = F, J, bes. Cl, Br, H oder R'; höchstens ein X soll Halogen sein) im Verhältnis 1 : 2—5 bei —25 bis +35°, bes. —15 bis 0°, in Ggw. oder Abwesenheit von W. u. ggf. eines Lsgm. (Ae., Dimethyläther, Bzl., Toluol, Pentan, Methylcyclopentan, Cyclohexan, Octane). — Aus 220 ml Dimethylamin in 200 ml Methylcyclopentan bei —8° unter Kühlung mit Aceton–Trockeneis u. 186 g 40%ig. wss. Chloracetaldehyd bei —10 bis 0° u. dann bei 25° → *N.N.N'.N'-Tetramethyl-1.2-diaminoäthylen*; 38% Ausbeute; daraus mit H_2 in Ggw. von Ni bei Raum-Temp. u. 40 lbs./sq.in. → *N.N.N'.N'-Tetramethyläthandiamin.* Ferner sind miteinander umsetzbar: Dimethyl-, Diäthyl-, Methyläthyl-, Dibutyl-, Dipropyl-, Diisopropyl-, Diallyl-, Diphenyl-, Dibenzyl- u. Di-(4-methylphenyl)-amin mit Chloracet-, 2-Brompropion-, 2-Chlor-n-butyr-, 4-Chlor-n-valer-, 3-Chlorpropion-, 2-Chlor-3.3-dimethylbutyr-, 2-Chlorstear-, Fluoracet-, 2-Jodpropion-, 3-Chlor-4.4-dimethylvaler-, 4-Chlor-n-butyr-, 2-Chlorcitronell-, 2-Chlor-5-cyclohexylvaler-, 2-Chlor-7-phenylcapryl-, 3-Chlor-3-(4-methylphenyl)-propion- u. 3-Chlor-4-hexyltetradecylaldehyd zu *N.N.N'.N'-Tetramethyl-1.2-diamino-1-buten*; *N.N-Dimethyl-N'.N'-diallyl-1.2-diaminoäthylen*; *N.N'-Dimethyl-N.N'-diäthyl-1.2-diaminoäthylen*; *N.N.N'.N'-Tetrabutyl-1.3-diaminopropen*; *N.N.N'.N'-Tetramethyl-1.2-diamino-3.3-dimethyl-1-buten*; *N.N.N'.N'-Tetrabutyl-1.4-diamino-1-penten*; *N.N.N'.N'-Tetraäthyl-1.2-diamino-1-octadecylen*; *N.N.-N'.N'-Tetramethyl-1.4-diamino-1-buten*; *N.N.N'.N'-Tetraäthyl-1.2-diamino-1-propen*; *N.N.N'.N'-Tetraäthyl-1.3-diamino-4.4-dimethyl-1-penten*; *N.N.N'.N'-Tetrabutyl-1.2-diamino-5-cyclohexyl-1-penten*; *N.N.N'.N'-Tetramethyl-1.2-diamino-7-phenyl-1-octen*; *N.N.N'.N'-Tetraäthyl-1.2-diamino-3-(2-cyclohexenyl)-1-propen*; *N.N.N'.N'-Tetramethyl-1.3-diamino-2-(4-methylphenyl)-1-propen*; *N.N.N'.N'-Tetramethyl-1.3-diamino-4-hexyl-1-tetradecen*; *N.N.N'.N'-Tetraphenyl-1.2-diaminoäthylen*; *N.N.N'.N'-Tetracyclohexyl-1.2-diamino-3.3-dimethyl-1-buten*; *N.N.N'.N'-Tetra-(4-methylphenyl)-1.2-diaminoäthylen*; *N.N.-N'.N'-Tetrabenzyl-1.2-diaminoäthylen*; *N.N.N'.N'-Tetramethyl-1.2-diamino-3.7-dimethyl-1.7-octadien.* — *Selbstzündende Treibstoffe* u. *Zusatzmittel* für *Raketentreibstoffe*. (**A. P. 2 881 217** vom 29/7. 1955, ausg. 7/4. 1959.) G. Krauß 8311

H_{21}. Leder, Gerbstoffe

2877 **Einige Probleme der Mechanisierung beziehungsweise Automatisierung der Gerbereien.** V. Kubelka. (Bul. Inst. politehn. Iaşi [N. S.] **8 (12),** Nr. 1—2, 163—75, 1962; Bratislava, TH; dt.) — Zusammenfassende Darst. der Problematik der Mechanisierung bzw. Automatisierung einer Lederfabrik. H. G. Fröhlich 8330◇

2878 **Aktuelle Probleme der Kollagenuntersuchung.** 8. Mitt. **Die Rolle des Wassers in der Struktur kollagener Eiweißstoffe.** Jan Rosmus und Zdenek Deyl. (Kožařství **13,** 171—74, 1963; Praha-Smíchov, Ústř. výzk. úst. potravin. prům.; tschech.) — 7. vgl. Kožařství **13, [1963],** 2. — Das W. ist an die einzelnen Tropokollagen-Moll. intermol. gebunden in zusammenhängenden Ketten. Die Bindungsstellen des W. an die Dreifachspirale sind unspezif., sie scheinen aber period. aufzutreten. W. bildet also einen integrierenden Bestandteil der Kollagenstruktur von Eiweiß, u. seine vollkommene Entfernung hat bedeutende Strukturänderungen zur Folge mit teilweise irreversiblem Charakter. — 24 Literaturangaben. E. Knopp 8330◇

2879 **Reaktion des Kollagens in saurem Medium.** 2. Mitt. Zdeněk Deyl und Jan Rosmus. (Kožařství **13,** 139—40, 1963; Praha-Smíchov, Ústř. výzk. úst. potravin. prům.; tschech.) — 1. vgl. Kožařství **12,** [1962], 99. — Vff. behandeln die Rkk. teilweise abgebauten Kollagens mit verschiedenen Aldehyden, deren Wrkg. denen des CH_2O ähnlich ist; wesentliche Unterschiede liegen in der Schrumpfung bei Wärme-Einw. vor. Einige Abweichungen in der Aldehydgerbfähigkeit wurden im alkal. Medium beobachtet. E. Knopp 8330◇

2880 **Untersuchung der Reduktion von Chromsäure mit Fischöl und ihre Anwendung bei der Gerbung.** A. Dohogne. (Rev. techn. Ind. Cuir **55,** 220—26, 1963; franz.) — Die für eine Cr-Sämischgerbung benötigten Zutaten sind $Na_2Cr_2O_7$, H_2SO_4, W. u. Lebertranöl. Durch CrO_3 wird das Fischöl wesentlich schneller oxydiert u. damit die Gerbdauer mehr verkürzt als durch den bei der Sämischgerbung üblichen Luftsauerstoff. Nach Ermittlung der optimalen Oxydationsbedingungen bzgl. Temp. u. Mengenverhältnis der Zutaten auf Grund der red. Cr-Menge werden eine Cr-Sämischgerbung, die Eigg. der so gegerbten Lederproben u. nach möglichster Entfettung ihre Färbung mit sauren, direkten u. S-Farben beschrieben. A. Beuther 8336◇

2881 **Über die Anwendung von synthetischen Polymeren beim Gerben von Sohlenleder.** P. J. Van Vlimmeren. (Bull. Assoc. franc. Ing., Chimistes Techniciens Ind. Cuir Doc. Inform. Centre techn. Cuir **25,** 263—88, 1963; Waalwijk, Niederlande, Lederinst. T.N.O.; franz.) — Die Kondens. synthet. Polymere „in situ" aus Polymeren u. Aldehyden zwecks Erhöhung der Resistenz von Sohlenleder gegen Abnutzung wurde zunächst ohne Leder oder Lederpulver „in vitro" untersucht, u. zwar mit Resorcin (R) u. Formaldehyd (F). Die optimalen Arbeitsbedingungen bei 20° für die schnellste Gel-Bldg. (20 Std.) bzgl. Anfangs-pH, Mol-Verhältnis R/F, pH-Verschiebung während der Kondens., Konz. des R u. sein Ersatz durch das billigere Phenol wurden festgelegt. Die Kondens.-Meth. kann mit einer pflanzlichen Gerbung kombiniert werden. Die Imprägnierung von Leder mit synthet. Polymeren wurde ferner versucht in Form ihrer Emulsionen bei kleinster Teilchengröße in organ. Lsgm. u. in geschmolzenem Zustande. Bei Reduzierung der Abnutzung wurde oft die Wasserdurchlässigkeit erhöht, was durch Nachbehandlung mit synthet. Wachsen u. Siliconen behoben werden konnte. A. Beuther 8336◇

2882 **Über die Zukunft des Sohlenleders.** Urbain-J. Thuau. (Rev. techn. Ind. Cuir **55,** 195—220, 1963; franz.) — Vf. gibt einen histor. Überblick über die Verss., Sohlenleder so resistent gegen Abnutzung u. Wasser-Einw. zu machen wie Kautschuk. Die Abnutzungsresistenz wird erhöht durch fixierte H_2SO_4-Quellung, synthet. Tannin- oder Mineral- (Cr, Zr) Vorgerbung, Reduzierung der Hydrolyse des Leders. Die Wasserundurchlässigkeit wird erreicht durch Nachgerbung mit synthet. Harzen im KW-Stoffbad oder mit wss. Emulsionen in der Tonne, was gleichzeitig die Abnutzungsresistenz erhöht. A. Beuther 8340◇

2883 **Über Chrysalidöl und seine Verwendung bei der Lederfettung.** Michel Ceanis. (Rev. techn. Ind. Cuir **55,** 169—77, 1963; franz.) — Das aus den Puppen der Seidenraupen erhaltene *Chrysalidöl,* dessen Gewinnung u. Charakteristika beschrieben sind, ähnelt in seinen Eigg. dem Fisch- u. dem Klauenöl. Sulfatiert wird es in wasserlösl. Form bei der Lederfettung wie diese verwendet. Die Eigg. der mit sulfatiertem Chrysalidöl, allein oder mit Fisch- u. Pflanzenöl kombiniert, behandelten Häute werden verglichen. A. Beuther 8340◇

2884 **Einfluß von Gerbung und Imprägnierung auf die Wasserdampfdurchlässigkeit von Leder.** Karapet Michajlovič Zurabjan. (Kožařství **13,** 118—22, 1963; Moskva, SSSR, Ustř. výzk. úst. kožed.; tschech.) — Größte Wasserdampfdurchlässigkeit (WD) wurde bei Chromleder festgestellt. Es wurde für verschiedene Lederarten eine WD-Reihe aufgestellt. Die Imprägnierung (I) der Haut vor der vegetabil. Gerbung mit verschiedenen Mengen von Polymethacrylat (PMA) ändert nichts an der WD; diese wird aber durch I in Schlußarbeiten herabgesetzt, was von der Menge des I-Mittels abhängt. Verschiedene I-Mittel werden angegeben. Die Abriebfestigkeit der vor der vegetabil. Gerbung durch beliebige Mengen von PMA imprägnierte Leder u. deren WD wird in Relation gestellt. E. Knopp 8340◇

2885 **Über die Konstitution einiger in der Gerberei verwendeter Fettstoffe.** R. Celades und J. Poré. (Bull. Assoc. franc. Ing., Chimistes Techniciens Ind. Cuir Doc. Inform. Centre techn. Cuir **25,** 298—314, 1963; franz.) — Näher untersucht wurde das in seiner Wrkg. auf die Lederfaser dem Klauenöl ähnelnde, hauptsächlich aus Estern von gesätt. u. ungesätt. Fettsäuren u. höheren Alkoholen bestehende *Wal-* u. *Spermöl,* seine festen u. fl. Anteile u. deren Geh. an gesätt. u. ungesätt. Fettsäuren u. Alkoholen (C_{10}—C_{20}) mittels Gaschromatographie ihrer Methylester (Fettsäuren) u. Essigsäureester (Alkohole). — 24 Literaturangaben. A. Beuther 8366◇

2886 Cassella Farbwerke Mainkur Akt.-Ges. (Erfinder: Arthur Miekeley und Günther Gruber), Frankfurt/M., **Gerben von Häuten und Fellen** erfolgt unter Verw. von hydroxymethylierten Aldehyden, bes. *Trimethylolacetaldehyd* (I). — Gepickelte Schafblößen werden mit (%, bezogen auf Pickel-Gew.) 100 W., 3 NaCl, 6,7 I 60 Min. gewalkt, in 3 Absätzen mit $NaHCO_3$ auf pH 6—6,6 gestellt u. anschließend gefettet. — Gegenüber mit CH_2O gegerbten Ledern erhält man bessere Fülle u. Weichheit. (**D. A. S. 1 154 593** Kl. 28a vom 2/6. 1960, ausg. 19/9. 1963.) H. Möllering 8337

2887 Rivella Bartolomeo, Turin, Italien, **Behandlung von Biberfellen.** Nach der normalen Gerbung behandelt man auf der Fellseite einmal mit einer 0,8—12%ig. wss. Lsg. von $FeSO_4$ u. ein- oder mehrmals mit einer Lsg., die man durch 30—60 Min. langes Kochen von gerösteten Galläpfeln erhält. (**It. P. 555 550** vom 19/5. 1956.) K. Koebke 8337

2888 Leather Research Corp., New York, N.Y., übert. von: Seymour S. Kremen und Robert Lee Southwood, Cincinnati, Ohio, V.St.A., **Formaldehydgares (Sohlen)-Leder** mit einem größeren CH_2O-Geh. in der mittleren Lederschicht erhält man derart, daß (z. B. mit Aceton) entwässerte Blößen mit einer Lsg. von CH_2O in organ. Lsgm. mit einem zur Gerbung ausreichenden Geh. an W. behandelt u. dann nachbehandelt werden mit einem organ. Lsgm. mit einem geringeren Geh. an CH_2O u. W. als in der zuvor angewendeten Brühe. — Bei der mehrstufigen Blößenentwässerung mit Aceton wird in der mittleren Entwässerungsstufe, die ein 93 : 7-Verhältnis von Aceton : W. verwendet, eine 55%ig. CH_2O-Lsg. in Methanol zugesetzt (z. B. 0,5—5%), worauf in einer weiteren 97 : 3-Aceton–W.-Lsg. sowie einer reinen Acetonbehandlung aus den Außenschichten des Leders CH_2O partiell wieder herausgelöst wird. — Das Verf. kann auch so variiert werden, daß beim Entwässern von Rindblößen mit Aceton dem vorletzten Acetonbad 2% CH_2O zugesetzt werden, daß anschließend mit reinem Aceton die Außenschicht wieder entgerbt u. schließlich mit einer vornehmlich Quebrachoextrakt u. dimerisiertes Harz enthaltenden Aceton-Lsg. ausgegerbt oder auch mit einer Paraffinwachs, dimerisiertes Harz, Ölsäure–Stearinsäure-Gemisch u. geringe Mengen Methanol-CH_2O-Lsg. enthaltenden Aceton-Lsg. nachbehandelt wird. (**A. P. 2 983 567** vom 18/4. 1958, ausg. 9/5. 1961.) H. Möllering 8337

2889 Canadian Industries Ltd., Canada, **Überzugsmittel für Leder** zur Erzeugung einer glatten oder runzeligen Oberfläche aus einem Zwischenpolymerisat, das 3 bis 15 Gew.-% eines copolymerisierten Acrylamids enthält, mit Zusätzen eines Harnstoff–Formaldehyd- oder Melamin–Formaldehyd-Harzes u. einer geringen Menge eines sek. oder tert. Aminsalzes. — Man stellt z. B. ein Zwischenpolymerisat aus 50 (Gew.-Teilen) Methacrylsäuremethylester, 32,75 Äthylacrylat, 11 Butylacrylat, 6,25 Acrylamid, 15 n-Propanol u. 1,5 Benzoylperoxid in 85 sd. Xylol her. Daneben wird eine Katalysator-Lsg. hergestellt durch Eintragen von 10 p-Toluolsulfonsäure in eine Lsg. von 5,9 Triäthylamin in 84,1 n-Butanol. Zur Herst. des Überzugsmittels werden 90 Teile der Zwischenpolymerisat-Lsg., 8,3 eines butylierten Harnstoff–Formaldehyd-Harzes „Uformite" F-240, 1,5 der Katalysator-Lsg. u. 0,2 Xylol gemischt. (**F. P. 1 287 849** vom 22/4. 1961, ausg. 1/8. 1962. E. Prior. 22/4. 1960.) M. F. Müller 8341

2890 Allied Kid Co., übert. von: Jerome M. Cohen und Sarkis S. Saryan, Wilmington, Del., V.St.A., **Farbabriebfeste gefärbte Schwedenleder.** Nach dem Schleifen u. Färben der Leder wird jedes der aufstehenden Fäserchen mit einem dünnen Schutzfilm aus einem gehärteten Polyurethan überzogen. — Dunkelfarbenes Schwedenleder wird im Faß behandelt mit einem Ansatz aus 15 (Teilen) *Adipren L* (Du Pont; Vorpolymerisat aus Toluylendiisocyanat u. Polyäthylenglykol), 75 Xylol u. 10 dimerisierter Fettsäure. Trocknung bei 43—54°. (**A. P. 3 027 276** vom 15/5. 1959, ausg. 27/3. 1962.) H. Möllering 8341

2891 Gio-Battista Masera, Turin, Italien, **Mittel zum Wasserdichtmachen von Schuhsohlen,** bestehend aus 7 (%) einer Siccativöl-Lsg., 17 einer Lsg. von 2 Al-Stearat in 63 Fischöl u. 35 Lsgm., 7 einer Mischung aus 33 Mineralöl, 33 Ochsenklauenöl u. 34 Lsgm., 26 einer Lsg. von Bitumen in Naphtha u. 43 Lösungsmittel. (**It. P. 561 109** vom 20/1. 1956.) K. Koebke 8341

2892 Stabilimenti di Ponte Lambro S. p. A., Ponte Lambro, Como, Italien, **Herstellung von Kunstfellen** durch Überschichten von Textilien mit Kunstharzen, bes. thermoplast. Harzen u. Oberflächenbearbeitung der Harze, dad. gek., daß man nach dem Aufbringen der Kunstharzschicht Luft oder ein anderes Gas durch die Schicht treibt, um das fertige Stück gasdurchlässig zu machen. (**It. P. 555 772** vom 23/6. 1956.) K. Koebke 8353

2893 Mario Lulli, Signa, Florenz, Italien, **Härten von Schuhsohlen,** die aus Hanf- oder Strohschnur hergestellt sind, dadurch, daß man eine Kaltleim-Lsg. (Polyvinylacetatharz, bes. „*Vinavil*") aufstreicht oder aufsprüht u. trocknet. (**It. P. 527 931** vom 8/1. 1955.) K. Koebke 8359

2894 **Farbenfabriken Bayer Akt.-Ges.,** Leverkusen, übert. von: **Ernst Komarek,** Leverkusen, und **Gustav Mauthe,** Opladen, *Sulfamethyliertes Phenol–Formaldehydgerbmittel.* (**A. P. 3 065 039** vom 21/1. 1958, ausg. 20/11. 1962. D. Prior. 2/2. 1957. — C. **1960,** 3095 [D. A. S. 1 053 517].)

2895 **Max Paquet,** Nice-Cuers, Frankreich, *Gerbverfahren.* (**E. P. 921 074** vom 20/6. 1961, ausg. 13/3. 1963. F. Prior. 30/6. 1960. — C. **1963,** 1138 [F. P. 1 269 667].)

2896 **Farbenfabriken Bayer Akt.-Ges.,** Leverkusen (**Erfinder: Ernst Komarek,** Leverkusen, und **Gustav Mauthe,** Opladen), *Gerbverfahren.* (**D. A. S. 1 153 857** Kl. 28a vom 11/12. 1956, ausg. 5/9. 1963. — C. **1961,** 1788 [Oe. P. 201 223].)

2897 **Schill & Seilacher,** Böblingen/Wttbg. (**Erfinder: Adalbert Prütz,** Bopfingen, und **Erwin Quendt,** Kemnat), *Neutralisieren und Fetten von Chromleder.* (**Schwz. P. 370 519** vom 31/8. 1959, ausg. 30/8. 1963. D. Prior. 3/9. 1958. — C. **1963,** 2306 [F. P. 1 234 090].)

H_{22}. Leim, Klebstoffe usw.

2898 **Die Leimverbindung.** 1. u. 2. Mitt. **Die Wahl des Leims.** D. M. Weggemans. (Plastica [Delft] **16,** 120—29, 1963; Kunststoffen-Inst. T.N.O.; niederl.) — Übersicht über die die Wahl des Klebstoffs bestimmenden Faktoren, bes. den zu verleimenden Werkstoff, die geforderten Eigg. der Leimverbindung u. die Arbeitsbedingungen der Verleimung.
W. Wesly 8380◇

2899 **Die Leimverbindung.** 3. Mitt. **Bauen mit geleimten Verbindungen.** D. M. Weggemans. (Plastica [Delft] **16,** 195—200, 1963; niederl.) — 2. vgl. vorst. Referat. — Es wird ein Verf. zur Berechnung der Festigkeit der Klebstoffverbindungen gegeben. W. Wesly 8380◇

2900 **Die Leimverbindung.** 4. Mitt. **Bauen mit geleimten Verbindungen.** D. M. Weggemans. (Plastica [Delft] **16,** 272—75, 1963; niederl.) — 3. vgl. vorst. Referat. — Übersicht über die Einfl. von stat. u. dynam. Belastungen auf Leimverbindungen. W. Wesly 8380◇

2901 **Harnstoffleime mit niedrigem Mol-Verhältnis Formaldehyd:Harnstoff (1,5:1).** K. Stashinska. (Plast. Massen [UdSSR] **1961,** Nr. 3, 23; russ.) — Vf. verwendete Harnstoff-Formaldehyd-Harz zur Herst. stabiler *Leime* mit einem mol. Verhältnis $CH_2O : CO(NH_2)_2 = 1{,}5 : 1$. Der Geh. an freiem CH_2O ist $< 1\%$. Der Leim kann zur Herst. von Holzfaserplatten verwendet werden. N. L. 8388△

2902 **Harnstoff-Formaldehyd-Leime zum Verkleben von Holz.** I. L. Derkowskaja. (Plast. Massen [UdSSR] **1960,** Nr. 8, 19—22; russ.) — An Hand von 7 Literaturangaben werden die Eigg. von *Klebstoffen* auf der Grundlage von Harnstoff-Formaldehyd-Harzen in Abhängigkeit von verschiedenen Zusätzen (Melamin, Phenol, Resorcin u. a.) untersucht. Nadja Winkler 8388△

2903 **Über zusätzliche Quellen der Gewinnung von Phenol-Harnstoff-Formaldehydharzen für das Kleben von Holz.** A. G. Sabrodkin. (Holzverarb. Ind. [UdSSR] **11,** Nr. 12, 3—4, Dez. 1962; russ.) — Die Möglichkeiten der Verw. des *Phenol-Harnstoff-Formaldehyd-Harzes* aus Abflußwässern (Abfälle der Produktion von Plastmassen) als Klebeharz zur Herst. von Furnieren wurden untersucht. Es wurde festgestellt, daß das Harz den Anforderungen der holzverarbeitenden Industrie noch nicht genügt. Jedoch können nach Überarbeitung der Herst.-Technologie dieses Harzes zusätzliche Reserven zur Gewinnung von 20—30000 t synthet. Klebeharze erhalten u. die phenolhaltigen Abwässer gereinigt werden.
I. Uwarowa 8388△

2904 **Besonderheiten des Verklebens von Plasten mit Holz.** W. M. Chrulew. (Holzverarb. Ind. [UdSSR] **11,** Nr. 12, 14—15, 1962; russ.) — Es wird gezeigt, daß man die am meisten verbreiteten Plaste auf Basis von *Phenol-Formaldehyd-* u. Harnstoffharzen mit Holz verkleben kann, u. zwar nicht nur mit Leimen auf Basis von Epoxid- u. anderen thermoreaktiven Harzen mit hohem Geh. an funktionellen Gruppen, sondern auch mit gewöhnlichen Phenol- u. Harnstoff-Formaldehyd-Harzen sowie mit thermoplast. wasserhaltigen Leimen von der Art der Polyvinylacetate. Verss. zeigten auch, daß auf das Kleben von Plasten an Holz die Porosität dieser Materialien großen Einfl. hat. Folglich muß der Leim gut an der ebenen Oberfläche der Plaste haften u. eine entsprechende Viscosität besitzen. N. L. 8388△

2905 **Epoxidleim mit Dicyandiamid als Härtemittel.** R. W. Molotkow und M. S. Zirkin. (Plast. Massen [UdSSR] **1960,** Nr. 11, 11—14; russ.) — Beschrieben wird eine Meth. der Herst. von *Leimen* aus folgenden Harzen: *EW-4*, Erweichungs-Temp. 78°, *EWTsch-4*, 82°, *E-44*, 94°, *ED-6*, 62°, wobei Dicyandiamid (I) als Härtemittel u. Al-Pulver, Asbestmehl, Weißruß u. Marshallit als Füllmittel verwendet werden. Die höchste Schubfestigkeit gewährleisten Leime, die 10% Asbestmehl u. 0,5—0,7 Mol I auf eine Epoxidgruppe enthalten. Leime, die 7% Al-Pulver oder 20—30% Marshallit enthalten, weisen eine Schubfestigkeit von 40 kg/cm³ auf.
Nadja Winkler 8388△

2906 **Die Anwendung von synthetischen Harzen für das Kleben von Asbestzement. Ein Klebstoff auf Grundlage von Epoxidharz.** A. B. Scholochowa, A. Ss. Freidin, I. M. Gurman und F. W. Rass. (Plastische Massen [UdSSR] **1960,** Nr. 9, 17—21; russ.) — *Leime* aus Epoxidharzen *ED-6* u. *ED-5*, die durch Kondens. von Epichlorhydrin u. Diphenylolpropan im alkal. Medium erhalten werden, haben eine hohe Haftfestigkeit auf Baumaterialien (Asbestzement, Beton, Holz, Metall), erstarren bei 20—30° u. geringem Druck (0,1—1,0 kg/cm²) ohne Abspaltung von Nebenprodukten. Die geleimten Stellen besitzen einen hohen Widerstand gegen Feuchtigkeit im Temp.-Bereich —50 bis +50°. Als Härtemittel für Epoxidharze wird der Dest.-Rückstand von Hexamethylendiamin vorgeschlagen.
Nadja Winkler 8388△

2907 **Verwendung von Epoxidharzen zur Hermetisierung von Magnetelementen.** W. W. Kamnew. (Plast. Massen [UdSSR] **1961,** Nr. 3, 39—40; russ.) — Vf. beschreibt Klebemassen zur Hermetisierung von Magnetelementen, die bes. schweren Arbeitsbedingungen ausgesetzt sind. Es werden Rezepte u. Technologie für die Herst. dieser Klebmassen auf Grundlage der Epoxidharze *ED-5* u. *ED-6* mit verschiedenen Füllmitteln (Pyrexglas, Porzellanmehl, Glimmer, Hartgummistaub, Al-Puder) beschrieben. I. Uwarowa 8388△

2908 A. A. Berlin, W. N. Ssolowjewa und Ss. K. Chomjakowa, **Herstellung polymerisierender Kleber** aus Lsgg. von β-Copolymeren oder linearen Vinyl- oder Methacrylpolymeren unter Zusatz von 10—50 (%) Methylmethacrylat u. 10—60 Methacrylsäureanhydrid sowie 10—50 Füllstoffen. Der Kleber härtet in Ggw. von 3—5 Benzoylperoxid bei 80° in 6 Stunden. Scherfestigkeit bei 20° 200—230 (kg/cm²), bei 60° 100—115; nach 24std. Lagern in W. 190—200. (**UdSSR. P. 129329** vom 12/9. 1959. **Zusatz zu UdSSR. P. 123273; C. 1963, 22181.**) L. Großner 8389

2909 General Electric Co., N.Y., übert. von: Arthur M. Bueche und Curtis S. Oliver, Schenectady, N.Y., V.St.A., **Bei Raumtemperatur härtende Klebstoffe aus abgebauten Organopolysiloxanen** werden erhalten durch Erhitzen einer Mischung, bestehend aus a) Siliciumaerogel, Kieselerde oder gefällter Kieselsäure, b) einem Organopolysiloxan mit 1,9—2,1 KW-Stoffgruppen pro Si-Atom u. c) einem aliphat. C_{1-4}-Alkohol, in einem geschlossenen Behälter auf 100—350° in Abwesenheit eines Härtungsmittels u. nachfolgendes Mahlen zu pastenähnlicher Konsistenz. Beim Mahlen kann $(NH_4)_2CO_3$ zugegeben werden. (**A. P. 3 031 366** vom 10/4. 1958, ausg. 24/4. 1962.)
G. Czerwony 8389

2910 Minnesota Mining and Mfg. Co., St. Paul, übert. von: Jun Tomita, St. Paul, und Herbert M. Bond, Maplewood, Minn., V.St.A., **Siliconklebebänder** erhält man aus Diorganopolysiloxanen, die zu weniger als 10% in Xylol lösl. sind, niedrig anspringenden organ. Peroxiden, die zu weniger als 15% in Xylol lösl. sind, 30 bis 100 (Teilen) Füllstoff (auf 100 Silicon), davon wenigstens 10 feinteilige Kieselsäure, u. bei höheren Temp. anspringenden organ. Peroxiden (bis 400° F, u. mit mindestens um 50° F höher liegenden Aktivierungs-Temp. als die des niedrig anspringenden Peroxids). Diese Massen werden auf Teflonunterlagen in ca. 10 mm dicken Lagen durch Kalandern aufgebracht u. dann das Ganze aufgerollt u. bei ca. 250° F 2 Std. erhitzt. Nach dem Abkühlen wird die Teflonfolie abgezogen u. die Siliconfolie in Streifen geschnitten. Nach Umwickeln unter Druck u. Erhitzen auf 400° F verschweißen die überlappten Zonen fest miteinander. — Abbildung. (**A. P. 3 059 764** vom 14/4. 1958, ausg. 23/10. 1962.)
E. Dörfel 8389

2911 **Bond Ltd.**, Glarus, Schweiz, *Verbesserungen bezüglich der Bindung von Lignocellulosen mittels Fluoride enthaltender Klebstoffe.* (**E. P. 896 192** vom 21/5. 1958, ausg. 9/5. 1962. D. Prior. 23/5. 1957. — **C. 1960,** 7397 [D. A. S. 1 069 315].)

2912 **Minnesota Mining and Mfg. Co.**, St. Paul (Erfinder: **Dolores Olson Ethier, Roland Andrew Auger,** White Bear Lake), Minn., V.St.A., *Klebstoffmischung.* (**Schwz. P. 368 571** vom 25/3. 1957, ausg. 31/5. 1963. A. Prior. 26/3. 1956. — **C. 1961,** 1788 [D. A. S. 1 069 801].)

H_{24}. Photographie

2913 **Grundriß der heutigen Theorie des photographischen Prozesses.** 1. Mitt. Ewald Gerth. (Bild u. Ton **16,** 268—71, 1963; Potsdam, Pädagog. Hoschsch.; dt.) — Überblick über die heutigen Vorstellungen vom Mechanismus des photograph. Prozesses: Der lichtelektr. Effekt, Zus. u. Aufbau der photograph. Schicht, latentes Bild. W. Günther 8590◇

2914 **Weitere Untersuchungen mit Mikrowellen über den Entstehungsmechanismus des photographischen Bildes.** I. S. Ciccarello, L. Cordone, A. Orlando und M. U.

Palma. (Arch. Sci. [Genève] **13** (**165**), 89—94, 1960; Palermo, Univ., Physikal. Inst.) — Mit Hilfe von Messungen der Elektronenspinresonanz an *AgCl*, das Spuren von CuCl enthält, u. an mit $CdBr_2$ versetztem *AgBr* können Vff. nachweisen, daß der photograph. Prozeß in Übereinstimmung mit den Vorstellungen von Mitchell in zwei Stufen verläuft. Im Falle des CuCl-haltigen AgCl werden Lichtquanten an positiv geladenen Gitterleerstellen eingefangen u. wandeln in erster Stufe Cu^+ in Cu^{2+} um, wie durch Änderung der Elektronenspinresonanz nachgewiesen werden kann, wenn der AgCl-Kristall nach der Belichtung rasch unter 130° K abgekühlt wird. Bei höheren Temp. klingt der Effekt rasch ab. In zweiter Stufe wandert ein Ag^+ aus der unmittelbaren Nähe des Fremdionen auf einen Zwischengitterplatz, wodurch die freie Energie vermindert wird, wie das Abklingen der Elektronenspinresonanz zeigt. Temp.-Kurve für AgBr mit 10^{-4} Mol $CdBr_2$ für eine Frequenz von 10^4 Mc/s im Bereich von 5—300° K vgl. Original. — Diskussionsbemerkungen.
W. Günther 8594◇

2915 **75 Jahre lichtelektrischer Effekt.** Georg Anders. (Bild u. Ton **16**, 286—87, 1963; Leipzig; dt.) — Kurzer Überblick über die Anwendungsmöglichkeiten
W. Günther 8598◇

2916 **Neue Farbstoffe: Benzothiocarbocyaninderivate.** Jan Świderski, Anna Roniewicz und Władysław Markocki. (Roczniki Chem. [Ann. Soc. chim. Polonorum] **33**, 735—38, 1959; pol.) — Es werden 3 Benzthiacarbocyanine dargestellt u. deren Verw. für photograph. Zwecke erprobt.

Versuche: N.N'-Diäthylbenzthiacarbocyanin-jodide: *9-[p-Jodphenyl]*-, $C_{27}H_{24}J_2N_2S_2$, F. 263—267°. — *9-[p-Bromphenyl]*-, $C_{27}H_{24}BrJN_2S_2$, F. 270—272°. — *9-[p-Chlorphenyl]*-, $C_{27}H_{24}ClJN_2S_2$, F. 275—276°. K. Pluta 8604

2917 **Über die Ursache der photographischen Desensibilisierung** S. Dähne. (Mber. dtsch. Akad. Wiss. Berlin **5**, 454—57, 1963; Dt. Akad. der Wiss., Inst. für Optik u. Spektroskop.; Wolfen, VEB Filmfabrik Agfa; dt.) — Die Überprüfung der aus der Literatur bekannten Desensibilisierungsvorgänge bestärkten Vf. in der Annahme, daß die Desensibilisierung durch Radikal-Rkk. verursacht wird. Hierbei wirken die Radikalkationen als Elektronenfallen.
W. Günther 8606◇

2918 **Über die „normale" und „anomale" Alterung photographischer Schichten.** M. I. Schor. (J. wiss. angew. Photogr. Kinematogr. [UdSSR] **5**, 62—63, 1960; russ.) — Vf. lehnt die von Scheberstow (J. wiss. angew. Photogr. Kinematogr. [UdSSR] **4**, [1959], 100) vorgenommene Einteilung der *Alterung* photograph. Schichten in eine „normale" u. eine „anomale" Alterung sowie eine wesentliche Rolle von W. beim Altern ab. Die Alterung ist ein sehr komplexer Vorgang, aber eine Einteilung in prinzipiell unterschiedliches „normales" u. „anomales" Altern sei nicht gerechtfertigt.
Helmut Schäfer 8606△

2919 **Erwiderung an M. I. Schor zur Frage der „anomalen" und „normalen" Alterung photographischer Schichten.** W. I. Scheberstow. (J. wiss. angew. Photogr. Kinematogr. [UdSSR] **5**, 63—64, 1960; russ.) — Vf. nimmt zu den Einwänden von Schor (vgl. vorst. Ref.) Stellung. Die Einteilung in „normale" u. „anomale" Alterung sei durchaus gerechtfertigt, da beide Vorgänge deutlich zu trennen sind: die „anomale" Alterung, bei der die Empfindlichkeit ohne Anstieg des Schleiers abfällt, ist ein desensibilisierender Oxydationsprozeß, die „normale" Alterung dagegen, bei der der Schleier ansteigt, ist ein sensibilisierender Red.-Prozeß.
Helmut Schäfer 8606△

2920 **Über die Verteilung eines Azaindolizins in einer photographischen Emulsion.** E. J. Birr, M. Gandino und P. M. Tacconi. (Photogr. Korresp. **99**, 163—65, 1963; Ferrania, Italia, Ferrania S. p. A., Labor. di Ric.; dt.) — Um das Verteilungsgleichgewicht von *5-Methyl-7-hydroxy-1.3.4-triazaindolizin* (**I**) zu bestimmen, wird mit ^{14}C markiert. Durch Zentrifugieren des Halogensilbers von Gelatine, Waschen u. Messung der Radioaktivität von Gelatine-Lsg., Waschwasser u. Halogensilber läßt sich die Verteilung von **I** in der Emulsion ermitteln. In Übereinstimmung mit früheren Unterss. wurde festgestellt, daß sich der überwiegende Teil von **I** in der Gelatinezwischenphase befindet; eine relativ hohe Menge an **I** sitzt in den Gelatinehüllen der Halogensilberkörner, während nur ein sehr kleiner Teil an der Kornoberfläche adsorbiert ist. Die am Korn adsorbierte Menge wird durch Sensibilisierungsfarbstoffe noch weiter herabgesetzt. Der Befund stützt die Annahme, daß der Stabilisierungsmechanismus nicht an der Kornoberfläche, sondern vorwiegend in der Gelatinezwischenphase erfolgt. W. Günther 8610◇

2921 **Über die Herstellung duplikationsfähiger Original-Bild-Negative.** Hilmar Mennert. (Bild u. Ton **16**, 274—79, 1963; Kleinmachnow, Berlin; dt.) W. Günther 8624◇

2922 **Über ein Verfahren zur Registrierung von Elektronenbeugungsbildern und von elektronenmikroskopischen Aufnahmen ohne photographische Emulsion.** Jean-Jacques Trillat, Léa Tertian, Madeleine Meyer und Henri Martina. (Sci. Ind. photogr. [2] **34**, 37—39, 1963; Bellevue, C.N.R.S., Labor. de Rayons; franz.) — Vgl. Trillat u. Tertian, Bull. Soc. franc. Minéral. Cristallogr. **82**, [1959], 56. — Das l. c. beschriebene, im Prinzip der *Xerographie* ähnliche Verf. zur Registrierung elektronenopt. Bilder durch Entw. des elektrostat. Bildes mit Tonern wurde weiter entwickelt. Folgende, die Bildqualität beeinflussende Parameter wurden untersucht: Art der Vakuumbedampfung des nichtleitenden Trägers (Metallisierung), Schichtdicke, Trägermaterial, Bestrahlungsdauer, Aufladung des Schichtträgers, Verw. organ. Photoleiter. E. Moisar 8642◇

2923 **Über die mögliche Form der Isoopaken des elektrographischen Prozesses auf ZnO-Schichten.** W. M. Fridkin. (J. wiss. angew. Photogr. Kinematogr. [UdSSR] **7**, 304—06, 1962; Inst. für Kristallograph. der Akad. der Wiss. der UdSSR; russ.) — Aus der Theorie u. den Gleichungen von Lewinsson u. Plawina (Ber. Akad. Wiss. UdSSR **143**, [1962], 822) wird eine Gleichung für die Beziehung zwischen der Ladung auf der Oberfläche der Schicht u. der Belichtung (Belichtungszeit) bei gleicher Dichte (Isoopake) abgeleitet. Die Ergebnisse stimmen mit experimentellen Werten überein, woraus auf das Vorhandensein eines Tunneldurchflußmechanismus bei ZnO-Schichten geschlossen werden kann.
R. K. Müller 8642◇

2924 **Konsistometrische Untersuchungen der Eigenschaften einiger in der Phototechnik verwendeter Hydrogele.** Jan Wojtczak. (Poznańskie Towarzystwo Przyjaciół Nauk, Wydział mat.-przyrodniczy, Prace Komisji mat.-przyrodniczej **10**, 113—23, 1962; Poznań, Uniw. im. A. Mickiewicza, Kat. Chem. fiz.; pol.) — Die Viscositäts-Koeff. η ($\cdot 10^{-3}$ Poise) von wss. 10%ig. *Gelatine-* (**I**), 20%ig. *Polyvinylalkohol-* (**II**) u. 3%ig. *Agar-Agar-Gel* (**III**) werden mit dem Höppler-Konsistometer untersucht. Bei Kühlung von 25 auf 15° zeigt η von **I** ein Maximum (43,85) bei 21°; Zusatz von 1, 5 oder 10% A. ändert die Kurve. Bei **II** u. **III** nimmt η mit der Kühlung, mit u. ohne A.-Zusatz, zu. Die Best. von η ohne (mit) Anlegen eines Magnetfeldes von 5500 Oe ergibt bei **I** 10,15 (9,60), **II** 0,79 (0,81) u. **III** 20,30 (31,40). Am Licht liegen im allg. die η-Werte niedriger als im Dunkeln, nur bei **I** wird das Maximum bei 19° erreicht u. beträgt $>60°$. R. K. Müller 8658◇

2925 **Untersuchung der Verzerrungen in Nikfi-R-Emulsionen.** 1. Mitt.: **Einfluß des Fixierprozesses.** I. Hauser, H. Engelhardt, U. Krecker und K. Lanius. (Nuclear Instruments Methods [Amsterdam] **15**, 129—36, 1962; Rossendorf/Dresden, Zentralinst. für Kernphys.; Zeuthen/Berlin, Dt. Akad. der Wiss., Kernphysikal. Inst.; dt.) — Der nach Cosyns u. Vanderhaeghe (Bull. Centre Phys. Nucl. **13a** [1950]) definierte Verzerrungsvektor K wurde in trägerfreien *NIKFI-R-Kernspurschichten* (400 μ) in Abhängigkeit von der Fixierbad-Konz. untersucht. Im Konz.-Bereich 15—50% $Na_2S_2O_3$ wurde kein Einfl. auf K beobachtet. Abgesehen von Randeffekten wurde bei den meisten Schichten eine Vorzugsrichtung von K festgestellt, die parallel zur längeren Schichtkante orientiert war. E. Moisar 8660◇

2926 **Fortschritte bei der Herstellung von Mikroschriften.** Karl-Joseph Hanszen. (Naturwissenschaften **49**, 56—57, 1962; Braunschweig, Physikal.-techn. Bundesanst.; dt.) — Nach dem Verf. von Möllenstedt u. Speidel lassen sich Mikroschriften mit Strichdicken bis hinab zu 140 Å beispielsweise für Feinstgitter u. Objektmikrometer herstellen. Die Aufzeichnung des Schriftbildes erfolgt hierbei durch eine stark verkleinernde elektronenopt. Schattenabbildung eines nur wenige μm breiten Spalts oder Loches durch den von der Elektronensonde in einer Kollodiumfolie hervorgerufenen

Masseschwund. Eine anschließende Kontrastierung durch Schrägbedampfung fixiert das Schriftbild u. erlaubt seine elektronenmkr. Betrachtung. Vf. konnte durch eine stärkere Vorverkleinerung der Strahlquelle mit Hilfe eines Kondensors weit kleinere Schriftstärken bis zu 20 Å erzielen. Die hierbei auftretenden Fehler konnten durch eine Anordnung beseitigt werden, in der die Schattenabbildung durch eine geeignete Gaußsche Abbildung ersetzt wurde. W. Günther 8662◇

2927 **Die Kontrastübertragungsfunktion des photographischen Verschlusses.** R.-P. Mark. (Z. wiss. Photogr., Photophysik Photochem. **57**, 126—31, 1963; Jena, VEB Carl Zeiss; dt.) — Auf rechner. Wege wird nachgewiesen, daß die Bildqualität durch die heute verwendeten Hochleistungsverschlüsse mit einem Licht-Wrkg.-Grad $\eta = 0{,}8-0{,}9$ nicht verschlechtert wird. W. Günther 8662◇

2928 General Aniline & Film Corp., New York, übert. von: Thomas R. Thompson und Robert H. Clark, Binghampton, N.Y., V.St.A., **Photographischer Film.** Unterhalb einer Brom- oder Bromjodsilberemulsionsschicht befindet sich zwischen Filmunterlage u. dieser Emulsionsschicht eine sehr unempfindliche AgCl-Emulsionsschicht, die um den Faktor 50—2000 unempfindlicher ist als die darüber befindliche Emulsionsschicht. Die AgCl-Emulsion soll eine submkr. Korngröße von ca. 50 mμ haben, während die Dicke der Schicht ca. 7 μ beträgt. Hierdurch soll die Empfindlichkeit des Materials erhöht werden. (**A. P. 3 050 391** vom 30/12. 1957, ausg. 21/8. 1962.) E. Fuchs 8601

2929 Eastman Kodak Co., Rochester, N.Y., V.St.A., übert. von: Roy A. Jeffreys und Bryan E. Tabor, Harrow, England, und Donald M. Burness, Rochester, N.Y., V.St.A., **Härtung von Gelatine.** Zur Härtung von Gelatine-Lsgg. oder photograph. Halogensilbergelatineemulsionen verwendet man Oxydations-Prodd. von pflanzlichen Gummisorten, wie Gummi arabicum, Guargummi, Pektin, Alginsäure oder Xylan, die durch Einw. von Perjodsäure oder Perjodaten auf diese Kohlenhydrate entstehen. Bei der Oxydation entstehen Aldehydgruppen, auf welche die Härtungs-Wrkg. zurückzuführen ist. (**A. P. 3 062 652** vom 24/6. 1959, ausg. 6/11. 1962.) E. Fuchs 8601

2930 Eastman Kodak Co., übert. von: Robert C. Houck, Donald A. Smith und Joseph S. Yudelson, Rochester, N.Y., V.St.A., **Photographischer Film.** Um Filme mit Kunststoffträgern, wie Cellulosetriacetat, Polystyrol oder Polyäthylenterephthalat dimensionsstabil zu machen, überzieht man den Träger ggf. neben einer Haftschicht mit einer Schicht aus einem Gemisch von einem Polymerisat u. Gelatine, das nachst. Zus. hat: mindestens 40% Mischpolymerisat aus ca. 25 Mol.% Acrylsäure u. 75 Mol.-% Äthylacrylat, Rest Gelatine neben ca. 5% eines Bis-epoxydäthers als Vernetzungsmittel. An Stelle der Gelatine kann auch eine Halogensilbergelatineemulsion verwendet werden. (**A. P. 3 062 674** vom 12/1. 1959, ausg. 6/11. 1962.) E. Fuchs 8603

2931 VEB Photopapierwerk Dresden, Dresden, **Papierbarytage.** Als Bindemittel für die Barytage verwendet man makromol. Verdickungsmittel, wie bes. Alkalisalze der Celluloseglykolsäure. (**F. P. 1 283 022** vom 7/3. 1961, ausg. 15/6. 1962.) E. Fuchs 8603

2932 General Aniline & Film Corp., New York, übert. von: James R. Waring und Russell P. Easton, Binghamton, N.Y., V.St.A., **Haftschicht für Polycarbonatfilmträger.** Die Schicht wird aus einer Lsg. aufgebracht, die neben W. u. organ. Lsgm., wie bes. Methanol u. Aceton, Gelatine, ein niedrigeres Alkylencarbonat (bes. Propylencarbonat), Cellulosenitrat u. ein Mischpolymerisat aus einem niedrigen Alkylacrylat u. einem niedrigen Alkylmethacrylat (bes. die Methylate u. Äthylate) enthält. Ein weiterer Zusatz von CH_3COOH oder Phthalsäure ist günstig. (**A. P. 3 005 787** vom 6/6. 1960, ausg. 24/10. 1961.) E. Fuchs 8603

2933 General Aniline & Film Corp., New York, übert. von: Wallace Lloyd Bostwick, Vestal, N.Y., V.St.A., **Nichtrollender photographischer Film.** Der aus einem Celluloseester, wie Celluloseacetat oder -acetatbutyrat, bestehende Filmträger für die Halogensilbergelatineemulsion enthält als Weichmacher einen niedrigpolymeren linearen Mischester eines Glykols (Äthylen-, Propylen-, Diäthylen-, Triäthylen-, Dipropylenglykol, 2-Äthylhexandiol oder 2.4-Pentandiol) mit einer ein- u. zweibas. Säure (Azelain-, Pelargon-, Sebacin-, Adipin-, Valerian-, Capron-, Palmitinsäure u. a.). Das Molgew. soll 500—1200, bes. 800, betragen. Geeignet ist z. B. ein Polyester aus 2 (Mol) Azelainsäure, 2 Pelargonsäure u. 3 Äthylenglykol. (**A. P. 3 054 673** vom 19/2. 1958, ausg. 18/9. 1962.) E. Fuchs 8603

2934 Azoplate Corp., Murray Hill, N.J., V.St.A., übert. von: Maximilian Paul Schmidt, Wilhelm Neugebauer und August Rebenstock, Wiesbaden, **Schutzschicht.** Ein lichtempfindliches Aufzeichnungsmaterial zur Herst. von Druckformen, Schablonen oder Bildern besteht aus einem Schichtträger (I), einer lichtempfindlichen Schicht (II) u. einer Schutzschicht (III). Als I wird eine mechan. aufgerauhte oder an der Oberfläche oxydierte Al-Folie verwendet. Als II wird ein wasserunlösl. Chinondiazid, z. B. Naphthochinon-(1.2)-diazid-(2)-5-sulfonsäure-α-naphthylester, Naphthochinon-(1.2)-diazid-(2)-4-sulfonsäure-7′-hydroxy-2-äthyl-N-(n-propyl)-naphth-1′.2′.4:5-imidazolester, das Rk.-Prod. aus 2 Mol Napthochinon-(1.2)-diazid-(2)-5-sulfochlorid mit 1 Mol 2.2′-Dihydroxy-1.1′-dinaphthylmethan oder Naphthochinon-(1.2)-diazid-(2)-5-sulfon-p′-tolylamid verwendet. Als III wird Dextrin, Gummi arabicum, Mesquite-Gummi, ein wasserlösl. Salz einer Pektinsäure, Alginsäure, Carboxyalkylcellulose, Carboxyalkylstärke, Casein oder einer Polyacrylsäure, ein wasserlösl. Celluloseäther, wie Methylcellulose oder Hydroxycellulose, ein Polyvinylalkohol, Polyvinylpyrrolidon, Polyacrylamid, Leim, Albumin oder Pepton verwendet. (**A. P. 3 046 131** vom 14/2. 1958, ausg. 24/7. 1962 D. Prior. 5/1. 1952.) R. Hartinger 8611

2935 Eastman Kodak Co., Rochester, N.Y., V.St.A., übert. von: Peter J. Hillson, Harrow, England, **Direktpositivemulsion.** Eine AgCl-Emulsion wird bis ca. zur Hälfte ihrer erreichbaren D., jedoch nicht weniger als bis zur D. 1,0 durch Zusatz von 20—250 mg pro Mol AgCl Thioharnstoffoxid ($NH_2-CSO_2-NH_2$) verschleiert. Als zuzusetzende Desensibilisatoren verwendet man Nitrostyrylfarbstoffe, z. B. 2-(2.4-Dinitrobenzyliden)-1-äthyl-1.2-dihydrochinolin. Die Verarbeitung erfolgt nach dem Herschel-Effekt mit Hilfe von gelbem oder rotem Licht. (**A. P. 3 062 651** vom 21/1. 1959, ausg. 6/11. 1962.) E. Fuchs 8611

2936 Eastman Kodak Co., übert. von: James L. Graham, Rochester, N.Y., V.St.A., **Gelatinehärtung.** Gelatine-Lsgg. oder photograph. Halogensilbergelatineemulsionen setzt man eine Dialdehydstärke (I) zu, die mit Alkalihydroxid bei pH $< 7{,}0$ behandelt ist. I erhält man durch Oxydation von Stärke mit wasserlösl. Perjodaten oder Perjodsäure, wobei Aldehydgruppen in das Stärke-Mol. eingeführt werden. (**A. P. 3 058 827** vom 9/2. 1960, ausg. 16/10. 1962.) E. Fuchs 8611

2937 Eastman Kodak Co., übert. von: Frank D. Allen, Arthur H. Herz und Norman W. Kalenda, Rochester, N.Y., V.St.A., **Stabilisierte Halogensilberemulsion.** Man setzt der Emulsion Verbb. der allg. Formel: $MOOC-(R)_n-C(R_2R_4)-S-S-C(R_3R_4)-(R_1)_m-COOM_1$ zu. Hierin sind R u. R_1 je eine Methylengruppe, R_2, R_3, R_4 u. R_5 je ein H-Atom, eine niedrige Alkylgruppe oder eine Aralkylgruppe mit 7—8 C-Atomen, M u. M_1 sind Kationen, m u. n Zahlen von 0—8. Jede Verb. muß mindestens 8 C-Atome enthalten. Geeignet sind z. B. 4.4′-Dithiodibuttersäure, 5.5′-Dithiodivaleriansäure, 2.2.2′.2′-Tetramethyl-2.2′-dithiodiessigsäure u. deren wasserlösl. Salze. Diese Stabilisatoren setzen die Empfindlichkeit der Emulsion nicht herab. (**A. P. 3 062 654** vom 17/7. 1959, ausg. 6/11. 1962.) E. Fuchs 8613

2938 Eastman Kodak Co., übert. von: Wilho M. Salminen und Walter J. Weyerts, Rochester, N.Y., V.St.A., **Antistatischer photographischer Film.** Auf der Rückseite des Filmes befindet sich eine dünne Schicht einer niedrigviscosen Carboxymethylcellulose mit einem Substitutionsgrad von ca. 23[1]/$_3$—40% oder einer niedrigviscosen Carboxymethylhydroxyäthylcellulose mit einem Subsitutionsgrad von ca. 33[1]/$_3$—50% bzw. eines Gemisches beider. Zusätzlich können sich in der Schicht auch Mattierungsmittel, wie $ZnCO_3$ oder Celluloseacetatphthalat, befinden. Die Schicht wird aus einer wss. Lsg. des Cellulose-Deriv. ggf. unter Zusatz von Netzmitteln, wie Saponin oder Naphthalinsulfonsäure, aufgebracht. (**A. P. 3 062 649** vom 26/8. 1958, ausg. 6/11. 1962.) E. Fuchs 8613

2939 E. I. du Pont de Nemours & Co., übert. von: Clifford Lee Dickinson jun., Wilmington, Del., V.St.A., **Photographischer Entwickler.** Der Entwickler enthält für die Schwarz-Weiß-Entw. als Entw.-Substanz dieselben Verbb., wie sie in D. A. S. 1 086 553; C. **1961, 9664,** für die farbige Entw. angegeben sind. (**A. P. 3 047 389** vom 18/11. 1958, ausg. 31/7. 1962.) E. Fuchs 8619

2940 Mergenthaler Linotype Co., übert. von: John Eerde, New York, N.Y., V.St.A., **Photographischer Entwickler.** Zum Schutz gegen Oxydation durch Luft enthält der Entwickler neben der organ. Entw.-Substanz u. Alkalisulfit 1—10% Alkaliarsenit, z. B. $NaAsO_2$. In Ggw. von Formaldehyd soll die Konz. 8—10% betragen. (**A. P. 3 050 392** vom 1/8. 1958, ausg. 21/8. 1962.) E. Fuchs 8619

2941 Eastman Kodak Co., übert. von: Richard E. Wemple, Rochester, N.Y., V.St.A., **Wiedergewinnung der Filmträgersubstanz aus Polyesterfilmresten (Filmschrott).** Die Filme bestehen aus einem Polyester aus Terephthalsäure, 4.4'-Sulfonyldibenzoesäure oder trans-1.4-Cyclohexandicarbonsäure u. einem Glykol der allg. Formel $HO-C_nH_{2n}-OH$, n gleich 2—10, oder dem 1.4-Cyclohexandimethanol. Diese Filmträger besitzen eine Substratschicht aus einem harzartigen Terpolymerisat, das aus Vinylchlorid oder Vinylidenchlorid (35—96%), Alkylacrylat oder -methacrylat bzw. Acrylnitril mit 1—18 C-Atomen in der Alkylgruppe 3,5—40%), u. Itacon-, Acryl- bzw. Methacrylsäure (0,2—25%) besteht. Zur Entfernung der Substratschicht werden die Filmschnitzel so lange bei 150—220° F mit einer Lsg. von kaust. Alkali behandelt, die 0,1—1,0% Alkali enthält, bis das Substrat aufgeweicht ist. Dann erfolgt bei 150 bis 220° F eine Behandlung mit einer oxydierenden Lsg., die 0,05 bis 0,5% Alkalipermanganat, -peroxid oder -dichromat enthält. (**A. P. 3 047 435** vom 10/11. 1958, ausg. 31/7. 1962.) E. Fuchs 8621

2942 André Jacques Milovanovich, Frankreich, **Umkehrmaterial.** Die Umkehremulsion wird auf einen plast. Träger, wie bes. Cellulosetriacetat gegossen, der opalartig ist. Vom Umkehrbild können Durchsichtskopien angefertigt werden. (**F. P. 1 295 937** vom 23/3. 1961, ausg. 7/11. 1962.) E. Fuchs 8625

2943 Eastman Kodak Co., übert. von: Roy C. Bloom und Frederic A. Pomeroy, Rochester, N.Y., V.St.A., **Silbersalzdiffusionsbildübertragungsverfahren.** Auf einem Träger, bes. Papier, befindet sich eine Bildempfangsschicht aus einem Bindemittel, wie Gelatine, die Keime zum Niederschlagen des Bildsilbers aus den diffundierenden Ag-Komplexsalzen enthält. Als Keime dienen in üblicher Weise u. a. koll. Ag oder Metallsulfide. Darüber ist eine Halogensilberemulsionsschicht angeordnet, die als Bindemittel den alkalilösl. u. säureunlösl. Phthalsäureester eines Celluloseäthylathers oder Celluloseacetats enthält. An Stelle des Phthalates können auch Ester anderer zweibas. Säuren verwendet werden. Nach der Belichtung erfolgt die Entw. in einem Hydrochinon-1-Phenyl-3-pyrazolidon-Entwickler, der Thiosulfat enthält. Nach Übertragung des Bildes auf die Empfangsschicht wird die Emulsionsschicht abgezogen. Zwischen Bildempfangsschicht u. Emulsionsschicht kann sich noch eine Zwischenschicht aus den genannten Cellulose-Derivv. befinden. (**A. P. 3 062 643** vom 22/5. 1959, ausg. 6/11. 1962.) E. Fuchs 8625

2944 Polaroid Corp., Cambridge, übert. von: Howard G. Rogers, Auburndale, Mass., V.St.A., **Einbringen von photographischen Substanzen in photographische Schichten.** Um wasserunlösl., in organ. Lsgm. lösl. photograph. Substanzen, bes. Farbkuppler für die farbige Entw. oder Farbstoffentwicklersubstanzen für das Farbdiffusionsbildübertragungs-Verf. in photograph. Schichten, wie Emulsions- oder Bildempfangsschichten, einzubringen, löst man die Substanz zusammen mit einer wasserlösl. in organ. Lsgm. lösl. filmbildenden Substanz, wie das o-Sulfobenzal des Polyvinylalkohols, in einem organ. Lsgm., wie Aceton oder Tetrahydrofuran, u. verdampft das Lsgm., z. B. durch Aufgießen auf eine mit Gelatine überzogene Unterlage u. Trocknen. Das getrocknete Prod. wird unter Erwärmen in W. gelöst u. in die schichtbildende Lsg., z. B. eine Halogensilbergelatineemulsion, eingebracht. (**A. P. 3 061 453** vom 3/8. 1959, ausg. 30/10. 1962.) E. Fuchs 8631

2945 Eastman Kodak Co., Rochester, N.Y., V.St.A., übert. von: Roy A. Jeffreys und Bryan E. Tabor, Harrow, England, **Härtung von Gelatine.** Man setzt der Gelatine-Lsg. oder der photograph. Halogensilbergelatineemulsion ein Prod. hinzu, das durch Oxydation von Stärke, bes. Maisstärke, mit Hilfe von Perjodaten erhalten wird. Diese Härtung eignet sich bes. für Emulsionen, die Farbkuppler für die farbige Entw. oder Farbstoffentwicklersubstanzen enthalten. (**A. P. 3 057 723** vom 24/6. 1959, ausg. 9/10. 1962.) E. Fuchs 8631

2946 Lucien Audouze und Yves Bruneau, Frankreich, **Gefärbte Röntgenaufnahmen.** Um Röntgenbilder zu erhalten, bei denen die Schatten blau bzw. blaugrün u. die Lichter gelb sind, projiziert man das Röntgennegativ durch ein Blau- bzw. Blaugrünfilter auf einen Farbfilm für die farbige Entw. u. dann registerhaltig auf denselben Film ein Positiv der betreffenden Röntgenaufnahme durch ein Gelb- bzw. Gelborangefilter u. entwickelt darauf farbig. (**F. P. 1 283 925** vom 27/12. 1960, ausg. 30/6. 1962.) E. Fuchs 8631

2947 Hans von Fraunhofer und Joseph Anthony von Fraunhofer, London, England, **Photographisches Mehrfarbenmaterial.** Auf der einen Seite eines Trägers befindet sich eine Antihaloschicht, darüber oder auf der anderen Seite des Trägers übereinander in der angegebenen Reihenfolge angeordnet eine für Rot sensibilisierte Halogensilberemulsionsschicht, eine Schicht aus weicher Gelatine, die einen Purpurfarbstoff enthält, eine für Grün sensibilisierte Halogensilberemulsionsschicht, eine Schicht aus weicher Gelatine mit einem niedrigeren F. als die Schicht mit dem Purpurfarbstoff, eine Gelbfilterschicht u. eine nur blauempfindliche Halogensilberemulsionsschicht. Zur Herst. von Teilfarbennegativen mit diesem Mehrschichtenmaterial wird dieses hinter einem Farboriginal belichtet u. entwickelt. Nach einem Stoppbad, Waschen, Fixieren u. nochmaligem Waschen wird allein die oberste Schicht durch Auftragen einer viscosen Bleich-Lsg. ausgebleicht. Nach dem Waschen wird diese ausgebleichte oberste Schicht mit einer gesonderten, z. B. auf einem Träger aufgebrachten Positivschicht, die CdS enthält u. in Thiosulfat-Lsg. getaucht wurde, in engen Kontakt gebracht. Hierbei entsteht auf der letzteren Schicht durch Übertragung ein Teilfarbennegativ. Darauf wird das Mehrschichtenmaterial in eine Gelatine quellende Lsg., z. B. in 20%ig. Harnstoff-Lsg. getaucht u. hierbei die obere Gelatineschicht mit dem niedrigen F. zusammen mit der obersten ausgebleichten Schicht u. der Gelbfilterschicht entfernt. Dieselben Operationen (Belichten, Fixieren, Bleichen usw.) werden nun mit der grünempfindlichen Schicht unter Entfernung der anderen purpurgefärbten Gelatineschicht zusammen mit der grünempfindlichen Schicht wiederholt, wobei alle drei Farbteilnegative auf den CdS-Schichten erhalten werden. (**E. P. 905 217** vom 23/10. 1959, ausg. 5/9. 1962.) E. Fuchs 8635

2948 Edward K. Kaprelian, Weatogue, Conn., V.St.A., **Übertragung von Ladungsbildern.** Ein elektrophotograph. Aufzeichnungsmaterial aus einem elektr. leitenden Schichtträger u. einer photoleitfähigen Schicht wird aufgeladen, bildmäßig belichtet, mit einer isolierenden Schicht zusammengepreßt u. gleichzeitig der Einw. eines elektr. Feldes ausgesetzt, um das Ladungsbild auf die isolierende Schicht zu übertragen. Die isolierende Schicht besteht rasterartig aus erhabenen u. vertieften Flächenteilen, wobei die vertieften Flächenteile elektr. leitend ausgebildet sein können. (**A. P. 3 051 568** vom 6/12. 1955, ausg. 28/8. 1962.) R. Hartinger 8643

2949 Rank-Xerox Ltd., London, England, beziehungsweise Haloid Co., Rochester, N.Y., V.St.A. (Erfinder: Otto Kurt Kolb), **Elektrostatische Aufladung isolierender Flächen.** Eine photoleitfähige Schicht auf einem elektr. leitenden Schichtträger wird elektrostat. aufgeladen, indem sie über eine isolierende Walze mit einem elektr. leitenden Kern gezogen wird, während die Walze durch eine Koronaentladung 200—400 V höher aufgeladen wird als die photoleitfähige Schicht aufgeladen werden soll. (**E. P. 903 073** vom 27/8. 1958, ausg. 9/8. 1962.) R. Hartinger 8642

2950 Radio Corp. of America, Del., übert. von: Harold G. Greig, Princeton, N.J., V.St.A., **Elektrophotographisches Material** mit einer photoleitfähigen ZnO-Bindemittelschicht sowie ein Gerät u. ein Verf. zur Verarbeitung eines solchen. (**A. P. 3 052 539** vom 1/10. 1953, ausg. 4/9. 1962.) R. Hartinger 8643

2951 E. I. du Pont de Nemours & Co., Wilmington, Del., übert. von: Francis Peter Alles, Westfield, N.J., V.St.A., **Photographischer Film.** Auf einem hydrophoben Filmträger, bes. aus Polyäthylenterephthalat, befindet sich eine übliche gelatinehaltige Haftschicht. Darüber ist eine Schicht angeordnet, die aus einem Gemisch von 1—10 Teilen harter Gelatine u. einem Teil wasserlösl. Polyvinylalkohol besteht, der ein Molgew. von 3000—70000 besitzt. Über dieser Schicht befindet sich die Halogensilberemulsionsschicht. Dieser Film eignet sich bes. zur Herst. von Reliefbildern für *photomechan. Zwecke* als Ersatz für Pigmentübertragungspapiere. Nach dem Aufquetschen des härtend entwickelten Bildes auf die Cu-Walze oder -platte für die Ätzung läßt sich der Filmträger infolge der Polyvinylalkohol enthaltenden Zwischenschicht gut abziehen. (**A. P. 3 057 722** vom 7/8. 1958, ausg. 9/10. 1962.) E. Fuchs 8645

2952 Eastman Kodak Co., übert. von: Irvin H. Crawford, Rochester, N.Y., V.St.A., **Lichtempfindliche Platte zur Herstellung von Druckformen.** Auf einem Träger, z. B. wasserfestem Papier, befindet sich eine hydrophile Schicht aus 1 (Teil) eines wasserbeständigen Harzes (z. B. Polymethylmethacrylatemulsion) u. 6 eines Gemisches aus koll. SiO_2 (z. B. hydratisierte SiO_2) zu mindestens 30% u. einem Pigmentfüllstoff, wie Tonerde oder TiO_2. Über dieser Zwischenschicht befindet sich eine ungehärtete Halogensilbergelatineemulsionsschicht, der eine härtend entwickelnde Entwicklersubstanz zugesetzt ist. (**A. P. 3 062 648** vom 9/2. 1960, ausg. 6/11. 1962.) E. Fuchs 8645

2953 Plastic Coating Corp., Holyoke, Mass., V.St.A., **Wässerige Lösung zum Hydrophilieren der Bildbereiche von auf elektrographischem Wege hergestellten Offsetdruckplatten,** die im wesentlichen aus einem wasserlösl. organ. filmbildenden Material, das freie Carboxylgruppen aufweist, u. einem wasserlösl. komplexen anorgan. Salz besteht; pH ca. 7,25, aber nicht < 3. Das filmbildende Material ist z. B. Polyacrylsäure, Carboxymethylcellulose, Alginsäure, das anorgan. Salz z. B. Na- oder K-Ferro- oder -Ferricyanid, Na- oder K-Permanganat, Na- oder K-Arsenat. Bei der letzten Verf.-Stufe der Herst. einer elektrophotograph. Druckplatte aus einem elektrophotograph. Master verwendet man die wss. Lsg., um die Hintergrundsbereiche, das sind die bildfreien Bereiche wasserabnehmend zu machen, hierbei jedoch die von dem geschmolzenen Töner gebildeten Bildbereiche wasserabstoßend u. durch eine lithograph. Druckfarbe benetzbar zu belassen. — Vgl. Oe. P. 212 154; C. **1962, 3696.** (**Oe. P. 220 639** vom 19/5. 1960, ausg. 10/4. 1962. A. Prior. 18/6. 1959.) M. F. Müller 8645

2954 Établissements Tiflex, Frankreich, **Sensible Schicht für serigraphische Reproduktionen,** enthaltend ein Gemisch aus 15—20 (%) Polyvinylalkohol, 0,5—0,8 TiO_2, 2—4 $Al(OH)_3$, 1,5—2 $(NH_4)_2Cr_2O_7$, 0,2—0,5 Weichmachungsmittel, 0,01—0,3 eines in W. lösl. roten Farbstoffes u. Wasser. (**F. P. 1 251 342** vom 8/12. 1959, ausg. 17/4. 1961.) M. F. Müller 8647

2955 Ciba Akt.-Ges., Basel, Schweiz, **Material für die Herstellung insbesondere farbiger photographischer Aufsichtsbilder.** Hinter dem transparenten Träger der zur Bildaufzeichnung dienenden Schicht ist eine reflektierende Schicht angeordnet, die eine im Vgl. zu einem diffusen Reflektor in einem räumlichen Winkelbereich beschränkte Reflexionscharakteristik besitzt. Man verwendet z. B. rasterförmig zusammengesetzte rechtwinklige Eckspiegel oder paarweise zusammengehörige Linsen- u. Hohlspiegelelemente, wobei die Brennpunkte der Linsenelemente jeweils in der Ebene der zugehörigen Hohlspiegelelemente liegen. Hierdurch werden die Aufsichtsbilder den Durchsichtsbildern ähnlicher. (**Oe. P. 224 445** vom 19/10. 1960, ausg. 26/11. 1962. Schwz. Prior. 20/10. 1959.) E. Fuchs 8653

2956 **Ciba Ltd.**, Basel, Schweiz, *Farbstoffe für das Silberfarbbleichverfahren.* (**E. P. 931 648** vom 10/5. 1961, ausg. 17/7. 1963. Schwz. Prior. 12/5. 1960. — C. **1964,** 6/7-3098 [D. A. S. 1 137 626].)

2957 **Agfa Akt.-Ges.**, Leverkusen (Erfinder: **Walter Püschel,** Düsseldorf), *Farbwiedergabeverbesserung in farbenphotographischen Materialien.* (**D. A. S. 1 155 675** Kl. 57b vom 18/9. 1956, ausg. 10/10. 1963. — C. **1960,** 14931 [Oe. P. 201 431].)

2958 **A. B. Dick Co.,** Niles, Ill., V.St.A., *Photochemische Schablone.* (**Niederl. P. 103 914** vom 17/2. 1959, ausg. 15/2. 1963. A. Prior. 19/2. 1958. — C. **1963,** 4214 [A. P. 2 969 014].)

2959 **Chemische Fabriek L. van der Grinten N. V.** (Erfinder: **Jan Eenshuistra, Bernardus Hubertus Huikers** und **Leo Hubertus Joseph van Helden**), Venlo, Niederlande, *Diazotypiematerial.* (**D. A. S. 1 155 331** Kl. 57b vom 9/11. 1959, ausg. 3/10. 1963. Niederl. Prior. 10/11. 1958. — C. **1963,** 3458 [Niederl. P. 99 741].)

2960 **Chemische Fabriek L. van der Grinten N. V.,** Venlo, übert. von: **Arie van Loon** und **Karel Maria Hutgens,** Venlo, Niederlande, *Diazotypiematerial.* (**A. P. 3 081 166** vom 4/2. 1958, ausg. 12/3. 1963. Niederl. Prior. 5/2. 1957. — C. **1961,** 7100 [D. A. S. 1 092 767].)

Redaktionsschluß: 14. Februar 1964

Herausgeber: Prof. Dr. Heinrich Bertsch, Berlin, u. Prof. Dr. Dr. h. c. Wilhelm Klemm, Münster
Chefredakteure und verantwortlich für den Inhalt: Dr. Eugen Klever, Berlin 30, Geisbergstraße 39, Fernsprecher: 249541
und Prof. Dr.-Ing. Eberhard Leibnitz, Berlin N 4, Schiffbauerdamm 19, Fernsprecher: 425571

Verlag: Akademie-Verlag GmbH, Berlin W 8, Leipziger Str. 3—4 (Fernsprecher: 220441, Telex-Nr. 011773, Postscheckkonto: Berlin 35021), und Verlag Chemie, GmbH, Weinheim/Bergstr. (Fernsprecher: Weinheim 3635 [Sammelnummer]; Fernschreiber: 0465516 chemieverlwhn; Postscheckkonten: Frankfurt/M. 145314 u. Berlin [West] 7430). Bestellnummer: 1007/135. Das Chemische Zentralblatt erscheint wöchentlich. Preis des Jahrganges einschl. Autoren-, Patent-, Sach- u. Formelregister: DM 1800,—; einseitig bedruckte Ausgabe: DM 2200,—. Abgabe der Zeitschrift nur mit sämtlichen Registern
Abbestellungen nur bis spätestens 6 Wochen vor Ablauf des Kalenderjahres

Satz u. Druck: VEB „Maxim Gorki", Altenburg, u. VEB Leipziger Druckhaus, Leipzig, III/18/203. V. 64
Veröffentlicht unter der Lizenznummer 1273 des Presseamtes beim Vorsitzenden des Ministerrates
Printed in Germany

Kolibri 360 GmbH
Ferdinand-Jühlke-Straße 7
99095 Erfurt, Deutschland
produktsicherheit@kolibri360.de